DIE
KNOCHENBRÜCHE
UND IHRE BEHANDLUNG

EIN LEHRBUCH FÜR STUDIERENDE UND ÄRZTE

VON

PROFESSOR DR. HERMANN MATTI
CHIRURG AM JENNER-KINDERSPITAL UND CHEFARZT DER
CHIRURGISCHEN ABTEILUNG DES ZIEGLERSPITALES IN BERN

ZWEITE AUFLAGE

MIT 1000 ZUM TEIL FARBIGEN ABBILDUNGEN
UND 2 FARBIGEN TAFELN

BERLIN
VERLAG VON JULIUS SPRINGER
1931

ISBN-13: 978-3-642-90084-6   e-ISBN-13: 978-3-642-91941-1

DOI: 10.1007/978-3-642-91941-1

DEM ANDENKEN

THEODOR KOCHERs

GEWIDMET

Vorwort zur zweiten Auflage.

In der vorliegenden zweiten Auflage sind allgemeine und spezielle Frakturlehre in einem Bande zusammengefaßt.

Für diese Konzentration und Rationalisierung sprachen neben den unverkennbaren Forderungen der Zeit eine Reihe von besonderen Gründen. Zunächst gestattet eine solche Zusammenfassung im speziellen Teil Wiederholungen zu vermeiden, die in der ersten Auflage mit ihrer getrennten Darstellung der allgemeinen Frakturlehre durch die praktisch gebotene Rücksichtnahme auf den ausschließlichen Gebrauch des zweiten Bandes bedingt wurden. Da ich jedoch die Beherrschung der allgemeinen Knochenbruchlehre als unerläßliche Grundlage für eine verständnisvolle und erfolgreiche Behandlung der einzelnen Frakturen betrachte, war mir sehr daran gelegen, den allgemeinen Teil, wenn auch in gedrängter Form, zu einem integrierenden Bestandteil des Buches zu machen. Das war nur möglich durch Zusammenfassung der allgemeinen und speziellen Knochenbruchlehre.

Sollte das Buch in seiner neuen Form nicht unhandlich und für den Praktiker unzugänglich werden, so drängte sich aber eine erhebliche Reduktion seines Umfanges gebieterisch auf. Andererseits wünschte ich in einem Rahmen zu bleiben, der erlaubte, dem Werk den Charakter eines auch für den Facharzt brauchbaren Ratgebers zu wahren.

Diesem Bestreben nach Kürzung kam sehr zustatten, daß seit dem Erscheinen der ersten Auflage die Indikationen für die verschiedenen Behandlungsmethoden weitgehende Abklärung erfahren haben. Handelte es sich früher vornehmlich darum, die kritiklose und routinenmäßige Anwendung des Gipsverbandes durch eindringlichen Hinweis auf die Bedeutung einer biologisch eingestellten Frakturbehandlung zu bekämpfen und der Zugbehandlung, besonders in Form der BARDENHEUERschen Heftpflasterextension, zu möglichster Verbreitung zu verhelfen, während das Anwendungsgebiet des direkten Zugangriffs am Knochen, abgesehen von den offenen Frakturen, noch sehr umstritten war, so sind wir heute darüber im klaren, wo die Grenzen der Heftpflasterextension liegen, was die direkte Extension, besonders in Form des Drahtzuges, für den Ausgleich der Verkürzung leistet und wo dem Gipsverband wieder eine gewisse Rehabilitierung zukommt.

Die Stellungnahme zu der Behandlung der verschiedenen Frakturformen ist deshalb präziser geworden, was naturgemäß erlaubt, ihre Behandlung in einer bestimmteren und gedrängteren Fassung darzustellen.

Neben der Reduktion des Textes wurde auch das Abbildungsmaterial erheblich eingeschränkt. Die erste Auflage des Werks hatte eine dokumentarische Aufgabe zu erfüllen, da der erste Versuch einer umfassenden Darstellung der Frakturlehre auf Grund der Abklärungen, die das Röntgenverfahren gebracht hatte, dazu zwang, alle wesentlichen, die Morphologie und klinische Pathologie betreffenden Tatsachen durch Originalröntgenogramme zu belegen.

Nachdem dies geschehen und eine ausreichende wissenschaftliche Unterlage für die Frakturlehre geschaffen war, konnte ich mir in der Auswahl des Abbildungsmaterials größere Beschränkung auferlegen. Von 696 ausgeschiedenen Abbildungen sind deshalb nur 226 ersetzt worden. Mit den neu eingefügten Abbildungen wurde gemäß den Fortschritten der Röntgentechnik auch eine Verbesserung der Qualität der Röntgenbilder erstrebt. Diese kommt namentlich der Illustration der Wirbelsäulen-, Becken- und Schenkelhalsfrakturen zugute.

Textlich hat beinahe jeder Abschnitt dem Ausbau unserer Kenntnisse entsprechende Umarbeitung erfahren. In der allgemeinen Frakturlehre habe ich der Drahtextension und der kombinierten Frakturbehandlung nach der Methode BÖHLERS, der man jedoch nur unter bestimmten Einschränkungen zustimmen kann, die gebührende Stellung zugewiesen. Die von verschiedenen Seiten zu Unrecht abgelehnte operative Behandlung wurde besonders in ihren Voraussetzungen weiter ausgebaut. Zu der so segensreichen chirurgischen Behandlung der offenen Frakturen und zu der aktuellen Frage der funktionellen Behandlung und Nachbehandlung konnte auf Grund neuerer Erfahrungen bestimmter Stellung genommen werden.

Im speziellen Teil wurden besonders die Abschnitte Wirbelfrakturen und Schenkelhalsfrakturen neu bearbeitet. Auch hinsichtlich der Behandlung aller übrigen Frakturen wird man die Entwicklung der letzten Jahre, soweit sie durch ausreichende Erfahrung gesichert ist, geziemend berücksichtigt finden.

Eine gewisse Emanzipierung von der ungeheuer angeschwollenen Literatur war unerläßlich. Ich habe die neueren Schriften nur so weit berücksichtigt, als sie wesentlich Neues und bereits in gewissem Umfange Bewährtes bringen; alle technischen Modifikationen der Frakturbehandlung, so zweckmäßig sie zum Teil auch sind, konnten naturgemäß nicht dargestellt werden. Von einem ausführlichen Literaturnachweis mußte ich schon aus räumlichen Gründen absehen, doch sind eine Reihe von Arbeiten angeführt, die eine Zusammenfassung der neueren Literatur bringen.

Wenn es auch nicht möglich war, im gegebenen Rahmen allen Anforderungen gerecht zu werden, so hoffe ich doch, dem Praktiker sowohl als auch dem Fachkollegen mit der zweiten Auflage eine brauchbare, den heutigen Stand unserer Kenntnisse vermittelnde Frakturlehre in die Hand zu geben.

Dem Verleger bin ich für das großzügige Entgegenkommen, das er mir auch bei der Herstellung der zweiten Auflage gewährte und für die mustergültige Ausstattung des Buches zu Dank verpflichtet.

Eingedenk der wissenschaftlichen und praktischen Förderung, die das Gebiet der Frakturlehre schon vor der umgestaltenden Erfindung RÖNTGENS durch meinen Lehrer THEODOR KOCHER erfahren hat, widme ich die vorliegende Auflage der Knochenbruchlehre dankbar seinem Andenken.

Bern, im Oktober 1930.

HERMANN MATTI.

Inhaltsverzeichnis.

Erster Teil.

Die allgemeine Lehre von den Knochenbrüchen und ihrer Behandlung.

Erster Abschnitt.

Zweiter Abschnitt.

Dritter Abschnitt.

Vierter Abschnitt.

Behandlung der Knochenbrüche.

Zweiter Teil.

Die spezielle Lehre von den Knochenbrüchen und ihrer Behandlung einschließlich der komplizierenden Verletzungen des Gehirns und Rückenmarkes.

Erster Abschnitt.

Frakturen des Schädels.

A. Die Frakturen des Gehirnschädels.

Dritter Abschnitt.

Die Frakturen des Beckenknochens.

Vierter Abschnitt.

Die Frakturen des Brustkorbes.

A. Frakturen der Rippen.

B. Die Frakturen des Brustbeins.

Fünfter Abschnitt.

Die Frakturen der Knochen des Schultergürtels.

A. Die Frakturen der Scapula.

B. Die Brüche des Schlüsselbeins.

Sechster Abschnitt.

Die Frakturen der oberen Extremität.

A. Die Frakturen des Humerus.

B. Die Frakturen der Vorderarmknochen.

C. Die Frakturen des Handskelets.

Erster Teil

Die allgemeine Lehre von den Knochenbrüchen und ihrer Behandlung.

Erster Abschnitt.

Kapitel 1.
Begriffsbestimmung und allgemeine Systematik der Knochenbrüche.

Unter *Knochenbruch* oder *Fraktur* verstehen wir eine innerhalb ganz kurzer Zeit, sozusagen momentan entstandene Zusammenhangstrennung eines Knochens.

Die große Mehrzahl aller Knochenbrüche wird durch Gewalten herbeigeführt, die *von außen* auf den Körper einwirken; doch gibt es auch Frakturen, die durch Wirkung *körpereigener Muskelkräfte* entstehen, wie die Kniescheibenfrakturen und Abrisse der Spina tibiae, bei denen eine plötzliche aktive Zusammenziehung des Quadrizeps die wesentliche ursächliche Rolle spielt. Sehr oft ist eine Fraktur als Koeffekt äußerer Gewalt und aktiver, wenn auch unwillkürlicher Muskeltätigkeit des Patienten aufzufassen. Betrifft der Bruch einen normalen Knochen, so liegt eine gewöhnliche *traumatische Fraktur* vor; wurde die Frakturierung durch pathologische, generalisierte oder lokale Knochenveränderung wesentlich begünstigt oder erst ermöglicht, so spricht man von *pathologischer Fraktur*, weniger zutreffend auch von *Spontanfraktur* (siehe weiter unten).

Unter der Einwirkung mäßiger Gewalten, die nicht ausreichen, eine Aufhebung des Zusammenhanges im betroffenen Knochen zu bewirken, kommt es zu mehr oder weniger ausgedehnten Strukturveränderungen und auch zu Blutungen im Knochen, die man gelegentlich in guten Röntgennegativen in Form von umschriebenem Unterbruch oder von Verwischung der normalen Architekturzeichnung angedeutet findet.

Brüche, die am Orte der Gewalteinwirkung entstehen, werden als *direkte Frakturen* bezeichnet, so die Querfrakturen, wie sie bei Überfahrung eines flach aufliegenden Knochens zustande kommen; *indirekte Frakturen* sind solche, die entfernt vom Orte der Gewalteinwirkung entstehen, wie die Schenkelhalsfrakturen nach Fall auf die Füße oder auf die Außenfläche des Oberschenkels, die Biegungsbrüche des Femur und des Humerus durch Längskompression bei Fall auf die Füße bzw. auf den Ellenbogen.

Betrifft die Aufhebung des Zusammenhanges den Knochen in ganzer Dicke, so haben wir eine *vollständige Fraktur* vor uns, die, sobald das bedeckende

Periost in größtem Umfange mitzerrissen ist, zu bestimmten gesetzmäßigen oder zu regellosen *Verschiebungen der Bruchenden (Fragmente)*, zur sog. *Dislokation* führt. Ist ein Fragment eine Strecke weit in das gegenüberliegende Fragment eingedrungen, so spricht man von *eingekeiltem Knochenbruch (Fractura impacta)* (Abb. 1); bei diesen Bruchformen kann eine nennenswerte Dislokation fehlen.

Durchsetzt die Frakturebene nicht die ganze Dicke des Knochens, so entstehen *unvollständige Knochenbrüche* (Abb. 2), bei denen nur geringe Dislokationen, wesentlich in Form von Achsenknickung und seitlicher Verschiebung zustande kommen.

Je nach dem Verlauf der Frakturebene, bzw. nach dem Verlauf ihrer Schnittlinie mit der Knochenoberfläche, unterscheiden wir *Quer-, Schräg-, Längs-* oder *Schraubenfrakturen* (Abb. 4). Diese Formen können sich in verschiedener Weise kombinieren, so eine Längs- und eine Querfraktur zum *T-Bruch*, zwei Schrägfrakturen und eine Längsfraktur zum *Y-Bruch* (Abb. 611 und 860). Ist der Knochen in verschiedenen Ebenen gebrochen, so haben wir *Stückbrüche* (Abb. 3) bzw. *Splitterfrakturen* (Abb. 872) vor uns, je nachdem nur eines oder mehrere Bruchstücke aus dem Zusammenhange gelöst wurden. Splitterfrakturen werden auch als *Zertrümmerungs-* oder *Komminutivfrakturen* bezeichnet. Liegen die Frakturebenen so weit auseinander, daß man zwei oder mehrere Frakturzonen unterscheiden kann, so spricht man von *Doppelfrakturen* oder *mehrfachen Knochenbrüchen* (Abb. 3). Ferner werden gleichzeitige Brüche mehrerer Knochen, vor allem der parallelen Knochen am Vorderarm und

Abb. 1. Eingekeilte Humerusfraktur mit ausgedehnten periostalen Knochenauflagerungen. Präparat der pathologisch-anatomischen Sammlung Basel.

Unterschenkel, sowie voneinander entfernt liegender Knochen beobachtet.

Bei jugendlichen Individuen, deren Knochenhaut große Elastizität und Zugfestigkeit besitzt, beobachtet man häufig Knochenbrüche mit nur umschrieben oder gar nicht zerrissener Knochenhaut. Diese *subperiostalen Knochenbrüche* zeigen keine wesentliche Verschiebung der Bruchenden und stellen oft nur unvollständige Frakturen dar (Abb. 4).

Unvollständige Knochenbrüche mit einfacher Knickung der Längsachse, lokaler Eindrückung der Corticalis oder umschriebener Kompression der Spongiosa, ohne daß dabei der Zusammenhang des Knochens im Querschnitt vollständig unterbrochen ist, bezeichnen wir als *Infraktionen*. Solche *Einknickungsfrakturen* (Abb. 5) werden beinahe ausschließlich an den weichen und biegsamen Knochen der Kinder beobachtet, bei Erwachsenen besonders an den Rippen, am Sternum und an der Clavicula, bei alten Leuten mit seniler Knochenatrophie gelegentlich auch im Bereich des Schenkelhalses; doch sind diese isolierten Infrak-

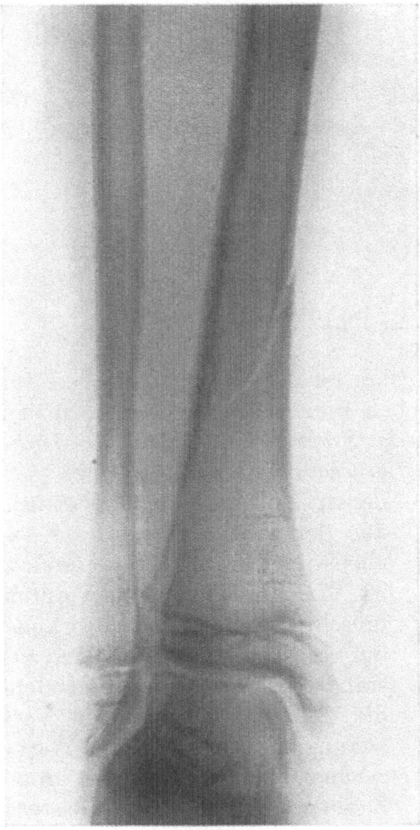

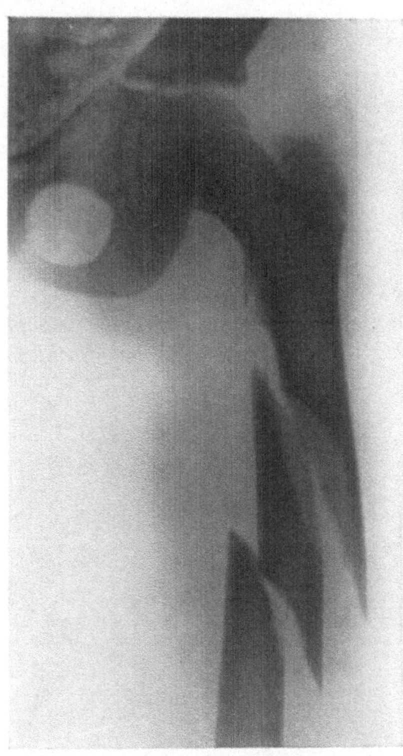

Abb. 2. Unvollständige Torsionsfraktur der Tibia.

Abb. 3. Doppelfraktur des Femur durch Rotation und Biegung.

tionen bei Erwachsenen recht selten. Gewisse pathologische Knochenveränderungen, die zu abnormer Weichheit des Skeletes führen (Rachitis, Lues congenita, Osteomalacie), disponieren zu Knickfrakturen. *Infraktionen mit Eindruck (Impression)* sieht man besonders an den platten Knochen des Schädels (Abb. 6), *Infraktionen mit Kompression der Spongiosa (Kompressionsfrakturen)* an den Epiphysen und Metaphysen der langen Röhrenknochen, in reinster Form an den Wirbelkörpern und am Fersenbein (Abb. 392).

Frakturen in Form linearer, nicht oder nur wenig klaffender

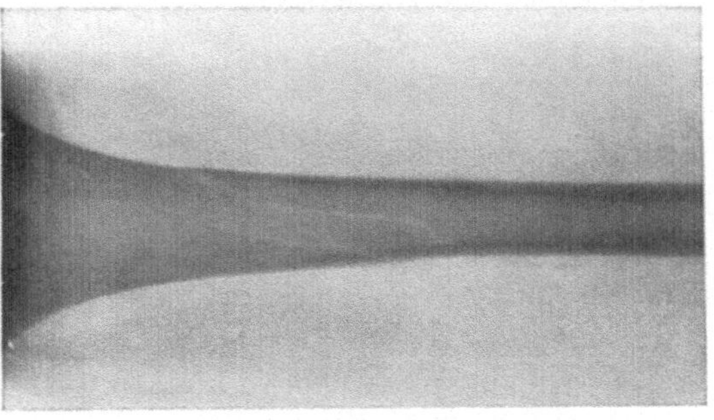

Abb. 4. Subperiostale Torsionsfraktur des Femur.

1*

Spalten, bei denen somit die Fragmente dicht aneinander liegen und keine oder nur eine ganz geringe Beweglichkeit aufweisen, werden als *Fissuren* bezeichnet.

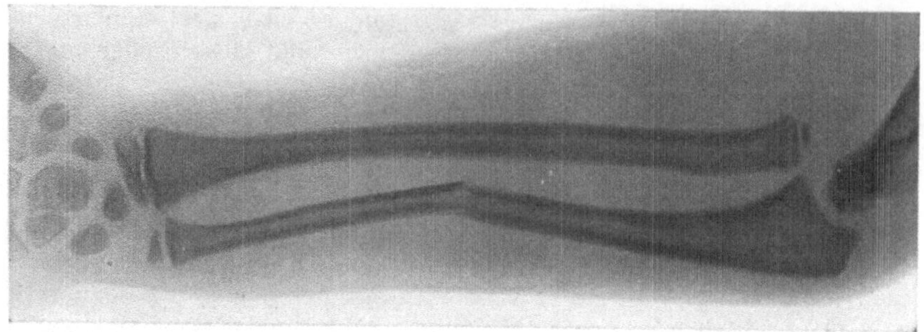

Abb. 5. Infraktion der Ulna.

Fissuren oder *Spaltbrüche* treten am häufigsten an den platten Knochen des Schädels, jedoch auch an den Röhrenknochen in Erscheinung (vgl. Abb. 4).

Eine fernere *morphologisch charakterisierte Frakturform* bilden die *Lochbrüche* oder *Defektfrakturen,* bei denen ein umschriebenes Stück aus der ganzen Dicke des Knochens gleichsam herausgestanzt ist. Lochbrüche kommen durch umschriebene Gewalteinwirkung auf relativ beschränkter Basis zustande. Hierher gehören besonders die Schädelbrüche infolge Verletzung mit stumpf-spitzen Werkzeugen und vor allem eine große Zahl von *Schußfrakturen.* Meistens sind diese Lochbrüche mit Spaltfrakturen verbunden (vgl. Abb. 52).

Kontinuitätstrennungen im Bereiche der Epiphysenknorpelscheibe werden als *Epiphysenlösungen* oder als *Epiphysenfrakturen* bezeichnet. Findet die Trennung an der Grenze zwischen Epiphysenknorpel und knöcherner Diaphyse statt, was im ersten Kindesalter die Regel ist, so handelt es sich um reine Epiphysenlösungen (Abb. 7); ver-

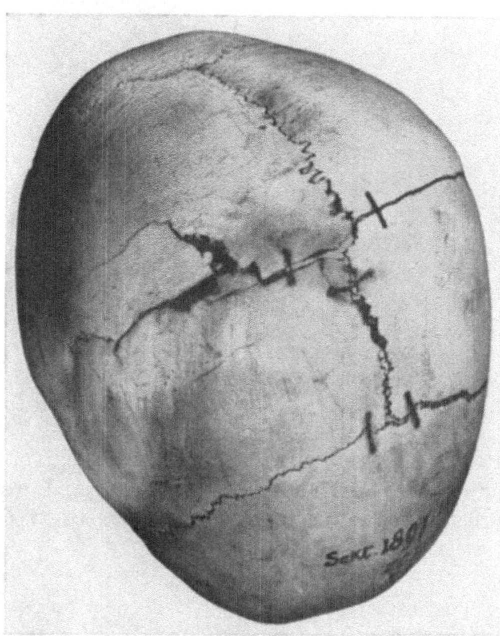

Abb. 6. Impressionsfraktur der Schädelkonvexität mit Randdefekt; dazu Berstungsfissuren. Sammlung der pathologisch-anatomischen Anstalt Basel.

läuft jedoch die Trennungsebene ganz oder zum größten Teile durch die Knochensubstanz der Diaphyse, wenn schon in nächster Nähe der Knorpelknochengrenze, so spricht man zutreffend von einer Epiphysenfraktur oder von paraepiphysärer Diaphysenfraktur. Letztere Form findet sich besonders im vorgeschrittenen Kindesalter, und zwar trifft man am häufigsten eine

Kombination zwischen Epiphysenlösung und Fraktur (Abb. 8). Kontinuitätstrennungen an der epiphysenwärts gerichteten Grenze des Wachstumsknorpels

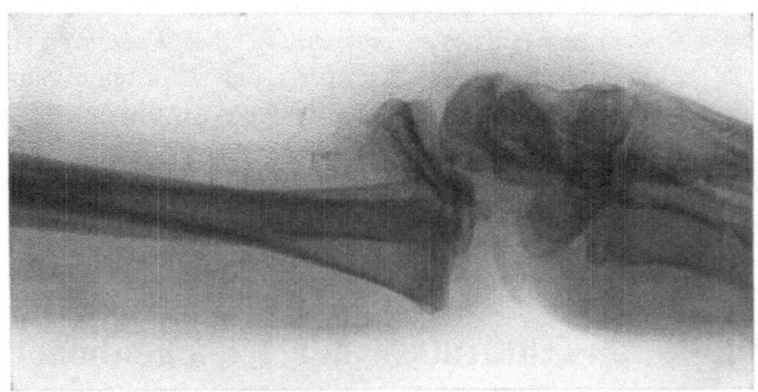

Abb. 7. Reine Epiphysenlösung am peripheren Ende eines kindlichen Radius.

kommen nicht vor, weil hier eine teils knorplige, teils schon ossifizierte Übergangszone fehlt. Charakteristisch für Epiphysenlösungen ist Zerreißung des Periostes entfernt von der Trennungslinie, weil das Periost an der Epiphyse und besonders an der Knorpelscheibe fester haftet als an der Diaphyse, deshalb durch die Epiphyse mitgerissen und eine Strecke weit von der Diaphyse abgehoben wird, bevor es durchreißt. Das Epiphysenfragment trägt aus diesem Grunde oft eine mehr oder weniger vollständige Periostmanschette. Auch Epiphysenlösungen und Epiphysenfrakturen können vollständig oder unvollständig sein.

Obschon der Zeitpunkt der Verknöcherung des Epiphysenknorpels erheblich schwankt, kann man doch sagen, daß Epiphysenlösungen und Epiphysenfrakturen sich mit geringen Ausnahmen nur bis zum 20. Lebensjahre finden.

Knochenbrüche, die mit einer *Trennung der äußeren Haut* im Frakturgebiet einhergehen, werden nach altem Sprachgebrauch als *komplizierte Frakturen* bezeichnet, im Gegensatz zu den unkomplizierten Frakturen ohne offene Verletzung der bedeckenden Weichteile. Da nun aber Knochenbrüche mit gleichzeitiger Verletzung wichtiger *Nerven* und *Gefäße* oder

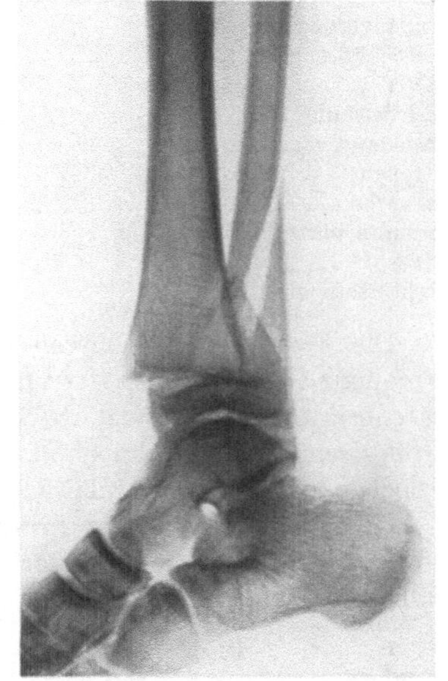

Abb. 8. Epiphysenlösung am unteren Tibiaende kombiniert mit Fraktur im hinteren Abschnitt der Tibiametaphyse; schräge Fibulafraktur.

mit begleitender Luxation *(Luxationsfrakturen)* in einem viel entsprechenderen Sinne kompliziert sind als Frakturen mit nur lokaler Hautverletzung, ohne unter den Schulbegriff des komplizierten Knochenbruchs zu fallen, erscheint es zweckmäßiger, die Fraktur mit äußerer, bis in das Frakturgebiet reichender Wunde als *offene Fraktur* dem *subcutanen Knochenbruch* gegenüberzustellen und den Begriff der *komplizierten Fraktur* auf die *Knochenbrüche mit komplizierender*

Nebenverletzung wichtiger Organe — Nerven, Gefäße, Harnwege — oder mit begleitender *Gelenkluxation* auszudehnen. Die offene Fraktur stellt dann nur eine Unterart der komplizierten Frakturen dar.

Dieses rein *morphologische Einstellungsprinzip* der *Frakturen* ist das einfachste, weil es keine weitergehende Kenntnis der Entstehungsmechanismen voraussetzt; die Zugehörigkeit eines Knochenbruches zu dieser oder jener Form kann ohne weiteres aus dem Röntgenogramm abgelesen werden.

Die Einteilung der Frakturen nach dem ursächlichen Prinzip werden wir im Abschnitt über die Bruchmechanismen kennen lernen.

Kapitel 2.
Häufigkeitsverhältnisse der Knochenbrüche.

Nach der Zusammenstellung, die BRUNS aus den Berichten des London Hospital machte, kommen auf rund 300 000 Verletzungen durch äußere Gewalt 45 000 Frakturen, was annähernd 15% ausmacht. An einem Material von 40 000 Knochenbrüchen, die am gleichen Spital während eines Zeitraumes von 30 Jahren zur Beobachtung gelangten, ergeben sich hinsichtlich relativer Häufigkeit der Frakturen einzelner Skeletteile folgende Verhältnisse:

Schädelknochen	1,42%	Oberarm	7,48%
Gesichtsknochen	2,44%	Vorderarm	18,88%
Kopf	*3,86%*	Hand	11,05%
Wirbelsäule	0,33%	*Obere Extremität*	*52,60%*
Becken	0,31%	Oberschenkel	6,39%
Rippen	16,07%	Kniescheibe	1,30%
Brustbein	0,09%	Unterschenkel	15,53%
Schulterblatt	0,86%	Fuß	2,66%
Rumpf	*17,66%*	*Untere Extremität*	*25,88%*
Schlüsselbein	15,19%		

Die Frakturen der oberen Extremitäten zeigen also eine doppelt so hohe Frequenz als die Brüche der unteren Extremitäten; ferner machen die Extremitätenfrakturen mehr als drei Viertel aller Knochenbrüche aus, während die Frakturen der Rumpfknochen nur ein Sechstel, die der Gesichts- und Schädelknochen nur ein Fünfundzwanzigstel aller Frakturen betragen.

Über die Frequenz der Frakturen nach dem Lebensalter der Verletzten im Verhältnis zur Gesamtbevölkerung der einzelnen Dezennien gibt folgende ebenfalls von BRUNS aufgestellte Tabelle Aufschluß:

	0—10	10—20	20—30	30—40	40—50	50—60	60—70	70—90 Jahre
Kopf	0,1	0,5	1,4	1,3	0,7	0,6	0,6	0,3%
Rumpf	0,07	0,2	1,5	1,6	2,6	3,1	2,1	1,3%
Obere Extremität	3,9	4,6	5,1	6,1	5,4	5,8	4,6	4,9%
Untere ,,	1,8	2,8	3,9	6,3	4,7	5,2	4,8	10,5%
Summe	5,9	8,1	12,1	15,4	13,3	14,9	12,3	17,5%

Die Frequenzkurve steigt also vom 1.—4. Dezennium steil an, sinkt dann, abgesehen von einer kleinen Erhebung im 6. Jahrzehnt, um im 8. und 9. Jahrzehnt ihre höchste Erhebung zu erreichen. Während man früher dem Kindesalter die größte Disposition zu Knochenbrüchen zuschrieb, fällt in die Zeit vom 1.—10. Lebensjahr nach BRUNS gerade das Minimum. Das erklärt sich daraus, daß die Gesamtzahl aller Kinder unter 10 Jahren ungefähr siebenmal so groß ist, als die der Greise über 70 Jahre.

Naturgemäß spielen berufliche Arbeit und Lebensgewohnheiten, in neuerer Zeit namentlich sportliche Betätigung eine große Rolle bei der Entstehung der Frakturen, ebenso das wechselnde anatomische Verhalten der Knochen in den verschiedenen Lebensaltern. So wird verständlich, daß jede Altersstufe, auch bestimmte Berufe ihre typischen Frakturformen aufweisen.

Im *Kindesalter* überwiegen die Brüche der oberen Extremitäten durchaus; am häufigsten sieht man Frakturen der Vorderarmknochen, demnächst solche des unteren Humerusendes. An der unteren Extremität ist das Femur vorwiegend betroffen. Von Frakturen der Rumpfknochen, des Olekranon, der Kniescheibe, der Knöchel und des Schenkelhalses bleibt das kindliche Alter weitgehend verschont.

Epiphysenlösungen, Infraktionen und *subperiostale Brüche* überwiegen im ersten Dezennium und nehmen gegen den Schluß des Wachstums hin allmählich ab.

Über die Verteilung der Frakturen auf die Skeletabschnitte im *arbeitsfähigen Alter*, vorwiegend bei *Männern*, gibt eine Zusammenstellung von 43 791 Knochenbrüchen aus dem *Material der schweizerischen Unfallversicherungsanstalt* aus den Jahren 1922—1926 Auskunft. In Abweichung von der Generalstatistik BRUNS' entfallen hier 36% auf die obere, 35% auf die untere Extremität, 21,5% auf den Thorax, 7,5% auf Schädel- und Gesichtsknochen. Wie in anderen Statistiken zeigen die Rippenbrüche mit 19% eine auffallend hohe Frequenz. Dies dürfte jedoch den tatsächlichen Verhältnissen nicht entsprechen, weil die Annahme einer Rippenfraktur sich oft nur auf den äußeren Befund stützt und einer Bestätigung durch die Röntgenuntersuchung entbehrt; ein Prozentsatz von 9,5, wie ihn BAUER nach einer kleineren Sammelstatistik von BRUNS angibt, dürfte der tatsächlichen Häufigkeit der Rippenbrüche näher kommen. Brüche der Unterschenkelknochen übersteigen die Femurfrakturen hier um ein Vielfaches; auch sind Vorderarmfrakturen erheblich häufiger als solche des Humerus.

Bekannt ist die relativ hohe Frequenz der Schenkelhalsbrüche bei *alten Leuten* mit seniler Osteoporose. Was die Verteilung der Frakturen auf die Geschlechter betrifft, so überwiegen entsprechend den Gefährdungen durch das Erwerbsleben die Knochenbrüche bei Männern bedeutend, nach der Statistik BRUNS' um das $4^1/_2$fache. Näheres ist aus der folgenden Tabelle ersichtlich:

Lebensalter	Proportion		
	Männer		Weiber
0—10	2,1	:	1
10—20	5,7	:	1
20—30	7,2	:	1
30—40	12,7	:	1
40—50	6,9	:	
50—60	2,9	:	1
60—70	1,7	:	1
70	1	:	1,9
Gesamtverhältnis	4,5	:	1

Nach dem 70. Jahre überwiegen die Frakturen bei den Frauen, offenbar weil die Überzahl der Frauen vom 70. Jahre an am größten ist, nämlich 114 : 100.

Die zunehmende Betätigung der Frau im Erwerbsleben hat voraussichtlich in diesen Zahlen jetzt schon eine erhebliche Änderung hervorgerufen.

Über den Einfluß der Jahreszeiten auf die Häufigkeit der Knochenbrüche liegen übereinstimmende Angaben nicht vor. Der früher beobachtete Anstieg der Kinderfrakturen in den Sommermonaten, der auf die Spiele im Freien bezogen wurde, dürfte durch Ausdehnung des Wintersportes bereits überholt sein.

Trotz der unverkennbaren Zunahme der Sportfrakturen in den letzten Jahren ist naturgemäß die arbeitende Klasse von Knochenbrüchen am stärksten betroffen.

Die klassischen Frakturstatistiken von Gurlt und Bruns können heute nicht mehr uneingeschränkte Geltung beanspruchen, weil sie der Vorröntgenzeit entstammen. Eine umfassende Zusammenstellung, die sich auf Röntgenbefunde stützt, wird im zahlenmäßigen Verhältnis der Frakturen hinsichtlich der Verteilung auf die einzelnen Skeletabschnitte fühlbare Verschiebungen bringen, wie schon die angeführte Statistik der schweizerischen Unfallversicherungsanstalt zeigt.

Kapitel 3.

Ätiologie.

1. Gewöhnliche traumatische Frakturen.

Knochenbrüche entstehen, wenn die Festigkeit des Knochens durch eine von außen einwirkende mechanische Gewalt überwunden wird. Die Knochen-

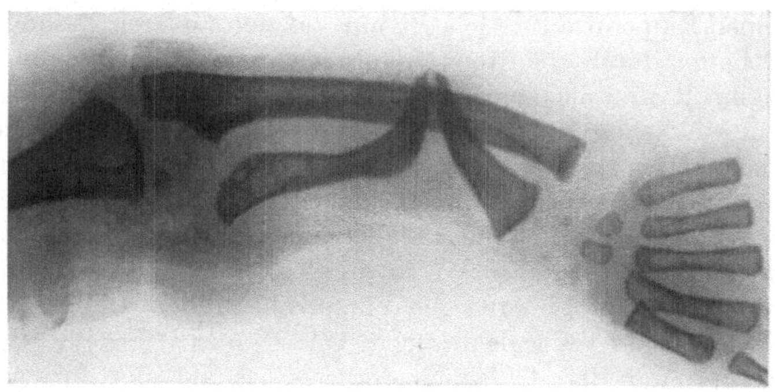

a

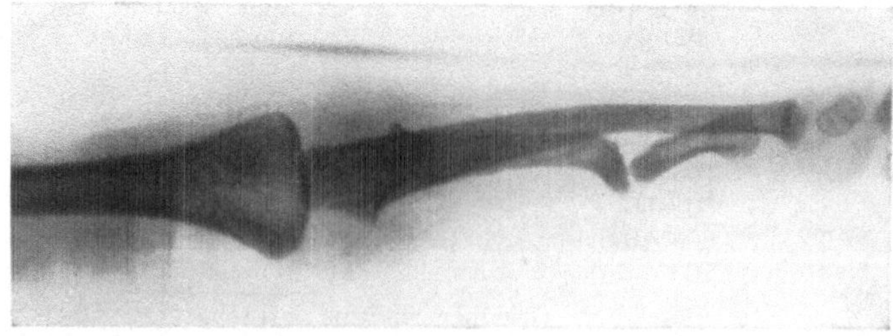

b

Abb. 9. Intrauterine Fraktur des Radius mit sekundärer Deformierung der Fragmente und Pseudarthrose. a Anteroposteriore Aufnahme; b Seitenaufnahme.

festigkeit wechselt, wie wir später sehen werden, im Laufe des Lebens ganz erheblich; sie zeigt individuelle Schwankungen und auch der grob-anatomische Knochenbau bedingt weitgehende Verschiedenheiten der Festigkeit. Deshalb besitzen die verschiedenen Skeletteile ungleiche Festigkeit, wie auch der einzelne Knochen brechenden Gewalten nicht an allen Stellen gleichen Widerstand entgegenzusetzen vermag. Der Einfluß der äußeren Knochenform auf die Entstehung einer Fraktur ist daraus zu ersehen, daß ein langer Röhrenknochen einwirkenden Gewalten eine ausgedehntere Angriffsmöglichkeit bietet als ein kleiner kubischer Knochen; dazu kommt noch die Möglichkeit von Hebelwirkungen. Knochen mit gebogener Längsachse unterliegen eher einer in der Längsrichtung komprimierenden Gewalt als gerade Knochen. Soweit es sich bei den erwähnten Verhältnissen um Schwankungen innerhalb der physiologischen Norm handelt, stellen sie *prädisponierende Ursachen* für die Entstehung der gewöhnlichen traumatischen Frakturen dar. Diesen prädisponierenden Momenten gegenüber spielen die äußeren Gewalten die Rolle von *Gelegenheitsursachen. Die Entstehung einer Fraktur ist somit von einem Komplex von Bedingungen abhängig.*

Durch äußere mechanische Einwirkung auf den Leib von graviden Frauen können *Knochenbrüche des Fetus in utero* hervorgerufen werden, die

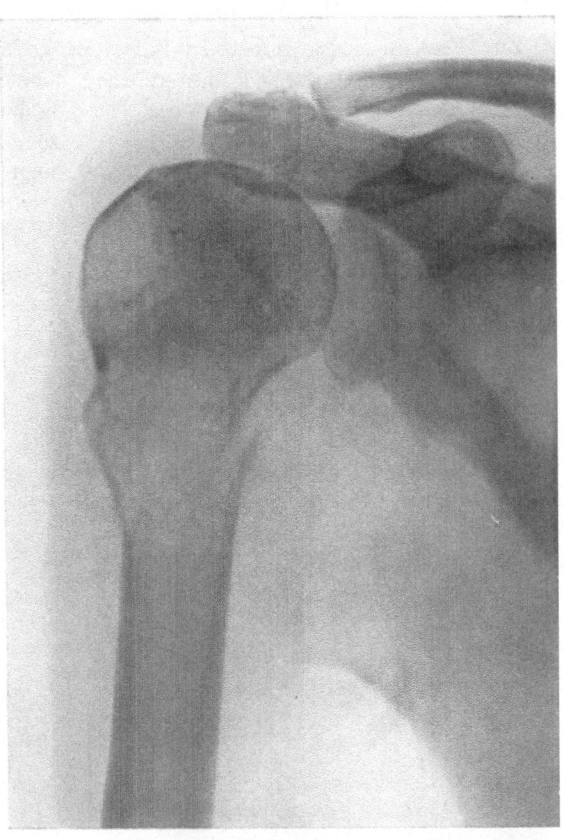

Abb. 10. Pathologische Fraktur des oberen Humerusendes infolge Metastase einer wuchernden Struma verbunden mit Tuberkulose der Metaphyse.

beinahe ausschließlich Extremitätenknochen, mit Vorliebe den Unterschenkel, betreffen. Derartige „*angeborene*" *Frakturen* kommen, wenn sie nicht ganz kurz vor der Geburt gesetzt wurden, oft bereits im Zustand vorgeschrittener Heilung zur Beobachtung (Abb. 9). Recht selten sind Knochenbrüche, die durch den *Geburtsakt* selbst hervorgerufen werden, indem durch kräftige Kontraktionen des Uterus fehlerhaft gelagerte Extremitäten gebrochen werden. Derartige „*automatische*" *Geburtsfrakturen* betreffen, soweit bisher bekannt, ausschließlich den Humerus und das Femur.

Viel häufiger sind die unter der Geburt *durch geburtshilfliche Eingriffe* hervorgerufenen Knochenbrüche; diese kommen, soweit sie Extremitätenknochen betreffen, namentlich zustande bei Wendungen, Extraktionen, Lösung der Arme (Claviculabrüche) sowie bei Anwendung des stumpfen Hakens; die Anwendung der Zange führt gelegentlich zu Infraktionen der Schädelknochen, besonders wenn ein Mißverhältnis zwischen Beckenweite und Schädelumfang vorliegt. Mit der Entwicklung der geburtshilflichen Technik sind diese *artefiziellen Frakturen* seltener geworden.

2. Die pathologischen Frakturen.

Zur Frakturierung normaler Knochen bedarf es im allgemeinen ziemlich erheblicher Kräfte; doch kommen auch Knochenbrüche vor nach ganz unbedeutenden Gewalteinwirkungen, so z. B. Schenkelhalsfrakturen infolge rascher Drehung, Frakturen

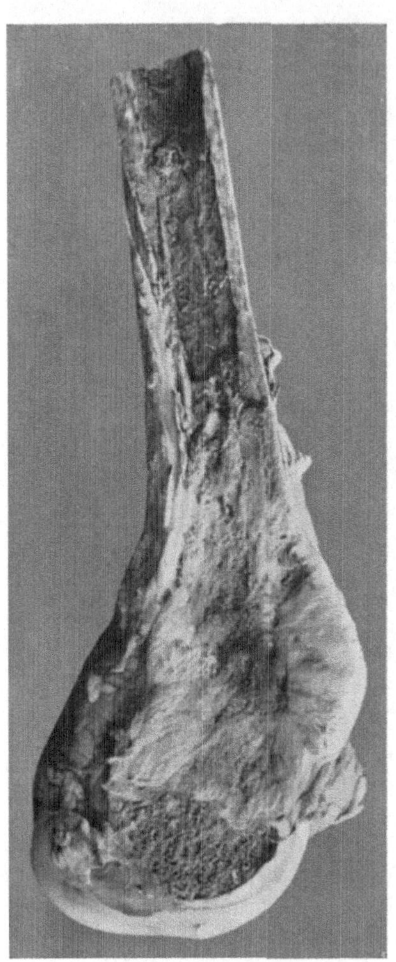

Abb. 11. Femurfraktur infolge Osteosarkom.

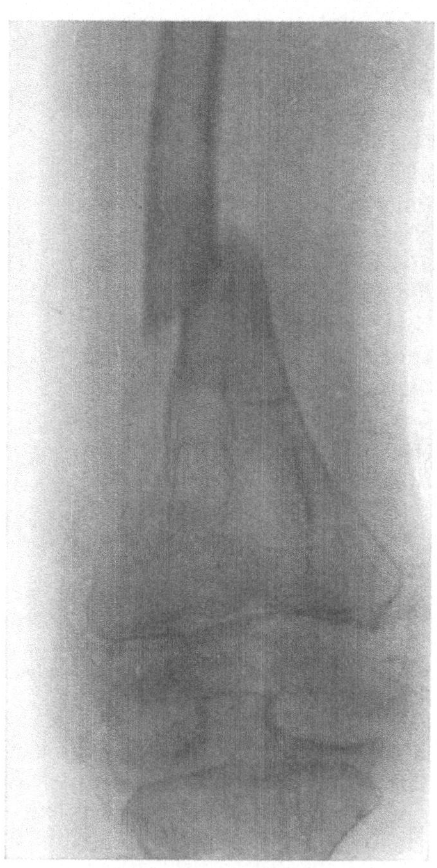

Abb. 12. Femurfraktur infolge Inaktivitätsatrophie nach längerer Fixationsbehandlung einer Gonitis tuberculosa.

des Humerus bei plötzlichen, mäßig kräftigen Bewegungen des Armes. Diesen Knochenbrüchen liegt meist eine pathologische Veränderung des betroffenen Knochenteiles zugrunde. Wir haben es hier mit sog. *Spontanfrakturen* zu tun.

Da nun auch normale Knochen ohne erhebliche äußere Gewalteinwirkung, einzig infolge unzweckmäßig dosierter Muskelaktion, brechen können, was ebenfalls den Eindruck von Spontanfrakturen zu erwecken geeignet ist, spricht man anstatt von Spontanfrakturen besser von *pathologischen Frakturen* — im Gegensatz zu den gewöhnlichen traumatischen Knochenbrüchen — entsprechend der üblichen Unterscheidung zwischen traumatischen und pathologischen Luxationen. *Pathologische Frakturen diagnostizieren wir somit überall dort, wo eine wohl charakterisierte pathologische Veränderung des Knochens zur Entstehung eines Bruches schon auf unverhältnismäßig geringe Gewalteinwirkung hin Anlaß gegeben hat.*

Eine praktisch bedeutungsvolle Form pathologischer Frakturen wird zunächst dargestellt durch die Knochenbrüche an Stellen, wo *bösartige Knochengeschwülste* primärer oder metastatischer Natur zur Entwicklung gelangten (Abb. 10); oft bildet die überraschend auftretende Fraktur erst den eigentlichen Anlaß zur Entdeckung solcher Tumoren. Zu derartigen Knochenmetastasen geben namentlich *epitheliale Geschwülste* der *Prostata*, der *Mamma* und der *Schilddrüse*, besonders die *wuchernde Struma* Anlaß, während es sich bei den primären Knochentumoren meist um *Sarkome* oder *Myelome* handelt (Abb 11). Ferner sieht man pathologische Frakturen bei den verschiedenen Formen der *Knochenatrophie*, bei der *senilen*, *marantischen*, sowie bei der gewöhnlichen *Inaktivitätsatrophie*, wie sie namentlich nach längerer Fixation von Extremitäten in starren Verbänden vorkommt (Abb. 12); weiterhin bei *Druckatrophie* oder *Usur* infolge von Geschwülsten, die dem Knochen dicht anliegen.

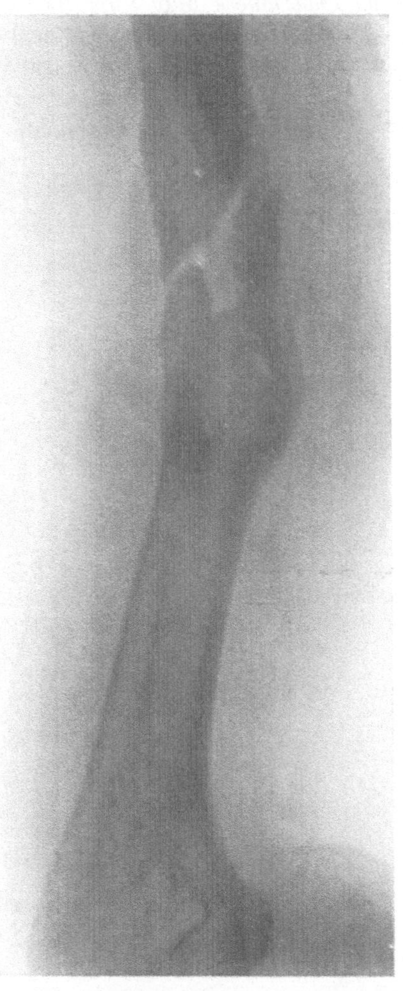

Abb. 13. Humerusfraktur im Anschluß an chronische Osteomyelitis und Ostitis infolge Schußfraktur.

Eine besondere Gruppe bilden die pathologischen Frakturen auf Grund *neuro-paralytischer Atrophie*, die als Inaktivitätsatrophie infolge nucleoperipherer Nervenlähmungen aufzufassen ist und auf Grund *neurotischer Atrophie*, worunter wir die bei zentralen Nervenleiden vorkommende, nicht mit Lähmungen verbundene Atrophie der Extremitätenknochen verstehen, die wesentlich als trophoneurotische Erscheinung aufzufassen ist. Hier fallen praktisch namentlich in Betracht die Frakturen im Bereiche der unteren Extremitäten bei *Tabes dorsalis* und *Dementia paralytica*, sowie die Frakturen besonders der oberen Extremitäten bei *Syringomyelie*.

Zu pathologischen Frakturen disponieren auch die verschiedenen Formen der *Osteomyelitis* (Abb. 13), ferner die zu Osteoporose führende *rarefizierende Ostitis*, die *Ostitis fibrosa*, besonders an Stelle von Cystenbildung (Abb. 14), die *Tuberkulose* und *Syphilis* der Knochen. Bei der auf kongenitaler Basis beruhenden Knochenlues treten besonders häufig Infraktionen und Epiphysenlösungen auf, letztere als Folge der *Osteochondritis dissecans*.

Wohl die größte praktische Bedeutung als prädisponierende Bedingung für pathologische Frakturen haben die Knochenveränderungen bei *Rachitis* (Abb. 15);

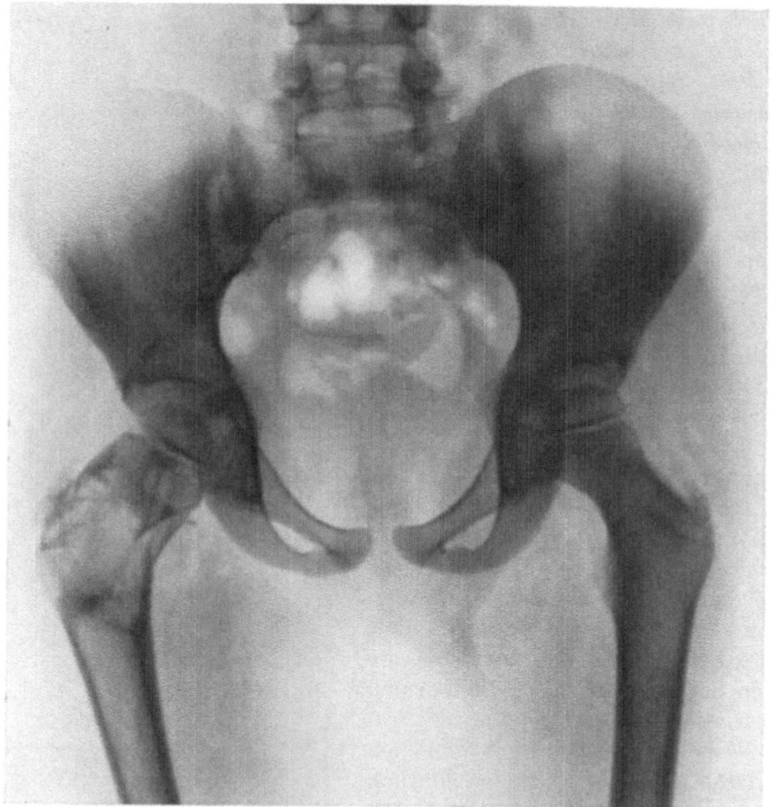

Abb. 14. Schenkelhalsfraktur im Bereich einer Knochencyste; Ostitis fibrosa.

auch die *Osteomalacie*, die ja histologisch, abgesehen von dem Verhalten der Wachstumsknorpel, weitgehende Übereinstimmung mit den rachitischen Veränderungen aufweist, führt zu abnormer Knochenbrüchigkeit.

Eine besondere Rolle spielten am Ende des Krieges und in der Nachkriegsperiode im Gebiete der blockierten Zentralmächte Frakturen auf Grund der sog. *Hungerosteopathie* oder *Kriegsosteomalacie*, die sich vorwiegend an der unteren Femur- und oberen Tibiametaphyse lokalisierten. Die ursächliche Knochenerkrankung, die durch qualitativ und quantitativ ungenügende Ernährung ausgelöst wurde, entsprach anatomisch dem Bilde der *Spätrachitis*, Auf gleicher Grundlage wurden die sog. *schleichenden Frakturen* beobachtet, frakturähnliche Aufhellungszonen an maximal belasteten Stellen (Abb. 16), die jedoch LOOSERschen osteoiden, kalklosen *Umbauzonen* entsprechen.

Bei allen diesen Formen handelt es sich um pathologische Frakturen infolge *symptomatischer Knochenbrüchigkeit (Osteopsathyrosis)*. Daneben beobachtet man noch pathologische Frakturen auf Grund *idiopathischer Osteopsathyrosis*, eines angeborenen oder doch in früher Kindheit auftretenden, gelegentlich familiären Leidens, das auch mit der *Osteogenesis imperfecta* identifiziert wird und zu multiplen, intrauterinen Frakturen führen kann. Als Ursachen pathologischer Frakturen sind der Vollständigkeit halber noch zu erwähnen *Enchondrome*,

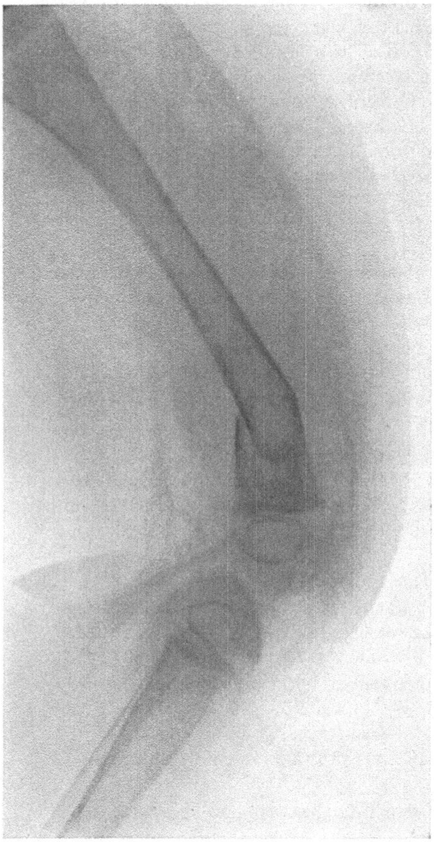

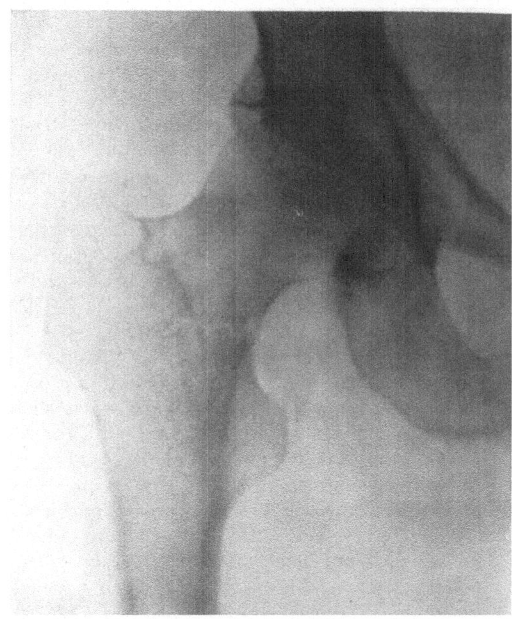

Abb. 15. Infraktion des unteren Femurendes infolge rachitischer Veränderung des Knochens.

Abb. 16. Schleichende Fraktur an der Basis des Schenkelhalses; LOOSERsche Umbauzone. (Entstanden infolge mangelhafter Fettverdauung bei chronischer Pankreatitis).

braune Knochentumoren, Echinokokken, sowie *Knochenveränderungen* bei *Gicht, Skorbut* und BARLOW*scher Krankheit*.

Im Gegensatz zu den bisher erwähnten pathologischen Frakturen, bei denen eine Reduktion der verkalkten Knochensubstanz das Zustandekommen des Bruches maßgebend bedingt, sehen wir auch abnorme Knochenbrüchigkeit infolge *pathologischer Verdichtung des Knochens*, so bei lokalisierter Sklerose infolge *chronischer Entzündung* (Osteomyelitis) und besonders bei der sog. *Marmorknochenerkrankung* (Osteosclerosis fragilis generalisata).

Den Übergang von den pathologischen zu den gewöhnlichen traumatischen Frakturen vermitteln die Brüche infolge *seniler Knochenatrophie*, insofern als man die zu Osteoporose führenden senilen Knochenveränderungen als eine physiologische Erscheinung auffassen kann. Ein Schulbeispiel für diese Frakturform ist der Schenkelhalsbruch alter Leute.

Zu den pathologischen Frakturen gehört auch die Mehrzahl der sog. *angeborenen Unterschenkelbrüche*, die häufig zu prognostisch ungünstiger Pseudarthrosenbildung mit erheblicher Verkürzung führen. Es handelt sich um Biegungsfrakturen beider Unterschenkelknochen, seltener der Tibia allein, öfters begleitet von totalem oder partiellem Fibuladefekt, Zehendefekten und Mißbildungen des Fußes. Die Fraktur sitzt im unteren Drittel des Unterschenkels, zeigt eine charakteristische, hochgradige Knickung mit nach hinten offenem Winkel, für die der Zug der Wadenmuskulatur verantwortlich zu machen ist. In vielen, aber nicht in allen Fällen ist ein Trauma während der Gravidität nachweisbar. Der Grund für Entstehung und schlechte Heilungstendenz dieser Frakturen wurde in einem teilweisen Knorpligbleiben der Tibiadiaphyse gesucht (HAYASHI und MATSUOKA), während STIERLIN eine ausgeprägte Ostitis fibrosa (v. RECKLINGHAUSEN) fand.

Literatur.

BARDENHEUER: Die allgemeine Lehre von den Frakturen und Luxationen. Stuttgart: Ferdinand Enke 1907. — BAUER: Frakturen und Luxationen. Berlin: Julius Springer 1927. — BECK: Die pathologische Anatomie und spezielle Pathologie der Knochenatrophie. Erg. Chir. 18 (1925). — BRUNS: Die Lehre von den Knochenbrüchen. Dtsch. Chir. Stuttgart 1886. — BUMM: Grundriß zum Studium der Geburtshilfe. Wiesbaden 1902.

FROMME: Die spätrachitische Genese sämtlicher Wachstumsdeformitäten und die Kriegsosteomalacie. Erg. Chir. 13 (1922).

GURLT: Handbuch der Lehre von den Knochenbrüchen. Berlin 1862.

HAHN: Zur Kenntnis der sog. Spontanfrakturen bei Hungerosteopathie. Berl. klin. Wschr. 1923, Nr 11. — HELFERICH: Atlas und Grundriß der traumatischen Frakturen und Luxationen. München: J. F. Lehmann. — HONIGMANN: Über Pseudofrakturen (Umbauzonen). Münch. med. Wschr. 1925, Nr 42.

LOOSER: Über Spätrachitis und Osteomalacie. Dtsch. Z. Chir. 152 (1920). — Über pathologische Formen von Infraktionen und Callusbildungen bei Rachitis und Osteomalacie und anderen Knochenerkrankungen. Mittelrhein. Chir.ver.igg 1920. Ref. Zbl. Chir. 1920, Nr 48. — Über die Cysten und braunen Tumoren der Knochen. Dtsch. Z. Chir. 189 (1924).

SEELIGER: Spaltbildungen in den Knochen und schleichende Frakturen bei den sog. Hungerknochenerkrankungen. Arch. klin. Chir. 122, H. 3 (1923). — SIMON: Zur Frage der Spontanfrakturen bei Hungerosteopathien der Adolescenten. Arch. orthop. Chir. 17, H. 3 (1920). — Zur Differentialdiagnose der spontanfrakturähnlichen Spaltbildungen in den Knochen bei den sog. Hungerosteopathien.

ZUPPINGER u. CHRISTEN: Allgemeine Lehre von den Knochenbrüchen. Leipzig 1913.

Zweiter Abschnitt.

Kapitel 1.

Knochenbau und funktionelle Anpassung der Architektur.

Entsprechend seiner Funktion als Stützorgan besitzt der Knochen eine Zusammensetzung und einen Bau, der ihn befähigt, der mechanischen, und zwar sowohl der statischen als der dynamischen Beanspruchung zu genügen.

Der Knochen besteht aus der kalkhaltigen Grundsubstanz und den in Lücken dieser Grundsubstanz eingelagerten Knochenzellen, den sog. Knochenkörperchen JOH. MÜLLERs, die mit zahlreichen gegenseitig anastomosierenden Ausläufern versehen sind. In die kolloiden kollagenen Fibrillen ist der Kalk in molekularer feinster Verteilung abgelagert, möglicherweise auch teilweise chemisch gebunden.

Während Wassergehalt und Fettgehalt der Knochen nach Alter und Knochenart schwanken, besteht zwischen der Menge der Mineralstoffe und der organischen Grundsubstanz ein ziemlich konstantes Verhältnis, indem die Mineralstoffe im trockenen fettfreien Knochen etwa $60^0/_0$, die organische Substanz ungefähr $34^0/_0$ ausmachen.

An Mineralsalzen finden wir in der Knochenerde hauptsächlich Calciumphosphat, daneben Calciumcarbonat und in geringen Mengen Magnesiumphosphat, Kalium-, Natrium-, Chlor- und Fluorverbindungen.

Überall, wo die Knochensubstanz an der Oberfläche nicht von Knorpel bedeckt ist, besteht eine zusammenhängende, verschieden mächtige Schicht, die als *kompakte Substanz (Compacta)* bezeichnet wird, im Gegensatz zu der *schwammartigen Substanz (Spongiosa)*, die sich im Inneren der Knochen, in den Röhrenknochen besonders im Bereiche der Metaphysen und Epiphysen vorfindet. Die *Diaphysen* der Röhrenknochen stellen mehr oder weniger regelmäßige *Hohlzylinder* dar. Es leuchtet ohne streng physikalischen Beweis ein, daß durch die periphere Massenverlegung im Querschnitt bei einem hohlen säulenförmigen Träger gegenüber der massiven Säule mit gleichem Materialaufwand eine größere Biegungsfestigkeit erzielt wird; bei gleichem Materialquerschnitt trägt ein Hohlzylinder erheblich mehr als ein Vollzylinder.

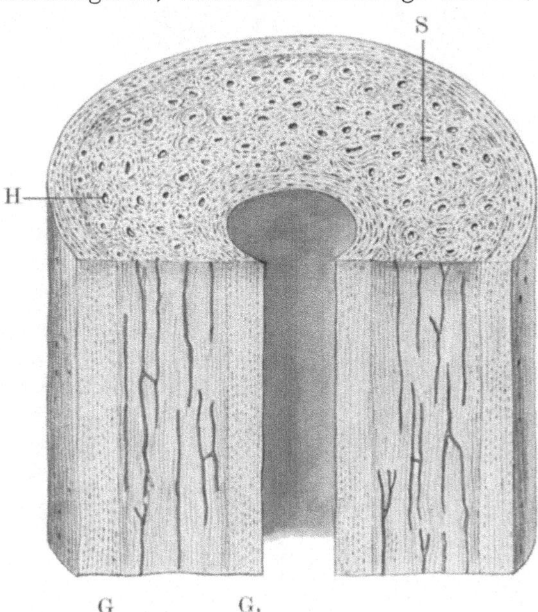

Abb. 17. Bau der Diaphysencompacta, halb schematisch.

Der *Bau der röhrenförmigen Diaphysencompacta* ist nun nicht ein regelloser. Unter dem Periost findet sich ein verschieden breites System parallel zur Knochenoberfläche verlaufender zirkulärer Lamellen. Ein gleiches System konzentrischer Lamellen umkreist den zentralen Markraum. Zwischen diesen beiden *Grundlamellensystemen* liegen die konzentrisch um die längs verlaufenden HAVERSschen Kanäle geschichteten sog. *primitiven Lamellensysteme*. Die HAVERSschen Röhrensysteme sind unter sich und mit den äußeren und inneren umfassenden Grundlamellen durch besondere Züge von *Schaltlamellen* verbunden. Durch beigegebenes Querschnittschema (Abb. 17) wird dieser Aufbau der Compacta erläutert. So sehen wir, daß die Diaphysencompacta aus längs verlaufenden HAVERSschen Säulen aufgebaut ist, die zwischen zwei Grundlamellensystemen eingeschlossen sind. *Dadurch wird den HAVERSschen Säulen eine Führung gegeben, welche Querausbiegungen verhindert und, derart eine große Strebefestigkeit erzielt.* Die großen Streben, als welche wir die langen Röhrenknochen auffassen können, erhalten durch diesen Bau ein relativ geringes Gewicht unter Wahrung weitgehender Widerstandsfähigkeit.

Auch das *wabige Fachwerk der Knochenbalken in der Spongiosa* ist nicht regellos angeordnet, wie es auf den ersten Blick erscheinen könnte, sondern läßt ebenfalls eine zweckmäßige, der mechanischen Beanspruchung — und zwar sowohl der gleichmäßigen *statischen* als der ungleichmäßigen, oft stoßweisen *dynamischen* Belastung — der einzelnen Skeletteile entsprechende Architektur erkennen.

Betrachten wir die Architektur des proximalen oder distalen Endes eines großen Röhrenknochens auf einem frontalen oder sagittalen Durchschnitt

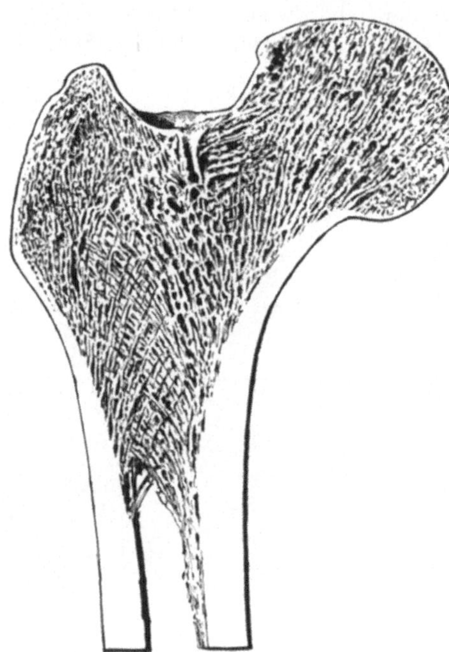

oder Schliff, so sehen wir stets eine sehr scharf ausgeprägte Architektur. Von der Innenfläche der Diaphysencompacta ausgehend verlaufen parallele Systeme sich kreuzender Strebepfeiler zu der dünnen Corticalis der Metaphyse und des Gelenkkopfes; wir können Systeme von Strebepfeilern und Spitzbogen, elliptischen Bogen und Kreisbogen unterscheiden, die unter sich und mit der Compacta durch schräg und quer verlaufende Balkenzüge verbunden sind (Abb. 18).

Die Druckaufnahmefläche des Gelenkkopfes ist so durch ein wohlausgebildetes System von Spongiosabalken mit der Hohlsäule der Diaphysencompacta verbunden. Diese Innenstruktur des Knochens ist gemäß dem Rouxschen *Gesetz von der funktionellen Anpassung der Gewebe* durch mechanische Faktoren bedingt. Doch entsprechen nach der Auffassung von Triepel die Spongiosaelemente nicht ausschließlich insubstanzierten Spannungstrajektorien, wie die v. Meyer-Culmannsche Krantheorie besagte; sie

Abb. 18. Frontalschnitt durch das obere Femurende
nach Toldt,
Darstellung der Zug- und Druckbalkensysteme.

sind vielmehr gemäß der äußeren Knochenform *harmonisch eingefügt,* was für gewisse Spongiosaarchitekturen ohne weiteres einleuchtet. Auch ist die äußere und innere Knochenform im wesentlichen Maße durch die Keimanlage ohne Mitwirkung funktioneller Faktoren bedingt. Die Zugbeanspruchung spielt bei der Ausbildung der Knochenstrukturen offenbar nur eine untergeordnete Rolle; die Spongiosa stellt in ihrem mechanisch geordneten Teil hauptsächlich Druckspannungskurven dar, die nicht nur unter dem statischen Belastungsdruck, sondern auch unter der dynamischen Einwirkung der Muskelaktion entstanden sind. Auch die Anpassung der Knochen an neue mechanische Bedingungen, die für die Umformung des Frakturcallus eine so große Bedeutung hat, erfolgt in Abweichung von der klassischen Wolffschen *Transformationstheorie* wesentlich unter der statischen und dynamischen Beanspruchung auf Druck. Jedenfalls entspricht der Knochen in seinem makroskopischen Bau der normalen funktionellen Beanspruchung und vermag sich auch neuen abweichenden Funktionsweisen anzupassen, was bei Gelenkankylosen und beim Umbau des Callus, der stark verschobene Fragmente verbindet, namentlich in der Ausbildung der auf Druck beanspruchten Spongiosaelemente und auch in teilweisem Abbau der entlasteten Partien zum Ausdruck gelangt.

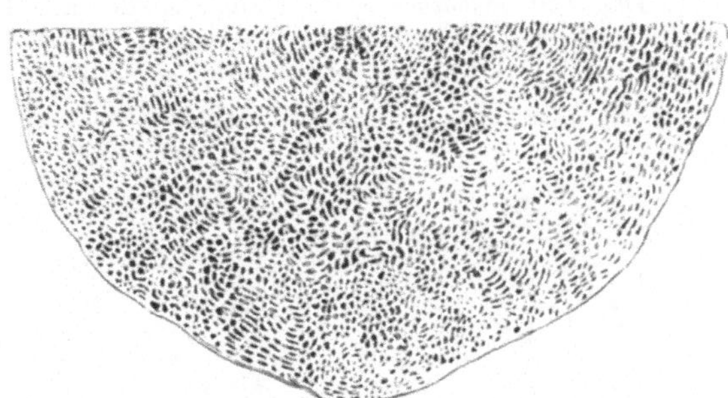

Abb. 19. Querschnitt durch die Spongiosa tubulosa eines Walwirbels (nach ROUX-GEBHARDT).

Aber auch die keineswegs aus homogenem Material bestehenden *makroskopischen Einzelelemente* der Architektur sind, wie in eingehenden Arbeiten besonders GEBHARDT nachgewiesen hat, in ihrer Struktur der regelmäßigen Funktion angepaßt. Diese funktionelle Adaption der Mikrostruktur, bei der es sich wesentlich um den *Fibrillenverlauf* handelt, ist sogar konstanter als die Anpassung der makroskopischen Stützelemente, die gelegentlich nur unvollkommen erscheint. *Der jeweilige makroskopische und mikroskopische Aufbau, die mechanische Konstruktion des Knochens, paßt sich somit weitgehend der funktionellen Inanspruchnahme an.* Im allgemeinen kann man feststellen, daß auch beim Spongiosabau die Erzielung größter Widerstandsfähigkeit mit geringstem Materialaufwand erstrebt wird. Dieses Minimum an Materialaufwand muß nicht nur den regelmäßigen statischen, sondern in gewissen Grenzen auch gelegentlichen plötzlichen, abnorm starken Beanspruchungen genügen. *Eine relative dynamische Insuffizienz aller Knochen, auch der gegenüber gleichmäßiger Belastung sehr widerstandsfähigen, ist eine Hauptbedingung für die Entstehung von Frakturen.*

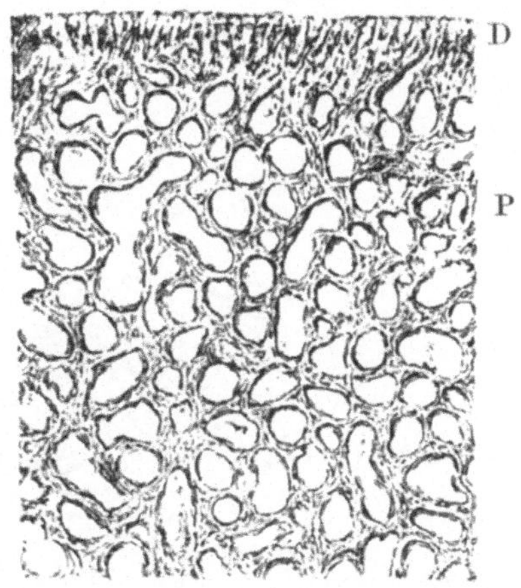

Abb. 20. Knochenschliff aus der Randpartie einer Talusrolle vom Pferd (nach GEBHARDT). P spongiosa pilosa; D Druckaufnahmefläche.

Nach ROUX kann man folgende *statische Elementarteile der Spongiosa* unterscheiden, die alle Verteilung des Widerstandes auf einen größeren Raum als kompakter Lagerung des gleichen Materialvolumens entsprechen würde, sowie die Schaffung elastischen Widerstandes bezwecken:

1. Das *Knochenröhrchen, Tubulus osseus,* runde oder polygonale, in der Belastungsrichtung eingestellte Röhrchen, besonders für die Belastung in der Längsrichtung geschaffen (Abb. 19).

2. Die knöcherne *Kugelschale, Pila ossea,* durch quere Unterteilung und konzentrische Umschichtung aus den Knochenröhrchen hervorgegangen und für allseitige Beanspruchung bestimmt (Abb. 20). Diese Elemente finden sich vorwiegend im Bereich der Druckaufnahmeflächen.

3. Das *Knochenplättchen, Lamella statica,* parallel gestellte makroskopische Lamellen die durch Querbalken versteift sind und hohen Widerstand gegen die Biegung in der Fläche auch bei wechselnder Richtung der Beanspruchung aufweisen. Die Lamellenstruktur findet sich deshalb namentlich in den Kondylen, parallel zur Beugungsebene verlaufend (Abb. 21).

4. Das *Knochenbälkchen, Trabecula,* solide, annähernd zylindrische Gebilde, nur der streng achsengerechten Belastung dienend, während die Röhrchen auch kleinen Abweichungen der Beanspruchung von der Längsachse gewachsen sind.

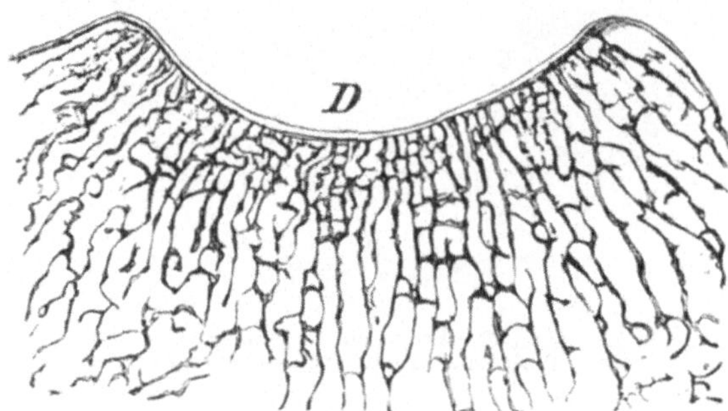

Abb. 21. Frontalschliff durch das untere Femurende vom Panther; statische Lamellen im Längsschnitt. D Druckflächenaufnahme. (Nach GEBHARDT.)

Im Hinblick auf die Abrißfrakturen ist auch der feinere Bau der *Sehnenansätze* von Interesse. Die verkalkten Sehnenbündel greifen zwischen kammartig angeordnete Ausläufer des lamellösen Knochens, wodurch eine sehr zugfeste Verbindung entsteht.

Die mechanische Bedeutung der Knochenstruktur wird durch die großen Unterschiede in der Architektur verschiedener Skeletteile überzeugend illustriert, indem diese Unterschiede sich ohne Schwierigkeit auf die verschiedenen mechanischen Aufgaben der einzelnen Knochen zurückführen lassen. Wir haben schon auf die Bedeutung der

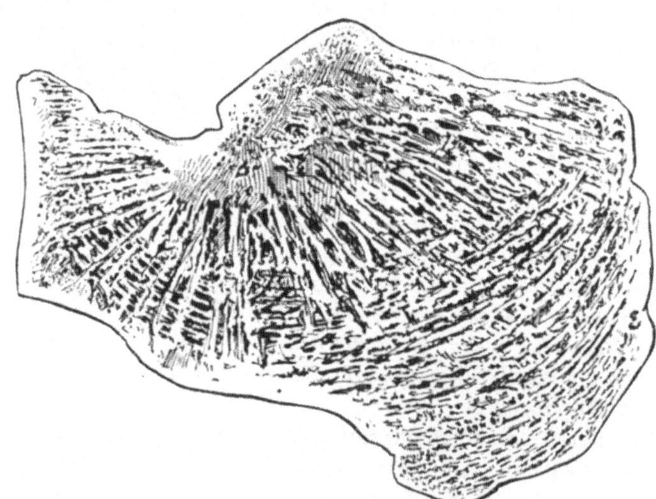

Abb. 22. Sagittalschnitt durch den Calcaneus; von der Druckaufnahmefläche radiär ausstrahlendes Strebensystem (nach TOLDT).

Konstruktion langer Röhrenknochendiaphysen hingewiesen. Als weitere Beispiele funktionell bedingter Architektur seien angeführt: Die Knochen des Schädeldaches, die das Gehirn gegen Verletzungen von außen schützen sollen, bilden ein druckfestes biegungssicheres Gewölbe; der Schenkelhals hat im ADAMschen *Bogen* und im sog. Schenkelsporn (BIGELOWsches *Septum*) zwei starke bogenförmige unter sich wiederum verbundene Streben, welche die hauptsächlichste

Verbindung der Diaphysencompacta mit dem Schenkelkopf vermitteln (vgl. Abb. 741). Der Calcaneus zeigt ein von der verdichteten Druckaufnahmefläche im Bereiche der Facies articularis posterior radiär nach der Vorder-, Unter- und Rückfläche ausstrahlendes Strebensystem (Abb. 22). Bei den Wirbelkörpern, die mit Rücksicht auf die allseitige Inanspruchnahme einen gleichmäßigen Bau der Spongiosa aufweisen, ist für die besondere Beanspruchung auf Druck in der Längsachse durch eine stärkere zylindrische Corticalis vorgesorgt.

Kapitel 2.

Die physikalischen (mechanischen) Eigenschaften des Knochens.

Der Aufbau der Skeletteile aus bindegewebiger, faseriger oder knorpeliger Grundsubstanz und eingelagerten anorganischen Salzen sichert auch dem fertigen Knochen eine gewisse *Elastizität*. Da der Knochen bis ins höhere Alter in konstantem Umbau begriffen ist, wobei beständig anorganische Salze resorbiert und neuerdings an gleicher oder anderer Stelle abgelagert werden, findet sich im Knochen neben den verkalkten Partien stets unverkalkte Grundsubstanz in wechselndem Maße, woraus sich die Schwankungen der Elastizität erklären. Zur Elastizität des Knochens trägt auch das zwischen dem eigentlichen Stützgewebe verteilte Knochenmark bei, welches unter anderem die feinere Verteilung der Gefäße vermittelt.

Entsprechend seiner Elastizität kann die Gestalt des Knochens durch Einwirkung äußerer Kräfte verändert werden. Dabei entstehen im Inneren des Knochens *Spannungen*, welche bestrebt sind, die Moleküle voneinander zu reißen — *Zugspannung* —, gegeneinander zu drücken — *Druckspannung* — oder nebeneinander zu verschieben — *Schubspannung* —. Die Moleküle erleiden dabei Änderungen in ihrer gegenseitigen Lagerung. Geht die deformierende Wirkung nicht über die sog. Elastizitätsgrenze hinaus, so kehren die Moleküle nach Aufhören der Krafteinwirkung ganz oder teilweise wieder in ihre ursprüngliche Stellung zurück und der Knochen nimmt wieder seine ursprüngliche Form an. Innerhalb der Elastizitätsgrenze gilt das HOOKsche *Gesetz, daß die Größe der bewirkten Formveränderung im gleichen Verhältnis wie die Größe der deformierenden Kraft wächst.* Auch die Lageänderungen der Moleküle sind innerhalb der Elastizitätsgrenze den auftretenden Spannungen annähernd proportional.

Schon in der Ruhe, in gesteigertem Maße bei den gewöhnlichen körperlichen Anstrengungen bestehen im Knochen bestimmte *Spannungen*, hervorgerufen durch die Belastung und durch die Einwirkung der Muskulatur. Je nach Körperlage und jeweiliger funktioneller Leistung eines Gliedes sind diese Spannungen einem ständigen Wechsel unterworfen. Wird der Knochen über seine Elastizitätsgrenze hinaus belastet, bis eine Kontinuitätstrennung eintritt, so ist seine *Festigkeitsgrenze* überschritten worden.

Unter *Festigkeit* verstehen wir den Widerstand, welchen ein Material, also auch der Knochen, der gänzlichen Trennung seiner Moleküle, d. h. der Aufhebung seiner Kohäsion, entgegenzusetzen vermag. Nach der verschiedenen Wirkungsweise der äußeren Kräfte, die den Zusammenhang eines Knochens in praxi zu trennen suchen, unterscheiden wir folgende *Festigkeitsformen:*

2*

1. Die *Zugfestigkeit* oder *absolute Festigkeit* = Widerstand gegen das Zerreißen.

2. Die *Druckfestigkeit* oder *rückwirkende Festigkeit* = Widerstand gegen das Zerdrücken.

3. Die *Schub-* oder *Abscherfestigkeit* = Widerstand gegen Trennung in seitlicher Richtung. (Durch parallel entgegengesetzte, dicht nebeneinander wirkende Kräfte, transversale Seitenkräfte.)

Auf Kombinationen dieser Festigkeitsformen lassen sich zurückführen:

4. Die *Bruch-* oder *Biegungsfestigkeit* oder *relative Festigkeit* = Widerstand gegen das Zerbrechen.

5. Die *Dreh-* oder *Torsionsfestigkeit* = Widerstand gegen das Zerdrehen.

6. Die *Strebefestigkeit* oder *Knickfestigkeit*. Darunter verstehen wir den Widerstand in der Längsrichtung auf Druck beanspruchter Stäbe, deren Länge den Querdurchmesser mehr als fünfmal übertrifft. Solche Stäbe erfahren bald einmal seitliche Ausbiegungen, wodurch die Querschnitte auf Biegung beansprucht werden.

Unter normalen Verhältnissen ist die Festigkeit der einzelnen Skeletteile eine derartige, daß sie der physiologisch in Betracht fallenden Inanspruchnahme nach einer oder mehreren dieser Richtungen genügend Widerstand entgegenzusetzen vermögen. Sehr oft wiegt die Festigkeit für eine besondere physiologische Beanspruchung erheblich vor.

Von der Größe der besprochenen Festigkeitsarten geben folgende Zahlen einen Begriff: Die Zugfestigkeit des Humerus beträgt 533 kg, diejenige des Femur 674 kg pro qcm. Die Druckfestigkeit in der Längsachse wechselt ebenfalls erheblich nach den einzelnen Knochen. So wird ein normales männliches Femur bei einem reinen Längsdruck von 756 kg gebrochen, ein männlicher Radius bei einem Druck von 634 kg. Die Biegungsfestigkeit der Knochen schwankt je nach dem Lebensalter zwischen 1040 und 1980 kg, die Torsionsfestigkeit eines ausgewachsenen Femur zwischen 570 und 580 kg pro qcm.

Eine weitere für die praktische Frakturlehre in Betracht kommende physikalische Eigenschaft des Knochens ist seine *Härte*, d. h. der Grad des Widerstandes, den er dem Eindringen fremder Körper an seiner Oberfläche entgegensetzt. Unter Umständen ist der Knochen im physikalischen Sinne *spröde*, besonders im Alter und bei gewissen pathologischen Veränderungen; solche spröde Knochen erleiden unter äußeren Gewalteinwirkungen plötzlich Zusammenhangstrennungen, ohne daß vorher eine nennenswerte elastische Deformierung erfolgt wäre, also schon bei geringen Molekülverschiebungen.

Unter physiologischen wie unter pathologischen Verhältnissen wechseln Elastizität, Festigkeit, Härte und Sprödigkeit des Knochensystems in ziemlich erheblichen Grenzen. Junge wachsende Knochen sind infolge des reichlicheren unverkalkten osteoiden Gewebes elastischer als Knochen eines Erwachsenen. Zur größeren Elastizität jugendlicher Knochen trägt auch bei, daß ausgedehnte Skeletteile aus Knorpel bestehen und auch ihr Periost mächtiger und dehnbarer ist. Entsprechend dem geringeren Anteil der verkalkten Substanz sind jugendliche Knochen weniger fest als Knochen eines Erwachsenen.

Wenn sich Resorption und Apposition im Knochen nicht in physiologischer Weise die Wage halten, entstehen abnorme Verhältnisse, durch welche Elastizität und Festigkeit wesentlich beeinflußt werden. Schon im Alter nehmen Elastizität und Festigkeit ziemlich parallel ab, weil Abbau und Entkalkung nicht durch entsprechende Neubildung von osteoidem Gewebe und neue Kalkablagerung ausgeglichen werden. Unter pathologischen Verhältnissen erlangt besonders bei

Rachitis und Osteomalacie das kalklose osteoide Gewebe auf Kosten der normalen kalkhaltigen Knochensubstanz das Übergewicht, was zu einer Erhöhung der Elastizität, wegen der absoluten Abnahme der kalkhaltigen Substanz jedoch auch zu einer Abnahme der Festigkeit führt.

Tritt einseitige Zunahme des verkalkten Teiles auf Kosten des unverkalkten ein, so wird der Knochen weniger elastisch, zugleich härter, seine Festigkeit größer; gleichzeitig kann aber infolge Aufhebung der normalen Architektur die Sprödigkeit zunehmen, so daß auf verhältnismäßig geringe deformierende Einwirkungen hin Zusammenhangstrennungen eintreten. Es entstehen dann scharf begrenzte, oft *blitzfigurenartige*, meistens ziemlich quer verlaufende, breite *Frakturspalten*, die wie Sprünge in sprödem Glase aussehen; recht häufig fehlt in solchen Fällen eine wesentliche Verschiebung der Fragmente. Derartige Frakturen sieht man besonders bei Knochensklerose infolge von Lues, chronischer Ostitis nach Osteomyelitis (vgl. Abb. 13) bei Marmorknochenerkrankung und auch bei ausheilender Rachitis.

Nimmt, wie im Alter, durch sukzessiven Schwund der kalkhaltigen Partien in Spongiosa und Corticalis der verkalkte Anteil des Knochens ab, ohne daß gleichzeitig das osteoide Gewebe zunimmt, so erfährt die Elastizität, in erheblicherem Maße die Härte und vor allem die Festigkeit des Knochens eine Herabsetzung.

Kapitel 3.

Bruchmechanismen.

I. Allgemeines.

Werden die innerhalb der Elastizitätsgrenzen gelegenen Spannungen unter der Einwirkung äußerer Kräfte überschritten, so treten zwischen den Knochenmolekülen Zusammenhangstrennungen ein; es entsteht, was wir als *Fraktur* bezeichnen. Da durch zunehmende Kompression die Moleküle einander nur bis zur Berührung genähert werden können, kann theoretisch ein Knochenbruch durch Druckspannung allein nicht erzeugt werden, sondern nur durch Zugspannung oder Schubspannung. Wenn wir gleichwohl praktisch von Kompressionsfrakturen sprechen, so ist erstens zu berücksichtigen, daß wir in den Knochen poröse Körper vor uns haben, die im gewöhnlichen Sinne kompressibel, zusammendrückbar sind. Man kann deshalb den Begriff der Kompressionsfraktur beibehalten, obschon die Molekulartrennungen selbstverständlich nur durch übermäßige Zugspannungen und auch durch Schubspannungen zustande kommen.

Die Bruchmechanismen sind nach den Gesichtspunkten der Statik oder Lehre vom Gleichgewicht und der Dynamik oder Lehre von der Bewegung zu betrachten. So kann eine Diaphyse gebrochen werden, indem sie unter zunehmenden Längsdruck gesetzt wird. Der gleiche Druck, in querer Richtung ausgeübt, wird gewöhnlich nicht genügen, den Knochen zu brechen. Lassen wir aber ein dem Querdruck entsprechendes Gewicht aus bestimmter Höhe auf den flach aufliegenden Röhrenknochen, senkrecht zur Längsachse, auffallen, so tritt eine Querfraktur ein. Das sind zwei Elementarbeispiele, das erstere für statische, das letztere für dynamische Entstehung eines Knochenbruchs. Bei den dynamischen Frakturmechanismen spielt die *Zeit*, während der die Kraft einwirkt

(Stoß), eine wesentliche Rolle, ferner die *Geschwindigkeit* bzw. *Beschleunigung* der bewegten Massen. Der Knochen wird frakturiert, auch wenn er nicht unterstützt ist; als Gegenkraft wirkt hier die Trägheit. Streng genommen reicht die rein statische Betrachtungsweise für die Analyse der praktisch in Frage kommenden Bruchmechanismen nur unvollständig aus, weil im Momente, wo die Fraktur beginnt, einem oder beiden Fragmenten eine bestimmte Geschwindigkeit mitgeteilt wird. Zudem sind Frakturen, die nicht durch plötzliche mit bestimmter Energie *(Wucht)* einwirkende Gewalten, sondern durch ganz allmählich steigende Belastung zustande kommen, relativ selten. Doch empfiehlt es sich aus didaktischen Gründen, die häufigsten Frakturmechanismen zunächst unter Außerachtlassung des dynamischen Moments nach den Gesichtspunkten der Statik zu analysieren.

Die nachstehenden Ausführungen über statische und dynamische Frakturentstehung stützen sich weitgehend auf experimentelle Untersuchungen, die von einer Reihe von Autoren angestellt worden sind, und nicht im einzelnen berücksichtigt werden können. Soweit sie zur Klarstellung der Ätiologie bestimmter Bruchformen dienen, finden diese Experimente im speziellen Teil Berücksichtigung.

II. Statik.

1. Rißfrakturen.

Die Druckfestigkeit eines Knochens ist im allgemeinen größer als seine Zugfestigkeit; deshalb *entsteht die Großzahl aller Frakturen vorwiegend durch Zugwirkung, d. h. durch Zerreißung.* So beträgt die Zugfestigkeit der Compacta in frischem Zustande und mittlerem Lebensalter ungefähr 9—12 kg pro qmm, die Druckfestigkeit 12—16 kg pro qmm. Bei *homogenem Material verläuft die Bruchebene senkrecht zur Richtung der Zugwirkung.*

Wo ein kleineres Fragment aus der Kontinuität eines größeren Skeletteiles losgerissen wird, sprechen wir von *Abrißfraktur.* Bei der Abreißung kleinerer Corticalissegmente am Ansatz von Bändern oder Sehnen, so an der Spina tibiae, am Tuberculum majus, Epicondylus internus humeri, sowie an den Femurepikondylen verläuft die Bruchebene meist parallel zur Richtung der kraftübertragenden Ligamente oder Sehnen. Das beruht wesentlich auf der Struktur der Knochen an der Übergangsstelle dieser Apophysen zur Metaphyse. *Gewöhnlich verläuft nur der erste Teil der Abrißebene senkrecht zur Zugrichtung.* Bei einigen gewöhnlich zu den Abrißfrakturen gezählten Bruchformen handelt es sich nicht um reine Zugfrakturen, sondern um eine Kombination von Riß- und Biegungsfraktur. Hierher gehören die indirekten Kniescheibenbrüche, die indirekten Frakturen des Olecranon und die Abduktionsfraktur des Malleolus internus.

Wir können hinsichtlich des Entstehungsmechanismus verschiedene Gruppen von Rißfrakturen unterscheiden:

a) *Rißbrüche durch unwillkürlichen oder willkürlichen aktiven Muskelzug —* Rißbruch des Fersenhöckers, der Spina tibiae, der Patella (mit vorstehender Einschränkung), des Processus coracoides scapulae, des Processus coronoideus des Unterkiefers und der Ulna; unwillkürliche Muskelkontraktionen führen in epileptischen, tetanischen oder eklamptischen Anfällen zu derartigen Abrißfrakturen.

b) *Rißbrüche durch passiven Muskelzug*, d. h. durch passive Anspannung der Muskeln — Rißbrüche des Tuberculum majus humeri sowie des Tuberculum minus humeri.

c) *Rißbrüche durch gewaltsame Anspannung von Gelenkbändern* — wohl die häufigste Form — Rißbruch des Malleolus internus tibiae, des Epicondylus internus humeri (Abb. 23), der Femurepikondylen am Ansatz der Seitenbänder, Abreißung der Eminentia intercondyloidea und des Tuberculum intercondyloideum mediale durch das vordere Kreuzband.

2. Biegungsbrüche.

Die große Mehrzahl aller Frakturen sind *Biegungsbrüche*. Das einfachste Beispiel der Entstehung eines Biegungsbruches wird gegeben durch das Bild des über dem Knie gebrochenen Stockes (Abb. 24). An der Stelle maximaler Biegung, also gegenüber der Basis der in der Mitte einwirkenden Kraft A (Abb. 25), suchen die einzelnen Knochenteilchen voneinander abzurücken; es entstehen dort maximale Zugspannungen. Gegenüber, wo sich durch zunehmende Biegung der Bogen verkleinert, suchen sich die einzelnen Knochenteilchen näher aneinander zu schieben; hier entstehen maximale Druckspannungen. Wir können uns dieses Verhalten am anschaulichsten klar machen, wenn wir in der Mitte des Stabes zwei zur Längsachse senkrecht stehende parallele Ebenen konstruieren; biegen wir den Stab, so nähern sich an der Konkavität die Ebenen, während sie sich an der Konvexität voneinander entfernen (vgl.

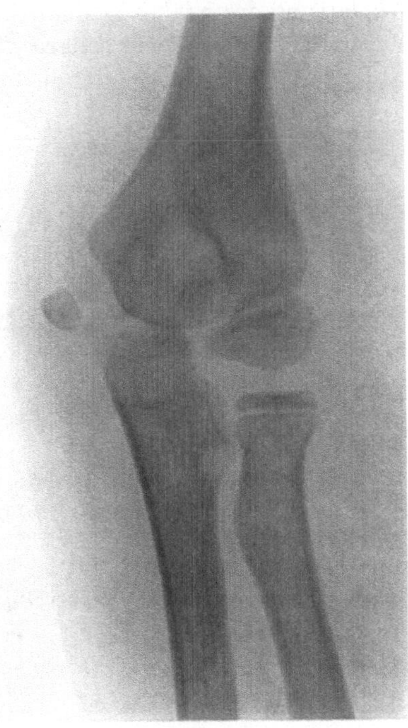

Abb. 23. Abrißfraktur des Epicondylus internus humeri

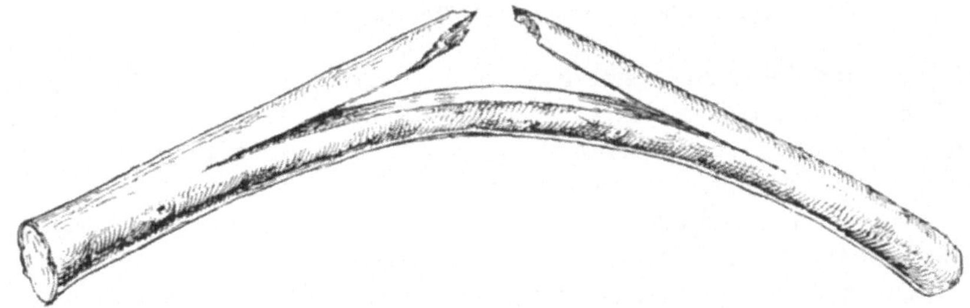

Abb. 24. Über dem Knie gebrochener Stock.

Abb. 25). An der konvexen Seite des Stabes treten somit Zugspannungen auf, an der konkaven Seite Druckspannungen; gegen die Mitte des Stabes zu nehmen sowohl Zug- als Druckspannungen sukzessive ab. In der Mitte liegt

somit eine Längsebene, von der aus nach der Konvexität hin nur Zug-, nach
der Konkavität hin nur Druckbeanspruchung stattfindet. Da in dieser mittleren
Ebene weder Längszug- noch Längsdruckspannungen vorhanden sind, wird sie
als *neutrale Schicht* bezeichnet (Abb. 25). Aus dieser Betrachtung folgt, daß
die an der Konvexität und an der Konkavität gelegenen Schichten maximaler
Spannung sich nach der neutralen Zone hin zu verschieben trachten, woraus
Abplattung des Stabes in der Richtung der Kraft A (Achse b in Abb. 26) und
Verbreiterung in einer senkrecht darauf stehenden Achse a resultiert. Diese
Abflachung des Stabes, der in unserem Beispiel einen runden Querschnitt hat,

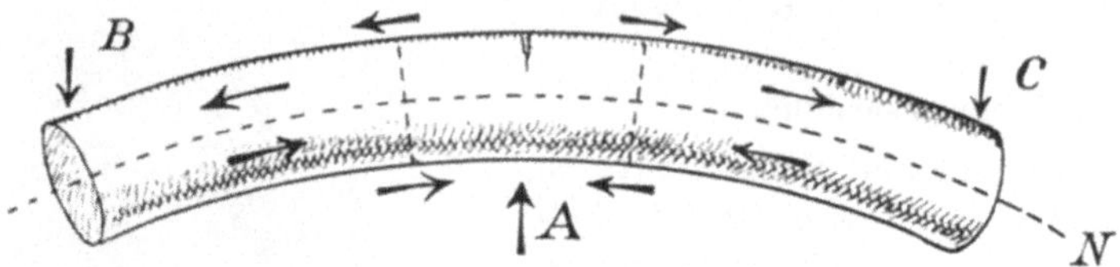

Abb. 25. Schematische Darstellung der Entstehung einer Biegungsfraktur. A Kraft, B und C Gegenkräfte, N neutrale Schicht. Erklärung s. Text.

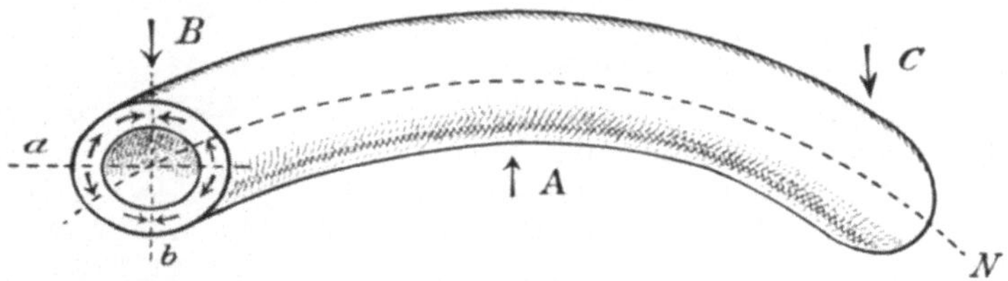

Abb. 26. Schematische Darstellung der Biegungsfraktur; Querschnittsverhältnisse. Erklärung s. Text.

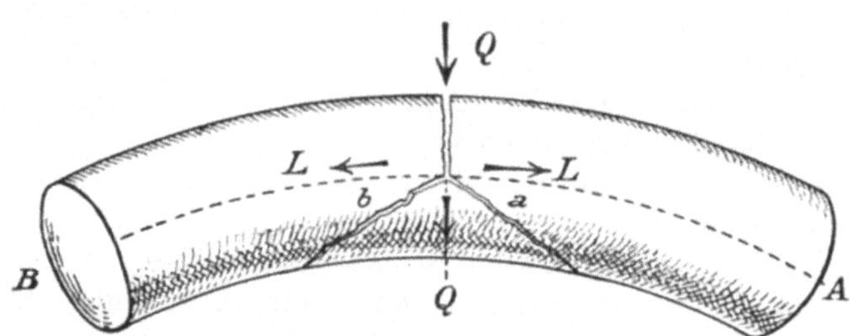

Abb. 27. Schematische Darstellung der Dreieckfraktur. Erklärung s. Text.

führt zur Entstehung zirkulärer Spannungen, und zwar in der Weise, daß an
den Stellen maximaler Abplattung zirkuläre Druckspannung (Abb. 26 bei b),
an den Endpunkten der Verbreiterungsachse, also im Bereich der neutralen
Zone, zirkuläre Zugspannungen auftreten (Abb. 26 bei a).

Überschreiten die Spannungen die Festigkeit des Stabes, so kommt nach
der Beschaffenheit des Materials in verschiedener Weise ein Bruch zustande,
je nachdem die Zugfestigkeit überwiegt oder umgekehrt. Am Knochen entsteht
zuerst auf der konvexen Seite im Bereich der maximalen Zugspannungen ein
Einriß, der auf der Richtung der Zugspannungen, d. h. auf der Längsachse
des Stabes, senkrecht steht (Abb. 25/27). Vor allem führt bei entsprechender
Struktur die zirkuläre Zugspannung an den Enden der neutralen Schicht zu
einem Längsriß, dessen Ebene durch die Längsachse des Stabes geht. Wir sehen

diesen Längsriß besonders schön entstehen, wenn wir einen grünen Stock über dem Knie brechen, weil am grünen Holz diese Längsspaltrichtung strukturell vorgebildet ist (Abb. 24). Am Knochen, dessen Aufbau das Auftreten von

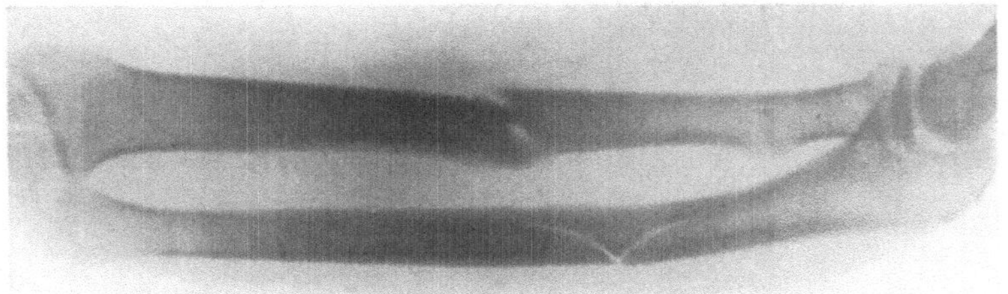

Abb. 28. Flexionsfraktur beider Vorderarmknochen mit typischem Biegungsdreieck an der Ulna.

Längsspalten auf Biegung nicht besonders begünstigt, biegt die Frakturlinie bei der vorausgesetzten Kraftanordnung — zwei gleich gerichtete biegende Kräfte an beiden Enden des Stabes, Gegenkraft in der Mitte — gewöhnlich nach beiden Seiten gegen die Konkavität hin schräg ab, so daß ein *Dreieck mit Basis an der Biegungskonkavität entsteht* (Abb. 28). Die Entstehung dieser schrägen Frakturlinie ist am einfachsten als Resultierende des rein queren Frakturspaltes — Komponente Q — und des Längsrisses in der neutralen Schicht — Komponente L — zu betrachten (Abb. 27). Nun ist zu berücksichtigen, daß die neutrale Zone mit dem Fortschreiten des queren Einrisses nach der Konkavität zu wandert, woraus sich die steilere Abbiegung der Schenkel des Frakturdreiecks nach der Konkavität hin erklärt; denn das Wandern der neutralen Zone entspricht einer Verstärkung der Komponente Q. Der besprochene Frakturmechanismus ist auch gegeben, wenn auf eine an beiden Enden unterstützte, hohl liegende Diaphyse eine umschrieben angreifende, biegende Gewalt einwirkt, so z. B. bei Überfahren eines Unterschenkels. Wir verstehen aus obiger Ableitung, warum die Basis des Frakturdreiecks in derartigen Fällen an der Seite der umschriebenen Gewalteinwirkung liegen muß, und wir können somit aus der Lage des Dreiecks die Richtung und den Angriffspunkt der frakturierenden Gewalt ablesen. *Das gewählte Beispiel entspricht einer direkten Biegungsfraktur.* Bei Knochen, deren physiologische Biegung derart verläuft, daß die Kuppe der Biegung ungefähr in der Mitte liegt, so namentlich am Femur, können

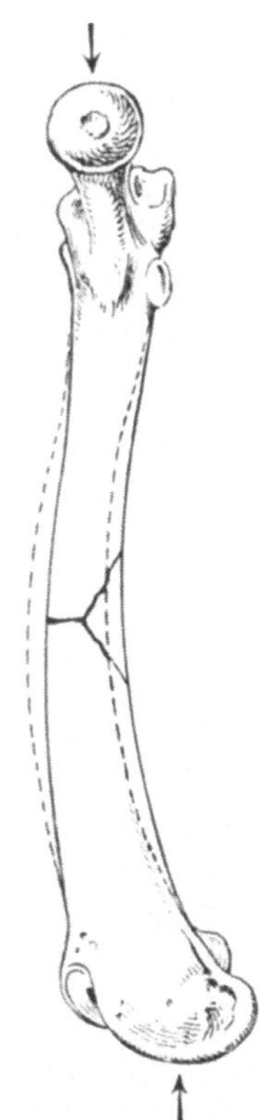

Abb. 29. Biegungsfraktur des Femur durch Längsbelastung, schematisch.

durch Kompression in der Längsrichtung typische Biegungsfrakturen mit Dreieck auf der konkaven Seite hervorgerufen werden (Abb. 29). Besonders häufig sehen wir, daß sich in solchen Fällen die Biegung in einer gewissen

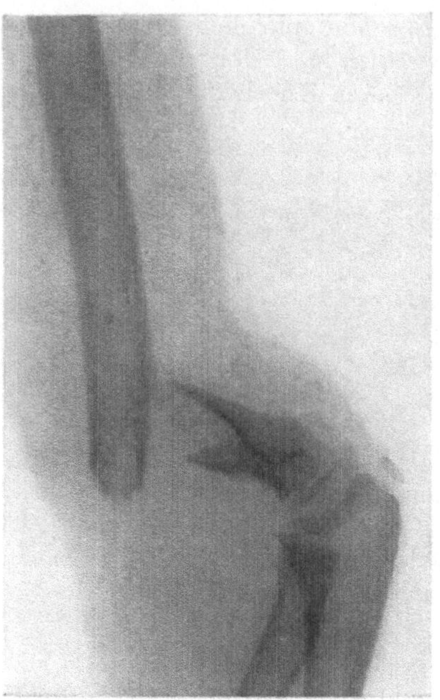

Abb. 30. Biegungsfraktur am unteren Ende des einseitig fixierten Humerus. (Extensionsfraktur.)

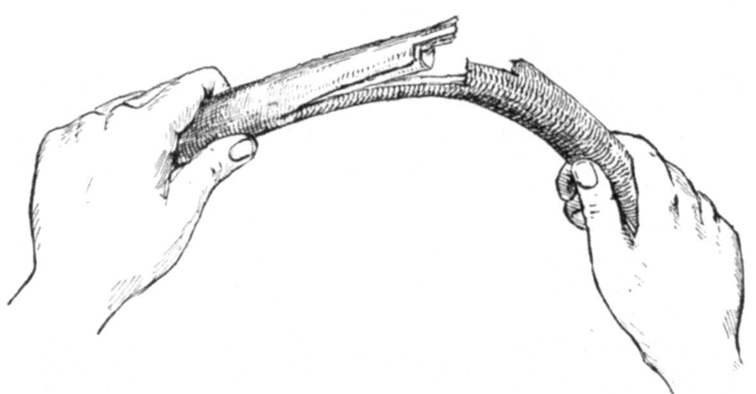

Abb. 31. Losbrechen eines Stückes von einem grünen Stock; linke Hand fixierend, rechte in Bewegung; an der konkaven Seite wird ein Stück Rinde mitgerissen.

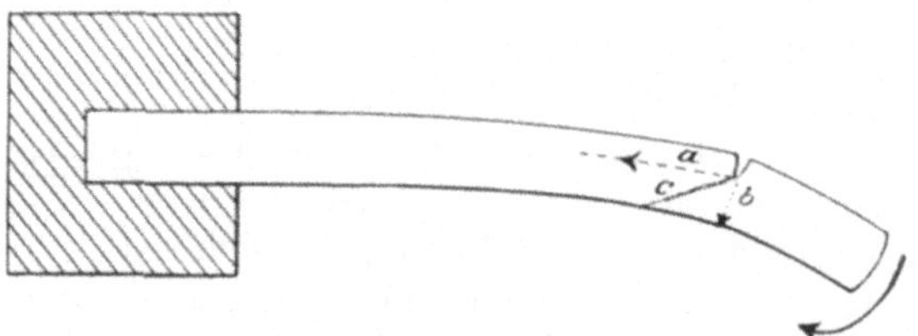

Abb. 32. Entstehung einer Biegungsfraktur am einseitig fixierten Knochen unter Annahme einer Quer- und Längsrißkomponente.

Phase der Frakturierung mit Torsion kombiniert; häufiger ist allerdings das umgekehrte Verhalten, d. h. die Beendigung einer Rotationsfraktur durch Biegung.

Suchen wir einen *einseitig fixierten Knochen* durch Einwirkung auf sein freies Ende zu biegen, so entstehen auch hier an der konvexen Seite längsgerichtete Zugspannungen, und es erfolgt bei Überschreiten der Elastizitätsgrenze an der Kuppe der Konvexität ein Einriß senkrecht zur Richtung der Zugspannungen, also senkrecht zur Tangente durch den Scheitelpunkt der Kuppe. Dadurch gelangt das nicht fixierte Ende des Knochens, auf welches die biegende Kraft einwirkt, in leichte Flexionsstellung zum fixierten Knochenteil. Bei weiter wirkender Gewalt ergibt sich eine schräg nach der konkaven (Biegungs-)Seite des Knochens hin verlaufende Frakturebene (Abb. 30). Wir haben hier ähnliche Verhältnisse, wie wir sie beim Abbrechen eines Stückes von einem grünen Zweige beobachten; mit dem abgebrochenen Stück wird immer eine Partie der grünen Rinde vom fixierten Stück losgerissen (Abb. 31).

Diese schräg verlaufende Frakturebene bei einseitig wirkender flektierender Kraft können wir wieder als Resultierende der Kräftegruppe betrachten, die eine reine Quertrennung hervorzubringen strebt und der zweiten Kräftegruppe, die für sich allein zu einem Längsriß führen würde (Abb. 32). Infolge der einseitig wirkenden biegenden Gewalt kommt im Gegensatz zum vorigen Beispiel nur *eine* Längsrißkomponente in Betracht; entsprechend verläuft die Frakturebene schräg nach dem fixierten Ende zu.

Flexionsfrakturen durch Druck oder Stoß in der Längsrichtung oder durch Biegung des einseitig fixierten Knochens sind Beispiele von indirekten Frakturen.

Bei alten Knochen sind infolge der geringeren Elastizität die Veränderungen der Querschnitte äußerst gering. Entsprechend spielen die zirkulären Zugspannungen an den Enden der neutralen Schicht eine untergeordnete Rolle. Daraus erklärt sich die geringe Neigung der Biegungsfrakturen alter Leute zu seitlicher Abbiegung. Alte Knochen brechen deshalb unter Biegung häufig rein quer, wobei die Wirkung der zirkulären Spannungen und der Verschiebungstendenz zuweilen durch Längsfissuren angedeutet wird (Abb. 33).

Biegungsfrakturen durch Kompression in der Längsachse bezeichnet man auch als *Ausknickungen*.

3. Kompressionsfrakturen.

Die *Kompressionsfrakturen* verlaufen im allgemeinen nicht so gesetzmäßig wie die Biegungsfrakturen; immerhin lassen sich auch hier einige regelmäßig vorkommende Bruchtypen auseinanderhalten.

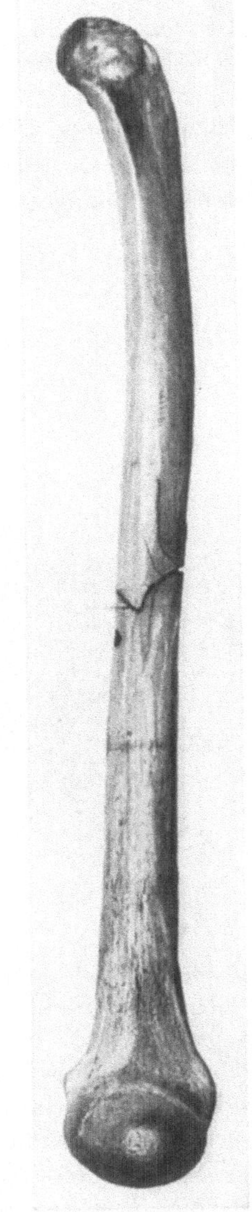

Abb. 33. Vorwiegend quer verlaufende Biegungsfraktur mit charakteristischen Längsspalten. Sammlung der pathol.-anat. Anstalt Basel.

Wird ein gerader Zylinder, dessen Länge geringer ist als der fünffache kleinste Querschnitt, in der Längsrichtung eingespannt und zusammengedrückt, so liegt reine Druckbeanspruchung in der Längsachse vor. Durch die Kompression in der Längsrichtung wird der Zylinder verkürzt, seine Querausdehnung nimmt zu. Elastische Körper bauchen sich deshalb aus, wobei die Längskontur nach außen konvex wird. Bei spröden Körpern, zu denen unter Umständen auch der Knochen gehört, finden bei dieser Formveränderung in der Mitte Absprengungen peripherer Teile statt. Unter reiner Druckbelastung erfolgt der Bruch schließlich bei gleichartigem, nicht zu sprödem Material als schräge Abschiebung, deren Ebene um etwa 45° zur Achse geneigt ist, wie gewisse Formen von Fersenbeinbrüchen (Abb. 34) und Wirbelfrakturen zeigen.

Wenn der in der Richtung seiner Längsachse auf Druck beanspruchte Zylinder den Querdurchmesser mehr als fünfmal an Länge übertrifft, so spricht man praktisch nicht mehr von reiner Druckbelastung, sondern von *Beanspruchung*

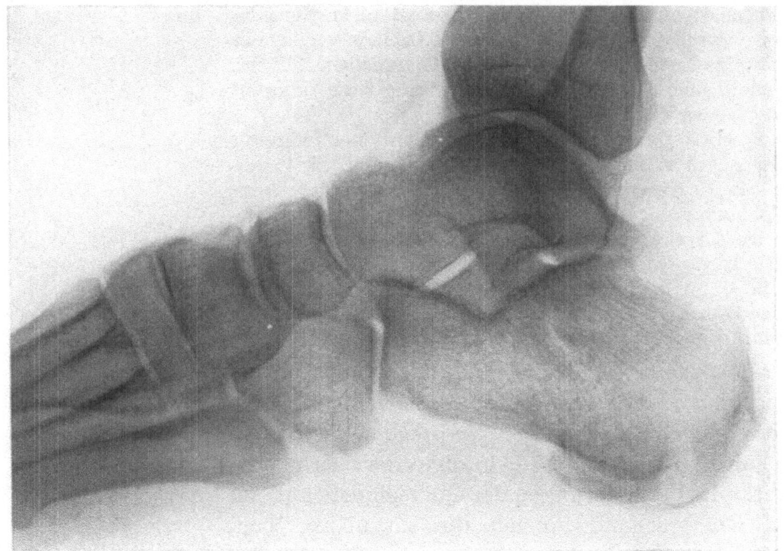

Abb. 34. Kompressionsbruch des Fersenbeins in Form der schrägen Abschiebung.

auf Strebe- oder *Knickfestigkeit.* Es ist praktisch unmöglich, einen nicht völlig homogenen, erheblich längeren als breiten Körper völlig parallel zu seiner Längsachse stark zu beanspruchen. Auch wo das gelingen würde, zerstört der leichteste Einfluß den unter der parallelen Druckbelastung entstehenden labilen Gleichgewichtszustand, es tritt eine Krümmung der Achse ein, wodurch in den Querschnitten neben Druckspannungen auch Biegungsspannungen eintreten. *Bei den Kompressionsfrakturen langer Röhrenknochen ist somit streng genommen stets die Beanspruchung auf Druckfestigkeit und auf Biegungsfestigkeit ausein-anderzuhalten, was bei den folgenden Ausführungen zu berücksichtigen ist.*

Baucht sich ein längs komprimierter Zylinder erheblich aus, so entstehen infolge Vergrößerung der Durchmesser und Umfänge neben Radiärspannungen zirkuläre Zugspannungen, die senkrecht zu den durch die Längsachse des Zylinders gelegten Radien verlaufen (Abb. 35 A). Bei nicht zu sprödem Material führen diese zirkulären Zugspannungen zu Längsrissen, die an der Stelle der maximalen zirkulären Spannung beginnen, d. h. dort, wo sich der Zylinder am stärksten ausbaucht, also bei symmetrischem Bau in der Mitte (Abb. 35 B).

Solche Längsspalten werden an den langen Diaphysen, besonders an der Tibia (Abb. 874) und am Humerus, beobachtet, und ferner an den Phalangen und Metakarpalknochen. Geht nun die Kompression in der Längsachse weiter, so

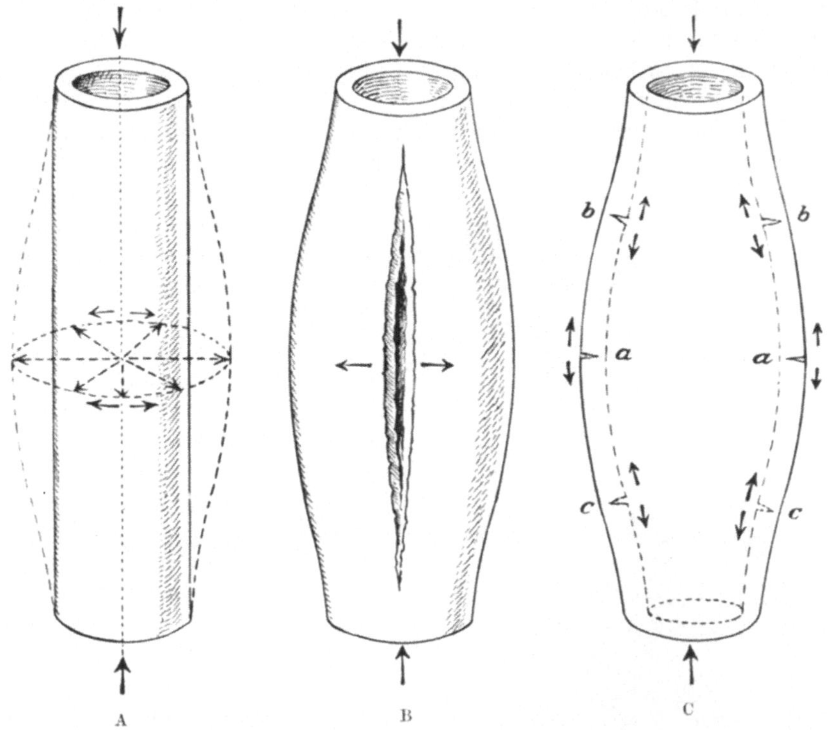

Abb. 35. Entstehung der Längs- und Querrisse bei Längskompression eines Zylinders, schematisch.

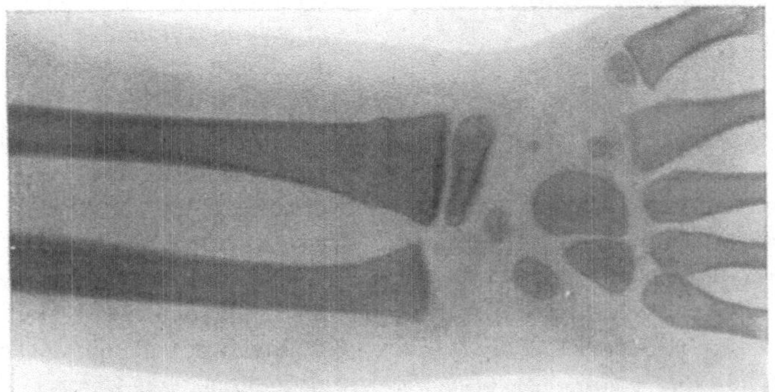

Abb. 36. Stauchungsfraktur am unteren Ende eines jugendlichen Radius.

baucht sich der Zylinder noch mehr aus und es entstehen in der Mitte und an beiden Enden der ausgebuchteten Partie maximale Biegungen, die zu Biegungsfrakturen führen (Abb. 35 C). Bei b und c erfolgt eine Biegungsfraktur von innen nach außen, bei a von außen nach innen. Derartige Frakturen mit Herausbrechen eines rautenförmigen Fragments sehen wir namentlich an der Tibia und am Humerus (Abb. 45).

Bei jugendlichen sehr biegsamen Knochen tritt infolge Längskompression besonders in der Gegend der Epiphysen eine ringförmige Ausbuchtung des Knochens auf, wobei der Einriß gewöhnlich auf der Höhe des vorgebuchteten Wulstes zustande kommt. Dies ist der Typus der *Stauchungs-* oder *Wulstfrakturen* (KOHL, DE QUERVAIN, ISELIN) jugendlicher Knochen, deren Entstehung man wohl darauf zurückführen muß, daß diaphysenwärts von der Epiphysenlinie ein neu gebildeter Knochen liegt, der noch weicher ist und sich deshalb leicht nach außen vordrängen läßt (Abb. 36). An den Knochen Erwachsener entstehen bei Stauchung gewöhnlich zuerst die Längsspalten.

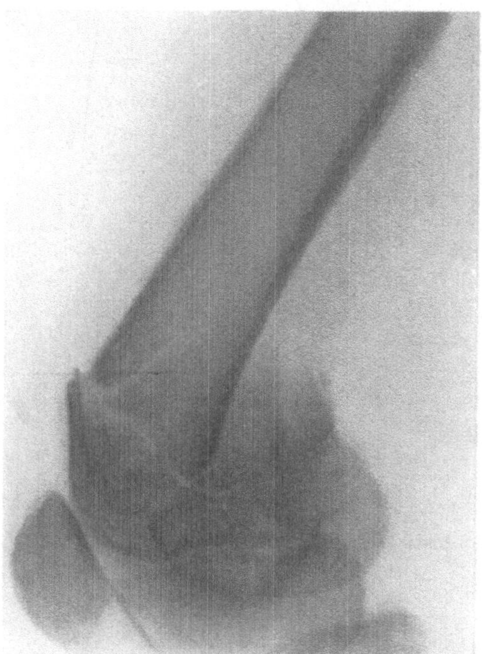

Abb. 37. Zertrümmerungsfraktur des unteren Femurendes durch Längskompression.

In der Spongiosa, also im Bereich der Metaphysen und Epiphysen langer Röhrenknochen und in vorwiegend spongiösen Knochen wie Scapula, Calcaneus, Talus und Wirbelkörpern werden die einzelnen Lamellen unter Biegung und Abscherung gebrochen. Neben regelloser Zusammendrückung (Abb. 37 und 38) *(Zertrümmerungsbrüche)* sieht man jedoch auch hier gesetzmäßige Bruchformen. Am Tibiakopf, am unteren und oberen Femurende und am unteren Humerusende entstehen typische T- und Y-Frakturen (Abb. 862), bei denen der Längsspalt auf Längskompression, die queren und schrägen Linien auf Biegung oder Abscherung zu beziehen sind. Hierher gehören auch die Kompressionsbrüche des Fersenbeins und die Einkeilungsfrakturen.

Bei der *Querkompression* findet eine Abflachung des Knochens in der Druckrichtung, eine Verbreiterung in der senkrecht darauf stehenden Richtung statt. Handelt es sich um einen zylindrischen Knochen, so wird seine Krümmung an den Polen der komprimierenden Kraft abgeflacht, in der senkrecht daraufstehenden Achse vermehrt. Dabei treten die ersten wieder senkrecht auf der Oberfläche stehenden Längsrisse dort auf, wo die Krümmung vermehrt wird, also im Querschnittschema (Abb. 39) eines Röhrenknochens bei C und D; geht die Kompression weiter, so treten auch bei A und B Längsrisse auf, die entsprechend der Lokalisation maximaler Zugspannungen von der Innenfläche der Corticalis ihren Ausgang nehmen. Derartige senkrecht auf der Oberfläche stehende Frakturlinien sieht man bei Torsionsfrakturen der langen Diaphysen (Abb. 45) sowie bei Kompressionsfrakturen des Fersenbeins (Abb. 34).

An dieser Stelle ist auch der *statische Mechanismus der Schädelfrakturen* zu besprechen. Es handelt sich hier um Kompression einer Hohlkugel durch zwei entgegengesetzte gleiche Kräfte. *Bei der Analyse der Schädelfrakturen müssen wir die lokale Wirkung der frakturierenden Gewalt und die Folgen der elastischen Gesamtdeformation der Schädelkapsel auseinanderhalten.* Bei einem Druck auf die Schädelkuppe werden die Druckstelle und die angrenzenden Partien hauptsächlich auf Biegung beansprucht; seitlich geht diese Biegungsbeanspruchung allmählich in Kompression parallel zur Knochenoberfläche, d. h. in Längskompression über, wie bei einem Brückengewölbe. Wird der Schädel in einer Achse komprimiert, so flacht sich die Schädelkapsel in der Druckrichtung ab; dabei treten im äußeren Teil des betreffenden Schädelsegmentes Druckspannungen, im inneren konkaven Teil Zugspannungen auf. Es kommt deshalb zunächst zu einem Einriß an der inneren Schädellamelle. Wirkt umgekehrt die Gewalt von innen nach außen, wodurch eine Vermehrung der Schädelwölbung erstrebt wird, so treten die Zugspannungen zunächst an der äußeren Schädellamelle auf und es kommt zuerst zu einem Einriß an der Außenfläche des Schädels. Letzteres Vorkommnis ist einwandfrei durch Schädelschüsse bewiesen, bei denen die Kugel nicht genügend Energie zum Verlassen des Schädels hatte und nur zu momentaner umschriebener Vorbuchtung des Schädeldaches und isolierter Frakturierung der Lamina externa führte (TEEVAN, v. BERGMANN). *Die allgemeine Angabe, daß die innere Compactalamelle des Schädeldaches brüchiger sei als die äußere, was in der Bezeichnung Glastafel oder Lamina vitrea seinen Ausdruck findet, besteht deshalb nicht zu Recht.* Die innere Tafel ist häufiger isoliert gebrochen, weil eben die Mehrzahl der Schädeltraumen von außen auf die Schädelkapsel einwirkt. Den Verlauf der Fissuren an der Stelle der lokalen Krafteinwirkung ersehen wir aus den schematischen Zeichnungen (Abb. 40). Maximale Zugspannungen entstehen direkt gegenüber der Stelle der Gewalteinwirkung an der Innenlamelle bei a, sowie an dem Ende der Einbiegungszone bei b und c an der äußeren Lamelle. Somit entsteht ein Riß bei a von innen nach außen fortschreitend, sowie Einrisse bei b und c von

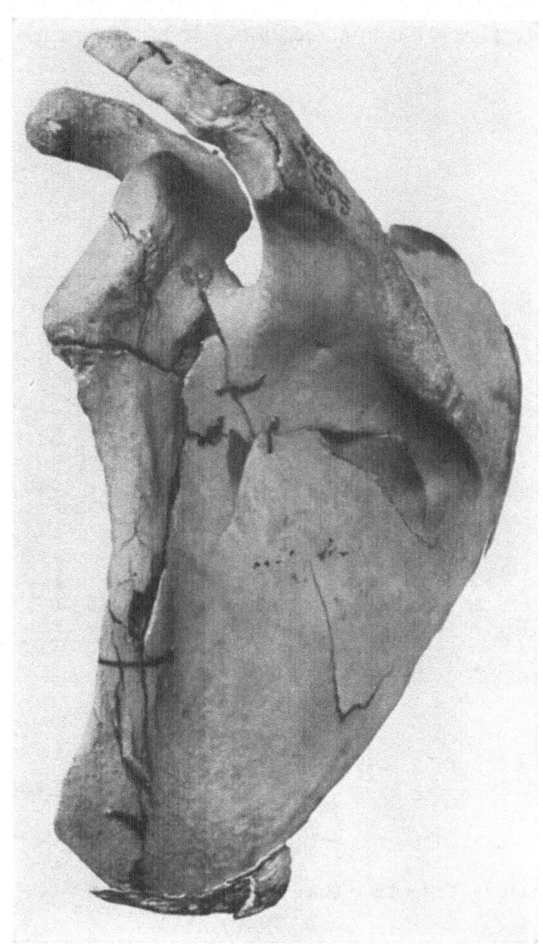

Abb. 38. Zertrümmerungsfraktur der Scapula. Sammlung der path.-anat. Anstalt Basel.

außen nach innen fortschreitend. Der Riß an der Einbuchtungsstelle verläuft
gewöhnlich lineär, die Risse bei b und c sind mehr oder weniger konzentrisch
angeordnet.

Wir müssen nun berücksichtigen, daß bei Kompression einer Hohlkugel
sich nicht nur die in der Kompressionsrichtung gelegene Achse verkürzt, sondern
daß alle senkrecht auf ihr stehenden Kreisachsen sich verlängern. Äquator und
Meridiane bauchen sich aus. So entstehen unter elastischer Gesamtdeformation

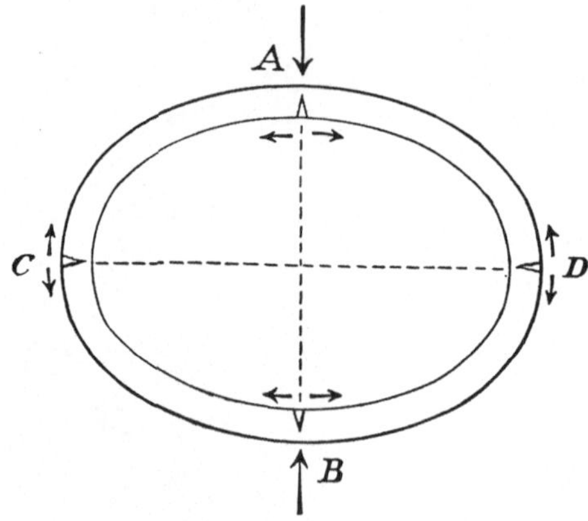

Abb. 39. Entstehung von Längsspalten bei Querkompression eines Zylinders, schematisch.
(Nach CHRISTEN.)

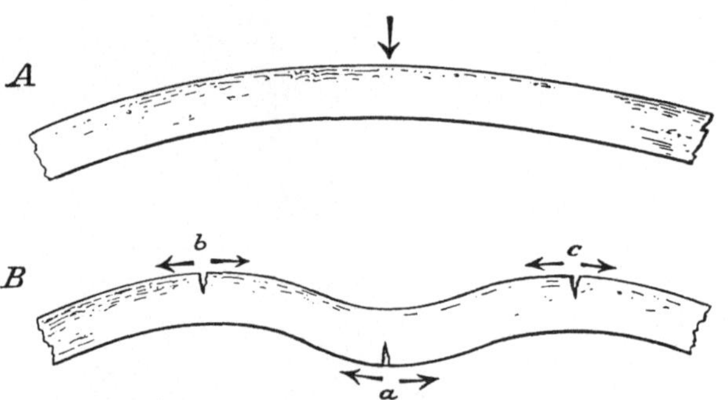

Abb. 40. Entstehung einer Schädelfraktur durch lokale Einbiegung des Schädeldaches von außen
her, schematisch.

der Schädelkapsel äquatoriale und meridionale Zugspannungen, die bei Überschreiten der Elastizitätsgrenze zu meridionalen und äquatorialen Einrissen
führen. Äquatorialspannungen führen zu Meridionalrissen, Meridionalspannungen
zu Äquatorialrissen (vgl. Abb. 49). Wir verweisen auf die Besprechung der
dynamischen Schädelbrüche.

4. Schubfrakturen.

Schubfrakturen entstehen unter der Einwirkung entgegengesetzter gleicher
Kräfte, die in dicht nebeneinander liegenden, parallelen Ebenen angreifen.
Als einfaches Beispiel denke man sich zwei aufeinander liegende Eisenplatten,
die durch eine zylindrische durchgehende Niete verbunden sind. Versuchen

wir die Platten parallel zu ihrer Berührungsfläche auseinander zu ziehen, so ist die Niete auf Abscherung beansprucht; bricht die Niete schließlich durch, so liegt eine Zusammenhangstrennung durch Abscherung vor. Beispiele für die Abscherung bilden auch sämtliche mit der Schere gesetzten Gewebstrennungen. In praxi treten Abscherungsfrakturen am häufigsten auf, wenn eine äußere Gewalt an der Grenze zwischen einem unterstützten und einem nicht unterstützten Knochenteil einwirkt. Während der unterstützte Teil durch das Widerlager festgehalten wird, schert die von der gegenüber liegenden Seite her einwirkende Gewalt den nicht unterstützten Anteil vom unterstützten ab. Im Gegensatz zu den Biegungsfrakturen beginnt der Einriß bei den Abscherungsfrakturen an der Stelle der Gewalteinwirkung, nicht gegenüber, wie Röntgenaufnahmen von unvollständigen Abscherungsbrüchen beweisen. Meistens kommt es, wenn die Abscherung bis zu einem gewissen Grade gediehen ist, zu einer Fortsetzung der Frakturebene durch Biegung oder Torsion. Durch Abscherung, verbunden mit Biegung, entstehen auch die tief liegenden, vorwiegend quer verlaufenden suprakondylären Frakturen des Humerus bei Fall auf die pronierte Hand und auf den stark gebeugten Ellbogen (s. Abb. 560b).

Die meisten Abscherungsfrakturen sehen wir, allerdings auf Grund dynamischer Einwirkungen, am Unterschenkel (Abb. 238), ferner im subkapitalen Bezirke des Schenkelhalses und am Fersenbein. Zu den Abscherungsfrakturen gehören auch die Knorpelabschälungen, wie sie an der Rotula des Humerus und an den Femurkondylen beobachtet werden. Hier wirkt die abscherende Gewalt nicht in einer einfachen queren, sondern in einer gebogenen Ebene ein.

5. Torsionsfrakturen.

Ein letzter Bruchmechanismus wird durch die *Torsion* dargestellt. Torsions- oder Zerdrehungsfrakturen treten auf, wenn ein Knochen an zwei verschiedenen Stellen entgegengesetzter Drehung ausgesetzt wird (Abb. 41). Das geschieht am Lebenden meist so, daß das eine Ende des Knochens fixiert ist, während das andere in Drehung um die Längsachse versetzt wird. Unter der Einwirkung der Torsion entstehen in den Querschnitten elastischer Stäbe Zug- und Druckspannungen, zwischen den einzelnen Querschnitten Schubspannungen, deren Größe ungefähr dem radialen Abstande der Teilchen von der Achse des Stabes proportional ist. Die Richtung größter Zugspannungen, die hauptsächlich in Betracht fallen, verläuft in einem Winkel von 45° zur Längsachse des torquierten Körpers. In Abb. 42 wird die Richtung maxi-

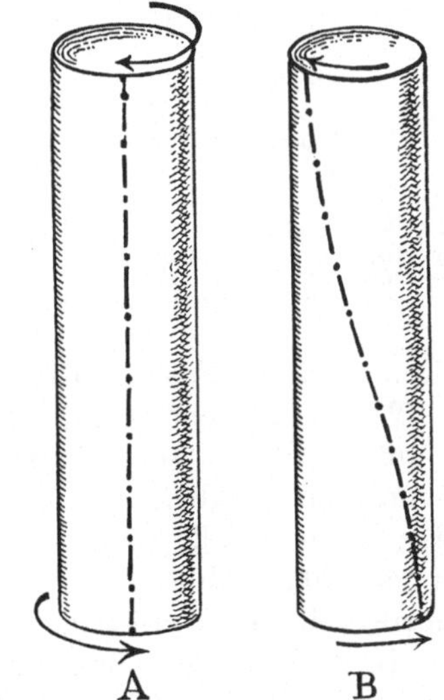

Abb. 41. Torsion eines elastischen Zylinders; Verschiebung der auf einer Linie liegenden Punkte.

maler Zugspannungen durch die schräg nach links aufsteigenden parallelen Linien dargestellt. Die Bruchfläche muß auf der Richtung größter Spannung, zu Beginn wenigstens, senkrecht stehen und ist somit ebenfalls um 45° gegen die Längsachse geneigt, aber in entgegengesetztem Sinne. Die Frakturlinie zeigt deshalb bei Torsionsfrakturen, wie aus der Zeichnung ersichtlich, die *Form einer Schraubenlinie*; genauer ausgedrückt stellt die Schnittlinie der Frakturebene mit der Knochenoberfläche eine Schraubenlinie dar. Man kann praktisch den Verlauf dieser Schraubenlinie am besten klarmachen, wenn man sich vorstellt, daß bei diesem Frakturmechanismus das eine Ende des Knochens fixiert ist, während die torquierende Kraft das andere Ende

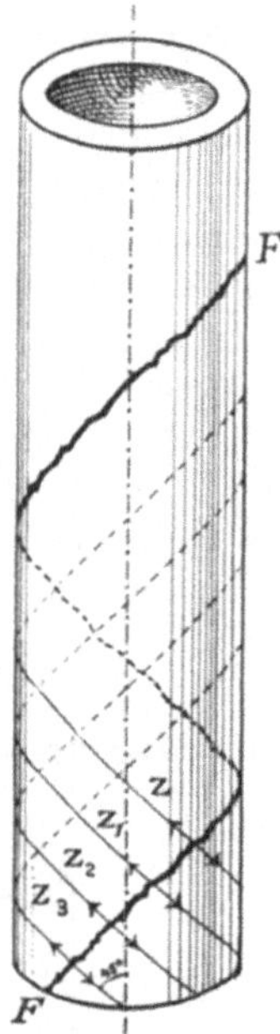

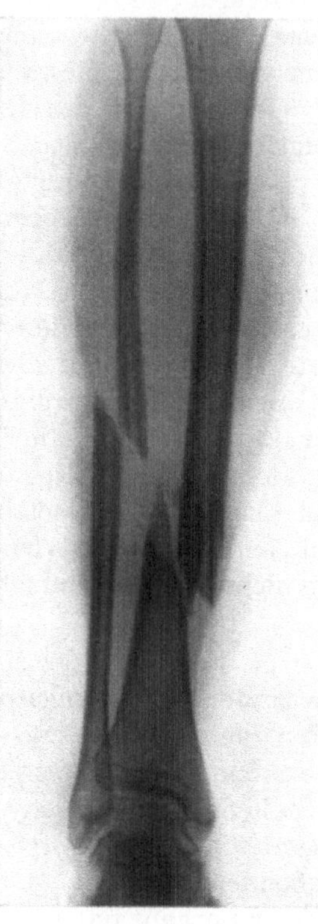

Abb. 42. Schematische Darstellung der Entstehung einer Torsionsfraktur. $Z-Z_3$ Richtung der Zugspannung; F Verlauf der Frakturlinie. (Drehung im gleichen Sinne wie auf Abb. 41.)

Abb. 43. Torsionsfraktur beider Unterschenkelknochen, entstanden durch Drehung des Fußes von innen nach außen. Die Fibulafraktur liegt in typischer Weise höher als die Tibiafraktur.

abzudrehen, d. h. aus der Kontinuität des fixierten Knochens zu lösen versucht. Wird z. B. bei fixiertem Kniegelenk der untere Teil des Unterschenkels nach außen gedreht, so verläuft die Frakturlinie aufsteigend von unten innen nach vorne oben außen um den Knochen (Abb. 43) und wir verstehen, warum in einem solchen Falle die Bruchebene in der Fibula höher liegt als der Bruchspalt in der Tibia (Abb. 43). Denken wir uns umgekehrt den Fuß fixiert, während der obere Teil des Unterschenkels nach innen gedreht wird, so verläuft die gleiche Bruchlinie von oben außen nach vorne unten innen, also wieder im Sinne der Drehung. *Die Schraubenwindungen der Torsionsfraktur verlaufen somit immer gleichsinnig der Drehungsrichtung.*

Je rascher die Torsion erfolgt, desto weniger steil verläuft im allgemeinen die Schraubenlinie der Torsionsfraktur (dynamisches Moment) (vgl. Abb. 871). Natürlich haben auch Struktur und Elastizität des betroffenen Knochens

Einfluß auf den Verlauf der Frakturlinie. In praxi haben wir nicht einfache Torsionsfrakturen vor uns; die Drehung ist wohl ausnahmslos mit Biegung und meist auch mit Längsdruck, also mit Stauchung verbunden (vgl. Abb. 45),

sei es, daß die Längskompression durch das Trauma, durch Muskeldruck oder durch beide zusammen bewirkt wird. Hat infolge der Torsion bereits eine gewisse Verschiebung zwischen fixiertem und in Abdrehung begriffenem Knochenteil stattgefunden, so wirkt auch der Längsdruck im Sinne der Biegung. Auch bei reiner Torsion wird in dem Augenblick, wo die Bruchlinie den halben Umfang des Knochenzylinders überschritten hat, durch weitere Einwirkung der torquierenden Gewalt die Trennung beider Fragmente durch Biegung vollzogen; die Biegungsachse ver-

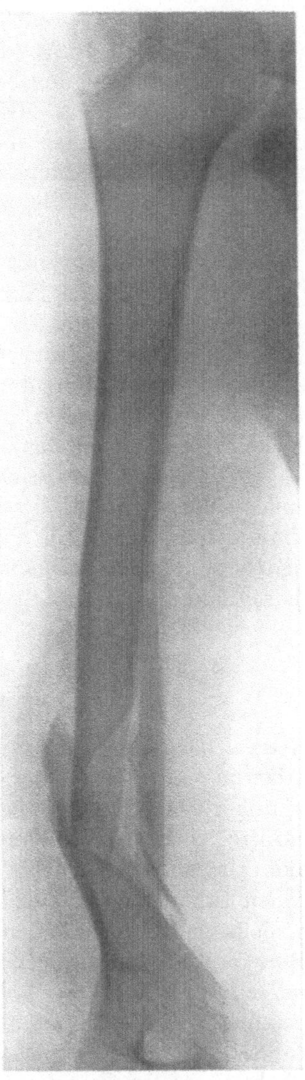

Abb. 45. Herausbrechen eines rautenförmigen Fragmentes durch Torsion, Biegung und Stauchung.

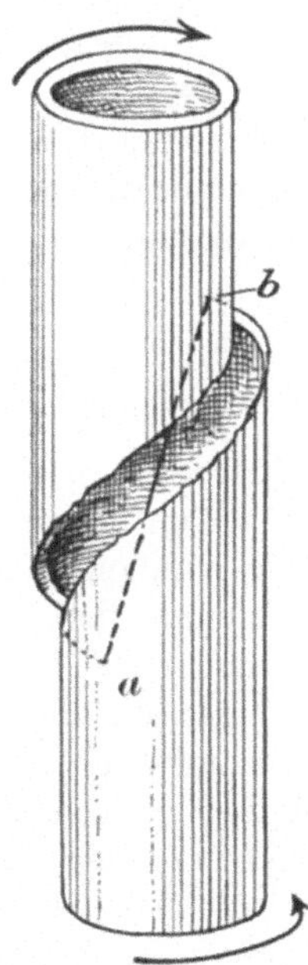

Abb. 44. Vollendung der Torsionsfraktur durch Biegung um die Achse a b in der hinteren Corticalis.

läuft hierbei in der Längsrichtung des Knochens durch die Diaphysencorticalis (Abb. 44). Die Mitwirkung der Biegung hat zur Folge, daß die Bruchlinie in ihrem weiteren Verlauf steiler ausfällt als dies unter reiner Torsion der Fall sein würde. Da die Längskompression allein Längsspaltung bewirkt, resultiert auch hieraus ein steiler Verlauf der Schraubenlinie als der Rotation allein entsprechen würde. Kommt es neben der gewöhnlichen, der Längsachse parallel verlaufenden, durch Biegung am Schlusse der Torsion entstehenden Frakturlinie (Abb. 44) zu einer zweiten Längsfraktur durch Stauchung, die ebenfalls zwei Stellen der Schraubenlinie verbindet, so wird ein rautenförmiges Stück aus der Corticalis herausgebrochen, wie Abb. 45 zeigt. Die schmalen Seiten dieses mehr oder weniger vollständig herausgesprochenen Fragmentes entsprechen Abschnitten der Torsionsbruchlinie. Auch wo es nicht zu dieser Aussprengung kommt, bedingen die Längskomponenten scharfe Zuspitzung der Fragmente, die leicht die Haut durchstechen und in das gegenüberliegende Fragment eindringen, unter Zertrümmerung der Spongiosa und sekundärer Frakturierung der Metaphysen und Epiphysen. Die Fraktur kann sich in Form von Fissuren in benachbarte Gelenke hinein fortsetzen; häufig erstreckt sie sich über mehr als zwei ganze Umfänge des Knochens. Die Torsionsfraktur beschränkt sich auf Röhrenknochen. Von der Bedeutung des Muskeldruckes für die Längskompression bei Torsionsfrakturen und überhaupt für die kombinierte Frakturgenese geben die Berechnungen CHRISTENs einen Begriff. Nach CHRISTEN ist die Belastung der Tibia durch Körpergewicht und Muskelzug gleich dem dreifachen Körpergewicht, und bei horizontalem Heben eines Gewichtes von 10 kg wird der obere Teil des Humerus durch den Muskelzug in seiner Längsachse mit einer Kraft von 125 kg komprimiert.

Die *Verletzungen der Knochenhaut* der Röhrenknochen folgen nach Tier- und Leichenversuchen von BÜRKLE-DE LA CAMP ähnlichen Gesetzen, wie die Frakturen, mit deren Verlauf die Periostrisse weitgehend übereinstimmen. Für die Bildung des periostalen Callus ist naturgemäß die Lage der durch Quer-, Längs- und Schrägrisse abgegrenzten, unversehrten Periostteile von großer Bedeutung.

III. Dynamik.

1. Der Begriff der dynamischen Frakturgenese.

Bei den vorstehend besprochenen statischen Frakturmechanismen haben wir Belastung des Knochens in bestimmten Richtungen vorausgesetzt, und zwar durch ruhende, ganz langsam und gleichmäßig zunehmende Kräfte und Gegenkräfte. Die große Mehrzahl der Frakturen kommt jedoch durch kurz dauernde Gewalteinwirkungen zustande, die sich namentlich in Form eines plötzlichen Stoßes geltend machen, d. h. durch bewegte Kräfte, die man mit einem nicht ganz zutreffenden Ausdruck als momentane Kräfte bezeichnet. Ihre Einwirkung ist streng genommen keine momentane, jedoch wirken sie nur während einer „unmeßbar" kleinen Zeit und erreichen außerordentlich rasch ihr Maximum. Ein einfaches Beispiel mag den Unterschied beleuchten: Legen wir auf die Mitte der Diaphyse eines an beiden Enden unterstützten, in der Mitte hohl liegenden Knochens ganz langsam und sorgfältig ein schweres Gewicht, das, einmal vollständig der Schwerkraft überlassen, zu einer Biegung des Knochens über seine Elastizitätsgrenze hinaus und damit zu einer Fraktur führt, oder belasten wir den Knochen durch sukzessives Auflegen von Gewichten bis zum Eintreten eines Bruches, so haben wir einen statischen Frakturmechanismus vor uns. Lassen wir jedoch ein Gewicht aus bestimmter Höhe auf die gleiche Diaphyse fallen, so entsteht unter der Einwirkung des den Knochen treffenden Gewichtes, also einer in Bewegung befindlichen Masse, ebenfalls eine Fraktur; der Mechanismus ist in diesem Falle ein dynamischer.

Der Unterschied zwischen dynamischer und statischer Wirkung einer frakturierenden Kraft ergibt sich aus folgendem zahlenmäßigen Beispiel: Wenn ein aus einer Höhe von 2 m auf eine hohlliegende Diaphyse fallendes Gewicht von 1 kg in der Fallebene die Diaphyse um 1 cm in der Stoßrichtung verschiebt, so brauchen wir, um die gleiche Ausbiegung des Knochens nicht durch ein frei fallendes, sondern durch ein aufgelegtes Gewicht zu erzielen, ein solches von 2000 kg.

Führen wir z. B. mit einem Hammer von bestimmtem Gewicht einen langsamen, wenig kräftigen Stoß quer auf die Diaphyse eines frei hängenden Knochens, so wird der Knochen einfach zur Seite geschoben und gerät ins Pendeln. Hier hat sich sozusagen die ganze Energie des Stoßes in Beschleunigung umgesetzt, die dem ganzen Knochen mitgeteilt wird. Führen wir dagegen mit dem gleichen Hammer, d. h. mit der gleichen Masse, einen raschen kräftigen Schlag auf den Knochen aus, so gelingt es uns, eine quere Fraktur zu erzeugen. Es ist leicht ersichtlich, daß der maßgebende Unterschied gegenüber dem vorigen Falle durch die erhebliche Steigerung der dem Hammer mitgeteilten Beschleunigung, also durch die größere Geschwindigkeit des Stoßes bedingt wird. Mit der Beschleunigung wächst die absolute Größe der einwirkenden Kraft. Durch den plötzlich einwirkenden raschen Stoß erhalten die zunächst getroffenen Moleküle eine ganz bestimmte Beschleunigung in der Stoßrichtung, die sich auf alle in der Stoßrichtung gelegenen Moleküle überträgt. Diese Übertragung erfolgt so rasch, daß die an die Zone der Stoßwirkung angrenzenden Moleküle nicht mitzukommen vermögen, sondern kraft ihrer Trägheit zurückbleiben. Es entstehen also zwischen den bewegten und den in Ruhe verharrenden Molekülen Zugspannungen, die bei Überschreiten der Elastizitätsgrenze zur Aufhebung des Zusammenhanges führen. Im Gegensatz zum erst erwähnten Fall hat sich hier beinahe die gesamte Energie des Stoßes in Zugspannungen umgesetzt (coup sec). Eine geringe Wucht erschöpft sich, bevor die Elastizitätsgrenze erreicht ist; je größer die Wucht des Stoßes, um so eher kommt es zur Fraktur. Je größer ferner der Anteil der Wucht (eines Stoßes), der sich in Zugspannung umsetzt, desto eher entsteht eine Fraktur; da nun dieser Anteil mit der Geschwindigkeit des Stoßes wächst, *entsteht eine Fraktur um so eher, je rascher ein Stoß geführt wird.*

Von Bedeutung ist auch die Angriffsfläche des Stoßes; *im allgemeinen tritt eine Fraktur um so eher ein, je kleiner die Angriffsfläche ist,* weil sich die gesamte Energie auf wenige Moleküle konzentriert, so daß die elastischen Spannungen erheblich größer werden als bei breiterer Angriffsfläche und Verteilung der Stoßkraft auf eine entsprechend größere Anzahl Moleküle.

2. Quere Schubfrakturen und Biegungsbrüche.

Je nach der Wucht, Geschwindigkeit und Angriffsfläche des Stoßes entstehen quere Schubfrakturen (Abb. 46) oder teilweise schräg verlaufende *Biegungsfrakturen.* Ist bei entsprechender Wucht die Geschwindigkeit des Stoßes so groß, daß sich die in der Stoßrichtung gelegenen Moleküle mit großer Beschleunigung in der Stoßrichtung verschieben, ohne daß die dicht daneben liegenden Moleküle mitzukommen vermögen, so entsteht eine *Schubfraktur* (Abb. 47 A). Bei weniger hoher Geschwindigkeit verschieben sich nicht nur die in der Stoßrichtung gelegenen Teilchen, sondern auch die beiderseitig

anschließenden, wenn auch in entsprechend geringerem Maße, und hier muß
es deshalb zur *Biegungsfraktur* kommen (Abb. 47 B).

Da die Geschwindigkeit des Stoßes mit dem Vordringen der Schubfraktur
abnimmt, gehen die meisten Schubfrakturen in Biegungsfrakturen über, indem
die quere Linie schräg ausmündet (Abb. 818 b); dabei ist die Ausdehnung des
Biegungsfrakturbezirkes desto geringer, je rascher der Stoß erfolgt, und desto
größer, je langsamer er einwirkt. Kombination zwischen Biegungs- und reiner

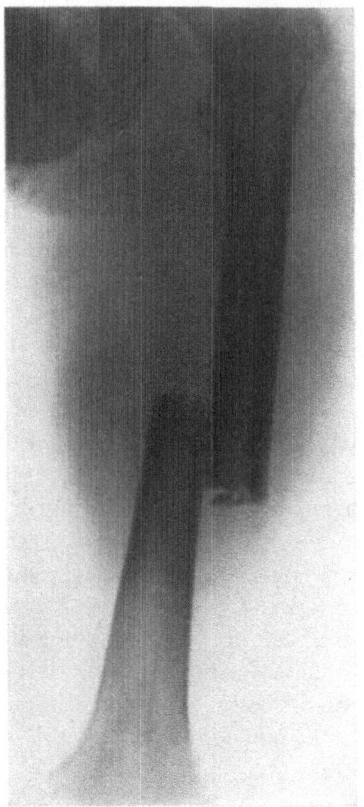

Abb. 46. Quere Schubfraktur des Femur durch
direkte Gewalt; Automobilunfall.

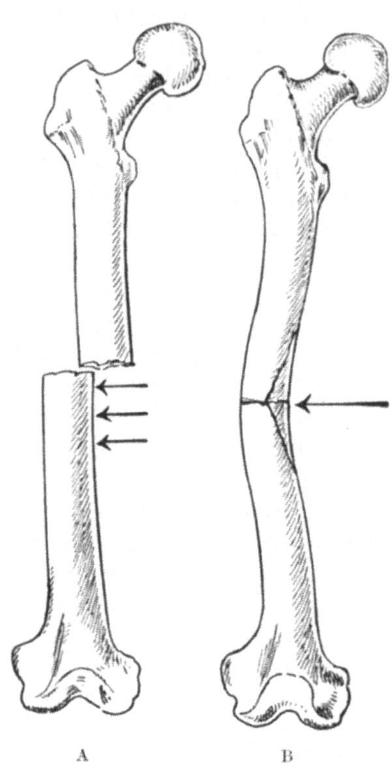

Abb. 47. A Entstehung der reinen queren
Schubfraktur. B Entstehung der queren
Biegungsfraktur, schematisch.

Querfraktur sieht man bei sog. Paradefrakturen, bei denen das Biegungsdreieck
noch quer gespalten erscheint. Die klassische Radiusfraktur dagegen ist
wesentlich Schubfraktur und wird gelegentlich, wie auch die Epiphysenlösung,
dorsalwärts durch Biegung vollendet (Abb. 654).

Die besprochenen dynamischen Momente spielen sowohl bei den Biegungs-
als auch bei den Torsions-, Abscherungs-, Kompressions- und Rißfrakturen
eine erhebliche, meistens maßgebende Rolle; ein wesentlicher dynamisch wirkender Faktor ist auch der muskuläre Längsdruck.

3. Knochenbrüche durch Muskelwirkung.

Von rein dynamischen Gesichtspunkten zu beurteilen sind in erster Linie
die *Abreißungen von Knochenfortsätzen*, an denen sich Bänder, Sehnen kräftiger

Muskeln oder ganzer Muskelgruppen ansetzen. Voraussetzung für die Entstehung dieser Brüche ist, daß die Bänder und Sehnen eine größere Zugfestigkeit haben als der Knochen, denn sonst würde es zu einer Sehnenzerreißung kommen. Das dynamische Moment tritt besonders hervor bei den Abrißfrakturen, die durch plötzlichen, unzweckmäßig dosierten Muskelzug hervorgerufen werden. Da die Zugfestigkeit des Knochens ungefähr 9—12 kg pro qmm beträgt, wären ganz gewaltige Zuggewichte notwendig, um unter gleichmäßig zunehmender Steigerung des Zuges Abreißungsfrakturen zu bewirken. Die frakturierende Gewalt des Muskelzuges beruht auf seiner plötzlichen, rasch ihr Maximum erreichenden Einwirkung.

Doch auch eigentliche Kontinuitätsfrakturen entstehen durch Muskelzug. Am bekanntesten sind die sog. *Schleuderfrakturen*, die beim Schleudern eines schweren Gegenstandes, so beim Diskuswerfen, beim Schleudern von Handgranaten, beim Austeilen eines Schlages, der sein Ziel verfehlt — bei sog. Lufthieben —, zustande kommen. Bevor die Schleuder- oder Wurfbewegung des Armes zum Abschluß gekommen ist, greift eine hemmende Kraft ein, an deren Angriffsstelle dann eine Biegungsfraktur entsteht. Gewöhnlich sind es unkoordinierte Kontraktionen des Deltoides, die bei den in Frage stehenden Bewegungen plötzlich hemmend einwirken; der Arm wird so in einen ungleicharmigen Hebel verwandelt, dessen langer, von der Hand bis zur Ansatzstelle des Deltoides reichender Teil in der Nähe des Deltoidesansatzes abbricht. *Es handelt sich somit bei diesen Schleuderfrakturen um Biegungsfrakturen infolge unvollkommener Koordination der Muskelaktion.* Ähnlich liegen die Verhältnisse beim Lufthieb; im Momente, wo die genau berechnete Bewegung nicht, wie erwartet, infolge Auftreffen des Schlages gehemmt wird, tritt reflektorisch unzweckmäßig dosierte aktive Muskelhemmung ein, die zur Fraktur führt.

Diese Erklärung trifft jedoch nur zu für die Fälle, bei denen der Bruch des Humerus in der Nähe der Ansatzstelle des Deltoides erfolgt. Die im unteren Drittel des Humerus lokalisierten *Wurffrakturen*, die während des letzten Krieges namentlich beim Werfen von Handgranaten beobachtet wurden, sind Torsionsbiegungsbrüche, die unter kombinierter Einwirkung der rotierenden Hebelwirkung des Vorderarms und des Längsmuskeldruckes zustande kommen.

Erheblich seltener als der Humerus bricht das Femur durch reinen Muskelzug, so bei Austeilen eines Fußtrittes, der sein Ziel verfehlt, weil dann die erwartete, bei der Dosierung der kräftigen Kniegelenksstreckung und Hüftgelenkbeugung „in Rechnung gestellte" Hemmung nicht erfolgt, so daß unkoordinierte antagonistische Muskelhemmung reflektorisch in Aktion tritt. Auf diese Weise entstehen vorwiegend Schrägbrüche.

Beim Kegelschieben entstehen am Standbein ebenfalls Frakturen des Femur, bei denen die kräftige Muskelaktion mitwirkt; hier handelt es sich jedoch stets um eine wesentliche Torsionskomponente, wie bei den Femurfrakturen, die beim Telemarkschwung bei Skifahrern entstehen. Die auslösende Kraft wird hier allerdings von der Muskulatur des Patienten geliefert, doch spielt die Hebelwirkung des Standfußes, bei Skiläufern die bedeutende Verlängerung dieses Hebels durch den Ski, und häufig auch in gewissem Ausmaße die Fallbewegung des Körpers eine wesentliche Rolle.

Verhältnismäßig häufig sind noch am Schlüsselbein Brüche durch Muskelaktion beobachtet. Es handelt sich stets um Frakturen im Anschluß an kräftige ruckweise Bewegungen des gleichseitigen Armes bei Austeilen eines Schlages, beim Peitschenhieb, bei turnerischen Leistungen, bei schweren Arbeitsverrichtungen. Diese Frakturen werden durch unzweckmäßige Aktion der Sternokleido, der Pectoralmuskeln und des Deltoides in verschiedener Gegenwirkung hervorgerufen; auch ist bei starker Rückwärtssenkung des Armes eine Knickung der Clavicula über der ersten Rippe als Hypomochlion denkbar. Selten sind Brüche am Rumpfskelet durch Muskelzug, Rippenbrüche infolge starker Hustenanfälle, Sternalfraktur unter der Geburt, Halswirbelbrüche durch gewaltsame Extension der Halswirbelsäule beim Kopfsprung ins Wasser (SCHEDE), Abriß von Quer- und Dornfortsätzen.

4. Dynamischer Mechanismus der Schädelfrakturen.

Eine gesonderte Besprechung erfordert der *dynamische Mechanismus der Schädelfrakturen*. Wenn wir mit einem stumpf-spitzen Instrument einen

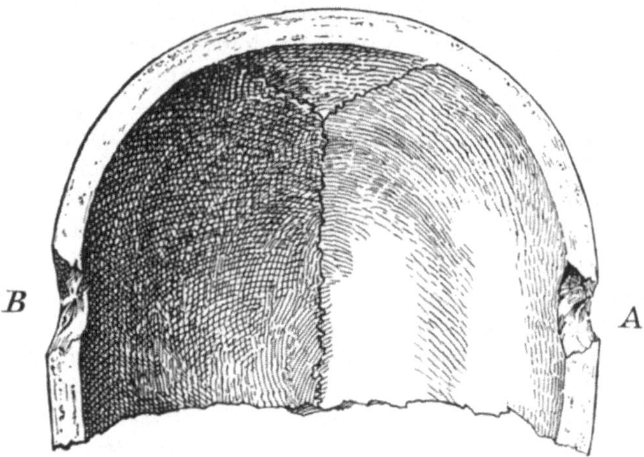

Abb. 48. Lochdefekte im Schädel durch Gewehrgeschoß. A Einschuß, B Ausschuß.

kräftigen Schlag auf das Schädeldach ausüben, so wird ein Stück aus der Schädelkapsel herausgestanzt, welches ungefähr dem auftreffenden Querschnitt des verletzenden Instrumentes entspricht. In diesem Falle liegt eine reine Schubfraktur vor. Voraussetzung für die Entstehung derartiger *Lochdefekte* ist eine ganz bestimmte Geschwindigkeit der auf den Schädel einwirkenden Masse, z. B. eines Gewehrgeschosses. Die den getroffenen Knochenteilchen mitgeteilte Beschleunigung muß so groß sein, daß die benachbarten Teilchen nicht zu folgen vermögen. Die lebendige Kraft des Geschosses nimmt bei Durchdringen des Schädeldaches etwas ab, so daß bei einem weiteren Vordringen auch den nächst benachbarten Knochenteilchen eine gewisse Beschleunigung mitgeteilt wird, und zwar nimmt die Breite dieser beeinflußten Zone nach der Innenfläche des Schädels etwas zu. Daraus resultieren, wie aus Abb. 48 ersichtlich, leicht trichterförmige Einschußöffnungen im Schädel. Die Öffnung in der Außenfläche ist dabei kleiner als die Öffnung in der Innenfläche. An der gegenüberliegenden Schädelwand ist umgekehrt die gehirnwärts gelegene Öffnung kleiner als die Öffnung an der Außenfläche, dabei der

Ausschuß im ganzen größer als der Einschuß. Ist die Geschwindigkeit des auftreffenden Geschosses etwas weniger groß als im besprochenen Falle, so nimmt die reine Schubwirkung ab und dafür tritt eine größere Biegungsbeanspruchung des Schädeldaches ein. Infolge der Vorwölbung des Schädeldaches nach innen entstehen radiäre Zugspannungen, die zu konzentrisch um den Einschuß gelegenen Fissuren führen.

Durch die Abplattung in der Schuß- oder Stoßrichtung wird eine Ausbuchtung der Schädelkapsel in der Äquatorialebene bewirkt und gleichzeitig buchten sich natürlich auch die sämtlichen Meridiane aus (Abb. 49). Die Ausbuchtung im Äquator und in den Parallelkreisen führt zu äquatorialen Zugspannungen und entsprechend zu meridionalen Einrissen. Dehnung der Schädel-

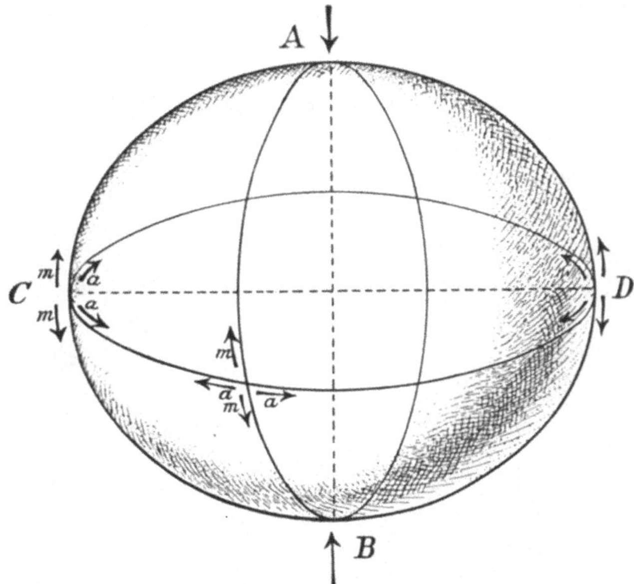

Abb. 49. Entstehung meridionaler und äquatorialer Zugspannung bei Kompression der Schädelkapsel in der Richtung A B. a äquatoriale, m meridionale Zugspannungen.

kapsel in den Meridionalebenen führt zu meridionalen Zugspannungen und entsprechend zu äquatorialen Rissen. Diese meridionalen und äquatorialen Fissuren, welche als Folge der *Gesamtdeformation des Schädels* über seine Elastizitätsgrenze hinaus zu betrachten sind, können wir bei Schädelfrakturen in verschiedener Ausbildung beobachten.

Bei Schußfrakturen des Schädels am Lebenden kommt nun neben den besprochenen Verhältnissen noch die Wirkung des Geschosses auf den festflüssigen Schädelinhalt in Betracht. Durch das Eintreten des Projektils in das Innere der Schädelkapsel wird das Volumen des Schädelinhaltes plötzlich vermehrt und es kommt zu einer allseitig gleichmäßigen Druckvermehrung im Schädelinnern; darin liegt die *hydraulische Wirkung* des Geschosses begründet. Zugleich wird jedoch den vor dem Geschoß liegenden Teilen des Schädelinhaltes, in vermindertem Maße den seitlich angrenzenden, eine Geschwindigkeit mitgeteilt, die sich namentlich in der Geschoßrichtung geltend macht — *hydrodynamische Wirkung*. Die Volumenvermehrung des Schädelinhaltes durch das Projektil erfolgt so rasch, daß durch die Kompensationsmechanismen nicht genügend rasch Platz geschafft werden kann, und es kommt deshalb zu *kombinierter hydrodynamischer und hydraulischer Sprengwirkung.* Je größer im allgemeinen die Geschoßgeschwindigkeit, desto erheblicher ist auch die hydrodynamische und hydraulische Wirkung durch Vermittlung des Schädelinhaltes.

Von dynamischen Gesichtspunkten aus sind auch die sog. *Contrecoupfrakturen* zu erklären, worunter wir vor allem isolierte Frakturen der Orbitaldächer bei Stoß auf die Schädelhöhe oder Scheitelgegend verstehen. KOCHER und einige seiner Schüler glauben, daß diese Frakturen der Orbitaldächer durch das Anstoßen der in der Stoßrichtung fortgeschleuderten Gehirnmasse an den dünnen Orbitaldächern entstehen; es ist jedoch wahrscheinlicher, daß es sich um Frakturen besonders schwacher Stellen des Schädelbasis unter der elastischen Gesamtdeformation des Schädels handelt.

5. Schußbrüche der Extremitätenknochen.

Was schließlich das Paradigma dynamischer Frakturgenese, die *Schußbrüche der Extremitätenknochen*, anbetrifft, muß zwischen Diaphysen- und

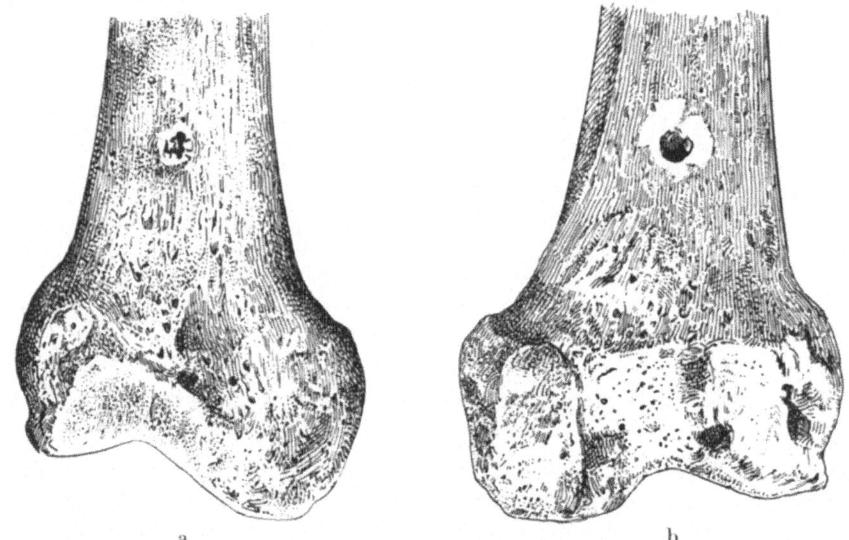

Abb. 50. a Einschuß in der unteren Femurmetaphyse (getrockneter Knochen), durch schweizerisches Spitzgeschoß auf 700 Meter Distanz. b Auschuß. (Nach BIRCHER.)

Epiphysen- bzw. Metaphysenschüssen unterschieden werden. Denn neben der lebendigen Kraft des Geschosses und der Form des auftreffenden Geschoßquerschnittes hat der Widerstand des Zielobjektes einen wesentlichen Einfluß auf die Geschoßwirkung. Je größer die Festigkeit und damit der Widerstand eines Knochenbezirkes, desto größer der Anteil lebendiger Geschoßkraft, der zur Zerstörung des Zielobjektes verwendet wird. Deshalb zeigen Diaphysenschüsse unter gleichen Bedingungen erheblich stärkere Splitterung als Epiphysenschüsse. Man vergleiche den glatten Lochschuß im Bereiche der Femurmetaphyse, hervorgerufen durch ein schweizerisches Spitzgeschoß auf 700 m

(Abb. 50 a und b) mit den Splitterfrakturen im Bereiche der Diaphysen, hervorgerufen durch deutsche Mantelgeschosse auf 1000—2000 m Distanz (Abb. 51 b).

Von maßgebendem Einfluß auf den dynamischen Effekt der Geschoßeiwirkung sind ferner Bau, Auftreffgeschwindigkeit, lebendige Kraft beim Auftreffen und auftreffender Querschnitt des Geschosses. Die *alten Bleigeschosse* wurden häufig an der Knochenoberfläche deformiert und setzten auch *an den Epiphysen* selten reine Lochschüsse, sondern verursachten auch

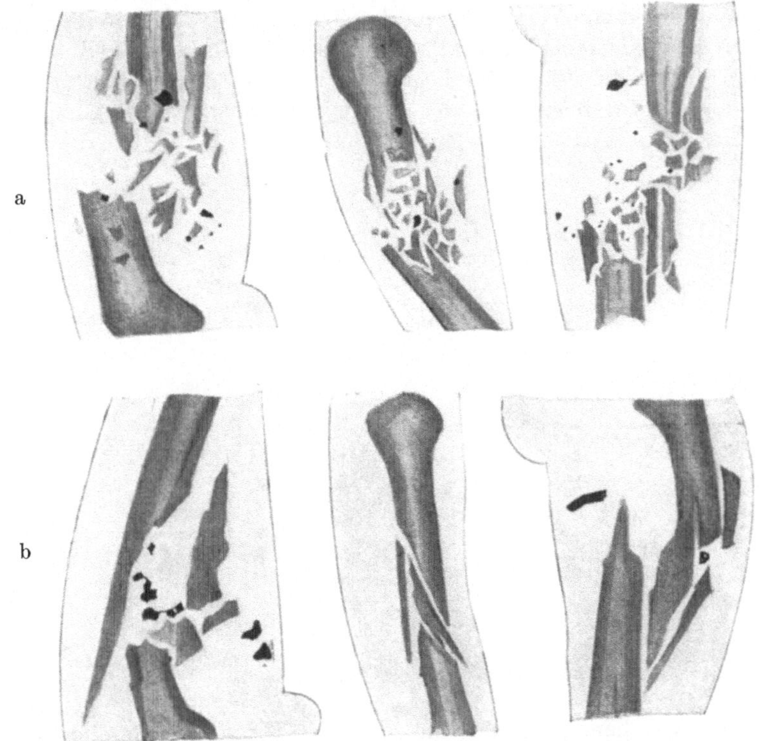

Abb. 51. Schußfrakturen der Diaphyse durch deutsches Mantelgeschoß; a Nahschüsse bis 180 Meter, b Fernschüsse von 1000—2000 Meter. (Nach Küttner.)

hier Splitterung und blieben in der Spongiosa stecken. Das beruht neben dem großen Kaliber und der erheblichen Deformierbarkeit der Bleigeschosse auf ihrer geringen Geschwindigkeit. Bei gleichen Widerstandsverhältnissen tritt das *moderne Spitzgeschoß* ziemlich glatt durch den Epiphysenknochen, nicht sowohl wegen der kleineren Angriffsfläche, als infolge der großen Geschwindigkeit, die eine Übertragung der lebendigen Kraft nur auf die direkt vor dem Geschoßquerschnitt gelegenen Moleküle gestattet. *An den Diaphysen* bewirken wegen der größeren Widerstandskraft des Knochens sowohl die alten Bleigeschosse wie die modernen Spitzgeschosse vorwiegend Splitterung (Abb. 51 und 52). Je kürzer die Schußdistanz, je größer also Auftreffgeschwindigkeit und lebendige Kraft, desto kleinsplitteriger die Fraktur, je größer die Schußdistanz, desto grobsplitteriger die Schußfraktur (Abb. 51). Die charakteristische Form des Diaphysenbruches ist der sog. *Schmetterlingsbruch* (Abb. 52); von der Durch-

trittsstelle des Projektils aus strahlen beiderseitig schräg nach oben und unten
je zwei Frakturlinien aus, durch die zwei seitliche Corticalisfragmente, eben die
Schmetterlingsflügel, herausgebrochen werden. Der Ausschuß (Abb. 52 b) ist
auch hier größer als der Einschuß (Abb. 52 a), was sich aus der Verbreiterung der
dynamischen Einwirkungszone des Geschosses mit abnehmender Geschoßgeschwindigkeit erklärt, sowie daraus, daß durch die vor der Geschoßspitze
einhergetriebenen Knochenpartikel der Geschoßquerschnitt verbreitert wird.
Doch findet sich nicht so selten auch Wirkung gegen den Schützen zu, also
Absplitterung und damit Verbreiterung des Schußkanals am Einschuß, wie bei
Schüssen auf Eisenplatten. Das erklärt sich daraus, daß bei dicken und harten
Zielobjekten die in der Flugbahn liegenden Teilchen nicht rasch genug aus-
weichen können, so daß ein Teil der Kraft rückwärts zur Wirkung kommt.

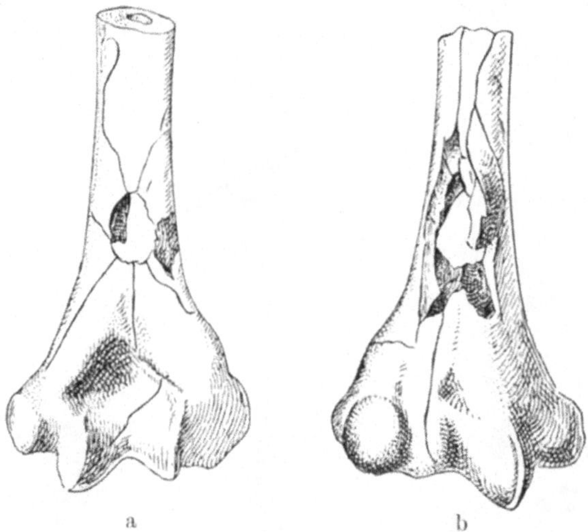

Abb. 52. Schußfraktur des unteren Humerusendes in Form der Schmetterlingsfraktur; a Einschuß,
b Ausschuß. (Nach v. LANGENBECK.)

Je härter der Knochen, je größer die lebendige Kraft des Geschosses, desto
zahlreichere und weitere Längs- und Schrägsprünge finden sich neben den vier
Hauptbruchlinien.

Die Erfahrungen des Weltkrieges haben im großen die Resultate der experimentellen Schießversuche bestätigt. Bei den durch Spitzgeschosse verursachten *Diaphysenfrakturen* finden wir auf mittlere Schußdistanz — 500
bis 1000 m — eine kleinsplitterige Zertrümmerungszone, die sich über 3—4 cm
ausdehnt, daneben Längsspaltung, häufig bis in die Gelenke reichend, unter
Umständen mit Absplitterung größerer Fragmente auf Distanzen von 10 und
mehr Zentimeter hin. Je größer die Schußdistanz, desto größer die Bruch-
spiltter; Nahschüsse bis 200 m können maximale, wie durch Explosivkraft
gesetzte Zertrümmerung setzen. Hier ist nun die lebendige Kraft des auftreffenden Geschosses so groß, daß ganz gewaltige Seitenwirkungen auftreten,
wahrscheinlich unter gleichzeitiger hydrodynamischer und hydraulischer Sprengwirkung von Seiten des Knochenmarks. *Epiphysenschüsse* zeigen bei mittleren
und weiteren Distanzen Frakturformen, die sich dem Typus des glatten Lochschusses nähern, falls der Knochen nicht zu spröde ist. Bei kurzer Schuß-

distanz (unter 200 m) und hartem, sprödem Knochen finden wir dagegen Bruchformen, die sich von den Diaphysenschüssesn nicht wesentlich unterscheiden. Je größer der auftreffende Geschoßquerschnitt — Querschläger, schräg und umgekehrt auftreffende Geschosse —, desto größer die Zerstörung des Knochens.

Frakturen durch Schrapnellfüllkugeln und Granatsplitter lassen sich nicht so schematisch klassifizieren. Zwar finden sich bei Schrapnellverletzungen (Abb. 53) häufig, wie bei den alten Bleigeschossen, einfache Schräg- und Querbrüche sowie Lochbrüche mit relativ geringer Splitterung, und entsprechend der geringen Rasanz der Schrapnellkugel bleibt diese häufiger im Knochen stecken. Granatsplitterverletzungen dagegen führen zu so ungesetzmäßig und verschieden verlaufenden Brüchen, daß bestimmte Schultypen nicht aufgestellt werden können.

Die *modernen Spitzgeschosse* bewirken gegenüber den früheren ogivalen Mantelgeschossen kleinere Einschüsse, führen jedoch am Knochen infolge der erheblich gesteigerten Geschwindigkeit und lebendigen Kraft auch auf weite Schußdistanz zu gewaltigen Spreng- und Seitenwirkungen, an denen auch die hohe Rotationszahl beteiligt ist. Eine vermehrte Neigung dieser Geschosse zum Pendeln bedingt Zunahme der Querschläger, die ebenfalls

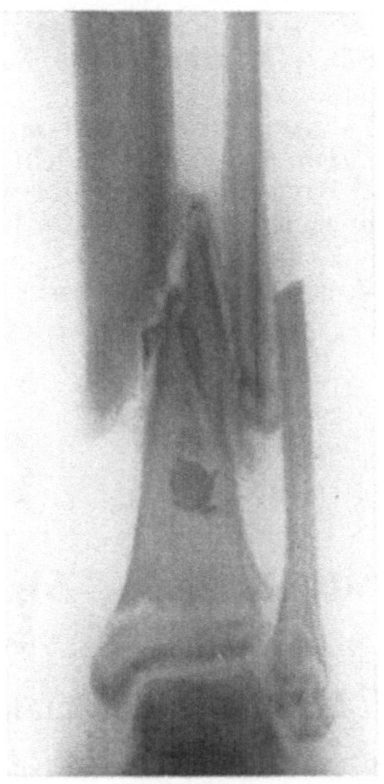

Abb. 53. Schußfraktur beider Unterschenkelknochen durch Schrapnellkugeln verursacht.

ausgedehnte Zertrümmerung des Knochens bewirken. Demnach sehen wir bei Frakturen durch Spitzgeschosse oft gewaltige Ausschüsse, teilweise in Form von Platzwunden, die an Explosivwirkungen erinnern (Abb. 54).

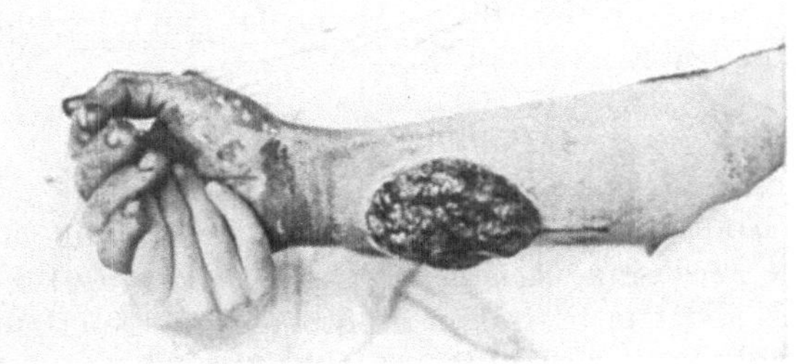

Abb. 54. Ausschuß über der Beugefläche des Vorderarms in Form einer Platzwunde, verursacht durch Spitzgeschoß. (Nach Brun.)

Literatur.

Bircher: Experimentelle Untersuchungen über die Wirkung der Spitzgeschosse. Beitr. klin. Chir. **94**, H. 1. — Brunner: Über den Stück-Längsbruch der Knochendiaphyse. Fortschr. Röntgenstr. 3 (1900). — Bürkle-de la Camp: Über das Verhalten der Knochenhaut beim Bruch des Röhrenknochens. Dtsch. Z. Chir. **203/204** (1927).

Colmers: Über die Wirkung des Spitzgeschosses. Verh. dtsch. Ges. Chir. **1913**.

Gebhardt: Über funktionell wichtige Anordnungsweisen der gröberen und feinen Bauelemente des Wirbeltierknochens. Arch. Entw.mechan. **2**.

Ipsen: Zur Mechanik von Knochenbrüchen. Verh. dtsch. Ges. gerichtl. Med., Natur-forsch.verslg **1906**. — Iselin: Stauchungsbrüche der kindlichen und jugendlichen Knochen. Bruns Beitr. **79** (1912).

Kocher: Zur Lehre von den Schußwunden der Kleinkalibergeschosse. Kassel 1895.

Messerer: Über Elastizität und Festigkeit der menschlichen Knochen. Stuttgart 1880. — Meyer: Die Statik und Mechanik des menschlichen Knochengerüstes. Leipzig 1873. — Müller: Die normale und pathologische Physiologie des Knochens. Leipzig 1924. (Lit.).

Saar, v.: Die Sportverletzungen. Stuttgart: Ferdinand Enke 1914.

Triepel: Die Architekturen der menschlichen Knochenspongiosa. Wiesbaden 1922.

Wolff: Die Gesetze der Transformation der Knochen. Berlin 1892. — Über die Wechsel-beziehungen zwischen der Form und der Funktion. Z. orthop. Chir. **2**.

Zschokke: Weitere Untersuchungen über das Verhältnis der Knochenbildung zur Statik und Mechanik des Vertebratenskeletes. Zürich 1892.

Dritter Abschnitt.

Kapitel 1.

Pathologische Anatomie und pathologische Physiologie der frischen Frakturen.

1. Form der Fragmentenden und Beschaffenheit der Bruchflächen.

Aus dem in vorstehendem Abschnitt dargelegten verschiedenartigen Verlauf der Frakturebene resultieren ganz bestimmte Fragmentformen, so die Flöten-schnabelform (Klarinettenmundstück) des oberen Tibiafragments bei sehr steilen Rotations-Biegungsfrakturen (Abb. 870), die zugespitzten Fragmente bei Torsionsfrakturen des Humerus und des Femur. Quere Brüche im Be-reiche der Metaphysen und Epiphysen führen zu breiten, zackigen, zur Ver-zahnung geneigten Bruchflächen; quere und schräge Frakturen im Bereiche der Diaphysen zu glatten, ringförmigen, das Abgleiten begünstigenden Bruch-flächen. Stück- und Splitterbrüche bedingen ganz regellose Fragmentbil-dungen, besonders bei Schußfrakturen.

2. Dislokation der Fragmente.

Sobald die Kontinuität eines Knochens vollständig unterbrochen ist, tritt meist eine *Verschiebung zwischen den Bruchenden auf*, die man als *Dislo-kation* bezeichnet. Ist das Periost in größtem Umfange erhalten, was bei den subperiostalen Frakturen der Fall ist, so fehlt, abgesehen von geringen Achsen-knickungen, eine eigentliche Fragmentverschiebung; ebenso bei gewissen eingekeilten Frakturen. Doch zeigt die Mehrzahl der eingekeilten Brüche ebenfalls deutliche, wenn auch oft nur geringe Fragmentverschiebungen.

Ist die brechende Gewalt nach Vollendung der Brucharbeit nicht völlig erschöpft, so wird durch den Rest der Energie eine Verschiebung der Bruch-enden bewirkt, deren Richtung und Art sich aus dem Frakturmechanismus ergibt. Diese Fragmentsverschiebung wird als *primäre Dislokation* bezeichnet. Soweit sich auch Muskeldruck am Zustandekommen des Knochenbruches mitbeteiligt, ist die Ursache der primären Dislokation eine kombinierte.

Demgegenüber versteht man unter *sekundärer Dislokation* alle nachträglich eintretenden Verschiebungen. Die Ursachen dieser sekundären Dislokationen sind verschiedene. In erster Linie kommen in Betracht neue, äußere mechanische Einwirkungen, die das gebrochene Glied treffen, so beim Aufheben, beim Transport und bei der Lagerung der Patienten; ferner bei Versuchen, die gebrochene Extremität zu belasten. In zweiter Linie kann die Schwere des Gliedes, dessen peripherischer Abschnitt der Einwirkung der Muskulatur teilweise entzogen ist, bei unzweckmäßiger Lagerung zu sekundärer Verschiebung führen; hierher gehört die Auswärtsrotation des Fußes nach Oberschenkel-

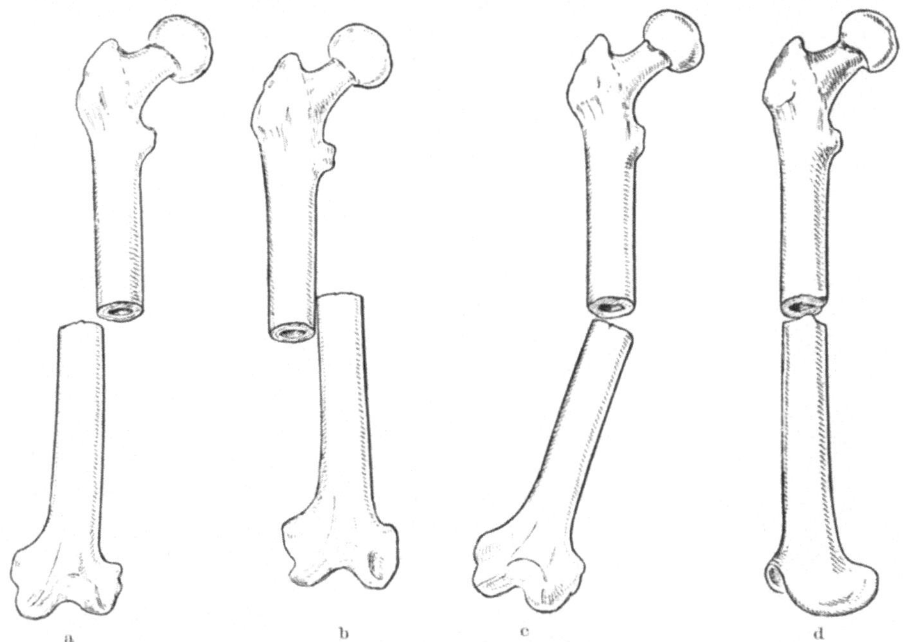

Abb. 55. Schematische Darstellung der Fragmentverschiebungen; a seitliche Verschiebung, b Längsverschiebung, c winklige Verschiebung, d Rotationsverschiebung.

frakturen. Drittens sind willkürliche und unwillkürliche Muskelkontraktionen, sowie die elastische Retraktion der Muskeln und Weichteile an der Entstehung sekundärer Fragmentverschiebungen beteiligt. Schließlich können noch fehlerhafte Verbände zu unerwünschten nachträglichen Dislokationen Anlaß geben.

Die regulären Fragmentverschiebungen werden üblicherweise folgendermaßen eingeteilt (Abb. 55):

a) *Seitliche Verschiebung* — *dislocatio ad latus.*

b) *Verschiebung in der Längsrichtung* — *dislocatio ad longitudinem;*
   α) mit Übereinanderschiebung — *cum contractione;*
   β) mit Auseinanderweichen in der Längsrichtung — *cum distractione;*
   γ) mit Einkeilung — *cum implantatione.*

c) *Winklige Verschiebung, Knickung der Achse* — *dislocatio ad axin.*

d) *Verschiebung durch Drehung* beider oder nur eines Fragmentes *um die Längsachse, Rotation* — *dislocatio ad peripheriam.*

Komplizierte Dislokationsformen wie die völlige Umdrehung, Heraussprengen eines Fragments, Depression oder Impression lassen sich auf diese Elementarformen der Verschiebung zurückführen. Gewönhlich kommen die verschiedenen Verschiebungstypen nicht isoliert vor, sondern in verschiedenster Kombination; am häufigsten findet sich noch reine Seitenverschiebung oder Achsenknickung. Beträgt *die seitliche Verschiebung* mehr als die ganze Breite des Knochens, so kommt es gleichzeitig zur Verkürzung durch Verschiebung in der Längsrichtung (Abb. 56). Bei schräg verlaufenden Frakturen tritt Verkürzung ein, auch wenn die seitliche Verschiebung geringer als der Knochendurchmesser ist, und zwar um so eher, je steiler die Bruchfläche verläuft.

Die *Verschiebung ad longitudinem* erfolgt praktisch beinahe ausschließlich im Sinne der Verkürzung; Längsverschiebungen mit gleichzeitiger Verlängerung (Distraktion) werden bei Diaphysenbrüchen nur ganz ausnahmsweise beobachtet, am ehesten als Überkorrektur bei Extensionsbehandlung (Nagelextension). Dagegen treten Diastasen zwischen den Fragmenten überall dort in Erscheinung, wo eines oder beide Fragmente der Wirkung des distrahierenden Muskelzuges ausgesetzt sind, wie die Frakturen der Kniescheibe, des Olekranon (Abb. 623), des Tuberculum majus humeri und der Trochanteren.

Die *Einkeilung* wird beinahe ausschließlich an den Gelenkenden beobachtet und kommt gewöhnlich so zustande, daß die Diaphysencorticalis in die spongiöse Epiphyse eindringt, unter Zertrümmerung des betroffenen Knochengewebes. Diesen Vorgang sieht man am häufigsten am oberen Humerusende (Abb. 1), am oberen Femurende sowie an der unteren Radiusepiphyse, seltener am oberen Ende der Tibia. Eingekeilte Frakturen des Schenkelhalses im Bereiche der Linea intertrochanterica zeigen umgekehrt Eindringen der Corticalis des Epiphysenfragments in die Spongiosa der Trochantermasse (Abb. 57).

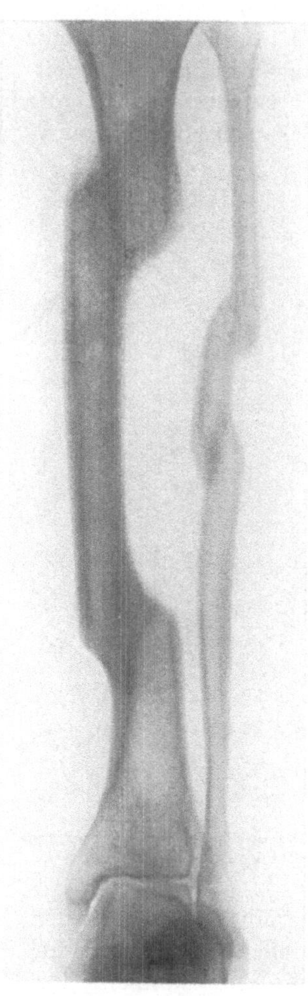

Abb. 56. Doppelfraktur beider Unterschenkelknochen mit Seiten- und Längsverschiebung geheilt.

Liegt ein Fragment mit der Spitze seiner Bruchfläche der Corticalis des anderen Fragments seitlich an, so pricht man von „*Reiten der Fragmente*“; es handelt sich hier um eine Kombination von Längsverschiebung und winkliger Knickung (Abb. 810).

Die *winklige Verschiebung* ist eine der häufigsten, entsprechend der großen Frequenz der Biegungsfrakturen. Frakturierende äußere Gewalt und Längsmuskeldruck führen zur primären, letzterer häufig zu sekundärer Winkelbildung zwischen den Fragmenten (Abb. 58).

Verschiebungen der Fragmente im Sinne der *Drehung um die Längsachse* treten ebenfalls bei der Großzahl der Extremitätenfrakturen in Erscheinung. Gewöhnlich betrifft die Rotation wesentlich das periphere Fragment, während das proximale Fragment durch die vom Becken oder Schultergürtel zum

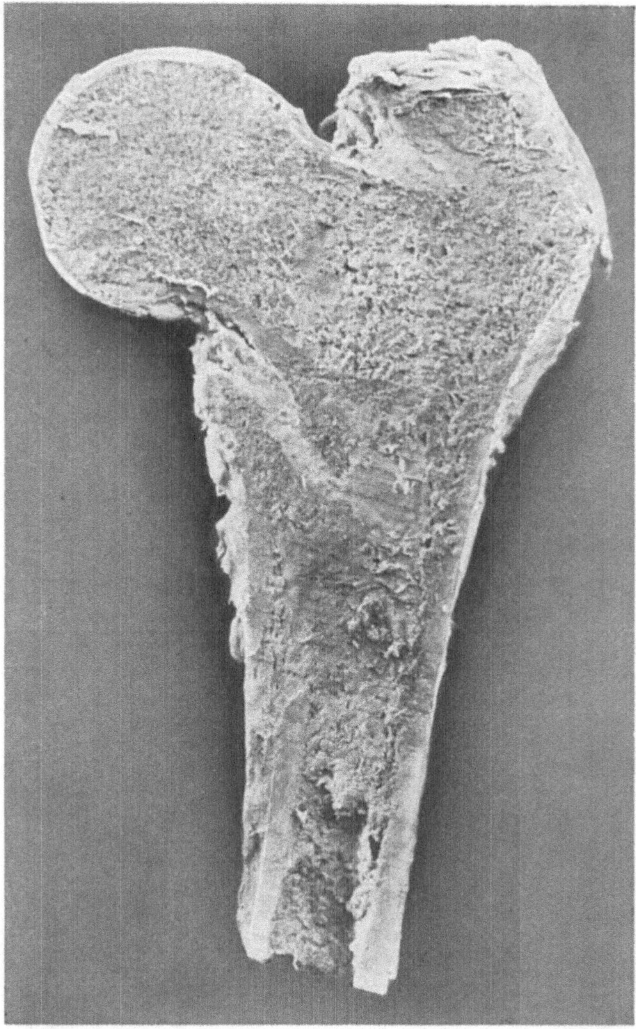

Abb. 57. Eingekeilte Schenkelhalsfraktur mit tiefer Einbohrung der Halscorticalis in die Trochanterspongiosa.

Extremitätenknochen verlaufenden Muskeln in seiner Lage festgehalten wird (Abb. 59). Ein Schulbeispiel hierfür sind die Femurfrakturen. Sobald das peripherische Fragment der Einwirkung der Einwärtsrotatoren entzogen ist, sinkt der schon normalerweise in leichter Auswärtsrotation stehende Fuß, der Schwere folgend, nach außen, oft bis zur vollständigen Berührung des äußeren Fußrandes mit der Unterlage (Abb. 60). Weniger häufig ist eine ungleich starke, gleichsinnige oder entgegengesetzte Drehung beider Fragmente; letzteres tritt ein, wenn die Auswärtsrotatoren vorwiegend an einem, die Einwärtsrotatoren am anderen Fragment inserieren.

Eine gesonderte Betrachtung erfordert noch die Rolle, welche die *Muskulatur*

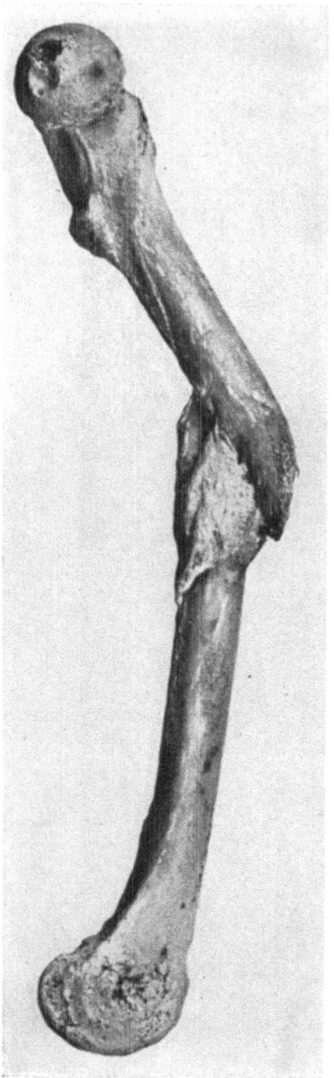

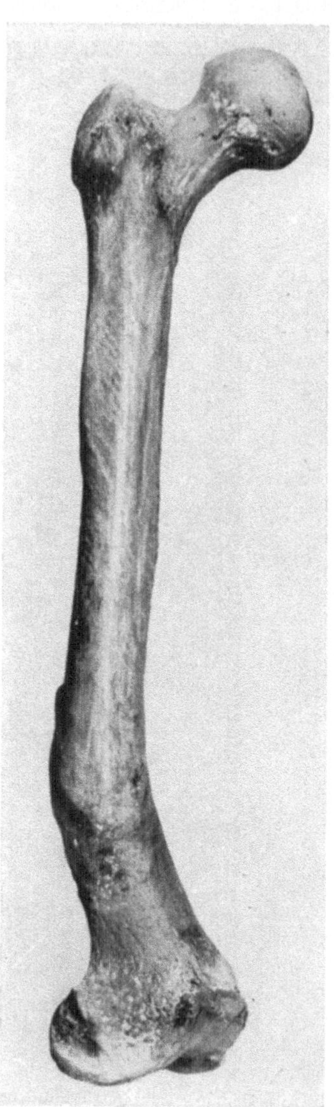

Abb. 58. Mit winkliger Verschiebung geheilte Femurfraktur; Reiten der Fragmente. Präparat der patholog.-anatom. Anstalt Basel.

Abb. 59. In Rotationsstellung des unteren Fragmentes verheilte Femurfraktur. Präparat der patholog.-anatom. Anstalt Basel.

beim Zustandekommen der *sekundären Dislokationen* spielt. Wo eine Mittelstellung eines Gliedes durch entgegengesetzt-gleichen Muskelzug unterhalten wird, folgt nach der Frakturierung jedes Fragment dem Zuge der an ihm sich ansetzenden Muskulatur. Beispiele für dieses Verhalten sind die Flexion und Abduction des oberen Femurfragments bei Frakturen unerhalb des Trochanter

minor (Abb. 61), die Adduction des oberen Femurfragments bei Diaphysenfrakturen unterhalb des Ansatzes der Adductoren, die Abduction und Auswärtsrotation des Humeruskopffragmentes und gleichzeitige Einwärtsrotation
des peripheren Fragments bei Epiphysenfrakturen des kindlichen Humerus

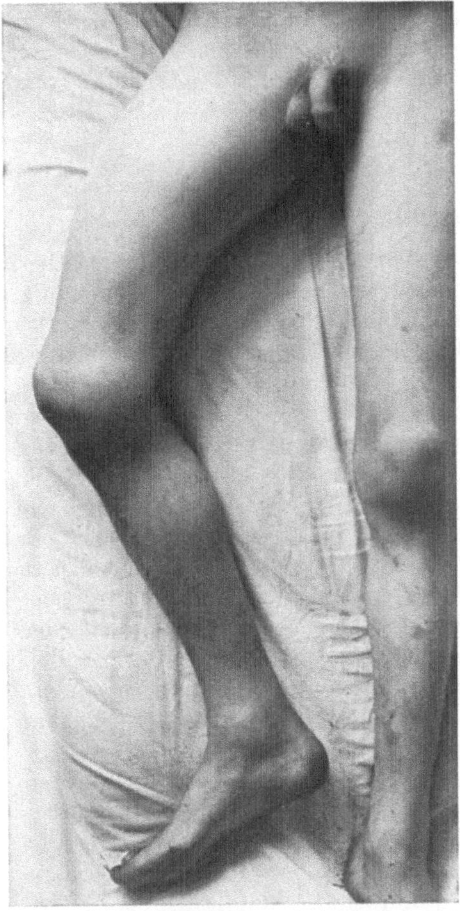

Abb. 60. Lokale Schwellung infolge Bluterguß
und Seitenverschiebung der Fragmente bei
Femurfraktur.

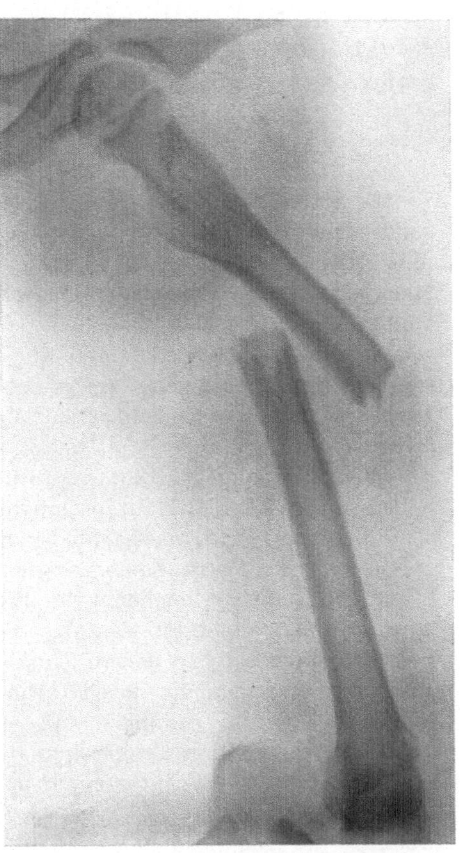

Abb. 61. Flexion und Abduction des oberen
Fragmentes, verbunden mit leichter
Auswärtsrotation, bei Fraktur im oberen Drittel
der Femurdiaphyse.

und bei gewissen pertuberkulären Frakturen des oberen Humerusendes Erwachsener (Abb. 182).

Zur Beurteilung des Einflusses, den die Muskelaktion auf die Fragmentverschiebung ausübt, ist jedoch — wie namentlich HENSCHEN betont — zu
berücksichtigen, daß die Muskeln nicht mathematisch parallel der Knochenlängsachse oder genau gegen die Längsachse zu verlaufen. Sie gehen vielmehr seitlich
an der Knochenlängsachse vorbei, umschlingen den Knochen schraubenförmig
und treten in verschiedenem Winkel an die Ansatzstellen heran. Daraus ergeben
sich neben dem eigentlichen Längsdruck noch drehende und rollende Komponenten. Ferner wird das zentrale Fragment in seiner Stellung auch durch

Muskeln beeinflußt, die sich am peripherischen Bruchstück ansetzen. Sodann entspricht die physiologische Wirkung irgendeines Muskels nicht der groben Bewegung, die wir am anatomischen Präparat durch Zug an der Sehne auslösen; vielmehr werden bei den willkürlichen Bewegungen meistens verschiedene Muskeln oder Muskelgruppen in zweckmäßig koordinierter Innervation gleichzeitig zur Erzielung bestimmter Bewegungen in Funktion gesetzt. *Die Fragmentstellung, soweit sie Folge der Muskelretraktion oder Kontraktion ist, entspricht demnach kombinierter Muskelwirkung und ist namentlich auch in hohem Maße von der Gelenkstellung abhängig, da die Wirkung verschiedener Muskeln und Muskelgruppen unter verschiedenen Gelenkstellungen wechselt.*

3. Bluterguß.

Bei Entstehung einer Fraktur werden zahlreiche Gefäße im Knochen, besonders im Mark und im Bereich des Periostes zerrissen. Ferner findet häufig eine Verletzung benachbarter Gefäße durch die scharfen Fragmente statt. Die Folge ist ein *Bluterguß*, den man als *Frakturhämatom* bezeichnet. Dieser Bluterguß breitet sich zwischen den Fragmentenden, unter dem abgelösten Periost, zwischen Knochen und abgehobener Muskulatur in den Bindegewebsräumen aus; gleichzeitig findet eine blutige Infiltration des Markes, des Periostes und der benachbarten Weichteile statt. Wo eine Fraktur durch *direkte Gewalt* zustande kam, findet sich als Folge der lokalen Quetschung ein verschieden erheblicher Bluterguß in der Haut und im Unterhautzellgewebe, oft neben umschriebenen Hautabschürfungen. Bei *indirekten Frakturen* lokalisiert sich dieser primäre oberflächliche Bluterguß *entfernt* von der Frakturstelle. Das eigentliche *Frakturhämatom* wird häufig erst nach mehreren Tagen an der Oberfläche sichtbar, nachdem der Blutfarbstoff — bzw. seine Derivate — den ganzen Weichteilmantel von der Frakturstelle bis zur Haut durchwandert hat. Im Gegensatz zu den dunkelblauen durch Hautquetschung verursachten Blutergüssen zeigen die durch Diffusion an die Oberfläche gelangten Frakturhämatome hellrote, grünliche und gelbliche Farbtöne. Bei offenen Frakturen kann ein wesentliches Frakturhämatom fehlen.

Dringt bei einer Fraktur ein Bruchende bis unter die Haut vor, so entsteht eine charakteristische *umschriebene Hautblutung*, die dem Kundigen oft ohne weiteres die Diagnose der vorliegenden Frakturform vermittelt. Auch bei Abrißfrakturen entspricht das sichtbare Frakturhämatom dem Frakturbereich und bietet einen wichtigen diagnostischen Anhaltspunkt. Beispiele sind das quere oder rundliche Hauthämatom an der Vorderfläche des Oberarms bei Fractura humeri per- oder subtubercularis (Abb. 110a), das lokale Hämatom innen am Ellbogen bei Fractura epicondyli humeri. Frakturen, die in das benachbarte Gelenk reichen, führen zu *intraartikulären Blutergüssen*. Das Frakturhämatom bedingt mehr oder weniger erhebliche *lokale Schwellung* und Auftreibung der Extremität. Neben dem Bluterguß ist besonders die Seitendislokation der Fragmente Ursache umschriebener Schwellung (Abb. 60). Durch das Hämatom wird im Bereich der Frakturstelle die Zirkulation gestört; das führt zunächst zu lokaler und peripherischer Stauung, zu venöser Hyperämie, zu Ödem und schließlich zu entzündlicher Exsudation in die Gewebe. Stehen die Hämatome unter hoher Spannung, so kann diese Zirkulationsstörung zu dauernder

Schädigung der Muskulatur Anlaß geben, besonders wenn der Druck durch äußere Einwirkungen (Verbände) noch gesteigert wird, oder wenn eine gleichzeitige Arterienverletzung vorliegt.

4. Verhalten der Muskulatur.

Die praktisch wichtigste *Weichteilveränderung* bei Frakturen betrifft die *Muskulatur*. Den Extremitätenmuskeln wird, wie allen übrigen Skeletmuskeln, nach üblichen physiologischen Anschauungen ein gewisser *Tonus* zugeschrieben. Dieser Muskeltonus beruht, wie durch eine Reihe von Versuchen dargelegt wurde, auf Reflex, während eine wirklich automatische, durch rein zentrale Erregungen unterhaltene Aktivierung nicht einwandfrei nachgewiesen ist. Wahrscheinlich wird der Tonus teilweise durch die sympathische Innervation beherrscht. Was wir gewöhnlich mit dem Begriff des Tonus bezeichnen, beruht zu einem großen Teil darauf, daß im lebenden Körper die Muskeln beständig etwas über ihre natürliche Länge gedehnt sind, so daß sie bei jeder Stellung der Gelenke einen gewissen Grad von Spannung besitzen. Diese *rein elastische Spannung* ist auch am tief narkotisierten Menschen nachweisbar, sowie am Muskel, der seiner Verbindungen mit den Vorderhornganglienzellen beraubt ist Bei Lostrennung von ihren Befestigungspunkten schnellen die Muskeln deshalb etwas zurück. Die Länge, die sie in diesem Zustand besitzen, kann man als *Nullänge* bezeichnen; die Muskeln sind somit am Lebenden stets etwas über ihre Nullänge gedehnt, was ihre Aktionsbereitschaft erhöht.

Je mehr ein Muskel überdehnt wird, d. h. je weiter seine Endpunkte voneinander entfernt sind, um so größer wird nicht nur die elastische Spannung und der entsprechende Zugwert, sondern um so größer werden auch Kontraktionsfeld und Kontraktionskraft (aktive Zugkraft) des Muskels. Anspannung des ruhenden Muskels um wenige Prozent seiner Länge kann seine Verkürzungskraft um das $1^1/_2$fache steigern. Aus diesen Tatsachen erklärt sich die sog. *relative Längeninsuffizienz* der Muskeln (HENKE). Die Verkürzungsgröße jedes Muskels hat eine durch seine Faserlänge und die ihm anhängenden Widerstände bestimmte Grenze; ferner sinkt nach dem SCHWANNschen Gesetz die elastische Zugkraft des Muskels mit fortschreitender Verkürzung sehr rasch. Die Verkürzungs- oder Leistungsfähigkeit jedes Muskels ist somit abhängig von der Länge, die er bei einer gewissen Stellung der Gelenke hat, über die er hinwegzieht. Bei Zweigelenkern kann deshalb bei einer gewissen Stellung des einen Gelenkes ein Muskel schon so bedeutend verkürzt und dadurch entspannt sein, daß der Rest der elastischen Verkürzungsmöglichkeit oder des noch offenen Teils des Kontraktionsfeldes (der noch möglichen aktiven Verkürzung) nicht mehr genügt, die Stellung des anderen Gelenkes noch zu beeinflussen. In dieser Stellung liegt somit eine *relative Längeninsuffizienz* des Muskels vor. So können wir bei stark gebeugtem Hüftgelenk den Unterschenkel im Kniegelenk nicht mehr vollständig strecken, bei stark volar gebeugtem Handgelenk die Finger nicht kräftig zur Faust schließen.

Solange nun der zwischen zwei Ansatzpunkten eines Muskels liegende Knochen als intakte Strebe steht, bedingen die beschriebene physiologische Überdehnung des Muskels und der reflektorische, durch verschiedenste periphere Reize unterhaltene Muskeltonus eine gewisse als physiologisch zu bezeichnende

Spannung. Die Knochen stehen unter muskulärem Längsdruck, Auflagedruck und verschieden gerichteter Zugspannung. Im Momente, wo die Knochenstrebe bricht, verkürzen sich die entsprechenden Muskeln zunächst kraft ihres Tonus und der Überdehnung unter Verschiebung der Knochenfragmente vor allem im Sinne der Verkürzung.

Nach Ansicht einiger Autoren folgt unmittelbar auf das Trauma ein nach der Schwere der Gewalteinwirkung und auch individuell verschieden lange dauerndes Stadium der Ruhe, das als *Phase des Muskel- oder Gewebestupors* bezeichnet wird. REHN gibt an, daß dieser nur bei Frakturen mit direkter Muskelbeteiligung auftretende regionäre Stupor, der zweckmäßig zur Reposition der Fraktur benutzt wird, erst nach 8 Tagen vom Tetanus der Muskulatur abgelöst wird. Ich habe diesen Muskelstupor häufig schon in den ersten 24 Stunden vermißt. Durch die Schädigung der Muskeln an der Verletzungsstelle — Quetschung, Zerreißung, Einklemmung von Muskelfasern zwischen den Fragmenten, Reizung durch spitze Fragmentteile, blutige und entzündliche Infiltration des ganzen Weichteilquerschnittes — werden die regionären sensiblen Nervenendigungen und besonders der *sensible Apparat der Muskeln* gereizt und dieser zentripetale Reiz setzt sich im Rückenmark *reflektorisch* in Muskelaktivierung um. Dazu kommt auch eine *direkte mechanische Reizung der Muskulatur*. Auf diese Weise entsteht eine Dauerverkürzung der regionären Muskeln in Form eines *Tetanus*, der sich zu der elastischen Verkürzung als wesentliches dislozierendes und besonders retrahierendes Moment addiert. Jede weitere Reizwirkung, besonders schmerzauslösende Manipulationen, verstärkt diese Muskelaktion zu einem abnorm starken Retraktionseffekt, zum Teil auch deshalb, weil die ständig zentripetalwärts zufließenden Reize die Erregbarkeit der spinalen Reflexzentren steigern. Auch ist zu berücksichtigen, daß eine Fraktur, wie jede schmerzhafte Affektion, besonders bei empfindlichen Patienten zu einem Erregungszustand führen kann, der größere motorische Ausschläge zentripetaler Reize erklärt.

Die Muskeln sind somit bei Frakturen verkürzt; die von der Frakturstelle ständig ausgehenden zentripetalen Reize bedingen eine vermehrte Aktivierung, so daß die Muskeln, obschon sie eine geringere Länge besitzen, sich in einem vermehrten Spannungszustand befinden.

Bleibt der Muskel unbeeinflußt seinem Zustande überlassen, so paßt er sich der eingetretenen Verkürzung organisch an; daraus kann sich eine Funktionsstörung in Form der besprochenen *relativen Längeninsuffizienz* ergeben.

Nach REHN beeinflußt die im Anschluß an den Stupor eintretende, von starker Bruchhyperämie begleitete *Erregbarkeitssteigerung* der regionären Muskulatur, die mittels Nadelelektroden nachgewiesen wurde, auf dem Wege des Frakturstoffwechsels auch die *Callusbildung*. Ausschaltung oder Ablösung des Muskels legt die callusbildende Tätigkeit des Periostes lahm, wobei allerdings auch an Schädigung der Blutzufuhr und an den Wegfall des Muskeldruckes zu denken ist. Ferner fand REHN eine systematische *Beeinflussung des Gesamtstoffwechsels*. Bei der Arbeitsleistung des Muskels entsteht aus den Kohlehydraten über das sog. Lactazidogen Milchsäure, die zum Teil mit dem Venenblut abgeführt, zum Teil unter Verbrauch von Sauerstoff und Abgabe von Kohlensäure entfernt wird. Daraus ergibt sich, wie durch Messung der Wasserstoffionenkonzentration im Urin festgestellt wurde, eine alkalische Phase während des acht Tage dauernden Stadiums der Untererregung (Stupor) und eine Phase gesteigerter aktueller Acidität, die bis zum 11.—22. Tag dauert und dann sukzessive zur Norm abklingt, während Hyperämie und Übererregbarkeit der Muskulatur noch länger andauern. Bei Frakturen mit schwerer Muskelschädigung erwies sich die Periode der Untererregung und der Alkalose als verlängert.

5. Allgemeinerscheinungen.

Oft werden Frakturpatienten mit ausgeprägten *Shockerscheinungen* eingeliefert, die als Folge traumatischer Reizung sensibler Nerven (reflektorische Vasomotorenlähmung) oder der Resorption giftiger Abbauprodukte geschädigter Gewebe (Resorptionsshock) aufzufassen sind. Objektiv sind nachweisbar Blässe und Kälte der Haut, apathisches Verhalten, Herabsetzung der Haut- und Sehnenreflexe, Verlangsamung oder geringe Steigerung der Pulsfrequenz, Herabsetzung des Blutdruckes, oberflächliche Atmung. Handelt es sich um sehr schwere traumatische Einwirkungen, so finden wir als Folge der reflektorischen Gefäßnervenlähmung Cyanose, kalten Schweiß, hochgradige Verschlechterung der Pulsqualität, ferner reagieren die Pupillen kaum mehr, es tritt Aufstoßen und Erbrechen ein. Bei derartigen Erscheinungen ist an eine *Commotio cerebri* zu denken, die unwahrscheinlich wird, wenn das *Bewußtsein* nie getrübt war. Auch heftige Schmerzen im Bereiche der Frakturstelle können an der reflektorischen Entstehung des Shocks mitbeteiligt sein. *Die Shockerscheinungen gehen längstens im Verlaufe von einigen Stunden vorüber.* Verschlechtert sich dagegen der Allgemeinzustand und bildet sich ein deutlicher *Kollapszustand* aus, so liegt eine komplizierende schwere *innere Verletzung* vor, in welchem Falle in erster Linie nach Gehirnschädigung, intraabdomineller Blutung oder Perforativperitonitis zu fahnden ist.

Ein häufiges Allgemeinsymptom bei Frakturpatienten ist *Fieber*. Auch ohne daß eine begleitende infizierte Hautverletzung vorliegt, kann die Temperatur auf über 38^0 steigen. Die Ursache ist in Resorption von Blut an der Frakturstelle zu suchen. Derartiges Resorptionsfieber geht gewöhnlich in wenigen Tagen zurück.

Kapitel 2.

Primäre Komplikationen.

Sowohl durch die verletzende Gewalt selbst als durch die Fragmente können primäre Komplikationen in Form von Verletzungen der benachbarten *Gefäße* und *Nerven* sowie der *bedeckenden Haut* verursacht werden.

1. Hautverletzungen und Infektion der Frakturstelle.

Auf Grund verschiedener Zusammenstellungen wurde bisher angenommen, daß etwa der fünfte Teil aller Knochenbrüche mit durchgehenden Hautwunden kompliziert sei; ferner nahm man nach der Statistik von GURLT an, daß bei Zehen- und Fingerphalangen die offenen Brüche entsprechend der häufigen direkten Entstehung weitaus überwiegen. Diese Anschauungen lassen sich nach einer Zusammenstellung von 43 791 Knochenbrüchen der schweizerischen

Unfallversicherungsanstalt nicht mehr aufrechterhalten. An diesem Material berechne ich nur 6% offene Frakturen; von den Brüchen der Fingerphalangen waren 26%, von den Brüchen der Zehenphalangen nur 7,3% mit Hautwunden kompliziert. Dagegen trifft die Auffassung zu, *daß mit Zunahme der indirekten Frakturentstehung die offenen Knochenbrüche abnehmen.*

Zunächst kommt es vor, daß ein Fragment, welches bis unter die Haut getreten ist, die Haut *anspießt* und dann bei sekundärem Zurücktreten mit sich zieht. So entstehen charakteristische *Hauteinziehungen* (Abb. 62).

Eine weitere Art der Hautverletzung ist die *Durchstechung*, die sich besonders

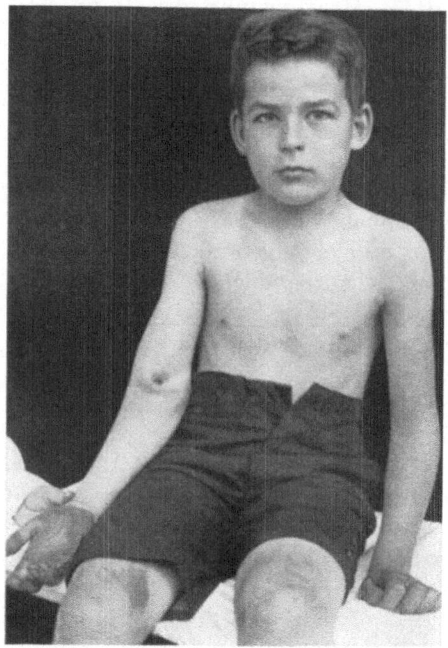

Abb. 62. Anspießung und Einziehung der Haut durch das obere Fragment bei suprakondylärer Fraktur des unteren Humerusendes.

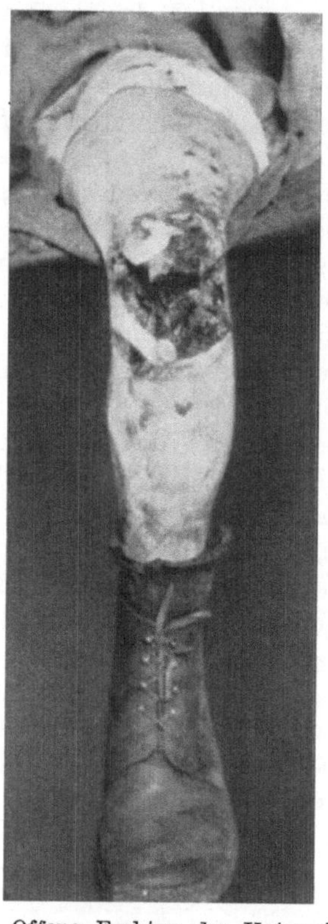

Abb. 63. Offene Fraktur des Unterschenkels, durch Aufschlagen auf Felskante bei Bergunfall entstanden.

an Stellen findet, wo die Haut dem Knochen normalerweise schon dicht anliegt. Solche Durchstechungen sieht man namentlich bei Tibiafrakturen über der Vorderinnenfläche des Schienbeines. Während hier die Hautverletzung durch eines der Fragmente bedingt wird, gibt es offene Frakturen, bei denen die *äußere Gewalt*, welche zur Fraktur führt, auch die Hautverletzung bewirkt (Abb. 63). Je nach der ursächlichen Gewalt handelt es sich um unregelmäßige Quetschißwunden oder umschriebene scharfrandige Zusammenhangstrennung der Haut.

Die häufigste Form der offenen Knochenbrüche wird durch die *Schuß-frakturen* dargestellt. Bei diesen findet sich meistens ein kleiner, höchstens dem Kaliber entsprechender Einschuß mit gequetschten Rändern (Abb. 64) und ein gewöhnlich etwas größerer oft in der Spaltrichtung der Haut gelegener

Ausschuß (Abb. 65). Der Einschuß kann kleiner sein als der Geschoßquerschnitt, weil das auftreffende Geschoß zunächst die Haut dehnt; nach Durchtritt des Geschosses zieht sich die gedehnte Haut wieder auf ihre ursprüngliche Fläche zusammen. Dieses Verhalten sieht man namentlich bei Schußverletzungen durch Spitzgeschosse. Wo zwischen Knochen und bedeckender Haut nicht eine dicke Muskelmasse liegt, sondern die Ausschußfläche des Knochens nur von Haut bedeckt wird, verursachen die mitgerissenen Knochenfragmente ausgedehnte *Platzwunden* (vgl. Abb. 54). Ein typisches Beispiel hierfür sind Ausschüsse über der Tibiainnenfläche und am Handrücken.

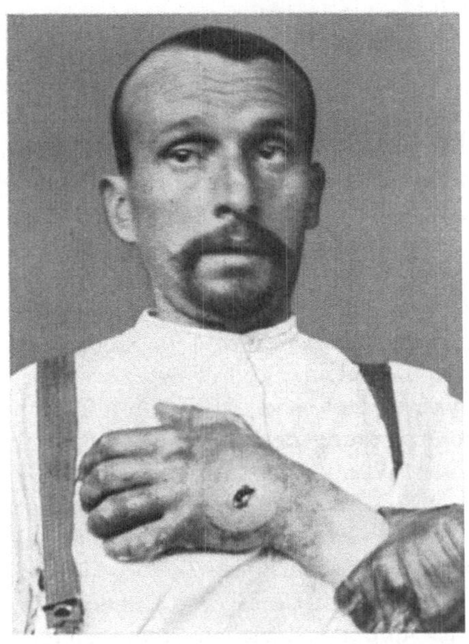

Abb. 64. Einschuß auf dem Handrücken mit Quetschung der Wundränder, verursacht durch Spitzgeschoß.

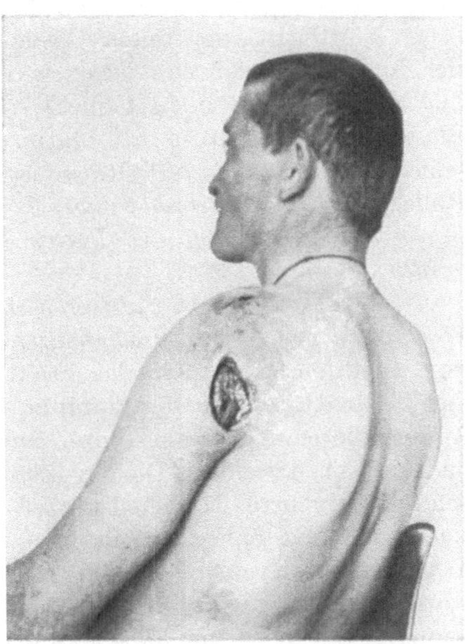

Abb. 65. Ausschuß in der Spaltrichtung der Haut, verursacht durch franz. Spitzgeschoß. (Nach Brun.)

Granatsplitter verursachen unregelmäßig geformte Einschußöffnungen mit nekrotischen gequetschten Wundrändern der Haut, aus denen die Weichteile hervorquellen. Oft sehen die Wunden wie gekocht aus, und belegen sich bald mit graugrünen Belägen. Die Ausschußöffnungen sind ebenfalls unregelmäßig gestaltet, oft multipel und von ähnlicher Beschaffenheit. Ist der Knochen von einem allseitigen Weichteilmantel umgeben, wie am Oberschenkel, so findet man in den Weichteilen zwischen Knochen und Ausschußwunde eine große *Zertrümmerungszone*. In kleinerem Ausmaße findet sich eine solche Zertrümmerungszone auch *vor* dem Knochen. Je kürzer die Schußdistanz, desto größer sind diese Zertrümmerungshöhlen. Von großer Bedeutung für die Fortleitung der Infektion ist auch die weitgehende Eröffnung der Bindegewebsräume durch die Seitenwirkung des Geschosses, falls dieses mit großer Geschwindigkeit auftrifft. Bei Schüssen aus großer Ferne — 1500—2000 m — verschwinden die Zertrümmerungszonen in den Weichteilen und die einzelnen Knochensplitter werden dann meist noch durch Periostbrücken zusammengehalten.

Neben direkter Trennung der bedeckenden Haut bei der Frakturierung kommen *Hautschädigungen* vor, welche verschieden rasch zu *Gangrän* und damit zu *sekundärer Eröffnung der Frakturstelle* führen. Am häufigsten tritt Nekrose der unmittelbar die Bruchstelle bedeckenden Haut ein, als Folge starker lokaler Quetschung, ausgedehnter Abhebung der Haut von der Unterlage mit Zerreißung der ernährenden Gefäße und Dehnung durch subcutane Hämatome oder kontinuierlichen Druck verschobener Fragmente. Diese *lokale Gangrän* kann verschieden weit in die Tiefe reichen. Druck starrer Verbände unterstützt natürlich das Zustandekommen derartiger Hautschädigungen und führt gelegentlich zu ausgedehnter Nekrose darunter liegender Sehnen und Muskeln. Schon die starke Dehnung der Haut durch die Schwellung infolge blutiger und entzündlicher Infiltration der tiefen Gewebe kann zu Hautschädigungen führen, die sich durch umschriebene oder ausgedehnte *Blasenbildung*, evtl. mit sekundärem Zugrundegehen der oberflächlichen Hautschicht, der Epidermis, äußern. Die Blasen enthalten seröse, oft blutig verfärbte Flüssigkeit. Individuell bedingte schlechte Ernährungsverhältnisse spielen hier gelegentlich eine begünstigende Rolle. *Auch diese Veränderungen können durch Druck eines zu fest angelegten, infolge der Schwellung der Extremität zu eng werdenden Verbandes gesteigert werden.*

Die hauptsächlichste Bedeutung der begleitenden Hautverletzungen liegt in der Möglichkeit primärer oder sekundärer Infektion der Frakturstelle. Das Eindringen von Infektionserregern in das Frakturhämatom und in die eröffneten venösen Gefäße und Lymphspalten kann zu foudroyanter septischer Allgemeininfektion führen, die man oft auch durch frühzeitige Absetzung des Gliedes nicht mehr zu beherrschen vermag. Die ungünstigen lokalen Wundverhältnisse — Hämatom, schlecht ernährte Knochensplitter, zerrissene Muskelpartien, unregelmäßige buchtige Wundhöhlen mit Taschen und Nischen — begünstigen besonders das Wachstum von *anaeroben Infektionserregern*, vor allem des *Tetanusbacillus*, sowie der Erreger verschiedener Entzündungen, die mit *Gasbildung* einhergehen, wie *malignes Ödem* und *Gasbrand*. Neben den unübersichtlichen komplizierten Wundverhältnissen, welche der Entwicklung der Anaerobier unter Luftabschluß Vorschub leisten, begünstigt auch gleichzeitige *Mischinfektion* mit den gewöhnlichen aeroben Eitererregern, wie sie ja normalerweise auf der Körperoberfläche vorkommen, die Entwicklung der anaeroben Bakterien, weil die mischinfizierenden Staphylo- und Streptokokken den spärlich vorhandenen Sauerstoff absorbieren. Die schlimmsten Formen der septischen Infektion sind charakterisiert durch perakuten Verlauf, rasches Fortschreiten und Hinzutreten von progredienter Gangrän. Die zu ausgedehnter Nekrose führenden Infektionen sind namentlich berüchtigt worden als Begleit- und Folgeerscheinung von *Schußfrakturen im Kriege*.

Beim *Gasbrand* kann man eine *oberflächliche, epifasciale* und eine *subfasciale* bedeutend bösartigere Form unterscheiden, die durch raschen Zerfall der Muskulatur zu einer schmierigen, mißfarbenen, zundrigen Masse charakterisiert ist und in kürzester Zeit zum Tode führen kann. Neben diesen von PAYR aufgestellten Formen unterscheidet KAUSCH noch eine *foudroyante Form*, die sich nur im Unterhautzellgewebe und in der Haut abspielt und in höchstens 2 Tagen zum Tode führt. Fehlt eigentliche Nekrose, so spricht man von *gasbildender Phlegmone*. Diese gasbildenden Entzündungen lassen sich nicht immer auf einen einheitlichen Erreger zurückführen, vielmehr handelt es sich meist um *Misch-infektionen*. Am häufigsten findet sich der FRAENKELsche Bacillus phlegmones emphysematosae, demnächst die Bacillen des malignen Ödems; ferner sind der GHON-SACHSsche, der ASCHOFFsche Ödembacillus und die CONRADI-BIELING-schen Bacillen öfters nach-gewiesen, sowie der PFEIFFER-BESSAUsche Uhrzeigerbacil-lus. Einige dieser Bakterien sind Fäulniserreger. Die Misch-infektion ist ebenso häufig eine anaerobe als eine aerobe. Es liegt nahe, anzunehmen, daß hochgradige mechanische Schädigung der Gewebe, ther-mische Störungen und Nässe neben den anaeroben Be-dingungen wesentliche Ur-sachen für die Entwicklung der zu Gasbildung führenden Infektion sind.

Das *klinische Bild* ist ein charakteristisches. Unter hef-tigen Schmerzen entwickelt sich eine starke, zunächst in der Wundumgebung lokali-sierte, jedoch rasch zen-tralwärts sich ausbreitende *Schwellung*, *kupferbraune*, *später graubraune Verfärbung der Haut mit Diffusion von Blutfarbstoffderivaten längs der thrombosierten, subcutanen und cutanen Venen, unter Auftreten von Gasknistern und tympanitischem Perkussions-schall*; dann treten *Haut-nekrosen* auf, die bei der tiefen Form auf die Mus-kulatur übergreifen und zu einem *fauligen Zerfall der gesamten Weichteile* führen.

Abb. 66. Hochgradige periostitische Knochenwucherung mit Sequestrierung des oberen Fragmentes nach Granatsplitterfraktur des Femur. Amputationspräparat.

Das beim Einschneiden hervorquellende schmierige Wundsekret ist von *Luftblasen* durchsetzt. Das *Allgemeinbefinden* verschlechtert sich rasch, der Puls wird frequent und leicht unterdrückbar, die Temperatur steigt, namentlich bei Mischinfektionen, rasch an, es kann Icterus auftreten und unter ständigem Fortschreiten des Gasbrandes zentralwärts verfallen die Patienten zusehends. Bei der foudroyanten Form tritt der Exitus letalis trotz radikalster Maßnahmen ein. Differentialdiagnostisch kann die Abgrenzung der Gasphlegmone von mischinfizierten Hämatomen in Frage kommen, aber nur in Anfangsstadien. Das relativ gute Allgemeinbefinden bewahrt bei guter Beobachtung vor folgenschweren Verwechslungen.

Wo nicht lebensbedrohende Allgemeininfektion eintritt, führt das Eindringen der gewöhnlichen Eitererreger zu *Osteomyelitis* und *Ostitis*; erheblich verzögerte Frakturheilung, langwierige *Eiterungen* mit periostalen Knochenwucherungen und *Sequestrierung* verschieden ausgedehnter Knochenteile sind die Folgen (Abb. 66). Oft ist diese lokale Infektion mit *Jauchung* verbunden, die meist auf Mischinfektion mit anaeroben Bakterien und umschriebene Gewebsnekrose zurückzuführen ist. In seltenen Fällen vereitern auch vollständig *subcutane geschlossene Frakturen*, sei es, daß die Infektion der Hämatome von benachbarten *oberflächlichen* Hautverletzungen aus erfolgt, von einem zufälligerweise im Körper vorhandenen Eiterherd oder von einer bakterienhaltigen Körperhöhle aus, auf dem Blut- oder Lymphwege.

2. Verletzung der Arterien und Venen.

Ausgedehnte Gangrän, die nicht nur die Haut, sondern den ganzen, peripher von der Frakturstelle gelegenen Gliedabschnitt betrifft, ist, abgesehen von den erwähnten Fällen septischer Gangrän, stets auf eine Schädigung des arteriellen Hauptgefäßes an der Bruchstelle zurückzuführen. Diese Arterienverletzungen betreffen weitaus am häufigsten die untere Extremität und hier vor allem die Poplitea bei Frakturen des unteren Femurendes.

Derartige Gangrän kommt erstens vor infolge von *Kontusion der Arterie*, wobei die *Intima zerreißt*, sich einrollt, so daß eine lokale *Thrombose des Arterienlumens* erfolgt. In einer zweiten Gruppe von Fällen beruht die Gangrän auf teilweiser oder vollständiger *Kontinuitätstrennung der Arterie* mit oder ohne Verletzung der Hauptvene. Bei diesen beiden Formen tritt die Gangrän meistens direkt im Anschluß an die Verletzung auf. Drittens kann die Arterienverletzung zunächst zur Entwicklung eines *falschen Aneurysma* führen, und obschon hier die Zirkulation nicht sofort vollständig unterbrochen wird und sich sukzessive ein Kollateralkreislauf ausbildet, bewirkt das wachsende pulsierende Hämatom doch eine zunehmende Kompression der übrigen Gefäße im Verletzungsquerschnitt, so daß sekundäre Ernährungsstörungen eintreten. Viertens kann die einfache *Kompression des Arterienstammes* durch verschobene Bruchenden oder Splitter zu *Verschluß* und *Thrombose der Arterie* und zu rasch in Erscheinung tretender Gangrän Anlaß geben. Diesen schwerwiegenden Verletzungen sind vor allem ausgesetzt die *Poplitea*, die *Brachialis*, die *Femoralis*, die *Aa. tibiales* und die *Axillaris*. Die Arterien werden an Stellen geschädigt, wo sie dem Knochen dicht anliegen und da dies zum großen Teil Stellen betrifft, die auch von den Unterbindungen her berüchtigt sind — weil die Möglichkeit zur Herstellung kurzer und ausreichender Kollateralverbindungen fehlt —, ist die Häufigkeit der Gangrän im Anschluß an diese Verletzungen leicht zu verstehen. Auch *fehlerhafte Behandlungstechnik* kann zu Gangrän durch Arterienschädigung führen. Weniger Bedeutung hat die *Verletzung größerer Venen* bei Frakturen.

Als *Folgen der Gefäßverletzungen* bei Frakturen kommen noch in Betracht die Entstehung großer Blutergüsse und die Blutung nach außen.

Ausgedehnte Blutergüsse liegen teils subfascial, teils epifascial oder subcutan. Auch bei ganz aseptischem Verlauf führen große Hämatome, namentlich wenn sie unter gewissem Druck stehen, zu Temperatursteigerungen. Erhebliche Ernährungsstörungen werden durch mäßige subfasziale Blutergüsse kaum je verursacht; dagegen spielen große, unter erheblicher Spannung stehende subfasciale Hämatome eine begünstigende Rolle bei der Entstehung der ischämischen Muskelveränderungen. Bei offenen Frakturen liegt die Bedeutung großer Blutergüsse in der Schlaffung eines günstigen Nährbodens für eindringende Infektionserreger.

Pulsierende Blutergüsse in Form falscher Aneurysmen wurden bereits als Ursache von Ernährungsstörungen im distalen Gliedabschnitt erwähnt. Sie können ferner bei raschem Wachstum zu *Blutungsgefahr* Anlaß geben.

Blutungen nach außen aus großen Arterien kommen als Frakturkomplikation im Frieden selten vor; es handelt sich meistens um Blutungen aus kleinen Arterien des Vorderarms und des Unterschenkels. Neben den *primären* Blutungen werden auch *sekundäre* beobachtet, hauptsächlich in der 2.—3. Woche auftretend. Ihre Ursache liegt häufig in Lösung eines Thrombus auf mechanischem Wege oder infolge septischer Infektion; ferner kann ein Blutgefäß noch sekundär durch eine scharfe Fragmentkante verletzt werden.

3. Venenthrombose und Embolie.

Für die *Venenthrombose* zeigen die Frakturen der unteren Extremität, speziell des Unterschenkels, eine unverkennbare Prädisposition, besonders bei älteren Leuten. Kleinere Venenthrombosen kommen in beschränkter Ausdehnung im Bereich der Bruchstelle wohl bei den meisten Frakturen vor, ohne daß manifeste klinische Erscheinungen aufzutreten brauchen. Finden sich Verhältnisse, welche die Entstehung von fortschreitenden Thrombosen begünstigen, wie allgemeine und lokale Zirkulationsstörungen, variköse Veränderungen der Venen, vermehrte Gerinnungsfähigkeit des Blutes, oder *wird durch die Art der Behandlung die Zirkulation beeinträchtigt*, so kommt es zu fortschreitender, aufsteigender Thrombose mit ihren klinischen Symptomen. Als auslösende Ursache der Thrombose sind *lokale Schädigungen und Kompression der Venen* im Bereiche der Bruchstelle anzusprechen. Bei älteren Frakturen mit infizierten Hautwunden und bei Patienten mit varikösen Unterschenkelgeschwüren kommt es gelegentlich zu einer *entzündlichen Thrombose*, einer eigentlichen *Thrombophlebitis*, die zu eiteriger Einschmelzung der Thromben und zu Pyämie führt. In erster Linie sind die tiefen Unterschenkelvenen, die Venae tibialis ant. und post. sowie die Peronealvenen von der Thrombose betroffen. Von dort kann sich die Thrombose in die Vena femoralis, iliaca und cava inferior fortsetzen. Die Venae saphenae thrombosieren gewöhnlich nur bei Patienten, die schon vor dem Unfall an ausgeprägten oberflächlichen Varizen litten. Bei dieser Form ist die Gefahr aufsteigender Thrombose der Femoralis und Iliaca wesentlich geringer als bei Thrombose der tiefen Venen. Die gewöhnliche Folge ausgedehnter Venenthrombose ist eine *ödematöse Anschwellung* (Abb. 67) des Gliedes, die schon *während der Behandlung auftritt*, nicht erst nach Wegnahme des Verbandes. Dieses Ödem führt zu derber, wenig eindrückbarer Schwellung, die sich durch große *Hartnäckigkeit* auszeichnet und oft nach der Konsolidation noch während Monaten fortbesteht. Eine weitere Folge der Venenthrombose ist *Varizenbildung*, wie man auch erhebliche *Verschlimmerung bereits vor dem Unfall vorhandener Krampfaderbildung* sieht.

Da auch *Venenkompression* durch ein unter Spannung stehendes Frakturhämatom zu Störung des venösen Rückflusses führt, kann man aus dem Hautödem und der bläulichen Verfärbung der peripheren Extremitätenabschnitte

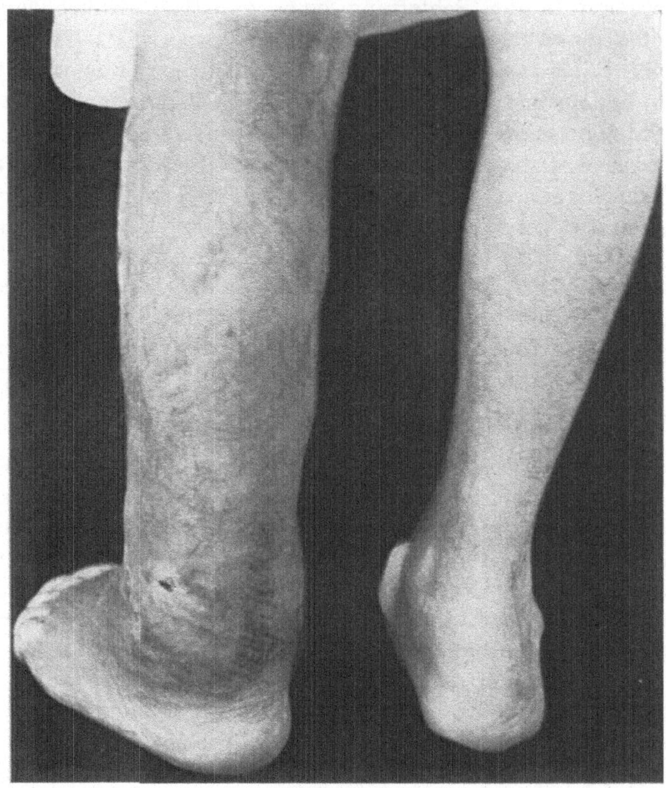

Abb. 67. Hochgradiges Ödem am Unterschenkel nach Venenthrombose im Anschluß an offene Unterschenkelfraktur.

allein die Diagnose auf Venenthrombose nicht stellen. Beweisend ist erst der Nachweis des derben, meist druckempfindlichen thrombosierten Venenstammes.

Wo es sich nicht um infektiöse Thrombose handelt, hat die Venenthrombose prognostisch im allgemeinen keine schlimme Bedeutung, da sekundäre Embolie im Anschluß an Frakturen ein relativ seltenes Ereignis darstellt. Treten massive *Embolien* auf, so kommt es am häufigsten, wie auch sonst, zu rasch tödlich endender *Lungenembolie*, selten zu der ebenfalls tödlich endenden Embolie in das rechte Herz ohne Verstopfung der Lungenarterie. Der *Exitus* erfolgt in diesen Fällen entweder synkopisch, oder unter den Zeichen schwerster, in kurzer Zeit zu *Herzlähmung* führender *Asphyxie*. Der Tod kann auch erst nach einigen Tagen eintreten infolge ausgedehnter embolischer, gelegentlich *gangränöser Lungeninfarkte*. Kleinere verschleppte Venenthromben führen zu Lungeninfarkten mit anfangs stürmischen Symptomen von Asphyxie, heftigen pleuritischen Schmerzen, Hustenreiz und blutigem Auswurf, Erscheinungen, die jedoch bald zurückgehen. Die Mehrzahl dieser Fälle geht in Heilung über. Die Embolie stammen nicht immer aus dem Frakturgebiet, sondern recht oft aus den Beckenvenen, wie mir wiederholte Erfahrungen zeigten.

4. Verletzung der Nerven.

Seltener als zu den besprochenen Gefäßverletzungen kommt es bei Knochenbrüchen zu *Läsion der Nervenstämme*. Immerhin spielen diese Nervenkomplikationen praktisch eine wichtige Rolle.

Die Großzahl von Nervenläsionen bei Frakturen betrifft die obere Extremität, und hier vor allem den *Nervus radialis*, was sich aus seinen nahen und ausgedehnten Beziehungen zum Humerusschaft ergibt (Abb. 108). Dann folgen nach der Zusammenstellung von BRUNS in der Häufigkeitsskala der *N. peronaeus*, der *Plexus brachialis*, der *N. ulnaris* und schließlich der *N. medianus*. Die häufige Verletzung des Nervus peronaeus erklärt sich zum Teil aus seinem exponierten Verlauf um das Fibulaköpfchen herum. Recht häufig sind auch die Verletzungen des *Nervus alveolaris inferior* bei Unterkieferfrakturen.

Die häufigste primäre Nervenverletzung ist die *Quetschung* eines Nervenstammes; sie entsteht in der Weise, daß der Nervenstamm durch die äußere Gewalt direkt gegen den Knochen angedrückt, bei indirekten Frakturen durch den Druck des dislozierten Fragmentes geschädigt wird. Von der einfachen *Kontusion* mit umschriebener *Quetschung* der Nervenfasern und *Bluterguß* im Nervenquerschnitt finden sich alle Übergänge bis zur vollständigen *Zerreißung* eines Nervenstammes. Der Nerv kann auch durch einen eingedrungenen Bruchsplitter verletzt werden, was gewöhnlich nur zu unvollständigen Querschnittstrennungen führt. Eine weitere Art der Nervenschädigung beruht auf *Interposition des Nerven zwischen die Bruchenden*, die beinahe ausschließlich am Radialis und Peronaeus beobachtet wird, und ferner gibt die *stetige Kompression* der Nerven durch anhaltenden Druck dislozierter Bruchenden zu Störungen Anlaß. Diese Kompressionen betreffen namentlich den Radialis, den Medianus bei der typischen distalen Radiusfraktur und den Plexus brachialis bei Schlüsselbeinfrakturen.

Die *Nervenkontusion* hat meistens nur unvollständige und rasch vorübergehende Lähmungen im Gefolge, doch kann sie auch zu schweren und dauernden Schädigungen mit kompletter Entartungsreaktion Anlaß geben. Der Verlauf hängt ab von dem Grad der Schädigung. Auch wenn zunächst nur wenige Bahnen getrennt sind, kann eine starke *endoneurale Narbenbildung* sekundär zu ausgedehnter Leitungsunterbrechung führen.

Für die *Diagnose* und *Prognose* der Nervenläsion ist die *elektrische Untersuchung* insofern von Bedeutung, als das Fehlen deutlicher Entartungsreaktion *gegen* eine völlige Querschnittsunterbrechung spricht. Dagegen kann Entartungsreaktion vorhanden sein, ohne daß die entsprechenden Nervenbahnen anatomisch in irreparabler Weise unterbrochen sind. Die Entartungsreaktion tritt gewöhnlich nach 3—6 Wochen auf, kann aber auch Monate bis zu ihrer völligen Ausbildung brauchen. Bei *Nerveninterposition* zwischen die Fragmente hängen die Symptome davon ab, ob der interponierte Nerv *eingeklemmt* ist oder nicht. Im ersten Falle tritt gewöhnlich sofort eine vollständige Lähmung des Nerven ein, die gelegentlich mit heftigen *neuralgischen Schmerzen* verbunden ist. In einigen Fällen von Nerveneinklemmung sind auch *tetanische Muskelkontraktionen* beschrieben. Ist der Nerv *nicht eingeklemmt*, und wurde er bei der Verletzung auch nicht gequetscht, so treten die Reiz- und Lähmungserscheinungen erst während der Callusbildung auf. Bei *Kompression des Nerven durch ein verschobenes Fragment* führt — wenn es sich um reine Kompression ohne Kontusion handelt — meist erst der *kontinuierliche Druck* zu klinisch manifester Schädigung. Es handelt sich um eine Erschwerung oder Unterbrechung der motorischen und sensiblen Leitung, und zwar leidet, wie gewöhnlich, die Motilität früher und ausgedehnter. Nicht selten treten auch *sensible Reizerscheinungen* in Form neuralgischer Schmerzen im Versorgungsgebiet des komprimierten Nerven auf, als Ausdruck einer mechanisch bedingten Neuritis.

5. Fettembolie.

Eine ziemlich häufige, nicht immer belanglose Komplikation der Knochenbrüche ist die *Fettembolie*. Bei Zerstörung fettreicher Gewebe gelangt flüssiges Fett in die Venen, entweder direkt oder durch Vermittlung des Ductus thoracicus. Nach Passage des rechten Herzens wird der größte Teil dieses Fettes in den Lungen aufgefangen, wo es die Capillaren und kleinen Arterien ausgedehnt verstopfen kann. Am häufigsten geben *Verletzungen des Knochenmarkes* bei Frakturen und eingreifende, besonders orthopädische Operationen am Knochen zu Fettembolien Anlaß. Auch durch Erschütterung nach der Frakturierung, besonders bei unzweckmäßigem Transport, kann diese Abschwemmung von Fett aus dem Verletzungsgebiet gefördert werden.

Ein *tödlicher Ausgang* bei Fettembolie der Lungen tritt ein, wenn sehr große Mengen Fett in die Lungengefäße gelangen, und zwar erfolgt der Tod gewöhnlich nicht plötzlich, sondern erst infolge wiederholter Nachschübe. Anlaß zu solchen Nachschüben gibt unzweckmäßiges Manipulieren an den Patienten, vor allem bei multiplen Frakturen. Zu tödlichem Ausgang bei Lungenfettembolien ist Verstopfung etwa eines Drittels der Lungenarterienverzweigungen notwendig. Exitus letalis kann auch eintreten, wenn das embolisierte Fett die Lungengefäße passiert und dann in die Gefäße des Herzens und besonders des Gehirns verschleppt wird. *Neben grober Schädigung des Knochenmarkes ist in vielen Fällen offenbar auch die Zertrümmerung subcutanen Fettgewebes Ursache der Fettembolie.*

Die anatomischen Typen der *Gehirnembolie* und der *Lungenembolie* lassen sich auch *klinisch* auseinanderhalten. PAYR unterscheidet denn auch einen *zerebralen* und *respiratorischen Tod* infolge Fettembolie. Nach GRÖNDAHL läßt die *zerebrale Fettembolie*, nachdem sich der Patient vom ersten Shock, verursacht durch das Einsetzen der Zirkulationsstörungen im Gehirn, erholt hat, ein verschieden langes *freies Intervall* und daran anschließend ein *soporöses* und ein *komatöses Stadium* unterscheiden. Das freie Intervall kann einige Stunden bis eine Woche dauern. Das soporöse Stadium ist durch Schläfrigkeit, Gedächtnisschwäche und Desorientierung charakterisiert, wozu sich Unruhe und Angstgefühl gesellen können, so daß man oft an ein beginnendes Delirium tremens denkt. Dann verfallen die Patienten in einen ruhigen Schlaf. Gelegentlich tritt Erbrechen auf, häufig Erscheinungen einer Hirnrindenreizung in Form von Muskelstarre, klonischen Zuckungen, epileptiformen Krampfanfällen, und dann entwickelt sich unter Herabsetzung oder Erlöschen der Reflexe das komatöse Stadium, welches gewöhnlich schon nach 24 Stunden voll ausgeprägt ist. Unter Störungen der Atmung und der Herztätigkeit — CHEYNE-STOKES-sche Atmung — tritt gewöhnlich nach 3—4 Tagen der Tod ein. Natürlich sind bei den häufigen, die Extremitätenfrakturen begleitenden Kopfverletzungen *Commotio, Contusio* und *Compressio cerebri* stets differential-diagnostisch aus-zuschließen, bevor man die Diagnose auf zerebrale Fettembolie stellt. *Pathologisch-anatomisch* finden sich am Gehirn Hyperämie, Ödem, zahllose Fett-embolien kleinster Gefäße und Blutungen, die sich gewöhnlich kranzförmig um zentrale, durch Fettmassen verstopfte Gefäße gruppieren. In der weißen Substanz findet man zerstreut miliare Erweichungen.

Die *pulmonale Fettembolie* ist gegenüber der zerebralen im allgemeinen durch rascheres Einsetzen der Symptome und akuten Verlauf charakterisiert. Bei *apoplektiformen Lungenembolien* sterben die Patienten sehr rasch unter dem Bilde eines Herzkollapses, bevor eine genaue klinische Diagnose möglich ist. Unter den langsam verlaufenden Fällen kann man solche mit ausgesprochenen und solche mit wenig hervortretenden Lungensymptomen unterscheiden. Sofort nach der Verletzung, nach einem schädigendem Transport, nach unzweck-mäßigen Maßnahmen oder auch ohne ersichtliche äußere Ursache treten Dyspnoe, Husten, blutiger Auswurf auf, so daß man an Entstehung einer Pneu-monie denken könnte. Reicht die Herzkraft aus, die Einschränkung des Lungen-stromgebietes genügend zu kompensieren, so schwinden die Symptome; anderen-falls nehmen sie sehr rasch zu, wobei Zeichen von Lungenödem, schwere Herz-störungen mit Präkordialangst, epigastrische Schmerzen, Beschleunigung des Pulses und Blutdrucksenkung auftreten. In tödlichen Fällen werden oft erhebliche Temperatursteigerungen beobachtet. *Pathologisch-anatomisch* finden sich in den *Lungen* ausgedehnte Verstopfung der Capillaren durch Fettemboli, Blutungen, Ödem, Emphysem, verhältnismäßig selten größere Infarkte. Das *Herz* zeigt Dilatation des rechten Ventrikels, kleine Blutungen und fettige Degeneration der Muskelfasern. Wichtig für die Erkennung der Fettembolie ist der Nachweis durch die Nieren ausgeschiedener *Fetttröpfchen im Urin.*

6. Traumatisches Emphysem.

Wird durch eine Fraktur ein lufthaltiges Organ eröffnet — so die Lunge bei Rippenfrakturen — oder betrifft sie einen pneumatisierten Knochen — Stirnbein mit Sinus frontalis, Oberkiefer mit Antrum Highmori, Processus mastoideus mit den Cellulae mastoideae — so tritt ein subcutanes traumatisches Emphysem in Erscheinung, erkennbar an charakteristischem Emphysemknistern bei der Pal-pation und tympanitischem Perkussionsschall, falls es sich um größere Luft-ansammlungen handelt. Die Luftblasen sind oft auch im Röntgenbild sichtbar (Abb. 464).

In seltenen Fällen sieht man solches Emphysem auch bei offenen Extremi-tätenbrüchen. Hier wird die Luft in der Regel durch Bewegungen in die Ge-webslücken gepumpt; doch soll auch durch aseptische autolytische Zersetzung schwer geschädigten Gewebes bei Zertrümmerungsbrüchen Weichteilemphysem zu Stande kommen, gelegentlich gefolgt von einer gutartigen Phlegmone (HUB-RICH). Von einer infektiösen Gasphlegmone unterscheiden sich diese Fälle durch das Fehlen schwererer Entzündungserscheinungen und von Störungen des Allgemeinbefindens.

7. Pneumonie, Urosepsis und Delirium tremens.

Hervorragende praktische Bedeutung als Frakturkomplikation bei alten Leuten hat die *hypostatische Pneumonie*, deren Entstehung und Verlauf bei

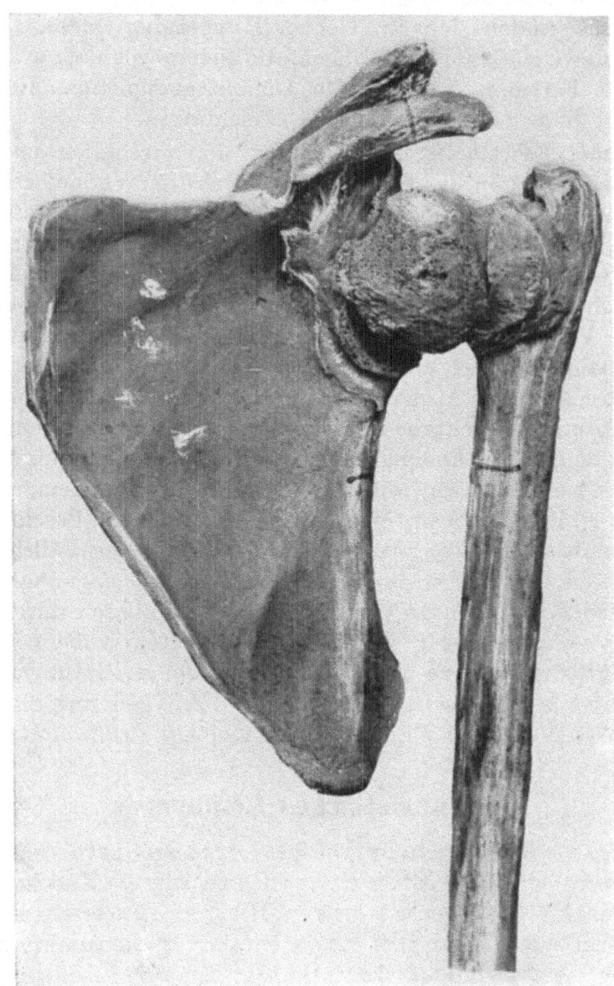

Abb. 68. Fraktur des oberen Humerusendes mit Luxation des Kopfes. Heilung mit starker Ver-schiebung, Bildung einer neuen Pfanne an der Vorderfläche der Scapula. Präparat der pathol. anatom. Anstalt Basel.

Frakturen keine Besonderheiten aufweist. Wahrscheinlich begünstigen Fett-embolien, kleine Infarkte und Bakterienembolien gelegentlich die Entstehung dieser hypostatischen Lungenentzündungen.

Ferner kann die mit der Frakturbehandlung verbundene Bettlage bei alten Patienten mit Stauungscystitis, besonders bei Prostatikern, zu rascher Zunahme der *Harnretention*, zu Steigerung der *Cystitis* und zu aufsteigender Infektion der Harnwege mit *Urosepsis* Anlaß geben.

Bei Gewohnheitstrinkern entsteht, wie überhaupt nach Unfallverletzungen, auch nach Frakturen nicht so selten ein *Delirium tremens*. Das Delirium tremens hat nicht nur Bedeutung für die vitale Prognose, welche im allgemeinen sehr schlecht ist, sondern auch für die anatomische und funktionelle Frakturheilung. Die korrekte Ruhigstellung kann durch das Verhalten der Deliranten verunmöglicht oder außerordentlich erschwert werden, und es sind namentlich auch schwere sekundäre Schädigungen durch Abreißen der Verbände, heftige Bewegungen und durch Herumgehen auf gebrochenen Extremitäten beobachtet worden.

8. Frakturen mit gleichzeitiger Luxation.

Schließlich ist als praktisch wichtige Komplikation der Knochenbrüche noch die *gleichzeitige Luxation* zu nennen. Entweder handelt es sich um extraartikuläre Frakturen mit vollkommener Luxation des gesamten Gelenkanteils, oder um Frakturen, die ins Gelenk reichen, wobei der eine Teil der gebrochenen Gelenkfläche noch in normalem Kontakt mit der gegenüberstehenden Gelenkfläche steht, der andere luxiert ist. Die letztere Form wird hauptsächlich bei Luxationsfrakturen im Talo-Cruralgelenk (Abb. 923 b) und an den Fingergelenken beobachtet, während die vollständige Luxationsfraktur namentlich am oberen Humerusende vorkommt (Abb. 68). Was den Entstehungsmechanismus der vollständigen Luxationsfraktur anbetrifft, so muß bei der großen Widerstandsfähigkeit der Gelenkbänder angenommen werden, daß zuerst Luxation erfolgt, und daß vor vollendeter Luxation, solange ein Teil des Gelenkkopfes am Gelenkpfannenrand noch Widerstand findet, unter veränderter Richtung der Gewalteinwirkung oder Auftreten einer sekundären Gewalt Frakturierung stattfindet. Diese Auffassung erklärt auch das gleichzeitige Entstehen von *Pfannenrandfrakturen*.

Kapitel 3.

Normale Frakturheilung.

1. Knochenregeneration nach Fraktur, Callusbildung.

Bei jeder Fraktur erfolgt ein *Bluterguß* in das Mark, zwischen die Fragmente, unter das Periost und in die Umgebung des Knochens. In diesem Bluterguß, der allerdings schon vom 2. Tage ab durch Resorption teilweise entfernt wird, erfolgt ausgedehnte *Fibringerinnung*. Gleichzeitig treten die Zeichen einer *traumatischen Entzündung* auf in Form von Hyperämie, zelliger und flüssiger Exsudation, sowie Proliferation der fixen Zellen in den Innenschichten des Periostes, seiner Umgebung und im Knochenmarkstützgewebe. Liegt keine hochgradige Gewebszertrümmerung oder Infektion vor, so führt die Proliferation vom Periost und vom Endost aus zu einer *regenerativen Gewebsneubildung*; der zwischenliegende Bluterguß wird durchwachsen, und es erfolgt zunächst eine bindegewebige Vereinigung beider Fragmente. Dieses verbindende Gewebe heißt

Callus, und zwar kann man den *bindegewebigen Callus* als *provisorischen Callus* bezeichnen. Den vom *Periost* gebildeten Kallus nennt man *periostalen* oder *äußeren* Callus, den vom *Endost* gebildeten *Mark-* oder *inneren Callus*. Daneben kann man noch einen *intermediären Callus* unterscheiden, worunter wir das regeneratorische Gewebe verstehen, welches sich zwischen Mark- und Periost-

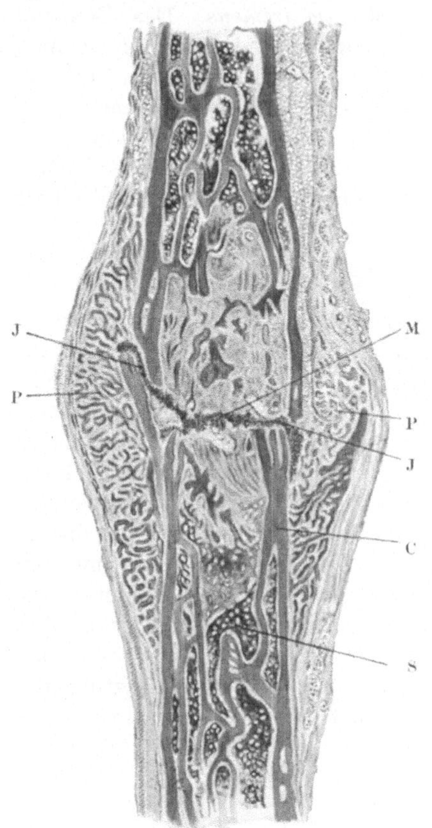

Abb. 69. Heilung einer Rippenfraktur, Lupen-
vergrößerung. P periostaler Callus, J inter-
mediärer Callus, M Mark- oder endostaler Callus.
Bei J und M ist die Durchwachsung des Blutergusses noch nicht weit vorgeschritten.
C Diaphysencorticalis, S Spongiosa.

callus, also im Bereich der Diaphysencorticalis, befindet und den Übergang vom periostalen zum Markcallus vermittelt (s. Abb. 69).

Histologisch erfolgt die Bildung des *periostalen Callus* in der Weise, daß sich von den Zellen der Kambiumschicht und von den Endothelien der inneren Periostgefäße aus ein gefäßreiches Keimgewebe bildet; auch die äußeren Periostschichten und das umgebende Bindegewebe beteiligen sich, wenn auch in erheblich geringerem Maße, an dieser Keimgewebsbildung. Schon am Ende der ersten Wochen sieht man in diesem Keimgewebe Bälkchen und Herde von *osteoidem* und *chondroidem Gewebe*, die später poröse Knochen bilden. Dieses neugebildete Gewebe umgibt die Fragmente außen wie eine spindelförmige Schale, die man gewöhnlich vom 10. bis 14. Tage an als deutliche Auftreibung der Frakturstelle fühlt. Die früher übliche Unterscheidung eines *bindegewebigen, knorpeligen,* und *knöchernen Stadiums der Callusbildung* ist nicht durchaus zutreffend, indem der bindegewebige Callus vorwiegend durch direkte Metaplasie des Bindegewebes in geflechtartigen Knochen übergeht, während sich periostogener Knorpel meist nur bei Frakturen bildet, deren Enden während der Heilung sich ständig gegeneinander verschieben. Die *Kalkablagerung* tritt zuerst in den innersten Schichten des periostalen Callus auf.

Die Bildung des inneren *myelogenen, endostalen Callus* wird eingeleitet durch Hyperämie des Markes; dann gruppieren sich im gewucherten Stützgewebe des Knochenmarks und im proliferierenden Endost Osteoblasten zu osteoiden Bälkchen, die in der Folge verkalken. Der Callus hann zunächst auch rein fibrös sein und direkt metaplastisch ossifizieren. Wie im periostalen Callus, sieht man auch im myelogenen Bildung von *Knorpelinseln*, die später meist zu Markräumen umgewandelt werden.

Gegenüber dem periostalen Callus kommt dem „myolegenen" für die Vereinigung der Fragmente eine untergeordnete, immerhin nicht zu unterschätzende Bedeutung zu. Über diese Verhältnisse geben experimentelle Untersuchungen LEXERs und seines Schülers DELKESKAMP wertvollen Aufschluß. Setzt man nämlich bei Tieren subcutane Frakturen, und injiziert nach 1—6 Wochen die Arterien der gebrochenen Extremität mit Quecksilberterpentinemulsion, so sieht man im Röntgenbilde schon nach einer Woche im Bereiche der Frakturstelle und ihrer nächsten Umgebung eine erhebliche Gefäßwucherung und Füllung, die bis zur 4. Woche zunimmt, dann sukzessive wieder zurückgeht. Diese Gefäße stammen hauptsächlich aus dem periostalen Netz (Abb. 70), was schon daraus hervorgeht, daß die Arteria nutritia an der Frakturstelle zerrissen ist, und nur für ein Fragment in Betracht fallen würde; erst in der 4. Woche sind auch die Nutritiaäste reichlich vorhanden. Vorher unterstützten die Arterien des Nutritiagebietes die Gefäßwucherung und die Hyperämisierung vorwiegend mit Hilfe periostaler Anastomosen. Nach LEXER wachsen die Periostgefäße an der Bruchstelle sogar in die Markhöhle verschobener Fragmente und unterstützen auf diese Weise die Anfänge der Bildung des Markcallus.

Von *parostalem Callus* spricht man dann, wenn das benachbarte intermuskuläre Bindegewebe sich ausgedehnt an der Callusbildung beteiligt. Diese parostale Knochenbildung erfolgt entweder durch direkte Metaplasie oder wird durch eingewanderte periostale Zellen, die zu Chondro- oder Osteoblasten werden, geleistet.

Normalerweise vergrößert sich ein Callus bis zur 4. oder 5. Woche und soll in der 7.—12. Woche

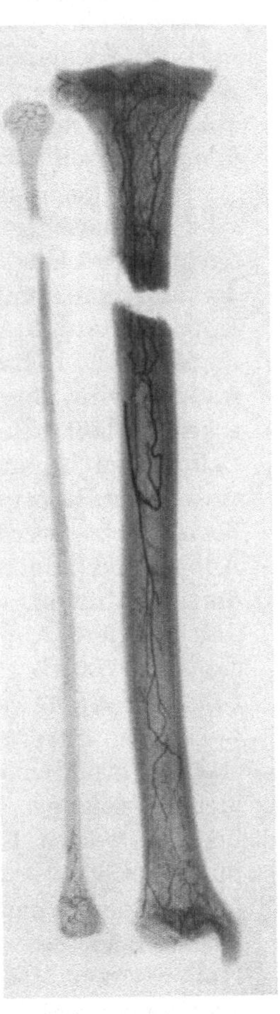

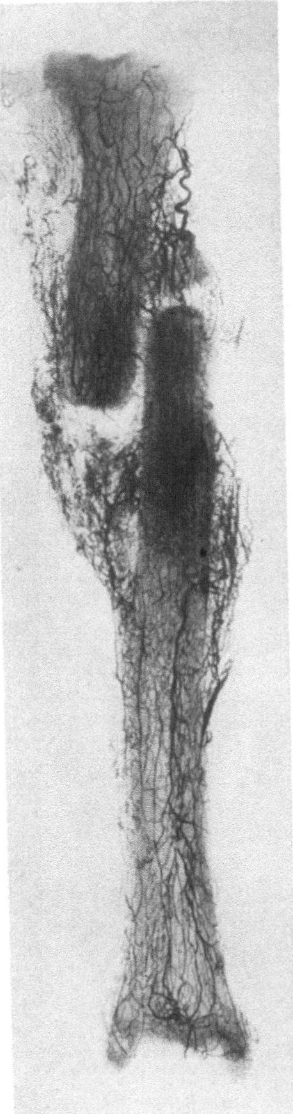

Abb. 70 a.   Abb. 70 b.

Abb. 70a. Intraossale Arterien der vor 10 Tagen gebrochenen Unterschenkelknochen eines Hundes. Die Gefäße der oberen Tibiafragmentes sind trotz des fehlenden Zusammenhanges mit dem Stamm der Nutritia infolge Einwachsen periostaler Gefäße stark gefüllt. (Nach LEXER-DELKESKAMP.)

Abb. 70b. Intraossale und periostale Arterien der vor 3 Wochen gebrochenen Unterschenkelknochen eines Hundes (Quecksilber-Terpentininjektion); man sieht, welchen großen Anteil die periostalen Arterien an der Blutversorgung der Fragmente bei der Callusbildung haben. (Nach LEXER-DELKESKAMP.)

vollständig verknöchert sein; die Fraktur ist dann innerhalb normaler Zeit,
wie man sich ausdrückt, *konsolidiert*. Bei *Kindern* beträgt die Dauer der
Konsolidation durchschnittlich 3—5 Wochen, bei Diaphysenfrakturen *Erwachsener* im Mittel etwa 60 Tage. Natürlich ergeben sich hier weitgehende Schwankungen, je nach den Dimensionen des gebrochenen Knochens. Nach den Zusammenstellungen von GURLT braucht eine Phalanx zur knöchernen Heilung durchschnittlich 2, Metacarpus, Metatarsus und Rippen 3, Clavicula 4, Vorderarmknochen 5, Humerusdiaphyse 6, Tibia und Collum humeri 7, beide Unterschenkelknochen 8, Femur 10, der Schenkelhals 12 Wochen bis zur Konsolidation. Diese Zahlen sind nicht allgemein verbindlich, geben aber ein zutreffendes Mittel für die *belastungsfähige* Konsolidation.

Der *Callus* besteht zunächst aus blutreichem, sehr weitmaschigem, im Vergleich zu den vereinigten Knochenpartien fremdartigem Knochen, der allmählich unter Resorption, Markbildung, Apposition und Ausbildung von Bälkchen in normaleres, dichteres Knochengewebe umgewandelt wird, das eine eigentliche Architektur erkennen läßt. Bei diesem Umbau des porösen Callus zum organisierten verfallen diejenigen Anteile der Resorption, welche mechanisch nicht beansprucht werden, während Verdichtung, Anbau und feinerer architektonischer Ausbau dort stattfinden, wo die mechanische Leistung dies erfordert (Abb. 71, 72). *Daraus geht hervor, daß der definitive Ausbau des Callus erst erfolgen kann, wenn das gebrochene Glied wieder funktionell in Anspruch genommen wird.* Soweit statisch orientierte Strukturen im Callus auftreten, solange der Patient noch im Bett liegt, — worauf KÖNIG aufmerksam macht — dürfte es sich um formende Einwirkung des Muskeldruckes handeln. Der Callus ist zunächst übergroß mäßig, weil das weiche Gewebe in reichlicherem Maße vorhanden sein muß, um auch nur bescheidenen mechanischen Ansprüchen zu genügen.

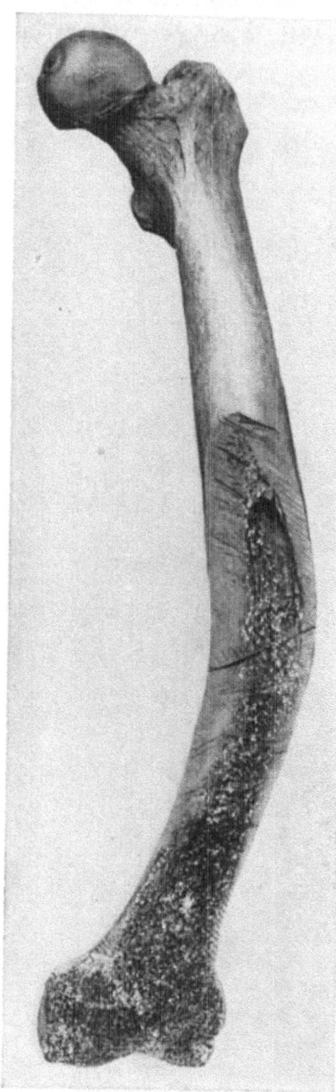

Abb. 71. Verstärkung der medialen
Diaphysencorticalis durch Verbreite-
rung auf Kosten der Spongiosa und
der Markhöhle, infolge durch die
Verbiegung bedingter, gesteigerter
Inanspruchnahme.

Wurde die Verschiebung der Fragmente vollständig behoben, so werden
beim Umbau des Callus die unterbrochenen Druck- und Zugbalkensysteme
durch neugebildete statische Elemente direkt verbunden. Wo dagegen eine
wesentliche Verschiebung zwischen den Fragmenten bestehen blieb, bildet sich
im Bereich des Callus ein neues, der veränderten mechanischen Inanspruch-

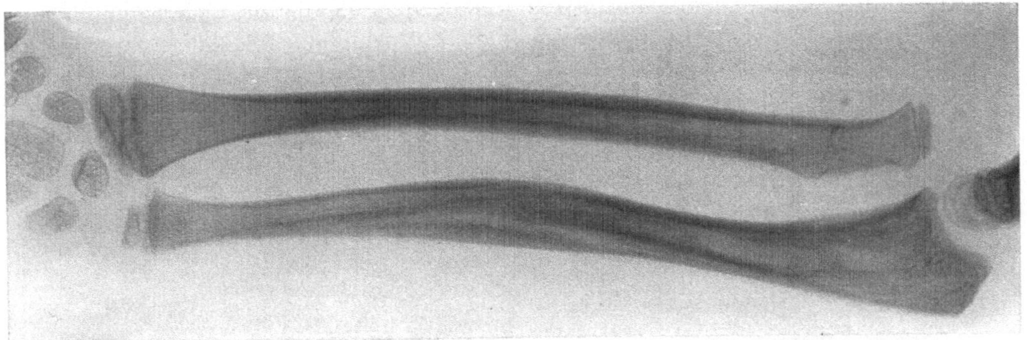

Abb. 72. Ausgedehnter Anbau von Knochen in der Konkavität einer winklig geheilten Ulnafraktur; beginnender Abbau an der Konvexität.

nahme angepaßtes Zug- und Druckbalkensystem aus. In solchen Fällen wird im Laufe von Monaten und Jahren auch die Architektur der Fragmentenden der veränderten mechanischen Inanspruchnahme angepaßt; vorstehende Teile der Bruchenden können dabei vollständig resorbiert werden, besonders bei Kindern.

Die Markräume stark verschobener Fragmentenden bleiben gewöhnlich dauernd verschlossen (Abb. 73), während bei geringer Dislokation die Markhöhle im Laufe der Zeit ganz oder teilweise wiederhergestellt werden kann (Abb. 74, 75). Bei Heilung mit winkliger Knickung können sich in der Markhöhle der Diaphyse Stützbalken ausbilden (Abb. 76).

Die *Größe des Callus* schwankt innerhalb der Grenzen der Norm ziemlich erheblich. Subperiostale Frakturen oder solche mit nur geringfügiger Zerreißung des Periostes, Fissuren und Einknickungsfrakturen geben nur zu geringer Callusbildung Anlaß (Abb. 74). Erheblicher ist die Entwicklung des Callus bei Frakturen mit hochgradiger Verschiebung (Abb. 81/912), bei Splitterfrakturen und bei Knochenbrüchen mit bedeutender Quetschung der Weichteile. Im allgemeinen ist besonders die periostale

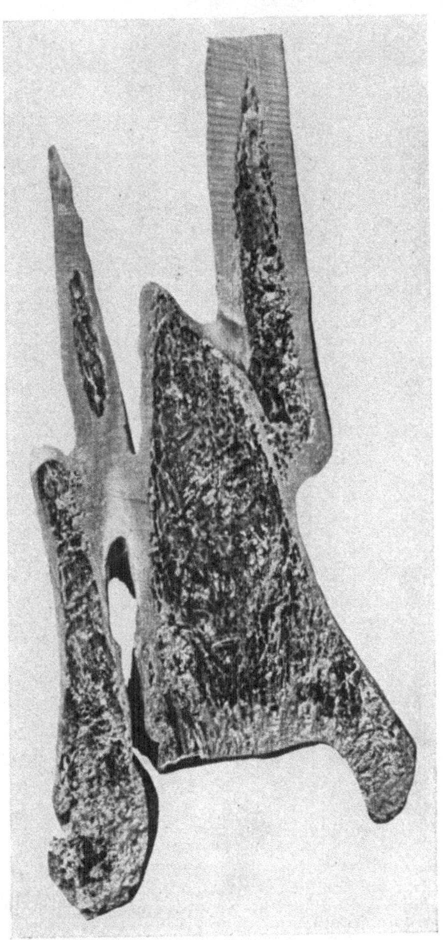

Abb. 73.
Definitiver Verschluß der Markhöhlen bei Heilung mit starker Fragmentverschiebung. Präparat der pathol.-anat. Anstalt Basel.

Callusbildung der Schwere der Fraktur und dem Grade der Verschiebung
proportional. An den Diaphysen pflegt die Callusbildung reichlicher zu sein

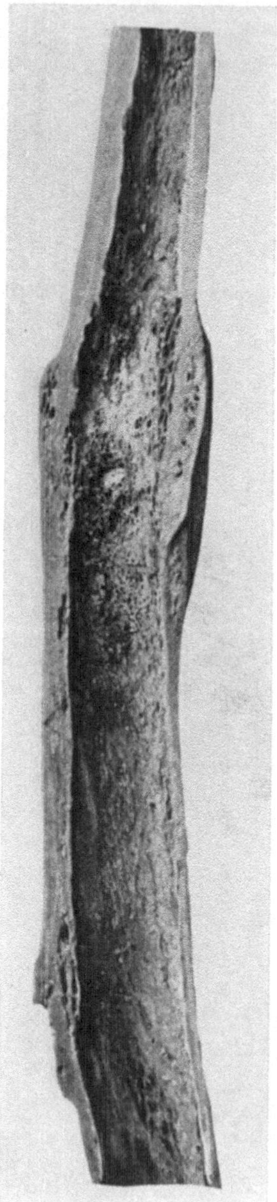

Abb. 74. Durchgehende offene Markhöhle bei Heilung einer Diaphysenfraktur
in guter Stellung. Präparat der pathol.-
anatom. Anstalt Basel.

Abb. 75. Durch kompakten Knochen unterbrochene Markhöhle, in Wiederherstellung begriffen. Man sieht, wie von
unten her die Markraumbildung vorschreitet. Präparat
der pathol.-anatom. Anstalt Basel.

als an den Epiphysen, obschon auch, wie wir weiter unten noch sehen werden,
gerade bei gelenknahen Frakturen übermäßige Callusbildung eintreten kann.

Im Anschluß an Frakturen kurzer und platter Knochen ist die Callusbildung gewöhnlich nur eine geringe, und zwar wird der Callus hier überwiegend vom Marke bzw. von der Diploe gebildet.

Auf *theoretische Streitfragen über die Callusbildung* kann im Rahmen des vorliegenden Buches nicht eingetreten werden. Wir beschränken uns auf die Darstellung der gesicherten Kenntnisse.

Durch experimentelle Knochentransplantationen ist festgestellt, daß sowohl das Periost als auch Endost und Mark Knochen zu bilden vermögen. Das Transplantat bleibt am Leben, soweit es innert nützlicher Frist Anschluß an die Blutzirkulation und an den Säftestrom findet, und beteiligt sich mit allen am Leben gebliebenen formativen Elementen an der Regeneration. Soweit der überpflanzte Knochen der Resorption anheimfällt, werden seine Kalksalze offenbar in weitem Ausmaße zum Aufbau des neuen Knochens verwendet.

An den Fragmentenden treten schon nach kurzer Zeit Abbauerscheinungen auf, die unter dem Periost beginnen (Abb. 89), durch die Corticalis nach der Markhöhle hin fortschreiten (KÖNIG) und in besonders augenfälliger Weise die spitzen Fragmentenden betreffen. BONOME fand im Tierexperiment 48 Stunden nach der Verletzung die Knochenzellen in den Grenzzonen der Fragmente nekrotisch, d. h. unfärbbar. Diese regressiven Veränderungen, die in den Bereich der sog. *traumatischen Nekrose* gehören, beruhen in erster Linie auf Unterbrechung der normalen Zirkulation. Es liegt nahe, anzunehmen, daß die entstehenden Abbaustoffe die Regeneration des Knochens und damit die Callusbildung fördern.

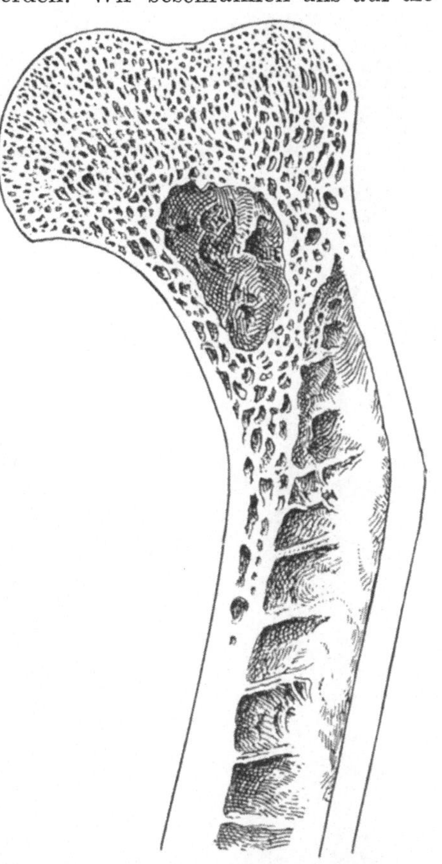

Abb. 76. Ausbildung querer Stützbalken in der Markhöhle bei winklig geheilter Humerusfraktur. (Nach v. BRUNS.)

Nach BIER wird die Regeneration von besonderen organspezifischen Wundhormonen gesteuert, die mit den resorbierten Abbaustoffen nicht identisch sind (FRÄNKEL). Versuche von LORIN-EPSTEIN und FRÄNKEL machen es wahrscheinlich, daß aus den Abbaustoffen oder unter der Wirkung ihrer Resorption ein *plastisches Hormon* entsteht, das wachstumsfördernd auf den Callus wirkt und ihn gleichzeitig für ein zweites, das sog. *Differenzierungshormon* sensibilisiert. In dem Maße, wie während der Frakturheilung das Differenzierungshormon zunimmt, nimmt das plastische Hormon ab.

Von besonderem Interesse für die Frage der Callusbildung sind die *Beziehungen der Drüsen mit innerer Sekretion zum Knochenwachstum und zur Frakturheilung.*

Solche Beziehung sind experimentell und klinisch nachgewiesen für *Nebenniere, Schilddrüse, Parathyoidea, Thymus, Hypophyse* und *Keimdrüsen*.

Unverkennbar sind Wachstumshemmung und Störung des Kalkhaushaltes nach Entfernung der Thymus, der Schilddrüse, der Parathyoidea und der Hypophyse. Besonders in die Augen springend ist die Hemmung des Knochenwachstums und die verzögerte Frakturheilung, die man nach Entfernung der *Thymusdrüse* beobachtet (Abb. 77 a, b). Umgekehrt läßt sich durch organotherapeutische Verabreichung der entsprechenden Drüsen die Hemmung des Knochenwachstums und die verzögerte Frakturheilung verhindern oder ausgleichen. Die Annahme, daß Knochenwachstum und ständiger Umbau des Knochens und damit auch die Callusbildung dem Einfluß innersekretorischer Drüsen unterstehen, ist deshalb wohl begründet. Die hauptsächlichste Bedeutung kommt dabei wahrscheinlich der Thymus zu, deren funktionelle Höchsttätigkeit mit der Wachstumsperiode zusammenfällt (BASCH, KLOSE und VOGT, MATTI). Die engen und komplizierten korrelativen Beziehungen zwischen den verschiedenen innersekretorischen Drüsen gestatten jedoch keine scharfe Abgrenzung der Wirkung einzelner Drüsen; insbesondere ist es nicht möglich, in jedem Falle primäre und sekundäre Wirkung auseinanderzuhalten. Knochenwachstum und Callusbildung sind deshalb nicht etwa von der Funktion einer einzigen Drüse abhängig und es ist scharf zu betonen, daß es kein ausschließliches Wachstumsorgan gibt.

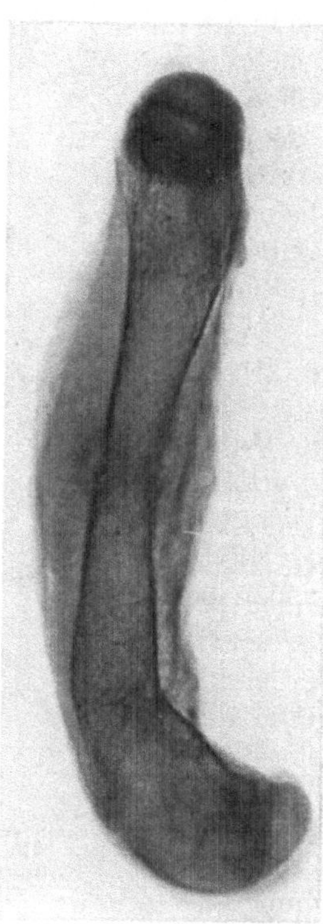

a   b

Abb. 77a und b. Einfluß der Entfernung der Thymusdrüse auf Wachstum und Kalkhaushalt des Knochens. a) normales Hundefemur; b) Femur von einem thymektomierten Hunde des gleichen Wurfes. An den Knochen der thymuslosen Tiere fällt neben der bedeutenden Wachstumshemmung die Entkalkung auf, die am Femur (b) zu Infraktionen und zu kompensatorischem Anbau eines gewaltigen Mantels von osteoidem Gewebe um die Diaphyse herum geführt hat.

Die innersekretorischen Drüsen bilden auch für Knochenwachstum und Callusbildung einen zusammenhängenden Komplex, soweit nicht besondere klinische Ausfallerscheinungen auf ein bestimmtes Organ hinweisen.

Umbau des Knochens und Callusbildung sind in weitem Ausmaße auch von der *Ernährung* abhängig. Während des Hungerns erfolgt die Kalk- und Phosphorsäureausscheidung auf Kosten des Knochens; es entsteht, wie bei Verabreichung kalkarmer Nahrung, Osteoporose. Dabei handelt es sich jedoch nicht nur um eine Frage des Angebotes, da es auch bei reichlicher Zufuhr von Ca-Salzen zu vermehrter Kalkausscheidung und zu Knochenatrophie kommt, wenn die Eiweißzufuhr eine ungenügende ist (JANSEN) und ferner steht die Kalkbindung im Knochengewebe in Beziehung zum Phosphatstoffwechsel. So sinkt bei rachitischen Säuglingen im floriden Stadium der Krankheit der Phosphorgehalt im Serum etwa auf die Hälfte der Norm (HOWLAND, FREUDENBERG und GYÖRGY), während nach Knochenbrüchen bei Erwachsenen der P-Gehalt parallel der Callusbildung während mehreren Wochen beinahe auf den doppelten Normalwert steigt (TISDALL und HARRIS). Anwesenheit von Phosphaten steigert die Kalkbindung, während acidotische Umstimmung des Stoffwechsels zu Bindung des zugeführten Kalks und damit zu Störung der Verknöcherung führt.

Nach neuesten Forschungen spielen auch die *Vitamine*, besonders das antirachitische *Vitamin D*, dessen wirksames Prinzip nach WINDAUS durch das aktivierte Ergosterin dargestellt wird, im Kalkhaushalt des Knochens eine große Rolle. Es fördert bei Rachitis schon in geringen Mengen — wie ein Katalysator — die Calciumbindung im Knochengewebe. Enthalten ist das D-Vitamin in verschiedenen tierischen Fetten — Rahm, Butter, Lebertran, Eigelb — sowie in Blattgemüsen.

Die Bedeutung der normalen Ernährungs- und Stoffwechselvorgänge für den Mineralhaushalt des Knochens ergibt sich auch aus Beobachtungen von Knochenerweichung und Osteoporose bei Pankreas- und Gallenfistelhunden (PAWLOW, JANSEN und LOOSER).

Die Bedeutung eines normalen Stoffwechsels für Knochenumbau und Callusbildung macht es verständlich, daß *Verletzungen der Arteria nutritia* mit erheblicher Abdrosselung der Blutzufuhr die Konsolidation von Frakturen verzögern können. Andererseits wissen wir, daß Hyperämie in Form venöser Stauung das Längen- und Dickenwachstum des Knochens zu fördern vermag.

Über die Wirkung der *Nervendurchschneidung* auf die Heilung von Frakturen geben die vorliegenden experimentellen Untersuchungen keine übereinstimmende Auskunft. Während OLLIER, KUSMIN und KAPSAMMER keine entscheidende Beeinflussung der Callusbildung feststellen konnten, abgesehen von einer gelegentlichen stärkeren Entwicklung des Callus auf der neurotomierten Seite, vertritt BIAGI die Meinung, daß Trennung des peripheren Nervenstammes die Frakturheilung hemme. Die zahlreichen Beobachtungen an Kriegsverletzten zeigten jedenfalls, daß Läsion peripherer Nerven oft Knochenatrophie bewirkt. In gleichem Sinne ist ein Fall von Fibuladefekt nach Fraktur und Pseudarthrose einer später aufgetretenen gleichseitigen Tibiafraktur zu interpretieren, bei dem ich nach Amputation eine ausgedehnte *Neurofibromatose* des N. tibialis und N. peronaeus feststellte.

2. Heilungsvorgänge in den Weichteilen.

Bei der Frakturheilung sind auch die Heilungsvorgänge im Bereiche der benachbarten Weichteile zu berücksichtigen, soweit sie durch das frakturierende Trauma direkt oder indirekt in Mitleidenschaft gezogen wurden. Besondere

Bedeutung kommt den *Heilungsvorgängen im Muskel* zu. Unter günstigen Verhältnissen heilen Risse und Substanzverluste im Muskel unter Regeneration des zugrunde gegangenen contractilen Gewebes von den angrenzenden normalen Muskelfasern aus. *Die Funktion spielt dabei die Rolle eines spezifischen Bildungsreizes. Dauernde Inaktivität während der Heilung führt dagegen zu Bildung von großenteils bindegewebigen Muskelnarben.* Der *Bluterguß im Muskel* wird allmählich resorbiert, besonders rasch, wenn der Muskel bald einer normalen Tätigkeit wieder zugeführt wird. Je größer der Bluterguß im Muskel und je länger die Inaktivität, desto ausgedehnter und intensiver ist die bindegewebige Narbenbildung und damit auch die spätere Schädigung der aktiven Muskeltätigkeit. Bleibt die spezifische Reizwirkung auf die contractilen Elemente während längerer Zeit aus, so verfallen zudem auch leicht geschädigte Muskelelemente dem Untergang und dem Ersatz durch Bindegewebe.

Doch auch die *Heilungsvorgänge im Bindegewebe*, besonders im funktionell differenzierten, sind von Belang. Wir müssen hier zwischen dem *Lückenfüllgewebe* und dem mechanisch strukturierten Bindegewebe unterscheiden. Das der funktionellen Inanspruchnahme entsprechend strukturierte Bindegewebe wird dargestellt durch das innere und äußere Perimysium, tiefe und oberflächliche Fascien und sehnige Muskelansätze. Sind diese bindegewebigen Organe zerrissen, so heilen sie nur unter Neubildung mechanisch vollwertiger Fibrillenzüge, wenn die entsprechende mechanische Inanspruchnahme als Bildungsreiz wirkt; anderenfalls werden nur unorganisierte Bindegewebsnarben gebildet. *Wesentlichster Bildungsreiz ist hier nach den Untersuchungen von* ROUX *die Beanspruchung auf Zugspannung; der Zug orientiert die neugebildeten Bindegewebsfibrillen* dynamisch. Wirkt kein Zug ein, so erfolgt *Schrumpfung* in der Faserrichtung, mit ihren schlimmen Folgen für die Gelenkbewegung und für das normale Muskelspiel innerhalb der einzelnen Fascienfächer. Das lockere Bindegewebe, welches alle Lücken ausfüllt, Muskelinterstitien, intramuskuläres Bindegewebe und subcutanes Zellgewebe zeigen unter der Einwirkung des von der Frakturstelle ausgehenden aseptischen Entzündungsreizes eine seröse und zellige Infiltration. Zu dieser fortgeleiteten aktiven Infiltration kommt ferner ein mehr oder weniger ausgedehntes *Stauungsödem*, da neben der direkten Zerreißung von Lymphgefäßen und Venen auch der durch den Bluterguß und das sekundäre entzündliche Infiltrat hervorgerufene Druck zirkulationsbehindernd wirken. Auch dieses Stauungsödem führt bei längerer Dauer der Stauung zu sekundärer entzündlicher Infiltration mit ausgedehnter Bindegewebsbildung, wenn die aktive, zirkulationsfördernde Wirkung der Muskelbewegungen während längerer Zeit ausbleibt. Es kommt dann zu schwieliger Hypertrophie des inter- und intramuskulären Bindegewebes auf Kosten der Muskelsubstanz.

Aus diesen Betrachtungen geht hervor, daß eine möglichst vollständige anatomische und funktionelle Ausheilung im Bereiche des von der Fraktur betroffenen Weichteilquerschnittes davon abhängt, daß Muskelretraktionen verhindert, Muskeln und funktionell differenziertes Bindegewebe möglichst frühzeitig auf Zugspannung beansprucht werden, daß der regenerative Reiz der aktiven Muskelinnervation möglichst frühzeitig einsetzt und durch die Pumpwirkung der aktiven Muskelbewegung die Resorption des Blutergusses sowie des entzündlichen Exsudates möglichst gefördert und die lokale und peripherische Stauung damit auf ein Minimum reduziert werden.

3. Folgen der Gebrauchsunfähigkeit des verletzten Gliedes während der Heilung.

An dieser Stelle sind noch einige Veränderungen des verletzten Gliedes zu besprechen, die im Gefolge langdauernder Ruhigstellung der verletzten Extremität auftreten können. Es handelt sich dabei um trophische Inaktivitäts-veränderungen, die sich vor allem durch eine mehr oder weniger erhebliche Abmagerung des betroffenen Gliedes dokumentieren. Diese Abmagerung beruht in erster Linie auf *Muskelschwund*, ferner auf Rückbildung des subcutanen Fettgewebes. Die Haut selbst wird verdünnt, verliert an Turgor, kann glatt und glänzend werden, trocknet schließlich ein und schuppt ab. An den *Knochen* sieht man nach 6—8 Wochen die ersten Andeutungen von *Inaktivitäts-atrophie*, die nach ungefähr 3—4 Monaten deutlich ausgeprägt ist, bei weiterdauerndem Nichtgebrauch der Extremität hochgradig zunehmen kann, bei Wiederaufnahme der Funktion jedoch allmählich wieder zurückgeht. Nach den Untersuchungen von ROUX wird bei *einfacher Inaktivitäts-atrophie* die Spongiosa tubulosa durch sukzessiven Schwund zu lamellöser und trabekulärer Spongiosa umgewandelt; die statischen Elementarteile können vollständig abgebaut werden, wobei die größer gewordenen Zwischenräume sich mit Fettmark ausfüllen. Im *Röntgenbild* erscheint der Knochen im ganzen durchlässiger.

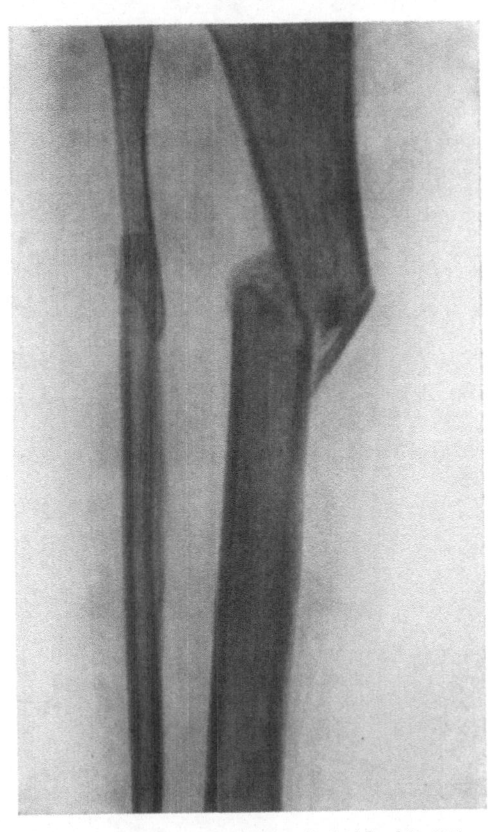

Abb. 78. Auffaserung der Corticalis bei Inaktivitäts-atrophie infolge verzögerter Frakturheilung, die langdauernde Fixation bedingte.

Die funktionell bedingte Architektur zeichnet sich in leichten Fällen deutlich ab, infolge teilweiser Resorption der Kalksalze jedoch viel zarter als normal; auch die Corticalis der spongiösen Knochen ist deutlich verdünnt, an der Diaphysencorticalis unterscheidet man gelegentlich deutliche Faserung (Abb. 78). In Fällen von *hochgradiger Inaktivitätsatrophie* geht die Aufhellung der spongiösen Knochen so weit, daß sie direkt durchsichtig erscheinen (Abb. 79); die Architektur kann stellenweise völlig verschwinden.

Neben dieser gewöhnlichen Inaktivitätsatrophie kommt nach Extremitätenfrakturen gelegentlich eine Form von Knochenschwund zur Beobachtung, die als *akute Knochenatrophie* (SUDECK) bezeichnet wird. Diese Knochenatrophie wird auch nach Traumen jeglicher Art, die nicht zu Frakturen geführt haben, besonders wenn sie Gelenke betreffen, sowie nach akuten und chronischen

Entzündungen beobachtet. Bei dieser akuten Knochenatrophie tritt der Schwund
der Knochensubstanz schon innerhalb 4—5 Wochen auf und kann im Laufe
von 2 Monaten bereits sehr hohe Grade erreichen. Im Anfangsstadium sieht man
im Röntgenbild ungleichmäßige *fleckweise Aufhellung* des Schattens (Abb. 80),
die sich am Handskelet zunächst in der spongiösen Substanz der Basis und der Capitula der Metakarpalknochen und Phalangen geltend macht. Auch an den Knochen des Fußskeletes ist diese fleckartige Aufhellung erkennbar, die übrigens auch bei anderen rasch und intensiv auftretenden Knochenatrophien beobachtet wird. An den größeren Metaphysen und Epiphysen fällt nur eine gleichmäßige Aufhellung des Knochenschattens auf. Geht die Atrophie in ein chronisches Stadium über, so zeichnet sich die Knochenstruktur wieder deutlich ab, jedoch sind die statischen Bauelemente durchwegs zarter und dünner. An den Hand- und Fußwurzelknochen treten die Konturen der Corticalis auffällig hervor, weil die Spongiosa abnorm stark aufgehellt ist. Mit dieser Knochenatrophie geht eine *erhebliche Muskelatrophie* einher. Ferner findet man beinahe regelmäßig *vasomotorische Störungen* in Form von *Cyanose, Kälte und Ödem* der Haut an Hand und Fuß; auch sieht man häufig *trophische Störungen* wie *Abschuppung* der Haut, *Glanzhaut, Hornhautbildung* und *herabgesetzte Heilungstendenz* begleitender Wunden. Charakteristisch für diese Form der Atrophie ist weiterhin eine erhebliche *Funktionsstörung* der

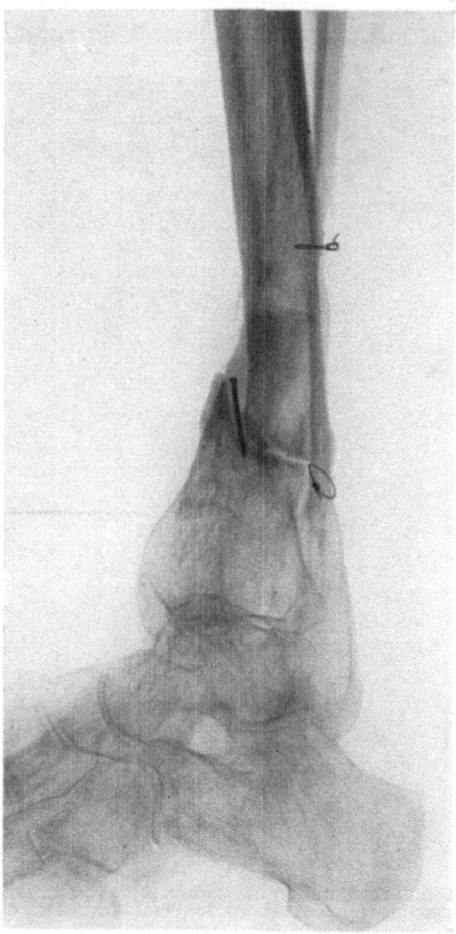

Abb. 79. Hochgradige Inaktivitätsatrophie infolge Pseudarthrose. Man sieht die Reduktion der Corticalis am distalen Tibiafragment und am Fußskelet auf einen dünnen Konturstreifen, sowie den weitgehenden Abbau der Spongiosaelemente.

Extremität. An den Händen finden wir Versteifung der Fingergelenke, sowie
des Handgelenkes, *Schmerzhaftigkeit* bei aktiven und passiven Bewegungen,
gelegentlich spontane Schmerzen und bedeutende Herabsetzung der rohen Kraft.
Auch die Sprunggelenke und Zehengelenke zeigen Einschränkung der Bewegungsexkursion; die Bewegungen sind schmerzhaft, ebenso die Belastung.

Die Theorie der SUDECKschen Knochenatrophie ist noch strittig; neben
reflektorisch-trophischen Einflüssen (SUDECK) werden vasomotorische Störungen
und Inaktivität verantwortlich gemacht. Ähnliche Formen sieht man auch bei
neurotischer und besonders bei neuralgischer Knochenatrophie.

Maßgebend für die Diagnose sind neben dem akuten Auftreten der Atrophie mit dem typischen Röntgenbefund die begleitenden vasomotorischen und trophischen Störungen der Haut, die hochgradige, in keinem Verhältnis zur Inaktivität stehende Muskelatrophie, die erheblichen Funktionsstörungen und die Schmerzhaftigkeit. Die gewöhnliche Inaktivitätsatrophie tritt nicht so rasch auf und erreicht kaum so hohe Grade wie die reflektorische Knochenatrophie, die trotz geringer Inaktivität zustande kommen und sogar unter medico-mechanischer Behandlung noch zunehmen kann. In genau gleicher Weise wie das akute Stadium der SUDECKschen Knochenatrophie präsentiert sich gelegentlich die Knochenatrophie nach unzweckmäßiger Immobilisierung besonders von

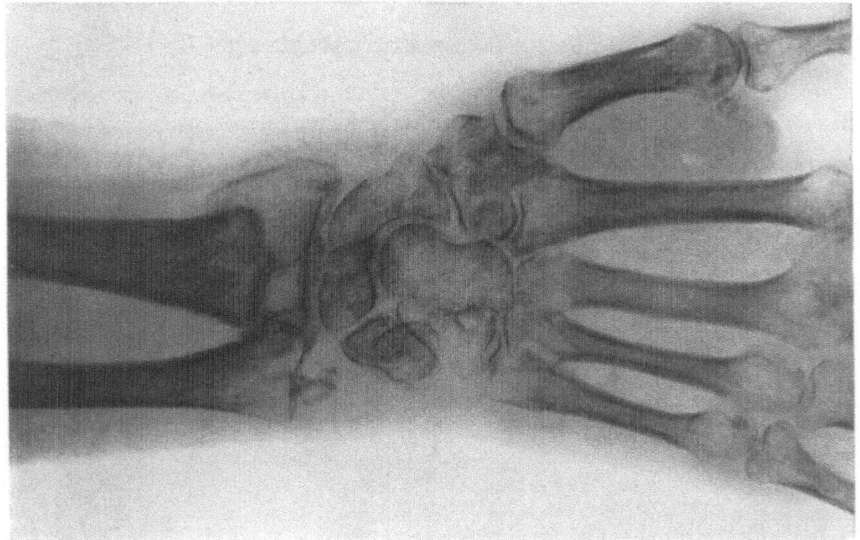

Abb. 80. Akute reflektorische Atrophie im Anschluß an Radiusfraktur; fleckweise Aufhellung im Bereich der Metacarpalia.

Radiusfrakturen bei älteren oder arthritisch disponierten jüngeren Patienten. Diese Formen zeigen deutliche Beziehungen zur Arthritis deformans. *Die hohen Grade von Knochenatrophie nach Frakturen, auch die* SUDECK*schen Formen sind offenbar von individueller Disposition abhängig.*

Weiterhin tritt eine *Schrumpfung der retrahierten Muskeln und Fascien* ein, die Sehnenscheiden und Sehnen werden an ihren Geleitflächen rauh; schließlich stellen sich gegenseitige Verwachsungen ein, besonders wenn noch Blutungen in die Sehnenscheiden stattfanden. Auch die Beweglichkeit der *Gelenke* leidet bei längerem Nichtgebrauch Schaden; die Kapsel zeigt bindegewebige Schrumpfungsvorgänge, es treten Verwachsungen und Verklebungen zwischen gegenüberliegenden Synovialpartien ein und bei alten Leuten sieht man sogar degenerative Prozesse an den freien, nicht belasteten Teilen der Gelenkknorpel. Dauert die Ruhigstellung sehr lange, so kann es z. B. am Kniegelenk zu Verklebungen und Verwachsungen zwischen Femur und Patella kommen. Werden solche Gelenke nach erfolgter Frakturheilung aktiv oder passiv zu unvermittelt energisch und ausgedehnt bewegt, so treten serösblutige Gelenkergüsse infolge Zerreißung der intraartikulären Synovialverwachsungen auf. Zur Erzeugung einer Gelenkversteifung sind keineswegs intraartikuläre Veränderungen notwendig; so sehen wir nach länger dauernder Fixation des Kniegelenkes in Streckstellung häufig hochgradige Einschränkungen der Flexion, die nur durch die erwähnte Schrumpfung der fasciösen Kapsel, vor allem aber durch die Atrophie und bindegewebige Umwandlung der Extensoren bedingt sind.

Kapitel 4.

Abweichungen von der normalen Frakturheilung (sekundäre Komplikationen).

1. Übermäßige Callusbildung.

Die Störungen der Frakturheilung betreffen einmal den Callus. *Übermäßige Callusbildung*, die keine oder geringe Tendenz zur Resorption zeigt, wird als

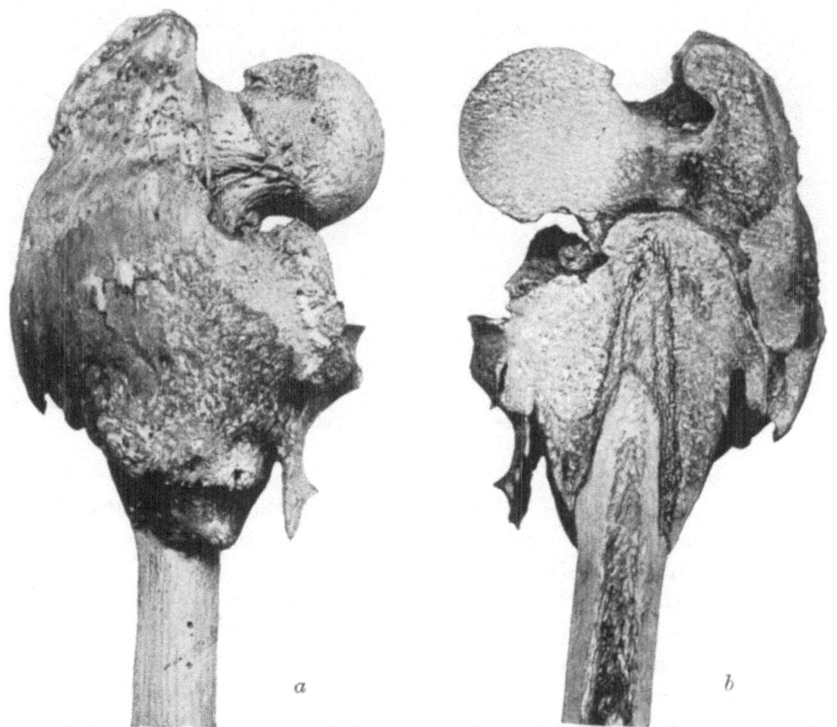

Abb. 81. a Callus luxurians bei Femurfraktur mit starker Fragmentverschiebung. b Frontalschnitt durch Präparat a. Präparat der path-.anat. Anstalt Basel.

Callus luxurians bezeichnet. Ist diese übermäßige Callusbildung umschrieben und so hochgradig, daß sie den Eindruck einer Geschwulstbildung erweckt, so spricht man auch von *Frakturosteom*. Wenn im Gegenteil die Begrenzung des übermäßigen Callus eine unscharfe ist, indem er mit Zacken und Vorsprüngen in die umgebende Muskulatur und in die umgebenden Bindegewebssepten hineingreift, so kann der Eindruck entstehen, daß es sich um eine *Myositis ossificans*, d. h. um eine Muskelentzündung mit Knochenneubildung handle. Knorpelige Auswüchse im Bereich des Callus werden als *Frakturchondrome* bezeichnet.

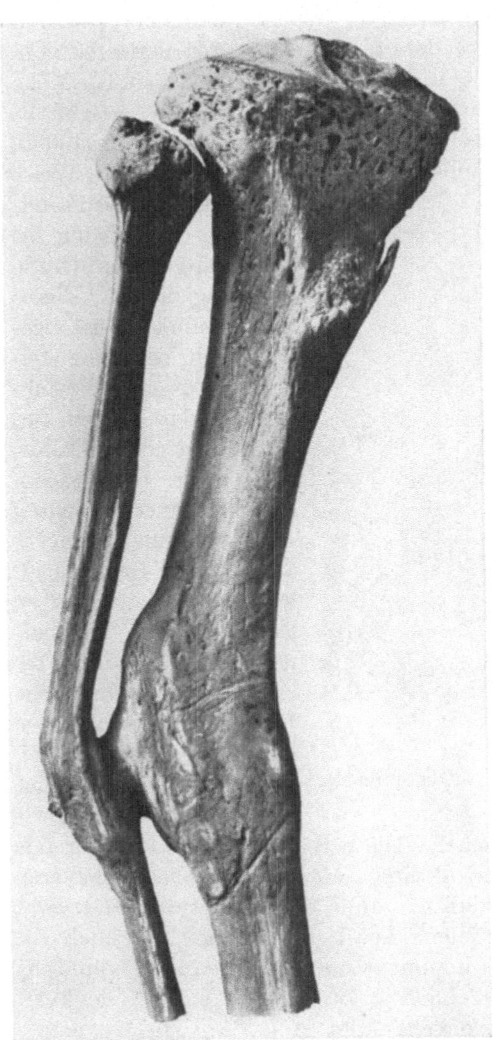

Abb. 82. Brückencallus nach Fraktur beider Unterschenkelknochen.

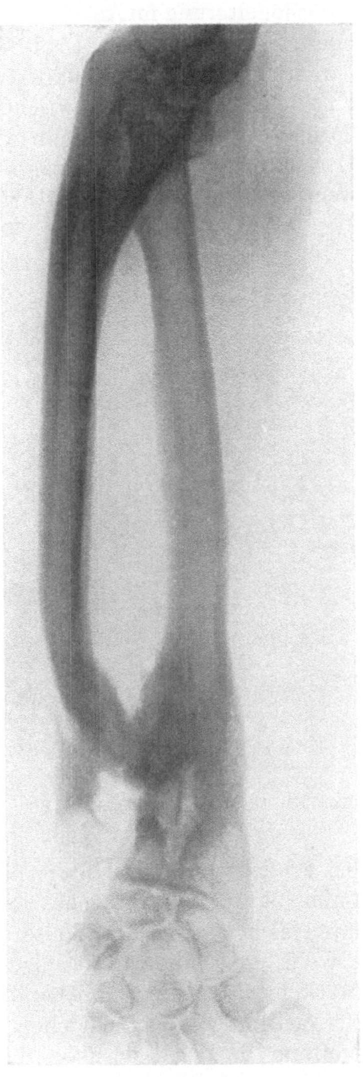

Abb. 83. Brückencallus zwischen Radius und Ulna im Anschluß an Schußfraktur.

Am häufigsten wird die luxurierende Callusbildung nach Brüchen der Gelenkenden langer Röhrenknochen beobachtet, und zwar sowohl bei vollständig extraartikulären Frakturen als bei solchen, die teilweise ins Gelenk hineinreichen. Das sieht man namentlich am oberen Femurende (Abb. 81 a und b), etwas weniger häufig am Schulter- und Ellbogengelenk. Seltener findet sich luxurierender Callus im Bereich der Diaphysen und Epiphysen und nur ganz ausnahmsweise an platten Knochen. Die luxurierende Callusbildung ist Folge eines vermehrten und ausgedehnten Bildungsreizes, wie er bei Splitterfrakturen und bei Brüchen mit erheblicher Hämatombildung leicht erklärlich ist. Auch chronische Reizzustände der knochenbildenden Gewebe, besonders der Periostes, bei chronischer Knocheneiterung im Anschluß an offene Frakturen können zu übermäßiger Callusbildung Anlaß geben (Abb. 66). Eine häufige Ursache besonders für den paraartikulären Callus luxurians ist ausgedehnte Abhebung des Periostes vom Knochen; der ganze zwischen Periost und entblößter Diaphysenoberfläche liegende Raum wird dann durch neugebildete Knochenmassen ausgefüllt. Der luxurierende Callus kann auch eine willkommene Erscheinung darstellen, wenn er nicht konsolidierte Fragmente hülsenartig umfaßt, und auf diese Weise trotz bestehender Pseudarthrose die Glieder bis zu einem gewissen Grade tragfähig erhält. Dieses Vorkommnis wird gelegentlich bei Schenkelhalsfrakturen beobachtet. In das Gebiet des überschüssigen Callus, und zwar der pathologischen unerwünschten Callusbildung gehört auch der sog. Brückencallus (Abb. 82), welcher zu Synostose, d. h. knöcherner Verschmelzung benachbarter Knochen führt. Solche Synostosen entstehen bei gleichzeitiger Fraktur von Radius und Ulna (Abb. 83), sowie

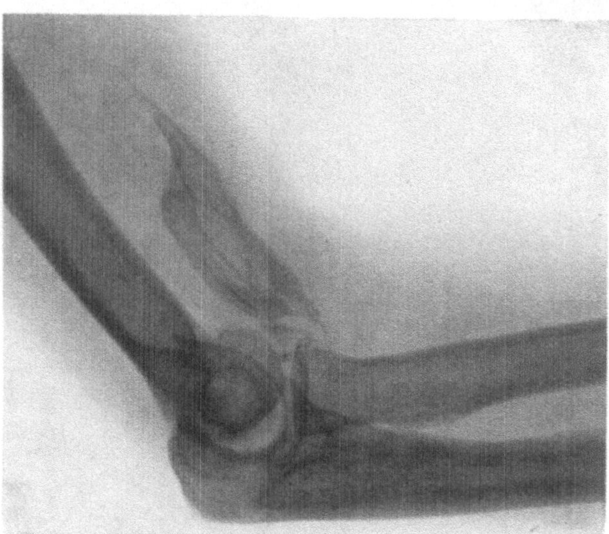

Abb. 84. Myositis ossificans im Bereich des Brachialis internus.

bei Frakturen beider Unterschenkelknochen. Die bereits erwähnte luxurierende Callusbildung im Bereiche von Gelenkfrakturen oder gelenknahen Frakturen kann sich auch in der Weise äußern, daß die anliegenden Gewebe, und zwar sowohl die Bänder, die eigentliche Gelenkkapsel, die Sehnen als auch die Muskeln ausgedehnt Knochen bilden; es kommt dann zu knöcherner Verbindung der artikulierenden Knochen und erheblicher, oft vollständiger Gelenkversteifung in Form der sog. Knochenbrückenankylosen (s. Abb. 101).

Von der übermäßigen Callusbildung nicht immer bestimmt zu trennen ist die *traumatische Myositis ossificans circumscripta*, die sich histologisch als Knochenneubildung im Bindegewebe zwischen den einzelnen Muskelbündeln und größeren Muskelzügen darstellt (Abb. 84). Die Muskelfasern selbst bleiben bei diesem Vorgang passiv, indem sie nur traumatisch geschädigt oder durch Verdrängung zur Atrophie gebracht werden.

Es handelt sich um eine heterotope, vorwiegend *metaplastische Knochenbildung*, die nur ausnahmsweise von verlagerten Knochen- oder Periostteilen ausgeht. Die primäre Muskelschädigung spielt insofern eine Rolle, als die entstehenden Eiweißabbauprodukte Calcium in großen Mengen binden, wobei die zur

Verkalkung weiterhin nötigen Phosphate durch ein Ferment (ROBINSON) aus organischen Phosphorsäureverbindungen abgespalten werden. Von dieser umschriebenen ossifizierenden Muskelentzündung sind mit Vorliebe der M. brachialis internus und der M. quadriceps betroffen. Im umgebenden Bindegewebe können sich Blut- und Lymphcysten entwickeln (RAMSTEDT, WOLTER, STRAUSS).

Die Knochenneubildung in den Sehnen und Bandansätzen, sowie in den Gelenkkapseln erklärt sich aus den engen Beziehungen dieser Gebilde zum knochenbildenden Periost.

2. Erweichung und Refraktur des Callus, Callusgeschwülste.

Ein bereits ausgebildeter Callus kann spontan wieder *erweichen* und größtenteils resorbiert werden, so daß an der Bruchstelle wieder mehr oder weniger hochgradige Beweglichkeit auftritt. Die Ursache liegt gelegentlich in einer Allgemeinerkrankung, besonders in schweren, fieberhaften Krankheiten wie Typhus, Blattern, Tuberkulose; in früheren Zeiten spielte namentlich der Skorbut eine Rolle als Ursache der Callusresorption. Daneben kommen lokale Erkrankungen ursächlich in Betracht, besonders Erysipel und Phlegmonen, vor allem bei offenen Frakturen. Mit der sekundären *Callusresorption* ist auch gleichzeitiger auffälliger *Schwund der Fragmentenden* beobachtet worden (Abb. 85a, b, c).

Zur Pathologie des Callus gehört ferner die *Refraktur* oder die *Callusfraktur*. Diese erfolgt bei unzweckmäßiger Beanspruchung des jungen, noch nicht genügend gefestigten Callus bei Frakturen, die mit starken Dislokationen geheilt sind und deshalb zu ungünstiger mechanischer Belastung des Callus führen, und ferner an Stellen, wo oft während längerer Zeit keine vollständige knöcherne Vereinigung der Fragmente stattfindet, wie beim Kniescheibenbruch (Abb. 857). Callusfrakturen zeigen häufig charakteristische, klaffende, breite Frakturlinien ohne wesentliche Fragmentverschiebung (Abb. 86), ähnlich wie Frakturen in sklerotischem Knochen (vgl. Abb. 13).

Kommt es im Bereiche einer Querfraktur zu *zonenförmiger Knochenresorption,* so kann sich diese in den Bereich

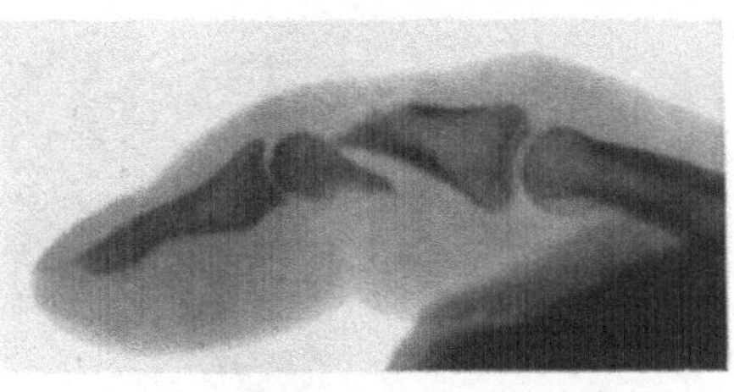

a

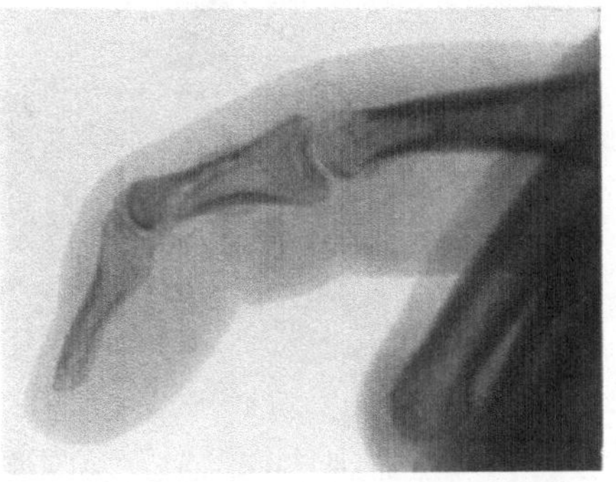

b

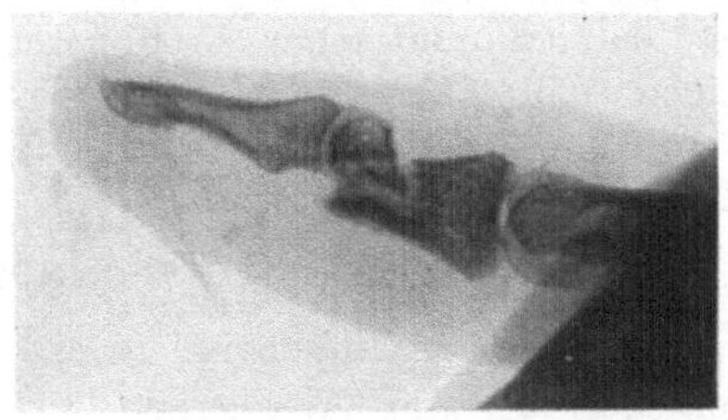

c

Abb. 85. Sekundäre Callusresorption bei Phalanxfraktur eines Fingers. a Fraktur mit Volarverschiebung des distalen Fragmentes; b die gleiche Fraktur offen reponiert und geheilt. c vollständige Resorption des Callus und Abbau beider Fragmente nach 8 Monaten.

6*

des periostalen Callus fortsetzen (Abb. 87). Bei diesen *„schleichenden Callus-frakturen"* handelt es sich um die Bildung von *Abbauzonen,* die unter Beanspruchung auf Abscherung entstehen; gelegentlich wirkt avirulente Infektion mit, wie sie bei offenen Frakturen vorliegen kann. Derartige Veränderungen, die nicht mit eigentlichen Callusfrakturen zu verwechseln sind, führen nach anscheinend erfolgter Heilung zu Schmerzhaftigkeit der Bruchstelle bei Belastung und lokalem Druck.

In seltenen Fällen entwickeln sich im Callus *Sarkome* (Fibro-, Chondro-, Cystosarkome); ferner sind von FRANGENHEIM Calluscysten beobachtet, die

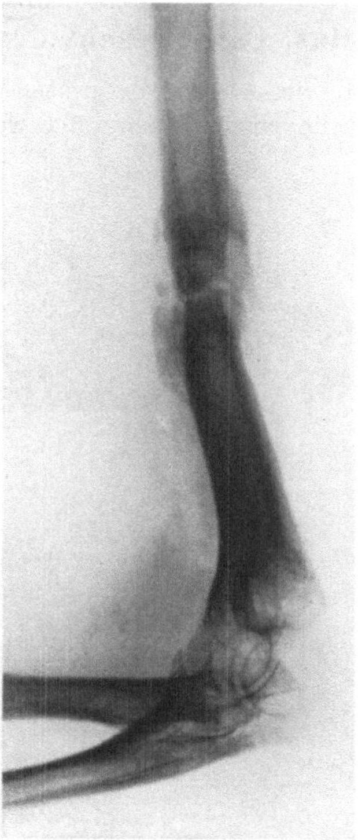

Abb. 86. Callusfraktur.

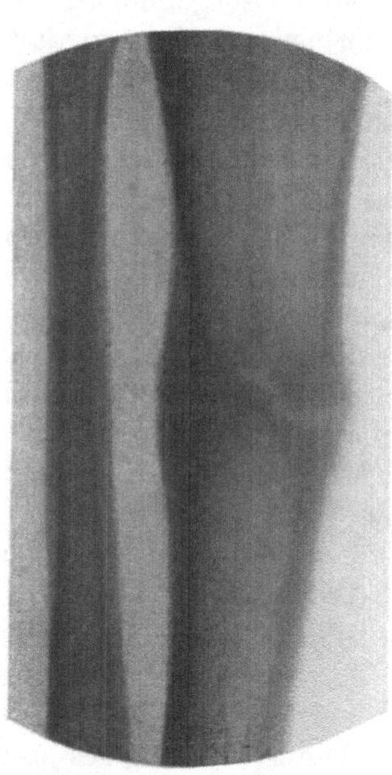

Abb. 87. Fortsetzung zonenförmiger Knochen-resorption in den periostalen Callus nach vor-heriger vollständiger Konsolidation. Offene Querfraktur der Tibia durch Hufschlag.

nichts mit echten Callusgeschwülsten zu tun haben und große Ähnlichkeit mit der bei traumatischer ossifizierender Myositis beobachteten Cystenbildung zeigen (Abb. 88).

3. Verzögerte und ausbleibende Konsolidation, Pseudarthrosenbildung.

Wohl die praktisch wichtigste Störung der Frakturheilung wird durch Verzögerung oder Ausbleiben der soliden Vereinigung der Bruchenden dargestellt. Entweder bildet sich innerhalb der üblichen Frist überhaupt kein Callus aus, oder der in normaler Weise gebildete bindegewebige Callus verknöchert nur außerordentlich langsam. Wenn in letzterem Falle bei anscheinend erfolgter solider Vereinigung die verletzte Extremität belastet wird, so tritt, obschon durch nicht zu energische äußere Untersuchung keine abnorme Beweglichkeit mehr nachweisbar ist, beim ersten Gebrauch oder bei der Belastung eine Verschiebung zwischen den Fragmenten ein. Bei diesen Formen der *verzögerten Callusbildung* und der verzögerten Konsolidation erfolgt nach längerer zweckmäßiger Behandlung schließlich doch noch eine solide knöcherne Vereinigung der Fragmente. Bleibt die Vereinigung dauernd aus, so daß nach abgelaufener lokaler Reaktion eine abenorme Beweglichkeit an der Frakturstelle besteht, so sprechen wir von *Pseudarthrosenbildung* (Abb. 90/91).

Diese stellt sich anatomisch verschieden dar. Charakteristisch ist in jedem Falle die getrennte Vernarbung der beiden Fragmente mit Verschluß der Markhöhle, die als Abdeckelung bezeichnet wurde, unter verschieden hochgradiger *Sklerosierung der Fragmentenden*, die erst nach Jahren verschwindet (Abb. 89/91). Oft bildet sich zunächst an jedem Fragment ein Callus, der jedoch, weil er die Verbindung mit dem vom anderen Fragmente gebildeten Callus nicht erlangen kann, als mechanisch nicht beanspruchtes Material wieder abgebaut wird. Außerhalb der sklerotischen Grenzzone verfallen dann die Bruchenden im Laufe der Zeit gewöhnlich erheblicher Atrophie, die sich namentlich am peripherischen Fragment zu hohen Graden entwickelt (Abb. 89). Bei Kindern sieht man zudem ein erhebliches Zurückbleiben besonders der unteren Extremität im Wachstum.

Findet sich zwischen den separat vernarbten Fragmenten eine breite

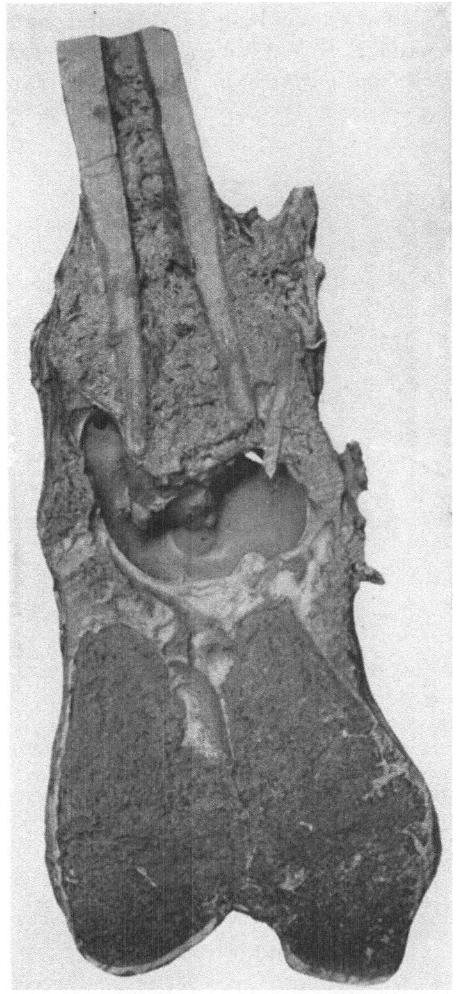

Abb. 88. Zystenbildung im Kallus als Ursache einer Femurpseudarthrose. (Präparat des pathologisch-anatomischen Institutes Bern.)

Zwischenschicht von Bindegewebe oder interponierter Muskulatur, so spricht man von *schlotternder Pseudarthrose* (Abb. 90 und 91).

Am häufigsten sieht man *fibröse Vereinigung der Bruchenden*, zunächst durch den lockeren bindegewebigen Callus, später durch derbes, engmaschiges Bindegewebe, in dem sich gelegentlich Knorpelinseln finden. An der fibrösen Verbindung können sich auch die Membrana interossea, Muskelansätze und Muskelscheiden beteiligen.

Nach dem Grade der Fragmentbindung unterscheidet man *schlaffe* und *straffe fibröse Pseudarthrosen*. Bei ersteren sind die Fragmente meistens breit, oft nach Art einer Pfanne mit gegenüberstehendem Zapfen geformt (Abb. 93), bei letzteren gelegentlich konisch zugespitzt. Auch können bei schlaffen Pseudarthrosen die Bruchenden übereinander geschoben sein. Bestehen die Pseudarthrosen längere Zeit und bewegen sich die Fragmente ständig gegeneinander, so entstehen eigentliche falsche Gelenke *(Nearthrosen)*, indem sich zwischen geglätteten, von einer glänzenden Bindegewebsmembran oder von

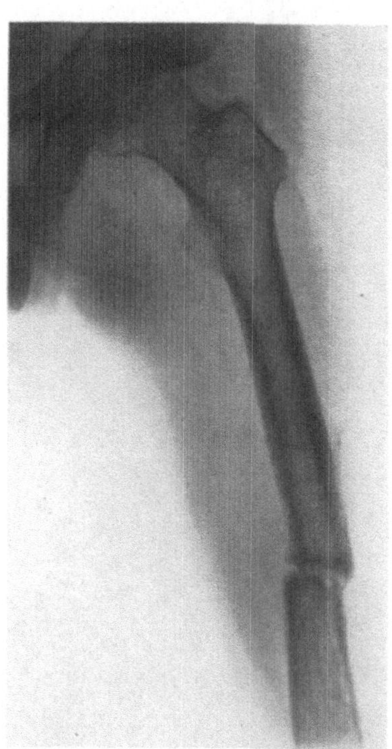

Abb. 89. Knochenatrophie bei verzögerter Frakturheilung. Streifenförmiger Knochenabbau unter der Corticalis am unteren Fragment. Sklerosierung der Bruchfläche.

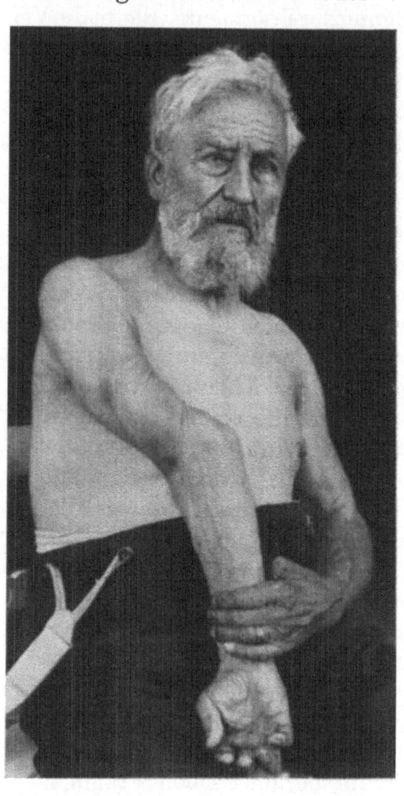

Abb. 90. Seit Jahren bestehende schlaffe Pseudarthrose des Humerus (vgl. Abb. 91).

einem dünnen Knorpelbelag überzogenen Fragmentenden ein Gelenkspalt entwickelt, der von einer allseitigen Bindegewebskapsel abgegrenzt ist und eine synoviaartige, serösschleimige, mit Reiskörperchen vermischte Flüssigkeit enthält (Abb. 92).   An solchen Pdeudogelenken können sekundäre Veränderungen auftreten, die durchaus der Arthritis deformans entsprechen.

Sofern es sich nicht um sehr straffe Fragmentverbindung an wenig belasteten Knochen handelt, geben die Pseudarthrosen zu sehr schweren *Funktionsstörungen* Anlaß, die allerdings durch Einkeilung sowie durch hülsenförmige Umfassung des einen Fragmentes durch die Callusmasse des anderen in gewissem Umfange kompensiert werden können.

Die Frequenz der verzögerten und der ausbleibenden Frakturheilung ist keine sehr große; auch wird das völlige Ausbleiben der Konsolidation bedeutend seltener beobachtet, als deren einfache Verzögerung. Nach v. Bruns kommt auf 70—80 frische Frakturen ein Fall von verzögerter Konsolidation und auf 200—250 Frakturen eine Pseudarthrosenbildung. Unter der modernen Frakturbehandlung sind diese Anomalien der Frakturheilung zweifellos seltener geworden, doch spielen sie immer noch eine wichtige praktische Rolle.

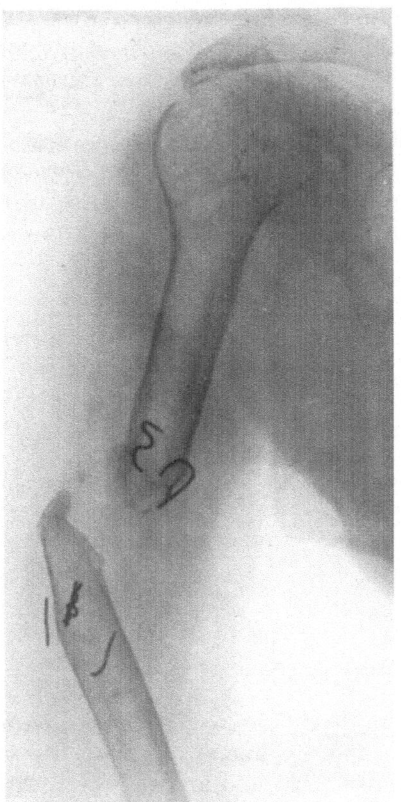

Abb. 91. Schlotternde Pseudarthrose des Humerus mit konischer Zuspitzung der Fragmente; gerissene Drahtnaht. Sklerose der Fragmentenden zurückgebildet. (Röntgenogramm zu Abb. 90.)

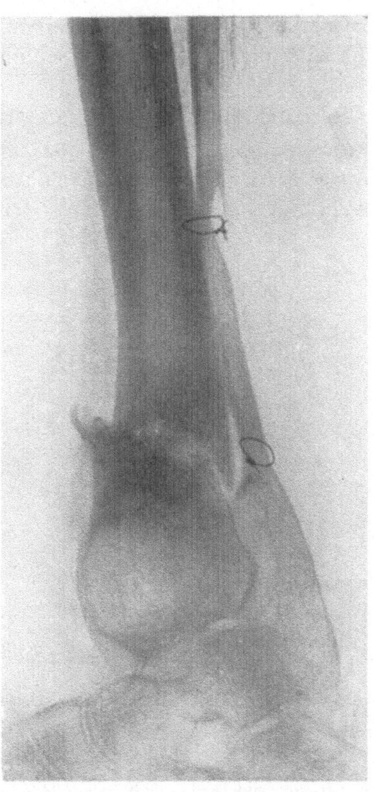

Abb. 92. Pseudarthrose der Tibia mit Bildung eines flachen Gelenkes. Bei der Operation fand sich eine mit synoviaähnlicher Flüssigkeit gefüllte Gelenkhöhle zwischen überknorpelten Bruchflächen. Das Röntgenogramm zeigt gleichzeitig den Ersatz eines Fibuladefekts durch freie Autoplastik.

Was die Lokalisation der Pseudarthrosen und verzögerten Konsolidation anbetrifft, so steht der Unterschenkel obenan. Nächstdem führen Oberarm- und Oberschenkelfrakturen am häufigsten zu Pseudarthrosen und verzögerter Konsolidation, am seltensten Vorderarmfrakturen (Abb. 93).

Verzögerte Konsolidation und Pseudarthrosenbildung beruhen auf *lokalen* oder *allgemeinen Ursachen*. Unter den *lokalen Ursachen* ist in erster Linie die ungünstige Beschaffenheit des Bruches in Form von *Splitter-* und *Defektfrakturen* zu erwähnen. In Betracht kommen ferner *schwere traumatische Schädigung der Fragmente*, des *Periostes* und der anliegenden Gewebe, wie sie namentlich bei Automobilunfällen zur Beobachtung gelangt, weiterhin ausgedehnte

Abhebung des Periostes und Schädigung der osteogenetischen Elemente durch *Infektion* mit konsekutiver *Eiterung* (Abb. 93).

Ist die *Verschiebung* zwischen den Bruchenden so hochgradig, daß die an beiden Fragmentenden gebildeten Callusmassen nicht miteinander in Verbindung zu gelangen vermögen, so bleibt die solide Verheilung ebenfalls aus. Das ist der Fall bei zertrümmernden Schußfrakturen mit ausgedehnter *Defektbildung*, besonders wenn noch eine operative Entsplitterung vorgenommen wird, und beim sog. „*Reiten der Fragmente*", wo die äußeren, an der Knochenneubildung gewöhnlich nicht beteiligten Schichten des Periostes miteinander in Berührung stehen.

Als lokale Ursache der Pseudarthrosenbildung sind auch die *Interposition von Weichteilen*, besonders von *Muskeln*, und die *Zwischenlagerung großer Hämatome* zu erwähnen. Gelegentlich hat man auch den Eindruck, daß *Abfließen des Blutergusses* durch eine komplizierende Hautwunde die Konsolidation verzögert.

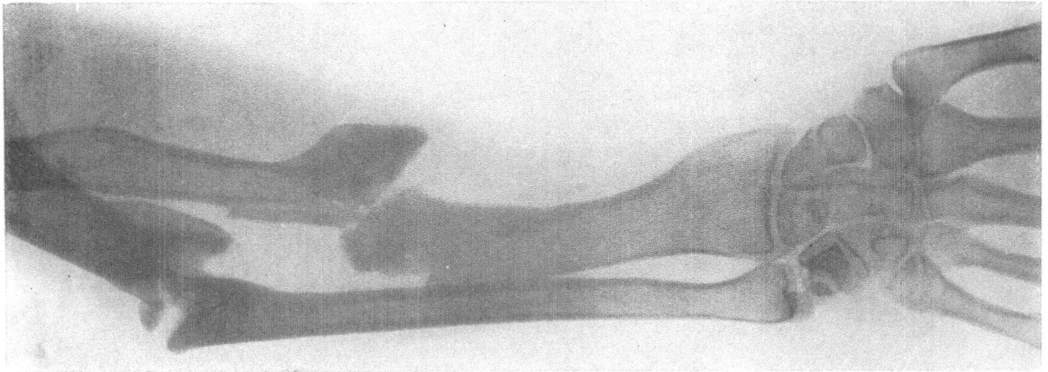

Abb. 93. Pseudarthrose beider Vorderarmknochen nach Schußfraktur.

Die Lokalisation der Pseudarthrosen an bestimmten *Prädilektionsstellen*, besonders am Schenkelhals, am Diaphysenschaft des Femur, des Humerus und der Vorderarmknochen, im unteren Drittel der Tibia und an der oberen Tibiametaphyse erklärt sich aus *Besonderheiten* der *Blutversorgung*, auf die wir im speziellen Teil eingehen werden, und aus der *besonderen Konfiguration der Fragmentflächen*. Es leuchtet ein, daß die schmalen, kompakten Ringflächen der Diaphysenschäfte keine günstigen Bedingungen für die Fragmentvereinigung bieten, im Gegensatz zu den breiten spongiösen Metaphysenflächen, an denen man selten Pseudarthrosen beobachtet; immerhin kommen solche auch im Bereich des unteren Humerusendes, so am Condylus externus (Abb. 94) sowie an den Malleolen vor.

Schließlich können alle lokalen Ursachen, die zu pathologischen Frakturen Anlaß geben, auch die Konsolidation verhindern, besonders *Tumormetastasen* und *lokalisierte Ostitis*. Zu den lokalen Ursachen der Pseudarthrosenbildung ist im weiteren Sinne auch die *fehlerhafte Behandlung* zu zählen, besonders ungenügende Ruhigstellung.

Hier führt die Entstehung der Pseudarthrosen auf einen besonderen *formbildenden Reiz* zurück, der durch Resorption im Kallus eine Gelenkspalte entstehen läßt.

Die *allgemeinen Ursachen* verzögerter und ausbleibender Konsolidation sind einmal *konstitutioneller Natur*, insofern als in vielen Fällen offenbar eine individuelle Insuffizienz der die Frakturheilung vollziehenden mesenchymalen Gewebe vorliegt. Die fibröse Umwandlung des Callus ohne ersichtliche lokale Ursache erinnert an die Vorgänge bei *Ostitis fibrosa.* Auch erworbene Konstitutionsanomalien wie *Rachitis*, *Osteomalacie*, *Hungerosteopathie* und *Skorbut*, weniger häufig angeborene wie die *Osteogenesis imperfecta* verzögern die Frakturheilung. Bekannt ist ferner die Verzögerung der Frakturheilung während der *Schwangerschaft*, auf die schon FABRICIUS HILDANUS aufmerksam gemacht hat. Den allgemeinen Ursachen der verzögerten und ausbleibenden Frakturheilung sind auch alle Krankheiten des zentralen Nervensystems zuzuzählen, die, wie *Tabes, Paralyse* und *Syringomeylie*, zu neurotischer Knochenatrophie führen.

Schließlich kann *Hypofunktion der innersekretorischen Drüsen*, die in Beziehung zum Knochenwachstum stehen — Schilddrüse, Parathyreoideae, Nebennieren, Thymus, Hypophyse, Ovarien — als endogenes Moment die Callusbildung verzögern oder verhindern.

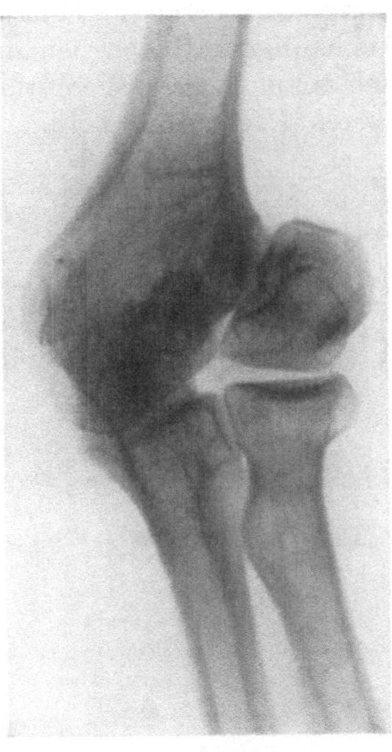

Abb. 94. Pseudarthrose des Condylus externus humeri.

4. Frakturheilung in schlechter Stellung.

Wenn die solide Vereinigung der Fragmente in einer für die normale Gebrauchsfähigkeit ungenügenden Stellung der Bruchenden erfolgt, so spricht man von *schlecht geheiltem Knochenbruch (Fractura male sanata)*. Die Ursache für difforme Frakturheilung liegt entweder darin, daß der Knochenbruch zu spät in Behandlung kam, daß sich der Beeinflussung der schlechten Fragmentstellung unüberwindliche Schwierigkeiten entgegenstellten, oder daß die Behandlung eine fehlerhafte war (Abb. 95). Entsprechend der Vervollkommnung der Frakturbehandlungstechnik hat die Zahl der schlecht geheilten Knochenbrüche in den letzten Jahren sichtlich abgenommen. *Gleichwohl sieht man noch viel zu viel schlecht geheilte Frakturen, die auf Rechnung ungenügender Behandlungstechnik zu setzen sind.* Ungünstige Behandlungsbedingungen und schwere, besonders infektiöse Komplikationen werden jedoch stets ein gewisses Kontingent unbefriedigend geheilter Frakturen bedingen. Die grobanatomisch mangelhafte Frakturheilung entspricht den verschiedenen angeführten Dislokationsformen. Am häufigsten finden sich Übereinanderschiebung der Bruchstücke, Achsenknickung und die Kombination dieser beiden Dislokationen (Abb. 96). Diesen Verschiebungen gegenüber spielen die seitlichen Verschiebungen (Abb. 56), sowie die Rotationsverschiebungen (vgl. Abb. 59) praktisch eine weniger große Rolle. Die Bedeutung des Übereinanderschiebens der Fragmente liegt hauptsächlich in der *Verkürzung*, die mehr als 25 cm betragen kann. Besonders hochgradige Verkürzungen sieht man bei den Schußfrakturen des Krieges, weil hier oft Tage vergehen, bis eine zweckentsprechende Behandlung einsetzen kann, und weil lebensdrohende, septische Komplikationen häufig eine energische Behandlung erschweren oder verunmöglichen (Abb. 96). Am häufigsten finden sich *störende* Dislokationen im Sinne der Verkürzung und Achsenknickung am Femur und bei den Unterschenkelbrüchen. Während an der oberen Extremität nicht zu große Verkürzung gewöhnlich keine Funktionsstörung bedingt, verursacht sie an der unteren Extremität unter Umständen erhebliche Gehstörungen. Im allgemeinen werden Verkürzungen bis zu 2 cm durch Beckensenkung und kompensatorische Biegung der Wirbelsäule in vollkommener Weise ausgeglichen und hinterlassen keine dauernden Störungen. Hochgradigere Verkürzungen jedoch führen zu einer Störung der normalen Statik, der eine dauernde funktionsschädigende Bedeutung zukommt.

Hochgradige Verkürzungen können ferner zur Ermöglichung abnormer Bewegungen führen. So werden bei erheblichen Verkürzungen des Femur die zweigelenkigen, am Becken inserierenden Beuger des Kniegelenkes relativ zu lang; Patienten mit starker Oberschenkelverkürzung können daher

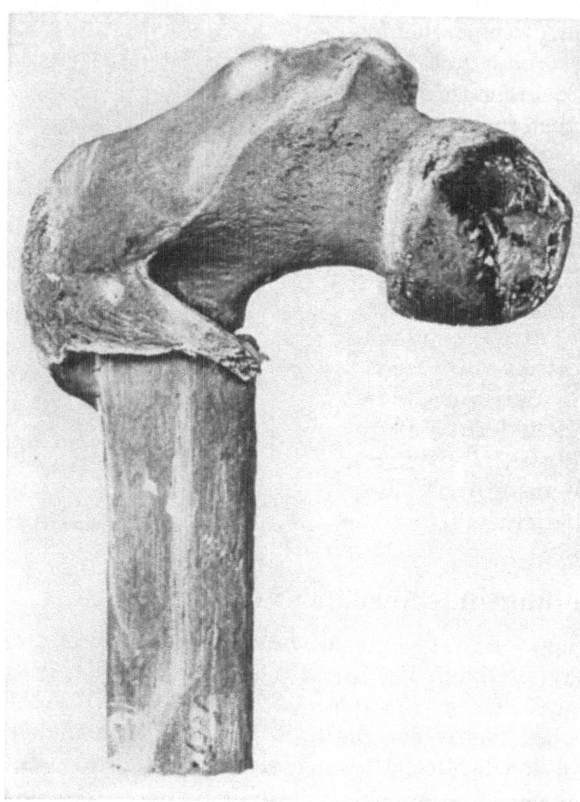

Abb. 95. Schlecht geheilte subtrochantere Femurfraktur; oberes Fragment in starker Abduction, unteres Fragment in Normalstellung. Man beachte die sekundäre Rückbildung des Schenkelhalses infolge Veränderung der statischen Verhältnisse. Präparat der pathol.-anat. Anstalt Basel.

das gestreckte Bein soweit nach vorne heben, bis die Vorderfläche des Oberschenkels die Brust berührt. Diese Erscheinung ist von KÜTTNER als „Präsentieren des Oberschenkels" beschrieben worden.

Die *Achsenknickung* bedingt, wenn sie hochgradig ist, sichtbare Entstellung, und besonders Funktionsstörung der peripher gelegenen Gelenke. Vor allem resultiert für das nächst peripherische Gelenk aus der Achsenknickung eine Verschiebung des Bewegungsfeldes, mit ihren Folgen für die Funktion. Nehmen wir an, daß eine Oberschenkelfraktur mit Achsenknickung im Sinne der Extension des unteren Fragments, also unter Bildung eines nach vorne offenen Winkels, geheilt ist, so wird das Bewegungsfeld des Kniegelenkes um den

Knickungswinkel in der Streckrichtung verschoben. Das Kniegelenk kann dann um den betreffenden Winkel überstreckt werden, während die Beugung — mit Bezug auf das proximale Oberschenkelfragment — um den entsprechenden Grad eingeschränkt wird. Aus dieser Achsenknickung resultiert somit in erster Linie eine störende Rekurvation des Kniegelenkes. Ist die Muskulatur ermüdet oder von Anfang an nicht kräftig genug, um eine Durchstreckung des Knies zu verhindern, so wird das Knie beim Gehen unter der vollen Belastung durch das Körpergewicht überstreckt, es folgt eine rasch zunehmende Dehnung der bindegewebigen Streckhemmungs-Apparate mit pathologischer Steigerung der Überstreckbarkeit, und das Endresultat ist ein ausgeprägtes *Wackelknie*.

Neben diesem *statischen*, d. h. unter der Belastung entstandenem Wackelknie sieht man Schlottergelenke, die in Erscheinung treten, bevor die Patienten herumgegangen sind. Der Grund für diese Schlottergelenkbildung liegt in einer gewissen *Insuffizienz der infolge Verkürzung des Knochens relativ zu lang gewordenen Muskulatur.* Ferner können *Gelenkergüsse* verschiedener Genese, oft durch das primäre Trauma bedingt, zu einer Dehnung der Kapsel und der Verstärkungsbänder führen, und so trotz dem Fehlen einer erheblichen Knochenverkürzung zu Bildung von Schlottergelenken Anlaß geben.

Steht eine Gelenkfläche infolge der Achsenknickung schief (Abb. 97),

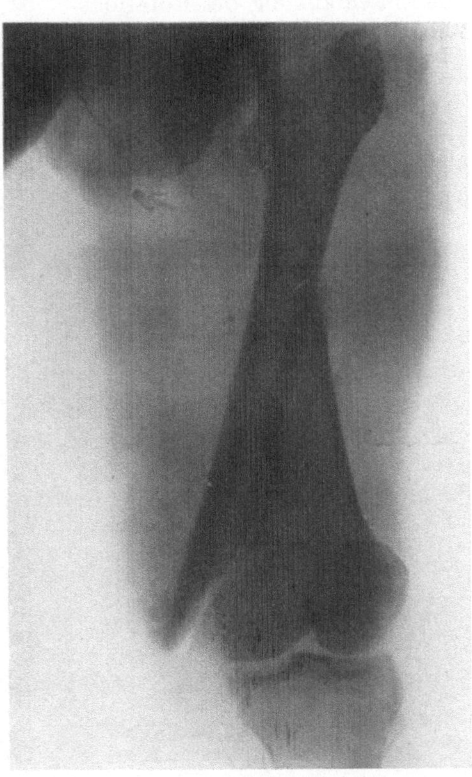

Abb. 96. Mit hochgradiger Verkürzung geheilte Granatsplitterfraktur des Femur.

so kommt es zu abnormer, ungleichmäßiger Belastung der einzelnen Gelenkabschnitte, die sich bei wachsenden Individuen auch an der benachbarten Epiphysenknorpelscheibe geltend macht. Im übermäßig belasteten Epiphysengebiet tritt dann häufig Wachstumshemmung ein, wodurch die Schrägstellung der Gelenkfläche mit der Zeit noch gesteigert wird. Ferner kommt es infolge der Schiefstellung der Gelenklinie zu Verschiebungen zwichen den Gelenkpartnern, die als Subluxationen in Erscheinung treten können. Eine weitere Folge sind deformierende arthritische Gelenkveränderungen, besonders bei disponierten Individuen. Die fehlerhafte Belastung macht sich natürlich auch an den distalen Gliedabschnitten und Gelenken geltend. Am bekanntesten sind die Varus- und die Valgusdeformitäten des Kniegelenkes nach Kondylenfrakturen, des Ellbogengelenkes nach suprakondylären Brüchen (Abb. 572), und des Fußgelenkes und Fußes im Anschluß an mangelhaft behandelte Knöchelfrakturen (Abb. 97 u. 98).

Achsenknickungen geben auch zu Verkürzungen Anlaß, die gewöhnlich nicht sehr hochgradig sind; bei intertrochanteren Frakturen des Schenkelhalses jedoch führt die Verkleinerung des Schenkelhalsdiaphysenwinkels zu Verkürzungen von 2—5 cm.

Rotationsverschiebungen können ebenfalls zu fehlerhaften Belastungen und sekundären Gelenkveränderungen führen; ferner haben sie eine Einschränkung des Rotationsfeldes zur Folge.

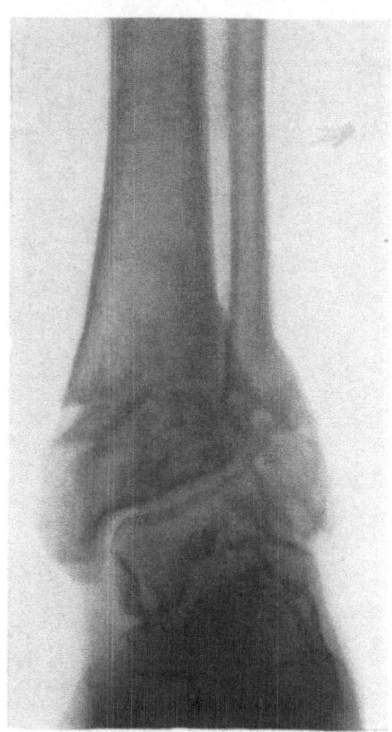

Abb. 97. Schiefstellung der Tibiagelenkfläche infolge schlecht geheilter supramalleolärer Fraktur.

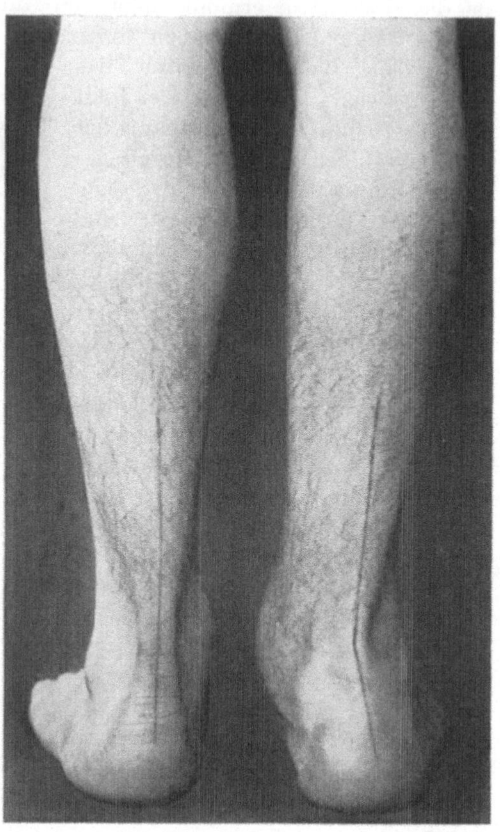

Abb. 98.   Knickfußstellung (Pes valgus) nach schlecht geheilter Supramalleolar- und Knöchelfraktur.

Rißbrüche im Bereiche wichtiger Muskelansätze führen zu Ausfall der betreffenden Muskelwirkung.

Schließlich ist noch zu erwähnen, daß schlecht stehende, an abnormer Stelle *vorragende* Fragmentenden zu Gefäß- und Nervenschädigungen, zu sekundärer Usur der bedeckenden Haut und zu Störung der Funktion benachbarter Sehnen und Gelenke Anlaß geben können.

5. Störung der Heilung bei Gelenkfrakturen.

Eine besondere Betrachtung erfordern die Störungen, welche bei Heilung der Gelenkfrakturen auftreten. Zunächst ist zu erwähnen, daß intraartikuläre Frakturen *häufiger nicht knöchern verheilen* als extraartikuläre. Wo sich ein Callus ausbildet, ist derselbe innerhalb der Kapsel selbst — falls nicht erhebliche

Verschiebungen oder Umdrehung von Fragmenten vorliegen — gewöhnlich spärlich und ragt nur ausnahmsweise als Leiste in das Gelenk vor. Der Gelenkknorpel selbst heilt unter Bildung einer bindegewebigen Narbe. Die Gründe für das Ausbleiben knöcherner Heilung bei Gelenkfrakturen sind verschiedene. Zunächst können die Fragmente durch Bluterguß und entzündliches Exudat stark auseinander gedrängt werden. Ferner werden einzelne Fragmente durch Muskelzug oder elastische Retraktion von Sehnen und Bändern erheblich disloziert, wie bei der Fraktur der Patella, des Olekranon, des Processus coronoideus der Ulna. Ein wesentlicher Grund für mangelhafte Konsolidation von Gelenkfrakturen liegt in der mangelhaften Ernährung größtenteils intraartikulär gelegener Fragmente; ferner ist anzunehmen, daß die gelenkerhaltende *Synovia*, welche die Fragmente umspült, die Callusbildung hemmt.

Der *Bluterguß* führt, wenn er erheblich ist, zu dauernder *Ausdehnung der Gelenkkapsel* und damit zu Erschlaffung des Bandapparates. Es entstehen dann, ebenso wie nach Abreißung von Bandansatzstellen oder bei Anheilung eines ganzen Condylus in schlechter Stellung, die eine relative Verlängerung eines Seitenbandes zur Folge hat, *Schlottergelenke*. Bei mangelhafter Resorption des Gelenkhämatoms bilden sich durch Organisierung der Blutergüsse fibröse Verwachsungen zwischen Kapsel und Knorpeloberfläche aus, wodurch verschieden hochgradige *Versteifung* zustande kommt. Nach Gelenkfrakturen entstehen ferner *freie Gelenkkörper*, die gelegentlich kleinen Fragmenten, abgesprengten Knorpelstücken, losgelösten knorpelig gewordenen Gelenkzotten entsprechen oder sich auf der Grundlage von Blutgerinnseln ausbilden.

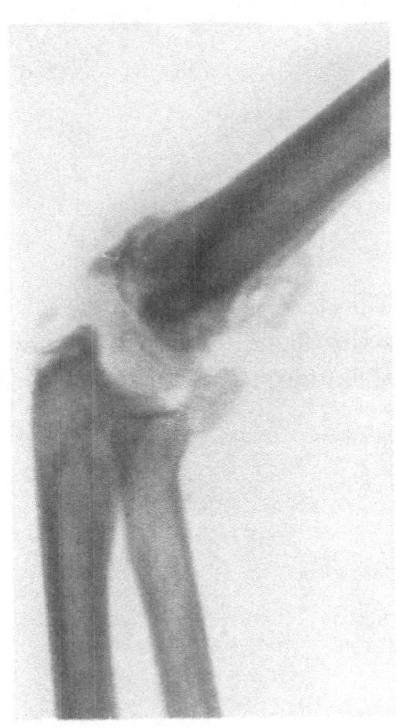

Abb. 99. Hochgradige arthritische Veränderungen nach intraartikulärer Fraktur des unteren Humerusendes. Periostale Knochenwucherungen.

Diese Komplikationen lassen sich nicht immer scharf von der im Anschluß an Frakturen auftretenden *Arthritis deformans traumatica* abgrenzen. Die Arthritis entwickelt sich schleichend und kann jahrelang Fortschritte machen. Gelegentlich liegt zwischen dem Auftreten der arthritischen Erscheinungen und der eigentlichen Frakturheilung ein freies Intervall. Die anatomischen Erscheinungen der traumatischen deformierenden Gelenkentzündung sind charakterisiert durch Degenerationsvorgänge und Zerstörungen am Knorpel, atrophische Vorgänge am Knochen und hyperplastische Wucherungen sämtlicher Gelenkgewebe (KAUFMANN). Besonders wichtig ist neben der Erweichung und Abschleifung des Knorpels die Bildung von Knorpel- und Knochenwucherungen an der Randzone der Gelenkknorpel sowie im Bereiche der Gelenkkapsel und der Verstärkungsbänder (Abb. 99).

Entsprechend diesen verschiedenen Komplikationen sind die *Störungen nach Ausheilung von Gelenkfrakturen* mannigfaltige. Abgesehen von der Gelenksteifigkeit, die bedingt wird durch die bereits früher erwähnten Inaktivitäts-veränderungen, sehen wir statische Insuffizienz der Gelenke mit pathologischer Beweglichkeit, arthritische Schmerzen, Einklemmungserscheinungen und Ankylosen, besonders nach offenen, infizierten Gelenkbrüchen (Abb. 100). Die

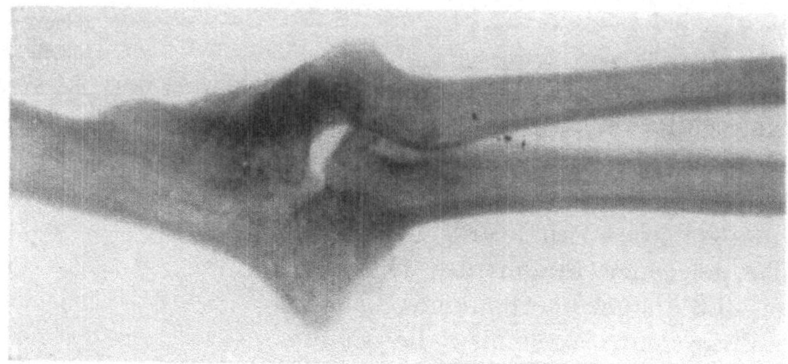

Abb. 100. Ankylose des Ellbogengelenkes infolge Schußfraktur.

Ankylose kann auch durch Bildung extrakapsulärer Knochenbrücken, durch arthritische Knochenwucherungen oder luxurierende Callusbildung bei paraatrikulären Frakturen (Abb. 101) bedingt sein, sowie durch Einbeziehung eines

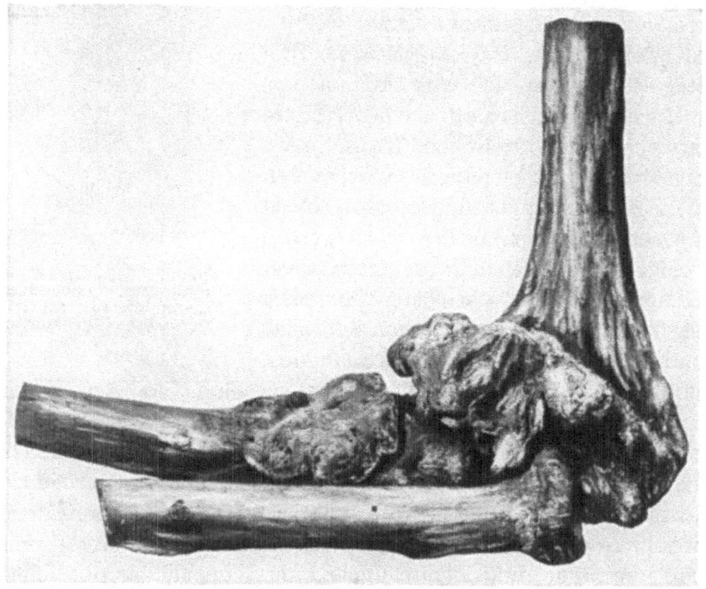

Abb. 101. Gelenkversteifung durch luxurierende Calluswucherungen im Anschluß an eine paraartikuläre Fraktur des unteren Humerusendes. Präparat der pathol.-anat. Anstalt Basel.

verschobenen Fragmentes in die Kapsel. Wird die Orientierung der Gelenkfläche durch fehlerhafte Anheilung eines Fragmentes geändert, so entstehen Valgus- und Varusverbiegungen mit den früher beschriebenen Störungen. Verlagerung einer Apophyse in das Gelenkinnere führt mit der Zeit zu völliger Versteifung.

6. Ischämische Muskelcontractur.

Neben den bereits besprochenen, frische Frakturen begleitenden Schädigungen der Muskulatur durch das Trauma selbst tritt im Gefolge von Knochenbrüchen gelegentlich eine schwere Muskelveränderung auf, die sog. *ischämische Muskelcontractur* (VOLKMANN). Anatomisch ist die Muskelveränderung charakterisiert durch eine bindegewebige Umwandlung der contractilen Elemente mit nachfolgender hochgradiger Gewebsschrumpfung. Das ganze betroffene Muskelgebiet wird in ein derbes, oft steinhartes, unter dem Messer knirschendes Bindegewebe umgewandelt, das angrenzende oder durchziehende Nerven und Gefäße umklammert. Die Gefäße obliterieren, die Nerven verfallen der Atrophie, der Degeneration und schließlich völliger bindegewebiger Umwandlung.

Histologisch findet sich im akuten Stadium massenhafte Einwanderung von Leukocyten in die Muskulatur, Quellung und Homogenisierung der Muskelfasern mit Verlust der Querstreifung, Veränderungen, die dem Bilde der wachsartigen Degeneration entsprechen (Abb. 102). Die ausgebildete ischämische Contractur ist mikroskopisch charakterisiert durch fibröses, gefäßhaltiges Gewebe mit eingelagerten, meist stark gekrümmten Muskelfasern, die ihre Querstreifung zum Teil behalten haben (Abb. 103).

Die ischämische Muskelcontractur wird am häufigsten

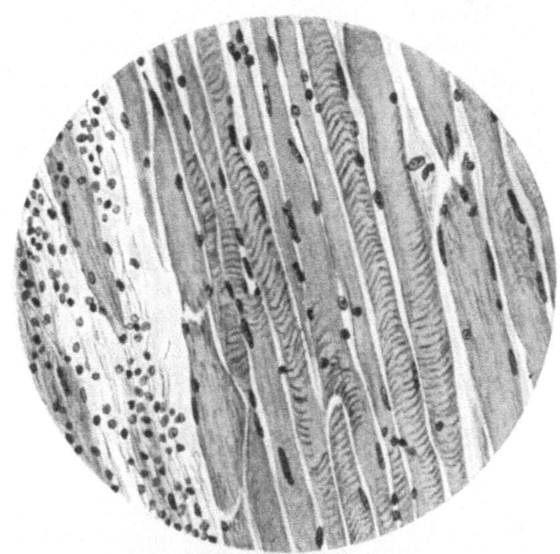

Abb. 102. Akute ischämische Myositis mit starker leukocytärer Infiltration und teilweisem Verlust der Querstreifung. Die einzelnen Fasern sind auseinandergedrängt (etwa 500fache Vergrößerung). Nach einem Präparat von Prof. FROELICH und Prof. HOCHE, Nancy.

Abb. 103. Ausgebildete ischämische Contractur. Fibröses Gewebe mit eingelagerten gekrümmten Muskelfasern. Querstreifung teilweise erhalten (etwa 500fache Vergrößerung). Nach einem Präparat von Prof. FROELICH und Prof. HOCHE, Nancy.

nach Frakturen in der Nähe des Ellbogengelenkes, vor allem bei Fractura supracondylica beobachtet, demnächst nach Frakturen beider Vorderarmknochen dicht am Handgelenk und erst in weitem Abstande nach Frakturen im unteren Drittel' des Femur.

Anatomisch sind diese Vorzugsstellen charakterisiert durch nahe Beziehungen großer Gefäß- und Nervenstämme zum Knochen bei gleichzeitiger Einscheidung samt Muskulatur durch einen wenig nachgiebigen Fascienmantel. Die ursprüngliche Auffassung, daß die ischämische Contractur nur Folge allzu starker Konstriktion der Muskulatur durch zu fest angelegte Verbände sei, läßt sich nicht mehr aufrecht erhalten. Ebensowenig reicht vollständige Unterbrechung oder Abdrosselung der arteriellen Blutzufuhr aus, ischämische Muskelveränderung

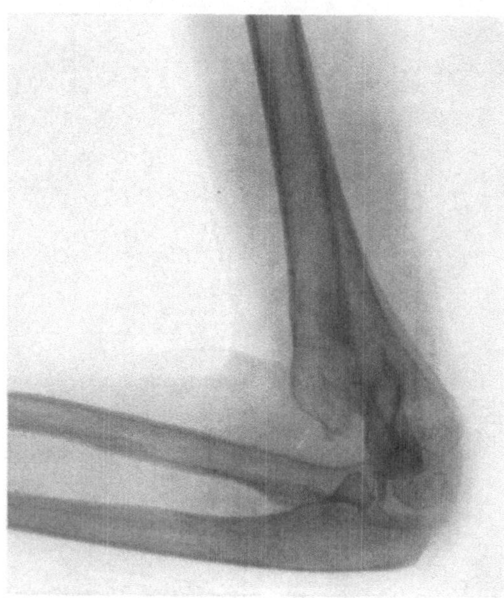

Abb. 104. Nach der Beugeseite verschobenes Humerusfragment, das zu Kompression der Arteria brachialis und zu ischämischer Muskelcontractur führte.

hervorzurufen. Es steht jedoch außer Zweifel, daß *Kompression einer Hauptarterie zwischen verschobenem Fragment und Verband* (Abb. 104), die von BARDENHEUER beschriebene *Intimaruptur* und hochgradige *venöse Stase*, wie sie durch subfascial gelegene, unter Spannung stehende Blutergüsse begünstigt wird, die Entstehung der ischämischen Muskelveränderungen mitbedingen.

Von maßgebender ätiologischer Bedeutung sind auch primäre Schädigungen der Nerven, besonders des Medianus, die zu vasomotorischen Störungen führen. Die sekundäre Degeneration der Nervenstämme infolge Umklammerung bedingt jedenfalls eine Verschlimmerung des Krankheitsbildes, sowohl auf dem Wege der Muskel- als der Vasomotorenlähmung. Der Ausfall der Muskelaktion, des für das Muskelgewebe funktionellen regeneratorischen Momentes, dürfte nach BARDENHEUER für die Entwicklung der schämischen Contractur nicht belanglos sein; dabei ist allerdings zu bedenken, daß die Muskelaktion auch in hohem Maße zirkulationsfördernd wirkt.

Für die *forensische Beurteilung* der ischämischen Contractur ist die Feststellung wichtig, *daß entgegen der* VOLKMANN*schen Lehre der fixierende Verband nicht alleinige Ursache ist*, da nach der Statistik eine erhebliche Anzahl von Fällen nicht im Kontentivverband behandelt wurde. Die Frage der primären Muskel-, Gefäß- und Nervenschädigung sowie der subfascialen Druckstauung ist stets eingehend zu prüfen. *Doch bleibt die ätiologische Rolle schnürender immobilisierender Verbände eine bedeutsame, oft entscheidende;* wo Gefäß- und Nervenschädigungen vorliegen, kann Verbanddruck als konditionelles Moment das Schicksal der Muskulatur besiegeln. Für diese Auffassung spricht die Beobachtung, daß bei Femurfrakturen auch *einschnürende zirkuläre Heftpflastertouren* zu ischämischer Muskelcontractur führen können (Abb. 105).

Die ischämische Contractur betrifft fast ausschließlich das *kindliche Alter*, wahrscheinlich weil hier die Bedingungen zur Ausbildung eines Kollateralkreislaufes bessere sind als bei Erwachsenen, bei denen es unter gleichen Voraus-

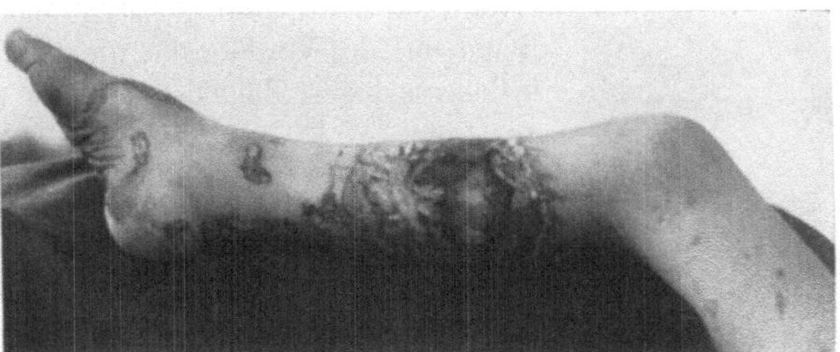

Abb. 105. Druckgangrän durch zirkulären Heftpflasterstreifen bei Extensionsbehandlung einer Femurfraktur.

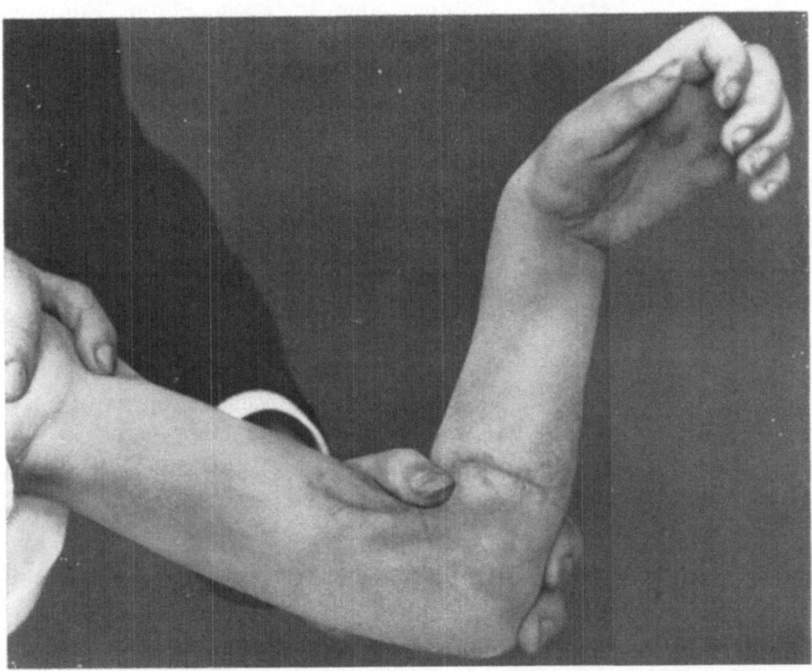

Abb. 106. Ischämische Muskelcontractur der Hand- und Fingerbeuger, aufgetreten infolge Gipsverbandbehandlung einer ungenügend reponierten suprakondylären Humerusfraktur. Maximale Streckung des Handgelenkes und der Finger.

setzungen zur Entwicklung einer Gangrän kommt. Am häufigsten ist die *Vorderarmmuskulatur* von den Veränderungen ergriffen, und zwar die Flexoren stärker und ausgedehnter als die Extensoren, was mit der gleichzeitigen Schädigung des Nervus medianus zusammenhängen dürfte. Demnach bildet sich eine charakteristische Störung aus in Form von Flexionscontractur des Ellbogen- und Handgelenkes und weitgehend fixierter Flexionsstellung der Mittel- und

Endphalangen der Finger. Die basalen Fingerphalangen sind meist gestreckt oder leicht hyperextendiert (Abb. 106). Aus dieser pathologischen Stellung können aktiv und passiv nur ganz geringe Bewegungen ausgeführt werden. Sind die Flexoren nicht überwiegend betroffen, so steht die Hand in leichter Extension, der Unterarm ist proniert. An der Beugeseite des Vorderarms, dicht unterhalb des Ellbogengelenkes, bilden sich oft tiefe *Geschwüre* aus, die derbe eingezogene Narben zurücklassen (Abb. 106). Es handelt sich um Decubitalgeschwüre oder durchgebrochene umschriebene Muskelgangränherde. Ich habe auch ischämisch bedingte *Knochennekrose* im Bereiche eines zentralen Radiusfragmentes gesehen, die erst sekundär vereiterte.

Bei ischämischer Contractur am Unterschenkel steht der Fuß in starrer Mittelstellung oder in ausgeprägter Equinovarusstellung (Abb. 107).

Klinisch machen sich zunächst die Zeichen der *Zirkulationsstörung* und der *akuten Myositis* geltend. Der Radialispuls kann fehlen oder abgeschwächt sein, der periphere Gliedabschnitt wird kalt, cyanotisch und schwillt an. Die Patienten klagen über äußerst heftige Schmerzen im Vorderarm und über Parästhesien in den Fingern. Die Beweglichkeit der Finger nimmt ab und bald entwickelt sich die Flexionsstellung. Unter sukzessiver Abnahme der akuten Symptome kommt es zur Ausbildung der endgültigen ischämischen Contractur. Von besonderer Bedeutung sind die Symptome der *zentralen Gefäßverletzung*, namentlich der lokalisierte unter hoher Spannung stehende Bluterguß, verbunden mit Aufhebung oder Abschwächung des peripheren Pulses.

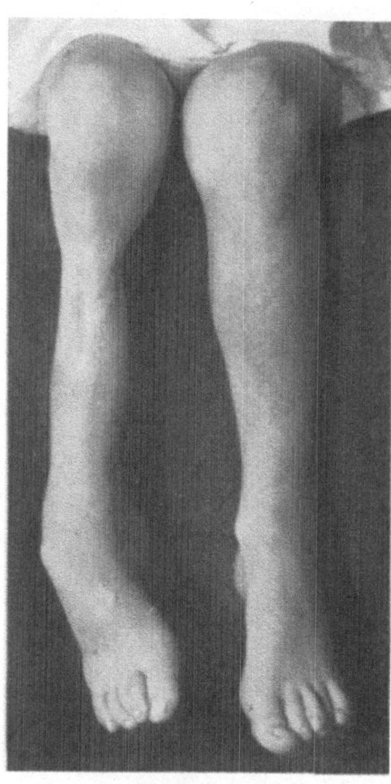

Abb. 107. Ischämische Contractur der Unterschenkelmuskeln, Pes equino-varus (vgl. Abb. 105).

7. Sekundäre Schädigungen von Nerven und Gefäßen.

Schädigungen von Nerven und Gefäßen können sich auch im Verlaufe der Frakturheilung als schwere Komplikationen einstellen. Bei den *Gefäßen* handelt es sich meistens um Kompression durch ein disloziertes Fragment, die entweder infolge zunehmender Fragmentverschiebung oder durch einen zu engen zirkulären Verband bzw. durch schlechte Lagerung gesteigert wird. Bei infizierten Frakturen kann nekrotisierende Entzündung zu sekundären *Arrosionen arterieller Gefäße* führen. Auch sekundäre Gefäßläsion durch sequestrierte Knochensplitter ist beobachtet worden. Die sekundäre, erst nach Abschluß der eigentlichen Frakturheilung auftretende *Venenthrombose* ist bedeutend seltener als die unter der Behandlung sich einstellende primäre Thrombose. So sind die Ödeme der unteren Extremitäten, welche erst nach der Frakturheilung auftreten, nur ausnahmsweise Folge sekundärer Venenthrombose.

Die als primäre Frakturkomplikation geschilderte Kompression eines Nerven durch ein disloziertes Fragment kann sich auch erst im Verlaufe der Heilung einstellen. Ausschließlich der Frakturheilungsperiode gehört dagegen die *Kompression des Nerven durch Callus- und Narbenmassen* an. Dem Einschluß in den Callus ist hauptsächlich der Nervus radialis im unteren Drittel des Oberarmes ausgesetzt (Abb. 108). Dehnung, Knickung und Einschnürung führen zu zunehmender Kompression des Nerven, die soweit geht, daß schließlich vollständig bindegewebige Umwandlung stattfindet. Im Bereiche dieser Calluseinschnürung kommen auch Verletzungen des Nerven durch eindringende Knochenstachel vor. Bei reiner Nervenkompression durch Callusmassen treten die Erscheinungen der Nervenläsion erst während oder nach der Konsolidation, also 4—8 Wochen nach der Verletzung auf. Zunächst findet man meistens eine *motorische Lähmung*, die allmählich zunimmt, später tritt auch *sensible Lähmung* auf, der gelegentlich ein *neuralgisches Stadium* vorausgeht. Neben dem Radialis sind gemäß ihrer Beziehungen zum Knochen der

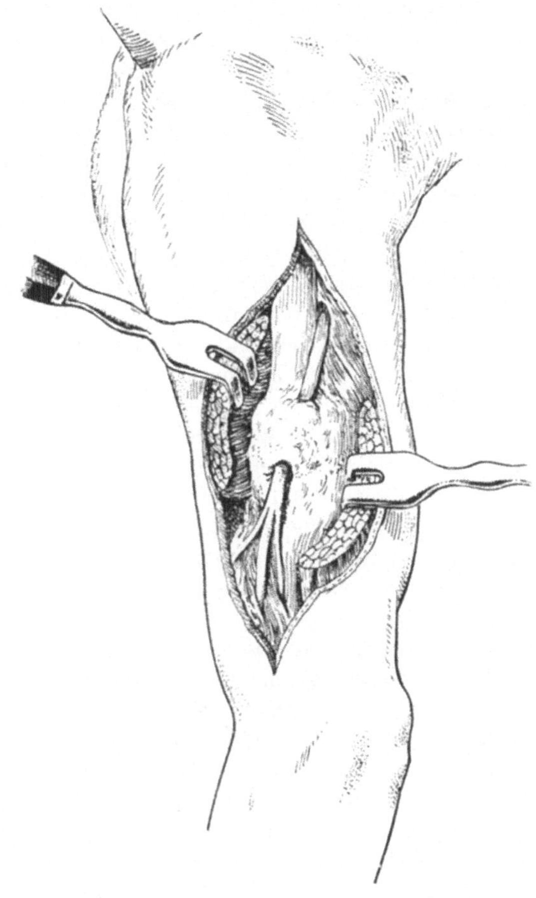

Abb. 108. Einschluß des Nervus radialis in den Frakturcallus bei Humerusfraktur.

Plexus brachialis, der Nervus ulnaris und der Nervus peronaeus besonders der Einschnürung durch Callusmassen ausgesetzt.

Kapitel 5.

Klinische Diagnose.

I. Symptome.

Die klinische Diagnose der Knochenbrüche erschöpft sich nicht in der Feststellung, daß eine Kontinuitätstrennung des betroffenen Knochens vorliegt, sondern hat sich eine möglichst eingehende und klare Kenntnis aller Einzelheiten des Frakturebenenverlaufs sowie der primären Komplikationen zum Ziele zu setzen. Auch die Vornahme einer vollständigen Allgemeinuntersuchung gehört zu den Voraussetzungen einer ausreichenden Frakturdiagnostik, schon

7*

mit Rücksicht auf die Beurteilung der Prognose und die Erkennung besonderer prophylaktischer Indikationen.

Die hauptsächlichsten Symptome der frischen Frakturen ergeben sich aus der vorstehenden Darstellung der pathologisch-anatomischen Veränderungen.

Das augenfälligste Fraktursymptom, welches meist schon bei der einfachen *Inspektion* bemerkt wird, ist die *Verschiebung der Fragmente.* Wir erkennen ohne weiteres deutliche Achsenknickungen (Abb. 109), erhebliche Verkürzungen, seitliche Verschiebungen (Abb. 110a und b) und Verdrehungen. Es ist ratsam, bei jeder Fraktur, betreffe sie nun die obere oder untere Extremität, die Verkürzung mit dem Meßband zu messen. Als fixe Punkte für die Messung benützt man leicht bestimmbare, von außen durch die Haut deutlich sichtbare oder fühlbare Knochenpunkte oder Knochenkanten. Derartige Fixpunkte für die Messung sind für die untere Extremität die Spitze des äußeren und des inneren Knöchels, der äußere und innere Rand des Condylus tibiae in der Kniegelenklinie, die Trochanterspitze und die Spina ilei a. s., für die obere Extremität der hintere Akromialrand, der Epicondylus externus und internus humeri, die Olecranonspitze oder der Rand des Radiusköpfchens, der Processus styloides des Radius und der Ulna. Achsenknickungen werden am sichersten nach dem Röntgenbild beurteilt, weil dann die Täuschungen wegfallen, welche durch die Weichteile verursacht werden. Von Wichtigkeit ist auch die Feststellung von Rotationsverschiebungen, die am besten durch Vergleich mit der gesunden Seite erkannt werden. Über die grobe Verschiebung der Fragmente gibt neben der Inspektion auch die *Palpation* Auskunft; doch kann man nicht genug davor warnen, die genauere Art der Verschiebung durch langdauernde, schmerzhafte Palpation festzustellen.

Ein zweites wichtiges Symptom der Frakturen, das meistens ebenfalls durch Inspektion feststellbar ist, liegt im *Bluterguß.* Bei direkten Frakturen findet man an der Verletzungsstelle ein oberflächlich in der Haut gelegenes Hämatom, ebenso bei indirekten Frakturen, sofern sie dicht unter der Haut gelegene Knochen betreffen. Die Frakturhämatome tief liegender Frakturen machen sich zunächst durch umschriebene Auftreibung des betreffenden Gliedabschnittes geltend. Bis der Bluterguß vom Knochen zum Unterhautzellgewebe vorgedrungen ist, vergehen meist einige Tage, und wir finden dann nicht mehr die Farbentöne der frischen Blutung, sondern die Farben der verschiedenen Hämaglobinderivate; die rot-grün-gelblichen Farbentöne wiegen dann gegenüber den dunkelblau-schwärzlichen Tönen der frischen Hautblutung vor.

Besondere diagnostische Bedeutung haben die *umschriebenen Hautblutungen* gewisser typischer Frakturformen, so das Hämatom über dem abgebrochenen Epicondylus internus humeri (Abb. 599), die umschriebene Blutung an der Vorderfläche des Oberarmes bei Fractura per- oder subtubercularis mit Abweichung des unteren Fragments nach vorne (s. Abb. 110a), sowie die Blutung über dem nach vorne abgewichenen Humerusfragment bei Fractura supracondylica per extensionem (Abb. 567). Diese umschriebenen Blutungen sind differentialdiagnostisch besonders wichtig gegenüber diffuser Blutunterlaufung bei einfachen Kontusionen.

Ein weiteres wichtiges Fraktursymptom ist die *plötzlich auftretende hochgradige Funktionsstörung bei relativ guterhaltener passiver Beweglichkeit.* Dem-

gegenüber ist bei Luxationen die aktive Beweglichkeit meist nicht so erheblich
beschränkt, während ausgedehnteren passiven Bewegungen ein federnder
Widerstand entgegensteht. Bei unvollständigen und eingekeilten Frakturen
kann eine hochgradige Funktionsstörung fehlen. Doch tritt sie bei diesen
Frakturformen, besonders wenn sie gelenknah sind, sehr oft ebenfalls in Erscheinung, weil zur freien Bewegung des Gliedes zunächst der sog. *Gelenkschluß*
hergestellt werden muß.
Darunter versteht man das
feste Anpressen des peri-
pheren Knochens gegen die
Gelenkpfanne, bevor die
eigentliche Gelenkbewegung
einsetzt. Dabei wird die
Bruchstelle unter musku-
lären Längsdruck gesetzt,
was zur Auslösung heftigen
Schmerzes und zu reflek-
torischer Hemmung der
Bewegungen führt. Wo
die Funktion bei unvoll-
ständigen oder eingekeilten
Frakturen anscheinend nicht
gestört ist, treten mechanische Insuffizienz und reflektorische Hemmung sofort
in Erscheinung, wenn man
*Bewegungen gegen einen
gewissen Widerstand* aus-
führen läßt. Natürlich ist
meist nur diejenige Funk-
tion gestört, welche an den
gebrochenen Knochen be-
stimmte mechanische An-
forderungen stellt. So ist
es erklärlich, daß Patienten
mit Fibulaschaftfrakturen

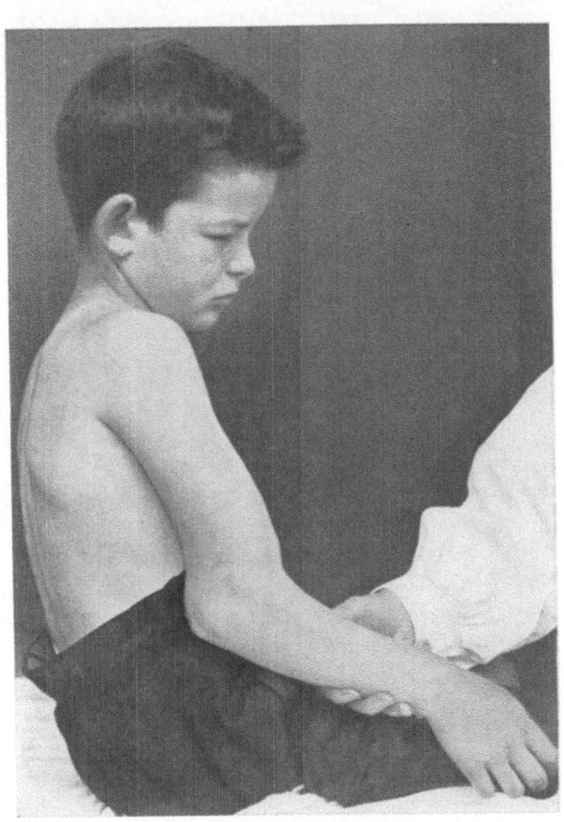

Abb. 109. Hochgradige Achsenknickung bei hochgelegener
suprakondylärer Extensionsfraktur des Humerus.

noch herumgehen können, weil der im wesentlichen das Körpergewicht tragende
Knochen, die Tibia, nicht gebrochen ist. Patienten mit Fraktur der Radiusdiaphyse können Beuge- und Streckbewegungen im Ellbogengelenk ziemlich
ungehemmt ausführen, weil diese Bewegung wesentlich zwischen Humerus und
Ulna vor sich geht; dagegen werden in diesem Falle die Rotationsbewegungen,
die zwischen Ulna und Radius erfolgen, gestört sein, besonders wenn man
sie gegen einen gewissen Widerstand ausführen läßt.

Ein ferneres Frakturzeichen ist die *falsche Beweglichkeit*. Diese fehlt oder
ist nur angedeutet bei subperiostalen und bei eingekeilten Frakturen. Ihr
Nachweis hat schonend, ohne jede Gewaltanwendung zu geschehen. Besondere
diagnostische Bedeutung hat der Nachweis pathologischer Seitenbewegungen bei
Abrißfrakturen der Gelenkepikondylen und bei Kondylusbrüchen (Abb. 600).

Wo falsche Beweglichkeit besteht, läßt sich oft gleichzeitig auch die sog. *Crepitation* nachweisen. Wir verstehen darunter ein hörbares, knarrendes, knackendes Reibegeräusch, welches entsteht, wenn die Bruchflächen aneinander reiben. Wo hörbare Crepitation fehlt, kann man häufig mit der aufgelegten Hand ein mehr oder weniger deutliches, unregelmäßiges Reiben fühlen. Berühren sich die gezackten Bruchflächen nicht oder nur in geringer Ausdehnung, so fehlt natürlich die Crepitation. Bei Epiphyseolysen hört man ein weiches, sog. „Knorpelreiben". Wie die Feststellung falscher Beweglichkeit, soll auch der Nachweis der Crepitation nicht durch grobe Bewegungsversuche erzwungen werden. Zum Nachweis leiser Crepitation kann man auch das Stethoskop zu Hilfe nehmen. Seit Beginn der Röntgenära hat der Nachweis der Crepitation an praktischer Bedeutung verloren.

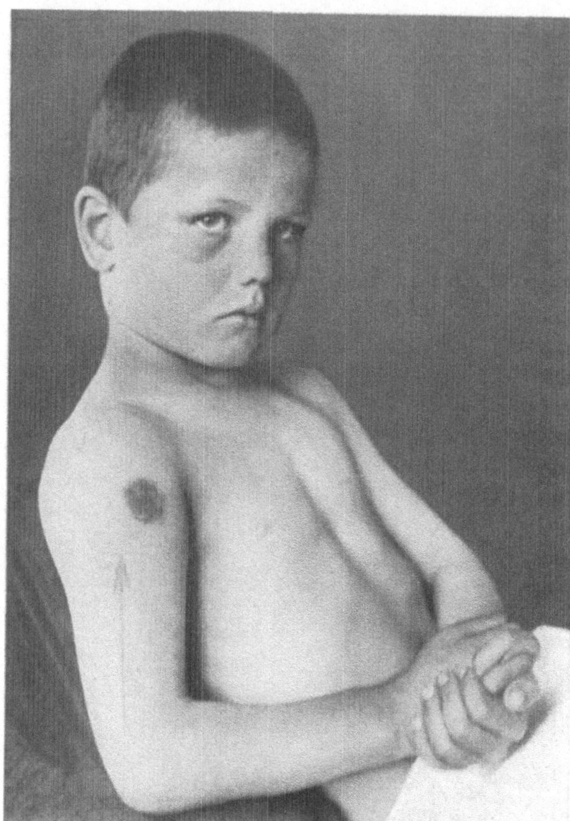

Abb. 110 a. Abweichung der Humerusachse nach vorne infolge seitlicher Fragmentverschiebung bei Fractura pertubercularis humeri.

Crepitation kann durch Reibegeräusche in arthritisch veränderten Gelenken vorgetäuscht werden; besonders leicht im Schultergelenk und im Radioulnargelenk. Bei Arthritikern und älteren Patienten ist deshalb Vorsicht in der Verwertung des Symptoms geboten.

Von den *subjektiven Symptomen* hat der *spontane Bruchschmerz* keine entscheidende Bedeutung; denn spontane Schmerzen können auch bei einfachen Kontusionen und bei Luxationen in genau gleicher Weise auftreten. Wichtig ist dagegen der *lokale Druckschmerz*, worunter wir nicht die Schmerzen verstehen, welche bei Betasten der Frakturschwellung ausgelöst werden, sondern den Schmerz bei querer Kompression des Knochens in der Frakturebene. *Dieser lokale Druckschmerz ist besonders wertvoll für den Nachweis von Frakturen ohne deutliche Verschiebung der Fragmente.* Noch charakteristischer für Frakturen ist der *sog. Fernschmerz oder Stoßschmerz*, welcher durch Stoß in der Richtung der Längsachse des gebrochenen Knochens an der Bruchstelle ausgelöst wird. Zum Nachweis des Fernschmerzes fassen wir beide Fragmente entfernt von der Bruchstelle fest an und stoßen sie kurz in der Längsrichtung zusammen.

Obschon wir die Frakturstelle selbst dabei nicht berühren, verspürt der Patient im Momente des Stoßes einen heftigen, in der Höhe der Frakturebene lokalisierten Schmerz. Druckschmerz und Stoßschmerz haben eine Bedeutung für die Unterscheidung subperiostaler oder eingekeilter Frakturen von einfachen Kontusionsverletzungen.

II. Gang der klinischen Untersuchung.

Bei jeder Fraktur soll zunächst die *Vorgeschichte* genau berücksichtigt werden. Besondere Aufmerksamkeit ist dabei der Aufklärung des Verletzungsmechanismus zu schenken. Aus der Ursache der Verletzung, aus der Art der Gewalteinwirkung und aus den direkt nach dem Unfall beobachtetenErscheinungen können oft schon wichtige Hinweise auf die Diagnose gewonnen werden.

Man kann nicht nachdrücklich genug davor warnen, Frakturpatienten gleich mit roher Hand anzufassen. Hat man sich aus der Anamnese eine Meinung über die vermutliche Verletzung gebildet, so sind zunächst

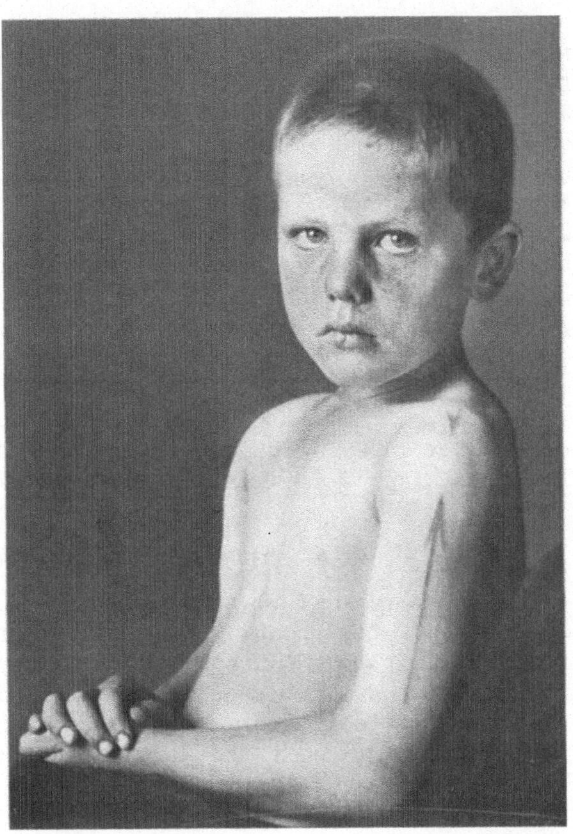

Abb. 110 b. Normaler Verlauf der Humerusachse nach der hinteren Akromialecke hin, zum Vergleich mit Abb. 110 a.

diejenigen Symptome zu suchen, welche durch Inspektion, durch Messung und durch Prüfung der aktiven Funktionsstörung nachzuweisen sind. Erst dann ist eine schonende Lokaluntersuchung auf falsche Beweglichkeit, Art und Grad der Verschiebung, und auf begleitende Komplikationen vorzunehmen. Eine weitgehende anatomische Diagnose durch äußere Untersuchung zu erzwingen, hat keinen Sinn und ist ohne Schädigung des Patienten auch sehr oft nicht zu erzielen. Wir bekommen die nötige Auskunft vollständiger und für den Patienten bedeutend schonender durch eine gute *Röntgenaufnahme.*

Die Einleitung der *Narkose* für die Vervollständigung der Diagnose ist seit Einführung der Röntgentechnik, wenigstens bei Erwachesnen, so gut wie überflüssig geworden; wo sie für dringliche Repositionen erfolgt, dient sie naturgemäß auch der Orientierung über die Lage der Fragmente.

Bei jeder Untersuchung wegen frischer Fraktur ist ferner dem Verhalten der an der Frakturstelle vorbeiziehenden Gefäße und Nerven die nötige Aufmerksamkeit zu schenken. Man wird sich in erster Linie über den Zustand der peripherischen Zirkulation ein Urteil bilden, nachsehen, ob die Poplitea, Tibialis postica und Tibialis antica an der unteren Extremität, die Arteria brachialis, radialis und ulnaris an der oberen Extremität normal pulsieren und gleichzeitig auf etwa vorhandene Behinderung des venösen Rückflusses, auf Ödem und cyanotische Verfärbung der distalen Gliedabschnitte achten. Was die peripherischen Nerven betrifft, so ist besonders das Verhalten des Radialis und des Peronaeus zu berücksichtigen; doch sollen auch die anderen Nerven der gebrochenen Extremität in die Untersuchung einbezogen werden. Neben der *Prüfung der groben Motilität* empfiehlt sich eine *topische Sensibilitätsprüfung,* die auf die Berührungs- und Schmerzempfindung beschränkt werden kann. Diese Untersuchung auf gleichzeitige Nerven- und Gefäßverletzung hat vor allem große Bedeutung für die zweckmäßige Behandlung der betreffenden Fraktur; doch ist sie auch unerläßlich zur Entlastung der beruflichen Verantwortung des behandelnden Arztes. *Nervenverletzungen oder Folgen von Gefäßverletzungen, die erst im Laufe oder nach Abschluß der Behandlung entdeckt werden, fallen erfahrungsgemäß zu Lasten des Arztes.*

Besonders wichtig ist ferner, nicht etwa über einer in die Augen springenden Fraktur andere wichtige Verletzungen, besonders schwere Läsionen der Abdominalorgane, des Gehirns und Rückenmarkes zu übersehen.

III. Differentialdiagnose.

Die Differentialdiagnose macht bei der Großzahl der Frakturen, korrekte systematische Untersuchung vorausgesetzt, keine Schwierigkeiten. Immerhin kommt es noch recht häufig vor, daß Frakturen des Radius und der Handwurzelknochen als „Distorsionen", Frakturen des oberen Humerusendes als Luxationen, ja sogar Kompressionsfrakturen der Wirbelkörper als einfache Quetschungen angesehen und behandelt werden. Derartige Fehldiagnosen können besonders dort, wo man eine Fraktur als Luxation betrachtet und nun unzweckmäßige Repositionsversuche macht, zu schweren Gefäß- und Nervenschädigungen Anlaß geben. Wird eine Wirbelkörperkompressionsfraktur übersehen, so kommt es zur Ausbildung von schweren kyphoskoliotischen Verkrümmungen der Wirbelsäule, die durch entsprechende „statische Schonung" zu verhindern gewesen wären. Besonders bedauerlich sind solche Fehldiagnosen, wenn die Patienten in den Verdacht der Simulation geraten, was bei Unfallversicherten nicht so selten der Fall ist. *Grundsätzliche Röntgenuntersuchung bewahrt vor derartigen Irrtümern.* Der Differentialdiagnose gegenüber *Kontusion* und *Distorsion* kommt namentlich bei subperiostalen Frakturen große Bedeutung zu. *Gelenkdistorsion* wird fälschlich besonders häufig diagnostiziert bei Handwurzelfrakturen, bei der typischen Radiusfraktur, bei Abrißfrakturen im Bereich der Seitenbänder am Kniegelenk und bei unvollständigen Schenkelhalsfrakturen. Lokaler Druckschmerz und Stoßschmerz sind auch hier wertvolle Unterscheidungsmittel. Es empfiehlt sich, an der Hand den Stoßschmerz in der Richtung jedes einzelnen Metakarpus zu prüfen; auf diese Weise wird man oft auf das Vorhandensein von Frakturen einzelner Handwurzelknochen hingewiesen. *Abrißfrakturen der Seitenbandansätze führen zu pathologischer Abduktions- bzw. Adduktionsmöglichkeit.*

Was die Differentialdiagnose gegenüber *Luxationen* betrifft, so wurde bereits auf das verschiedene Verhalten der aktiven und passiven Beweglichkeit hingewiesen. Entscheidend ist das Röntgenbild. Man denke in Fällen, wo man sich veranlaßt sieht, die Differentialdiagnose zwischen Fraktur und Luxation zu stellen, auch an die Möglichkeit einer *Kombination von Fraktur und Luxation.*

IV. Die Röntgenuntersuchung.

Das wertvollste Hilfsmittel zur sicheren Erkennung der Knochenbrüche und besonders zu ihrer genaueren morphologischen Abklärung besitzen wir im Röntgenverfahren. Es empfiehlt sich, nicht nur differentialdignostisch unklare Fälle, sondern auch die Frakturen röntgenographisch festzulegen, die durch äußere Untersuchung einwandfrei festgestellt und anscheinend auch bis in alle wesentlichen Einzelheiten klargelegt werden können; denn nur zu oft deckt die Röntgenographie bei anscheinend einfachen und klaren Frakturen überraschende Einzelheiten auf, deren Kenntnis für Prognose und Behandlung von Bedeutung ist, wie z. B. Sprünge, die in ein benachbartes Gelenk hineinreichen.

Besondere Bedeutung für die Erzielung guter Heilungsresultate hat die *fortlaufende Röntgenkontrolle der Fragmentstellung während der Behandlung,* unter möglichster Vermeidung jeder Umlagerung der Kranken. Hiezu eignen sich vor allem die *transportablen, fahrbaren Röntgenapparate,* die gestatten, die Kontrolle im Krankenzimmer vorzunehmen, was namentlich dort von Wert ist, wo die Patienten nicht in ihrem Bett in das Röntgenzimmer gefahren werden können.

Es ist außerordentlich wichtig, daß Röntgenaufnahmen bei Knochenfrakturen mit guter Technik und in ganz bestimmter systematischer Weise ausgeführt werden, wenn man sich nicht groben Täuschungen bei Beurteilung der Fragmentverschiebungen aus dem Röntgenbilde aussetzen will. Die Erfüllung dieser Forderung setzt Spezialkenntnisse voraus, die nur durch besondere Ausbildung und durch längere praktische Tätigkeit erworben werden können.

Eine Darstellung der Röntgentechnik liegt nicht im Rahmen dieses Lehrbuches. Wir beschränken uns auf kurze wegleitende Angaben über die Aufnahmetechnik der einzelnen Frakturformen im speziellen Teil und berühren hier nur einige Gesichtspunkte von allgemeiner Bedeutung.

1. Zur Röntgentechnik.

Von den verschiedenen praktisch in Gebrauch stehenden Arten des Röntgenverfahrens kommen für die Bedürfnisse der Diagnose und Therapie der Knochenbrüche wesentlich nur die *Röntgenographie,* d. h. die Festlegung des Röntgenbildes auf der photographischen Platte, und die *Röntgenoskopie,* die Durchleuchtung unter Zuhilfenahme fluoreszierender Schirme in Betracht.

Die *Röntgendurchleuchtung* vor dem Schirm spielt eine untergeordnete Rolle. Abgesehen von der gelegentlich wünschbaren raschen Orientierung über die Fragmentlage dient sie zur Reposition unter Leitung des Auges und zur Kontrolle der Fragmentstellung im Gipsverband. Für das sichere Ausschließen einer Fraktur reicht das Durchleuchtungsverfahren nicht aus.

Das Verfahren der Wahl für die genaue Diagnose der Knochenbrüche und für die Kontrolle der Behandlung ist die *Radiographie,* die Projektion des frakturierten Gliedabschnittes auf den lichtempfindlichen Film und die Fixierung des Bildes mit Hilfe des photographischen Verfahrens.

Infolge der radiären Ausbreitung der Röntgenstrahlen vom Brennpunkt der Antikathode aus *stellt das Röntgenbild eine geradlinige Projektion der Fragmente auf die photographische Platte dar.* Eine Seiten- und Längenverschiebung in der durch den Hauptstrahl und die Längsachse des gebrochenen Knochens gelegten Ebene wird deshalb als einfache Überlagerung der Fragmente projiziert und von Ungeübten leicht übersehen, namentlich wenn keine deutliche Achsenknickung vorhanden ist. Ebenso wird eine in der genannten Ebene erfolgte Achsenknickung nur durch Überlagerung und durch Projektionsverkürzung angedeutet. Man glaubt dann eine gute Fragmentstellung vor sich zu haben, während eine zweite Aufnahme in einer zur ersten Aufnahmerichtung senkrechten Projektionsebene Verschiebung um die ganze Dicke der Fragmente mit entsprechender Verkürzung oder starke Achsenknickung zeigen kann (s. Abb. 868a und b). *Aus dieser Überlegung ergibt sich die Regel, Frakturen im allgemeinen in zwei zueinander senkrechten Richtungen aufzunehmen, wobei die erste Aufnahme möglichst senkrecht zur Ebene der Seitenverschiebung zu geschehen hat.* Auch bei Gelenkfrakturen oder bei gelenknahen Frakturen empfehlen sich im allgemeinen zwei Aufnahmen, eine frontale, in der Richtung von der Beuge- zur Streckfläche oder umgekehrt, und eine Seitenaufnahme. Natürlich sind auch bei Frakturaufnahmen alle Maßnahmen zu treffen, die eine möglichst große Bildschärfe garantieren — Ausschneiden des zentralen Strahlenbündels und Reduktion der Sekundärstrahlung durch geeignete Abblendung, absolute Ruhigstellung des Objektes, Verwendung der entsprechenden Strahlenqualität und Quantität —, technische Maßnahmen, deren Besprechung nicht in eine Frakturlehre gehört. Wo eine Ruhigstellung für längere Zeit aus irgendeinem Grunde nicht zu erreichen ist, bieten *Momentaufnahmen oder Aufnahmen mit abgekürzter Expositionszeit* großen Vorteil. Schulter-Wirbelsäulen- und Beckenaufnahmen sind grundsätzlich unter Verwendung der beweglichen Bucky-Potter-*Gitterblende* anzufertigen.

Bei sehr schmerzhaften Extremitätenbrüchen empfiehlt sich für die Röntgenaufnahme Anwendung der Lokalanästhesie, die bei Verwendung von $2^0/_0$iger *Novocainlösung* auch für die anschließende Reposition ausreicht. Gelegentlich ist auch *Narkose* erforderlich.

Ein in der Praxis weitverbreiteter Fehler ist die Herstellung zu kleiner Aufnahmen, die nur einen Ausschnitt der gebrochenen Skeletteile zur Ansicht bringen. Dadurch entgehen oft gerade die wichtigsten Einzelheiten, wie Sprünge in benachbarte Gelenke oder in einem anderen Niveau liegende Rotationsfrakturen paralleler Knochen, der Erkenntnis. Zu weitgehende Sparrücksichten sind hier unangebracht und rächen sich oft in unangenehmer Weise. Es empfiehlt sich deshalb, möglichst übersichtliche, die nächstliegenden Gelenke einbeziehende Aufnahmen zu machen; bei Schenkelhalsbrüchen lasse ich grundsätzlich Beckenaufnahmen mit symmetrischer Projektion beider Hüftgelenke herstellen, weil die Beurteilung der Fraktur dadurch erheblich erleichtert wird, abgesehen von der größeren Demonstrationskraft solcher Röntgenogramme.

2. Die Beurteilung von Röntgenbildern.

Wie die Anwendung der zweckentsprechenden Aufnahmetechnik ist auch die Interpretation von Röntgenbildern Sache der Erfahrung. Die Röntgenliteratur gibt hierzu wertvolle Wegleitung und stellt in Form von Atlanten ausreichendes Vergleichsmaterial zur Verfügung, das in Spezialfällen heranzuziehen ist. Für die Vergleichsbedürfnisse der täglichen Praxis werden wir im speziellen Teile die nötigen Unterlagen bringen. Hier sind nur einige allgemeine Anleitungen für die Interpretation von Röntgenbildern zu geben.

Um eine möglichst klare Vorstellung von der Fraktur zu erhalten, betrachtet man das Röntgennegativ am vorteilhaftesten in einem Lichtkasten, dessen Rahmen für verschiedene Plattengrößen eingerichtet ist. Auf Grund von Kopien Röntgendiagnosen zu stellen, empfiehlt sich auch bei Frakturen nicht; denn auch hier kommt es nicht immer nur auf die Beurteilung grober Konturverhältnisse an. Unklare und unscharfe Fissuren sowie feinere Überlagerungsunterschiede sieht man oft besser, wenn zwischen der Lichtquelle und der Platte eine Mattscheibe hin- und herbewegt und das Negativ in verschiedener Distanz und Richtung betrachtet wird.

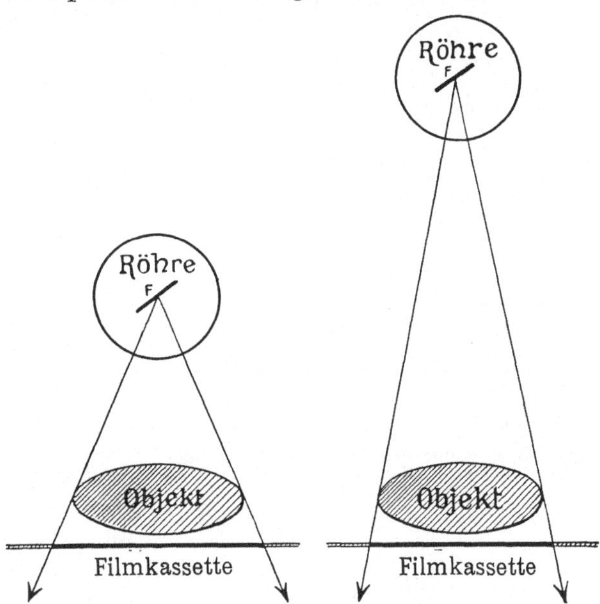

Abb. 111. Umgekehrtes Verhalten der Größe des Röntgenbildes zum Abstand der Röntgenröhre bei gleicher Plattennähe des Objektes. (Nach GRASHEY.)

Bei der Beurteilung von Verschiebungen und Verkürzungen nach dem Plattenbild ist zu berücksichtigen, daß infolge der geradlinigen Projektion eine *Vergrößerung der Skeletteile* stattfindet; auch die Dispersion führt in gewissen Grenzen zu einer Vergrößerung des Bildes. Je größer nun der Abstand der Röntgenröhre von der Platte (Abb. 111), je geringer die Distanz zwischen Skeletteil und photographischer Platte (Abb. 112), desto geringer ist die Vergrößerung durch die Projektion. Man wählt deshalb die fokale Distanz, d. h. den Abstand zwischen dem Brennpunkt der Antikathode und der Kassette, möglichst groß und bringt den zu röntgierenden Skeletteil möglichst nahe an die Kassette heran. Bei *Aufnahmen mit weiter Fokaldistanz und möglichster Plattennähe des frakturierten Skeletteils kann unter Vernachlässigung der Dispersion die Längenverschiebung bzw. die Verkürzung direkt auf der Röntgenplatte gemessen werden.*

Ebenso läßt sich die *Seitenverschiebung* auf der Platte bestimmen, wenn die Richtung des Hauptstrahles genau senkrecht zur Verschiebungsebene liegt.

Die *Achsenknickung* ist auf dem Röntgenbild nur in ihrer wahren Größe dargestellt, wenn die Knickungsachse genau in der Richtung des Hauptstrahles steht oder wenn der Hauptstrahl senkrecht zur Verschiebungsebene verläuft.

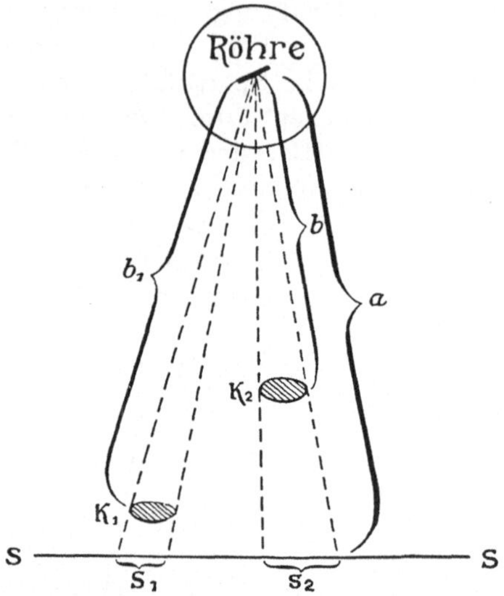

Die *Rotationsverschiebung* ist nach dem Röntgenbild nur schätzungsweise zu bestimmen; gewöhnlich bietet der Abstand einer ausgesprochenen Frakturzacke von der entsprechenden Lücke einen Anhaltspunkt, wenn es sich nicht nur um Verschiebung parallel zur Bildebene handelt, oder das veränderte Projektionsbild einer Apophyse, wie des Trochanter minor am Femur.

Jeder Interpretation eines Röntgenbildes hat eine Orientierung über die Projektionsrichtung, sowie über den in den Hauptstrahl eingestellten Teil des Objekts vorauszugehen. Man ist dann in der Lage, Projektionsverzeichnungen als solche zu erkennen. Die Kenntnis des Fokalabstandes und der Projektionsrichtung erlaubt entsprechende Beurteilung des Grades der Verzeichnung und der Projektionsvergrößerung (Abb. 113). Wo eine Verwechslung der Seite bei Frakturaufnahmen möglich wäre, wie bei Beckenfrakturen, empfiehlt sich die Markierung von rechts und links durch aufgelegte Metallbuchstaben R und L, die mitröntgenographiert werden.

Für die Beurteilung der Lage einzelner Teile in bezug auf den Plattenabstand ist die Tatsache zu verwerten, daß plattennahe Teile schärfere Konturen und schärfer gezeichnete Architektur zeigen, als plattenferne Teile. Deswegen muß man bei Vergleichung einer Platte mit dem entsprechenden Skeletteil den Knochen in umgekehrter Richtung zum Strahlengang bei der Aufnahme betrachten.

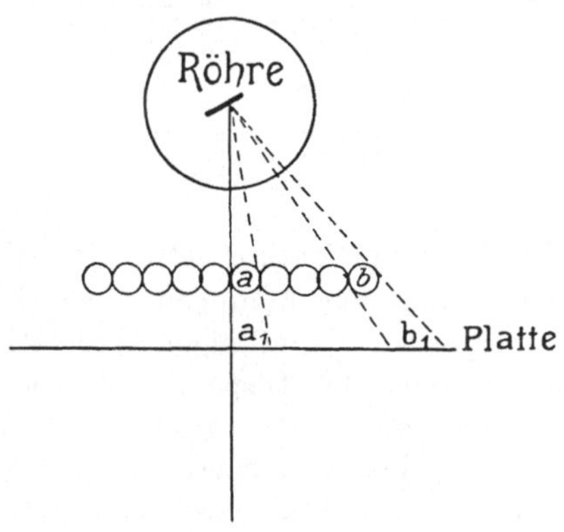

Abb. 112. Je größer der Abstand des Objektes von der Platte, desto stärker die Vergrößerung des Röntgenbildes, bei gleicher Distanz zwischen Antikathode und Platte. K₁ K₂ Skeletteile gleicher Größe; b b₁ Distanzen des Objektes von der Röhre; a Abstand der Antikathode von der Platte; S₁ S₂ Größe der entsprechenden Bilder auf der lichtempfindlichen Schicht s s. (Nach ALBERS-SCHÖNBERG.)

Abb. 113. Je schräger die ein Objektteilchen zeichnenden Strahlen auf die Platte treffen, desto erheblicher die perspektivische Verzeichnung. (Nach GRASHEY.)

Röntgenogramme aus der Wachstumsperiode können zu Fehldiagnosen Anlaß geben. So weisen wachsende Knochen unregelmäßige Konturierung auf, die man als pathologisch ansehen und als Zeichen posttraumatischer Arthritis deuten könnte. Auch normale Epiphysenlinien werden gelegentlich verkannt und als Frakturen gedeutet, so die Epiphysenlinie der Tuber calcanei (s. Abb. 936), des Malleolus fibularis (s. Abb. 892), der Tuberositas tibiae (s. Abb. 865) des Olecranon (s. Abb. 619), des Epicondylus internus (s. Abb. 586a). Ferner können die Epiphysenscheiben durch Projektion verbreitert und so unregelmäßig begrenzt sein, daß man an eine Epiphysentrennung ohne Verschiebung denkt. Auch atypische, inkonstante Knochenkerne, wie sie z. B. im unteren Schulterblattwinkel und an der Kniescheibe (Abb. 851) vorkommen und Sesambeine in Gelenkbändern erwecken gelegentlich den Eindruck von Frakturen.

Schwierigkeiten für die Diagnose ergeben sich dem Ungeübten auch dort, wo es sich um größtenteils noch knorpelige Skeletteile mit mehreren Knochenkernen handelt. Das klassische Beispiel hierfür sind die Frakturen am unteren Humerusende. Für die Vermeidung von Fehldiagnosen auf Grund von Röntgenogrammen aus der Wachstumsperiode empfiehlt es sich deshalb, in zweifelhaften Fällen normale Bilder zum Vergleich heranzuziehen. Am besten wird der entsprechende Gliedabschnitt der gesunden Seite in genau gleicher Lage und Projektion aufgenommen.

Kapitel 6.

Prognose.

Die Beurteilung der Prognose einer Fraktur ist von hervorragender praktischer Bedeutung. Wir haben zu unterscheiden zwischen *Prognose hinsichtlich Erhaltung des Lebens, Prognose in bezug auf Erhaltung des Gliedes* und, praktisch hauptsächlich in Betracht kommend, *Prognose bezüglich Wiederherstellung normaler Form und Funktion des gebrochenen Gliedes.*

Was die Voraussage in bezug auf Erhaltung des Lebens betrifft, so sind in erster Linie komplizierende Mitverletzungen lebenswichtiger Organe zu berücksichtigen. Praktisch wichtiger als diese von Anfang an im Vordergrund stehenden Nebenverletzungen sind lebensbedrohende Komplikationen, die sich aus dem Allgemeinzustand des Patienten oder aus der Fraktur selbst ergeben können. So tritt bei älteren Leuten mit mangelhafter Zirkulation relativ häufig im Verlaufe der Frakturbehandlung eine *hypostatische Pneumonie* auf, besonders wenn die Behandlung liegend durchgeführt wird. Ferner ist an die Möglichkeit Embolie und *Fettembolie* zu denken, sowie an den Ausbruch eines *Delirium tremens* bei Alkoholikern. Ein bestehender *Diabetes* kann den schlimmsten Verlauf einer offenen, infizierten Fraktur bedingen. Man wird also bei alten Leuten, Patienten mit schweren organischen oder konstitutionellen Leiden und bei Alkoholikern die Prognose quo ad vitam vorsichtig stellen. Lebensbedrohende Folgen können sich auch aus offenen Zertrümmerungsfrakturen ergeben, sobald sie schwer infiziert sind, ebenso aus Frakturen mit gleichzeitiger Gefäßverletzung, die zu ausgedehnter Gangrän führt. Namentlich die Kombination von Gangrän und Infektion einer offenen Fraktur kann trotz frühzeitiger Absetzung des Gliedes in kürzester Zeit zum Tode führen.

Die *Prognose hinsichtlich Erhaltung des gebrochenen Gliedes* hängt hauptsächlich von der Art der primären Verletzung ab. Vorsicht in der Prognosestellung ist geboten bei offenen Zertrümmerungsfrakturen, sowie bei Frakturen mit Zerreißung großer Gefäße. Infizierte Frakturen können nicht nur infolge bedrohlicher pyämischer und septischer Allgemeinkomplikationen, sondern auch durch septische Arrosionsblutungen zum Verluste der betreffenden Extremität führen.

Mit dem Ausbau der Frakturbehandlung ist die *Prognose hinsichtlich Erhaltung der gebrochenen Extremität* im allgemeinen besser geworden, und man wird, wenigstens bei Friedensverletzungen, bei denen die Behandlung sofort einsetzen kann, nur ausnahmsweise ein Glied opfern, weil seine Funktion nach der Heilung voraussichtlich eine ganz schlechte sein würde.

Die *Prognose hinsichtlich Wiederherstellung normaler Form und Funktion des gebrochenen Gliedes* hängt — wenn wir von der Behandlung absehen — hauptsächlich von den primären Verhältnissen der Fraktur ab. Von Bedeutung sind vor allem Sitz und Art des Bruches, ferner, ob eine Fraktur offen oder geschlossen ist, ob sie mit Splitterung verbunden ist, ob sie in ein Gelenk hineinreicht; dann kommt der Verlauf der Frakturebene in Betracht, indem z. B. schräge Frakturen größere Tendenz zu nachträglicher Dislokation haben als vorwiegend quer verlaufende, bei denen sich nach Reposition die Fragmente verzahnen. Von wesentlicher Bedeutung ist auch das *Alter des Verletzten*. Bei älteren Leuten heilen die Frakturen häufig langsamer und nach Gelenkfrakturen treten hochgradigere und länger dauernde Störungen auf. *Gelenkfrakturen und gelenknahe Knochenbrüche* sind hinsichtlich funktionellem Endresultat in hohem Maße abhängig von konstitutioneller arthritischer Disposition des Patienten. Von Bedeutung ist auch die persönliche Energie des Verletzten mit Rücksicht auf die mobilisierende Nachbehandlung von Gelenkfrakturen. Lokale Zirkulationsstörungen, wie Varizenbildung, sind ebenfalls von Einfluß auf die Art der Heilung. Je schlechter die Zirkulation schon vor der Fraktur, desto hochgradiger und langdauernder das posttraumatische Ödem. Selbstverständlich beeinflussen auch die primären *Nebenverletzungen*, besonders von Nerven und Gefäßen, die Funktionsprognose.

Zur Prognose gehört schließlich auch die *Beurteilung der Dauer des Heilungsverlaufes*. Man wird im allgemeinen gut tun, bei nicht ganz einfachen Frakturen an die Möglichkeit sekundärer Komplikationen zu denken. So ist man nie von vorneherein sicher, ob der betreffende Patient normale Tendenz zur Konsolidation besitzt. *Eine zuverlässige und einigermaßen zutreffende Prognose kann nur gestellt werden, wenn eine genaue, alle besprochenen Verhältnisse berücksichtigende Untersuchung vorausgegangen ist.*

Literatur.

Albers-Schönberg: Die Röntgentechnik.

Bardeleben: Muskel und Fascie. Jena. Z. Naturwiss. **11** (1881). — Beck: Die pathologische Anatomie und spezielle Pathologie der Knochenatrophie. Erg. Chir. **18**. (Lit.). — Bidder: Experimentelle Beiträge und anatomische Untersuchungen zur Lehre von der Regeneration des Knochengewebes usw. Arch. klin. Chir. **22** (1878). — Bier: Über Knochenregeneration, über Pseudarthrosen und über Knochentransplantate. Arch. klin. Chir. **127**. — Böhler: Über Schlottergelenke im Knie nach Oberschenkelbrüchen. Zbl. Chir. **1917**, Nr 30. — Bonome: Zur Histogenese der Knochenregeneration. Virchows Arch. **100** (1882). — Bumm: Die Entwicklung des Knochencallus unter dem Einflusse der Stauung. Arch. klin. Chir. **57** (1902). — Burckhardt: Über das Regenerationsproblem und über chemische Beeinflussung der Knochenregeneration. Beitr. klin. Chir. **144**. — Knochenregeneration. Beitr. klin. Chir. **137**.

Chachutow: Die sekundären Pseudarthrosen. Ref. Z.org. Chir. **48**, H. 9 (1930). — Coenen: Der Gasbrand. Erg. Chir. **11** (1919) (Lit.).

DELKESKAMP: Das Verhalten der Knochenarterien bei Knochenerkrankungen und Frakturen. Fortschr. Röntgenstr. **10**. — DEMISCH: Über Temperatursteigerungen bei der Heilung subcutaner Frakturen. Diss. Zürich 1885.

EDEN: Über Verknöcherung und über die Grundlagen und Ergebnisse der Einspritzung von Phosphatlösungen. Münch. med.Wschr. **1924**. — EICHHOFF: Die ischämische Muskelcontractur. Erg. Chir. **16** (1923). — ERLACHER: Spätfolgen der Oberschenkelfrakturen mit besonderer Berücksichtigung des Auftretens von Schlottergelenken im Knie. Bruns' Beitr. **104**.

FICK: Beitrag zur Lehre von der Bedeutung der Fascien. Anat. Anz. **1890**. — FRÄNKEL: Versuche über Wechselbeziehungen zwischen doppelseitigen Knochenbrüchen. Arch. klin. Chir. **150**, H. 2. — Die Eigenhemmung des Differenzierungshormons. 4. Beitrag zur Physiologie der allgemeinen Regenerationshormone. Arch. klin. Chir. **156**, H. 1/2. — Grundeigenschaften der allgemeinen Regenerationshormone. 2. Beitrag zur Physiologie der allgemeinen Regenerationshormone. Arch. klin. Chir. **154**, H. 1/2. — Hauptwirkungen der allgemeinen Regenerationshormone. 3. Beitrag zur Physiologie der allgemeinen Regenerationshormone. Arch. klin. Chir. **155**, H. 2. — FRANGENHEIM: Über Calluscysten. Dtsch. Z. Chir. **90** (1907). — Über die Beziehungen zwischen der Myositis ossificans und dem Callus bei Frakturen. Arch. klin. Chir. **80** (1906). — FRITSCHE: Experimentelle Untersuchungen zur Frage der Fettembolie. Dtsch. Z. Chir. **107** (1910).

GRASHEY: Atlastypischer Röntgenbilder. — GRÖNDAHL: Untersuchungen über Fettembolie. Dtsch. Z. Chir. **111** (1911). — GULEKE: Über die Umformung transplantierter Knochen im Röntgenbild. Arch. klin. Chir. **141** (1926).

HEUSSER: Postoperative Blutveränderungen und ihre Bedeutung für die Entstehung der Thrombose. Dtsch. Z. Chir. **210**, H. 1/4 (1928). — HOFFMANN: Die autoplastischen Knochentransplantationen vom Standpunkt der Biologie und Architektonik. Arch. klin. Chir. **135**, H. 1/2 (1925). — HUBRICH: Traumatisches Weichteilemphysem der Extremitäten oder Gasödem. Zbl. Chir. **1929**, Nr 46.

ISRAEL: Avitaminose und Knochenbruchheilung. Arch. klin. Chir. **142** (1926). — Über den Einfluß der Schwangerschaft auf die Knochenbruchheilung. Arch. klin. Chir. **148** (1927). — ISRAEL u. FRÄNKEL: Versuche über den Einfluß der Avitaminose auf die Heilung von Knochenbrüchen. Klin. Wschr. **1926**, Nr 3.

KOCH: Experimentelle Studien über Knochenregeneration und Knochencallusbildungen. Beitr. klin. Chir. **132** (1924). — KÖHLER: Grenzen des Normalen und Anfänge des Pathologischen im Röntgenbilde, 4. Aufl. — KÖNIG: Über Abbau am gebrochenen Knochen, sein Wesen und seine Bedeutung. Arch. klin. Chir. **146**, H. 2/3. — Die späteren Schicksale diform geheilter Knochenbrüche, besonders bei Kindern. Arch. klin. Chir. **85**, H. 1. — KROH: Experimentelle Studien zur Lehre von der ischämischen Muskelcontractur und Muskellähmung. Dtsch. Z. Chir. **120** (1913). — KÜTTNER: Ein eigenartiges Phänomen bei geheilter Schußfraktur des Oberschenkels. Münch. med. Wschr. **1916**, Nr 13.

LANDOIS: Die Fettembolie. Erg. Chir. **16** (1923). — LERICHE et POLICARD: Données biologiques générales sur les transplantations osseuses. — LEXER: Die freien Transplantationen. Stuttgart 1922. — LIEBIG: Die Myositis ossificans circumscripta. Erg. Chir. **22** (1929) (Lit.). — LORIN-EPPSTEIN: Über einige allgemeine Faktoren der Wiederherstellungsprozesse und ihre Bedeutung für die chirurgische Pathologie. Arch. klin. Chir. **144** (1927).

MATTI: Untersuchungen über die Wirkung experimenteller Ausschaltung der Thymusdrüse. Mitt. Grenzgeb. Med. u. Chir. **24** (1912). — MÜLLER: Normale pathologische Physiologie des Knochens. Leipzig 1924. (Lit.).

ORTH: Ein Beitrag zur Kenntnis des Knochencallus. v. LEUTHOLDs Gedenkschrift. Bd. 2. 1907.

PARTSCH: Studien über Knochenregeneration. Dtsch. Z. Chir. **87** (1924). — PAYR: Über Wesen und Ursachen der Versteifung des Kniegelenkes nach langdauernder Ruhigstellung und neue Wege zu ihrer Behandlung. Münch. med. Wschr. **21/22** (1907).

REHN: Fraktur und Muskel. Arch. klin. Chir. **127** (1923). — Über Muskelzustände bei Knochenbrüchen und ihre Bedeutung für die Frakturbehandlung. Arch. klin. Chir. **133** (1924). — ROUX: Beiträge zur Morphologie der funktionellen Anpassung. III. Beschreibung und Erläuterung einer knöchernen Kniegelenkankylose. Arch. f. Anat. **1885**. — Gesammelte Abhandlung über Entwicklungsmechanik der Organismen. Leipzig 1895. — Das Gesetz der Transformation. Berl. klin. Wschr. **1893**.

Schlotheim, v.: Über Callusbildungen auf Grund systematischer Röntgenaufnahmen bei heilenden Knochenbrüchen. Dtsch. Z. Chir. 144 (1918). — Schenk: Die Frakturheilung im Röntgenbilde. Chir. 1, H. 26 (1929). — Sudeck: Die Altersatrophie und Inaktivitätsatrophie der Knochen. Fortschr. Röntgenstr. 3 (1900). — Über die akute (reflektorische) Knochenatrophie nach Entzündungen und Verletzungen an den Extremitäten und ihre chronischen Erscheinungen. Fortschr. Röntgenstr. 5 (1902).

Tanton: Fractures. Le Dentu, Delbet-Schwartz. Nouveau traité de chirurgie.

Wurmbach: Histologische Untersuchungen über die Heilung von Knochenbrüchen bei Säugern. Z. Zool. 132.

Zondek: Die Elektrolyte. (Lit.) — Zuppinger: Die Dislokation der Knochenbrüche. Beitr. klin. Chir. 49 (1906).

Vierter Abschnitt.

Behandlung der Knochenbrüche.

Kapitel 1.

Historisches.

Die Frakturbehandlung hat im Laufe der Zeiten erhebliche Wandlungen durchgemacht. Schon zur Zeit des Hippokrates war es üblich, die Knochenbrüche durch Zug und Gegenzug einzurichten und mittels Schienenverbänden die richtige Lage der Fragmente zu erhalten, soweit dies möglich war. Harte zirkuläre Verbände wurden bereits im Mittelalter angelegt, wobei man als erhärtende Substanz das Eiweiß gebrauchte. Im 11. Jahrhundert können wir die Verwendung der Dauerzugbehandlung nachweisen. Später trat die Behandlung mit einfacher Lagerung wieder in den Vordergrund, wobei einfach oder doppelt geneigte schiefe Ebenen Verwendung fanden.

Sowohl die Lagerung auf der einfach geneigten Beinlade als auf dem Planum inclinatum duplex entsprechen dem Prinzip der Semiflexion, als dessen eigentlicher Schöpfer Percival Pott (1713—1788) zu betrachten ist.

Allgemeinere Anerkennung fanden die von Pott vertretenen Prinzipien der Semiflexion erst, als der Konstanzer Arzt Sauter im Jahre 1812 für die Behandlung der Oberschenkelfrakturen die Pottsche Semiflexion mit einem *Extensionszug* am Unterschenkel verband. Technisch war die Durchführung dieser Extensionsverbände in Semiflexion zunächst ziemlich mangelhaft. Besonders das Anbringen gut wirkender Extensionen und Kontraextensionen verursachte große Schwierigkeiten und als dann die zirkulären starren *Kontentivverbände*, besonders der *Gipsverband* — den wir dem holländischen Militärarzt Matthysen (1852) verdanken — in Anwendung kamen, verlor die Semiflexion rasch an Boden; denn die erstarrenden Kontentivverbände wurden, wenigstens an der unteren Extremität, durchwegs in Strecklage angelegt. Vor den Gipsverbänden wurden bereits *Kleister-* und *Leimverbände* empfohlen; als Nachläufer des Gipsverbandes sind der *Wasserglasverband* und der wieder in Vergessenheit geratene *Tripolithverband* zu nennen.

Der wesentliche Vorteil, den die Gipsverbände brachten, lag in der zuverlässigen Immobilisierung der Fragmente, was gegenüber den Schienen- und Lagerungsverbänden zweifellos einen großen Fortschritt bedeutete. Bald aber zeigte die Nachuntersuchung an großem Material und später besonders die Röntgenuntersuchung, daß die Heilungsresultate im Gipsverband sehr häufig unbefriedigende sind, indem trotz vorausgehender guter Reposition der Gipsverband oft nicht imstande ist, die Fragmente dauernd in guter Lage zu erhalten. Verkürzungen, Achsenabweichungen, Rotationsverschiebungen fanden sich überraschend häufig; ebenso schlimm oder noch schlimmer waren die Versteifung der in den Verband einbezogenen Gelenke, die Schädigung der Sehnen und Sehnenscheiden, die hochgradige Muskelatrophie und am schlimmsten erwiesen sich die Druckschädigungen, welche durch zu eng angelegte Gipsverbände verursacht wurden.

Man versuchte die Wirkung des Gipsverbandes dadurch zu verbessern, daß man ihn in regelmäßigen Intervallen, etwa alle 8 Tage wechselte, um ihn jeweilen den neuen, inzwischen eingetretenen Verhältnissen anzupassen. Den Verbandwechsel benutzte man dazu, nachträgliche Korrekturen der Fragmentstellung vorzunehmen, Massage und Gelenkbewegungen auszuführen. Eine eigentliche durchgreifende Verbesserung hat jedoch der *Etappengipsverband* nicht gebracht; auch bei ihm dauert die Periode der Nachbehandlung bedeutend länger als die Periode der Konsolidation. Dem gegen die Gipsverbände erhobenen Vorwurf, während der ganzen Zeitdauer der Behandlung die Funktion der Muskeln zu verhindern, schien mit Einführung der *Gehgipsverbände (Deambulationsmethode)* die Spitze abgebrochen zu sein. Doch wenn auch Muskelatrophie, hochgradige Gelenkversteifungen, Kreislaufstörungen und Lungenkomplikationen bei Anwendung der Gehgipsverbände zweifellos weniger häufiger sind, so brachte doch auch diese Methode eine große Zahl unbefriedigender Heilungen mit Verkürzung, Weichteilschwellung, übermäßiger Callusbildung, gelegentlich verzögerter Konsolidation und Druckschädigungen.

Die ungenügende anatomische Frakturheilung, wie sie der Gipsverband so häufig im Gefolge hatte, führte schließlich zur *operativen Behandlung subcutaner Frakturen.* Zunächst versuchte man die durch äußeren Zug reponierten Fragmente durch percutan in den Knochen getriebene Klammern in guter Stellung zu erhalten. Eine so vorbehandelte Fraktur wurde dann mit Schienen- oder zirkulären Verbänden versorgt. Etwas später kam die eigentliche *Osteosynthese,* d. h. die operative Freilegung und genaue anatomische Koaptation der Fragmente und die abschließende Vereinigung der Fragmente durch Silber- oder andere Metalldrähte, durch Klammern, Schienen, Schrauben, Elfenbeinstifte oder transplantierte Knochenstücke.

Gegenüber der *rein anatomischen Richtung,* welche durch Zug, Gipsverbandbehandlung oder Osteosynthese in erster Linie eine möglichst vollkommene anatomische Vereinigung der Fragmente erstrebte und die funktionelle Behandlung durch Massage, aktive und passive Bewegungen einer eigenen Nachbehandlungsperiode zuwies, entwickelte sich unter der Führung von Lucas Championnière eine vorwiegend *gymnastisch-orthopädische Behandlungsweise* der Frakturen. Das Hauptgewicht wird hier auf möglichst frühzeitige Massage und Gelenkmobilisierung gelegt. Auf fixierende oder extendierende Verbände wird in vielen Fällen zum vorneherein verzichtet; wo wegen erheblicher Verschiebung und bleibender Verschiebungstendenz der Fragmente ein Fixationsverband nicht zu umgehen ist, wird schon vor seiner Anwendung massiert und bewegt oder es werden unter häufigem Verbandwechsel Massagesitzungen eingeschaltet. Der Methode von Championnière fallen namentlich schlechte Fragmentstellungen, luxurierende Calluswucherungen und sekundäre Gelenkstörungen zur Last.

So konnte es nicht fehlen, daß neben diesen extremen Methoden, von denen die eine vor allem die Heilung in anatomisch korrekter Fragmentstellung, die andere hauptsächlich die Funktion der Muskeln und Gelenke berücksichtigte, ein Verfahren sich schließlich immer mehr Geltung verschaffte, welches sowohl die korrekte Fragmentstellung als die Funktion berücksichtigt, nämlich die Extensionsmethode. Während der Gipsverbandära war auch in Deutschland an der Weiterbildung der Zugverbandbehandlung gearbeitet worden. Schon vor der Einführung der Kontentivverbände hatten neben Sauter auch Lorinser, Middeldorpf u. a. brauchbare Gewichtszugverbände in Semiflexion angewandt und beschrieben. Inzwischen war in Amerika durch Herstellung und Einführung eines gut klebenden Kautschukheftpflasters die Verteilung großer Gewichtszüge auf große Flächen praktisch ermöglicht worden. v. Volkmann brachte dann die neue Extensionsmethode nach Deutschland, und wenn er auch die *Distraktionsbehandlung* mehr für die Behandlung von Arthritiden als von Frakturen verwendete, so gebührt ihm doch das Verdienst, die *Dauerzugbehandlung* auf dem Kontinent eingeführt zu haben. Die systematische Anwendung des Dauerzuges für die Behandlung der meisten Frakturen ist jedoch der Initiative und den zahlreichen Arbeiten Bardenheuers und seiner Schüler zu verdanken. Als naturgemäßeste Lagerung der verletzten Glieder wurde durch die Bardenheuersche Schule zunächst die Streckstellung angenommen. Damit ließ sich Bardenheuer den großen Vorteil der Semiflexionsentspannung entgehen, und erst durch die Arbeiten Zuppingers lernten wir die große praktische Bedeutung der Extension in mittlerer Beugestellung klar erkennen, womit die Idee von Percival Pott dauernd zur Geltung kam. Die offenen Schußfrakturen des Krieges brachten schließlich die immer ausgedehntere Anwendung des direkten Zugangriffes am Knochen in Form der Nagelextension (Codivilla, Steinmann) und der Drahtextension (Klapp, Herzberg, Kirschner). Diese neueste Entwicklung der Frakturbehandlung war nicht nur bedingt durch die

Unmöglichkeit, bei Schußbrüchen mit ausgedehnten Hautverletzungen Heftpflasterzüge anzulegen, sondern durch die Erkenntnis, daß die indirekte, am Weichteilzylinder angreifende Heftpflasterextension die Verkürzung sehr oft ungenügend beeinflußt und deshalb durch direkten Zug am Knochen ersetzt werden muß. In neuester Zeit macht sich eine zunehmende Tendenz geltend, die Extension am Knochen mit der retinierenden und eingeschränkt immobilisierenden Wirkung des ungepolsterten Gipsverbandes zu kombinieren (BÖHLER).

Im allgemeinen herrschen über Wert und Unwert der verschiedenen Behandlungsmethoden unklare Anschauungen und man sieht, daß Frakturen mit kläglichem Resultat im Gipsverband behandelt werden, die unbedingt dem Indikationsbereich des Zugverbandes angehören. Andererseits werden Frakturen extendiert, bei denen nur eine operative Behandlung ein befriedigendes anatomisches und funktionelles Resultat verspricht. Daß auch der Gipsverband heute noch unter gewissen Voraussetzungen berechtigt oder sogar einzig angezeigt ist, steht außer Zweifel. Es ist unerläßlich, über die Bedeutung und das Anwendungsgebiet der einzelnen Frakturbehandlungsmethoden im klaren zu sein und nicht einseitig funktionelle oder rein anatomische Gesichtspunkte in den Vordergrund zu stellen oder ausschließlich zu berücksichtigen, wenn man befriedigende Behandlungsresultate erzielen will. Ist auch korrekte anatomische Heilung durchaus nicht conditio sine qua non für eine gute Funktion, so wird im allgemeinen und besonders bei gelenknahen Frakturen das funktionelle Resultat doch dort am besten sein, wo die Fragmentstellung anatomisch eine möglichst ideale ist. *Doch darf man über der anatomisch korrekten Frakturheilung die Funktion nicht vergessen,* denn eine mit gewisser Dislokation, aber ohne Gelenkversteifung und Muskelatrophie geheilte Fraktur ist besser, als eine anatomisch ideal geheilte mit adhäsiver Arthritis und irreparabler Inaktivitätsatrophie der Muskeln. *Es kommt somit vor allem darauf an, die richtigen Gesichtspunkte für die Frakturbehandlung im allgemeinen und für die Auswahl der im einzelnen Fall geeigneten Methode zu gewinnen.*

Kapitel 2.

Allgemeine Aufgaben der Frakturbehandlung.

I. Die Wiederherstellung normaler Stellung der Bruchenden; Reposition.

Die erste Aufgabe der Behandlung einer frischen Fraktur liegt in der *Reposition,* d. h. in der Wiederherstellung möglichst normaler anatomischer Beziehungen zwischen den Fragmenten. Die Reposition ist unnötig bei allen Frakturen ohne erhebliche Verschiebung, sie ist oft unnötig, häufig direkt schädlich bei eingekeilten Frakturen. Eine Reposition soll bei eingekeilten Frakturen nur dann ausgeführt werden, wenn Fragmentverschiebungen vorliegen, die voraussichtlich später zu Funktionsstörung Anlaß geben.

Die Frage, ob bei Frakturen mit starker Verschiebung eine *primäre Reposition* vorzunehmen sei, läßt sich nicht einheitlich beantworten. Mit BRAUN bin ich der Meinung, daß *Oberschenkelbrüche,* die mit direkter Extension behandelt werden, nicht primär reponiert zu werden brauchen; Querbrüche des Femur erfordern allerdings gelegentlich sekundäre Repositionsmaßnahmen. Bei *Unterschenkelbrüchen* dagegen reicht oft der stärkste direkte Zug nicht aus, die

Verschiebung befriedigend auszugleichen, was z. T. am Vorhandensein von zwei parallelen, nicht stets im gleichen Niveau gebrochenen Knochen liegen mag. Hier sind deshalb primäre Repositionsversuche ratsam, die namentlich bei queren Brüchen oft so gute Verhackung geben, daß unter Verzicht auf einen Dauerzug Gipsschienenbehandlung durchgeführt werden kann.

Der Reposition stellen sich in der Regel gewisse *Hindernisse* entgegen, und zwar kommen in Betracht: Zwischenlagerung von Weichteilen, Verhackung gezackter Bruchflächen, vor allem jedoch der Widerstand der Muskulatur und des retrahierten Bindegewebes, der um so erheblicher ist, je länger die Fraktur besteht. Der Ausgleich der Verkürzung durch Reposition oder Anlegen eines Zuges sollte deshalb möglichst frühzeitig erfolgen. Es ist von großer Bedeutung, sich bei den Repositionsmaßnahmen durch eine klare Vorstellung von der Verschiebung der Fragmente leiten zu lassen, damit keine unzweckmäßigen oder schädigenden Bewegungen ausgeführt werden.

Gewöhnlich erreicht man in einfachster Weise die Reposition, *wenn man das periphere Fragment so stellt, wie das zentrale steht.* Diese Forderung hat KULENKAMPFF den *„kategorischen Imperativ der Frakturlehre"* genannt. Diese Regel gilt namentlich auch für die sukzessive Reduktion der Oberschenkelbrüche durch direkten Zug.

Im allgemeinen empfiehlt sich für die Vornahme der Reposition Anwendung der *Lokalanästhesie* oder, falls es sich um überempfindliche Patienten oder um Kinder handelt, der *Narkose.* Auch *Lumbalanästhesie* kommt bei Frakturen der unteren Extremität in Frage.

Die *Lokalanästhesie* wird mit $2^0/_0$iger *Novocainlösung* oder mit einem entsprechend konzentrierten anderen Lokalanästhetikum, besonders *Tutocain* oder *Percain* eingeleitet. Da sich die Lösung des Anaestheticums im Bluterguß rasch verteilt, genügt es meistens, sich durch Aspiration nach Injektion einiger Kubikzentimeter Novocain davon zu überzeugen, daß die Nadel im Bluterguß sitzt, und dann je nach Art der Fraktur und Umfang des gebrochenen Gliedes 10—30 ccm der Lösung einzuspritzen. Sicherer ist die systematische Umspritzung der Fragmente und die Durchspritzung des gesamten Frakturquerschnittes mit $1^0/_0$iger Novocainlösung.

Die Reposition geschieht durch *Zug* und *Gegenzug*, wobei aus später zu erörternden Gründen der *Zug ganz langsam gesteigert, gleichsam eingeschlichen wird.* Bei erheblichen Widerständen, wie man sie bei Oberschenkelfrakturen mit starker Verkürzung oder bei alten Frakturen antrifft, werden zum Ausgleich der Verkürzung gelegenlich besondere Extensionsapparate mit Vorteil zu Hilfe genommen, so der SCHEDEsche oder ein anderer orthopädischer *Extensionstisch* (Abb. 114), der LAMBOTTEsche *Hebeltraktor* (s. Abb. 140) und die später zu beschreibenden BÖHLERschen *Schraubenzugapparate.* Auch kann man den reponierenden Zug durch Nagel- oder Drahtextension oder mittels einer Zange direkt am Knochen angreifen lassen. Oft gelingt es zunächst nicht, die Verkürzung vollständig auszugleichen. In diesem Falle erreicht man unter Umständen das Ziel, wenn man die beiden Fragmente in stark winklige Stellung bringt, nun versucht, die beiden Bruchflächen an einer Stelle miteinander in Kontakt zu bringen, zu verhacken, und dann die winklige Verschiebung durch Hebelbewegung am peripheren Fragment langsam auszugleichen, womit auch die Verkürzung behoben ist (vgl. Abb. 256b). Torsionsverschiebungen werden durch entsprechende Drehbewegungen ausgeglichen, indem man zunächst analog dem Vorgehen bei der Reduktion von Luxationen die pathologische Rotation noch etwas vermehrt, um Verzahnungen zu lösen, und in entgegengesetztem Sinne bis zum Ausgleich der Rotationsverschiebung dreht. *Zuerst muß jedoch für Ausgleich der Verkürzung gesorgt werden!* Ist die Längenverschiebung durch Zug möglichst ausgeglichen, so versucht man die noch bleibende Seitenverschiebung durch lokalen vorsichtigen Druck zu beseitigen.

Bei Epiphysenfrakturen und auch bei gewissen Metaphysenbrüchen, wo das Periost auf einer Seite nicht mitzerrissen ist, gestaltet sich die Reposition oft überraschend leicht und zwangsläufig anatomisch einwandfrei. Derartige Fragmenteinrichtungen kann man als *„geführte Repositionen"* bezeichnen.

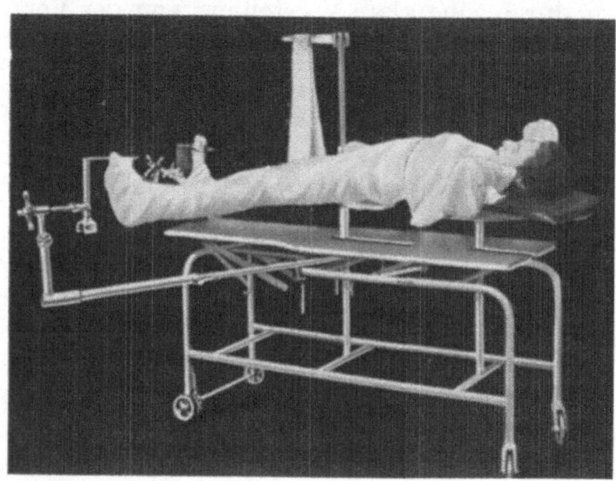

Abb. 114. Orthopädischer Operationstisch nach HAWLEY.
(Modell M. Schärer A.-G., Bern).

Gewisse Repositionshindernisse sind auch in Narkose nicht zu überwinden. Vor allem kommen hier in Betracht Weichteilinterposition, starke Fixierung spitzer Bruchenden in der Muskulatur, besonders bei Anspießung der Haut von innen, Zwischenlagerung von Stückfragmenten bei Splitterung, Fälle mit begleitender Luxation oder mit starker Einkeilung. Oft ist es auch unmöglich, auf eines der beiden Fragmente eine genügende mechanische Einwirkung auszuüben, um die Reposition zu bewerkstelligen, auch nicht durch Vermittlung peripherischer Gliedabschnitte. Das kann der Fall sein bei Schlüsselbeinfrakturen, Kondylusfrakturen des Humerus, bei gewissen suprakondylären Frakturen des Femur oder Humerus mit starker Drehung der Fragmente um eine quere Achse und großen Hämatomen sowie bei Abrißfrakturen. *Derartige auch in Narkose nicht ausgleichbare Verschiebungen gehören in das Gebiet der operativen, blutigen Frakturreposition;* bei großen Blutergüssen wird die Reduktion oft durch vorgängige *Punktionsentleerung* erleichtert. Eine Reposition kann als gelungen gelten, wenn die Bruchflächen in breiter Ausdehnung in Kontakt gebracht sind. *Strenger als bei gelenkfernen Diaphysenfrakturen sind die Anforderungen an eine genügende Reposition bei gelenknahen Frakturen zu stellen. Wo die primäre Reposition* in einer Sitzung nicht gelingt, vermag unter Umständen gesteigerter permanenter Zug die Fragmente in richtige Stellung zu bringen oder doch die *sekundäre Reposition* wirksam vorzubereiten. Es handelt sich hier um *sukzessive Reposition* gegenüber der *Immediatreposition*.

II. Die Aufrechterhaltung guter Stellung der Fragmente; Retention.

Ist die Reposition erfolgt, so liegt die weitere Aufgabe der Frakturbehandlung darin, die gute Stellung der Fragmente bis zu erfolgter Konsolidation zu erhalten. Wir bezeichnen das als *Retention der Fragmente.* Die besondere Aufgabe der Fragmentretention ist verschieden je nach der Form der Fragmente; wo es sich um eine schräg verlaufende Fraktur handelt, erstreben die elastischen Retraktionskräfte sowohl der Muskeln wie der Weichteile und die kontraktive Muskelwirkung ständig eine neue Verschiebung. Es muß somit verhindert werden, daß die Fragmente mit schrägen Bruchflächen sich wieder aneinander in der Längsrichtung und seitlich verschieben. Bei der Gipsverbandbehandlung wird diese Aufgabe so zu lösen versucht, daß man den reponierenden Längszug und eventuelle seitliche Einwirkungen aufrecht erhält, bis der Verband erhärtet ist. Dann soll die starre Wand des Verbandes, die sich zwischen proximal und distal von der Frakturstelle gelegenen Stützpunkten wie eine Strebe ausspannt, nachträglich die Verkürzung verhindern. Bei Unterschenkelfrakturen bilden derartige Stützpunkte für den Verband der Tibiakopf, die Auswölbung der Malleolen und der Fußrücken. Bei Femurfrakturen wird die Gipsverbandstrebe zwischen Sitzknorren und Trochanteraußenfläche einerseits und Fußrücken andererseits eingespannt. Bedeutend besser ist ein *ständiger* Längszug, der bis zur Konsolidierung der Fraktur aufrecht erhalten wird, imstande, einer Verkürzungsverschiebung entgegenzuwirken, und es besteht deshalb kein Zweifel, *daß für Frakturen mit Längsverschiebungstendenz die permanente Extension das beste Retentionsverfahren darstellt.*

Bei Querfrakturen, bei denen es gelungen ist, durch Reposition die breiten Fragmentflächen aufeinander zu stellen, sind die Retraktionskräfte nicht imstande, eine neuerliche Längsverschiebung zu bewirken; hier besteht somit die Aufgabe der Retention hauptsächlich in der Vermeidung seitlicher und namentlich winkeliger Verschiebungen. Das kann durch einen starren Hülsenverband, durch eine Schiene, durch einen „fixierenden" Längszug oder durch entgegengesetzt wirkende Querzüge geleistet werden.

Hinsichlich der *Anforderungen an die Retentionsmaßnahmen* ist ein Unterschied zu machen zwischen Frakturen, deren Fragmente keinem nennenswerten oder mäßigem und solchen, die erheblichem *Muskelzug* unterstehen, zwischen *belasteten* und *unbelasteten Brüchen* und zwischen den verschiedenen *Konsolidationsstadien.*

Je weiter die Callusbildung fortgeschritten ist, desto geringer sind die erforderlichen Retentionskräfte; so kann an Stelle des direkten Zuges später ein Heftpflasterzug, an Stelle des zirkulären Verbandes eine Schiene treten. Wo für die einfache Lagerung eine Schiene genügt, bedingt die Gehbelastung einen zirkulären Gipsverband.

Besonders zuverlässig wird die Retention der Bruchenden bei jeder Einwirkung und in allen Stadien der Heilung durch verschiedene Arten *operativer Fragmentvereinigung* gewährleistet.

Voraussetzung für die Erzielung befriedigender Heilungsresultate ist jedoch, sofern es sich um Frakturen mit muskulär bedingter Verschiebungstendenz handelt, bei allen Behandlungsarten Konsolidation innerhalb normaler Frist; *denn bei verzögerter Callusbildung vermag keine der vielen Retentionsmaßnahmen auf die Dauer den körpereigenen Kräften erfolgreich zu begegnen, da jeder äußere Druck und auch der direkte Zug am Knochen in ihrer Anwendungsdauer begrenzt sind.*

III. Berücksichtigung der Weichteilveränderungen und der Gelenkfunktion.

Sind die Fragmente bis zur vollständigen soliden Vereinigung in guter Stellung zurückgehalten worden, so ist die Aufgabe der Behandlung, was die Verletzung des Knochens anbetrifft, gelöst. Doch ist es von größter Wichtigkeit, während der Konsolidierungsperiode die Rücksicht auf die anstoßenden Gelenke, die Muskeln, Sehnen, den ganzen Zirkulations- und Innervationsapparat und auf die bedeckende Haut nicht in den Hintergrund zu stellen, denn es ist klar, daß die schönste, anatomisch durchaus korrekte Knochenheilung wenig bedeutet, wenn die pathologischen Veränderungen in den Weichteilen nicht berücksichtigt wurden, oder wenn gar Muskulatur, Gefäße, Nerven und anstoßende Gelenke während der Zeit der Frakturbehandlung ernstlich Schaden litten. *Es ist somit von großer Wichtigkeit, den ganzen pathologischen Komplex der Fraktur, wie wir ihn in einem früheren Abschnitt geschildert haben, bei der Behandlung von Anfang an gleichmäßig zu berücksichtigen.* Neben der Erhaltung korrekter Fragmentstellung ist deshalb für Resorption und Abfuhr des flüssigen und zelligen Exsudates sowie der Zerfallsprodukte, für möglichst vollwertige Regeneration der geschädigten Muskeln, Sehnen und Bänder, für Erhaltung normaler Funktion der Gelenke, Muskeln, Sehnen und Sehnenscheiden zu sorgen, eine Aufgabe, die, wie wir gesehen haben, nur durch frühzeitige funktionelle Inanspruchnahme all dieser Gebilde erfüllt werden kann.

Das Ideal der Frakturbehandlung, die Wiederherstellung normaler Funktion der gebrochenen Extremität schon während der Konsolidationsperiode, wird sich bei vielen Knochenbrüchen nie völlig erreichen lassen. Vielmehr bedarf es nach Eintritt solider Verheilung meist noch einer besonderen, der Wiederherstellung normaler Funktion gewidmeten *Nachbehandlung. Doch ist stets ein möglichst weitgehendes Zusammenfallen dieser Behandlung mit der Konsolidationsperiode zu erstreben.*

Kapitel 3.

Die Bedeutung der korrelaten Flexionsstellungen für die Behandlung der Knochenbrüche.

Bei Besprechung der pathologischen Physiologie der Muskeln gebrochener Extremitäten haben wir gesehen, daß die Muskeln des frakturierten Gliedabschnittes sich in pathologischer Weise retrahieren und durch lokale, an der Frakturstelle zur Einwirkung gelangende, wesentlich auf reflektorischem Wege wirkende Reize übermäßig aktiviert werden.

Als Reiz im Sinne einer weiteren Aktivierung der schon in einem gewissen Contractionszustand befindlichen Muskulatur wirkt in erster Linie jeder Versuch, den elastisch und durch reflektorische Contraction verkürzten Muskel zu dehnen, sei es durch irgendwelche Bewegungen oder durch Zugbelastung. *Je größer die Belastung ist und je unvermittelter der Zug angreift, desto erheblicher ist auch der reflektorisch ausgelöste Gegeneffekt.*

Zwischen der Dehnung eines elastisch retrahierten Muskels und der Dehnung eines anorganischen, elastischen Körpers bestehen Unterschiede. Zunächst ist darauf hinzuweisen, daß bei jeder Schädigung des Muskels, wie sie auch bei den Frakturen gegeben ist, die Ausdehnungsfähigkeit am meisten und in erster Linie leidet, und es bleibt deshalb ein verschieden großer Verkürzungsrückstand zurück, der nur durch unverhältnismäßig große Gewalt überwunden werden kann. Wird ferner ein elastisch verkürzter Muskel eine Zeitlang unbeeinflußt in verkürztem Zustand gelassen, so wird der neue Längenzustand anatomisch fixiert, besonders wenn die Muskeln inaktiv bleiben.

Wollen wir einen anorganischen elastischen Körper dehnen, so benötigen wir dafür Kräfte, die der angestrebten Verlängerung direkt proportional sind. Diesem HOOKschen *Gesetz* ist nun der Muskel, obschon er auch einen elastischen Körper darstellt, nicht unterworfen. *Vielmehr ist nach dem von den Gebrüdern* WEBER *aufgestellten Gesetz das für die elastische Verlängerung eines Muskels notwendige Gewicht ungefähr dem Quadrate der angestrebten Verlängerung proportional.*

Wenn auch nach v. REDWITZ ein starker Widerstand sich erst geltend macht, wenn der Muskel bis zu seiner passiven Insuffizienz gedehnt wird, so dürfte unter den Verhältnissen der Fraktur, wie sie geschildert wurden, das WEBERsche Gesetz für den veränderten und reflektorisch stärker ansprechenden Muskel doch in weitem Umfange zutreffen. Je größer die Muskelspannung, von der die Extension ausgeht, desto größer ist natürlich auch das für die Dehnung um 1 cm erforderliche Gewicht. Da nun, wie wir gesehen haben, die Belastung für den Muskel einen aktivierenden Reiz darstellt, haben wir einen doppelten Grund, eine Extensionslage zu wählen, in der die primäre Spannung der Muskeln eine möglichst geringe ist, von der aus sich der Ausgleich der Verkürzung also mit möglichst geringer Kraft bewerkstelligen läßt. Wie schon POTT bewiesen hat, gibt es nun tatsächlich Gelenkstellungen, in denen die elastische Dehnung und damit die Spannung einzelner Muskeln minimale sind.

Zwei Beispiele mögen diese Verhältnisse erläutern. Wenn wir bei gestrecktem Kniegelenk den Fuß maximal dorsal extendieren, so entsteht bei einer individuell schwankenden Dorsalextensionsstellung ein unangenehmes Spannungsgefühl in der Wadenmuskulatur, weil der Triceps surae, besonders die über die Kniegelenkrückfläche zum Oberschenkel verlaufenden Gastrocnemii, stark angespannt werden (Abb. 115). Auch die gleichzeitige Anspannung des Nervus tibialis wird unangenehm empfunden. Sobald wir nun das Kniegelenk beugen, verschwindet infolge Annäherung der Ursprungs- und Ansatzpunkte der Gastrocnemii das Spannungsgefühl, und wir können gleichzeitig die dorsale Extension des Fußes erheblich weiter treiben, bevor wieder Spannungsgefühl auftritt (Abb. 116). Diese Erfahrung macht man sich schon lange bei Klumpfuß- und Spitzfußverbänden zunutze. Ein ähnliches Verhalten treffen wir bei den zweigelenkigen Unterschenkelbeugern an der Oberschenkelrückfläche, den Semimuskeln und dem langen Kopfe des Bizeps. Erheben wir in aufrechter Stellung das im Kniegelenk gestreckte Bein nach vorne, so tritt bei einer Flexionsstellung des Hüftgelenkes von etwa 135° ein starkes Spannungsgefühl an der Oberschenkelrückfläche auf und wir können das Bein nicht weiter heben. Beugen wir jetzt das Kniegelenk, so werden die Ansatzpunkte der zweigelenkigen Kniebeuger einander genähert, die betreffenden Muskeln entspannt, und wir können die Erhebung des Oberschenkels erheblich weiter treiben.

Es ist leicht ersichtlich, daß, wenn durch Bewegung *in einem Gelenk* die Ansatzpunkte gewisser Muskeln einander genähert, diese Muskeln somit entspannt werden, die Ansatzpunkte anderer Muskelgruppen sich dann voneinander entfernen, die betreffenden Muskeln somit etwas stärkere Anspannung erfahren. Beugen wir dann auch das benachbarte Gelenk, über das die zweigelenkigen Muskeln hinwegziehen, so finden wir auch hier Entspannung der einen, Spannung der anderen Muskelgruppe.

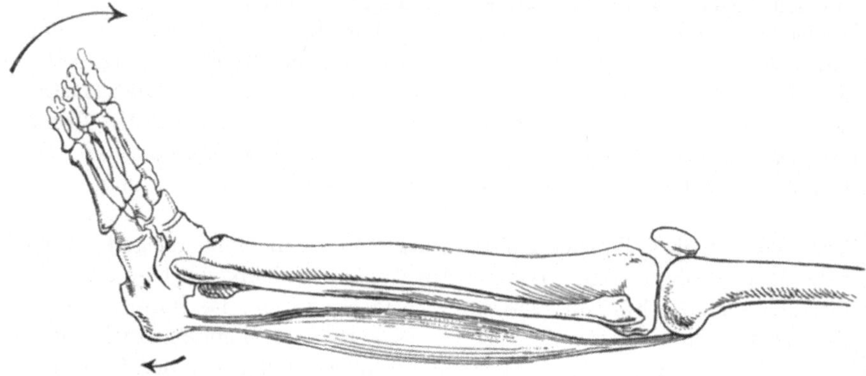

Abb. 115. Anspannung der zweigelenkigen Wadenmuskeln beim Versuch, den Fuß bei gestrecktem Kniegelenk doralwärts zu extendieren.

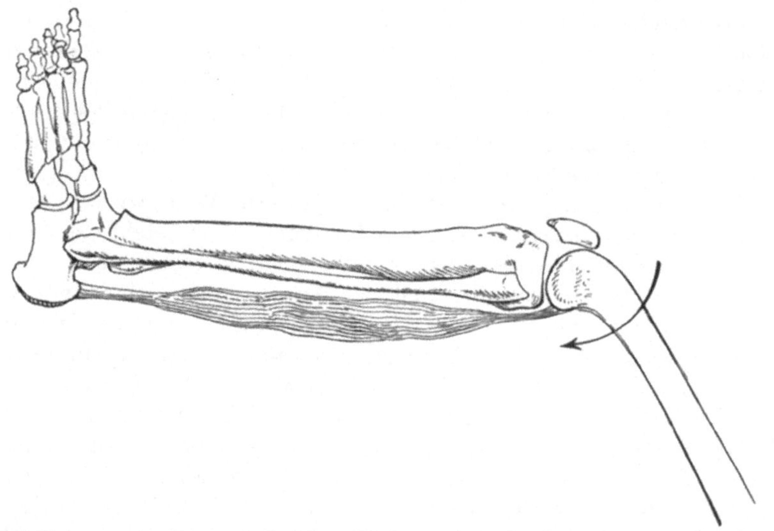

Abb. 116. Entspannung der zweigelenkigen Wadenmuskeln durch Beugung des Kniegelenkes.

ZUPPINGER vertrat nun in seiner *Semiflexionslehre* die Auffassung, daß bei mittlerer Beugestellung des Hüft- und Kniegelenkes sämtliche Oberschenkelmuskeln entspannt seien, die Gesamtmuskelspannung somit einen minimalen Wert erreiche. Daraus erklärt sich seiner Auffassung nach die Beobachtung, daß man bei Extension in Semiflexion oft nur $1/_5$ der Zuggewichte braucht, die zur Erzielung der gleichen Wirkung in Streckstellung nötig sind. Nun hat sich aber gezeigt, daß VOGEL, auf dessen Messungen sich ZUPPINGER bezog, in mittlerer Beugestellung des Hüft- und Kniegelenkes gar keine Verkürzung der zweigelenkigen Kniegelenkbeuger festgestellt hatte; er fand sie vielmehr gleich lang, wie in Streckstellung beider Gelenke. Fick hatte im Jahre 1879 bei Halbbeugestellung des Hüft- und Kniegelenkes Verlängerung der langen Kniebeuger um annähernd 1 cm, und eine etwas geringere Verkürzung des Rectus femoris gefunden. Seine Resultate wurden in jüngster Zeit bestätigt von Nussbaum. Fischer, der das Verhalten der ischiocruralen Muskeln bei korrelaten Stellungen von Hüft- und Kniegelenk ebenfalls untersuchte, hat in allen korrelaten Stellungen beider Gelenke ebenfalls eine Verlängerung, d. h. eine Anspannung von Biceps, Semitendinosus und Semimembranosus festgestellt, und zwar um volle 1,8 cm. Er schreibt dies dem Umstande zu, daß das Hüftgelenk mit größerer Übersetzung arbeitet, als das Kniegelenk; demnach erfolgt Ausgleich der Anspannung der ischiocruralen Muskeln infolge Hüftbeugung durch Kniebeugung, wenn sich der Hüftgelenk- zum Kniegelenkwinkel verhält wie 2:3. Entspannung tritt erst bei einer Relation beider Beugungswinkel von annähernd 1:2 ein. Diese kommt jedoch praktisch für die Extension nicht in Betracht, weil die eingelenkigen Vasti durch Kniebeugung in steigendem Maße gedehnt werden, während allerdings der Rectus, wie Fick feststellte, durch Hüftbeugung stärker entspannt, d. h. verkürzt, als durch entsprechende Kniebeugung gespannt bzw. verlängert wird.

Die theoretische Voraussetzung Zuppingers, daß die Herabsetzung der Zuggewichte in Semiflexion auf der Entspannung der zweigelenkigen Kniegelenkbeuger beruhe, läßt sich demnach nicht mehr aufrecht erhalten. Doch hat Nussbaum am Lebenden nachgewiesen, daß eine am Knochen angreifende Extension in Semiflexion tatsächlich zu stärkerer Auswirkung gelangt.

Dumpert und v. Redwitz glauben, daß bei der Semiflexion die Entspannung der eingelenkigen Muskeln die Hauptrolle spiele und machen ferner darauf aufmerksam, daß nach ihren Untersuchungen bei der Semiflexionsbehandlung der Oberschenkelfrakturen im Gegensatz zur Behandlung in Streckstellung nur ein Teil des Muskel- und Weichteilzuges als Längsdruck auf das Femur wirkt.

Wenn der Ausgleich der Verkürzung bei Oberschenkelfrakturen in Semiflexion auch bei direktem Zug am Knochen gelegentlich Gewichte von 15—20 kg erfordert, so ist an der Tatsache, daß der Verkürzungsausgleich in Beugestellung von Hüft- und Kniegelenk durchschnittlich leichter und mit geringeren Gewichten gelingt als in Streckstellung, nicht zu zweifeln. Die große praktische Bedeutung der Semiflexionsbehandlung Zuppingers wird deshalb, wie auch aus den Untersuchungen Fischers hervorgeht, durch die Kritik an ihren theoretischen Voraussetzungen kaum geschmälert. Die Verkürzung bzw. Entspannung der eingelenkigen Muskeln und die von Dumpert und v. Redwitz nachgewiesene Herabsetzung des Längsmuskeldruckes durch Beugestellung des Kniegelenkes reichen aus, die günstige Wirkung der Semiflexion zu erklären, besonders wenn man bedenkt, daß im Hinblick auf das Webersche Gesetz und die Steigerung der Muskelerregbarkeit schon kleine Längenunterschiede der Muskeln große Bedeutung erlangen.

Es ist auch zu beachten, daß mäßige Beugung des Hüft- und Kniegelenkes etwa der Mitte ihrer Hauptaktionsfelder entspricht, also einer Stellung, aus der heraus die Gelenke nach Abschluß der Behandlung sogleich gebraucht und bei eingetretener Versteifung bald rasch gebrauchsfähig gemacht werden können, wie Dumpert und v. Redwitz betonen.

Bei der praktischen Anwendung der Semiflexion spielen die mittleren Beugungswinkel, abgesehen von der Reposition, kaum eine Rolle. So wird das Kniegelenk bei Oberschenkelbrüchen meist in die bewährte Viertelsbeugung (fléxion au quart MALGAIGNES) gebracht. Die Flexionswinkel werden auch in entscheidender Weise durch die Stellung des zentralen Fragmentes beeinflußt

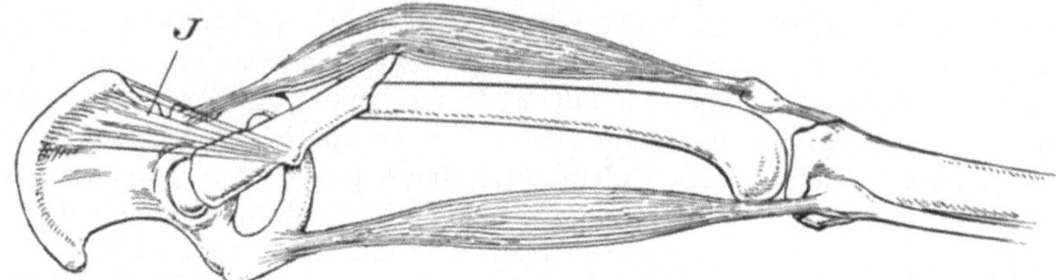

Abb. 117. Fraktur im oberen Femurdrittel mit starker Elevation des oberen Fragmentes. J. M. ileopsoas.

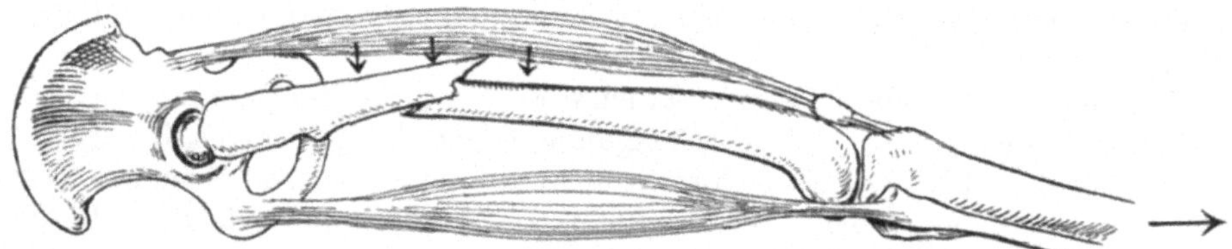

Abb. 118. Unzweckmäßige Wirkung des horizontalen Längszuges.

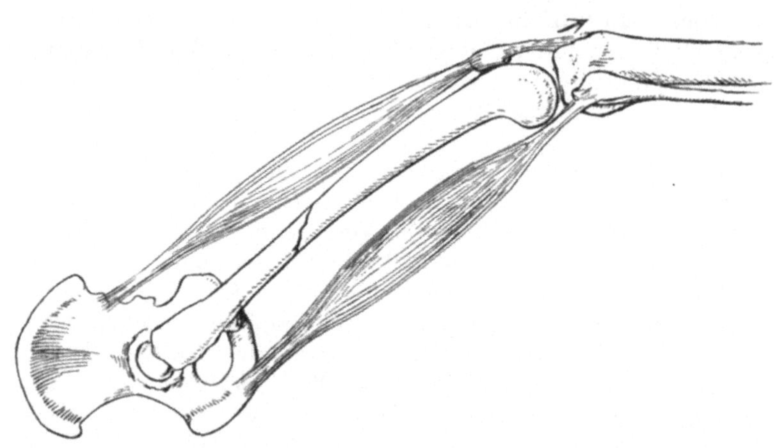

Abb. 119. Koaptation der Fragmente durch Längszug in der Richtung der Oberschenkelachse bei gebeugtem Hüftgelenk.

und ergeben sich schon aus einem Repositionsversuch; ein praktisches Beispiel möge dies erläutern. Bei allen Frakturen am oberen Ende der Femurdiaphyse geht das obere Fragment unter der Wirkung des M. ileopsoas in Flexionsstellung (Abb. 117). Wird nun ein Längszug parallel der Unterlage ausgeübt, so erfolgt ein teilweiser Ausgleich der winkligen Knickung, indem durch den Seitendruck bzw. durch die konzentrische Wirkung des stark gespannten Muskelmantels die Fragmente unvollständig in die Längsachse gedrückt werden (Abb. 118).

Dabei bohrt sich unter Umständen die Spitze des oberen Fragments in die Muskulatur ein. Die Einwirkung auf das obere Fragment ist jedoch ungenügend und wir können eine Koaptation der Bruchflächen nur erzielen, wenn wir das distale Fragment in die Verlängerung der Achse des proximalen Fragments führen (Abb. 119). Eine bestimmte primäre Flexionsstellung des proximalen Fragments wird durch Elevation des distalen Fragments etwas verstärkt, infolge der eintretenden Entlastung. Die optimale Flexionsstellung im Hüftgelenk für die Extension wird deshalb im allgemeinen etwas größer sein müssen, als die primäre Flexionsstellung des proximalen Bruchstückes.

Das Wesentliche dieser Ausführungen liegt darin, daß die Wahl von Gelenkstellungen, bei denen die Gesamtmuskelspannung eine möglichst geringe ist, die Reposition erleichtert, daß wir im allgemeinen bedeutend geringere Repositions- und Retentionszüge benötigen und auf diese Weise der durch das WEBERsche Gesetz gegebenen gewaltigen Gewichtssteigerung entgehen, wodurch auch der aktivierende Reiz des Zuges auf die Muskulatur erheblich vermindert wird.

Kapitel 4.

Indikationen für Spitalbehandlung.

Die zunehmende Erkenntnis der großen sozialen Bedeutung korrekter Frakturbehandlung hat dazu geführt, daß der Kreis der in häuslicher Pflege zu behandelnden Knochenbrüche immer mehr eingeengt, das Indikationsgebiet der zu hospitalisierenden Frakturen immer mehr vergrößert wurde.

In Spitalbehandlung gehören alle Frakturen mit erheblicherer Dislokation, deren Behebung nur unter guter Assistenz und mit besonderen Maßnahmen für Extension und Kontraextension möglich ist, deren zuverlässige Retention wiederholter Röntgenkontrolle und unter Umständen wiederholter Nachkorrekturen bedarf. In erster Linie kommen hier die Frakturen der unteren Extremität in Betracht, während die Röntgenkontrolle von Knochenbrüchen der oberen Extremität eher ambulant durchführbar ist, wegen der geringeren Transportschwierigkeiten und Gefahren. Ferner gehören alle Frakturen mit erheblicher Splitterung, solche mit Repositionshindernissen, Gelenkfrakturen, offene Knochenbrüche und solche, die durch primären Gefäß- und Nervenverletzungen kompliziert sind, in Spitalbehandlung.

Dagegen ist es durchaus unrichtig, daß die Extensionsbehandlung unbedingt Hospitalisierung voraussetze, wie man noch häufig liest. Unterschenkelfrakturen und Femurfrakturen ohne große Verschiebungstendenz sowie unkomplizierte Brüche der oberen Extremität, die keine ständige Überwachung des Zugverbandes und keine häufige Röntgenkontrolle erfordern, können sehr gut in häuslichen Verhältnissen mit Extension behandelt werden, sobald die unerläßlichen äußeren Bedingungen vorhanden sind oder ohne zu starke finanzielle Belastung der Patienten geschaffen werden können. Der häuslichen Behandlung verbleiben so noch eine große Zahl von Frakturen, und zudem kann auch die Nachbehandlung, schon im Interesse der Entlastung der Spitäler, in weitgehendem Maße den praktischen Ärzten übertragen werden. Frakturbehandlungen dagegen, die ständige Überwachung, häufige Kontrolle und wiederholte Erneuerung der Verbände erfordern, kann ein beschäftigter Praktiker mit gutem Gewissen nicht übernehmen.

Allem voran steht natürlich das Interesse einer möglichst idealen, namentlich auch funktionell einwandfreien Heilung; wo die mannigfaltigen Bedingungen zur Erreichung dieser komplexen Forderung nicht in häuslicher oder ambulanter Sprechstundenbehandlung erfüllt werden können, hat unbedingt Spitalbehandlung der Frakturen zu erfolgen.

Kapitel 5.

Die verschiedenen Behandlungsmethoden.

I. Lagerungsverbände.

Für Frakturen ohne Verschiebungs- und ohne Verkürzungstendenz, besonders subperiostale Formen, genügen einfache Lagerungsverbände. Für die untere Extremität bedient man sich zu deren Herstellung am besten der altbewährten VOLKMANNschen Schiene (Abb. 120), die in verschiedenen Größen käuflich ist. Den gleichen Dienst leisten rinnenförmige Drahtschienen (Abb. 121 und 122) und Schienenapparate, die mit winkliger Verbindung zwischen Ober- und Unterschenkelschiene versehen sind. Wesentlich bei diesen Schienenapparaten ist die zweckmäßige Lagerung des Fußes und besonders die Vermeidung einer Auswärtsdrehung des unteren Fragmentes durch den nach außen kippenden, schon normalerweise leicht auswärtsrotierten Fuß. Für tiefliegende Unterschenkelfrakturen sollen diese Schienen grundsätzlich nur bis zu der Kniekehle reichen, damit das Bein im Knie- und Hüftgelenk leicht gebeugt werden kann. Die Schiene wird dann auf eine 20 bis 40 cm hohe Unterlage, am einfachsten auf ein Spreuerkissen,

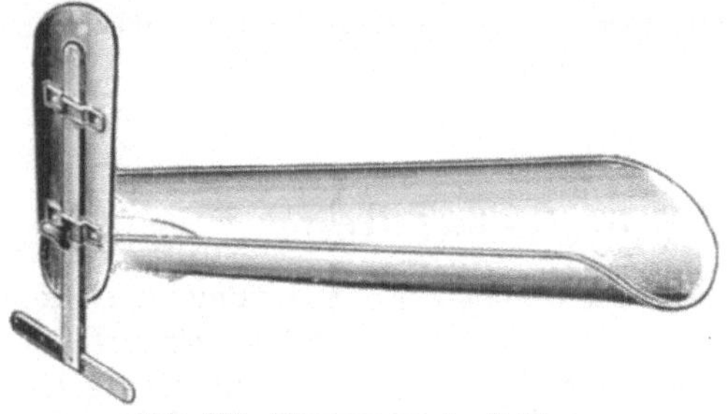

Abb. 120. VOLKMANNsche Schiene.

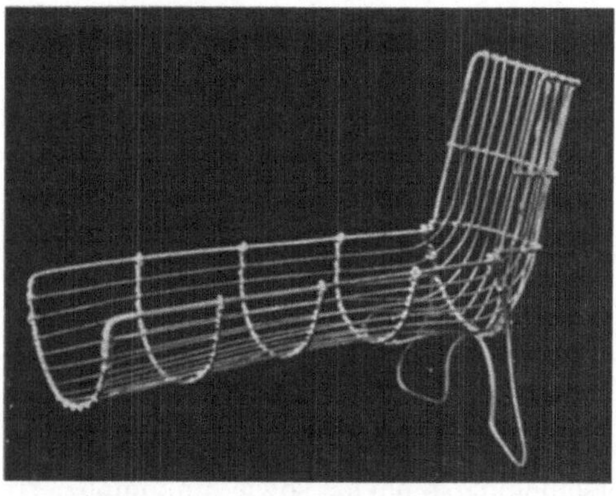

Abb. 121. Drahtrinnenschiene für den Unterschenkel und Fuß.

gelagert. Hochreichende gerade Schienen, wie man sie für die Versorgung von Oberschenkelbrüchen benötigt, sind nur für Transportzwecke zulässig. Die endgültige Lagerung erfolgt auf einer der später zu beschreibenden Semiflexionsschienen.

Lagerungsverbände sind gelegentlich auch dort angezeigt, wo eine an sich geeignetere Behandlungsweise aus bestimmten Gründen nicht Anwendung finden kann. Das ist der Fall bei offenen Frakturen und solchen mit ausgedehnten Weichteilverletzungen, die ständige Überwachung der Wunde erfordern, ebenso bei infizierten Knochenbrüchen, bei solchen mit drohender Hautperforation durch ein schwer zurückhaltbares Fragment, bei Frakturen mit starker Blutung nach außen und Knochenbrüchen, bei denen Verdacht auf eine Verletzung eines großen Gefäßes mit drohender Gangrän vorliegt. Es handelt sich hier nur um eine vorübergehende Versorgung der Fraktur.

Neben den verschiedenen einfachen Schienenmodellen können auch die mannigfaltigen Apparate, die für die Behandlung der Unter- und Oberschenkelfrakturen in Semiflexionsstellung angegeben wurden, und die wir zum Teil noch kennen lernen werden, als Lagerungsapparate Verwendung finden. Der älteste derartige Lagerungsapparat ist die Beinlade nach Petit (Abb. 123),

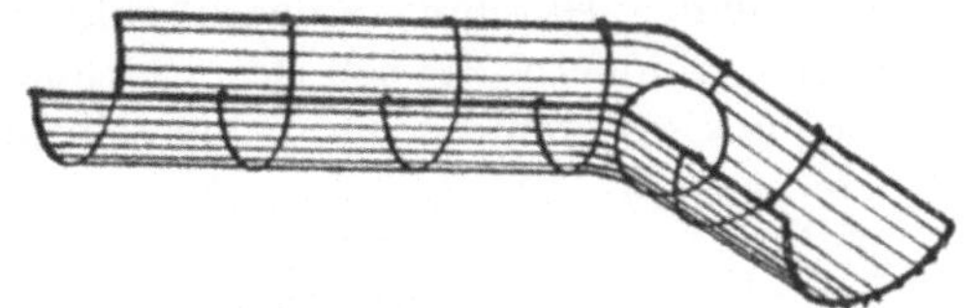

Abb. 122. Drahtrinnenschiene für die obere Extremität.

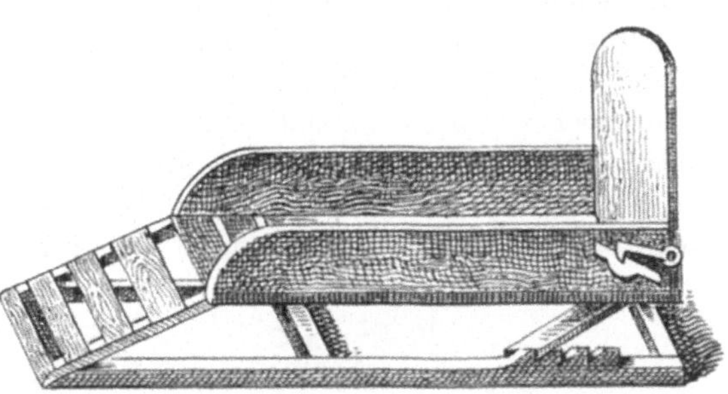

Abb. 123. Beinlade nach Petit. (Nach Bruns.)

die als Urmodell aller neuerer Semiflexionsschienen wiedergegeben zu werden verdient. Das Anwendungsgebiet der Lagerungsverbände ist nach unseren früheren Betrachtungen naturgemäß ein beschränktes.

II. Bindenverbände und Heftpflasterverbände.

Eine Reihe von Frakturen kann mittels einfacher Binden- oder Heftpflasterverbände ausreichend behandelt werden. Diese Verbände vermögen Korrekturstellungen bei unwesentlicher Verschiebungstendenz der Fragmente aufrechtzuerhalten, und bezwecken hauptsächlich die Verhinderung unzweckmäßiger Bewegungen, die zu nachträglichen Verschiebungen nach erfolgter Reposition führen könnten. Erheblichen mechanischen Anforderungen sind sie dagegen nicht gewachsen.

Bindenverbände werden bei Frakturen am zweckmäßigsten mittels Flanellbinden, Stoffbinden, oder, wo eine komprimierende Nebenwirkung erstrebt wird, mittels elastischer sog. Ideal- oder Rekordbinden angelegt. Solche Bindenverbände verwendet man mit Vorteil zur Bandagierung von Radiusfrakturen und Malleolarbrüchen ohne wesentliche Verschiebung oder Verschiebungstendenz, besonders im Stadium der Nachbehandlung. Sie vermitteln einen gewissen Halt und verhindern, namentlich wenn sie in Korrekturstellung angelegt sind, wie der Lexersche Verband für die Radiusfraktur, unzweckmäßige Bewegungen.

Dem gleichen Zwecke relativer Fixation und besonders der Verhinderung schädlicher Bewegungen dienen die *Heftpflasterverbände*. Ihre Zugwirkung ist ebenfalls gering und auf die Dauer ohne häufigen Verbandwechsel nicht zuverlässig, aber doch größer als die der Bindenverbände. Man benutzt zu ihrer Herstellung gutklebendes Heftpflaster in Streifen von 4—6 cm Breite. Die

Pflasterstreifen werden auf die gereinigte und mittels Äther oder Benzin entfettete Haut — unter peinlicher Vermeidung von Faltenbildung oder von sichtlichem Einschneiden der Ränder — angelegt. Über den Heftpflasterverband
kann man einige Gazebindentouren anlegen, um das Loslösen der Pflasterstreifen zu verhindern. Typen des Heftpflasterverbandes sind der SAYRESche
Verband für die Retention der Schlüsselbeinbrüche und der dachziegelförmige
Thoraxverband bei Rippenfrakturen.

III. Schienenverbände.

Die Schienenverbände wurden schon zur Zeit des Hippokrates in der Frakturbehandlung verwendet, und stellten bis zur Einführung der erstarrenden Hülsenverbände die üblichste Methode dar. In der Ära des Gipsverbandes dienten
sie nur noch zur provisorischen Versorgung der Knochenbrüche. Erst die Verwendung *plastischer Schienen*, die man etwa der Hälfte der Zirkumferenz des
gebrochenen Gliedes anmodelliert, haben neuerdings zu einer ausgedehnteren
Anwendung der Schienenverbände in der Frakturbehandlung geführt. Schienen-

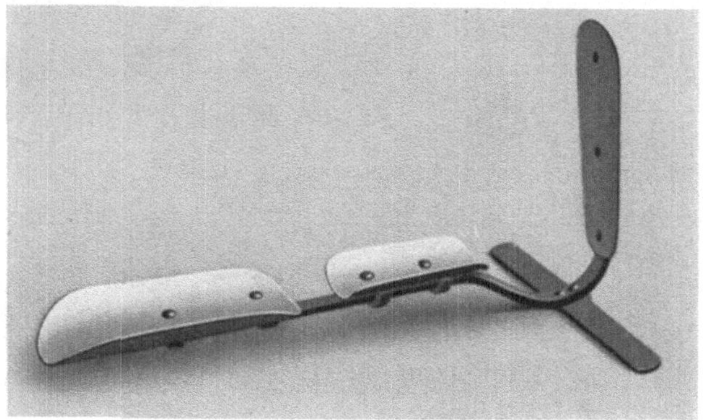

Abb. 124. Ausziehbare Blechschiene für Unterschenkel und Fuß.

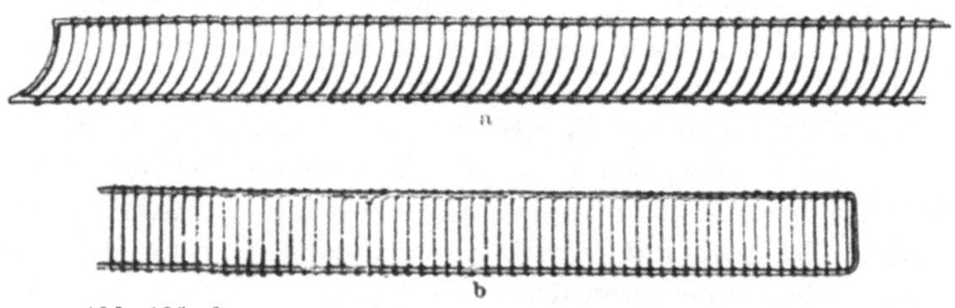

Abb. 125. CRAMERsche Schienen. a gebogen; b flach.

verbände können, wenn sie richtig angelegt sind, besonders Verschiebungen
nach der Seite, Achsenknickungen und Torsionsverschiebungen verhindern.
Dagegen leisten sie wenig, was die Verhinderung von Verkürzungen betrifft,
wo es sich nicht um quere Frakturebenen mit fester Verzahnung der Fragmente
oder um Einkeilung handelt. Das Hauptanwendungsgebiet der Schienenverbände bildet die *provisorische Frakturversorgung für Transportzwecke*. Wie die
Lagerungsverbände finden sie auch dort mit Vorteil Verwendung, wo wegen

bereits vorhandener oder zu erwartender Komplikationen ein vollständig umschließender, erhärtender Verband nicht angelegt werden darf. Auch Frakturformen, bei denen man möglichst frühzeitig mit Massage und Bewegungsübungen beginnen will, werden mit Vorteil in Schienenverbänden behandelt, die leicht abgenommen und wieder neu angelegt werden können. Für das Anlegen eines Schienenverbandes wird das Glied durch Entwicklung mit Watte gepolstert. Über diesem Polster werden die Schienen angelegt, und mittels Gaze oder Stoffbinden festgewickelt. Wo sich die Schiene an Knochenvorsprüngen anlagert, muß sie besonders gut unterpolstert werden.

Als Schienenmaterial kommen zur Verwendung *Holz, Eisenblech, Drahtgittergewebe, Pappe, Filz, Celluloid und Gips.* Die Schienen sind zum Teil vorbereitet, gelenkig verbunden, zum Ausziehen und Zusammenschieben eingerichtet (Abb. 124), damit sie dem Glied angepaßt werden können. Die größte Bedeutung unter den vorbereiteten Schienen haben die verschiedenen Modelle biegsamer *Drahtgeflechtschienen*, wie sie von CRAMER (Abb. 125a und b) u. a. angegeben wurden. Diese

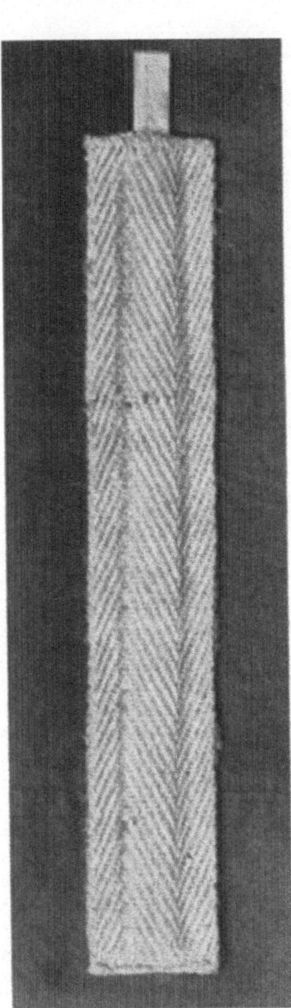

Abb. 126. Umsponnene biegsame Metallschiene nach HEUSNER.

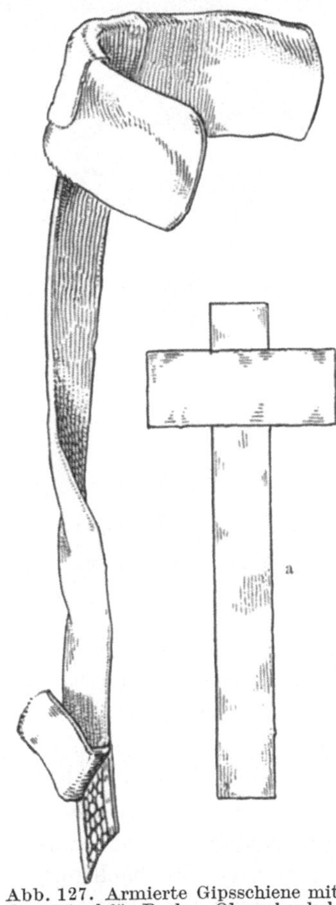

Abb. 127. Armierte Gipsschiene mit Querbügel für Becken-Oberschenkelverbände. Bei a Verhältnis der Längs- zur Querschiene. (Nach BRUN.)

Schienen sind besonders deshalb praktisch, weil sie sich beliebig biegen lassen, ohne an Stabilität wesentlich einzubüßen.

Besser passen sich den zu schienenden Körperteilen die *plastischen Schienen* an. In erster Linie kommt hier in Betracht die *Pappe*, die sich nach Durchtränkung mit Wasser gut biegen, dem entsprechenden Körperteil anschmiegen läßt und die nach dem Trocknen einmal erlangte Form ziemlich gut behält. Nachteilig ist, daß die Pappe unter der Einwirkung der Feuchtigkeit an Stabilität einbüßt, und relativ lange Zeit zum Trocknen braucht. Wundsekret und Schweiß erweichen zudem die Pappe. Zum Schutz gegen Durchnässung und Erweichung kann man den Karton mit einer alkoholischen Schellacklösung (600/1000) durchtränken, oder mit undurchlässigem Stoff belegen.

Ferner dient zur plastischen Schienung *in Schellacklösung getauchter Filz*, der ganz hart wird, sich jedoch bei hoher Temperatur biegen läßt. Das Anpassen muß aber schnell geschehen, weil unter der Abkühlung die Biegsamkeit sofort wieder verschwindet.

Als sehr praktisch hat sich mir die biegsame, aus einem umsponnenen Aluminiumstreifen bestehende HEUSNERsche Schiene bewährt (Abb. 126), die auch zur Verstärkung von Gipsverbänden Verwendung finden kann und die Kontrollröntgenaufnahmen nicht stört.

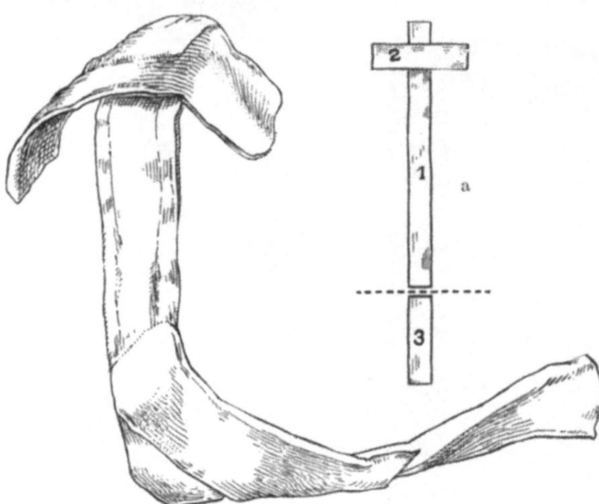

Abb. 128. Gipsschiene für die obere Extremität mit Schulterbügel und äußeren Verstärkungsstreifen am Ellbogen. Bei a Verhältnis der einzelnen Bestandteile: 1 Längsschiene; 2 Schulterstreifen 3 Verstärkungsstreifen für den Ellbogen. (Nach BRUN.)

Die besten plastischen Schienen stellt man sich aus Gipsbinden her in der bei Besprechung der Gipsverbandtechnik zu schildernden Weise. Gipsschienen können, wenn man Becken- oder Schulterstücke hinzufügt, sehr gut für die Fixation von Oberarm- und Oberschenkelfrakturen verwendet werden, wie beigegebene Abbildungen zeigen. Durch Einbeziehen von Hanfschnüren, durch Einrollen der Ränder oder durch Armierung mit Drahtgeflechten lassen sich die Gipsschienen erheblich verstärken (Abb. 127/128). Sehr empfehlenswert sind auch die fertig zu beziehenden Gipshanfschienen nach BEELY.

IV. Schienenverbände für Kieferbrüche.

Ein besonderes Gebiet der Schienung bilden die Brüche des Ober- und Unterkiefers, wie sie namentlich im Kriege als Folge von Schußverletzungen gehäuft zur Beobachtung kommen. Die häufigen komplizierenden Kommunikationen der Frakturstelle mit der Mundhöhle haben schon bei den Friedensfrakturen der Kiefer die frühere Methode der Wahl, nämlich die Knochennaht, in Mißkredit gebracht, wegen der häufigen sekundären Verbreiterung der Nahtstelle mit Ostitis und Ausstoßung der Naht. Im Weltkrieg hat sich die kombinierte chirurgisch-zahnärztliche Behandlung der Kieferbrüche endgültig durchgesetzt. Die Fragmente werden vom Zahnarzt unter Verwendung der noch festsitzenden Zähne als Haltepunkte geschient, und die Schienung bis zu erfolgter Wundheilung aufrechterhalten. Als Schienungsmaterial finden Verwendung Kautschuk, Zinn, Guttapercha (Abb. 129), vor allem aber Metalldrähte. Die von HAMMOND eingeführten, lingual und labial geführten *Drahtbügelverbände*, die besonders durch SAUER und SCHRÖDER verbessert wurden, haben den großen Vorteil, eine Reinhaltung des Mundes zu gestatten, ohne daß die Fixationsschienen herausgenommen werden müssen (Abb. 130). Die Befestigung der Schienen geschieht, wie Abb. 130 zeigt, an festsitzenden Molar-

zähnen mittels ANGLEscher Klammerbänder, an weiteren Zähnen durch Drahtligaturen. Um die Einwärtsverschiebung des hinteren Fragmentes zu verhindern, kann der Drahtschiene ferner ein- oder beidseitig eine *schiefe Ebene*
oder *Gleitschiene* aufgesetzt werden, die beim Zubeißen an der Außenfläche
der Oberkieferzähne oder, falls es sich um eine Gleitschiene handelt (Abb. 131),

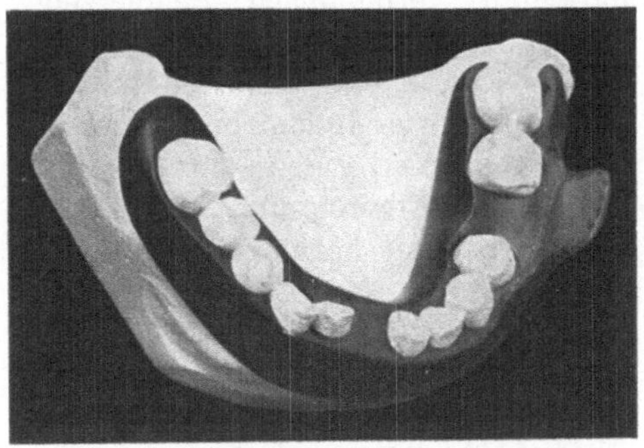

Abb. 129. Massive Zahnschiene aus Guttapercha
mit schiefer Ebene.

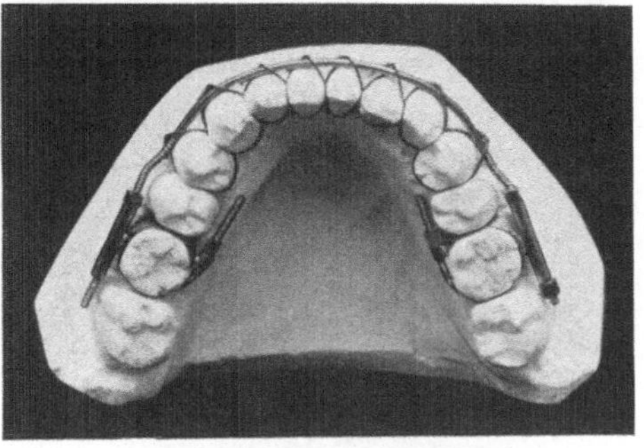

Abb. 130. Drahtschienenverband
nach SAUER-ANGLE.

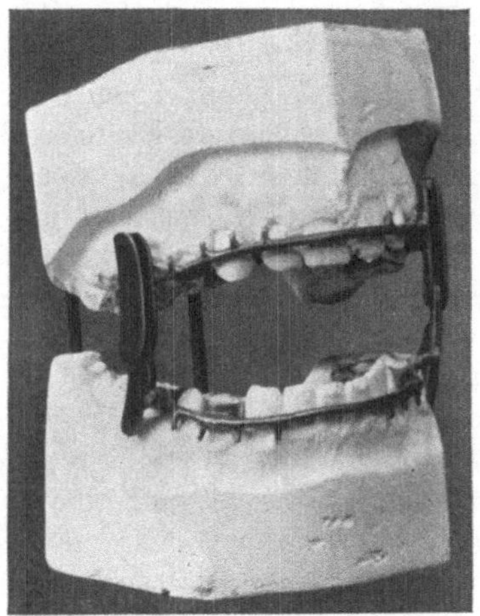

Abb. 131. Drahtschienenverband
mit Gleitschienen.

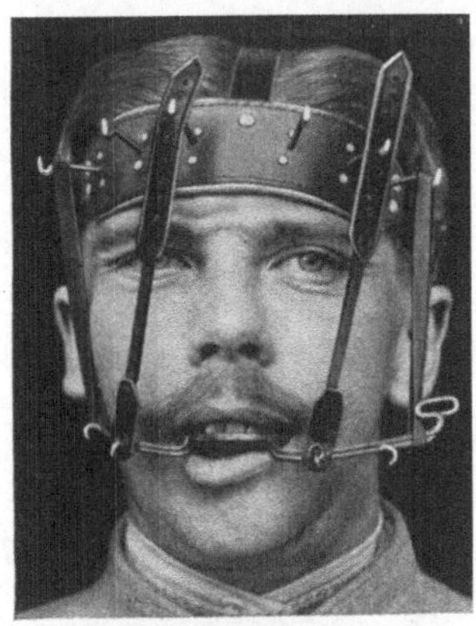

Abb. 132. Kopfkappenverband für Frakturen
des Oberkiefers.

in einer den gegenüberliegenden Oberkieferzähnen ebenfalls mittels eines
Drahtbügels aufgesetzten Metallrinne gleitet. Oberkieferbrüche werden, da beide
Fragmente gegeneinander stark beweglich zu sein pflegen, geschient und durch
Vermittlung von Kopfkappen fixiert (Abb. 132). Einzelheiten der Technik sind
im speziellen Teil nachzusehen.

V. Die zirkulären erhärtenden Verbände.

1. Vor- und Nachteile der zirkulären Kontentivverbände.

Wenn wir von Kontentivverbänden sprechen, verstehen wir darunter wesentlich die zirkulären erhärtenden Verbände, die bestimmt sind, um das gebrochene

Glied herum eine rings geschlossene starre Hülse zu bilden, die sich der Form des Gliedes aufs genaueste anschmiegt und während einiger Zeit, gelegentlich bis zur vollständigen Konsolidation, liegen bleiben soll. Diese Verbände werden deshalb auch als *permanente Verbände* bezeichnet. Die gute Festhaltung der Fragmente, der Wegfall des häufigen Verbandwechsels und der damit für den Patienten verbundenen Schmerzen bilden neben der technisch meist leichten Handhabung wohl den Hauptgrund für die große Beliebtheit, deren sich die Gipsverbände lange Zeit ausschließlich erfreuten und auch noch heute in mehr als angebrachtem Maße, bei den praktischen Ärzten wenigstens, erfreuen. Ein wesentlicher Vorteil der ·zirkulären starren Verbände liegt ferner darin, daß sie schon bald einen gewissen Gebrauch des gebrochenen Gliedes erlauben, und daß auf diese Weise bei Frakturen der unteren Extremität der Patient nicht völlig ans Bett gefesselt ist. Das hat seine großen Vorzüge bei Kranken, bei denen längere Bettlage schlimmere Folgen nach sich ziehen kann. Einleuchtend ist auch der Wert der starren Hülsenverbände bei unruhigen Kranken und Deliranten, sowie für längere Transporte. *Eindringlich sei darauf hingewiesen, daß die starke nachträgliche Anschwellung bei früh angelegten Gipsverbänden gelegentlich zu schweren Druckschädigungen führt. Man kann deshalb nicht genug davor warnen, eine frische Fraktur vor Auftreten der Schwellung, welche besonders durch die Blutung und durch die lokale entzündliche Infiltration verursacht wird, einzugipsen. Ein permanenter zirkulärer starrer Verband darf deshalb im allgemeinen nicht vor Ablauf von zweimal 24 Stunden angelegt werden, wo mit erheblicher lokaler Schwellung nicht mehr zu rechnen ist.*

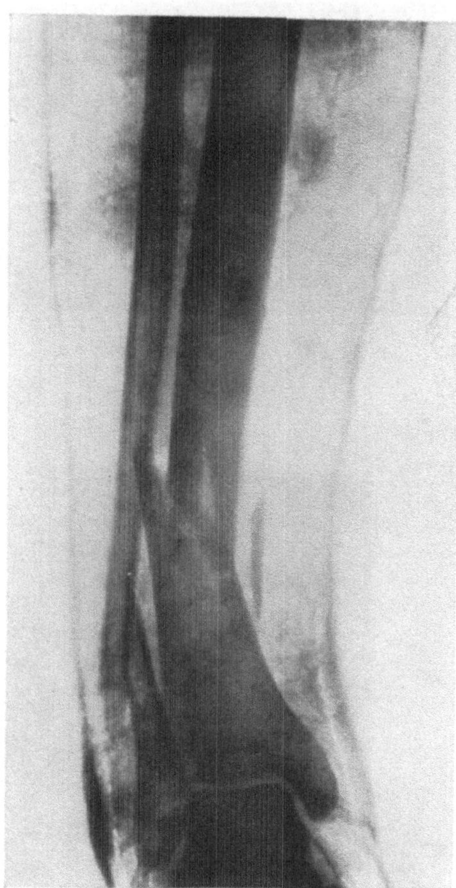

Abb. 133.
Längsverschiebung und Adduktionsknickung einer Unterschenkelfraktur im Gipsverband.

Ich habe von sofortigem Anlegen von Gipsverbänden so schreckliche, irreparable Schädigungen gesehen, daß ich das Anlegen eines Gipsverbandes vor dem Eintritt der maximalen Anschwellung direkt als Kunstfehler bezeichnen möchte. Ausnahmen sind nur gestattet, wo es sich um kurze Zeit liegende Transportverbände handelt, oder wenn der Gipsverband sofort nach Fertigstellung der ganzen Länge nach, *einschließlich Polsterung*, aufgeschnitten wird.

Große Vorteile bietet der *gefensterte Gipsverband* für die Behandlung von schwer infizierten offenen Knochenbrüchen, bei denen die möglichst ausreichende Fixation und damit die Ausschaltung jeder mechanischen Gewebsschädigung für den Wundverlauf von maßgebender Bedeutung sein kann.

Diesen Vorteilen steht jedoch eine Reihe von Nachteilen gegenüber. Zunächst vermag der Gipsverband seinen beiden Hauptaufgaben, nämlich die Längsverschiebung durch dauernde Extensionswirkung zu beheben und durch Seitendruck reponierend und retinierend zu wirken, nur in ganz bestimmten Fällen zu genügen.

Schon während des Anlegens des Gipsverbandes gewinnen die retrahierenden Kräfte des gebrochenen Gliedabschnittes oft das Übergewicht über die Muskel-

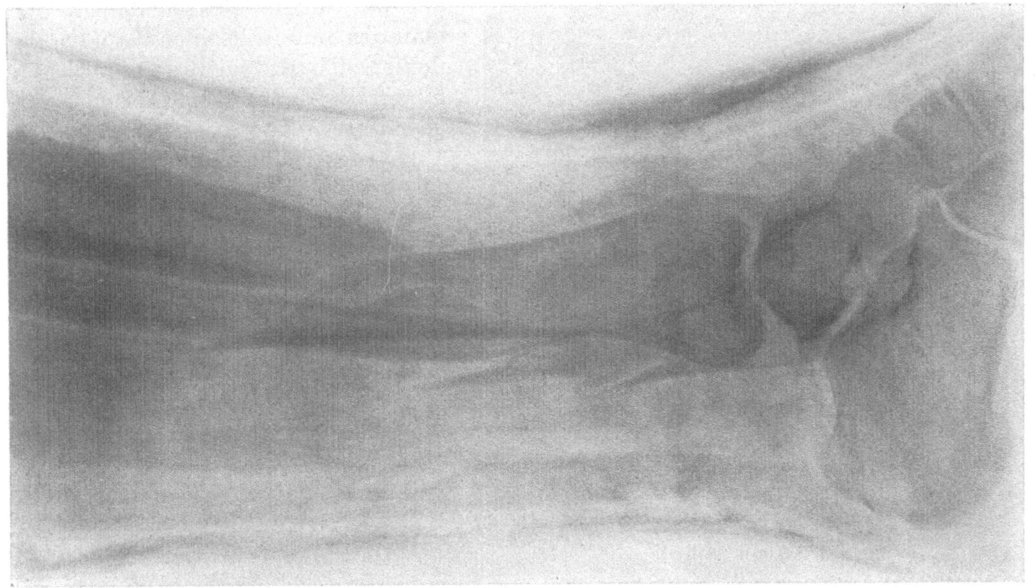

Abb. 134. Rekurvationsstellung einer Unterschenkelfraktur im Gipsverband.

kraft des Assistenten; war die Wattepolsterung reichlich, so wird das Polster unter der Wirkung der retrahierenden Kräfte zusammengedrückt, wodurch die Extensionskraft vermindert und bald eine neue Verschiebung der Fragmente ermöglicht wird. Wurde der Verband dagegen dicht über dünnem Polster der Extremität anmodelliert, so kommt es oft zu Druckschädigungen der Weichteile, die zu Wegnahme des Verbandes zwingen. *Der Gipsverband vermag deshalb bei irgend nennenswerter Retraktion die Längsverschiebungstendenz der Fragmente nicht wirksam zu bekämpfen* (Abb. 133).

Es ist auch zu beachten, daß die Gipsverbände infolge Abschwellung und Inaktivitätatrophie der Extremität nach einiger Zeit zu weit werden, so daß auch die seitliche Verschiebungstendenz der Fragmente nicht mehr ausreichend kompensiert wird. Berüchtigt ist ferner die *Rekurvationsstellung*, die im Gipsverband behandelte Frakturen des unteren Unterschenkeldrittels so häufig zeigen (Abb. 134). Sie beruht darauf, daß man im Bestreben, den Fuß im Fußgelenk völlig rechtwinklig zu stellen, eine Hebelwirkung am unteren Fragment

9*

ausübt, die zu einer nach vorne offenen stumpfwinkligen Knickung an der
Frakturstelle führt. Zur Täuschung gibt namentlich der nach hinten vorragende Fersenhöcker Anlaß; auch wo dieser zunächst im normalen Niveau
bleibt, d. h. etwas nach hinten vorragt, genügt der Druck der Unterlage auf
den Fersenhöcker während des Trocknens des Verbandes, um noch eine nachträgliche Verschiebung im Sinne der Rekurvation hervorzurufen. Nicht weniger
mißlich ist die häufige *Entstehung
eines Spitzfußes* bei Unterschenkelbrüchen, die im Gipsverband behandelt werden. Zur Vermeidung
der oben erwähnten Hebelwirkung
auf das untere Fragment wird
man den Fuß in leichter Plantarflexionsstellung eingipsen; auch
nimmt das Fußgelenk erfahrungsgemäß während des Anlegens des
Verbandes eine entspannende
Flexionsstellung ein, die nur bei
rechtwinklig gebeugtem Knie
leicht zu überwinden ist. Diese
pathologische Stellung fixiert sich
im starren Verbande außerordentlich rasch und erfordert oft Monate mechanischer Nachbehandlung zu ihrer Beseitigung, wenn
diese überhaupt völlig gelingt.

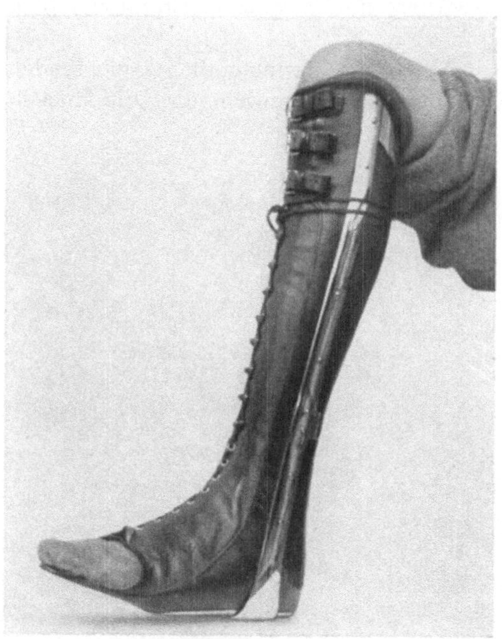

Abb. 135. Schienenhülsenapparat zur Nachbehandlung
einer Unterschenkelfraktur bis zur ausreichenden
Konsolidation.

Der größte Nachteil des Gipsverbandes jedoch liegt in der
völligen *Immobilisierung* der gebrochenen Extremität, in der *Verunmöglichung funktioneller* oder
wie sich BARDENHEUER ausdrückt, *gymnastischer Behandlung.* Die zirkuläre
Kompression führt weiterhin zu venöser Stauung und zu Lymphstauung;
in gleichem Sinne wirkt die Inaktivität, indem die zirkulationsfördernde Pumpwirkung der Muskelbewegung wegfällt. *Hartnäckige Ödeme, Varicenbildung,
Phlebitis, Verwachsungen zwischen Sehnenscheiden und Sehnen, Gelenkversteifungen,
hochgradige Atrophie sind die Folgen dieser immobilisierenden Behandlung.* Dazu
kommt noch die nicht zu unterschätzende Gefahr schwerer Druckschädigungen,
besonders an der Bruchstelle und dort, wo sich der Gipsverband zum Zwecke
der extendierenden Wirkung auf Knochenvorsprünge stützt.

BÖHLER umgeht die mangelhafte Wirkung des Gipsverbandes auf die Längsverschiebungstendenz durch *Kombination ungepolsterter Gipsverbände mit direkter
Extension am Knochen,* die 3—6 Wochen liegen bleibt und auch die Gefahr von
Druckschädigungen herabmindert.

Um die Nachteile der Inaktivierung zu umgehen, hat man die *abnehmbaren
Gipsverbände,* die *Etappengipsverbände* und die *Gehgipsverbände* empfohlen.
Doch geschieht sowohl die Anwendung der Etappengipsverbände als auch der
abnehmbaren Gipsverbände auf Kosten des anatomischen Resultates.

Aus allen diesen Gründen empfiehlt sich eine möglichst weitgehende Einschränkung des Anwendungsbereichs der zirkulären Gipsverbände, besonders für die Frakturen der unteren Extremität. Besser is es, die zirkulären Verbände durch *Gipsschienenverbände oder Schienenhülsenapparate zu ersetzen.* Auch an Stelle von Gehgipsverbänden benutzt man mit Vorteil vom Bandagisten konstruierte Schienenhülsenapparate (Abb. 135), die so einfach gehalten werden können, daß die Kosten nicht zu hohe sind. Ferner können die BRUNSsche oder HEUSNERsche Gehschiene verwendet werden, die zugleich Extension gestatten, wie übrigens auch die Schienenhülsenapparate (Abb. 136).

2. Anwendungsgebiet der starren Kontentivverbände.

Von vielen Chirurgen wird die Gipsverbandbehandlung eingeschränkt auf folgendes Indikationsgebiet: 1. Transportverbände, besonders im Kriege; 2. offene, schwer infizierte Frakturen, die möglichste Immobilisierung erfordern; 3. Frakturen bei Deliranten. Man darf jedoch diesen engen Indikationskreis ruhig erweitern, nachdem sich gezeigt hat, daß neben der Zugbehandlung der Gipsverband für eine Reihe von Fällen seine ganz besonderen Vorteile behält

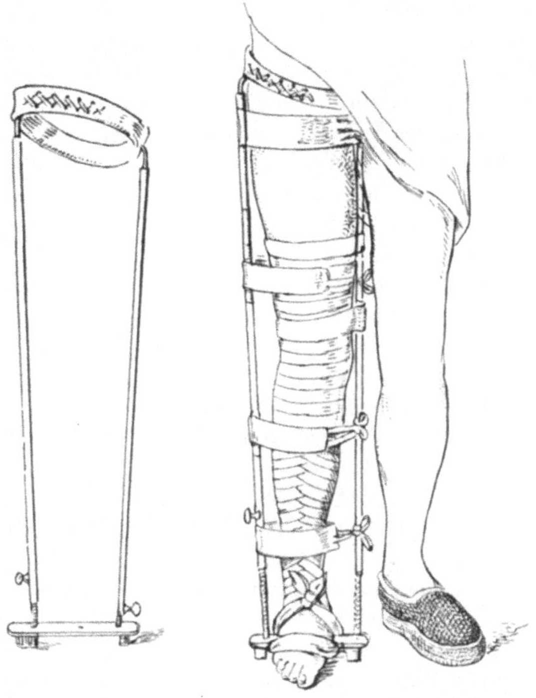

Abb. 136. Einfache Gehschiene. (Nach v. BRUNS.)

und daß sich seine Nachteile durch besondere Maßnahmen auf ein Minimum beschränken lassen. *Voraussetzung ist allerdings die möglichst ausgedehnte Anwendung von Gipsschienenverbänden, ausreichende Polsterung, primäres Aufschneiden, Abkürzung der fixierenden Behandlung und Berücksichtigung der Funktion schon während der Fixationsphase.* Unter diesen Bedingungen können der Gipsverbandbehandlung mit Auswahl zugewiesen werden: Vorderarmfrakturen, Unterschenkelbrüche mit querem Verlauf der Bruchebene ohne Längsverschiebungstendenz, Radiusepiphysenfrakturen mit Neigung zu Dorsalverschiebung des Epiphysenfragmentes, Knöchelbrüche, Schenkelhalsfrakturen, Femurdiaphysenbrüche alter Leute nach vorgängiger Extension, infizierte offene Brüche, operativ vereinigte Frakturen einschließlich Pseudarthrosen, Frakturen mit verlangsamter Konsolidation, modellierend oder operativ behandelte Frakturen des Fußskelets und Schrägfrakturen des Unterschenkels, die man zur Abkürzung der Bettlage nach erfolgter teilweiser Konsolidation im Gehverband nachbehandeln will. *Wir verwenden jedoch den starren Kontentivverband, indem wir bewußt bestimmte Nachteile mit in Kauf nehmen.*

3. Der Gipsverband.

a) Material.

Gips, Calciumsulfat, schwefelsaurer Kalk, findet sich in der Natur an Krystallwasser gebunden. Durch Erwärmung kann dieses abgespalten werden. Es bleibt dann ein je nach der Reinheit mehr oder weniger weißes Pulver übrig, das große Affinität zum Wasser besitzt und dieses sofort wieder als Krystallwasser an sich bindet, wenn es mit ihm in Berührung kommt. Gipspulver, im Überschuß mit Wasser gesättigt, verwandelt sich zu einer steinharten, kompakten Masse, unter gleichzeitiger Wärmeentwicklung. Wird Gipspulver langsam mit dem Wasserdampf der Luft gesättigt, so verwandelt es sich in ein hartes, grobkörniges Pulver, das kein Wasser mehr aufnimmt und zu Verbandzwecken unbrauchbar wird. Der Gips muß deshalb unter Luftabschluß aufbewahrt werden, am besten in gläsernen Flaschen oder Blechbüchsen. Das Erstarren des Gipswassergemenges erfolgt in wenigen Minuten, das vollständige Trocknen dagegen erfordert mehrere Stunden.

Der Gipsverband wird am besten mittels *Gipsbinden* hergestellt, die man sich am einfachsten von Hand verfertigt, durch sukzessives Abrollen, Bestreuen mit bestem Modellgips und Einrollen der bestreuten Bindenpartien. Neben einfacher Gaze können auch Binden aus Kleistergaze, Flanell, Trikot oder Cambric Verwendung finden. Will man ausgiebige Gipsbinden herstellen, so empfiehlt es sich, das Gipspulver nicht nur aufzustreuen, sondern in die Maschen des Bindenstoffes einzureiben. Die Gipsbinden werden in der einheitlichen Länge von 5 m und in Breiten von 10, 15 und 20 cm hergestellt. Für die Herstellung von Gipsverbänden bei Kindern sind schmälere Binden zweckmäßiger.

Käufliche Gipsbinden sind relativ teuer, gestatten aber, dank der technisch vollkommeneren Herstellung, mit einer weniger großen Zahl von Binden einen guten Verband anzulegen. Zur Verstärkung der Gipsbindenverbände benötigt man gelegentlich noch *Gipsbrei*, der durch Einstreuen von Gipspulver in warmes Wasser hergestellt wird. Man bringt soviel Gipspulver in eine mit Wasser gefüllte Schüssel, daß ein Brei von der Konsistenz dicken Sirups entsteht. Während des Einstreuens muß ständig umgerührt werden. Derartigen Gipsbrei streicht man entweder außen auf den Gipsbindenverband, oder rollt sich darin Binden aus gestärkter, weitmaschiger Gaze, die sehr ausgiebig sind.

b) Die Gipsverbandtechnik.

Nach erfolgter Reposition wird die einzugipsende Extremität unter ständiger Extension, die manuell, allfällig unter Verwendung von Stoffbindenzügeln (Abb. 137), durch Gewichtszug nach Delbet (Abb. 138), durch Schraubenzug nach dem Verfahren von Böhler (Abb. 139) auf einem orthopädischen Tisch (Abb. 114) oder durch den Lambotteschen Hebeltraktor (Abb. 140) unterhalten wird, mit einer gleichmäßigen Lage nicht entfetteter Polsterwatte locker umwickelt (Abb. 137). Dazu verwendet man 6—12 cm breite Rollen 1—2 cm dicker Polsterwatte, die wir in Form von 2—3 m langen zugeschnittenen Streifen in Verbandgaze einzuschlagen pflegen. Zur Versorgung offener Frakturen werden diese mit Gaze überzogenen Watterollen im Autoklaven sterilisiert, um jede Sekundärinfektion vom Polstermaterial aus, besonders eine solche mit Pyocyaneus, zu verhüten.

Über Knochenvorsprüngen und dort, wo nachträgliche Anschwellung erwartet wird, ist das Wattepolster besonders reichlich zu bemessen. Die *Frakturstelle, Malleolen, Fußrücken, Ferse, Achillessehne, Femurkondylen, Sitzknorren, Olecranon* und *Epicondylus internus humeri* sind demnach *bei der Polsterung ganz besonders zu berücksichtigen, damit über ihnen keine Druckschädigungen der Haut entstehen.*

Bei Gehverbänden, die Entlastung der Fraktur und direkte Übertragung des Belastungsdruckes auf die Tibiakondylen oder auf den Sitzknorren

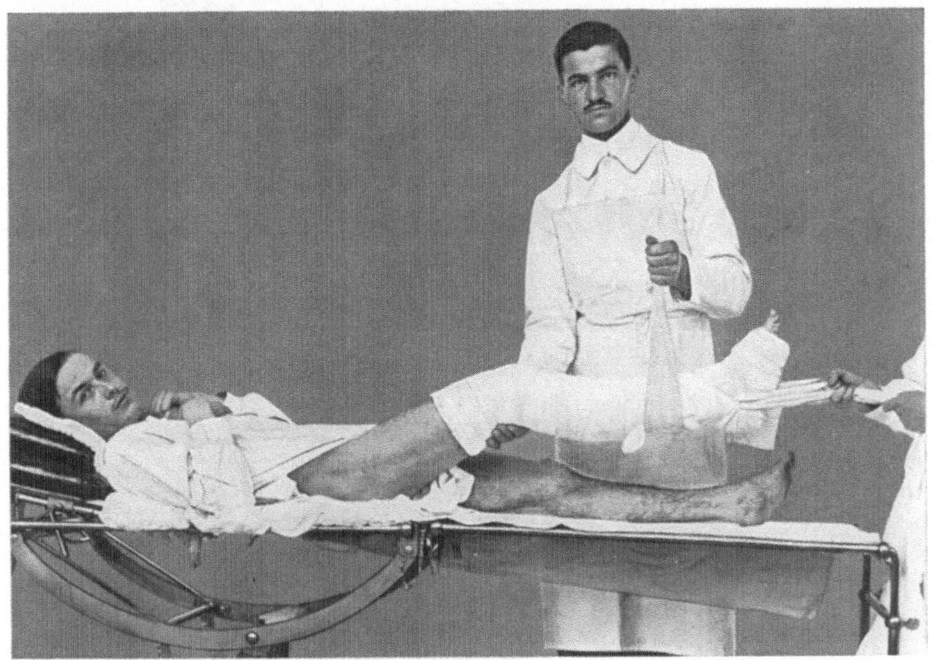

Abb. 137. Längs- und Querzug mittels Stoffbinden zum Anlegen eines Gipsverbandes; Wattepolsterung.

bezwecken, sind Tuber ischii und obere Tibiametaphyse mit einem besonders reichlichen Wattepolster zu versehen, bei allen das Becken umfassenden Gipsverbänden auch Sacrum und Beckenkämme, wozu am besten vorbereitete Wattekissen mit Gazeüberzug Verwendung finden.

Die Fußsohle, die bei Gehverbänden naturgemäß nicht direkt belastet werden darf, wird ebenfalls reichlich gepolstert und über einem Sohlenbrett eingegipst. Vorteilhafter ist nach dem Vorschlage von Lorenz die Einbeziehung eines *Gehbügels* aus Bandeisen in den Gipsverband, dessen Anfertigung weiter unten beschrieben wird (s. Abb. 143/144).

Stoffbindenzügel zur Längsextension und Querzüge zum Ausgleich von seitlichen Dislokationen oder zur Verhütung von Rekurvationsknickungen kommen über das Wattepolster zu liegen und werden, falls an ihnen ein starker Zug ausgeübt wird, noch besonders unterpolstert (Abb. 137).

Die Wattepolsterung wird mittels Gazebinden festgewickelt. Darüber wird nun der eigentliche Gipsverband entweder in Form des *zirkulären Gipsbinden-*

verbandes unter Verwendung von Verstärkungsmaterial oder in der neueren Form des *kombinierten Gipsschienen-Gipsbindenverbandes* angelegt.

Zur Anfertigung des *zirkulären Gipsbindenverbandes* werden die Gipsbinden in warmes Wasser eingelegt, und zwar sukzessive, weil sie bei zu langem Liegen

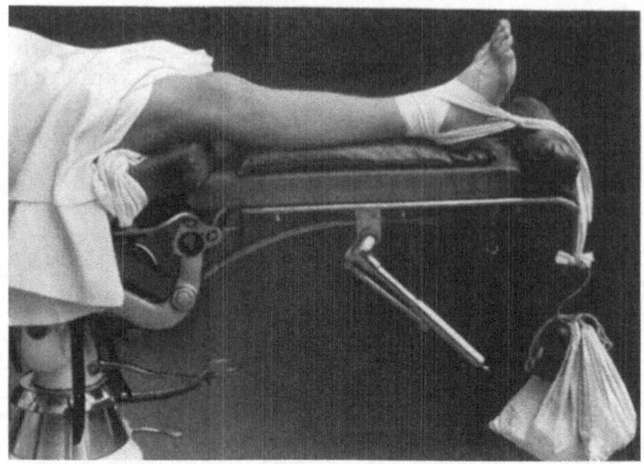

Abb. 138. Gewichtszug nach DELBET zum Anlegen eines Gipsschienenverbandes.

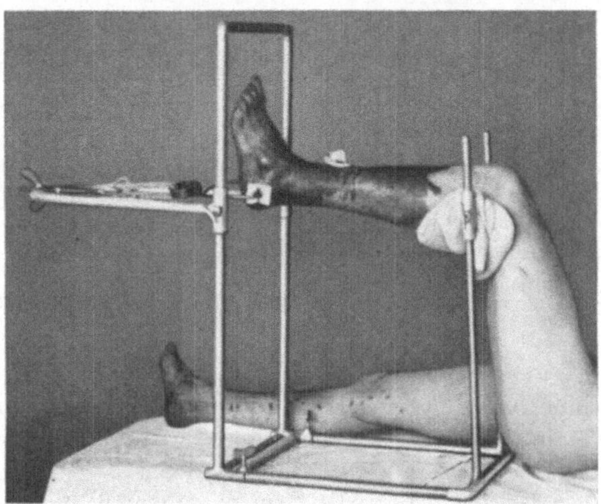

Abb. 139. Reposition einer Unterschenkelfraktur im Schraubenzugapparat. (Nach BÖHLER.)

im Wasser hart und unbrauchbar werden. Die Gipsbinden bleiben so lange im Wasser liegen, bis keine Luftblasen mehr aufsteigen. Will man das Festwerden des Verbandes beschleunigen, so ist dem Wasser zu üblicher Quantität eine Handvoll *Alaun* zuzusetzen. Dann werden die dem Wasser entnommenen Gipsbinden fest ausgedrückt und nun der Extremität unter möglichster Vermeidung einschnürender Umlegetouren ohne kräftigen Zug angewickelt.

Ist das Glied in ganzer Ausdehnung mit einer Gipsbindenschicht bedeckt, so werden zur Verstärkung Schusterspäne oder Furnierholzstreifen aufgelegt

und durch eine zweite Lage von Gipsbindentouren festgewickelt (Abb. 141).
Als Verstärkungsmaterial können auch Aluminiumstreifen, Drahtgitterstreifen
oder zusammengelegte, dünne Gipsbindenstreifen Verwendung finden. Diese
Verstärkungen sind namentlich an Stellen erhöhter Bruchgefahr, im Bereich
der Gelenke, oder dort anzubringen, wo man den Verband, wie an der Frakturstelle, besonders widerstandsfähig gestalten will.

Die Dicke des Verbandes wechselt je nach der Stärke der Extremität und
dem Zwecke der Behandlung; Oberschenkelgehverbände müssen stärker
gebaut sein, als Unterschenkellagerungs-
oder Oberarmverbände. Zur Verstärkung
kann der Gipsverband noch mit Gipsbrei
überstrichen und gleichzeitig poliert werden. An beiden Enden erfolgt *Manschetten-
bildung* in der Weise, daß die Polsterwatte
über die randständige Gipsbindentour
zurückgestreift und unter Freilassung der
Umbiegungsstelle mittels Gipsbinde festgewickelt wird. Dadurch verhindert man
das Einschneiden der scharfen Ränder
der Gipsschicht in die Haut. Bindenzügel
werden vor Vollendung des Verbandes
abgeschnitten und überdeckt.

Der *kombinierte Gipsschienen-Gips-
bindenverband*, dessen vorzugsweise Anwendung sich empfiehlt, wird über einem
dünnen Wattepolster, über einem Trikotschlauch oder direkt auf die Haut angelegt.
Wenn sich die Gipsschiene den Konturen
der Extremität dicht anschmiegen soll,
darf sie selbstverständlich nicht durch ein
dickes Polster von der Haut getrennt sein.
Ohne Zweifel sitzt deshalb eine direkt auf
die Haut angelegte Gipsschiene am besten.
*In den Händen des praktischen Arztes
bedingt jedoch der ungepolsterte Gipsverband
große Gefahren, namentlich wenn er kurz
nach der Verletzung angelegt wird. Er ist deshalb nur in Spitalverhältnissen
anzuwenden, wo ständige Überwachung garantiert ist und muß in jedem Falle sofort
nach Fertigstellung in ganzer Länge aufgeschnitten werden.*

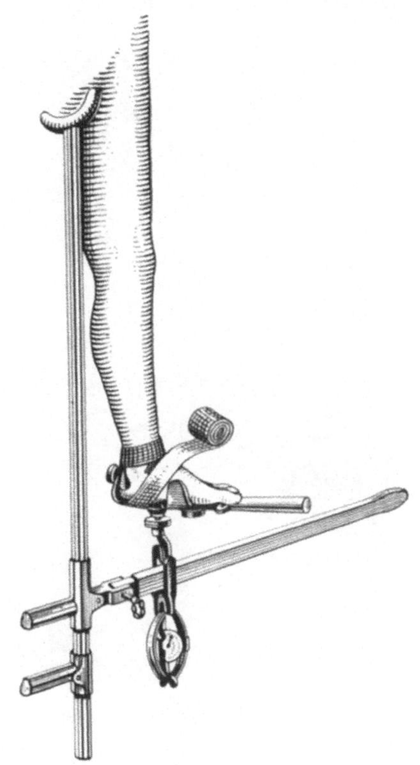

Abb. 140. Hebeltraktor zur Reposition von Frakturen. (Nach LAMBOTTE.)

Die Gipsschienen werden aus Gipsbinden angefertigt, die wie zum zirkulären
Verband in Wasser eingelegt und ausgepreßt wurden. Ihre Breite entspricht
einem Drittel bis der Hälfte des Umfanges der zu versorgenden Extremität.
In der abgemessenen Länge der anzufertigenden Schiene werden auf einem
Brett oder langen Tisch so viele Gipsbindenlagen durch Abrollen übereinandergelegt und flach gestrichen, bis die Gipsschiene in gewünschter Dicke von $1/_2$
bis höchstens 1 cm vorliegt. Ihre Verstärkung kann wie beim zirkulären Gipsverband mit Furnierholz geschehen. Diese Gipsschienen werden bei Ober-
und Unterschenkelverbänden der Rückfläche der Extremität angelegt, an der

Ferse eingeschnitten und die entstehenden Kanten sorgfältig übereinandergelegt, so daß keinerlei Falten entstehen. Dann werden sie mit einigen zirkulären Gipsbindentouren festgewickelt.

Besonders guten Halt gibt die *U-förmige Unterschenkelschiene* nach v. BRUNN, die ohne jede Unterpolsterung, unterhalb des Kniegelenks beginnend, der Außenseite des Unterschenkels angelegt, um die Fußsohle herumgebogen und an der Innenseite des Unterschenkels bis zum medialen Tibiakondylus emporgeführt wird. Die Schiene wird mit einer feuchten Mullbinde, unter Aufrechterhaltung des reponierenden Zuges, dem Unterschenkel dicht angewickelt. Diese Schiene,

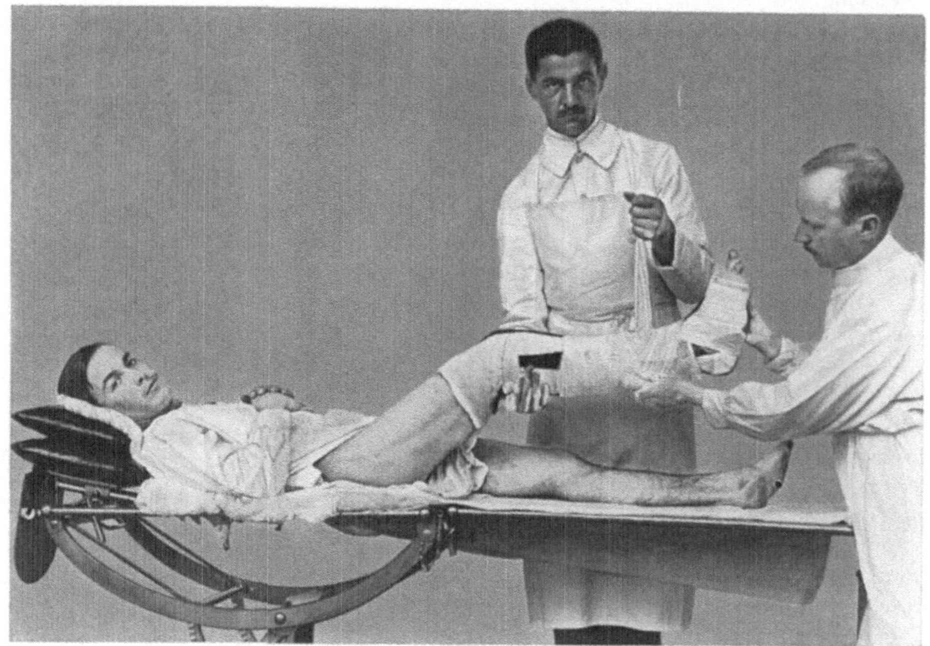

Abb. 141. Verstärkung des Gipsverbandes mittels Fournierholzstreifens.

die auch von DELBET in Verbindung mit zirkulären Gipsbindentouren angewandt wird (vgl. Abb. 883), ist ohne weiteres als Gehverband zu verwenden.

Für *Becken-Oberschenkelverbände* wird zunächst über Polsterung ein zirkulärer, bis zur Mitte des Oberschenkels reichender Gipsverband angelegt; dann erfolgt Verlängerung bis zu den Fußspitzen durch ein oder zwei hintere Gipsschienen, die in beschriebener Weise angewickelt werden (Abb. 142a, b). Bei *Unterschenkelverbänden* reicht die Schiene bis zum Knie; die Umwandlung zum Gehverband erfolgt durch Verlängerung bis zur Mitte des Oberschenkels, sofern es sich um die Behandlung von hohen Unterschenkelfrakturen handelt.

Bei allen Gehverbänden empfiehlt sich das Anlegen eines Gehbügels, der am besten nach der von BÖHLER angegebenen Technik angefertigt wird. Er besteht aus einem Bandeisen von 50 cm Länge, 2 cm Breite und 3 mm Dicke, dessen Enden je ein Querstück von 10 cm Länge, 1 cm Breite und 1—2 mm Dicke angenietet ist (Abb. 143). Dieser Gehbügel wird zu beiden Seiten der Mitte mit Schränkeisen entsprechend der Sohlenbreite des Gipsverbandes abgebogen und den Umrissen der Knöchel angepaßt; dann werden die beiden Querstücke der Wölbung des Unterschenkels angebogen und der Bügel genau in der Achse des Unterschenkels, mit seinem Mittelstück zwei Querfinger von der Ferse abstehend, durch einige Gipsbindentouren fixiert (Abb. 144). Dabei ist besondere Sorgfalt auf die Befestigung der Querstücke zu verwenden, damit

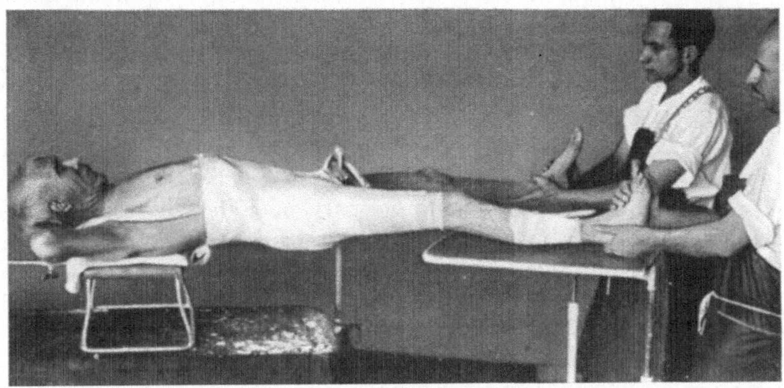

Abb. 142a. Anlegen eines Becken-Oberschenkelgipsverbandes. 1. Phase: Anlegen eines bis oberhalb des Knies reichenden, das Becken umfassenden Gipsverbandes. (Nach BÖHLER.)

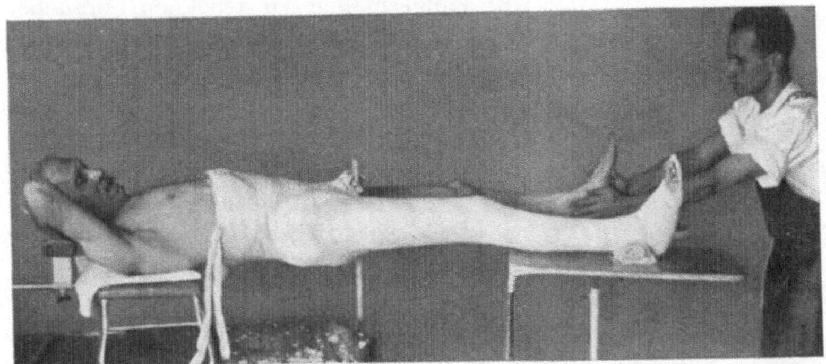

Abb. 142b. Versorgung einer Oberschenkelfraktur im Becken-Oberschenkelgipsverband. Verlängerung des Becken-Oberschenkelverbandes (Abb. 142a) bis zum Fuß. (Nach BÖHLER.)

der Bügel bei Belastung nicht hochrutscht. Die quere Gehstrebe des Bügels wird zur Verhinderung des Ausgleitens mit einigen Bindentouren umwickelt oder mit Leder oder Gummi überzogen.

Bei Frakturen der *oberen Extremität* wird die Gipsschiene der Streckfläche von Ober- und Vorderarm angelegt, bei horizontal abduziertem Oberarm und rechtwinklig gebeugtem Ellbogengelenk. Oberarmbrüche erfordern Einbeziehung des Thorax, der analog dem Becken über Polsterung mit einem zirkulären Gipsbindenverband umgeben wird, an den sich die Gipsschiene anlehnt. Die Horizontalabduction des Oberarmes wird durch ein Dreieck aus Cramerschienen gesichert, das als Konsole dient (Abb. 145).

Besonderheiten der Verbandtechnik für die Versorgung einzelner Frakturen werden im speziellen Teil erwähnt.

Will man eine bestimmte Stelle der Extremität freihalten, so konstruiert man sog. Gipsbrückenverbände. Der Verband wird dann zweiteilig angelegt,

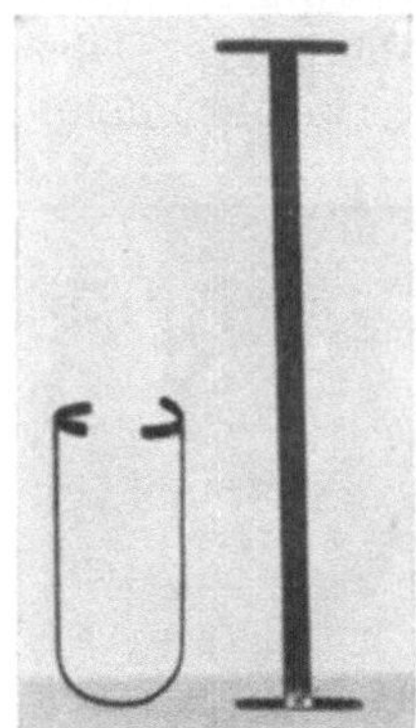

und die beiden Hülsen mittels gerader und gebogener Eisen oder Aluminiumschienen oder Distraktionsklammern (vgl. Abb. 150) verbunden, die den freizuhaltenden Extremitätenabschnitt überbrücken. Diese Gipsbrückenverbände haben sich für die Behandlung von infizierten, offenen Frakturen gut bewährt.

Müssen nur umschriebene Teile der Zirkumferenz freigelegt werden, so legt man Gipsfenster an (s. Abb. 829). Auf die freizulegende Stelle wird ein größerer Wattebausch gelegt, die entsprechende Stelle beim Anlegen der Gipsbinden ausgespart, nach dem Trocknen der dünne Gipsrand um den Wattebausch herum weggeschnitten und der Rand mit Gaze umkleidet, die allseitig unter das Wattepolster geschoben und auf dem Gipsverband festgeklebt wird.

Abb. 143. Anfertigung eines Gehbügels aus Bandeisen (s. Text). (Nach Böhler.)

Sollen die Gipsverbände abnehmbar sein, so werden sie beiderseitig der Länge nach aufgeschnitten, und zwar legt man die Schnittlinien etwas *vor* die frontale Halbierungsebene, damit eine geräumige Schale und ein schmälerer Deckel entstehen.

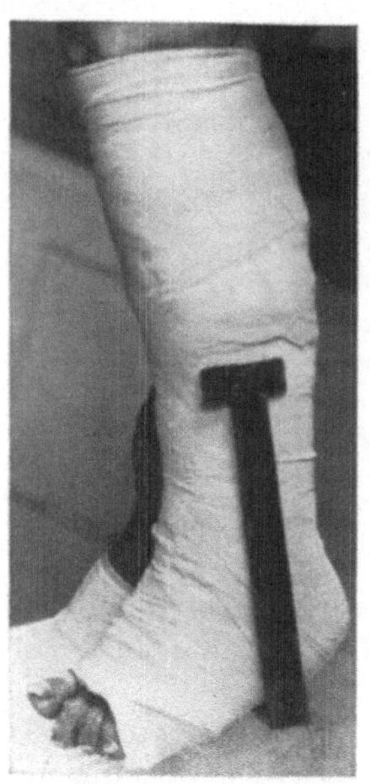

Um einigermaßen zu trocknen, brauchen Gipsverbände je nach ihrer Dicke 1—2 Stunden. Solange ist zuverlässige Unterstützung und absolute Ruhigstellung notwendig. Das Trocknen kann durch Anwendung des Föhnapparates und durch Besonnung des Gipsverbandes gefördert werden. Für Gipsverbände der oberen Extremität empfiehlt sich als bequeme und sichere Lagerungsmethode die Suspension (vgl. Abb. 546).

Außerordentlich wichtig ist die genaue Überwachung der Gipsverbände wegen Druck- und Gangrängefahr. Zunächst soll das eingegipste Glied zur Förderung des Rückflusses von Blut und Lymphe etwas hochgelagert werden, aber nicht mehr als 20—30 cm. Sodann sind an den peripherisch zum Verband herausragenden Zehen und Fingerspitzen Farbe, Temperatur, Sensibilität wie auch die Motilität wiederholt zu prüfen. Cyanose, Anämie, Schwellung, Sensibilitäts- und Motilitätsstörungen irgend nennenswerter Art sind Beweise für zu großen Druck durch den Verband. *Nehmen die Störungen zu, klagt der Patient über Parästhesien in Zehen und Fingern, über Schmerzen*

Abb. 144. Anlegen eines Gehbügels aus Bandeisen.

im Verband, so ist dieser ohne Säumen zu öffnen, will man nicht irreparable Störungen riskieren.

Das *Aufschneiden des Gipsverbandes* ist oft eine recht harte Arbeit, wenn es sich um dicke Gipsverbände handelt. Man kann sich namentlich für Verbände, die man abnehmbar gestalten will, die Arbeit sehr erleichtern, indem über der Polsterung in der entsprechenden Linie eine Giglisäge eingelegt und mit eingegipst wird. Mit Hilfe dieser Säge gestaltet sich das Aufschneiden des Verbandes äußerst einfach. Die gleiche Technik, unter Verwendung von vier Sägen, dient zur Vorbereitung und zum Herausschneiden von Fenstern beliebiger Größe aus dem Verbande. Gewöhnlich schneidet man die Verbände mit Hilfe besonderer Instrumente auf, von denen wir praktische und bewährte Modelle abbilden (Abb. 146, 147 und 148). Es ist empfehlenswert, Schere, Gipsmesser und Säge zur Verfügung zu haben. Das Aufschneiden kann erheblich erleichtert werden, wenn man die Schnittzone tags vorher mit Leinöl bepinselt, oder einige Stunden vorher mit Essig befeuchtet. Starke Erweichung des Gipses tritt auch ein, wenn man Salz aufstreut und mit Wasser befeuchtet. EMDE und CHRIST empfehlen zur Aufweichung des Gipsverbandes eine konzentrierte Lösung von Bariumchlorat (Barii chlorat. crud. 200,0 Aqua font. 1000,0), die das Calciumsulfat in das weniger harte Bariumsulfat überführt. Die Schnittlinie wird mit einer mehrfachen Gazebindenlage bedeckt und diese mit der Lösung durchtränkt. Die Einwirkung erfordert mindestens 10 Minuten.

4. Kleisterverbände.

Man stellt Kleisterbrei her, indem Stärke fein gerieben und mit wenig kaltem Wasser zu einem gleichmäßigen Brei gemischt wird. Unter fortwährendem Rühren gießt man dann eine größere Menge kochendes Wasser hinzu. Dieser Brei wird mit einem Pinsel zwischen die aufeinanderfolgenden Touren von Gaze oder Cambricbinden gestrichen. Auch können Binden vorher durch den Kleister

Abb. 145. Oberarmgipsverband mit Einbeziehung des Thorax; Abductionskonsole aus Cramerschienen.

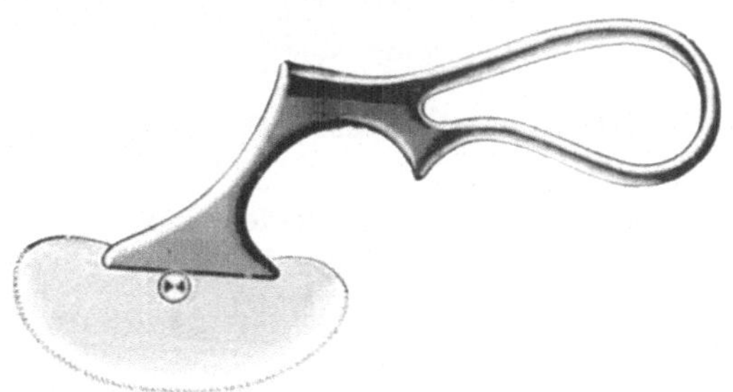

Abb. 146. Gipssäge.

Abb. 147. Gipsmesser.

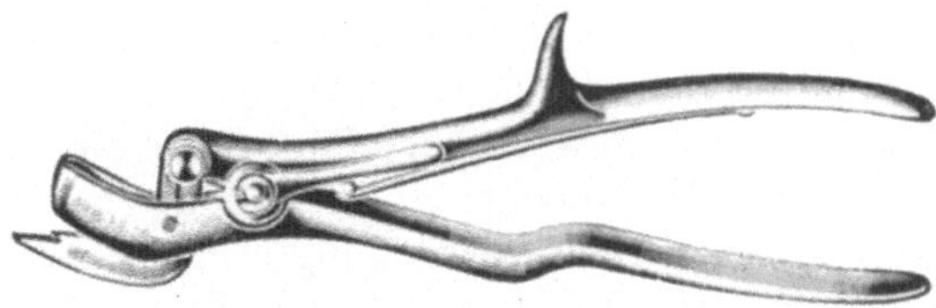

Abb. 148. Gipsschere. (Nach STILLE.)

gezogen, sofort wieder aufgerollt und in feuchtem Zustand angelegt werden. Am einfachsten ist die Verwendung von fabrikmäßig vorbereiteten Kleisterbinden, die in warmem Wasser vollständig durchfeuchtet und über einer Flanellbinden- oder Wattepolsterung angelegt werden. Im Gegensatz zu den Gipsbinden werden die Kleisterbinden kräftig angezogen, weil der Verband durch das Trocknen weiter wird. Kleister braucht viel längere Zeit zum Trocknen als Gips, deshalb muß der Verband länger in Ruhe gelassen und gelagert werden. Größere Festigkeit besitzen diese Verbände nicht und sind deshalb nur geringer mechanischer Inanspruchnahme gewachsen. Sie werden hauptsächlich noch zu vorübergehender Versorgung von Radius-, Handwurzel- und Knöchelbrüchen in der Endphase der Konsolidation verwendet.

Die früher üblichen *Wasserglasverbände,* die ihres geringeren Gewichtes wegen beliebt waren, finden heute, wie die Leim-Celluloid-Stearin- und Paraffinverbände, kaum mehr Anwendung.

5. Gipsverbände mit Distraktionsklammern.

Die ungenügende Beeinflussung der Längsverschiebungstendenz durch den gewöhnlichen Gipsverband gab Veranlassung, den Verband in der Fraktur-

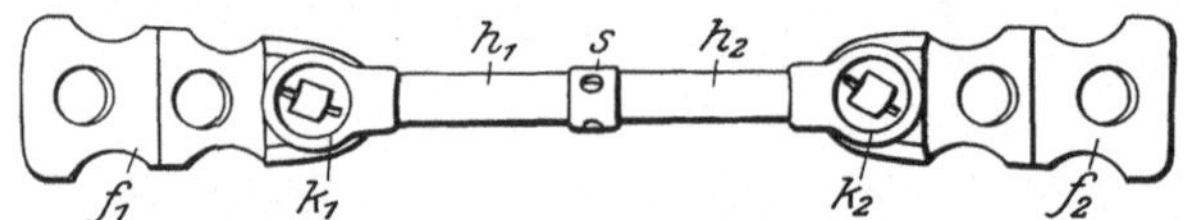

Abb. 149. HACKENBRUCHsche Distraktionsklammer [1]. (Bezeichnungen s. Text.)

zone zirkulär zu durchschneiden und die beiden Teile des Gipsverbandes durch elastischen Zug oder Schraubenwirkung voneinander zu entfernen. Derartige Vorrichtungen sind von EISELSBERG, KÄFER, DESGUIN und HACKENBRUCH angegeben worden.

Wir beschränken uns auf die Beschreibung der HACKENBRUCHschen Distraktionsmethode.

Die HACKENBRUCH-*Klammer* (Abb. 149), die stets paarweise verwendet wird, besteht aus je 2 perforierten Fußplatten f^1 und f^2, die zur Fixierung der Klammern auf dem Gipsverband dienen; ferner aus 2 Metallhülsen h^1 und h^2, welche durch die Drehung der Scheibe s gleichmäßig auseinandergeschoben werden und zur Distraktion dienen. Die Fußplatten sind mit den Hülsen durch die Kugelgelenke k^1 und k^2 nach allen Seiten drehbar beweglich verbunden und lassen sich durch Anziehen der auf ihnen befindlichen Schrauben fixieren. Dadurch wird ein wirksamer Einfluß auf die genaue Einrichtung der distrahierten Fragmente des Knochenbruchs und die Erhaltung in dieser reponierten Stellung bis zur knöchernen Vereinigung ermöglicht. Die Anwendung der Distraktionsklammern erfolgt derart, daß nach Reposition der Fraktur ein Gipsverband über dünner Polsterung angelegt und nach Erhärtung im Niveau der Fraktur zirkulär durchschnitten wird. An den Druckstellen, so für Unterschenkelbrüche am Fußgelenk und über den Tibiakondylen, legt HACKENBRUCH Polsterkissen unter, die pulverisierten Gummi enthalten. Die beiden Hälften des zweiteiligen Gips-

---

[1] Zu beziehen durch M. Schaerer, A.-G. Bern-Berlin.

verbandes werden dann durch zwei in der seitlichen Halbierungslinie symmetrisch eingegipste Klammern verbunden. Andern Tags kann die Distraktion beginnen, die durch beidseitig gleichmäßige Drehung der Scheibe s erzielt wird. Durch Schrägstellung der Distraktionsklammern können nach dem Prinzip des Kräfteparalellogramms auch seitliche Verschiebungen in gewissem Ausmaße bekämpft werden. Der erzielte Distraktionsgrad wird durch Zuschrauben der Kugelgelenkschrauben festgehalten. Durch Losschrauben der Kugelgelenke lassen sich bei gelenknahen Frakturen Bewegungen ermöglichen; auch können Ober- und Unterschenkelverbände gelenkig verbunden werden (Abb. 150).

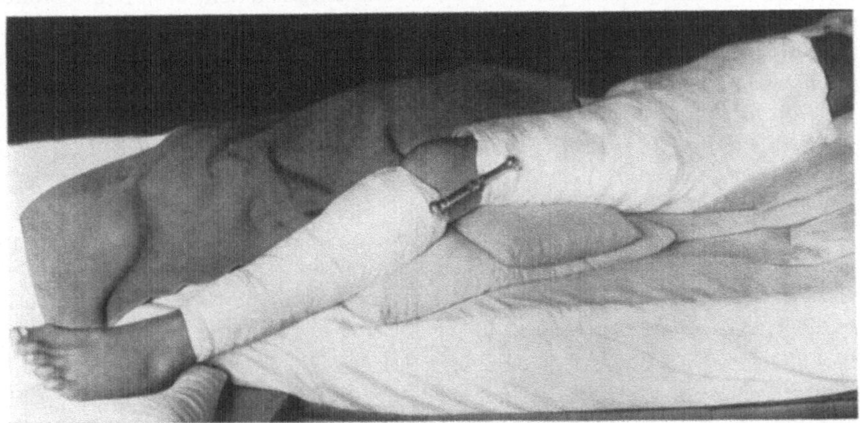

Abb. 150. Überbrückung des Kniegelenks mit Distraktionsklammern zur Ermöglichung von Bewegungen im Gipsverband.

Das Distraktionsverfahren beseitigt bis zu einem gewissen Grade die mangelhafte Extensionswirkung des Gipsverbandes, teilt jedoch mit ihm die geschilderten Nachteile des zirkulären Kontentivverbandes. Zudem ist die Decubitusgefahr an den Stützzonen nicht zu unterschätzen. Die Anwendung der Distraktionsklammern ist demnach eine beschränkte; meiner Erfahrung nach empfiehlt sie sich namentlich bei getrennten Gipsverbänden *zur beweglichen Überbrückung der Gelenke* und *zur Behebung von Beugecontracturen.*

VI. Die mobilisierende und Massagebehandlung nach Lucas Championnière.

Wir haben schon im historischen Teil erwähnt, daß Lucas Championnière die Nachteile der fixierenden Verbände bei der Frakturbehandlung durch Anwendung von Massage und Frühmobilisation auszuschalten versuchte, und dieses Verfahren methodisch ausbildete. Diese Methode, die besonders durch die französische Schule bevorzugt wurde, berücksichtigt in erster Linie Weichteile und Gelenke, vernachlässigt aber notgedrungen die eigentliche anatomische Frakturheilung, die von Anfang an in den Hintergrund gestellt wird. Daraus geht hervor, daß nur Frakturen mit fehlender oder ganz geringer Verschiebungstendenz nach Lucas Championnière behandelt werden dürfen; sonst resultieren aus dem Verfahren Verkürzungen, deforme Knochenheilungen mit der daraus sich ergebenden unphysiologischen Funktion, übermäßige Calluswucherungen und bei gelenknahen Frakturen — trotz der Frühmobilisation — auf knöchernem Hindernis beruhende Gelenkversteifung. Bei Gelenkfrakturen sah BARDENHEUER nach Massagebehandlung oft Myositis ossificans.

CHAMPIONNIÈRE empfiehlt:

1. Bei allen Frakturen, die keine wesentliche Verschiebungstendenz zeigen, oder bei denen der Grad der Verschiebung eine normale Funktion voraussichtlich nicht hemmen wird, eine *sofortige und regelmäßige fortgesetzte Massage*. Hier kommen namentlich in Betracht subperiostale Frakturen, eingekeilte Frakturen und solche mit breit anliegenden, gut verzahnten Bruchflächen. Die gleiche Behandlung empfiehlt sich bei Gelenkbrüchen, wenn die Stellung der Fragmente durch die Bewegungen nicht ungünstig beeinflußt wird.

2. Für Frakturen mit erheblicher Verschiebung und Verschiebungstendenz empfiehlt CHAMPIONNIÈRE vor dem Anlegen des Verbandes die *Frühmassage*.

3. Bei mäßiger Verschiebung und Verschiebungstendenz ist nach CHAMPIONNIÈRE *häufiger Verbandwechsel* angezeigt, *mit Einschaltung von Massagesitzungen* zwischen die Verbände. Dieses Verfahren, dem CHAMPIONNIÈRE namentlich Diaphysenbrüche zuwies, wird als *méthode mixte* bezeichnet.

4. Bei Frakturen mit sehr starker Beweglichkeit der Fragmente und entsprechend großer Verschiebungstendenz wird die gebrochene Extremität zunächst für kurze Zeit vollständig immobilisiert, Oberschenkelfrakturen werden extendiert, bis sich eine provisorische Verkittung der Fragmente ausgebildet hat; dann folgt Massage und Bewegungsbehandlung wie bei den anderen Gruppen.

Für die Massage, die nie roh, sondern langsam steigernd ausgeübt werden soll, gibt CHAMPIONNIÈRE besondere Vorschriften. Aktive Gymnastik läßt er nicht ausführen, sondern begnügt sich mit passiven Bewegungen.

Trotz der großen Bedeutung, welche der Lehre von LUCAS CHAMPIONNIÈRE wegen der Berücksichtigung der Weichteile und Gelenke, der Zirkulation und der normalen Gliedfunktion zukommt, ist es angebracht, das Anwendungsgebiet der Methode praktisch auf die erste Gruppe von Fällen einzuschränken, wenn man keine schlimmen Erfahrungen machen will.

Demnach dürfen von Anfang an mobilisierend behandelt werden *alle unvollständigen und subperiostalen Brüche*, die *Radiusfraktur ohne Verschiebungstendenz, eingekeilte Brüche des oberen Humerusendes*, sowie *intraartikuläre Frakturen mit guter und gesicherter Stellung der Fragmente*.

In Erweiterung der CHAMPIONNIÈRE*schen Maßnahmen ist auf frühzeitige Ausführung aktiver Bewegungen, also gymnastischer Behandlung, großes Gewicht zu legen.*

VII. Die Dauerzugbehandlung (Extensionsbehandlung).

1. Vor- und Nachteile der Behandlung im Zugverband.

Die Extension ist das einzige unblutige Verfahren, welches ermöglicht, den retrahierenden, eine Verschiebung erstrebenden Kräften in genügender Weise so lange entgegenzuwirken, bis eine knöcherne Vereinigung erfolgt ist. Dabei handelt es sich nicht nur um Ausübung von ständigem Längszug entgegengesetzt den verkürzenden Kräften, mit entsprechender Kontraextension, sondern auch um andauernden Ausgleich von seitlichen Verschiebungen und von Dislokationen im Sinne der Torsion durch korrigierende Seiten- und Rotationszüge. Achsenknickungen werden meist durch genügenden Längszug ausgeglichen, doch können sie auch durch passende Seitenzüge aufgehoben werden.

Eine gute Behandlung der Knochenbrüche hat, wie wir gesehen haben, vor allem die Wiederherstellung der normalen Funktion des verletzten Gliedes zu erstreben. Zu diesem Zwecke müssen erstens die Bruchstücke in möglichst exakter Weise bis zur knöchernen Verheilung festgehalten werden; zweitens müssen aber schon während der eigentlichen Frakturbehandlung, d. h. im Zeitabschnitt der Callusbildung, Bewegungen des verletzten Gliedes in sämtlichen mitbeteiligten Gelenken möglich sein, ohne daß der Bruchflächenkontakt aufgehoben wird. *Von den nicht operativen Methoden ist einzig die permanente Extension imstande, beide Forderungen gleichzeitig in praktisch vollkommener Weise zu erfüllen.* Die Dauerzugbehandlung wirkt in erster Linie während der ganzen Behandlungsdauer der elastischen und entzündlichen Retraktion der *Muskeln* entgegen. Da die Stellung der Fragmente eine möglichst korrekte ist, so fällt die Reizwirkung der Fragmente auf die Muskulatur weg. Ferner verhindert der Dauerzug die elastische Retraktion des *Bindegewebes*, und zwar sowohl des Füllgewebes als besonders der mechanisch differenzierten Bindegewebszüge, der Fascien, der gröberen intermuskulären Septen und der Sehnen. *Der adäquate Reiz für die Wiederherstellung der funktionell wichtigen Bindegewebsorgane liegt in genügendem Längszug, der während der ganzen Dauer der Heilung aufrechterhalten werden muß.* Es ist leicht nachzuweisen, daß die Schrumpfung der Sehnen und Fascien eine der erheblichsten Ursachen der Gelenkversteifung bei ungenügend behandelten Frakturen bildet, und es ist ebenso leicht ersichtlich, daß die permanente Anspannung der Fascien die beste Maßnahme gegen die Fascienschrumpfung darstellt. *Der Zugverband erhält ferner durch physiologische Dehnung der Muskeln bei gleichzeitiger Ermöglichung aktiver Zusammenziehung die normale Elastizität der Muskulatur.*

Die Ermöglichung leichter Bewegungen unter der Extension hat eine Reihe wichtiger Wirkungen, die zur Wiederherstellung der normalen Funktion beitragen. In erster Linie wird das Entstehen einer hochgradigen Inaktivitätsatrophie der Muskulatur verhindert. Auch die Knochenatrophie, die nach längerer Gipsverbandbehandlung oft außerordentlich hochgradig ist, erreicht nicht annähernd den Grad, wie bei Behandlung im Kontentivverband. Durch regelmäßige Aktivierung der Muskeln wird die Lymph- und Blutzirkulation gefördert; es fällt das Stauungsödem weg, das eine so unangenehme und hartnäckige Begleiterscheinung der Frakturbehandlung im starren Verbande bildet, die Gefahr der Thrombophlebitis sowie sekundärer Bildung oder Verschlimmerung von Varicen ist bedeutend geringer, und zugleich wird die Wegschaffung der Gewebstrümmer, sowie die Resorption des Blutergusses und des Exsudates an der Frakturstelle gefördert. Damit bleibt auch die Bindegewebswucherung aus, die man im Gefolge chronischer Stauung beobachtet. Von ganz hervorragender Wichtigkeit ist schließlich die Verhütung von Gelenk- und Sehnenversteifung mit ihren zum Teil irreparablen oder doch sehr hartnäckigen anatomischen Veränderungen.

Zur Erreichung all dieser Wirkungen sind nur ganz kleine aktive Bewegungsausschläge notwendig, so daß ergiebige passive Bewegungen durchaus überflüssig sind. Wird auch eine Nachbehandlungsperiode nicht vollkommen überflüssig gemacht, *so fallen doch bei der Zugbehandlung die Maßnahmen für Wiederherstellung der Funktion weitgehend mit der eigentlichen Frakturbehandlung zusammen, so daß in dieser Hinsicht das ideale Behandlungsziel beinahe erreicht wird.*

Diesen mannigfaltigen Vorteilen gegenüber fallen die *Nachteile der Dauerzugbehandlung* nicht allzusehr ins Gewicht. Vor allem hört man immer wieder den Einwand, die Zugbehandlung sei technisch schwierig, und erfordere ständige Überwachung und häufige Erneuerung des Verbandes. Daß die Technik der Extensionsverbände eine gewisse Übung erfordert, und daß man sich während der ganzen Behandlung stets wieder davon überzeugen muß, ob die einzelnen Züge ihrem Zweck auch entsprechen, ist zuzugeben. Doch ist die Anfertigung eines korrekten Zugverbandes sicher leichter, als die Herstellung eines gutsitzenden Extensions-Gipsverbandes, und auch die Überwachung und Nachkorrektur der Extensionen erfordert kaum mehr Mühe als der unumgängliche Wechsel der Gipsverbände.

Ferner wird darauf aufmerksam gemacht, daß die Zugbehandlung der Extremitätenfrakturen die Patienten allzu lang an das Bett feßle, und damit auch die Belegeziffer der Krankenhäuser zuungunsten anderer Kranker unnötig erhöhe. Für die Brüche der unteren Extremität sind nun aber die Vorteile der Zugbehandlung so erheblich, daß dieser Einwand außer Diskussion fällt. Gegenüber der gewaltigen volkswirtschaftlichen Bedeutung, die den unerreichten, durch die Zugbehandlung realisierbaren anatomischen und funktionellen Heilungsresultaten bei Frakturen der unteren Extremität zukommt, spielt die längere Hospitalisierung keine Rolle. Zudem kann die Zugverbandbehandlung auch bei Brüchen der unteren Extremität, besonders des Unterschenkels, nach einiger Zeit durch Gehverbände oder Gehapparate ersetzt werden, wodurch sich die Dauer des Krankenhausaufenthaltes erheblich abkürzen läßt.

Eine Gruppe von Einwänden bezieht sich auf die Folgen ungenügender Technik. Was zunächst die sog. Distraktionsschädigungen der Gelenke betrifft, so fallen diese, seitdem man die großen Extensionsgewichte von 10 kg und mehr nur noch bei direktem Angriff des Zuges am Knochen und wenn möglich am peripheren Fragment ohne Zwischenschaltung eines Gelenkes benutzt, kaum mehr in Betracht. Wird die Extension nur so weit getrieben, daß die Muskeln gerade bis zum Ausgleich der Verschiebung gedehnt werden, so kommt eine Dehnung der Gelenkbandapparate nicht in Frage, und es entstehen auch keine Schlottergelenke.

Druckschädigungen der Haut und Sehnen kommen nur bei unzweckmäßigem Anbringen von Heftpflastertouren zustande und sind im allgemeinen selten, jedenfalls seltener als Drucknekrosen im Gefolge von Gipsverbandbehandlung. Immerhin wurde Nekrose eines großen Teils der Wadenmuskulatur und ischämische Contractur der Unterschenkelmuskulatur infolge Druckwirkung zirkulärer Heftpflasterstreifen beobachtet (Abb. 105). Durch sorgfältige Technik lassen sich diese Schädigungen auf ein bedeutungsloses Maß zurückschrauben.

Auch der Einwand ungenügender Fragmentfixation trifft bei guter Technik, besonders auch der Lagerung, nicht zu. *Dagegen ist die Feststellung der Bruchstücke bei schwer infizierten Knochenbrüchen oft keine genügende,* besonders mit

Rücksicht auf den erforderlichen häufigen Verbandwechsel der stark eiternden Wunden. *In solchen Fällen muß die Extension mit Schienenbehandlung kombiniert* oder durch Behandlung mit gefensterten oder armierten Gipsverbänden ersetzt werden.

Weniger bekannt ist die Tatsache, daß die Zugbehandlung ohne gleichzeitige Fixation durch Schienen bei Frakturen rachitischer oder osteomalacischer Knochen oft übermäßig verzögerte Konsolidation zur Folge hat. Als anatomische Ursache muß eine wesentlich nur die Fragmentenden betreffende Knochenatrophie in Form auffälliger Osteoporose betrachtet werden, die sich während der Extension einstellt. Fixiert man dann derartige Frakturen, so erfolgt gewöhnlich ungestörte, wenn auch etwas verzögerte Konsolidation.

Auch bei anscheinend normalen Knochen kann man eine verzögerte Konsolidierung unter Zugbehandlung sehen, wobei Fixation durch Schienen oder Gipshülse die solide Heilung zweifellos fördert. Diese Fälle gehören in das Gebiet der verzögerten Frakturheilung und vermögen keinen allgemeingültigen Einwand gegen die Zugbehandlung zu begründen.

2. Anwendungsgebiet der Zugverbandbehandlung.

Nach vorstehenden Ausführungen ist der Zugverband das Verfahren der Wahl bei allen Knochenbrüchen mit dauernder und erheblicher Verschiebungs-, besonders Verkürzungstendenz, sofern nicht bei Frakturen der unteren Extremität vitale Gründe gegen eine liegende Behandlung sprechen. Der Extensionsbehandlung gehören deshalb vor allem die Ober- und Unterschenkeldiaphysenbrüche, soweit es sich nicht um alte Leute mit Neigung zu hypostatischer Pneumonie handelt, oder um breit verzahnte Unterschenkelfrakturen ohne Verschiebungstendenz im Sinne der Verkürzung. Von den Brüchen des Humerus werden alle Kontinuitätsfrakturen des oberen Endes, des Schaftes und des unteren Endes ebenfalls am besten mit Extensionsverbänden versorgt, sofern nicht rein subperiostale Brüche oder solche vorliegen, bei denen nur operativ eine befriedigende Fragmentstellung erzielt werden kann. Von den Vorderarmbrüchen müssen diejenigen mit Zugverbänden behandelt werden, die im Kontentivverband größere Neigung zu winkliger Knickung zeigen, was häufig bei Brüchen im oberen Drittel der Fall ist. Allfällig ist die Extensionsbehandlung mit der Anwendung von Gipsschienen zu kombinieren.

Die Besprechung der Nachteile der Extensionsbehandlung hat uns eine Anzahl *Gegenanzeigen* kennen gelehrt. Unruhige Patienten, auch unverständige Kinder können oft nicht mit Zugverbänden behandelt werden; hier treten die starren Verbände oder die Schienenverbände in ihr Recht. Bei Kindern braucht man sich zudem vor der Anwendung von Kontentivverbänden nicht so sehr zu scheuen, weil längere Feststellung den kindlichen Gelenken gewöhnlich keinen Schaden bringt.

Auch stark infizierte, offene Frakturen können oft nicht ausschließlich im Zugverband behandelt werden, weil die Bekämpfung der Eiterung vollständigere Immobilisierung, d. h. Ausschaltung jeder mechanischen Schädigung erfordert. Ferner zwingt verzögerte Frakturheilung, den Zugverband durch einen starren Verband zu ersetzen.

3. Die Extension mit indirektem Angriff des Zuges.

a) Allgemeine Technik der Heftpflasterextension.

Angriff der Zugkräfte (Extension).

Die Anregung der Amerikaner Gurdon Buck und Crosby, zur Behandlung von Oberschenkelbrüchen die Zugkraft angehängter Gewichte durch Vermittlung von Heftpflasterstreifen auf die Haut zu übertragen, ermöglichte die Verteilung des Extensionszuges auf ausgedehnte Hautpartien, indem man

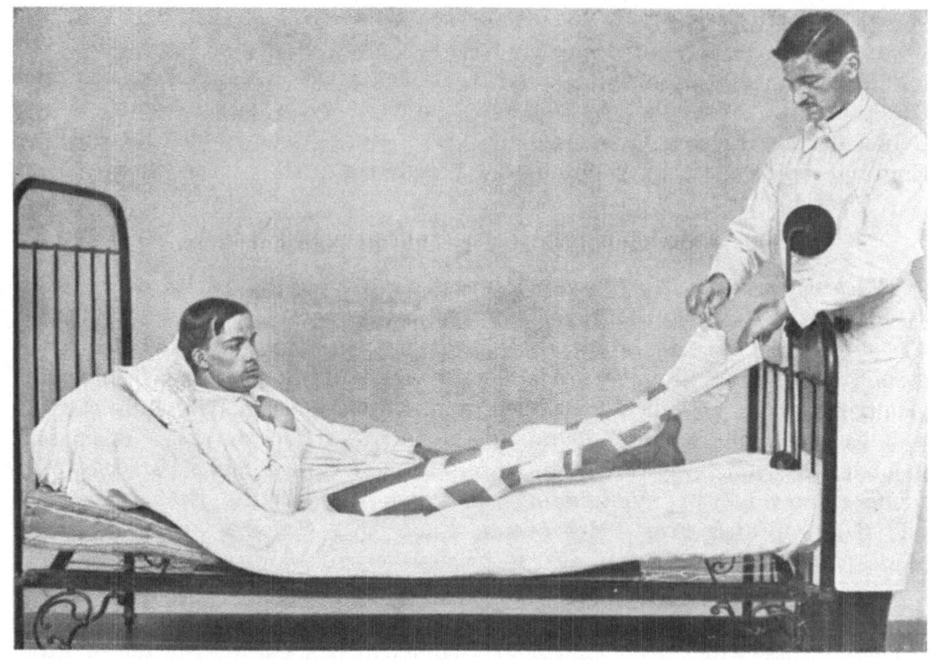

Abb. 151. Anlegen der längs und zirkulär verlaufenden Heftpflasterstreifen; die Polsterung beschränkt sich auf Knie und Fußgelenk.

die Heftpflasterstreifen weit über die Frakturstelle hinauf bis an die Basis der verletzten Extremitäten gehen ließ. Es handelt sich um eine *indirekte Extension,* indem der Längszug durch Haut, Fascien, intermuskuläre Septen und Muskeln, also durch den ganzen, den Knochen umgebenden Weichteilzylinder auf die Fragmente übertragen wird. Allerdings wird ein Teil der Extensionskraft auf die Weise durch die Dehnung des proximalen Anteils des Weichteilzylinders verbraucht, doch ist die Dehnung des Weichteilzylinders unerläßliche Voraussetzung für einen wirksamen Ausgleich der Längendislokation. *Die Heftpflasterstreifen sollen deshalb so weit über die Frakturstelle nach oben geführt werden, daß sie in das Ansatzgebiet der Muskeln reichen, die einen Einfluß auf das distale Fragment haben,* bei Oberschenkelbrüchen somit bis in das Niveau des Trochanter major bzw. des vorderen oberen Darmbeinstachels.

Die Haut des zu extendierenden Gliedes wird zunächst sauber *rasiert,* um

das unangenehme Zerren an den Haaren sowie die Entstehung von Follikel-
entzündungen zu verhüten, dann mit Äther oder Benzin entfettet und das
Heftpflaster *ohne Faltenbildung und ohne Ausübung eines stärkeren Zuges
glatt* auf die Haut geklebt. Am empfehlenswertesten sind *Zinkheftpflaster,*
Collemplastrum Zinci, die sog. *Leukoplaste* oder *Bonnaplaste.* Ein zu Exten-
sionszwecken brauchbares Heftpflaster muß gut kleben und darf die Haut
nicht reizen.

Das Anlegen eines Heftpflasterzuges an der unteren Extremität wird durch
die Abb. 151 und 152 erläutert. Zunächst wird die Haut über Knochenvor-

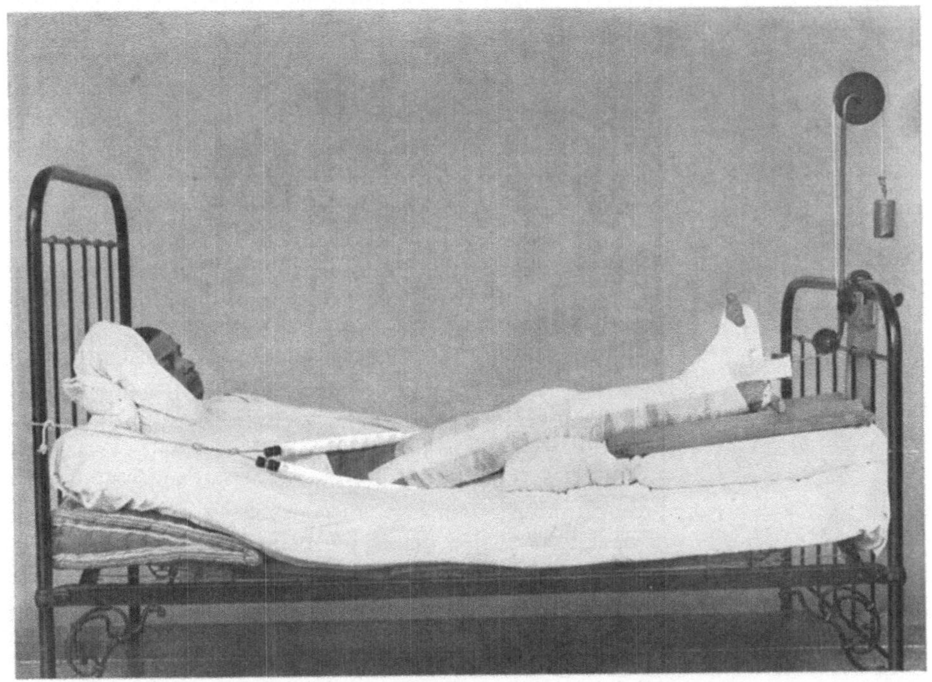

Abb. 152. Fertige Extension: leichte Flexion des Hüft- und Kniegelenks; Lagerung der
Unterschenkelschiene auf dem Gleitbrett; Kontraextension mittels gepolstertem Dammschlauch.

sprüngen und über exponierten Sehnen mit Watte oder Gaze ausreichend gepolstert
und dieses Wattepolster mit wenigen Gazebindentouren festgewickelt. Dann legt
man, an der Basis des Oberschenkels beginnend, der medialen Fläche des Ober-
und Unterschenkels entlang einen Längszugstreifen an, der 5—10 cm von der
Fußsohle entfernt in Steigbügelform über ein kleines Spreizbrett geleitet wird,
dessen Breite der Breite des Heftpflasters, dessen Länge ungefähr dem bimalleolären Durchmesser entspricht. Nun wird der Heftpflasterstreifen an der
Außenseite des Gliedes bis zur Trochantergegend emporgeführt und der Haut
in ganzer Ausdehnung flach angedrückt (Abb. 151). Zu diesen Längszügen
verwendet man zugstarke 5—6 cm breite Heftpflasterstreifen aus Segeltuch.
Bis zur Belastung mit dem Zuggewicht wird das Spreizbrett von einem Ge-
hilfen so festgehalten, daß der Steigbügel möglichst in der Achse der Längsstreifen steht. Es ist sorgfältig darauf zu achten, daß die beiden, den Fuß nach

unten überragenden Teile der Heftpflasterstreifen genau gleich lang ausfallen, das Fuß- oder Spreizbrett somit der Fußsohle parallel steht. Ist das nicht der Fall, so wirkt der Zug ungleichmäßig und es kommt rasch zum Abgleiten der Längsstreifen in der Zugrichtung.

Zur besseren Befestigung des Hauptzuges, den man als Achsenzug bezeichnen kann, werden nun in Abständen von 2—5 cm eine Reihe von zirkulären und schrägen Heftpflastertouren angelegt, wobei jeder stärkere Zug, der zu einem Einschneiden des Heftpflasters führen würde, strengstens zu vermeiden ist. Zu diesen Schräg- und Zirkulärtouren verwendet man 2—4 cm breite gewöhnliche Heftpflasterstreifen, ausgenommen am Oberschenkel, wo das breite Längszugpflaster auch für diese Touren Verwendung finden kann (Abb. 151).

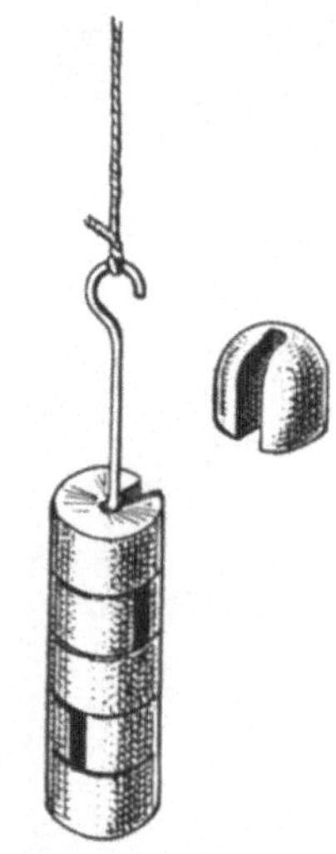

Abb. 153. Gewichtssatz
zur Extension.

Es empfiehlt sich, die einzelnen Schrauben- und zirkulären Touren nicht aus fortlaufenden Heftpflasterstücken anzulegen; vorsichtiger ist es, nach Bekleben des halben Gliedumfanges die Heftpflasterstreifen zu unterbrechen, weil sich zirkuläre Einschnürungen auf diese Weise besser vermeiden lassen. Ferner ist zu berücksichtigen, daß mit der Zeit das ganze Heftpflastersystem sich unter der Wirkung des Längszuges peripheriewärts verschieben kann. *Man darf deshalb Zirkulärtouren nicht allzu nahe an Stellen anlegen, wo der Umfang des Gliedes zunimmt, weil sonst der distalwärts verschobene nächste Zirkulärstreifen sukzessive in die Haut einschneidet.* Deshalb soll besonders über der Achillessehne keine Zirkulärtour angelegt und auch die Gelenke sollen freigelassen werden. Das ganze System der Heftpflasterstreifen wird mit einer in Wasser durchtränkten, gehörig ausgedrückten Gazebinde festgewickelt. Da sich die Binde beim Trocknen zusammenzieht, werden die Heftpflasterstreifen fest gegen die Haut gepreßt, und zugleich bildet die Gazewicklung einen Schutz gegen das Aufkrempeln der Streifenränder. Die Haftung und Haltbarkeit der Zugverbände wird auf diese Weise nicht unerheblich gesteigert. Die derart mit einem adhäsiven Heftpflastersystem versehene Extremität wird nun in eine gepolsterte VOLKMANNsche Schiene aus Blech oder Pappe gelegt und durch einige Gazebindentouren fixiert. Die Schiene kommt auf ein Gleitbrett, das man zur Erzielung leichter Flexion auf Spreuerkissen lagert (Abb. 152). Zur Anbringung des Zuges wird über dem in der Mitte durchbohrten Spreizbrett der Heftpflasterstreifen durchlöchert, eine starke gedrehte Extensionsschnur durchgezogen, zentral vom Spreizbrett mit einem Knoten versehen, der nicht durch das Bohrloch schlüpfen kann, die Schnur am Bettende über eine Rolle geleitet und mit dem Gewicht belastet. Als Zuggewichte dienen eigens konstruierte käufliche Gewichtssätze, die beliebige Dosierung des Zuges gestatten (Abb. 153), einzelne Bleigewichte (Abb. 152) oder Leinwandsäcke, die bis zu der gewünschten Belastung mit Steinen, Sand, Schrot und Bleikugeln oder mit gewöhnlichen Gewichten gefüllt werden (vgl. Abb. 154). Man kann sich auch Schrot oder Blei zu 1—2 Pfund in Stoff einnähen und dann diese Gewichtseinheiten in die Leinwandsäcke einlegen.

Bis das Heftpflaster ordentlich festgeklebt ist, d. h. für die ersten 2 Stunden, soll die Belastung nur 1—2 kg betragen und dann erst allmählich zu der gewünschten Höhe gesteigert werden, soweit nicht die Aufrechterhaltung guter Fragmentstellung von Anfang an größere Belastung erfordert. Für die Verstärkung des Heftpflasterlängszuges sind von verschiedenen Autoren am Fuß-, Knie- und Handgelenk anzubringende *Hilfszüge in Form von sog. Achtertouren* angegeben worden. Doch haben diese auf die HENNEQUINsche Anordnung des Zugangriffes zurückzuführenden Heftpflastertouren eine große Tendenz zum Einschneiden und bedingen so erhebliche Druckgefahr, daß man sie besser nicht anwendet. Wo große Zugwirkung nötig ist, lassen wir heute die Extension direkt am Knochen angreifen.

An Stelle von Heftpflaster werden Zugverbände auch hergestellt, indem man Trikotschläuche oder 6—10 cm breite Binden von rauhem Woll- oder Baumwollstoff mittels Mastisol, Mastisolersatz[1], HEUSNERsche Klebemasse[2] oder Zinkleim an der rasierten Haut der gebrochenen Extremität festklebt.

Auf die rasierte, entfettete und gut getrocknete Haut werden Mastisol, Mastisolersatz oder Zinkleim mittels eines Pinsels aufgestrichen, während die HEUSNERsche Mischung durch einen Zerstäuber aufgetragen werden kann. Über die mit der

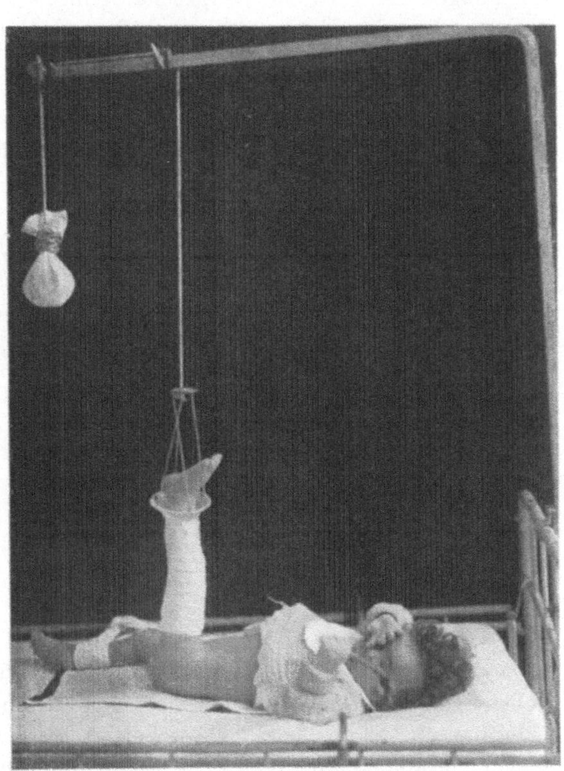

Abb. 154. Extension mit Trikotschlauch und eingenähtem Drahtring.

Klebemasse versehene Haut wird ein knappsitzender Trikotschlauch gerollt oder gezogen, so daß er die Fußspitze oder die Fingerspitzen noch etwas überragt. Dann schneidet man in der vorderen und hinteren Mittellinie den Trikotschlauch bis oberhalb des Fußgelenks bzw. bis oberhalb des Handgelenks auf, faltet oder dreht die so entstehenden seitlichen Zipfel des Trikotstoffes zusammen und verknüpft sie direkt mit den Extensionsschnüren, die durch ein Spreizbrett auseinandergehalten, weiter weg verknüpft und über eine Rolle geleitet werden. Auch kann man beide Stoffzipfel

[1] Dammarharz 60,0   [2] Terebint. venet. 50,0
Benzol 100,0   Spiritus 100,0
(Es darf nur frischer reinster Terpentin verwendet werden.)

durch einen Extensionsbügel verbinden, an dem die Gewichtsschnur angebracht wird.

Stoffbinden werden mittels der Klebemasse festgeklebt, durch zirkuläre Touren gleicher Binden oder einfacher Gazebinden angewickelt und im übrigen gleich behandelt, wie die längsverlaufenden Heftpflasterstreifen.

Eine zweckmäßige Modifikation der Trikotschlauchverbände, die bei empfindlicher Haut und größerer Behandlung im Bereich der Achillessehne und des Fußgelenks gern zu Druckschädigung führen, bildet das Einnähen von großen, über die Extremität zu stülpenden Drahtringen an ihrem unteren Ende, wobei die gewichttragenden Schnüre seitlich an den Ringen angeknüpft werden. Die extendierte Extremität ist dann, wie die Abb. 154 zeigt, im Bereich des Fußgelenks allseitig frei und keinerlei Druck ausgesetzt. Diese Abänderung nach RAMSER hat sich uns bei Kindern sehr bewährt.

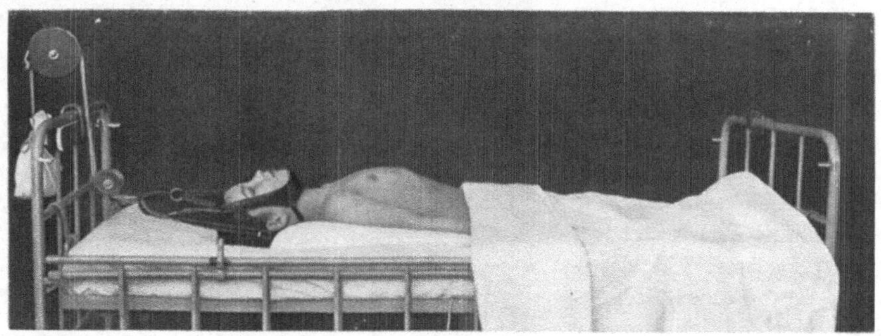

Abb. 155. Extension mit der GLISSONschen Schlinge.

Eine weitere Art, die Zugkraft angreifen zu lassen, liegt in der Verwendung von gepolsterten *Ledermanschetten,* die über das leicht mit Watte gepolsterte Fuß- oder Handgelenk geschnallt werden. Um an der unteren Extremität größere Zugkräfte zu verteilen, legt man auch oberhalb des Kniegelenks eine Ledermanschette an; beide Manschetten werden dann durch seitliche Längsriemen verbunden, in deren Fortsetzung die Zugkraft durch Vermittlung eines Spreizbügels angreift.

Für das Angreifen von Zug oder Gegenzug am Kopf bedient man sich der sog. GLISSONschen Schlinge, die aus einer an Kinn und Hinterhaupt angreifenden Ledermanschette mit zwei gegenüberliegenden Seitenriemen besteht; an den Enden dieser Riemen sind Ringe angebracht, in die der Extensionsbügel eingehängt wird (Abb. 155).

Angriff der Gegenzugkräfte (Kontraextension).

Um eine gehörige Zugwirkung ausüben zu können, ist eine entsprechende Gegenkraft, allgemein *Kontraextension* genannt, anzubringen. Handelt es sich um Extension einer Oberschenkelfraktur bei einem schweren Patienten, so genügt oft die Reibung des Körpers auf der Unterlage als Gegenkraft. Bei stärkerer Belastung der Extension gleiten aber die Patienten, dem Längszug folgend, gegen das Bettende hin. Es empfiehlt sich deshalb, mit dem gesunden

Fuß gegen einen Holzklotz oder eine kleine Kiste treten zu lassen, die man an die Fußlade anstellt. Auch kann man bei leichten Patienten das Bettende, nach welchem hin der Zug verläuft, durch Unterschieben von Klötzen um 10—20 cm heben; auf diese Weise wird die Kontraextensionswirkung durch Reibung des Körpers auf der Unterlage gesteigert. Die SCHEDEsche Vertikalsuspension zur Behandlung kindlicher Oberschenkelbrüche benützt das Körpergewicht als Gegenkraft; das gleiche ist der Fall bei vertikaler oder schräger Suspensionsextension des Armes. Selbstverständlich muß dabei das Extensionsgewicht zunächst für das Gewicht der extendierten Extremität aufkommen, bevor eine distrahierende Zugwirkung einsetzt. Die Kontraextensionswirkung kann durch Festschnallen des Körpers am Bett verstärkt werden. Bei horizontaler oder leicht schräger Extension hat das Extensionsgewicht ebenfalls zunächst die Reibung des peripheren Gliedabschnittes auf der Unterlage zu überwinden, bevor die distrahierende Wirkung des Zuges eintritt. Um diese Reibung, soweit sie der Distraktion der Fragmente hinderlich ist, möglichst zu vermindern, sind Lagerungsschienen mit Rollen hergestellt worden, die wie Eisenbahnräder auf entsprechenden Schienen eines Schienenbrettes rollen. Einfacher sind Bretter mit zwei kantigen Gleitschienen (Abb. 152), auf welchen der Querbügel der VOLKMANNschen Schiene gleitet. Da nur der periphere Gliedabschnitt auf diese Gleitschienen gelagert wird, kommt die Reibung des proximalen Gliedabschnittes noch der Gegenextension zugute. Je hochgradiger die Elevation des extendierten Gliedes, desto größer die Gegenzugwirkung des Körpergewichtes. Bei der ambulanten Extension am rechtwinklig gebeugten Oberarm wird die Kontraextension teilweise dadurch erreicht, daß man Hand

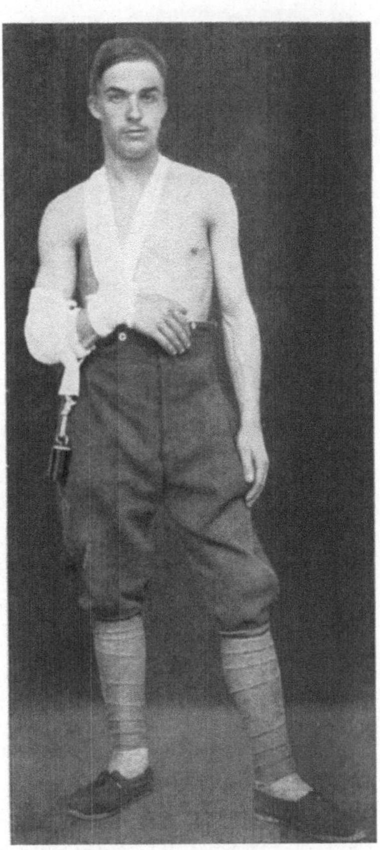

Abb. 156.
Kontraextension durch Suspension des Vorderarmes in einer Nackenschlinge.

und vorderes Ende des Unterarms in eine um den Nacken gelegte Schlinge legt (Abb. 156). Für die Längsextension von stark verkürzten Unterschenkel- und Oberschenkelfrakturen genügt nun häufig die Kontraextension durch Reibung auf der Unterlage nicht. In diesen Fällen bewirkt man den Gegenzug am besten durch einen mit Watte gepolsterten Gummischlauch oder durch eine mit Watte gepolsterte und mit Gaze übernähte Schnur- oder Stoffschlinge, die nach Art eines Schenkelriemens in die Oberschenkel-Dammfalte gelegt, oberhalb des Beckenkammes geknüpft bzw. zusammengebunden und am Kopfende des Bettes festgemacht wird, wie Abb. 157 zeigt. Bei der Behandlung von Frakturen des oberen Femurendes legt man mit Vorteil beiderseitig eine derartige Kontraextension an, damit die quere Beckenachse nicht schräg verschoben wird, so daß man jederzeit den Grad der Abduction der Beine mit Sicherheit beurteilen kann. Natürlich müssen dann auch beide Beine extendiert werden.

Zur Kontraextension des Oberarmes wird eine Schlinge in die Axilla gelegt. Besonders zuverlässige Gegenzugwirkungen erzielt man durch Anlegen

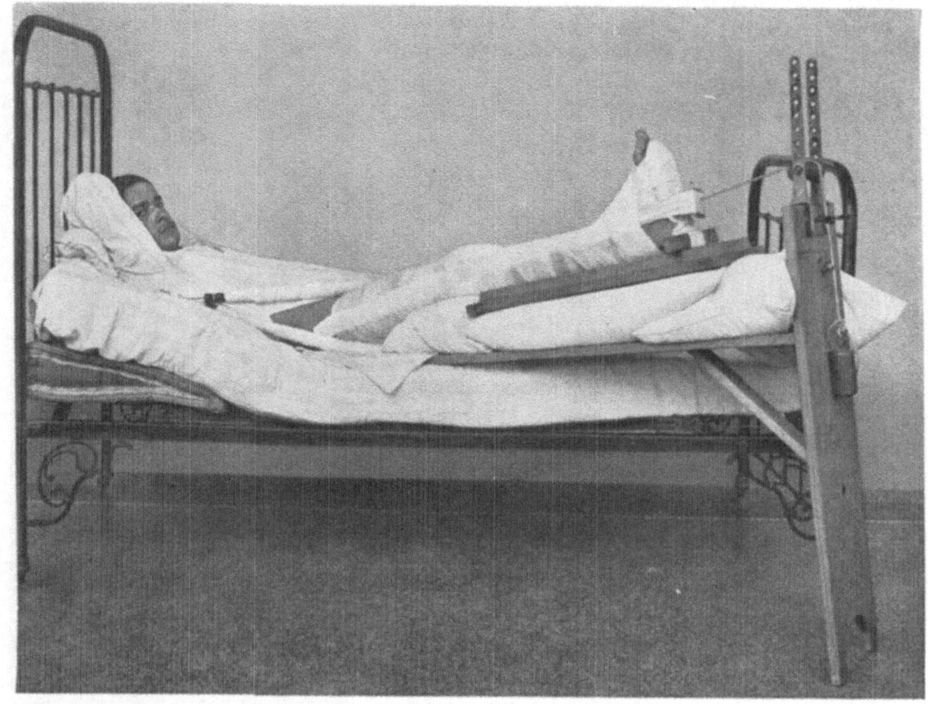

Abb. 157. Einfaches T-förmiges Holzgestell zur Extension hochsitzender Oberschenkelfrakturen in Abductionsstellung. Kontraextensionsschlinge in der Oberschenkel-Dammfalte.

einer *Drahtextension am Becken,* dicht hinter dem vorderen- oberen Darmbeinstachel *oder am Akromion,* gemäß dem Vorschlag von BLOCK.

Extensionsbetten.

Obschon man in jedem guten Bett unter Verwendung geeigneter Hilfsapparate, wie Lagerungsschienen und Rollenträger, eine Zugbehandlung durchführen kann, empfiehlt es sich doch, für den Krankenhausbetrieb eigene Extensionsbetten anzuschaffen, die ohne große Schwierigkeiten das Anbringen aller Extensionszüge gestatten, die für die Behandlung von Frakturen der unteren und oberen Extremität in Betracht kommen. Extensionsbetten müssen in erster Linie lang genug sein, länger als die gewöhnlichen Spitalbetten. Von großer Wichtigkeit ist ferner die Konstruktion der Unterlage. Am empfehlenswertesten sind Betten mit gitterartigen Federmatratzen, auf die eine gute, nicht zu weiche, allfällig geteilte Roßhaarmatratze kommt. Am Fuß- und Kopfende des Bettes finden sich die nötigen Vorrichtungen für das Anbringen der

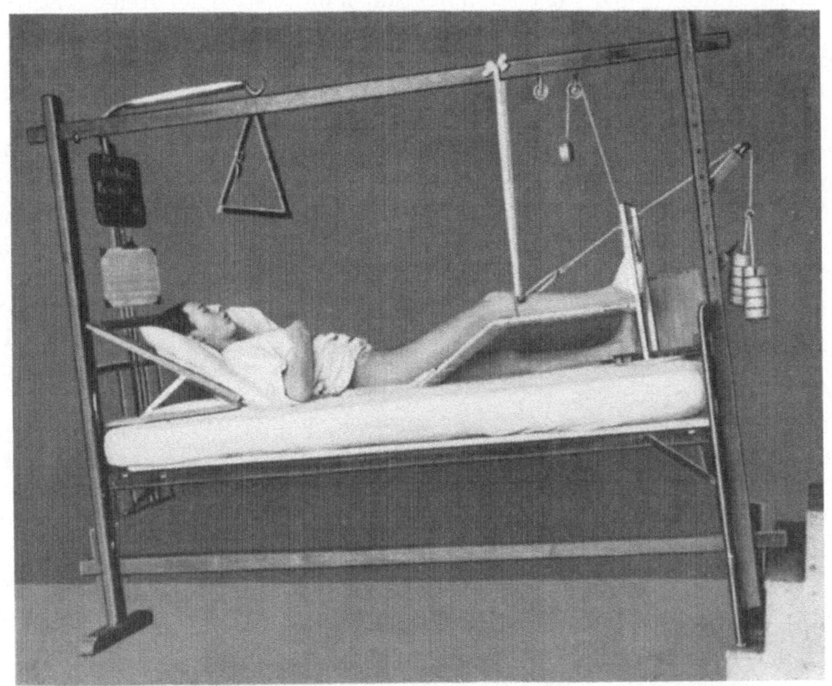

Abb. 158. Verstellbarer Extensionsrahmen aus Holz. (Nach BÖHLER.)

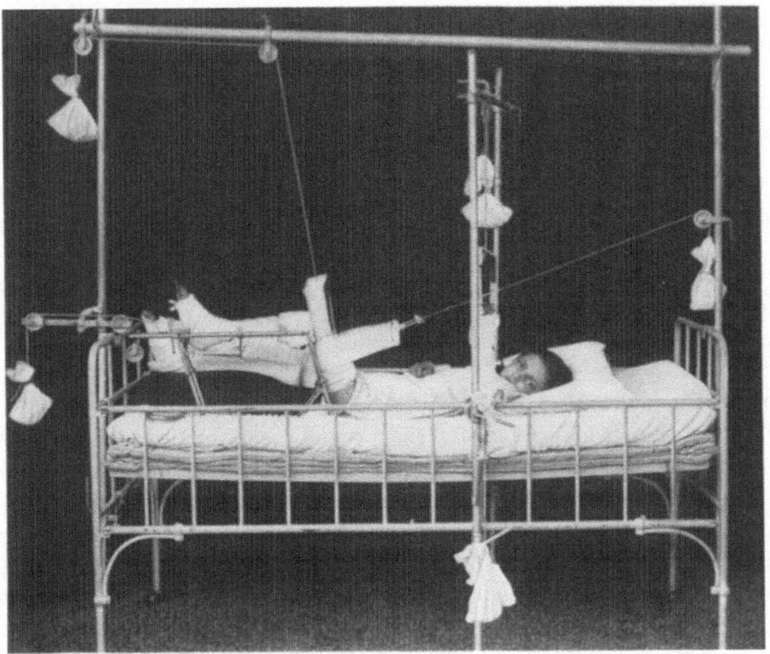

Abb. 159. Standardisierte Extensionsrahmen und Rollenträger aus Eisenrohr, einem gewöhnlichen Spitalbett angepaßt.

verschiedenen Rollen und Rollenkombinationen in wechselnder Höhe. Ferner gehört zu einem Extensionsbett ein abgebogener Mast oder Galgen aus Eisen, der sowohl am Kopfende als auch am Fußende des Bettes angebracht werden kann und der Befestigung von Rollen zur Aufnahme schräger oder senkrechter Extensionszüge dient (Abb. 159 und 176). Zur Behandlung von Frakturen des oberen Femurendes in Abductionsstellung müssen die Extensionsbetten in ihrer unteren Hälfte seitlich um etwa 50 cm verbreitert werden können. Das geschieht durch Anbringen ausziehbarer oder aufklappbarer Rahmen (s. Abb. 777), auf die kleine Roßhaarkissen als Teilmatratzen gelegt werden, oder durch eigene, an das Bett heranzuschiebende Eisenständer. Praktisch ist auch die Verwendung von T-förmigen Holzgestellen, wie Abb. 157 zeigt.

Die Konstruktion eines guten Extensionsbettes zeigt Abb. 777. Ebenso bilden wir praktische Modelle von Rollenträgern ab, die an jedem Bett angebracht werden können (Abb. 152).

An Stelle der eisernen Extensionsmaste können auch einfache *Holzrahmen* Verwendung finden, die in Längsrichtung über das Bett gestellt werden und zuverlässige Extension von Ober- und Unterschenkelfrakturen gestatten (Abb. 158).

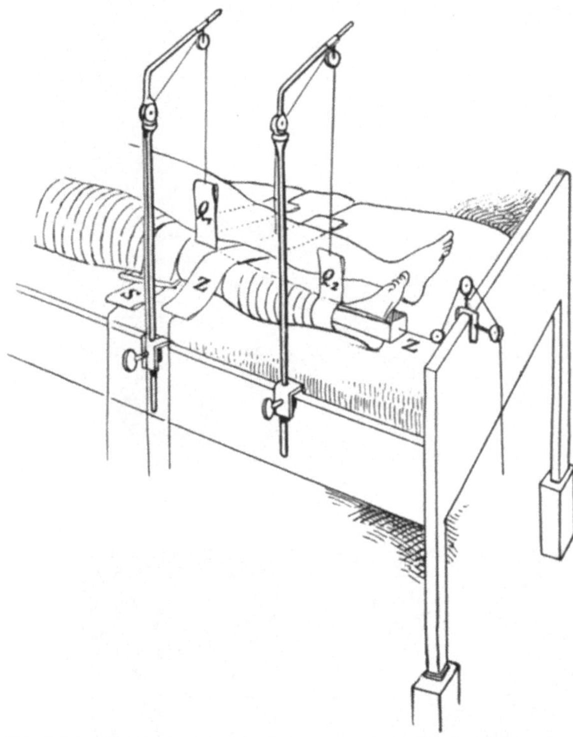

Abb. 160. Kombinierte Behandlung einer suprakondylären Femurfraktur nach BARDENHEUER. Der Schlittenzug S drückt das nach vorne abgewichene obere Fragment nach hinten, der Querzug Q, führt das nach hinten abgewichene untere Fragment nach vorne. Der über dem Kniegelenk liegende Zug Z drückt das Knie nach hinten und dient als Gegenzug für Q₁; Querzug Q₂ bewirkt Streckung des Kniegelenks, wodurch winklige Stellung des unteren Femurfragments vermieden werden soll. Der Längszug Z sorgt für Ausgleich der Verkürzung.

Es empfiehlt sich, bei der Konstruktion der Betten für chirurgische Spitalabteilungen auf die Bedürfnisse der Extensionsbehandlung Rücksicht zu nehmen und die einfache Befestigung standardisierter Extensionsvorrichtungen vorzusehen (vgl. Abb. 159).

b) Die Heftpflasterextension nach BARDENHEUER.

Wir verdanken BARDENHEUER und seiner Schule eine sorgfältig ausgebildete Extensionstechnik, die möglichst vollständigen Ausgleich *aller* Dislokationen durch kombinierte Anwendung von Längszug, Seiten- und Rotationszügen bezweckt. Zur Anwendung gelangen ausschließlich Heftpflasterzüge. Für die Frakturen der unteren Extremität bevorzugte BARDENHEUER lange Zeit

Extension in Streckstellung; später hat er jedoch ebenfalls die Semiflexion eingeführt, die durch Lagerung der Extremität auf Häcksel- oder Polsterkissen bewerkstelligt wird. Zur Herabsetzung des Reibungswiderstandes werden die Lagerungskissen auf glattpolierte Gleitbretter gelegt. Trotzdem ein prinzipieller Unterschied zwischen der BARDENHEUERschen und neueren Extensionsmethoden hinsichtlich Beachtung des Prinzips der Semiflexion nicht mehr besteht, verdient die durchgearbeitete Technik BARDENHEUERs doch eine kurze Schilderung.

Von einer vollständigen Polsterung des Fußgelenks mit Watte wird nach BARDENHEUERscher Vorschrift abgesehen; Tibiakante und Malleolen werden nur durch glatt zusammengelegte etwa achtfache, längliche Gazestücke geschützt. Die Heftpflasterlängsstreifen werden durch dichtliegende, dachziegelförmig sich deckende zirkuläre Touren perforierten Heftpflasters befestigt, unter Freilassen der Gelenke (Abb. 160). An der oberen Extremität wird der Längszug an der Beuge- und Streckseite, unter Bildung einer Schlinge an den Fingerspitzen, angelegt (Abb. 161); gepolstert wird nur das Olecranon. Über das Heftpflaster kommt ein Mullbindenverband. Zur Aufhebung der seitlichen Verschiebungen (Abb. 162) verwendet BARDENHEUER Querzüge mittels 6 cm breiten Segeltuchheftpflasterstreifen, die um die Extremität herumgeführt und in der Mitte der Seite, nach welcher der Zug

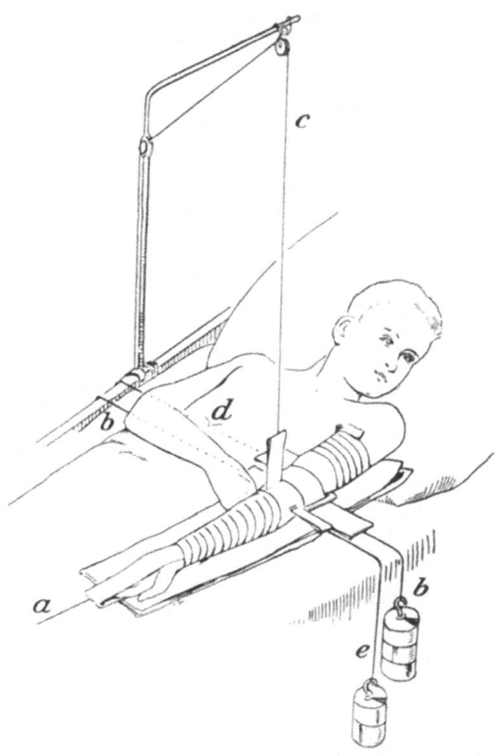

Abb. 161. Verwendung des Schlittenzuges zur Rückwärtsführung des nach vorne abgewichenen oberen Humerusfragmentes bei suprakondylärer Humerusfraktur. Dem Schlittenzug b wirkt der das Olecranon umgreifende Zug c entgegen; Zug d zieht das nach außen abgewichene obere Fragment nach innen. Zug e das nach innen abgewichene untere Fragment nach außen. Längszug a behebt die Verkürzung.
(Nach BARDENHEUER.)

wirken soll, unter Bildung einer Schlaufe dicht an der Oberfläche der Extremität vernäht oder mit einer Sicherheitsnadel zusammengesteckt werden (Abb. 160). Die Extensionskordel kommt in ein Knopfloch der aufeinandergeklebten Heftpflasterstreifen. Damit keine Rotationskomponente zustande kommt, muß die Vernähung des Seitenzugstreifens genau in der Halbierungsebene der Extremität erfolgen. Legt man die Naht höher an (hochgenähter Seitenzug), so erfolgt bei Belastung des Zuges eine Rotation nach der Unterlage hin; liegt die Naht tiefer als die Halbierungsebene, so erfolgt eine Rotation in entgegengesetzter Richtung, also nach oben, unter gleichzeitiger Abschwächung des Zuges. Ein Querzug nach hinten wird von BARDENHEUER durch den sog. *Schlittenzug* ersetzt, dessen

Wirkung aus den Abb. 160 und 161 ersichtlich wird. Für diese Schlittenzüge verwendet man Heftpflaster von doppelter Länge, nach dessen Halbierung Klebefläche auf Klebefläche gelegt wird, damit die nicht klebende Seite des Pflasters ohne Hemmung über die Rollen des Schlittenzugapparates laufen kann.

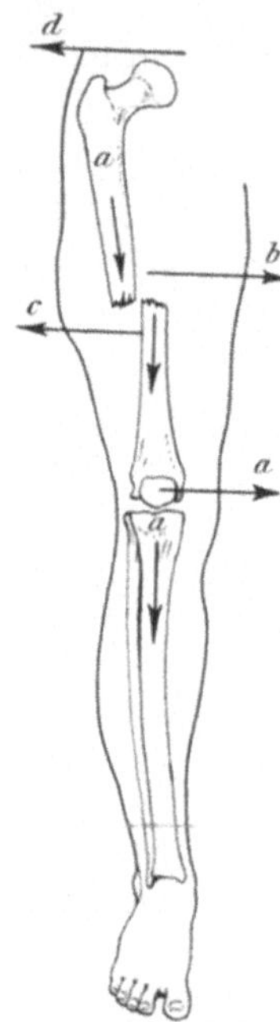

Abb. 162. Darstellung der Quer- und Gegenzüge bei Oberschenkelfraktur nach Ausgleich der Längsdislokation. (Nach BARDENHEUER-GRAESSNER.)

Um einen nach beiden Seiten in entgegengesetzter Richtung wirkenden Querzug zu erzielen, verwendet BARDENHEUER den sog. *durchgreifenden Zug,* der z. B. ermöglicht, bei interkondylären Gelenkbrüchen die beiden Kondylen aneinanderzudrücken. Die Abb. 163 a, b zeigen, wie man einen derartigen Zug anlegt. Schließlich verwendet BARDENHEUER noch Rotationszüge, die aus einer vollständigen zirkulären Tour bestehen; das freie Ende des Heftpflasterstreifens wird so zusammengelegt, daß die Klebeflächen eine Strecke weit aufeinander liegen, und dann bringt man dicht am freien Ende des Streifens ein Knopfloch zur Befestigung der Extensionskordel an.

c) Die Technik der Heftpflasterextension nach dem Prinzip der Semiflexion mit achsengerechtem Gewichtszug.

Das zweckmäßigste Verfahren der Zugbehandlung ist die Extension in Halbbeugestellung, mit Längszug in der Richtung der Längsachse des gebrochenen Knochens. Korrigierende Seiten- und Rotationszüge werden in gleicher Weise angewandt, wie bei der Extension nach BARDENHEUER. Das Hauptanwendungsgebiet der Semiflexionsbehandlung bilden die Ober- und Unterschenkelfrakturen; auch für die Behandlung der Oberarmbrüche bietet die Semiflexion häufig große Vorteile, ebenso macht sich die entspannende Wirkung deutlich geltend bei der Reposition stark verschobener Vorderarmfrakturen, wenn auch an der oberen Extremität nicht mit diesen gewaltigen Retraktionskräften zu rechnen ist, wie an den unteren Gliedmaßen.

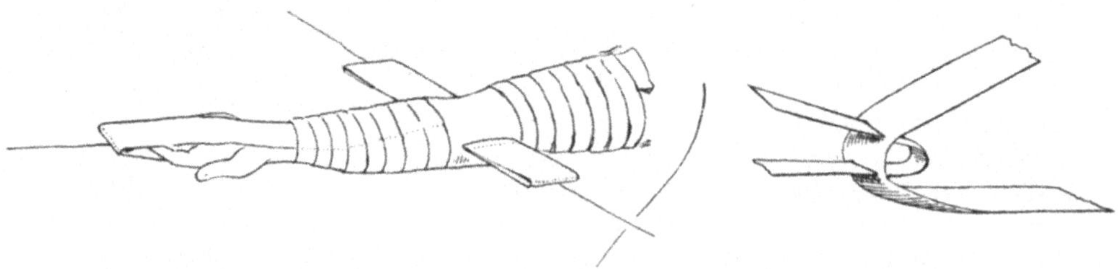

Abb. 163 a. Durchgreifender Zug nach BARDENHEUER.

Abb. 163 b. Herstellung des durchgreifenden Zuges nach BARDENHEUER.

Extension bei Frakturen der unteren Extremität.

Für die untere Extremität läßt sich eine entspannende Beugestellung im Hüft- und Kniegelenk durch Lagerung auf Spreuer- und Roßhaarkissen erzielen, die man auf ein glattpoliertes, breites Bett legt, damit das ganze System dem

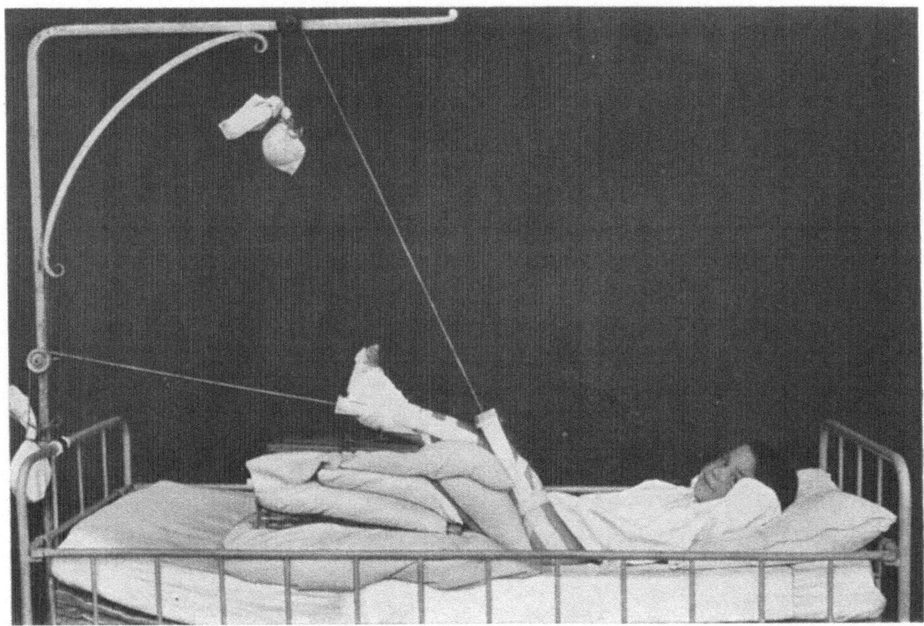

Abb. 164. Extension einer Oberschenkelfraktur in Semiflexion, mit achsengerechtem Gewichtszug. Fixationszug am Unterschenkel, Unterlage mittels Kissen und Gleitbrett improvisiert.

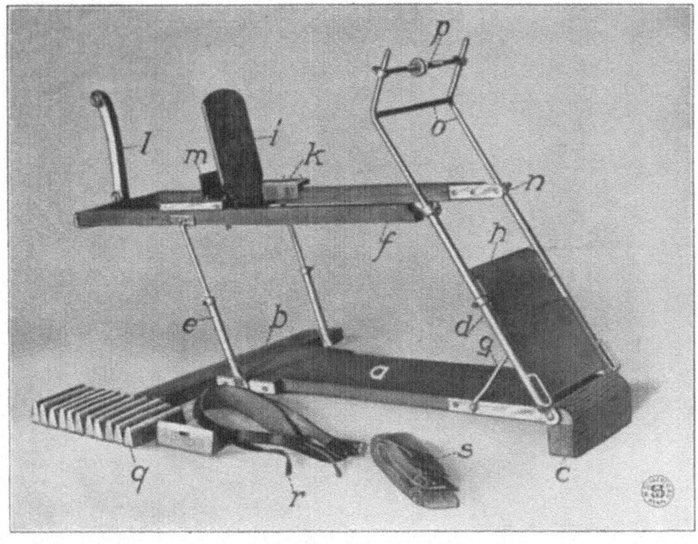

Abb. 165. Extensionsapparat nach ZIEGLER mit eingesetztem Bügel für die Extension einer Oberschenkelfraktur. a Grundbrett, b stabilisierende Querleiste, c Klotz für das Tuber ischii, d, e ausziehbare Metallrohrstützen, f Unterschenkelrahmen, g umlegbarer Bügel, h ausziehbare Oberschenkelauflage, i Fußstütze, k Schlitten, l Rollenträger, m Spreizbrett für den Heftpflasterstreifen, n Hülse für den Oberschenkelbügel, o Extensionsbügel für den Oberschenkel, p Rollenträger, q Bleigewichte, r Lederschlaufen für die Unterschenkelauflage, s Leinenbänder zur Fixation des Oberschenkels.

Extensionszuge folgend sich distalwärts etwas verschieben kann. Ebenso zweckmäßig ist es, die Kissen direkt auf die Matratze zu legen, und zur Herabsetzung des Reibungswiderstandes ein poliertes Brett auf die Unterlage für den Ober- und Unterschenkel zu geben. Unterschenkel und Fuß werden zur Vermeidung der Auswärtsrotation in eine VOLKMANNsche Schiene gelegt, die

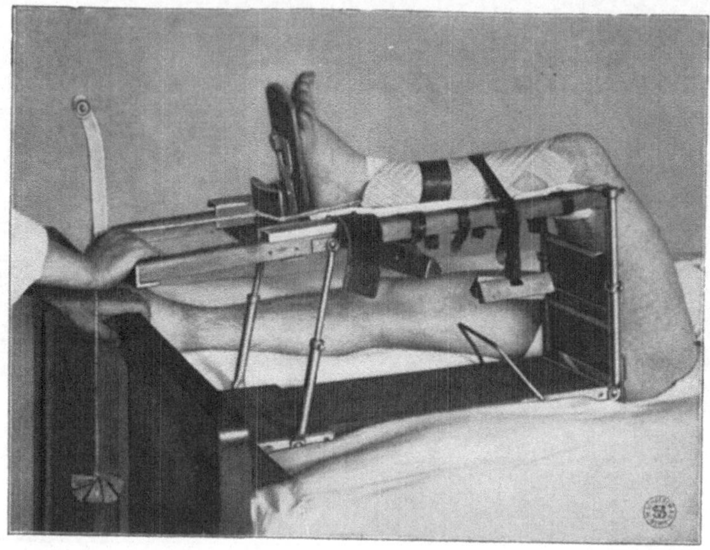

Abb. 166. Extension einer Unterschenkelfraktur und passive Bewegungen im ZIEGLERschen Apparat.

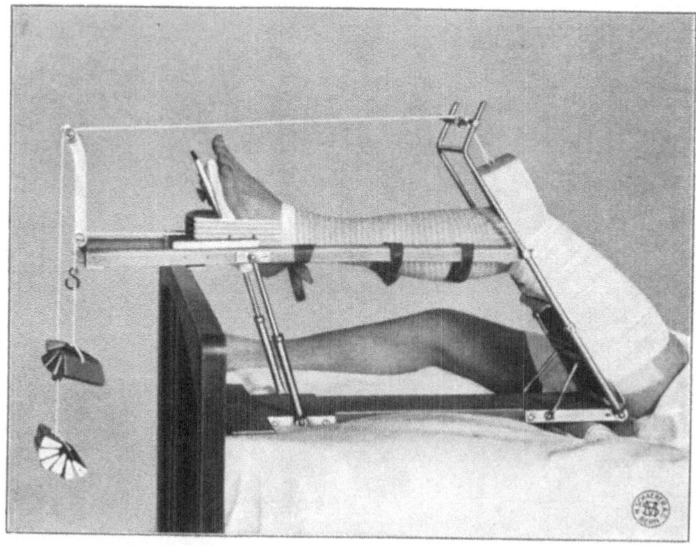

Abb. 167. Extension einer Oberschenkelfraktur im ZIEGLERschen Apparat.

nur bis zum Knie reicht. Abb. 164 zeigt einen derartigen improvisierten Aufbau für die Behandlung einer Oberschenkelfraktur. Um dem ganzen Aufbau die nötige Stabilität zu geben, empfiehlt es sich, bei weichen Betten ein breites Holzbrett unter die Obermatratze zu legen. *Sehr praktisch ist die Verwendung von eigenen Semiflexions-Lagerungsapparaten.*

Die Extensionsschiene zur Frühmobilisierung nach ZIEGLER (Abb. 165) stellt ein bewegliches, ausziehbares Doppeltrapez dar, bestehend aus einer festen Oberschenkelauflage und einem Leerrahmen für die Lagerung des Unterschenkels auf Ledergurten oder Bindentouren. Der Fuß findet Anlehnung an eine ver-

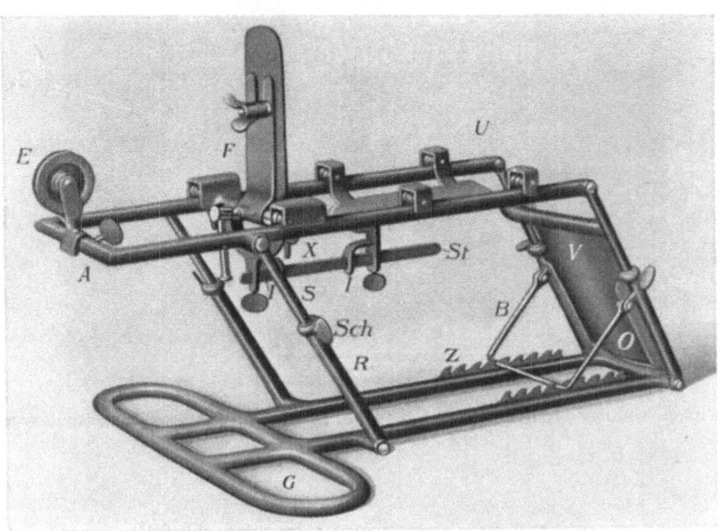

Abb. 168. G Grundrahmen aus Stahlrohr, R Rohrstützen, S ausziehbare Stäbe, Sch Schrauben zur Fixation der Stäbe, O Oberschenkelstützplatte, V Verlängerung der Oberschenkelstützplatte, A Auflagerahmen für den Unterschenkel, B beweglicher Stellbügel, U Unterschenkelauflage, F Fußstütze, St Stab für die Verbindung von Fußstütze und Unterschenkelauflage, I Führungen für den Verbindungsstab, E Führungsrolle.

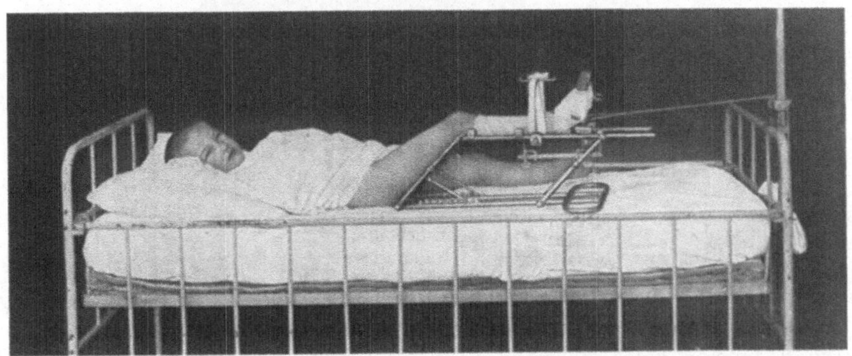

Abb. 169. Behandlung einer Unterschenkelfraktur im unteren Drittel. Längszug am Unterschenkel, Schlingenzug nach vorne zur Vermeidung der Rekurvation.

stellbare, auf einem beweglichen Schlitten montierte Stütze, gegen die er durch den Heftpflasterzug angepreßt wird. Das Trapez kann durch einen Sperrbügel in mittlerer Flexionsstellung festgestellt werden. Für Extensionen am Oberschenkel wird in die hohlen Säulen der Oberschenkelauflage ein Extensionsbügel mit querem Rollenträger eingesteckt. Der Fuß des Patienten kommt in leicht-(plantar-)flektierter Ruhestellung mit der Sohle auf die Platte zu liegen.

Die Art der Lagerung und Extension einer Unterschenkelfraktur im ZIEGLER-schen Apparat ergibt sich aus Abb. 166; durch Zufassen am Querbügel des Lagerungsrahmens (Abb. 166) lassen sich nach Auslösung des Sperrbügels passive Bewegungen in erheblichem Umfange ausführen. Mit Hilfe einer Schnur-

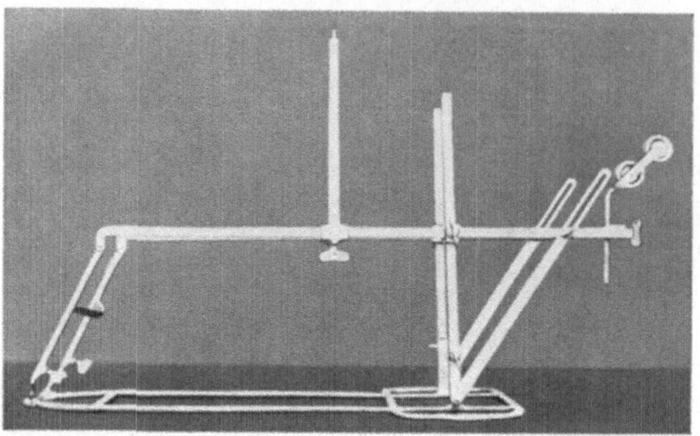

Abb. 170a. Einheitsschiene der EISELSBERGschen Klinik, verstellbar, zur Behandlung von Frakturen der unteren Extremität.

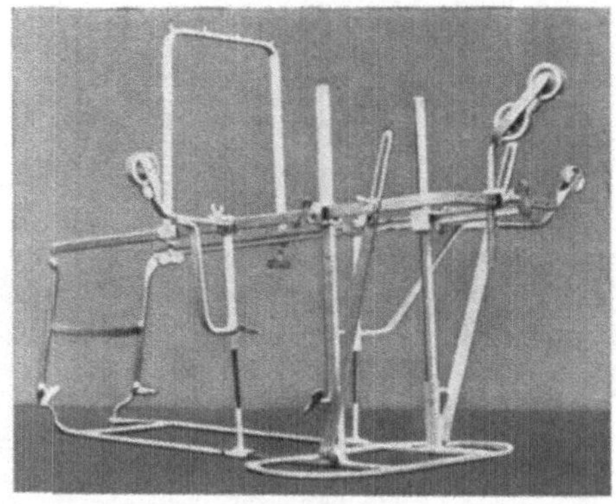

Abb. 170b. Einheitsschiene der EISELSBERGschen Klinik mit Rollenträger für Seitenzüge und mit Suspensionsbügel.

schlinge, die am Kniegelenk des Apparates angebracht wird, kann der Patient selbst passive Bewegungen vornehmen.

Die Extension einer Oberschenkelfraktur demonstriert Abb. 167.

Praktische Bedürfnisse veranlaßten mich, eine Lagerungsschiene für Flexionsbehandlung von Ober- und Unterschenkelfrakturen herstellen zu lassen, die ebenfalls beweglich und ausziehbar, jedoch in verschiedenen Neigungswinkeln feststellbar ist (Abb. 168). Der Oberschenkel kommt auf eine geschweifte Metallplatte zu liegen, der Unterschenkel auf eine an Rollen suspendierte Schiene, während die Fußsohle sich gegen eine auf separatem Schlitten laufende verstellbare Fußstütze anlehnt. Unterschenkelauflage und Fußstütze können separat verwendet oder durch eine Verbindungsschiene vereinigt werden. Der Unterschenkelrahmen kann auch als Leerschiene verwendet und mit Binden umwickelt werden. Ein auf dem Unterschenkelrahmen an beliebiger Stelle aufsetzbarer Bügel gestattet Suspension der Frakturstelle zur Behebung von Rekurvationsknickungen (Abb. 169).

Die Anwendung des Apparates für Unterschenkelbrüche ergibt sich aus

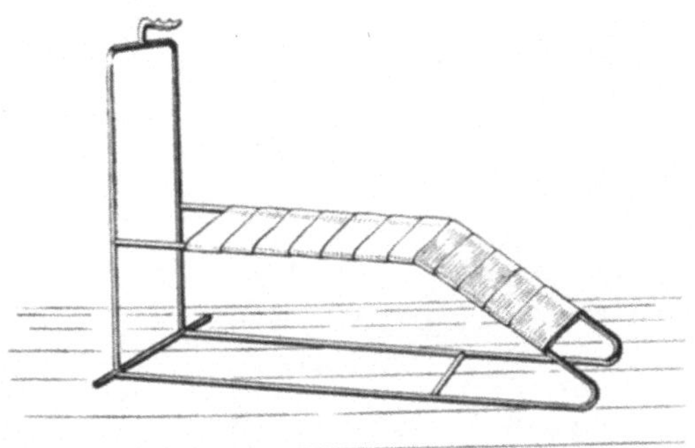

Abb. 171. Leerschiene nach BRAUN (Schiene A) mit Trikotbinde bespannt, zur Lagerung von Unterschenkel- und Oberschenkelbrüchen in Beugestellung.

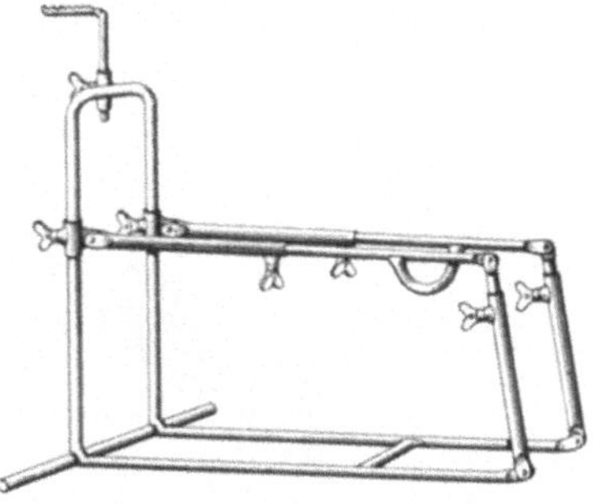

Abb. 172. Ausziehbare Leerschiene für wechselnde Einstellung nach MATTI.

Abb. 169, für Oberschenkelfrakturen aus Abb. 159. Diese Schiene, die von der Firma M. Schaerer A. G. Bern in zwei Größen geliefert wird, hat sich auf unseren Stationen seit 15 Jahren sehr gut bewährt; gegenüber den starren Leerschienen besitzt sie den Vorteil ausgedehnter Anpassungsmöglichkeit und vollständiger Vorkehren für die Behandlung von Unterschenkelbrüchen. Zudem gestattet sie, bei der Extension von Oberschenkelfrakturen durch Vermittlung der Unterschenkelauflage einen Hilfszug von der Wade her auszuüben.

Nach ähnlichen Gesichtspunkten sind eine Reihe sog. *Universalschienen*, so diejenige von MATT-DEUBNER und die Einheitsschiene der EISELSBERGschen Klinik gebaut, wie sie von DEMEL beschrieben wurde (Abb. 170).

Für alle rollentragenden Schienen ist zu beachten, daß sie durch das Extensionsgewicht in die Matratze eingepreßt werden, wodurch ein Teil der Zugwirkung verloren geht; es empfiehlt sich

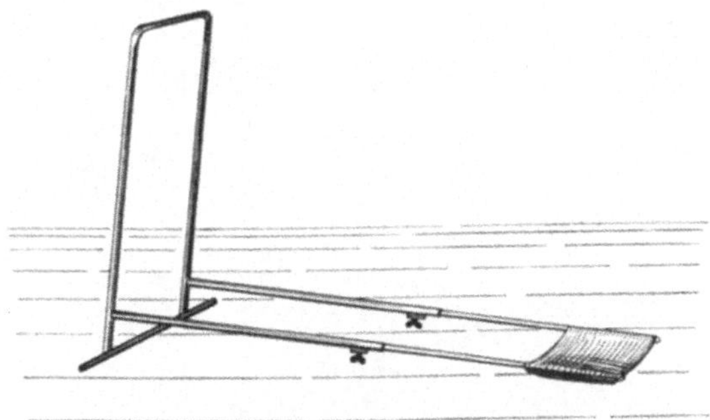

Abb. 173. Beinschiene B nach BRAUN zur Lagerung von Ober- und Unterschenkelfrakturen bei gestrecktem Kniegelenk.

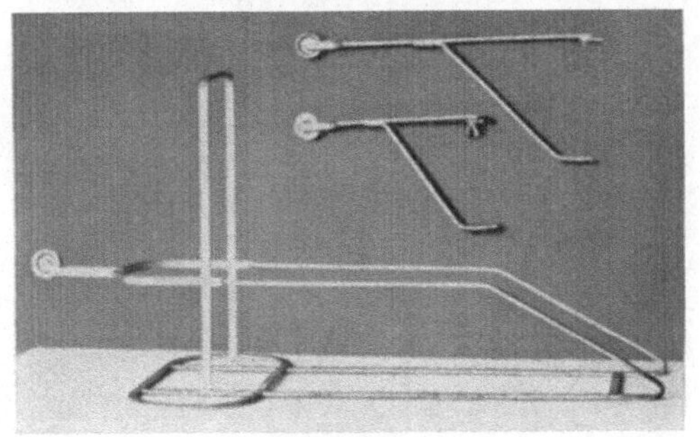

Abb. 174. Unterschenkelschiene nach BÖHLER mit Seitenstützen für Querzüge.

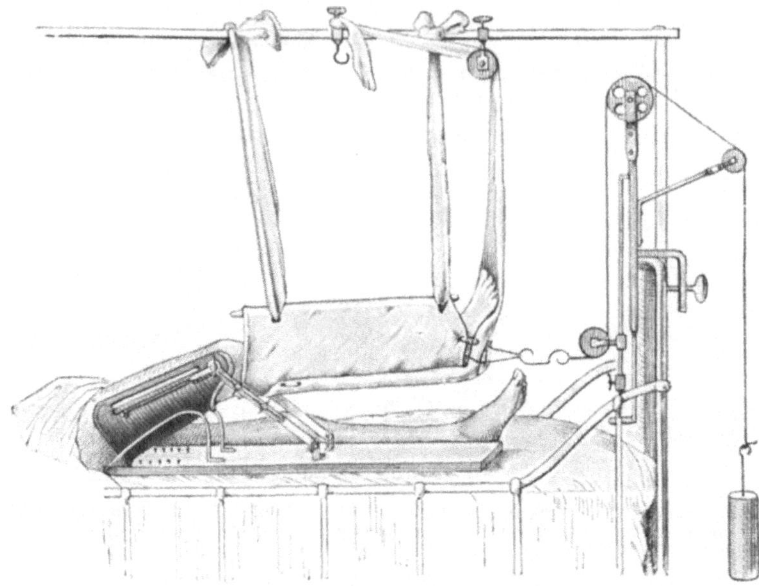

Abb. 175. Hängemattenextension nach HENSCHEN, Unterschenkel in der Hängematte suspendiert, Fuß bequem in einer Tasche gelagert.

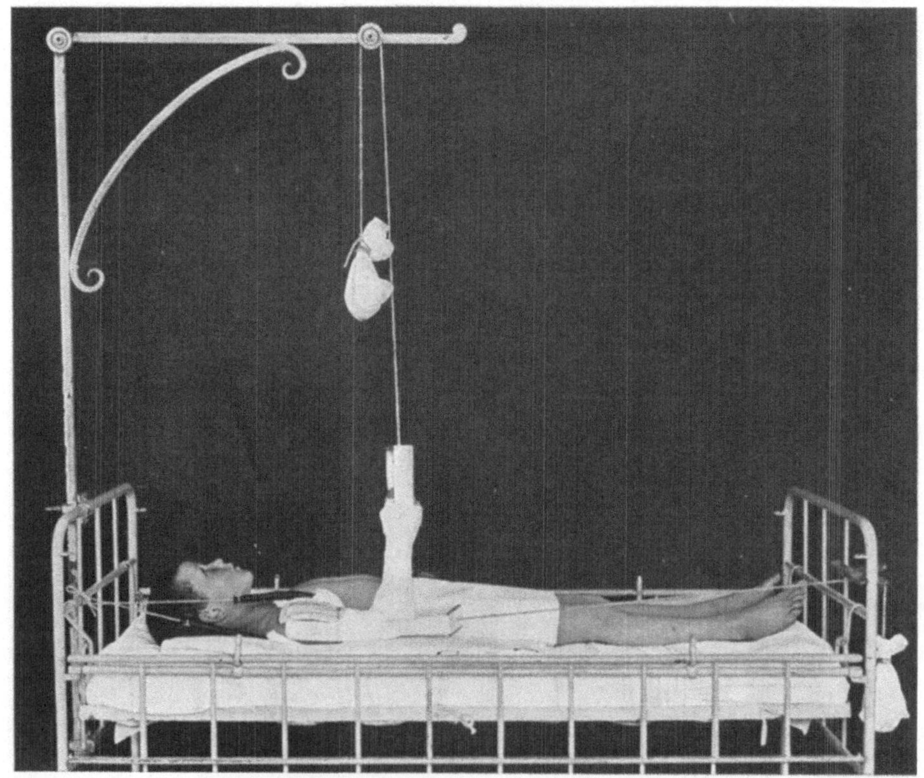

Abb. 176. Extension einer operativ reponierten pertuberkulären Humerusfraktur; Oberarm in mittlerer Rotationsstellung gehalten durch Suspensionszug am Vorderarm.

deshalb, die Extenssionschnur über eine am Bett oder an einem Extensions-
galgen angebrachte Rolle zu leiten und die an der Schiene selbst sitzenden
Rollen nur als Führungsrollen zu benutzen.

Die Braunsche Leerschiene.

Eine ganz besondere Bedeutung hat die von Braun während des Krieges
konstruierte *Leerschiene* für die Behandlung von Frakturen der unteren Extremität erlangt. Wie Abb. 171 zeigt, handelt es sich um ein Gestell aus Rund-

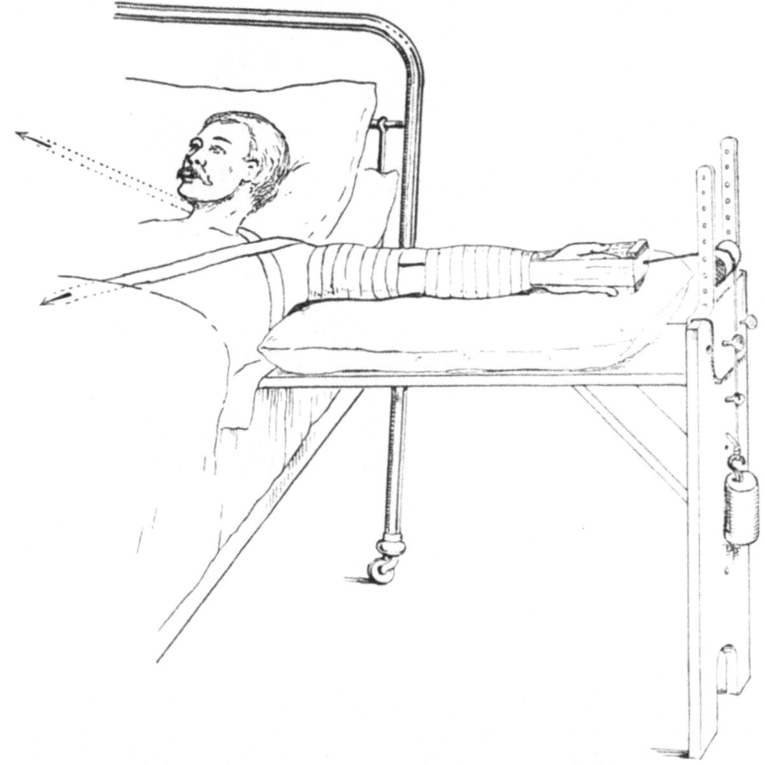

Abb. 177. Extension einer Fraktur des oberen Humerusendes in Horizontalabduction unter
Verwendung eines einfachen Holzgestells.

eisen, das durch Bespannung mit Stoffbinden in eine Lagerungsschiene umgewandelt wird. Die Schiene wird in sechs Größen geliefert.

Um den Kniegelenkwinkel nach Bedarf ändern zu können, habe ich unter
Verwendung von Rundeisen und Stahlrohr ein ausziehbares Schienenmodell
anfertigen lassen, das in zwei Größen allen praktischen Anforderungen genügt
(Abb. 172).

Neben der für Semiflexionslagerung der unteren Extremität bestimmten
Beinschiene A hat Braun noch eine Schiene B für Lagerung des Beins in Streckstellung angegeben (Abb. 173), über deren Anwendung auf den speziellen Teil
verwiesen wird.

Böhler hat die Schiene durch einen rollentragenden horizontalen Fußbügel verlängert und abnehmbare seitliche Rollenträger beigefügt (Abb. 174).

Für die Lagerung der Oberschenkelbrüche benutzt Böhler eine Schiene, deren vertikaler Fußbügel zwei Rollen trägt, eine für den Oberschenkelzug und eine für die Suspension des Fußes.

Wo Semiflexionsapparate nicht zur Verfügung stehen, kann an Stelle der Lagerung auf Spreuerkissen der Unterschenkel auch in einer *Hängematte* suspendiert werden (Henschen, Abb. 175).

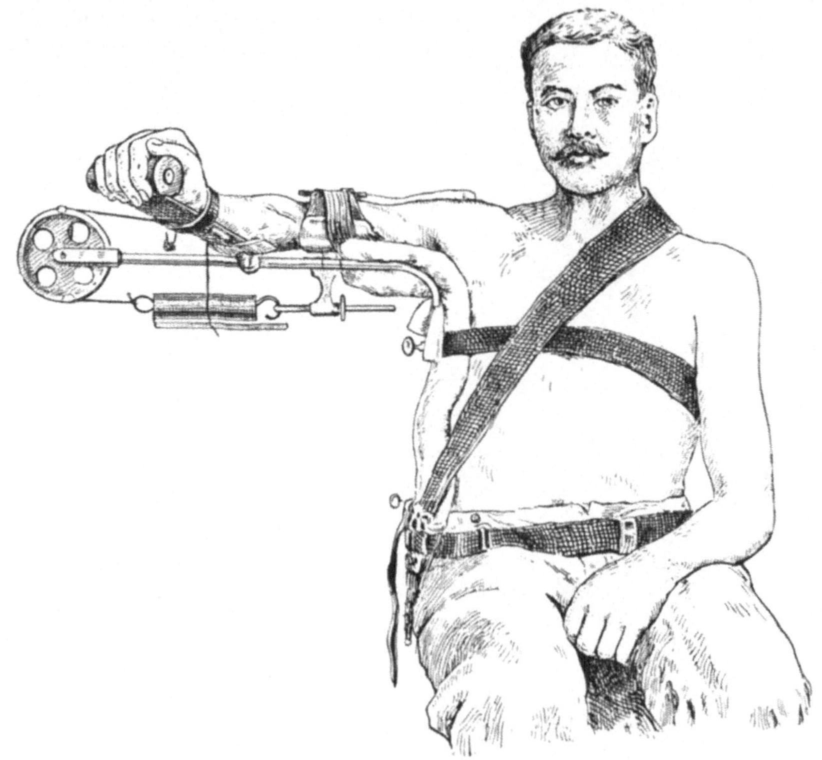

Abb. 178. Rechtwinkelapparat nach Christen zur Behandlung einer Oberarmfraktur angelegt [1].

Extension bei Brüchen der oberen Extremität.

Die *Brüche des Oberarmes* können in vielen Fällen parallel der Körperlängsachse extendiert werden. Der natürlichen Ruhelage des Armes entspricht höchstens eine ganz leichte Abductionsstellung im Schultergelenk, bei mittlerer Rotationsstellung, und ungefähr rechtwinkliger Beugung des Ellbogengelenkes. Für praktische Zwecke genügt es meistens, den Humerus bei dicht am Thorax liegendem Arm und rechtwinklig gebeugtem Ellbogengelenk längs zu extendieren, und nur dafür zu sorgen, daß das periphere Fragment eine Mittelstellung zwischen maximaler Einwärts- und Auswärtsrotation einnimmt (Abb. 176), damit die Fragmente nicht in entgegengesetzter Rotationsstellung verwachsen, was zu einer weitgehenden Rotationseinschränkung führen würde. Zur Entspannung der zweigelenkigen Muskeln genügt gewöhnlich die rechtwinklige Beugung des Ellbogens. *Nur diejenigen Brüche des Humerus, bei*

---

[1] Fabrikant Hausmann A. G. St. Gallen.

denen das obere Fragment in Ab-
ductionsstellung gerät, müssen in ent-
sprechender Abductionsstellung oder
in Horizontalabduction behandelt
werden, weil wir einen ausreichenden Einfluß auf das obere Fragment nicht gewinnen können und
deshalb das untere Fragment in die
Achse des oberen führen müssen.
Ferner sichern wir uns so die
wichtige seitliche Elevation des
Armes nach erfolgter Konsolidation
(Abb. 177).

Abb. 179. Einfacher improvisierter Apparat zur Extension von Oberarmfrakturen in Horizontalabduction. (Nach BÖHLER.)

Zur ambulanten Zugbehandlung der Oberarmbrüche in Horizontalabduction wurden verschiedene Apparate angegeben, von denen ich hier nur den *Recht-winkelapparat nach* CHRISTEN anführe. Seine Konstruktion und Anwendungsweise gehen aus Abb. 178 hervor. Die Extension wird durch Federkraft besorgt.

Einen improvisierten Apparat für ambulante Zugbehandlung von Oberarmbrüchen in Horizontalabduction zeigt Abb. 179 nach BÖHLER, einen Apparat zur Extension am hängenden Arm mit Gummizug Abb. 180 nach BORCHGREVINK.

Für die *Frakturen im Bereich des unteren Humerusendes* ist Extension in Mittelstellung, d. h. in Rechtwinkelbeugung des Ellbogengelenks die Extensionsstellung der Wahl. Auf diese Weise wird z. B. bei suprakondylären Extensionsfrakturen durch Flexion das untere Fragment reponiert und zugleich die physiologische Mittelstellung für die beiden Muskelgruppen erzielt (Abb. 181).

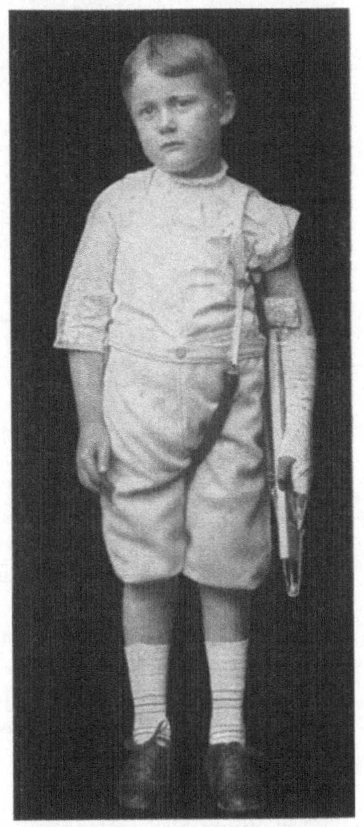

Abb. 180. Extension einer Oberarmfraktur mit der kombinierten Ober-Unterarmschiene nach BORCHGREVINK.

Die Brüche der Vorderarmknochen extendiert man meist ebenfalls am vorteilhaftesten in Rechtwinkelstellung des Ellbogengelenks mit Ausnahme der durch Flexion zustande gekommenen Formen, die vorübergehend in Streckstellung extendiert werden müssen. Auch hier kann mittels anbandagierter Schienen eine ambulante Zugbehandlung improvisiert werden.

d) Die Behandlung der Frakturen kleiner Kinder.

Suspensionsextension nach SCHEDE.

Aus leicht ersichtlichen Gründen bieten die Frakturen bei Neugeborenen und bei Kindern der ersten 2—3 Lebensjahre besondere Behandlungsbedingungen dar. Abgesehen von der Kleinheit der Extremitäten, die oft nur ungenügende Anhaltspunkte für den Angriff retinierender Kräfte darbieten, sind die kleinen Patienten unruhig und zeigen keinerlei Verständnis für die besonderen Anforderungen der Frakturbehandlung. Was die Behandlung der seltenen, durch äußere Gewalt zustandegekommenen intrauterinen Knochenbrüche und der während des Geburtsaktes selbst durch den Geburtshelfer verursachten betrifft, so ist die noch vielerorts geübte Methode, den im Ellbogen rechtwinklig gebeugten Arm auf den Brustkorb oder das im Hüftgelenk und Kniegelenk maximal gebeugte Bein an den

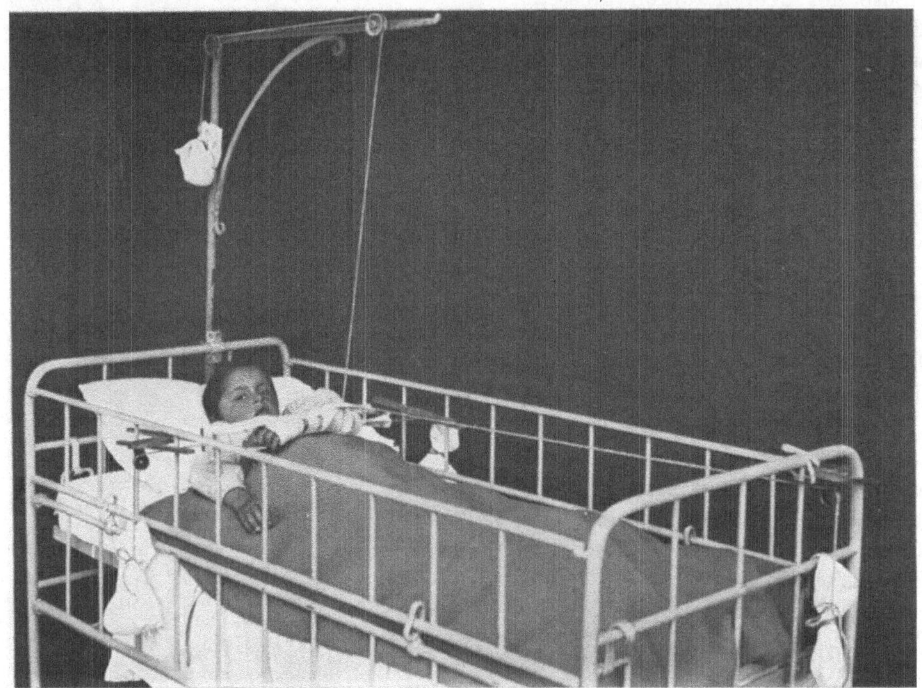

Abb. 181. Zugbehandlung einer suprakondylären Extensionsfraktur des Humerus. Längszug nach unten in der Oberarmachse, reponierender Zug am rechtwinklig flektierten Vorderarm, Gegenzug am oberen Humerusfragment nach der Streckfläche hin bzw. nach außen, Zug nach oben zur Beseitigung der ulnaren Adductionsstellung des unteren Fragments.

Rumpf zu bandagieren, nicht sehr empfehlenswert, weil die Respiration gehindert wird. Auch sind die Resultate durchaus nicht immer befriedigend. Es empfiehlt sich deshalb, an der oberen Extremität einen Versuch mit leichten Schienenverbänden unter Benutzung von Pappe, Fournierholz, Gaze- oder Kleisterbinden zu machen. Dabei ist darauf zu achten, daß bei Neugeborenen häufig das ganze noch knorpelige Kopffragment des Humerus abgedreht wird, an dem sich die Auswärtsrotationen ansetzen (Abb. 182). Das Kopffragment wird dann in maximale Auswärtsrotation gedreht, das Diaphysenfragment bleibt in Einwärtsrotation stehen. Das untere Fragment muß deshalb auswärts gedreht einbandagiert werden.

Für die untere Extremität Neugeborener und von Kindern bis zu 6 Monaten ist die gleich zu besprechende SCHEDEsche Suspensionsmethode nicht zu verwenden, weil das Körpergewicht im Verhältnis zur Flexionskraft der Oberschenkelbeuger zu gering ist, um einen Ausgleich der Flexionsknickung des Femur zu bewirken. Verstärkung der Kontraextension durch Querüberlegen eines sanduhrartigen Sandsackes über das Becken ist aber bei so kleinen Patienten nicht zweckmäßig. Auch Querzüge nach dem Fußende des Bettes zum direkten Ausgleich der Winkelknickung, oder von der Kniekehle kopfwärts zur Erzielung einer entspannenden Beugung wirken bei diesen kleinsten Patienten unsicher. Um die notwendige Entspannung der zweigelenkigen Muskeln des Oberschenkels zu erzielen und gleichwohl den einzig konstant und sicher wirkenden achsengerechten Oberschenkelzug benutzen zu können, extendieren wir die Oberschenkelbrüche bei Säuglingen in der Weise, wie Abb. 183 zeigt. Das Knie wird rechtwinklig

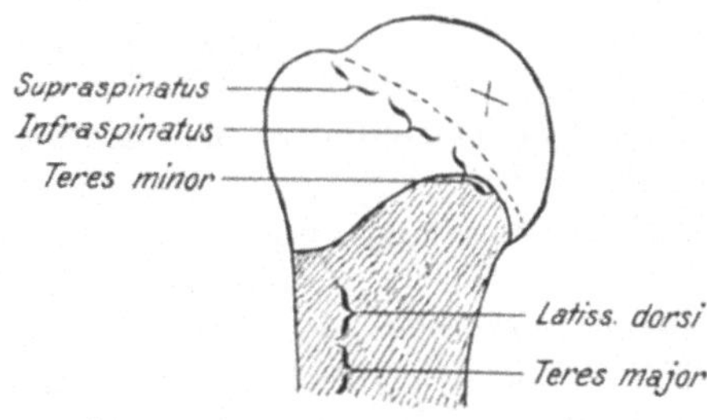

Abb. 182. Frontalschnitt durch das obere Humerusende des Neugeborenen; schematische Einzeichnung der Ansatzstellen der Auswärts- und Einwärtsrotatoren. An der Stelle [des Kreuzes tritt im dritten Lebensmonat der erste Knochenkern des Kopfes auf. (Nach KÜSTNER.)

gebeugt, der Zug nur am Oberschenkel angebracht, der Unterschenkel dicht oberhalb des Fußgelenks in eine Suspensionsschlinge gelegt. Die mit dieser Extensionsmethode erzielten Resultate sind sehr befriedigende.

Das empfehlenswerteste Verfahren für die Zugbehandlung der Oberschenkelbrüche bei Kindern von 6 Monaten bis zu ungefähr 4 Jahren ist die *Vertikalsuspension nach* SCHEDE (Abb. 154). Das Zuggewicht wird so groß gewählt, daß Gesäß und Becken gerade etwas von der Unterlage abgehoben werden. Dadurch ist die konstante Wirkung des Zuges garantiert, die Kinder können sich ohne Schaden bewegen, da der Achsenzug immer seine Wirkung behält, und auch die Entleerung von Blase und Mastdarm, sowie die Reinhaltung der kleinen Patienten sind ohne Unterbrechung des Gewichtszuges möglich. Die obere Grenze

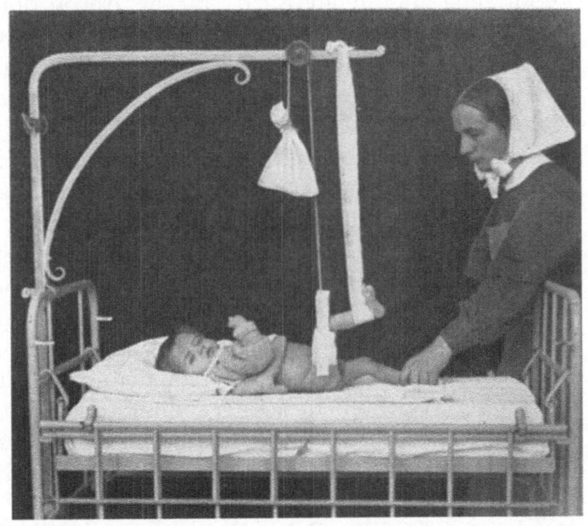

Abb. 183. Extension der Oberschenkelfrakturen bei Säuglingen; achsengerechter Zug am vertikal suspendierten Oberschenkel; Knie zur Entspannung der Kniegelenksbeuger rechtwinklig gebeugt, Unterschenkel in eine Suspensionsschlinge gelagert.

für die Anwendung der SCHEDEschen Suspension ist je nach Größe der Kinder das 4. oder 5. Lebensjahr; bei älteren Kindern ist das Körpergewicht relativ zu groß, um eine wirkliche Suspension zu gestatten. Der erforderliche Zug würde zu Druckschädigungen führen, und dabei wäre häufig doch kein genügender Ausgleich der Flexionsknickung zu erzielen.

e) Anwendungsgebiet der Heftpflasterextension.

Die Zugwirkung der an der Haut angreifenden Extensionen ist naturgemäß eine beschränkte; *auch sind, worauf ganz besonders aufmerksam gemacht sei, sekundäre Verkürzungsausgleiche durch den Heftpflasterzug nicht zu erwarten.* Demnach kommt die indirekte Extension bei allen Frakturen mit erheblicher Verkürzung und mit Retraktionstendenz heute nicht mehr in Frage. Ihr Anwendungsgebiet sind vor allem die mit Extension zu behandelnden Frakturen der oberen Extremität, bei denen, abgesehen von den Fällen mit komplizierender Hautverletzung, direkter Zugangriff am Knochen meist nicht erforderlich ist. Neben Humerusfrakturen gehören namentlich Ellbogenfrakturen in den Anwendungsbereich der Heftpflasterextension, ebenso einzelne Vorderarmbrüche. Von den Brüchen der unteren Extremität eignen sich Gelenkbrüche mit günstiger Fragmentstellung, bei denen es nur auf die Entlastung des Gelenks und auf die Bekämpfung von seitlichen Achsenknickungen ankommt, für das Verfahren, ferner Diaphysenbrüche ohne nennenswerte Verkürzung und ohne Retraktionstendenz, reponierte, zuverlässig stehende Querbrüche und subperiostale Frakturen.

4. Extensionsbehandlung mit direktem Angriff des Zuges am Knochen.

Während die Heftpflasterextension bei frischen Frakturen mit mäßiger Verkürzung und nicht allzu starker Retraktionskraft der Muskulatur befriedigende Resultate ergibt, läßt sie namentlich am Oberschenkel, bei veralteten Frakturen sowohl als auch bei frischen Brüchen mit hochgradiger Verkürzung und starkem Muskelwiderstand, an ausgleichender Wirkung oft zu wünschen übrig. Bei Knochenbrüchen, die mit starker Verkürzung geheilt sind, läßt uns die Heftpflasterextension nach durchgeführter Osteotomie meist im Stich.

Komplizierende Hautverletzungen und ausgedehnte Incisionen, wie sie namentlich bei infizierten Schußfrakturen nötig werden, machen die Verwendung einer Heftpflasterextension oft unmöglich. Zudem hat sich gezeigt, daß Heftpflaster- und Trikotschlauchzügel nur in bestimmten Grenzen belastet werden können, ohne daß sich das ganze System nach der Peripherie des Gliedes hin verschiebt.

So ergab sich naturgemäß das Bedürfnis, die Extension nicht an den bedeckenden Weichteilen, sondern direkt am Knochen angreifen zu lassen.

Den ersten Versuch einer direkten Einwirkung auf den Knochen stellt der MALGAIGNEsche *Stachel* dar, der die Zurückhaltung des vorstehenden oberen Fragmentes bei der Flötenschnabelfraktur der Tibia bezweckte. Ferner gab MALGAIGNE für die Behandlung der queren Kniescheibenfrakturen eine zusammenschraubbare Hackenklammer an. Im Jahre 1900 beschrieb HEINECKE erstmals eine *Extensionszange* für den Angriff des Zuges am Fersenbein, die er zur *Reposition* verkürzter Frakturen verwendete.

Den ersten brauchbaren *Extensionszug am Knochen* verdanken wir CODIVILLA, der im Jahre 1903 ein Verfahren zur kombinierten Behandlung der Coxa vara mit Nagelzug und getrenntem Gipsverband veröffentlichte. Später übertrug CODIVILLA das Verfahren auf den Ausgleich veralteter Oberschenkelbrüche nach operativer Mobilisierung der Fragmente. Allgemeinere Anwendung hat jedoch die direkte Übertragung des Extensionszuges auf den Knochen bei

Frakturen erst gefunden, nachdem STEINMANN im Jahre 1907 die Anwendung des am durchgebohrten Nagel angreifenden Dauerzuges für die Frakturbehandlung empfohlen hatte. STEINMANN verdanken wir auch wesentlich den technischen Ausbau der Nagelextension.

a) Die Nagelextension.

Das STEINMANNsche Instrumentarium besteht aus einem Satz Extensionsnägel mit Bohrhandgriff und aus einem zweiteiligen Extensionsbügel.

Die Nägel sind vierkantig zugespitzt und werden mit einem einfachen Handgriff oder mittels eines

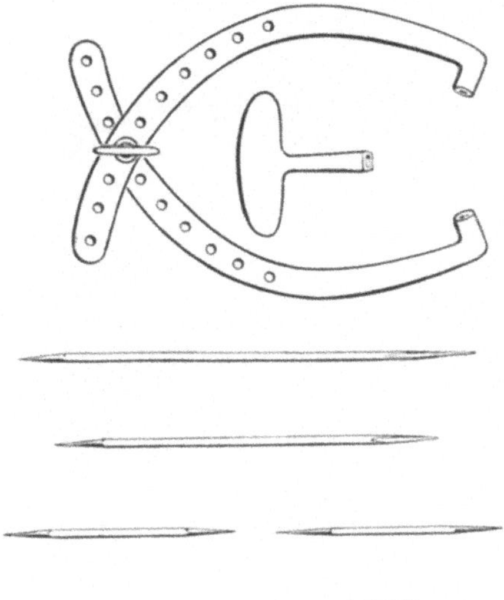

Abb. 184. Apparat zur Nagelextension.
(Nach STEINMANN.)

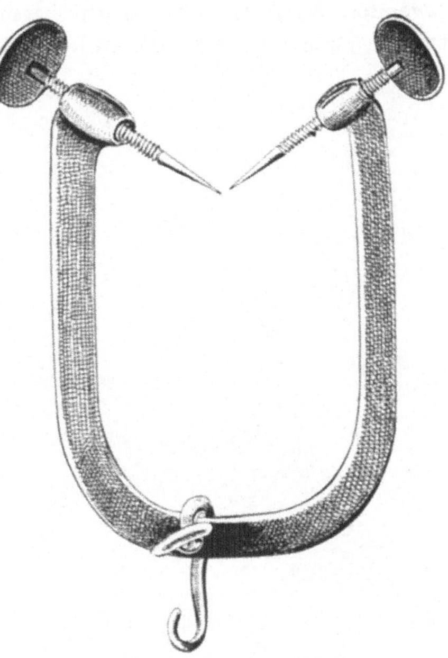

Abb. 185. TAVELscher Bügel.

Bohrapparates quer durch den Knochen gebohrt (Abb. 184). Das Durchbohren kann in Lokalanästhesie erfolgen, ohne vorgängige Incision der Haut, erfordert jedoch bei empfindlichen Patienten gelegentlich eine kurze Narkose; selbstverständlich sind alle üblichen Vorsichtsmaßnahmen der Asepsis zu beachten. Das Angreifen des Zuges am Nagel wird durch einen zweiteiligen Anhängeapparat vermittelt, wie ihn Abb. 184 und 186 darstellen.

TAVEL hat ebenfalls einen Apparat zur Nagelextension angegeben, der für den Angriff des Zuges oberhalb der am stärksten vorragenden Stelle der Malleolen bestimmt ist (Abb. 185). Der TAVELsche Bügel kann auch für direkten Angriff des Zuges am Calcaneus verwendet werden und ist vom Autor hauptsächlich zur Durchführung orthopädischer Knochenkorrekturen benutzt worden.

Die Extensionsapparate von BECKER, SASSE, MACHOL und VÖCKLER unterscheiden sich konstruktiv nur in unwesentlichen Beziehungen vom STEINMANNschen Instrumentarium.

Das *Anlegen einer Nagelextension* gestaltet sich nach den Vorschriften STEINMANNS folgendermaßen:

Es wird ein Nagel von der Größe ausgewählt, daß er das zu durchbohrende Glied beiderseitig um etwa 3 cm überragt. Der gekochte Nagel wird mit steriler Pinzette in den Handgriff gesteckt, der dem Instrumentarium zum Einbohren der Nägel beigegeben ist. Mit Hilfe des Handgriffes wird der Nagel in Lokalanästhesie oder leichter Narkose in der Höhe der Metaphyse des unteren Fragmentes durch die in weitem Umfange desinfizierte Haut und die Weichteile durchgestoßen bis auf den Knochen, durch den Knochen durchgebohrt und so weit auf der anderen Seite herausgestoßen, bis er beiderseitig gleichweit hervorragt. Dann werden die beiden Enden des Anhängebogens über die vorragenden Nagelspitzen gestülpt, wobei der Bogenteil, dessen Löcher Gewinde tragen, nach hinten zu liegen kommt. Zwei übereinanderliegende Löcher beider

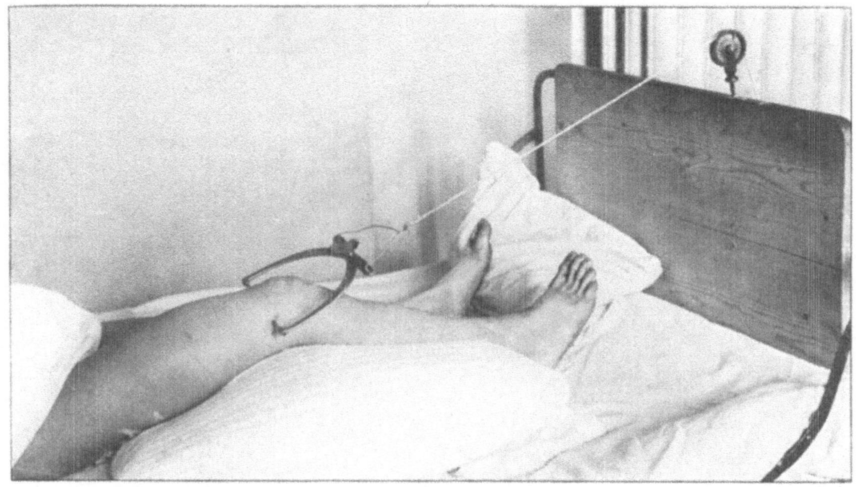

Abb. 186. Nagelextension am unteren Femurende. (Nach STEINMANN.)

Halbbogenstücke werden dann durch die Flügelschraube so fest verschraubt, bis beide Bogenstücke unverschieblich miteinander verbunden sind. An den gekreuzten unteren Enden der Halbbogenstücke wird der Gewichtszug befestigt (Abb. 186). Die Nagelstelle wird ringsherum mit Jodkollodium bestrichen, darüber kommen Xeroform- oder Vioformgazestreifen und sterile Verbandgaze, die mit Binden festgewickelt werden. Die herausragenden Nagelenden müssen vollständig im Verbande versorgt sein.

Der *Extensionsnagel* soll, wenn irgend möglich, an der peripheren Metaphyse des gebrochenen Knochens durchgebohrt werden, also für Oberschenkelfrakturen im Bereich der Femurkondylen (Abb. 187). Bei dieser Lokalisation fallen auch korrigierende Einwirkungen im Sinne der Seitenhebelung und Rotation am wirksamsten aus. Das Frakturhämatom, die Markhöhle, das Gelenk und die Epiphysenlinie müssen mit dem Nagel vermieden werden. Liegt die Femurfraktur weit unten, so ist deshalb der Extensionsnagel durch den Tibiakopf zu legen (Abb. 188). Bei Unterschenkelfrakturen in der oberen Hälfte wird der Nagel durch die untere Tibiaepiphyse gebohrt (Abb. 189). Da jedoch der Zug hier etwas weit vorne liegt, kann eine Antekurvation eintreten; deshalb bevorzugen einzelne Chirurgen für alle Unterschenkelfrakturen einen Nagel durch den Calcaneus. Die Nagelstelle im Calcaneus liegt am besten 1—2 Querfinger schräg hinten unten von der Spitze des äußeren Knöchels, etwa in der Mitte der Grenzlinie zwischen Körper und hinterem Fortsatz des Fersenbeins (s. Abb. 205). Durch diesen Angriff des Zuges erzielt man eine stärkere Wirkung auf die mechanisch überwiegenden Wadenmuskeln.

Die Nagelextension an der oberen Extremität greift für den Oberarm am oberen Rande der Humeruskondylen oder am Olecranon an. Doch hat die

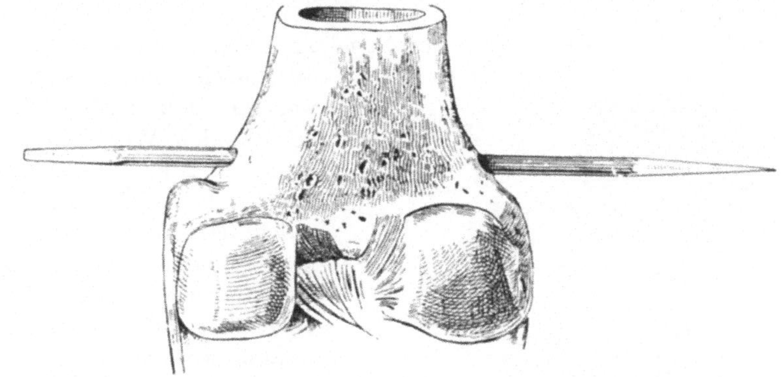

Abb. 187. Nagelungsstelle am unteren Femurende. (Nach STEINMANN.)

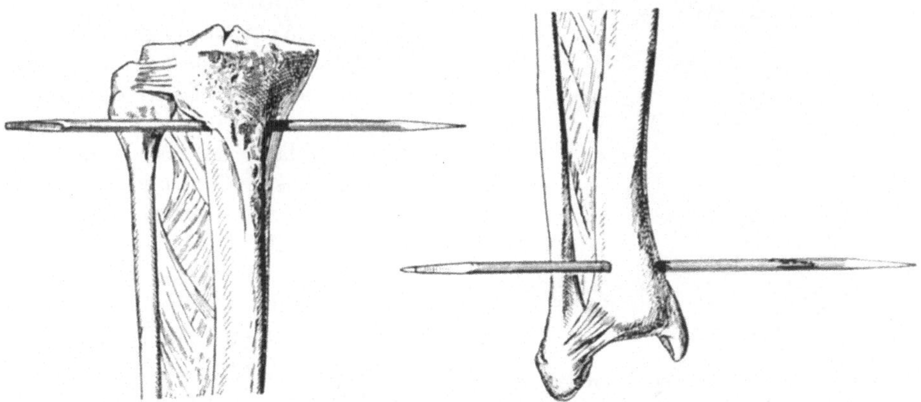

Abb. 188. Extensionsnagel im Tibiakopf.　　　Abb. 189. Extensionsnagel im unteren Tibiaende.
(Nach STEINMANN.)　　　　　　　　　　　　　　(Nach STEINMANN.)

Nagelextension für die obere Extremität nur untergeordnete Bedeutung, da hier der Heftpflasterzug für die Überwindung der Muskelretraktion meist ausreicht.

Die Durchführung der Zugbehandlung geschieht in gleicher Weise wie bei der Heftpflasterextension, unter Benutzung der Semiflexionsentspannung. Am einfachsten ist die Lagerung auf Kissen (Abb. 186) oder auf einem Semiflexions-Lagerungsapparat. Die Größe der Zuggewichte steigt bei den stark verkürzten veralteten Frakturen bis auf 20 kg. STEINMANN erstrebt zunächst eine Überkorrektur von $^1/_2$—1 cm, damit durch Zacken der Bruchflächen die seitliche Reposition nicht mehr verhindert werden kann; ist die seitliche Reposition erzielt, so wird der Zug langsam vermindert bis zum genauen Ausgleich des Verkürzung. Die Nägel bleiben nur solange liegen, bis die Frakturheilung so weit vorgeschritten ist, daß die Reposition auch durch einen gewöhnlichen Heftpflasterzug aufrechterhalten werden kann. *Jedenfalls sollen die Nägel nur ganz ausnahmsweise länger als 3, niemals länger als 4 Wochen liegen bleiben.* Vor dem Herausnehmen wird die durchzuziehende Nagelspitze mittels Jodanstrich desinfiziert, der Nagel mit einer Faßzange herausgezogen, die Nagelstellen mit Jodtinktur betupft und antiseptisch trocken verbunden. Unter dieser Behandlung heilen nicht infizierte Nagelungskanäle in wenigen Tagen anstandslos aus.

Dem außerordentlichen Vorteil der Nagelextension, durch direkten Angriff am Knochen große Gewichte verwenden und hochgradige, auf keine andere Weise ausgleichbare Verkürzungen beseitigen, sowie der Möglichkeit, auch bei ausgedehnten Hautverletzungen einen wirksamen Zug anbringen zu können, stehen einige Nachteile gegenüber, die bei der Indikationsstellung abzuwägen sind.

Den größten und schwerwiegendsten Nachteil bedingt die Infektionsgefahr. Wenn sie bei guter Asepsis, sorgfältiger Überwachung und nicht zu langer Dauer der Nagelextension auch nicht sehr groß ist, so läßt sie sich doch nicht völlig ausschalten und darf nicht unterschätzt werden. Das beweisen die verschiedenen Fälle schwerer Infektion der Nagelstellen mit anschließender *Osteomyelitis, Ostitis* und sogar *allgemeiner Sepsis* mit tödlichem Ausgang. Ferner sind Fälle bekannt, bei denen wegen schwerer

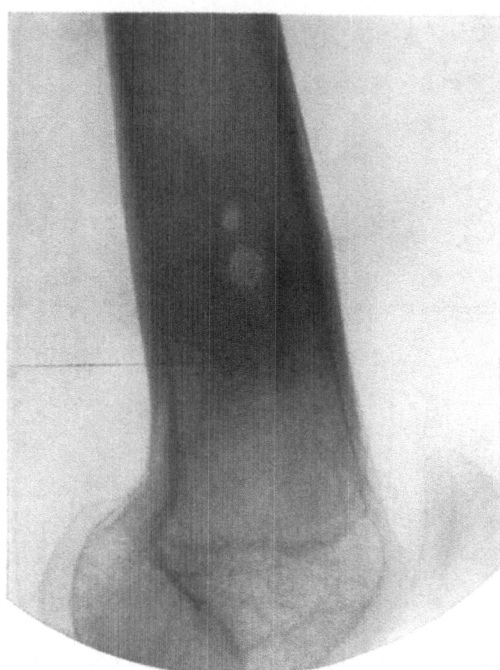

Abb. 190.
Chronische Ostitis der unteren Femurmetaphyse infolge Infektion des Nagelkanals.

Infektion aus vitaler Indikation die betroffene Extremität amputiert werden mußte; auch Gelenkinfektionen mit Versteifung wurden beobachtet. Harmloser als die schweren progredienten Eiterungen sind *chronische Ostitiden* im Bereiche des Nagelkanals; es bilden sich entzündliche Erweichungshöhlen in der Spongiosa der Metaphyse, mit weitgehender Entkalkung und Rarefikation des Knochens. Einen derartigen operativ sichergestellten Entzündungsherd im Bereiche einer Nagelstelle zeigt nebenstehendes Röntgenogramm (Abb. 190). Nach Entfernung des Nagels tritt in derartigen Fällen eine chronische Fisteleiterung ein, die erst versiegt, wenn man den Herd breit freilegt und gründlich ausräumt.

Der Vorwurf großer *Schmerzhaftigkeit,* den man der Methode machte, kann bei richtiger Technik und aseptischem Verlaufe nicht aufrechterhalten werden. Der Gefahr einer Druckschädigung der Haut an der Nagelstelle kann durch kleine Incisionen nach unten, d. h. in der Zugrichtung oder durch Hochziehen der Haut vor ihrer Durchstechung vorgebeugt werden.

Nach einigen Autoren soll die Nagelextension *verzögerte Callusbildung* und damit langsamere Konsolidation mit sich bringen. Das trifft wohl nur zu für Fälle, bei denen eine Überkorrektur nicht frühzeitig durch Reduktion der Zugbelastung beseitigt wurde.

Die Gefahr einer *Nebenverletzung* besteht bei genügender Berücksichtigung der Anatomie praktisch kaum, wenigstens an der unteren Extremität. Nach

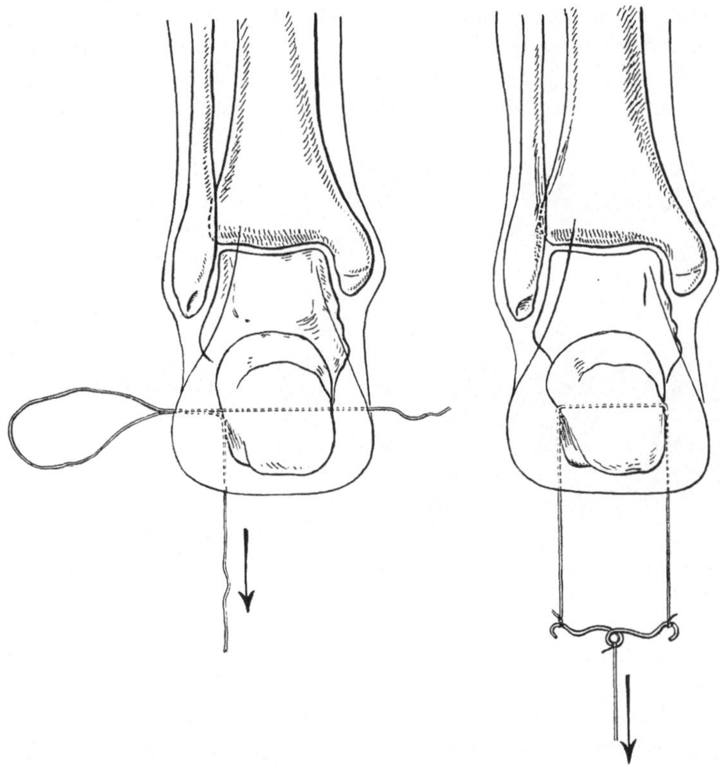

Abb. 191. Drahtextension am Calcaneus nach KLAPP. Die Durchbohrungsstelle entspricht der Nagelstelle in Abb. 205.

Nagelextension am Olecranon habe ich Ulnarislähmung gesehen, obschon der Nagel von kompetenter Seite angelegt worden war. Epiphysenscheiben und Gelenkkapseln sind unter allen Umständen zu vermeiden.

Schließlich ist noch zu erwähnen, daß gegen die Nagelextension Bedenken erhoben wurden, weil man infolge der direkten Zugwirkung eine stärkere *Dehnung der Gelenkbänder* und entsprechend häufigere Entstehung von *Schlottergelenken,* besonders eines Wackelknies, befürchtete. Diese Befürchtungen sind unbegründet, weil der Zug vom peripheren Gelenkpartner auf die zweigelenkigen Muskeln übertragen wird und deshalb nicht direkt auf die Gelenkbänder wirkt. Zudem läßt man den Zug, sofern das Frakturhämatom nicht zu nahe liegt, nach Möglichkeit am distalen Fragment selbst angreifen.

b) Die Drahtextension.

In Ermangelung von Nagelextensionsapparaten hat KLAPP im Balkankriege eine Drahtextension am Fersenbein angewandt. Der Calcaneus wird entsprechend der Nagelstelle quer durchbohrt und ein dünner, aber zugkräftiger Draht quer durchgezogen. Beide Enden des Drahtes werden mit einer Nadel armiert, dann sticht man durch beide Nagellöcher in der Haut wieder ein bis auf den Knochen und führt die beiden Drahtenden dicht an den seitlichen Rändern des Fersenbeins nach unten, sticht durch die Fußsohle aus und befestigt den Extensionszug an beiden Drahtenden (Abb. 191). Auf diese Weise wird eine schneidende Einwirkung des Drahtes auf die Weichteile vermieden.

Eine solche Führung des Drahtes ist jedoch nur am Fuß möglich. Um in jedem beliebigen Niveau einer Extremität den Draht zur Extension benützen zu können, hat HERZBERG die Spannung des quer durch den Knochen geführten Drahtes empfohlen, und zu diesem Zwecke hufeisenförmige Spreizbügel und Spannringe angegeben, die später von anderen Autoren modifiziert und auch zum Zwecke der Distraktion kombiniert wurden (BLOCK, KLAPP). Die Notwendigkeit, bei diesem Verfahren ein relativ weites Bohrloch anzulegen, um den in eine Öffnung des Bohrers oder des Perforatoriums eingeführ-

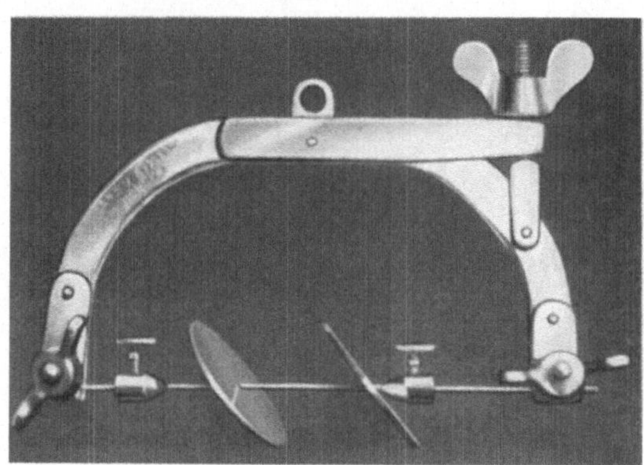

Abb. 192. Spannbügel nach BECK zur Drahtextension, mit Schutzplatten und Stellschrauben.

ten Draht gedoppelt durch den Knochen zu ziehen, bedingte gegenüber der Nagelextension keine wesentliche Herabsetzung der Gefahr von Infektion und Fistelbildung.

Das veranlaßte BECK, den $1^1/_2$ mm dicken Draht direkt auf der Spitze des zurückgehenden Bohrers durch den Knochen zu führen. Gleichzeitig gab er eine eigene Apparatur für die Drahtextension an, bestehend aus einem Spannbügel mit Klemmschrauben (Abb. 192), der in zwei Größen geliefert wird, das kleinere Modell für die Extension am Calcaneus und am kindlichen Femur, das größere für die Extension am Oberschenkel und am Unterschenkel bestimmt. Die Anspannung des Drahtes wird durch Erweiterung des Bügels mittels Flügelschraube bewirkt (Abb. 192). Zwei auf dem Draht zu fixierende durchbohrte Schutzplatten sind dazu bestimmt, das Verbandmaterial gegen die Haut zu pressen, um die Bohrlöcher abzuschließen. Dieser BECKsche Drahtextensionsapparat hat sich gut bewährt und steht vielerorts in regelmäßigem Gebrauch.

KIRSCHNER erzielte eine grundlegende technische Vervollkommnung der Drahtextension und eine gleichzeitige Herabsetzung des Infektionsrisikos auf ein Minimum, indem er den Draht unter Zuhilfenahme einer harmonikaartigen, dem Bohransatz aufgesetzten Stütze *direkt durch den Knochen bohrt* (Abb. 193). Zugleich gab er einen kräftigen *Spannbügel* an, in den der Draht mit Hilfe einer abnehmbaren Schraubenvorrichtung (Abb. 194) so stark gespannt werden kann, daß er sich praktisch nicht mehr durchbiegt.   Die Bügel werden

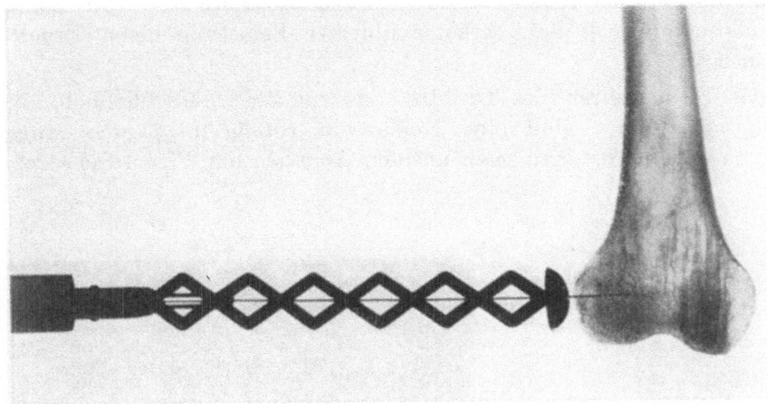

Abb. 193. Harmonikastütze nach KIRSCHNER zur direkten Durchbohrung des Knochens mit dem Draht.

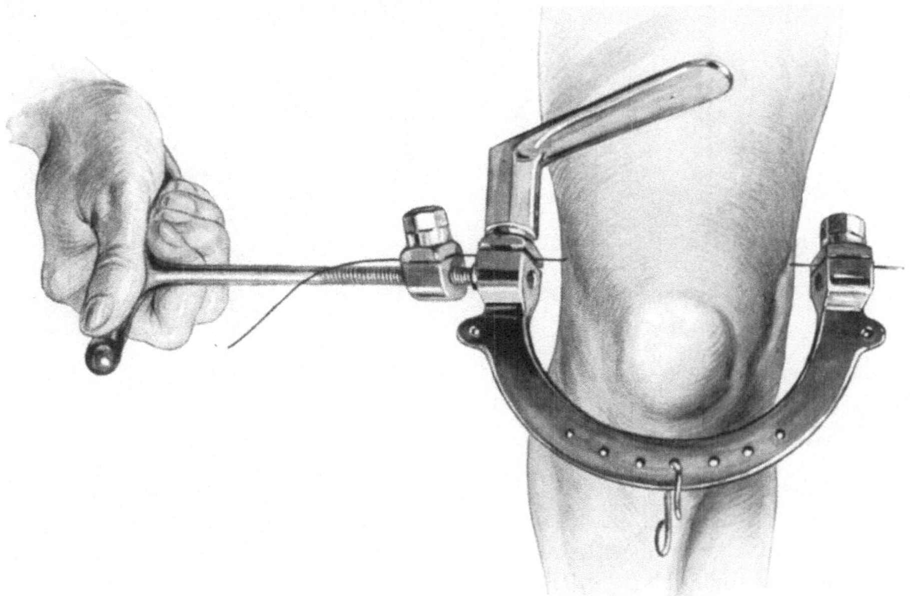

Abb. 194. Drahtextension nach KIRSCHNER; Anspannen und Fixation des durchgebohrten Drahtes im Bügel.

ebenfalls in verschiedenen Größen geliefert; ein schmales Modell, für die Extension am Calcaneus bestimmt, findet zwischen den Seitenstangen der BRAUNschen Leerschiene Platz. KIRSCHNER verwendet an Stelle von rostfreiem Stahldraht verchromten ausgeglühten Klaviersaitendraht, den er als fester betrachtet; aus Gründen, die im Kapitel über operative Frakturbehandlung auseinandergesetzt sind, scheint mir die Verwendung des *nicht rostenden* KRUPP-*schen V2a-Stahles* empfehlenswerter, dessen Zugfestigkeit von 80 kg per Quadratmillimeter auch bei stärkster üblicher Belastung einen Bruch nicht befürchten läßt.

Für das Durchbohren des Drahtes, das zunächst ausschließlich mit dem Elektromotor erfolgte, sind eine Reihe von *Handbohrapparaten* angegeben worden, von denen wir einen nach unseren Angaben der Firma Schaerer A.-G.

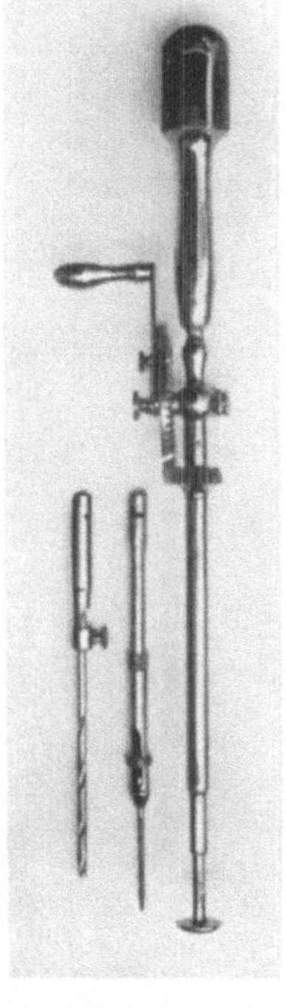

Abb. 195. Handbohrapparat mit Teleskopstütze zur direkten Durchbohrung des Knochens mit dem Extensionsdraht. Links Ansatz für die Verwendung von Spiralbohrern; in der Mitte Schraubenzieheraufsatz.

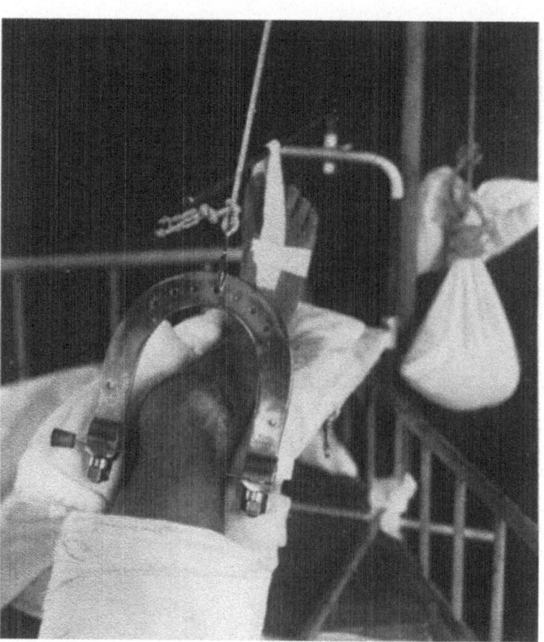

Abb. 196. Drahtextension am untern Femurende, dicht oberhalb der Condylen.

in Bern hergestellten, mit Teleskopstütze versehenen abbilden (Abb. 195). Diese Teleskopstütze ist in allen Richtungen stabil, während die Harmonikastütze KIRSCHNERs in der Ebene der Gelenke sich biegt, wodurch die Führung des Drahtes an Sicherheit verliert. Auch ist die Einführung des Drahtes wesentlich einfacher, als bei der Harmonikastütze, bei der die einzelnen durchbohrten Gelenkachsen stets eingestellt werden müssen. Die Teleskopstütze ist natürlich auch in Verbindung mit motorischen Bohransätzen verwendbar.

Die Extensionsdrähte werden in Lokalanästhesie oder in kurzer Narkose unter den üblichen aseptischen Kautelen an den gleichen Stellen angelegt, wie sie vorstehend für die Nagelextension bezeichnet wurden. In Betracht kommen vor allem die Extension dicht oberhalb der Femurkondylen nach rückwärts vom Recessus subquadricipitalis des Kniegelenkes (Abb. 196), die Extension an der Spina tibiae (Abb. 197), die an einzelnen Kliniken grundsätzlich bei allen Femurfrakturen Anwendung findet, zur sicheren Vermeidung des Kniegelenkes sowie des Frakturhämatoms, und die Extension am Calcaneus (Abb. 198).

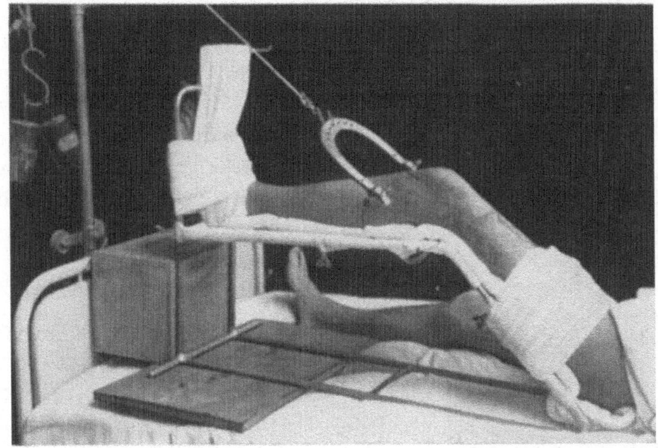

Abb. 197. Drahtextension an der Spina tibiae.

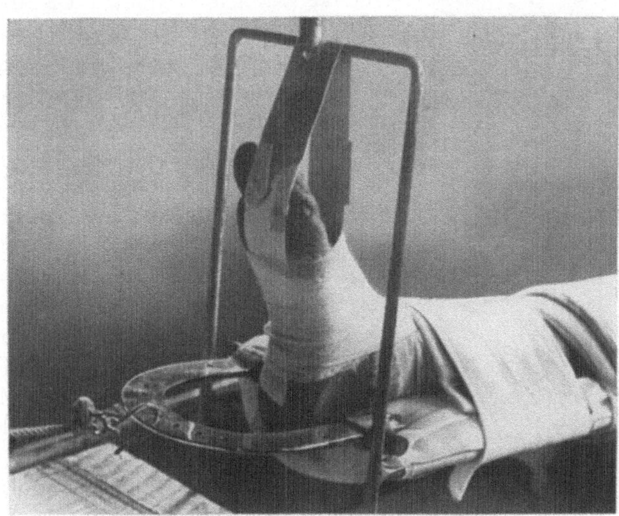

Abb. 198. Drahtextension am Calcaneus; Suspension des Fußes mit Heftpflasterzügel.

An der oberen Extremität sind die Indikationen für die Verwendung der Drahtextension beschränkte; wir verweisen hinsichtlich der Anzeigen auf den speziellen Teil.

An Stelle der Spannbügel finden auch einfache *scherenförmige Spannklammern* mit Flügelschraubenspanner Verwendung.

Obschon die Durchführung der Dauerextension mittels eines relativ dünnen, direkt durch den Knochen gebohrten Drahtes das Infektionsrisiko gegenüber der Nagelextension fraglos herabsetzt, kann eine allfällige Infektion gerade

12*

wegen der Enge des Bohrkanals — infolge der schlechten Abflußverhältnisse — einen ähnlich schlimmen Verlauf nehmen, wie die berüchtigten Stichinfektionen. Es sind denn auch im Anschluß an durchaus korrekt vorgenommene Drahtextensionen Vereiterungen des Kniegelenks und des Knochenmarks beobachtet, die in einem Falle zum Tode an Pyämie führte, in anderen zur Amputation Anlaß gab. *Es darf deshalb keine Drahtextension angelegt werden, wenn mit einem Heftpflasterzug ein ebenso gutes Resultat — wenn auch vielleicht etwas mühsamer — zu erzielen ist.*

Ein seltenes Ereignis ist das *Durchschneiden eines Drahtes*, das an der Spina tibiae und am Olecranon beobachtet wurde und jedenfalls mit avirulenten Infektionen zusammenhängt.

c) Die Zangenextension.

Der Gewichts- oder Schraubenzug kann auch durch *Extensionszangen*, wie sie von Heinecke, Roux und Schömann angegeben wurden, auf den Knochen übertragen werden

Am besten hat sich uns die Schömannsche Zange bewährt, die in erster Linie der Oberschenkelextension dient. Da die ursprüngliche Schömannsche Zange nur durch den Extensionszug geschlossen gehalten wird, habe ich zur Sicherung eine Schraubenvorrichtung anbringen lassen, die kräftiges Zuschrauben und Fixation der Branchen in der gewünschten Stellung ermöglicht und gleichzeitig das Vordringen der Spitzen in den Knochen begrenzt. Um die Verschiebung der Zange in der Extensionsrichtung zu verhüten, wurden die Spitzen der Faßbranchen quer geschliffen.

Die Zange soll nicht dicht an der oberen Kante der Femurkondylen, sondern 2—3 cm weiter oben am Übergang der Metaphyse in die Diaphyse angelegt werden (Abb. 199). Es ist besonders auf die Topographie des Recessus subquadricipitalis Rücksicht zu nehmen, sowie auf die Grenzen der Kniegelenkkapsel im

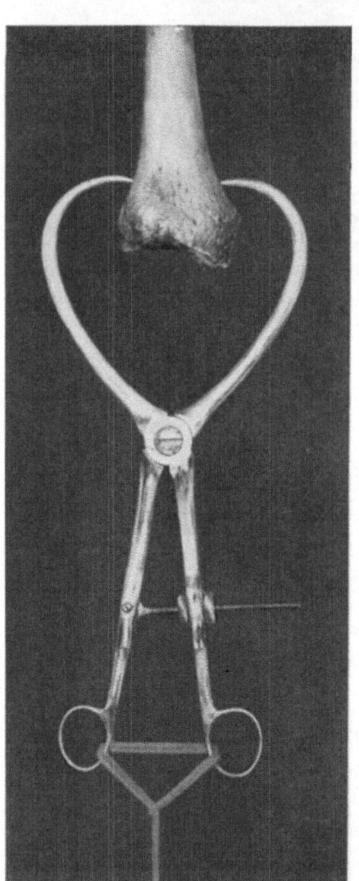

Abb. 199. Schömannsche Zange mit Vorrichtung für die Feststellung der Branchen.

Bereich der Femurkondylen. Die in Abb. 200 rot angegebene Gefahrzone ist unbedingt zu meiden; die Zange darf also nicht zu weit distal und nicht zu weit nach der Streckseite hin angelegt werden. Sollte sie nach abwärts wandern, so ist sie wegzunehmen, bevor das Kniegelenk eröffnet ist. Nach dem Anlegen der Extensionszange auftretende Ergüsse im Kniegelenk sind ein imperatives Signal für die Entfernung der Zange.

Sehr unangenehm ist das gelegentliche Abrutschen der Zange zu Beginn der Extension, wenn die Spitzen nicht genügend in die harte Corticalis eingreifen. Dieser Übelstand wird mit Sicherheit durch die von mir angegebene *Dornzange* (Abb. 201) vermieden, deren spitze, aus rostfreiem Stahl gefertigte

Dorne nach dem Anlegen einige Millimeter in die Corticalis hineingeschraubt werden und dann unverrückbar festsitzen. Diese Zange eignet sich deshalb namentlich für Immediatrepositionen, die bedeutenden Zug erfordern.

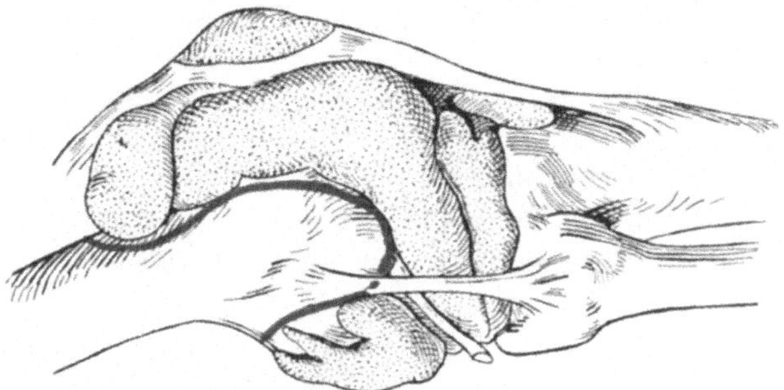

Abb. 200. Topographie der Kniegelenkkapsel von der Seite; rot Gefahrzone bei Verwendung der Extensionszange.

d) Die Klammerextension.

Während des Krieges hat SCHMERZ für die Behandlung besonders von Schußbrüchen federnde Extensionsklammern angegeben, die für alle Arten von Brüchen, auch solche der Finger- und Zehenphalangen, Verwendung finden können. Wie Abb. 202 zeigt, besteht die SCHMERZsche Klammer in ihrer ursprünglichen Form aus einem gekreuzten, in der Mitte zu einer Feder gewundenen Stahldraht, dessen Enden zu Spitzen ausgezogen sind. Je mehr zwischenge

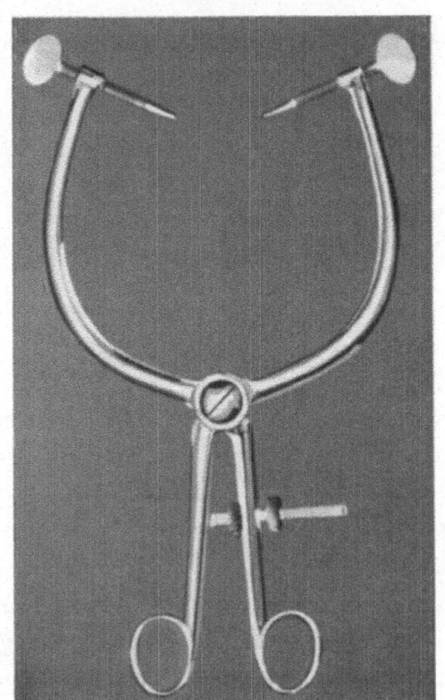

Abb. 201. Dornzange zur Reposition und Extension unter hoher Zugbelastung.

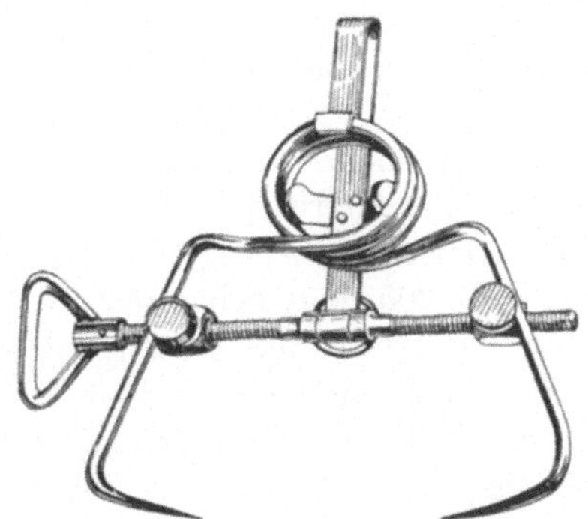

Abb. 202. Klammer nach SCHMERZ mit Spreizinstrument geöffnet.

schaltete Windungen, desto stärker die Federung. Die Klammer wird zum Anlegen an den Knochen von Hand oder mittels besonderer Instrumente geöffnet und dann perkutan eingepreßt oder mit dem Hammer eingeschlagen.

Handlicher ist die Modifikation von WOLF, die aus einem Querstück mit Extensionsring und zwei gelenkig angebrachten, an ihren Enden winklig abgebogenen und zugespitzten Klammerschenkeln besteht. Die unerwünschte

Öffnung der angelegten Klammer wird durch Sicherungsschraube verhindert (Abb. 203 a).

Praktisch ist auch die Extensionskammer von BÖHLER, deren Spitzen bei zunehmendem Zug, wie die der WOLFschen Klammer, immer stärker in den Knochen eingepreßt werden.

Da die Extensionsklammern mit geraden Branchen oft zu schmal sind und in die Haut über die Femurkondylen einschneiden, ziehen wir Modelle mit ausgebogenen Schenkeln vor (Abb. 203 b).

BRAUN empfiehlt für die Behandlung von Oberschenkelbrüchen Verteilung des Zuges auf Femur und Fersenbein. Am oberen Tibiaende kann die Klammer

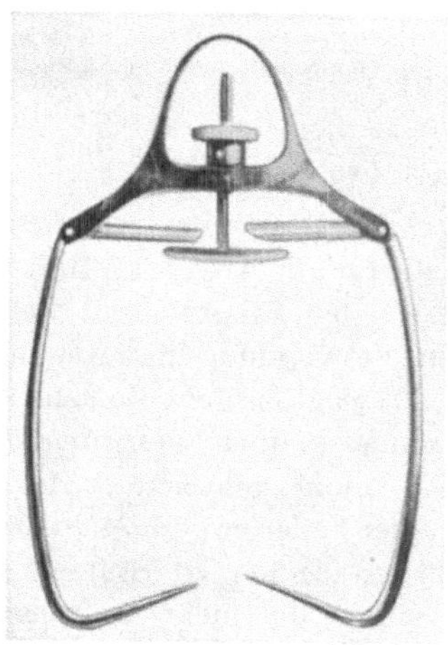

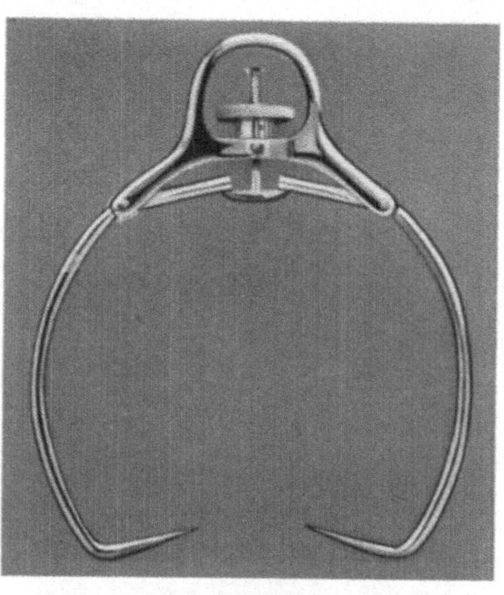

Abb. 203 a. Extensionsklammer nach WOLF, mit Vorrichtung zum Feststellen der Klammerschenkel.

Abb. 203 b. Extensionsklammer nach SCHMERZ-WOLF, mit starker Ausbiegung.

naturgemäß nicht an der Spina angelegt werden, da sie nach vorne abrutschen würde. Der Angriffspunkt an der lateralen Corticalis, dem der mediale genau in der gleichen Ebene gegenüberliegt, geht aus Abb. 204/205 nach BRAUN hervor; Abb. 205 zeigt neben der Bestimmung der Klammerpunkte an Femur und Tibia gleichzeitig die Festlegung des Fersenbeinpunktes.

Bei reaktionslosem Verlauf kann man die Klammern liegen lassen, bis der Zweck des Dauerzuges, nämlich die solide Verheilung der Fragmente in guter Stellung, erreicht ist, was am Oberschenkel im Durchschnitt 5—6 Wochen dauert. Tritt Infektion der Stichkanäle auf, so müssen die Klammern entfernt und durch eine Heftpflasterextension ersetzt werden, sofern es sich nicht nur um eine belanglose Fremdkörpereiterung handelt. Eine solche wird durch Verwendung von Klammern mit rostfreien Spitzen verhindert.

Am Unterschenkel genügt es bei normal heilenden Brüchen, die Klammer 2—3 Wochen liegen zu lassen; dann kann sie bei fehlender Verschiebungstendenz durch einen Heftpflasterzug ersetzt werden. Dagegen muß bei langsam konsolierenden offenen Brüchen der direkte Zug oft wesentlich länger, bis zu 10 Wochen einwirken. In solchen Fällen empfiehlt es sich, eine nicht ganz reaktionslos gebliebene Klammer durch eine Drahtextension, die anstatt am Calcaneus an der unteren Tibiametaphyse oder umgekehrt angreift, zu ersetzen.

e) Auswahl und Anwendungsgebiet der direkten Extensionsmethoden.

In neuerer Zeit ist die Anwendung der Nagel-, Zangen- und Klammerextension immer mehr von der Drahtextension verdrängt worden. Zu dieser Wandlung gaben die nach länger liegender Nagelextension beobachteten langwierigen Knochenfisteln und die mit der Dauer der Extension zunehmende Infektions-

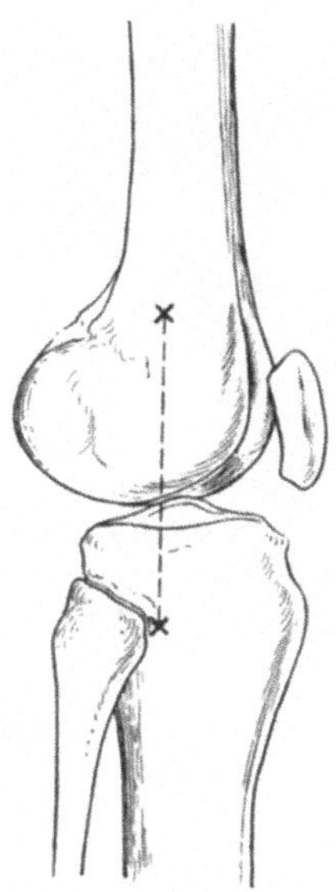

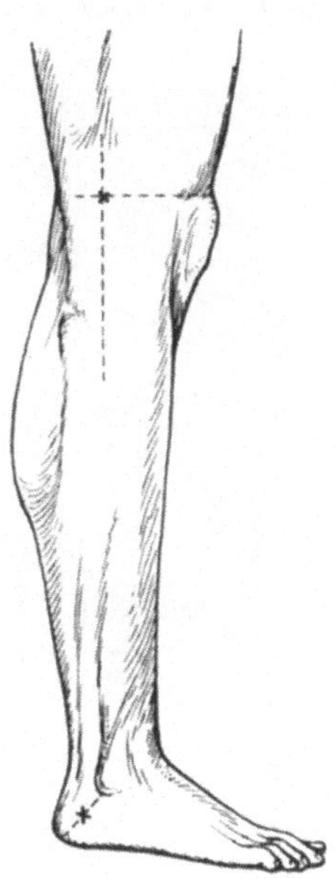

Abb. 204. Laterale Klammerpunkte am Femur und an der Tibia. (Nach BRAUN.)

Abb. 205. Bestimmung der lateralen Klammerpunkte am Femur, an der Tibia und am Fersenbein. (Nach BRAUN.)

gefahr Anlaß. Die Infektionsgefahr hängt zweifellos von der Weite des Bohrkanals und von der Größe des Traumas ab, das die Durchbohrung des Knochens setzt. Daß diese Verhältnisse bei der Drahtextension günstiger sind, ist einleuchtend. Gespannte Drähte können deshalb erfahrungsgemäß bis zur endgültigen Konsolidierung der Frakturen liegen bleiben, ohne daß Infektion oder Fistelbildung sehr zu befürchten ist. *Man wird deshalb die Nagelextension mehr zu temporären als zu langdauernden Extensionen verwenden.*

Die Zangen- und Klammerextension hat den Vorteil einfachster Technik, weshalb sie sich für Immediatrepositionen bei operativer Behandlung eignet. Tritt eine Infektion unter Dauerzugbehandlung ein, so kommt es nicht zu einer Osteomyelitis, sondern nur zu Abstoßung von kleinen Corticalissequestern. Bei schwerer Infektion können allerdings, wie ich wiederholt gesehen habe, die Zangen- und Klammerspitzen tief in die Kondylen eindringen.

Die geringere Gefährlichkeit der Drahtextension gestattet, den Anwendungsbereich der direkten Extension, immerhin unser strenger Indikationsstellung, erheblich zu erweitern. So werden heute verkürzte Oberschenkelbrüche kaum mehr mit Heftpflasterextension versorgt. Auch stark dislozierte Unterschenkelfrakturen, besonders solche des unteren Drittels, bei denen die periphere Angriffsfläche für einen Oberflächenzug zu klein ist, werden durch direkte Extension am Calcaneus behandelt. Ferner gehören alle offenen und infizierten Brüche mit Retraktionstendenz in das Anwendungsgebiet der Draht- oder Zangenextension. Auch Verkürzungsausgleich schlecht geheilter Frakturen nach vorgängiger Osteotomie kann nur durch direkten Zug am Knochen in befriedigender Weise bewirkt werden.

Das Verfahren der Wahl für länger dauernde Extensionen ist unbedingt die Drahtextension, während bei kurzdauernden Extensionen auch die anderen

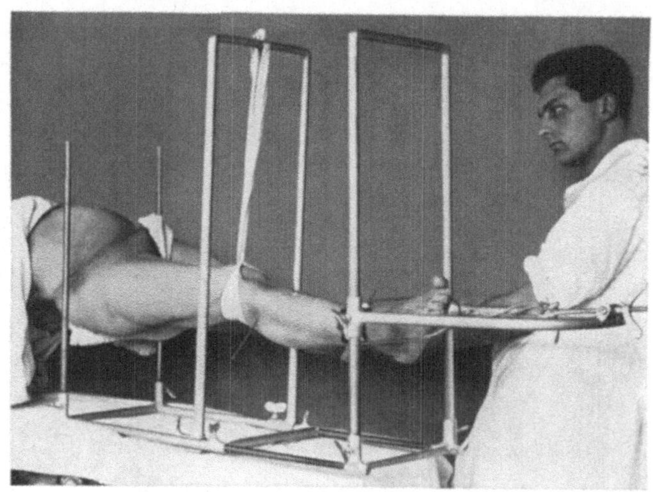

Abb. 206. Lagerung und Einrichtung eines Stauchungsbruches am oberen Ende der Tibia im verlängerten Schraubenzugapparat. (Nach Böhler.)

Methoden in Betracht kommen. Dabei ist zu beachten, daß Zangen und Klammern rutschen können, so daß bei starker Belastung der Nagel vor ihnen den Vorzug verdient.

Bei allen direkten Extensionen ist mir gelegentlich eine mangelhafte Beeinflussung der seitlichen Verschiebung aufgefallen; oft wird unter steigendem Zug die quere Verschiebung nur größer. Die Ursache liegt, wie im speziellen Teil noch auseinanderzusetzen sein wird, in der teilweisen Umsetzung des Längszuges durch die Muskulatur in Schräg- bzw. Querzug.

5. Die kombinierte Extensions- und Gipsverbandbehandlung nach Böhler.

Böhler behandelt eine große Zahl von Frakturen, besonders Unterschenkelbrüche, nach einer von ihm ausgearbeiteten kombinierten Methode, die nach seinen Veröffentlichungen bemerkenswerte Resultate ergibt. Das Verfahren dürfte sich besonders für Unterschenkelfrakturen eignen.

Nach Anästhesierung durch Einspritzung von 15—20 ccm 2%iger Novokainlösung im Bereich der Fraktur wird, ebenfalls in Lokalanästhesie, ein Nagel- oder Klammerzug am Fersenbein angelegt. Dann wird das gebrochene Bein auf den Böhlerschen *Schraubenzugapparat* gelagert (Abb. 139/206), der sowohl für Oberschenkel- wie für Unterschenkelfrakturen eingestellt werden kann. Durch Anziehen der Extensionsschraube kann jede Verkürzung ausgeglichen werden, wobei auch die anderen Verschiebungen sich ausgleichen oder durch Druck von außen beseitigt werden.

Nach vollständiger Reposition wird eine hintere Gipsschiene angelegt, mit Mullbinde befestigt und durch einige zirkuläre Gipsbinden zum Gipsverbande vervollständigt. Dieser Gipsschienenverband wird ohne jede Polsterung direkt auf die Haut angelegt (Abb. 207). Ergibt die Röntgenkontrolle gute Stellung, so wird die Extremität auf die BRAUN-BÖHLERsche Schiene gelagert, der direkte Zug am Fersenbein mit 3 kg belastet, der Fuß am Bügel

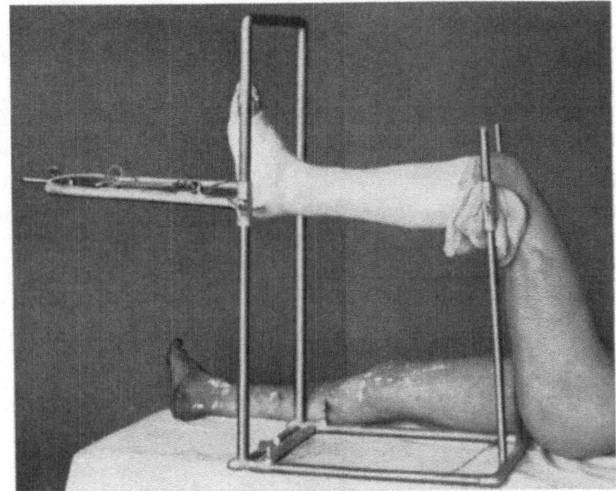

Abb. 207. Behandlung einer Unterschenkelfraktur im BÖHLERschen Schraubenzugapparat. Nach Reposition der Fraktur ist ein Gipsschienenverband direkt über der Haut angelegt. (Nach BÖHLER.)

suspendiert und der Gipsverband in ganzer Länge gespalten (Abb. 208).

Bei gewöhnlichen Brüchen läßt BÖHLER diesen Verband 3 Wochen, bei schweren Stauchungsbrüchen 5—6 Wochen liegen. Dann wird nach Entfernung

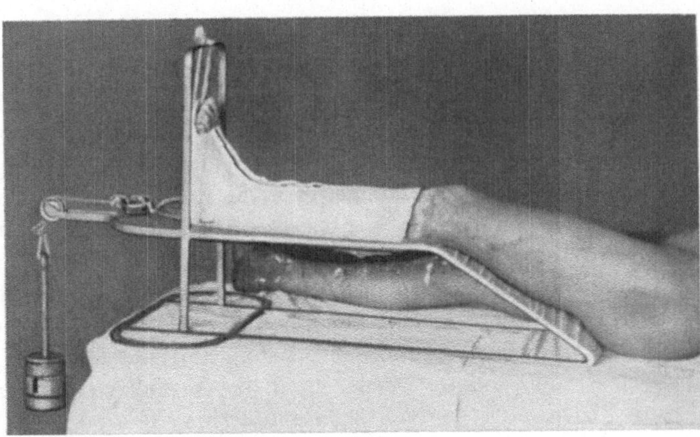

Abb. 208. Behandlung einer Unterschenkelfraktur im BÖHLERschen Schraubenzugapparat. Der Gipsverband ist in ganzer Länge gespalten, der Unterschenkel auf einer Leerschiene gelagert und der Nagelzug durch Gewicht (3 kg) belastet. (Nach BÖHLER.)

des ersten Gipsverbandes und der Fersenbeinklammer oder des Nagels ein bis zur Mitte des Oberschenkels reichender *Gehgipsverband* mit Gehbügel angelegt, allfällig unter Verwendung eines neuen, oberhalb des Sprunggelenkes oder tiefer am Calcaneus angelegten Klammerzuges, der nur bis zum Festwerden des Gipsverbandes liegen bleibt.

Dieser Gehgipsverband wird bei gewöhnlichen Brüchen 8 Wochen, bei Querbrüchen an der Grenze des mittleren und unteren Drittels 10 Wochen belassen. Böhler vertritt die Meinung, daß nur der ungepolsterte Gipsverband imstande sei, die Stellung der Bruchstücke dauernd aufrechtzuerhalten, und zwar auch wenn er aufgeschnitten ist. Doch empfiehlt er sorgfältigste Überwachung und warnt davor, Schmerzen, die nach dem Anlegen eines Gipsverbandes auftreten, mit Morphium zu bekämpfen.

Auch für die Einrichtung der Oberarmfrakturen hat Böhler einen Schraubenzugapparat angegeben (Abb. 209), der ebenfalls für die Behandlung von Vorderarmfrakturen hergerichtet werden kann. Für Einzelheiten der Böhlerschen Methoden muß auf seine „Technik der Knochenbruchbehandlung" verwiesen werden.

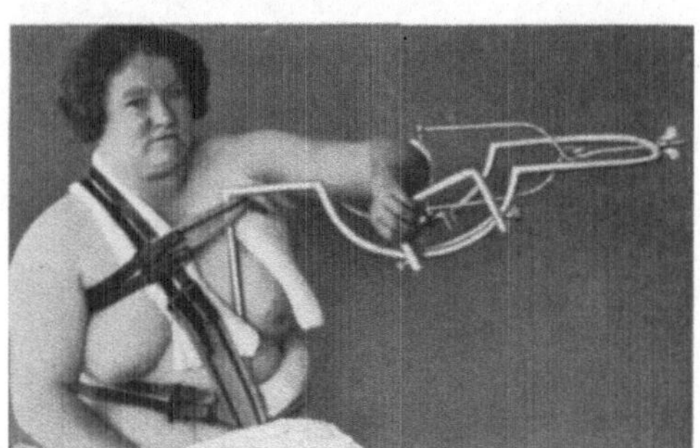

Abb. 209. Reposition eines Oberarmbruches im Oberarm - Schraubenzugapparat. (Nach Böhler.)

Da auch im Gehgips Muskel- und Knochenatrophie — oft sogar hohen Grades — zur Entwicklung gelangen, empfiehlt es sich, die Extension nur gemäß besonderen, im speziellen Teil auseinanderzusetzenden Indikationen mit Gipsverbänden zu kombinieren. Eine Generalisierung der Böhlerschen Methodik würde zweifellos einen Rückschritt bedeuten.

VIII. Die operative Behandlung der Frakturen (Osteosynthese).

1. Gefahren, Nachteile, Anwendungsgebiet.

Die operative Behandlung der Knochenbrüche, zu der wir die beschriebenen Methoden der direkten Extension nicht zählen, bezweckt die Freilegung, direkte Reposition unter Leitung des Auges und gegenseitige Vereinigung der Fragmente. Mit dem Ausbau der Asepsis hat sich das Verfahren gegen anfängliche Opposition durchgesetzt, so daß heute nicht mehr über die Berechtigung der Osteosynthese, sondern nur noch über die Abgrenzung ihres Indikationsgebietes diskutiert wird.

Auf Grund von Statistiken verschiedener Versicherungsgesellschaften wird über die Osteosynthese allerdings in neuerer Zeit eine „vernichtende" Kritik gefällt, weil die Heilungsdauer verdoppelt, Behandlungskosten und Renten erheblich gesteigert werden sollen. Ferner wird das Verfahren mit einem hohen Prozentsatz von Ostitis, Osteomyelitis, Pseudarthrosen und Todesfällen belastet.

Ohne die Richtigkeit dieser statistischen Erhebungen zu bestreiten, sei darauf hingewiesen, daß diese Kritik nur sehr bedingt zutrifft, weil *unrichtige Indikationsstellung* und *mangelhafte Technik* gerade bei dem zusammengewürfelten Versicherungsmaterial erfahrungsgemäß eine große Rolle spielen. *Kompetenten Händen überlassen, ergibt die operative Frakturbehandlung ganz andere Resultate!*

Das *Hauptrisiko* jeder Osteosynthese, die *Infektionsgefahr*, wird in wesentlichem Maße durch die *Beschaffenheit des Operationsgebietes* bestimmt. Wie operieren inmitten zerrissener Muskulatur, gequetschter, zertrümmerter und blutig infiltrierter Gewebe, deren Vitalität und Abwehrkräfte herabgesetzt sind. Durch die Incision und die Freilegung der Fragmente wird die Blutzufuhr oft erheblich gestört; Nekrose der Bruchenden oder einzelner Splitter kann die Folge sein, namentlich wenn Infektion hinzutritt. Warten wir jedoch mit der Operation, bis die Gewebe sich von der traumatischen Schädigung erholt haben, so ist die Infektionsgefahr erheblich geringer.

Naturgemäß spielt in der Infektionsfrage auch die *Dauer der Operation* mit; ausreichende Technik, Wahl der adäquaten Vereinigungsmethode und gute Assistenz sind maßgebende Faktoren für möglichste Abkürzung der Operationsdauer.

Eine noch zu wenig gewürdigte Bedeutung kommt ferner der *Frage des versenkten metallischen Vereinigungsmaterials* zu. Die *Fremdkörpereiterung* bei operativ versorgten Knochenbrüchen kann rein aseptischer Natur sein. Sie beruht in diesem Falle auf einer *chemischen Reizwirkung* der Platten, Schrauben oder Drähte auf die umgebenden Gewebe.

Diese Verhältnisse sind von BAEYER, ZIEROLD und in jüngster Zeit besonders von LANGE abgeklärt worden. Chemisch indifferente Körper wie *Elfenbein* und *Hartgummi* werden ohne

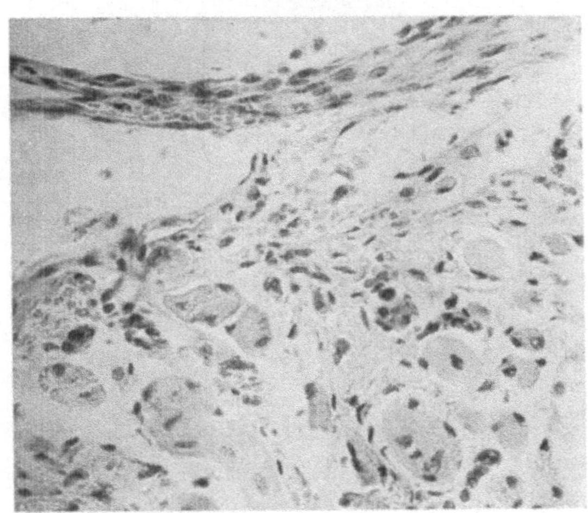

Abb. 210. Einheilung eines Kruppstahldrahtes in der Muskulatur. Oben dünne Einscheidungsmembran aus jungem Bindegewebe, 4 Wochen alt. Nur in vereinzelten Zellen finden sich geringe Einlagerungen von feinkörnigen Eisen. (Nach LANGE.)

wesentliche Reaktion des Gewebes durch eine einschichtige bindegewebige Kapsel umgrenzt. *Chemisch aktive Körper* dagegen zeigen eine mehrschichtige Einscheidungskapsel, deren äußerste Schicht aus straffem Bindegewebe, deren mittlere Schicht aus zellreichem lockerem Bindegewebe, deren innerste, dem Fremdkörper anliegende Schicht aus leukocytär infiltriertem Granulationsgewebe besteht. Fremdkörper, die eine hochgradige Reizwirkung auf die Gewebe ausüben, sind von Detritus und Eiter umgeben.

Von den zur Vereinigung von Frakturen verwendeten Metallen heilen *Gold* und *Aluminium* unter geringer Reaktion ein; *Silber* und *Blei* zeigen schon eine dickere Bindegewebsumhüllung, während *Eisen* und besonders *Kupfer* sowohl den Knochen als das anliegende Gewebe intensiv schädigen. *Je weniger oxydierbar und je unlöslicher das zur Verwendung gelangende Metall, desto geringer ist seine Reizwirkung.* Die Verwendung versilberter und vergoldeter Schrauben, Nägel und Metallplatten nach dem Vorschlage von LAMBOTTE war deshalb gerechtfertigt. Heute haben wir im *rostfreien Kruppstahldraht V2a* ein modernes Vereinigungsmaterial für Frakturen, das sowohl wegen seiner minimalen Reizwirkung auf die Körpergewebe als auch wegen seiner außerordentlichen Zug- und Torsionsfestigkeit berufen erscheint, auf dem Gebiete der Osteosynthese alle anderen Metalle zu verdrängen. Die chemische Indifferenz dieses Kruppstahldrahtes im Gegensatz zu dem chemisch sehr aktiven Eisendraht geht aus den Abbildungen 210/211 hervor.

Neben den chemischen Eigenschaften des Metalls spielen auch die *Beschaffenheit seiner Oberfläche* und die *Art seiner Fixation* eine Rolle hinsichtlich der

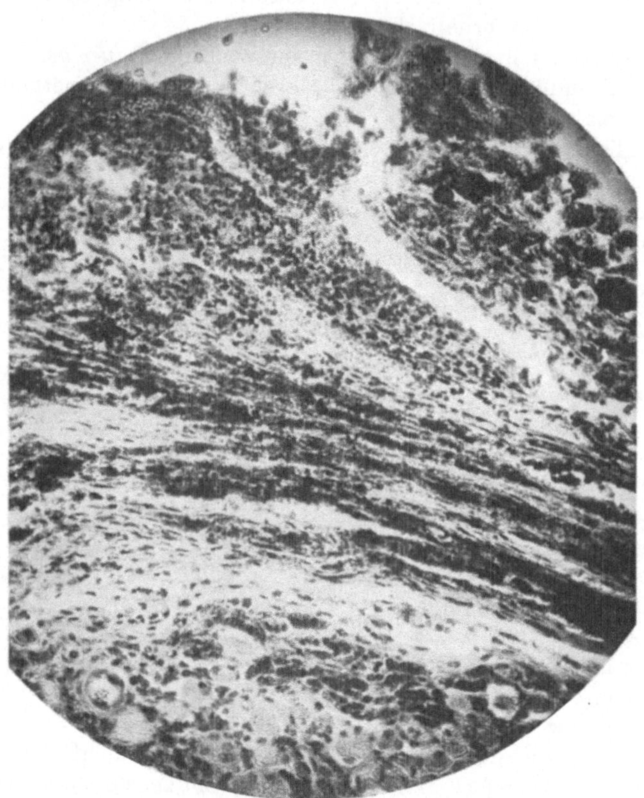

Abb. 211. Einheilung eines Eisendrahtes in der Muskulatur nach 12 Wochen. Die Fremdkörperkapsel reicht von oben bis zum unteren Viertel des Gesichtsfeldes und ist annähernd 10mal so dick, wie beim Kruppstahldraht. Auf eine dem Eisendraht anliegende Schicht von Detritus und nekrotischen Zellen (oben) folgt eine breite Zone von Granulationsgewebe mit Riesenzellen und Eisenschollen, dann eine Schicht älteren Bindegewebes und schließlich die ebenfalls geschädigte Muskulatur mit lebhaften entzündlichen Erscheinungen und reichlicher Ablagerung von Eisenschollen. (Nach LANGE.)

Toleranz. Je glatter die Oberfläche und je geringer die Verschieblichkeit des Fremdkörpers, desto geringer ist die Reizwirkung auf das anliegende Gewebe.

Nach den Untersuchungen TAVELs kann nun eine bestimmte Menge Bakterien, die, allein in den Organismus verbracht, keine nennenswerte entzündliche Reaktion hervorruft, zu einer klinisch manifesten Infektion Anlaß geben, wenn gleichzeitig ein Fremdkörper implantiert wird. Es unterliegt wohl keinem Zweifel, daß ein chemisch aktiver, differenter Fremdkörper, der eine starke Reizwirkung auf die Gewebe ausübt, für das Angehen einer derartigen *Implantationsinfektion* konditionell bedeutsamer ist, als ein chemisch inaktives, indifferentes Corpus alienum. Das trifft auch für die seltene, sekundär auf dem Blutwege erfolgende Infektion zu. *Aus diesen Feststellungen ergibt sich die*

Forderung, für die Vereinigung der Fragmente chemisch indifferente Metalle, in erster Linie rostfreien Stahl zu verwenden und das Volumen der implantierten Fremdkörper nach Möglichkeit zu reduzieren. Damit wird die Infektionsgefahr und auch die direkte Schädigung des Knochens ganz bedeutend herabgesetzt, ebenso das Risiko der aseptischen Fremdkörpereiterung. *Voraussetzung für gutes Gelingen ist bei allen Osteosynthesen einwandfreie Asepsis. Das Infektionsrisiko kann uns nicht davon abhalten, Knochenbrüche operativ zu behandeln; doch muß es Anlaß geben, die Indikationen sorgfältig zu stellen.*

Ein Nachteil der operativen Behandlung wird ferner in der gelegentlich zu beobachtenden *verzögerten Heilung* erblickt. Wenn auch einzelne Autoren, wie König, Verzögerung der Heilung nach operativ, mit Versenkung von Fremdkörpern behandelten Frakturen kaum gesehen haben, so ist an der Tatsache, daß nach Osteosynthese der Callus gelegentlich später fest wird, als dies bei konservativem Vorgehen üblicherweise der Fall ist, nicht zu zweifeln.

Hier liegen jedoch meist besondere Gründe vor, so daß es nicht angeht, der operativen Frakturvereinigung ganz allgemein den Vorwurf der Verlängerung der Konsolidationsdauer zu machen. *Zunächst ist die verlangsamte Callusbildung oft Folge nicht völlig aseptischen Verlaufes; ferner kommt zu starke Schädigung der osteogenen Gewebe durch den Eingriff in Betracht.* Vor allem ist die unnötige, weitgehende Abhebelung des Periostes Schuld an der verzögerten Callusbildung, besonders wenn das Periost nicht in einem Stück abgehoben, sondern an mehreren Stellen eingerissen und zerschnitten wird; auch die Schädigung des Markes durch die Knochenbolzung kann zu verzögerter Heilung Anlaß geben. Möglicherweise ist die verlangsamte Heilung operativ behandelter Diaphysenbrüche, wie Bier, Schmieden, Völker und Ludloff glauben, gelegentlich auf die Entfernung des Blutergusses und damit auf den Wegfall eines wesentlichen biologischen Reizes für die Callusbildung zurückzuführen. Auch der durch chemisch differentes metallisches Vereinigungsmaterial verursachte Knochenabbau spielt mit.

Alle diese Gefahren und Nachteile der operativen Frakturenbehandlung lassen sich bei entsprechender Vorsicht weitgehend reduzieren, sind aber doch nicht immer zu umgehen. *Deshalb ist eine sorgfältige Indikationsstellung geboten, die allerdings je nach den persönlichen Erfahrungen und nach der technischen Leistungsfähigkeit der einzelnen Operateure zu verschiedener Auswahl führen und in gewissem Umfange stets Temperamentsache bleiben wird.*

Es ist sicher nicht angebracht, jede anatomisch nicht völlig korrekt stehende Fraktur operativ anzugreifen. Man darf sich allerdings auf den Satz, daß trotz anatomisch nicht idealer Stellung der Fragmente die spätere Funktion eine normale sein kann, nicht allzusehr verlassen; denn besonders bei gelenknahen Brüchen laufen anatomisches und funktionelles Resultat durchaus parallel, indem schon geringe Verschiebungen dauernde und schwerwiegende Störungen verursachen können. Durch ausgedehnte Untersuchungen an der Leiche und am Lebenden hat Lane festgestellt, daß die chronisch-deformierenden Veränderungen der Gelenke im Anschluß an Frakturen auf mangelhafte anatomische Heilung, d. h. auf Veränderung der Belastungsverhältnisse zurückzuführen sind. Je größer der Winkel an der Bruchstelle, je stärker die Belastung bzw. die Inanspruchnahme des Gelenkes, je älter der Patient, desto erheblicher werden im allgemeinen die sekundären arthritischen Veränderungen.

Das gilt auch für gelenkferne Frakturen. Aber man wird sich bei nicht ganz korrekt stehenden Frakturen vor Augen halten, daß nach Wiedereinsetzen funktioneller Inanspruchnahme nicht beanspruchtes Gewebe abgebaut, an anderen Stellen neues Gewebe angebaut wird. Besonders bei jugendlichen Knochen sind diese Vorgänge sehr lebhaft. Soweit dieser funktionelle Umbau in Betracht kommt, *wird man deshalb bei Kindern die Indikationen enger fassen.*

Wenn wir die *Grundsätze der allgemeinen Indikationsstellung für die operative Behandlung der Knochenbrüche* aufstellen wollen, so kann es sich heute nicht mehr darum handeln, nur diejenigen Frakturen der Osteosynthese zuzuweisen, bei denen alle unblutigen Methoden versagt haben. Wie König mit vollem Recht sagt, erlebt man mit derartigen Spätkorrekturen wenig Freude, weil sie technisch viel schwieriger sind als Frühoperationen. *Wir müssen deshalb diejenigen Bruchformen zum vorneherein operativ versorgen, bei denen die konservativen Verfahren erfahrungsgemäß unbefriedigende Resultate geben.* Dabei wird jeder sich zunächst auf seine eigenen Erfahrungen stützen, weil ja die unblutigen Methoden nicht in allen Händen die gleichen Erfolge oder Mißerfolge geben. Unter diesem Vorbehalt und abgesehen von extremer Stellungnahme einzelner Autoren *ist die Anzeige für einen operativen Eingriff bei frischen Frakturen als gegeben zu erachten:* 1. Bei offenen Brüchen, die nach den Grundsätzen aktiver Wundbehandlung jedoch unter möglichster Vermeidung versenkter Fremdkörper zu behandeln sind; 2. bei Anspießung der Haut, die durch äußere Maßnahmen nicht zu beseitigen ist und bei der häufig damit verbundenen Zwischenlagerung von Weichteilen, besonders von Muskulatur (Knopflochmechanismus!); 3. bei Schädigungen der regionären Nerven — abgesehen von der einfachen Kontusion — und Gefäßen; 4. bei querer Einklemmung größerer Fragmente zwischen den Bruchenden; 5. bei Gelenkfrakturen mit intraartikulärer Verschiebung und Umdrehung eines Fragmentes; 6. bei Luxationsfrakturen, die sich nicht reponieren lassen; 7. bei Abrißfrakturen von Apophysen, an denen sich wichtige Muskeln ansetzen — Olecranon, Calcaneus, Patella, Trochanter, ev. Tuberculum majus humeri — sowie bei Abrißfrakturen mechanisch wichtiger Bandansatzstellen — Epicondylus internus humeri und femoris, innerer Knöchel; 8. bei stark verschobenen, nicht reponierbaren gelenknahen Brüchen; 9. bei stark verschobenen Brüchen eines einzelnen Vorderarmknochens, besonders wenn sie mit Luxation des Parallelknochens verbunden sind; 10. bei Frakturen beider Vorderarmknochen mit gekreuzter, von außen nicht beeinflußbarer Stellung der Bruchenden.

Neben diesen *primären Anzeigen* für die operative Frakturbehandlung gibt es noch *sekundäre,* die alle Diaphysenbrüche betreffen, die sich durch direkten Zug am Knochen nicht ausreichend stellen lassen; unter diese Operationsanzeige fallen vor allem Querfrakturen des Ober- und Unterschenkels und des Humerus, jedoch auch gewisse Schrägbrüche, sowie Frakturen der Vorderarmknochen und des Schlüsselbeins. Eine relative Operationsanzeige sehe ich mit König auch bei mehrfachen Brüchen. Je größer die Ansprüche sind, die durch berufliche oder sportliche Betätigung an die körperliche Leistungsfähigkeit und Integrität des Patienten gestellt werden, desto eher wird man sich in Grenzfällen zu operativem Vorgehen entschließen, wenn die konservativen Methoden kein ideales Resultat versprechen. Damit ist auch die gelegentliche kosmetische Indikation motiviert.

Von den *alten Knochenbrüchen* fallen der operativen Behandlung zu: 1. Brüche, die in schlechter Stellung geheilt sind, sofern eine entsprechende Funktionsstörung vorliegt; 2. Pseudarthrosen verschiedener Genese, besonders solche aus lokaler Ursache; 3. Brüche, die zu störender Callusbildung geführt haben, einschließlich Einbettung des Nerven in den Callus; 4. Frakturen mit sekundärer Arthritis infolge Nekrose eines ganzen Kopffragmentes, bei denen die Entfernung des nekrotischen Fragmentes mit nachfolgender Gelenkplastik oder Arthrodese notwendig wird.

Die *Vorteile der operativen Frakturbehandlung* liegen auf der Hand: Neben anatomisch idealer Reposition wird durch geeignete Fixationsmaßnahmen zuverlässige Retention der Fragmente garantiert. Jede längerdauernde Immobilisierung aus Rücksicht auf die Erhaltung guter Fragmentstellung fällt weg; aktive und passive Bewegungen können frühzeitig einsetzen. Somit werden alle Anforderungen einer biologisch orientierten Behandlung erfüllt, ohne daß die Berücksichtigung der Funktion das anatomische Resultat der Fragmentheilung im geringsten beeinträchtigt.

2. Zeitpunkt des Eingriffes.

Infolge der guten Übersichtlichkeit der anatomischen Verhältnisse sind Osteosynthesen bei frischen Frakturen technisch leichter, als 3—4 Wochen nach der Verletzung. Aus vorerwähnten Gründen sind jedoch sofortige Operationen zu vermeiden, insofern nicht dringliche Indikationen vorliegen; das Infektionsrisiko wird zweifellos herabgesetzt, wenn man zunächst die Erholung der Gewebe von der traumatischen Schädigung abwartet. LAMBOTTE, einer der erfahrensten Chirurgen auf dem Gebiete der Osteosynthese, operiert gewöhnlich 10—14 Tage, KÖNIG am Ende der ersten oder im Verlauf der zweiten Woche nach dem Unfall. Die bis zu diesem Zeitpunkt, wenigstens bis zum Ende der ersten Woche, eintretenden Veränderungen im Bereich der Knochenenden und der umgebenden Weichteile hindern die operative Reposition der Fragmente im allgemeinen nicht wesentlich, und auch die Muskelretraktion läßt sich durch winklige Einstellung der Fragmente oder durch direkten Zug überwinden. Nach der zweiten Woche habe ich dagegen schon sehr unübersichtliche Verhältnisse angetroffen, die eine korrekte Versorgung der Fraktur erschwerten.

Die Operation in den ersten 24 Stunden bringt, abgesehen von den ungünstigen lokalen Verhältnissen, die Gefahren eines Eingriffs im Shock, sowie das Risiko, die Entwicklung eines Delirium tremens, einer traumatischen Pneumonie oder die ersten Erscheinungen einer schweren Nebenverletzung zu übersehen.

Da die Callusbildung nicht vor Beginn der zweiten Woche makroskopisch erkennbare Veränderungen setzt, hat die Verschiebung der Operation auf das Ende der ersten oder den Beginn der zweiten Woche für die technische Ausführung keinen Nachteil.

Die Wartefrist wird natürlich zur zweckmäßigen Vorbereitung des Patienten nach allgemein gültigen Regeln benutzt.

Operationen innerhalb der ersten Tage sind nur geboten, wenn *dringliche Anzeichen* vorliegen. So können schwere Blutungen infolge Gefäßzerreißung, Kompression von Nerven und Gefäßen, drohende Hautperforation durch ein scharfes Fragment zu einem sofortigen Eingriff zwingen; ebenso wird man bei *offenen Frakturen* die sofortige Wundtoilette mit der Fragmenteinstellung verbinden.

Abrißfrakturen können mit Rücksicht auf ihre oberflächliche Lage bereits am 2. oder 3. Tage operiert werden; sind sie offen, so bedingt die dringliche Wundversorgung sofortiges Vorgehen. *Kniescheibenbrüche,* die ja ebenfalls leicht zugänglich sind, sollten nur sogleich nach dem Unfall genäht werden, wenn das Gelenk eröffnet ist; bei subcutanen Patellafrakturen scheint es dagegen logisch, mit Rücksicht auf die Infektionsgefahr einige Tage zu warten, bis das Gelenk Abwehrstellung bezogen hat, wenn ich auch von gelegentlichen, am 2. oder 3. Tag vorgenommenen Operationen irgendeinen Schaden in Übereinstimmung mit BRAUN nicht gesehen habe.

Für *Schußbrüche* gelten die Indikationen der offenen Fraktur, d. h. die möglichst frühzeitige aktive Wundversorgung mit Ausschneidung; Stellungskorrekturen jedoch sollen mit Rücksicht auf die ruhende Infektion frühestens ein Jahr nach Abschluß der Eiterung vorgenommen werden, falls sie sich nicht außerhalb des Frakturgebietes durchführen lassen.

3. Allgemeine Technik der Osteosynthese.

Bedingung für jede operative Inangriffnahme einer Fraktur ist tadellose Asepsis; der Versosgung komplizierender Hautschürfungen und tiefergreifender Hautwunden ist deshalb besondere Aufmerksamkeit zu schenken.

Zunächst wird durch eine möglichst schonende, den anatomischen Verhältnissen angepaßte Incision das oberflächlicher liegende *Fragment freigelegt;* bei subcutan liegenden Knochen wählt man besser Bogenschnitte als geradlinige Incisionen, damit die Hautnarbe nicht mit dem Knochen verwachsen kann. Scharfe Durchtrennung der Muskulatur ist nach Möglichkeit zu vermeiden, doch ist es besser, durch scharfe Schnitte glatte Wundflächen als durch stumpfes Auseinanderzerren der Muskeln unregelmäßige, buchtige, von gequetschtem Gewebe begrenzte Wunden zu schaffen. Nach *Entleerung des Hämatoms* und sorgfältigem Wegtupfen der Blutgerinnsel werden die Fragmente freigemacht. Bereits organisierte Blutgerinnsel werden mit dem scharfen Löffel entfernt. Bei Diaphysenbrüchen ist nun zur Freilegung der Fragmente eine teilweise Abhebung des Periostes notwendig; das geschieht durch Längsincision des Periostes und durch sorgfältige Abhebelung mittels eines geeigneten Raspatoriums. Dabei ist jede Zerreißung der Knochenhaut zu vermeiden. *Die Entblößung des Knochens vom Periost ist auf das unumgänglich Notwendige zu beschränken;* bei frischen Diaphysenbrüchen genügt es meist, etwas mehr als die Hälfte des Knochenumfanges zu entblößen. Dagegen ist bei alten Frakturen oft Abhebelung der Knochenhaut rings um den Knochen notwendig, bevor die Fragmente genügend beweglich werden zur Reposition; meist müssen dann auch vorher noch die Calluswucherungen mit Meißel und Hammer oder Zange, bei weniger alten Knochenbrüchen mit dem scharfen Löffel entfernt werden. Bei kurzen Knochen und Epiphysen sieht man von einer Periostentblößung besser ab, da die innige Haftung des Periostes sowie der Bänder- und Sehnenansätze eine Enthülsung des Knochens sehr verletzend gestalten würde. Es genügt in derartigen Fällen, die Bruchflächen klar freizulegen. Lose Knochensplitter werden mittels Pinzette entfernt und in steriler, in Kochsalzlösung getränkter Gazekompresse aufbewahrt, um später wieder implantiert zu werden.

Nach Freilegung und Mobilisierung der Fragmente wird die *Reposition* ausgeführt; dabei ist das Anfassen des Knochens mit den Fingern nach Möglichkeit zu vermeiden. Ist die Reposition durch äußeren, von einem Assistenten besorgten Zug nicht erreichbar, so werden die Fragmentenden mit geeigneten Knochenzangen gefaßt (Abb. 212 und 213) und unter Verwendung von Elevatorien und besonderen Knochenhebeln, von denen wir Abbildungen geben,

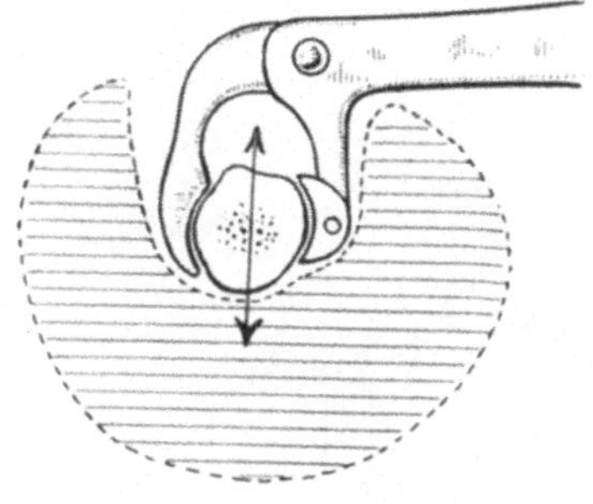

Abb. 212. Fassen des Knochens in der Querachse mit rechtwinklig abgebogener Zange. (Nach LAMBOTTE.)

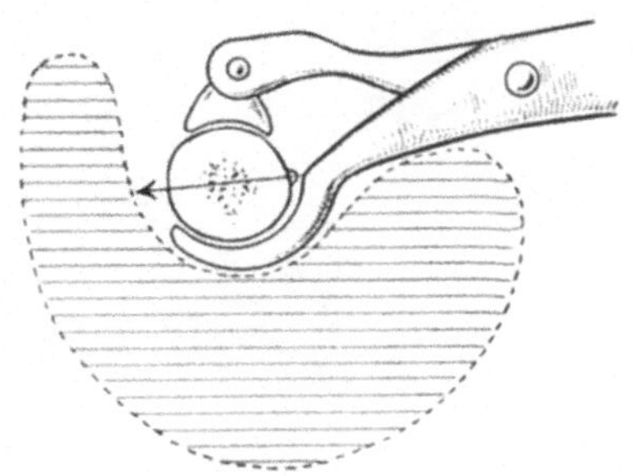

Abb. 213. Fassen des Knochens in der Sagittalachse mit gerader Zange. (Nach LAMBOTTE.)

Abb. 214. Reposition einer Querfraktur mit Hilfe des TAVELschen Hebels.

in richtige Stellung gebracht (Abb. 214). Für den *Ausgleich erheblicher Verkürzungen, besonders am Oberschenkel, kann direkte Extension mittels Zange, Klammer oder Nagel nötig oder doch von großem Vorteil sein.* Der Zug erfolgt in Semiflexion, allfällig unter Verwendung eines Flaschenzuges, wie Abb. 215 zeigt. Diese Immediatreposition unter direktem Zug am Knochen stellt eine wesentliche Ergänzung und Erleichterung der blutigen Frakturbehandlung dar.

Wenn man bei frischen Frakturen operativ vorgeht, so ist das Ziel stets eine genaue, *anatomisch einwandfreie Reposition und die Erhaltung der Fragmente*

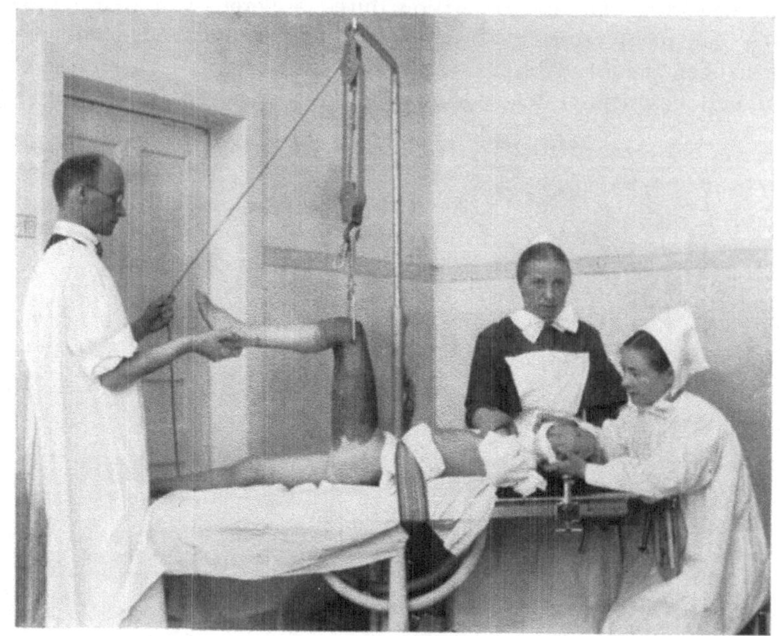

Abb. 215. Zangenextension einer Oberschenkelfraktur unter Verwendung eines Flaschenzuges,
zur operativen Vereinigung.

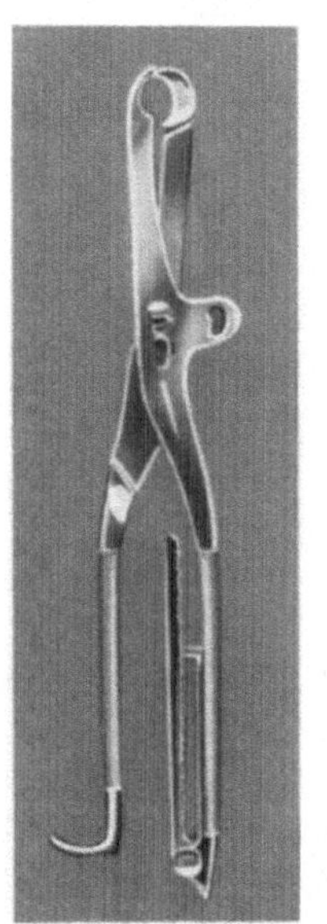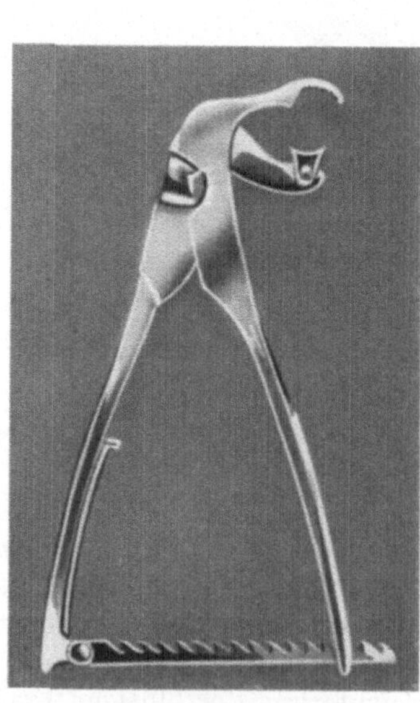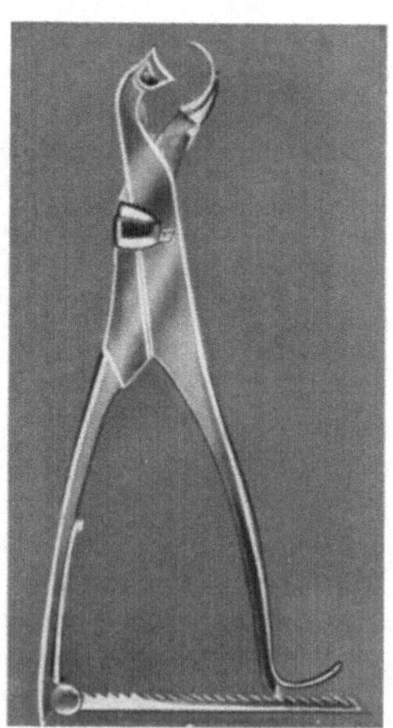

Abb. 216. a gerade, b rechtwinklig abgebogene, c S-förmige Knochenfaßzange.   (Nach LAMBOTTE.)

in dieser Stellung. Dieses Postulat ist jedoch nur durch eine einwandfreie, dem einzelnen Falle angepaßte Technik zu erreichen. *Es ist unglaublich, in*

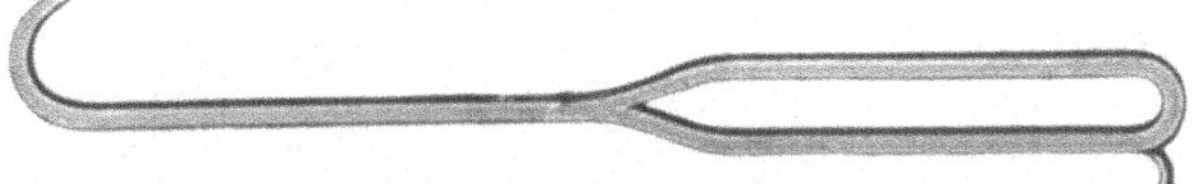

Abb. 217 a. Knochenhaken. (Nach LAMBOTTE.)

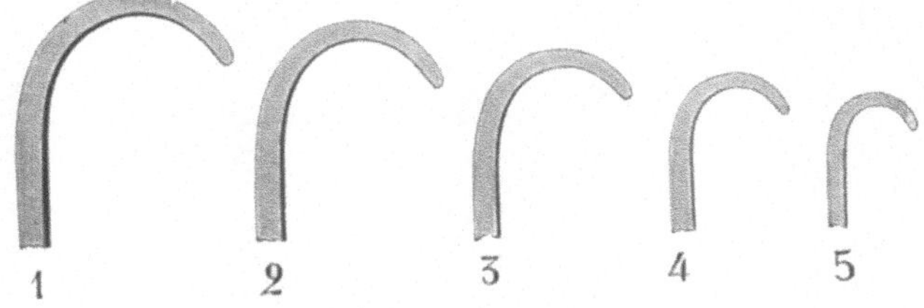

Abb. 217 b. Satz verschiedener Krümmungen zum Haken Abb. 217 a.

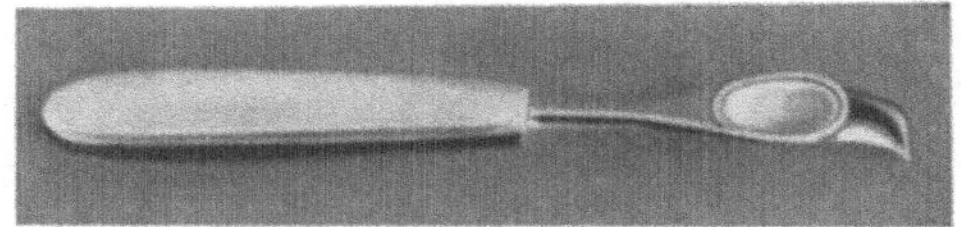

Abb. 218. Repositionshebel. (Nach LAMBOTTE.)

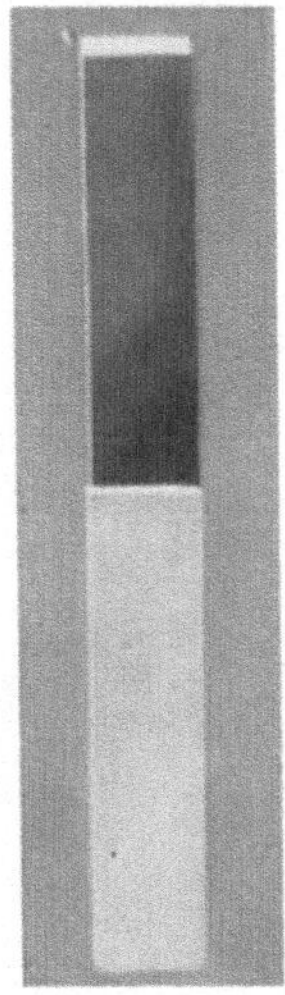

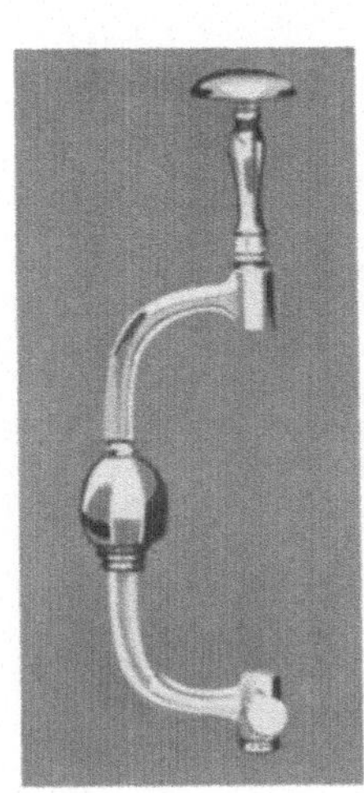

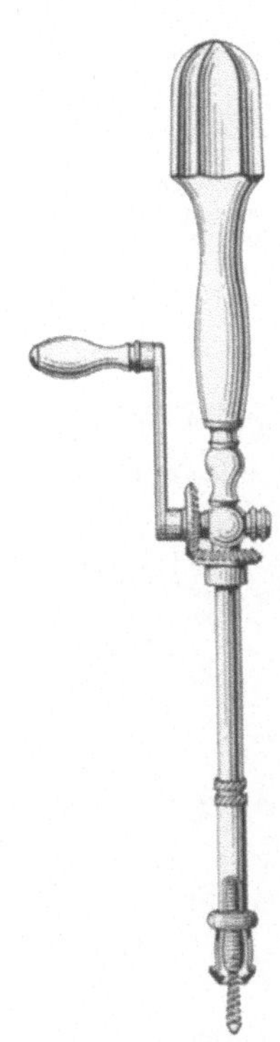

Abb. 219. Flacher Meißel nach LAMBOTTE zur Trennung schlecht geheilter Frakturen.

Abb. 220. Handbohrapparat.

Abb. 221. Handbohrapparat mit Zahnradübersetzung; mit besonderem Aufsatz als rotierender Schraubenzieher verwendbar.

welch stümperhafter, um nicht zu sagen läppischer Weise Knochenbrüche gelegentlich zu vereinigen versucht werden, von Operateuren, die nicht die geringste handwerksmäßige Begabung haben; *am häufigsten sieht man Anwendung der Knochennaht in Fällen, wo diese den mechanischen Anforderungen unmöglich genügen*

13*

*kann. Osteosynthese ist in vielen Köpfen immer noch gleichbedeutend mit
Knochennaht. Befriedigende Resultate sind jedoch nur zu erzielen, wenn stets*

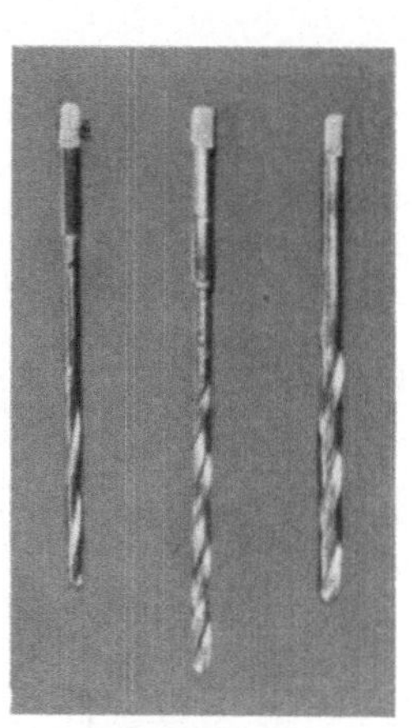

Abb. 222.
Bohrersatz zu den Apparaten 220
u. 221, sog. amerikanisches Modell.

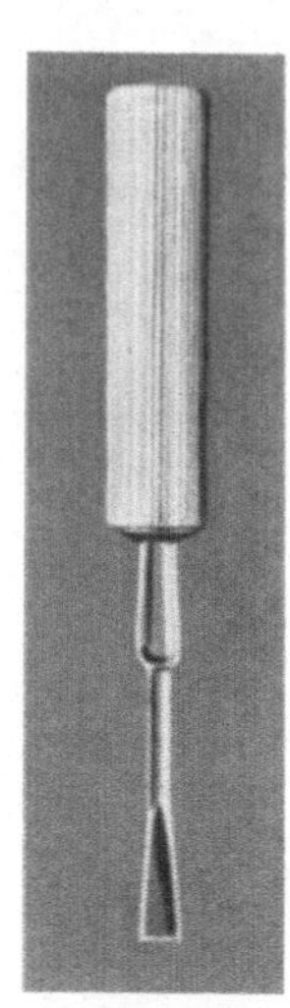

Abb. 223.
Beidseitig gedeckter
Schraubenzieher.

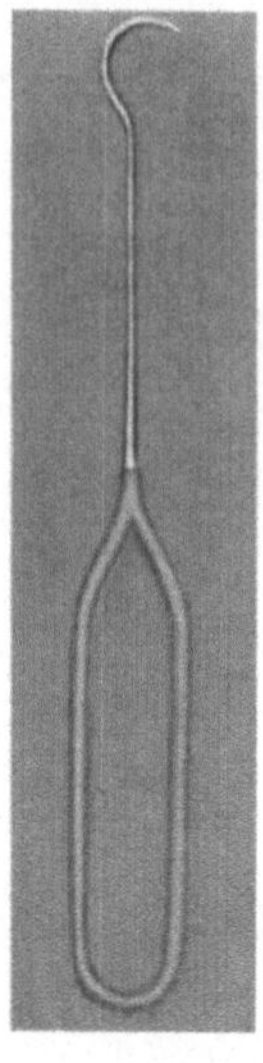

Abb. 224.
Elastische Drahtführer für die
Umschlingung.

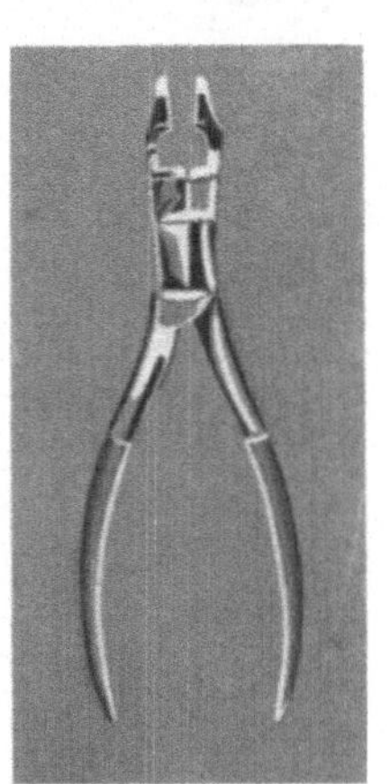

Abb. 225.
Kombinierte Drahtzange
zum Abschneiden, Fassen
und Zusammendrehen von
Metalldrähten.

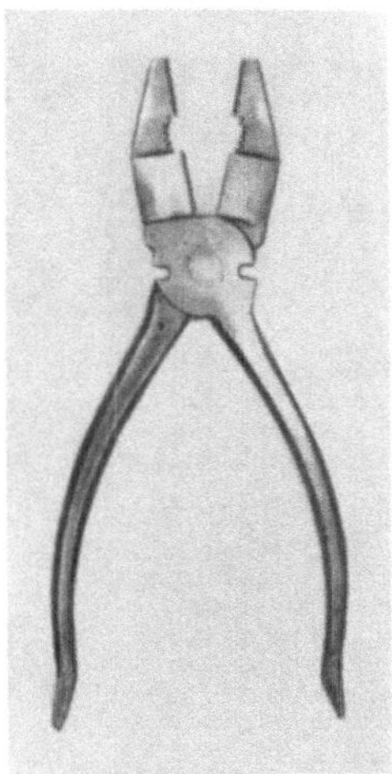

Abb. 226.
Breite, kräftige
Drahtfaßzange.

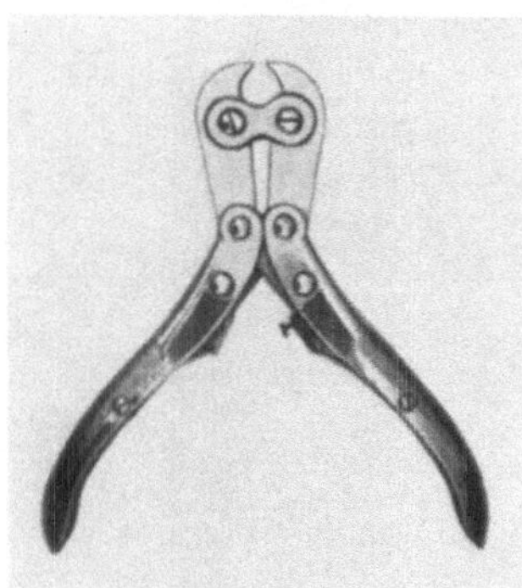

Abb. 227.
Schneidezange mit Übersetzung,
für Stahldraht.

*nur die dem vorliegenden Falle angepaßte, „adäquate" Vereinigungsmethode an-
gewandt wird.* Unerläßlich ist ferner *ausreichende Instrumentierung*, wobei mit
Vorteil das Handwerkszeug der Mechaniker, Klempner und Schreiner Verwendung findet, sowie *genügende Auswahl von Vereinigungsmaterialien.*

Demnach müssen zur Verfügung stehen: Starke Knochenfaßzangen, Raspatorien, Elevatorien, Knochenhebel, flache schneidende Meißel, Hohlmeißel, schneidende und Kneifzangen, ein Handbohrapparat der gleichzeitig als rotierender Schraubenzieher dienen kann, ein vollständiger Satz sog. amerikanischer Spiralbohrer, Drahtführer, Drahtzangen zum Schneiden und Zusammendrehen der Suturen, ein Drahtspanninstrument und schließlich eine vollständige Kollektion von Schrauben, Verschraubungsplatten, Nägeln und biegsamer Draht verschiedener Stärke aus rostfreiem Stahl. Wir bilden eine Anzahl Knocheninstrumente, die sich uns seit langen Jahren bewährt haben, ab (Abb. 216/229).

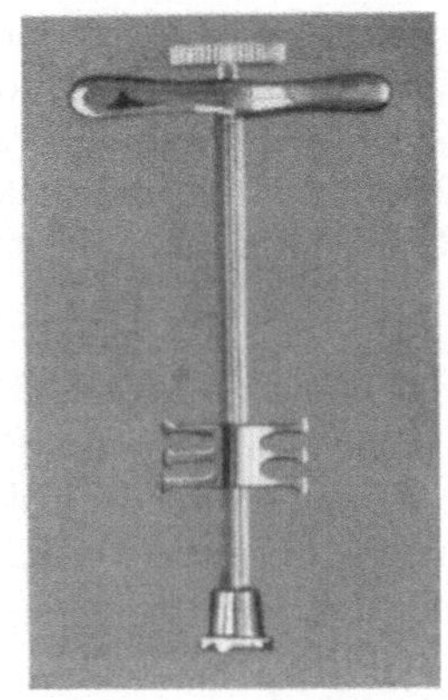

Abb. 228. Torsionsdrahtspanner nach MATTI, zur Ausführung der Umschlingung.

Nach erfolgter Reposition werden die Fragmente in guter Stellung provisorisch, am besten mittels einer Fixationszange (Abb. 230) festgehalten, und anschließend nach einer der im folgenden beschriebenen Methoden vereinigt, falls nicht einfache Verzahnung, sog. „Stellen" der Fragmente genügt. Dann erfolgt sorgfältige, lückenlose und schichtweise Naht der Weichteile, *unter peinlichster Vermeidung leerer Räume.* Bei aseptischen Fällen erfolgt die Versorgung der Wunde ohne Drainage, während verdächtige und infizierte Wunden, auch wenn sie ausgeschnitten wurden, besser teilweise offen gelassen oder doch mit einem Sicherheitsventil in Form eines Drains oder eines Dochtes versehen werden.

4. Methoden der Fragmentvereinigung.

Für die Vereinigung der Fragmente sind mit der Entwicklung der Technik stets neue Methoden angegeben worden, die in ihrer Wirkung nicht gleichwertig sind und eine elektive Anwendung fordern.

a) Die Verzahnung, das sog. „Stellen" der Fragmente.

Bei Schaftbrüchen im Bereiche der Metaphysen und bei Epiphysenfrakturen lassen sich die breiten spongiösen Bruchflächen wie Positiv und Negativ ineinander verzahnen, so daß, wenn die Bruchebene quer oder nur wenig schräg

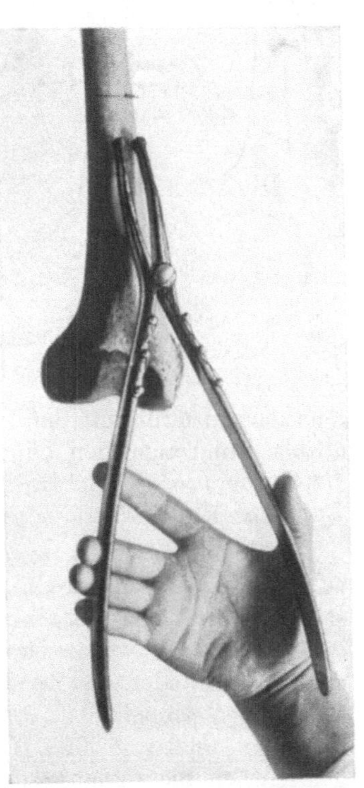

Abb. 229. Drahtspannzange. (Nach KIRSCHNER.)

verläuft, der Längsmuskeldruck die Retention besorgt. Besteht nach derartiger Einstellung der Fragmente keine nennenswerte Verschiebungstendenz, so kann von Vereinigung durch versenktes Material abgesehen werden. Ein leichter Schienenverband genügt dann zur Aufrechterhaltung der guten Stellung. Dieses „*Stellen*" der Fragmente empfiehlt sich auch dort, wo die Spongiosa derartig zertrümmert ist, daß Schrauben und Nägel nicht halten, wie man das namentlich bei gewissen Metaphysen- und Epiphysenbrüchen sieht, besonders am oberen Humerusende, an der unteren Radiusepiphyse und im supramalleolären Abschnitt der Tibia.

<h3 align="center">b) Die Knochennaht.</h3>

Die Knochennaht stellt das bekannteste, klassische Verfahren der Knochenvereinigung dar, ist jedoch durch zweckmäßige neuere Verfahren in den Hintergrund gedrängt worden. Die freigelegten Bruchenden werden von Hand oder mit dem elektrischen Bohrer durchbohrt, und zwar in ganzer Dicke, wobei man die Weichteile durch Unterlegen eines geeigneten flachen Instrumentes unter den Knochen vor Verletzung durch den durchgetretenen Bohrer schützt. Zur Vereinigung diente früher namentlich *Silberdraht,* dessen Resistenz jedoch zu wünschen übrig läßt. Es empfiehlt sich deshalb, für die eigentliche, mechanisch stark beanspruchte Knochennaht nur noch den zug- und torsionsfesten *rostfreien Stahldraht* zu verwenden. Der durch die Bohrlöcher geführte Draht wird an beiden Enden mit kräftiger Zange gefaßt, so fest angezogen, daß er dem Knochen dicht anliegt und nun *unter beständigem Zug* zusammengedreht.

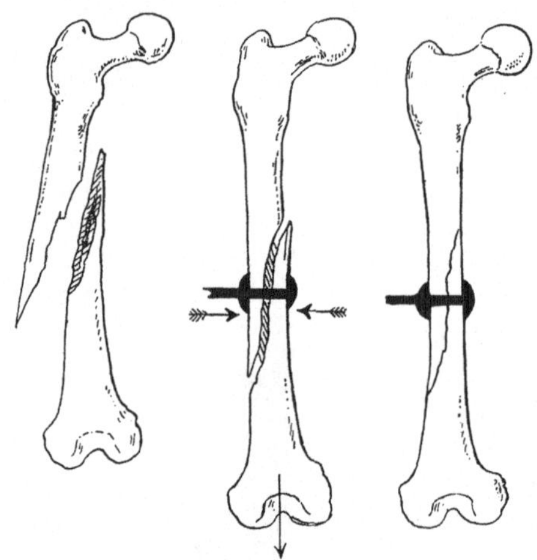

Abb. 230. Reposition und provisorische Fixation einer schrägen Femurfraktur mit Hilfe einer Zange. (Nach LAMBOTTE.)

Dann legt man die etwa 1 cm vom Knochen entfernt mit der Drahtschneidezange durchgekniffene Torsionsspindel mittels Rundzange dem Knochen dicht an. *Die Knochennaht darf unter keinen Umständen wie ein Scharnier wirken und muß deshalb an Diaphyse und Metaphyse den Knochen stets in ganzer Dicke fassen.*

Die Knochennaht ist im allgemeinen keine zuverlässige Vereinigungsmethode und hat viel zur Mißkreditierung der Osteosynthese beigetragen. Zunächst ist sie bei queren oder flachen Diaphysenbrüchen mechanisch insuffizient; bei der geringsten Bewegung kommen Hebelwirkungen zustande, die zu Lockerung des Drahtes oder zu Zerreißung führen, jedenfalls aber sekundäre Achsenknickungen ermöglichen. Ferner kriechen geringste Infektionen längs des Drahtes durch die relativ großen Bohrlöcher bis in die Markhöhle und bedingen wohl gelegentlich die verlangsamte Konsolidation. An den langen Röhrenknochen soll die Knochennaht deshalb nur bei Brüchen der Gelenkenden, und zwar gewöhnlich als *Doppelnaht* an gegenüberliegenden Stellen, sowie bei stark schrägen, frischen Schaftbrüchen verwendet werden. Bei Anwendung im Bereiche der Diaphyse führt man zudem die Naht besser in einer der Modifikationen aus, die eine Kombination mit sog. Umschlingung darstellen wie die rechteckige

Ligatur nach LEJARS (Abb. 231a—c). Im übrigen eignet sich die Knochennaht noch für die Vereinigung kurzer Knochen, besonders des Schlüsselbeins, vor allem aber für die Annähung aller Ansatzstellen von Muskeln und Bändern, einschließlich des Olecranon. Bei Abrißfrakturen an jugendlichen Knochen ist es meist nicht notwendig, den Knochen anzubohren, vielmehr kann man mit starker Nadel das noch teilweise knorplige Fragment und den

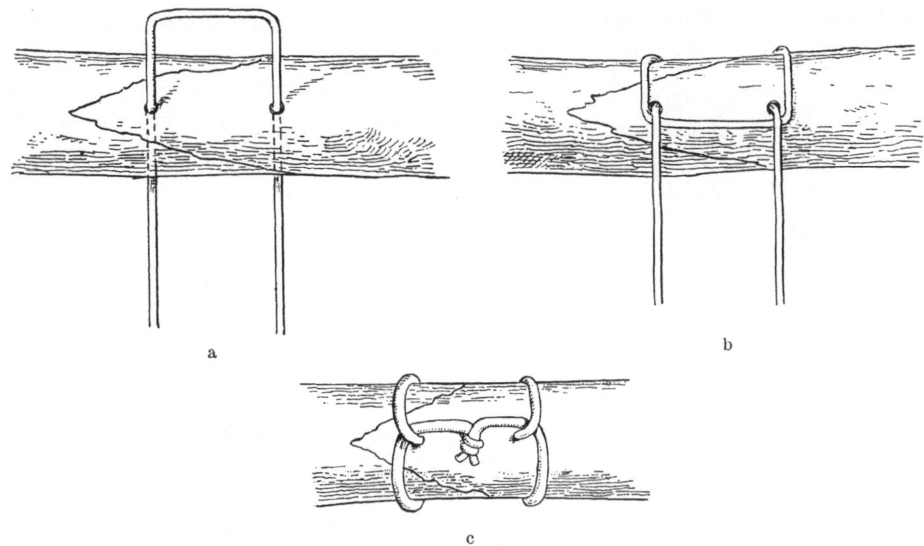

Abb. 231 a, b, c. Rahmenartige Ligatur zur Frakturvereinigung. (Nach LEJARS.)

Knochenrand unter breitem Fassen des Periostes direkt durchstechen. Hier genügt auch Silberdraht oder Seide als Nahtmaterial. Von besonderer Bedeutung ist bei der Annähung von Muskelansatzapophysen die genaue *Vereinigung des akzessorischen Streckapparates,* die eine durchgreifende Knochennaht, wie an der Kniescheibe, überflüssig machen kann.

c) Die Umschlingung mit Draht (Cerclage).

Diese Methode der Knochenvereinigung ist namentlich durch französische und belgische Chirurgen ausgebildet worden. Die Umschlingung stellt das Verfahren der Wahl dar bei den Schrägfrakturen der Diaphysen, doch muß der schräge Verlauf der Frakturebene eine gewisse Steilheit erreichen. Nach Freilegung der Fragmente und erfolgter Reposition wird mit besonderen Ligaturführern, die wie große Aneurysmanadeln oder zangenförmig gebaut sind (Abb. 224), 1—2 mm dicker Draht um die Circumferenz des Knochens herumgeführt, die Enden mit zwei Zangen gefaßt, und unter starkem Anziehen senkrecht zum Drahtkreis zusammengedreht (Abb. 232). Das etwa 2 cm vom Knochen entfernt abgeschnittene torquierte

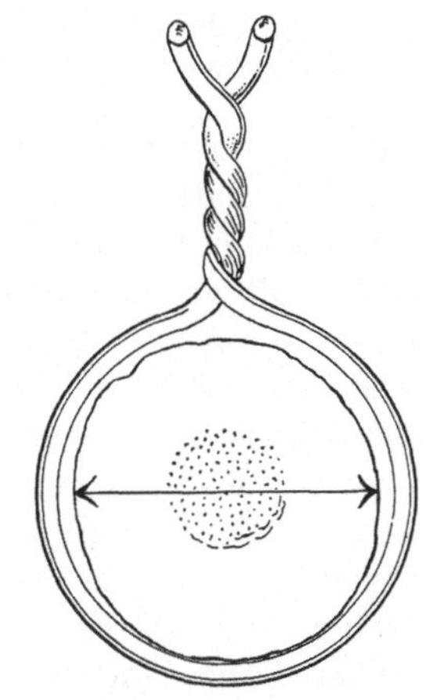

Abb. 232. Umschlingung mit Draht, schematisch. (Nach LAMBOTTE.)

Drahtende wird gegen den Knochen umgebogen, damit die Weichteile nicht verletzt werden können. Handelt es sich um Frakturen mit Aussprengung eines Dreieckfragmentes, so ist darauf zu achten, daß dieses lose Fragment den Zusammenhang mit seinem Periost behält; das freie Bruchstück wird dann zuerst mit dem einen Diaphysenfragment durch Umschlingung vereinigt; dann erfolgt in gleicher Weise die Verbindung mit dem anderen Diaphysenstück.

Für die Vereinigung von kurzen Schrägbrüchen genügt eine Umschlingung (Abb. 233); lange Torsionsfrakturen erfordern zwei Drahtschlingen. Das Einschneiden von Rinnen in die Corticalis der Diaphyse, die den Drahtringen sicheren Halt geben sollen, ist überflüssig, wenn der Draht fest genug angezogen wird. Diese Maßnahme kommt nur in Betracht, wenn man eine beinahe

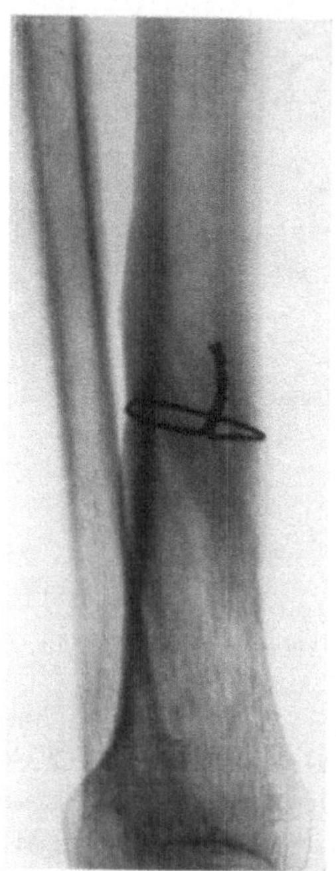

Abb. 233. Schrägfraktur der Tibia durch Umschlingung mit rostfreiem Stahldraht vereinigt; reaktionslose Einheilung des Drahtes.

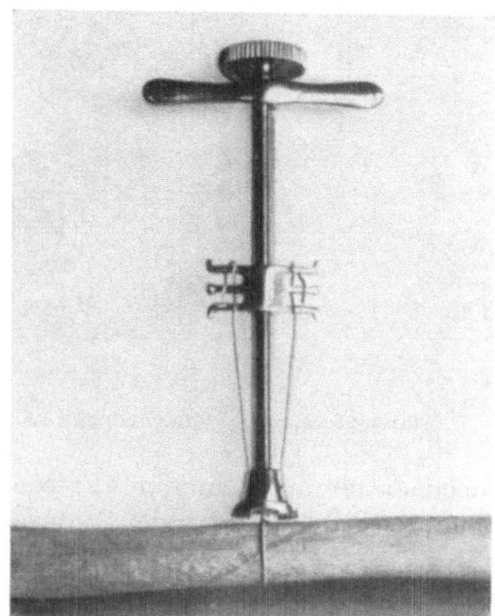

Abb. 234. Torsionsdrahtspanner in Anwendung.

quer verlaufende Fraktur durch eine schräg angelegte Drahtschlinge vereinigen will. Das satte Anlegen einer Drahtschlinge an den Knochen und der Torsionsverschluß mit Hilfe der gewöhnlichen Drahtfaßzange macht nun erfahrungsgemäß oft große Schwierigkeiten, weil die Fragmente sich in der Zugrichtung dislozieren und weil der Draht der letzten Anspannung durch die Torsion nicht standhält. Zur Beseitigung dieser Übelstände hat KIRSCHNER seine *Drahtspannzange* angegeben (Abb. 229), die unter Ausnutzung der Hebelwirkung zuverlässiges Anlegen der Drahtschlingen unter ausreichender Spannung gestattet. Der ursprüngliche Vorschlag KIRSCHNERs, die Drahtschlinge in loco zu verlöten, hat wegen der technischen Umständlichkeit des Verfahrens, das wohl auch in ungeübten Händen das Infektionsrisiko steigert, keine Aufnahme gefunden. Die KIRSCHNERsche Drahtspannzange kann jedoch, ebenso wie ihre Modifikation durch DEMEL, zum Schließen des Drahtrings durch Torsion verwendet werden. Das Bedürfnis, den Drahtring mit größerer Kraft zu schließen, als dies die Hebelübersetzung der Spannzangen gestattet, sowie der Wunsch, *die Anspannung des Drahtes zur Erzielung genauester Reposition zu verwerten, unter Gegendruck auf den Knochen und Vermeidung jeder Achsenknickung durch den Spannungszug,* veranlaßten mich, den in Abb. 228 dargestellten *Torsionsdrahtspanner* zu konstruieren, der gestattet, Schrägfrakturen absolut zuverlässig und *in kürzester Zeit* zu vereinigen. Die Anwendung des Instrumentes geht aus Abb. 234 hervor; Voraussetzung ist Verwendung von *biegsamem rostfreiem Stahldraht.*

Durch Auflegen von Metallplatten in der Längsachse der gebrochenen Diaphyse und Umschlingung ober- und unterhalb der Fraktur kann das Verfahren auch für die Vereinigung von Querfrakturen Anwendung finden.

d) Die Umschlingung mit Metallbändern.

Bevor die Nachteile und Unvollkommenheiten der Umschlingung mit Draht durch die Einführung der Spannzange und des Torsionsspanners behoben

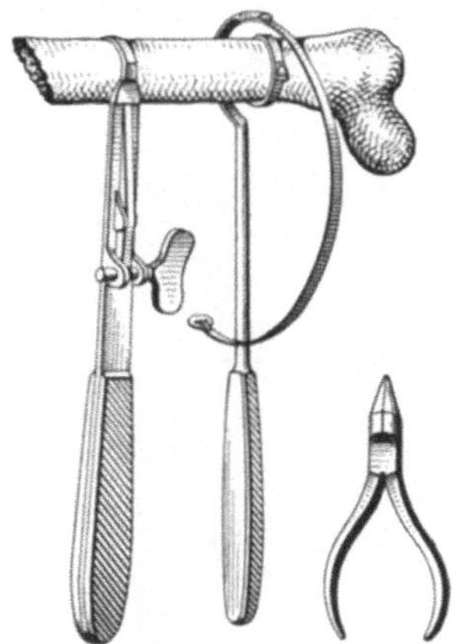

Abb. 235. Instrumentarium nach LAMBOTTE für die Ausführung der Umschlingung mit Metallbändern.

waren, haben PUTTI, PARHAM und LAMBOTTE die Umschlingung mit schmalen, etwa 5 mm breiten Stahlbändern empfohlen, die durch besondere Instrumente,

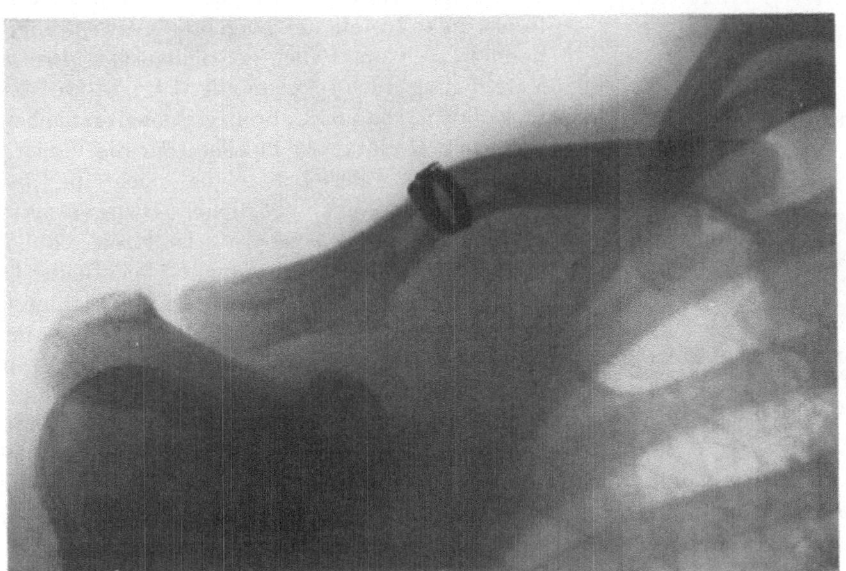

Abb. 236. Vereinigung einer Schlüsselbeinfraktur durch Metallband.

unter Verwendung des Schraubenspindelzuges (Abb. 235), dem Knochen unter starker Spannung angelegt werden. Die Fixation erfolgt durch besondere Klammern oder indem das eine, durch die Schlußöse durchgezogene Ende einfach umgelegt und festgepreßt wird (Abb. 236).

Schrägfrakturen können durch solche Stahlbänder direkt und in zuverlässiger Weise vereinigt werden. Zur Fixierung von queren oder nur leicht schrägen Frakturen müssen die Bänder über Metallplatten angelegt werden (Abb. 237), die mit periostwärts gerichteten Spitzen und mit Führungsrinnen für die Stahlbänder versehen sind. In Ermangelung solcher Spezialprothesen kann man auch Metallstreifen oder Stücke von starrem Stahldraht unterlegen. Diese kombinierte Vereinigungsart mit Platten und Bändern ist jedoch nicht so zuverlässig, wie die einfache Umschlingung mit Bändern, die übrigens an Stabilität den Vergleich mit der Stahldrahtumschlingung, sei sie nun mit der Spannzange oder mit dem Torsionsspanner ausgeführt, nicht aushalten kann. Auch ist der eingelegte Fremdkörper bei Verwendung von Bändern etwas voluminöser. Die Drahtumschlingung verdient deshalb den Vorzug.

e) Die Nagelung.

Für die Fixation kleiner Abrißfragmente, kondylärer und suprakondylärer Frakturen, besonders des Humerus, aber auch aller übrigen Brüche im Bereiche der Epiphysen und Metaphysen, wo eine dem Nagel Halt gewährende Spongiosa vorliegt, findet mit Vorteil die Nagelung Anwendung. Es handelt sich um Fälle, bei denen eine sehr solide Vereinigung nicht notwendig ist und wo es sich nur darum handelt, breite Spongiosaflächen in richtigem Kontakt zu halten. Für die Versorgung von Diaphysenbrüchen eignet sich die direkte perforierende Nagelung nicht. Dagegen hat mir schräges Einlegen eines Nagels durch die beiden angebohrten Diaphysenfragmente bei offenen Querbrüchen als temporäre Fixationsmaßnahme gute Dienste geleistet (Abb. 238a u. b). Neben der definitiven Nagelung ist oft die temporäre, subcutane Nagelung, wie sie NIEHANS eingeführt hat, als vorübergehende Fixationsmaßnahme vorteilhaft, besonders bei den suprakondylären Humerusbrüchen,

Abb. 237. Vereinigung einer Querfraktur durch Anlegen eines Metallbandes und zweier Drahtschlingen über biegsamen Metallplatten.

bei denen das Epiphysenfragment ein- oder beidseitig durch einen schräg nach oben getriebenen Nagel an die Metaphyse geheftet wird (Abb. 239). Die percutane Nagelung, bei der man den Nagelkopf über die Haut vorstehen läßt, ist wegen der erhöhten Infektionsgefahr zu widerraten. Damit die subcutan verlagerten Nägel später ohne langes Suchen entfernt werden können, habe ich mir rostfreie Stahlnägel mit „Kopfwulst" anfertigen lassen. Der Wulst preßt das Fragment an, während der eigentliche Nagelkopf dicht unter der Haut stehen bleibt (Abb. 240). Die Stahlnägel sind in einem ausreichenden Satz zur Verfügung zu halten. Eine besondere Anwendung findet der Nagel nach den Vorschriften von ARND als sog. *Stütznagel* bei Diaphysenbrüchen, besonders der Tibia. Nach Freilegung wird

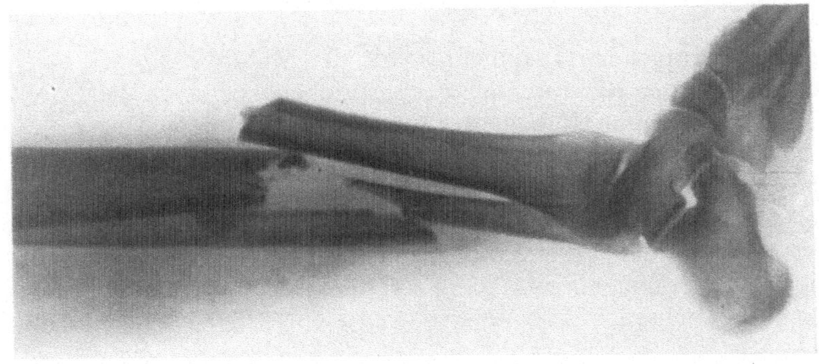

a
Vor der Reposition.

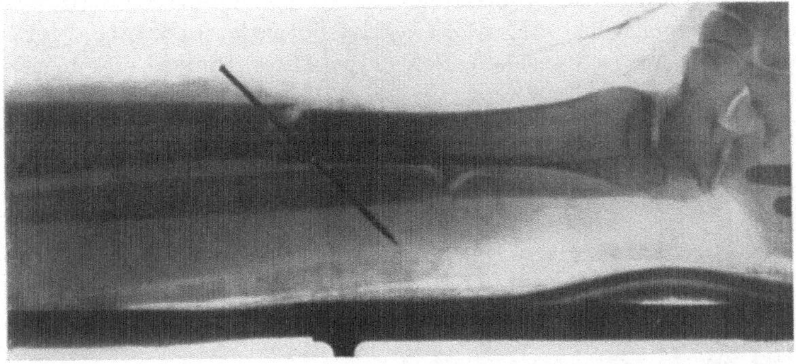

b
Abb. 238. Temporäre Fixation einer offenen Tibiafraktur durch Einlegen eines Stütznagels in vorgebohrten Kanal.

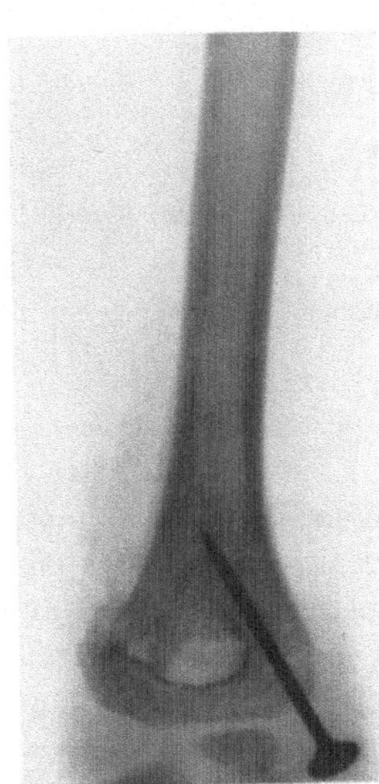

Abb. 239. Schräge Nagelung einer suprakondylären Humerusfraktur.

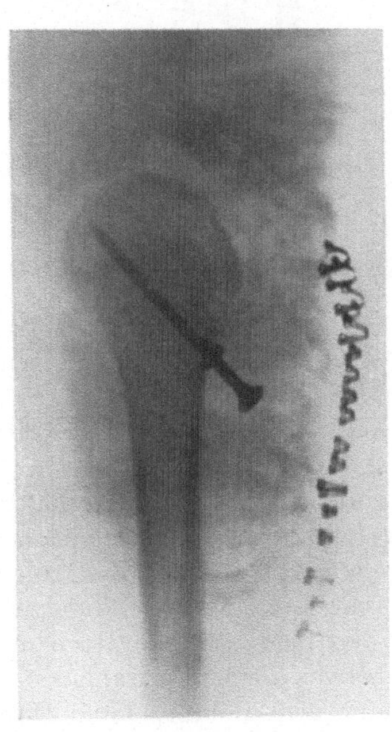

Abb. 240. Fixation einer Fraktur des oberen Humerusendes mit Wulstnagel.

die Spitze des vorragenden Fragmentes mit der Hohlmeißelzange eingekerbt, ein langer Nagel in der Richtung der Fragmentebene zwischen die Bruchstücke geschoben und nun durch Hebelbewegung die Reposition vollzogen. Der umgekippte Nagel sieht jetzt mit seiner Spitze nach dem ursprünglich tiefer gelegenen Fragment, in dessen Corticalis er durch einige Hammerschläge fixiert wird. Der Längszug der Muskulatur hält die Reposition aufrecht, so daß nur ein Schienenverband zur Verhinderung einer Achsenknickung angelegt werden muß. Auch diese Fragmentvereinigung ist stärkerer mechanischer Inanspruchnahme nicht gewachsen.

f) Die direkte Verschraubung der Fragmente.

Mechanisch bedeutend leistungsfähiger als die Nagelung ist die direkte Verschraubung der Bruchstücke. Man verwendet entweder Schrauben mit schneidender, analog einem DOYENschen Bohrer gebauter Spitze, die mittels eines

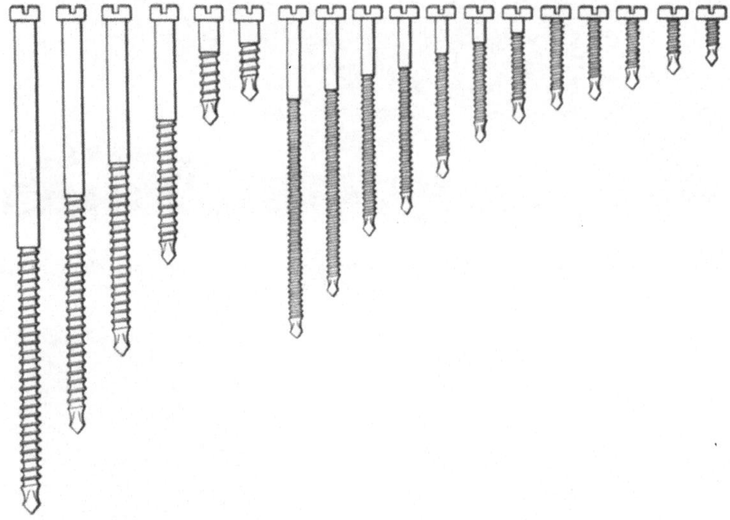

Abb. 241. Schraubensatz zur direkten Verschraubung der Fragmente. (Nach LAMBOTTE.)

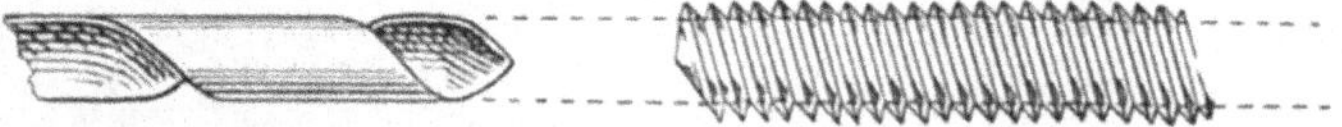

Abb. 242. Verhältnis der Bohrlochweite zum Kaliber der Schraube. (Nach LAMBOTTE.)

Schraubenziehers direkt in den Knochen eingebohrt werden können (Abb. 241) oder Schrauben ohne schneidende Spitze, die in einen vorgebohrten Kanal eingeschraubt werden. Zur Anlage der Bohrlöcher finden am besten sog. amerikanische Bohrer Verwendung, von denen man einen ganzen Satz, ebenso wie von den Schrauben, besitzen muß. Das Kaliber des verwendeten Bohrers ist stets etwas kleiner zu wählen, als dasjenige der Schrauben; am zweckmäßigsten benutzt man Bohrer, deren Durchmesser mit dem zentralen Durchmesser der Schrauben übereinstimmen, wie Abb. 242 zeigt. Die Fragmentvereinigung durch Verschraubung hat gegenüber der Nagelung den Vorteil, daß durch das Anziehen der Schraube eine reponierende Wirkung ausgeübt wird. Besonders einfach gestaltet sich das Vortreiben der Schraube mit einem rotierenden Handbohrapparat, weil dabei das anzuschraubende Fragment unverrückbar gegen die Kontaktfläche gepreßt wird. Wo dünne Corticalis und Spongiosa zu durchbohren sind, wie bei den Kondylenbrüchen des Humerus, kann die Vorbohrung eines Kanals unterbleiben. Ein Vorragen der Schraube in die Weichteile jenseits des Knochens hat keine Bedeutung, wenn an der betreffenden Stelle keine großen Gefäße oder Nervenstämme liegen. Bei schräg

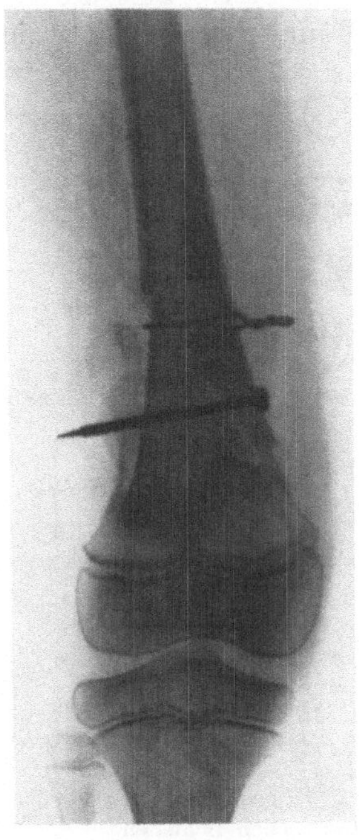
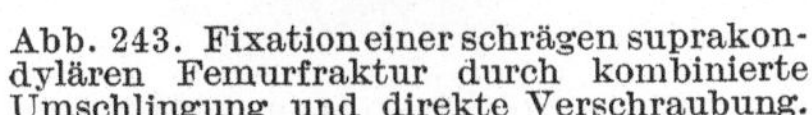

Abb. 243. Fixation einer schrägen suprakondylären Femurfraktur durch kombinierte Umschlingung und direkte Verschraubung.

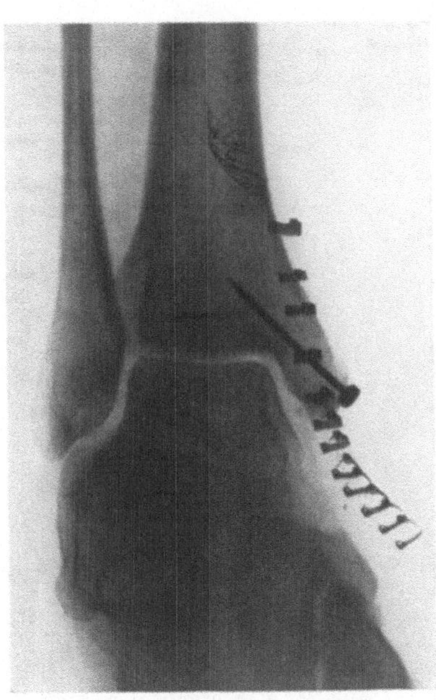

Abb. 244. Verschraubung einer Fraktur des inneren Knöchels.

auslaufenden suprakondylären Brüchen läßt sich die direkte Verschraubung vorteilhaft mit der Umschlingung kombinieren (Abb. 243).

Die Verschraubung von Querbrüchen, die an den dünnen Diaphysen und auch an den Metaphysen der Vorderarmknochen, Metacarpalia, Metatarsalia, Phalangen und an der Clavicula in Betracht kommt, ist nur geringer mechanischer Belastung gewachsen und erfordert gute äußere Schienenversorgung. Sie ist nur ausnahmsweise anzuwenden. Das eigentliche Indikationsgebiet der Verschraubung sind die Abrißfrakturen einschließlich Brüche des Olecranon und des hinteren Fersenbeinfortsatzes, Kondylenbrüche, besonders auch in Form der T- und V-Frakturen, Talusfrakturen (Abb. 946), Knöchelbrüche (Abb. 244) und die lateralen Schenkelhalsbrüche. Ein besonderer Vorteil der Verschraubung ist die kurze, zu ihrer Ausführung erforderliche Zeit.

Die percutane Verschraubung, wie sie in letzter Zeit von LUDLOFF wieder empfohlen wurde, bedingt wie die Anwendung des später zu beschreibenden

Fixateurs ein Infektionsrisiko, das bei Schrägbrüchen durch die zuverlässigere Umschlingung zu umgehen ist.

g) **Verschraubung über Metallplatten** (HANSMANN, LANE, LAMBOTTE).

Bei diesem Verfahren werden die Fragmente durch eine in der Längsachse auf der Corticalis festgeschraubte Metallplatte in feste Verbindung gebracht. Die Metallschienen werden in verschiedenen Formen hergestellt, deren bekannteste die Modelle von LANE, LAMBOTTE und SHERMAN sind. Die der Diaphysenrundung angebogenen Platten von LAMBOTTE sind in letzter Zeit durch die schmalen Schienen von LANE (Abb. 245a u. b) verdrängt worden, die weniger

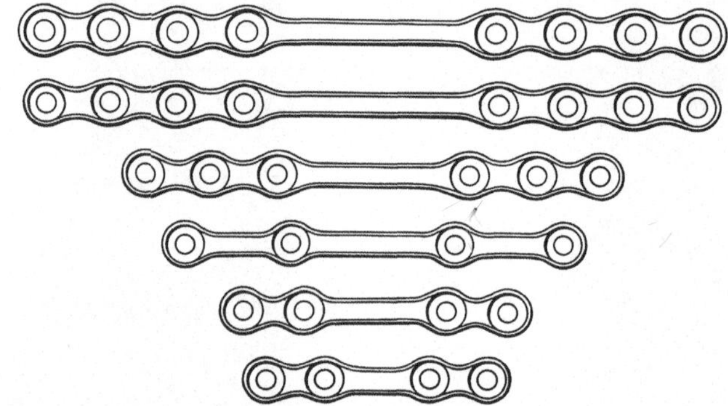

Abb. 245 a. Metallschienensatz. (Nach LANE.)

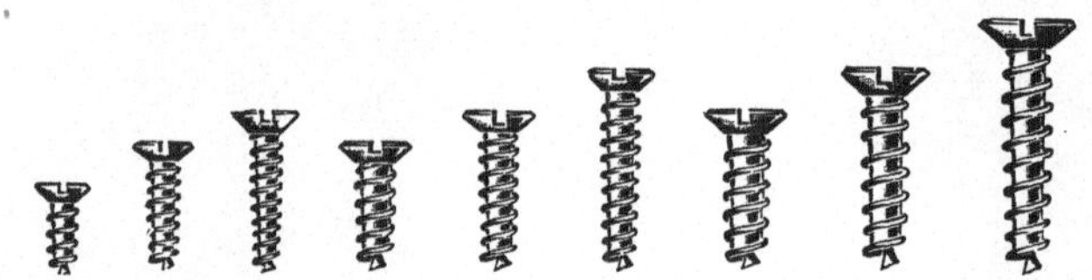

Abb. 245 b. Schraubensatz zum Festschrauben der LANEschen Schienen.

voluminös sind. Wir benutzen nur noch flache, schmale Schienen aus rostfreiem Stahl, die im Bereiche der Schraubenlöcher keine Ausbuchtung tragen (Abb. 246). Schienen und Platten müssen in einem ausreichenden Satz zur Verfügung stehen und sollen grundsätzlich aus rostfreiem Stahl bestehen.

Biegsame Platten bieten den Vorteil, während der Operation dem Knochen angebogen werden zu können, brechen aber leicht und können sich nachträglich verbiegen, so daß sie bei zu belastenden Frakturen nicht verwendet werden dürfen. Die Anwendung der versenkten Prothese geschieht in der Weise, daß die Fragmente zunächst reponiert, die Prothese aufgelegt und beide Fragmente entsprechend zwei Löchern der Platte angebohrt werden, und zwar bis in die Markhöhle. Dann wird die Platte zuverlässig am Knochen festgeschraubt (Abb. 247); zur Vermeidung von Periostschädigung durch Druck empfiehlt es sich, die Platten auf den periostentblößten Knochen zu legen, wenigstens bei Diaphysenbrüchen. Gelegentlich ist es vorteilhafter, die Platte zunächst an einem Fragment festzuschrauben, dann erst zu reponieren und nun auch das andere Fragment anzuschrauben. Ist der Knochen, wie das bei alten

Frakturen und namentlich bei Pseudarthrosen häufig der Fall zu sein pflegt, sehr porös, so müssen die Schrauben durch beide Corticalwände durchgebohrt werden. Es empfiehlt sich in solchen Fällen, lange Metallplatten zu wählen, *und erst einige Zentimeter von der Frakturstelle entfernt die ersten Schrauben zu legen,* damit man mit den Schrauben genügenden Halt gewinnt und auch die atrophischen Fragmentenden nicht schädigt. Die Metallplatten können auch mittels Umschlingung festgemacht werden, oder durch kombinierte Verschraubung und Umschlingung. *Die Knochenvereinigung durch aufgeschraubte Metallplatten ist die Methode der Wahl für quere Diaphysenbrüche der langen Röhrenknochen, besonders auch gleichzeitige Brüche beider Vorderarmknochen, bei denen so die Kreuzung der Fragmente sicher vermieden werden kann; ferner für paraepiphysäre Brüche des Femur, der Tibia und des Humerus, sowie für alte Frakturen mit Porose der Fragmentspitzen.* Für die Vereinigung kurzer Knochen, von Schlüsselbeinbrüchen und von Epiphysenfrakturen soll die Plattenverschraubung in der Regel nicht Anwendung finden, weil der versenkte Fremdkörper hier namentlich im Verhältnis zu der dünnen Weichteilbedeckung zu voluminös ist, und weil hierfür die Nagelung und die direkte Verschraubung geeigneter, auch einfacher sind.

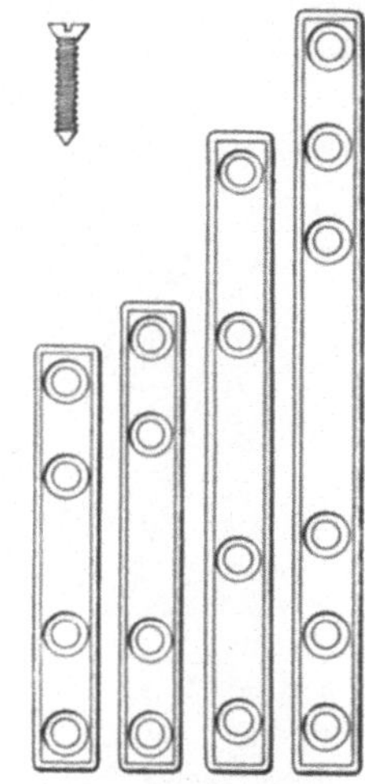

Abb. 246. Schmale Schienen aus rostfreiem Stahl zur Plattenverschraubung.

Die Plattenverschraubung ist für die Vereinigung von Querbrüchen der großen Diaphysen, namentlich von Femur und Tibia zweifellos das zuverlässigste, von keiner anderen Methode erreichte Verfahren. Unerläßlich ist die Verwendung langer Schienen und kräftiger Schrauben (Abb. 247). Das bedingt gelegentlich

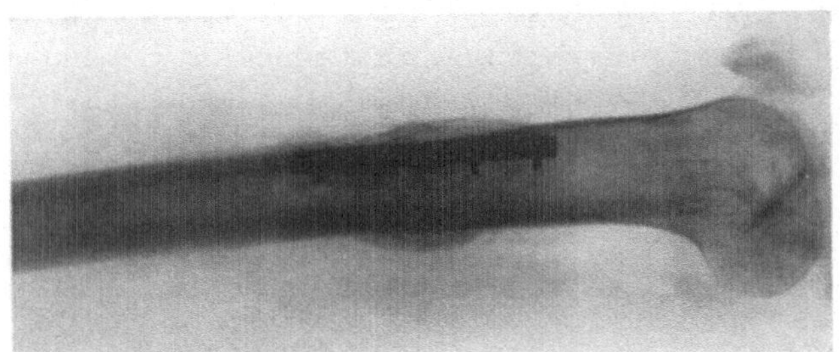

Abb. 247. Vereinigung einer Querfraktur des Femur durch Verschraubung über rostfreier Stahlplatte.

Fremdkörpereiterung, die *sicher aseptisch* sein kann, wie ich durch sorgfältige bakteriologische Untersuchung mehrmals feststellte. In solchen Fällen, wie auch bei Infektion, müssen die Platten nach erfolgter Konsolidation oder wenn diese einen Grad erlangt hat, der nachträgliche Seitenverschiebung ausschließt, was meistens nach 6—8 Wochen der Fall ist, wieder entfernt werden. Das betrifft jedoch bei einwandfreier Technik höchstens 10% der Fälle, bei Verwendung nichtrostender Platten noch weniger. Die gelegentlich im Bereiche der Bohrlöcher eintretende Osteoporose (Abb. 248) kann teilweise auf Nekrose infolge Hitzewirkung beim Bohren beruhen; langsames Bohren unter Kühlung vermindert dieses Risiko. Der Vorwurf mangelhafter Callusbildung und Verzögerung der Konsolidation, der gegen die Plattenverschraubung erhoben wird, trifft nur für die Fälle zu, bei denen ausgeprägte Osteoporose infolge Fremdkörpereiterung, wenig virulenter Infektion oder mangelhafter Fixation der Platten eintritt. Nach Entfernung der Schiene erfolgt die Konsolidation gewöhnlich sehr rasch. Dicht unter der Haut liegende Schienen müssen auch bei aseptischer Einheilung gelegentlich entfernt werden, weil sie mechanisch reizen, so an der medialen Fläche der Tibia. Man legt sie deshalb nach Möglichkeit an muskelbedeckte Stellen der Diaphysen, so an der Tibia lateral unter den M. tibialis anticus. Plattenbruch wird nur bei Verwendung schlechten Materials beobachtet. Alle diese Vorwürfe vermögen deshalb die Brauchbarkeit der Methode nicht zu entkräften, die bei rebellischen Querfrakturen des Femur und der Tibia das Verfahren der Wahl darstellt.

Da bei queren Frakturen im mittleren Diaphysenabschnitt nur schmale, ringförmige, kompakte Bruchflächen mit spärlichen HAVERSschen Kanälen einander gegenübergestellt werden, die geringe Regenerationstendenz aufweisen, woraus sich die oft verzögerte Heilung derartiger Frakturen namentlich bei genauer Einstellung erklären dürfte, empfehle ich, *den Markraum beider Fragmente auf 1—2 cm mit Spongiosa aus dem Trochantergebiet oder aus dem Tibiakopf auszufüllen, und so aus den Compactaringen zwei breite, spongiöse Kontaktflächen zu schaffen, die bessere Heilungsbedingungen bieten.*

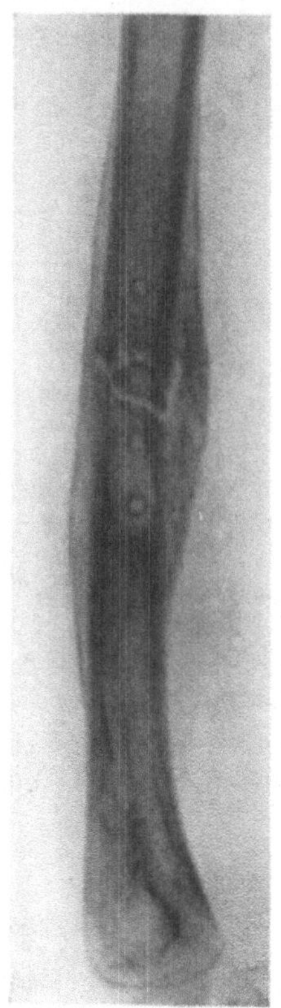

Abb. 248. Osteoporose und zirkuläre Randsklerose im Bereich der Bohrlöcher nach Plattenverschraubung.

h) Percutane Verschraubung mit dem Knochenfeststeller (Fixateur) LAMBOTTES.

Im Gegensatz zu der inneren, versenkten Prothese hat LAMBOTTE die Verschraubung unter Vermittlung einer äußeren Prothese, des sog. Fixateurs oder Knochenfeststellers, angegeben. Das Verfahren entspricht im Prinzip einer Methode, die LANGENBECK bereits im Jahre 1855 angewandt und empfohlen hat. Konstruktion und Anwendungsweise des Apparates gehen aus Abb. 249 hervor.

Nach blutiger Reposition werden die beiden Fragmente, die provisorisch durch eine Zange fixiert sind, 2—3 cm von der Frakturlinie entfernt angebohrt, und zwar direkt mit den großen, zur Fixation bestimmten Schrauben (Abb. 249), deren Spitze wie ein Perforatorium gebaut ist; die 12—18 cm langen Fixationsschrauben werden auf den Bohrapparat montiert wie Bohrer. Sobald die Corticalis durchbohrt ist, wird der Bohrapparat abgenommen, und die Schraube nun mittels eines besonderen Schlüssels im Knochen festgeschraubt. Dann wird in einem Abstand von 10 und mehr Zentimetern distal und proximal von der Frakturstelle noch je eine weitere Fixationsschraube in den Knochen gebohrt, und zwar von kleinen, knopflochartigen Incisionen aus, ohne Freilegung des Knochens. Auf das obere Ende jeder Schraube kommt eine Metallhülse, an die sich rechtwinklig eine Gewindestange ansetzt; diese Gewinde-

stange trägt eine federnde, verschiebbare Hülse (Abb. 249), die über einen
der Diaphyse parallel laufenden hohlen Metallstab von 2—2,5 cm Durchmesser
und 30—40 cm Länge geschoben wird. Durch Vermittlung der 4 Schrauben
werden also die Fragmente an dem äußeren Metallstab fixiert. Die Operations-
wunde wird geschlossen; um jede Fixationsschraube kommt ein Gummidrain-

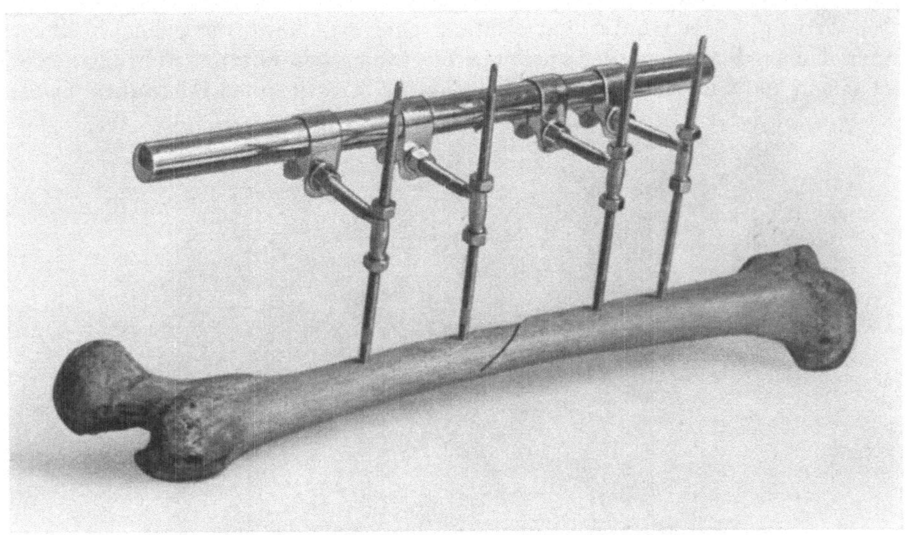

Abb. 249. Knochenfeststeller (Fixateur) in situ. (Nach LAMBOTTE.)

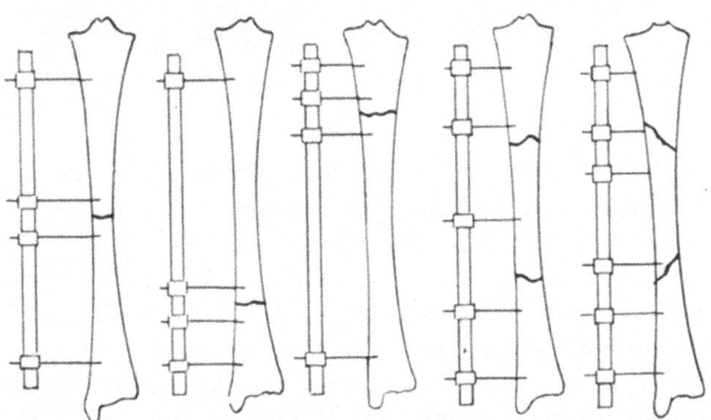

Abb. 250. Anwendungsweise des LAMBOTTEschen Knochenfeststellers bei verschiedenen Frakturformen, schematisch. (Nach LAMBOTTE.)

rohr. Das große Modell des Feststellers dient zur Behandlung von queren Frakturen des Femurs und der Tibia; ein kleineres Modell ist für die Vorderarmknochen, die Clavicula und Metacarpalia bestimmt. Die schematischen Zeichnungen nach LAMBOTTE (Abb. 250) zeigen die Verteilung der Fixationsschrauben
bei .verschiedenen Bruchformen. LAMBOTTE selbst hält die Anwendung des
Feststellers besonders angezeigt bei queren Diaphysenfrakturen der unteren
Extremität, *besonders bei offenen, eiternden Brüchen.* Der Apparat ist sehr
solid, gestattet eine zuverlässige Feststellung der Fragmente auch in Fällen,

bei denen man regelmäßigen Verbandwechsel vornehmen muß. Auch erlaubt
er aktive und passive Bewegungen (Abb. 251).

OMBRÉDANNE, der gegen die Anwendung versenkter metallischer Prothesen
bei Kindern wegen der sekundären Wachstumsveränderungen — Umwachsung
der Schienen, Osteoporose, sekundäre Infektion — Stellung nimmt, übt bei
Kindern grundsätzlich die temporäre äußere Feststellung nach dem LAMBOTTE-
schen Prinzip, jedoch unter Verwendung eines von ihm angegebenen, kleinen
und einfachen Fixateurs, der aus einer biegsamen geschlitzten Führungsschiene
und einem Satz direkt an dieser Schiene zu befestigenden Schrauben besteht

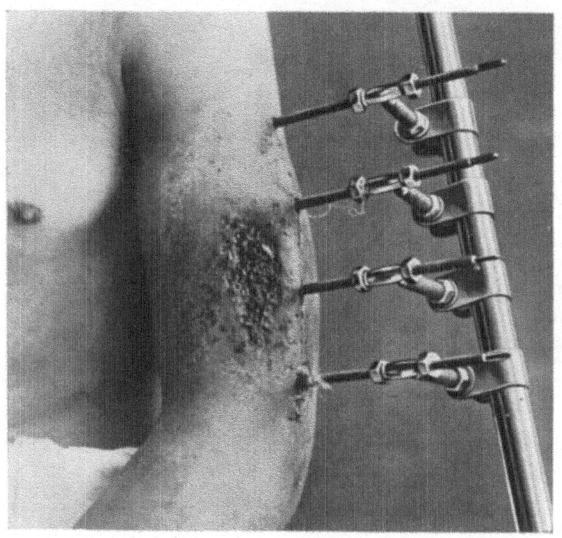

Abb. 251. LAMBOTTES Knochenfeststeller in Anwendung bei einer offenen Humerusfraktur.
(Nach KÖNIG.)

(Abb. 252). OMBRÉDANNE begnügt sich damit, die Fragmente in „End zu End-
Stellung", unter Verzicht auf anatomisch genaueste Reposition, mit Hilfe seines
Instrumentariums zu fixieren. Zwischen 12. und 15. Tag, nachdem sich ein
noch formbarer Callus ausgebildet hat, wird das Dispositiv entfernt, und zwei
Tage später unter genauer Achsenkorrektur ein Gipsverband angelegt. Die
Indikation für diese Fixation wird von OMBRÉDANNE sehr zurückhaltend ge-
stellt, was überhaupt für die Anwendung des Knochenfeststellers wegen der
Infektionsgefahr — Einwanderung von Bakterien längs der Schrauben — ge-
geben ist. Bei Erwachsenen soll der Feststeller nur bei offenen, infizierten
Frakturen des Femur und der Tibia Anwendung finden.

i) Vereinigung durch autoplastische Knochenschienen.

Gegenüber totem, fremdem Material hat der Knochen, der dem Patienten
selbst entnommen und als Schiene verwendet wird, den Vorzug, als lebendes
Gewebe Anschluß an die Fragmente zu gewinnen, die Callusentwicklung in
keiner Weise zu stören, sondern sie zu fördern, weil das transplantierte Mark
und Periost zweifellos die Fähigkeit zu Knochenneubildung behalten, und weil
namentlich spongiöser Knochen, soweit er rasch Anschluß an Zirkulation und

Säftestrom findet, am Leben bleibt. Man kann somit durch Knochenschienen zugleich Knochendefekte ausfüllen, und Verkürzungen vermeiden. Während totes Schienenmaterial vom umgebenden Gewebe zunächst eingekapselt werden

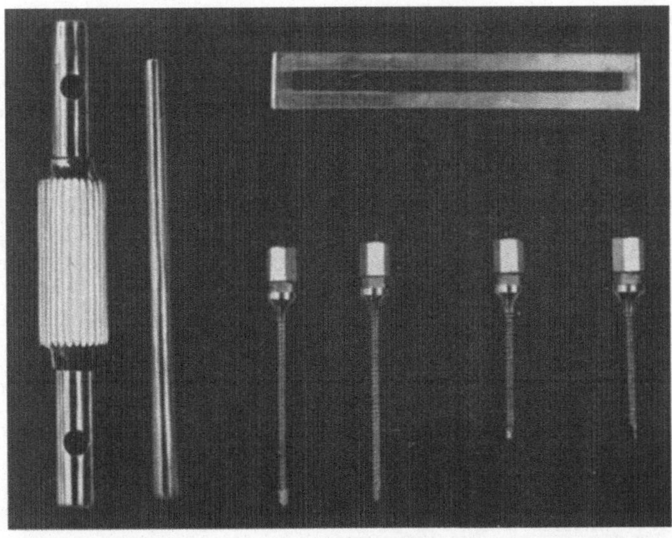

Abb. 252 a. Fixateur nach OMBRÉDANNE; gerade Außenschiene, Fixationsschrauben mit Schraubenmuttern, Schlüssel zum direkten Einbohren der Schrauben und zur Feststellung der Schraubenmuttern.

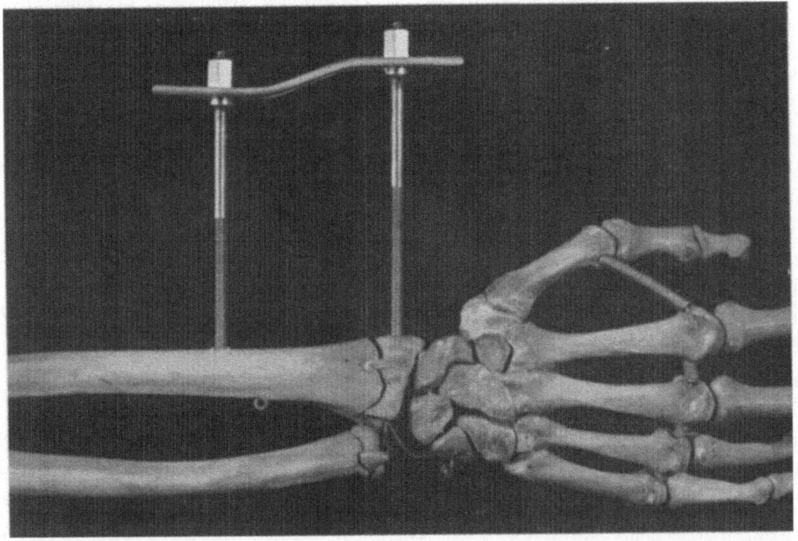

Abb. 252 b. Fixateur nach OMBRÉDANNE mit abgekröpfter Außenschiene, in situ.

muß, bevor es mit dem Knochen „organisch" vereinigt ist, wird die Knochenschiene wirklich mit den Fragmenten organisch zu einem einheitlichen Gebilde verschmolzen. Kommt eine leichte Infektion zustande, so braucht durchaus

14*

nicht das ganze Knochenstück eliminiert zu werden, sondern es tritt häufig nur
Sequestrierung umschriebener Teile ein.

Für die Vereinigung der Fragmente durch knöcherne Schienen bestehen
die gleichen Vorschriften bezüglich der allgemeinen Technik, wie für die Schienung mittels Metallplatten. Ganz besonders wichtig ist auch hier eine schonende
Abhebung des Periostes, das unbedingt nicht seiner Verbindungen mit den
umgebenden Geweben beraubt werden darf (LEXER). Ebenso ist es geboten,
eine Knochenschiene mit guter, d. h. etwas über die Knochenränder vorragender
Periostbedeckung zu transplantieren, weil dieses Periost am raschesten den
Anschluß an die Umgebung vermittelt. Wichtig ist ferner die Vermeidung
von Blutansammlungen zwischen dem transplantierten Knochen und den
Fragmenten einerseits, Implantat und umgebenden Weichteilen andererseits.
Denn abgesehen von der Infektionsgefahr, die solche Hämatome bieten, werden

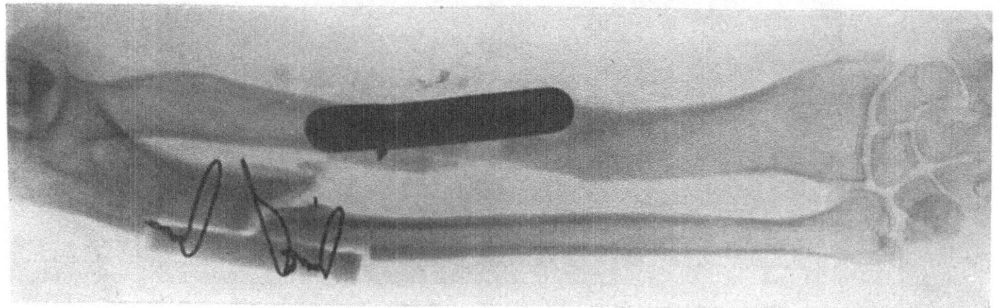

Abb. 253. Vereinigung einer pseudarthrotischen Ulnafraktur durch autoplastische Knochenschiene,
die mit Hilfe von Drahtumschlingungen fixiert ist. Gleichzeitig Vereinigung der Radiusfragmente
durch aufgeschraubte Metallschiene.

bei aseptischem Verlaufe diese blutgefüllten Lücken von jungem Granulationsgewebe durchwachsen, das den eingepflanzten Knochen rascher zerstören kann,
als die Umbildung von der Nachbarschaft sowie vom Periost und Mark des
Implantates aus erfolgt. Ein Bruch des Knochenbolzens ist die nicht so selten
beobachtete Folge (LEXER).

Die Knochenschienen werden in der Regel der Vorderfläche der Tibia entnommen, und zwar am besten in ganzer Dicke, mit einem die Ränder des Transplantates etwas überragenden Periostsaum. Die Entnahmestelle wird ohne
Drainage, nach Blutstillung durch Kompression, geschlossen. Wird der Tibiaspahn nicht mit dem Meißel herausgeschnitten, wobei jede Sprengwirkung zu
vermeiden ist, sondern mit der elektrischen Fräse, so empfiehlt es sich, während
des Sägens für ausreichende Kühlung zu sorgen oder die Randpartien des Transplantates mit Rücksicht auf die Erhitzungsnekrosen wegzukneifen. Die Befestigung der Knochenschienen erfolgt durch Drahtumschlingungen oder durch
Verkeilung in eine schräg eingeschnittene Anfrischung (Abb. 253). Das Periost
des Transplantates ist nach Möglichkeit mit dem Periost der Fragmente zu vereinigen; die Weichteile werden über der Knochenschiene lückenlos vernäht
und sichern ihre Fixation. Für die Vereinigung von Kiefer- und Schlüsselbeinbrüchen eignet sich formal ganz besonders ein Segment vom Beckenkamm,
das eine breite, spongiöse Kontaktfläche darbietet, was für die rasche Einheilung erfahrungsgemäß am günstigsten ist.

Die Verwendung von autoplastischen Knochenstäben zur Bolzung ist wegen der Schädigung des Markcallus in der Regel ebenso zu widerraten, wie die Bolzung mit Fremdkörpern.

Bei frischen Knochenbrüchen kommt die Vereinigung mittels autoplastischer Knochenschienen nur ausnahmsweise in Frage; dagegen bietet sie Vorteile für die Behandlung von Defektpseudarthrosen und für die Vereinigung des Knochens nach Verlängerungsosteotomien. *Eine wesentliche Voraussetzung für das Gelingen der autoplastischen Knochenvereinigung ist die Verwendung kräftiger, großer Transplantate, die so zuverlässig befestigt werden, daß sie schon frühzeitig funktionell beansprucht werden dürfen.*

Auswahl der Vereinigungsmethode.

Wie aus den vorstehenden Ausführungen hervorgeht, hat jede Vereinigungsmethode ihr umschriebenes Anwendungsgebiet, das ihr in erster Linie zu reservieren ist. Wo sich für die vorliegende Bruchform verschiedene Methoden eignen, wie die Nagelung und Verschraubung für Kondylenbrüche, ist der Erfahrnng des Operateurs Spielraum gelassen. *Immer sollte jedoch die angewandte Fragmentvereinigung den zu erwartenden mechanischen Anforderungen genügen.* Das ist am häufigsten bei der Knochennaht nicht der Fall, besonders im Bereiche der Diaphysen, weshalb sie hier keine Anwendung mehr finden sollte. Es sollte namentlich nicht vorkommen, daß wegen Mangel geeigneter Instrumente oder Vereinigungsmaterialien eine ungeeignete Methode ausgeführt wird.

Stellt sich im Verlaufe der Operation die Unmöglichkeit heraus, das beabsichtigte Verfahren durchzuführen, weil Splitterbildung oder Zertrümmerung der Spongiosa die Fixation verhindern, so ist von langdauernden Bemühungen, eine anatomisch ideale Stellung der Fragmente zu erzielen, unbedingt abzuraten. Wir begnügen uns in solchen Fällen besser mit *annähernd korrekter Einstellung,* die unter angemessener unblutiger Nachbehandlung ein zufriedenstellendes Resultat verspricht. Es handelt sich hier um Reduktion quergestellter, die Haut bedrohender Splitter, Umdrehung von Gelenkfragmenten und achsengerechte Einstellung luxierter Diaphysen gegenüber zertrümmerten Metaphysen. Zu beurteilen, was man im einzelnen Falle leisten kann und was die Gefährdung unverhältnismäßig steigert, ist Sache größerer Erfahrung und ausreichender chirurgischer Schulung.

5. Die Nachbehandlung operativ vereinigter Frakturen.

Die Wundbehandlung operativ vereinigter Frakturen weicht nicht von den üblichen Regeln ab. Immerhin empfiehlt es sich, die durchgreifenden, entspannenden Hautnähte erst am 8.—10. Tage zu entfernen, wenn die Verwachsung der Wundränder so weit vorgeschritten ist, daß bei Bewegungen keine Dehiszenzen mehr zu erwarten sind. Teilweise offen gelassene Wunden und percutan eingelegte Nägel und Schrauben erfordern sorgfältige Verbandkontrolle zur Vermeidung sekundärer Infektion von der kleinen Hautwunde aus.

Bei frischen Frakturen soll die Fragmentvereinigung so zuverlässig sein, daß Lagerung auf Schienen, Semiflexionsapparaten oder Versorgung mit Gipsschienenverbänden genügt. Leichte zirkuläre Kontentivverbände sind jedoch oft erforderlich bei Frakturen, die nur eingestellt und verzahnt, sowie bei Defektpseudarthrosen, die autoplastisch behandelt wurden. Offene Unterschenkelbrüche, die nach den Grundsätzen aktiver Wundbehandlung versorgt wurden, unter einfacher Einstellung der Fragmente und Splitter (Abb. 254), werden in Nagel- oder Drahtextension gelegt und mit gefensterten Gipsschienenverbänden versehen auf eine BRAUNsche Schiene gelagert.

Die Patienten werden angewiesen, schon nach wenigen Tagen kleine aktive Bewegungen zu machen. Von der dritten Woche an kann eine ausgiebigere Bewegungs- und Massagebehandlung durchgeführt werden, reaktionsloser Verlauf der Wundheilung vorausgesetzt. Die Dauer der relativen Schienenfixation hängt vom Tempo der Konsolidation ab und dauert an der unteren Extremität, wo später Gehverbände angelegt werden können, durchschnittlich länger als am Arm.

Kapitel 6.

Behandlung der komplizierten Knochenbrüche (der primären und sekundären Komplikationen).

1. Behandlung der offenen Frakturen einschließlich der Schußfrakturen.

Bei offenen Frakturen tritt neben der Behandlung des eigentlichen Knochenbruches die Berücksichtigung der komplizierenden Weichteilwunde stark in den Vordergrund. Vor allem handelt es sich um die Vermeidung von Infektionen mit ihren schweren Folgezuständen, die früher geschildert wurden, und bei allbereits manifest infizierten Knochenbrüchen um die Bekämpfung der Infektion. Es ist von großer praktischer Wichtigkeit, darüber klar zu sein, daß die Einpflanzung von Infektionserregern in eine Wunde nicht gleichbedeutend ist mit dem Angehen klinisch manifester Infektion. Das Eindringen von Bakterien in die Wunde stellt nur *eine Bedingung* für die klinische Infektion dar. Viel bedeutungsvoller als die ,,Infektion" mit Bakterien an sich sind oft die lokalen begünstigenden Verhältnisse sowie sekundäre Schädigungen des Gewebes, die das Manifestwerden der Infektion erst ermöglichen. Es ist deshalb eine wesentliche Aufgabe der Behandlung offener Frakturen, alle Maßnahmen zu vermeiden, die eine sekundäre Gewebsschädigung darstellen; natürlich ist auch die Sekundärinfektion zu verhüten.

An der Unfallstelle sind die komplizierenden Wunden nur durch sterile oder trockene antiseptische Deckverbände zu versorgen und mit Schienenverbänden zu versehen. Für längeren Transport, wie in gewissen Kriegsverhältnissen, ist der *Gipsschienenverband* dem gefensterten zirkulären Verband vorzuziehen, weil letzterer die Gefahr der Einschnürung infolge nachträglicher Anschwellung der Extremität unter der Auswirkung der Wundinfektion in sich schließt.

Im Krankenhaus wird zunächst die Wundumgebung in schonender Weise von makroskopischen Verunreinigungen befreit und nach Abwischen mit Alkohol, Äther oder Benzin ausgedehnt mit *Jodtinktur* bestrichen. Für das weitere Vorgehen ist ein Unterschied zwischen indirekten Frakturen mit umschriebener Durchstechung der Haut, Frakturen mit großen Quetschißwunden und eigentlichen Zertrümmerungsbrüchen oder bereits manifest infizierten Frakturen zu machen.

Bei *einfachen Durchstechungsbrüchen* wird der Wundrand exzidiert, unter gleichzeitiger Abtragung allfällig aus der Wunde heraushängender Fascien- und Muskelfetzen. Ist die Spitze des vorragenden Fragmentes verschmutzt, so ist sie abzukneifen, sonst nur mit Jodtinktur zu betupfen. Dann wird reponiert und die Hautwunde durch getrennte Nähte geschlossen. Die Fraktur wird im Gipsschienenverband oder mit direktem Zug behandelt, nach den im speziellen Teil auseinandergesetzten Indikationen.

Direkte Frakturen mit ausgedehnten Quetschrißwunden sind nach den Grundsätzen der *aktiven chirurgischen Wundbehandlung* zu versorgen. Die Hautwundränder werden in einer Breite von $^1/_2$—1 cm exzidiert, unter Mitnahme des subcutanen Fettes und der Fascie; dann folgt die peinlich genaue Ausschneidung der gequetschten, zerfetzten und allfällig verschmutzten Muskulatur, wobei Nerven und Gefäße selbstverständlich geschont werden. Mit dem Periost ist sorgsam umzugehen; gleichwohl müssen verunreinigte Fetzen abgetragen werden. Losgelöste Knochensplitter werden nur entfernt, wenn sie verschmutzt sind, mit dem Periost in Verbindung gebliebene sind unbedingt zu belassen; die Bruchflächen und Fragmentspitzen werden, soweit verunreinigt, mit Meißelschlag oder mittels Zange abgetragen, sonst nur gejodet. Von einer vollständigen Luxierung der Fragmente und Revision der Wunde bis in den hintersten Winkel ist jedoch abzusehen. Nun wird die ganze Wundhöhle mit Jodtinktur schonend ausgetupft, worauf die Reposition der Fraktur unter Leitung des Auges folgt.

Diese Reposition ist möglichst durch äußere Maßnahmen, wenn nötig unter Verwendung direkten Zuges, zu bewirken; doch halten wir auch die lokale Verwendung von Repositionshebeln für statthaft, sofern weitergehende Schädigung zertrümmerter Spongiosa durch den Hebeldruck vermieden wird. Mit diesem Einstellen und allfälligen Verzahnen der Fragmente soll man sich begnügen; *von Vereinigung der Bruchstücke durch Metallplatten ist unter allen Umständen abzusehen, da durch den voluminösen Fremdkörper und die Anbohrung der Fragmente der Wundverlauf zweifellos ungünstig beeinflußt werden kann.* Weniger bedenklich ist das Einlegen von Drahtschlingen oder Stütznägeln; doch wird auch hievon besser abgesehen. Nach dieser vorbereitenden Behandlung wird die ganze Wunde schichtweise und möglichst lückenlos, allfällig unter Anlegen von Entspannungsschnitten geschlossen. *Es ist jedoch zu beachten, daß diese primäre Vereinigung der Wunde nur unbedenklich ist, wenn sie innerhalb der ersten Stunden erfolgt und wenn genaueste Überwachung frühzeitige Entdeckung allfälliger manifest werdender Infektion gestattet.* Deshalb scheint es mir empfehlenswert, zur Sicherung gegen Verhaltungen ein *Drainrohr* oder einen schmalen *Docht* einzulegen. Derart versorgte Frakturen erfordern nun unter allen Umständen gesteigerte *Ruhigstellung durch eine Gipsschiene,* werde sie wie üblich an der Rück- bzw. Streckfläche der Extremität (s. Abb. 886) oder nach dem Vorschlage von v. BRUNN in Form der U-förmigen Unterschenkelschiene angelegt. Bei Oberschenkelbrüchen erfolgt stets gleichzeitig *direkte Extension* (vgl. Abb. 823), die in solchen Fällen meiner Erfahrung nach auch bei Unterschenkelbrüchen besser gegen nachträgliche Längsverschiebung der Hauptfragmente sichert, als der einfache Gipsschienenverband (Abb. 254).

Bei eigentlichen *Zertrümmerungsbrüchen* mit schwerer Schädigung der Haut und Weichteile, die sich oft erst im Verlaufe einiger Tage auswirkt, darf nach der Ausschneidung gemäß den von FRIEDRICH aufgestellten Prinzipien die

Wunde *nicht geschlossen* werden, ebensowenig bei Frakturen, die im Zeitpunkt
der Einlieferung schon eine klinisch manifeste Infektion zeigen. Hier ist *offene
Wundbehandlung,* wenn nötig unter Anlegen von *Gegenöffnungen* im Bereich
der Bindegewebsräume und *Drainage* an den tiefsten Stellen geboten.

Die Fragmente werden auch hier schonend eingestellt, und durch Gipsschiene mit oder ohne direkten Zug in Stellung gehalten, wobei darauf zu achten
ist, daß die Bruchstücke von Muskulatur bedeckt und nicht der Austrocknung
ausgesetzt sind. Für die weitere Wundbehandlung kommt neben der üblichen
trockenen Versorgung der *Salbenverband* mit Perubalsam, die *Luft- und Sonnen-
behandlung* und bei schwerer Infektion die *Dauerberieselung mit körperwarmer*
DAKINscher *Lösung*[1] in Frage. Bei Frakturen mit putrider Infektion hat mir
die feuchte Behandlung mit $5^0/_0$iger Carbolsäurelösung — zeitweises Einlegen
gut ausgepreßter Tampons — wertvolle Dienste geleistet. Auch gelegentliche

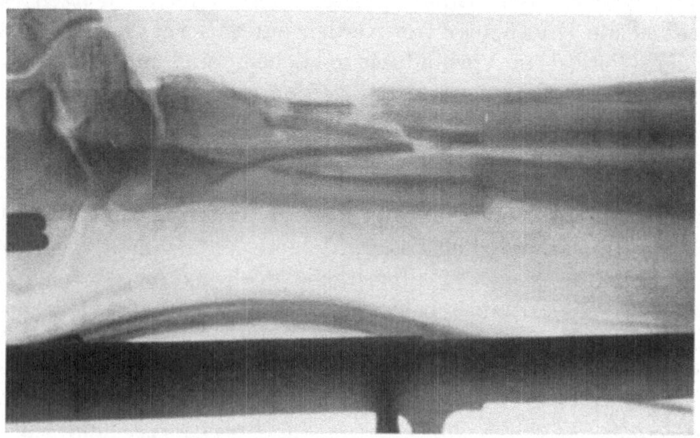

Abb. 254. Aktiv chirurgisch versorgte offene Unterschenkelfraktur; Nagelzug am Calcaneus,
Gipsschienenverband, Lagerung auf Leerschiene.

Spülungen mit Wasserstoffsuperoxyd kann bei Infektion mit Anaerobiern von
Nutzen sein. Entscheidender als diese antiseptischen Maßnahmen ist jedoch
die lokale Abwehr- und Reaktionskraft der Gewebe, die im wesentlichen Ausmaße vom Allgemeinzustand der Patienten abhängt. Aus diesem Grunde soll
man bei älteren Leuten mit dem primären Wundschluß offener Frakturen zurückhaltend sein, besonders wenn deutliche Arteriosklerose vorliegt.

Bei allen offenen Knochenbrüchen empfiehlt sich eine prophylaktische Einspritzung von 20 AE. Tetanusantitoxin (2500 neue internationale Einheiten),
die bei verschmutzten Wunden nach 3 Tagen zu wiederholen ist.

Für diese chirurgische Versorgung offener Frakturen empfiehlt sich im allgemeinen Anwendung der Äthernarkose, namentlich bei ausgedehnten Wund-
ausschneidungen. Anhänger der Lumbalanästhesie werden dieses Verfahren
vorziehen, sofern es sich nicht um sehr ängstliche Patienten handelt. Lokale
Infiltrationsanästhesien sind zu widerraten, sofern es sich nicht nur um ganz
umschriebene Durchstechungen ohne schwere Gewebsschädigung handelt.

[1] Chlorkalk 200,0, Natriumhypochlorit 140,0 auf 10 Liter Wasser, gemischt und nach
30 Minuten filtriert; hinzufügen von Borsäure bis zur Neutralisierung (Titration mit Phenol-
phthalein). Die Lösung enthält etwa $^1/i^0/_0$ Natriumhypochlorit und $0,5^0/_0$ Kochsalz.

Was im besonderen die *Schußfrakturen* anbelangt, so treffen die angegebenen Grundsätze auch hier im allgemeinen zu. Besonders zu berücksichtigen ist jedoch, daß Schußfrakturen durch Gewehrgeschosse auf Sprengwirkungsdistanz oder Querschlägerverletzungen, die zu starker Zertrümmerung geführt haben, sich beinahe durchwegs als schwer infiziert erweisen, und daß man sich deshalb durch kleinen Ein- und Ausschuß nicht über die Schwere der Knochen- und Weichteilzertrümmerung hinwegtäuschen lassen soll. Es empfiehlt sich nach den Erfahrungen des letzten Krieges, durch Infanteriegewehrprojektile gesetzte Zertrümmerungsfrakturen, ebenso wie Frakturen durch Granatsplitter, *aktiv zu behandeln,* Ein- und Ausschuß zu erweitern, die Wunden mit behandschuhtem Finger auszutasten, alle Taschen und Senkungen zu eröffnen, freiliegende Splitter und Gewebstrümmer zu entfernen. Gut ernährte, wenn auch lockere Knochensplitter soll man jedoch nicht entfernen, weil sie für die Regeneration der zersplitterten Diaphyse und für die Konsolidierung von großem Wert sein können. Von ausschlaggebender Bedeutung ist auch hier die genügende Feststellung der Fragmente; *denn je größer die Rolle der Infektion bei einer Schußfraktur, desto größere Bedeutung kommt therapeutisch der Fixation zu.*

Was die *Behandlung der sekundären chronischen Osteomyelitis und Ostitis* anbetrifft, so wartet man am besten zu, bis eine gewisse Konsolidation eingetreten und bis die Symptome akuter Infektion vollkommen abgeklungen sind. Dann werden die für chronische Osteomyelitis üblichen Eingriffe gemacht: Verfolgung der Fisteln bis in die Granulationsherde, Trepanation des Knochens im Umfange der Entzündungsherde, Entfernung von Sequestern und Steckgeschossen, Auslöffelung der Granulationsherde und offene Nachbehandlung. Oft bringt die *Plombierung* nicht zu großer Knochenhöhlen mit der MOSSETTIG-*schen Jodoformplombe*[1] rasche Heilung. Auch läßt sich gelegentlich das Einschlagen von gestielten Haut- oder Muskelweichteillappen in die muldenförmigen Knochenhöhlen durchführen, woraus gegenüber der rein offenen Nachbehandlung ebenfalls eine erhebliche Abkürzung der Behandlungszeit resultiert.

Bei schwer infizierten, offenen Zertrümmerungsfrakturen erhebt sich die *Frage der primären Amputation.* Daß man bei eigentlichen Zermalmungsbrüchen, wo das Glied bis auf einen Hautschlauch abgequetscht ist, die primäre Absetzung vornimmt, ist selbstverständlich; man wird, wenn nicht erhebliche Blutung zu sofortigem Eingreifen zwingt, zunächst das Abklingen des Shocks abwarten. Auch Gangrän infolge Zerreißung der Hauptarterie zwingt zur Amputation, die sogleich nach einigermaßen erfolgter Demarkation vorzunehmen ist. In allen übrigen Fällen ist nach dem Stande der heutigen Behandlungsmöglichkeiten von einer *primären* Amputation abzusehen, wenn das voraussichtliche Funktionsresultat nicht so schlecht erscheint, daß der Patient mit einem gut gefertigten künstlichen Gliede erwerbsfähiger sein wird. Denn eine gute Prothese ist weniger störend als ein verkrüppeltes Glied.

Häufiger sind die *Indikationen zu sekundärer Absetzung eines Gliedes.* Handelt es sich um schwer infizierte Frakturen mit rasch progredienten, lebensbedrohenden septischen Erscheinungen, um Gasphlegmone oder Gasbrand, um malignes Ödem, so ist ein kurzer Versuch mit breiter Freilegung des Ausgangsherdes

---

[1] Jodoform   60
Walrat
Sesamöl aa 40

oder allfälliger Senkungen zu machen, bei oberflächlichem Gasbrand mit multiplen Incisionen bis in die Muskulatur und mit breiten Hautspaltungen. Auch ein Versuch mit Sauerstoffeinblasungen in die ergriffenen Gewebe ist geboten[1]. Hat diese Therapie aber nicht rasch zweifellose Besserung zur Folge, oder handelt es sich um die bösartige Form des Gasbrandes, so zögere man nicht mit der Amputation. *Es ist eine bekannte Erfahrung, daß gerade bei infizierten Knochenbrüchen die Amputation aus vitaler Indikation meist zu spät vorgenommen wird.* Doppelt rasch soll man sich deshalb auch hier zur Absetzung entschließen, wenn das zu erwartende funktionelle Endresultat unbefriedigend sein würde. Gehen die septischen Erscheinungen von einem Gelenk aus, so kann vor der sekundären Amputation noch ein Versuch mit Aufklappung oder Resektion des Gelenkes gemacht werden.

2. Behandlung der übrigen primären Komplikationen.

Die Behandlung der primären Frakturkomplikationen deckt sich mit der sonstigen Therapie dieser Zustände. Immerhin sind einige besondere Hinweise geboten.

Kollaps und Shock, die schwere Knochenbrüche mit ausgiebigen Blutungen oder heftigen Erschütterungen sensibler Nervengebiete nicht so selten begleiten, sind durch Stimulantien, namentlich Injektion von $20^0/_0$ Campheröl; Kardiazol, Coffein und besonders durch intravenöse Infusion von Ringerlösung mit Zusatz von 1 Tropfen Adrenalin auf 100 ccm Infusionsflüssigkeit oder von Traubenzuckerlösung zu bekämpfen. Schwierig kann anfänglich die Beurteilung dessen sein, was auf reflektorisch ausgelösten Shock, und was auf schwere organische Verletzung besonders intraabdominaler Organe mit Blutung und Peritonitis zurückzuführen ist. Während man im allgemeinen Patienten mit Shockerscheinungen nicht anrühren, den Shock durch schmerzhafte Manipulationen oder schwere Eingriffe in Narkose nicht noch steigern soll, ist Zuwarten nicht gestattet, wenn es sich um zunehmenden Kollaps handelt. *Shockerscheinungen gehen innerhalb weniger Stunden zurück; ist dies nicht der Fall, so suche man den Grund für die Verschlechterung der Zirkulation in einer bestimmten anatomischen Läsion.* Man wird dann gewöhnlich eine innere Blutung, eine Perforativperitonitis oder eine begleitende Hirnverletzung finden, und entsprechend behandeln. Zu viele Patienten gehen noch zugrunde, weil der behandelnde Arzt den eigentlichen Grund eines vermeintlichen „Shocks" übersieht.

Bei schweren Blutverlusten tritt die Bluttransfusion in ihr Recht; wo diese nicht ausführbar ist, empfiehlt sich eine intravenöse Infusion von Ringerlösung mit Adrenalinzusatz.

Behandlung erfordern ferner *subfasciale Blutergüsse,* die zu Ernährungsstörungen der Muskulatur und zu ischämischer Contractur zu führen drohen. Treten die ersten Zeichen der Contractur auf, so sind derartige Hämatome zu punktieren, und wenn das nicht genügt, umschrieben unter allen Kautelen der Asepsis zu eröffnen und zu entleeren.

Die *pulsierenden Hämatome* infolge von Arterienverletzung sind nach den chirurgischen Regeln zu bedandeln, wie sie namentlich durch die Erfahrungen

---

[1] Die Aussichten prophylaktischer Anwendung eines polyvalenten antibakteriellen Schutzserums scheinen nach den Erfahrungen des Weltkrieges nicht ungünstig zu sein; für die Beurteilung der eigentlichen Serumtherapie fehlen bisher ausreichende Unterlagen.

des Weltkrieges gezeitigt worden sind. Wenn irgend möglich, ist die primäre Naht des verletzten Gefäßes zu machen, sofern nicht mit Sicherheit nachgewiesen werden kann, daß die Kollateralzirkulation ausreichend ist.

Thrombose und Embolie sind infolge Einschränkung der Behandlung im Kontentivverband seltener geworden. Die Behandlung der Thrombose erfordert auch bei Frakturen absolute Ruhe, ferner Hochlagerung und Beseitigung schnürender Verbände, auch zirkulärer Heftpflasterstreifen. Einen guten Eindruck erhielt ich von der entlastenden und die weitere Ausbreitung oberflächlicher Venenthrombosen hemmenden Wirkung frühzeitiger Applikation von Blutegeln. Vor *Frühmassage* ist zu warnen; sie gehört, wie die Heißluftbehandlung und die warmen Bäder, in die Nachbehandlungsperiode, wenn es sich darum handelt, das chronische Ödem zu beseitigen.

Die *Lungenembolie*, sofern sie nicht rasch zum Exitus führt, hat zum Versuche operativer Extraktion der Emboli aus der A. pulmonalis Anlaß gegeben; doch sind die Voraussetzungen für ein Gelingen des Eingriffs meist nicht vorhanden. Bei leichteren Fällen beschränke man sich deshalb neben energischer Stimulierung auf Morphingaben zur Beruhigung der erregten Kranken; die schweren Fälle sind therapeutisch meist nicht beeinflußbar.

Primäre *Nervenzerreißungen* sind durch Resektion der zerfetzten Stümpfe und durch Naht zu behandeln, sobald die Kontinuitätstrennung feststeht. Handelt es sich nicht um offene Frakturen, und auch nicht um solche, die operativ reponiert werden müssen, so kann man mit der Nervennaht zuwarten, bis die Fraktur einigermaßen konsolidiert ist. Bei offenen und operativ zu behandelnden Knochenbrüchen aber wird die primäre Nervennaht gemacht. Einfache *Kompressionsschädigungen* bilden sich nach Reposition des drückenden Fragmentes gewöhnlich zurück; immerhin können Wochen vergehen, bis die normale Funktion wieder vorhanden ist. Stellt sich trotz elektrischer Behandlung eine Besserung innerhalb 6—8 Wochen nicht ein, tritt vielmehr Entartungsreaktion auf, so handelt es sich um *sekundäre bindegewebige Kontusionsveränderungen* des Nerven, und es ist in solchen Fällen besser, den Nerv freizulegen, den narbig veränderten, kolbig aufgetriebenen Nervenabschnitt ganz oder teilweise zu resezieren und die vollständige oder teilweise Nervennaht auszuführen, als monatelang auf die doch nicht eintretende Spontanheilung zu warten. Je früher die Naht gemacht wird, desto weniger ausgeprägt die Muskeldegeneration, desto sicherer der Erfolg.

Bei der *Fettembolie* liegt wie bei der Thrombose das Schwergewicht auf der Prophylaxe. Man sorge für schonende Transporte, verzichte auf manuelles, gewaltsames Geradebiegen von Knochen, besonders wenn sie porös und atrophisch sind, und vermeide heftige Erschütterungen bei operativen Eingriffen an derartigen Knochen; der Gebrauch der Säge ist deshalb dem des Meißels vorzuziehen.

Eröffnung des Ductus thoracicus nach dem Vorschlage von WILMS dürfte kaum Erfolg versprechen. Bei der pulmonalen Form der Fettembolie handelt es sich hauptsächlich um Hebung der Herzkraft; daneben kommen, wie beim cerebralen Typus, künstliche Atmung und Steigerung des Vasomotorentonus in Frage.

Pneumonie und Delirium tremens werden nach den üblichen Grundsätzen behandelt. Alte Leute mit Neigung zu Hypostase und Harnverhaltung versorge man unter Verzicht auf tadellose Heilung des Knochenbruches lieber mit einem Gehverband oder Gehapparat. Die ersten Zeichen beginnender

Pneumonie sind bei solchen Kranken ein kategorisches Signal für den Unterbruch liegender Zugbehandlung.

Deliranten sind mit soliden Gipsverbänden zu versehen. Erfahrene Praktiker empfehlen, bei den ersten Anzeichen des Deliriums — Unruhe, Halluzinationen, Illusionen, Verfolgungswahn, Herabsetzung der Schmerzempfindung — den an Alkohol gewöhnten Patienten in vermehrtem Maße Alkohol zuzuführen. Die Psychiater halten dagegen den Alkoholentzug allgemein für zweckmäßiger. Im allgemeinen ist es ratsam, Frakturpatienten auf einem gewissen, den früheren Gewohnheiten proportionalen Alkoholquantum zu belassen, und keine rasche Entziehung durchzuführen, da diese den Ausbruch des Deliriums begünstigen kann. Beruhigende Mittel wie Morphium, Scopolamin und Chloralhydrat sind nicht zu umgehen, aber *mit Rücksicht auf die Kollapsgefahr vorsichtig zu verwenden.* Immer ist gleichzeitig das Herz zu stimulieren, bei geeigneter Ernährung der Kranken.

Frakturen mit gleichzeitiger Luxation sind ohne zu langen Verzug operativ zu behandeln, falls Reposition der Luxation und Reduktion der Fraktur nicht durch äußere Maßnahmen gelingen.

3. Behandlung der sekundären Komplikationen.

a) Behandlung bei verzögerter Konsolidation und Pseudarthrose.

Für die Behandlung ist zwischen *verzögerter Konsolidation und ausgebildeten Pseudarthrosen* ein scharfer Unterschied zu machen. *Wenn einmal jedes Fragment für sich bindegewebig vernarbt oder knöchern verschlossen ist, hat irgendeine konservative Behandlung keinen Zweck mehr. Zudem sind die entscheidenden Ursachen für die Pseudarthrosenbildung in der großen Mehrzahl der Fälle lokaler Natur.*

Bei *verzögerter Konsolidation* ist in erster Linie zu beachten, daß Brüche bestimmter Lokalisation und Form, wie Querfrakturen in der Mitte der Humerusdiaphyse, im oberen Drittel des Radius und im unteren Drittel der Tibia oft 10—20 Wochen bis zu vollständigem Festwerden brauchen, weil nur schmale, kompakte Diaphysenringe und kleine Markhöhlenquerschnitte einander gegenüberstehen. Für das untere Tibiadrittel verweist BÖHLER auch auf die mangelnde Muskelbedeckung an der vorderen und medialen Fläche. Frakturen des Schenkelhalses oder des Kahnbeins werden nicht solid, weil die Bruchstücke schlecht durchblutet sind und keinen Periostüberzug haben. Bewegen sich in solchen Fällen die Fragmente ständig gegeneinander, so kommt es überhaupt nicht zur Konsolidation. In derartigen Fällen besteht deshalb die Behandlung der verzögerten Konsolidation vor allem in *ausreichender und genügend lange dauernder Fixation im Gipsschienenverband.* Das gleiche gilt für Frakturen, die unter Extensionsbehandlung nicht konsolidieren wollen.

Liegt keine solche Frakturlokalisation vor und finden sich keine in die Augen springenden Gründe für die Verzögerung der Heilung, so ist zunächst eine *Allgemeinuntersuchung* vorzunehmen und anamnestisch nach überstandenen Krankheiten, besonders *Lues,* zu forschen. Fällt die Wassermannsche Reaktion positiv aus, so wird unverzüglich eine antiluetische Kur eingeleitet.

Ursächliche *Schwäche- und Inanitionszustände, Ernährungsstörungen und Stoffwechselkrankheiten* werden nach den üblichen Grundsätzen behandelt. Bei

Rachitis empfiehlt sich neben der bewährten *Phosphormedikation* (Phosphori 0,01, Olei jecoris aselli 100,0, 1—2mal täglich 1 Kaffeelöffel) die Verabreichung des *aktivierten Ergosterins* (*Vigantol*) oder die Behandlung mit der *Quarzlampe*. Bei verzögerter Konsolidation ohne klinisch nachweisbare rachitische Veränderungen habe ich dagegen von der Verabreichung von Vigantol keine Wirkung gesehen. Von überragender Bedeutung ist in solchen Fällen der Einfluß einer helioklimatischen Kur und vitaminreicher Nahrung. Ebenso wichtig wie das antirachitische Vitamin D ist jedenfalls für die Frakturheilung das in Früchten und Gemüsen enthaltene antiskorbutische Vitamin C.

Spätrachitis und *Hungerosteomalacie* werden in gleicher Weise behandelt wie die jugendliche Rachitis; ergänzend empfiehlt sich ein Versuch mit *Adrenalin,* von 0,2 ccm der 1⁰/₀₀igen Lösung pro die steigend bis 0,5. Eine *Behandlung verzögerter Konsolidation mit Organpräparaten* ist stets ein rein empirisches Unternehmen, wenn nicht klinisch wohlumschriebene Ausfallsymptome vorliegen, wie bei *Hypothyreose*. In derartigen Fällen sind selbstverständlich *Schilddrüsenpräparate* oder *Thyroxin* zu verabreichen. Liegen Zeichen von mangelhafter Schilddrüsenfunktion nicht vor, so halten wir mit Rücksicht auf die nach Thymektomie beobachteten Knochenveränderungen die Verabreichung von *Thymussubstanz* als in erster Linie geboten, in Form der käuflichen Tabletten, 3 mal 0,3 g der frischen Drüse pro Tag. Daneben kann ein Versuch mit Schilddrüsen- und Hypophysenpräparaten gemacht werden.

Verzögerte Konsolidation infolge von *Osteomalacie* oder *Schwangerschaft* dürfte durch *Ovarial-* und *Hypophysenpräparate* und durch *Adrenalin* am ehesten zu beeinflussen sein.

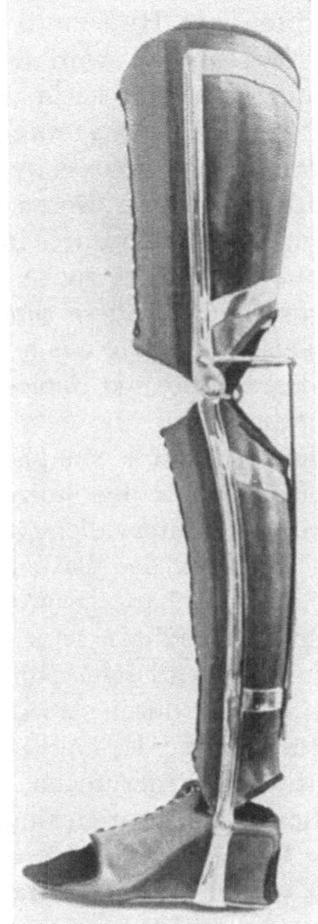

Abb. 255. Schienenhülsenapparat als Gehschiene für die Behandlung einer hochgelegenen Unterschenkelfraktur mit mangelhafter Heilungstendenz. Bügel zur Feststellung des Kniegelenkes.

Die Frage der *Kalkmedikation* entbehrt heute noch einer einwandfreien Unterlage, weil die mangelhafte Verkalkung des Callus nach unseren früheren Ausführungen nicht eine Folge mangelhaften Kalkangebotes ist, sofern wenigstens die Ernährung eine normale ist. Empirisch empfiehlt sich gleichwohl bei verzögerter Konsolidation *medikamentöse Kalkzufuhr,* am besten in Form einer Mischung von Calc. phosphor. und Calc. carbonic. im Verhältnis von 5 zu 2. Von der Verabreichung des EDENschen *Ossophyt* (Natrium-Glykokoll-Phosphat) habe ich nie die geringste ossifikationsfördernde Wirkung gesehen.

Aussichtsreicher als diese innerliche Behandlung der verzögerten Konsolidation ist die *lokale Reiztherapie.* Hier kommt vor allem der physiologische Reiz der *Belastung im Gehverband* für Frakturen der unteren Extremität in Frage. Für eine längere Gehbehandlung empfiehlt sich die Verordnung von gut anmodellierten *Schienenhülsenapparaten* (Abb. 255). Die Wirkung regelmäßigen

Beklopfens und der lokalen *Massage* dürfte, soweit sie eintritt, auf der Hyperämisierung beruhen.

Eine gewisse Wirkung auf die Callusbildung wird auch dem auf DUMREICHER zurückreichenden Verfahren der *Stauung* zugeschrieben, die von HELFERICH in Form der BIERschen Stauung neuerdings empfohlen wurde. Besser als die unterbrochene Stauung von 3mal 2 Stunden Dauer täglich gemäß den Vorschriften von HELFERICH ist die *Dauerstauung* bis zu 20 Stunden täglich. In der Zwischenzeit wird das Glied zur Erzielung einer gewissen Abschwellung hochgelagert und leicht massiert.

Chemische Reizwirkungen können mit lokalen Injektionen von *Jodtinktur, Milchsäure, Osmiumsäure* und *hochprozentiger Kochsalzlösung* erzielt werden. Jodtinktur wird in Dosen von 1 ccm mehrmals wiederholt, Milchsäure in $10^0/_0$iger Lösung, Osmiumsäure in $1^0/_0$iger Lösung gespritzt; Kochsalzlösung ist auf Grund der Tierversuche BURCKHARDTs in einer Konzentration von $10—20^0/_0$ zu verwenden. Diese Einspritzungen lösen die Regeneration auf dem Wege der Gewebsschädigung aus und sind deshalb sorgfältig zu dosieren.

Harmloser und biologisch einwandfreier sind die von BIER empfohlenen *Blutinjektionen,* die entsprechend der Rolle des Blutergusses bei der Frakturheilung sowohl einen physiologischen Reiz für die Callusproduktion als einen Nährboden für den jungen Callus geben sollen. Nach den Vorschriften BIERs werden in Intervallen von 2—3 Wochen mehrmals wiederholt je 30 ccm aus der Armvene des Patienten entnommenes Blut zwischen die Fragmente und in ihre Umgebung gespritzt. Die nächste Folge ist eine lokale Entzündung, die recht schmerzhaft sein und zu Temperatursteigerung führen kann. Wiederholte Einspritzungen führen oft zu einer anaphylaktischen Steigerung der Reaktion, die durch Wiederholung der Injektion mit Hammelblut vermieden werden kann. Es handelt sich hier um einen durch den Abbau des injizierten Blutes hervorgerufenen Entzündungsvorgang, der oft zu prompter Konsolidation der Frakturen führt. Negative Ergebnisse dürften meist auf Anwendung des Verfahrens bei bereits vollendeter Pseudarthrosenbildung beruhen. Ähnlich wirken auch die BERGELschen Einspritzungen von Pferdeblutfibrin. Von besonderem Interesse sind neuere Injektionsversuche an resezierten Knochen, die BURCKHARDT angestellt hat, und die zeigten, daß abgesehen von der callusbildenden Wirkung differenter Stoffe die *Einspritzung von Blut mit Knochenmehl* und ganz besonders *von Markextrakt mit Knochenmehl* zu einer erheblichen Förderung der Callusbildung führen. Der Anwendung dieses Verfahrens unter den gebotenen Kautelen der Asepsis steht nichts entgegen.

Wo diese konservativen Maßnahmen bei verzögerter Konsolidation nicht innert nützlicher Frist zum Ziele führen, tritt die *operative Behandlung* in ihr Recht, die bei der *ausgebildeten Pseudarthrose* von Anfang an einzig in Betracht fällt, ebenso dort, wo die mangelhafte Konsolidierung auf einem klar ersichtlichen lokalen, anatomischen Grunde beruht, wie *schlechter Fragmentstellung, Weichteilinterposition, ausgedehntem Substanzverlust* und *Cystenbildung.*

Bei *bösartigen Geschwülsten* und *Metastasen* kommt eine Resektion mit nachfolgender Knocheneinpflanzung nur ausnahmsweise in Betracht. Frakturen infolge *ostitischer Cysten* oder *brauner Knochentumoren* werden erfahrungsgemäß nach Eröffnung und Ausräumung der Cyste rasch fest; oft führt sogar die Fraktur zu spontaner Ausheilung der Knochencysten. Handelt es sich um Pseudarthrosen infolge ungenügender Reposition, Weichteilinterposition oder mangelhafter Knochenregeneration, so wird in erster Linie *das gesamte zwischengelagerte Narbengewebe exzidiert*; dann erfolgt Anfrischung der mobilisierten Fragmente je nach ihrer Form quer, schräg oder treppenförmig. Liegt die charakteristische Sklerose der Fragmentenden vor, *so muß die Anfrischung unter allen Umständen den verdichteten Knochen entfernen und die Markhöhle eröffnen.* Sind die Bruchenden dagegen atrophisch und entkalkt, so frische man nicht zu weitgehend an, weil sonst der Substanzverlust zu groß wird. Die angefrischten Fragmente werden durch Umschlingung oder durch Aufschrauben einer Metallplatte vereinigt. Ist die Atrophie und Osteoporose der Bruchenden so hochgradig, daß die Schrauben nicht halten, so empfiehlt sich nach dem Vorschlage Lambottes die Verwendung langer Metallplatten und Anlegen der ersten Schrauben mehrere Zentimeter von der Frakturspalte entfernt. Besser scheint mir in solchen Fällen die Vereinigung der Fragmente durch eine *autoplastisch transplantierte Knochenspange* von der Tibia her, wodurch gesundes, regenerationsfähiges Knochenmaterial herbeigeschafft wird. Der Knochenspan wird in besonders eingeschnittene Fugen der Fragmente oder auf deren angefrischte Oberfläche gelegt (Abb. 253), und zwar unter das Periost, das, wenn möglich, über dem Transplantat vernäht wird. Handelt es sich um eine *Defektpseudarthrose* infolge von Substanzverlust, so kann am Humerus und Vorderarm, wo die Verkürzung keine wesentliche Rolle spielt, die einfache *Resektionsmethode* Anwendung finden; am Femur und an der Tibia dagegen ist in solchen Fällen die *Knochentransplantation* angebracht. Während wir sonst die Bolzung ablehnen, kann in Fällen von Defektpseudarthrose das Einlegen eines periostlosen Bolzens aus der ganzen Dicke der Fibula verbunden mit einer äußeren Knochenspange gemäß dem Vorschlage von Lexer vorteilhaft sein.

Für den Ersatz von *Unterkieferdefekten* eignet sich nach unseren Erfahrungen am besten Überpflanzung einer *Spange vom Beckenkamm*, die sich der Form des Unterkiefers gut anpaßt, gemäß im speziellen Teil zu beschreibender Technik. *Hautnarben* müssen, wie auch bei den Pseudarthrosen der Extremitäten, durch besondere Voroperationen plastisch beseitigt werden.

Die *gestielte Knochenplastik* ist meistens entbehrlich und auch unnötig kompliziert. Dagegen lassen sich kleinere Defekte durch periostbedeckte Knochenspangen überbrücken, die einem der beiden Fragmente entnommen und in eine Fuge des anderen Fragmentes hinübergeschoben werden. Dieses Verfahren eignet sich auch zur Kombination mit der gewöhnlichen Resektionsmethode.

Sowohl die Resektion als ihre Kombination mit freier Knochenüberpflanzung sind komplizierte Methoden, die man namentlich bei Fällen, die an der Grenze zwischen verzögerter Konsolidation und vollendeter Pseudarthrose stehen, nicht ohne Hemmung anwendet. Für diese Fälle stehen neuere Verfahren zur Verfügung, die sich bereits bewährt haben. Nach dem Vorschlage von Kirschner werden beide Fragmente durch längsgerichtete Meißelschnitte in Ausdehnung von einigen Zentimetern *aufgesplittert* und nach Entfernung des narbigen Zwischengewebes gegenübergestellt. Diese multiple Anfrischung, bei der auch die Markhöhle eröffnet wird, führt nach den Mitteilungen verschiedener Autoren oft zu rascher Konsolidation. Grundsätzlich in gleicher Weise wirkt die Refrakturierung straffer Pseudarthrosen auf dem Polsterkeil nach Goetze oder die mehrfache Durchbohrung der Fragmentenden nach Beck.

Brun empfiehlt, die beiden Fragmente in Längsrichtung auf einige Zentimeter bis an die Markhöhle *aufzumeißeln* und zu excochleiren, so daß die beiden Bruchenden muldenförmig gestaltet werden. Vom Endost aus erfolgt dann eine kräftige regenerative Knochenwucherung, die den Frakturspalt überbrückt und in kurzer Zeit die Fraktur fest werden läßt. An Tieren konnte ich die reichliche endostale Knochenproduktion nach Ausräumung der Markhöhle wiederholt bestätigen.

Besonders aussichtsreich ist die *Kombination der Aufmeißelung und Ausräumung der Diaphysenmarkhöhle mit der von mir angegebenen freien Überpflanzung von Spongiosa, die dem Trochanter oder dem Tibiakopf entnommen wird, in die Diaphysenmulde.* Die Spongiosa wird wie „*Knochenmörtel*" in die Fragmente übertragen und derart festgepresst, daß sie beide Bruchstücke unter Überbrückung der Frakturspalte verbindet. Bei dieser Operation werden die Bruchenden nicht mobilisiert. Die transplantierte Spongiosa wird mit Periost oder Muskulatur übernäht. Die möglichst *frühzeitige Belastung* operierter Pseudarthrosen fördert den Umbau und die organische Einbeziehung des Transplantates; doch erfolgt sie besser *nicht vor der vierten Woche,* d. h. erst nach erfolgter solider Verwachsung des überpflanzten Knochens mit den Fragmenten. Die formative Wirkung der funktionellen Beanspruchung hat ja, wie heute feststehen dürfte, erst für die späteren Phasen der Callusbildung, für den eigentlichen Umbau, entscheidende Bedeutung.

Zur *Nachbehandlung der Pseudarthrosen* nach erfolgter Operation empfiehlt sich die Verwendung von *Schienenhülsenapparaten,* die auch unter orthopädischen Gesichtspunkten zu verordnen sind, wo absolute Gegenanzeigen gegen eine Operation vorliegen, sowie bei Verweigerung einer solchen (Abb. 255).

Amputationen wegen Pseudarthrose kommen nur an der unteren Extremität in Betracht, besonders wenn der peripherische Gliedabschnitt statische Deformitäten oder schmerzhafte Druckschwielen aufweist oder wenn trophische Störungen vorliegen.

b) Behandlung schlecht geheilter Frakturen.

Bei konsolidierten Frakturen mit Stellungsanomalien, die ein unbefriedigendes funktionelles Resultat bedingen, wird am besten grundsätzlich operativ vorgegangen. Diese Eingriffe unterscheiden sich von den Frühoperationen nur durch größere Schwierigkeiten wegen der bestehenden Muskelretraktion, Gewebsinfiltration und Callusproduktion.

Unter den *schlecht geheilten Frakturen* ist zunächst eine Frakturgruppe abzugrenzen, bei der von einer nochmaligen Kontinuitätstrennung des Knochens Abstand genommen werden kann, weil es sich nur darum handelt, *störende Vorragungen* abzutragen. In Betracht kommem hier vorragende Fragmente, die durch Dehnung der Haut Beschwerden verursachen und die verdünnte Haut in ihrer Ernährung gefährden, wie das besonders an der Tibia beobachtet wird; ferner vorragende Fragmentkanten, über welche Sehnen hinwegziehen, so daß durch die ständige Reibung eine chronische Entzündung der Sehnenscheide und der Sehnen mit Funktionsstörungen hervorgerufen werden. Derartiges sieht man bei schlecht geheilten Radiusfrakturen mit erheblicher volarer Abweichung des proximalen Fragments. Ferner können vorragende Fragmentkanten ein direktes mechanisches Hindernis für Gelenkexkursionen darstellen. Als Beispiel führen wir die Behinderung der Armhebung nach vorne bei der klassischen pertuberkulären Humerusfraktur mit Abweichung des unteren Fragmentes nach vorne an, und die Verlagerung des abgebrochenen Epicondylus internus humeri zwischen die Gelenkflächen des Ellbogens. In allen solchen Fällen besteht die operative Behandlung in einfacher Entfernung der mechanisch hindernden oder reizenden Knochenteile. Soweit es sich um Gelenkfrakturen handelt, ist nachdrücklich anzuraten, mit derartigen Eingriffen nicht lange zuzuwarten, denn unter dem ständigen mechanischen Reiz bilden sich chronische traumatische Arthritiden aus, die durch eine zu späte Operation überhaupt nicht mehr oder nur unvollständig zum Rückgang gebracht werden können.

Bei der zweiten Gruppe schlecht geheilter Frakturen handelt es sich um Korrekturen, die nur unter *nochmaliger Kontinuitätstrennung der Diaphyse* ausführbar sind. Am einfachsten gestalten sich die Verhältnisse dort, wo nur störende Achsenknickungen beseitigt werden müssen. Derartige Knickungen werden durch lineare, quere oder schiefe *Osteotomie* oder durch *Keilexcision* aus der Dia- oder Metaphyse korrigiert. Unter Umständen kann ein Teil des an der konvexen Seite herausgeschnittenen Keils an der konkaven Seite eingesetzt werden.

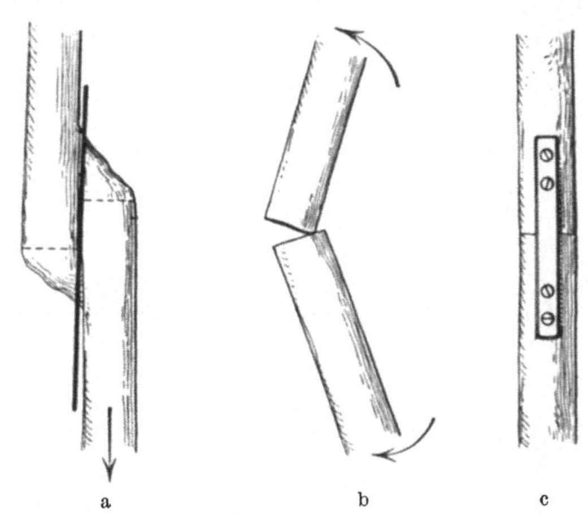

Abb. 256. Operative Behandlung einer schlecht geheilten Querfraktur, a Trennung mit dem Meißel und Anfrischung; b Reposition durch Winkelstellung; c Plattenverschraubung.

Wo nach der operativen Trennung die Fragmente Verschiebungstendenz zeigen, werden sie nach den beschriebenen Grundsätzen, am besten durch Aufschrauben einer Schiene, zuverlässig vereinigt.

Schwieriger gestaltet sich das Vorgehen, wenn erhebliche Verkürzungen ausgeglichen werden müssen.

Bei *Querfrakturen* wird der Callus gemäß nebenstehender Skizze (Abb. 256a, b, c) mittels eines breiten, messerscharfen Meißels getrennt. Dann frischt man beide Fragmente durch Sägeschnitte genau senkrecht zur Längsachse an, wobei man sparsam mit dem Knochen umgeht. Nun werden die Fragmente winklig gegeneinander gestellt, und nach Art, wie man einen Bogen spannt, zur geraden Achse gestreckt. Ist der Widerstand der Weichteile noch zu groß, so wird millimeterweise von einem und dann von anderen Fragmente abgetragen, bis die Streckung zur Geraden gelingt. Voraussetzung ist vorherige Präparation der Fragmente und Entfernung aller Calluswucherungen in der Umgebung der Frakturstelle. Am Humerus, wo eine Verkürzung keine nennenswerte Funktionsstörung nach sich zieht, kann die Reposition auch durch treppenförmige Anfrischung erzielt werden. Nach Reposition erfolgt Verschraubung mit versenkter Metallprothese.

Schwieriger hinsichtlich Behandlung und von ungünstigerer Prognose sind die schlecht geheilten *Schrägfrakturen*. Schon die Präparation der langen Fragmente ist mühsam, und dann pflegt die Osteoporose ausgeprägter zu sein. Zunächst wird auch hier die Frakturstelle durch breite Incision und ausgedehnte Loslösung des Periostes, die zur Vermeidung von Nebenverletzungen unerläßlich ist, freigelegt, damit man stets unter Kontrolle des Auges operieren kann. Dann wird der Callus zwischen den Fragmenten mit dem Meißel getrennt, und wenn nach sauberer Präparation der Fragmentenden die Reposition durch Zug möglich ist, die ursprüngliche Form der Bruchflächen nach Möglichkeit hergestellt und die Vereinigung vorgenommen. Gelegentlich ist es nicht möglich, die Fragmentenden beide freizumachen; namentlich kann das bei Schrägfrakturen des Femur für das nach oben abgewichene, dicht an den großen Gefäßen stehende Fragment der Fall sein. Bei derartiger Sachlage verzichtet man auf die nicht ungefährliche Freilegung der Spitze des unteren Fragmentes, trennt gemäß nebenstehender Skizze (Abb. 257) das untere Fragment quer durch und durchschneidet den Callus von hier nach abwärts und schließt die Extension an. Ist die Reposition durch Zug nicht möglich, so bleiben zwei Möglichkeiten. Entweder macht man die treppenförmige Anfrischung mit nachfolgender Fragmentvereinigung (Abb. 258), oder

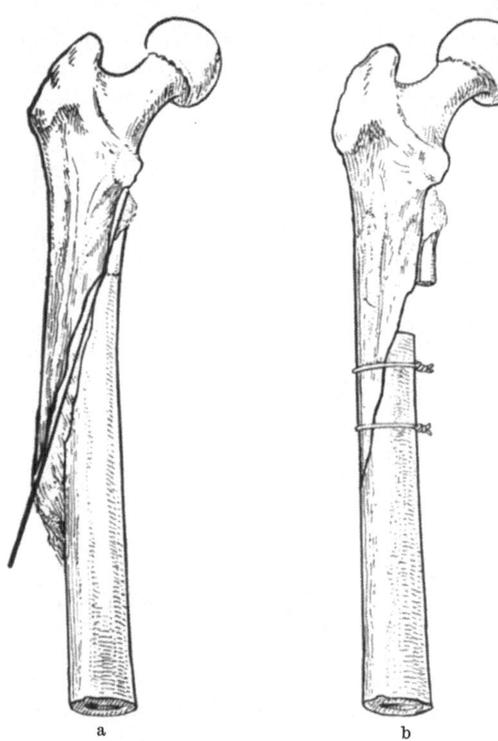

Abb. 257. Operative Korrektur einer schlecht geheilten Schrägfraktur. a Osteotomie; b Reposition und Freilegung durch Umschlingung. Die Spitze des unteren Fragmentes wurde in situ gelassen.

man begnügt sich mit der Osteotomie des Callus, schließt die Wunde und legt eine direkte Extension an. Verwendet man während der Operation den Zangen- oder Klammerzug in Semiflexionsstellung, so wird eine große Zahl von Verkürzungen weitgehend ausgeglichen werden können.

Schußfrakturen, die schwer infiziert waren, korrigiere man durch treppenförmige Osteotomie außerhalb der Frakturstelle, zur Vermeidung eines Aufflackerns ruhender Infektion. Sehr praktisch ist für derartige Fälle ein von Brun ausgearbeitetes Verfahren. Der Knochen wird an 4 Stellen durchbohrt, dann quer zu den Bohrlöchern treppenförmig durchtrennt, und nun mittels Nagelextension soweit verlängert, bis das halbe Bohrloch, das zunächst jeder Fragmentspitze liegt, auf das nächstgelegene Bohrloch des gegenüberliegenden Diaphysenteils zu liegen kommt. Dann findet in diesen Bohrlöchern direkte

Verschraubung statt. Läßt sich genügender Ausgleich nicht erzwingen, so folgt auch hier Wundverschluß und sukzessive Extension.

Bei allen operativen Korrekturen schlecht geheilter Frakturen empfiehlt es

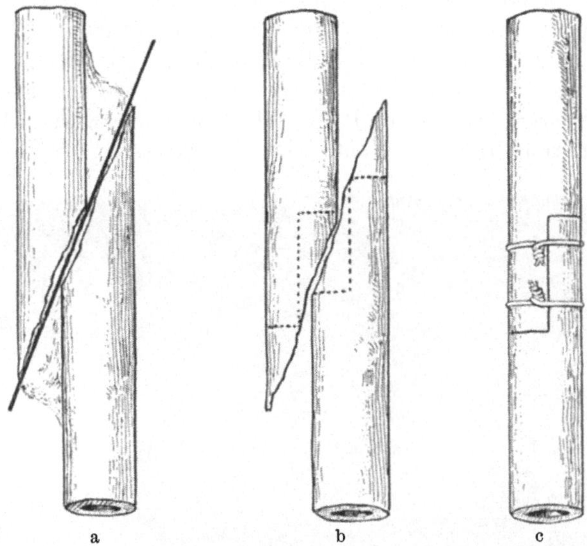

a   b   c

Abb. 258. Operative Behandlung einer schlecht geheilten Schrägfraktur durch treppenförmige Anfrischung. a Osteotomie des Callus; b Anfrischung in Treppenform; c Vereinigung durch Umschlingung.

sich, den abgetragenen spongiösen Callus in kleine Bröckel zu zerlegen und als Baumaterial zu benutzen, am besten durch Einlagerung unter das Periost in der Vereinigungszone.

c) Behandlung der ischämischen Muskelcontractur.

Die ischämische Muskelcontractur, sei sie nun als direkte Komplikation der Fraktur oder als Folge fehlerhafter Behandlung, vor allem eines schnürenden Verbandes, entstanden, bedarf sachgemäßer Behandlung. So lange es sich um *beginnende Ernährungsstörungen* im Muskel handelt, sucht man durch Beseitigung der komprimierenden Ursachen, besonders schnürender Verbände, durch entlastende Einschnitte, die ein Abfließen der subfascialen Blut- und Lymphergüsse ermöglichen, sowie durch Maßnahmen zur Hebung der Zirkulation eine Besserung der lokalen Blutversorgung zu erzielen. Unterstützt werden diese Maßnahmen durch Heißluftbäder, durch vorsichtige zirkulationsbefördernde Massage und durch Hochlagerung zur Beförderung des venösen Abflusses.

Ist, wie gewöhnlich, der periphere Arterienpuls abgeschwächt, so empfiehlt sich *Freilegung der Arterie im Frakturgebiet.* Sie wird sich oft auf eine gewisse Strecke narbig eingeschnürt finden und ist in diesem Falle gemeinsam mit den begleitenden Venen und Nerven auszulösen und in Muskel- oder Fettlappen einzuhüllen. Bei ausgebildeter ischämischer Contrcatur wird *periarterielle Sympathektomie* empfohlen, die in einzelnen Fällen eine unverkennbar günstige Wirkung gehabt haben soll. Findet sich eine infolge Intimaruptur thrombosierte Arterie, so ist *Resektion und zirkuläre Arteriennaht* zu erwägen. Ferner

15*

kommt die Auslösung der im Bereiche der narbig degenerierten Muskulatur eingeklammerten Nervenstämme in Betracht. Diese *Neurolysen* haben jedoch nur Aussicht auf Erfolg, so lange noch keine völlige Degeneration des umklammerten Nervenabschnittes eingetreten ist.

Die gewöhnlichste Form der ischämischen Contractur betrifft die Flexoren des Handgelenkes und der Finger (vgl. Abb. 106). Handelt es sich um einen leichten Grad der Contractur, so wird man einen einfachen Dorsalextensionsapparat mit volarer Schiene und Handflächenpelotte verwenden. Bei Verkürzungen mittleren Grades empfiehlt sich die sukzessive, stufenweise Dehnung

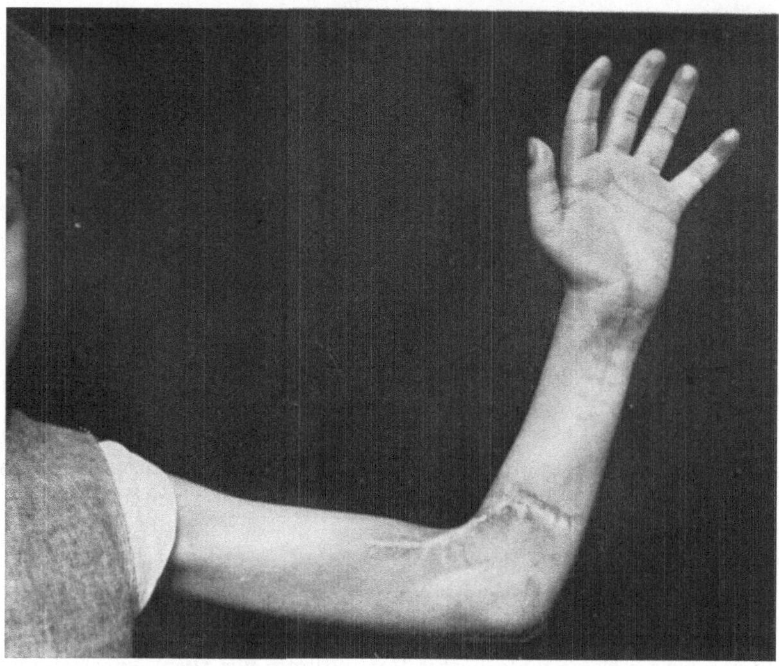

Abb. 259. Demonstration der Fingerstreckung nach Schnenelongation. (Den Zustand vor der Operation zeigt Abb. 106.)

der kontrakten Muskeln, indem man zunächst die Interphalangeal-, dann die Metakarpophalangealgelenke und zuletzt das Handgelenk aufrichtet und mittels geeigneter Verbände oder Schienenapparate fixiert. In hochgradigen Fällen kommt in erster Linie *operative Verlängerung sämtlicher Sehnen der Hand- und Fingerbeuger* in Betracht (Abb. 259). Das Resultat ist meistens kein vollständiges, weil die Extensorensehnen infolge Überdehnung der Streckmuskeln relativ zu lang geworden sind. Es bedarf deshalb einer konsequenten Übungs-, Massage- und elektrischen Behandlung, um die Strecker der Finger und des Handgelenkes wieder funktionstüchtig zu gestalten. Die Flexionscontractur der Hand- und Fingerbeuger kann operativ auch in der Weise korrigiert werden, daß man das knöcherne Skelet des Vorderarmes verkürzt und damit die zu kurz gewordenen Flexoren relativ verlängert. Das geschieht durch Kontinuitätsresektion aus den beiden Vorderarmknochen, oder nach dem Vorschlag von KLAPP durch Entfernung der basalen Reihe der Handwurzel-

knochen. Die Resektion der Vorderarmknochen mit treppenförmiger Anfrischung und temporärer Fixation durch den OMBRÉDANNEschen Knochenfeststeller scheint mir hier das geeignetste Verfahren zu sein.

Die ischämische Contractur der Unterschenkelmuskulatur führt gewöhnlich zu Ausbildung eines Pes equinovarus (vgl. Abb. 107). Die Korrektur
dieser Fußdeformität erfolgt am besten durch keilförmige Osteotomie in Form
der von mir angegebenen modellierenden Komminutivosteotomie — Zerlegung
des Resektionskeils in kleinste Spongiosapartikel, die nach Dehnung der Weichteile medialwärts verschoben werden, so daß kein Substanzverlust des Knochens
und keine Verkürzung des Fußes resultieren — verbunden mit Verlängerung
der Achillessehne.

d) Die Behandlung der übrigen sekundären Komplikationen.

Eine besondere Behandlung erfordert gelegentlich die *luxurierende Callusbildung*, besonders wenn dadurch Störungen der Gelenkfunktion oder Verwachsung der Vorderarm-
knochen mit Aufhebung
der Rotation bedingt wer-
den. Hochgradige Callus-
wucherungen im Bereich
von Gelenken können
zu typischer Resektion
des betroffenen Gelenkes
zwingen, weil infolge großer
Schmerzhaftigkeit der Ge-
lenkbewegungen die ganze
Extremität funktionsun-
tüchtig wird. Brücken-
callus am Vorderarm er-
fordert ebenfalls operatives
Eingreifen, Trennung der
Knochenbrücke, Entfer-

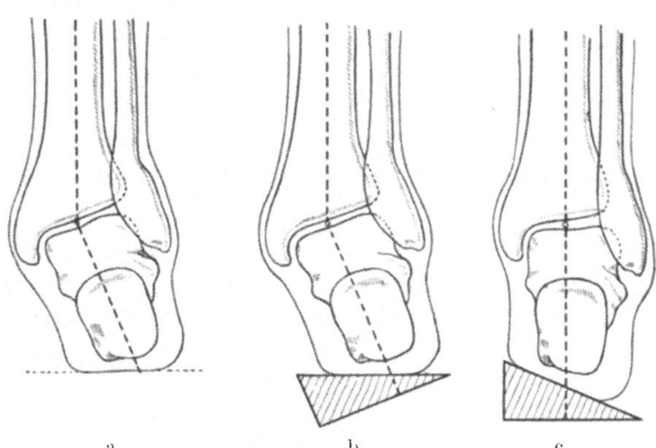

Abb. 260. Korrektur einer Knickfußstellung nach schlecht geheilter Malleolenfraktur. a Fehlerhafte Stellung; b Konstruktion
des Keils; c erzielte Korrektur.

nung des überschüssigen Knochens und Zwischenlagerung von Muskulatur oder
frei transplantierter Fascien-Fettlappen zwischen Radius und Ulna, zur Verhinderung neuer Brückenbildung.

Die *traumatische Myositis ossificans circumscipta* ist, wo sie zu Beschwerden
führt, ebenfalls operativ zu behandeln: Fibrolysineinspritzungen und Massage
geben unzuverlässige Resultate. Der neugebildete Knochen wird deshalb am
besten exstirpiert, und die Muskelwunde genäht. Rezidive sind nicht so selten.

Von den *sekundären Gelenkveränderungen* nach Frakturen sind namentlich
die auf umschriebener anatomischer Ursache beruhenden einer Behandlung
zugänglich. So vermag die *posttraumatische Arthritis* in ihren Anfangsstadien
zum Stillstand gebracht und der Ausheilung entgegengeführt zu werden, wenn
man freie Gelenkkörper entfernen, vorragende Fragmentkanten oder Callus-
leisten abtragen, fehlerhafte Belastung durch orthopädische Maßnahmen beseitigen kann (Abb. 260a, b, c). In leichten Fällen wirken Heißluftbehandlung,
Massage und Übungstherapie sowie Gebrauch natürlicher Thermen günstig.
Durch individuelle Anlage wesentlich mitbedingte, schwere Formen sind dagegen

prognostisch ungünstig und nur symptomatisch zu behandeln. In ganz schweren Fällen kommt die Arthrodese in Frage.

Bei *Ankylosen* ist die *operative Gelenkmobilisierung* zu erwägen, jedoch nur in Fällen, wo umschriebene mechanische Hindernisse für die Gelenkbewegungen vorliegen und bei Knochenbrückenankylosen. Versteifungen infolge chronischer Arthritis sind von der Mobilisierung auszunehmen; entscheidend für die Indikationsstellung ist neben der Krankengeschichte das Röntgenbild. *Schlottergelenke,* die auf schlechter Fragmentstellung beruhen, wie das Wackelknie bei Rekurvationsknickung des Femur, können nur durch Korrektur der Fragmentstellung ätiologisch behandelt werden; in Betracht kommem ferner *Fascientransplantationen* und Verordnung von *Schienenhülsenapparaten.*

Sekundäre *Gefäß- und Nervenkomplikationen* werden nach den gleichen Grundsätzen behandelt, wie die primären. Hervorgehoben sei, daß bei Arrosion größerer Arterien im Bereiche schwer infizierter Frakturen die lokale Unterbindung wegen Brüchigkeit und Morschheit der Gewebe unmöglich sein kann. Es bleibt dann nur die zentrale Ligatur übrig, die aber nicht mit Sicherheit vor kollateralen Nachblutungen schützt, so daß weitere Überwachung und eventuell auch peripherische Ligatur oder Amputation notwendig wird.

Nerven, die aus Narben- oder Callusmassen ausgelöst wurden, werden am besten in die benachbarte Muskulatur verlagert. Wo dies nicht möglich sein sollte, empfiehlt sich Einscheidung in Fett- oder Fascienfettlappen.

Kapitel 7.

Funktionelle Behandlung und Nachbehandlung der Frakturen.

Während vor LUCAS CHAMPIONNIÈRE, BARDENHEUER und ZUPPINGER die Behandlung des eigentlichen Knochenbruches, die *formative Frakturbehandlung* als einzige Aufgabe betrachtet wurde, hat sich in den letzten 25 Jahren die Einsicht allmählich durchgesetzt, daß nur *Berücksichtigung des ganzen pathologischen Komplexes der Fraktur,* des Knochens, der Gelenke und Bänder, der Muskeln mit ihren Sehnen und Sehnenscheiden und des gesamten Bindegewebsapparates mit eingelagerten Gefäßen und Nerven befriedigende Heilungsresultate zu vermitteln vermag. Dies bedingt möglichste *Wiederherstellung der Funktion schon während der Konsolidationsperiode, was jedoch bei vielen Frakturformen nur in gewissem Umfange möglich ist.*

Die fanatische Vertretung der *funktionellen Frakturbehandlung,* die namentlich für die Sozialversicherung zu einem Schlagwort geworden ist, hat zu schwerwiegenden *Mißverständnissen* geführt, wie der Versuch zeigt, die mobilisierende Behandlung auf die Radiusbrüche mit starker Verschiebung zu übertragen und über der möglichst frühzeitigen Aufnahme von Massage sowie von aktiven und passiven Bewegungen die Bedeutung genauer Reposition und ausreichender Ruhigstellung der Fragmente zu vernachlässigen. Dabei wurde übersehen, daß schlechte Fragmentstellung den Gebrauch des Gliedes ebenso hemmen kann, wie schwere Immobilisierungsschäden der Gelenke, Muskeln und Sehnen und *daß für die erste Phase der Callusbildung, bis zu ausreichender Vereinigung der Fragmente, deren Ruhigstellung unerläßlich ist.* Es ist auch zu beachten, daß die Tendenz zu Gelenkversteifung, Knochenatrophie und Sehnenverwachsungen bei alten Leuten durchschnittlich erheblicher ist, als bei Jugendlichen und übrigens auch von konstitutionellen Faktoren abhängt.

Massage und passive Bewegungen können bei frischen Verletzungen zu schwersten Schädigungen führen, und zwar zu hochgradiger Schwellung der Gelenke und der bedeckenden Weichteile mit intensiver Schmerzhaftigkeit und zu sekundärer Verschiebung der Fragmente. Die Forderungen des gesunden Menschenverstandes sollten deshalb nicht dem Prinzip der unentwegten funktionellen Behandlung geopfert werden.

Böhler versteht unter funktioneller Bewegungsbehandlung die vollkommene, nie unterbrochene Ruhigstellung der gut eingerichteten Bruchstücke bei gleichzeitiger aktiver Bewegung möglichst vieler oder aller Gelenke unter Vermeidung jeden Schmerzes. Er sucht diese Forderungen durch seine ungepolsterten Verbände zu erreichen, indem er darauf aufmerksam macht, daß Muskeln sich auch kontrahieren können, ohne ihre Ansatzpunkte einander zu nähern und daß z. B. bei einer im Gehverband zuverlässig versorgten Luxationsfraktur der Knöchel nur der M. tibialis anterior und posterior sowie die Peronealmuskeln ruhig gestellt sind, jedoch beim Gehen ebenfalls arbeiten. Voraussetzung ist Freilassung des Kniegelenkes. Diese Böhlersche Methodik ist als Reaktion auf die mißverstandene, extreme funktionelle Behandlung zu begrüßen, erfordert aber große Erfahrung und einwandfreie Technik, so daß sie sich für die Hände des praktischen Arztes nicht eignet. *Wenn auch eine Rehabilitierung des Gipsverbandes in Form des Gipsschienenverbandes mit Rücksicht auf die in anderer Weise oft nicht zu erzielende Ruhigstellung der Fragmente durchaus geboten ist, so wird man den Anforderungen der funktionellen Behandlung durch möglichst ausgedehnte Anwendung der Extension und auch der Osteosynthese im allgemeinen besser gerecht werden.*

Wir tun das beim Zugverband durch Wahl geeigneter Gelenkstellungen, die sowohl eine Entspannung der Muskulatur als auch der Gelenkbänder bewirken und als Ausgangsstellung für die spätere Wiederaufnahme der Bewegungen günstig sind, ferner durch möglichst frühzeitigen Beginn mit aktiven Bewegungen, die schon bei kleinen Bewegungsausschlägen Immobilisierungsschäden verhindern. Dazu kommt der Wegfall einschnürender, zirkulationsbehindernder Verbände.

Trotz dieser funktionellen Einstellung der Behandlung schon während der Konsolidationsperiode wird man, wenn die Fraktur fest und belastungsfähig geworden ist, gewisse Folgen mangelhaften Gebrauches durch eine besondere *Nachbehandlung* zu beseitigen haben.

Während passive Bewegungen in der Konsolidierungsphase verpönt sind, können sie in der Nachbehandlung gute Dienste leisten, soweit die *aktiven Übungs- und Gebrauchsbewegungen* nicht ausreichen. Von besonderer Bedeutung sind *Widerstandsübungen,* d. h. aktive Bewegungen gegen dosierten und steigenden Widerstand, der besser manuell durch geschultes Pflegepersonal als maschinell durch Pendelapparate hervorgerufen wird. Weitere Nachbehandlungsmaßnahmen sind *Massage,* die zirkulationsfördernd wirkt und in gewissem Umfange die aktive Muskeltätigkeit zu ersetzen vermag, die *Heißluftbehandlung* im Bierschen Heißluftkasten, der zweckmäßig elektrisch geheizt wird (Abb. 261), Diathermie, sowie in Ausnahmefällen, bei wehleidigen Patienten, die nicht zu aktiven

Übungsbewegungen zu veranlassen sind und zur Nachbehandlung von Lähmungen die *galvanische und faradische Behandlung*.

Gegen die *nachträglichen Verbiegungen im Bereiche des Callus* sind die nötigen *Sicherungsmaßnahmen* zu treffen, indem man allzufrühe Belastung besonders von Femurfrakturen vermeidet und allfällig *Schienenhülsenapparate* oder *abnehmbare Gipsschienen* verordnet, unter ständiger *Röntgenkontrolle*. Für den Beginn mit Belastung sind nicht etwa die im speziellen Teil angegebenen mittleren Zahlen für die Konsolidationsdauer der einzelnen Frakturen, sondern stets die Ergebnisse der äußeren und röntgographischen *Festigkeitsprüfung*

Abb. 261. Elektrischer Heißluftkasten.

maßgebend. Erfahrungsgemäß häufige *sekundäre statische Deformierungen*, wie die Adduktionsverbiegung des Schenkelhalses nach intertrochanteren Brüchen und die Abweichung des Fußes in Valgusstellung nach Knöchelbrüchen, werden durch *prophylaktische orthopädische Maßnahmen*, wie Abductionshülse und Keilsohle verhindert.

Gelenkfrakturen mit sekundärer Arthritis erfordern gelegentlich zur Nachbehandlung *Thermalbadekuren*. *Die beste Nachbehandlung ist die physiologische Übung durch möglichst frühzeitige Wiederaufnahme der gewöhnlichen Funktion*; ich habe mich wiederholt überzeugt, daß einzig durch aktiven Gebrauch des verletzten Gliedabschnittes die normale Funktion ebenso rasch wiederhergestellt wurde, als durch Massage- und passive Bewegungsbehandlung, die ich nach Möglichkeit einzuschränken rate. Unentbehrlich ist sie nur dort, wo ausgesprochene Gelenkversteifungen mit hochgradiger Muskelatrophie vorliegen, sowie bei überempfindlichen Patienten. Hier hat die Nachbehandlung so lange zu dauern, bis wieder normale Verhältnisse hergestellt sind, oder bis man die Überzeugung gewonnen hat, daß die weitere Besserung therapeutisch nicht mehr zu beeinflussen ist.

Kapitel 8.

Beurteilung der erwerblichen Folgen bei Knochenfrakturen.

Die eigentliche *Begutachtung der Unfallfolgen,* worunter die Festsetzung der nach Abschluß der eigentlichen Frakturbehandlung noch für kürzere oder längere Zeit bestehenden Erwerbsbehinderung zu verstehen ist, gehört in das Gebiet der sog. *Unfallmedizin.* Dagegen empfiehlt es sich, im Rahmen dieses Lehrbuches die *allgemeinen Gesichtspunkte für die Beurteilung der unmittelbaren Folgen der Knochenbrüche sowie der dauernden Schädigungen* festzulegen.

Jede Fraktur zieht zunächst eine *Arbeitsunfähigkeit* nach sich, die nicht nur nach der Dauer der Konsolidationsperiode zu bemessen ist, sondern für die Großzahl der Frakturen so lange dauert, bis die funktionelle Heilung wenigstens so weit eingetreten ist, daß der Verunfallte seine gewöhnliche Beschäftigung *teilweise* wieder aufnehmen kann. *Vollkommene funktionelle Heilung wird ausnahmslos erst erreicht, wenn das Glied wieder seiner normalen Tätigkeit zugeführt und eine Zeitlang wieder in steigendem Maße beansprucht worden ist.* In dieser Hinsicht sind bei den Frakturpatienten oft gewisse Schwierigkeiten zu überwinden, weil sie häufig aus den anfänglich unvermeidlichen Störungen der Funktion vollkommene Arbeitsunfähigkeit herleiten wollen. Es ist auf sukzessive Wiederaufnahme der normalen Tätigkeit zu dringen, auch wenn gewisse Bewegungen anfänglich noch unangenehm oder gar schmerzhaft sind. Beim Arbeitgeber muß aber dafür gesorgt werden, daß auch das notwendige Verständnis für die anfänglich unvollständige Funktion, für die Herabsetzung der rohen Kraft, Verminderung der Geschicklichkeit, sowie für die rasche Ermüdbarkeit vorhanden ist; *die Ansprüche an die Leistungsfähigkeit dürfen nur sukzessive in vernünftigem Rahmen gesteigert werden. Nur wo die Einsicht des Verunfallten in die Bedeutung der physiologischen Übung für die völlige Wiederherstellung der Funktion und das Verständnis des Arbeitgebers für die Notwendigkeit allmählicher Angewöhnung einander entgegenkommen, ist eine zweckmäßige und friedliche Erledigung einer großen Zahl von Unfällen möglich.*

Die *Dauer der Erwerbsunfähigkeit* hängt ab von der Lokalisation und Form des Knochenbruches, von allfälligen Komplikationen, vom Alter des Verletzten und seinem Berufe, sowie von der Art der Behandlung. In der Ära der Sozialversicherung werden die statistisch erfaßbaren Behandlungsresultate, wie sie sich aus der Belastung des Versicherers durch die einzelne Fraktur ergeben, in ganz unzutreffender Weise vorwiegend mit der Art der Behandlung in Beziehung gesetzt. *Diese „Ausmünzung" der verschiedenen Behandlungsmethoden betrachte ich als eine Entgleisung der Sozialversicherungsstatistik, die von allen, denen eine freie wissenschaftliche Entwicklung der Frakturbehandlung am Herzen liegt, des Bestimmtesten zurückgewiesen werden sollte.* Wie unzutreffend und kritiklos diese Versicherungsstatistiken sind, ergibt sich aus dem gänzlich falschen Bild, das sie von der operativen Frakturbehandlung vermitteln. Ähnlich verhält es sich, nur in umgekehrtem Sinne, mit der Überschätzung der uneingeschränkten funktionellen Behandlung. *Nur die sorgfältige Erfassung sämtlicher Faktoren, besonders der Frakturform, ihrer Komplikationen, der Indikationsstellung, die sehr oft unrichtig ist, der Behandlungstechnik und schließlich auch des Alters der*

Verletzten erlaubt ein maßgebendes Urteil über Wert oder Unwert einer Behandlungsmethode. Deshalb hat es auch keinen Wert, auf die vorliegenden Statistiken über Behandlungsdauer und Invalidität bei einzelnen Frakturformen und verschiedenen Behandlungsarten einzugehen. *Doch dürfte klar sein, daß ceteris paribus die Zeit absoluter Arbeitsunfähigkeit um so kürzer und die Dauerinvalidität um so geringer sein wird, je mehr eine Frakturbehandlung nach den entwickelten biologischen Gesichtspunkten eingestellt ist.* Mittelzahlen werden im speziellen Teil angeben. Im allgemeinen ist nach erfolgter Konsolidation eines Knochenbruches noch eine Frist von 2—8 Wochen bis zum Beginn mit leichter Arbeit zuzugeben, der erst erfolgen darf, wenn eine Dislokation unter der Wirkung der Körperbelastung, des Muskeldruckes und besonderer funktioneller Belastung bei den ständigen Arbeitsverrichtungen nicht mehr zu fürchten ist.

Die Wiederaufnahme der Arbeit ist ein Belastungsversuch; demnach erfolgt die Schätzung der vorübergehenden partiellen Arbeitsunfähigkeit unter Vorbehalt der Revision.

Dauerfolgen einer Fraktur sollen, sofern es sich nicht um Entschädigung nach dem Rentenverfahren handelt, nicht früher als ein Jahr nach Abschluß des Heilverfahrens endgültig beurteilt werden: ausgenommen sind klare Fälle, deren Verlauf prognostisch zu übersehen ist.

Die Frakturfolgen, die hauptsächlich dauernde Erwerbsschädigung bedingen, sind erhebliche Verkürzung der unteren Extremität, winklige Knickung mit Änderung der Bewegungsfelder peripherer Gelenke, Einschränkung der Gelenkexkursion, Schlottergelenke, chronische traumatische Gelenkentzündungen, schmerzhafte Hautnarben, Varizenbildung oder Verschlimmerung von Krampfadern, induriertes Ödem besonders als Folge von Venenthrombosen, Bildung von Hautgeschwüren und Folgen von Nervenlähmung.

Eine besondere Bedeutung haben *statische Belastungsdeformitäten, die sich* oft erst im Laufe der Zeit entwickeln, in ihrer Anlage jedoch bereits festzustellen sind, wie die Ausbildung einer *Knickfußstellung* mit anschließender *Senkung des Fußgewölbes* und traumatische *Coxa adducta.* Auch die passive *Spitzfußstellung* spielt eine wesentliche Rolle als Dauerfolge von Frakturen.

Verkürzungen der unteren Extremität unter 2 cm werden im allgemeinen nicht entschädigt; bei Jugendlichen lassen sich auch Verkürzungen von 3—4 cm durch Sohlenerhöhung und Einlagen bei entsprechender kompensatorischer Beckensenkung funktionell vollständig ausgleichen. Dagegen kann bei Patienten mit arthritischer Anlage die Veränderung der Wirbelsäulenstatik, wie sie durch die Kompensation einer Verkürzung von 2 cm bedingt wird, zu erheblichen Störungen führen. Die erwerbliche Bedeutung einer Verkürzung der unteren Extremität wird naturgemäß auch durch den Beruf des Verunfallten mitbestimmt.

Die Möglichkeit, durch geeignete *orthopädische Maßnahmen,* die dem Patienten zugemutet werden können, die Dauerschädigung oder Minderung der körperlichen Integrität herabzusetzen, ist in einem Schlußgutachten stets zu berücksichtigen.

Für die zahlenmäßige Schätzung der häufigsten Dauerfolgen von Knochenbrüchen werden wir im speziellen Teil einige Anhaltspunkte geben; hier sei nur darauf verwiesen, daß die *Staffelung der Invalidität anfänglich in großen Stufen,* nämlich drei Viertel Arbeitsunfähigkeit (75%), zwei Drittel ($66^2/_3$%), ein Zweitel

(50%), ein Drittel (33¹/₃%), ein Viertel (25%), ein Fünftel (20%), ein Zehntel (10%) erfolgen soll. Die beliebten Differenzierungen von 2—3% sind dillettantisch und kaum zu motivieren.

Literatur.

v. Baeyer: Fremdkörper im Organismus. Einheilung. Beitr. klin. Chir. **58** (1908). — Fremdkörper im Organismus. Bakterielle und mechanische Ausstoßung. Beitr. klin. Chir. **70** (1910). — Bardenheuer u. Graessner: Die Behandlung der Frakturen. Erg. Chir. **1** (1910). — Die Technik der Extensionsverbände. 2. Aufl. Stuttgart: Ferdinand Enke 1905. — Bauer: Erfahrungen mit dem Kirschnerschen Aufsplitterungsverfahren bei Pseudarthrosen. Chirurg 1, H. 19 (1929). — Baum: Über die Behandlung kindlicher Oberschenkelbrüche mit Drahtextension. Zbl. Chir. **1924**, Nr 5. — Beck: Zur Technik der Extension mit nicht rostendem Draht. Zbl. Chir. **1924**, Nr 28. — — Zur Behandlung der verzögerten Konsolidation von Unterschenkelbrüchen. Zbl. Chir. **1929**. — Bergel, S.: Die Behandlung der verzögerten Callusbildung und der Pseudarthrosen mit Fibrininjektionen. Berl. klin. Wschr. **1916**, Nr 2. — Bier: Die Bedeutung des Blutergusses für die Heilung des Knochenbruches. Heilung von Pseudarthrosen und von verspäteter Callusbildung durch Bluteinspritzung. Med. Klin. **1905**, Nr 1/2. — Block: Ein neuer Distraktionsapparat und Spannbügel für Drahtextensionen. Zbl. Chir. **1923**, Nr 46/47. — Drahtextension am Schultergürtel. Klin. Wschr. 2, Nr 44. — Drahtextension am Beckenkamm. Arch. klin. Chir. **120**, H. 2 (1922). — Böhler: Anatomische und mechanische Grundlagen für Einrichtung und Behandlung der Knochenbrüche. Arch. klin. Chir. **126** (1923). — Technik der Knochenbruchbehandlung. Wien 1930. — Borchgrevink: Ambulatorische Extensionsbehandlung der oberen Extremität. Jena 1908. — Braun: Über starre Leerschienen. Beitr. klin. Chir. **138**, H. 4. — Die Lagerung verletzter und erkrankter Gliedmaßen. Leerschienen und verbandlose Wundbehandlung Leipzig 1928. (Lit.). — Die Braunsche Beinschiene in der Friedenschirurgie und ihre Anwendung zur Frakturbehandlung. Arch. klin. Chir. **118** (1921). — Brun, Hans: Über Wundbehandlung und Immobilisation im Kriege. Dtsch. Z. Chir. **133** (1915). — Pseudarthrose und verzögerte Konsolidation. Schweiz. med. Wschr. **1927**, Nr 22/23. — Brunner: Handbuch der Wundbehandlung. Neue dtsch. Chir. **20** (1916).

Championnière, J. Lucas: Traitement des fractures par le massage et la mobilisation. Paris 1893. — Codivilla: Come si possa rendere efficace e tollerata una forte trazione ecc. Vol. delle momoire chirurg. in onore di E. Bottini 1903. — Über Nagelextension. Z. orthop. Chir. **28** (1910).

Demel: Operative Frakturbehandlung. Wien: Julius Springer 1926. — Die Einheitsschiene der Klinik Eiselsberg zur Behandlung der Unter- und Oberschenkelbrüche. Zbl. Chir. **1925**, Nr 32. — Ein neues Modell der Einheitsschiene der Klinik Eiselsberg. Zbl. Chir. **1928**, Nr 43. — Dumpert u. v. Redwitz: Über die Theorie der Semiflexion bei der Behandlung der Knochenbrüche. Dtsch. Z. Chir. **191**, H. 3 (1925).

Eden, van: Verbandlehre. — Eiselsberg, v.: Zur Heilung größerer Defekte der Tibia durch gestielte Hautperiostknochenlappen. Verh. Chir.-Kongr. **1897**. — Mißerfolge in der Behandlung von Knochenbrüchen, ihre Ursachen und ihre Verhinderung. Münch. med. Wschr. **1924**, Nr 24. — Emde u. Christ: Ein einfaches Mittel zum Abnehmen von Gipsverbänden. Chirurg 1, H. 8 (1929).

Fischer: Über ischiocrurale Muskellängen bei Zuppingers korrelater Flexion. Arch. orthop. Chir. **25**, H. 3 (1927).

Gelinsky: Die Extensionsbehandlung bei Calcaneusfraktur und den Verletzungen der Mittelfußknochen. Zbl. Chir. **1913**, Nr 21. — Die Drahtextension am Calcaneus. Zbl. Chir. **1914**, Nr 34. — Gelpke u. Schlatter: Unfallkunde. Bern 1930. — Gold: Richtlinien der Frakturbehandlung. Dtsch. Z. Chir. **211**, H. 1/3. — Goetze: Die Behandlung straffer Pseudarthrosen durch Refrakturierung. Zbl. Chir. **1929**. — Gorter: Über die Behandlung von Fragilitas ossium mit Thymuspräparaten. Nederl. Tijdschr. Geneesk. **1929 I**.

Hackenbruch: Die Behandlung der Knochenbrüche mit Distraktionsklammern. Wiesbaden 1919. — Hennequin et Loevy: Les fractures des os longs. Paris 1904. — Henschen: Die Extensionsbehandlung der Ober- und Unterschenkelbrüche auf phys.-mechanischer Grundlage. (Extension bei Muskelentspannung.) Beitr. klin. Chir. **57** (1908). —

HERZBERG: Fortschritte der Extensionsbehandlung in der Kriegschirurgie. Dtsch. Z. Chir. **144** (1918). — HEUSNER, L.: Über verschiedene Anwendungsweisen des Harzklebeverbandes. Z. orthop. Chir. **17**. — HILGENREINER: Experimentelle Untersuchungen über den Einfluß der Stauungshyperämie auf die Heilungen von Knochenbrüchen. Beitr. klin. Chir. **54**, H. 3. — HOFFHEINZ: Der Hebeltraktionsapparat von LAMBOTTE in der Frakturenbehandlung. Chirurg **2**, H. 6 (1930).

KAUFMANN: Handbuch der Unfallmedizin. Stuttgart 1915. — KIRSCHNER: Der Ausgleich knöcherner Verbildungen durch Aufsplitterung des Knochens. Med. Klin. **1926**, Nr 48. — Der Ausgleich knöcherner Deformitäten. Arch. klin. Chir. **126** (1923). — Verbesserungen der Drahtextension. Arch. klin. Chir. **148** (1927). — KLAPP: Besondere Formen der Extension. Zbl. Chir. **1914**, Nr 29. — Der jetzige Stand der Drahtextension. Arch. klin. Chir. **126** (1923). — Über den jetzigen Stand der Drahtextension. Chirurg **1930**, H. 4. — KOCH: Die primäre Wundnaht bei offenen Knochenbrüchen. Arch. orthop. Chir. **27**, H. 1 (1929). — KÖNIG: Über versenkte Fremdkörper im Knochen. Zbl. Chir. **1928**, Nr 15. — Die operative Behandlung der Knochenbrüche. Arch. klin. Chir. **133** (1924). — Die blutige Reposition bei frischen subcutanen Knochenbrüchen. Erg. Chir. **8** (1914). — Über die Berechtigung frühzeitiger blutiger Eingriffe bei subcutanen Knochenbrüchen. Arch. klin. Chir. **95**, H. 1. — Grundfragen der Osteosynthese. Chirurg **1**, H. 3 (1928). — KULENKAMPFF: Grundsätze zur Behandlung der Knochenbrüche. Zbl. Chir. **1924**, Nr 4.

LAMBOTTE: Chir. opérat. des fractures. Paris 1913. — LANE: The operative treatment of simple fractures. Surg. etc. **8**, H. 4. Ref. Zbl. Chir. **1909**, 1648. — LANGE, F.: Auto- und Alloplastik in der Orthopädie. Z. orthop. Chir. **47**, Beilageheft. — LANGE, M.: Der Kruppstahldraht als Knochennahtmaterial. Z. orthop. Chir. **47**, H. 4. — LEXER: Blutige Vereinigung von Knochenbrüchen. Dtsch. Z. Chir. **133** (1915). — Die Behandlung der Pseudarthrosen nach Knochenschüssen. Med. Klin. **1918**, Nr 20. — Wiederherstellungschirurgie. Leipzig: Joh. Ambrosius Barth 1919. — LILIENFELD: Anordnung der normalisierten Röntgenaufnahmen des menschlichen Körpers. Neu bearbeitet von E. S. MAEYER und FR. PORDES. Urban u. Schwarzenberg 1928. — LISSOWSKI: Über die Behandlung nicht konsolidierender Knochenbrüche und Pseudarthrosen mit Injektionen von Periostemulsion. Ref. Zbl. Chir. **1914**.

MAGNUS: Zur Technik der Knochennaht. Zbl. Chir. **1926**, Nr 40. — MEYER: Experimentelle Untersuchungen über Muskelcontracturen nach fixierenden Verbänden. Dtsch. Z. Chir. **162**, H. 1/2. — MEYER u. SPIEGEL: Experimentelle Untersuchungen über Muskelcontracturen nach feststellenden Verbänden. Dtsch. Z. Chir. **123**, H. 3/4.

NAKAHARA u. DILGER: Subcutane und intramuskuläre Knochenneubildung durch Injektion bzw. Implantation von Periostemulsion. Beitr. klin. Chir. **63** (1909). — NIEHANS: Zur Frakturenbehandlung durch temporäre Annagelung. Arch. klin. Chir. **73**. — NUSSBAUM: Über Muskellängen am Oberschenkel bei Semiflexion. Arch. orthop. Chir. **24**, H. 3 (1926). — Über die Gesamtmuskelspannung am Oberschenkel bei Semiflexion. Zbl. Chir. **1927**, Nr 50.

OMBREDANNE: L'ostéosynthèse temporaire chez les enfants. Presse méd. **1929**, Nr 52.

PURRUCKER: Zur Technik der Knochennaht. Arch. orthop. Chir. **25**, H. 4 (1927).

SCHINZ, BAENSCH u. FRIDEL: Lehrbuch der Röntgendiagnostik. Leipzig: Georg Thieme 1928. — SCHMERZ: Die Behandlung der Frakturen der oberen Gliedmaßen, insbesondere der Schußfrakturen. Beitr. klin. Chir. **97** (1915). — Die direkte Klammerextension bei Knochenbrüchen, insbesondere der Schußfrakturen. Beitr. klin. Chir. **97** (1915). — SCHMIEDEN: Die Behandlung der Pseudarthrosen und der verspäteten Callusbildung mit Bluteinspritzung. Med. Klin. **1907**, Nr 8. — SCHNEK: Die Frakturheilung im Röntgenbild. Chirurg **1**, H. 26 (1929). — STEINMANN: Die Nagelextension der Knochenbrüche. Neue dtsch. Chir. **1** (1912). — Die Nagelextension. Erg. Chir. **9**. — Lehrbuch der funktionellen Behandlung der Knochenbrüche und Gelenkverletzungen. Stuttgart 1919. — STRASSER: Lehrbuch der Muskel- und Gelenkmechanik. Berlin: Julius Springer 1917.

TAVEL: Chirurgische Infektion und deren Prophylaxe. Mod. ärztl. Biblioth. **1905**, H. 22/23.

WOLFF: Über eine Modifikation der Extensionsklammer nach SCHMERZ. Wien. klin. Wschr. **1919**, Nr 36.

ZIEGLER: Frühmobilisierung im Zugverband. Münch. med. Wschr. **1915**, Nr 41. — ZIEROLD: Reaction of bone to various metals. Arch. Surg. **9**, Nr 2 (1924).

Die spezielle Lehre von den Knochenbrüchen und ihrer Behandlung einschließlich der komplizierenden Verletzungen des Gehirns und Rückenmarkes.

Erster Abschnitt.

Frakturen des Schädels.
A. Die Frakturen des Gehirnschädels.

Kapitel 1.
Anatomische Vorbemerkungen.

Die das Gehirn mit seinen Hüllen umschließende Schädelkapsel stellt eine Kugelschale dar, die nach den Untersuchungen von BRUNS, MESSERER, HERMANN u. a. mit einem erheblichen Grade von Elastizität begabt ist. Für das Zustandekommem und die Form der Schädelbrüche hat der verschiedene Bau einzelner Bezirke der knöchernen Schädelkapsel eine wesentliche Bedeutung. Während das konvex gewölbte Schädeldach als ein einheitliches, druck- und biegungsfestes Gewölbe von ziemlich gleichmäßiger Konstruktion betrachtet werden kann, zeigt die Schädelbasis, abgesehen von ihrem occipitalen Anteile, einen unregelmäßigen Bau, indem sehr massiv gebaute Teile, wie die beiden Felsenbeinpyramiden, mit dünneren Partien abwechseln.

Betrachten wir die *Schädelbasis* als Ganzes (Abb. 279), so finden wir zwei Paare kräftiger *querer Streben* (*Félizet*), in der Mitte die Felsenbeinpyramiden mit dem zwischengefaßten Clivus, vorne die Cristae sphenoidales sowie den keilförmigen Oberrand des großen Keilbeinflügels. Ferner ist das Hinterhauptsbein im Niveau des Sinus transversus in querer Richtung verstärkt. Zwischen diesen Verstärkungsstreben liegen schwächere Partien, die von zahlreichen Öffnungen für den Durchtritt von Rückenmark, Gefäßen und Nerven durchbohrt sind. Noch schwächeren Bau zeigt die vom Siebbein und den dünnen Orbitaldächern gebildete vordere Schädelgrube. Die Schädelbasis ist deshalb mechanischen Einwirkungen bedeutend weniger gewachsen als die Konvexität, woraus sich erklärt, daß die Frequenz der Basisbrüche derjenigen der Konvexitätsfrakturen beinahe gleichkommt, obschon die Schädelbasis geschützt in der Tiefe liegt. Ein weiterer Grund für die relative Häufigkeit der Basisbrüche liegt darin, daß auch die mechanisch ungünstig gebaute Basis an der elastischen Gesamtdeformation der Schädelkugel teilnimmt und deshalb bei traumatischen Einwirkungen, die primär das Schädeldach treffen, mitfrakturiert wird.

Auch das konvexe *Schädeldach* zeigt physiologische und pathologische Schwankungen seiner Dicke, die für die Entstehung von Frakturen von Bedeutung sein können. Die stärkste Stelle des Schädeldaches wird gewöhnlich durch die Parietalhöcker und die daran angrenzenden Bezirke dargestellt, während den Stirnhöckern meist eine Ausbuchtung der Schädelinnenfläche entspricht, so daß diese Stellen des Daches häufig verdünnt erscheinen. Eine Verdünnung des

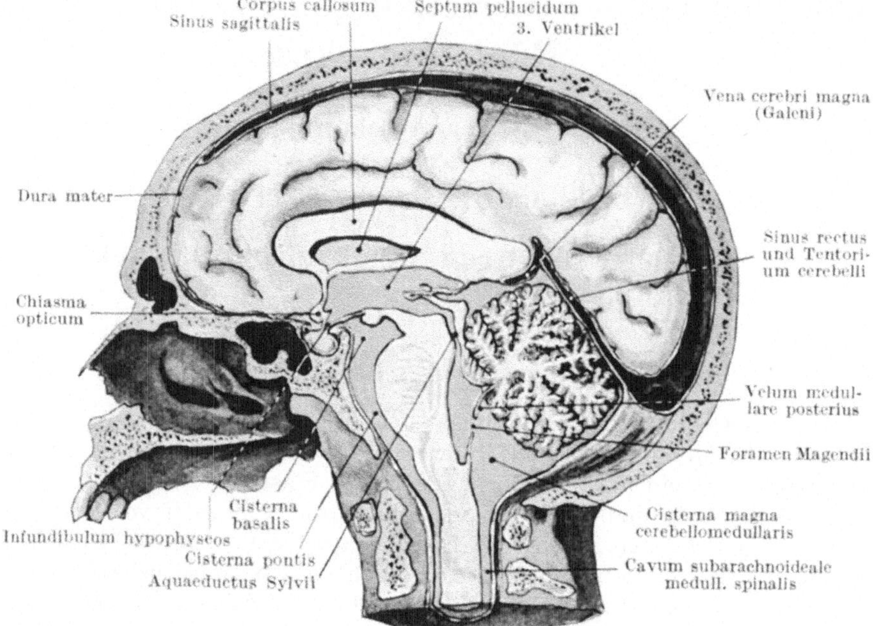

Abb. 262. Kommunikationen des 3. und 4. Ventrikels mit den peribulbären Liquorräumen und dem Cavum subarachnoideale des Rückenmarkes. (Nach Treves-Keith.)

Schädeldaches findet sich ferner oft im Bereiche der seitlichen Partien der Coronarnaht, der Schläfenbeinschuppen und der großen Keilbeinflügel. Auch an der konvexen Schädelwölbung kann man *Verstärkungsstreben* unterscheiden. Einmal findet sich beidseitig von der seichten Rinne für den Sinus longitudinalis superior eine Verdickung des Daches, die als bogenförmige Versteifung aufgefaßt werden kann, mit Stützlagern an der Glabella und am Tuber occipitale. In der Fortsetzung nach hinten unten liegt die bis zum Foramen magnum reichende mediane Verstärkung des Hinterhauptbeins. Ferner setzt sich beidseitig auf den Warzenfortsatz und auf den Stirnfortsatz des Jochbeins je eine pfeilerartige Verdickung der seitlichen Schädelwand auf.

Physiologisch schwache Stellen der gesamten Schädelkapsel sind durchwegs die Orbitaldächer, die mittlere Schädelgrube und die Schläfenregion. Gelegentlich sind einzelne Partien der Schädelkapsel so erheblich verdünnt, daß man mit Recht von einem *Papier-* oder *Pergamentschädel* spricht. Zu weitgehender Reduktion der Festigkeit des Schädeldaches führt besonders die *Altersatrophie,*

die mit Vorliebe die Parietalia und die Hinterhauptschuppe betrifft. Im hohen
Alter kann stellenweise die Diploe völlig verschwinden, so daß äußere und innere
Compactatafel sich direkt berühren. Diese Verhältnisse haben unter Umständen Bedeutung für die gerichtsärztliche Beurteilung von Schädelverletzungen.

Von praktischem Interesse sind auch die *mechanischen Verhältnisse* des *kindlichen Schädels*. In den ersten Lebensmonaten sind die Schädelknochen noch
weich, sehr elastisch und in gewissem Sinne modellierbar, wie die löffelförmigen
Impressionen bei Neugebornen zeigen, während gleichzeitig die Knochennähte

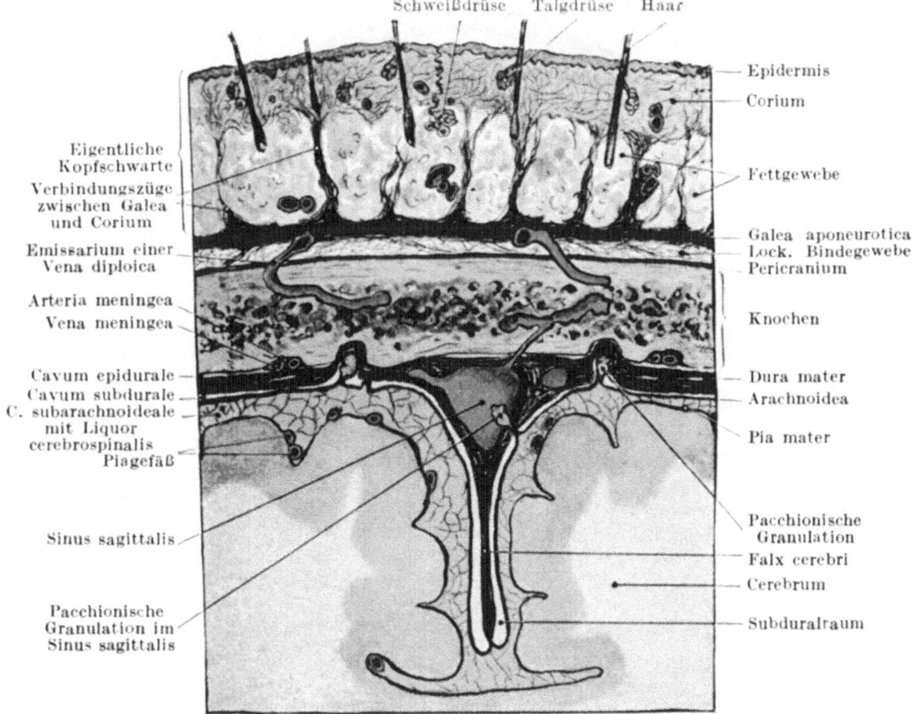

Abb. 263. Verbindung zwischen Cavum subarachnoideale und Sinus sagittalis durch Pacchionische
Granulationen; Abflußwege des Blutes aus dem Sinus via Diploe nach dem Venennetz unter der
Galea. (Nach Treves-Keith.)

noch nicht besonders festgefügt sind. Diese Verhältnisse erklären das unverkennbare Vorwiegen von Nahtsprengungen, sowie das Zurücktreten von Konvexitäts-
und besonders von Basisbrüchen bei Kindern.

Im Bereich der Schädelkonvexität ist die Abgrenzung einer äußeren und
inneren Corticallamelle, die als *Lamina externa* und *Lamina interna* die mehr
oder weniger starke *spongiöse Diploe* begrenzen, scharf ausgeprägt; deshalb sieht
man hier isolierte Frakturen der Lamina externa und der Lamina interna.

*Die Einlagerung lufthaltiger, mit der Außenwelt in Verbindung stehender Hohl-
räume im Felsen-, Stirn-, Keil- und Siebbein hat insofern hohe praktische Bedeutung, als durch diese Knochen verlaufende Frakturspalten die Liquorräume mit
normalerweise bakterienhaltigen Schleimhauthöhlen in Verbindung setzen und
damit meningealer Infektion Tür und Tor öffnen.*

Der *Dura* kommt die doppelte Rolle des inneren Periostes sowie einer mechanisch maßgebenden Abschlußmembran des perizerebralen Raumes zu. Sie hat deshalb in erster Linie Bedeutung für die Heilung der Schädelfrakturen, namentlich solcher mit Substanzverlust. Bedeutend wichtiger ist ihre Funktion als *abschließende Schutzhülle* für die weichen Hirnhäute, indem erfahrungsgemäß Durarisse die hauptsächlichste Infektionspforte nach Schädelfrakturen darstellen. Ferner ist zu beachten, daß die Dura *Träger wichtiger Blutleiter* ist,

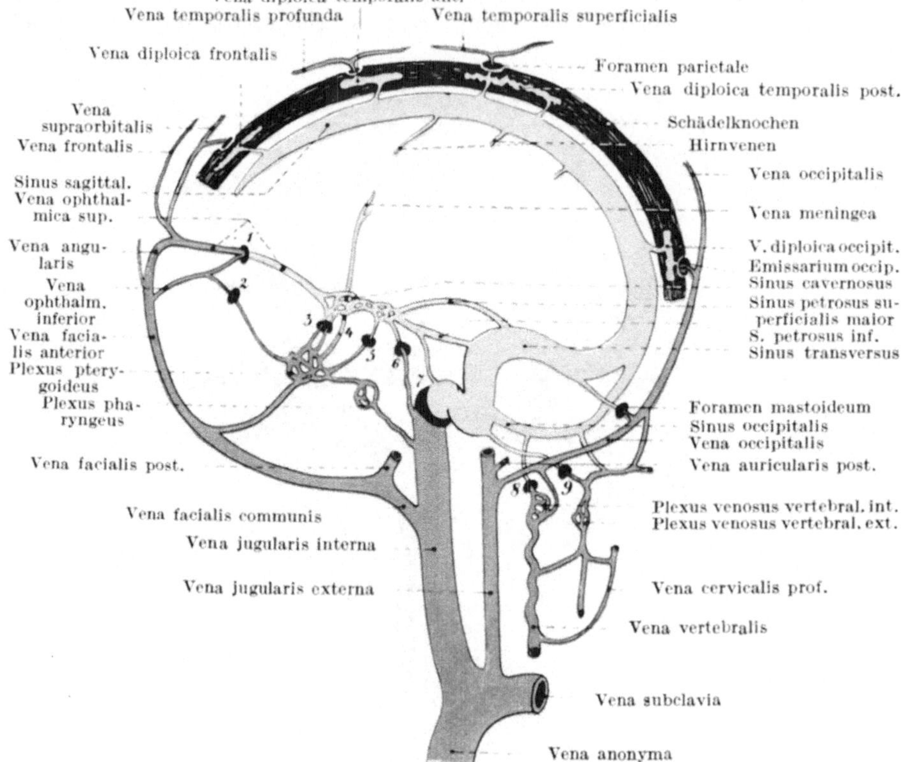

Abb. 264. Schema der wichtigsten Anastomosen des intrakraniellen Venensystems (blau) mit dem extrakraniellen (violett).
1. Fissura orbitalis sup. 2. Fissura orbitalis inf. 3. Foramen ovale. 4. Foramen spinosum. 5. Foramen lacerum. 6. Canalis caroticus. 7. Foramen jugulare. 8. Canalis hypoglossi. 9. Canalis condyloideus.

deren Eröffnung bei Zerreißung der harten Hirnhaut zu gefahrdrohenden Blutungen in die Schädelhöhle und nach außen führen kann. Die Dura haftet der Knocheninnenfläche namentlich an Stellen, wo Nerven- oder Blutgefäße durchtreten, inniger an, als seitlich und an der Konvexität. Das erklärt die häufigere Zerreißung der Dura an der Basis bei Schädelbrüchen infolge stumpfer Gewalteinwirkung und die seitliche Lokalisation der Meningealhämatome.

Das Gehirn ist von der Dura allseitig durch einen Flüssigkeitsmantel getrennt, also gleichsam in einem flüssigkeitsgefüllten Gefäß suspendiert. Das suspendierende Medium wird gebildet durch den intra- und extracerebralen Liquor sowie durch das Blut der intrakraniellen Gefäße. Für die Erhaltung der Schwebelage sind die großen Duplikaturen der Dura, die Falx und das Tentorium, von Bedeutung.

Der pericerebrale Flüssigkeitsmantel spielt bei plötzlichen, dem Schädel mitgeteilten Bewegungen die Rolle einer *Flüssigkeitsbremse.*

Den *Druckausgleich* ermöglichen in erster Linie die Kommunikationen der
intrakraniellen Liquorräume mit dem Liquorcylinder, der das Rückenmark umgibt (Abb. 262), sowie die Abflußwege des Liquors nach den Hirnnervenscheiden,
den tiefen Halslymphgefäßen und nach den extrakraniellen Venengebieten durch
Vermittlung der Pacchionischen Granulationen und der venösen Duralsinus.
Von erheblicher Bedeutung für den Druckausgleich sind ferner die Abflußmöglichkeiten der intrakraniellen venösen Blutleiter nach den Jugularvenen, den
Venen der Diploe, nach den extrakraniellen Venennetzen durch Vermittlung
der Emissarien, nach den Venae ophthalmicae, condyloideae, sowie nach den
großen epiduralen Venengeflechten des Rückgratkanals. Abb. 263 und 264 veranschaulichen diese zahlreichen Verbindungen und Abflußwege. Ein gewisser
Druckausgleich kann auch durch momentane Rückstauung des zuströmenden
arteriellen Blutes in den großen Arterien erzielt werden, besonders bei hohen
Druckgraden.

Am kindlichen Schädel bilden die offenen Fontanellen ein wirksames Ventil
für den Druckausgleich, worin zweifellos ein Grund für die im allgemeinen
bessere Prognose der Schädelbrüche bei Kindern zu sehen ist.

Kapitel 2.

Statistik der Schädelbrüche.

Nach einer Zusammenstellung der schweizerischen Unfallversicherungsanstalt entfallen von 43 000 Knochenbrüchen 6,36% auf den Schädel, und zwar
3,52% auf den Gehirnschädel und 2,84% auf den Gesichtsschädel. Die Brüche
des Gehirnschädels betreffen ungefähr zu gleichen Teilen Konvexität und Basis.
Von den Frakturen des Schädeldaches waren 14% offene, von den Frakturen
der Basis 3%, von den Brüchen der Gesichtsknochen 7%.

Im Kriege zeigen die Schädelschüsse gegenüber den Schußfrakturen der
übrigen Knochen eine Zunahme; im russisch-japanischen Kriege betrug ihre
Frequenz auf japanischer Seite 29,5%. Im Weltkrieg waren die Schädelschüsse
auf deutscher Seite nach Ansicht Küttners anfänglich noch häufiger, nahmen
jedoch infolge Gebrauch des Stahlhelms später ganz erheblich ab.

Aus einer Bearbeitung von 470 Schädelbrüchen der Krönleinschen Klinik
durch Brun geht hervor, daß rund 50% der Schädelbrüche Patienten im 3. De-
zenium betreffen; von den Verletzten waren 90% Männer und nur 10% Frauen.
Brun nennt deshalb den Schädelbruch mit Recht eine Berufsverletzung der
schwer arbeitenden Klasse.

Über die *regionäre Lokalisation* der Schädelfrakturen macht Chudowszky
auf Grund seiner Erhebungen an 2366 Knochenbrüchen, von denen 3,8% den
Schädel betrafen, folgende Angaben:

Von den Knochen des *Schädeldaches* war am häufigsten gebrochen das Stirnbein (44%), demnächst das Seitenwandbein (40%), das Schläfenbein (14%),
das Hinterhauptsbein (2%). Von den *Schädelbasisfrakturen* lokalisierten sich
60% in der mittleren Schädelgrube, 10% in der vorderen, 2,5% in der hinteren,
20% in der mittleren und vorderen gleichzeitig, 7,5% in der mittleren und hinteren gleichzeitig.

Bei Kindern tritt die Basisfraktur gegenüber den Erwachsenen zurück; im
BRUNschen Material macht sie kaum den vierten Teil unter sämtlichen Schädelbrüchen des Kindesalters aus.

Die *allgemeine Mortalität* der Schädelfrakturen beträgt nach BRUN etwa $^1/_3$,
unter Zunahme der Mortalität mit dem Alter des Schädelverletzten. Mit der
zweckmäßigen Behandlung haben sich die Sterblichkeitsziffern etwas verringert.

Nach MURNEY beträgt die Sterblichkeit der *Basisfrakturen* 69%, bei den
Konvexitätsbrüchen 46%, nach CHUDOWSZKY 64% bzw. 45%. Ebenso fanden
v. BERGMANN und SCHAACK eine erheblich höhere Mortalität bei Basisbrüchen
gegenüber den Frakturen des Schädeldaches. Daß die Basisfrakturen eine
schlechtere Prognose haben als die Konvexitätsbrüche, obschon letztere häufiger
offen sind, beruht zunächst darauf, daß die Basisfraktur mehr zu meningealer
Infektion neigt, weil die eröffneten Hohlräume bakterienhaltig sind und weil
die Frakturstelle aktiver chirurgischer Versorgung nicht zugänglich ist. Ferner
kommt in Betracht, daß die einwirkenden Gewalten häufig erheblichere sind
und nicht so umschrieben angreifen, wie die zu Konvexitätsbrüchen führenden
Traumen. Dazu kommt die häufige Schädigung des Hirnstammes, besonders
des verlängerten Marks mit seinen lebenswichtigen Zentren, bei Basisbrüchen.

Für die Schußfrakturen des Schädels mit Verletzung des Gehirns betrug
die Mortalität im letzten Kriege unter Berücksichtigung des Spätverlaufes nach
übereinstimmenden Berichten 75—80%.

Der schlimme Verlauf der Schädelfrakturen wird in erster Linie bedingt
durch *Läsionen des Gehirns*, und zwar vor allem des Kleinhirns, der Brücke und
des verlängerten Marks; in derartigen Fällen tritt der Exitus letalis meist schon
innerhalb der ersten Stunden nach der Verletzung ein. Dann kommen in der
Gefährlichkeitsskala die Zertrümmerungen des Großhirns, mit oder ohne Blutungen in die Ventrikel und in die Hirnhäute, der *Hirndruck* infolge Hirnödem
und Oberflächenblutung besonders aus der Arteria meningea, sowie die *Lungenkomplikationen*, vor allem die *Bronchopneumonie*. Das sind die Todesursachen
in den Fällen, die innerhalb der ersten 48 Stunden ad exitum gelangen. Nach
einem alten Erfahrungssatze, den auch BRUN auf Grund seiner Untersuchungen
bestätigt, *bleiben Patienten mit Schädelfraktur, die nicht innerhalb der ersten
2 Tage sterben, am Leben, sofern nicht eine nach dem Schädelinnern fortschreitende
Infektion dazu kommt*. Diese Infektion tritt jedoch in annähernd 10% der Fälle
ein und führt zu *Meningitis* und *Hirnabsceß*. Von diesen Schädelverletzten
gehen rund 80% zugrunde, woraus die Bedeutung der Meningitisprophylaxe
eindringlich erhellt.

Kapitel 3.

Ätiologie.

1. Gewöhnliche traumatische Frakturen.

Abgesehen von den *Schußverletzungen* des Schädels ist die häufigste Ursache
der Schädelfraktur ein *Sturz* aus gewisser Höhe, wie er namentlich Bauarbeiter
und Bauhandwerker, ferner Sportsleute, besonders Rennreiter und Bergsteiger
betrifft, demnächst direkte Traumen in Form von *Schlag* oder *Stoß* und *Überfahrung*; die Schädelbrüche durch Verkehrsunfälle haben in der Ära des Kraft-
wagens eine unverkennbare Zunahme erfahren. Naturgemäß entstehen Basis-

brüche meist durch *indirekte,* Konvexitätsfrakturen durch *direkte* Gewalteinwirkung. Bei den Gestürzten überwiegen aus ersichtlichen Gründen die offenen Brüche des Schädeldaches gegenüber den subcutanen; allerdings sind in der Beobachtungsreihe BRUNS die Basisbrüche hier häufiger, indem sie 65% gegenüber 35% Konvexitätsbrüche ausmachen. Das erklärt sich daraus, daß bei Sturz auf die Scheitelhöhe der nachschwerende Körper durch Vermittlung des Atlas auf die Schädelbasis einwirken kann.

Von ätiologischer Bedeutung ist bei den Gestürzten der übermäßige *Alkoholgenuß,* insofern als der Betrunkene ganz besonders plump und hilflos fällt; so genügt oft schon Sturz aus relativ geringer Höhe zur Erzeugung schwerer, ausgedehnter Schädelbrüche. Am größten ist das Kontingent der Gestürzten bei den Kindern. Unter 57 Kindern mit Schädelfraktur waren nach BRUN 42 durch Sturz, meist aus dem Fenster, verunglückt. Bei diesen jugendlichen Patienten tritt nun die Basisfraktur zurück, weil die Grenze der zulässigen elastischen Gesamtdeformation des Schädels aus erwähnten Gründen hier erheblich größer ist als bei Erwachsenen.

2. Geburtsfrakturen des Schädels.

Am Schädel des *Neugebornen* beobachtet man sog. *angeborene Frakturen,* die durchwegs auf den Geburtsakt zurückzuführen sind. Wir können auch hier *automatische* und *artefizielle Frakturen* unterscheiden. Schon lange bekannt sind die *rinnenförmigen, löffel- und trichterförmigen Impressionen,* die bei verengtem Becken durch Druck des Promontoriums am kindlichen Schädel hervorgerufen werden. Gewöhnlich handelt es sich um Impressionen im Bereiche des hinteren Scheitelbeins, das am Promontorium vorbeizieht, und zwar verläuft die rinnenförmige Impression meistens der Coronarnaht dicht parallel (Abb. 265). Wird die Geburt

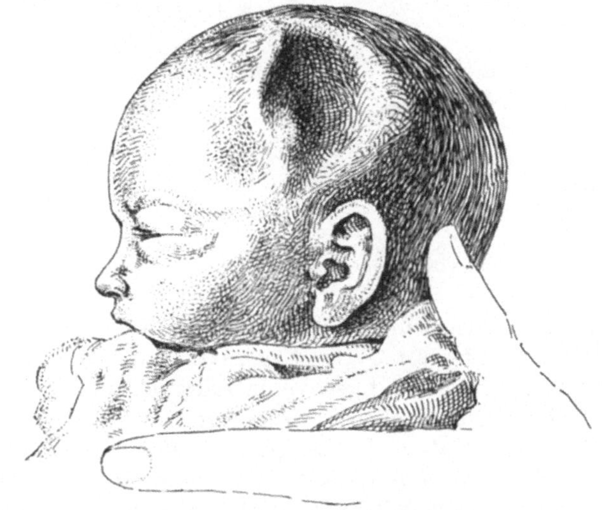

Abb. 265. Rinnenförmige Impression am Schädel eines Neugeborenen. (Nach BUMM.)

durch Kunsthilfe beendet, so ist die Einwirkung des Promontoriums auf das entsprechende Scheitelbein nur von kurzer Dauer; zum Drucke der austreibenden Kräfte gesellt sich jedoch noch der Zangenzug, der kindliche Schädel hat keine Zeit zur Umformung, und es entstehen tiefe, trichterförmige Impressionen (Abb. 266). Es ist leicht verständlich, daß die Lokalisation dieser Impressionen davon abhängt, wie der Kopf mit der Zange gefaßt wird. Liegt die Zange im Querdurchmesser, so entsteht die Impression am Stirnbein zwischen Frontalhöcker und größer Fontanelle; wurde der Kopf im Längsdurchmesser gefaßt, so findet sich die Impression zwischen Scheitelbeinhöcker und großer Fontanelle. Auch *Exostosen im Beckenkanal* können Impressionen verursachen. Frakturen, bedingt durch den direkten Druck der schlecht liegenden Zangenlöffel, sind selten.

Während die seichten, rinnenförmigen Eindrücke gewöhnlich keine Veränderungen im Bereich der Schädelhöhle zur Folge haben, weisen die tiefentrichterförmigen Impressionen eine Mortalität von ungefähr $50^0/_0$ auf, und zwar erfolgt der Tod meistens infolge von *Asphyxie,* die zum Teil zurückzuführen ist auf den verzögerten Geburtsverlauf, zum Teil jedoch sicher durch intrakranielle Drucksteigerung verursacht wird. In einer Anzahl von Fällen findet man denn auch erhebliche *intrakranielle Blutergüsse.* Tiefe Eindrücke sind häufig mit Fissuren verbunden. Seichte Eindrücke können sich im Laufe der Zeit ganz oder teilweise ausgleichen, tiefere Eindrücke bleiben bestehen.

Neben diesen Impressionen beobachtet man bei Neugeborenen eigentliche *Kontinuitätstrennungen* der Schädelknochen, die sich beinahe ausnahmslos in den Parietalia lokalisieren. Diejenigen Fissuren, welche in der Richtung der vom Ossifikationspunkte im Scheitelbeinhöcker nach der Peripherie verlaufenden Ossifikationsstrahlen liegen, zeigen eine glatte Frakturebene, während Fissuren,

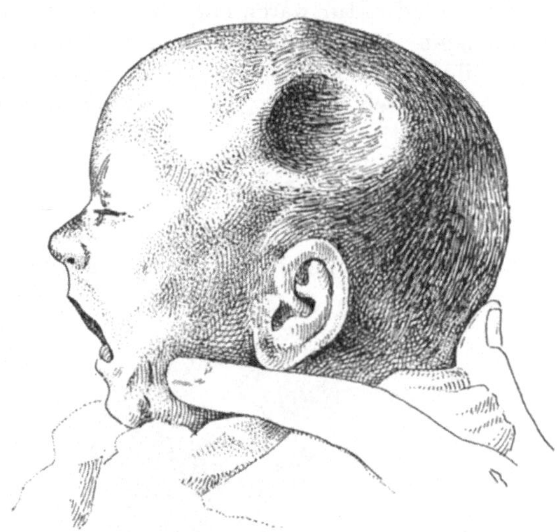

Abb. 266. Löffel- oder trichterförmige Impression am Schädel eines Neugeborenen. (Nach BUMM.)

die quer oder schräg zu diesen Verknöcherungsstrahlen laufen, grob gezähnte Ränder aufweisen. Im Gegensatz zu den einfachen Impressionen führen diese Fissuren häufiger zu intrakraniellen Blutungen und Verletzungen des Gehirns. Neben diesen Frakturen sieht man *Zerreißungen im Bereiche der Coronar-, Pfeil- und Schuppennaht,* deren Gefahr in der gleichzeitigen *Ruptur des Sinus longitudinalis* liegt. Durch unzweckmäßige manuelle oder instrumentelle geburtshilfliche Eingriffe gesetzte Frakturen im Bereich des Schläfenbeins, an der Hinterhauptschuppe und an der Schädelbasis können infolge der begleitenden *Blutung* und *Kompression der Medulla oblongata* von den schlimmsten Folgen begleitet sein. Berüchtigt sind namentlich die *Epiphysenabsprengungen am Hinterhauptsbein,* d. h. die Abtrennung der Occipitalkondylen von der Hinterhauptschuppe. Diese kommt gelegentlich zustande bei forcierter Zangenextraktion am nachfolgenden Kopf, sowie beim Prager-Handgriff. Auch direkte *Zertrümmerungen des Schädels* wurden gesehen, sowohl durch übermäßigen Zangenzug verursacht, als besonders durch forcierte manuelle Extraktion des nachfolgenden Kopfes. Bei diesen Frakturen erfolgt der Tod unmittelbar durch Hirndruck und Contusio cerebri. Nach Geburten mit tiefstehendem Vorderhaupt bei plattem Becken sieht man gelegentlich eine Impression des Schläfenteils der Orbita mit Exophthalmus.

Diese Impressionen und Frakturen sind stets von mehr oder weniger ausgesprochenen *Schädigungen der Haut* über der betroffenen Schädelpartie begleitet. Man sieht alle Übergänge von streifenförmiger, *blutiger Suffusion* und *Infiltration* bis zu umschriebener *Nekrose*.

Kapitel 4.

Die verschiedenen Formen der Schädelbrüche infolge Einwirkung stumpfer Gewalt.

Wie im allgemeinen Teil dieses Buches auseinandergesetzt wurde, entstehen die Schädelfrakturen zum Teil unter der *lokalen Einwirkung der brechenden Gewalt,* zum Teil als Folge der *Gesamtdeformation der Schädelkapsel* über ihre

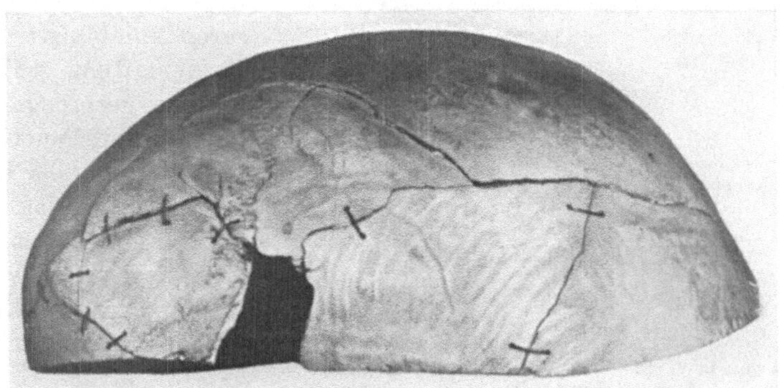

Abb. 267. Biegungsfrakturen am Orte der Gewalteinwirkung.
Sammlung der pathologisch-anatomischen Anstalt Basel.

Elastizitätsgrenze hinaus. Man unterscheidet deshalb nach dem Vorschlage v. WAHLS die am Orte der primären Gewalteinwirkung lokalisierten *Biegungsbrüche* (Abb. 267) von den *Berstungsfrakturen* (Abb. 268) des Schädels. Die auf der Formveränderung des ganzen Schädels beruhenden Berstungslinien können natürlich auch in nächster Nachbarschaft der vom Trauma getroffenen Stelle des Schädels verlaufen, finden sich jedoch vorwiegend an gegenüberliegenden Abschnitten der entsprechenden Meridiane und äquatorialen Bogen. Zu einem Teil beruhen die lokalen Frakturen am Schädel auch auf *Schubwirkung.*

Von rein *morphologischen Gesichtspunkten* aus unterscheidet man 1. *Fissuren oder Spaltbrüche,* 2. *Stück- und Splitterstücke,* 3. *Brüche mit Substanzverlust oder Lochbrüche.*

Die *Fissuren* durchsetzen den Knochen in verschieden großer Ausdehnung in Form feiner, meist nicht klaffender Sprünge. In größter Ausdehnung der Fissuren berühren sich die Knochenränder, doch kann der Bruchspalt streckenweise auch mehr oder weniger stark klaffen (Abb. 267). *Subperiostale Spalten* treten bei der Autopsie erst nach Abheben des Periostes zu Gesicht. Neben einfachen Fissuren finden wir vielfach verzweigte und gegabelte, die sich in verschiedenster Weise kombinieren und gelegentlich vollständige Fragmente

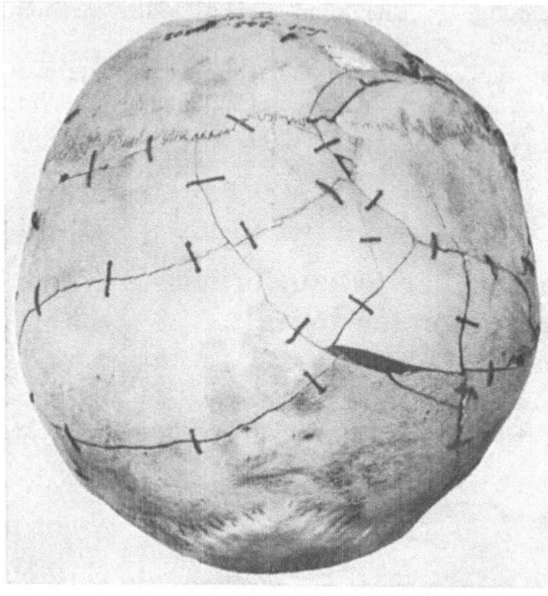

Abb. 268. Berstungsfrakturen an der Schädelkonvexität.
Sammlung der pathologisch-anatomischen Anstalt Basel.

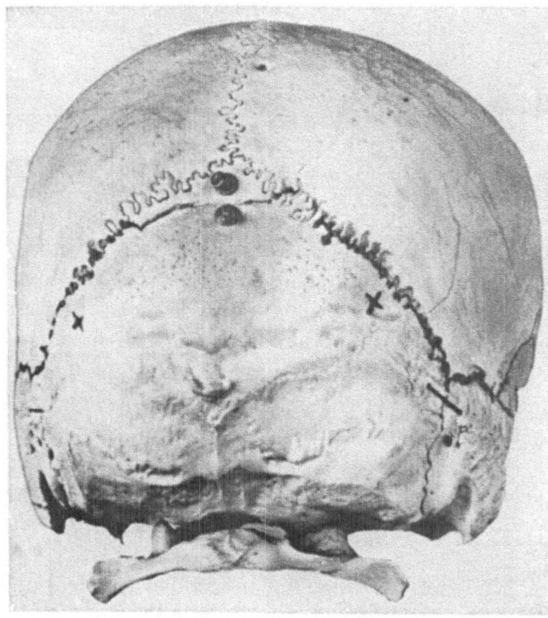

Abb. 269. Nahtruptur kombiniert mit Fissur. Sammlung
der pathologisch-anatomischen Anstalt Basel.

umgrenzen (siehe Abb. 271 u. 274). Das Schädelgewölbe kann durch eine horizontale, in Form eines Äquators oder Parallelkreises den Schädel umkreisende Fissur abgehoben werden, so daß eine eigentliche *Deckelfraktur* des Schädeldaches vorliegt. In Form von Fissuren präsentieren sich auch gesprengte *Nahtverbindungen* (Abb. 269) zwischen den einzelnen Knochen des Schädeldaches. Diese Nahtrupturen kommen durchwegs mit gewöhnlichen Fissuren kombiniert vor in der Form, daß eine größere Fissur in eine gesprengte Schädelnaht ausläuft, auch unter Abweichung von der Hauptrichtung. Gegenüber Fissuren, die durch die ganze Dicke des Knochens hindurchgehen, treten isolierte Frakturspalten in der Lamina interna und externa in den Hintergrund.

Die Fissuren, wie wir sie namentlich bei den durch Kompression des Schädels entstehenden *Basisfrakturen* beobachten, verlaufen in gewissen Grenzen gesetzmäßig, *und zwar entspricht die allgemeine Verlaufsrichtung der Kompressionsachse* (vgl. Abb. 270a u. 270b). Wäre der Schädel eine durchaus gleichmäßig gebaute Kugel, so würde bei Kompression des Schädels in einem bestimmten Durchmesser der entsprechende Äquator in der Mitte zwischen beiden Angriffspunkten maximal gedehnt und zwar sowohl im Bereiche der Schädelbasis als des Schädeldaches. Entsprechend dürften wir bei Querkompression in der Mitte der Basis und auf dem Scheitel beginnende Basis- und Konvexitätsfissuren erwarten. Da jedoch die Schädelbasis infolge ihres Baues eine geringere Festigkeit aufweist, *so beginnt die Berstungsfissur beinahe ausnahmslos in der Schädelbasis und zwar bei Kompression von beiden Seiten her in der Mitte zwischen den beiden Angriffspunkten, bei Kompression nur von einer Seite am Druckpol selbst.* Dieser gesetzmäßige Frakturverlauf ist durch Versuche von MESSERER, VON WAHL, KÖRBER, HERMANN und KREDER festgelegt worden. Daß die Berstungsfissuren infolge von Schädelkompression nicht immer genau dem Hauptmeridian entsprechen, der die beiden Druckpole verbindet, erklärt sich, wie wir noch sehen werden, aus dem besonderen Bau der Schädelbasis. Neben den durchgehenden Kompressions- und Biegungsfissuren sieht man besonders an der Basis *kurze Frakturspalten,* die als *unvollständige Biegungs- und Berstungsbrüche* aufzufassen sind.

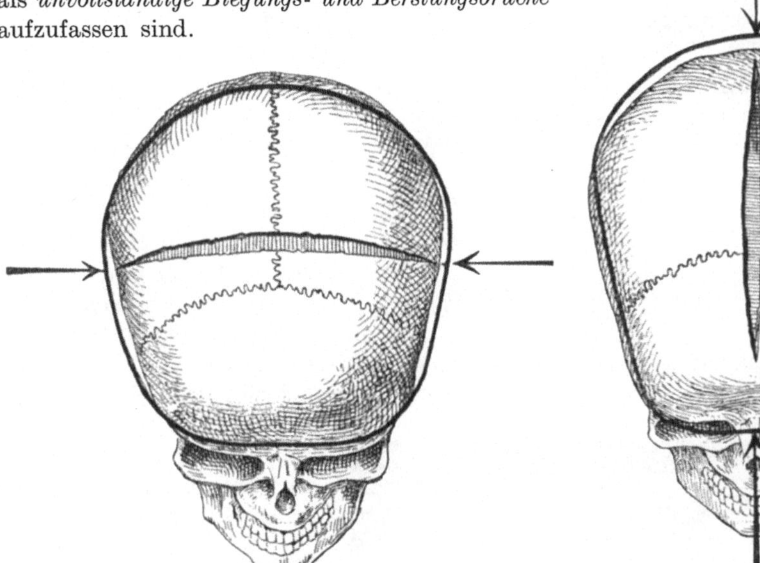

Abb. 270 a. Entstehung einer quer verlaufenden, klaffenden Berstungsspalte durch doppelseitige Querkompression des Schädels.

Abb. 270 b. Entstehung einer längs verlaufenden, klaffenden Berstungsspalte durch doppelseitige Längskompression des Schädels.

Eine besondere Erklärung erfordert die nicht so selten beobachtete *Einklemmung von Haaren,* Teilen der Kopfbedeckung, von Partien der Dura Mater, von Orbitalfett und oberflächlicher Gehirngefäße, wie der Arteria basilaris, in nichtklaffenden Fissuren des Schädels. Dieses Vorkommnis wird verständlich, wenn man bedenkt, daß unter fortwirkender Kompression des Schädels die Bruchspalten quer zur Druckrichtung klaffen, und zwar so lange als die Gewalt einwirkt (Abb. 270 a u. 270 b). Während dieses Klaffens können von außen her durch die ursächliche Gewalt Fremdkörper und Haare oder von innen her durch den steigenden Hirndruck Teile des Schädelinhalts in die Frakturspalte eingepreßt werden. Läßt die komprimierende Gewalt nach, so nimmt der Schädel wieder seine ursprüngliche Form an, die Spaltränder schnellen zurück und die Einklemmung ist perfekt.

Bei den *Stück-* und *Splitterbrüchen* werden eines oder mehrere Fragmente vollständig aus dem Zusammenhang mit dem umgebenden Knochen herausgelöst.

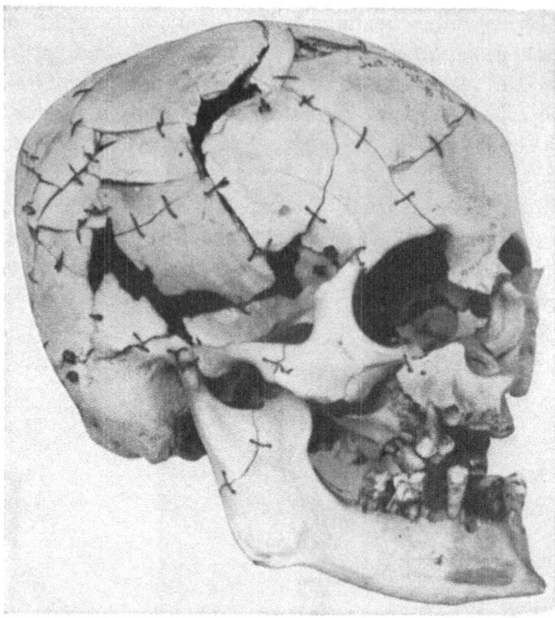

Abb. 271.
Unregelmäßige Zertrümmerungsfraktur des Schädels.
Sammlung der pathologisch-anatomischen Anstalt Basel.

Neben Frakturen mit wenigen isolierten Fragmenten sieht man solche, bei denen das Schädeldach an der Stelle der Gewalteinwirkung in eine große Anzahl unregelmäßig begrenzter Stücke zerlegt ist (Abb. 271). Unter intakter Haut fühlen sich derartige Stellen an wie eine Eisblase oder ein mit Nüssen gefüllter Sack. Derartige, den Schädel grotesk deformierende Frakturen sieht man besonders infolge Absturz im Gebirge (Abb. 272).

Die Schädeldachfragmente sind in verschiedener Weise *disloziert*. Man unterscheidet ganz allgemein Schädelfrakturen *mit* und solche *ohne Impression* oder *Depression*. Ist nur das Zentrum der durchgebogenen Schädelpartie gehirnwärts verschoben, so spricht man von einer *zentralen Depression*. Ist der ganze herausgebrochene Bezirk des Schädeldaches gehirnwärts verlagert, so daß die Ränder des imprimierten Fragments nicht mehr im Zusammenhang mit dem übrigen Schädel stehen, so bezeichnet man das als *periphere Depression*. Wo eine zentrale Depression vorliegt, zeigt gewöhnlich die Lamina interna ausgedehntere und zahlreichere Frakturspalten, aus Gründen, die bei Besprechung des Mechanismus der Schädelfrakturen auseinandergesetzt wurden. Handelt es sich um Schädelfrakturen, entstanden durch große Gewalten, so werden einzelne Fragmente in die Hirnsubstanz hinein verlagert.

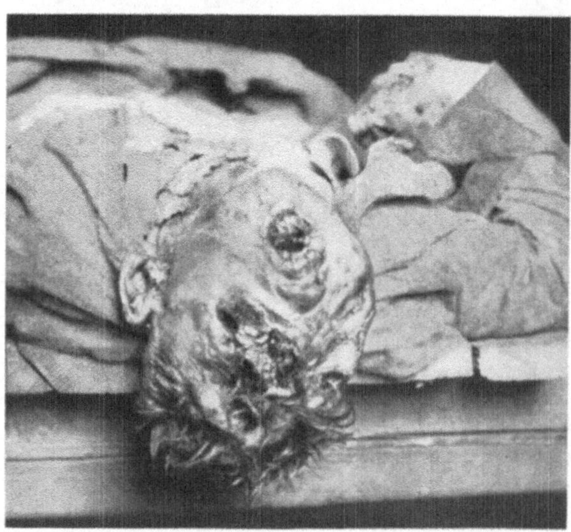

Abb. 272. Zertrümmerungsfraktur des Schädels durch Absturz im Gebirge aus etwa 600 m.

Häufig sind einzelne Fragmente mehr oder weniger weit unter die normal stehenden Knochenränder verschoben und zwischen Dura und Schädelinnenfläche fixiert.

Lochbrüche oder Brüche mit Substanzverlust sehen wir hauptsächlich nach Schußverletzungen des Schädels, sowie bei Verletzungen mit stumpfspitzen Instrumenten, wie Pickel und Hacke (Abb. 273). Die Form des Substanzverlustes hängt vom Querschnitt des einwirkenden Körpers sowie von dessen lebendiger Kraft im Momente seines Auftreffens auf den Schädel ab. Die Morphologie der *Schußfrakturen* wird in einem besonderen Abschnitte besprochen.

Vom klinischen Gesichtspunkte scheiden wir zunächst die Gruppe der *Schußfrakturen* aus, deren zusammenfassende und gesonderte Darstellung sich aus praktischen Gründen empfiehlt. Die übrigen Schädelbrüche, d. h. *die gewöhnlichen traumatischen Frakturen* werden nicht nur topographisch, sondern auch klinisch in *Konvexitätsbrüche* und *Basisbrüche* unterschieden. Obschon bestimmte wohlcharakterisierte Symptomenkomplexe, das Vorwiegen von Hirnrindenverletzungen bei Konvexitätsbrüchen, das häufigere Vorkommen von Hirnnerven-

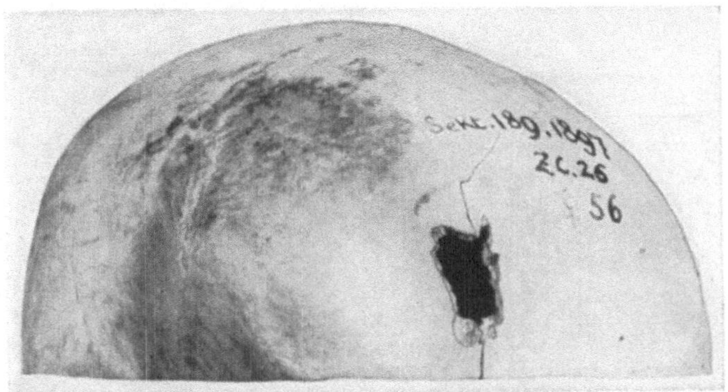

Abb. 273. Lochfraktur an der Schädelkonvexität durch stumpf-spitzes Instrument. Sammlung der pathologisch-anatomischen Anstalt Basel.

läsionen bei Basisbrüchen, Verschiedenheiten des Verlaufs und der Prognosse eine derartige Unterscheidung rechtfertigen, ist doch darauf hinzuweisen, daß diese Differenzierung zu einem großen Teil eine konventionelle ist. Wir haben bereits gesehen, daß ein nicht geringer Prozentsatz der Schädelbrüche sowohl die Basis als die Konvexität gleichzeitig betrifft; sodann zeigt die Beteiligung des Schädelinhaltes bei den Frakturen der Basis und solchen des Daches weitgehende Übereinstimmung.

Die Konvexitätsfrakturen des Schädels betreffen überwiegend das *Stirnbein* und das *Parietale*, demnächst das *Schläfenbein*. Direkte Frakturen des Schädeldaches sind vorwiegend als lokale Biegungs- und Zertrümmerungsfrakturen aufzufassen (Abb. 274), zeigen häufig Impression der zentralen Fragmente und Lochdefekte (vgl. Abb. 271/274). Eine erhebliche Anzahl der Konvexitätsbrüche sind offen, was sich aus ihrer Genese erklärt. Neben diesen durch lokale Gewalteinwirkung entstandenen Dachbrüchen sieht man im Bereiche der Konvexität noch reine Berstungsbrüche, entstanden durch Gesamtdeformation des Schädels, sowie Kombinationen von Biegungs- und Berstungsfrakturen (Abb. 268 u. 271), die noch mit Abscherung verbunden sein können. Die Stückbrüche mit Impression machen etwa 70$^0/_0$, die vorwiegend indirekt entstandenen Fissuren 30$^0/_0$ der Konvexitätsfrakturen aus.

Bei den *Frakturen der Schädelbasis* handelt es sich in der überwiegenden Mehrzahl der Fälle um Spaltbrüche im Sinne der Berstungsfissuren, am häufigsten verursacht durch Sturz.

Basisfissuren infolge Hieb oder Stoß sind meist *Ausläufer* oder *Deformierungskomponenten von Konvexitätsbrüchen* (Fractures par irradation.)

Obschon der Verlauf der Basisfissuren weitgehend der Richtung der ursächlichen Gewalt entspricht, finden wir bestimmte *Prädilektionsstellen für die Basis-*

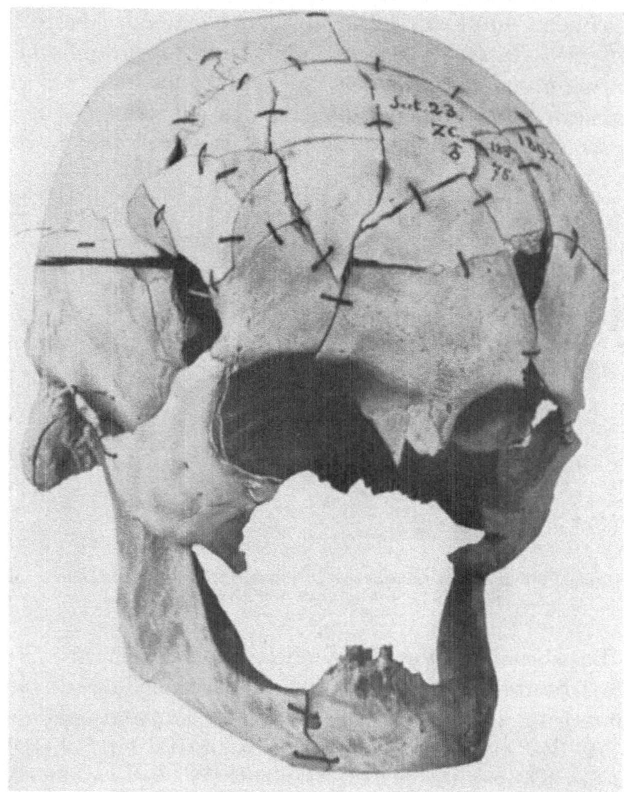

Abb. 274. Lokale Biegungs- und Zertrümmerungsfraktur des Schädels mit parallelen, konzentrischen Biegungsspalten. Sammlung der pathologisch-anatomischen Anstalt Basel.

brüche, die einen wesentlichen Einfluß des anatomischen Baues der Schädelbasis erkennen lassen. Wie wir im statistischen Abschnitt gesehen haben, *betreffen rund 60%/₀ der basalen Brüche die mittlere Schädelgrube,* und zwar kann man hier *zwei bevorzugte quere Verlaufsrichtungen* unterscheiden (Abb. 275). Die eine entspricht dem Vorderrande der Felsenbeinpyramide, indem sich die Frakturlinie in ganzer Ausdehnung an die vordere Grenze der Pyramide hält, oder nach der Mitte der Basis zu verschieden weit nach oben und rückwärts durch die Pyramide selbst verläuft. In letzterem Falle kann die Paukenhöhle eröffnet werden, während das Labyrinth bei diesen Längsfrakturen des Felsenbeins meist unverletzt bleibt. In selteneren Fällen liegt die Fraktur im ganzen weiter nach hinten, wobei es zur Eröffnung des äußeren, knöchernen Gehörganges kommt. Die zweite bevorzugte Lokalisation der queren Fraktur der mittleren Schädelgrube findet sich weiter nach vorne; die Bruchlinie betrifft den großen Keilbeinflügel und verläuft medianwärts nach dem Foramen ovale zu, durch den Sattel oder weiter nach vorne quer durch den kleinen Keilbeinflügel vor der vorderen Sattellehne (s. Abb. 275). Vordere und hintere Fraktur der mittleren Schädelgrube können rein quer oder schräg *beide Seiten* betreffen; die hintere Fraktur verläuft dann nach vorne konvex durch den Sattel oder mehr gerade durch den Clivus in der Gegend der Synchondrosis spheno-occipitalis (Abb. 276). Betrifft sie die Pyramidenspitze, so kann sie in die hintere Schädelgrube und bis in das Foramen magnum verlaufen. Auch sieht man Frakturen auf der einen Seite am Vorderrand der Pyramide, auf der gegenüberliegenden Seite nach Durchquerung des Clivus mitten durch die Schädelgrube oder nach bogenförmiger Umkreisung des Sattels durch den vorderen Abschnitt der gegenüberliegenden mittleren Grube verlaufen (vgl. Abb. 277 b). Die doppelseitigen Frakturen im vorderen Teil der mittleren Schädelgrube durchqueren den Sattel oder ziehen nach vorne von der vorderen Sattellehne quer durch die kleinen Flügel des Keilbeins. Die quere Fraktur des vorderen Abschnittes der mittleren Schädelgrube ist gelegentlich mit einer *Fraktur des Jochbeins* verbunden. Das erklärt sich daraus, daß diese Basisbrüche auf querer Kompression und entsprechender

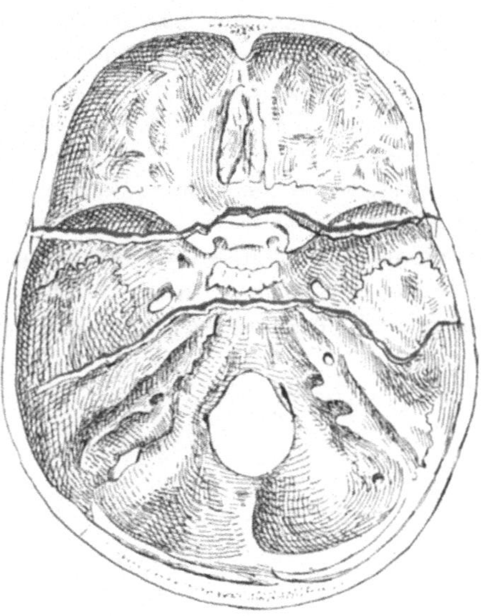

Abb. 275. Haupttypen der queren Basisfraktur im Bereich der mittleren Schädelgrube.

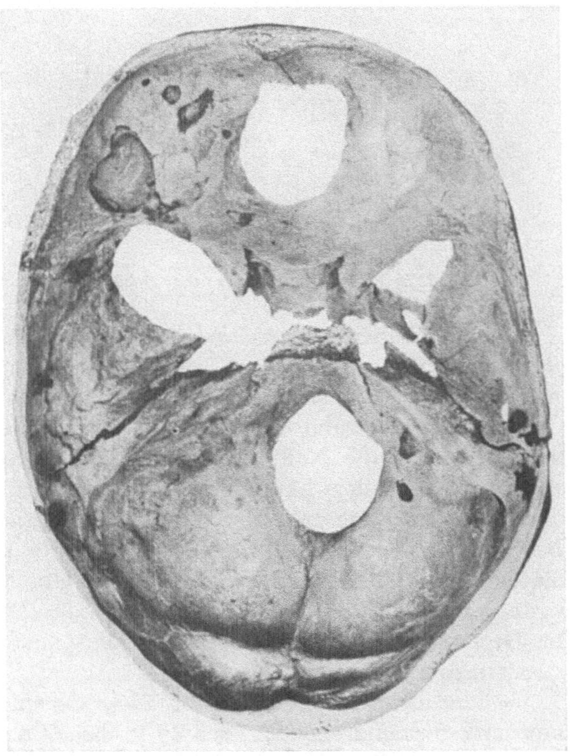

Abb. 276. Durchgehende Schädelbasisfraktur, beidseitig am Vorderrande der Felsenbeinpyramiden und quer durch den Clivus verlaufend. Sammlung der pathologisch-anatomischen Anstalt Basel.

Formveränderung der *ganzen* Schädelkapsel beruhen, wodurch in gewissen Fällen vollständig zirkulär den Schädel umkreisende Brüche hervorgerufen werden (Abb. 277a und b), von denen auch der Jochbogen als Teil des elastisch deformierten Gesamtschädels betroffen wird. Zirkuläre Brüche und doppelseitige Basisfrakturen des Schädels kommen vor allem zustande bei Kompression von zwei Seiten her, wie z. B. beim Überfahren des Kopfes; auch bei Fall auf die Scheitelhöhle handelt es sich um eine doppelseitige Kompression, insofern als die nachdrängende Wirbelsäule auf die Occipitalkondylen einwirkt. Seltener als quere oder leicht schräge Brüche der mittleren Schädelgrube sind solche, die von der mittleren schräg nach der gegenüberliegenden vorderen Grube verlaufen.

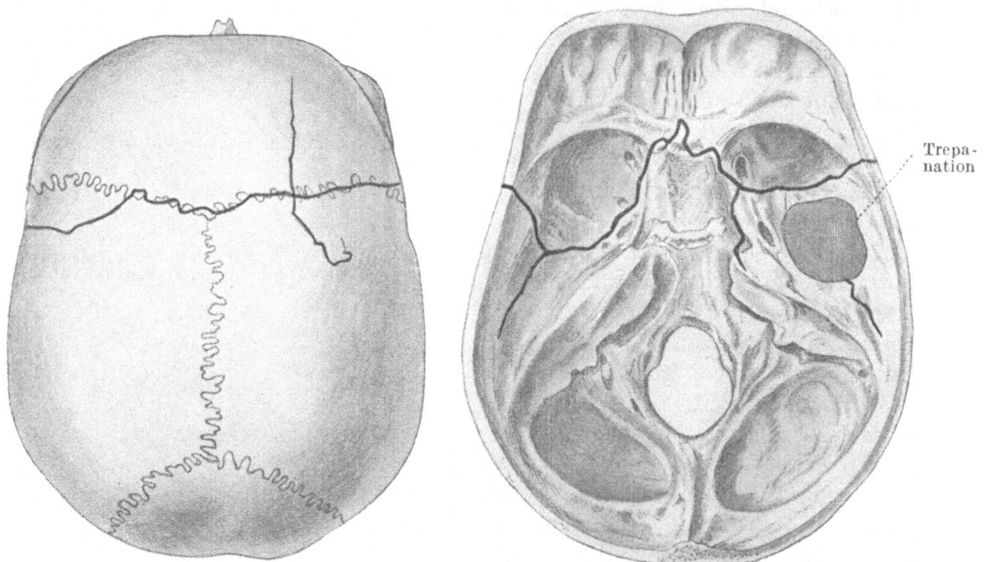

Abb. 277a u. b. Querfraktur, den Schädel völlig umkreisend. (Nach KOCHER.)

Auch *die isolierten Quer- und Schrägbrüche der vorderen und hinteren Schädelgrube* spielen gegenüber den Brüchen der Scala media numerisch eine untergeordnete Rolle. So sieht man nach Fall auf das Vorderhaupt quere Brüche der vorderen Schädelgrube, die dicht an ihrer hinteren Grenze liegen und häufig teilweise durch die Naht zwischem kleinem Keilbeinflügel und Orbitalplatte verlaufen. Besonders häufig sind Brüche der dünnen Orbitaldächer, die isoliert oder in Verbindung mit Konvexitäts- oder anderweitigen Basisfrakturen zur Beobachtung gelangen. Wo das dünne Orbitaldach nicht infolge Gesamtdeformation der Schädelkapsel, sondern unter dem Anprall des Stirnlappens bricht, kann man von einer *Schädelprotrusion- oder Expression* sprechen (KRÖNLEIN) im Gegensatz zu der Impression. Doch scheint uns dieser Mechanismus ein ausnahmsweiser zu sein.

Isolierte Brüche der hinteren Schädelgrube entstehen bei Fall auf den Hinterkopf und verlaufen meistens schräg in das Foramen occipitale oder weiter nach vorne in die Petrooccipitalnaht hinein (Abb. 278).

Durch Kompression des Schädels in der Längsrichtung entstehen *längs verlaufende Schädelbrüche,* die in der vorderen oder hinteren Schädelgrube ihren

Anfang nehmen, je nachdem der Patient auf die Stirn oder auf das Hinterhaupt (Abb. 278) gefallen ist. Diese Längsbrüche können durch alle drei Gruben verlaufen, besonders bei doppelseitiger Längskompression. Die Frakturlinie zieht entweder ziemlich geradlinig mitten durch alle drei Skalen oder hält sich in der vorderen Schädelgrube dicht an die Crista Galli, in der hinteren dicht an die Crista occipitalis interna. In der mittleren Schädelgrube wird die Basis des großen Keilbeinflügels meist etwas näher der Mitte durchsetzt, die Felsenbeinpyramide nahe der Spitze in sagittaler oder schräger Richtung frakturiert, unter Auslaufen der Bruchlinie in das Foramen magnum. Auch kann die Fraktur noch weiter medialwärts durch die Petrooccipitalnaht oder längs durch den Clivusrand verlaufen. Durch die das Felsenbein quer durchsetzenden Längsfrakturen der Schädelbasis wird gelegentlich das Labyrinth betroffen, während es bei Längsfrakturen der Pyramide gewöhnlich intakt bleibt (FROHN).

Schräge Längskompression gibt Anlaß zu *diagonal verlaufenden Basisbrüchen.*

Solange es sich nicht um große zertrümmernde Gewalteinwirkungen handelt, kann man also aus dem Frakturverlauf in der Basis einen bindenden Rückschluß auf die Richtung der einwirkenden Gewalt ziehen. Häufig findet man in Verletzungen der Weichteile wie offenen Wunden, Suggillationen und Quetschungen bestätigende Anhaltspunkte für den Angriffsort der Gewalt. Große, zu Zertrümme-

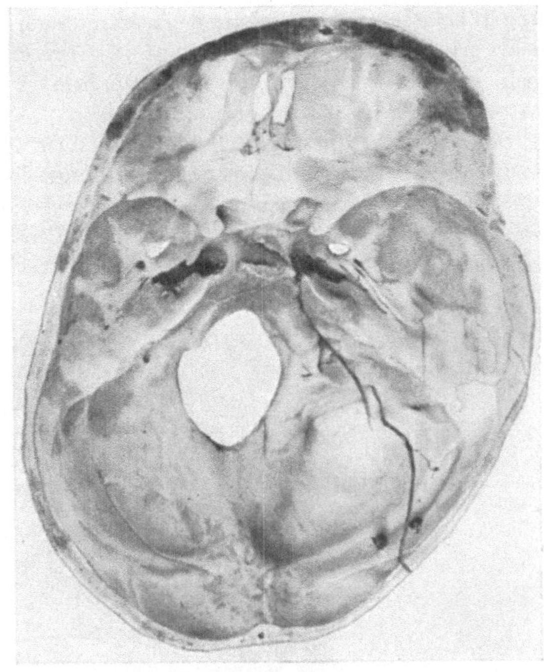

Abb. 278. Isolierte Schrägfraktur in der hinteren Schädelgrube. Sammlung der pathologisch-anatomischen Anstalt Basel.

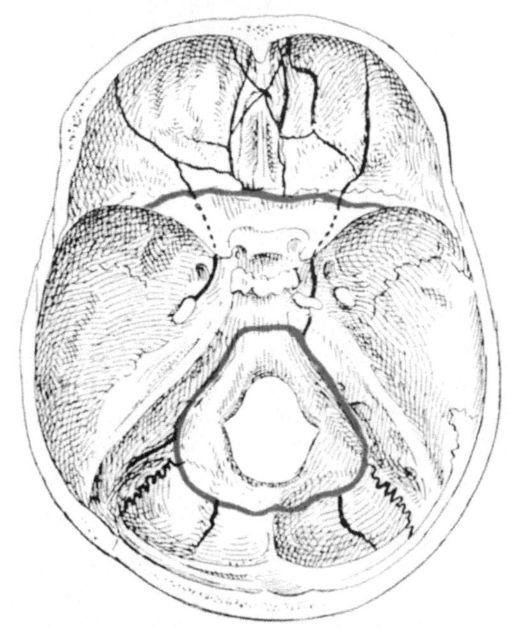

Abb. 279. Ringbruch an der Basis und quere Biegungsfraktur zwischen Stirn- und Keilbeinen (rot); daneben längs, zum Teil in den Nähten verlaufende Berstungsfraktur. (Nach KÖRBER.)

rung führende Gewalten lassen gesetzmäßigen Verlauf der Frakturlinien nicht mehr erkennen; immerhin gelingt es näherer Analyse gelegentlich auch hier noch, in dem Wirrwarr von Bruchspalten einige typische, der Kraftrichtung entsprechende Fissuren herauszufinden.

Besondere Formen von Schädelbasisbrüchen kommen zustande, wenn die Wirbelsäule bei Fall auf den Scheitel infolge ihres Beharrungsvermögens in den Schädel hineingetrieben wird. *Durch Vermittlung der Occipitalkondylen werden die das Foramen magnum begrenzenden Teile der Basis herausgebrochen und gehirnwärts disloziert.* Auf diese Weise entstehen die sog. *Ringbrüche der Basis,*

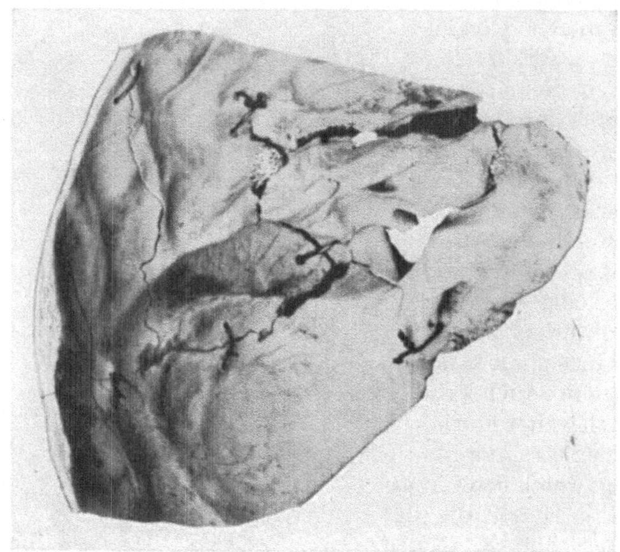

Abb. 280. Durch direktes Trauma entstandene Frakturen im basalen Abschnitt der Felsenbeinpyramide. Sammlung der pathologisch-anatomischen Anstalt Basel.

die in verschiedener Weise das Foramen occipitale umkreisen (Abb. 279), oft unter Zertrümmerung des Clivus oder der Pyramidenspitze, wobei eigentliche *Defektfrakturen* entstehen können. In umgekehrter Weise kann bei Fall auf die Füße der Schädel förmlich über die Wirbelsäule gestülpt werden. *Es handelt sich somit bei diesen Ringbrüchen um lokale Abscherungs- oder Biegungsfrakturen,* und man darf diese Formen mit gegebener Einschränkung als *direkte Basisbrüche* bezeichnen. In entsprechender Weise können Teile des Gesichtsschädels durch lokalisierten Stoß gegen das Schädelinnere zu verschoben werden. So sieht man Impression des gesamten Os ethmoidale durch Schlag auf Nase und Oberkiefer, sowie vollständiges Eindrücken der Gelenkfläche des Schläfenbeins für den Unterkiefer infolge Fall auf das Kinn bei geöffnetem Mund (*zentrale Luxation des Unterkiefers*).

In den seitlichen Teilen der Basis kommen ebenfalls direkte, oft den Charakter der Zertrümmerung tragende Frakturen vor, so im Bereiche der Felsenbeinpyramidenbasis (Abb. 280) infolge lokalisierten Stoßes oder infolge von Hufschlag.

Kapitel 5.

Hieb-, Stich- und Schußfrakturen des Schädels.

1. Hieb- und Stichverletzungen.

Die Hieb- und Stichverletzungen der Schädelkapsel spielen gegenüber den Schußverletzungen nur eine untergeordnete Rolle. Die Konfiguration der Knochenwunde hängt ab von der Schärfe und besonders von der Form des verletzenden Instruments. Scharfe Instrumente führen zu *lineärer Trennung des Knochens*, besonders wenn sie mit großer Wucht und zugleich nicht rein schlagend, sondern auch ziehend geführt werden. So können durch energisch geführte Säbelhiebe reine, *glattrandige Knochenspalten* hervorgerufen werden; gewöhnlich ist aber die Knochenwunde durch Frakturspalten kompliziert. Diese komplizierenden Frakturen bei Verletzungen des Schädels durch Hiebwaffen entsprechen den Gesetzen für die dynamische Frakturgenese, die wir im allgemeinen Teil kennen lernten. *Je schärfer das Instrument und je energischer der Hieb, desto umschriebener sind die Biegungskomponenten der begleitenden Schädelfraktur; je stumpfer die Hiebwaffe, je breiter die Keilform des Instruments, desto ausgedehnter macht sich die Biegungs- und Keilwirkung auf den Schädel geltend.* Besitzt die auftreffende Fläche des Instruments eine gewisse Breite, so entstehen *Lochdefekte* (vgl. Abb. 273), und mit zunehmender Vergrößerung der auftreffenden Fläche treten diese Lochdefekte gegenüber der *Zertrümmerung* der Nachbarschaft in den Hintergrund, was man namentlich bei Schädelfrakturen durch Beilhiebe sieht. Das gleiche wie für Hiebverletzungen durch scharfe und stumpfe Instrumente gilt grundsätzlich auch für *Stichverletzungen* durch Messer, Dolche, Pfeile, Bajonette, zugespitzte Holzstücke, alles Körper, die nach hinten konisch oder keilförmig an Durchmesser zunehmen.

Glatte Hiebfrakturen des Schädels sieht man hauptsächlich bei *Säbelverletzungen*. Durch senkrechte Einwirkung des Säbels auf die Schädelkonvexität entstehen alle Grade der Knochentrennung von einfacher Einkerbung der Lamina externa bis zur glatten Spaltung des Schädeldaches in ganzer Dicke. Man kann deshalb *penetrierende* und nicht *penetrierende Schädelhiebwunden* unterscheiden. Bleibt die Gewaltwirkung unter einer gewissen Grenze, so sieht man auch *isolierte Absplitterungen* der Lamina interna. Gegenüber diesen *Lineärwunden* durch senkrecht zur Schädeloberfläche auftreffende Säbelhiebe sieht man bei schräger oder tangentialer Richtung des Hiebes *tangentiale Abtrennung flacher Knochenlamellen*, oder vollkommene Auslösung ganzer Konvexitätssegmente. Auch hierbei können namentlich radiäre Biegungsfissuren entstehen. *Hiebfrakturen durch stumpfspitze Instrumente* zeigen alle Übergänge von der reinen Lochfraktur bis zur groben Zertrümmerungsfraktur.

Die *Stichfrakturen* lassen sich ebenfalls unterscheiden in *nicht penetrierende* und *penetrierende*. Man sieht auch hier alle Übergänge von umschriebenen Einkerbungen bis zur durchgehenden, dem Querschnitt des verletzenden Instrumentes entsprechenden Knochentrennung. Penetrierende Stichfrakturen stellen deshalb *Lochfrakturen* dar mit *kleinem Defekt*, die gewöhnlich von mehr oder weniger ausgedehnter Splitterung der Nachbarschaft begleitet sind.

Typische Stichfrakturen sind auch die Verletzungen des Schädels, die durch das Eindringen spitzer Gegenstände durch Nase oder Augenhöhle in die Schädelkapsel entstehen. Es handelt sich dabei um *Orbitaldachfrakturen*, die wegen der Dünne des Orbitaldaches gewöhnlich von ausgedehnten radiären Fissuren mit Splitterbildung begleitet sind. Ferner können verletzende Instrumente durch die Fissura orbitalis superior in das Schädelinnere eindringen, unter Frakturierung der Knochenränder. Auch durch Gegenstände, die vom Munde her eindringen, werden gelegentlich Stichfrakturen der Schädelbasis hervorgerufen.

Die *Verletzungen des Gehirns bei Hieb- und Stichfrakturen* zeigen insofern Besonderheiten, als bei glatten Durchtrennungen des Schädels das Gehirn eine entsprechende Schnitt- oder Stichwunde aufweist; bei ausgedehnten Biegungs- und Zertrümmerungsfrakturen werden dagegen Kontusionen beobachtet, die sich von den Gehirnveränderungen infolge stumpfer Schädeltraumen nicht unterscheiden.

2. Schußfrakturen.

a) Ergänzende Bemerkungen zur Mechanik der Schußfrakturen.

Wie wir bei Besprechung der dynamischen Genese der Schädelfrakturen, sowie im Kapitel über die Wirkung der modernen Spitzgeschosse gesehen haben, ist die Geschoßwirkung auf den Knochen vor allem bedingt durch Form, auftreffenden Querschnitt, Gewicht und Auftreffgeschwindigkeit des Geschosses. Von Bedeutung ist auch der Widerstand des Zielobjekts. Für alle Schädelschüsse, bei denen das Geschoß in das Schädelinnere eindringt, kommt ferner die hydrodynamische und hydraulische Sprengwirkung auf die Schädelkapsel durch Vermittlung des festflüssigen Schädelinhalts in hohem Maße in Betracht. Aus diesem Grunde sind die begleitenden Gehirnveränderungen bei Schädelschüssen im allgemeinen nicht von den Verletzungen der knöchernen Schädelkapsel zu trennen. Da wir jedoch die verschiedenen Verletzungsformen des Schädelinhalts bei Schädelfrakturen in besonderen Kapiteln eingehend besprechen, können wir uns hier, unter Verweisung auf die betreffenden Ausführungen, mit einer kurzen Erwähnung der für die verschiedenen Schußfrakturformen mehr oder weniger charakteristischen Gehirnverletzungen begnügen.

Beim Durchdringen des Schädeldaches leistet das Geschoß Arbeit, indem es den Knochen bricht und gleichzeitig einen Teil seiner potentiellen Energie (lebendigen Kraft) an die Umgebung abgibt. Die Größe der lebendigen Kraft, mit der das Geschoß in das Schädelinnere eintritt, ist maßgebend für die Gewalt der hydrodynamischen und hydraulischen Sprengwirkung. Es ist deshalb klar, daß die Wirkung eines Geschosses, abgesehen vom auftreffenden Querschnitt, hauptsächlich abhängig ist von der Geschwindigkeit, mit der es auf die Außenfläche des Schädels auftrifft, mit anderen Worten von der Distanz, aus der es herkommt. Trifft ein Geschoß mit ganz geringer Geschwindigkeit, als „mattes Geschoß" auf die Schädeloberfläche, so vermag es den Knochen nicht zu durchbohren. Unter Streckung oder mehr oder weniger hochgradiger Durchbiegung des betr. Schädelsegments im Momente des Auftreffens prallt es von der Außenfläche des Schädels ab; bei höheren Graden der Durchbiegung kann die Lamina interna oder auch der Knochen in ganzer Dicke frakturiert sein, ohne daß jedoch ein Lochdefekt entsteht. Diese Schüsse werden als *Prellschüsse* bezeichnet

(Abb. 281). Ihre Einwirkung auf fas Gehirn besteht in einer kurz dauernden Stoßwirkung, die zu mehr oder weniger hochgradiger Quetschung der Hirnsubstanz im Bereiche des eingebogenen Schädelsegments führt. Derartige Prellschüsse sieht man am häufigsten bei Verletzungen durch *Schrapnellfüllkugeln*, während sie bei *Spitzgeschossen* nur durch *Fernschüsse* aus über 2500 m Distanz verursacht werden. Je größer die auftreffende Kraft eines matten Projektils, desto ausgedehnter wird die Zertrümmerung, so daß es schließlich zu einer umschriebenen Impressionsfraktur des Schädeldaches kommt. Projektile, die noch lebendige Kraft genug besitzen, die eine Wand des Schädels zu durchbohren und das ganze Gehirn zu durchdringen, können sich an der gegenüberliegenden Schädelwand in ihrer Energie erschöpfen. Es kommt dann zu umschriebener Vorbuchtung des Schädels nach außen und unter Umständen zu isolierter Fraktur der Lamina externa. Diese Form des Schädelschusses, die schon von BERGMANN beschrieben wurde, wird als *innerer Prellschuß* bezeichnet (Abb. 282). Mit zunehmender Auftreffgeschwindigkeit durchdringt

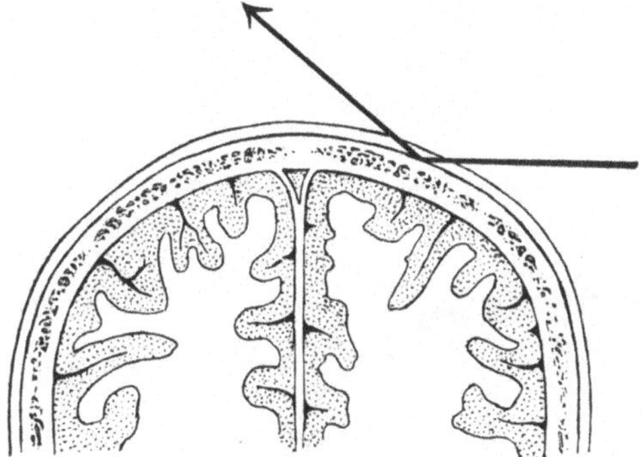

Abb. 281. Äußerer Prellschuß.

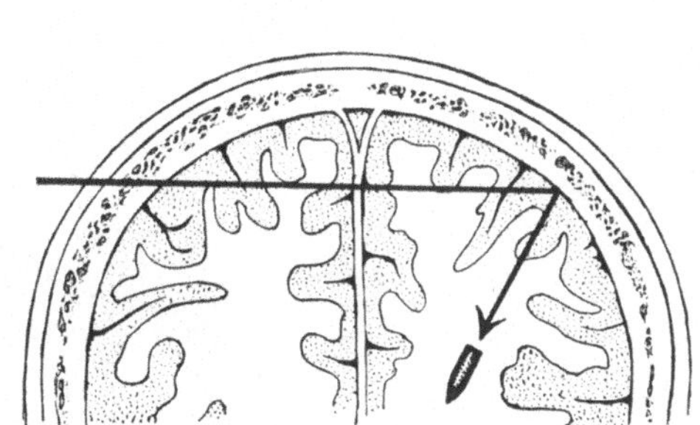

Abb. 282. Innerer Prellschuß.

das Geschoß den Schädel vollständig, indem es am Einschuß und am Ausschuß einen Lochdefekt setzt, dessen Charakteristica im allgemeinen Teil beschrieben wurden (Abb. 283a und b). Je geringer bei diesen Durchschüssen die lebendige Kraft, desto reiner sehen wir die Form des Lochschusses oder der einfachen Schädeldurchbohrung, die zunächst neben dem Lochdefekt nur einige radiäre Fissuren aufweist. Mit zunehmender Geschwindigkeit nimmt auch die Zerstörung im Umkreis des Ein- und Ausschusses zu, bis wir bei einer Schußdistanz von etwa 1000 m (was beim deutschen S-Geschoß einer Geschwindigkeit von 301 m, bei der französischen Balle D von 349 m, beim neuen schweizerischen Spitzgeschoß einer solchen von 412 m entspricht) die Geschwindigkeitsgrenze erreichen, bei der sich zur Geschoßwirkung auf den Schädel die hydrodynamische und hydraulische Sprengwirkung auf den festflüssigen Schädelinhalt addiert. Bei Schädelschüssen auf ungefähr 1000 m sehen wir um den Ein- und Ausschuß je eine isolierte Zertrümmerungszone, die nur durch einzelne Fissuren verbunden sein können. Der Einschuß ist dabei ungefähr dem Geschoßquerschnitt entsprechend, während der Durchmesser des Ausschusses von 2 bis zu mehreren Zentimetern variieren kann, je nachdem Knochensplitter als Sekundärprojektile wirken. Mit weiterer Verringerung der Schußdistanz und entsprechender Zunahme der Auftreffgeschwindigkeit nimmt die Sprengwirkung am Schädel zu, bis schließlich der ganze Schädel zwischen Ein- und Ausschuß regellos zertrümmert ist (vgl. Abb. 271) und bei Nahschüssen Explosivwirkungen zustande kommen, die sich an den Schädelweichteilen hochgradig geltend machen. Die Schädelkapsel mit den bedeckenden Weichteilen wird auseinander gesprengt, einzelne Teile des Schädels und Gehirns können weggeschleudert werden, bei

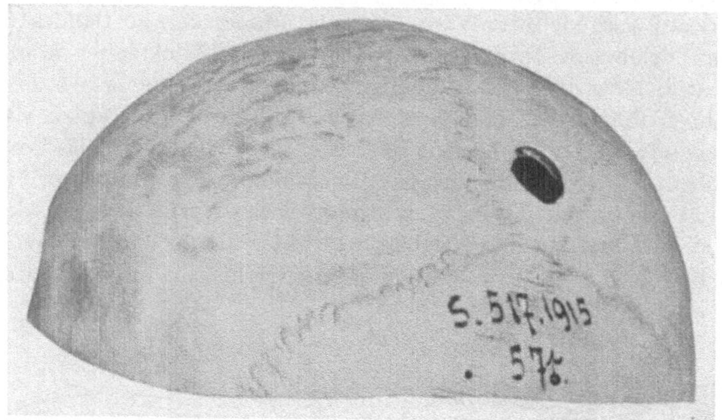

Abb. 283a. Reiner Lochschuß, Ansicht von außen. Sammlung der pathologisch-anatomischen Anstalt Basel.

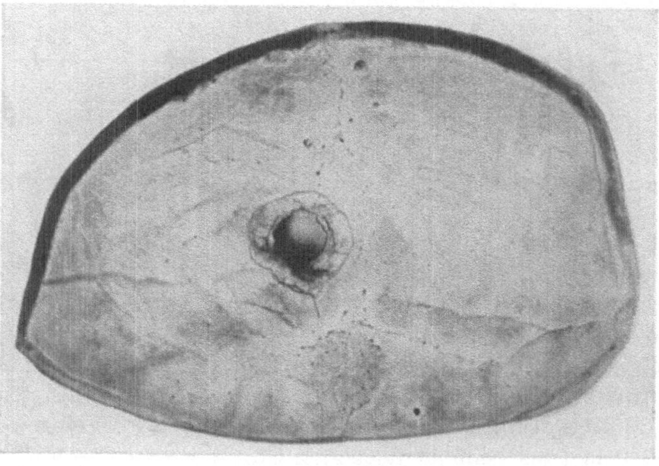

Abb. 283b. Reiner Lochschuß, Ansicht von innen. Sammlung der pathologisch-anatomischen Anstalt Basel.

basalen Schüssen wird oft die Schädelbasis in größtem Umfange freigelegt. Hier handelt es sich um eigentliche *Abschüsse*, wie man sie auch bei großen Granatsplittertreffern sieht.

Eine besondere Form des explosiven Schädelschusses ist der KRÖNLEINsche *Exenterationsschuß*, der dann zustande kommt, wenn das Geschoß zwischen Schädelbasis und Gehirnbasis durch die basalen Liquorräume durchschlägt. Durch die gewaltige hydrodynamische und hydraulische Sprengwirkung kann der Schädel abgedeckt und das Gehirn in toto wenig oder kaum verletzt beiseite geschleudert werden. Solch großartige Sprengwirkungen sieht man im allgemeinen nur bei Gewehrschüssen aus 100 m Distanz und weniger.

Die Schußverletzungen des Schädels durch Pistolen- und Revolvergeschosse unterscheiden sich prinzipiell nicht von den Schußverletzungen durch das moderne Infanterieprojektil. Entsprechend der geringeren Anfangsgeschwindigkeit sieht man bei Schußverletzungen durch wenig rasante Pistolen- und Revolvergeschosse auch bei Nahschüssen nur geringe dynamische Wirkungen am Schädel, also nur einen Lochdefekt mit wenigen konzentrischen und nur kurzen radiären Fissuren. Auch haben diese Geschosse nur selten genügend lebendige Kraft, um den Schädel vollständig zu durchdringen, und bleiben deshalb häufig im Gehirn stecken. Die modernen automatischen Armeepistolen mit kleinkalibrigem Mantelgeschoß dagegen zeigen bei Nahschüssen Explosivwirkungen, die sich von Gewehrschüssen auf kurze Distanz (50—100 m) nicht wesentlich unterscheiden.

Je größer die Anfangsgeschwindigkeit und je geringer die sukzessive Abnahme der Geschoßgeschwindigkeit, desto größer die sog. Zertrümmerungszone der modernen Geschosse, d. h. desto ausgedehnter der bestrichene Raum, innerhalb dessen Schädeltreffer zu Zertrümmerung führen.

b) Systematik.

Die Schußfrakturen des Schädels werden praktisch folgendermaßen eingeteilt:

1. Äußere Prellschüsse (Abb. 281);
2. Tangentialschüsse (Abb. 284) einschließlich der Rinnen- und Furchungsschüsse (Abb. 285);
3. Segmental- (Abb. 286) und Diametraldurchschüsse (Abb. 287);
4. Steckschüsse (Abb. 288), einschließlich der inneren Prellschüsse (Abb. 282).

Eine weitere Spezialisierung der Formen ist unnötig. Die schematischen Abbildungen veranschaulichen die einzelnen Schußfrakturformen.

Über die Genese der *Prellschüsse* wurde bereits bei der ergänzenden Besprechung der Schädelschußfrakturdynamik das Nötige gesagt. Wir können eine Unterscheidung zwischen *Tangential-* und *Volltrefferprellschüssen* machen, je nachdem das Geschoß schräg oder senkrecht zur Schädeloberfläche auftrifft.

Die praktisch wichtigste Gruppe der Schußfrakturen wird durch die sog. *Tangentialschüssen* gebildet. Je nachdem der Knochen oberflächlicher oder tiefer von der tangentialen Geschoßbahn geschnitten wird, sehen wir isolierte Durchbiegungsfrakturen der Lamina interna, leichte Depressionsfrakturen oder tiefer greifende *Furchungs- und Knochenrinnenschüsse* (Abb. 289). Die Bezeichnungen sagen zur Genüge, was man unter den beiden letzteren Formen versteht. Bei den *Rinnenschüssen,* die auf verschieden lange Strecken das Schädeldach gleichsam aufpflügen, ist gewöhnlich ein isolierter Ein- und Ausschuß an den Schädelweichteilen nachweisbar; der Einschuß von oblonger Form, der Ausschuß häufig unregelmäßig geformt, infolge Mitreißung von Knochensplittern. Bei den eigentlichen *tangentialen Schüssen* in der Ebene der Lamina externa kann auch die Weichteilwunde eine tangentiale Rinne darstellen. Der Grad der Verletzung des knöchernen Schädels bei Tangentialschüssen ist ein wechselnder. Die eingedrückten Fragmente können nur zentral imprimiert sein, während sie in der Peripherie noch in Verbindung mit den angrenzenden

Bezirken des Schädeldaches stehen. In anderen Fällen sind Splitter der Lamina interna oder der ganzen Schädeldicke ziemlich weit zwischen Dura und Schädeldach verschoben; in weiteren Fällen kann ein Knochendefekt von wechselnder Größe vorliegen. Ist die Dura intakt, so findet sich infolge der erheblichen dynamischen Seitenwirkung, die schräg oder senkrecht zur Flugbahn wirkt, ein

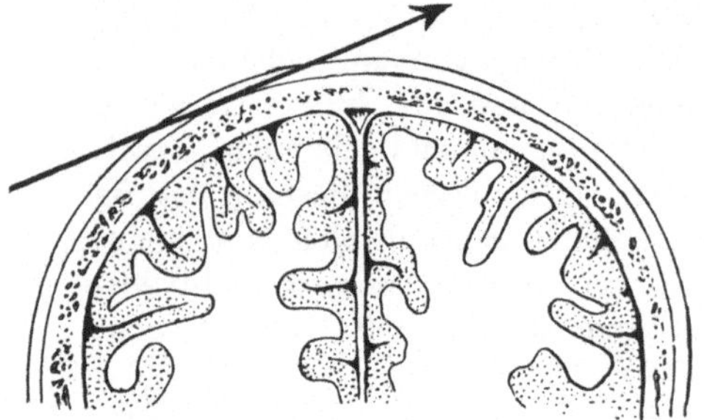

Abb. 284. Tangentialschuß.

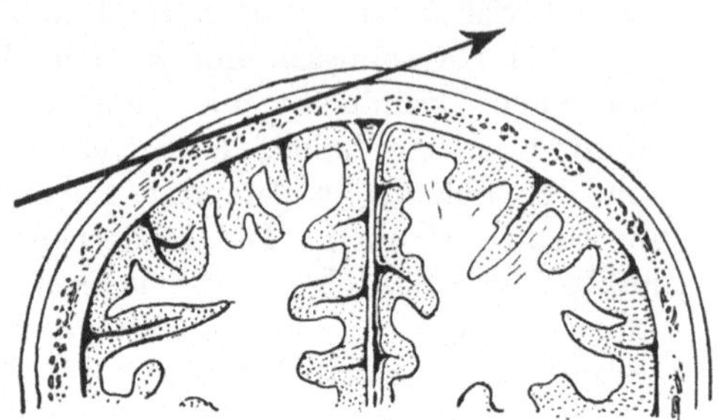

Abb. 285. Rinnen- oder Furchungsschuß.

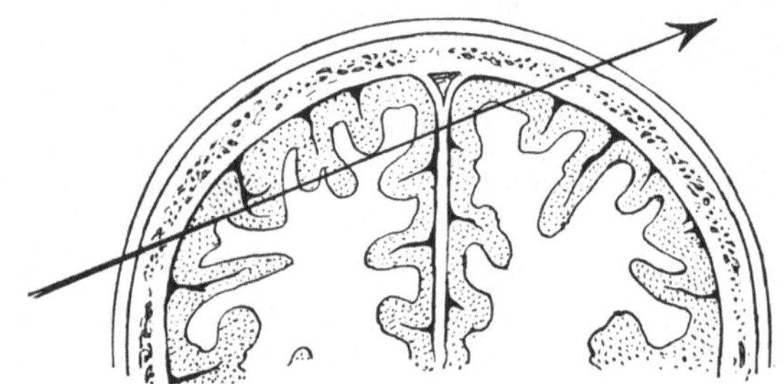

Abb. 286. Segmentalschuß.

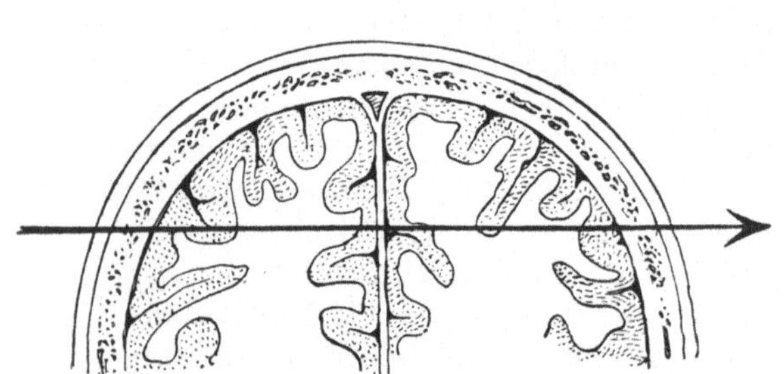

Abb. 287. Diametralschuß.

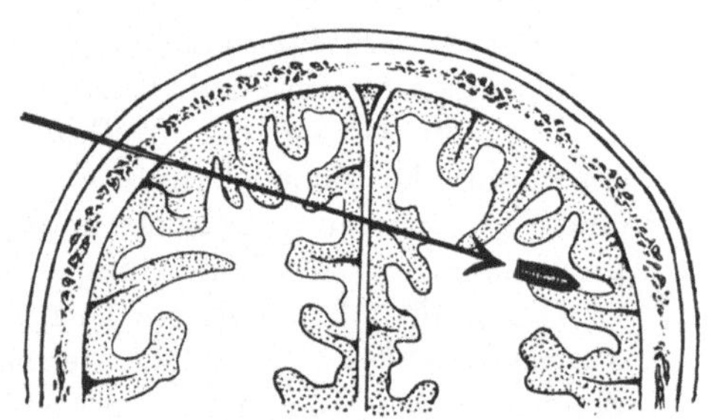

Abb. 288. Steckschuß.

subdurales Hämatom, sowie eine mehr oder weniger ausgedehnte und verschieden intensive Zertrümmerung der Gehirnsubstanz. Den besten Beweis für die Gewalt dieser Seitenwirkung bilden die Fälle, wo losgelöste Splitter der Lamina interna durch das ganze Gehirn hindurch bis an die Schädelbasis geschleudert werden (GULEKE, ENDERLEN). Bei den *Rinnenschüssen* finden wir ebenfalls eine Seitenwirkung auf das Gehirn, dazu eine grob anatomische Läsion der vom Geschoß gestreiften oder oberflächlich durchfurchten Gehirnrindenpartie. Von den tiefer liegenden Tangentialschüssen, die wir auch als *Furchungsschüsse* bezeichnen, finden sich alle Übergänge zu den eigentlichen segmentalen Durchschüssen. *Segmentalschüsse* (Abb. 290) oder *Tunnelschüsse* (GULEKE) liegen dann vor, wenn zwischen Schädeloberfläche und Schußkanal eine makroskopisch zusammenhängende, mehr oder weniger intakte Gehirnschicht liegt. Bei diesen Segmentalschüssen sind Ein- und Ausschuß so nahe beieinander, daß meist der ganze zwischenliegende Knochenabschnitt noch zertrümmert ist. Der Knochen kann auch auf große Ausdehnung hin in der Nachbarschaft zersplittert sein, und es finden sich wie bei den diametralen Durchschüssen gelegentlich auch nach der Schädelbasis ausstrahlende Fissuren. Das Schädeldach ist unter der intakten Haut oft grotesk geformt, indem Vorbuchtungen und Impressionen regellos miteinander abwechseln. Der ausgedehnten Zertrümmerung

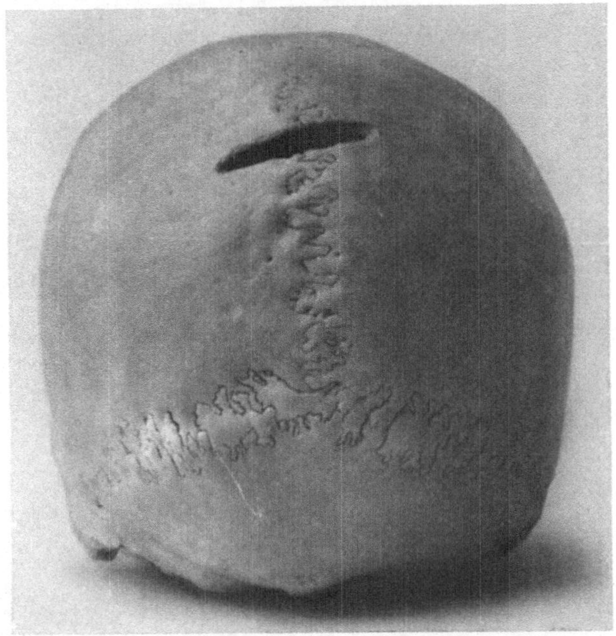

Abb. 289. Tangentialschuß im Bereich der Pfeilnaht. (Nach COENEN.)

der Schädeldecke bei Tangential- und Segmentalschüssen entspricht eine schwere und ausgedehnte grobe Zertrümmerung der Hirnmasse. Auch in Fällen weniger hochgradiger Gewalteinwirkung, wo zunächst makroskopisch keine schweren Veränderungen am Gehirn erkennbar sind, wird die Hirnmasse intensiv mechanisch lädiert, wie die sekundär auftretenden, rapid sich ausdehnenden Verfallsherde beweisen.

Entsprechend den häufig großen Knochendefekten spielt bei Tangentialschüssen der Hirnprolaps eine große Rolle. Auch ist nach den vorstehenden Ausführungen durchaus verständlich, daß bei den ausgedehnten Tangentialschußfrakturen mit ihren unübersichtlichen Wundverhältnissen die Bedingungen für die Entwicklung einer sekundären Meningitis und Encephalitis günstig sind.

Die *diametralen Durchschüsse*, soweit es sich nicht um die beschriebenen explosiv wirkenden Zertrümmerungsschüsse handelt, zeigen lochförmigen Einschuß und gewöhnlich etwas größeren Ausschuß (Abb. 291). Die Splitterung ist verschieden groß, je nach der Auftreffgeschwindigkeit des Geschosses und nach

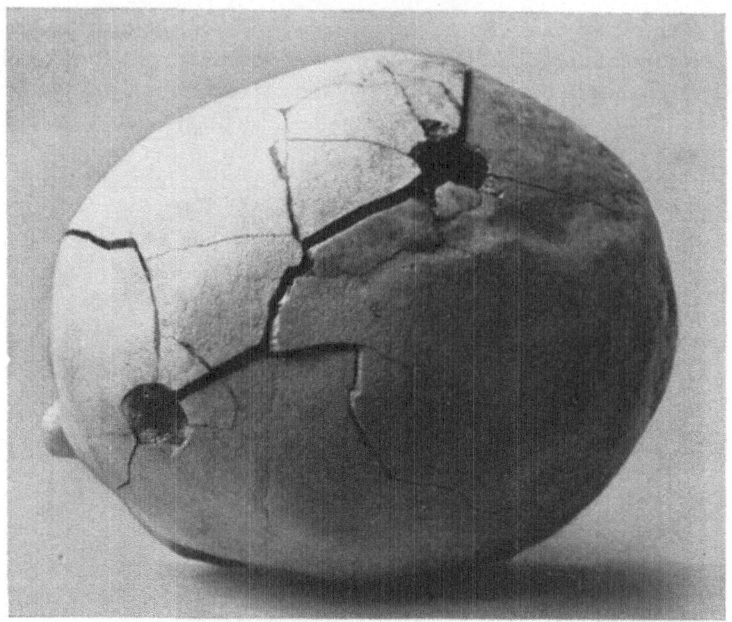

Abb. 290. Segmentalschuß des Schädeldaches. (Nach Coenen.)

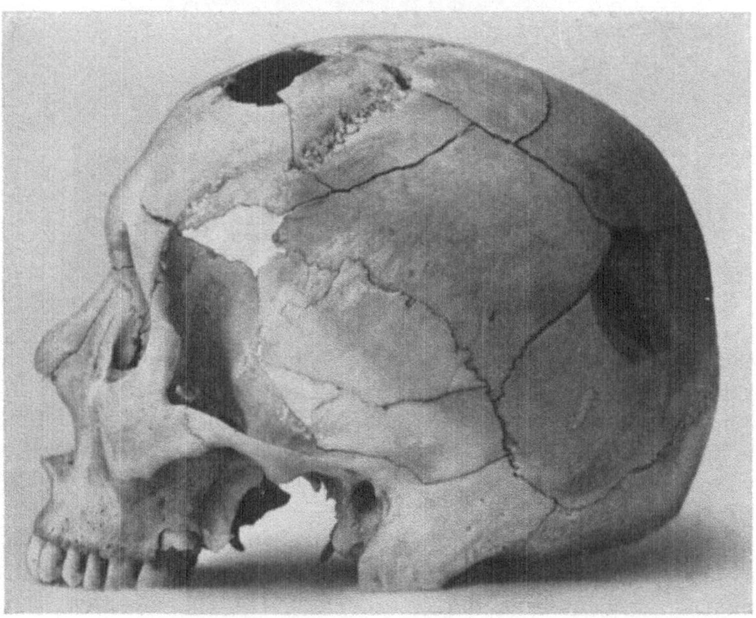

Abb. 291. Diametraler Schädelschuß. (Nach Coenen.)

der Größe des auftreffenden Querschnittes, am Ausschuß gewöhnlich größer
als am Einschuß. Häufig finden sich vom Einschuß aus größere oder kleinere
Knochensplitter in der Richtung des Schußkanals und dessen nächster Umgebung im Gehirn zerstreut. Die Zahl der mitgerissenen Splitter ist meist nur

gering, ihre Größe und Streuung unbedeutend. Trotz diametralen Durchtretens des Geschosses ist bei diametralen Durchschüssen außerhalb der Sprengzone die mechanische Läsion der Gehirnsubstanz oft nur eine mäßige, abgesehen von der Zerstörung im Bereiche des Schußkanals selbst. Die Durchschüsse mit Sprengwirkung kommen natürlich nicht mehr in ärztliche Behandlung, weil sie meist unmittelbar zum Exitus letalis führen.

Reicht die Geschwindigkeit des auftreffenden Geschosses nicht mehr zur Durchbohrung des ganzen Schädels aus, so haben wir *Steckschüsse* vor uns, zu denen auch die früher erwähnten *inneren Prellschüsse* gehören. Es handelt sich also bei diesen Steckschüssen um unvollständige Durchschüsse, verursacht durch matte Gewehrgeschosse (Abb. 292a, b,), wenig rasante Granatsplitter und — relativ häufig — durch die leicht deformierbaren, wenig rasanten Schrapnellfüllkugeln. Infolge der verminderten Durchschlagskraft verursacht das

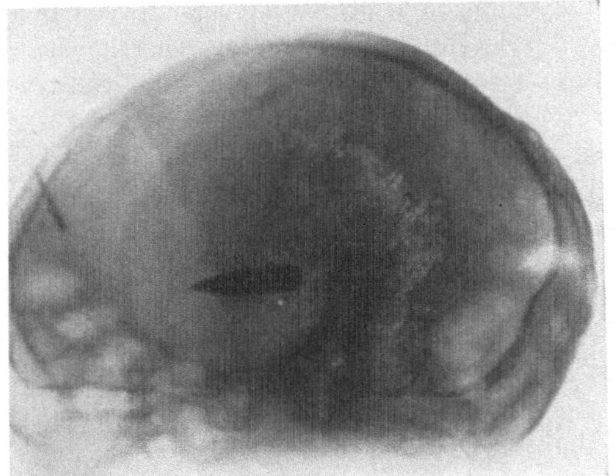

Abb. 292a. Steckgeschoß, Seitenaufnahme.

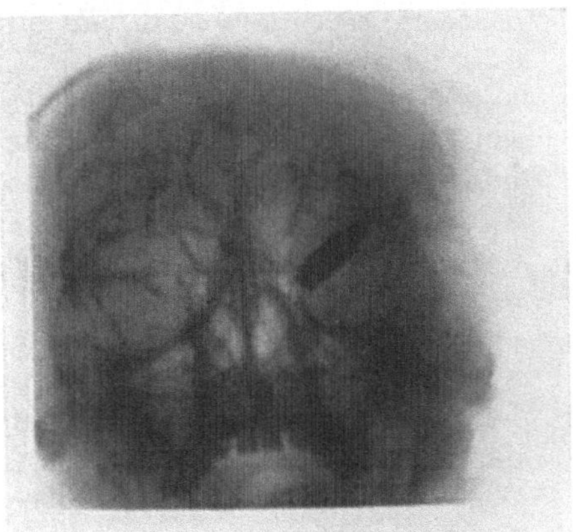

Abb. 292b. Aufnahme von vorne.

Geschoß selbst nicht ausgedehnte Zertrümmerung der Gehirnsubstanz, bewirkt aber ausgedehntere Zersplitterungen am Schädel, sprengt größere Schädellamellen heraus, die unter Umständen gegen das Gehirn zu, wenn auch gewöhnlich nicht sehr weit, disloziert werden. So sieht man ausgedehnte und ziemlich tiefe Impressionen besonders dort, wo das Geschoß nicht vollständig durch den Knochen hindurchzudringen vermochte. Hier ist dann die Läsion der Gehirnsubstanz durch Vermittlung des Knochens analog wie bei den Tangentialschüssen eine erhebliche und ausgedehnte. Auf die ausgedehntere und hochgradigere Schädelzertrümmerung durch Steckschüsse hat namentlich GULEKE aufmerksam gemacht. Bleibt die Dura bei Knochensteckschüssen des Schädels intakt, so entstehen, wie bei den lateralsten Tangentialschüssen, oft gleichwohl ausgedehnte Quetschungen, Hämatome und Erweichungen im Bereiche der Gehirnsubstanz, die in hohem Maße zu sekundären Veränderungen disponiert sind.

Die *Gehirnsubstanz* zeigt bei den verschiedenen Formen der Schädelschüsse in ihren traumatischen Veränderungen alle Übergänge von den leichtesten Graden der Quetschung mit blutiger Imbibition bis zu vollständiger grob mechanischer Zertrümmerung. Die Quetschungen sind häufig von Gehirn- und Meningealödem begleitet. Die wichtigsten sekundären Gehirnveränderungen nach Schädelgehirnschüssen sind die *Meningitis, die Encephalitis*, der *Gehirnprolaps* und der *Hirnabsceß*, hinsichtlich deren Schilderung wir auf die eingehende Besprechung in den betreffenden Kapiteln verweisen.

Die zerebralen Begleiterscheinungen der Gehirnschüsse unterscheiden sich prinzipiell nicht von den Symptomen der Contusio, Commotio und Compressio cerebri. Soweit regionäre Verletzungen in Betracht fallen, haben die jüngsten Kriegserfahrungen im allgemeinen unsere Kenntnisse von der Hirnrindenlokalisation bestätigt. Wir beobachten gewöhnlich direkt nach der Schußverletzung Störungen, die wir als Allgemeinerscheinungen zusammenzufassen gewohnt sind, und in deren Vordergrund der Verlust des Bewußtseins steht. Auffällig ist, daß bei vielen Fällen die retrograde Amnesie fehlt. Auch wird darauf aufmerksam gemacht, daß bei Großhirnschüssen nicht so selten kein Bewußtseinsverlust in Erscheinung tritt. Von Interesse ist die Feststellung, daß nach Schädelgehirnschüssen, und zwar am häufigsten bei Tangentialschüssen, eine *Stauungspapille* auftritt, die schon nach 36 Stunden nachweisbar sein kann, und meist auf der Seite der Verletzung intensiver entwickelt ist. Mit Rücksicht auf die Bedeutung der Liquorstauung für die Genese der Stauungspapille ist es verständlich, daß die Schwellung der Papille namentlich bei infizierten Hirnschüssen beobachtet wird. Die nach Abklingen der sog. Allgemeinerscheinungen (Bewußtlosigkeit, Schwindel, Übelkeit, Erbrechen, Druckpuls, deliröse Zustände) zurückbleibenden Symptome entsprechen den vorliegenden regionären Gehirnverletzungen. Dabei hat sich namentlich gezeigt, daß Schußverletzungen des *Stirnhirns* nicht so belanglos sind, wie noch behauptet wird, sondern daß, abgesehen von tiefgehenden psychischen Störungen (Apathie, Demenz, Witzelsucht u. a.). häufig die sog. *frontale Ataxie* auftritt, die sich durch hochgradiges Schwanken beim Gehen und Stehen und durch Vorbeizeigen und Vorbeigreifen äußert. Sehr häufig sind die durch Verletzung der *Occipitallappen* hervorgerufenen *zentralen Sehstörungen*, die namentlich in Form von Einschränkungen des Gesichtsfeldes sich geltend machen. Die untere Hälfte des Gesichtsfeldes fällt häufiger aus, offenbar weil die oberen Hirnabschnitte im Bereich der Fissura calcarina, wo die Zentren für die unteren Gesichtsfeldhälften liegen, topographisch exponierter sind. Die Nachbarschaft der an der medialen Fläche des Gehirnmantels liegenden Sehzentren bedingt häufig doppelseitige Störungen. *Kleinhirnverletzungen* führen meist sofort zum Tode, weil gewöhnlich die Medulla oblongata mit ihren lebenswichtigen Zentren gleichzeitig schwer geschädigt wird. Die zurückbleibenden allgemeinen Hirnstörungen, die sich auf dem ganzen Gebiet der psychischen Persönlichkeit geltend machen, unterscheiden sich nicht von den psychischen Störungen, die wir nach schweren stumpfen Schädeltraumen sehen. Wir verweisen auf das betreffende Kapitel.

In prognostischer Hinsicht sei noch darauf hingewiesen, daß auch Patienten mit Schädelgehirnschüssen, die zunächst unter abwartender oder aktiver Behandlung einen guten Verlauf durchmachten, durch sekundäre Spätkomplikationen außerordentlich gefärdet sind. Eine besonders schlimme Rolle spielen die *Spätmeningitiden* und *Spätabscesse*, denen eine Reihe von Patienten noch erliegen, nachdem man sie längst jeder Gefahr entronnen glaubte.

Kapitel 6.

Die Heilung der Knochenverletzung.

Die Callusbildung im Bereiche der Schädelfrakturen ist im allgemeinen nur unbedeutend. Sowohl der provisorische als auch der definitive Callus erreichen nicht entfernt den Umfang, wie der Callus bei Frakturen anderer platter Knochen oder Brüchen von Röhrenknochen. Bei *Fissuren* ohne jede Verschiebung der Bruchflächen liegt der Grund für die geringe Callusbildung zunächst in der fehlenden Dislokation, was mit den Beobachtungen übereinstimmt, die wir an gutstehenden Extremitätsfrakturen machen. Auch die fehlende Beweglichkeit der Fragmente und der Fortfall mechanischer Reizwirkung an der Bruchstelle,

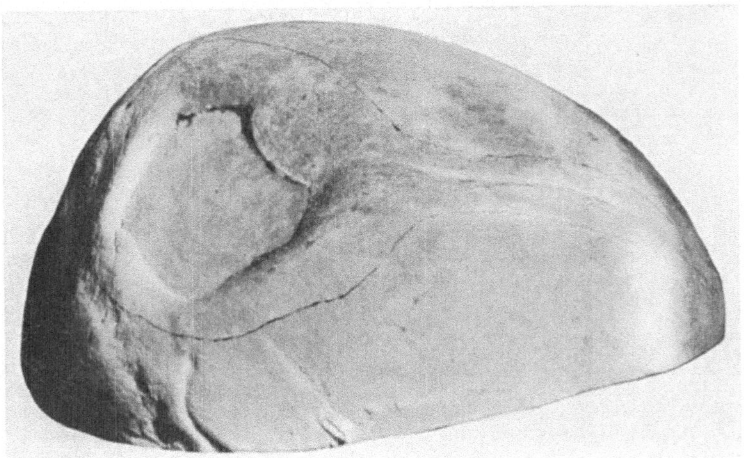

Abb. 293. Geheilte Impressionsfraktur und Fissur. Sammlung der pathologisch-anatomischen Anstalt Basel.

sowie das Fehlen eines irgendwie wesentlichen interfragmentalen Hämatoms sind geeignet, die geringe Callusbildung bei Schädelfissuren zu erklären. In der Regel heilen jedoch die Schädelfissuren knöchern; doch beträgt die Heilungsdauer mehrere Monate und auch über ein Jahr. Die Fissuren sind häufig vollständig knöchern ausgefüllt und zwar zeigt eine leichte Verdickung im Bereich der Verkittungslinie gewöhnlich dauernd den Verlauf der geheilten Frakturspalte an. Längere, ausgedehntere und klaffende Fissuren sind oft nur in der Tiefe von Knochen ausgefüllt, so daß die Frakturstelle als eine mehr oder weniger flache Rinne mit abgerundeten Rändern sich darstellt (Abb. 293). An der Innenfläche dagegen kann die Heilung so vollkommen sein, daß man die Frakturstelle nicht mehr erkennt. *Basisfissuren* zeigen gegenüber *Fissuren des Schädeldaches* keine besonderen Abweichungen des Heilungsmodus. Immerhin sieht man besonders bei Basisfissuren dauerndes Ausbleiben knöcherner Konsolidation. Den Heilungsmodus einer Impressionsfraktur zeigt Abb. 293.

Frakturen mit Substanzverlust heilen gewöhnlich vollständig knöchern, wenn der Defekt klein ist. Losgelöste Splitter zeigen bei aseptischem Verlauf eine erhebliche Einheilungstendenz. Bei größeren Defekten bildet vollkommene

knöcherne Heilung die Ausnahme. Der neugebildete Callus verkleinert von den
Knochenrändern her den Defekt nur bis zu einem gewissen Grade, die übrig-
bleibende Lücke wird durch eine bindegewebige, schwielige, oft glänzende, ähnlich
wie die Dura aussehende Membran verschlossen (Abb. 294). Im allgemeinen kann
man sagen, daß Defekte, die einen größeren mittleren Durchmesser als 5 cm
haben, nur ganz ausnahmsweise vollständig knöchern ausheilen.

Was die Bildung des Callus anbetrifft, so wird gestützt auf Erfahrungen, die
man bei Trepanationen gemacht hat, der regeneratorischen Kraft der Dura, die
am Schädel das innere Periost darstellt, von vielen Autoren eine überwiegende
Bedeutung zugesprochen (KOCHER und BEREZOWSKI). Wo die Dura in ganzer
Ausdehnung in normalem Zustand erhalten bleibt, soll mit der Zeit vollständige
Ausfüllung des Defekts durch Knochengewebe eintreten. Auch das häufig

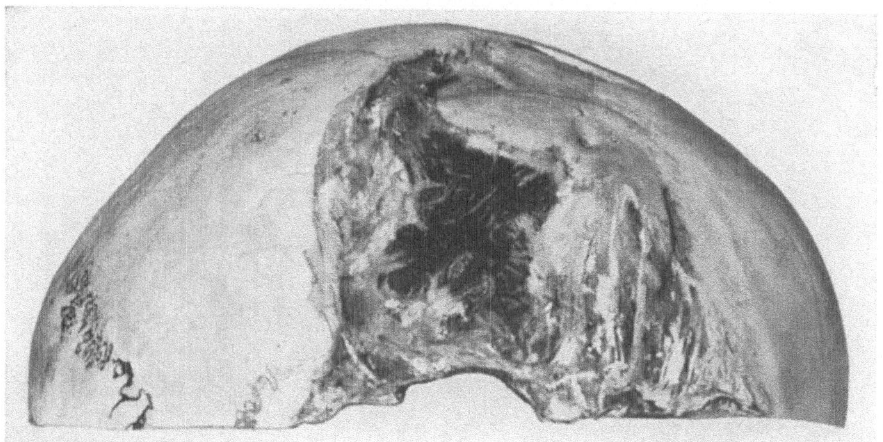

Abb. 294. Großer Frakturdefekt, am Rande knöchern, im Zentrum membranös geheilt.
Sammlung der pathologisch-anatomischen Anstalt Basel.

beobachtete Anwachsen isolierter Splitter der Lamina interna, sowie die Bildung
innerer Exostosen nach Schädelfrakturen werden herangezogen zur Stütze der
Ansicht, daß der Dura eine bedeutendere regeneratorische Kraft zukomme.
Doch unterliegt es keinem Zweifel, daß auch das äußere Periost, sowie das Endost
der Diploe in hervorragender, vielleicht gleichwertiger Weise an der regenerativen
Knochenproduktion bei der Heilung von Schädelfrakturen beteiligt sind. Gegen
Schädigungen aller Art ist die osteogene Schicht der Dura nach den Unter-
suchungen BEREZOWSKYs empfindlicher als das äußere Periost.

Wenn man sieht, wie ausgedehnt zersplitterte Schädeldachpartien entweder
spontan oder nach mosaikartiger Zusammenstellung der einzelnen Fragmente
in vollständiger Weise konsolidieren, auch wenn die Bruchstücke sich nicht
alle im Niveau der ursprünglichen Schädelwölbung finden, so kann man von
einer wesentlich geringeren Konsolidations- und Regenerationstendenz der
Schädelknochen gegenüber andern Skeletteilen begründeterweise nicht sprechen.
Nach den Untersuchungen von GREKOW liegt der Hauptgrund für die langsame
und unvollständige knöcherne Regeneration von Schädeldefekten darin, daß
Dura und äußeres Periost ausgedehnt miteinander verwachsen. Es handelt
sich jedenfalls häufig um eine Interposition von Narbengewebe zwischen die

Fragmentränder, und falls gleichzeitig die osteogenetischen Schichten von Dura und Pericranium geschädigt oder zerstört sind, kann die knöcherne Ausfüllung des Defektes nur von den Defekträndern des Knochens aus erfolgen. Da nach GREKOW diese Knochenränder zunächst häufig eine Randnekrose aufweisen, vermag der neugebildete Knochen erst nach Abbau dieser nekrotischen Randschichten strahlenförmig in den Defekt einzuwachsen. Immerhin ist zu beachten, daß auch knöcherne Heilung von sehr ausgedehnten, bis handtellergroßen Schädeldefekten beobachtet wurde (KÜSTER, SONNENBURG, STROBE).

Gesprengte Schädelnähte heilen meistens bindegewebig, können jedoch auch verknöchern. Auf das Verhalten von Schädellücken bei Kindern werden wir bei Besprechung der Cephalohydrocele näher eingehen. Im allgemeinen ist zu sagen, daß entsprechend der größeren regeneratorischen Fähigkeit jugendlicher Knochen kindliche Schädelfrakturen rascher und ausgedehnter solid heilen.

Kapitel 7.

Die begleitenden Verletzungen der Hirnhäute.

1. Dura.

Die dem Schädelknochen als inneres Periost dicht anliegende Dura mater macht die sämtlichen Deformationen des Schädels mit. Der Umstand, daß die Anheftung der harten Hirnhaut am Knochen nicht überall eine gleichmäßige ist, sondern daß besonders an den Durchtrittsstellen von Nerven und Gefäßen, an der Eintrittsstelle von Gefäßen in die Dura, im Bereiche der Nähte, sowie an den Umschlagsstellen zum Tentorium und an einzelnen Knochenvorsprüngen, so an den Rändern der Knochenrinne für den Sinus sigmoideus, eine *erheblichere Fixation* besteht, bedingt, daß bei Schädelfrakturen die begleitende Durazerreißung im Bereich der erwähnten Fixationsstellen häufiger in Erscheinung tritt. Im allgemeinen ist jedoch festzuhalten, daß die größere Elastizität der Dura sie befähigt, erheblicheren Beanspruchungen standzuhalten als die Schädelkapsel. Deshalb sieht man bei subkutanen Frakturen namentlich im Bereich der Konvexität nicht so selten intakte Dura bei weitgehender Frakturierung des Knochens. Doch werden auch bei vollkommen subkutanen Berstungsfrakturen Durarisse beobachtet, die nicht auf Verletzung durch ein scharfes Knochenfragment zurückgeführt werden können, sondern als *Berstungsrisse* aufzufassen sind. Bei Basisfrakturen ist die Frequenz der begleitenden Durazerreißungen etwas höher als bei subkutanen Konvexitätsbrüchen; das erklärt sich zwanglos aus dem Umstand, daß die Dura an den zahlreichen Durchtrittsstellen, welche die Basis für Nerven und Gefäße aufweist, stärker fixiert ist als an der Konvexität. Am häufigsten finden wir Durazerreißungen bei offenen Konvexitätsbrüchen, sei es, daß die gehirnwärts verschobenen Fragmente mit ihren scharfen und spitzen Rändern die Dura anreißen, sei es, daß bei Verletzung durch stumpf-spitze Instrumente oder Projektile die Dura direkt betroffen wird. BRUN sah in einem Drittel der offenen Konvexitätsfrakturen die harte Hirnhaut mitverletzt.

Die Bedeutung der Duraverletzung liegt in erster Linie darin, daß meist gleichzeitig die anliegende *Arachnoidea* verletzt ist, wodurch die Liquorräume eröffnet werden. Damit ist der primären und sekundären Infektion von außen ein Weg eröffnet. Auch ist die harte Hirnhaut Träger großer Blutleiter, die häufig mitverletzt werden. *Die Durazerreißung hat deshalb prognostisch eine viel größere Bedeutung als die begleitende Durchtrennung der weichen Schädeldecken.* Ferner ist die Art der Duraverletzung von Belang für die knöcherne Heilung der Fraktur. Dabei kommt nicht nur der Wegfall umschriebener Duraabschnitte, sondern auch die mechanische Läsion der Dura mater, sowie deren Schädigung durch Wundinfektion in Betracht.

Einfache Durarisse heilen anatomisch vollständig aus, sobald keine Wundinfektion dazu tritt, und falls keine gleichzeitige hochgradige Schädigung der regionären Hirnrindenpartien vorliegt. Kommt es dagegen zu Infektion mit Einschmelzung von Gehirnsubstanz oder zu Hirnzertrümmerung, so können sich *durchgehende Gehirn-, Dura-, Knochen-, Hautnarben* ausbilden, die für die Gehirnfunktion nicht belanglos sind, und besonders hinsichtlich der *posttraumatischen Epilepsie* eine Rolle spielen. Ist die harte Hirnhaut, wie man das bei offenen Splitterfrakturen, namentlich infolge von Schußverletzungen sieht, in größerem Umfange zerfetzt, wobei eine mehr oder weniger hochgradige Läsion der Hirnrinde nicht zu fehlen pflegt, so ist die Ausbildung einer derben durchgehenden Narbe die Regel. Liegen gleichzeitig Knochendefekte vor, so entstehen derbe Narben, die entweder flach oder eingezogen sind, oder, wenn der Knochendefekt ein ausgedehnter ist, deutliche *Hirnpulsation* und mehr oder weniger ausgeprägte *Vorwölbung* aufweisen.

Bei Infektion der Schädelwunde nimmt auch die Dura an der Entzündung teil und kann *ödematöse Schwellung*, sowie *Infiltration* zeigen. Ferner sieht man Übergang in chronische Pachymeningitiden, besonders in Form der *Pachymeningitis chronica adhaesiva* mit Verdickung der Dura und Verwachsung mit der Schädelinnenfläche. Auch eine eigentliche chronische *Pachymeningitis interna haemorrhagica* kann sich im Anschluß an eine Schädelfraktur ausbilden, falls es sich um disponierte Individuen, besonders alte Leute und Potatoren, handelt.

2. Weiche Hirnhäute.

Wie der übrige Schädelinhalt können auch die weichen Hirnhäute bei Schädelbrüchen verletzt werden. Bei subcutanen Frakturen sieht man sowohl an der Stelle der primären Gewalteinwirkung als auch im diametral gegenüberliegenden Bereich mit Regelmäßigkeit mehr oder weniger ausgedehnte *piale Extravasate*, auf die wir im Kapitel „Blutungen" noch zu sprechen kommen. Von erheblicher prognostischer Bedeutung sind vor allem die Zerreißungen der Arachnoidea und die dadurch bedingte *Eröffnung der Liquorräume* bei offenen Schädelbrüchen, wegen der Gefahr meningealer Infektion. Das pathognomonische Symptom einer Zerreißung der Arachnoidea ist der *Ausfluß von Liquor cerebrospinalis* aus der Weichteilwunde bei offener Konvexitätsfraktur oder, was häufiger beobachtet wird, aus Ohr, Nase oder Mund bei basalen Frakturen im Bereich des Felsenbeins, des Siebbeins oder der knöchernen Kuppe des Cavum pharyngo-nasale. Bei Felsenbeinfrakturen kann der Liquor via Tuba Eustachii nach der Nase hin fließen. Für das Ausfließen von Zerebrospinalflüssigkeit durch eine Bruchspalte ist durchaus nicht etwa die Eröffnung größerer basaler Cisternen unbedingte Voraussetzung; es genügt, daß Dura und Arachnoidea im Bereich der Frakturstelle zerrissen sind, da ja die subarachnoidalen Räume miteinander in Kommunikation stehen. Der Liquor beginnt entweder im direkten Anschluß an die Verletzung auszuträufeln oder auch erst nach Stunden, gelegentlich nach einer Drucksteigerung infolge Husten, Niesen, Pressen oder Erbrechen. Sobald der Liquor nicht mehr mit Blut vermengt ist, zeigt er einen ganz *geringen Eiweißgehalt*. Dagegen enthält er reichlich *Chlorate* und reagiert *alkalisch*.

Jedes Ausfließen von Liquor bedingt die Gefahr einer *meningealen Infektion*. Als Infektionserreger kommen vor allem in Betracht Streptokokken, Staphylokokken, sowie Pneumokokken; doch können auch anderweitige Bakterien, besonders solche der Nasen- und Mundflora, ätiologisch eine Rolle spielen. Unter dem Material BRUNS zeigten 8,5% der Fälle ausgesprochene meningitische Symptome; die Mortalität dieser Fälle betrug 80%. Nach allgemeiner Annahme ist die *Meningitis nach Basisfraktur* etwas häufiger als nach Konvexitätsbrüchen, wohl deshalb, weil wir bei Eröffnung der Nase, des Pharynx und des Ohres einer Einwanderung von Infektionserregern nach dem Schädelinnern machtlos gegenüberstehen, während wir bei den Konvexitätsfrakturen in der *aktiven Wundversorgung* eine wertvolle prophylaktische Maßnahme besitzen. Am häufigsten führen Basisfrakturen im Bereich der vorderen Schädelgrube zu Meningitis, und zwar findet man als Grund entweder Kommunikation mit der Nase infolge Fraktur des Siebbeins, oder mit dem Sinus frontalis infolge Fraktur seiner hinteren Wand. Dann folgen an Häufigkeit in ätiologischer Hinsicht die Frakturen im Bereich des Felsenbeins mit Eröffnung der knöchernen Gehörgänge. Am häufigsten ist hier das dünne Dach des Antrum tympanicum frakturiert. Schließlich kann noch durch vorwiegend quer verlaufende Basisfrakturen die Kuppe des Cavum pharyngo-nasale mit der Schädelhöhle in Verbindung gesetzt werden. In derartigen Fällen fand man sogar erbrochene Massen im Schädelinnern. *Bei den Konvexitätsfrakturen* erfolgt Infektion direkt von der äußeren Wunde aus. Gegenüber diesem Infektionsmodus der direkten Bakterieneinwanderung kommt der metastatischen Meningealinfektion auf dem Wege der Blutbahn sowie der aufsteigenden Perineuritis in den Lymphscheiden der Hirnnerven eine untergeordnete Bedeutung zu. Etwas häufiger dürfte bei schwer infizierten offenen Konvexitätsbrüchen die Infektion sich in Form eitriger Thrombo-Phlebitis vom extrakraniellen nach dem intrakraniellen Venengebiet fortpflanzen.

Nach der Zeit des Auftretens unterscheidet man *Früh- und Spätmeningitiden*, wobei es von praktischer Bedeutung ist, daß im Anschluß an offene, infizierte Schädelbrüche nach Monaten noch eine Hirnhautentzündung in Erscheinung treten kann.

Pathologisch-anatomisch sieht man nach Schädelfrakturen seröse, serös-eitrige, serös-fibrinöse und rein eitrige Leptomeningitiden, mit entsprechender Beteiligung der Dura. Auch Entzündung der weichen Hirnhäute mit Gasbildung intra vitam wurde beobachtet (KÜTTNER).

Klinisch treten die Symptome der traumatischen Meningitis kaum jemals rein auf, sondern meistens gemischt mit den Erscheinungen der traumatischen Gehirnschädigung. Die begleitende mechanische Läsion des Gehirns erklärt wohl auch in vielen Fällen den perakuten schlimmen Verlauf der traumatischen Meningitiden, die in 24—28 Stunden zum Tode führen.

Heftige *Kopfschmerzen, Temperatursteigerungen hohen Grades, zunehmende Unruhe, Reflexsteigerungen, Pupillendifferenzen, Nystagmus, Lähmung basaler*

Hirnnerven, Erbrechen, Nackenstarre müssen jedenfalls stets den Verdacht erregen, daß eine infektiöse Meningitis in Entwicklung begriffen ist. Die Temperaturkurven zeigen häufig den Typus des septischen Fiebers mit großen Schwankungen; vorübergehend besteht *Druckpuls,* doch wird die Verlangsamung des Pulses häufig durch die der Temperatursteigerung correlate Frequenzsteigerung verwischt. Zu den erwähnten Erscheinungen treten mit der Entwicklung der Meningitis weitere Reiz- und Lähmungssymptome, die zum Teil auf direkter entzündlicher Reizung der Hirnrinde und der basalen Nerven, zum Teil auf Hirndruck beruhen. Zu erwähnen sind besonders auffällige *Hyperästhesien,* das KERNIGsche *Symptom, spastische Zustände* und *Zuckungen* umschriebener Muskelgruppen, *Konvulsionen* generalisierter Art, *Veränderungen der Zirkulation und der Atmung,* wie wir sie im Abschnitt Hirndruck näher analysieren werden, vor allem periodische Atmungsphänomene in der Art der CHEYNE-STOKESschen *Atmung* und des BIOTschen *Atmens.*

Die eitrige Meningitis gilt als die häufigste Todesursache bei den Hirnschüssen; doch ist zu beachten, daß dabei sehr oft nicht einfache Meningitiden vorliegen, sondern daß die Meningitis den Folgezustand einer anderweitigen Gehirnveränderung, besonders eines Hirnabscesses, eines Hirnvorfalls oder einer progredienten Encephalitis darstellt.

Was die Prognose der eitrigen Meningitis bei Schädelgehirnschüssen anbelangt, so ist der Verlauf der primären traumatischen Konvexitätsmeningitis bei aktivem Vorgehen nicht absolut infaust, während die basale Meningitis, die häufig nach indirekter Ventrikelinfektion oder nach Einbruch von Abscessen in die Ventrikel sich ausbildet, therapeutisch meist nicht zu beeinflussen ist.

Eine bedeutsame Rolle spielt bei den Schädelschüssen die *Meningitis serosa.* Die von PAYR und BITTORF beschriebene Meningitis serosa traumatica *aseptica* ist, wie das rein traumatische Hirnödem, als Folge der mechanischen Schädigung aufzufassen. Bei diesen Fällen bildet sich eine vermehrte Ansammlung von Liquor in den Ventrikeln und in den pericerebralen Liquorräumen aus, und zwar macht sich bei freien Kommunikationen zwischen Ventrikeln und Meningealräumen diese Meningitis serosa bis zur Cauda equina hin geltend. Durch Verschluß des Foramen Monroi, z. B. infolge Ablagerung von Blutgerinnseln, kann einseitiger Ventrikelhydrops entstehen, während durch Verschluß des Foramen Magendii ein reiner Hydrocephalus internus im Ventrikelsystem sich bilden kann, ohne daß gleichzeitig der Liquordruck im Duralsack erhöht zu sein braucht (PAYR).

Eine zweite Form der Meningitis serosa, die sich entwickelt, wenn entzündliche Vorgänge im Gehirn dicht an die Rindenoberfläche oder an die Ventrikelwand gelangen, kann man als *sympathische* oder *begleitende* Meningitis serosa bezeichnen. Hier ist die Ursache der vermehrten Liquorproduktion zunächst gewöhnlich eine toxische. Infolge Durchwanderung von Infektionserregern oder grobem Einbruch des Entzündungsherdes in die Meningen oder in die Ventrikel entsteht aus der sympathischen serösen Meningitis in späteren Stadien häufig eine eitrige. Umschriebene Meningitis serosa kommt nach PAYR namentlich bei Basalschüssen, sowie bei Tangentialschußverletzungen der Schläfengegend und der hinteren Schädelgrube zur Beobachtung. Von hoher praktischer Bedeutung sind die Feststellungen PAYRs, daß die seröse Meningitis häufig zu lokalen oder ausgedehnten hochgradigen Drucksteigerungen führen kann, die nach Messungen von PAYR 200—500 mm Wasser erreichen und bedrohliche Symptome zur Folge haben.

Kapitel 8.

Die Cephalocele traumatica.

Ein besonderer Folgezustand geschlossener Konvexitätsfrakturen, der mit wenigen Ausnahmen bisher nur bei Kindern beobachtet wurde, ist die sog. *Meningocele spuria* oder *Cephalohydrocele traumatica*. Wir verstehen darunter das Auftreten einer sukzessive zunehmenden Anschwellung über der Fraktur-

stelle, verursacht durch eine *Ansammlung von Liquor cereprospinalis unter den weichen Schädeldecken*. Erleidet ein Kind durch Sturz auf den Kopf eine umschriebene Konvexitätsfraktur, so sieht man in solchen Fällen, anstatt daß die lokale, durch Quetschung und Blutansammlung verursachte Schwellung der Haut sich zurückbildet, nach Ablauf einiger Tage über der Verletzungsstelle eine flache, langsam zunehmende Vorwölbung auftreten, die verursacht wird durch eine subkutane bzw. subaponeurotische Flüssigkeitsansammlung. Demnach *fluktuiert* die Geschwulst, zeigt gewöhnlich deutliche *Pulsation*, wenn sie nicht zu stark gespannt ist, und weist ferner mehr oder weniger deutliche

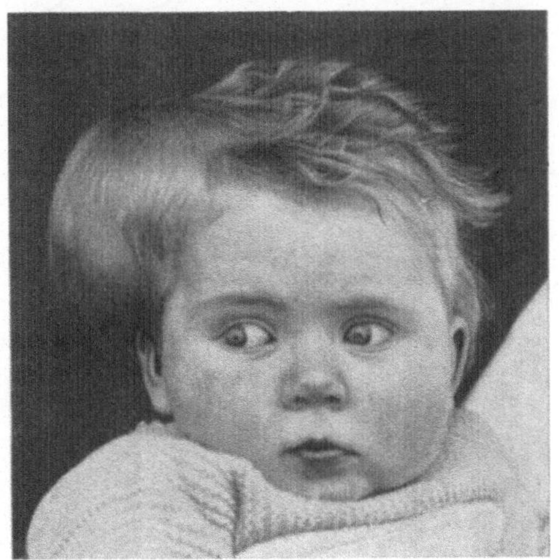

Abb. 295. Cephalocele traumatica, ein Jahr nach der Verletzung.

respiratorische Schwankungen auf. In liegender Körperlage wird die Geschwulst etwas größer und prall gespannt; in vermehrtem Maße ist dies der Fall beim Pressen und Schreien. Handelt es sich um größere Geschwülste, so kann man durch manuelle Kompression Hirndruckerscheinungen hervorrufen. Das Wachstum der Geschwulst verhält sich verschieden, indem früher oder später Stillstand eintritt. Immerhin können die Geschwülste bis Mannsfaustgröße erlangen, wie Abb. 295 zeigt, die eine eigene Beobachtung wiedergibt. Rückbildung der Geschwulst bis zu völligem Niveauausgleich ist bei wenig hochgradiger Entwicklung mehrmals gesehen worden, so in zwei Beobachtungen von *de Quervain*. In solchen Fällen bleibt dann einfach ein Schädeldefekt bestehen, der durch eine straffe Membran überbrückt wird.

Anatomisch handelt es sich bei der traumatischen Meningozele um Schädelfrakturen mit Zerreißung der Dura und freie Kommunikation der perizerebralen Liquorräume mit der extrakraniellen Liquorcyste. In der Mehrzahl der Fälle findet sich eine regionäre Läsion des Hirnmantels, die bis in den Ventrikel reicht und zu einer durchgehenden Kommunikation zwischen Seitenventrikel und Liquorcyste führt (Abb. 296). Nach der Zusammenstellung von DE QUERVAIN fand sich diese Kommunikation mit dem Seitenventrikel in

8 von 11 Fällen. Die Zerstörung des Hirnmantels kann auch nur seine äußeren Partien betreffen, so daß sich unter der Dura in der Hirnrinde eine zweite Liquorcyste findet, die nicht immer mit dem entsprechenden Seitenventrikel kommuniziert.

Ein wesentliches Moment bei der Bildung der Cephalohydrocele ist das *Ausbleiben der normalen Frakturheilung*, an deren Stelle eine zunehmende Dehiszenz der Fragmente bis zur Bildung eigentlicher Schädellücken in Erscheinung tritt. Diese Schädeldefekte können recht erhebliche Größe erreichen, indem

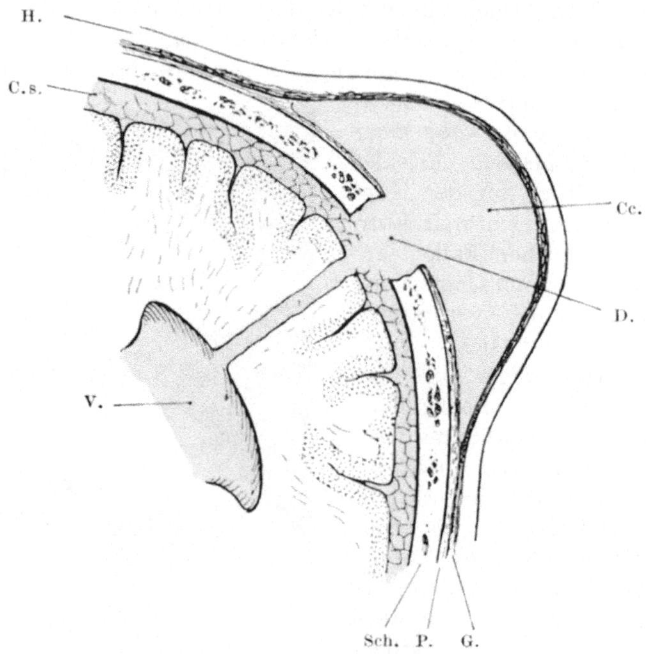

Abb. 296. Schematische Darstellung einer mit dem Ventrikel kommunizierenden Cephalocele traumatica.
H. Haut; G. Galea; P. Periost; Sch. Schädelknochen; C. s. Cavum subarachnoideale; D. Defekt im Knochen; Cc. Cephalocele; V. Ventrikel.

sie unregelmäßige, lange und breite Spalten oder eigentliche flächenhafte Substanzverluste bilden. Bei einer Beobachtung von KRÖNLEIN betrug der größte Durchmesser einer derartigen Schädellücke sogar 8,5 cm. Für die ausbleibende Frakturheilung werden verschiedene Ursachen angeschuldigt. Zunächst käme in Betracht die Interposition von Dura oder Gehirn, und es wäre auch denkbar, daß ein großes Hämatom oder der ständig durchströmende Liquor die Vereinigung der Fragmente verunmöglichte. Nach Untersuchungen von DE QUERVAIN ist offenbar eine erhebliche *Resorption im Bereich der Knochenränder* für das rasche Wachstum des Defekts verantwortlich zu machen, und es liegt nahe, anzunehmen, daß hierbei namentlich *Rachitis* eine Rolle spielt, vielleicht auch hereditäre Syphilis. Der Grund, warum derartige Liquoransammlungen so gut wie ausschließlich bei Kindern und nicht auch bei Erwachsenen beobachtet werden, liegt, wie DE QUERVAIN ausführt, wohl darin, daß die Galea und die behaarte Kopfhaut, die nach Verletzung des Schädels und der Hirnhäute dem Liquordruck allein standzuhalten haben, bei Kindern noch sehr weich und dehnbar sind, während sie beim Erwachsenen kraft ihrer Rigidität eine mechanisch ausreichende Abschlußmembran bilden. Mit dieser Annahme stimmt überrein, daß in den 2 einzigen Fällen, wo bei Erwachsenen die Entstehung einer traumatischen Cephalocele beobachtet wurde, Ausbuchtung einer frischen Weichteilnarbe vorlag (DE QUERVAIN). *Die spontane Heilung* erfolgt, wenn die Kommunikation des Cystenraumes mit dem Liquorraum sich schließt, doch kann auch in derartigen Fällen die Geschwulst bestehen bleiben, wie eine Beobachtung von KRÖNLEIN beweist. Übrigens kann die Geschwulst verschwinden, obschon eine Kommunikation mit dem Liquorraum bestehen bleibt, wie Fälle von WINIWARTER, CHRISTIAN, DE QUERVAIN zeigen. Auch die Abnahme der Liquorproduktion vermag naturgemäß eine Rolle zu spielen. Von wesentlichster Bedeutung ist jedoch die Zunahme der Resistenz der bedeckenden Weichteile. Die Spontanheilung erfolgt nur ausnahmsweise durch knöcherne Ausfüllung des Schädeldefektes, sondern meist durch Überbrückung mit fibrösem Gewebe. Die *Prognose* ist getrübt durch die Gefahr der *Epilepsie* und metastatischer *Meningitis*. Bei rachitischen Kindern besteht Neigung zu *Progression*.

Kapitel 9.

Ansammlung von Luft unter der Haut und im Schädelinnern.

Wird durch eine Schädelfraktur ein pneumatisierter Schädelknochen betroffen, so kann es zu einem Austritt von Luft unter die Galea oder die Haut oder auch zu einem Lufteintritt in das Schädelinnere kommen.

Hautemphysem entsteht in erster Linie nach Konvexitätsfrakturen im Bereich des Stirnbeins und auch nach Basisfrakturen, die nach dem Frontale hin auslaufen und zur Eröffnung des Sinus frontalis geführt haben. Viel weniger häufig sieht man subcutanes Emphysem nach Frakturen im Bereich des Warzenfortsatzes. Im Anschluß an Brüche der vorderen Stirnbeinhöhlenwand kommt es vorwiegend zu subcutanen Luftansammlungen im Bereich des oberen Lides und der nach oben angrenzenden Stirnhautbezirke. Ausgedehnteres Emphysem, das sich über Gesicht und Hals nach dem Rumpfe ausbreitet, ist nur ausnahmsweise beobachtet worden. Ähnlich wie der Liquorausfluß macht sich der Luftaustritt unter die Haut entweder sofort nach dem Trauma geltend, oder auch erst im Verlaufe von Stunden, im Anschluß an heftigeres Husten oder Pressen. Die unter die Haut ausgetretene Luft wird gewöhnlich im Laufe weniger Tage spontan resorbiert.

Obschon es naheliegend ist, daß bei durchgehenden Verletzungen in analoger Weise wie unter die Haut auch Luft in das Schädelinnere eintritt, so entziehen sich derartige interkranielle Luftansammlungen gewöhnlich dem klinischen Nachweis. Doch wurde man im Laufe des Weltkrieges auf *intracerebrale Luftansammlungen im Bereich traumatisch erweichter und zur Resorption gelangter Partien des Gehirnmantels* aufmerksam. Es handelt sich um ein typisches Bild, das als **intracerebrale Pneumatocele** bezeichnet wird und charakterisiert ist durch Bildung von umfangreichen Höhlen in der Gehirnsubstanz, die mit dem Sinus frontalis in Verbindung stehen. Bei Niesen, Husten und Schneuzen

wird durch die Verbindungsfistel Luft in diese Gehirnhöhle gepreßt, wodurch
es zu sekundärer, oft recht erheblicher Vergrößerung der Höhlen kommt. Ferner
kann Luft von den Mastoidzellen aus in das Gehirn vordringen. Schließlich
sind Pneumatocelen des Gehirns beobachtet worden auch ohne *Kommunikation
mit einem pneumatisierten Knochenabschnitt.* Es handelt sich in solchen Fällen
um *enge Hirnfisteln,* bei denen eine Ventilbildung vorliegt; unter der ansaugenden Wirkung der negativen Druckschwankungen im Schädel dringt Luft

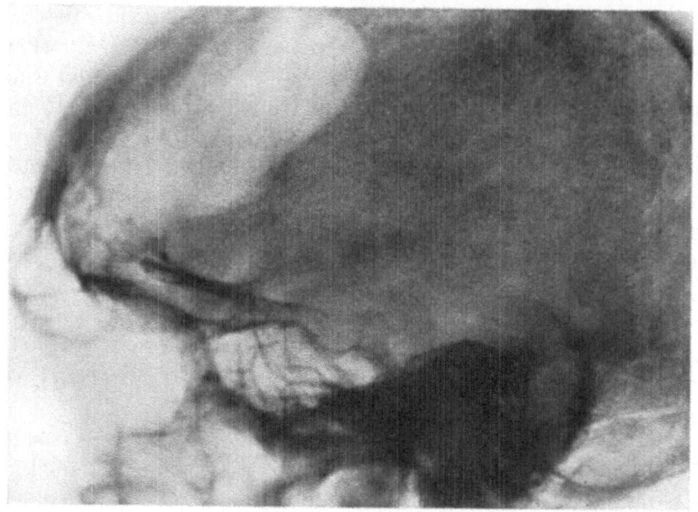

Abb. 297. Röntgenogramm einer Pneumatozele im Stirnhirn. (Nach GULEKE.)

in die Zertrümmerungshöhle ein, und vermag nicht wieder auszutreten, weil sich
in der positiven Druckphase das Ventil schließt.

Im Grund der Pneumatocele fand sich immer seröse, sanguinolente Flüssigkeit, die als Folge leichter Infektion aufzufassen ist, falls es sich nicht um reinen
Liquor handelt. Die charakteristischen *Symptome* dieser Pneumatocele bestehen im *Nachweis von Gasblase* und *Flüssigkeitsspiegel im Röntgenbild* (Abb. 297),
ferner im Vorhandensein eines *plätschernden Schüttelgeräusches* und *lokaler Tympanie.* DUKEN und WODARZ haben ferner ein eigentümlich schnarrendes Geräusch
beschrieben, das beim Vornüberneigen des Kopfes auftrat.

Kapitel 10.

Verletzungen der Blutgefäße bei Schädelfrakturen.

1. Subcutane Blutungen aus den Weichteil- und Diploegefäßen.

Die *Kopfschwarte,* das *Periost des Schädels,* sowie die *Diploe* sind außerordentlich reichlich mit Blut versorgt. Das erklärt einerseits die meist *starken Blutungen bei offenen Schädelverletzungen,* andererseits die ausnehmend günstigen Heilungsbedingungen auch ausgedehnter
Verletzungen der weichen Schädeldecken. Aus der *A. carotis interna* stammen die arteriellen Gefäße für die Stirngegend, nämlich die *A. frontalis* und *supraorbitalis*; die Schläfen-
und Scheitelgegend werden durch die oberflächliche *Temporalarterie* und die *A. auricularis
posterior,* die Hinterhauptsgegend durch die *A. occipitalis* versorgt, alles Äste der *A. carotis
externa.* Auch die *A. maxillaris externa* ist mit einigen Anastomosen beteiligt. Durch

Rami perforantes stehen die Arterien der Kopfschwarte mit den Arterien der Dura, besonders mit der A. meningea media in Verbindung.

Das knöcherne Schädeldach wird arteriell von außen versorgt durch periostale Äste der Gefäße der Kopfschwarte, die bis in die Diploe vordringen, von innen her durch Ästchen der *Aa. meningeae*. Aus den Diploevenen fließt das Blut sowohl nach den Venen der Kopfschwarte und des Gesichts (*Vv. temporales,* occipitales, faciales) ab, als auch nach den Duralsinus.

Die *regionären Lymphdrüsen* der Kopfschwarte, die bei infizierten, offenen Schädelfrakturen anschwellen können, liegen vor und hinter dem Ohr, hinter dem Warzenfortsatz und unter dem Ansatz des M. sternocleido.

Bei geschlossenen Konvexitätsfrakturen findet sich stets ein *lokaler Bluterguß* über der Frakturstelle, der infolge des straffen Baues der Schädelhaut sich nicht so rasch entwickelt und auch nicht so weithin ausdehnt, wie bei Extremitätenbrüchen. Am häufigsten kommt es zu einer *Blutung zwischen Knochen und Galea* mit Bildung eines umschriebenen beulenartigen Hämatoms. *Durch derartige Hämatome können direkt nach dem Trauma Impressionen verdeckt werden.* Andererseits gibt nach teilweiser Resorption des Hämatoms die an den Randpartien während längerer Zeit bestehende Weichteilinfiltration Anlaß zu *Vortäuschung von zentralen Impressionen.* Das lokale Hämatom stammt vornehmlich aus den Gefäßen der weichen Schädeldecken, sowie aus den Blutgefäßen der Diploe; doch kann sich auch aus verletzten intrakraniellen Blutleitern Blut nach außen unter die bedeckenden Weichteile ergießen. Entsprechend der verschiedenen Mächtigkeit der Diploe sind die Blutungen aus dem Knochen verschieden stark. Im allgemeinen ist die Entwicklung der Diploe am geringsten in den Seitenteilen des Schädels, im oberen Teil des großen Keilbeinflügels und in der Schläfenschuppe, während auf der Kuppe des Schädels und im Bereich der Parietalhöcker die Entwicklung der Diploe und dementsprechend die Blutung aus dem Knochen meist erheblicher ist.

Bedeutung für die Erkennung von Basisbrüchen haben fortgeleitete Suffusionen im Bereich der äußeren Haut und gewisser Schleimhautstellen; es handelt sich dabei um Blutungen, die durch Vermittlung weitmaschiger bindegewebiger Züge von der Schädelbasis an die Oberfläche gedrungen sind. Derartige *fortgeleitete Blutungen* sieht man an der äußeren Haut im Bereich der Augenlider, über dem Processus mastoideus und in den nach unten angrenzenden seitlichen Halspartien, in der Conjunctiva bulbi und in der Rachenschleimhaut. Auch für diese Blutungen ist, wie bei den Extremitätenfrakturen, *das spätere Auftreten* charakteristisch gegenüber den Hautblutungen, die wir als Folge lokaler Quetschung sehen. Diese fortgeleiteten Blutungen erscheinen erst mehrere Stunden oder auch erst 2—3 Tage nach der Verletzung. *Blutunterlaufungen der Lidhaut* sprechen, wenn eine lokale stumpfe Verletzung mit Sicherheit ausgeschlossen werden kann, mit großer Wahrscheinlichkeit für eine Basisfraktur, da nach den Untersuchungen von BERLIN ungefähr $80^0/_0$ der indirekten Frakturen des Orbitaldaches zu *Blutungen in das Orbitalfettgewebe* führen, offenbar weil beinahe durchwegs das Periost bei den Basisfrakturen mit durchreißt. Die Orbitalblutungen haben von Ödem begleitete, blutige Suffusion der Lider, der Bindehaut des Bulbus und in Fällen größerer Blutung mehr oder weniger hochgradige Protrusion des Augapfels zur Folge. *Beweisend für das Vorhandensein einer Orbitaldachfraktur ist die Kombination dieser Symptome nur, wenn eine*

direkte lokale Gewalteinwirkung sicher ausgeschlossen werden kann. Weniger
Beweiskraft als die blutige Infiltration der Augenlider haben *Blutungen in der
Konjunktiva,* da es in ihrem Bereich schon infolge geringer Erschütterung
sowie im Anschluß an Blutdrucksteigerungen bei Hustenstößen zu Blutaustritten kommen kann.

Praktisch wenig bedeutsam sind *blutige Infiltrationen der Rachenschleimhaut.*

*Blutergüsse über dem Warzenfortsatz, die sich nach den seitlichen Partien des
Halses erstrecken,* sieht man namentlich in den Fällen, wo gleichzeitig Blutungen
aus dem Ohr beobachtet werden. Es handelt sich dabei um Frakturen des
Processus mastoideus oder um Basisbrüche mit Ausläufern in die Schläfenbein-
schuppe.

Bei Brüchen im Bereich der hinteren Schädelgrube, besonders der Hinterhauptsschuppe, dringt das Blut unter die Nackenhaut, etwas rascher, wenn die
Fraktur in der Occipitalschuppe liegt, langsamer, wenn der Grund der hinteren
Schädelgrube gebrochen ist und das Blut durch die dicke Nackenmuskulatur
hindurch filtrieren muß. Eine besondere Art subcutaner Blutansammlung sehen
wir in Form des von STROMEYER zuerst beschriebenen sog. *Sinus pericranii.*
Wird durch ein Schädelfragment bei Splitterfraktur ohne Trennung der Galea
ein Sinus derart verletzt, daß die Dura gegen das Gehirn zu intakt bleibt, so
bildet sich ein mit dem Sinus in Kommunikation verbleibender Bluterguß,
der sich zum Teil zwischen Dura und Schädelinnenfläche, zum Teil zwischen
Galea und Außenfläche des Schädels ausdehnt. Der Sinus pericranii geht vom
oberen Längsblutleiter aus, und entspricht einem Varix; entsprechend sind
diese flachen Geschwülste exprimierbar, zeigen verschiedene Füllung je nach
Körperlage und weisen gelegentlich eine schwache, vom Schädelinnern her
fortgeleitete Pulsation auf. Ihre einzige Bedeutung liegt in der Gefahr einer
sekundären Verletzung.

2. Blutungen aus den intrakraniellen Gefäßen.

Den Blutungen infolge Verletzung intrakranieller Gefäße kommt erheblich
größere Bedeutung zu, als den Blutungen aus den Gefäßen der Kopfschwarte
und der Diploe, weil hier gelegentlich die freie Blutung nach außen gefährlich
werden kann, besonders aber wegen der *Druckwirkung intrakranieller Blutansammlungen.* Blutungen aus der Diploe unter das Schädeldach dagegen
erlangen kaum jemals einen Umfang, der für die Druckverhältnisse in der Schädelkapsel von Belang wäre.

Es erscheint angebracht, zum besseren Verständnis des Zustandekommens
intrakranieller Gefäßverletzungen einige *anatomische Bemerkungen* vorauszuschicken.

Was zunächst die im Vordergrund des Interesses stehenden *arteriellen Gefäße der Dura*
betrifft, so spielen die A. meningea anterior und posterior gegenüber der aus dem Gefäß-
gebiet der A. maxillaris interna stammenden *A. meningea media* praktisch keine Rolle.
Diese Arterie verläuft nach dem Eintritt in den Schädel, durch das Foramen spinosum,
3—5 cm weit nach vorne und außen, und gabelt sich etwa in der Mitte des großen Keilbeinflügels in einen vorderen und einen hinteren Hauptast (Abb. 298). Der vordere Ast
verzweigt sich unter Vermittlung von zwei ungefähr gleich starken Ästen im Bereich der
Innenfläche des Stirnbeins und des vorderen Abschnittes des Scheitelbeins. Der hintere
Ast verläuft horizontal rückwärts über die Basis der Schläfenbeinpyramide und verzweigt

sich an der hinteren Hälfte des Scheitelbeins sowie an der Hinterhauptsschuppe. Mit der Duraaußenfläche, die ihrer Funktion als inneres Periost gemäß Träger eines reichlichen Gefäßnetzes ist, zeigt die Arterie innige Verbindungen und ist lateral verschieden tief in Gefäßfurchen der inneren Schädellamelle eingebettet. Gelegentlich verläuft die Arterie streckenweise in einem vollständig geschlossenen Knochenkanal. An den Abgangsstellen seitlicher Äste für Knochen und Dura ist die A. meningea stärker fixiert, ebenso am Foramen spinosum. Dadurch erfährt auch die Dura, die sonst im Bereiche der

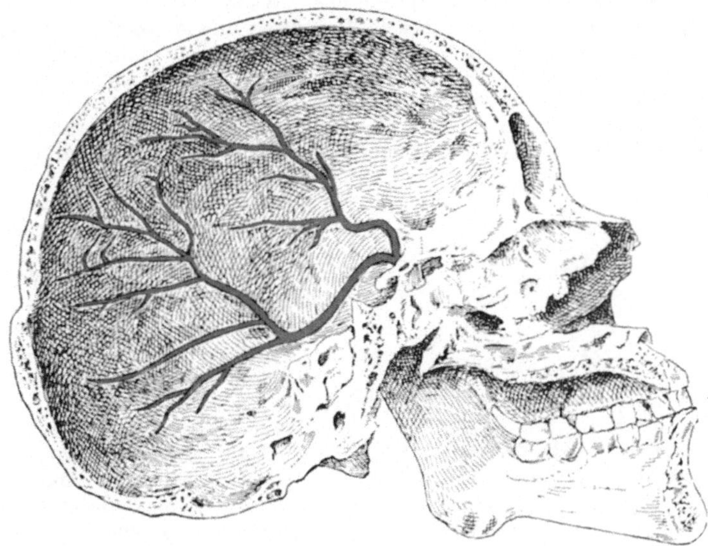

Abb. 298. Die Äste der A. meningea media. (Nach KNOBLAUCH.)

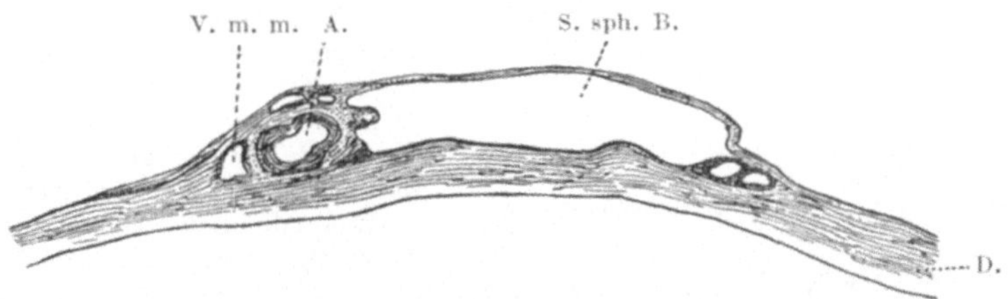

Abb. 299. Querschnitt durch die harte Hirnhaut mit A. und Vena meningea media und Sinus spheno-parietalis. (Nach MERKEL.)

Schädelkonvexität dem Knochen größtenteils nur locker anhaftet, eine intensivere Befestigung. Diese engen Bezichungen des Gefäßes zur Schädelinnenfläche und die stellenweise stärkere Fixation erklären die relative Häufigkeit komplizierender Verletzungen der A. meningea media bei Schädelbrüchen. Da die beidseitigen Aa. meningeae sowie der vordere mit dem hinteren Ast anastomosieren, können die peripheren Stümpfe nach Ligatur der zentralen weiterbluten.

Die Blutung bei den sog. Hämatomen der A. meningea media stammt häufig zu einem Teil, gelegentlich ausschließlich aus den Begleitvenen der Arterie, bzw. aus dem Sinus sphenoparietalis Brecheti (MERKEL, TROLLARD, JONES, MELCHIOR). Die A. meningea media ist meistens von zwei Venen begleitet, die gewöhnlich mit dem Sinus sphenoparietalis in Verbindung stehen (Abb. 299). Dieser verläuft etwas hinter der Coronarnaht, in Begleitung des vorderen Hauptastes der A. meningea media vom Scheitel zur oberen Orbitalfissur; gelegentlich mündet er in den Sinus cavernosus ein. Der Sinus Brecheti stellt entweder eine erweiterte V. meningea media dar, oder verläuft als selbständiges

Gebilde in einer deutlichen Knochenrinne, im untersten Abschnitt oft gemeinsam mit der
Arterie. Die äußere Wand des Sinus ist häufig so zart, daß sie beim Ablösen der Dura
vom Knochen sehr leicht einreißt.

Die *A. carotis interna* tritt durch den in der Spitze der Felsenbeinpyramide liegenden
Canalis caroticus, der sich an der Seite des Keilbeinkörpers zum gleichnamigen Sulcus
öffnet, in das Schädelinnere, verläuft seitlich vom Türkensattel gemeinsam mit dem Nervus
abducens durch den *Sinus cavernosus* (Abb. 300), in S-förmiger Krümmung, und durchbohrt dicht unter dem Foramen opticum die obere Wand des Sinus, um sich nach Ent-
sendung der A. ophthalmica in ihre beiden Hauptäste, die A. cerebri anterior und die
A. fossae Sylvii zu teilen. Der Sinus cavernosus selbst ist von zahlreichen Bindegewebs-
balken durchsetzt und gleicht deshalb einem kavernösen Körper. Die Einbettung in den
Sinus schützt die Carotis bis zu einem gewissen Grade vor Verletzungen, erklärt, daß die
Arterie und der Sinus von Traumen meist gleichzeitig betroffen werden, während die Kommunikation der beidseitigen kavernösen Sinus vor und hinter dem Sattel durch die queren

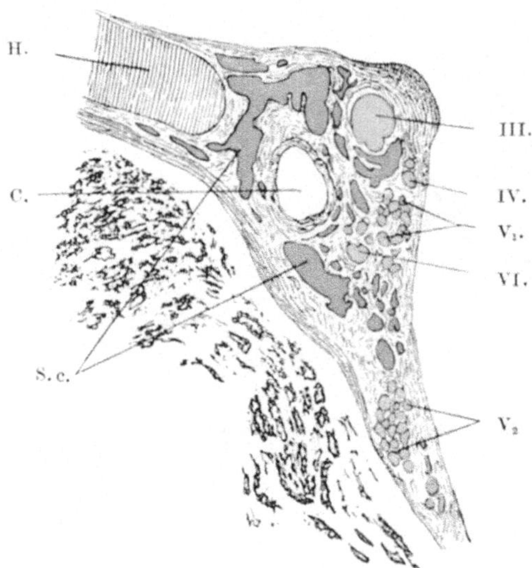

Abb. 300. Frontalschnitt durch den Sinus cavernosus.
(Nach CORNING.)
H. Hypophyse; C. Carotis; S. c. Sinus cavernosus.

Sinus intercavernosi das doppelseitige
Auftreten von arteriovenösen Aneurysmen der Carotis interna verständlich macht. Auch im Canalis caroticus
ist die Carotis von einem Venengeflecht
umgeben, was ein gewisses Ausweichen
gestattet.

Hinsichtlich der Topographie der
venösen Duralsinus sei auf Abb. 301
verwiesen. Verletzungen bei Schädelbrüchen betreffen vornehmlich den Sinus
sagittalis superior, den Sinus transversus (sigmoideus) und cavernosus.
Der Sinus sagittalis superior liegt in
ganzer Ausdehnung in einer Knochenrinne, und zeigt im Bereiche der Schädelkonvexität eine Reihe von seitlichen
Ausstülpungen (*Lacunae laterales*), die
der Einmündung der Zuflußvenen entsprechen, und in die sich die PACCHIONI-
schen Granulationen einstülpen. Im
Bereich dieser Ausbuchtungen ist der
Knochen oft hochgradig verdünnt, so
daß sehr leicht Verletzungen des Sinus
eintreten können. Die Emissaria parietalia stellen eine direkte Verbindung

mit den Venen der Kopfschwarte dar. Der *Sinus transversus* verläuft im Niveau der
Linea nuchae superior vom Confluens Sinuum quer nach außen und tritt in den Sulcus
sigmoideus der Pars mastoidea des Schläfenbeines, um dann am Foramen jugulare rechtwinklig zur inneren Jugularvene, bzw. in deren Bulbus einzutreten. Für traumatische
Läsionen des Sinus transversus ist dessen relativ tiefe Einbettung in den Sulcus sigmoideus
von Bedeutung. Die auf der Kante der Felsenbeinpyramide und längs deren hinterem
Rande verlaufenden *Sinus petrosi sup. et inf.* sind bei den Frakturen der mittleren Schädelgrube häufig eine Quelle der Blutung nach außen.

Die venösen Duralsinus stellen Duplikaturen der harten Hirnhaut dar, deren eine Wand
dem Schädelknochen dicht anliegt, und die in eine mehr oder weniger tiefe Knochenrinne
eingebettet liegen. Der eigentliche Gefäßwandanteil der Sinus ist äußerst dünn; eine
elastische Retraktion der Wandungen kommt nicht in Frage, weil infolge der Fixation
der Duralblätter auch nach Eröffnung die Sinusquerschnitte klaffend gehalten werden.
Diese Fixation verunmöglicht auch jedes Ausweichen der Sinuswandungen vor einwirkenden Traumen.

Die Verletzung der intrakraniellen Gefäße erfolgt entweder *direkt* durch
das die Schädelfraktur verursachende Instrument oder Geschoß, oder *indirekt*

durch scharfes Fragment. Auch kann unter der elastischen Gesamtdeformation des Schädels bei Berstungsbrüchen ein dem Knochen anliegender Blutleiter trotz seiner größeren Elastizität im Niveau einer Berstungsfissur einreißen, weil die ausgedehnte oder umschriebene Fixation eine Ausnutzung der Elastizität nicht gestattet. Beweisend für diesen Mechanismus sind die seltenen isolierten Verletzungen der Vasa meningea media bei intaktem Schädel, sowie ihre *Contre-coupläsionen.* Zu berücksichtigen ist ferner, daß durch stumpfe Schädeltraumen eine *Ablösung der Dura von der Schädelinnenfläche (Décollement)* stattfinden kann, was sowohl zu Abreißung von Knochenästen der Arterie als zu

Zerreißungen der dünnen Außenwand der Meningeavenen oder des BRECHETschen Sinus führt.

Offene Verletzungen der intrakraniellen Gefäße geben Anlaß zu Blutungen nach außen, die in einem folgenden Abschnitt besprochen werden. Bei geschlossenen Schädelbrüchen dagegen sammelt sich das Blut entweder zwischen Schädelknochen und Duraaußenfläche — *epidurale s. extradurale Hämatome* — oder unter der Dura — *subdurale Hämatome* —. Liegt ein in-

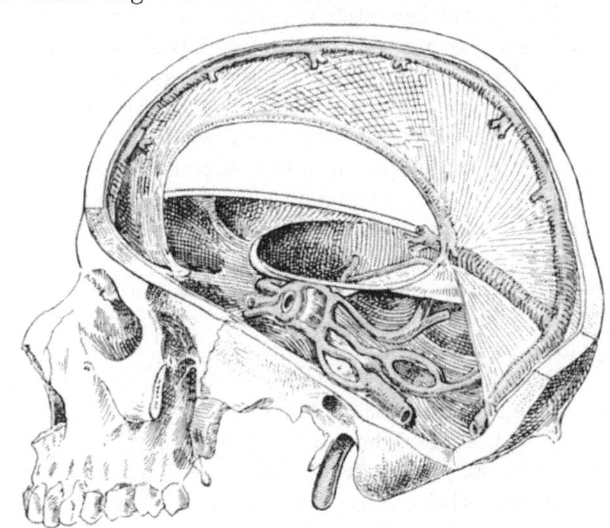

Abb. 301. Duralismus. (Nach CORNING.)

trakranieller Bluterguß teilweise extradural, teilweise subdural, so spricht man von einem *Zwerchsack- oder Hemdenknopfhämatom.* Wenn man von den kleinen, jede Schädelfraktur begleitenden pialen Extravasaten absieht, so machen die extraduralen Hämatome wohl $^3/_4$ aller intrakraniellen Blutergüsse aus.

Die extraduralen Blutergüsse.

Die extraduralen Blutergüsse stammen in weit überwiegender Zahl aus den Vasa meningea media, und zwar nicht nur aus der Arterie, sondern zu einem Teil aus den Venen. Auch kann gleichzeitig ein großer Sinus eröffnet sein, während isolierte Sinuszerreißungen als Quelle extraduraler Hämatome selten sind. BRUN fand unter 470 Schädelbrüchen 39 mal ein supradurales Hämatom, somit in etwa 8⁰/₀ der Fälle. Die beiden Hauptäste der A. meningea media sind in wechselnder Art verletzt; gelegentlich findet sich eine Abreißung der Arterie am Foramen spinosum. Genetisch interessant sind doppelseitige Zerreißungen der A. meningea media. Durch das austretende Blut wird die Dura vom Knochen abgehoben und nach dem Gehirn zu vorgebuchtet. Oft ist schon durch das Trauma selbst die Dura verschieden weit vom Knochen gelöst worden (Décollement préhémorrhagique nach DECHAUME-MONCHARMONT), was eine Verminderung des Widerstandes für das ausströmende Blut bedeutet. Am kindlichen und wachsenden Schädel, deren Dura dem Knochen fester anhaftet als beim Erwachsenen, sieht man nur ausnahmsweise extradurale Meningea-hämatome. Die Blutung kommt, falls nicht spontane Gerinnung an der Rißstelle eintritt, erst zum Stehen, wenn die durch das Extravasat bedingte intrakranielle Drucksteigerung den Blutdruck übertrifft. Dabei ist zu berücksichtigen, daß im nichteröffneten Schädel auch das Venenblut unter einem positiven Drucke steht (wenigstens 90 mm Wasser in horizontaler Körperlage nach CRAMER), so daß auch Venenverletzungen zu erheblichen Blutaustritten führen können. Ferner ist zu bedenken, daß während der akuten Hirnpressung, wie sie jede Schädelfraktur begleitet, eine durch vorübergehende Lähmung des Vasomotoren-zentrums bedingte Blutdrucksenkung zunächst zum Stehen der Blutung führen kann; häufig beginnt allerdings die Blutung von neuem und führt erst zur Bildung eines großen Hämatoms, sobald der Patient aus der Bewußtlosig-keit erwacht und der Blutdruck wieder ansteigt. Es kann auch vorkommen, daß die primär durch einen kleinen Thrombus verschlossene Rißstelle im Gefäß erst nach Stunden oder Tagen durch eine akzidentelle Drucksteige-rung — infolge von Aufregung, Husten, Niesen, Anstrengung der Bauch-presse, brüsken Bewegungen, Aufsitzen oder Aufstehen — neuerdings geöffnet wird, worauf erst ein zu Drucksymptomen führendes Hämatom zustande kommt. Diese Möglichkeit hat prophylaktische, diagnostische und thera-peutische Bedeutung.

Das extradurale Hämatom hat meist die *Form eines bikonvexen Blutkuchens*, der zu einer entsprechenden Eindellung der Gehirnoberfläche führt. Der betref-fende Abschnitt der Großhirnkonvexität zeigt eine napfartige Vertiefung (s. Abb. 303), mit verschieden weitgehenden Zeichen lokaler Kompression, besonders Abflachung der Furchen, Entleerung der pericerebralen Liquor-räume und Anämie.

Das Volumen der extraduralen Hämatome, die zu Drucksymptomen führen, schwankt zwischen 60 und 250 g. Kleinere Blutungen bleiben gewöhnlich symptomlos, doch können nach KOCHER schon Hämatome von 60 g Lokal-symptome hervorrufen.

Naturgemäß lokalisieren sich die Blutungen in der Gegend der Verletzungs-stelle des Gefäßes, die häufig im Zentrum des Blutkuchens liegt. Im übrigen richtet sich die Ausdehnung nach dem Blutdruck und nach der Ablösbarkeit der Dura, die in den seitlichen Schädelbezirken dicht von der Falx bis zum seitlichen Ansatz des Tentoriums und bis zu einer sagittalen Linie durch das Foramen spinosum am größten ist. Intensiver ist die Haftung der Dura in der vorderen und mittleren Schädelgrube.

KRÖNLEIN hat die Hämatome der A. meningea media eingeteilt in *diffuse*, beinahe die ganze Konvexität der entsprechenden Schädelhälfte betreffende, sowie in *cirkumscripte*. Am häufigsten sitzt das umschriebene Hämatom in der mittleren Schädelgrube zwischen dem Rand des kleinen Keilbeinflügels und der Vorderfläche der Felsenbeinpyramide, nach unten bis gegen das Foramen spinosum, nach oben bis zur Schuppennaht reichend. Dieses mittlere *Häm-atom* (Abb. 302) wird deshalb auch als *temporo-parietales* bezeichnet. Bei Ruptur des hinteren Astes entsteht das hintere oder *Parieto-Occipitalhämatom* (Abb. 302), das ungefähr die dem Tuber parietale entsprechende Region einnimmt; die untere Grenze dieses Hämatoms wird gewöhnlich vom Tentorium des Kleinhirns gebildet. Am seltensten kommt das *vordere* oder *fronto-temporale* (Abb. 302) Hämatom zur Beobachtung, unter dem Stirnhöcker liegend, nach unten bis zum Orbitaldach reichend, der seltenen isolierten Verletzung des vordersten Sekundärastes entsprechend.

Kleinere Hämatome sind zweifellos der *Spontanresorption* zugängig. Geschlossene und besonders offene Blutergüsse können sekundär vereitern; die hämatogene Infektion erfolgt meistens von den Lungen (Bronchitis und Bronchopneumonie) oder vom Darme aus. Eine weitere Sekundärveränderung unbeeinflußter Extraduralhämatome ist die *Cystenbildung*.

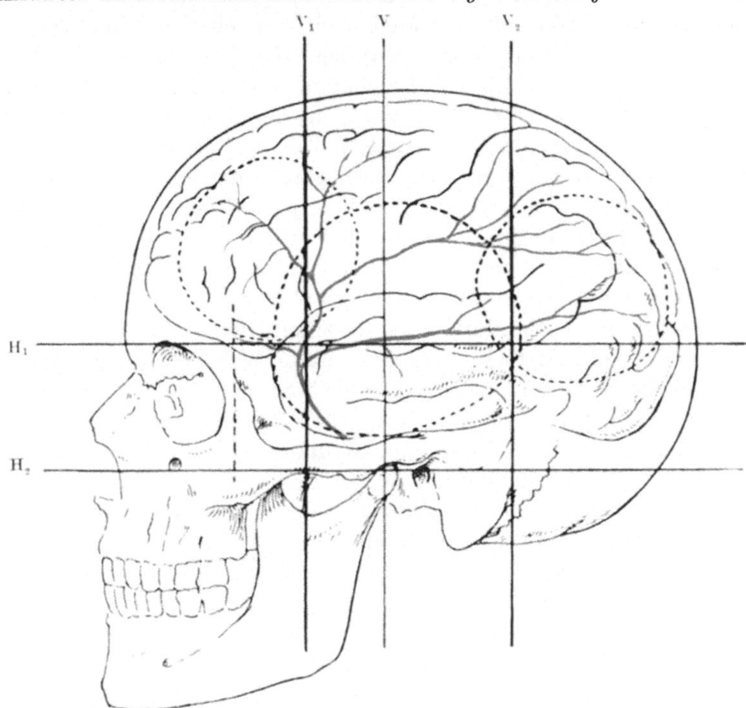

Abb. 302. Lokalisation der Meningeahämatome. (Nach KRÖNLEIN.)

Die *Symptome der extraduralen Hämatome* entsprechen häufig in reinster Form dem Bilde des *sukzessive zunehmenden Hirndrucks* (Compressio cerebri), wie wir es in einem besonderen Abschnitte kennen lernen werden. Wir sehen in klassischen Fällen die ganze Kurve der Hirndrucksymptome, von den Reizsymptomen des Kompensationsstadiums bis zu den ausgeprägten Lähmungserscheinungen, sich entwickeln. In der Regel enspricht der Ablauf der Symptome jedoch nicht der Erscheinungsfolge im Tierexperiment.

Im Vordergrunde des Interesses steht das sog. *freie Intervall*, dadurch charakterisiert, daß der Patient sich zunächst von den später zu schildernden Folgen der *akuten Hirnpressung* (Commotio cerebri) mehr oder weniger vollständig erholt, und keine manifesten Zeichen vermehrten intrakraniellen Druckes aufweist. Nach einem Intervall, das gewöhnlich einige Stunden nicht überschreitet, aber auch mehrere Tage betragen kann, treten nun die Zeichen zunehmenden Hirndrucks in Erscheinung. Dieses freie Intervall fehlt nur etwa in einem Drittel der Fälle von Extraduralhämatom. Unter Reizerscheinungen, von denen namentlich Unruhe, Kopfschmerzen und Übelkeit mit Erbrechen im Vordergrund stehen, setzen die Drucksymptome ein, um sich verschieden rasch zu entwickeln. *Von besonderer praktischer Bedeutung ist, daß nach kaum angedeuteten initialen Reizsymptomen der ganze mittlere Teil der Symptomenkurve des Hirndrucks übersprungen werden und der Patient in wenigen Minuten an katastrophal einsetzenden Lähmungssymptomen zugrunde gehen kann.*

Für die *Erkennung der Hämatome* bieten nun abgesehen vom freien Intervall die durch lokale Kompression der Hirnrinde ausgelösten *Herdsymptome* einen wesentlichen Anhaltspunkt. Es handelt sich zunächst um *motorische Reizerscheinungen* in bestimmten Muskelgruppen, die bei steigendem Druck in Lähmung übergehen. Von diesen Erscheinungen ist gemäß der Lage des Hämatoms die untere Extremität sozusagen nie isoliert befallen, weil das entsprechende Rindenzentrum im obersten Teil der Zentralwindung und im Lobulus paracentralis nur von großen Hämatomen erreicht wird, die auch die übrige motorische Region betreffen. Am häufigsten sieht man eine Lähmung beider gekreuzter Extremitäten, gelegentlich isolierte Armlähmung, isolierte Lähmung des Facialis sowie kombinierte Arm- und Facialislähmung. Charakteristisch ist die Lähmung des *motorischen Sprachzentrums bei linksseitigen Blutergüssen*, besonders in Verbindung mit Reizung oder Lähmung benachbarter Zentren, so der Rindengebiete für die kontralaterale Kopf- und Augendrehung. Auch umschriebene Herabsetzung des Gefühls kommt zur Beobachtung. Betrifft die Lähmung Hirnnerven, so ist namentlich bei Basisbrüchen stets an die Möglichkeit einer peripheren Lähmung zu denken, was für die Lokalisationsdiagnose von Bedeutung sein kann. Neben der gekreuzten Hemiplegie sehen wir nämlich bei extraduralen Hämatomen auch gleichseitige, *kollaterale Halbseitenlähmungen*. Hierbei kann es sich insofern um einen Trugschluß handeln, als bei tief komatösen Patienten die dem Hämatom gegenüberliegenden Extremitäten sich gelegentlich infolge Reizung der Rindengebiete in einem spastischen Zustande befinden, so daß dann irrtümlicherweise die gleichseitigen, infolge des Koma schlaffen Extremitätenmuskeln als gelähmt angesehen werden. In derartigen Fällen wird nun häufig die den schlaffen Extremitäten gegenüberliegende Thoraxseite in der Atmung zurückbleiben (ORTNERsches Symptom). Liegt dagegen eine wirkliche, autoptisch feststellbare kollaterale Hemiplegie vor, so wird auch die gleichseitige Atmungsmuskulatur paretisch sein. Zur Erklärung solcher Fälle haben KAUFMANN und ENDERLEN auf eine Totalverschiebung des Gehirns nach der gegenüberliegenden Seite aufmerksam gemacht (Abb. 303), und es liegt nahe, mit CURVEILHIER anzunehmen, daß bei derartigen Verschiebungen, die allerdings vor allem durch subdurale Blutergüsse hervorgerufen werden, die dem Hämatom gegenüberliegende Gehirnoberfläche an den Knochen angepreßt wird. Lähmungen infolge Druck extraduraler Hämatome entstehen gewöhnlich sukzessive, durch Gehirnzertrümmerung oder Basalnervenläsion bedingte momentan.

Pupillenveränderungen sind für die Lokalisationsdiagnose extraduraler Blutungen insofern verwertbar, als ungefähr in der Hälfte der Fälle die Pupille auf der Seite des Hämatoms erweitert ist; gleichzeitig besteht meist Pupillenstarre. Ursächlich handelt es sich hier beinahe durchwegs um Druckschädigungen des Oculomotoriusstammes an der Schädelbasis. *Stauungspapille fand* CUSTODIS unter 153 Hämatomen der A. meningea 9 mal angegeben; nach Feststellungen UHTHOFFs kann die Stauungspapille schon nach $1^1/_2 - 5^1/_2$ Stunden nachweisbar sein. In einer großen Zahl von Fällen fehlt sie jedoch dauernd, auch wenn das Bild des Hirndrucks zu voller Höhe entwickelt ist.

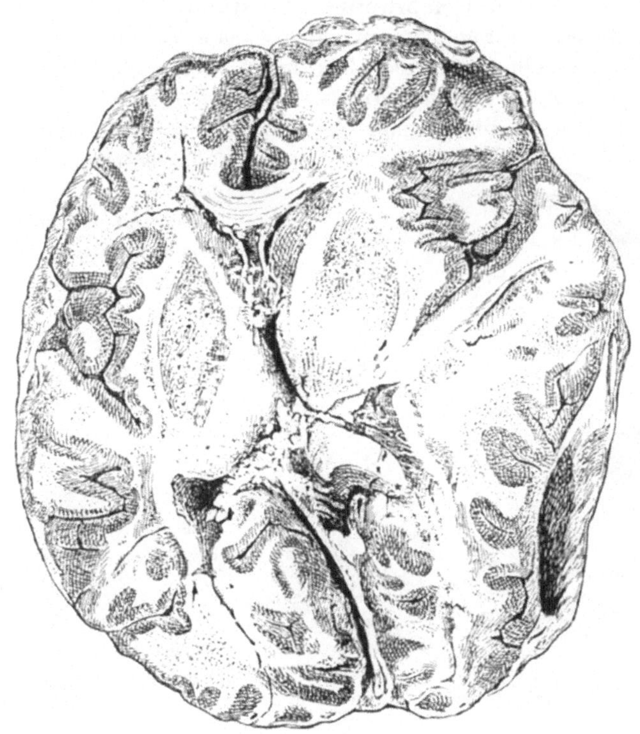

Abb. 303. Totale Verschiebung des Gehirns durch ein Hämatom der Vasa meningea media.
(Nach ENDERLEN.)

Die Prognose der Extraduralhämatome ist bei unbeeinflußtem Verlauf eine äußerst schlechte, indem nach WIESMANNs Zusammenstellung von 147 Fällen 139 oder 89°/₀ starben; von 101 operierten Fällen wurden dagegen $67 = 66,3°/_0$ geheilt, nach CUSTODIS von 143 trepanierten Patienten $96 = 68,1°/_0$.

Subdurale Hämatome.

Subdurale Hämatome sieht man als Begleiterscheinungen von Schädelfrakturen Neugeborener, wobei häufig nicht Gefäßläsion an der Frakturstelle, sondern Zerreißungen von Piavenen an der Stelle ihres Überganges in den Sinus longitudinalis superior vorliegen. Auch die Übergangsstelle der V. magna Galeni in den Sinus rectus reißt bei forcierten Geburten gelegentlich ein, namentlich wenn es zu Rissen im Tentorium kommt. Hinsichtlich ihrer Lokalisation kann man *supra-* (Abb. 304) *und infratentorielle Hämatome* unterscheiden, sowie *Mischformen.* Blutungen unter dem Kleinhirnzelt sind durch Hervortreten von Medullasymptomen charakterisiert.

Die subduralen Blutungen im Anschluß an Schädelfrakturen bei älteren Kindern und Erwachsenen stammen zu einem kleinen Teil aus den Vasa meningea media, in welchem Falle stets die Dura eingerissen ist. Meist liegt dann gleichzeitig ein extraduraler Bluterguß vor, der mit dem subduralen zusammenhängt. In Betracht kommt hier vor allem Abriß der A. meningea media am Foramen spinosum. Noch seltener stammt das Blut aus der A. carotis interna oder einem ihrer Hauptäste; derartige Gefäßrupturen bei stumpfen Schädeltraumen führen rapid zum Tode und erlangen kaum chirurgisches Interesse.

Die häufigste Quelle subduraler Blutungen bilden *Verletzungen der Duralsinus und der größeren Pialvenenstämme.* Von den *Sinus* ist der obere Längsblutleiter Zerreißungen und Anspießungen bei Schädelbrüchen am meisten ausgesetzt, und zwar sieht man hier am häufigsten direkte Läsionen durch eindringende Instrumente sowie indirekte Verletzungen durch Knochensplitter. Dann folgen in abnehmender Frequenz der Sinus transversus und der Sinus cavernosus; hier überwiegen die Verletzungen in Form der Berstungsrisse. Der Riß des Sinus transversus liegt beinahe ausnahmslos an der Rückfläche des Felsenbeins, im Niveau einer Frakturlinie. Zahlenmäßig betragen die Sinusverletzungen gegenüber den Verletzungen der Vasa meningea nur etwa $^1/_3$ und führen, abgesehen von den noch zu

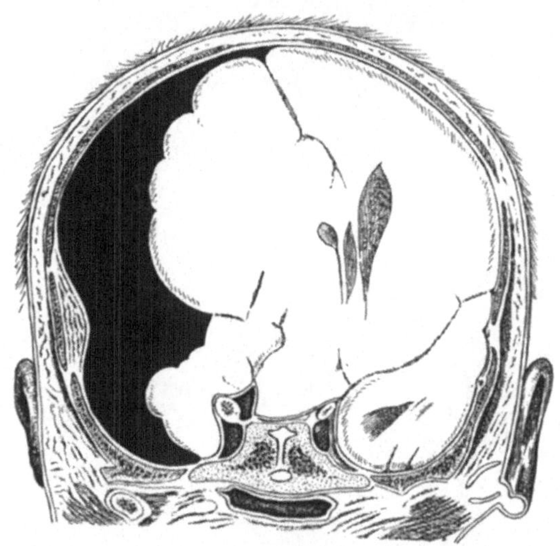

Abb. 304.
Supratentorielles Hämatom bei einem Neugeborenen, auf einem Gefrierschnitt dargestellt. (Nach SEITZ.)

besprechenden freien Blutungen nach außen, vorwiegend zu Subduralhämatomen. Die subdurale Blutung aus den Sinus ist meist eine sehr reichliche, führt aber nicht so rasch zu Druckerscheinungen, weil sich das Blut in einem präformierten Raum weithin ausdehnen kann, und weil der Außendruck des Hämatoms bald einmal den Sinusdruck übertrifft, so daß Hämostase durch Selbsttamponade zustande kommt. Umschriebene Subduralblutungen aus einem Sinus sind erheblich seltener als ausgedehnte. Zu berücksichtigen ist auch *die Möglichkeit rascher und ausgedehnter Resorption* des in den Subduralraum ergossenen Blutes auf dem Wege der Liquorbahnen.

Häufiger als aus den Sinus stammt das Blut subduraler Ansammlungen aus den *Venen der Pia mater.* Man hat deshalb diese Hämatome auch als intrameningeale abgegrenzt, was praktisch keinen großen Wert hat. Die Zerreißung erfolgt durch Quetschung und Zerrung bei der Kompression und den Verschiebungen des Gehirns, was daraus hervorgeht, daß diese Verletzungen sowohl am Orte der Gewalteinwirkung als diametral an der Stelle der Contrecoupwirkung gefunden werden. Ferner kommen Abreißungen der Pialvenenstämme an den Einmündungsstellen in die Sinus zustande. Die Blutung erfolgt auch hier meistens in den Subduralraum, kann sich jedoch auch umschrieben auf die Pia selbst und die Gehirnoberfläche beschränken. Häufig ist die Kombination mit supraduralen und mit *Ventrikelblutungen*. Subdurale Blutungen senken sich oft nach der Schädelbasis, entsprechend dem vorgebildeten Raume. Die rasche Resorption derartiger pialer und subduraler Blutergüsse geht daraus hervor, daß bei Schädelverletzten, die einige Tage nach der Verletzung zur Autopsie gelangen, oft nur noch unbedeutende Spuren solcher Blutergüsse nachweisbar sind, obschon die Symptome eine Annahme entsprechender Extravasate durchaus nahelegten. In den Subduralraum ergießen sich zum Teil auch Blutungen aus Quetschungsherden des Gehirns. Unvollständig resorbierte subdurale und intrameningeale Hämatome werden *bindegewebig umgewandelt*, wodurch narbige, zu Spätstörungen führende Verwachsungen zwischen Gehirnrinde und Dura entstehen. Bei disponierten Individuen kann sich eine Pachymeningitis haemorrhagica interna anschließen.

Die *Symptome der subduralen Hämatome* stimmen weitgehend mit den besprochenen Erscheinungen der extraduralen Blutergüsse überein. Entsprechend dem größeren vorgebildeten Raume und der weitergehenden Verschiebungsmöglichkeit des Gehirns bedarf es jedoch im allgemeinen eines erheblichen subduralen Blutergusses zur Auslösung von Hirndruckerscheinungen. Während klinische Drucksymptome bei extraduralen Hämatomen von 60 ccm aufzutreten pflegen, können subdurale Ergüsse von 130 ccm noch symptomlos bleiben. Auch die ergiebige Resorptionsmöglichkeit spielt hier natürlich mit. *In erster Linie wird dadurch das freie Intervall verlängert*. Während bei den extraduralen Blutansammlungen in etwa $90^0/_0$ der Fälle die Drucksymptome innerhalb der ersten 24 Stunden nach dem Unfall eintreten, trifft dies nach einer Zusammenstellung HENSCHENs nur für ungefähr die Hälfte der subduralen Hämatome zu; in $40^0/_0$ erstreckt sich das Intervall vom 2. bis zum 14. Tage. Freie Intervalle von 1—10 Monaten, wie sie in der Literatur niedergelegt sind, erfordern eine vorsichtige Beurteilung, da in solchen Fällen die Drucksymptome kaum jemals durch eine mit dem ursächlichen Trauma in direktem Zusammenhang stehende Subduralblutung verursacht sein dürften. Es handelt sich hier offenbar um hämorrhagische Entzündungen oder um *Spätblutungen* aus traumatisch veränderten Gefäßen.

Sind die ausgeprägten Drucksymptome bei subduralen Blutungen von der entsprechenden Phase bei Extraduralhämatomen nicht zu unterscheiden, so wird in den Anfangsstadien der Druckkurve das häufigere Auftreten umschriebener Rindenreizung in Form von Krämpfen, das gleichzeitige Vorkommen von Lähmung basaler Nerven entsprechend der Senkung des Blutergusses, sowie die Beteiligung weit auseinanderliegender Rindenbezirke eher für subdurale Blutung sprechen und zwar für diffuse. Umschriebene Subduralblutungen dagegen sind kaum sicher zu diagnostizieren; immerhin sei erwähnt, daß die *peribulbären infratentoriellen Blutungen* (HENSCHEN), bei denen ein direkter Druck auf die Medulla oblongata ausgeübt wird, in auffälliger Weise primär das Bild der Oblongatalähmung darbieten können. Langes freies Intervall spricht eher für Subduralhämatom. *Stauungspapille* ist auch bei Subduralhämatom inkonstant, findet sich jedoch in Fällen, wo eine Blutung in die Opticusscheide vorliegt, schon einige Stunden nach dem Trauma. Wertvoll kann die *Lumbalpunktion* sein, da bei subduraler Lokalisation der Hämatome der Liquor häufig Blutbeimischung zeigt.

3. Verletzungen der Carotis interna.
(Exophthalmus pulsans.)

Sowohl offene als gedeckte Verletzungen der Carotis interna bei Schädelfrakturen gehören zu den Seltenheiten, soweit Blutung nach außen und in den Subduralraum in Betracht fallen. Gelegentlich kommt es zunächst zu einer hochgradigen Schädigung der Gefäßwand, die erst einige Zeit nach dem Trauma zu einer tödlichen Blutung führt.

Häufiger sind *Verletzungen der Carotis cerebralis im Bereiche des Sinus cavernus mit Ausbildung eines Aneurysma arterio-venosum.* Derartige Aneurysmen führen zu dem klassischen Bilde des *pulsierenden Exophthalmus*. Nach einer Zusammenstellung von BECKER liegt dem traumatisch entstandenen Exophthalmus pulsans in beinahe 90% der Fälle ein stumpfes Schädeltrauma, also wohl eine Schädelbasisfraktur zu grunde; im übrigen handelt es sich um Stich- und Schußverletzungen. Nach SATTLER kommen auf 106 Fälle von pulsierendem Exophthalmus 69 traumatische, nach SLOMAN erreicht deren Frequenz 71%. *Der charakteristische Symptomenkomplex* des arterio-venösen Aneurysma im Bereich des Sinus cavernosus (Abb. 305) setzt sich zusammen aus pulsierender Protrusion des Augapfels, bedingt durch beträchtliche Stauung im Gebiete der Vena ophthalmica, ödematöser Schwellung der Lider, besonders des oberen, Gefäßstauung und Chemosis der Conjunctiva bulbi, Trübung der Hornhaut, gelegentlich mit Geschwürsbildung, starrer Dilatation der Pupille, Herabsetzung des Sehvermögens bis zur Amaurose, Abducensparese. Wird auch der Sinus intercavernosus von der Stauungsdilatation betroffen, so entsteht ein *doppelseitiger Exophthalmus pulsans*, der jedoch auf der Seite der Gefäßverletzung bedeutend hochgradiger zu sein pflegt. Dazu kommt ein auskultatorisch über dem Bulbus und über der ganzen betreffenden Kopfhälfte nachweisbares Geräusch, in Form eines kontinuierlichen, systolisch verstärkten Blasens und Sausens. Gelegentlich hört man intermittierend noch einen hohen pfeifenden Ton, der von den Franzosen als „bruit de piaulement" bezeichnet wird. Diese Geräusche quälen die Patienten selbst meist in außerordentlichem Maße. Neben dem Abducens sind in vielen Fällen auch der N. oculomotorius und N. trochlearis, nicht so selten auch der erste Trigeminusast gelähmt. Der Augenhintergrund kann normal bleiben, zeigt in hochgradigen Fällen eine Stauungspapille, jedenfalls aber das Bild hochgradiger Stauung der Venen, oft mit deutlichem Venenpuls. Das Sehvermögen ist gewöhnlich nur kurze Zeit unbeeinflußt, nimmt meist bald ab, bis zu völliger Erblindung infolge Atrophie der Papille des Opticus oder Veränderungen der brechenden Medien.

Diagnostisch ist neben den anamnestischen Anhaltspunkten maßgebend, daß durch Kompression der Carotis am Halse alle Phänomene abgeschwächt werden oder völlig verschwinden.

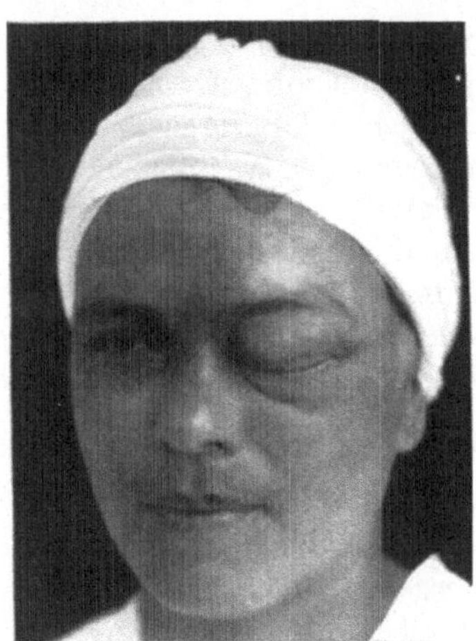

Abb. 305. Arterio-venöses Aneurysma der Carotis cerebralis; Bulbus enukleiert.

Die *Prognose* hinsichtlich Heilung ist ungünstig, der Verlauf, namentlich was die Schädigung des Sehvermögens anbetrifft, ein fortschreitender. Hornhautkomplikationen können zum Verluste des Auges führen. In einzelnen Fällen erfolgt der Tod an plötzlichen Blutungen nach dem Gehirn zu oder nach außen durch Vermittlung der Keilbeinhöhle.

4. Freie Blutungen nach außen, Ohrblutungen.

Bei offenen Schädelbrüchen können alle Blutleiter, deren Verletzung nach vorstehender Besprechung zu subcutanen und intrakraniellen Blutansammlungen Anlaß gibt, die Quelle freier Blutungen nach außen sein. Blutungen aus der *Meningea media* sind in dieser Form selten, und kommen so gut wie ausschließlich durch Verletzungen mit scharfen Instrumenten (Säbel- und Beilhiebe) zustande. Häufiger sieht man Eröffnung der *Duralsinus*, besonders des Sinus sagittalis superior, als Komplikation offener Schädelbrüche in Form direkter oder indirekter Verletzung. Handelt es sich um indirekte Eröffnung durch ein Knochenfragment, so besorgt dieses oft zunächst die Tamponade, und erst nach Entfernung des Fragmentes aus der Venenwunde tritt plötzlich eine heftige Blutung auf. Ähnliches sieht man bei Sinusverletzungen durch spitze Wurfgeschosse, wie abgebrochene Speerspitzen. Ansaugung von Luft in einen eröffneten Sinus kann zu rasch tödlicher *Luftembolie* führen, stellt jedoch eine seltene Komplikation dar, weil der Druck in den Duralsinus zunächst gewöhnlich positiv ist; erst großer Blutverlust und besonders tiefe Inspirationen machen den Druck in den Sinus negativ. Handelt es sich um infizierte offene Schädelbrüche, so schließt sich an die Sinusverletzung gelegentlich eine eitrige Thrombophlebitis mit Übergang in *Meningitis* oder *Pyämie* an.

Eine ganz besondere, vorwiegend diagnostische Bedeutung haben freie Blutungen nach außen bei Frakturen der Schädelbasis. Wurde durch die Fraktur der knöcherne Gehörgang oder das Antrum tympanicum, die Nase oder ihre Nebenhöhlen, das Cavum pharyngo-nasale eröffnet, so erfolgt eine mehr oder weniger ausgiebige Blutung aus Nase, Mund oder Ohr.

Besonders die Blutungen aus dem Ohr spielen, namentlich für die nachträgliche Begutachtung, neben den Zeichen der Gehirnerschütterung eine wesentliche Rolle für die Annahme von Schädelbasisfrakturen.

Die *Blutungen aus der Nase* stammen meistens aus Frakturspalten in der horizontalen Siebbeinplatte. Auch aus dem Sinus maxillaris, Sinus frontalis und Sinus sphenoidalis entleert sich Blut durch die Nase. Das in die Nasenhöhle ergossene Blut kann auch nach rückwärts in das Cavum pharyngo-nasale abfließen und durch den Mund nach außen entleert, oder nachdem es zunächst verschluckt wurde, später erbrochen werden.

Eine erheblich größere Bedeutung für die Diagnose der Basisfrakturen hatten bis in die jüngste Zeit Blutungen aus dem Ohr, indem vielfach die Ohrblutung als entscheidendes differential-diagnostisches Moment gegenüber einfacher, nicht durch Basisfraktur bedingter Hirnerschütterung angesehen wurde. Schon BERGMANN hat jedoch darauf hingewiesen, *daß die Ohrblutung allein, auch wenn sie sehr heftig ist, nicht zur Diagnose Basisfraktur berechtigt.*

Blutungen aus dem Ohr können zunächst entstehen, wenn eine Basisfraktur in größerer Ausdehnung durch das Felsenbein verläuft. Damit eine Blutung nach außen erfolgt, ist jedoch Voraussetzung, daß die Fissur entweder den äußeren Gehörgang betrifft, oder daß bei einer Querfraktur, die nur bis in das Mittelohr reicht, gleichzeitig auch das Trommelfell zerrissen ist. Ferner sind Blutungen aus dem äußeren Ohr beobachtet bei Abreißung des knorpeligen vom knöchernen Gehörgange, bei Frakturierung der vorderen knöchernen Gehörgangswand durch den eindringenden Gelenkfortsatz des Unterkiefers, bei Frakturen des Processus mastoideus, die bis in den hinteren Umfang des knöchernen äußeren Gehörganges reichen, und, worauf WALB aufmerksam gemacht hat, *bei isolierten Brüchen des Margo tympanicus.* Sehr starke Blutungen aus dem Ohr, bei denen das Blut nicht nur tropfenweise oder in spärlichem Strahl, sondern direkt schwallweise hervorstürzt, stammen gewöhnlich aus mitverletzten großen Blutleitern. Am häufigsten ist der Sinus transversus betroffen, der oft der hinteren knöchernen Gehörgangswand direkt anliegt; bedeutend seltener ist bei Felsenbeinfrakturen die Carotis mitverletzt, da sie nicht so enge Verbindung mit dem Knochen aufweist und deshalb gemäß ihrer großen Elastizität bei der Deformierung des knöchernen Canalis caroticus ausweichen kann. Betrifft die Felsenbeinfraktur nur den Porus acusticus internus und das Labyrinth, so erfolgt die Blutung nach innen unter die Dura oder unter das Gehirn; bei Labyrinthbrüchen finden die Blutansammlungen im Labyrinthe selbst statt, ebenso bei Felsenbeinfrakturen, die nur bis in seine Nachbarschaft reichen. Auch die einfache Erschütterung kann *Labyrinthblutungen* hervorrufen. Reicht die Fissur bis in die Paukenhöhle, ohne daß gleichzeitig eine Trommelfellruptur vorliegt, so entsteht eine Blutansammlung im Mittelohr, ein Zustand, den man als *Hämatotympanum* bezeichnet. In solchen Fällen kann das Blut durch die Tube nach der Rachenhöhle fließen, und die Blutungsstelle wird dann unter Umständen irrtümlich in den Bereich der Nase und ihrer Nebenhöhlen verlegt, falls keine otoskopische Untersuchung stattfindet.

Von großer Wichtigkeit für die Diagnostik der Schädelbasisfraktur sind die Feststellungen WALBs über die *isolierten Brüche des knöchernen Trommelfellrandes,* die ihren Lieblingssitz hinten oben an der Grenze zwischen unterem und oberem Quadranten haben, horizontal verlaufen und gewöhnlich in einen gleichsinnig verlaufenden Riß des Trommelfells münden. Da gewöhnlich keine knöcherne Heilung dieser Randfrakturen eintritt, sind sie otoskopisch noch nach Jahren mit absoluter Sicherheit nachweisbar.

In Fällen, bei denen durch spätere Untersuchung derartige isolierte Randfrakturen festgestellt werden, darf die anamnestisch nachgewiesene Blutung aus dem Ohr nicht in entscheidender Weise für die Diagnose „Schädelbasisfraktur" verwertet werden.

Kapitel 11.

Die Verletzungen der Gehirnnerven bei Schädelbrüchen.

Die Gehirnnerven erleiden bei Schädelfrakturen, besonders solchen der Basis, relativ häufig Verletzungen. Nach den vorliegenden Zusammenstellungen sind ein Fünftel bis ein Drittel der Basisbrüche durch isolierte oder multiple Hirnnervenlähmungen kompliziert. Das erklärt sich zwanglos aus den nahen und teilweise ausgedehnten Beziehungen, die sämtliche Hirnnerven zur Schädelbasis aufweisen (vgl. Abb. 306 und 307). Nach dem Austritt aus dem Gehirn

verlaufen die Hirnnerven eine verschieden lange Strecke durch die Schädelhöhle, und zwar liegen sie größtenteils im Subduralraum; vor dem Eintritt in
die Knochenöffnungen dringen die Nerven in die Dura ein, von der sie röhren-

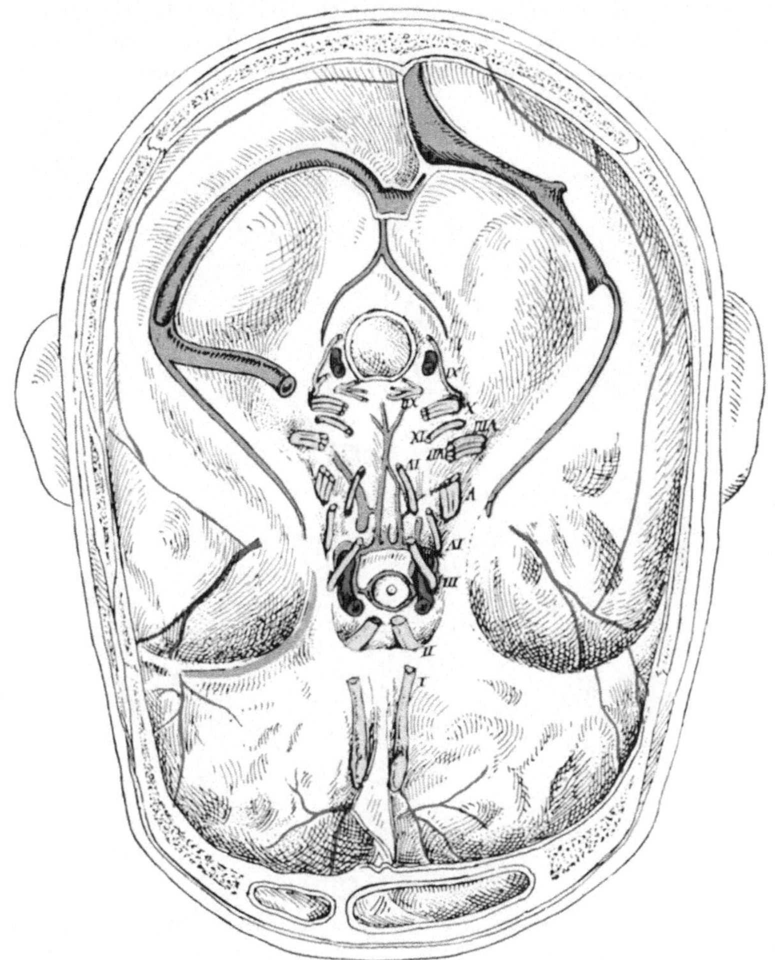

Abb. 306. Gefäße und Nerven an der Schädelbasis.

förmige Fortsätze in Form von eigentlichen Nervenscheiden erhalten. Durch
die Beziehungen zu der Dura im Bereich der Foramina entsteht an der Austrittsstelle aus dem Schädel eine gewisse Fixation der Gehirnnerven.

Mechanismus der Hirnnervenläsionen.

Das klinische Bild der Hirnnervenlähmung kann hervorgerufen werden durch
eine corticale, cortico-nucleäre und periphere Läsion. Im Vordergrund des
Interesses stehen für uns die eigentlichen peripheren intrakraniellen Verletzungen
der Hirnnervenstämme, wie wir sie als Komplikation besonders von Frakturen
der Schädelbasis zu Gesicht bekommen. Eine Vergleichung der typischen

Lokalisationen der Basisbrüche mit dem intrakraniellen Verlauf der Hirnnerven und mit ihren Durchtrittsstellen durch die Basalknochen erklärt ohne weiteres das erhebliche *Vorwiegen der peripheren Nervenverletzungen.*

Die Hirnnervenlähmung kann zunächst eine direkte sein, indem bei Schuß- und Stichverletzungen das frakturierende Agens direkt den Nervenstamm, seine Kerngebiete, die supranucleäre Bahn oder das entsprechende Rindenfeld schädigt. Doch spielen diese Verletzungen nur eine untergeordnete Rolle gegen-

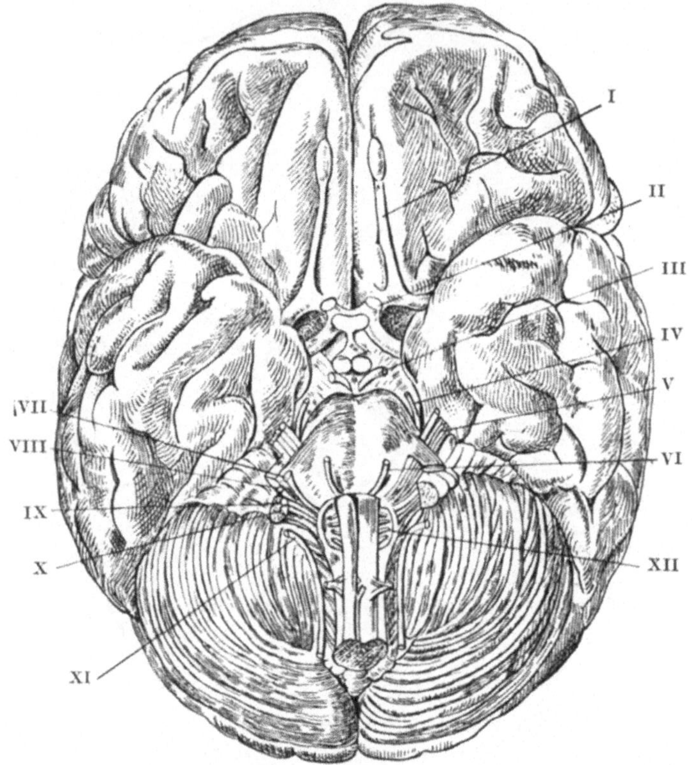

Abb. 307. Hirnbasis mit Austrittsstelle der Hirnnerven. (Nach TOLDT.)

über den *indirekten* Läsionen, die im besonderen folgende Arten ihres Zustandekommens unterscheiden lassen:

1. *Durchreißung oder Quetschung des Nerven an der Austrittsstelle im Bereich des Knochenkanals, durch verschobene, isolierte Splitter oder durch die im Momente der Frakturierung klaffenden Knochenränder.*

2. *Quetschung des Nervenstammes in seinem intrakraniellen Abschnitt, auch ohne daß an entsprechender Stelle eine Fissur vorzuliegen braucht. Es handelt sich hier um Quetschung durch die dem Gehirn entgegenschwingende Schädelbasis.*

3. *Dehnung des Nerven oder Ausreißung aus dem Gehirn, infolge diametraler Verschiebung der Fixationsstellen des Nerven unter der elastischen Gesamtdeformation der Schädelkapsel.*

4. *Kompression des Stammes durch ein definitiv verschobenes Fragment, durch einen regionären Bluterguß oder durch eine Blutung in die Nervenscheide.*

5. *Aufsteigende Entzündung oder Schädigung durch eine basale Meningitis.*

6. *Sekundäre Kompression durch einen Callus, besonders im Bereiche des Austrittskanals.*

7. *Läsion des intracerebralen Abschnittes durch Kontusion und Blutung.*

Die Art der vorliegenden Läsion ist oft schon erkennbar aus dem Zeitpunkt des Auftretens. Lähmungen infolge Kontinuitätstrennung und hochgradiger Quetschung treten sofort nach Einwirkung des Trauma in Erscheinung, während durch Kompression und Entzündung verursachte Paralysen erst Tage und Wochen nach dem Unfall auftreten können. Oft sind die Lähmungen in

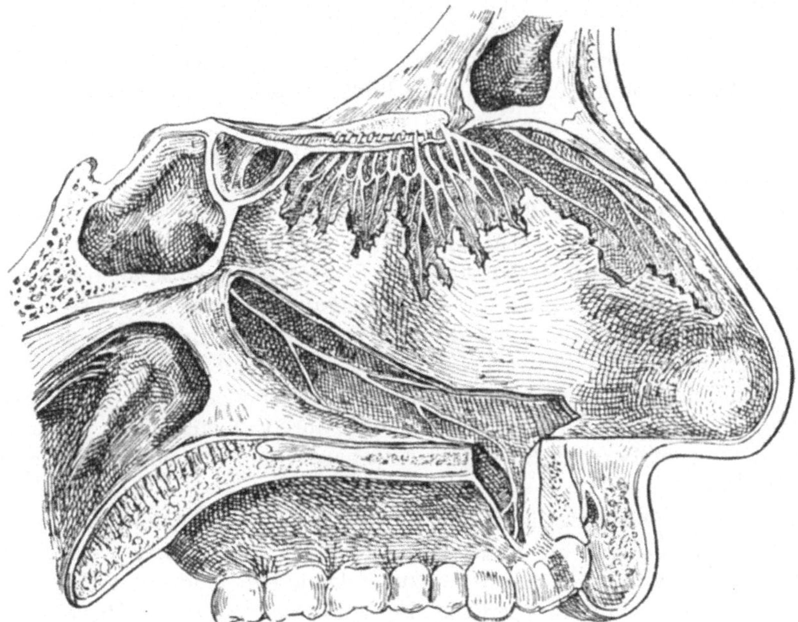

Abb. 308. Bulbus olfactorius und Fila olfactoria. (Nach Toldt.)

letzterem Falle unvollständige und betreffen, besonders wenn basale Blutergüsse und Entzündungen vorliegen, mehrere Nerven gleichzeitig. *Damit ist auch die Prognose bestimmt, indem sofort nach dem Trauma feststellbare totale Hirnnervenläsionen meist irreparabel sind, während erst sekundär auftretende Lähmungen und Paresen sehr oft mit der Zeit zurückgehen, sich einschränken oder völlig ausheilen.*

I. N. olfactorius.

Obschon die Fila olfactoria in engen Beziehungen zu der so häufig von Basisfrakturen betroffenen Siebbeinplatte und den Orbitaldächern stehen (Abb. 308), und obschon sich in diesem basalen Gebiet häufig ausgedehnte Blutergüsse finden, wird über die Verletzung des Geruchnerven bei Schädelfrakturen nur wenig berichtet. Das beruht wahrscheinlich auf ungenügender Untersuchung und erklärt sich auch daraus, daß ein großer Teil dieser Patienten in den ersten Tagen bewußtlos ist oder rasch ad exitum gelangt. Dauernde Geruchsstörungen brauchen sich übrigens nicht zu entwickeln, sobald nur ein Teil der zahlreichen, den Schädel verlassenden Verzweigungen des N. olfactorius durchgerissen ist.

19*

Blutinfiltrate bilden sich ziemlich rasch zurück, so daß ein anfänglich vorhandener Geruchsausfall bald wieder verschwinden kann. Immerhin wird isolierte oder kombinierte Lähmung der Geruchsnerven bei Basisbrüchen beobachtet und zwar handelt es sich meistens um einen *völligen Verlust des Geruchssinnes*. Gelegentlich tritt die Geruchsstörung erst sekundär auf. Die *Anosmie* kann dauernd oder vorübergehend sein. Eine seltene Form der traumatischen Schädigung des Geruchsorgans ist die *Parosmie*, charakterisiert durch Aufhebung des normalen Geruchsinnes bei gleichzeitigen ständigen ekelhaften Geruchswahrnehmungen.

II. N. opticus.

Der Opticus gehört zu den bei Schädelbrüchen am häufigsten geschädigten Nerven. Bei stumpfen Schädeltraumen bilden doppelseitige Opticusläsionen die Ausnahmen.

Der N. opticus wird am häufigsten verletzt infolge *Durchschießung* im Bereich der Orbita oder an der Schädelbasis. Auch intrakranielle Durchschießung des Sehnerven im Bereich des Chiasma wurde beobachtet. Bei gewöhnlichen Basisfrakturen erleidet der Sehnerv eine Läsion im Bereiche seines intrakraniellen Abschnittes, sei es, daß die Bruchlinie in das Foramen opticum reicht und der Nerv in diesem Abschnitt direkt von dem Trauma betroffen, sei es, daß er an den Grenzen der fixierten Partie durchgerissen, durch Splitter gequetscht oder durch Hämatome, die sich in die Nervenscheide ergießen, komprimiert wird. Auch Schädigungen durch Aneurysmen im Bereich des Sinus cavernosus sind beschrieben, ebenso sekundäre Kompression durch einen Callus. Verletzungen des Sehnerven im Bereich der Orbita sind häufig mit verschieden hochgradigen Läsionen des Bulbus verbunden.

Vollständige Durchtrennung des N. opticus führt zu sofortiger unheilbarer Erblindung, und auch die selteneren partiellen Leitungsstörungen, die umschriebenen Ausfall des Gesichtsfeldes zur Folge haben, sind meistens irreparabel, soweit es sich nicht um vorübergehende Kompressionen durch Blutergüsse oder Lymphstauung in der Nervenscheide handelt. Die *Prognose* der Schädigungen des Opticus durch komprimierende Blutergüsse ist im allgemeinen besser, doch bleiben auch nach Resorption der Blutergüsse umschriebene Gesichtsfelddefekte häufig dauernd bestehen.

Bezüglich der Lokalisationsdiagnose verweisen wir auf beigegebenes Schema (Abb. 309). Liegt die Leitungsunterbrechung zwischen Netzhaut und Chiasma, so resultiert *einseitige Blindheit*. Die seltene mediane Zerreißung oder Kompression des Chiasma führt zu *Ausfall beider temporalen Gesichtsfelder* unter Erkaltenbleiben der nasalen, also zu *bitemporaler Hemiopie*. Liegt die Schädigung zwischen Rinde einschließlich und Chiasma, so resultiert *homonyme Hemianopie*. Betrifft die Schädigung die *Rinde* selbst, so entsteht ein *negatives Skotom*, d. h. vollständiger Ausfall der korrespondierenden Netzhauthälften, der oft erst bei der Aufnahme des Gesichtsfeldes entdeckt wird. Unterbruch der *Sehstrahlung* führt zu einem *positiven* Skotom oder sog. *Dunkelsehen*, indem die ausfallende Partie dem Patienten als dunkler Fleck zum Bewußtsein kommt. Leitungsunterbrechungen im Bereich des Tractus opticus können gegenüber Störungen der primären Sehstrahlung nur abgegrenzt werden, wenn der Leitungsunterbruch nach vorne von der Abzweigung der centripetalen Fasern für den Licht-

reflex der Pupille sitzt. In diesem Falle ist die Hemiopie oder Hemianopie von
hemiopischer Pupillenreaktion auf Lichteinfall begleitet. *Pupillenerscheinungen*
sind bei Schädelbrüchen sehr häufig; LIEBRECHT fand solche in 40⁰/₀ der Fälle.
Dabei handelt es sich teilweise um zentrale Schädigungen sowie um solche im
Bereiche des Oculomotorius.

Von diagnostischem Interesse ist die Frage der *Stauungspapille bei Schädel-*
brüchen, die in etwa 5⁰/₀ der Fälle beobachtet wird. Ursächlich dürften Blutungen

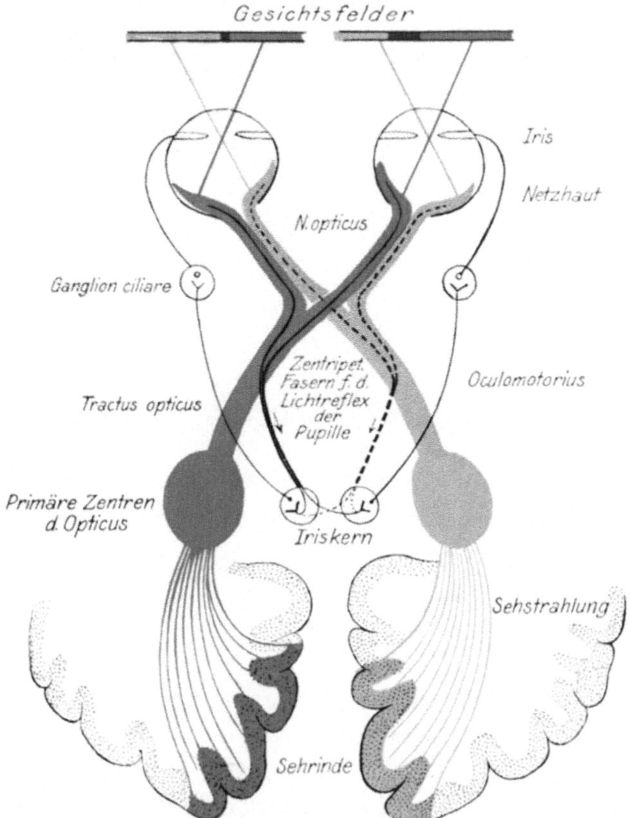

Abb. 309. Schematische Darstellung der Opticusbahnen und des Apparates für den Lichtreflex
der Pupille.

in die Opticusscheide, wenigstens als unterstützendes Moment, eine Rolle spielen.
Wesentliche Ursache der zu Stauungspapille führenden Lymphstauung ist in
Fällen von Basisfraktur wohl stets ein basaler Bluterguß, mit oder ohne Hämatom
der Sehnervenscheide.

III. N. oculomotorius.

Die isolierte Oculomotoriuslähmung bei Schädelbrüchen ist relativ selten;
SCHUSTER hat 12 solche Fälle gesammelt. Häufiger sieht man Oculomotorius-
lähmung kombiniert mit Paralyse anderer Hirnnerven, besonders des Abducens,
Trochlearis, Trigeminus, Fazialis und Acusticus. Sowohl durch Läsion im
Bereiche des Sinus cavernosus als an der Spitze der Felsenbeinpyramide können

Oculomotorius und Abducens gleichzeitig geschädigt werden (s. Abb. 300). In ersterer Hinsicht sei an die kombinierte Augenmuskellähmung beim Exophthalmus pulsans erinnert. Unter den Augenmuskelnerven steht die Frequenz der Oculomotoriuslähmungen an zweiter Stelle. Ihre absolute Zahl ist gering, was wohl auf dem relativ kurzen intracraniellen Verlauf dieses Nerven beruht.

Bei vollständigen *peripheren Lähmungen* des Nervenstamms besteht Ptosis

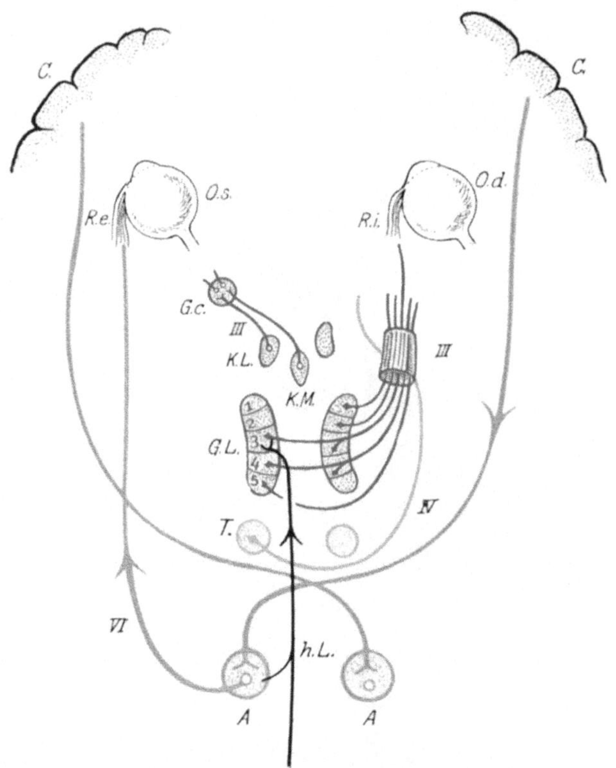

Abb. 310. Schematische Darstellung der Innervationsverhältnisse der Augenmuskeln.
(Zum Teil nach BING.)
C. Corticales Blickzentrum; R. e. Rectus externus; R. i. Rectus internus; G. c. Ganglion ciliare;
K. L. kleinzelliger Lateralkern; K. M. kleinzelliger Medialkern; G. L. großzelliger Lateralkern;
T. Trochleariskern; A. Abducenskern; h. L, hinteres Längsbündel.

des oberen Lids, Lähmung sämtlicher vom Oculomotorius versorgten äußeren Augenmuskeln, wobei der Bulbus nach außen und unten gedreht ist (Wirkung des M. rectus externus und obliquus sup.), Pupillenerweiterung und Akkomodationslähmung. *Infranucleäre Läsion* des Oculomotorius im Bereich des Hirnschenkels führt zu dem typischen Bild der *Hemiplegia cruciata superior*, d. h. Oculomotoriuslähmung mit vollständiger Hemiplegie der gegenüberliegenden Seite. Verhältnismäßig häufig sieht man bei Basisbrüchen einseitige Pupillenerweiterung mit Akkomodationslähmung, nach HÖSSLY u. a. stets der Seite des vermehrten Druckes entsprechend. Die Ursache dürfte in einer besonderen Empfindlichkeit der Irisfasern liegen, entsprechend den Verhältnissen beim N. recurrens vagi. Ferner kommen isolierte peripherste Lähmungen einzelner Muskeläste vor, besonders des Astes für den Levator palpebrae sup., verursacht durch Orbitaldachfrakturen und Blutungen in die Orbita. Bei den seltenen *nucleären Lähmungen* des Oculomotorius bleiben Sphincter pupillae und M. ciliaris, die eigene Kerne besitzen (s. Abb. 310), gewöhnlich frei. Gelegentlich sieht man eine Parese des M. orbicularis oculi, weil der Oculomotoriuskern Fasern für den Orbicularis zum oberen Facialiskern entsendet. Supranucleäre und corticale Augenmuskellähmungen sind meist bilateral, wegen der bilateralen Innervation. Eine Ausnahme macht gelegentlich der Levator palpebrae sup.

IV. N. trochlearis.

Isolierte Trochlearislähmungen nach Schädelbrüchen werden selten beobachtet. Die Trochlearislähmung kombiniert sich namentlich mit solchen des

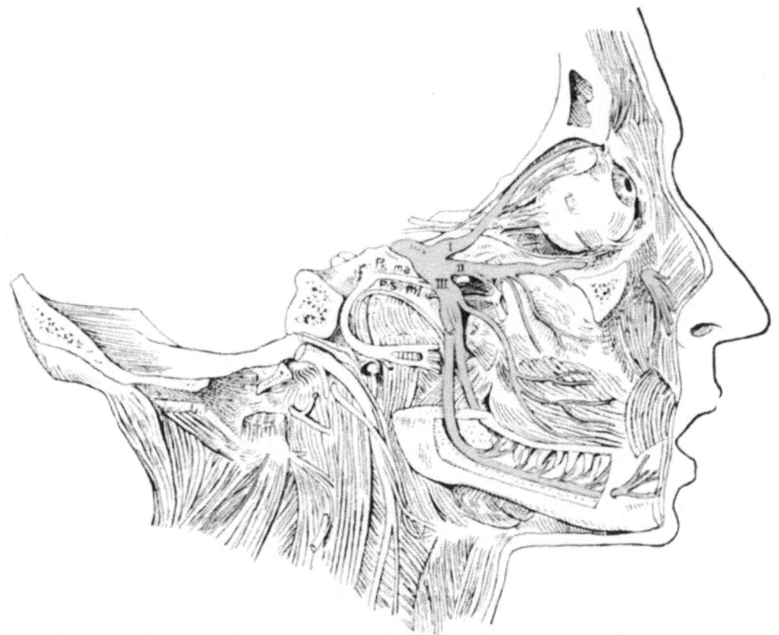

Abb. 311. Die Beziehungen des Trigeminus zur Schädelbasis. (Nach CORNING.)

Opticus, Oculomotorius und Abducens, besonders bei Verletzungen im Bereich des Türkensattels bzw. Sinus cavernosus, die zum Bilde des Exophthalmus pulsans führen (s. Abb. 300). Frakturen des Orbitaldaches bedingen gelegentlich Trochlearislähmungen, die heilbar sind, weil sie durch rasch resorbierbare Blutungen verursacht werden. In seltenen Fällen sind beide M. obliqui infolge doppelseitiger Läsion des Trochlearis gelähmt; nach Art des Trauma in den beschriebenen Beobachtungen handelte es sich zweifellos um Basisbrüche.

V. N. trigeminus.

Isolierte Trigeminusverletzungen bei Schädelfrakturen sind ebenfalls selten; meist sind noch andere Hirnnerven, und zwar auch solche der hinteren Schädelgrube (Hypoglossus) gleichzeitig betroffen. Dem entspricht, daß es sich ursächlich meist um intensive, zu ausgedehnten Basisbrüchen führende Gewalteinwirkungen handelte. Die Lage des Nerven im Schädelinnern läßt häufigere Läsion erwarten (vgl. Abb. 311); offenbar beruht ihre relative Seltenheit nur auf Unterlassung regelmäßiger Sensibilitätsprüfungen bei Basisbrüchen. Über die zu erwartenden Sensibilitätslähmungen gibt das Schema Abb. 312 Auskunft. Die motorischen Zweige sind seltener betroffen; von den sensiblen Zweigen ist der erste Ast im Bereiche des Sinus cavernosus besonders exponiert, und erweist sich bei Fällen von Exophthalmus pulsans häufig dauernd gelähmt. Die sensible Lähmung schränkt sich im Laufe der Zeit sowohl hinsichtlich Ausdehnung als Intensität ein, doch bleiben jahrelang vollkommen anästhetische Zonen nachweisbar. Die größte praktische Bedeutung hat die *sekundäre Keratitis neuroparalytica*, die nach akzidentellen Verletzungen des ersten Trigeminusastes auffällig viel häufiger eintritt, als nach operativen Durchtrennungen wegen Trigeminusneuralgie. Möglicherweise wirkt hier ein entzündliches Moment mit. Nicht so selten sieht man anfänglich im Ausbreitungsgebiet des betroffenen sensiblen Trigeminusastes einen Herpes auftreten. Auch kann die Schädigung der sensiblen Äste zu Hyperästhesie führen. Auch als Komplikation von Schußfrakturen sind Trigeminuslähmungen beschrieben, meist Verletzungen des Stammes

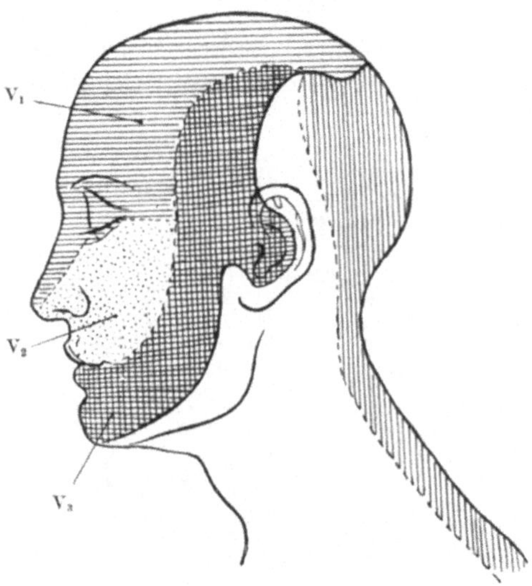

Abb. 312. Sensibles Versorgungsgebiet des Trigeminus. (Nach CORNING.)

oder des Ganglion Gasseri betreffend. Steckgeschosse können die Sensibilitätsstörung dauernd unterhalten.

VI. N. abducens.

Der Abducens ist nächst dem Facialis und Acusticus bei Basisfrakturen am häufigsten gelähmt. Der *Strabismus convergens* fällt gewöhnlich sofort auf, sobald die Patienten aus der Bewußtlosigkeit erwachen; meist wird bald über *Doppelbilder* geklagt. Die relative Häufigkeit der Abducensschädigung bei Basisfrakturen erklärt sich durch die ausgedehnten Beziehungen dieses Nerven zur hinteren und mittleren Schädelgrube von seiner Austrittsstelle am hinteren Ende der Brücke bis zum Eintritt in die Fissura orbitalis superior (vgl. Abb. 300, 306 u. 307). Bereits erwähnt wurde die geradezu typische Kompressionslähmung des Abducens beim Exophthalmus pulsans, die durch den Verlauf des Nerven durch den Sinus cavernosus ihre Erklärung findet. Am häufigsten erfolgt die Läsion des Abducens bei Frakturen, welche die Spitze der Felsenbeinpyramiden betreffen. In solchen Fällen sieht man die Abducenslähmung kombiniert mit Lähmungen des Facialis, Acusticus oder Trigeminus, während Kombination mit Oculomotorius- und Trochlearisläsion für Verletzung im Bereiche des Sinus cavernosus oder der Fissura orbitalis superior spricht. Die Großzahl der Abducenslähmungen sind *periphere*, was sich aus den anatomischen Verhältnissen, die den Nerven zu einem sehr exponierten machen, gut erklärt. Demnach sieht man vorwiegend isolierten Ausfall der Drehung des gleichseitigen Auges nach außen. *Nucleäre Abducenslähmung* bedingt wegen der Verbindung des Abducenskernes mit dem Abschnitt des Oculomotoriuskernes für den gegenüberliegenden M. rectus internus konjugierte Blicklähmung nach der Seite der Blutung; dazu findet sich eine gleichzeitige periphere Facialislähmung, da die nucleo-periphere Facialisbahn bogenförmig um den Abducenskern verläuft (s. Abb. 313). *Supranucleäre Lähmungen* führen zu konjugierter Augenablenkung (s. Abb. 310).

Von historischem Interesse dürfte sein, daß schon den alten Ärzten (CELSUS GALENUS) das Vorkommen von Schielen nach Schädelbrüchen bekannt war.

<h2 style="text-align:center">VII. N. facialis.</h2>

Weitaus am häufigsten wird bei Schädelfrakturen der Facialis in Mitleidenschaft gezogen. Aus 6 Statistiken berechne ich auf 834 Schädelfrakturen rund $20^0/_0$ Facialislähmungen. Unter den 83 Fällen BRUNS war die Lähmung des Gesichtsnerven in 44 Fällen eine *peripherische* und durch die Fraktur direkt bedingte. 38 Lähmungen waren *zentralen* Ursprungs, bedingt durch Impressionsfrakturen mit lokaler Verletzung des Rindenzentrums, häufig von Hemiplegie und motorischer Aphasie begleitet. Die Lähmung erfolgt am häufigsten durch Quetschung, Dehnung, hämorrhagische Infiltration oder Kompression durch Hämatome oder Exudate. Auch direkte Zerreißungen des Nerven im Bereiche des Felsenbeins oder am Eintritt in den Canalis Falloppiae wurden festgestellt. Ferner kann der Facialis durch eitrige Mittelohrentzündungen, die sich an Schädelfrakturen anschließen, in Mitleidenschaft gezogen werden. *Die zentrale Facialislähmung* betrifft hauptsächlich die unteren Äste, sowie die der Läsion gegenüberliegende Seite, während die *periphere Lähmung* alle Äste gleichmäßig betrifft und auf der Seite der Verletzung lokalisiert ist. Auch gleichzeitiges Vorhandensein von Hemiplegie, Störungen der Mitbewegungen bei Erhaltensein willkürlicher Bewegung und der Affektbewegungen im Bereiche der vom Facialis versorgten Muskulatur sprechen für intracerebrale, supranucleäre Läsion. Schädigung der nucleoperipheren Facialisbahn in der Brücke durch Blutungen führt zum Bilde der *Hemiplegia alternans*, d. h. Lähmung des Facialis der Seite, die den gleichzeitig gelähmten Extremitäten gegenüberliegt. Bei nucleären *Lähmungen* ist beinahe ausnahmslos der Abducens mitlädiert (s. Abb. 313), oft auch die Pyramidenbahn oder Schleife (*gekreuzte Hemianästhesie*). Bei Verletzungen im Bereiche des Porus acusticus sind die beiden Stämme des Nervus acusticus gewöhnlich mitbetroffen. Isolierte Facialislähmung ohne Beteiligung des Acusticus spricht für Verletzung durch die Fraktur im Bereiche des Canalis facialis. Die Lähmung ist gelegentlich doppelseitig und kombiniert sich am häufigsten mit Schädigungen des Acusticus. Was die objektiv nachweisbaren Störungen anbetrifft, so spielen neben der Gesichtsmuskellähmung Aufhebung des Geschmacks in den vorderen $^2/_3$ der Zunge, Beeinträchtigung der Speichel- und Tränensekretion sowie Hyperacusis (N. stapedius) eine Rolle. *Die Prognose der peripheren Facialislähmung bei Schädelfrakturen ist durchwegs eine schlechte, soweit es sich um Lähmungen handelt, die sofort oder kurz nach dem Unfall in*

Erscheinung traten. Periphere Facialislähmungen dagegen, die sich erst im Laufe einiger Tage nach dem Trauma entwickeln, und die offenbar auf Kompression oder Entzündung beruhen, bilden sich vollständig oder unter Hinterlassung nur geringer Innervationsdefekte zurück.

Die *Prognose der zentralen Facialislähmung ist eine erheblich bessere* und zwar macht sich die Besserung gewöhnlich schon in den ersten Tagen oder Wochen geltend (BRUN). Vollständige Heilung erfolgt meist schon innerhalb 1—2 Monaten und bleibt gewöhnlich bestehen.

VIII. N. acusticus.

Nächst dem Facialis ist nach der Zusammenstellung von BRUN der Acusticus am häufigsten geschädigt. Unter seinen 470 Fällen wurden bei 30 Basisbrüchen Gehörstörungen beobachtet; Angaben über begleitende Blutungen aus einem oder beiden Ohren lassen den Schluß zu, daß es sich meist um eine *Fraktur* im *Bereiche des Felsenbeins* handelte. Die Acusticusschädigung kann bei durchgehenden Querfrakturen eine doppelseitige sein. Unter den Fällen BRUNs war die Gehörschädigung 13mal mit Facialislähmung kombiniert, in einigen Fällen mit Lähmung des Oculomotorius, Trochlearis und Abducens.

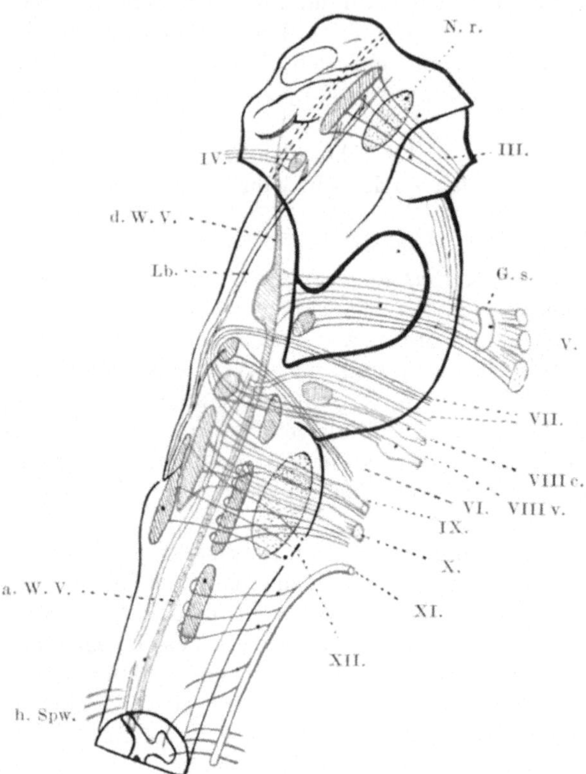

Abb. 313. Schematische Darstellung der Hirnnervenkerne. (Nach TOLDT.)
III.—XII. Hirnnervenwurzeln; N. r. Nucleus ruber; G. s. Ganglion semilunare; VIIIc. N. cochlearis mit Ganglion spirale; VIIIv. Nervus vestibularis mit Gangl. vestibuare; h. Spw. hintere Spinalwurzeln; a. W. V. aufsteigende Wurzel des Trigeminus; d. W. V. absteigende Wurzel des Trigeminus, motorisch,; Lb. Längsbündel.

Die *Gehörstörung* nach Basisfrakturen macht sich geltend durch eine mehr oder weniger weitgehende *Herabsetzung des Gehörs* bis zu vollkommener, meist einseitiger *Taubheit.* Dabei kann die Knochenleitung erhalten sein. In den meisten Fällen bestehen subjektive Ohrgeräusche, besonders in Form eines intensiven Rauschens und Sausens. *Die Prognose ist im allgemeinen ungünstig,* insofern als die Gehörstörung in den meisten Fällen eine dauernde bleibt.

Störungen des Gehörs können lokalisatorisch nur auf eine Läsion des Acusticus durch Fraktur im Bereiche des Felsenbeins bezogen werden, wenn eine gleichzeitige Facialislähmung vorhanden ist; denn auch ohne daß Felsenbeinfrakturen mit direkter Schädigung des Nervus cochlearis und des N. vestibularis vorliegen, können bei Schädeltraumen Gehörschädigungen verursacht werden durch Verletzung des corticalen Gehörzentrums im Schläfenlappen, der zentralen Gehörbahnen im Gehirn, der Acusticuskerne, sowie besonders durch Blutungen in das Labyrinth.

Differentialdiagnostisch sind zunächst die Störungen des eigentlichen *Hörnerven*, des N. *cochlearis* und die häufigeren Schädigungen des N. *vestibularis* auseinanderzuhalten. Die Schädigung des Hörnerven, seiner Kerne, sowie des Zentrums und der Leitungsbahnen im Gehirn führt zu sog. *nervöser Schwerhörigkeit* oder *Taubheit*, im Gegensatz zu den Gehörstörungen durch Läsion der schalleitenden Apparate im Ohr. Eine genaue Differentialdiagnose ist schwierig, weil die Symptome der zentralen und der peripher bedingten Gehörstörungen sich weitgehend decken. *Eine Lokalisationsdiagnose setzt deshalb immer genaue spezialistisch otologische Untersuchung voraus.* An dieser Stelle können nur einige wesentliche Punkte der Differentialdiagnose berührt werden. Als wesentliches Merkmal der nervösen Gehörstörung kann man ansehen die verschieden hochgradige Schädigung des Hörens durch Kopfknochenleitung, sowie Ausfälle in der Perzeption der Tonreihe. Abgesehen von dem Ergebnis der otoskopischen Untersuchung wird eine Schädigung der schalleitenden Apparate durch den RINNEschen *Versuch* nachgewiesen. Setzt man eine schwingende Stimmgabel auf den Processus mastoideus, bis ihr Schall nicht mehr wahrgenommen wird, und bringt die Stimmgabel in diesem Augenblick rasch vor die Ohröffnung, so wird bei normal funktionierendem Schalleitungsapparat die Stimmgabel wieder vernommen. Trifft dies nicht zu, so liegt jedenfalls eine Schädigung des schalleitenden Apparates vor *(negativer Rinne)*. Fällt dagegen der RINNEsche Versuch positiv aus, so beruht eine Schwerhörigkeit entweder auf einer Schädigung der Schnecke, des Nerven oder der zentralen Apparate. Anhaltspunkte für die Erkennung nervöser Schwerhörigkeit bieten ferner der SCHWABACHsche und der WEBERsche *Versuch*. Wird eine schwingende Stimmgabel durch Knochenleitung länger wahrgenommen als normal, so spricht das nach SCHWABACH für eine Mittelohraffektion. Ist dagegen die Dauer der Wahrnehmung verkürzt oder total aufgehoben, so liegt nervöse Schwerhörigkeit oder nervöse Taubheit vor. Beim WEBERschen *Versuch* setzt man eine schwingende Stimmgabel auf den Scheitel. Ist der Schalleitungsapparat krank, so nimmt der Patient den Schallauf der kranken Seite deutlicher wahr als auf der gesunden, während bei nervösen Störungen der Ton der Stimmgabel auf der gesunden Seite deutlicher gehört wird. *Ausfälle in der Perzeption der Tonreihe* stellt man durch Prüfung mit einem *Stimmgabelsatz* für die tiefen, mit einer GALTONschen *Pfeife* für die hohen Töne fest. Ausfälle im unteren Bereich der Tonreihe können als charakteristisch für Mittelohrerkrankungen angesehen werden, während Einschränkung in der Perzeption der hohen Töne für Erkrankung des Labyrinthes sowie der nervösen Zentren und Zuleitungsapparate spricht.

Reizerscheinungen von seiten des N. cochlearis in Form *subjektiver Ohrgeräusche* spielen eine große Rolle als *dauernde Folge von Schädelfrakturen*. So ist Ohrensausen von hoher Tonlage eine ziemlich regelmäßige Begleiterscheinung nervöser Schwerhörigkeit, wie sie nach Schädelfrakturen zur Beobachtung kommt.

Die nähere Lokalisation im Bereiche der Nervenbahn ist für den Acusticus meist sehr schwierig und gewöhnlich nur aus Begleitsymptomen festzustellen. So sprechen für eine Läsion des Acusticusstammes Kombination nervöser Schwerhörigkeit mit Störungen im Bereich des N. facialis, des N. vestibularis sowie das Auftreten von sog. Kleinhirn-Brückenwinkelsymptomen. Für die Diagnose zentraler Rindenläsionen kann oft die Lokalisation einer Konvexitätsfraktur sowie die Schädigung benachbarter Rindenzentren Verwertung finden.

Verletzungen des N. vestibularis führen zu Schwindel, und zwar hat diese Störung den Charakter des sog. *Kleinhirnschwindels*. Es handelt sich um systematischen Drehschwindel. Der Patient hat den Eindruck, daß er sich zu der Außenwelt in ganz bestimmter drehender Richtung verschiebe, und durch diese Sensation wird der bekannte sekundäre Symptomenkomplex von Unlust- und

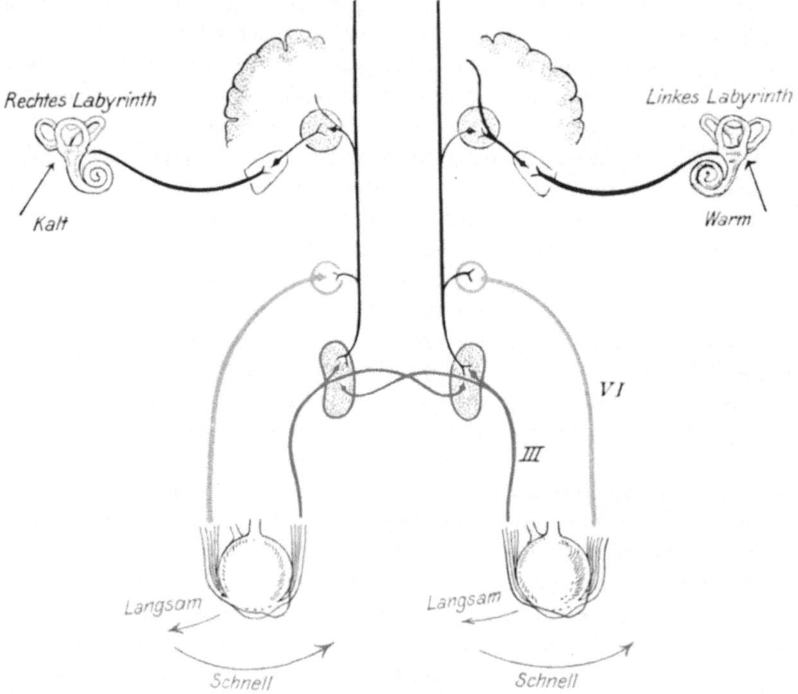

Abb. 314. Schematische Darstellung des kalorischen Nystagmus.

Übelkeitsgefühlen hervorgerufen, der sich in anfallsweisem Erbrechen äußern kann. Die nähere Lokalisation der Schädigung begegnet Schwierigkeiten, weil der echte Drehschwindel sowohl bei Erkrankungen des Labyrints, bei Verletzungen des N. vestibularis und seiner Kerne sowie bei Kleinhirnerkrankungen vorkommen kann. Affektionen des Labyrinthes sind häufig erkennbar an gleichzeitigen peripher lokalisierten Gehörstörungen. Eine lokalisierte Schädigung des N. cochlearis bestimmt auch häufig den Ort der Schädigung des N. vestibularis.

Die Unterscheidung von Kleinhirnstörungen und Schädigungen des N. vestibularis sowie des Labyrinthes wird ermöglicht durch nähere *Untersuchung des Nystagmus*. Sowohl bei Kleinhirnaffektionen als auch bei Schädigungen des N. vestibularis oder bei Labyrinthblutungen tritt *Nystagmus* auf, und zwar Nystagmus nach der gesunden Seite begleitet von Schwindel, Übelkeit, Erbrechen und Gleichgewichtsstörungen in Form von Fallen nach der kranken Seite. Spritzt man bei einem Normalmenschen kaltes Wasser in ein Ohr, so wird ein Nystagmus nach der gegenüberliegenden Seite hervorgerufen, bei

Einspritzung von warmem Wasser erfolgt Nystagmus nach der Seite des eingespritzten Ohres hin. Während nun Herde im Kleinhirn diesen *kalorischen Nystagmus* kaum beeinflussen, wird durch Schädigung des N. vestibularis oder durch Zerstörung des Labyrinthes der kalorische Nystagmus aufgehoben (Baranyi).

In Abb. 314 geben wir ein Schema für den kalorischen Nystagmus.

Die sog. kaudalen Hirnnerven: IX. N. glossopharyngeus, X. N. vagus, XI. N. accessorius, XII. N. hypoglossus.

Die nahe räumliche Lagerung dieser vier Hirnnerven macht es verständlich, daß sie bei Schädelfrakturen meist in ihrer Gesamtheit, eventuell in Kombination mit anderen Basalnerven, betroffen werden (vgl. Abb. 306 u. 307). Der Verlauf des Hypoglossus durch eine separate Öffnung in der Basis erklärt auch, daß die Hypoglossuslähmung nur in einem Teil der Fälle mit der Lähmung der Glossopharyngeus-Vagus-Accessoriusgruppe sich kombiniert.

Als Ursache dieser Lähmungen wird vorwiegend das Vorhandensein von *Ringbrüchen der Basis* angenommen, zum Teil gestützt auf autoptischen Befund. Die relative Seltenheit dieser Lähmungsform erklärt sich wohl daraus, daß Patienten mit Basisringbrüchen häufig der Medullaverletzung erliegen. Gleichzeitige Frakturierung der Felsenbeinpyramide bedingt nicht so selten Kombination mit Lähmungen des Facialis, Acusticus und des benachbarten Abducens.

Die *klinischen Symptome* zeigen das charakteristische Bild einer kombinierten peripheren, zu Muskelatrophie und Entartungsreaktion führenden Lähmung der betreffenden Hirnnerven. Vor allem fällt eine Störung des Schluckmechanismus auf, bedingt durch halbseitige Lähmung der Gaumen- und Pharynxmuskeln. Die Patienten verschlucken sich leicht, indem ein Teil der Ingesta in die Nase, ein Teil in den Kehlkopf gelangt, letzteres dann, wenn die Sensibilität der entsprechenden Kehlkopfhälfte herabgesetzt ist. Die Gaumenlähmung hat näselnde Sprache zur Folge. Der Gaumenreflex kann fehlen, die Sensibilität am Gaumen und Rachen herabgesetzt sein, ebenso die Geschmacksempfindung im hinteren Abschnitt der Zunge. Dazu kommt Lähmung eines Stimmbandes, mit paramedianer oder Kadaverstellung, schon erkennbar an Heiserkeit der Stimme. In einigen Fällen wurde initiale Pulsverlangsamung, später Pulsbeschleunigung beobachtet. Der *Accessoriusschädigung* entspricht eine Lähmung des gleichseitigen Sternocleido und Trapezius; gewöhnlich ist das mittlere, sog. Remacksche Bündel des Trapezius, das von den Cervicalnerven versorgt wird, nicht gelähmt und nimmt auch nicht an der sekundären Atrophie teil. Die Atrophie des M. sternocleido führt sekundär gelegentlich zu leichter Verkürzung des Muskels mit „Schiefhalsstellung" des Kopfes; das Schulterblatt steht etwas tiefer und näher der Mittellinie. Die Muskelatrophie wird gewöhnlich rasch hochgradig und bleibt, wie die Lähmung, dauernd bestehen.

Die *Hypoglossuslähmung* ist in den Anfangsstadien daran erkennbar, daß die Zunge schräg nach der gelähmten Seite herausgestreckt wird; dann entwickelt sich eine zunehmende Atrophie und häufig zeigt die Zunge später eine auffällige Runzelung, neben fibrillären Zuckungen. Die Hypoglossuslähmung kann sich zurückbilden, jedoch auch dauernd bestehen bleiben.

In den meisten Fällen bessern sich mit den Jahren die Schluckstörungen, wahrscheinlich infolge von Übung, soweit nicht irreparable Nervenläsionen vorliegen. Immerhin kann Neigung zum Verschlucken jahrelang bestehen bleiben. Prognostische Bedeutung hat die Schluckstörung in der ersten Zeit nach der Verletzung wegen der Gefahr einer *Schluckpneumonie.*

Hyperalgetische Zonen nach Schädelfrakturen.
(Intrakranielle Verletzungen des Sympathikus.)

Im Jahre 1903 machte WILMS darauf aufmerksam, daß nach Kopfschüssen gelegentlich *regionäre Hyperalgesie im Bereich von Nacken, Hals und Brust* auftritt. Die von ihm beobachteten hyperalgetischen Zonen waren nach dem Versorgungsgebiet des Trigeminus hin scharf abgegrenzt. MILNER und VOR-SCHÜTZ bestätigen diese Beobachtung und zeigten, daß hyperalgetische Zonen auch nach Schädelbasisfrakturen auftreten können. Ebenso hat CLAIRMONT

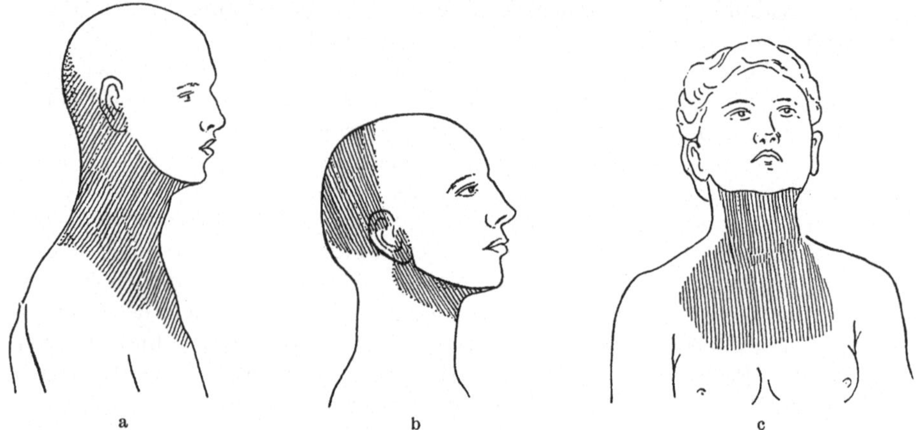

Abb. 315a, b, c. Hyperalgetische Zonen an Hinterkopf, Hals und Brust nach Schädelschuß. (Nach CLAIRMONT.)

über zonenförmige Hyperalgesie nach Kopfsteckschuß und Commotio cerebri berichtet. Über die Ausdehnung derartiger Schmerzzonen geben Abb. 315 a, b, c u. 316a, b, c Auskunft. Die hyperalgetische Zone kann doppelseitig symmetrisch oder auch nur einseitig sein. Dabei zeigte sich, daß die Schmerzzonen namentlich bei einseitiger Lokalisation auch auf das Randgebiet des Trigeminus am Scheitel übergreifen können.

Die Patienten empfinden in den betreffenden Hautgebieten entweder *spontan* verschieden heftige *brennende Schmerzen,* die so scharf begrenzt sind, daß die hyperalgetische Zone vom Patienten selbst genau aufgezeichnet wird. In anderen Fällen besteht nur *Hyperalgesie auf Berührung,* die so hochgradig sein kann, daß schon der leichte Druck eines Verbandes als unerträglich empfunden wird. Im übrigen ist die Sensibilität der hyperalgetischen Hautzonen normal sowohl für Berührung, als auch für die Beurteilung von Wärme und Kälte.

Diese Hyperästhesie verschwindet entweder nach 8—12 Tagen oder engt sich im Laufe von 2—6 Wochen sukzessive ein. Doch können, wie Nachuntersuchungen beweisen, Reste auch nach Jahren noch vorhanden sein. Zwischen der Art der Verletzung und der Lokalisation und Ausdehnung der hyperalgetischen Zonen bestehen zweifellos gesetzmäßige Beziehungen, insofern als eine Zusammenstellung von Clairmont zeigt, daß nach Schädelschüssen die hyperalgetische Zone hauptsächlich Hinterhaupt, Hals und Brust betrifft und zwar meistens beidseitig symmetrische (Abb. 315a, b, c), *während nach Basisfrakturen in den sämtlichen bisherigen Beobachtungen mit einer Ausnahme die Hyperästhesie sich auf Hinterkopf, Nacken oder auf die Parietalgegend beschränkte, teilweise mit Übergreifen auf das Grenzgebiet des Trigeminus* (Abb. 316a, b, c). Die hyperalgetischen Zonen entsprechen nicht dem Ausbreitungsgebiete einzelner Cervicalnerven, sondern weisen eine auffällige Übereinstimmung mit den *sensiblen Zonen der Cervicalsegmente* auf, wie wir sie aus den Untersuchungen von Kocher und Sherrington kennen. Entsprechend den Untersuchungen von Head über das Auftreten von Sensibilitätsstörungen bei Erkrankung tieferer Organe ist die Erklärung für das Auftreten dieser hyperalgetischen Zonen in einer Verletzung intracranieller Sympathicusfasern zu suchen, welche durch ihre Rami communicantes mit den oberen Cervicalsegmenten in Verbindung

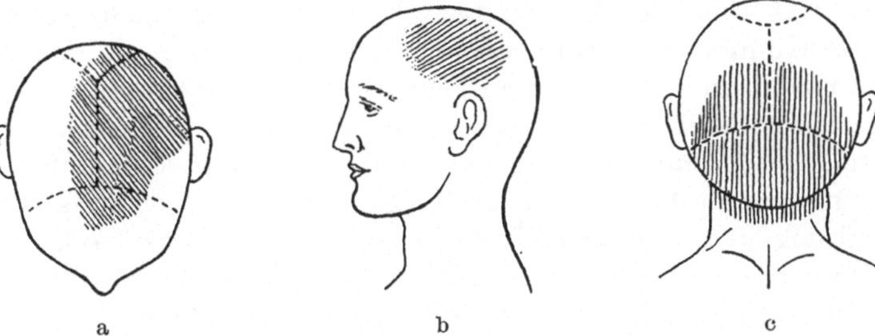

Abb. 316a, b, c. Auf das Trigeminusgebiet übergreifende hyperalgetische Zonen nach Basisfraktur. (Nach Clairmont.)

stehen. In Betracht kommen die zum Halssympathicus gehörigen intracraniellen Nervengeflechte, welche vor allem die großen Gefäße, aber auch die kleinen Gefäßäste begleiten. Diese sympathischen Geflechte stehen in Beziehung zum Ganglion cervicale superius, das wiederum mit den vier obersten Cervicalsegmenten in Verbindung tritt. Auf diesen Bahnen werden von der Verletzungsstelle aus ständige Reize nach den entsprechenden Cervicalsegmenten übergeleitet. Springen diese Reize auf die spinalen sensiblen Leitungsbahnen über, so werden spontan nach dem sensiblen Versorgungsgebiet der Cervicalsegmente peripheriewärts projizierte Schmerzempfindungen ausgelöst. Bei weniger intensiver Erregung wird nur eine Übererregbarkeit der von der Haut herkommenden sensiblen Leitungsbahnen hervorgerufen, so daß Hyperalgesie auf Berührung entsteht.

Kapitel 12.

Die Hirnquetschung oder Contusio cerebri.

1. Pathogenese und pathologische Anatomie.

Die Prognose der Schädelfrakturen wird in hervorragendstem Maße bestimmt durch begleitende Verletzungen des Gehirns. Das geht schon daraus hervor, daß bei den Patienten, die kurze Zeit nach dem Unfall ad exitum gelangen, direkte Schädigungen des Gehirns die häufigste Todesursache bilden, und zwar in erster Linie Verletzungen der Medulla oblongata, der Brücke und des Kleinhirns, anschließend Verletzungen der Schläfenpartie, der Hinterhauptsgegend und der Scheitelgegend. Weniger gefährlich sind im allgemeinen Kontusionen der Stirnlappen. Die Hirnquetschung wird zunächst beobachtet am Orte der Gewalteinwirkung. Je umschriebener ein Trauma einwirkt, je leichter an der Angriffsstelle der Schädel bricht oder auch nur eine umschriebene Einbiegung erleidet, desto eher kommt es zu einer begrenzten Verletzung der Gehirnsubstanz im Sinne der Quetschung, und desto umschriebener ist diese mechanische Läsion. In solchen Fällen ist das Gehirn in sinnenfälliger Weise verändert in Form lokaler Zertrümmerung der Gehirnsubstanz mit Blutung in die weichen Hirnhäute sowie in die Zertrümmerungshöhle und mit hämorrhagischer Infiltration der angrenzenden Gehirnpartien. Es handelt sich um Veränderungen, die man unter den Begriff der *makroskopisch diagnostizierbaren Contusio cerebri* oder *Gehirnquetschung* zusammenfaßt. Diese umschriebenen mechanischen Schädigungen sind am ausgesprochensten an der Stelle der direkten Gewalteinwirkung bei offenen Frakturen der Konvexität. Hier kommt es nicht so selten zum Austreten zertrümmerter Gehirnsubstanz aus der Knochen- und Weichteilwunde, verbunden mit Blutung und Liquorfluß. Bei subcutanen Schädelfrakturen ohne zurückbleibende Impression des Knochens sieht man an der Einwirkungsstelle des Trauma weniger hochgradige Zertrümmerung, oft nur hämorrhagische Quetschungsherde ohne grobe Zerstörung der Gehirnsubstanz, also unter Erhaltung des normalen Hirnrindenreliefs. Doch erstrecken *sich diese Veränderungen dann häufig über ausgedehntere Gebiete der Gehirnrinde.* Diese gequetschten und blutig infiltrierten Gehirnabschnitte können jedoch sekundär in verschieden großer Ausdehnung erweichen und abgebaut werden, so daß entsprechende *Defekte*, gelegentlich mit anschließender Bildung von *Blut-* oder *Liquorcysten*, entstehen. Auch bilden derartige Quetschherde gelegentlich den Ausgangspunkt für *sekundäre Hirnabscesse.*

Die Fortpflanzung der Gewalt in der Stoßrichtung sowie die elastische Deformation der gesamten Schädelkapsel haben zur Folge, daß auch an denjenigen Abschnitten der Gehirnoberfläche, die der Stelle der primären Gewalteinwirkung direkt gegenüberliegen, hämorrhagische Quetschherde entstehen. Diese unter den Begriff der *Contrecoupquetschung* zusammengefaßten Hirnveränderungen sieht man besonders an der Spitze der Schläfenlappen, an den auf den Orbitaldächern liegenden Stirnwindungen, sowie an der Basalfläche des Hirnstammes und der Medulla oblongata (Abb. 317a u. b), und zwar besonders nach Sturz oder Schlag auf die Schädelkonvexität.

Neben diesen makroskopischen hämorrhagischen Quetschungsherden an der Gehirnoberfläche finden sich nach stumpfen Schädeltraumen zentrale *Zertrümmerungsherde und Blutungen in den tiefen Gehirnpartien,* in der weißen Substanz und in den zentralen Ganglien, die bis Hühnereigröße erreichen können und häufig mit oberflächlichen Kontusionsherden in Zusammenhang stehen; ferner *Zerreißungen des Balkens, der Ventrikelwände und Blutansammlungen in den Ventrikeln. Diese groben Veränderungen liegen meistens in der Richtung der Gewalteinwirkung.* Für die Diagnose ist von Bedeutung, daß alle diese gröberen, zunächst begrenzten Kontusionsherde sekundär an Ausdehnung gewinnen können; gelegentlich geben sie zu *sekundären tödlichen Spätblutungen* Anlaß, die erste Tage, Wochen oder gar Monate nach der Verletzung, nach einem vollkommen freien Intervall, in Erscheinung treten *(traumatische Spätapoplexien)*.

Neben diesen ausgedehnten Quetschungs- und Blutungsherden finden wir makroskopisch erkennbare, *kleine gruppierte Erweichungsherde* und *ödematöse Quellung der Gehirnsubstanz*, ebenfalls vorwiegend in der Richtung der Stoßeinwirkung. Diese makroskopisch wahrnehmbaren geringgradigeren Veränderungen beruhen nach HAUSER wesentlich auf Quellung und Degeneration der Achsenzylinder und Markscheiden; sie treten erst einige Tage nach der Gewalteinwirkung in Erscheinung und sind deshalb bei Patienten, die unmittelbar im Anschluß an das Trauma zugrunde gehen, nicht nachweisbar. Neben diesen

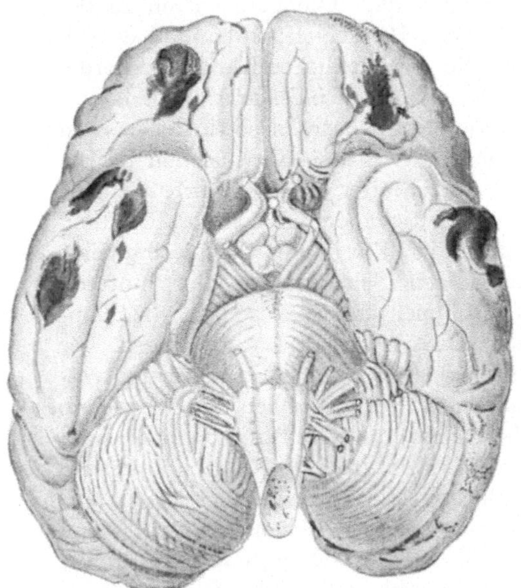

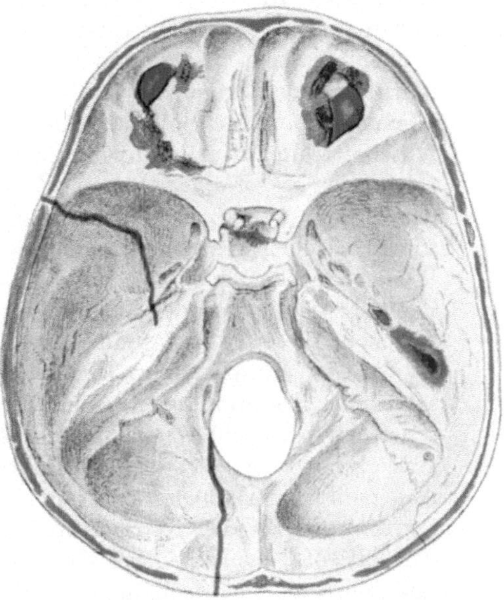

Abb. 317a. Contrecoup-Quetschungen an der Basis von Schläfen- und Stirnlappen. (Nach KOCHER.)

Abb. 317b. Basisfraktur und sog. Contrecoup-Frakturen der Orbitaldächer. (Nach KOCHER.)

Degenerationsherden, die auf *traumatisch ausgelöster Nekrose der Nervenelemente* beruhen, findet man häufig zahlreiche *punktförmige, dicht beieinanderliegende Hämorrhagien*, besonders in der Rinde, oft aber auch im Mark, und zwar wiederum vorwiegend und maximal in der Stoßrichtung lokalisiert.

Eine fernere Folge der Hirnkontusion bilden eine *Reihe nur mikroskopisch wahrnehmbarer Veränderungen* wie Quellung und Verbreiterung der Achsenzylinder unter Bildung hyaliner Schollen, Zerfall der Markscheiden, Verkalkung von Ganglienzellen, abnorm starke Füllung der Gefäße mit Abheben der perivasculären Lymphscheiden, sowie Infiltration der perivasculären Bezirke mit Leukocyten. In späteren Stadien findet man als Ausdruck der beschriebenen traumatischen Gehirnschädigungen *herdweise Atrophien, Narben, Cystenbildung*, sog. *Plaques jaunes*, und zwar besonders an der Stelle oberflächlicher Blutungen; ferner *pigmentierte Riß- und Quetschnarben an den Ventrikelwandungen*, sowie *Pigmentansammlungen in den Lymphscheiden*. Gröbere Blutungs- und Zertrümmerungsherde, die sich zunächst unter dem Bilde der *roten*, später der *braunen* und *gelben Erweichungen* darstellen, fallen bei aseptischem Heilungsverlaufe der Resorption anheim, oft unter entsprechender Cystenbildung. Oberflächliche Cysten im Hirnmantel sind gewöhnlich mit Liquor gefüllt und stehen häufig in Verbindung mit subarachnoidealen Räumen.

2. Die klinischen Symptome der Contusio cerebri.

Umschriebene mechanische Läsionen der Hirnrinde sind nur diagnostizierbar, wenn sie zu bestimmten, wohl charakterisierten Ausfallserscheinungen führen. Das gilt auch für die umschriebenen Blutungsherde im Bereich des Hemisphärenmarks, der zentralen Ganglien, der Brücke, der Medulla oblongata, sowie des Kleinhirns. Die Symptome, die auf Schädigung der Oblongatazentren zu beziehen sind, sehen wir hauptsächlich infolge von Hirndruck; so handelt es sich bei der Lokalisationsdiagnose meist nur um die oberflächlichen Kontusionsherde, und zwar vorwiegend die im Bereich des *motorischen Rindengebietes*, d. h. vor allem der vorderen Zentralwindung, des Lobulus paracentralis, sowie der basalen Abschnitte der drei Stirnwindungen gelegenen. Von den Kontusionen im Bereiche der *sensorischen Rindengebiete* sind am ehesten diagnostizierbar solche des sensorischen Sprachzentrums in der linksseitigen ersten Temporalwindung sowie Läsionen des Sehzentrums an der medialen Fläche des Occipitallappens. Weniger große diagnostische Bedeutung haben Schädigungen der hinteren Zentralwindung und des Scheitellappens, doch sieht man gelegentlich bei Kontusionen dieser vorwiegend sensorischen Hirnrindenbezirke Störungen der lokalisierten Empfindung, sowie der Differenzierung und Qualifizierung verschiedener Empfindungen. Bei Verletzungen der motorischen Rindengebiete sehen wir bei leichteren Schädigungen, besonders durch Blutungen, motorische Reizerscheinungen, so z. B. kontralaterale Kopfdrehung und konjugierte Augenablenkung, Zuckungen und spastische, mit Reflexsteigerung verbundene Contracturen in der Extremitätenmuskulatur, die auch erkennbar sind, wenn der Patient bewußtlos ist. Über die Verteilung der bekannten, motorischen und sensorischen Zonen in der Hirnrinde gibt Abb. 318 Auskunft.

Störungen der Motilität der Extremitäten finden sich vor allem bei Konvexitätsfrakturen, und zwar sieht man häufiger. mehr oder weniger hochgradige *Paresen*, als vollständige Lähmungen. Schädigungen leichteren Grades bedingen *Zuckungen* in den entsprechenden Muskelgruppen. Die Ursache dieser unvollständigen Lähmungen und Reizzustände liegt in leichten Kontusionen und Blutungen, und zwar kann die sukzessive nach der Umgebung sich ausdehnende Blutung das primäre, durch den Kontusionsherd bedingte Läsionsgebiet sekundär erweitern. Auf diese Weise tritt z. B. zu einer umschriebenen Extremitätenlähmung sekundär motorische Aphasie. Grobe Hirnzertrümmerung führt zu vollständigem Ausfall der entsprechenden Gebiete. Schließlich werden motorische Reiz- und Ausfallerscheinungen noch bedingt durch supradurale komprimierende Hämatome, sowie durch imprimierte, auf die Gehirnoberfläche drückende Fragmente des Schädeldaches. Weniger häufig geben Meningitis und Hirnabsceß zu motorischen Reiz- und Ausfallserscheinungen bei Schädelfrakturen Anlaß.

Die Lähmung betrifft vorwiegend Arm und Bein der gegenüberliegenden Seite. Seltener ist ein Arm oder ein Bein isoliert von den motorischen Störungen betroffen. In einer großen Zahl der Fälle ist die Extremitätenlähmung von einer zentralen Facialisparese begleitet, und zwar sieht man Facialislähmung sowohl bei vollständiger Halbseitenlähmung, wie als Begleiterscheinung einer isolierten Lähmung des Armes, was sich aus der Nachbarschaft der betreffenden Rindengebiete erklärt. Gleichzeitige Parese des Facialis und isolierte Lähmung des Beins kommt nur ausnahmsweise zur Beobachtung. *Eine typische Kombination ist ferner die Extremitätenlähmung mit Facialisparese und motorischer Aphasie.*

In der Beurteilung der Sprachstörungen, die in direktem Anschluß an das Trauma auftreten, ist eine gewisse Vorsicht geboten, insofern als in dieser Phase häufig das Bewußtsein nicht vollkommen ungetrübt ist. Ferner sind Lähmungen des Hypoglossus und Facialis, die initial ebenfalls zu Sprechschwierigkeiten führen können, zu berücksichtigen. Die *motorische Aphasie* wird nach Schädelfrakturen häufiger beobachtet als die *sensorische* und *amnestische*;

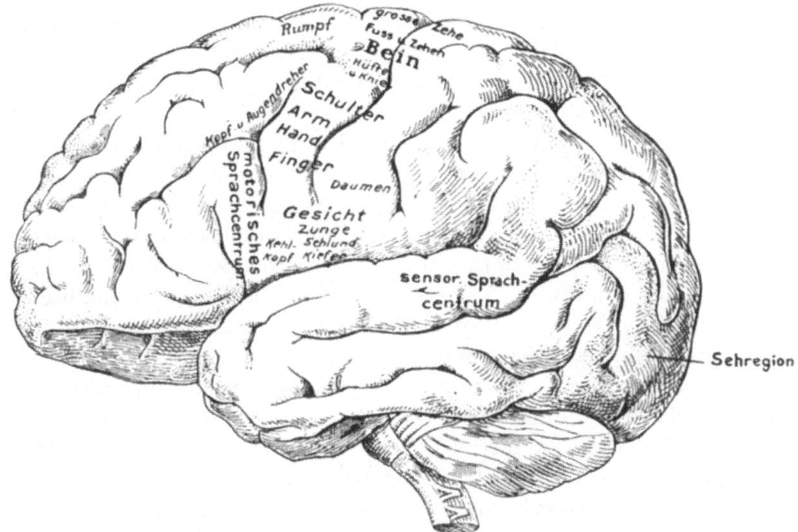

Abb. 318. Topographie der motorischen und sensorischen Hirnrindenzonen.

Agraphie und Alexe sind hier seltener. BRUN macht darauf aufmerksam, daß die Erscheinungen der Aphasie häufig von *Aufregungszuständen* begleitet sind. Die motorische Aphasie wird vorwiegend bedingt durch Impressionsfrakturen des frontoparietalen Grenzgebietes, durch linksseitige Basisfrakturen, die nach der Konvexität ausstrahlen, sowie durch das vordere Hämatom der A. meningea media. *Die Prognose der Aphasie nach Schädelfrakturen ist günstig,* indem in der Mehrzahl der Fälle die Sprachstörungen durchschnittlich innerhalb von 2 Monaten vollständig zurückgehen. In einzelnen Fällen bleibt allerdings eine gewisse Sprachstörung dauernd bestehen.

Nicht so selten sieht man bei Schädigung der Hirnrinde infolge Schädelfrakturen zentral bedingte Störungen im Bereich der Augenmuskulatur, in Form der *konjugierten Ablenkung beider Augen.* Ursächlich handelt es sich dabei um Kompression der basalen Gebiete der zweiten und dritten Stirnwindung durch Hämatome oder imprimierte Fragmente, sowie um Quetschung der entsprechenden Rindenbezirke. Kompressionen führen gewöhnlich zu Ablenkung der Augen nach der gegenüberliegenden Seite — Reizwirkung — Kontusion zu konjugierter Augenablenkung nach der Seite der Läsion — Lähmung der Zentren. Der

Mechanismus dieser lokalisationsdiagnostisch wichtigen Augenablenkung geht aus dem Schema (Abb. 310) hervor. Seltener als diese konjugierte Ablenkung sind zentral bedingte Lähmungen einzelner Augenmuskeln. *Sehstörungen* durch Läsion der Occipitalrinde und der primären Sehstrahlung sieht man im Anschluß an Schädelfrakturen durch stumpfes Trauma nur ausnahmsweise.

Die motorischen Störungen können sich im Anschluß an das Trauma ausdehnen oder einschränken, je nachdem die Erweichung der Hirnsubstanz Fortschritte macht, oder durch Resorption von Blutungen, Rückbildung von Ödem und durch reparative Vorgänge in den Randbezirken des Herdes eine sukzessive Einengung des ursprünglichen Läsionsgebietes stattfindet.

In *prognostischer Hinsicht* ist zu berücksichtigen, daß Kontusionsherde nach Schädelfrakturen die Grundlage für Spätstörungen bilden können. In Betracht kommt vor allem die *Cysten-* und *Narbenbildung,* die nicht so selten zu *Spät-epilepsie* führt, sowie der sekundäre *posttraumatische* Hirnabsceß, die wir in besonderen Kapiteln eingehender berücksichtigen. Die corticalen Lähmungen gehen zum größten Teil innerhalb der ersten drei Monate zurück, indem sie vollständig ausheilen oder nur geringe Störungen hinterlassen; zu den völlig Geheilten stellen nach Brun die Operierten das größte Kontingent. Eine besonders gute operative Prognose zeigen Kompressionslähmungen.

Bedeutend seltener als rein motorische werden begleitende *sensible Ausfallerscheinungen* infolge Kontusion der Hirnrinde beobachtet, in der Art, daß im Bereiche der gelähmten Extremitäten vollkommene Aufhebung der Sensibilität oder Analgesie beobachtet wird. Cerebral bedingte Sensibilitätsstörungen treten am deutlichsten in Erscheinung bei Schädigungen der motorischen Region und des Parietallappens. Bei Sitz der Verletzung im motorischen Rindengebiet fehlen Sensibilitätsstörungen nicht so selten, und zwar nach der Meinung von Sahli namentlich dann, wenn der Herd nur geringe Ausdehnung besitzt. Größere Kontusionsherde im Bereich der Zentralwindungen sind dagegen beinahe regelmäßig von Sensibilitätsstörungen begleitet, die sich gliedweise abgrenzen, d. h. Hand, Fuß, Vorderarm oder Unterschenkel betreffen. Die Störungen sind meistens an den distalen Partien der Extremitäten am stärksten ausgeprägt, nach Sahli deshalb, weil die peripheren Hautbezirke vorwiegend gekreuzt innerviert sind, während die sensiblen Fasern der rumpfnahen Extremitätenabschnitte ihre sensiblen Fasern nach beiden Hemisphären senden. Die corticalen Sensibilitätsstörungen sind ferner dadurch charakterisiert, daß die einzelnen Gefühlsqualitäten — Schmerz-, Temperatur- und Berührungsempfindung — wenig oder gar nicht geschädigt sind, während die assoziativen Gefühlsfunktionen, d. h. Stereognosie, aktive und passive Lageempfindung, Lokalisation der einzelnen Empfindungen, sich als gestört erweisen. Zentral bedingte Ausfälle der Sensibilität bilden sich meistens zurück; hingegen bleiben gelegentlich *sensible Reizerscheinungen* in Form intermittierender neuralgischer Beschwerden jahrelang bestehen.

Kapitel 13.

Traumatische Encephalitis und Encephalomalacie.

Das Gehirn ist außerordentlich empfindlich gegen mechanische Schädigungen und besitzt wegen des relativ spärlichen Stützgewebes und der fehlenden Regenerationsfähigkeit der spezifischen Elemente geringe Ausheilungsfähigkeit.

Die mechanische Schädigung der Gehirnsubstanz bei Schädelfrakturen und Schußverletzungen bedingt deshalb häufig sekundäre Veränderungen, die alle Grade von der *einfachen traumatischen Encephalitis* bis zur *infektiös-entzündlichen, eitrigen Encephalitis und* ausgedehnten *Encephalomalacie* aufweisen.

An jede umschriebene Hirnquetschung schließen sich Erscheinungen an, die man als traumatische Encephalitis bezeichnen kann; neben direkter *Zertrümmerung* der betroffenen Hirnpartie finden sich anschließend Veränderungen, die pathologisch - anatomisch charakterisiert sind durch *Hyperämie, Blutungen, Ödem, Rundzelleninfiltration* und sukzessive, oft nur umschriebene *Erweichung.* Tritt, wie gewöhnlich bei geschlossenen Schädelbrüchen, keine Infektion hinzu, so bleibt der Prozeß örtlich begrenzt, und es bilden sich *Narben*, die je nach dem Umfang der erweichten und zugrunde gegangenen Hirnsubstanz einen Defekt verschiedenen Umfanges ersetzen. Bei Gehirnschüssen ist schließlich an Stelle des Schußkanals eine Bindegewebsnarbe vorhanden, die zu einem großen Teil von den proliferationsfähigen Hirnhäuten ausgebildet wird. Das bedingt, wie GULEKE betont, die Gefahr, daß solche Gehirndefekte sich an der Oberfläche früher schließen, was zu Retention in der Tiefe des Schußkanals oder der

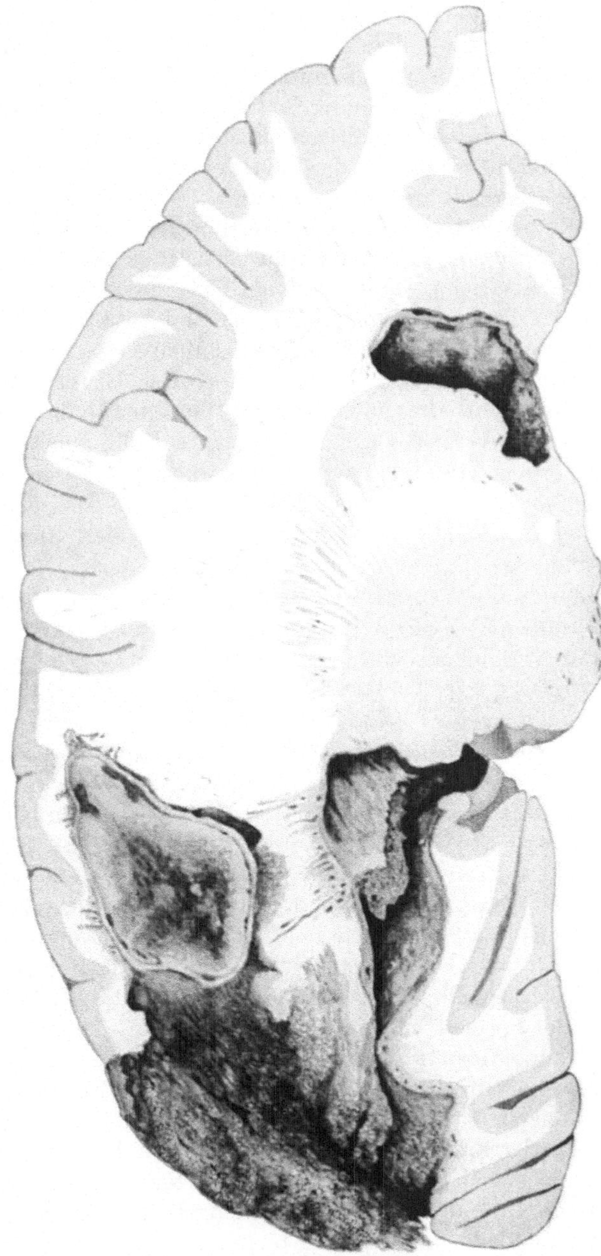

Abb. 319. Progrediente Encephalitis nach Tangentialschuß mit Durchbruch in den Ventrikel. (Nach GULEKE.)

Zerfallshöhle führen kann (*Spätabsceß*). Tritt Infektion der lädierten Gehirnpartie ein, so entwickelt sich eine *infektiös-entzündliche*, bei schwerer Infektion eine *eitrige, progrediente Encephalitis*. Die vorausgegangene mechanische Schädigung begünstigt eine rasche Ausbreitung der entzündlichen Gehirnveränderung, die unter den Bilde der *roten Erweichung* und *eitrigen Einschmelzung* sich rapid auf benachbarte Bezirke, besonders nach der Tiefe zu, ausdehnt. Charakteristisch ist konzentrische Ausdehnung der Encephalitis um den primären Zertrümmerungsherd herum, bei gleichzeitigem Fortschreiten nach der Tiefe längs den Fasern des Stabkranzes, so daß der ganze ergriffene Bezirk Kegelform mit nach dem Ventrikel gerichteter Spitze annimmt (GULEKE), wie Abb. 319 zeigt. Im Bereich der entzündlich veränderten Gehirnpartie bilden sich multiple, kleinere und größere Abscesse, so daß das Bild nach PAYR einer *diffusen Phlegmone des Hirngewebes* entspricht. Treten infolge Gefäßarrosion größere Blutungen hinzu, so ist der Verlauf ein besonders rascher und bösartiger (GULEKE). Makroskopisch bietet sich in vorgeschrittenen Fällen von Encephalitis das Bild der *Encephalomalacie*, der gelben oder roten Erweichung, je nach Beteiligung von Blutungen, die mit Zunahme der entzündlichen Komponente und der regressiven Veränderungen eine größere Rolle spielen.

In ihrem Verlaufe führt die *Encephalitis infectiosa progrediens* gewöhnlich zum *Einbruch in den Ventrikel* (vgl. Abb. 319), dem sich meist bald eine basilare *Meningitis* anschließt. Unter Übergreifen der Entzündung auf die Plexus chorioidei und Telae chorioidea entwickelt sich ein Pyozephalus internus (ERNST), der durch die Fissura transversa sich nach der Hirnbasis hin ausdehnt und häufig auf den Ventrikel der anderen Seite übergreift.

Der Verlauf der Encephalitis ist oft ein sehr rapider, erstreckt sich jedoch auch über 2—3 Wochen. Ventrikeldurchbruch führt gewöhnlich innerhalb 24 Stunden zum Tode.

Die *Symptome der Encephalitis acuta progrediens* sind vor allem Benommenheit und Kopfschmerzen, bei rascher Verschlechterung des Allgemeinzustandes; die Temperatur steigt gewöhnlich an, es treten meningitische Erscheinungen auf und meist läßt sich eine Neuritis optica nachweisen (GULEKE). Charakteristisch ist das Auftreten dieser Symptome nach einem verschieden langen *freien Intervall* (ENDERLEN). Die intracranielle Drucksteigerung führt zu Prolaps; Druckpuls fehlt häufig wegen der Ventilbildung. Bei Ventrikeldurchbruch tritt nach vorübergehendem Kollaps und Exzitation tiefes Koma ein, verbunden mit rasch zunehmender Verschlechterung der Zirkulation. Schleichend verlaufende Formen *infektiöser Spätencephalitis* bleiben oft lange symptomlos, trotz konsequenter Entwicklung. Gelegentliche Temperaturerhöhungen und Reizerscheinungen, wie Kopfschmerzen und Erbrechen, sind die einzigen Erscheinungen. FINKELNBURG fand in diesen Stadien ausgedehnten *regionären Klopfschmerz* und auffällige Labilität der Pulsfrequenz bei Lagewechsel der Kranken. Auch der Nachweis vermehrten Lumbaldruckes *(sympathische seröse Meningitis)* und vermehrten Eiweißgehaltes des Liquor kann einen gewissen diagnostischen Anhaltspunkt bieten.

Die einfache, aseptische traumatische Encephalitis heilt mit Narben- oder Cystenbildung aus, wenn es gelingt, jede Sekundärinfektion fernzuhalten. Abgesehen von gelegentlichen Rindenausfallerscheinungen bleibt sie symptomlos.

Kapitel 14.

Der traumatische Gehirnabsceß.

Auch die Hirnabscesse nach Schädelfrakturen entstehen wohl vorwiegend auf dem Boden mechanisch lädierter Hirnbezirke; eine scharfe Abgrenzung gegen die Encephalitis ist insofern nicht immer möglich, als die progrediente Encephalitis oft multiple Absceßbildung zeigt, und Gehirnabscesse in fortschreitende Encephalitis übergehen können. Je nach dem Verlauf kann man *akute und chronisch verlaufende posttraumatische Hirnabscesse* unterscheiden. *Wichtiger ist die Unterscheidung zwischen Früh- und Spätabscessen. Die Frequenz der Hirnabscesse* bei offenen Schädelfrakturen ist, wenn wir von den Schußverletzungen absehen, eine geringe, sie beträgt etwa 2%. Ganz erheblich höher ist die Zahl der Hirnabscesse nach Schädelschüssen, besonders nach nicht operierten Tangentialschüssen und Steckschüssen.

Die *Frühabscesse* bei Schädelfrakturen liegen gewöhnlich in der Rinde, und entsprechend beteiligen sich die regionären Meningen an der Abgrenzung des Eiterherdes. Vor Ende der ersten Woche nach dem Unfall sieht man kaum Absceßbildung. Gelegentlich sind in die Hirnsubstanz dislozierte Knochensplitter oder eingedrungene Fremdkörper, grobe Verunreinigungen oder eingeklemmte Haare die Ursache der Absceßbildung. Eine nach der Tiefe fortschreitende Thrompophlebitis kann zu Absceßbildung in der Tiefe, im Hemisphärenmark, Veranlassung geben, doch brauchen solche Abscesse längere Zeit zu ihrer Entwicklung. Der Hergang bei der Bildung oberflächlicher traumatischer Abscesse ist meist so, daß infolge Verklebung der Wundränder oder Verlegung des Sekretabflusses durch Blutkoagula oder Splitter eine Sekretretention entsteht, die zu einer lokalen Absceßbildung führt. Unter der Infektion geht dann die Erweichung rasch vor sich, und wir finden zunächst umschriebene Höhlen, die mit Gehirndetritus und blutig-seröser Flüssigkeit erfüllt sind. Nach außen findet sich eine Zone entzündlich veränderten, meist hämorrhagisch infiltrierten Hirngewebes, die wieder in eine ödematös durchtränkte Zone übergeht. Eine eigentliche Absceßmembran findet man nicht vor der zweiten Woche.

Spätabscesse entstehen von kleinen Verhaltungen aus, bei zunächst geringer Virulenz der Infektionserreger, ferner auf dem Wege retrograder eitriger Thrombophlebitis, durch langsames Fortkriechen der Infektion nach der Tiefe längs den perivasculären Lymphscheiden, und besonders bei Schußverletzungen infolge oberflächlicher Verklebung des infizierten Schußkanals oder auf der Basis von Steckgeschossen. *Verantwortlich ist wohl immer die primäre Infektion der Wunde.* Viel seltener als diese Art der Spätabsceßbildung bei offenen Schädelbrüchen der Konvexität von einer offenen Wunde aus ist die sekundäre Entstehung von Gehirnabscessen im Anschluß an Basisfrakturen mit Eröffnung der Nase und des mittleren Ohres und ihrer Nebenhöhlen. Doch sieht man nach subcutaner Eröffnung des Sinus frontalis und des Mittelohres gelegentlich sekundäre Absceßbildung im Gehirn, namentlich *wenn unzweckmäßige Lokalbehandlung des Ohres oder der Nase stattgefunden* hat.

Die gewöhnlichen traumatischen Abscesse sitzen am häufigsten im Frontal- und Parietallappen, viel öfter in der Rinde als im Hemisphärenmark. Von den Abscessen nach Schußverletzung dagegen sind so ziemlich alle Hirnabschnitte betroffen; diese Abscesse sind häufig multipel. Tiefe, subcorticale Abscesse nach Schußverletzung können im Bereiche des Schußkanals liegen — *konzentrische Abscesse* — oder mehr oder weniger weit in seitlicher Richtung davon entfernt — *exzentrische Abscesse*.

Die *Symptome der Hirnabscesse* stimmen, was die Lokalisation betrifft, mit den Ausfallerscheinungen der umschriebenen Kontusionsherde überein. Oft treten als erstes Zeichen Reizsymptome in Form von Krämpfen in einer umschriebenen Muskelgruppe auf. Gewöhnlich konstatiert man zu gleicher Zeit anderweitige *Reiz-* und *Druckerscheinungen,* wie Kopfschmerzen, Benommenheit, Erbrechen, Zeichen leichter Meningealreizung, Druckpuls, Stauungspapille, gesteigerten Lumbaldruck. *Unverkennbar sind meist auffällige Veränderungen an der Wunde;* die Granulationen werden „schlecht", d. h. schlaff, glasig, blaß, es zeigen sich fibrinöse Beläge und oberflächliche Nekrosen, Prolapse treten auf oder nehmen, während sie früher pulsierten, die Charaktere des eingeklemmten Prolapses an. Auch Wunden, die sich mit ihrer Granulationsfläche à niveau befinden, pulsieren nicht mehr oder doch nicht mehr so deutlich. Leider fehlen oft trotz konsequenter Vergrößerung eines Hirnabscesses charakteristische Symptome, abgesehen von intermittierenden geringgradigen Temperatursteigerungen und Kopfschmerzen. Die *Lumbalpunktion* ergibt beim Absceß oft neben Druckerhöhung vermehrten Eiweißgehalt. Gelegentlich ist die Gehirnpunktion — am besten mittels stumpfer Nadel oder schlankem Skalpell — zur Sicherung der Diagnose nicht zu umgeben.

Die symptomlose chronische Entwicklung der Spätabscesse bringt es mit sich, daß klinische Erscheinungen oft erst auftreten, wenn Einbruch des Abscesses in die Meningen oder in den Ventrikel stattgefunden hat. Geht dem Einbruch des Eiters eine sympathische, kollaterale Meningitis serosa voraus, die zu erheblicher Drucksteigerung führt, so läßt sich, worauf GULEKE aufmerksam macht, durch Lumbalpunktion — und auch durch Ventrikelpunktion — die Diagnose stellen, bevor es für einen Eingriff zu spät ist.

An dieser Stelle ist noch die *infektiöse Sinusthrombose* zu erwähnen, die sich gelegentlich, im ganzen genommen allerdings selten, im Anschluß an infizierte offene Schädelfrakturen entwickelt, oft in Begleitung von Hirnabscessen, deren vermittelnde Ursache sie darstellen kann. Die Sinusthrombose macht selten Lokalsymptome in Form umschriebener Ausfallserscheinungen; am häufigsten führt sie zu *Erscheinungen meningealer Reizung.* Thrombose des Sinus sigmoideus, die bis zum Bulbus jugularis fortschreitet, kann zu Druckerscheinungen im Bereiche der Ni. vagus, accessorius und glossopharyngeus Anlaß geben. Einen Anhaltspunkt für die Erkennung einer Sinusthrombose bieten gelegentlich *Rückstauungserscheinungen,* d. h. lokale Ödeme am Warzenfortsatz, in der mittleren Zone der Kopfhaut und in besonders auffälliger Weise — bei Thrombose des Sinus cavernosus — im Bereich des Auges in Form von Schwellung der Augenlider, Ödem der Concjuntiva und Exophthalmus.

Kapitel 15.

Der Gehirnprolaps.

Unter Hirnprolaps verstehen wir das Auftreten einer umschriebenen Gehirnpartie aus einem durchgehenden Schädeldefekt, d. h. aus einer Lücke in den weichen Schädeldecken, dem Schädelknochen und der Dura. Das vorliegende

Gehirn kann noch von den weichen Hirnhäuten bedeckt sein, aber auch vollständig entblößt vorliegen. Integrität der Dura bildet im allgemeinen ausreichenden Schutz gegen die Bildung eines Gehirnprolapses. Bildet sich im Bereiche einer subcutanen Schädellücke nachträglich eine pulsierende Vorragung, indem ein Teil des Gehirns durch die Öffnung im Knochen unter die Kopfhaut tritt, so spricht man von einer *Hernia cerebralis.* Wir sehen die Entwicklung von eigentlichen Hirnprolapsen sowohl nach offenen Zertrümmerungsfrakturen der Schädelkonvexität infolge stumpfer Gewalt, als *besonders im Anschluß an Schußverletzungen des Schädels und Gehirns.* Bedingung für eine Protrusion des Schädelinhaltes ist eine *Drucksteigerung,* deren Ursache meist in einer *Infektion* liegt, sei es, daß eine *Meningitis,* eine posttraumatische *Encephalitis* oder ein Hirnabsceß zur Entwicklung gelangt.

Der Gehirnprolaps *entwickelt sich* gewöhnlich schon während der ersten Woche nach der Verletzung, kann aber, wo er durch einen Absceß verursacht wird, auch erst nach zwei und mehr Wochen in Erscheinung treten. Das Gehirn drängt sich in zunehmendem Maße in die Wunde vor, und zwar steht die Größe der Prolapse gewöhnlich in direktem Verhältnis zum Umfang der Schädel- und Duralücke. Prolapse bis zu Mannsfaustgröße sind keine Seltenheit. Zunächst erkennt man noch das normale Relief der Großhirnrinde, oder die gequetschte und blutig imbibierte Gehirnsubstanz; dann bedeckt sich das prolabierte Gehirn mit Granulationsgewebe, bei intensiv mechanisch geschädigten Prolapsen erst, nachdem die gequetschte und infizierte Gehirnsubstanz zum Teil regressive Veränderungen durchgemacht und sich oberflächlich abgestoßen hat. Bei günstigem Verlaufe *überhäutet* sich dann die prolabierte Hirnsubstanz sukzessive von den Rändern her bis zu völliger Bedeckung mit einer dünnen Hautnarbe; gleichzeitig zieht sich der Prolaps allmählich zurück. Auch *Abstoßung des Prolapses* in toto kommt vor. Eine spontane Rückbildung eines Gehirnprolapses erfolgt nur, wenn die drucksteigernde Ursache im Schädelinnern, besonders umschriebenes traumatisches Hirnödem, das von vielen Autoren (TILMANN, PAYR, WILMS, GULECKE) als eine aseptische Reaktion des Hirngewebes auf mechanische Schädigung aufgefaßt wird, wegfällt.

Praktisch unterscheidet man *gutartige, nicht infektiöse und bösartige gefährliche, maligne Prolapse,* letztere durch Hinzutreten einer Infektion bedingt (WILMS, PAYR). *Der gutartige, nicht infektiöse Hirnvorfall* wird bedingt durch aseptisches Hirnödem, Vermehrung des Liquor in den Ventrikeln und in den Subarachnoidealräumen, Blutungen, und erreicht kaum jemals mehr als Walnußgröße. Ausgeprägte Hirnerscheinungen bestehen gewöhnlich nicht. Die Rückbildung erfolgt spontan, wie oben beschrieben.

Ganz anders das Bild des *malignen, septisch-eitrigen Prolapses*: Infolge Infektion dehnt sich das Hirnödem rasch aus, die Liquoransammlung in den Ventrikeln und in den pericerebralen Räumen nimmt zu, es entwickelt sich eine eitrige Meningitis mit Ventrikelabsceß, und nun wird unter dem steigenden intracraniellen Druck das prolabierte Hirnsegment immer fester in die Schädellücke hineingepreßt. Ursache der Druckzunahme kann auch ein Gehirnabsceß sein. Die zunehmende Einpressung der Gehirnsubstanz in die Öffnung führt zu *Einklemmung des Prolapsstieles,* mit ihren sekundären Rückwirkungen; zunächst entsteht Lymph- und Blutstauung, dann kommt es zu *regressiven Veränderungen,* zu Nekrose und septisch-eitrigem Zerfall der Prolapsmassen. Durch die

Einklemmung an der Pforte wird zudem der Abfluß aus der Schädelwunde verlegt, woraus Retention, rasche Ausbreitung von Meningitis und Encephalitis sowie Absceßbildung folgen kann. Auch sieht man gelegentlich den septischen Zerfall von der prolabierten Gehirnpartie auf das Gehirn im Schädel übergreifen, besonders wenn die Vitalität der benachbarten Gehirnabschnitte durch die mechanische Läsion beeinträchtigt wurde.

Die Einklemmung hat in erster Linie eine *Aufhebung der Pulsation* zur Folge, die man an gutartigen Prolapsen regelmäßig sieht. Ferner bedingen die Veränderungen, die zur Prolapseinklemmung Anlaß geben, sowie die beschriebenen sekundären Rückwirkungen des septischen Prolapses auf den Schädelinhalt die schweren Störungen der Meningitis, progredienten Encephalitis und des Hirnabscesses, zunächst angezeigt durch Kopfschmerzen und Fiebersteigerung,

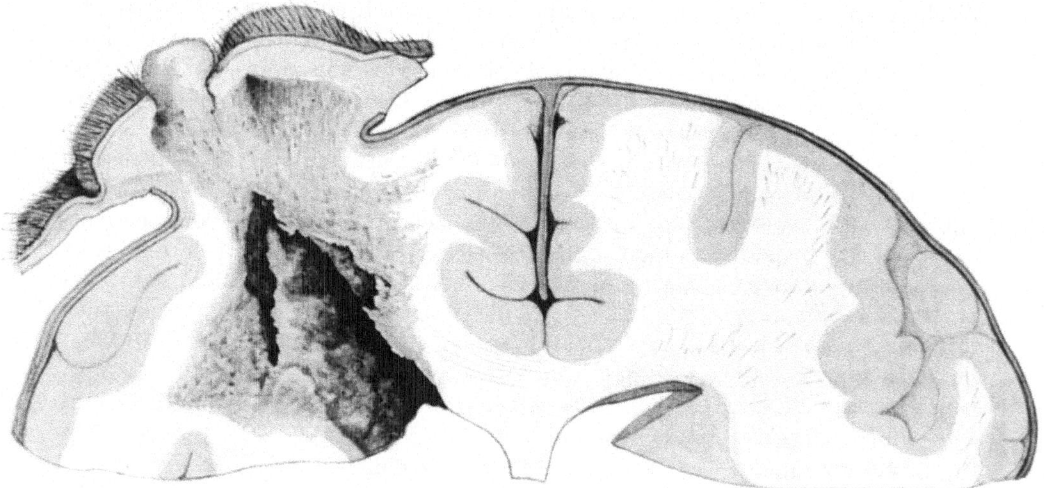

Abb. 320. Hirnprolaps mit Ausbuchtung des Ventrikels und sekundärer Infektion desselben. (Nach GULEKE.)

Symptome, denen sich bald die charakteristischen Zeichen steigenden Hirndrucks und septischer Infektion anschließen.

Gehirnprolapse im Bereiche der motorischen Rindenfelder führen häufig zu Ausfallerscheinungen, besonders wenn Einklemmung auftritt.

Eine Gefahr großer Hirnprolapse liegt darin, daß sich der Ventrikel primär oder sekundär in den Prolaps hinein vorbuchtet (Abb. 320), und daß infolge des Zerfalls der abschließenden Hirnmantelschicht *der Ventrikel eröffnet wird.* Es entsteht dann eine *Liquorfistel,* die in den wenigsten Fällen spontan sich schließt; meistens kommt es zu *Sekundärinfektion,* die den letalen Verlauf bedingt. Ferner ist zu beachten, daß infizierte Prolapse, die spontan oder auf geeignete Behandlung hin zurückgehen, in der Phase ihres Zurücktretens in den Schädel Anlaß zu intracranieller Ausbreitung der Infektion geben können, da die unter dem starken Drucke komprimiert gewesenen Lymphbahnen entlastet werden, und die Infektionsstoffe gleichsam ansaugen (GULEKE). Prognostisch ist das frühzeitige Erkennen der Prolapseinklemmung von hoher Bedeutung.

Kapitel 16.

Der Hirndruck (Compressio cerebri).

Eine große Zahl von Patienten mit Schädelfrakturen geht an den Erscheinungen zunehmenden Hirndruckes zugrunde und zwar wird diese Steigerung des intracraniellen Druckes vor allem verursacht durch Blutungen, durch akut einsetzendes Gehirnödem, besonders infolge meningealer Infektion, sowie durch Encephalitis und Abscesse. Dagegen gibt Depression von umschriebenen Schädelsegmenten kaum jemals zu ausgedehntem, sondern nur zu lokalem Hirndruck Veranlassung, weil in diesen Fällen die verfügbaren Kompensationsmechanismen für den Druckausgleich genügen. Für das Verständnis der Mechanik und Symptomatologie des Hirndruckes ist die Kenntnis der Kompensationsmechanismen eine unerläßliche Voraussetzung (vgl. S. 241).

1. Theorie des Hirndruckes (Mechanik).

Wird der in der Schädelkapsel verfügbare Raum durch Vermehrung des Inhaltes eingeengt, so findet eine Kompression und Verdrängung des normalen Schädelinhaltes statt.

Das Gehirn ist als flüssigkeitsreiches Gesamtorgan ausdrückbar und auch die Gehirnsubstanz selbst ist entgegen der Annahme von HAUPTMANN kompressibel, wenn auch nicht in hohen Maße.

Die groben Folgen der Gehirnkompression sehen wir in Abplattung der Konvexität und der Windungen sowie in Verwischung der Furchen, auf dem Schnitt in Blutleere der Gefäße und Trockenheit der Hirnsubstanz.

Wenn auch klare histologische Kompressionsveränderungen am Gehirn bisher nicht nachgewiesen wurden, so unterliegt es doch keinem Zweifel, daß hochgradige Zusammenpressung der Gehirnsubstanz *mechanische Schädigungen* bedingt und auch zu Ernährungsstörungen führt, die Druckatrophie veranlassen.

Ferner wird das Gehirn direkt oder indirekt nach dem Foramen magnum hin verdrängt, oft so stark, daß Medulla oblongata und Kleinhirn förmlich in das Foramen occipitale hineingepfropft erscheinen.

Durch Raumbeengung in der Schädelkapsel wird weiter der *Liquor cerebrospinalis* unter Druck gesetzt und verdrängt.

Quantität und Druck des Liquor werden in erster Linie bestimmt durch das Verhältnis von Produktion und Resorption. Nach den vorliegenden Untersuchungen wird der Liquor cerebrospinalis in der Hauptsache von den Plexus chorioidei sezerniert, doch sind auch die Gehirngefäße und möglicherweise auch die Gehirnsubstanz selbst an seiner Produktion beteiligt. Der Abfluß erfolgt aus den Ventrikeln durch die Subarachnoidealräume nach dem spinalen Duralsack, nach den Scheiden der Hirnnerven, in die Lymphwege der tiefen Halsdrüsen und der Nase, in die prilymphatischen Räume des Ohrlabyrinths, zum größten Teil jedoch durch die perivasculären Lymphräume in die Capillaren und Venen, wo die Resorption erfolgt. Hauptübergangsstelle sind wahrscheinlich die PACCHIONIschen Granulationen (Abb. 263). Damit sind auch die Wege für die Liquorverdrängung bei Drucksteigerung im Schädel gekennzeichnet.

Bei pathologischen, zu Hirndruck führenden Veränderungen im Schädelinnern erleidet der physiologische Vorgang der *Liquorresorption* eine Störung, indem die Duralsinus und Gehirnvenen komprimiert werden, was eine Hemmung der Abfuhr des resorbierten Liquors bedeutet. Ferner wird bei rascher Verdrängung des Liquor nach dem Rückgratskanal der Duralsack maximal gedehnt, so daß dem weiteren Nachströmen der Cerebrospinalflüssigkeit ein erheblicher Widerstand entgegensteht. Verschließt die Medulla oblongata infolge Verschiebung des Gehirns das Foramen magnum, so hört der Abfluß von Liquor nach dem Rückgratskanal überhaupt auf. Auf diese Weise entsteht, wie durch zahlreiche Experimente festgelegt wurde, sukzessive ein *Überdruck in den intracraniellen Liquorräumen*, der die Kompression der Sinus und Gehirnvenen an ihren Austrittsstellen vermehren hilft, und dessen mechanische Bedeutung für viele Fälle von Hirndruck nicht in Abrede gestellt werden kann. Durch Messungen ist jedenfalls festgestellt, daß der im Liegen in der Norm 40—130 mm Wasser betragende Liquordruck bei Hirndruck bis auf 500 und mehr Millimeter steigen kann. Dagegen ist es nicht gelungen, feste Beziehungen zwischen Liquordruck und bestimmten Stadien des manifesten, klinischen Hirndruckes aufzustellen.

Der Liquor ist jedoch, wie aus Experimenten von DEUCHER, SAUERBRUCH u. a. hervorgeht, für die Entstehung von Hirndruck nicht unerläßlich, da experimenteller Hirndruck auch nach vollständigem Abfließen der Cerebrospinalflüssigkeit erzeugt werden kann. Doch erfordert die experimentelle Erzeugung von Hirndrucksymptomen einen bedeutend höheren extraduralen Überdruck, wenn der Liquor abgeflossen ist, als wenn er vermehrt ist und unter erhöhter Spannung steht. Die hydrostatischen Verhältnisse des Liquor haben für die Mechanik des Hirndruckes keine maßgebende Bedeutung.

Gleichzeitig mit dem Liquor werden auch die *intracraniellen Gefäße* unter Druck gesetzt; das Blut der Hirnvenen wird in die Sinus eingepreßt, die sich durch die beschriebenen Kommunikationen (Abb. 263/264) nach den extracraniellen Blutleitern hin entleeren. Auf diese Weise erfolgt, in Verbindung mit dem Abfluß von Liquor, ein erheblicher *Druckausgleich*, so daß zunächst keinerlei manifeste Hirndrucksymptome auftreten. KOCHER bezeichnete deshalb diese Periode als *Kompensationsstadium* des Hirndrucks, das mit dem sog. latenten Hirndruck zusammenfällt.

Der extravasculäre Überdruck führt zunächst zu einer Stauung in den kleinen Venen, die sich bei zunehmendem Druck capillarwärts fortsetzt; bei weiterem Ansteigen des Druckes setzt sich die Kompression von den Sinus und größeren Venen aus auf die kleinen Venen, das Capillargebiet und auf die Arterien fort, so daß Anämie entsteht, nachdem anfänglich der systolische Druck den Widerstand im Capillargebiet noch zu überwinden vermochte (Abb. 321 II/III).

In diesem Stadium der *Gehirnanämie* setzt nun ein *Regulationsmechanismus* ein, der schon von NAUNYN und seinen Mitarbeitern beschrieben, jedoch besonders von KOCHER und CUSHING klargestellt wurde. Nach kurzer Dauer der Anämie steigt der periphere Blutdruck soweit an, daß er den intracraniellen Druck um einige Millimeter übertrifft; die normale Farbe des Gehirns kehrt wieder zurück und der Kreislauf in den Gefäßen der Hirnrinde wird wieder sichtbar (vgl. Abb. 321 I). Bei jeder weiteren Druckzunahme wiederholt sich dieses Spiel, und zwar konnte CUSHING den intracraniellen Druck bis auf 276 mm, den Blutdruck auf 290 mm steigern, bevor dieser Regulationsmechanismus versagte. Dieser Vorgang hat zur Voraussetzung, daß die Gehirngefäße der Wirkung des Vasomotorenzentrums in der Medulla oblongata, dessen Erregbarkeit durch den zunehmenden intracraniellen Druck gesteigert wird, nicht unterstehen. Das wurde durch Untersuchungen von WEBER bestätigt, der zum Schlusse gelangt, daß die Gefäßnerven des Gehirns allein von allen Gefäßnerven des Körpers nicht dem Vasomotorenzentrum in der Medulla unterworfen sind; er nimmt ein besonderes Vasomotorenzentrum für die Hirngefäße an, das hirnwärts von dem allgemeinen Gefäßnervenzentrum in der Medulla gelegen ist.

Wie SAUERBRUCH feststellte, ist die Hirnanämie bei diesen Versuchen nur eine corticale. Hirndrucksymptome traten in seinen, mit dem Überdruckverfahren angestellten Experimenten erst bei einem Druck von 60 mm Hg auf, im Stadium der Stauungshyperämie, und waren im Stadium der Anämie sehr ausgeprägt. Da er in weiteren Versuchen Atmungslähmung eintreten sah, bevor das Stadium der Anämie erreicht war, andererseits bei fortwirkendem Druck durch Steigerung des Blutdruckes bis zu normaler Durchblutung der Rinde kein Zurückgehen der Hirndrucksymptome bewirkt wurde, ist seiner Auffassung nach

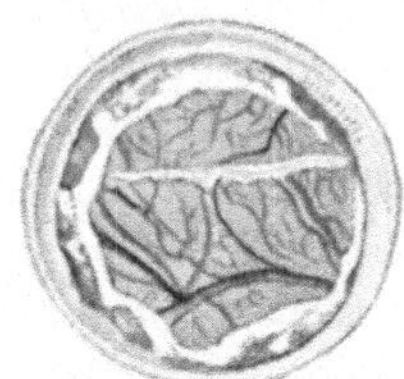 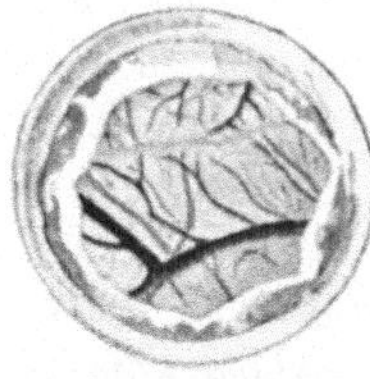 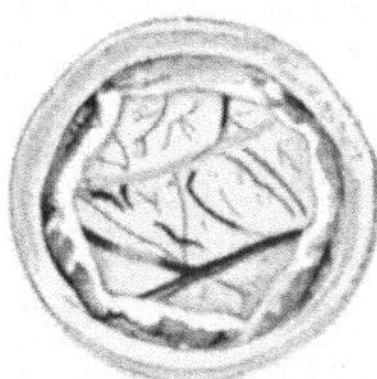

I.   II.   III.

Abb. 321. Verhalten der Hirnzirkulation bei zunehmendem Hirndruck. (Nach CUSHING.) I. Normales Verhalten der Zirkulation an der Hirnoberfläche. II. Stadium beginnenden Hirndrucks; die Venen sind stärker gefüllt, die Arterien erscheinen weniger hellrot, beginnende Anämie der Hirnrinde. III. Hochgradiger Hirndruck, große Venen nur noch teilweise gefüllt, Arterien verengt, ausgeprägte Anämie der Rindensubstanz.

der Eintritt von Hirndrucksymptomen nicht abhängig von der Blutversorgung des Gehirns, sondern von der Kompression der Gehirnsubstanz.

Damit ist die Richtigkeit der *Zirkulationstheorie*, die, gestützt auf die Arbeiten der NAUNYNschen und KOCHERschen Schulen den wesentlichen Grund der klinischen und experimentellen Hirndruckerscheinungen in den durch die Zirkulationsveränderungen bewirkten Ernährungsstörungen der Gehirnsubstanz sah, in gewissem Umfange in Frage gestellt.

Zur Entscheidung dieser Frage hat HAUPTMANN eine Serie von Versuchen über allgemeinen und lokalen Hirndruck ausgeführt, deren Anordnung den Verhältnissen beim Menschen besser entsprachen als die Überdruckexperimente SAUERBRUCHS. Er kam dabei zu der Schlußfolgerung, daß sowohl beim allgemeinen wie beim lokalen Hirndruck der Besserung der Zirkulationsverhältnisse nicht immer auch ein Rückgang der Hirndrucksymptome von seiten des Pulses und der Atmung parallel geht, und daß, wenn intensiver Druck längere Zeit angehalten hat, selbst die Wiederherstellung einer normalen Zirkulation nach Fortnahme des Druckes die Lähmung der medullären Zentren nicht mehr beseitigt. Nur bei beginnendem Hirndruck beobachtete HAUPTMANN mit der Verbesserung der Zirkulation auch ein Nachlassen der Hirndrucksymptome.

Diese Feststellungen scheinen ihm für eine gewisse Unabhängigkeit der Hirndrucksymptome von den Zirkulationsverhältnissen zu sprechen. Wenn die Lymphe, der Liquor und namentlich das Blut verdrängt sind, so trifft der Druck die einzelnen nervösen Elementarorganismen, die in ihrer gegenseitigen Lage gestört und gequetscht werden. Durch Gefäßfüllung unter steigendem Blutdruck können diese Veränderungen nur ausgeglichen werden, so weit die spezifischen Elemente nicht schwere Läsionen erlitten haben. Die Rolle des Blutes wird also von HAUPTMANN mechanisch interpretiert, und nicht im Sinne der Sauerstoffzufuhr und Ernährung.

Demnach besteht das Wesen des Hirndruckes nach HAUPTMANN im wesentlichen ebenfalls in einer *mechanischen Schädigung des Nervengewebes.*

Von Bedeutung für den traumatisch ausgelösten Hirndruck sind in vielen Fällen das *sekundäre Gehirnödem* und die von REICHARDT beschriebene *Hirnschwellung,* die sich in einem zahlenmäßigen Mißverhältnis zwischen Schädelkapazität und Gehirngewicht äußert und weder durch Hyperämie, Ödem oder Hydrocephalus internus bedingt sein soll, auch mikroskopisch nicht charakterisierbar ist. Möglicherweise handelt es sich um eine *Säurequellung des Gehirns.*

Aus den vorliegenden klinischen und experimentellen Feststellungen geht meiner Ansicht nach hervor, daß bei langsam zunehmendem, traumatischem Hirndruck die ersten Allgemeinerscheinungen — worunter in erster Linie die Symptome von seiten der Medulla oblongata zu verstehen sind — durch Zirkulationsstörungen verursacht werden; diese Hirndruckerscheinungen werden durch Steigerung des Blutdruckes gebessert und können durch die pressorische Reizung des Vasomotorenzentrums bis zu einer gewissen Druckhöhe kompensiert werden. Bei höheren Druckgraden wird die Gehirnsubstanz als solche komprimiert und mechanisch geschädigt; wenn diese Kompression eine Zeitlang eingewirkt hat, vermag weder die Wiederherstellung der Zirkulation, noch Beseitigung des Druckes einen Rückgang der Hirndrucksymptome zu bewirken. Traumatisches Gehirnödem und Hirnschwellung sind wichtige Faktoren in der Kette des Hirndruckmechanismus.

Der Mechanismus des *allgemeinen* und des *lokalen Hirndruckes* ist grundsätzlich der gleiche, da auch beim lokalen Hirndruck, an welcher Stelle er ausgelöst werde, für die Allgemeinerscheinungen nur der nach der Medulla oblongata fortgeleitete Druck in Betracht kommt. Die lokalen Erscheinungen dagegen sind bestimmt durch den Sitz des umschriebenen komprimierenden Agens, handle es sich um ein Hämatom, eine breite Impression oder eine begrenzte Liquoransammlung.

Wo es sich nicht um Schädigung der Medulla durch Blutungen und Kontusionsherde handelt, *bilden die Medullasymptome das Erkennungszeichen für einen hohen, in seiner Wirkung auf das ganze Gehirn sich erstreckenden intracraniellen Druck.*

Der chronische Hirndruck bei Gehirntumoren läßt sich nur unter erheblichen Einschränkungen mit dem auf eine viel kürzere Zeitspanne zusammengedrängten sukzessive steigenden Hirndruck vergleichen, wie er etwa durch ein extradurales Hämatom hervorgerufen wird, weil bei langsam wachsenden Hirngeschwülsten ganz andere mechanische, und wohl auch physikalisch-chemische Kompensationsmechanismen zur Verfügung stehen. Demgemäß dürften bei traumatischem Hirndruck die mechanischen Momente überwiegen, während bei Hirntumoren die sog. *biologischen Veränderungen,* worunter SCHÜCK den Hydrocephalus und die Hirnschwellung versteht, für die Erklärung der schließlichen mechanischen Veränderungen sinngemäß zu berücksichtigen sind.

2. Symptomatologie des Hirndruckes.

Wenn wir experimentell durch Injektion von Flüssigkeit in den Subarachnoidealraum Hirndruck erzeugen, beobachten wir mit steigendem Druck die folgende *Symptomenkette*: Schmerz, Unruhe, Bewußtlosigkeit, Krämpfe, Pupillenerweiterung und Nystagmus, Abnahme der Pulsfrequenz, verbunden mit vorübergehender Steigerung des Blutdruckes, Pulsbeschleunigung, Unregelmäßigkeit des Pulses, Verlangsamung der Atmung nach initialer Beschleunigung, Unregelmäßigkeit der Atmung, Atmungsstillstand, schließlich Aufhören der Herzaktion einige Zeit nach dem Stillstand der Respiration. Der *Herzstillstand* ist nicht direkte Folge der Druckwirkung auf die Regulationszentren in der Medulla, da das Herz nach Aufhören der Atmung automatisch weiterschlägt, sondern *Folge der Erstickung*.

Die Feststellung, daß der Tod bei Hirndruck durch Atmungslähmung erfolgt, ist für die Therapie von großer Bedeutung.

Während man bei experimentellem Hirndruck nach KOCHER ein *Stadium beginnenden Hirndruckes* mit vorwiegenden Reizerscheinungen, ein *Stadium vollendeten Hirndruckes* mit gemischten Reiz- und Lähmungssymptomen und ein terminales *Lähmungsstadium* mit allmählich überwiegenden Lähmungssymptomen unterscheiden kann, zeigt die klinische Beobachtung am Menschen wohl Übereinstimmung hinsichtlich der einzelnen Symptome, während von der regelmäßigen Symptomenfolge, wie sie im Tierexperiment in Erscheinung tritt, nur in einzelnen Fällen etwas zu sehen ist. Das liegt an der Verschiedenheit der klinischen und experimentellen druckauslösenden Momente und der Raumverhältnisse.

Die *klinischen Hirndrucksymptome* werden praktisch in folgender Weise gruppiert.

a) Sensible Reizungs- und Reflexerscheinungen.

Das Stadium des beginnenden Hirndruckes charakterisiert sich vor allem durch *Kopfschmerzen*, die wahrscheinlich zurückzuführen sind auf Verschiebung der Falx, des Tentoriums, sowie Abhebung der Dura von der Schädelinnenfläche. Denkbar ist auch eine direkte Reizung des sensorischen Rindengebietes durch lokalen Druck. Als Folgen der Schmerzen machen sich eine Reihe von Reflexerscheinungen geltend, in Form von Aufgeregtheit, Unruhe, Schreien. Infolge Reizung der die Dura versorgenden Trigeminusfasern werden Pulsfrequenz, Blutdruck und Atmungsfrequenz reflektorisch gesteigert. Die gleichen Störungen können nach KOCHER auch von der Hirnrinde ausgelöst werden, ebenso wie vasomotorische Störungen. Als Reflexerscheinungen kann man auch das cerebrale Erbrechen und den initialen Schwindel auffassen.

b) Stauungspapille.

Eines der wichtigsten objektiv nachweisbaren Symptome des zunehmenden Hirndruckes ist die Stauungspapille, die z. B. in 80—90% der Fälle von Hirngeschwulst beobachtet wird. Die Stauungspapille unterscheidet sich nur graduell von der Neuritis optica, indem wir allgemein von Stauungspapille sprechen, wenn zwischen Kuppe der Papille und Netzhautgrund eine Refraktionsdifferenz von zwei Dioptrien besteht. In den ersten Stadien sieht man Trübung und Schwellung der Papille, deren Grenzen allmählich verschwinden. Dann entsteht eine zunehmende Prominenz der Papille, die rötlich, graurot gefärbt und getrübt erscheint, mit erweiterten Venen und engen Arterien. Infolge des Absteigens über den erhabenen Papillenrand scheinen die Gefäße am Rande der Papille unterbrochen oder abgeknickt. Bei epiduralen und subduralen Blutungen sowie bei Blutungen in die Opticusscheide ist die Stauungspapille gelegentlich nur einseitig oder einseitig stärker entwickelt, woraus man diagnostische Rückschlüsse hinsichtlich der Lokalisation der Blutungen ziehen darf. Bei sekundären, zu Hirndruck führenden Veränderungen nach Schädelfrakturen kommt gewöhnlich doppelseitige Stauungspapille zur Beobachtung, so bei Absceß- und Zystenbildung.

Nach GRÄFE beruht die Stauungspapille auf einer *venösen Stauung*, die bis ins Gebiet der Vena centralis retinae führt. Gegen diese Auffassung sprechen die Anastomosen der Vena ophthalmica mit der Vena facialis. SCHMIDT-RIMPLER und MANZ vertraten die sog. *mechanische Theorie*, nach der die Stauungspapille auf einer Rückstauung von Liquor in den mit dem Schädelraum kommunizierenden Vaginalraum des Sehnerven beruhen soll; LEBER sah die Ursache in der *Einwirkung entzündungserregender Stoffwechselprodukte* auf die empfindliche Papille. Da wir jedoch wissen, daß bei jeder Lymphstauung chronisch entzündliche Veränderungen im Bindegewebe entstehen, haben wir eine Erklärung für die entzündlichen Veränderungen bei chronischer Stauungspapille, ohne daß wir die Einwirkung besonderer toxischer Entzündungserreger annehmen müssen. Zudem fehlen entzündliche Erscheinungen im Frühstadium der Stauungspapille. Nach der Theorie von SCHIECK, die vom mechanischen Gesichtspunkte aus am wahrscheinlichsten ist, beruht die Stauungspapille auf einer Kompression der perivasculären Lymphscheide der Zentralgefäße im vorderen Abschnitt des Sehnerven oder auf einer Rückstauung der vom Bulbus abfließenden Lymphe durch den Liquor.

c) Bewußtseinsstörungen.

Wir können zwei verschiedene Grade von Bewußtseinsstörung bei Hirndruck unterscheiden, entsprechend einem Reizungs- und einem Lähmungsstadium. In den ersten Phasen des Hirndruckes sehen wir verschieden geartete Aufregungszustände, die Patienten schreien und können deliriöse Zustände darbieten. Im Stadium der Lähmung sehen wir schlafartige Zustände verschiedener Intensität bis zu völliger Aufhebung des Bewußtseins und tiefem Koma, mit Aufhebung jeglicher Reflexe. Die Bewußtseinstrübung kann auch anfallsweise auftreten, wie die epileptiformen allgemeinen Krämpfe.

d) Motorische Störungen.

Auch sie treten zunächst als Reizerscheinungen auf. Im ersten Stadium sehen wir Zuckungen und klonische Krämpfe, gleichzeitig sind die Sehnen- und Hautreflexe gesteigert. Im zweiten Stadium sind zunächst die krampfenden Muskelgruppen gelähmt, und zwar gewöhnlich zuerst die kontralateralen. Bei weiter zunehmendem Druck dehnt sich die Lähmung über die benachbarten motorischen Rindengebiete, dann auch auf die gegenüberliegenden aus, so daß schließlich die Muskulatur beider Körperseiten gelähmt ist.

Motorische Störungen machen sich auch seitens der Augen geltend und zwar im Reizstadium in Form konjugierter Augenablenkung, häufig verbunden mit kontralateraler Drehung des Kopfes. Die Augen sehen also vom gereizten Zentrum weg. Im Beginn des Lähmungsstadiums erfolgt Drehung der Augen und des Kopfes nach der homolateralen Seite.

Die Pupillen sind in den Frühstadien des Hirndruckes meistens verengt, in späteren Stadien starr erweitert — nach HÖSSLY bei lokalem Druck wahrscheinlich infolge Einwirkung des Druckes auf den Stamm des Nervus oculomotorius, bei generalisiertem infolge Reizung des Sympathicus — der Lichtreflex aufgehoben. Auch Nystagmus wird in den ersten Stadien des Hirndruckes häufig beobachtet, und es ist wahrscheinlich, daß dieser Nystagmus im Kleinhirn ausgelöst wird.

e) Symptome von seiten des verlängerten Markes.

Die wichtigste Gruppe der Hirndrucksymptome betrifft die Funktionen der *Medulla oblongata. Die Respiration* ist im Anfangsstadium der Compressio cerebri, wie wir bereits erwähnten, beschleunigt. Dann tritt zunehmende Verlangsamung ein, weiterhin kommt es zu Respirationspausen und im Höhestadium des manifesten Hirndruckes zu CHEYNE-STOKESscher Atmung. Schließlich tritt infolge Lähmung des Atmungszentrums Respirationsstillstand ein. Das Atmungszentrum ist gegen Druckeinwirkung empfindlicher als das Vasomotorenzentrum.

Gleichzeitig mit der Beschleunigung der Atmung tritt reflektorische *Pulsbeschleunigung* auf. Dann entwickelt sich *Druckpuls*, charakterisiert durch *Verlangsamung* infolge Reizung des Vaguszentrums, durch *Blutdrucksteigerung* infolge der pressorischen Reizung des Vasomotorenzentrums und schließlich *zunehmende Blutdrucksenkung*, wobei der Puls frequenter und unregelmäßig wird. Druckpuls kann lange Zeit fehlen, besonders wenn ein Ventil im Schädel vorhanden ist. *Ferner ist zu beobachten, daß bei rasch ansteigendem Druck der von* NAUNYN, KOCHER *und* CUSHING *beschriebene Regulationsmechanismus ausfallen kann, so daß auf die Reizsymptome plötzlich Lähmung erfolgt, d. h. Blutdrucksenkung und plötzliches Heraufschnellen der Pulsfrequenz.*

Von den *Lähmungssymptomen* tritt gewöhnlich zunächst die Bewußtseinsstörung in Erscheinung. Die Patienten werden komatös, die Reflexe fallen weg. Gleichzeitig besteht motorische Lähmung. In der Medulla ist das Atmungszentrum am frühzeitigsten gelähmt. Dann folgt die Lähmung des Vaguszentrums, indem der Puls zunehmend frequenter wird, und erst zuletzt erliegt das Vasomotorenzentrum dem steigenden Druck, nachdem längere Zeit durch etappenweise Steigerung seiner Erregbarkeit der Blutdruck immer wieder über den Hirndruck gesteigert wurde. Vor dem Eintreten völliger Lähmung beobachtet man häufig ein *Übergangsstadium mit Mischung von Reiz- und Lähmungssymptomen,* wobei Puls und Respiration meistens Unregelmäßigkeiten aufweisen.

Kapitel 17.

Die einmalige Hirnpressung (Gehirnerschütterung, Commotio cerebri).

1. Mechanik der Hirnpressung.

Nach KOCHER sind die klinischen Erscheinungen der Gehirnerschütterung oder Commotio cerebri auf eine einmalige plötzliche Zusammenpressung des Gehirns zu beziehen, die sofort nach der Einwirkung wieder verschwindet, also nur während Bruchteilen von Sekunden einwirkt. Im Gegensatz zum gewöhnlichen, sukzessive zunehmenden Hirndruck kommt die akute Hirnpressung dadurch zustande, daß eine mit einer gewissen Geschwindigkeit begabte Kraft auf das Gehirn einwirkt, unter teilweiser Abgabe der lebendigen Kraft an das Ziel, so daß sich die Kraft als Schleuderbewegung in und durch den Schädelinhalt fortpflanzt. Die Einwirkung ist am stärksten in der Stoßrichtung. Das Gehirn wird gleichsam in der Stoßrichtung an die gegenüberliegende Innenfläche des Schädels geschleudert; gleichzeitig wird die Schädelkapsel in der Stoßrichtung abgeflacht, so daß die gegenüberliegende Schädelwand dem Gehirn entgegenschwingt. Durch direkte Messungen (HORSLEY, FERRARI, TILMANN) ist nachgewiesen, daß dabei eine akute Druckerhöhung innerhalb der Schädelkapsel zustande kommt. Denn es ist klar, daß die früher besprochenen Kompensationsmöglichkeiten in der kurzen Zeit, während der die Schädelkompression wirksam ist, in kaum nennenswerter Weise ausgenützt werden können. So erklärt es sich, daß der unter höhere Spannung geratende Liquor in den Ventrikeln und im Aquaeductus Sylvii mit großer Gewalt gegen die Ventrikelwandungen gepreßt wird, so daß makroskopisch oder auch nur mikroskopisch nachweisbare Quetschungen an den Ventrikelwänden, ja sogar Ventrikelrisse zustande kommen (GUSSENBAUER, DURET).

Eine Reihe von primären Symptomen der Commotio cerebri lassen sich auf die primäre Druckerhöhung im Innern der Schädelkapsel beziehen. Durch zahlreiche experimentelle Nachweise ist festgelegt, daß auch bei akuter Druckerhöhung im Liquor zuerst die Venen, dann rückwärts die Capillaren ausgepreßt werden, so daß rein mechanisch eine akute Hirnanämie eintritt, die mit dem Nachlassen des Druckes vorbeigeht. KOCHER macht nun darauf aufmerksam, daß die mechanische Zusammenpressung der Venen und Capillaren bei akuter Hirnpressung durchaus keine gleichmäßige ist. Einzelne Gefäße können durch den Druck direkt abgesperrt werden, so daß rückwärts von der Absperrungsstelle das Blut nicht ausweichen kann und unter der Druckwirkung kleinste Blutungen zustande kommen. Durch die Gehirnanämie wird das Gefäßnervenzentrum erregt, es kommt zu einer vasomotorisch bedingten Blutdrucksteigerung im extracraniellen Arteriengebiet und wenn nun bei plötzlichem Nachlassen der vermehrten intracraniellen Spannung das Blut unter hohem Druck in die erschlafften Hirngefäße eindringt, so kommt es erklärlicherweise zu zahlreichen Capillarblutungen.

Es ist ferner zu berücksichtigen, daß unter der Einwirkung eines plötzlichen Stoßes das Gehirn sich verschiebt, besonders in der Stoßrichtung. Dadurch kommen nicht nur die Contrecoupschädigungen zustande, in Form multipler kleinerer oder größerer Quetschungen, sondern auch durch das Anstoßen von bestimmten Hirnpartien gegen straff ausgespannte Membranen, wie die Falx und das Tentorium, können verschieden hochgradige mechanische Läsionen der Hirnsubstanz entstehen.

Die *anatomischen Veränderungen*, die bei Hirnerschütterung oder besser bei einmaliger akuter Hirnpressung entstehen, sind namentlich durch JAKOB in adäquater Weise experimentell dargelegt worden. An Stelle der KOCH-FILEHNEschen Verhämmerungsmethode, die dem realen Vorgang bei klinischer Hirnpressung durchaus nicht entspricht, wandte er ein- oder mehrmalige starke Schläge auf den Schädel an. Den klinischen Symptomen, die bei den Tieren auftraten — kurzdauernde Krämpfe, Verlangsamung der Atmungs- und Herztätigkeit, Pupillenerweiterung, Reaktions- und Bewegungslosigkeit verbunden mit Bewußtlosigkeit — entsprachen autoptisch *Hämorrhagien in den Meningen*, in späteren Stadien Proliferationsvorgänge an den Meningen mit Verwachsungen, Wucherungen der gliösen Elemente im Bereich der Verwachsungen, *punktförmige Hämorrhagien besonders in der Medulla oblongata und im Halsmark*, unter Bevorzugung der grauen Substanz, kleinere *traumatische Erweichungsherde* und größere *Degenerationsherde*. Ferner fanden sich bei fast allen Tieren mikroskopische *Quetschherde* und die Erscheinungen der früher beschriebenen *traumatischen Nekrose*, sowie *sekundäre Strangdegenerationen*.

Diese anatomischen Veränderungen bilden jedenfalls die wesentliche Ursache für einen Teil der unmittelbaren und für die meisten dauernden Symptome der Gehirnerschütterung. Daß der *plötzlichen Drucksteigerung* im Schädel und der *vorübergehenden Hirnanämie* eine Bedeutung zukommt, ist nach den KOCHERschen Darlegungen und mit Rücksicht auf gewisse Analogien zwischen sukzessive zunehmendem chronischem und akutem Hirndruck nicht von der Hand zu weisen.

Nach den Untersuchungen von KNAUER und ENDERLEN ist jedoch die *vasculäre Theorie* der Hirnerschütterung *unzulänglich*; sie betrachten die an sich häufig vorkommende plötzliche Zu- oder Abnahme der Gefäßfüllung des Gehirns nach Gewalteinwirkung auf den Schädel in der Regel nicht als die wesentliche Ursache des klinischen Bildes der Hirnerschütterung, wohl aber als einen oft wichtigen, unterstützenden Faktor. *Für das klinische Bild der Commotio sind deshalb traumatische Schädigungen bestimmter Hirnteile verantwortlich zu machen.* Die Versuche von ENDERLEN und KNAUER, diese Schädigungen zu lokalisieren, führten zu dem Ergebnis, daß es keine umschriebene Stelle des Gehirns gibt, von der aus eine so vollständige Betriebseinstellung des Zentralorgans erzeugt werden kann, wie sie das commotionelle Koma darstellt. Namentlich lehnen sie auf Grund überzeugender experimenteller Nachprüfungen die Auffassung BRESLAUERS ab, daß die Ursache der Bewußtlosigkeit bei der Hirnerschütterung in der Kompression des untersten Hirnstammes zu suchen sei; nach ihren Feststellungen kommt das *verlängerte Mark* als Herd der eigentlichen Commotionssymptome nicht in Betracht. Dagegen halten ENDERLEN und KNAUER es für wahrscheinlich, daß eine *Mittelhirnkomponente* bei der Reaktionslosigkeit nach Schädelverletzung beteiligt ist.

An der Hirnrinde fanden sich nach Gewalteinwirkung Umschlag der alkalischen Reaktion in saure, und zwar auch bei genügender Blutzufuhr, was darauf hinweist, daß nicht größere und feinere Schädigungen der strukturellen Gehirnelemente, sondern eine *Störung der physiko-chemischen Vorgänge* erste und wesentlichste Ursache der commotionellen Symptome sein dürfte.

Das klinische Bild der Hirnpressung stellt deshalb wohl einen Koeffekt verschiedener schädigender Einwirkungen — Zirkulationsstörung, allfällig auch auf dem Wege des reflektorischen Shocks, mechanische Läsion der feineren und gröberen Strukturelemente des Gehirns, physiko-chemische Störungen — auf verschiedene Teile des Zentralorgans, zum mindesten auf die Großrinde und auf das Mittelhirn, dar.

2. Symptomatologie der Hirnpressung.

Die Schilderungen der Symptome der sog. Hirnerschütterung zeigen, wie BERGMANN und KOCHER schon betont haben, außerordentliche Abweichungen. Das erklärt sich nach KOCHER in sehr einfacher Weise. Fassen wir die Commotio als einen plötzlich einsetzenden Hirndruck auf, der nach momentaner Einwirkung ebenso rasch, wie er eingesetzt hat, wieder abklingt, so entsprechen die ersten Symptome jeweilen dem Grade des einwirkenden akuten Druckes. Bringen wir die bei sukzessive zunehmendem Hirndruck stufenweise in Erscheinung tretenden Symptome auf eine einheitliche Hirndruckkurve, so bekommen wir bei der akuten Pressung einen Ausschnitt aus dieser Kurve, *und zwar ist entsprechend dem plötzlich maximal einsetzenden und rasch abklingenden Druck die Kurve rückwärts zu lesen.* Akuter Hirndruck setzt also, um die Worte KOCHERS zu gebrauchen, „gleichsam in einem schon mehr oder weniger vorgeschrittenen Kurvenabschnitte des gewöhnlichen, langsam ansteigenden Hirndruckes ein, und macht von da ab seine weiteren Stadien rückwärts auf der gewöhnlichen Druckkurve durch". Bei ganz leichter Hirnpressung finden wir nur die auf Reflexwirkung beruhenden Zeichen frequenter, gelegentlich krampfhafter Atmung, ferner erhöhte oder herabgesetzte Pulsfrequenz, gesteigerten oder sinkenden Blutdruck. Ist das Schädeltrauma intensiver, erfährt das Gehirn eine erheblichere akute Kompression, so sind Puls und Atmung eindeutig verlangsamt. Die Atmung wird gleichzeitig oberflächlicher; nur periodisch treten tiefe Atemzüge auf. Noch höhere Druckwerte führen zu momentanem Stillstand der Respiration und des Herzens durch stärkste Reizung des Vaguszentrums. Auch aus diesem Hirndruckstadium gibt es eine spontane Erholung, wenn nicht steigende Compressio cerebri hinzutritt; denn diese Form von Herzstillstand ist als ein Reizsymptom zu betrachten. Erst die Grade der akuten Hirnpressung, die den Phasen maximalsten sukzessiven Hirndruckes entsprechen, führen zu Lähmung des Vaguszentrums; der Puls wird dann frequent und infolge der unmittelbar anschließenden Lähmung des vasomotorischen Zentrums sehr klein, und da gewöhnlich gleichzeitig das Atmungszentrum gelähmt ist, *muß die Prognose derartiger Fälle hochgradigster Hirnpressung als durchaus infaust bezeichnet werden.* Die Erhaltung des Lebens hängt in solchen Fällen ab vom Durchhalten des Vasomotorenzentrums, dessen pressorische Erregbarkeitssteigerung auch bei hohen Graden von intracraniellem Druck den Blutdruck noch auf einer mit dem Leben vereinbarten Höhe hält, und erfolgreiches therapeutisches Eingreifen ermöglicht, vorausgesetzt, daß nicht irreparrable Strukturschädigungen der Medulla vorliegen.

Für den Arzt bildet gewöhnlich die *Bewußtseinsstörung* das wesentlichste Symptom für die Diagnose „Gehirnerschütterung". Er stellt diese Diagnose, wenn er eine sofort nach dem Trauma einsetzende Bewußtlosigkeit feststellt. Diese Bewußtseinsstörung, die als regelmäßige Erscheinung der Gehirnerschütterung gegenüber den weniger konstanten Medullasymptomen in den Vordergrund zu stellen ist, zeigt alle Übergänge von leichter *Benommenheit* bis zu tiefer, vollkommener *Bewußtlosigkeit*.

Weitere, auf der Höhe der Commotio zu beobachtende Erscheinungen sind *Erbrechen, Veränderungen der Körpertemperatur* besonders im Sinne der Kollapssenkung und *unwillkürlicher Abgang von Harn und Kot*.

Die gesamten Erscheinungen der Hirnerschütterung lassen sich in ein durch leichtere Traumen verursachtes *Reizstadium* und ein schwereren Einwirkungen entsprechendes *Lähmungsstadium* unterscheiden, dem ein *Shockstadium* voranzustellen ist, das durch ganz leichte Schädeltraumen ausgelöst werden kann.

Eine Komplikation erfährt das klinische Bild der Hirnpressung durch die *begleitenden Erscheinungen* einer allfälligen umschriebenen oder ausgedehnten *Kontusion*.

Entsprechend den feineren mikroskopischen und geringgradigen makroskopischen Veränderungen der Hirnsubstanz finden sich bei der Hirnpressung auch *Dauersymptome*, die naturgemäß nicht auf die vorübergehenden Zirkulationsstörungen bezogen werden können. Das wichtigste Dauersymptom ist die *retrograde Amnesie*, d. h. der Ausfall der Erinnerungsbilder für einen verschieden großen Zeitabschnitt direkt vor dem Unfall. Ebenso ist die gelegentlich beobachtete *Hyperthermie*, welche mehrere Tage nach Abklingen der übrigen Hirnerscheinungen vorhanden sein kann, auf eine lokalisierte anatomische Läsion zu beziehen. Daneben sieht man Fälle, bei denen die Hirnpressung durch umschriebene oder ausgedehnte Quetschung bestimmter Hirnbezirke kompliziert ist. Setzt aus irgend einem anatomischen Grunde nach Abklingen der akuten Pressungssymptome chronisch zunehmender Hirndruck ein, so können sich alle geschilderten Druckerscheinungen nachträglich entwickeln. Die selten beobachteten Drucksymptome, wie *Singultus, Gähnen, Glykosurie* und *Polyurie* beruhen wohl zum Teil ebenfalls auf lokalisierten Gehirnschädigungen.

Bei *Kindern* ist die Hirnerschütterung, wie ich mehrmals festgestellt habe, gelegentlich von umschriebenen Rindensymptomen begleitet, die auf komprimierende Blutung oder Kontusion schließen lassen, ohne daß die Autopsie entsprechende lokale Veränderungen nachzuweisen gestattet. Diese Erfahrungen sind für Diagnose und Indikationsstellung von Bedeutung.

Kapitel 18.

Die traumatische Epilepsie.

Im Anschluß an Schädelbrüche kann Epilepsie auftreten, die auf eine gleichzeitige Schädigung des Gehirns zu beziehen ist und im Gegensatz zu der genuinen Form als *symptomatische Epilepsie* bezeichnet wird.

Für die Bedeutung der Gehirnverletzung spricht die Statistik von BRUN, der auf 470 Schädelfrakturen nur 25 Fälle von Epilepsie verzeichnet, während von 21 Patienten mit schweren, de visu festgestellten Gehirnverletzungen 7 oder $33^{1}/_{3}\%$ epileptisch wurden.

Die Angaben über die Häufigkeit der posttraumatischen Epilepsie bei den Schädelverletzungen der Friedenspraxis gehen ziemlich weit auseinander, je nachdem man für die Diagnose den Nachweis anatomischer Schädel-Gehirnveränderungen voraussetzt oder nicht. Aus 8 Statistiken berechne ich auf eine Zahl von 1855 Schädelbrüchen 86 Fälle von posttraumatischer Epilepsie, oder 4,1%; REICHMANN fand unter strengen Voraussetzungen auf 603 Schädelverletzte Epilepsie nur im Verhältnis von $^1/_2$%.

Ganz anders liegen die Verhältnisse bei den Schädelschüssen, die beinahe durchwegs mit Hirnverletzungen einhergehen. Nach den Statistiken aus dem Weltkrieg schwankt die Frequenz der traumatischen Epilepsie zwischen 12 und 40%; STEINTHAL und NAGEL fanden bei 639 noch lebenden Schädelschußverletzten in 28,9% der Fälle Epilepsie in Krampfform, unter Ausschluß der Äquivalente.

Am häufigsten löst eine *Verletzung der motorischen Region* Epilepsie aus, was sowohl aus den Friedens- als aus den Kriegsbeobachtungen hervorgeht; doch kann auch die Verletzung jedes anderen Rindenabschnittes zu Epilepsie Anlaß geben. Auch die meist mit Kontusionen verbundene *Gehirnerschütterung* kann Epilepsie hervorrufen, was bei der nachgewiesenen diffusen Hirnschädigung nicht verwunderlich ist.

Die Epilepsie kann sich trotz primärer operativer Wundbehandlung entwickeln, und es macht nach STEINTHAL auch keinen wesentlichen Unterschied aus, ob sich an die Schaffung günstiger Wundverhältnisse offene oder geschlossene Behandlung anschließt; doch unterliegt es kaum einem Zweifel, daß die traumatische Epilepsie nach primärer, aktiv-chirurgischer Wundversorgung von Konvexitätsfrakturen seltener ist als bei konservativ behandelten. Allerdings braucht sich Epilepsie trotz sehr ungünstiger Narbenverhältnisse nicht zu entwickeln, so daß das Trauma nicht in jedem Falle einzige Ursache des Krampfleidens sein dürfte; oft hat man vielmehr den Eindruck, daß noch eine *individuelle Disposition* vorliegt oder daß besondere Faktoren wie *Lues, Arteriosklerose, Alkoholismus* oder *Heredität* mitwirken.

Die in direktem Anschluß an die Verletzung oder sehr bald nachher auftretende Epilepsie wurde als *Frühepilepsie* von der nach erfolgter Heilung in Erscheinung tretenden *Spätepilepsie* unterschieden, die sich erst nach Monaten und Jahren einstellen kann. Wenn jedoch eine umschriebene lokale Veränderung an der Gehirnoberfläche zu einem oder nur wenigen primären Krampfanfällen Anlaß gibt, die nach Beseitigung der Ursache endgültig aufhören, so kann man streng genommen nicht vom Krankheitsbild der Epilepsie reden.

Aus der großen Zahl der konstruierten *Epilepsieformen* braucht man für die weitere Klassifikation der posttraumatischen Epilepsien nur die beiden Arten der JACKSONschen und der *gewöhnlichen Epilepsie* herauszugreifen. Dabei empfiehlt es sich, in weiterer Fassung des Begriffes unter JACKSONscher Epilepsie nicht nur grob sinnenfällig organisch bedingte, sondern überhaupt alle *umschrieben beginnenden* Krämpfe, die sich zunächst auf ein bestimmtes Rindenfeld beziehen lassen, zusammenzufassen, ganz gleichgültig, ob sie während des ganzen Anfalls lokalisiert bleiben, oder sich sekundär unter Übergreifen auf andere Muskelgruppen generalisieren. Die *gewöhnlichen epileptischen Krämpfe* dagegen betreffen zum vornherein einen größeren Teil der Muskulatur, bleiben abortiv oder generalisieren sich, sind somit von der gewöhnlichen genuinen, nicht traumatischen Epilepsie am Krampfbild nicht zu unterscheiden. Je nachdem die Epilepsie vorübergehend oder über eine längere Zeitspanne hin auftritt, kann sie als *akut* oder *chronisch* bezeichnet werden.

Das Bewußtsein ist während der JACKSONschen Anfälle, solange sie umschrieben bleiben, nicht immer, jedoch in einer erheblichen Zahl von Fällen getrübt oder aufgehoben; dagegen tritt bei Generalisierung der Krämpfe beinahe durchwegs *Bewußtlosigkeit* ein, die, wie die Krämpfe, minuten- bis stundenlang dauert. Die JACKSONschen *Krämpfe* beginnen meist klonisch, nehmen an Intensität zu und werden dann tonisch, um nach verschieden langer Zeit wieder klonischen Charakter anzunehmen. Doch können die Krämpfe auch klonisch bleiben, in welchem Falle sie meist durch Intervalle getrennt sind. Das tonische Stadium beim JACKSONschen Anfall ist meist ganz kurz, kaum eine Minute dauernd, wiederholt sich aber, nachdem vorübergehend klonische Zuckungen aufgetreten sind, oft mehrmals. Hinsichtlich Dauer des einzelnen Anfalls, Kombination von tonischen und klonischen Krämpfen sowie Intervallengröße zwischen den einzelnen Anfällen bestehen alle denkbaren Variationen. Auch starke *Häufung der Attacken* bis zur Ausbildung eines *Status epilepticus*, der nur eine Muskelgruppe oder auch eine ganze Körperseite betreffen kann (*Status hemiepilepticus*), wird bei der JACKSONschen Form beobachtet.

Der *gewöhnliche epileptische Anfall* beginnt mit Verlust des Bewußtseins und tonischen Krämpfen in einem größeren Teil der Muskulatur; die Atmungsmuskulatur ist gewöhnlich von Anfang an mitbefallen. Zunächst nimmt die tonische Spannung zu, dann treten klonische, sukzessive intensiver werdende Krämpfe ein, und nach einem verschieden langen *Höhestadium* der klonischen Krämpfe klingt der Anfall ganz allmählich ab. Die tiefe Bewußtlosigkeit geht dann in einen schlafähnlichen Zustand über, der stundenlang nachdauern kann.

Aurasymptome und Begleitsymptome von seiten der Zirkulation und der Atmung unterscheiden sich nicht von den analogen Erscheinungen bei genuiner Epilepsie.

Die krampfenden Muskeln bleiben gewöhnlich während einiger Stunden nach dem Anfall paretisch.

Das Bild der *traumatischen Frühepilepsie* ist naturgemäß kompliziert durch die Symptome der primären Gehirnschädigung, vor allem durch Ausfallerscheinungen und Zeichen von Hirndruck. Das Schicksal der Patienten wird denn auch meist durch die Hirnverletzung bestimmt, und nur selten durch einen Status epilepticus besiegelt. Neben *spontaner Heilung* sieht man Übergang in ein *chronisches Stadium*, sehr selten *Spätrezidive*, nach verschieden langer freier Phase. *Im allgemeinen wird die Prognose einer Schädelfraktur durch das Auftreten von Epilepsie verschlimmert.* Die *Spätepilepsie* in ihrer gewöhnlichen chronischen Form zeigt so gut wie nie spontane Heilung; in vielen Fällen bleibt der Zustand stationär, in anderen tritt eine *sukzessive Degeneration* — geistiger Verfall, epileptische Charakteränderung, Demenz — in Erscheinung, wie bei den schweren Formen genuiner Epilepsie. Bei der chronischen Epilepsie vom JACKSONschen Typus dagegen bleiben diese schweren Veränderungen der psychischen Persönlichkeit, die den Patienten zu einem gemeingefährlichen Wesen stempeln, meist aus. Doch sieht man auch hier Abnahme der Geisteskraft und gelegentlich auch epileptische Demenz. Von einigen

Autoren wird auf die relative Häufigkeit *psychischer Äquivalente* bei traumatischer Epilepsie hingewiesen.

Gestützt auf die fundamentalen experimentellen Feststellungen von FRITSCH und HITZIG über die Auslösbarkeit epileptischer Krämpfe durch elektrische Reizung der Hirnrinde und auf operative Erfolge sind die Veränderungen im Bereich der Hirnrinde, wie wir sie bei Contusio und Commotio cerebri und bei komprimierenden Blutungen oder Impressionen sehen, als *anatomisches Substrat der Frühkrämpfe* aufzufassen. In Betracht kommen neben *Quetschungen, blutiger Infiltration und Kompression der Rindenbezirke Ödem,* seröse und infektiöse *Meningitis* sowie umschriebene *Encephalitis.*

Bei den sekundär in Erscheinung tretenden Epilepsien spielen lokale *Knochenverdickungen* und *Osteophytenbildung, dislozierte Knochensplitter, Sequester, Steckgeschosse,* durchgehende *Haut-Dura-Gehirnnarben,* an denen das Gehirn gleichsam aufgehängt ist und die zu Störungen der Liquorzirkulation Anlaß geben, *Meningeal-* und *Hirnnarben,* umschriebene *Ansammlungen von Liquor, Blutcysten, Erweichungscysten* und *Abscesse* eine durch operative Erfahrungen einwandfrei nachgewiesene Rolle. Es ist jedoch zu beachten, daß diese Faktoren nicht in obligater Weise krampfauslösend wirken und daß trotz ihrer Beseitigung die Epilepsie unverändert weiterdauern kann.

Die Rolle der *Schädellücken* ist nicht einwandfrei abgeklärt; sie könnten schädlich wirken, weil das Gehirn pulsatorisch an ihre Ränder anschlägt. Maßgebend dürften wohl die begleitenden Narbenverhältnisse sein. Das gelegentlich beobachtete Auftreten von Epilepsie erst nach plastischer Deckung von Schädellücken ließ neuerdings an die ätiologische Bedeutung der *Drucksteigerung* denken, die nach dem Versagen der KOCHERschen Ventilbildung bei genuiner Epilepsie aus der Reihe der epileptogenen Faktoren ausgeschaltet worden war. Doch können die während epileptischer Anfälle gelegentlich beobachteten Drucksteigerungen nach Untersuchungen von STADELMANN, REDLICH u. a. nicht als krampfauslösend betrachtet werden.

Bei der Spätepilepsie ohne makroskopisch erkennbare Veränderungen des Gehirns und seiner Hüllen müssen naturgemäß Veränderungen der feinsten Strukturelemente vorliegen, die sich erst sekundär entwickelt haben; auch dürften physiko-chemische Abweichungen und Beeinflussung der Gehirngefäße durch das vegetative Nervensystem neben der individuellen Krampfbereitschaft eine konditionelle Bedeutung haben.

Die Prognose der traumatischen Epilepsie hängt von der Häufung der Anfälle und vom Eintreten sekundärer epileptischer Degeneration ab; je frequenter die Attacken, desto eher gehen die Patienten an ihrer Epilepsie zugrunde. Nach einer Zusammenstellung von HOLBECK aus dem russisch-japanischen Krieg sterben von den Verletzten mit Frühkrämpfen ein Drittel bis die Hälfte. Da jedoch die Epilepsie vom JACKSONtypus eine gewisse Neigung zu Spontanheilung hat und nach STEINTHAL von 185 Fällen typischer Epilepsie 92 zur Ausheilung gelangt sind, ist das Schicksal der Schädelverletzten mit Epilepsie offenbar erheblich besser als man nach der Darstellung von HOLBECK annehmen sollte. Auch für die Friedensverletzungen, bei denen die Schädigungen des Gehirns sich meist in engeren Grenzen halten, beträgt die operative Heilungsziffer annähernd $50^0/_0$.

In diagnostischer Beziehung ist namentlich der kausale Zusammenhang mit der Schädelverletzung sicherzustellen, wofür neben der Anamnese der Nachweis topischer Übereinstimmung zwischen dem Krampfbild, besonders der primär krampfenden Muskelgruppe sowie manifester Ausfallserscheinungen und anatomischen Residuen der Verletzung maßgebend ist.

Kapitel 19.

Psychische Störungen nach Schädelfrakturen.

Während erhebliche Gewalteinwirkungen auf das Gehirn, wie sie mit der Großzahl der Schädelbrüche verbunden sind, beinahe ausnahmslos zu vorübergehenden psychischen Störungen führen, sind längerdauernde Störungen des Geisteslebens und besonders dauernde progrediente Psychosen als direkte Folgen von Schädelfrakturen selten.

Nach der Bearbeitung von SCHRÖDER *können wir neben der eigentlichen Kommotionspsychose psychische Störungen bei groben Hirnverletzungen abgrenzen, ferner die bereits erwähnten Geistesstörungen bei traumatischer Epilepsie, die Gruppe der traumatischen Demenz, sowie hysterische und anderweitige Degenerationszustände im Gefolge von Kopftraumen.*

Psychische Störungen sehen wir bei jedem Patienten mit grob sinnenfälliger Quetschung und Zertrümmerung des Gehirns, deren auffälligste die *initiale Bewußtseinsstörung ist,* die verschieden lange andauern kann, oft gepaart mit *Erregungs- und Stuporzuständen.* Infolge der typischen retrograden Amnesie und der oft tiefgehenden *Störung der Merkfähigkeit* können die Patienten das Bild *akuter Verblödung* darbieten. Während die *retrograde Amnesie,* d. h. der Erinnerungsausfall für die Zeit vor der Verletzung, nach einfacher Commotio selten einige Stunden bis Tage überschreitet, kann der rückläufige Gedächtnisausfall bei schwerer Kontusion ein ganzes Jahr betreffen. Aus dieser Amnesie resultiert natürlich im Anfang eine merkliche *Desorientiertheit,* die, verbunden mit wesentlicher *Schädigung der Perzeptionsfähigkeit,* das Bild einer psychischen Störung bedingt. Häufig fällt eine hochgradige und langdauernde Apathie bei solchen Hirnverletzten auf. Liegen multiple Schädigungen der Hirnrinde vor, so können dauernde psychische Defekte resultieren; die Patienten sind oft gleichzeitig reizbar, ermüdbar, indolent, von außerordentlich wechselnder Stimmung, so daß der Umgebung *eine durchgreifende Charakteränderung,* ja *ein völliger Wechsel der psychischen Persönlichkeit* auffällt.

Die charakteristische und häufigste Geistesstörung im Anschluß an Kopfverletzungen ist die sog. *Kommotionspsychose,* die sich unmittelbar aus den Erscheinungen der Commotio cerebri heraus entwickelt. Wir finden grundsätzlich die gleichen Symptome wie bei den Geistesstörungen nach schweren Hirnläsionen.

Leichte Formen der Kommotionspsychose zeigen nur eine initiale, mehr oder wenig tiefe *Bewußtlosigkeit,* von kurzer Dauer, mit anschließender *Gereiztheit, Kopfdruck, Erschwerung der Denkarbeit*; das Wesentlichste ist die *Amnesie,* die sich auf die ersten Handlungen direkt nach dem Trauma, auf die Verletzungsphase selbst und meist auch auf einen kurzen Zeitabschnitt vor dem Unfall erstreckt. Gewöhnlich hinterlassen derartig leichte Komplexe keine dauernden

Störungen, können aber Symptome zurücklassen, wie wir sie bei der Kommotionsneurose kennen lernen werden.

Die schweren Formen der Kommotionspsychose erstrecken sich über Wochen
und Monate. Nach einem länger dauernden Stadium initialer Bewußtlosigkeit,
das mehrere Tage, in Form schwerer Bewußtseinstrübung sogar Wochen dauern
kann, zeigen sich die Patienten oft zunächst erregt, oder in allen Aktionen außerordentlich gehemmt. Man sieht ein Verhalten, das man mit den Begriffen der
delirösen, epileptoiden, stuporösen und Dämmerzustände bezeichnet. Schwere
Zustände von Erregung lassen ein eigentliches *Delirium traumaticum* unterscheiden, dessen Abgrenzung gegen das posttraumatische alkoholische Delirium
nicht immer möglich ist. Sind diese Übergangserscheinungen abgeklungen,
so wird das weitere Bild von der *Amnesie, dem Gedächtnisausfall* beherrscht.
Dieser *amnestische* oder sog. Korsakowsche *Symptomenkomplex* wird in erster
Linie charakterisiert durch die Schwächung der Merkfähigkeit; die Patienten
verfügen frei über sämtliche früheren Erinnerungsbilder, die sie auch assoziativ
zu verwerten vermögen, können aber neue Eindrücke nur schwer oder gar nicht
aufnehmen und einreihen. Das Hauptsymptom ist die *retrograde Amnesie,* die
sich verschieden weit in die Zeit vor dem Unfall erstreckt und auch alle Ereignisse
vom Momente des Unfalls bis zum Erwachen aus der Bewußtlosigkeit betrifft.
Daraus resultiert *eine örtliche und zeitliche Desorientiertheit,* für deren Vorhandensein ebensowenig wie für die Amnesie Einsicht besteht. Die Patienten erkennen
Personen, deren Bekanntschaft sie während der Krankheit gemacht haben,
so ihren Arzt, jeweilen nicht wieder, sind über die Tageszeit schlecht orientiert,
glauben nicht im Spital, sondern zu Hause zu sein, sprechen, wie wenn sie mitten
in ihrer gewöhnlichen Tätigkeit und Lebensführung begriffen wären. Dazu sind
die Patienten *unaufmerksam, rasch ermüdbar,* zeigen *Intelligenzstörungen* und
verminderte psychische Leistungsfähigkeit. Die Amnesie für die Zeit vor dem
Unfall umfaßt hier selten mehr als einige Stunden bis Tage und bleibt als *dauernder
Defekt der Erinnerung* bestehen. Die Patienten sind schwierig zu behandeln,
mißtrauisch, reklamieren beständig, können frech und grob sein, stehen aber
doch unter dem depressiven Eindruck ihrer Krankheit, obschon sie dem Arzte
nicht zugeben, an bestimmten Störungen psychischer Art zu leiden. Auch direkt
maniakalische Zustände mit Größenideen werden beobachtet. Diese Krankheits-
symptome sind im Anfangsstadium oft kombiniert mit den Symptomen der
Commotio, Contusio und Compressio cerebri; in dieser Hinsicht hat besonders
die Erkennung aphasischer Störungen Bedeutung, sowie die Störung in der
Ausführung alltäglicher manueller Verrichtungen *(Apraxie).* Die Kommotionspsychose ist keine progrediente, sondern eine von den schwersten Erscheinungen
allmählich sich zurückbildende Krankheitsform, die entweder völlig oder unter
Zurücklassung gewisser Defekte ausheilt. Die *Residuen* decken sich mit den
Erscheinungen der *Kommotionsneurose* oder *Kommotionsneurasthenie.* Die
Dauer der *Kommotionspsychose* schwankt zwischen Bruchteilen einer Stunde
bei abortiven Fällen, Tagen, Wochen und mehreren — bis zu 6 — Monaten.
Eine Charakteränderung bleibt oft zurück.

Als *traumatische Demenz* bezeichnet man den Ausgang einer Kommotionspsychose in unheilbare, oft progrediente psychische Schwächezustände mit
schweren Defekten. Neben auffälligen Charakteränderungen im Sinne pathologischer Reizbarkeit, die sich zur Gewalttätigkeit steigern kann, findet man

schwere Gedächtnisstörungen und hochgradige Herabsetzung der psychischen Leistungsfähigkeit.

Schließlich ist in diesem Zusammenhang noch zu erwähnen, daß im Anschluß an posttraumatische Epilepsien typisches *epileptisches Irresein* in Erscheinung treten kann, in der Form, wie es bei der progressiven genuinen Epilepsie beobachtet wird. Bei disponierten Individuen vermag ferner ein Kopftrauma, wie es bei Schädelbrüchen vorliegt, *hysterische, psychoneurotische, deliriöse und paranoische Zustände* auszulösen.

Die sog. *Kommotionsneurose,* die namentlich für den Begutachter von großer praktischer Wichtigkeit ist, bildet insofern ein Grenzgebiet der posttraumatischen Psychosen, als die Neurasthenie nach Kopfverletzungen und vor allem nach Schädelbrüchen stets psychische Symptome aufweist, die sich derart akzentuieren können, daß der Übergang zu den traumatischen Geistesstörungen ein fließender ist.

Die Patienten mit Kommotionsneurose sind auffällig energielos und *schlapp, depressiv gestimmt,* namentlich soweit die Auffassung von der Schwere ihrer Krankheit und deren ökonomischen Rückwirkungen in Betracht fällt. In dieser Hinsicht ist ihr Vorstellungsinhalt von *hypochondrischen Ideen* erfüllt. Die Patienten sind unaufmerksam, vergeßlich, zerstreut, leiden tatsächlich an *Gedächtnisschwäche,* die mit der Zeit zunehmen kann, dazu kommt *pathologische Ermüdbarkeit, zunehmende Herabsetzung der beruflichen Leistungsfähigkeit, Reizbarkeit, Empfindlichkeit* und *mißtrauische Stimmungslage.* Beinahe stereotyp sind Klagen über *eingenommenen Kopf, Kopfschmerzen* mit Exazerbationen bei jeder nennenswerten Anstrengung, *Schwindel,* besonders bei Änderung der Körperlage und Vornüberbeugen des Kopfes, *Schwäche- und Ohnmachtsgefühl.* Das Schwindelgefühl ist oft durch Verletzungen des Labyrinths bedingt, worüber eine eingehende otologische Untersuchung Aufschluß zu geben vermag. Häufig ist die Angabe, daß seit dem Unfall *Intoleranz gegen Alkohol und Nikotin* bestehe. Eine Großzahl der Symptome geht mit der Zeit unter verständiger Behandlung zurück, wenn auch gewisse Residuen, wie Kopfschmerzen und Schwindel, häufig zurückbleiben. Doch wird auch Übergang in hysterische und anderweitige degenerativ-psychotische Zustände beobachtet.

Kapitel 20.

Diagnostik der Schädelbrüche und ihrer Komplikationen.

Konvexitätsbrüche des Schädels sind der Inspektion und Palpation *direkt* zugänglich; dagegen kann die Diagnose der *Basisbrüche* meist nur auf *indirektem* Wege gestellt werden.

Was die *subkutanen Konvexitätsfrakturen* betrifft, ist gelegentlich schon inspektorisch eine umschriebene *Depression* zu erkennen oder durch Palpation ein scharfer Fragmentrand, eine klaffende Frakturspalte oder ein bewegliches Fragment nachzuweisen. Unbedeutende Impressionen werden oft durch die blutige Infiltration der Kopfschwarte verdeckt. Durch subkutane Zerreißung der bedeckenden Weichteile in der Mitte einer Beule und blutige Infiltration in ihrer Peripherie kann fälschlicherweise der Eindruck einer Impression erweckt werden. Als diagnostische Fehlerquellen kommen ferner in Betracht

Impressionen, die auf Geburtsverletzungen oder frühere Schädelbrüche zurückzuführen sind, umschriebene senile Knochenatrophie, physiologische Unregelmäßigkeiten, besonders Einsenkungen im Bereich der Nahtlinien, ferner Knochenwälle bei Schädelgummen, besonders im Ausheilungsstadium. Neben dem Ergebnis der Inspektion und Palpation kann auch der *lokale Druckschmerz* zur
Frakturdiagnose herangezogen werden, der jedoch wegen der hohen Empfindlichkeit der gleichzeitig verletzten Kopfschwarte nicht die Bedeutung hat, wie
bei den Extremitätenfrakturen.

Es ist von praktischer Wichtigkeit, darauf hinzuweisen, daß trotz des Fehlens
äußerer Anhaltspunkte ausgedehnte Konvexitätsfrakturen vorliegen können, die

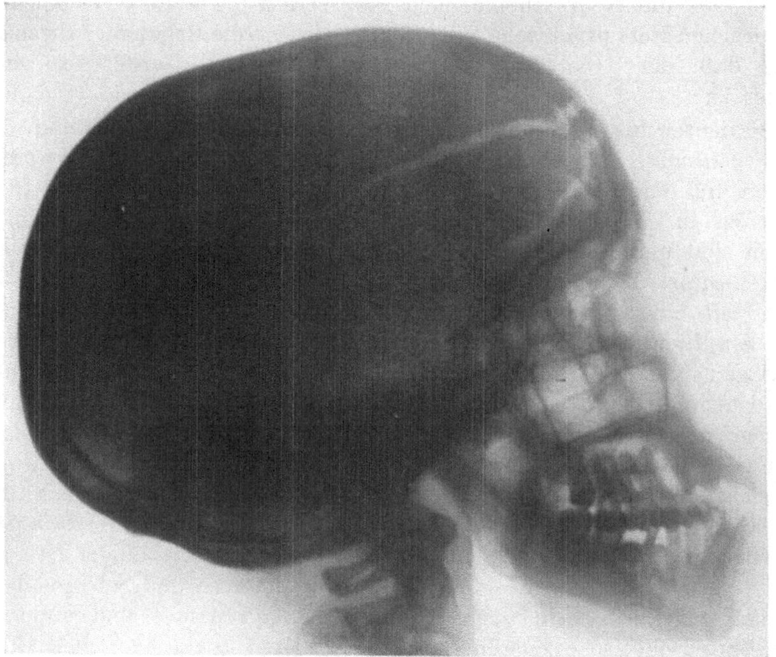

Abb. 322. Röntgenbild einer klaffenden Schädelfraktur.

erst bei einer Operation oder Autopsie erkannt werden. Die Gefahr sekundärer
Komplikationen, die nach Feststellung der ursächlichen Schädelfraktur häufig
rascher erkannt werden, sowie die Möglichkeit wirksamer Vorbeugungsmaßnahmen lassen es wünschenswert erscheinen, durch die Vornahme von *Röntgenaufnahmen* nach Möglichkeit Klarheit zu schaffen.

Die Ausbildung der Röntgentechnik gestattet heute, eine große Zahl von
seitlich lokalisierten und eigentlichen Konvexitätsfrakturen einwandfrei darzustellen, wie Abb. 322 u. 323 zeigen. Zu Verwechslung mit Fissuren geben gelegentlich
Nähte und Gefäßfurchen Veranlassung, doch kann man sich vor diesen Irrtümern durch Vergleichung mit normalen Röntgogrammen schützen. Das
dankbarste Objekt für röntgographische Darstellung bilden Defekt- oder Impressionsfrakturen (Abb. 323a u. 323b).

Für die Lokalisation von Steckgeschossen oder hirnwärts verlagerten Knochensplittern empfehlen sich 2 Schädelaufnahmen in zueinander senkrechten

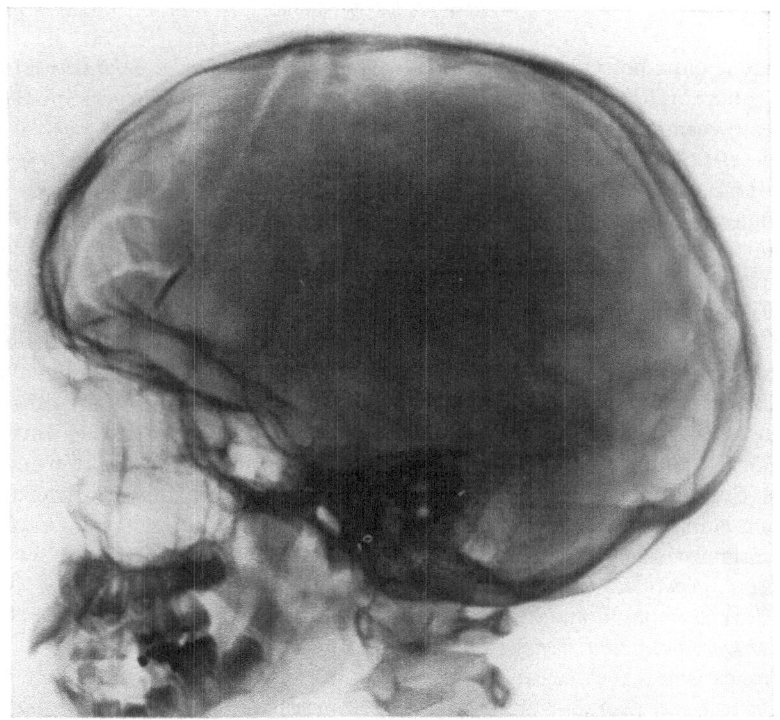

Abb. 323a. Röntgenbild einer Impressionsfraktur des Os frontale; Seitenaufnahme.

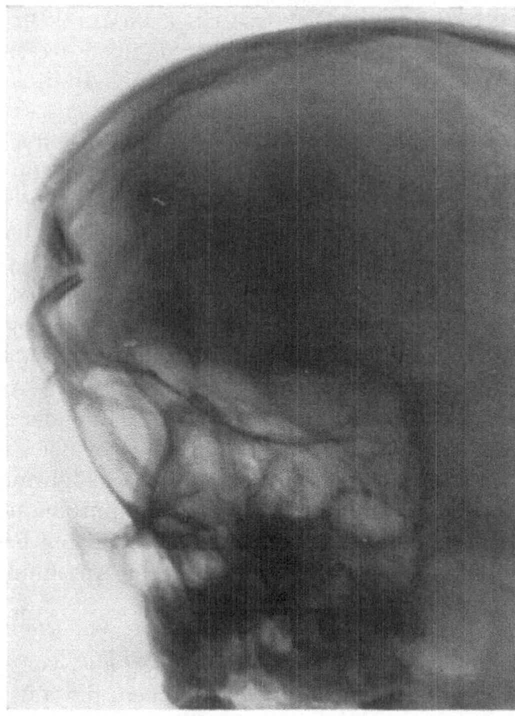

Abb. 323b. Impressionsfraktur des Frontale — Abb. 321a — in tangentialer Projektion.

Richtungen; ganz besonders instruktiv wirken *stereoskopische Schädelaufnahmen,* die eine gut räumliche Vorstellung von der Lage des Fremdkörpers im Schädelinneren zu vermitteln vermögen.

Offene Brüche des Schädeldaches werden oft am *Ausfließen von zertrümmerter Hirnsubstanz oder von Liquor* ohne weiteres erkannt. Im übrigen sind Weichteilwunden im Bereich des Schädelgewölbes grundsätzlich unter aseptischen Kautelen auf das Vorhandensein einer Fraktur des Schädeldaches zu revidieren.

Schwieriger gestaltet sich die sichere *Diagnose der Basisbrüche.* Wegleitend für die Erkennung von Basisfrakturen ist in erster Linie die *Anamnese,* besonders der Nachweis einer erheblichen Gewalteinwirkung, die eine so hochgradige Schädeldeformation annehmen läßt, daß die Erzeugung von Sprüngen in der Schädelbasis wahrscheinlich wird. Von Bedeutung sind ferner anamnestische Angaben über Erscheinungen akuter Hirnpressung, wie man sie unter dem Begriff der Commotio cerebri zusammenzufassen pflegt. Im Vordergrund steht hier das Symptom der *Bewußtlosigkeit,* die im Momente der Einlieferung des Patienten bereits mehr oder weniger vollständig abgeklungen sein kann, und deren anamnestische Feststellung somit von Wichtigkeit ist. *Doch sei darauf aufmerksam gemacht, daß die Bewußtlosigkeit kein unerläßliches Symptom der akuten Hirnpressung darstellt, ihr Fehlen somit nicht unbedingt gegen überstandene akute Hirnpressung und begleitende Basisfraktur spricht.*

Anamnestische Feststellungen über die Richtung der einwirkenden Gewalt können wertvolle Anhaltspunkte für die Konstruktion des Verlaufs der Basisfissuren darbieten, besonders wenn diese anamnestischen Angaben durch die objektive Feststellung entsprechender äußerer Verletzungszeichen gestützt werden. Von Bedeutung für die Diagnose einer Basisfraktur ist weiterhin der *lokale,* besonders aber der *fortgeleitete Bluterguß,* über dessen Bedeutung und Lokalisation alles Wesentliche bereits gesagt wurde. Indirekte Symptome für die Erkennung von Basisbrüchen sind ferner *Blutung, Ausfluß von Liquor cerebrospinalis* oder zertrümmerter *Hirnsubstanz aus Nase und Ohr,* sodann *subkutanes Emphysem* infolge Fraktur der äußeren Corticalis pneumatisierter Schädelknochen und schließlich *Störungen der basalen Gehirnabschnitte* und *Lähmung von Hirnnerven* durch periphere Läsion im Bereiche der Schädelbasis.

Die Lokalisationsdiagnose der Schädelbasisfraktur ergibt sich unter Berücksichtigung der früher besprochenen Ergebnisse experimenteller Untersuchungen, abgesehen von der Verwertung anamnestischer Angaben, aus objektiven Feststellungen über die Richtung der einwirkenden Gewalt. Auch äußere Blutungen, sowie die Läsion bestimmter Basalnerven bieten positive Anhaltspunkte. In einzelnen Fällen gestattet der Nachweis seitlich auslaufender basaler Frakturen einen Rückschluß auf die Lokalisation der Sprünge in der Schädelbasis.

Hinsichtlich Erkennung der verschiedenen, die Schädelfrakturen *begleitenden Hirnläsionen* sind der Schilderung der klinischen Symptome nur einige differential-diagnostische Bemerkungen beizufügen. Das Auftreten bestimmter Gehirnerscheinungen in unmittelbarem oder mittelbarem Anschluß an ein Schädeltrauma sichert den Kausalzusammenhang.

Die Erscheinungen der sog. *Gehirnerschütterung,* wie wir sie als Symptome der Hirnpressung kennengelernt haben, treten *sofort* auf, vor allem die Bewußtlosigkeit. Das gleiche gilt für Ausfallserscheinungen, die auf grob mechanische Zerstörung eines in seiner Funktion bekannten Gehirnabschnittes zu beziehen sind.

Für die Contusio cerebri oder *Hirnquetschung* ist, abgesehen von dem momentanen Auftreten der lokalisierbaren Ausfallerscheinungen, die sekundäre Ausbreitung der Läsion auf benachbarte Rindengebiete sowie die sekundäre Einschränkung des Rindenherdes charakteristisch.

Die *Compressio cerebri* oder der *sukzessive zunehmende Hirndruck* wird bei Schädelfrakturen — abgesehen von Fällen sekundärer Meningitis, Encephalitis, Cysten und Abszeßbildung — wesentlich nur durch Blutungen bedingt, vor allem durch das *Hämatom der mittleren Meningealgefäße.* Für die Großzahl der Fälle von Hirndruck nach Schädelfraktur ist deshalb das *freie Intervall* differentialdiagnostisch ausschlaggebend. Doch sei auf die früher gemachte Einschränkung hingewiesen, nach der ein freies Intervall auch fehlen kann. Die Unterscheidung von Ausfallsymptomen infolge Kontusion und solchen, die auf lokaler Druckwirkung eines Hämatoms beruhen, läßt sich meist treffen, indem der Lähmung durch Kompression häufig ein Reizungsstadium vorausgeht. Hinsichtlich Diagnose der übrigen Gehirnkomplikationen nach Schädelfrakturen verweisen wir auf die Symptomatologie der betreffenden Veränderungen.

Einige ergänzende Ausführungen sind nur noch zu machen über die diagnostischen Methoden der *Hirnpunktion,* sowie über die *Subarachnoideal-, Ventrikel-* und *Lumbalpunktion.*

Die von NEISSER und POLLACK systematisch begründete *Hirnpunktion* kann bei intracraniellen Komplikationen nach Schädelfrakturen ein wertvolles diagnostisches Hilfsmittel darstellen. Wir können durch die Hirnpunktion nicht nur bestimmte Veränderungen wie Blutungen, Erweichung, Cystenbildung infolge umschriebener Liquoransammlung, Abscesse, feststellen, sondern gleichzeitig die Veränderungen auch in genauer Weise topographisch lokalisieren.

Die *Technik der Hirn- bzw. Schädelpunktion* ist einfach. Zunächst wird aus den vorliegenden Herdsymptomen die Lokalisation der Blutung oder des Erweichungsherdes im Gehirn soweit möglich bestimmt und das betreffende Rindengebiet nach zu beschreibender Methode (Kap. 21/4) auf die Schädeloberfläche projiziert. In der Mitte des betreffenden Gebietes wird mit einem gewöhnlichen Drill- oder Rotationsbohrer, der direkt durch die desinfizierte Kopfschwarte bis auf den Knochen durchgestoßen wird, der Schädel durchbohrt. Nach Durchbohrung des Schädelknochens wird der Bohrer unter genauer Berücksichtigung seiner Lage achsengerecht herausgezogen, und sofort durch die gleiche Öffnung und in gleicher Richtung eine Nadel von entsprechendem Kaliber mit flachgeschliffener Spitze durch den Bohrkanal eingeschoben. Diese Technik gestattet Subarachnoideal-, Gehirn- und Ventrikelpunktion. Die *Punktion der Seitenventrikel* bei Verdacht auf Ventrikelblutung oder Hydrocephalus internus traumaticus erfolgt am besten im Bereich des *Hinterhorns* von einem Punkte direkt unterhalb des Tuber parietale oder nach dem Vorschlage KOCHERS im Bereiche des Vorderhorns, zwischen oberer und mittlerer Stirnwindung vor der Präzentralfurche, indem man 2,5—3 cm seitlich vom Vereinigungspunkt der Coronar- und Sagittalnaht (Bregma) mit der Nadel eingeht. Die oft hochgradige Erweiterung der Ventrikel erleichtert die Punktion in wesentlichem Maße.

Gestützt namentlich auf die jüngsten kriegschirurgischen Erfahrungen hat die *Lumbalpunktion* bei Schädelverletzungen eine zunehmende *diagnostische* und übrigens auch therapeutische Bedeutung erlangt, da nicht nur bei den verschiedenen Arten der sekundären Meningitis, sondern auch bei intracraniellen Blutungen der Liquor cerebrospinalis bestimmte Veränderungen aufweist.

Nach der heute noch geltenden ursprünglichen Angabe von QUINCKE wird die Lumbalpunktion am besten zwischen 2. und 3. oder 3. und 4. Lendenwirbel vorgenommen, indem man in der Mittellinie in der Richtung des Verlaufes der Wirbeldorne durch die Lücke zwischen zwei Wirbelbogen in den Duralsack einsticht. Was die Wahl der Stelle anbetrifft, so halten wir uns am einfachsten an folgende praktische Regel: Man zieht die quere horizontale Verbindungslinie zwischen dem Oberrand beider Darmbeinschaufeln; der in dieses Niveau fallende Dornfortsatz entspricht dem 4. Lendenwirbel. Die Punktion erfolgt dann entweder dicht am Oberrande dieses Wirbeldorns (des 4.) oder dicht oberhalb des nächst höheren Wirbeldorns (des 3.). Dabei muß man sich vor Augen halten, daß die Lendenwirbeldorne bei Kindern horizontal, bei Erwachsenen leicht ansteigend verlaufen. *Bei Schädelverletzten* erfolgt die Lumbalpunktion am besten in *Seitenlage* bei stark nach vorn gebeugtem Oberkörper. Will man den Liquordruck messen, so wird nach dem Vorschlage von QUINCKE und SAHLI die Punktionsnadel, sobald die ersten Tropfen Liquor herausgetreten sind, mit einem 30—50 cm langen, etwa 2 mm weiten Gummischlauch versehen. Die Höhe der Flüssigkeitssäule, vom Niveau der Nadel an gemessen, entspricht dem Lumbaldruck in Millimeter Wasser (spezifisches Gewicht des Liquor 1003). Der normale Liquordruck in Seitenlage schwankt ungefähr zwischen 60—150 mm Wasser (5—11 mm Hg). Nach neueren Untersuchungen BECHERs liegt die obere Grenze des normalen Lumbaldruckes in Seitenlage bei 220 mm. Der normale Liquor ist farblos, wasserklar, eiweißarm ($0,2$—$0,5^0/_{00}$ Eiweiß), so daß er mit Essigsäure keine deutliche Fällung ergibt. Nach LENHARTZ sprechen Eiweißmengen, die $\frac{1}{4}^0/_{00}$ überschreiten, im allgemeinen für Meningitis. Von morphotischen Elementen enthält der normale Liquor nur spärliche Lymphocyten.

Soweit die Verwertung der Lumbalpunktion für die Diagnose von Veränderungen im Bereich der Schädelkapsel in Betracht kommt, ist zu bedenken, daß bei aufgehobener Kommunikation zwischen intracraniellem und duralem Liquorraum die Cerebrospinalflüssigkeit völlig unverändert sein kann, trotz erheblicher Druck- und Qualitätsveränderungen des Liquor in den intracraniellen Meningealräumen.

Bezüglich der diagnostischen Verwertung der Lumbalpunktion bei Schädeltraumen und ihren Folgezuständen ist in erster Linie darauf hinzuweisen, daß *bei vielen stumpfen Schädelverletzungen*, so namentlich *bei Basisfrakturen*, die Lumbalpunktion *erhöhten Druck* und *blutige Verfärbung des Liquors* ergibt. Diesen Befund erhält man auch nach Schädeltraumen ohne Verletzung der Schädelkapsel.

Subdurale Blutungen, wie man sie so häufig in Begleitung der verschiedenen Formen von Schädelbrüchen sieht, bedingen sehr oft hämorrhagische Punktionsflüssigkeit. Zur Vermeidung von diagnostischen Irrtümern ist jedoch darauf zu achten, daß bei Verletzung von Blutgefäßen durch die Punktionsnadel der Liquor zunächst ebenfalls hämorrhagisch verfärbt sein kann. *Für die Diagnose einer intracraniellen Blutung muß man deshalb verlangen, daß der ausfließende Liquor eine gleichmäßige hämorrhagische Färbung zeigt, auch nachdem mehrere Kubikzentimeter abgeflossen sind.*

Bei der *Meningitis serosa traumatica* ist der Liquor gewöhnlich *stark vermehrt* und steht unter *hohem Druck,* so daß auch nach Abfluß von 20 ccm und mehr der Druck nicht zur Norm zurückkehrt. Doch kann der Liquordruck auch hier völlig normal sein, trotz großer, namentlich intraventriculärer Liquoransammlungen, wenn z. B. das Foramen Monroi oder Magendii durch Fibrinniederschläge oder Blutcoagula verlegt sind (PAYR). Auch kommen umschriebene meningitische Flüssigkeitsansammlungen vor. Bei der *sympathischen Meningitis serosa* ist der Liquor bei der Lumbalpunktion ebenfalls vermehrt und steht unter starkem Druck (200—500 mm Wasser). Die Flüssigkeit ist anfänglich gewöhnlich klar, zeigt aber deutlich *vermehrten Eiweißgehalt.*

Bei der *eitrigen Meningitis* springt vor allem die verschieden starke *Trübung der Cerebrospinalflüssigkeit* in die Augen. Man sieht hier alle Übergänge von leichter milchiger Trübung bis zum Abfließen eines dicken, *rein eitrigen Lumbalpunktates.* In solchen Fällen kann die morphologische Untersuchung direkt am Ausstrichpräparate vorgenommen werden, während bei leichten Trübungen vorgängige Sedimentierung oder Zentrifugierung notwendig ist.

Kapitel 21.

Die Behandlung der Schädelfrakturen und ihrer Folgezustände.

1. Konvexitätsfrakturen.

Bei der Behandlung der Schädelfrakturen überwiegt die Rücksicht auf primäre Schädigungen des Gehirns und auf sekundär zu erwartende Komplikationen in hohem Maße gegenüber der Behandlung der eigentlichen Schädelfraktur. Die Prognose ist ganz vorwiegend von den Gehirnkomplikationen abhängig, so daß auch unsere Behandlungsmaßnahmen in erster Linie durch die Rücksichten auf Komplikationen von seiten des Schädelinhaltes bestimmt werden. Eine gesonderte Bedeutung hat die eigentliche Frakturbehandlung nur bei gewissen Formen von Konvexitätsbrüchen. *Liegen Konvexitätsfrakturen ohne Hautverletzung und ohne deutliche Impression vor, so sind sie zunächst konservativ zu behandeln.* Da Gewalten, die zu Konvexitätsfrakturen führen, beinahe ausnahmslos mit akuter Hirnpressung verbunden sind, sind die Commotio cerebri und ihre Spätfolgen in der weiter unten zu besprechenden Weise zu berücksichtigen, und zwar in genau gleicher Weise, ob Bewußtlosigkeit vorhanden war oder nicht.

Eine gesonderte Stellung nehmen Konvexitätsfrakturen im Bereiche der Stirnhöhlen ein, seien sie mit Impression verbunden oder nicht. Erfahrungsgemäß ist häufig die hintere Wand des Sinus frontalis mitgebrochen, und es besteht die Möglichkeit einer Infektion der Meningen vom Sinus frontalis aus. *Bei sekundären Temperatursteigerungen, die nicht anderweitig genügende Erklärung finden, empfiehlt sich deshalb bei derartigen Konvexitätsfrakturen Freilegung der Frakturstelle, Wegnahme der vorderen Wand des Sinus frontalis und Revision der hinteren Wand der Stirnhöhle.* Zeigt sich die hintere Stirnhöhlenwand gebrochen, so sind die beidseitig an die Fissur angrenzenden Knochenpartien mit der Hohlmeißelzange wegzunehmen; die Dura ist zu spalten und durch partiell offene

Wundbehandlung unter lockerer Tamponade und Drainage des Sinus frontalis für sicheren Abfluß der Wundsekrete zu sorgen.

Subcutane Konvexitätsfrakturen mit Impression erfordern operative Behandlung, sobald die Impression über die reine Abflachung der Schädelwölbung hinausgeht. Im allgemeinen herrscht die Auffassung, daß Impressionen über den motorischen Gebieten, auch wenn keine oder nur vorübergehende motorische Ausfallerscheinungen vorhanden sind, eher operativ zu behandeln seien, als Impressionen über sensorischen oder sog. „stummen" Bezirken der Hirnrinde. *Es empfiehlt sich jedoch, jede eigentliche Impression gemäß vorstehender Definition operativ zu beheben,* am besten, indem man die Fraktur bogenförmig umschneidet und die einzelnen Fragmente hebt, was gelegentlich das Anlegen einer kleinen Trepanationsöffnung erfordert, um ein Instrument zum Heben der eingedrückten Fragmente einführen zu können. Bei starker Randverkeilung müssen die Fragmente extrahiert und wieder eingepaßt werden. *Bei derartigen operativen Eingriffen muß man sich unbedingt vergewissern, ob die Dura intakt ist, ob sich unter der Dura Blutansammlungen befinden, ob eventuell Splitter der Lamina interna seitlich oder gehirnwärts verschoben sind.* Solche losgelöste Internasplitter sind zu entfernen, während im übrigen das Prinzip gilt, *möglichst konservativ vorzugehen,* die Verbindung der peripheren Fragmentebenen mit dem normal stehenden Schädeldach nicht mehr als nötig zu lockern, und bei eigentlichen Splitterfrakturen die einzelnen Fragmente wie ein Mosaik wieder zusammen- und einzusetzen. *Blutungen unter der Dura sind durch kleine Incisionen zu entleeren,* nach sorgfältiger Blutstillung ist die Dura zu vernähen und über den reponierten Fragmenten die Haut exakt zu vereinigen. Nur dort, wo keine zuverlässige Blutstillung erzielt werden kann, ist von vollständigem primärem Wundschluß abzusehen, indem man besser einen kleinen lockeren Xeroform- oder Vioformgazetampon auf die blutende Stelle des Gehirns auflegt und durch eine kleine Lücke im Schädel herausleitet.

Die Behandlung der mit Hautverletzungen komplizierten offenen Brüche der Schädelkonvexität hat in erster Linie die Verhütung nach dem Schädelinnern vordringender Infektion zur Aufgabe. Diese Aufgabe erscheint, soweit die vitale Prognose in Betracht kommt, bedeutsamer als die Behandlung der eigentlichen Fraktur des Schädeldaches. Je größer die Zerstörung am Schädel, d. h. je ausgedehnter die Zertrümmerung des Knochens, je tiefer die Impression, je erheblicher die Quetschung der regionären Hirnrindengebiete, desto größer ist bei offenen Schädelfrakturen die Gefahr der Wundinfektion und damit die Gefahr sekundärer progredienter Meningitis und Encephalitis. *Sobald Symptome umschriebener Hirnrindenläsion vorliegen, besteht immer eine absolute Indikation zu ausgedehnter Freilegung der Frakturstelle.* Die Hautwunde wird zunächst zweckmäßig erweitert oder ausgeschnitten, in das Gehirn eingedrungene Knochensplitter werden entfernt. Unser Verhalten hinsichtlich der übrigen imprimierten, vollständig aus dem Zusammenhang gelösten oder mit den umgebenden Schädelpartien noch in Kontakt stehenden Fragmente wird bedingt durch den Zustand der Wunde. Sieht die Wunde sauber aus, so kann man genau wie bei den subcutanen Impressionsfrakturen sich damit begnügen, die Fragmente zu heben und den Versuch machen, vollständig aus dem Zusammenhang gelöste Splitter an richtiger Stelle wieder einzusetzen. Dieses Verfahren ist namentlich geboten, wenn die Dura unverletzt ist. Haben wir den Eindruck, daß die Wunde nicht schon infiziert ist, so kann ein gelegentlicher Knochendefekt auch durch Externalamellen oder durch freie autoplastische Knochentransplantation gedeckt werden. Über der Fraktur wird die angefrischte Haut vernäht, unter umschriebener Drainage. Der vollständige Wundschluß bedeutet in solchen Fällen stets ein Experiment und erfordert jedenfalls genaue Überwachung der Patienten.

Ist die Wunde grob makroskopisch verunreinigt, so handelt es sich darum, Bedingungen zu schaffen, die einer glatten Wundheilung günstig sind. Die Wunde wird deshalb nach aktiven chirurgischen Grundsätzen zurechtgerichtet. Erste Bedingung für einen glatten Wundverlauf ist die Beseitigung aller vollständig aus dem Zusammenhang gelösten Knochensplitter, die Entleerung supraduraler, epi- und subduraler Hämatome, die Freilegung der zertrümmerten Hirnoberfläche, die Spaltung aller Unterminierungen, die Entfernung aus dem Zusammenhang gelöster Hirnpartikel, die Abtragung von Dura- und Weichteilfetzen, die Glättung unregelmäßig vorstehender und verschmutzter Knochenränder mit der Kneifzange, die Sorge für freien Abfluß der Wundsekrete. Die Blutung aus der Diploe wird gestillt durch Anpressen von sterilisiertem Wachs oder durch Einschlagen von zugespitzen Holz- oder Elfenbeinstiften, die man der Bruchfläche eben abkneift. Die Blutung aus den Duragefäßen wird durch Umstechung gestillt. Chemische antiseptische Maßnahmen sind nicht unbedingt notwendig, können aber von Nutzen sein, wenn man eine Schädigung des Gewebes vermeidet. Austupfen oder Überrieseln mit $1^0/_0$iger Salicyllösung DAKINscher Lösung, Betupfen mit $1^0/_0$iger Carbolsäurelösung, Ausspülen mit Wasserstoffsuperoxyd, unter Umständen Betupfen stark mechanisch lädierter Bezirke des Wundgrundes mit Jodtinktur sind die in Betracht kommenden Maßnahmen. Nachdem das Frakturgebiet zu einer einheitlichen Wundhöhle umgebildet worden ist, wird diese mit steriler oder antiseptischer Gaze locker austamponiert, dann wird an der tiefsten Stelle der Höhle eine Gegenöffnung in der Haut angelegt zur Einführung eines Gummi-, Glas- oder Silberdrainrohres. Der Tampon wird durch eine Lücke in der erweiterten Hautwunde herausgeleitet, die im übrigen durch einige Knopfsuturen zu vereinigen ist.

Namhafte Autoren, so KÜTTNER, empfehlen, bei gutem Allgemeinzustand der Patienten die Bruchstelle allfällig plastisch mit den Weichteilen der Nachbarschaft zu bedecken. Dies soll jedoch vorsichtshalber nur unter Offenlassen eines Teils der primären Hautwunde oder unter Anlegen ausreichender Gegenöffnungen für die Drainage geschehen.

Offene Konvexitätsfrakturen, die schon vereitert sind, behandelt man prinzipiell nach den gleichen Gesichtspunkten wie infizierte Extremitätenfrakturen. Phlegmonös veränderte Weichteile sind deshalb ausgedehnt zu spalten, die Frakturstelle freizulegen, freiliegende und nekrotische Knochensplitter zu entfernen und namentlich dafür zu sorgen, daß Entzündungsherde unter der Dura im Bereich der mechanisch lädierten Hirnrindenpartie ungehinderte Abflußmöglichkeit nach außen haben. Für derartige Fälle bewähren sich feuchte Verbände mit $1^0/_{00}$ warmer Salicyllösung ausgezeichnet, infolge der kombinierten absaugenden, leicht antiseptischen und säuernden Einwirkung der häufig zu wechselnden Salicylsäurekompressen.

Die vollständige Freilegung der primär entzündlich veränderten Gehirnrindenbezirke vermag oft das Weiterschreiten bereits in Entwicklung begriffener, aber noch lokalisierter Meningitis und ebenso die Entstehung von primären Hirnabscessen zu verhindern.

2. Basisfrakturen.

Die Basisfrakturen nehmen insofern eine Sonderstellung ein, als eine primäre Freilegung der Frakturstelle auch in Fällen breiter Kommunikation mit der Nase oder mit dem Ohr nicht in Betracht kommt. Von einem primären operativen Vorgehen könnte deshalb nur die Rede sein mit der Absicht, entfernt von der Frakturstelle eine Drainage des Duralraumes vorzunehmen und gleichzeitig drucksteigernde Blutungen zu stillen sowie Blutgerinnsel auszuräumen. Diese Trepanationen im Bereich der Schädelkonvexität bzw. in den seitlichen Bezirken des Schädels bei Basisbrüchen sind von verschiedenen Autoren empfohlen worden, besonders von LUXEMBOURG und von CUSHING. Als Trepanationsstelle empfiehlt CUSHING die Schläfengegend, weil mit Rücksicht auf die Topographie der Arteria meningea media in diesem Gebiet am ehesten Blutungen gefunden werden. Dagegen rät LUXEMBOURG, über der motorischen Region im Bereich des Os parietale einzugehen. Derartige Operationen haben eine Bedeutung nur in Fällen, wo nach dem Ablauf der sog. Kommotionserscheinungen andauernd Drucksymptome bestehen bleiben. Bestimmter ist operatives Vorgehen angezeigt bei Basisfrakturen, die durch die vordere Schädelgrube bis in den Sinus frontalis reichen. Hier ist genau in gleicher Weise wie bei den entsprechenden Frakturen der Konvexität der Sinus frontalis zu eröffnen, und durch Ableitung nach außen die Infektion der Meningen vom eröffneten Sinus aus zu bekämpfen. Handelt es sich um eine nach der Konvexität auslaufende, durch eine Wunde über dem Schädeldach mit der Außenwelt in Verbindung stehende Basisfraktur, so ist diese Wunde nach den für die Konvexitätsbrüche beschriebenen Grundsätzen zu versorgen.

Eine Hauptaufgabe der Behandlung der Basisfrakturen erblickte man lange Zeit in der Verhütung einer Infektion vom Ohr oder von der Nase aus, durch aktive Behandlung. Es wurde empfohlen, Nase und Ohr zu spülen, auszutupfen und mit antiseptischer Gaze zu tamponieren. Derartige Maßnahmen beruhen auf ganz unzutreffenden Anschauungen. Der Versuch einer Desinfektion der Nasenhöhle durch Spülung kann als vollständig aussichtslos bezeichnet werden. Das gleiche gilt für das äußere Ohr, wenn auch die einheitliche Form des äußeren Gehörganges etwas günstigere Verhältnisse darbietet. Tamponade der Nase gibt zu Schleimverhaltung und zu mechanischer und chemischer Reizwirkung Anlaß, wodurch das Infektionsrisiko zweifellos eine Steigerung erfährt. Eine Tamponade der Nase käme nur bei schwerer Blutung in Frage.

Auch von aktiven Desinfektionsmaßnahmen am äußeren Gehörgang kann nur gewarnt werden. Es genügt, nach Aufhören der Blutung die äußere Ohröffnung mit einem lockeren antiseptischen Tampon zu versehen, der so oft gewechselt wird, als er sich mit Blut oder Liquor durchtränkt erweist.

Bei Basisfrakturen mit Beteiligung des Warzenfortsatzes kann dessen Aufmeißelung und die Ausräumung der mit Blut gefüllten Zellen in Frage kommen.

Gestützt auf den Nachweis, daß bei *Verabreichung von Urotopin* abgespaltenes Formaldehyd auch in den Liquor übergeht, ist der Versuch einer chemischen

Antisepsis zur Verhütung von Meningitis bei Basisfrakturen durch innerliche Verabreichung von Urotropin angebracht. Nach den Versuchen STARLINGERs ist diese Urotropinverabreichung in prophylaktischer Hinsicht problematisch. Auch Behandlung mit Salicylpräparaten erscheint angezeigt, sobald Fieber auftritt. Die Dauer der Behandlung der Basisfrakturen wird wesentlich bedingt durch die Rücksichten auf begleitende Gehirnschädigungen und deren mögliche Spätfolgen.

3. Schußfrakturen.

Während die Stich- und Hiebverletzungen des Schädels nach den gleichen Grundsätzen zu behandeln sind, wie offene Konvexitätsfrakturen, erfordert die Behandlung der Schädel-Gehirnschüsse gesonderte Besprechung. Eine vollständige Übereinstimmung hinsichtlich der besten Behandlung der Kopfschüsse hat auch die Diskussion während des letzten Krieges nicht gebracht. Immerhin lassen sich einige Grundzüge festlegen, die weitgehende Anerkennung gefunden haben. Bei jedem *Tangentialschuß*, bei dem eine Hirnverletzung in Frage kommt, ist die Schußwunde zu revidieren, auch wenn die Lamina externa makroskopisch intakt erscheint. Bleiben Hirnsymptome während mehrerer Stunden bestehen oder nehmen sie progressiv zu, so empfiehlt es sich, den äußerlich unverletzten Schädel im Bereich der Weichteilwunde zu eröffnen; man wird dann häufig subdurale oder subarachnoideale Hämatome oder sogar losgelöste, in die Hirnrinde eingedrungene Internasplitter finden. Um unnötige Operationen zu vermeiden, bedienen wir uns mit Vorteil der von PAYR empfohlenen sog. *Meißeldiagnostik*, die darin besteht, daß man mit einem schmalen scharfen Meißel an der verdächtigen Stelle in tangentialer Richtung dünne Knochenlamellen abmeißelt. Liegt eine Verletzung der Lamina externa vor, so wird man bald auf blutig verfärbte Knochenpartien stoßen und an solchen Stellen die Trepanation durchführen. Die Diploe wird selten normal aussehen, wenn eine Absprengung im Bereiche der inneren Knochenlamelle vorhanden ist. Diese Diagnostik kann natürlich auch mit Hilfe von Rotationsfräsen ausgeführt werden. *Die Dura wird nur eröffnet, wenn ihre Spannung vermehrt ist und Hämatome durchschimmern, oder wenn regionär begrenzte Rindensymptome vorliegen.* Subdurale Hämatome können zunächst punktiert werden. Fördert die Punktion neben dem Blut Hirnbrei zutage, so empfiehlt sich das Anlegen einer kleinen Incision.

Mit Rücksicht darauf, daß eine durchgehende Weichteil-Knochenverletzung die Gefahr von der Oberfläche nach der Tiefe fortschreitender Infektion bedingt, ist bei jedem Tangentialschuß aktives Vorgehen gerechtfertigt, soweit es sich darum handelt, für freien Abfluß zu sorgen, unter der Voraussetzung allerdings, daß mit der gebotenen Schonung operiert wird. Die Erfahrungen des Weltkrieges haben einwandfrei dargetan, wie außerordentlich groß die Bedeutung der mechanischen Schädigung der Hirnsubstanz für das Angehen klinisch manifester Infektion ist. Da sich diese Hirnschädigung durch Seitenwirkung des Geschosses besonders bei Tangentialschüssen als intensiv und ausgedehnt erwiesen hat, scheint namentlich bei dieser Form der Schädelschüsse die Bekämpfung der Infektion durch aktive Wundversorgung durchaus berechtigt. *Es wird denn auch, gestützt auf die Erfahrungen des letzten Krieges, für die Tangentialschüsse von der überwiegenden Zahl der Autoren ausnahmslose und sofortige Operation als geboten erachtet.* Natürlich ist zuwartendes, konservatives Verhalten *unter genauer Beobachtung* gestattet, wenn deutliche Symptome einer Hirnverletzung fehlen und der Knochen nur geringe Verletzung aufweist. Ein- und Ausschuß werden durch einen Weichteilschnitt verbunden, bei ausgedehnteren Rißwunden werden die gequetschten und zerfetzten Weichteilwundränder exzidiert, durch Anheben der Wundränder mit scharfen Hacken das Zertrümmerungsgebiet vollständig zugänglich gemacht und nun alle ohne grobe Schädigung des Gehirns erreichbaren Knochensplitter entfernt. Für die Aufsuchung von Knochensplittern, die in das Gehirn vorgedrungen sind, empfiehlt PAYR die Verwendung feiner *Metallborsten,* wie sie zu den Ansätzen der Rekordspritzen geliefert werden. Die Blutungen aus Gefäßen an der Hirnoberfläche, ebenso wie aus arteriellen und venösen Gefäßen der Dura, besonders der Sinus, sind durch Unterbindung oder Umstechung zu stillen. Die Dura soll gespalten werden, soweit die makroskopische Zertrümmerung der Hirnsubstanz reicht. Zertrümmerte Hirnmassen werden am schonendsten durch Berieselung mit Kochsalzlösung entfernt, können aber auch mit dem Löffel beseitigt werden. In dieser Hinsicht empfiehlt sich möglichste Zurückhaltung. Mit der Entfernung von Fragmenten, die mit der Umgebung noch in festem Zusammenhang stehen, halte man ebenfalls zurück weil große Knochendefekte erfahrungsgemäß zu ausgedehntem Hirnprolaps disponieren. Derartige Fragmente können, wenn nötig, immer noch sekundär entfernt werden.

Die Wundversorgung geschieht am besten durch lockere Tamponade, unter Umständen kombiniert mit Einführung von Drains durch besondere Kontraincisionsöffnungen an den tiefsten Stellen. Die Hautwunde kann partiell geschlossen werden; nur bei grober makroskopischer Verunreinigung oder dort, wo die Patienten schon mit manifester Infektion in Behandlung kommen, ist vollständig offene Behandlung der Wunden angebracht. Gegenüber diesem allgemein üblichen Verfahren, bei dem man, soweit die Versorgung der Knochenverletzung in Frage kommt, vom Zentrum aus arbeitet, *empfiehlt* CUSHING, *das ganze Verletzungsgebiet en bloc zu trepanieren,* weil dadurch die Gefahr einer Verbreitung der Infektion verringert werden soll. Nach diesem Vorschlag legt man in der Peripherie der zertrümmerten Schädelpartie eine Anzahl Bohrlöcher mit dem DOYENschen Trepan an und verbindet diese Bohrlöcher mittels Meißel, Fräse oder schneidender Zange. Diese Trepanationen werden nach Möglichkeit in Lokalanästhesie ausgeführt.

In der Behandlung der *diametralen* und *segmentalen Durchschüsse* ohne hochgradige Zertrümmerung des Schädeldaches neigt eine große Zahl von Autoren zu konservativem Verhalten, weil wir doch nicht den ganzen Schußkanal freizulegen vermögen. Doch ist auch bei diesen Schußverletzungen des Schädels eine vorsichtige operative Revision zur eventuellen Entfernung von Splittern und zur Schaffung zuverlässiger Abflußmöglichkeiten durchaus sinngemäß. Konservative Behandlung unter ständiger Beobachtung ist überall dort statthaft, wo Druckerscheinungen und Zeichen von beginnender Meningealinfektion fehlen. Wenn man auf dem Standpunkt steht, daß in jedem Falle von Schädelschuß die operative Revision vorzunehmen sei, so hat jedenfalls die umschriebene Trepanation am Ein- und Ausschuß bei Durchschüssen so früh als möglich einzusetzen. Prinzipiell gestaltet sich das Vorgehen gleich, wie es für die Tangentialschüsse geschildert wurde. Die im Schußkanal liegende zertrümmerte

Hirnmasse kann in schonender Weise durch Ansaugen mit einem dicken, weichen Gummikatheter entfernt werden, dem eine Glasspritze mit Gummiball angesetzt wird (CUSHING).

Der Vorschlag, Hirnschüsse durch *Excision der Weichteilwunden und primäre Naht* zu behandeln, hat mit Recht im allgemeinen Ablehnung erfahren. Es ist allerdings als erwiesen zu erachten, daß besonders durch die Gehirnpulsation eine Verschleppung der Infektion von infizierten Weichteilwunden aus nach dem Schädelinnern erfolgen kann. Aber auch wenn man die von BARANYI aufgestellten Bedingungen für die primäre Naht der Schädelverletzungen berücksichtigt und diesem Verfahren nur Verletzungen unterwirft, die noch vor Entwicklung einer groben Infektion, d. h. im allgemeinen innerhalb der ersten 24 Stunden nach erfolgter Verletzung, in chirurgische Behandlung kommen, und auch wenn man Fälle mit ausgedehnter Zertrümmerung des Schädels und der Gehirnoberfläche ausschließt, sind die Gefahren der Methode sicher größer als ihre Vorteile. Das mechanisch geschädigte Gehirn, die subarachnoidealen und subduralen Blutergüsse bilden einen so günstigen Boden für die Entwicklung primär eingedrungener Bakterien, daß der Wundschluß durch Naht in der Großzahl der Fälle ein Wagnis darstellt. Viel besser ist die Sorge für freien Abfluß oder, bei Fällen mit fehlender Zertrümmerung des Schädels, der einfache aseptische oder leicht antiseptische Okklusivverband, der das Durchtreten von Wundsekret und Blut nach außen nicht hindert. *Die Methode der primären Naht ist deshalb bei Schädel-Gehirnschüssen nur angebracht bei vereinzelten günstigen Fällen;* ihr Hauptvorteil beruht auf der Vermeidung der Gefahr sekundärer Wundinfektion und sekundärer Einschleppung von Infektionserregern aus der Wunde in das Schädelinnere, und ganz besonders des Hirnprolapses. *Voraussetzung für die primäre Naht ist jedoch stets die Möglichkeit sorgfältiger und kompetenter Beobachtung, da wir nie sicher beurteilen können, ob erhebliche mechanische Läsion und gröbere Infektion wirklich fehlen.*

Was unser Verhalten gegenüber den *Steckgeschossen* im Gehirn betrifft, so haben die Erfahrungen des Weltkrieges gelehrt, daß Steckgeschosse primär nicht zu extrahieren sind, wenn es sich nicht um oberflächlich sitzende Projektile handelt. Was uns zu sekundärer Extraktion tiefliegender Geschosse veranlaßt, ist die *häufige Entstehung von Hirnabscessen auf der Basis von Steckgeschossen,* sowie der nicht so seltene Ausgang in *Ventrikeldurchbruch* und *Meningitis.* Auch können praktisch keimfreie Steckgeschosse durch rein mechanische Wirkung zu fortschreitender Erweichung der Hirnsubstanz führen, ein Vorgang, der das *Wandern von Steckgeschossen* erklärt. *Sobald ein Steckgeschoß Symptome verursacht, die auf Entstehung eines Früh- oder eines Spätabscesses hinweisen, ist operatives Vorgehen angezeigt.* Auch dort, wo das Geschoß selbst andauernde Reizerscheinungen unterhält, wird seine Entfernung wünschenswert. Voraussetzung für die Extraktion von Steckgeschossen ist möglichste Vermeidung jeglicher Gehirnschädigung. Deshalb ist vor allem eine *genaue Lokalisation des Geschosses mittels des Röntgenverfahrens* geboten, wobei besonders stereoskopische Aufnahmen wertvolle Dienste leisten können. Handelt es sich um Frühfälle, so dürfte es am aussichtsreichsten sein, im Schußkanal nach der Tiefe vorzugehen. Besonders empfehlenswert ist ein von PAYR angegebenes Verfahren: Ein weiches, etwas über federkieldickes Gummidrainrohr wird der Länge nach geschlitzt und in den Hirnschußkanal vorgeschoben; vermeidet man jede Kraftanstrengung, so findet dieses Gummidrainrohr den Schußkanal, ohne falsche Wege zu machen. Durch das geschlitzte Gummirohr wird dann eine feine Kornzange eingeführt, und so gelingt es häufig, das Projektil rasch zu finden und ohne Nebenverletzung des Gehirns zu extrahieren. In anderen Fällen verspricht die Entfernung des Geschosses durch Incision vom Einschuß oder von einer anderen näheren Stelle aus besseren Erfolg. Schrapnellkugeln lassen sich gelegentlich in einfachster Weise dadurch entfernen, daß der Kopf des Patienten auf die Seite des Einschusses gedreht und der Schädel von dieser Seite her wiederholt beklopft wird (BIER). Für Granatsplitter und Stahlmantelgeschosse kann die Extraktion mit dem Elektromagneten in Frage kommen. Dabei ist zu bedenken, daß wirksame, große Elektromagneten die Geschosse mit großer Kraft anziehen, und zwar auf dem kürzesten Wege. Kommt deshalb die Extraktion durch den Schußkanal hindurch nicht in Frage, so ist bei Anwendung des Elektromagneten stets auf die Rindentopographie Rücksicht zu nehmen und eine Stelle zu wählen, deren Verletzung durch das herausfahrende Geschoß voraussichtlich nicht von Ausfallserscheinungen gefolgt sein wird. Hinsichtlich Behandlung der im Anschluß an Schädel-Gehirnschußverletzungen auftretenden sekundären Gehirnkomplikationen verweisen wir auf die nachfolgenden speziellen Abschnitte.

Eine verschiedene Behandlung der Kriegs- und Friedensschußverletzungen des Schädels ist nur soweit angebracht, als sie sich durch Verschiedenheiten der äußeren Verhältnisse motivieren läßt.

4. Die Behandlung der Hirnpressung und des zunehmenden Hirndruckes.

Die leichten Fälle von *Commotio cerebri* ohne andauernde Symptome von seiten der Medullazentren erfordern keinerlei aktive Behandlungsmaßnahmen. Es ist nur dafür zu sorgen, daß keine weiteren Schädigungen eintreten, weshalb man unnötigen Transport und überhaupt jede stärkere passive Bewegung vermeiden wird. Dauern jedoch die Medullasymptome an, besonders in Form von Unregelmäßigkeit der Atmung oder von Respirationsstörungen, so ist in erster Linie *künstliche Atmung,* am besten unter gleichzeitiger Zufuhr von Sauerstoff, vorzunehmen. Ist der Respirationsstillstand nur Folge der beschriebenen Zirkulationsstörung und nicht eine Äußerung grob anatomischer Zerstörung des Atmungszentrums, so ist die Wirkung der künstlichen Atmung in Fällen von akuter Hirnpressung aussichtsreich, oft direkt lebensrettend.

Ferner ist es oft angebracht, durch Steigerung des Blutdruckes die Zirkulation zu verbessern. Das kann geschehen durch Anwendung von *Stimulantien,* in schweren Fällen durch *subcutane oder intravenöse Infusion von Ringerlösung mit einem Zusatz von Adrenalin* (10 Tropfen auf 1 Liter). Diese Infusionen und Transfusionen sind immer dann angebracht, wenn der Blutdruck sinkt. In solchen Fällen kann auch die *Autotransfusion* durch Einwickeln der Beine von der Peripherie her sowie durch Erheben der Beine und des Abdomens und tiefe Lagerung des Thorax bei unterstütztem Kopf günstig wirken. Die theoretische Möglichkeit, daß bei vorliegender Zerreißung der Vasa meningea media durch Steigerung des Blutdruckes die Blutungsgefahr vermehrt werden könnte, kommt praktisch neben der vitalen Indikation einer raschen Hebung des Blutdruckes nicht in Betracht.

Jeder Patient, der eine akute Compressio cerebri erlitten hat, ist sorgfältig zu beobachten, besonders mit Rücksicht auf die Gefahr sekundär hinzutretenden Hirndruckes. In erster Linie wird man auf Herdsymptome untersuchen, um über begleitende herdförmige Kontusionsverletzungen Aufschluß zu erhalten. Zunehmende Herdsymptome können zu operativer Revision veranlassen, *doch liegt die Hauptanzeige für Trepanationen nach Commotio cerebri im sekundären Auftreten stetig zunehmenden Hirndruckes, besonders nach einem kürzeren oder längeren freien Intervall.*

Patienten mit schwerer Commotio cerebri sollen wenigstens 4 Wochen lang sich vollkommen ruhig verhalten, also das Bett hüten. Brüske aktive Körperbewegungen, Anstrengungen, erhebliche Steigerungen des Blutdruckes durch Aufregungen und auch durch zu reichliche Mahlzeiten sind zu vermeiden. Unruhige Patienten sind deshalb unter Einwirkung von narkotischen Medikamenten zu halten; namentlich in den ersten Tagen nach dem Unfall kann die Anwendung von *Morphium* oder *Pantopon* angebracht sein. Auch die Verabfolgung von Brom ist

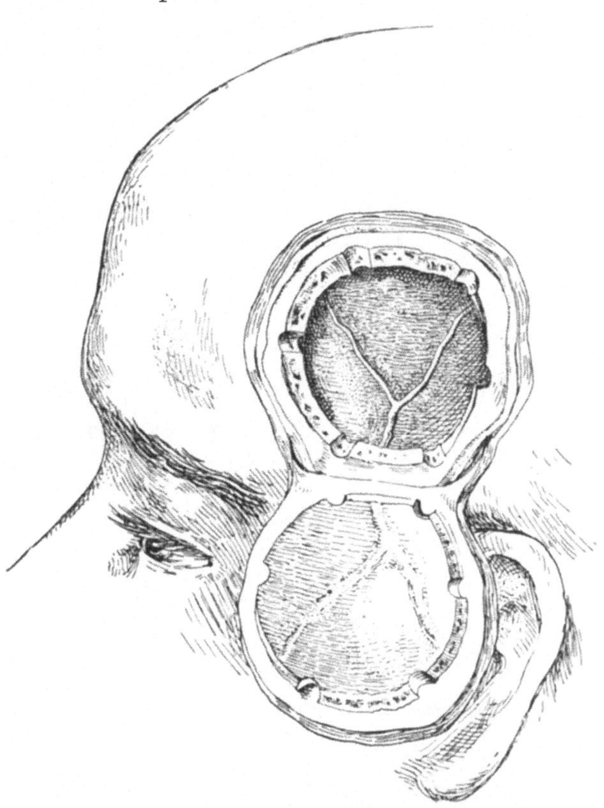

Abb. 324. Osteoplastische Trepanation zur Freilegung der blutenden A. meningea media und der Zentralregion.

während der ersten Woche empfehlenswert. Die *Hauptsache ist bei diesen Fällen eine sorgfältige Beobachtung, da erfahrungsgemäß noch Wochen nach dem Unfall plötzlich schwere Zufälle, verursacht durch sekundäre große Hirnblutungen, eintreten können.*

Kommt es in mittelbarem oder unmittelbarem Anschluß an eine Schädelfraktur zu sukzessive steigendem *Hirndruck* mit Herdsymptomen, so liegt, abgesehen von den Fällen sekundärer Bildung von Hirnabscessen, beinahe ausnahmslos eine *Blutung aus den Vasa meningea media vor.* Diese Fälle erfordern *sofortige Trepanation zum Zwecke der Raumschaffung und der Blutstillung.* Wo nicht die Rindensymptome für eine ausgesprochen frontale oder parieto-occipitale Lokalisation des Hämatoms sprechen, empfiehlt sich ganz allgemein die osteoplastische Trepanation über der motorischen Region, wobei die Linea praecentralis ungefähr der mittleren Vertikalen des Trepanationsfensters entspricht.

Gestützt auf topographische Untersuchungen über die genauere Lokalisation der Meningeahämatome gab KRÖNLEIN zwei Trepanationspunkte an, deren vorderer für die Freilegung der mittleren und vorderen, deren hinterer für die Ausräumung der occipitalen Blutergüsse dient. Abb. 302 zeigt diese KRÖNLEINschen Punkte. Da wir nun bei Anwendung der osteoplastischen Schädelresektion nicht mehr an so eng umschriebene Gebiete gebunden sind

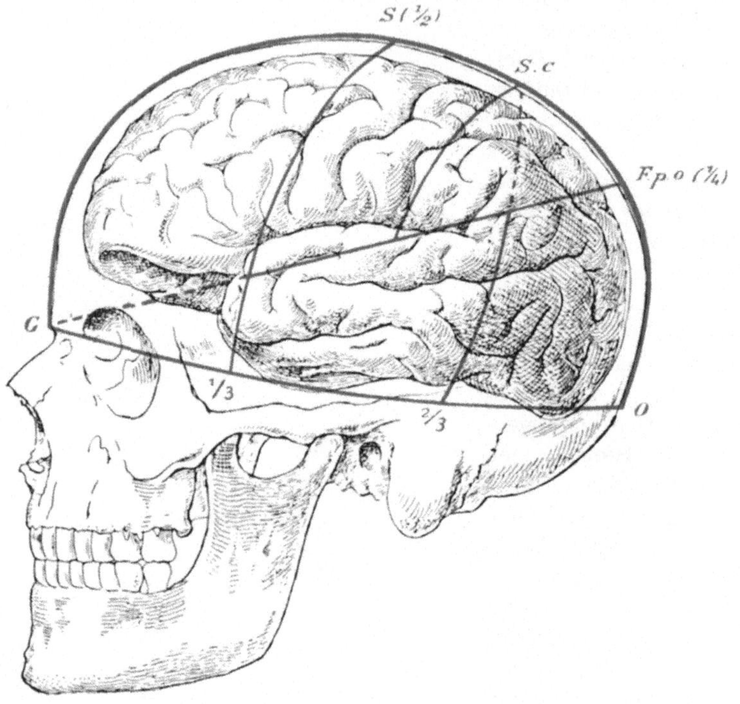

Abb. 325. Projektion der Hirnrindentopographie auf die Schädeloberfläche, zum Teil nach eigener Methode, schematische Darstellung.
G. O. Horizontaläquator durch Glabella und Tuber occipitale. ⅓, ⅔ vorderer und hinterer Drittelpunkt des Horizontaläquators. S. (½) Scheitelpunkt in der Mitte des Sagittalmeridians G. S. O.; F. p. o. (¼) hinteres Ende der Linea sylvica an der Grenze zwischen beiden hinteren Vierteln des Sagittalmeridians. S. c. obere Ausmündung des Sulcus cinguli in der Mitte zwischen Scheitelpunkt und hinterem Viertelpunkt. Die Zeichnung demonstriert, wie die gesuchten Grenzlinien durch Verbindung der verschiedenen Punkte erhalten werden.

wie bei Verwendung des Krontrepans, wird man in der Großzahl der Fälle von Meningeahämatomen mit einer großen Lappentrepanation über dem Zentralgebiet, nach Abb. 324, in jeder Hinsicht auskommen.

Wie eine Reihe von Untersuchungen gezeigt haben, fällt der Verlauf des vorderen Hauptastes der A. meningea media mit der Fortsetzung der Linea praecentralis nach dem Horizontaläquator des Schädels zusammen. Das KOCHERsche Verfahren, das auf Bestimmung der Linea praecentralis ausgeht, ist deshalb unseres Erachtens auch für die Bestimmung der Trepanationsstelle bei der Meningeablutung den anderen Projektionsmethoden vorzuziehen. Für die Anwendung des KOCHERschen Verfahrens ist die Verwendung eines KOCHERschen Kraniometers keineswegs Voraussetzung. Wie DE QUERVAIN gezeigt hat, kann man die Bestimmung der Präzentrallinie auch in einfachster Weise mit

Hilfe eines Bandmaßes vornehmen, und ich konnte durch Untersuchungen und Messungen an der Leiche feststellen, *daß die rein verhältnismäßige kraniometrische Projektion der Hirnrindentopographie auf die Schädeloberfläche die zuverlässigsten Resultate gibt,* namentlich wenn man gleichzeitig den frontipetalen und occipitopetalen Schädelgehirntypus, wie er durch FRORIEP aufgestellt wurde, bei den Rindenprojektionen berücksichtigt. Das Verfahren gestaltet sich nach unseren Untersuchungen folgendermaßen (vgl. das kraniometrische Schema Abb. 325 sowie die Photogramme Abb. 326a, b und c):

Zuerst wird mit einem Bandmaß der Horizontaläquator entsprechend der RIEGERschen Grundebene konstruiert, indem man als Fixpunkte vorne die Glabella in der Höhe des oberen Augenhöhlenrandes, hinten das Tuber occipitale externum benutzt. Der halbe Horizontaläquator von Glabella zum Hinterhauptshöcker wird gemessen und in drei Teile eingeteilt. Auf diese Weise bestimmt man den vorderen und hinteren Drittelpunkt und damit die untere Grenze zwischen Frontal- und Temporal-, sowie zwischen Temporal- und Occipitallappen. Dann wird von der Glabella zum Hinterhauptshöcker, beidseitig vom Niveau des Horizontaläquators ausgehend, der Sagittalmeridian gemessen, und durch Halbierung sein Mittelpunkt = Scheitelpunkt bestimmt. Die Verbindung des vorderen Drittelpunktes mit dem Scheitelpunkt ergibt die Präzentrallinie; durch Teilung dieser Präzentrallinie in drei gleiche Teile erhält man ungefähr die Einmündungsstelle der beiden Frontalfurchen, und damit das Fußgebiet der drei Frontalwindungen. Jetzt wird die

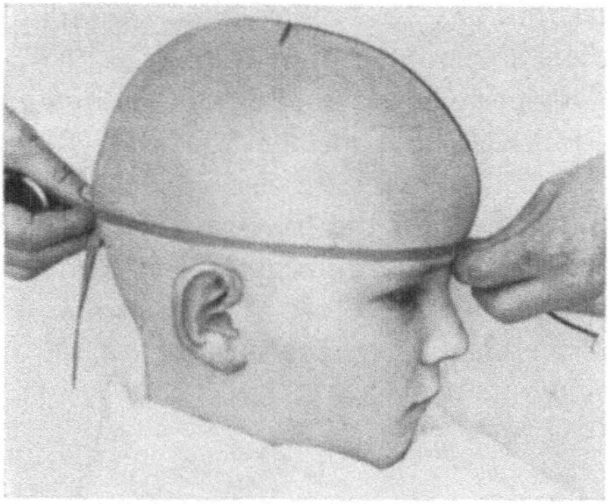

Abb. 326a. Konstruktion des Horizontaläquators und des Sagittalmeridians.

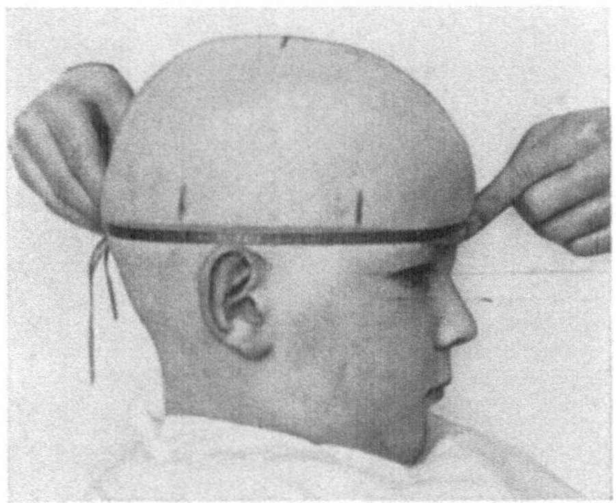

Abb. 326b. Bestimmung des Scheitelpunktes und der beiden Drittelpunkte auf dem Horizontalmeridian.

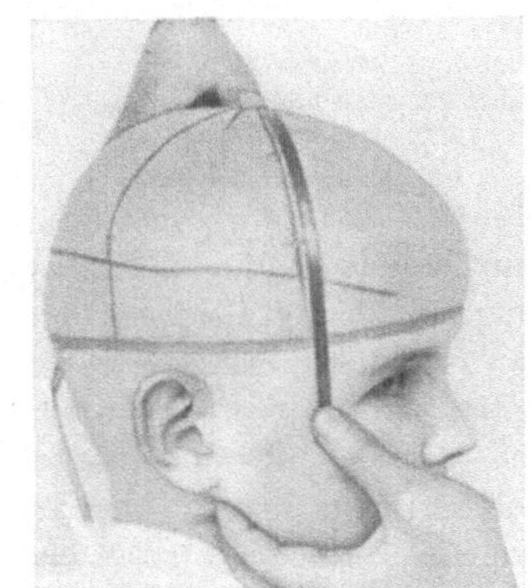

Abb. 326c. Konstruktion der Präzentrallinie und der temporo-occipitalen Grenzlinie.

Strecke zwischen Tuber occipitale und Scheitelpunkt mit dem Meßband halbiert und so der hintere Viertelpunkt des Sagittalmeridians markiert. Dieser Punkt entspricht unter gewissen Reserven der oberen Ausmündung der Fissura parieto-occipitalis. Nun wird vom vorderen Schnittpunkt des Horizontaläquators mit dem Sagittalmeridian schräg aufwärts nach dem hinteren Viertelpunkt auf der Außenfläche des Schädels eine Linie gezogen, die man vom Schnittpunkt mit der Präzentrallinie an rückwärts als Linea sylvica bezeichnen kann. Halbiert man ferner die Strecke zwischen Scheitelpunkt und hinterem Viertelpunkt, so erhält man ungefähr die hintere Grenze der hinteren Zentralwindung bzw. des Lobulus paracentralis. Eine in diesem Punkte parallel zur Präzentrallinie bis zur Linea sylvica konstruierte Linie ergibt die Abgrenzung des Zentralgebietes vom Parietalgebiet. Eine fernere Linie vom gleichen Punkt aus nach dem hinteren

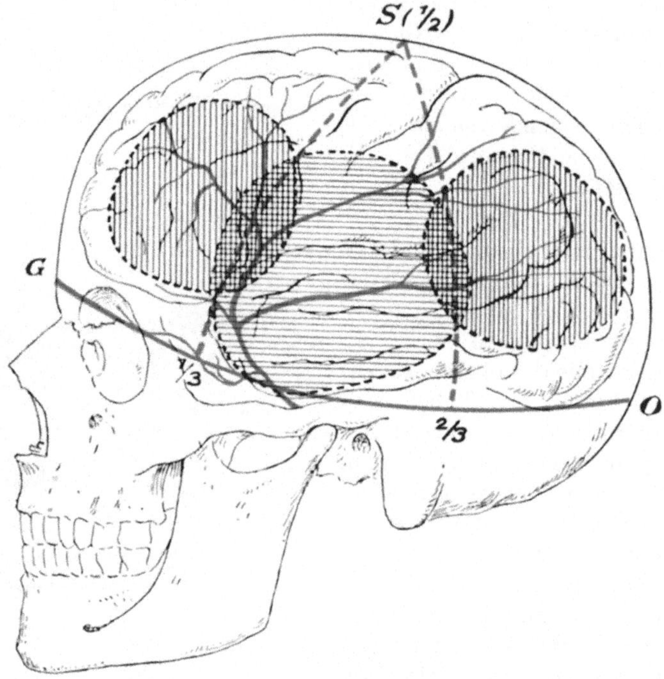

Abb. 327. Kraniometrische Feststellung der Trepanationszentren für die Freilegung der Meningeahämatome.

Drittelpunkt des Horizontaläquators bestimmt in ihrem unteren, zwischen Horizontaläquator und Linea sylvica gelegenen Abschnitt die vertikale Abgrenzung des Occipitallappens vom Temporallappen. Die ungefähre horizontale Grenze zwischen Okzipital- und Temporallappen einerseits, Zentral- und Parietallappen andererseits wird durch die Linea sylvica gegeben.

Eine derartig durchgeführte Projektion der Hirnrindengebiete auf die Schädeloberfläche genügt nach meinen Untersuchungen allen praktischen Anforderungen und vermittelt ein zutreffendes Bild der Gehirnrindenoberfläche. Dabei muß man sich allerdings gegenwärtig halten, daß die Präzentralfurche und entsprechend auch die hintere Grenze der Zentralwindungen maximal 2 cm weiter nach hinten liegen können. Ebenso verläuft die Fissura Sylvii in einzelnen Fällen flacher und dann findet sich ferner das obere Ende der Fissura parieto-occipitalis nicht immer in der Mitte zwischen Scheitelpunkt und Tuber occipitale, sondern oft weiter nach unten bis gegen die Grenze zwischen drittem

und letztem Viertel des halben Sagittalbogens. Man wird diese Abweichungen
nach hinten und unten überall dort vermuten, wo der Schädel die von FRORIEP
angegebenen äußeren Merkmale des occipitopetalen Typus aufweist. In Betracht
fällt hier vor allem ein weitausladendes Hinterhaupt, und FRORIEP ist deshalb
der Ansicht, daß zur Bestimmung der Hinterhauptslänge jedem Instrumentarium für die Trepanation ein Stangenzirkel beigegeben werden sollte. Leider
sind die Unterschiede der mittleren Hinterhauptslänge beider Gehirntypen
nicht sehr große. Immerhin kann man sagen, daß eine Projektionslänge des
Hinterhauptes — von der Ohröffnung an gemessen — von mehr als 90 mm die
Annahme eines occipitopetalen Gehirntypus gestattet.

Bei diesen Fällen wird man deshalb eine Verschiebung der oberen Ausmündung des Sulcus praecentralis, S. centralis, S. cinguli und des S. parieto-

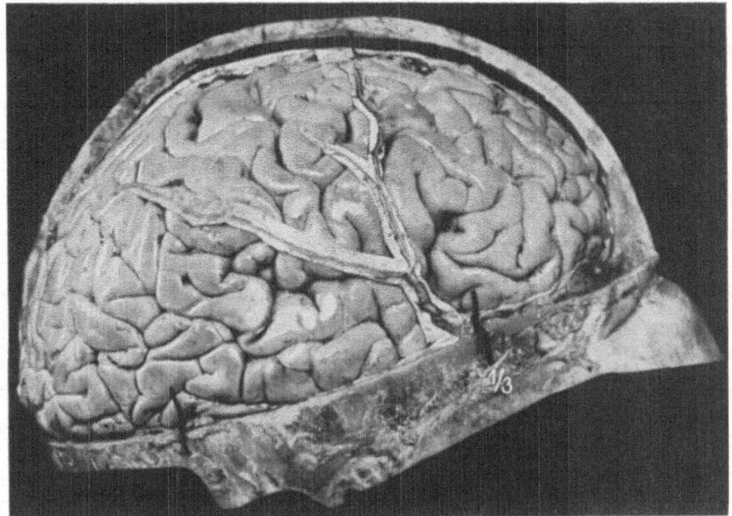

Abb. 328. Beziehung des Stammes der A. meningea media zum vorderen Drittelpunkt des
Horizontaläquators.

occipitalis um maximal 2 cm nach hinten und unten annehmen. Es dürfte
praktisch keine Schwierigkeiten bieten, diese Verschiebung beim Anlegen der
Trepanationsöffnung zu berücksichtigen.

Wie Abb. 327 zeigt, gestaltet sich die kraniometrische Feststellung der beiden
Trepanationszentren für die Freilegung der Meningeahämatome äußerst einfach.
Die Beziehung des vorderen Hauptastes der A. meningea media zum vorderen
Drittelpunkt des Horizontaläquators und zu der ideellen Verbindungslinie von
Scheitelmitte und vorderem Drittelpunkt gibt das Photogramm Abb. 328
wieder.

Liegt ein lokalisiertes occipitales Hämatom vor, so wird der Trepanations-
lappen im Parieto-Occipitalgebiet umschnitten.

Nach Freilegung des Hämatoms werden die Blutgerinnsel ausgeräumt, am
einfachsten mit einem spatenförmigen Instrument oder mit dem scharfen Löffel.
Die Entfernung der Koagula hat möglichst vollständig zu geschehen, weniger
im Hinblick auf die Druckentlastung als wegen der Gefahr sekundärer Infektion

zurückgelassener größerer Gerinnsel. Nach Ausräumung des Hämatoms ist gegebenenfalls eine noch weiter dauernde Blutung zu stillen, doch spielt erfahrungsgemäß bei der chirurgischen Behandlung der Meningeahämatome die Hämostase eine nur untergeordnete Rolle. Arterielle Blutungen werden am sichersten durch Umstechung in der Dura gestillt. Unter Umständen muß dieser Umstechung eine weitergehende Trepanation nach dem Foramen spinosum hin vorausgeschickt werden. Bei Abrissen der Arterie am Foramen spinosum kann man unter Umständen durch Einpressen eines Elfenbeinstiftes in das Foramen von innen her die Blutung zum Stehen bringen. Extrakranielle *Unterbindung der A. meningea* dicht am Foramen von der Fossa spheno-maxillaris aus kommt wohl kaum jemals in Frage. *Die Unterbindung der Carotis externa,* die in entsprechenden Fällen mehrmals ausgeführt wurde, dürfte stets zu umgehen sein, ganz abgesehen davon, *daß sie in ihrer blutstillenden Wirkung durchaus nicht zuverlässig ist.* Venöse Blutungen infolge Verletzung der Meningeavenen stehen auf leichte Gazetamponade; Sinusverletzungen werden womöglich durch Naht versorgt, andernfalls durch Tamponade.

Subdurale Hämatome verlangen ein chirurgisches Vorgehen nur in der Minderzahl von Fällen, bei denen es zur Entwicklung von allgemeinen Hirndruckerscheinungen kommt und auch dort, wo umschriebene corticale Reiz- oder Lähmungserscheinungen nicht rasch zurückgehen. Bei der Ausräumung der Hämatome ist die Hirnrinde äußerst schonend zu behandeln, deshalb empfiehlt sich die Ausspülung der Blutgerinnsel mittels physiologischer Kochsalzlösung. Die Blutstillung erfolgt auch hier durch Umstechung oder Tamponade, ob das blutende Gefäß in der Dura oder in den weichen Hirnhäuten sich finde.

Die subduralen Hämatome der Neugeborenen werden nach der Empfehlung von HENSCHEN zunächst durch Entlastungspunktion und Aspiration des Blutes vom seitlichen Winkel der großen Fontanelle aus behandelt. Führt dieses Vorgehen nicht zur Entlastung, so verspricht auch bei Neugeborenen die umschriebene Trepanation an der Basis des Scheitelbeins (HENSCHEN) oder die Aufklappung des Os parietale von einem bogenförmigen Schnitt am Oberrand dieses Knochens (CUSHING) mit nachfolgender Eröffnung der Dura und Ausräumung der Blutgerinnsel unter ständiger Spülung mit Kochsalzlösung gelegentlich einen Erfolg. Nach allen Trepanationen zur Beseitigung intrakranieller Blutergüsse soll grundsätzlich während 1—2 Tagen drainiert werden, am einfachsten unter Verwendung schmaler Gazestreifen. Auch müssen die Operierten sorgfältig überwacht werden, weil erfahrungsgemäß tödliche Nachblutungen nicht ausgeschlossen sind. *Fortdauer der Druckerscheinungen nach einseitiger Ausräumung soll uns veranlassen, an die Möglichkeit doppelseitiger Hämatome zu denken.*

Anschließend mag hier noch *die Behandlung des Exophthalmus pulsans* Erwähnung finden. Die früher geübten konservativen Behandlungsarten, Kompression der Carotis und Injektion gerinnungsfördernder Lösungen, sind heute wohl allgemein verlassen. Zwar werden für die methodische Kompression der Carotis einige Heilungen und Besserungen berichtet, doch kann es sich hier offenbar nur um die Beeinflussung kleinster arteriovenöser Kommunikationen handeln. Die einzige Erfolg versprechende Behandlung ist in ausgeprägten Fällen die *Ligatur der gleichseitigen Carotis communis oder interna.* Nach der Zusammenstellung von BECKER wurden von 72 Fällen durch Ligatur der Carotis communis 30 geheilt und 23 gebessert; 16 Fälle rezidivierten, 3 blieben unbeeinflußt und 8 Patienten erlagen den Folgen der Ligatur. Beim Entschluß zur Ligatur der Carotis communis ist zu berücksichtigen, daß Patienten jenseits des 50. Lebensjahres, und auch jüngere mit ausgeprägter Arteriosklerose, die Verminderung der Blutzufuhr zum Gehirn häufig nicht ertragen. Doppelseitige Ligaturen sind zu unterlassen, da sie beinahe ausnahmslos zu schweren Gehirnerscheinungen und zu Erblindung führen.

5. Die Behandlung der Hirnquetschung, der traumatischen Encephalitis, der traumatischen Gehirnabscesse, des Gehirnvorfalls und der Meningitis.

Die Behandlung der verschiedenen besprochenen Gehirnveränderungen, wie wir sie sowohl nach stumpfen Schädelverletzungen wie nach Schußverletzungen zu Gesichte bekommen, bedarf keiner eingehenden Besprechung; immerhin scheint es geboten, einige praktisch wichtige Fragen der Therapie dieser Zustände kurz zu berühren.

Was zunächst die *grob mechanische Zerstörung der Gehirnsubstanz* bei offenen Konvexitätsfrakturen betrifft, so empfiehlt sich gegenüber den zertrümmerten Hirnmassen größte Zurückhaltung. Entfernung mit dem Löffel ist nur soweit zulässig, als es sich um vollkommen aus dem Zusammenhang gelöste Gehirnpartikel handelt. Dabei verfährt man mit der Gehirnsubstanz analog wie mit losgelösten Gewebstrümmern anderer Wunden, in der Absicht, günstige Wundverhältnisse zu schaffen. Die weitere Abgrenzung und Elimination des gequetschten, nicht regenerationsfähigen Gehirngewebes wird durch die natürlichen Heilungsvorgänge am schonendsten gestaltet. Aus dem gleichen Grunde ist es im allgemeinen ratsam, *prolabierte Hirnmassen* nicht abzutragen, soweit nicht ausgedehnte Nekrose vorliegt, wie sie beim incarcerierten septischen Prolaps gelegentlich zur Beobachtung kommt.

Die beste Behandlung des *Hirnvorfalls* ist seine *Prophylaxe*, die im wesentlichen in der *Fernhaltung sekundärer Infektion* besteht. Auch der *primäre vollständige Schluß offener Schädel-Gehirnwunden* nach dem Vorschlag von BARANY ist geeignet, Gehirnprolapse zu verhindern; doch haben wir gesehen, daß sich dieses Verfahren nur für eine ganz kleine Zahl streng ausgewählter Fälle und auch hier nur unter der Voraussetzung peinlicher Überwachung des Wundverlaufes eignet. Der *ausgebildete, gutartige aseptische Prolaps* erfordert häufig keine Behandlung, indem sich die vorliegende Hirnsubstanz mit Granulationen bedeckt, und während der sukzessiven Überhäutung vom Rande her nach und nach zurückgeht. Es bleibt dann die sekundäre — noch zu besprechende — Deckung des Schädeldefektes übrig, falls eine erhebliche Schädellücke vorliegt. Unter Umständen kann es angebracht sein, die Überhäutung des Prolapses durch THIERSCHsche Transplantation zu beschleunigen. Für die Behandlung großer Prolapse eignet sich nach dem Urteil verschiedener Autoren die von EISELSBERG angegebene *Kompression durch einen aufgebundenen Schwamm*.

Der *septische Prolaps* erfordert *ätiologische Behandlung*. In erster Linie handelt es sich gewöhnlich darum, die *enge Schädelpforte zu erweitern*, damit die Einklemmung behoben wird. Dann sucht man die Ursache der intrakraniellen *Drucksteigerung zu beseitigen* und wird deshalb vor allem nach Gehirnabscessen suchen, die ausreichend zu entleeren sind. Beruht die Drucksteigerung auf intraventrikulärer oder intracerebraler Liquoransammlung, so wird wiederholte *Lumbal-* und *Ventrikelpunktion* häufig das Zurücktreten der Prolapse beschleunigen. Liegt dagegen die Ursache eines septischen Prolapses in ausgedehnter Encephalitis, so sind wir therapeutisch machtlos.

Die *Behandlung der Encephalitis* kann nur bei den gutartigen, nicht septischen Formen auf Erfolg zählen. Man wird in erster Linie darauf ausgehen, druckentlastend zu wirken und deshalb beim Verdacht auf fortschreitende Meningo-Encephalitis Konvexitätswunden revidieren, bei Basisfrakturen und Schußverletzungen mit kleinem Einschuß eine regelrechte Trepanation vornehmen, und offen nachbehandeln. Auch hier können Lumbal- und Ventrikelpunktion in wertvoller Weise entlastende operative Eingriffe unterstützen. Bei Encephalitis im Anschluß an geschlossene Schädelfrakturen bieten uns häufig Herderscheinungen einen deutlichen Hinweis für die Stelle der Trepanation.

Die *posttraumatischen Hirnabscesse* sind selbstverständlich möglichst frühzeitig zu entleeren. Leider ist die Lokalisation dieser Abscesse nicht immer leicht. Wo keine einwandfreien Herdsymptome vorliegen, ist deshalb bei offenen Frakturen von der Verletzungsstelle aus, eventuell nach vorgängiger Erweiterung der Knochenlücke, in verschiedenen Richtungen mit nicht zu dünner Nadel zu punktieren. Auch das von WILMS empfohlene Aufsuchen der Hirnabscesse durch *Stichpunktion* mit langem, schlankem Skalpell kommt hier in Frage. Bei geschlossenen Schädelfrakturen kann man den Versuch machen, die Abscesse durch *Hirnpunktion* nach der früher beschriebenen Methode (Durchbohrung des Schädels mit dem Drillbohrer) nachzuweisen. Dieses Verfahren ist jedoch nur dann aussichtsreich, wenn Herdsymptome vorhanden sind, das Punktionsgebiet somit enger begrenzt ist. *Die Hirnabscesse sollen grundsätzlich drainiert werden,* sei es, daß man Gummidrains oder die von KOCHER empfohlenen, mit Platten zur Fixation an der Schädelhaut versehenen Silberdrains verwendet. Häufig führt jedoch diese Art der Drainierung nicht zum Ziele, so daß man oft genötigt ist, den Hirnabsceß breiter zu eröffnen, und Gazestreifen oder sog. Zigarettendrains in die Absceßhöhle einzulegen und nach außen zu leiten. *Die Verkürzung der Drains und Tampons hat äußerst vorsichtig und langsam zu geschehen, um Verhaltungen hinter der Drainage nach Möglichkeit zu vermeiden.*

In der *Behandlung der Meningitis* ist man auf Grund der letzten Kriegserfahrungen bedeutend aktiver geworden. *Bei offenen Schädelbrüchen und Schußverletzungen ist jedes Auftreten von meningitischen Symptomen ein kategorischer Befehl für eine gründliche Wundrevision.* Es wird dann häufig gelingen, durch Beseitigung einer Verhaltung oder durch Entleerung eines Rindenabscesses eine in Entwicklung begriffene Meningitis zum Stehen zu bringen. *Der operative Eingriff soll deshalb bei offenen Konvexitätsfrakturen unter keinen Umständen nur als letzte Zuflucht gelten.* Dabei muß man sich allerdings klar sein, daß die operative Freilegung der Gehirnoberfläche mit der Ausdehnung des Entzündungsgebietes an Aussicht verliert. Jedenfalls hat die Erweiterung der Knochenlücke nach Möglichkeit soweit zu gehen, bis man normale Meningen findet. Auch in fortgeschrittenen Fällen wird es gelegentlich noch gelingen, durch ausgedehnte Trepanation und breite Spaltung der Dura eine schon ziemlich diffuse eitrige *Konvexitätsmeningitis* zu heilen.

Leider ist nun die Konvexitätsmeningitis viel weniger häufig als die *prognostisch bedeutend ungünstigere Basalmeningitis*. Gegen die ausgebildete Basalmeningitis sind wir so gut wie machtlos. Man wird allerdings versuchen, durch mehrmalige *Lumbalpunktion* die Komplikation günstig zu beeinflussen, da eine Reihe von Fällen berichtet sind, bei denen wiederholte Lumbalpunktionen eine beginnende eitrige Meningitis zur Ausheilung brachten. Doch sei darauf aufmerksam gemacht, daß die Lumbalpunktion bei beginnender Meningitis durch Aspirationswirkung zur Ausbreitung der Infektion beitragen kann.

Durch eine Reihe von Autoren wurde zur Behandlung der Meningitis *Durchspülung der Liquorräume mit Kochsalzlösung* oder mit *Karbol* (KOCHER) und *Sublimatlösung* (HORSLEY) empfohlen. Die betreffende Lösung wird in den Subduralraum eingebracht und soll durch eine in den Lumbalsack eingestochene Punktionskanüle abfließen. MODDART BARR hat sogar ein Röhrchen in den Seitenventrikel eingeführt, durch das er die Spülflüssigkeit einlaufen läßt, wobei der Abfluß ebenfalls durch Lumbalpunktion ermöglicht wird. Viel kann man von diesen Behandlungsmethoden nicht erwarten.

Entsprechend der prophylaktischen Verwendung des *Urotropin* zur Verhütung von Meningitis (CROWE und CUSHING) wird auch die therapeutische *Verabreichung von Urotropin*, in Dosen von 2—4 g täglich, bei entwickelter Meningitis empfohlen. Eine therapeutisch wirksame Konzentration des Urotropins im Liquor dürfte jedoch, wie Versuche von STARLINGER zeigen, nur durch kombinierte intralumbale und intravenöse Einspritzung zu erreichen sein.

Die Behandlung der serösen Meningitis besteht in operativer Freilegung umschriebener, oberflächlicher Liquoransammlungen, eventuell verbunden mit Dekompressivtrepanation. Intraventrikuläre Liquoransammlungen erfordern *Ventrikel-* und *Lumbalpunktion*; ferner kann in gewissen Fällen der *Balkenstich* (ANTON und v. BRAMANN) die *Eröffnung der Cisterna cerebello-medullaris* (PAYR) oder der *Suboccipitalstich* (ANTON und SCHMIEDEN) Erfolg versprechen. Diese letzteren drei Eingriffe, deren Technik hier nicht zu beschreiben ist, ergeben eine dauernde Druckentlastung, wogegen die Lumbal- und Ventrikelpunktion naturgemäß nur eine vorübergehende Entlastung vermitteln, die jedoch häufig gestattet, die nötige Zeit für die Beseitigung der Grundursache des Hirndruckes zu gewinnen.

6. Die Behandlung der traumatischen Epilepsie.

Die Fälle von traumatischer Epilepsie bei einwandfrei nachweisbaren Konvexitätsverletzungen sind auf Grund der vorliegenden Erfahrungen operativ zu behandeln, ob es sich nun um Frühkrämpfe oder um Spätepilepsien handelt. Besonders leicht wird man sich zu einer Trepanation entschließen, wenn wohl charakterisierte Ausfallsymptome vorhanden sind, oder wenn die primär krampfende Muskelgruppe einem im Verletzungsgebiet liegenden Rindengebiet entspricht. Doch auch dort, wo lokale Verletzungsspuren nicht nachweisbar sind, und cerebrale Herdsymptome fehlen, ist der Versuch einer operativen Behandlung gegeben, sobald die epileptischen Anfälle sich häufen, oder wenn die epileptischen Krämpfe sich mit gefahrdrohenden allgemeinen Hirnsymptomen, besonders hochgradigen Druckerscheinungen, kombinieren.

Was die *Art des Eingriffes* betrifft, so ist unser Vorgehen dort ohne weiteres klar, wo lokalisierbare Veränderungen vorliegen, denen erfahrungsgemäß eine epileptogene Bedeutung zukommt. In solchen Fällen handelt es sich darum, imprimierte Fragmente zu heben, in die Gehirnoberfläche eingedrungene Knochensplitter oder anderweitige Fremdkörper zu entfernen, nach dem Schädelinnern vorragende Knochensplitter abzutragen. *Hohe Bedeutung kommt vor allem der Beseitigung durchgehender Weichteil-, Schädel-, Gehirnnarben zu*, weil durch diese Narben erfahrungsgemäß ganz erhebliche Zugwirkungen auf die verwachsenen Gehirnpartien ausgeübt werden, so daß, wie besonders GULEKE betont, die betreffenden Gehirnabschnitte verzerrt sind und unter ganz abnormen Spannungsverhältnissen stehen.

Neben ödematösen Narben findet man alle Übergänge von kleinen, mit Liquor gefüllten Hohlräumen bis zu großen Cysten.

Die *operative Beseitigung von Schädel-Gehirnnarben* hat die Wiederherstellung möglichst normaler Verhältnisse zum Ziel. Nach Ausschneidung des narbigen Gewebes wird deshalb von vielen Chirurgen eine Ausfüllung des Duradefektes durch frei transplantierte Fascie empfohlen, die gehirnwärts eine dem Hirnrindendefekt entsprechende Fettschicht trägt. Das *Fettgewebe* verwandelt sich nach einigen Autoren allerdings wieder in Narbengewebe, was jedoch von LEXER bestritten wird; jedenfalls eignet es sich sehr gut als temporäres Füllmaterial für die nach der Narbenausschneidung vorliegenden Gehirnlücken.

Die Deckung des Knochendefektes erfolgt nach MÜLLER-KÖNIG durch einen gestielten Lappen aus der Kopfhaut und Tabula externa, oder durch freie Transplantation aus der Nachbarschaft, indem man ein Mosaik aus Externalamellen bildet, oder aus Tibia, Scapula, Beckenkamm oder Rippen.

Die von BERGMANN empfohlene frühzeitige Deckung des Schädeldefektes hat Widerspruch erfahren, weil wiederholt bei Kriegsverletzten erst nach plastischem Verschluß der Schädellücke Epilepsie auftrat. Die Operation ist deshalb hinauszuschieben, schon wegen der Gefahr eines *Aufflackerns ruhender Infektion.* Finden sich lokale Cysten, ödematöse Meningealnarben oder Zeichen von Drucksteigerung, so empfiehlt sich unvollständige Deckung des Knochendefektes, damit ein *Ventil* zurückbleibt.

Wo man keinerlei Veränderungen im Bereich des Schädels, der Dura, der weichen Hirnhäute und der Hirnrinde findet, die als Grund für die epileptischen Krämpfe angesehen werden können, stehen von operativen Methoden noch zur Verfügung die *Anlage eines dekompressiv wirkenden Schädelventils nach* KOCHER, *die Ausscheidung des krampfenden Zentrums* nach HORSLEY, sowie die *Rindenunterscheidung* nach TRENDELENBURG.

Was zunächst die *Ventilbildung* durch Herausschneiden eines Fensters aus der Dura und dem knöchernen Schädeldach nach KOCHER betrifft, so gründet sich dieses Verfahren auf die Anschauung, daß die intrakranielle Drucksteigerung ein epileptogenes Moment darstelle. Wie wir gesehen haben, läßt sich diese Anschauung in ihrer allgemeinen Fassung heute nicht mehr aufrecht erhalten, besonders seit man bei Anfällen, die während der Operation auftraten, direkt feststellen konnte, daß die intrakranielle Drucksteigerung erst *nach* Beginn der Krämpfe sich sukzessive entwickelt. Auch wissen wir ja, daß sehr oft trotz der Ventilbildung eine traumatische Epilepsie unverändert weiter bestehen kann.

Da jedoch der epileptische Anfall mit Drucksteigerung einhergeht, empfiehlt sich eine versuchsweise Ventilanlage dort, wo kein anatomischer Befund im Bereich der Rinde und der Meningen erhoben wird, oder wo sich Zeichen von Drucksteigerung finden.

Die *Excision des primär krampfenden Rindenzentrums* kommt nur bei Epilepsien von JACKSONtypus und gleichzeitig negativem anatomischem Befund in Frage, allfällig nach Versagen vorausgegangener Operationen am Knochen und an den Meningen. Die Ausschneidung der Rinde erfolgt nach vorgängiger Bestimmung durch unipolare faradische Reizung auf eine Tiefe von etwa $^1/_2$ cm in Ausdehnung von Ein- bis Zweifrankenstückgröße.

Die Rindenausschneidung hat oft irreparable Lähmungen zur Folge und sollte jedenfalls in Nachbarschaft des Sprachzentrums nicht vorgenommen werden. Ihre Wirksamkeit wird verschieden beurteilt, in neuerer Zeit namentlich von FÖRSTER betont.

Weniger eingreifend ist die *Unterschneidung des krampfenden Zentrums* nach TRENDELENBURG, die zu Aufhebung der Leitung führt und geringere Narbenbildung bedingt. Ihre Wirkung ist jedoch nach KIRSCHNER unsicher und sie gibt, wie die Ausschneidung der Zentren nach HORSLEY, oft zu dauernden Lähmungen Anlaß.

Bei Status epilepticus kann die Unterschneidung lebensrettend wirken; der gleiche prompte Erfolg kann jedoch auch durch Lumbal- und Ventrikelpunktion erzielt werden.

Sehr wichtig ist die *Nachbehandlung der operierten Epileptiker*. Vor allem empfiehlt es sich, nach der Operation noch eine Zeitlang *Brom* zu verabreichen, und äußere Schädigungen, die als begünstigende Ursachen eine Rolle spielen, nach Möglichkeit fernzuhalten. In dieser Hinsicht ist Vermeidung von Überanstrengungen und Aufregungen und ganz besonders *langdauernder Alkoholentzug* von Bedeutung.

Die Erfolge der operativen Behandlung der posttraumatischen Epilepsie sind in den letzten Jahren zweifellos besser geworden. In einer neuesten Zusammenstellung findet BRAUN 128 erfolgreich gegen 118 erfolglos operierte Fälle bei einer durchschnittlichen Mortalität von etwa 6$^0/_0$. Bei den Epilepsien mit epileptogenen Veränderungen im Bereich der Schädelknochen und Hirnhäute überwiegen die operativen Erfolge; wo die Veränderungen vor allem das Gehirn betreffen, halten sich Heilungen und Mißerfolge ungefähr das Gleichgewicht, während in den Fällen mit negativem Befund die Mißerfolge erheblich überwiegen (BRAUN).

Bei Kriegsepilepsien sind die operativen Resultate nach dem Urteil der meisten Autoren ungünstiger, als bei Epilepsien nach stumpfen Schädel-Gehirnverletzungen. So sind von 32 operierten Fällen der STEINTHAL-NAGELschen Zusammenstellung nur 6 geheilt. Die Gesamtresultate sind jedoch offenbar besser.

Das Intervall zwischen Verletzung und Auftreten der Anfälle hat nach der Zusammenstellung BRAUNs keinen Einfluß auf die Aussichten der Operation. Auch zeigt sich, daß traumatische Epilepsien noch nach vielen Jahren mit Aussicht auf Erfolg operativ behandelt werden können. Mit Rücksicht auf die bekannte schlimme Rückwirkung langdauernder Epilepsie auf die Gehirnfunktionen ist es jedoch wünschenswert, die operative Behandlung der posttraumatischen Epilepsie nicht allzu lange hinauszuschieben. *Wo deshalb das Krampfleiden ein Jahr lang unverändert besteht, oder wo es eine progressive Verschlimmerung aufweist, soll man mit der Operation nicht länger zögern.*

7. Die Behandlung der Cephalocele und Pneumatocele.

Die Behandlung der Cephalocele traumatica ist zunächst eine konservative, da spontane Heilung eintreten kann. Mit der physiologischen Zunahme der Rigidität der weichen Schädeldecken findet eine sukzessive Retraktion der Cystenwand statt; nimmt gleichzeitig die Liquorproduktion ab, so wird durch spontanen Verschluß der Kommunikation zwischen Seitenventrikel und extrakranieller Cyste die klinische Heilung vollständig, abgesehen vom Defekt im Schädelknochen und in der Dura, der in größerem oder kleinerem Umfang bestehen bleibt. *Die spontane Heilung kann wirkungsvoll unterstützt werden durch das Tragen einer geeigneten komprimierenden Pelotte* (DE QUERVAIN). Dabei ist auf sorgfältige Dosierung des komprimierenden Druckes Rücksicht zu nehmen, weil durch die Pelotte in den Anfangsstadien Hirndruckerscheinungen ausgelöst werden können. Punktionen sind aussichtslos. Jodtinkturinjektion hat in einigen Fällen Heilung gebracht, wahrscheinlich durch Verminderung der Liquorproduktion und Begünstigung einer Schrumpfung der Cystenwände.

Die operative Behandlung wird heute darauf ausgehen, sowohl den Defekt in der Dura als auch den Schädeldefekt zu schließen. Der vollständige Verschluß der Knochenlücke empfiehlt sich jedoch nur, wenn die Patienten keine epileptischen Anfälle hatten. Diese plastischen Operationen haben nur Aussicht auf Erfolg, wenn die Cephalocelen während längerer Zeit in stationärem Zustand geblieben sind, und wenn kein Mißverhältnis zwischen Produktion und Resorption des Liquors besteht. Wo letzteres vorliegt, kann ebenso wie nach der Operation angeborener Meningocelen nach Verschluß der Duralücke *akuter Hydrocephalus internus* mit *Hirndruck* auftreten. In derartigen Fällen führt nur breite Incision mit Ventrikeldrainage zur Heilung, wie sie früher von DE QUERVAIN für die Behandlung der Cephalocele traumatica empfohlen wurde, gestützt auf Erfahrungen, die an der KOCHERschen Klinik mit entsprechender Behandlung der traumatischen Porencephalie gemacht wurden. Doch ist zu bedenken, daß jede Ventrikeldrainage die Hauptgefahr aller Liquorfisteln, nämlich die *Infektionsgefahr*, in sich schließt.

Die Behandlung der Pneumatocele besteht in *breiter Eröffnung nach erfolgter Trepanation und Drainage*, sei es vermittelst eines Gazedochtes oder eines weichen Drainrohres. Luftansammlungen im Gehirn, die mit der Stirnhöhle oder mit den Cellulae mastoideae kommunizieren, werden eröffnet, nachdem der betreffende pneumatisierte Knochen breit trepaniert und ausgeräumt wurde.

Kapitel 22.

Die Begutachtung der Schädelfrakturen.

Eine ausführliche Besprechung der Begutachtung sämtlicher Folgezustände der Schädelbrüche liegt nicht im Rahmen dieses Buches; wie für die anderen Frakturgruppen, soll nur ein kurzer Überblick gegeben werden, der dem behandelnden Arzt gestattet, sich über die wesentlichsten Fragen der Beurteilung Schädelverletzter zu orientieren. Eine maßgebende Begutachtung erfordert selbstverständlich große klinische Erfahrung. Für die Beurteilung von Kommotionspsychosen und Kommotionsneurosen sollte zudem stets ein psychiatrisch geschulter Nervenarzt beigezogen werden.

Die Feststellung des *Kausalzusammenhanges zwischen Schädelfraktur und sekundärer tödlicher Gehirnmeningealkomplikation* wird klinisch und anatomisch kaum jemals Schwierigkeiten bereiten, ebensowenig die Beurteilung vorübergehender, durch den Heilungsverlauf bedingter Erwerbsbehinderung.

Für die Begutachtung von *Dauerfolgen* wird man sich in erster Linie an bestimmte, anatomisch charakterisierbare Störungen halten. In Betracht kommen vor allem *Lähmungen* infolge Verletzung bestimmter Hirnrindengebiete. *Extremitätenlähmungen* im Anschluß an Konvexitätsbrüche, die 6 Monate nach dem Unfall noch vorhanden sind, ohne daß in den vorausgehenden Wochen noch deutliche Veränderungen im Zustand der Motilität festgestellt wurden, können als dauernde betrachtet werden. Die *Taxation* richtet sich ganz nach dem Berufe des Verunfallten, doch wird man Lähmung eines Armes oder eines Beines bei qualifizierten Arbeitern und bei Grobarbeitern dem Verluste der betreffenden Extremitäten gleichsetzen müssen. Entsprechend wird die Erwerbsunfähigkeit in solchen Fällen 60—100$^0/_0$ betragen. *Zentrale Hirnnervenlähmungen* gehen erfahrungsgemäß in der größeren Zahl der Fälle vollständig oder doch bis auf kleine Reste zurück. *Periphere Lähmungen,* die sofort nach dem Trauma feststellbar waren, sind meist irreparabel, während sekundär auftretende Paresen und Lähmungen der Gehirnnerven sich sehr oft sukzessive zurückbilden oder auch völlig ausheilen. Eine erwerbsschädigende Bedeutung kommt natürlich vor allem den Läsionen des *Opticus* und *Acusticus* zu, deren klinische Beurteilung unter allen Umständen dem Ophthalmologen bzw. Otologen zu überlassen ist. Von ganz besonderer Bedeutung ist die *Erkennung von Labyrinth- oder Vestibularisschädigungen* und die Abgrenzung der entsprechenden Gleichgewichtsstörungen von Schwindelerscheinungen, wie man sie als Teilsymptom der Kommotionsneurose sieht. Dauernde periphere *Facialislähmungen* berechtigen zu einer Entschädigung wegen der hochgradigen *kosmetischen Störung,* die für viele Berufe den Betroffenen in seiner Konkurrenzfähigkeit auf dem Arbeitsmarkte zweifellos schädigt. Die Taxation derartiger Fälle muß der Konvenienz überlassen werden.

Für den Begutachter haben einwandfrei auf ein Schädeltrauma zu beziehende Hirnnervenlähmungen hauptsächlich Bedeutung als objektiv feststellbare Folgen einer vorausgegangenen schweren Gehirnschädigung.

Intrakranielle Aneurysmen nach Schädelfrakturen stehen praktisch nur zur Beurteilung in Form des *Exophthalmus pulsans.* Abgesehen von der ophthalmologisch festzustellenden Sehstörung ist hier zu berücksichtigen, daß die subjektiven Geräusche hochgradige Störungen hervorzurufen vermögen, die zu weitgehender Erwerbseinbuße Anlaß geben können.

Schädeldefekte bedingen unter allen Umständen eine Herabsetzung der Erwerbsfähigkeit. Das ergibt sich aus der *erhöhten Gefährdung* derartiger Patienten und aus den besprochenen *Beziehungen der Schädellücken* zu *der posttraumatischen Epilepsie.* Für unkomplizierte Schädellücken scheint mir taxatorisch die Annahme einer Erwerbseinbuße von durchschnittlich 20$^0/_0$ angemessen.

Die Beurteilung und Taxation der *Epilepsie nach Schädelfrakturen* erfordert große Erfahrung. *Zunächst ist festzuhalten, daß alle Formen der Epilepsie sich im Anschluß an eine traumatische Hirnschädigung entwickeln können, ganz gleichgültig, ob ein nachweisbarer organischer Hirnbefund vorliegt oder nicht.* Wie wir gesehen haben, kann das freie Intervall mehr als 10 Jahre betragen, so daß die Haftpflicht des Versicherers durch derart große Intervalle nicht entlastet wird, sobald das ursächliche Schädeltrauma einwandfrei festgelegt ist. Auch sog. *„Brückensymptome"*, d. h. Symptome, die eine Verbindung zwischen der primären Schädelverletzung und der Epilepsie herstellen, sind deshalb nicht unbedingt zu fordern. Wo „Brückensymptome", wie Schwindelanfälle, anfallsweise Kopfschmerzen, zeitweise auffällige Stimmungsschwankungen oder Charakteränderungen vorliegen, bilden sie natürlich eine willkommene Stütze für die Konstruktion des Kausalnexus.

Von ausschlaggebender Wichtigkeit ist die Feststellung des schweren primären Traumas. Handelt es sich um disponierte Individuen mit familiärer epileptischdegenerativer Anlage, um Arteriosklerotiker, Alkoholiker, Syphilitiker oder Patienten mit chronischer Bleivergiftung, so ist in der ursächlichen Bewertung des Schädeltrauma größte Zurückhaltung geboten, da ihm in diesen Fällen höchstens konditionelle Bedeutung zukommt. *Der Zusammenhang zwischen Trauma und Epilepsie wird um so wahrscheinlicher, je kürzer das Intervall ist.*

Über die *Taxation* der durch posttraumatische Epilepsie bedingten Erwerbseinschränkung kann man allgemein gültige Normen nicht aufstellen. Man wird sich zunächst auf die Art, den Charakter, die psychischen Begleiterscheinungen und den bisherigen Verlauf des Krampfleidens stützen, und diese Feststellungen in Beziehung zu den beruflichen Obliegenheiten des Verunfallten setzen. Auf diese Weise ergeben sich Schädigungen, die in zahlenmäßiger Taxation schwanken zwischen einer Erwerbsunfähigkeit von $33^1/_3$—$100^0/_0$.

Bei Schädelgehirnverletzungen, die nicht nach dem Rentenverfahren abgefunden werden, wird der Eventualität nachträglich in Erscheinung tretender Spätepilepsie oft eine zu große Bedeutung zugemessen. Es ist zu bedenken, daß nur bei schweren die Schädelfraktur begleitenden Gehirnverletzungen die Frequenz der sekundären Epilepsie eine bedeutende ist, während für die Gesamtheit der Schädelbrüche nur $^1/_2$—$4^0/_0$ Epilepsien festgestellt sind.

Über die *posttraumatischen Psychosen* ist an dieser Stelle nicht zu sprechen, weil die Beurteilung der Geisteskrankheiten nach Schädelbrüchen Sache der Psychiater ist, und in maßgebender Weise nur nach konsequenter mehrwöchiger Beobachtung in einer Anstalt vorgenommen werden kann.

Die häufigsten Störungen nach Schädelverletzungen, die zur gutachtlichen Beurteilung kommen, entsprechen dem Symptomenkomplex, den wir im Abschnitt *Kommotionsneurose* dargestellt haben. *Von fundamentaler Wichtigkeit für eine maßgebende Beurteilung der Verunfallten ist auch hier der einwandfreie Nachweis, daß eine Schädelverletzung vorausging, die mit Wahrscheinlichkeit zu einer Schädigung des Gehirns führte.* In allen Fällen, wo durch die Krankengeschichte eine vorhergegangene Schädelfraktur festgelegt ist, oder wo man noch sichere Dauerveränderungen feststellt, die auf einen Schädelbruch zu beziehen sind, darf man annehmen, daß eine sog. *Commotio cerebri* oder *akute Hirnpressung* stattgefunden hat. Das gilt in vermehrtem Maße für Basisbrüche als für umschriebene Konvexitätsfrakturen, aus früher dargelegten Gründen.

Mit Rücksicht auf die bei Commotio cerebri nachgewiesenen anatomischen Veränderungen ist man berechtigt, die *Kommotionsneurose* von der gewöhnlichen *Unfallneurose* in gewissem Umfange zu scheiden, weil hier Symptome von seiten des Gehirns vorwiegen, die auf Läsionen des Organs bezogen werden dürfen. WINDSCHEID vertritt allerdings den Standpunkt, daß auch die nach Hirnerschütterung auftretende Neurose psychogener Natur sei, und bezieht sie auf Gefäßinnervationsstörungen und cerebrale Arteriosklerose; doch sieht er in der traumatischen Schädigung des Gehirns eine Prädisposition.

Jedenfalls aber geht es nicht an, die Kommotionsneurose nach grundsätzlichen Entscheidungen, die auch für die Unfallneurosen extrakranieller Genese häufig nicht zutreffen, unter Betonung allfälliger Begehrungsmomente von jeder Entschädigung auszuschließen. Die Frage der Entschädigungsberechtigung ist vielmehr in jedem Falle auf Grund psychologischen und sozialen Studiums zu entscheiden, wie in neuerer Zeit RIESE betont. Auch sollte die Kommotionsneurose, soweit sie psychisch bedingt ist, wie jede schwere Unfallneurose sachgemäß behandelt werden.

Die beschriebenen charakteristischen Symptome bilden sich mit der Zeit zurück; am längsten bleiben Kopfschmerzen und Kopfdruck bestehen, auch Schwindel und Gedächtnisschwäche sind meist hartnäckig, können sogar jahrelang oder zeitlebens andauern.

Deshalb empfiehlt sich, soweit die Kommotionsneurose die Erwerbsfähigkeit beeinträchtigt, die *Gewährung einer revidierbaren Rente*, namentlich dort, wo sich schwere, organisch bedingte Spätstörungen nicht mit Sicherheit ausschließen lassen.

Mit der *sozialen Therapie*, d. h. mit der schematisch angewandten *Abfindung* der Neurosen einschließlich Kommotionsneurosen hat man, soweit ein Urteil heute schon möglich ist, nicht durchwegs befriedigende Erfahrungen gemacht. Die Kapitalabfindung derartiger Fälle auf Grund einer abgestuften, zeitlich begrenzten Rente mag sich aus versicherungstechnischen Gründen gelegentlich empfehlen; ein medizinisch begründetes Verfahren ist dies nicht und *ich bin denn auch auf Grund persönlicher Erfahrungen zu der Überzeugung gelangt, daß Unfallverletzte, deren Störungen und Ansprüche sich auf diese Weise endgültig eliminieren lassen, überhaupt keinen vertretbaren Entschädigungsanspruch besitzen.*

In Abweichung von der Auffassung, die ich in Anlehnung an die herrschende Meinung in der ersten Auflage dieses Buches vertreten habe, bekenne ich mich — von wenigen versicherungstechnisch zu begründenden Ausnahmen abgesehen, die auf Vereinfachung des Verfahrens und Kostenersparnis ausgehen — heute als Gegner der schematischen Kapitalabfindung der Kommotionsneurosen.

Solange Behandlung oder spontaner Rückgang der Störungen noch nicht zu vollständiger Wiederherstellung der Arbeitsfähigkeit geführt haben, sind die Kommotionsneurotiker angemessen durch Rente zu entschädigen.

B. Die Frakturen der Knochen des Gesichtsschädels.

Die Frakturen der Gesichtsknochen, worunter im engeren Sinne knöchernes Nasengerüst (Os nasale, ethmoidale, lacrymale, Vomer, Palatinum), Oberkieferknochen, Jochbeine, sowie der Unterkiefer verstanden sind, betragen nach den Statistiken von GURLT und BRUNS ungefähr $2,5\%$ aller Knochenbrüche. Die geringe Frequenz der Frakturen des Gesichtsskeletes bei Kindern ist, abgesehen von der geringen Verletzungsgelegenheit, darauf zurückzuführen, daß die einzelnen Knochen noch nicht sehr stark hervortreten und durch reichlichere Fettpolster geschützt sind.

Soweit Frakturen des Stirnbeins die Stirnwölbung und besonders den oberen Rand der Augenhöhle betreffen (Abb. 329), gehören sie vom kosmetischen Gesichtspunkte aus, der in der Behandlung der Frakturen des Gesichtsschädels eine wesentliche Rolle spielt, ebenfalls zu der vorliegenden Gruppe. Auch sonst ist die Trennung zwischen Frakturen des Gehirn- und Gesichtsschädels nicht streng durchführbar, da bei zirkulären Schädelfrakturen in der Frontalebene auch die Jochbogen brechen können, und weil sich Schädelbasisfrakturen und Brüche des Gesichtsskeletes in mannigfacher Weise kombinieren. Wir erinnern an die direkten Frakturen der vorderen Schädelgruben in Form der Einpressung von Teilen des Gesichtsskeletes in die Schädelhöhle. Wo bei Frakturen der Gesichtsknochen Teile der Schädelbasis mit betroffen sind, treten prognostisch die für Schädelbasisbrüche geltenden Erwägungen in Kraft.

Abgesehen von der Teilnahme einzelner Gesichtsknochen an der Gesamtdeformation des Schädels entstehen Frakturen der Gesichtsknochen vorwiegend durch *direkte Gewalteinwirkungen*. Sie sind deshalb häufig durch Wunden der äußeren Haut kompliziert. *Anatomische Besonderheiten bedingen die üblichen Mitverletzungen benachbarter, mit Schleimhaut ausgekleideter Hohlräume, des Nasenraumes und seiner Nebenhöhlen, des Antrum Highmori sowie der Mundhöhle.* Eine wesentliche Bedeutung der Frakturen des Gesichtsskeletes liegt in der entstellenden Wirkung typischer Dislokationen, die zur Aufhebung des normalen Gesichtsreliefs führen. Kurz nach dem Trauma sind diese Formveränderungen meistens durch hochgradige Anschwellung der Weichteile infolge großer Hämatome oder Hautemphysem maskiert, was oft die Diagnose der Knochenverletzung zunächst erschwert.

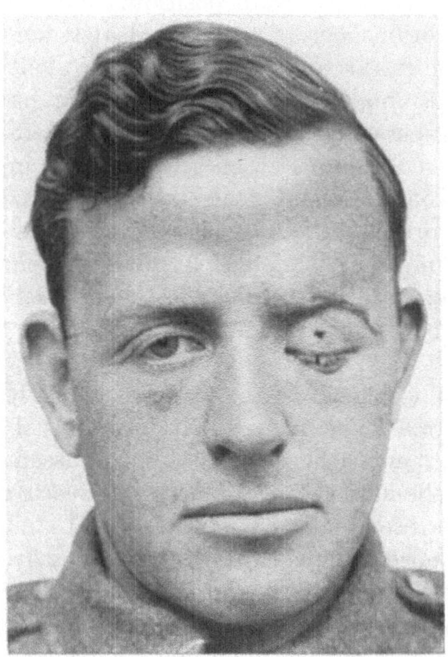

Abb. 329. Impressionsfraktur des Margo supraorbitalis des Stirnbeins infolge Schußverletzung.

Kapitel 1.

Die Brüche des Jochbeins.

Jochbeinfrakturen entstehen durch Sturz, Schlag oder Stoß und zeigen entsprechend den Experimenten HAMILTONS wenig wechselnde Formen. Erwähnung fand bereits die *frontale Fraktur des Jochbogens* als Teilerscheinung eines zirkulären Schädelbruches (vgl. Abb. 271); dies ist wohl die einzige Jochbeinfraktur infolge *indirekter* Gewalt. *Splitterfrakturen* des Jochbeins bilden, wenn wir von Schußverletzungen absehen, die Ausnahme; ebenso selten sieht man, abgesehen von der indirekten, frontal verlaufenden Fraktur des Jochbogens, einfache Brüche.

Am häufigsten sind *mehrfache Frakturen,* bei denen die Fragmente im Sinne der *Impression* verschoben sind, entsprechend der Richtung einer von außen her einwirkenden Gewalt. So kann das Jochbein aus seinen sämtlichen Verbindungen mit den benachbarten Knochen (Abb. 330) herausgelöst und in die Oberkieferhöhle hineingekeilt sein. Dabei halten sich die Frakturlinien nicht genau an die Suturen, sondern verlaufen entweder noch im Bereich des entsprechenden Jochbeinfortsatzes oder jenseits der Nahtverbindung durch das Grenzgebiet der benachbarten Knochenfortsätze. Erfolgt die Auslösung des Jochbeins unter gleichzeitiger Frakturierung des Processus zygomaticus ossis frontalis, so ist die obere seitliche Wand der Orbita und damit die Schädelbasis betroffen. Häufig wird mit dem Jochbein der Jochbeinfortsatz des Oberkiefers gebrochen; die Frakturlinie reicht dann gelegentlich in den Infraorbitalkanal, was zu einer *Verletzung des zweiten Trigeminusastes* führen kann. Aus der zentripetalen Dislokation des Jochbeins erklären sich *Verletzungen der Augenhöhle* und des *Sinus maxillaris,* sowie der Gebilde der Fossa sphenomaxillaris. Große Gewalteinwirkungen bedingen gleichzeitige Frakturen des Nasengerüstes und besonders der Schädelbasis; wegen der begleitenden Hirnpressung imponieren derartige Jochbeinfrakturen klinisch in erster Linie als Schädelbasisbrüche.

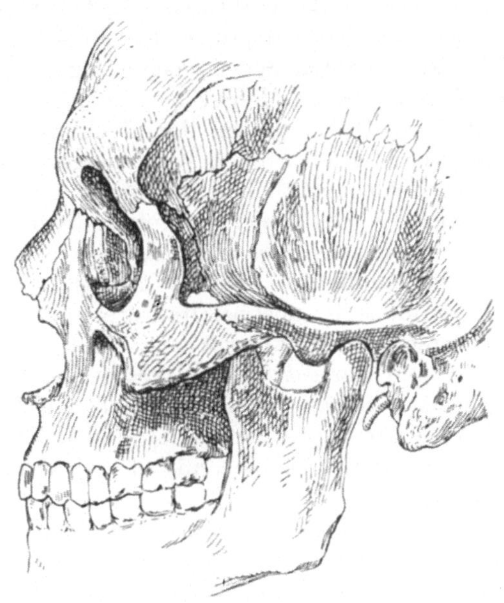

Abb. 330. Darstellung des Jochbeins und seiner Verbindungen mit dem Nachbarknochen. (Nach TOLDT.)

Die Jochbeinfraktur ist nach Zurückgehen der Weichteilschwellung an der *lokalen Einsenkung,* d. h. am Wegfall der physiognomisch charakteristischen Jochbeinwölbung, erkennbar. Von außen sind namentlich die normal stehenden benachbarten Knochenränder durchzufühlen, während durch kombinierte Palpation von außen und vom Munde her mit Leichtigkeit die falsche Beweglichkeit des herausgebrochenen Jochbeinfragments nachzuweisen ist. Über Verletzungen benachbarter Knochen geben *Blutungen aus der Nase und aus dem Munde,* fortgeleitete *Blutergüsse in die Conjunctiva bulbi,* sowie *Symptome von Commotio cerebri* Aufschluß. Große Blutergüsse in die Orbita führen gelegentlich zu *Protusion des Bulbus,* und sind zudem oft von schweren Schädigungen des Augapfels oder des Sehnerven begleitet. Nach Abklingen der direkten Verletzungssymptome ist deshalb in solchen Fällen die Aufnahme eines genauen Augenbefundes unbedingt geboten. Verletzungen des N. infraorbitalis machen sich kaum jemals durch vollständige sensible Lähmung von Lippe, Wange und seitlicher Nasenpartie, sondern zunächst durch Herabsetzung des Gefühls und Parästhesien geltend. Später können sich heftige Neuralgien des 2. Trigeminusastes entwickeln, die operative Behandlung erfordern. Von der *Röntgen-*

aufnahme ist bei Jochbeinbrüchen im allgemeinen nicht viel mehr zu erwarten, als schon durch die äußere Untersuchung feststellbar ist; gleichwohl ist auch bei dieser Fraktur eine Röntgenuntersuchung nicht zu unterlassen.

Jochbeinbrüche ohne breitkommunizierende Haut- oder Schleimhautverletzungen heilen ohne besondere Behandlung in etwa 4 Wochen solid aus, doch bleibt, wenn man das zentralwärts verschobene Jochbeinkörperfragment in seiner Stellung beläßt, eine entstellende Abflachung der betreffenden Gesichtspartie zurück. Bei Frakturen, die den *Jochbogen* betreffen, kann die Funktion des am Jochbein entspringenden Masseter gestört sein, indem sowohl relative Kiefersperre durch Schmerzhemmung als eine Verminderung der Kaukraft in Erscheinung treten. Dem Zuge des Masseter entsprechend beobachtet man auch sekundäre Dislokationen des Jochbogenfragments nach unten. Jochbeinfrakturen, die mit breiten Verletzungen der Haut oder mit Eröffnung benachbarter Schleimhauthöhlen kompliziert sind, bedingen die *Gefahr sekundärer infektiöser Komplikationen,* insofern als phlegmonöse Entzündungen im Bereich der benachbarten Hautpartien, des Orbitalgewebes und der Fossa sphenomaxillaris auftreten können, die gelegentlich zu *eitriger Meningitis* führen. Offene infizierte Jochbeinfrakturen geben gelegentlich zu *chronischer Ostitis* im Bereich des Frakturgebietes Anlaß, mit *langdauernder Eliminationseiterung, Fistel-* und *Narbenbildung.* In ähnlicher Form wie die offenen Jochbeinbrüche stellen sich *Schußfrakturen* des Jochbeins dar; nur sind hier begleitende schwere Verletzungen des Oberkiefers, des Orbitalinhaltes, der Schädelhöhle, sowie der regionären Gefäße, mit ihren schweren Folgeerscheinungen, erheblich häufiger.

Die *Behandlung der geschlossenen Jochbeinfraktur* kann eine rein konservative sein, wenn keine entstellende Dislokation vorliegt. Ist jedoch bei der *Depressionsfraktur* des Jochbeinkörpers die Abflachung der Wange eine erhebliche, so empfiehlt es sich, direkte Reposition zu versuchen. Dabei wird man gelegentlich durch Druck vom Munde her ein wenig verschobenes Fragment in die richtige Stellung bringen können; in den meisten Fällen versagen jedoch alle manuellen Repositionsversuche wegen mangelnder Angriffsfläche. Die *instrumentelle Reposition* mit perkutan eingesetztem scharfem Hacken oder die Reposition und Fixation durch Metalldrahtschlingen, die mit einer Nadel um das Fragment herumgeführt und an der Wange über einer Metallplatte geknotet werden, ist nicht gefahrlos. Am empfehlenswertesten scheint es mir, von einer oder mehreren, unter Berücksichtigung des Facialisverlaufes angelegten kleinen Incisionen aus schlanke Elevatorien unter die Fragmentränder zu führen, und auf diese Weise die Reposition in schonender Weise zu bewerkstelligen. Eine Fixation des Fragments erübrigt sich; die kleinen Incisionen werden sofort durch Naht geschlossen. *Veraltete Depressionen des Jochbogens* werden durch freie *Knochen und Fettlappenplastik* ausgeglichen.

Kapitel 2.

Die Brüche des Nasengerüstes.

Die Frakturen des Nasengerüstes betreffen sowohl die *Nasenbeine,* das *Siebbein* mit *Lamina perpendicularis* und *Muscheln,* das *Os lacrimale,* den *Vomer,* die *Nasenfortsätze des Oberkiefers* und *Stirnbeins,* das *Gaumenbein,* sowie den

Knorpel des Nasenseptums (s. Abb. 330 u. 331). Soweit die Verletzungen der Nase zu Veränderungen im Naseninnern Anlaß geben, gehören sie in das Gebiet der Rhinologie und können hier nur gestreift werden. Die praktisch wichtigen Frakturen des Nasengerüstes erfolgen beinahe ausschließlich durch *direkte Gewalt* (Fall, Hufschlag, Stockschlag), und betreffen in erster Linie die *Nasenbeine*. Neben Auslösung der Nasalia aus ihren Verbindungen findet man, und zwar am häufigsten, Quer- oder Schrägbrüche beider Nasenbeine mit charakteristischer Impression der Fragmente nach dem Naseninnern zu. Das führt zu einer Deformation im Sinne der *Sattelnase,* die charakterisiert ist durch

mehr oder weniger hochgradige Abplattung und Einknickung, sowie gleichzeitige Verbreiterung des Nasenrückens und Hebung der Nasenspitze; wirkt die verletzende Gewalt in schräger Richtung ein, so entsteht durch seitliche Dislokation der Fragmente ein *Schiefstand der Nase.* Durch die auf den Nasenrücken einwirkenden Gewalten wird auch das knöcherne und knorpelige *Nasenseptum* betroffen; besonders durch gerade und von vorne einwirkenden Stoß erfolgt eine Verkürzung, also gewissermaßen eine *Stauchung des Nasenseptums,* die zu *Infraktion des elastischen Septumknorpels,* zu *Knorpelluxation,* d. h.

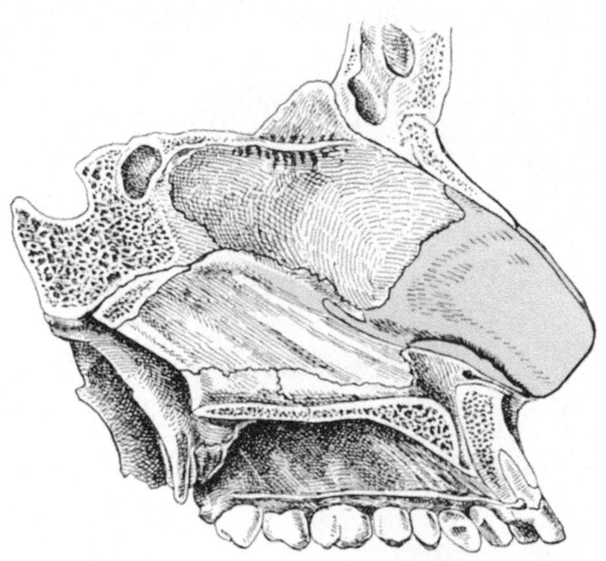

Abb. 331. Knöchernes und knorpeliges Nasenseptum in seitlicher Ansicht; Sagittalschnitt durch den knöchernen Gaumen. (Nach TOLDT.)

Auslösung der Cartilago quadrangularis aus ihren Verbindungen mit dem Vomer oder mit der Lamina perpendicularis des Siebbeins (vgl. Abb. 331), und zu *Knickungsfrakturen des knöchernen Nasenseptums* führt. *Frakturen des Septumknorpels* verlaufen meistens in ziemlich horizontaler Richtung. Hochgradige Knickungen der Nasenscheidewand oder Dislokationen der Septumfragmente führen meistens zu Schleimhautrissen und zu Blutungen aus der Nase. Knickungen und dislozierte Frakturen des knorpeligen Nasenseptums haben eine Deviation der Nasenspitze zur Folge.

Sehr hochgradige Gewalteinwirkungen auf den Nasenrücken geben Anlaß zu *Splitterfrakturen des Nasalia* und *der benachbarten Knochen des Nasengerüstes;* gelegentlich gehen derartige *Zertrümmerungsfrakturen,* besonders infolge von Schußverletzungen, weit über das eigentliche Nasengerüst hinaus, indem sie nicht nur Oberkiefer und Siebbein (Abb. 332), sondern namentlich auch die Frontalia betreffen, und so zu Eröffnung sämtlicher Nebenhöhlen der Nase und des Cavum cranii führen. Auch kann der ganze Gesichtsteil des Schädels direkt in die Schädelbasis hineingetrieben werden, besonders durch Hufschlag und Pufferverletzungen. Neben schweren *Verletzungen des Orbitalinhaltes* findet man in solchen Fällen die *Symptome der Basisfraktur mit Commotio und Contusio cerebri*. Führt nicht schon die primäre begleitende Hirnverletzung zum Tode, so sind derartige Patienten durch *sekundäre Infektion des Schädelinnern* in hohem Maße gefährdet.

Die *Symptome der Frakturen des Nasengerüstes* sind nicht zu verkennen. Betrifft die Fraktur das knöcherne Nasendach, so fällt sofort nach der Verletzung die *traumatische Sattelnase* (vgl. Abb. 332) auf. Doch schon nach wenigen Stunden werden auch erhebliche Einsenkungen des Nasenrückens durch ausgedehnte blutige Infiltration und Schwellung der Weichteile verdeckt. Diese Schwellung und Blutunterlaufung geht auch auf die benachbarten Teile der Haut des Gesichts und besonders der Augenlider über. Sorgfältige Palpation erlaubt, trotz erheblicher Schwellung, die Einsenkung des Nasendaches und die falsche Beweglichkeit der Fragmente, gelegentlich auch Crepitation, nachzuweisen. Ein ziemlich regelmäßiges Begleitsymptom der Nasenfrakturen sind *Blutungen aus der Nase*, resp. durch die Choanen aus dem Mund. Diese Blutungen stammen durchwegs aus Schleimhautrissen der Nase und ihrer Nebenhöhlen. Durch eine kombinierte *äußere und innere Untersuchung* wird es meist gelingen, die praktisch wichtige Fraktur des Nasendaches und die begleitenden Brüche des knöchernen Nasenseptums sowie die Verletzungen des Septumknorpels zu erkennen. *Es empfiehlt sich, zur Abklärung von Verletzungen des Naseninnern* stets eine genaue Revision *durch einen Rhinologen vornehmen zu lassen.*

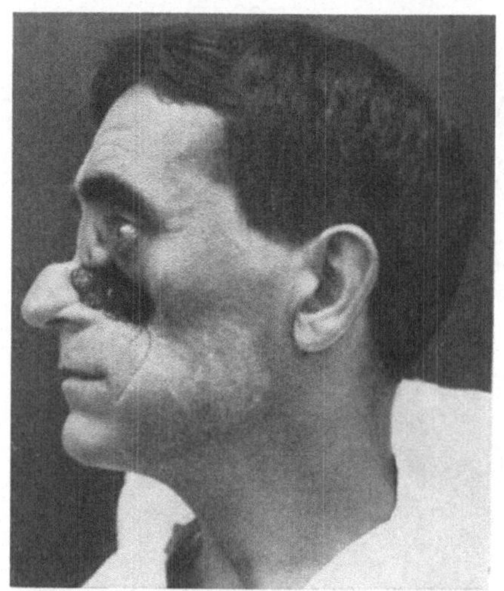

Abb. 332. Traumatische Sattelnase infolge zertrümmernder Schußfraktur des Nasengerüstes und des Oberkieferknochens. Eröffnung des Sinus maxillaris sowie des linksseitigen Cavum nasale.

Hautemphysem nach Frakturen des Nasenskeletes als Folge einer Verletzung der Nebenhöhlen ist relativ selten und gewöhnlich nicht besonders ausgedehnt. In seltenen Fällen gibt Zellgewebsemphysem Anlaß zu Protrusio bulbi. *Verletzungen des Tränensackes* und des *Ductus lacrimalis* führen infolge Stenosierung zu Tränenträufeln, zu sekundärer Infektion der Tränenwege, eventuell mit Fistelbildung. Die hochgradige Zuschwellung des Naseninnern kann zu *Atmungsbehinderung* Anlaß geben, die jedoch kaum jemals praktische Bedeutung erlangt. Schwerwiegender sind die sekundären Komplikationen durch *Infektion des Frakturgebietes* von der Schleimhaut der Nase und ihrer Nebenhöhlen, sowie von komplizierenden Hautwunden aus. Abgesehen von *progredienter Meningitis*, die hier übrigens selten ist, sieht man gewöhnlich *Weichteilphlegmonen, Eiterungen in der Nase und ihren Nebenhöhlen*, besonders *in Form sequestrierender Periostitis und Perichondritis.* Derartige Sequesterbildung kann Anlaß geben zu *stinkender Eiterung*, die auch als *posttraumatische Ozaena* bezeichnet wurde.

Die *Behandlung der Frakturen des Nasenskeletes* hat im wesentlichen die

Aufgabe, entstellende Deviationen der Nasendachfragmente zu beheben und bedrohliche Komplikationen zu verhindern.

Was zunächst die *Behandlung der traumatischen Sattelnase* betrifft, so wird man sowohl bei offenen als bei geschlossenen Frakturen möglichst frühzeitig die imprimierten Fragmente heben. Das geschieht am besten mit Hilfe eines in das Naseninnere eingeführten stumpfen Instrumentes, d. h. mit schlanker Kropfsonde, Elevatorium, geradem Metallkatheter oder, falls die Weite der Nasenlöcher es gestattet, mit dem kleinen Finger. Komplizierende Wunden ermöglichen lokale Reposition der Fragmente unter Leitung des Auges. *Unter allen Umständen soll man bei offenen Zertrümmerungsfrakturen des Nasendaches die primäre Extraktion loser Splitter unterlassen, da sie eine weitgehende Einheilungsfähigkeit besitzen.* Wenn die reponierten Nasendachfragmente Tendenz zeigen, wieder nach innen zu sinken, so kann man ihnen vorübergehend durch Tamponade von der Nase her eine Stütze geben. In gleicher Weise wie die Nasalia kann der Nasenfortsatz des Oberkiefers vom Naseninnern her reponiert werden.

Verletzungen des Naseninnern gehören in das Behandlungsgebiet des Rhinologen. Mit Rücksicht auf die Gefahr sekundärer Fortpflanzung der Infektion in die Nebenhöhlen der Nase sowie nach der Schädelhöhle ist bei frischen Nasenfrakturen, abgesehen von den Erfordernissen primärer Blutstillung, nach Möglichkeit von Dauertamponade abzusehen, weil sie notwendigerweise den Sekretabfluß hindert. *Tamponaden dürfen nur vorübergehend liegen bleiben, sind häufig zu wechseln und mit sorgfältigen Spülungen zur Herausschaffung retinierten Sekretes zu verbinden.*

Septische Komplikationen sind nach aktiv-chirurgischen Grundsätzen zu behandeln. In Betracht kommen Spaltung von Phlegmonen der bedeckenden Weichteile, breite Eröffnung der Nebenhöhlen, Eröffnung subperiostaler und perichondraler Abscesse, Extraktion von Knochen- und Knorpelsequestern.

Die *Reposition des luxierten Septumknorpels*, sowie die *Früh- und Spätkorrektur von traumatischen Knickungen der knöchernen und knorpeligen Nasenscheidewand ist Sache des Rhinologen.* Sie erfolgt in frischen Fällen unter Leitung des Auges, nach vorheriger Anästhesierung der Mucosa, durch Tamponade. Bereits fixierte Deviationen des Septums, die zur Behinderung der Nasenatmung oder Schiefstellung der Nase führen, erfordern *typische Septumresektionen.*

Die konsolidierte traumatische Sattelnase infolge Impressionsfraktur der Nasalia kann nur auf *operativem* Wege korrigiert werden. Ist die Konsolidation noch nicht besonders weit fortgeschritten, so kann man die in schlechter Stellung geheilten Nasenbeine durch submucöse oder subcutane *Osteotomie* neuerdings mobilisieren und dann durch instrumentelle Redression oder Tamponade von der Nase her in korrekte Stellung bringen. Hochgradige, veraltete Fälle von traumatischer Sattelnase erfordern plastische Operationen.

Die früher viel angewandte Einspritzung von flüssigem Paraffin ist nicht empfehlenswert.

Nach *Zertrümmerungsfrakturen*, die zu schwersten Formen von Sattelnase oder zu weitgehender Zerstörung des Nasenreliefs geführt haben, verzichtet man besser auf Flickoperationen und entschließt sich nach dem Rate

Lexers besser zur Vornahme einer *vollständigen Rhinoplastik*, hinsichtlich deren Technik auf die Spezialliteratur verwiesen werden muß, wie auch hinsichtlich operativer Korrektur der *Schiefnase* nach dem Verfahren von Joseph.

Kapitel 3.
Frakturen des Oberkiefers.

Eine erste Gruppe der Oberkieferfrakturen betrifft die *Fortsätze*. Zunächst können durch Gewalteinwirkung auf die Zähne *partielle Frakturen des Processus alveolaris* zustande kommen. Zu Zeiten, als man für Zahnextraktionen noch den Schlüssel anwandte, sah man derartige Alveolarbrüche häufig im Anschluß an gewaltsame Luxation kranker Zähne. Ferner sieht man *Brüche des Processus frontalis*, die vorwiegend in Kombination mit Frakturen des knöchernen Nasendaches zur Beobachtung kommen. Auch der *Processus palatinus*, der vordere Teil der knöchernen Gaumenplatte, ist von isolierten Frakturen betroffen, so bei Schuß in den Mund, oder wenn im Mund gehaltene Gegenstände, wie Pfeifenmundstücke oder Holzstäbe, beim Fallen durch das Gaumendach getrieben werden. Derartige Verletzungen betreffen nicht so selten gleichzeitig die Schädelbasis.

Eine weitere Gruppe umfaßt die *unvollständigen Brüche des eigentlichen Oberkieferkörpers*. Hierher gehört die Frakturierung der vorderen Wand des

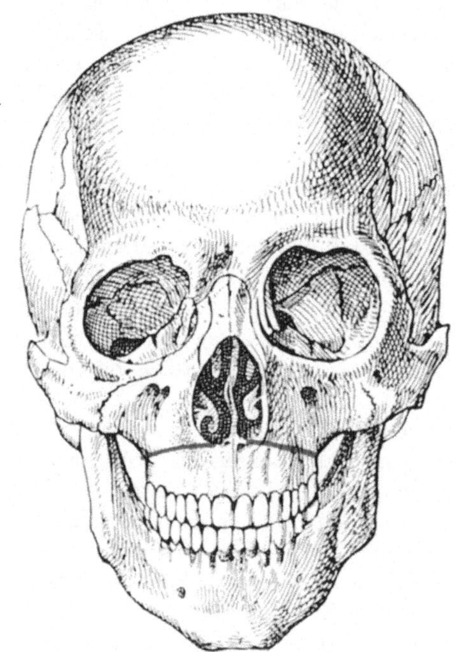

Abb. 333. Guérinsche doppelte Transversalfraktur des Oberkiefers.

Sinus maxillaris durch eindringende spitze Gegenstände. Ferner kann, wie bereits erwähnt wurde, das Jochbein durch eine von außen einwirkende Gewalt in toto aus seinen Verbindungen gelöst und in die Oberkieferhöhle hineingetrieben werden, unter ausgedehnter Frakturierung ihrer äußeren Wand.

Die Brüche des eigentlichen Oberkieferkörpers zeigen, wie vor allem die Untersuchungen von Le Fort lehren, verschiedene charakteristische Typen. Gewalten, die den Oberkiefer von vorne oder seitlich zwischen Apertura piriformis und Zahnreihe treffen, führen zu der sog. Guérinschen oder *doppelten Transversalfraktur* (Abb. 333). Die Bruchebene verläuft beidseitig im Niveau des Unterrandes der Apertura piriformis horizontal durch den Oberkieferkörper, trennt somit den gesamten Alveolarfortsatz, den Gaumen und den unteren Teil der Flügelfortsätze des Keilbeins vom oberen Teil des Oberkiefers ab.

Breit angreifende Gewalten, die das Gesicht etwas weiter oben, im Niveau des Jochbeins treffen, vermögen beide Oberkiefer aus dem Zusammenhang mit dem übrigen Gesichtsschädel und der Schädelbasis herauszulösen. *Entsprechend der zweiten und dritten* Le Fort*schen Bruchlinie erfolgt die Auslösung medial von den Jochbeinen* (Abb. 334), *oder es werden gleichzeitig beide Jochbeine mitsamt dem Oberkiefer herausgebrochen* (Abb. 335). Auch kann auf der einen Seite das Jochbein mitgehen, auf der anderen seine Verbindungen mit dem übrigen Schädel behalten. Als ursächliche Einwirkungen kommen in Betracht Stürze aus großer Höhe, Hufschlag, Kompression zwischen zwei Puffern und Ähnliches. Bedeutend seltener ist die *Heraussprengung eines einzelnen Maxillare.*

Gegenüber diesen *direkten Frakturen* treten die Brüche des Oberkiefers infolge *indirekter* Gewalteinwirkung wesentlich in den Hintergrund. Indirekte

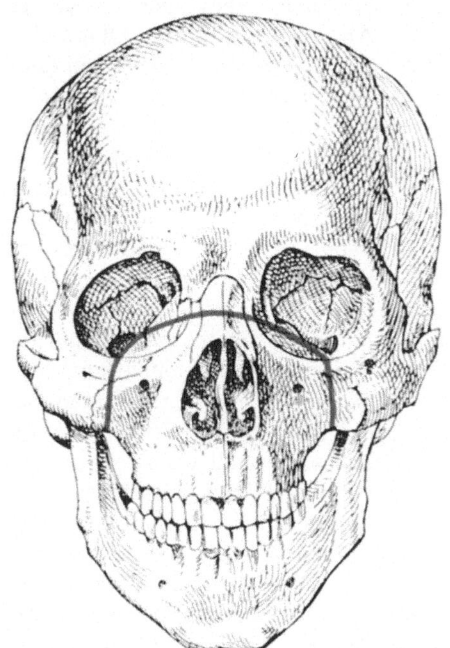

Abb. 334. Fraktur des Oberkiefers, Typ. Le Fort II.

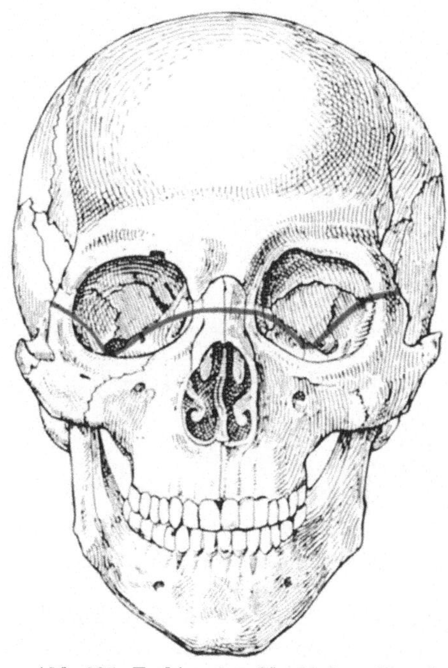

Abb. 335. Fraktur des Oberkiefers, Typ. Le Fort III.

Oberkieferfrakturen können zustande kommen durch Fall auf das Kinn oder durch Schlag und Stoß auf Nasenwurzel und Jochbein. *Eine typische indirekte Bruchlinie trennt die beiden Oberkiefer in der Medianlinie*, was zu erheblicher Diastase der beiden Maxillaria führen kann.

Eine gesonderte Stellung nehmen die *Schußverletzungen des Oberkiefers* ein, die besonders im Kriege häufig in Verbindung mit Schußfrakturen des Unterkiefers beobachtet wurden. Es handelt sich meistens um sog. Zertrümmerungsfrakturen mit ganz ungesetzmäßigem Verlauf der Bruchlinien; das trifft besonders zu für die Granatsplitterverletzungen. Gewöhnlich sind von der Schußverletzung des Oberkiefers die zahntragenden Alveolarfortsätze mitbetroffen. Seltener sieht man Durchschießung der Oberkieferhöhle in seitlicher und schräger Richtung, die zu breiter Eröffnung der Nase und Oberkieferhöhle führt (Abb. 332), sowie Lochfrakturen der horizontalen Gaumenplatte (Abb. 336) mit und ohne Fraktur der Alveolarfortsätze.

Die *Symptome der Oberkieferfrakturen* sind meist leicht erkennbar. Entsprechend der lokalen Gewalteinwirkung sieht man an der bedeckenden Haut die *charakteristischen Kontusionsveränderungen*. Besonders auffällig sind Schwellung und Blutunterlaufung der Lidhaut, der Conjunctiva, sowie der Mundschleimhaut. Die Eröffnung der Oberkieferhöhle und die Verletzung der Mundschleimhaut führen zu heftiger *Blutung aus Nase und Mund*. Infraktion der seitlichen Wand der Highmorshöhle durch das eingekeilte Jochbein ist erkennbar an der hochgradigen Dislokation des Jochbeins. Auf Frakturen des Stirn- und Gaumenfortsatzes wird man durch lokale Suffusionen hingewiesen. Bei Transversalfraktur des Oberkieferkörpers, sowie bei Absprengung beider Oberkiefer von der Schädelbasis nach dem Typus LE FORT III wird meist die ganze Oberkieferzahnreihe gegenüber der Zahnreihe des Unterkiefers in der Richtung nach hinten — oft auch seitlich — verschoben und abnorm beweglich sein. *Die aufgehobene normale Artikulation der Zahnreihen fällt inspektorisch auf.* Die pathologische Verschiebbarkeit der ganzen Oberkieferzahnreihe bei der Transversalfraktur läßt sich leicht manuell nachweisen. Bei vertikaler Trennung beider Oberkieferhälften finden sich Verschiebungen und eventuell falsche Beweglichkeit zwischen den

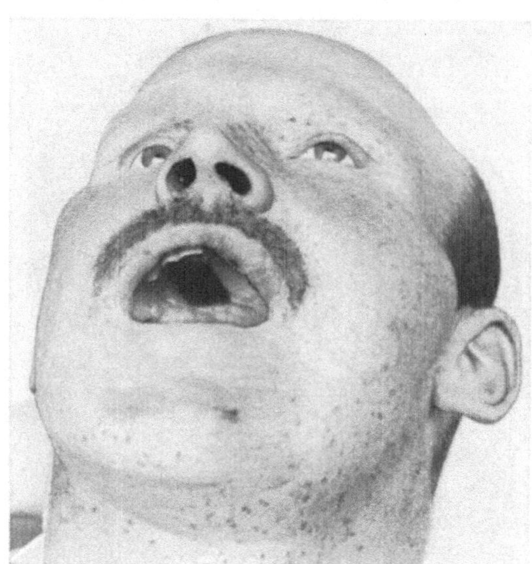

Abb. 336. Schußfraktur des knöchernen Gaumens.

beiden Hälften der Oberkieferzahnreihe. Wo Dislokation und falsche Beweglichkeit fehlen, wie bei einzelnen Fällen von Transversalfraktur, wird die Annahme eines Oberkieferbruches nahegelegt durch die außerordentliche *Schmerzhaftigkeit beim Versuch des Zubeißens*. In gleicher Weise löst Druck auf die Oberkieferzahnreihe von unten her Schmerzen aus, und ferner ist die Frakturlinie vom Munde her direktem Fingerdruck zugänglich, besonders hinter dem letzten Molarzahn, im Bereiche des mitabgebrochenen *Hamulus pterygoideus*. Bei hochgradiger Beweglichkeit der Fragmente sieht man direkt, wie sich beim Zubeißen und Schlucken die Knochen des Gesichtsskeletes bewegen. Oberkieferfrakturen, die zur Verletzung der Vorderwand des Sinus maxillaris führen, sind häufig von *Hautemphysem* begleitet. Ein ferneres Begleitsymptom ist die *Zerreißung oder Quetschung des N. infraorbitalis* bei Frakturen des Oberkieferkörpers, mit entsprechender *Anästhesie, Hypästhesie,* oder *neuralgischen Beschwerden.* Letztere treten namentlich während der Ausheilung auf und sind dann auf Kompression des Nerven durch Calluswucherung zurückzuführen. *Verletzung und Kompression des Tränennasenganges* führt zu *Tränenträufeln* infolge *Stenosierung des Tränenganges,* gelegentlich auch zu *Fistelbildung.* Naturgemäß haben Oberkieferfrakturen mit wesentlicher Verschiebung *Entstellung des Gesichts* zur

Folge. Abgesehen von der Abflachung der Jochbeinwölbung bei der Einkeilungsfraktur des Os zygomaticum sieht man besonders bei Frakturen mit medianer
Trennung der Maxillaria *Verschiebungen eines Auges nach unten. Retro-
orbitale Blutergüsse* führen zu *vorübergehendem Exophthalmus*; der nach hinten
und oben verlagerte Oberkiefer kann den Bulbus direkt zerquetschen oder
zu einer *dauernden Protrusion* führen. Neben der kosmetischen Störung hat
die Dislokation eines Bulbus *Doppelbilder* zur Folge. Schwere Oberkieferfrakturen sind häufig von den Symptomen der Hirnpressung begleitet. Ausgedehnte
Oberkieferfrakturen können infolge sekundärer Schwellung der Weichteile zu
hochgradiger Behinderung des Sprechens und des Schluckens führen. *Röntgenaufnahmen* geben bei Oberkieferbrüchen in vielen Fällen kein anschauliches
und eindeutiges Bild vom Verlauf der Bruchebenen und der Fragmentverschiebung, eine Erfahrung, die man auch bei der Röntgenographie der Nasen-
gerüstbrüche macht. Gleichwohl ist dieses diagnostische Hilfsmittel nach
Möglichkeit zu verwerten.

Die *Prognose* der *Oberkieferfrakturen* ist quoad vitam vorwiegend günstig,
abgesehen von den seltenen Fällen schwerer Zertrümmerungsfraktur mit ausgedehnter Beteiligung der Schädelbasis. Trotz oft weitgehender Eröffnung
der Mundhöhle, sowie der Oberkiefer- und Nasenhöhle, kommt es verhältnismäßig selten zu schwerwiegenden sekundären Infektionen des Wundgebietes.
Gelegentlich erfolgt allerdings Nekrose und *Eliminationseiterung isolierter Fragmente*, die zu langdauernder Fistelbildung Anlaß gibt. Weniger günstig war
bis in die neuere Zeit die Prognose hinsichtlich des kosmetischen Endresultates.
Seitdem sich die zahnärztlich-orthodontische Behandlung der Kieferfrakturen
immer mehr eingebürgert hat, sind auch die kosmetischen und funktionellen
Resultate der Oberkieferfrakturen erheblich bessere geworden.

Die Behandlung der Oberkieferfrakturen, die, wie wir gesehen haben, häufig
offene Frakturen sind, hat in erster *Linie Vorkehren gegen eine Infektion des
Frakturgebietes* zu treffen. In dieser Hinsicht kommt vor allem die Fernhaltung
jeder unnötigen mechanischen Schädigung und eine entsprechende *Hygiene
des Mundes* in Betracht. Man wird deshalb für flüssige oder breiförmige Ernährung sorgen, bei schweren Zertrümmerungsfrakturen auch gelegentlich
zu vorübergehender *Schlundsondenernährung* Zuflucht nehmen müssen, und
regelmäßige Spülungen der Mundhöhle mit leicht antiseptischen Lösungen
anordnen.

Frakturen der Fortsätze benötigen keine besondere Behandlung, falls Dislokationen nicht vorliegen. Der nach innen dislozierte Oberkieferfortsatz kann
von der Nase her reponiert werden. *Abgebrochene Teile des Processus alveolaris*
werden nach den bei der Behandlung der Unterkieferfrakturen zu schildernden
Methoden durch *Zahnschienenverbände* fixiert. *Lochfrakturen der horizontalen
Gaumenplatte* überläßt man zunächst der spontanen Wundheilung. Bleibt
ein mit der Nase kommunizierender Defekt zurück, so erfolgt Deckung durch
eine Gaumenplastik. *Die operative Deckung ist jedoch nur ratsam, wenn die
benachbarten Schleimhautbezirke nicht erhebliche narbige Veränderungen zeigen.*

Die *Einkeilungsfraktur* des Jochbeins erfordert operative Hebung des imprimierten Os zygomaticum in bereits beschriebener Weise. Die *unkomplizierte Eröffnung des Sinus maxillaris* bedarf keiner besonderen Behandlung;
stellen sich Symptome von sekundärer Vereiterung der Oberkieferhöhle ein,

so ist das Antrum von der Nase oder von der Fossa canina aus zu eröffnen und zu spülen.

Die *vollständigen Brüche des Kieferkörpers*, die häufig von erheblicher Dislokation begleitet sind oder doch eine deutliche falsche Beweglichkeit aufweisen, erfordern aktive Behandlung. *Dislozierte Fragmente müssen reponiert werden.* Ist die Oberkieferzahnreihe in toto abgesprengt und verschoben, so handelt es sich darum, die normale Beziehung zu der Unterkieferzahnreihe wiederherzustellen. *Zur Erreichung dieses Zieles ist ein orthodontisch geschulter Zahnarzt beizuziehen.* Zunächst wird von der Oberkieferzahnreihe ein Abguß hergestellt, dessen Positiv zur Herstellung einer massiven Zahnschiene dient. Diese Zahnschiene wird an der Oberkieferzahnreihe fixiert; mit Hilfe von angelöteten Metallhebeln (s. Abb. 337), die zum Munde herausgeleitet werden und extraoral parallel der Zahnreihe verlaufen, kann nun das Fragment in toto, eventuell

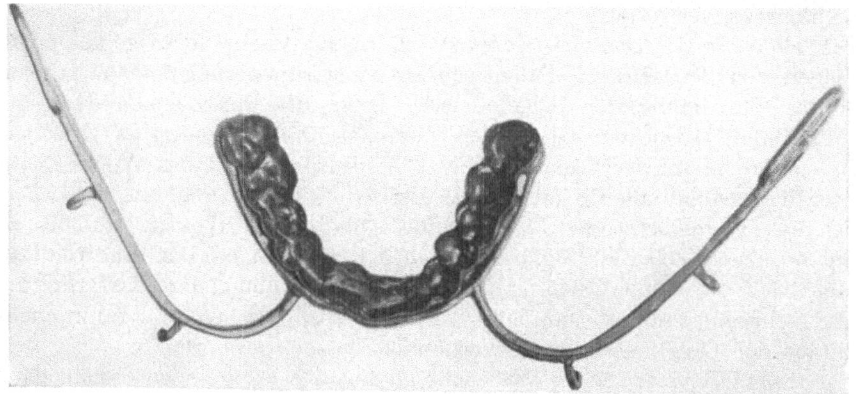

Abb. 337. Massive, nach Abguß gefertigte Schiene zur Fixation der Oberkieferzahnreihe.

unter digitaler Nachhilfe vom Munde her, in die richtige Stellung gezogen werden. Die Erhaltung der richtigen Stellung erfolgt in der Form, wie Abb. 132 zeigt, durch Vermittlung einer Kopfkappe und eines Systems elastischer Züge. *Dieses Behandlungsverfahren eignet sich sowohl für die Transversalfraktur wie für die beiden anderen* LE FORT*schen Typen.*

Vertikale Frakturen, die zu Trennung und Verschiebung der beiden Oberkieferhälften geführt haben, *erfordern getrennte Schienung beider Oberkieferfragmente*; nach erfolgter Reposition werden beide Schienenhälften am besten unter Zuhilfenahme einer Gaumenplatte zuverlässig verschraubt. Ein anderes Verfahren besteht darin, daß man von der verschobenen Oberkieferzahnreihe einen Gesamtabdruck nimmt, den Gipsabguß an der Frakturstelle durchschneidet, am Modell die richtige Zahnstellung herstellt und nun in korrigierter Stellung eine Schiene anfertigt. *Mit dieser über dem Modell gefertigten Schiene kann nach manueller Reposition das reponierte Fragment gefaßt und in richtiger Beziehung zu der normal stehenden Oberkieferhälfte fixiert werden.* Die orthodontische Fixation der Oberkieferzahnreihe gegen die Zähne des Unterkiefers bei geschlossenem Munde, die natürlich auch korrekte Artikulation beider Zahnreihen und damit gute Fragmentstellung sichert, hat den Nachteil, daß die Ernährung auf Flüssigkeitszufuhr beschränkt bleibt. Auch leidet die Hygiene des

Mundes, woraus eine Steigerung der Infektionsgefahr resultiert. Bei schwieriger Reposition können hinter den Processus pterygoideus eingeführte Elevatorien oder stumpfe Haken gelegentlich wertvolle Dienste leisten.

Ist die Konsolidation der Oberkieferfrakturen in schlechter Stellung bereits vorgeschritten, aber noch nicht vollständig ausgebildet, so kann durch eine systematische *zahnärztliche Dehnungsbehandlung* (s. Abb. 338) der meist verengte Oberkieferzahnbogen nachträglich noch gedehnt werden. Nach vollständiger knöcherner Heilung gestattet nur *operative Mobilisation* des dislozierten Oberkieferteils durch submucöse Osteotomie die *nachträgliche Reposition*. Die Retention und Fixation

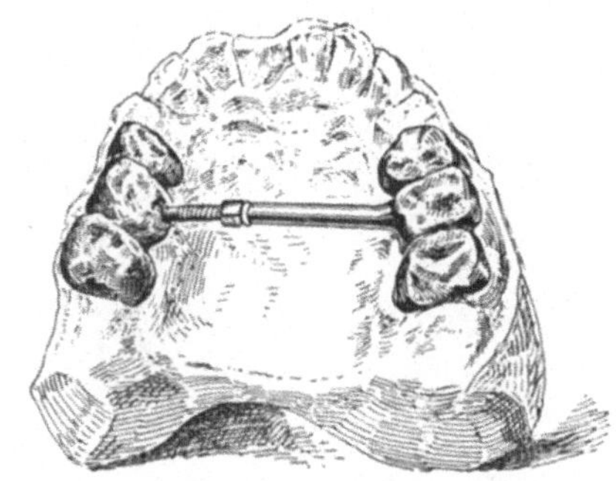

Abb. 338. Dehnung des verengten Oberkieferbogens mit Hilfe einer Schraubenvorrichtung. (Nach HAUPTMEYER.)

erfolgt dann durch zahnärztliche Maßnahmen in analoger Weise wie bei den frischen Frakturen. *Entstellende Einsenkungen des Gesichtsreliefs* nach Oberkieferfrakturen können durch *Knochen-* und *Fettimplantation* weitgehend korrigiert werden.

Kapitel 4.

Die Frakturen des Unterkiefers.

1. Die Unterkieferbrüche infolge Einwirkung stumpfer Gewalt.

a) Entstehungsmechanismus und klinische Pathologie.

Die Unterkieferbrüche machen ungefähr 0,5 % sämtlicher Skeletfrakturen aus. Nach der Statistik von BRUNS stehen sie mit 39 % an erster Stelle aller Frakturen der Gesichtsknochen. Sie betreffen vorwiegend Männer; so fand BUNNIN 1190 Kieferfrakturen bei Männern gegenüber 148, die weibliche Patienten betrafen, EGGER in dem Material der Züricher Klinik 69 Kieferfrakturen bei Männern, 7 bei Frauen. Neben Bau- und Erdarbeitern sind vor allem Eisenbahner, Fahrer, Reiter, Pferdewärter Kieferbrüchen ausgesetzt. Die Kieferfraktur infolge Hufschlag ist eine sozusagen typische Verletzung. Die Großzahl der Unterkieferbrüche sind *einfache*, weniger häufig sieht man *Doppelfrakturen*, nur relativ selten *drei-*

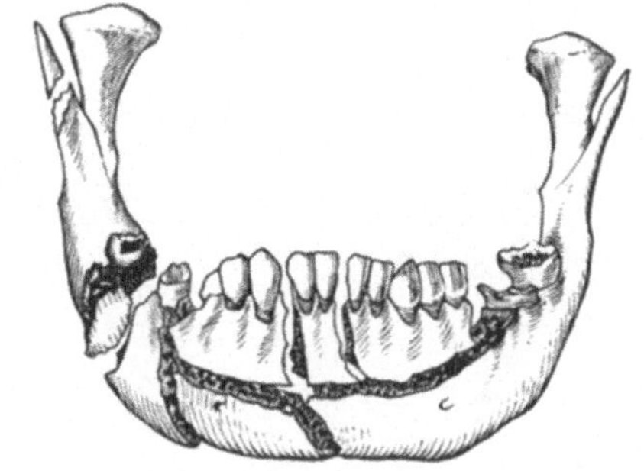

Abb. 339. Schußfraktur des Unterkiefers. (Nach RÖMER-LICKTEIG.)

und *mehrfache Brüche*, wenn man absieht von den *Schußverletzungen*, die zu ausgedehnten *Splitterbrüchen* führen (s. Abb. 339). *Die Art der ursächlichen Gewalteinwirkung und die engen Beziehungen des Unterkieferknochens zur Mundhöhlenschleimhaut bringen es mit sich, daß die Mehrzahl der Unterkieferbrüche durch Verletzungen der äußeren Haut und der Schleimhaut kompliziert ist. Rein*

24*

submucös-subperiostale Kieferbrüche kommen, wie die systematische Röntgenuntersuchung gezeigt hat, ebenfalls vor, sind jedoch relativ selten.

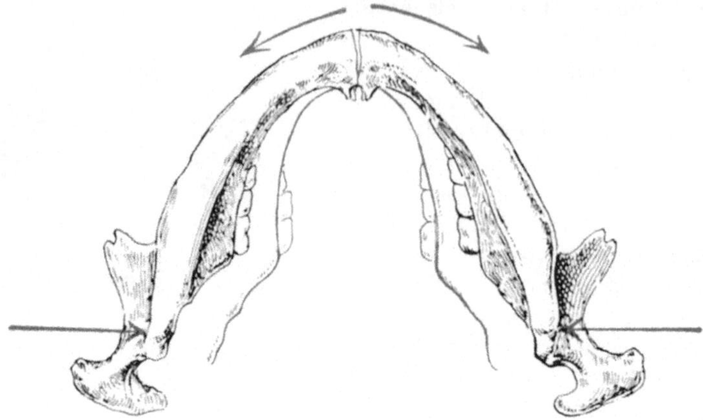

Abb. 340. Schematische Darstellung der Entstehung einer medianen Biegungsfraktur des Unterkiefers.

Die Fraktur des Unterkiefers erfolgt meist durch *direkte Gewalt,* so bei Hufschlag, Fall auf das Kinn und durch Geschoßwirkung. Daneben können wir einige typische *indirekte Bruchmechanismen* unterscheiden. In erster Linie ist hier zu erwähnen die *Kompression des Kieferbogens in seitlicher Richtung in der Ebene der Kieferwinkel.* Durch diese quere Kompression wird der Kieferbogen verkleinert; es kommt zu maximaler Zugbeanspruchung der Kuppe des Kinnbogens, und die *Fraktur erfolgt in rein querer Ebene im Bereich des Kieferbogens,* wie Abb. 340 zeigt. In ähnlicher Weise wird *durch einen Stoß, der das Kinn von vorne unten bei geöffnetem Mund trifft,* der Kieferwinkel maximal auf Biegung beansprucht (Abb. 341), und es entsteht eine typische indirekte *Biegungsfraktur an der Übergangsstelle des horizontalen zum aufsteigenden Kieferast.*

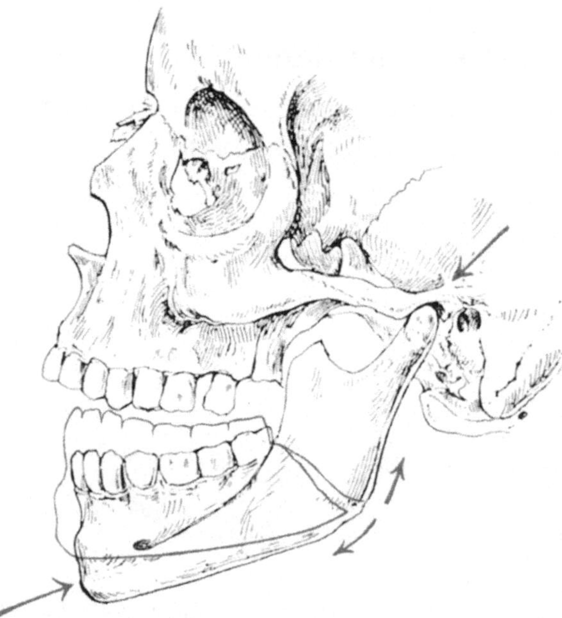

Abb. 341. Schematische Darstellung der Entstehung einer Biegungsfraktur im Bereiche des Unterkieferwinkels.

Trifft ein Schlag das Kinn bzw. den Unterkieferbogen direkt von vorne bei leicht geschlossenem Mund, so findet die Rückseite der Kiefergelenkköpfe an der gegenüberliegenden Pfannenfläche einen Widerstand, der ihre Verschiebung in der Horizontalebene nach hinten verunmöglicht. Auf diese Weise kann der *Gelenkfortsatz des Unterkiefers* dicht unterhalb des Gelenkkopfes durchAbscherung gebrochen werden (Abb. 342). Ist gleichzeitig eine Biegungskomponente vorhanden, so erfolgt die Fraktur weiter unten im Niveau der Incisur zwischen Gelenkfortsatz und *Processus coronoides*. Zu erwähnen ist ferner die *Abrisfraktur* dieses Fortsatzes durch direkten *Zug des M. temporalis*.

Wie besonders die Untersuchungen von STOPPANY und EGGER dargetan haben, kommen die meisten Brüche des Unterkiefers an physiologisch oder individuell schwachen Stellen vor, sind also typische *Schwachpunktfrakturen*. Wenn wir absehen von den umschriebenen Frakturen des Processus alveolaris, wie sie nament-

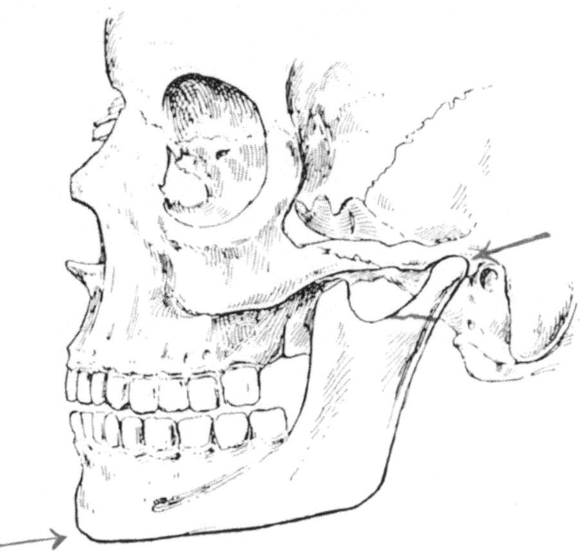

Abb. 342. Schematische Darstellung der Genese einer Biegungsfraktur des Unterkiefergelenkfortsatzes.

lich durch forcierte und unzweckmäßige Zahnextraktionen hervorgerufen werden, so verlaufen die Brüche des Corpus mandibulae *vertical* oder *schräg*. Die *verticale Fraktur* sieht man besonders in *der Medianlinie*, sowie im Bereich des Foramen mentale; die Bruchfläche des Knochens stellt sich entsprechend der sehr dichten Struktur glatt und scharfrandig dar, ähnlich einer Porzellanbruchfläche. In den seitlichen Partien des Corpus mandibulae sind die vertikalen Frakturebenen seltener. Vorwiegend *schrägen Verlauf* zeigen die Frakturen in der Molarengegend und im Bereich des Kieferwinkels, indem die Bruchebene sowohl zur Längsachse des Knochens wie zu seiner

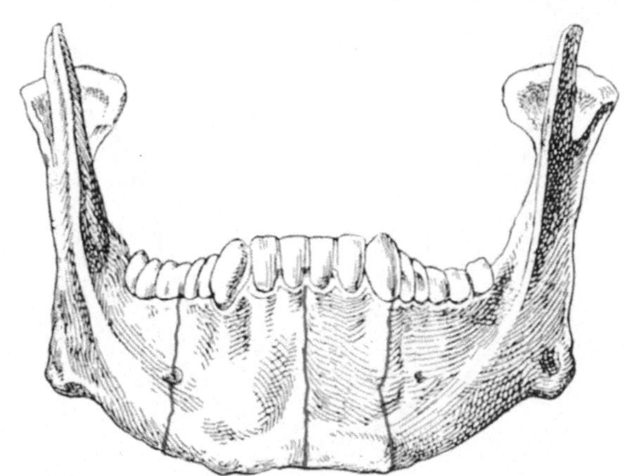

Abb. 343. Typische Frakturlinien im mittleren Abschnitte des Unterkieferbogens.

Sagittalebene schräg verläuft. *Längsfrakturen* sieht man beinahe ausschließlich am Processus alveolaris. Die Brüche des aufsteigenden Astes und des Processus condyloides verlaufen horizontal oder schräg von oben nach unten. Kombination dieser einfachen Frakturebenen führt auch am Kiefer zu Y- und T-Frakturen.

Was den *Sitz der Frakturen* anbetrifft (vgl. Abb. 343 und 344), so steht nach der Zusammenstellung von EGGER unter den einfachen Brüchen der Bruch in der Medianlinie obenan. Da die beiden Kieferhälften bereits am Ende des ersten Lebensjahres knöchern verschmolzen sind, spricht man besser nicht von Symphysenfrakturen. Sehr häufig sind auch die Brüche zwischen medialem und lateralem Incisivus. Diese beiden Frakturen entstehen vorwiegend durch quere Kompression des Kieferbogens, stellen somit Biegungsfrakturen dar. Doch kann auch sagittale Kompression des Kieferbogens zu einer medianen Biegungsfraktur führen, wobei zuerst die Konkavität des Bogens maximal auf Zug beansprucht wird (Abb. 345). Diese Form wäre

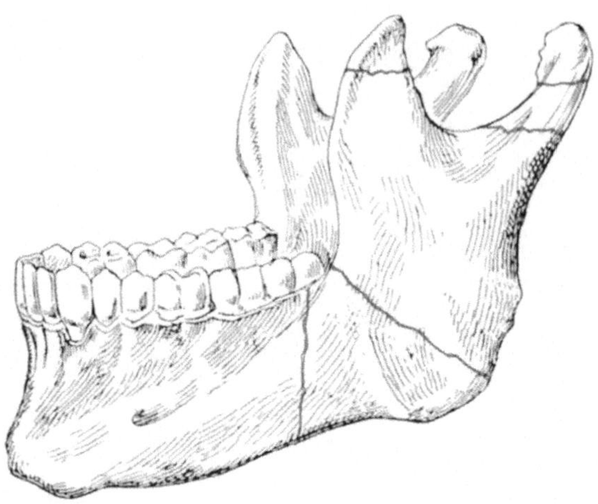

Abb. 344. Typische Frakturlinien im seitlichen und vertikalen Abschnitte des Unterkiefers.

eine sog. *Durchbiegungsfraktur*. Leistet die mediane Kieferbogenpartie der Durchbiegung genügend Widerstand, so kommt es zu der oben beschriebenen Abscherungs- oder Biegungsfraktur der Gelenkfortsätze. Auch ist der Fall denkbar, daß die Gelenkfortsätze weitgehenden Widerstand leisten, so daß das ganze mediane Kieferstück herausgebrochen wird, durch Kombination von Biegung und Abscherung (s. Abb. 353). Daß bei dieser Art der Gewalteinwirkung am häufigsten eine Fraktur der Gelenkfortsätze beobachtet wird, beruht darauf, daß sie die dünnste Partie des ganzen Kieferbogens darstellen. Eine physiologisch schwache Stelle des Kieferbogens ist ferner die *Caninusgegend*, zwischen Incisivus lateralis und Prämolaris I. Der Eckzahn markiert die stärkste

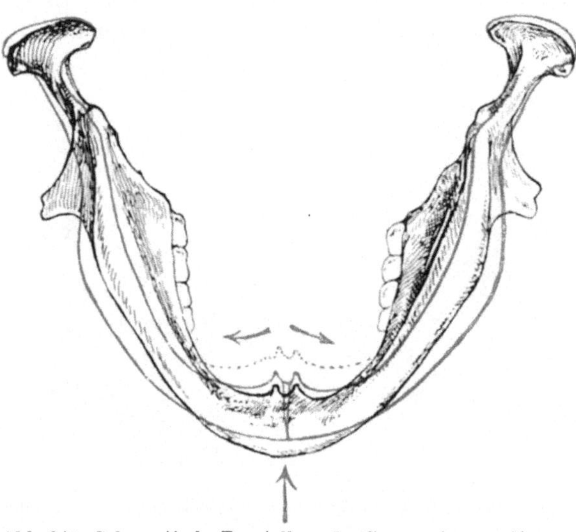

Abb. 345. Schematische Darstellung der Genese einer medianen Durchbiegungsfraktur des Unterkiefers.

Krümmung der Zahnreihe; durch die Verbreiterung seiner Wurzel in der Richtung von vorne nach hinten werden die linguale und labiale Wand der Alveole verdünnt, so daß an entsprechender Stelle, wie EGGER betont, ein typischer *Schwachpunkt* vorliegt. Diese Stelle ist denn auch sowohl

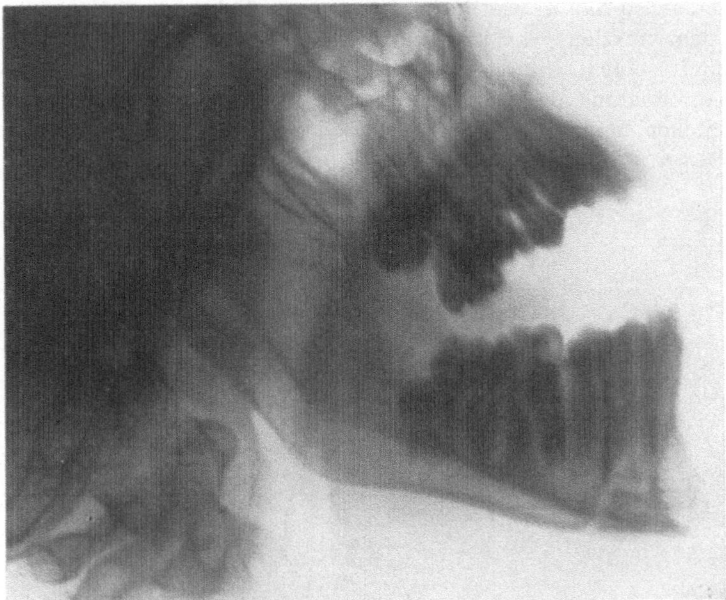

Abb. 346. Typische Schwachpunktfraktur im Bereiche des unteren Eckzahns.

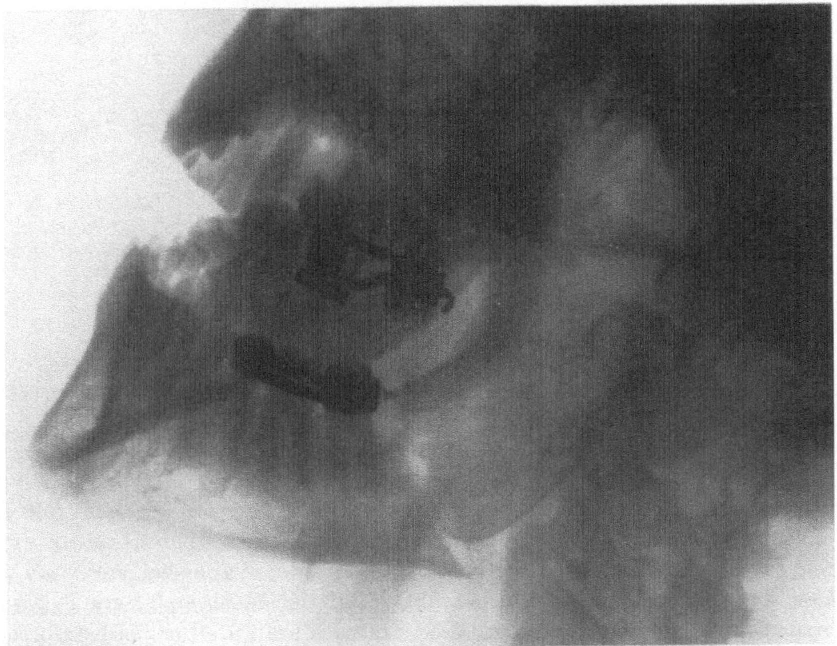

Abb. 347. Biegungsfraktur am Kieferwinkel mit charakteristischer Verschiebung der Fragmente.

von direkten wie von indirekten Brüchen häufig betroffen, letzteres besonders dann, wenn die Gewalt von vorne gegen die Kiefermitte einwirkt
(Abb. 346).

Beinahe ebenso häufig wie in der Gegend des Eckzahns finden sich direkte
Brüche in dem von den *Prämolar-* und *Molarzähnen* (Abb. 347) eingenommenen
Kieferabschnitt. Möglicherweise spielt hier die Verdünnung des Kiefers durch
die relative Zunahme des Alveolenraumes eine Rolle. Sodann kommen als
prädisponierende Momente in Betracht *Resorption der Alveolarfortsätze infolge
von Zahnlücken, chronische Ostitis bei Wurzelkaries, Knochenresorption* durch

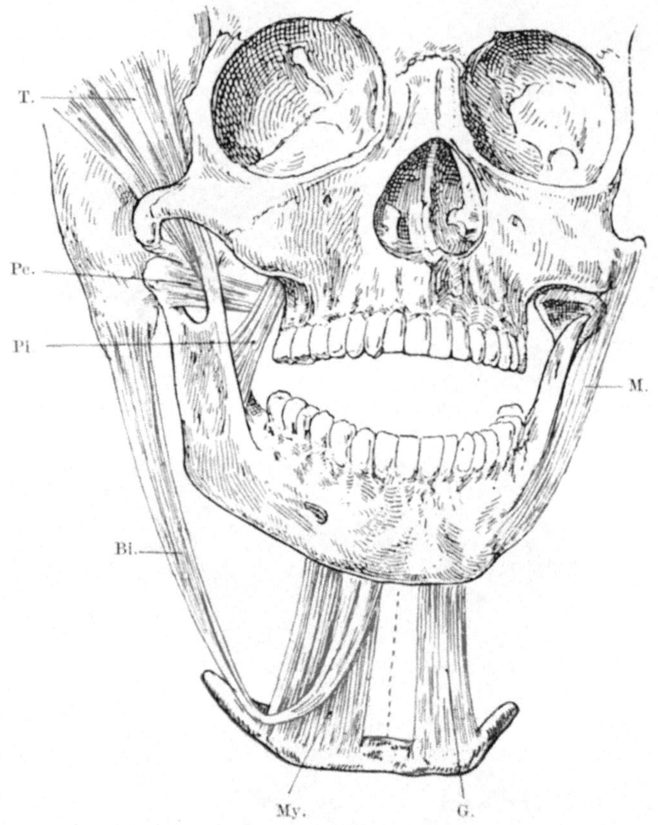

Abb. 348. Schematische Darstellung der Angriffspunkte und der Zugrichtung der am Unterkiefer
inserierenden Muskeln.
T. Musculus temporalis; Pe. M. pterygoideus ext.; Pi. M. pteryg. int.; M. M. masseter;
Bi. M. Biventer; My. M. mylohyoideus; G. M. geniohyoideus.

Wurzelgranulome, periostale *Cysten, persistierende Milchzähne mit Retention
des bleibenden Zahnes.* Eine charakteristische Schwachpunktfraktur findet
man nach EGGER ferner hinter dem zweiten Molarzahn bei *Retention oder
erschwertem Durchbruch des Weißheitszahnes.* Daß der *Kieferwinkel* von Frakturen
bevorzugt ist, liegt, wie bereits erwähnt, einmal daran, daß er bei Kompression
des Kiefers von vorne-unten her gegen die Gelenkpfannen großer Biegungsbeanspruchung ausgesetzt ist; auch seitlichen direkten Gewalteinwirkungen
ist er als prominente Stelle sehr exponiert. Die Frakturen verlaufen häufiger
durch den untersten Teil des aufsteigenden Kieferastes als durch den Angulus
selbst.

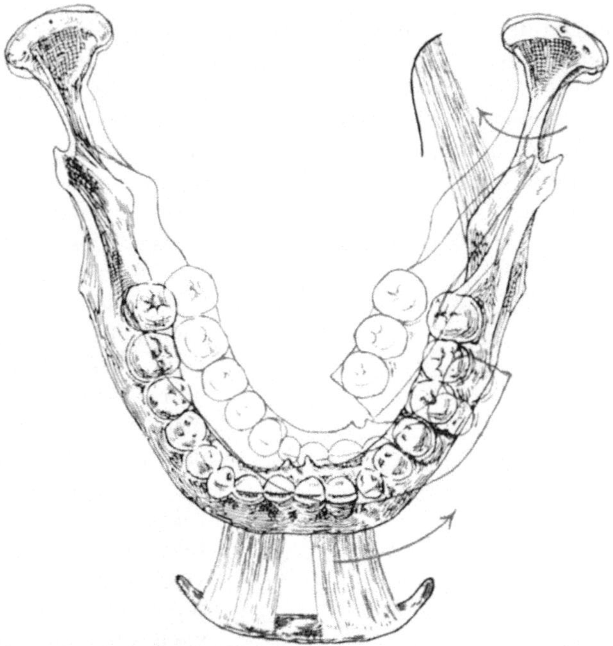

Abb. 349. Adduction des zentralen Kieferfragments durch den M. pterygoideus internus und entgegengesetzte Verschiebung des Bogenfragments durch den M. mylohyoideus.

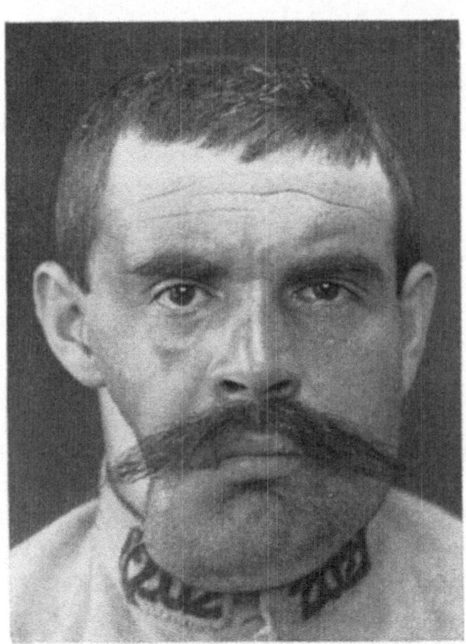

Abb. 350a. Seitliche Verschiebung des peripheren Kieferbogenfragments in der Ansicht von vorne.

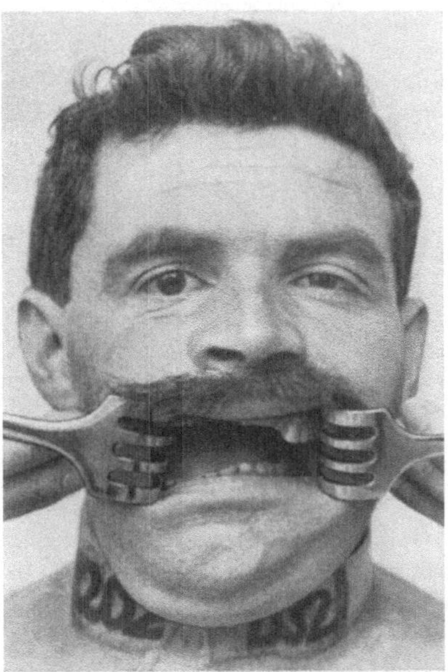

Abb. 350b. Verschiebung der Unterkieferzahnreihe nach innen, sowie nach der Seite der Fraktur, bei Fall 350a.

Die Verschiebung der Kieferfragmente erfolgt in erster Linie durch den Überschuß der brechenden Gewalt, doch finden wir typische Dislokationen, die zweifellos auf Wirkung des Muskelzuges beruhen. Es ist prinzipiell wichtig, mit

RIEGNER Drehungen der mit dem Gelenk in Verbindung gebliebenen Fragmente um eine sagittal-horizontale, eine vertikale und eine transversale Achse zu unterscheiden. Die in Betracht fallenden, am Unterkiefer inserierenden Muskeln sind in ihrer isolierten Funktion einfach zu analysieren (vgl. Abb. 348). Der *M. temporalis*, *M. masseter* und *M. pterygoideus internus* ziehen den Kiefer nach aufwärts, drehen somit das betreffende Fragment *um die quere Gelenkachse* nach vorne-oben. Der *M. pterygoideus externus* zieht das Fragment, bzw. den Gelenkkopf des Unterkiefers nach vorne auf das Tuberculum articulare.

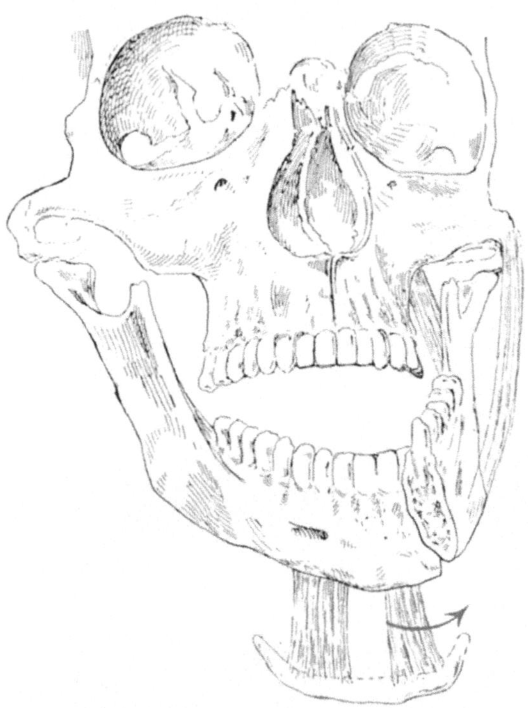

Der *M. biventer*, *M. mylohyoideus* und *M. geniohyoideus* ziehen bei fixiertem Zungenbein den Unterkiefer nach unten, drehen somit das Fragment um die quere Achse nach unten und hinten. Es ist deshalb verständlich, daß bei Frakturen im Bereich des horizontalen Kieferastes nach vorne vom Vorderrand des M. masseter das zentrale Fragment nach oben gezogen, während das periphere Fragment durch die vom Hyoid entspringenden Muskeln nach unten disloziert wird. Besonders stark ist diese Verschiebung nach unten und hinten, zungenbeinwärts, dort, wo das Mittelstück des Kieferbogens herausgebrochen ist. Normalerweise bilden beide Unterkiefergelenke eine funktionelle Einheit; Öffner und Schließer wirken parallel; sobald jedoch die Kontinuität des Kieferbogens, durch die die Parallelführung der Seitenteile

Abb. 351. Rückwärts- und Einwärtsverschiebung des peripheren Kieferfragments durch die Zungenbein-Kiefermuskeln und Elevation des zentralen Fragments durch den Masseter; seltenere Dislokationsform.

garantiert wird, unterbrochen ist, gewinnen die Kiefermuskeln eine unphysiologische Seitenwirkung.

So finden wir das *zentrale Fragment* meistens *nach innen* verschoben, d. h. *um eine sagittale Achse* nach innen gedreht (vgl. Abb. 349). Diese Einwärtsdrehung um eine horizontale Achse ist wesentlich der Wirkung des schräg von innen nach außen verlaufenden M. pterygoideus internus zuzuschreiben, der eben infolge seines schrägen Verlaufes dynamisch das Übergewicht über den Masseter erhält. Ferner wird diese Verschiebung nach innen begünstigt durch die Konvergenz der Kiefergelenkflächen des Schädels. Doch ist zu bedenken, daß häufig die *primäre Einwärtsverschiebung des zentralen Kieferfragments* eine Folge der Gewalteinwirkung von außen her ist.

Von geringer Bedeutung sind *Drehungen* des zentralen Kieferfragments *um eine Vertikalachse.* Sie erfolgen wohl vorwiegend, entsprechend der Verlagerung des zentralen Fragments nach innen, in der Richtung von hinten-außen nach vorne-innen, wobei der aufsteigende Kieferast die Drehachse, der zentrale Teile des Horizontalastes den Hebelarm der Kraft darstellt. Von den am zentralen Fragment inserierenden Muskeln kann nur der Pterygoideus internus eine Wirkung im Sinne der Einwärtsdrehung entfalten. Liegt die Frakturlinie gegen die Mitte des Kieferbogens zu, so können natürlich sowohl der Mylohyoideus als auch der Geniohyoideus und Biventer dem zentralen

Fragment eine einwärtsrotierte Stellung verleihen. Das *größere Kieferbogenfragment* erfährt infolge der exzentrischen Wirkung der Hyoid-Kiefermuskeln eine Drehung um eine Vertikalachse nach außen, d. h. nach der Seite der Fraktur (s. Abb. 349 u. 350 a, b), zugleich eine Senkung um eine Sagittalachse nach der gesunden Seite hin. Diesen Betrachtungen entsprechend ergeben sich für die verschiedenen Frakturtypen des Unterkiefers folgende mehr oder weniger *gesetzmäßige Dislokationen:*

Einfache *vertikal verlaufende Brüche* zeigen in der Medianlinie häufig keine wesentlichen Dislokationen, da sich die Muskeln das Gleichgewicht halten. Sitzt die Frakturebene *seitlich,* so senkt sich, falls die Frakturebene vertikal oder

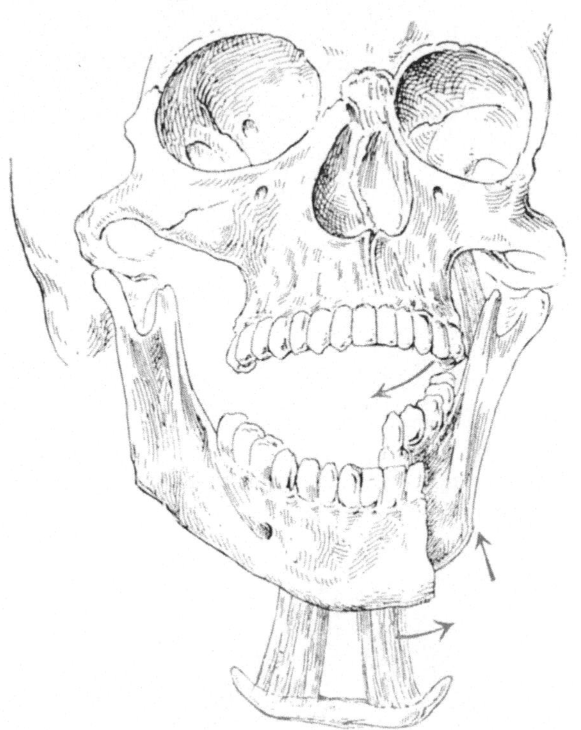

Abb. 352. Hebung und Adduction des oberen Kieferfragments mit entgegengesetzter Verschiebung des peripheren Bogenfragments; gewöhnliche Dislokationsform.

schräg von vorne oben nach hinten unten verläuft, das längere Fragment nach unten, während das kürzere, zentrale gehoben wird. Da die Zungenbeinmuskeln den Kiefer nicht nur nach unten, sondern gleichzeitig nach hinten ziehen, wird das vordere Fragment unter das hintere geschoben; es kommt also gleichzeitig zu einer Verschiebung in der Längsachse des horizontalen Kieferastes (Abb. 351). Verläuft die Frakturlinie des horizontalen Astes schräg von hinten oben nach vorne unten, so kann die Hebung des hinteren Fragments nur stattfinden, wenn gleichzeitig eine Seitenverschiebung vorliegt. *Bei vertikalen Brüchen treten Seitenverschiebungen selten ein und meist nur in geringem Grade.* Anders bei Schrägfrakturen. Da in der Großzahl der Fälle die Frakturebene des horizontalen Kieferastes von oben-vorne-außen nach unten-hinten-innen verläuft, so wird das größere vordere Fragment einwärts, das kleinere hintere Fragment

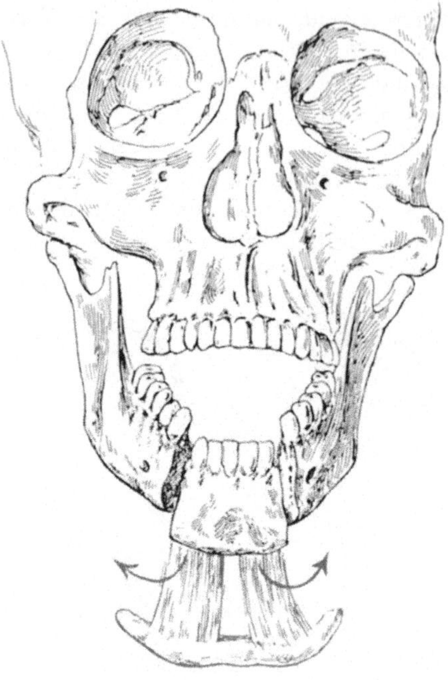

Abb. 353. Verschiebung des medianen Bogenfragments bei Doppelfraktur.

auswärts verlagert (Abb. 351). Im Sinne der Ein- und Rückwärtsverlagerung wirken hier nach ihrem Verlaufe die am vorderen Fragment inserierenden Zungenbeinkiefermuskeln. Verläuft die Frakturebene schräg von außen-hinten nach innen-vorne, so kann die Einwärtsverlagerung des größeren vorderen Fragmentes wegen des Verlaufes der Bruchebene nicht stattfinden und das kürzere hintere Fragment folgt dann dem Zuge des Pterygoideus internus nach innen (Abb. 352). *Diese Verlagerung des hinteren Fragmentes nach innen ist nach der Zusammenstellung* EGGERS *bei einfachen Frakturen seltener, bildet dagegen bei den Defektfrakturen, wie wir sie nach Schußverletzungen sehen, die Regel.* Die Verschiebung des zentralen Fragmentes nach oben-innen setzt naturgemäß gleichzeitig eine Drehung um eine Sagittalachse voraus, sowie eine Rotation um eine Vertikalachse nach innen (M. pterygoideus internus), die

Verlagerung des hinteren Fragmentes nach außen Drehungen lateralwärts, in umgekehrtem Sinne (M. masseter und temporalis).

Bei *Doppelfrakturen,* die zur *Isolierung eines mittleren Fragmentes* führen, folgt dieses dem Zuge der Zungenbeinmuskeln nach hinten und unten (Abb. 353); die lateralen Fragmente stehen in normaler Ebene, solange das mediane Fragment als Sperre wirkt, sonst in der typischen *Adductionsstellung* (M. pterygoideus). Die Verschiebungen im Bereich des *Ramus ascendens* entsprechen der Richtung der ursächlichen Gewalt; häufig ist bei diesen Brüchen eine wesentliche Verschiebung überhaupt nicht vorhanden, da die Fragmente durch die dicke Muskelhülse einen guten Halt bekommen. Der abgebrochene *Gelenkkopf* dagegen folgt meistens dem Zug des M. pterygoideus externus nach vorne, oben und innen.

Bei multiplen Brüchen und Defektfrakturen, wie wir sie im Gefolge von Schußverletzungen sehen, erfolgen die

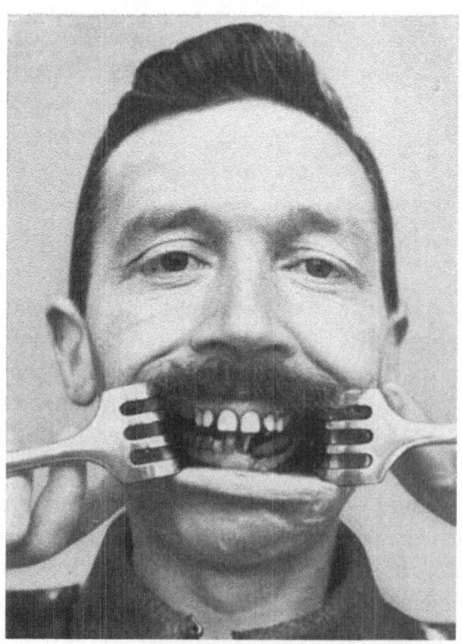

Abb. 354. Verengerung des Unterkieferbogens nach Schußfraktur.

Verschiebungen der Fragmente ganz ungesetzmäßig. Immerhin sieht man bei ganz unbeeinflußter Heilung von Kieferschußfrakturen mit Substanzverlust, bei denen es zur Ausbildung einer Defektpseudarthrose gekommen ist, charakteristische Fragmentstellungen. Fehlt das Mittelstück oder der Caninusabschnitt, so ist der Kieferbogen verengt, indem die beiden seitlichen Fragmente sich der Mitte nähern (Abb. 354), unter Einwärtsdrehung um eine sagittale Achse (Scharnierbewegung) und Einwärtsrotation um eine vertikale Achse, bei gleichzeitiger Hebung der Fragmentenden. Auf diese Weise entsteht bei größeren Defekten ein charakteristisches Vogelgesicht, indem die normale Kinnwölbung fehlt (Abb. 355); in anderen Fällen bildet das Kinn infolge des relativ zu großen Weichteilmantels eine bürzelförmige Vorragung nach unten, tritt jedoch im

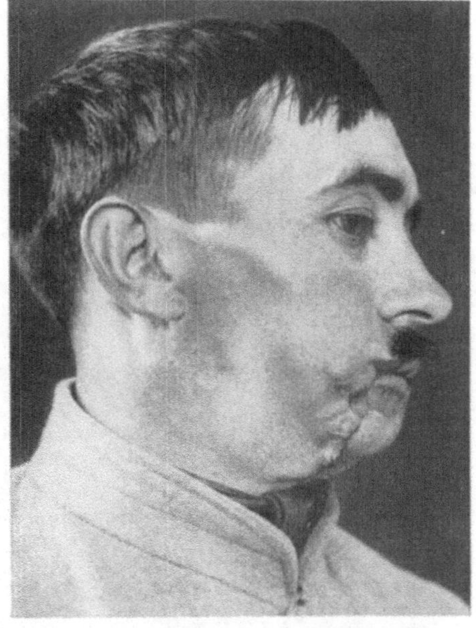

Abb. 355. Aufhebung der Kinnwölbung und Ausbildung eines Vogelgesichtes infolge medianer Defektfraktur des Unterkiefers.

Profil gegenüber der Oberlippe stark zurück (Abb. 356). Liegt der Defekt im horizontalen Kieferast, so steht das zentrale kürzere Fragment ausnahmslos nach oben und innen (Abb. 357), ist somit adduziert, gehoben und einwärts rotiert. Das größere, den Kieferbogen tragende Fragment folgt, wie nach Kieferresektion, dem Zug der jetzt exzentrisch wirkenden Zungenbeinmuskeln nach außen, d. h. nach der Defektseite. In gleichem Sinne erfolgt die Verschiebung des Kinnbogenfragmentes beim Fehlen des aufsteigenden Astes.

b) Symptome und Komplikationen.

Die Unterkieferfraktur mit Verschiebung ist an der Formveränderung des Kieferbogens für den Kundigen schon de visu erkennbar (vgl. die verschiedenen Photogramme). Man wird in derartigen Fällen, ohne auf Druckschmerz und Crepitation untersuchen zu müssen, die *Dislokation* und *falsche Beweglichkeit*

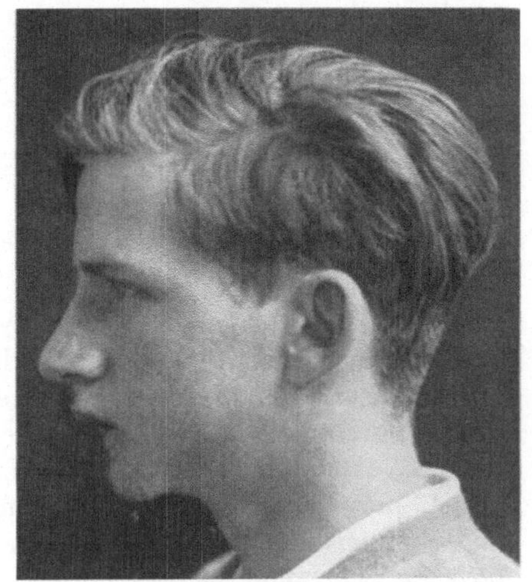

Abb. 356. Defektpseudarthrose in der Mitte des Unterkiefers; bürzelförmige Vorragung des Kinns nach unten und Rückwärtsverlagerung im Profil.

der Fragmente durch *kombinierte Palpation* von außen und vom Munde her feststellen. Die häufige Entstehung der Unterkieferfrakturen durch äußere Gewalt bringt es mit sich, daß wir an der Einwirkungsstelle *komplizierende*

Hautwunden oder hochgradige *Quetschung*, blutige *Suffusionen* und *Schwellung* der bedeckenden Weichteile finden. Häufig ist das Zahnfleisch mit der bedeckenden Schleimhaut zerrissen, und ferner fällt am zahntragenden Kiefer die Aufhebung der Kontinuität der Zahnreihe (Abb. 367a), sowie die Störung der normalen Artikulation mit der Oberkieferzahnreihe (Abb. 358) auf.

Bei allen Kieferfrakturen mit Verschiebung pflegt die *Funktionsstörung* hochgradig zu sein, da sowohl das Öffnen als auch das Schließen des Mundes sehr schmerzhaft und dadurch der Kauakt erheblich gestört ist; *die Patienten können nicht fest zubeißen. Auch die Sprache ist meist behindert.* Die Schwellung der Mundschleimhaut im Frakturgebiet, die Behinderung des Schluckens führen zu *Speichelfluß*; anfänglich ist der Speichel gewöhnlich mit Blut vermischt. Die Behinderung der normalen Selbstreinigung des Mundes, die Zersetzung des vom Munde her infizierten Frakturhämatoms bedingen starken *Foetor ex ore.* Die der Frakturstelle benachbarten Zähne sind meist gelockert; zum Teil liegen sie luxiert, nur in lockerer Verbindung mit der Gingiva, in der Schleimhautwunde. *Subperiostale Frakturen* lassen sich oft durch Druckschmerz, lokale Blutunterlaufungen und Schwellungen der Schleimhaut, sowie an der Funktionshemmung erkennen. Ihre einwandfreie Feststellung geschieht durch das Röntgenbild.

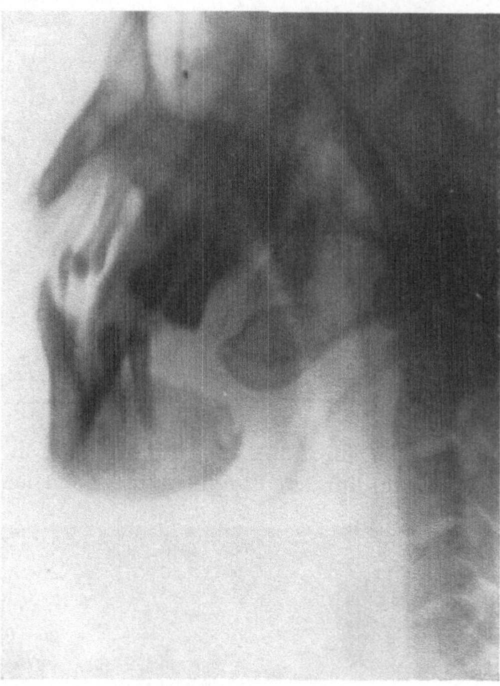

Abb. 357. Hebung und Einwärtsverschiebung des zentralen Fragmentes bei Defektfraktur des horizontalen Kieferastes.

Brüche des Processus condyloideus machen oft diagnostische Schwierigkeiten, weil infolge der begleitenden Frakturierung der Cavitas glenoidalis mit Ausfluß von Blut aus dem Ohr bei gleichzeitigen Kommotionssymptomen das Interesse sich auf die Schädelbasisfraktur konzentriert, so daß die Kieferfraktur zunächst der Diagnose entgehen kann. Wo allerdings der abgebrochene Gelenkfortsatz in typischer Weise nach vorne, oben und innen verschoben wird, und das untere Fragment in die Gelenkpfanne nachrückt, wird schon das *Höherstehen des Kieferwinkels der frakturierten Seite* und die *Verschiebung des Kinnes nach der Seite der Fraktur* die Diagnose der Gelenkkopffraktur nahe legen. Gewöhnlich ist auch die Funktionsstörung recht hochgradig. Eine Verwechslung mit einseitiger *Kieferluxation* ist nicht naheliegend; denn bei der Luxation ist der Mund von Anfang an geöffnet, und kann weder aktiv noch passiv völlig geschlossen werden. Bei doppelseitiger Luxation ist der Unterkiefer nach vorne verschoben, bei dem seltenen doppelseitigen Bruch der Gelenkfortsätze nach hinten.

Die häufigste *Komplikation der Unterkieferbrüche* ist die *Mitverletzung der äußeren Haut, des Zahnfleisches,* sowie der *angrenzenden Schleimhautpartien.* Diese komplizierenden Wunden erklären die häufigen *starken Blutungen,* die besonders hochgradig werden können, wenn A. und V. alveolaris durchgerissen sind. Im allgemeinen hat jedoch die Zerreißung der im Unterkieferkanal verlaufenden Blutgefäße keine selbständige Bedeutung; immerhin können die Blutungen bei Unterkieferfrakturen so hochgradig werden, daß Ligatur der A. carotis externa notwendig wird. *Die Blutungen entstehen vorwiegend infolge sekundärer Arrosion arterieller Gefäße im Anschluß an hochgradige Wundinfektion.*

Verletzungen des N. mandibularis sind bei Frakturen auf stumpfes Trauma nicht häufig, da der Nerv offenbar sehr dehnbar ist. Quetschung und Zerrung des Nerven führen zu *neuralgischen Schmerzen,* sowie zu *Hyperästhesie, Hypästhesie* und *Anästhesie* in seinem Ausbreitungsgebiet. Eine relativ seltene Komplikation bei Kieferfraktur ist die *gleichzeitige Luxation eines Gelenkkopfes.*

Die bedeutsamste Komplikation der Kieferfrakturen liegt in der Infektion der mit dem Munde kommunizierenden Wunden. Der verstärkte Speichelfluß, die Ansammlung von Wundsekreten und Speiseresten *infolge der gestörten Selbstreinigung des Mundes* führen zu *fauliger Zersetzung* unter Mitwirkung der Mundflora. So bilden sich stinkende *Abscesse im Frakturgebiet,* die zu *phlegmonösen Entzündungen des Mundbodens,* oft mit *Senkung nach dem Halse* längs den großen Gefäßen führen. Die Phlegmone des Mundbodens kann *Glottisödem* und

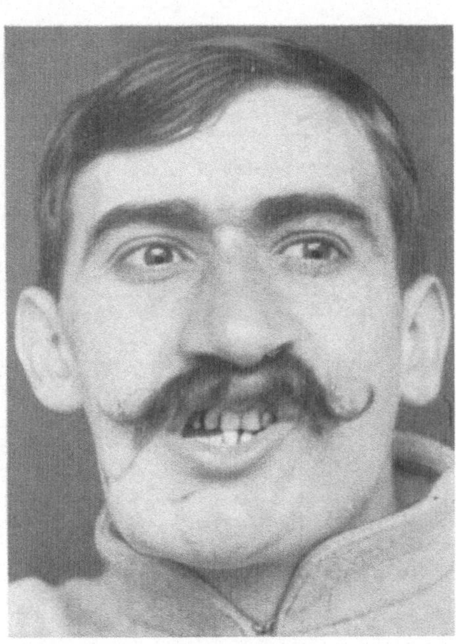

Abb. 358. Störung der normalen Artikulation zwischen Ober- und Unterkieferzahnreihe bei Defektfraktur des Unterkiefers.

Erstickung im Gefolge haben, während die Eitersenkungen längs der großen Gefäße gelegentlich zu *Mediastinitis* Anlaß geben. Ferner besteht die Gefahr der *Aspiration* des mit hochvirulenten Bakterien durchsetzten blutigen Mundsekretes. Die *Aspirationspneumonien* im Anschluß an infizierte Kieferfrakturen zeigen häufig das Bild *gangränöser, abscedierender Pneumonie* schlimmsten Verlaufes. Gelegentlich sieht man auch sekundäre Infektion der Frakturstelle mit *Actinomyces.*

c) Prognose.

Die Prognose der einfachen Unterkieferbrüche auf stumpfes Trauma ist bei richtiger Behandlung eine gute. Zweckmäßige Wundpflege und Mundhygiene verhindern schwere Wundkomplikationen, und wo einmal Infektion des Frakturgebietes eingetreten ist, besteht bei frühzeitiger Incision und Schaffung guter Abflußverhältnisse keine große Tendenz zur Ausbreitung der Eiterung mit ihren gefahrdrohenden Komplikationen. Entsprechend der reichlichen Gefäßversorgung des Gesichtes ist auch die *Regenerationsfähigkeit* der Kieferknochen

eine große, und so sehen wir, korrekte Fragmentstellung und gute Fixation
vorausgesetzt, bei einfachen Brüchen Pseudarthrosen im allgemeinen nicht
auftreten. *Die Pseudarthrose nach lineärer Kieferfraktur* (Abb. 359) kommt
nur vor, wenn der Kieferknochen selbst krank ist, wenn also pathologische
Frakturen vorliegen, wenn Weichteile oder Zähne interponiert sind, somit keine
ausreichende Reposition vorgenommen wurde, oder infolge von Infektion.
Dagegen sehen wir bei Zertrümmerungs- und Defektfrakturen die knöcherne
Heilung recht häufig ausbleiben, worüber im Abschnitt Schußfrakturen noch
zu sprechen sein wird. *Die Zeit völliger Konsolidation beträgt im Mittel 5 Wochen,*

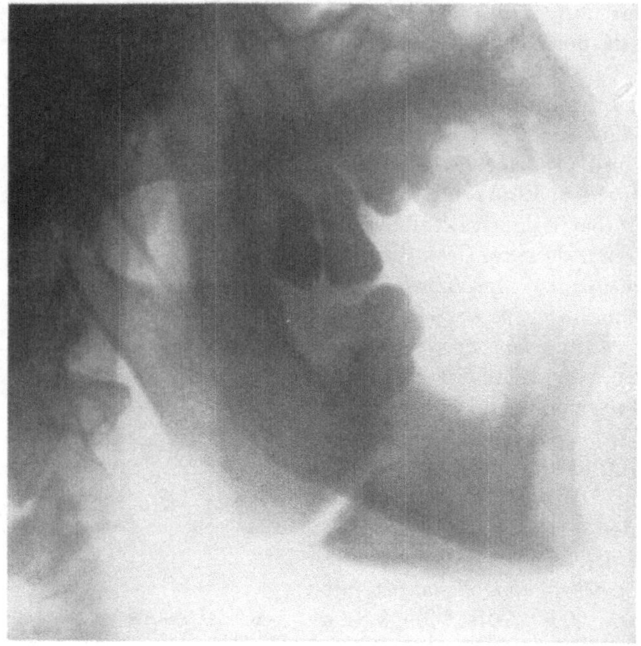

Abb. 359. Lineäre Pseudarthrose des Unterkiefers infolge Schußverletzung.

doch wird dieser Heilungstermin bei Infektion des Frakturgebietes oft erheblich
überschritten, und kann dann 3—6 Monate betragen. Frakturen im Bereich
der Gelenkfortsätze führen gelegentlich zu einseitiger *Ankylose des Kiefergelenkes*;
häufiger ist die Ausbildung einer *sekundären posttraumatischen Arthritis*, die
in verschieden hohem Grade die Exkursion der Kieferbewegung einschränkt
und schmerzhaft gestaltet.

2. Schußfrakturen.

Eine gesonderte Besprechung erfordern die Schußverletzungen des Unterkiefers, die im letzten Kriege eine so große praktische Bedeutung erlangt haben.
Die Art der Kieferverletzungen durch Gewehrgeschosse und Granatsplitter
ist eine so mannigfaltige, daß eine Systematisierung nicht möglich ist. Nahschüsse durch Gewehrprojektile führen zu *Explosivverletzungen*, die sich in
keiner Weise von Querschläger- und Granatverletzungen unterscheiden. *Sowohl*

der Typus des Granat-, als des Gewehrschusses ist die Zertrümmerungsfraktur (vgl. Abb. 339). Dabei finden wir eine verschieden hochgradige Verletzung der bedeckenden Weichteile; bei Gewehrverletzungen ist sie am Einschuß gewöhnlich weniger ausgedehnt als am Ausschuß (Abb. 360). Einzelne Knochensplitter, losgelöste Zähne und Zahnprothesen können als *Sekundärprojektile* wirken, und vergrößern dann die Weichteilzerfetzung. Abb. 360 gibt einen Begriff von der oft gewaltigen, begleitenden Weichteilverletzung infolge Gewehrschuß bzw. bei Granatsplitterverletzung. Nicht so selten sieht man unter den vielen indirekten Bruchlinien nach Geschoßverletzung Frakturlinien im Bereiche des Alveolarfaches für den Eckzahn, sowie in der Gegend des Weisheitszahnes, besonders des noch nicht durchgebrochenen, also an zwei typischen Prädilektionsstellen. *Die Weichteilverletzungen und die aus ihnen hervorgehenden sekundären Komplikationen spielen bei Schußfrakturen eine erheblich größere Rolle als bei der durchschnittlichen Friedensfraktur.* Zunächst sei erwähnt, daß bei einer Reihe von Kieferschußfrakturen die gleichzeitige *Verletzung der Schädelkapsel* sowie *großer Gefäße* auf dem Schlachtfeld oder in den Lazaretten der vordersten Linie zum Exitus führen. Demgegenüber zeigen die Kieferverletzungen, die in den stabilen Etappenund Heimatlazaretten zur Behandlung kommen, eine auffallend geringe *Mortalität*, was zweifellos der besseren, modernen chirurgisch-zahnärztlichen Behandlung der Kieferschußbrüche zu verdanken ist. Schwere *Blutungen* werden in den stabilen Lazaretten selten beobachtet,

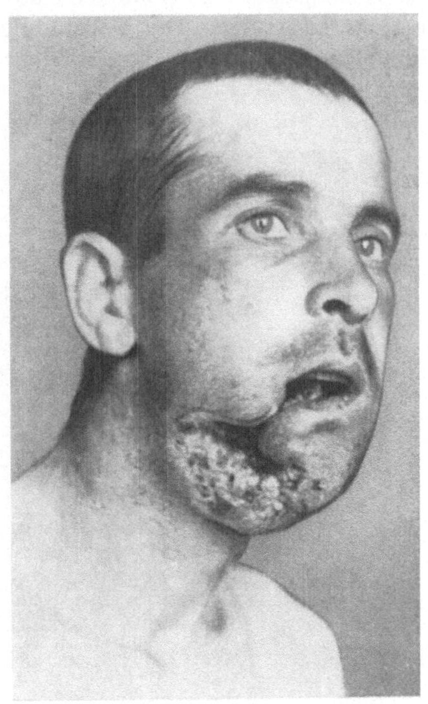

Abb. 360. Großer Ausschuß bei Schußfraktur des Unterkiefers.

so daß nur ausnahmsweise *Ligaturen der A. lingualis oder der Carotis* nötig werden. Immerhin sieht man *septische Spätblutungen,* die zu aktiver Blutstillung zwingen; diese sekundären Blutungen beruhen oft auf Usur arterieller Gefäße durch Knochensplitter. Die hochgradige Zertrümmerung der benachbarten Weichteile mit sekundärer Schwellung und Glottisödem, das Zurücksinken der medianen Kieferfragmente und der Zunge, die ihren wesentlichen Halt verliert, bedingen eine *erhebliche Erstickungsgefahr.* Ferner sehen wir auch bei den Kieferschußverletzungen nicht so selten schwere *Aspirationspneumonien* infolge von Sekret- und Blutaspiration. *Erysipel* tritt nach Kieferverletzungen merkwürdig selten auf, dagegen sieht man auch hier *Weichteilphlegmonen* und *Senkungen nach dem Halse und Mediastinum.* Auffällig selten sind nach übereinstimmenden deutschen und französischen Berichten die *Tetanusfälle* bei Kieferverletzten. Auch echte *Gasphlegmone* sieht man bei Kieferschußverletzungen nur ausnahmsweise. Die gelegentlich beobachteten *Hautemphyseme* beruhen auf gleichzeitiger

Eröffnung der Oberkieferhöhlen. Recht häufig sind bei den Kieferschüssen die *Speicheldrüsen* gleichzeitig verletzt; doch führen diese Verletzungen relativ selten zu *Speichelfisteln.* Unter den begleitenden Nervenläsionen kommt wesentlich nur der Verletzung des *N. facialis,* sowie des *N. hypoglossus* praktische Bedeutung zu. Die *Hypoglossusverletzung* führt zu auffälliger *Atrophie der betroffenen Zungenhälfte* mit charakteristischer *Runzelung der Schleimhaut.* Die Bedeutung der Facialisverletzung liegt wesentlich auf kosmetischem Gebiete. Schließlich sind noch die häufigen begleitenden *Verletzungen des inneren Ohres* bei Kieferschüssen zu erwähnen; die Schädigungen betreffen sowohl die Schnecke als das Labyrinth. Der Vollständigkeit halber sei auch auf die gelegentliche komplizierende *Verletzung der Augenhöhle,* sowie des *Kehlkopfes* hingewiesen.

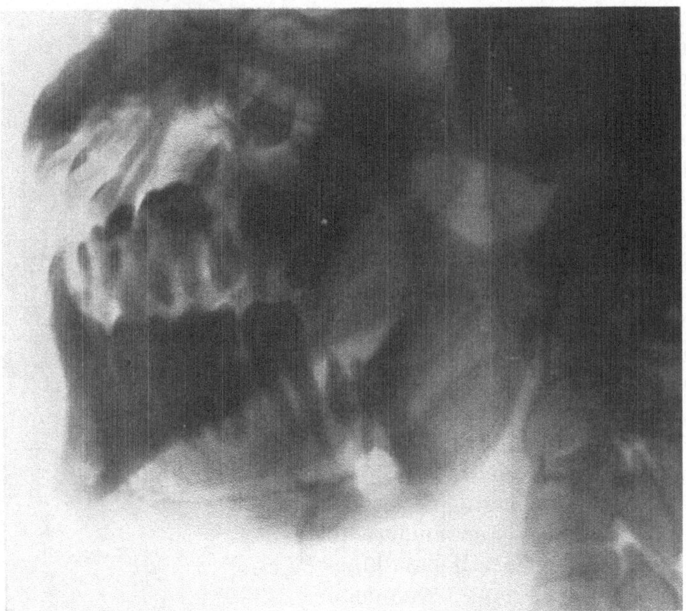

Abb. 361. Lochschuß des Unterkiefers durch deutsches Spitzgeschoß.

Was die *Dislokation der Fragmente bei Kieferschußbrüchen* betrifft, so finden wir ausnahmslos eine *charakteristische Verschiebung der Fragmente nach innen* (vgl. Abb. 354 u. 357) besonders ausgeprägt, wenn das Mittelstück zertrümmert ist oder fehlt. Überwiegt, wie bei den medianen Stückfrakturen, die Aktion der Mundöffner, so werden die Fragmente nach unten verlagert, überwiegt die Wirkung der Mundschließer, so dislozieren sich die Fragmente, besonders die mit dem Kiefergelenk in Verbindung gebliebenen, nach oben. Wir verweisen auf die früheren Ausführungen. Entsprechend der weitgehenden Aktionsfreiheit, welche die auf das zentrale Fragment einwirkenden Muskeln bei Schußbrüchen erlangen, sind die Drehungen um die drei Hauptachsen meist stark ausgeprägt.

Selten sind reine Lochschüsse des Unterkiefers; Abb. 361 zeigt eine derartige rein quere Durchschießung beider horizontaler Unterkieferäste durch Gewehrgeschoß auf weite Distanz.

Bei den *Schußfrakturen des Oberkiefers* gibt es nur eine charakteristische Verschiebung, nämlich *die Senkung nach unten*, unter der Einwirkung der Schwerkraft. Als Folge des Muskelzuges kommt diese Verschiebung nur zustande, wenn die Ansatzstelle des Masseter mit den Fragmenten in Verbindung bleibt (Typus LE FORT III). Alle übrigen Dislokationen erfolgen in der variablen Richtung der äußeren Gewalt.

Die meist hochgradige Verschiebung der zahntragenden Kieferfragmente führt zu entsprechenden *Störungen der Zahnartikulation*. Aus der Verlagerung der Zähne gewinnen wir meist schon ein zutreffendes Urteil über die Lage der Fragmente. Doch ist das Resultat der Inspektion nicht durchaus zuverlässig, weil die Zähne ihre normale Verbindung mit dem Alveolarfortsatz oder mit dem Kieferkörper verloren haben können. Auch führt die Kieferschußverletzung häufig zu weitgehendem *Zahnverlust*. Unter diesen Umständen ist, abgesehen von den üblichen Untersuchungsmethoden der Palpation, Prüfung auf pathologische Beweglichkeit und Störungen der Funktion auch bei Kieferschußbrüchen stets die Vornahme einer *Röntgenuntersuchung* erwünscht.

3. Die Röntgenaufnahmen bei Kieferbrüchen.

Die Technik der Röntgenaufnahmen des Unterkiefers wird von der Aufgabe beherrscht, eine Überlagerung der einzelnen Kieferabschnitte auf der Röntgenplatte nach Möglichkeit zu vermeiden. Für die in erster Linie in Betracht fallende *Gesamtaufnahme* des Unterkiefers von der Seite ist zunächst, soweit man auf gute Strukturbilder Anspruch erhebt, für eine gute Fixation des Kopfes zu sorgen, sei es, daß man eine *Kompressionsblende* verwendet, oder den Kopf durch einen beidseitig belasteten Bindenzügel fixiert. Die Projektion einer Kieferhälfte auf die Röntgenplatte ohne wesentliche Überlagerung durch die andere Kieferhälfte (Abb. 357) wird am besten so erreicht, daß man den Kopf mit der aufzunehmenden Kieferseite auf die kranialwärts schräg abwärts gelagerte Röntgenplatte legt und nun die Röhre so einstellt, daß der Richtungsstrahl schräg von der Schulterseite nach der Kopfseite zu verläuft. Oft genügt auch schon die schräge Einstellung der Röntgenröhren bei horizontaler Lagerung des Kopfes. Kleine Drehungen des Kopfes ermöglichen bei dieser Technik, denjenigen Teil des Unterkiefers in größte Plattennähe zu bringen, auf dessen genauere Wiedergabe man besonderen Wert legt. Für Aufnahmen der vorderen Partie des Unter-

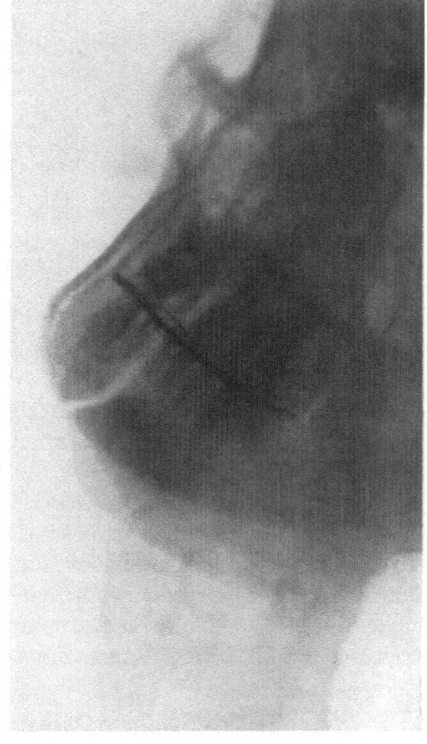

Abb. 362. Paramediane Fraktur des Unterkiefers mit Drahtverband. Röntgenographische Darstellung des mittleren und seitlichen Kieferabschnittes.

25*

kiefers wird der Kopf soweit herumgedreht, daß Wangen- und Nasenfläche der
Platte dicht aufliegen; gleichzeitig wird der Kopf noch weiter nach rückwärts
gebeugt, damit besonders das Kinn der Kassete anliegt. Auf diese Weise kann
man Aufnahmen erhalten, die auch noch den Kieferbogen über die Medianlinie hinaus berücksichtigen.

Zur Gewinnung genauer Vorstellungen über Frakturverlauf und Fragmentstellung benötigen wir eine zweite, zu der ersten Aufnahmerichtung senkrecht
stehende Aufnahme. Diese *Frontalaufnahmen* werden so angefertigt, daß der
Patient bei geöffnetem Munde mit dem Kinnteil auf der Platte liegt, währenddem die Röhre median oder nur ganz wenig seitlich hinter dem Halse steht.
Die Überlagerung durch die Wirbelsäule hat bei guter Technik keine störende

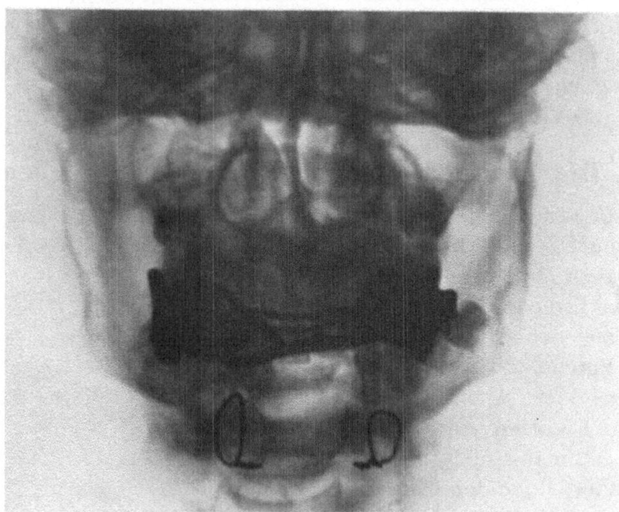

Abb. 363. Frontale Röntgenaufnahme des Unterkiefers; Ersatz des mittleren Kieferabschnittes
durch freie Transplantation vom Beckenkamm.

Bedeutung (Abb. 363). Diese Doppelaufnahmen dienen auch zur Lokalisation
von Fremdkörpern; besser sind allerdings zu diesem Zwecke *Stereoskopauf-
nahmen*, deren Technik hier nicht besprochen werden kann. Da wo die gewöhnliche Frontalaufnahme für die Darstellung der Fraktur der Kiefermitte
nicht in allen Teilen genügt, kann noch eine *intraorale Filmaufnahme* vorgenommen werden.

Seitliche *Aufnahmen des Oberkiefers* werden bei gleicher Lagerung gemacht,
wie sie für den Unterkiefer beschrieben wurde, mit der Modifikation, daß man
die Röhre auf den Oberkiefer zentriert. Auf diese Weise erhält man neben
den Zahnreihen der einen Seite gleichzeitig auch das Antrum auf dem Negativ
(vgl. Abb. 346). Frontale Aufnahmen erfolgen vom Nacken her, unter Zentrierung auf die obere Zahnreihe (Abb. 362).

4. Die Behandlung der Unterkieferfrakturen.

*Die Behandlung der Kieferfrakturen ist im Laufe der letzten Jahre immer
mehr eine chirurgisch-zahnärztliche geworden.* Heutzutage kommen für die Fixation

der reponierten frischen Frakturen des zahntragenden Kiefers überwiegend zahnärztliche Maßnahmen in Betracht, durch die alle früher üblichen, rein ärztlichen Behandlungsarten, wie die äußeren Verbände und die Knochennaht, verdrängt worden sind. *Die häufige Kombination der Kieferfraktur mit Schleimhautwunden und die daraus resultierende Infektion des Frakturgebietes hat die Kiefernaht schon lange in Mißkredit gebracht.* Primäres Einheilen der Drahtnaht bildet die Ausnahme; meistens kommt es zu Eiterung im Bereiche der Nahtkanäle mit *Bildung von kleinen Sequestern,* so daß die Drahtnähte in einer erheblichen Zahl von Fällen sekundär entfernt werden müssen. Auch wurde relativ oft im Anschluß an Unterkiefernaht verzögerte Heilung beobachtet. Dazu kommt, daß die einfache Drahtnaht des Unterkiefers durchaus nicht immer eine einwandfreie Retention der Fragmente gegenüber dem Zug der Kaumuskeln zu garantieren vermag und bei Defektfrakturen zu *Verengerung des Unterkieferbogens* und damit zu *Störung der Zahnartikulation* führt. *Aus diesen verschiedenen Gründen ist die Behandlung der Unterkieferfraktur mit Knochennaht nur noch am zahnlosen Unterkiefer, und zwar nur bei Frakturen ohne größeren Defekt statthaft.*

Die Frakturstelle wird *nach möglichster Reposition* der Fragmente durch Schnitt von außen auf den Unterrand des Kieferbogens freigelegt. Es empfiehlt sich, die Fragmente auf eine kurze Strecke subperiostal auszuschälen, und etwa $^1/_2$ cm vom Unterrande entfernt in der Richtung von vorne nach hinten zu durchbohren. Dann folgt Fixation durch Naht mit rostfreiem Stahldraht. Bei einfachen Frakturen ohne Splitterung garantiert diese durchgreifende Naht eine sichere Fixation der Fragmente. Das Anlegen einer zweiten Naht weiter oben gibt zuverlässige Fixation der Fragmente, weil durch die Doppelnaht jegliche Scharnierbewegung verunmöglicht wird; doch liegt die obere Naht so nahe der Mundhöhle, daß auch bei geschlossenen Frakturen die *Gefahr der Schleimhauteröffnung* und damit der Nahtinfektion eintritt.

Die Schienungsmethoden für die Behandlung der Kieferbrüche erfordern zu *einem großen Teil zahnärztliche, d. h. orthodontische Schulung.*

Die einfachste Fixationsart für Unterkieferbrüche ist der SAUERsche *Notverband,* dessen Herstellung aus Abb. 362 hervorgeht. Der Außenfläche der Zähne wird nach Reposition der Fragmente ein etwa 3 mm starker *Eisen-* oder *Messingdraht* angebogen, und durch feine Ligaturen mit Bindedraht an den einzelnen Zähnen fixiert. Dieser Notverband, der eine sichere Fragmentretention auf die Dauer nicht garantiert, kann dadurch erheblich verstärkt werden, daß auch der lingualen Fläche der Zahnreihe ein starker Draht angebogen und in gleicher Weise fixiert wird.

Zuverlässiger als der SAUERsche *Notverband ist seine Kombination mit den* ANGLEschen *ringförmigen Bändern,* wie sie von den Zahnärzten zu Regulationszwecken verwendet werden. Diese Kombination ist von STOPPANY praktisch erprobt und empfohlen worden. Die Art der Ausführung dieses kombinierten Schienenverbandes nach SAUER-ANGLE zeigt Abb. 130. Zunächst werden an zwei geeigneten Molarzähnen ANGLEsche Ringmutterbänder fixiert, die an der Außenseite einen Tubus für die Aufnahme des Schienungsdrahtes tragen. Zur Schienung wird starker, biegsamer Draht benutzt, dessen Enden in Schraubengewinde auslaufen. Auf diese Weise ist es möglich, den in den Tubus des Ringbandes eingeführten Draht mit Hilfe einer Schraubenmutter fest anzuziehen und dadurch die Fragmentebenen stark gegeneinander zu pressen. Durch Binde-Drahtligaturen wird der Schienungsdraht noch an weiteren Zähnen fixiert.

SCHRÖDER benutzt bei seinem Verband ebenfalls Ringmutterbänder, die jedoch nicht durch eine besondere Schraube, sondern direkt über den Enden der Drahtschiene zusammengezogen werden (Abb. 364). In ähnlicher Weise können Kieferfrakturen durch doppelseitige Drahtschienen fixiert werden, wie sie von HAMMOND (Abb. 365), SAUER u. a. konstruiert wurden.

Die *soliden Zinnschienen* nach PORT und HAUPTMEIER (Abb. 366) bieten unter gewissen Bedingungen einige Vorteile. Durch Verwendung eines Materials, das den Forderungen der Asepsis und Antisepsis genügt, das gleichzeitig infolge seiner Schmiegsamkeit leicht zu verarbeiten ist und in der Mundhöhle unverändert bleibt, umgeht man gewisse Nachteile der Kautschuk- und Guttaperchaschienen. Die Zinnschienen

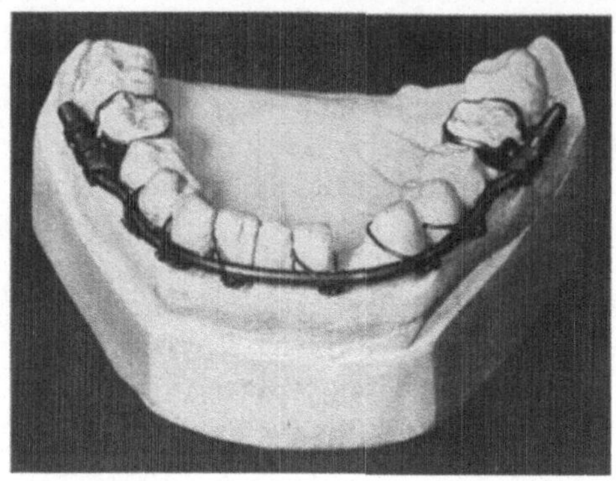

Abb. 364. Ringmutterschienenverband nach LUCKENS-SCHRÖDER.

lassen sich, nach Abdruck gefertigt, den Zahnkonturen genau anpassen, und ermöglichen eine ausgedehntere Benützung der vorhandenen Fixationsflächen, als die Drahtschienen. HAUPTMEIER weist darauf hin, daß die Verwendung dieser Zinnschienen besonders dann vorteilhaft ist, wenn schwere Nebenverletzungen — Extremitätenfrakturen, Schädelverletzungen — längeres

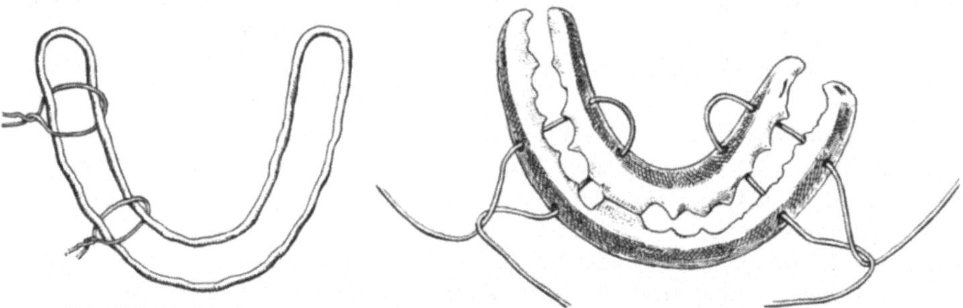

Abb. 365. Drahtschiene nach HAMMOND.

Abb. 366. Geschlitzte Zinnschiene mit doppelter Bindung nach HAUPTMEYER.

Arbeiten am Patienten unerwünscht erscheinen lassen. Es genügt dann, gute Zahnabgüsse zu nehmen und nach Reposition am Modell eine Zinnschiene herzustellen, die in einfachster Weise mit Hilfe von Drahtbindungen, wie Abb. 366 zeigt, innerhalb weniger Minuten angelegt werden kann. Die Zinnschienen werden zweiteilig oder in Scharnierform gefertigt, und können mit schiefen Ebenen versehen werden.

Im allgemeinen ist heute der Drahtschienenverband die Methode der Wahl für die Fixation der Kieferfrakturen. Die Modellierung der Drahtverbände kann durch den Geübten direkt an den Zähnen vorgenommen werden. Einfacher gestaltet sich das Anpassen der Drahtschienen, wenn man zunächst nach Abdruck ein *Gipsmodell* der Zahnreihen des Verletzten herstellt. Wo sich die Reposition leicht bewerkstelligen läßt, und die Fragmente ohne Schwierigkeit in reponierter Stellung gehalten werden können, wird der Abdruck nach der Reposition, also bei normal stehender Zahnreihe, angefertigt. Andernfalls stellt man einen Abguß der verschobenen Zahnreihe her und nimmt die Reposition an dem an der Frakturstelle durchgesägten Gipsmodell vor (Abb. 367a u. b). Die Zahnschiene entspricht dann der normalen Kontinuität der Zahnreihe, und die Fragmente können nach erfolgter manueller Reposition direkt durch die vorbereitete Zahnschiene fixiert werden. Gegebenenfalls bereitet die Reposition der Fragmente so große Schwierigkeiten, daß man für jedes Fragment eine getrennte Schiene konstruieren muß; beide Schienen werden dann durch

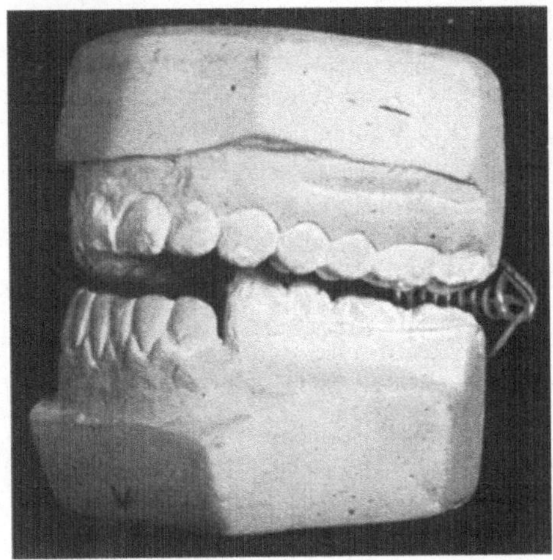

Abb. 367a. Dislozierte Unterkieferfraktur, am Gipsmodell rekonstruiert.

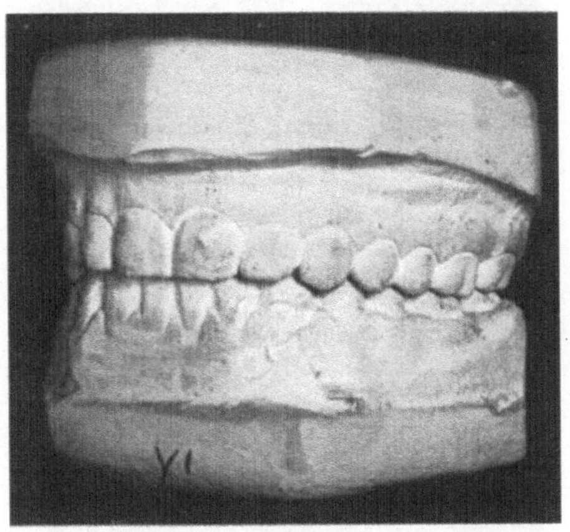

Abb. 367b. Fraktur von 367a, am durchsägten Gipsmodell reponiert.

Vermittlung eines verstellbaren massiven Verbindungsstückes verschraubt (Abb. 368a und b).

Die ständige Einwirkung der kräftigen Kaumuskeln auf die Fragmente bewirkt nun trotz anfänglich ausreichender Fixation häufig eine sukzessive Lockerung der Fragmentverbindung. Ganz besonders macht sich bei Defektfrakturen eine Tendenz zu sekundärer Verlagerung der Fragmente nach innen geltend. Um dieser Zugwirkung nach innen entgegenzuwirken, hat SAUER dem Drahtverband eine schiefe *Ebene* angelötet. Beim Schließen des Mundes gleitet diese Ebene (Abb. 369) an der Außenfläche der gegenüberliegenden Oberkieferzähne, und übt bei jedem Zubeißen eine dehnende Wirkung auf den Unterkieferbogen aus. Bei geschlossenem Munde bedeutet die schiefe Ebene, besonders wenn sie beidseitig angesetzt ist, eine *Stabilisierung des Unterkieferverbandes*, unter Benützung der intakten Oberkieferzahnreihe. Ist die Oberkieferzahnreihe defekt, so wird ihre Kontinuität durch eine Drahtschiene hergestellt, die mittels Zahnkappen fixiert wird (vgl. Abb. 369). Ist das hintere Fragment nach außen disloziert, so kann die schiefe Ebene an der Innenseite der Unterkieferdrahtschiene angebracht werden, und wirkt dann *adduzierend* auf das Fragment. Liegt eine Kieferfraktur im Kieferwinkel, so bringt man die schiefe Ebene auf der gegenüberliegenden gesunden Seite an und übt so einen reponierenden Zug auf das große Kieferbogenfragment aus. Die schiefe Ebene vermag nun bei doppelseitigen Brüchen im Bereich des aufsteigenden Kieferastes das Rückwärtsgleiten des vorderen Fragmentes, namentlich beim

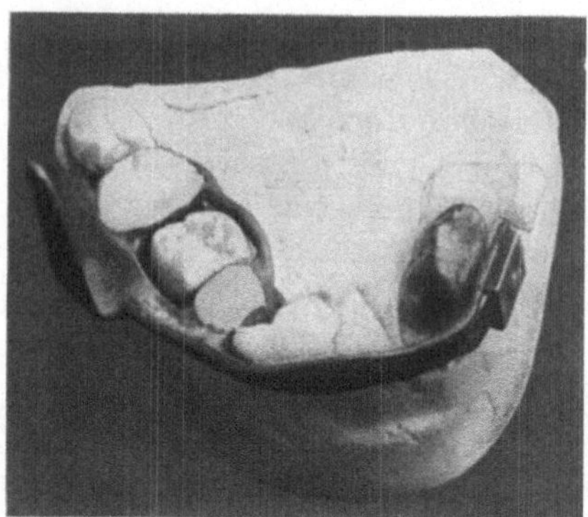

Abb. 368a. Getrennte Fassung der Unterkieferfragmente und sekundäre Verschraubung.

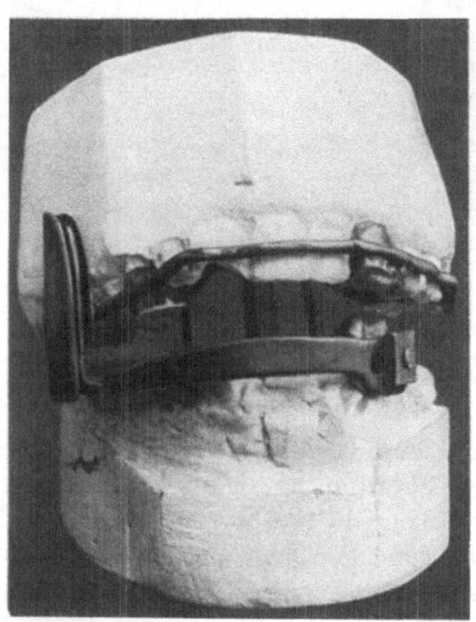

Abb. 368b. Stabilisierung der Unterkieferschiene von Abb. 368a durch Verbindung mit einer Oberkiefergleithülse.

Öffnen des Mundes, nicht zu verhindern. Um diese Rückwärtsverschiebung zu verunmöglichen, hat SCHRÖDER die *Gleitschiene* angegeben, deren Konstruktion Abb. 368b zeigt. Bei einfachen Brüchen wird die Gleitschiene nur auf der gesunden Seite angebracht, indem man auf diese Weise die zwangläufig richtige Bewegung des größeren Fragments sichert. Das kürzere Fragment wird dann durch den Drahtverband in richtiger Beziehung zum größeren Fragment gehalten. Die Gleitschienen werden in verschiedener Ausführung angefertigt (Abb. 368 b und 131); sie haben sich besonders auch bei den schweren Kriegsverletzungen des Unterkiefers gut bewährt.

Durch Kombination der Drahtschienenverbände mit ein- oder doppelseitigen Gleitschienen oder einfachen vertikalen Gleitflächen (Abb. 131 u. 369) wird die Stabilität der Frakturverbände in hohem Maße gesteigert, so daß die mit dem Sprechen und Kauen verbundenen Bewegungen auf das Heilungsresultat keinen schädigenden Einfluß auszuüben vermögen. Auf diese Weise können wir die lästige Fixation des Unterkiefers gegen den Oberkiefer, der neben den Nachteilen jeder immobilisierenden Behandlung noch die Behinderung der Mundpflege und der Ernährung anhaftet, bei frischen Frakturen meist umgehen.

Handelt es sich um Kieferfrakturen, die nicht mehr ganz frisch sind, bei denen Muskelretraktion und Narbenbildung bereits zu *relativer Fixation der Fragmente in dislozierter Stellung* geführt haben, so versucht man den Ausgleich durch *elastische Gummizüge,* unter Verwendung von Ober- und Unterkieferdrahtschienen, die mit Hacken versehen sind. Ist die Fraktur *in schlechter Stellung bereits knöchern fixiert,* so müssen die Fragmente durch Freilegung von außen und *Osteotomie des Callus* zunächst mobilisiert werden, worauf gleich Reposition und Schienung erfolgt. Gelegentlich kann es wünschenswert sein, die Reposition nach erfolgter Osteotomie erst nach und nach durch Gummizüge oder Schraubenwirkung zu bewerkstelligen (vgl. Abb. 370). Entstehende Defekte werden sekundär durch *freie Knochentransplantation* beseitigt.

Eine gesonderte Besprechung erfordert noch *die Behandlung der Unterkieferschußbrüche* und der besonders nach Schußverletzungen entstehenden *Defektpseudarthrosen. Das erste Erfordernis bei Schußbrüchen des Unterkiefers ist Sorge für geeignete Wundbehandlung, die nach den im allgemeinen Teil beschriebenen Grundsätzen der aktiven chirurgischen Wundbehandlung zu leiten ist.* Immerhin sind mit Rücksicht auf die Erfordernisse der Kosmetik alle unnötigen Spaltungen und Gegenincisionen zu unterlassen, ebenso die breite Ausschneidung von gequetschten Weichteilen. Vitalität und plastische Regenerationskraft der reichlich mit Blut versorgten Gesichtsweichteile sind

so groß, daß die Gefahr schwerer Wundinfektion durchschnittlich geringer ist, als bei Extremitätenverletzungen. *In besonders sorgfältiger Weise ist mit den Splitterfrakturen des Unterkiefers umzugehen,* da auch ihnen nach zahlreichen Erfahrungen eine große Regenerationsfähigkeit innewohnt. Kleine periostale Knochenschalen können zu Neubildung von größeren Unterkiefersegmenten ausreichen. *Man wird also eine gemäßigt aktive Wundbehandlung befolgen.*

Von ganz besonderer Wichtigkeit ist die sofortige primäre Schienung im Felde mit dem Zwecke, sekundäre Dislokationen zu verhindern und die Fragmente ruhigzustellen.

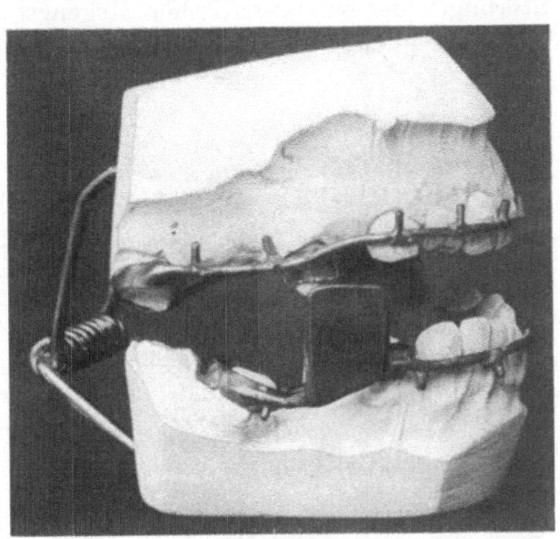

Abb. 369. Drahtverband mit schiefer Ebene. (Nach SAUER.)

Hinsichtlich der *günstigen Einwirkung der Fragmentfixation auf den Wundverlauf* gilt für die Kieferfrakturen, was für die offenen Extremitätenbrüche im allgemeinen Teil gesagt wurde. Die primäre Schienung im Felde geschieht durch Zahnärzte, die das notwendige, vorbereitete Material zur Verfügung haben, und mit der gesamten zahnärztlichen Schienungstechnik weitgehend vertraut sein müssen. Besonders wichtig ist die *Sorge für freie Atmung* während des Transportes, indem man durch die primäre Schienung das Einwärts- und Rückwärtssinken der Fragmente und damit der Zunge nach Möglichkeit verhütet. Im Heimatlazarett erfolgt dann die *kombinierte chirurgisch-zahnärztliche Behandlung,* die vom Grundsatz geleitet wird, auch bei multiplen Frakturen eine möglichst vollständige Reposition der einzelnen Bruchstücke zu erzielen. Zur Erreichung dieses Zweckes sind oft langdauernde *Extensionsbehandlungen* notwendig, die unter Verwendung von Schrauben, Federn und Gummizügen arbeiten (Abb. 370). Auf diesem Gebiet feiert die orthodontische Technik ihre Triumphe. Liegen große Kieferdefekte vor, so wird der Defekt wenn möglich durch Zahnschienen überbrückt. Tragen die Fragmente keine Zähne mehr, die zur Befestigung einer Schiene benutzt werden können, so erfolgt die Fixation durch *Nagelextension* (Abb. 371), unter Vermittlung eines teilweise *extraoralen Bügels* oder einer *Kopfkappe.* In den Defekt selbst kommt später eine Stützprothese (Abb. 371), die zugleich als Unterlage für plastische, rekonstruktive Weichteiloperationen dient. Die Heilung der Kieferfraktur erfolgt hier zunächst mit dem Resultat einer *Defektpseudarthrose,* deren Behandlung nachfolgend zu besprechen ist.

Die *Unterkieferpseudarthrose* nach Schußfraktur beruht so gut wie ausschließlich auf lokalen, anatomischen Ursachen, und zwar meistens auf mehr oder weniger ausgedehntem Substanzverlust des Unterkieferbogens (Abb. 372). Es handelt sich somit wesentlich um *Pseudarthrosen* infolge *von Defektfrakturen.* Viel seltener ist die Pseudarthrose des Unterkiefers nach einfachen lineären Kieferbrüchen (vgl. Abb. 359), sei es infolge Interposition von Muskulatur, Störungen der osteogenetischen Regenerationskraft durch langdauernde Wundeiterung, oder infolge isolierter Vernarbung der Fragmente wegen mangelhafter Fixation.

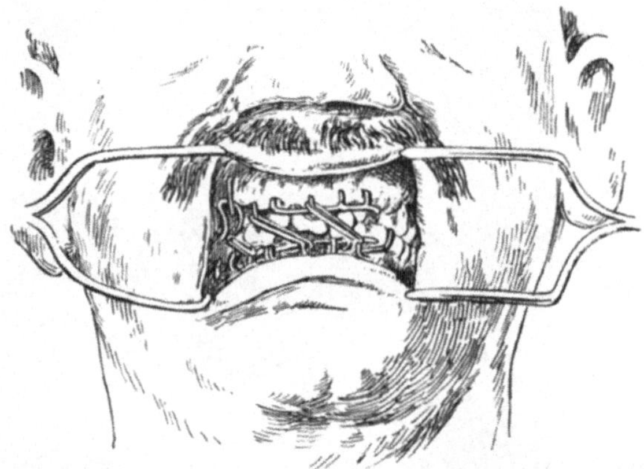

Abb. 370. Drahtverband mit schräg von der Ober- zur Unterkieferschiene verlaufenden Gummizügen, zum Ausgleich hochgradiger Verschiebungen. (Nach Hauptmeyer.)

Praktisch können wir unter Bezugnahme auf die vorausgegangene Behandlung zwei Gruppen von Kieferpseudarthrosen unterscheiden. Bei der einen Gruppe erfolgte die Heilung mit Pseudarthrose unter ständiger ausreichender orthodontischer Behandlung. *In diesem Falle stehen die Fragmente in richtiger Bewegungs-, d. h. Artikulationsebene.* In der zweiten Gruppe handelt es sich um Pseudarthrosen, bei denen während der Heilung eine zahnärztliche Beeinflussung der Fragmente unterblieb oder technisch unzureichend war, *so daß sich die Fragmente in fehlerhafter, dislozierter Stellung befinden und in dieser Stellung narbig fixiert sind.* Weitere Unterscheidungen sind bedingt durch den Zustand der bedeckenden Weichteile, sowie dadurch, *daß im einen Fall die Fragmente zahntragend, im anderen ganz oder teilweise zahnlos sind.*

Liegt eine hochgradig entstellende Narbenbildung vor, so wird bei großen Defekten zunächst nach Narbenlösung und Schaffung eines Bettes vom Munde her eine provisorische Prothese zur Ausfüllung des Kieferdefektes hergestellt (vgl. Abb. 371) und in richtige Lage gebracht. Sind die Fragmente narbig verzogen, so bezweckt der erste Eingriff gleichzeitig Auslösung der Fragmente und Reposition in richtige Stellung. *Dann erfolgt über der provisorischen Prothese die plastische Rekonstruktion der Weichteile.* Umschriebene, wenig ausgeprägte Narben können gelegentlich in Verbindung mit der zu beschreibenden Knochenplastik exzidiert werden; *doch empfiehlt es sich im allgemeinen, Hautplastiken größeren Umfanges nicht mit der Knochenplastik zu verbinden, da die Einheilung des Knochentransplantates durch jede Komplizierung der Wundverhältnisse gefährdet wird.*

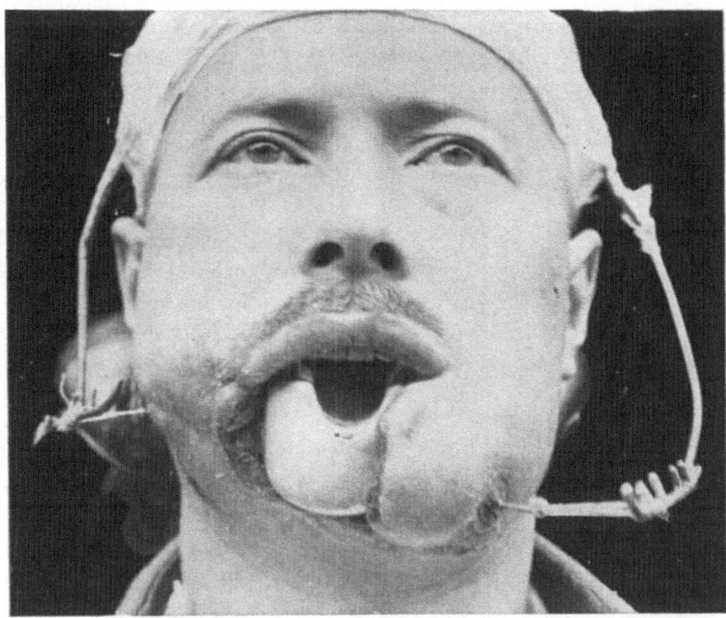

Abb. 371. Stützprothese für Weichteilplastik. Doppelseitige Nagelextension.
(Nach BRUHN-RÖMER-LICKTEIG.)

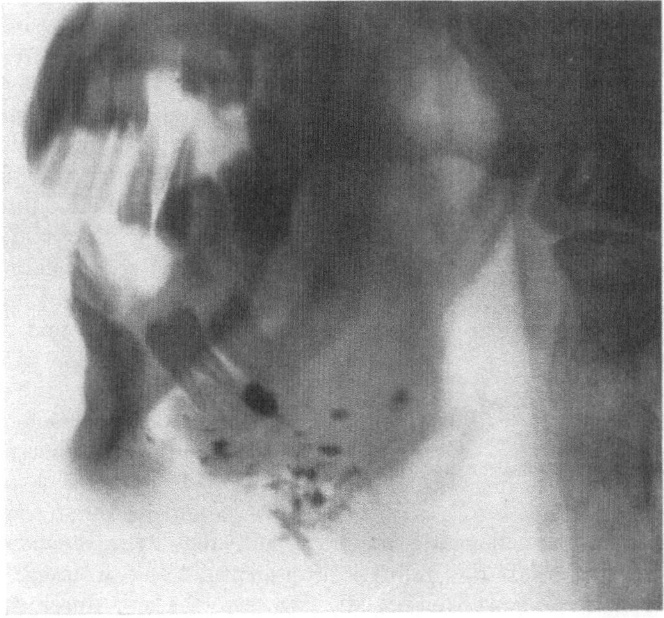

Abb. 372. Unterkieferpseudarthrose mit großem Substanzverlust infolge von Schußverletzung.

Sind *beide Fragmente zahntragend*, so erfolgt die zahnärztliche Schienung
nach den geschilderten Prinzipien, unter Benützung möglichst aller Zähne als
Stützpunkte. Denn es ist zu beachten, daß die Schienung eine unphysiologische

mechanische Beanspruchung der Zähne bedeutet, so daß man in ihrem Gefolge
häufig *Lockerung der Zähne* beobachtet. Da nun die Lockerung von Zähnen
im Bereich der Fragmentenden die Einheilung der Implantate stören kann,
empfiehlt es sich, die dicht an den Fragmentenden liegenden Zähne nicht als Stützpunkte zu benützen, und im übrigen den Belastungsdruck auf alle noch vorhandenen Zähne möglichst gleichmäßig zu verteilen.

Ist die Fraktur in richtiger Stellung geschient, so werden die Fragmente von außen *peinlich extramukös* freigelegt, und der Defekt im Kieferbogen durch ein frei transplantiertes Knochenstück überbrückt. Gewährleistet die Zahnschiene eine ausreichende Fixation der Fragmente, so kann man sich darauf beschränken, das Implantat genau den zweckmäßig angefrischten Fragmentenden anzulegen und durch Weichteilnähte zu fixieren (Abb. 373). *Sehr häufig trägt jedoch das proximale Fragment keine Zähne mehr,* ist in typischer Weise nach oben und innen disloziert und in dieser falschen Stellung fixiert. In derartigen Fällen mobilisiert man durch extramuköses Vorgehen beide Fragmente und bringt das zahntragende, größere Fragment durch eine Gleitschiene mit der Oberkieferzahnreihe in richtig artikulierende Stellung. Das zahnlose Fragment muß dann durch Vermittlung des

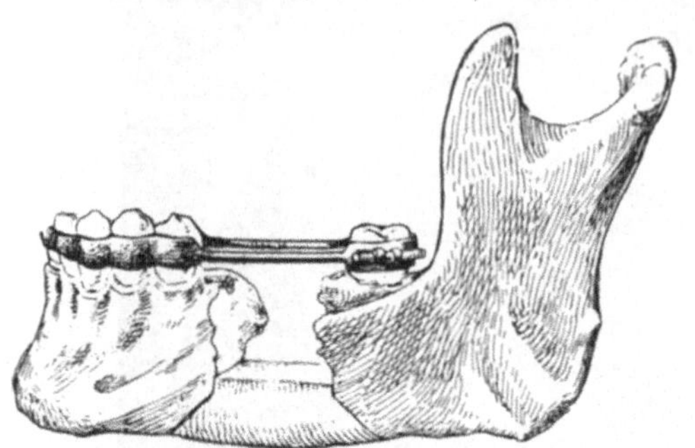

Abb. 373. Implantation in den Unterkiefer mit schräger Anfrischung.

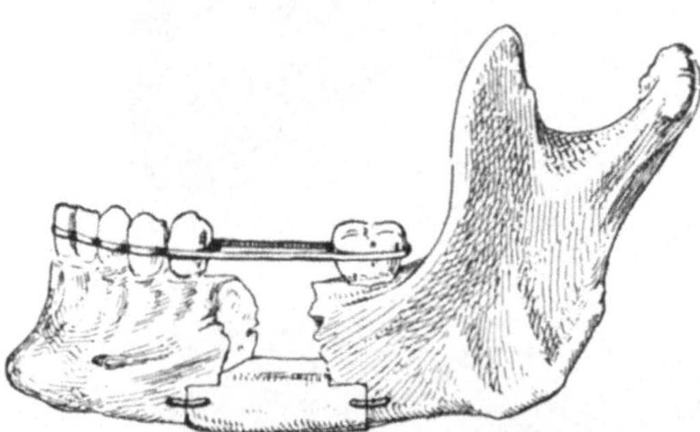

Abb. 374. Knochenimplantation am Unterkiefer mit treppenförmiger Anfrischung.

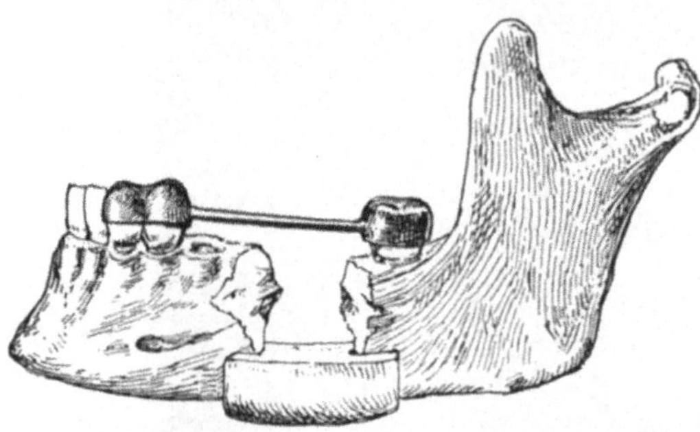

Abb. 375. Knochenimplantation mit hülsenförmiger Gestaltung des Implantates.

frei implantierten Knochenstückes derart mit dem zahntragenden Fragment
verbunden werden, daß die richtige Fragmentstellung während der ganzen
Konsolidationsperiode gewährleistet ist. Das erreicht man durch geeignete Verkeilung oder Verzapfung von Fragment und Implantat und Anlegen von doppelt
durchgreifenden Drahtnähten, wie Abbildungen 374 u. 375 zeigen.

Sind beide Kieferfragmente zahnlos, was meist nur bei ganz großen Defekten
im Bereich des Kieferbogens vorkommt, so müssen die Fragmente nach Freilegung von außen zunächst durch Nagel- oder Drahtextension (vgl. Abb. 371).

in richtige Stellung nach unten außen gebracht und durch kontinuierlichen Zug in dieser Stellung erhalten werden. Ist beidseitig noch ein Stück des horizontalen Kieferastes an den zentralen Fragmenten vorhanden, so kann nach Auslösung die richtige Stellung auch durch Oberkieferschienen mit Guttaperchaauflagen, die sich gegen die Gingiva des Unterkiefers stützen, gesichert werden. Dann erfolgt auch hier Implantation einer bogenförmigen Knochenspange zum Ersatz des Kieferbogens, wobei die Verbindung mit den Fragmentenden beidseitig eine besonders zuverlässige sein muß.

Die Technik der Knochentransplantation, die sich uns am besten bewährt hat, ist kurz folgende: Nach Freilegung und möglichst breiter Anfrischung der vernarbten Fragmentenden, die zunächst in richtige Stellung gebracht werden, entnimmt man dem *Beckenrand* ein entsprechendes Knochenstück, für den Ersatz seitlicher Kieferabschnitte in ganzer, für den Kinnbogen in halber Dicke (Abb. 376). Die *Crista ilei* eignet sich außerordentlich gut für den Kieferersatz, bedeutend besser als Clavicula-Rippen- oder Tibiastücke; denn abgesehen davon, daß sich die bogenförmige Crista ihrer äußeren Form nach besonders für den Ersatz des Kinnbogens eignet, hat man reichlich Knochen zur Verfügung, der sich dank seiner teilweise spongiösen Beschaffenheit gut zuschneiden läßt und gute Bedingungen für die solide Ver-

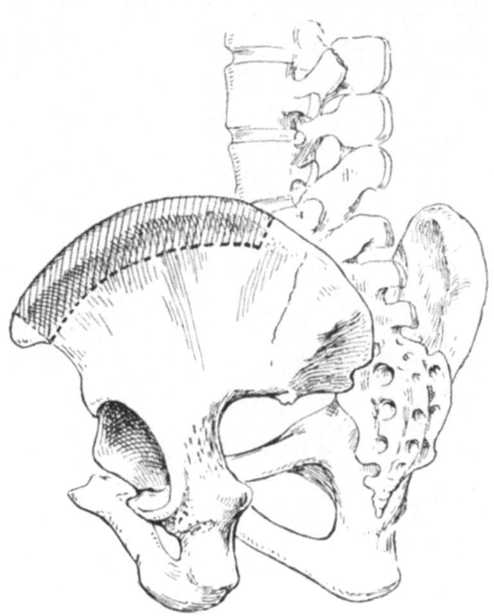

Abb. 376. Entnahme einer Knochenspange von der Crista ilei zur Transplantation in den Unterkiefer.

heilung mit den angefrischten Fragmentenden bietet. *Es ist eine bekannte Erfahrungstatsache, daß Spongiosaflächen sicherer eine solide Vereinigung eingehen, als Corticalisschnittflächen.* Die Corticalis des Cristabogens bietet gleichzeitig eine solide, mechanisch zuverlässige Defektbrücke. *Wo keine sichere Verbindung der Fragmente durch eine Zahnschiene möglich ist, muß die Verbindung zwischen Implantat und Fragmentenden derart erfolgen, daß die Verbindung von Anfang an einer gewissen mechanischen Inanspruchnahme gewachsen ist* (vgl. Abb. 375). *Die frühzeitige funktionelle Beanspruchung ist für die Einheilung und den Umbau des Implantates viel wichtiger, als eine peinliche Periostplastik.*

Damit nun der verpflanzte Knochen von Anfang an funktionell beansprucht werden kann, wählen wir die transplantierte Spange sehr kräftig, sorgen für eine ausreichende Verbindung mit den Fragmentenden, und verzichten auf jede Fixation des Unterkiefers gegen den Oberkiefer. Die anfänglich zu voluminöse Knochenspange wird durch den funktionellen Ab- und Umbau sukzessive auf das richtige Maß reduziert. Über dem Implantat vernäht man die Weichteile lückenlos, wenn möglich ohne Drainage.

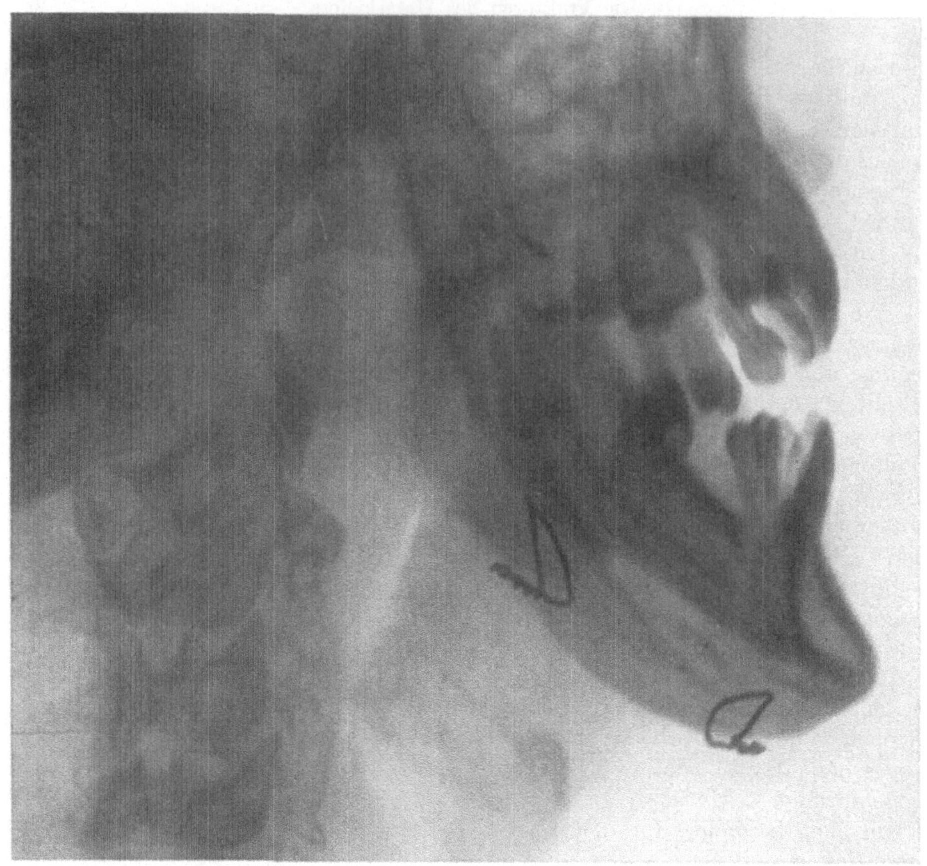

Abb. 377. Großes Unterkieferimplantat, solid eingeheilt.

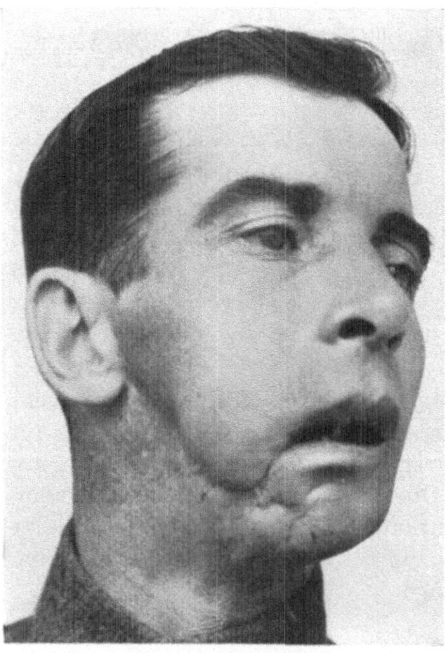

Abb. 378. Defektpseudarthrose des Unterkiefers
infolge Schußverletzung.

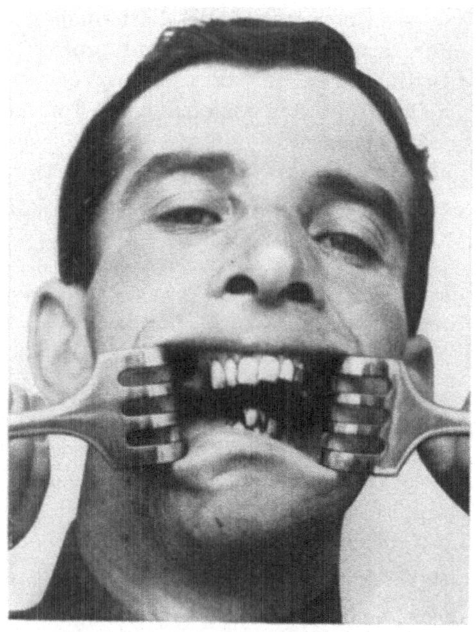

Abb. 379. Verschiebung des Unterkieferbogens nach
der Defektseite bei Patient Abb. 378.

Eine Drainage erfolgt nur, wenn umschriebene Hohlräume in der Umgebung der Knochenspange zurückbleiben.

Falls keine hochgradige Atrophie der Fragmente vorliegt, erfolgt die *Konsolidation* im Laufe von 6 Wochen bis zu 6 Monaten. Eine Infektion des Operationsgebietes stellt das Gelingen der Transplantation nicht absolut in Frage, sobald für genügenden Abfluß der Wundsekrete und des Eiters gesorgt wird, ohne daß eine ausgedehnte Freilegung des Implantates erfolgt (Abb. 377).

Die *Prognose der Knochentransplantation bei Kieferpseudarthrosen* ist, entsprechende Technik vorausgesetzt, eine durchaus befriedigende. Wir haben auf 40 Kiefertrans-

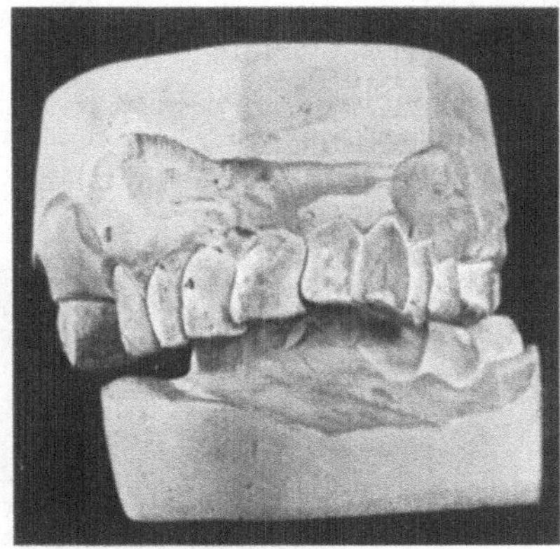

Abb. 380. Stellung der Zahnreihen vor der Behandlung (Fall 378).

plantationen bei Kriegsinternierten 80 % *Heilungen* erzielt. Die Zahnschienen müssen unter allen Umständen liegen bleiben, bis die Konsolidation eine voll-

kommen zuverlässige ist; da gelegentlich nachträgliche Lockerung der bereits erfolgten knöchernen Verbindung beobachtet wurde, empfiehlt es sich, die Gleit- und Verbindungsschienen noch 3 Monate nach erfolgter Konsolidation tragen zu lassen. Dann erst erfolgt prothetischer Ersatz der verloren gegangenen Zähne. *Nach einer gelungenen Kiefertransplantation muß das Implantat der Belastung durch die Zahnprothese gewachsen sein.* Wir illustrieren die durch Kiefertransplantation bei Kieferpseudarthrose zu erzielenden Resultate durch einige Abbildungen unseres eigenen Materials. Die beiden Photogramme Abb. 378 und 379 zeigen den Patienten, dessen Zustand kurz nach der Verwundung sich aus Abb. 360 ergibt, beim Eintritt in unsere Abteilung für kieferverletzte

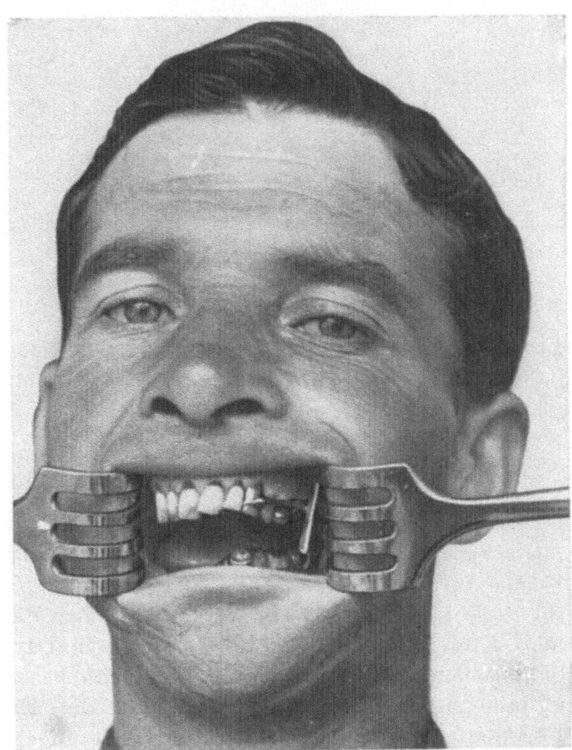

Abb. 381. Fassung der Fragmente und korrekte Stellung der Unterkieferzahnreihen durch rinnenförmige Gleitschiene (Fall 378).

Internierte. Man sieht die starke Einziehung der narbig veränderten Haut an der Stelle des 6 cm langen rechtsseitigen Unterkieferdefektes und die starke

Verschiebung des großen, linksseitigen Bogenfragmentes nach der Seite des Verletzung hin. Abb. 380 gibt den Zahnabguß wieder vor Beginn der Behandlung. Eine folgende Abbildung (Abb. 381) zeigt den Patienten mit eingesetzter Gleitschiene. Das Resultat der freien Knochentransplantation ist aus dem Röntgenogramm Abb. 382 ersichtlich, das 6 Monate

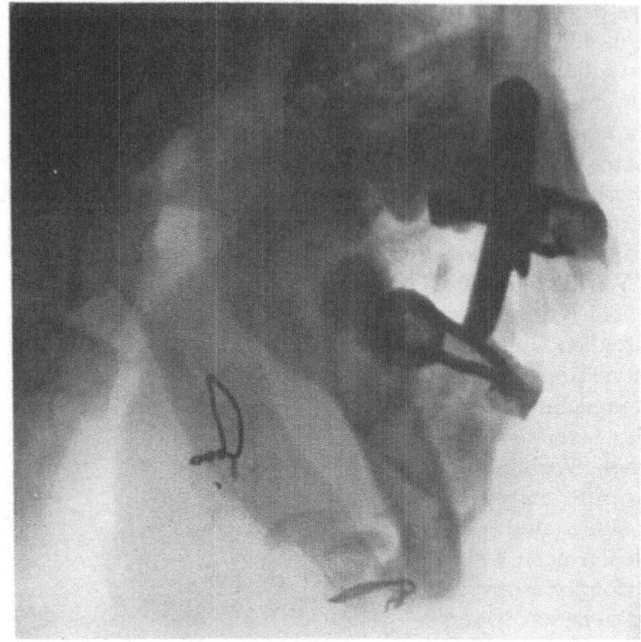

Abb. 382. Röntgenaufnahme nach Knochenimplantation (Fall 378).

nach der Operation aufgenommen wurde. Die erreichte Korrektur der Zahnartikulation zeigt Abb. 383, den kosmetischen Enderfolg das Photogramm Abb. 384.

5. Die Begutachtung der Frakturen des Gesichtsschädels.

Über die Begutachtung der Frakturen des Gesichtsskeletes ist wenig allgemein Verbindliches zu sagen. Gelegentlich werden begleitende Schädelbasisbrüche für die gutachtlichen Schlüsse maßgebend sein. Im übrigen kommt für *Joch- und Nasenbeinfrakturen* wesentlich das *kosmetische Resultat* in Frage. Man kann sich uneingeschränkt dem Standpunkt KAUFMANNs anschließen, dahingehend, daß Entschädigungspflicht besteht, „wenn die Entstellung so auffällig und abschreckend ist, daß die Erlangung von Arbeit und das Fortkommen erschwert sind". Die Schätzungen bewegen sich zwischen 15 und 50 %, wobei letztere Schätzung sich auf den vollständigen Verlust der Nase als Folge schwerer Fraktur bezieht. Eine Geruchsstörung kann natürlich besondere berufliche Bedeutung haben, so z. B. für Weinhändler, Apotheker, Ärzte, sowie Tee-, Kaffee- und Tabakhändler. Besonders zu berücksichtigen ist auch dauernde Verlegung der Nasengänge mit Atmungsstörung.

Erwerblich in Betracht fallende Komplikationen der Oberkieferbrüche sind *Augenstörungen*, die ophthalmologisch zu begutachten sind, sowie *Neuralgien des Nervus infraorbitalis*. Bei diesen Neuralgien ist immer die operative Auslösung oder Entfernung des im Canalis infraorbitalis eingeklemmten Nerven zu empfehlen.

Für die Beurteilung dauernder Schädigung durch *Unterkieferfrakturen* kommt ebenfalls in erster Linie das kosmetische Resultat in Frage. Erwerbsschädigende Bedeutung haben vor allem schlecht behandelte Defektfrakturen des Kinnbogens. Zahndefekte werden höchstens bei jungen weiblichen Personen eine Entschädigungspflicht be-

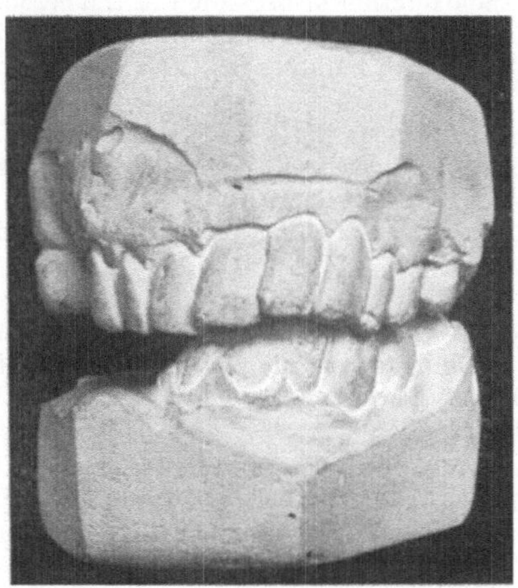

Abb. 383. Stellung der Zahnreihen nach erfolgter Heilung (Fall 378).

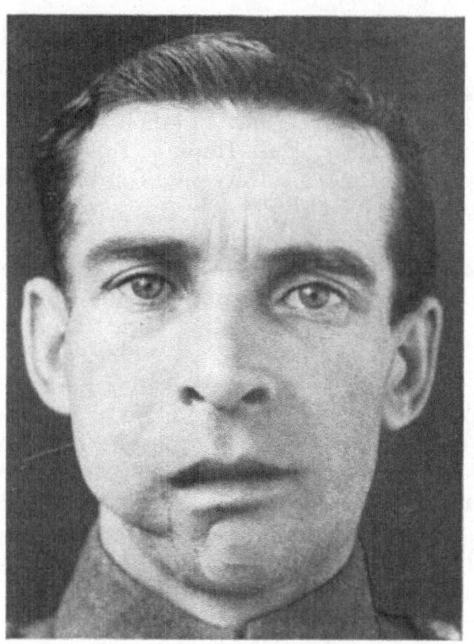

Abb. 384. Kosmetisches Endresultat (Fall 378).

gründen. Der Versicherer hat natürlich für Beschaffung und Ersatz der Prothesen aufzukommen. Im übrigen liegen Gründe für Zubilligung dauernder Entschädigung nach Unterkieferfrakturen nur vor, wenn das Heilungsresultat so ungünstig ist, daß der normale Kauakt hochgradig gestört, die Verkleinerung der Speisen nicht in ausreichendem Maße möglich ist, und dadurch chronische Ernährungsstörungen hervorgerufen werden.

Verbindliche Zahlen für die Schätzung der Dauerfolgen von Unterkieferbrüchen kann man nicht geben. *Der Begutachter wird in jedem Falle auf die tatsächlichen Erwerbsverhältnisse abstellen müssen.*

Literatur.

A. Frakturen des Gehirnschädels und komplizierende Verletzungen des Schädelinhaltes mit ihren Folgezuständen.

ALBERT: Die Lehre vom Hirndruck. Wien 1889. — ALLEN STARR: Hirnchirurgie. Deutsch von WEISS (Lit.).

BECHER: Untersuchungen über die normale Höhe des Lumbaldruckes und sein Verhalten bei verschiedener Lagerung des Oberkörpers und des Kopfes. Mitt. Grenzgeb. Med. u. Chir. **30** (1918). — BERGMANN, v.: Die Lehre von den Kopfverletzungen. Dtsch.

Chir. Kap. 8—20 (Lit.). — BERGMANN, V., KRÖNLEIN u. KÜTTNER: Die Chirurgie des Gehirns, seiner Hüllen und Gefäße. Handbuch der praktischen Chirurgie. 5. Aufl., 1922 (Lit.). — BOLLINGER: Über traumatische Spätapoplexie. Ein Beitrag zur Hirnerschütterung. Internat. Beitr. wiss. Med., Festschrift für VIRCHOW, 2. — BORCHARD: Die traumatische Encephalitis und der traumatische Gehirnabsceß. Neue dtsch. Chir. 18 (1916) (Lit.). — Hirrausfluß und Gehirnprolaps. Neue dtsch. Chir. 18 (1916) (Lit.). — Die Schußwunden des Gehirns. Neue dtsch. Chir. 18 I (1920). — BRAUN: Epilepsie nach Kopfverletzungen. Neue dtsch. Chir. 18 (1916) (Lit.). — BRESLAUER: Die Pathogenese des Hirndruckes. Mitt. Grenzgeb. Med. u. Chir. 30 (1918). — BRUN: Der Schädelverletzte und seine Schicksale. Beitr. klin. Chir. 38 (1905). — BRUNS: Multiple Hirnnervenläsionen nach Basisfraktur. Arch. f. Psychiatr. 20.

CANTONNET: Atrophies optiques partielles dans les fractures de la base du crâne. Rev. de Chir. 1900. — CHUDOWSKY: Statistik der Schädelbrüche. Beitr. klin. Chir. 22 (1898). — CLAIRMONT: Zur Kenntnis der hyperalgetischen Zone nach Schädelverletzungen. Mitt. Grenzgeb. Med. u. Chir. 19 (1909). — CROWE: On the excretion of urotropin in the cerebrospinal fluid usw. Bull. Hopkins Hosp., April 1909. — CUSHING: Subtemporal decompressive operations for the intracranial complications associated with bursting fractures of the skull. Ann. Surg., Mai 1908.

DECHAUME-MONCHARMONT: Les lésions des sinus veneux dans les traumatismes du crâne. Thèse de Lyon 1898. — DEGE: Die gedeckten oder geschlossenen Hirnverletzungen in KÜTTNER: Verletzungen des Gehirns. Neue dtsch. Chir. 18 I (1920).

ENDERLEN: Ein Beitrag zum traumatischen, extraduralen Hämatom. Dtsch. Z. Chir. 85 (1906).

FERRON: De la paralysie des nerfs crâniens dans les traumatismes du crâne. Arch. prov. de Chir. 1907/08. — FISCHER: Die Osteomyelitis carnii traumatica purulenta. Dtsch. Z. Chir. 57 (1900). — FRIEDRICH: Die operative Stellungnahme zur akuten progredienten infektiösen Encephalitis. Dtsch. Z. Chir. 85 (1906). — FROHN: Über Ohrverletzungen bei Schädelbasisfrakturen. Dtsch. med. Wschr. 1930, Nr 18.

GRAF u. HILDEBRANDT: Die Verwundungen durch die modernen Kriegsfeuerwaffen. Bd. 2, 1907. (Bibliothek von COLER-SCHJERNING.) — GRASHEY: Über Hirndruck und Hirnkompressibilität. Allg. Z. Psychiatr. 43. — Experimentelle Beiträge zur Lehre von der Blutzirkulation in der Schädelrückgratshöhle. München 1892. — GULEKE: Die Schußverletzungen des Schädels im jetzigen Kriege. Erg. Chir. 10 (1918).

HALLER: Die Mechanik des Liquor cerebrospinalis. Mitt. Grenzgeb. Med. u. Chir. 30 (1918). — HAUPTMANN: Der Hirndruck. Neue dtsch. Chir. 11 (1914) (Lit.). — HOESSLY: Das Verhalten der Pupillen beim traumatischen Hirndruck (Compressio cerebri). Klinische und experimentelle Studie. Mitt. Grenzgeb. Med. u. Chir. 30 (1918). — HONUSA: Über das Auftreten von hyperalgetischen Zonen nach Schädelverletzungen. Mitt. Grenzgeb. Med. u. Chir. 19 (1909). — HOSEMANN: Schädeltrauma und Lumbalpunktion. Dtsch. med. Wschr. 1914, Nr 35.

JACKSON: Rindenepilepsie. Med. Tim. a. Gaz. 1861/63.

KEHL: Weitere anatomische Untersuchungen über das subconjunctivale Hämatom des Augapfels im temporalen Lidwinkel bei Schädelbasisfraktur. Virchows Arch. 246 (1923). — KIRCHNER: Die Schädelbasisfrakturen mit Beteiligung des Warzenfortsatzes und deren Behandlung. Münch. med. Wschr. 1914, Nr 10. — KLINGENBERG: Die isolierte Schneckenfraktur bei Schädelbasisbrüchen. Z. Hals- usw. Heilk. 22 (1929). — KNAUER u. ENDERLEN: Die pathologische Physiologie der Hirnerschütterung nebst Bemerkungen über verwandte Zustände. J. Psychol. u. Neur. 29. — KNOBLAUCH: Anatomie und Topographie des Gehirns und seiner Häute. Neue dtsch. Chir. 11 (1914) (Lit.). — KOCHER: Hirnerschütterung, Hirndruck und chirurgische Eingriffe bei Hirnkrankheiten. Bd. 9 der speziellen Pathologie und Therapie von NOTHNAGEL. Wien: August Hölder 1901. — Über einige Bedingungen operativer Heilung der Epilepsie. Verh. dtsch. Ges. Chir. 28. Kongr. 1899 II. — KÖRBER: Gerichtsärztliche Studien über Schädelfrakturen nach Einwirkung stumpfer Gewalten. Dtsch. Z. Chir. 29 (1889). — KRÖNLEIN: Über die Wirkung der Schädeleinschüsse aus unmittelbarer Nähe mittels des Schweizer Repetiergewehres. Bruns' Beitr. 29 (1900). — Weitere Bemerkungen über die Lokalisation der Hämatome der Art. men. med. Bruns' Beitr. 13, H. 2. — Beitrag zur Lehre der Schädel-Hirnschüsse aus unmittelbarer Nähe. Beitr. klin. Chir. 29 (1900). — KÜTTNER: Die Verletzungen der intrakraniellen Gefäße.

Handbuch der praktischen Chirurgie 5. Aufl., 1922 (Lit.). — Verletzungen der Hirnnerven während ihres Verlaufes im und durch den Schädel. Handbuch der praktischen Chirurgie 5. Aufl., 1922 (Lit.). — Die Stichwunden des Gehirns. Neue dtsch. Chir. **18** I (1920).

LEBER u. DEUTSCHMANN: Beobachtungen über Sehnervenaffektionen und Augenmuskellähmungen bei Schädelverletzten. Arch. f. Ophthalm. I **27**. — LEDDERHOSE: Über kollaterale Hemiplegie. Arch. klin. Chir. **51**. — LEYDEN: Über Hirndruck. Virchows Arch. **37** (1866). — LÜCKEN: Ein- und gleichseitige Vagus- und Akzessoriusläsion und vollkommene Taubheit nach Schädelbasisfraktur. Arch. klin. Chir. **104** (1914). — LUXEMBOURG: Zur Frage der Trepanation bei Schädelbrüchen. Dtsch. Z. Chir. **101** (1909). — Zur Frage der Trepanation bei Schädelbasisfrakturen. Dtsch. Z. Chir. **1901**, 177.

MARCHAND: Des épanchements sanguins intracrâniens consécutifs au traumatisme. Paris 1881. — MELCHIOR: Die Verletzungen der intrakraniellen Blutgefäße. Neue dtsch. Chir. **18** (1916) (Lit.). — MESSERER: Experimentelle Untersuchungen über Schädelbrüche. München 1884.

NAUNYN u. SCHREIBER: Über Gehirndruck. Arch. f. exper. Path. **14**.

OPPENHEIM: Die Encephalitis und der Hirnabsceß. Spezielle Pathologie und Therapie von NOTHNAGEL 1897 (Lit.).

PAYR: Erfahrungen über Schädelschüsse. Jkurse ärztl. Fortbildg, Dez. **1915**. — Kopf- und Gesichtsschüsse. Handbuch der ärztlichen Erfahrungen im Weltkriege 1914/18 von OTTO v. SCHJERNING. Bd. 1. 1922. — PROPPING: Die Mechanik des Liquor cerebrospinalis und ihre Anwendung auf die Lumbalanästhesie. Mitt. Grenzgeb. Med. u. Chir. **19**.

QUERVAIN, DE: Über Cephalocele traumatica. Arch. klin. Chir. **51** (1896). — QUINCKE: Über Lumbalpunktion. Verh. 10. Kongr. inn. Med. **1891**.

RAHM: Über die operative Behandlung der Meningocele spuria traumatica. Beitr. klin. Chir. **1896**.

SATTLER: Pulsierender Exophthalmus. Handbuch der Augenheilkunde v. GRAEFE. Arch. f. Ophthalm. **25** (Lit.). — SAUERBRUCH: Blutleere Operationen am Schädel unter Überdruck nebst Beiträgen zur Hirndrucklehre. Mitt. Grenzgeb. Med. u. Chir., Gedenkband für MIKULICZ, **1907**. — SCHOLTZ: Über Sinusverletzungen und deren Behandlung. Diss. Halle 1895. — SCHRÖDER: Geistesstörungen nach Kopfverletzungen. Neue dtsch. Chir. **18** (1916) (Lit.). — SCHÜCK: Der Hirndruck. Erg. Chir. **17** (1924). — SEITZ: Über Hirndrucksymptome bei Neugeborenen infolge intrakranieller Blutungen. Arch. Gynäk. **82** (1907). — Über die Genese intrakranieller Blutungen bei Neugeborenen. Zbl. Gynäk. **1912**. — SIEBENMANN: Ein- und gleichseitige Lähmung der Vagus accessorius-Glossopharyngeusgruppe als Folge von Schädelbruch. Z. Ohrenheilk. **65** (1912). — STADELMANN: Über Lumbalpunktion. Mitt. Grenzgeb. Med. u. Chir. **1897**. — STARLINGER: (a) Versuche zur Behandlung der eitrigen Hirnhautentzündung. Entwicklung und Methodik. Arch. klin. Chir. **151** (1928). (b) Versuche zur Behandlung der eitrigen Hirnhautentzündung. Ergebnisse im Tierversuch. Arch. klin. Chir. **156** (1929). — STEINTHAL: Die Epilepsie insbesondere die traumatische Epilepsie und die Ergebnisse ihrer chirurgischen Behandlung. Erg. Chir. **22** (1929). — STENGER: Die otitischen Symptome der Basisfraktur. Arch. klin. Chir. **68** (1902).

TAPPEINER, v.: Über Verletzung des Nervus opticus bei Schädelfrakturen. Beitr. klin. Chir. **72** (1911). — TIETZE: Die intrakraniellen Verletzungen der Gehirnnerven. Neue dtsch. Chir. **18** (1916) (Lit.). — TILLMANN: Über Hirnverletzungen durch stumpfe Gewalt und ihre Beziehungen zu den Brüchen des knöchernen Schädels. Arch. klin. Chir. **66**.

VAN NES: Lähmung der Gehirnnerven bei Schädelbasisbrüchen. Dtsch. Z. Chir. **44** (1897). — VILLIGER: Gehirn und Rückenmark. Leipzig: J. F. Engelmann 1917. — VOLKMANN: Isolierter Bruch der Tabula interna mit schwerer Hirnentzündung bei Nackenstreifschuß. Dtsch. med. Wschr. **1916**, Nr 50.

WALB: Über Brüche des knöchernen Trommelfellrandes. Bonn 1914. — WHARTON: Wounds of the venous sinuses of the brain. Ann. Surg. **2** (1901). — WIESMANN: Die Verletzungen der intrakraniellen Gefäße. Handbuch der praktischen Chirurgie. 5. Aufl., 1922. — WILMS: Hyperalgetische Zonen bei Kopfschüssen. Mitt. Grenzgeb. Med. u. Chir. **11** (1903). — WROBEL: Die Hiebwunden des Gehirns. Neue dtsch. Chir. **18** I (1920).

B. Frakturen der Knochen des Gesichtsschädels.

AXHAUSEN: Über die erhöhte Anwendbarkeit der freien Knochenüberpflanzung in der Kieferchirurgie mittels der Knochenvorpflanzung. Chirurg **1**, H. 1 (1928).

DUSCHL: Zur GUÉRINschen Transversalfraktur des Oberkiefers. Beitr. klin. Chir. **70** (1910).

EGGER: Die zahnärztliche Behandlung der Kieferfrakturen. Korresp.bl. Schweiz. Ärzte **1917**, Nr 41.

KÖRTE: Typische Fraktur des Gesichtsschädels. Dtsch. med. Wschr. **39** (1913).

LINDEMANN: Die plastische Deckung der Lücken der Kieferknochen. Chirurg 1, H. 18 (1929).

MATTI: Über chirurgisch-zahnärztliche Kieferbehandlung. Korresp.bl. Schweiz. Ärzte **1917**, Nr 41.

PORT: Kieferbrüche und Kieferplastik. Beitr. z. Chir. 98 (1916).

RIEGNER: Die Physiologie und Pathologie der Kieferbewegungen. Virchows Arch. **1904**. — Beiträge zur Physiologie der Kieferbewegungen. Virchows Arch. **1906**. — RÖMER u. LICKTEIG: Die Kriegsverletzungen der Kiefer. Erg. Chir. 10 (1918) (Lit.). — ROSENTHAL: Die Kriegsverletzungen des Gesichtes. Erg. Chir. 10 (1918).

Zweiter Abschnitt.

Die Frakturen der Wirbelsäule.

Kapitel 1.

Anatomische Vorbemerkungen.

Das Verständnis des Entstehungsmechanismus der Wirbelsäulenfrakturen setzt eine kurze Darstellung der maßgebenden anatomischen Verhältnisse und einige Betrachtungen über die Mechanik der Wirbelsäule voraus. An den einzelnen Wirbeln sind auseinanderzuhalten der spongiöse, leicht sanduhrförmige, mit einer mäßig entwickelten Corticalis versehene *Wirbelkörper*, auf den sich nach hinten wie ein Gewölbe der schlanke und entsprechend stärker gebaute *Wirbelbogen* mit seinen Fortsätzen aufbaut (vgl. Abb. 385). Nach hinten geht der Wirbelbogen direkt über in den *Dornfortsatz*, der in den verschiedenen Abschnitten der Wirbelsäule verschiedene Form und Verlaufsrichtung zeigt. Dem *Atlas*

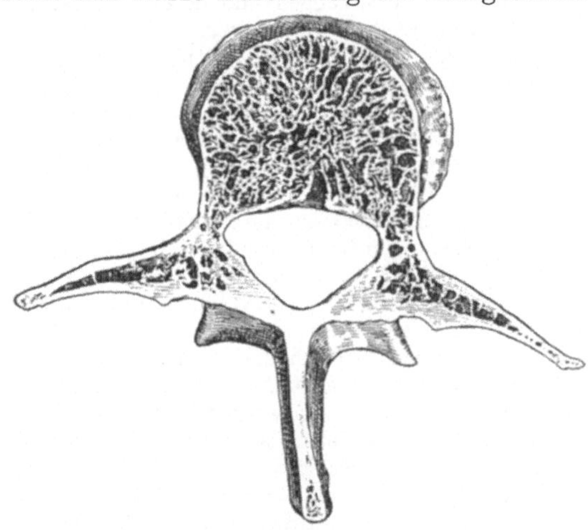

Abb. 385. Horizontalschnitt durch einen Lendenwirbel zur Darstellung der Körperspongiosa und der kompakten Bogen- und Seitengelenkteile. (Nach TOLDT.)

fehlt ein eigentlicher Dornfortsatz; an seiner Stelle findet sich nur eine etwas stärker ausgeprägte, nach hinten prominierende Bogenkuppe. Die Dornfortsätze der *Halswirbel* (Abb. 386) sind besonders in die Breite entwickelt, verlaufen leicht absteigend oder horizontal und zeigen bis zum 6. Halswirbel eine Gabelung. *Der Dornfortsatz des 7. Halswirbels* ragt gewöhnlich

so stark nach hinten vor, daß er bei leicht nach vorne gebeugtem Kopf die am
meisten vorspringende Stelle der Dornfortsatzlinie bildet, weshalb er als *Vertebra
prominens* bezeichnet wird. Vom 8. Halswirbel
an werden die Dornfortsätze schmäler und nehmen an Höhenausdehnung zu. Im Bereich der
Lendenwirbel bilden die Dorne dieser Entwicklung entsprechend flache, schmale, platten-
förmige Fortsätze, die horizontal verlaufen (vgl.
Abb. 388), während sie nach dem oberen Ende
der Brustwirbelsäule hin in zunehmendem Maße
schräg nach unten gerichtet sind und sich dachziegelförmig überlagern. Diese Achsenstellung

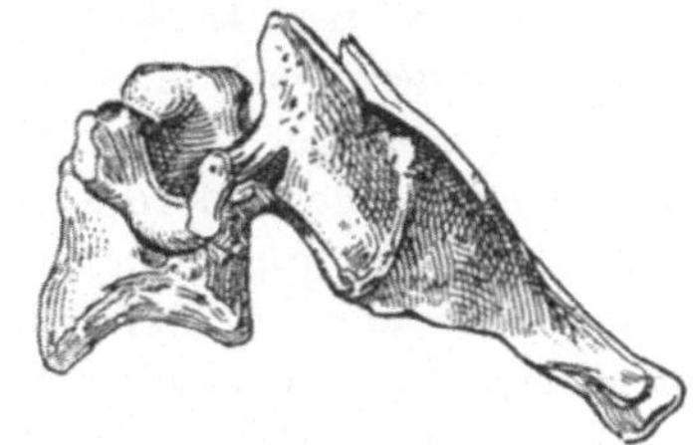

Abb. 386. 5. Halswirbel von der Seite.
(Nach Toldt.)

der Brustwirbeldorne ist der Hauptgrund für die geringe Frequenz der Dornfrakturen infolge Abreißung im Bereich der Brustwirbelsäule; dagegen bildet
die Überdachung eine ausgesprochene
Prädisposition für die Entstehung von
Frakturen der Brustwirbeldorne durch
übermäßige   Rückwärtsbeugung   der
Wirbelsäule.

Durch die Einbeziehung eines Teils
des *Atlaskörpers* in den *Epistropheus*
und durch seine Umbildung zum Zahn
des zweiten Wirbels wird zwischen den
ersten beiden Halswirbeln eine Verbindung geschaffen, die *im wesentlichen
nur Drehbewegungen*, neben ganz geringen
Flexions- und Extensionsbewegungen
gestattet.   Der Luxationsmechanismus
muß hier deshalb in erster Linie zu Frakturen des Epistropheuszahnes führen.

Vom 3.—7. Halswirbel nehmen die

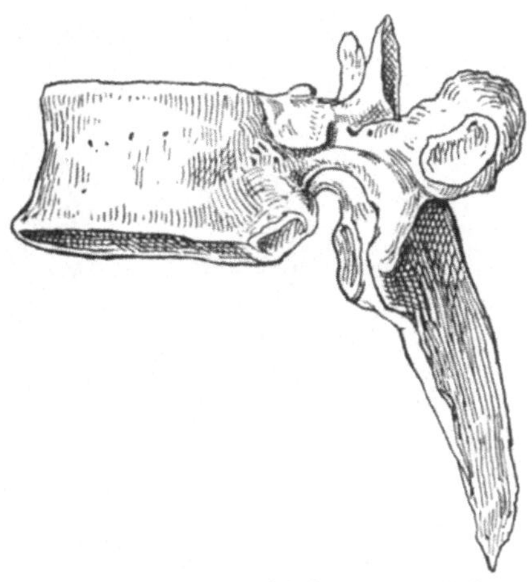

Abb. 387. 6. Brustwirbel von der Seite.
(Nach Toltd.)

Körper an Breite zu. Die Gelenkfortsätze sind namentlich in der Höhenrichtung
nur mäßig entwickelt; ihre oberen Gelenkflächen sehen *im allgemeinen direkt
nach hinten und aufwärts, die
unteren schräg nach vorne und
abwärts* (s. Abb. 386).

Die *Brustwirbel* sind besonders
charakterisiert durch ihre Verbindung mit den Rippen, wodurch
die Stabilität dieses Abschnittes
der Wirbelsäule vermehrt wird.
Die Wirbelkörper nehmen vom
1. bis zum 12. an Höhe zu, ebenso
an sagittalem Durchmesser. Die
oberen Fortsätze für die Seiten-

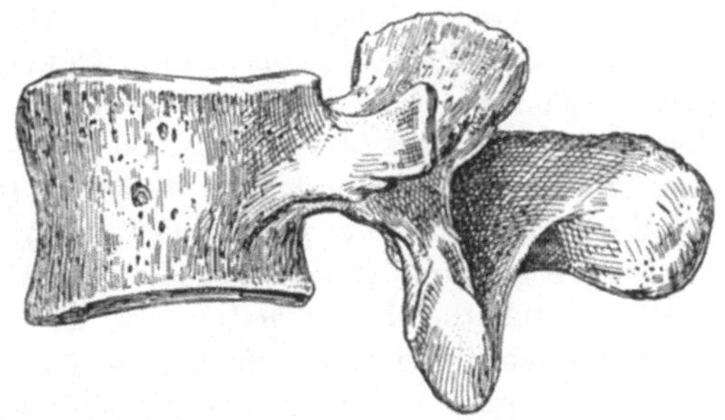

Abb. 388. 2. Lendenwirbel von der Seite. (Nach Toldt.)

gelenke erheben sich ungefähr in der Mitte der Seitenteile des Bogens als ziemlich
selbständige Gebilde. *Ihre Gelenkflächen sehen nach hinten und lateral* (s. Abb. 387).
Die unteren Gelenkfortsätze bilden den Seitenteil des unteren Bogenabschnittes,

*ihre Gelenkflächen sind nach vorne und etwas medialwärts orientiert. Die Seiten-
gelenkflächen der Brustwirbel liegen auf einem Kreisbogen, dessen Zentrum nach
vorne liegt und vom 4. Brustwirbel an in den Bereich der Wirbelkörper fällt.*

Die *Lendenwirbel* sind ihrer größeren statischen Inanspruchnahme entsprechend massiger gebaut als die Brustwirbel. Die Höhe der Wirbelkörper
ist ungefähr gleich wie die der unteren Brustwirbel; dagegen zeigt sowohl der
sagittale wie der quere Durchmesser eine Zunahme. Obere und untere Wirbel-
körperfläche konvergieren am letzten Lendenwirbel etwas nach hinten; entsprechend zeigt er eine leicht keilförmige Konfiguration.

Gleich wie die Körper sind auch die *Bogen* der Lendenwirbelkörper massiver
gebaut. Die oberen Gelenkfortsätze erheben sich über dem hinteren Seitenteil

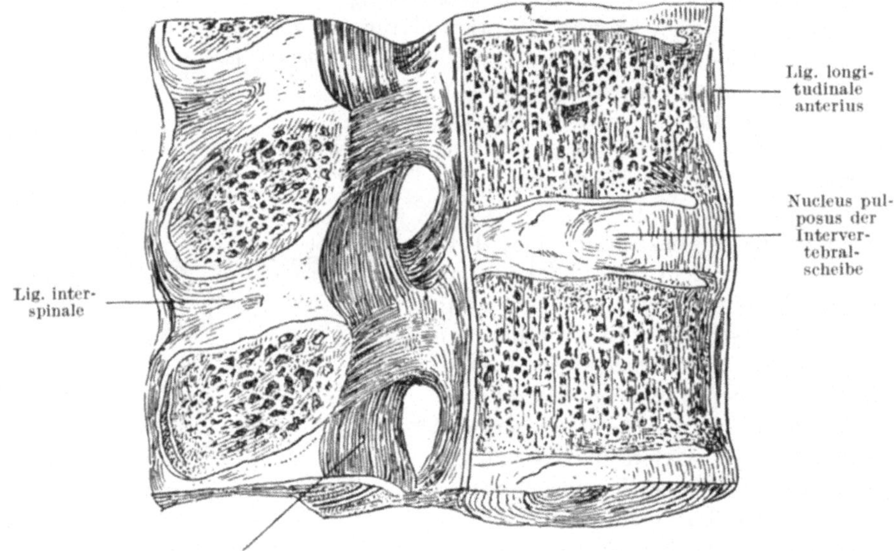

Abb. 389. Zwischenwirbelscheiben und intervertebrale Bandapparate. (Nach TOLDT.)

des Bogens und tragen *bogenförmige Gelenkflächen, deren Konkavität direkt nach
hinten und innen sieht* (s. Abb. 388). Die ebenso kräftigen unteren *Gelenkfortsätze* bilden beidseitig vom Dornfortsatz eine direkte Verlängerung des Bogens
nach unten. *Die Gelenkflächen sind nach außen und vorne gerichtet. So stellen
die Seitengelenke der Lendenwirbel eigentliche Zapfengelenke dar, dem Ausschnitte
eines Kreisbogens entsprechend, dessen Zentrum hinten etwa an der Stelle liegt,
wo sich der Dornfortsatz frei abzuheben beginnt.*

Die Verbindung zwischen den einzelnen Wirbelkörpern wird zunächst vermittelt durch die *Bandscheiben*, die kontinuierlich in die Knorpelfläche der
Wirbelkörper übergehen. Sie bestehen aus einem derbfaserigen Bindegewebe
(*Annulus fibrosus*) und einer zentralen, weicheren, gallertartigen Masse, dem
sog. *Nucleus pulposus* (Abb. 389). *Gemäß diesem Aufbau sind die Bandscheiben
nicht nur einfache Verbindungsapparate, sondern modellierbare Polster, die sowohl gewisse Bewegungen zwischen einzelnen Wirbelkörpern ermöglichen, als
besonders elastische Apparate für die Dämpfung von Stoßwirkungen darstellen.
Vom 3. Halswirbel bis zur Mitte der Brustwirbelsäule nehmen die Bandscheiben*

*an Dicke etwas ab, um dann bis zur lumbosakralen Bandscheibe wieder sukzessive
an Höhe zuzunehmen.* Die Bandscheibe zwischen letztem Lendenwirbel und
Sakrum ist nach hinten zu stark verjüngt, zeigt also, wie der letzte Lendenwirbel, ausgeprägte Keilform.

Die Bandscheibenverbindungen zwischen den einzelnen Wirbelkörpern
würden eine allseitig gleichmäßige Bewegung zwischen
den einzelnen Wirbeln gestatten im Sinne der Biegung
eines elastischen Stabes. *Nun bedingen aber die Seitengelenke eine Einschränkung dieser Beweglichkeit, deren
Ausmaß in den verschiedenen Abschnitten der Wirbelsäule durch die Konfiguration und besonders durch die
Orientierung der Seitengelenkflächen bestimmt wird.*
Bewegungen um eine quere Achse, d. h. im Sinne der
Beugung und Streckung, sind zwischen allen Wirbeln
ausführbar, *am ausgiebigsten im Bereich der Halswirbelsäule,* wo die Ebenen der Seitengelenke rein quer
orientiert sind, am geringsten in der Lendenwirbelsäule.
*Bewegungen um eine Sagittalachse im Sinne der seit-
lichen Beugung* sind im Bereich der Hals- und oberen
Brustwirbelsäule gemäß der im wesentlichen frontalen
Orientierung ihrer Seitengelenke am weitgehendsten
möglich. Ganz unbedeutend ist die Exkursion der Seitenbewegungen wegen der zapfenförmigen Gestaltung der
Seitengelenke in der Lendenwirbelsäule. *Bewegungen
um eine Vertikalachse,* d. h. *reine Rotationsbewegungen*
sind wesentlich nur im Bereich der Halswirbelsäule und
der Brustwirbelsäule ausführbar, während die Lage des
Kreiszentrums der Seitengelenke *hinter* dem Wirbelkörper
nennenswerte Drehbewegungen im Lendenabschnitt der
Wirbelsäule verunmöglicht.

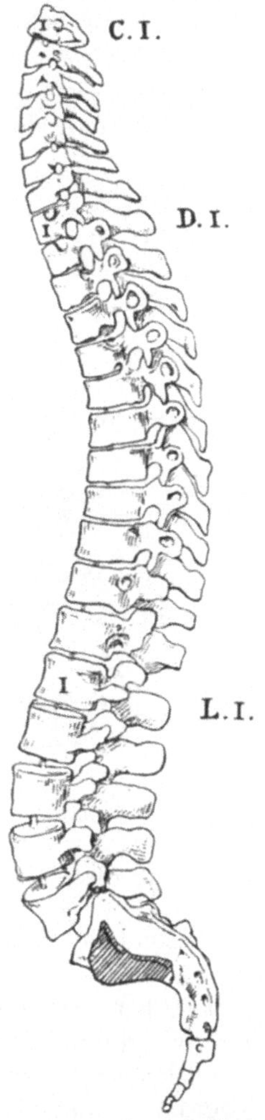

Die Verbindung der einzelnen Wirbel zu der mechanischen Einheit der Wirbelsäule wird neben den Bandscheiben vermittelt durch die Kapselbänder der *Gelenkfortsätze,* durch die zwischen den Wirbelbogen ausgespannte *Ligamenta flava,* die beidseitig angelegt und in
der Mitte durch eine schmale Furche getrennt sind; ferner
durch die zwischen den Querfortsätzen verlaufenden
Ligamenta intertransversaria und durch die *Ligamenta
interspinalia* (s. Abb. 389). Der gesamten Wirbelsäule
gehören das *vordere und hintere Längsband an,* die längs
der Vorder- bzw. Rückfläche der Wirbelkörper vom Atlas

Abb. 390. Gesamtwirbel-
säule von der Seite.

bzw. vom Körper des Hinterhauptbeins bis zum Sakrum verlaufen. Beide
Längsbänder gehen *innige Verbindungen mit den Bandscheiben* ein, während
sie die Wirbelkörper selbst in schmäleren Zügen überbrücken. Das hintere
Längsband kann bei Frakturen der Wirbelkörper, falls er erhalten bleibt,
einen Schutz für das Rückenmark darstellen.

Betrachten wir die *Wirbelsäule als Ganzes,* so ist in mechanischer Hinsicht
vor allem auf die *physiologischen Krümmungen* hinzuweisen (vgl. Abb. 390).

Durch die zahlreichen und teilweise sehr kräftigen Bandverbindungen sind die einzelnen Teile der Wirbelsäule *zu einer sehr belastungsfähigen statischen Einheit verbunden.* Die mechanische Suffizienz der Wirbelsäule wird gesteigert durch die Umhüllung mit einem dicken Muskelpolster, wobei den einzelnen Muskeln noch eine Bedeutung für die aktive Aufrechterhaltung der normalen Beziehungen zwischen den Wirbeln zukommt.

Die Berücksichtigung des Baues der einzelnen Wirbel zeigt, daß die Struktur des *Wirbelkörperabschnitts* und die des Bogenteils mechanisch nicht gleichwertig sind (vgl. Abb. 385). Die Wirbelkörper weisen zum großen Teil spongiösen Bau auf, sie zeigen nur eine Verstärkung durch die zirkuläre Corticalis,

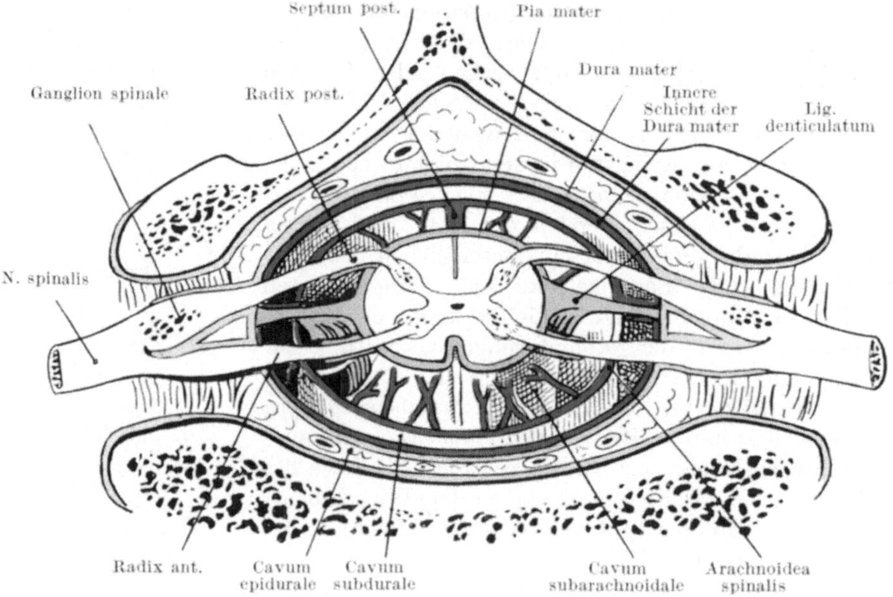

Abb. 391. Topographie des Wirbelkanals und seines Inhalts. (Nach CORNING.)

die besonders an den Stellen stärkster Einschnürung ausgeprägt ist. Ganz anders stellt sich der Bau der Wirbelsäule *in der Ebene der Gelenkfortsätze* dar. Hier haben wir vorwiegend aus starker Corticalis gebaute Bogenfortsätze, die sich durch Vermittlung dünner, überknorpelter Gelenkflächen zu zwei parallelen seitlichen Säulen übereinander lagern. *Sehr zutreffend hat deshalb* KOCHER *darauf hingewiesen, daß man die Wirbelsäule mit einem System von zwei Stäben vergleichen kann, deren vorderer — dargestellt durch die aufeinandergebauten Wirbelkörper — zwar ziemlich voluminös, aber relativ schwach, deren hinterer — repräsentiert durch die Zusammenfassung beider Gelenkfortsatzsäulen — erheblich dünner aber um so stärker gebaut ist.* Bei einer Kompression in der Längsachse bricht deshalb meist der vordere schwächere Stab zuerst. Über die Beziehungen des Rückenmarkes, seiner Nervenwurzeln, Hüllen und Gefäße zum knöchernen Wirbelkanal gibt Abb. 391 nach CORNING Auskunft.

Kapitel 2.

Die isolierten Kompressionsfrakturen der Wirbelkörper.

1. Entstehungsmechanismus und Pathologie.

Die isolierten Verletzungen der Wirbelkörper stellen sich, abgesehen von den Schußverletzungen, ausschließlich in Form der sog. *Kompressionsbrüche*

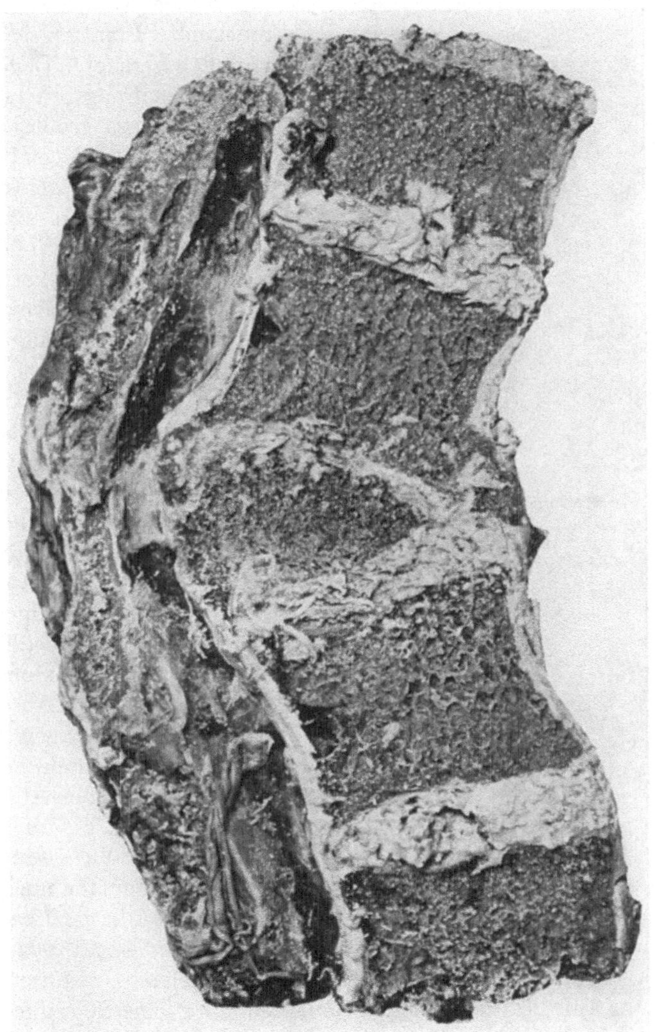

Abb. 392. Kompressionsfraktur eines unteren Brustwirbels mit keilförmiger Modellierung (Sammlung des pathologisch-anatomischen Institutes Bern.)

dar; sie entstehen, wie besonders die Untersuchungen von KOCHER gezeigt haben, durch Stauchung der Wirbelkörper in der Längsachse bei Fall auf Kopf, Nacken oder Gesäß und bei gewaltsamer Beugung des Rumpfes;

plötzliche, mit großer Kraft erfolgende aktive Beugung des Rumpfes kann namentlich bei alten Leuten mit porotischen Wirbelkörpern Frakturen hervorrufen oder solche begünstigen. Charakteristische Unfallereignisse, die zu Wirbelfrakturen führen, sind Sturz von der Leiter bei der Obsternte, Sturz vom Heuboden in die Tenne, Fall von Baugerüsten, Sturz mit dem Förderkorb bei Seilriß, Verschüttung durch Stein oder Kohle unter Tag, Prellung bei Automobilunfällen, Eindeckung durch Lawinen, Absturz im Gebirge. In seltenen Fällen sieht man Wirbelkompressionsbrüche infolge Zusammenbrechen unter einer schweren Last, falls die muskuläre Fixation der Wirbelsäule plötzlich versagt. Dagegen sind die sog. „Verhebungsbrüche" des 5. Lendenwirbels mit größter Vorsicht aufzunehmen, da sie meistens auf unzutreffender Interpretation der Röntgenbilder beruhen dürften. Eine typische Kompressionsfraktur mit keilförmiger Modellierung des 12. Brustwirbels habe ich als Folge gewaltsamer Rumpfbeugung beim Skilaufen gesehen. Der Grund, warum bei Einwirkung einer Gewalt in der Längsachse der Wirbelsäule beinahe ausschließlich die Wirbelkörper betroffen sind, liegt erstens darin, daß, wie in den anatomischen Vorbemerkungen ausgeführt wurde, der Körperteil der Wirbelsäule weniger widerstandsfähig ist als die Seitengelenkbogenteile. Ferner bedingt das Überwiegen der Flexionsmöglichkeit, sowie die große Ausdehnung der nach vorne konkaven Ausbuchtung der Brustwirbelsäule gegenüber den beiden lordotischen Abschnitten, daß den Gewalten, die ungefähr in der Richtung der Wirbelsäulenlängsachse einwirken, beinahe ausnahmslos eine Flexionskomponente zukommt. *Deshalb wird durch Stoß in der Längsrichtung die Wirbelsäule in der Mehrzahl der Fälle nach vorne zusammengeknickt.* Solange die Seitengelenkverbindungen genügend Widerstand leisten, resultiert eine hebelartige Wirkung auf die Wirbelkörper — Drehung um eine quer durch die Seitengelenke verlaufende Achse — *und es kommt nach Erschöpfung der Beugungsmöglichkeit zu der charakteristischen keilförmigen Kompressionsdeformation der spongiösen Wirbelkörper* (Abb. 392/393).

Bei Fall auf den Kopf entstehen in Übereinstimmung mit den Experimenten von Ménard und Féré vorwiegend Frakturen im Bereich der Halswirbelsäule und der oberen Brustwirbel (Abb. 414), während bei Fall auf das

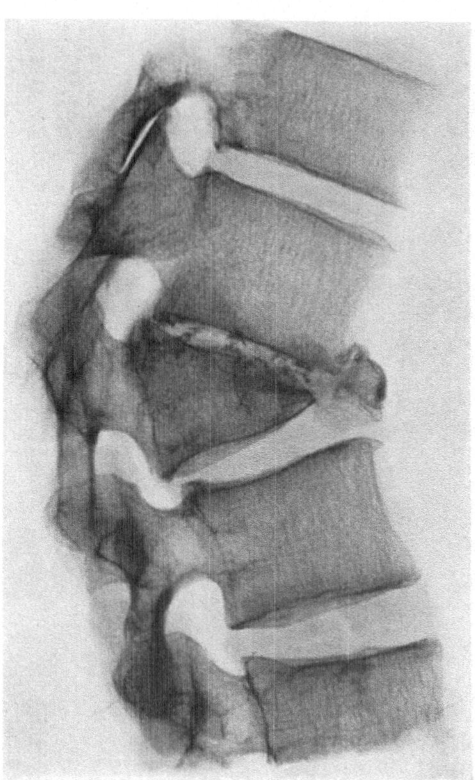

Abb. 393.
Röntgenogramm des Präparates Abb. 392; Abquetschung eines ventralen keilförmigen Fragmentes.

Gesäß in erster Linie die Lendenwirbel (Abb. 416) und die unteren Brustwirbel brechen.

Von entscheidendem Einfluß auf die Lokalisation der Kompressionsbrüche ist ferner der Grad der Beweglichkeit der verschiedenen Wirbelsäulenabschnitte im Sinne der Flexion, die gemäß vorstehenden Ausführungen über die Anatomie der Wirbelsäule von der Konfiguration und Orientierung der Seitengelenke abhängt. So sehen wir relativ selten Kompressionsfrakturen der Halswirbelsäule, weil hier jeder Achsenstoß vorwiegend beugende Wirkung erhält und deshalb zu Luxationen oder Luxationsfrakturen führt.

Kompressionsbrüche sind namentlich dort zu erwarten, wo der Vorwärtsbeugung infolge der reduzierten Flexionsmöglichkeit größerer Widerstand entgegensteht, so daß der Hauptteil der Gewalt im Sinne der Längskompression wirkt. Das ist besonders der Fall im Bereich der untersten Brust- und oberen Lendenwirbelsäule, wo die Vorwärtsbeugung nur bis zum Ausgleich der physiologischen Lordose geht. Die weitere Vorwärtsbeugung führt dann zu einer Hebelwirkung auf die Wirbelkörper und damit zu ihrer Kompression.

Eine Prädilektionsstelle für Kompressionsfrakturen ist ferner das obere Drittel der

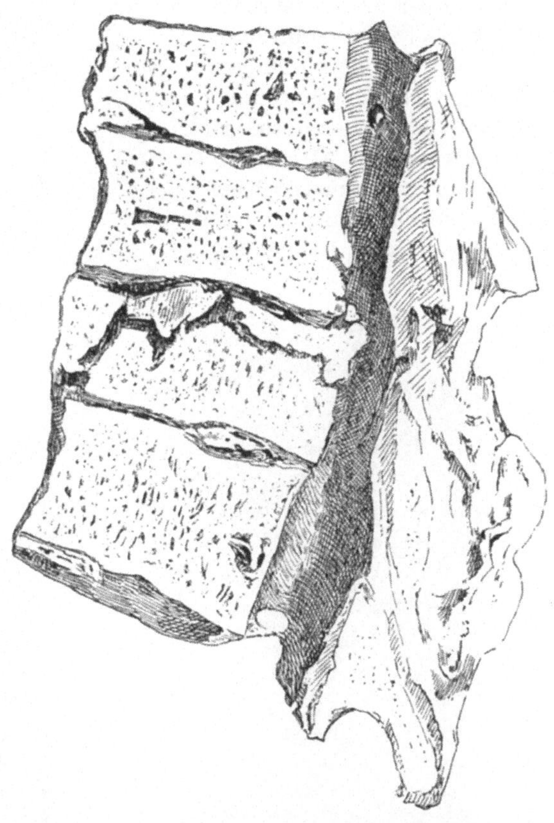

Abb. 394. Kompressionsfraktur eines Lendenwirbelkörpers in Form der Stückfraktur mit Dislokation eines Fragments nach dem Wirbelkanal. (Nach KOCHER.)

Brustwirbelsäule, und zwar findet sich nach den Feststellungen KOCHERs der 4. Brustwirbel am häufigsten betroffen, weil er bei Steigerung der Brustkyphose als Kuppenwirbel maximal beansprucht wird.

Dieser Entstehungsmechanismus der Kompressionsbrüche läßt es erklärlich erscheinen, daß sie meistens von Kontusion oder Zerquetschung der anliegenden Zwischenwirbelscheiben begleitet sind (Abb. 392/393), und daß wir gelegentlich isolierte Verletzungen der Bandscheiben sehen.

Anatomisch stellt sich die Kompressionsfraktur meistens als eine mehr oder weniger hochgradige keilförmige Modellierung des Wirbelkörpers dar, der ein Ganzes bildet und in seiner Masse einzelne Fragmente oder Bruchlinien nicht erkennen läßt. Charakteristisch ist jedoch für den Kompressionsbruch eines einzelnen Wirbelkörpers die Abquetschung eines ventralen keilförmigen Fragmentes (vgl. Abb. 392/393). In selteneren Fällen sieht man auch Abgrenzung eines hinteren Keilfragmentes, das nach dem Lumen des Wirbelkanals verschoben werden kann, oder die Bildung mehrerer Fragmente in Form der Stückfraktur (Abb. 394).

Ungewöhnlich ist die Einstauchung der Spongiosa hinter der vorderen Corticalis, so daß der nächst obere Wirbelkörper in den gebrochenen eingekeilt erscheint (Abb. 395).

Erfolgt die komprimierende Einwirkung nicht wie gewöhnlich streng in der Sagittalebene, so erfolgt die Eindrückung des Wirbelkörpers unsymmetrisch oder nur nach einer Seite; die Spitze des Keils sieht dann nach rechts oder links (Abb. 396).

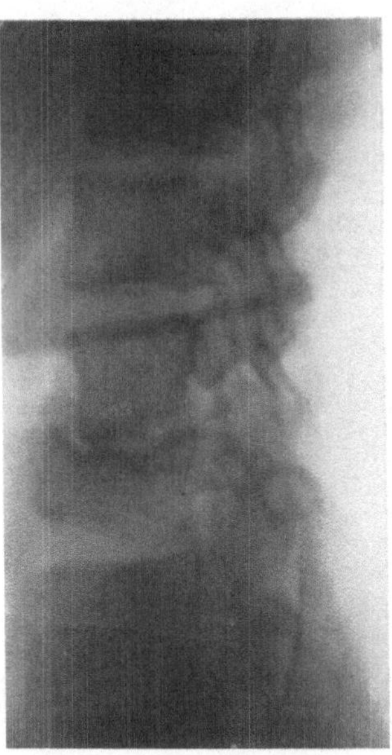

Abb. 395. Kompressionsfraktur eines Lendenwirbels mit Einstauchung hinter der vorderen Corticalis.

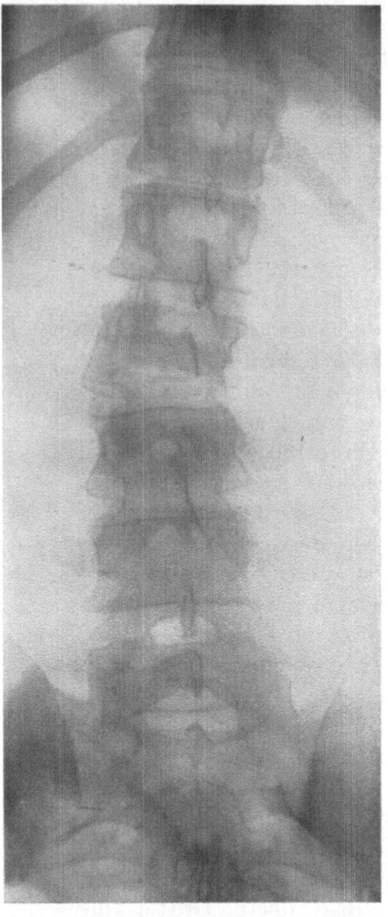

Abb. 396. Kompressionsfraktur des 2. Lendenwirbels mit seitlicher Abknickung; ventrodorsale Aufnahme.

Gelegentlich sind von der Kompressionsfraktur zwei bis drei benachbarte Wirbelkörper betroffen, wobei die zwischenliegenden Intervertebralscheiben gewöhnlich in größter Ausdehnung zerquetscht sind (Abb. 397/398a, b). Seltener wird gleichzeitige Kompressionsfraktur zweier voneinander entfernter Wirbel beobachtet. Bei Kindern unter 15 Jahren sieht man Kompressionsfrakturen nur ausnahmsweise.

Leichtere Grade von Kompression geben nur zu *Kontusion* der Wirbelkörper Anlaß, die sich zunächst im Röntgenogramm morphologisch nicht abhebt, jedoch zu sekundärer Deformierung des Corpus vertebrae führen kann.

2. Klinische Symptome und Verlauf.

Das Hauptsymptom der Kompressionsfrakturen der Wirbelkörper ist die *Stellungsanomalie*, die zu einer *Kyphose*, also zum Auftreten eines *Gibbus* führt (Abb. 399). Dieser Gibbus ist um so hochgradiger, je stärker die keilförmige

Abb. 397. Kompressionsfraktur, zwei Brustwirbelkörper betreffend, mit scharfkantiger Knickung der vorderen Wirbelkanalwand; völlige Zerquetschung der Intervertebralscheibe. (Sammlung des pathologisch-anatomischen Institutes Bern.)

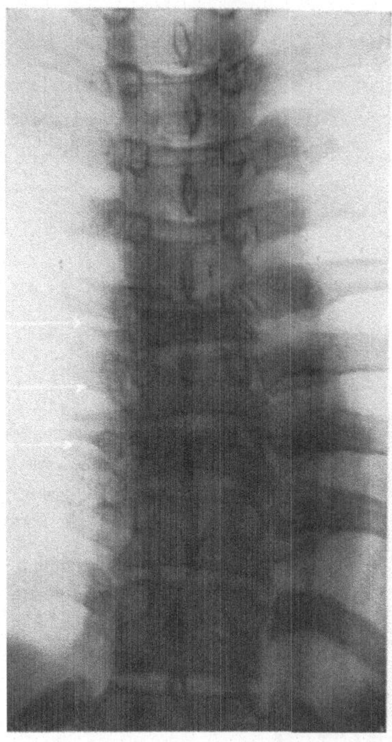

Abb. 398a. Kompressionsfraktur von drei
nebeneinanderliegenden Brustwirbeln.

Kompression des betroffenen Wirbelkörpers
ist (Abb. 393). Ferner macht sich die Kyphose
dann besonders geltend, wenn der komprimierte Wirbel im oberen Abschnitt der Brustwirbelsäule liegt, die schon normalerweise
eine ausgesprochene Konvexität nach hinten
aufweist (Abb. 390). Gehört dagegen der komprimierte Wirbel der Lendenwirbelsäule an,
die normalerweise lordotisch, d. h. nach vorne
konvex ist, so kommt es häufig nur zum
Ausgleich der physiologischen Lumballordose;
die Lendenwirbelsäule verläuft dann geradlinig. *Da wegen des Fehlens eines Gibbus die
Kompressionsfrakturen der Lendenwirbel häufig
nicht diagnostiziert werden, sei besonders darauf
hingewiesen, daß der Aufhebung der Lendenlordose diagnostisch die Bedeutung eines Gibbus
zukommt.* Dem Gibbus entspricht im seitlichen Röntgenogramm, d. h. bei Projektion
in der Frontalebene, stets eine verschieden
stark ausgeprägte keilförmige Modellierung
des komprimierten Wirbelkörpers, wie Abbildung 400 zeigt.

In der Regel führt die Kompressionsfraktur zu auffälligen *Funktionsstörungen.*
Die Patienten können sich meist nur mühsam aufrichten; Sitzen, Stehen
und Gehen sind erschwert. Es besteht ein ausgeprägtes Gefühl mangelhafter
Tragfähigkeit der Wirbelsäule, so
daß die Verletzten, wenn man sie
aufrichtet, passiv einsinken.

Mit Rücksicht auf die relativ
häufige Verkennung der Wirbelkompressionsfraktur ist jedoch zu beachten, daß die Tragfähigkeit der
Wirbelsäule trotz ausgeprägter Modellierung eines Wirbels gelegentlich
kaum leidet.

Bei Ausführung von Rumpfbe-
wegungen wird der betroffene Wirbel-
säulenabschnitt gewöhnlich steif
gehalten; auch bei passiver Reklination erweist sich die kyphotische
Partie als fixiert.

Die *Wirbeldorne* im Bereich der
Kyphose sind *auf Druck empfindlich,*
maximal gewöhnlich der Dorn des
gebrochenen Wirbels; auch die lokale
Erschütterung durch leichten Schlag

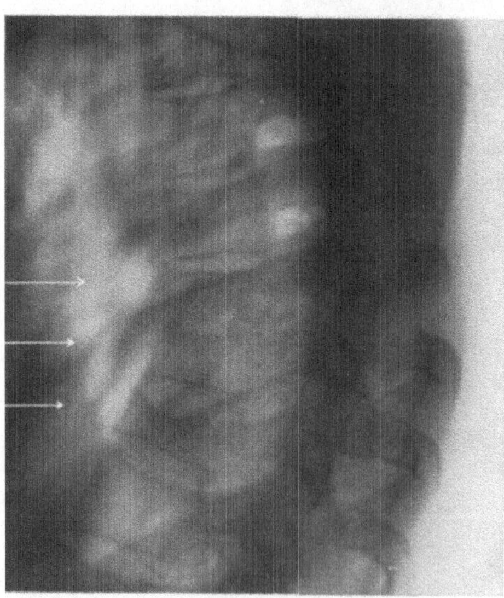

Abb. 398b. Seitenaufnahme zu Abb. 398a; klare
Darstellung der keilförmigen Kompression von drei
nebeneinanderliegenden Brustwirbelkörpern.

mit der Faust auf die Frakturstelle ruft Schmerzen hervor. Beinahe ausnahmslos lassen sich Schmerzen im Niveau des gebrochenen Wirbels durch stoßweise Belastung der Wirbelsäule vom Kopf und von den Schultern her auslösen. Fehlt dieser *Fernschmerz* bei achsengerechter Kompression der Wirbelsäule, so tritt er auf, wenn gleichzeitig leichte passive Rumpfbeugung erfolgt.

Bei hochgradiger keilförmiger Modellierung der Wirbelkörper ist infolge der Flexionsstellung des nächst oberen Wirbels eine *Diastase der Wirbeldorne* nachweisbar.

Bei Fraktur zweier nicht nebenein-

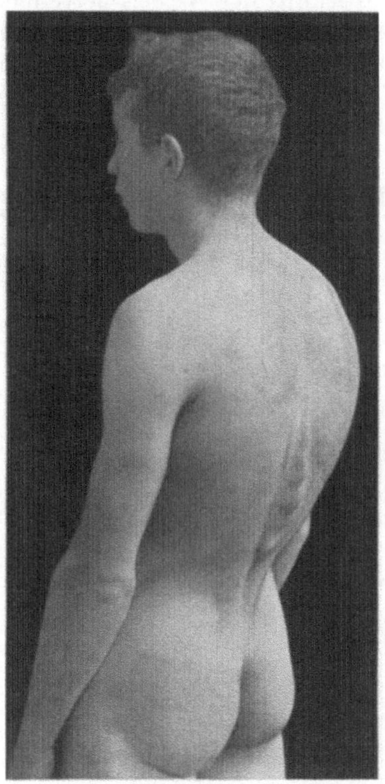

Abb. 399.
Gibbus infolge Kompressionsfraktur des 1. Lendenwirbels.

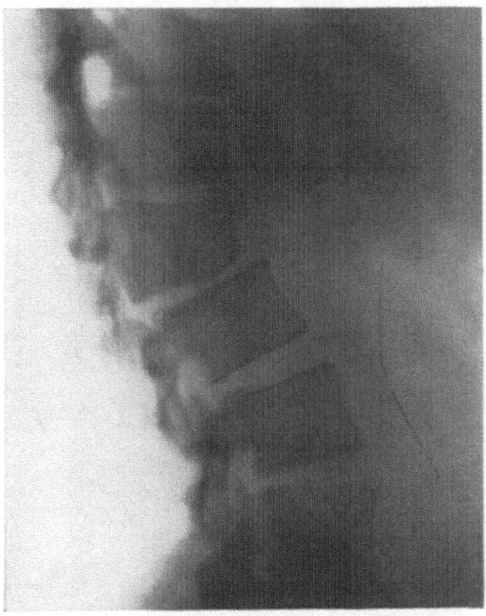

Abb. 400. Keilförmige Kompression des ersten Lendenwirbels; Röntgenbild zu dem in Abb. 399 wiedergegebenen äußeren Status.

anderliegender Wirbel wird die weniger schwere Fraktur zunächst gelegentlich übersehen (Guleke).

Subjektiv klagen die Verletzten gewöhnlich über dumpfe *Schmerzen* an der Frakturstelle, die gelegentlich mit Ausstrahlung nach oben und unten und mit *Gürtelschmerzen* kombiniert sind. Diese ausstrahlenden Schmerzen beruhen auf Kompression der Spinalnerven im Bereich der eingeengten Intervertebrallöcher, und werden deshalb vorwiegend bei Frakturen beobachtet, die auch den hinteren Abschnitt der Wirbelkörper betreffen. Sie können jedoch auch durch blutige Infiltration und reaktive Schwellung der Weichteile bedingt sein. Auch diese Schmerzen können trotz erheblicher Wirbelkompression fehlen.

Die seltene *isolierte Zerquetschung der Intervertebralscheiben* kann zu prinzipiell mit dem geschilderten Bilde übereinstimmenden Symptomen führen. Doch ist ein allfälliger Gibbus nur wenig ausgeprägt, und beruht wesentlich auf passiver Haltung. Gürtelschmerzen fehlen meistens.

Die sichere *Diagnose einer Kompressionsfraktur* sowohl wie auch einer *Zwischenscheibenverletzung* ist nur durch *Röntgenuntersuchung* zu stellen. *Entscheidend ist die Wirbelsäulenaufnahme in seitlicher Projektion*, die einzig zuverlässige Auskunft über eine rein sagittale keilförmige Modellierung eines Wirbelkörpers und über die Aufhebung oder Verschmälerung eines Intervertebralraumes gibt (vgl. Abb. 401 a u. b). Die ventro-dorsale Projektion läßt nicht sehr hochgradige oder nur den vorderen Abschnitt des Wirbels betreffende Kompression oft verkennen, weil in Rückenlage die hinteren Konturen der Wirbelkörper am schärfsten auf den Film projiziert werden. Erfahrungsgemäß können dem Nichtgeübten in

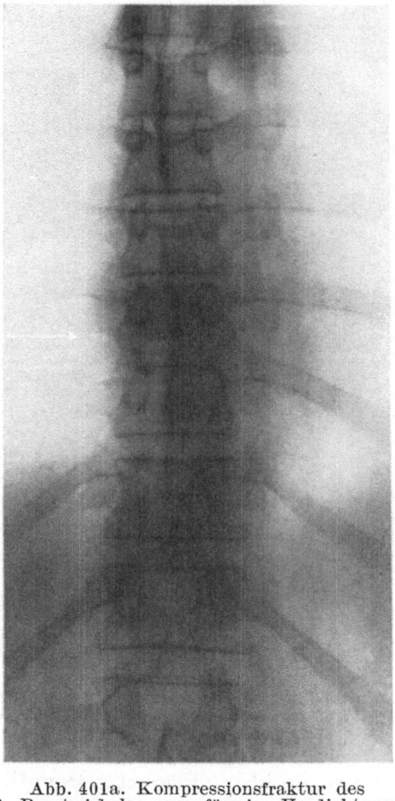

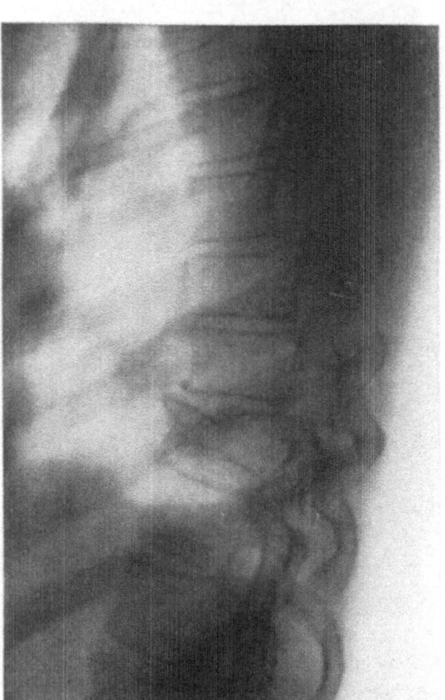

Abb. 401a. Kompressionsfraktur des
9. Brustwirbels; zonenförmige Verdichtung.

Abb. 401b. Seitenaufnahme zu Abb. 401a;
unregelmäßige keilförmige Modellierung des
komprimierten Wirbels.

ventro-dorsalen Aufnahmen auch hochgradige Kompressionen entgehen. Noch unzuverlässiger sind frontale Aufnahmen für die Darstellung der Zwischenwirbelräume, aus Gründen, die im Kapitel Röntgendiagnostik der Wirbelfrakturen auseinandergesetzt werden. Die physiologischen Schwankungen in der Dicke der Intervertebralscheiben sind zu berücksichtigen.

Gelegentlich ist die Kompressionsfraktur der Brustwirbelsäule von einer *Fraktur des Brustbeins* begleitet, die meistens in der Höhe des 2. Rippenansatzes an der Grenze zwischen Handgriff und Körper liegt (Abb. 468). Diese Brustbeinfrakturen entstehen durch Aufschlagen des Kinns, nach KOCHER auch durch Einwirkung der untern Rippen auf das Brustbein bei gewaltsamer Beugung des Rumpfes.

Differentialdiagnostisch kommt *bei alten Wirbelkompressionsfrakturen,* deren Anamnese nicht zweifellos feststeht, allfällig eine *ausgeheilte tuberkulöse Spondylitis* in Frage. Die periostale Knochenneubildung in Form spangenförmiger Brücken zwischen benachbarten Wirbelkörpern und die *Synostose* bis zur vollständigen *Blockbildung* bilden keine zuverlässigen Kriterien für die Unterscheidung alter Kompressionsfrakturen und ausgeheilter Spondylitiden. Entgegen der noch vertretenen Lehrmeinung wird auch bei tuberkulöser Spondylitis die Bildung von Exostosen und periostaler Knochenbrücken beobachtet. Im allgemeinen ist die Begrenzung der Zwischenwirbelscheiben bei tuberkulöser Spondylitis eine unregelmäßige; die Intervertebralscheiben sind gelegent-

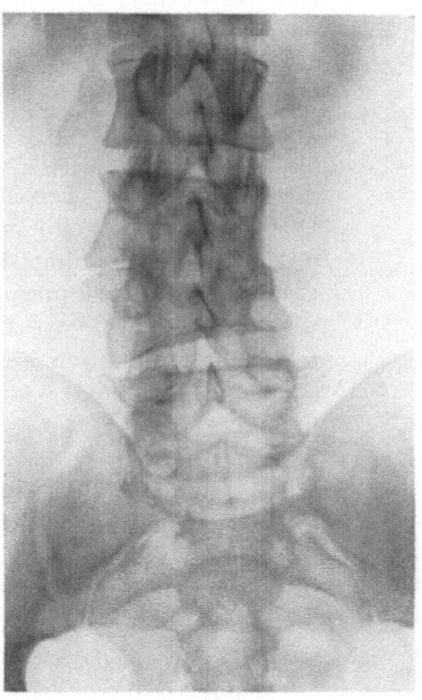

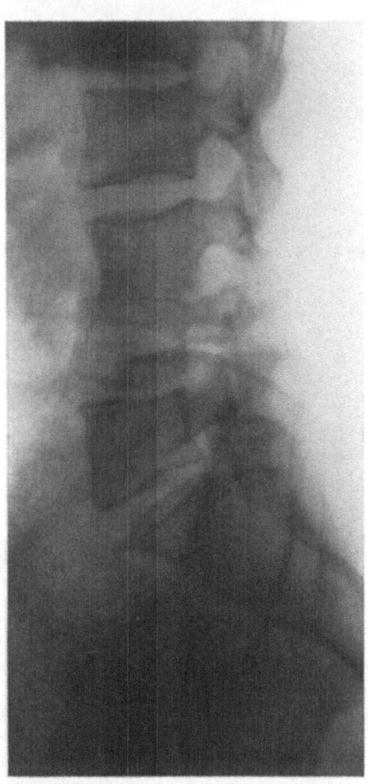

<table>
<tr>
<td style="text-align:center">Abb. 402a.
Synostose zweier Lendenwirbelkörper nach
Kompressionsfraktur.</td>
<td style="text-align:center">Abb. 402b. Synostose zweier Lendenwirbel nach
Kompressionsfraktur; Seitenaufnahme zu Abb.402a.
Das Röntgenogramm zeigt den Status von Fall
Abb. 395 nach 2³/₄ Jahren.</td>
</tr>
</table>

lich auch gänzlich zerstört, während sie bei frischen Kompressionsfrakturen oft erhalten sind. Von einer regelmäßigen vollständigen Erhaltung der Zwischenwirbelscheiben bei Kompressionsbrüchen kann jedoch nicht die Rede sein, wie eine Reihe unserer Präparate zeigen. Auch nach unvollständiger Zerquetschung der Intervertebralknorpel kann nachträglich eine vollständige Blockbildung zwischen den zwei anliegenden Wirbelkörpern erfolgen, wie aus Abb. 402a u. b hervorgeht. Das erklärt sich aus dem gelegentlichen Auftreten von *Kalkeinlagerungen im Bereich gequetschter Abschnitte der Zwischenwirbelscheiben* (Abb. 402 a u. b), die mit der Zeit auf größere Bezirke übergreifen können. Meist wird es jedoch gelingen, unter Heranziehung der Krankengeschichte und eines vollständigen

klinischen Status eine spondylitische Blockbildung von einer im Anschluß an
eine Kompressionsfraktur entstandenen Wirbelsynostose zu unterscheiden.

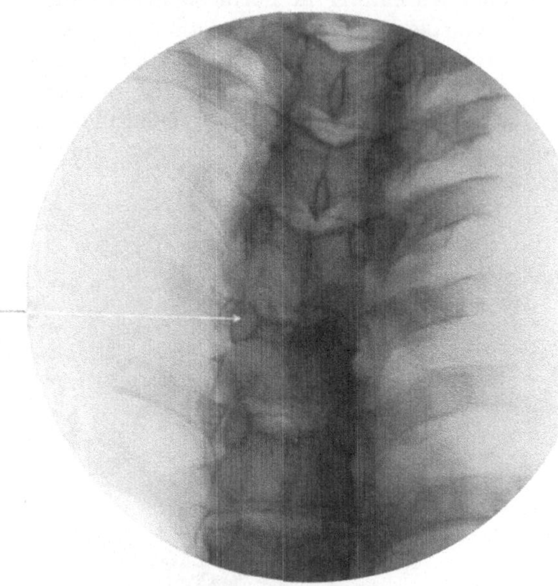

Abb. 403a. Kalkeinlagerung in der Zwischenwirbelscheibe nach
Kontusion mit leichter Stauchung eines Wirbelkörpers.

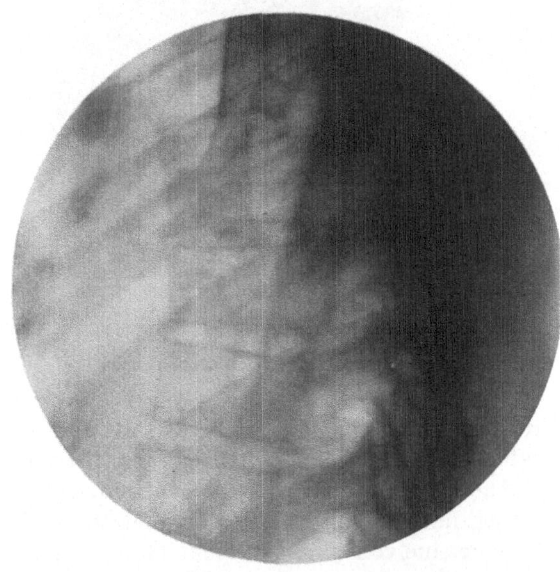

Abb. 403b. Seitenaufnahme zu Abb. 402a; Kalkeinlagerung in
der Bandscheibe. Leichte Stauchung der anliegenden Wirbelkörper mit ventralem Verschluß der Intervertebralfuge.

Bei der Mehrzahl der isolierten Wirbelkompressionsbrüche bleibt jede *Mitbeteiligung des Rückenmarkes* aus; doch können anscheinend belanglose Frakturen mit kaum angedeuteter Formveränderung des Wirbelkörpers von *Markverletzungen*, und zwar anfänglich von vollständigen Paraplegien begleitet sein. Das erklärt sich daraus, daß im Momente maximaler Beugung der Wirbelsäule eine hochgradige, zu *Kontusion des Markes* Anlaß gebende Dislokation vorliegen kann, die nach Erschöpfung der Gewalt zur Hauptsache wieder verschwindet. Bei fehlender Dislokation kann auch eine lokale, extra- oder intradurale *Blutung* Ursache der Markkompression sein.

In seltenen Fällen sieht man bei Kompressionsfrakturen primäre oder sekundär in Erscheinung tretende Markschädigung im Bereiche einer scharfen *Knickungskante* der vorderen Wirbelkanalwand. Auch *Calluswucherungen* oder sekundäre reparative *Bindegewebsneubildung* im Bereich der Meningen können zu sekundärer Kompression des Rückenmarkes Anlaß geben.

Nach einer Rundfrage Schmiedens wurden auf 3014 Wirbelkörperbrüche 1105 mit partieller oder totaler Marklähmung beobachtet, somit 36%; von diesen Lähmungen entfallen wohl nur eine geringe
Zahl auf isolierte Kompressionsfrakturen.

Der *Heilungsverlauf der Knochenverletzung* hängt in gewissem Ausmaße von der Behandlung ab. Soweit die Abknickung der Wirbelsäule durch hochgradige, keilförmige Modellierung eines Wirbelkörpers bedingt wird, ist sie insofern eine endgültige, als die kleinsten Spongiosateilchen zu einer festen Masse zusammengepreßt sind. Soweit jedoch Zerquetschung von Intervertebralscheiben an der Gibbusbildung mitwirkt, ist sie durch Entlastung und Reklination teilweise ausgleichbar. Bleiben diese Maßnahmen aus, so wird die Buckelbildung durch Anpassung von Bändern und Muskeln, bei gleichzeitiger Zerstörung der Intervertebralscheiben durch *Synostose* (Abb. 402) und *Callusbrücken* (Abb. 404) fixiert. Auch eine rein *fibröse Ankylose* des geschädigten Wirbelsäulenabschnittes kann zu einer absoluten werden. Die Heilung einer isolierten Wirbelkompressionsfraktur erfolgt im wesentlichen durch *endostalen Umbau*. Bei ausgedehnter Zerquetschung einer anliegenden Zwischenwirbelscheibe und Schädigung des benachbarten Wirbels können zwei, selten drei Wirbelkörper synostotisch zu einem großen keilförmigen *Blockwirbel* verschmelzen, wobei *periostale Calluswucherungen* nicht zu fehlen pflegen (Abb. 405). Auch isolierte Bandscheibenzertrümmerung gibt manchmal Anlaß zu knöcherner Verwachsung zweier Wirbel.

Isolierte periostale Callusbrücken bei erhaltener Zwischenwirbelscheibe setzen eine randständige Schädigung der entsprechenden Intervertebralscheibe voraus (Abb. 404).

Infolge der soliden Spongiosaeinkeilung ist die Keilform eines komprimierten Wirbels meistens eine definitive. Bei unvollständigen Kompressionen, die nicht zu Bildung eines spitzwinkligen Keils geführt haben, *kann jedoch während*

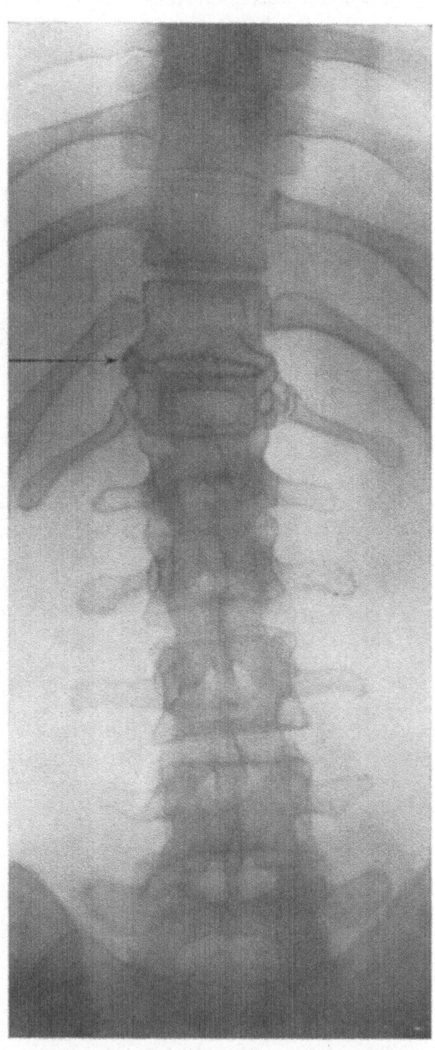

Abb. 404. Geheilte Kompressionsfraktur des 12. Thorakalwirbels, 8 Jahre nach der Verletzung, ventrodorsale Aufnahme; periostale Callusbrücken.

des endostalen Umbaues bei ungenügender Entlastung die keilförmige Modellierung zunehmen. Eine sekundäre Deformierung eines oder mehrerer komprimierter Wirbel kann auch nach mehreren Monaten erst auftreten, solange noch kein endgültiger Umbau oder keine zuverlässige Abstützung durch periostale Knochenbrücken stattgefunden haben. Eine derartige *nachträgliche Zunahme einer Wirbelsäulenknickung* ist meist begleitet von *lokalen Schmerzen, Intercostal-*

oder *Gürtelneuralgien* und zunehmender *Wirbelsäuleninsuffizienz*, gelegentlich auch von Lähmungen. Dieses nach kürzerem oder längerem Intervall in Erscheinung tretende Krankheitsbild, das nur selten von Erscheinungen einer sekundären Markschädigung begleitet ist, entspricht der von SCHEDE und

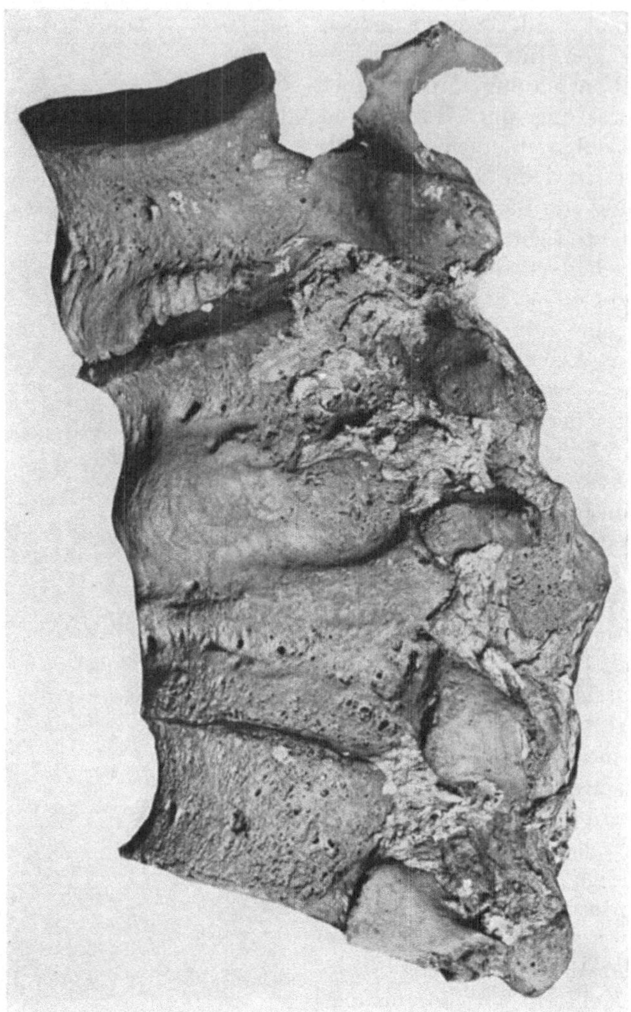

Abb. 405. Synostose dreier Wirbelkörper infolge Kompressionsfraktur.
(Sammlung des pathologisch-anatomischen Institutes Bern.)

KÜMMEL beschriebenen *Spondylitis traumatica*, an deren Vorkommen auch nach meinen Erfahrungen nicht zu zweifeln ist, wenn sie auch selten beobachtet wird. *Maßgebend für die Diagnose ist der röntgenographische Nachweis einer nachträglichen zunehmenden Deformierung der gebrochenen Wirbelkörper.* Anatomisch dürfte es sich um *mangelhafte endostale „Callusbildung"*, um sekundäre *rarefizierende Ostitis* oder um Spondylomalacie handeln; es liegt nahe, diese sekundäre Knochenerweichung mit der traumatisch ausgelösten Atrophie der

Extremitätenknochen in Parallele zu setzen. *Bei der nachträglichen Wirbeldeformierung spielt unzweckmäßige, zu frühzeitige und zu starke Belastung der Wirbelsäule eine bedeutungsvolle Rolle.*

Die traumatische Spondylitis beruht stets auf einer Wirbelfraktur, wobei zu beachten ist, daß schwere Kompressionsschädigungen der Spongiosa vorliegen können, ohne daß sogleich eine nennenswerte Formveränderung des Wirbelkörpers in Erscheinung tritt.

Kapitel 3.

Isolierte Brüche der Wirbeldorne, der Wirbelbogen sowie der Gelenk- und Querfortsätze.

Während die Frakturen der Wirbelbogen und ihrer Fortsätze in Begleitung von Totalluxationsfrakturen recht oft beobachtet werden, treten sie als isolierte Verletzungen relativ selten ein.

Frakturen der Dornfortsätze kommen vor allem zustande durch *direkt einwirkende Gewalten* bei Fall auf den Rücken gegen einen vorragenden Gegenstand, oder durch Schlag und Stoß; deshalb sind diese Brüche, die oft mehrere benachbarte Dorne betreffen, gelegentlich von komplizierenden Verletzungen der bedeckenden Weichteile begleitet. Das häufige Vorkommen der Dornfrakturen im Bereiche der Brustwirbelsäule beruht wohl in erster Linie auf der Vorragung der mittleren Brustwirbeldorne nach hinten, entsprechend der physiologischen Kyphose der Brustwirbelsäule, im besonderen jedoch auf der dachziegelförmigen Überlagerung der steil nach abwärts verlaufenden Brustwirbeldorne, die sich bei Rückwärtsbeugung der Wirbelsäule gegeneinander stemmen und so durch Biegung gebrochen werden können.

Daneben kennen wir auch *Dornfortsatzbrüche infolge Muskelzug.* Sie betreffen mit Vorliebe den 7. Halswirbel sowie die drei obersten Brustwirbeldorne. Die *Abrißfraktur* erfolgt beim Heben einer schweren Last oder beim Emporschwingen einer beladenen Schaufel; es liegt deshalb nahe, anzunehmen, daß der Abriß durch einen die Fixation des Schulterblattes bewirkenden Muskel bewirkt wird. In Betracht kommen in erster Linie die steil an der Wirbelsäule ansetzenden, nämlich die M. *Rhomboidei* und der *Serratus posterior superior,* während die ziemlich flach verlaufende Portion des *Trapezius* wohl nur in untergeordneter Weise mitwirkt. Entsprechend der Zugrichtung wird der an seiner dünnsten Stelle, d. h. etwas entfernt vom Bogenansatz, abgebrochene Dorn nach unten disloziert.

Die Dornfortsatzfraktur bewirkt heftige, bei Entstehung durch Muskelzug streng lokalisierte *Schmerzen;* der spontan und auf Druck maximal schmerzhafte Punkt entspricht dem abgebrochenen Dornfortsatz. Lokale Schwellung und Blutunterlaufungen sieht man wesentlich nur bei direkten Dornfrakturen. Dagegen fällt oft schon bei der Inspektion, besonders wenn man die Patienten den Kopf vornüberbeugen läßt, eine *Vergrößerung* der *Distanz* zwischen dem abgebrochenen, nach unten dislozierten, und dem nächst oberen Dornfortsatz auf. Der Nachweis *falscher Beweglichkeit* gelingt kurz nach der Verletzung meist deutlich; gelegentlich entsteht bei dieser Untersuchung auch *Crepitation.*

Das gelegentliche Ausbleiben einer Dislokation erklärt sich aus der Umscheidung der Wirbeldorne durch die langen Rückenmuskeln sowie aus den

innigen Bandverbindungen; auch sind die Frakturen manchmal teilweise subperiostale. Der *röntgenologische Nachweis* einer Dornfortsatzfraktur gelingt bei
der Unmöglichkeit einer Seitenaufnahme für die obersten Brustwirbeldorne
nur dann, wenn eine Verschiebung des Dornfragmentes nach abwärts stattgefunden hat. In solchen Fällen sieht man auf ventrodorsalen Aufnahmen
sowohl die Verlagerung des Dornfragmentes nach unten und nach der Seite
als auch die Konturen der Abbruchfläche.

Dornbrüche im Bereiche der Halswirbelsäule lassen sich in seitlicher,

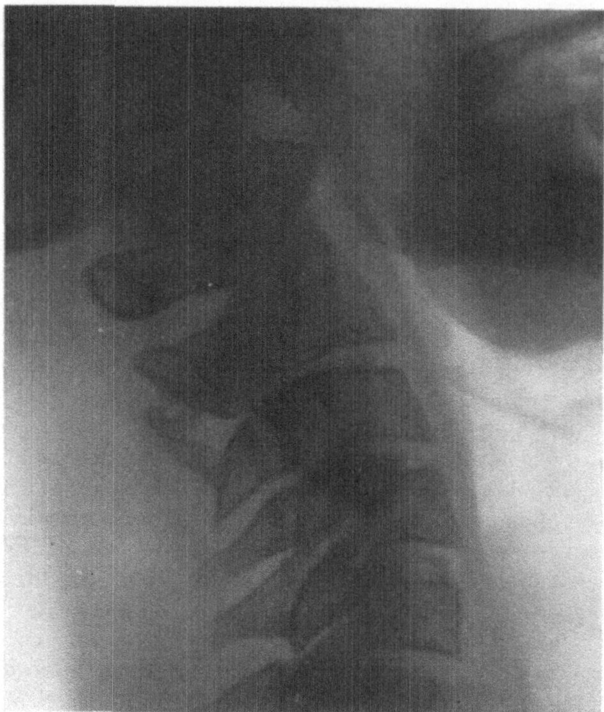

Abb. 406. Fraktur des 2. Wirbeldorns, durch direktes Trauma entstanden.

frontaler Projektion sehr leicht darstellen (Abb. 406), bei guter Technik auch
solche im Bereiche der unteren Brust- sowie der Lendenwirbelsäule.

Längsspaltung eines Dorns kann vorgetäuscht werden durch schräge Projektion eines stark gegabelten Halswirbeldorns.

Eine dauernde Bedeutung kommt den Frakturen der Dornfortsätze nicht
zu, auch wenn infolge starker Dislokation der abgebrochene Fortsatz nicht
solid knöchern wieder anheilen sollte; denn auch in letzterem Falle dürfte in
4—6 Wochen meist vollständige funktionelle Heilung zu erzielen sein. Begleitende Verletzungen des Rückenmarkes sieht man bei Dornfortsatzbrüchen
nur, wenn gleichzeitig der betreffende Wirbelbogen von der Verletzung betroffen ist.

Brüche der Wirbelbogen entstehen, wenn wir von den Schußverletzungen
absehen, gewöhnlich durch Gewalten, die den Dornfortsatz treffen. So kann
der Wirbelbogen zu beiden Seiten des Dornansatzes brechen, und das mittlere,

den Dornfortsatz tragende Fragment wird dann nach dem Wirbelkanal hin disloziert. Eine *Markläsion*, wenn auch nur partieller Art, ist in derartigen Fällen die Regel. Weniger gefährlich sind Bogenfrakturen, die nur die eine Seite des Bogens betreffen. Die relative Seltenheit der isolierten Wirbelbogenfrakturen erklärt sich aus dem soliden Bau dieser sehr biegungsfesten Bogenelemente, sowie aus ihrer geschützten Lage. Breit angreifende Gewalten führen zu Frakturen mehrerer nebeneinander liegender Bogen. Die *Halswirbelsäule erscheint als Prädilektionsstelle für die Wirbelbogenbrüche*; das mag einmal mit der geringeren Mächtigkeit des schützenden Muskelpolsters zusammenhängen, ferner mit der viel intensiveren Beanspruchung der oberen Halswirbelbogen auf Zug bei gewaltsamer Flexion der Halswirbelsäule. So sind *Bogenbrüche am Atlas und Epistropheus* beobachtet, meistens verbunden mit schwerer, rasch tödlich wirkender Läsion des Rückenmarkes.

Die *Diagnose der Bogenfrakturen* wird neben den Lokalsymptomen, wie man sie bei Dornfrakturen sieht, vor allem durch gute *Röntgenaufnahmen* — Verschiebung der Dorne im seitlichen Bild — und durch lokalisierbare Markläsionen, die namentlich die dorsalen Abschnitte des Rückenmarkes, also die sensiblen Bahnen betreffen, sichergestellt. Die *Heilung* der Bogenfrakturen erfolgt meist ungestört und solid; doch können Calluswucherungen zu sekundären Markkompressionsschädigungen führen.

Isolierte Brüche der Gelenkfortsätze sind seltene Ereignisse. Sie entstehen durch den gleichen Mechanismus, wie die ein- oder doppelseitigen Luxationen und machen auch, abgesehen von der eigentlichen Verschiebung, die gleichen Symptome wie die Luxationen. Das auffälligste Zeichen ist bei einseitigen Gelenkfortsatzbrüchen der Halswirbel die *Zwangshaltung des Kopfes* in Form der bekannten Torticollis-Stellung. Im ventro-dorsalen Röntgenogramm fällt meist eine ausgeprägte Schiefstellung des lädierten, bzw. des oberen der beiden geschädigten Wirbel auf. In klaren Seitenaufnahmen sieht man eine Störung der charakteristischen Zeichnung der schrägen, parallel verlaufenden Seitengelenkspalten (vgl. Abb. 429); manchmal ist auch die Fraktur morphologisch erkennbar.

Ludloff beschreibt auf Grund von Röntgenbefunden *Frakturen der oberen Gelenkfortsätze des Kreuzbeins* infolge übermäßiger Flexion und Extension. Im ersteren Falle kann gleichzeitig eine Zerquetschung der lumbosakralen Bandscheibe vorliegen, mit nachfolgender Ausbildung einer Synostose. Ist der fünfte Lendenwirbel dabei nach vorne verschoben, so entsteht neben leichter Kyphose eine erhebliche Verengerung des Foramen intervertebrale, die zu heftigen Neuralgien, seltener zu motorischer Lähmung Anlaß geben kann.

Besondere Erwähnung verdient noch die *isolierte Fraktur des Epistropheuszahnes*. Diese entsteht durch den gleichen Mechanismus wie die Totalluxation des Atlas nach vorne, also im wesentlichen durch forcierte Beugung des Kopfes. Häufig ist deshalb auch die Fraktur des Epistropheuszahnes mit Luxation des Atlas verbunden. Auch wo die Luxation nicht eintritt, verliert der Kopf seinen normalen Halt und hat die Tendenz, nach vorne zu sinken. Die Fraktur erfolgt gewöhnlich im Bereiche des Zahnhalses. Ist sie nicht von Luxation begleitet, so braucht eine Markläsion nicht einzutreten. Der Zahn kann wieder knöchern anheilen, wie einwandfreie Sektionsbefunde beweisen. Ist die Fraktur des Zahnes mit einer Luxation des Atlas verbunden, so tritt in den meisten

Fällen sofort Exitus infolge Querläsion des Halsmarkes ein. Die Marksymptome können sich auch erst sekundär, und zwar noch nach Monaten, einstellen, wie andererseits von Anfang an bestehende Marksymptome gelegentlich spontan oder unter der Behandlung zurückgehen.

Isolierte Frakturen der Querfortsätze kommen beinahe ausschließlich an der Lendenwirbelsäule zur Beobachtung; sie entstehen meist durch Zug der an ihnen entspringenden Muskeln, des Psoas und Quadratus lumborum, seltener durch direkte Gewalteinwirkung, und können im letzteren Falle von Haut- und Muskelwunden begleitet sein.

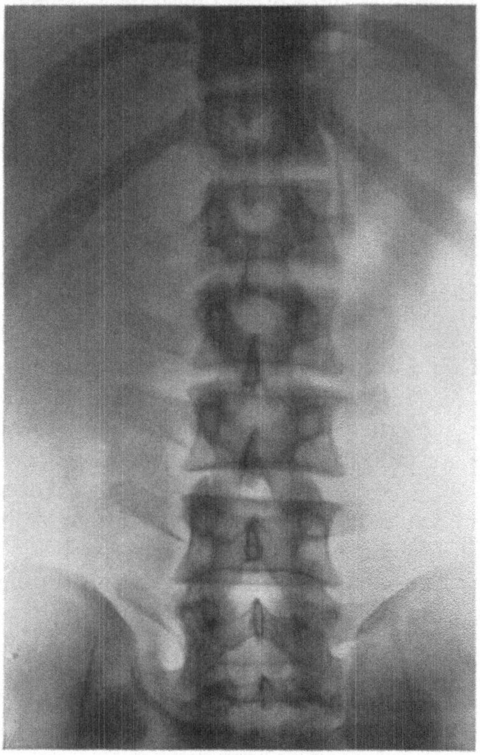

Neben Brüchen einzelner Querfortsätze sieht man Frakturen mehrerer aufeinanderfolgender, in Form sog. *Serienfrakturen* (Abb. 407). Die Bruchebene verläuft meist quer oder leicht schräg in der Nähe der Basis. Bei rudimentären Lendenrippen, die gewöhnlich doppelseitig und nur an den obersten zwei Lendenwirbeln angelegt sind, ist eine Verwechslung mit dem Projektionsbild der Gelenkfacetten zu vermeiden. Auch die Grenzlinie des Psoas kann eine Querfortsatzfraktur vortäuschen.

Das *Symptomenbild* ist charakterisiert durch Schmerzen bei Bewegungen, namentlich bei Rumpfbeugung nach der gesunden Seite, Schmerzen bei Hebung und isolierter Belastung des Beins der verletzten Seite und durch lokalisierte Druckempfindlichkeit vom Rücken und vom Bauche her. Frakturen der obersten Querfortsätze können zu Zwerchfellschmerzen bei der Atmung Anlaß geben.

Abb. 407. Serienfraktur aller rechtseitiger Lendenwirbel-Querfortsätze durch Muskelzug bei Fall aus 4 m Höhe auf einem Zementboden.

Das TRENDELENBURGsche *Symptom ist positiv,* d. h. wenn man den Patienten auffordert, auf das der Frakturseite entsprechende Bein zu stehen, so sinkt das Becken auf der gesunden Seite nach unten. Nach HOFMANN konstatiert man, falls mehrere Querfortsätze gebrochen sind, bei Rumpfbeugung eine *Abflachung des sakro-lumbalen Muskelwulstes der betroffenen Seite,* was darauf beruht, daß der Muskelstrang den normalerweise durch die Querfortsätze gegebenen Halt verliert und deshalb vom Bogen zur Sehne abweicht. Die Fraktur der Querfortsätze ist manchmal von *retroperitonealen Blutergüssen* begleitet, wodurch *peritoneale Reizerscheinungen* und *Symptome von paralytischem Ileus* hervorgerufen werden können. Die sichere Feststellung der Querfortsatzfrakturen kann nur durch die *Röntgenaufnahme* geschehen.

Kapitel 4.

Totalluxationsfrakturen (Totalluxationen mit Kompressionsfraktur, Schrägfraktur oder Kompressionsschrägfraktur der Wirbelkörper).

1. Entstehungsmechanismus und Pathologie.

Gegenüber den isolierten Wirbelverletzungen, von denen nur einzelne Teile des Wirbels betroffen sind, unterscheidet man nach dem Vorgehen KOCHERS zweckmäßig als besondere Gruppe die *Totalluxationsfrakturen*. Diese kommen

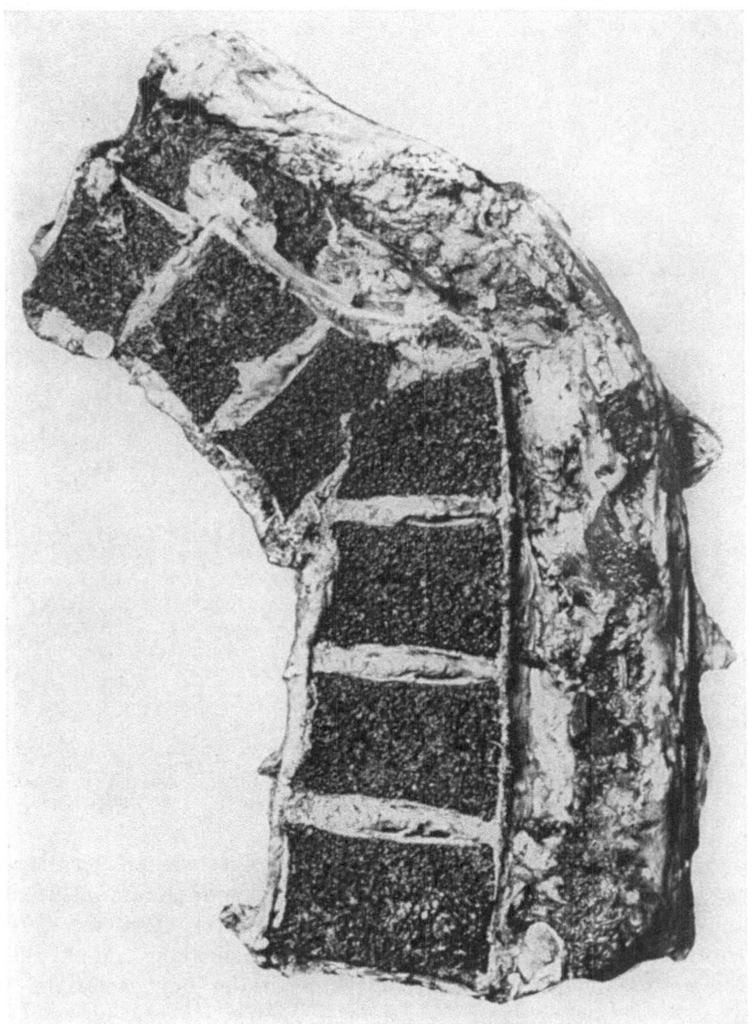

Abb. 408. Totale Luxationsschrägfraktur, zwei Wirbel betreffend. (Sammlung des pathologisch-anatomischen Institutes Bern.)

dann zustande, wenn die Verbindungen der Seitengelenke der einwirkenden Gewalt nicht stand halten.

Wie wir gesehen haben, sind die Bewegungsmöglichkeiten zwischen den einzelnen Wirbeln in den verschiedenen Abschnitten der Wirbelsäule sehr verschiedene. Für die *Genese der Totalluxationsfrakturen* kommt namentlich die Exkursionsmöglichkeit im Sinne der Beugung nach vorne in Betracht.

Abb. 409. Totale Luxationskompressionsfraktur, den 11./12. Brustwirbel betreffend. (Sammlung des pathologisch-anatomischen Institutes Bern.)

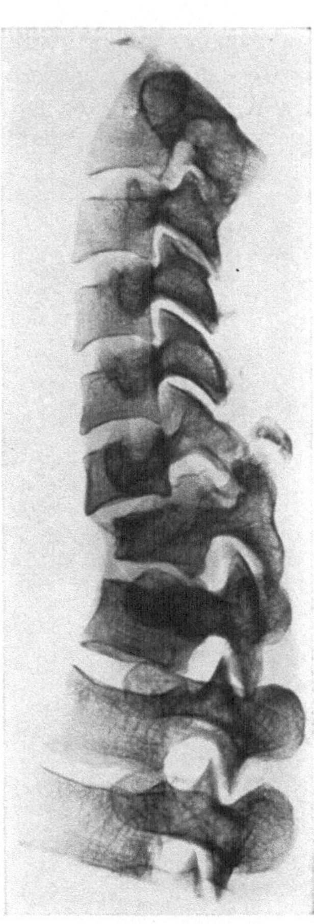

Abb. 410. Röntgenogramm von Präparat Abb. 409. Vom Dorne des luxierten 11. Brustwirbels ist die Spitze abgerissen.

Wo die Beugung nach vorne sehr ausgedehnt erfolgt, wie an der Halswirbelsäule, setzt sich die von oben und hinten einwirkende Kraft größtenteils in *Flexion* um, und wir *sehen deshalb Totalluxationen vor allem im Bereich der obersten Halswirbel.* Mit abnehmender Flexionsmöglichkeit nimmt die *Kompressionskomponente*, d. h. die Gewalteinwirkung in der Längsachse der Wirbelkörper zu, und *wir sehen dann die Luxation beider Seitengelenke begleitet von Frakturen der Wirbelkörper.*

Diese Frakturen stellen sich wesentlich in zwei wohl charakterisierten Formen dar, nämlich in Form der *Kompressionsfraktur*, sowie in Form der *Schrägfraktur*. Je größer die Beweglichkeit eines Wirbelsäulenabschnittes im Sinne der Beugung ist, desto später ·kommt es bei Gewalteinwirkung in der Wirbelsäulenachse zu Kompression der Wirbelkörper; zudem ist diese Kompression infolge der

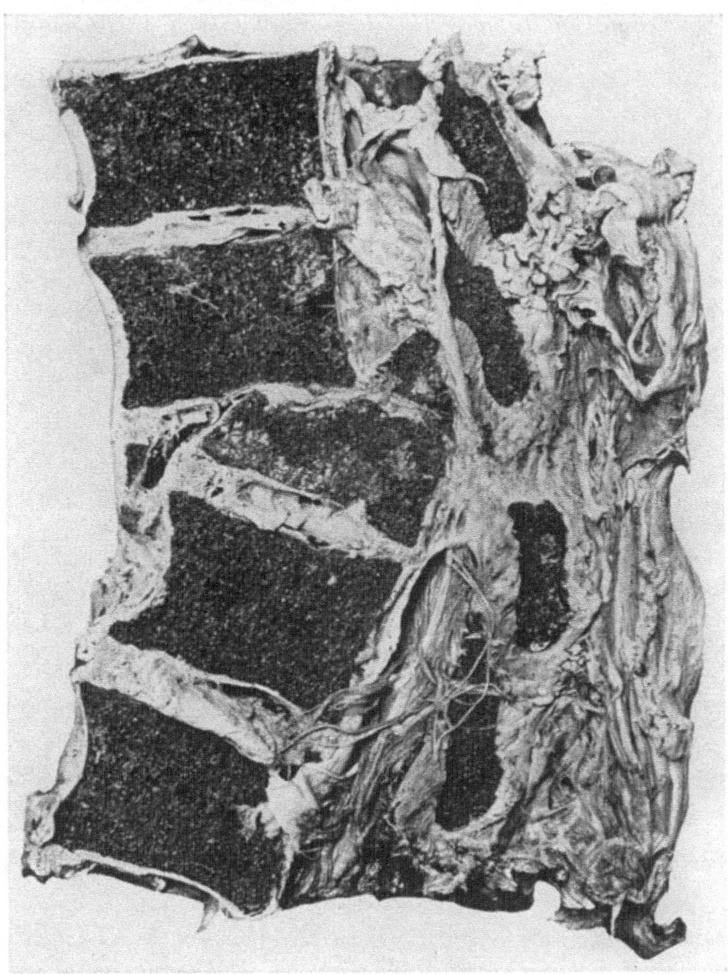

Abb. 411. Totale Luxationskompressionsschrägfraktur des 1. Lendenwirbels. (Sammlung des pathologisch-anatomischen Institutes Bern.)

erheblichen Flexionsbewegung mit schräger Schubwirkung verbunden. Deshalb sehen wir in Wirbelsäulenabschnitten mit großer Beugungsexkursion Luxationsschrägfrakturen (Abb. 408), in Abschnitten mit beschränkter Beugungsmöglichkeit öfters Luxationskompressionsfrakturen (Abb. 409/410). Die Luxationsschrägfrakturen betreffen gelegentlich die hintere Kante des luxierten und die vordere Kante des nächstfolgenden Wirbels (Abb. 408).

Von der Kompressionsfraktur werden oft zwei, seltener drei benachbarte Wirbel betroffen. Lassen die gebrochenen Wirbel neben der ausgedehnten Zertrümmerung noch schräg verlaufende Frakturebenen erkennen, so kann man mit KOCHER von *Luxationskompressionsschrägfrakturen* sprechen (s. Abb. 411/412). Häufig tritt an Stelle der reinen Seitengelenkluxation die Fraktur eines oder beider Seitengelenkfortsätze.

Daß diese Auffassung von der Genese der verschiedenen Formen von „Totalverletzung" der Wirbel zutrifft, ergibt sich u. a. aus der Zusammenstellung KOCHERs über die *Prädilektionsstellen der verschiedenen Verletzungstypen.*

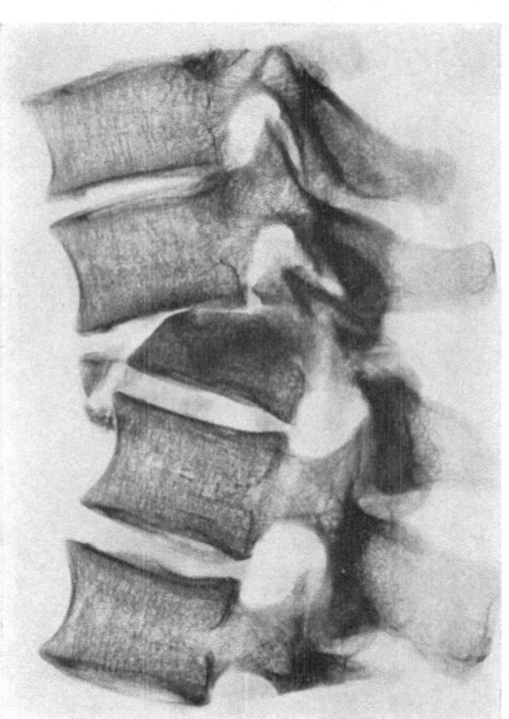

Abb. 412. Röntgenogramm von Präparat Abb. 411.

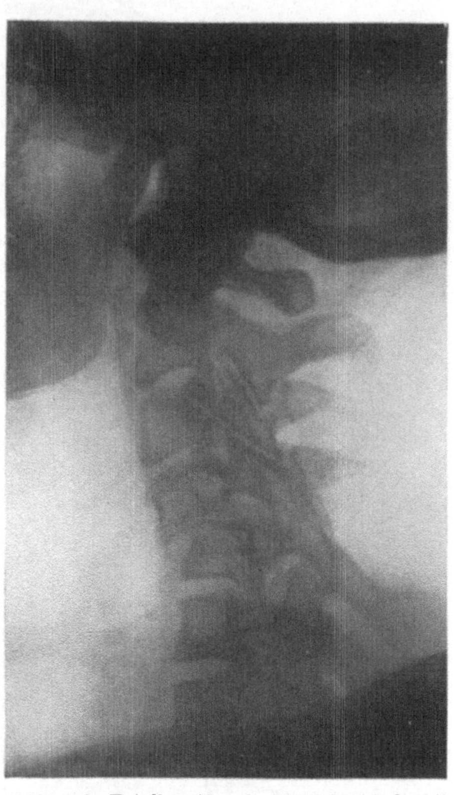

Abb. 413. Totalluxation des 4. Halswirbels mit Kompression des 5. Halswirbelkörpers.

Die obersten Halswirbel sind vorwiegend betroffen von Distorsionen, isolierten einseitigen Luxationen nach vorne und von der Totalluxationsfraktur zwischen Atlas und Epistropheus mit Abbruch des Epistropheuszahnes.

Die untere Halswirbelsäule ist Hauptsitz der Totalluxation und der Totalluxationsschrägfrakturen in der Form, daß die hintere-untere Kante des oberen und die vordere-obere Kante des unteren Wirbels abgeschert ist. Bedeutend weniger häufig sind an dieser Stelle die Luxationskompressionsfrakturen (Abb. 413).

Recht selten sieht man an den untersten Halswirbeln isolierte, unkomplizierte Kompressionsbrüche; das seitliche Röntgenogramm einer solchen Verletzung mit völliger Aufhebung des Zwischenwirbelraumes gibt Abb. 414 wieder.

An den oberen Brustwirbeln finden wir am häufigsten Luxationsschrägfrakturen, ferner in absteigender Frequenz isolierte Kompressionsfrakturen der Körper sowie Luxationskompressionsfrakturen. Die untere Brustwirbelsäule ist vor allem

Sitz der Luxationskompressionsfrakturen (Abb. 409 u. 410). *Daneben finden sich hier Luxationsschrägfrakturen* und seltener isolierte Kompressionsfrakturen (Abb. 415a u. b).

Die Lendenwirbelsäule stellt nach KOCHER *die Prädilektionsstelle für die reinen isolierten Kompressionsfrakturen dar, neben denen man noch Luxationskom-*

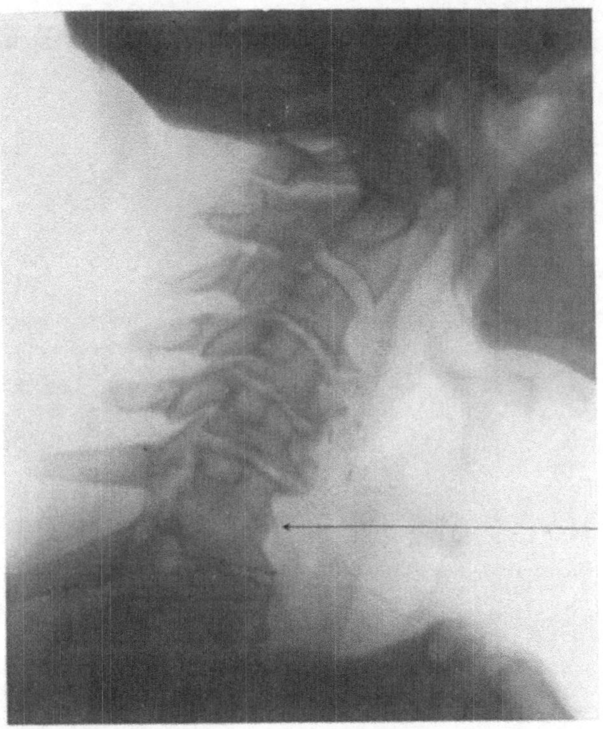

Abb. 414. Kompressionsfraktur des 6. und 7. Halswirbels mit völliger Aufhebung des Zwischenwirbelraumes; die Unregelmäßigkeiten in der Kontur- und Strukturzeichnung des 3., 4. und 5. Halswirbelkörpers entsprechen Altersveränderungen.

pressionsfrakturen (Abb. 411 u. 412) *beobachtet. Am häufigsten ist der erste Lendenwirbel betroffen, anschließend der zweite und dritte* (Abb. 416a u. b).

2. Symptomatologie.

Während bei den sog. isolierten partiellen Wirbelfrakturen Marksymptome häufig fehlen, ist bei den *Totalluxationsfrakturen beinahe ausnahmslos eine Rückenmarkläsion vorhanden, die von Anfang an das Symptomenbild beherrscht und deshalb im Vordergrund des Interesses steht.* Die Art der Markläsion gestattet, wie wir sehen werden, den Sitz der Knochenverletzung festzustellen, ohne daß man die Wirbelsäule direkt untersucht. Bei partieller Markverletzung liegt die Gefahr vor, daß durch unvorsichtige Untersuchungsmaßnahmen die Markschädigung verschlimmert wird. *Deshalb ist die eingehende klinische Diagnostik der Knochenverletzung bei den Totalluxationsfrakturen, wie übrigens bei jeder Wirbelverletzung, nur mit größter Vorsicht und unter Vermeidung aller brüsken Umlagerungen des Körpers vorzunehmen.*

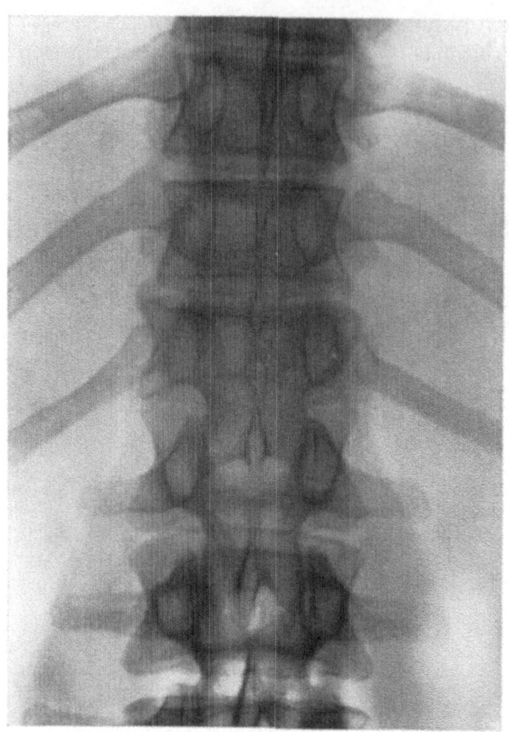

Abb. 415a. Kompressionsfraktur des 12. Brustwirbels;
Verschmälerung und Verdichtung des Wirbelkörpers.

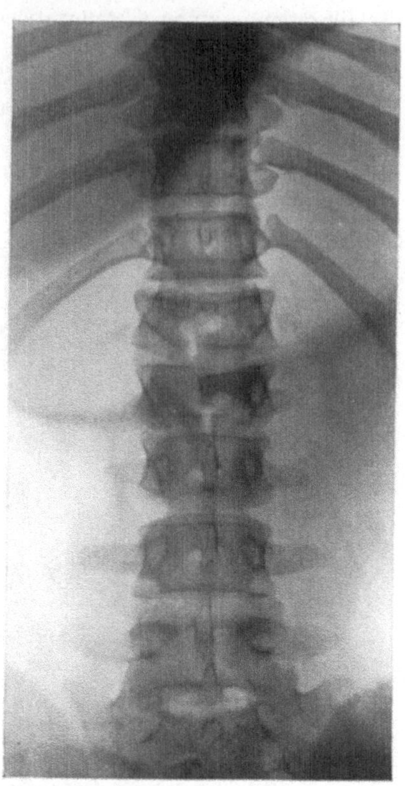

Abb. 416a. Kompressionsfrakturen des 1. und
2. Lendenwirbels; dazu Längsspaltung, besonders deutlich am 2. Lendenwirbelkörper.

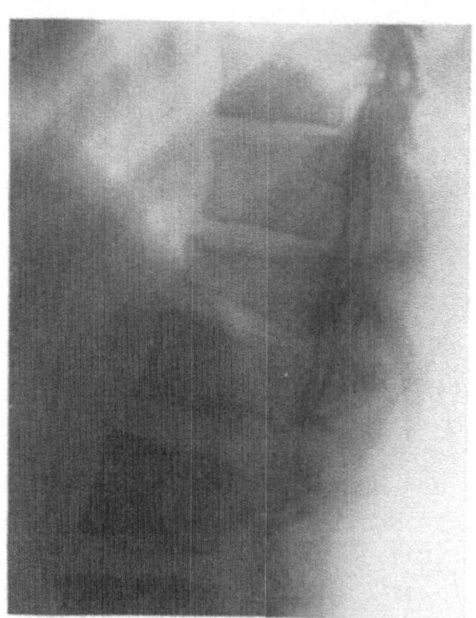

Abb. 415b. Kompressionsfraktur des 12. Brustwirbels;
Seitenaufnahme zu Abb. 415a.

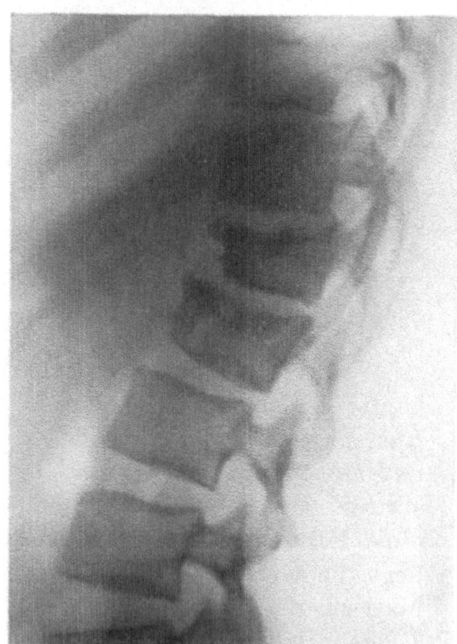

Abb. 416b. Kompressionsfrakturen des 1.
und 2. Lendenwirbelkörpers; ventrale Aus-
stauchung und Verdichtung am 1. Lendenwirbel. Seitenaufnahme zu Abb. 416a.

Am auffälligsten ist auch bei den Totalverletzungen die *Formveränderung* der Wirbelsäule durch das Auftreten eines *Gibbus,* und zwar pflegt die *pathologische Kyphose* bei Luxationsfrakturen erheblicher zu sein, als bei doppelseitigen Luxationen der Seitengelenke. Die nach hinten konvexe Wölbung ist bei Totalluxationsfrakturen im Bereich der *Halswirbelsäule* oft nur gering, und an der *Lendenwirbelsäule* wird die Einsenkung häufig nur zur geraden Linie ausgeglichen. Auch in den seltenen Fällen, wo die Schrägfraktur des Körpers von links nach rechts verläuft (Abb. 417), fehlt ein wesentlicher Gibbus.

Der höchste Punkt des Buckels entspricht gewöhnlich dem Dorn des gebrochenen Wirbels (vgl. Abb. 410), während der nach vorne luxierte, der allerdings häufig auch eine partielle Fraktur in seinem hinteren Abschnitt aufweist, stark nach vorne abgewichen ist.

In zweiter Linie ist an der Luxationsfrakturstelle der Abstand zwischen den Wirbeldornen vergrößert. Der Dorn des gebrochenen und besonders der des oberen verschobenen Wirbels wiesen erhebliche *Druckempfindlichkeit* auf.

Die *Funktionsstörung* ist bei diesen Totalverletzungen sehr hochgradig. Der Körper hat seine Hauptstütze verloren, der Rumpf kann nicht aufrecht erhalten werden, auch wenn ausnahmsweise keine Lähmung vorliegt.

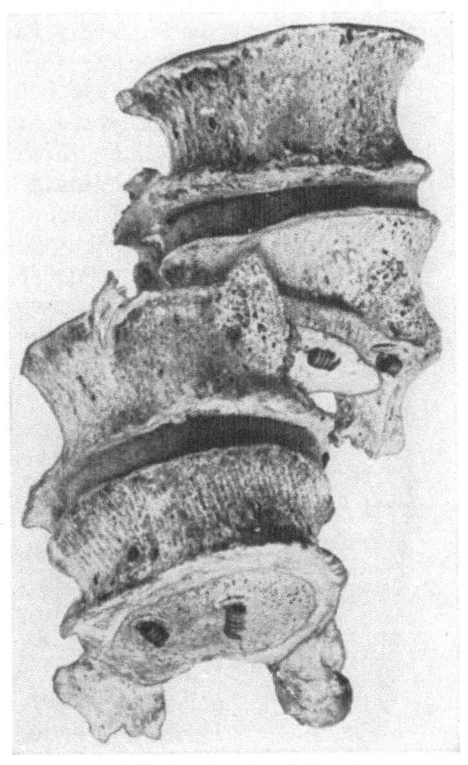

Abb. 417. Totale Luxationskompressionsfraktur im Bereiche der oberen Lendenwirbelsäule, mit rein seitlicher Verschiebung. (Sammlung der pathologisch-anatomischen Anstalt Basel.)

Das *Hauptsymptom bei diesen Totalverletzungen* ist, wie schon angedeutet, die *beinahe konstante begleitende Querläsion des Rückenmarkes, deren charakteristische Symptome die Paraplegie der unteren Körperhälfte sowie die sensible Lähmung von einer bestimmten Höhe des Rückenmarkquerschnittes an abwärts darstellen.*

Kapitel 5.

Die Verletzungen des Rückenmarkes bei Frakturen der Wirbelsäule; Pathologie und Symptomatologie.

Verletzungen des Rückenmarkes sowie der ein- und austretenden Nervenwurzeln können durch jede partielle oder totale Verletzung der Wirbelsäule verursacht werden. Im allgemeinen ist allerdings daran festzuhalten, daß die große Mehrzahl der sog. isolierten, d. h. partiellen Verletzungen einzelner Wirbelabschnitte, mit Ausnahme der Wirbelbogenbrüche sowie der Frakturen des

Epistropheuszahnes, ohne Läsion des Rückenmarkes einhergehen, während die Totalluxationsfrakturen meistens von mehr oder weniger hochgradigen Querschnittsverletzungen des Markes begleitet sind.

Die Markverletzung erfolgt gewöhnlich in der Weise, daß ein nach hinten verschobenes Wirbelkörperfragment (vgl. Abb. 411), eine scharfe Knickungskante (vgl. Abb. 397) bei einfacher Kompressionsfraktur oder der obere Rand des auf den luxierten Wirbel folgenden Wirbelkörpers (s. Abb. 409) das *Rückenmark ganz oder teilweise durchquetschten*. Es handelt sich hier also um grob anatomisch nachweisbare, mehr oder weniger vollständige *Kontinuitätsunterbrechungen des Markes*, wobei die Hüllen intakt bleiben können, so daß nur eine sanduhrförmige Einschnürung der Dura von außen die Läsionsstelle anzeigt (Abb. 418).

Neben der Kontinuitätsunterbrechung bedingen bei derartigen schweren Verletzungen *verschieden hochgradige Kontusion* sowie *intramedulläre Blutungen* eine Unterbrechung der Leitung im Rückenmark und eine Schädigung der regionären ganglionären Apparate.

Die pathologisch-anatomischen Veränderungen sind prinzipiell die gleichen, wie sie für die Kontusion der Gehirnsubstanz beschrieben wurden. Die *Degenerationserscheinungen*, deren makroskopischer Ausdruck die Erweichung des Rückenmarkes ist, treten erst sekundär in Erscheinung, und führen zum Untergang der geschädigten Ganglienzellen sowie zu *ascendierender* und *descendierender Faserdegeneration*. Dann erfolgt die reaktive Veränderung des Stütz- und Gefäßbindegewebes, die zum Abbau der zugrunde gegangenen spezifischen Gewebe und zu *Narbenbildung* führt. Leicht geschädigte Nervenelemente können sich erholen, während eine Regeneration zerstörter und abgebauter Nervenzellen und Leitungsbahnen nicht stattzufinden scheint.

Abb. 418. Völlige Durchquetschung des Rückenmarkes infolge Totalluxationsfraktur (Nach KOCHER.)

In Parallele zu der Gehirnerschütterung unterscheidet man auch am Rückenmark Veränderungen, die dem Begriff der *Commotio medullae spinalis*, d. h. einer *Rückenmarkerschütterung* entsprechen. Die reinen Erschütterungsschädigungen sieht man namentlich bei Schußfrakturen der Wirbelsäule (s. dort). Diese *Kommotionsveränderungen des Markes*, die man auch bei partiellen, nicht durch Schußverletzung bedingten Frakturen oder bei Distorsionen der Wirbelsäule sieht, beschränken sich nicht auf das Niveau der Wirbelverletzung, sondern können mehrere Marksegmente betreffen. Feinere Erschütterungsveränderungen sind der Rückbildung zugänglich, während intensivere Schädigungen der Bahnen und der Ganglienzellen dauernde Folgen hinterlassen. Gelegentlich kommt es zur Entwicklung einer sekundären *funikulären Myelitis*, indem sich an die akuten *Kommotions-* oder *Shocksymptome* die Zeichen einer schweren, *progredienten Rückenmarkslähmung* anschließen. *Erschütterungsläsionen des Rückenmarkes können unter dem Bilde vollständiger oder unvollständiger Querschnittsläsion oder der Halbseitenläsion auftreten.*

Eine häufige Art der Querschnittsschädigungen und der Leitungsunterbrechung nach Wirbelfrakturen ist schließlich gegeben durch die *reine Markkompression*, ohne begleitende Kontusion oder Blutung. Es handelt sich um die komprimierende Wirkung verschobener *Fragmente*, scharfer *Knickungskanten* bei erheblicher Gibbusbildung, in das Lumen des knöchernen Wirbelkanals eingedrungener *Knochensplitter* oder *Steckgeschosse*, sowie *intra- und extraduraler Hämatome*. Auch umschriebene, *cystische Liquoransammlungen* in den weichen Rückenmarkhäuten und sekundäre *narbige Schrumpfungsvorgänge* im Bereiche von Dura und Meningen geben zu Markkompression Anlaß. Die anatomische Unterlage der Funktionsstörung ist in den Anfangsstadien, aber auch späterhin ein ausgesprochenes *Ödem des Rückenmarkes*. Derartige durch unkompliziertes Ödem bedingte Kompressionsstörungen des Markes können durch operative Maßnahmen noch nach längerer Zeit zum Rückgang gebracht werden. Auch die durch komprimierende Einwirkungen verursachte *lokale arterielle Anämie* (ZIEGLER) und wohl auch *venöse Stauung* vermögen Leitungsstörungen hervorzurufen. An die Kompression des Rückenmarkes schließt sich meist schon nach kurzer Zeit *sekundäre Degeneration der Nervenelemente* an, deren Abbau auch hier reaktive Vorgänge im Stützgewebe und im Gefäßbindegewebsapparat zur Folge hat, die zu dem Bild der sog. *Kompressionsmyelitis* führen.

1. Partielle Markläsionen.

Die partiellen Markläsionen betreffen nur einen Teil des Rückenmarkquerschnittes, sei es, daß eine unvollständige Kontinuitätstrennung oder Quetschung, eine Markkompression durch ein extramedulläres Hämatom oder eine Querschnittsschädigung durch intramedulläre Blutungen oder sog. Kommotionsschädigungen der Nervenzellelemente und der Leitungsbahnen vorliegen. Gewisse Besonderheiten zeigen hier vorerst die *Blutungen*.

Für die *im Bereich des Markes gelegenen Blutungen*, die KOCHER als *traumatische Hämatomyelie* bezeichnet, ist oft charakteristisch *das Fehlen jeglicher Reizerscheinungen*. Wir sehen in derartigen Fällen *reine Lähmungssymptome*, wobei die zu den tieferen Teilen des Körpers gehenden oder von dort kommenden Fasern im allgemeinen stärker betroffen sind als die höher oben ein- und austretenden. Das erklärt sich daraus, daß die weiter oben eintretenden Fasern sich außen an die von den unteren Körperregionen herkommenden anlagern (Abb. 419); die zu den unteren Extremitäten gehörenden Leitungsbahnen liegen deshalb im Bereich des Halsmarkes zentraler als die zu den Armen gehörenden Bahnen. Die *Motilität* ist bei den zentralen Markblutungen meist stärker betroffen als die Sensibilität. Ferner stellt sich die sensible Leitung relativ rasch wieder her, wenigstens was die Berührungsempfindung betrifft. Ist die Lähmung unvollständig, so pflegen die *Reflexe* im Gegensatz zu ihrem Verhalten bei der Totalquerläsion *gesteigert* zu sein.

Bei den hochgelegenen *extramedullären Blutungen*, die zu einer leichten Kompression der oberflächlichen Partien des Rückenmarkes führen, sind gemäß dem besprochenen Faserverlaufe im Rückenmark die oberen Extremitäten stärker von der Lähmung betroffen. Dazu kommen *sensible Reizerscheinungen in Form ausstrahlender Schmerzen*, auf Reizung der eintretenden sensiblen Wurzeln beruhend. Gleichzeitig besteht in den von den entsprechenden Wurzeln versorgten Hautgebieten *Hyperästhesie*; die betreffenden segmentalen Reflexe sind gesteigert. Die ausstrahlenden Schmerzen dürfen allerdings nach den

Erfahrungen KOCHERs nicht als absolut beweisend für eine Wurzelläsion angesehen werden; sie können auch auf einer im Mark lokalisierten Schädigung beruhen. Der *Liquor* zeigt bei extramedullären Blutungen gelegentlich eine *blutige Verfärbung.*

Mit Rücksicht auf die große Bedeutung, die einer Erkennung partieller, d. h. unvollständiger Querschnittsläsionen des Markes gegenüber vollständigen transversalen Kontinuitätstrennungen namentlich in prognostischer Hinsicht zukommt, sollen die *Kriterien der partiellen Markläsionen* kurz zusammengefaßt werden. Zunächst ist die *extramedulläre Schädigung der sensiblen Nervenwurzeln* hier sehr häufig. Entsprechend sehen wir bei partiellen Markläsionen *sensible Reizerscheinungen* in Form von *Schmerzen, Anaesthesia dolorosa, Hyperästhesie* und *Parästhesien.* Die betroffenen Hautzonen entsprechen den von den betreffenden Wurzeln versorgten Gebieten. Weniger genau lokalisiert und über größere Gebiete sich erstreckend sind die Reizerscheinungen, die durch hämorrhagische oder traumatisch-degenerative *Herde im Innern des Rückenmarkes* hervorgerufen werden. Die Ausdehnung dieser Reizsymptome über größere Gebiete des Körpers erklärt sich daraus, daß in solchen Fällen eine größere Zahl eng beieinander liegender, langer, sensibler Bahnen (vgl. Abb. 420) gleichzeitig betroffen werden. Sind die Wurzelschmerzen mit *Herpes zooster* verbunden, so darf man mit einiger Wahrscheinlichkeit annehmen, daß die Schädigung das Spinalganglion betrifft. *Schädigung der motorischen Nervenwurzeln* kann sowohl zu *Reizerscheinungen* in Form von *Zuckungen, Krämpfen* und Kontrakturen der korrespondierenden Muskeln als auch zu *Parese* und *degenerativer Lähmung* führen. Diese

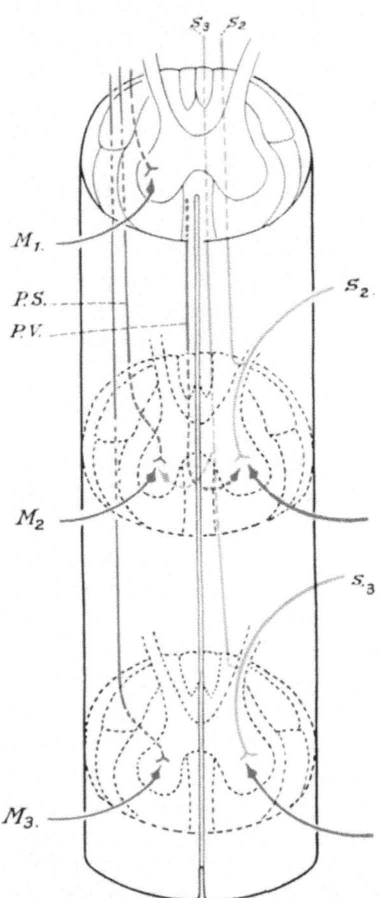

Abb. 419. Schematische Darstellung der sensiblen und motorischen Leitungsbahnen samt Reflexbogen. Anlagerung der höher eintretenden sensiblen Bahnen seitlich an die tieferen.

Erscheinungen betreffen dann nur die Muskeln des geschädigten Segmentes, und zwar häufig nur *einseitig.*

Wie bereits erwähnt, betreffen die unvollständigen Querschnittsläsionen in erster Linie und ausgedehnter das *motorische Gebiet,* weshalb *isolierte Sensibilitätsstörungen nach* KOCHER *stets den Verdacht auf reine Wurzelschädigung erwecken.* Die motorische Lähmung bei unvollständigen Querschnittsschädigungen ist in der Regel nicht symmetrisch, tritt oft langsam in Erscheinung und zeigt deutliche Tendenz zur Besserung. *Charakteristisch* sind jedenfalls Schwankungen der motorischen Lähmung und Inkongruenz zwischen motorischer und sensibler

Leitungsstörung. *Die Patellarreflexe sind im Anfang häufig gesteigert,* wo sie fehlen, treten sie im Verlaufe von Tagen oder Wochen wieder auf. *Auch sieht man oft Unterschiede im Verhalten der Reflexe beider Seiten.* Ferner ist die sensible Lähmung nicht vollständig und symmetrisch. Die Sensibilität ist häufig nur quantitativ und qualitativ geschädigt; wir finden *dissozierte Veränderungen der einzelnen Gefühlsqualitäten.* Für partielle Lähmung spricht auch das zeitliche getrennte Auftreten sensibler und motorischer Störungen.

Störungen der Blasen- und Mastdarmfunktion, die bei traumatischer Totalquerläsion des Markes stets vorhanden sind, können bei partiellen Markläsionen fehlen; sie werden allerdings nach KOCHER auch bei unvollständiger traumatischer Markschädigung häufig beobachtet. Doch zeigt eine nähere Untersuchung, daß die Blasenstörungen nur leichterer Natur sind. *Vor allem ist die Sensibilität der urethralen und der Blasenschleimhaut häufig erhalten oder sogar gesteigert,* so daß die Patienten an heftigem Urindrang leiden und den Katheterismus als äußerst schmerzhaft empfinden. Meist geht die Blasenstörung nach kurzer Zeit zurück. Das gleiche gilt für das Verhalten des Mastdarms sowie des Sphincter ani. Auch *vasomotorische Störungen,* auf die wir bei der Totalquerläsion näher eingehen werden, sind bei partiellen Markschädigungen meist nur in leichterem Grade vorhanden, und zeigen ebenfalls Tendenz zu rascher Rückbildung. Ein *vasomotorisches Reizsymptom,* das man bei partiellen Querläsionen häufig findet, ist der starke *Priapismus,* der, wie die Retentio urinae, gewöhnlich ebenfalls rasch zurückgeht.

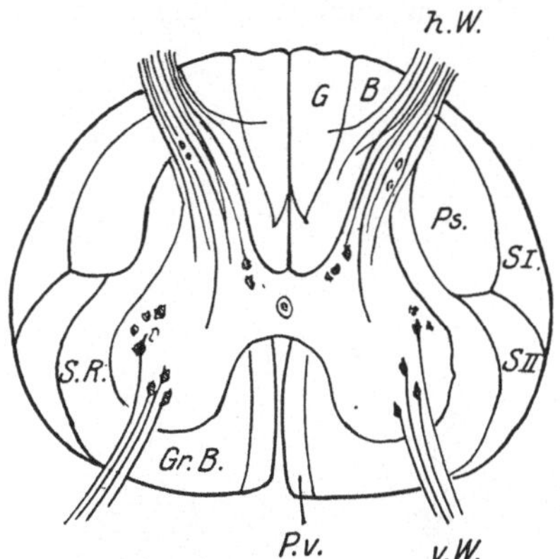

Abb. 420. Querschnittstopographie des Rückenmarkes. P. v. Pyramidenvorderstrang; Gr. B. Vorderstranggrundbündel; S. R. Seitenstrangreste (FLECHSIG); Ps. Pyramidenseitenstrang; S I Kleinhirnseitenstrangbahn = Tractus spino-cerebellaris dorsalis; S II GOWERSsche Bahn = Tractus spinocerebellaris ventralis; G. GOLLscher Strang; B. BURDACHscher Strang; v. W. vordere Wurzel; h. W. hintere Wurzel.

Die traumatischen Halbseitenläsionen.

Die partielle traumatische Markschädigung im Gefolge von Wirbelfrakturen kann unter dem Bilde des BROWN-SÉQUARDschen Symptomenkomplexes in Erscheinung treten, der auf einer halbseitigen Unterbrechung des Rückenmarkes beruht, und sich aus folgenden Erscheinungen zusammensetzt (vgl. das beigegebene Schema Abb. 421):

Auf der Seite der Markläsion finden wir:

a) *Motorische Lähmung,* die den ganzen, distal von der Verletzungsstelle liegenden Vorderhornzellenkomplex betrifft. Der Hauptanteil der motorischen Bahnen ist bereits gekreuzt, so daß der Unterbruch der Pyramidenseitenstrangbahnen jede Übermittlung motorischer Impulse nach den tiefer gelegenen Vorderhornzellen verunmöglicht. Die *Reflexe* sind, abgesehen von vorübergehender initialer Abschwächung oder Aufhebung, *gesteigert.*

b) Vollständige *vasomotorische Lähmung,* die in den ersten Stadien zu *Rötung* und *Temperatursteigerung* der Haut führt, weil die im gleichseitigen Seitenstrang verlaufenden vasokonstriktorischen Fasern unterbrochen sind. Häufiger als Rötung und Temperatursteigerung sehen wir in den betreffenden Hautpartien *cyanotische Verfärbung* und oft sehr hochgradige *Abkühlung* infolge Insuffizienz der kapillaren Hautzirkulation

c) *Abschwächung* oder *Aufhebung der Tiefensensibilität*, erkennbar an Störung
der Lageempfindung und eventueller Ataxie.

d) Mehr oder weniger ausgeprägte *Hyperästhesie der Haut* für *Berührung*.
Die Berührungshyperästhesie ist ein vorübergehendes Symptom.

Auf der gekreuzten Seite findet man:

a) *Störung der Oberflächensensibilität für Schmerz- und Temperaturempfindung*,
die bis zu völliger *Analgesie* und *Thermoanästhesie* gehen kann.

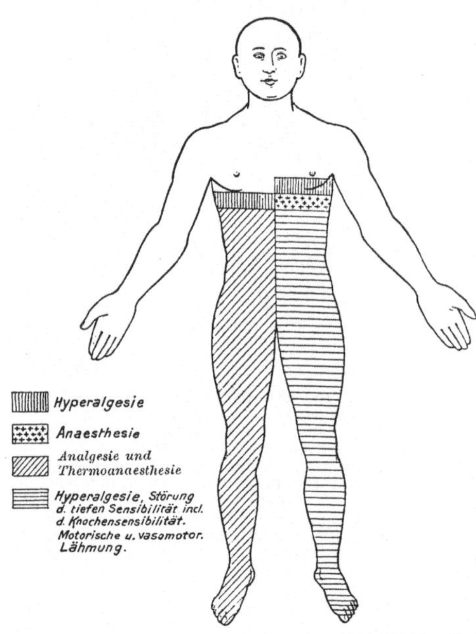

Abb. 421. Schematische Darstellung der Halbseitenläsion des Rückenmarkes, Typus Brown-Séquard.

Ein *zweiter Typus der Halbseitenläsion* zeigt bei im übrigen gleichen
Verhalten auf der gekreuzten Seite.

b) *Hypästhesie für Berührung*,
was sich am einfachsten wohl so
erklärt, daß in solchen Fällen die
gekreuzten Bahnen überwiegen.

Ist die Erregbarkeit der Bahnen
für die Leitung der Berührungsempfindung herabgesetzt, so sehen wir
einen *dritten Typus der Halbseitenläsion*. Die Störungen verhalten sich
wie bei Typus 2, mit dem Unterschied, daß an Stelle der Berührungshyperalgesie auch auf der Seite
der Läsion *Hypästhesie für Berührung*
vorhanden ist.

Bei allen Fällen von Halbseitenläsion findet sich auf der Seite der
Verletzung dem lädierten Segment
entsprechend *regionäre Anästhesie*
mit segmentaler *nucleärer Lähmung*,
nach oben anschließend eine *hyperalgetische Reizzone*. Diese schmale Zone der Hyperalgesie findet sich auch auf
der gekreuzten Seite.

Liegt die Läsionsstelle im Bereiche des Halsmarkes, so gesellt sich zu den
Symptomen noch der gleichseitige *oculo-pupilläre Symptomenkomplex*, verursacht durch die Unterbrechung der aus der Medulla oblongata via Halsmark
nach dem Centrum ciliospinale absteigenden Fasern. Die oculo-pupilläre Lähmung
setzt sich zusammen aus Lähmung des Dilatator pupillae, des M. tarsalis superior
und des M. orbitalis. Es kommt deshalb zu einseitiger *Pupillenverengerung*,
Verengerung der Lidspalte und *leichtem Zurücksinken des Bulbus*. Gleichzeitig
besteht einseitige Lähmung der vasokonstriktorischen Sympathicusfasern für
die Gefäße der Gesichtshaut und der sekretorischen Fasern für die Schweißdrüsen.

Die Erfahrungen des letzten Krieges haben gezeigt, daß nach *Schußverletzungen des Rückenmarkes* eine *spinale Hemiplegie von cerebralem Charakter*,
d. h. *mit gleichseitiger motorischer und sensibler Lähmung*, zur Beobachtung

gelangt. Neben halbseitiger schlaffer Lähmung der Muskeln mit Aufhebung der Reflexe findet man gleichseitige Aufhebung der Sensibilität für alle Gefühlsqualitäten. Oft sind bei diesen Fällen anfänglich auch Lähmungserscheinungen im Bereiche der gekreuzten Extremität vorhanden, die jedoch meist rasch zurückgehen, während die gleichseitigen dauernd bestehen bleiben. Die Grenze der Sensibilitätsstörungen hält sich am Rumpf meist nicht genau an die Mittellinie, sondern überschreitet sie nach der gegenüberliegenden, ungelähmten Seite. Am weitesten reicht gewöhnlich die Grenze für die Störung der Wärmeempfindung über die Mittellinie hinüber. An den Extremitäten ist die sensible Lähmung entweder vollständig, z. B. von der Leiste abwärts, oder ähnlich den cerebralen Sensibilitätsstörungen *gliedweise begrenzt,* den Unterschenkel meist vom Knie abwärts betreffend, an der oberen Extremität bis zum Handgelenk oder Ellbogen reichend. Zur Erklärung dieser spinalen Halbseitenlähmungen vom Typus der cerebralen Hemiplegien muß man wohl *doppelseitige Markschädigungen* annehmen, was schon die häufige initiale Doppelseitigkeit der Lähmungserscheinungen nahelegt.

Wie partielle Rückenmarkläsionen können *Wurzelschädigungen,* seien sie nun direkt durch das Trauma oder sekundär durch meningeale oder pachymeningitische Narben- und Schwielenbildung verursacht, klinisch in Erscheinung treten.

Die *Rückbildung der sensiblen Lähmungen* bei partiellen Markläsionen erfolgt ascendierend und descendierend, so daß eine sukzessive Einengung des insensiblen Gebietes von beiden Seiten her stattfindet. Zuerst verschwinden die hypästhetischen Grenzzonen, dann kehrt gewöhnlich die Berührungsempfindung wieder, erst nachher Schmerz- und Temperaturgefühl.

2. Die vollständige Querläsion des Rückenmarkes.

Die häufigste komplizierende Verletzung des Rückenmarkes bei Totalluxationsfrakturen der Wirbelsäule zeigt *das Bild der momentan in Erscheinung tretenden, vollständigen Querschnittstrennung.*

Die *sensible Lähmung* betrifft bis zu einer bestimmten, den sensiblen Wurzeln des obersten, völlig zerstörten Segmentes entsprechenden Grenze alle Gefühlsqualitäten; doch deckt sich die Grenzlinie der kompletten Anästhesie nicht immer mit den bekannten KOCHERschen Segmentgrenzen, sondern verläuft oft unregelmäßig, weil die Zerstörung des Markes sich nicht genau an die Grenzen der Rückenmarksegmente hält, und weil an die Zone vollständiger Zerquetschung des Markes sich noch partiell geschädigte Markabschnitte anschließen. Die ungleichmäßige Schädigung der Grenzzonen erklärt auch, daß an das Gebiet vollständiger Anästhesie nach oben eine schmale Zone grenzt, in deren Ausbreitung *Berührung* empfunden wird, während die *Schmerzempfindung* noch aufgehoben oder doch erheblich abgeschwächt ist. Die Grenze für *Kälteempfindung* kann noch etwas höher liegen, und noch weiter oben die Grenzlinie für *Wärmeempfindung.* Die Grenzen für Wärmeund Kälteempfindung können auch mit der analgetischen Zone zusammenfallen. Die Grenze für Analgesie und Thermoanästhesie liegt gelegentlich bis zu zwei Segmenten höher als die Grenze für vollständige Anästhesie. Oberhalb der analgetischen oder hypalgetischen Zone findet man nicht so selten auch bei totalen Querläsionen eine *hyperalgetische Zone*, die ebenfalls ein bis zwei Segmente umfaßt; diese *Hyperalgesie* erklärt sich aus entzündlicher Reizung der im oberen Grenzabschnitt des Verletzungsgebietes eintretenden sensiblen Fasern im Bereiche des Rückenmarkes selbst (aufsteigende Myelitis). Die Berührungshyperalgesie kann außerordentlich quälend sein, so daß die Patienten bei jeder Berührung oder Verschiebung des Körpers aufschreien. Ferner sieht man *anfallsweise, äußerst quälende Neuralgieen*, oft in Gürtelform, die durch myelitische Vorgänge oder durch Verwachsungen und Kalluswucherungen im Bereiche der sensibeln Wurzeln bedingt sein können.

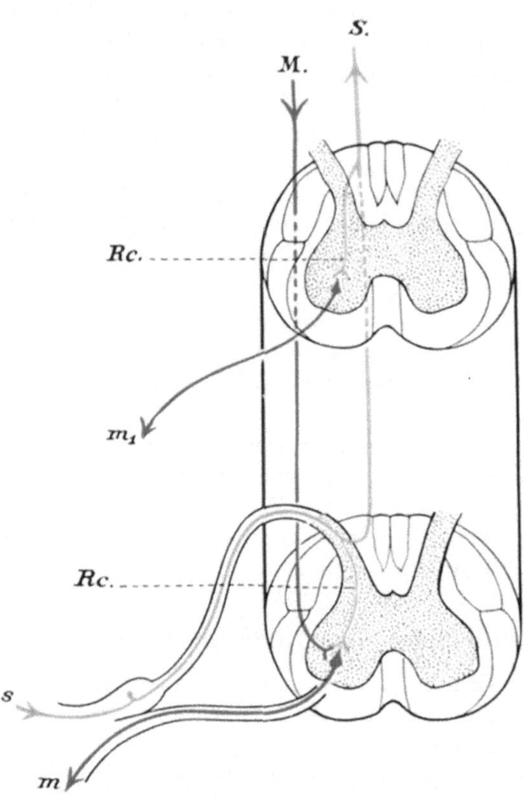

Abb. 422. Schematische Darstellung der spinalen Reflexbogen. S. periphere sensible Bahn und hintere Wurzel; S. aufsteigender Zweig der sensiblen Wurzelfaser; Rc. Reflexkollateralen; M. cerebrospinale Pyramidenfaser; m, m; motorische Wurzelfasern.

Auch die *motorische Lähmung* ist eine vollständige, da alle psychomotorischen corticospinalen Bahnen unterbrochen sind. Sie betrifft somit alle Muskeln, deren spinale Kernzentren in den unterhalb der Verletzungsstelle gelegenen Vorderhornabschnitten sich befinden, einschließlich der Kerngebiete des gequetschten Segmentes. Für diese Kerngebiete ist die Lähmung eine degenerative. Allerdings sind die Verhältnisse der elektrischen Erregbarkeit keine gesetzmäßigen und einheitlichen, wie Untersuchungen von KAULBERSZ gezeigt haben. Die elektrische Erregbarkeit kann bei vollständigen Querläsionen erhalten, aufgehoben oder quantitativ herabgesetzt sein.

Die motorische Lähmung ist nun nicht, wie man nach dem Verlaufe der Reflexbahnen erwarten sollte, und wie man es bei der „entzündlichen" Quermyelitis zu sehen pflegt, eine spastische. Wir sehen vielmehr, jedenfalls in den ersten Stadien nach der Verletzung, bei der traumatischen Rückenmarkläsion *so gut wie ausnahmslos schlaffe Lähmungen*. Es besteht also neben der vollständigen *motorischen Paralyse* noch *Atonie* und *Areflexie* der betroffenen Muskeln. Diese Aufhebung der Sehnen-, Periost- und Gelenkreflexe bei traumatischen Querläsionen entspricht dem sog. BASTIANschen *Gesetz*. Da nun an der Tatsache, daß die Sehnen-, Periost- und Gelenkreflexe sich in spinalen Reflexbögen abspielen (vgl. Abb. 422), kein Zweifel möglich ist, so daß man wegen des Wegfalls der mit den Pyramidenbahnen verlaufenden cortico-spinalen Hemmungsbahn eine Steigerung dieser Reflexe erwarten dürfte, hat man den

Wegfall dieser Reflexe durch Reizung der Hemmungsbahnen im Läsionsquerschnitt oder nach KOCHER durch eine Fernwirkung von Störungen der Blut- und Lymphzirkulation auf tiefer gelegene Reflexapparate erklärt.

Das BASTIANsche *Gesetz hat nicht allgemeine Gültigkeit*, indem Fälle von KAUSCH, SCHULZE, BRAUER u. a. beweisen, daß auch bei anatomisch sichergestellter völliger Querschnittstrennung die Patellarreflexe monatelang erhalten bleiben können. Doch vermögen die spärlichen Ausnahmefälle an der überwiegenden Geltung der BASTIANschen Regel für die Fälle traumatischer Totalquerläsion nichts zu ändern. Da nun auch bei unvollständigen, reparablen Querschnittsschädigungen die Patellarreflexe manchmal anfänglich aufgehoben sind, *ist das Fehlen der Sehnenreflexe sofort nach der Verletzung kein absolut sicheres Zeichen für eine vollständige anatomische Querschnittstrennung des Markes. Wo jedoch die Patellarreflexe dauernd, d. h. wochenlang fehlen, kann, besonders nach den Erfahrungen* KOCHERS, *die Leitungsunterbrechung als eine vollständige und definitive betrachtet werden.*

Die Unterbrechung der im Seitenstrang verlaufenden vasomotorischen Bahnen bedingt auch bei totaler Querläsion eine *vasomotorische Lähmung*, die sich zunächst durch Rötung und Temperatursteigerung der Haut äußert. Nach einigen Tagen sieht man infolge des wegfallenden Gefäßtonus Insuffizienz der kapillaren Hautzirkulation; die Haut fühlt sich kühler an und ist gelegentlich mehr oder weniger stark cyanotisch verfärbt. Auf Störung der vasomotorischen Rückenmarkbahnen beruht auch die starke Blutüberfüllung der Corpora cavernosa penis, die jedoch im Gegensatz zu partiellen Läsionen meist nicht zu ausgesprochenem Priapismus führt.

Die Hautreflexe sind bei Totalquerläsion des Rückenmarkes *oft ebenfalls aufgehoben, sie können jedoch auch erhalten und namentlich in pathologischer Weise verändert sein. Diese pathologischen Hautreflexe* bei Querläsion können nicht nur von der Fußsohle her ausgelöst werden, wie die normalen Hautreflexe, sondern von zahlreichen Stellen der unteren Extremität aus. Gewöhnlich werden auf Kitzeln der Fußsohle bei Patienten mit Totalquerläsion Hüft- und Kniegelenk stark flektiert, unter Auswärtsrotation des Knies und Dorsalflexion des Fußes, während bei einem normalen Fußsohlenreflex meist nur eine Plantarflexion der Zellen, eine Dorsalflexion des Fußes und ganz geringe Bewegungen des Oberschenkels beobachtet werden. Auch kann man bei Querläsion gelegentlich das BABINSKYsche *Phänomen* beobachten, charakterisiert durch sofortige Dorsalextension der Zehen, besonders der Großzehe, auf Fußsohlenreizung hin, gegenüber der normalen primären Plantarflexion.

Einen bei traumatischer Querläsion gelegentlich zu beobachtenden, von den Geschlechtsorganen her auslösbaren pathologischen Reflex hat KOCHER beschrieben. Er besteht darin, daß bei intensiver, rascher Kompression eines Testikels der Patient eine Rumpfbeugung nach der Seite der Reizung ausführt, oder eine starke Kontraktion der gleichseitigen Bauchmuskulatur zeigt.

Ein auffälliger Symptomenkomplex, der ausnahmslos alle totalen Querläsionen begleitet, besteht in Störungen des Ausführungsmechanismus von Blase und Mastdarm. Diese Funktionsstörungen charakterisieren sich ganz allgemein als Harn- und Stuhlverhaltung, verbunden mit Inkontinenz. Für das Verständnis der verschiedenen, Blasen- und Mastdarmentleerung betreffenden Störungstypen ist zu beachten, daß in der grauen Substanz des 3. und 4., möglicherweise auch des 5. Sakralsegmentes motorische Zentren für die quergestreiften Sphincteren und für die Entleerung von Blase und Mastdarm liegen. Diese Zentren sind sowohl durch sensible wie durch motorische Bahnen einerseits mit dem Gehirn, andererseits mit dem Erfolgsorgan verbunden.

Daneben finden sich im Bereich der glatten Blasen- und Rectalmuskulatur sowie in den Sphincteren noch intramurale autonome Zentren, die durch Vermittlung des Plexus hypogastricus mit dem Grenzstrang des Sympathicus in Verbindung stehen. Nach L. R. MÜLLER sollen diese intramuralen Zentren sowie die sympathischen Geflechte und Ganglienzellen des Beckens eine selbständige, extraspinale Steuerung von Blase und Mastdarm ermöglichen. Auf Grund experimenteller Untersuchungen und klinischer Beobachtungen kann man jedoch daran festhalten, *daß ein normaler Entleerungsmechanismus von Blase und Mastdarm nur möglich ist, wenn die spinale Innervation der quergestreiften Sphincteren, welche die eigentlichen Wächter des Anal- und Sphincterschlusses darstellen, sowie die Verbindung der spinalen Zentren mit dem Gehirn erhalten sind.*

Auf Grund dieser Feststellungen ergeben sich für die Blasen-Mastdarmstörungen bei Querläsion folgende Möglichkeiten:

a) Blase.

Bei Querschnittstrennung oberhalb des Centrum vesicospinale fällt die zentripetale Leitung, d. h. die Orientierung über den Füllungszustand der Blase weg. Der Patient ist auch nicht mehr in der Lage, die Blasenentleerung willkürlich zu beeinflussen. Infolge Wegfalls hemmender Impulse kann der Sphincterreflex gesteigert sein; jedenfalls wird der Sphinctertonus bei zunehmender Füllung der Blase auf dem Wege des spinalen Reflexbogens verstärkt. Die Blase füllt sich ad maximum — *Retentio urinae* —, bis schließlich unter dem gewaltigen intravesicalen Druck der Sphincterwiderstand überwunden wird, und der Harn abzuträufeln beginnt — *Ischuria paradoxa* —. Die Blase entleert sich infolge des großen Drucks unter Umständen im Strahl, aber nur bis zu einem gewissen Grade — *intermittierende Inkontinenz* —. Gelegentlich fehlt diese reflektorische, intermittierende Blasenentleerung.

Ist das Centrum vesicospinale selbst von der Läsion betroffen, so ist sowohl der Detrusor als namentlich der Sphincter dauernd schlaff. Dann kann die Blase sich ständig tropfenweise entleeren — *Inkontinenz* —. Oft bedingt aber der *elastische Schluß des Blasenhalses* auch hier zunächst eine erhebliche Füllung der Blase, so daß der tropfenweise Urinabgang ebenfalls erst bei einem gewissen Füllungszustand der Blase einsetzt.

Beide Formen der Blasenstörung können sich nach einiger Zeit bis zu einem gewissen Grade ausgleichen, indem auf extraspinalem oder spinalem Wege die Urinentleerung periodisch rein reflektorisch erfolgt — Automatik der Blase —. *Dabei ist jedoch die Blasenentleerung gewöhnlich keine vollständige.*

b) Mastdarm.

Querläsion oberhalb des Centrum anospinale unterbricht die zentripetalen Orientierungsimpulse über den Füllungszustand des Rectums. Der Tonus des Sphincter ani kann infolge Wegfalls der zentripetalen Hemmung gesteigert sein. Häufig ist er jedoch herabgesetzt, der Sphincter externus ist schlaff, sein Reflex aufgehoben, aus ähnlichen Gründen, wie sie bei den Sehnenreflexen auseinandergesetzt wurden.

Ist der Sphinctertonus gesteigert, so haben wir das Bild der *Stuhlverhaltung (Retentio alvi)*; ist der Sphinctertonus aufgehoben, so kommt es zu *unwillkürlichen Stuhlentleerungen (Incontinentia alvi)*.

Zerstörung des sakralen Centrum anospinale führt zu völliger Erschlaffung des Sphincter ani und zu Herabsetzung des Tonus der Rectalmuskulatur einschließlich Sphincter internus. In solchen Fällen resultiert *Inkontinenz*. Von wesentlicher Bedeutung ist die Konsistenz des Stuhls, indem trotz Lähmung des Sphincter externus harte Kotballen durch die Elastizität des Analringes noch zurückgehalten werden können, während dünnflüssiger Kot sofort ausfließt. Maßgebend für den Analschluß ist der Sphincter externus, nach dessen Wegfall der Sphincter internus wesentlich den Gesetzen der Peristaltik unterliegt und deshalb erschlafft, sobald die Kotsäule in den Bereich des untersten Rectums tritt.

Die autonome Innervation des Rectums und der beiden Sphincteren ermöglicht auch bei tiefen Querläsionen eine gewisse Wiederherstellung des rectoanalen Entleerungsmechanismus, indem allmählich wieder ein gewisser Tonus des Sphincterringes sich einstellt, so daß die Entleerungen des Rectums, insofern der Stuhl nicht ganz dünnflüssig ist, periodisch erfolgen, teilweise durch die vis a tergo.

An dieser Stelle sei noch darauf hingewiesen, daß hochgelegene Querläsionen auch die Innervation des Dünn- und Dickdarms schädigen. Wir sehen *Darmatonie* verschiedenen Grades, die so bedeutend werden kann, daß nicht nur lästiger Meteorismus, sondern direkt paralytischer, ad exitum führender *Ileus* entsteht.

Kapitel 6.

Die Schußfrakturen der Wirbelsäule und die begleitenden Verletzungen des Rückenmarkes.

Unsere Erfahrungen über die Schußfrakturen der Wirbelsäule und die begleitenden Markläsionen sind durch den letzten Krieg in ausgedehntem Maße erweitert worden. Die Frequenz dieser Verletzungen dürfte nach den vorliegenden Einzelstatistiken 1—2 % sämtlicher Kriegsverletzungen betragen.

In Analogie zu der Systematik der Schädelschußverletzungen unterscheidet BORST auch bei den Verletzungen der Wirbelsäule und des Rückenmarkes *Streifschüsse, Tangentialschüsse, Durchschüsse* und *Steckschüsse*. Schußfrakturen der Wirbelsäule ohne Beteiligung des Rückenmarkes sind jedenfalls Seltenheiten. Ebenso selten dürften Schußverletzungen des Markes ohne gleichzeitiger Verletzung der Wirbelsäule sein.

Die *Schußverletzungen der Wirbelsäule* betreffen einmal die *Dornfortsätze*, die häufig in der Nähe der Basis direkt abgeschossen sind. Ebenso kommen natürlich isolierte Durchschüsse der *Gelenk-* und der *Querfortsätze* vor. *Schußfrakturen* der *Wirbelbogen* sind wegen der kompakten Bauart dieses Wirbelteils beinahe ausnahmslos Splitterfrakturen, und zwar werden die Splitter sowohl durch die direkte als auch durch die Seitenwirkung des Geschosses nach dem Wirbelkanal und nach dem Rückenmark hin disloziert. Die Fraktur der *Wirbelkörper* durch Gewehrgeschoß kann sich einmal darstellen in der Form des reinen *Lochschusses*, ohne deutliche Splitterung der Nachbarschaft. Das gleiche ist der Fall bei den Schrapnellkugelsteckschüssen, die relativ häufig zur Beobachtung gelangten. Eine besondere Form der Steckschüsse ist dadurch charakterisiert, daß das Geschoß nicht genügend Kraft besaß, um den ganzen Wirbelkörper zu durchdringen, jedoch die Corticalis und damit die Dura umschrieben nach dem Lumen des Wirbelkanals hin vorbuchtet. Bei großer Rasanz des auftreffenden Geschosses kann die Wirbelkörperfraktur auch die Form der Splitterfraktur aufweisen, doch ist dies offenbar erheblich seltener, als das Vorkommen der unkomplizierten Lochfraktur. Damit stimmt überein, daß, wie FRANGENHEIM angibt, ein ausgesprochener Gibbus nach Wirbelschüssen bisher nicht beobachtet wurde. Nach den Beziehungen zum Duralsack unterscheidet man *extradurale* und *intradurale* Wirbelkanalschüsse.

Von den *begleitenden Veränderungen der Wirbelsäulenschüsse* interessiert in erster Linie die *Blutung in den Duralsack und in die weichen Hüllen des Rückenmarkes*, die zu *Druckwirkungen* Anlaß geben kann und nach BORST häufig das Fortschreiten einer *Infektion* begünstigt. Die Blutung nach außen ist meistens gering. Schußverletzungen der Brustwirbelsäule sind relatv häufig von *Verletzungen des Thorax* und seines Inhalts, sowie *der Bauchhöhlenorgane* begleitet.

Die beinahe ausnahmslos vorhandenen *komplizierenden Verletzungen* des *Rückenmarkes* sind einmal bedingt durch das Geschoß selbst oder durch dislozierte Knochensplitter, besonders der Wirbelbogen. Es handelt sich in diesen Fällen um mehr oder weniger vollständige *Kontinuitätstrennung des Rückenmarkes* mit Blutungen und primären Erweichungen. Infektion des Schußkanals kann in solchen Fällen zu *Meningitis* und bakterieller *Myelitis* führen. In der direkten Umgebung und auch entfernt von dem direkt traumatisch geschädigten Rückenmarksegment findet sich sehr häufig eine Schädigung des Markes, die sich zunächst in Form von Blutungen und blutiger Erweichung darstellt. Diese Blutungen können auch, wie BORST gezeigt hat, in Form ausgedehnter *zentraler,* sog. *Röhrenblutung* auftreten. Daneben finden sich die noch zu erwähnenden *Erschütterungsläsionen*, die vor allem die empfindliche graue Substanz betreffen.

Auch in den Fällen, wo das Rückenmark nicht direkt vom Geschoß getroffen wurde, entstehen oft ausgedehnte Veränderungen, die man in ihrer Gesamtheit als *Erschütterungsläsion* zusammenfaßt. Die bedeutungsvollste unter diesen Veränderungen ist die sog. *traumatische Nekrose des Markes.* Es handelt sich um eine fortschreitende Nekrose des Nervengewebes, und zwar zunächst der markhaltigen Fasern. Diese Nekrose ist direkte Folge der kurzdauernden Kompressionswirkung, und zwar sowohl der direkten molekulären Einwirkung als auch der primären Schädigung des Blut- und Lymphgefäßapparates. In den ausgeprägtesten Fällen gehen die nervösen Bestandteile in verschieden großer Ausdehnung vollkommen zugrunde, unter gleichzeitiger reaktiver Gefäß- und Bindegewebswucherung. Die Widerstandskraft der *Nervenzellen* scheint im allgemeinen erheblicher zu sein als die der *markhaltigen Fasern.* Noch größer ist die Widerstandskraft der *Neuroglia*, doch kann auch diese infolge schwerer Erschütterungen der Nekrose anheimfallen. Neben der traumatischen Nekrose des Markes findet man im Bereich der lädierten Markpartie ausnahmslos *traumatisches Ödem des Rückenmarkes*, wie besonders die Untersuchungen von

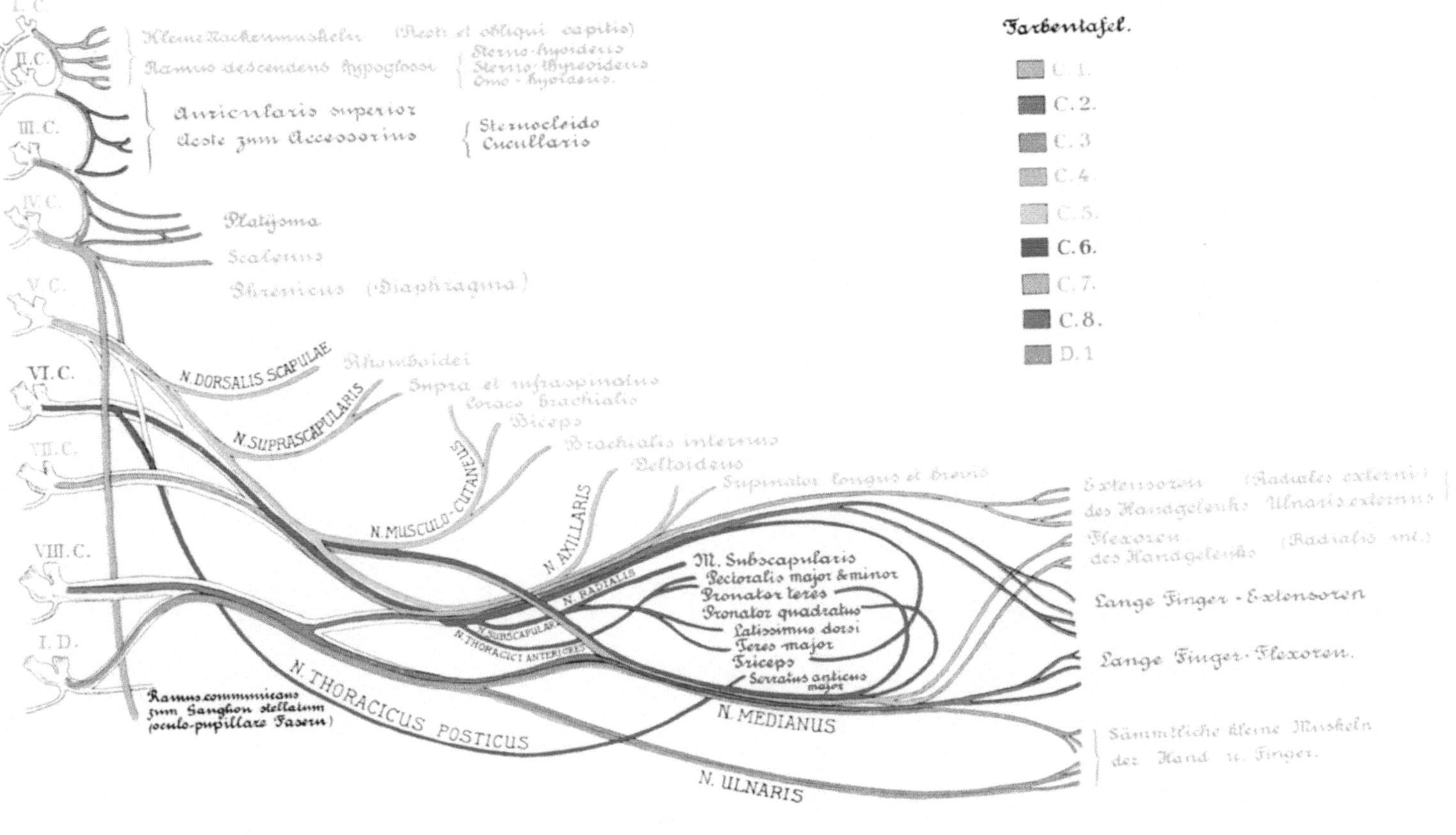

Spinale Motilitätstafel I.   (Nach KOCHER.)

I—XII Dorsalsegment versorgt die Rückenmuskeln; I—VI Dorsalsegment versorgt die Intercostalmuskeln; VII—XII Dorsalsegment versorgt die Bauchmuskeln.
I—IV D Sympath. Nerven zu Kopf, Hals, Herz und Lunge; V—IX D Sympath. Nerven zu Darmkanal und den Unterleibsdrüsen (N. splanchnicus superior).
X—XII D Sympath. Nerven zu Hoden, Blase und Rectum (N. splanchnicus inf., Plexus spermaticus int. und Plexus mesentericus inf.).

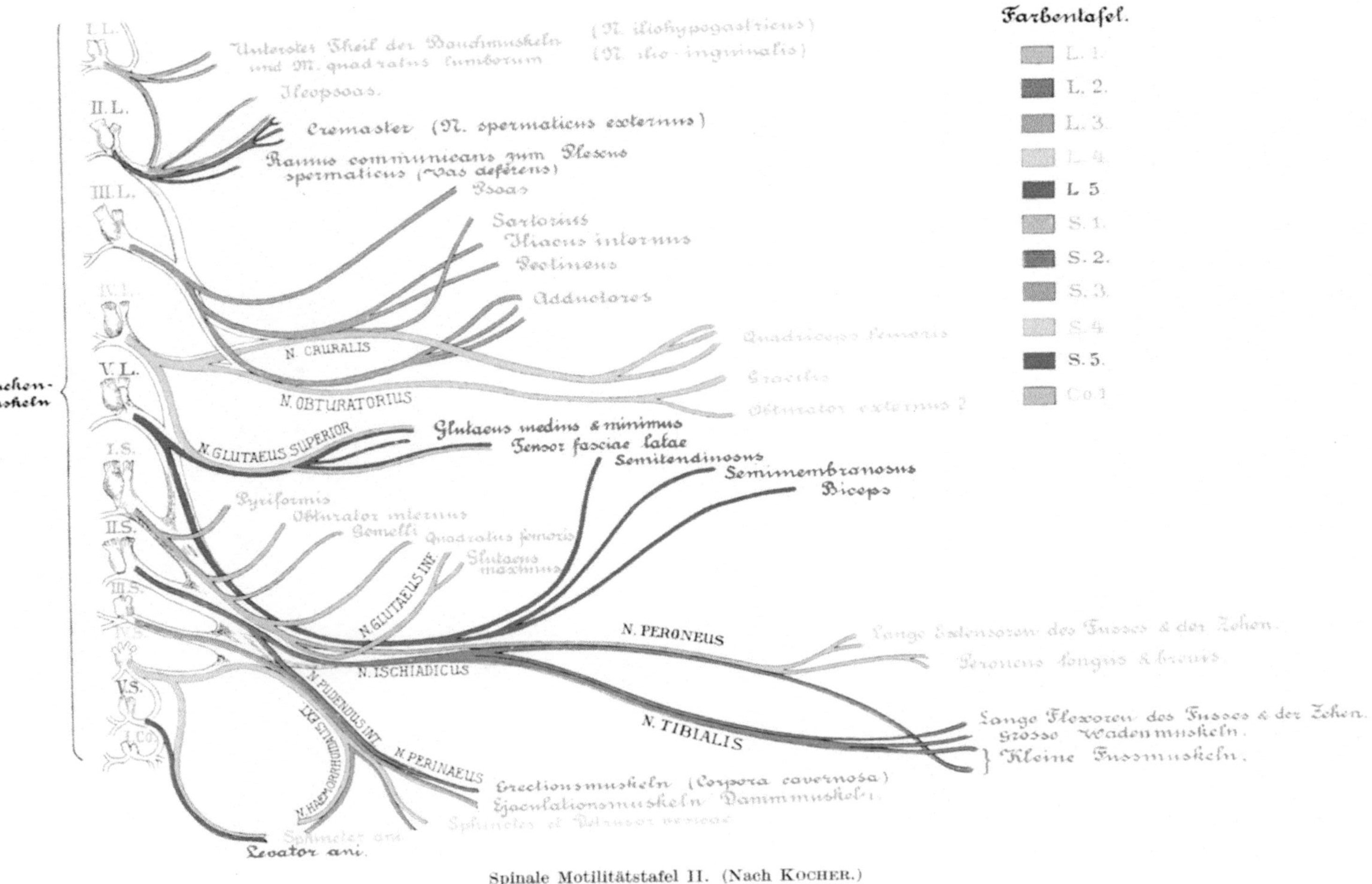
Farbentafel.
L. 1.
L. 2.
L. 3.
L. 4.
L 5
S. 1.
S. 2.
S. 3.
S. 4.
S. 5.
Co 1
Unterster Theil der Bauchmuskeln   (N. iliohypogastricus)
und M. quadratus lumborum   (N. ilio-inguinalis)
Ileopsoas.
Cremaster (N. spermaticus externus)
Ramus communicans zum Plexus
spermaticus (Vas deferens)
Psoas
Sartorius
Iliacus internus
Pectineus
Adductores
Quadriceps femoris
Gracilis
Obturator externus ?
N. CRURALIS
N. OBTURATORIUS
N. GLUTAEUS SUPERIOR
Gluteus medius & minimus
Tensor fasciae latae
Semitendinosus
Semimembranosus
Biceps
Pyriformis
Obturator internus
Gemelli
Quadratus femoris
Gluteus maximus
N. GLUTAEUS INF.
N. ISCHIADICUS
N. PERONEUS
Lange Extensoren des Fusses & der Zehen.
Peroneus longus & brevis
N. TIBIALIS
Lange Flexoren des Fusses & der Zehen.
grosse Wadenmuskeln.
} Kleine Fussmuskeln.
N. PUDENDUS INT.
N. HAEMORRHOIDALIS EXT.
N. PERINAEUS
Erectionsmuskeln (Corpora cavernosa)
Ejaculationsmuskeln Dammmuskeln
Sphincter et Detrusor penis
Sphincter ani
Levator ani.
Rücken-
muskeln
I. L.
II. L.
III. L.
IV. L.
V. L.
I. S.
II. S.
III. S.
IV. S.
V. S.
Co.
Verlag von Julius Springer in Berlin.
Spinale Motilitätstafel II. (Nach KOCHER.)

BORCHARD gezeigt haben. Eine fernere Begleiterscheinung sind punktförmige und auch größere *Markblutungen* die ebenso wie die Herde traumatischer Nekrose ziemlich weit entfernt von der Stelle der Gewalteinwirkung sich finden können.

Seröse Meningitis ist von BORCHARD bei frischen Fällen nicht in ausgesprochenem Maße beobachtet worden; doch sind *umschriebene Liquoransammlungen* erfahrungsgemäß häufig die Ursache sekundärer *Mark- und Wurzelkompression*. In gleicher Weise können nachträglich zur Entwicklung gelangende *Narben* und *Schwielen im Bereich der weichen Markhüllen und des Duralsacks* komprimierend auf das Rückenmark einwirken.

Isolierte oder komplizierende Wurzelverletzungen sind naturgemäß bei Schußverletzungen der Wirbelsäule häufiger als bei gewöhnlichen Frakturen. So sieht man namentlich isolierte partielle *Verletzungen* der *Cauda equina.*

Ferner ergibt sich aus der Art der mechanischen Einwirkung neben den totalen Querschnittsunterbrechungen eine besondere Häufigkeit der partiellen Querläsionen in Form der BROWN-SÉQUARDschen *Halbseitenlähmung* oder in Form der *spinalen Hemiplegie* vom *zerebralen Typus.*

Durch ein und dasselbe Geschoß kann das Mark in verschiedenen Querschnitten verletzt werden. Dabei entspricht die Stelle der Hauptläsion des Rückenmarkes durchaus nicht immer der Stelle, die vom Geschoß direkt getroffen wurde. Pathologisch-anatomisch charakterisieren sich diese *Fernwirkungen durch Erschütterung* als *degenerative posttraumatische Myelitis*, wie wir sie bereits beschrieben haben.

Bezüglich der *Diagnose* sei nur erwähnt, daß wir auch nach Schußverletzungen vollständige anatomische Querläsionen im Anfangsstadium nicht mit absoluter Sicherheit diagnostizieren können. Es hat sich gezeigt, daß der klinische Befund der sog. totalen Querläsion des Rückenmarkes zunächst bei der überwiegenden Zahl von Schußverletzungen der Hals- und Brustwirbelsäule erhoben wird (FRANGENHEIM); wo die Leitungsstörungen zurückgehen und die Sehnenreflexe wiederkehren, liegt gewöhnlich nur eine Teilläsion vor.

Kapitel 7.

Die Höhendiagnostik der Querläsionen.

Der Sitz einer Querläsion läßt sich bestimmen unter Verwertung unserer Kenntnisse über die segmentale, sensible Versorgung der verschiedenen Hautbezirke und die segmentale Verteilung der Kerngebiete bestimmter Muskelgruppen.

Rückenmarkverletzungen oberhalb des 5. Cervicalsegmentes haben, wie sich aus den spinalen Sensibilitätstafeln (Abb. 423 u. 424) ergibt, vorne alle die gleiche Insensibilitätsgrenze, die quer durch den 2. Intercostalraum verläuft. Da jedoch das Kerngebiet des *N. phrenicus* wesentlich im 4. Cervicalsegment liegt, bedingen totale Querläsionen im Bereich der oberen vier Cervicalsegmente sofortigen Exitus durch Erstickung. Dagegen vertragen sich einseitige Verletzungen im Bereich der obersten Cervicalsegmente wenigstens vorübergehend mit dem Leben.

Die Verletzungen des 5.—8. Cervicalsegmentes bedingen, wie die Sensibilitätstafel zeigt, zonenförmige Aufhebung der Sensibilität, deren Grenzen in der

Längsachse der Arme verlaufen. Doch sind diese schmalen insensiblen Zonen für die Segmentdiagnostik wenig geeignet. Dagegen haben wir in den Verhältnissen der segmentalen *motorischen Innervation* Anhaltspunkte, die uns

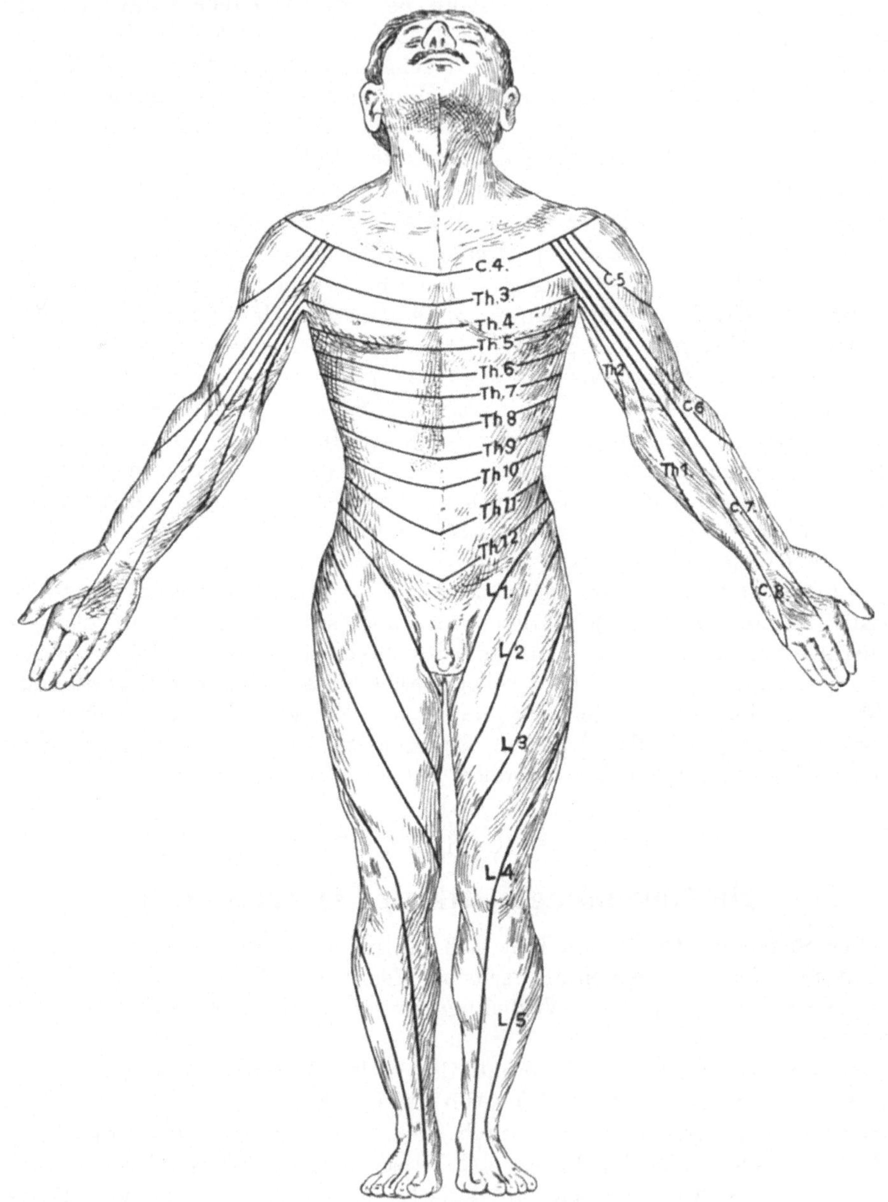

Abb. 423. Segmentäre Hautinnervation. (Nach VILLIGER.)

eine zuverlässigere Segmentdiagnose erlauben. Wir verweisen auf die beigegebenen, von KOCHER aufgestellten spinalen Motilitätstafeln (I und II), zu denen jedoch bemerkt werden muß, daß die Kerngruppen für die verschiedenen

Muskeln nicht ausschließlich in einem Segment liegen, sondern durchwegs in Form von Kernsäulen verschiedenen Segmenten angehören (vgl. Abb. 425).

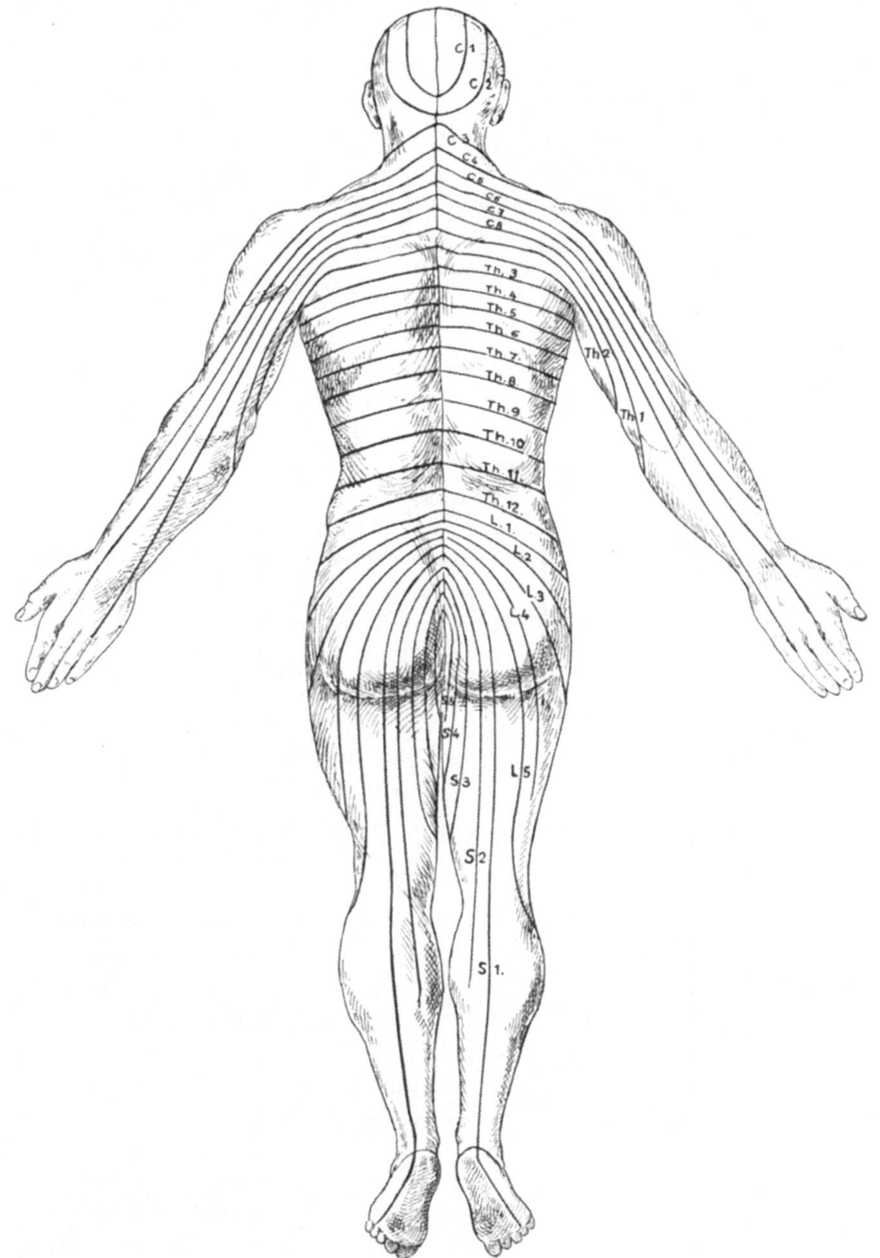

Abb. 424. Segmentäre Hautinnervation. (Nach VILLIGER.)

Da jedoch für die meisten Muskeln ein bestimmtes Segment an Bedeutung überwiegt, können wir die KOCHERsche spinale Motilitätstafel unter den

Segmentinnervation der Muskeln der oberen Extremität.

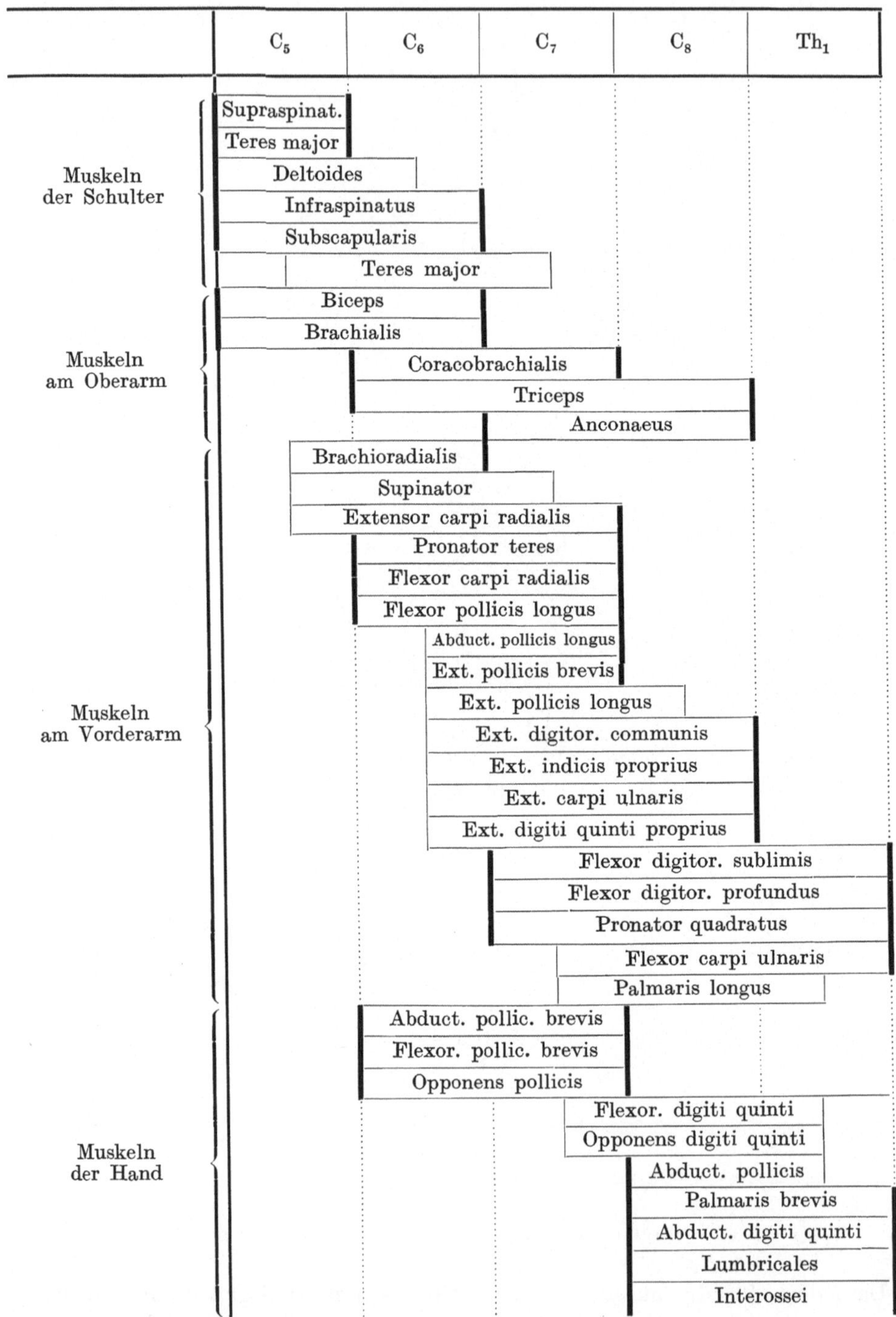

Segmentinnervation der Muskeln der unteren Extremität.

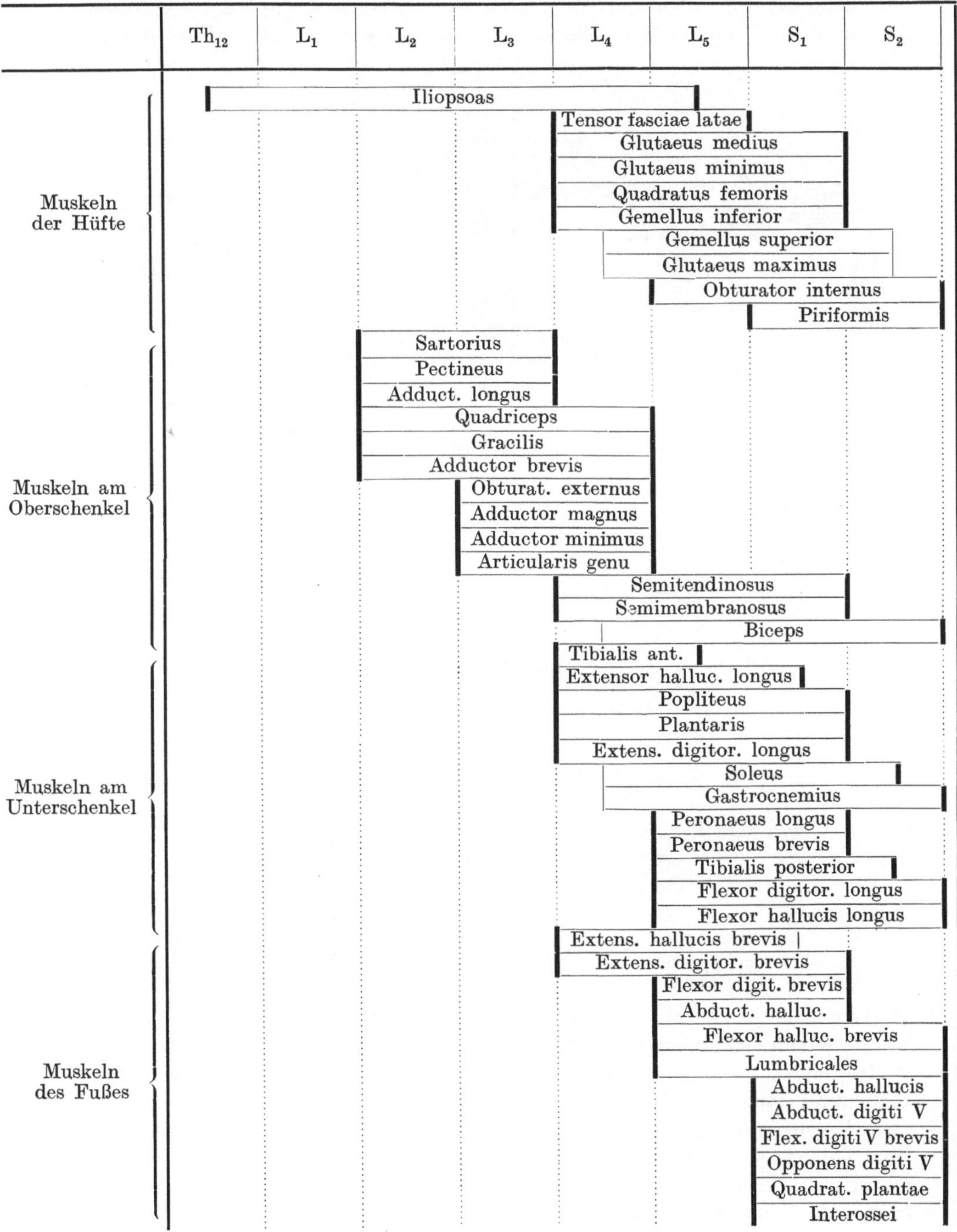

gebotenen Einschränkungen auch heute noch verwenden. Ihr didaktischer Vorteil liegt in der großen Anschaulichkeit, und in der gleichzeitigen Darstellung der Plexusbildung sowie der peripheren Nervenbahnen. Ergänzend geben wir jedoch auch Tabellen über die segmentale Innervation der Extremitäten-

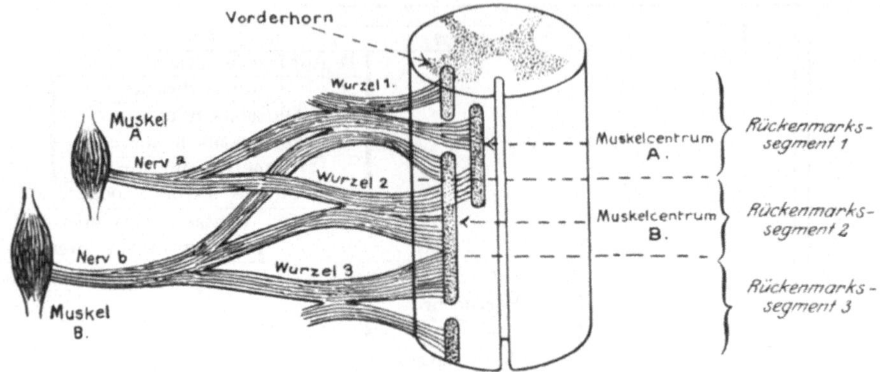

Abb. 425. Radikuläre und periphere Muskelinnervation; Beziehung der Kernsäulen zu den Segmenten des Rückenmarkes. (Nach BING.)

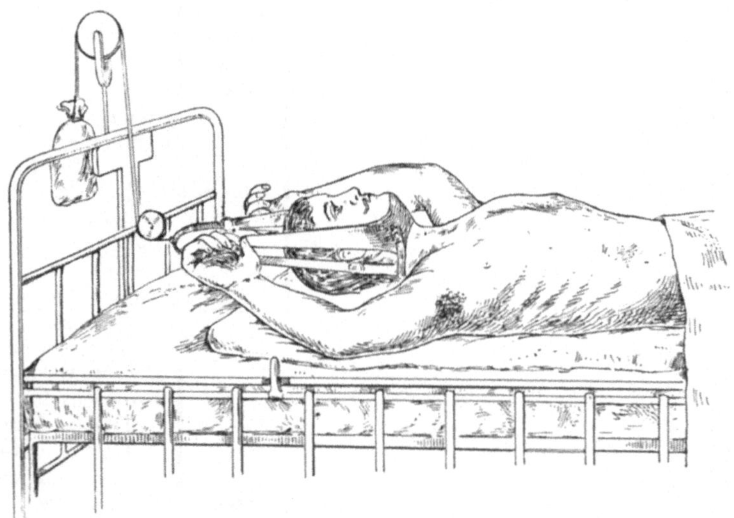

Abb. 426. Haltung der Arme bei Läsion des 6. Cervicalsegmentes.

muskeln nach VILLIGER (S. 446, 447), die wesentliche Abweichungen von der KOCHERschen Darstellung zeigen.

Ist das 5. *Cervicalsegment* verletzt, so sind sämtliche Muskeln der oberen Extremität von der Lähmung betroffen; die Arme liegen deshalb schlaff dem Körper an und nehmen jede beliebige Stellung ein. Ist das 6. *Segment* lädiert, so funktionieren ausschließlich die wesentlich vom 5. Segment motorisch versorgten Muskeln der Schulter und des Arms. Man sieht dann in einigen Fällen eine Zwangslage der Oberarme in Abduction und Auswärtsrotation, bei gleichzeitiger Supination des Vorderarms. Häufiger liegen die Arme neben dem Kopf emporgeschlagen völlig der Unterlage auf, bei leicht gebeugtem Ellbogengelenk (Abb. 426). Bei Verletzung des 7. *Segmentes* entspricht die Haltung der Arme der gleichmäßigen Innervation der Antagonisten für die Bewegungen im Schulter- und Ellbogengelenk wie für die Pro- und Supination des Vorderarms. Die Vorderarme liegen deshalb gemäß Abb. 427 in mittlerer Rotationsstellung auf dem Thorax, bei mittlerer Beugestellung des Ellbogengelenks und mäßiger Abduction im Schultergelenk. Die Hände werden halb

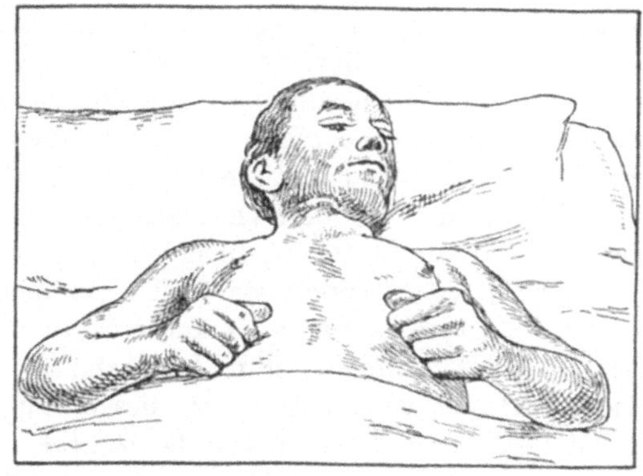

Abb. 427. Haltung der Arme bei Läsion des 7. Cervicalsegmentes.

geschlossen gehalten; das Handgelenk steht in Mittelstellung, entsprechend der Lähmung aller Handgelenk- und Fingermuskeln. Gesellt sich zu der Zerstörung des 7. Segmentes noch eine partielle Läsion des 6. Segmentes, die zu Schwächung der Schulteroberarmadductoren führt, so liegen die Oberarme in stärkerer Abduction.

Können die Handgelenke frei gestreckt und gebeugt werden, so ist das 7. *Cervicalsegment* frei, funktionieren die langen Strecker und Beuger der Finger normal, so ist das 8. Cervicalsegment intakt, während normale Motilität der kleinen Fingermuskeln und Fehlen oculo-pupillärer Symptome für Integrität *des 1. Dorsalsegmentes* sprechen.

Die Höhendiagnose der Verletzungen des Brustmarkes stellen wir nach der oberen Grenze der sensiblen Lähmung. Dabei ist zu bedenken, daß die von den einzelnen Segmenten sensibel versorgten Hautzonen gegenüber den gebrochenen Wirbeln in zunehmender Weise caudalwärts verschoben sind, und zwar aus verschiedenen Gründen. Zunächst ist das Rückenmark erheblich kürzer als die Wirbelsäule, indem die Spitze des Conus terminalis in der Höhe des 2. Lendenwirbels liegt. *Daraus ergibt sich in erster Linie eine Verschiebung zwischen Wirbel und Segment gleicher Ordnungszahl* (vgl. Abb. 428).

Ferner verlaufen die Intercostalnerven schräg absteigend, wodurch die caudale

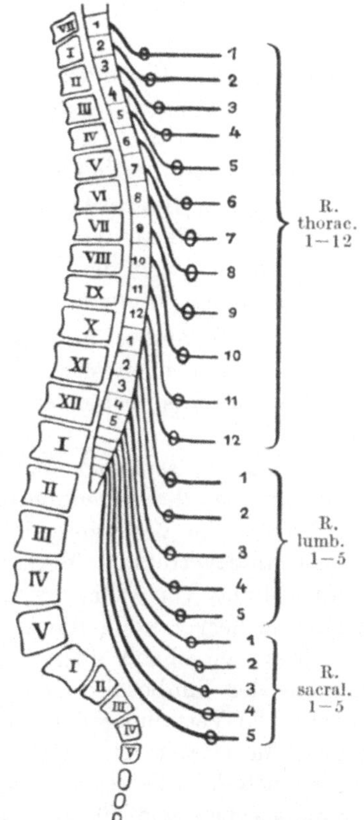

Abb. 428. Lagebeziehungen zwischen Wirbeln, Rückenmarksegmenten und Austritt der Wurzeln aus dem Rückgratkanal.

Verschiebung der sensiblen Zonen gegenüber den Segmenten und damit auch gegenüber den einzelnen Wirbeln noch vermehrt wird; in gleichem Sinne macht

sich auch die *Überdachung der einzelnen sensiblen Zonen geltend*. Die obere
Grenze der Insensibilität ist deshalb bei Läsionen im Bereich der oberen Dorsal-
wirbelsäule 4—5 Wirbelhöhen tiefer zu suchen, als die Austrittsstelle der dem
obersten lädierten Segment entsprechenden Wurzel aus dem Foramen intervertebrale. KOCHER hat diese Verhältnisse durch die einfache empirische Regel
ausgedrückt, daß bei den Querläsionen des Brustmarkes die obere Grenze der
Insensibilität — die im wesentlichen quer verläuft, — den tiefsten caudalsten
Punkt desjenigen Intercostalraums schneidet, durch welchen der aus dem
lädierten Segment stammende Intercostalnerv verläuft. Für die oberen Rippen,
die sich direkt zum Sternum begeben, ist der maßgebende tiefste Punkt zugleich auch der ventralste. Von diesem Punkt aus verläuft die Grenzlinie der
Sensibilitätsstörung wesentlich horizontal.

Da nun die sensible Lähmung sowohl durch Verletzung des Segmentes als
durch Läsion der sensiblen Wurzeln auf der Strecke zwischen Foramen intervertebrale und Eintritt in das Rückenmarksegment verursacht sein kann,
ergibt die Bestimmung der Anästhesiegrenze theoretisch keine absolut zutreffende Höhenlokalisation. Wir wissen jedoch aus Erfahrung, daß die obere
Grenze der Insensibilität mit verschwindenden Ausnahmen dem verletzten
Segment entspricht. Zudem können wir durch die äußere Untersuchung der
Wirbelsäule und besonders durch myelographische Röntgenaufnahmen hin-
reichende Anhaltspunkte gewinnen, um in Verbindung mit dem Ergebnis der
Motilitätsprüfung die Läsionsstelle und damit das Niveau einer allfälligen
Laminektomie zu bestimmen.

Bei *partiellen Markläsionen* sind Sensibilitätsstörungen nur höhendiagnostisch
verwertbar, soweit sie sich mit Sicherheit auf Läsionen der hinteren Wurzeln
beziehen lassen, weil die langen sensiblen Bahnen in sehr ungleicher Weise
betroffen werden können.

Für die Höhenbestimmung partieller Markläsionen wird die Zone aus-
geprägtester Störungen verwertet. Über die den einzelnen Rückenmarksegmenten
bzw. Wurzeln entsprechenden sensiblen Hautzonen geben die Abb. 423 u. 424
Auskunft.

Im Bereiche des *Lumbosakralmarkes*, wo die einzelnen Rückenmarksegmente
relativ niedrig, die gegenüberliegenden Wirbel unverhältnismäßig viel höher
sind, betrifft die Verletzung häufig mehrere Segmente gleichzeitig. Der stark
schräge, intravertebrale Verlauf der Nerven bedingt hier besonders häufig
Mitquetschung von Nervenwurzeln. Auch kann eine reine *Caudaquetschung*
Symptome hervorrufen, die mit einer Verletzung des untersten Rückenmarkabschnitts weitgehend übereinstimmen. Daraus geht hervor, daß die Höhendiagnose der lumbosakralen Markverletzungen größeren Schwierigkeiten begegnet. Die Verteilung der motorischen Kerngebiete zeigen die KOCHERschen
spinalen Motilitätstafel sowie die Tabellen S. 446, 447. Wie die Erfahrung lehrt,
ergeben sich für die Verletzungen des Lumbosakralmarkes nicht so augenfällige
Lähmungstypen, wie für die Läsionen der unteren Cervicalsegmente mit ihren
charakteristischen Armhaltungen, besonders aus dem Grunde, weil häufig mehrere
Segmente miteinander betroffen sind. Zudem setzen die schweren Unterextremitäten der Lageveränderung durch Ausfall antagonistischer Muskelgruppen
größeren Widerstand entgegen.

Bei der geringen Ausdehnung des Lumbosakralmarkes ist, auch wenn die Läsion in seinem oberen Abschnitte sitzt, gewöhnlich der ganze Konus durch Nachbarschafts- und Fernwirkung geschädigt. Deshalb sind häufig auch die in den tiefsten Segmenten sich abspielenden Reflexe dauernd aufgehoben. Die Verletzungen des untersten Rückenmarkabschnitts betreffen häufig die spinalen Zentren für Blasen-, Mastdarm- und Genitalfunktionen und führen zu den oben beschriebenen, charakteristischen Störungen.

Sind das Centrum vesicospinale, anospinale und genitospinale (Impotenz oder dissozierte Potenzstörung in Form von Aufhebung der Ejaculation und des Orgasmus bei erhaltener Erektionsfähigkeit) betroffen und gesellt sich zu diesen Symptomen eine Anästhesie in Form eines Reithosenbesatzes, so ist die *Läsion des Conus terminalis* sichergestellt, wenn motorische Ausfallserscheinungen und Reflexstörungen von seiten der unteren Extremitäten fehlen. Derartige reine Konusläsionen sieht man im Anschluß an Wirbelverletzungen sehr selten und beinahe nur durch *intramedulläre Blutungen* bedingt, weil in der Höhe des 3. Lendensegmentes die Bildung der Cauda equina beginnt, die den ganzen Conus terminalis hülsenartig umgibt.

Durch eine Läsion des untersten Teils der Cauda equina kann in analoger Weise eine Verletzung des Conus terminalis vorgetäuscht werden, wie durch eine höher oben gelegene Verletzung der Cauda equina eine Querläsion des lumbalen Markes. Wo wir die Höhe der Wirbelläsion einwandfrei feststellen können, sind wir in der Lage, in derartigen Fällen die Differentialdiagnose zwischen Mark- und Caudaläsion zu sichern. Liegt die Wirbelverletzung oberhalb des 1. Lendenwirbels, so kommt eine Caudaverletzung nicht in Frage. Im übrigen kann man sich an folgende *differentialdiagnostische Kriterien* halten: Bei *Markläsionen* wird, sofern sie nicht den ganzen Querschnitt betreffen, die Sensibilitätsstörung gelegentlich dissoziert sein, während sie bei *Verletzung der Cauda equina,* d. h. der eintretenden Wurzeln, meist alle Qualitäten der Sensibilität betrifft. Erfahrungen an Schußverletzten haben allerdings gezeigt, daß auch bei Wurzelläsionen weitgehende Dissoziierung zwischen thermaler, taktiler und algetischer Empfindung vorhanden sein kann. Gleichzeitig finden wir gemäß dem Charakter der Wurzelschädigung bei *Caudaläsionen* häufig *spontane Schmerzen, Anaesthesia dolorosa,* besonders in der Gegend des Damms und über dem Kreuzbein, während die *Markläsion,* wie wir bereits gesehen haben, nur ausnahmsweise zu spontanen Schmerzen führt. Auch fehlen bei der *Konusläsion* motorische Reizerscheinungen, während man im Anschluß an *Caudaverletzungen* in den gelähmten Muskeln häufig fibrilläres Zittern auftreten sieht. Ferner sind die sensiblen und motorischen Lähmungserscheinungen bei *Markläsionen* meist symmetrisch, während sie bei *Caudaverletzungen* ebenso oft asymmetrisch sind. Das Erhaltensein oder die Steigerung der Reflexe spricht für Schädigung des *Markes* und gegen Unterbrechung der sensiblen und motorischen Bahnen im Bereich der *Cauda equina.*

Die Unterscheidung zwischen Verletzungen der Cauda equina und des Conus terminalis hat namentlich deshalb besondere Bedeutung, weil die *Restitutionsmöglichkeiten* bei Verletzungen der Cauda equina erheblich bessere sind, als bei Markverletzungen.

29*

Kapitel 8.

Verlauf der Markläsionen.

Die partiellen Markläsionen nehmen im allgemeinen einen günstigen Verlauf. Das beruht hauptsächlich darauf, daß die Schädigung nur einen kleinen Bezirk des Rückenmarkquerschnitts betrifft und daß die Störungen zu einem wesentlichen Teil nicht auf irreparablen Veränderungen der Nervenelemente, sondern nur auf Blutungen, Zirkulationsbehinderung, Ödem und sekundärer entzündlicher Exsudation beruhen. Das Läsionsgebiet schränkt sich deshalb oft wesentlich ein. So bilden sich motorische und sensible Lähmungs- und Reizerscheinungen in wenigen Wochen zurück, ebenso in den meisten Fällen Blasen- und Mastdarmlähmung, wobei der kompensatorischen Funktion gegenüberliegender Bahnen und dem Automatismus von Blase und Rectum Bedeutung zukommen kann.

Durch Läsion der Vorderhornzellen bedingte Lähmungen bleiben dagegen bestehen; auch können sich durch reparative Bindegewebsbildung gewisse Symptome verschlimmern. *Trotz dieser im allgemeinen günstigen Prognose sehen wir auch bei partiellen Läsionen des Rückenmarkes nicht so selten einen schlimmen Verlauf eintreten, der im wesentlichen bedingt ist durch die Gefahren der Blasenlähmung, sowie des Decubitus. Demgegenüber hat die traumatische totale Querläsion des Rückenmarkes, soweit sie auf irreparabler Durchquetschung oder schwerer Kontusion des Markes beruht, durchwegs eine schlechte Voraussage, ebenso Querschnittsunterbrechungen infolge allzulang dauernder Kompression.* Restitutionsmöglichkeiten entscheidender Art bestehen nur für Störungen, die auf Kommotion, Blutung, Ödem und umschriebener Kompression beruhen.

Leider lassen sich in den ersten Wochen die endgültigen Rückenmarklähmungen von den spontan zurückgehenden oder durch einen dekomprimierenden Eingriff günstig zu beeinflussenden oft nicht mit Sicherheit unterscheiden, falls die Art der Wirbelverletzung eine vollständige Durchquetschung des Marks nicht über jeden Zweifel stellt.

Für eine reparable Markschädigung sprechen Schwankungen in der Nervenleitung, Erhaltensein oder frühe Rückkehr der Sehnenreflexe (KOCHER), leichtere Grade von Blasen- und Mastdarmlähmung und alle oben angeführten Momente, die eine nur partielle Markläsion annehmen lassen. Bei Kompressionen treten die Leitungsstörungen oft sukzessive auf und betreffen manchmal die Motilität früher und ausgedehnter.

Die *Mortalität der Wirbelbrüche mit Markläsion* erreicht durchschnittlich etwa 75 $^0/_0$, während sie bei Wirbelfrakturen promiscue nach der Statistik von HAUMANN 16,5 $^0/_0$ beträgt.

Hinsichtlich Erhaltung des Lebens ist die Voraussage in erster Linie abhängig von der Höhe der Querschnittsunterbrechung.

Wir haben bereits erwähnt, daß Querschnittsläsionen der *vier obersten Cervicalsegmente* zu sofortigem Erstickungstod infolge Unterbrechung der Phrenicusbahnen führen. Die Totalläsionen des 5.—8. *Cervicalsegmentes* sind zunächst mit dem Leben vereinbar, schließen jedoch die Gefahr *aufsteigender degenerativer Myelitis* in sich; in diesen Fällen tritt denn auch häufig nach anfänglich günstigem Verlaufe in den ersten Tagen und Wochen Exitus ein, wesentlich bedingt durch das Übergreifen der Schädigung auf die oberen Cervicalsegmente. Bei diesen Patienten sehen wir häufig hohe *ante- und postmortale Temperatursteigerungen* auftreten, die 43 Grad erreichen können. Nach den Erfahrungen KOCHERS tritt in den Fällen von Halsmarkläsion, bei denen rasch hohe Temperatur sich einstellt, auch der Tod in der Regel frühzeitig ein, oft schon am Tage nach dem Unfall. Demgegenüber sehen wir bei einzelnen Fällen von Halsmarkläsion auffällig tiefe *Untertemperaturen* von 30 Grad und weniger. Bei diesen Patienten tritt das schlimme Ende gewöhnlich langsamer ein. Bleibt ein Patient mit Querläsion des Halsmarkes am Leben, so liegt sicher nur eine partielle Markläsion vor.

Günstiger hinsichtlich Erhaltung des Lebens sind die *Verletzungen des Brustmarkes* und die tiefer gelegenen Markläsionen, insofern als die ominöse aufsteigende Markdegeneration hier gewöhnlich ausbleibt bzw. keine lebenswichtigen Abschnitte des Rückenmarkes erreicht. *Die Mehrzahl der Gelähmten geht in den ersten Wochen oder Monaten zugrunde, und zwar, wenn keine aufsteigende Markdegeneration mit allfälliger Pneumonie zum Ende führt, wesentlich an den Folgen von Blasenlähmung und Decubitus.*

Jede andauernde *Harnretention* bedingt die Gefahr einer *Stagnationsinfektion* vom Darme her und direkter Infektion durch längere Zeit fortgesetzten Katheterismus. Aufsteigende Erkrankung der Ureteren, des Nierenbeckens und der Niere, oft begleitet von Steinbildung sind die mittelbaren Folgen; der Tod erfolgt an *Urämie* und *Urosepsis*, nachdem oft qualvolle *Steinkoliken* vorausgegangen sind.

Die Neigung zu *Decubitus* ist abhängig vom Grade der *Vasomotorenlähmung* und von *tropho-neurotischen Einflüssen*, kann jedoch in gewissem Umfange durch die *Pflege* beeinflußt werden. Der Druckbrand entwickelt sich am häufigsten über dem Sacrum, den Trochanteren, der Crista ilei und gelegentlich auch an der Ferse und über den Malleolen. Von konditioneller Bedeutung sind somit *Druckbelastung* und *Anspannung* der Haut und die Unmöglichkeit aktiven Lagewechsels. Sobald der Decubitus auf die unterliegenden Fascien und auf den Knochen übergreift, besteht die Gefahr der *Allgemeininfektion*. Recht häufig gehen von Druckbrandstellen *Erysipele* aus, die gelegentlich an der Insensibilitätsgrenze Halt machen, jedoch große Neigung zu Rezidiven zeigen und ebenfalls zu *Bakteriämie* und *Sepsis* führen können.

Eine kleine Zahl Gelähmter bleibt am Leben. Bei diesen Verletzten ist die Neigung zu Decubitus gering, nach kurzer Zeit stellt sich eine automatische, periodische Entleerung von Blase und Mastdarm ein, die chronische Infektion der Harnwege führt höchstens zu zeitweisen Exacerbationen und bei eingeschränkter Beschäftigungsmöglichkeit führen diese Patienten ein erträgliches Leben.

Schlimm ist jedoch die Situation, wenn *heftige Neuralgien* an den unteren Extremitäten oder am Rumpf auftreten, die anfallsweise, oft unter dem Einfluß der Wetterlage sich steigernd, oder beinahe ständig die Verletzten quälen. Sehr lästig ist auch die *Darmatonie*, die zu hochgradigem *Meteorismus* und zu *Ileusanfällen* führen kann; „*enterale Krisen*" haben wiederholt zu Laparotomie Anlaß gegeben. Eine seltene Störung stellt heftiger, unstillbarer *Singultus* dar.

Kapitel 9.

Die Röntgendiagnostik der Wirbelfrakturen.

Die Röntgenaufnahmen der Wirbelsäule haben in den letzten Jahren durch grundsätzliche Verwendung der beweglichen Gitterblende (POTTER-BUCKY), Doppelfilms mit zwei Verstärkungsschirmen und Steigerung der Betriebsspannung an Qualität sehr gewonnen. Gleichwohl sind einige technische und diagnostische Regeln zu beachten, wenn man sich nicht groben morphologischen Irrtümern aussetzen will.

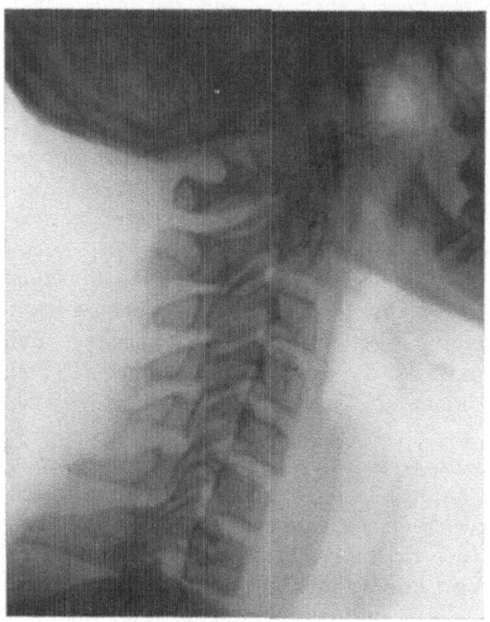

Abb. 429. Seitliche Normalaufnahme der Halswirbelsäule; der Atlasbogen mit dem Tuberculum hebt sich frei von der Schädelbasis ab.

Die *seitliche Aufnahme der Halswirbelsäule* gibt klare Bilder sämtlicher Wirbel einschließlich des 7., wenn man die untere, auf der Blende liegende Schulter möglichst abwärts zieht und durch Einstellung auf die oberen Halswirbel wegprojiziert. Es ist darauf zu achten, daß der Atlasbogen nicht in die Schädelbasis fällt, sondern sich frei nach hinten abhebt (Abb. 429).

Der Dorn des Epistropheus ragt weiter nach hinten vor und ist auch voluminöser, als die benachbarten Wirbeldorne, was Fehler beim Abzählen zu vermeiden gestattet.

Neben scharfer und symmetrischer Projektion der Intervertebralspatien soll eine gute Seitenaufnahme klare Zeichnung der quer orientierten Seitengelenksspalten geben, was an der Brust- und Lendenwirbelsäule nicht zu erreichen ist. Spitzenförmige Ausziehung der unteren Kanten der Halswirbelkörper, die man auch bei Jugendlichen sieht, hat mit posttraumatischer „Arthritis" nichts zu tun.

Antero-posteriore Aufnahmen der Halswirbelsäule erfolgen in Rückenlage bei leicht erhobenem Kinn, mit Einstellung auf den 5. Halswirbel. Sie zeigen die Halswirbel aufwärts einschließlich unteren Abschnitt des 3. Wirbelkörpers.

Die zwei obersten Halswirbel und die obere Partie des dritten werden durch den geöffneten Mund hindurch aufgenommen; die Projektion erfolgt etwas von unten her oder senkrecht bei leicht rekliniertem Kopf, damit der Zahn des Epistropheus möglichst hoch hinauf zur Darstellung gebracht wird, wie dies bei Luxationsbrüchen erforderlich ist (Abb. 430).

Bei antero-posterioren Übersichtsaufnahmen der Brust- und Lendenwirbelsäule ist zu beachten, daß mit zunehmender Entfernung vom Zentralstrahl immer größere Teile der vorderen Wirbelkanten in die Intervertebralspatien projiziert werden; obere und untere Wirbelflächen erscheinen dann perspektivisch als

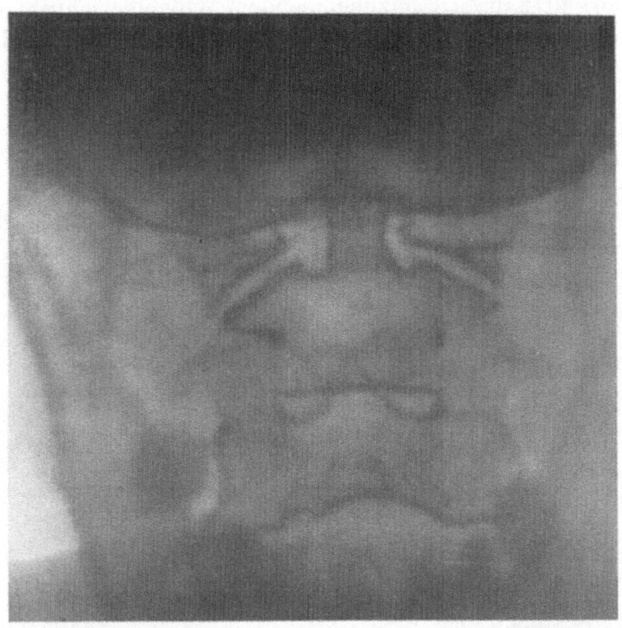

Abb. 430. Aufnahme der obersten 3 Halswirbel durch den weitgeöffneten Mund. Zahn des Epistropheus und schrägstehende Gelenkspalten zwischen Atlas und Epistropheus.

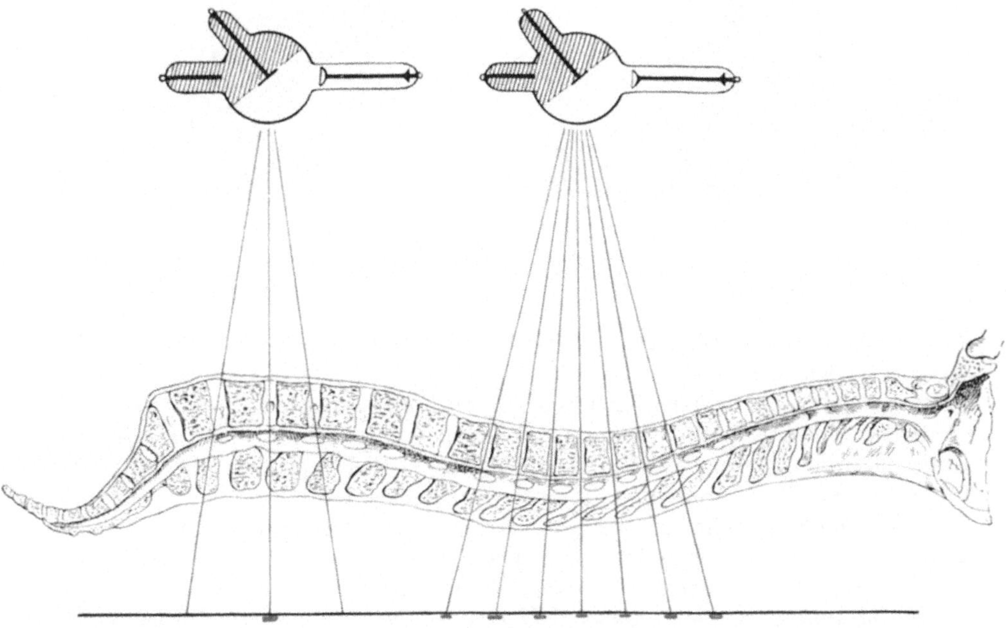

Abb. 431. Schema für die Projektion der Zwischenwirbelscheiben. Die kurzen roten Horizontalstriche unter der Projektionsebene entsprechen den zur Darstellung gelangenden Zwischenwirbelräumen. Man sieht, wie im Bereiche der Lendenwirbelsäule nur der senkrecht eingestellte Zwischenraum im Röntgenbild erscheint.

Ellipsen (Abb. 404/407), die sich in zunehmendem Maße überschneiden. Abb. 431 zeigt, in welcher Weise die Brustkyphose bei anteroposterioren Röntgenaufnahmen den Bereich der vollständig frei zur Darstellung gelangenden Zwischenwirbelräume erweitert, während er durch die Lendenlordose eingeschränkt wird. *Verengerung oder Aufhebung von Zwischenwirbelräumen im Randgebiet von Übersichtsaufnahmen der Brust- und Lendenwirbelsäule sind deshalb nicht beweisend*

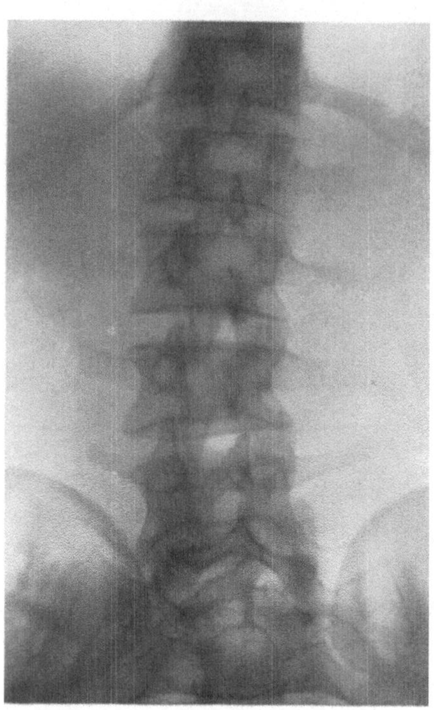

Abb. 432a. Scheinbare Aufhebung des Intervertebralraumes zwischen 5. Lendenwirbel und Kreuzbein; Kompressionsfraktur des 5. Lendenwirbels mit geringer seitlicher Verschiebung des 4. Lendenwirbels.

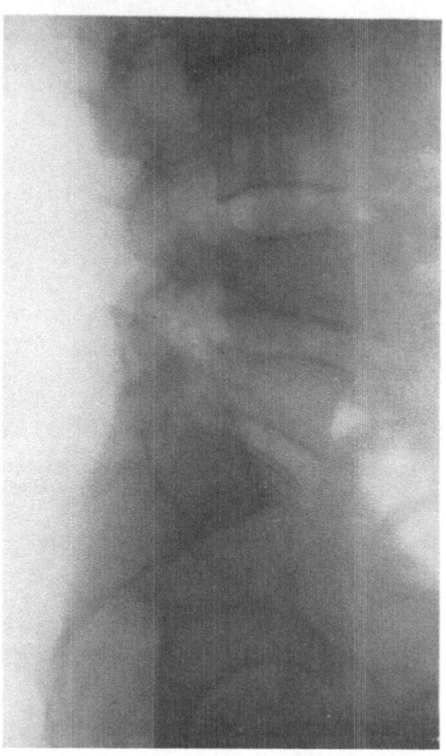

Abb. 432b. Seitenaufnahme der unteren Lendenwirbelsäule und des Kreuzbeins; klare Darstellung der Lumbosakraleverbindung trotz teilweiser Überlagerung durch die Darmbeinschaufel.

und erfordern ergänzende, auf den betreffenden Abschnitt der Wirbelsäule eingestellte Aufnahmen.

Die stark gezeichneten Wirbelkörpergrenzlinien entsprechen teilweise den vorderen, teilweise den hinteren Wirbelkörperkanten, und zwar gemäß der Kontrastwirkung derjenigen Kante, die in den Wirbelkörperschatten fällt. Die Identifizierung der vorderen und hinteren Projektionskonturen eines Wirbelkörpers ist deshalb nicht immer leicht, wenn sie auch konstruktiv unter Berücksichtigung ihrer nach oben bzw. unten konvexen oder konkaven Form sowie des Verlaufs der frontalen Wirbelsäulenebene gelingt. *Man kann demnach aus einem anteroposterioren Röntgenbild eine Wirbelkompression im allgemeinen nur mit Sicherheit diagnostizieren, wenn der Wirbel nicht nur in seinem vorderen, sondern auch in seinem hinteren Abschnitt zusammengedrückt ist.* Keilförmige Modellierungen sind aus solchen Röntgenogrammen nur abzulesen, wenn die

einander genäherten Projektionslinien der vorderen Wirbelkörperkanten innerhalb derjenigen der hinteren Kanten verlaufen, was nicht immer mit Sicherheit festgestellt werden kann oder wenn eine deutliche Kondensierung des
betroffenen Wirbelkörpers vorliegt (s. Abb. 401).

*Der sichere Nachweis ventraler keilförmiger Kompression eines Wirbelkörpers
und der Verengerung oder Aufhebung eines Intervertebralraumes erfordert deshalb
seitliche Aufnahmen.* Es ist jedoch zu beachten, daß auch bei seitlicher Projektion in den Randzonen großer Übersichtsaufnahmen die freien Intervertebralräume infolge Überschneidung der Wirbelkanten verschmälert erscheinen können
und daß auch hier die Identifizierung der Projektionslinien oft schwierig ist.

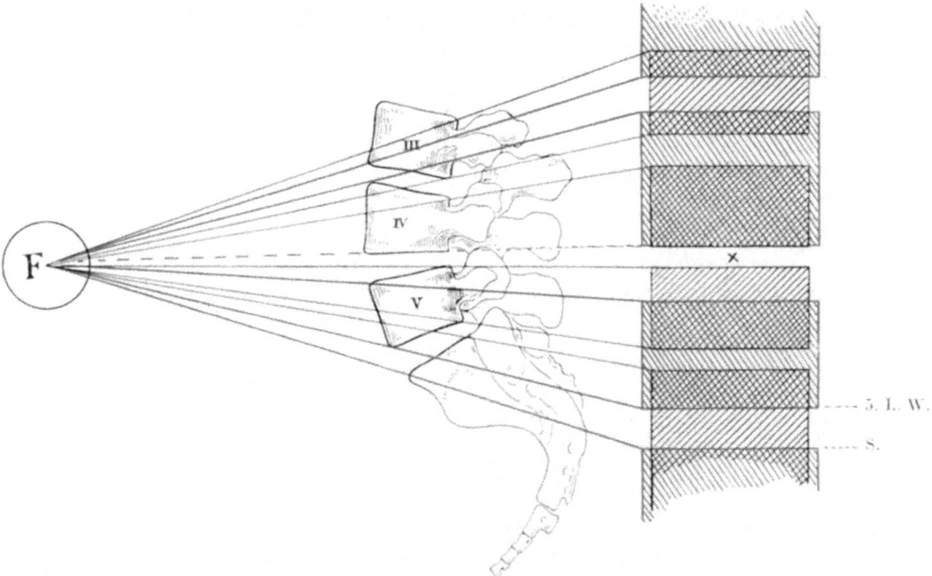

Abb. 433. Projektion der ventralen und dorsalen Wirbelkörperkanten. (Nach GRASHEY.) Rot das
Projektionsbild der vorderen Konturen; schwarz das Projektionsbild der hinteren Konturen. Die
Zeichnung erklärt, warum in den Röntgenogrammen das Promontorium soweit unterhalb des
5. Lendenwirbels erscheint.

*Seitliche Wirbelkompressionen erfordern deshalb zu ihrem sicheren Nachweis um-
gekehrt ergänzende ventro-dorsale Aufnahmen.* Bei der Interpretation seitlicher
Wirbelsäulenröntgenogramme sind allfällige Skoliosen sinngemäß zu berücksichtigen.

Anteroposteriore Übersichtsaufnahmen werden aus vorerwähnten Gründen
auf die Mitte der physiologischen Krümmung eingestellt (vgl. Abb. 431). Detailaufnahmen erfordern Zentrierung auf den verletzten Wirbel.

Seitliche Aufnahmen der Brustwirbelsäule werden bei erhobenen Armen mit
Zentrierung auf die Mitte des darzustellenden Wirbelsäulenabschnittes vor-
genommen. Die obersten Brustwirbel erscheinen in solchen Bildern infolge
Überlagerung nicht immer in wünschenswerter Klarheit.

Bei *Übersichtsaufnahmen der Lendenwirbelsäule* wird auf den 3. Lendenwirbel
eingestellt; da infolge der physiologischen Lordose die freie Projektion der
Intervertebralräume hier eine beschränktere ist als im Bereich der Brustwirbel-

säule, sind bei zweifelhaften Verhältnissen umschriebene Kontrollaufnahmen zu machen.

Der Raum zwischen 5. Lendenwirbel und Kreuzbein erscheint im anteroposterioren Röntgenogramm infolge der hochgradigen Schrägstellung der oberen Kreuzbeinfläche stets aufgehoben (Abb. 432a), was zu der so häufigen Fehldiagnose einer Kompressionsfraktur des 5. Lendenwirbels Anlaß gibt. Abb. 433 zeigt diese Projektionsverhältnisse und erklärt auch, warum das Promontorium im ventro-dorsalen Röntgenbild so stark caudalwärts projiziert wird.

Seitenaufnahmen der Lendenwirbelsäule und des Kreuzbeines werden ohne Rücksicht auf die Beckenschaufeln in streng seitlicher Richtung vorgenommen, für Übersichten mit Einstellung auf den 3. Lendenwirbel, zur Beurteilung der Lumbosakralverbindung mit Zentrierung auf den 5. Lendenwirbel (Abb. 432b).

Bei der Beurteilung von Lendenwirbel-Kreuzbeinaufnahmen ist *das Vorkommen überzähliger Lendenwirbel* sowie die sog. *Sakralisierung* und *Lumbalisierung* zu beachten.

Unter *Sakralisierung* des 5. Lendenwirbels versteht man ein- oder doppelseitige, verschieden weitgehende Verschmelzung der verbreiterten Querfortsätze des 5. Lendenwirbels mit den Kreuzbeinflügeln, während die verschieden weitgehende, morphologische Auslösung des 1. Sakralwirbelsegmentes aus dem Kreuzbein als *Lumbalisierung* des 1. Sakralwirbels bezeichnet wird. Diese Spielarten der Entwicklung haben mit traumatischen Veränderungen nichts zu tun.

Kapitel 10.

Die Behandlung der Wirbelfrakturen und der begleitenden Markschädigungen.

1. Die Behandlung der Wirbelfrakturen.

Die Bedeutung der Wirbelverletzungen hat nur dort selbständige Bedeutung, wo schwere Markschädigungen fehlen. Liegt eine vermutungsweise reparable Verletzung des Rückenmarkes vor, so stehen ihre Symptome im Vordergrund des therapeutischen Interesses, und wo eine sicher unheilbare totale Markschädigung vorhanden ist, erübrigt sich praktisch auch die Behandlung der Wirbelverletzung.

Bei *Kompressionsfrakturen* der Wirbelkörper liegt die Hauptaufgabe der Behandlung in möglichst frühzeitiger und ausreichender Entlastung, mit dem doppelten Zweck, den Gibbus nach Möglichkeit auszugleichen und eine sekundäre Zunahme der Wirbelsäulenknickung und damit auch die allfällige Gefahr sekundärer Markschädigung durch Kompression zu verhüten.

Während über die Nützlichkeit der *Entlastung* keine Zweifel bestehen, wird die Möglichkeit des Ausgleichs einer durch Fraktur bedingten Wirbelsäulenknickung mit dem Hinweis bestritten, daß der komprimierte Wirbel einen fest zusammengepreßten Keil darstellt, an dessen Form durch äußere Maßnahmen nichts zu ändern sei. Es ist jedoch zu beachten, daß bei Zerstörung der Zwischenwirbelscheiben die Intervertebralräume durch Zug und Reklination in gewissem Ausmaße wieder geöffnet werden können, und daß auch eine Kompensation des Gibbus durch Lordosierung der benachbarten Wirbelsäulenabschnitte im

Bereich der Möglichkeit liegt. Wir haben allen Grund, die fibröse Fixierung des Gibbus, die nach oben und unten über den Bereich des gebrochenen Wirbels hinausreicht, zu verhindern und auch Knochenbrückenankylosen in möglichst günstiger Stellung sich ausbilden zu lassen. An der Keilform des gebrochenen Wirbels wird allerdings die Behandlung nichts ändern.

Als Behandlungsmaßnahmen kommen in erster Linie in Betracht die *Extension*, die *zweckmäßige Lagerung des Körpers* und eine angemessene *Reklination*.

Die *Extension* erfolgt bei Frakturen im Bereich der Lendenwirbelsäule und der unteren Brustwirbelsäule in Form der sog. „*Selbstextension*", die dem bewährten Prinzip der RAUCHFUSSschen Schwebe entspricht; die verletzte Wirbelsäulenpartie wird durch einen Spreuersack mit Wattepolster oder mit einem Loch- oder Ringkissen für die Aufnahme der Gibbuskuppe etwas höher gelagert, so daß Schulter- und Beckenteil des Rumpfes die Extension durch ihr Eigengewicht besorgen. Frakturen der Hals- und oberen Brustwirbelsäule erfahren durch diese einfache Reklinationslagerung keine genügende Distraktion und Korrektur; sie müssen deshalb, wie reponierte Luxationsfrakturen der Halswirbelsäule, während der ersten 4 Wochen mittels GLISSONscher Kopfschlinge extendiert und in richtiger Lage gehalten werden; der Gegenzug erfolgt durch Hochstellen des oberen Bettendes oder durch Manschettenzüge an den Unterschenkeln.

Bei Wirbelfrakturen mit geringgradiger Kompression genügt Flachlagerung mit leichter Unterstützung der gebrochenen Wirbelsäulenpartie durch Wattekissen.

Sobald die spontanen lokalen Schmerzen abgeklungen sind, was meist schon im Laufe der 2. Woche der Fall zu sein pflegt, beginnen wir mit *Rückenmassage* und *gymnastischer Behandlung*, unterstützt durch *lokale Wärmeapplikation* in Form von Breiumschlägen, unter Verwendung des Lichtbogens oder von Heizkissen. Die Verletzten werden zu diesem Zwecke in Bauchlage gedreht; nach einhalbstündiger Einwirkung der Wärme erfolgt Massage der Rückenmuskulatur mit anschließenden aktiven Reklinationsübungen durch Hebung des Oberkörpers, die zunächst unterstützt, später gegen steigenden Widerstand ausgeführt wird. Von der 4. Woche an verbringen die Patienten einen Teil des Tages in Bauchlage mit unterstützter Brust, also in mäßiger Reklinationslage, wie sie in vielen Sanatorien im Wechsel mit Rückenlage bei der Spondylitisbehandlung geübt wird.

Von besonderer Wichtigkeit ist die *Dauer der Entlastung*, die von KOCHER für unkomplizierte Kompressionsfrakturen im Minimum auf 6 Wochen bemessen wurde. Da ich bei einem Patienten mit Kompressionsfraktur eines Lendenwirbels, der nach 6 Wochen aufstand, im Laufe von 3 Monaten einen hochgradigen Gibbus entstehen sah, rate ich, *die Periode absoluter Entlastung in Bettlage auf 10 Wochen, bei hochgradiger Modellierung des Wirbels auf 12 Wochen zu bemessen*. Doch kann man die Verletzten von der 6. Woche an regelmäßig mit gut unterstütztem Rücken im Bett aufsitzen lassen. Nach 10—12 Wochen stehen die Patienten regelmäßig auf, gehen unter Führung, später an Stöcken oder Gehbänken in den Massageraum und machen nun eine *systematische gymnastische Behandlung* durch, die je nach Lage des Falles 4—12 Wochen dauert.

Hinsichtlich der Frage, ob den Wirbelverletzten für einige Zeit ein gut anmodelliertes *Stützkorsett* verordnet werden soll, sind die Meinungen geteilt;

MAGNUS, der sich auf ein großes Beobachtungsmaterial stützt, verordnet ein Stützkorsett „niemals und unter keinen Umständen", indem er darauf hinweist, daß bei den eingekeilten Wirbelkompressionsfrakturen ein nachträgliches Zusammensinken des gebrochenen Wirbels nicht eintrete; andererseits befürchtet er, daß langdauernde Ruhigstellung durch das Korsett zu Knochenatrophie, Versteifung der Gelenke und zu Muskelschwund Anlaß gebe und daß die Verletzten nach einiger Zeit nicht mehr imstande seien, den Stützapparat abzulegen.

Gegen diese Auffassung ist einzuwenden, daß für eine nachträgliche Formveränderung der Wirbelsäule nicht nur der gebrochene Wirbel in Betracht kommt, weil der obere Abschnitt der Wirbelsäule sich gleichsam auf einer schiefen Ebene befindet und in zunehmende Flexionsstellung geraten kann, falls die

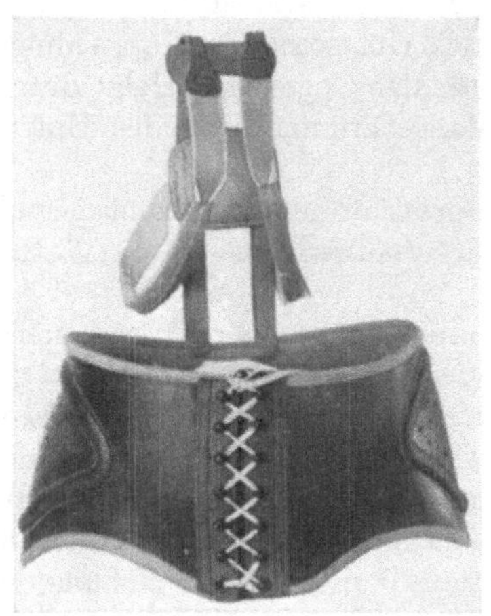

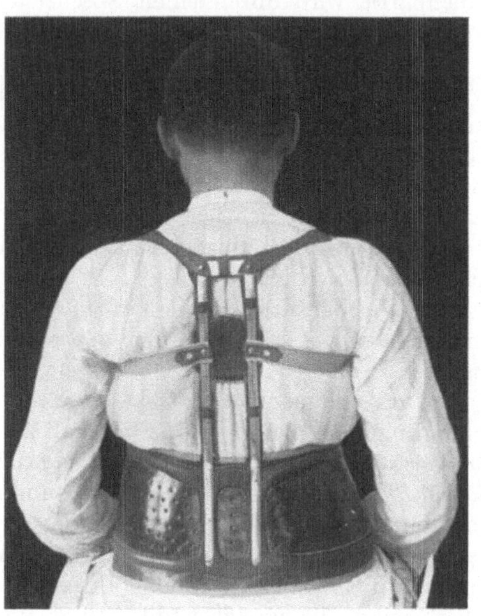

Abb. 434a. Reklinierender Stützapparat für die Nachbehandlung von Wirbelbrüchen.

Abb. 434b. Stützapparat Abb. 434a in Anwendung.

Rückenmuskulatur den Rumpf nicht aufrechtzuhalten vermag. *Es ist deshalb durchaus sinngemäß, den Wirbelverletzten wenigstens für die ersten Monate einen Stützapparat zu verordnen, der eine leichte Extensionsstellung der oberen Wirbelsäulenabschnitte sichert.* Dies wird in zweckmäßiger Weise erreicht durch ein Korsett nach Abb. 434a u. b in Form eines aus Gipsabguß gefertigten Beckengürtels aus gewalktem Leder mit Stahlspangengerüst und zwei parallelen Rückenmasten, an denen Schulterzüge angebracht sind. Im Gegensatz zu einem starren Vollkorsett dürfte ein solcher Stützapparat weder zu Knochen- und Muskelatrophie noch zu unerwünschter Versteifung der Wirbelsäule Anlaß geben. Erfahrungsgemäß fühlen sich die Wirbelverletzten während der ersten Monate in einem solchen Stützkorsett bei der Arbeit sicherer und leistungsfähiger; es empfiehlt sich deshalb, diesem subjektiven Gefühl Rechnung zu tragen. Die *Abgewöhnung* vom Stützkorsett erfolgt sukzessive, je nach anatomischer Situation und Beschäftigungsart des Verletzten verschieden rasch; sie sollte, von Ausnahmefällen abgesehen, ein Jahr nach dem Unfall vollzogen sein. *Bei Kompressionen geringen Grades und bei Verletzten, die keine schwere körperliche Arbeit zu verrichten haben, ist von der Verordnung eines Stützkorsettes abzusehen, sofern die regelmäßige Kontrolle ausreichende Stabilität der Wirbelsäule ergibt.*

Die teilweise *Wiederaufnahme der Arbeit* kann je nach Schwere der Verletzung und Art beruflicher Tätigkeit nach 4—6 Monaten erfolgen, zögert sich jedoch gelegentlich auch bis zum Ende des 1. Jahres hinaus. Die Wirkung dieser *Belastungsprobe* ist durch regelmäßige Untersuchungen zu kontrollieren, die im 1. Jahr jeden 2. Monat oder beim Auftreten gesteigerter Beschwerden erfolgen sollten.

Die von einigen Autoren für die Stabilisierung der Wirbelsäule und zur Vermeidung eines Spätgibbus empfohlene *Spanüberpflanzung* nach HENLE-ALBEE ist, wie auch SCHMIEDEN feststellt, im Frühstadium überflüssig und für die Fälle mit Dauerbeschwerden zu reservieren.

Die *Zerquetschung der Intervertebralscheiben ist prinzipiell in gleicher Weise zu behandeln,* doch läßt sich das Verfahren in diesen Fällen erheblich abkürzen.

Für die Behandlung der KÜMMELschen *Krankheit* steht uns im wesentlichen nur die *Entlastung der Wirbelsäule* zur Verfügung, die zunächst in Bettlage so lange zu dauern hat, bis die Schmerzen verschwunden sind. Auch hier leisten gut gearbeitete *Stützkorsette* Gutes. Die rasche Beseitigung der Schmerzen wird durch *Massage, vorsichtige Gymnastik* und *Heißluftbehandlung* wesentlich unterstützt.

In schweren und rezidivierenden Fällen traumatischer Spondylitis verspricht die Überbrückung des komprimierten Wirbels durch einen frei implantierten Knochenspan gute Dauerresultate. Damit die Beweglichkeit der Wirbelsäule nicht unnötig eingeschränkt wird, soll der Knochenspan nach oben und unten nur einen Wirbel übergreifen (SCHMIEDEN).

Brüche des Epistropheuszahnes müssen unter allen Umständen mit strenger, fixierender Extension behandelt werden, weil die mechanische Leistungsfähigkeit der Bandapparate nicht zutreffend beurteilt werden kann, so daß sekundäre Atlasluxationen mit tödlicher Quetschung des Halsmarkes bei unvorsichtigen Bewegungen im Bereich der Möglichkeit liegen. Heilt der abgebrochene Zahn innerhalb von 6 Wochen nicht solid an, was in Röntgenogrammen gemäß Abb. 430 zu ersehen ist, so dürfte auch hier die operative Versteifung der betroffenen Wirbelsäulenpartie angezeigt sein. Durch frei transplantierte Knochenspäne werden die drei obersten Halswirbel untereinander und mit dem Occipitale in solide Verbindung gebracht; die Nachbehandlung erfolgt im Gipsbett.

Die *Frakturen der Dornfortsätze* erfordern, abgesehen von vorübergehender Schonung, Massage und Gymnastik, keine besondere Behandlung. Bleibt die knöcherne Anheilung des abgebrochenen Wirbeldorns aus und klagt der Patient über Beschwerden, so wird unangebrachte Belastung der Versicherung am einfachsten vermieden, wenn man den abgebrochenen Dorn operativ entfernt. Der Eingriff ist in Lokalanästhesie schmerz- und gefahrlos auszuführen und kann deshalb jedem Patienten zugemutet werden. Die Heilungsdauer der Dornfrakturen unter konservativer Behandlung beträgt etwa 4—6 Wochen.

Eingehendere therapeutische Berücksichtigung verlangen die *Bogenfrakturen,* weil bei ihnen eine sekundäre Markschädigung durch nachträgliche Verschiebung der Fragmente im Bereich der Möglichkeit liegt. Sind keine Marksymptome vorhanden, so wird man sich auf *Ruhigstellung* beschränken, am besten durch

Seiten- oder Bauchlagerung. Die Ruhigstellung soll 6 Wochen dauern; für weitere 6 Wochen ist völlige körperliche Schonung geboten. Alle *Bogenfrakturen, die durch Markschädigung kompliziert sind, müssen unbedingt sofort operativ behandelt werden, weil komprimierende dislozierte Bogenfragmente erfahrungsgemäß häufig Ursache dauernder Markkompression sind, und weil die frühzeitige Beseitigung der komprimierenden Ursache im allgemeinen nicht ungünstige Aussichten bietet.* Auf Reposition und Fixation der gebrochenen Bogenstücke soll man sich nicht einlassen; *die Bogenfragmente werden am besten definitiv entfernt.*

Isolierte Brüche der Gelenkfortsätze, die man gelegentlich bei Rotationsluxationen der Halswirbelsäule sieht, haben für die Therapie keine selbständige Bedeutung. Mit der Reposition der Luxation wird gewöhnlich auch das abgebrochene Stück des Gelenkfortsatzes an richtige Stelle gebracht, und heilt während der anschließenden, 3—4 Wochen dauernden Extension zuverlässig an. Doch kann einmal die operative Entfernung eines dislozierten, zu Verengerung des Intervertebralloches und Neuralgien Anlaß gebenden Gelenkfortsatzes in Frage kommen.

Frakturen der Querfortsätze können unter Ruhelage und anschließender Massage, Gymnastik und Heißluftbehandlung innerhalb 5—6 Wochen völlig ausheilen. Nicht so selten bilden aber abgebrochene verschobene Querfortsätze die Ursache einer *traumatischen Lumbago,* in welchem Fall die operative Entfernung des meist mobilen Fragments zu erwägen ist. In objektiver Hinsicht spricht der positive Ausfall des TRENDELENBURGschen Symptoms für die ätiologische Bedeutung der Querfortsatzfraktur bei traumatischer Lumbago.

Bei den ausnahmslos mit schweren Markschädigungen verbundenen *Totalluxationsfrakturen* hat die Behandlung der Knochenverletzung nur untergeordnete Bedeutung. Die begleitende ausgedehnte Zerreißung der Bandapparate ermöglicht wesentlich *passive Reposition* durch zweckmäßige Lagerung des Patienten. Eventuell wird ein leichter Zug und Gegenzug in der Körperlängsachse die Reposition unterstützen.

2. Die Behandlung der Markverletzungen.

Die wichtigste Aufgabe bei unvollständigen Markverletzungen ist die Verhütung weitergehender Schädigung des Markes durch sekundäre Verschiebungen der Wirbel oder Bogenfragmente, wie sie durch unzweckmäßige passive und plötzliche aktive Bewegungen verursacht werden könnte. Dieser prophylaktischen Indikation wird am besten Genüge geleistet durch die besprochene Lagerung, gegebenenfalls unterstützt durch *Gewichtsextension.* Eine besondere Stellung nehmen in dieser Hinsicht die unvollständigen Luxationen zwischen 1. und 2. Halswirbel mit *Fraktur des Epistropheuszahnes,* sowie die einseitigen Luxationen der übrigen Halswirbel mit Fraktur der Gelenkfortsätze ein. Hier kann zuverlässige knöcherne Heilung ausbleiben, und es ist klar, daß dadurch die Gefahr einer sekundären Verschiebung der Wirbel mit lebensbedrohender Markschädigung bedingt wird. In solchen Fällen empfiehlt sich deshalb *operative Versteifung der betreffenden Partie der Halswirbelsäule durch Implantation einer Knochenspange.*

Gehen die Symptome der partiellen Markläsion innerhalb der ersten 4 Wochen nicht deutlich zurück, oder stellt sich eine Verschlimmerung ein, so ist operative

Revision durch Laminektomie angebracht. Es zeigt sich dann gelegentlich doch, daß ein Teil der Symptome auf einfacher Kompression beruht.

Ist die partielle Markläsion von *Blasenlähmung* begleitet, so ist der korrekten Behandlung der Harnverhaltung von Anfang an die nötige Aufmerksamkeit zu schenken. Betrifft die partielle Läsion nicht das Sakralmark, so wird die Blase meistens nicht manuell auspreßbar sein. In klinischen Verhältnissen legt man deshalb zunächst mit Vorteil eine *Dauerdrainage* in Form der *Heberdrainage* an, die nach 2—3 Wochen durch regelmäßige Entleerungen der Blase mit weichem Katheter ersetzt wird. Die Entleerung der Blase hat in gleichmäßigen Intervallen zu erfolgen; allzu hochgradige Ausdehnung der Blase soll man nicht zustande kommen lassen. Die Intervalle des Katheterismus werden sobald als möglich verlängert, und man wird dann häufig nach relativ kurzer Zeit den Automatismus der Blase sich entwickeln sehen. Von diesem Zeitpunkt an ist der Katheterismus zu unterlassen oder auf das Notwendigste zu beschränken. Prophylaktisch gibt man von Anfang an regelmäßig ein Harnantiseptikum, am besten *Salol* oder *Urotropin*, in einer Dosis von dreimal täglich 0,5—1,0 g. Erfolgt trotz peinlichster Asepsis *Infektion der Blase*, so wird man eine *Spülungsbehandlung* unter Verwendung leichter Antiseptica wie *Bor-* (1%), *Salicylsäure* (1‰), *Chinosol*, oder mit Silbernitratlösung nicht umgehen können.

Die Wiederherstellung der Muskelfunktion wird durch Massage sowie durch passive, und soweit möglich, aktive Gymnastik in zweckmäßiger Weise gefördert. Elektrische Behandlung verspricht nicht wesentlichen Erfolg.

Bei vollständigen Querläsionen ist ein sofortiger operativer Eingriff nicht angezeigt. Wie SCHMIEDEN auf Grund seiner 3014 Wirbelbrüche umfassenden Rundfrage feststellt, hat die Frühoperation als Normalbehandlung der schweren Wirbelfrakturen mit Lähmung versagt; sie vermag den schwersten Fällen keine günstigere Wendung zu geben und setzt auch die Gesamtmortalität, die nach der Zusammenstellung SCHMIEDENS bei Frühoperationen 72% beträgt, nicht wesentlich herab. Mit Rücksicht auf allfällige spontane Besserungen ist die von ENDERLEN auf 3 Wochen festgesetzte Wartefrist als unterste Grenze zu betrachten. Bleibt die Totallähmung bestehen, so kommt bei Totalluxationsbrüchen auch später ein Eingriff nicht in Frage, ebensowenig bei anderen Verletzungsformen der Wirbelsäule, bei denen durch neurologische Beobachtung eine anatomische Querläsion sichergestellt ist.

Für die Operation im Sekundär- und Spätstadium eignen sich nach SCHMIEDEN besonders Fälle mit unvollständiger, gleichbleibender Lähmung sowie ursprünglich vollständige Lähmungen, bei denen die Besserung im Stadium eines unvollständigen Leitungsunterbruchs zum Stillstand gelangt. Hier kann die *Myelographie* ein wertvolles Hilfsmittel für die Indikationsstellung sein, weil sie die Beziehungen zwischen Mark und Dura zu beurteilen gestattet. Ein Unterbruch des Liquorstromes von oben läßt Verwachsungen zwischen Dura, Arachnoidea und Mark oder Verengerung des Rückgratkanals vermuten, und wird deshalb von einigen Autoren als Operationsanzeige betrachtet (PEIPER, MARBURG, RANZI). Nach SCHMIEDEN wurden bei *Spätoperationen* 19% Heilungen erzielt, bei einer Mortalität von 33%.

Nur dort, wo die Entwicklung der Lähmung oder das Röntgenbild die Annahme einer Kompression gestattet, ist auch bei klinischen Totallähmungen frühzeitige Laminektomie geboten, die in solchen Fällen intradurale Druckmomente auszuschalten und späterem Callusdruck vorzubeugen gestattet.

Handelt es sich um extradurale Druckursachen, so soll die Dura nicht unnötig eröffnet werden, weil dadurch der Eingriff verlängert und die Gefahr erhöht wird. Dagegen ist Eröffnung der Dura dort unerläßlich, wo wir mit inneren Verwachsungen, schnürenden Strängen und Liquorcysten zu rechnen haben, sowie bei Verletzungen der Cauda.

Leider sind, neben gelegentlichen vollständigen Heilungen, die erzielten Besserungen oft nur bescheidene.

Trotz der im allgemeinen schlechten Prognose der Totalquerläsionen hat man auch hier die Verpflichtung, die *Blasenlähmung* nach den angegebenen Grundsätzen in korrekter Weise zu behandeln. Wichtig ist ferner die Sorge für *regelmäßige Darmentleerung,* da bei den hoch sitzenden Querläsionen neben der Störung des Sphinctermechanismus ja auch die Darmperistaltik leidet. Zustände von chronischen Ileus können gelegentlich zur Anlage einer Fistel am Coecum oder Colon transversum Anlaß geben.

Peinigende neuralgische Schmerzen werden durch *Resektion der hinteren Wurzeln* nach FÖRSTER oder durch *Chordotomie* — Durchtrennung der im Vorder-Seitenstrang des Rückenmarkes verlaufenden Schmerzbahn — bekämpft. MAGNUS empfiehlt umschriebene Zerstörung des Rückenmarkes durch *Alkoholinjektion* in Lumbalanästhesie.

Zur *Verhütung des Decubitus* sind die Patienten auf *Luft- oder Wasserkissen* zu lagern, bei ständiger Sorge für faltenlose Unterlagen und entsprechender Hautpflege durch Abwaschen mit Alkohol, Puderung und Salbenverbände. Ausgebildeter Decubitus erfordert ebenfalls korrekte Behandlung nach üblichen Grundsätzen.

Eingreifende therapeutische Maßnahmen, wie etwa operative Behandlung der sekundären Nierensteinbildung, Laparotomie wegen Ileus, sind bei der traurigen Prognose des Grundleidens meiner Ansicht nach zu unterlassen. Gelähmte, die am Leben bleiben und einen stationären Zustand erreichen, erhalten einen *Selbstfahrer,* der ihnen gestattet, selbständigen Ortswechsel vorzunehmen und allfällig einem bescheidenen Erwerb nachzugehen.

3. Die Behandlung der Schußverletzungen des Rückenmarkes.

Da wir wissen, daß die reine Kompression des Markes, sei sie durch Steckgeschoß, dislozierte Knochensplitter, Hämatom oder umschriebene Liquoransammlung verursacht, mit der Zeit zu sekundärer *irreparabler Degeneration des Rückenmarkes* führt, so handelt es sich darum, Dekompressiveingriffe vorzunehmen, solange die irreparable Degeneration noch nicht eingetreten ist. Man wird deshalb gut tun, primär oder nach kurzer Beobachtungszeit dort zu operieren, wo wahrscheinlich eine komprimierende Ursache vorliegt. In Betracht kommen hier vor allem Steckschüsse, *Frakturen mit Splitterung und Dislokation einzelner Fragmente nach dem Lumen des Wirbelkanals, schwartige Narbenbildungen im Bereiche der Rückenmarkhüllen und Liquorstauungen.* Mit Recht wird darauf hingewiesen, daß bei allzu langem Zuwarten die Entwicklung des *Decubitus* und der *Cystitis* jeden Eingriff kontraindizieren können.

Zu sofortigem oder frühzeitigem Eingreifen können die Wundverhältnisse und die durch sie bedingte *Meningitisgefahr* zwingen; in solchen Fällen handelt es sich um *aktive chirurgische Wundversorgung*, wie sie bei offenen Frakturen heute üblich ist und wie wir sie auch bei Kopfschüssen aus prophylaktischen Erwägungen vornehmen.

Im übrigen gelten bei den Lähmungen des Rückenmarkes durch Schußverletzungen die gleichen Indikationen, wie für die Frakturlähmungen. Es ist namentlich zu beachten, daß totale Querläsion durch reine Erschütterung bedingt sein und sich dann rasch zurückbilden kann. Neurologisch festgestellte Querläsion ist auch hier von der Operation auszunehmen. Dagegen empfiehlt sich *Laminektomie* bei stillstehender Besserung, nach vorgängiger *Myelographie*. Mit Rücksicht auf die Gefahr einer Liquorfistel ist die Dura ebenfalls nur zu eröffnen, wenn die einengenden Veränderungen intradural liegen. Extradurale *Steckgeschosse*, die keine Druckerscheinungen machen, sind zu belassen, namentlich im Bereiche der Cauda. Nach der *Statistik* von SCHMIEDEN wurden von 351 Friedensfällen 124 operiert, davon 38 im *Frühstadium* mit 21 (55%) Heilungen und 15 (39%) Todesfällen, im *Sekundärstadium* 86 mit 48 (55,8%) Heilungen, 21 (24%) Besserungen — gegen nur 5% nach Frühoperationen — und 9 (10,5%) Todesfällen. Demnach sind die operativen Aussichten im Sekundärstadium bessere, besonders was die Mortalität und die Besserungen betrifft.

Das *traumatische Ödem* wird durch wiederholte *Lumbalpunktion* oder, wenn diese nicht zum Ziele führt, durch Laminektomie behoben. Die Behandlung der *Meningitis* geschieht durch wiederholte Punktionen, sowie durch Spülung des Duralsacks mit nachfolgender Injektion von Urotropinlösung. Nach den Zusammenstellungen von FRANGENHEIM und RANZI aus dem letzten Kriege sind bei Rückenmarkschüssen mit operativem Vorgehen etwa in 40—50 % der Fälle Besserungen erzielt worden.

Kapitel 11.

Die Begutachtung der Wirbel- und Rückenmarkverletzungen.

Bei Brüchen der *Dorn- und Querfortsätze* klagen die Verletzten oft noch monatelang über erhebliche Beschwerden; doch ist im allgemeinen innerhalb eines Zeitraumes von maximal 3 Monaten mit vollständiger Wiederherstellung der Arbeitsfähigkeit zu rechnen. Weitergehenden Ansprüchen begegnet man am besten mit der operativen Entfernung der abgebrochenen, nicht knöchern angewachsenen Fortsätze.

Die *Brüche der Gelenkfortsätze* haben meist keine dauernde erwerbliche Bedeutung, ebensowenig die Bogenfrakturen, *wenn keine Kompressionsneuralgien oder Markschädigungen vorliegen. Frakturen des Epistropheuszahnes*, die nicht knöchern verheilen, führen zu hochgradigem Gefühl von Unsicherheit und gefährden zudem die Patienten derart, daß praktisch annähernd totale Arbeitsunfähigkeit angenommen werden muß, falls sich die Verletzten nicht operativer Versteifung der Wirbelsäule unterziehen.

Das Hauptinteresse in gutachtlicher Hinsicht konzentriert sich auf die *Kompressionsfrakturen* der Wirbelkörper. Entsprechend der Behandlungsdauer bedingen sie, falls eine ausgeprägte keilförmige Kompression vorliegt, eine *vollständige Arbeitsunfähigkeit von durchschnittlich 6 Monaten.* Die Dauer der anschließenden *statischen Schonung* ist je nach dem Kompressionsgrad verschieden zu bemessen; sie hängt auch vom Alter des Verletzten und von der Art seiner beruflichen Tätigkeit ab. Bei *Schwerarbeitern* sollte für die ersten 3 Monate nach Abschluß der Behandlung eine *Invalidität* von 75 %, für weitere 3 Monate eine solche von 50—75 % angenommen werden. Für das 2. Jahr dürfte eine Rente von 30—50 %, für das 3. Jahr eine solche von 10—25 % den Verhältnissen gerecht werden. *Sitzende Berufe* bedingen entsprechend geringere Rentenansätze.

Der Röntgenbefund allein ist nicht entscheidend; maßgebend für die Beurteilung der Arbeitsfähigkeit sind vielmehr in erster Linie die *Tragfähigkeit* und die *Beweglichkeit der Wirbelsäule.* Die Fixation umschriebener Wirbelsäulenabschnitte im Sinne der Beugung nach vorne und hinten sowie nach beiden Seiten ist systematisch zu kontrollieren. Die Beugefähigkeit der Wirbelsäule wird ausgedrückt durch die Distanz der Fingerspitzen vom Boden bei maximaler Rumpfbeugung mit gestreckten Knien und hängenden Armen; sie kann auch *kinematographisch* festgehalten und verfolgt werden.

Die Beurteilung der *definitiven Heilungsresultate* ist in den letzten Jahren namentlich auf Grund der Mitteilungen von MAGNUS und HAUMANN etwas optimistischer geworden.

HAUMANN stellte an einem Material von 893 Wirbelbrüchen fest, daß nach 2 Jahren 24,5 %, nach 3 Jahren 37,5 % der Patienten wieder voll erwerbsfähig waren; nach 5 Jahren konnten 61,1 %, nach 7 Jahren 76 %, nach 9 Jahren 80 % wieder als erwerbsfähig bezeichnet werden.

Ebenso überraschend ist die von MAGNUS festgestellte Tatsache, daß unter seinen Wirbelverletzten 10 bereits im 1. Jahre die schwere Hauerarbeit wieder aufgenommen hatten. Dabei ist allerdings zu beachten, daß 6 Verletzte erst zwischen 5. und 12. Jahr ihre Arbeit im Bergwerk wieder aufnahmen.

Die Auffassung, daß ein Wirbelverletzer nie wieder voll arbeitsfähig werde, kann demnach nicht aufrechterhalten werden; es ist jedoch zu beachten, daß eine isolierte Wirbelkompressionsfraktur mit keilförmiger Modellierung, Gibbusbildung und umschriebener Versteifung der Wirbelsäule, wie ich wiederholt an jahrelang beobachteten Nichtversicherten festgestellt habe, eine statische und dynamische Insuffizienz der Wirbelsäule bedingt, die als *dauernde Verminderung der körperlichen Integrität* und damit auch als *Beeinträchtigung auf dem freien Arbeitsmarkt* zu bewerten ist. Meiner Meinung nach rechtfertigt deshalb eine Wirbelkompressionsfraktur, soweit das *Kapitalabfindungsverfahren* innerhalb der ersten 2 Jahre — wie z. B. in der schweizerischen Privatversicherungspraxis üblich—Anwendung findet, ausnahmslos die Annahme einer *dauernden Invalidität* von 10—30 %.

Bei der gutachtlichen Besprechung der Prognose zunächst unkomplizierter Wirbelkompressionen ist die Möglichkeit sekundärer Entwicklung einer *posttraumatischen Spondylitis* oder sog. KÜMMELschen *Krankheit* nicht außer acht zu lassen. *Maßgebend für die Diagnose ist der röntgenographische Nachweis zunehmender keilförmiger Modellierung des gebrochenen Wirbels.*

Eine derartige sekundäre, progrediente Formveränderung eines komprimierten Wirbels erfordert nochmalige Behandlung, bedingt somit vorübergehende Erwerbsunfähigkeit und anschließend eine vorsichtig gestaffelte Schonungsrente, bis ein stationärer Zustand erreicht ist.

Bei Kapitalabfindungen in den ersten 2 Jahren nach der Verletzung muß die Möglichkeit einer sekundären Erweichungsspondylitis taxatorisch berücksichtigt werden; es ist jedoch zu beachten, daß ihr Vorkommen nicht sehr häufig ist.

In diesem Zusammenhang sei noch erwähnt, daß sich auch einmal an eine Verletzung der Wirbelsäule eine *chronische, ankylosierende Entzündung der Seitengelenke* anschließen kann, deren traumatische Genese jedenfalls anzuerkennen ist, sobald sichere Zeichen einer primären Wirbelverletzung, wie isolierte Wirbelbrüche, feststellbar sind.

Zerquetschungen einer oder mehrerer Bandscheiben sind in ihren Folgen weniger schwerwiegend. Wo es allerdings zu völliger Synostose zweier benachbarter Wirbel kommt, pflegen die statischen Störungen gelegentlich ausgeprägt und langwierig zu sein. Immerhin dürfte bei der Großzahl der Bandscheibenquetschungen der Verunfallte nach Ablauf eines Jahres wieder seine volle Erwerbsfähigkeit erlangt haben.

Die maßgebende Unterlage jedes Gutachtens muß durch systematische Röntgenkontrolle und durch wiederholte vorübergehende Spitalbeobachtung geschaffen werden, unter Berücksichtigung der tatsächlichen Arbeitsmöglichkeiten. Angaben über subjektive Beschwerden sind als begründet zu betrachten, auch wenn die Wirbelsäulendeformation nur angedeutet ist. Besonders sei darauf hingewiesen, daß die Ermüdungsschmerzen sich nicht immer an der Verletzungsstelle, sondern häufig an dem kompensatorisch in Anspruch genommenen Abschnitte der Wirbelsäule geltend machen.

Wo Verletzungen des Markes vorliegen, bestimmen sie die erwerblichen Verhältnisse in erster Linie. Bei *totalen Querläsionen* des Rückenmarkes ist der großen *Hilflosigkeit* und dem ständigen *Pflegebedürfnis* der Verunfallten gebührend Rechnung zu tragen. Partielle *Markläsionen* wechseln in ihrer Bedeutung je nach der *Restitutionsmöglichkeit.* Nach Ablauf eines Jahres ist weitere Besserung im allgemeinen nicht zu erwarten. Können die Patienten nicht ohne Krücken gehen, so ist die Erwerbsunfähigkeit häufig eine vollständige. Vermögen sich die Patienten dagegen mit Hilfe eines Stockes ohne zu große Schwierigkeiten fortzubewegen, und liegt gleichzeitig für Schwerarbeiter die Möglichkeit eines Berufswechsels vor, so kann die Erwerbseinbuße bedeutend heruntergehen. Die gerichtlich gesprochenen Entschädigungen für die Folgen partieller Markverletzung variieren von 15 bis zu 100 %.

Der Vollständigkeit halber sei noch die Möglichkeit der Entwicklung einer *posttraumatischen tuberkulösen Spondylitis* nach Wirbelbrüchen erwähnt, der praktisch eine etwas größere Bedeutung zukommt, als dem sekundären, nach einer Wirbelfraktur in Erscheinung tretenden Sarkom und dem seltenen Myelom. *In diesen Fällen wird man der klinisch festgestellten Fraktur bzw. der ursächlichen Gewalteinwirkung die Bedeutung eines wesentlichen, konditionellen Moments beilegen müssen.*

Literatur.

BORCHARD: Zur Chirurgie der Wirbelverletzungen. Verh. dtsch. Ges. Chir. **1914 II, 283.**
CHIPAULT: Maladies du rachis et de la moelle. Le DENTU et DELBET. Traité Chir. **4.**
EHRINGHAUS: Über Dornfortsatzfrakturen. Berl. klin. Wschr. **48** (1911). — EHRLICH: Zur Kasuistik der isolierten Frakturen der Processus transversi der Lendenwirbelsäule. Dtsch. Z. Chir. **92** (1908).

FRAAS: Über isolierte Brüche der Lendenwirbelquerfortsätze. Bruns' Beitr. **118** (1919). — FRANGENHEIM: Die Kriegsverletzungen des Rückenmarks und der Wirbelsäule. Erg. Chir. **11** (1919) (Lit.). — FRITSCHE: Über die Frakturen des Zahnfortsatzes des Epistropheus. Dtsch. Z. Chir. **120** (1912, Dez.). — Nachtrag zu meiner Arbeit: Über die Frakturen des Zahnfortsatzes des Epistropheus. Dtsch. Z. Chir. **120** (1912, Dez.).

GULEKE: Über die doppelten Brüche der Wirbelsäule. Chirurg 1, H. 20 (1929).

HAUMANN: Enderfolge der Wirbelbrüche. Arch. klin. Chir. **142** (1926). — HENLE: Chirurgie der Wirbelsäule. 2. Abschnitt im Handbuch der praktischen Chirurgie. 5. Aufl., Bd. 4. 1922. — HENSCHEN: Über Dornfortsatzfrakturen durch Muskelzug nebst Bemerkungen zur Lumbago traumatica. Beitr. klin. Chir. **53** (1907). — HOESSLY: Die osteoplastische Behandlung der Wirbelsäulenerkrankungen, speziell bei Verletzungen und bei der Spondylitis tuberculosa. Bruns' Beitr. **102** (1916).

INGEBRIGTSEN: Sakralisation des 5. Lumbalwirbels. Acta chir. scand. (Stockh.) **65** (1929).

KAULBERSZ: Zur Frage der Sensibilitätsstörungen nach Kriegsschädigungen des Rückenmarks. Mitt. Grenzgeb. Med. u. Chir. **30** (1918). — Die elektrische Erregbarkeit der Nerven und Muskeln bei totaler Querschnittsläsion des Rückenmarkes. Mitt. Grenzgeb. Med. u. Chir. **31** (1918). — KAUSCH: Über das Verhalten der Sehnenreflexe bei totaler Querschnittsunterbrechung des Rückenmarks. Mitt. Grenzgeb. Med. u. Chir. **7**, 541. — KIENBÖCK: Über die Verletzungen im Bereiche des obersten Halswirbels usw. Fortschr. Röntgenstr. **26**, H. 2 (1919). — KIRCHMAYR, L.: Zur Kenntnis der Brustwirbeldornfortsatzbrüche durch Muskelzug. Klinische und sozialmedizinische Arbeiten der Ärzte des Verbandes der Genossenschaftskrankenkassen Wiens und Niederösterreichs. Österr. San.wes. **27**, Nr 47/50, Beil. (1915) Sonderabdruck. — KOCHER: Die Verletzungen der Wirbelsäule. Mitt. Grenzgeb. Med. u. Chir. **1**. — KÜMMELL, H., Der heutige Stand der posttraumatischen Erkrankungen (KÜMMELLsche Krankheit). Arch. klin. Chir. **26**.

MAGNUS: Die Behandlung und Begutachtung von Wirbelbrüchen. Münch. med. Wschr. **1929**.

NAST-KOLB: Die operative Behandlung der Verletzungen und Erkrankungen der Wirbelsäule. Erg. Chir. **3** (1911) (Lit.). — NAEGELI: Atlasluxation nach vorn mit Fraktur des Zahnfortsatzes des Epistropheus. Spätlähmung und Ausgang in Heilung. Dtsch. Chir. **148** (1919).

QUERVAIN, DE: Les traumatismus du rachis. 2. internat. Chir.-Kongr. Brüssel 2 (1908).

ROBERTS, P. W.: Fracture of the vertebral without cord symptoms. Surg. etc. **22**, Nr 2 (1916). — ROSE u. v. MENTZINGEN: Schattengebende Herde in der Wirbelbandscheibe. Chirurg **2**, H. 1 (1930).

SCHMIEDEN: Chirurgie der Wirbelsäule. 54. Tagg dtsch. Ges. Chir. **1930**. Arch. klin. Chir. — STEMMLER: Die isolierte Fraktur der Querfortsätze der Lendenwirbelsäule. Bruns' Beitr. **117** (1919).

VISCHER: Die Kompressionsfraktur der Brust- und Lendenwirbelkörper. Ein Beitrag zur Frage der Behandlung und der Beurteilung in Bezug auf die vorübergehende und die bleibende Schädigung der Erwerbsfähigkeit. Bruns' Beitr. **117** (1919).

WAGNER-STOLPER: Die Verletzungen der Wirbelsäule und des Rückenmark. Dtsch. Chir. Stuttgart 1898 (Lit.).

Dritter Abschnitt.

Die Frakturen der Beckenknochen.

Verletzungen des Beckens, besonders Frakturen, gehören zu den seltenen Verletzungen. Nach der Statistik BRUNS machen die Beckenbrüche nur 0,3 % aller Knochenbrüche aus, nach der Zusammenstellung der schweizerischen Unfallversicherungsanstalt annähernd 1 %. Noch deutlicher ergibt sich die Seltenheit der Beckenbrüche, wenn man sie in Beziehung setzt zu den traumatischen Verletzungen überhaupt. So fand GOLEBIEWSKI auf 3972 Verletzungen nur einen Beckenbruch, STEINTHAL auf 9100 Verletzungen 5 Beckenbrüche

(0,05 %). Der gleiche Autor beobachtete jedoch unter seinem klinischen Material in einem Zeitabschnitt von 5 Jahren auf 1026 Knochenbrüche 18 Beckenfrakturen, was einem Prozentsatz von 1,6 entspricht. Es ist jedenfalls zu berücksichtigen, daß viele Beckenfrakturen infolge ungenügender Röntgenuntersuchung übersehen werden.

Kapitel 1.

Anatomische Vorbemerkungen.

Die einzelnen Beckenknochen sind bei jugendlichen Individuen ziemlich elastisch. Bedeutend größer ist die *Elastizität des gesamten Beckenrings*, besonders infolge der Einlagerung knorpeliger Zwischenschichten im Bereich der

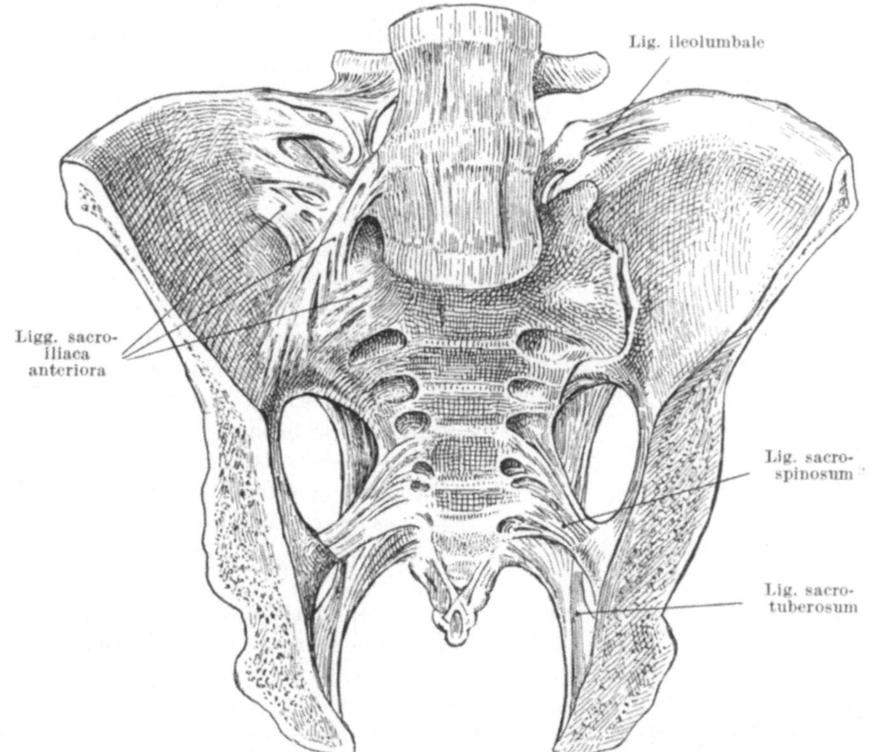

Abb. 435. Verstärkungsbänder zwischen Lendenwirbelsäule, Sacrum, Darmbein und Sitzbein.

Symphyse und der Ileosakralgelenke. Eine wesentliche Bedeutung für die Elastizität des Beckenrings kommt auch den Verstärkungsbändern im Bereich der Knochenfugen zu. Hinsichtlich der anatomischen Konfiguration des Beckens verweisen wir auf Abb. 437. Die beidseitige Verbindung zwischen Kreuzbeinflügeln und Darmbein bildet eine sog. *Amphiarthrose*; die Gelenkflächen sind unregelmäßig gestaltet und tragen einen Knorpelüberzug; die eine Gelenkfläche ist das Negativ der gegenüberliegenden. Außen wird das Gelenk von einer *straffen Kapsel* umschlossen, die wiederum von *Verstärkungsbändern* überlagert ist. Während die Verstärkungsbänder an der Vorderfläche des Ileosakralgelenkes

(Ligamenta ileo-sacralia antica) nur dünn sind, findet sich an der Rückfläche der Gelenke ein ganzes System von Bandzügen, die in ihrer Gesamtheit als *Ligamenta ileo-sacralia postica* bezeichnet werden. Durch diese Bänder wird auch eine Verbindung des Darmbeins mit den unteren Abschnitten des Kreuzbeins hergestellt. Die Vereinigung beider Schambeine in der Schoßfuge wird vermittelt durch eine kräftige Schicht von Faserknorpel, die im Innern, wenigstens bei jungen Individuen, einen lockeren Bau zeigt. Nach außen wird diese Verbindung verstärkt durch querverlaufende Faserzüge, die in das Periost der Schambeinäste übergehen; besonders kräftig sind diese Verstärkungszüge an der unteren Seite der Symphyse entwickelt, wo sie das *Ligamentum arcuatum* bilden. Schließlich erfährt der Beckenring noch eine Verstärkung durch die Bänder, die sich zwischen Kreuzbein und Sitzbein ausspannen, nämlich durch die *Ligamenta ischio-sacralia*, sowie durch das längs verlaufende *Ligamentum tuberoso-sacrum* (Abb. 435). Die 3 Beckenknochen stoßen im Bereich der Hüftgelenkpfanne zusammen und bilden dort eine Y-förmige Knorpelfuge (Abb. 436), die mit Abschluß des Wachstums vollständig verknöchert. An das Becken lagern sich allseitig relativ mächtige Muskelmassen an, die einen wesentlichen Schutz gegen äußere Verletzungen darstellen.

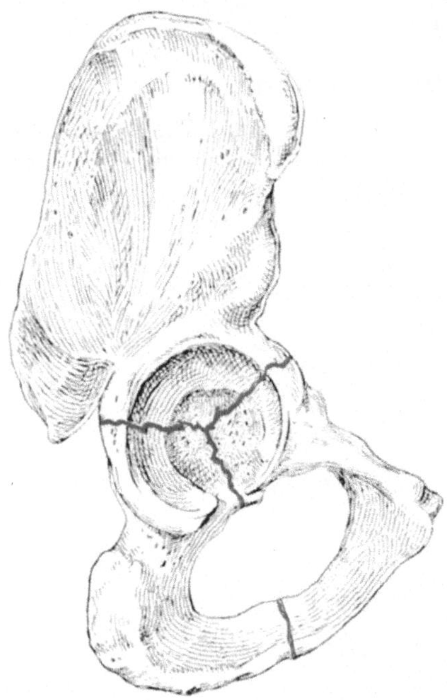

Abb. 436. Knorpelfugen zwischen Darmbein, Schambein und Sitzbein. Die Abbildung zeigt gleichzeitig den Verlauf der Y-förmigen Pfannenfraktur.

Oberflächlich gelagert sind nur die Darmbeinkämme, die Symphyse, sowie die Sitzbeinknorren.

Aus den Beziehungen zwischen den Beckenknochen und dem Inhalte des Beckens, auf die wir an dieser Stelle nicht eingehen können, erklären sich die häufigen *Nebenverletzungen,* von denen besonders *Blase* und *Urethra*, seltener das *Rectum*, die *Sakralwurzeln*, der *Plexus lumbo-sacralis*, der *N. ischiadicus*, der *Nervus obturatorius* sowie die Venenplexus und arteriellen Gefäße betroffen werden.

Kapitel 2.

Der Entstehungsmechanismus der Beckenfrakturen.

Gemäß ihrem Entstehungsmechanismus unterscheiden wir auch am Becken *direkte* und *indirekte* Brüche. Direkte Frakturen kommen zustande durch umschriebene Gewalteinwirkung auf einen relativ eng begrenzten Teil des knöchernen Beckens und betreffen besonders oberflächlich liegende Abschnitte, wie das Schambein und den Beckenkamm. Größere, breit angreifende Gewalten, wie sie bei Überfahrungen, Verschüttungen, Sturz aus großer Höhe und bei sog. Pufferverletzungen zur Wirkung gelangen, *beeinflussen das Becken in seiner Gesamtheit* und führen durch Deformation über seine Elastizitätsgrenze hinaus zu *indirekten,* die Kontinuität des Beckenrings unterbrechenden Frakturen, die deshalb als *Beckenringbrüche* bezeichnet werden.

Direkten Frakturen ist vor allem der vordere Abschnitt des Beckens ausgesetzt; der Symphysenabschnitt kann in toto herausgebrochen und nach dem Beckeninnern hin disloziert werden (vgl. Abb. 437). Durch Fall rittlings auf einen harten Gegenstand entstehen Brüche des absteigenden Schambeinastes (Abb. 437). Ebenso werden der Beckenkamm und das Sacrum gelegentlich

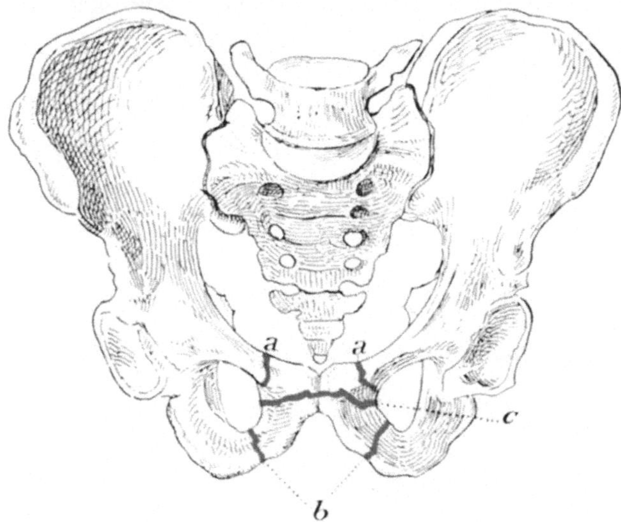

Abb. 437. Direkte Frakturen im vorderen Abschnitt des Beckenrings. Die Kombination von a und b entspricht der Impressionsfraktur des Symphysenabschnittes; c quere Symphysenfraktur.

von umschriebenen Gewalteinwirkungen betroffen, die zu direkten Brüchen führen (Abb. 446).

Umschriebene, *isolierte Beckenbrüche* kommen ferner zustande durch *Muskelzug.* Diese Genese ist am einwandfreiesten bewiesen für die Abrißfraktur der Spina ilei a. s., die entsteht unter der unkoordinierten Zugwirkung des M. tensor fasciae latae bei brüskem Anhalten beim Schnellauf, als Gegenwirkung gegen die Bauchmuskeln (LÖHR); auch für umschriebene Frakturen und Einknickungen des horizontalen und des absteigenden Schambeinastes wurde pathologische Muskelaktion ätiologisch in Anspruch genommen (MAYDL, WERNHE, KATZENELSOHN). Durch Muskelzug kommt wohl auch die oberflächliche Fraktur des Tuber ischii gelegentlich zustande (Abb. 445).

Die Hauptbedeutung kommt den *indirekten,* durch Kompression des ganzen Beckens entstandenen *Beckenringbrüchen* zu, deren Genese auch experimentell nachgeprüft wurde (MESSERER, KUSMIN). Der vordere Teil des Beckenringes bricht mit Vorliebe an den schwachen Stellen, wo der Knochen am dünnsten ist, d. h. in der Mitte des horizontalen Schambeinastes bzw. in der Gegend des Tuberculum pubicum, am Übergang des Schambeines in den vorderen Pfannenrand, also im Bereich der Eminentia ileopectinea, ferner an der Übergangsstelle des absteigenden Schambeinastes in den aufsteigenden Sitzbeinast, sowie weiter lateral am Übergang dieses Sitzbeinastes in das Tuber ischii (s. Abb. 438 u. 450). An Stelle derartiger Frakturen der vorderen Beckenringhälfte kann auch eine *Zerreißung der Symphysenverbindung* eintreten, eventuell in Kombination mit Frakturen (s. Abb. 452).

Im Bereiche der hinteren Beckenringhälfte, d. h. in dem nach hinten von den Hüftgelenkpfannen gelegenen Abschnitt finden sich Frakturen, die vorwiegend in vertikaler Richtung durch die Darmbeinschaufeln, vom Rande des Beckenkammes bis in die Incisura ischiadica major, verlaufen (s. Abb. 438), ferner solche, die in paralleler Richtung den Kreuzbeinflügel betreffen, und zwar meistens im Niveau der Foramina sacralia (s. Abb. 439). Auch hier kann

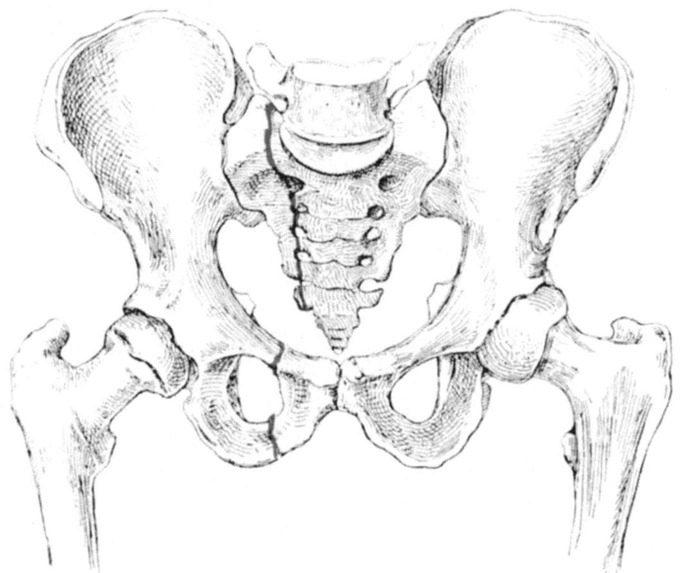

Abb. 438. Rechtseitige MALGAIGNEsche doppelte Vertikalfraktur des Beckens. Links gewöhnliche Lokalisation der vorderen vertikalen Beckenfraktur.

die den Beckenring komprimierende Gewalt an Stelle der Frakturen eine *klaffende Trennung der Synchondrosis ileosacralis* hervorrufen (vgl. Abb. 451).

Voraussetzung für diese indirekten Beckenringbrüche ist neben *breiter Angriffsfläche ein erheblicher Grad äußerer Gewalteinwirkung*, der weitgehende Formveränderung des Beckens zu bewirken vermag. Wird das Becken in *querer Richtung*, von den Gelenkpfannen her komprimiert, so entstehen, falls das Acetabulum nicht einbricht, wesentlich vertikal verlaufende Frakturen im Bereich des vorderen Beckenringes, an den erwähnten typischen Stellen, und zwar ist gewöhnlich sowohl die obere wie die untere Umrandung des Foramen obturatorium gebrochen. Die Darmbeine erfahren eine leichte Drehung um eine vertikale Achse, unter gleichzeitiger Annäherung. Das führt gelegentlich zu einer Zerreißung der hinteren, ileosakralen Bandapparate und zu einem Klaffen der Synchondrose wesentlich in ihrem hinteren Abschnitt; häufiger erfolgt eine Riß-Biegungsfraktur der Darmbeinschaufel in vertikaler Richtung, und wir haben dann die typische, von MALGAIGNE beschriebene *doppelte Vertikalfraktur des Beckens* vor uns (Abb. 438). Diesen Beckenbruch konnten MESSERER und KUSMIN durch quere Zusammenpressung des Beckens in der Höhe der Gelenkpfannen experimentell erzeugen, entsprechend der Angabe MALGAIGNEs, daß diese Fraktur durch Fall auf die Hüfte zustande komme.

Durch *Kompression des Beckens von vorne nach hinten* wird der Sagittaldurchmesser verkleinert, das Becken somit noch weiter abgeflacht. Das hat eine Auswärtsdrehung der Darmbeine zur Folge, und dementsprechend eine übermäßige Anspannung der Bandapparate am vorderen Umfang der Ileosakralgelenke. Geben die Ligamente nach, so erfolgt eine Synchondrolyse mit Klaffen des Gelenkes an der Oberfläche; halten die vorderen Bänder dagegen

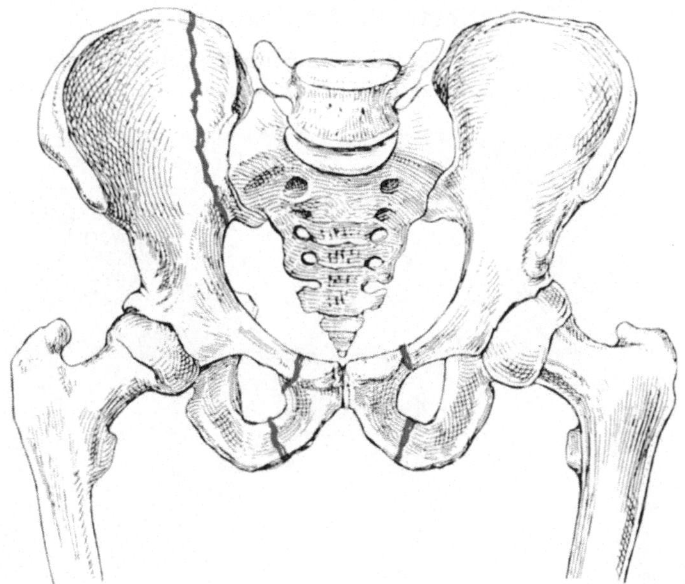

Abb. 439. Doppelte Vertikalfraktur, im hinteren Abschnitt an typischer Stelle durch den Kreuzbeinflügel verlaufend.

dem Zuge stand, so kommt in erster Linie eine *Rißbiegungsfraktur der Kreuzbeinflügel* zustande (Abb. 439).

Wirkt die komprimierende Gewalt in *schräger Richtung,* von vorne außen her auf das Darmbein, so erfährt das Os ilei eine erheblichere Einwärtsdrehung um eine senkrecht durch das Ileosakralgelenk verlaufende Achse, so daß der vordere Teil der Gelenkfläche des Darmbeines in die gegenüberliegende Partie des Kreuzbeinflügels hineingepreßt wird. Dieser Mechanismus führt zu *Zertrümmerungsbrüchen an der Vorderfläche der Kreuzbeinflügel,* oft begleitet von Sprengung der Gelenkverbindung an der hinteren Zirkumferenz und umschriebenen *Abrißfrakturen am Kreuz- und Darmbein.*

Isolierte direkte Frakturen des Kreuzbeines kommen durch lokale Gewalteinwirkung auf sein unteres Ende zustande und verlaufen als *quere Biegungsbrüche* durch den unterhalb der Facies articularis gelegenen Abschnitt (Abb. 446); das periphere Fragment ist mit seiner Spitze um eine quere Achse einwärts rotiert und gelegentlich in toto nach dem Beckeninnern zu verschoben (Abb. 446). *Indirekte Vertikalbrüche der Kreuzbeinflügel* entstehen nach LUDLOFF durch Einpressung des Sacrum zwischen die Darmbeine unter Vermittlung der Wirbelsäule.

Nach einer neueren Statistik von WAKELEY betreffen 44% der Frakturen den ganzen Beckenring. Hinsichtlich der Frequenz, mit der die einzelnen Beckenknochen brechen, ergibt sich aus drei Zusammenstellungen mit 204 Fällen folgende Reihenfolge: Schambein 99, Darmbein 52, Sitzbein 29, Pfanne 13, Kreuzbein 8 und Steißbein 3 Frakturen.

Kapitel 3.

Die verschiedenen Formen der Beckenbrüche.

1. Isolierte Beckenfrakturen.

Die *isolierten Beckenbrüche* betreffen nur umschriebene Teile des Beckenskeletes *und pflegen die Kontinuität des Beckenrings nicht zu unterbrechen.*

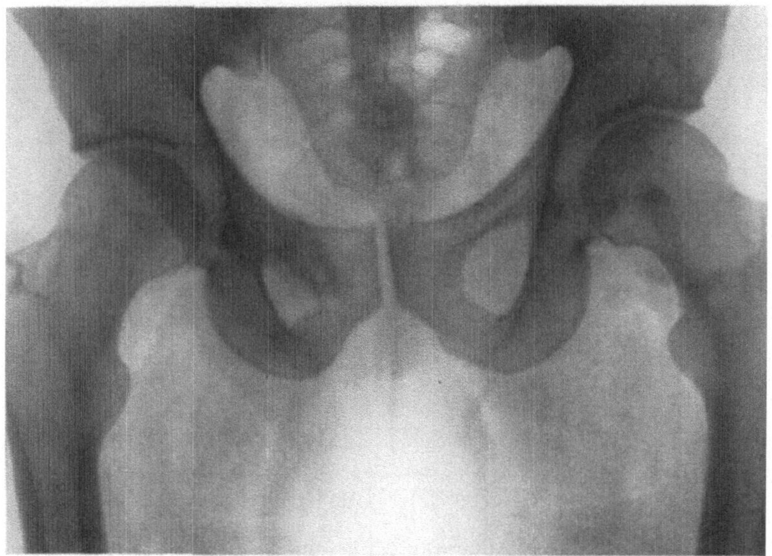

Abb. 440. Fraktur des rechtseitigen horizontalen Schambeinastes.

Isolierte Frakturen des Schambogens (vgl. Abb. 437) sind meistens Folge direkter umschriebener Gewalteinwirkung und kommen vorwiegend zustande durch Fall auf einen harten Gegenstand, rittlings, bei gespreizten Beinen. Die Fraktur betrifft nur einen oder auch beide *absteigenden Schenkel* des Schambeines und ist naturgemäß nicht so selten mit einer *Verletzung der Harnröhre* verbunden. Seltener sieht man *isolierte Frakturen des horizontalen Schambeinastes* (Abb. 440), die ebenfalls infolge umschrieben angreifender äußerer Gewalteinwirkung entstehen können, jedoch nach Ansicht verschiedener Autoren häufiger durch direkten Muskelzug verursacht werden sollen. Als abreißende Muskeln kommen in Betracht der M. pectineus, ein Teil der Adductoren sowie der M. obturator internus.

Isolierte Frakturen führen zu *lokalem Bluterguß*, der dort besonders stark und mit sichtbarer Quetschung der bedeckenden Weichteile verbunden ist, wo eine direkte Gewalt die Ursache der Fraktur darstellt. Die von der Frakturstelle her stammende Blutung lokalisiert sich, soweit sie vom absteigenden Schambeinast stammt, *am Damm* mit Übergang auf die *Scrotalhaut.* Frakturen des horizontalen Schambeinastes bedingen lokalisierte Blutergüsse in der *Leistengegend.*

An der Frakturstelle ist gelegentlich eine leichte Fragmentverschiebung nachweisbar, jedenfalls aber *lokaler Druckschmerz,* den man bei Frakturen des absteigenden Schambeinastes durch Fingerdruck vom Damme her oder per rectum prüft. Nicht so konstant wird bei den Schambeinfrakturen *Fernschmerz* beobachtet, auslösbar durch queres Zusammendrücken des Beckens von den

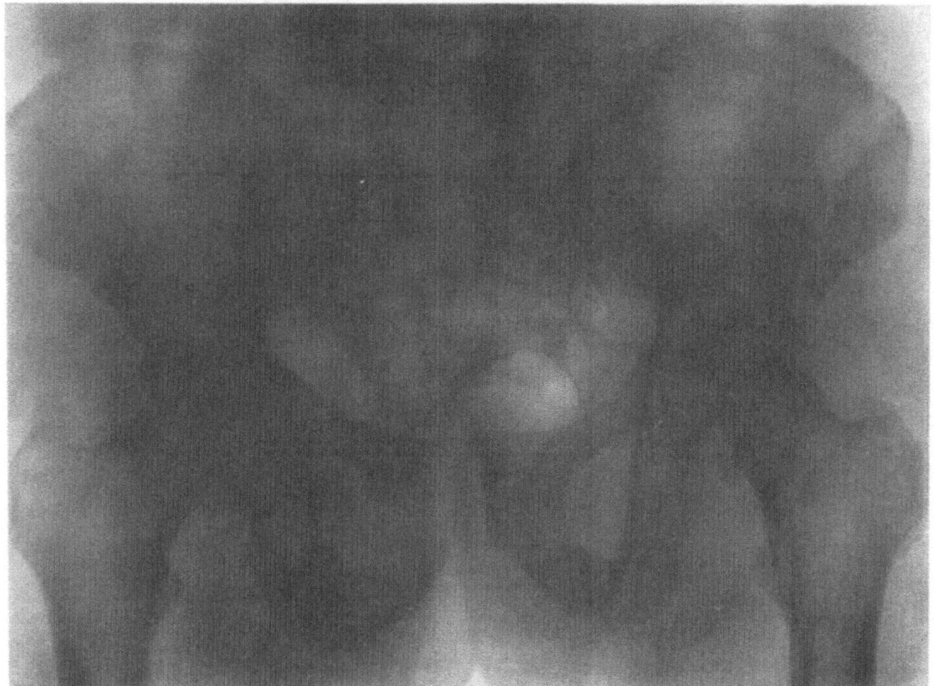

Abb. 441. Isolierter Abbruch der Crista ilei.

Darmbeinschaufeln oder von den Trochanteren her. Isolierte Frakturen des horizontalen oder des absteigenden Schambeinastes zeigen oft keine der Palpation zugängliche *Fragmentverschiebung.*

Eine ausgeprägte *Funktionsstörung* liegt bei isolierten Frakturen des einen Schambeinastes gewöhnlich nicht vor. Immerhin ist in den ersten Tagen die Bewegung des betreffenden Beines gestört, besonders die freie Erhebung aus horizontaler Lage; das gestreckte Bein wird nur zögernd und unter Schmerzäußerung gehoben. Diese Funktionsstörung erklärt sich aus den Muskelinsertionen im Frakturgebiet.

Isolierte Brüche der Darmbeinschaufel sehen wir in Form umschriebener Biegungs- oder Abscherungsfrakturen der *Crista ilei* (Abb. 441), sowie isolierter schräger oder vertikaler Schaufelbrüche (Abb. 442). Mit Dislokation geheilte Brüche des Darmbeinschaufelrandes können zur Entwicklung großer Exostosen

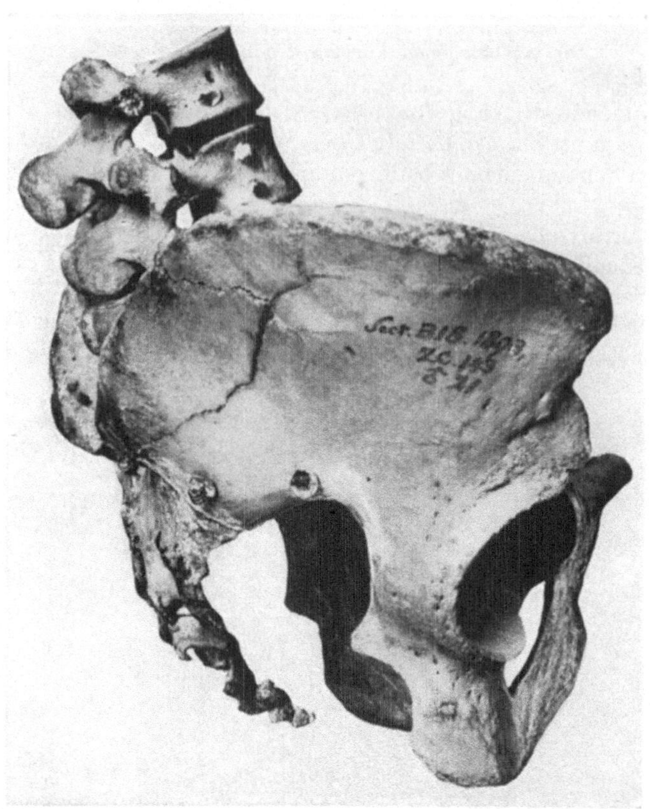

Abb. 442. Direkter Kompressionsbruch des hinteren Abschnittes der Darmbeinschaufel. (Sammlung der pathologisch-anatomischen Anstalt Basel.)

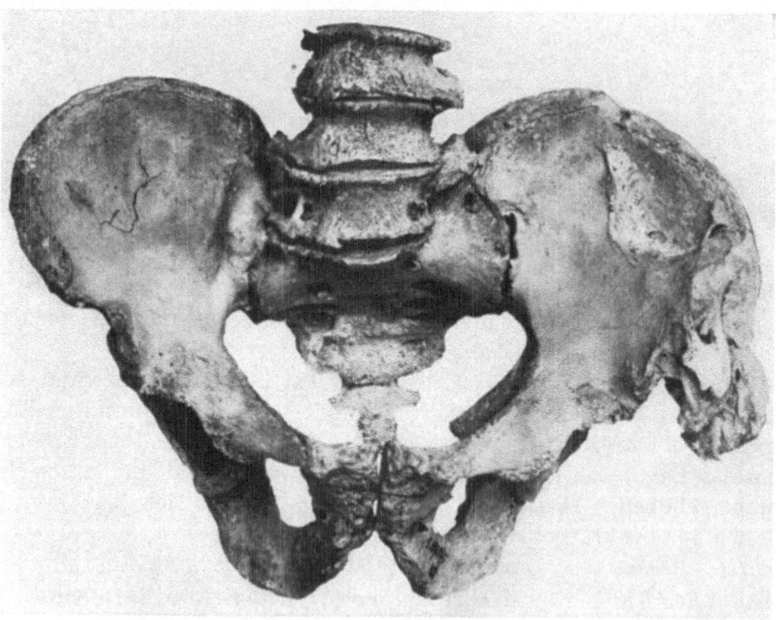

Abb. 443. Mächtige Exostosenbildung nach Fraktur der Crista ilei. Rechts zentrale Fissur der Beckenschaufel. (Sammlung der pathologisch-anatomischen Anstalt Basel.)

führen, wie Abb. 443 zeigt. Eine besonders charakteristische Form stellt die *Querfraktur der Darmbeinschaufel oberhalb der Pfanne,* also im Bereich des Darmbeinschaufelhalses dar, die man auch als DUVERNEYsche *Fraktur* bezeichnet

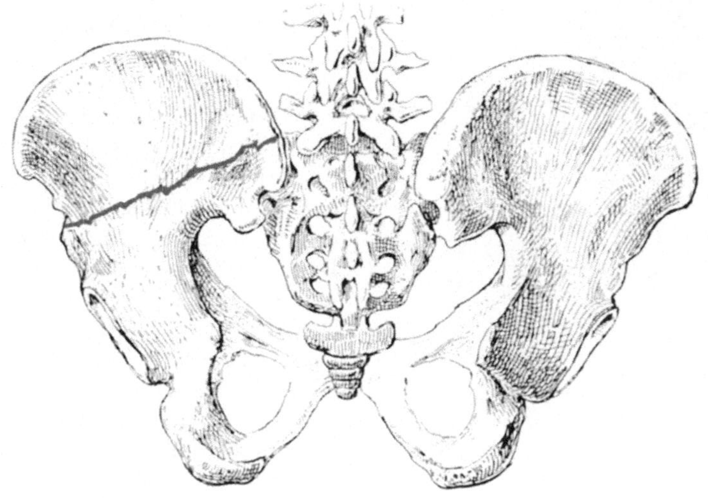

Abb. 444. DUVERNEYsche Querfraktur der Beckenschaufel.

(Abb. 444). Bei diesen Brüchen wird das abgesprengte Fragment durch den Zug der am Beckenschaufelrand ansetzenden Muskeln (M. obliquus ext. und internus, M. quadratus lumborum) nach aufwärts und nach außen disloziert. Besonders charakteristisch ist bei der DUVERNEYschen Querfraktur das *Höhertreten der Spina ilei a. s.,* woraus eine *scheinbare Verlängerung des Beines* resultiert, die jedoch durch Vergleichung der beidseitigen Distanz zwischen Trochanterspitze und äußerem Knöchel unschwer richtig interpretiert werden kann. Diese Beckenschaufelfrakturen sind schon durch die lokale Untersuchung, den Nachweis *falscher Beweglichkeit* des abgebrochenen Darmbeinschaufelabschnittes — gelegentlich verbunden mit Crepitation — *lokaler Druckschmerzhaftigkeit* und *umschriebener Blutung* nachweisbar. Entscheidend ist die *Röntgenaufnahme,* die in derartigen Fällen meistens klare Auskunft gibt.

Isolierte Frakturen des parasakralen Abschnittes des Darmbeines, die unter

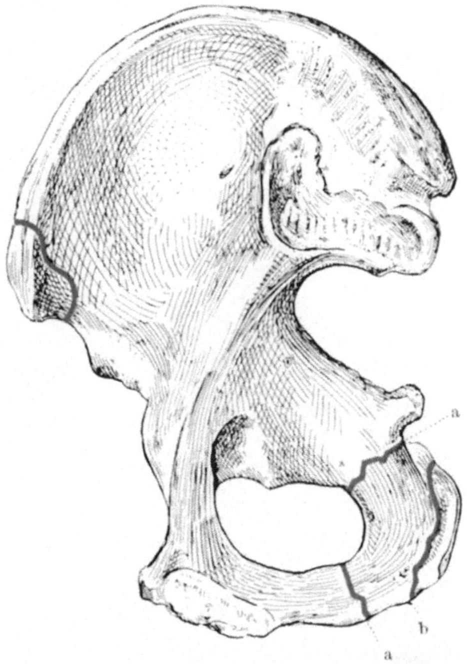

Abb. 445. a Abbruch des ganzen Sitzbeinknochens; b isolierte oberflächliche Abrißfraktur des Tuber ischii, Fraktur des obern-vordern Darmbeinstachels.

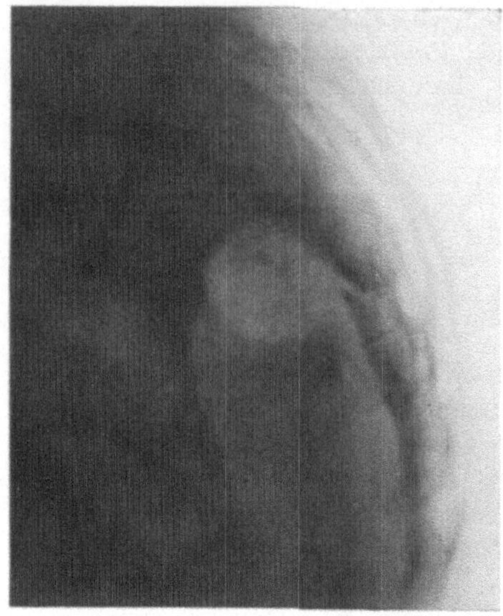

Abb. 446. Querfraktur des Kreuzbeins mit Verschiebung des unteren Fragmentes nach innen.

lokaler Gewalteinwirkung zustande kommen und eigentliche Kontusionsfrakturen darstellen, gehören, wenn sie die Kontinuität des Beckens unterbrechen, zu den *Beckenringfrakturen.*

Relativ selten ist die umschriebene *Fraktur der Spina ilei anterior superior,* eine typische *Epiphysen-Abrißfraktur* (Abb. 445); sie entsteht in vorstehend beschriebener Weise bei Jugendlichen und stellt nach LÖHR eine typische Sportverletzung beim Schnellauf dar. Das Abrißfragment ist nach unten und etwas nach außen disloziert, wo es palpatorisch und röntgographisch nachweisbar ist. An der Abbruchstelle besteht umschriebene Schwellung. Anfänglich besteht eine durch Schmerzhemmung bedingte Gehstörung.

Bedeutend seltener als die Fraktur des oberen Darmbeinstachels ist die *Abrißfraktur der Spina ilei anterior inferior,* die durch Zug des Ligamentum ileo-femorale bedingt wird und somit durch gewaltsame Hyperextension des Oberschenkels im Hüftgelenk zustande kommt.

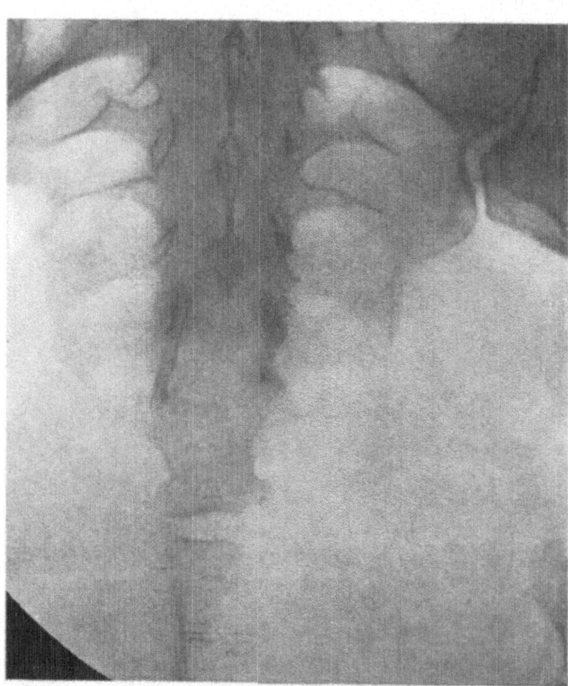

Abb. 447. Fraktur des Steißbeins.

Isolierte Frakturen des Sitzbeinknorrens entstehen durch Fall auf das *Tuber ischii;* in derartigen Fällen kann der größte Teil des Sitzbeines herausgebrochen werden, indem die vordere mediale Frakturlinie an der Grenze zwischen absteigendem Schambein- und aufsteigendem Sitzbeinast, die laterale obere Frakturlinie unterhalb und nach hinten von der Gelenkpfanne verläuft (vgl. Abb. 445). Eine *isolierte Abrißfraktur der oberflächlichen Partien des Tuber ischii* kann entstehen durch Muskelzug, wesentlich unter der Einwirkung der am Sitzbein entspringenden Flexoren des Unterschenkels (Semimuskeln und Caput longum des Biceps femoris). Das Fragment wird oft durch den Zug dieser Muskeln nach unten verschoben. Die Fraktur ist erkennbar an der Funktionsstörung — Hemmung der kräftigen Flexion des Kniegelenkes und der völligen Streckung des Hüftgelenkes — sowie an der palpatorisch und radiographisch nachweisbaren Fragmentverschiebung.

Ferner sind *isolierte Brüche des Kreuzbeines* zu erwähnen, die man vorwiegend als Folge direkter Gewalteinwirkung bei Fall auf das Sacrum entstehen sieht. Der untere Teil des Kreuzbeines ist in derartigen Fällen gewöhnlich unterhalb der Ileosakralfugen quer abgebrochen und nach einwärts disloziert, meistens unter gleichzeitiger Rotation um eine quere Achse (Abbildung 446). Auch kann nach lokalisierter Gewalteinwirkung das Kreuzbein mehrere unregelmäßige Sprünge aufweisen, ohne daß die einzelen Fragmente wesentlich verschoben sind. Durch kombinierte Untersuchung von außen und vom Rectum her ist die quere Biegungsfraktur des Kreuzbeines unschwer nachzuweisen. Entscheidend ist auch hier die Darstellung der Frakturlinie im Röntgenbild (s. Abb. 446).

Recht selten sieht man *isolierte Frakturen des Steißbeines*, weil seine gelenkige Verbindung mit dem Kreuzbein ein Ausweichen nach vorne gestattet, so daß lokale Gewalteinwirkung, besonders

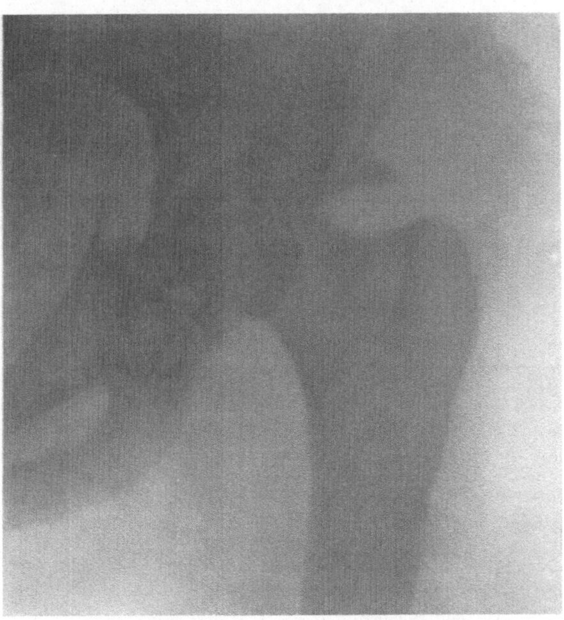

Abb. 448. Fraktur am Übergang des Darmbeins zum Schambein, kombiniert mit Pfannenfraktur.

Fall auf das Gesäß gegen eine Kante oder gegen einen eckigen Gegenstand (Pfählung), häufiger zu Luxation des Steißbeines führt, sofern es sich nicht um ältere Leute mit eingetretener Verknöcherung der Kreuzsteißbeinverbindung handelt. Die Fraktur erfolgt meist in querer Richtung, mit Einwärtsverschiebung des unteren Fragmentes. Umschriebene Schmerzhaftigkeit, die sich zu quälender „Coccygodynie" steigern kann, lokale Verletzungsspuren an der Haut sowie durch bidigitale Untersuchung vom Rectum und von außen her nachweisbare falsche Beweglichkeit des unteren Fragmentes sichern die Diagnose der Steißbeinfraktur, die auch röntgenologisch nachweisbar ist (Abb. 447).

Frakturen der Gelenkpfanne (Abb. 448) sieht man einmal in Form der isolierten *Pfannenrandfrakturen in Begleitung von Luxation des Hüftgelenkes.* Es handelt sich um Abscherung umschriebener Abschnitte des überragenden Pfannenrandes durch den austretenden Gelenkkopf. Diese Pfannenrandfrakturen haben neben der ursächlichen Hüftgelenkluxation zunächst keine selbständige Bedeutung. Nachträglich können sie jedoch Anlaß geben zu sekundären

Gelenkveränderungen und dauernder Funktionsstörung des betroffenen Hüftgelenkes. Ihr Nachweis kann nur röntgenologisch geschehen. Einen Hinweis
bieten gelegentlich bei Frakturen des oberen vorderen Pfannenrandes frühzeitig auftretende Hautblutungen oberhalb des Ligamentum Pouparti.

Durch Fall auf den Trochanter oder durch quere Kompression des Beckens
unter Vermittlung des Schenkelhalses entstehen kombinierte paraartikuläre
Beckenpfannenrandbrüche; das Röntgenogramm Abb. 448 demonstriert einen
charakteristischen Typus.

Eine mit Rücksicht auf die spätere Funktion des Hüftgelenkes prognostisch
sehr ungünstige Bedeutung kommt den *zentralen Brüchen der Hüftgelenkpfanne*

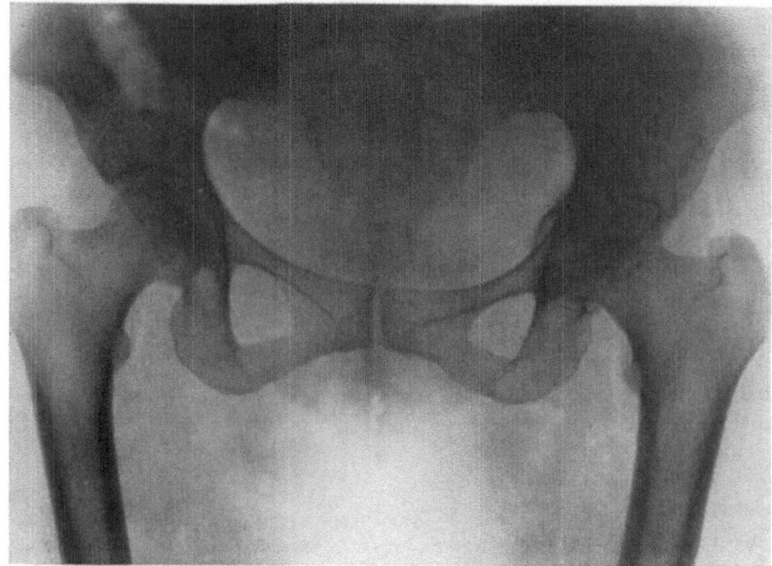

Abb. 449. Zentrale Fraktur der Hüftgelenkpfanne mit Vorbuchtung des Pfannengrundes nach dem
Beckenraum und Tiefertreten des Schenkelkopfes.

zu, die wesentlich durch Gewalteinwirkung in der Richtung und durch Vermittlung des Schenkelhalses, bei Fall auf die Trochantergegend entstehen. Bei
jüngeren Individuen kann die Gelenkpfanne in die drei an ihrer Bildung beteiligten Knochen zerlegt werden; die Frakturlinie zeigt in diesem Fall Y-Form
(s. Abb. 436). Ist die brechende Gewalt durch die Frakturierung des Pfannengrundes nicht erschöpft, so dringt der Gelenkkopf in das Innere des Beckens
hinein. Es kommt dann zu umschriebener *Vorbuchtung des Pfannengrundes
nach dem Beckeninnern* (vgl. Abb. 449) oder sogar zu ausgeprägter *zentraler
Luxation des Femurkopfes.* Ein Pfannenbruch kann auch entstehen durch
Fall auf den Sitzknorren oder durch Fall aus großer Höhe auf die Füße.
Im allgemeinen lassen sich Frakturen, die vorwiegend den Pfannenrand und
solche, die wesentlich den Grund der Hüftgelenkpfanne betreffen, klinisch nicht
streng auseinanderhalten, weil, abgesehen von den die Hüftgelenkluxationen
begleitenden Formen, die Fraktur häufig diametral durch die ganze Gelenkpfanne hindurchgeht und sowohl den Grund als auch den Rand der Pfanne betrifft. Unter den Symptomen steht bei diesen Pfannenbrüchen die *Störung der*

Hüftgelenkfunktion im Vordergrund. Es erfolgt unter allen Umständen ein erheblicher Bluterguß in das Gelenk, weshalb das betreffende Bein eine sog. Entlastungsstellung einnimmt, charakterisiert durch leichte Flexion, Auswärtsrotation und mäßige Abduction. Sichtbare lokale Blutergüsse sind bei der tiefen Lage der Fraktur erst nach mehreren Tagen zu erwarten; häufig fehlen sie dauernd. Druck auf das Hüftgelenk und Stoß in der Richtung der Schenkelhalsachse sind äußerst schmerzhaft. Die Patienten vermeiden ängstlich jede Bewegung im betroffenen Hüftgelenk; passive Bewegungsversuche lösen intensiven Schmerz aus.

Eine *Fraktur des Pfannengrundes mit zentraler Luxation des* Schenkelhalses ist erkennbar an der *Verkürzung des Schenkelhalses.* Der Trochanter steht weiter nach innen, die horizontale Distanz zwischen Spina ilei und lateraler Trochanterebene ist gegenüber der gesunden Seite reduziert.

2. Beckenringbrüche.

Die häufigste Form der *Beckenringfraktur* betrifft die *mediale Umrandung des Foramen obturatum,* d. h. im wesentlichen die *Schambeine* oder die Übergangsstellen des absteigenden Schambeinastes in den aufsteigenden Ast des

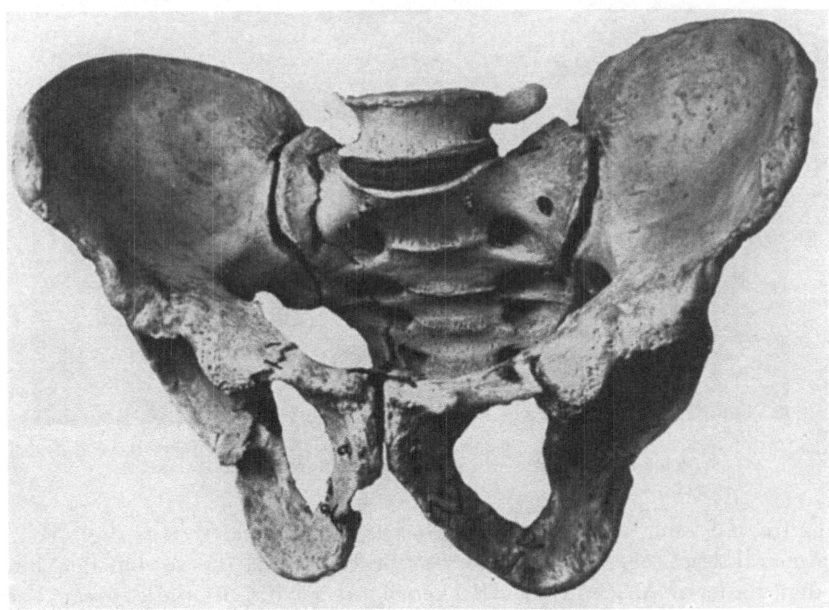

Abb. 450. Multiple Frakturen im vorderen Abschnitt des Beckenrings; rechtsseitige vertikale Sakralfraktur. (Sammlung der pathologisch-anatomischen Anstalt Basel.)

Sitzbeines, sowie den Übergang des horizontalen Schambeinastes in den horizontalen Schenkel des *Sitzbeines.* Diese Frakturen können *einseitig* sein oder auch in ziemlich symmetrischer Weise beide Seiten des vorderen Beckenbogens betreffen. In letzterem Falle ist gewöhnlich das vordere *Mittelstück* des Beckenringes in toto herausgebrochen und gegen das Beckeninnere zu verschoben. Häufig auch sind diese Frakturen des vorderen Beckenringabschnittes multipel,

etwa in der Form, wie Abb. 450 zeigt. Die Brüche des vorderen Beckenringabschnittes kombinieren sich häufig mit Frakturen der hinteren Hälfte des
Beckenringes, indem entweder der Kreuzbeinflügel (Abb. 450/453) oder der mediale
Abschnitt des Darmbeines in vertikaler Richtung gebrochen ist. An Stelle
dieser *Vertikalfrakturen* des hinteren Beckenringanteils findet sich gelegentlich
eine *Lockerung* oder eine Luxation *einer oder beider Ileosakralverbindungen*
(Abb. 451). In analoger Weise kann eine Vertikalfraktur der hinteren Becken-

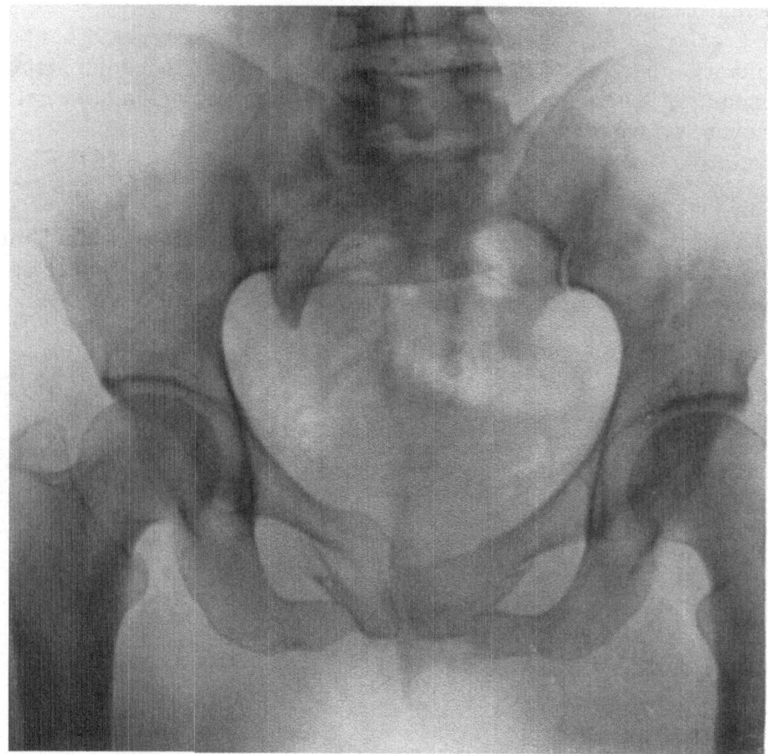

Abb. 451. Doppelseitige Beckenringfraktur mit Luxation des rechtseitigen Ileosakralgelenks.
Beidseitige Fraktur des oberen und unteren Schambeinastes.

ringhälfte mit einer *Sprengung der Symphyse* verbunden sein (vgl. Abb. 452).
Eine charakteristische, *kombinierte Beckenringfraktur,* die sowohl den hinteren
wie den vorderen Abschnitt des Beckenringes betrifft, ist die *doppelte Vertikalfraktur* oder sog. MALGAIGNEsche *Beckenfraktur* (vgl. Abb. 438). Die vordere
Bruchlinie verläuft entweder durch den horizontalen und absteigenden Schambeinast oder mehr lateral in der Nähe der Pfanne durch das Sitzbein, die hintere
Fraktur in ungefähr senkrechter Richtung durch die Darmbeinschaufel zwischen
Pfanne und Kreuzbeinfortsatz. *Das laterale*, die Gelenkpfanne tragende *Fragment*
kann dabei *nach oben verschoben* werden, unter Mitnahme des Beines, so daß
eine Verkürzung in Erscheinung tritt. Ferner erfährt das laterale Bruchstück
meist eine Einwärts- oder Auswärtsdrehung um eine sagittale oder eine Rotation
um eine vertikale Achse, woraus sekundäre Veränderungen der Becken-

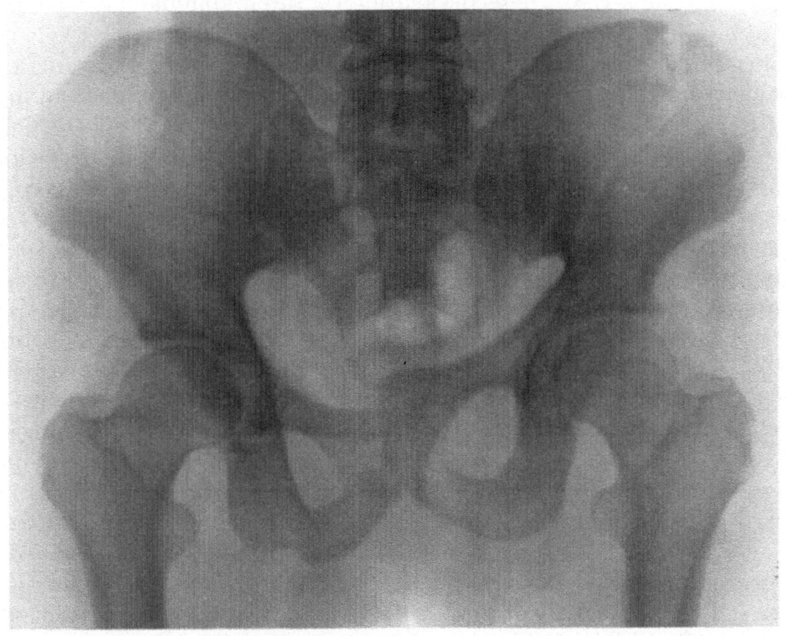

Abb. 452. Vertikalfraktur des linken Darmbeins mit Sprengung der Symphyse und Verschiebung der linken Beckenhälfte nach oben.

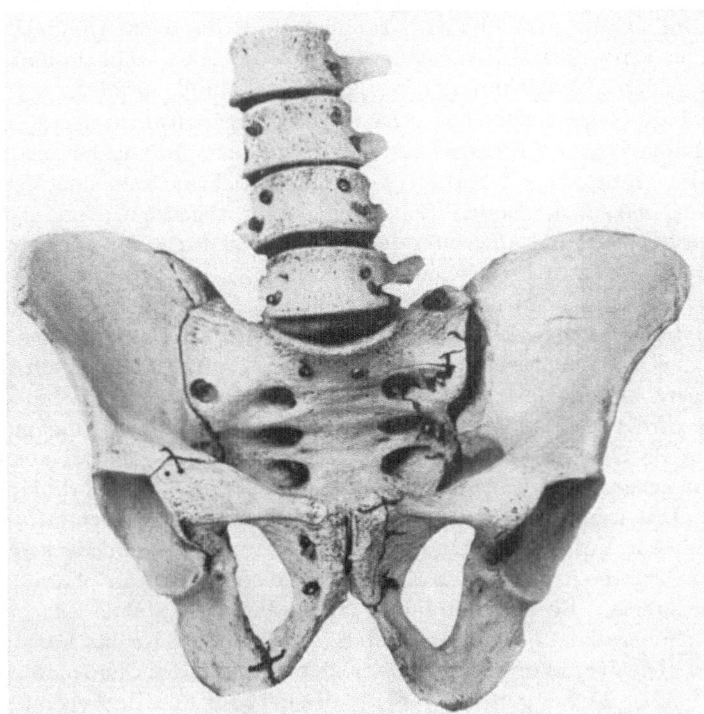

Abb. 453. Bilaterale doppelte Vertikalfraktur. Links Sprengung der Ileosakralverbindung mit Randfraktur des Sacrum; rechterseits in die Ileosakralfuge auslaufende Vertikalfraktur der Beckenschaufel. (Sammlung der pathologisch-anatomischen Anstalt Basel.)

konfiguration resultieren. Diese Beckenringfrakturen kommen auch *doppelseitig* vor (s. Abb. 453).

Zu den Beckenringbrüchen gehört auch die bereits erwähnte, von LUDLOFF beschriebene ein- oder doppelseitige vertikale Fraktur der Kreuzbeinflügel.

Die *Symptome der eigentlichen Beckenringfrakturen,* ganz besonders der doppelseitigen, unterscheiden sich in prinzipieller Weise von den Erscheinungen der isolierten Brüche einzelner Beckenknochen durch die *ausnahmslose erhebliche Beeinflussung der Statik des Rumpfskeletes.* Die Kontinuitätsunterbrechung der Knochenstrebe, die die Verbindung zwischen dem Skelet der unteren Extremitäten und der Wirbelsäule vermittelt, hat stets eine Beeinträchtigung der aufrechten Körperhaltung zur Folge. Die Belastung des gebrochenen Beckenringes durch das Rumpfgewicht löst im Frakturgebiet derartige Schmerzen aus, daß die Patienten weder aufrecht zu stehen noch zu gehen vermögen. Aus analogen Gründen ist auch die Bewegung der Beine im Liegen erschwert, besonders die freie Erhebung des der gebrochenen Beckenseite entsprechenden Beines bei gestrecktem Kniegelenk. *Passive Bewegungen* der Beine sind dagegen *auffällig frei und schmerzlos,* was einigermaßen gegen Verletzung des Schenkelhalses und der Gelenkpfanne spricht. Die beschriebene hochgradige *Funktionsstörung,* die auf der Beeinträchtigung der Rumpfstatik beruht, muß jedenfalls bei Fehlen einer Schenkelhalsfraktur den Verdacht auf eine Beckenringfraktur erwecken. Den ursächlichen großen Gewalteinwirkungen entsprechend sind Patienten mit Beckenringfrakturen meist hochgradig mitgenommen und befinden sich in der ersten Zeit nach dem Unfall, auch wenn keine schweren komplizierenden Nebenverletzungen vorliegen, häufig in einem ausgeprägten *Shockzustand.* Trotz der intensiven ursächlichen Traumen sind die Beckenringfrakturen nur relativ selten von *äußeren Wunden* begleitet, wesentlich wohl deshalb, weil das Becken in größter Ausdehnung eine dicke Muskelhülle besitzt.

Die *objektive Untersuchung* bietet bei den Beckenringfrakturen stets eine Reihe von Anhaltspunkten für die *Diagnose.* So wird man die an der medialen Umrandung des Foramen obturatum verlaufenden Frakturen im Verlaufe des horizontalen und absteigenden Schambeinastes, abgesehen von lokal auslösbarem *Druckschmerz* und auch von der Verwertung des *Fernschmerzes,* gelegentlich durch *direkte Palpation* nachweisen können. Das gilt besonders für die Frakturen des absteigenden Schambein- und aufsteigenden Sitzbeinastes, für deren Feststellung sich *kombinierte Untersuchung per rectum und von außen her empfiehlt.* Bei diesem Verfahren wird sich die Frakturstelle schon durch den Druckschmerz kundgeben und man ist auch in der Lage, Verschiebungen der Fragmente direkt zu fühlen. Dagegen sind Vertikalfrakturen im hinteren Abschnitte des Beckenringes der Palpation nicht zugänglich und nur aus *indirekten Symptomen* erkennbar. Zunächst findet sich über der Frakturlinie eine Zone maximaler Druckschmerzhaftigkeit. Ferner ist bei der typischen MALGAIGNEschen doppelten Vertikalfraktur des vorderen und hinteren Beckenringes das laterale, die Hüftgelenkpfanne tragende Fragment häufig in charakteristischer Weise verschoben. Beckenkamm und Spina ilei a. s. stehen ein bis mehrere Zentimeter höher als auf der unverletzten Seite. Zudem ist das Darmbein leicht nach außen geneigt und oft macht sich noch eine pathologische Auswärtsrotation des betreffenden Fußes geltend, die für diese Form der Beckenfraktur ebenso typisch ist wie für die Schenkelhalsfrakturen. Derartige Verschiebungen eines

Beckenabschnittes sind natürlich nur denkbar, wenn der Beckenring sowohl in seinem vorderen wie in seinem *hinteren Abschnitt* gebrochen ist. Die *Verkürzung des Beines,* die bei der MALGAIGNEschen Fraktur schon inspektorisch auffällt, erweist sich bei näherer Untersuchung als eine nur *scheinbare.* Das erkennt man durch vergleichende Messung der beidseitigen Distanz von der Spina ilei a. s. zum Malleolus internus, sowie des Abstandes zwischen Trochanterspitze und äußerem Knöchel. Da diese Maße beidseitig gleich sind, kann man eine wahre Verkürzung der unteren Extremität ausschließen. Ein weiteres indirektes Zeichen für die Erkennung der hinteren Beckenringfrakturen sind die von der Frakturstelle stammenden *lokalen Blutungen,* die jedoch wegen der Dicke der bedeckenden Weichteilschichten, wenn keine ausgedehnten subkutanen Zerreißungen vorliegen, erst nach mehreren Tagen die Haut erreichen und deshalb für die Frühdiagnose ohne Bedeutung sind. Etwas rascher als nach vertikalen Darmbeinschaufelbrüchen treten diese lokalen Blutungen nach Frakturen des Kreuzbeinflügels an die Oberfläche.

Eine ähnliche diagnostische Bedeutung wie die lokalen Blutergüsse haben als indirekte Symptome begleitende Verletzungen der Blase und der Harnröhre, die bei Frakturen des vorderen Beckenringabschnittes durch scharfe Fragmentkanten oder Knochensplitter verursacht werden. *Man soll deshalb bei Blasenund Harnröhrenverletzungen, die nicht durch ein direktes Trauma verursacht sind, stets nach einer Beckenfraktur fahnden.*

Schließlich ist noch durch queres Zusammenrücken des Beckens von beiden Darmschaufeln oder von den Trochanteren her auf *Fernschmerz* zu untersuchen, der bei der doppelten Vertikalfraktur stets hochgradig ausgeprägt zu sein pflegt, sowohl im Bereich der vorderen wie der hinteren Frakturstelle.

Gleiche Symptome wie die doppelte Vertikalfraktur macht die *Sprengung der Symphyse mit begleitender Vertikalfraktur des Kreuz-* oder *Darmbeines* oder mit *gleichzeitiger Sprengung der Synchondrosis ileo-sacralis.* Die Verschiebung der einen Schambeinhälfte läßt sich palpatorisch und radiographisch leicht nachweisen (vgl. Abb. 452).

Sowohl frische wie auch ältere Frakturen der einen Beckenhälfte und die Vertikalfraktur des Kreuzbeines in der Nähe der Synchondrose zeigen *positives* TRENDELENBURGSches *Zeichen,* auf Schmerzhemmung der Kontraktion des M. glutaeus medius und der übrigen Oberschenkelabductoren beruhend.

3. Die Schußfrakturen des Beckens.

Wir sehen sowohl *Lochfrakturen* als *Splitterungsbrüche,* je nach Art und Auftreffgeschwindigkeit des Geschosses und Lokalisation der Verletzung. In den spongiösen Abschnitten des Darmbeines überwiegen die *Lochbrüche,* deren reinste Form durch Schrapnellfüllkugeln verursacht wird. Gewehrgeschosse bewirken auch hier *Sprengwirkungen,* ebenso wie die rasanten Granatsplitter. Am Schambein sowie in den angrenzenden Abschnitten des Sitzbeines überwiegen unregelmäßige *Splitter-* und *Stückbrüche.* Die statische Bedeutung der Beckenschußfrakturen tritt vollständig zurück hinter der Schwere der häufigen begleitenden Verletzungen der Becken- und Bauchorgane, die denn auch in vielen Fällen das Schicksal der Verwundeten entscheiden. In Betracht fallen vornehmlich *komplizierende Verletzungen des Mastdarmes und der Blase.* Der Verlauf der

„unkomplizierten" Beckenschußbrüche erhält sein Gepräge häufig durch primäre oder sekundäre *Infektion des Schußkanals* von außen, die zu ausgedehnter *Ostitis-Osteomyelitis* besonders des Darmbeines mit *jauchenden Abscedierungen* und *Eitersenkungen* nach dem Beckeninnern sowie nach dem Damm und Oberschenkel hin führt. Natürlich können derartige Frakturverciterungen auch durch komplizierende Darm- und Blasenverletzungen bedingt sein.

Die Prognose der infizierten Beckenschußfraktur ist stets eine *ernste*, da sich häufig *septische Zustände* entwickeln, die gelegentlich einen foudroyanten Verlauf nehmen.

4. Die Röntgenuntersuchung bei Beckenbrüchen.

Für die Röntgenaufnahmen des Beckens ist *Entleerung des Rectums* erforderlich. Noch eindeutiger werden die Bilder, wenn auch der Dickdarm, besonders das der rechten Beckenschaufel aufliegende Coecum, völlig entleert ist. Die Aufnahme erfolgt in *ventro-dorsaler* Richtung, Einstellung der Röhre auf einen Punkt dicht oberhalb der Symphyse. Auf diese Weise erhält man klare Übersichtsbilder des ganzen Beckens einschließlich Sacrum (Abb. 451). Für die scharfe Darstellung der vorderen Beckenringhälfte, wie sie bei Frakturen des horizontalen und absteigenden Schambeinastes erwünscht sein kann, macht man mit Vorteil Aufnahmen in *Bauchlage. Eine gute Beckenaufnahme soll gleichzeitig klare Beurteilung der beiden Hüftgelenke ermöglichen.* Bei der Beurteilung von Röntgenbildern des Beckens ist zu bedenken, daß etwa 90% aller Individuen ungleiche Beckenhälften haben, bedingt durch leichte skoliotische Verbiegungen der Wirbelsäule, verbunden mit kompensatorischer Abweichung des Kreuzbeines und Steißbeines. Diese sozusagen *physiologischen Asymmetrien* erschweren oft die Erkennung veralteter Beckenfrakturen. Aus Ungleichheiten der Beckenhälften dürfen keine geheilten Beckenfrakturen diagnostiziert werden, wo nicht deutliche Fragmentverschiebung oder umschriebene Callusbildung sich klar abzeichnen.

Für Brüche des unteren Kreuzbeinabschnittes und des Steißbeins empfehlen sich Detailaufnahmen (s. Abb. 447).

Kapitel 4.

Komplizierende Nebenverletzungen bei Frakturen des Beckens.

Ein erheblicher Teil der Beckenringfrakturen ist durch *Nebenverletzungen* kompliziert, indem naturgemäß die verschiedenen *Beckenorgane* einer Schädigung sowohl durch verschobene Fragmente und Knochensplitter als einer Zerreißung direkt durch die hochgradigen ursächlichen Gewalten und bei der starken elastischen Deformation des Beckens ausgesetzt sind. Die begleitenden schweren Verletzungen anderer Körperteile, besonders *Schädelverletzungen, Frakturen der Wirbelsäule* und der *Extremitätenknochen* sowie *Kompression des Brustkorbes* sind nicht zu übersehen.

Am häufigsten ist der *Harnapparat* von den komplizierenden Verletzungen betroffen, nach der Statistik von WESTERBORN in 20% der Fälle. Zunächst kann die *gefüllte Harnblase* durch das ursächliche Trauma oberhalb der Symphyse

direkt komprimiert und zur Ruptur gebracht werden; derartige Blasenriß-
stellen liegen gewöhnlich intraperitoneal. Neben diesen Verletzungen der Blase
finden sich solche, bei denen die Blasenwand durch Fragmente des vorderen
Beckenrings eröffnet wird. Auch Eindringen von Knochensplittern in die Harnblase mit *sekundärer Steinbildung* wurde beobachtet.

Die Blasenruptur führt oft zu primärer *Harnverhaltung*, die übrigens bei
Beckenbrüchen auch reflektorisch bedingt sein kann; wo die Patienten zunächst noch spontan urinieren können, zeigt der Urin stets Blutbeimischung.
Das weitere Verhalten hängt von der Lokalisation der Blasenwunde ab, insofern
als bei intraperitonealem Sitz der Verletzung oft aller Urin in die Bauchhöhle
abfließt, was einerseits zu progredienter Peritonitis mit nachweisbarem Erguß,
andererseits zum Sistieren der normalen Urinentleerung führt. Extraperitoneale
Blasenverletzungen geben zu *Urininfiltration* im Beckenbindegewebe und am
Damme Anlaß. Bei Verdacht auf Blasenverletzung ist stets der *Katheterismus*
zur Sicherung der Diagnose heranzuziehen.

Die *Verletzungen der Harnröhre* sind im Gegensatz zu den Verletzungen
der Blase *vorwiegend Folge von Fragmenteinwirkung*; derartige durch scharfe
Fragmente verursachte Zerreißungen der Urethra finden sich namentlich bei
Frakturen des absteigenden Schambein- und aufsteigenden Sitzbeinastes im
Anschluß an Querkompression des Beckens. Wird durch sagittale Gewalteinwirkung das Mittelstück des vorderen Beckenabschnittes herausgebrochen
und beckenwärts verdrängt, so kann die Harnröhre auch durch das Ligamentum
triangulare quer durchrissen werden. In derartigen Fällen ist die Urethra
gewöhnlich vollständig zirkulär durchtrennt. Wesentlich seltener sieht man
durch die ursächliche Gewalt direkt verursachte Quetschungen und Rupturen
der Harnröhre, mit begleitenden, auf die gleiche ursächliche Gewalt zurückzuführenden Brüchen des absteigenden Schambeinastes. In solchen Fällen ist
häufig die äußere Haut mitverletzt.

Die Verletzung der Urethra verrät sich stets durch *Blutabgang* nach außen
und gleichzeitig kann es nach rückwärts in die Blase bluten; es ist jedoch zu
beachten, daß die Blutung auch aus der Niere stammen und rasch sistieren kann.
Charakteristisch ist ein gewöhnlich intensives, ausgedehntes *Hämatom am Damm*
von verschiedener Ausdehnung. Meist können die Patienten nicht mehr spontan
urinieren, sofern es sich nicht nur um partielle Rupturen der Urethra handelt.
Der *Katheterismus* ist bei totalen Querdurchreißungen der Harnröhre meist unmöglich, indem sich der Katheter — man verwende grundsätzlich Metallsonden!
— im Verletzungsgebiet fängt. Bei unvollständigen und seitlichen Rissen
dagegen kann der Katheterismus anstandslos gelingen.

Eine bedeutend geringere Rolle als die Verletzungen der Harnwege spielen
bei Beckenfrakturen die seltenen *Läsionen des Mastdarmes und der Scheide*.
Die *Mastdarmverletzungen* betreffen meist die *Ampulle* und finden sich namentlich bei Frakturen des linken Kreuzbeinflügels und des linken Darmbeines,
können sich aber auch als *quere Abreißungen des Mastdarmes vom Analring*
darstellen. Der Sphincterschluß verhindert zunächst eine Blutung nach außen,
so daß man häufig erst durch die progrediente Peritonitis auf die komplizierende
Mastdarmverletzung aufmerksam gemacht wird. *Peritonitiden* und *Becken-
gewebsentzündungen* nach *Mastdarmrupturen haben im allgemeinen eine sehr
schlechte Prognose.*

Verletzungen der Blutgefäße bei Beckenbrüchen wurden öfters beobachtet, so *Zerreißungen der großen Beckenvenen* (Venae iliacae und hypogastricae) und *Läsionen des Plexus vesicalis* und *haemorrhoidalis*. Die Eröffnung großer Beckenvenen kann zu Verblutung führen. Verletzung großer *arterieller Gefäße* gibt gelegentlich Anlaß zu *Aneurysmenbildung,* besonders im Gebiete der *Glutaealarterien*. Ferner wurde *Thrombose der Arteria iliaca externa* nach Beckenbruch beschrieben, verursacht durch Überdehnung der Arterie und Ruptur der Intima und Media; an derartige Thrombosen kann sich ausgedehnte *Gangrän des* betreffenden *Beines* anschließen. Weniger häufig scheint die völlige Kontinuitätstrennung größerer Arterien mit bedrohlicher *Blutung* zu sein.

Größere *Blutergüsse* nach Beckenfrakturen sind *sekundärer Vereiterung* ausgesetzt, auf hämatogenem Wege oder von umschriebenen Mastdarmverletzungen aus. Die komplizierenden *Nervenverletzungen* bei Beckenfrakturen betreffen entweder den *Plexus lumbo-sacralis* oder die aus ihm hervorgehenden Nerven, vor allem den *N. ischiadicus* und den *N. obturatorius*.

Kapitel 5.

Heilungsverlauf der Beckenfrakturen.

Die *unkomplizierten Beckenbrüche* haben im allgemeinen eine *gute Prognose*. Die Heilung der Knochenverletzung erfolgt in einem Zeitraum von 1—6 Monaten. Das funktionelle Resultat ist weitgehend abhängig von der Lokalisation der Fraktur, von der Verschiebung der Fragmente und von der Behandlung. Am wenigsten Störungen pflegen die umschrieben lokalisierten, *isolierten Frakturen* einzelner Beckenabschnitte zu hinterlassen. Dagegen heilen die doppelten Beckenringfrakturen mit Verschiebung des lateralen Fragmentes nach oben sowie die Pfannenfrakturen selten ohne eine dauernde Funktionsstörung. Die Störungen sind bedingt durch Veränderung der Beckenform mit ihrer Rückwirkung auf die Statik des Rumpfskeletes; dies sieht man besonders bei der MALGAIGNEschen Doppelfraktur mit Emportreten des lateralen Fragmentes. In solchen Fällen kann ein Symptomenkomplex entstehen, der sich weitgehend mit den Erscheinungen der Coxa vara traumatica deckt.

Brüche der Gelenkpfanne führen beinahe durchwegs zu Störungen der Gelenkfunktion, die am hochgradigsten sind bei gleichzeitiger zentraler Luxation des Oberschenkelkopfes nach dem Becken hin. Das Endresultat ist hier gewöhnlich, abgesehen von einer Verkürzung mäßigen Grades, eine mehr oder weniger vollständige *Versteifung* des Hüftgelenks. Auch *partielle Pfannenrandfrakturen* schädigen die Gelenkfunktion, weil sich, besonders bei Leuten jenseits des 50. Lebensjahres, oft chronische *deformierende Arthritis* des Hüftgelenkes anschließt. *Kreuzbeinfrakturen* sind berüchtigt wegen der häufig lang andauernden Schmerzhaftigkeit, die, wie namentlich eine Beobachtung von *Steinthal* ergibt, auch bei gutwilligen Patienten zu langdauernden, erheblichen Störungen führt. Besonders schmerzhaft ist in derartigen Fällen das Bücken und Aufrichten des Körpers. Zu ähnlich intensiven Schmerzen führen Luxationen und partielle *Frakturen des Steißbeines*; diese Beschwerden sind unter dem Namen der *Coccygodynie* bekannt.

Die Prognose der durch *Mastdarmverletzungen* komplizierten Beckenfrakturen ist besonders deshalb eine schlechte, weil die Diagnose der Mastdarmläsion gewöhnlich erst beim Auftreten der Peritonitis oder ischio- und pelvirectaler, septischer Entzündungen und Abscedierungen gestellt wird. Meist handelt es sich in derartigen Fällen um *foudroyante septische Peritonitiden*, die jeder operativen Beeinflussung unzugänglich sind. Nicht viel besser ist die Prognose der Beckenfrakturen mit begleitender intraperitonealer *Harnblasenruptur*, obschon hier operatives Eingreifen bei frühzeitiger Diagnose erheblich bessere Aussichten bietet. Der spontane Verlauf der intraperitonealen Blasenruptur entspricht ebenfalls einer rapid progredienten Peritonitis, da Sekundärinfektionen autogener Natur gewöhnlich nicht ausbleiben.

Die *extraperitoneale Verletzung der Harnblase* sowie die *Ruptur der Harnröhre* führen, sich selbst überlassen, zu *Urininfiltration*. Auch hier pflegt rasch, auch bei Fehlen äußerer Wunden, *Infektion* einzutreten, und es entwickeln sich *jauchende, nekrotisierende Abscesse* im Bereich des Beckenbindegewebes, des Dammes und des Scrotum. Vor diesen Gefahren bewahrt nur frühzeitige chirurgische Versorgung der Harnröhrenwunde, Eröffnung der paravesicalen Urininfiltrate und Ableitung nach außen. Erfolgt nach operativer Behandlung von Harnröhrenrupturen die Wundheilung nicht reaktionslos, so bleiben häufig *strikturierende Narben* oder *Urinfisteln* zurück, die eine langdauernde Nachbehandlung erfordern.

Die *Prognose der Beckenfrakturen* hängt wesentlich von den Komplikationen ab. Die Sterblichkeit dürfte für die unkomplizierten Fälle $5^0/_0$ nach den neuesten Zusammenstellungen nicht übersteigen, während sie bei Frakturen mit Organverletzung etwa $25^0/_0$ beträgt. WESTERBORN findet eine durchschnittliche Mortalität von $12^0/_0$, bei doppelten Vertikalbrüchen eine solche von $30^0/_0$.

Kapitel 6.

Die Behandlung der Beckenbrüche.

Bei Patienten, die im schweren *Verletzungsshock* in Behandlung kommen, ist zunächst der Vasomotorenkollaps energisch zu bekämpfen. Dabei ist von entscheidender Bedeutung, nicht Symptome auf Shock zu beziehen, die durch eine schwere begleitende Blutung oder durch eine rasch einsetzende progrediente Peritonitis verursacht sind. Eingehende Untersuchung und Beobachtung des Patienten werden hier vor folgenschweren Verwechslungen schützen, ganz besonders aber die Erfahrungstatsache, *daß ein reflektorisch bedingter Shock sich nicht über Stunden hinzuziehen pflegt.* Die speziellen Indikationen für die Behandlung der einzelnen Komplikationen und die Technik der entsprechenden Eingriffe sind im Rahmen dieses Buches nicht ausführlich zu besprechen. Ich muß mich darauf beschränken, auf die *Notwendigkeit rascher Probelaparotomie beim Verdachte auf intraperitoneale Blasen- oder Mastdarmruptur oder komplizierende innere Blutung* hinzuweisen.

Die *intraperitoneale Blasenwunde* wird in üblicher Weise genäht, und durch vorübergehende *Dauerdrainage* per urethram für ständigen Abfluß des Urins und damit für Entlastung der Nahtstelle gesorgt. *Mastdarmverletzungen* erfordern ebenfalls sofortige chirurgische Versorgung; häufig wird die Verletzungsstelle nicht ausreichend zugänglich gemacht und deshalb die Mastdarmwunde nicht vernäht werden können. In solchen Fällen bleibt nur die Anlegung eines Kunstafters mit vollständigem Abschluß der abführenden Schlinge und Drainage der Verletzungsstelle übrig.

Jede *vollständige Kontinuitätstrennung* der Harnröhre ist nach den Regeln der chirurgischen Technik durch Naht zu versorgen; bei unvollständigen, *partiellen Rissen* genügt vorübergehender *Katheterismus*. Ebenso sind die Ausbildung von Harninfiltration und Abscedierungen im Beckenbindegewebe und am Damm sorgfältig zu überwachen, sobald die geringsten Verdachtsmomente für das Vorhandensein extraperitonealer Blasen- oder Mastdarmverletzungen vorliegen.

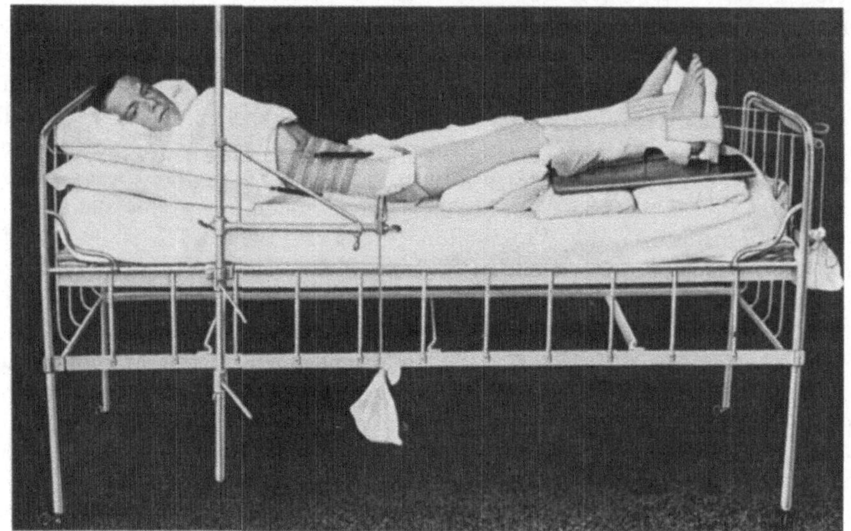

Abb. 454. Extensionszüge zur Behandlung der zentralen Pfannenfraktur.

Bei den *unkomplizierten Brüchen* beschränkt sich die Aufgabe der Therapie auf die Behandlung der Knochenverletzung. Zunächst wird man sich mit einfacher *bequemer Lagerung* der Patienten begnügen, und zwar dürfte gewöhnlich die Rückenlage am besten entsprechen. Mit Rücksicht auf die häufig begleitende Schädigung der Beckenweichteile ist *die Gefahr einer Decubitusbildung* bei Beckenfrakturen nicht zu unterschätzen. Der Unterlage ist deshalb größte Aufmerksamkeit zu schenken. *Lagerung auf Spreuerkissen, luftgefüllten Gummiringen* oder *Wasserkissen* schützt am besten vor dieser unliebsamen und nicht ungefährlichen Komplikation. Um eine Zugwirkung der am Becken inserierenden Oberschenkelbeuger auf den gebrochenen Knochen zu vermeiden, werden die *Beine am besten in leichter Flexionsstellung gelagert*, d. h. mit guter Unterstützung der Kniekehlen (Abb. 454). Durch Palpation nachweisbare *Dislokationen* des Schambeines, der Symphyse und des Kreuzbeines, sowie des Beckenschaufelrandes versucht man durch *Reposition* auszugleichen, bei Kreuzbein- oder Schambeinfrakturen evtl. von der Scheide oder vom Mastdarm her. Besondere äußere Retentionsmaßnahmen stehen bei diesen *isolierten Frakturen* nur ausnahmsweise zur Verfügung. So wird man einen abgebrochenen Beckenkamm durch zirkuläre, das Becken umgreifende Heftpflaster- oder Bindentouren zu fixieren versuchen.

Die abgebrochene *Spina ilei a. s.* sowie das abgebrochene Tuber ischii sind, wenn die Verschiebung eine erhebliche ist, *operativ zu fixieren,* am besten durch *direkte Verschraubung* oder durch *Nagelung*; in der Regel genügt jedoch konservative Behandlung. Das abgebrochene *Steißbein* sowie stark beckenwärts dislozierte Fragmente des unteren Kreuzbeinabschnittes werden am besten *operativ entfernt.* Für die *doppelseitige, vertikale Schambeinfraktur* mit Dislokation des medianen Fragmentes nach dem Beckeninnern zu sowie für die Sprengung der Symphyse kommt evtl. operative Freilegung, Reposition und Fixation in Betracht. Bei der DUVERNEYSchen Querfraktur ist jedenfalls die Möglichkeit gegeben, die vordere Ausmündungsstelle der Darmbeinfraktur unterhalb der Spina freizulegen und das emporgetretene Fragment in richtiger Stellung *anzuschrauben.* In analoger Weise besteht technisch die Möglichkeit, abgebrochene *Segmente des Darmbeinkammes* operativ zu reponieren und durch *Verschraubung* zu fixieren; doch kommt operatives Vorgehen hier, wie bei der DUVERNEYSchen Fraktur nur in Frage, wenn erhebliche Verschiebungen vorliegen. Meist genügt eine äußere Bandage.

Die *Pfannenfrakturen* sind mit Extension in Flexionsstellung von 20 Grad und Abductionsstellung von etwa 30 Grad, bei leicht gebeugtem Knie zu behandeln. Bei Ausheilung mit Versteifung gibt die beschriebene Stellung des Hüftgelenkes statisch die günstigen Verhältnisse. Ist die Pfannenfraktur mit *zentraler Luxation des Schenkelkopfes* verbunden, so soll unter Umständen der Versuch gemacht werden, in Narkose den in das Beckeninnere eingedrungenen Schenkelkopf bis in das normale Niveau des Pfannengrundes zu ziehen. Diese Stellung kann durch geeignete Seitenzüge aufrecht erhalten werden (Abb. 454). Reicht der Schlingenzug nicht aus, so empfiehlt sich Nagel- oder Drahtzug am Trochanter. Bei nicht ganz frischen Fällen kann operative Reposition nötig werden, ebenso bei stärkerer Verschiebung großer Pfannenrandfragmente. Von ausschlaggebender Bedeutung für die Erzielung eines befriedigenden Funktionsresultates ist bei allen Pfannenbrüchen der *frühzeitige Beginn mit mobilisierender Behandlung,* d. h. mit aktiven und passiven Bewegungen, verbunden mit Massage und Heißluftbädern.

Schmerzhafte arthritische Bewegungstörungen des Hüftgelenks nach Pfannenrandbrüchen und zentralen Luxationen können operative Versteifung oder Gelenkplastik erfordern (s. Schenkelhalsfrakturen).

Die *doppelte Vertikalfraktur* Typus MALGAIGNE mit der häufigen Aufwärtsverschiebung des lateralen Fragmentes bedingt *Extension,* und zwar ist die zutreffende Stellung des Beines der verletzten Seite auch hier leichte Flexion und mäßige Abduction (s. Abb. 454). Durch die Flexion wird eine unphysiologische Muskelspannung verhindert, die Abduction bewirkt eine Hebelwirkung auf das laterale Beckenfragment im Sinne einer Verschiebung der Darmbeinschaufel nach der Medianen. Gleichzeitig ist durch Lagerung des Unterschenkels in einer T-Schiene die pathologische Auswärtsrotation zu beseitigen. Als Kontraextension dient eine Oberschenkelgesäßschlinge, wie in Abb. 454 ersichtlich. Ist wegen Schmerzhaftigkeit am Damm diese Kontraextensionsschlinge nicht anwendbar, so muß man zur Erzielung genügenden Reibungswiderstandes das Fußende des Bettes heben. Eine erhebliche laterale Verschiebung des seitlichen Fragmentes beseitigt man durch direkte Reposition und Anlegen einer straff angezogenen *Tuchgurte um das Becken* herum. Wo die doppelte Vertikalfraktur mit erheblicher Aufwärtsverschiebung des lateralen Fragmentes verbunden ist, wird es meistens nicht gelingen, den Ausgleich der Verkürzung durch sukzessive Extension zu erzielen. Erweist sich der Zug nach einigen Tagen als zu wenig wirksam, so ist es durchaus geboten, *den Versuch manueller Reposition in Narkose* vorzunehmen, evtl. unterstützt durch Drahtextension am Beckenkamm. *Grobe und brüske Gewalteinwirkung muß dabei mit Rücksicht auf die Gefahr von Nebenverletzungen der Beckenorgane einschließlich Gefäße und Nerven vermieden werden.*

Bei *Schußfrakturen des Beckens* kommt alles darauf an, Infektionen des Frakturgebietes zu verhindern und bei manifester Infektion für günstige Abflußverhältnisse zu sorgen. Hier ist deshalb aktiv chirurgische Wundversorgung unter Berücksichtigung komplizierender Blasen- und Mastdarmverletzungen am Platz.

Die *Frakturostitis* erfordert breite Freilegung des Knochenherdes und der Eitersenkungen; für Schußbrüche der Beckenschaufel eignet sich hierzu besonders ein Bogenschnitt längs der Crista ilei, mit ausgedehnter Abhebung der Muskulatur nach innen und außen.

Kapitel 7.

Die Begutachtung der Beckenbrüche.

Die *unkomplizierte Beckenfraktur* hinterläßt sehr häufig *Funktionsstörungen,* die eine *erwerbsbehindernde Bedeutung* haben. Diese Störungen sind weniger hochgradig bei *isolierten Frakturen* der einzelnen Beckenknochen, abgesehen von den Frakturen der Pfanne, als bei den *kombinierten Beckenringfrakturen.* *Dislozierte abgerissene Fragmente* können durch Reizung dauernde Störungen verursachen. In solchen Fällen ist deren Entfernung in Lokalanästhesie vorzuschlagen. Die *Frakturen des Darmbeinschaufelrandes* und die DUVERNEYsche Fraktur beeinträchtigen die aufrechte Rumpfhaltung sowie das Beugen und Strecken des Rumpfes oft während längerer Zeit. Die endgültige Prognose der *Darmbeinschaufelbrüche* ist jedoch gut, da nach WESTERBORN in 97%$ vollständige Heilung eintritt. Patienten mit *Kreuzbeinfrakturen* sind oft lange Zeit durch Schmerzen im Sitzen gehindert, ebenso Verletzte mit *Steißbeinbrüchen.* Bei Coccygodynien ist auf Exzision des Steißbeins zu dringen.

Eine besondere Stellung nehmen die *Frakturen der Hüftgelenkpfanne* mit *zentraler Luxation* ein, weil sie häufig zu totaler *Versteifung des Hüftgelenkes* und *zu Verkürzung des Beines* führen. Bei Pfannenbrüchen tritt nur in etwa 50% Heilung ein, bei zentralen Luxationen nur in 10%. Maßgebend für die Taxation ist in solchen Fällen die Stellung des Oberschenkels. Während eine schmerzlose Versteifung in regelrechter Stellung, d. h. in Flexionabduction, mit $33^1/_3$% für einen Schwerarbeiter ausreichend taxiert ist, wird man bei Versteifung in pathologischer Stellung oder in Fällen, wo die Versteifung keine vollständige, die restierenden geringen Bewegungen außerordentlich schmerzhaft sind, mit der Schätzung auf 50—75% *gehen* müssen. *In derartigen Fällen ist stets der Vorschlag zur Ausführung einer Arthrodese in korrekter Stellung zu machen.*

Die *Beckenringfrakturen mit unbehobener Verschiebung* führen wegen der sog. *deformen Heilung* gewöhnlich zu Störungen der normalen Statik. Besonders ist dies der Fall, wenn die Frakturen nicht knöchern, sondern nur *bindegewebig* heilen, vor allem nach Sprengung der Symphyse und der Articulatio ileo-sacralis. Derartige Patienten können häufig nicht längere Zeit stehen, sie gehen je nach der Verkürzung des Beines mehr oder weniger stark hinkend, oft nur mit Hilfe eines Stockes und sind nicht imstande, ihr Becken in normaler Weise zu belasten. Das trifft für eine Periode von $^1/_2$—2 Jahren zu; während dieser Zeit sind *Schwerarbeiter* so gut wie *völlig arbeitsunfähig*. Die Angewöhnung an die Arbeit erfolgt nur ganz langsam und sukzessiv.

Eine verbindliche, allgemein gültige Taxation derartiger Beckenringbrüche ist nicht möglich; *man wird gemäß dem Vorschlag von* KAUFMANN *unter allen Umständen eine definitive Beurteilung nicht früher als 3 Jahre nach dem Unfall eintreten lassen.* Im allgemeinen bewegen sich die Taxationen der *dauernden Erwerbsschädigung* nach Beckenringfrakturen *zwischen 20 und 100°/₀*. Maßgebend für die Beurteilung sind der objektive Befund, besonders das Verhalten der Becken- und Oberschenkelmuskulatur, die Funktion des Hüftgelenkes, die Belastungsfähigkeit der gebrochenen Beckenhälfte sowie das Vorhandensein von Komplikationen.

Bei *Frauen* kann eine Beckenfraktur zu *Beckenverengerung* und damit zu einem *Geburtshindernis* führen. Die Festsetzung einer Entschädigung für Gefährdung von Mutter und Kind bei allfälliger Schwangerschaft wird Sache der Konvenienz oder gerichtlichen Spruches sein. Durch Nebenverletzungen *komplizierte* Beckenfrakturen, die nicht zum Exitus führen, können zu *Spötstörungen* Anlaß geben. In Betracht kommen besonders *Verengerung der Harnröhre, Urinfisteln, Blasensteine* und *chronische Cystitiden,* nach Verletzungen des Mastdarmes *Narbenstenosen* und *Fistelbildung am Damm,* im Anschluß an Verletzungen der *Gefäße* und *Nerven Aneurysmen, Thrombosen* mit konsekutiven Zirkulationsstörungen, *Lähmungen* und *hartnäckige Neuralgien.* Die Taxation derartiger Nebenverletzungen erfolgt im Einzelfalle nach ihrer faktischen erwerblichen Bedeutung.

Literatur.

ARNHEIM: Blasenverletzungen bei Beckenfrakturen. Dtsch. med. Wschr. 1893, Nr 18.

COLP and FINDLAY: Fracturs of the pelvis. Surg. etc. 49 (1929).

ETTORE: Considerazioni su 170 casi di fratture del bacino. Arch. di Ortop. 44 (1928). — EWALD: Hüftpfannenbruch und intrapelvine Vorwölbung des Pfannenbodes. Z. orthop. Chir. 33 (1914).

FINSTERER: Über Beckenluxation. Dtsch. Z. Chir. 110 (1911).

GOLD: Zur Frage der Prognose und Behandlung der Beckenbrüche im Bereiche der Hüftpfanne. Wien. klin. Wschr. 1929, Nr 19.

HARRAS: Die Ausreißung des Mastdarmes bei Beckenringfrakturen. Dtsch. med. Wschr. 1909, Nr 43.

JENSEN: Beckenbrüche. Arch. klin. Chir. 101 (1913).

KATZENSTEIN: Über Frakturen des Beckenrings. Dtsch. Z. Chir. 41 (1895). — KAUFMANN: Verletzungen und Krankheiten der männlichen Harnröhre. Dtsch. Chir. 1886, Lief. 50 a.

LÖHR: Über den Epiphysenabriß der Spina iliaca ant. superior, eine typische Sportverletzung beim Schnellauf. Dtsch. med. Wschr. 1930, Nr 23. — LOSSEN: Grundriß der Frakturen und Luxationen. 1897. — LUDLOFF: Über Vertikal- und Schrägbrüche des Kreuzbeins in der Nähe der Synchondrosis sacro-iliaca. Bruns' Beitr. 53 (1907).

MEYER: Über einen Fall von Beckenbruch mit isolierter Zerreißung der Vena iliaca. Dtsch. Z. Chir. 138 (1916).

PROTZKA: Über Beckenbrüche. Wien. med. Wschr. **1920**, Nr 14.

RUPPERT, LEOPOLD: Eine Abrißfraktur der Spina iliaca anterior superior. Wien. klin. Wschr. **27** (1914).

STOLPER: Die Beckenbrüche, mit Bemerkungen über Harnröhren- und Harnblasenzerreißungen. Dtsch. Z. Chir. **77** (1905). — STEINTHAL: Chirurgie des knöchernen Beckens. Handbuch der praktischen Chirurgie. 5. Aufl., 1922.

VERGOZ: Des fractures du bassin. Etude anatomo-pathologique. Rev. de Chir. Jg. **45**, Nr 5 (1926).

WAKELEY: Fractures of the pelvis: An analysis of 100 cases. Brit. J. Surg. **17** (1929). — WESTERBORN: Beiträge zur Kenntnis der Beckenbrüche und Beckenluxationen. Klinischröntgenologische Untersuchungen über die Anatomie, den Entstehungsmechanismus, die Komplikationen, die Behandlung und die Prognose. Acta chir. scand. (Stockh.) **63**, Suppl.-Nr 8 (1928).

Vierter Abschnitt.

Die Frakturen des Brustkorbes.

A. Frakturen der Rippen.

Die Rippenbrüche gehören zu den häufigeren Frakturen. Während v. BRUNS ihre Frequenz mit 16% berechnet und ihnen die zweite Stelle zuweist, stehen sie nach der Statistik der LANGENBECKschen Klinik sowie nach der Zusammenstellung RIEDINGERs erst an fünfter Stelle der Häufigkeitsskala; wenn man auf Röntgenbefunde abstellt, dürften sie 10% nicht übersteigen.

Die Mehrzahl der Rippenbrüche, d. h. etwa die Hälfte, betrifft das mittlere, seitliche Drittel der knöchernen Rippe; die andere Hälfte verteilt sich ungefähr gleichmäßig auf das vordere und hintere Drittel. Erheblich seltener sind Brüche an der Knochenknorpelgrenze und eigentliche Knorpelfrakturen.

Kapitel 1.

Elastizitätsverhältnisse des Thorax.

Der Brustkorb besitzt, besonders bei jugendlichen Individuen, ein erhebliches Maß von Elastizität. Diese wird in erster Linie bedingt durch die Einlagerung knorpeliger Schaltstücke zwischen ventrales Ende der knöchernen Rippe und Brustbein (s. Abb. 455), ferner durch die Eigenelastizität der Rippe, und schließlich noch durch die gelenkige Verbindung zwischen Wirbelsäule und hinterem Rippenende. Dieser Artikulationsmechanismus erlaubt dem Brustkorb, bei Belastung von vorne sich analog der Rippenbewegung bei der Exspiration zu senken, wodurch die Rippen in eine Stellung geraten, die *teilweise Belastung über die Kante* sowie *Torsionsbeanspruchung* bedingt. Bei dieser Bewegung muß auch der hemmende Widerstand der Inspirationsmuskeln überwunden werden. Für die Beurteilung der Elastizitäts- und Festigkeitsverhältnisse des Thorax ist weiterhin zu berücksichtigen, *daß seine Widerstandskraft in Inspirationsstellung, d. h. wenn das Rippenkorbgewölbe unter maximaler Spannung steht, am größten ist,* indem der aktiven Muskelspannung und der dadurch bewirkten passiven Spannung der Rippen- und Thoraxweichteile — Bänder,

Fascien, Muskeln — eine große Bedeutung für die Erhaltung der normalen Thoraxform auch entgegen den von außen einwirkenden, deformierenden Kräften zukommt. Den besten Beweis für die Richtigkeit dieser Auffassung bildet die gewaltige Belastungsmöglichkeit des Thorax, wie sie gelegentlich durch Akrobaten und Boxer demonstriert wird. In vorbereiteter, muskulär aktiv fixierter Stellung vermag der Thorax Lasten zu tragen und Gewalten zu widerstehen, die den in rein passiver Exspirationsstellung befindlichen Brustkorb

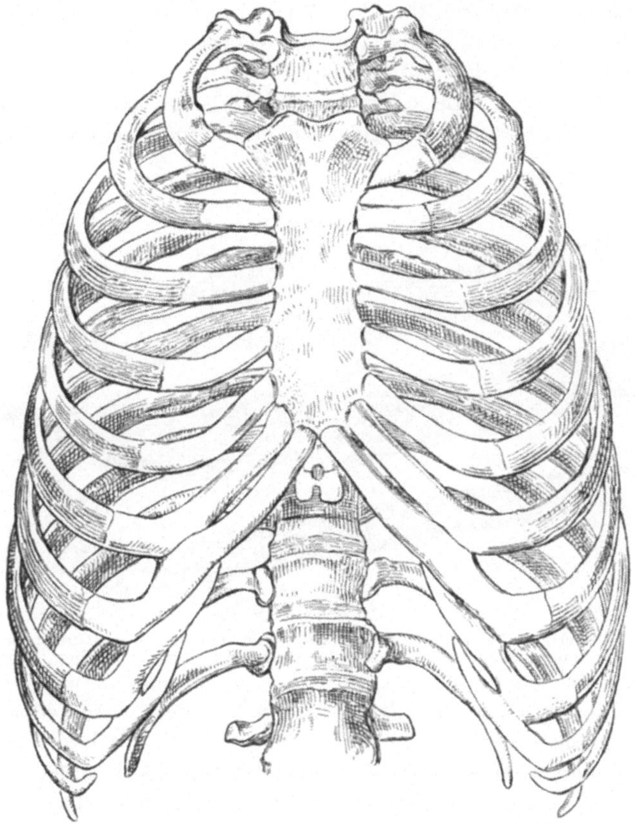

Abb. 455. Brustkorb mit knorpeligen Schaltstücken. (Nach Toldt.)

zusammendrücken und an vielen Stellen frakturieren würden. Deshalb sind Leichenversuche für die Abklärung des Rippenfrakturmechanismus nicht uneingeschränkt verwertbar.

Mit dem Alter nimmt die Elastizität und auch die Festigkeit des Brustkorbes ab, indem die Rippen selbst spröde werden, der Knorpel sukzessive eine bindegewebige Umwandlung erleidet und ausgedehnt verkalken kann. Diese Abnahme der Elastizität und Festigkeit des Gesamtthorax erklärt uns, warum Rippenfrakturen bei älteren Individuen erheblich häufiger vorkommen. Ihre Hauptfrequenz findet sich im 3.—6. Dezennium. Demgegenüber muß auffallen, welche Gewalten ein kindlicher Thorax aushalten kann, ohne zu brechen.

Kapitel 2.

Entstehungsmechanismus und Form der Rippenbrüche.

Hinsichtlich ihrer Genese können wir *direkte, indirekte* sowie *durch Muskelzug verursachte* Rippenbrüche unterscheiden.

Die an der Stelle der Gewalteinwirkung entstehenden *direkten Frakturen* sind im wesentlichen *Biegungsbrüche*. Ihr Mechanismus entspricht durchaus dem der Impressionsfrakturen des Schädels. Durch die umschrieben oder auch breiter angreifende Gewalt wird das Rippengewölbe gestreckt, d. h. seine Biegung vermindert, und schließlich kommt es an der Stelle maximalster Druckwirkung zur Durchbiegung der Rippe nach innen. *Entsprechend klafft der Bruch an der Innenseite der Rippe stärker* (s. Abb. 456); die Bruchebene verläuft im wesent-

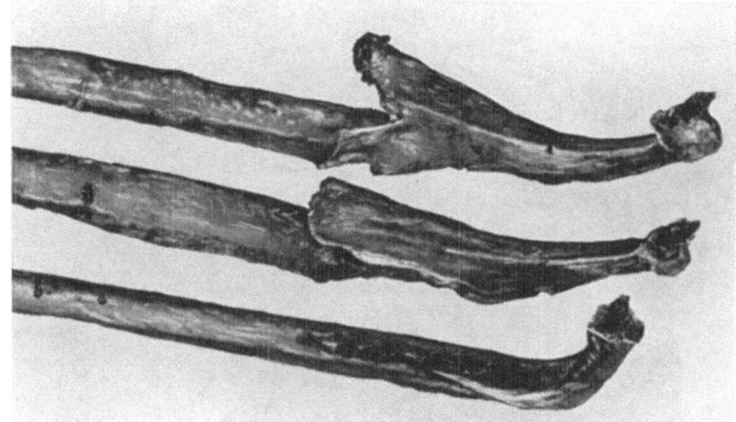

Abb. 456. Schräge Biegungs- und Torsionsfraktur dreier benachbarter Rippen; an der untersten Rippe Torsion vorwiegend. (Sammlung der pathologisch-anatomischen Anstalt Basel.)

lichen *quer* zur Längsachse der Rippe. Daneben sieht man jedoch auch ausgeprägte *Schrägbrüche* (vgl. Abb. 456). Die Bruchfläche kann ziemlich glatt sein, erscheint jedoch meist unregelmäßig gezähnt (Abb. 456). Ausgeprägte Gabelung der Fragmentenden begünstigt ihre Verzahnung. Das eine Fragment kann bei direkter Entstehung um seine ganze Dicke nach innen verschoben sein (vgl. Abb. 456) und in dieser Stellung durch das andere Fragment oder durch einzelne Zacken desselben festgehalten werden.

Durch Gewalten, die auf einen umschriebenen Abschnitt einer Rippe einwirken, kann ein Stück durch doppelseitige Biegung, verbunden mit Abscherung, herausgebrochen und in toto lungenwärts verschoben werden. Die Entstehungsart der direkten Rippenbrüche sowie die Fragmentdislokation erklären ihre *häufige Komplikation durch Pleura- und Lungenverletzungen*. Bei jugendlichen Individuen sieht man an Stelle vollständiger Querfrakturen häufig nur *Infraktionen*, die sich als ganz oder teilweise subperiostale Brüche präsentieren. Entsprechend der ursächlichen, umschriebenen Gewalteinwirkung sind die direkten Rippenbrüche gelegentlich durch Verletzung der bedeckenden Weichteile kompliziert. Am häufigsten sieht man *offene Rippenbrüche* als Folge von *Schußverletzungen*, und zwar handelt es sich dabei meist um *Splitterfrakturen* oder, wenn das Geschoß zum Teil durch den Intercostalraum hindurchtrat, um *Defektbrüche* der Rippenränder.

Indirekte Rippenbrüche entstehen durch breitangreifende Gewalten, die den Thorax in einem bestimmten Durchmesser zusammenpressen. Dadurch werden die einzelnen Elemente des Thoraxgewölbes, d. h. die Rippen, übermäßig auf

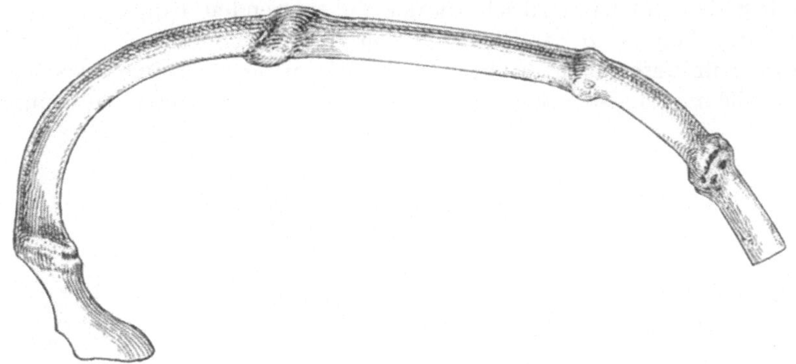

Abb. 457. Vierfache Sukzedanfraktur durch Überfahrung. (Nach BRUNS.)

Biegung beansprucht. Der Abstand zwischen den Fußpunkten der einzelnen Rippenbogen wird verkürzt, die Rippenbiegung vermehrt. Entsprechend der Durchbiegung nach außen *klafft die Fraktur an der äußeren Rippenfläche* hochgradiger (s. Abb. 462). Gelegentlich greift die ursächliche Gewalt durch Vermittlung der Scapula oder des an den Thorax angepreßten Armes an.

Die indirekten Rippenbrüche kommen in erster Linie an der Stelle maximaler Biegungsbeanspruchung zustande, doch ist für die Lokalisation dieser Biegungsfrakturen auch der Bau der Rippen, deren Querschnitt ja nicht überall gleich ist, von Bedeutung; ferner spielen die Fixation der hinteren Rippenpartien, ihre Bedeckung durch relativ mächtige Muskelschichten sowie die größere Exkursionsmöglichkeit des vorderen Rippenabschnittes eine Rolle. Weiterhin ist zu berücksichtigen, *daß nicht alle Rippen gleichmäßig exponiert sind.* Am häufigsten finden sich Frakturen

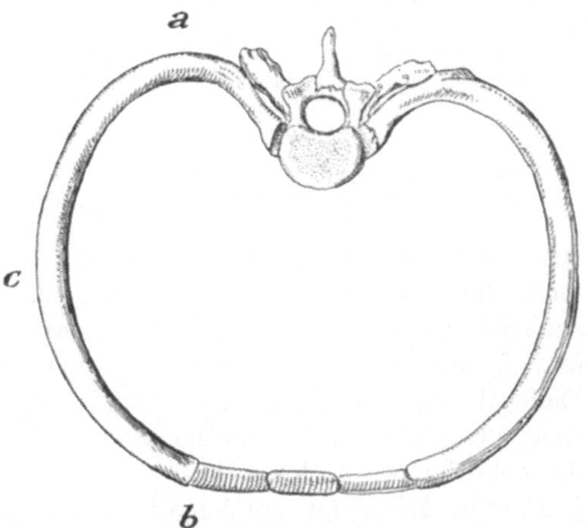

Abb. 458. Projektion des 5. Rippenringes in die Horizontalebene.

derjenigen Rippen, die am meisten nach außen prominieren, d. h. der 5.—8. *Rippe* (vgl. Abb. 455), während Frakturen der obersten sowie der untersten Rippen zahlenmäßig weit zurücktreten. Die erste Rippe erfreut sich des besonderen Schutzes der Clavicula, kann jedoch wie die nächstfolgenden oder ihre Knorpel gleichzeitig mit der Clavicula gebrochen werden; die sog. fluktuierenden Rippen entgehen der mechanischen Beanspruchung bei der

Gesamtdeformation des Thorax, weil sie keinen Anschluß an das Sternum gewinnen. Daß die 11. und 12. Rippe wie RIEDINGER nachweist, dennoch häufiger frakturiert werden, als man gewöhnlich annimmt, beruht auf ihrer Überbiegung beim Fallen gegen Stuhllehnen, Tischkanten oder ähnliche prominierende Gegenstände. Die entstehenden indirekten Brüche betreffen dann gewöhnlich den mittleren Abschnitt der fluktuierenden Rippe.

Wird der Thorax in der Richtung von vorne nach hinten komprimiert, so würde man in erster Linie Frakturen im Niveau der Axarlinie erwarten, d. h. an der Stelle maximalster Biegung. Derartige Frakturen treten bei Kompression

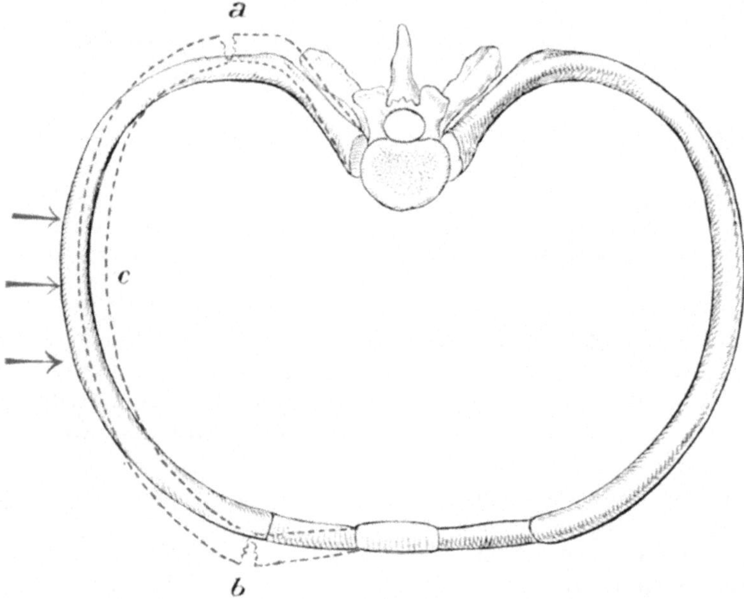

Abb. 459. Entstehungsmechanismus der Rippenfrakturen durch Gewalteinwirkung von der Seite
(s. Text).

des Brustkorbes in der Sagittalebene zweifellos auf, doch ist zu bedenken, daß durch eine auf die Vorderfläche des Thorax einwirkende Gewalt die Rippen zunächst im Umfange der Exspirationsexkursion nach unten gedrängt werden und gleichzeitig infolge mäßiger Auswärtsrotation in eine Kantenstellung geraten. Dadurch wird die Biegungsfestigkeit der einzelnen Rippen vermehrt, weil die Beanspruchung jetzt nicht mehr rein über die Fläche, sondern zum Teil über die hohe Kante erfolgt. Die weitere Belastung der Thoraxvorderfläche kommt jetzt zum Teil einer Torsionsbeanspruchung der Rippen von oben-innen nach unten-außen gleich, und es können auf diese Weise *Torsionsfrakturen* (vgl. Abb. 456) *im hinteren Abschnitt der Rippen* gesetzt werden. In anderen Fällen führt die Belastung des Thorax von vorne her zu *mehrfachen Brüchen* ein und derselben Rippe, die offenbar in der Weise zustande kommen, daß der einzelne Rippenbogen sukzessive von vorne nach hinten durch Biegung mehrfach gebrochen wird. Es handelt sich in solchen Fällen um *Sukzedanfrakturen* (Abb. 457). Dabei kann die vorderste Fraktur eine direkte sein, während die in den seitlichen und hinteren Rippenabschnitten lokalisierten Brüche als indirekte aufzufassen sind.

Zur Erklärung der Lokalisation indirekter Rippenfrakturen ist auch die Form der einzelnen Rippen zu berücksichtigen. Nehmen wir als Beispiel den 5. Rippenbogen, dessen in die Horizontalebene projizierte Form Abb. 458 wiedergibt, so zeigt sich, daß die maximale Biegung nicht in der mittleren Axillarlinie, der seitlichen Kuppe entsprechend, sondern daß die eine Kuppe maximaler Biegung am Angulus costae liegt (bei a), eine zweite in der Nähe des vorderen Rippenendes dicht an der Übergangsstelle zum Knorpel (bei b). Wirkt nun eine Gewalt von der Seite her ein (bei c), so können sowohl die hintere wie die vordere maximale Biegung vermehrt werden, und es erfolgen indirekte Frakturen bei a und b, je nachdem die Gewalt mehr nach vorne oder hinten

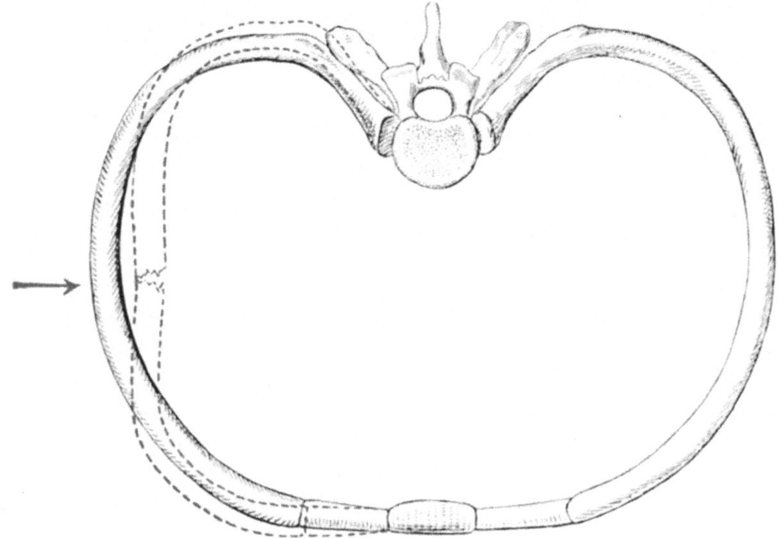

Abb. 460. Entstehung einer direkten Rippenfraktur im Angriffsgebiet der Gewalt bei seitlicher Kompression des Thorax.

gerichtet ist (Abb. 459). Natürlich kann bei weiterwirkender Gewalt auch an der Angriffsstelle eine direkte Fraktur zustande kommen (Abb. 460). Durch Gewalteinwirkung von hinten her (Abb. 461) wird der ganze Rippenbogen nach vorne verschoben und die indirekte Fraktur erfolgt theoretisch an der Stelle b, während bei umgekehrter Kraftwirkung, d. h. wenn ein Trauma die Rippe vorne, dicht neben dem Sternum trifft, der Rippenbogen nach hinten verschoben wird, so daß es zu einer Akzentuierung der Biegung des Angulus und damit zu einer Fraktur im hinteren Rippenabschnitt kommt (s. Abb. 461). Daß indirekte Frakturen im Bereich der hinteren Rippenabschnitte weniger häufiger sind, beruht einmal auf deren soliderem Bau, ferner darauf, daß die starke Rückenmuskulatur bei Verschiebung des Rippenbogens nach hinten dem hinteren Rippenabschnitt eine erhebliche Stütze bietet.

Unter gleichzeitiger Kompression einer Thoraxhälfte von vorne und hinten, z. B. bei Pufferverletzungen, werden die Punkte a und b (Abb. 462) einander genähert, es kommt zu Vermehrung der ursprünglich schwachen Biegung des Mittelstückes und zu Frakturen in der Axillarlinie. Gleichzeitig können natürlich an den beiden Druckpolen direkte Frakturen entstehen.

32*

Im allgemeinen besteht also die alte, von PETIT aufgestellte Theorie zu
Recht, daß bei Druck auf die mittlere Partie des Rippenbogens ein direkter
Bruch nach innen zustande kommt (Abb. 460), während bei Druck auf die
beiden Enden des Bogens ein indirekter Bruch nach außen erfolgt (Abb. 462).
Naturgemäß wirken sagittal und frontal angreifende Gewalten meist auf den
gesamten Thorax ein, so daß doppelseitige Frakturen zustande kommen, die
keinerlei Symmetrie aufzuweisen brauchen. Am größten ist die Gesamtdeformation des Thorax, wenn die eine Seite einer festen Unterlage aufliegt. Wird der
Thorax diagonal, z. B. vom Angulus der rechten Seite nach der Knorpelknochengrenze der linken Seite komprimiert, so entstehen indirekte Frakturen an der

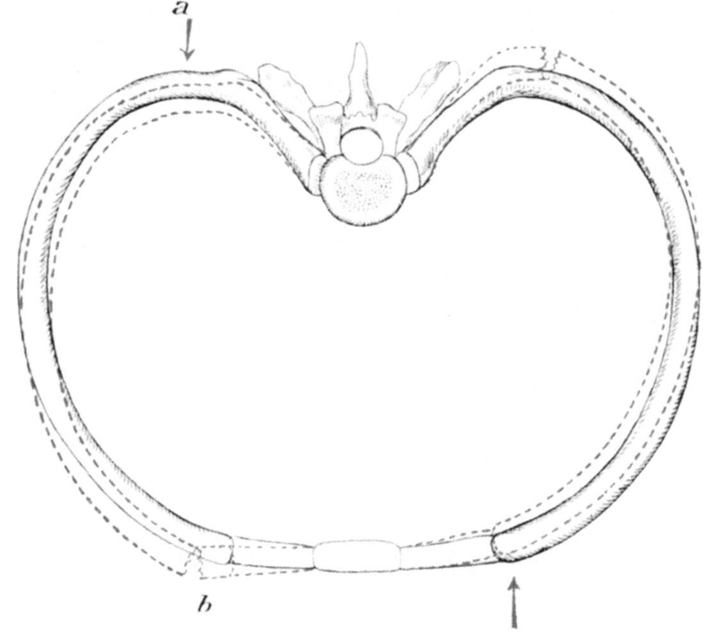

Abb. 461. Entstehung der Rippenfraktur bei Kompression von hinten, bzw. von vorn her.

Knorpelknochengrenze rechts vorne und am Angulus links hinten (s. Abb. 461).
Bei *mehrfachen Rippenbrüchen* handelt es sich meist um eine Kombination
von direkten und indirekten Frakturen. Ein charakteristisches Beispiel für
mehrfache Frakturen bieten die Überfahrungen des Brustkorbs; auffälligerweise finden sich bei dieser Verletzungsform häufig Rippenbrüche nur auf der
Thoraxseite, über die das Wagenrad hochgegangen ist, weil sich hierbei der
Widerstand des im Wege liegenden Körpers geltend macht, so daß nicht nur
das Gewicht des Wagens, sondern auch noch die Zugkraft des Vehikels zur
Einwirkung gelangt. Frakturen mehrerer aufeinanderfolgender Rippen in
derselben Vertikalen — *Serienfrakturen* — entstehen gewöhnlich direkt, gelegentlich auch indirekt infolge breit angreifender Gewalt (s. Abb. 463).
Rippenfrakturen, die unter *der Wirkung reinen Muskelzuges* entstanden
sind, finden sich überwiegend an den untersten Rippen, von der 9. abwärts,
betreffen somit Rippen, die nur indirekt oder gar keinen Anschluß an das

Sternum gewinnen. Beinahe $^4/_5$ dieser Brüche liegen auf der linken Seite, und BAEHR nimmt deshalb an, daß die Wölbung der Leber eine Einwärtsdislokation der rechtseitigen Rippen und damit die Entstehung von Biegungsbrüchen verhindere. Diese Brüche infolge Muskelzug liegen vorwiegend im *seitlichen Abschnitt* der Rippen, sowie an der *Knorpelknochengrenze*, selten im hinteren Teil. Ursache für diese Rippenfrakturen sind überwiegend heftige *Exspirationsbewegungen* beim *Niesen* und *Husten*, sowie intensive unkoordinierte Aktivierung der Rumpfbeuger. Infolge von *Keuchhustenanfällen* wurden auch Frakturen höher liegender Rippen beobachtet. Diese Muskelzugfrakturen

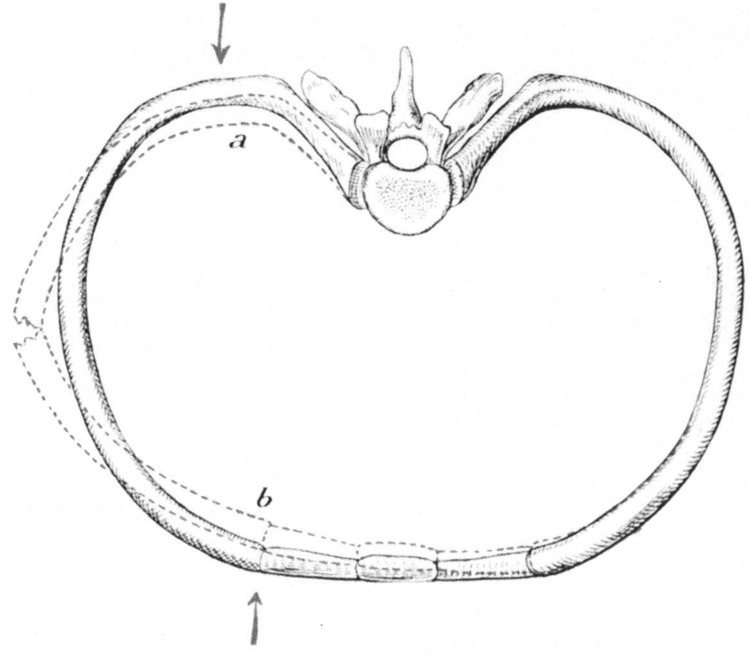

Abb. 462. Entstehung der indirekten Rippenfraktur in der Axillarlinie bei sagittaler Kompression des Thorax.

werden an den unteren Rippen wesentlich verursacht durch die Aktion der am unteren Abschnitt des Brustkorbes inserierenden Muskeln, nämlich des Diaphragma, M. transversus und Rectus abdominis und der Obliqui. Auch die Intercostalmuskeln sind wohl beteiligt, dazu im oberen Abschnitt des Thorax noch die Pectorales. RIEDINGER sah eine Muskelzugfraktur an der Knorpelgrenze der 5. Rippe, durch heftige Kontraktion des Pectoralis minor beim Stützen auf die nach rückwärts geschleuderten Arme verursacht. Derartige Brüche sind genetisch nicht zu verwechseln mit Frakturierung der ersten Rippe durch Vermittlung der Clavicula beim Hintenüberwerfen der Arme.

Die sog. *Spontanfrakturen der Rippen bei Geisteskranken* beruhen wohl zu einem guten Teil auf äußeren Einwirkungen, was bei der großen Indolenz vieler dieser Patienten gegen Traumen nicht verwunderlich erscheint. Daneben sieht man jedoch echte Muskelzugfrakturen, besonders bei Paralytikern.

Wieweit hier die abnorme Muskelaktion im Erregungszustand, wieweit eine neurotische oder durch Ernährungsstörung bedingte Knochenatrophie und abnorme Knochenbrüchigkeit im Spiele sind, läßt sich schwer sagen.

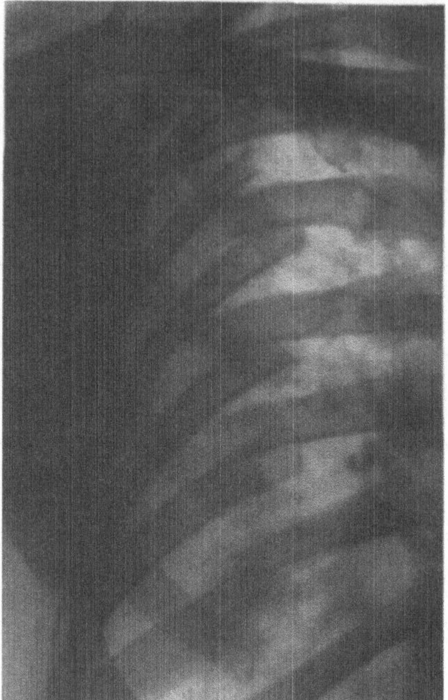

Abb. 463.
Fraktur von 5 nebeneinanderliegenden Rippen im paravertebralen Abschnitt; *Serienfraktur.*

Frakturen der Rippenknorpel entstehen prinzipiell nach dem gleichen Mechanismus wie die Frakturen des knöchernen Rippenabschnittes, d. h. durch direkte Gewalteinwirkung bei Fall gegen einen kantigen Gegenstand, indirekt und durch Muskelzug. Entsprechend der großen Elastizität des jugendlichen Knorpels sieht man Rippenknorpelbrüche so gut wie ausschließlich bei *älteren Leuten,* deren Knorpel die bekannten regressiven Veränderungen, Zerfaserung, Verkalkung und teilweisen Zerfall erlitten hat. Es handelt sich meist um *Querbrüche* in der Richtung der Auffaserung, mit ziemlich glatten Bruchflächen. Sternumfrakturen können sich in Form von *Längsbrüchen* in den Rippenknorpel fortsetzen. Die Querfrakturen liegen meist in der Nähe der Knorpelknochengrenze, und betreffen nach RIEDINGER vorwiegend die linksseitigen, am häufigsten den 8. Rippenknorpel. Rippenbrüche, entstanden durch breit am Thorax angreifende Gewalt, sind nicht so selten von *Frakturen des Schlüsselbeins* begleitet.

Kapitel 3.

Symptome und Verlauf der Rippenbrüche.

Die Erscheinungen der Rippenbrüche zeigen erhebliche Unterschiede, je nachdem es sich um isolierte, multiple (Abb. 463) unkomplizierte oder von Nebenverletzungen, besonders der Thoraxorgane, begleitete Frakturen handelt.

Der *unkomplizierte Rippenbruch* bedingt vor allem Schmerzen an der *Frakturstelle,* die in charakteristischer Weise mit den *Respirationsbewegungen,* namentlich mit deren extremen Phasen, koinzidieren. Besonders intensiv pflegt der lokale Schmerz auf der Höhe der Inspirationsexkursion zu sein. Auch durch *Husten, Niesen* sowie jede kräftige Anspannung der Bauchpresse und damit durch die meisten *Bewegungen des Rumpfes* werden *lokale und ausstrahlende Intercostalschmerzen* ausgelöst. Die *Atmungsschmerzen* können so heftig sein, daß die betreffende Brustseite nur ganz oberflächlich und in der ersten Zeit stoßweise atmet.

Der *lokale Druckschmerz* sowohl wie der *Fernschmerz durch sagittale und frontale Kompression des Thorax* sind meist stark ausgeprägt. *Verschiebungen* an der Frakturstelle wird man nur ausnahmsweise palpatorisch feststellen und gewöhnlich nur dann, wenn mehrere nebeneinanderliegende Rippen gebrochen sind. Wo eine Verschiebung der Fragmente vorliegt, wird gelegentlich *Crepitation* nachweisbar. *Falsche Beweglichkeit* findet man nur bei deutlicher Verschiebung der Fragmente.

Dislokationen erfolgen einmal in der Weise, daß die Fragmente in der Seitenrichtung verschoben werden; entspricht die Verschiebung dem ganzen Querdurchmesser der Rippe, so sind die Fragmente mehr oder weniger weit in der Längsrichtung übereinander geschoben (vgl. Abb. 463). Das sieht man namentlich auch bei Frakturen in der Nähe der Knorpelknochengrenze, und zwar ist meist das laterale, längere Fragment nach außen und gegen die Medianlinie zu disloziert. Frakturen im hinteren Abschnitt der Rippen, die durch Torsion zustande kommen, zeigen *Rotationsverschiebung*, die man am Lebenden höchstens radiographisch nachzuweisen vermag (vgl. Abb. 456).

Bei den *unkomplizierten Rippenbrüchen* stützt sich die *Diagnose*, abgesehen von der Berücksichtigung des ursächlichen Traumas, auf die Feststellung umschriebener Druckschmerzhaftigkeit sowie übereinstimmend lokalisierten Fernschmerzes. Klagt der Patient zudem über respiratorisch ausgelöste Schmerzen an der gleichen Stelle, so darf man eine Rippenfraktur annehmen, auch wenn weder Verschiebung, falsche Beweglichkeit noch Crepitation nachweisbar sind, Symptome, die natürlich die Diagnose einwandfrei sicherstellen.

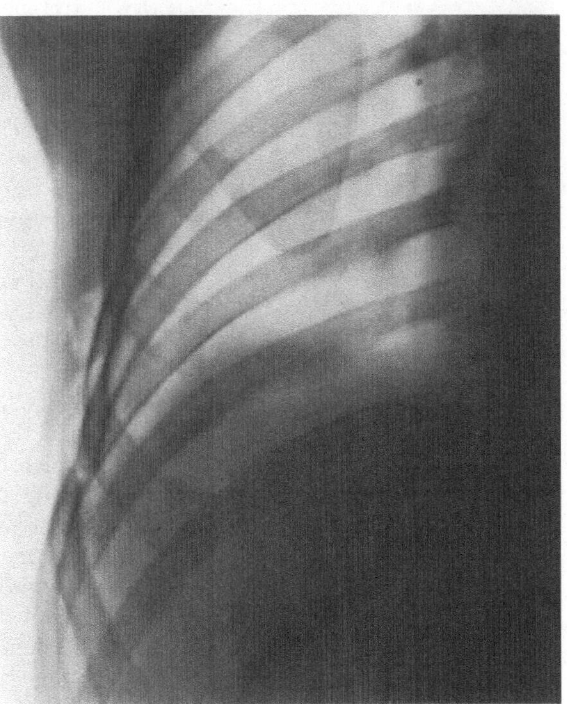

Abb. 464. Fraktur zweier Rippen in der Axillarlinie; umschriebenes Hautemphysem, Hämothorax.

Wo diese letzteren pathognomonischen Frakturzeichen fehlen, kann die *röntgenographische Darstellung der Rippenfraktur* versucht werden, die jedoch nicht immer mit wünschbarer Deutlichkeit gelingt. Brüche des hinteren, paravertebralen Rippenabschnittes werden in ventrodorsaler (Abb. 463), solche des vorderen in dorsoventraler Richtung (Abb. 464) aufgenommen. Für die Frakturen der seitlichen Rippenpartien wird die Röntgenplatte dem Thorax seitlich angelegt, in liegender oder sitzender Position. Die Projektion erfolgt schräg von hinten oder vorn, wobei darauf zu achten ist, daß die Frakturstelle nicht von der Scapula oder von der Wirbelsäule überdeckt wird. Brüche der untersten Rippen bringt man am einfachsten in Rückenlage zur Anschauung, bei ventrodorsaler Projektion.

Für Rippenbrüche, die unter der Einwirkung des Muskelzuges beim Husten entstanden sind, ist eine gute Röntgenaufnahme oft das entscheidende diagnostische Hilfsmittel.

Ganz anders als bei den unkomplizierten Rippenbrüchen stellen sich die Symptome dar, wenn *begleitende Verletzungen* vorliegen. Während Verletzungen der bedeckenden Weichteile bei Rippenfrakturen im allgemeinen selten sind, wenn wir absehen von Schußfrakturen, Hieb- und Stichverletzungen, finden sich recht oft *komplizierende Läsionen der Thoraxorgane*. Am häufigsten wird die *Pleura* durch ein nach innen getretenes Fragment verletzt, was zu *umschriebener entzündlicher Reaktion*, bei multiplen Rippenbrüchen auch zu erheblicher *Blutung in den Pleuraraum* Veranlassung geben kann. Der Bluterguß in der Pleurahöhle tritt, wie das gleich zu erwähnende Hautemphysem, im Röntgenbild in Erscheinung (vgl. Abb. 464). Abgesehen vom Nachweis von *Reibegeräuschen* ist das Kardinalsymptom der Pleuraverletzung die· *Steigerung der Schmerzhaftigkeit*, die hochgradigere *Atmungshemmung* zur Folge hat, und vor allem der *Hustenreiz*, der besonders intensiv wird, wenn gleichzeitig im Bereich der Frakturstelle eine *Verletzung der Pleura pulmonalis und der Lunge* stattfand. In solchen Fällen kommt es zu *Lufteintritt in die Pleurahöhle*, und, besonders wenn die Pleurablätter im Bereich der Läsionsstelle verkleben, zur Entwicklung von lokalem oder ausgedehntem *Hautemphysem*, das als ein wichtiges Symptom der Rippenbrüche zu betrachten ist, weil es relativ häufig zum Nachweis gelangt. Der *Pneumothorax*

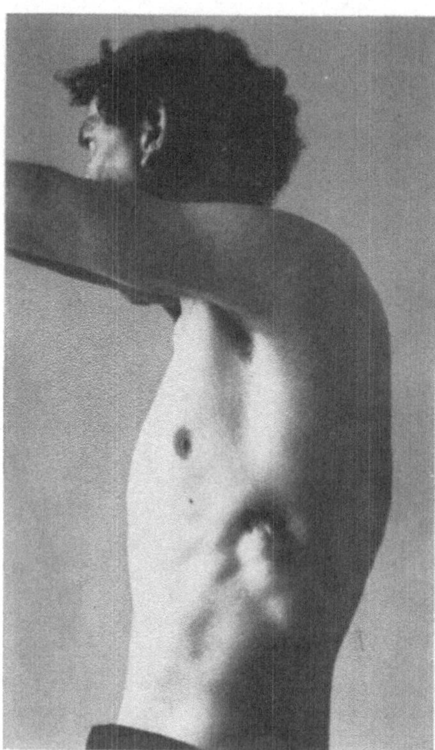

Abb. 465. Lungenhernie nach Schußfraktur mehrerer Rippen.

hat nur dort besondere klinische Bedeutung, wo gleichzeitig mit der Atmungsluft Infektionserreger in den Pleuraraum eindringen, was bei vorbestehenden chronischen Erkrankungen der Lungen — Bronchitis, Bronchiektasien, Tuberkulose — der Fall sein kann, oder wo es infolge von Ventilbildung zur Entwicklung eines bedrohlichen *Spannungspneumothorax* kommt. Bei sekundärer Entwicklung von *Exsudaten*, die mit Fieber einhergehen, ist deshalb die *Probepunktion* nicht zu unterlassen.

Spannungspneumothorax wird oft verkannt; er ist in Betracht zu ziehen, wenn die übliche Resorption der Luft ausbleibt, die Verdrängungserscheinungen der Mediastinalorgane oder die Aufhebung der oberflächlichen Herzdämpfung permanent bleiben, und der Patient *zunehmende Atemnot* bekommt, für die sich eine plausible anderweitige Erklärung nicht findet. Besonders gefahrdrohend kann *Luftansammlung im Mediastinalraum* sein, weil dadurch der Blutrückfluß zum Herzen behindert wird.

Begleitende Verletzungen der Lungen, seien sie durch Vermittlung von Fragmenten oder unter der primären Gewalteinwirkung als *Rupturen* zustande gekommen, führen, abgesehen vom Lufteintritt in die Pleura, zu *Blutungen*, die sich in die Bronchiallumina ergießen, zu starkem Hustenreiz und blutiger Expektoration, initial zu reinem *Bluthusten* Anlaß geben. Wird das in die Bronchien ergossene Blut nicht herausbefördert, so kommt es gelegentlich

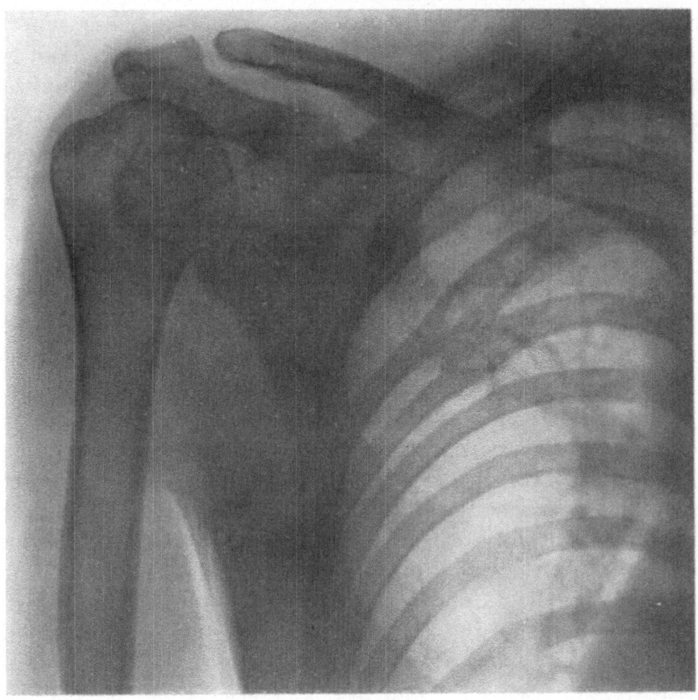

Abb. 466. Brückencallus nach Schußfraktur zweier Rippen.

zur *Entwicklung pneumonischer Herde*. Aus Lungenverletzungen, die mit Zerreißung der Pleura pulmonalis einhergehen, kann sich auch Blut in die Pleurahöhle ergießen; doch stammen größere Pleurahämatome meist aus *angerissenen Intercostalgefäßen*.

Seltener sind komplizierende *Verletzungen des Perikards*, des *Herzens*, des *Ösophagus*, *Zwerchfells*; derartige schwere Nebenverletzungen entstehen, wie gleichzeitige *Rupturen von Leber, Milz, Nieren* und *Darm* nicht immer durch Vermittlung der Rippen, sondern direkt infolge der Einwirkung großer Gewalten, die nicht so selten auch *Frakturen der Wirbelsäule, des Beckens* und des *Schädels* bedingen, hinter denen die Rippenfrakturen dann an Bedeutung völlig zurücktreten.

In einer verschwindenden Anzahl von Fällen entwickeln sich an der Frakturstelle der Rippen sekundär *Lungenhernien*, die bis Faustgröße erlangen können. Ursache sind starker Hustenreiz und ausbleibende Konsolidation der Rippen (WAHL, HUGUIER, VOGLER u. a.). Eine derartige Lungenhernie im Bereiche des TRAUBEschen Raumes, entstanden nach multiplen Schußfrakturen der Rippen, zeigt Abb. 465. Diese Lungenhernien sind oft sehr schmerzhaft, während sie in anderen Fällen kaum Beschwerden machen. Kleine Lungenbrüche sind der *spontanen Rückbildung* zugänglich.

Der *Heilungsverlauf* pflegt bei *unkomplizierten Rippenfrakturen* ein ungestörter zu sein, insofern als die lokalen Schmerzen schon im Verlaufe weniger Tage allmählich nachlassen, so daß Atmung und Körperbewegungen wieder frei werden. Die Konsolidation nimmt durchschnittlich 4 Wochen in Anspruch; bei subperiostalen Brüchen und Infraktionen geht sie noch rascher vor sich. Wo keine hochgradige Verschiebung vorliegt, ist die *Callusbildung* gewöhnlich eine mäßige; gelegentlich gibt sie zu synostotischer Verwachsung der benachbarten Rippen Anlaß, namentlich bei Splitterfrakturen (Abb. 466). Erhebliche *Calluswucherungen* können die Ursache hartnäckiger und intensiver *Intercostalneuralgien* sein. Von praktischer Wichtigkeit ist die Feststellung MOSTS, daß auch einfache Infraktionen zu Neuralgien Anlaß geben können, offenbar infolge entzündlicher, pericostaler Veränderungen.

Längerdauernde Störungen werden gewöhnlich durch Frakturen der unteren Rippen bedingt, namentlich ihrer vorderen Partien, weil sich im Bereiche der Frakturstellen die kräftigen Bauchmuskeln ansetzen. Daraus erklären sich die langwierigen, arbeitsbehinderten Beschwerden bei Schwerarbeitern. Auch ohne daß eigentliche Lungenverletzungen vorliegen, kann die Behinderung der Atmung infolge schmerzhafter Rippenfrakturen zu *Lungenkomplikationen, Pneumonien, Zirkulationsstörungen* und konsekutivem *Lungenödem* führen.

Die *Verletzung der Pleura* mit sekundärer Verwachsung beider Blätter und Exsudatbildung, sowie die vorerwähnten Komplikationen von Seiten der Pleuren und Lungen beeinflussen den Heilungsmodus natürlich in erheblichem Maße; der Verlauf derartiger Fälle ist unter allen Umständen ein protrahierter. Auch können eitrige Exsudate im Brustfellraum, Spannungspneumothorax, Lungenrisse, Pneumonien, und Lungenödem zu einem ungünstigen Ausgang führen, *weshalb die Prognose aller durch Nebenverletzungen komplizierter Fälle von Rippenfrakturen, besonders multipler und solcher bei älteren Leuten, stets vorsichtig zu beurteilen ist.*

Prognostisch ist auch die sicher nachgewiesene Entwicklung von *Enchondromen* und *Sarkomen* an der Frakturstelle (RIEDINGER), sowie die seltenere *Vereiterung* und *tuberkulöse Erkrankung* des Frakturgebietes zu berücksichtigen.

Die *Heilung der Rippenbrüche* erfolgt meist solid; *Pseudarthrosen* werden relativ selten beobachtet, doch ist zu bedenken, daß diese keine Beschwerden zu verursachen brauchen und deshalb wahrscheinlich oft übersehen werden.

Brüche der Rippenknorpel machen im wesentlichen die gleichen Symptome, wie die Frakturen des knöchernen Rippenanteils. Ihre Lage läßt die Fragmentverschiebung oft schon inspektorisch erkennen. Gewöhnlich ist auch eine Längsverschiebung vorhanden; das laterale Fragment tritt unter oder vor das Sternum, wodurch eine *charakteristische Reliefveränderung* der Sternalgegend bedingt wird. Schwierigkeiten macht die Diagnose höchstens bei fehlender Dislokation.

Die Konsolidation der Knorpelfrakturen erfordert durchwegs größere Zeit und bleibt nicht selten aus. Die Vereinigung der Trennungsflächen erfolgt durch Bindegewebe, während gleichzeitig vom Perichondrium aus weitmaschiger Knochen gebildet wird, der die Fragmente hülsenförmig umgibt und auch zwischen die Bruchflächen hineinragen kann.

Kapitel 4.

Die Behandlung der Rippenbrüche.

Die Behandlung der unkomplizierten Rippenfrakturen erfordert häufig keine weiteren Maßnahmen als die Weisung an den Patienten, sich möglichst ruhig zu verhalten und intensivere körperliche Anstrengungen während 2—3 Wochen zu vermeiden. Sind jedoch Pleura- oder Lungenkomplikationen vorhanden, so müssen die Verletzten sich zu Bett legen, wobei Lagerung mit erhöhtem Oberkörper — mit Rücksicht aud die begleitenden Atmungsstörungen — meist am zweckmäßigsten sein dürfte. Schmerzen, intensiver Hustenreiz und Behinderung der Atmung werden am wirksamsten durch subcutane *Morphiuminjektionen* bekämpft, in Dosen von 1,5—2 cg; diese Behandlung wirkt oft Wunder und verhütet durch Beseitigung des quälenden Hustenreizes oft auch sekundäre Bildung von Emphysem, Spannungspneumothorax, Blutungen, Zirkulationsstörungen im Lungenkreislauf und Lungenödem, Ereignisse, die wesentlich auf Drucksteigerung im Thoraxraum beruhen. Gegen die lokalen Schmerzen wirken auch *kalte Kompressen* sowie die *Eisblase*.

Reposition durch äußere Maßnahmen verspricht nur Erfolg, wenn keine Übereinanderschiebung der Rippenfragmente vorhanden ist, also bei Querfrakturen mit geringer seitlicher Dislokation und bei Knorpelbrüchen.

Von der Anwendung des Gipskorsetts kann heute im Ernst nicht mehr die Rede sein; doch empfiehlt es sich, gegebenenfalls bei sehr schmerzhaften Rippenbrüchen einen *Versuch zur Ruhigstellung* der betroffenen Thoraxpartie *durch einen dachziegelförmig angelegten Heftpflasterverband* zu machen. Die Pflasterstreifen sollen etwa 5 cm breit sein und schräg, dem Verlauf der Rippen entsprechend, vom Angulus costae neben der Wirbelsäule bis zur medianen Sternallinie in *Exspirationsstellung* dem Thorax angelegt werden. Zum Schutz kommt über die Heftpflasterlage ein lockerer Bindenverband, der namentlich die Aufrollung der Heftpflasterränder sowie das Ankleben des Pflasterverbandes an der Kleidung verhindern soll.

Bei *Splitterfrakturen mit Verletzung der Lunge* ist *operative Behandlung* erforderlich, sobald bedrohliche Erscheinungen von Seiten der Pleura oder der Lungen vorliegen. Es handelt sich darum, die Frakturstelle freizulegen, in die Lunge eingedrungene Splitter zu entfernen und die gebrochenen Rippen sparsam subperiostal zu resezieren. Die Lungenwunde wird entsprechend versorgt, d. h. bei aseptischen Verhältnissen vernäht und die Thoraxwunde geschlossen, nach vorheriger Aufblähung der Lunge. *Selbstverständlich werden derartige Operationen unter Überdruck und in Lokalanästhesie ausgeführt.*

Bluthusten, zunehmender *Hustenreiz mit Behinderung der Atmung*, ausgedehntes *Hautemphysem*, *Spannungspneumothorax* sind die Erscheinungen, die bei subcutanen Splitterungsbrüchen der Rippen sowie bei stark dislozierten Frakturen zu operativem Vorgehen zwingen.

Was speziell den *Pneumothorax* betrifft, so erfordert er keine besondere Behandlung, solange er nicht unter wesentlichem und zunehmendem Druck steht. Nimmt dagegen der intrathorakale Druck zu, machen sich *Kompressionserscheinungen* von seiten der Lungen mit ihrer Rückwirkung auf die Zirkulation geltend, so empfiehlt sich zunächst ein Versuch, den Überdruck durch einfache *Punktion* und *Aspiration* zu beseitigen. Dazu bedient man sich des POTAINschen Apparates, unter Verwendung einer dünnen Nadel. Wird jedoch von der Lungenwunde aus fortwährend neue Luft in die Pleurahöhle eingepumpt, so bleibt nur die Thorakotomie sowie die Naht der Lungenwunde übrig, wobei es von den lokalen Verhältnissen, d, h. von der Versorgbarkeit der Lungenwunde und vom Verhalten der Pleura abhängt, ob man die Thorakotomiewunde schließen kann oder ob man die verletzte Lungenpartie in die Brustwand einnähen muß. Wo bereits ein eitriger Erguß im Pleuraraum vorhanden ist, kommt natürlich nur Einnähung der Lunge und Drainage des Brustfellraumes in Frage.

Auch das *zunehmende Mediastinalemphysem* erfordert operatives Vorgehen; liegt die Frakturstelle parasternal, so wird man am Orte der Fraktur eingehen, während in allen anderen Fällen Eröffnung des Mediastinalraumes vom Jugulum her geboten sein dürfte.

Offene Rippenfrakturen werden nach den Grundsätzen der *aktiven Wundversorgung* behandelt, indem man nach Anfrischung der Weichteilwunde und Entfernung der losen Rippensplitter wenn irgend möglich die Lungenwunde schließt und die Brustwand durch Naht ohne Drainage versorgt. Derartige Fälle erfordern jedoch *genaueste Überwachung*, besonders hinsichtlich Nachblutung und sekundärer entzündlicher Pleurakomplikationen. Bei der Wundversorgung ist der *Blutstillung*, namentlich in der Thoraxwand, größte Sorgfalt zu widmen, weil aus den Intercostalarterien gefahrdrohende *Nachblutungen* erfolgen können, besonders bei nicht einwandfreiem Wundverlauf.

Manifest infizierte Wunden müssen offen behandelt werden; die mitverletzte Lungenpartie wird in solchen Fällen eingenäht oder doch umschrieben an den Thoraxwundrändern fixiert, die Pleurahöhle mit Gummirohr drainiert, und die Wunde unter lockerer Tamponade nur partiell geschlossen oder ganz offen gelassen.

Die *aktive Versorgung der Zertrümmerungsfrakturen* des Rippenkorbs mit ihren schweren begleitenden Verletzungen der Thoraxorgane hat sich im letzten Krieg namentlich bei den *Granatverletzungen* bewährt, die bei konservativem Verfahren erfahrungsgemäß zum größten Teil dem Tode geweiht sind.

Bei offenen Verletzungen der unteren Brustkorbabschnitte ist auf begleitende Läsionen des Zwerchfells und der Abdominalorgane gebührend Rücksicht zu nehmen.

Seröse Ergüsse sind durch *Punktion* zu entleeren, sobald sie keinerlei Tendenz zur Spontanresorption zeigen, oder wenn Fieberregungen erheblichen Grades auftreten. Die Probepunktion wird in solchen Fällen häufig sekundäre Empyembildung nachweisen. Der gleiche Standpunkt ist gegenüber *Hämatomen der Pleurahöhle* einzunehmen, besonders weil nachgewiesenermaßen recht oft hartnäckige Beschwerden infolge bindegewebiger Organisation der Blutergüsse mit starrer Verwachsung der Pleurablätter auftreten, wenn man größere Blutergüsse unberührt läßt.

Empyeme und *vereiterte Hämatome* müssen möglichst frühzeitig nach Entlastungspunktion durch *Rippenresektion* an tiefer Stelle entleert und abgeleitet werden; auf BÜLAUsche Drainage lasse man sich in derartigen Fällen nicht ein.

B. Die Frakturen des Brustbeines.

Kapitel 1.

Entstehungsmechanismus und Form der Sternumfrakturen.

Nach der Zusammenstellung von Gurlt und v. Bruns beträgt die Frequenz der Brustbeinbrüche ungefähr 0,1 %. Die große Elastizität des Brustbeines bei jugendlichen, wachsenden Individuen bedingt, daß wir Sternalfrakturen analog den Rippenbrüchen so gut wie ausnahmslos bei Patienten jenseits des 20. Jahres sehen.

Die Fraktur des Brustbeins wird vorwiegend durch *direkte Gewalt* verursacht, so durch lokalen Stoß, Überfahrung, Pufferverletzung, Hufschlag, Verschüttung oder Fall gegen eine vorragende Kante. *Indirekte Brüche* sieht man am häufigsten als Begleiterscheinung *von Wirbelfrakturen*, wenn die Längskompression der Wirbelsäule mit erheblicher Flexion verbunden ist (vgl. S. 416). Ein weiterer, durch eine Reihe von Beobachtungen festgestellter Entstehungsmechanismus ist die *quere Frakturierung des Sternums durch Längszug der an beiden Enden inserierenden Muskeln*, bei gewaltsamer Hyperextension der Wirbelsäule. Derartige Sternumfrakturen wurden beobachtet nach Fall mit dem Thorakalabschnitt des Rückens auf einen Balken, nach gewaltsamer manueller Rückwärtsbeugung des Körpers, sowie nach forcierter aktiver Rumpfbeugung rückwärts. Es handelt sich hier also um eigentliche *Rißfrakturen*. Ferner kommen Brustbeinfrakturen zustande beim *Geburtsakt*, beim *Husten, Niesen*, sowie beim *Heben schwerer Lasten*, wohl durch übermäßige Anspannung der am Sternum angreifenden Muskulatur. Es handelt sich hier ebenfalls um reine, querverlaufende Rißbrüche. Auch das Zustandekommen einer Einwärtsknickung

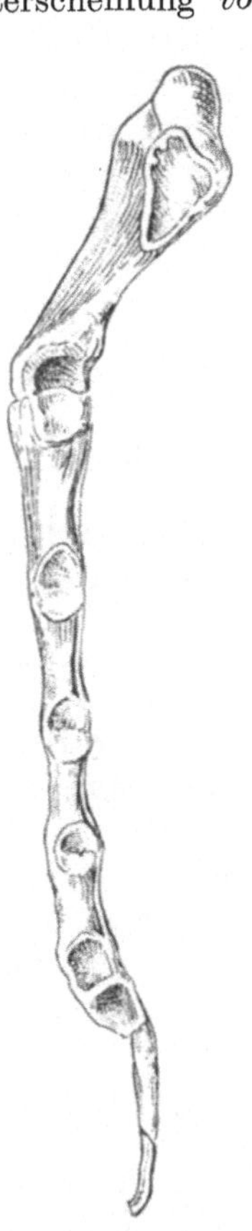

Abb. 467. Seitenansicht des Sternum.

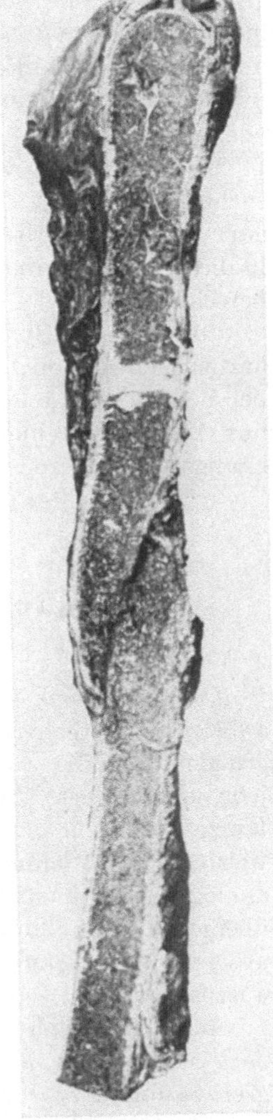

Abb. 468. Leicht schräg verlaufende Sternumfraktur mit Fragmentverschiebung; in Heilung.

des Brustbeines durch übermäßige Vorwärtsbeugung des Rumpfes ist denkbar. Die winklige Knickung am Übergang vom Manubrium zum Corpus sterni (vgl. Abb. 467) erklärt auch, daß bei gewaltsamer Rumpfbeugung eine Biegungsfraktur des Sternum an dieser Stelle durch übermäßige Steigerung der physiologischen Knickung entstehen kann. Für diesen Mechanismus spricht auch die Tatsache, daß nach solchen Flexionsfrakturen das Corpus sterni meistens nach oben über die Vorderfläche des Manubrium geschoben ist.

Die Mehrzahl der Sternalfrakturen findet sich an der Grenze von Handgriff und Körper, doch kommen auch an jeder anderen Stelle des Sternum Frakturen zustande, relativ selten in seinem untersten Abschnitt. *Schräg-* und *Längsbrüche* des Brustbeines bilden Ausnahmen (s. Abb. 468). Ebenso selten sind *Doppelbrüche* und *Splitterfrakturen*; letztere entstehen, wie die *Lochfrakturen*, vorwiegend infolge von *Schußverletzung*. Die Brustbeinfraktur ist meist eine vollständige, doch bleiben das hintere Periost sowie die Membrana sterni posterior gelegentlich intakt. *Längsfrakturen* können mit angeborener Spaltung des Brustbeines verwechselt werden. *Infraktionen* werden meist erst bei der Autopsie erkannt.

Die Verbindung zwischen Manubrium und Corpus sterni stellt nach Untersuchungen von HYRTL, HENLE, LUSCHKA, RIEDINGER u. a. eine *Synchondrose* dar, die in jeder Altersstufe verknöchern kann, so daß Kontinuitätstrennungen in dieser Ebene durchaus als *Frakturen* zu bezeichnen sind. Dies ist um so mehr berechtigt, als bei experimentell gesetzten Kontinuitätstrennungen nach RIEDINGER die ganze Synchondrose oder doch ein Teil an einem der beiden Fragmente haften bleibt. Von *Luxationen* dürfte man nur in den seltenen Fällen sprechen, bei denen eine gelenkähnliche Verbindung zwischen Handgriff und Körper mit Ausbildung einer Gelenkspalte vorliegt, ein Verhalten, das nach *Luschka* häufiger bei älteren Leuten angetroffen wird.

Kapitel 2.

Symptomatologie, Diagnostik und Verlauf der Sternumbrüche.

Die Symptome der Brustbeinfraktur entsprechen, was die Beschwerden anbetrifft, weitgehend den für die Rippenfrakturen geschilderten. Im Vordergrund stehen die *Schmerzen an der Bruchstelle*, die durch die Atmung, durch jede nennenswerte Rumpfbewegung sowie durch lokalen Druck ausgelöst werden. Kurze Zeit nach der Frakturierung ist gewöhnlich ein *lokales Hämatom* nachweisbar. Die Schmerzhaftigkeit führt zu starker *Behinderung der Atmung* analog den Rippenfrakturen. Die Patienten nehmen mit Vorliebe eine vornübergebeugte Stellung ein, um durch möglichste Entspannung der am Sternum ansetzenden Muskulatur jeden Zug und Druck im Bereich der Frakturstelle auszuschalten.

Außerordentlich charakteristisch ist die *Verschiebung des unteren Fragmentes nach vorne-oben über das Manubrium*. Dadurch entsteht eine scharf begrenzte, quere Vorragung mit scheinbarer Einsenkung des Brustbeinhandgriffes (s. Abb. 469). Umgekehrte Dislokation des unteren Fragmentes nach hinten bzw. innen ist bei den Frakturen zwischen Handgriff und Sternalkörper selten, wurde jedoch bei Brüchen am Übergang der Körpers in den Processus ensiformis mehrfach gesehen. Anhaltendes *Erbrechen*, das in solchen Fällen auftrat, glaubte man auf die Einwärtsverschiebung des abgebrochenen Schwertfortsatzes beziehen zu sollen, weil das Erbrechen nach operativer Reposition des unteren Fragmentes aufhörte. Diese Brüche entstanden zum Teil in der Gravidität, was für die Beurteilung des Erbrechens nicht ohne Bedeutung sein dürfte.

Direkte Frakturen im mittleren Abschnitt des Brustbeines zeigen auch Verschiebung beider Fragmente thoraxwärts, so daß eine *tiefe Delle* und ein nach außen offener Winkel in Erscheinung treten.

Liegen begleitende schwere Verletzungen der Thorax- oder Abdominalorgane, Wirbelsäulen- und ausgedehnte Rippenfrakturen vor, so treten die Erscheinungen

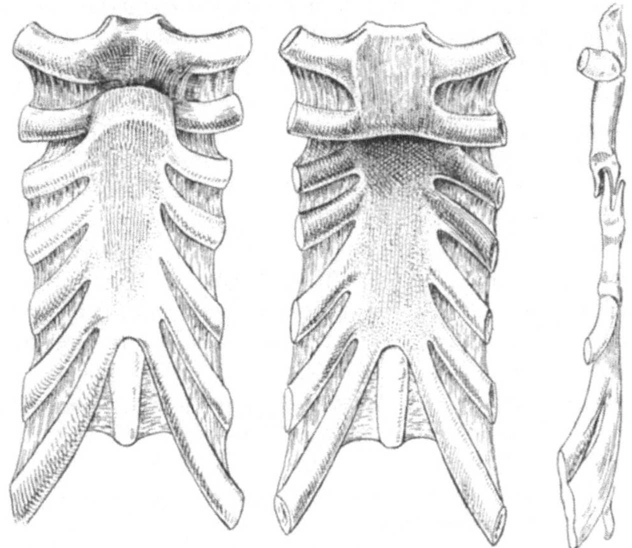

Abb. 469. Sternalfraktur mit typischer Verschiebung des unteren Fragmentes über das Manubrium nach oben. (Nach Riedinger-Henschen.)

des Sternalbruches manchmal derart in den Hintergrund, daß er zunächst übersehen wird.

Begleitende Verletzungen der Pleuren und der Lungen führen zu den bei Besprechung der Rippenbrüche erwähnten Erscheinungen; *Bluthusten, Pneumothorax, Hautemphysem, Hämothorax* sind auch bei Sternalfrakturen keine seltenen Erscheinungen. *Zerreißung der Vasa mammaria int.* bedingt die Entwicklung intrathorakaler, *voluminöser Hämatome*, die durch Druck auf das Herz und die großen Gefäße gefährlich werden können, und oft die Ursache hochgradiger Oppression sind. Eine seltene Komplikation ist die Verletzung *des Ductus thoracicus* mit Ausbildung eines *Chylothorax*.

An Hand der geschilderten Symptome bereitet die *Diagnose* der Brustbeinfrakturen im allgemeinen keine großen Schwierigkeiten.

Der streng lokalisierte, spontane und Druckschmerz, die umschriebene blutige Suffusion der Haut ermöglichen auch bei fehlender Fragmentverschiebung eine zuverlässige Diagnose, namentlich wenn sich an entsprechender Stelle eine abnorme *Federung* und *Eindrückbarkeit des Sternums* oder gar *Crepitation*, die besonders gut mit dem Stethoskop vernehmbar ist, nachweisen lassen,

Einfach gestaltet sich die Diagnose überall dort, wo eine deutliche *Übereinanderschiebung der Fragmente* oder eine hochgradige *falsche Beweglichkeit*, wie bei den Frakturen des Processus xiphoides, vorliegt. *Röntgenographisch* sind nur Sternalbrüche mit Fragmentverschiebung deutlich darstellbar. Die Projektion erfolgt am besten in rein frontaler Richtung, d. h. durch Seitenaufnahmen. Soll die Fläche des Brustbeines auf die Platte projiziert werden, so legt man die Platte an die Vorderfläche der Brust und läßt die Röntgenstrahlen von hinten rechts nach links vorne durchtreten. Auf diese Weise wirken Wirbelsäulen- und Herzschatten nicht störend.

Die *Heilung der Brustbeinfrakturen* erfolgt durchschnittlich in 4 Wochen, gewöhnlich ohne reichliche Callusbildung. Die Bruchstelle wird nur durch eine flache Leiste angedeutet. Gelegentlich bleibt eine *Pseudarthrose* bestehen. Sternalfrakturen mit Verschiebung der Fragmente können ebenfalls solid verheilen, lassen jedoch die charakteristische *Deformation* zurück. Komprimierende Wirkung nicht reponierter Fragmente auf die Thoraxorgane — Herz, Gefäße, Lungen, Phrenici — bilden jedenfalls die Ausnahme. Wenn wir absehen von der seltenen *Vereiterung subcutaner Sternalbrüche* durch Autoinfektion und von sekundärer *Gangrän der durch ein verschobenes Fragment stark überdehnten Haut*, kann die *Prognose der unkomplizierten Sternumfraktur* im allgemeinen als eine günstige bezeichnet werden. Als manifeste Folgeerscheinung der hochgradigen Thoraxkompression können sich *Stauungsblutungen im Einzugsgebiet der oberen Hohlvene*, d. h. im Bereiche des Kopfes, der Arme und des oberen Rumpfabschnittes finden.

Ganz anders gestaltet sich die *Prognose der offenen und der durch Verletzung der Thoraxorgane komplizierten Brustbeinfrakturen.* GURLT berichtet über 61 derartige schwere Sternalbrüche mit 45 Todesfällen. Offene Frakturen tragen die Gefahr einer Infektion der Wunde mit Übergreifen auf den Mediastinalraum in sich. Schwere Verletzungen des Thoraxinnern, begleitende Läsionen der Wirbelsäule oder der Abdominalorgane können in kürzester Zeit zum Exitus letalis führen.

Kapitel 3.

Die Behandlung der Sternumbrüche.

Die Behandlung unkomplizierter Sternalbrüche ohne Verschiebung ist eine rein konservative. *Kompressen* genügen oft zur Beseitigung der lokalen Schmerzen und der Schwellung. Starker Hustenreiz wird wie bei den Rippenfrakturen durch Morphium bekämpft. Wünschenswert ist oft eine leichte *Distraktion der Fragmente*, die bei vorsichtiger Dosierung schmerzlindernd wirkt und am einfachsten durch ein unter den Rücken geschobenes Kissen erreicht wird. Die *Reposition* übereinandergeschobener Fragmente kann erheblichen Schwierigkeiten begegnen. Oft gelingt es allerdings, durch *sukzessive Hyperextension der Wirbelsäule* in der beschriebenen Weise allmählich die Reduktion der Fragmente zu bewerkstelligen; diese Extensionslage muß dann genügend lang, d. h. zum mindesten während 2 Wochen innegehalten werden. Auch kann eine lokale Druckwirkung mittels zusammengelegter Kompressen und *Heftpflasterzügen* die Aufrechterhaltung guter Fragmentstellung unterstützen. Wenn diese unblutige Reposition nicht gelingt, muß die *operative Reposition* überall dort ohne Verzug ausgeführt werden, wo die Patienten schwere Erscheinungen von seiten der Atmung und der Zirkulation aufweisen. Eine derartige Beseitigung komprimierender Fragmentwirkung kann direkt lebensrettend wirken. Die Freilegung der Fragmente erfolgt durch Längs- oder Querschnitt. Die Zurückführung des vorderen Fragmentes in die richtige Lage wird nach allseitiger Freilegung mit Hilfe von Haken und Elevatorien erzielt und gelingt, genügende Auslösung des Fragmentes vorausgesetzt, meist ohne Schwierigkeiten. Anderenfalls muß die vorstehende Fragmentkante soweit abgetragen werden, bis das einwärtsdislozierte Fragment frei hervortreten kann. Besondere Sorgfalt ist der Vermeidung jeglicher Verletzung der Membrana sterni posterior sowie der Umschlagstelle der Pleuren zuzuwenden. Um gegen unangenehme Zufälle gesichert zu sein, empfiehlt sich die *Vornahme der Operation unter Überdruck.* Eine *Fixation der Fragmente* ist nur dort notwendig, wo die Fragmente ohne besondere Maßnahmen nicht in normaler Beziehung bleiben. In derartigen Fällen empfiehlt sich die gegenseitige Fixation der Fragmentränder mittels zweier durchgreifender Catgut- oder Seitensuturen.

Offene Splitterfrakturen sind aktiv chirurgisch zu behandeln. Die Hauptaufgabe liegt in derartigen Fällen in einer Vermeidung sekundärer Mediastinitis, somit in der Sorge für freien Abfluß nach außen. Senkungen nach dem Mediastinum werden nur sicher vermieden, wenn durch Entfernung der Splitter, und, wo die Öffnung nicht groß genug erscheint, durch Resektion der Sternalränder für breite Kommunikation des retrosternalen Raumes mit der äußeren Wunde gesorgt wird. Ist die hintere Sternalmembran intakt, so genügen konservativere Maßnahmen.

Lungen- und Pleurakomplikationen werden nach den bei den Rippenfrakturen besprochenen, üblichen Grundsätzen behandelt.

C. Die Begutachtung der Rippen- und Brustbeinbrüche.

Einfache Rippenbrüche hinterlassen in erster Linie *Schmerzen* in der Gegend der Bruchstelle, sowie im Ausbreitungsgebiet der benachbarten Intercostalnerven. Man wird derartige Beschwerden als begründet betrachten, wenn es sich um Rippenbrüche handelt, die mit starker Callusbildung oder mit erheblicher Verschiebung geheilt sind, und wenn die Lokalisation der Schmerzen dem Ausbreitungsgebiet eines oder mehrerer Intercostalnerven entspricht. In den Fällen von eigentlicher *Intercostalneuralgie* ist der Stamm der betreffenden Nerven druckempfindlich, und zwar maximal an den bekannten Druckpunkten neben der Wirbelsäule am Angulus costae, in der Axillarlinie, sowie dicht am Brustbein. Gegen Neuralgien, zu deren Erklärung man keine lokalen pathologischen Veränderungen an der Frakturstelle, wie Callusbildung und Fragmentverschiebung oder pleuritische Schwarten findet, sei man skeptisch. Bei derartigen Fällen empfiehlt sich, falls eine konsequente Behandlung nicht innerhalb einiger Wochen zur Heilung oder doch zu erheblicher Besserung führt, unbedingt die operative Revision in Lokalanästhesie, weil nach vereinzelten Erfahrungen (MOST) hartnäckige Intercostalneuralgien auch nach einfachen Infraktionen vorkommen und durch Resektion der Nerven geheilt werden können. Im Anschluß an Frakturen der unteren Rippen im Ansatzgebiet der Bauchmuskeln, besonders wenn die Frakturen mit Verschiebung geheilt oder pseudarthrotisch geblieben sind, bleiben oft lange Zeit Schmerzen zurück, die bei Schwerarbeitern arbeitsbehindernd wirken können.

Von besonders ungünstiger Wirkung sind oftmals einfache *Rippenfrakturen bei alten Leuten* mit Lungenveränderungen wie Emphysem, chronischer Bronchitis und ungenügender Zirkulation in den abhängigen Lungenpartien. Hier führt die Behinderung der normalen Lüftung der Lungen und besonders der Expektoration des eitrigen Bronchialsekretes gelegentlich zu Verschlimmerung der Lungenaffektion und zur Entstehung *sekundärer Pneumonien*.

Besonders ungünstig kann sich das Heilungsresultat nach offenen *Rippenbrüchen* mit sekundärer Vereiterung eines Hämothorax oder eines serösen Pleuraergusses gestalten, namentlich wenn die Ausheilung des *Empyems nur* durch eine ausgedehnte *Thorakoplastik* zu erzwingen war. In derartigen Fällen sind die Verunfallten infolge von *Atmungs-* und *Zirkulationsstörungen* jahrelang oder zeitlebens unfähig, schwere körperliche Arbeiten zu verrichten; das bedingt *für Schwerarbeiter* dauernde Erwerbseinbuße bis zu 50 % und mehr.

An der Frakturstelle kann sich, wie erwähnt, eine *Rippentuberkulose* entwickeln. Ist die Rippenfraktur mit aller Sicherheit festgestellt, so darf die Anerkennung des primären Unfallereignisses als eines entscheidenden ursächlichen Moments auch für die sekundäre lokale Erkrankung meines Erachtens nicht abgelehnt werden. Der gleiche Standpunkt ist meiner Auffassung nach zutreffend, wenn es sich um die Beurteilung einer nach Thoraxverletzung mit Rippenfrakturen manifest gewordenen *Lungentuberkulose* handelt, so schwierig auch die Abgrenzung derartiger Fälle von solchen ist, bei denen eine schon vor dem Unfall diagnostizierte Lungentuberkulose, die jedoch zu einer wesentlichen Beeinträchtigung der Erwerbsfähigkeit noch nicht geführt hatte, sich im Anschluß an die Thoraxverletzung rapid verschlimmert. Nach verbreiteter Praxis werden in Fällen von posttraumatischer Tuberkulose Abzüge gemacht, die bis auf 50 % gehen. Dies ist meiner Auffassung nach ungerechtfertigt, sobald dem Trauma mit Sicherheit die Bedeutung eines auslösenden Momentes zukommt und sofern die vorbestehende, latente oder manifeste Tuberkulose keine selbständige klinische Bedeutung besaß und an sich nicht zu einer Reduktion der Arbeitsfähigkeit geführt hätte.

Unkomplizierte Rippenbrüche werden im allgemeinen innerhalb 4—6 Wochen soweit ausheilen, daß die Verletzten wieder leichte Arbeiten aufnehmen können. Durch eine *abgestufte Schonungsrente* von beispielsweise 50% für den ersten, 30% für den zweiten und 20% für den dritten Monat ist den allmählich abklingenden Störungen, von denen wesentliche Schmerzhaftigkeit an der Frakturstelle, Intercostalneuralgien und leichte Behinderung der Atmung in Frage kommen, meist ausreichend Rechnung getragen.

Andauernde Störungen der Körperbewegungen infolge Schmerzhaftigkeit an der Stelle *schlecht geheilter Frakturen* bedingen vorübergehende *partielle Erwerbsunfähigkeit*, die von 10—50% gehen kann; die gutachtliche Beurteilung soll sich in solchen Fällen nur auf Fristen von 3—6 Monaten erstrecken.

Die erwerblichen Folgen begleitender *Lungen- und Pleuraveränderungen* lassen sich nicht in allgemein verbindlicher Weise taxieren. Maßgebend ist neben dem physikalischen Befund eine *Funktionsprüfung,* die sich auf Verhalten von Atmung und Herzaktion gegenüber bestimmten, *progredient zu dosierenden körperlichen Anstrengungen* bezieht. Die Renten sind auch hier nur für Perioden von 3—6 Monaten zu bestimmen, und auf Grund eingeschalteter Kontrolluntersuchungen zu revidieren.

Frakturen des Sternums sind hinsichtlich der Heilungsdauer *unkomplizierter Brüche* nach analogen Gesichtspunkten zu beurteilen, wie die einfachen Rippenbrüche. Doch ist zu bedenken, daß die Störungen von seiten der Atmungs- und Zirkulationsorgane in Form von Husten, Kurzatmigkeit und leicht erregbarer Herzaktion hier längere Zeit andauern können. *Mit Verschiebung geheilte Sternumbrüche* bedingen oft hartnäckige Klagen über *Schmerzen* an der Frakturstelle und *Oppressionsgefühl, Atmungsstörungen, Herzklopfen* und *allgemeine Leistungsunfähigkeit.* Ergibt in solchen Fällen eine *Funktionsprüfung* Auftreten von Kurzatmigkeit, Steigerung der Atmungs- und Pulsfrequenz, unter Umständen begleitet von *Cyanose,* so ist selbstverständlich auf eine erhebliche Reduktion der groben körperlichen Leistungsfähigkeit zu schließen.

Besonders schwer sind auch hier die erwerblichen Folgen der durch *Infektion komplizierten, offenen Fraktur. Sternumdefekte,* die in solchen Fällen zurückblieben, bedingen für Schwerarbeiter eine dauernde *Schädigung.* Das *Herz* ist äußeren Läsionen mehr ausgesetzt, ebenso die *großen Gefäßstämme,* dazu bestehen oft *Mediastinalnarben,* die auf Funktion von Herz und Lungen zurückwirken können. Zu Störungen führen auch *deform geheilte Brustbeinfrakturen,* besonders solche mit *Trichterbildung* und *Einwärtsverschiebung eines Fragmentes,* während die häufige Verschiebung des Corpus sterni auf das Manubrium erfahrungsgemäß keine dauernden Beschwerden zu hinterlassen braucht.

Literatur.

BÄHR: Über den Mechanismus der Rippenbrüche. Dtsch. Z. Chir. **39** (1894). — BRUNS, v.: Allgemeine Lehre von den Knochenbrüchen. Dtsch. Chir. **27** (1882). — Über Frakturen des Sternums. Zbl. Chir. **1913,** Nr 17. — BURCKHARDT u. LANDOIS: Die Brustverletzungen. Erg. Chir. **10** (1918) (Lit.).

DUBS: Rippenfraktur durch Muskelzug. Dtsch. Z. Chir. **135** (1916).

HERTZKA: Über Rippenfrakturen. Wien. med. Wschr. **1920,** Nr 7.

MOST: Über Rippenbruch mit Intercostalneuralgie. Zbl. Chir. **1910,** Nr 38.

OTZ: Experimentelle Untersuchung zur Gense der Sternumfraktur bei Wirbelfrakturen (nebst ein- und ausleitenden Bemerkungen von Prof. KOCHER). Dtsch. Z. Chir. **72** (1904).

POHL: Fraktur der ersten Rippe durch Muskelzug. Med. Klin. **1** (1929).

RIEDINGER u. HENSCHEN: Chirurgie der Brustwand. 7. Abschnitt Handbuch der praktischen Chirurgie. 5. Aufl., Bd. 2. 1922.

Fünfter Abschnitt.

Die Frakturen der Knochen des Schultergürtels.

A. Die Frakturen der Scapula.

Kapitel 1.
Entstehungsart, Formen und Symptomatologie der Scapulafrakturen.

Die Brüche des Schulterblattes machen nach der Statistik v. BRUNS ungefähr 1 % aller Frakturen aus und betreffen vorwiegend Männer der arbeitenden Klassen. Ätiologisch überwiegt weitaus *direkte Gewalteinwirkung* auf den eigentlichen *Schulterblattkörper*, der denn auch hauptsächlicher Sitz der Frakturen ist. Wir sehen hier sowohl *Spaltbrüche* in allen möglichen Richtungen als ganz besonders *Splitterbrüche* (vgl. Abb. 38). Eine typische Fraktur des Schulterblattkörpers stellt *der einfache oder doppelte Querbruch unterhalb der Spina Scapulae* dar (vgl. Abb. 470), der infolge großer lokaler Gewalteinwirkung entsteht, so nach Überfahrung, Fall auf die Scapula aus großer Höhe, direktem Auffallen schwerer Steine bei Verschüttungen. Entsprechend der ursächlichen Gewalteinwirkung sind diese Querfrakturen des Schulterblattkörpers wie die Splitterfrakturen gewöhnlich von *hochgradigen lokalen*

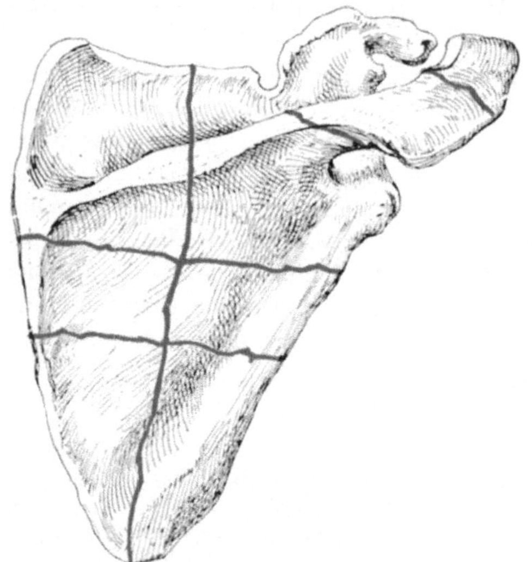

Abb. 470. Typische Bruchlinien des Korpus, der Spina und des Akromion.

Quetschungen begleitet. Offene Schulterblattbrüche sieht man jedoch trotz ihrer häufigen Entstehung durch direktes Trauma relativ selten, weil die Scapula in einen dicken Muskelmantel eingehüllt ist, der namentlich auch die Rückfläche des Schulterblattes bedeckt, mit Ausnahme der Spina. Wird der untere Teil des Schulterblattes durch die Fraktur vollständig abgetrennt, so folgt er dem Zuge des Serratus anticus major, sowie des Teres major nach vorne, außen und oben.

Bei den seltenen *Längsbrüchen* (s. Abb. 470), die durch die ganze Scapula verlaufen, kann das mediale Fragment dem Zuge des Levator scapulae und der Rhomboidei nach oben-innen folgen (vgl. Abb. 471), während der laterale Teil des Schulterblattes mit dem Arm nach unten sinkt.

Frakturen des Schulterblattkörpers sind trotz der dicken Weichteilbedeckung dem *direkten Nachweis* zugänglich. Zunächst kann man die untere Spitze der Scapula von den Schmalseiten her fassen und ihre *falsche Beweglichkeit* gegenüber dem oberen Teil des Schulterblattes feststellen. Durch Hebung des Armes nach hinten läßt sich die untere Spitze des Schulterblattes etwas vom Thorax abheben, so daß sich die Scapula auch von unten umgreifen und auf falsche Beweglichkeit des unteren Abschnittes untersuchen läßt. Weitere Anhaltspunkte bieten *Druck-* und *Stoßschmerz*, lokale sowie nach den seitlichen Thoraxpartien fortgeleitete *Blutergüsse* und *Crepitation*. Sehr hochgradig pflegt die

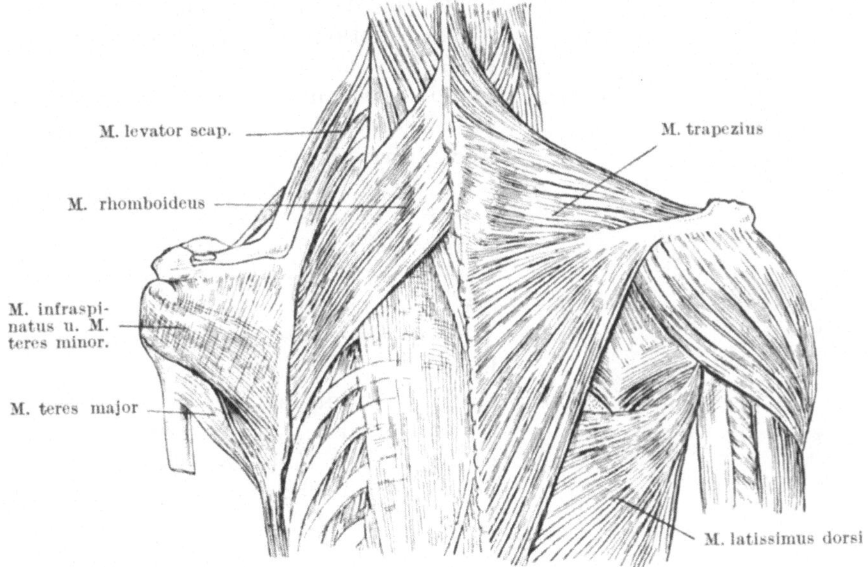

Abb. 471. Anatomie der Scapularmuskeln.

Funktionsstörung zu sein; behindert ist vor allem die Hebung der Scapula, sowie die Elevation des Armes über die Horizontale hinaus nach oben, eine Bewegung, die ja wesentlich durch die Dreher der Scapula besorgt wird. Auch die Adduction der Scapula nach der Wirbelsäule hin ist gehemmt. Es empfiehlt sich ganz besonders, alle diese Bewegungen *gegen passiven Widerstand* ausführen zu lassen. Subperiostale Fissuren machen oft wenig Symptome; doch wird man meistens durch die erwähnten Funktionsstörungen auf das Vorhandensein einer Fraktur des Schulterblattkörpers hingewiesen. Die quer in den Schulterblattkörper hineinreichenden Brüche des Gelenkteils (s. Abb. 473) zeigen klinisch das Gepräge der weiter unten zu besprechenden Gelenkfraktur.

Die Brüche des Schulterblattkörpers *heilen* meistens ohne schwere Störungen in durchschnittlich 6 Wochen aus. *Heilung mit Verschiebung* bedingt häufig ebenfalls keine Störungen, doch können *Exostosen*, die sich nach dem Thorax zu entwickeln, so voluminös werden, daß bei flächenhaften Verschiebungen der Scapula über dem Thorax erhebliche Reibung zwischen Rippen und Exostose stattfindet. Hebung und Drehung der Scapula verursachen dann ein charakteristisches, intermittierendes *Geräusch*. In solchen Fällen können kräftige Bewegungen, die eine Verschiebung der Scapula am Thorax bedingen, schmerzhaft sein.

Die *Frakturen des oberen und unteren Schulterblattwinkels*, die man als typische Bruchformen betrachten kann, entstehen ebenfalls durch *direkte*, jedoch umschriebenere Gewalteinwirkung, so namentlich beim Fall auf scharfe Kanten — Fall auf der Treppe — oder bei umschriebener Einwirkung eines Schlages. Auch durch *Muskelzug* können die beiden Schulterblattwinkel gebrochen werden, der untere wesentlich unter Einwirkung des Serratus anticus major, der obere durch Zug des Levator scapulae (s. Abb. 472). Die Verschiebung des Abrißfragmentes ist bei diesen Frakturen oft eine ziemlich erhebliche und erfolgt in der Richtung des Muskelzuges, indem sich das Fragment des oberen Winkels nach oben und medianwärts, der abgebrochene untere Winkel nach vorne, außen und oben disloziert.

Die *Röntgenaufnahme des ganzen Schulterblattes* erfolgt ventrodorsal, streng vertikal, mit Zentrierung auf die Mitte der Scapula; die Kassette muß dabei dem Schulterblatt ausgedehnt flach anliegen, was man meist nur erreicht, indem man unter die andere Schulter einen flachen Sandsack legt. Der Arm wird etwas eleviert und nach außen gezogen, damit der laterale Scapularand weiter nach außen tritt als die vordere Axillarfalte, und somit nicht von letzterer überlagert wird. Bei wachsenden Individuen kann sich im unteren Scapulawinkel ein selbständiger Knochenkern finden, der fälschlicherweise zur Diagnose einer Fraktur der Schulterblattspitze Anlaß gibt.

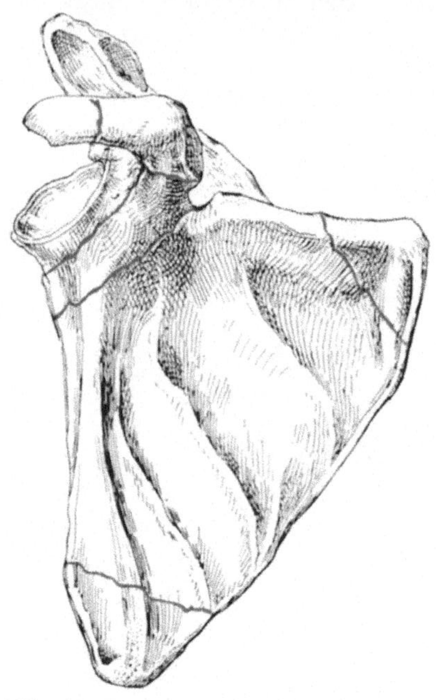

Abb. 472. Typische Bruchlinien des oberen und unteren Winkels; Fraktur des anatomischen und chirurgischen Halses des Gelenkteils; Frakturen des Processus coracoides.

Pfannenrandbrüche entstehen durch die gleichen Gewalteinwirkungen wie die Humerusluxation, also wesentlich infolge Fall auf die hintere Schulterwölbung sowie auf den Ellbogen oder auf die Hand bei abduziertem Oberarm.

Die einzige sichere Methode für die Erkennung derartiger Frakturen ist die *Röntgenaufnahme*, die deshalb in keinem Falle von Schulterluxation, auch wenn die Reposition anstandslos erfolgte, zu unterlassen ist.

Neben den *Abscherungsfrakturen des Pfannenrandes* sieht man *eigentliche Pfannenbrüche* in Form der *Zertrümmerungsfraktur* sowie im wesentlichen *quer durch die mittleren Partien der Cavitas glenoidalis verlaufender Brüche* (Abb. 473). Diese Frakturen reichen in querer Richtung verschieden weit in den Schulterblattkörper hinein, oder verlaufen durch den chirurgischen Hals am lateralen Rand der Scapula unterhalb des Gelenkteils aus (Abb. 473). Derartige Brüche der Facies articularis kommen durch Vermittlung des Humeruskopfes zustande; sie entstehen so gut wie ausschließlich durch Fall auf die seitliche Schulterwölbung bei adduziertem Oberarm. Ausnahmsweise kann der Stoß auch einmal

in der Richtung der Humeruslängsachse bei abduziertem Arm übermittelt
werden. Das dem unteren Teil der Gelenkfläche entsprechende Fragment wird
nach innen und unten verschoben (vgl. Abb. 473), jedoch meist nur unbedeutend;
solange der Humeruskopf noch eine Stütze am oberen Pfannenteil findet, weicht
er nicht nach innen ab, und dementsprechend erfolgt keine Abflachung der
Schulterwölbung. Ist jedoch der größere Teil der Scapulagelenkfläche abgebrochen, so verschiebt sich der Humeruskopf nach innen und unten, was zu

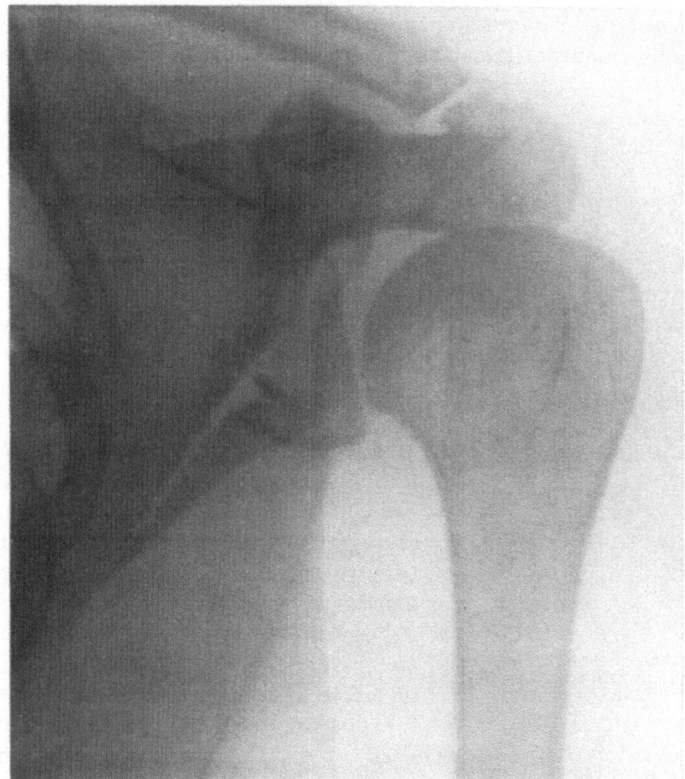

Abb. 473. Abbruch der unteren Partie der Gelenkpfanne mit Verschiebung nach innen unten.

einer deutlichen *Abflachung der Schulter* führt. Das gleiche Verhalten eignet
Zertrümmerungsfrakturen der Facies glenoidalis.

Diese Frakturen der Scapula zeigen klinisch eine weitgehende Übereinstimmung mit der Fraktur des anatomischen Humerushalses, indem sie vor
allem zu hochgradiger *Funktionsstörung des Schultergelenkes* Anlaß geben. Die
aktiven Bewegungen sind eingeschränkt, passive Bewegungen sehr schmerzhaft,
ebenso Stoß in der Richtung der Humerusachse sowie von der lateralen Schulterwölbung her. Da diese Frakturen stets von einem *Bluterguß in die Gelenkkapsel* begleitet sind, begegnet die Lokalisation der örtlichen maximalen Druckschmerzhaftigkeit meist Schwierigkeiten, weil bei dieser Prüfung stets auch
die Kapsel komprimiert wird. Entscheidend für die Diagnose ist die *Röntgenaufnahme*, die in der gleichen Weise erfolgt, wie zur Darstellung der Frakturen
des oberen Humerusendes, besonders der Fractura subcapitalis.

Neben diesen eigentlichen Pfannenbrüchen sieht man *Abscherungsfrakturen des ganzen Gelenkteiles* in einer Ebene, die dem sog. *anatomischen Hals* des Gelenkfortsatzes entspricht (Abb. 472), sowie *Brüche im chirurgischen Halse,* d. h. medial von der Basis des Processus coracoides. Bei dieser letzteren Frakturform verläuft die Bruchlinie von der Incisura scapulae abwärts (s. Abb. 474/476). Die *Fraktur des anatomischen Halses* ist äußerst selten und entstand in den zur Beobachtung gelangten Fällen durch Fall auf die Schulter oder durch gewaltsame Hyperabduktion des Armes.

Häufiger ist die *Fraktur des chirurgischen Halses* (Abb. 474), die mit Zerreißung des Ligamentum transversum scapulae superius und inferius verbunden

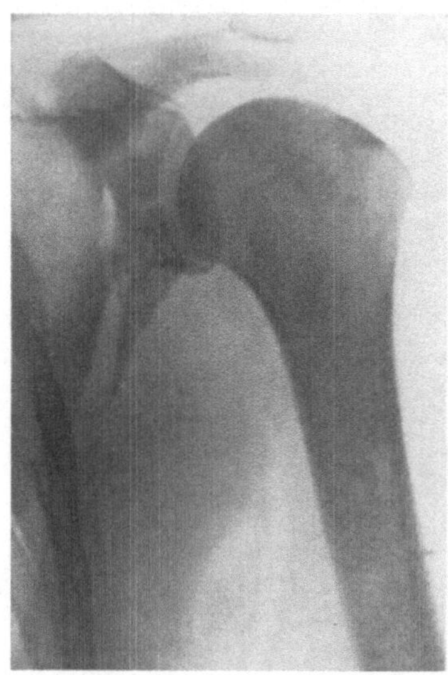

sein kann. Der *Rabenschnabelfortsatz ist gewöhnlich mit abgebrochen.* Ätiologisch kommt vorwiegend *direkte,* lokale Gewalteinwirkung in Betracht; doch ist die Fraktur des chirurgischen Halses der Scapula auch als Folge von *Muskelzug* — Heben und Rückwärtsschleudern des Armes — beschrieben.

Beide Formen der Fraktur des Schulterblatthalses bedingen ein deutliches *Abwärtssinken des Armes,* dessen normale Verbindung mit dem Schultergürtel gelockert erscheint. Entsprechend *ragt das Akromion stärker vor,* und gleichzeitig besteht eine *auffällige Abflachung der Schulter,* weil der abgebrochene Gelenkteil mit dem Humeruskopf nach innen abweicht. Diese Veränderungen sind bei Fraktur des chirurgischen Halses naturgemäß ausgeprägter, und zudem lassen sich beide Formen, abgesehen von verschwindenden Ausnahmen, am *Verhalten des Processus coracoides* unterscheiden. Dieser Fortsatz bewahrt bei der Fraktur des anatomischen Halses seine normalen

Abb. 474. Fraktur des chirurgischen Halses der Scapula mit Querfissur der Pfanne.

Beziehungen zur Scapula, während er bei der Fraktur des chirurgischen Halses mit abgebrochen ist und falsche Beweglichkeit zeigt. Die *Verlängerung des Armes* kann bei der Fraktur des chirurgischen Halses der Scapula bis 5 cm betragen. Aktive Bewegungen werden meist nicht ausgeführt; passive Bewegungen sind sehr schmerzhaft. Gelegentlich gelingt es, unter Abduction des Armes die scharfe Kante des lateralen, manchmal auch des medialen Fragmentes abzutasten und eine ausgeprägte *lokale Druckschmerzhaftigkeit* festzustellen. Auch *Crepitation* wird bei wiederholten passiven Bewegungen des Armes selten vermißt.

Die Abflachung der Schulter sowie die durch das Einwärtstreten des oberen Humerusendes bedingte *Abductionsstellung des Armes* können bei oberflächlicher Untersuchung zu einer *Verwechslung mit einer Humerusluxation* Anlaß geben. Doch sollten die hochgradige Einschränkung der aktiven Bewegungen im Schultergelenk, die freie, wenn auch schmerzhafte passive Beweglichkeit des Armes, die mühelose Ausgleichbarkeit der Verlängerung des Armes vor diesem diagnostischen Irrtum schützen. Zudem muß auffallen, daß der Arm, wenn man ihn seinem Eigengewicht überläßt, sofort wieder in seine frühere Stellung nach unten sinkt. Verständlicher ist eine Verwechslung dieser Schulterblatthalsbrüche mit Frakturen des oberen Humerusendes, obschon eine systematische Untersuchung auch hier stets entscheidende Unterscheidungsmerkmale ergibt, vor allem die leicht *ausgleichbare Verlängerung des Armes*.

Die Verschiebung des Fragmentes samt Humeruskopf kann zu *Läsionen des Plexus axillaris*, besonders des *N. axillaris* Anlaß geben.

Die *Heilung* erfolgt relativ langsam und beansprucht stets annähernd 2 Monate bis zur völligen Konsolidation. Auch *Pseudarthrosen* sind hier beobachtet worden (Cooper, Weber). Häufig erfolgt die Heilung mit Abwärtsverschiebung des lateralen Fragmentes; doch pflegt auch in diesen Fällen die Funktion befriedigend zu sein, wenn man absieht von einer verschieden hochgradigen *Einschränkung der seitlichen Armhebung*.

Die *Frakturen des Akromion und der Spina scapulae* weisen eine gewisse Häufigkeit auf, weil diese Abschnitte des Schulterblattes größtenteils direkt unter der Haut liegen, prominierende Teile der Scapula darstellen und infolge dessen äußeren Einwirkungen besonders ausgesetzt sind. Diese Frakturen entstehen denn auch vorwiegend unter *lokaler Gewalteinwirkung*. *Abreißungsfrakturen* sieht man infolge unkoordinierter Aktion des am Akromion und an der Spina scapulae entspringenden M. *deltoideus*.

Durch Fall oder Schlag auf die laterale Kante des Akromion

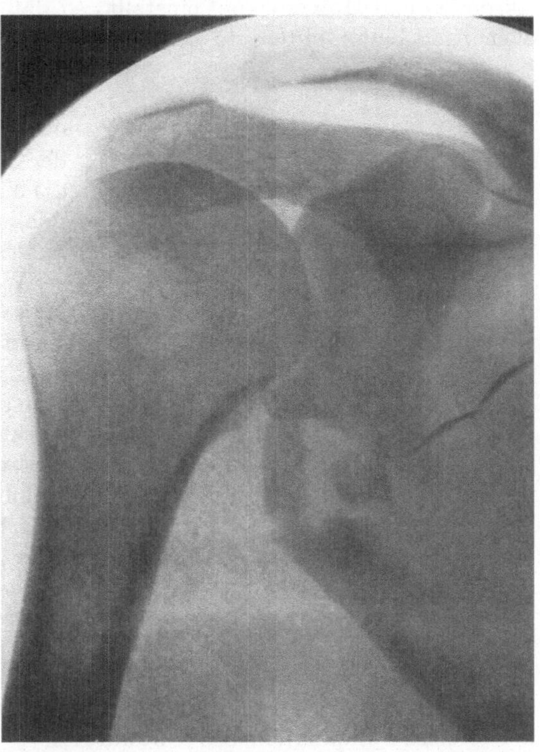

Abb. 475. Splitterfraktur im Bereiche des chirurgischen Halses der Scapula mit starker Einwärtsverlagerung des Gelenkteils.

entstehen meist *querverlaufende Brüche im Bereiche des freien Abschnittes* (s. Abb. 470), während durch Muskelzug das Akromion gewöhnlich *an seiner Basis*, dort wo es sich vom Schulterblatt abzuheben beginnt, losgerissen wird (Abb. 470). Selten sind indirekte Akromialbrüche infolge Fall auf den Arm. Bei wachsenden Individuen sieht man gelegentlich *Epiphysenlösungen* (s. Abb. 476). Sowohl basale als laterale Brüche des Akromion durch direkte Gewalt sind gelegentlich von Frakturen des lateralen Abschnittes der Clavicula begleitet.

Basale Akromialbrüche betreffen in verschiedenem Umfange die eigentliche *Spina scapulae*, die im übrigen noch bei den Längsfrakturen des Schulterblattes gebrochen wird.

Da an der unteren Seite das Periost des Akromions oft intakt bleibt, das Akromion zudem durch starke Bandzüge mit dem Processus coracoides und der Clavicula verbunden ist (vgl. Abb. 478), fehlt bei seinen Brüchen oft eine ausgeprägte *Verschiebung*. Doch kann durch Abwärtssinken des peripheren Akromialendes die laterale Fragmentkante nach oben gehebelt werden, so daß inspektorisch eine Luxation des lateralen Claviculaendes vorgetäuscht wird. Die *Palpation* läßt jedoch die oberflächlich gelegene Fragmentkante unschwer erkennen. *Die Röntgenaufnahme muß das Akromion frei nach oben projizieren;* da nun das Akromion schräg nach hinten abfällt, ist dies nur erreichbar, wenn man bei ventrodorsaler Aufnahme die Röhre etwas kranialwärts von dem queren Spalt zwischen Akromion und Humeruskopf einstellt, so daß die Projektion schräg von vorneoben nach hinten-unten, in der Richtung des Akromiohumeralspaltes erfolgt.

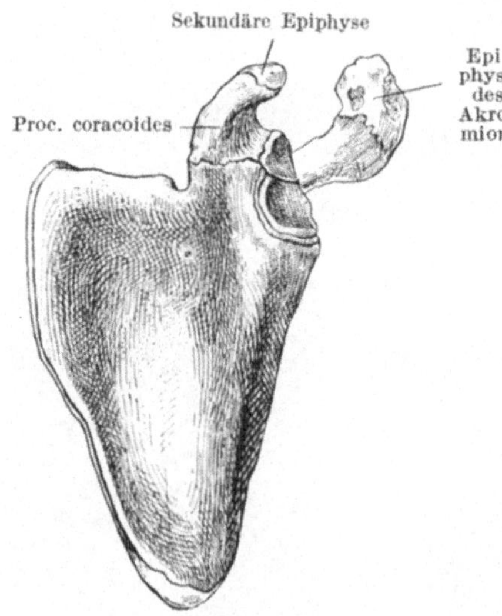

Abb. 476. Epiphysenverhältnisse des Akromion und des Processus coracoides. (Nach TOLDT.)

Bei der meist fehlenden Dislokation erfolgt die *Heilung der Akromialfraktur* durchwegs ohne Hinterlassung bleibender Störungen. Immerhin kann *Läsion des N. suprascapularis* bei basalen Akromialbrüchen *Lähmung der Auswärtsrotatoren des Humerus* zur Folge haben.

Was schließlich *die Brüche des Processus coracoides* betrifft, so wird diese Fraktur *isoliert sehr selten* beobachtet; häufiger sieht man sie in Begleitung von anderweitigen Schulterblattbrüchen, bei Frakturen der Clavicula sowie als Komplikation der Luxatio humeri. Die gewöhnlichste Entstehungsursache ist umschriebene Einwirkung von *Stoß* oder *Schlag*, relativ oft auch heftige *Aktion* der am Rabenschnabelfortsatz inserierenden *Muskeln*, des *Coracobrachialis*, des *kurzen Bicepskopfes* und des *Pectoralis minor*. Muskelzugfrakturen wurden beobachtet beim Wegschleudern schwerer Gegenstände, beim Auswinden von Wäsche und überhaupt bei forcierter Supination des Unterarmes.

Die Fraktur liegt überwiegend *an der Basis des Fortsatzes*; sie kann sich auch in den Scapulahals hinein erstrecken. Ein sehr ausnahmsweises Ereignis ist die *Epiphysenlösung* (s. Abb. 476).

Eine wesentliche Verschiebung des abgebrochenen Processus coracoides wird durch seine ligamentösen Verbindungen mit der Clavicula und mit dem Akromion verhindert (vgl. Abb. 478); erst nach Zerreißung dieser Bänder kann eine *Dislokation* stattfinden.

Im Vordergrund der *Symptome* steht der *lokale Schmerz* auf *Druck* sowie bei kräftiger Aktivierung der am Processus coracoides angreifenden Muskeln, d. h. *bei Beugung des supinierten Vorderarmes* sowie *bei Hebung des Oberarmes* nach vorne-innen. Infolge der Beziehungen des Pectoralis minor zum Processus coracoides löst auch *tiefe Atmung* Schmerzen an der Frakturstelle aus, ebenso passive Anspannung des Pectoralis minor durch Ausstrecken der Hand nach der Seite.

Eine *Verschiebung des Fragmentes* bei Zerreißung der Ligamente erfolgt in der Zugrichtung von Biceps, Coracobrachialis und Pectoralis minor *nach unten und innen.*

Begleitende Verletzungen wie Luxatio humeri, Frakturen des Schlüsselbeines, des Schulterblattkörpers, der Rippen stehen manchmal derart im Vordergrund, daß die Fraktur des Rabenschnabelfortsatzes übersehen wird, wenn nicht auf die besonderen, charakteristischen Symptome untersucht wird.

Die *Röntgenaufnahme* erfolgt in gleicher Weise wie für die Darstellung des Akromion beschrieben. Zur isolierten Darstellung des Rabenschnabelfortsatzes eignen sich auch dorsoventrale Aufnahmen des Schultergelenkes.

Schußfrakturen des Schulterblattes werden bei Schußverletzungen des Thorax häufig beobachtet und haben dann nur selten eine selbständige Bedeutung. Man sieht sowohl einfache sowie durch Fissuren komplizierte *Lochfrakturen* als ausgedehnte *Splitterungen.* Die *Mitverletzungen benachbarter Organe* betreffen vor allem die *Thoraxorgane,* daneben auch die *Axillargebilde,* die *Clavicula* und das *Schultergelenk.* Die begleitende *Infektion* ist stets als ernste Komplikation zu betrachten, weil ausgedehnte osteomyelitische *Senkungen* nach den verschiedenen Muskelinterstitien eintreten können.

Kapitel 2.

Die Behandlung der Schulterblattfrakturen.

Da eine direkte Einwirkung auf die einzelnen Fragmente des *Schulterblattkörpers* durch äußere Maßnahmen in zuverlässiger Weise nicht zu erzielen ist, kann die *konservative Behandlung der Quer-, Längs- und Splitterbrüche des Schulterblattkörpers* nur darin bestehen, den Arm ruhig zu stellen und die Einwirkung seines Gewichtes auf das Schulterblatt auszuschalten. Das geschieht am einfachsten durch *Lagerung des Armes in einer Mitella*; anschließend erfolgt *Massage-* und *Bewegungsbehandlung,* mit der man beginnen soll, sobald die größte lokale Schmerzhaftigkeit infolge der Gewebsreaktion auf Quetschung und Bluterguß vorüber ist, also etwa zu Beginn der 2. Woche.

Für Quer- und Längsfrakturen mit starker Dislokation empfiehlt sich die Osteosynthese, und zwar wird das Schulterblatt am besten durch einen Schnitt längs des medialen Randes mit Umbiegung nach vorne außen freigelegt; dann geht man nach Abhebung des M. trapezius in der Faserrichtung durch den M. infraspinatus hindurch, oder weiter unten zwischen den M. teretes auf die Scapula vor. Zur Vereinigung der Fragmente eignet sich vor allem die *Doppelnaht,* oft auch die *Verschraubung.* Bei den meisten Brüchen des eigentlichen Schulterblattkörpers werden die Fragmente durch den Muskelmantel meist derart zusammengehalten, daß wesentliche Dislokationen nicht eintreten, von einer operativen Reposition deshalb abgesehen werden kann.

Frakturen des unteren und oberen Schulterblattwinkels sollen bei Patienten, deren völlige körperliche Integrität praktisch eine große Bedeutung hat, *operativ* behandelt werden, sobald die Abrißfragmente durch Muskelzug so weit disloziert sind, daß man mit einer spontanen Vereinigung nicht rechnen kann. Die Freilegung erfolgt am oberen und unteren Schulterblattwinkel vom medialen Rande der Scapula her. Oben muß der Trapezius, bei Frakturen des unteren Schulterblattwinkels der Latissimus dorsi losgelöst bzw. beiseite gezogen werden (vgl. Abb. 471).

Umschriebene Frakturen des Pfannenrandes sind von Anfang an *mobilisierend* zu behandeln, d. h. mit passiven und aktiven Bewegungen und Massage, unterstützt durch Heißluftbäder. *Vollkommen abgesprengte Fragmente,* denen Fremdkörperwirkung zukommt, müssen *operativ entfernt* werden, sobald sie sich einklemmen und zu chronischer Arthritis Anlaß geben.

Für die Frakturen des anatomischen und chirurgischen Halses empfiehlt sich vor allem Extensionsbehandlung. Da es darauf ankommt, das meist abwärts gesunkene Fragment — besonders bei Frakturen des chirurgischen Halses — nach oben zu bringen, ist die Extension bei rechtwinklig abduziertem Humerus nicht ausreichend; vielmehr empfiehlt es sich, noch einen Hilfszug durch die Axilla nach oben anzulegen oder gemäß dem Vorschlage von BARDENHEUER den Arm *senkrecht nach oben parallel der Medianebene des Körpers* zu extendieren (s. Abb. 491). Doch genügt auch Elevation in einem Extensionswinkel von 120—130°. Wenn aus irgend einem Grunde längerdauernde Bettlage nicht wünschenswert ist, wie bei älteren Leuten, erfolgt die Behandlung in einem Verbande, der den Humerus nach oben zieht und gleichzeitig den Kopf mit dem Pfannenfragment etwas nach außen hebelt. Man wird deshalb nach erfolgter Reposition ein Achselkissen einlegen, den Ellbogen an den Körper fixieren, um dadurch den Humeruskopf nach außen zu hebeln, und gleichzeitig durch Bindentouren, welche vom Ellbogen über die gesunde oder über beide Schultern gehen, den Humerus nach oben drängen.

Die Behandlung der Akromialfrakturen erfolgt in analoger Weise wie die Behandlung der akromialen Claviculaluxation. Nach *Reposition* durch manuellen Druck auf das vorstehende Fragment und kräftiges Emporstoßen des Ellbogens wird der Ellbogen in dieser Stellung durch *Heftpflasterzüge,* die von der gesunden sowie von der kranken Schulter zum Ellbogen gehen, nach Möglichkeit fixiert, und bei der lateralen Fraktur das mediale Fragment gleichzeitig abwärts gezogen, indem man unter den Heftpflasterzügel, der über die kranke Schulter verläuft, ein Gaze- oder Wattepolster legt. Bei der basalen Akromialfraktur kommt dieses Polster etwas weiter nach innen zu liegen.

Bereitet die Aufrechterhaltung guter Fragmentstellung Schwierigkeiten, so dürfte sich die Vornahme *operativer Fixation* empfehlen, die nach dem Vorschlage LAMBOTTEs am einfachsten und zuverlässigsten durch *direkte Verschraubung* erzielt wird. Der Zugang zur Frakturstelle ist hier ein leichter.

Die Behandlung der Frakturen des Processus coracoides erfordert vorübergehende Fixation des Armes an den Thorax, bei starker Flexion des Ellbogens und Pronation des Vorderarmes, damit sowohl Coracobrachialis und Pectoralis minor als kurzer Bicepskopf möglichst entspannt werden. Nach einer Woche ist mit Massage und Übungsbewegungen zu beginnen. *Frakturen mit starker Dislokation* des ganzen Rabenschnabelfortsatzes oder seiner Spitze sind der *operativen Verschraubung* zugänglich und sollten entsprechend versorgt werden.

Schußfrakturen werden, wenn sie nicht infiziert erscheinen, konservativ, falls sie schwer infiziert und mit ausgedehnter Splitterung verbunden sind, nach den Grundsätzen aktiver chirurgischer Wundversorgung behandelt.

Die Hauptsorge ist hier meist auf die begleitenden *Nebenverletzungen* gerichtet, von denen auch das Schicksal der Verwundeten abhängig zu sein pflegt.

B. Die Brüche des Schlüsselbeines.

Kapitel 1.

Entstehungsmechanismus, Form und Symptomatologie.

Das Schlüsselbein stellt einen S-förmig gestalteten *Strebepfeiler* zwischen Schulterblatt mit Arm und Brustbein dar (Abb. 477). Bei Kindern ist die S-förmige Biegung weniger ausgeprägt, um mit dem Alter und steigender mechanischer Beanspruchung zuzunehmen. Das akromiale und sternale Ende sind

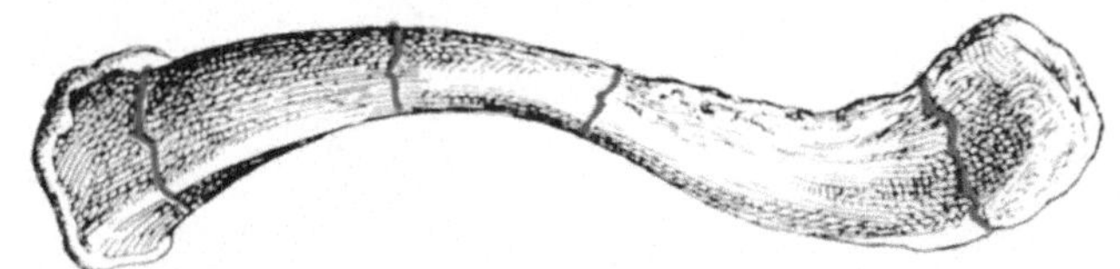

Abb. 477. Typische Bruchstellen der Clavicula.

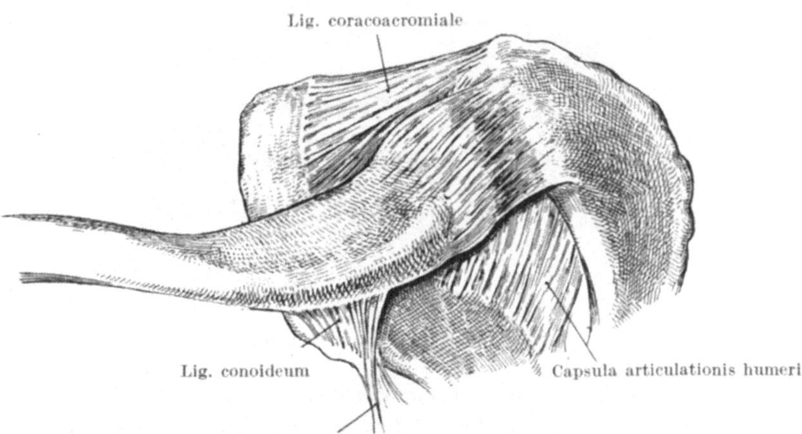

Abb. 478. Topographie der Verstärkungsbänder zwischen Clavicula, Processus coracoides und Akromion; Ansicht von oben.

voluminöser entwickelt und durch die Verstärkungsbänder der sternalen und akromialen Gelenkkapsel, sowie durch besondere Ligamente — Lig. conoideum und Lig. costoclaviculare (s. Abb. 478) — mit der Scapula und der ersten Rippe verbunden. Der *schwächste Teil des Schlüsselbeines* findet sich am Übergang vom mittleren zum lateralen Drittel (vgl. Abb. 477).

Das *mediale Drittel* der Clavicula liegt oberhalb der 1. Rippe und kreuzt sich mit ihr am Übergang zum mittleren Drittel; an dieser Stelle liegen denn auch die „Hypomochlionfrakturen" der Clavicula. Das *mittlere Drittel* der Clavicula liegt ziemlich frei vor dem ersten Intercostalraum und der 2. Rippe, dem M. pectoralis major und einem Teil des Trapezius zum Ansatz dienend, während das *laterale Drittel,* an dem sich Trapezius und Deltoideus ansetzen, ganz der Schulter angehört. Über das Verhalten der *Muskelinsertionen* gibt Abb. 479 Auskunft.

Die *Claviculafrakturen* zählen zu den häufigsten Knochenbrüchen, da sie nach verschiedenen Statistiken 10—15% ausmachen; nach der Zusammenstellung der schweizerischen Unfallversicherungsanstalt erreichen sie nur 4,5%, nach PLAGEMANN 3,9%. Relativ häufig ist das kindliche und jugendliche Alter betroffen, in ungefähr gleichmäßiger Verteilung auf beide Geschlechter, während im späteren Alter Schlüsselbeinbrüche bei Männern erheblich überwiegen. Geburtsfrakturen entstehen bei Armlösung und Zug am Arm infolge Flexion.

Trotz der ausgedehnt oberflächlichen Lage des Schlüsselbeines sind *direkte Frakturen* erheblich seltener als *indirekt* entstandene. Naturgemäß kann durch Stoß, Schlag, Auffallen auf einen prominierenden Gegenstand das Schlüsselbein an jeder beliebigen Stelle gebrochen werden; doch finden sich die direkten

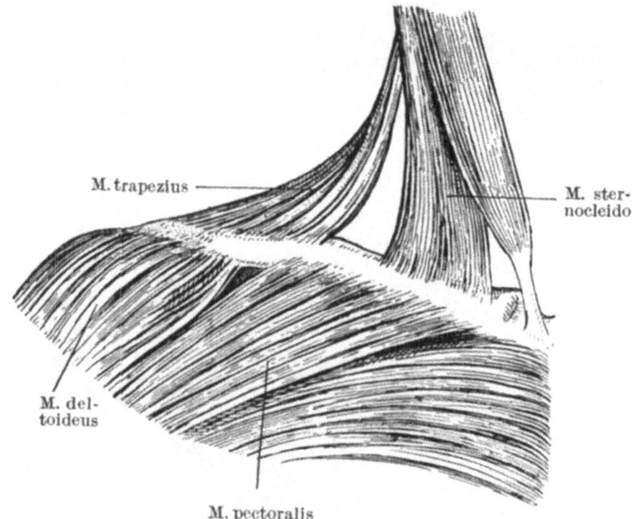

Abb. 479. Muskelinsertionen an der Clavicula.

Frakturen — wenn wir absehen von der das mittlere Drittel betreffenden Fraktur durch Rückstoß des mangelhaft fixierten Gewehrs — *am häufigsten im Bereich des lateralen Drittels,* weil dieses als Teil der Schulter direkten Traumen gemäß seiner Lage am meisten ausgesetzt ist. Es handelt sich hierbei vorwiegend um *quere oder leicht schräge,* seltener *gesplitterte* Frakturen (vgl. Abb. 485).

Die gewöhnlichen *indirekten Schlüsselbeinbrüche* entstehen durch Fall auf Hand, Ellenbogen oder Schulter; dabei wird die Clavicula, die sich mit ihrem medialen Ende gegen das Widerlager der Gelenkfläche des Sternum stützt, unter *Längsdruck* gesetzt und an der schwächsten Stelle, die ungefähr mit dem Orte stärkster Biegungsbeanspruchung übereinstimmt, durch Biegung gebrochen. Die Frakturstelle liegt meist im mittleren Drittel, an seinem Übergange zum lateralen Drittel (Abb. 480).

Diese durch Längskompression und Biegung entstehenden Brüche zeigen ziemlich oft Splitterung (Abb. 481). In analoger Weise kommen Flexionsfrakturen der Clavicula zustande beim *Heben sehr schwerer Lasten,* indem hier das Schlüsselbein unter so gewaltigen muskulären Längsdruck gesetzt wird, daß es an der schwächsten Stelle bricht. Ferner kann die Clavicula durch *Biegung über die 1. Rippe als Hypomochlion* gebrochen werden, sei es, daß ein Stoß die

Schulter von vorne-oben-außen trifft und die Scapula nach hinten-unten-innen drängt, oder beim *Heben einer schweren Last* mit adduzierten Schulter-blättern infolge Nachlassen der Hebekraft der gleiche Mechanismus in Aktion tritt. Diese Brüche liegen *an der Grenze zwischen dem unterstützten inneren und*

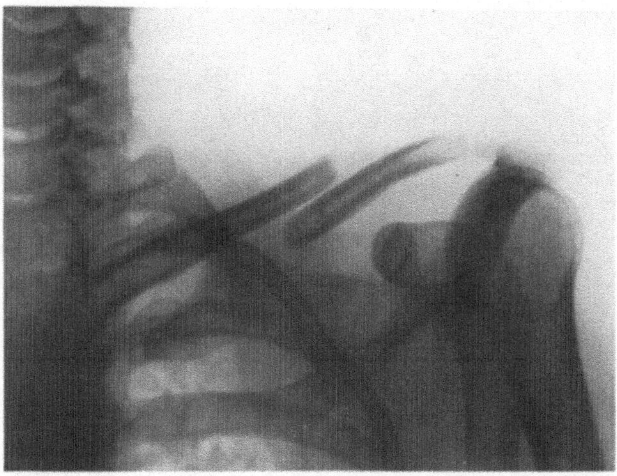

Abb. 480. Schräge Biegungsfraktur des Schlüsselbeins im lateralen Abschnitt des mittleren Drittels infolge Sturz auf die Schulter.

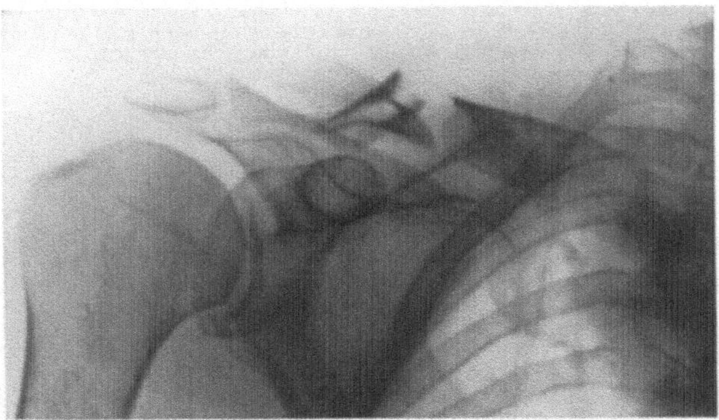

Abb. 481. Splitterfraktur des Schlüsselbeins mit Querstellung eines mittleren Fragmentes.

dem freien mittleren Drittel und sind, wie die lateralen Biegungsbrüche, *Schräg-frakturen* (s. Abb. 482).

Muskelzugfrakturen sind, besonders wenn wir von den durch Längsdruck bedingten absehen, an der Clavicula eine Seltenheit. Sie entstehen durch un-zweckmäßig dosierte und unkoordinierte Muskelaktion bei Hebe- und Schleuder-bewegungen des Armes, so bei Wurfbewegungen, Peitschenhieben, beim Austeilen eines Schlages, der sein Ziel verfehlt, und *sitzen meist in der Nähe des lateralen Sternocleido-Ansatzes*; offenbar verdanken sie der gegensätzlichen Wirkung von Sternocleido einerseits, Pectoralis major und Deltoides andererseits ihre Ent-stehung. *Doppelbrüche, mehrfache Brüche* und *beidseitige Frakturen* an der Clavi-

cula sind selten; ebenso die *Epiphyseolyse am sternalen Ende*. Auch *offene Schlüsselbeinbrüche* gehören, abgesehen von den Schußverletzungen, zu den Ausnahmen.

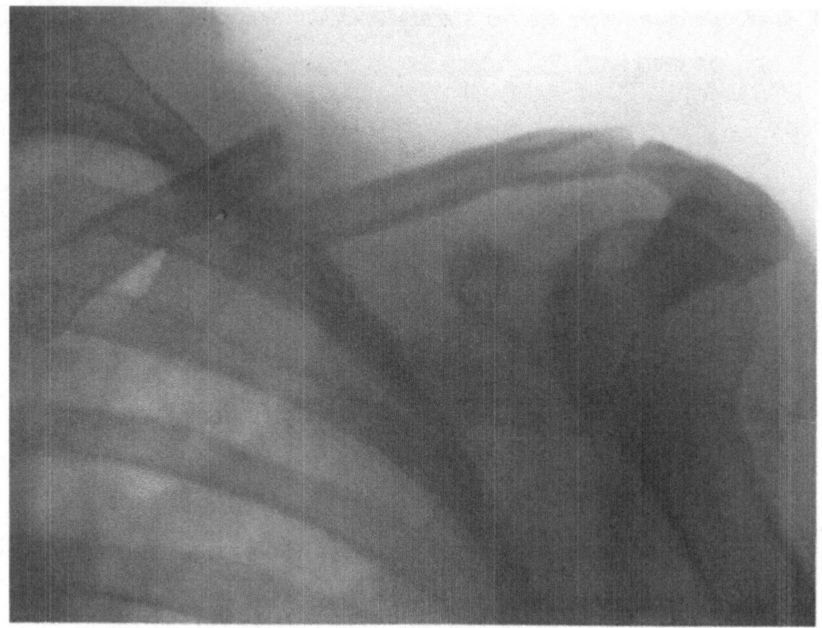

Abb. 482. Schrägfraktur der Clavicula an der Grenze zwischen innerem und mittlerem Drittel, durch
Biegung über die 1. Rippe entstanden; Pseudarthrose.

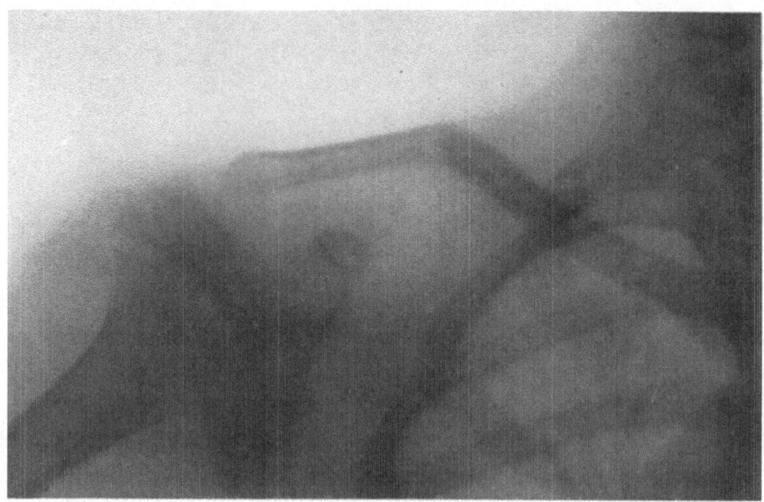

Abb. 483. Infraktion der Clavicula, indirekt entstanden.

Neben den *vollständigen* Claviculafrakturen sehen wir *subperiostale Brüche*
und *Infraktionen,* letztere vorwiegend bei Jugendlichen. Die Einknickungs-
brüche sitzen an den Stellen maximaler physiologischer Biegung, d. h. im

Übergangsgebiet des mittleren zum lateralen (Abb. 483) und medialen Drittel. Ätiologisch überwiegt Fall auf Hand, Ellbogen und Schulter, somit Längsdruck.

Klinisch lassen sich 3 *Typen der Schlüsselbeinfraktur* auseinanderhalten, nämlich — in der Rangordnung ihrer Frequenz — die Brüche des mittleren Drittels, solche des akromialen und des sternalen Abschnittes.

Die am häufigsten zur Beobachtung gelangenden Frakturen des Mittelstückes und der Übergangsstelle des lateralen zum mittleren Drittel zeigen überwiegend eine *charakteristische Dislokation des medialen Fragmentes nach oben und etwas nach hinten*; diese Verschiebung beruht auf der direkten Zugwirkung des M. sternocleidomastoideus (s. Abb. 479/480). Das *laterale Fragment* folgt der Schwere des Armes und der Schulter *nach unten*. Gleichzeitig erfolgt eine *Verschiebung in der Längsrichtung des Schlüsselbeines* nach dem Sternum hin, da die Strebe, die den Pectoralis major und minor ausgespannt erhält,

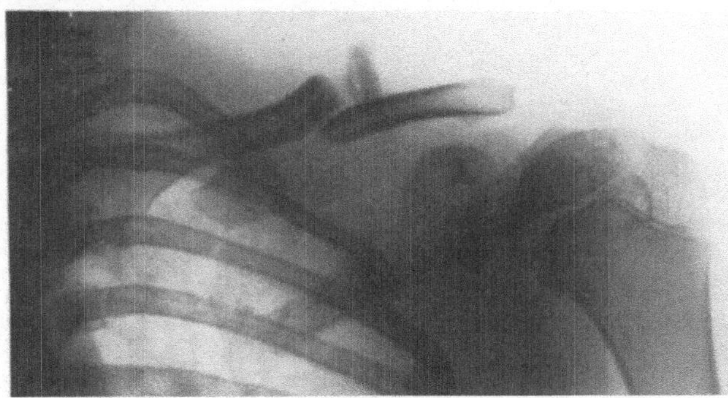

Abb. 484. Schlüsselbeinfraktur mit senkrecht aufgestelltem, die Haut bedrohenden Splitterfragment.

unterbrochen ist. Deshalb schiebt sich das laterale Fragment unter und oft auch vor das mediale (vgl. Abb. 480), und gleichzeitig bildet die emporgehebelte Spitze des medialen Fragmentes einen deutlich *nach oben vorspringenden Winkel*; gemäß dieser Verschiebung sieht man hier häufig das sog. *Reiten der Fragmente* (s. Abb. 482). Gelegentlich ist ein Splitterfragment senkrecht aufgestellt und kann die Haut gefährden (Abb. 484).

Umgekehrte Verschiebung der Fragmente ist sehr selten. Der Längsverschiebung entsprechend ist die gebrochene Clavicula gegenüber der gesunden um ein bis mehrere Zentimeter *verkürzt*. Die *Schulter sinkt nach unten* und verschiebt sich gleichzeitig nach vorne-innen. Die ausgiebigsten Verschiebungen werden bei Schrägfrakturen beobachtet, während Querfrakturen infolge Verhackung oft keine Längsverschiebung zeigen (s. Abb. 485), ebenso Infraktionen und Brüche mit teilweise erhaltenem Periost. Die Claviculafraktur wird in solchen Fällen oft nur durch eine leichte Knickung an der Frakturstelle angedeutet. Hochgradige Verschiebung der Fragmente ist sowohl inspektorisch als auch palpatorisch nachweisbar. Weiterhin besteht *lokaler Druckschmerz* sowie *Fernschmerz* bei Druck von außen gegen die Schulter; auch lassen sich häufig *Crepitation* und *falsche Beweglichkeit* nachweisen. Die relativ spärliche Weichteilbedeckung der Clavicula bedingt schon frühzeitiges Auftreten von *Hautblutungen*.

Um den M. sternocleido, dessen Zug am medialen Fragment Schmerzen auslöst, zu entspannen, halten die Patienten den Kopf leicht *nach der verletzten Seite gesenkt*. Die Insertion des vorderen Drittels des M. deltoides am lateralen Abschnitt des Schlüsselbeines (vgl. Abb. 479) erklärt, daß kräftige Elevation des Armes nach der Seite und nach vorne gar nicht, jedenfalls nicht gegen starken Widerstand ausgeführt wird. Alle diese Symptome ermöglichen in der Großzahl der Fälle eine sichere Diagnose, zu deren Vervollständigung man stets eine *Röntgenaufnahme* vornehmen soll; am besten entspricht hier eine dorsoventrale Projektion, Claviculamitte der Kassette anliegend, Röhre senkrecht über der Frakturstelle oder etwas kranialwärts davon.

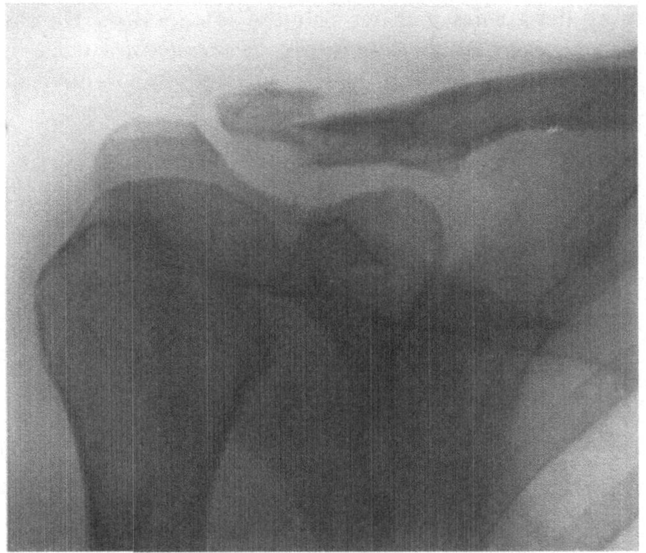

Abb. 485. Direkte Querfraktur des akromialen Claviculaendes mit atypischer Verschiebung und Verhackung der Fragmente.

Infraktionen des Mittelstückes werden, besonders bei Kindern, die oft ihre Schmerzen nicht genau lokalisieren und bei denen zunächst nur eine Gebrauchsstörung des betreffenden Armes auffällt, leicht übersehen. Man soll deshalb bei Kindern, die auf Schulter oder Arm gefallen sind und den betreffenden Arm nicht mehr brauchen wollen, stets auch die Clavicula systematisch abtasten.

Die Frakturen des lateralen Drittels zeigen, wenn sie zwischen Ansatzstelle der Ligamenta coraco-clavicularia und dem Akromialgelenk liegen, gewöhnlich eine Verschiebung des lateralen Fragmentes nach unten, des medialen nach oben und werden bei flüchtiger Untersuchung gelegentlich mit *Luxationen* des akromialen Claviculaendes nach oben verwechselt. Brüche im Ansatzgebiet der Ligamenta coraco-clavicularia zeigen häufig gar keine Verschiebung, weil beide Fragmentenden durch die intakten Bänder festgehalten werden (s. Abb. 478); liegen sie jedoch nach außen davon, oder sind die Ligamente zerrissen, so kann das äußere Fragment unter der Wirkung der vordersten Fasern des Trapezius nach oben gezogen sein (vgl. Abb. 479) und beinahe rechtwinklig zu dem ebenfalls nach oben gezogenen medialen Fragment stehen.

Die am seltensten zur Beobachtung gelangenden *Frakturen des sternalen Claviculadrittels,* die sowohl durch direkte Gewalt als durch Zug des M. sternocleidomastoideus entstehen, zeigen keine wesentliche Dislokation, solange sie im Bereiche des Lig. costoclaviculare liegen, weil das intakte Band die Zugwirkung des Sternocleido kompensiert. Frakturen lateral von der Ansatzzone des Lig. costoclaviculare gestatten eine Verschiebung des lateralen Fragmentes nach unten, dem Zuge der Pars clavicularis des M. pectoralis major folgend (vgl. Abb. 479). Auch kann infolge Abwärtssinken der Schulter das mediale Ende des äußeren Fragmentes über der ersten Rippe nach oben gehebelt werden. Parasternale Brüche mit Vortreten des lateralen Bruchstückes geben zu Verwechslung mit sternalen Luxationen der Clavicula Anlaß. Die *Röntgenaufnahme muß* deshalb *genaue Beurteilung des Sternoclaviculargelenkes* ermöglichen; sie erfolgt in dorsoventraler Richtung. Die Platte wird dem Sternalgelenk und

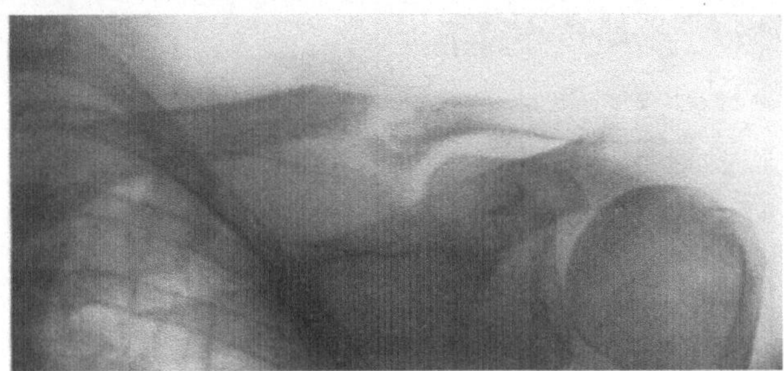

Abb. 486. Pseudarthrose des Schlüsselbeins nach Drahtnaht; erfolglose voluminöse Callusbildung am lateralen Fragment.

dem inneren Drittel der Clavicula flach angelegt und der Patient mit der Vorderfläche beider Schultern auf Polster gelagert. Der Schatten der Wirbelsäule darf nicht in das darzustellende Gebiet fallen; deshalb wird die Röhre etwas seitlich eingestellt, mit Zentrierung auf das sternale Ende der Clavicula.

Die seltenen *doppelseitigen Claviculafrakturen* sind durch auffällige *Dyspnoe* infolge der Beziehungen verschiedener Atmungsmuskeln zum Schlüsselbein und durch die von MALGAIGNE beschriebene Formveränderung des Thorax charakterisiert. Die Schultern sind gesenkt, nach vorne abgewichen, die Schulterblätter stark abduziert, so daß der Thorax abgerundet erscheint.

Nebenverletzungen sind bei Schlüsselbeinbrüchen relativ selten, wenn wir absehen von den Schußfrakturen. Sie betreffen im Bereiche des inneren Drittels die Vena subclavia, ganz selten die Arterie, im mittleren Drittel den Plexus brachialis besonders bei direkten Brüchen in Form von Kontusion durch ein Fragment und ferner Pleurakuppe und Lungenspitze, namentlich bei stark schrägen und direkten Brüchen.

Offene Frakturen sind wegen der guten Verschieblichkeit der bedeckenden Haut selten; diese kann jedoch bei Splitterbrüchen sekundär durch ein Fragment perforiert werden.

Die solide *Heilung* der unkomplizierten Claviculafraktur erfordert 4—6 Wochen, bei Kindern etwas weniger. *Pseudarthrosen* kommen nicht so selten zur Beobachtung (vgl. Abb. 486). Unverhältnismäßig häufig sieht man *deform geheilte*

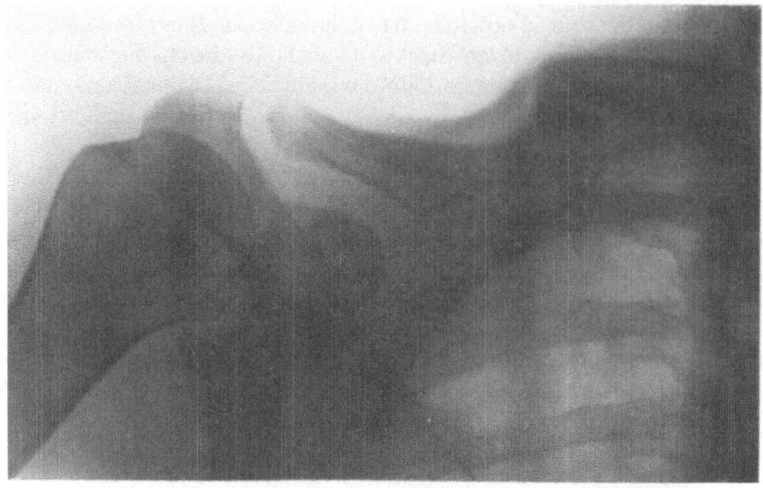

Abb. 487. Schlecht geheilte Claviculafraktur; typische Stellung.

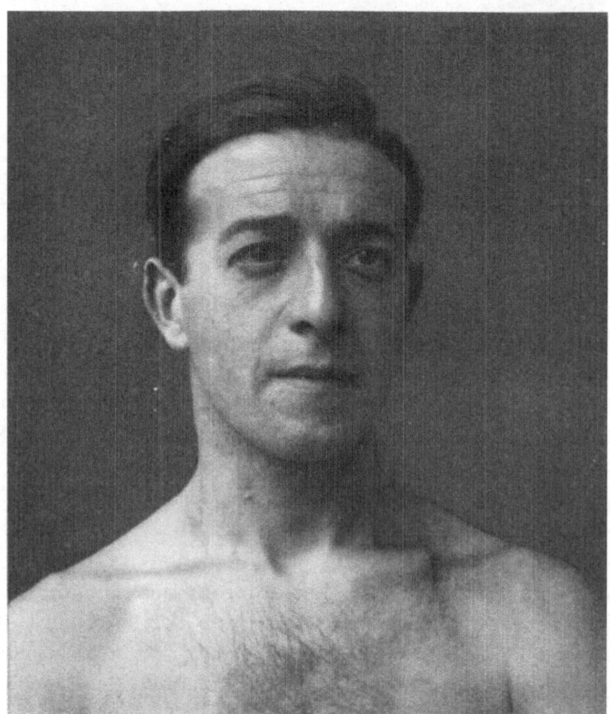

Abb. 488. Fractura claviculae male sanata; vgl. Abb. 487.

Brüche, meistens in der für Frakturen des Mittelstückes charakteristischen Fragmentstellung; das mediale Fragment bildet einen nach oben, oft auch etwas nach vorne vorspringenden Buckel (Abb. 487), der sich sehr stark markiert, weil der Knochen nur von Subcutis und Haut überlagert ist (s. Abb. 488). Im allgemeinen bedingt die deforme Heilung der Fraktur des Mittelstückes keine erheblichen Störungen; doch haben auch in solchen Fällen viele Verletzte die Tendenz, Beschwerden mit der manifesten Formanomalie zu begründen. Durch starke *Calluswucherung* (vgl. Abb. 486) und erhebliche Rückwärtsverlagerung des einen Fragmentes wird jedoch der Plexus brachialis gelegentlich komprimiert, was zu *Neuralgien* und auch zu *Lähmungen* Anlaß geben kann. Betrifft die unbefriedigende Heilung das laterale Drittel der Clavicula, so leidet nicht so selten die Funktion des betreffenden Armes, weil kräftige Bewegungen im Schultergelenk Schmerzen auslösen. Diese Beschwerden sind meist um so erheblicher, je näher die Fraktur dem Akromialgelenk liegt. Wird durch einen *Brückencallus* die Clavicula mit dem Processus coracoides oder mit der 1. Rippe knöchern verbunden, so werden sowohl die Hebung der Schulter und damit des Armes, als besonders die Vor- und Rückwärtsbewegung der Scapula behindert.

Kapitel 2.

Die Behandlung der Schlüsselbeinbrüche.

Für die Behandlung der *Infraktionen* sowie vollständiger *Frakturen ohne wesentliche Verschiebung* der Fragmente reicht *vorübergehende Ruhigstellung* des betreffenden Armes durch eine *Mitella* vollständig aus. Nach 8 Tagen kann mit leichter Massage sowie mit Bewegungsübungen begonnen werden. In der 2. Woche wird der Verband nur nachts angelegt und die Intensität der Massage- und Übungsbehandlung gesteigert.

Zeigen die Bruchstücke eine wesentliche *Verschiebung,* so ist zunächst der Versuch einer *Reposition* der Fragmente zu machen. Die Längsverschiebung läßt sich, wenn überhaupt, durch Zug an beiden Schultern nach hinten korrigieren. Dadurch wird die Scapula am Thorax medialwärts verschoben und gleichzeitig um eine vertikale Achse nach hinten und außen gedreht. Der Zug überträgt sich durch Vermittlung des Akromio-Claviceulargelenkes auf das laterale Fragment und so gelingt es gelegentlich, die Längsverschiebung vollständig zu beheben und durch lokalen Druck auf das vorstehende Fragment auch die Seitenverschiebung auszugleichen. Der distrahierende Zug zum Ausgleich der Längsverschiebung kann besonders wirkungsvoll gestaltet werden, wenn man hinter den Patienten tritt, das Knie zwischen den Schulterblättern gegen seinen Rücken stemmt und nun mit beiden Händen einen kräftigen Zug nach rückwärts auf beide Schultern ausübt. Ist die Seitenverschiebung eine erhebliche, so wird man durch äußere Maßnahmen die Reposition vergeblich zu erreichen suchen. *Aber auch dort, wo die Reposition der Fragmente gelingt, bereitet die dauernde Aufrechterhaltung guter Fragmentstellung meist erhebliche Schwierigkeiten.* Das beruht auf der Übertragung von Atmungs- und Armbewegungen auf die Clavicula und auf ihrer doppelten Biegung. Für die Schwierigkeiten guter Fragmentretention zeugt die große Zahl der angegebenen Verbände.

Die Aufgabe eines jeden *Verbandes für die Behandlung der Claviculafraktur* besteht darin, die Clavicula in der Längsrichtung zu dehnen, was ein Zug an der Schulter nach außen-hinten leistet. In einfacher Weise wird dieses Ziel dadurch erreicht, daß man dem Patienten beide gebeugte Ellbogen nach hinten drängt und zwischen Rücken und beiden Ellenbeugen einen Stock durchschiebt.

Dieses von BILHARZ beschriebene Verfahren hat den Vorzug bedeutender Einfachheit, ist jedoch auf die Dauer für den Patienten unbequem, namentlich wenn diese Stellung auch während der Nacht innegehalten werden soll. Auch hebt es die Schulter nicht und gleicht deshalb die Knickung nach unten nicht aus.

Die klassischen Verbände für die Behandlung der Schlüsselbeinbrüche nach VELPEAU, DESAULT und SAYRE bezwecken Distraktion der Fraktur, Hebung der Schulter und Ausübung eines direkten Druckes auf das vorstehende Fragment.

Bei dem *Heftpflasterverband nach* SAYRE (Abb. 489) wird durch den ersten Zug, der den Oberarm auswärts rotiert, die Clavicula distrahiert, der zweite Zug hebt den Ellbogen, während der dritte Pflasterstreifen über einem Polster einen Druck auf die Bruchstelle ausübt. Das Achselkissen ermöglicht ferner, durch Bandagierung des Ellbogens an den Thorax die Streckung der Clavicula zu steigern.

Um die Reizwirkung der Pflasterstreifen und ihr Einschneiden in die Haut zu vermeiden, hat BRAATZ seinen *Epaulettenverband* angegeben, der mittels Stoffbinden hergestellt wird. Ellbogen und Vorderarm kommen in eine Gipskapsel zu liegen, eine Gipspelotte wird der Frakturstelle anmodelliert. Die Bindenzügel entsprechen in ihrer Wirkung den SAYREschen Heftpflasterstreifen.

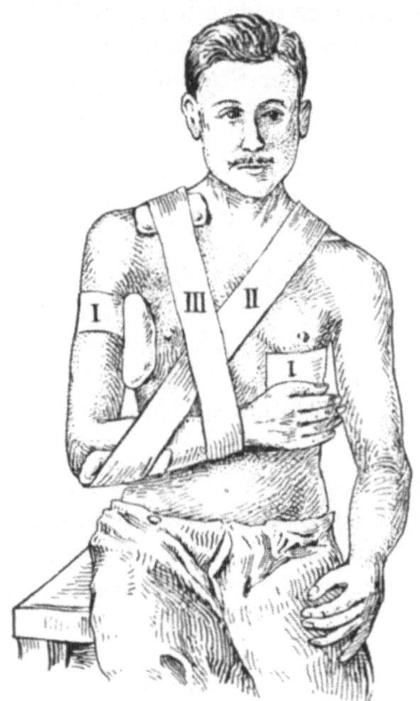

Abb. 489. SAYREscher Verband.

Diese beiden Verbände haben keine dauernde reponierende Wirkung, sie verhindern nachträgliche Verschiebungen nicht mit Sicherheit und befriedigen deshalb nur bei gut reponiblen Frakturen ohne wesentliche Verschiebungstendenz, also bei verzahnten Querfrakturen und bei Schrägbrüchen mit unvollständiger Zerreißung des Periosts. Bei ihrer Anwendung ist die Schweißverhaltung in der Axilla, die zu nässenden, übelriechenden Ekzemen Anlaß geben kann, durch primäre Toilette und regelmäßigen Verbandwechsel zu berücksichtigen.

Einen unverkennbaren Fortschritt in der konservativen Behandlung der Schlüsselbeinbrüche hat das Verfahren von BORCHGREVINK gebracht, das ständige Distraktion der Clavicularfraktur bei freier Gebrauchsfähigkeit des Armes ermöglicht.

Der Apparat BORCHGREVINKs besteht aus zwei gepolsterten Schulterringen, die hinten durch elastische Gurten verbunden sind, die nach unten durch einen elastischen Zug mit der Hose verbunden werden, der das Emporrutschen der Querzüge verhindert.

Dieses Verfahren ist durch verschiedene Autoren modifiziert worden; so hat MANNINGER die queren elastischen Gurten durch zwei Gummischläuche ersetzt, VIDAKOVITS bewirkt die Adduction der Schultern durch eine über beide Schultergelenke verlaufende, hinten geschlossene Gummischlauchschlinge,

LANGEMACK durch eine Achtertour mittels einer Wollstrange, die auch durch einen Schlauch ersetzt werden kann.

Wir üben das BORCHGREVINKsche Verfahren in der Art, wie Abb. 490 zeigt, indem die Schultern in Ringe aus eingenähter Polsterwatte gefaßt und durch einen hinteren Gummischlauchzug einander maximal genähert werden. Das Hochrutschen des Schulterzuges wird tagsüber durch Anhängen eines Gewichts, nachts durch Befestigung des Querzuges durch einen Bindenzügel an einer Badehose verhindert.

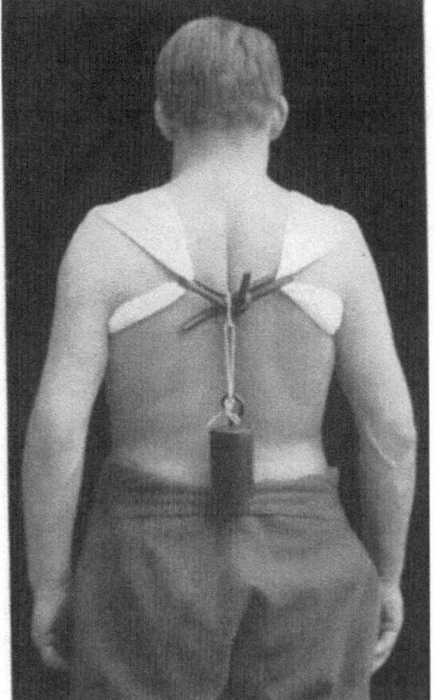
Abb. 490. Behandlung einer Schlüssel-beinfraktur nach BORCHGREVINK; elastische Schulterzügel, verstärkt durch angehängtes Gewicht.

Mit diesem Verfahren sind erheblich bessere Resultate zu erzielen, als mit den Verbänden nach SAYRE und BRAATZ; doch ist zu beachten, daß es dort, wo das äußere Fragment vorne steht, oft die Verschiebung steigert und deshalb keine Anwendung finden kann.

In solchen Fällen kann ein Versuch mit Extensionsbehandlung nach BARDENHEUER gemäß Abb. 491 gemacht werden; besser Reduktion der Fragmente gibt oft das alte Verfahren nach COUTEAUD, das darin besteht, den Arm der verletzten Seite zunächst frei, im Ellbogen gestreckt, nach 2—3 Tagen mit rechtwinklig gebeugtem Ellbogengelenk und unterstütztem Vorderarm zum Bett heraushängen zu lassen. Es handelt sich somit um eine Autoextension, die allerdings in den ersten Tagen nicht angenehm empfunden wird und zu ödematöser Anschwellung des Armes führt.

Da mit erheblicher Verschiebung geheilte Schlüsselbeinbrüche doch gelegentlich Funktionsstörungen und zudem eine häßliche Entstellung bedingen (vgl. Abb. 488), empfiehlt sich bei jungen Leuten *operative Behandlung*, wenn mit Schulterzügen oder mit Extension ein befriedigendes anatomisches Heilungsresultat nicht zu erzielen ist. Die in *Lokalanästhesie* ausführbare *Operation* kann praktisch als gefahrlos betrachtet werden.

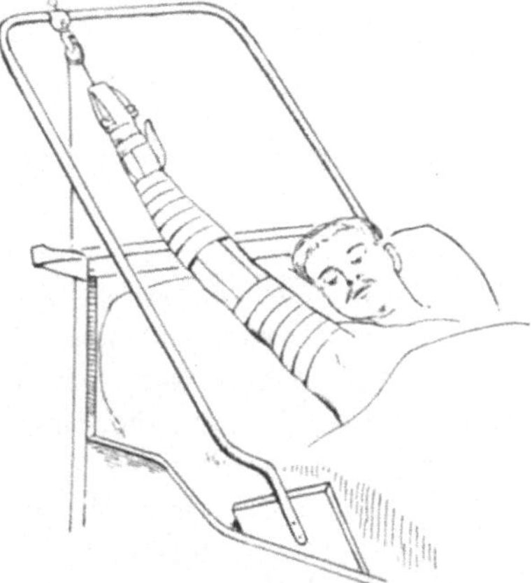
Abb. 491. Extensionsbehandlung der Claviculafraktur. (Nach BARDENHEUER.)

Die Freilegung der Fragmente erfolgt durch Incision in der Längsrichtung der Clavicula oder durch leicht bogenförmigen, medialwärts konkaven Schnitt in der Fossa supraclavicularis. Die Fragmente werden nur in ganz umschriebener Ausdehnung subperiostal freigelegt und instrumentell reponiert. Die Vereinigung erfolgt bei Schrägbrüchen durch einfache oder doppelte Umschlingung (Abb. 492), bei

Querbrüchen mittels durchgreifender Längssutur, unter ausschließlicher Verwendung von rostfreiem Stahldraht. Bei Frakturen am akromialen Ende kann Verschraubung von Akromion her durch das Akromioclaviculargelenk hindurch in Frage kommen.

Splitterfrakturen sind nicht immer anatomisch korrekt zu vereinigen; man muß sich oft mit achsengerechter Einstellung aufgerichteter, die Haut bedrohender Splitter und mit Periost- und Weichteilnähten begnügen. Von der Plattenverschraubung ist trotz der Empfehlung LAMBOTTEs abzusehen, weil der dicht

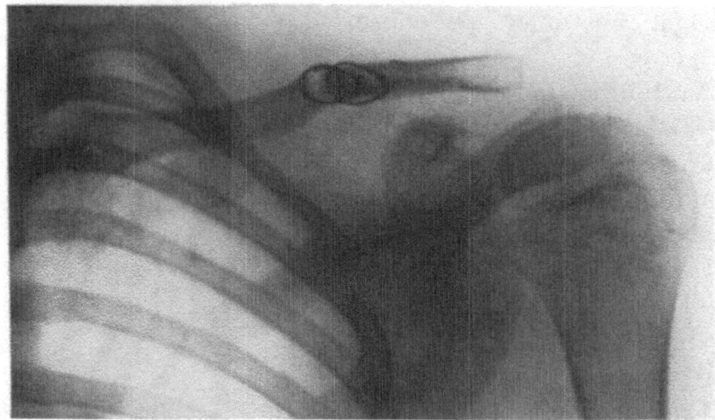

Abb. 492. Vereinigung einer Schrägfraktur des Schlüsselbeins durch doppelte Umschlingung.

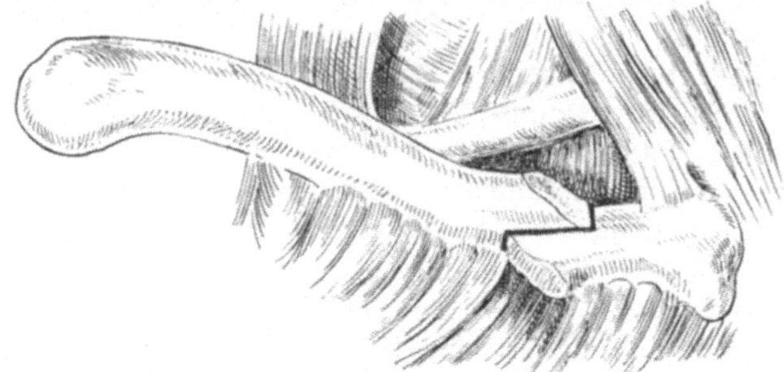

Abb. 493. Operative Behandlung der Claviculapseudarthrose durch Fragmentauswechslung.
(Nach SCHMIEDEN.)

unter der Haut liegende voluminöse Fremdkörper zu Wundstörungen Anlaß geben kann. *Man tut im ganzen gut, mit der operativen Behandlung von Splitterbrüchen der Clavicula zurückhaltend zu sein.*

Wichtig ist eine ausreichende Weichteilbedeckung der vereinigten Fraktur durch mehrschichtige, lückenlose, keine toten Räume zurücklassende Naht.

Zur *Nachbehandlung* wird der Arm für 3 Tage an den Thorax bandagiert, nachher bis zum Ende der 3. Woche in eine Schlinge gelegt. In der 3. Woche setzt bereits die Bewegungsbehandlung ein.

Schlechtgeheilte Claviculafrakturen geben gelegentlich Anlaß zu *sekundärer operativer Korrektur.* Ist die funktionelle Leistungsfähigkeit des betreffenden Armes normal, so kann man von einer Osteotomie des Callus absehen und sich darauf beschränken, die unschöne Vorragung des medialen Fragmentes abzutragen. Auch bei *sekundärer Kompression des Plexus brachialis* durch den Callus oder das laterale Fragment, sowie bei Druckschädigung der Haut durch das mediale Fragment wird man sich meist mit der *Abtragung der komprimierenden Callusmassen oder der vorragenden Fragmentenden* begüngen, sobald die Fraktur schon fest konsolidiert ist, vorausgesetzt ist, daß keine hochgradige Verkürzung vorliegt.

Die *Synostose zwischen Clavicula und 1. Rippe* oder Processus coracoides erfordert Resektion des Brückencallus, evtl. verbunden mit Zwischenlagerung eines Muskellappens aus dem M. pectoralis.

Pseudarthrosen der Clavicula können nach dem üblichen Verfahren der Anfrischung mit nachfolgender Drahtnaht zur Heilung gebracht werden. Mit Rücksicht darauf, daß die osteogenetische Fähigkeit der Bruchenden bei Pseudarthrosen der Clavicula häufig hochgradig herabgesetzt ist, und um die hartnäckige Dislokationstendenz des medialen Fragmentes wirksam zu bekämpfen,

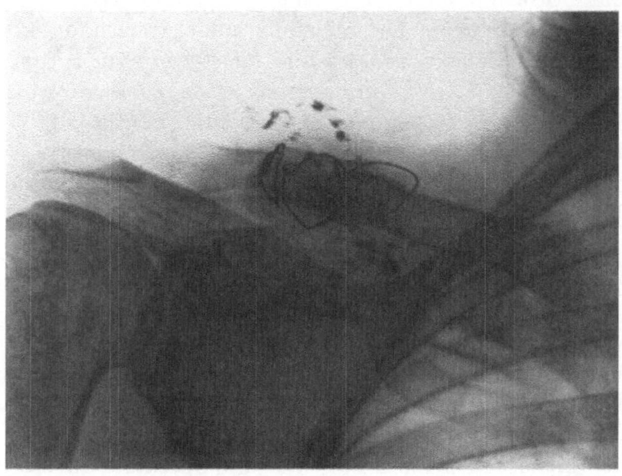

Abb. 494. Vereinigung einer Claviculapseudarthrose durch freie Überpflanzung einer Knochenhülse vom Beckenkamm.

empfiehlt SCHMIEDEN für die Behandlung der Claviculapseudarthrosen sein durch Abb. 493 illustriertes *Verfahren der Fragmentauswechslung*. Die Anwendung dieses einfachen Prinzips erscheint bei der Claviculapseudarthrose im mittleren und medialen Drittel sehr vorteilhaft; es ist auch bei frischen Brüchen anwendbar.

Ich bevorzuge für die Behandlung von Claviculapseudarthrosen mit Atrophie der Fragmente die *freie Knochentransplantation vom Beckenkamm*; die Spongiosa des Transplantates wird soweit ausgelöffelt, daß eine Hülse entsteht, die sich über die angefrischten Fragmente stülpen und mit Umschlingungen fixieren läßt (Abb. 494).

Die *Schußfrakturen des Schlüsselbeines* werden im allgemeinen, abgesehen von der Wundversorgung, in gleicher Weise behandelt wie die Friedensfrakturen. Doch wird man wegen begleitender Nebenverletzungen des Plexus brachialis sowie benachbarter Gefäße häufiger Anlaß zu primärer operativer Wundrevision und Einstellung der Fragmente haben, um so mehr, als die Nebenverletzungen oft durch verschobene Knochensplitter bedingt sind. Zur Fixation der Fragmente empfiehlt sich in solchen Fällen gelegentlich der *Knochenfeststeller* LAMBOTTES.

C. Die Begutachtung der Frakturen des Schultergürtels.

Frakturen des Schulterblattkörpers heilen vorwiegend ohne Funktionsstörung. Ist der *N. suprascapularis verletzt,* so kann eine *Lähmung des M. supraspinatus* sowie des *Teres minor* und *Infraspinatus* dauernd bestehen bleiben. Durch diese Lähmung der Auswärtsrotatoren gerät der Humerus in eine Subluxationsstellung nach vorne und innen. Recht häufig ist die seitliche Hebung des Armes zur Vertikalen nach unkomplizierten Frakturen des Schulterblattkörpers und der Spina scapulae behindert; doch bedingt diese durch Übung und Massage zu überwindende Störung nicht unbedingt eine Reduktion der Arbeitsfähigkeit. *Der Bruch des Akromion* hat meistens keine dauernde Gebrauchsstörung des Armes zur Folge. Relativ *schwere* und *häufig dauernde Funktionsstörungen* sehen wir dagegen nach *Fraktur des anatomischen oder chirurgischen Schulterblatthalses.* Sie führt durch sekundäre Arthritis häufig zu Versteifung des Schultergelenkes und ist nicht so selten durch eine *Verletzung des N. axillaris* und entsprechende *Lähmung des M. deltoides* kompliziert. Die dauernde Schädigung kann 30—40$^0/_0$ erreichen.

Frakturen des Processus coracoides beeinträchtigen oft eine Zeitlang die völlige Erhebung des Armes sowie die kräftige Flexion des Ellbogengelenkes in Supinationsstellung des Vorderarmes. Dauernde Funktionsstörungen sind jedoch nach dieser Verletzung nicht zu erwarten.

Nicht so selten gründen sich Entschädigungsansprüche nach Schulterblattfrakturen auf *Demonstration des sog. Schulterblattknarrens.* Erwerbliche Bedeutung kommt dieser Erscheinung nur zu, wenn gleichzeitig die Funktion des Armes gehemmt ist; in solchen Fällen ist die operative Abtragung des Callus zu erwägen. Es ist zu berücksichtigen, daß eine individuell bedingte, übermäßige Ausbildung des unteren Schulterblattwinkels oder die Entwicklung eines eigentlichen *Chondroms* an dieser Stelle gelegentlich das Reibungsphänomen veranlassen.

Nach LINIGER und WEBER heilen 75$^0/_0$ der Schlüsselbeinbrüche im Laufe der ersten 2 Monate; Dauerinvalidität tritt nur in etwa 3$^0/_0$ der Fälle ein, und zwar wird sie namentlich bedingt durch deforme Heilung mit übermäßiger Callusbildung und durch Beeinträchtigung der Funktion des Schultergelenkes.

Sehr starke *Verkürzung* der Clavicula kann die Funktion der vom Thorax zum Humerus ziehenden Muskeln beeinträchtigen. In Begleitung schlechtgeheilter Claviculafrakturen finden wir auch *hochgradige Inaktivitätsatrophie der Muskulatur,* die zu Funktionsbehinderung Anlaß geben kann.

Ferner können primäre oder sekundäre, durch Callusdruck bedingte *Schädigungen des Plexus brachialis* zu dauernden Störungen führen. Wo ein übergroßer, meist durch schlechte Fragmentstellung bedingter Callus zu Kompression des Plexus brachialis Anlaß gibt, sollte deshalb möglichst frühzeitig auf operative Korrektur gedrungen werden, die man dem Verunfallten wohl zumuten darf. *Pseudarthrosen* nach Claviculafraktur bedingen nicht immer Funktionsstörungen; doch kann die rohe Kraft des Armes derart beeinträchtigt sein, daß Erwerbseinbußen bis zu 30$^0/_0$ resultieren. Im allgemeinen variieren die gesprochenen Entschädigungen wegen andauernder Schwäche des Armes und verschieden hochgradiger Versteifung des Schultergelenkes zwischen 15 und 50$^0/_0$, wobei die maximalen Taxationen nur bei Fällen mit partieller Läsion des Plexus brachialis oder bei der seltenen Kompression der Subclavialgefäße in Frage kommen. Die teilweise *Immobilisierung des Schultergürtels durch knöcherne Verwachsung der frakturierten Clavicula mit der 1. Rippe* oder mit dem Processus coracoideus beeinträchtigt die Gebrauchsfähigkeit des Armes nicht unerheblich und bedingt eine Erwerbseinbuße, die bis 20$^0/_0$ betragen kann.

Bedeutsamer als die Folgen der Schlüsselbeinfraktur sind für die Begutachtung oft die Nachwirkungen begleitender Verletzungen von Lunge und Pleura bei ursächlicher schwerer Kontusion des Thorax.

Literatur.

BORCHGREVINK: Zur Behandlung des Schlüsselbeinbruches. 45. Verslg dtsch. Ges. Chir. **1921**. Zbl. Chir. **1921**, Nr 21. — BRAATZ, E.: Behandlung des Schlüsselbeinbruches (Epaulettenverband). Zbl. Chir. **1896**, Nr 1.

DUBS: Isolierte Rißfraktur des Akromion durch Muskelzug. Münch. med. Wschr. **1920**, Nr 18.

HITZROT and BOLLING: Fractures of the neck of the scapula. Ann. Surg. **1916**, Nr 2. — HOFMEISTER, v. u. SCHREIBER: Chirurgie der Schulter und des Oberarmes. Handbuch der praktischen Chirurgie. 5. Aufl., Bd. 5. 1922.

KOFMANN: Zur Behandlung der Schlüsselbeinbrüche. Zbl. Chir. **1919**, 324.

LANGEMAK: Verband zur Behandlung von Schlüsselbeinbrüchen. Zbl. Chir. **1923**, Nr 46/47.

MOSSE: Zughebelwirkung zur Behandlung der Claviculafraktur. Berl. klin. Wschr. **1917**, Nr 5.

PEDOTTI: Ein Beitrag zur Behandlung der Frakturen der Clavicula. Schweiz. med. Wschr. **1927**, Nr 33. — PREISER: Eine typische Fractura scapulae. Zbl. Chir. **1912**, Nr 26.

RIETHER: Claviculafrakturen Neugeborener. Wien. klin. Wschr. 15 (1902).

SCHMIEDEN: Auswechslung der Fragmente bei Pseudarthrose der Clavicula. Zbl. Chir. **1918**, Nr 5.

VIDAKOVITS: Ein einfacher Verband zur Behandlung der Schlüsselbeinbrüche nach dem Prinzip BORCHGREVINKS. Zbl. Chir. **1922**, Nr 42. — VONCKEN et ORY: Contribution à l'étude des fractures de l'omoplate. Arch. franco-belg. Chir. 30 (1927).

WIDEROE: Zur funktionellen Behandlung der Claviculabrüche. Zbl. Chir. **1920**, Nr 23.

Sechster Abschnitt.

Die Frakturen der oberen Extremität.

A. Die Frakturen des Humerus.

Nach der Generalstatistik von BRUNS beträgt die Frequenz der Humerusbrüche 7$^0/_0$, nach der schweizerischen Unfallstatistik 2,4$^0/_0$. Am häufigsten sind die Brüche des unteren Humerusendes, die namentlich bei Kindern und Jugendlichen beobachtet werden, dann folgen die Frakturen des oberen Endes einschließlich Collum chirurgicum und an letzter Stelle die eigentlichen Diaphysenbrüche, die bei Männern im kräftigen Alter überwiegen.

I. Die Frakturen des oberen Humerusendes.

Kapitel 1.

Anatomische Vorbemerkungen.

Der Besprechung der Frakturen des oberen Humerusendes sind einige anatomische Bemerkungen vorauszuschicken (vgl. Abb. 495a u. b). Wir unterscheiden am Schultergelenkteil des Humerus einen *anatomischen* und einen *chirurgischen Hals*; der erstere entspricht ungefähr der Grenze zwischen überknorpeltem und

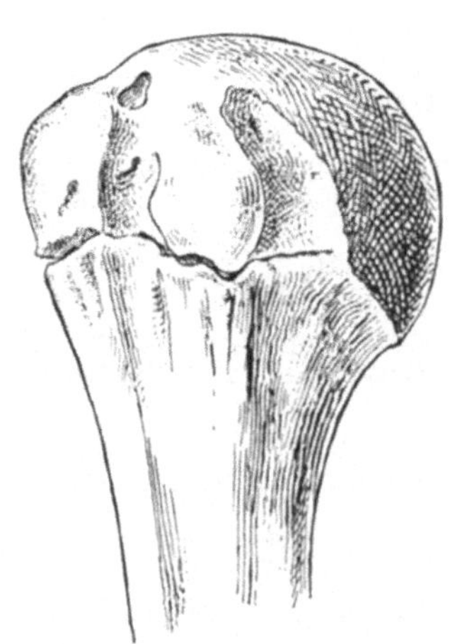

Abb. 495a. Oberes Humerusende
von vorne.

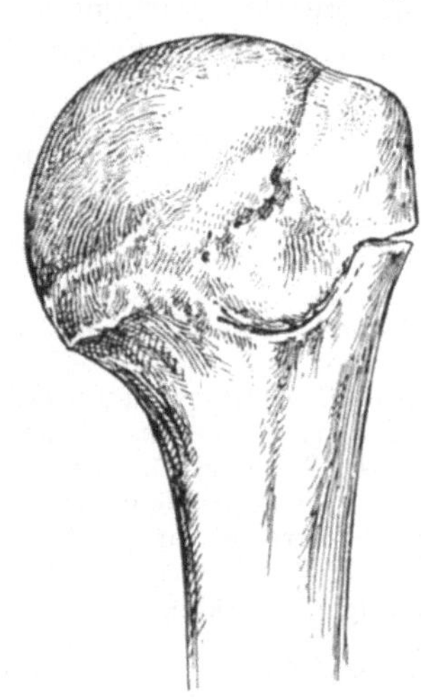

Abb. 495b. Oberes Humerusende
von hinten.

nicht überknorpeltem Anteil des Humeruskopfes und damit im wesentlichen auch dem Kapselansatz. Der praktisch bedeutungsvollere *chirurgische Hals* wird gebildet durch die Zone des Überganges der Humerusdiaphyse in die Kopf-

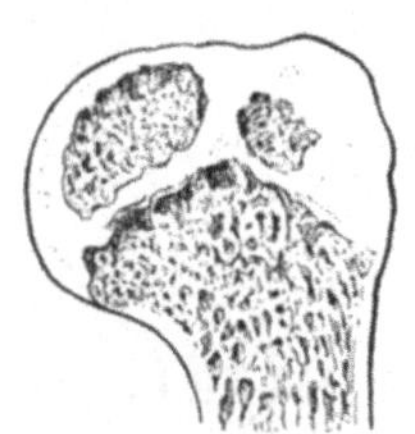

Abb. 496. Ossifikations-
verhältnisse des oberen
Humeruskopfes am Ende
des 2. Lebensjahres.
(Nach TOLDT.)

wölbung und Tuberkularmasse. Zwischen beiden Zonen liegt das Gebiet der Tubercula, keilförmig konfiguriert, mit lateraler Basis (Abb. 495 u. 502).

Beim Neugeborenen besteht der ganze Gelenkkopf einschließlich des Tuberkularmassivs vollständig aus Knorpel, wie Abb. 182 zeigt. Währenddem sich die Verknöcherung des Kopfes von einem separaten Knochenkern aus vollzieht (vgl. Abb. 496), rückt die Epiphysenlinie lateral sukzessive nach oben, so daß, worauf KOCHER aufmerksam machte, mit zunehmendem Alter die Bruchebene der Epiphysenlösungen einen immer steileren Verlauf zeigt.

Bei ausgewachsenen Individuen verläuft die Epiphysenfuge etwas unregelmäßig (s. Abb. 495a u. b); medial hält sie sich an den Knorpelrand des Kopfes, verläuft vorne quer an der Basis des Tuberculum minus nach außen, um dann ziemlich stark nach hinten abzufallen (Abb. 495b). So kommt es, daß die Ausmündungsstelle der Epiphysenfuge vorne $1^1/_2$—2 cm höher steht als hinten, worauf bei der

Beurteilung der Röntgenogramme von Epiphysenlösungen Rücksicht zu nehmen ist. Die Beziehungen der Kapsel zu der Epiphysenlinie ergeben sich aus Abb. 497/498. Die Kapsel setzt sich ziemlich genau am Rande der überknorpelten Kopfwölbung an, der in seiner unteren Hälfte mit der Epiphysenlinie zusammenfällt, während sich im oberen Abschnitt die Tuberkularmasse zwischen Knorpelrand und Epiphysenlinie einschiebt (s. Abb. 497). Deshalb wird die

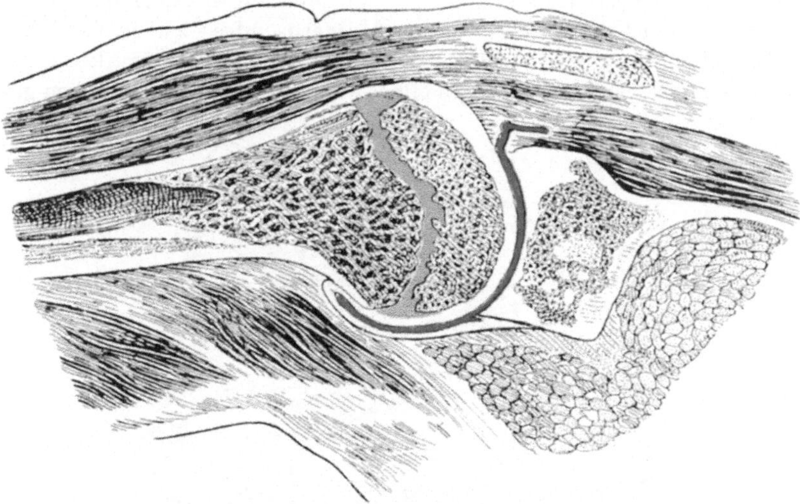

Abb. 497. Frontalschnitt des rechten Schultergelenkes bei horizontal abduziertem Arm. Rot: Gelenkraum. (Nach v. BRUNN-BARDELEBEN.)

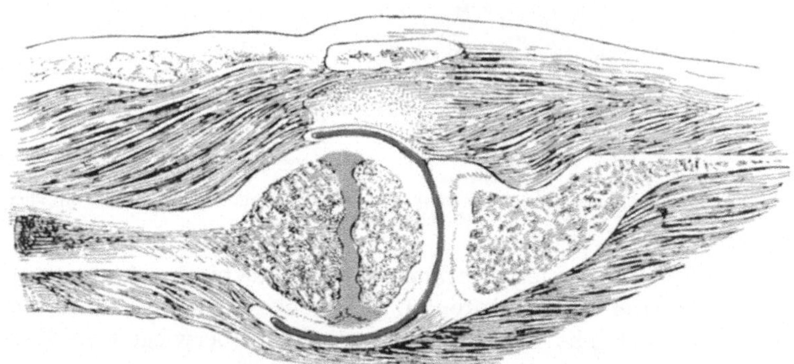

Abb. 498. Horizontalschnitt durch das Schultergelenk bei horizontal abduziertem Arm. Rot: Kapselraum. (Nach v. BRUNN-BARDELEBEN.)

Gelenkkapsel in der oberen Hälfte ihres Ansatzes am Humerus durch Epiphysenlösngen nicht berührt; im unteren Abschnitt jedoch kann die Epiphysenfraktur teilweise intrakapsulär liegen.

Die Verhältnisse der Muskelansätze spielen sowohl bei den typischen Dislokationen als besonders hinsichtlich der Funktionsstörungen eine maßgebende Rolle (vgl. Abb. 499/500). Die Aufmerksamkeit ist vor allem darauf zu lenken, daß die sämtlichen Auswärtsrotatoren des Oberarmes, Supra- und Infraspinatus sowie Teres minor, am Tuberculum majus humeri ansetzen, der wesentliche Einwärtsrotator dagegen, der M. subscapularis, am Tuberculum minus. Ein fernerer Einwärtsrotator, der Teres major, findet seinen Ansatz weiter unten, unterhalb des eigentlichen chirurgischen Halses. Durch Frakturen in dieser Zone wird deshalb die einwärtsrotierende Wirkung des Teres major auf den Humeruskopf ausgeschaltet, woraus sich die überwiegende Auswärtsrotationsstellung des Kopffragmentes bei Frakturen des chirurgischen Halses ergibt.

Zu berücksichtigen ist ferner die Insertionsstelle des Deltoides, die so weit unten liegt, daß eine direkte abduzierende Wirkung auf das proximale Fragment bei den eigentlichen Frakturen des oberen Humerusendes nicht in Frage kommt. Diese Abduction kann nur erfolgen durch indirekte Wirkung des Deltoides, unter Vermittlung des unteren Fragmentes, wenn dieses stark nach oben gezogen

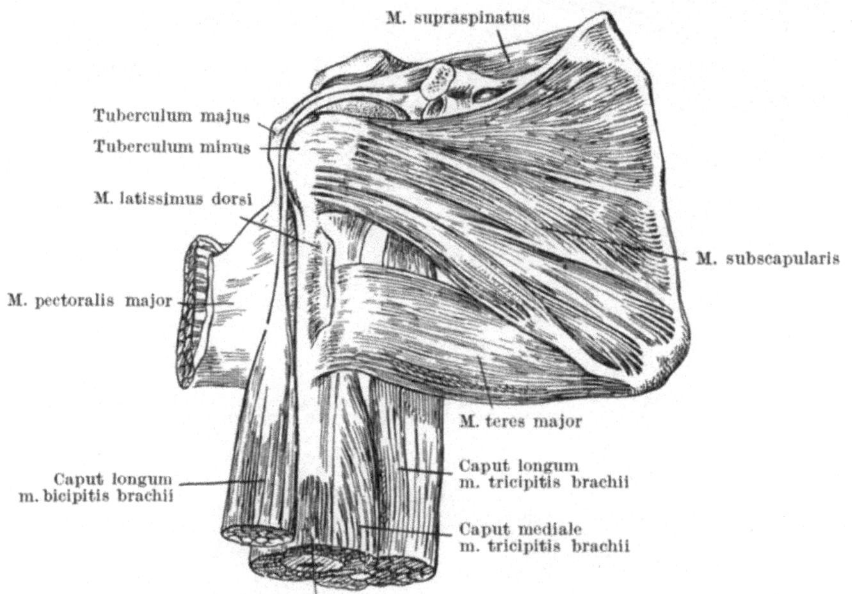

Abb. 499. Topographie der Schulterblatt-Oberarmmuskulatur. Ansicht von vorne.
(Nach TOLDT.)

wird (vgl. Abb. 519). Dagegen erklärt sich die typische Abductionsstellung des oberen Fragmentes bei Frakturen an der Grenze des oberen Humerusdrittels, unterhalb der Ansatzstelle des Deltoides, aus der überwiegenden Zugwirkung dieses Muskels.

Der *Plexus axillaris*, der im Bereiche des Humerusendes in einer von den Einwärtsrotatoren — M. subscapularis und Teres major — und vom Coracobrachialis gebildeten Nische ziemlich geschützt liegt, ist wie die großen Axillargefäße Verletzungen bei Frakturen des proximalen Humerusabschnittes nicht besonders ausgesetzt (vgl. Abb. 501). Dagegen tritt der N. axillaris im Bereich der lateralen Achsellücke und nach außen davon in unmittelbare Berührung mit dem chirurgischen Hals des Humerus (s. Abb. 501), woraus sich gelegentliche Verletzungen dieses zum M. deltoides tretenden wichtigen Nerven erklären. Ebenso sind die beiden den Humerushals umschlingenden Arterien, die A. circumflexa anterior et posterior Verletzungen bei Brüchen des oberen Humerusendes ausgesetzt, und bedingen die oft gewaltigen Frakturhämatome.

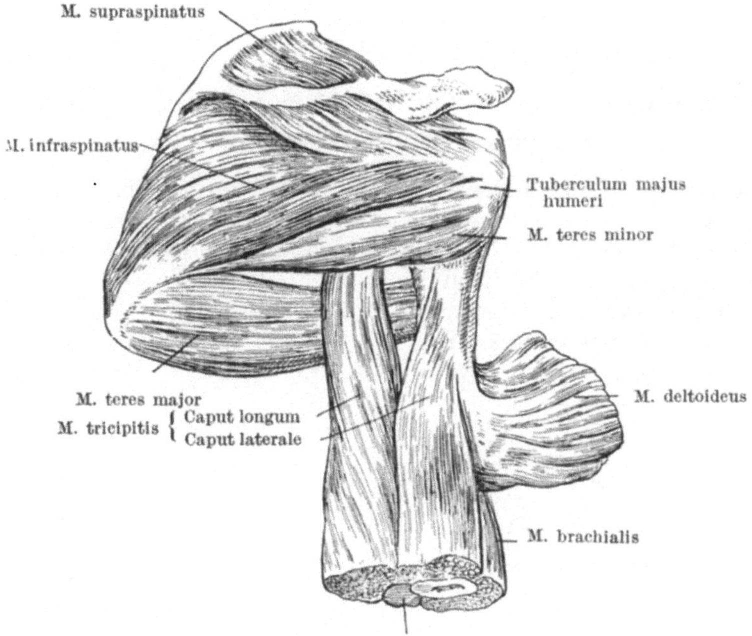

Abb. 500. Topographie der Schulterblatt-Oberarmmuskulatur; Ansicht von hinten.
(Nach TOLDT.)

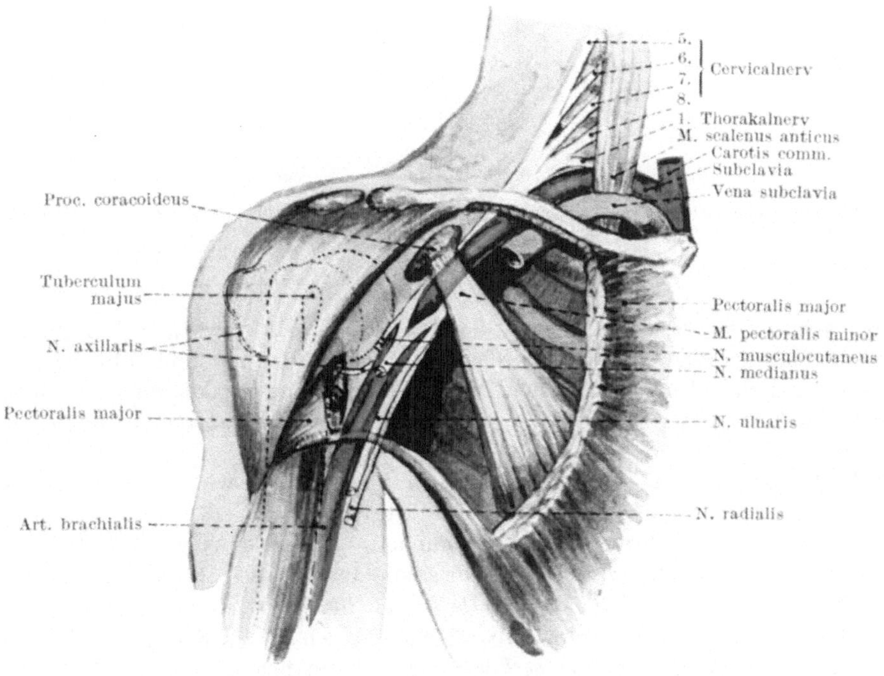

Abb. 501. Humeroaxillare Topographie. (Nach TREVES-KEITH.)

Kapitel 2.

Systematik und experimentelle Genese der Frakturen des oberen Humerusendes.

Nach dem Vorgehen KOCHERs werden die Frakturen des oberen Humerusendes eingeteilt in *supratuberkuläre* und *infratuberkuläre*. Die supratuberkulären Brüche können wir in *Frakturen des überknorpelten Kopfes* und solche des *anatomischen Halses* unterscheiden; bei den infratuberkulären Brüchen sind die *Fractura pertubercularis* einschließlich der *Epiphysenlösung* sowie

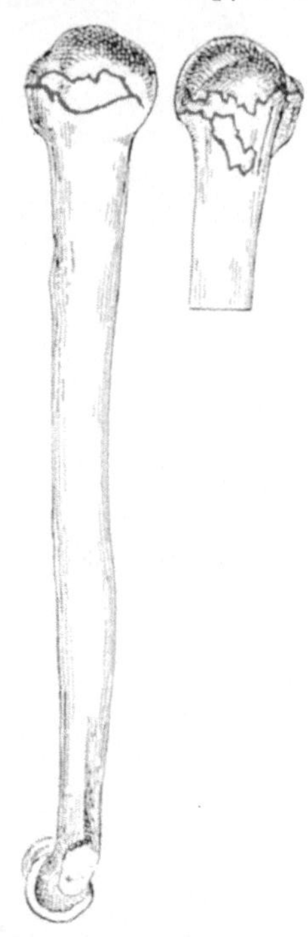

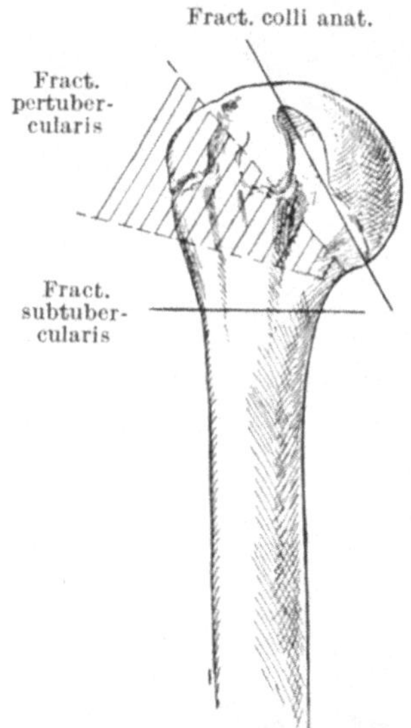

Abb. 502. Schematische Darstellung der Frakturenlokalisation am oberen Humerusende.

Abb. 503. Fractura pertubercularis kombiniert mit intrakapsulärer Bruchlinie; durch Kompression von der lateralen Seite her entstanden. (Nach KOCHER.)

die *Fractura subtubercularis,* die mit der *Fraktur des chirurgischen Halses* übereinstimmt, auseinanderzuhalten. Durch Kombination von per- und subtuberkulär gelegenen Bruchebenen entstehen V- und Y-förmige Frakturen. Zu diesen Frakturformen kommen noch die *isolierten Brüche des Tuberculum majus und minus.*

Frakturen im Bereich des überknorpelten Kopfes sehen wir in Form von Fissuren, als Ausläufer von Stauchungs- oder Rotationsbrüchen des oberen Humerusendes sowie als umschriebene Absprengungen. Isolierte Brüche des Humeruskopfes sind relativ selten und haben nur ausnahmsweise selbständige Bedeutung.

Die Frakturen des anatomischen Halses lokalisieren sich in einer Zone von ungefähr 5 mm Breite in unmittelbarer Nachbarschaft des Knorpelrandes bzw. des Kapselansatzes. Die *pertuberkulären Frakturen* betreffen dagegen die ausgedehntere, in Abb. 502 dargestellte keilförmige Zone des Tuberkularmassivs.

Nach unten davon bis zum Ansatz des Pectoralis major und Teres major liegen die *Frakturen des chirurgischen Halses* (s. Abb. 499).

Über die Ätiologie dieser Knochenbrüche hat KOCHER *experimentelle Untersuchungen* angestellt, über die er in seinen „Beiträgen zur Kenntnis einiger praktisch wichtiger Frakturformen" berichtete. Reine Frakturen des anatomischen Halses konnte KOCHER experimentell nicht erzeugen, offenbar weil sich die besonderen Widerstandsverhältnisse der Kapselbänder und Muskeln im Experiment nicht nachahmen lassen. Es unterliegt jedoch keinem Zweifel, daß sie hauptsächlich durch Kompressions- und Abscherungswirkung infolge Fall auf den Ellbogen oder Stoß direkt von außen vorne gegen die laterale Wölbung des Humeruskopfes, also der Tuberkularzone, zustande kommen. Derjenige Teil des Humeruskopfes, der im Bereich der Kapsel- und Sehnenansätze liegt, d. h. der überknorpelte Kopf mit dem anatomischen Hals und die Tubercula, wird bei gewaltsamer äußerer Einwirkung durch die Bänder und durch die gespannten Muskeln fixiert. Aus diesem Grunde hat die Biegung im allgemeinen keine erhebliche Einwirkung auf den eigentlichen Humeruskopf; diese macht sich sowohl bei Gewalteinwirkungen von der Schulter wie vom Ellbogen her an der Grenze zwischen fixiertem und nicht fixiertem Abschnitt des oberen Humerusendes geltend, oder im untersten Abschnitt der festgehaltenen Partie des Knochens, nämlich im Bereich des chirurgischen Halses. Daraus erklärt sich, daß Biegungs- und auch Rotationsfrakturen so gut wie ausnahmslos infratuberkulär liegen, somit den chirurgischen Hals des Humerus betreffen. Daneben sind Brüche des chirurgischen Halses auch durch direkte, lokale Einwirkungen experimentell zu erzielen. Auch die pertuberkuläre Fraktur entsteht im Experiment durch lokale Querkompression (Abb. 503), durch Längskompression sowie durch Biegung im Sinne der Abduction oder Extension.

Kapitel 3.

Supratuberkuläre Frakturen.

Die supratuberkulären Brüche lassen sich unterscheiden in Frakturen des überknorpelten Kopfes und in die Fraktur des anatomischen Halses.

1. Frakturen des Humeruskopfes.

Die isolierten Brüche des überknorpelten Humeruskopfes haben keine erhebliche praktische Bedeutung. Am häufigsten sehen wir Fissuren im Kopfsegment als *Ausläufer von Frakturen des oberen Humerusdrittels;* diese können, da sie von Blutergüssen in das Gelenk begleitet zu sein pflegen, die Ursache langdauernder Funktionsstörungen des Schultergelenkes sein, die sich aus der paraartikulären Fraktur allein nicht erklären lassen.

In noch höherem Maße ist dies der Fall bei *umschriebenen Fissuren und Impressionsbrüchen der Humerusgelenkfläche,* wie wir sie nach schweren Kontusionen des Schultergelenkes sehen. Es kann sich in solchen Fällen um Knorpelfissuren mit ausgedehnterer Zertrümmerung der oberflächlichen Spongiosaabschnitte handeln, oder um eigentliche *Einpressung* einer umschriebenen Partie des Gelenkknorpels in die darunterliegende zertrümmerte Spongiosa der Kopfwölbung. Derartige umschriebene Depressionsfrakturen, die in gleicher Form auch am

Femurkopf beobachtet werden (vgl. Abb. 753 a, b) sind für den Humeruskopf als Folge krampfhafter Muskelaktion während eklamptischen Anfällen beschrieben (POLLOSSON).

Sie entstehen durch Kompression des Humeruskopfes gegen die Facies glenoidalis oder deren Kante bei Stoß in der Humeruslängsachse oder Fall auf die Außenseite der Schulter.

Die *Symptome* sind die einer hochgradigen *Gelenkkontusion*, mit Bluterguß in den Kapselraum und *Bewegungsstörungen*. Andrücken des Humeruskopfes gegen die Scapulagelenkfläche löst Schmerzen aus, ebenso passive Bewegungen. Entscheidend für die Diagnose ist die *Röntgenaufnahme*. Im Anschluß an derartige isolierte Frakturen der Humerusgelenkfläche kann sich eine progrediente, zu Versteifung führende *Arthritis deformans* entwickeln; auch die *Bildung freier Gelenkkörper* durch Auslösung der geschädigten Partie der Gelenkfläche ist möglich.

2. Die Fraktur des anatomischen Halses.

Die einzige *typische* Bruchform supratuberkulärer Lokalisation ist die *Fraktur des anatomischen Halses* (Abb. 502). *Dieser Bruch kommt recht selten zur Beobachtung,* und zwar vorwiegend bei alten Leuten mit seniler Osteoporose. Die Fraktur verläuft entweder ganz oder teilweise intrakapsulär; extrakapsulär mündet die Fraktur gelegentlich im Bereich des oberen Kapselansatzes (vgl. Abb. 497). Die Fraktur kann *eingekeilt* sein, ohne wesentliche Verschiebung des Kopffragmentes. Daneben sieht man leichte *Dislokationen* des Gelenkbruchstückes sowohl nach oben als nach unten; auch völlige *Umdrehung* des überknorpelten Kopffragmentes wurde beobachtet.

Die *Symptome* der Fraktur sind nicht sehr charakteristisch. Eine deutliche Deformität ist gewöhnlich nicht ersichtlich, wenn wir absehen von einer gelegentlichen initialen, geringgradigen Abflachung der verletzten Schulter. Nach einigen Stunden tritt dann oftmals eine deutliche *Schwellung der Schultergelenkgegend* ein, die jedoch nie hochgradig wird. Ein *Bluterguß* wir kaum vor dem 2. Tage sichtbar und tritt zuerst im Bereich des Sulcus bicipitalis internus, an der Innenfläche des Armes, dicht an der vorderen Achselfalte in Erscheinung, von wo er sich nach abwärts ausbreitet. Auffällig ist bei den spärlichen äußeren Erscheinungen die *Funktionsstörung*, vor allem die Unmöglichkeit, den Arm seitlich oder nach vorne zu erheben, während unbelastete Rotationen im Schultergelenk relativ frei sein können. *Die Störung der Armhebung* beruht darauf, daß für diese Bewegung zunächst *Gelenkschluß* hergestellt werden muß; Rotationsbewegungen dagegen können ausgeführt werden, ohne daß die Frakturstelle unter wesentlichen Längsdruck gesetzt wird. Bei der Palpation fühlt man in seltenen Fällen von der Axilla aus eine scharfe, dem unteren oder oberen Fragment entsprechende Kante; wichtiger und regelmäßiger ist *lokale Druckempfindlichkeit,* nachweisbar sowohl bei Palpation von der Axilla her als bei querem Zusammendrücken des Humerus in der Ebene des anatomischen Halses, in der Richtung von vorne nach hinten. Sehr ausgeprägt pflegt bei dieser Fraktur auch der *Fernschmerz* bei Stoß in der Richtung der Humerusachse vom Ellbogen her zu sein. Bei passiver Rotation des Oberarmes kann man feststellen, daß die Tubercula die Drehung mitmachen; gleichzeitig konstatiert man gelegentlich deutliche *Crepitation*. Eine sichere Feststellung der Fraktur des anatomischen Halses gelingt jedoch nur durch kombinierte Röntgenaufnahmen. *Differentialdiagnostisch* kommen nur *schwere Kontusionen* sowie umschriebene, isolierte Fissuren und Absprengungen im Bereich des überknorpelten Humeruskopfes und der Scapulagelenkfläche in Betracht.

Der Heilungsverlauf der Fraktur des anatomischen Halses ist im allgemeinen kein günstiger, weil das Kopffragment dort, wo die Fraktur vollständig intrakapsulär verläuft, hochgradige *Ernährungsstörungen* erleiden und der sekundären *Nekrose* verfallen kann. Immerhin wird die Ernährung des Kopfes durch Kapsel- und Periostbrücken oft wenigstens teilweise vermittelt, so daß auch bei vorwiegend intrakaspulärem Verlaufe der Fraktur solide Vereinigung des Bruches beobachtet wurde. Trotz knöcherner Verheilung der Fraktur entwickelt sich so gut wie ausnahmslos eine verschieden hochgradige *traumatische Arthritis*, die besonders bei alten Leuten zu völliger Ankylose oder doch zu weitgehender Versteifung des Schultergelenkes führen kann.

Kapitel 4.

Infratuberkuläre Frakturen.

1. Bruchformen und Entstehungsmechanismen.

Die beiden anatomisch wohldifferenzierten Formen der *Fractura pertubercularis* und *subtubercularis*, die KOCHER in der Gruppe der infratuberkulären Brüche zusammenfaßte, lassen sich klinisch nur in typischen Fällen auseinanderhalten.

Ich habe mehrmals festgestellt, daß eine den *chirurgischen Hals* betreffende Humerusfraktur, namentlich wenn sie etwas hoch liegt, zu einem Symptomenkomplex Anlaß geben kann, wie er von KOCHER als charakteristisch für die *Fractura pertubercularis* geschildert wird. Zudem gibt es schräg verlaufende *Übergangsformen*, die zum Teil dem chirurgischen Halse, zum Teil der Tuberkularregion angehören (s. Abb. 505). Ferner ist zu beachten, daß die *Fractura epiphysaria* sowie die eigentliche *Epiphyseolyse jugendlicher Individuen* ihrem Sitz nach eine pertuberkuläre Fraktur darstellt, während sie bei *Neugeborenen* und bei Kindern der ersten Lebensjahre eher einer Fraktur des chirurgischen Halses entspricht, weil, wie Abb. 182 nach KÜSTNER zeigt, der Humeruskopf und das Tuberkularmassiv hier noch einheitlich knorpelig sind.

Ätiologisch kommen für die infratuberkulären Brüche Fall auf die Schulter sowie Stoß in der Richtung der Humerusachse durch Fall auf Ellbogen oder Hand in Frage. Die Fixation des im Bereiche der Kapselbänder und der Muskelansätze liegenden Abschnittes des oberen Humerusendes bedingt das

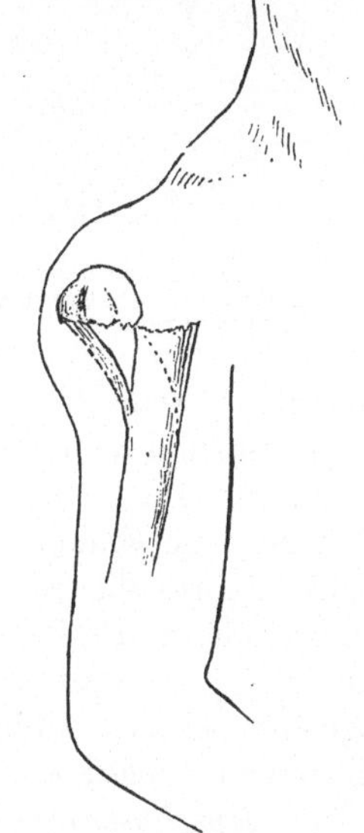

Abb. 504. Fractura pertubercularis mit Extensionsstellung des unteren Fragmentes und hinterer Periostbrücke; punktiert die Abtragungslinie der vorderen Kante. (Nach KOCHER.)

Zustandekommen von Riß- und Biegungs- bzw. Einknickungswirkungen an der Grenze zwischen fixiertem und nicht fixiertem Teil des oberen Humerusdrittels. Dabei handelt es sich meist nicht um reine Flexionsfrakturen, sondern um eine *Kombination von Biegung und Kompression*, da bei Fall auf die Außenfläche der Schulter der Humeruskopf gegen die Scapulagelenkfläche, bei Stoß vom Ellbogen her gegen das Akromialgewölbe gepreßt wird.

Die *pertuberkuläre Fraktur* (Abb. 504) entsteht sowohl durch Fall auf die Außen-Rückfläche der Schulter als durch Fall auf den Ellbogen; am häufigsten finden sich beide Einwirkungen kombiniert, indem der Stoß den an den Körper angelegten Arm trifft. Der Fall auf den Ellbogen bei *adduziertem* Arm bedingt gewöhnlich eine Zunahme der Adduction sowie eine Rückwärtsbewegung des Ellbogens; es entsteht eine *kombinierte Riß-Biegungs- und Kompressionsfraktur* im unteren Abschnitt der fixierten Partie des oberen Humerusendes, d. h. in der Regio tubercularis. Die bewegte Diaphyse wird am fixierten Teil des Humerus vorbei nach vorne und nach außen verschoben, wobei die Corticalis zuerst am vorderen äußeren Umfange zerreißt, während sie am hinteren inneren Umfang des Knochens durch Biegung bzw. Einknickung gebrochen wird. Auf diese Weise entsteht die typische *adduzierte* und *extendierte Pertuberkularfraktur* (s. Abb. 504 u. 505). Bei dieser Form kann die mediale hintere Kante des Diaphysenfragmentes in die Corticalis des Kopfes *eingekeilt* sein (Abb. 505).

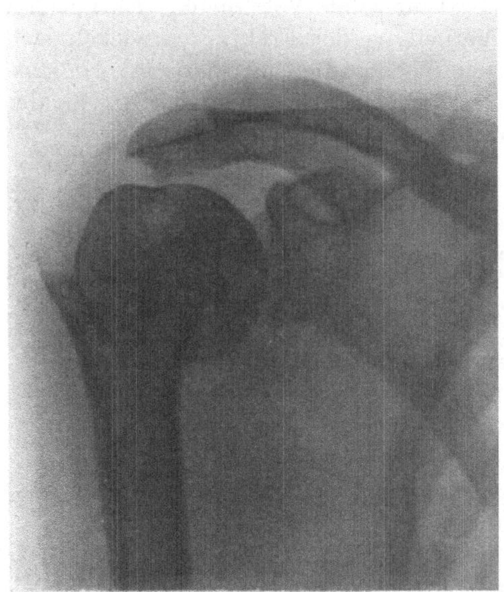

Abb. 505. Fractura pertubercularis mit Lateralverschiebung des unteren Fragmentes und Adduction der Humerusdiaphyse. (Adductionsfraktur.)

Trifft der Stoß den abduzierten Ellbogen, so erfolgt die Zerreißung zunächst am inneren und vorderen Umfange, die Einknickung am äußeren, so daß das untere Fragment in *Abductionsstellung* gerät (s. Abb. 506a u. b). In diesem Falle findet auch die Einkeilung in umgekehrtem Sinne statt, indem sich die laterale Diaphysencorticalis in das Kopffragment einbohrt. Bei diesen eingekeilten pertuberkulären Frakturen ist das Kopffragment oft ausgedehnt zertrümmert (Abb. 507). Kommt es nicht zur Einkeilung, so verschiebt sich das untere Fragment bei der Adductionsfraktur nach außen, bei der Abductionsfraktur axillarwärts. *Rotation* kann in beiden Fällen in verschiedenem Maße mitwirken; bei der *Epiphysenfraktur Jugendlicher* steht oft *Torsionsbeanspruchung* im Vordergrund, und die *Epiphyseolyse Neugeborener* (Abb. 508) infolge manueller Armlösung kommt ausschließlich durch *Rotation* zustande. Es erscheint mir wahrscheinlich, daß bei den pertuberkulären Brüchen die Kompression in der Längsachse des Humerus, d. h. die *Stauchung*, gegenüber der Biegungsbeanspruchung prävaliert, ihr jedenfalls vorangeht. Bei jugendlichen Individuen dürfte die Beschaffenheit der paraepiphysären Knochenzone eine entscheidende

Rolle für die Lokalisation der Fraktur spielen, insofern als es sich hier um neugebildeten, noch wenig resistenten Knochen handelt. Ich verweise auf die *reinen Stauchungsbrüche*, die sich auch am oberen Humerusende *in der „weichen"*, *paraepiphysären Knochenzone* lokalisieren (Abb. 509).

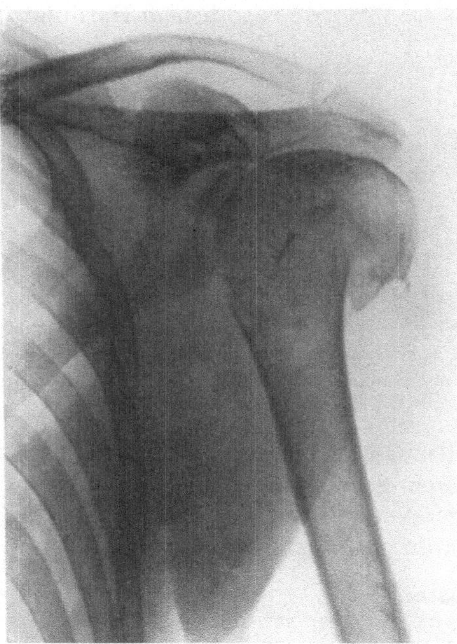

Abb. 506a. Pertuberkuläre Abductionsfraktur mit Einkeilung.

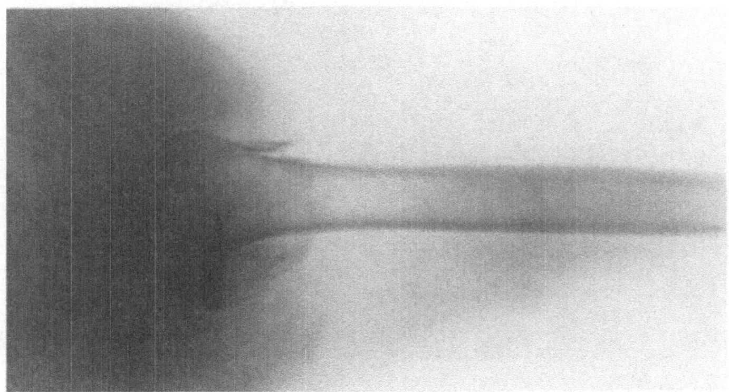

Abb. 506b. Eingekeilte pertuberkuläre Fraktur; axillare Aufnahme zu Abb. 506a.

Frakturen des chirurgischen Halses (Abb. 510) entstehen einmal durch vorwiegend *flektierende* Einwirkung vom Ellbogen her; entsprechend dem Zurücktreten der Stauchungswirkung kommt die Fraktur an der unteren Grenze des fixierten Abschnittes zustande, also im eigentlichen chirurgischen Halse (vgl. Abb. 510). Bei zunehmender Stauchungskomponente reicht die Fraktur weiter nach oben in den fixierten Abschnitt, läuft dann medialwärts am unteren Rande des Kopfknorpels, gelegentlich intrakapsulär aus (Abb. 511) und kann mit basaler Längsfraktur des Tuberculum majus verbunden sein (Abb. 512a). In solchen Fällen besteht meistens Einkeilung (Abb. 512b).

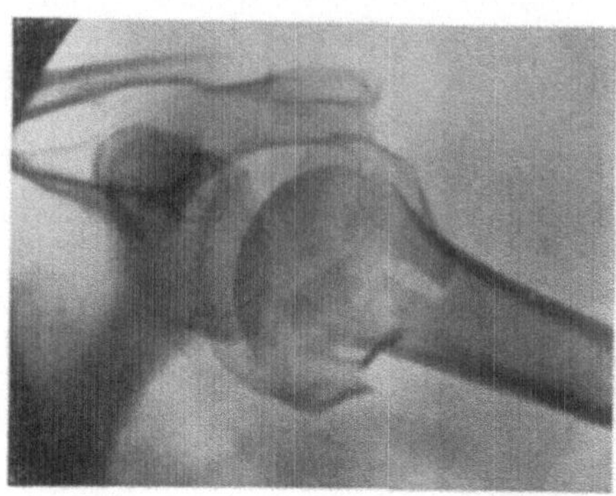

Abb. 507.
Pertuberkuläre Fraktur mit Einkeilung und Zertrümmerung des Humeruskopfes.

Eine fernere Ursache der eigentlichen Halsfrakturen ist *Fall auf die Außenfläche des Humerus unterhalb der Kopfwölbung*; der Humeruskopf findet dann eine Stütze an der Gelenkpfanne, während die Humerusdiaphyse dicht unterhalb durch *Abscherung* und *Biegung* gebrochen wird und sich axillarwärts verschiebt (s. Abb. 514). Entsprechend zeigt die klassische Fraktur des chirurgischen Halses den *Typus der Abductionsfraktur*. Schließlich sehen wir im Bereiche des Collum chirurgicum noch reine *Rotationsfrakturen* und kombinierte *Torsions - Biegungsbrüche*, die bis in den Gelenkteil nach oben auslaufen können. Für letztere Frakturform, bei deren Entstehung meist auch eine Stauchungskomponente mitwirkt, ist schräger Verlauf von der unteren Knorpelknochengrenze schräg nach außen und abwärts charakteristisch (Abb. 513).

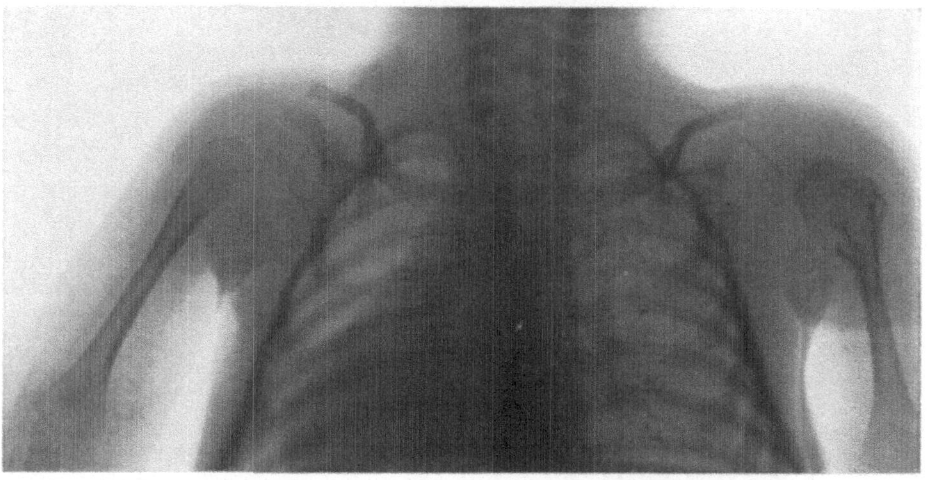

Abb. 508. Epiphysiolyse beim Neugeborenen, in Heilung.

2. Symptome und Diagnose der infratuberkulären Brüche.

a) Fractura pertubercularis und Epiphysenfraktur.

Pertuberkuläre Frakturen, die durch Fall auf den adduzierten und im Verlaufe der Gewalteinwirkung nach rückwärts elevierten Ellbogen zustande kamen, zeigen eine *charakteristische Abweichung des unteren Fragmentes nach vorne und außen*; war die Ursache ein Fall auf die Außenrückseite der Schulter oder ein Stoß in der Richtung der Humeruslängsachse bei abduziertem Ellbogen, so ist die Vorwärtsverschiebung des unteren Fragmentes mit einer *Dislokation nach innen*, gegen die Axilla zu, verbunden, gemäß Abb. 506a. Diese Abweichung des unteren Fragmentes medialwärts bedingt eine *Abductionsstellung des Humerus*, die so ausgeprägt sein kann (siehe Abb. 514), daß man bei der Inspektion zunächst an das Vorhandensein einer Luxatio subcoracoidea denkt (vgl. Abb. 515 nach KOCHER).

Da bei Erwachsenen die Bruchfläche der pertuberkulären Fraktur oft sehr zackig gestaltet ist, kommt es häufig zu einer *Einkeilung*, in welchem Falle die pathologischen Stellungen des unteren Fragmentes meist nicht so stark ausgeprägt sind, wie bei den Frakturen ohne Einkeilung (Abb. 516). Die Verschiebung des unteren Fragmentes nach vorne hat eine *charakteristische Abweichung der Oberarmachse* zur Folge. Während nämlich bei seitlicher Betrachtung die Humerusachse in ihrer Verlängerung normalerweise nach der vorderen Akromialecke hin verläuft (vgl. Abb. 110b), geht bei Fractura pertubercularis mit Extensionsstellung des unteren Fragmentes die verlängerte Humerusachse vorne an der vorderen Akromialecke vorbei (vgl. Abb. 110a). Gelegentlich durchstößt die vordere scharfe Kante des unteren Fragmentes die vorderen

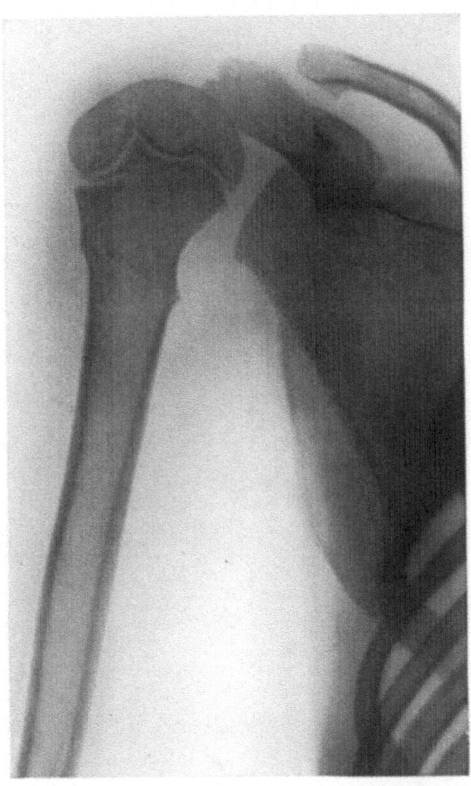

Abb. 509.
Stauchungsfraktur des oberen Humerusendes.

Muskelfasern des Deltoides, so daß man die Fragmentkante direkt durch die Haut hindurch sieht. Tritt das Fragment sekundär wieder etwas zurück, so erleidet die angespießte Haut eine charakteristische Einziehung. Aber auch dort, wo es nicht zu einer direkten Verletzung der Haut kommt, entsteht über dem unteren Fragment, bzw. im Bereich der durchstochenen Deltoidespartie eine *umschriebene charakteristische Hautblutung*, wie sie Abb. 110b wiedergibt. Dieses Hämatom ist für die Fractura pertubercularis oder die gleichwertige Fractura epiphysaria wachsender Individuen, aber auch für die hochgelegene Fraktur des chirurgischen Halses direkt *pathognomonisch*. Wo die Abweichung des unteren Fragmentes nach innen sehr ausgeprägt ist, finden wir namentlich bei gleichzeitiger Abduction des Ellbogens eine gewisse *Abflachung der Schulterwölbung*, wenigstens so lange, als keine große Schwellung infolge des Frakturhämatoms besteht. Vor Verwechslung mit einer Luxatio humeri sollte trotzdem schon die inspektorische Feststellung bewahren, daß die Wölbung des Deltoides nach außen hin nicht aufgehoben ist (vgl. Abb. 515).

In unmittelbarem Anschluß an die Entstehung der Fraktur pflegt sich ein *ausgedehntes Hämatom* auszubilden, das zu starker Anschwellung der ganzen Schultergegend führen kann, besonders wenn eine Arteria circumflexa zerrissen ist. Die *Funktionsstörung* bei Fractura pertubercularis ist immer eine ausgesprochene; ihr Grad hängt im wesentlichen davon ab, ob und in welchem Maße eine Einkeilung besteht. Bei fehlender Einkeilung werden *aktive Bewegungen* meist gar

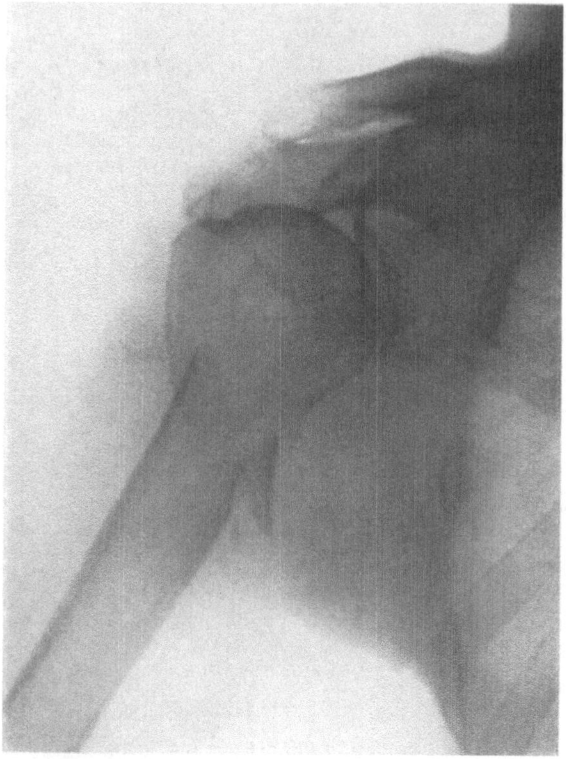

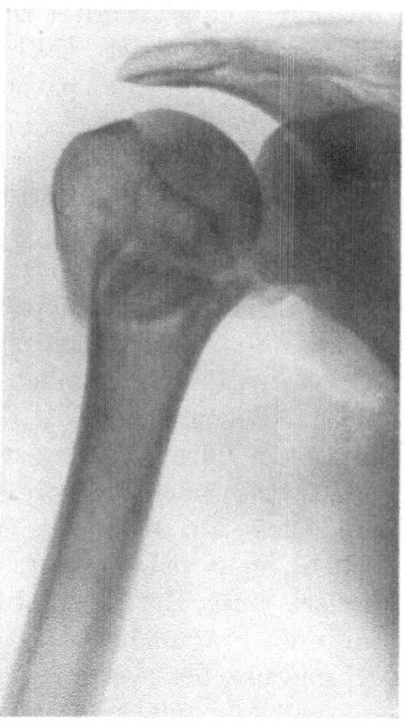

Abb. 510. Direkte Fraktur des chirurgischen Halses, kombiniert mit Rotation.

Abb. 511. Fraktur des chirurgischen Halses mit intrakapsulärer Ausmündung an der Innenseite.

nicht oder doch nur in geringem Umfange ausgeführt; liegt dagegen eine feste Einkeilung bei teilweiser Erhaltung des Periostes vor, wie das namentlich am hinteren Umfang des Humerus nicht so selten der Fall ist (vgl. Abb. 504), so können die aktiven Bewegungen relativ ausgiebig sein. Doch genügt es, diesen Bewegungen einen geringen Widerstand entgegenzusetzen, um die aktive Hebung des Armes nach der Seite oder nach vorne sofort zu verhindern. Das gleiche gilt für die Ausführung der Rotationsbewegungen, die bei eingekeilten Frakturen oft zunächst ziemlich frei erscheinen, durch den geringsten Widerstand jedoch völlig unterdrückt werden können.

Bei eingekeilten pertubekulären Frakturen sind sorgfältige passive Bewegungen oft ziemlich schmerzlos in weitem Umfange ausführbar; bei starker Fragmentverschiebung und fehlender Einkeilung dagegen lösen sie sogleich intensive Schmerzen an der Frakturstelle aus. Gleichzeitig tritt meistens, insofern sich die Bruchflächen noch in Kontakt befinden, eine deutliche *Crepitation* auf, die bei eingekeilten Frakturen fehlt. *Unter keinen Umständen darf in forcierter Weise auf Crepitation untersucht werden,* weil dadurch nützliche Einkeilung, d. h. solche bei guter Stellung der Fragmente, gelöst und auch *Nebenverletzungen des N. axillaris* und *der Arteriae circumflexae humeri* verursacht werden können. Einen schlagenden Beweis für die Schädlichkeit forcierter passiver Bewegungen bilden die Fälle von pertuberkulärer Abductionsfraktur, die fälschlicherweise als Luxatio humeri angesehen und zunächst intensiven Repositionsmaßnahmen unterworfen werden. Schwere Läsionen des N. axillaris sowie der großen Axillargefäße und der begleitenden Nerven sind häufig die Folge.

Die *Palpation* erlaubt zunächst, bei Abtastung des oberen Humerusendes von der Axilla und von außen her eine Zone maximaler Druckschmerzhaftigkeit festzustellen, die mit der Lokalisation des Achsenstoßschmerzes übereinstimmt. Wo eine deutliche *Dislokation* besteht, ist

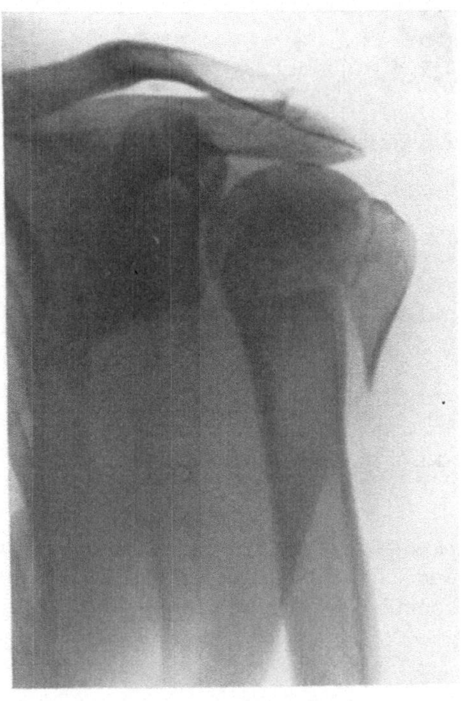

Abb. 512a. Fraktur des chirurgischen Halses mit Längsfraktur des Tuberculum majus (Y-Form) und Einkeilung.

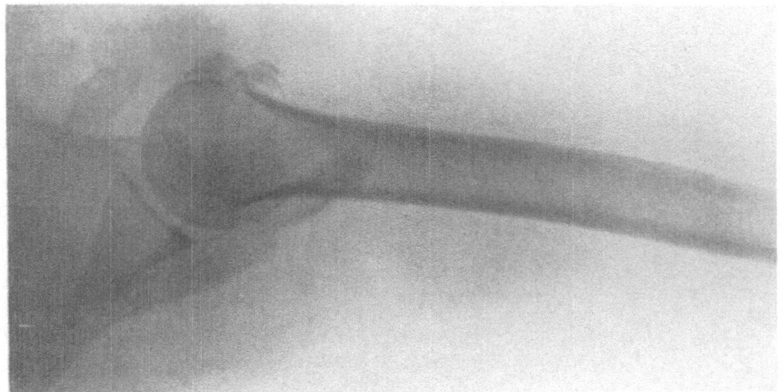

Abb. 512b. Axillare Aufnahme zu Abb. 512a. Fraktur des chirurgischen Halses mit Einkeilung; Diaphyse in leichter Extensionsstellung.

das untere Fragment entweder vorne-außen — bei der Adductionsfraktur —, vorne-innen — bei der Fractura extensa — oder wesentlich innen von der Axilla her — bei der Abduktionsfraktur — zu palpieren. Der Kopf steht mit seiner den größten Teil der Tubercula tragenden Partie an normaler Stelle in der Pfanne,

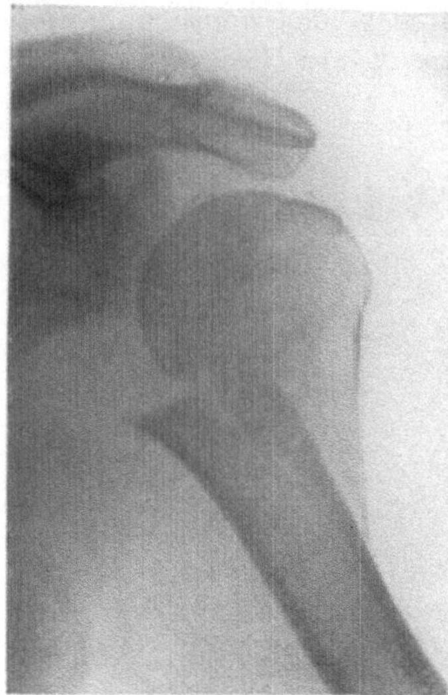

Abb. 513. Kombinierte Biegungs-Rotations- und Stauchungsfraktur des chirurgischen Halses.

was wir namentlich durch kombinierte Untersuchung von der Axilla und von außen her, unter leichter Abduction des Armes, feststellen können. Bei starker Abweichung des unteren Fragmentes nach vorne oder vorne-innen fühlt man gelegentlich auch die hintere bzw. äußere Kante des oft gedrehten Kopffragmentes durch den Muskelmantel hindurch (vgl. Abb. 514).

Maßgebend für die Diagnose der Fraktur ist in den Fällen, in denen man Fragmentkanten nicht durchfühlt, der *Nachweis falscher Beweglichkeit*. Dieser geschieht am besten durch leichte *Rotation* am gebeugten Ellbogen, wobei man gleichzeitig den Kopfteil in der Höhe der Tubercula kräftig von vorne nach hinten mit den Fingern zu fixieren sucht. *Der obere Abschnitt der Tubercula macht in derartigen Fällen die Rotation nicht mit.*

Das Kernbild der Fractura pertubercularis wird nach KOCHER *durch die Fractura epiphysaria gebildet.* Ihr Verlauf bei Neugeborenen ergibt sich aus Abb. 182, und entspricht somit eher einer Fractura subtubercularis. Die Epiphysenlösung kommt bei Neugeborenen wesentlich durch forcierte *Rotation* bei der Armlösung

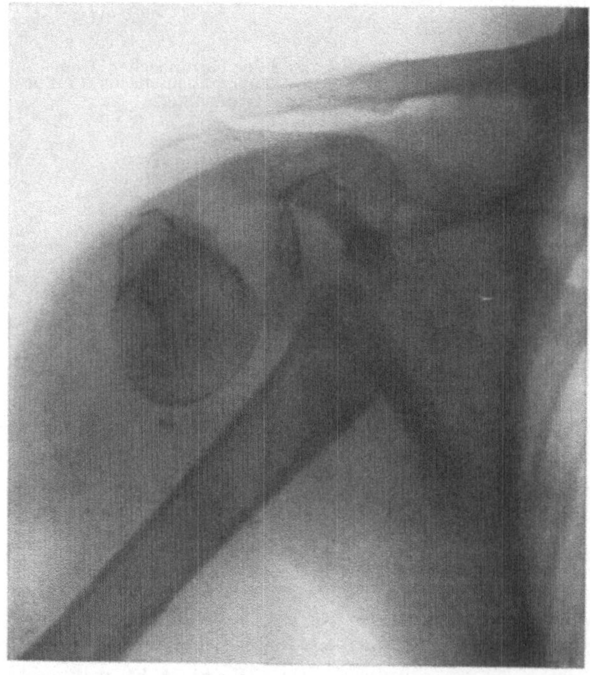

Abb. 514. Fraktur des chirurgischen Halses mit hochgradiger Abweichung des Diaphysenfragmentes nach der Axilla.

zustande und trennt die ganze knorpelige Epiphyse, Gelenkkopf und Tubercula, von der knöchernen Diaphyse ab (Abb. 508 u. 182). Meistens fällt der Umgebung des Kindes zunächst eine Funktionslähmung des betreffenden Armes auf, ferner die lauten Schmerzäußerungen beim Anfassen des gebrochenen Armes. Das obere, knorpelige Fragment erfährt eine starke Auswärtsdrehung, da sämtliche Auswärtsrotatoren im Bereich des Tuberculum majus am abgebrochenen Kopffragment ansetzen. Dagegen drehen Latissimus dorsi, Pectoralis major und Teres major das Diaphysenfragment einwärts. Erfolgt Heilung in dieser

Stellung, so stehen später die beiden Fragmente in entgegengesetzter, extremer Rotationsstellung, was zu völliger Rotationshemmung Anlaß gibt. Häufig ist das Diaphysenfragment gleichzeitig nach innen oder nach rückwärts abgewichen, so daß Uneingeweihte an eine vordere oder hintere Luxation denken, Verletzungen, die jedoch bei Kindern der ersten Lebensjahre überhaupt nicht vorkommen.

Mit zunehmender Verknöcherung der Epiphyse rückt nun die Epiphysenlinie lateral in die Höhe, wodurch die Fractura epiphysaria, besonders während der spätern Wachstumsperiode, immer mehr den Charakter der klassischen Fractura pertubercularis erhält (Abb. 517). Häufiger als die reine Epiphysenlösung ist ihre Kombination mit schräg nach innen und vorne abwärts verlaufender Fraktur (Abb. 518).

Die *Ätiologie der Epiphysenfraktur* bei älteren Kindern und jugendlichen Individuen entspricht durchaus der Genese der Fractura pertubercularis, mit der Einschränkung, daß eine lokale Gewalteinwirkung etwas häufiger im

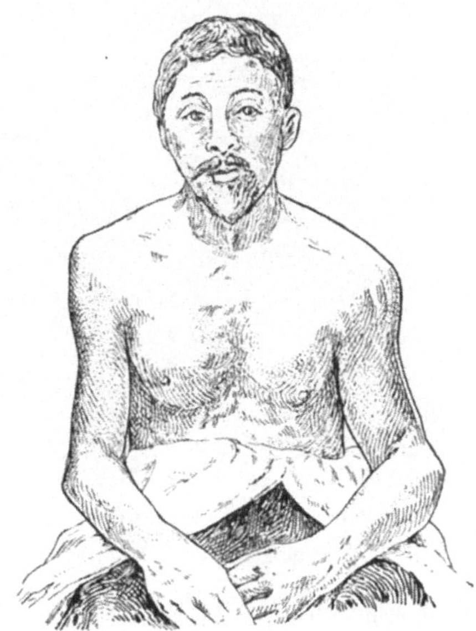

Abb. 515. Luxationsstatus bei Fraktur des chirurgischen Halses. (Nach KOCHER.)

Spiel ist, ebenso begleitende Torsionsbeanspruchung. Die *Symptome* stimmen in allen wesentlichen Punkten mit den Erscheinungen der Fractura pertubercularis Erwachsener überein; besonders hinzuweisen ist nur auf folgende Abweichungen: Hochgradige Einkeilung wird seltener beobachtet als bei der pertuberkulären Fraktur Erwachsener, was sich aus der relativ glatten Beschaffenheit der Bruchflächen erklärt. Aus dem gleichen Grunde vermißt man häufig auch eine wesentliche Crepitation. Trotz fehlender Einkeilung zeigen die Fragmente oft keine falsche Beweglichkeit, weil sie durch einen abgehobenen, jedoch nicht durchgerissenen Perioststreifen an der Rückfläche des Humerus zusammengehalten werden, wie Abb. 504 nach KOCHER zeigt. Die Gefäßverletzung ist bei Kontinuitätstrennungen in der Epiphysenfuge geringer als bei den eigentlichen Frakturen; dementsprechend sind auch Schwellung und blutige Suffusion der Weichteile weniger ausgeprägt. Ob im

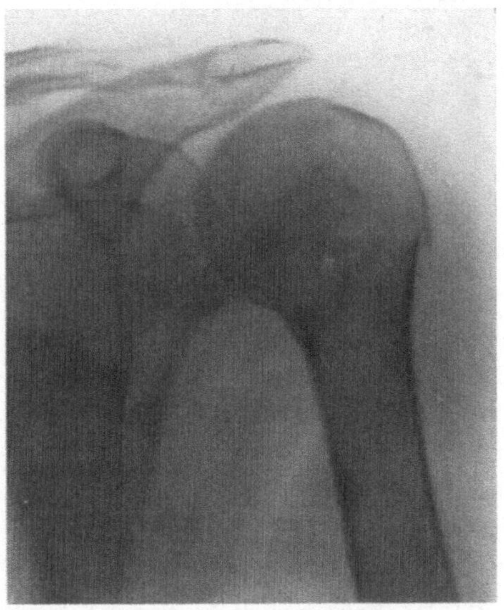

Abb. 516. Fractura pertubercularis mit Einkeilung, ohne wesentliche Verschiebung.

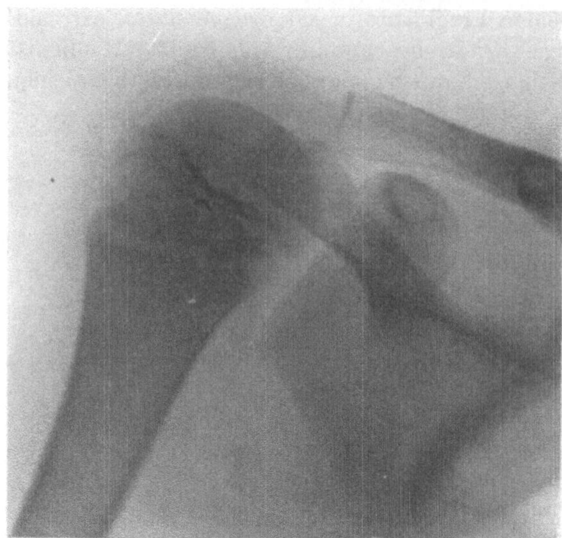

Abb. 517. Epiphyseolyse ohne wesentliche Verschiebung.
Man vergleiche das Röntgenogramm mit dem Verlauf der
Epiphysenlinie in Abb. 495 a, b.

gegebenen Fall eine Epiphysenlösung oder im wesentlichen eine paraepiphysäre Fraktur vorliegt, läßt sich mit Sicherheit nur durch das Röntgenogramm entscheiden; denn auch das für Epiphyseolyse charakteristische weiche Reiben, die sog. Knorpelcrepitation, ist nicht immer nachweisbar.

Eine für das kindliche Alter charakteristische Bruchform ist schließlich noch die pertuberkuläre Stauchungsfraktur, die allerdings seltener zur Beobachtung gelangt als die Stauchungsfraktur im Bereiche des chirurgischen Halses (Abb. 509). Abgesehen von verschieden ausgeprägter Funktionsstörung, lokalem Druckschmerz, Stoßschmerz und ganz geringen Blutergüssen machen diese Stauchungsfrakturen, die nur unvollständige Kontinuitätstrennungen darstellen, keine charakteristischen Symptome und sind deshalb nur *röntgenographisch* sicher festzustellen.

b) Fractura subtubercularis.

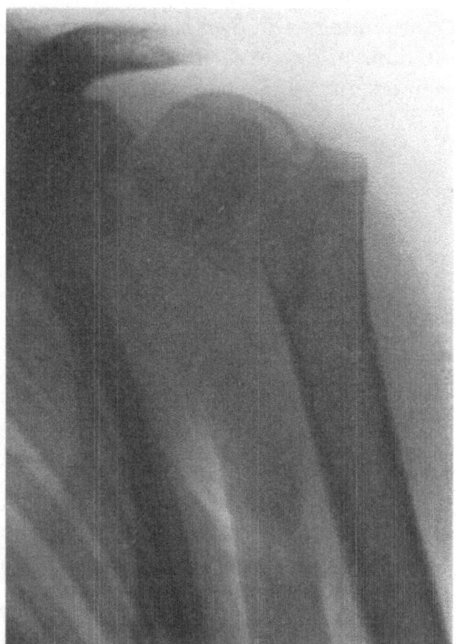

Abb. 518. Epiphyseolyse des oberen Humerusendes, kombiniert mit Fraktur am medialen Umfang der Metaphyse.

Die *Fraktur des chirurgischen Halses* oder *Fractura subtubercularis* nach Kocher stellt den häufigsten Bruch am oberen Humerusende dar; sie entsteht vorwiegend infolge umschriebener Gewalteinwirkung auf die Außenseite der Humerusdiaphyse unterhalb der Gelenkpfanne. Aus diesem Grunde erfährt das untere Fragment meistens eine Dislokation medialwärts (Abb. 513), woraus der Typus der *Abductionsfraktur* entsteht. Weniger typisch ist die Fragmentverschiebung, wenn die Fraktur durch Stoß in der Richtung der Humerusachse, d. h. infolge Fall auf den Ellbogen, zustande kommt. Ganz selten entsteht die Fraktur des chirurgischen Halses durch unkoordinierte Muskelaktion, so bei einem Lufthieb, bei Schleudern schwerer Steine oder beim Peitschenknallen; diese Frakturen infolge Muskelzug liegen meist weiter unten, am Übergang zum mittleren Humerusdrittel. Die Lokalisation der subtuberkulären Fraktur ist keine konstante; sie kann in ihrer Höhenlage um 2—3 cm variieren (vgl. Abb. 510 mit Abb. 514). Die Fraktur verläuft, wenn sie ausschließlich durch direkte Gewalteinwirkung zustande kam, vorwiegend *quer* (Abb. 514). Wo eine Hebelwirkung durch gleichzeitige Einwirkung auf die laterale Seite des Ellbogens mit im Spiele war, sowie bei den kombinierten Stauchungs- und Biegungsfrakturen durch Fall auf den Ellbogen verläuft die Bruchebene *schräg* (vgl. Abb. 510). Daneben sieht man deutliche *Rotationskomponenten* (siehe Abb. 510 u. 513). Gerade die schrägen Frakturen sind oft zum Teil subtuberkulär, zum Teil pertuberkulär lokalisiert und stellen das Hauptkontingent zu den *Übergangsformen.* Je mehr sich die Frakturebene der Diaphyse nähert, desto seltener sieht man Einkeilung, die im ganzen genommen bei der Fractura colli chirurgici erheblich seltener ist als bei der typischen Fractura

Abb. 519. Schematische Darstellung der indirekten sekundären Abduction des oberen Fragmentes bei Frakturen im chirurgischen Halse.

pertubercularis. Das untere Fragment ist am häufigsten *medialwärts* disloziert, wofür nicht nur die ursächliche Gewalt, sondern auch die Zugwirkung des Pectoralis major und Latissimus dorsi verantwortlich sind. Gleichzeitig wird das untere Fragment durch den Deltoides und die vom Schulterblatt zum Arm verlaufenden langen Muskeln — Coracobrachialis, Biceps und Triceps — nach oben gezogen (Abb. 519). Das kann, besonders wenn das untere Fragment etwas seitlich verschoben ist, ohne den Kontakt mit der Bruchfläche des oberen Fragmentes vollständig verloren zu haben, zu einer *Abductionsstellung des oberen Fragmentes* Anlaß geben (siehe Abb. 513). Das obere Fragment ist meistens abduziert (Abb. 513/520) und etwas auswärts rotiert.

Für die *Diagnose der Fractura subtubercularis* ist die genaue Feststellung des Niveaus der Bruchebene entscheidend; doch ist die Lokalisation von *Bruchschmerz* und *falscher Beweglichkeit* nicht immer zuverlässig, wenn auch im allgemeinen sicherer, als bei der Fractura pertubercularis. Die einzig zuverlässige Methode für die sichere Diagnose der Fractura subtubercularis bildet die *Röntgenaufnahme*, die an dieser Stelle nicht so selten Cystenbildung als Ursache der Fraktur ergibt (Abb. 521). Immerhin gibt es, abgesehen von der palpatorischen Feststellung des Frakturniveaus, einige Anhaltspunkte, die für Fractura subtubercularis sprechen. KOCHER hat darauf

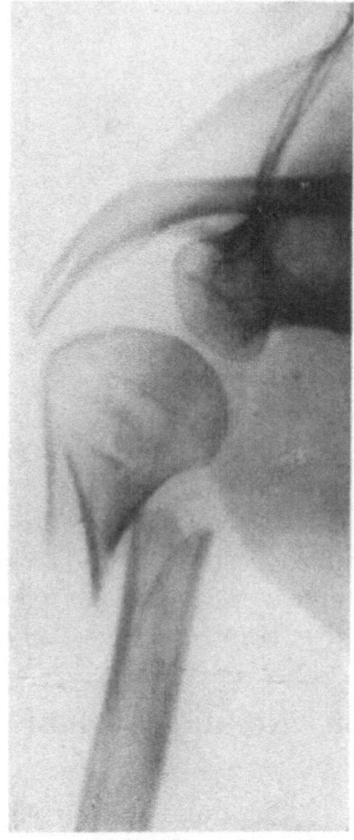

Abb. 520. Fraktur des chirurgischen Halses mit mäßiger Abduction des oberen Fragmentes.

hingewiesen, daß *Bluterguß*, *Schmerzen* und *Schwellung* häufig *stärker* sind als
bei den öfters eingekeilten pertuberkulären Brüchen; auch wird man oft eine
deutliche Verkürzung feststellen, die zwischen 2 und 4 cm beträgt. Die fehlende
Einkeilung bedingt erhebliche Schmerzhaftigkeit der passiven Bewegungen.
Das untere, nach innen abgewichene Fragment ist am besten von der Axilla
aus fühlbar, und zwar im allgemeinen viel leichter als bei der Fractura pertubercularis, bei der es zudem häufiger nach vorne unter den Deltoides tritt.

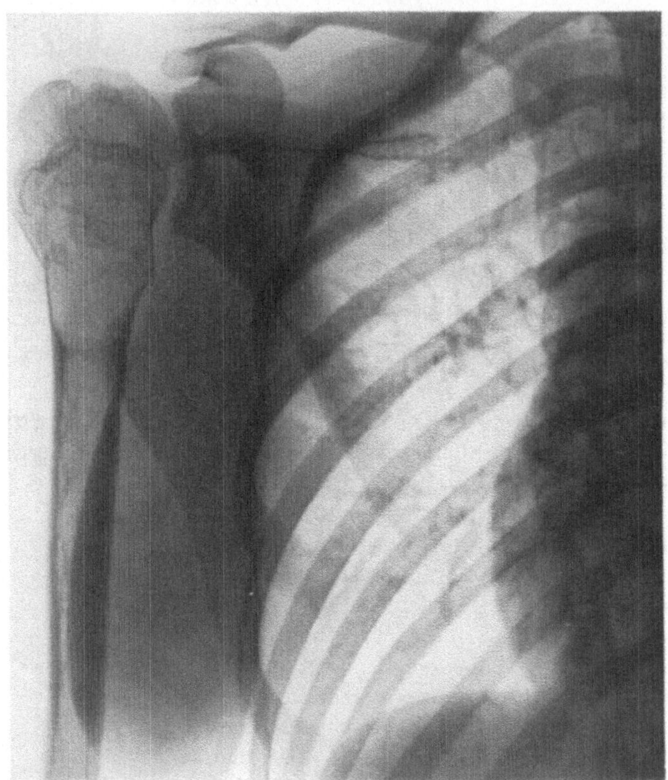

Abb. 521. Subtuberkuläre Humerusfraktur im Bereich einer großen Cyste (Infraktion infolge Ostitis
fibrosa).

*Maßgebend ist der Nachweis, daß die ganze Tuberkularmasse bei passiver Rotation
des Oberarmes nicht mitgeht.* Wo das untere Fragment so weit nach innen und
oben getreten ist, daß es dicht am Processus coracoides steht, liegt prima vista
eine *Verwechslung mit Luxation* nahe. Doch sollte die leichte Nachweisbarkeit
des Humeruskopfes an normaler Stelle die Differentialdiagnose sichern.

3. Heilungsverlauf und Komplikationen der infratuberkulären Brüche.

Die unkomplizierten infratuberkulären Frakturen heilen in 4—6 Wochen
solid; *Pseudarthrosen* werden hier selten beobachtet. Auch bei korrekter Fragmentstellung stellen sich nicht so selten *Gelenkstörungen* ein, weil das Schulter-

gelenk durch das primäre Trauma häufig mitbetroffen wird. Gelegentlich sind in das Gelenk reichende Fissuren die Ursache arthritischer Vorgänge. Pertuberkuläre Brüche neigen naturgemäß mehr zu Gelenkkomplikationen als subtuberkuläre.

Ganz besonders hochgradig pflegt die Beeinträchtigung der Gelenkfunktion zu sein, wenn die Fraktur mit Dislokation geheilt ist, sowie bei Splitterbrüchen. In Betracht kommt vor allem die berüchtigte axillare Abweichung des unteren Fragmentes, die zu Verwachsungen der Fragmentspitze mit der medialen Partie der Gelenkkapsel führen kann (siehe Abb. 511); ferner bedingt die Heilung bei Abductionsstellung des oberen Fragmentes, wie sie nach subtuberkulären Brüchen relativ oft bedacht wird, einen *Abductionsdefekt*. Fixierte Rotationsverschiebungen haben *dauernde Einschränkung der Rotationsexkursion* zur Folge. Eine typische Störung nach Pertuberkularfraktur mit Verschiebung des unteren Fragmentes nach vorne ist die *Hemmung der Armhebung nach vorne*, bedingt durch Anstoßen der vorragenden Fragmentkante am Processus coracoides oder Akromion und Verwachsung mit dem Deltoides. (s. Abb. 504.)

Nach ungenügend reponierten *Epiphyseolysen* stellen sich oft *Wachstumsdefekte* ein; wird dagegen das die Knorpelscheibe tragende Kopffragment reponiert, so bleiben Wachstumshemmungen gewöhnlich aus, auch wenn man zur Erzielung der Reposition ein Stück vom Diaphysenfragment resezieren mußte.

Von den *Komplikationen* der subtuberkulären Frakturen ist in erster Linie die *begleitende Luxation des Kopfes* zu erwähnen. Es handelt sich gewöhnlich um pertuberkuläre oder subtuberkuläre Brüche.

Weitere Komplikationen betreffen Nerven und Gefäße in der Axilla, und zwar sowohl in Form von Zerreißungen durch Vermittlung der scharfen Fragmentkanten, als von Kontusion. Relativ häufig sieht man *Läsion der Axillargebilde* bei Frakturen mit Luxation des Kopfes, während sowohl Nerven- als Gefäßverletzungen bei den gewöhnlichen infratuberkulären Brüchen selten sind. Entsprechend der typischen axillaren Abweichung und der selteneren Einkeilung ist die Frequenz der komplizierenden Läsionen der Axillargebilde *bei subtuberkulären Brüchen* höher, als bei den pertuberkulären. Am häufigsten kommt es zu primären oder sekundären Schädigungen des am meisten exponierten *N. axillaris*; seltener ist die Verletzung des Plexus axillaris, sowie die Zerreißung und Kompression der *Axillargefäße*, die zu *Gangrän des Armes* und zu *Aneurysmabildung* führen kann.

Die *Schußfrakturen* des oberen Humerusendes zeichnen sich aus durch *Splitterung*, durch häufige komplizierende Verletzungen der Axillargefäße, des Plexs axillaris, durch begleitende Thoraxverletzung sowie durch die gleichzeitige Eröffnung des Schultergelenkes. Liegt eine schwere primäre *Infektion* des Schußkanals vor, wie sie namentlich bei Granatsplitterverletzungen beinahe die Regel ist, so wird der Verlauf durch die gleichzeitige Infektion des Schultergelenkes und der kommunizierenden Bursae bestimmt.

4. Röntgenographische Darstellung der Frakturen des oberen Humerusendes.

Die Übersichtsaufnahme bei Frakturen des oberen Humerusendes soll zugleich eine gute *Schulteraufnahme* sein. Es ist deshalb darauf zu achten, daß der

Humeruskopf nicht durch die Gelenkpfanne und durch das Akromion wesentlich überlagert wird. Die Aufnahmen erfolgen in ventro-dorsaler Richtung. Damit die Scapula flach auf der Plattenkassette liegt, muß die gesunde Schulter durch ein Kissen unterstützt werden; die Überlagerung des Humeruskopfes durch das Akromion wird dadurch vermieden, daß man den Patienten mit den Schultern auf ein Keilkissen von etwa 45° Elevation legt, und dann senkrecht auf die Mitte des Gelenkspaltes projiziert. Lagert man den Patienten flach, so muß mit Rücksicht auf den schräg nach hinten abfallenden Verlauf des humero-akromialen Spatium die Röhre etwas kranialwärts eingestellt werden, so daß die Projektion schräg von oben (kranial) nach unten (kaudal) erfolgt.

Besondere Berücksichtigung verlangt die *Rotationsstellung* des Humerus; dabei ist zu beachten, daß die Kopfwölbung in Ruhelage des Oberarms nach hinten-innen sieht, indem die Hauptachse des Gelenkkopfes von vorne-außen nach hinten-innen, dabei gleichzeitig von unten nach oben verläuft.

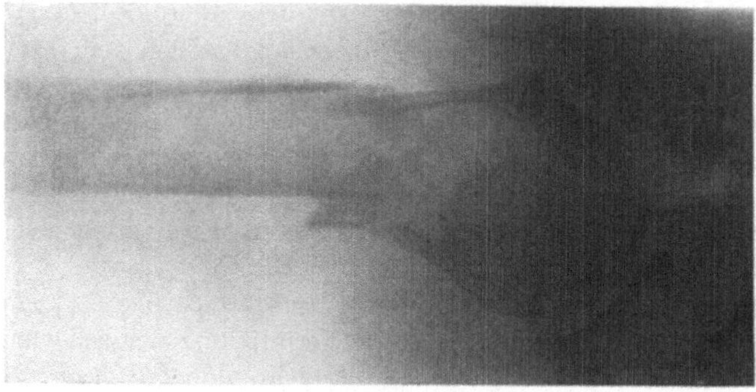

Abb. 522. Röntgenaufnahme einer Fraktur des chirurgischen Halses von der Axilla her; betrifft Fraktur Abb. 510. Einkeilung.

Der Epicondylus internus steht dann etwas weiter rückwärts, bei Rückenlage des Patienten der Unterlage näher, als der Epicondylus externus. Machen wir die Aufnahme in dieser Position des Oberarms, so wird der Humeruskopf in einer gewissen Verkürzung auf die Platte projiziert; um den Kopf und die Tuberkularwölbung mit ihrer größten Ausladung auf die Platte zu bekommen, muß deshalb die Aufnahme bei leicht auswärtsrotiertem Arm stattfinden, d. h. die Epicondylen des unteren Humerusendes sollen in der gleichen, horizontalen Ebene liegen. Von besonderer Bedeutung ist die Innehaltung dieser Rotationsstellung bei Axillaraufnahmen, weil sonst irrtümlich Extensionsknickungen angenommen werden können.

Die Darstellung des *Tuberculum majus* erfordert keine stärkere Auswärtsrotation; doch muß die Röhre weiter lateral, etwa auf die Mitte des Humeruskopfes, eingestellt werden. Für die optimale Projektion des *Tuberculum minus* ist Einwärtsrotation erforderlich, und auch die dorsoventrale Aufnahme kann hier Vorteile bieten.

Ventrodorsalaufnahmen geben nur sichere Auskunft über seitliche Verschiebungen nach innen und außen; für die Entscheidung der Frage, ob eine Dislokation des Schaftfragmentes nach hinten oder vorne, also Überlagerung mit dem Kopffragment, oder Einkeilung vorliegt, ist eine zweite Aufnahme senkrecht zur Projektionsrichtung der ersten erforderlich. Diese Aufnahme geschieht nach dem Vorschlage von ALBERS-SCHÖNBERG, den ISELIN eingehend begründet, *von der Axilla* aus, bei abduziertem Arm, während die Plattenkassette der Schulterhöhe anliegt (vgl. Abb. 522). Allerdings kann die Abduction wegen erheblicher Schmerzhaftigkeit große Schwierigkeiten bereiten. Doch schützt

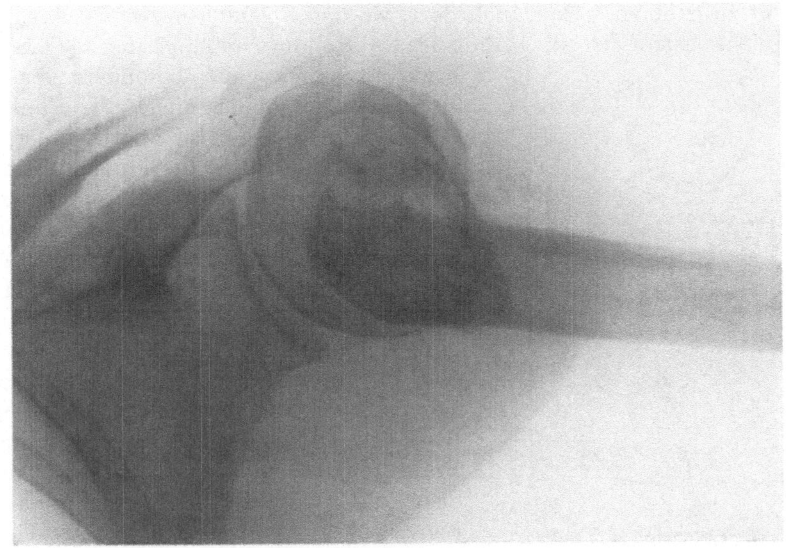

Abb. 523 a. Subtuberkuläre Fraktur, scheinbar eingekeilt; antero-posteriore Aufnahme.

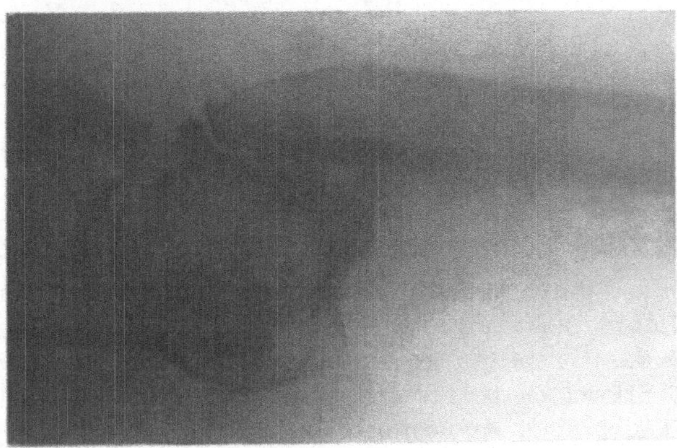

Abb. 523 b. Fraktur Abb. 523 a von der Axilla her aufgenommen; es liegt keine Einkeilung vor.

in gewissen Fällen nur diese Röntgenuntersuchung in zwei zueinander senkrechten Richtungen vor groben Täuschungen hinsichtlich Einkeilung und Überlagerung der Fragmente. Als anschauliches Beispiel gebe ich die Röntgenogramme Abb. 523, 523a u. 523b wieder; die zweite von der Axilla her gemachte Aufnahme zeigt, daß es sich nicht um eine eingekeilte Fraktur handelt, sondern um eine Rückwärtsverschiebung des unteren Fragmentes um die ganze Breite der Diaphyse, mit Längsverschiebung.

Matti, Knochenbrüche. 2. Aufl. 36

Kapitel 5.

Behandlung der Brüche des oberen Humerusendes.

Bei allen Frakturen des oberen Humerusendes ist auf die häufige begleitende Kontusion des Gelenkes und auf die komplizierenden Verletzungen der Kapsel Rücksicht zu nehmen. Aber auch dort, wo das Gelenk von der Verletzung zunächst nicht betroffen ist, bedingen die Heilungsvorgänge der gelenknahen Frakturen und ganz besonders die langdauernde Immobilisierung oft Funktionsschädigungen, die schwerwiegender sein können als die zugrunde liegende Knochenverletzung. Ganz besonders ominös ist die *Schrumpfung der medialen Kapselabschnitte* bei Fixation des Armes in Adductionsstellung, und nicht minder die *Inaktivitätsatrophie des M. deltoideus*; beide, übrigens häufig kombinierten Veränderungen bedingen weitgehende *Einschränkung der seitlichen Armhebung*, eine Störung, die erwerblich schwer wiegt.

Bei den eigentlichen intraartikulären Frakturen des anatomischen Halses kommt dazu die Tendenz des Kopffragmentes zu regressiven Veränderungen und die Neigung zu sekundärer traumatischer Arthritis.

Aus diesen Gründen muß jede fixierende Behandlung im starren Verbande, von beschränkten, besonders zu motivierenden Ausnahmen abgesehen, für die Brüche des oberen Humerusendes als unstatthaft bezeichnet werden. Die möglichst frühzeitige und ausreichende Mobilisation erhält hier ganz besondere Bedeutung, vor allem für die Behandlung der Frakturen des anatomischen Halses.

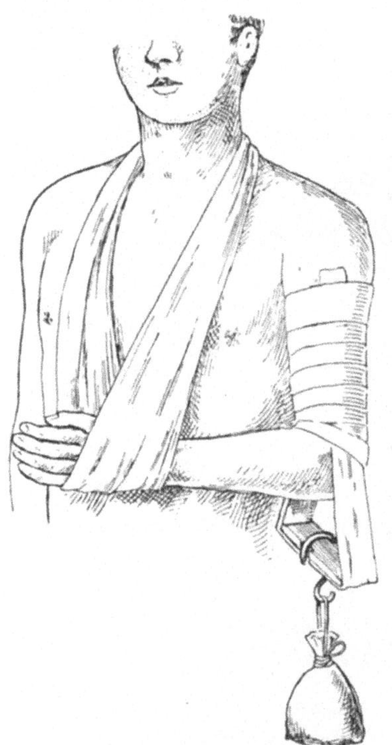

Abb. 524. Heftpflasterextension am Oberarm. (Nach BARDENHEUER.)

Eine *Reposition* durch äußere Maßnahmen kommt bei der *Fraktur des anatomischen Halses* nicht in Frage; gegenüber dem Vorschlag LAMBOTTES, in jedem Falle das Gelenk zu eröffnen und das Kopffragment in korrekter Stellung durch Schrauben zu fixieren, wird man sich mit Rücksicht auf die Unzukömmlichkeiten einer Arthrotomie bei älteren Leuten, die ja vorwiegend von dieser Fraktur betroffen sind, reserviert verhalten.

Es empfiehlt sich, zunächst für einige Tage eine entlastende, *ambulante Extension* nach Abb. 524 anzulegen, die schmerzstillend wirkt und leichte Bewegungen gestattet. Nach Abklingen der Schmerzen beginnt eine systematische *Massage-* und *Bewegungsbehandlung*, die besonderes Gewicht auf rasche Wiederherstellung der aktiven Hebung des Armes zur Horizontalen, seitlich und nach vorne legt. Zum Schutze gegen unerwünschte, schmerzhafte Bewegungen tragen die Verletzten während 1—2 Wochen, nach Wegnahme der Extension, eine *Mitella*.

Zeigt sich eine Tendenz zur Gelenkversteifung in Adduction, so ist durch *Lagerung in starker Abduction* während der Nacht der Schrumpfung der unteren Kapselabschnitte entgegenzuwirken.

Nekrose des Kopfes kann zu dessen *operativer Entfernung* Anlaß geben; auch *isolierte Fragmente*, die als freie Gelenkkörper wirken, sind zu entfernen.

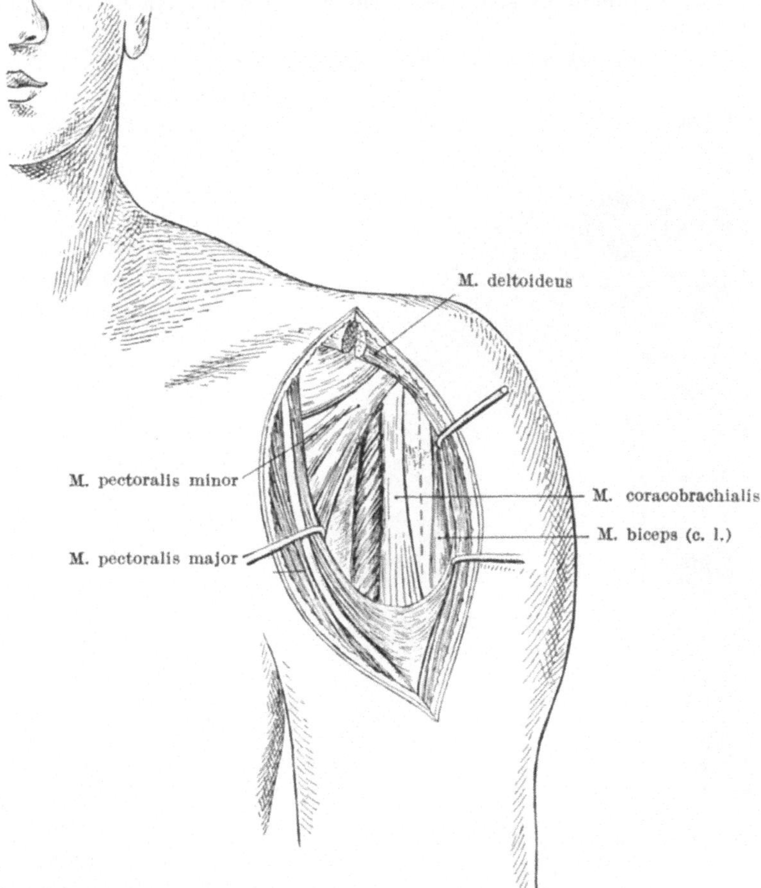

Abb. 525. Topographische Verhältnisse für die Freilegung der Frakturen des oberen Humerusendes.

Das souveräne Verfahren für die Behandlung hochgradiger, zu völliger Gebrauchsunfähigkeit des Armes führender *deformierender Arthritis* des Schultergelenkes, wie sie im Anschluß an supratuberkuläre Frakturen, namentlich solche mit Zertrümmerung des Kopfes, zur Entwicklung gelangen kann, ist die *Arthrodese in Abductionsstellung*. Dadurch wird der Verletzte in den Stand gesetzt, den Arm mit Hilfe des Schulterblattes kräftig zu bewegen.

Die *Behandlung der Fractura pertubercularis, epiphysaria* und *colli chirurgici* richtet sich nach der vorliegenden Dislokation.

Besteht *Einkeilung* ohne wesentliche Verschiebung, so ist von jeder Reduktion der Fragmente abzusehen; es genügt vollständig, für 1—2 Wochen eine *Gewichtsextension* am Vorderarm nach Abb. 156 oder einen Zug am Oberarm

36*

gemäß Abb. 524 anzulegen, der nachts über eine Rolle am Bettende geführt wird. Schon in den ersten Tagen wird mit Übungsbewegungen angefangen, die auf rasche Erreichung aktiver Horizontalabduction und mäßiger Rotation hinzielen. Weitgehende passive Rotationsbewegungen sind zu unterlassen, solange die Fraktur noch nicht konsolidiert ist. Nach Wegnahme des Zugverbandes empfiehlt es sich, den Arm während der Nacht in Abductionsstellung zu lagern.

Liegt eine erhebliche Fragmentverschiebung vor, gleichgültig ob mit oder ohne Einkeilung, so ist unter allen Umständen eine korrekte Reposition zu erstreben, die sich oft nur in Narkose oder Lokalanästhesie bewerkstelligen lassen wird. Ist die vollständige Reposition auf unblutigem Wege nicht zu erzielen, so erhebt sich die Frage, ob die Koaptation der Fragmente auf operativem Wege zu erzwingen sei. Die Entscheidung hängt davon ab, ob die Verschiebung, wie sie nach der unblutigen Reposition zurückbleibt, voraussichtlich zu schweren Funktionsstörungen führen wird. In diesem Falle ist, sofern es sich nicht um alte Patienten handelt, oder wenn nicht anderweitige, im Allgemeinzustand der Patienten bedingte Kontraindikationen vorliegen, die *blutige Reposition* vorzunehmen; denn es darf nicht vergessen werden, daß die Frakturen des oberen Humerusendes bei deformer Heilung stets zu mehr oder weniger hochgradigen Funktionsstörungen des Schultergelenkes Anlaß geben. Die Freilegung der Fraktur erfolgt nach unserer Erfahrung am

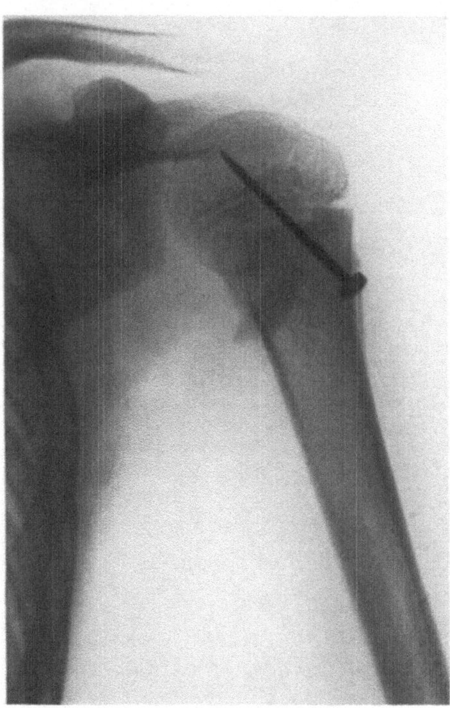

Abb. 526. Schräge Verschraubung einer Epiphysenfraktur des oberen Humerusendes (betrifft Fall Abb. 518).

einfachsten nach der alten OLLIERschen, durch die LANGENBECKsche Schule weiter ausgebildeten Methode der vorderen Schnittführung (vgl. Abb. 525); man geht am Vorderrande des Deltoides zwischen diesem Muskel und dem Pectoralis major ein und legt den Humeruskopf sowie den chirurgischen Hals durch Eingehen am lateralen Rande des M. coracobrachialis und kurzen Bicepskopfes frei. Dieses Verfahren eignet sich auch für die Frakturen mit vorderer Luxation des Kopfes; Abweichungen können durch atypische Dislokationen des unteren Fragmentes bedingt sein.

Bei rein pertuberkulären Brüchen und Epiphysenfrakturen, wo sich zwei rauhe, breite Bruchflächen gegenüberstehen, genügt es häufig, die Fragmente in richtiger Lage — unter besonderer Berücksichtigung der Rotationsstellung — aufeinanderzustellen. Der Längsdruck der Muskulatur sorgt dann für ausreichende Retention; doch ist es in solchen Fällen angezeigt, durch vorübergehende *Längsextension* für Verhinderung einer sekundären Achsenknickung zu sorgen.

Stehen die Fragmente nicht zuverlässig, so erfolgt *Nagelung* (Abb. 240) oder *Verschraubung*. Nagel oder Schraube werden vom unteren Fragment her von außen schräg nach oben vorgetrieben (Abb. 526); wenn nötig, kann eine zweite Schraube von der oberen Fläche des Tuberculum majus her dicht am Kapselansatz etwas schräg nach innen und unten gelegt werden. Nägel und Schrauben aus rostfreiem Stahl werden im allgemeinen gut ertragen; machen sie Reizerscheinungen, so sind sie nach erfolgter Konsolidierung des Bruches zu entfernen.

Hat das untere Fragment, wie bei der *Fraktur des chirurgischen Halses*, Diaphysencharakter, so entsprechen Schraubung und Nagelung den anatomischen Verhältnissen gewöhnlich nicht. In solchen Fällen gelangt, falls es sich um querverlaufende Brüche handelt, die *Plattenverschraubung* zur Anwendung, vorausgesetzt, daß die Größe des oberen Fragmentes extraartikuläre Anbringung der Metallplatte gestattet; *Schrägbrüche* werden durch *Umschlingung* vereinigt (Abb. 527).

Zu den unangenehmsten Überraschungen können operativ freigelegte per- und subtuberkuläre *Zertrümmerungsfrakturen* Anlaß geben, wenn die einzelnen Fragmente den Schrauben und Nägeln keinen ausreichenden Halt gewähren. Es bleibt dann nichts anderes übrig, als unter Verzicht auf langwierige Versuche eines „Zusammensetzspiels" das periphere Fragment achsengerecht, mehr oder weniger abduziert, einzustellen und diese Stellung durch Extension verbunden mit vorübergehender Gipsschienenfixation zu sichern.

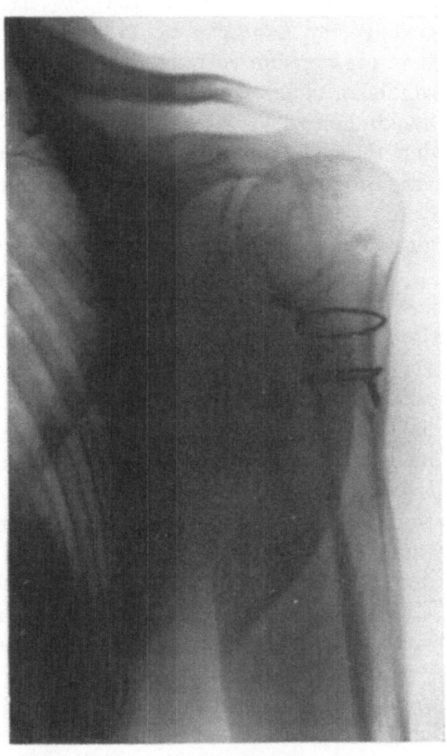

Abb. 527.
Schrägfraktur des chirurgischen Hasles (Fall Abb. 520) durch doppelte Umschlingung vereinigt Heilung mit mäßiger Callusbildung.

Auf Grund derartiger Erfahrungen empfiehlt es sich, von der rekonstruktiven operativen Behandlung von Humerusbrüchen mit Zertrümmerung oder Segmentierung des Kopfes nicht allzuviel zu verlangen und sie von Anfang an in Abductionsextension zu behandeln, sofern durch kombinierte anteroposteriore und axillare Röntgenaufnahmen festgestellt ist, daß das Diaphysenfragment in Einkeilungsstellung und nicht exzentrisch zu den Kopffragmenten steht (Abb. 507/512a u. b). Befindet sich jedoch das Schaftfragment außerhalb der Kopffragmente, so ist es *operativ zentral einzustellen*, jedoch *unter Verzicht auf eine innere Fixation*. Die *Nachbehandlung* erfolgt dann auch hier in möglichster *Abduction*, soweit sie durch die Stellung des nicht mitgehenden Kopffragmentes erlaubt wird.

Die Nachbehandlung operativ versorgter Frakturen erfolgt nach Möglichkeit *ohne fixierende* Verbände, soweit die Vereinigung der Bruchstücke eine ausreichend solide ist; die Patienten sollen schon wenige Tage nach dem Eingriff mit *aktiven Bewegungen* beginnen.

Läßt sich die Reposition auf unblutigem Wege in befriedigender Weise erzielen, so hat als Normalverfahren der Behandlung unkomplizierter Frakturen die Extension zu gelten. Die Reposition erreicht man am sichersten durch vorsichtig gesteigerten *Längszug* bei gebeugtem Ellbogen, unter Anwendung ausreichender Kontraextension vermittels gepolsterter Schlinge in der Axilla. An den Längszug schließen sich vorsichtige *Rotationsbewegungen* an, die den Zweck haben, Verhackungen zu lösen; dann wird durch direkten Druck auf das untere Fragment der Versuch gemacht, die Lateralverschiebung zu beheben. Handelt es sich um ausgeprägte Abductionsfrakturen, so erleichtert man sich die Reposition durch vorsichtige Hebelmanöver, wie sie im allgemeinen Teil für die Reduktion alter Querfrakturen beschrieben wurden.

Für die meisten Frakturen des oberen Humerusendes entspricht die *Extension des Oberarmes längs dem Thorax oder in leichter Abduction* den Erfordernissen der Muskelentspannung, sofern das Ellbogengelenk rechtwinklig gebeugt wird. Dagegen erfordert ausgeprägte *Abductionsstellung des oberen Fragmentes*, auf die wir von außen keinen Einfluß haben, gemäß einem Grundgesetz der Frakturbehandlung, das Diaphysenfragment in die Achse des Gelenkfragmentes zu bringen, also *zu abduzieren*. Das gleiche gilt für *intraartikuläre Zertrümmerungsbrüche* und für *Brüche*, die *im Bereich des medialen Kapselansatzes* auslaufen, weil hier eine Versteifung des Gelenkes mit Fixation in Abductionsstellung infolge Schrumpfung der unteren Kapselabschnitte zu erwarten steht, der nur durch Extension in Abduction vorgebeugt werden kann. Bei längerdauernder Extension hängt natürlich auch die Erhaltung der so wichtigen *Deltoidesfunktion* von Abductionslage des Oberarmes ab.

Die Extension parallel dem Thorax hat den Vorteil, ambulant durchgeführt werden zu können, was namentlich für ältere Verletzte wünschbar ist. Behandlung auf der Christenschen oder einer anderen Abductionsschiene ist wesentlich unbequemer, jedoch dort unerläßlich, wo eine Fraktur, die wir nicht liegend behandeln wollen, gemäß ihrer Form einen Abduktionszug verlangt. Die Zugbehandlung in Adductionsstellung des Armes darf nicht länger als 10—14 Tage durchgeführt werden, damit Kapselschrumpfung und Inaktivitätsatrophie des Deltoides vermieden werden.

Ob man nun die Extension in Horizontalabduction oder in normaler Längslage des Humerus vornimmt, *so ist jedenfalls mit gleicher Sorgfalt auf die Innehaltung einer korrekten Rotationsstellung zu achten.* Erfahrungsgemäß bereitet die genaue Beurteilung der Rotationsorientierung des unteren Fragmentes bei unblutiger Reposition oft Schwierigkeiten. Es empfiehlt sich deshalb, in solchen Fällen eine mittlere Rotationsstellung zu wählen, am einfachsten in der Weise, daß man den Ellbogen rechtwinklig beugt und den Vorderarm vertikal suspendiert oder, wo ein Fixationsverband angelegt wird, den Vorderarm nach vorne richtet (Abb. 528/145). Dann steht das untere Humerusfragment absolut sicher in mittlerer Rotationsstellung. Die Art, wie eine Extension des Humerus in Horizontalabduction ausgeführt wird, zeigen Abb. 159/528, während die Längsextension parallel der Körperlängsachse durch das Photogramm Abb. 176

illustriert wird. Einer ausgeprägten Extensionsknickung trägt man bei Zugbehandlung durch angemessene Hebung des Ellbogens, bei fixierenden Abduktionsverbänden dadurch Rechnung, daß man den Oberarm vor die Frontalebene führt.

Die *Dauer der Extension* beträgt bei gut verzahnten, hoch sitzenden Frakturen mit breiter Frakturebene, also vorwiegend bei pertuberkulären Frakturen und Epiphysenbrüchen, 3 Wochen. Tieferliegende Frakturen, bei denen das untere Fragment Diaphysencharakter hat, oder Schrägfrakturen mit Dislokationstendenz erfordern bei Erwachsenen Zugbehandlung während mindestens 4 Wochen.

Während der ganzen Extensionsperiode werden die Patienten zur Ausführung leichter aktiver Bewegungen im Schulter- und Ellbogengelenk, sowie zum Gebrauch der Finger angehalten. Nach Wegnahme der Extension beginnt sofort die systematische, konsequent und energisch durchzuführende Mobilisations- und Übungsbehandlung. Die *Belastungsfähigkeit* einer unkomplizierten Humerusfraktur dürfte normalerweise nach 6 Wochen ausnahmslos erreicht sein.

Komplizierte Frakturen erfordern naturgemäß gesonderte Berücksichtigung. der Komplikationen nach den Grundsätzen, die wir im allgemeinen Teil dargelegt haben. Was die durch äußere Hautverletzung und Er-

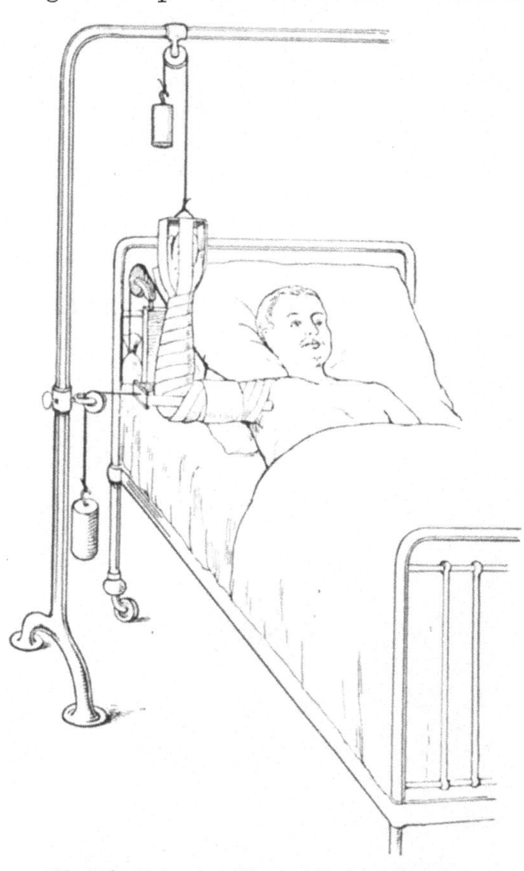

Abb. 528. Extension für eine Fraktur des oberen Humerusendes, bei senkrecht eleviertem Vorderarm, zur Sicherung der mittleren Rotationsstellung.

öffnung des Gelenkes komplizierten *infizierten Schußfrakturen* betrifft, genügt hier das reine Extensionsprinzip im allgemeinen nicht. Eine ausreichende Beeinflussung der Infektion wird meist nur erzielt, wenn man die Extension mit *Fixation* durch Verwendung von Gips- oder Drahtschienen kombiniert. Für derartige Schußfrakturen ist grundsätzlich nur die *Horizontalabduction* anzuwenden, mit Rücksicht auf die meist zu erwartende Versteifung des Schultergelenkes und die möglichst optimale Gestaltung der sekundären Funktion des Armes.

Bei *Frakturen mit gleichzeitiger Luxation des Kopffragmentes*, deren Reduktion nur selten durch äußere manuelle Maßnahmen gelingt, empfiehlt sich ein Repositionsversuch mit dem BÖHLERschen *Schraubenzugapparat*. Sobald der Humerusschaft durch direkten Zug am Olecranon genügend von der Gelenkpfanne entfernt ist, wird der luxierte Kopf durch direkten Druck in den Gelenkraum geschoben. Mißlingt die Reduktion, so erfolgt bei fortwirkendem Zug *operative Freilegung, Reduktion* und allfällige innere *Fixation* des Kopffragmentes. Die Nachbehandlung erfordert einen fixierenden Abduktionsverband.

Von einer Empfehlung *fixierender Verbände* für die Behandlung der gewöhnlichen Frakturen des oberen Humerusendes habe ich abgesehen, weil sich die Nachteile dieser Behandlungsart gerade hier in sehr schlimmer Weise geltend zu machen pflegen. *Wer weitgehende und oft unheilbare Versteifungen des Schultergelenkes und schlechte anatomische Heilungsresultate vermeiden will, wird gut daran tun, bei diesen Bruchformen grundsätzlich die Zugbehandlung zu wählen und nur in den erwähnten Ausnahmefällen zum festen Verband zu greifen, der bei Verwendung der Gipstechnik kein zirkulärer, sondern ein Gipsschienenverband sein soll.*

Kapitel 6.

Die isolierten Frakturen der Tubercula.

Die Fraktur des Tuberculum majus stellt sich einmal dar als *Abrißfraktur* (Abb. 529) und ist in dieser Form meist eine Komplikation der vorderen Humerusluxationen; ferner sehen wir sie als *Kompressions-* und *Abscherungsbruch*

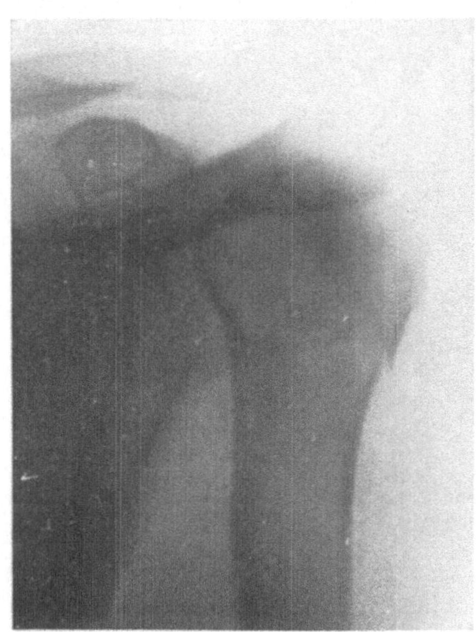

(Abb. 530) unter direkter Gewalteinwirkung als Folge eines Falles auf die laterale Schulterwölbung. Bei der Abrißfraktur sowohl wie bei der Abscherungsfraktur kann das Tuberculum an der Basis oder mehr gegen die Spitze zu abbrechen. In seltenen Fällen handelt es sich nur um einen Abbruch der vorderen oder hinteren Facette; sehr selten sind Längsfissuren. Die *Dislokation* des abgebrochenen Tuberculum, sofern nicht partiell subperiostale Frakturen vorliegen, ist eine typische, indem die Auswärtsrotatoren das Abrißfragment nach hinten und außen ziehen (vgl. Abb. 529). Der Humeruskopf kann dann in Subluxationsstellung nach vorne geraten. Abgesehen von den lokalen Fraktursymptomen, wie *Schwellung, Druckschmerz, Crepitation* bei passiven Rotationsbewegungen, und der Möglichkeit, das abgebrochene Fragment bei passiver Rotation des Humerus zu

Abb. 529. Abrißfraktur des Tuberculum majus mit geringer Verschiebung.

fixieren, finden wir eine *typische Funktionsstörung*, die sich aus der Insertion der wesentlichen Auswärtsrotatoren am Tuberculum majus erklärt. Bei totaler Abreißung vermögen die Patienten den Oberarm nicht auswärts zu drehen. Ist die Fraktur nur eine subperiostale, das Tuberculum somit noch in teilweiser Verbindung mit dem Humeruskopf, so werden aktive Rotationsbewegungen in vorsichtiger Weise ausgeführt. *Doch kann man, was außerordentlich charakteristisch ist, diese aktive Auswärtsrotation mit leichtestem Fingerdruck gegen die Streckseite des rechtwinklig gebeugten Vorderarmes verhindern.*

Die *Heilung* erfolgt unbeeinflußt mit Verschiebung des Tuberculum nach hinten-außen und bedingt entsprechenden Rotationsausfall. Auch periarthritische Veränderungen im Bereich des Schultergelenkes sind nicht selten, besonders bei älteren Verletzten.

Die Behandlung hat deshalb einen Ausgleich der Dislokation zu erstreben.

Dies kann durch *Lagerung des Armes* in *Abduction* und *Auswärtsrotation* geschehen, am einfachsten unter vertikaler Suspension des Vorderarmes.

Hochgradigere Verschiebungen des Tuberculum sind nur *operativ* zu beseitigen; die Fixation des Fragmentes erfolgt durch *Verschraubung*. Da jedoch der Formausgleich auch bei bedeutenden Verschiebungen mit der Zeit ein sehr guter ist, und auch die Rotation nach außen sich unter Übung weitgehend wiederherstellt, wie ich wiederholt gesehen habe, kann die hinsichtlich des Zuganges nicht einfache Anschraubung des Tuberculum majus nur als Ausnahmeverfahren betrachtet werden, das auf hochgradige Dislokationen oder kombinierte Brüche zu beschränken ist.

Subperiostale Frakturen des Tuberculum majus und solche ohne wesentliche Verschiebung des Fragmentes werden nach dem mobilisierenden Verfahren behandelt.

Das Tuberculum minus bricht nur außerordentlich selten isoliert ab; etwas häufiger sieht man Abrißfrakturen des Tuberculum minus unter der Zugwirkung des M. subscapularis bei der Luxatio humeri. Die Fraktur führt zu *Hemmung der Einwärtsrotation*; ferner sieht man gelegentlich eine Beschränkung der Armhebung nach vorne sowie der Beugung des Vorderarmes, infolge gleichzeitiger Zerreißung der Bicepssehne. Die Behandlung soll von Anfang an eine mobilisierende sein.

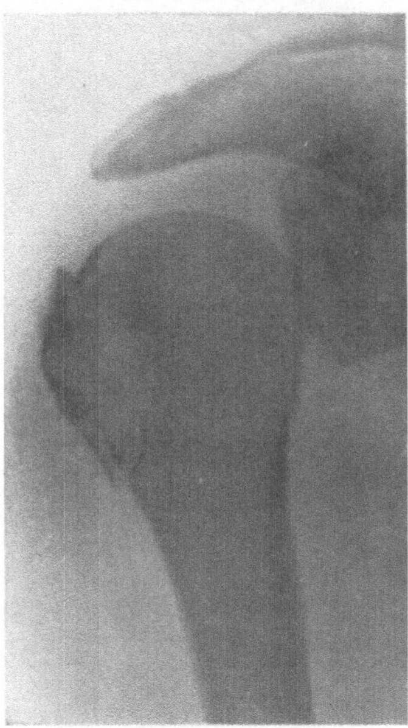

Abb. 530. Kompressionsfraktur des Tuberculum majus.

II. Die Brüche des Humerusschaftes.

Kapitel 1.

Entstehungsmechanismus und Form der Diaphysenfrakturen.

Als *Schaftbrüche* des Humerus bezeichnen wir Oberarmfrakturen, die sich zwischen dem Ansatz des M. pectoralis major und dem Ursprungsgebiet des M. supinator longus, somit in den mittleren zwei Vierteln lokalisieren. Die Häufigkeit dieser Frakturen erklärt sich aus der schlanken Bauart des Humerus-

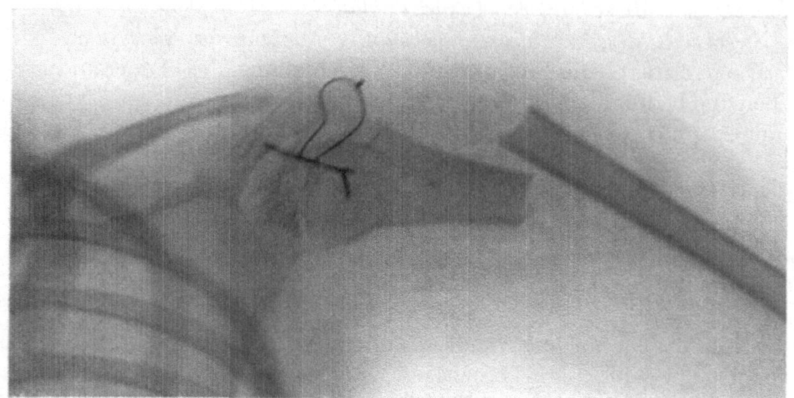

Abb. 531. Querfraktur des Humerus im oberen Drittel; Arthrodese des Schultergelenkes.

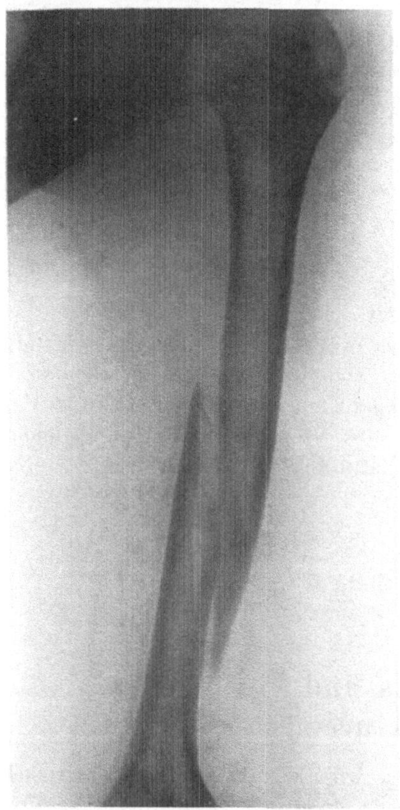

Abb. 532.
Torsionsfraktur der Humerusdiaphyse.

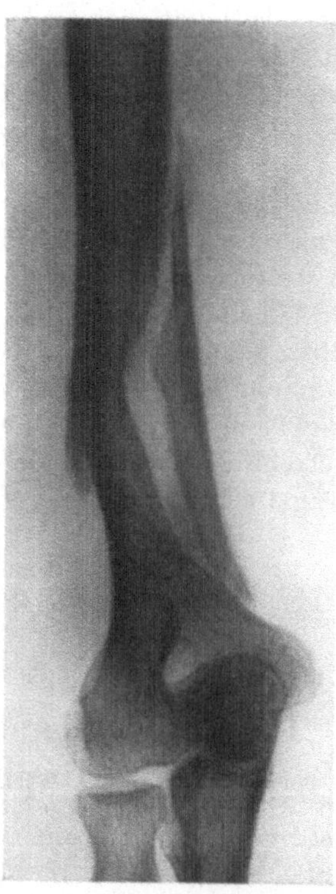

Abb. 533. Torsionsstauchungsbruch der Humerusdiaphyse mit charakteristischem, rautenförmigem
Längssplitter.

schaftes, an dessen unterer Verbreiterung sich zudem das in Beugestellung des Ellbogengelenkes als Rotationshebel wirkende Knochengerüst des Vorderarmes ansetzt. Ferner ist zu beachten, daß von der Seite gesehen die Humerusdiaphyse eine leichte nach vorne konkave Biegung aufweist, so daß sich der Längsbeanspruchung häufig eine Flexionskomponente beigesellt.

Die Mehrzahl der Humerusdiaphysenbrüche sind *vollständige*; unvollständige Brüche stellen hier eine Seltenheit dar und werden besonders bei Kindern beobachtet. *Morphologisch* lassen sich *Querfrakturen* (Abb. 531), *Schrägbrüche* (Abb. 542), *schraubenförmige Frakturen* (Abb. 532), *Längsbrüche* und *Splitterbrüche* unterscheiden. Die *Querbrüche* sind meistens glatt, seltener leicht gezackt oder mit Splitterung verbunden; *Schrägbrüche* und *Torsionsfrakturen* zeigen relativ häufig einen charakteristischen länglichen Splitter (Abb. 533), der seine Entstehung meist einer in der Längsachse des Knochens wirkenden Stauchungskomponente verdankt. Die kombinierten Biegungs-, Torsions- und Stauchungsbrüche stellen jedenfalls die am häufigsten zur Beobachtung gelangende Schaftfraktur des Humerus dar; ihre Bruchebene ist wesentlich von hinten-oben-außen nach vorne-unten-innen orientiert (Abb. 534). Reine Biegungs- und Stauchungsbrüche so-

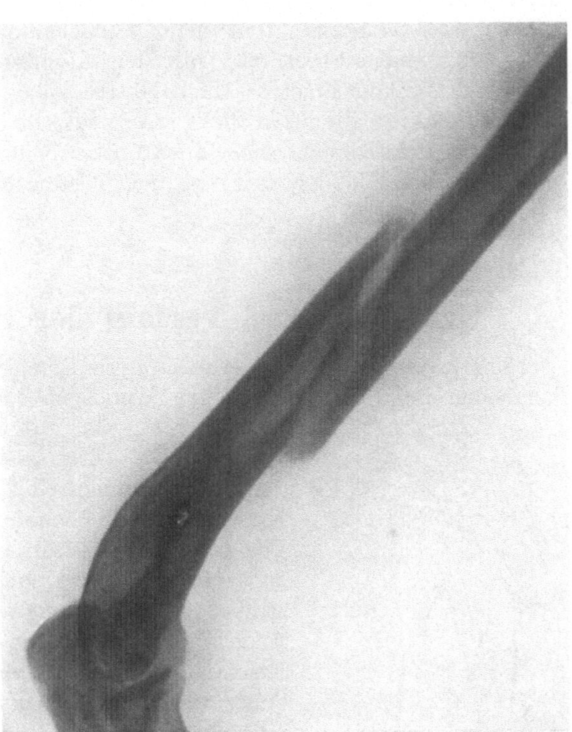

Abb. 534. Torsionsfraktur des Humerusschaftes; gewöhnliche Orientierung der Frakturebene.

wie direkte, durch quere Gewalteinwirkung entstandene *Abscherungsbiegungsbrüche* sind hier seltener. Ausgedehnte Splitterung sieht man namentlich bei direkten Brüchen, die unter erheblicher Gewalteinwirkung zustande kamen, besonders bei *Schußbrüchen*. Auch die Diaphysenbrüche des Humerus können sich mit Schulterluxationen kombinieren, wenn auch erheblich seltener als die Frakturen des oberen Humerusendes. Typisch, wenn auch nicht alltäglich, sind ferner *Doppelfrakturen* der Diaphyse mit Herausbrechen eines mittleren Schaftstückes, sowie *Diaphysenbrüche des Oberarmes kombiniert mit Fraktur beider Vorderarmknochen*. Etwa 20% der Oberarmschaftbrüche sind offene, und zwar überwiegen dabei die unter direkter Gewalteinwirkung entstandenen.

In *ätiologischer* Hinsicht sind zunächst die sog. „*angeborenen*" Brüche des Oberarmschaftes hervorzuheben, die sowohl in utero als namentlich bei der Armlösung während der Geburt zustande kommen; meist handelt es sich dabei um Infraktionen, Querbrüche oder relativ kurze Schrägfrakturen, seltener um Torsionsfrakturen. Im übrigen entstehen die *indirekten Diaphysenbrüche* gewöhnlich durch *Fall auf Hand* oder *Ellbogen,* wobei dem unteren Fragment durch den Vorderarm oft gleichzeitig eine Rotationsbewegung mitgeteilt wird. *Direkte Frakturen* sind meist die Folge eines Falles mit der Außenfläche des Oberarmes gegen einen kantigen Gegenstand, oder entstehen durch Überfahrung sowie durch umschriebene Einwirkung von Schlag oder Stoß.

Weiterhin sehen wir an der Humerusdiaphyse relativ häufig Frakturen unter kräftiger *Muskelaktion* entstehen, so beim Werfen eines Diskus, von Steinen oder Handgranaten, beim Peitschenknallen sowie bei fehlgehenden Hieben mit einem Stock oder mit dem Tennisschläger. Bei diesen unter der Einwirkung unkoordinierter Muskelaktion zustande kommenden Brüchen sind die *Querfrakturen,* die meist dicht am Ansatzgebiet des Deltoides und Pectoralis liegen, von den Torsionsbrüchen zu unterscheiden. Wurffrakturen stellen sich sozusagen ausschließlich in Form von Torsionsbrüchen dar.

Kapitel 2.

Symptome und Verlauf der Diaphysenbrüche.

Die Symptome des Humerusdiaphysenbruches sind wegen der relativ oberflächlichen Lage des gebrochenen Knochenabschnittes sehr charakteristische.

Abb. 535. Abduction des oberen Fragmentes durch den Deltoides bei Frakturen unterhalb seines Ansatzes; Zugwirkung des Triceps auf das untere Fragment.

Der im Vergleich zum Oberschenkel dünne Muskelmantel läßt schon die Fragmentverschiebung meist deutlich erkennen. Jedenfalls tritt eine augenfällige Knickung in Erscheinung, sobald aktive oder passive Bewegungen versucht werden. Die *Funktionsstörung* ist typisch, da die Kontinuitätstrennung der Knochenstrebe jede Erhebung des Armes unmöglich macht. Auch die *Schwellung* tritt schon nach kurzer Zeit in Erscheinung. Der Bluterguß dehnt sich hauptsächlich längs des Sulcus bicepitalis internus nach der Innenseite des Ellbogengelenkes und Vorderarmes hin aus.

Außerordentlich wechselnd ist die *Verschiebung* der Fragmente. Neben der primären Dislokation durch die frakturierende Gewalt gewinnen Schwerkraft und Muskelzug bestimmte Einwirkung auf die Fragmente. Typische *Einwirkungen des Muskelzuges* werden insofern beobachtet, als bei Brüchen dicht oberhalb der Ansatzstelle des Deltoides dieser Muskel das untere Fragment öfters nach oben zieht, während das obere Fragment durch die Adductoren, besonders den Pectoralis major und latissimus dorsi, nach innen verschoben wird. Bei Brüchen unterhalb des Deltoidesansatzes gerät das obere Fragment unter der Wirkung des Deltoideus in mehr oder weniger ausgeprägte Abductionsstellung, während der Triceps und die am Processus coracoides entspringenden Längsmuskeln — M. coracobrachialis und kurzer Bicepskopf — das untere Fragment nach hinten und oben ziehen

(Abb. 535). Bei den Frakturen in der Diaphysenmitte wird die Verschiebung hauptsächlich durch die Aktionsrichtung der brechenden Gewalt bestimmt; typisch ist immerhin die Abductionsstellung des oberen und die Extensionsstellung des unteren Fragmentes (Abb. 542/536).

Die Diagnose ist in jedem Falle durch zwei *Röntgenaufnahmen* in senkrecht zueinander stehender Richtung zu ergänzen, die Aufschluß geben über Splitterungen, begleitende Fissuren, sowie namentlich über die häufige Schrägstellung der oberen oder unteren Fragmentspitze im Bereiche der Gefährdungszone des N. radialis (vgl. Abb. 537/108). Die Aufnahme von der Beuge- zur Streckseite erfolgt am ungezwungensten in Rückenlage des Patienten, wobei der Arm in mittlere Rotationsstellung gebracht, das Ellbogengelenk leicht flektiert und der Vorderarm gut unterstützt und fixiert wird. Die senkrecht dazu stehende Seitenaufnahme wird von der radialen zur ulnaren Seite gemacht, indem man den Patienten sitzen und den im Ellbogen gebeugten Arm flach auf den Tisch legen läßt. Je nach Lage der Fraktur sind Ellbogen- oder Schultergelenk einzubeziehen. Irreführende, gewaltsame Rotationsverschiebungen sollen durch gute Lagerung vermieden werden.

Mit Rücksicht auf die häufigen *begleitenden Komplikationen* ist bei jeder Untersuchung einer Humerusdiaphysenfraktur dem Verhalten der an der Bruchstelle vorbeiziehenden *Gefäße* und *Nerven* besondere Aufmerksamkeit zu schenken.

Was zunächst die häufigeren *Nervenverletzungen* betrifft, so sehen wir hier vorwiegend Schädigungen des *N. radialis*, neben denen Verletzungen des N. ulnaris

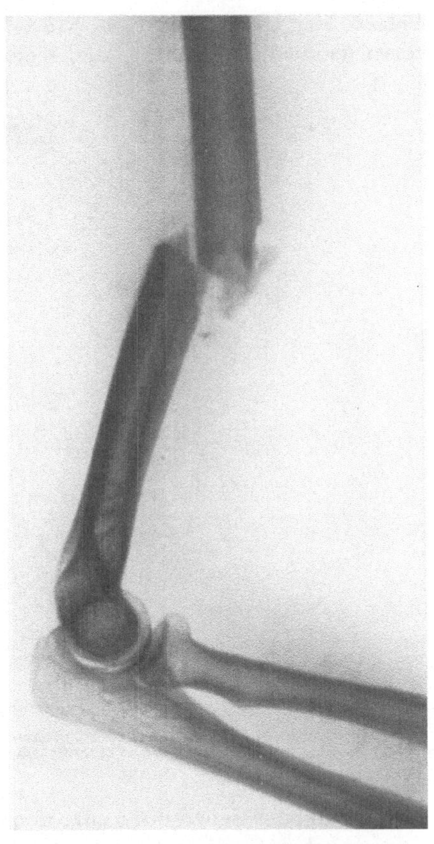

Abb. 536. Direkte Fraktur der Humerusdiaphyse mit Biegungssplitter; typische Extensionsstellung des distalen Fragmentes infolge der Zugwirkung des Triceps.

und N. medianus nur eine ganz untergeordnete Rolle spielen. Nach der Zusammenstellung v. Bruns entfallen von 77 Radialisverletzungen bei Oberarmfrakturen 52% auf das mittlere, 38% auf das untere Drittel des Humerus. Nach Lambotte erreicht die Frequenz der Radialislähmung bei Frakturen der unteren Humerushälfte 10—15%. Dieses Verhalten erklärt sich aus den engen Beziehungen, die der Radialis namentlich zum mittleren Abschnitt der Humerusdiaphyse aufweist, indem er in einer langgestreckten Spirale die Diaphyse von hinten-oben nach vorne-außen nicht ganz zur Hälfte umkreist. Nach verschiedenen Zusammenstellungen halten sich die primären Schädigungen des N. radialis und die sekundären, auf Einschnürung durch Calluswucherung oder bindegebige Narben sowie auf Überdehnung über einer nach außen dislozierten Fragmentkante beruhenden ungefähr die Wage. Bezüglich der Art der *primären Läsion* sei erwähnt, daß direkte und vollständige Kontinuitätstrennungen des N. radialis bei Humerusschaftbrüchen nur ganz selten beobachtet werden. Klinisch sehen wir bei *primären* Schädigungen gewöhnlich das typische Bild der motorischen und sensiblen Radialislähmung, d. h. *hängende Hand* und die *umschriebene sensible Lähmung* in dem vom Radialis innervierten Gebiete der Hand nach Abb. 538 a, b. Die *sekundäre* Radialislähmung betrifft vorwiegend die Motilität und zeichnet sich häufig durch auffällig geringe

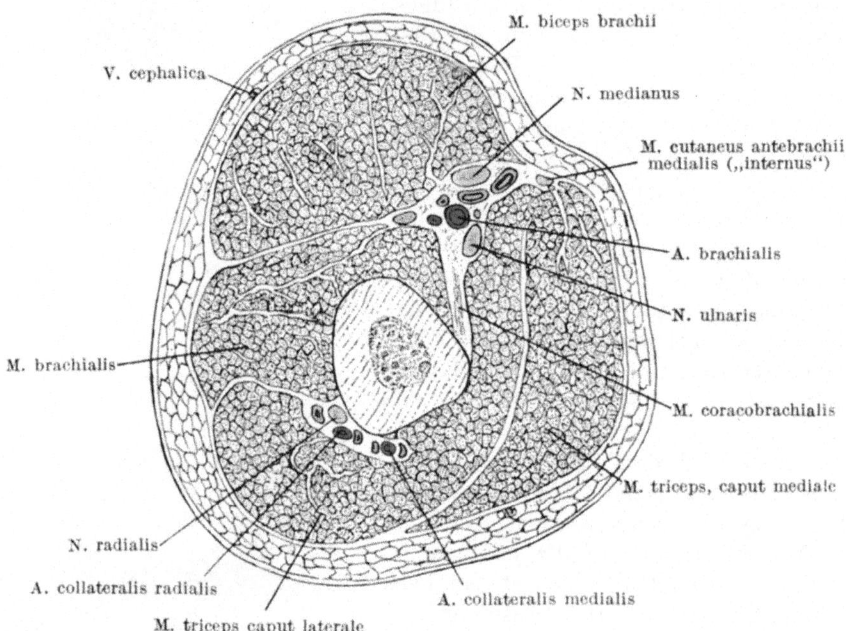

Abb. 537. Querschnittstopographie des Oberarmes, von unten gesehen.
(Nach Bardeleben-Häckel.)

Beteiligung der Sensibilität aus; doch sieht man gelegentlich initial ein quälendes *neuralgisches Stadium.*

Beteudend seltener als Nervenschädigungen sieht man bei Diaphysenbrüchen des Humerus *Verletzungen der Gefäße,* besonders der *Arteria brachialis* in Form von Zerreißung, Anspießung, Ruptur der Intima mit anschließender Einrollung und Thrombose. Besondere praktische Bedeutung hat die weitgehende *Abplattung des Arterienrohres* durch ein disloziertes Fragment. Wird in solchen Fällen ein starrer zirkulärer Verband angelegt, so kann unter seinem Drucke der Verschluß des Gefäßlumens ein vollständiger werden, und liegt die Kompressionsstelle oberhalb des Abganges der Ellbogenkollateralen, so ist die Entstehung von *Gangrän* oder *ischämischer Muskelcontractur* oft unvermeidlich. Subcutane Zerreißungen können Anlaß geben zur Entwicklung großer, *pulsierender Hämatome,* die sowohl die Entwicklung der Kollateralzirkulation, als den venösen Rückfluß hochgradig zu behindern vermögen. In der Folge kommt es auch hier gelegentlich zur Ausbildung ischämischer

Muskelcontractur oder zu peripherer Gangrän. Bei offenen Frakturen zwingt die profuse Blutung aus der verletzten Arterie zu schleuniger Ligatur. Trotzdem nach derartigen Ligaturen der Vorderarm oft mehrere Tage lang kühl und pulslos ist, tritt unter zweckmäßiger Behandlung häufig vollständige Erholung ein.

Verletzungen der Venen können insofern Bedeutung erlangen, als sie gewöhnlich zu *stark gespannten, subfascialen Blutergüssen* führen, die ein wesentliches mitbedingendes Moment für die Entwicklung ischämischer Muskelcontractur darstellen.

Die *Heilung der unkomplizierten Oberarmschaftfrakturen* erfolgt in der Großzahl der Fälle innerhalb von 3—5 Wochen, je nach dem Alter des Patienten;

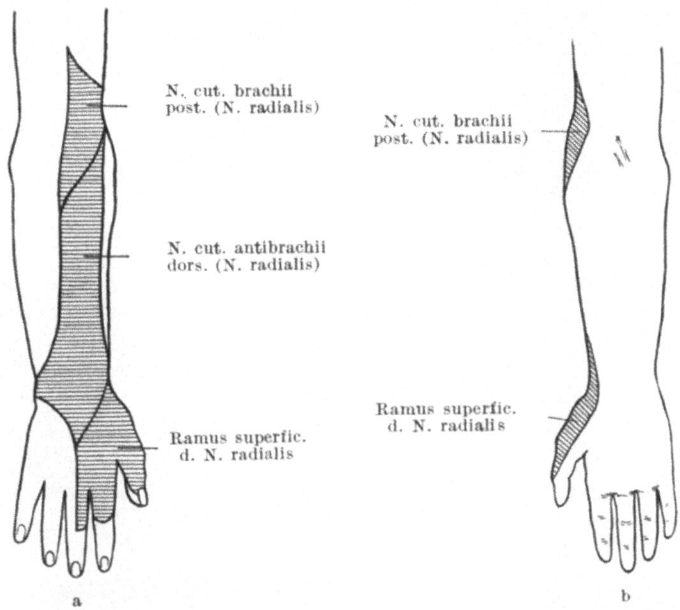

Abb. 538. Sensibles Versorgungsgebiet des N. radialis; a Streckseite, b Beugeseite.

oft ist die Konsolidation schon in 2 Wochen erreicht. Erheblich längere Zeit kann das Festwerden von Querbrüchen und ausgedehnten Splitterungsfrakturen beanspruchen, wie denn überhaupt *verzögerte Heilung* und *Pseudarthrosenbildung* bei Diaphysenbrüchen des Humerus häufiger zur Beobachtung gelangen, als bei jeder anderen Frakturform. Nach den vorliegenden statistischen Erhebungen betrifft nämlich ein Drittel sämtlicher Pseudarthrosen den Oberarmschaft.

Die Hauptursache liegt wohl in der Beschaffenheit des Diaphysenschaftes, dessen geringer Querschnitt bedingt, daß bei den am häufigsten zu Pseudarthrosenbildung Anlaß gebenden Querbrüchen oder flachen Schrägbrüchen nur ganz umschriebene Abschnitte der Bruchfläche Kontakt fassen können. Zudem bietet die kompakte Diaphysencorticalis erfahrungsgemäß ungünstige Bedingungen für die Callusbildung. Für die Richtigkeit dieser Auffassung spricht die Tatsache, daß steile Schrägfrakturen der Humerusdiaphyse eine bedeutend geringere Tendenz zur Pseudarthrosenbildung aufweisen als Querbrüche. Weitere Ursachen verzögerter und ausbleibender Konsolidation sind hochgradige Verschiebung mit völlig fehlendem Bruchflächenkontakt, ausgedehnte Splitterung, Muskelinterposition, Zwischenlagerung von Splittern, die zur Abdeckelung einer Bruchfläche führt und schließlich bei offenen Brüchen, besonders Schußfrakturen, ausgedehntere Knochendefekte sowie Schädigung der osteogenetischen Gewebe durch Infektion. Naturgemäß liegt eine wesentliche mitwirkende Ursache nicht so selten in unzureichender Fixation. Auf Nervenschädigung

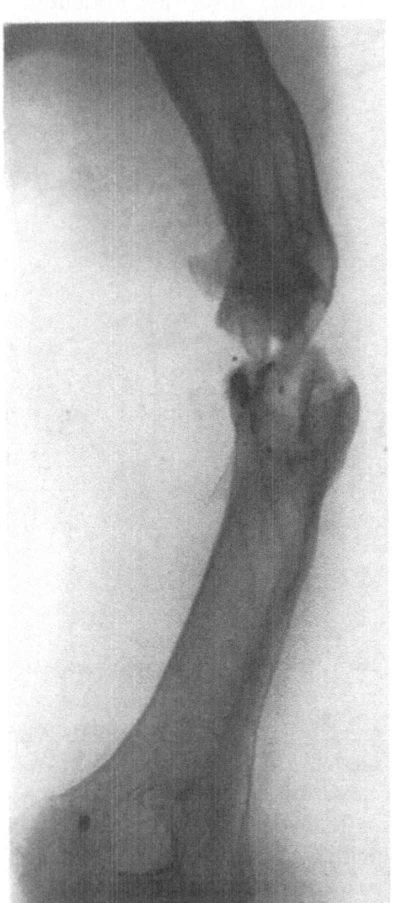

Abb. 539.
Humeruspseudarthrose bei Schußfraktur.

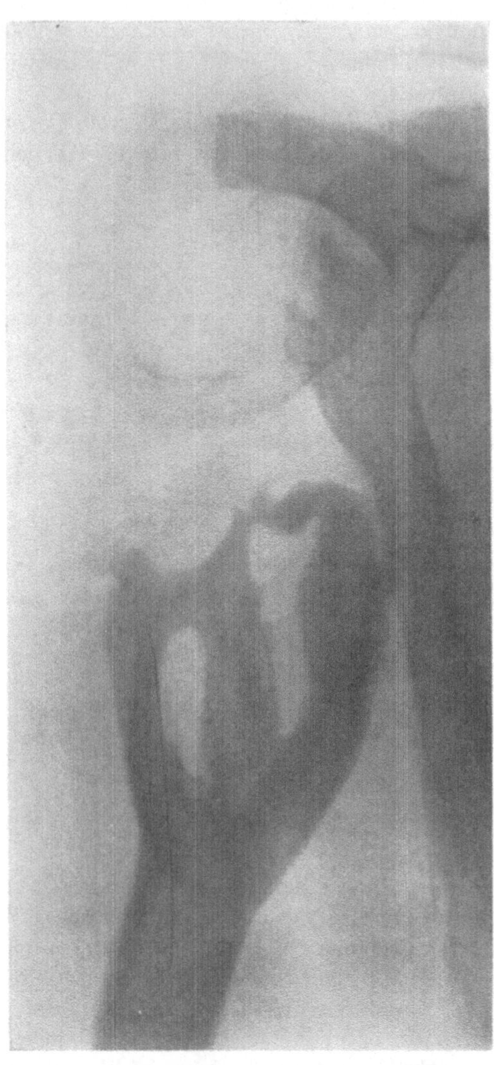

Abb. 540. Aufsplitterung des peripheren Fragmentes
bei Humeruspseudarthrose. (Nach BRUN).

dürfte die Pseudarthrosenbildung kaum jemals beruhen, da das Innervationsgebiet der betroffenen Nervenquerschnitte bedeutend tiefer liegt als die Fraktur. Am häufigsten sehen wir, abgesehen von den Fällen mit Muskelinterposition, sog. fibröse, relativ straffe *Pseudarthrosen*.

Charakteristisch und für die Diagnose einer *Pseudarthrose* entscheidend ist der *Röntgenbefund,* der bald einmal auffällige *Atrophie der Fragmente* zeigt, sowohl was die Knochenstruktur als die Form der Fragmentenden betrifft. Besonders charakteristisch ist eine konische Zuspitzung der Fragmente (s. Abb. 91); daneben sieht man gelenkpfannenartige Verbreiterung der Fragmentenden, die wie gestaucht aussehen können (vgl. Abb. 539) sowie Aufsplitterung besonders des distalen Fragmentendes (Abb. 540). Die durch Humeruspseudarthrosen bedingten *Funktionsstörungen* sind auch bei relativ straffen, fibrösen Pseudarthrosen außerordentlich hochgradig. Der Arm kann für jede, auch nur mäßigen Kraftaufwand erfordernde Tätigkeit unbrauchbar werden (siehe Abb. 541).

Bei Fällen mit verlangsamter Heilung erfolgt die Konsolidation recht häufig

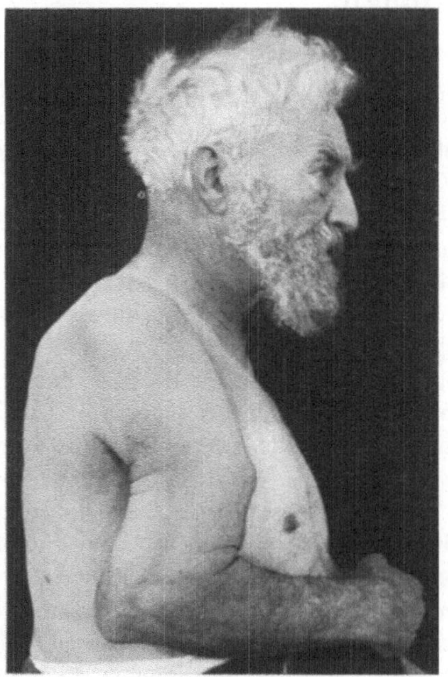

Abb. 541. Schlaffe Pseudarthrose des Humerusschaftes (vgl. zugehöriges Röntgenbild 91); Verbiegung des Oberarms bei Flexion des Ellbogengelenks und gleichzeitigem Versuch seitlicher Armhebung.

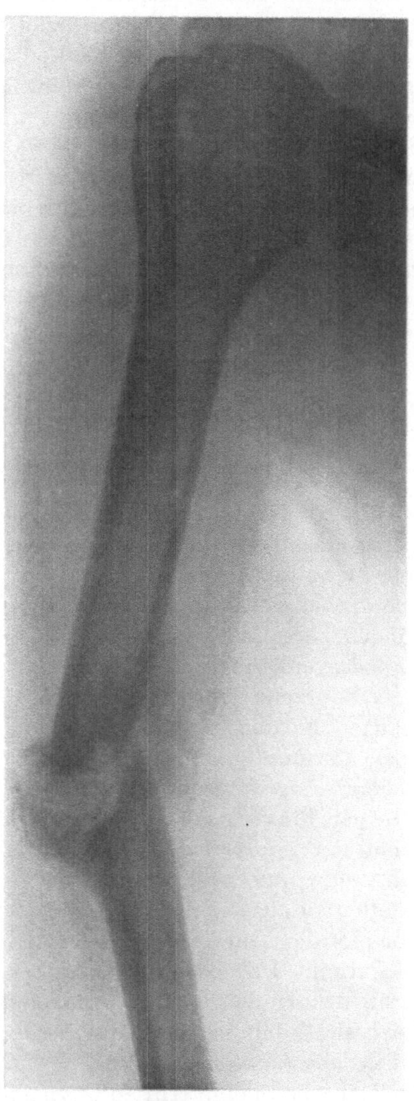

Abb. 542. Konsolidation einer Humerusschaftfraktur mit typischem, nach innen offenem Winkel.

in sehr *schlechter Stellung*. Besonders typisch ist hier die Heilung mit winkliger Knickung im Sinne der Adduction des unteren Eragmentes, also mit nach innen offenem Winkel (siehe Abb. 542). Die *Gefahr sekundärer Refraktur* schon unter dem Einfluß kräftiger Muskelaktion ist bei derart winklig geheilten Humerusschaftbrüchen ziemlich groß. Typisch ist auch die Heilung mit ausgeprägter Extensionsstellung des unteren Fragmentes, so daß ein nach hinten offener Winkel entsteht (Abb. 536).

Die *Schußfrakturen* der Humerusdiaphyse zeigen, sofern sie durch moderne, kleinkalibrige Geschosse verursacht sind, die Form der *Splitterfraktur,* und zwar auch auf Distanzen von 1000—1500 m; häufig ist der Typus der Schmetterlingsfraktur vertreten. Die Schußbrüche der Humerusdiaphyse sind oft durch *Verletzungen der Gefäße und Nerven,* unter den letzteren besonders des N. *radialis,* kompliziert; auch gleichzeitige *Verletzungen des Thorax* sind nicht selten. Der Verlauf hängt auch hier in hohem Maße von der Art der begleitenden *Infektion,* gleichzeitiger Eröffnung der angrenzenden Gelenke durch Fissuren und ganz besonders von der Ausdehnung und den anatomischen Verhältnissen der Splitterung ab. Stark gesplitterte und sog. *Defektfrakturen heilen erfahrungsgemäß meist sehr langsam,* und geben öfters Anlaß zur Ausbildung von schlaffen *Pseudarthrosen.*

Kapitel 3.

Behandlung der Humerusschaftfrakturen und ihrer Komplikationen.

Auch bei den Diaphysenbrüchen des Oberarmes liegt die wesentliche Voraussetzung eines befriedigenden Heilungsresultates in *möglichst genauer Reposition,* die bei der allseitig zugänglichen Lage des gebrochenen Knochens im allgemeinen keine großen Schwierigkeiten bietet. Wichtig ist dabei aus früher angeführten Gründen, besonders wenn es sich um *Torsionsbrüche* handelt, *vor dem Ausgleich der Rotationsverschiebung die Verkürzung zu beheben.* Der Ausgleich der Verkürzung wird erleichtert durch die entspannende Wirkung rechtwinkliger Flexion des Ellbogens und mäßiger Abduction im Schultergelenk. Dabei gewinnt man an der Beugseite des flektierten Vorderarmes eine zuverlässige Angriffsfläche für den Längszug.

In der Praxis sind für die Behandlung der Diaphysenbrüche des Humerus sowohl der *Gipsverband* als auch vorbereitete oder improvisierte, *winklige Schienenapparate* noch ausgedehnt in Anwendung. Das erklärt sich zu einem Teil offenbar aus der Angst vor der Pseudarthrose sowie vor der großen Tendenz, besonders der Querbrüche des mittleren Diaphysenabschnittes, zu sekundärer Dislokation. Da jedoch die Zugbehandlung zweifellos auch für die Schaftbrüche des Humerus ihre prinzipiellen, an anderer Stelle gewürdigten Vorteile besitzt, bin ich der Ansicht, *daß man sich auch bei diesen Frakturen die Vorteile der funktionell orientierten Extensionsbehandlung nicht entgehen lassen soll.* Ganz besonders trifft dies zu für die steil verlaufenden, langen Biegungs- und Torsionsbrüche, bei denen, abgesehen von operativen Maßnahmen, nur die Extension in jedem Falle eine ausreichende Retention der Fragmente garantiert.

Wo durch einfachen Längszug die Verkürzung völlig ausgeglichen wird und bei Adduction des Oberarmes bis zur Berührung mit dem Thorax keinerlei Tendenz zu Winkelbildung oder seitlicher Verschiebung in Erscheinung tritt, kann die Extension ambulant durchgeführt werden, indem man den Zug am rechtwinklig gebeugten Vorderarm oder am Oberarm angreifen läßt, gemäß Abb. 156/524. Doch ist diese Extension nur dort statthaft, wo das untere Fragment durch die Lagerung des Vorderarmes auf die Vorderfläche des Körpers nicht in pathologische Einwärtsrotationsstellung gerät; ist dies der Fall, so muß die Extension zunächst während 14 Tagen in Bettlage, und zwar entweder in rechtwinkliger Lateralabduction des Oberarmes nach Abb. 528 oder parallel der Körperlängsachse, mit vertikal suspendiertem Vorderarm (vgl. Abb. 176) durchgeführt werden. Auf diese Weise wird eine mittlere Rotationsstellung des distalen Fragmentes gesichert.

Wenn die Angriffsfläche für die Extension am Humerus zur Überwindung

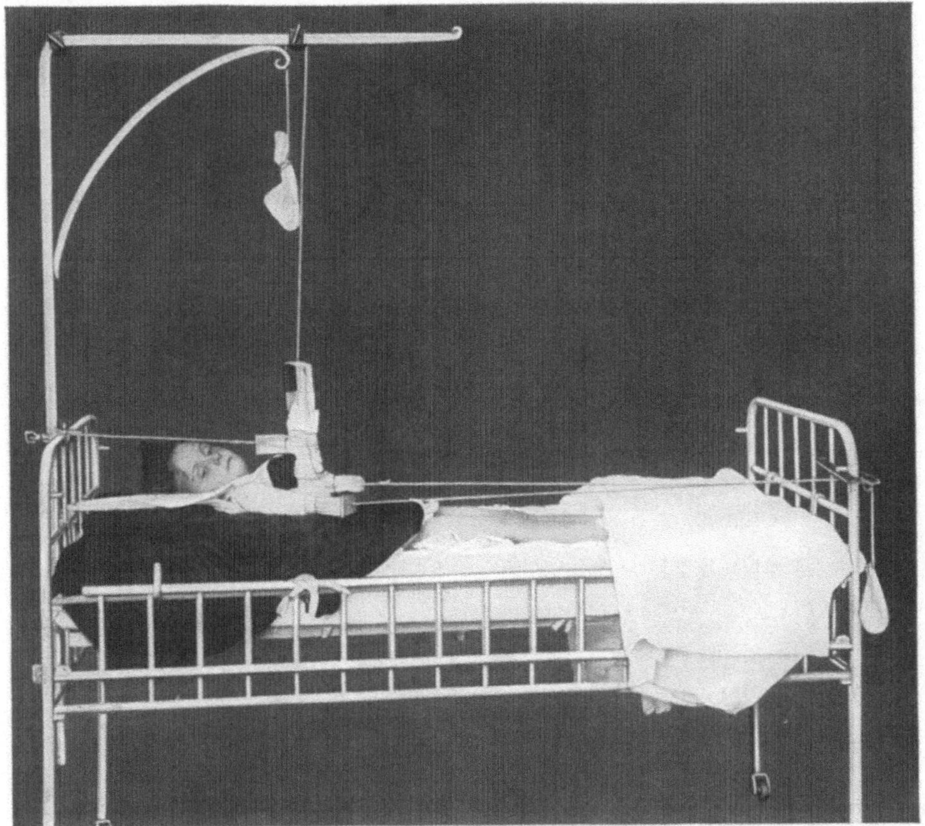

Abb. 543. Verstärkung der Extensionswirkung durch einen zweiten, am gebeugten Vorderarm angreifenden Zug; Kontraextension oberhalb des Handgelenkes.

der Muskelretraktion nicht ausreicht, empfiehlt es sich, den Achsenzug am Oberarm durch einen am oberen Drittel des rechtwinklig gebeugten Vorderarmes angreifenden Hilfszug zu verstärken; am distalen Ende des Vorderarmes muß natürlich ein fixer Gegenzug angebracht werden. Die Anwendung des Verfahrens wird durch Abb. 543 illustriert.

Der quer angreifende Hilfszug muß wegen der Gefahr einer Druckschädigung gut gepolstert und streng überwacht werden.

Sind zur Ausgleichung der Verkürzung starke Zugwirkungen erforderlich, so legt man besser eine *Drahtextension am Olecranon* an. Auch kann in solchen Fällen die Fraktur im BÖHLERschen *Schraubenzugapparat* eingerichtet und im

Gipsschienenverband, allfällig in Verbindung mit einem *Heftpflasterzug,* auf einem gut gepolsterten *Doppelrechtwinkelapparat* (Abb. 179) behandelt werden. Bei Brüchen im oberen Drittel ist, wie Böhler betont, die Schiene vor die Frontalebene zu stellen, weil das obere Fragment durch den Pectoralis nach vorne gezogen wird und mit der Frontalebene einen Winkel von 30—40° bildet.

Bei den Querfrakturen ist die Garantie für eine sichere Retention durch Extension. nicht immer ausreichend gewährleistet. In solchen Fällen empfiehlt sich für die erste Zeit eine *Kombination der Extension mit Gipsschienen,* die sowohl die Schulter als auch das Ellenbogengelenk umgreifen (s. Abb. 546).

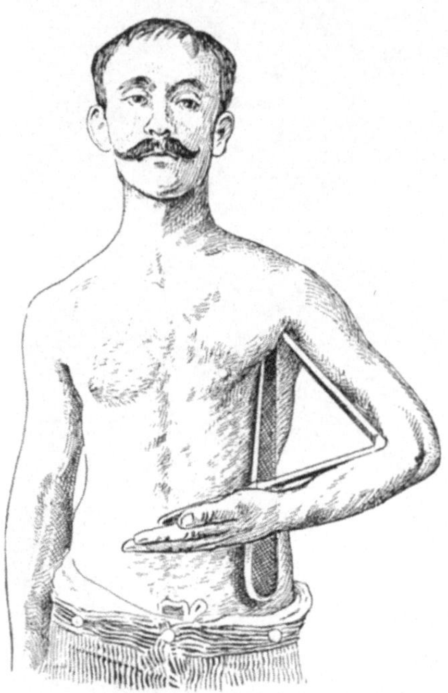

Abb. 544. Hackerscher Triangel, angelegt.

Das Bedürfnis, Schaftfrakturen des Humerus *ambulant* zu behandeln, hat zur Anwendung und Empfehlung verschiedener *Schienenapparate* geführt, bei deren Konstruktion sowohl auf die Abduction als auf die entspannende Flexion des Ellbogens Rücksicht genommen wurde. Das einfachste Verfahren dieser Art stellt der Hackersche *Triangel* dar, dessen Herstellung und Anwendung die Abb. 544 zeigt. Dieser Apparat leistet in gewissen Fällen zweifellos gute Dienste, doch beachte man, daß der Vorderarm dabei in ausgesprochen einwärts rotierter Stellung anbandagiert wird. Das Verfahren darf deshalb nur dort Anwendung finden, wo sich daraus keine pathologische Rotationsverschiebung zwischen beiden Fragmenten ergibt. *Querfrakturen sind von dieser Behandlung auszuschließen.*

Das gleiche gilt für die in analoger Weise aus Kramerschienen konstruierte *Extensionsschiene nach* Hofmann, die eine permanente Extensionswirkung auszuüben vermag und leichte Bewegungen im Schulter- und Ellbogengelenk gestattet.

Ambulante Extensionsbehandlung der Oberarmdiaphysenbrüche ermöglicht auch die *Rechtwinkelschiene nach* Christen (Abb. 178) und die Abductionsschienen nach Böhler (Abb. 179).

Die Dauer der Extension sowie der Fixation einer Humerusschaftfraktur richten sich nach dem Tempo der Konsolidation. Sobald diese so weit vorgeschritten ist, daß eine Dislokation durch das Gewicht des Vorderarmes sowie durch leichte Muskelaktion nicht mehr zu befürchten ist, was durchschnittlich nach 3—4 Wochen zutrifft, empfiehlt sich der Beginn mit ausgedehnteren Bewegungen und mit Massage. Zur Sicherung gegen unzweckmäßige Bewegungen während der Nacht genügt dann Lagerung des Oberarmes in einer Mitella, während sich, solange die Fraktur noch stark federt, für den gleichen Zweck die Anwendung einer die Schulter und den Ellbogen umfassenden gepolsterten

Schiene empfiehlt. Voll belastungsfähig wird eine geheilte Diaphysenfraktur gewöhnlich nicht vor 5 Wochen.

Diaphysenbrüche des Humerus, die durch äußere Maßnahmen nicht in durchaus befriedigender Weise reponiert und im Zugverband, evtl. kombiniert mit angepaßten Schienen, retiniert gehalten werden können, sind unbedingt *operativ zu behandeln.* Diese Empfehlung rechtfertigt sich sowohl mit Rücksicht auf die häufigen *sekundären Radialisschädigungen,* von denen besonders schlecht stehende Brüche der unteren Hälfte des Humerus betroffen werden, als im Hinblick auf die verhältnismäßig einfache Technik.

Unter Berücksichtigung des Verlaufes des N. radialis wird durch lateralen Schnitt und Eingehen im Sulcus bicipitalis externus die Frakturstelle freigelegt; der *Radialis* soll dabei grundsätzlich nach rückwärts in den längs seiner Faserrichtung gespaltenen M. triceps verlagert werden. Nach sparsamer Abhebung des Periostes werden die Fragmente genau koaptiert und zuverlässig fixiert. Für Querbrüche und kurze Schrägbrüche eignet sich in erster Linie die *Plattenverschraubung,* für lange Schrägbrüche und Torsionsfrakturen die *Umschlingung* (Abb. 545). Der *Fixateur* LAMBOTTES (vgl. Abb. 251) hat sein Anwendungsgebiet nur in den Fällen *offener Querbrüche* und gewisser *multipler Frakturen* mit komplizierten morphologischen Fragmentverhältnissen.

Bei offenen, infizierten Diaphysenbrüchen, besonders Schußfrakturen des Humerus, wird man häufig durch *kombinierte Extensions- und Schienenbehandlung* ein befriedigendes Resultat erreichen, sofern man die im allgemeinen Teil eingehend gewürdigten Forderungen einer aktiven Wundbehandlung und ausreichender Fixation berücksichtigt. Auch Versorgung durch einen Gipsverband in den ein Fenster geschnitten wird, kommt in Frage (Abb. 546).

Schwer infizierte Brüche rechtfertigen gelegentlich auch die Anbringung einer direkten

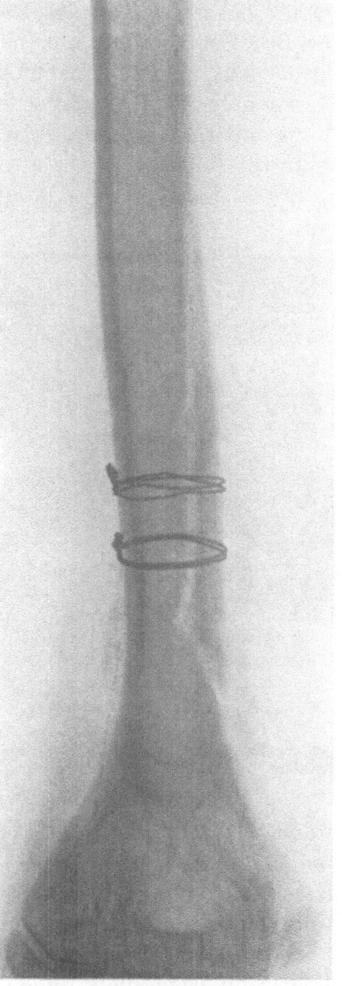

Abb. 545. Fixation einer Torsionsfraktur des unteren Humerusendes mit Rautenfragment durch doppelte Umschlingung.

Drahtextension am unteren Humerusende oder am Olecranon; doch hüte man sich vor einer Verletzung des N. ulnaris und vor Eröffnung des Ellbogengelenkes.

Begleitende Verletzungen des N. radialis werden von vielen Chirurgen *als formelle Indikation für operative Versorgung der Humerusdiaphysenbrüche* angesehen.

Diese Stellungnahme wird dadurch begründet, daß eines der Fragmente gewöhnlich in Kontakt mit dem Nerven steht, so daß er im Verlaufe der Heilung in den Callus einbezogen wird, daß er eingeklemmt sein kann und bei der Reposition weiterer Schädigung ausgesetzt ist, und daß es sich schließlich um eine Durchtrennung des Nerven handeln kann, die Naht erfordert.

Ob der Nerv nur gequetscht oder zerrissen ist, läßt sich bei geschlossenen Brüchen zunächst nicht entscheiden. Es ist jedoch zu beachten, daß erfahrungsgemäß ein guter Teil der Radialislähmungen im Anschluß an die Einrichtung des Bruches innerhalb kurzer Zeit, gelegentlich allerdings erst nach 3—4 Wochen zurückgeht, und daß nach Ablauf dieser Zeit der günstige Zeitpunkt für eine Nervennaht noch nicht verpaßt ist. Eine Kompression des Nerven kann allerdings innerhalb dieser Frist zu irreparablen Schädigungen des Nervenquerschnittes führen.

Es ist deshalb angezeigt, dort, wo die Fragmente sich durch äußere Maßnahmen nicht so befriedigend einstellen lassen, daß eine Kompression des Nerven behoben sein dürfte, den Nerven freizulegen, in die Muskulatur zu verlagern und gleichzeitig die Fraktur zu vereinigen. Erweist sich der Radialis als zerrissen, so wird er nach sparsamer Resektion der Enden genäht.

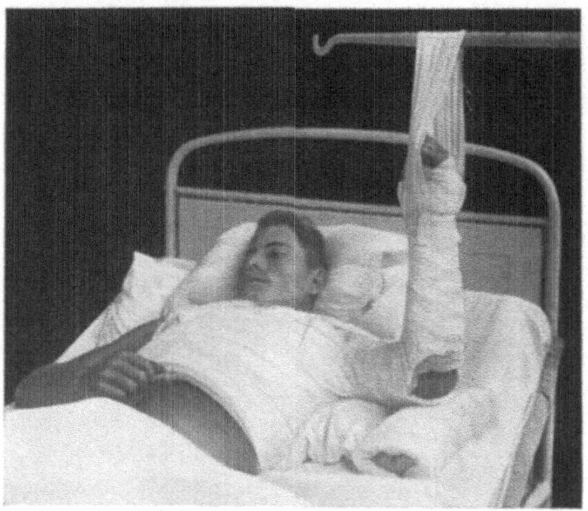

Abb. 546.

Gipsverband zur Behandlung einer infizierten Oberarmfraktur in Abduktion und mittlerer Rotationsstellung.

Gehen die Lähmungserscheinungen nach korrekter Reposition der Fragmente innerhalb 4 Wochen nicht zurück, oder entwickeln sich Lähmungssymptome erst während der Callusbildung, so wird der Nerv freigelegt, aus dem Verwachsungsgebiet sorgfältig ausgelöst und nun je nach seinem Zustand einfach aus dem Bereiche des Callus nach rückwärts in den *Triceps* verlagert, bzw. mit einem gestielten Muskellappen umscheidet, oder nach Resektion einer bindegewebigen Nervenspindel vereinigt und ebenfalls verlagert. Vorragende Calluspartien oder Fragmentkanten sind abzutragen.

Bei *offenen Frakturen* hat die primäre Naht eines zerrissenen Nerven nur einen Sinn, wenn die Wunde nicht bereits klinisch manifest infiziert ist. Anderenfalls wird die Vereinigung des Nerven verschoben, bis die Fraktur geheilt und die Infektion abgeklungen ist; bei zu weitem Abstand der Nervenstümpfe muß der Knochen gelegentlich verkürzt werden.

Bleibt die Nervennaht erfolglos, so empfiehlt sich, falls die Motilität 1 Jahr nach der Operation noch nicht zurückgekehrt ist, die Vornahme einer *Sehnenplastik,* und zwar verpflanzt man den M. flexor carpi radialis auf die Daumensehnen, den M. flexor carpi ulnaris auf die Strecksehnen der übrigen Finger.

Die *Aussichten der Nervenauslösung* und der Befreiung vom Callus- oder Narbendruck sind am Radialis sehr günstige; oft kehren Sensibilität und besonders die Motilität schon wenige Stunden nach der Operation zurück. Sobald

jedoch eine irreparable Degeneration des Nervenabschnittes durch Druck eingetreten ist und eine *Resektion* vorgenommen werden muß, sind die Heilungsaussichten ungewisse, da ein Erfolg nur etwa in 50% der Fälle zu erwarten ist.

Von den *Gefäßverletzungen* erfordert die arterielle, profuse Blutung bei offener
Fraktur sofortige Intervention. Eine Naht der Arterie wird nach Lage der Verhältnisse nur ausnahmsweise in Frage kommen; meist handelt es sich nur um
Vornahme der doppelten Ligatur. Die Hauptsorge bei allen Arterienverletzungen
gilt der sekundären Überwachung der peripheren Zirkulation; Hochlagerung
des Armes, Applikation von Wärme, Weglassen aller schnürenden Verbände
vermögen die Rettung des gefährdeten Gliedes wirksam zu unterstützen. Wichtig
ist auch die *Entleerung subfascialer, unter hohem Druck stehender Hämatome,*
besonders mit Rücksicht auf ihre Mitwirkung bei dem Zustandekommen ischämischer Muskelcontractur.

Die Behandlung bei *verzögerter Heilung* und bei *Pseudarthrosen* entspricht
den im allgemeinen Teil entwickelten Grundsätzen. Handelt es sich um Pseudarthrosen nach Querbrüchen, so empfiehlt sich nach Anfrischung der Bruchenden die *Übertragung von Spongiosa aus dem Trochanter major in die aus-
gelöffelten Diaphysenmarkhöhlen, zur Vergrößerung und spongiösen Umgestaltung
der Kontaktflächen,* die sonst nur aus zwei kompakten Ringen bestehen würden.
Von der freien autoplastischen Transplantation einer Corticalisspange kann
man am Humerus, falls es sich nicht um ausgedehnte *Knochendefekte* handelt,
meistens absehen, weil eine Verkürzung der Humerusdiaphyse um 3—4 cm
infolge der Anpassungsfähigkeit der Oberarmmuskulatur belanglos ist, so daß
der *treppenförmigen* oder *schrägen Anfrischung* keine zu engen Grenzen gezogen sind.

Die Nachbehandlung operierter Pseudarthrosen erfordert die Anwendung
von *Gipsschienenverbänden.* Nachträglichen Verbiegungen, die am Humerus
nicht so selten sind, beugt man durch gut anmodellierte *Schienenhülsenapparate*
mit Schulterriemen vor.

Seltener wird man gezwungen sein, wegen *Heilung in schlechter Stellung*
einzugreifen. In Betracht fallen schräge Osteotomien zur Korrektur winkliger
Knickungen, Abtragung eines störenden Callus und Beseitigung einer nach der
Beugeseite abgewichenen, die Flexion des Ellbogengelenkes behindernden Fragmentspitze.

III. Frakturen des unteren Humerusendes.

Kapitel 1.

Anatomische Vorbemerkungen und Systematik.

Für das Verständnis des Entstehungsmechanismus, der Symptomatologie
und der Diagnostik der Frakturen des unteren Humerusendes ist die Vergegen-
wärtigung gewisser *anatomischer Verhältnisse* unerläßliche Voraussetzung (vgl.
Abb. 547/548 u. 549).

Die Humerusdiaphyse verbreitert sich, 5—8 cm oberhalb der Ellbogengelenklinie beginnend, sukzessive zu der rein frontal orientierten Ausladung des
Gelenkteils für die Vorderarmknochen, unf erreicht beim Erwachsenen eine

größte Breite von durchschnittlich etwa 6 cm, von Epicondylus zu Epicondylus gemessen. Der innere Epicondylus hebt sich stärker ab, und steht mit seiner Spitze etwas höher als der äußere. Die Gelenkfläche zeigt einen für die Artikulation mit dem Radius bestimmten Abschnitt, die *Rotula*, sowie eine Gelenkfläche für die Ulna, die sog. *Trochlea*. Oberhalb dieser überknorpelten Gelenkteile ist der Humerus von vorne nach hinten in sagittaler Richtung ganz besonders reduziert, indem sich vorne eine tiefe Einsenkung für die Aufnahme des Processus coronoideas der Ulna, die *Fossa coronoidea*, hinten eine entsprechende Aussparung für die Spitze des Olecranon, die *Fossa olecrani*, findet. An dieser Stelle beträgt der sagittale Durchmesser des Knochens nur 3—5 mm, was namentlich bei Verschraubungen zu berücksichtigen ist. Durch diese mediane Vertiefung wird der Gelenkteil oberhalb des Knorpelrandes in zwei deutlich sich abhebende, massive Partien geschieden, die mit den über-

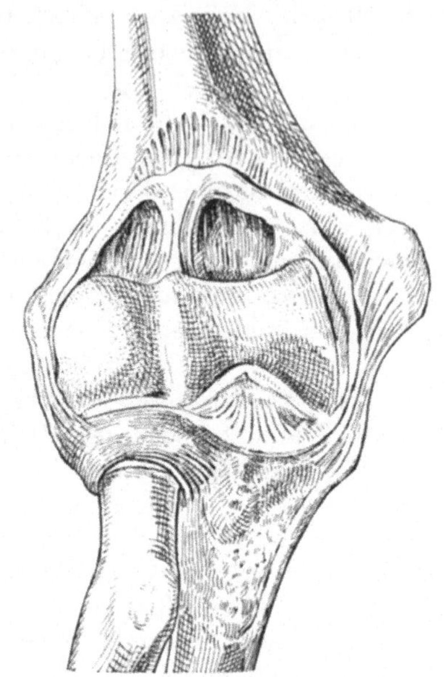

Abb. 547. Eröffnetes Ellbogengelenk von vorne; Seitenbänder und Lig. annulare. (Nach TOLDT.)

knorpelten Gelenkteilen, der Rotula und der Trochlea, den *Condylus externus* bzw. *internus* bilden, von denen sich die Epicondylen einigermaßen abheben.

Die *Trochlea* artikuliert ausschließlich mit der Fossa semilunaris oder olecrani der Ulna, und in diesem Gelenk gehen denn auch die Beuge- und Streckbewegungen des Ellbogen-

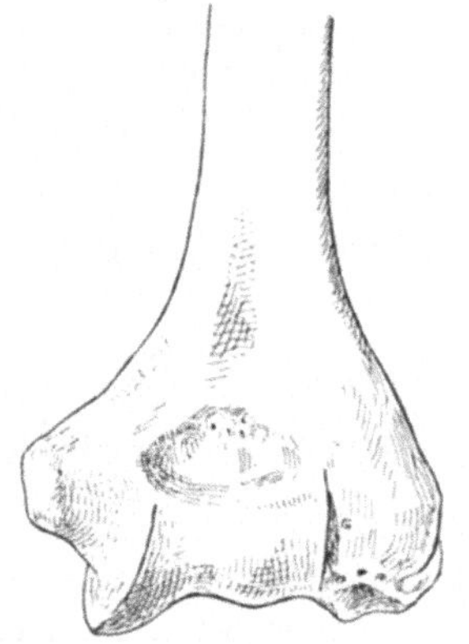

Abb. 548. Unteres Humerusende, von hinten.

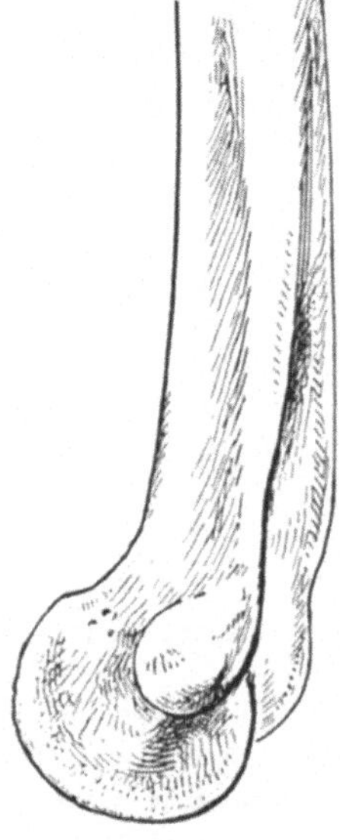

Abb. 549. Unteres Humerusende, von der Seite.

gelenkes hauptsächlich vor sich; die Rotula dagegen nimmt gemäß ihrer kugeligen Oberfläche nur wenig ausgedehnten Kontakt mit der konkaven Becherfläche des

Radiusköpfchens, das sich sowohl bei Beugebewegungen als bei Rotationsbewegungen an ihm verschiebt (vgl. Abb. 547). Das mechanisch maßgebende Gelenk für die Drehbewegungen des oberen Radiusendes wird gebildet durch die *Incisura radialis* der Ulna, die ihr anliegende überknorpelte Randfläche des Radius und das mit beiden Schenkeln an der Ulna ansetzende, das Radiusköpfchen wie eine knopflochartige Schlinge umgebende *Ligamentum annulare* (Abb. 547). Die Integrität dieses Gelenkapparates ist Voraussetzung für die ungestörte Rotation des Radius im Bereich des Ellbogengelenkes.

Der *Ansatz der Gelenkkapsel* wird durch die Abb. 547 und 553/554 dargestellt; sie hält sich ziemlich genau an die Knorpelränder der Gelenkflächen, so daß die Epicondylen und der größte Teil der eigentlichen Condylenmasse außerhalb Kapselraumes fallen; der Fossa coronoidea vorne und der Fossa olecrani hinten entsprechend findet sich eine Ausbuchtung nach oben. Das radio-ulnare Gelenk ist samt Hals des Radiusköpfchens in die Kapsel einbezogen; im übrigen hält sich an der Ulna der Kapselansatz an den Rand der *Incisura semilunaris,* so daß das eigentliche Olecranon außerhalb des Kapselraumes liegt.

Abb. 550.
Physiologische Valgität
des Ellbogengelenkes.

Die mechanische Verbindung der Vorderarmknochen mit dem Gelenkteil des Humerus wird wesentlich durch die *Seitenbänder* gewährleistet (siehe Abb. 547) deren laterales, das *Ligamentum collaterale radiale*, oben vom Condylus und Epicondylus externus ausgeht, unten am Ligamentum annulare und durch dessen Vermittlung an der Ulna sich ansetzt. Das *Ligamentum collaterale mediale* oder *ulnare* verläuft von der medialen Fläche der Ulna zum Condylus und Epicondylus internus, außerhalb der Epiphysenfuge des letzteren ansetzend, was die häufige Totalabreißung des Epicondylus internus erklärt.

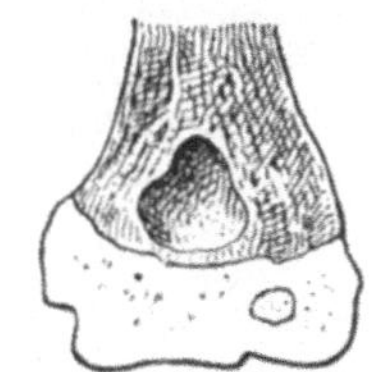

Abb. 551. Epiphysen-
verhältnisse des unteren
Humerusendes im Alter
von 2¹/₂ Jahren; Kern in
der Rotula.
(Nach Toldt.)

In Streckstellung des Ellbogengelenkes bildet die Längsachse des Vorderarmes nicht die genaue geradlinige Fortsetzung der Humeruslängsachse; vielmehr besteht meist ein verschieden hoher Grad von *physiologischer Valgusstellung*, deren Komplementärwinkel nach Hübscher bei Männern durchschnittlich 1—9, bei Frauen 15—25° beträgt (Abb. 550). Bei gebeugtem Ellbogen deckt dagegen der Vorderarm gewöhnlich den Oberarm, indem die Bewegung zwischen Trochlea und Incisura semilunaris keine reine Scharnierbewegung, sondern eine Schraubenbewegung darstellt. Wesentliche Grade von physiologischem, meist familiär bedingten Cubitus valgus sind stets mit verschieden hochgradiger *Überstreckbarkeit* des *Ellbogengelenkes* verbunden, die zu Luxationen des Radiusköpfchens in Begleitung von Ulnafrakturen disponiert.

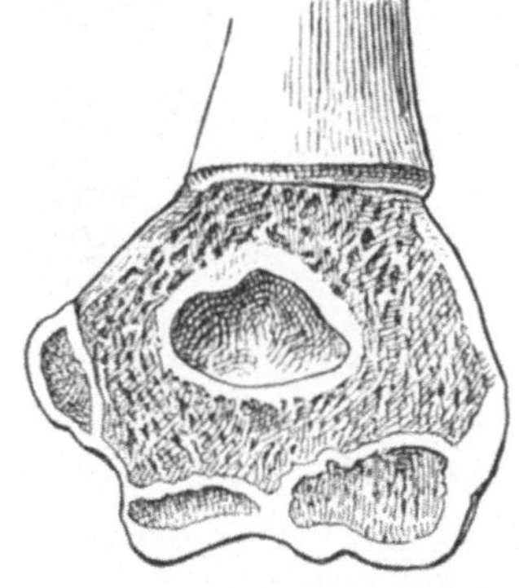

Abb. 552. Epiphysenverhältnisse
des unteren Humerusendes
im 13. Lebensjahr. (Nach Toldt.)

Der Umfang der normalen Bewegungsexkursion im Ellbogengelenk beträgt im Mittel 150⁰, derjenige der Pro- und Supination 150—170⁰. Seitliche, passive

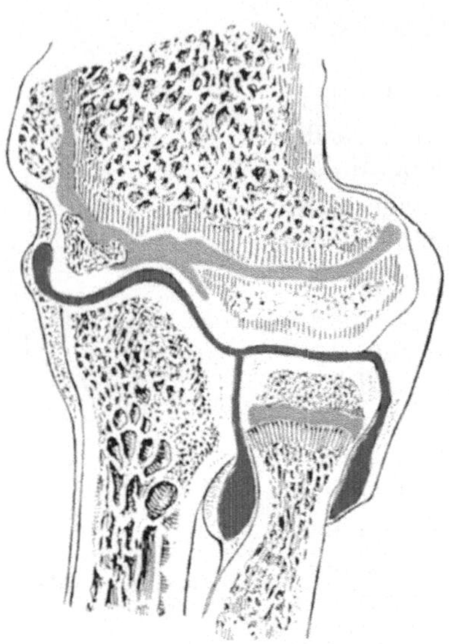

Abb. 553. Frontalschnitt durch das Ellbogengelenk; rot Kapselraum, blau Epiphysenscheibe. (Nach v. BRUNN-BARDELEBEN.)

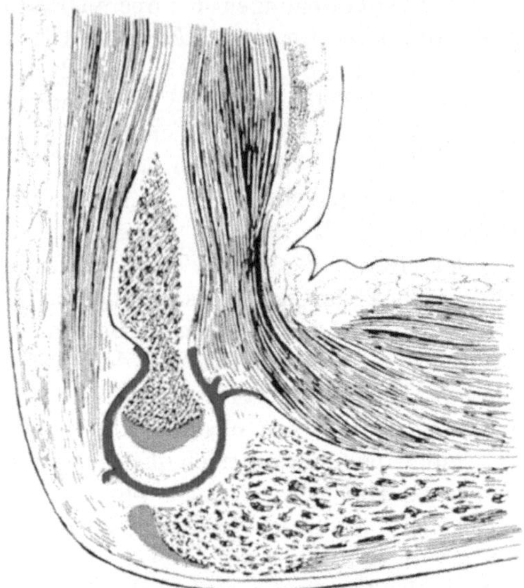

Abb. 554. Sagittalschnitt durch das Ellbogengelenk; rot Kapselraum, blau Epiphysenknorpel. (Nach v. BRUNN-BARDELEBEN.)

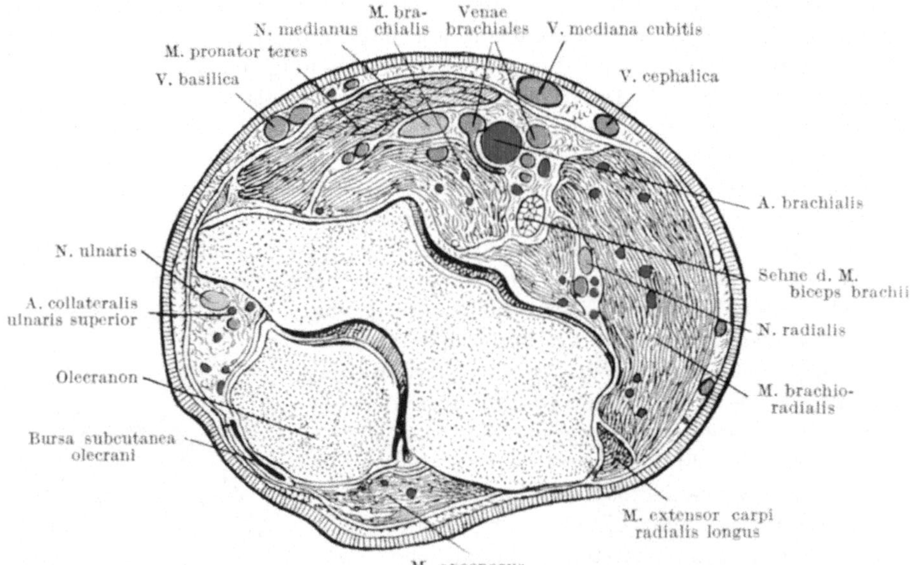

Abb. 555. Querschnitt durch den gestreckten rechten Ellbogen im Niveau der Epicondylen, Ansicht von unten. (Nach TOLDT.)

Bewegungen im Sinne der Abduction und Adduction lassen sich beim Erwachsenen normalerweise nicht ausführen, sofern das Gelenk vollständig gestreckt wird. Bei Kindern mit ihren dehnbaren Bändern und den vorwiegend knorpeligen Epiphysen ist jedoch eine gewisse Lateralbeweglichkeit oft nachweisbar, ohne daß eine Verletzung vorausgegangen ist.

Über die für die Beurteilung von Ellbogen-röntgenogrammen wachsender Individuen wichtigen *Verhältnisse der Epiphysenverknöcherung* (s. Abb. 551 und 552) werden bei den betreffenden Frakturformen sowie im Abschnitt über die Röntgendiagnostik der Ellbogenfrakturen die nötigen Angaben gemacht. Die *Epiphysenlinien* sämtlicher Gelenkpartner liegen *intrakapsulär* (Abb. 553/554).

In topographischer Hinsicht ist auf die engen Beziehungen der *A. brachialis* und des *N. medianus* zum unteren Humerusende hinzuweisen; beide Gebilde liegen im Sulcus bicipitalis internus dem Knochen sehr nahe, nur durch eine relativ dünne Muskelschicht des Brachialis internus von ihm getrennt (siehe Abb. 555). Das erklärt die Gefährdung von Nerv und Arterie bei der Fractura supracondylica. Der *N. ulnaris* verläuft in der Rinne zwischen Epicondylus internus und Condylus medialis, dem Periost direkt angelagert, zum Vorderarm (vgl. Abb. 555); er ist dementsprechend schweren Verletzungen namentlich bei direkt entstandenen Frakturen des inneren Epicondylus ausgesetzt. Der *N. radialis* dagegen ist im Niveau des unteren Gelenkabschnittes des Humerus bereits

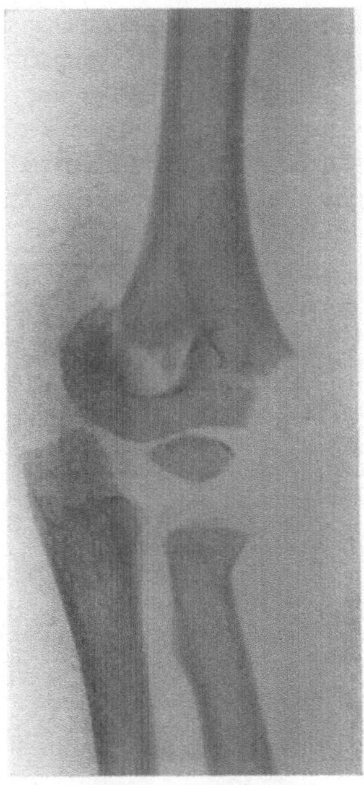

Abb. 556a. Fractura supracondylica, ventrodorsale Aufnahme; teilweise percondylärer Verlauf der Fraktur.

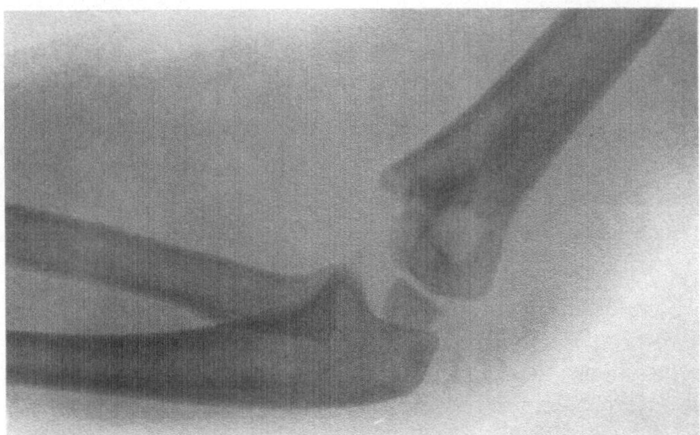

Abb. 556b. Seitenaufnahme zu Abb. 556a.

nach vorne in die radiale Muskelgruppe getreten und vor Frakturläsionen geschützt.

Für die *systematische Klassifizierung* der praktisch so überaus wichtigen

Frakturen des unteren Humerusendes, deren größtes Kontingent *Kinder* stellen, können wir uns auch heute noch im wesentlichen an die Einteilung halten, die KOCHER schon vor der Röntgenära auf Grund seiner klassischen klinischen Untersuchungsmethodik sowie anatomischer Beobachtungen auf- gestellt und durch experimentelle Erforschung gesichert hat.

Eine Erweiterung der Systematik KOCHERs ist insofern nötig, als in der Gruppe der Fractura supracondylica hinsichtlich des Niveaus ihrer Lokali- sation zwei wohldifferenzierte Typen auseinanderzuhalten sind. Neben der gewöhnlichen Form der supracondylären Fraktur, die sich dicht oberhalb der überknorpelten Gelenkfläche lokalisiert, mit ihrer unteren Ausmündung meist im Niveau der größten seitlichen Ausladung der Diaphysencorticalis liegt (siehe

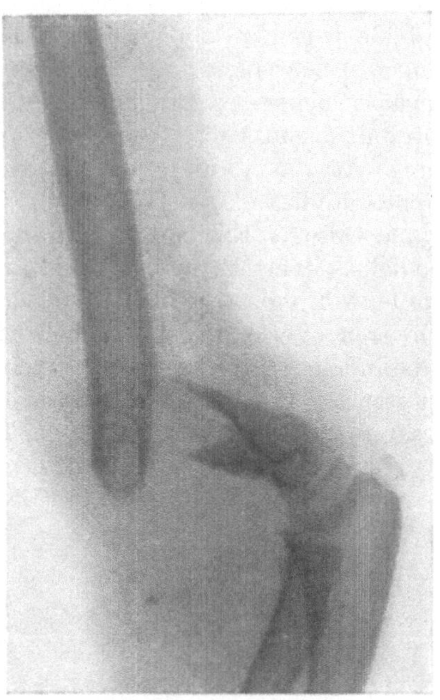

Abb. 557a. Fractura supracondylica, Typus superior.   Abb. 557b. Seitenaufnahme zu Abb. 557a.

Abb. 556a, b) und somit zu einem wesentlichen Teil durch den condylären Ab- schnitt des unteren Humerusendes verläuft, sehen wir eine etwa 2—4 cm weiter oben liegende, meist schräg verlaufende, häufig eine Rotationskomponente aufweisende, supracondyläre Fraktur, die den *juxta-epiphysären Formen* LAMBOTTES gleichzustellen ist (siehe Abb. 557a, b). Es handelt sich hier um eine zwischen den Diaphysenfrakturen und den sog. Ellbogenfrakturen stehende Übergangsform, die klinisch Berücksichtigung erfordert, und die wir deshalb als besondere Frakturform unterscheiden.

Die gewöhnliche Fractura supracondylica erscheint jedem, der erstmals ein Röntgenbild dieser Frakturform sieht, unzutreffend bezeichnet, da sie tiefer liegt, als man nach der Bezeichnung erwartet. Denn der anatomische Begriff des Condylus beschränkt sich hier, wie übrigens auch am Femur, nicht auf den überknorpelten Abschnitt, sondern schließt auch den anschließenden Teil der sog. Metaphyse ein. Aus diesem Grunde imponiert denn auch die in Abb. 557a, b dargestellte, oberhalb des seitlich ausladenden Knochenabschnittes liegende Fraktur als eigentliche Supracondylica, während die untere in Analogie zu der Pertubercularis als Fractura *percondylica* bezeichnet werden sollte. Dabei kommen wir aber in Konflikt mit der intraartikulär gelegenen Fractura diacondylica, so daß es sich empfiehlt, die *Sammelbezeichnung der Fracturae supracondylicae* beizuhalten, und die höhergelegene Form durch die ergänzende Bezeichnung „*Typus superior*", die klassische, tiefergelegene, in ihrer Lokalisation übrigens etwas variierende Form als „*Typus inferior*" näher zu charakterisieren. Dabei handelt es sich keineswegs um eine rein formalistische Komplizierung der Systematik; denn die hochgelegene Supracondylica ist klinisch eine gelenknahe *Diaphysenfraktur* wie etwa die Fraktur des chirurgischen Humerushalses, die tiefgelegene eine *paraepiphysäre Fraktur*.

Wir unterscheiden demnach am unteren Humerusende folgende Frakturformen:

1. Fracturae supracondylicae,
    a) Typus superior (metaphysarius),
    b) Typus inferior (paraepiphysarius);
2. Fractura condyli externi;
3. Fractura epicondyli interni;
4. Fractura condyli interni;
5. Kombinierte Frakturen beider Condylen;
6. Fractura diacondylica;
7. Fractura rotulae partialis.

Vorstehende Reihenfolge der Frakturen des unteren Humerusendes gibt gleichzeitig ihre *Frequenz* in absteigender Linie. Die Lokalisation der einzelnen Bruchformen ist aus den Röntgenogrammen und schematischen Zeichnungen ersichtlich.

Kapitel 2.

Supracondyläre Humerusfrakturen.

a) Entstehungsmechanismus, Frakturformen, Symptome, Diagnostik und Verlauf.

Diese häufigste Fraktur im Bereiche des kindlichen Ellbogens kann nach den Untersuchungen KOCHERs experimentell sowohl durch gewaltsame *Flexion* als durch gewaltsame *Extension* erzielt werden, indem man den Condylenabschnitt einspannt und die Diaphyse entsprechend bewegt. Wie Abb. 556b und 558 zeigen, beginnt die *Extensionsfraktur* vorne unten dicht am Knorpelrand des Gelenkteils, und steigt mäßig steil nach hinten empor. Gerade umgekehrt ist der Verlauf der *Flexionsfraktur* (Abb. 563 und 564). In praxi kommt die unendlich häufigere *Extensionsfraktur* zustande durch Hyperextension des Ellbogengelenkes bei Fall auf die Hand, bei gestrecktem und abduziertem Arm; diesen Mechanismus trifft man besonders bei Kindern, während er bei Erwachsenen eine Ausnahme darstellt. Die derart entstandene Fractura supracondylica ist das *Analogon der Luxatio cubiti posterior*, mit der sie die seltenere Verschiebung des unteren Fragmentes nach der Radialseite gemein hat (siehe Abb. 559a, b).

Sie stellt eine reine, schräg nach hinten-oben verlaufende *Biegungsfraktur* dar (Abb. 557/558). Häufiger entsteht die supracondyläre Extensionsfraktur durch Fall auf die pronierte Hand bei gebeugtem Ellbogen, so daß die ganze Wucht des Stoßes durch Vermittlung der Vorderarmknochen die Humeruscondylen von vorne betrifft; je nach dem Beugungsgrad des Ellbogengelenkes erfolgt eine quere oder schräg nach hinten und aufwärts verlaufende *Abscherungsfraktur*, die gewöhnlichen durch Biegung *vollendet* wird (Abb. 556).

Eine häufige anamnestische Angabe lautet dahin, daß die Fraktur durch Fall auf den Ellbogen zustande gekommen sei; auch auf diese Weise kann eine

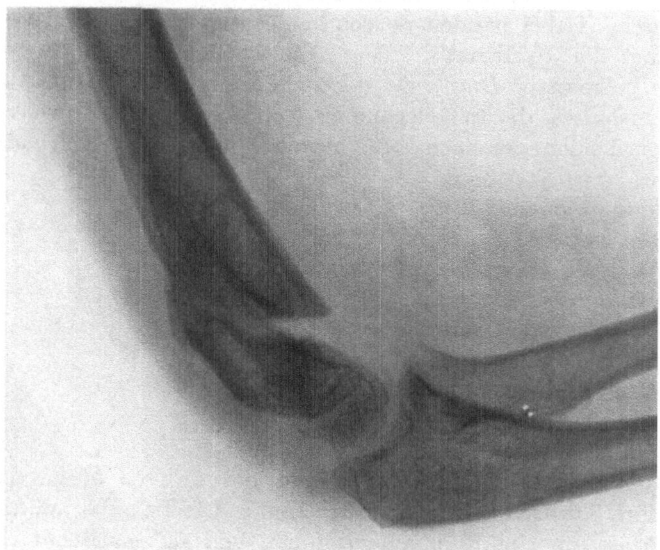

Abb. 558. Supracondyläre Extensionsfraktur; schräger Verlauf der Bruchspalte.

„Extensionsfraktur" entstehen, weil das untere Humerusende bei Fall auf die Streckfläche des Vorderarmes bei spitzwinklig gebeugtem Ellbogengelenk und rückwärts eleviertem Oberarm im Sinne der Streckung beansprucht wird. Diese Brüche verlaufen ebenfalls schräg nach hinten und oben.

Eine seltene Ursache der supracondylären Extensionsfraktur ist schließlich Gewalteinwirkung auf die Rückseite des Oberarmes bei gebeugtem Ellbogen und aufgestützter Hand.

Die relativ seltene *Flexionsfraktur* sieht man am Lebenden durch Fall auf den stark gebeugten Ellbogen zustande kommen, da der Stoß in der Längsachse infolge der physiologischen, nach vorne konkaven Biegung des unteren Humerusendes (vgl. Abb. 549) eine flektierende Einwirkung ergibt. Ferner kann eine *kombinierte Flexionsrotationsfraktur* durch forcierte Auswärtsrotation entstehen (KOCHER), sowie durch Stoß gegen die Rückseite des Ellbogens bei fixiertem Oberarm.

Die Rotationskomponente begünstigt das Zustandekommen des hochgelegenen Frakturtypus (siehe Abb. 557); in gleichem Sinne wirkt die Stauchung.

Im übrigen liegt die Fraktur um so höher und verläuft um so schräger, je reiner der ursächliche Flexionsmechanismus war, während die häufigeren, tiefer liegenden *Abscherungsfrakturen* quer oder nur wenig schräg verlaufen (Abb. 556b).

Die Fragmentverschiebungen sind typische, und entsprechen der Art der ursächlichen Gewalteinwirkung.

Bei der gewöhnlichen supracondylären *Extensionsfraktur* und der entsprechenden *Abscherungsfraktur* ist das untere Fragment in der Regel nach rückwärts verschoben (Abb. 559b) oder doch im Sinne der Extension nach hinten

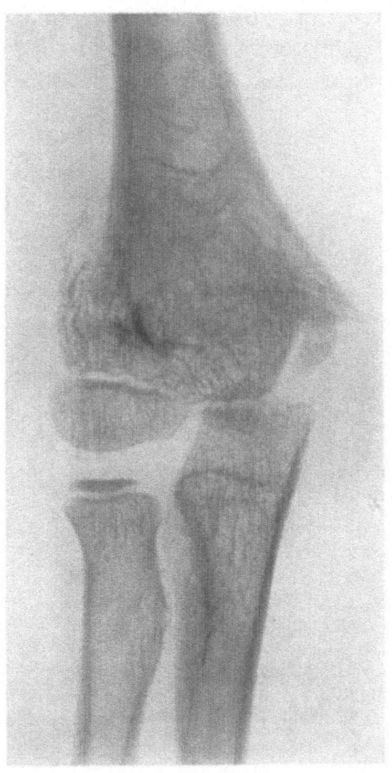

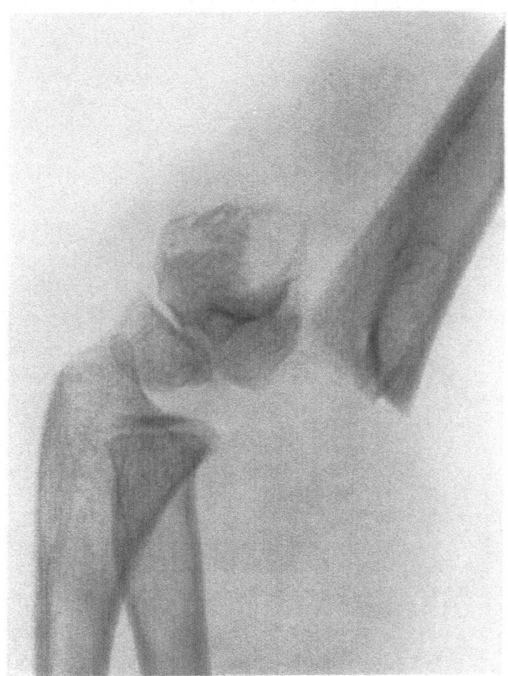

Abb. 559a. Supracondyläre Extensionsfraktur mit Verschiebung des oberen Fragmentes radialwärts.

Abb. 559b. Seitenaufnahme zu Abb. 559a.

abgeknickt (Abb. 556b). Die Verschiebung kann so hochgradig sein, daß die Fragmente ihren Kontakt vollständig verloren haben (Abb. 560b), und zwar ist dieses Verhalten nach meinen Beobachtungen sehr häufig. Gleichzeitig erleidet das untere Fragment öfters eine Verschiebung nach innen, *ulnarwärts* (Abb. 556a/560a), sei es, daß primär die Gewalteinwirkung etwas von außen her — so bei Fall auf die zur Abwehr seitlich ausgestreckte Hand —, sei es, daß die Verschiebung erst sekundär unter dem Gewicht des Vorderarmes erfolgte. Jedenfalls ist die *klassische Dislokation* bei der supracondylären Extensionsfraktur *die Verschiebung des unteren Fragmentes nach hinten und innen.* Gelegentlich ist die Verschiebung nach der Ulnarseite nur in Form einer Achsenknickung angedeutet und kann auch völlig fehlen. In letzterem Falle überlagern sich im Röntgenbild die Fragmente in der Frontalaufnahme in sehr charakteristischer Weise unter

Kreuzung ihrer seitlichen Spitzen (Abb. 561a, b). Auch kann das untere Fragment ausnahmsweise *nach außen* abgewichen sein (Abb. 559a was wir namentlich bei den durch reine Hyperextension in Analogie zu der Luxatio posterior
externa zustande gekommenen Formen sehen.

Ziemlich regelmäßig sind ferner Rotationsverschiebungen zu konstatieren,
die nur durch genaue Vergleichung zweier senkrecht zueinander stehender
Röntgenaufnahmen zu erkennen sind. Diese Torsionsverschiebungen erreichen
im allgemeinen keinen hohen Grad, sind
jedoch gelegentlich *isoliert* vorhanden
und werden in diesem Falle leicht
übersehen (Abb. 562 a, b).

Die Fragmentverschiebung bei der

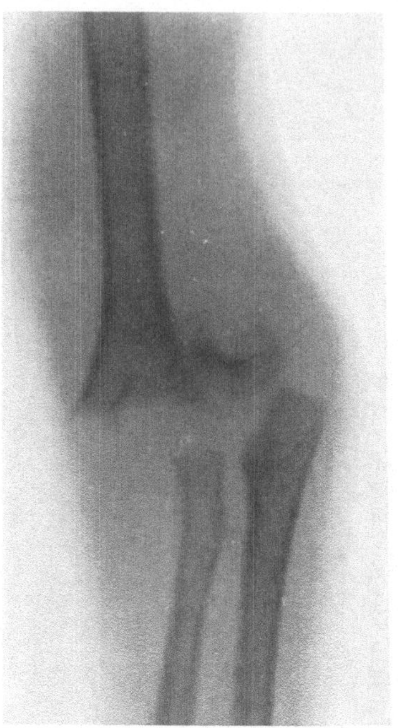

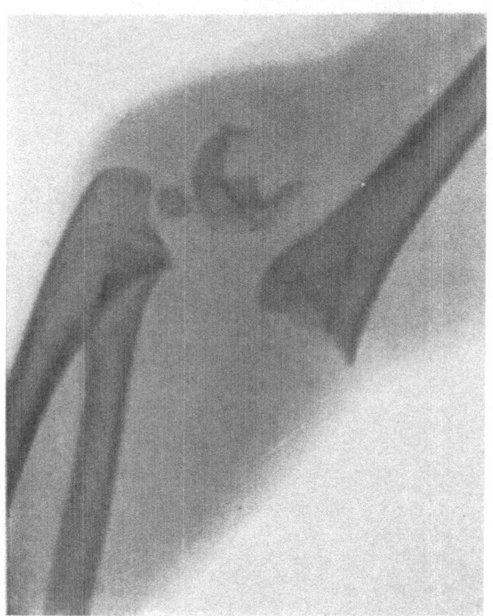

Abb. 560a. Typische Ulnarverschiebung
des unteren Fragmentes bei Fractura
supracondylica.

Abb. 560b. Seitenaufnahme zu Abb. 560a.
Hochgradige Verschiebung des unteren Fragmentes nach rückwärts.

hochgelegenen Extensionsfraktur (Abb. 557a und b) erfolgt in gleichem Sinne;
doch ist hier die Längsdislokation meist eine hochgradigere, indem das
obere Fragment bis zur Vorderfläche der Gelenkkapsel gelangt. *Rotationsverschiebung* sowie die weiter oben liegende *Achsenknickung* sind stets ausgeprägt.

Bei der supracondylären *Flexionsfraktur* verschiebt sich das Gelenkfragment
nach vorne, das Diaphysenfragment nach hinten und etwas nach unten
(Abb. 563a, b u. 564). Doch ist namentlich die Verschiebung in der Sagittalebene meist nicht sehr hochgradig, weil der straff gespannte Triceps sich dem
Rückwärtstreten des Diaphysenfragmentes entgegenstellt und durch seine
Spannung auch die Verschiebung des unteren Bruchstückes nach vorne hemmt.
Die Seitenverschiebung erfolgte in den von mir beobachteten Fällen nach der
Radialseite, wie Abb. 564a zeigt.

Entsprechend den beschriebenen Dislokationsformen sind die *klinischen Symptome der Fractura supracondylica* sehr charakteristische. Um so unbegreiflicher

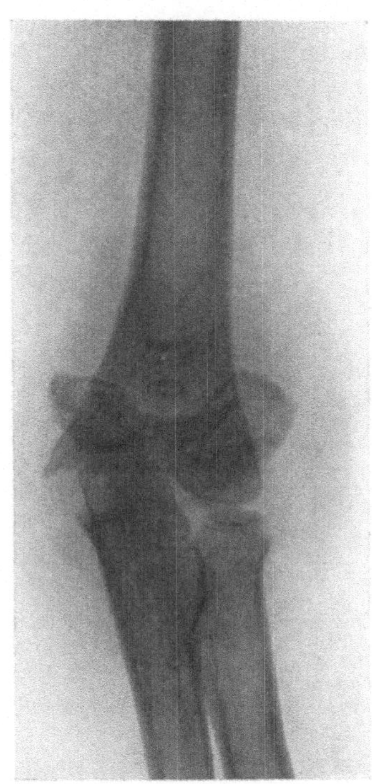

Abb. 561a. Fractura supracondylica ohne
seitliche Fragmentsverschiebung.

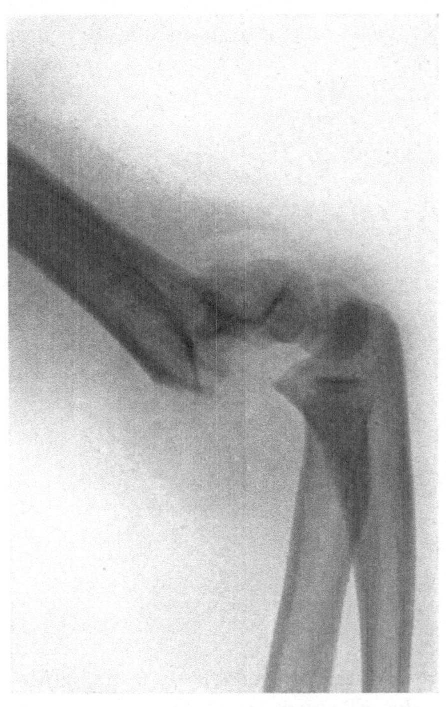

Abb. 561b. Seitenaufnahme zu Abb. 561a.

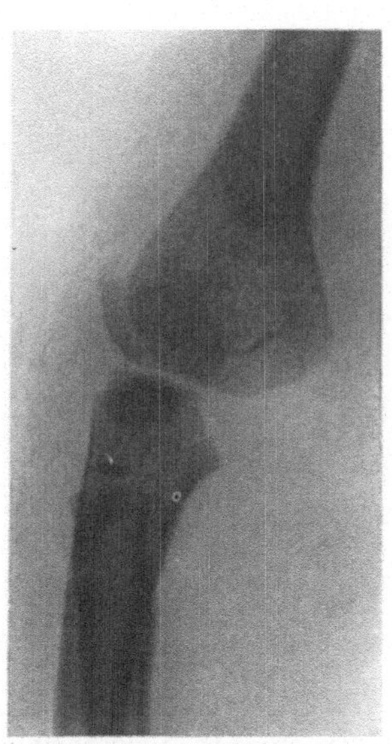

Abb. 562a. Fractura supracondylica mit
ausschließlicher Rotationsverschiebung.

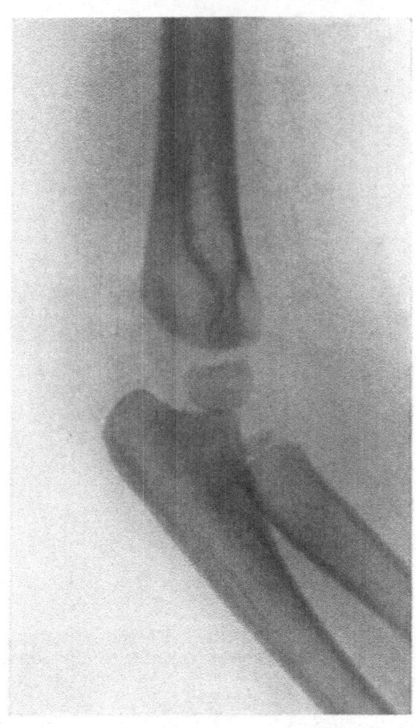

Abb. 562b. Seitenaufnahme zu Abb. 562a.
Rotation des unteren Fragmentes nur erkennbar
an der Verschiebung des Rotulakerns nach vorne.

Matti, Knochenbrüche. 2. Aufl.

erscheint die Tatsache, daß auch klassische Fälle dieser Frakturform noch recht oft verkannt und ungenügend behandelt werden.

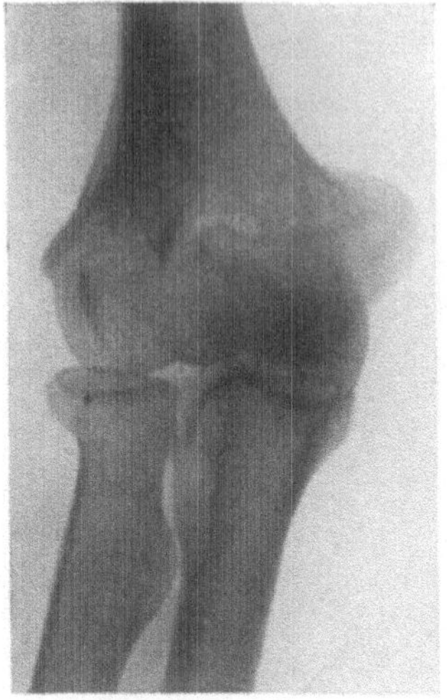

Abb. 563a. Supracondyläre Flexionsfraktur des Humerus beim Erwachsenen.

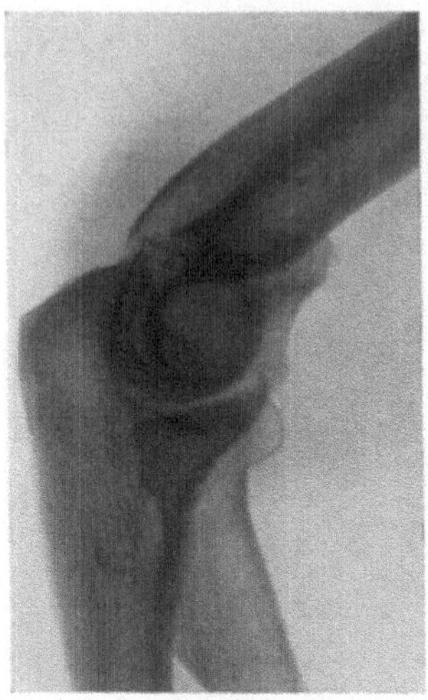

Abb. 563b. Supracondyläre Flexionsfraktur, Seitenaufnahme zu Abb. 563a. Verlauf der Frakturebene von hinten-unten nach vorne-oben.

Ist bei der *Extensionsfraktur* das untere Fragment nach hinten disloziert, so zeigt der Ellbogen eine ausgeprägte Abweichung nach hinten, so daß ein Bild

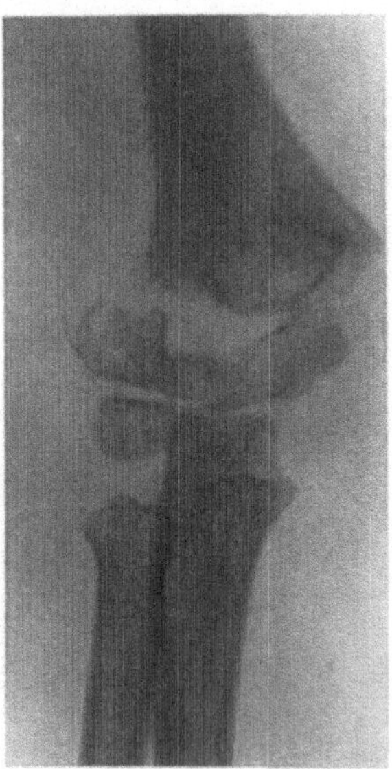

Abb. 564a. Supracondyläre Flexionsfraktur mit Radialverschiebung des oberen Fragmentes.

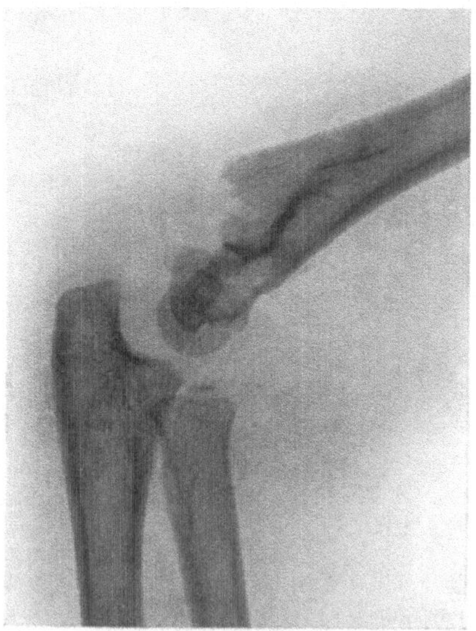

Abb. 564b. Seitenaufnahme zu Abb. 564a.

entsteht, das sich mit dem äußeren Status einer Luxatio cubiti posterior weitgehend deckt (siehe Abb. 565/566). Handelt es sich um eine hochgelegene Supracondylica, so fällt bei genauerem Zusehen allerdings auf, daß die Achsenknickung weiter oben liegt, als dies bei der Luxation der Fall ist (vgl. Abb. 109).

Entsprechend der Abweichung des oberen Fragmentes nach vorne erscheint der Arm oberhalb des Ellbogens in der Richtung von vorne nach hinten verbreitert, man fühlt auch die Spitze des oberen Fragmentes dicht oberhalb der Ellenbeuge, und findet nicht so selten an der betreffenden Stelle eine charakteristische, für den Kundigen direkt pathognomonische *lokale Hautblutung* (vgl.

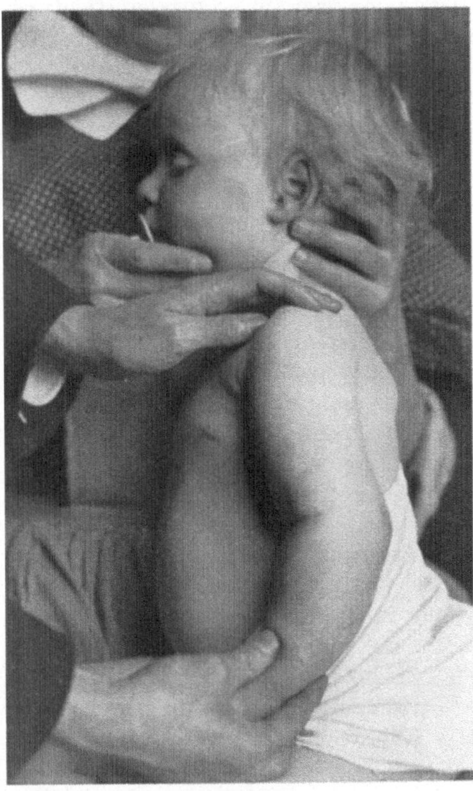

Abb. 565. Armrelief bei Fractura supracondylica.

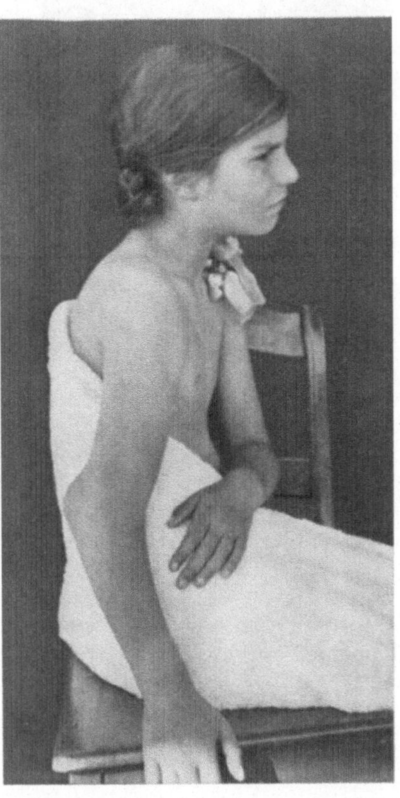

Abb. 566. Armrelief bei Luxatio cubiti posterior, zum Vergleich mit Abb. 565.

Abb. 567). War die Haut angespießt, so entsteht unter dem Zurücktreten der Fragmentspitze eine typische Einziehung, wie sie Abb. 62 zeigt.

Entscheidend für die Diagnose einer Fraktur ist der Nachweis, daß mit den Vorderarmknochen auch das untere Ende des Humerus abgewichen ist. Das geschieht durch die *Feststellung normaler Beziehungen zwischen den drei bekannten Fixpunkten*. Stehen Spitze des äußeren und inneren Condylus und Olecranonspitze bei rechtwinklig gebeugtem Ellbogengelenk in einer frontalen Ebene (Abb. 568), so ist eine Luxation der Vorderarmknochen ausgeschlossen. Gelingt es, den Ellbogen vollständig zu strecken, so befinden sich die drei Punkte von hinten gesehen in der gleichen Horizontalen (siehe Abb. 569). Der zur Sicherung der Diagnose noch erforderliche *Nachweis falscher Beweglichkeit* ist unschwer

38*

zu erbringen. Es ist festzustellen, daß sich das untere Humerusende mit den Vorderarmknochen gegenüber der Humerusdiaphyse nach vor- und rückwärts verschieben läßt, und daß auch bei Ab- und Adductionsbewegungen der Gelenkteil des Humerus mitgeht, der Drehpunkt somit oberhalb der Ellbogengelenklinie liegt. Gleichzeitig scheint das Ellbogengelenk überstreckbar zu sein. Gelingt noch der Nachweis, daß die beiden Condylen sich in sagittaler Richtung nicht gegeneinander verschieben lassen, so ist die Diagnose einer supracondylären Fraktur gesichert.

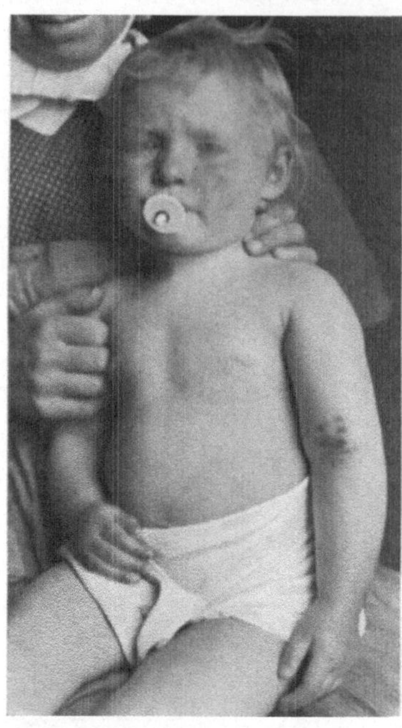

Abb. 567. Charakteristische, durch das obere Fragment verursachte Hautblutung bei supracondylärer Humerusfraktur.

Maßgebend bleibt letzten Endes das Ergebnis der *Röntgenaufnahme*. Es ist eindringlich darauf hinzuweisen, daß supracondyläre Frakturen oft übersehen werden, wenn man nicht zwei senkrecht zueinanderstehende Aufnahmen anfertigen läßt. Auch so ist eine zutreffende Diagnose, namentlich wenn es sich um Frakturen ohne Lateraldislokation oder mit isolierter Rotationsverschiebung handelt, oft nur durch Heranziehung eines Vergleichsbildes der gesunden Seite möglich. Die Technik der Ellbogenaufnahmen wird in einem besonderen Abschnitt besprochen. Bei der *Interpretation kindlicher Röntgenogramme* ist zu berücksichtigen, daß die Epiphyse jahrelang zum größten Teil knorpelig bleibt; der Kern in der Trochlea tritt erst zwischen dem 10. und 12. Jahre auf, wogegen sich der Knochenkern im Capitulum vom 2. Jahre an entwickelt. So erscheint der Gelenkspalt bei Kindern vor dem 10. Lebensjahre auffällig breit (siehe Abb. 556a), und wir müssen uns für die Beurteilung der Verschiebungen des unteren Humerusendes an den charakteristischen Knochenkern des radialen Abschnittes der Epiphyse halten (vgl. Abb. 556/562).

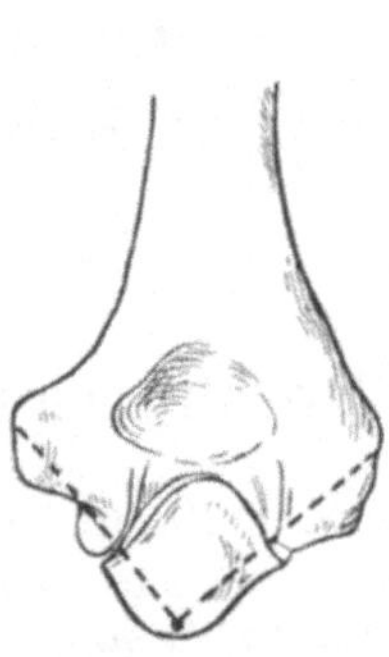

Abb. 568. Normale Beziehung der fühlbaren Knochenpunkte bei gebeugtem Ellbogen.

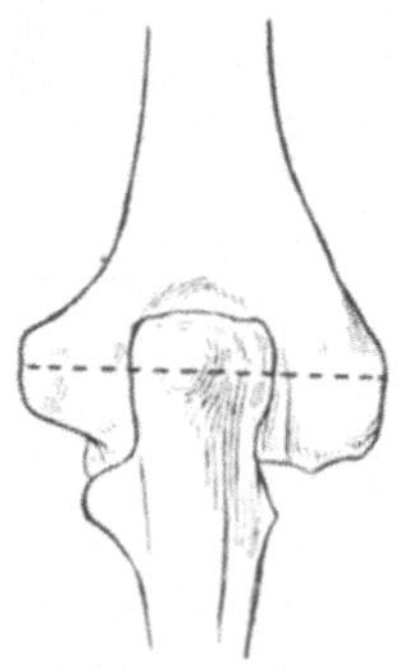

Abb. 569. Lagebeziehung der Epicondylen und Olecranonspitze bei gestrecktem Ellbogen.

Die supracondyläre Fraktur liegt vollständig oder zum größten Teil extrakapsulär; gleichwohl kommt es unter der ursächlichen Gewalteinwirkung häufig zu *Blutergüssen in das Ellbogengelenk*. Zudem kann die Spitze des oberen Fragmentes die Gelenkkapsel in ihrem vorderen Umfange verletzen. Die *Schwellung der Gelenkgegend* infolge des ausgedehnten Frakturhämatoms ist stets eine hochgradige, weshalb die äußere Untersuchung als sehr schmerzhaft empfunden wird. Man verzichte deshalb auf allzu eingreifende Untersuchungsmaßnahmen ohne Narkose, um so mehr als durch sekundäre Fragmentverschiebungen komplizierende Verletzungen des N. medianus und der A. brachialis verursacht werden können.

Die *Läsion der Brachialarterie* sowohl wie des *Medianus* erfolgt bei der Fractura supracondylica per extensionem durch das nach vorne getretene obere Fragment, häufiger primär als sekundär. Besonders die Frakturen mit der selteneren lateralen Abweichung des unteren und entsprechender medialer Dislokation des oberen Fragmentes sind durch Verletzungen der im Sulcus bicipitalis internus verlaufenden Gebilde kompliziert.

Die *Störung der Sensibilität,* die alle Übergänge von leichten Parästhesien bis zu vollständiger Aufhebung des Gefühls aufweist, betrifft das in Abb. 570a, b

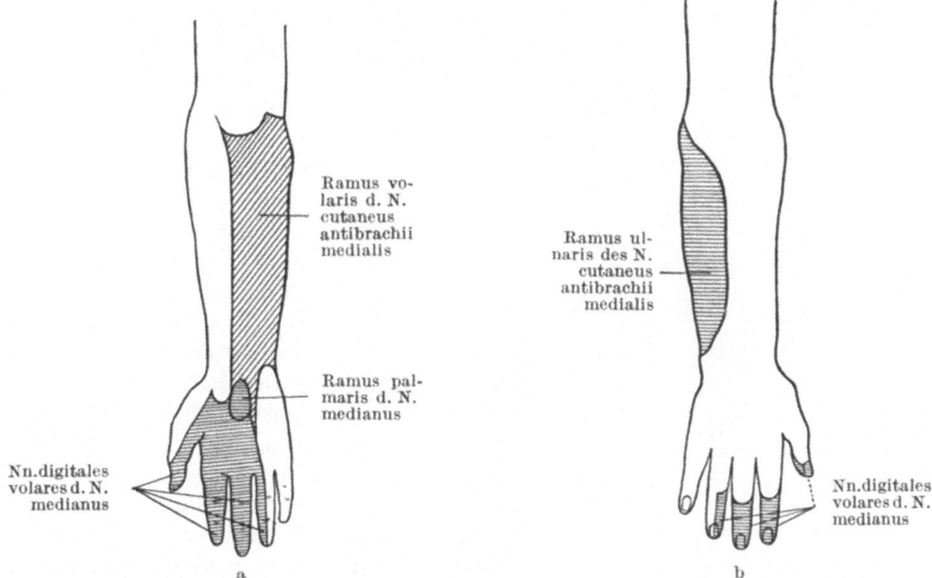

Abb. 570. Sensibles Versorgungsgebiet des N. medianus; a Beugeseite, b Streckseite.

dargestellte, vom Medianus versorgte Gebiet an der Hand. Die *motorische Schädigung* betrifft bei der häufigeren, unvollständigen Querschnittsschädigung meistens nur die Fingerflexoren; da die Abschnitte des Flexor digitorum profundus für die drei ulnaren Finger vom Nervus ulnaris und nur die Zeigefingerportion des gleichen Muskels sowie der lange Daumenbeuger vom Nervus medianus versorgt werden, macht sich der Flexionsausfall wesentlich am Daumen und Zeigefinger geltend. Geschädigt ist ferner die Abduction sowie die Adduction des Daumens. Bei totalen Querschnittsschädigungen des Medianus findet sich auch Lähmung des Pronator teres, Flexor carpi radialis und des Pronator quadratus. Ganz ausnahmsweise erleidet bei der gewöhnlichen, para-epiphysären Fractura supracondylica der *N. raialis* eine Verletzung.

Schädigungen der A. brachialis werden hier beobachtet in Form primärer Zerreißung durch das obere Fragment, Anspießung und Kompression. Letztere kann sich auch erst sekundär unter der Mitwirkung eines zirkulären Verbandes

geltend machen. Hochgradige Zirkulationsstörungen, manchmal rasch eintretende Gangrän sind die Folgen. Mit Rücksicht auf die große Bedeutung,
die frühzeitigen Maßnahmen zur Begünstigung der Kollateralzirkulation in
derartigen Fällen zukommt, *ist das Verhalten der peripheren Zirkulation, wie
übrigens auch der Innervation, bei supracondylären Brüchen stets einer sorgfältigen
Prüfung zu unterwerfen.*

Eine Verletzung, die sich erst nachträglich geltend macht, ist die Durchstoßung und *Zerreißung des M. brachialis* durch das nach vorne abweichende
obere Fragment; sie führt nicht selten zu ausgedehnter *Knochenneubildung*

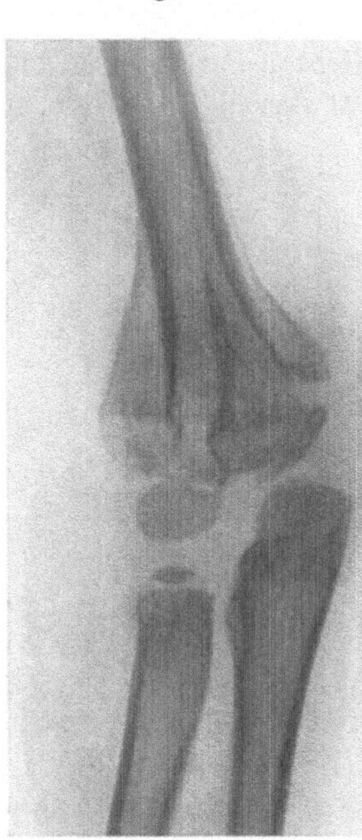

und zu Einschränkung der Bewegungen des Ellbogengelenkes.

Die *Symptome der Flexionsfraktur* sind weniger
ausgeprägte; vor allem fehlt die charakteristische
Formveränderung der Ellbogengegend. Doch zeigt
der Oberarm dicht oberhalb des Gelenkes ebenfalls
eine Verbreiterung in der Sagittalebene und eine ausgeprägte, auf das Ellbogengelenk übergreifende
Schwellung. Die falsche Beweglichkeit stellt sich in
gleicher Weise dar, wie bei der Extensionsfraktur, mit
dem Unterschied, daß die Verschiebbarkeit von vorne
nach hinten aus erwähnten Gründen weniger hochgradig ist. Komplikationen sind seltener; es fehlt
auch die Zerreißung des M. brachialis internus.

Hochgelegene supracondyläre Brüche, die meist in
Form der Extensions-Auswärtsrotationsfraktur zur
Beobachtung gelangen, sind der Palpation aus anatomischen Gründen besser zugänglich; die Knickung
liegt weiter oberhalb des Gelenkes (vgl. Abb. 109/557b).
Infolge Tiefertreten des Diaphysenfragmentes betrifft
jedoch die Schwellung schon nach kurzer Zeit auch

Abb. 571. Hochgradige Callusbildung bei Fractura supracondylica mit reiner Rotationsverschiebung; betrifft Fraktur
Abb. 562.

die Ellbogengelenkgegend. Komplikationen treten in
gleicher Weise auf, wie bei der klassischen Form;
der N. radialis erscheint exponierter. Schwierigkeiten
für die Erkennung bieten die relativ seltenen *supra-
condylären Brüche ohne deutliche Verschiebung*, die häufig erst diagnostiziert
werden, wenn sich als Ursache einer auffällig lange dauernden und oft zunehmenden Funktionsstörung im Röntgenbild eine periostale Knochenauf-
lagerung zeigt, die wegen ihrer Gelenknähe störend wirkt.

Schwerwiegender ist die Verkennung von *supracondylären Frakturen mit
reiner Rotationsverschiebung*, die auch im Röntgenbild nur in Doppelaufnahmen
und unter Vergleichung mit der gesunden Seite richtig zu beurteilen sind. Die
beiden Frakturebenen stehen dann mehr oder weniger stark gekreuzt, so daß
die seitlichen Kanten des unteren Fragmentes die Corticalis des oberen Fragmentes verschieden weit nach vorne und hinten überragen. Folge dieser Rotationsverschiebung, die meist im Sinne der Einwärtsdrehung des Gelenkfragmentes erfolgt, weil der Vorderarm auf die Brust gelegt wird, ist stets eine
bedeutende *periostale Knochenwucherung*, die zu erheblichen Störungen der
Gelenkfunktion Anlaß gibt (vgl. Abb. 571).

Diese durch Abhebung des Periostes von der Metaphyse bedingte Tendenz zu *periostaler Knochenneubildung* in nächster Nachbarschaft der Gelenkkapsel ist ein wesentlicher Grund, warum die supracondylären Brüche so häufig mit dauernder Einschränkung der Bewegungen des Ellbogengelenkes ausheilen.

Schlechte Heilung der Fractura supracondylica kommt am häufigsten derart zustande, daß infolge ungenügender Korrektur der ulnaren Abweichung das Gelenkfragment in medialer Verschiebung zur Anheilung gelangt. Die unvermeidliche Folge ist *Ausgleich der physiologischen Valgität des Ellbogens oder*

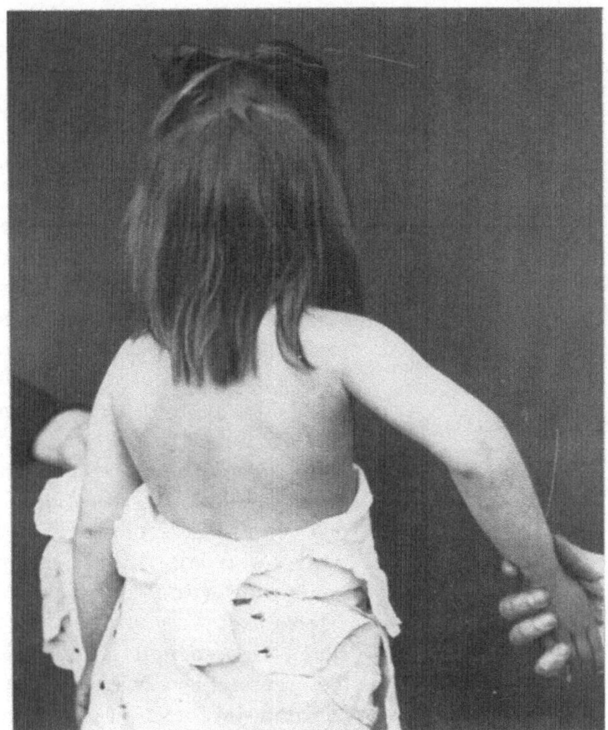

Abb. 572. Hochgradiger Cubitus varus infolge schlecht geheilter Fractura supracondylica.

die Entstehung eines ausgeprägten Cubitus varus (s. Abb. 572/573). Die pathologische Stellung ist nur in symmetrischer Streckstellung beider Ellbogengelenke ersichtlich und verschwindet bei der Beugung. Mit der *Adduktion* des Gelenkfragmentes ist meist eine *Einwärtsrotation* und eine *Verschiebung nach hinten* verbunden. Daraus erklärt sich zum Teil die meist vorhandene Einschränkung der Beugung, der Supination sowie die Hyperextensionsmöglichkeit des Ellbogengelenkes. In späteren Stadien pflegt auch die Streckung des Gelenkes eingeschränkt zu sein.

Erreicht die seitliche Abweichung einen hohen Grad, so kann sich infolge der ungleichmäßigen Belastung des Epiphysenknorpels das Knochenwachstum im Bereiche des Condylus externus relativ intensiver, im Bereich des inneren Condylus schwächer gestalten, so daß sich bis zum Abschluß des Wachstums eine sukzessive Steigerung der Varusverbiegungen ergibt (s. Abb. 574).

Wie BAUMANN am Material BIRCHERs nachgewiesen hat, tritt allerdings in der Regel eine Zunahme der seitlichen Abknickung im Sinne des Cubitus varus nachträglich auch bei jahrelanger Beobachtung nicht ein. Leichte *Störungen im Gebiete des N. ulnaris* in Form von Paraästhesien und Übermüdbarkeit, die man bei derartigen Patienten gelegentlich sieht, beruhen auf Überdehnung des Nerven über dem nach hinten und innen vorstehenden Fragment, sowie auf Callusbildung.

Schwerwiegender ist der mangelhafte Ausgleich der Verschiebung des unteren Fragmentes nach rückwärts, so daß die Spitze des oberen Fragmentes vorne in nächster Nähe der A. brachialis und des N. medianus stehen bleibt (vgl.

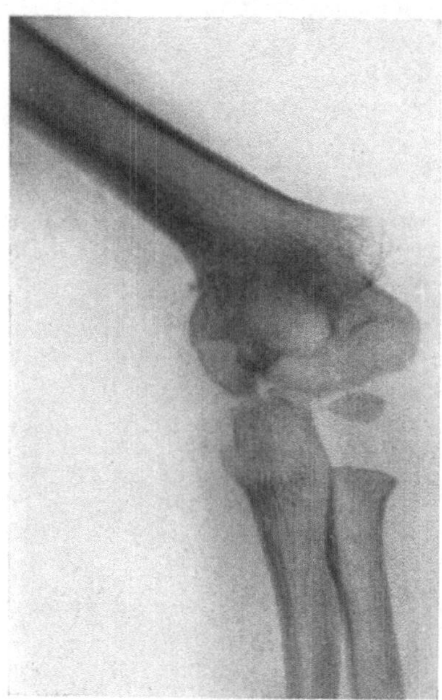

Abb. 573. Röntgenogramm zu Abb. 572.

Abb. 104). Die erste Folge ist stets eine dauernde Behinderung der Beugung des Ellbogengelenkes, indem das Fragment als direktes mechanisches Hindernis wirkt; dazu kommt die Einwirkung auf den vorderen Kapselabschnitt, der sekundär schrumpft und seine Entfaltbarkeit zum Teil einbüßt. Dadurch erleidet auch die Streckung eine Beschränkung. Diese Störungen bleiben auch dann in gewissem Ausmaße bestehen, wenn die vorragende obere Fragmentspitze einen spontanen Abbau erfährt oder später operativ abgetragen wird.

Schlimmer ist die Situation, wenn unter dem Druck eines zirkulären Kontentivverbandes die *A. brachialis* derart gegen das vorragende obere Fragment gepreßt wird, daß die Blutversorgung eine ungenügende wird. Auf diese Weise entsteht *irreparable ischämische Muskelcontractur,* deren Genese und Klinik im allgemeinen Teil geschildert wurde. Sie betrifft vorwiegend die Flexoren der Hand und Finger; sekundär werden dann auch die durch das schrumpfende Muskelgebiet verlaufenden Nerven zu vollständiger Degeneration gebracht (vgl. Abb. 106).

Auch sekundäre Medianusschädigungen, verursacht durch den Druck des abgewichenen oberen Fragmentes, können sich als Spätfolge der in Frage stehenden Dauerdislokation entwickeln.

Pseudarthrosen sieht man im supracondylären Abschnitt nur nach infizierten, gesplitterten, besonders Schußfrakturen, und auch da selten.

b) Behandlung der supracondylären Frakturen und ihrer Komplikationen.

Die Behandlung der supracondylären Extensionsfraktur erfordert in erster Linie vollständige Reposition, die bei Kindern, sofern es sich um erhebliche Dislokationen handelt, grundsätzlich in *Narkose* vorzunehmen ist. Die Reduktion der Fragmente wird erzielt durch Zug in der Oberarmachse am gebeugten Vorderarm, Steigerung der Extensionsstellung des unteren Fragmentes mit anschließender Beugung des Ellbogengelenkes zum rechten Winkel unter Zug in der Richtung der Vorderarmachse, bei Gegenzug am Oberarm nach rückwärts. Gleichzeitig ist die Seitenabweichung zu korrigieren, von deren Ausgleich man sich durch mäßige Streckung des Ellbogengelenkes überzeugt. Liegt ein großes, stark gespanntes Hämatom vor, so wird die Reposition und deren Beurteilung durch vorgängige *Entleerungspunktion* erleichtert.

Nach erfolgter Reposition der Fragmente wird ein *Zugverband* gemäß Abb. 181 angelegt. Dieser besteht aus einem am rechtwinklig gebeugten Vorderarm angreifenden Zug parallel der Oberarmachse, einem Zug in der Achse des Vorderarmes, der das untere Fragment nach vorne bringt und einem Gegenzug über dem oberen Fragment nach hinten (Abb. 575). Um die berüchtigte ulnare Abweichung des unteren Fragmentes zu beseitigen, empfiehlt es sich, den Vorderarm in Pronationsstellung zu lagern und noch einen weiteren Zug radialwärts d. h. senkrecht nach der Decke zu anzubringen. Die gleiche Wirkung erreicht man durch Suspension des Längszuges (s. Abb. 181). Dieser Extensionsverband bleibt bei Kindern unter 10 Jahren 2 Wochen, bei Kindern über 10 Jahren 3 Wochen liegen. Nach Ablauf dieser Zeit wird der Arm in eine Mitella gelagert und gleichzeitig mit

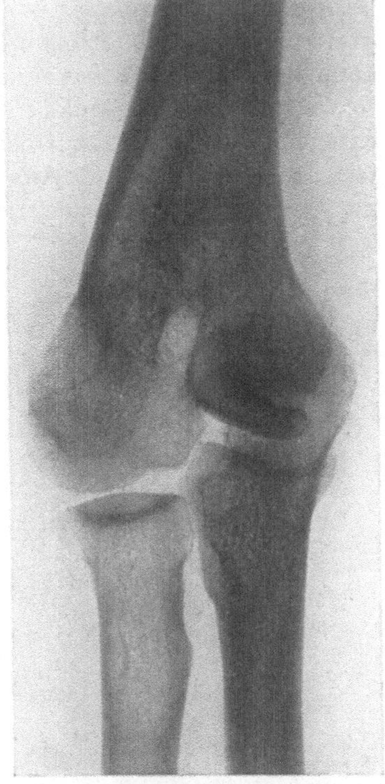

Abb. 574. Sekundäre Wachstumsstörungen infolge schlechtgeheilter Fractura supracondylica.

sukzessive zunehmender *Massage, aktiven und passiven Bewegungen*, sowie *Heißluftbäder* begonnen. Selbstverständlich erfolgt vorher *Röntgenkontrolle*, die schon im Extensionsverband erfolgt.

Die dauernde Wirkung dieser kombinierten Zugverbände ist von BRAUN bezweifelt worden; was sie tatsächlich leisten, zeigen Abb. 576a, b, die nur einen der zahlreichen von mir im Kinderspital mit dieser Extensionsmethode behandelten Fälle von supracondylärer Humerusfraktur illustrieren. Es ist zu beachten, *daß diese Züge nur den Zweck haben, nach korrekter Reposition eine nachträgliche Verschiebung im Sinne der primären Dislokationen zu verhindern*, was sie auch bei unruhigen Kindern zuverlässig besorgen. Für eine sukzessive Reduktion unvollständig reponierter Fragmente würde dagegen die Zugwirkung nicht ausreichen, um so weniger, als sich das

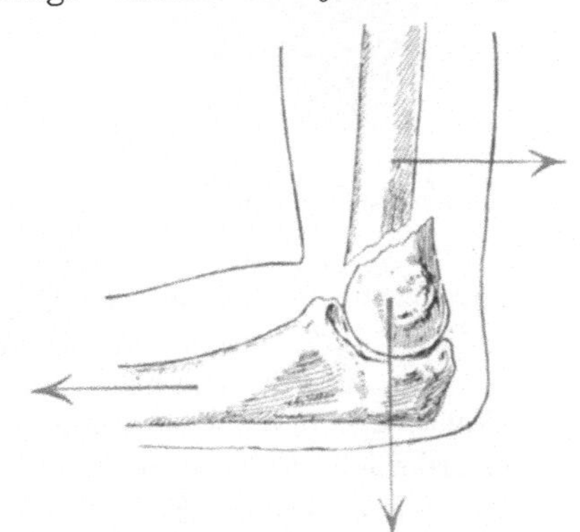

Abb. 575.
Korrigierende Züge bei supracondylärer Extensionsfraktur, schematisch.

Condylenfragment oft zu verhacken pflegt und gelegentlich auch nach operativer Freilegung nur schwer in richtige Stellung zu bringen ist. Noch weniger kommt eine primäre Reposition durch die kombinierten Heftpflasterzüge in Betracht.

Für Frakturen ohne wesentliche Verschiebung, solche mit einfacher Extensionsknickung (Abb. 556b) und ohne seitliche Dislokation des Gelenkfragmentes kann man auch eine etwas einfachere Zugbehandlung durchführen, indem man den Vorderarm bei rechtwinklig gebeugtem Ellbogengelenk senkrecht, deckenwärts extendiert, während der Oberarm durch einen Schlingenzug an der Unterlage festgehalten wird (vgl. Abb. 557). Letzteren Zweck erfüllt auch Belastung des Oberarmes durch einen leichten Sandsack. *Subperiostale Brüche* erfordern

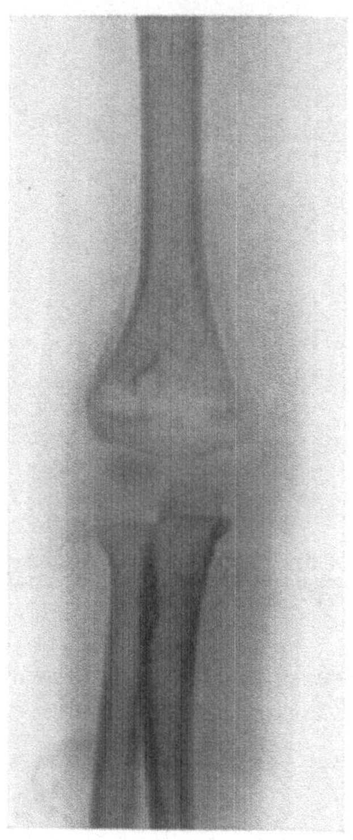
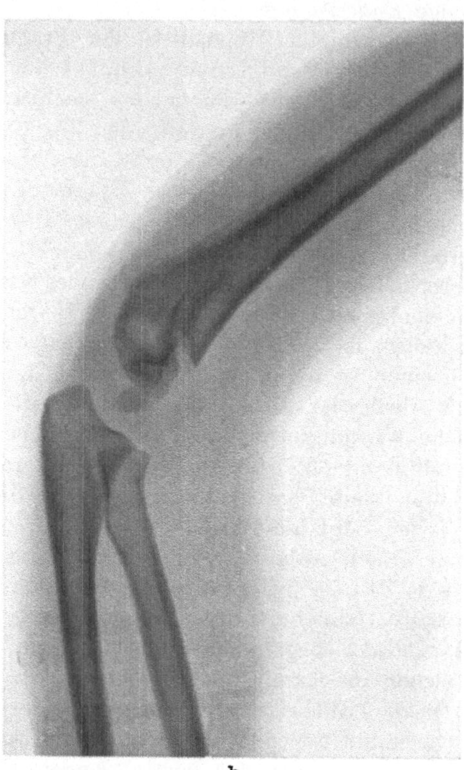

Abb. 576. Supracondyläre Extensionsfraktur des unteren Humerusendes (Fall Abb. 560 a, b); mit Extension gemäß Abb. 575/181 behandelt. Heilung ohne jede Einschränkung der Bewegungen des Ellbogengelenkes. a Frontalaufnahme; b Seitenaufnahme.

nur Lagerung des rechtwinklig gebeugten Ellbogens in eine Mitella für etwa 8 Tage, und werden von Anfang an mobilisierend behandelt.

Eine direkte Extension, so die *Drahtextension am Olecranon*, ist bei der Fractura supracondylica kaum angezeigt, weil erhebliche Zugwirkungen nicht erforderlich sind und weil nach erfolgter Reposition der vorwiegend quer verlaufenden Brüche Heftpflasterzüge zur Aufrechterhaltung guter Fragmentstellung ausreichen. Der Drahtzug kommt deshalb hier nur bei offenen Brüchen oder bei Intoleranz gegen Heftpflaster in Betracht[1].

Bereitet die Reposition der Fraktur Schwierigkeiten, so empfiehlt sich, wie meine Erfahrungen an einem großen Material in den letzten Jahren bestätigt

---

[1] Die Anwendung des Drahtzuges kann auch geboten sein bei Frakturen im Niveau der Fossa olecrani, weil hier die sehr schmalen Bruchflächen Umkippung und Redislokation des Gelenkfragmentes begünstigen.

haben, unbedingt *operatives Vorgehen*. Die *Incision* erfolgt am besten *auf der Seite, wo das Diaphysenfragment seitlich vorsteht*, also bei der gewöhnlichen Extensionsfraktur mit ulnarer Abweichung des Gelenkfragmentes an der äußeren, radialen Seite zwischen M. triceps einerseits, M. brachioradialis und M. brachialis

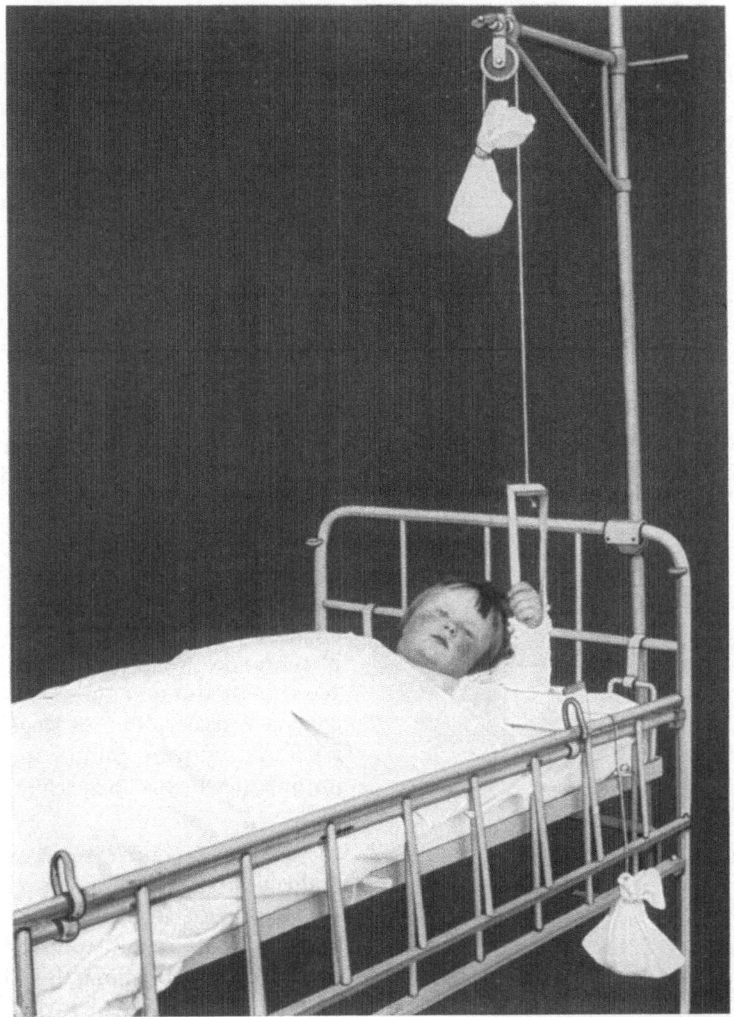

Abb. 577. Suspensionsextension der Fractura supracondylica bei fehlender Seitenverschiebung.

andererseits, die samt dem Periost abgehoben werden. Ist das untere Fragment radialwärts verschoben, so geht man an der ulnaren Seite des Ellbogengelenkes ein. Dieses Vorgehen gestattet, die am unteren Fragment haftende, *zwischen die Bruchflächen eingeschlagene Periostmanschette* zu befreien und der Humerus-corticalis anzulagern. Solange diese Periostinterposition bestehen bleibt, ist die Reposition nicht zuverlässig; die Fragmente rutschen im Verband neuerdings ab, wie ich wiederholt festgestellt habe. Die *Fixation* des Condylen-fragmentes an der Metaphyse erfolgt am einfachsten durch einen schräg nach

oben-innen vorgetriebenen *Nagel* (Abb. 239), der bei breitem Kontakt der Bruchflächen ausreichende Garantie für die Aufrechterhaltung guter Stellung bietet.

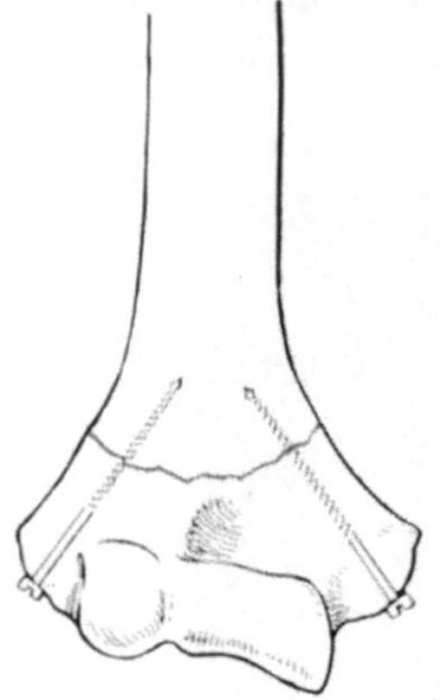

Abb. 578. Verschraubung der supracondylären Fraktur.

Besteht ausgeprägte *Neigung zu Rotationsverschiebung,* so wird auch an der gegenüberliegenden Seite ein
Nagel eingelegt. In gleicher Weise können die supracondylären Frakturen auch durch *Schrauben* vereinigt
werden (Abb. 578).

Die *Plattenverschraubung* kommt nur bei hochliegenden Frakturen in Frage, und zwar verwendet
man mit Vorteil *biegsame Platten.* Handelt es sich
um *Schrägbrüche,* so ist allerdings die Vereinigung
der Fragmente durch *Drahtumschlingung* vorzuziehen.

Stehen die Bruchstücke nach der Reposition zuverlässig, was namentlich bei tiefen, querverlaufenden
Frakturen der Fall zu sein pflegt, so kann man sich
mit der *Vernähung des Periostes* begnügen. In diesem
Falle muß für 8—10 Tage ein *Gipsschienenverband* in
rechtwinkliger Stellung des Ellbogengelenkes angelegt
werden; die genagelten oder verschraubten Brüche
dagegen erfordern nur einen *gepolsterten Bindenverband,* wobei man durch
einige Bindentouren in Achterform oder durch eine Mitella für die Verhinderung unzweckmäßiger Bewe-
gungen sorgt.

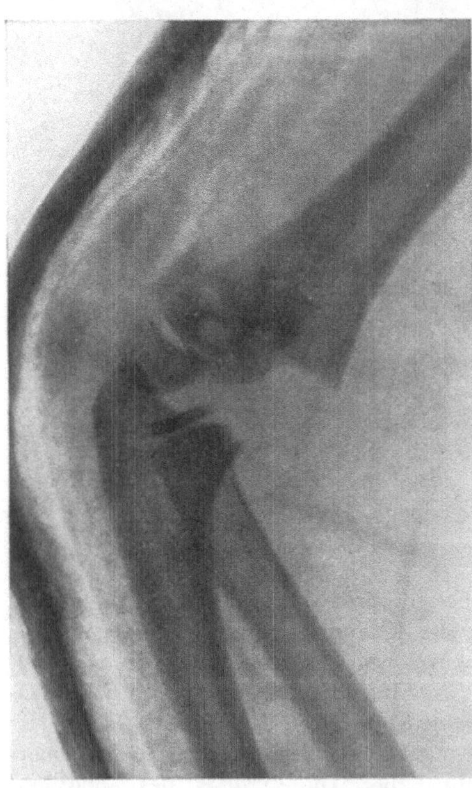

Abb. 579. Supracondyläre Extensionsfraktur im
Gipsverband; mangelhafte Stellungskorrektur.

Die *Nachbehandlung* operativ versorgter Frakturen muß mit Rücksicht auf die gelegentlich zu beobachtende Neigung zu periostaler
Knochenbildung eine ausreichende
sein; sie dauert in der Regel 2 Monate und wird im Spital, wenn auch
ambulant, unter Kontrolle durchgeführt.

Die supracondyläre Extensionsfraktur wird heute noch vielerorts
im *Gipsverband* behandelt, indem
man sich die reponierende Wirkung
spitzwinkliger Beugung des Ellbogengelenkes auf das rückwärts abgewichene untere Fragment zunutze
macht. Diese Methode wird besonders zur *ambulanten Behandlung* der
Fractura supracondylica empfohlen.
Wenn auch zuzugeben ist, daß in
kundigen Händen sowie unter sachgemäßer Kontrolle mit diesem Vorgehen gelegentlich gute Heilungsresultate erzielt werden können,
sofern der Verband nicht zu lange

liegen bleibt, *so muß doch grundsätzlich vor der Anwendung dieses Verfahrens gewarnt werden, weil es eine Reihe schwerer Gefahren in sich birgt.* Wird nämlich vor Ausführung der Flexion nicht für vollständige Reposition des unteren Fragmentes nach vorne gesorgt, so bohrt sich bei der Beugung des Ellbogengelenkes das obere Fragment in die Beugungsmuskulatur und kann den N. medianus sowie die A. brachialis verletzen. Eine besondere Gefahr liegt in der Kompression der Arterie zwischen zirkulärem Verband und vorne stehengebliebenem oberem Fragment; als Folge dieses Ereignisses habe ich schwerste, irreparable ischämische Muskelcontractur gesehen (vgl. Abb. 579 u. 580). Auch führt die fixierende Behandlung der Ellbogenfrakturen bei Kindern oft ebenfalls rasch zu schweren Versteifungen, um so eher, als sie kein Verständnis für die Durchführung einer schmerzhaften Bewegungsbehandlung zu bekunden pflegen.

Die *Gipsverbandbehandlung* der supracondylären Brüche ist deshalb als ein *Ausnahmeverfahren* zu betrachten und nur unter bestimmten Kautelen anzuwenden. Voraussetzung ist korrekte Reposition und sofortige Röntgenkontrolle; ferner darf der Verband nicht länger als 2 Wochen liegen bleiben

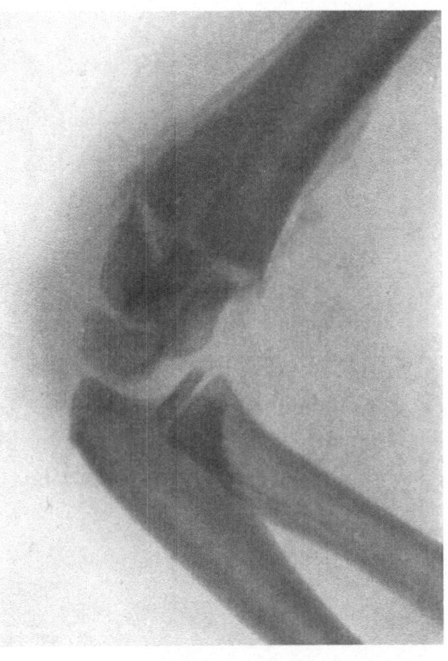

Abb. 580.
Fraktur Abb. 579 nach Extensionsbehandlung.

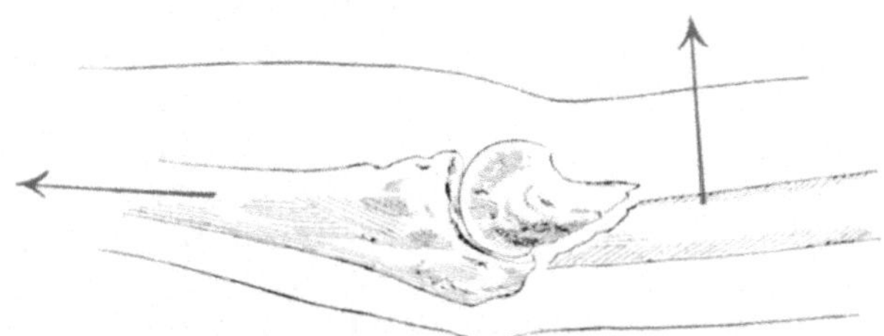

Abb. 581. Extensionszüge bei supracondylärer Flexionsfraktur, erstes Stadium, schematisch.

und soll stets in Form des *Gipsschienenverbandes,* Schiene der Streckfläche von Ober- und Vorderarm anliegend, ausgeführt werden.

Der *Gipsschienenverband* ist namentlich dort am Platz, wo man einer vollständigen Reposition nicht sicher ist, und somit einen kombinierten Zugverband nicht anlegen kann. Die Fraktur wird dann zunächst mit einem Gipsschienenverband versorgt; ergibt die Röntgenkontrolle befriedigende Stellung, so bleibt der Verband liegen, andernfalls erfolgt operative Behandlung.

Vorderarm und Hand sollen im Gipsschienenverband, wie übrigens auch im Zugverband in mittlerer Pronationsstellung stehen (Abb. 181), um Hebelwirkungen auf das untere Fragment, wie sie in extremer Supination und Pronation durch Vermittlung der Ulna bedingt werden, zu vermeiden. Es ist namentlich zu beachten, daß durch extreme Supination das Kondylenfragment nach innen gedreht und damit die häufig schon vorliegende Adduktionsknickung noch vermehrt wird. Die Anspannung des M. pronator teres hat dabei — entgegen der Auffassung Böhlers — keinen Einfluß und ist auch für die Reposition belanglos. Extreme Pronationsstellung hat einen korrigierenden Effekt auf die Adduktionsknickung, wie man sich am Skelet leicht überzeugen kann.

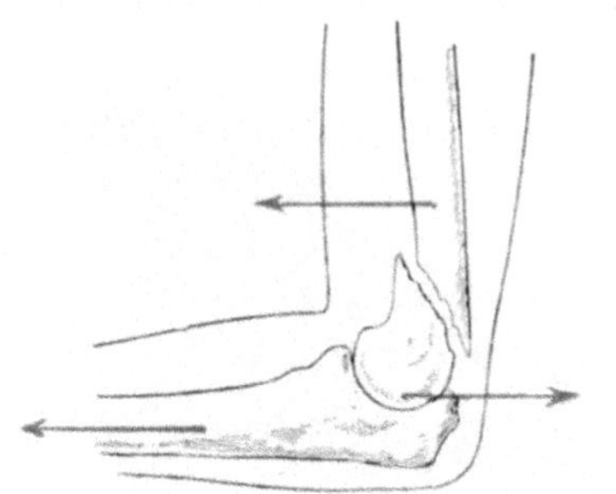

Abb. 582. Extensionszüge bei supracondylärer Flexionsfraktur, zweites Stadium, schematisch.

Für die *Behandlung der Flexionsfraktur* gelten die gleichen Grundsätze, wie sie vorstehend für die Extensionsfraktur dargelegt wurden, mit sinngemäßer Abänderung der Repositionsmaßnahmen und der Extensionszüge.

Die Anlage der Heftpflasterzüge ist der Fragmentverschiebung derart anzupassen, daß neben dem Ausgleich der Längendislokation durch einen Längszug das untere Fragment nach der Streckseite, das obere nach der Beugeseite geführt wird. Wir erreichen das in einfachster Weise gemäß Abb. 581 durch Längsextension des Vorderarmes bei gestrecktem Ellbogengelenk, indem wir gleichzeitig am oberen Fragmente, direkt oberhalb der Bruchstelle, einen Querzug nach der Decke zu, d. h. nach der Beugeseite hin anbringen.

Zur Vermeidung einer Versteifung des Ellbogengelenkes in Streckstellung darf jedoch dieser Zug nur während 8 Tagen liegen bleiben. Dann wird der Ellbogen zum rechten Winkel gebeugt, unter Vermeidung jeglichen Zuges in der Richtung der Vorderarmachse und einer Redislokation des Gelenkfragmentes nach vorne. Hierauf legt man eine Extension gemäß dem Schema Abb. 582 an. Die Nachbehandlung erfolgt in gleicher Weise, wie bei der Flexionsfraktur.

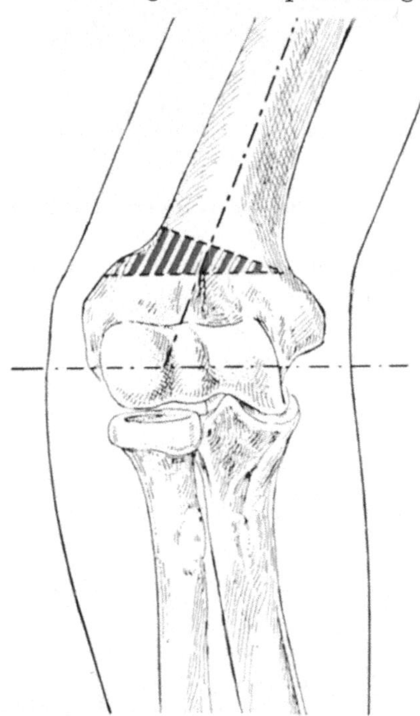

Abb. 583. Korrektur der in Varusstellung geheilten Supracondylica durch keilförmige Osteotomie.

Auch diese Fraktur kann ambulant mit einem Gipsschienenverband behandelt werden. Die Gefahr sekundärer Komplikationen von seiten der Gefäße und Nerven ist hier erheblich geringer als bei der Extensionsfraktur.

Sobald jedoch ausgeprägte Redislokationstendenz besteht, ist ein Zugverband vorzuziehen.

Die Korrektur der in Varusstellung geheilten Fraktur erfolgt durch supracondyläre Excision eines Keils aus dem Humerus, gemäß Abb. 583. Bei dieser Operation ist Sorge zu tragen, daß die mediale Corticalis nicht durchgemeißelt, sondern nur eingebrochen wird, unter Erhaltung des Periostes. Dadurch vermeidet man unerwünschte laterale Verschiebungen der Fragmente am sichersten. Eine pathologische Hyperextension kann gleichzeitig dadurch korrigiert werden, daß man das untere Fragment um den Winkel der Hyperextension flektiert. Handelt es sich um solide Heilung mit Abweichung des oberen Fragmentes nach vorne, so wird man, falls die Fraktur erst einige Wochen zurückliegt, nach erfolgter Osteotomie den Callus möglichst entfernen, die Fragmente anfrischen und vereinigen. Hat sich dagegen bereits ein neuer Schaft an der Rückseite gebildet, so darf man sich gelegentlich auf die Abtragung der nach vorne-unten vorragenden, mechanisch hindernden Fragmentspitze beschränken.

Gegenüber *primären Schädigungen des N. medianus* ist der gleiche Standpunkt einzunehmen, wie gegenüber den Radialislähmungen bei der Humerusschaftfraktur, insofern als auch hier die Anzeige zu primärer operativer Versorgung der Fraktur und Revision des Medianus durchaus vorliegt, falls befriedigende Reposition der Fraktur nicht gelingt. Infolge Zwischenlagerung des M. brachialis internus ist zwar die Gefahr einer Einbeziehung des N. medianus in den Callus nicht so groß, wie für den Radialis; doch kann das spitze Diaphysenfragment den Muskel durchstechen, so daß der Nerv nachträglich in eine Narbe zu liegen kommt.

Geht nach erfolgter, röntgenographisch kontrollierter Reposition die Medianuslähmung innerhalb 4 Wochen nicht zurück, so wird der Nerv unter sorgfältiger Schonung der Arteria brachialis freipräpariert und sachgemäß versorgt. Oft findet sich nur ausgedehnte Umklammerung durch eine Bindegewebsnarbe. Vorragende Fragmentkanten werden bei dieser Gelegenheit abgetragen.

Die *Verletzung der Arteria brachialis* legt den Versuch einer Gefäßnaht nahe, weil die Unterbindung an dieser Stelle vor Ausbildung eines Kollateralkreislaufs die Gefahr peripherer Gangrän in sich schließt.

K a p i t e l 3.

Die Fractura condyli externi.

Diese zweithäufigste Fraktur im Bereiche des Ellbogengelenkes kommt zustande bei Fall auf den abduzierten Ellbogen, indem die mediane Kante der Incisura semiulnaris des Olecranon den Condylus externus nach Art der Meißelwirkung abtrennt. Entsprechend verläuft die Fraktur gewöhnlich in die Trochlea hinein, so daß ein Teil ihres Knorpelüberzuges am lateralen Fragment sitzt (Abb. 584). Ferner kann die Fraktur entstehen durch Fall auf die pronierte Hand bei mäßig gebeugtem Ellbogen, wobei der Stoß im wesentlichen durch Vermittlung des Radius auf den Condylus externus übertragen wird. *Experimentell* hat KOCHER die Fraktur des äußeren Condylus durch Druck auf den

Condylus von unten sowie unter Vermittlung des rechtwinklig gebeugten Radius durch Druck von vorne erzielt. Auch wenn der Längsdruck von unten auf die ganze Gelenkfläche ausgeübt wird, bricht mit Vorliebe der Condylus externus ab, was offenbar, wie die fast ausschließliche Beschränkung der Fraktur auf das *Wachstumsalter* — und zwar den Abschnitt vor der Pubertät — beweist, mit den Ossificationsverhältnissen der Humerusepiphyse zusammenhängt.

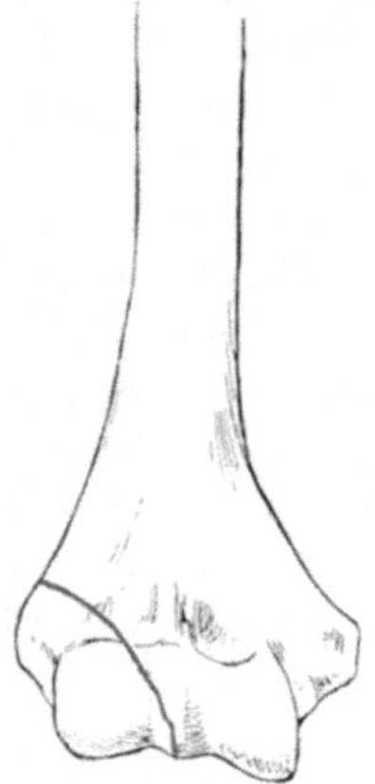

Abb. 584.
Fractura condyli
externi, schematisch.

Während der Knochenkern sich im Condylus externus schon vom zweiten Lebensjahre an entwickelt (vgl. Abb. 551/614), erscheint in der Trochlea erst zwischen 10. und 12. Lebensjahr ein Ossificationskern (s. Abb. 559a/596), so daß die Epiphyse im Bereiche des Condylus internus noch vorwiegend knorpelig ist zu einer Zeit, wo der äußere Condylus schon in großer Ausdehnung vom Kern der Rotula eingenommen wird, somit einen größeren Widerstand darstellt und auch eine ausgeprägte Knorpelfuge zwischen Epiphysenkern und Metaphyse aufweist (Abb. 585). Die Kontinuitätstrennung an der Gelenkfläche erfolgt deshalb medial vom Rotulakern, und setzt sich nach oben durch die Knorpelfuge in die laterale Kante der verknöcherten Metaphyse hinein fort, von der häufig eine Ecke mit abgebrochen wird (Abb. 586). Auch der Epicondylus externus, dessen Kern etwa im 9. Lebensjahre in Erscheinung tritt und gegen das 15. Jahr hin mit der Metaphyse verschmilzt, bricht meist mit ab. Das Fragment ist deshalb häufig scheinbar zweiteilig (vgl. Abb. 586a u. 591), indem das Röntgenogramm den großen Rotulakern sowie die schalenförmige, mitabgebrochene verknöcherte Randpartie von der Metaphyse samt der Kante des Epicondylus externus disloziert zeigt. Bei kleineren Kindern mündet die Frakturlinie gelegentlich unterhalb des Epicondylus externus aus, so daß ein *rein intraartikuläres Fragment* vorliegt. Ein weiterer Grund für das Überwiegen der Fraktur des äußeren Condylus liegt nach Kocher darin, daß sie in Analogie zur Luxatio cubiti posterior *externa,* d. h. durch Stoß von innen nach außen bei abduziertem Arm entsteht, wobei der Condylus externus den Hauptdruck auszuhalten hat.

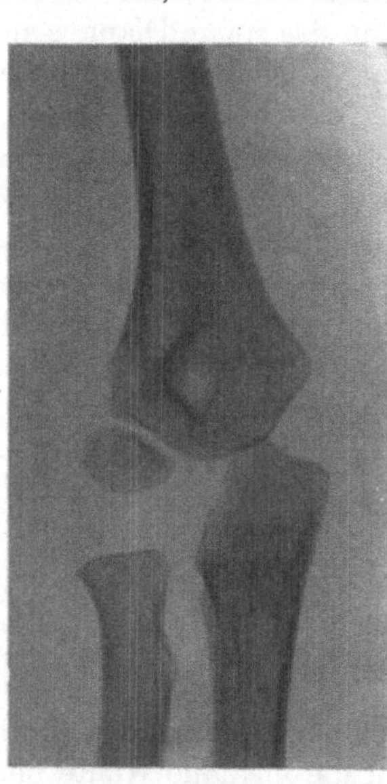

Abb. 585. Knorpelfuge zwischen
Rotulakern und Metaphyse;
Trochlea noch ganz knorpelig,
breiter Gelenkspalt; achtes
Lebensjahr.

Aus den geschilderten Entstehungsmechanismen ergeben sich *typische Verschiebungen*; bei Fall auf den abduzierten Arm gelangt das Fragment in erster Linie *nach außen und oben* (s. Abb. 587 a), während unter der Einwirkung des rechtwinklig gebeugten Radius der abgebrochene Condylus sich nach *oben* und *rückwärts* verschiebt (Abb. 587b). Seltener ist sekundäre Dislokation nach vorne unter der Zugwirkung der radialen Muskelgruppe, die am äußeren Condylus entspringt.

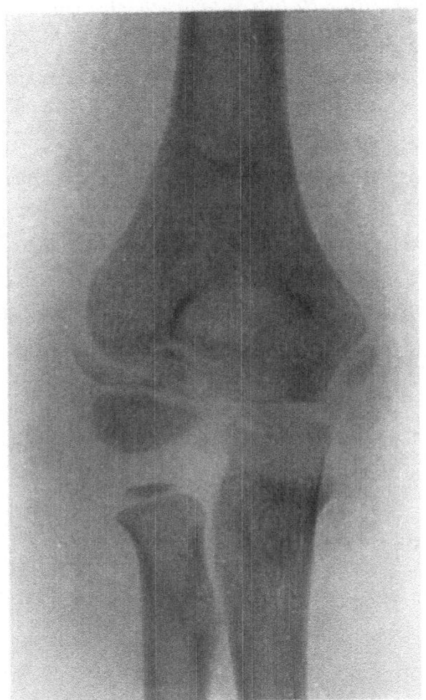

Abb. 586a. Fraktur des Condylus externus, durch die Randpartie der Metaphyse verlaufend.

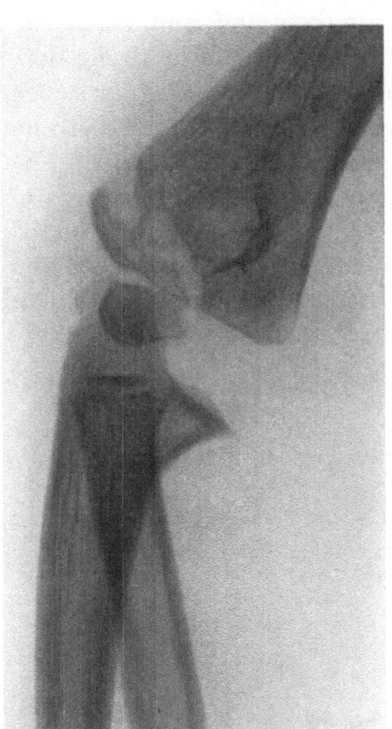

Abb. 586b. Seitenaufnahme zu Abb. 586a

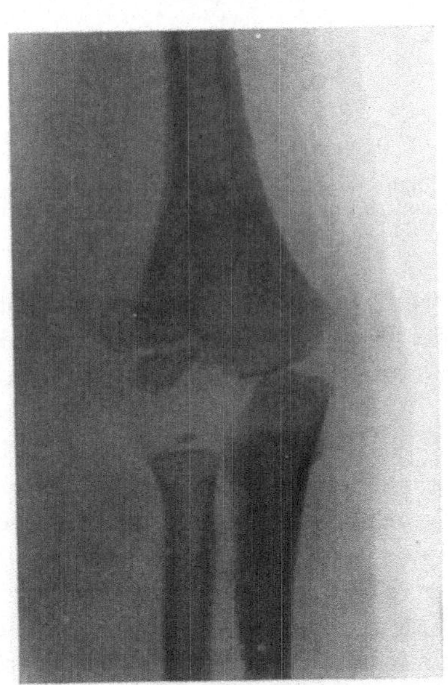

Abb. 587a. Fraktur des Condylus externus mit seitlicher Fragmentverschiebung.

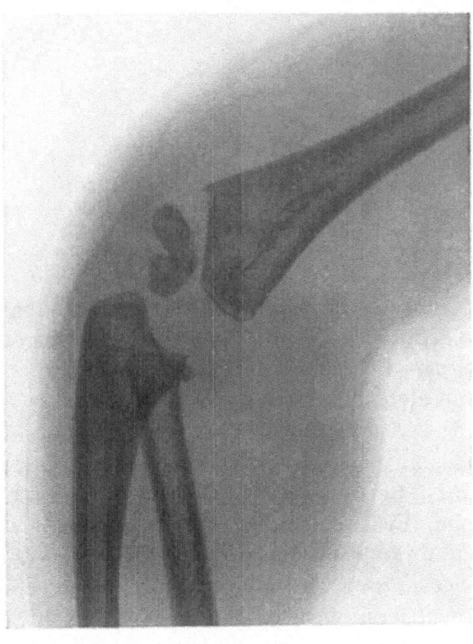

Abb. 587b. Seitenaufnahme zu Abb. 587a.

Dazu kommen nun in vielen Fällen *typische Rotationsverschiebungen.* Bei der Abductionsfraktur dreht der weiterwirkende Stoß der Ulna das Condylusfragment um eine sagittale Achse von unten-innen nach oben-außen, und zwar kann die Umkehrung 90° betragen, so daß die überknorpelte Fläche des Fragmentes der Abbruchstelle am Humerus zugewandt ist (Abb. 588). Bei dieser Drehung wird das Fragment durch das Ligamentum collaterale festgehalten. Gleichzeitig kann die Knorpelfläche um eine Vertikalachse nach vorne und innen gedreht werden (vgl. Abb. 589). Häufiger ist die Kombination der Aufwärtsverschiebung mit einer Drehung der Rotulafläche nach vorne-oben, die unter der Stoßwirkung des mäßig gebeugten Radius zustande kommt (Abb. 590).

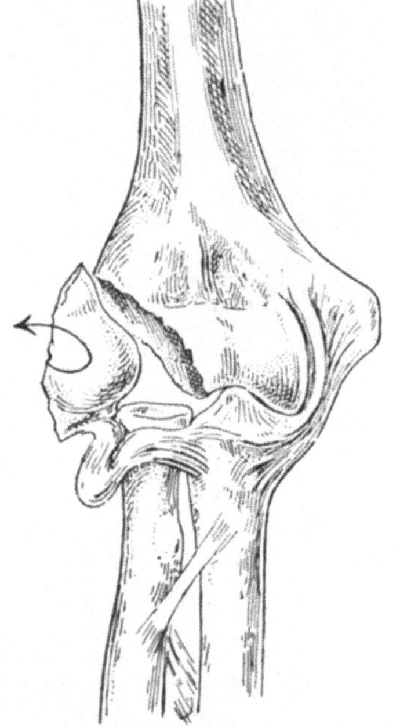

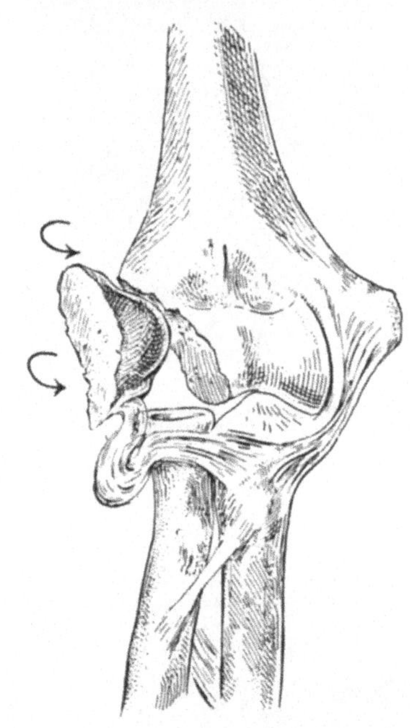

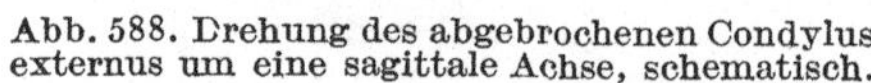

<table>
<tr><td>Abb. 588. Drehung des abgebrochenen Condylus externus um eine sagittale Achse, schematisch.</td><td>Abb. 589. Drehung des aufgestellten Condylusfragmentes um eine vertikale Achse nach vorne-innen, schematisch.</td></tr>
</table>

Condylusfrakturen machen naturgemäß weniger in die Augen springende *Erscheinungen* als durchgehende Frakturen des Knochens; gleichwohl sind die *Symptome der Fraktur des Condylus externus,* systematische Untersuchung vorausgesetzt, durchaus typische.

Die *Schwellung* lokalisiert sich maximal über den lateralen Partien des Ellbogengelenkes, wird jedoch infolge des sich ausbildenden *Gelenkhämatomes* bald diffus. Bei den seltenen, infolge direkter Gewalteinwirkung zustande gekommenen Brüchen finden sich über dem Condylus lateral und meist hinten die Spuren lokaler Quetschung. Nicht so selten ist ferner eine *charakteristische Formveränderung,* indem die physiologische Valgusstellung des Ellbogens völlig ausgeglichen oder sogar durch eine leichte *Varusstellung* ersetzt ist. Bei älteren Fällen, die mit Verschiebung des Fragmentes nach außen-oben geheilt sind, findet man auch ausgeprägte *Valgusstellung.* Beugung und Streckung sind bei dieser Fraktur oft auffällig frei, weil diese Bewegungen im wesentlichen zwischen Trochlea und Ulna vor sich gehen. Dagegen weisen die Rotationsbewegungen, die sich ja zum Teil zwischen Radius und Condylus externus abspielen, sowohl aktiv als passiv eine Einschränkung auf. Besonders schmerzhaft sind passive extreme Rotationsbewegungen, weil diese durch Vermittlung des Ligamentum laterale externum zu einer Verschiebung des Fragmentes Anlaß geben, sowie maximale passive Beugung. Als typisch wird von KOCHER eine geringe *Hyperextensionsmöglichkeit* betrachtet, die sich erklärt aus dem Wegfall der Kapselspannung über der normalerweise nach vorne prominierenden Rotula. Die Fraktur des Condylus externus führt naturgemäß zur *Ermöglichung pathologischer Ab- und Adductionsbewegungen,* und zwar ist die pathologische Adduction gewöhnlich ausgeprägter. Beide Bewegungen sind schmerzhaft, ganz besonders die passive Abduction, die unter Emportreten des Condylusfragmentes vor sich geht.

Einen weiteren Anhaltspunkt für die Lokalisationsdiagnose bietet in den ersten Stunden, vor Ausbildung eines unter Druck stehenden Kapselhämatomes, die Feststellung maximaler *Druckschmerzhaftigkeit* über dem äußeren Condylus. Auch kann man, solange die Schwellung noch nicht sehr hochgradig ist, die falsche Beweglichkeit des Condylus externus nachweisen; zu diesem Zwecke faßt man beide Condylen von vorne und hinten fest an und prüft auf Verschiebungsmöglichkeit in sagittaler Richtung. Die sichere Diagnose der Fraktur sowie der Verschiebung des Condylusfragmentes ist nur durch *Röntgenaufnahme* zu stellen, und zwar soll eine Aufnahme von vorne nach hinten, bei möglichst

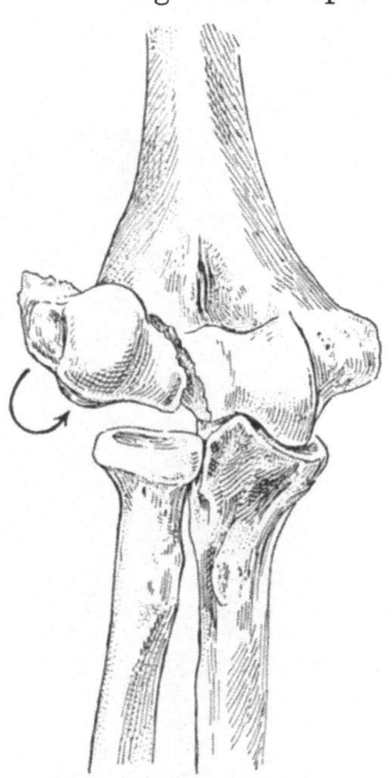

Abb. 590. Rotation des emporgetretenen Condylusfragmentes um eine Horizontalachse nach vorneoben, schematisch.

gestrecktem Ellbogengelenk, sowie eine Seitenaufnahme bei mäßig gebeugtem Gelenk gemacht werden. Aus der Lage des Rotulakernes sowie des mitabgebrochenen Segmentes der knöchernen Metaphyse läßt sich die Verschiebung des zu einem großen Teil knorpeligen Fragmentes mit Sicherheit feststellen (vgl. Abb. 591). Typische, wenn auch nicht häufige *Begleitverletzungen* der Fractura condyli externi sind Luxation der *Vorderarmknochen* nach hinten-außen sowie die *Fraktur des Olecranon.*

Die Behandlung der Fraktur des Condylus externus erfolgt bei den Fällen ohne Verschiebung und überall dort, wo es sich um eine geringgradige Verschiebung nach oben, außen und hinten handelt (Abb. 586), in einfachster Weise durch Extension, verbunden mit frühzeitiger Mobilisierung. Das Fragment läßt sich oft durch direkten Druck von außen und hinten in die richtige Stellung bringen, worauf man eine Extension am rechtwinklig gebeugten Vorderarm nach Abb. 156 anlegt. KOCHER hat darauf aufmerksam gemacht, daß die Pronation des Vorderarmes durch Vermittlung des äußeren Seitenbandes eine reponierende Wirkung auf das lateralwärts abgewichene Condylusfragment ausübt.

Der Zugverband bleibt nur 8—10 Tage in Wirksamkeit; dann wird mit *mobilisierender* und *Heißluftbehandlung* begonnen, und der Arm in der Zwischenzeit bis nach Ablauf von 3 Wochen nur in eine Mitella gelagert.

Jede hochgradigere Dislokation und besonders jede Rotationsverschiebung erfordert unbedingt *operative Behandlung*. Besonders einleuchtend ist diese Indikation in den Fällen, wo das Fragment eine so hochgradige Drehung erfahren hat, daß seine Knorpelfläche der knöchernen Abbruchfläche des unteren Humerusendes gegenübersteht (s. Abb. 589/591). Die Freilegung der Frakturstelle erfolgt

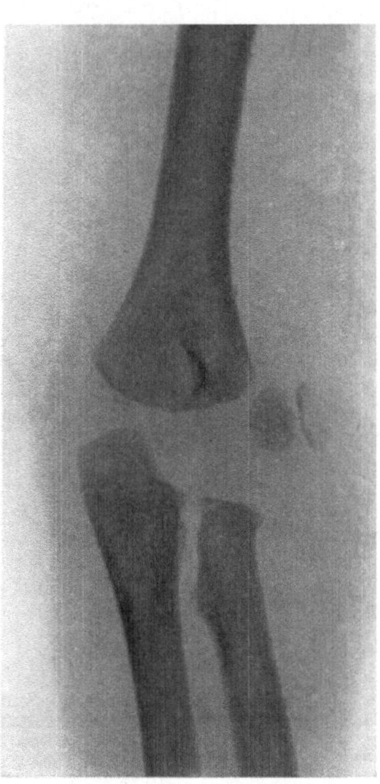

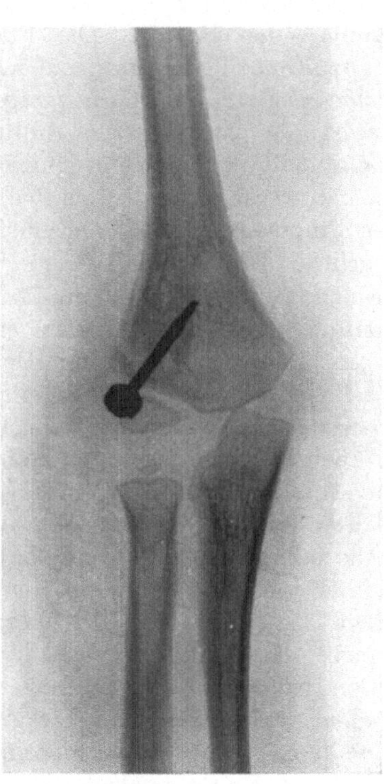

Abb. 591. Fraktur des Condylus externus; Fragmentdrehung nach außen, an der Stellung der Knorpelfuge erkennbar (vgl. Abb. 588).

Abb. 592. Verschraubung des Condylus externus im Röntgenogramm.

durch laterale Incision, entsprechend dem mittleren Teil des KOCHERschen Resektionsschnittes für das Ellbogengelenk. Nach Entleerung des Hämatoms und Austupfen größerer Blutgerinnsel wird das gedrehte Fragment mit geeigneter Zange gefaßt, in richtige Stellung gebracht und nun am einfachsten und zweckmäßigsten durch eine schräg nach oben gehende Schraube zuverlässig am Humerus fixiert (vgl. Abb. 592). Bei dieser blutigen Reposition ist darauf zu achten, daß eine möglichst ideale Anpassung der Knorpelränder der Trochlea erzielt wird, damit die Heilung im Bereiche der Gelenkfläche ohne stärkere Leistenbildung erfolgt. Zur Erzielung dieser genauesten Reposition ist gelegentlich umschriebene Freilegung des vorderen Abschnittes der Trochlea durch Ablösung der Kapsel nach vorne hin notwendig. In der Regel genügt eine Schraube für die zuverlässige Fixation des Condylenfragmentes.

Die korrekte Reposition und Verschraubung des Condylusfragmentes kann recht schwierig sein und erfordert stets einige Geduld und Sorgfalt, die jedoch durch die geradezu idealen Resultate dieser Behandlungsmethode reichlich aufgewogen werden. Nach sorgfältigem Verschluß der Weichteilwunde ohne Drainage wird ein *Kompressivverband* in rechtwinkliger Stellung des Ellbogengelenkes angelegt, den man schon nach 3 Tagen lockert, um noch vor Wegnahme der Hautnähte mit leichten aktiven und passiven Bewegungen zu beginnen. Nach erfolgter Wundheilung, d. h. nach 8—10 Tagen, beginnt die *systematische mobilisierende Behandlung*, unterstützt durch *Heißluftbäder*. Die Stahlschrauben

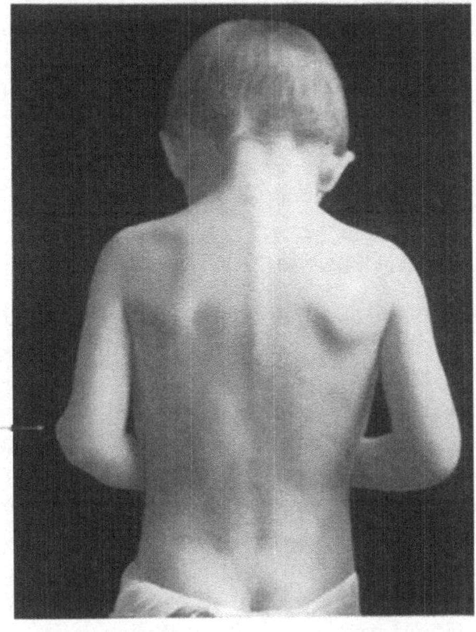

Abb. 593. Veränderung des Ellbogenreliefs bei Fraktur des Condylus externus humeri, geheilt mit Verschiebung des Fragmentes nach außen und oben (äußerer Befund zu Röntgenbild Abb. 594).

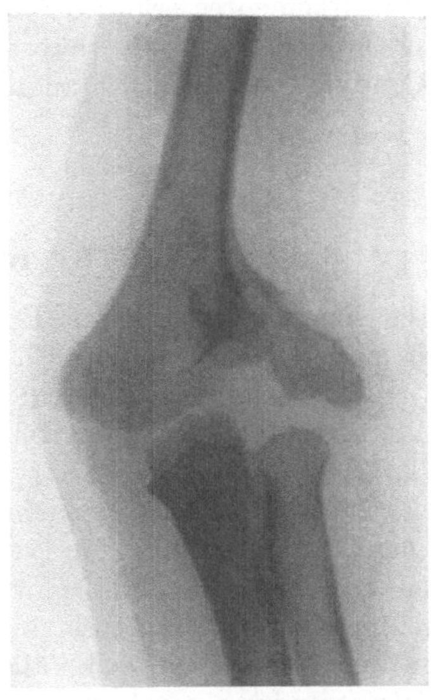

Abb. 594. Fraktur des Condylus externus humeri, geheilt mit Verschiebung des Fragmentes nach außen und oben; Subluxation der Vorderarmknochen nach außen. Röntgenbild zu Abb. 593.

werden in der Mehrzahl der Fälle ohne Störung ertragen, und man kann damit rechnen, innerhalb von 2 Monaten ein vollständig mobiles, funktionstüchtiges Gelenk zu erzielen. Verursacht die Schraube Störungen, so wird sie nach 4 Wochen entfernt.

Die mit Verschiebung geheilte Fractura condyli externi führt zu *Gelenkversteifung*, die in vielen Fällen progredient ist. Gleichzeitig kommt es infolge der Verschiebung des Fragmentes und des dem Zuge des M. biceps folgenden Radius nach oben-außen zu einer Veränderung des Ellbogenreliefs (Abb. 593), zur Ausbildung eines Cubitus valgus und Subluxation der Ulna nach außen (s. Abb. 594). Derartige Frakturen erfordern, wenn die Störungen hochgradig sind, die *Excision des Fragmentes*, wie sie schon von KOCHER empfohlen wurde. Von einer sekundären Reposition des oft nur bindegewebig verwachsenen Fragmentes ist schon nach Ablauf eines Monates nichts Gutes mehr zu erwarten. Die Resektion des äußeren Condylus hat allerdings eine dauernde pathologische Abductionsmöglichkeit des Ellbogengelenkes zur Folge und bedingt auch eine winklige Lateralabweichung des Vorderarmes, dagegen ermöglicht sie bei konsequenter Nachbehandlung eine weitgehende Wiederherstellung der Beuge- und Streckfähigkeit des Ellbogengelenkes. Man wird deshalb immer zuerst eine Bewegungsbehandlung durchführen, bevor man sich zur Excision des Fragmentes entschließt. Bei den seltenen Pseudarthrosen des äußeren Condylus (Abb. 94) kommt, falls Störungen vorliegen, nur die sekundäre operative Vereinigung durch Verschraubung in Frage.

In den mit *Luxation der Vorderarmknochen* nach hinten und außen komplizierten Fällen von Fraktur des Condylus externus hat unbedingt primäre Anschraubung des Fragmentes zu erfolgen, wenn nach erfolgter Reposition der Luxation das Kontrollröntgenogramm nicht einwandfreie Stellung des Condylusfragmentes ergibt. Das gleiche gilt für die mit *Fraktur des Olecranon* einhergehenden Condylusfrakturen, die am besten heilen, wenn man sowohl die Condylus- als die Olecranonfraktur operativ versorgt.

Kapitel 4.

Die Fraktur des Epicondylus internus.

Die Fraktur des inneren Epicondylus (Abb. 595/609) entsteht vorwiegend durch forcierte *Abduction* des Ellbogens oder durch eine Kombination von *Abduction und Hyperextension*, seltener durch *direkten Fall* auf den vorstehenden Epicondylus internus. In der großen Mehrzahl der Fälle haben wir deshalb eine *Abrißfraktur* durch Vermittlung des inneren Seitenbandes vor uns. KOCHER hat darauf aufmerksam gemacht, daß es sich bei dieser Verletzung häufig nur um den Beginn einer nicht vollkommen gewordenen Ellbogenluxation nach außen und hinten handelt; dementsprechend findet sich häufig eine ausgedehnte Zerreißung der Gelenkkapsel in ihrem inneren und vorderen Abschnitt. Man kann denn auch bei vielen Fällen von Fractura epicondyli interni ohne große Gewaltanwendung ad demonstrationem eine Luxatio cubiti posterior externa erzielen. Umgekehrt ist die Ellbogenluxation nach außen und hinten in der Mehrzahl der Fälle von einer Abrißfraktur des Epicondylus internus begleitet (Abb. 595).

Das Fragment ist in allen Fällen *nach unten disloziert* (Abb. 596) und steht häufig gleichzeitig etwas *nach vorne* (Abb. 597). Auch Umdrehungen des Fragmentes werden beobachtet (Abb. 595/597). Die Fraktur liegt häufig dicht an der Basis des Epicondylus und ist in diesem Falle meist mit umschriebener Abreißung der Gelenkkapsel am Humerus und erheblichem Bluterguß in das Gelenk verbunden. Bei Kindern und wachsenden Individuen sieht man vorwiegend diese basale Fraktur, also Abreißung des ganzen, noch vorwiegend knorpeligen Epicondylus internus, gelegentlich unter Mitnahme einer Knochenlamelle von der Metaphyse, so daß auch hier das Fragment im Röntgenogramm zweiteilig erscheinen kann (s. Abb. 598). Bei Erwachsenen dagegen liegt die Fraktur meist näher der Spitze der Apophyse, wodurch sich das Abrißfragment entsprechend verkleinert. Gelegentlich ist mit dem inneren Seitenband nur eine schmale *Corticalisschale* abgerissen. Abgesehen von der Ellbogenluxation nach hinten-außen sieht man als komplizierende Verletzungen *Frakturen des Olecranon, des Radius* und *Kontusionslähmungen des N. ulnaris.*

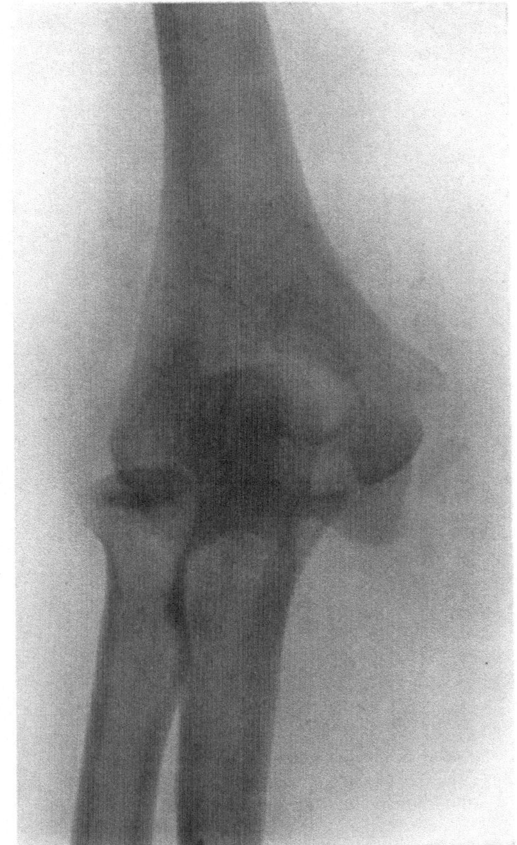

Abb. 595a. Luxatio cubiti post. ext. mit Verschiebung
des abgebrochenen Epicondylus ext. nach unten und
rückwärts

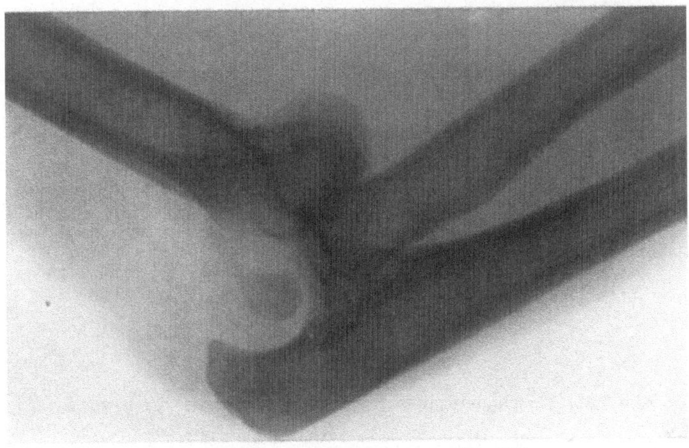

Abb. 595b. Seitenaufnahme zu Abb. 595a.

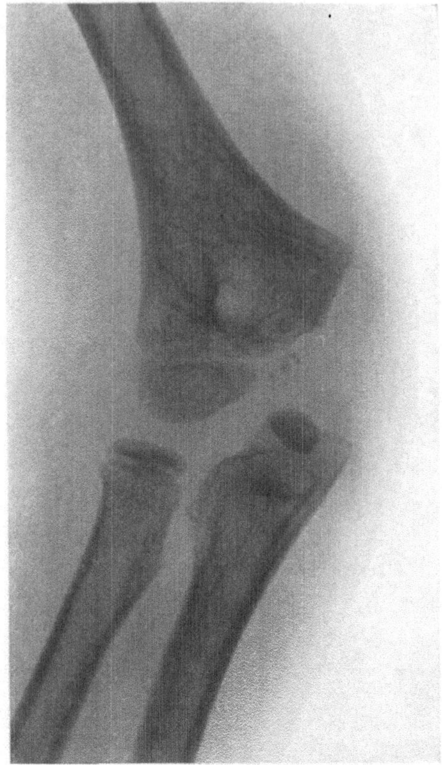

Abb. 596. Fraktur des Epicondylus mit hochgradiger Verschiebung des Abrißfragmentes nach
unten.

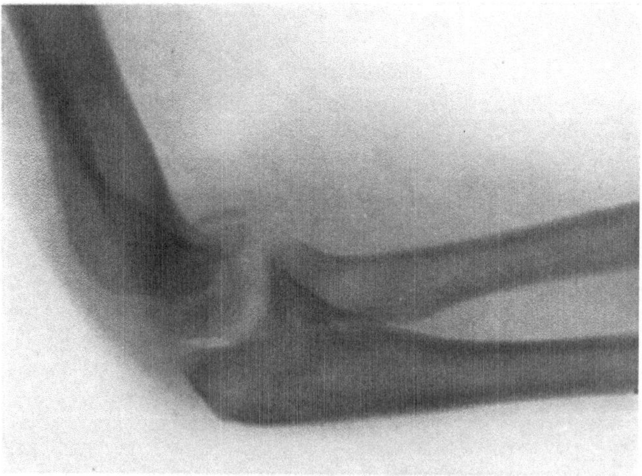

Abb. 597. Verschiebung des Epicondylusfragmentes nach vorne.

Die *Symptome* der Fraktur sind stets charakteristische. Sowohl bei direkten Brüchen als bei Abrißfrakturen findet sich ein direkt pathognomonisches *lokales Hämatom* über dem Epicondylus, wie Abb. 599 zeigt. Ist ein großer Bluterguß im Gelenk vorhanden, so betrifft die Schwellung das ganze Ellbogengelenk und nicht nur seine mediale Seite. Bei der *Palpation*, gelegentlich schon bei der *Inspektion* fällt auf, daß der charakteristische Vorsprung des Epicondylus internus fehlt. An entsprechender Stelle findet sich eine glatte Fläche, deren Betasten meist schmerzhaft ist. Die aktiven und passiven Bewegungen sind um so hochgradiger eingeschränkt, je größer der Bluterguß im Gelenk ist. Neben der Einschränkung der aktiven Beweglichkeit läßt sich immer eine ausgeprägte *pathologische Abductionsmöglichkeit* des Ellbogengelenkes nachweisen (s. Abb. 600). Ist die Kapsel am vorderen Umfang ausgedehnt gerissen, so kann man das Gelenk auch abnorm hyperextendieren.

Der palpatorische Nachweis des verschobenen Abrißfragmentes läßt sich nur mit Sicherheit erbringen, wenn die sekundäre Weichteilschwellung noch nicht sehr hochgradig ist. In solchen Fällen ist auch die Crepitation deutlich. Maßgebend für die Feststellung der Dislokation ist das *Röntgenogramm*, das auch über die Größe des Abrißfragmentes orientiert, soweit es sich nicht um Patienten im Wachstumsalter handelt, bei denen der Epicondylus noch zum größten Teil knorpelig ist, so daß sich seine Verschiebung nur aus der Lage des verschieden großen separaten Knochenkernes erkennen läßt (s. Abb. 601). Der Knochenkern im Epicondylus internus tritt ungefähr im 7. Lebensjahr auf; seine Verschmelzung mit der Metaphyse erfolgt gegen das 15. Jahr. Doch erhält sich eine schmale Fuge meist bis zum Abschluß des Wachstums, so daß die Abrißfläche auch bei Patienten im Pubertätsalter noch eine auffällig glatte Beschaffenheit hat. Ganz selten findet sich, der unteren Kontur des normalen Epicondylus internus anliegend, ein rundlicher bis erbsengroßer, scharf begrenzter Knochenschatten, der nach seiner Lage ein *Sesambein* im inneren Seitenband darstellt und nicht mit einer Abrißfraktur zu verwechseln ist. Wie die kombinierte Röntgenaufnahme und die Operationsbefunde zeigen, ist der abgebrochene Epicondylus gewöhnlich nach *unten und vorne* verschoben, auch wenn die Abrißfraktur durch Hyperextension zustande gekommen ist. Wahrscheinlich gelangt das Fragment häufig erst sekundär bei der Beugung des Gelenkes nach vorne; doch wirkt auch die ulnare Muskelgruppe im Sinne dieser Verschiebung. Das Röntgenbild gibt einzig sichere Auskunft über die relativ seltene *Verschiebung des Epicondylus internus in das Gelenkinnere* zwischen Olecranon und Trochlea (vgl. Abb. 602a, b), die hochgradige *Flexionshemmung* zur Folge hat.

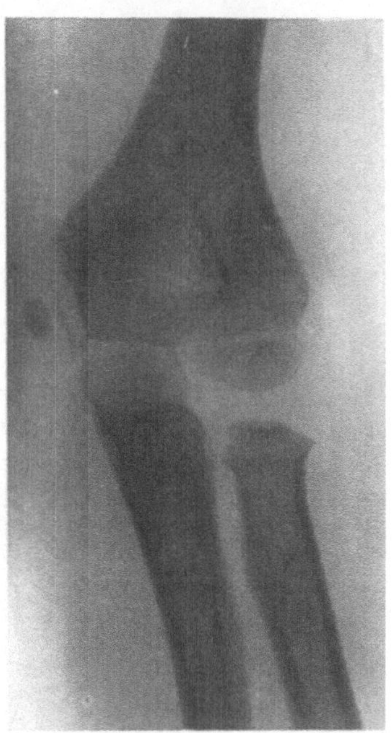

Abb. 598. Fraktur des Epicondylus internus zentral von der Epiphysenfuge; abgebrochene Lamelle von der Epiphyse.

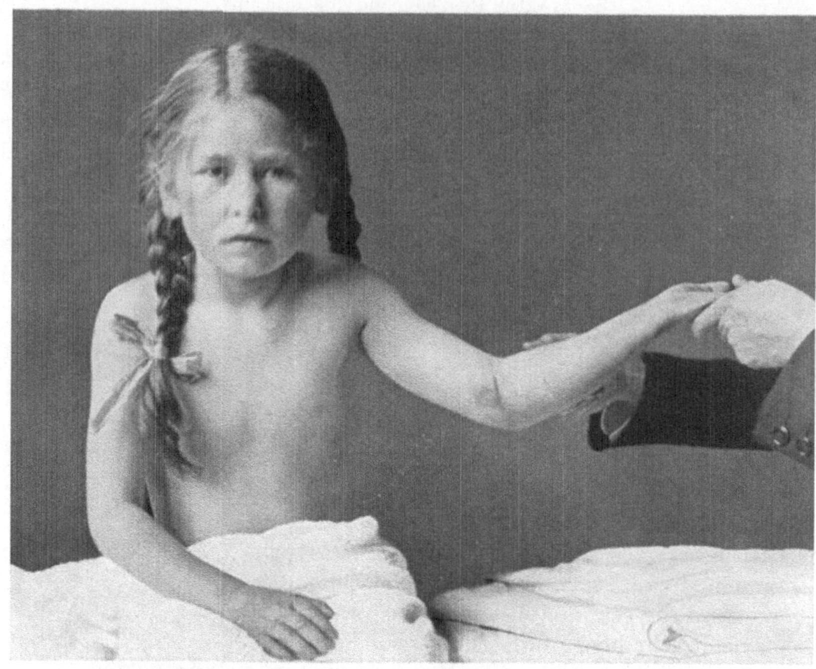

Abb. 599. Charakteristische Hautblutung bei Fraktur des Epicondylus internus.

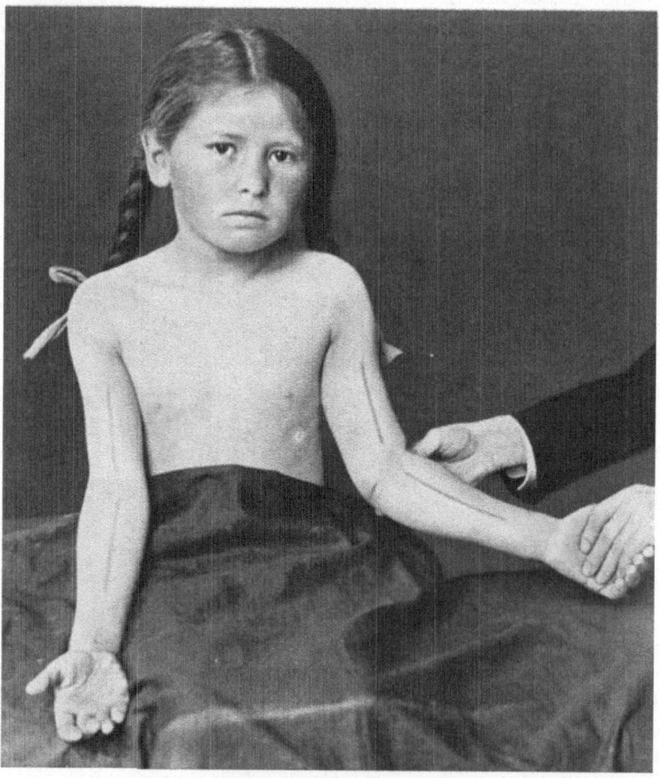

Abb. 600. Pathologische Abduktionsmöglichkeit im Ellbogengelenk bei Fraktur des Epicondylus
internus humeri.

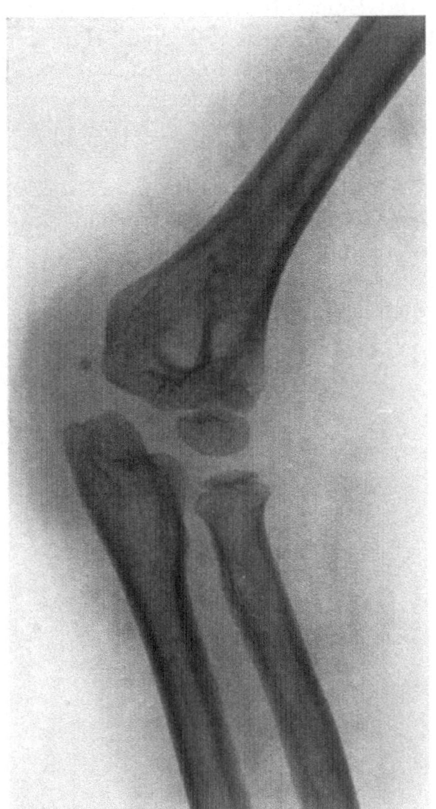

Abb. 601. Verschiebung des kleinen
Epicondyluskernes nach unten.

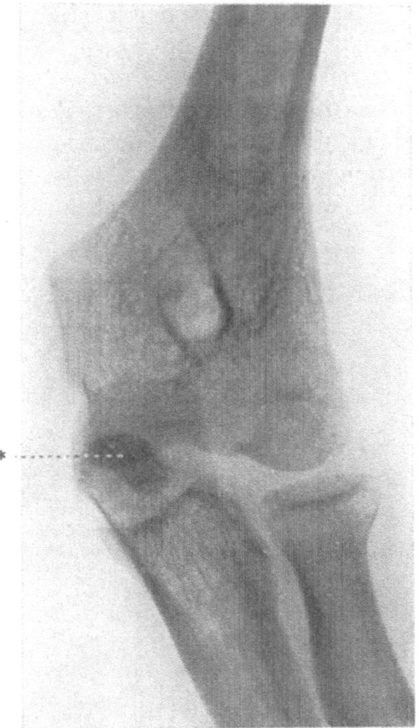

Abb. 602b. Ventro-dorsale Aufnahme zu
Abb. 602a.
(* abgebrochener Epicondylus internus.)

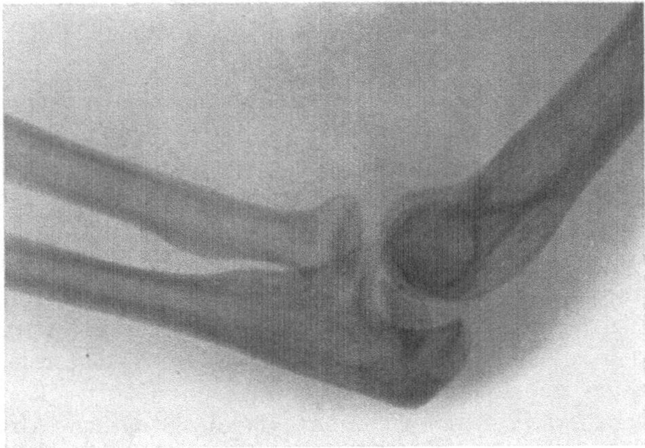

Abb. 602a. Verschiebung des abgebrochenen Epicondylus internus in die Gelenkspalte.

Eine seltene Komplikation der Fraktur des Epicondylus ist die Verletzung des *N. ulnaris*, die namentlich bei *direkten* Frakturen beobachtet wird. Häufiger kommt es zu *sekundären Lähmungen* und zu *Neuralgien* infolge Umwachsung des Ulnaris durch Callusmassen bei ungenügender Behandlung. Abb. 603a, b zeigen das Gebiet der sensiblen Lähmung. Dazu kommt Lähmung des Adductor pollicis sowie der M. interossei für den 4. und 5. Finger.

Die Behandlung der Fractura epicondyli interni richtet sich ausschließlich nach dem Grade der Verschiebung des Abrißfragmentes. Beträgt diese Verschiebung nur einige Millimeter, was nicht so selten beobachtet wird, und ist das Fragment nicht nach außen umgekippt, so ist *mobilisierende Behandlung* angezeigt. Irgendwelche Fixations- oder Extensionsmaßnahmen sind durchaus kontraindiziert,

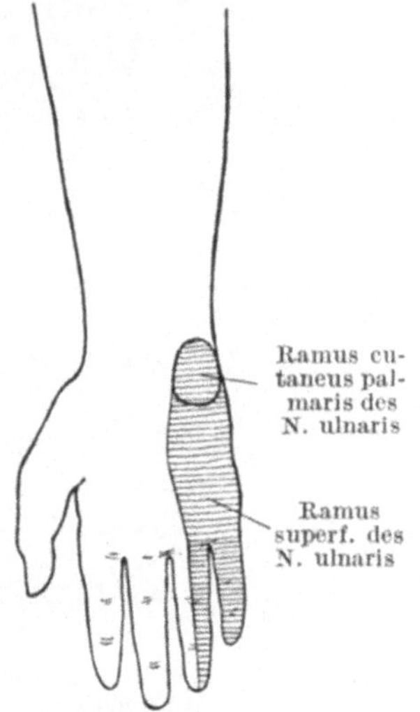

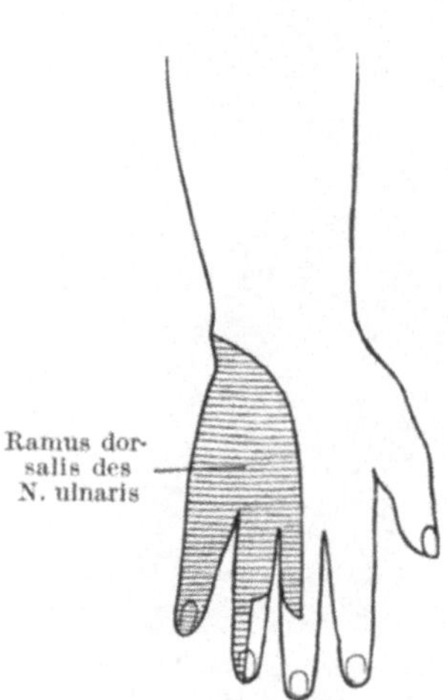

Abb. 603a. Sensibles Versorgungsgebiet des N. ulnaris, Volarseite.   Abb. 603b. Sensibles Versorgungsgebiet des N. ulnaris, Dorsalseite.

weil nutzlos und schädlich. In den Fällen, die sich für dieses konservative Verfahren eignen, erzielt man innerhalb von 2—3 Wochen ein vollständig bewegliches Gelenk.

Wenn der Epicondylus so stark verschoben ist, daß eine spontane Anheilung in korrekter Stellung nicht erwartet werden kann, soll unbedingt operative Behandlung stattfinden. Die Größe des Abrißfragmentes spielt dabei keine ausschlaggebende Rolle, weil auch bei erheblicher Verschiebung der corticalen Lamelle, an der sich das Seitenband ansetzt, ein *sekundärer Cubitus valgus* mit *Disposition zu Gelenkluxation* zu erwarten ist. Besonders zwingend ist nach meinen Erfahrungen die Indikation zu operativer Behandlung dann, wenn das Fragment umgedreht oder erheblich nach vorne verschoben ist, weil seine Verwachsung mit den vorderen, inneren Kapselpartien ausnahmslos zu weitgehender, sukzessive zunehmender Gelenkversteifung führt. Die Streckung ist dabei meist hochgradiger eingeschränkt als die Beugung. Absolut ist die Anzeige zu operativem Vorgehen ferner bei Verlagerung des Fragmentes zwischen die Gelenkflächen (vgl. Abb. 602), sowie bei komplizierender Verletzung des N. ulnaris.

In Lokalanästhesie wird eine leicht bogenförmige Incision über der Abbruchstelle, nicht über dem nach vorne verschobenen Fragment angelegt; ein zu weit vorne liegender Schnitt kann die Fixation des Fragmentes am Humerus außerordentlich erschweren. Nach Entleerung des Gelenkes von flüssigem Blute und Entfernung der Koagula aus dem Frakturgebiet wird der Epicondylus mit einer Zange gefaßt und unter leichter Beugung des Ellbogengelenkes nach oben und hinten gezogen. Wo die Größe des Fragmentendes dies zuläßt, erfolgt die *Fixation durch Anschraubung* (Abb. 604). Dabei empfiehlt es sich, das Gelenk leicht zu beugen, kräftig zu adduzieren und die Schraube von vorne-unten nach hinten-innen-oben einzuschrauben, um dem dislozierenden Zug der Muskulatur und des inneren Seitenbandes, der sich in der Richtung nach vorne und unten geltend macht, direkt entgegenzuwirken. Kleinere oder rein knorpelige Abrißfragmente können durch Seiden- oder dünne Drahtnähte an richtiger Stelle fixiert werden. Dabei ist ebenfalls auf die Verschiebungstendenz des Fragmentes nach vorne und unten Rücksicht zu nehmen, indem man die Naht am hinteren Rande der Abbruchfläche des Humerus anlegt. Anschließend an die Fixation des Epicondylus wird der Riß der Gelenkkapsel genäht, und auch die oft stark zerrissene Muskulatur durch einige Nähte in richtige Situation gebracht. Der Wundschluß erfolgt ohne Drainage; mit der mobilisierenden Nachbehandlung ist zu beginnen, sobald die Wundränder zuverlässig verklebt sind, was bei un

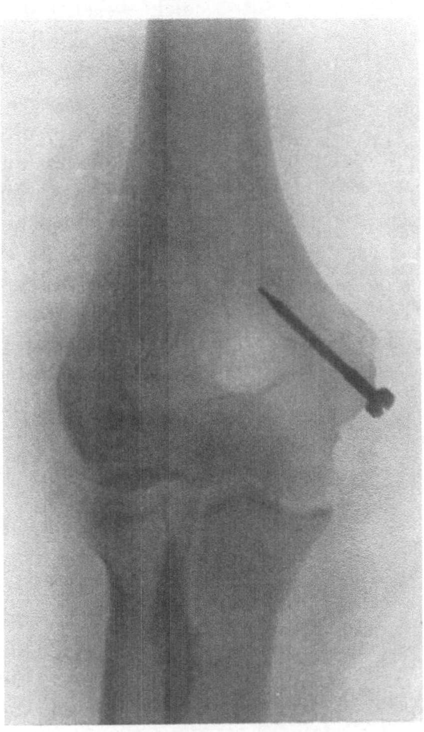

Abb. 604. Verschraubung der Epicondylusfraktur im Röntgenogramm; vgl. Abb. 595.

gestörtem Wundverlauf nach einer Woche der Fall ist. Da der Schraubenkopf dicht unter der Haut steht, wird die Schraube nach 4 Wochen in Lokalanästhesie entfernt. In *veralteten Fällen* mit Verwachsung des Epicondylus an falscher Stelle, Callusbildung im Bereich der Kapsel und Versteifung des Ellbogengelenkes kommt nur die *Excision des Fragmentes* mit nachfolgender mobilisierender Behandlung in Frage, die oft noch sehr gute Funktionsresultate gibt.

Kapitel 5.

Die Fraktur des Condylus internus.

Die Fraktur des *inneren Condylus* (Abb. 605) gelangt erheblich seltener zur Beobachtung als die Fraktur des Condylus externus. Das mag damit zusammenhängen, daß der gleich zu erwähnende praktische Entstehungsmechanismus selten gegeben ist. Von Bedeutung sind offenbar auch die *Ossificationsverhält-nisse.* Die Trochlea bleibt viel länger rein knorpelig als der Condylus externus, indem hier erst zwischen 10. und 12. Jahr ein relativ langsam wachsender Knochenkern auftritt (vgl. Abb. 596/559a); entsprechend ist die Abdämpfung eines Stoßes im Bereich des Condylus internus lange Zeit vollkommener. Ferner ist zu beachten, daß Stoßwirkungen von der Hand her sich wesentlich durch Vermittlung des Radius auf den äußeren Condylus übertragen.

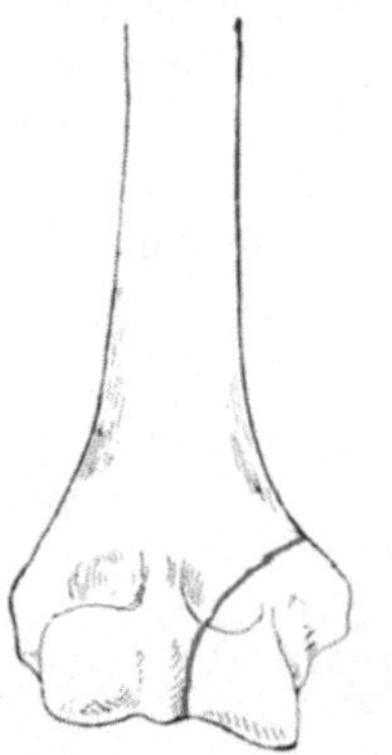

Abb. 605. Fraktur des Condylus internus, schematisch.

Experimentell hat KOCHER die Fractura condyli interni durch Längsdruck auf die mediale Hälfte der Gelenkfläche erzielt; die Fraktur begann im Gelenk an der Stelle tiefster Einbuchtung der Trochleafläche, also nicht an der Grenze gegen das Capitulum, und lief schräg nach oben-innen oberhalb der Epicondylus internus an der medialen Humerusfläche aus (s. Abb. 605). In genau gleicher Weise stellt sich die Fraktur des Condylus internus am Lebenden dar (vgl. Abb. 606). Ihre Ursache ist meist ein Fall auf den flektierten Ellbogen bei *adduziertem Arm,* so daß die Ulna den medialen Abschnitt des Gelenkteiles des Humerus schräg nach innen abstemmt. Diese traumatische Einwirkung ist naturgemäß unvergleichlich viel seltener, als Fall auf den Ellbogen bei abduziertem Arm. Selten ist Stoß in der Längsachse der Ulna oder direkte Gewalteinwirkung Ursache dieser Bruchform.

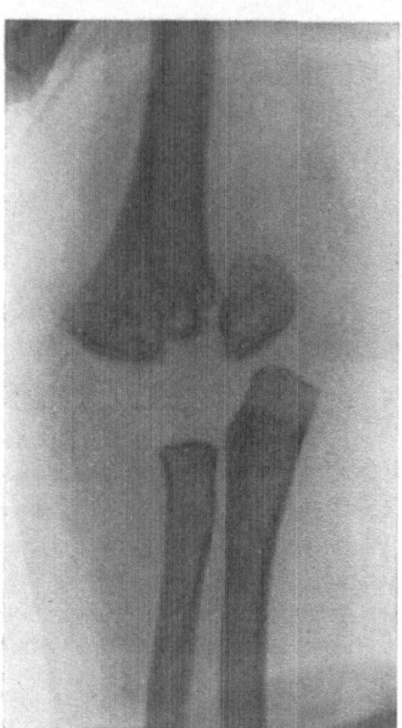

Abb. 606. Luxatio cubiti mit Fraktur des Condylus internus.

Das Fragment verschiebt sich nach oben und innen, dazu in den seltenen Fällen, die mit Luxation der Ulna kompliziert sind, auch noch nach hinten; gleichzeitig kann der Radius luxiert sein (Abb. 606). Entstand die Fraktur durch direkte Gewalt von hinten-außen, so erfolgt die Verschiebung des Fragmentes nach vorne hin; in gleicher Richtung wirkt auch der Zug der ulnaren Muskelgruppe.

Die *Symptome* gestatten auch hier bei genauer Untersuchung eine sichere *Diagnose. Schwellung* und *Druckempfindlichkeit* betreffen vorwiegend die mediale Seite des Gelenkes, dehnen sich jedoch im Verlaufe einiger Stunden meist über die ganze Ellbogengegend aus.

Ist der abgebrochene Condylus verschoben, so ist der Abstand zwischen Olecranonspitze und Spitze des mitabgebrochenen Epicondylus internus im Vergleich zum unverletzten Arm vergrößert. Solange Schwellung und Bluterguß in das Gelenk nicht sehr hochgradig sind, läßt sich die *Verschiebung* und die *falsche Beweglichkeit* des inneren Condylus direkt palpatorisch nachweisen, besonders die Verschieblichkeit von vorne nach hinten.

Das Emportreten des Fragmentes kann auch bei dieser Frakturform einen *Ausgleich der physiologischen Valgusstellung* bedingen; gleichzeitig ist dann der *Abstand zwischen Epicondylus externus und Olecranonspitze vermehrt*, weil die Ulna etwas nach der medialen Seite hin rutscht. Beugung und Streckung des Ellbogengelenkes zeigen im allgemeinen eine hochgradigere Einschränkung als bei der Fraktur des äußeren Condylus, weil diese Bewegungen vorwiegend zwischen Ulna und Condylus internus vor sich gehen. Entsprechend ist Stoß in der Achse der Ulna auffällig schmerzhaft. Die Rotationsbewegungen können dagegen relativ frei sein.

Sehr charakteristisch ist eine ausgeprägte *pathologische Abductionsmöglichkeit des Vorderarmes*, die sich aus der Insertion des inneren Seitenbandes am abgebrochenen Condylus erklärt; ferner gelingt es meistens, den Vorderarm etwas zu adduzieren, oder doch die Valgusstellung, sofern sie noch bestehen sollte, passiv auszugleichen, unter Heraufstoßen des Condylusfragmentes. Letztere Maßnahme pflegt *schmerzhafter* zu sein als die passive Abduction, weil die Frakturstelle unter Druck gesetzt wird.

Aus analogen Gründen wie bei der Fraktur des Condylus externus läßt sich das Ellbogengelenk auch hier überstrecken, und zwar gewöhnlich weitgehender als bei der Fractura condyli externi.

Die *Röntgenaufnahme* in zwei zueinander senkrechten Aufnahmerichtungen gibt einzig zuverlässige Auskunft über Abgrenzung und Verschiebung des Condylusfragmentes (s. Abb. 606) sowie über begleitende Verschiebungen der Ulna und des Radius. Die Trochlea ist gewöhnlich schon ausgedehnt verknöchert, so daß

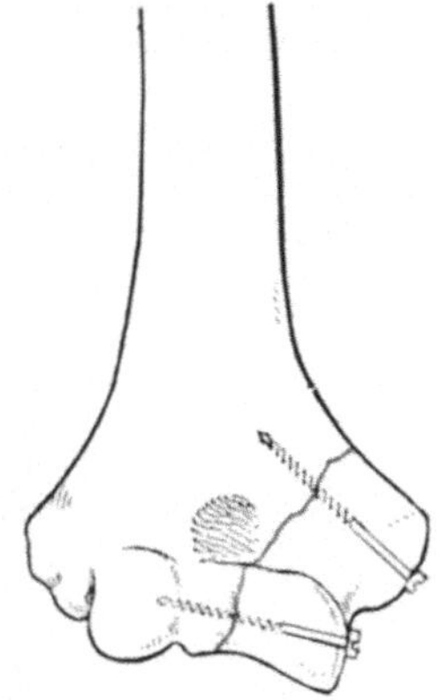

Abb. 607. Verschraubung der Fraktur des Condylus internus, schematisch.

die Beurteilung der Röntgenogramme auch ohne Vergleich keine Schwierigkeiten bietet.

Neben der typischen Fraktur des inneren Condylus kommen umschriebene, *rein intraartikuläre Teilfrakturen der Trochlea* vor, die unter der abscherenden Wirkung des Gelenkteiles der Ulna entstehen; in diesen Fällen ist der mittlere Abschnitt der überknorpelten Gelenkfläche herausgebrochen und nach vorneoben disloziert. Da diese Bruchform meiner Erfahrung nach nur in Kombination mit anderweitigen Frakturen des Gelenkteiles zur Beobachtung gelangt, bespreche ich sie im folgenden Kapitel.

Für die *Wahl der Behandlungsmethode* ist die Art der Verschiebung des Condylusfragmentes und der Repositionsmöglichkeit maßgebend. Bei fehlender oder geringgradiger Dislokation und dort, wo durch äußere Maßnahmen wie direkten Druck, Zug am abduzierten Vorderarm mit nachfolgender Flexion, eine befriedigende Repostion erzielt wird, genügt das Anlegen einer *Extension* am rechtwinklig gebeugten Vorderam (s. Abb. 156). Da bei extremer Supination der Hand die Ulna mit dem medialen Teil ihrer Gelenkfläche gegen die Trochlea gepreßt wird und das Condylusfragment dem Humerus entgegenführt, empfiehlt KOCHER die Durchführung der Zugbehandlung am *supinierten Vorderarm*.

Doch darf man sich von diesen äußeren Maßnahmen nicht viel versprechen; ein stark verschobenes Fragment läßt sich nur durch *operatives Vorgehen* in korrekte Stellung bringen und zuverlässig fixieren. Es ist deshalb dringend zu raten, *alle mit irreduktibler Verschiebung einhergehenden Brüche des Condylus internus operativ zu behandeln.* Die Frakturstelle wird durch einen leicht bogenförmigen Schnitt über dem inneren Condylus freigelegt und das Fragment so weit ausgelöst, daß sich eine anatomisch genaueste Reposition unter Leitung des Auges vornehmen läßt. Die Fixation erfolgt durch *Verschraubung,* wozu bei kleineren Fragmenten die Verwendung einer leicht schräg nach oben anzulegenden Schraube genügt, während bei hoch hinaufreichenden Frakturen eine Schraube quer, parallel der Gelenkfläche, eine zweite schräg aufsteigend, wie bei der Anschraubung des Epicondylus internus, anzulegen ist (s. Abb. 607). Die Wundversorgung und Nachbehandlung erfolgen nach besprochenen Grundsätzen.

Kapitel 6.

Kombinierte Frakturen des unteren Humerusendes.

Diese komplizierten Verletzungen, die man auch als *komplexe Frakturen des unteren Humerusendes* bezeichnen kann, entstehen durchwegs unter der

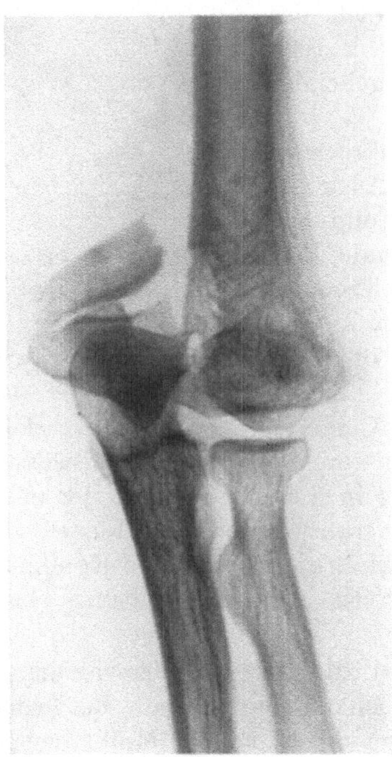
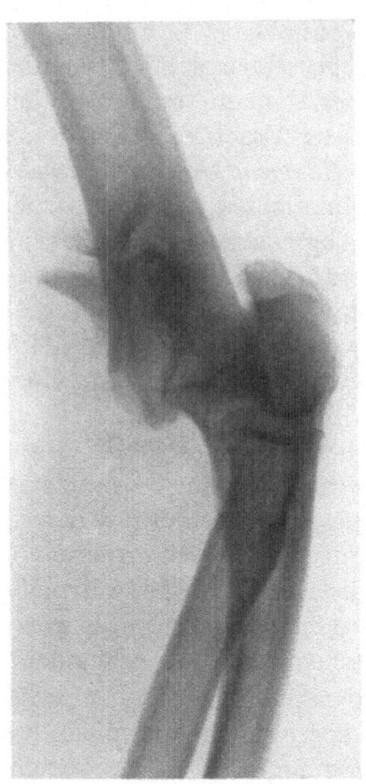

Abb. 608 a.   Abb. 608 b.

Abb. 608a. Kombinierte Fraktur des unteren Humerusendes in Y-Form; der Condylus internus ist samt einem Corticalisfragment mit der subluxierten Ulna nach innen disloziert, der abgebrochene Condylus externus samt Radius ebenfalls nach der ulnaren Seite verschoben, überlagert die Humerusmetaphyse.
Abb. 608b. Seitliche Aufnahme zu Abb. 608a; Condylenfragmente samt Unterarmknochen nach hinten verschoben (Extensionskomponente).

Einwirkung sehr erheblicher Gewalten, und zwar meistens durch Fall auf den gebeugten Ellbogen aus sehr großer Höhe oder durch direkte Einwirkung auf den Ellbogen bei Verschüttungen, Maschinenverletzungen, Eisenbahnkatastrophen, Automobilunfällen und ähnlichen Ereignissen. Ich habe schwerste Ellbogenfrakturen als Folge alpiner Unfälle gesehen.

Nach den experimentellen Untersuchungen von MADELUNG und MARKUSE kann dabei eine Keilwirkung des Olecranon im Spiele sein, doch kommen Frakturen beider Condylen auch zustande durch Schlag auf die Humerusepiphyse von unten nach Resektion des Olecranon (MARKUSE). Häufig dürfte eine Keilwirkung der Humerusdiaphyse nach primärer Entstehung einer supracondylären Fraktur das Gelenkfragment auseinandersprengen.

Insofern es sich um kombinierte Frakturen des Condylus internus und externus in Form der *V- oder Y-Fraktur* (Abb. 608 a, b) handelt, kann man mit KOCHER annehmen, daß zuerst ein Bruch des Condylus externus zustande kam, und dann unter weiter wirkendem Druck von unten her auch der innere Condylus abgebrochen wurde. Bei der typischen *T-förmigen Fraktur* (vgl. Abb. 611) entsteht offenbar zunächst eine supracondyläre Querfraktur oder eine Diacondylica und dann wird das Gelenkfragment zwischen Humerusdiaphyse und Olecranon in der Sagittalen noch gespalten. Neben diesen *systematisierbaren Formen*, die oft mit *Abrißfrakturen der Epicondylen*, besonders des inneren (Abb. 609), sowie mit *Luxation der Vorderarmknochen* und Frakturen ihrer Gelenkabschnitte verbunden sind, sieht man noch *regellose Zertrümmerungsbrüche* schwerster Art, wie sie auch infolge von *Schußverletzungen* zustande kommen.

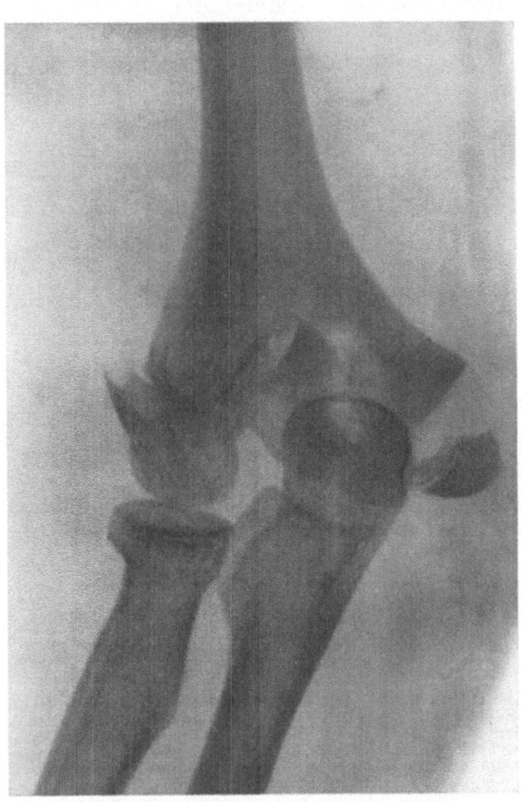

Abb. 609. Kombinierte Fraktur des unteren Humerusendes mit Abriß des Epicondylus internus.

Die Intensität der ursächlichen Gewalt bedingt bei diesen komplexen Brüchen nicht so selten komplizierende, in das Gelenk hineinreichende *Hautwunden*, sowie Verletzungen der vorbeiziehenden *Nerven* und *Gefäße*. Derartig schwere Ellbogenfrakturen sieht man vorwiegend bei Erwachsenen.

Die *Verschiebung der Fragmente* ist oft eine regellose; immerhin werden die Gelenkfragmente häufiger nach vorne als nach hinten disloziert, weil die Verletzung meist durch Stoß von unten oder hinten gegen den gebeugten Ellbogen entsteht. Entsprechend verschiebt sich das obere Fragment nach hinten und unten.

Infolge des großen *Blutergusses* in das Gelenk und in die umgebenden Weichteile ist die ganze Ellbogengegend unförmlich aufgetrieben, so daß die Verhältnisse für eine äußere Untersuchung nicht günstig sind. Gleichwohl gelingt es, durch Feststellung der *kombinierten Symptome der Fractura supracondylica, Condyli interni* und *Condyli externi* wenigstens eine Wahrscheinlichkeitsdiagnose der vorliegenden Verletzung zu konstruieren. Ein klares Bild, besonders des intraartikulären Verlaufes der Fraktur, geben nur zwei kombinierte Röntgenaufnahmen.

Eine *typische komplexe Fraktur*, die in dieser Form noch nicht beschrieben ist, die ich jedoch wiederholt gesehen habe, zeigt als Hauptkomponente das *Herausbrechen eines Stückes aus der Trochlea* mit Verschiebung nach vorne-oben; dazu kommt eine *Schrägfraktur des Condylus externus* sowie gelegentlich noch eine Abrißfraktur des Epicondylus internus (s. Abb. 609).

Die *Behandlung* dieser komplexen Ellbogenbrüche hängt in erster Linie davon ab, ob sie mit durchgehenden Wunden kompliziert sind. In diesem Falle ist von operativem Vorgehen zunächst keine Rede und es bleibt nichts anderes übrig, als mit einer konservativen Behandlung zu beginnen. Die Methode der Wahl ist der *Zugverband*. In Narkose wird man feststellen, ob die allgemeine Fragmentstellung in Streck- oder Beugelage des Ellbogens zufriedenstellender ist,

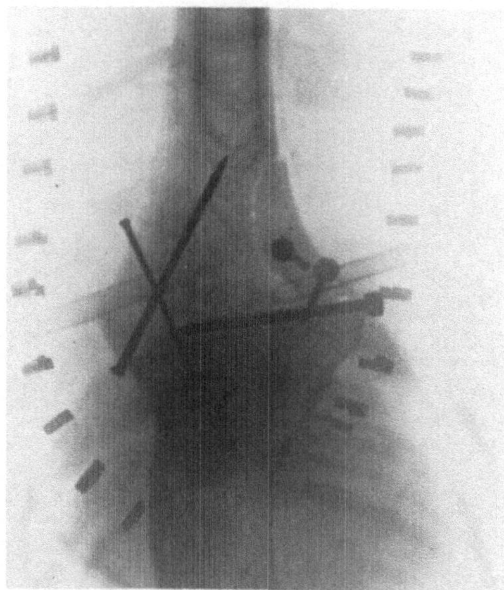

Abb. 610. Operative Rekonstruktion einer kombinierten Y-Fraktur des unteren Humerusendes (betrifft Fraktur Abb. 608); quere Verschraubung der beiden Condylenfragmente, Fixation des verschraubten Gelenkteils an die Metaphyse durch zwei gekreuzte Nägel, Anschraubung des medialen Corticalisbruchstückes an den Condylus internus und an die Humerusmetaphyse.

und demgemäß eine Extension am gestreckten Vorderarm — horizontal oder in senkrechter Suspensionsstellung — oder eine Extension am rechtwinklig gebeugten Vorderarm gemäß der für die supracondyläre Extensionsfraktur beschriebenen Anordnung anlegen. Mit Rücksicht auf die notwendige Wundbehandlung wird man meistens Zugverbände in Streckstellung wählen müssen, die mit *fixierenden Schienen* kombiniert werden können, falls der Verlauf der Infektion dies wünschenswert erscheinen läßt. Sehr wertvolle Dienste kann in solchen Fällen die *Drahtextension* am oberen Abschnitt der Ulna leisten, die unter entsprechender Gegenwirkung auf den peripheren Abschnitt des Vorderarmes sukzessiven Übergang zur Flexionsstellung gestattet. Im Vordergrund des Interesses steht hier in der ersten Zeit der Behandlung die Beeinflussung der oft lebensbedrohenden Wund- und Gelenkinfektion, nach mehrfach erwähnten Grundsätzen.

Extensionsbehandlung ist auch geboten bei den multiplen, nicht systematisierbaren *subcutanen Zertrümmerungsfrakturen*, die keine operative Rekonstruktion des Gelenkabschnittes gestatten. Im allgemeinen empfiehlt es sich in derartigen Fällen *Beginn mit einer Extension* in Streckstellung — wie schon KOCHER empfohlen hat —, die unter Hinzufügung der nötigen Hilfszüge schon nach etwa 8 Tagen allmählich in einen Zugverband bei rechtwinklig gebeugtem Gelenk verwandelt wird. Mit Rücksicht auf die mögliche Versteifung muß die Extension unbedingt auf die funktionell günstigste Rechtwinkelstellung des Ellbogengelenkes hinzielen. Durch *frühzeitige mobilisierende und Massagebehandlung*, die schon während der Extension einsetzt, erzielt man jedoch auch bei diesen schwersten Frakturen oft noch auffallend gute Beweglichkeit des Gelenkes.

Komplexe Frakturen des unteren Humerusendes mit *wohlabgegrenzten, nicht zertrümmerten Fragmenten sollten möglichst auf operativem Wege behandelt werden*;

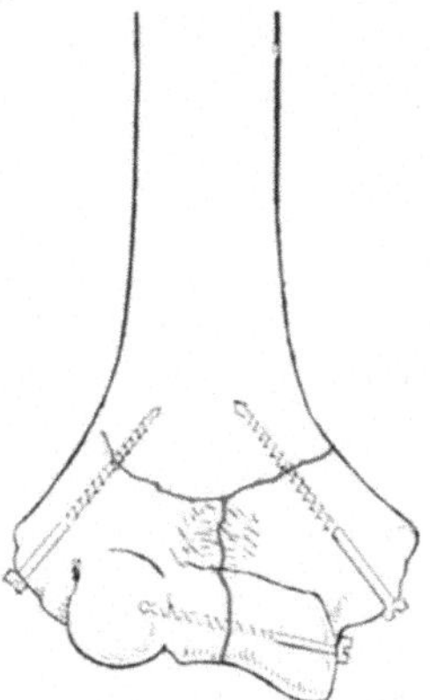

Abb. 611. Verschraubung einer kombinierten Fraktur des unteren Humerusendes. (Nach LAMBOTTE.)

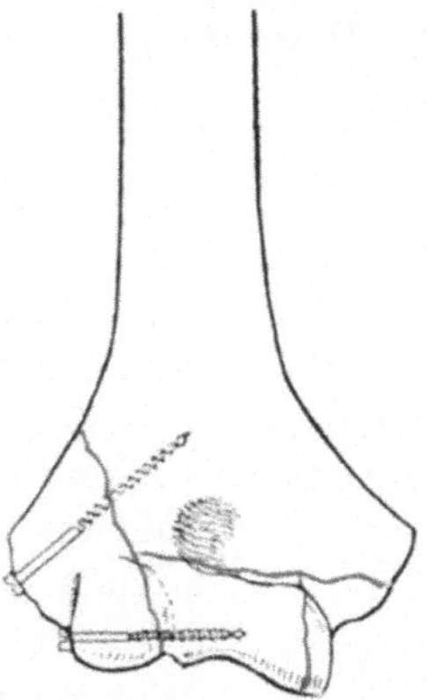

Abb. 612. Verschraubung einer kombinierten Fraktur des Condylus ext. mit Abbruch des mittleren Trochleaabschnittes, schematisch.

denn man darf nicht übersehen, daß bei der mangelhaften Einwirkung der Zugverbände auf die verschobenen Gelenkfragmente die funktionellen Heilungsresultate der Extensionsbehandlung trotz mobilisierender Nachhilfe oft unbefriedigende sind. Operativ kann man jedoch das frakturierte Gelenkende so vollkommen restaurieren, daß bei aseptischem Verlauf und ausreichender mobilisierender Behandlung die Heilung eine geradezu ideale wird (Abb. 610a, b).

Die *Resektion* eines oder beider Condylen, wie sie KOCHER noch für gewisse Fälle vorschlug, kommt heute nur noch für veraltete Fälle mit Versteifung des Gelenkes in Betracht, und wird stets als typische *mobilisierende Operation* durchgeführt, nach einer Technik, deren Ausbildung wir namentlich PAYR verdanken. Im Prinzip handelt es sich dabei um eine *konservative Resektion* zur Schaffung geeigneter Artikulationsflächen, unter Beseitigung aller überflüssigen Callusmassen; anschließend wird ein gestielter oder frei implantierter *Fettfascienlappen* zwischen die Vorderarmknochen und den Humerus eingelagert und zweckentsprechend fixiert. Nach vorübergehender Fixation folgt eine systematische mobilisierende Behandlung.

Für die operative Versorgung der komplexen Frakturen bedient man sich entweder des lateralen KOCHERschen Resektionsschnittes oder einer lateralen und medialen Incision über beiden Condylen. Die Fragmente müssen unbedingt klar überblickt werden können, ohne daß man sie allzuweit aus ihren ernährenden Verbindungen auslöst. Durch eine quere, unterhalb der Fossa olecrani und coronoidea durchgehende *Schraube* werden zunächst beide Condylen miteinander verbunden; dann erfolgt, wie bei der Supracondylica, *Verschraubung des Gelenkteiles mit der Metaphyse* oder Nagelung (Abb. 610/611). Die Art der Verschraubung ist natürlich keine starr schematische, sondern wird dem betreffenden Fall angepaßt; gelegentlich bietet es Vorteile, eine gebogene *Metallplatte* zu Hilfe zu nehmen. In den von mir beobachteten Fällen von Abbruch des mittleren Abschnittes der Trochlea mit Fraktur des Condylus externus habe ich zuerst das reponierte Trochleafragment quer mit dem Condylus externus, und dann den letzteren schräg aufwärts mit dem Humerus verschraubt (vgl. Abb. 612). Die Behandlung komplizierender Gefäß- und Nervenverletzungen sowie die Nachbehandlung bieten gegenüber dem an anderer Stelle Gesagten keine grundsätzlichen Abweichungen.

Kapitel 7.

Die Fractura diacondylica.

Diese in ihren reinen Fällen *völlig intraartikulär gelegene* Fraktur verläuft dicht am Knorpelrand der unteren Humerusgelenkfläche, also unterhalb der Verbindungslinie beider Epicondylen (Abb. 613). Bei Kindern, die am häufigsten von dieser seltenen Fraktur betroffen werden, handelt es sich um *Epiphyseolysen* mit wesentlich querem Verlauf. Bei Erwachsenen dagegen können anderweitige Condylenbrüche durch *Heraussprengen eines Teiles der Gelenkfläche* kompliziert sein, in welchem Falle die Frakturebene schräg nach hinten abfällt. Die Diacondylica kann sich ferner mit Fraktur eines oder beider Epicondylen sowie mit Condylusbrüchen, besonders solchen des äußeren kombinieren, und auch sagittale Trennung des Epiphysenfragmentes in zwei Teile (Fractura diaintercondylica) wird beobachtet.

Experimentell hat KOCHER die Fractura diacondylica durch Kompression in der Richtung der Humeruslängsachse, sowie durch Schlag auf das Gelenkende von unten her erzielt. Am Lebenden kommt sie zustande durch *Fall auf den spitzwinklig gebeugten Ellbogen,* so daß die nach vorne abgebogene Gelenkpartie durch das Olecranon nach oben abgeschert

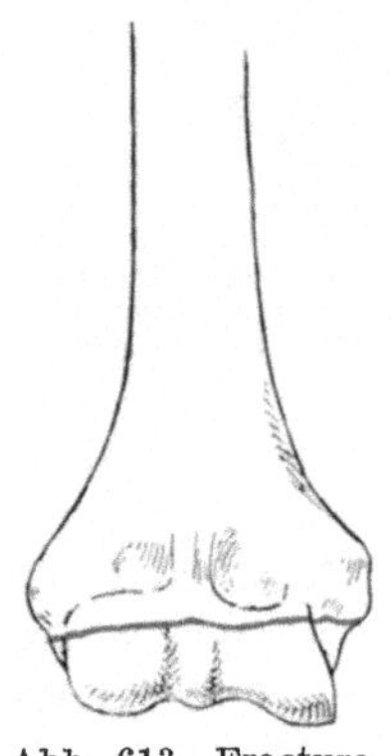

Abb. 613. Fractura diacondylica, schematisch.

wird. Ferner kann bei extremer *Hyperextension* des Ellbogengelenkes die Epiphyse durch die gespannte Kapsel nach hinten abgeschoben werden. Je nach der Genese ist das Fragment nach *vorne* oder nach *hinten* verschoben. Erhebliche Verschiebungen nach der Seite können bei reinen diacondylären Brüchen nicht entstehen; dazu ist gleichzeitiger Abriß der Epicondylen oder Fraktur der Condylen erforderlich.

Die Fraktur bereitet der *Erkennung* durch äußere Untersuchung einige Schwierigkeiten und wird oft unter der Diagnose einer Gelenkdistorsion geführt, bis die andauernde oder zunehmende Funktionsstörung den Verdacht auf eine anatomisch besser charakterisierte Verletzung erweckt. Bei genauem Zusehen läßt sich die Wahrscheinlichkeitsdiagnose in einzelnen Fällen immerhin stellen.

Vor allem fällt die hochgradige *Störung der Gelenkfunktion auf*; die Beugung ist im allgemeinen stärker behindert und bei passiven Steigerungen schmerzhafter, als die Streckung, sofern es sich nicht um Fälle mit ausgeprägter Verschiebung des Fragmentes nach hinten handelt. Auch ist die Funktionsbehinderung erheblicher, als nach einfachen Distorsionen, bei denen die Patienten das Ellbogengelenk in gewissem Umfang frei bewegen. Ferner muß der intensive *lokale Druckschmerz* und ganz besonders der Stoßschmerz bei Anpressung der Ulna gegen die Trochlea den Verdacht auf eine Fraktur erwecken.

Falsche Beweglichkeit besteht sowohl in seitlicher als in sagittaler Richtung; die Vorderarmknochen lassen sich etwas radialwärts und ulnarwärts verschieben und auch in der Richtung von vorne nach hinten; dabei kann *Crepitation* vernehmbar sein. Nur angedeutet ist eine pathologische Abductions- und Adductionsmöglichkeit.

Sichere Entscheidung bringt nur das *Röntgenogramm*. Da bei Kindern, die am häufigsten von dieser Fraktur betroffen werden, die Trochlea erst im 10. bis 12. Jahr einen Kern aufweist, ist im frontalen Radiogramm die Verschiebung der Epiphyse oft nur aus der seitlichen Verlagerung des Rotulakernes zu ersehen (s. Abb. 614). Zudem besteht oft eine ganz leichte seitliche Verschiebung

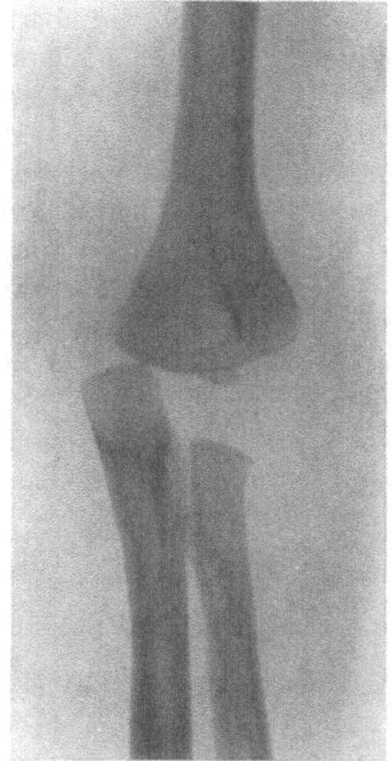

Abb. 614. Röntgenogramm einer Fractura diacondylica, an der Einwärtsverschiebung des Rotulakernes erkennbar.

der Vorderarmknochen (vgl. Abb. 614). Liegen hochgradigere Seitendislokationen der Vorderamknochen vor, so handelt es sich um Kombination mit Fraktur der Epicondylen oder der Condylen, oder um eine sehr tiefliegende Supracondylica. Oft gibt erst die Seitenaufnahme Klarheit und zeigt gelegentlich deutliche Verschiebung des Gelenkfragmentes bzw. des Rotula- und Trochleakernes in sagittaler Richtung.

Die *Behandlung* ist auch bei dieser Bruchform von Art und Grad der Dislokation abhängig zu machen. Bei *Flexionsfrakturen* mit Verschiebung des Fragmentes nach vorne legt man zunächst einen *Zugverband* in *Streckstellung* an, mit dem Zweck, durch die gespannte vordere Kapsel einen reponierenden Druck auf das nach vorne getretene Fragment auszuüben; *Extensionsfrakturen* mit Rückwärtsverschiebung des Fragmentes sind dagegen in *rechtwinkliger Stellung des Ellbogengelenkes zu extendieren*, mit Angreifen des Zuges am Vorderarm. Die Extension in Streckstellung darf je-

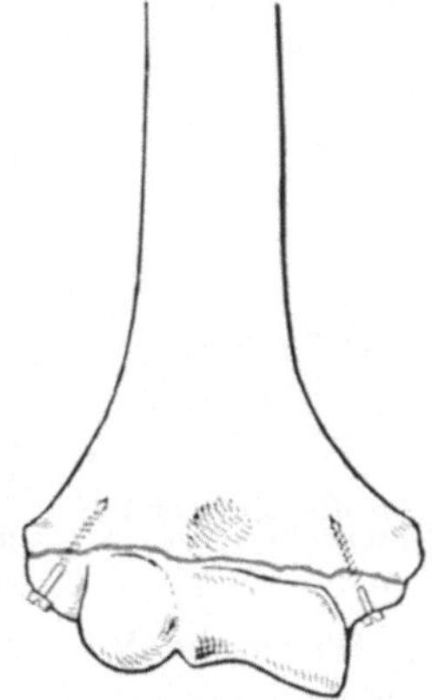

Abb. 615. Verschraubung der Fractura diacondylica, schematisch.

doch auch hier höchstens 8 Tage wirken, und muß dann ersetzt werden durch einen Zug in Rechtwinkelstellung. Nach 2 Wochen beginnt die mobilisierende Behandlung.

Ergibt Röntgenkontrolle nach 8 Tagen, daß durch die Zugbehandlung eine Reduktion des Gelenkfragmentes nicht erfolgte, so ist *operativ* vorzugehen, weil Heilung in schlechter Stellung stets zu bedeutenden Bewegungsstörungen führt, und weil eine Beeinflussung der Fragmentstellung durch anderweitige äußere Maßnahmen nicht möglich ist.

Die Eröffnung des Gelenkes erfolgt zunächst durch einen lateralen Schnitt; läßt sich die Reposition des Gelenkfragmentes von hier aus nicht vollständig erzielen, so muß noch eine laterale Incision beigefügt werden. Die Fixation des Gelenkfragmentes erfolgt am zuverlässigsten nach Abb. 615 *durch zwei seitliche*, schräg nach oben eingelegte, schlanke *Schrauben* oder Stahlstifte.

Diacondyläre Frakturen, die den Gelenkabschnitt nicht in ganzer Breite betreffen, so die mit Condylenbrüchen kombinierten Formen, kann man durch quere Verschraubung fixieren. Auch bei diesen Frakturen ist frühzeitige Aufnahme der mobilisierenden Behandlung von entscheidender Bedeutung; deshalb soll sie bereits 8 Tage nach der Operation einsetzen. Leichte aktive Bewegungen sind sofort nach der Operation erlaubt.

Kapitel 8.

Die intraartikuläre Fraktur des Capitulum humeri.

Diese von KOCHER als *Fractura rotulae partialis* bezeichnete, isolierte, rein intraartikuläre Fraktur der *Eminentia capitata humeri* (Abb. 616) stellt eine schalenförmige *Abscherungsfraktur* dar, die durch einen ähnlichen Mechanismus zustande kommt, wie der vollständige Abbruch des Condylus externus. Ursache ist meist ein Stoß in der Richtung der Radiuslängsachse, bei mäßig gebeugtem Ellbogengelenk, wozu in den meisten Fällen offenbar noch eine Supinationsrotation und eine Extensionsbewegung kommen. Auch Zug am gestreckten Arm kann nach den Beobachtungen KOCHERs die Verletzung verursachen, und zwar wird in diesem Falle der Knorpelüberzug des Capitulum durch die gespannte Gelenkkapsel nach hinten abgedrückt. Weniger sicher erscheint die ätiologische Wirkung forcierter Pro- und Supinationsbewegungen festgestellt. Die oft nur geringe Intensität des ursächlichen Trauma gibt der Vermutung Raum, daß die Verletzung auf der Basis eines *arthritisch veränderten Gelenkes* zustande kommt. Schon KOCHER hat darauf hingewiesen, daß wahrscheinlich vorgängig eine Lockerung des Knorpels stattfinde, und man sieht denn auch gelegentlich die charakteristischen Erscheinungen einer *dissezierenden Arthritis*.

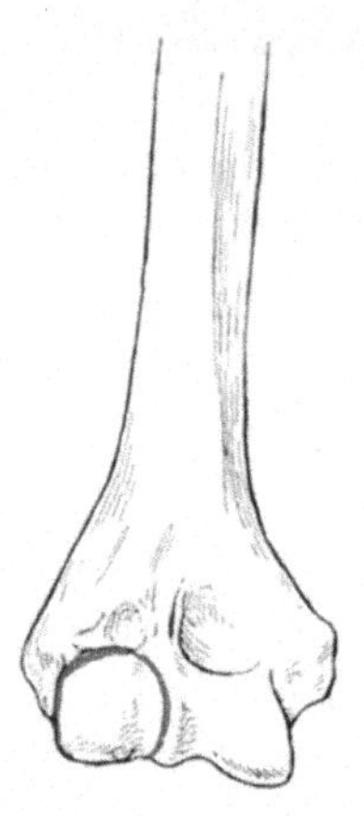

Abb. 616. Fraktur der Rotula, schematisch.

Durch die Verletzung wird der Knorpelüberzug der Rotula zum größten Teil oder auch vollständig „wie eine Kappe" abgehoben und nach hinten disloziert (vgl. Abb. 617). Mit dem Knorpel findet sich stets eine oberflächliche Schicht der Spongiosa abgeschält, was den röntgenographischen Nachweis der Fraktur gestattet.

Die charakteristischen Erscheinungen der Verletzung stellen sich nicht immer sofort, sondern oft erst nach einigen Tagen ein. Entsprechend lautet auch hier die Diagnose häufig zunächst auf Distorsion des Ellbogengelenkes. Der *vollständige Symptomenkomplex* dagegen ist ein *typischer*. Zunächst wird der Arm in unvollständiger Streckstellung gehalten, die weder aktiv noch passiv überwunden werden kann; entsprechende Versuche verursachen einen intensiven *Einklemmungsschmerz*, und gleichzeitig tritt ein federnder Widerstand in Erscheinung. In den seltenen Fällen mit Verschiebung des Fragmentes nach vorne stellt sich dieser Widerstand der Beugung entgegen. Unter passiven Rotationsbewegungen kann der intraartikuläre Widerstand plötzlich verschwinden, weil das Fragment in den Defekt am Humerus hineingeschoben wird. Die Valgität des Ellbogens erscheint manchmal gesteigert; auch fühlt man das Radiusköpfchen deutlicher als auf der gesunden Seite, weil die Rotula verkleinert ist.

Neben der Streckung bleibt auch die Supination behindert und in ihren extremen Phasen schmerzhaft. Besonders charakteristisch ist der *Wechsel zwischen freier Gelenkfunktion und Bewegungsstörungen*, indem ganz unvermittelt eine unüberwindbare, schmerzhafte Streckhemmung eintritt, die oft von einer leichten reaktiven Gelenkschwellung gefolgt ist. Es handelt sich somit um den *Symptomenkomplex der Fremdkörpereinklemmung*, wobei das Rotulafragment als Gelenkmaus wirkt. Fühlt man in möglichster Streckstellung des Gelenkes an seiner Rück- und Außenfläche, oberhalb des Radiusköpfchens, die vorragende schmale Fragmentkante, so ist die Diagnose gesichert. Ihre Bestätigung bringt das *Röntgenbild*, und zwar sieht man das dislozierte Fragment am besten in einer *Seitenaufnahme* bei mäßig gebeugtem Gelenk und proniertem Vorderarm.

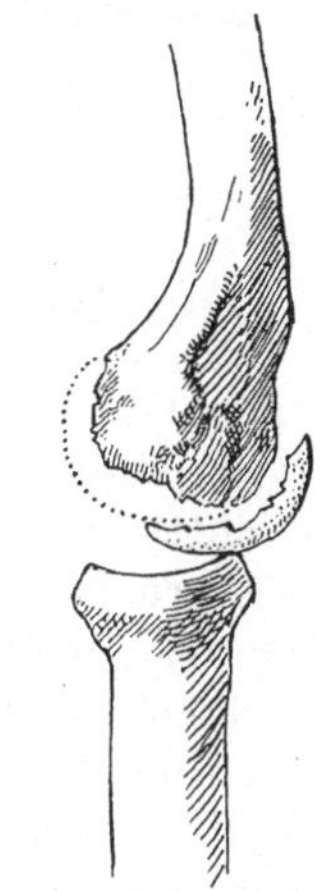

Abb. 617. Abschälungsfraktur der Rotula mit typischer Verschiebung des Fragmentes. (Nach KOCHER.)

Die *Behandlung* dieser Fraktur kann nur eine *operative* sein und besteht in Entfernung des losen Fragmentes von einer kleinen lateralen Incision aus; man schneidet in Lokalanästhesie direkt auf das vorragende Fragment ein.

Der Vollständigkeit halber sind noch die seltenen *Frakturen des Epicondylus externus* zu erwähnen, die als isolierte Verletzungen äußerst selten zur Beobachtung gelangen. Das hängt damit zusammen, daß die physiologische Valgusstellung einen natürlichen Schutz gegen Abreißungen dieser Apophyse bildet, während ihre geringe Prominenz auch relativ gegen direkte Läsionen sichert.

Direkte Frakturen des Epicondylus sehen wir als umschriebene Absprengungen, gelegentlich durch Hautverletzungen kompliziert; ferner kommen Abrißfrakturen vor als Begleiterscheinungen von Humerusluxationen nach hinten, also durch Hyperextension, weniger durch Addcution bedingt. Gelegentlich sind bei Luxationen beide Epicondylen abgerissen. Umschriebene Schwellung und Druckempfindlichkeit, Ausgleich der Valgität und pathologische Adductionsmöglichkeit sind die unverkennbaren *Symptome*. Die Verschiebung des kleinen Fragmentes ist meist keine nennenswerte. Die Ossification des Epicondylus lateralis beginnt gegen das 10. Altersjahr hin; von diesem Zeitpunkt an ist auch der *röntgenographische Nachweis* der Fraktur möglich. Die Fraktur erfolgt bis gegen den Abschluß des Wachstums, wie am Epicondylus internus, in der Epiphysenlinie.

Eine andere als die übliche *mobilisierende Behandlung* ist kaum jemals nötig, weil auch bei Verwachsung des Abrißfragmentes in leicht nach unten verschobener Lage Störungen der Gelenkfunktion nicht einzutreten pflegen, und weil die Tendenz zur Entwicklung einer sekundären Varusstellung gering ist. Sollte dagegen infolge begleitender, ausgedehnter Kapselzerreißungen jemals eine erhebliche Neigung zu Varusdeviation bestehen bleiben, so empfiehlt sich auch bei dieser Abrißfraktur *operative Behandlung*, und zwar wird man mit einer Annähung des Seitenbandes unter Mitfassen der abgebrochenen Corticalislamelle bzw. des kleinen Fragmentes stets auskommen.

Kapitel 9.

Die Röntgendiagnostik der Ellbogenfrakturen.

Wer als Gutachter tätig ist, sieht unverhältnismäßig viel ungenügende Ellbogenaufnahmen, weil gewisse, anscheinend selbstverständliche anatomische Rücksichten außer acht gelassen werden. Folgenschwere Verkennung von Ellbogenbrüchen im Röntgenogramm gehört denn auch keineswegs zu den Seltenheiten, wie jeder erfahrene Röntgenologe bestätigen kann. Die Hauptschwierigkeit, bei Ellbogenfrakturen einwandfreie Bilder zu erzielen, liegt in der meist vorhandenen Unmöglichkeit, das Gelenk völlig zu strecken, wesentlich wegen Hämatomspannung und Schmerzhaftigkeit. Gleichwohl muß man eine ausreichende Frontalaufnahme zu gewinnen suchen.

Kann das Ellbogengelenk bis auf etwa 160^0 gestreckt werden, so wird der Ellbogen mit seiner Olecranonspitze derart auf die Kassette gelegt, daß Humerus und Vorderarmknochen im gleichen Winkel zu der Plattenebene stehen. Auf diese Weise erhält man jedenfalls ein gutes *Übersichtsbild*, wenn auch eine leichte Überlagerung des Gelenkteiles des Humerus durch Radiusköpfchen und Processus coronoideus der Ulna vorliegt. Wichtig ist, bei dieser *Frontalaufnahme von der Beuge- zur Streckseite den Vorderarm* in möglichst vollständige Supinationsstellung zu bringen, was wiederum wegen erheblicher Schmerzhaftigkeit dieser mit Kapselspannung verbundenen Stellung nicht immer leicht zu erzielen ist. Läßt sich das Ellbogengelenk vollständig strecken, so wird es mit seiner Rückfläche der Plattenkassette in maximaler Streckstellung aufgelegt; der Patient sitzt dabei so niedrig am Tisch, daß das Schultergelenk in Tischplattenhöhe sich befindet, und muß sich gleichzeitig etwas radialwärts neigen, damit die quere Flexionsachse des Gelenkes der Platte parallel verläuft. Bei großer Schmerzhaftigkeit ist *Rückenlage* vorzuziehen. Die Einstellung der Röhre erfolgt bei völlig gestrecktem Gelenk senkrecht auf die Mitte des durch Palpation des Radiusköpfchens feststellbaren Gelenkspaltes.

Handelt es sich bei einem unvollständig streckbaren Gelenk darum, eine Detailaufnahme des Humerusgelenkteiles zu machen, so wird der Oberarm mit seiner Streckfläche der Platte vollständig angelegt, und die Röhre schräg von oben proximal nach unten distal eingestellt, damit die Strahlen in der Richtung des bei gebeugtem Vorderarm schräg orientierten Gelenkspaltes ver-

laufen (vgl. Abb. 618); die Verzeichnung betrifft in nennenswertem Maße nur
die Gelenkteile der Vorderarmknochen, da sie distalwärts herausprojiziert
werden. Will man umgekehrt bei Streckhemmung die Gelenkabschnitte von
Radius und Ulna klarstellen, so erfolgt bei flach der Platte anliegendem Unterarm die Projektion vertikal, weil der Gelenkspalt in jeder Lage senkrecht zur
Längsachse des Radius verläuft (s. Abb. 618).

Ventro-dorsale Aufnahmen des Ellbogens in Pronationsstellung des Vorderarmes haben nur einen Sinn, wenn es gilt, die hinteren seitlichen Randpartien
des Radiusköpfchens darzustellen. Die *Seitenaufnahme* des Ellbogens ist zunächst
in *halber Beugestellung*, also in einem Winkel von etwa 100⁰ vorzunehmen,

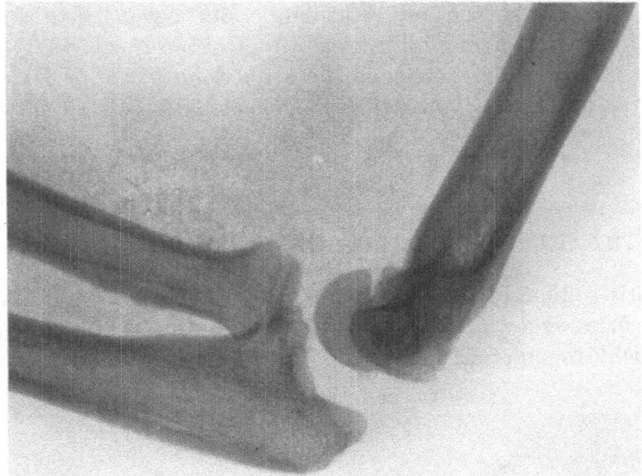

Abb. 618. Schräger Verlauf der Gelenkspalte bei gebeugtem Ellbogengelenk, zur Demonstration der
Projektionsrichtung.

und zwar in *Pronationslage der Vorderarmknochen*, radioulnar. Auf diese Weise
überlagern sich, wie Abb. 618 zeigt, Ulna und Radiusköpfchen nur sehr umschrieben, während in Supinationsstellung Ulna und oberes Radiusende sich
ausgedehnt decken. Die Einstellung erfolgt senkrecht auf den hinteren Abschnitt
des Radiohumeralgelenkes. Für die Beurteilung suprakondylärer Brüche ist
jedoch eine Seitenaufnahme *in Supinationsstellung des Vorderarms* vorzuziehen,
als einzig korrekte Ergänzung der ebenfalls in Supinationslage des Vorderarms
angefertigten Frontalaufnahme.

Zur Beurteilung des Radiusköpfchens können *ulnoradiale* Aufnahmen erwünscht sein, die in Seitenlage des Patienten und bei auswärts rotiertem Oberarm vorgenommen werden. Zur möglichst klaren Darstellung der semilunaren
Gelenkfläche des Olecranon ist diese Aufnahme ebenfalls dienlich, und zwar
stellt man in diesem Falle auf den Gelenkspalt zwischen Olecranon und
unterer Kuppe der Humeruswölbung ein.

Schwierigkeiten der Beurteilung machen oft *Röntgenogramme aus der Wachstumsperiode*. Für die Analyse dieser Bilder ist genaue Kenntnis der *Kernverhält-
nisse* notwendig. Wir machen die nötigen Angaben über Auftreten und Entwicklung der einzelnen Ossificationskerne bei den betreffenden Frakturformen.

Die zahlreichen, vorstehend reproduzierten Röntgenogramme zeigen das typische Verhalten der Knochenkerne von Rotula, Trochlea und Epicondylus internus in den verschiedenen Wachstumsperioden. Im Zweifelsfalle ist eine symmetrische Aufnahme des unverletzten Ellbogens zum Vergleich heranzuziehen.

B. Die Frakturen der Vorderarmknochen.

I. Frakturen im oberen Abschnitt der Vorderarmknochen.

Diese Frakturen gehören mit Ausnahme der eigentlichen Frakturen des Radiushalses und der paraepiphysären Ulnafrakturen zu den *Gelenkbrüchen*, da sowohl das Radiusköpfchen samt dem obersten Teil des Halses sowie die ganze Incisura semilunaris von der Ellbogengelenkkapsel umschlossen werden.

Kapitel 1.

Die Fraktur des Processus coronoideus der Ulna.

Diese relativ seltene Fraktur (Abb. 619/620) sehen wir sowohl *isoliert* wie auch als *Begleiterscheinung der Ellbogenluxation* nach hinten. Läßt sich eine Luxation auffallend leicht reponieren, indem die Ulna schon unter geringem Zuge über

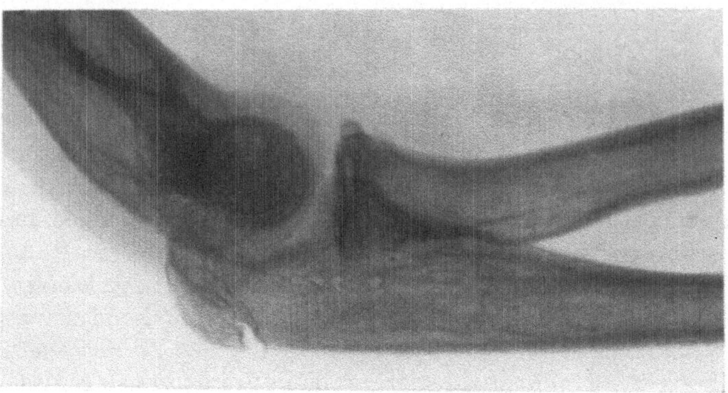

Abb. 619. Abriß der Spitze des Proc. coronoideus.

die Humerusgelenkfläche nach vorne tritt, so ist der Verdacht auf komplizierende Fraktur des Processus coronoideus ulnae gerechtfertigt, ebenso bei erheblicher Reluxationstendenz. Die Fraktur erfolgt durch *Abscherung* des Fortsatzes durch die vordere Trochleafläche bei Stoß in der Längsachse der Ulna; auch reine *Abrißbrüche* unter der Zugwirkung des *M. brachialis internus* kommen zur Beobachtung. Gemäß dem breitbasigen Übergang der massiven Apophyse in die Ulna liegt die Frakturebene häufiger in der Nähe ihrer Spitze als an der Basis (s. Abb. 619). Die *Verschiebung* ist meist keine hochgradige, weil die kräftigen Bandapparate, die sich an seiner Basis ansetzen, so das

Ligamentum annulare radii, die Ausläufer der Seitenbänder und der Ansatzsehne des M. brachialis, das Fragment noch festhalten. Doch kann der abgebrochene Fortsatz durch den Muskelzug nach oben disloziert werden und mit der Gelenkkapsel verwachsen. Gelegentlich sieht man eine scharnierartige *Umkippung des Spitzenfragmentes*, so daß die proximale Fragmentkante hochsteht (Abb. 620).

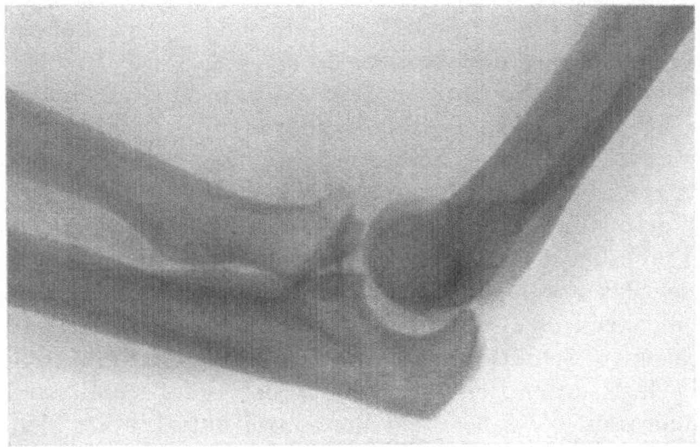

Abb. 620. Fraktur des Proc. coron. ulnae mit scharnierartiger Umkippung des Fragmentes nach oben.

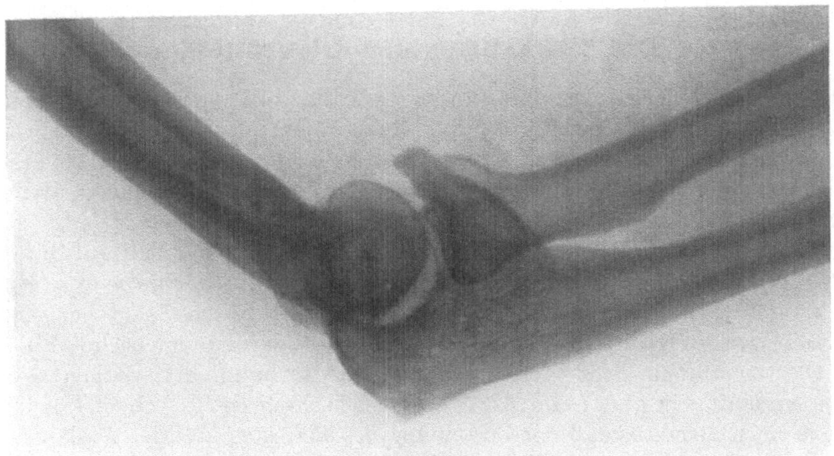

Abb. 621. Seitliche Aufnahme einer alten, mit typischer Verschiebung geheilten Fraktur des Proc. coron. ulnae.

Die Erscheinungen dieser Fraktur sind nicht sehr charakteristische. Abgesehen von der maximalen Schmerzlokalisation im Bereiche des abgebrochenen Fortsatzes an der Vorderfläche des Gelenkes, umschriebener Schwellung und gelegentlich nachweisbarer Crepitation ist die *Hemmung der kräftigen Beugung* das einzig typische Symptom. Auch dort, wo die Patienten die Flexion des Ellbogengelenkes bei unbelastetem Vorderarm anscheinend ungehindert ausführen, wird die Bewegung sofort gehemmt, wenn man die *Flexion gegen Widerstand* ausführen läßt. Gleichzeitig empfinden die Patienten Schmerzen an der

Frakturstelle. Beweisend ist nur das seitliche *Röntgenogramm* (siehe Abb. 620). Der *Verlauf* ist nicht immer ein günstiger, und hängt vom Grade der Fragmentverschiebung ab. Ist das Abrißfragment nur leicht nach oben gekippt, wie in Abb. 620, so kann man in kurzer Zeit vollständige funktionelle Heilung erwarten; ist das Fragment jedoch erheblich nach oben gezogen, so verwächst es mit der Gelenkkapsel und führt durch schnabelförmige Verlängerung des Processus (vgl. Abb. 621) sowie durch sekundäre Callusbildung zu Beugungshemmung und auch zu Behinderung der Streckung.

Ferner sieht man im Anschluß an diese Fraktur Entwicklung einer *Myositis ossificans* im Bereiche des M. brachialis internus.

Die *Behandlung* ist in den Fällen mit geringer Verschiebung eine *mobilisierende*; der Arm wird für die ersten Tage in eine Mitella gelegt, und gleichzeitig beginnt man mit Massage, Übungsbewegungen gegen steigenden Widerstand sowie Heißluftbädern.

Wenn jedoch das Fragment jeden Kontakt mit der Abbruchfläche der Ulna verloren hat und nach oben disloziert ist, so hat *operative Behandlung* stattzufinden. Durch einen Schnitt direkt von vorne auf die Frakturstelle wird das Fragment freigelegt, unter Beiseiteschiebung der Gefäße und des N. medianus nach innen, und dann bei gebeugtem Vorderarm mittels einer kleinen *Schraube* an richtiger Stelle fixiert. Anschließend setzt eine vorsichtige Bewegungsbehandlung ein.

Kapitel 2.

Die Frakturen des Olecranon.

Die Mehrzahl der Olecranonfrakturen (Abb. 622/623) entsteht infolge *lokaler* Gewalteinwirkung, durch Fall auf das obere Ende der Ulna bei rechtwinklig gebeugtem Ellbogengelenk und durch direkten Schlag oder Stoß. Die Fraktur erfolgt in diesem Falle unter dem Gegendruck der Humerusgelenkfläche. Weniger häufig kommt die Olecranonfraktur zustande durch *unkoordinierte Aktion* des Triceps, so beim Werfen schwerer Gegenstände und bei Fall auf die rückwärts ausgestreckte Hand; noch seltener sind Frakturen *infolge von Hyperextension* in Form der Biegungsfraktur. Derartige Brüche sind gelegentlich mit Frakturen des Radiusköpfchens oder seines Halses verbunden (siehe Abb. 631). Der Olecranonbruch liegt meist in der Mitte der halbmondförmigen Gelenkfläche, verläuft rein quer (Abb. 622) oder leicht schräg (siehe Abb. 623/626), und zeigt je nach dem Ausmaß der Zerreißung des Periostes und der Ausläufer der Tricepssehne eine verschieden hochgradige *Verschiebung des zentralen Fragmentes nach hinten und oben*, in der Richtung des Tricepszuges (Abb. 623). Dadurch erfährt das Fragment gleichzeitig eine Drehung um eine quere Achse nach hinten und unten (vgl. Abb. 623). Während diese Frakturen in das Gelenk reichen, wird in seltenen Fällen durch Muskelwirkung nur der hinterste Teil des Olecranon abgerissen, so daß die Fraktur extraartikulär verlaufen kann. Seltener, als diese Frakturen in der Mitte und am hinteren Ende des Olecranon sind Brüche an seiner Basis. Neben einfachen queren und schrägen Frakturen sieht man auch *Splitterbrüche* (Abb. 623). In seltenen Fällen ist die Olecranonfraktur mit *Luxation der Vorderarmknochen nach vorne-oben* kombiniert, besonders wenn sie durch Hyperextension zustande kam.

Die *Symptome* des Olecranonbruches sind in allen Fällen, wo es sich nicht um eine subperiostale Fraktur ohne wesentliche Verschiebung handelt, durchaus *pathognomonische*. Bei erheblicher Fragmentverschiebung fällt sofort die *Diastase* und die Einsenkung der Weichteile über der Rückfläche des Ellbogengelenkes auf. Man kann, ohne auf Widerstand zu stoßen, die Finger in eine tiefe Furche zwischen den Fragmenten einlegen, und wird gleichzeitig die Verschiebung und Beweglichkeit des oberen Fragmentes feststellen. Bei den direkt

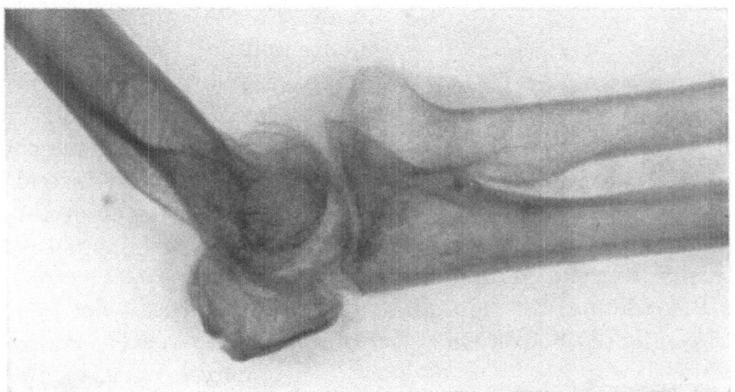

Abb. 622. Querverlaufende Olecranonfraktur.

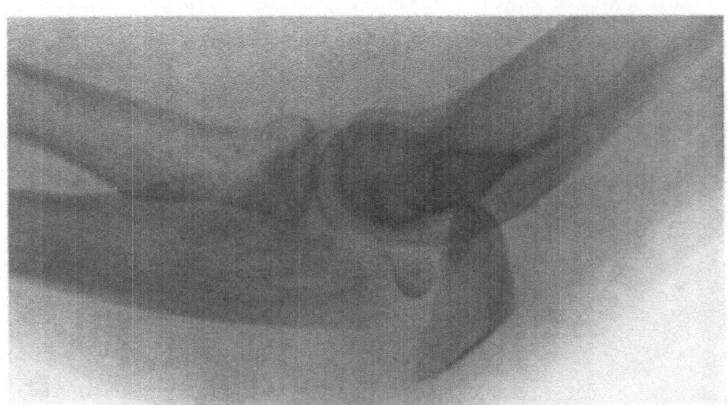

Abb. 623. Splitterfraktur des Olecranon mit Drehung des Fragmentes um eine Querachse.

entstandenen Olecranonbrüchen weisen schon die lokalen Veränderungen der bedeckenden Haut auf die Fraktur hin.

Die Patienten lassen den Arm gewöhnlich herunterhängen oder stützen den gebeugten Vorderarm mir der anderen Hand. Sehr charakteristisch sind auch die *Störungen der Funktion*. Während die Flexion aktiv frei ist, wird keine vollständige und — auch bei subperiostalen Frakturen — namentlich keine kräftige Streckung des Ellbogengelenkes gegen Widerstand ausgeführt. Die Streckhemmung wird gelegentlich übersehen, wenn man die Streckung bei horizontal liegenden Oberarm einzig durch die Schwere des Vorderarmes und nicht entgegen seinem Gewicht ausführen läßt. Nur ausnahmsweise ist bei rein subperiostalen Olecranonbrüchen die Funktion auch hinsichtlich Kraftleistung so gut erhalten, daß man trotz der lokalisierten Druckschmerzhaftigkeit über den Charakter der Verletzung im Zweifel bleibt.

In derartigen Fällen entscheidet die *Röntgenaufnahme*, die auch einzig ein genaues Bild der Dislokation vermittelt und Auskunft gibt über die morphologischen Verhältnisse, über Splitterbildung und die gelegentlich zu beobach-

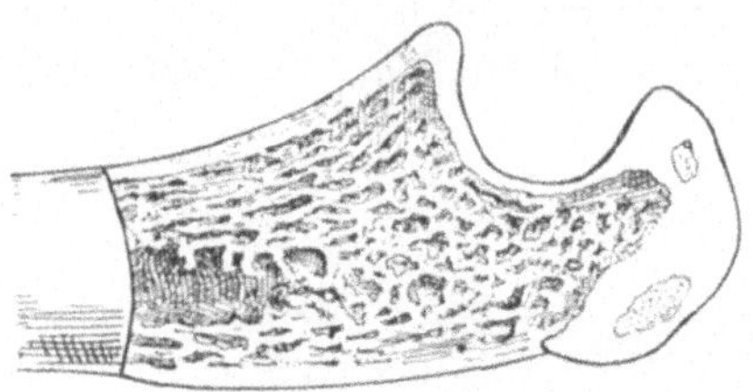

Abb. 624. Epiphysenkerne im Olecranon bei einem 13jährigen Individuum. (Nach TOLDT.)

tende Verschiebung einzelner Splitter nach dem Gelenkraum hin (siehe Abb. 623). Maßgebend ist die *Seitenaufnahme*; in der Frontalaufnahme wird das Fragment und oft auch die Frakturstelle durch das untere Humerusende überlagert. Doch sind für den Kundigen auch diese Bilder, wenn sie genügende Differenzierung aufweisen, oft instruktiv (s. Abb. 631a), und sollen schon mit Rücksicht auf begleitende Frakturen des Radiusköpfchens und der Humerusgelenkfläche stets angefertigt werden.

Für die Beurteilung der Röntgenbilder ist die Kenntnis der *Ossificationsverhältnisse* notwendig (Abb. 624/619). Gewöhnlich tritt ein Kern in der Olecranon-

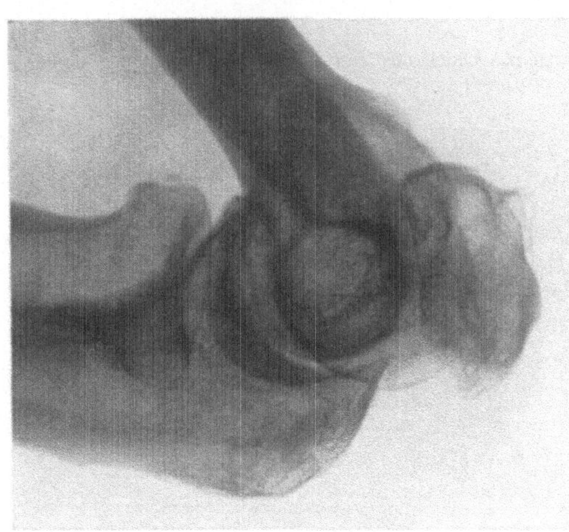

Abb. 625. Sesamum cubiti (nach BEYKIRCH).

epiphyse zwischen 10. u. 12. Jahre auf; gelegentlich sind es auch zwei Kerne. Die Verschmelzung der Epiphysenlinie kann sich bis gegen das Ende der Wachstumsperiode hinziehen, so daß namentlich der untere Teil der Epiphysenfuge um das 20. Lebensjahr herum noch offen sein (vgl. Abb. 619) und mit einer unvollständigen Fraktur verwechselt werden kann. Eigentliche *Epiphysenlösungen* sind stets durchgehend. Zu Verwechslung mit alten Olecranonfrakturen kann das sog. Sesamum cubiti (Patella cubiti) Anlaß geben, ein bis kastaniengroßes, in die Tricepssehne eingelagertes Knochenstück, das dem verlagerten Knochenkern der Olecranonepiphyse entspricht (Abb. 625).

Die *Heilung* erfolgt nur knöchern, wenn eine wesentliche Dislokation fehlt, oder wenn die Fragmente in normalen Kontakt gebracht werden. Trotz erheblicher Fragmentdiastase und nur fibröser Verbindung der Fragmente sieht man so gut wie vollständige funktionelle Heilung; häufig bedingt jedoch dieser Heilungsmodus eine dauernde Störung der Gebrauchsfähigkeit des Armes, bedingt durch *Streckdefekt* und *Herabsetzung der rohen Kraft*.

Demgemäß ist die Art der *Behandlung* der Olecranonfrakturen von der Dislokation des proximalen Fragmentes abhängig zu machen. Das Ziel soll immer Wiederherstellung eines möglichst normalen Kontaktes der Bruchflächen sein.

Wenn es deshalb auch gelingt, durch *Punktion des Gelenkes* zur Entfernung des Blutergusses, sowie durch *Heftpflasterzüge* das zentrale Fragment dem peri-

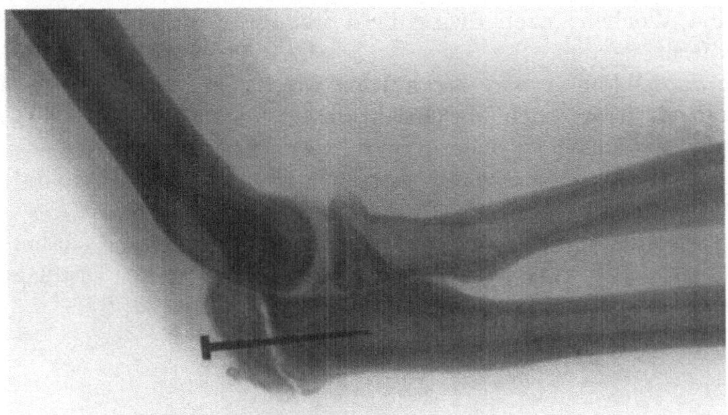

Abb. 626. Verschraubte Olecranonfraktur.

pheren entgegenzuführen, wobei der Arm im Ellbogengelenk gestreckt werden muß, so erzielt man durch diese Behandlung im allgemeinen doch nur eine bindegewebige, mehr oder weniger straffe Vereinigung der Fragmente. Meiner Auffassung nach dürfen deshalb nur Olecranonbrüche mit ganz unbedeutender Fragmentverschiebung durch Extensionsverbände behandelt werden. Die Extension des Armes in Streckstellung des Ellbogengelenkes soll unter keinen Umständen die Frist von 14 Tagen überschreiten. Nach diesem Zeitraum ist sukzessive zunehmende Beugung des Ellbogengelenkes zu erstreben und gleichzeitig mit Massage und Gymnastik zu beginnen. *Jede wesentliche Dislokation erfordert operative Behandlung*, zu der man sich um so eher entschließen sollte, als der Eingriff meist in Lokalanästhesie ausgeführt werden kann. Der Schnitt verläuft bogenförmig neben dem Olecranon. Nach Entfernung der Blutgerinnsel zieht man unter maximaler Streckung des Ellbogengelenkes das proximale Fragment mit Hilfe einer Faßzange nach unten, und vereinigt die Fragmente entweder durch eine Schraube, was sich am raschesten und einfachsten ausführen

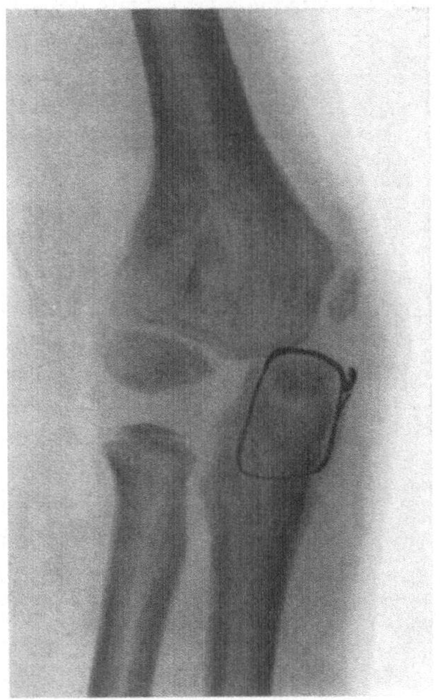

Abb. 627.
Frontale Olecranonnaht im Röntgenbild.

läßt (Abb. 626), oder durch eine frontale Rahmennaht (Abb. 627). Oft genügt, wie bei den Kniescheibenbrüchen, die genaue Vereinigung des seitlichen, akzessorischen Streckapparates, so daß Knochennähte sich erübrigen. Nach zuverlässiger Vereinigung der Fragmente und Naht des seitlichen, akzessorischen Streckapparates kann bereits am Tage nach der Operation mit *Bewegungen* begonnen werden. Die zuverlässige Konsolidation beansprucht durchschnittlich 4 Wochen; nach dieser Frist können deshalb störende Schrauben wieder entfernt werden.

Pseudarthrosen konservativ behandelter Olecranonfrakturen erfordern sekundäre Operation, falls erhebliche Funktionsstörungen vorliegen. Der Eingriff erfolgt grundsätzlich in gleicher Weise wie bei frischen Brüchen; nur muß die vernarbte Bruchfläche beider Fragmente bis in die gesunde Spongiosa angefrischt werden.

Offene Olecranonbrüche sind aktiv chirurgisch zu versorgen; dabei wird man stets die Fragmente verschrauben und die Wunde unter Drainage des Ellbogengelenkes nur partiell schließen, falls sie verschmutzt war.

Kapitel 3.

Die Frakturen des Radiusköpfchens und des Radiushalses.

a) Die Fraktur des Radiusköpfchens.

Diese stets vollständig *intraartikulär* gelegene Fraktur kommt vorwiegend durch Stoß in der Richtung der Radiuslängsachse zustande, also durch Mechanismen, wie sie zu Fraktur des Condylus externus führen, mit der Verletzungen

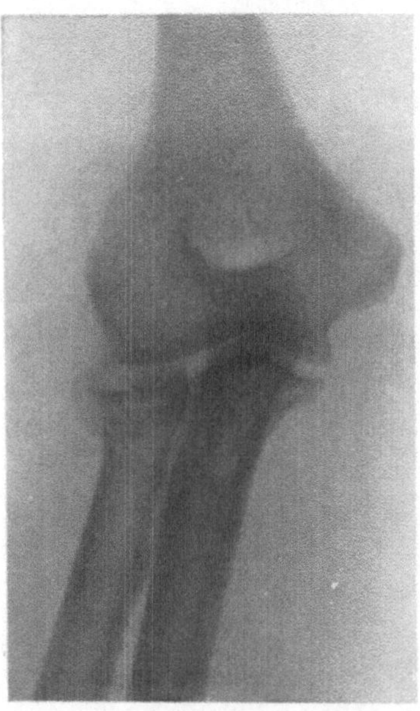

Abb. 628. Stauchungsfraktur des Radiusköpfchens, die lateralen Partien betreffend.

des Radiusköpfchens denn auch nicht so selten kombiniert sind. Einen *Stauchungsbruch* des Radiusköpfchens sieht man auch gelegentlich in Begleitung von *Ellbogenluxationen* nach hinten und von *Hyperextensionsfraktur des Olecranon* (vgl. Abb. 631). Diesen Frakturen durch Längsstauchung gegenüber spielen die Brüche des Radiusköpfchens durch direkte Gewalteinwirkung nur eine ganz untergeordnete Rolle.

Die Längsstauchung führt zu einer typischen *Kompressionsfraktur*; da im Momente maximaler Stoßwirkung das Ellbogengelenk meist etwas abduziert ist, betrifft die Kompression vorwiegend die lateralen Abschnitte des Radiusköpfchens, so daß die Gelenkfläche eine durch Impression der lateralen Partie bedingte *Schrägstellung* aufweist (siehe Abb. 628). Erfolgte die Stauchung in Flexionsstellung, so ist die vordere Partie des Radiusköpfchens frakturiert, und es erfolgt Dislokation der kleinen Fragmente nach vorne und unten; die Radiusgelenkfläche fällt nach vorne ab (s. Abb. 629).

Neben diesen Kompressionsfrakturen gelangt in seltenen Fällen die sog. *Meißelfraktur* zur Beobachtung, wie sie Abb. 630 darstellt. Sie entsteht in der Weise, daß der Längsstoß das Radiusköpfchen in vorbereiteter Abductionsstellung trifft, so daß der scharfe laterale Rand der Humerusgelenkfläche wie ein Meißel wirkt. Je nach der Rotationsstellung des Radius betrifft die Absprengungsfraktur den lateralen oder vorderen Umfang des Radiusköpfchens.

Die Fraktur ist stets mit einem *Bluterguß in das Ellbogengelenk* verbunden und bedingt neben Anschwellung des Gelenkes lokalisierte, namentlich unter

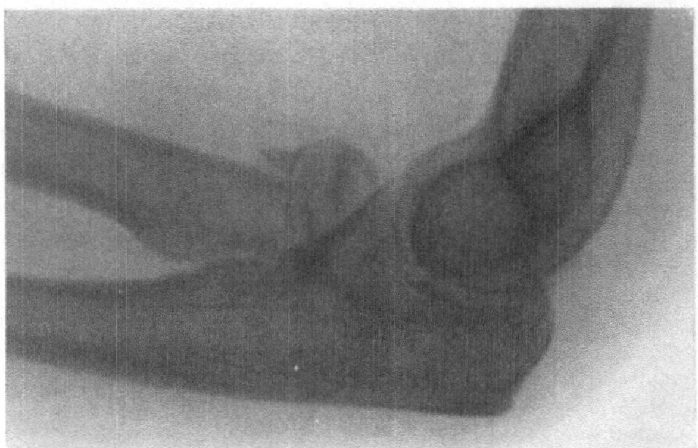

Abb. 629. Stauchungsfraktur der vorderen Partien des Radiusköpfchens.

leichten passiven Rotationsbewegungen nachweisbare *Druckempfindlichkeit*, Auftreibung bzw. *Verbreiterung* des *Radiusköpfchens*, oft verbunden mit *Crepitation* und wohlcharakterisierten Funktionsstörungen. Sowohl die extremen Beuge- und Streckbewegungen als namentlich die forcierte passive *Auswärtsrotation* sind schmerzhaft, ebenso *Stoß in der Radiusachse*, besonders bei abduziertem Ellbogengelenk. Da der äußere-hintere Umfang des Radiusköpfchens der Palpation sehr gut zugänglich ist, macht die Feststellung der lokalisierten Knochenverletzung im allgemeinen keine Schwierigkeiten. Entscheidend ist die *Röntgenaufnahme*, die sowohl bei seitlicher als bei frontaler Projektion charakteristische Bilder liefert (vgl. Abb. 628/629). Neben unregelmäßigen Kompressionsfrakturen sieht man solche mit Bildung von 2—3 gut abgegrenzten Fragmenten, die infolge Umfassung durch das Ligamentum annulare meist nur geringe Verschiebung aufweisen.

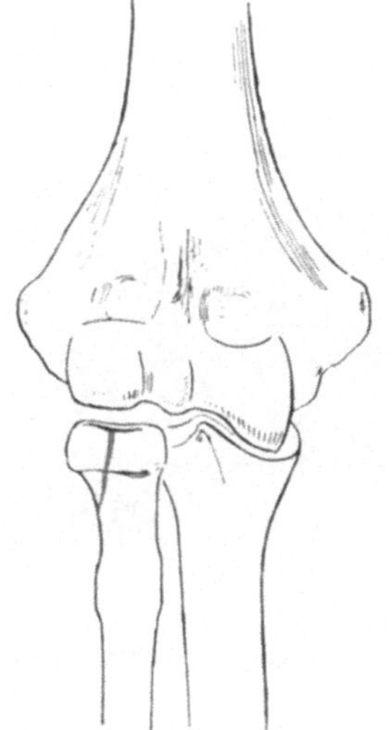

Abb. 630. Meißelfraktur des Radiusköpfchens, schematisch.

Der Verlauf ist nur dort ein ungünstiger, wo es zu stärkerer Callusbildung kommt, die sowohl die Drehbewegungen als Beugung und Streckung in hohem Maße behindern kann. Auch sieht man gelegentlich kleinere, nach dem Gelenkraum dislozierte Fragmentsplitter, die als freie Gelenkkörper wirken.

Die engen Beziehungen des *tiefen, motorischen Radialisastes* zum Radiusköpfchen bedingen gelegentliche Läsion dieses Nerven bei den seltenen direkten Frakturen des Radiusköpfchens. Da der oberflächliche, sensible Radialisast etwas höher oben abgeht, ist diese Form der Radialislähmung eine rein motorische. Obschon eine Beeinflussung der Fragmente durch äußere Maßnahmen

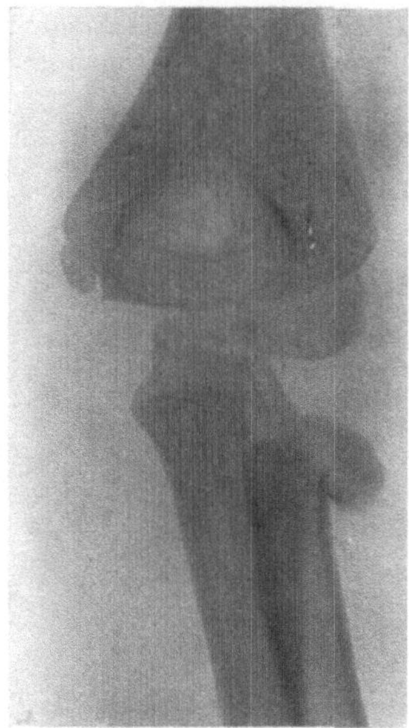

Abb. 631a. Fraktur des Radiushalses; gleichzeitig Hyperextensionsfraktur des Olecranon.

ausgeschlossen ist, braucht nicht jede Fraktur des Radiusköpfchens operativ versorgt zu werden, weil auch bei erheblicher Kompressionsdeformation des Gelenkteiles die konsequente mobilisierende Behandlung gute Resultate geben kann. *Operatives Vorgehen* ist jedoch geboten, wenn gelenkwärts verschobene Fragmente eine Bewegungsstörung erwarten lassen, und wenn der *Radialis verletzt* ist. Größere Bruchstücke sind nach Möglichkeit zu reponieren und durch kleine Drahtstifte zu fixieren; erweist sich dies als unmöglich, so empfiehlt sich nach Entfernung der losen Fragmente *sparsame, formende Resektion des Radiusköpfchens*.

Operatives Vorgehen ist ferner angebracht in allen Fällen mit *störender Callusbildung* und mit *Bildung freier Gelenkfragmente*; bei diesen sekundären Eingriffen empfiehlt sich Formung *des Radiusköpfchens* und Bedeckung des abgerundeten Radiusstumpfes mit einem kleinen Fettlappen.

Die Incision wird gemäß dem KOCHERschen Resektionsschnitt über das Radius köpfchen geführt, und vermeidet am sichersten den tiefen Ast des radialis, wenn man gleich das Gelenk eröffnet. Die *Nachbehandlung* ist eine konsequent *mobilisierende*.

b) Die Fraktur des Radiushalses einschließlich Epiphyseolysen.

Die Fraktur des Radiushalses, zwischen ausladender Partie des Radiusköpfchens und Tuberositas radii gelegen

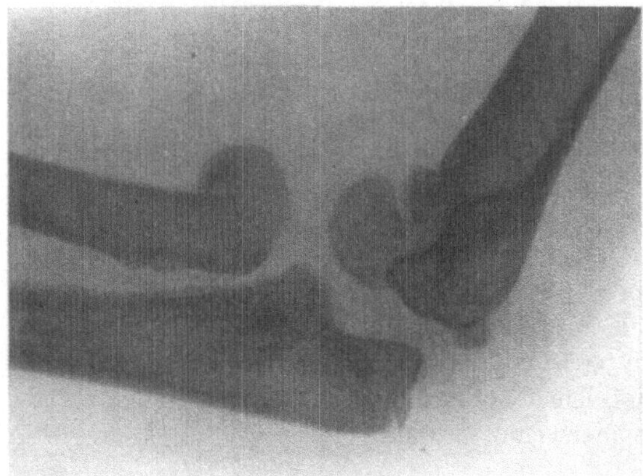

Abb. 631b. Seitenaufnahme zu Abb. 631a.

(siehe Abb. 631), ist eine relativ seltene Verletzung. Sie entsteht sowohl durch direkte als durch indirekte Gewalteinwirkung nach Art der Brüche des Radiusköpfchens. Auch *forcierte Pronation* soll die Fraktur verursachen können. Man sieht den Bruch des Radiushalses entsprechend seiner Genese als Komplikation der Ellbogenluxation, und ferner habe ich ihn gleichzeitig mit Hyperextensionsfraktur der Ulna beobachtet (siehe Abb. 631a, b). Morphologisch stellt sich der Bruch des Radiushalses als Abbruch des Radiusköpfchens dar.

Die *Symptome* der Verletzung sind ebenfalls typische. Infolge der reichlicheren Muskelbedeckung der Frakturstelle pflegt die Schwellung nicht so ausgeprägt zu sein, wie bei der Fraktur des Köpfchens selbst. Neben umschriebener *Druck-* und *Stoßempfindlichkeit* fällt die *Schmerzhaftigkeit der Rotationsbewegungen*, besonders der passiven Supination, auf. Das Radiusköpfchen, das man gut mit zwei Fingern fixieren kann, geht bei diesen Bewegungen nicht mit; oft konstatiert man gleichzeitig *Crepitation.*

Genaue Auskunft über Verlauf der Frakturebene und Fragmentdislokation gibt die *kombinierte Röntgenaufnahme.* Da die Fraktur oberhalb der Tuberositas

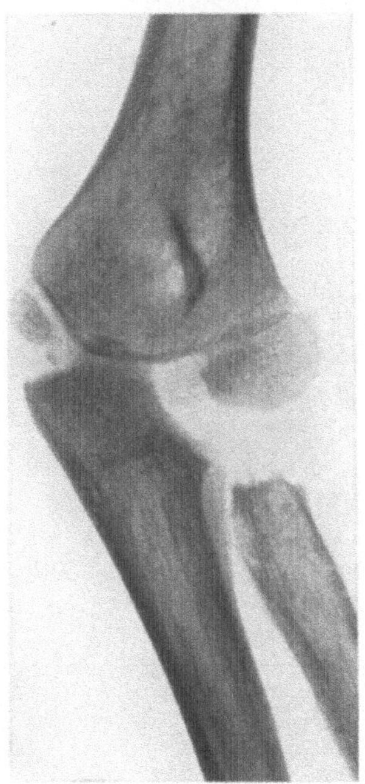

Abb. 632.
Resektion des Radiusköpfchens wegen
Fraktur; sekundäre Vagusstellung.

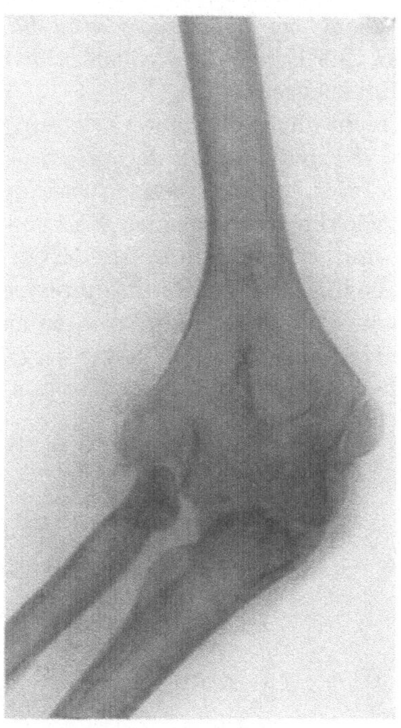

Abb. 633. Arthritis deformans und Bildung einer] tiefen
Nische im Condylus externus humeri für die Aufnahme
des Radiusschaftes nach Resektion des Radiusköpfchens.

radii, der Ansatzstelle des M. biceps, liegt, ist das periphere Schaftfragment oft nach vorne-innen und oben verschoben (vgl. Abb. 631), und zwar nimmt diese Dislokation bei passiver Streckung des Ellbogengelenkes zu. Das Kopffragment ist meist etwas schräg nach außen gestellt, unter dem Druck des nach oben verschobenen Schaftfragmentes.

Weist das Kopffragment eine achsengerechte Stellung auf, so erfolgt nach vorübergehender Ruhigstellung *mobilisierende Behandlung*, die jedoch zunächst *schonend* ausgeführt werden muß, will man nicht die Fragmentstellung künstlich verschlechtern.

Frakturen mit Umkippung des oberen Fragmentes sind dagegen operativ zu versorgen. Nach erfolgter Reposition wird das Köpfchen mit Hilfe von zwei *Drahtstiften*, die von oben schräg nach unten vorgetrieben werden, an den Radiusschaft fixiert oder schräg von unten her verschraubt. Splitterung und weitgehende

41*

Auslösung des Gelenkfragmentes lassen gelegentlich die *Entfernung des Köpf-chens* ratsam erscheinen. Nach diesem Eingriff gerät jedoch der Vorderarm in zunehmende *Valgusstellung* (Abb. 632), und ferner kann sich eine progrediente *deformierende Arthritis* mit Bildung einer tiefen Nische in der Rotula zur Auf-nahme des oberen Radiusendes entwickeln (Abb. 633). Dieser Abbau im äußeren Condylus, der sich unter dem Bilde der dissezierenden Arthritis darstellt, beruht möglicherweise zum Teil auf primärer Schädigung des Gelenkknorpels; doch könnte auch der dauernde Kontakt mit dem knorpellosen Radiusschaft eine Rolle spielen. Die *Nachbehandlung* be-zweckt rasche Erreichung vollständiger Bewegungsexkursionen.

Eine recht ungewöhnliche Verletzung ist die *Epiphyseolyse des Radius-köpfchens*, die in gleicher Weise zustande kommt, wie die beschriebenen Fraktur-formen und übereinstimmende Sym-ptome bedingt. Die Radiusepiphyse weist vom 5. Lebensjahr an einen *Knochenkern* auf (Abb. 592), der gegen das 15. Lebensjahr hin mit der Diaphyse

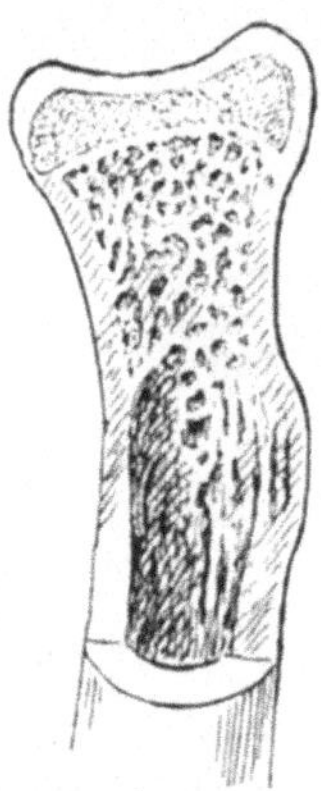

Abb. 634. Epiphysenverhältnisse des Radius-köpfchens, 17jähriger Knabe. (Nach Toldt.)

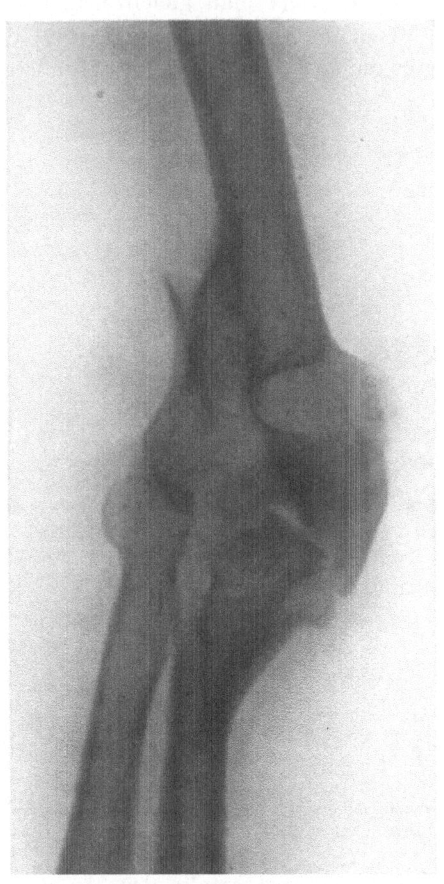

Abb. 635. Ankylose des Ellbogengelenkes nach Schußfraktur.

verschmilzt (Abb. 634). Für die Behandlung gelten die gleichen Grundsätze, wie sie für die Fraktur des Radiushalses dargelegt wurden.

Kapitel 4.

Schußfrakturen des Ellbogengelenkes.

Durch Schußverletzungen werden, wie durch schwere Maschinen- und Überfahrungsverletzungen des Ellbogens, oft die Vorderarmknochen gleich-zeitig mit dem unteren Humerusende betroffen (Abb. 635). Auch die Frakturen der Gelenkabschnitte der Vorderarmknochen zeigen, wie die Schußverletzungen des Humerus, *unregelmäßige Splitterung*, die ihre systematische Darstellung verunmöglicht. Von grundlegender Bedeutung sind die komplizierenden, *durchgehenden Verletzungen der Haut, sowie die Läsion der Gefäße und Nerven*.

Erscheinen die Schußwunden nicht zum vorneherein infiziert, so wird man nach aktiver chirurgischer Wundversorgung und Fixation des Gelenkes in Beugestellung einen *Versuch mit konservativer Behandlung* machen. Erweist sich jedoch das Gelenk als *infiziert*, so zögere man nicht mit *breiter Freilegung* der zertrümmerten Frakturstelle durch Erweiterung der Ein- und Ausschußöffnungen, oder durch einen typischen, lateralen Resektionsschnitt; Splitter sind nur zu entfernen, soweit sie vollständig ausgelöst sind oder den Sekretabfluß behindern. Die *Fixation* wird in solchen Fällen mit einer *distrahierenden Heftpflasterextension* am Vorderarm, oder mit einem *direkten Zug* an der Ulna kombiniert.

In gleicher Weise wie bei den offenen Frakturen des unteren Humerusendes beginnt die Extension in Streckstellung des Ellbogengelenkes, und wird sukzessive in rechtwinklige Beugung übergeführt.

Soweit es sich nicht um Schußfrakturen des Ellbogengelenkes mit erheblichen Substanzverlusten handelte, sieht man als *Endresultat* infizierter Schußverletzungen des Ellbogengelenkes vorwiegend vollständige *Versteifung*, bedingt durch breite Synostose (vgl. Abb. 100/635). Dagegen heilen sorgfältig konservativ behandelte, aseptisch gebliebene Schußbrüche ohne Explosivverletzung der Weichteile oft mit überraschend gutem Funktionsresultat; die *Prognose* wird jedoch getrübt durch die häufigen *komplizierenden Nerven- und Gefäßverletzungen*.

Schwer infizierte Zertrümmerungsschußbrüche erfordern auch heute noch gelegentlich die *primäre oder sekundäre Resektion oder Amputation*.

In Fällen, die mit Gelenkversteifung ausgeheilt sind, kommt die *nachträgliche operative Mobilisierung* in Frage; mit Rücksicht auf die ruhende Infektion muß die Karenzfrist hier jedoch mindestens 1 Jahr betragen. Einfach und dankbar zu behandeln sind isolierte Versteifungen des Radiohumeralgelenkes.

II. Diaphysenfrakturen der Vorderarmknochen.

Kapitel 1.

Fraktur beider Vorderarmknochen.

Radius und Ulna bilden insofern eine statische Einheit, als beide Knochen an ihren Enden in direktem Kontakt stehen, während zwischen diesen Berührungspunkten eine enge Verbindung durch die Membrana interossea hergestellt wird (Abb. 636). Die zentrale und periphere Gelenkverbindung zwischen beiden Vorderarmknochen gestatten drehende Bewegungen des Radius um die feststehende Ulna, und zwar verläuft die Drehachse schräg vom Radiusköpfchen zur Ulna. Es ist nun zu beachten, daß bei der Pronation der maximal etwa $2^1/_2$ cm betragende Zwischenraum zwischen Ulna und Radius sich bis auf wenige Millimeter verringert, unter Faltung der Membrana interossea. Die Ausführbarkeit der Pronation ist somit von der physiologischen *Parallelstellnng* der beiden Vorderarmdiaphysen, diejenige der Supination vor allem von der *normalen Entfaltbarkeit der Membrana interossea* abhängig. *Jede fixierte Knickung der Diaphysen von Radius und Ulna und jede Verkürzung der Membrana interossea in querer Richtung bilden ein Hindernis für die Rotation.* Die größte Distanz der Vorderarmknochen und damit die maximale Entfaltung der Zwischenmembran wird erreicht bei einem Supinationswinkel von etwa 135°, also in einer mittleren Rotationsstellung.

Die beiden Vorderarmknochen werden am häufigsten durch eine in querer Richtung einwirkende, *direkte Gewalt* gebrochen (Abb. 637), und es ist in diesem Falle der Bruch als kombinierte Abscherungs-Biegungsfraktur aufzufassen.

Durch Kompression des Vorderarmes von beiden Schmalseiten her können die Diaphysen in ihrer unteren Hälfte, wo ihr Abstand am größten ist, unter lokaler Einwirkung *durch Biegung* gebrochen werden. Bei den direkten Frakturen sind beide Knochen gewöhnlich im gleichen Niveau gebrochen (Abb. 641). Seltener sieht man *indirekte Brüche* beider Vorderarmdiaphysen, verursacht durch Stoß in der Längsrichtung, bei Fall auf die Hand (Abb. 638). Hier liegen die Frakturen häufig nicht in gleicher Ebene; die beiden Knochen brechen vielmehr mit Vorliebe an ihrer schwächsten Stelle, die beim Radius in der Mitte, bei der Ulna am Übergang vom unteren zum mittleren Drittel liegt. Dem entspricht, daß in den Fällen, wo die Frakturen der Vorderarmknochen nicht in gleicher Ebene liegen, die Fraktur des Radius in ³/₄ der Fälle sich weiter oben findet als die Ulnafraktur. Eine Ausnahme machen u. a. die indirekten Frakturen beider Knochen im unteren Drittel, wie wir sie bei Kindern als Analogon der klassischen Radiusfraktur des Erwachsenen sehen (Abb. 639 a, b). Die indirekten Brüche der Vorderarmdiaphysen sind im wesentlichen *Biegungsfrakturen,* gelegentlich verbunden mit Torsion, seltener mit Stauchung, und stellen sich deshalb vorwiegend als kurze *Schrägfrakturen* (siehe Abb. 638) oder Spiralbrüche dar, während die direkten Frakturen wesentlich quer verlaufende, häufig gezähnte Frakturebenen aufweisen (vgl. Abb. 637/641). Nach statistischen Zusammenstellungen betreffen die Frakturen beider Vorderarmknochen hauptsächlich das untere, etwas weniger häufig das mittlere und relativ selten das obere Drittel.

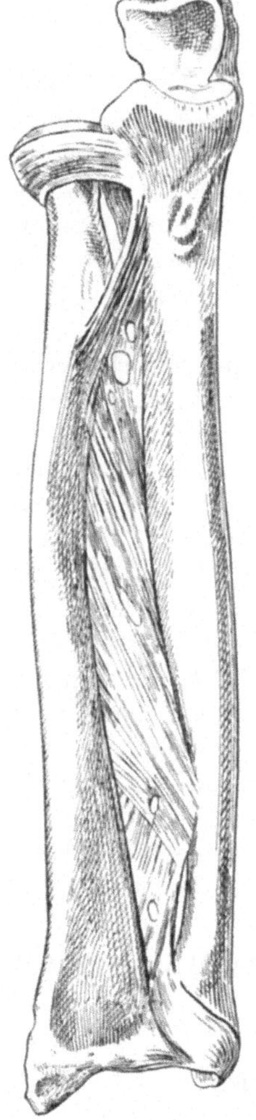

Abb. 636. Radius und Ulna mit Membrana interossea. (Nach TOLDT.)

Eine *Dislokation* der Fragmente fehlt nur in der Minderzahl von Fällen. Bei Kindern jedoch sieht man relativ häufig *Infraktionen* mit reiner Achsenknickung ohne laterale Verschiebung (Abb. 640), in Form der sog. „Fracture en bois vert". Bei den direkten Brüchen wird die Verschiebung in erster Linie bestimmt durch die Richtung der frakturierenden Gewalt, soweit die *seitliche Dislokation* in Betracht fällt (Abb. 641). Dazu kommt gewöhnlich eine sekundäre *Längsverschiebung* (vgl. Abb. 641) und bei Frakturen im oberen Drittel eine

Flexionsknickung durch Wirkung des Längszuges der am Oberarm entspringenden Beugemuskeln und Supinatoren (vgl. Abb. 640). In anderen Fällen bewirkt die Aktion der im oberen Drittel ansetzenden Ellbogenbeuger eine charakteristische Flexionsstellung der oberen Fragmente, so daß die unteren in Extensionsstellung geraten.

Bei *indirekten Frakturen* sehen wir oft nur Achsenknickung, häufiger jedoch gleichzeitig Verschiebungen nach der Seite und Verkürzung. *Besonders wichtig ist die häufige Rotationsverschiebung* der Vorderarmfragmente; meist stehen die peripheren Fragmente in Pronationsstellung, die oberen in Supinationsstellung, seltener umgekehrt. Diese gegensätzliche Rotationsverschiebung kann so hochgradig sein, daß eine Kreuzung der Fragmente zustande kommt.

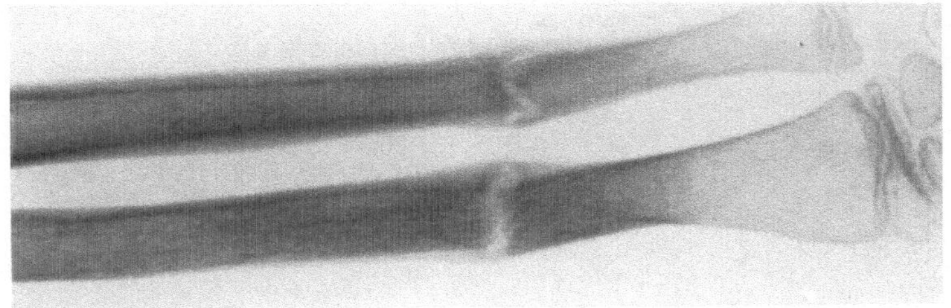

Abb. 637. Querfraktur beider Vorderarmknochen im gleichen Niveau. Verzögerte Heilung; Sklerosierung der Fragmente unter gleichzeitigem zonenförmigem Abbau im Bereiche der Frakturspalte.

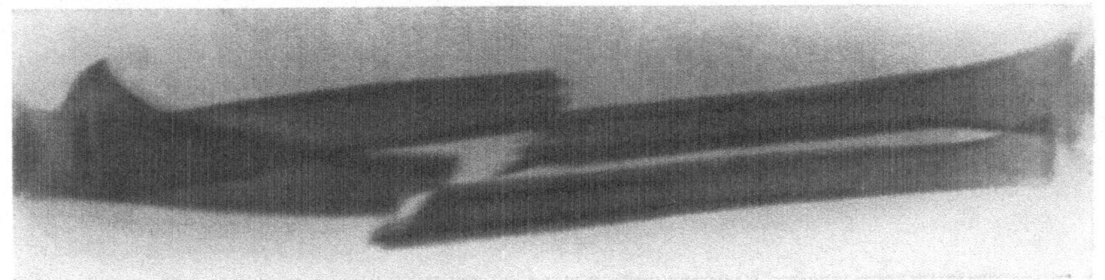

Abb. 638. Indirekte kurze Schrägfraktur beider Vorderarmknochen.

Die *Symptome* der Fraktur beider Vorderarmknochen sind stets sehr auffällige, wenn es sich nicht um subperiostale Frakturen handelt. Abgesehen von der lokalen Schwellung, dem Bruchschmerz und der falschen Beweglichkeit fällt sofort auf, daß der Vorderarm nicht horizontal gehalten werden kann, ohne daß der Patient die Hand unterstützt. Entfernt man diese Stütze, so tritt an der Frakturstelle sofort eine augenfällige Knickung ein, indem die Hand nach unten sinkt. Die genaue Feststellung der vorliegenden Fragmentverschiebungen und allfälliger Splitterbildung, wie sie bei direkten Frakturen nicht so selten ist, erfordert zwei senkrecht zueinander orientierte Röntgenaufnahmen.

Der guten *Heilung* stark dislozierter Brüche beider Vorderarmknochen stehen eine Reihe von Schwierigkeiten entgegen. Man sieht denn auch eine Anzahl geradezu als typisch zu bezeichnender *Störungen der Frakturheilung.* Zunächst ist die genaue Reposition und die zuverlässige Retention zweier parallel stehender, gebrochener Knochen erfahrungsgemäß oft recht schwierig, gelegentlich durch äußere Maßnahmen unmöglich. Besonders refraktär verhält sich in dieser Hinsicht die entgegengesetzte Rotationsstellung, die Kreuzung der

Fragmente. Im allgemeinen ist die Reposition leichter, wenn die Frakturen der beiden Vorderarmknochen nicht in gleicher Höhe liegen. Gelingt es in solchen Fällen, die eine Fraktur korrekt zu stellen, so ist häufig auch die Stellung der beiden anderen Fragmente eine relativ befriedigende. Bei Frakturen im gleichen Niveau dagegen sieht man nicht so selten, daß durch die Repositionsmaßnahmen für die eine Fraktur die andere ungünstig beeinflußt wird, wofür Zugwirkungen des Ligamentum interosseum und auch der Muskulatur verantwortlich zu machen sind. Besonders schwierig kann sich die Situation gestalten, wenn die einander

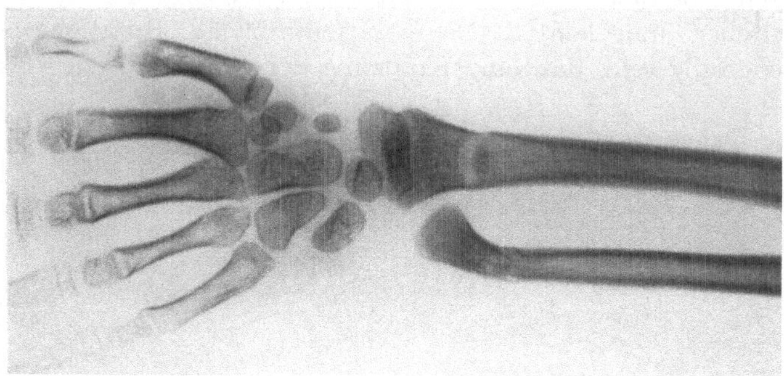

Abb. 639a. Fraktur beider Vorderarmknochen beim Kinde, entstanden durch Fall auf die Hand; Analogon der Radiusepiphysenfraktur des Erwachsenen.

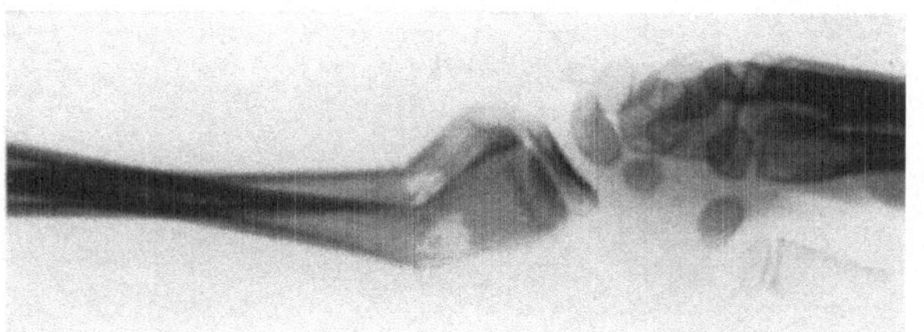

Abb. 639b. Seitenaufnahme zu Abb. 639a; Infraktion mit hochgradiger Dorsalknickung.

genäherten unteren Fragmente durch die auseinandergewichenen oberen eingegabelt werden, oder umgekehrt.

Auch dort, wo die Reposition in relativ befriedigender Weise erfolgt, kann bei Frakturen im gleichen Niveau auch ohne besonders hochgradige *Callusbildung* eine *Synostose beider Knochen* zustande kommen, die zu einer vollständigen *Aufhebung der Rotationsbewegungen* führt (Abb. 83). Besonders leicht treten Synostosen ein, wenn die Fragmente gekreuzt oder gabelartig ineinander geschoben sind.

Rotationshemmung tritt natürlich auch ein, wenn die Heilung in Pronationsstellung der unteren und Supinationsstellung der oberen Fragmente stattfindet, oder wenn furch fixierte, winklige Knickung eines oder beider Fragmente die normale Entfaltbarkeit des Ligamentum interosseum leidet. Besonders schwierig ist die Erzielung einer befriedigenden funktionellen Heilung bei mehrfachen Brüchen der Vorderarmknochen.

Neben der Heilung in unbefriedigender Stellung sieht man bei Frakturen beider Vorderarmknochen relativ oft *verzögerte* oder *ausbleibende Konsolidation,*

die oft nur einen Knochen betrifft (Abb. 642);
so steht der Vorderarm hinsichtlich Frequenz
der Pseudarthrosenbildung an vierter Stelle.
Die Ursache liegt zum Teil in *Weichteil-
interpositionen*, ferner in *unbefriedigender
Fragmentstellung*, mangelhaftem Kontakt der
osteogenetischen Schichten und in der Beschaffenheit der Diaphysen. Besonders häufig sind Vorderarmpseudarthrosen nach
infizierten, offenen Brüchen, besonders
Schußfrakturen (vgl. Abb. 93).

Die *Behandlung der Fraktur beider Vorderarmknochen* erfordert in erster Linie *möglichst genaue Reposition*, und zwar ist mit
Rücksicht auf die erwähnten, gefürchteten
Rotationshemmungen sowohl dem Ausgleich
der Rotationsverschiebung als der Wiederherstellung korrekter Achsenstellung, mit
anderen Worten der *physiologischen Parallel-
stellung beider Vorderarmknochen*, größte
Aufmerksamkeit zu schenken. Wo sich die
Reposition erzielen läßt, empfiehlt sich die
Verwendung *von Schienenverbänden*, weil
erfahrungsgemäß die Extension für die Aufrechterhaltung guter Fragmentstellung bei
Vorderarmfrakturen nicht ausreicht. Jedenfalls ist es ratsam, die Extension mit der
Anwendung von Schienen zu kombinieren.
Zur Beseitigung von Einwärtsknickung der
beiden Knochenachsen und zur Verhütung

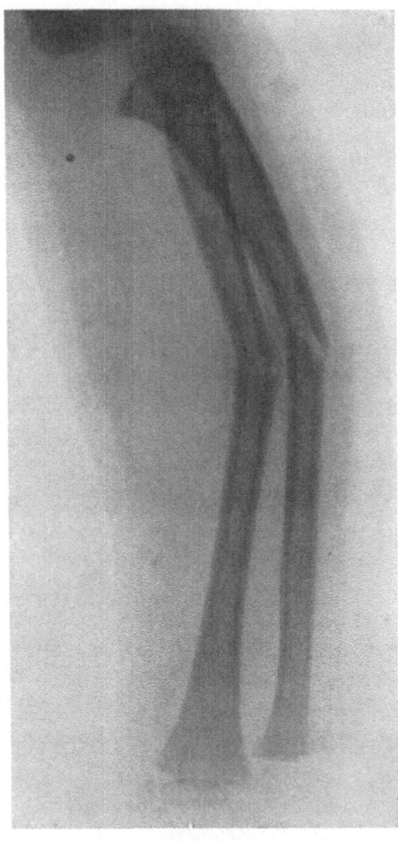

Abb. 640. Infraktion beider
Vorderarmknochen durch Längsstoß.

von Synostosen wird das Einpressen von länglichen Gaze- oder Wattebäuschen
oder runden Holzstäbchen (s. Abb. 644) zwischen beide Knochen empfohlen. Dieses
Hilfsmittel erfordert jedoch mit Rücksicht auf mögliche Druckschädigungen

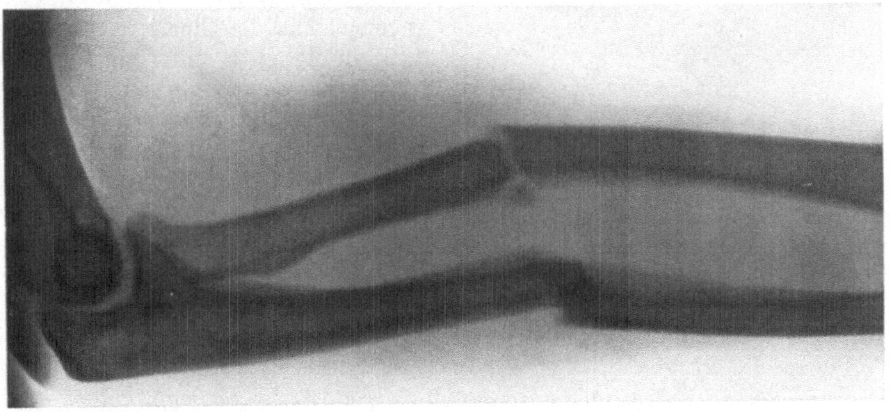

Abb. 641. Typische Verschiebung bei Querfraktur beider Vorderarmknochen.

der Haut vorsichtige Anwendung. Die Schienenverbände sollen auch hier in *Entspannungslage* angebracht werden, schon mit Rücksicht auf die gelegentliche Flexionsstellung der oberen Fragmente. Bei Frakturen im oberen Drittel muß das Ellbogengelenk miteinbezogen werden, und zwar in Rechtwinkelstellung; die Hand wird in mittlerer Rotationsstellung anbandagiert. Die Fixation auf der Schiene soll nicht länger als 3 Wochen dauern. Wenn man die Finger von den Metacarpo-Phalangealgelenken an freiläßt, und die Patienten zum Gebrauch der Finger anweist, sind Immobilisierungsschädigungen nicht zu befürchten.

Hartknäckige Flexionsknickungen an der Frakturstelle, wie man sie besonders bei Frakturen beider Vorderarmknochen im oberen Drittel sieht, lassen sich oft nur durch Extension und vorübergehende Schienenbehandlung *in Streckstellung des Ellbogengelenkes* überwinden.

Für die ambulante Behandlung eignen sich auch *Extensionsschienen* nach BARDENHEUER oder BORCHGREVINK, die manchmal hartnäckige Dislokationstendenzen sehr günstig zu beeinflussen vermögen. Den gleichen Zweck erfüllt ein *improvisierter Extensionsverband* nach PERTHES, wie ihn Abb. 643 zeigt.

In schwierigen, rebellischen Fällen empfiehlt sich ein Versuch mit einem *distrahierenden Gipsverband unter Verwendung zweier Drahtzüge* nach dem Vorschlag von BÖHLER (vgl. Abb. 644). Oberhalb des Handgelenks werden beide Vorderarmknochen, unterhalb des Ellenbogengelenks die Ulna mit einem Stahldraht durchbohrt; unter entgegengesetzter, reponierender Extension werden beide Drahtzüge eingegipst, die Enden der Drähte mit Schraubenzwingen gesichert und diese in den Verband einbezogen. Gegen den Zwischenknochenraum wird volar- und dorsalseits ein drehrundes Holzstäbchen angepreßt (s. Abb. 644).

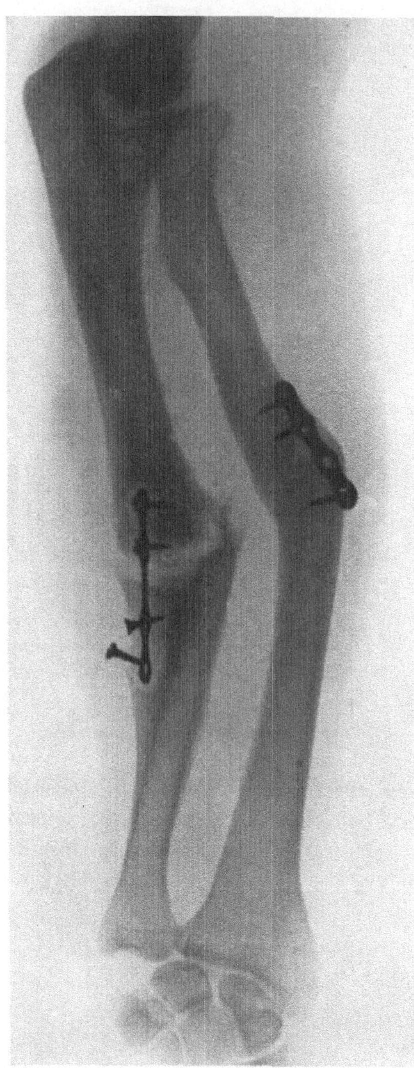

Abb. 642. Pseudarthrose der Ulna bei operativ behandelter Vorderarmfraktur.

Ist die Reposition der Fraktur beider Vorderarmknochen weder durch indirekte noch direkte Extension zu erreichen, so empfiehlt sich unbedingt *operatives Vorgehen*. Die *Methode der Wahl ist bei Querbrüchen die Vereinigung beider Knochen durch aufgeschraubte Metallplatten, bei Schrägfrakturen die Umschlingung mit Stahldraht.* Zuerst legt man die beinahe in ihrer ganzen Ausdehnung subcutan gelegene, leicht zugängliche Ulna frei, reponiert möglichst genau, und fixiert nur provisorisch mit einer LAMBOTTEschen Zange. Dann wird durch Schnitt am Innenrand des M. brachio-radialis der Radius freigelegt, die Fraktur reponiert und endgültig fixiert. Erst dann erfolgt die Vereinigung der Ulna, die jetzt, nach korrekter Vereinigung des Parallelknochens, sicher in guter Stellung stattfindet. Die Verschraubung nur eines Knochens bei Diaphysenbrüchen, die etwa noch geübt wird, ist zu widerraten. Eine Ausnahme ist nur gerechtfertigt bei den *ganz peripher, 1—3 cm proximal von der Epiphysenlinie gelegenen Frakturen beider Vorderarmknochen,* wie wir sie unter indirekter Gewalteinwirkung *bei Kindern* als mechanisches und klinisches *Analogon der typischen Radiusfraktur* beobachten (vgl. Abb. 639). Neben Infraktionen sehen wir hier vollständige Dorsalverschiebung eines oder beider Fragmente (Abb. 645), die sich oft nur operativ ausgleichen läßt;

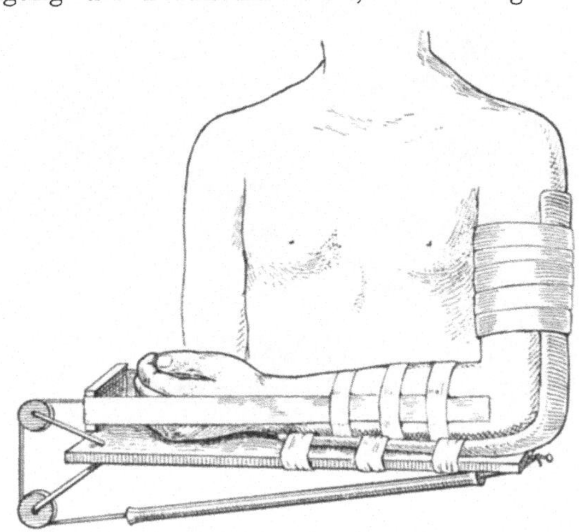

Abb. 643. Verband zur ambulanten Extension der Vorderarmfraktur. (Nach PERTHES.)

da sich nun diese Fraktur noch im spongiösen, metaphysären Abschnitt des Radius befindet, halten die Fragmente nach offener Reposition ihre Stellung manchmal sehr gut (s. Abb. 646). Jedenfalls genügt es hier oft, nur den Radius zu *verschrauben*, oder durch einen *Metaphysenstift* zu fixieren, da die Ulnafraktur sich bei der Reposition der Radiusfragmente selbst einstellt und bei Nachbehandlung auf einer Schiene keine sekundäre Verschiebungstendenz aufweist. Zum Schutz gegen schädigende Bewegungen — besonders während des Erwachens aus der Narkose — wird für 2—3 Tage eine *Metall- oder Gipsschiene* angelegt. Wurden die Fragmente nur eingestellt, so muß für 2 Wochen ein richtiger Gipsschienenverband an-

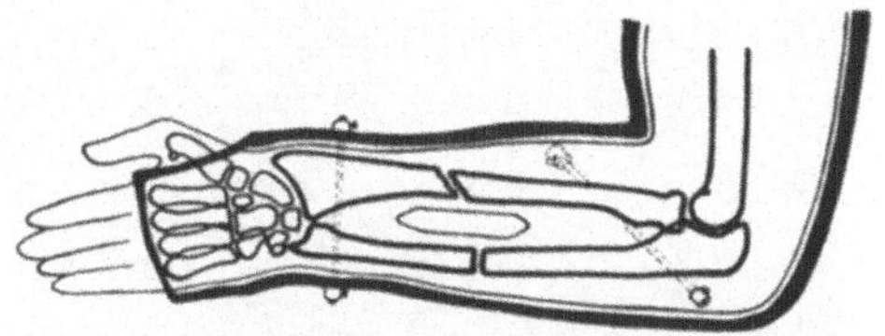

Abb. 644. Distrahierender Drahtextensions-Gipsverband nach BÖHLER; Auseinanderpressen der Parallelknochen durch Holzstäbchen (s. Text).

gelegt werden, der Hand- und Ellbogengelenk umfaßt. *Die Hand ist in mittlere Rotationsstellung zu bringen und während der Übungsbehandlung größtes Gewicht auf die Wiedergewinnung völliger Rotationsexkursion zu legen.* Für die Behandlung infizierter, offener Frakturen beider Vorderarmknochen kommt die Anwendung des LAMBOTTEschen Fixateurs oder direkten Drahtzuges am peripheren Radiusende in Betracht.

Eine praktisch wichtige und technisch nicht immer leichte Aufgabe stellt die *Behandlung der Pseudarthrosen beider Vorderarmknochen* dar, die allerdings weniger häufig zur Beobachtung gelangen, als die Pseudarthrose nur eines der Parallelknochen. Die hochgradige Funktionsstörung erfordert unbedingt operative Behandlung.

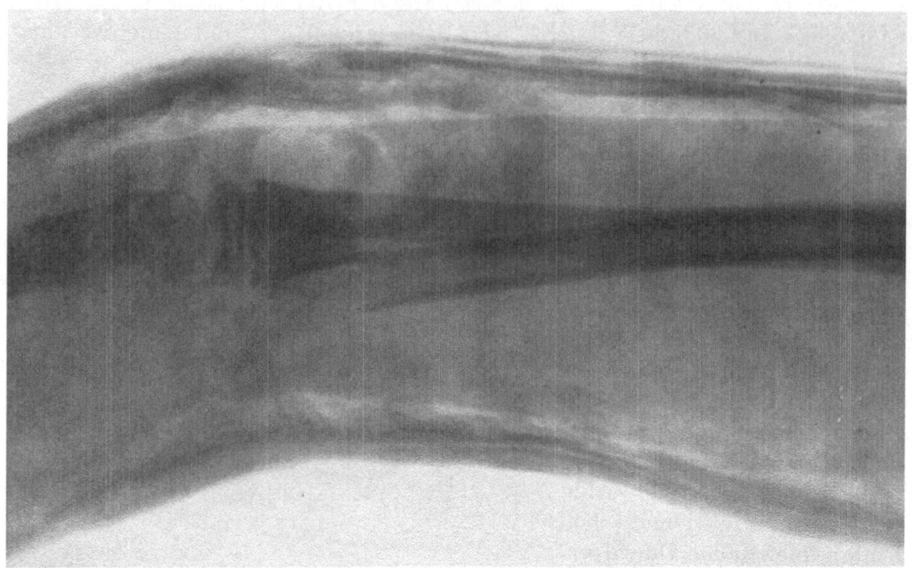

Abb. 645. Typische Dorsalverschiebung des peripheren Radiusfragmentes bei distaler Fraktur beider Vorderarmknochen.

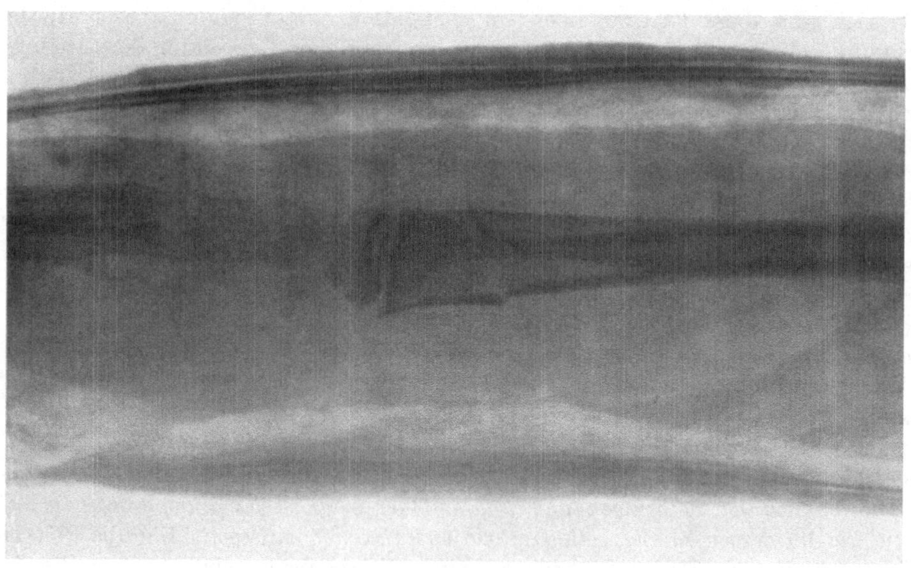

Abb. 646. Fall Abb. 645 nach einfacher Osteosynthese.

Die häufigen *Mißerfolge* bei der Operation von Vorderarmpseudarthrosen sind meist auf *ungenügende Resektion der sklerotischen Bruchenden* zu beziehen. Wichtig ist vor allem die beidseitige *Eröffnung der Markhöhlen*, die in

Verbindung mit *Übertragung von Spongiosa* allein zur Heilung führen kann. Bedingt die Abtragung der Fragmentenden zu große Verkürzung, so ist eine *autoplastische Knochentransplantation* vorzunehmen, die an einem Knochen in Form der Bolzung, am anderen durch Anlagerung einer Knochenspange bewerkstelligt wird.

Die *Nachbehandlung* erfolgt mit *Gipsschienenverbänden,* die Ellbogen- und Handgelenk umfassen, den Fingern jedoch freies Spiel gewähren.

Operative Korrektur erfordern auch *winklig geheilte Vorderarmbrüche* und solche mit *synostotischer Verwachsung* der Frakturstellen in Form eines Brückencallus. Gewöhnlich bedürfen beide Frakturen der offenen Durchtrennung; nur selten liegen die Verhältnisse derart, daß man mit der Korrektur der fehlerhaften Stellung eines Knochens auskommt, sei es, daß sein Callus Anlehnung an den anderen, in guter Achsenstellung geheilten Knochen gefunden hat, sei es, daß der zweite Callus sich geradebiegen läßt. Wichtig ist die vollständige Entfernung aller Callusmassen aus dem Zwischenknochenraum; erst nachher werden die Fragmente in geeigneter, ökonomischer Weise zugeschnitten und vereinigt.

Die nachträgliche knöcherne Verwachsung der Parallelknochen wird dann durch *Zwischenlagerung eines Fettlappens* oder eines gestielten *Muskellappens* verhindert. Oft läßt sich auch die Muskulatur durch einige tiefe Nähte zuverlässig zwischen die Abtragungsflächen des Brückencallus lagern, wobei der *Schonung des N. medianus* Sorgfalt zuzuwenden ist.

Bei Kindern lassen sich winklig geheilte Vorderarmbrüche oft *in Narkose geradebiegen* oder durch *unblutige Refraktur* korrigieren. Zur Nachbehandlung derartiger Fälle reichen meiner Erfahrung nach Vorderarmverbände und solche in Winkelstellung des Ellbogengelenkes oft nicht aus; es empfiehlt sich vielmehr, für die Dauer von 2 Wochen einen den ganzen Arm in Streckstellung des Ellbogengelenkes umfassenden Holzschienengipsverband anzulegen. Für die zweite Etappe genügt dann ein Vorderarmschienenverband.

Kapitel 2.

Die isolierten Frakturen des Ulnaschaftes.

Diese Frakturen entstehen, besonders bei Erwachsenen, vorwiegend durch *direkte* Gewalteinwirkung. Das Paradigma des direkten, isolierten Ulnabruches ist die *Parierfraktur* der Ulna (Abb. 647), deren Genese im allgemeinen Teil besprochen wurde. Entsprechend der Richtung der Gewalteinwirkung sind die Fragmente bei dieser vorwiegend querverlaufenden, oft mit Splitterung verbundenen Fraktur nach dem Zwischenknochenraum hin disloziert. Häufig fehlt jedoch eine nennenswerte Verschiebung. Die *Paradefraktur* lokalisiert sich, wie die Mehrzahl der isolierten Ulnafrakturen, in der unteren Hälfte des Knochens; doch sieht man solche auch im oberen Drittel, wenige Zentimeter unterhalb der Gelenkincisur.

Isolierte Brüche des Ulnaschaftes durch *indirekte Gewalteinwirkung* von der Hand her stellen sich bei Kindern vorwiegend in Form der *Infraktion* mit Einknickung der Frakturstelle nach dem Spatium interosseum sowie nach der Beugeseite hin dar (vgl. Abb. 5).

Selten ist die mit Subluxation des Radiusköpfchens kombinierte Knickungsfraktur des oberen Ulnaendes (Abb. 648); die meisten Infraktionen liegen in in der Mitte des Schaftes (s. Abb. 5).

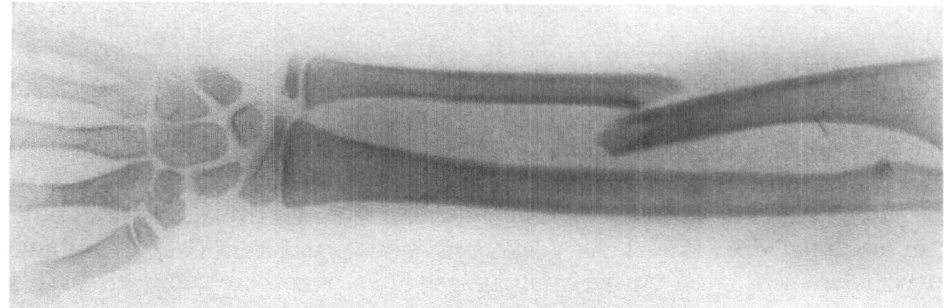

Abb. 647. Isolierte direkte Fraktur der Ulna mit ausgeprägter Biegungskomponente. Verschiebung des oberen Fragmentes nach dem Zwischenknochenraum.

Bei jeder sicher festgestellten isolierten Fraktur des Ulnaschaftes mit ausgeprägter Achsenknickung oder seitlicher Fragmentverschiebung besteht die *Möglichkeit gleichzeitiger Luxation des Radius im Ellbogengelenk* (Abb. 649). Die Luxation des Radiusköpfchens stellt in diesen Fällen das Äquivalent einer Fraktur des Radiusschaftes dar. Diese kombinierte Verletzung entsteht beinahe ausschließlich *indirekt* durch Fall auf die Hand. Die Luxation des Radiusköpfchens erfolgt nach außen und nach vorne, gelegentlich nur in Form der *Subluxation*. Der Bruch der Ulna kann in jedem Niveau liegen, findet sich jedoch mit Vorliebe im oberen (Abb. 649) oder im unteren Drittel.

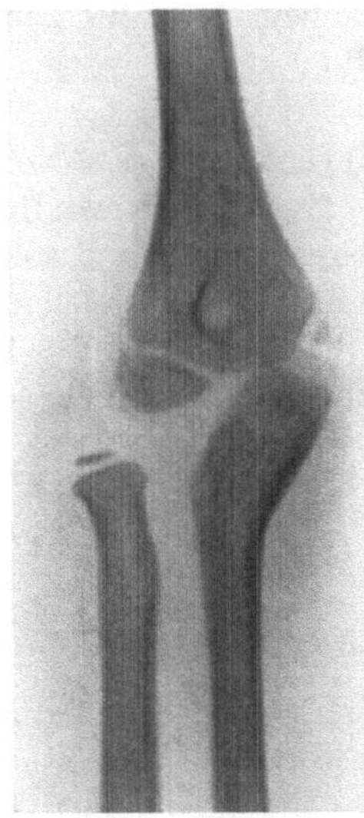

Abb. 648.
Knickungsfraktur des oberen Ulnaendes mit entgegengesetzter Subluxation des Radiusköpfchens.

Die Erkennung der isolierten Ulnafraktur bereitet überall dort, wo eine deutliche Fragmentverschiebung fehlt, einige Schwierigkeiten, da nur ein umschriebener Bluterguß, lokalisierter Druck- und Stoßschmerz auf die Knochenverletzung hinweisen. Die *Diagnose* ist deshalb stets durch zwei *Röntgenaufnahmen* zu sichern, *unter Einbeziehung des Ellbogengelenkes.* Handelt es sich um *Frakturen mit Verschiebung,* so ist stets nach der begleitenden *Luxation des Radiusköpfchens* zu fahnden, die zu Flexionshemmung Anlaß gibt. Diese Verletzung wird erfahrungsgemäß oft verkannt.

Die *Behandlung* der isolierten *Ulnafraktur ohne Verschiebung* erfordert nichts anderes als Sicherung gegen sekundäre Verschiebungen. Das wird in einfachster Weise durch eine dorsale *Metall-* oder *Pappschiene* erreicht, die weder einer Massagebehandlung noch den Bewegungen des Ellbogen- und Handgelenkes im Wege steht. Nach 2 Wochen kann der Vorderarm ohne Bedenken freigelassen werden.

Frakturen mit Verschiebung, die oft mit Radiusluxationen verbunden sind, müssen in erster Linie *reponiert* werden; das gelingt in vollkommener Weise erst nach erfolgter Reduktion der Radiusluxation, durch Zug an der Hand und lokalen Druck, verbunden mit leichten Rotationsbewegungen. Sobald die Reposition durch äußere Maßnahmen wegen Einbohrung eines Fragmentes in die Muskulatur nicht gelingt, und ebenso in veralteten Fällen, ist operatives *Vorgehen* indiziert. Als Hindernis für die Reposition des Radiusköpfchens findet sich gelegentlich ein Knopflochmechanismus; in solchen Fällen wird die Reposition durch Auseinanderziehen der Kapselrißränder mittels Schielhäckchen, nach dem Vorschlage von DE QUERVAIN, sehr erleichtert.

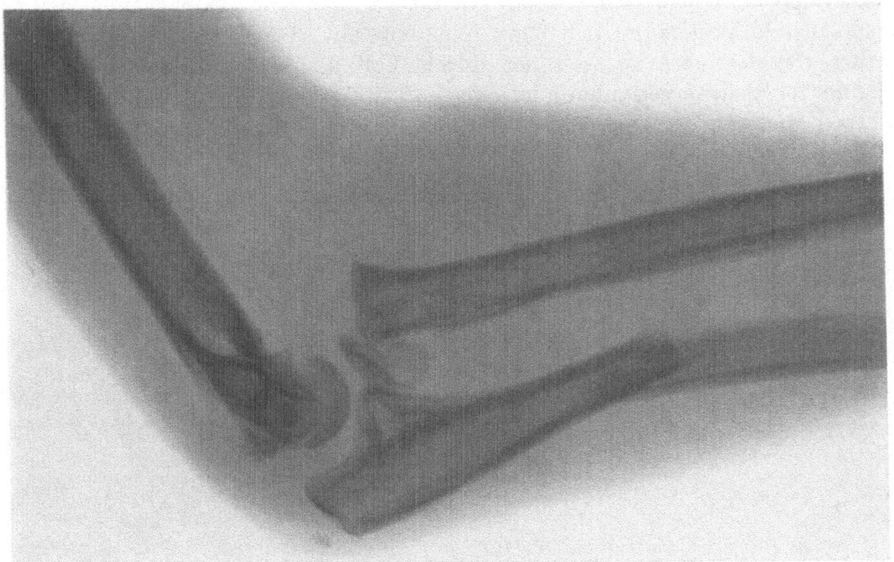

Abb. 649. Fraktur der Ulna mit Epiphysenfraktur des Radiusköpfchens und Luxation des peripheren Radiusfragmentes (seltenere Varietät).

Paraepiphysäre Schrägbrüche des oberen Endes können durch direkte Verschraubung versorgt werden.

Nach Ablauf einiger Wochen läßt sich die Reposition des Radiusköpfchens nur mehr auf blutigem Wege erzielen. Von dem Grade der Fragmentverschiebung an der Ulna und der Funktionsstörung des Ellbogengelenkes hängt es ab, ob man in solchen Fällen eine nachträgliche Operation vornehmen soll. *Subluxationen des Radiusköpfchens* haben keine wesentliche funktionsbehindernde Bedeutung, und man wird deshalb, sofern nicht die erhebliche Dislokation der Ulnafragmente eine Korrektur wünschenswert erscheinen läßt, von der Nachoperation absehen. Wo man eingreift, ist zuerst die Luxation offen zu reponieren und erst nachher die osteotomierte Fraktur zu vereinigen.

Ungenügend reponierte isolierte Ulnafrakturen und besonders Schußbrüche führen zu *Pseudarthrose der Ulna,* deren funktionsbehindernde Wirkung namentlich dort beträchtlich zu sein pflegt, wo es sich um Defektpseudarthrosen handelt. Die *Hand gerät meist in Ulnarabduction,* um so stärker, je weiter handgelenkwärts die Pseudarthrose liegt. Die operative Behandlung drängt sich in solchen

Fällen auf, und besteht in Anfrischung der Fragmente und *Überbrückung des Defektes durch einen autoplastischen Bolzen* oder durch einen kräftigen, seitlich anzulagernden Knochenspan. Resektion des intakten, für die Funktion der Hand wichtigeren Sperrknochens ist nicht ratsam, da man keine Garantie für eine solide Heilung zu geben vermag.

Kapitel 3.

Isolierte Frakturen der Radiusdiaphyse.

Die *isolierte Radiusschaftfraktur* kommt häufiger zur Beobachtung als die entsprechende Verletzung der Ulna, und entsteht ebenfalls vorwiegend unter *direkter Gewalteinwirkung*, seltener durch Fall auf die ausgestreckte Hand. Die direkten Brüche verlaufen quer oder nur wenig schräg, und sind oft gezähnt, während die *indirekten* Brüche eigentliche Schrägfrakturen, gelegentlich mit

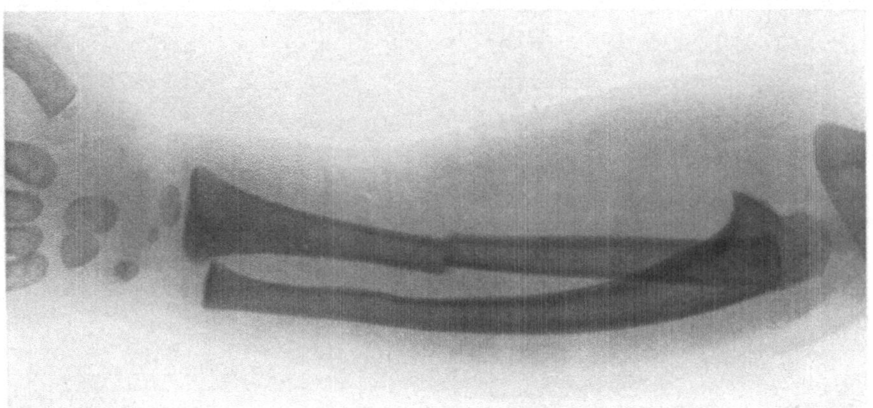

Abb. 650. Isolierte Querfraktur des Radius.

deutlichen Torsionskomponenten, darstellen. Die Vorzugslokalisation betrifft die Grenze zwischen unterem und mittlerem Drittel der Diaphyse (s. Abb. 650), doch kommt die isolierte Radiusdiaphysenfraktur in jedem Niveau zur Beobachtung (siehe Abb. 651).

Bei der gewöhnlichsten Form verschiebt sich das untere Fragment nach innen, gegen das Spatium interosseum zu (s. Abb. 650); liegt der Bruch dagegen nahe der unteren Epiphyse, so erleidet gewöhnlich das beweglichere obere Fragment eine Verschiebung gegen die Ulna, oft verbunden mit Verhackung in der Muskulatur. Die typische isolierte Radiusschaftfraktur zeigt neben der Seitendislokation nicht so selten noch eine Rotationsverschiebung, indem das obere Fragment supiniert, das untere unter der Wirkung des M. pronator quadratus proniert wird.

Auch diese Fraktur ist recht oft von einer *Verletzung des Parallelknochens* begleitet, besonders wenn sie indirekt durch Fall auf die Hand zustande kam. Entweder sieht man, worauf OBERST hingewiesen hat, eine *Fraktur des Processus styloideus ulnae*, oder eine *dorsale Luxation bzw. Subluxation der Ulna* (s. Abb. 652).

Da die isolierten Radiusdiaphysenbrüche meist mit Dislokation einhergehen, sind die klassischen *Fraktursymptome* so gut wie ausnahmslos vorhanden. Bei den seltenen Frakturen ohne wesentliche Fragmentverschiebung fällt neben der lokalen *Druck- und Stoßempfindlichkeit* die *Schmerzhaftigkeit der Pro- und Supination* auf, besonders wenn man die Drehbewegungen gegen Widerstand ausführen läßt. Besondere Aufmerksamkeit erfordert die Erkennung der peripheren Ulnaläsion, die ebenfalls oft übersehen wird. Grundsätzlich soll deshalb bei den isolierten Radiusdiaphysenbrüchen das *Handgelenk in die Röntgenaufnahmen einbezogen* werden. Zur genauen Beurteilung der Vorderarmbrüche bedürfen wir einer dorsovolaren Aufnahme in Pronationsstellung der Hand, sowie einer senkrecht dazu orientierten, radioulnaren Aufnahme in Mittelstellung zwischen extremer Pro- und Supination.

Die isolierten Schaftbrüche des Radius erfordern, wenn sie ohne Dislokation einhergehen, nur eine leichte, vorübergehende *Schienung,* wie die entsprechenden Ulnabrüche, da der Parallelknochen als Schiene dient. Ist jedoch eine Verschiebung um die ganze Dicke der Diaphyse vorhanden, so muß unbedingt für vollkommene *Reposition* gesorgt werden; gewöhnlich tritt dann auch der abgerissene Griffelfortsatz der Ulna wieder an richtige Stelle, und ebenso wird die Subluxation des peripheren Ulnaendes reduziert. Ohne vorherige Reposition der Radiusfraktur sind alle Maßnahmen zur Beseitigung der Ulnaluxation aussichtslos.

Erfahrungsgemäß gelingt nun aber die Reposition der isolierten Radiusschaftfrakturen sehr oft nur auf *blutigem Wege.* Man inzidiert bei den tiefliegenden Frakturen

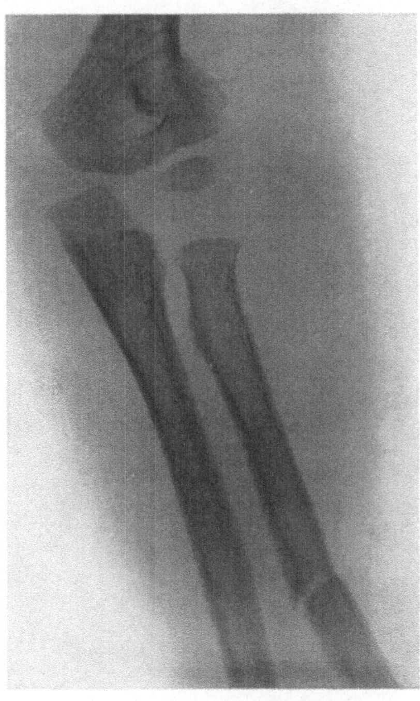

Abb. 651. Isolierte Schrägfraktur des Radiusschaftes in der oberen Hälfte.

zwischen M. supinator longus und Extensor carpi radialis, unter Schonung des *Hautastes des N. radialis,* reponiert unter Zuhilfenahme eines scharfen Hebels, und vereinigt die Diaphysenfragmente durch Umschlingung, direkte Verschraubung oder mittels einer *Metallplatte.* Einfache Einstellung der Fragmente ohne operative Fixation ist nur bei den an der Grenze der Metaphyse gelegenen Formen ratsam, wo die Berührungsflächen breiter, und wenigstens die untere spongiös beschaffen ist (vgl. Abb. 645/646). Je weiter oben die Fraktur liegt, desto schwieriger ist ihre Freilegung; der Schnitt wird in der oberen Hälfte des Radius am besten nach vorne von der Wölbung des M. brachioradialis, entlang seinem radialen Rande gelegt. Auch hier ist der sensible Radialisast zu schonen.

Die *Nachbehandlung* erfolgt für die operativ fixierten Frakturen nur während einer Woche auf der Schiene, dann rein *mobilisierend*; Frakturen dagegen, die nur blutig reponiert sind, erfordern Fixation auf einer Schiene, unter Freigabe der Finger, für 2 Wochen.

Bei den durch äußere Maßnahmen reponierten Frakturen der Radiusdiaphyse muß auf die *Supinationsstellung* des oberen Fragmentes Rücksicht genommen werden. *Extensionszüge* haben bei den isolierten Brüchen eines Parallelknochens im allgemeinen keinen Sinn.

Die Subluxation der Ulna sowie die Abrißfraktur ihres Griffelfortsatzes erfordern gewöhnlich keine besondere Behandlung, da sich nach Reposition auch die Ulna und der

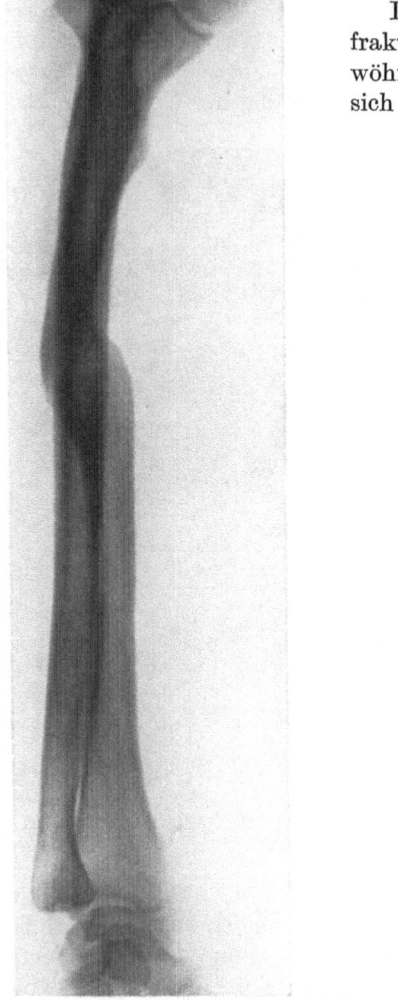

Abb. 652. Geheilte isolierte Fraktur des Radiusschaftes mit Dorsalluxation des peripheren Ulnaendes.

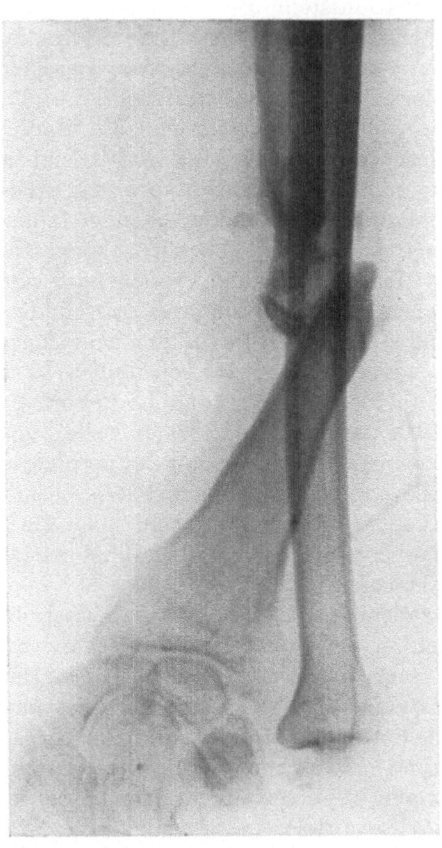

Abb. 653. Pseudarthrose des Radius mit typischer Radialadduction der Hand.

Processus styloideus meist richtig zu stellen pflegen. Die Subluxation der Ulna bleibt manchmal dauernd bestehen, hat jedoch keine wesentliche Bedeutung.

Pseudarthrosen, die nur den Radiusschaft betreffen, sieht man besonders nach *Schußfrakturen*, in seltenen Fällen auch im Anschluß an subcutane Brüche. Die Radiuspseudarthrose kann auch Folge einer Fraktur beider Vorderarmknochen sein, wie in anderen Fällen der Radius solid heilt, während die Ulna pseudarthrotisch bleibt.

Pseudarthrosen des Radius führen meist zu einer *charakteristischen Dislokation der Hand,* die in *Radialadduction* gerät, wobei die Spitze des peripheren Fragmentes sich an die Ulna anlehnt (Abb. 653). Ferner besteht eine Tendenz zur Elevation der Hand nach dem Dorsum hin. Sitzt die Radiuspseudarthrose nahe dem Ellbogen, so sehen wir Dislokationen, wie sie als typisch für die Fraktur des Radiushalses beschrieben wurden; das zentrale Fragment wird flektiert und abduziert, das periphere dagegen an die Ulna adduziert. Die durch Radiuspseudarthrosen bedingten *Funktionsstörungen* sind hochgradiger, als die der Ulnapseudarthrose. Je distaler die Pseudarthrose liegt, desto mehr gerät die Hand in *Pronation* und *Radialadduction,* während aktive Supination und Streckung beinahe gänzlich ausfallen. Die *operative Behandlung* ist deshalb auch hier unabweislich, und wird nach den für die Ulnapseudarthrose beschriebenen Grundsätzen durchgeführt. Winklige und zu Rotationsausfall Anlaß gebende Heilung in schlechter Stellung ist ebenfalls nur operativ zu beheben.

III. Frakturen im distalen Abschnitt der Vorderarmknochen.

Im peripheren Abschnitt der Vorderarmknochen beherrscht die sog. *typische* oder *klassische Radiusfraktur* (COLLES Fraktur), die Fraktur der Radiusepiphyse mit ihren Begleitverletzungen, das klinische Bild. Ich sage absichtlich „das klinische Bild", weil sich, wie wir gleich sehen werden, hinter dem weitgehend übereinstimmenden Symptomenkomplex eine ganze Reihe morphologisch, prognostisch und auch therapeutisch auseinanderzuhaltender Frakturformen verbergen. Immerhin bieten die Frakturen des peripheren Radiussegmentes hinsichtlich Ätiologie, Symptomenbild und Behandlung so viel Berührungspunkte, daß sich die Beibehaltung des Begriffes der typischen Radiusfraktur empfiehlt. Die *Frakturen* im Bereiche des distalen Abschnittes der *Ulna* haben hier durchwegs nur den Charakter von *Begleitverletzungen,* so daß sich ihre gesonderte Betrachtung erübrigt.

Als typische Bruchform im peripheren Abschnitt der Vorderarmknochen bleibt dann nur noch die tiefliegende, indirekt zustande kommende Fraktur des Radius und der Ulna im gleichen Niveau, die bei Kindern neben der Epiphyseolyse und der Stauchungsfraktur als vollständiges mechanisches und klinisches Äquivalent der klassischen Radiusfraktur zu betrachten ist (vgl. Abb. 639). Diese wurde bei den Diaphysenfrakturen beider Vorderarmknochen besprochen.

Kapitel 1.

Entstehungsmechanismus, Systematik, Diagnostik und Verlauf der Radiusepiphysenfraktur.

Die Bedeutung der typischen Radiusfraktur geht schon daraus hervor, daß sie hinsichtlich der *Frequenz* an erster Stelle sämtlicher Knochenbrüche steht. Nach der Statistik von MALGAIGNE und BRUNS erreicht ihre Häufigkeit $10^0/_0$. Dieser Radiusbruch betrifft vorwiegend Männer der arbeitenden Klassen, zeigt eine erhebliche Steigerung seiner Frequenz bei älteren Leuten jenseits des 50. Lebensjahres und betrifft in dieser Lebensperiode relativ häufig auch Frauen.

Eine ganz besondere Bedeutung hat die *Radiusfraktur,* wie wir sie kurzweg bezeichnen wollen, als Unfallverletzung, nicht sowohl wegen ihrer absoluten und relativen Häufigkeit, als besonders wegen der großen Zahl unbefriedigender, zu oft erheblicher Dauerinvalidität Anlaß gebenden Heilungen.

Die typische *Fractura radii loco classico* ist ein isolierter, vorwiegend querverlaufender Bruch, der im Niveau der Epiphysenfuge, meist etwas proximal

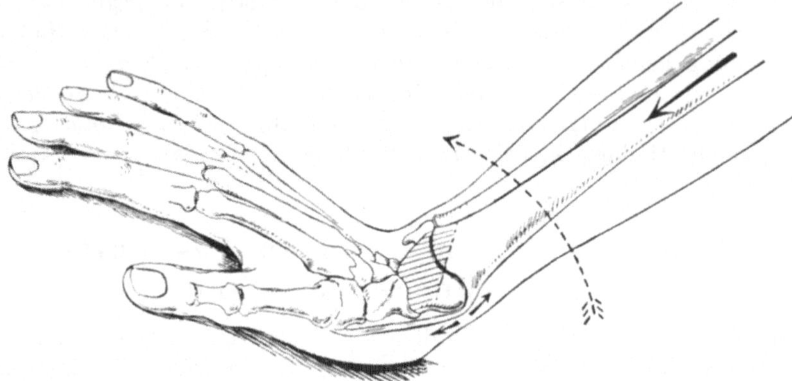

Abb. 654. Schematische Darstellung des Entstehungsmechanismus der klassischen Radiusfraktur; schraffiert die Zone der Gegenstoßwirkung.

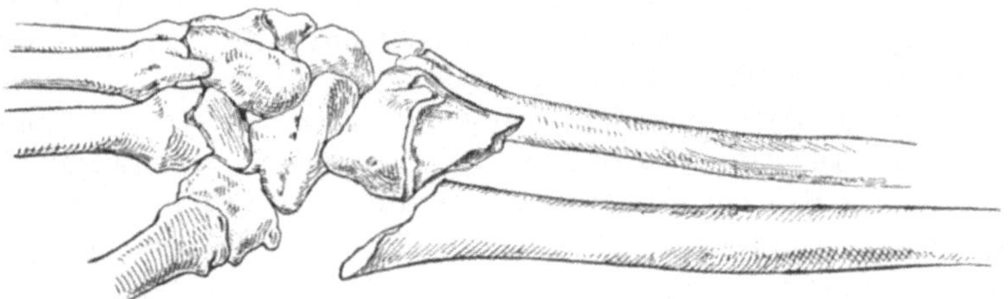

Abb. 655. Fragmentdislokation bei typischer Radiusfraktur; Dorsalabweichung und Supination des peripheren, Volarabweichung und Pronation des zentralen Fragmentes.

davon, d. h. in dem 1—3 cm rückwärts von der Gelenkfläche des distalen Radiusendes befindlichen Abschnitt sich lokalisiert (vgl. Abb. 655, 656 u. 657). Als klassisch oder typisch wird auch die später eingehender zu würdigende Art der Verschiebung des distalen Fragmentes betrachtet.

Der klassische Bruch des unteren Radiusendes kommt meist durch Fall auf die nach vorne ausgestreckte Hand zustande. Die Hand befindet sich dabei in Dorsalextensionsstellung, so daß sich der Stoß direkt auf die untere Radiusepiphyse fortsetzt, die dabei in erster Linie unter *Längsdruck* gesetzt wird. Gleichzeitig erfolgt eine Vermehrung der Dorsalextensionsstellung der Hand, die durch Vermittlung der starken volaren Bandapparate zu einer Biegungsbeanspruchung der volaren Corticalis des unteren Radiusendes führt. Die Fraktur kann deshalb in Form einer Biegungsfraktur volar beginnen, wird jedoch durch Abscherung vollendet, weil der Stoß nicht rein in der Richtung der Knochenlängsachse einwirkt, sondern entsprechend der schrägen Stellung des Radius hauptsächlich auf das unterstützte, in Abb. 554 schraffierte, schräg begrenzte Segment der Radiusepiphyse übertragen wird. Aus diesem Entstehungsmechanismus folgt, daß bei dieser als *Extensionsfraktur* zu bezeichnenden Form des Radiusbruches das periphere Fragment eine Verschiebung nach dem Dorsum hin erleiden muß (Abb. 655/656b). Diese *Dorsalverschiebung* gilt denn auch als typisch und bedingt die wohlbekannte, in Abb. 672 wiedergegebene *Gabelrückenstellung* der Hand. Weniger konstant und deshalb nicht so charakteristisch ist eine bei vielen Radiusfrakturen zu beobachtende *seitliche Verschiebung des peripheren Fragmentes in radiale Adductionsstellung* (Abb. 656a/657a).

Diese kommt meiner Auffassung nach in der Weise zustande, daß der zur Abwehr nach vorne ausgestreckte Arm beim Hinfallen im Ellbogengelenk leicht flektiert gehalten wird. In diesem Falle geht die Radiusachse schräg von außen nach innen. Die senkrecht zum Boden liegende Stoßachse verläuft dementsprechend nach außen von der radialen Fläche des Vorderarmes und Radius, woraus sich naturgemäß eine Verschiebung des peripheren Fragmentes nach der Radialseite hin ergibt, bzw. eine Abweichung des zentralen Diaphysenfragmentes nach außen. Dieser gesetzmäßige Vorgang wiederholt sich in ähnlicher Weise bei Fall auf die seitlich ausgestreckte Hand, indem auch hier der Längs-

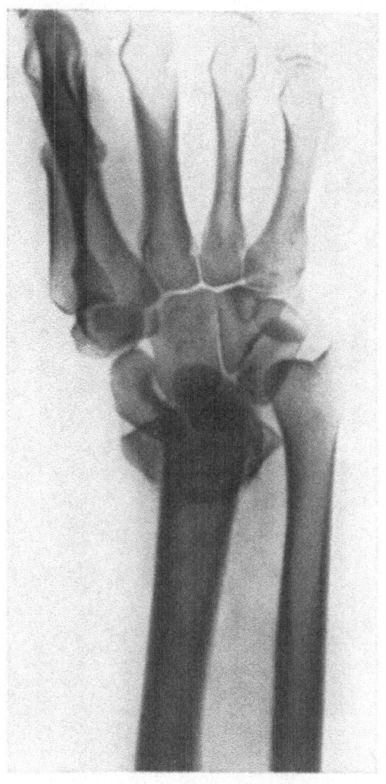

Abb. 656a.
Typische Radiusfraktur mit radialer Abweichung des Gelenkfragmentes und Subluxationsstellung der Ulna.

stoß schräg von unten-lateral nach oben-medial erfolgt. Demgemäß sieht man denn auch häufig, daß die Frakturebene nicht nur schräg von der Volarseite distal nach der Dorsalseite proximalwärts verläuft, sondern gleichzeitig

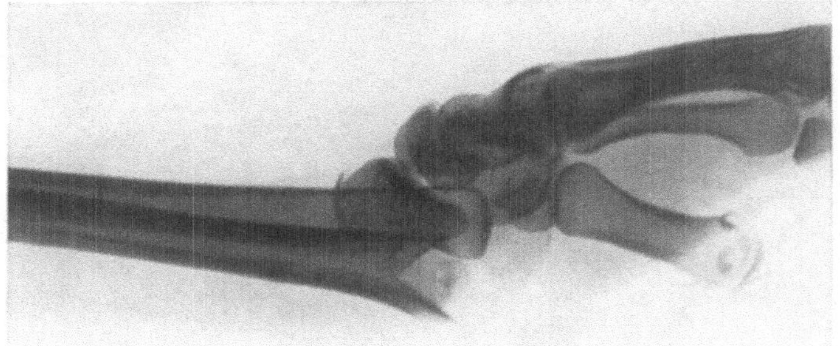

Abb. 656b. Seitenaufnahme zu Abb. 656a. Abweichung des peripheren Fragmentes nach der Streckseite, des zentralen nach der Beugeseite.

schräg von der lateralen Seite distal nach der radialen Seite proximalwärts. Das Röntgenogramm Abb. 658 zeigt diesen Verlauf der Frakturebene bei einer doppelseitigen Zertrümmerungsfraktur des Radius in sehr instruktiver Weise.

Neben den besprochenen Dislokationen sieht man ziemlich regelmäßig eine *Supinationsverschiebung des Gelenkfragmentes* mit entsprechender *Pronationsverschiebung des Diaphysenfragmentes* (vgl. Abb. 655). Sie beruht darauf, daß nach erfolgter Kontinuitätstrennung und Dorsalverschiebung des peripheren Bruchstückes, das durch Vermittlung der Handwurzel dem Boden fest aufliegt, der Diaphysenteil seinen Weg nach dem Boden hin, volarwärts, fortsetzt; die mit der Handwurzel in Verbindung bleibende Ulna wird zur Drehachse, um die das zentrale Radiusfragment in Pronationsstellung gerät. Zu diesen drei Dislokationsformen, der oft nur zu Achsenknickung führenden Dorsalverschiebung, der Radialadduction und Supination des peripheren Fragmentes kommt schließlich noch eine mehr oder weniger ausgeprägte *Verkürzung* (vgl. Abb. 656/657), deren Grad in wesentlichem Maße von der gleich zu besprechenden Mitverletzung der Ulna abhängig ist. Überwiegt beim Zustandekommen der Radiusfraktur die Längskompression gegenüber der biegenden Wirkung, so erfolgt *Einkeilung des Diaphysenfragmentes in die Spongiosa des Epiphysenfragmentes* (Abb. 657a), wobei eine *Extensionsknickung* in verschieden hochgradiger Weise ausgeprägt sein kann. Die dorso-radiale Kante ist dabei gewöhnlich am tiefsten in das periphere Fragment eingedrungen

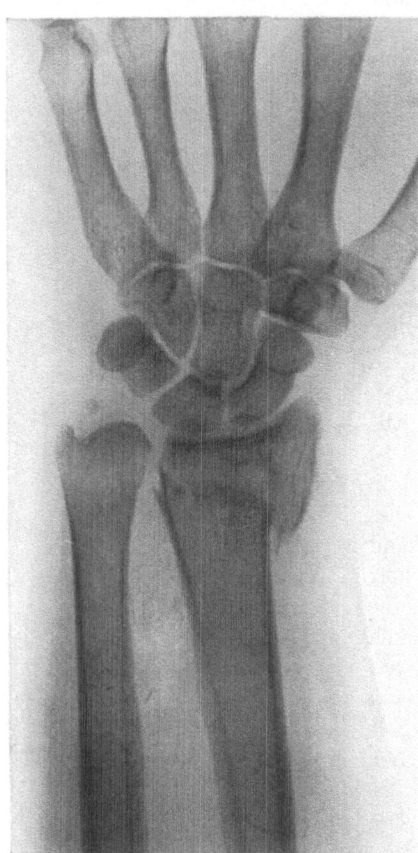

Abb. 657a. Radiusfraktur mit radialer Adductionsstellung des peripheren Fragmentes; Einkeilung.

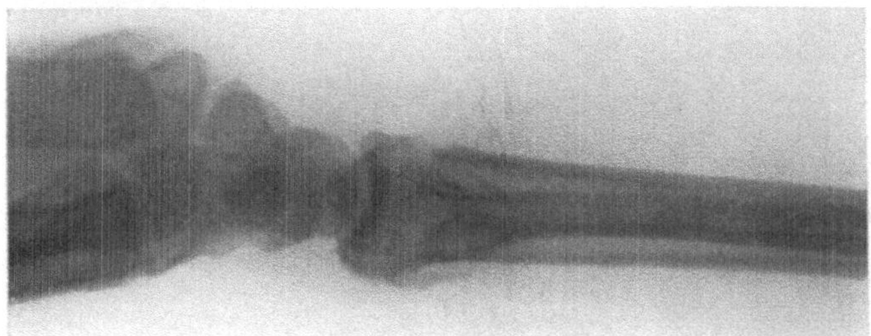

Abb. 657b. Seitenaufnahme zu Abb. 657a. Einkeilung ohne Extensionsknickung.

(Abb. 656/657). Längskompression allein führt zu den seltenen isolierten *Längsfrakturen* des distalen Radiusendes, die meist nur als *Fissuren* in Erscheinung treten. Ferner kommt es unter der Wirkung des Längsdruckes

nach erfolgter Querfraktur zu *sekundären Trennungen des Epiphysenfrag-
mentes* in vorwiegend sagittalen, jedoch auch frontalen und schrägen Ebenen.
Daraus resultieren in mannigfacher
Kombination *T- oder Y-förmige
Radiusbrüche* und auch eigent-
liche Zertrümmerungsbrüche (siehe

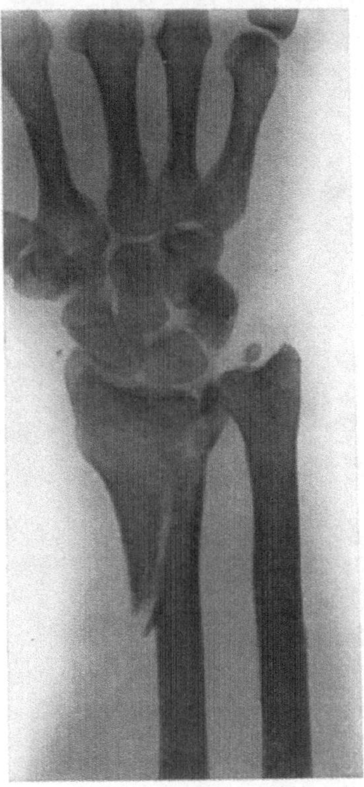

Abb. 658. Schräger Verlauf der Frakturebene
bei Stauchungsfraktur des Radius.

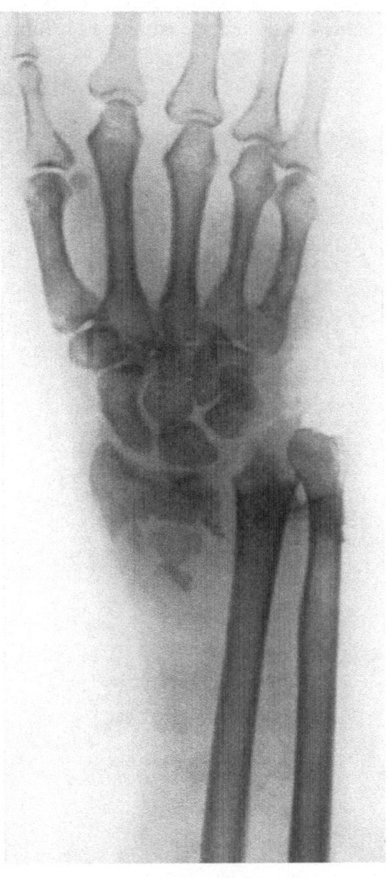

Abb. 659a. Radiusfraktur mit Zertrümmerung und
vollständiger radialer Luxation des Gelenkfragmentes.
Luxation der Vorderarmknochen ulnarwärts,
Durchstoßung der Haut.

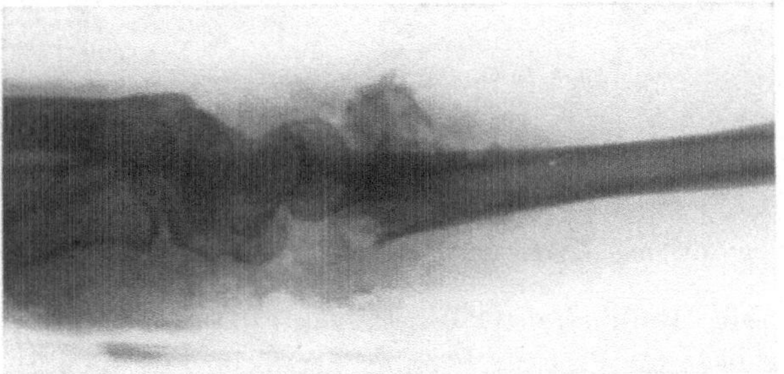

Abb. 659b. Seitenaufnahme zu Abb. 659a. Dorsalverschiebung des Gelenkfragmentes, volare
Luxationsstellung der zentralen Fragmente.

Abb. 659/661). Die längsverlaufenden Frakturspalten liegen häufiger in der *Mitte*
oder *ulnarwärts* (Abb. 660) als gegen den Griffelfortsatz des Radius zu. Längs-

beanspruchung des unteren Radiusendes bei ausgeprägter Radialadductionsstellung der Hand, also schräg von außen-unten nach innen-oben, führt zu *isolierten Schrägfrakturen der radialen Kante,* die sich bei peripherem Sitz als *Abrißbrüche* des Processus styloideus radii darstellen (vgl. Abb. 674).

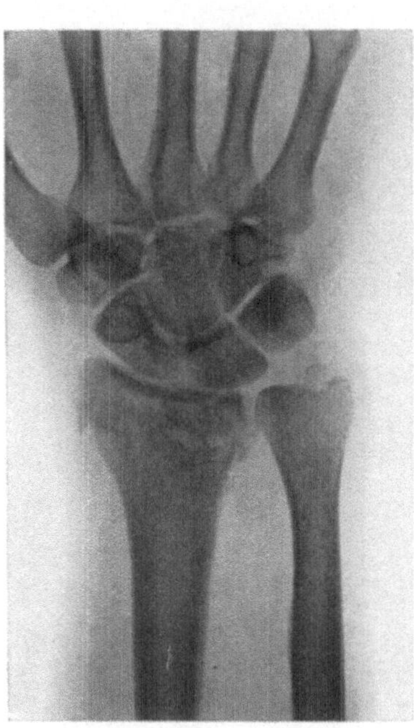

Abb. 660. Kompressionsfraktur des Radius mit ulnarer Längsspaltung des Fragmentes.

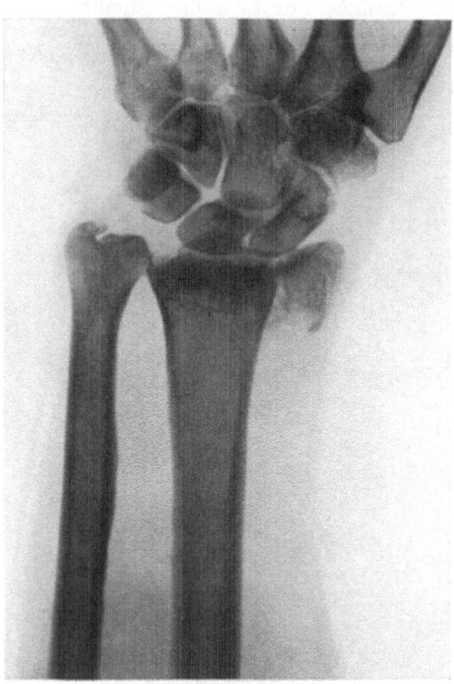

Abb. 661a. Radiusfraktur mit Verschiebung des Gelenkfragmentes radialwärts und Längsspaltung. Durchstechung der Haut durch den gebrochenen Griffelfortsatz der Ulna.

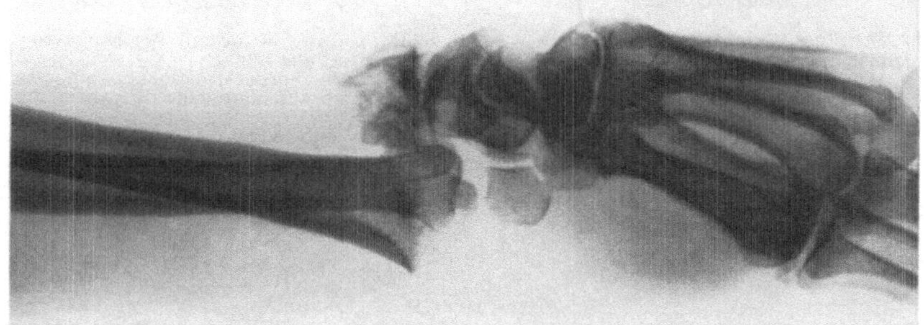

Abb. 661b. Seitenaufnahme zu Abb. 661a. Dorsale Luxationsstellung des Gelenkfragmentes.

Da die typische Radiusfraktur schräg von unten distal nach oben proximalwärts verläuft, liegt die Frakturebene an der Volarseite dem Handgelenk meist näher als auf der Dorsalfläche, wie auch ulnarwärts die Fraktur häufig gegen die Gelenkfläche hin sich wendet. In seltenen Fällen läuft die Querfraktur ulnarwärts in daß Handgelenk aus (s. Abb. 658), eine Frakturform, die RHEA BARTON zuerst beschrieben hat.

Bei erheblicher Gewalteinwirkung kommt es zu eigentlicher *Luxations-verschiebung des peripheren Fragmentes* samt der Handwurzel nach der radialen (Abb. 659a) oder nach der dorsalen Seite (Abb. 661b); oft ist diese Luxations-verschiebung auch eine kombinierte radio-dorsale (Abb. 659 a, b). Diese schwersten Radius-brüche sind meist mit breiten Durchstechungs-wunden kombiniert und sind naturgemäß von *Luxation der Ulna samt zentralem Radiusfragment* begleitet (Abb. 659/661).

Neben den vollständigen Radiusbrüchen mit Verschiebung sehen wir noch solche *ohne aus-geprägte Dislokation,* die nur an der schmalen Frakturspalte erkennbar sind (Abb. 662a, b), oder gelegentlich eine ganz unbedeutende Aus-stauchung oder *Einknickung* der Corticalis auf-weisen. Eine besondere Form ist ferner die *Stauchungsfraktur* dicht oberhalb der Epiphysen-linie, die man nur bei wachsenden Individuen, vorwiegend bei *Kindern,* antrifft (Abb. 663). Die typische Stauchungsfraktur, wie sie Abb. 663 wiedergibt, kommt an der unteren Radius-epiphyse am häufigsten zur Beobachtung, in etwas wechselndem Niveau (vgl. Abb. 36).

Schließlich sind noch die *Epiphyseolysen* zu erwähnen, die nur etwa bis zum 18. Lebens-jahr vorkommen (s. Abb. 664/7/665). Meist handelt es sich auch hier um eine *Kombination von Epiphysenlösung und paraepiphysärer Fraktur,* indem die Trennung im volaren Abschnitt in der Knorpelmetaphysengrenze

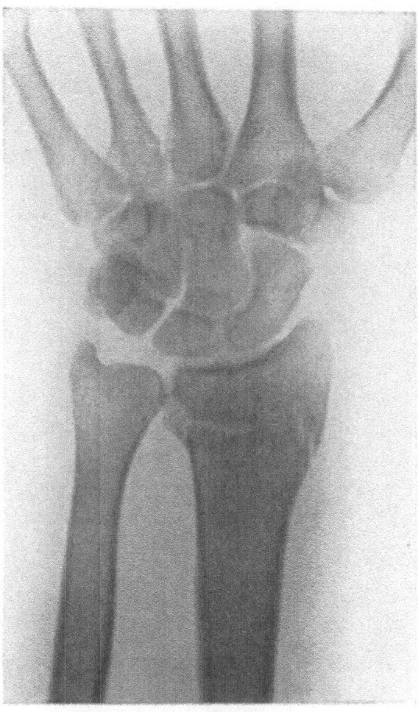

Abb. 662a. Radiusfraktur ohne wesentliche Dislokation.

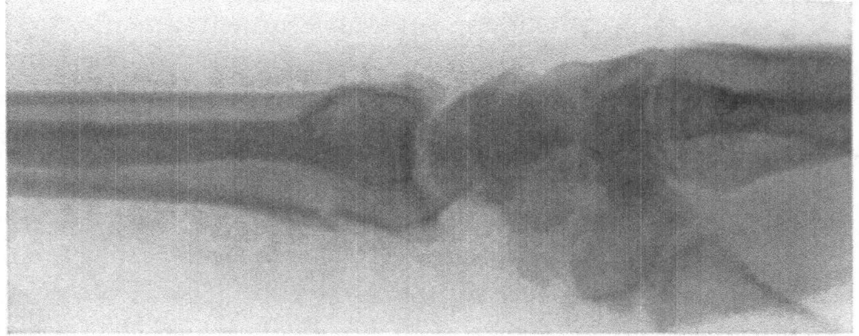

Abb. 662b. Seitenaufnahme zu Abb. 662a.

erfolgt, während dorsal ein proximalwärts sich verschmälerndes, schräg nach der Dorsalfläche des Radius oder nach einer der Dorsalkanten auslaufendes Stück von der Metaphyse mitabgebrochen wird (vgl. Abb. 655). Eine derartige, in Heilung mit Verschiebung begriffene doppelseitige Epiphyseolyse zeigt Abb. 666. Extensionsfrakturen, mit und ohne Dislokation, sieht man auch als Folge unerwarteten *Kurbelrückschlages* bei Automobilisten (Abb. 667).

Bedeutend seltener als die Extensionsfraktur des unteren Radiusendes ist eine *Flexionsfraktur,* die durch Fall auf den Handrücken und forcierte Volarflexion der Hand zustande kommt. Die biegende Wirkung auf das untere Radiusende wird hier durch die dorsalen Karpalligamente vermittelt, während die Karpalknochen den Längsdruck wesentlich auf den volaren Abschnitt der Radiusepiphyse übertragen. Entsprechend der kombinierten Gewalteinwirkung verläuft die Fraktur von der Dorsalseite distalwärts, nach der Volarseite proximalwärts, und es kommt eine Verschiebung des peripheren Fragmentes nach der Vola (Abb. 668), eine Dislokation des Diaphysenfragmentes nach dem Dorsum zustande. Da jedoch bei dieser Frakturgenese die Längskompression gegenüber der Volarflexion überwiegt, sieht man bei der im ganzen recht seltenen Flexionsfraktur vorwiegend *Stauchung*, verbunden mit *Einkeilung* und mit Zertrümmerung des Gelenkfragmentes (Abb. 668).

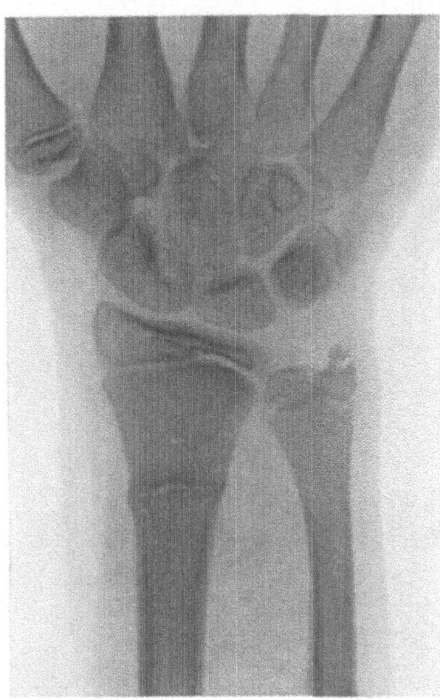

Abb. 663. Hochliegende Stauchungsfraktur des Radius mit unvollständiger Fraktur des Proc. styloideus ulnae.

In der überwiegenden Mehrzahl der Fälle ist der Radiusbruch mit Frakturen des Gelenkendes der Ulna kombiniert; die Frequenz dieser gleichzeitigen Ulnaverletzungen schwankt nach verschiedenen Zusammenstellungen zwischen 50 und 80 %. Am häufigsten sieht man begleitende *Abrißfrakturen des Processus styloideus*, die nur dessen äußerste Spitze (s. Abb. 657, 658, 670), jedoch auch den ganzen Griffelfortsatz (s. Abb. 660, 665) betreffen können. Diese Abrißfrakturen entstehen unter der seitlichen Zugwirkung des mit der Handwurzel nach der Radialseite abweichenden unteren Radiusfragmentes. Gelegentlich ist die Fraktur des Griffelfortsatzes der Ulna mit einer *Zerreißung der Bandapparate des peripheren Radioulnargelenkes* (vgl. Abb. 669) verbunden, die bis zu völliger Aufhebung dieser Verbindung gehen kann.

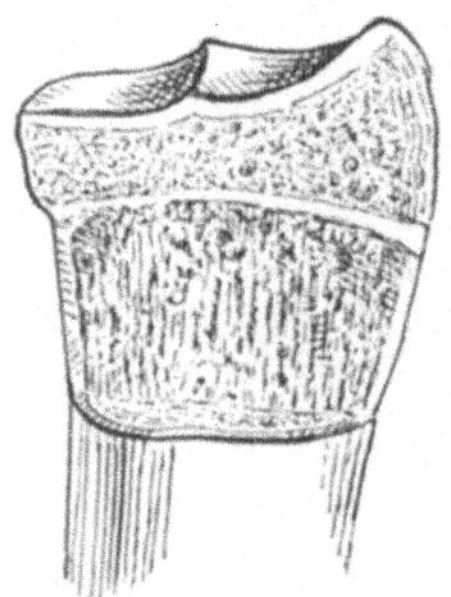

Abb. 664. Epiphysenverhältnisse am peripheren Radiusende bei einem 19jährigen Knaben. (Nach TOLDT.)

Neben den Abrißbrüchen des Griffelfortsatzes sieht man *Frakturen des Ulnaköpfchens*, meist in Form der *Zertrümmerungsfraktur* (Abb. 670), Epiphyseolysen und *durchgehender Brüche dicht hinter dem Gelenkende der Ulna*. Diese eigentlichen Kontinuitätsfrakturen des distalen Abschnittes der Elle treten namentlich in Begleitung von etwas höher gelegenen Radiusbrüchen auf, und besonders dort, wo eine ulnarwärts gerichtete Komponente der frakturierenden Gewalt im Spiel war.

Viel zu wenig Berücksichtigung erfährt die Tatsache, daß die Stauchung bei Radiusbrüchen sehr häufig zu intensiven *Quetschungen des dreieckförmigen Gelenkknorpels* (Abb. 669) — Discus articularis — zu Fissuren und Abreißungen im Radioulnargelenk, Kontusion der Handwurzelknochen und besonders ihrer Knorpelüberzüge, zu Schädigungen der Handgelenkkapsel und der straffen

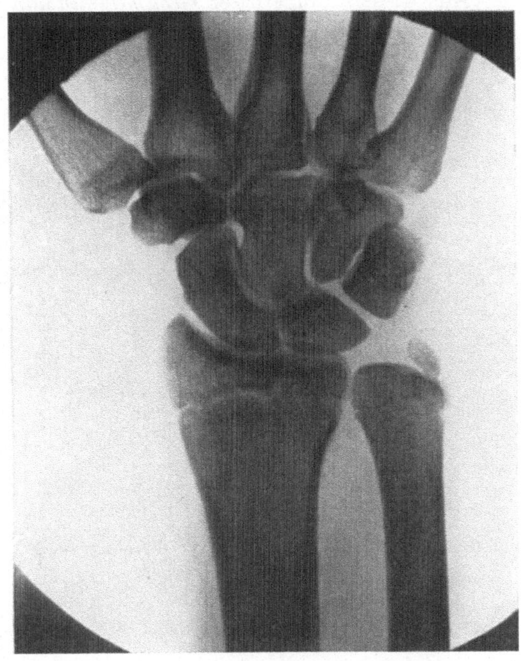

Abb. 665. Epiphyseolyse des Radius mit Fraktur des Proc. styloideus ulnae.

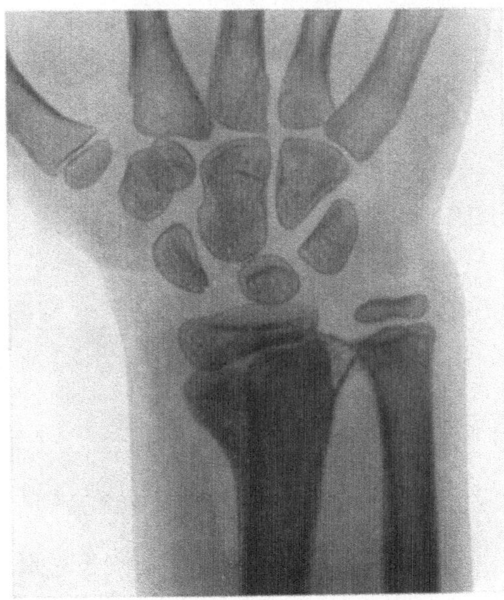

Abb. 666. Epiphyseolyse des Radius, mit
Verschiebung geheilt.

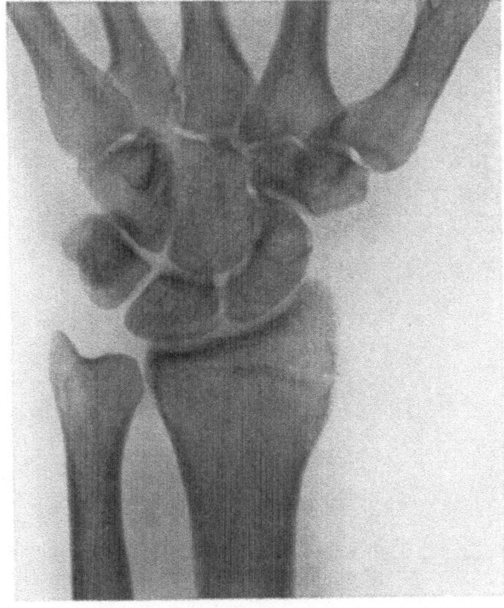

Abb. 667. Spaltförmige „Automobilistenfraktur"
durch Kurbelrückschlag.

Bandapparate führt. Aus diesen Folgen der *Gesamtkontusion des Handgelenkes* erklären sich die oft hartnäckigen Funktionsstörungen nach anatomisch gut-geheilten Radiusfrakturen.

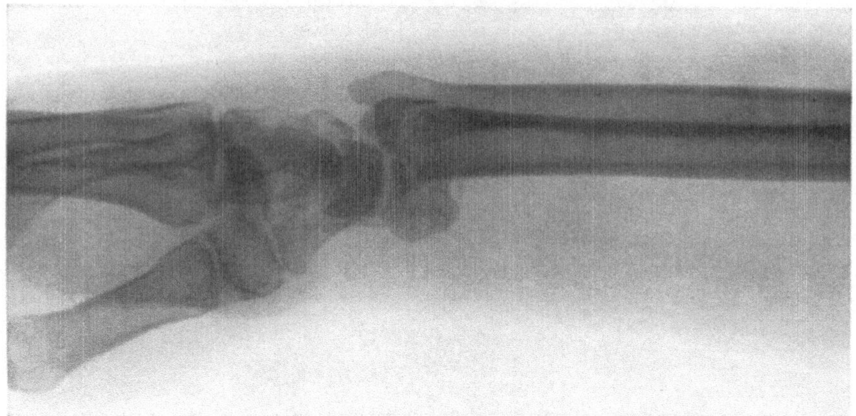

Abb. 668. Flexionsfraktur des Radius mit Volarverschiebung des Hauptfragmentes.

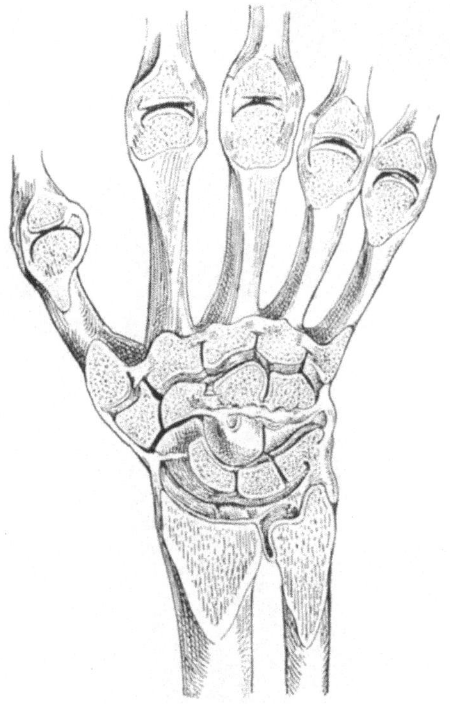

Abb. 669. Frontalschnitt durch das
Handgelenk, Discus articularis. (Nach TOLDT.)

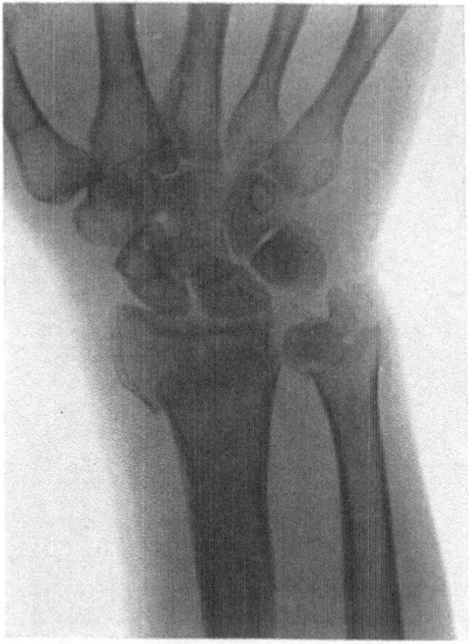

Abb. 670. Fraktur des Radius mit
Zertrümmerungsfraktur des Ulnaköpfchens.

Schwerwiegender sind *begleitende Brüche* des *Kahnbeines oder Lunatum*, sowie die seltener, bei ulnarer Abbiegung des Handgelenkes zustande kom-menden *Frakturen des Triquetrum*. Ausnahmsweise Begleitverletzungen sind

Fraktur und *Luxation des Mondbeines, Frakturen des Os capitatum* und solche des *Os hamatum.*

Zur Vervollständigung des anatomischen Bildes der Radiusfraktur ist noch darauf hinzuweisen, daß der *M. pronator quadratus* durch das volarwärts abweichende obere Fragment zerrissen werden kann, und daß die Verletzung manchmal gleichzeitig die gemeinsame *Sehnenscheide der Fingerbeuger* betrifft, die

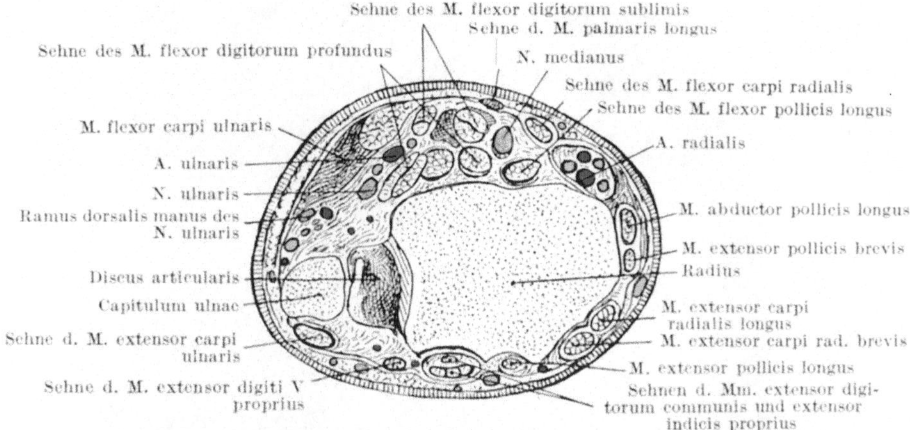

Abb. 671. Querschnitt durch den Vorderarm dicht oberhalb des Handgelenkes; distale Schnittfläche. (Nach TOLDT.)

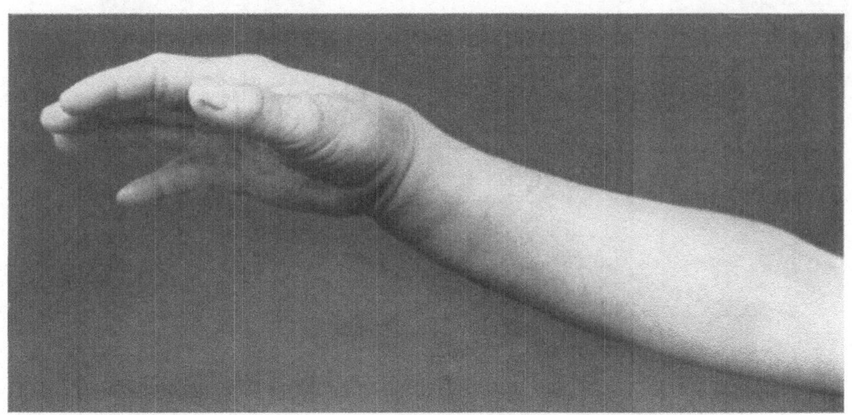

Abb. 672. Gabelrückenform der Handgelenkgegend bei Radiusfraktur.

in solchen Fällen durch einen *Bluterguß* prall aufgetrieben wird (vgl. Abb. 671). Bei Radiusfrakturen, die unter erheblicher Gewalteinwirkung, besonders Fall aus großer Höhe auf die vorgestreckten Hände, entstanden, sieht man gelegentlich *Durchstoßung der Haut durch die Ulna,* und zwar kommt die Hautverletzung namentlich dann zustande, wenn vorher der Griffelfortsatz abgerissen und dadurch an der Ulna eine scharfe Frakturkante gesetzt wurde (s. Abb. 658/659). Solche *offene Frakturen* sind häufig von grotesken Radialverschiebungen der Hand begleitet. Derartige schwerste Radiusfrakturen habe ich bei zwei Bergsteigern gesehen, die am Mönch abstürzten.

Eine seltene *komplizierende Verletzung* betrifft den *N. medianus* (Abb. 671).
Das äußere, *klinische Bild der Radiusfraktur* hängt in erster Linie ab von
der Art und vom Grade der Fragmentverschiebung. So können wir zunächst

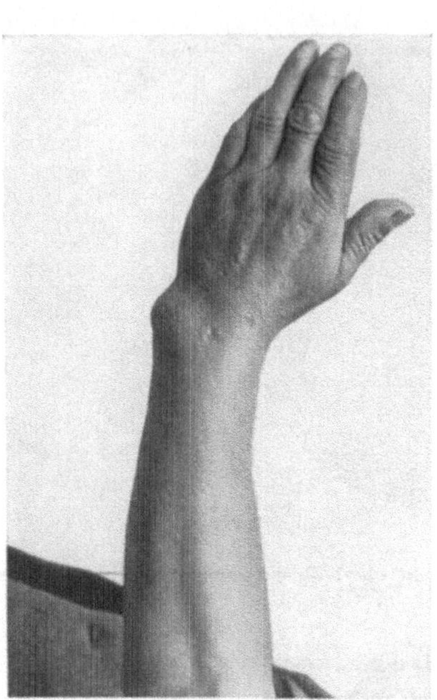

Abb. 673. Bajonettstellung der Hand bei
Radiusfraktur.

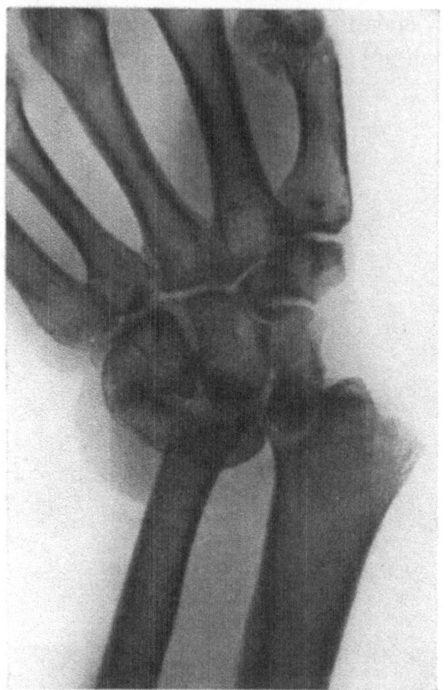

Abb. 674a. Abbruch des radialen Abschnittes
der Radiusgelenkfläche und Luxation der
Handwurzelknochen dorso-ulnarwärts.

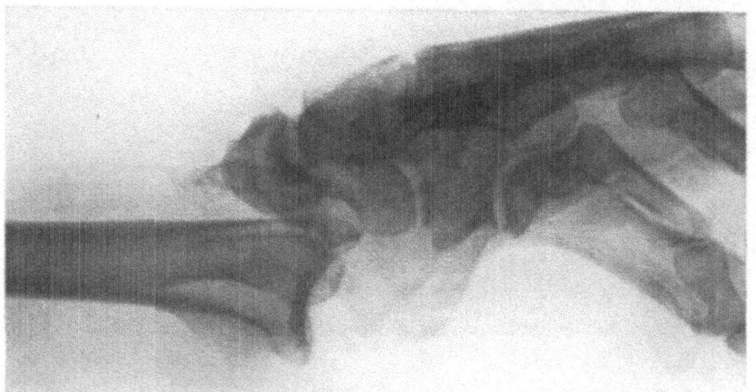

Abb. 674b. Seitenaufnahme zu Abb. 674a. Dorsale Luxation der Handwurzel und des
Radiusfragmentes.

Radiusbrüche ohne Dislokation abgrenzen (vgl. Abb. 667), die so häufig verkannt
und als Distorsionen des Handgelenkes angesehen werden. Bei dieser Verletzungsform klagen die Patienten über *Schmerzen* im Bereiche des Handgelenkes
und über *Störungen der Handgelenkfunktion*. Meist stellt sich auch in den
ersten Stunden nach der Verletzung eine leichte *Schwellung* über dem unteren

Radiusende sowie über den Handgelenk ein. Zum Unterschiede von reinen Distorsionen des Handgelenkes lokalisiert sich jedoch hier die *maximale Druck-*

empfindlichkeit in der Gegend der Radiusepiphyse; besonders charakteristisch ist dabei der streng *lokalisierte Bruchschmerz* bei querer Kompression des Knochens, während der *Achsenstoß-schmerz* auch bei sicher nachgewiesenen, durchgehenden Radiusfrakturen sich nicht so konstant nachweisen läßt. Streckung und Beugung des Handgelenkes sind auch bei den nicht dislozierten Radiusbrüchen stets auffällig behindert; der Verletzte kann keinen kräftigen Gebrauch von seiner Hand machen und empfindet extreme passive Bewegungen des Handgelenkes als sehr

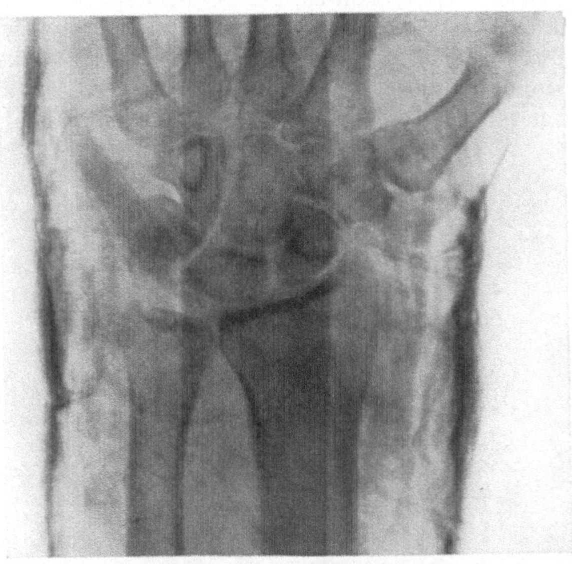

Abb. 674c. Fall Abb. 674a, b nach Reposition. Man erkennt, daß die radiale Hälfte der Gelenkfläche mit dem Processus styloideus abgebrochen war. (Vgl. Abb. 674a.)

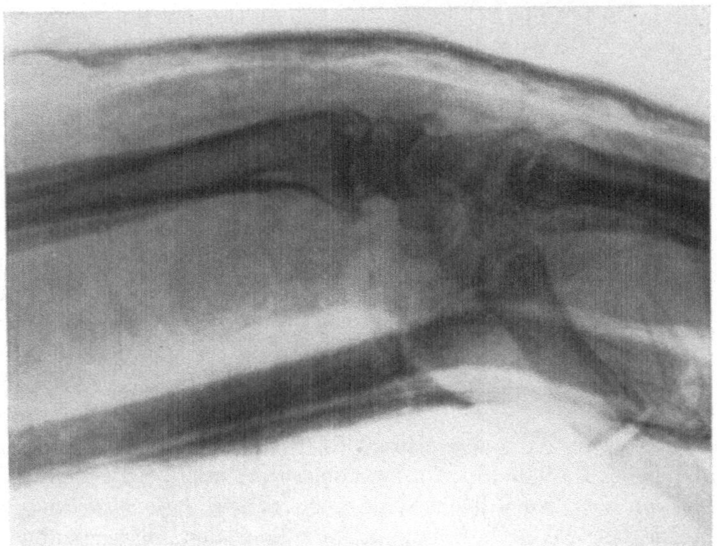

Abb. 674d. Seitenaufnahme zu Abb. 674c. Retention durch Volarflexion.

schmerzhaft. Über die *Diagnose* entscheidet das Ergebnis der *Röntgenaufnahme,* die in solchen Fällen unbedingt in zwei zueinander senkrechten Richtungen vorgenommen werden sollte. Oft zeigt nur die seitliche Projektion eine feine, quer oder schräg nach hinten-oben verlaufende Frakturspalte.

Bei Jugendlichen sieht man als Analogon dieser Frakturform *Epiphyseolysen* ohne Verschiebung, im Röntgenbild oft daran erkennbar, daß sich vom oberen Teil der Epiphysenfuge eine Frakturspalte schräg nach der dorsalen Corticalis hinzieht. Weniger ausgeprägt sind die klinischen Erscheinungen der *Stauchungsfraktur*; doch pflegen auch hier lokaler Druckschmerz und Behinderung der Handgelenkbewegungen nicht zu fehlen. Hat die ursächliche Gewalt nur zu einer Knickung an der Frakturstelle mit dorsalwärts offenem Winkel geführt, ohne daß die Bruchflächen ihren Kontakt verloren haben, so beginnt sich das klinische Bild, soweit die Veränderung der äußeren Form in Betracht kommt, dem Bilde der klassischen Radiusfraktur zu nähern. Bei diesen Formen ist neben dem lokalen Bruchschmerz meist auch Stoßschmerz nachweisbar, ebenso eine Behinderung der Handgelenkbewegungen.

Das charakteristische klinische Bild des klassischen Radiusbruches wird bedingt durch die Extensionsfrakturen mit Dorsoradialverschiebung und Supination des peripheren Fragmentes. Die Hand macht die dorsoradiale Abweichung des peripheren Fragmentes mit, woraus in erster Linie die in Abb. 672 wiedergegebene, als *Gabelrückenform* oder *Fourchettestellung* bezeichnete Deformation des peripheren Abschnittes der Extremität resultiert. Infolge der Supination des peripheren Fragmentes ist diese Formveränderung auf der

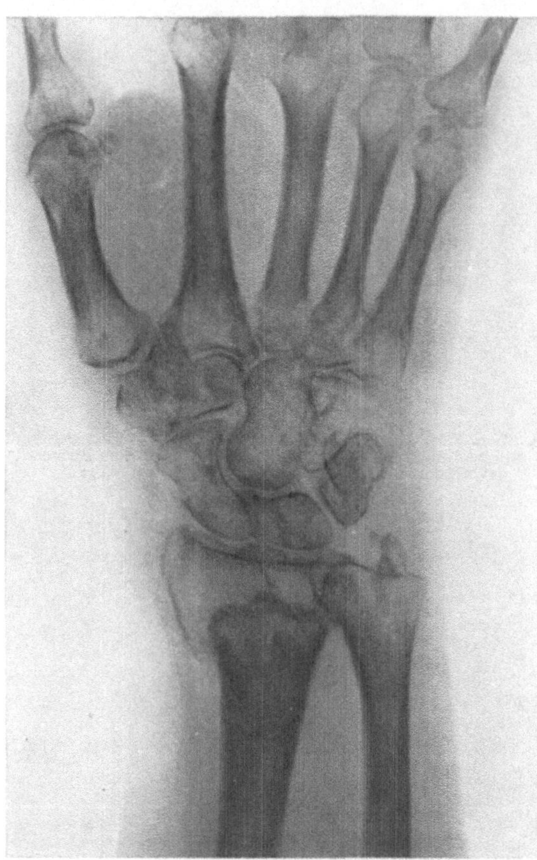

Abb. 675. Hochgradige akute Knochenatrophie nach Radiusfraktur; Gipsverbandbehandlung.

Radialseite stärker ausgeprägt (s. Abb. 656 b/672). Befindet sich die Hand gleichzeitig in erheblicher Radialadduction, so konstatiert man bei Betrachtung von der Volar- oder von der Dorsalfläche eine ausgeprägte *Bajonettstellung der Hand* (Abb. 673). Ist das proximale Fragment stark nach der Volarseite abgewichen, so findet sich an entsprechender Stelle eine umschriebene Vorragung, die noch vermehrt werden kann durch einen Bluterguß in die Sehnenscheide. Die Patienten pflegen Hand und Bruchstelle sorgfältig zu unterstützen, da schon durch den Zug des Eigengewichts der Hand intensive Schmerzen an der Frakturstelle ausgelöst werden. Bei hochgradiger Verschiebung lassen sich die obere Kante des peripheren sowie die Volarkante des proximalen Fragmentes einigermaßen durchfühlen. Soweit es sich nicht um eingekeilte Frakturen handelt, ist auch die wesentlich im Sinne der Extension ausgeprägte *falsche Beweglichkeit* leicht nachweisbar, wobei häufig *Crepitation* vernehmbar wird.

Neben den Veränderungen an der eigentlichen Frakturstelle ist eine erhebliche *Auftreibung* und bei Fällen von Lateralverschiebung eine *Verbreiterung der Handgelenkgegend* besonders auffällig. Gelegentlich tritt das periphere Ulnaende stark seitlich vor (vgl. Abb. 656 b/673).

Je stärker die Verschiebung der Fragmente, desto hochgradiger sind auch die *Funktionsstörungen*. Flexion und Extension im Handgelenk sind aktiv stets eingeschränkt, während passiv eine abnorm starke Extension unter Vermehrung der Kippstellung des peripheren Fragmentes nachweisbar wird. Aktive Seitenbewegungen werden meist nur in ganz geringem Umfange ausgeführt, passive sind sehr schmerzhaft, bei Radialadduction des

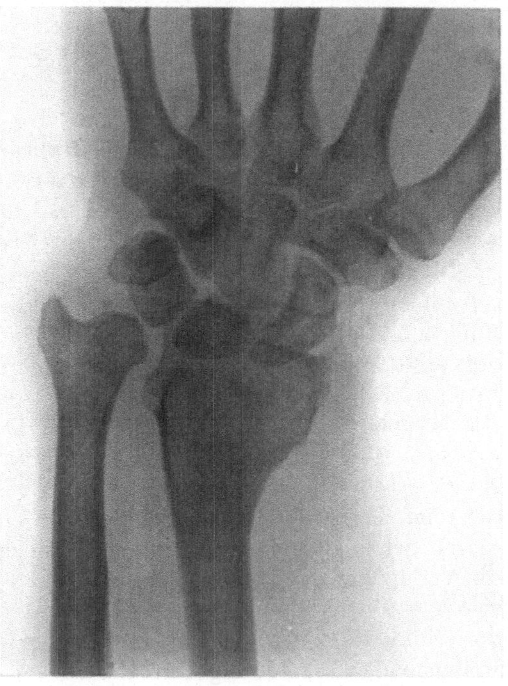

Abb. 676a. Schlecht geheilte Radiusfraktur, Hochgradige Adductionsknickung des Radius und Subluxation der Ulna.

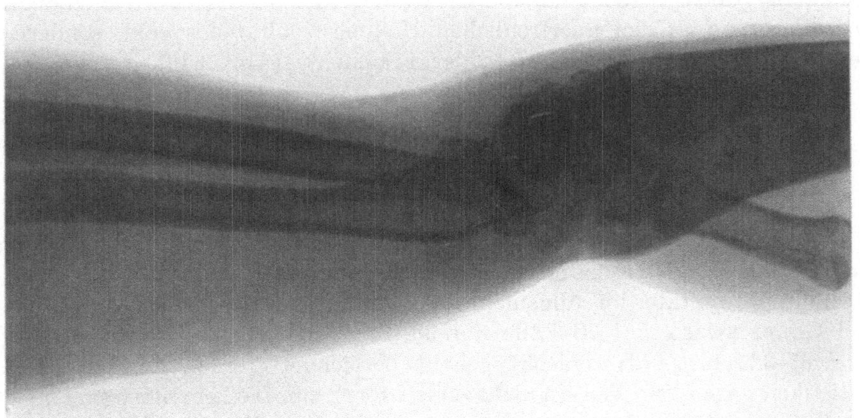

Abb. 676b. Schlechtgeheilte Radiusfraktur. Seitenaufnahme zu Abb. 675a. Heilung mit ausgeprägter Extensionsknickung des Radius und mit volarer Subluxation der Ulna.

Gelenkfragmentes, besonders solche nach der Ulnarseite. Die Patienten vermögen die Hand nicht kräftig zur Faust zu schließen.

Differentialdiagnostisch kommt bei den Frakturen ohne Verschiebung nur die *Distorsion des Handgelenkes* in Betracht. Soweit nicht schon die Lokalisation der Druckschmerzhaftigkeit Auskunft gibt, entscheidet in maßgebender Weise nur die Röntgenaufnahmen, die mit Rücksicht auf die nicht so seltenen begleitenden Verletzungen der Handwurzel das periphere Drittel der Vorderarmknochen und das ganze Mittelhandskelet wiedergeben sollen.

Die Radiusfraktur mit Gabelrückenstellung von einer *dorsalen Luxation des Handgelenkes* zu unterscheiden, hat nur geringe praktische Bedeutung, weil diese Verletzung, die in einem von mir beobachteten Falle mit schräg in das Gelenk einmündender Radiusfraktur verbunden war (Ab. 674a—d), eine außerordentlich seltene Verletzung darstellt. Eine leichte Gabelrückenstellung kommt auch bei *Lunatumluxation,* bei der eigentlich die ganze Handwurzel gegen das Os lunatum dorsalwärts luxiert ist, zustande.

Die einfache Radiusfraktur ohne wesentliche Verschiebung und die gut reponiblen Formen heilen innerhalb durchschnittlich 4 Wochen aus, ohne Funktionsstörungen zu hinterlassen. Diese günstige Prognose betrifft jedoch nur eine Minderzahl von Radiusbrüchen und wird zu Unrecht auf diese Frakturform allgemein übertragen, wie aus den weiter unten zu erwähnenden statistischen Zusammenstellungen über die Heilungsresultate hervorgeht. *Jede Fraktur, die mit Verschiebung heilt, kann hier zu schweren Dauerstörungen Anlaß geben,* die vor allem die Exkursionen der Handgelenkbewegungen und die rohe Kraftleistung der Hand betreffen. Dazu kommen die häufigen primären Schädigungen der Handwurzelknochen und des gesamten Handgelenkes, die Verletzung der volaren Sehnenscheide, die bei älteren Leuten trotz mobilisierender Behandlung gelegentlich auftretende, *chronisch-deformierende Arthritis,* die sekundäre *progrediente Knochenatrophie* (Abb. 675), Veränderungen, die zu weitgehender Versteifung des Handgelenkes und der Fingergelenke und zu beinahe vollständiger Unbrauchbarkeit der Hand führen können.

Eine große Zahl schlechter Heilungen kommt auf Rechnung *unzweckmäßiger Behandlung;* doch ist nicht nur die fehlerhafte, und besonders die langdauernde *Immobilisierung* an den unerfreulichen Heilungsresultaten schuld, sondern oft ebenso sehr *mangelhafte Reposition* der Fragmente (Abb. 676).

Kapitel 2.

Die Behandlung der Radiusfrakturen.

Die *Behandlung der Radiusfrakturen* hat in neuerer Zeit grundlegende Wandlungen erfahren, da besonders nach den Ergebnissen der Unfallstatistiken die Behandlungsresultate im allgemeinen unverhältnismäßig schlechte sind. So fand GOLEBIEWSKY auf 70 Fälle nur 38, d. h. 54% befriedigende Heilungen, während 32 (46%) als schlecht geheilt bezeichnet werden mußten. Neuere Statistiken zeigen zum Teil ein nicht schlechteres, zum Teil ein nur wenig besseres Resultat, soweit die alten Behandlungsmaßnahmen in Frage stehen. Der Grund dieser ungünstigen Behandlungsresultate liegt einmal darin, daß eine große Anzahl von Radiusbrüchen Patienten jenseits des 40. Lebensjahres betrifft, die zu sekundären Arthritiden disponierter sind, als Jugendliche, und auch gegenüber den sog. Immobilisierungsschädigungen empfindlicher. Ferner kommt die ungünstige Mitwirkung der vorerwähnten komplizierenden Verletzungen in Betracht.

Nun wurde bis in die letzte Zeit der typische Radiusbruch vorwiegend in immobilisierenden Gipsverbänden, im besten Falle mit mehrwöchiger Ruhigstellung auf Schienen behandelt, und es dürfte einleuchtend sein, *daß die ungünstige Rückwirkung der langdauernden Immobilisierung sich bei einer so häufig mit Gelenkschädigung verbundenen Frakturform ganz besonders geltend machen muß.*

Wenn nun auch außer Zweifel steht, daß bei Radiusfrakturen mit wesentlicher Verschiebung und ohne Einkeilung die Heilung trotz sofortiger aktiver und passiver Mobilisierung recht häufig eine mangelhafte, jedenfalls keine ideale ist, sobald nicht für dauernden Ausgleich der Verschiebung gesorgt wird, so steht doch fest, *daß Radiusfrakturen nur befriedigende Heilungsresultate ergeben, wenn man der Forderung der frühzeitigen Mobilisierung ausreichend Rechnung trägt. Einfache Querfrakturen und Epiphyseolysen ohne Verschiebung, sowie die seltenen Fälle reiner Längsfissuren sind deshalb von Anbeginn an nach den Grundsätzen der mobilisierenden Methode zu behandeln.* Zur Verminderung der Schmerzhaftigkeit und gleichzeitigen Ausübung einer leichten Kompressivwirkung auf das meist mitgeschädigte Handgelenk empfiehlt sich für die ersten 8 Tage Einwicklung von Vorderarm und Hand bis zu den Metacarpo-Phalangealgelenken mit einer elastischen Binde. Dabei soll die Hand in leichte

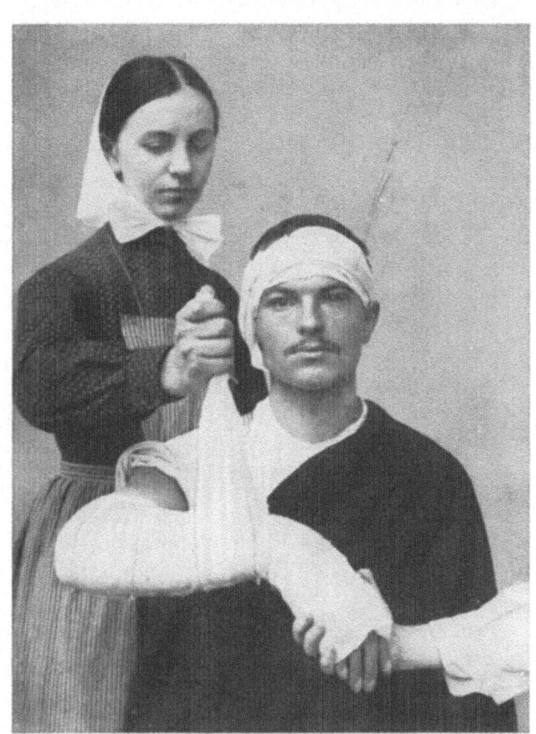

Abb. 677. Querer Gegenzug zu Einrichtung der Radiusfraktur.

Dorsalextensionsstellung gebracht werden, aus später zu erwähnenden Gründen. Gleichzeitig wird mit *Massage und aktiven Bewegungen* begonnen, deren Wirkung man durch *warme Handbäder* oder *Heißluftbäder* vorteilhaft ergänzt. Die Behandlung soll fortgesetzt werden, bis die Hand wieder vollständig gebrauchstüchtig ist, was bei diesen Frakturformen durchschnittlich 3 Wochen erfordert. In gleicher Weise sind *Stauchungsbrüche* zu behandeln. Bei Infraktionen mit dorsaler Abknickung sollte die Achsenknickung trotz bestehender Einkeilung stets in Lokalanästhesie beseitigt werden, woran sich gleich die mobilisierende Behandlung anschließen kann, vorausgesetzt, daß eine nachträgliche Dislokationstendenz nicht vorliegt. *Bei den mit Verschiebung einhergehenden Radiusbrüchen ist erstes und unumgängliches Gebot eine möglichst vollkommene Reposition.* Diese ist grundsätzlich, sofern keine unabweislichen Kontraindikationen vorliegen, *in Lokalanästhesie* vorzunehmen.

Die Einrichtung der Fragmente erfolgt bei der Extensionsfraktur durch langsam gesteigerten Zug an der Hand *bei rechtwinkliger Entspannungslage des Ellbogens*; die Beugung des Ellbogengelenkes entspannt auch die am Oberarm entspringenden zweigelenkigen Hand- und Fingerbeuger. Dann werden die Dorsalextensionsstellung und die Radialadduction allmählich etwas vermehrt, um Verhackungen zu lösen und schließlich durch kräftige Volarflexion, Pronation und Ulnarabduction der Hand, unter gleichzeitigem queren, dorsal gerichteten Gegenzug am oberen Fragment (vgl. Abb. 677) das periphere Fragment in die richtige Stellung gebracht. Die Fragmente gelangen bei erfolgreicher Reposition oft unter fühlbarem Einschnappen in richtigen Kontakt. Läßt man nach erfolgter Reposition die Hand frei hängen, so soll jede Verschiebung und damit jede pathologische Veränderung der äußeren Form verschwunden sein, abgesehen von der lokalen Frakturschwellung. *Eine korrekte Reposition ist conditio sine qua non für die Erzielung eines vollkommen befriedigenden Heilungsresultates.* Aus diesem Grunde sind auch *Einkeilungen*, wenn sie mit erheblicher Fragmentverschiebung verbunden sind, *zu lösen* und die Reposition zu erzwingen, sofern es sich nicht um alte Leute handelt, denen man aus besonderen Gründen diesen Eingriff nicht zumuten zu dürfen glaubt.

Bei der seltenen *Flexionsfraktur* erfolgt die Reposition sinngemäß in umgekehrter Weise, als für die Extensionsfraktur beschrieben.

In vereinzelten Fällen mit komplizierenden, in das Gelenk reichenden Frakturkomponenten gelangen einzelne, *isolierte Bruchstücke* trotz ausreichender Reposition des Hauptfragmentes nicht in richtige Stellung; besonders kann ein volares Fragment nach der Vola verschoben bleiben, wie

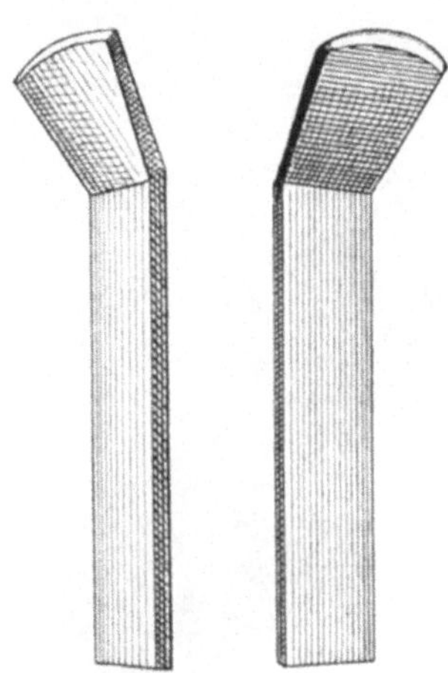

Abb. 678. Abgebogene Dorsalschiene für die Behandlung der Radiusfraktur nach BÖHLER.

Abb. 668 zeigt. Gelingt es nicht, durch lokalen Druck dieses Partialfragment nachträglich noch besser in Situation zu bringen, so ist hier zunächst von einer operativen Reposition abzusehen und vorerst das Resultat der Bewegungsbehandlung abzuwarten. Oft ist das funktionelle Resultat der Heilung gleichwohl über Erwarten befriedigend; andernfalls wird das verschobene Fragment sekundär entfernt.

Nach gelungener Reposition hängt die weitere Behandlung ganz davon ab, ob das periphere Fragment in seiner reponierten Stellung ausreichenden Halt besitzt, oder ob es Tendenz zu neuer Verschiebung zeigt. Liegt keine oder nur unwesentliche Verschiebungstendenz vor, so genügt es, die Fraktur mittels elastischer oder Flanellbinden einzubandagieren; man kann dann gleich mit vorsichtigen aktiven Bewegungen beginnen lassen.

Meiner Erfahrung nach sind die Fälle von klassischer Radiusfraktur, bei denen nach erfolgter Reposition das periphere Fragment ohne Fixation in guter guter Stellung bleibt, nicht häufig. *Besonders durch aktive und passive Dorsalextension kann das periphere Fragment nachträglich, auch noch in der 3. Woche, dorsalwärts disloziert und in eine Winkelstellung zum Diaphysenfragment gebracht werden.* Aus diesem Grunde ist eine vorübergehende Fixation meist unerläßlich. Von besonderen, später zu erwähnenden Ausnahmefällen abgesehen empfiehlt sich die Verwendung einer *Dorsalschiene*, die nur bis zu den Metacarpophalangealgelenken reicht, und das Handgelenk in einer Dorsalextensionsstellung von 30—40° hält. Als Schiene hat sich mir die HEUSNERsche umsponnene Aluminiumschiene (Abb. 126), die sich dem Vorderarm und der Hand leicht anmodellieren läßt, sehr gut bewährt. Eine besondere, mit einer Ulnarbiegung von 15° für die Hand versehene, *vorbereitete Schiene* hat BÖHLER angegeben (vgl. Abb. 678); diese Schiene kann fertig bezogen oder in einfachster Weise aus Holzleisten konstruiert werden. Die Schiene darf nicht so breit sein, wie das Handgelenk, damit durch die fixierende Binde gleichzeitig eine komprimierende Wirkung auf die Radioulnarverbindung ausgeübt wird.

Die Dorsalschienen werden dem Vorderarm und der Mittelhand auf der Streckseite über einer leichten Polsterung anbandagiert, unter Verwendung

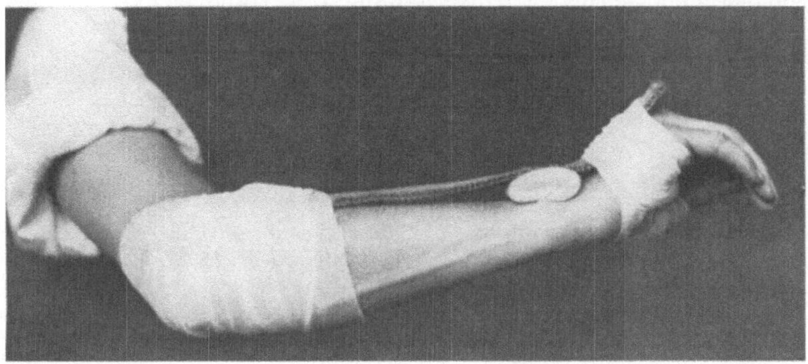

Abb. 679. Anbandagieren der Dorsalschiene, Druckpolster für das periphere Fragment.

von Gaze- oder Stärkebinden. Die Hohlhand darf nur ganz wenig gepolstert werden, damit die Flexion der Finger in keiner Weise behindert wird. Das Ellbogengelenk soll in der Regel rechtwinklig gehalten, jedoch nur dort für die erste Woche in den Schienenverband einbezogen werden, wo die Fraktur erhebliche Verschiebungstendenz aufweist. *Zwischen Schiene und Dorsalfläche des peripheren Fragmentes muß ein besonderes Polster aus Gaze oder Watte gelegt werden, damit das Gelenkfragment trotz der Dorsalextension der Mittelhand nach unten gehalten wird* (vgl. Abb. 679).

Die Behandlung der Radiusfraktur in Dorsalextensionsstellung der Hand entspricht einem anerkannten Prinzip, auf dessen Befolgung bei Handgelenktuberkulosen und Radialislähmungen schon seit langem großes Gewicht gelegt wurde. Erfahrungsgemäß ist Faustschluß bei dorsalextendierter Hand bedeutend kräftiger ausführbar, als bei volarflektiertem Handgelenk; so ist denn auch leichte Dorsalextension des Handgelenkes die Normalstellung für die Aktion der Finger. Durch Fixation der Hand in Volarflexion wird sehr rasch eine Erschlaffung und Verkürzung der Handgelenk- und Fingerbeuger sowie eine Überdehnung und Verlängerung der Extensoren bewirkt, die oft irreparabel ist, jedenfalls die Erlangung normaler Handgelenk- und Fingerbeweglichkeit außerordentlich erschwert.

Durch die oben geschilderte Fixationsart der Radiusbrüche mit Hilfe von Dorsalschienen werden nun zugleich die *Grundsätze der Semiflexions- und Bewegungsbehandlung gewahrt, wie* BÖHLER in klarer Weise dargelegt hat.

Die Dorsalabweichung des peripheren Fragmentes, die oft hartnäckig immer wieder auftritt, wird durch den Zug des M. brachioradialis sowie der Streckmuskeln des Handgelenkes und der Finger unterhalten. Durch *Beugung des Ellbogengelenkes* und *Dorsalextension des Handgelenkes* werden alle diese, zum Teil zweigelenkigen Muskeln entspannt, so daß die dorsale Zugwirkung ausgeschaltet oder doch bedeutend reduziert wird. Gleichzeitig erfahren die Handgelenkbeuger durch die Dorsalextension des Handgelenkes eine passive Anspannung, die einen volarwärts gerichteten, reponierenden Zug auf das distale Fragment bewirken (siehe Abb. 680). Die auch bei der älteren Fixationsart der Radiusbrüche geübte *Ulnarabduction*, die BÖHLER für seine Schiene auf 15⁰ bemißt, wirkt der Radialadduction des Gelenkfragmentes entgegen, entspricht aber zugleich der physiologischen, normalen Mittelstellung des Handgelenkes. *Somit sind die Vorteile der Semiflexionsprinzipien voll gewährleistet.*

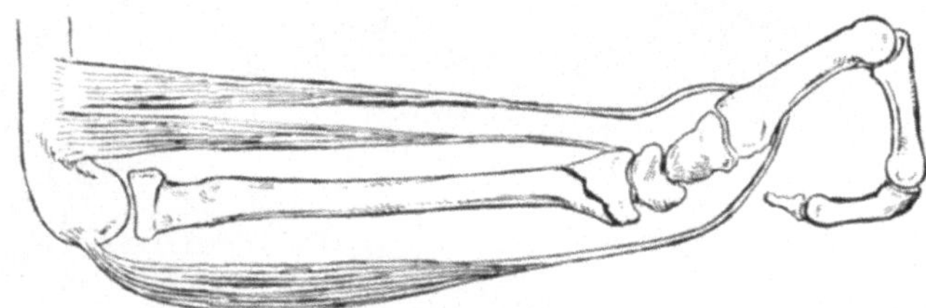

Abb. 680. Völlige Entspannung der Extensoren durch Dorsalextension des Handgelenkes, bei Flexion der Fingergelenke.

Doch auch den *Forderungen der Bewegungsbehandlung* vermag diese Schienenbehandlung zu entsprechen, wenn die Beugung der Metacarpophalangealgelenke in keiner Weise behindert wird, was sich bei Verwendung von Dorsalschienen sicherer realisieren läßt, als wenn man Volarschienen wählt. Denn die Grundgelenke der Finger liegen im vorderen Drittel der Hohlhand, im Niveau der vordersten queren Hautfalte, so daß Volarschienen, die gut fixieren, durchwegs die Beugung der Grundgelenke behindern. *Dorsalschienen dagegen, die bis zu den Grundgelenken reichen, schränken die Beugung der Grundgelenke in keiner Weise ein.*

Die zweigelenkigen, am Humerus entspringenden Handgelenkmuskeln werden durch Beugung und Streckung des Ellbogengelenkes ausreichend aktiviert, trotz der relativen Fixation des Handgelenkes. Daneben ist von Anfang an auch die *Pro- und Supination der Hand zu üben.*

Durch die Verwendung von Dorsal- an Stelle der Volarschienen wird auch die häufig zu beobachtende *Versteifung der Fingergrundgelenke,* ganz besonders die *Aufhebung ihrer Spreizfähigkeit, vermieden.* Der Bandapparat der Metacarpophalangealgelenke ist, wie ein Versuch am eigenen Körper zeigt, derart angelegt, daß in Volarflexionsstellung nur minimale Spreizbewegungen der Finger ausgeführt werden können, wogegen in Streckstellung die Speizung in erheblicher, individuell schwankender Breite vollzogen werden kann.

Die Dorsalschiene bleibt so lange liegen, als sich noch eine Dislokationstendenz des peripheren Fragmentes geltend macht, was meist während 3 Wochen der Fall ist. Häufig kann man jedoch die Schiene schon nach 10—14 Tagen weglassen. Unter allen Umständen soll sie jede Woche einmal revidiert, und, wo nötig, neu angelegt werden. Nach Wegnahme der Schiene wird man mit Befriedigung feststellen, daß neben den Fingerbewegungen auch die Beweglichkeit des Handgelenkes in einem ordentlichen Umfange frei ist; eine sofort einsetzende Massage- und Heißluftbehandlung stellt in relativ kurzer Zeit die normalen Funktionsverhältnisse wieder her. *Diese Nachbehandlung muß so lange fortgesetzt werden, bis möglichst normale aktive Handgelenkbewegungen erzielt sind.* Das erfordert, je nach dem Alter und der individuellen Disposition zu arthritischen Veränderungen verschieden lange Zeit; nach meinen Erfahrungen beträgt die Behandlungsdauer jedoch auch bei eigentlichen *Gelenkbrüchen* im Mittel nicht über 3 Monate, die völlige Arbeitsunfähigkeit oft nur einen Monat.

Dieses Normalverfahren ist nicht anwendbar bei allen Radiusbrüchen mit hartnäckiger und ausgeprägter Dorsalverschiebungstendenz, besonders bei solchen mit schrägem Verlauf.

Hier muß die Hand unbedingt zunächst in starker, reponierender Volarflexion fixiert werden, wozu sich die SCHEDEsche Schiene eignet, falls sie in passender Größe zur Verfügung steht (Abb. 681). Besser ist die Ver-

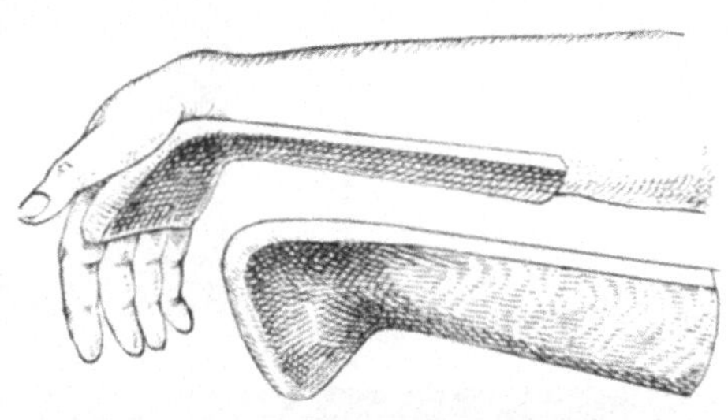

Abb. 681. SCHEDEsche Schiene.

wendung einer gepolsterten HEUSNERschen *Metallschiene,* die der *Volarfläche* von Vorderarm und Hand anbandagiert wird; biegt man nachher die Schiene noch mehr im Sinne der Flexion, so übt sie, wie die biegsamen Fingerschienen, einen distrahierenden und *reponierenden Zug* auf die Fragmente aus. Die Stabilität des Verbandes wird durch einige *Gipsbindentouren* erhöht (vgl. Abb. 674 c, d).

In dieser Beugestellung bleibt die Hand nur 8—10 Tage; dann wird sie in *Geradestellung* gebracht, die nach weiteren 8 Tagen durch Unterpolsterung der Hohlhand mit einem Gazebausch in leichte *Dorsalextensionsstellung* übergeführt wird. Von der 3. Woche an kann eine *Dorsalschiene* Verwendung finden, falls die Redislokationstendenz noch nicht ganz behoben ist.

Besonders zuverlässig wird die Verschiebung des Gelenkfragmentes nach der Streckseite durch einen *kombinierten, mittels biegsamer Metallschiene und Heftpflasterstreifen angelegten Extensionsverband,* gemäß dem von ZUPPINGER für die Metakarpalbrüche angegebenen Prinzip, behoben. Das Verfahren wird durch die Abb. 682a, b, c illustriert. Auch hier bleibt die Hand nur 8 bis 10 Tage in Flexionsstellung, um nachher. wie oben beschrieben, sukzessive in Dorsalextensionslage übergeführt zu werden.

Passive Bewegungen sind bei diesen Radiusbrüchen unbedingt *zu unterlassen,* weil sie noch in der 4. und 5. Woche zu einer *Extensionsverschiebung* des peripheren Fragmentes Anlaß geben können. Hier sind *aktive Übungsbewegungen,* unterstützt durch *Heißluft-* oder gewöhnliche *Handbäder* für die Wiederherstellung normaler Funktion durchaus genügend. Diese Nachbehandlung kann intermittierend schon in der 3. Woche beginnen.

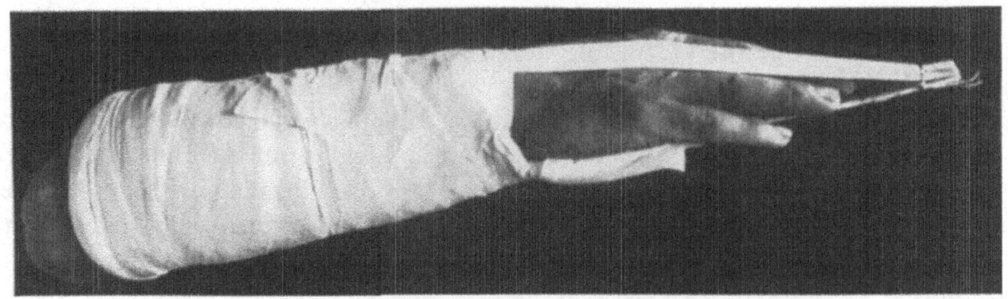

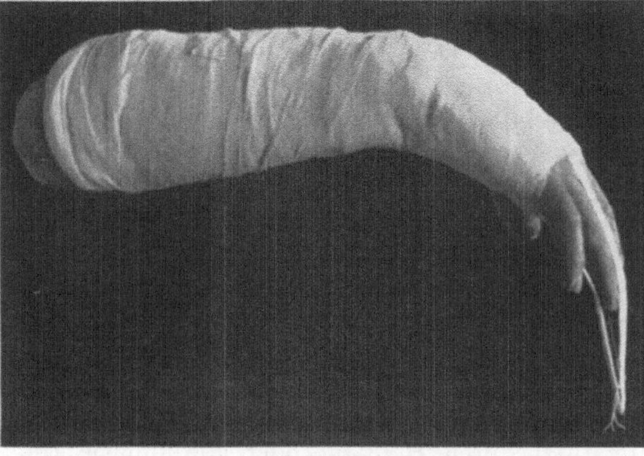

Abb. 682a, b, c. Behandlung einer Radiusfraktur durch Metallschienen-Heftpflaster-Extensionsverband. a Anwickeln einer am Ende durchlochten Metallschiene; b Anlegen und Fixieren eines dorsalen Heftpflasterstreifens; c starke Volarbeugung der Hand zur Erzielung der Extensionswirkung, Verlängerung des Bindenverbandes bis zu den Metakarpalköpfchen.

Der *Gipsverband* hat nur noch seine Berechtigung bei ungebärdigen Patienten, in seltenen Fällen sehr hochgradiger Dislokationstendenz und in Form des *Gipsschienen- oder Brückenverbandes* bei *offenen, infizierten Radiusbrüchen. Auch hier ist so früh wie möglich zu der Dorsalextensionsstellung des Handgelenkes überzugehen, und die Dauer der Kontentivbehandlung auf das geringste mögliche Zeitmaß zu beschränken.*

In den Fällen, die erst nach mehreren Tagen in Behandlung kommen, ist die Reposition häufig nur auf operativem Wege möglich. Das gleiche trifft zu bei Radiusbrüchen, die ohne vorgängige, ausreichende Reduktion des peripheren Fragmentes in einen Fixationsverband gelegt wurden. Bei multiplen, in das Gelenk reichenden Brüchen schließlich ist die anatomische Restitution des Gelenkendes nur durch operatives Vorgehen zu erzielen. Es empfiehlt sich deshalb, bei solchen Radiusbrüchen aktiver vorzugehen, als dies bisher

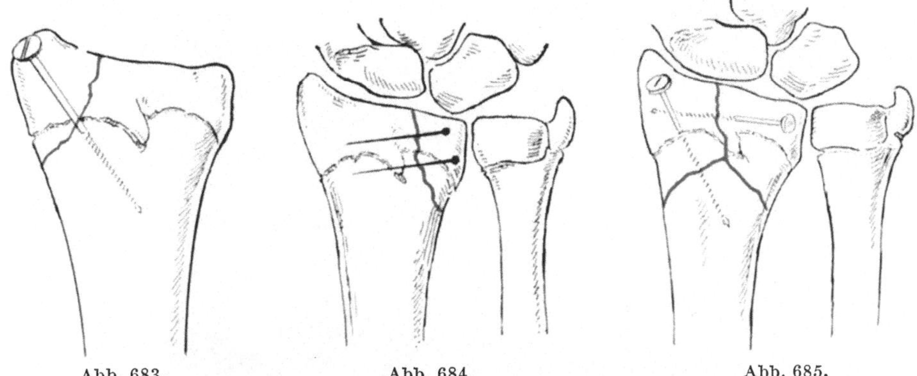

Abb. 683.   Abb. 684.   Abb. 685.

Abb. 683. Verschraubung einer Fraktur des Processus styloideus radii (nach LAMBOTTE).
Abb. 684. Nagelung einer ulnaren Radiusfraktur (nach LAMBOTTE).
Abb. 685. Kombinierte Verschraubung einer Y-Fraktur des Radius (nach LAMBOTTE).

allgemein üblich war, *und die korrekte Fragmentstellung auf blutigem Wege zu erzwingen, besonders wenn es sich um multiple Frakturen ohne eigentliche Zertrümmerung des peripheren Fragmentes oder um veraltete Brüche handelt.* Die Freilegung der Fraktur erfolgt durch einen dorsoradialen Schnitt unter Schonung der Sehnen der M. extensores radiales sowie der Muskelbäuche des M. abductor pollicis longus und M. extensor pollicis brevis, die im Niveau der Fraktur liegen. Nach subperiostaler Freilegung und instrumenteller Reposition der Fraktur kann bei guter Verzahnung der Bruchflächen gelegentlich auf eine operative Fixation der Fragmente verzichtet werden; meist ist jedoch eine zuverlässige Vereinigung der Fragmente geboten, die durch Verschraubung oder Nagelung erfolgt (Abb. 683/684/685).

Die in schlechter Stellung geheilte Radiusfraktur verlangt gelegentlich ebenfalls *operative Korrektur* (*vgl.* 686/687). Hochgradige Dorsoradialabweichung erfordert Trennung der Fragmente mit dem Meißel, Entfernung der überschüssigen Callusmassen und Vereinigung der zugeschnittenen Fragmente. Gelegentlich kann man sich mit der *Abtragung der volaren, in die Sehnenscheide der Beuger prominierenden Fragmentkante* begnügen, besonders dort, wo diese Fragmentspitze Ursache einer *chronischen Tendovaginitis* ist.

Offene, injizierte Radiusfrakturen werden nach Reposition am besten auf exakt anmodellierten Gipsschienen behandelt allfällig in Kombination mit Drahtextension durch die Metacarpalia des 2. bis 5. Fingers; *die Hauptsorge gilt der Bekämpfung begleitender Infektion des Handgelenkes*, die Gegenincisionen oder breite Eröffnung erfordert.

Nach Epiphysenbrüchen des Radius kann sich eine hochgradige *Wachstumshemmung des pripheren Radiusendes* einstellen; bleibt der Radius gegenüber der Ulna in seinem Längswachstum zurück, so gerät die Hand sukzessive in eine ausgeprägte *Radialadductionsstellung*. Umgekehrt kann nach Radiusfraktur mit begleitender *Epiphyseolyse der Ulna* das vordere Ende des Radius eine Abbiegung nach der Ulnarseite erfahren, die zu einer *Ulnarabduction der Hand*

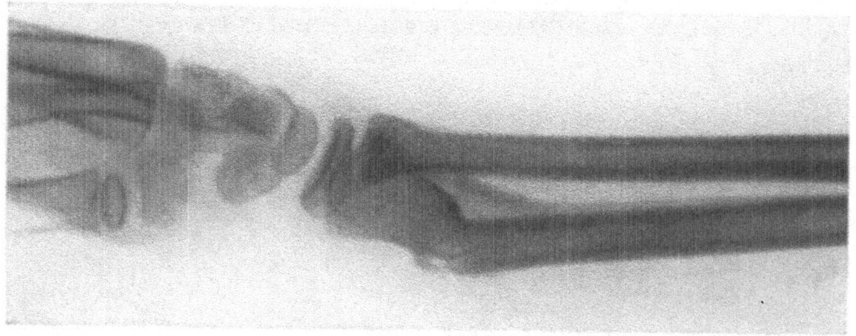

Abb. 686. Mit starker Extensionsknickung geheilte Radiusfraktur.

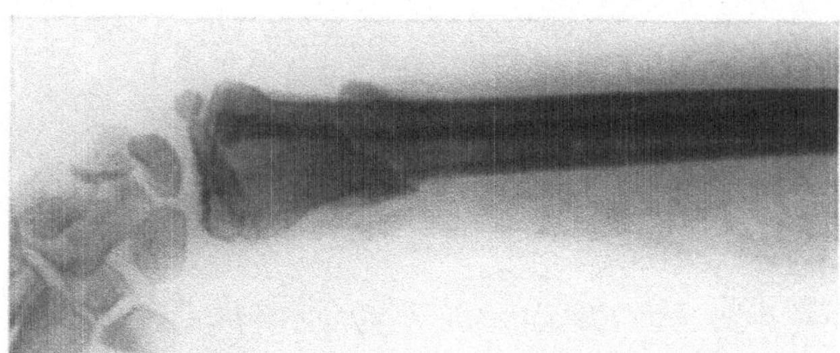

Abb. 687. Fraktur Abb. 686 nach korrigierender Osteotomie.

führt. In solchen Fällen ist nur durch *Keilresektion* oder *Verkürzung des längeren Knochens* eine befriedigende orthopädische Korrektur zu erzielen. Die zu völliger Rotationshemmung Anlaß gebende, bei typischer Radiusfraktur relativ seltene *Synostose zwischen Radius und Ulna* wird analog dem Vorgehen bei Vorderarmfrakturen durch *Resektion der Knochenbrücke* und *Muskel- oder Fettinterposition* behandelt.

Pseudarthrosen sieht man nach Radiusbrüchen überaus selten; praktisch kommen einzig *Defektpseudarthrosen* nach offenen Zertrümmerungsbrüchen und infizierten Schußverletzungen in Betracht, deren operative Korrektur nur Aussicht auf Erfolg bietet, wenn noch ein wesentlicher Teil des Gelenkfragmentes vorhanden ist. Andernfalls wird man sich mit *Dorsalextensionsschienenhülsenapparaten* behelfen müssen.

Bei der *Nachbehandlung der Radiusfrakturen* ist der Erfahrung Rechnung zu tragen, daß durch die passiven Bewegungen des Handgelenkes auch nach 2 bis

3 Wochen noch sekundäre Dorsalverschiebungen des peripheren Fragmentes und Achsenknickung verursacht werden können. Deshalb ist bei der Ausführung der aktiven und passiven Dorsalextension durch einfachen Daumendruck auf die Dorsalfläche des peripheren Fragmentes, wie Abb. 688 zeigt, dafür zu sorgen, daß bei der Dorsalextension der Hand das periphere Fragment nicht mitgeht.

Besondere Berücksichtigung erfordert ferner der *Bluterguß in den Sehnenscheiden der Beuger* und die *sekundäre Tendovaginitis*, die sich hier nicht so

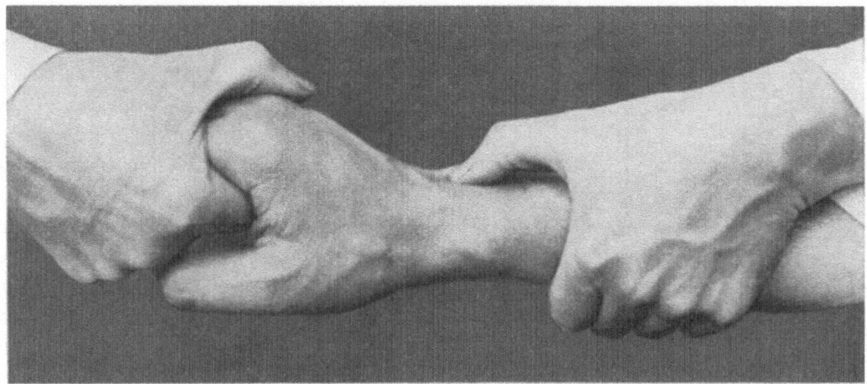

Abb. 688. Niederdrücken des peripheren Fragmentes bei mobilisierender Behandlung der klassischen Radiusfraktur.

selten entwickelt und manchmal zu einer erheblichen Verzögerung der Heilung Anlaß gibt. Konsequente Massage, vorsichtige Bewegungsübungen und Wärmeapplikation bringen stets Heilung, oft jedoch erst nach mehreren Monaten.

In seltenen Fällen tritt in den ersten 3 Monaten nach erfolgter Fraktur eine *Ruptur der Sehne des langen Daumenstreckers* ein; der Riß liegt an der Stelle, wo die Sehne um die Crista radii herumbiegt. Diesen *Spätrupturen* liegt offenbar eine Schädigung der Sehne durch eine scharfe Fragmentkante zugrunde, wie aus Versuchen von KLEINSCHMIDT hervorgeht. Diese Komplikation erfordert Anfrischung der aufgefaserten Sehnenstümpfe und Vereinigung durch direkte Naht oder Lappenplastik.

C. Die Frakturen des Handskelets.

Kapitel 1.

Die Frakturen der Handwurzelknochen.

Während direkt einwirkende Gewalten jeden einzelnen Handwurzelknochen brechen können, werden durch indirekte Traumen vorwiegend die Knochen der proximalen Handwurzelreihe betroffen, nämlich das *Naviculare, Lunatum* und *Triquetrum* (vgl. Abb. 689/690). Doch sieht man infolge indirekter Einwirkung auch gleichzeitige Frakturen der proximalen und distalen Handwurzelreihe, so die Kombination eines Mondbeinbruches mit solchen des Capitatum und Hamatum.

Die häufigste Handwurzelfraktur ist die des Kahnbeines, meist zustande kommend durch Fall auf die dorsalextendierte, radial adduzierte Hand. Entsprechend dem übereinstimmenden Entstehungsmechanismus sehen wir den Navicularebruch gelegentlich *kombiniert mit typischer oder marginaler Radiusfraktnr.*

Durch die Bruchebene wird das Kahnbein nahe seiner Mitte in ein lateraldistales und in ein medial-proximales Fragment geteilt (siehe Abb. 691). Seltener sind unregelmäßige *Zertrümmerungsfrakturen.*

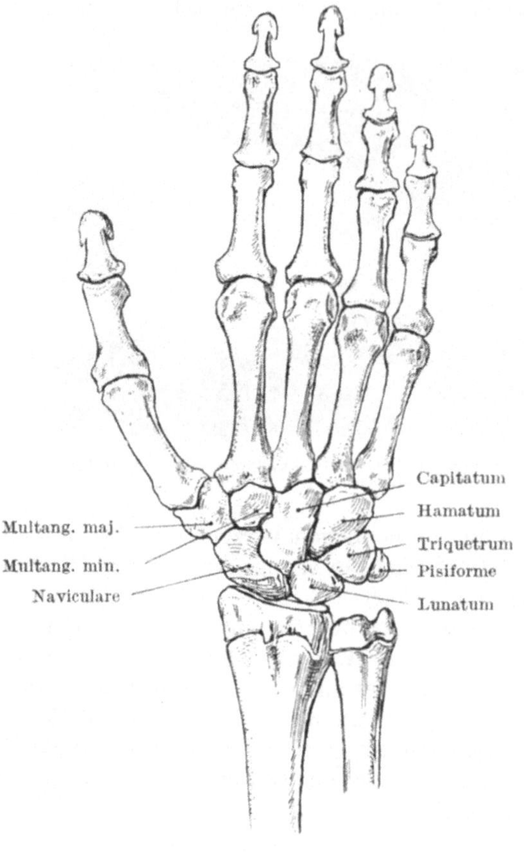

Die *Symptome* bestehen in umschriebener, meist nicht besonders ausgeprägter *Schwellung,* auffälliger *Funktionsbehinderung* des Handgelenkes und ausgeprägter, auf das Gebiet des Kahnbeines beschränkter *Druckschmerzhaftigkeit.* Ferner ist ausnahmslos *Achsenstoßschmerz* sowohl vom Daumen als vom Zeigefinger her, weniger konstant durch Druck in der Achse des Mittelfingers auslösbar. Besonders charakteristisch ist die Schmerzhaftigkeit extremer, passiver Dorsalextension des Handgelenkes, während passive Volarflexion oft weniger unangenehm empfunden wird. Bei diesen passiven Bewegungen tritt gelegentlich eine leise *Crepitation* oder ein fühlbares *Reiben* auf. Eine sichere Diagnose gestattet nur die *Röntgenuntersuchung* (vgl. Abb. 691/692).

Abb. 689. Handwurzelknochen. (Nach TOLDT.)

Eine relativ häufige Verletzung ist nach DE QUERVAIN die *Fraktur des Naviculare,* kombiniert mit volarer Luxation des Mondbeines, wobei das mit dem Mondbein in Verbindung gebliebene proximalmediale Fragment des Kahnbeines ebenfalls nach der Vola hin luxiert zu sein pflegt. DE QUERVAIN bezeichnet diese Handwurzelverletzung als typische, *interkarpale Luxationsfraktur* (siehe Abb. 693a und b). Als begleitende Läsionen finden sich Frakturen des Capitatum, Abrißbrüche des Processus styloideus von Radius oder Ulna, ferner typische Radiusfrakturen.

Die interkarpale Luxationsfraktur ist schon äußerlich charakterisiert durch einen starken, *volaren Vorsprung im Bereich des Handgelenkes,* direkt anschließend an den Daumen- und Kleinfingerballen (siehe Abb. 694), sowie gelegentlich durch eine *Radialverschiebung der Hand.* Im Bereich des Naviculare besteht sehr intensive *Druckempfindlichkeit,* namentlich von der sog. Tabatière aus.

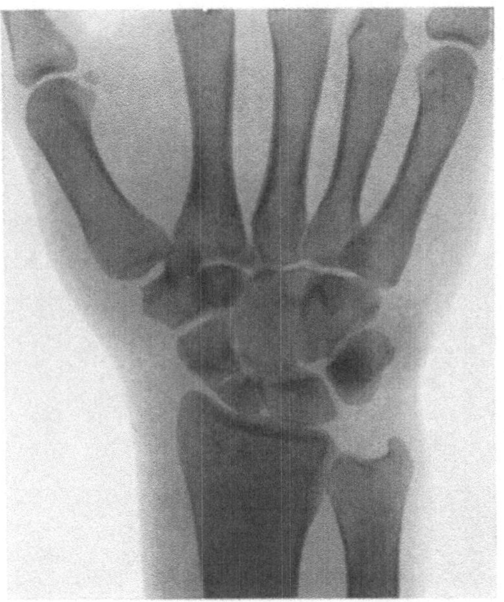

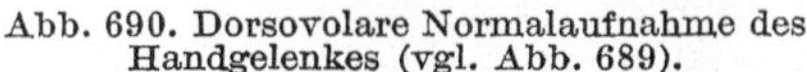

Abb. 690. Dorsovolare Normalaufnahme des
Handgelenkes (vgl. Abb. 689).

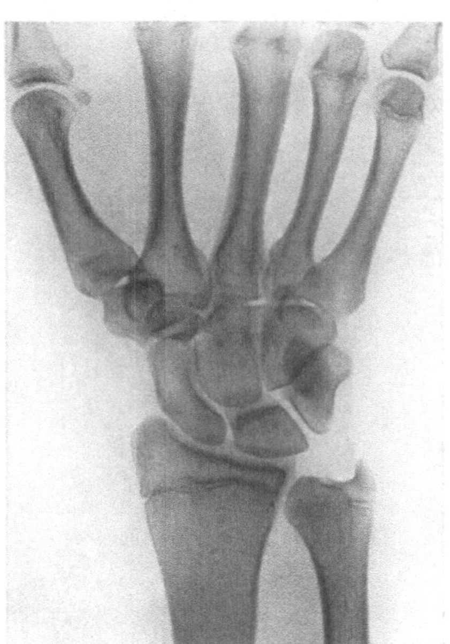

Abb. 691. Fraktur des Os naviculare.

Die Verletzung führt naturgemäß zu hochgradiger *Einschränkung der Handgelenkbeugung und Behinderung des Faustschlusses*; auch die Extension des Handgelenkes ist nur in geringem Umfange ausführbar. Der *Röntgenbefund* ist namentlich charakteristisch bei vergleichender,
radioulnarer Aufnahme beider Handgelenke, während in der Dorsovolarauf-
nahme wohl ohne weiteres die Navicularefraktur (siehe Abb. 693a), die Luxation
des Mondbeines dagegen nur bei genauester Betrachtung an der Überlagerung
von Hamatum und Capitatum durch
den nach unten und vorne luxierten
oberen Abschnitt des Lunatum zu erkennen ist (vgl. Abb. 693/694).

*Auch am Mondbein gelangt eine iso-
lierte Kompressionsfraktur zur Beobachtung*, meist verursacht durch Fall auf
die ulnarwärts abduzierte Hand aus
großer Höhe; doch tritt die Fraktur gegenüber der viel häufigeren Luxation des
Lunatum erheblich in den Hintergrund.
Neben einfachen *Fissuren* und Frakturen
sieht man *Komminutivbrüche mit Luxation
einzelner Fragmente* besonders volarwärts
unter die Beugesehnen. Auch hier kommen begleitende Frakturen anderer

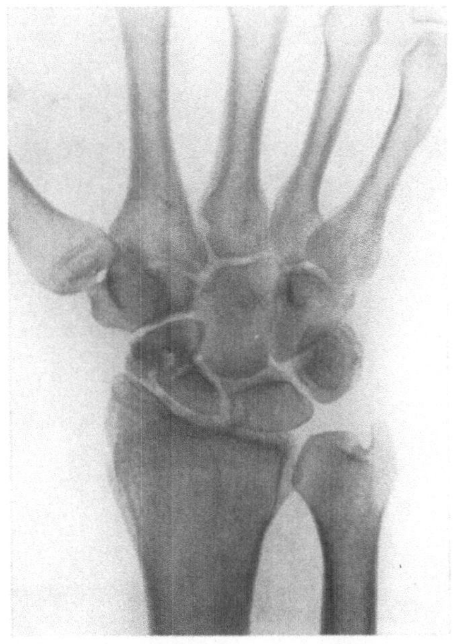

Abb. 692. Alte Navicularefraktur; Pseudarthrose, Hammerform, durch Rotation des
äußeren Fragmentes bedingt.
Bildung einer kleinen Höhle.

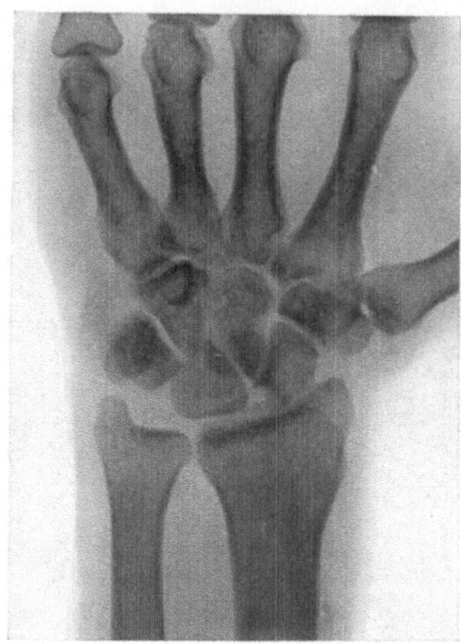

Abb. 693a. Fraktur des Naviculare mit Luxation des Mondbeines samt innerem Fragment des
Naviculare.

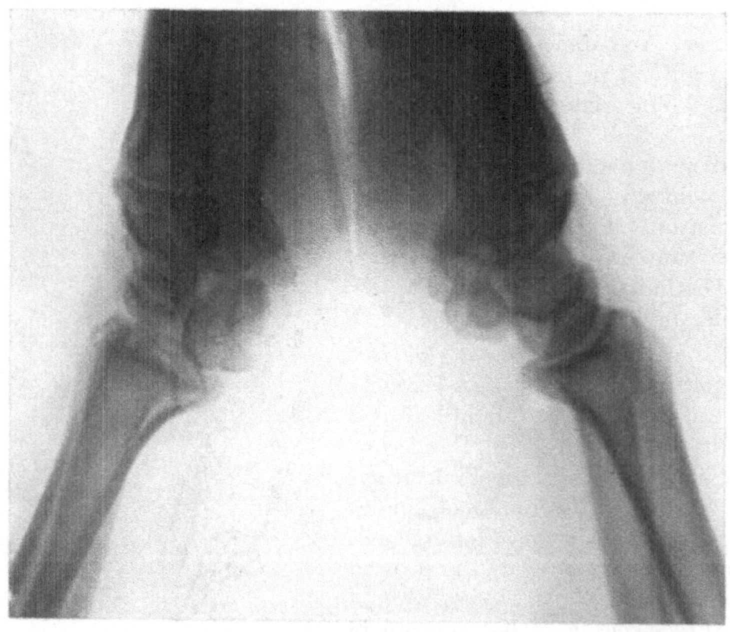

Abb. 693b. Navicularefraktur mit Luxation des Mondbeines; vergleichende Seitenaufnahme
zu Abb. 693a.

Handwurzelknochen sowie des Radius vor. *Schwellung* und *Druckempfindlichkeit* lokalisieren sich mehr in der Mitte des Handgelenkes, als bei der Nacivularefraktur; der *Achsenstoßschmerz* ist wesentlich vom 3. und 4. Finger her auslösbar. Die Funktionsstörungen stimmen mit den bei Kahnbeinfrakturen zu beobachtenden überein, pflegen jedoch häufig geringer zu sein. Maßgebend für die Erkennung der Verletzung sind *Röntgenaufnahmen,* von denen die radio-ulnare Auskunft über Luxationsverschiebungen einzelner Fragmente gibt.

Im Anschluß an hochgradige Quetschungen des Mondbeines stellt sich gelegentlich eine *sekundäre,* auf regressiven Veränderungen beruhende *deformierende Ostitis* ein (KIENBÖCK, GUYE), die manchmal zu nachträglicher Fragmentierung des verletzten Lunatum führt. *Bewegungsstörungen* des Handgelenkes und besonders schmerzhafte Behinderung seiner Dorsalextension sind die hauptsächlichsten Folgeerscheinungen dieser „*traumatischen Erweichung*" des Mondbeines (vgl. Abb. 695).

Durch einen analogen Mechanismus wie die Mondbeinfraktur, d. h. durch Fall auf die ulnarabduzierte, dorsalflektierte Hand kommt in seltenen Fällen ein *Bruch des Triquetrum* zustande; häufiger liegt die Ursache der Fraktur des Pyramidenbeines in einer *direkten Gewalteinwirkung,* besonders in Form dorso-volarer Zusammenpressung oder Quetschung der Handwurzel. Gemäß dieser Ätiologie handelt es sich denn auch meist um unregelmäßige *Kompressionsfrakturen*, erkennbar an *Verdickung des ulnaren Abschnittes der Handwurzel*, entsprechend lokalisierter *Schwellung* und *Druckempfindlichkeit*.

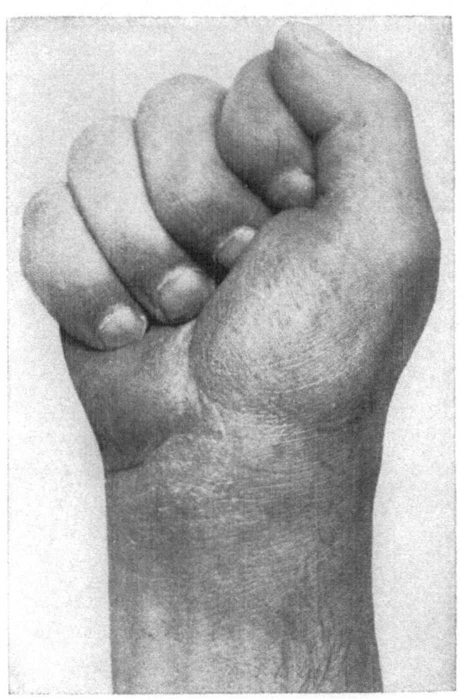

Abb. 694. Äußeres Bild einer interkarpalen Luxationsfraktur. (Nach DE QUERVAIN.)

Extension und Flexion des Handgelenkes sind eingeschränkt. Der Achsenstoßschmerz ist vom 4. und 5. Finger her auslösbar. Im *Röntgenogramm* fällt vor allem die Formveränderung des Triquetrum und die Verwischung seiner Konturen gegenüber den anderen, scharf umrissenen Handwurzelknochen auf.

Als eine typische, bei Fall auf die dorsalextendierte Hand zustandekommende Verletzung beschreibt FRIEDRICH die *Fraktur des Os pisiforme,* die als eine direkte Fraktur aufzufassen ist. Sie ist erkennbar an der Lokalisation der Schwellung und der umschriebenen Druckempfindlichkeit, an meist deutlicher Crepitation und an den *Funktionsstörungen*, die durch den gelegentlich die Fraktur *begleitenden Abriß der Sehne des M. flexor carpi ulnaris* bedingt werden. Die Hand gerät in diesem Falle in Radialadduction und kann nicht kräftig ulnarwärts abduziert werden. *Röntgenographisch* ist die Fraktur des Pisiforme nur in vergleichenden radio ulnaren Aufnahmen nachweisbar.

Erheblich seltener als die proximalen Handwurzelknochen sind die *Knochen der peripheren Handwurzelreihe* isoliert oder kombiniert von Frakturen betroffen. *Brüche des Multangulum majus* und *minus* spielen praktisch kaum eine Rolle, dürften jedoch gelegentlich infolge direkter Gewalteinwirkung sowie bei Fall auf die radial adduzierte Hand vorkommen und sich unter dem Bilde einer Handgelenkdistorsion verbergen. Beschrieben sind isolierte Brüche des Multangulum majus. *Die Fraktur des Os capitatum* wurde experimentell in Kombination mit Radiusfraktur erzielt. Am Lebenden wird sie beobachtet in Form der durchgehenden Fraktur des ganzen Knochens sowie als Absprengungsfraktur, die den größten Teil des Kopfes abtrennen kann. Die Fraktur kommt meist indirekt, durch Fall auf die ausgestreckte Hand zustande. Die *Schwellung* lokalisiert sich rückwärts von der Basis des Metakarpale II und III, wo auch maximale Druckempfindlichkeit besteht. Die Handgelenkbewegungen sind auch bei dieser Fraktur eingeschränkt, schmerzhaft und wie der *Faustschluß kraftlos.* Ferner sind als Begleitsymptome der Fraktur des Capitatum Lähmungserscheinungen und Parästhesien im Gebiete des sensiblen Ulnaris beschrieben.

Am *Os hamatum* werden sowohl direkte als indirekte Frakturen beobachtet. Neben *Abbruch des Hackenfortsatzes* mit Verschiebung medialwärts gegen das Capitatum hin (STEINMANN) kommt eine *Fraktur des Hackens mit Dorsalluxation des Hackenbeinkörpers* vor. In einem Falle EIGENBRODTs waren gleichzeitig die basalen Abschnitte des Metakarpale IV und V gebrochen und das Fragment des Metakarpale IV mit dem Hamatumkörper dorsalwärts luxiert. Einen ungewöhnlichen Fall von indirekter Schrägfraktur des Hamatum, entstanden bei einem Arzt durch Druck gegen den Unterkiefer anläßlich einer Zahnextraktion, beobachtete VULPIUS. Eine sichere Diagnose gestattet auch hier nur das *Röntgenogramm* (siehe Abb. 696); doch weisen die Lokalisation von Schwellung und Druckempfindlichkeit sowie der Achsenstoßschmerz vom 4. und 5. Finger her auf eine Hamatumfraktur. Der abgebrochene Hacken behindert gelegentlich die Funktion der Beugesehnen des Ring- und Kleinfingers, was die Excision des Fragmentes nahelegt.

Wenn auch die Frakturen der peripheren Handwurzelknochen regelmäßig zu Störungen der Handgelenkfunktion führen, so sind diese im allgemeinen doch weniger hochgradig — wenigstens in späteren Stadien — als dies bei Brüchen

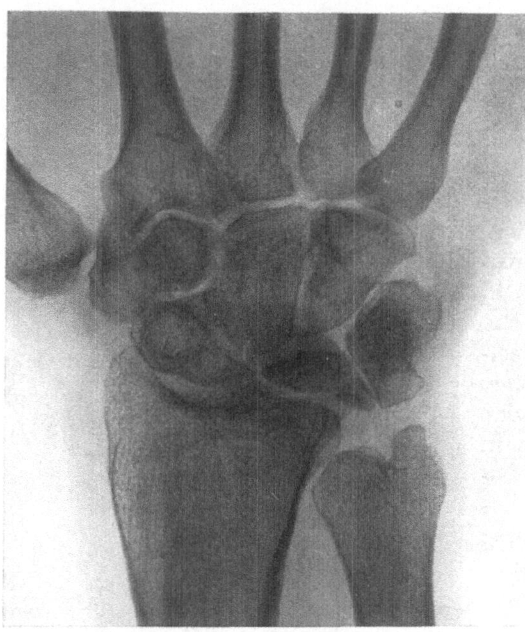

Abb. 695. Traumatische Erweichung der proximalen Handwurzelknochen, besonders des Mondbeines.

des Naviculare und Lunatum der Fall zu sein pflegt, weil die Bewegungen des Handgelenkes wesentlich zwischen dem Radius und dem proximalen Handwurzelknochen vor sich gehen.

Kombinationsfrakturen betreffen vorwiegend einen Handwurzelknochen und den Radius, seltener mehrere Karpalia gleichzeitig.

Der *Verlauf der Karpalfrakturen* hängt wesentlich davon ab, ob es sich um einfache Frakturen ohne Verschiebung der Fragmente, um Absprengungsfrakturen mit Dislokation der abgesprengten Partikel oder um eigentliche

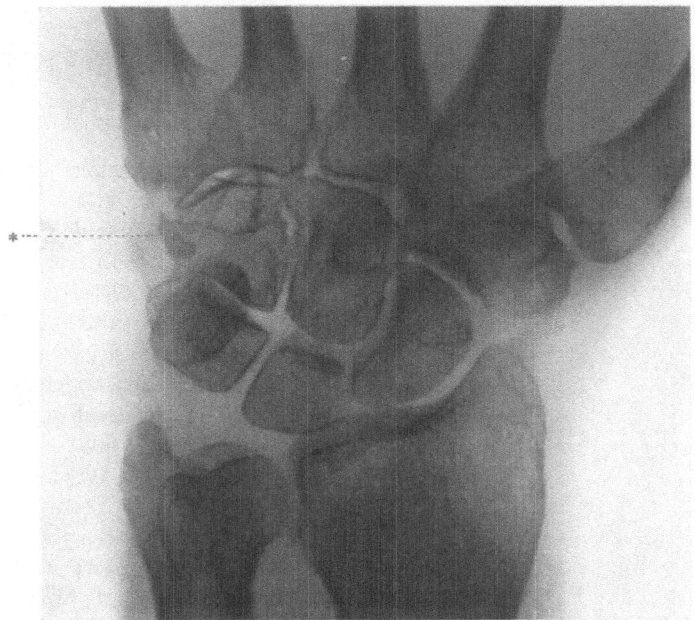

Abb. 696. Direkte Fraktur der lateralen Randpartie des Os hamatum.
(Umschriebene Veränderungen bei *.)

isolierte oder kombinierte Luxationsbrüche, wie die interkarpale Luxationsfraktur, handelt.

Von maßgebender Bedeutung ist, wie die Erfahrungen der letzten Jahre gezeigt haben, auch die *Art der Behandlung.*

So dürfte die bindegewebige Heilung der Kahnbeinfraktur ebenso wie die Ausbildung einer *Pseudarthrose* (Abb. 692), wie man sie früher so häufig sah, wesentlich durch die mobilisierende Behandlung verursacht werden. Unter ausreichender Fixation heilt die Navicularefraktur in der Mehrzahl der Fälle knöchern.

Leidet die Ernährung eines Bruchstückes infolge ausgedehnter Loslösung von der Kapsel, so treten *regressive Veränderungen* auf, die von *arthritischen Störungen* begleitet sind. Ein mobiles Fragment kann auch als *mechanisches Hindernis*, besonders für die Flexion wirken. Kompressivfrakturen mit Verschiebung einzelner Randfragmente hinterlassen oft langdauernde Schmerzen, Funktionsbehinderung des Handgelenkes, Beeinträchtigung des Faustschlusses, gelegentlich auch Ulnarisschädigungen. Die Störungen können eine Zeitlang progredienten Charakter haben, namentlich wenn sekundär *Erweichung* und *Höhlenbildung* in einem Fragment oder in einem geschädigten Handwurzelknochen eintritt (Abb. 697).

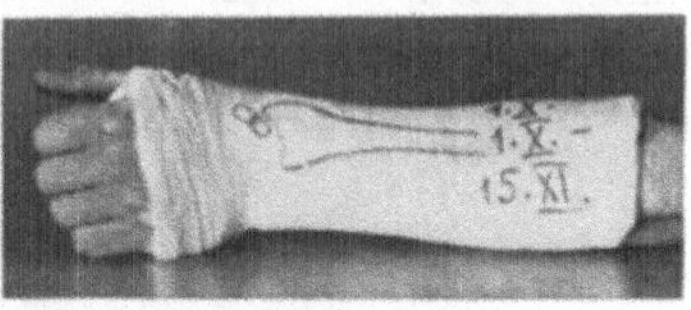

Bei den Luxationsbrüchen hängt die Prognose wesentlich von der primären Behandlung ab; sie ist durchaus gut,

Abb. 697. Pseudarthrose des Naviculare mit Höhlenbildung durch Kalkresorption. (Nach Böhler.)

Abb. 698. Gipsschienenverband zur Behandlung der Navicularefraktur. (Nach Böhler.)

wenn für ausreichende Reposition der luxierten Handwurzelelemente gesorgt wird, während andernfalls irreparable Versteifungen resultieren.

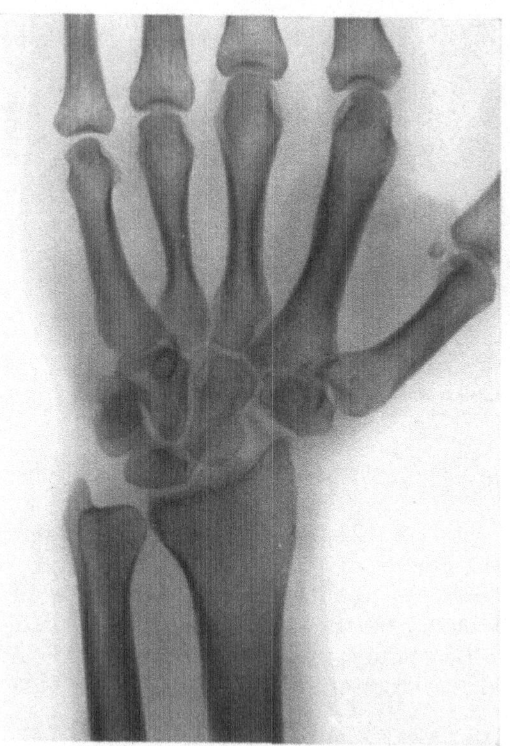

Die *Navicularefraktur* ist grundsätzlich mit einer *dorsalen*, nur wenig gepolsterten *Gipsschiene* zu behandeln, die in leichter *Dorsalextensionsstellung* und mäßiger *Ulnarabduction* angelegt wird und die Beugung der Finger nicht behindert (Abb. 698). Die Fixation dauert 8—10 Wochen; die Beseitigung von Resorptionshöhlen im Bereiche der Bruchflächen dagegen erfordert mehrere Monate. Die Möglichkeit ständiger Finger- und Ellbogengelenkbewegungen verhindert Muskelretraktionen und Gelenkversteifungen. Eine *mobilisierende Nachbehandlung* wird rascher wieder volle Gebrauchsfähigkeit der Hand bringen. Doch sei nicht verschwiegen, daß nach konsequent fixierender Behandlung von Navicularebrüchen hochgradige und hartnäckige Versteifungen beobachtet wurden.

Luxierte Navicularefragmente sind primär zu reponieren, was oft nur *operativ* gelingt. Von

Abb. 699. Radialadduction der Hand nach Entfernung des gebrochenen Naviculare.

Entfernung besonders des radialen Fragmentes ist abzusehen, auch wenn die Verbindung mit der Kapsel nur eine schmale ist, weil die Hand in radiale Adductionsstellung gerät; zudem besteht die Möglichkeit der Einheilung auch schlecht ernährter Bruchstücke, wenn sie in guten Kontakt mit dem normal vaskularisierten anderen Fragment gebracht werden. Besonders ungünstig wird die Stellung der Hand nach Entfernung beider Fragmente (Abb. 699), die nur in Frage kommt, wenn sie hochgradig abgebaut sind, zu Arthritis Anlaß geben und durch Ruhigstellung nicht beeinflußt wurden. Die Incision kann am Handrücken oder auch volar erfolgen.

Grundsätzlich gleich gestaltet sich die Behandlung der übrigen Handwurzelbrüche.

Mit der Entfernung *erweichter Karpalia* sei man zurückhaltend, da sich diese unter fixierender Behandlung oft wieder normal gestalten.

Bei *Pseudarthrosen des Kahnbeines* mit resorptiver Höhlenbildung wird zunächst ein *Versuch mit langdauernder Fixation mittels Dorsalschiene* gemacht; tritt innerhalb 6 Monaten nicht knöcherne Heilung ein, so empfiehlt sich *Wegnahme der beiden Bruchstücke oder des ulnaren allein*, wenn sie zu mechanischer Behinderung der Handgelenkbeugung Anlaß geben, wenn die Bewegungen schmerzhaft sind und eine ausgeprägte Atrophie des Handgelenksskelets vorliegt (Abb. 700). Die entstehende radiale Abweichung der Hand ist nicht immer sehr ausgeprägt (Abb. 699) und bedingt geringere Störungen, als die mobilen, abgebauten Kahnbeinfragmente.

Fraktur des *Pisiforme* bedingt vorübergehende Bandagierung des Handgelenkes in ulnarer Abductionsstellung der Hand, mit dem Zwecke, den durch Abriß der Sehne des Flexor carpi ulnaris bedingten

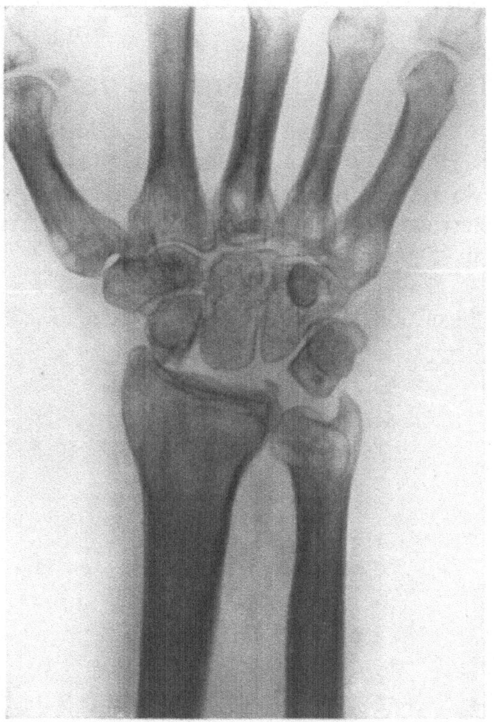

Abb. 700. Handgelenk nach Entfernung des Mondbeines samt proximalem Naviularefragment; ausgeprägte Inaktivitätsatrophie.

Bewegungsausfall zu kompensieren; gelegentlich kann die Annähung oder Anschraubung des Abrißfragmentes in Frage kommen.

Der abgebrochene und dislozierte Hacken des Os hamatum wird ebenfalls *operativ entfernt*, wenn er zu Störungen Anlaß gibt.

Bei der *interkarpalen Luxationsfraktur* ist in erster Linie die Reposition des Lunatum und des mitluxierten Naviularefragmentes vorzunehmen. Manchmal gelingt es, die Reposition durch Zug an der Hand, starke Dorsalextension, lokalen Druck auf die luxierten Elemente und nachfolgende Volarflexion des Handgelenkes zu bewerkstelligen. Oft bildet jedoch das mitluxierte Naviularefragment ein unüberwindliches Reduktionshindernis; auch kann die begleitende Kapsel- und Bänderzerreißung, besonders zwischen Lunatum und Capitatum, die Erhaltung der reponierten Stellung unmöglich machen. In solchen Fällen ist *operatives Vorgehen* indiziert, besonders dringend dort, wo Kompression des Medianus vorliegt. Am einfachsten läßt sich die *blutige Reposition* von einem volaren Schnitte aus bewerkstelligen; die Nachbehandlung erfolgt mittels Dorsalschiene, wie bei unblutig reponierten Verletzungen. Gelingt die Reposition des Lunatum oder die Erhaltung seiner Reposition nicht in befriedigender Weise, so empfiehlt sich gemäß dem Vorschlage von DE QUERVAIN *die Exstirpation des luxierten Lunatum samt proximalem Navicularefragment* (Abb. 700). Nach erfolgter Wundheilung wird sofort die Übungsbehandlung aufgenommen.

Kapitel 2.

Die Brüche der Mittelhandknochen.

Die Frakturen der Metakarpalia sind, wie wir seit Einführung des Röntgenverfahrens wissen, bedeutend häufiger, als man früher allgemein annahm. Nach der Zusammenstellung von OBERST machen sie 2,3$^0/_0$ aus, nach der schweizerischen Unfallstatistik 4,4$^0/_0$. Die verschiedenen Metakarpalknochen sind so ziemlich gleichmäßig betroffen.

Direkte Metakarpalbrüche kommen, wenn wir von Schußverletzungen absehen, durch Schlag oder Stoß auf den Handrücken zustande, *indirekte Frakturen*

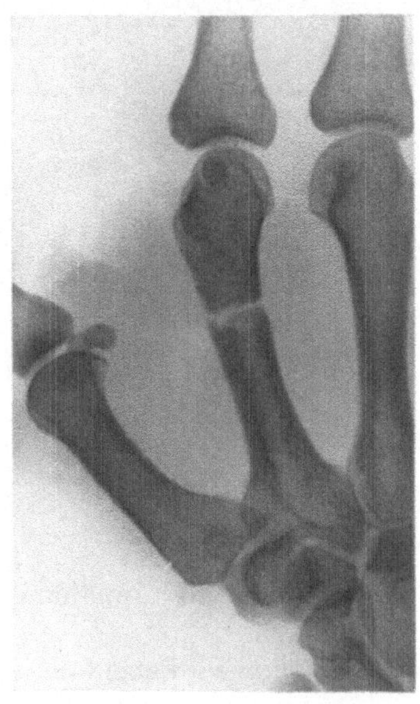 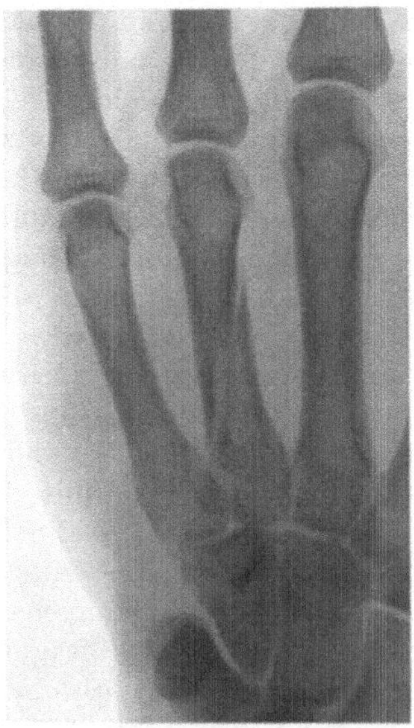

Abb. 701. Direkte Querfraktur des Metakarpale II.   Abb. 702. Rotationsfraktur des Metakarpale IV.

durch Fall auf den vorderen Abschnitt der volarflektierten Mittelhand ,wobei der Stoß von den Grundgelenken der Finger her einwirkt; in selteneren Fällen ist die Ursache Torsionsbeanspruchung unter Vermittlung der gebeugten Finger. Einen seltenen Entstehungsmechanismus hat die von DUPUYTREN beschriebene, beim Ringen entstehende Fraktur, wenn die Kämpfenden sich mit ineinanderverschränkten Fingern bei den Händen fassen und gegenseitig zu Boden zu

zwingen suchen; diese Beanspruchung kann Einknickungs- bzw. Biegungsfrakturen nach dem Handrücken hin zur Folge haben.

Die *direkten Brüche* sind vorwiegend Quer- (Abb. 701) oder kurze *Schräg-
brüche*, oft auch offene *Splitterbrüche*, und können an jeder beliebigen Stelle
des Metakarpale liegen, während die *indirekten Frakturen* als lange, schräge
Biegungs- oder *Rotationsfrakturen* in Erscheinung treten und sich meist im
Mittelstück der gebogenen Diaphyse finden (Abb. 702/704). Die indirekten
Rotationsfrakturen entstehen beinahe aus-
nahmslos durch eine Kombination von
Torsion und Stauchung.

Eine typische *Stauchungsverletzung* findet
sich an der Basis des I. Metakarpus in
Form der von BENNET beschriebenen *Absprengung der volaren Kante*, die häufig mit
Distorsion des Daumengrundgelenkes verwechselt wird. Abb. 703 zeigt ein charakteristisches Röntgenogramm einer solchen
Fraktur. Seltener ist die etwas weiter distal
sitzende *Querfraktur dicht oberhalb* der Basis
des Metakarpus I.

Bei Quer- und Schrägfrakturen der
Metakarpalknochen senkt sich das distale
Fragment mit seinem Köpfchen gewöhnlich
nach der Hohlhand zu, so daß eine *volarwärts offene Achsenknickung* des gebrochenen
Knochens entsteht (Abb. 704b). Bei zur
Faust geschlossener Hand fehlt dann die
charakteristische dorsale Vorwölbung des
betreffenden Metakarpophalangealgelenkes,
indem der entsprechende „Handknöchel"
aus der Reihe verschieden weit zurücktritt.
Dagegen springt auf dem Handrücken
bei Schrägfrakturen die Kante des distalen
Fragmentes, bei Querbrüchen die Kante

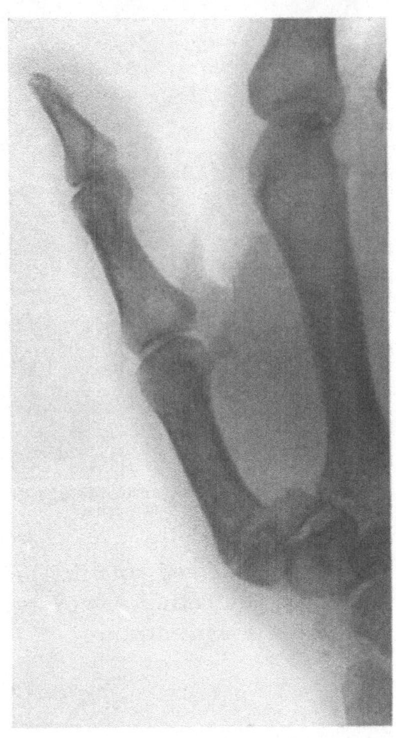

Abb. 703. BENNETsche Fraktur an der Basis
des Metakarpale I.

des proximalen Fragmentes vor, insofern nicht eine erhebliche Schwellung
diese Prominenz verdeckt. Die *Seitenverschiebungen* sind bei Schrägfrakturen
meist nicht sehr hochgradig (s. Abb. 704a), können dagegen bei Querfrakturen der ganzen Dicke des Knochens entsprechen. Gleichwohl ist die
Verkürzung kaum jemals sehr ausgeprägt, weil die Fragmente durch die
kleinen Handmuskeln sowie durch die starken Bandverbindungen, besonders
durch die zwischen den einzelnen Metakarpalköpfchen sich ausspannenden
Ligamenta capitulorum transversa, weitgehend fixiert werden. Rotationsfrakturen zeigen meistens nur unbedeutende Verschiebungen, die gewöhnlich
nur den distalen Abschnitt betreffen. Seltene Verletzungen sind die *Zertrümmerungsfraktur des Metakarpalköpfchens sowie sein Abbruch*; bei letzterem
ist gewöhnlich ebenfalls eine Volarverschiebung des peripheren Fragmentes
vorhanden, was den Anschein einer volaren Luxation der Grundphalanx
erwecken kann.

Die *Erkennung der Metakarpalfraktur* begegnet keinen Schwierigkeiten, sobald eine deutliche Dislokation, wäre es auch nur eine Achsenknickung, vorliegt. Wir finden die bekannten Fraktursymptome: *Schwellung, lokale Druckempfindlichkeit* und *Stoßschmerz*; häufig läßt sich auch *Krepitation* auslösen. Für die Diagnose von Metakarpalfrakturen ohne Verschiebung ist der *Stoßschmerz in der Längsachse* vom betreffenden Finger her sehr charakteristisch.

Maßgebend für die Diagnose ist die *Röntgenuntersuchung*, und zwar sind unter allen Umständen neben dorsovolaren Aufnahmen auch seitliche zu machen (vgl. Abb. 704), wobei, wenn es sich um den Nachweis von Frakturen des Metakarpus I bis V handelt, darauf zu achten ist, daß der Daumenmetakarpus den gebrochenen nicht überlagert. Der maximal gespreizte und im Grundgelenk gestreckte Daumen wird deshalb in Oppositionsstellung gebracht und die Aufnahme streng in der Metakarpalebene vorgenommen. Abb. 704 b zeigt, wie klar bei dieser Aufnahmetechnik die Volarknickung eines gebrochenen Metakarpus sich darstellen läßt.

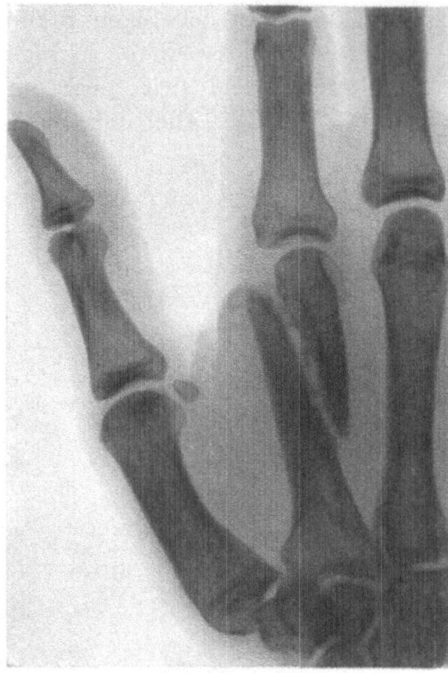

Abb. 704a. Schrägfraktur des Metakarpale I mit starker Verkürzung.

Die *Behandlung* erfordert in erster Linie möglichst korrekte *Reposition* durch Zug am betreffenden Finger, lokalen Druck und Dorsalführung des volar flektierten Fragmentes.

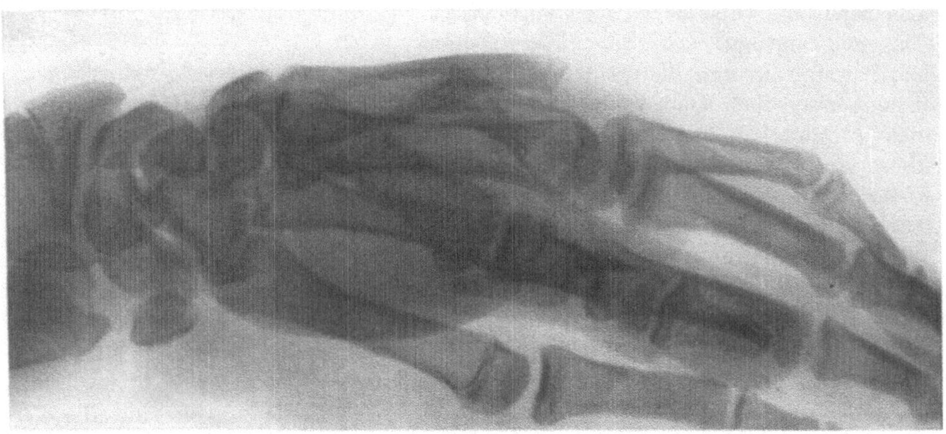

Abb. 704b. Seitenaufnahme zu Abb. 704a.

Für die Aufrechterhaltung der guten Stellung genügt unter Umständen ein einfacher improvisierter *Schienenverband* durch dorsal aufgelegte und mit

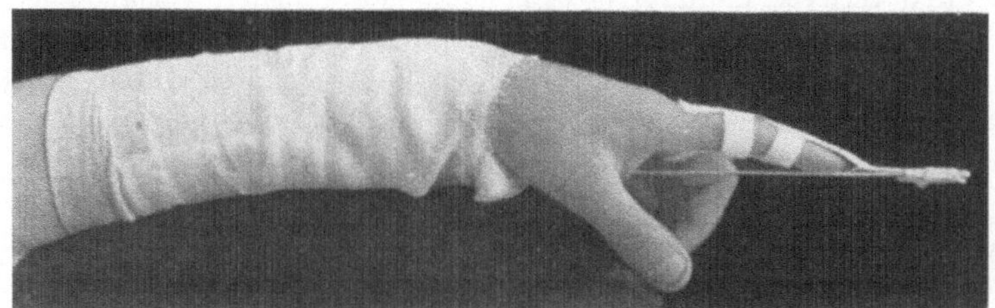

Abb. 705a. Extensions-Schienenverband nach ZUPPINGER zur Behandlung von Metakarpal- und Phalangealfrakturen; erster Akt: Anbandagieren der Blechschiene am Vorderarm und Fixation des gestreckten Fingers an der Schiene durch Längs- und Querstreifen aus Heftpflaster.

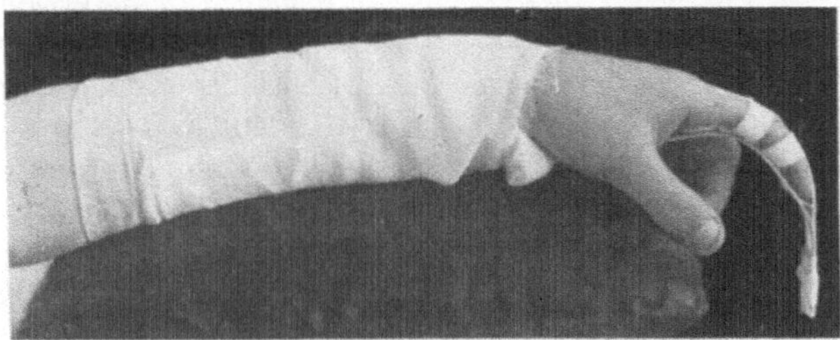

Abb. 705b. Extensions-Schienenverband nach ZUPPINGER; zweiter Akt: Biegung der Volarschiene, wodurch der fixierte Finger unter Längszug gesetzt wird.

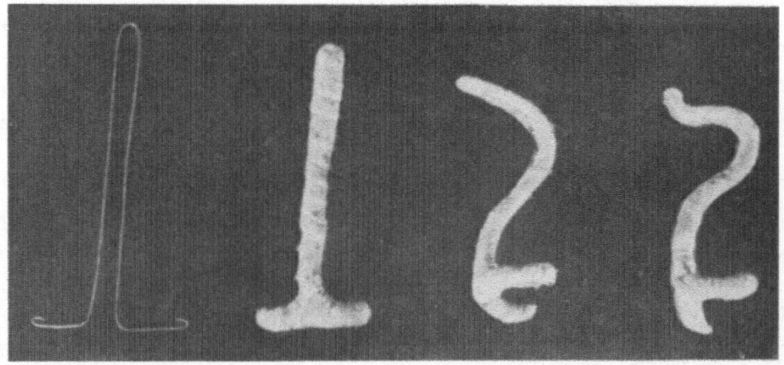

Abb. 706. Extensionsschiene aus geglühtem Eisendraht zur Behandlung von Metakarpal- und Fingerbrüchen. (Nach BÖHLER.)

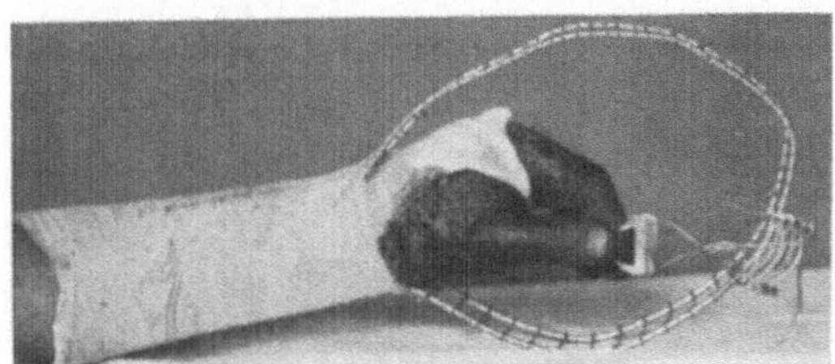

Abb. 707. Drahtextension an der Fingerkuppe. (Nach BÖHLER.)

Pflasterstreifen fixierte kleine Holzschienen. Gelegentlich verlangt jedoch die hartnäckige Volarflexionstendenz des peripheren Fragmentes einen direkten Druck auf das Metakarpalköpfchen von der Vola her, was durch Einstemmen eines *Gaze-* oder *Wattebäuschchens* und entsprechenden Bindenzug, durch eine *volare Pelottenschiene* oder durch die ZUPPINGERsche *Fingerextensionsschiene* (vgl. Abb. 705) erreicht werden kann.

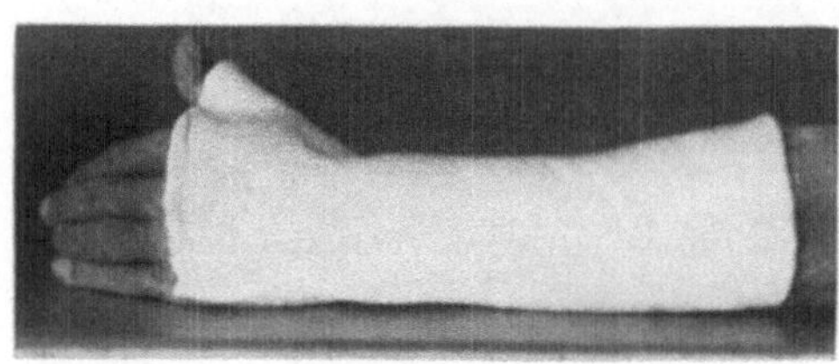

Abb. 708. Behandlung der BENNETschen Fraktur mit Gipsschienenverband nach BÖHLER; Eindellung des Verbandes über dem Grundgelenk.

Metakarpalbrüche mit Verkürzung erfordern Extensionsbehandlung. Eine Zugwirkung kann in einfachster Weise durch die biegsame ZUPPINGERsche *Extensionsschiene* erzielt werden. Wie Abb. 705a zeigt, wird eine biegsame Blechschiene dem Vorderarm, der Handfläche und der Beugeseite des betreffenden Fingers mit Heftpflasterstreifen anbandagiert; darüber kommen einige Gazebindentouren. Wird jetzt der Finger samt Schiene stark gebeugt (Abb. 705b), so entsteht ein Längszug am gebrochenen Metakarpus, weil die Biegung des Fingers den größeren Radius hat, als die der Schiene, so daß der Finger auf der Schiene zurückzugleiten trachtet, woran ihn die fixierenden Heftpflasterstreifen hindern. Zu dem gleichen Zweck ist auch die von BÖHLER angegebene *Schiene aus geglühtem biegsamem Eisendraht* (Abb. 706) verwendbar. Die Übertragung des Zuges auf den Finger kann auch durch kleine *Mastiolschläuche* (Abb. 736) oder durch 0,5—1 mm dicke *rostfreie Stahldrähte* erfolgen; die Stahldrähte werden direkt oder mittels Nadel quer durch die Weichteile der *Fingerkuppe* geführt und über einem kleinen Spreizbrettchen geschlossen (Abb. 707). Um die Volarknickung, wie wir sie am 2.—5. Finger meist sehen, zu korrigieren, wird das Grundgelenk des betreffenden Fingers gestreckt, während die Zugwirkung durch Beugung des Mittel- und Endgelenkes bewirkt wird. Gleichzeitig erfolgt Anbandagierung einer *dorsalen*, von der Mitte des Vorderarmes bis hinter die Metakarpophalangealgelenke reichenden *Gipsschiene* in leichter Extensionsstellung des Handgelenkes. Zug in Streckstellung erfolgt durch einen *Handbügel*, wie ihn Abb. 707 zeigt, unter Ausnutzung der Elastizität des starren Drahtes.

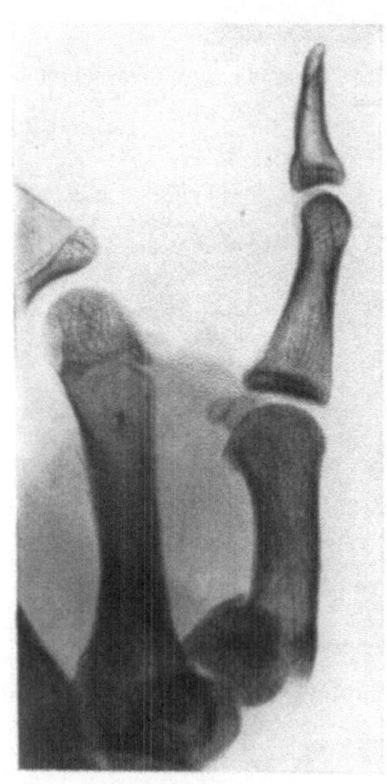

Abb. 709. Querfraktur an der Basis des Daumenmetakarpale mit eingekeilter Volarknickung.

Die BENNETsche *Fraktur* mit seitlicher Subluxationsverschiebung des Diaphysenfragmentes nach der Radialseite ist nach Möglichkeit durch Einwirkung auf den Daumen zu reponieren; zur Aufrechterhaltung der Stellung empfiehlt BÖHLER, eine das Daumengrundglied umfassende dorsale *Gipsschiene* anzulegen, die über dem Grundglied eingedellt wird (Abb. 708). Ist die Metakarpalbasis ganz oder zum größten Teil abgebrochen, so kommt ein Zug an der Daumenkuppe in Frage, der in Streckstellung auf einen Handbügel übertragen wird. Querfrakturen mit Abknickung der Diaphyse (Abb. 709) werden in Lokalanästhesie redressiert und mit dorsaler Gipsschiene oder durch Zug behandelt (Abb. 710 a, b). Die Sicherung der Stellung erfordert 3—4 Wochen. Erst nachher erfolgt Übungsbehandlung.

Sehr *rebellische Seitendislokationen* können *operative Reposition* erfordern, wobei das Einlegen von kleinen

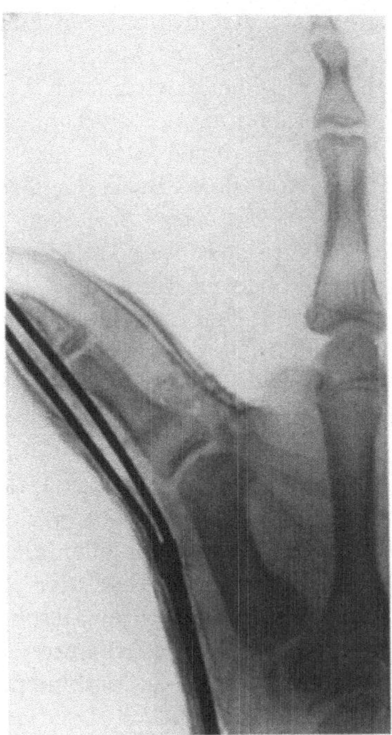

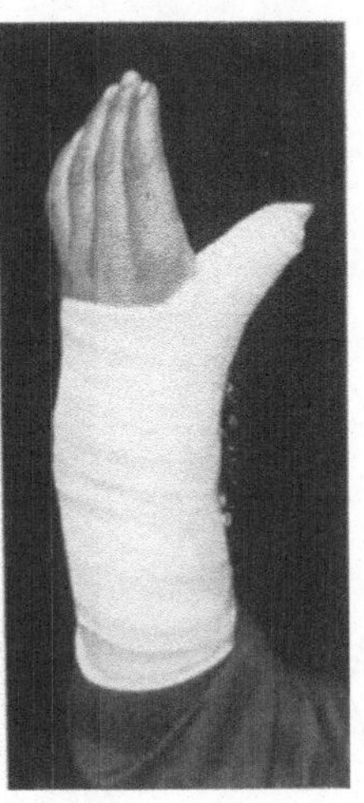

Abb. 710 a.   Abb. 710 b.

Abb. 710 a. Fraktur Abb. 709 operativ reponiert und durch Extension mittels biegsamer Drahtschiene gesichert.
Abb. 710 b. Extensionsverband Abb. 710 a in Außenansicht. Die Drahtschiene ist durch Gipsbinden befestigt. Daumen in extremer Abduction zur Steigerung des Zugeffektes.

Schienen, wie sie LAMBOTTE auch für diese Brüche angegeben hat, meist entbehrlich sein dürfte. Schrägfrakturen können durch *Umschlingung*, Querfrakturen durch Vermittlung von kleinen *Metallstiften* in guter Stellung gehalten werden.

Während der Nachbehandlung ist das Hauptgewicht auf *Wiederherstellung der Spreizfähigkeit des Daumens* zu legen, die bei der BENNETschen Fraktur sehr oft leidet. Aus dem gleichen Grunde erfolgen Ruhigstellung im Verband und Extension in ausgeprägter Spreizstellung des Daumens.

Mit Verschiebung angeheilte Fragmente, die zu Bewegungsstörung Anlaß geben, werden *operativ* entfernt.

Kapitel 3.

Die Frakturen der Fingerphalangen.

Nach OBERST beträgt die Frequenz der Brüche der Fingerphalangen $4^0/_0$, wovon $^1/_6$ offene, nach der wiederholt angeführten schweizerischen Unfallstatistik rund $10^0/_0$, wovon $^1/_3$ offene.

1. Anatomisches.

Sowohl die *Grund-* wie die *Mittelphalanx* zeigen eine Gliederung in die *massive Basis*, den leicht dorsal-konvex gewölbten, flach gedrückten *Schaft*,

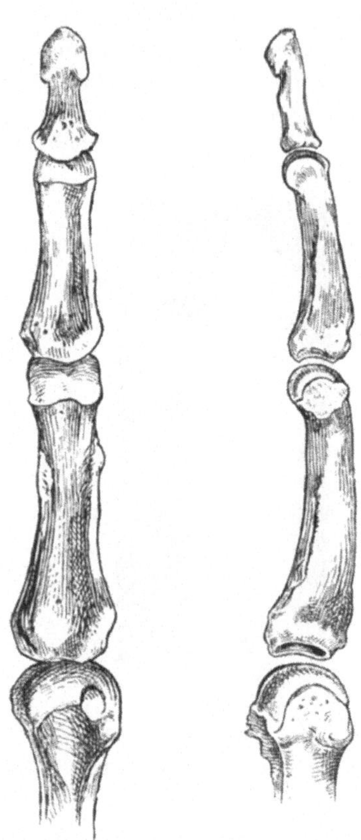

sowie das distale, nach Art des unteren Femurendes zweiteilige *Köpfchen* (s. Abb. 711). Die basale konkave Gelenkfläche wird nach beiden Seiten von einer massiven Tuberosität überragt (s. Abb. 711), zwischen denen sich volar eine Einsenkung findet, so daß die Basis der Grundphalanx einen *gewölbeähnlichen Bau* hat. Wie Abb. 712 zeigt, erfährt das Grundgelenk volar eine bedeutende Verstärkung durch das *akzessorische Band*, das zum Teil aus Faserknorpel besteht. Entsprechend der vorwiegenden Volarexkursion ist die dorsale Kapsel des Metakarpophalangealgelenkes schlaffer und weiter als die volare.

Das distale Köpfchen läßt an seiner Gelenkfläche zwei ausgeprägte *Condylen* unterscheiden und zeigt von der Basis gesehen ebenfalls die Form eines Quergewölbes. Die Basen der Metakarpalia 2—4 verknöchern von ihren Diaphysen aus, die Köpfchen von einem separaten, im 3. Jahre auftretenden Kern; das Metakarpale I dagegen verhält sich hinsichtlich Ossification wie die Phalangen, indem seine Basis von einem eigenen Kern aus verknöchert, das Köpfchen von der Diaphyse her (Abb. 713).

Zu erwähnen sind ferner die *Sesambeine* (s. Abb. 713), von denen das Metakarpophalangealgelenk des Daumens zwei seitlich sitzende, diejenigen der vier langen Finger je eines aufweisen. Am Metakarpophalangealgelenk des

a   b

Abb. 711.
Morphologie der Phalangen; sagittale
und frontale Gewölbebildung.

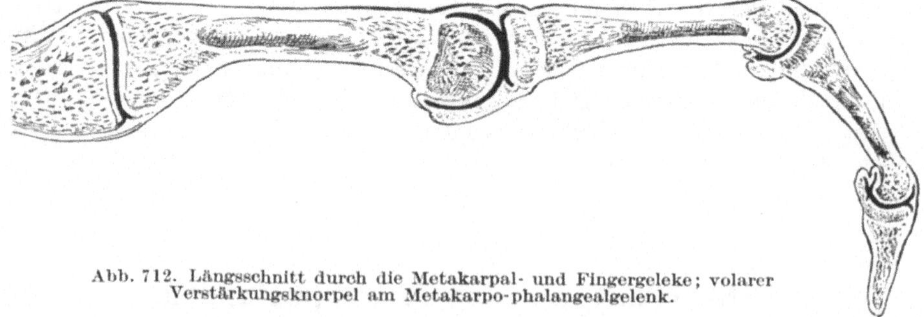

Abb. 712. Längsschnitt durch die Metakarpal- und Fingergeleke; volarer
Verstärkungsknorpel am Metakarpo-phalangealgelenk.

5. Fingers kommen äußerst selten auch zwei Sesambeine zur Beobachtung. Die Mittelgelenke der vier langen Finger haben keine Schaltknochen, dagegen finden sich am Interphalangealgelenk des Daumens zwei seitliche Sesambeine.

Von den Endgelenken der übrigen Finger hat nur dasjenige des Zeigefingers ein einzelnes Sesambein, das jedoch fehlen kann, ebenso wie die Sesamoidea an den Metakarpophalangealgelenken des 3. und 4. Fingers.

Die Mittelphalangen des 2.—5. Fingers zeigen prinzipiell den gleichen Bau wie die Grundphalangen. Sie sind ebenfalls in der Längsrichtung dorsal-konvex gebogen und bilden auch in querer Richtung ein flaches Gewölbe. Über der Mitte der basalen zweiteiligen Gelenkfläche findet sich dorsal eine ausgeprägte, proximalwärts gerichtete, *zackenartige Vorragung* (vgl. Abb. 711), an der sich die Extensorensehne zum Teil ansetzt. Auch an der Endphalanx ist dieser *dorsoproximale Fortsatz der oberen Gelenkkante* an allen Fingern deutlich ausgeprägt. Die *Endphalangen* sind charakterisiert durch die nach beiden Seiten schaufelartig sich ausbreitende *Tuberositas unguicularis*, sowie durch den kurzen, in querer Richtung plattgedrückten Schaft und die massive Basis (vgl. Abb. 711).

Bezüglich der *Gelenkbeweglichkeit* ist zu erwähnen, daß die Mittel- und Endglieder der langen Finger normalerweise keine oder jedenfalls nur eine geringe Überstreckbarkeit aufweisen. Dagegen ist an den Metakarpophalangealgelenken eine *Hyperextension* bis zu 30° möglich, die man häufig auch am Mittelgelenk des Daumens beobachtet. Ferner können in den Metakarpophalangealgelenken

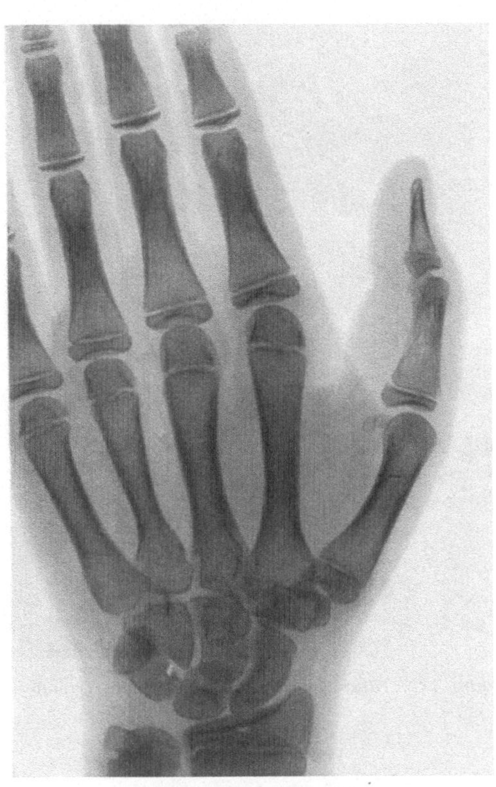

Abb. 713. Ossificationsverhältnisse der Metakarpalia und Fingerphalangen. (S. Text.)

sämtlicher Finger *Seitenbewegungen* und zum Teil, besonders ausgeprägt am Zeigefinger, *Rotationsbewegungen* ausgeführt werden; in maximaler Flexionsstellung sind diese Bewegungen unmöglich.

2. Die Brüche der Grundglieder.

An den Grundphalangen finden wir in erster Linie die *Frakturen der Basis*, die sowohl durch *direkten Schlag* als durch *Stauchung* (Abb. 714) zustande kommen und häufig das Gelenk betreffen. Sie stellen zu einem Teil das Analogon der Bennetschen Fraktur des Metakarpale I dar. Selten sind Epiphysenbrüche (Abb. 715) sowie umschriebene *Abreißungen von der basalen Gelenkfläche im Bereiche einer der lateralen Kanten*. Am häufigsten sieht man dieses Ereignis noch an der Grundphalanx des Daumens. Im Bereich der *Diaphyse* kommen

neben *Torsionsbrüchen* und *Schrägfrakturen* (vgl. Abb. 716) vorwiegend *querverlaufende Brüche* vor, die proximal am Übergang zur Basis, sowie distal an
der Grenze zwischen Köpfchen und Diaphyse liegen. Diese Querbrüche sind
meistens *direkten Ursprungs* (Abb. 717), während
die Schrägbrüche und Torsionsfrakturen indirekt
entstehen und eine charakteristische *Extensions-*

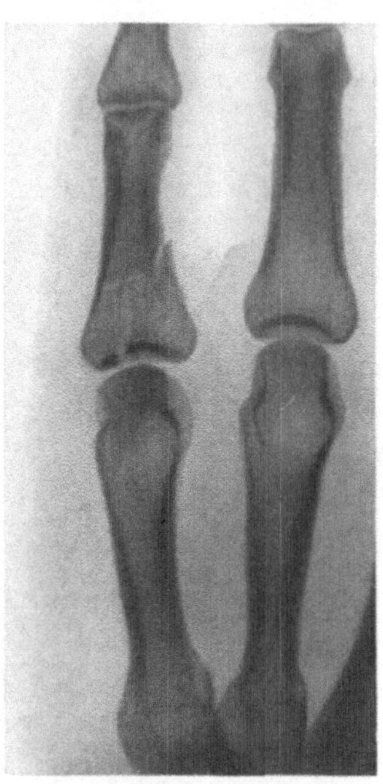

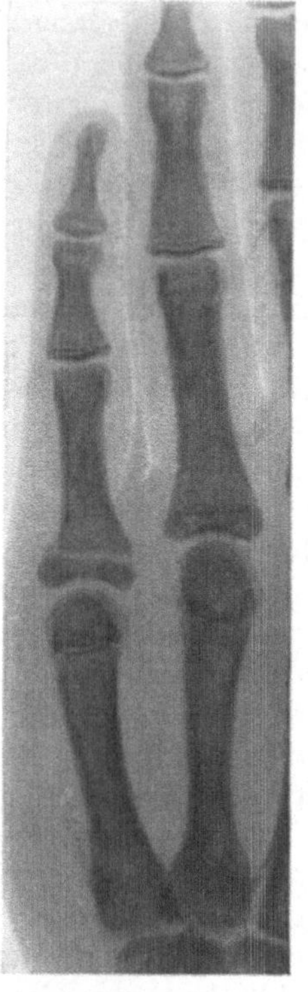

Abb. 714[1]. Stauchungsfraktur der ersten Grundphalanx.   Abb. 715a. Basale Epiphyseolyse an
der Grundphalanx.

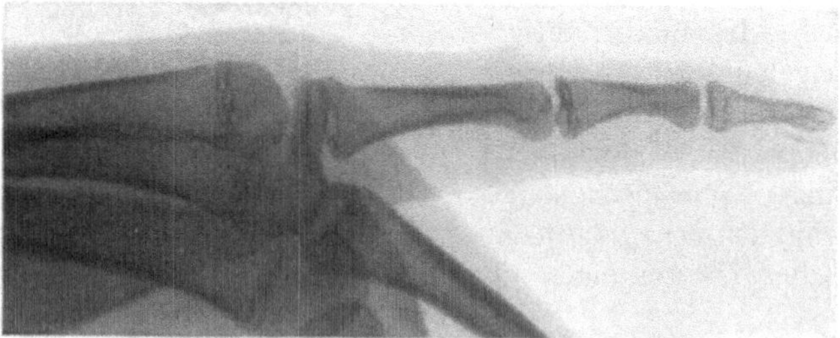

Abb. 715b. Seitenaufnahme zu Abb. 715a.

verschiebung des peripheren Fragmentes aufweisen (vgl. Abb. 718), in seltenen Fällen
eine Schrägstellung in der Horizontalen (Abb. 719). Die Fragmentverschiebung
bei den direkten Frakturen entspricht der Richtung der Gewalteinwirkung.

---

[1] Die Vorlagen zu den Abbildungen 714, 716, 718, 720—729 sowie 731 verdanke ich
der Freundlichkeit von Dr. Baer in Zürich; sie wurden in Form von Konturskizzen in der
grundlegenden Arbeit Baers „Über die Brüche der Fingerknochen" Schweiz. Zeitschr.
f. Unfallmed. 1908 bereits reproduziert.

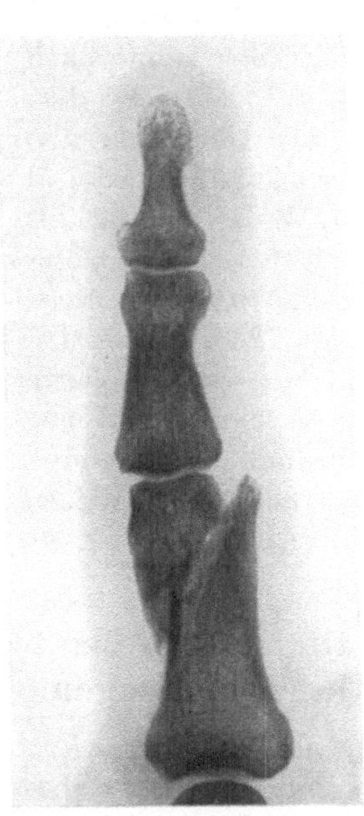

Abb. 716. Schrägfraktur der
Zeigefingergrundphalanx mit
Längsverschiebung.

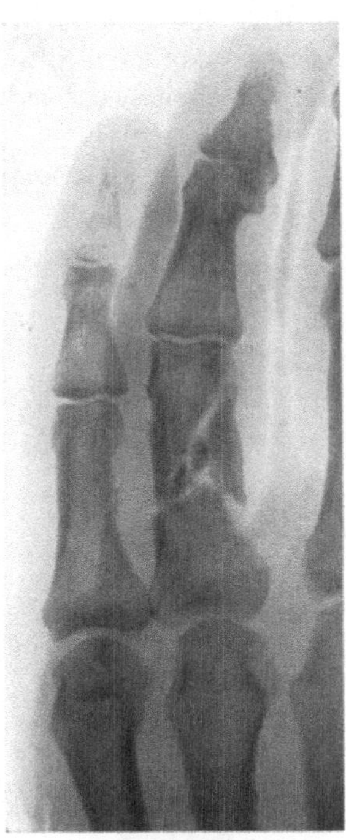

Abb. 717a. Direkte Fraktur
der Grundphalanx IV, mit
Splitterung.

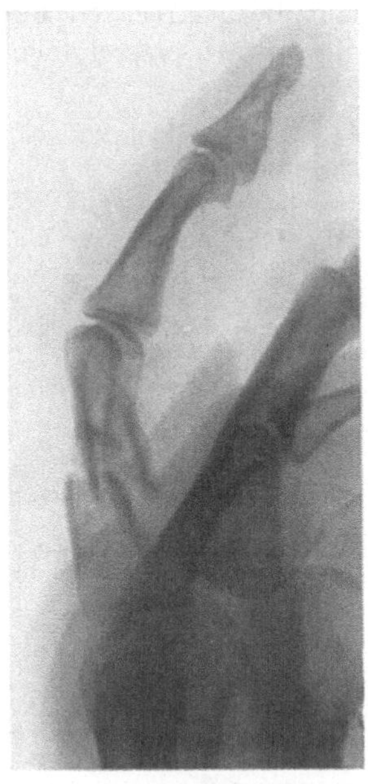

Abb. 717b. Seitenaufnahme
zu Abb. 717a.

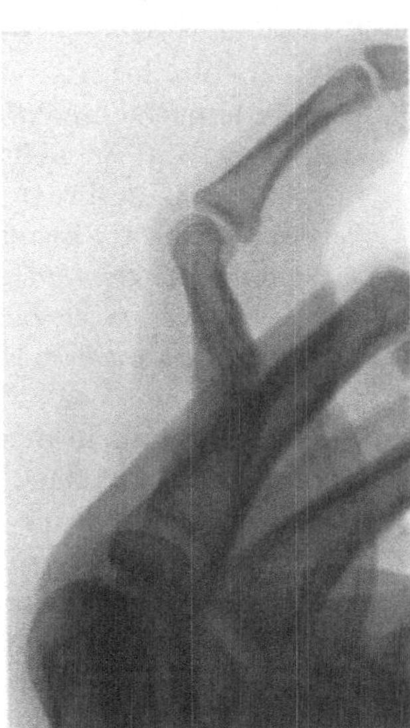

Abb. 718.
Schrägfraktur der Grundphalanx des Zeigefingers
mit charakteristischer Extensionsknickung.

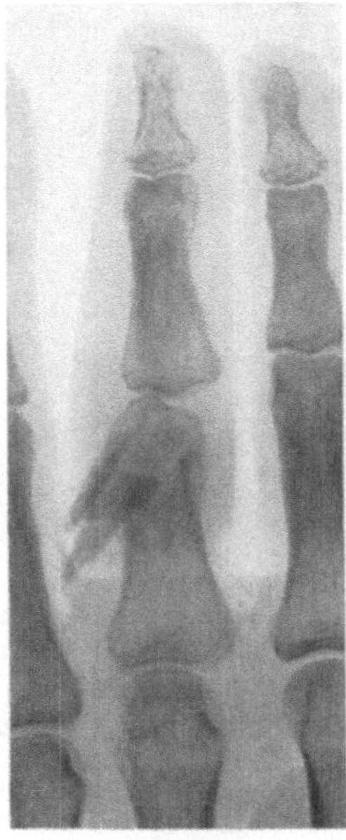

Abb. 719.
Schrägfraktur der Grundphalanx mit ungewöhn-
licher Abweichung des peripheren Fragmentes.

Besonders charakteristisch sind die *Frakturen in der Nähe des Gelenk-köpfchens,* die vorwiegend zustande kommen durch *Hyperextension* bei Fall auf die gestreckten Finger. Entsprechend ist hier auch das distale Fragment dorsalwärts verschoben, und zwar findet man, wie die Röntgenogramme nach BAER übersichtlich dar-stellen, alle Übergänge von einer geringgradigen, dorsal offenen Winkelbildung bis zur vollständigen *Umdre-hung des Gelenkköpfchens* (s. Abb. 716/720/721). Dazu gesellen sich noch isolierte Frakturen eines Condylus, die ebenfalls Umdrehung des Fragmentes aufweisen können (Abb. 722).

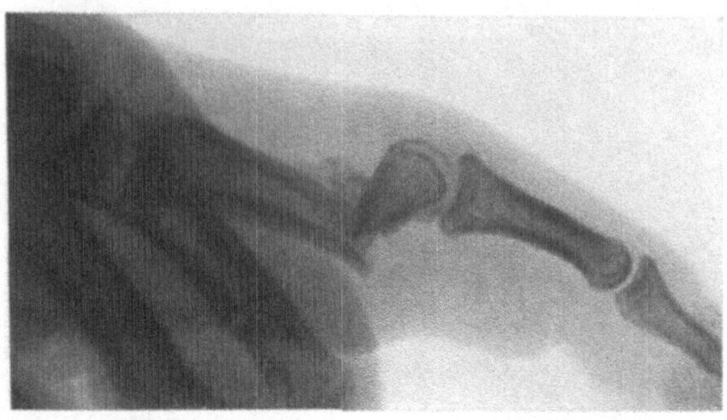

Abb. 720. Distale Fraktur der Zeigefingergrundphalanx; recht-winklige Extensionsstellung des peripheren Fragmentes.

3. Die Brüche der mittleren Phalangen.

An den *Mittelgliedern* sieht man eine ganz be-sondere Fraktur in Form des totalen Längsbruches, der zustande kommt durch *Einbiegung des Quergewölbes* infolge Kompression von der Streck- oder Beugeseite her. Nach Beobachtungen von BAER kommt diese Längs-fraktur auch gemeinsam mit einem Längsbruch der Endphalanx zur Beobach-tung. *Am Daumenmittelglied* sah BAER *kombinierte Längs-und Schrägfrakturen* in Form des Y-Bruches (vgl. Abb. 723). Die übrigen Schaft-frakturen zeigen das Bild der *Querfraktur* oder der *Schrägfraktur;* das periphere Fragment steht meist in

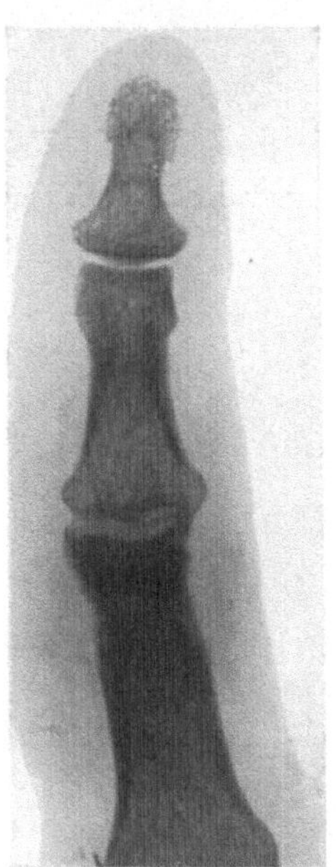
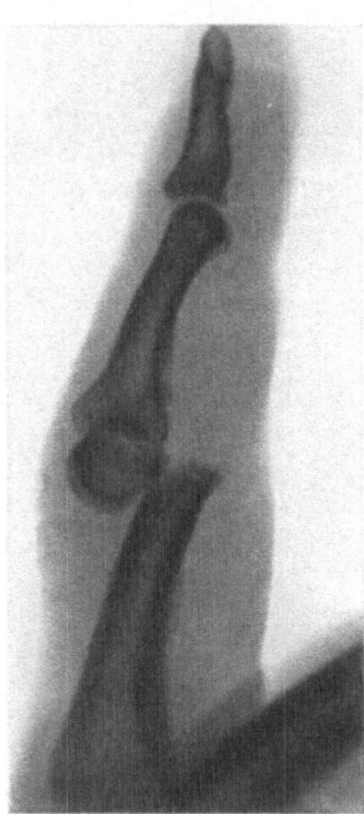

a   b
Abb. 721. Fraktur des peripheren Endes der Grundphalanx II, mit vollständiger Umkehrung des peripheren Fragmentes.

Extensionsstellung (Abb. 724), sei es, daß die Fraktur durch Hyperextension zustande kam, sei es, daß durch die vom Dorsum her einwirkende Gewalt eine Durchbiegung nach der Vola oder eine entsprechende Dislokation des peripheren Fragmentes bewirkt wurde. An der *Basis* werden in das Gelenk reichende *Schrägfrakturen* (Abb. 725), *Abbruch der dorsalen Gelenkkante* mit Volarluxation der Phalanx (Abb. 726), sowie partielle, mehr flache *Abbrüche*

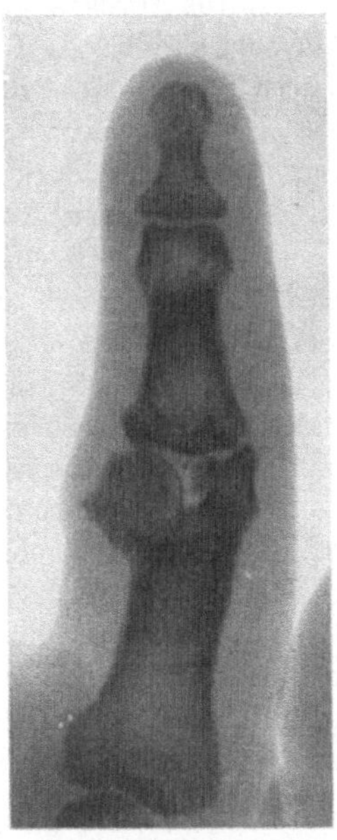

Abb. 722. Isolierte Condylenfraktur der
Grundphalanx II mit Rotation des Fragmentes.

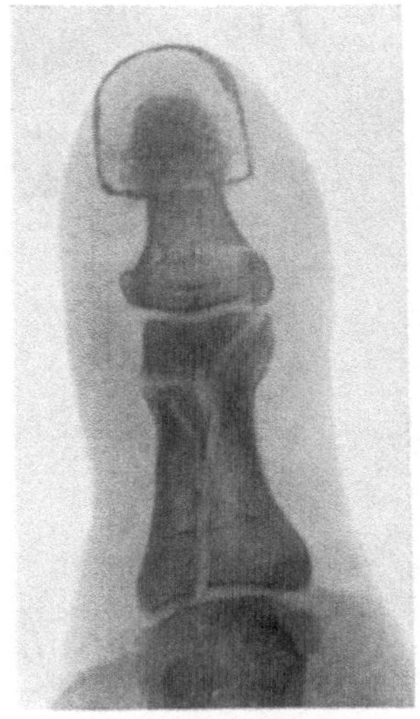

Abb. 723. Kombinierte Längsschrägfraktur in
Y-Form an der Mittelphalanx des Daumens.

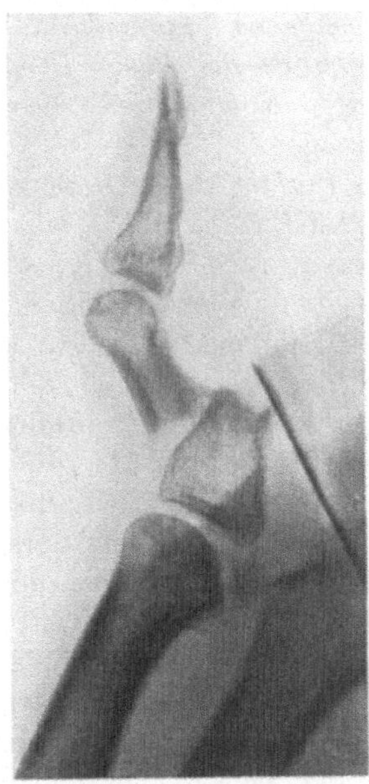

Abb. 724. Querfraktur der Daumenmittelphalanx
mit Extensionsverschiebung.

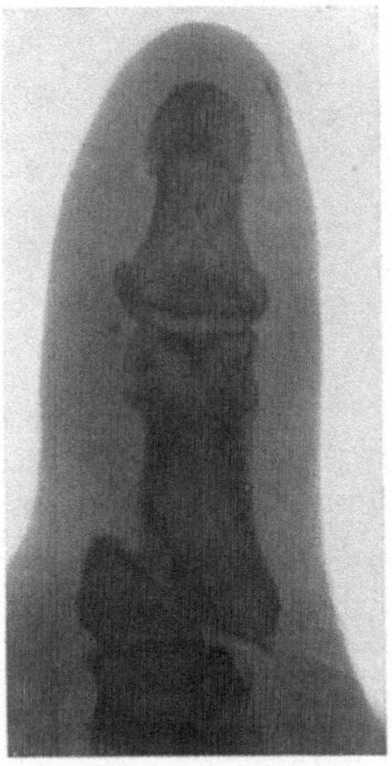

Abb. 725. In das Gelenk reichende Schrägfraktur an der Basis der mittleren Daumenphalanx.

einer Gelenkkante beobachtet (Abb. 727), die sowohl durch direkte als durch indirekte Gewalt zustande kommen können. Was schließlich die *Frakturen des Köpfchens* betrifft, so sieht man hier *isolierten Abbruch eines Gelenkcondylus* in schräger Richtung, sowie Frakturen, die rein quer hinter dem überknorpelten Anteil des Köpfchens oder schräg in das Gelenk hinein verlaufen (vgl. Abb. 728/729). Auch hier kann das Gelenkfragment eine *Drehung* erfahren.

Eine seltene Verletzung ist die *Abriß-fraktur* an der distalen Ansatzstelle des inneren, radialen Seitenbandes, *am 1. Interphalangeal-gelenk des 4. und 5. Fingers,* die durch krampf-haftes Halten der Zügel und durch plötzlichen starken Zug beim Reiten entsteht. Sie reicht ins Gelenk und ist dehsalb gewöhnlich mit einem intraartikulären Bluterguß verbunden. Der Abriß beruht auf kräftiger Adduction des Grundgliedes bei gleichzeitiger Abduction der zwei peripheren Phalangen.

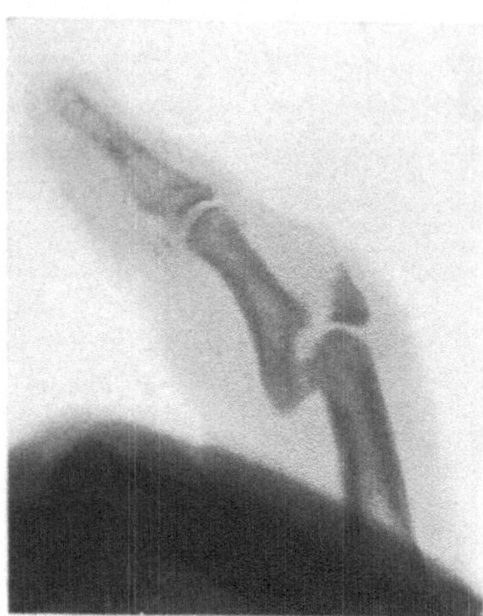

Abb. 726. Abbruch der dorsalen Kante an der Basis der Mittelphalanx II, Volar-luxation der Mittelphalanx.

4. Die Frakturen der Endphalanx.

Da die Endglieder der Finger *Quetschungen* und *Einklemmungen* am häufigsten ausgesetzt sind, wird auch die Endphalanx recht oft von Frakturen betroffen, und zwar findet man nach BAER sowohl *isolierte Frakturen der Tuberositas unguicularis, Schaft-brüche, Stückfrakturen an der Basis, Längsbrüche* des Knochens sowie *Kombination* dieser ver-schiedenen Verletzungen.

Typisch ist die *Fraktur durch Hammerschlag,* die zur *Y-* oder *Splitterfraktur* führt, oft gleich-zeitig die Mittelphalanx betrifft (vgl. Abb. 730 und zunächst zu einer Verlängerung des End-gliedes, in späteren Heilungsstadien zu kolbiger Verdickung der Fingerbeere Anlaß gibt. Als charakteristische Frakturform beschreibt BAER ferner die Längsfraktur (Abb. 731), die in das Gelenk hineinreicht. Sie kommt, wie die Längs-fraktur des Mittelgliedes, durch dorsovolare Kompression, also durch *Einbiegung des Quer-gewölbes* zustande. Zu derartigen Längsfrakturen erscheint besonders die breite Endphalanx des Daumens prädisponiert. Diese Längsfraktur kom-biniert sich, wie schon erwähnt, bei entsprechen-der Angriffsbreite der Gewalt gelegentlich mit einer Längsfraktur der Mittelphalanx.

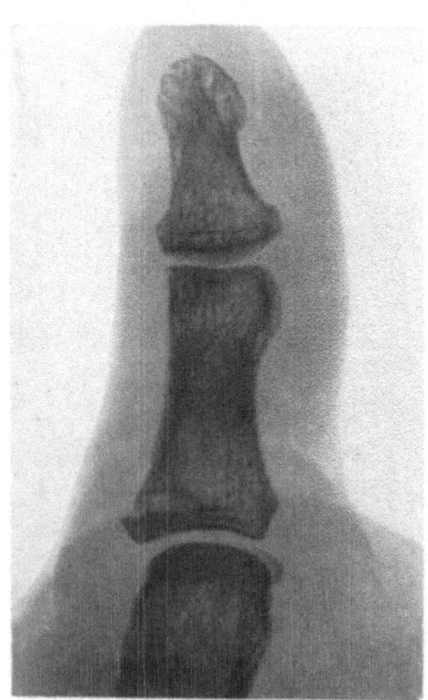

Abb. 727. Flacher Abbruch an der Basalfläche der Daumen-mittelphalanx.

Die *Diaphysenfrakturen* der Endphalanx sind überwiegend *Quer- und Splitter-frakturen* infolge direkter Gewalteinwirkung. *An der Basis* sieht man eine typische,

V-förmige Gelenkfraktur, die jedenfalls durch Kompression in dorsovolarer Richtung zustande kommt, wobei die am meisten volarwärts prominierenden, seitlichen Abschnitte gleichsam abgequetseht werden, sowie Querfrakturen in der Epiphysenzone (Abb. 732).

Ganz besondere praktische Bedeutung hat die *Abrißfraktur des proximalwärts vorragenden Strecksehnenansatzes* (vgl. Abb. 733). Sie kommt hauptsächlich zustande durch forcierte Beugung des Endgelenkes bei aktiver Fixation sämtlicher Fingergelenke in Streckstellung. Ferner kann sie entstehen durch Einklemmung des Endgliedes, wobei das Endglied ebenfalls plötzlich stark gebeugt wird. Diese zuerst von BUSCH klargelegte Abrißfraktur führt zu einer ausgeprägten *Beugestellung des Endgliedes, das aktiv nicht gestreckt werden kann*. Bringt man das Endglied in Streckstellung, was ohne Widerstand geschieht, so schnellt nach dem Loslassen die Endphalanx sofort wieder in Beugestellung zurück.

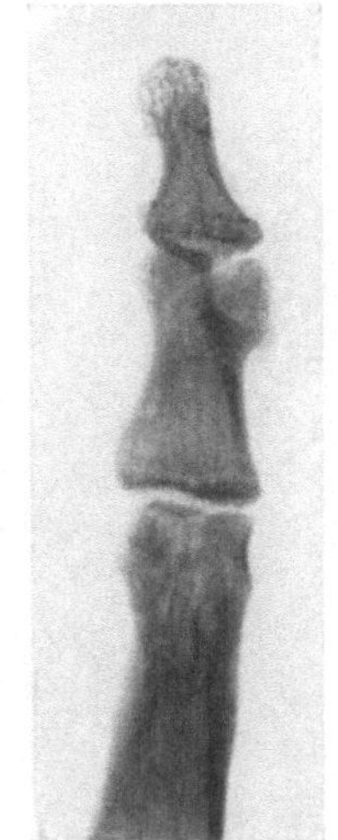

Abb. 728. Isolierte Schrägfraktur eines Condylus am Köpfchen der Mittelphalanx II.

Die Schußverletzungen der Mittelhandknochen und der Fingerphalangen, deren große Häufigkeit schon aus den Statistiken des siebziger Krieges hervorging, und die vorwiegend die linke Hand betreffen, stellen sich als *Quer-, Schräg-, Splitter-* und *Defektbrüche* dar. Besonders schwere Verletzungen bedingen die queren, von der Radial- zur Ulnarseite verlaufenden, mehrere Mittelhandknochen betreffenden *Querdurchschüsse* oder sog. *Reihenschüsse* der Hand.

Defekte am Knochen, Pseudarthrosen, Verwachsung benachbarter Metakarpalia, Verkürzungen, Gelenkversteifungen und Sehnenverletzungen gestalten, neben der häufigen *Wundinfektion*, die Prognose schwerer Schußverletzungen der Hand zu einer ungünstigen. Besonders schlimm sind die sekundären trophischen und zirkulatorischen Störungen im Bereiche der Haut.

5. Diagnose und Behandlung der Fingerfrakturen.

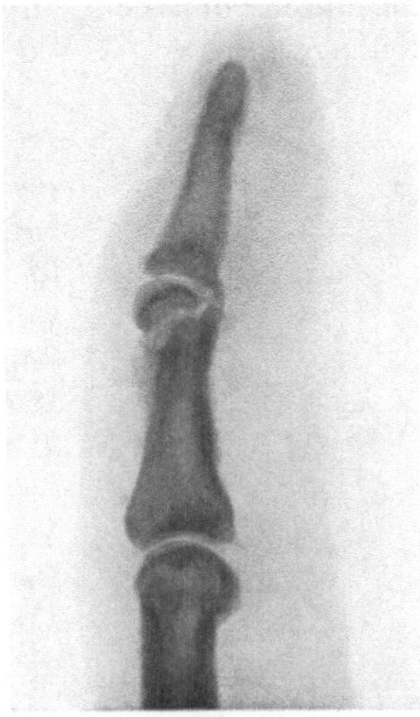

Die Diagnose der Fingerfrakturen ist durchaus nicht immer einfach. Wo nicht eine hochgradige Lateralverschiebung um den ganzen Durchmesser der gebrochenen Phalanx oder eine beinahe rechtwinklige Achsenknickung vorliegt, wird die Formveränderung des Knochens oft durch die starke

Abb. 729. In das Gelenk reichende Schrägfraktur des Köpfchens der Mittelphalanx II.

Schwellung der Weichteile verdeckt. Es ist ferner zu beachten, daß größere Seitenverschiebungen, ausgeprägte falsche Beweglichkeit und damit auch Crepitation häufig fehlen, weil die Fragmente durch das straffe, nicht vollständig zerrissene Periost, ferner durch die stark entwickelten Aponeurosen, besonders der Finger-

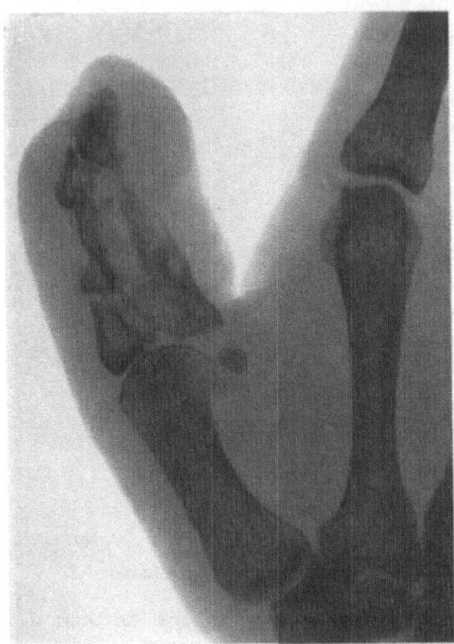

extensoren, sowie durch die bedeckenden Sehnenscheiden und Sehnen einen starken Halt bekommen. Immerhin gelingt es durch sorgfältige äußere Untersuchung, Nachweis von *lokaler Druckempfindlichkeit, Stoßschmerz, federnder, falscher Beweglichkeit* und allfällig leichter *Crepitation* in den meisten Fällen, die Fingerfrakturen zu diagnostizieren, besonders wenn sie den Diaphysenschaft der Phalangen betreffen. Schwieriger gelingt der Nachweis von Gelenkfrakturen, sofern nicht neben der Auftreibung des Gelenkes Crepitation nachweisbar ist.

Eine sichere Diagnose und klare Vorstellungen über die vorliegenden Fragmentverschiebungen vermitteln jedoch nur *Röntgenaufnahmen* in zwei zueinander senkrechten Richtungen.

Der *Behandlung der Fingerfrakturen* wird im allgemeinen noch zu wenig Sorgfalt zugewendet. So hat Ziegler für 403 Fingerfrakturen

Abb. 730. Zertrümmerungsfraktur der Mittel- und Endphalanx des Daumens mit sekundärer Ostitis.

eine durchschnittliche Invalidität von 24,9°/₀ berechnet, bei einer mittleren Heilungsdauer von 7 Wochen.

Was zunächst die *Behandlung der unkomplizierten Diaphysenbrüche* sowie der gelenknahen Brüche im Bereiche der Basis und des Köpfchens betrifft, ist in erster Linie daran zu erinnern, daß die winklige Abknickung im Sinne der Extension des peripheren Fragmentes, wobei also die Scheitelkuppe der Knickung volarwärts sieht, weitaus im Vordergrund auch des therapeutischen Interesses steht. Die erwähnte Fixation der Fragmente durch die straffen Aponeurosen sowie durch Sehnen und Sehnenscheiden bedingt, daß eine wesentliche primäre Verkürzung bei Phalanxfrakturen relativ selten zur Beobachtung kommt. Auch die Tendenz zu sekundärer Verkürzung ist gering; die retrahierenden Kräfte, in diesen Fällen wesentlich die Extensoren, bedingen vorwiegend dorsalwärts offene, winklige Knickung. Unter

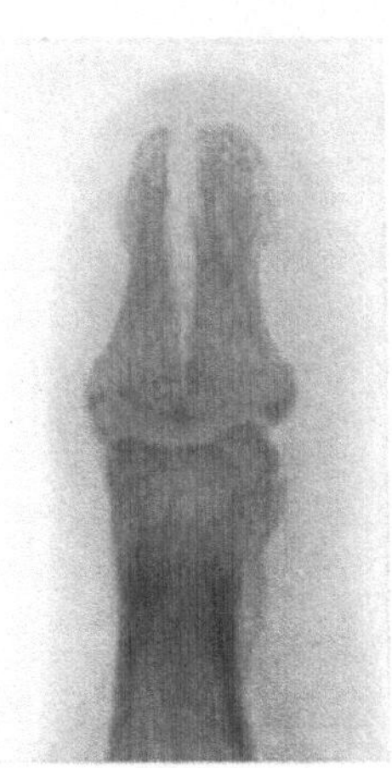

Abb. 731. Längsfraktur der Daumenendphalanx.

diesen Umständen spielt sowohl die Extension, zur Vermeidung von Verkürzungen, als die starre Fixation, zur Vermeidung von Seitenverschiebungen, bei der Behandlung der Fingerbrüche nur eine untergeordnete Rolle. Wenn man nach erfolgter Reposition die Finger durch leichte Volarflexion sämtlicher Gelenke in entspannende Semiflexionslage bringt, sind die retrahierenden Kräfte meist nur noch ganz minimale. Diese Verhältnisse kann man sich bei der Behandlung der Phalanxfrakturen sinngemäß zunutze machen, insofern als langdauernde, fixierende Verbände und kräftige Extensionen durchwegs entbehrt werden können.

Auf Grund dieser Verhältnisse empfiehlt sich für die Behandlung dislozierter Phalanxbrüche *nach primärer Reposition unter Ausnützung der Semiflexionsentspannung vor allem kurzdauernde Fixation auf einer Semiflexionsschiene,* wie sie ZIEGLER für die Behandlung der Phalanxbrüche angegeben hat (vgl. Abb. 734a). Die Schiene ist aus gehämmertem Aluminium hergestellt und besteht aus einer abgebogenen Rinne für die Aufnahme des Fingers, mit breit auslaufendem Ansatz, der Stütze und Befestigung in der Hohlhand vermittelt. Die Schiene wird ganz leicht gepolstert, durch Pflasterstreifen an der Mittelhand festgemacht (vgl. Abb. 734b), der gebrochene Finger unter Zug und Volarflexion in die Rinne gelegt und mit einigen schmalen Heftpflasterstreifen fixiert. Diese Fixation kann in einer Weise erfolgen,

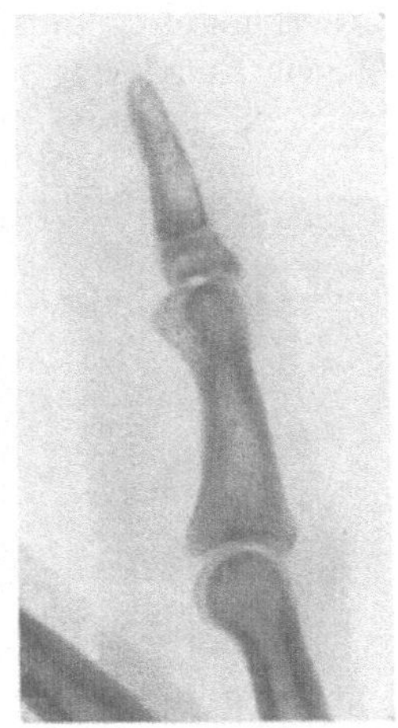

Abb. 732. Quere Fraktur in der Epiphysenzone der Zeigefingerendphalanx.

daß etwaige komplizierende Hautwunden für die notwendige Wundbehandlung zugänglich bleiben. Voraussetzung für ein gutes Resultat ist natürlich primäre, genaue Reposition der Fraktur. Die Schiene gestattet die Ausübung einer leichten Extensionswirkung (vgl. Abb. 735a, b).

Im allgemeinen genügt Fixation während 14 Tagen. Bei Querfrakturen, die nach vollständiger Reposition keine Tendenz zu sekundärer Verschiebung aufweisen, kann schon während der Fixation mit intermittierender Bewegungstherapie begonnen werden. *Von der 3. Woche an wird die Behandlung nach den Grundsätzen der mobilisierenden Behandlung durchgeführt.* Handelt es sich um *Schrägbrüche mit Verkürzungstendenz,* so legt man *Extensionsverbände* nach dem bei den Metakarpalfrakturen geschilderten Verfahren unter Verwendung der BÖHLERschen *Drahtschiene* oder 1 cm breiter *Stahlblech-* oder *Aluminiumschienen* an; auch kann der Zug auf einen *Handbügel* (Abb. 736) übertragen werden, ein Verfahren, das sich besonders bei *offenen Splitterbrüchen* bewährt,

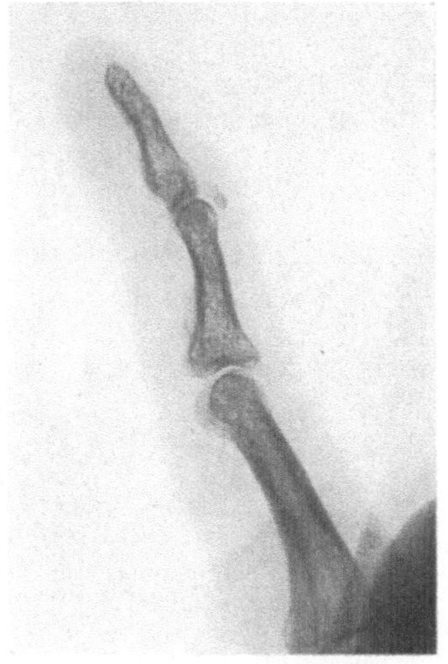

Abb. 733. BUSCHsche Fraktur an der Zeigefingerendphalanx.

die im übrigen nach *aktiv-chirurgischen Grundsätzen,* jedoch unter möglichster Erhaltung aller Splitter erfolgt. Bei *offenen Fingerbrüchen* greift der Zug durch Vermittlung eines Stahldrahtes an der Fingerkuppe an (vgl. Abb. 707).

Die Einbandagierung der nichtgebrochenen Finger ist bei der Schienenbehandlung zu vermeiden, da sonst hartnäckige *Immobilisierungsschäden* zu erwarten sind, besonders wenn es sich um ältere Leute und um Arthritiker handelt.

Die Zertrümmerungsbrüche der Endphalanx erfordern gelegentlich primäre Entfernung der sämtlichen Splitter. Ist die Wiederherstellung eines gebrauchsfähigen Endgliedes nicht zu erwarten, so schließt man in derartigen Fällen besser die *primäre Amputation unter Erhaltung des basalen Gelenkteiles* an.

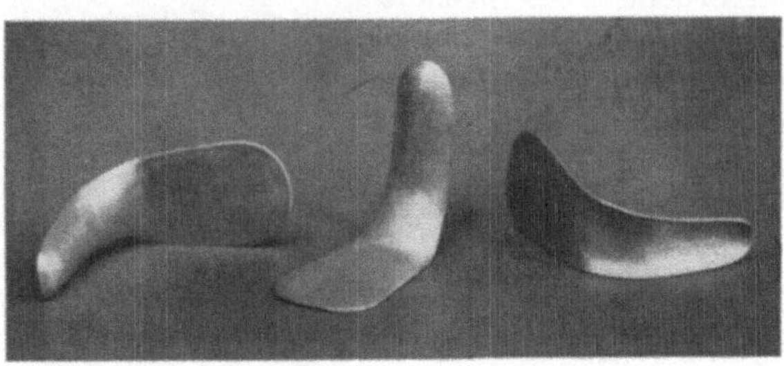

Abb. 734a. ZIEGLERsche Fingerschienen.

Die intraartikulären Frakturen sind, insofern nicht totale Umdrehung des Gelenkteiles oder intraartikuläre Verlagerung eines partiellen Gelenkfragmentes vorliegt, von Anfang an *mobilisierend* zu behandeln. Zeigt sich dann, daß ein verlagertes Fragment zu chronischer Gelenkreizung und zu ankylosierender Arthritis Anlaß gibt, so ist die Arthrotomie auszuführen und je nach dem Grade der Gelenkveränderungen der *intraartikuläre Knochenvorsprung abzutragen* oder die *Resektion des ganzen gebrochenen Gelenkteiles vorzunehmen.*

Gelenkfrakturen mit Umdrehung der ganzen oder eines Teiles der Gelenkfläche, sowie Verlagerung eines Fragmentes zwischen die Gelenkflächen erfordern

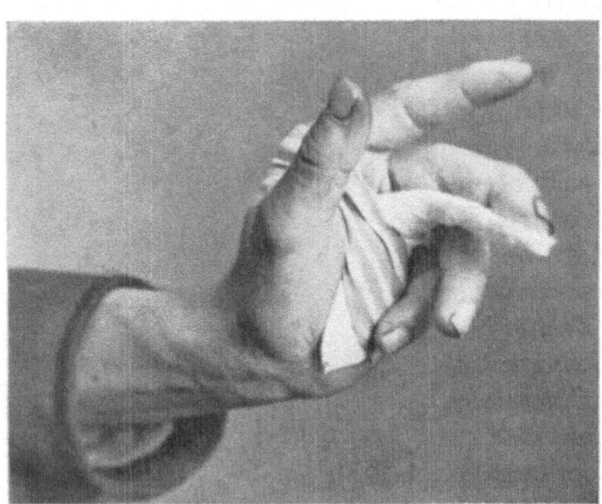

Abb. 734b. Anwendungsweise der ZIEGLERschen Fingerschienen.

primäre operative Behandlung. Ist genaue Reposition nicht möglich, so werden kleinere Fragmente entfernt; entstehen dagegen durch Wegnahme größerer Fragmente erhebliche Gelenkdefekte, so empfiehlt sich Querresektion des Köpfchens oder der Basis.

Wenn sich trotz mobilisierender Behandlung eine zunehmende Ankylose des betroffenen Gelenkes ausbildet, ist Versteifung in leichter Flexionsstellung zu bewirken, weil ein in Beugestellung ankylosierter Finger bei erhaltener Beweglichkeit im Metakarpophalangealgelenk zum Fassen von Gegenständen noch recht brauchbar sein kann, während in Streckstellung versteifte Finger bei den meisten Arbeitsverrichtungen nur störend wirken.

Eine besondere Erwähnung erfordert noch die *Behandlung der Abrißfraktur der Extensorensehne an der Endphalanx.* Die knöcherne Anheilung bei Fixation der Endphalanx in Streckstellung bildet die Ausnahme, weshalb die Fixation der Finger in Streckstellung unter keinen Umständen länger als 14 Tage fortzusetzen ist, will man nicht Immobilisierungsschäden riskieren. Wenn sich auch die Streckung durch Narbenbildung mit der Zeit bessern kann, so bleibt

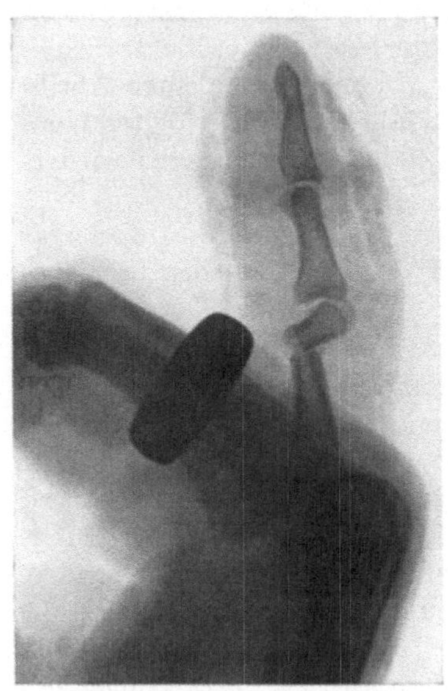

Abb. 735a. Subcondyläre Querfraktur an der Grundphalanx des 5. Fingers, vor der Behandlung. (Nach ZIEGLER.)

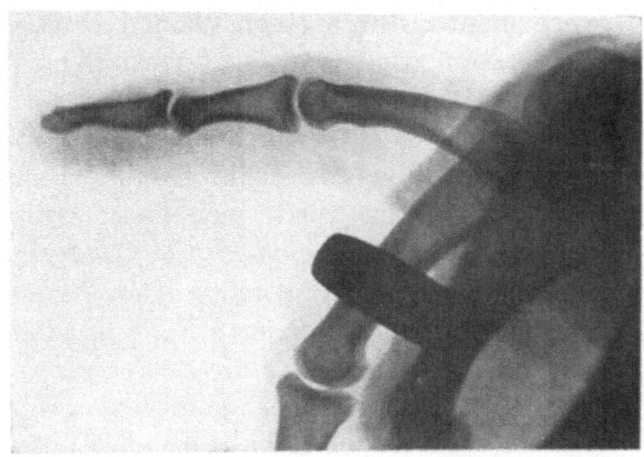

Abb. 735b. Fraktur von Abb. 735 a nach Behandlung auf der ZIEGLERschen Fingerschiene. (Nach ZIEGLER.)

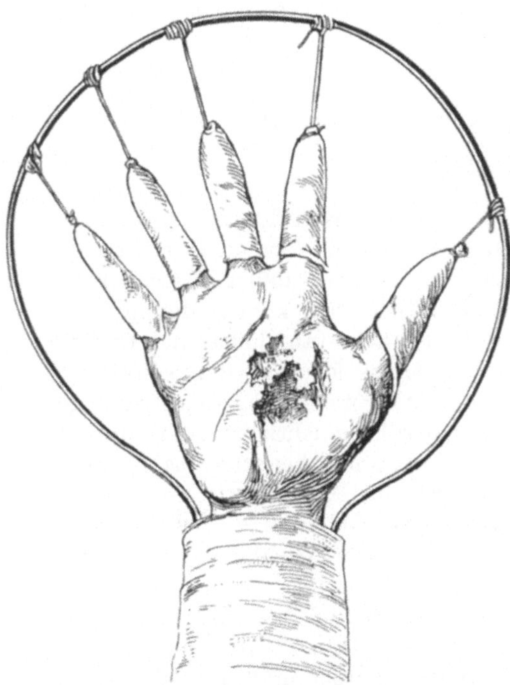

Abb. 736. Extensionsbügel für komplizierte Frakturen der Mittelhandknochen und Phalangen; Zugangriff mittels Mastisolschläuchen. (Nach KLAPP.)

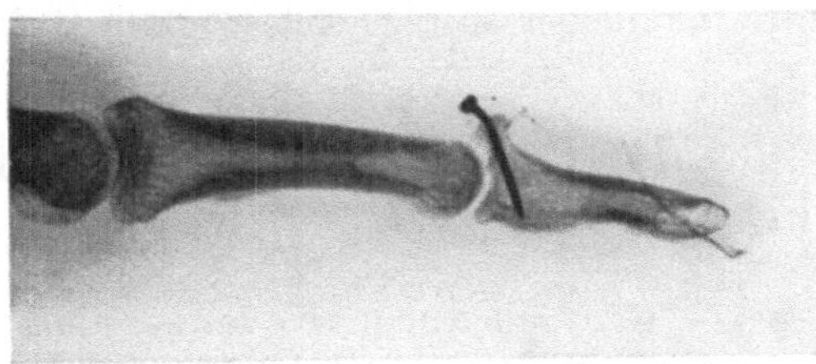

Abb. 737a. Nagelung einer Abrißfraktur der Extensorensehne an der Endphalanx des Zeigefingers.

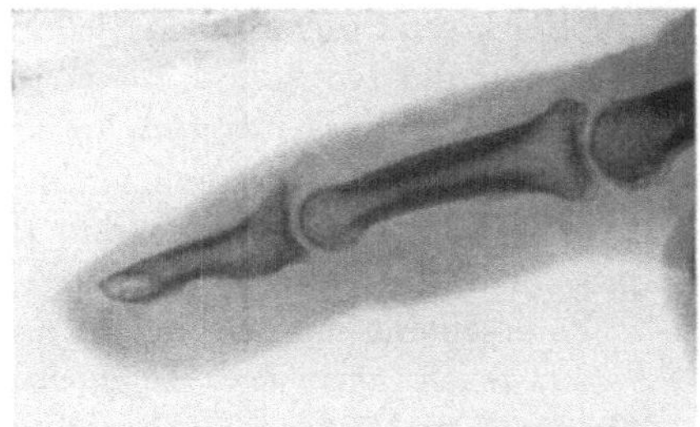

Abb. 737b. Genagelte Abrißfraktur von Abb. 737a nach Entfernung des Drahtstiftes.

die Beugestellung der Endphalanx in einzelnen Fällen bestehen. Sie ist unschön und kann bei Feinhandwerkern, auch beim Klavierspielen, recht störend wirken. In solchen Fällen empfiehlt sich deshalb *operative Fixation* des kleinen Abrißfragmentes durch einen kleinen *Drahtstift* (Abb. 737a), der nach erfolgter Konsolidation wieder entfernt wird (Abb. 737b). Ich habe diesen Eingriff wiederholt mit bestem Erfolg geübt.

In schlechter Stellung konsolidierte Phalanxbrüche erfordern *operative Korrektur* der Knickung mit nachfolgender Behandlung auf der ZIEGLERschen Schiene; Verschraubung dürfte sich meist erübrigen.

Die *Behandlung der Schußfrakturen* der Metakarpalia und der Phalangen erfolgt nach den gleichen Gesichtspunkten, wie die der subcutanen, sobald es sich um nichtinfizierte Fälle handelt. Breit offene, infizierte Schußfrakturen erfordern dagegen *aktives Vorgehen*; zerfetzte, völlig zertrümmerte Finger werden primär abgetragen, im übrigen möglichst einfache Wundverhältnisse geschaffen, unter Erhaltung alles dessen, was der Erhaltung wert scheint. Die Frakturen sind durch Schienung oder Extension zu versorgen. Ganz besondere Sorgfalt erfordert die *Nachbehandlung* schwerer Schußfrakturen, die Beseitigung von Verkürzungen, von Versteifungen der Finger in schlechter Stellung, von Sehnen- und Narbencontracturen. Neben *orthopädischen Redressionszügen* kommen auch reparatorische chirurgische Maßnahmen in Betracht.

Die seltenen *Pseudarthrosen der Phalangen* werden durch *freie Periostknochenplastik* behandelt, sofern es sich um die Grund- und Mittelphalanx handelt. Bei den Pseudarthrosen der Endphalanx dagegen stellt die Excision des flottierenden, peripheren Fragmentes unter Erhaltung des Periostes das einfachere, funktionell ausreichende Verfahren dar.

D. Die Begutachtung der Frakturen der oberen Extremität.

Ganz allgemein sei darauf hingewiesen, daß die Berücksichtigung *sekundärer Belastungsdeformationen* bei Frakturen der oberen Extremität nicht entfernt die Rolle spielt, wie bei Diaphysenbrüchen des Ober- und Unterschenkels. Eine reichliche Bemessung der Periode völliger Schonung kommt deshalb nur bei *Querfrakturen der Humerusdiaphyse* sowie der Schaftabschnitte des Radius und der Ulna in Betracht, die unter dem Längsmuskeldruck, wie ihn kräftiger Gebrauch des Armes bei der Arbeit bedingt, sekundär um so länger eine winklige Knickung erfahren können, je ungenügender der Fragmentkontakt ist und je langsamer die Konsolidation vor sich geht. Für normal heilende *Schrägbrüche der Ober- und Vorderarmdiaphysen* dagegen sowie für *Metaphysen- und Gelenkbrüche* dürften die angegebenen mittleren Heilungsperioden im allgemeinen einer zutreffenden und ausreichenden Bemessung der totalen Arbeitsunfähigkeit entsprechen.

Es erscheint mir empfehlenswert, an dieser Stelle zunächst einige *allgemeine Bemerkungen über die Begutachtung von Extremitätenfrakturen* einzuschalten. Für die erste Zeit nach Abschluß des Heilungsverfahrens muß der sukzessiven Angewöhnung in der Regel durch Festsetzung einer *abgestuften Schonungsrente* Rechnung getragen werden, ausreichend sowohl hinsichtlich der Staffelungsfristen als der graduellen Rentenabstufung. *Die Gestaltung der effektiven Arbeits- und Erwerbfähigkeit ergibt sich erst aus den Beobachtungen der ersten Arbeitsperiode;* gleichzeitig werden auch allfällige ungünstige Rückwirkungen der mechanischen Inanspruchnahme auf Lokalbefund und Funktion erkennbar. *Im Interesse optimaler Ausheilung und möglichst reibungsloser Erledigung der Versicherungsansprüche ist zu reichlicher Bemessung der Anfangsrenten zu raten. Auch soll die Staffelung anfänglich in großen Stufen erfolgen.*

Man halte sich auch gegenwärtig, daß die ärztliche Taxation häufig nicht als maßgebend betrachtet werden kann, insofern als sie sich im wesentlichen auf rein medizinische Feststellungen stützt; die Ermittlung der tatsächlich vorhandenen Erwerbseinbuße erfordert gleichzeitige Berücksichtigung der effektiven Erwerbsverhältnisse, *so daß die ärztliche Taxation meist einer Korrektur durch versicherungstechnische Erhebungen bedarf.* Ferner sei darauf verwiesen, daß es in vielen Fällen wünschenswert ist, der Angewöhnungsarbeit eine konsequente Nachbehandlung *parallel gehen zu lassen.*

Da die Gründe für vorübergehende oder dauernde Invalidität nicht nur in *Formveränderungen der gebrochenen Knochen,* sondern *hauptsächlich in Gelenkversteifungen, Muskelschwäche, Lähmung einzelner Muskeln und Muskelgruppen, Sehnenscheidenentzündungen, sensiblen und trophischen Störungen liegen, erfordert die Begutachtung von Extremitätenbrüchen stets die Aufnahme eines vollständigen klinischen Status.*

Die Beschreibung visuell und palpatorisch wahrnehmbarer *Formveränderungen* ist stets durch zwei senkrecht zueinander orientierte *Röntgenaufnahmen* des gebrochenen Knochens zu ergänzen und zwar sollen diese Aufnahmen nach Möglichkeit die Beurteilung der anliegenden Gelenke gestatten. Unterlassung oder ungenügende technische Ausführung dieser Röntgenkontrolle stellen eine häufige Ursache unzulänglicher Begutachtung von Extremitätenfrakturen dar.

Der *Zustand der Muskulatur* ist summarisch aus der aktiven Beweglichkeit der Gelenke sowie aus der rohen Kraft der Bewegungen zu ersehen. Zur Vervollständigung des Befundes dienen *vergleichende Messungen;* an der oberen Extremität stellt man den Umfang des Oberarmansatzes, der Oberarmmitte, sowie den maximalen Vorderarmumfang fest. Die vergleichende Messung an der Oberarmbasis, die bei horizontal abduziertem Arm dicht an der Axilla erfolgt, gibt besonders über das Muskelvolumen des Deltoideus Auskunft. Die Messung des Oberarmumfanges in Diaphysenmitte erfolgt mit Rücksicht auf den Einfluß der Bicepskontraktion in Streckstellung des Ellbogengelenkes. Für die vergleichende Bestimmung des maximalen Vorderarmumfanges sind beide Ellbogengelenke in Streck- oder rechtwinklige Beugestellung zu bringen, die Hände in mittlere Rotationsstellung. Um den Maßen für vorhergegangene oder spätere Untersuchungen Vergleichswert zu geben, sind die Gelenkstellungen, in denen die Messung erfolgte, im Gutachten anzugeben.

Bei der Beurteilung der Links- und Rechtsmaße ist zu berücksichtigen, daß die Muskulatur des rechten Armes bei Rechtshändern stärker ist, so daß die Umfangmaße rechts durchwegs 0,5—1,5 cm mehr betragen als links; bei Linkshändern ist das Verhältnis umgekehrt. Behauptet ein Verunfallter, *Linkshänder* zu sein, so überzeugt man sich, ob er einige einfache Verrichtungen mit der linken Hand auch tatsächlich geschickter ausführt als mit der rechten; im Zweifelsfalle ist eine Rückfrage an die Arbeitsstelle erforderlich, weil sich erfahrungsgemäß die Linkshändigkeit oft nur auf bestimmte Verrichtungen beschränkt.

Neben dem Volumen hat auch die *Konsistenz des Muskels* für die Beurteilung seines Zustandes Bedeutung. Liegt eine schwere Atrophie vor, so fühlt sich der Muskel meist auch auffällig schlaff an, und ferner wird eine *Prüfung der rohen Kraftleistung* durch Widerstandsübungen oder mittels eines Dynamometers (Abb. 738) große Unterschiede zugunsten der unverletzten Extremität

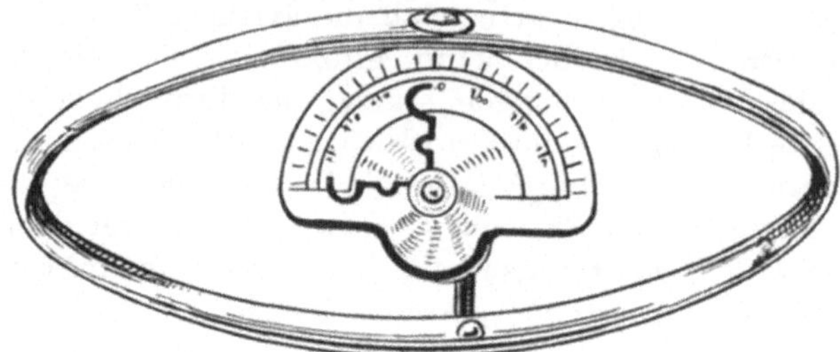

Abb. 738. Dynamometer. (Nach COLLIN.)

ergeben. Bei eigentlichen Lähmungen ist die Vornahme einer vollständigen qualitativen und quantitativen *elektrischen Untersuchung* unerläßlich.

Die *Bewegungsexkursion der Gelenke* wird durch Prüfung sowohl der aktiven als der passiven Bewegungen festgestellt. Liegt eine unvollständige Versteifung vor, so spricht man im Interesse unmißverständlicher Ausdrucksweise besser von *Bewegungseinschränkung*. Der Ausdruck *Streck-* und *Beugecontractur* ist

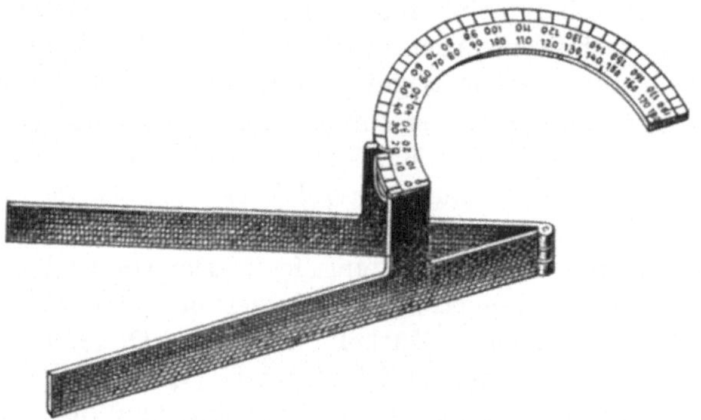

Abb. 739. Universalwinkelmesser. (Nach MOELTGEN.)

nur in ätiologischem Sinne zu verwenden und demgemäß für Fälle zu reservieren, bei denen Bewegungseinschränkungen im wesentlichen auf Muskelretraktion beruhen. Lassen sich Bewegungseinschränkungen nicht ohne weiteres ziemlich genau abschätzen, so bedient man sich mit Vorteil eines der verschiedenen *Meßapparate,* wie sie von HÄRTEL, MILLER, MOELTGEN und DE QUERVAIN angegeben wurden (vgl. Abb. 739). Die Diagnose einer *posttraumatischen Arthritis* sollte nicht gestellt werden, wenn das Röntgenbild nicht Unregelmäßigkeiten der Gelenkkontur, Erscheinungen von An- und Abbau im Bereich der Kapselansätze oder Einlagerungen in die Gelenkkapsel zeigt; auch pflegt in ausgeprägten Fällen eine deutliche *strukturelle Knochenatrophie* der Gelenkpartner nie zu fehlen. Knackende und knarrende Reibegeräusche dürfen nur im Sinne einer Arthritis verwertet werden, wenn bei Bewegungen des gesundseitigen Gelenkes analoge Geräusche nicht auftreten.

Die *Frakturen des oberen Humerusendes* bedingen hauptsächlich durch *Bewegungseinschränkung des Schultergelenkes* längerdauernde Invalidität.

Die Feststellung einer auf das Schultergelenk zu beziehenden Bewegungseinschränkung setzt die Kenntnis einiger Besonderheiten des *Mechanismus der Armhebung* voraus. Der Arm kann normalerweise seitlich und von vorne zu Vertikalen emporgestreckt werden. Diese Hebung geht nur bis wenig über die Horizontale im Schultergelenk vor sich, unter vorwiegender Wirkung des M. deltoides, während die weitere Elevation durch die Schulterblattdreher, besonders durch den M. serratus anticus major bewirkt wird. Die Kenntnis dieser Tatsachen hat für Begutachtungszwecke ihre besondere Bedeutung, wenn auch tatsächlich die Abgrenzung der Muskelleistungen keine so scharfe ist, wie vorstehend angegeben wurde. Man kann sich nämlich leicht überzeugen, daß Rumpf- und Schulterblattmuskeln schon bei der Armhebung bis zur Horizontalen mitwirken, teils durch Fixation der Scapula, teils durch Rotation des Schulterblattes. Auch wird die hebende Tätigkeit des Deltoideus durch den M. supraspinatus unterstützt, und ferner geschieht die Drehung des Schulterblattes nicht nur in der Weise, daß der Serratus a. m. die Scapulaspitze nach vorne und oben rotiert, sondern unter gleichzeitiger Adduction des oberen Schulterblattabschnittes an die Wirbelsäule durch die Zugwirkung der lateralen Trapeziusbündel. Die Hauptsache bleibt jedoch, daß die Hebung bis zur Horizontalen wesentlich eine Leistung des Deltoides ist und zum größten Teil im eigentlichen Schultergelenk vor sich geht. Behauptet ein Verunfallter, den Arm nur bis zur Horizontalen oder nicht einmal soweit heben zu können, und erfolgt die demonstrierte Armhebung seitlich oder nach vorne ohne nennenswerte Drehung der Scapula, so liegt Simulation vor, falls nicht etwa der M. serratus gelähmt ist. *Serratuslähmungen* sind am flügelförmigen Abstehen des Schulterblattes bei seitlicher Armhebung zu erkennen. Man stelle auch de visu und palpatorisch fest, ob der Deltoideus aktiv kräftig kontrahiert wird. Die seitliche Armhebung ist in Normalstellung des Schulterblattes und mit auswärts rotiertem Oberarm auszuführen; denn ein Versuch lehrt, daß die Armhebung sowohl durch Vorlagerung der Scapula, d. h. durch Vorziehen der Schultern, als durch Einwärtsrotation des Humerus gehemmt wird.

Nach der Armhebung ist die *Drehung im Schultergelenk* zu prüfen. Zu diesem Zwecke läßt man die Oberarme an den Thorax anlegen und die Ellbogengelenke zum rechten Winkel beugen, so daß die Vorderarme in der Sagittalebene stehen. Von dieser Mittelstellung aus kann der Oberarm um 75—90° auswärts rotiert werden. Die Einwärtsrotation geht nicht nur bis zur Berührung zwischen Vorderarm und Vorderfläche des Rumpfes, sondern noch etwa 45 Grad weiter; man fordert deshalb die Patienten auf, den Vorderarm mit seiner Streckfläche auf den Rücken zu legen und von dieser Stellung aus den Versuch weiterer Einwärtsrotation zu machen, ohne dabei die Berührung zwischen Oberarm und Thorax aufzuheben. Liegt eine einigermaßen bedeutungsvolle Beschränkung der Einwärtsrotation vor, so sind die Patienten nicht imstande, die Hand in dieser Weise auf den Rücken zu legen. Eine ergänzende Prüfung der Rotation erfolgt bei horizontal abduzierten Oberarmen und rechtwinklig gebeugten

Ellbogengelenken, wobei darauf zu achten ist, daß die Arme in die Frontalebene gebracht werden können.

Nach Feststellung der aktiven Beweglichkeit erfolgt Untersuchung auf die *passiv erzielbaren Gelenkexkursionen*; maßgebend für die Funktion des Scapulohumeralgelenkes sind nur Bewegungen bei manuell fixiertem Schulterblatt.

Die Bestimmung der Bewegungseinschränkung kann gutachtlich nur maßgebend verwertet werden, wenn es gelingt, ihre Ätiologie festzustellen und die Prognose der Störung zu beurteilen. Dazu ist in erster Linie *Röntgenuntersuchung* erforderlich, weil sie allein klare Auskunft gibt über deformierende Gelenkveränderungen, Verwachsung vorragender Fragmentkanten mit der Kapsel sowie über grobmechanische Bewegungshindernisse. Auf Maßnahmen, die zur Behebung von Bewegungsstörungen beitragen können, ist im Gutachten ausdrücklich aufmerksam zu machen.

Die vollständige Versteifung des Schultergelenkes in Adductionsstellung entspricht rechterseits einer Invalidität von etwa 50%, links einer solchen von 40%.

Erheblich geringere Störungen bedingt vollständige *Versteifung eines Schultergelenkes in Abductionsstellung*, falls der Gebrauch des Armes keine Schmerzen verursacht; die Invalidität dürfte in solchen Fällen in der Regel nicht über 25% betragen.

Teilweise Einschränkung der Beweglichkeit des Schultergelenkes ist entsprechend niedriger zu taxieren. Kann der Arm bis zur Horizontalen gehoben werden, so ist die Störung je nach der beruflichen Behinderung mit einer Invaliditätsquote von $10-20\%$ ausreichend berücksichtigt. Auch eine vorwiegende *Einschränkung der Drehbewegungen* kann sich bei qualifizierten Arbeitern sehr störend gestalten; immerhin ist zu berücksichtigen, daß durch Circumduction der Scapula Rotationsdefekte nach Angewöhnung in gewissem Umfange kompensiert werden. Einschränkungen der Schultergelenkrotation um die Hälfte bedingen eine Erwerbseinbuße von $10-20\%$, je nachdem die ausführbaren Bewegungen beschwerdefrei ausgeführt werden können oder mit Schmerzen verbunden sind.

Eine weitere Folge der Fraktur des oberen Humerusendes ist die *Lähmung des M. deltoides infolge von Verletzung des N. axillaris*; diese Schädigung ist ebenso schwerwiegend, wie eine völlige Gelenkversteifung, weil der Arm trotz teilweiser muskulärer Fixation im Schultergelenk kaum etwas von der Seitenfläche des Körpers abgehoben werden kann. Eine vollständige Lähmung des Deltoides muß deshalb einer Erwerbseinbuße von $40-50\%$ gleichgesetzt werden. Die seltenere, durch *Verletzung des N. thoracicus bedingte Serratuslähmung* hat weniger schwerwiegende Funktionsstörungen zur Folge und ist mit $20-33^{1}/_{3}\%$ ausreichend taxiert.

Lähmungen des ganzen Plexus axillaris sind meist irreparabel, falls die Lähmung nicht innerhalb des ersten Monats eine deutliche und progrediente Besserung erkennen läßt. Die vollständige Plexuslähmung muß deshalb dem Armverlust gleichgesetzt und mit $66^{2}/_{3}-70\%$ entschädigt werden.

Das gleiche gilt für *Verletzungen der Axillararterie* mit sekundärer Gangrän oder mit hochgradigen, zu Unbrauchbarkeit des Armes führenden ischämischen Veränderungen.

Schaftbrüche des Humerus führen zu länger dauernder Funktionsstörung wesentlich infolge von begleitenden *Radialislähmungen* sowie *verzögerter und ausbleibender Konsolidation,* wenn wir von den meist vermeidbaren Versteifungen des Schulter- und Ellbogengelenkes absehen.

Die *Radialislähmung* stellt stets eine schwere Schädigung dar. Sie wird deshalb für die rechte Hand mit 50—60%, linkerseits mit 45—50% bewertet. Handelt es sich um eine der seltenen hochsitzenden Radialisläsionen, die auch den Triceps in Mitleidenschaft ziehen, so kommt der Funktionsausfall dem Armverlust ziemlich nahe. Durch Muskel- bzw. Sehnenüberpflanzungen sowie durch Dorsalextensionsschienen für die Hand läßt sich die Störung oft herabmindern, jedoch nie ausgleichen.

Pseudarthrosen des Humerusschaftes verunmöglichen die kräftige Hebung des Oberarmes und bedingen stets Kraftlosigkeit des Vorderarmes und der Hand; ist gleichzeitig die Oberarmmuskulatur stark geschädigt und der N. radialis gelähmt, so wird der Arm völlig unbrauchbar. Wo die Operation abgelehnt wird oder aus bestimmten Gründen nicht angezeigt erscheint, muß eine Rente von 50—70% gewährt werden.

Verkürzungen des Humerus haben nur dann eine erwerbsschädigende Bedeutung, wenn infolge relativer Verlängerung der Muskulatur eine fühlbare Herabsetzung der rohen Kraft des Armes resultiert Die angemessene Rente dürfte in solchen Fällen zwischen 10 und 25% schwanken.

Schlechte Heilung einer Oberarmschaftfraktur in Form winkliger Knickung beeinträchtigt gelegentlich ebenfalls die Aktion der Oberarmmuskeln, kann zu intermittierender Parese des N. radialis Anlaß geben und bedingt zudem eine gewisse *Gefahr der Refraktur.* In solchen Fällen ist deshalb mindestens für einige Monate eine Herabsetzung der Funktionstüchtigkeit des Armes anzunehmen und eine Schonungsrente zu beantragen, die sich zwischen 20 und 33$\frac{1}{3}$% bewegt.

Frakturen des unteren Humerusendes beeinträchtigen am häufigsten die Beweglichkeit des Ellbogengelenkes, das normalerweise vollständig gestreckt und bis zu einem Winkel von 25—40° gebeugt werden kann. Die günstigste Stellung für eine *völlige Versteifung des Ellbogengelenkes* ist meist die Rechtwinkelstellung, für gewisse Berufsarten eine mäßige Spitzwinkelstellung. *Ankylosen in günstiger Stellung* bedingen nach üblicher Schätzung Erwerbseinbußen von 25—33$\frac{1}{3}$% für den rechten und 20—25% für den linken Arm. Ist gleichzeitig die *Pronation und Supination der Hand* vollständig aufgehoben, so steigert sich die Erwerbseinbuße auf 40—50%, je nachdem die Hand in günstiger Mittellage oder ungünstiger extremer Rotationsstellung fixiert ist.

Versteifungen des Ellbogengelenkes in Streckstellung schränken die Gebrauchsfähigkeit des Armes naturgemäß viel hochgradiger ein, als Rechtwinkelankylosen und müssen deshalb mit 40—50% entschädigt werden.

Häufiger als vollständige Versteifungen sind *partielle Bewegungseinschränkungen des Ellbogengelenkes.* Eine erwerbsschädigende Bedeutung kommt ihnen nur zu, wenn die Einschränkung der Streckung und der Beugung mehr als je 10° beträgt. In diesem Falle sind sie nach Ausmaß und effektiver Erwerbsverminderung mit 10—25% einzuschätzen. *Schlottergelenke im Ellbogen,* wie sie nach schweren kombinierten Frakturen zur Beobachtung gelangen, besonders wenn partielle oder totale Resektionen erforderlich wurden, können in ihrer erwerblichen Rückwirkung durch geeignete Schienenhülsenapparate wesentlich gemildert werden. Die angemessene Rente für ein Schlottergelenk des Ellbogens dürfte deshalb 33$\frac{1}{3}$% kaum jemals übersteigen.

Begleitende Lähmungen bei Frakturen des unteren Humerusendes betreffen vorwiegend den *N. medianus* und *N. ulnaris*. Die Ulnarislähmung verursacht erheblichere Störungen als die Radialislähmung, weil die Greiffunktion der Hand und besonders die wichtige Adduction des Daumens leidet und ganz besonders, weil sich sekundär meist eine *Krallenhand* ausbildet; von Bedeutung sind auch die trophischen Störungen im Bereich des 4. und 5. Fingers. Bei voller Entwicklung des Symptomenkomplexes bedingt deshalb *Ulnarislähmung* rechterseits eine Rente von 40—50%, links eine solche von 30—40%. *Partielle Ulnarislähmungen* sind mit 20—30% zu entschädigen.

Auch *Medianuslähmungen* haben öfters trophische Störungen im insensiblen Gebiete zur Folge. Ist die motorische Medianuslähmung eine vollständige, so dürften im allgemeinen die für den Radialis angeführten Rentenschätzungen zutreffen; der geringere motorische Ausfall wird durch die Sensibilitätsstörung im Bereich der Finger und durch die trophische Schädigung kompensiert. Ist dagegen nur der Daumen von der motorischen Lähmung betroffen, so dürfte eine Taxation von 25% für die rechte, eine solche von 20% für die linke Hand angemessen sein.

Ischämische Contractur der Vorderarmmuskulatur mit Umklammerungslähmung sämtlicher Nerven bedingt völlige Unbrauchbarkeit der Hand und ist demgemäß mit 50—70% zu entschädigen.

Mit Diastase geheilte Olecranonbrüche bedingen meist eine Einschränkung und Schwächung der Ellbogenstreckung, deren erwerbsschädigende Bedeutung jedoch gering und mit einer Rente von 10% ausreichend berücksichtigt sein dürfte.

Frakturen beider Vorderarmknochen hinterlassen häufig eine *Einschränkung der Pro- und Supination*; weitere Ursache dauernder Störungen sind *Pseudarthrosen*, Bewegungseinschränkungen des Ellbogen- und Handgelenkes, Zerstörung ausgedehnter Muskelabschnitte mit Nervenschädigung bei offenen Zertrümmerungsbrüchen.

Im allgemeinen trifft die Annahme THIEMs zu, daß *Versteifung in Pronationsstellung* der Hälfte des Handwertes gleichzustellen ist. *Versteifungen in Supinationsstellung* sind durchwegs höher zu taxieren, wobei allerdings zu berücksichtigen ist, daß durch seitliche Hebung des Ellbogens der Pronationsausfall in gewissen Grenzen kompensiert werden kann. Demgemäß bewegt sich die Taxation der *vollständigen Rotationsversteifung* zwischen 30 und 40% für die rechte, 25—40% für die linke Hand, unter Berücksichtigung der vorliegenden beruflichen Störung. Weniger bedeutungsvoll sind *partielle Rotationseinschränkungen*, die Renten von 10—20% erfordern.

Durch *Pseudarthrosen beider Vorderarmknochen* wird die rohe Kraftleistung von Vorderarm und Hand stets hochgradig geschädigt; auch leidet die Sicherheit vieler Arbeitsverrichtungen. Wenn auch durch Schienenhülsenapparate die Funktionstüchtigkeit nicht unerheblich gesteigert werden kann, so resultieren doch Erwerbsschädigungen, die zwischen 30 und 50% schwanken. Von den *isolierten Pseudarthrosen eines Vorderarmknochens* überwiegt die ausbleibende Heilung des Radius in ihrer erwerblichen Rückwirkung ganz bedeutend und kommt darin oft der Pseudarthrose beider Vorderarmknochen ziemlich nahe, besonders wenn die Pseudarthrose dicht am Handgelenk liegt.

Die Störungen nach klassischer Radiusfraktur betreffen in erster Linie das Handgelenk und die Finger, die besonders nach unzweckmäßiger, protrahierter Fixationsbehandlung *irreparable Versteifungen* aufweisen können. Daneben sind *hartnäckige Sehnenscheidenentzündungen* im Bereiche der Fingerbeuger zu berücksichtigen.

Das *Handgelenk* kann normalerweise von seiner Mittelstellung aus um 50—70⁰ dorsal extendiert, um 45—80⁰/₀ volar flektiert und um 25—40⁰ ulnarwärts abduziert sowie radialwärts adduziert werden. Die Rotationsexkursion des Vorderarmes und der Hand beträgt 160—180⁰

Die *völlige Versteifung des Handgelenkes* wird mit einem Drittel des Handverlustes bewertet und mit 20—25⁰/₀ für die rechte, mit 20⁰/₀ für die linke Hand entschädigt. Schwerwiegender ist im allgemeinen weitgehende *Ankylosierung der Fingergelenke*, die zu *Aufhebung des Faustschlusses und zu Einschränkung der Spreizfähigkeit der Finger* führt. Derartige Funktionsschädigungen der Hand kommen in ihrer erwerblichen Bedeutung dem Handverlust oftmals sehr nahe, besonders wenn sie von *progredienter entzündlicher Knochenatrophie* begleitet sind. Diese schwerste Form der Immobilisierungsschädigung nach Radiusbrüchen erfordert gelegentlich während längerer Zeit Renten von 50—75⁰/₀.

Deforme Heilung der Radiusfraktur hat keine erwerbliche Bedeutung, falls die Funktion des Handgelenkes und der Finger sowie die rohe Kraftleistung der Hand sich normal verhalten. Liegt jedoch eine Bewegungseinschränkung des Handgelenkes, Behinderung des Faustschlusses und eine gewisse Kraftlosigkeit der Fingerbewegungen vor, so müssen für die Dauer mehrerer Monate Schonungs- und Angewöhnungsrenten von 20—50⁰/₀ gewährt werden.

Die *Frakturen der Handwurzelknochen* hinterlassen, korrekte Behandlung vorausgesetzt, selten dauernde Schädigungen. Soweit solche zur Beurteilung stehen, handelt es sich um Einschränkung der Handgelenkbewegungen sowie um Schwäche des Faustschlusses, die nach obigen Grundsätzen zu beurteilen sind.

Brüche der Metakarpalia erfordern vorübergehende oder dauernde Rentengewährung infolge *deformer Heilung, voluminöser, schmerzhafter Callusbildung, erheblicher Verkürzung* und *Beeinträchtigung der Fingerfunktion*. Die entsprechenden Störungen machen sich namentlich bei *Feinarbeitern* geltend, während Grobarbeiter durch die erwähnten Folgen mangelhafter Heilung nur ausnahmsweise und gewöhnlich nur vorübergehend behindert werden. Die endgültigen Dauerrenten für die Folgen mangelhaft geheilter Metakarpalfrakturen werden 10⁰/₀ nur ausnahmsweise übersteigen.

Bei *Frakturen der Fingerphalangen* sind *deforme Heilungen* an der Tagesordnung. Die erwerbsbehindernden Folgen dieser Frakturen bestehen hauptsächlich in *Versteifung eines oder mehrerer Gelenke*, in *Einschränkung der Fingerbeweglichkeit* mit *Schädigung des kräftigen Faustschlusses* und bei offenen Brüchen der Endphalangen in *schmerzhafter Callus- und Narbenbildung*.

Unbefriedigend geheilte *Frakturen der Endphalangen* lassen sich stets operativ korrigieren; muß Amputation des Endgliedes erfolgen, so bedingt dieser Verlust nur am Daumen und Zeigefinger, und nur bei qualifizierten Arbeitern eine Entschädigung von 5—10⁰/₀. *Versteifung von Fingergelenken* nach Phalanxbrüchen hat bei Grobarbeitern keine Bedeutung; für qualifizierte Arbeiter ist namentlich die Versteifung des Daumengrundgelenkes, wie man sie nach BENNETscher Fraktur sieht, von Belang, weil sie die Spreizfähigkeit des Daumens und auch seine Adduction und Opposition beeinträchtigt. Die Renten für diese

Störungen schwanken von 5—20%. *Versteifungen der Interphalangealgelenke* variieren in ihrer erwerblichen Bedeutung sehr nach Grad und Kombination. Fixierte Beugestellungen sind für die Greiffunktion der Hand weniger bedeutsam als Versteifungen in Streckstellung, namentlich wenn diese die Metakarpophalangealgelenke oder die Mittelgelenke betreffen. Ferner ist zu beachten, daß der Zeigefinger für die Funktion der Hand eine etwas größere Bedeutung hat, als der Mittelfinger. Diese Störungen, die stets in Beziehung zum Beruf des Verunfallten zu bringen sind, bedingen je nach ihrer Kombination Invaliditätsrenten von 5—20%. Der Streckdefekt des Endgliedes nach BUSCHscher Fraktur ist erwerblich belanglos.

Literatur.

ANSCHÜTZ u. KAPPIS: Die Verletzungen der oberen Extremität in BORCHARDs und SCHMIEDENs Kriegschirurgie. Leipzig: Joh. Ambrosius Barth 1917.

BAER: Über die Brüche der Fingerknochen. Schweiz. Z. Unfallmed. **1908**. — BÄHR, F.: Die isolierte Fraktur des Kronenfortsatzes der Ulna. Dtsch. Z. Chir. **62** (1909). — BAUMANN: Die unblutige Behandlung der frischen Frakturen am oberen Humerusende. Bruns' Beitr. **110**, 490 (1918). — Beiträge zur Kenntnis der Frakturen am Ellbogengelenk. I. Allgemeines und Fractura supra condylica. Bruns' Beitr. **146**. — Beiträge zur Kenntnis der Frakturen am Ellbogengelenk. II. Brüche am unteren Ende des Humerus (außer Supracondylica) und Brüche am proximalen Ende des Radius. Bruns' Beitr. **147**. — Beiträge zur Kenntnis der Frakturen am Ellbogengelenk. III. Frakturen am proximalen Ende der Ulna. Allgemeine Beobachtungen über biologische Vorgänge. Technische Einzelheiten über die besprochenen Behandlungsmethoden. Bruns' Beitr. **148**. — BECK, C.: Über die Fraktur des Processus coronoideus ulnae. Dtsch. Z. Chir. **60** (1901). — BEYKIRCH: Sesamum cubiti (Patella cubiti) oder Olecranonfraktur. Chirurg 1, H. 22 (1929). — BÖHLER: Die funktionelle Bewegungsbehandlung der typischen Radiusbrüche auf anatomischer und physiologischer Grundlage. Münch. med. Wschr. **1919**, Nr 42.

CLAIRMONT: Ein Vorschlag zur blutigen Einrichtung der Unterschenkel- und Vorderarmbrüche. Arch. klin. Chir. **93** (1910).

DAVIDSOHN: Die Fraktur der distalen Fingerphalanx infolge Abriß der Strecksehne. Berl. klin. Wschr. **45** (1908). — DENECKE: Die Frakturen der Os triquetrum; speziell Dorsalflexionsfraktur mit Absprengung des Proc. styl. ulnae. Dtsch. Z. Chir. **111** (1911).

EBERMAYER: Über isolierte Verletzungen der Handwurzelknochen. Fortschr. Röntgenstr. **12** (1908). — EHALT: Über Brüche des 1. Mittelhandknochens und ihre Behandlung. Arch. orthop. Chir. **27**, H. 4. — EIGENBRODT: Über isolierte Luxationen der Karpalknochen, speziell des Mondbeins. Bruns' Beitr. **30** (1901).

FINSTERER: Der isolierte Bruch des Mondbeins. Bruns' Beitr. **64** (1909). — FLÖRCKEN: Die Fraktur des Collum radii. Dtsch. Z. Chir. **85** (1906). — FRIEDRICH: Chirurgie des Handgelenks und der Hand. Handbuch der praktischen Chirurgie. 5. Aufl., Bd. 5. 1922.

GLAESSNER: Die Schußverletzungen der Hand. Erg. Chir. **11** (1919) (Lit.). — GLAESSNER u. MILAVEC: Über Epicondylusfrakturen des Humerus. Münch. med. Wschr. **57** (1910). — GULEKE: Über die Pseudarthrosen der langen Extremitätenknochen nach Schußfrakturen. Arch. orthop. Chir. **16** (1918). — GUYE: Der Kompressionsbruch und die traumatische Erweichung des Mondbeins. Dtsch. Chir. **130** (1914).

HOFMANN: Rhombus und automatisch wirkende Extensionsschiene zur Behandlung von Oberarm- und Schultergürtelbrüchen. Münch. med. Wschr. **59** (1912). — HOFMEISTER, v. u. SCHREIBER: Chirurgie der Schulter und des Oberarms. Handbuch der praktischen Chirurgie. 5. Aufl., Bd. 5. 1922. — HÜLSE: Zur typischen Humerusfraktur beim Handgranatenwurf. Münch. med. Wschr. **1917**, feldärztl. Beil., 16.

ISELIN: Die poliklinische Behandlung der jugendlichen suprakondylären Oberarmbrüche. Schweiz. med. Wschr. **1920**, Nr 7.

JANZ: Über die Luxationsfraktur des Humeruskopfes und ihre Behandlung. Bruns' Beitr. **92** (1914).

KAHLEYSS: Beitrag zur Kenntnis der Frakturen am unteren Ende des Radius. Dtsch. Z. Chir. **45**. — KIENBÖCK: Die traumatische Malacie des Mondbeins. Fortschr. Röntgenstr. **16** (1910/11). — KLEINSCHMIDT: Versuche zur Erklärung der Spätruptur der langen

Daumenstrecksehne nach Radiusfraktur. Bruns' Beitr. **146** (1929). — KOCHER: Beiträge zur Kenntnis einiger praktisch wichtiger Frakturformen. Basel 1896. — KÖNIG: Die späteren Schicksale diform geheilter Knochenbrüche, besonders bei Kindern. Arch. klin. Chir. **85** (1908). — KÜSTER, O.: Die typischen Verletzungen der Extremitätenknochen durch den Geburtshelfer.

MELCHIOR: Ein Beitrag zur Kenntnis der isolierten Frakturen des Tuberculum majus humeri. Bruns' Beitr. **75** (1911). — MORIAN: Beitrag zu den Brüchen der Daumen- und Großzehensesambeine. Dtsch. Z. Chir. **102** (1909).

OEHLECKER: Über die volare Luxation des Os lunatum (perilunäre Dorsalluxation der Hand) mit Abbruch vom Os triquetrum. Bruns' Beitr. **94** (1914).

PELTESOHN: Automobilfraktur des Kahnbeins. Berl. klin. Wschr. **45** (1908). — PFAB: Zur Klinik und Therapie der Radiusköpfchenverletzungen. Dtsch. Z. Chir. **216**, (1929). PREISER: Über eine typische posttraumatische und meist zur Spontanfraktur führende Ostitis navicularis carpi. Zbl. Chir. **1910**, Nr 28.

QUERVAIN, DE: Beitrag zur Kenntnis der kombinierten Frakturen und Luxationen der Handwurzelknochen. Mschr. Unfallheilk. **9**.

RIETHUS: Verletzungen des N. radialis bei Humerusfraktur. Bruns' Beitr. **27**.

SAAR, v.: Zur Kenntnis der Abschälungsfraktur des Capitulum humeri. Bruns' Beitr. **81** (1912). — SCHINZ: Navicularefraktur mit Höhlenbildung. Zbl. Chir. **1922**, Nr 24. — Der Abbruch des Processus styloideus ulnae. Dtsch. Z. Chir. **175** (1922). — SCHLÄPFER: Die BENNETsche Fraktur. Dtsch. Z. Chir. **143** (1918). — SCHMERZ: Zur Behandlung der Frakturen der oberen Gliedmaßen, insbesondere der Schußfrakturen. Bruns' Beitr. **97** (1915). — SCHNEK: Die Verletzungen der Handwurzel. Erg. Chir. **23**. — SCHOCH: Beitrag zur Kenntnis der typischen Luxationsfraktur des Interkarpalgelenkes. Dtsch. Z. Chir. **91** (1907). — SCHWENK: Die Luxatio cubiti posterior in ihrer Beziehung zur Fraktur des Processus coronoideus ulnae, zum Mechanismus der Reposition und zur Frage der Knochenneubildung im Ellbogengelenk. Dtsch. med. Wschr. **35** (1909). — Isolierte Fraktur des Processus coronoideus ulnae. Zbl. Chir. **1908**, Nr 32. — SEIDEL: Die Schußverletzungen der oberen Extremität mit besonderer Berücksichtigung der Schußfrakturen. Erg. Chir. **10** (1918). — SKILLERN: On fractures of the sesamoid bones of the thumb. Ann. Surg. **1915**, Nr 3. — STREISSLER: Das v. HACKERsche Triangel zur ambulanten Extensionsbehandlung der Oberarmbrüche. Bruns' Beitr. **55** (1907).

WALTER: Eigenartiger Heilungsvorgang bei suprakondylären Humerusfrakturen im Kindesalter. Dtsch. Z. Chir. **128** (1914). — WARSTAT: Über eine typische Sportverletzung des rechten Humerus durch Handgranatenwurf. Münch. med. Wschr. **1917**, Nr 6, feldärztl. Beil., 6. — WEINRICH, TH.: Über chirurgische Pseudarthrosenbehandlung nach Schußverletzungen unter besonderer Berücksichtigung der Oberarm- und Oberschenkelpseudarthrosen. Dtsch. Z. Chir. **141** (1917).

ZIEGLER: Zur Behandlung der Fingerfrakturen. Korresp.bl. Schweiz. Ärzte **1918**, Nr 13.

Siebenter Abschnitt.

Die Frakturen der unteren Extremität.

A. Femurfrakturen.

I. Die Frakturen des oberen Femurendes.

Kapitel 1.

Anatomische Vorbemerkungen.

Die Femurdiaphyse gewinnt ihren Anschluß an das Becken durch Vermittlung des *Schenkelhalses* (s. Abb. 740a), der mit der Längsachse der Femurdiaphyse im Mittel einen *Winkel von* 127⁰ bildet. Dieser Winkel ist jedoch physiologischen und pathologischen Schwankungen insofern unterworfen, als er normalerweise sich auf 115⁰ verkleinern und bis auf 140⁰ zunehmen, während er unter pathologischen Verhältnissen, besonders infolge von Rachitis und Osteomalacie, sich auf unter 90⁰ reduzieren kann. Bei *alten Leuten* erfährt der Schenkelhalswinkel physiologischerweise ebenfalls eine Verkleinerung. An der Stelle, wo sich der Schenkelhals von der Diaphyse medianwärts abhebt, zeigt das Femur eine Verstärkung in Form des *Trochantermassivs* mit der nach hinten vorragenden, die Spitze des Trochanter major und den Trochanter minor verbinden *Crista intertrochanterica* (Abb. 740b). Die vordere Verbindungslinie zwischen Trochanter minor und Trochanter major wird gebildet durch die rauhe *Linea intertrochanterica*, an der sich das kräftige, am Becken entspringende,

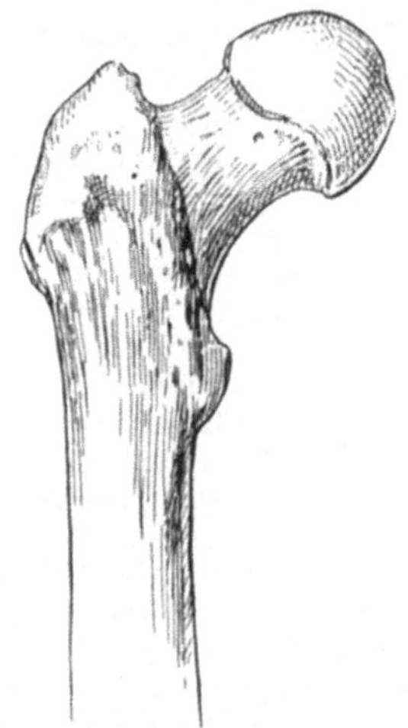

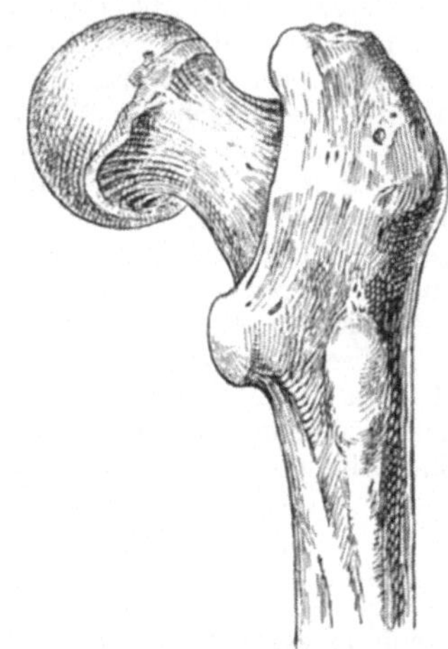

Abb. 740a. Oberes Femurende, Vorderansicht. (Nach TOLDT.)   Abb. 740b. Oberes Femurende, Rückansicht. (Nach TOLDT.)

den Schenkelkopf und die Hüftgelenkkapsel überdachende *Ligamentum ileofemorale* (BERTINI) ansetzt.

Die winklige Knickung des oberen Femurendes, die naturgemäß eine vermehrte statische Inanspruchnahme bedingt, erfordert besondere *strukturelle Verstärkungen,* die sich im Bau der Corticalis sowohl wie der Spongiosa äußern. Wie Abb. 18 zeigt, setzt sich die mediale Diaphysencorticalis des Femur in Form des kräftigen ADAMschen *Bogens* bis zum Knorpelrande des Gelenkkopfes fort. Auf den ADAMschen Bogen sowohl als auf die laterale, intertrochantäre Diaphysencorticalis stützt sich ein *System kräftiger Zug-* und *Druckbalken.* Eine weitere Verstärkung wird erreicht durch den MERKELschen *Schenkelsporn* (BIGELOWs *Septum*) (vgl. Abb. 741), der von der lateralen und hinteren Diaphysencorticalis des Halses in den hinteren und oberen Abschnitt der Schenkelhalscorticalis hinein sich erstreckt Wie KOCHER ausführt, werden auf diese Weise Trochanter major und minor gleichsam abgeschnitten, und die Corticalis der Femurdiaphyse setzt sich wie eine ununterbrochene, gebogene Röhre bis zum Schenkelkopf fort. Abb. 742 nach KOCHER und LARDY zeigt den Schenkelsporn auf einem Horizontalschnitt durch das Trochantermassiv.

Der Schenkelkopf findet seine Stütze in der tiefen Hüftgelenkpfanne, mit der er durch das *Ligamentum teres* (Abb. 743) sowie durch die kräftige Gelenkkapsel verbunden ist.

Die *Kapsel* entspringt am Knorpelrand der Hüftgelenkpfanne und setzt sich vorne im Bereich der Linea intertrochanterica, hinten in der Mitte des Schenkelhalses, gelegentlich auch etwas weiter außen am Femur an; von diesen Ansatzstellen aus überzieht sie

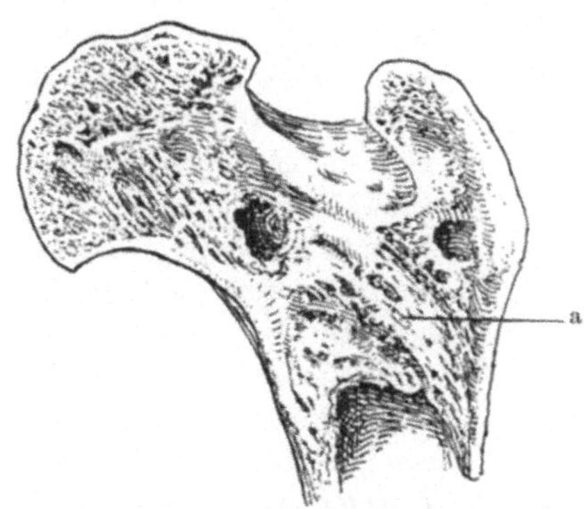

Abb. 741. Frontalschnitt durch das obere Femurende. (Nach KOCHER-LARDY.) a MERKELscher Schenkelsporn.

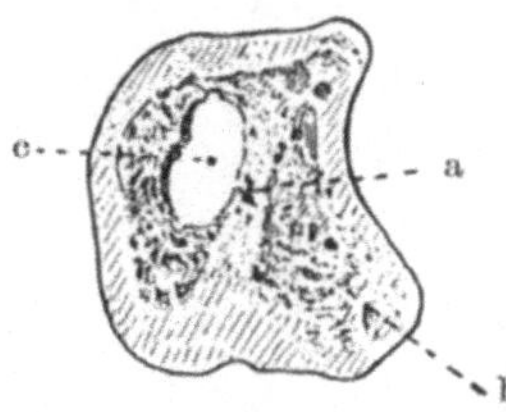

Abb. 742. Horizontalschnitt durch das Trochantergebiet. a MERKELscher Schenkelsporn oder BIGELOWS Septum; b Trochanter major; c Diaphysenhöhle.

als *Capsula reflexa* den Schenkelhals bis zum Knorpelrand des Kopfes mit einer an Stelle des Periostes tretenden *Synovialmembran. Somit fällt vorne ein größerer Teil des Schenkelhalses in den Kapselraum, als hinten.*

Die Hüftgelenkkapsel erfährt eine erhebliche Verstärkung durch aufgelagerte Bänder, deren stärkstes das bereits erwähnte *Y-förmige Ligamentum ileofemorale* (Abb. 744) darstellt.

Besondere Bedeutung kommt den *Gefäßverhältnissen des Schenkelhalses* im Hinblick auf die Heilung seiner Frakturen zu. Seine Blutversorgung erfolgt durch anastomosierende Zweige der *Arteria obturatoria* und *Arteria circumflexa femoris*. Die im Ligamentum teres verlaufenden Gefäße versorgen den fovealen Abschnitt des Schenkelkopfes und genügen nach den Feststellungen SCHMORLs bei jugendlichen Individuen zur Blutversorgung des ganzen überknorpelten Kopfes. Ferner findet sich nach den Injektionspräparaten von LANG ein arterielles Netz im Bereich der Epiphysenlinie, dessen Gefäß-

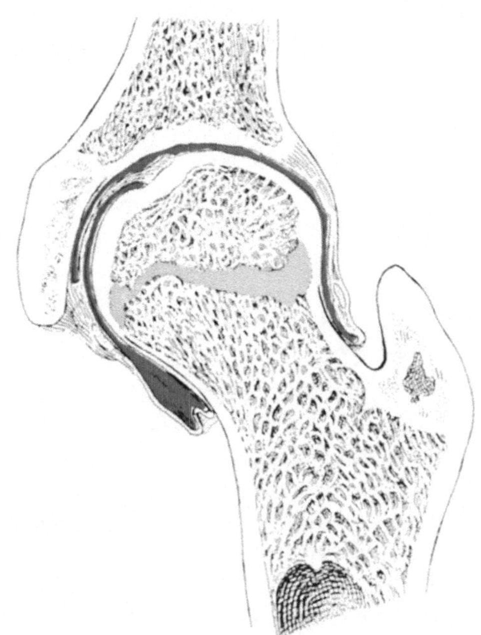

Abb. 743. Kapsel und Epiphysenverhältnisse des oberen Femurendes. (Nach V. BRUNN.)

stämme auf dem Wege der Capsula reflexa zum Knochen gelangen, und das mit den Verzweigungen der Gefäße des Ligamentum teres anastomosiert. *Die ganze intermediäre Zone des Schenkelhalses ist auffällig gefäßarm,* während Fossa intertrochanterica und eigentliches Trochantergebiet ein weiteres sehr reichliches intraossales Gefäßnetz aufweisen (Abb. 745).

Wie sich aus einfachen mechanischen Überlegungen ergibt, ist die Stelle, wo Schenkelhals und Femurdiaphyse zusammentreffen, statisch am meisten exponiert, *und zwar fällt die mechanische Beanspruchung um so größer aus, je kleiner der Schenkelhalswinkel ist. Aus diesem Grunde bedeutet die physiologische Verkleinerung des Schenkelhalswinkels im Alter eine wesentliche anatomische Prädisposition für die Entstehung von Schenkelhalsfrakturen. Eine fernere Altersdisposition* ist gegeben durch die der „senilen Osteoporose" entsprechende, weitgehende *Atrophie der erwähnten Zug- und Druckbalkensysteme.*

Über die *Epiphysenverhältnisse* gibt Abb. 743 Auskunft, aus der hervorgeht, daß die Epiphysenknorpelscheibe ungefähr rechtwinklig zur Schenkelhalsachse, leicht bogenförmig verläuft, und oben lateral an der Knorpelknochengrenze, im unteren Umfang des Kopfes etwas medial vom Knorpelrande ausmündet. *Somit liegt bei Epiphysenlösungen das Kopffragment vollständig intrakapsulär.*

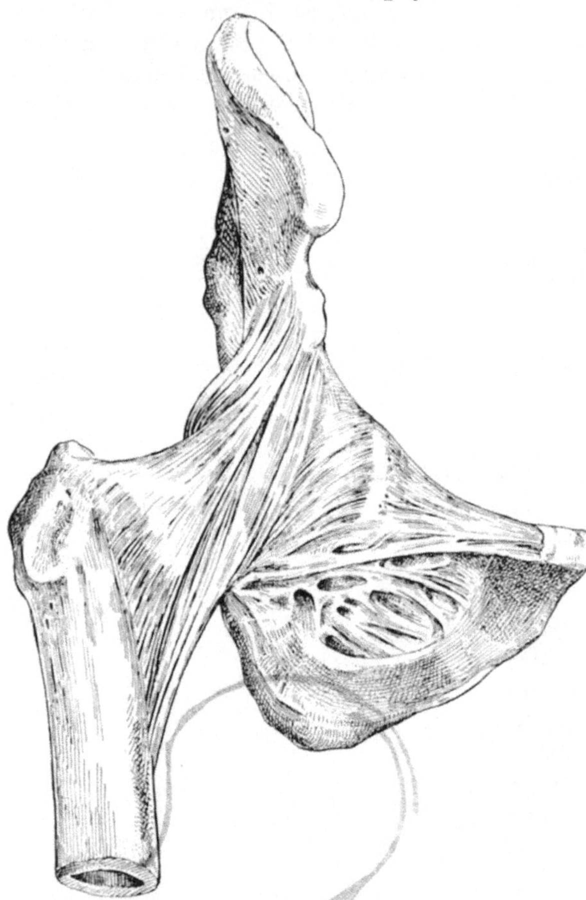

Abb. 744. Verstärkungsbänder der Hüftgelenkkapsel von vorne; Ligamentum Bertini. (Nach TOLDT.)

Der *Trochanter major* und der *Trochanter minor* bilden bei wachsenden Individuen *selbständige Epiphysen.*

Hinsichtlich der Muskelverhältnisse sei darauf verwiesen, daß der Schenkelhals und das Hüftgelenk von vorne durch den M. rectus femoris und M. ileopsoas überlagert werden, welch letzterer am Trochanter minor ansetzt. Unter dem Schenkelhals hindurch tritt der Obturator externus wie eine Schlinge zur Fossa intertrochanterica. Die übrigen Auswärtsrotatoren, nämlich Obturator internus mit den Gemelli und Piriformis decken den Schenkelhals und das Hüftgelenk von hinten und oben her zu. Darüber legt sich die dicke Kappe der Glutäalmuskeln. Somit findet sich der Schenkelkopf mit dem Halse bis zur lateralen Circumferenz des Trochanter major von einem mächtigen Muskelmantel

umgeben, der das obere Femurende mit Ausnahme des Trochanter major der
Palpation entzieht. Die großen Nerven und Gefäße haben keine direkten

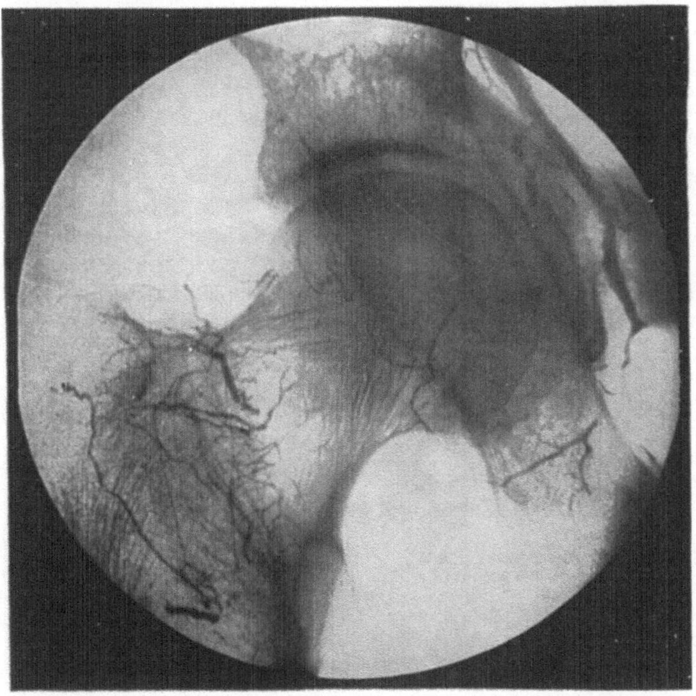

Abb. 745. Gefäßversorgung des oberen Femurendes; Injektionspräparat. (Nach LANG.)
(Man beachte die gefäßarme Zone zwischen Kopf und Trochantergebiet.)

Beziehungen zum Schenkelhals; dementsprechend spielen komplizierende Nerven-
und Gefäßverletzungen bei Frakturen des oberen Femurendes kaum eine Rolle.

Kapitel 2.

Systematik und experimentelle Genese der Brüche des oberen Femurendes.

In seiner klassischen Arbeit über „praktisch wichtige Frakturformen" unterscheidet KOCHER am oberen Femurende in Analogie zu den supra- und infratuberkulären Brüchen des oberen Humerusendes *Fracturae supratrochantericae*
und *Fracturae infratrochantericae*.

Diese Einteilung hat heute insofern noch praktische Bedeutung, als die
supratrochanteren Brüche die eigentlichen Schenkelhalsfrakturen mit ihren
klinischen und therapeutischen Besonderheiten umfassen. Doch empfiehlt es
sich, die Systematik der Schenkelhalsfrakturen im Hinblick auf Prognose und
Behandlungsart etwas weitergehend zu präzisieren, als dies KOCHER getan hat,
und folgende Formen zu unterscheiden (vgl. auch Abb. 746):

1. *Frakturen des Schenkelkopfes.*

2. *Fractura colli femoris subcapitalis* (medialis), an der Grenze zwischen Schenkelhals und Kopf verlaufend, dem Knorpelrand ziemlich parallel, annähernd senkrecht zur Schenkelhalslängsachse (Abb. 747). Diese rein subkapitale Fraktur ist relativ selten und findet sich *in reinster Form als Epiphysenlösung.*

3. *Fractura colli femoris partim intermedia,* auch als *Übergangsform* bezeichnet. Sie beginnt oben an der Kopf-Schenkelhalsgrenze und verläuft vertikal, d. h. schräg zur Schenkelhalsachse nach der konkaven Seite des Halses. Bei dieser Frakturform kann ein größerer oder kleinerer Teil des medialen Halsfragmentes namentlich hinten extrakapsulär oder doch im Bereich des Kapselansatzes liegen, was für die Ernährung des Kopffragmentes von wesentlicher Bedeutung ist (Abb. 748).

4. *Fractura colli femoris lateralis.* Hier wird der Schenkelhals an der Stelle, wo er sich aus der Fossa trochanterica abzuheben beginnt, zirkulär herausgebrochen (Abb. 749). Diese Frakturform ist charakterisiert durch öftere hochgradige, winklige Verschiebung zwischen

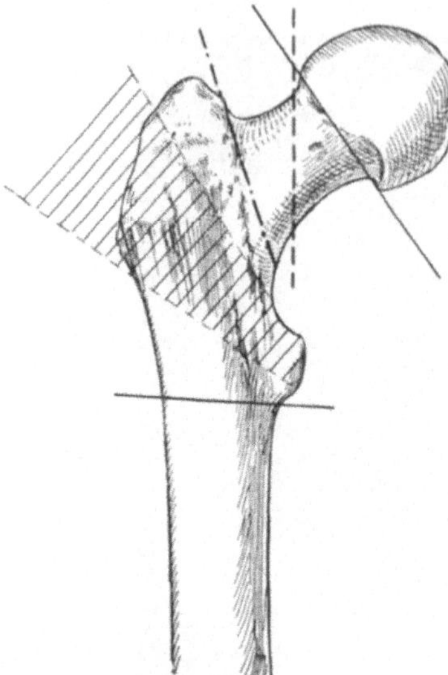

Abb. 746. Schema für die Systematik der Frakturen des oberen Femurendes.

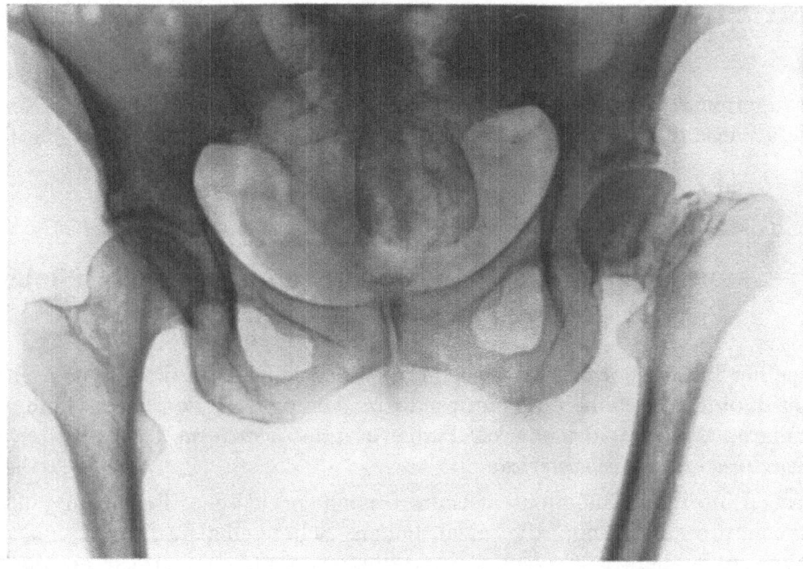

Abb. 747. Fractura colli femoris subcapitalis (medialis).

Schenkelhals und Femurdiaphyse, so daß sie auch als *Winkelfraktur* bezeichnet wird.

Die unter 2—4 genannten Frakturen stellen klinisch die eigentlichen Schenkelhalsfrakturen dar.

5. *Fractura femoris intertrochanterica,* etwas weiter lateralwärts in der Ebene der Linea und Crista intertrochanterica schräg von oben-außen nach unten-

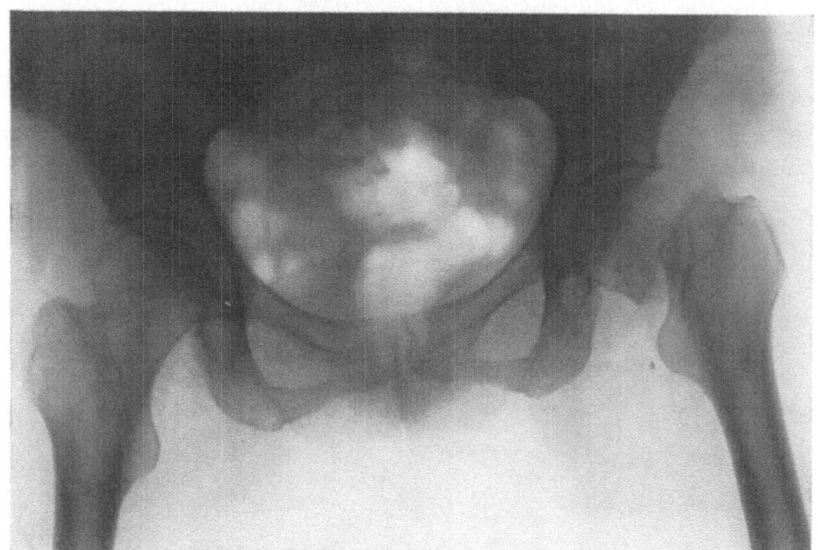

Abb. 748. Fractura colli femoris partim intermedia. (Übergangsform, teilweise extrakapsulär.)

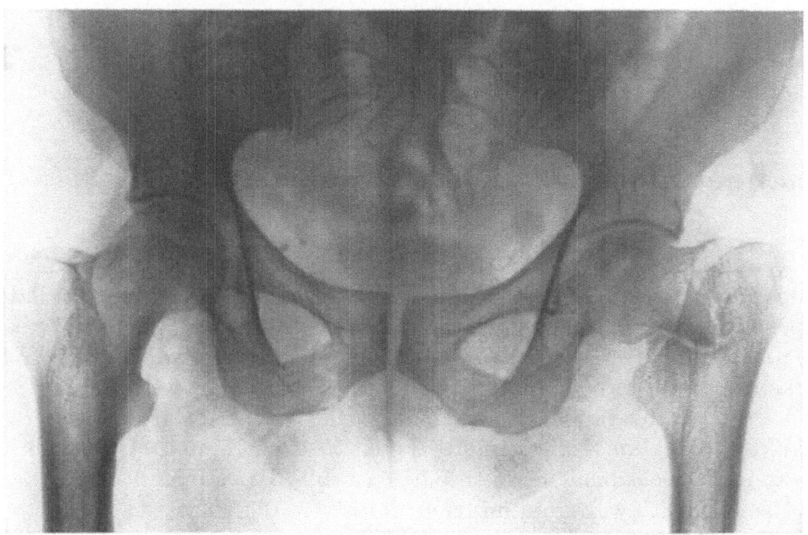

Abb. 749. Fractura colli femoris lateralis (Winkelfraktur).

innen verlaufend (Abb. 750); bei dieser Frakturform bricht gelegentlich der Trochanter minor samt einem Teil der medialen Femurcorticalis mit ab (Abb. 773).

6. *Fracturae pertrochantericae,* im Bereich des Trochantermassivs verlaufend (Abb. 746).

7. *Fracturae subtrochantericae*, hochliegende Diaphysenfrakturen, dicht unterhalb des Trochanter minor verlaufend.

8. *Isolierte Frakturen des großen und des kleinen Trochanter.*

Von diesen Frakturen liegen Nr. 1 und 2 vollständig *intrakapsulär*, Nr. 3 teilweise *intrakapsulär*, teilweise *extrakapsulär* oder doch im Bereich des hinteren Kapselansatzes; Nr. 4 reicht gewöhnlich vorne in den Kapselraum.

Die *experimentelle Genese* der Frakturen des oberen Femurabschnittes ist von Kocher eingehend studiert worden, der zeigte, daß man *subkapitale Schenkelhalsbrüche* sowohl durch *Schlag von oben auf die Wölbung des Femurkopfes* als

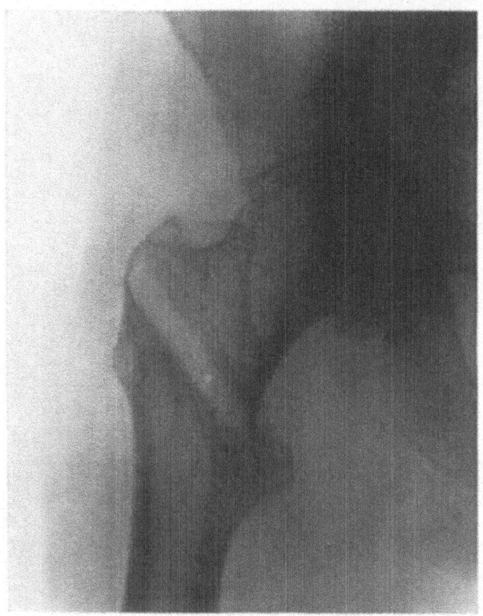

Abb. 750. Fractura intertrochanterica mit breitklaffender Bruchspalte im Bereiche der Linea intertrochanterica.

durch *gewaltsame Aus- und Einwärtsrotation* erzielen kann. Die durch Schlag auf den Schenkelkopf erzeugten Frakturen verlaufen im Niveau des lateralen Knorpelrandes vertikal nach abwärts und münden dicht am kleinen Trochanter in die Linea intertrochanterica; mit dem Kopf wird somit der untere Teil des Schenkelhalses abgebrochen (vgl. Abb. 751). Dagegen entstehen durch *forcierte Rotation* reine subkapitale Schenkelhalsbrüche; bei Auswärtsrotation beginnt die Fraktur dicht am Knorpelrand des Kopfes, um hinten etwas nach außen und unten am Schenkelhals zu münden (Abb. 751), während der Verlauf der Bruchebene bei Einwärtsrotation sich umgekehrt darstellt.

Die *Fractura intertrochanterica* erzielte Kocher im Experiment ebenfalls durch Schlag auf den Schenkelkopf von oben (Abb. 752), während ihre gewöhnliche Ursache am Lebenden, nämlich ein *Stoß von außen gegen die Trochanterwölbung*, zu einer pertrochanteren Fraktur führte. Die *Fractura subtrochanterica* endlich kann durch Biegung bei fixiertem Schenkelkopf unter Einwirkung von der Femurdiaphyse her zustande gebracht werden.

Am Lebenden wird das Ergebnis der grundlegenden Gewalteinwirkung weitgehend modifiziert durch individuelle bzw. dem Lebensalter entsprechende

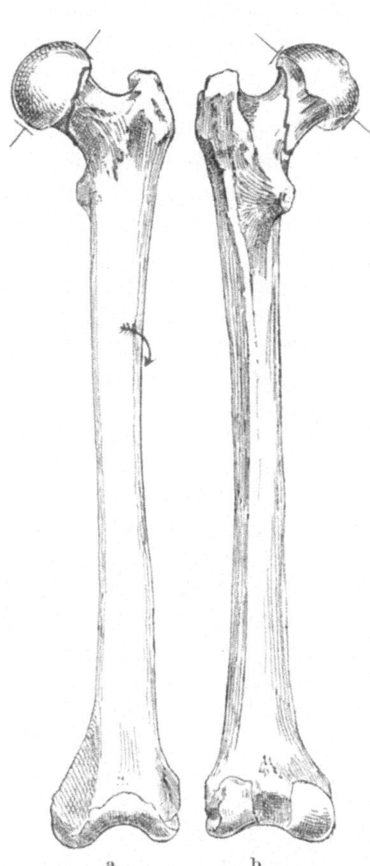

Abb. 751. Experimentell erzielte subkapitale Auswärtsrotationsfraktur. (Nach KOCHER.) a Vorderansicht; b Rückansicht. Ähnlichen Verlauf zeigen die durch Schlag auf den Schenkelkopf erzeugten Frakturen.

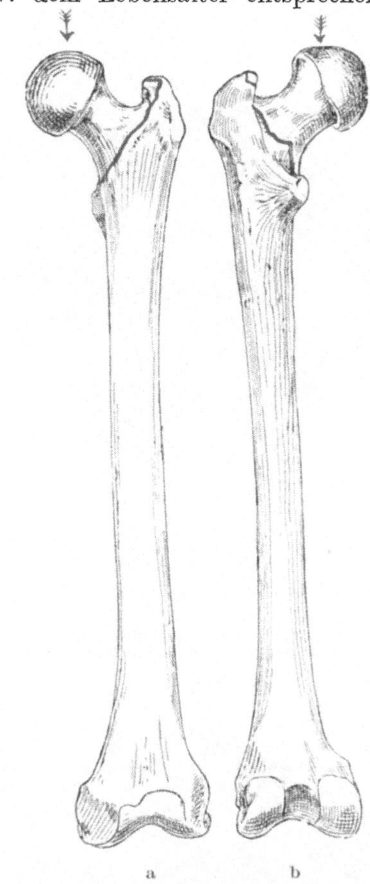

Abb. 752. Durch Schlag auf den Schenkelkopf erzielte Fractura intertrochanterica. (Nach KOCHER). a Vorderansicht; b Rückansicht.

Verschiedenheiten der Knochenresistenz, durch muskuläre Fixation und nicht zum mindesten durch die mitbestimmende Rolle der Kapselverstärkungsbänder. Auf diese Verhältnisse wird bei den einzelnen Frakturformen Rücksicht genommen.

Kapitel 3.

Die Frakturen des Schenkelkopfes.

Isolierte Brüche des überknorpelten Schenkelkopfes sind seltene Ereignisse; immerhin sei erwähnt, daß schon DUPUYTREN unter den sog. Kontusionen des Hüftgelenkes, wie sie nach Fall auf die Füße oder auf den Trochanter zur Beobachtung gelangen, gelegentliche *Kompressionsfrakturen* des *Schenkelkopfes* vermutete. Systematische Röntgenuntersuchungen werden hier Abklärung bringen.

Eine derartige seltene, nur den Schenkelkopf betreffende Kompressions*fraktur*, aus der Sammlung der pathologisch-anatomischen Anstalt Bern stammend, zeigen Abb. 753a und b. Man beachte, wie der Gelenkkopf zu einem Teile flach gedrückt ist; der Knorpelüberzug zeigt umschriebene Zerreißung sowie unvollständige Abhebung vom unterliegenden Knochen. Die den unteren Abschnitt und die Kuppe des Schenkelkopfes betreffende Kompression bewirkte eine pilzförmige Abflachung, wie man sie sonst nur bei deformierender Arthritis des Hüftgelenkes sieht.

In diesem Falle muß man annehmen, daß die äußere Einwirkung zunächst eine starke Adduction des Femur und eine Subluxation des Schenkelkopfes nach oben-außen bewirkte; dann erfolgte Kompression des mittleren und unteren Kopfabschnittes am oberen Pfannenrand.

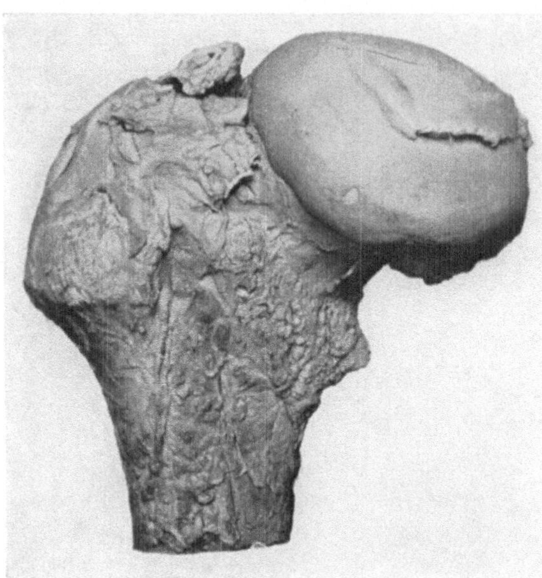

Abb. 753a. Kompressionsfraktur des Schenkelkopfes.
(Präparat des pathologisch-anatomischen Institutes Bern.)

Die *Erscheinungen* einer derartigen *Schenkelkopffraktur* sind die einer schweren Gelenkkontusion.

Da die Kontinität des Schenkelhalses erhalten ist, findet sich keines der nachstehend zu schildernden, charakteristischen Fraktursymptome, und man wird nur deshalb an eine Kompressionsfraktur des Kopfes denken, weil alle gewöhnlichen „*Kontusionssymptome*" wie *Schwellung, Druckschmerzhaftigkeit in der Diaphysen-* und *Schenkel*

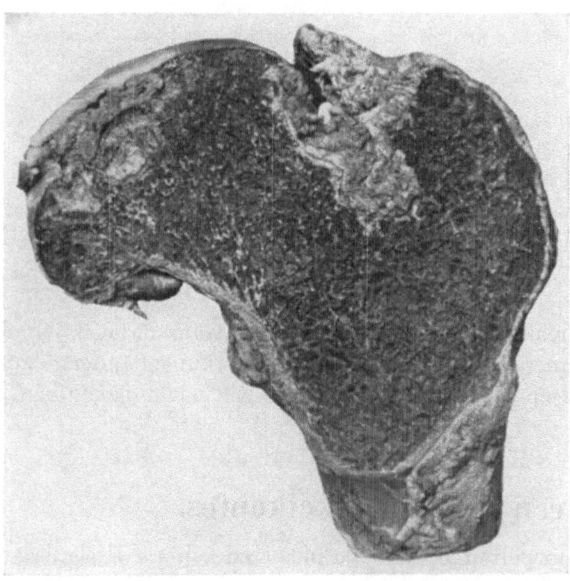

Abb. 753b. Frontalschnitt durch Präparat Abb. 753a.
(Präparat des pathologisch-anatomischen Institutes Bern.)

halsachse, Belastungs- sowie *Bewegungsstörungen* ungewöhnlich intensiv und hartnäckig erscheinen. In derartigen Fällen ist besonderes Gewicht auf die

Gewinnung einer guten *Röntgenaufnahme* zu legen, die über Form und Struktur des Schenkelkopfes Auskunft gibt.

Die *Behandlung* besteht in vorübergehender, den verletzten Kopf entlastender *Extension*, die durch gleichzeitige Anspannung der Kapsel die Resorption des Hämatoms begünstigt. Nach zwei Wochen dürfte der Zweck des Zugverbandes erreicht sein, worauf eine *mobilisierende*, durch *Heißluftbäder* zu unterstützende Behandlung anzuschließen ist. Schon im Zugverband sollen die Patienten zu regelmäßigen Übungsbewegungen angehalten werden.

Progrediente, sekundäre Arthritiden mit hochgradigen und zunehmenden Funktionsstörungen geben gelegentlich Anlaß zu *nachträglicher Resektion des Hüftgelenks*. Bei jugendlichen Individuen ist nach Möglichkeit ein bewegliches Gelenk zu erstreben, indem man nach dem später zu schildernden Verfahren LEXERs eine konservative Abtragung des Gelenkkopfes mit einer Fettlappenplastik verbindet.

Bei älteren Leuten dagegen gibt die Vornahme einer *Arthrodese in mäßiger Abductionsstellung* größere Garantien für die Erzielung einer funktionstüchtigen Extremität.

Kapitel 4.

Die Fractura colli femoris subcapitalis und partim intermedia.

1. Entstehung, Symptomatologie und Diagnostik.

Diese beiden Bruchformen, *die seltenere, subkapitale*, am Rand des überknorpelten Kopfes verlaufende (Abb. 754) und *die häufigere Übergangsform* (Abb. 748), die im Bereich des Schenkelhalses lateral vom Knorpelrand ausläuft, sind im wesentlichen *Frakturen des höheren Alters*, betreffen häufiger Frauen und kommen vorwiegend bei Individuen jenseits des 5. Dezenniums zur Beobachtung. Doch sieht man sie auch bei Jugendlichen, nur ausnahmsweise bei Kindern und zwar im Wachstumsalter überwiegend in Form der *Epiphysenlösung* (Abb. 755). Hinsichtlich des Verlaufs dieser Bruchformen und ihrer Beziehungen zur Kapsel sei auf die vorstehende Systematik verwiesen.

Nach den Feststellungen KOCHERs überwiegt ätiologisch *Fall auf den Trochanter*, wobei der Stoß meist den hinteren und lateralen Abschnitt des Rollhügels trifft. Gemäß dem Verlaufe der Schenkelhalsachse pflanzt sich der Stoß in der Richtung von hinten-unten nach vorne-oben-innen fort, wobei der unter *Längskompression* gesetzte Schenkelhals an der offenbar schwächeren Stelle dicht am Kopf bricht; unter gleichzeitiger Abscherung kann das Halsfragment nach vorne-oben an dem in der Pfanne festgehaltenen und allseitig gestützten Kopf vorbeigeschoben werden. Es ist nun zu beachten, daß die Crista intertrochanterica den Schenkelhals nach hinten gleichsam überdacht (vgl. Abb. 740 b); demgemäß hat der Fall auf den hinteren Abschnitt des Trochanter eine rotierende Wirkung auf den Schenkelhals zur Folge, im Sinne der Auswärtsdrehung, während gleichzeitig vorderer Teil der Kopfwölbung und anschließende Partie des Schenkelhalses am *Ligamentum Bertini* ein Widerlager finden. Unter diesen verschiedenen Einwirkungen kommt deshalb eine *Biegungsfraktur* des Schenkelhalses zustande, die vorne an der Knorpelgrenze

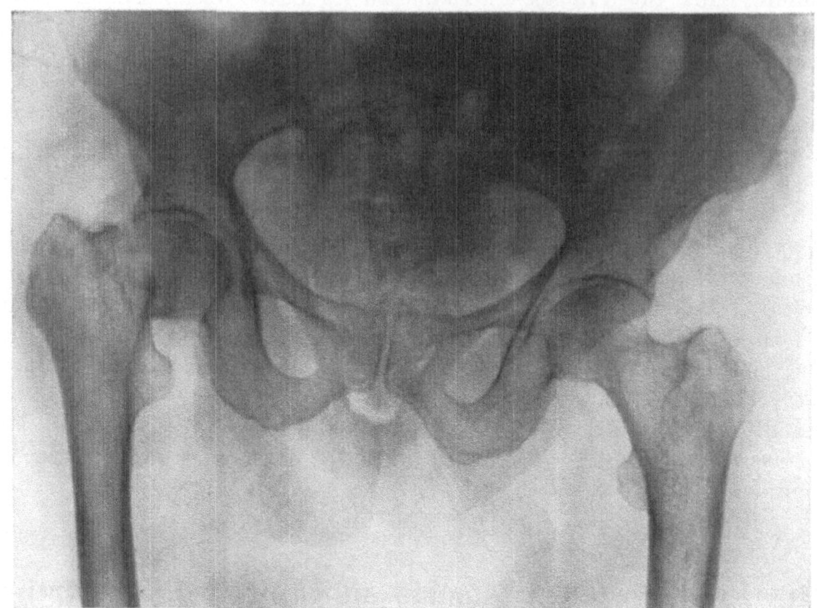

Abb. 754. Subkapitale Schenkelhalsfraktur; Adduction und mäßige Verkürzung.

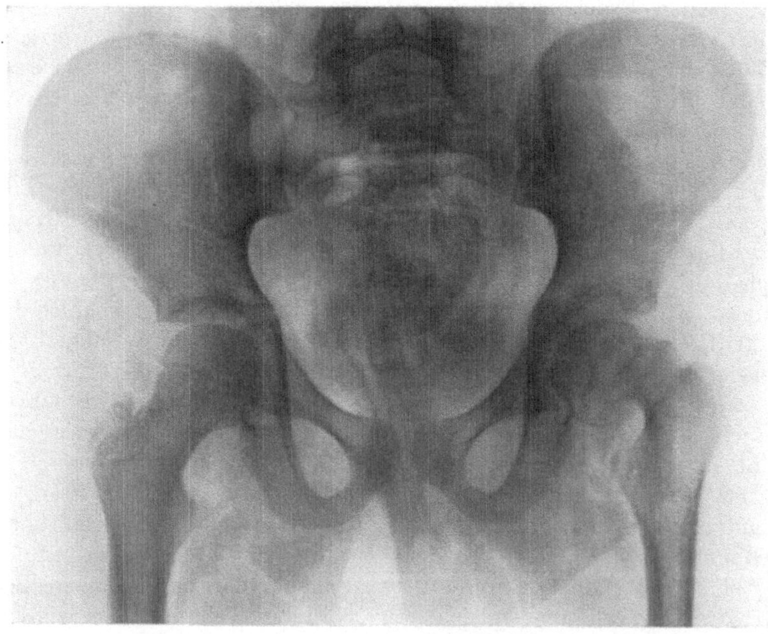

Abb. 755. Epiphyseolyse des Schenkelhalses nach geringfügigem Trauma. Innersekretorische Grundlage, vgl. Abb. 757.

beginnt und zum Eindringen der hinteren Kante des Schenkelhalsfragmentes in die gegenüberliegende Spongiosa des Femurkopfes führt. Dieser Vorgang wird durch Abb. 756 nach KOCHER klar demonstriert.

Eine reine, sagittal verlaufende Abscherungsfraktur in der subkapitalen Zone kommt durch *Fall auf die Füße* zustande; durch den Stoß in der Längsachse der Femurdiaphyse wird der nicht unterstützte Teil des Schenkelhalses von dem in der Pfanne unterstützten Gelenkkopf abgeschert. Diese Frakturen stimmen anatomisch mit den von KOCHER durch Schlag auf den Femurkopf erzielten ziemlich überein.

Reine Auswärtsrotationsbrüche entstehen am Lebenden durch Fall *nach der Seite unter Drehung des Körpers* bei fixiertem Fuß.

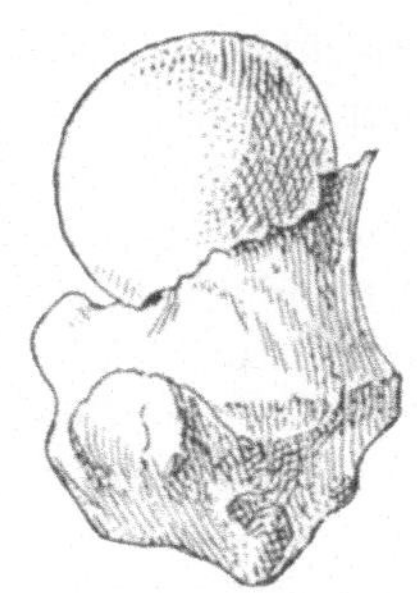

Abb. 756. Biegungsfraktur des Schenkelhalses durch Auswärtsrotation mit charakteristischer Verschiebung. (Nach KOCHER.)

Bei Kindern ist *die eigentliche Epiphyseolyse*, d. h. die Lösung des Gelenkkopfes vom Schenkelhals, eventuell unter gleichzeitigem Abbruch eines Sporns von der unteren Circumferenz des Schenkelhalses, entschieden viel häufiger als die eigentliche Schenkelhalsfraktur. Sie kommt analog dem subkapitalen Schenkelhalsbruch des Erwachsenen zustande durch einmaliges, heftiges Trauma *und kann zu sofortiger Dislokation des Schenkelhalses nach oben führen.* In anderen Fällen wird offenbar durch ein primäres Trauma die Epiphysenverbindung gelockert, und nach einem verschieden langen Stadium unerklärter Gehstörung bewirkt ein *zweites Trauma* die Loslösung des Kopfes. Schließlich kann die Verletzung auch eine bereits veränderte Epiphysenfuge treffen, indem nach vorgängigem „Lahmen" ein relativ geringfügiges Trauma zu einer typischen Epiphysenlösung führt. In diesen Fällen spielt offenbar ein innersekretorisches Moment mit, indem diese Kinder oft einen Habitus zeigen, der an den hypophysären Typus der Dystrophia adiposo-genitalis erinnert, wie ich wiederholt festgestellt habe (Abb. 757).

Die Fragmentverschiebungen bei medialen Schenkelhalsbrüchen, zu denen auch die Übergangsform gehört, entsprechen dem Entstehungsmechanismus. Demnach steht bei Auswärtsrotationsfrakturen durch Fall auf den Trochanter das Kopffragment in der Regel in Einwärtsrotation und Abduction, das laterale Fragment in Auswärtsrotation (vgl. Abb. 756) und Adduction, verbunden mit geringer, 2 cm gewöhnlich nicht überschreitender Verschiebung nach oben (Abb. 754). Ausgeprägtere Verkürzung sieht man bei Verletzten, die nach dem Fall noch Gehversuche

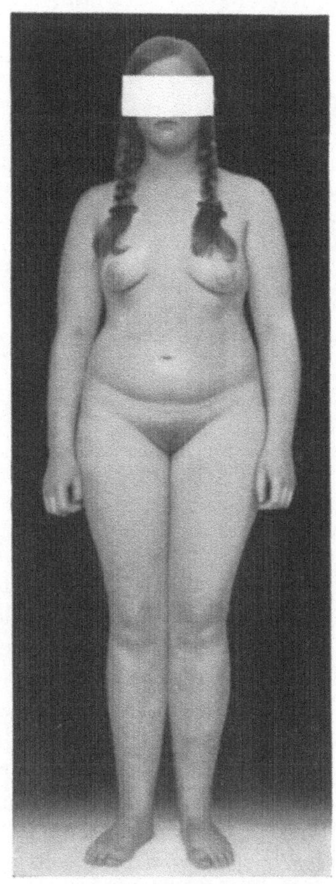

Abb. 757. Äußerer Habitus bei Epiphyseolyse des Schenkelhalses. Typus der Dystrophia adiposa.

machten, während sie bei eingekeilten reinen Rotationsbrüchen meist unbedeutend ist.

Die subkapitale Fraktur infolge Fall auf die Füße stellt den *Typus der Adductionsfraktur* dar; das periphere Fragment, bzw. die Femurdiaphyse, ist adduziert und nach oben verschoben. Einkeilung ist bei diesen Fällen seltener (vgl. Abb. 558), und demgemäß die Verkürzung meist ausgeprägter, wozu auch die Art der Gewalteinwirkung beiträgt.

Zur Erkennung der subkapitalen Schenkelhalsfraktur sind wir gemäß ihrer unzugänglichen Lage vorwiegend auf *indirekte Symptome* angewiesen. *Inspektorisch fällt in erster Linie die vermehrte Auswärtsrotation des entsprechenden Fußes am liegenden Patienten auf*, die zwar nicht so hochgradig ist, wie bei Diaphysenfrakturen oder bei solchen im Trochantergebiet. Der Fuß liegt mit seiner Außenkante meist nicht der Unterlage auf, zeigt jedoch im Vergleich zur normalen Seite eine um 20—30⁰ vermehrte Auswärtsrotation. Diese Auswärtsdrehung kann, wie wir gesehen haben, direkte Folge der Gewalteinwirkung sein; in anderen Fällen beruht sie darauf, daß infolge der Schmerzhemmung die Beckenoberschenkelmuskeln ungenügend innerviert werden, so daß der schon normalerweise auswärtsrotierte Fuß der Schwerkraft überlassen bleibt.

Die *spontanen Schmerzen* werden, wie der lokale *Druckschmerz*, in die Leistengegend sowie in die Gegend des Hüftgelenkes lokalisiert; gelegentlich klagen die Patienten auch über *ausstrahlende Schmerzen* nach dem Knie sowie nach der Vorder-, Rück- oder Innenfläche des Oberschenkels. Der initiale Schmerz bei Entstehung der Fraktur ist oft unbedeutend, wird jedoch gelegentlich als sehr intensiv geschildert und hält in diesen Fällen die Patienten von jedem Versuch ab, die verletzte Extremität zu belasten. Durch Stoß vom Trochanter her oder in der Richtung der Femurdiaphyse wird ein intensiver, in Leiste oder Hüftgelenk lokalisierter *Fernschmerz* ausgelöst.

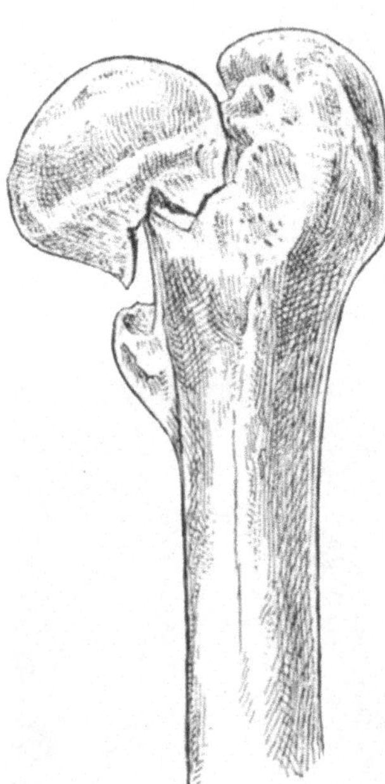

Abb. 758. Subkapitale Schenkelhalsfraktur mit Zertrümmerung des Halses und leichter Einkeilung. Klinische Übergangsform zwischen subkapitaler (medialer) und lateraler Schenkelhalsfraktur. (Nach KOCHER.)

Im Laufe einiger Tage läßt sich meistens eine mäßige *Schwellung der Hüftgelenk-* und *Leistengegend* nachweisen. *Hautblutungen* treten selten und stets sehr spät in Erscheinung.

In sichtlichem Gegensatz zu den geringen spontanen Schmerzen und zu den wenig augenfälligen äußeren Veränderungen steht die *hochgradige Funktionsstörung*. Wenn auch der eine und andere Patient auf Geheiß das Bein emporzieht, unter leichter Beugung des Hüft- und Kniegelenkes, wobei die Ferse auf der Unterlage schleift, *so ist doch ausnahmslos die freie Erhebung des im Kniegelenk gestreckt gehaltenen Beines unmöglich*, weil diese Bewegung zunächst Herstellung des muskulären *Gelenkschlusses* erfordert.

Dagegen vermögen die Patienten geringgradige *Rotationsbewegungen* im

Hüftgelenk auszuführen. *Aktive Abduction* und *Adduction hinwiederum sind* unmöglich, weil zur Überwindung des Reibungswiderstandes zwischen Extremität und Unterlage eine erheblichere, zu entsprechender Belastung der Frakturstelle führende Muskelaktion erforderlich wäre.

Bildet diese hochgradige Störung der Funktion bei der subkapitalen Schenkelhalsfraktur die Regel, so sieht man doch vereinzelte Patienten die gebrochene Extremität belasten, und mühsam herumhinken.

Passive Bewegungen sind trotz der hochgradigen Hemmung der aktiven Funktion relativ widerstandslos und ohne große Schmerzen in erheblichem

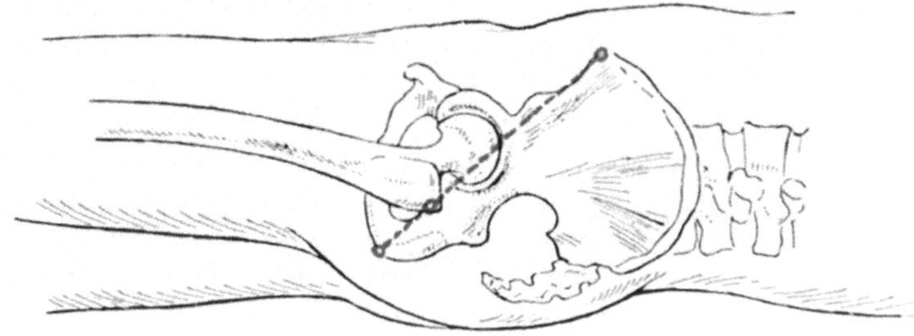

Abb. 759. Roser-Nélatonsche Linie; schematisch.

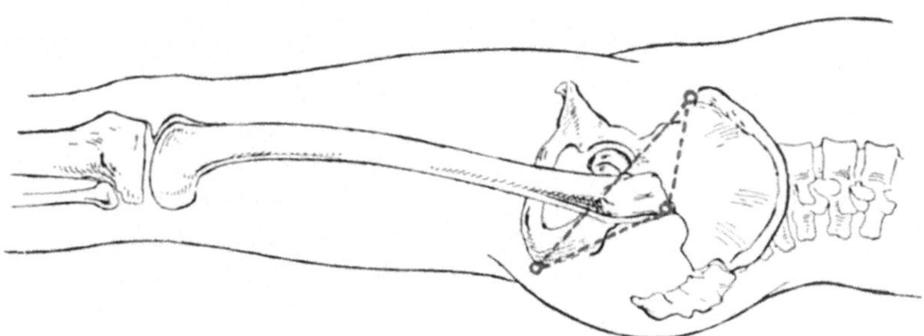

Abb. 760. Brechung der Roser-Nélatonschen Linie bei Trochanterhochstand infolge Schenkelhalsfraktur; schematisch.

Umfange ausführbar; immerhin lösen größere Bewegungsexkursionen, besonders solche im Sinne der *Rotation*, meist erhebliche Schmerzen aus.

Die bisher geschilderten Symptome sind so charakteristisch, daß der Kundige aus ihnen allein die Frakturdiagnose herzuleiten vermag. Zur Vervollständigung des klinischen Bildes ist noch die *Verkürzung* und die *Verschiebung des großen Trochanter* festzustellen.

Wir messen die Verkürzung durch die Vergleichung der beiderseitigen Distanzen zwischen oberem, vorderem Darmbeinstachel und Spitze des inneren oder des äußeren Knöchels; das Maß nach dem Malleolus externus beträgt 1—2 cm mehr als das nach dem inneren Knöchel.

Bei dieser Messung ist darauf zu achten, daß beide Beine in ungefähr gleichem Abductionswinkel stehen. In frischen Fällen beträgt die Verkürzung bei subkapitalen Schenkelhalsbrüchen selten mehr als 2 cm.

Der Verkürzung parallel geht die Aufwärtsverschiebung des Trochanter, die den sog. *Trochanterhochstand* bedingt. Zu dessen Feststellung bedient man sich mit Vorliebe der Konstruktion der Roser-Nélatonschen *Linie* (Abb. 759), die oberen Darmbeinstachel, Trochanterspitze und Tuber ischii normalerweise geradlinig verbindet. Wo Trochanterhochstand vorliegt, bildet die Trochanterspitze die Kuppe eines Dreiecks, dessen Basis Tuber ischii und Spina ilei verbindet (siehe Abb. 760).

Einfacher und wegen des Verzichts auf Markierung des Tuber ischii und die damit verbundene Umdrehung des Patienten auch schmerzloser ist folgendes Verfahren: Man zeichnet die beiden Spinae ilei mit Blaustift an und markiert die obere Trochanterspitze ebenfalls beidseitig. Dann wird von beiden Trochanterpunkten eine quere, horizontale Linie nach innen über die Oberschenkel gezogen, bis in das Niveau der Spina ilei. Die Vergleichung des beiderseitigen Vertikalabstandes des Darmbeinstachels von der Trochanterhorizontalen ergibt das Maß des Trochanterhochstandes und damit den Grad der Verkürzung (siehe Abb. 761).

Bei erheblicher Einkeilung fällt auch die Verkürzung des Schenkelhalses auf, erkennbar an deutlichem Tiefertreten des Trochanter nach einwärts, gegen das Becken zu. Sicher meßbar ist diese Verkürzung des Schenkelhalses nicht, wird jedoch durch Vergleichung klar (siehe Abb. 754).

Maßgebend für die Diagnose bleibt letzten Endes die *Röntgenaufnahme*, die wir bei Verdacht auf Schenkelhalsbruch *grundsätzlich als ventrodorsale Beckenaufnahme zum Vergleiche beider Hüftgelenke* anfertigen lassen (vgl. Abb. 754). Dadurch erhält man sofort ein klares Bild von Art und Grad der Ver-

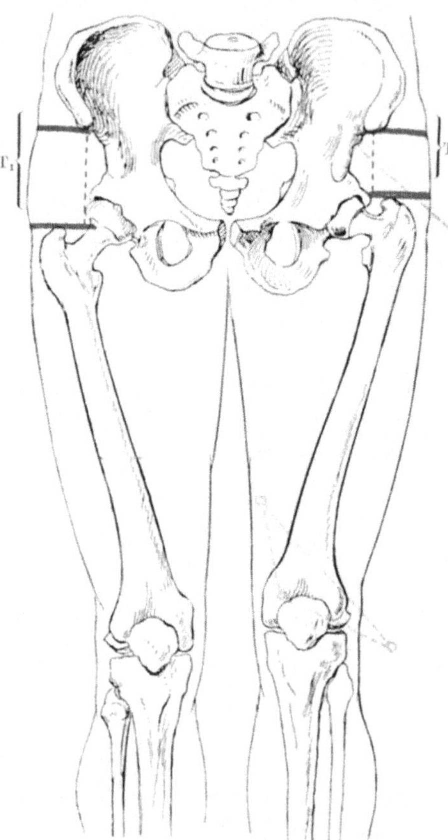

Abb. 761. Feststellung des Trochanterhochstandes durch Bestimmung der Vertikaldistanz zwischen Spina ilei a. s. und Trochanterspitze. T_1, Spina-Trochanterdistanz auf der gesunden Seite; T_2, Spina-Trochanterdistanz auf der Seite der Fraktur.

schiebung, besonders auch von der Verkürzung des Schenkelhalses, vom Höhertreten und von der Rotation der Trochanteren und von der pathologischen Adduction. Wo es zur Beurteilung von Einzelheiten wünschbar erscheint, kann später, besonders im Verlaufe der Frakturheilung, immer noch eine *separate Aufnahme der verletzten Seite* gemacht werden.

Für die genaue Beurteilung der Fragmentstellung, besonders für die Entscheidung der Frage, ob eine winklige Stellung der Fragmente mit *Überlagerung* im antero-posterioren Bild oder wirkliche *Einkeilung* vorliegt, ist die Anfertigung einer *seitlichen Aufnahme*, entsprechend der so aufschlußreichen Darstellung der Humerusbrüche von der Axilla her, wünschenswert.

Da der Schenkelhals von vorne nach hinten verläuft, wird er bei normaler Auswärtsrotationsstellung des Fußes in *Verkürzung* auf die Platte projiziert; diese Verkürzung nimmt zu, wenn die Fraktur zu einer Vermehrung der Auswärtsrotation über die Frontaleinstellung des Halses hinaus geführt hat. Je

hochgradiger die Auswärtsdrehung des Femur, desto mehr überlagern sich Schenkelhals und Trochanter major, während gleichzeitig der kleine Trochanter immer freier hervortritt (vgl. Abb. 749/754).

Die Epiphysenfuge des Kopfes und des Trochanter major sind bis gegen den Abschluß des Wachstums im Radiogramm erkennbar; das Fehlen jeder Verschiebung sollte vor Verwechslung solcher Normalbilder mit Frakturen schützen.

Auch die seltenen *unvollständigen Schenkelhalsbrüche*, die sog. *Infraktionen*, können nur röntgenologisch mit Sicherheit festgestellt werden (Abb. 762). Meistens handelt es sich um intrakapsulär gelegene, nur einen Teil des Schenkelhalsquerschnittes betreffende Brüche, die schon durch mäßige Gewalteinwirkung zustande

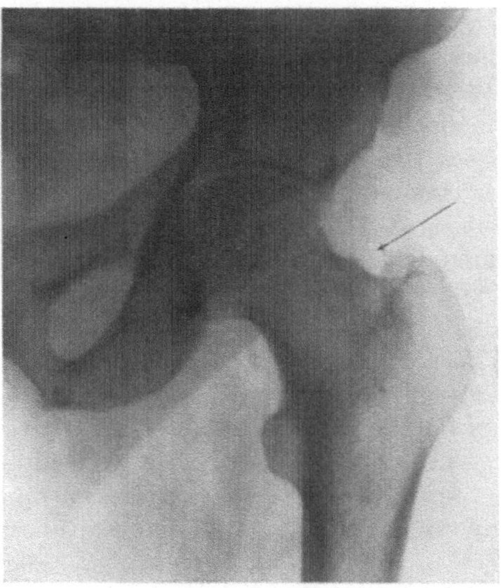

Abb. 762. Unvollständige Schenkelhalsfraktur; Ausstauchung am oberen Umfang des Schenkelhalses (Pfeil) und Impression an der unteren Knorpel-Knochengrenze.

kommen können. Nach meinen Beobachtungen entstehen derartige unvollständige Schenkelhalsfrakturen namentlich an auffällig steil verlaufenden Schenkelhälsen (vgl. Abb. 762). Wird die Fraktur übersehen und als Kontusion behandelt, so kann sekundär eine Knickung eintreten, die zu Coxa adducta führt.

2. Heilungsverlauf der Fractura colli femoris subcapitalis und der Fractura colli femoris partim intermedia.

Die *Prognose* dieser beiden Schenkelhalsbrüche ist, soweit sie alte Leute betrifft, hinsichtlich Erhaltung des Lebens durch eine Reihe von Gefahren getrübt. Verschlimmerung chronischer, eitriger *Bronchitiden, hypostatische Pneumonien, Thrombosen* mit nachfolgenden *Embolien,* chronische *Cystitiden* mit *Harnstauung* und *Decubitalschädigungen* der Haut führen gelegentlich zum *tödlichen Ausgang. Auch können diese Komplikationen die Durchführung einer korrekten fixierenden Behandlung im Liegen verunmöglichen.*

In Übereinstimmung mit KOCHER, der die knöcherne solide Heilung der echten intrakapsulären Schenkelhalsfrakturen direkt als eine Ausnahme bezeichnete, wurde noch vor wenigen Jahren die Behandlung subkapitaler Schenkelhalsbrüche von den meisten Autoren als wenig aussichtsreich betrachtet. So ergab die Nachuntersuchung von 135 Fällen reiner Schenkelhalsbrüche durch HÜBNER in 74,8% mangelhafte Heilung, beurteilt nach der Gehfunktion.

Einzelne Autoren konnten in keinem Falle knöcherne Heilung nachweisen. Die Gründe für das so häufige *Ausbleiben der Konsolidation* bei medialen Schenkelhalsbrüchen wurden hauptsächlich in der *schlechten Blutversorgung des Kopffragmentes*, im *Fehlen eines Periostes* an den intrakapsulär gelegenen Abschnitten des Schenkelhalses, in *Nekrose des zentralen*, zum Teil auch des peripheren *Fragmentes*, in sekundärem *Abbau des Schenkelhalses*, in *Kapseleinklemmung* und in der auch die Zertrümmerung der Fragmente begünstigenden *senilen Osteoporose* gesehen.

Die Erfahrungen mit den Behandlungsmethoden von WHITMAN *und* LÖFBERG *haben jedoch gezeigt, daß alle diese Faktoren zurücktreten hinter der mangelhaften Adaptation der Bruchflächen und der ungenügenden Festhaltung der reponierten Fragmente.* So berichtet WHITMAN über 80% guter Resultate bei intrakapsulären Brüchen, während LÖFBERG bei der gleichen Frakturform in 67,5% der Fälle knöcherne Heilung erhielt.

Auf Grund der vorliegenden Erfahrungen kann man sagen, *daß die mangelhafte Konsolidationstendenz nur bei der eigentlichen Fractura subcapitalis und bei einem Teil der Übergangsformen zu der lateralen Schenkelhalsfraktur eine Rolle spielt.* Die vertikal verlaufenden intermediären Übergangsformen heilen um so rascher und zuverlässiger, je weiter lateralwärts sie auslaufen.

Daß die *Blutversorgung des Kopffragmentes* bei der knöchernen Heilung eine Rolle spielt, geht schon daraus hervor, daß Epiphyseolysen und subkapitale Frakturen bei Jugendlichen im allgemeinen befriedigende Konsolidationstendenz zeigen.

Die Auffassung, daß die im Ligamentum teres verlaufenden, für die Versorgung des abgebrochenen Schenkelkopfes maßgebenden Gefäße bei älteren Leuten gänzlich obliteriert seien oder wegen sklerotischer Veränderungen für die Ernährung des Kopfes nicht mehr ausreichten, ist durch die Untersuchungen von SCHMORL und ANSCHÜTZ widerlegt. Auch bei über 70 jährigen Patienten können die Gefäße des Ligamentum teres trotz Atherosklerose zur Ernährung des Schenkelkopfes ausreichen. Bei Übergangsformen mündet die Fraktur oft am hinteren Umfang des Halses außerhalb der Kapselumschlagstelle aus; in diesem Fall sind die im Synovialüberzug zum Schenkelkopf verlaufenden Gefäße teilweise erhalten und tragen zur Ernährung des Kopffragmentes bei.

Ist jedoch der synoviale Halsüberzug am Kopfrande vollständig durchgerissen, so ist das Kopffragment einzig auf die Blutversorgung vom Ligamentum teres her angewiesen. Diese ist bei jungen Leuten naturgemäß besser als bei alten, woraus sich die bessere Prognose der Epiphyseolyse und der medialen Schenkelhalsfraktur bei Jugendlichen erklärt.

Bei alten Patienten weist die Blutversorgung via Ligamentum teres gemäß dem verschiedenen Zustand der Gefäße wesentliche Unterschiede auf. So verstehen wir, daß der abgebrochene *Schenkelkopf* bei *ihnen in größerem oder kleinerem Umfang nekrotisch wird.* Von einer Totalnekrose des Kopfes in jedem Falle subkapitaler Fraktur kann jedoch nicht die Rede sein. Bei den Übergangsformen ist die Ausdehnung der Kopfnekrose abhängig vom Anteil, der den Gefäßen des Ligamentum teres und den Gefäßen des nicht unterbrochenen Synovialüberzuges an der Versorgung zukommt, sowie von der kompensatorischen kollateralen Blutzufuhr.

Soweit sich im Bereiche des lateralen Fragmentes Nekrosen vorfinden, entsprechen sie den üblichen, im Randgebiet der Fragmente auftretenden herdweisen Nekrosen, die auf umschriebener Unterbrechung der Blutzufuhr beruhen; für die Heilung der Fraktur haben diese *traumatischen Nekrosen* keine Bedeutung. Bei lateralen und intertrochanteren Schenkelhalsbrüchen halten sich die Nekrosen im Bereich des zentralen Fragmentes, wie mir vergleichende histologische Untersuchungen gezeigt haben, in wesentlich engeren Grenzen, als bei der subkapitalen Schenkelhalsfraktur, weil das zentrale Fragment zum Teil von den Gefäßen des Halses her mit Blut versorgt wird.

Aus diesen Darlegungen ergibt sich, *daß auch bei alten Leuten die Regeneration und knöcherne Anheilung des Kopffragmentes nicht nur vom lateralen Fragment her erfolgt, soweit nicht die extreme Situation einer fehlenden oder doch sehr mangelhaften eigenen Blutversorgung des intrakapsulär gelegenen Kopffragmentes vorliegt.* Alter und individuelle Verhältnisse bedingen jedoch erhebliche Unterschiede, und es unterliegt auch keinem Zweifel, daß bei Übergangsformen mit teilweiser Erhaltung des Kapselüberzuges sowie bei reinen subkapitalen Schenkelhalsbrüchen, bei denen noch einige Synovialbrücken erhalten sind, *der eigenen Blutversorgung des Kopffragmentes für Regeneration und Konsolidation eine wesentliche Bedeutung zukommt.*

Die *knochenbildende Fähigkeit des Synovialüberzuges* ist offenbar *gering*; deshalb erfolgt die Vereinigung der Fragmente bei der subkapitalen Schenkelhalsfraktur und auch bei den Übergangsformen wesentlich durch myelogenen bzw. durch endostalen Callus.

Die *mangelhafte Ernährung der intermediären Schenkelhalszone*, wie sie sich aus den Injektionsversuchen LANGs ergibt, ist wohl zum Teil Ursache der gelegentlich am Kopf- und Halsfragment zu beobachtenden ausgedehnten *Resorptionsvorgänge*. Liegt nun, wie man dies bei den häufigen Auswärtsrotationsfrakturen sieht, noch eine hochgradige *Zertrümmerung am hinteren Umfang von Kopf und Hals* vor, begünstigt durch *senile Osteoporose*, so entsteht eine breite Frakturspalte. Diese Knochendefekte geben gelegentlich zu *Einfaltung der Kapsel in die Bruchspalte* und zu den Folgen der *Kapselinterposition* Anlaß.

Als ungünstiges Moment für die knöcherne Heilung ist schließlich noch der an der Basis des Schenkelhalses im sog. WARDschen Dreieck gelegentlich zu beobachtende hochgradige Schwund der Spongiosa zu erwähnen.

Eingekeilte Schenkelhalsbrüche haben insofern bessere Heilungsaussichten, als die Coaptation der Fragmente eine bessere und innigere ist als bei nichteingekeilten Frakturen. Doch ist die *Einkeilung oft nur eine scheinbare*, indem sie durch Einwärtsrotation des Kopffragmentes und Annähung der hinteren Kante des äußeren Fragmentes an den vorderen Abschnitt der Kopfspongiosa vorgetäuscht wird.

Die geschilderten Verhältnisse zeigen, daß die knöcherne Heilung einer subkapitalen Schenkelhalsfraktur umsomehr von genauer und möglichst lückenloser Adaptation der Bruchflächen abhängt, je mehr das Kopffragment auf Blutversorgung vom Schenkelhals her angewiesen ist; infolge der mangelhaften Knochenproduktion des synovialen Überzuges und infolge spärlicher Vaskularisation der intermediären Schenkelhalszone ist eine gute Reposition auch dort ausschlaggebend, wo das zentrale Fragment primär ausreichend mit Blut versorgt wird. *Insofern diese Grundforderung berücksichtigt wird, wie dies bei der Be-*

handlung nach WHITMAN-LÖFBERG *in neuerer Zeit üblich ist, spielt die Entstehung einer Pseudarthrose bei subkapitalen und intermediären Schenkelhalsbrüchen* heute nur noch eine untergeordnete Rolle, indem bei schätzungsweise 75% der Fälle knöcherne Heilung zu erzielen ist.

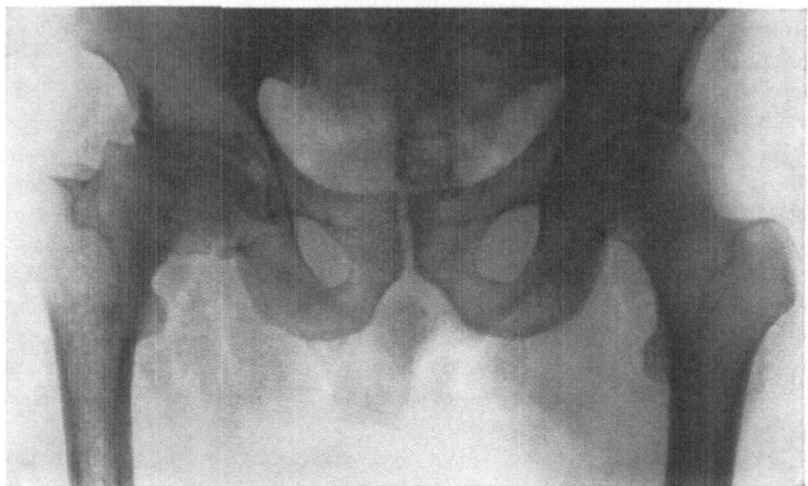

Abb. 763. Deformierende Arthritis nach subkapitaler Schenkelhalsfraktur; Pilzform des Kopfes, Abbau des Knorpels, Randwulstbildung, Subluxation.

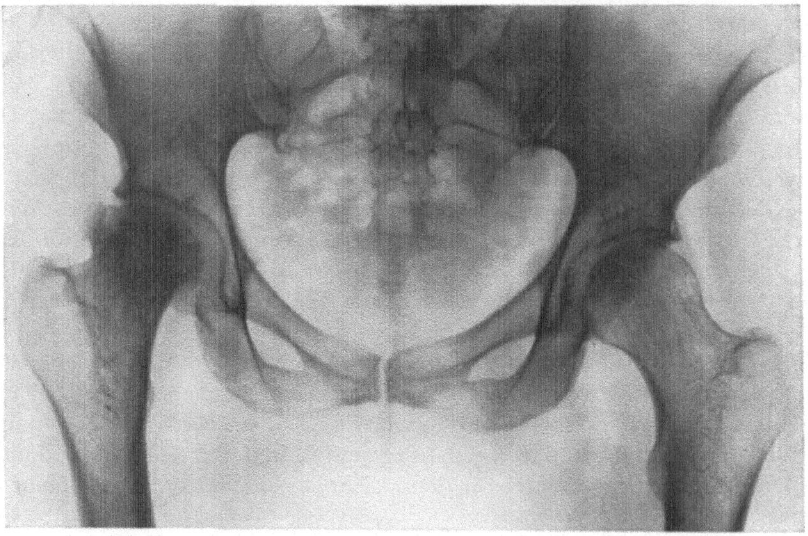

Abb. 764. Deformierende Arthritis im Anschluß an subkapitale Schenkelhalsfraktur; Abbau des oberen Kopfquadranten, Sklerosierung des Kopfes, Randwulstbildung am Schenkelkopf.

Nach erfolgter Konsolidation wird jedoch das Heilungsresultat manchmal getrübt durch die Entwicklung einer *sekundären deformierenden Arthritis*, die auch bei jüngeren Patienten im Laufe der ersten Jahre in Erscheinung treten kann. Die Veränderungen können das Bild einer *klassischen deformierenden Arthritis* mit pilzförmiger Gestaltung des Schenkelkopfes, Zerstörung des Knorpels, die zu Verengerung der Gelenkfuge Anlaß gibt, Adductionsknickung des Schenkelhalses mit Subluxation des unteren Kopfsektors und Randwulstbildung an der Pfanne darbieten (Abb. 763). In anderen Fällen sieht man wesentlich *Abbau des obern*, maximal belasteten *Kopfquadranten* und hochgradige *Sklerosierung des ganzen Schenkelkopfes* (Abb. 764). Diese Veränderungen beruhen zweifellos auf ungenügender Ernährung des angewachsenen Kopffragmentes.

Weniger Bedeutung hat eine oft während längerer Zeit zu beobachtende *Atrophie des Kopf- und Halsfragmentes*, die meist auch das *Trochantermassiv* betrifft und mit einer abgrenzenden schmalen *Sklerose im Bereich der Frakturzone* verbunden sein kann.

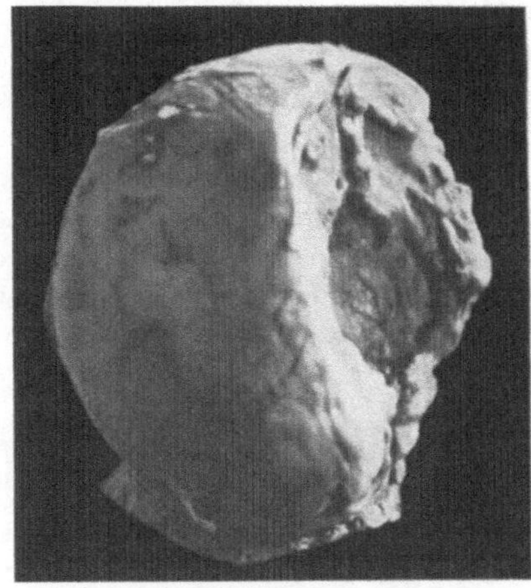

Abb. 765. Schenkelkopf bei Schenkelhalspseudarthrose nach Fractura subcapitalis. Zentrale, kompakte Knochenschicht, von breitem Knorpelrand umgeben. (Exstirpationspräparat.)

Dort, wo die knöcherne Verheilung der Fraktur innerhalb nützlicher Frist nicht erfolgt, entsteht unter fortschreitendem Knochenabbau in der Randzone beider Fragmente eine charakteristische *Schenkelhalspseudarthrose*. Unter separater, zunächst bindegewebiger Vernarbung beider Fragmente entwickelt sich ein breiter Bruchspalt, der bei Auseinanderziehen der Fragmente nach den Untersuchungen von SCHMORL bis zu 2 cm klaffen kann, und in den sich die relativ zu weit gewordene Kapsel breit einfaltet. Zwischen Kopffragment und Schenkelhals können sich spärliche fibröse Verbindungen finden; häufiger sind Kopf- und Schenkelhalsfragment völlig voneinander getrennt. In solchen Fällen zeigt das Kopffragment gewöhnlich an der Oberfläche eine kompakte glatte Knochenschicht, auf der sich eine knorpelartige Bindegewebsmembran finden kann. Gegen diese konkave pfannenartige Fläche des Schenkelkopffragmentes stützt sich meistens die abgerundete,

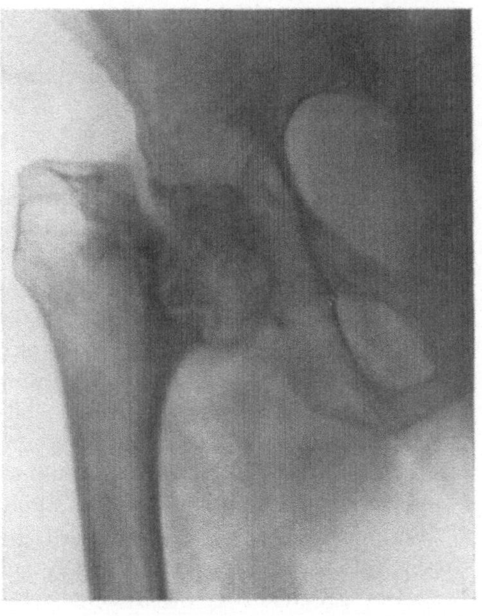

Abb. 766. Pseudarthrose nach subkapitaler Schenkelhalsfraktur; winklige Aufnahmefläche am Schenkelkopf zur Abstützung des kleinen Trochanter.

ebenfalls von Bindegewebe überzogene untere Kante des Schenkelhalsfragmentes (Abb. 765). Wenn das laterale Fragment nach oben abrutscht, stützt sich gelegentlich der Trochanter minor mit seiner medialen-oberen Fläche gegen den

47*

unteren Abschnitt des Schenkelkopfes, der in solchen Fällen eine separate Aufnahmefläche für den kleinen Trochanter aufweist (Abb. 766). Auch diese pseudarthrotischen Schenkelhalsbrüche sind in späteren Stadien von den Erscheinungen einer deformierenden Arthritis begleitet; neben hochgradiger *Knochenatrophie* besonders im Bereich des Kopffragmentes sehen wir vollständige *Obliteration des Gelenkraumes* mit Knorpelschwund sowie An- und Abbauerscheinungen im Bereiche der Gelenkpfanne.

Das klinische Bild der Schenkelhalspseudarthrose wird in einem besonderen Kapitel dargestellt.

3. Die Behandlung der Fractura colli femoris subcapitalis und der Fractura colli femoris partim intermedia.

Die Behandlung der medialen Schenkehalsfrakturen hat in den letzten Jahren durch die mit der WHITMAN-LÖFBERGschen Methode gemachten Erfahrungen eine völlige Umstellung erfahren. *Seitdem wir wissen, daß die pessimistische Beurteilung der Aussichten knöcherner Heilung dieser Brüche nicht mehr zu Recht besteht, ist grundsätzlich durch genaue Reposition und ausreichende Fixierung eine zuverlässige Konsolidation zu erstreben, soweit diesem Vorgehen keine aus dem Allgemeinzustand oder aus besonderen Organveränderungen sich ergebende Kontraindikationen entgegenstehen.*

Voraussetzung für die Erzielung knöcherner Heilung ist *möglichst genaue anatomische Reposition*; diese wird am besten nach der von WHITMAN beschriebenen Methode vorgenommen, die sowohl für die Reduction als auch für die Retention der Fragmente die gespannten unteren und vorderen Abschnitte der Kapselbänder benutzt.

Das mediale Fragment steht in der Regel in Abduction und Einwärtsrotation, das laterale Fragment in Adduction und Auswärtsrotation, verbunden mit verschieden hochgradiger Abweichung nach oben. Die Ebenen beider Bruchflächen können bei starker Auswärtsrotation des Fußes im rechten Winkel zueinander stehen.

Diese Verschiebungen gleicht WHITMAN *in folgender Weise aus*: In *Narkose* wird bei manueller Fixation des Beckens unter Verwendung einer Beckenstütze durch direkten Zug zunächst die Verkürzung ausgeglichen; dann erfolgt Einwärtsrotation der gebrochenen Extremität und maximale Abduction beider Beine. Durch Zug nach unten und Abduction werden die untern Kapselpartien gespannt und bei weitergehender Abduction das periphere Fragment um den lateralen Kapselansatz als Drehpunkt nach unten gehebelt, bis zum vollständigen Kontakt mit der Kopffragmentfläche.

Bei eingekeilten Frakturen wird die Verbindung der Fragmente zunächst durch rotierende Hebelbewegungen gelöst; bereitet die Abwärtsführung des lateralen Fragmentes durch Zug Schwierigkeiten, so ist sie durch direkten Druck auf den Trochanter bei sukzessiv zunehmender Abduction zu unterstützen.

Nach erfolgter Reposition wird ein von der Axilla bis zu den Zehen reichender Gipsverband angelegt, der die gebrochene Extremität in Abduction und Einwärtsrotation fixiert. Das gesunde Bein wird vorerst bis zur Mitte des Oberschenkels in den Verband einbezogen, kann jedoch später freigegeben werden. Dieser

Verband bleibt nach den Vorschriften WHITMANs 8—12 Wochen liegen. Das Kopfende des Bettes wird erhöht und der Patient abwechselnd auf Rücken und Bauch gelegt, um die Entwicklung einer Hypostase zu vermeiden. Nach Wegnahme des Verbandes bleibt der Patient im Bett und macht aktive *Übungs*bewegungen; das gebrochene Bein wird von Zeit zu Zeit in extreme Abduction gebracht. *Die Belastung soll erst nach einem halben Jahre aufgenommen werden, und zwar anfänglich unter Verwendung von Gehverbänden.*

Die ganze Behandlung bis zur Wiederaufnahme voller Belastung dauert annähernd 1 Jahr.

Zu der von WHITMAN empfohlenen Repositionsmethode ist zu sagen, daß die genaue Adaptation der Fragmente mißlingen kann, indem sich bei der Einwärtsrotation die Bruchfläche des lateralen Fragmentes gelegentlich nicht nach rückwärts bewegt, sondern nur um die Vorderkante des beweglichen Kopffragmentes einwärtsdreht. Es empfiehlt sich deshalb, die Einwärtsrotation unter gleichzeitigem kräftigem *Schlingenzug* an der Oberschenkelbasis *nach außen* zu vollziegen. Ich pflege auch grundsätzlich bei den nicht verkeilten Brüchen eine *Mobilisierung der Fragmente* durch rotierende und zirkumduzierende Bewegungen vorzunehmen.

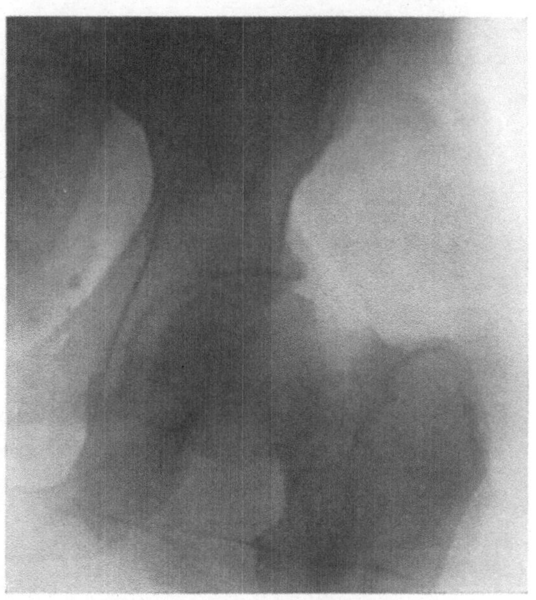

Abb. 767. Subkapitale Schenkelhalsfraktur; Behandlung nach WHITMAN, s. Abb. 768a, b.

Die Einwärtsrotation im Verband darf nicht zu groß sein, weil sonst die Fragmente sich vorn gegeneinanderstemmen und hinten klaffen, namentlich wenn an der Rückfläche des Halses der Knochen, wie so oft, ausgedehnter zertümmert ist.

LÖFBERG sieht von einer Inhalationsnarkose ab, und schickt der Reposition nur eine Injektion von $1\frac{1}{2}$ cg Morphium voraus. Nach erfolgter Reduction durch Zug und Rotation sucht er durch Beklopfen des Trochanter major mit der geballten Faust die Fragmente ineinanderzutreiben, weil — wie ihm eine autoptische Feststellung zeigte — ein lückenloser Kontakt der Bruchflächen durch die gewöhnlichen Repositionsmaßnahmen allein nicht immer zustande gebracht werden kann. Einkeilungen werden nur gelöst, wenn sie in ungünstiger Stellung erfolgt sind.

Die Fixation im Gipsverband bemißt LÖFBERG nur auf 8 Wochen. Nach Entfernung des Verbandes bleibt der Patient im Bett liegen, bis er das Bein mit gestrecktem Knie frei erheben kann; passive Bewegungen sind verboten. Die ersten Gehübungen erfolgen im *Gehstuhl*, wobei das gebrochene Bein nur wenig belastet wird.

Der Gipsverband LÖFBERGs ist weniger kompendiös als der WHITMANsche und läßt den Fuß frei. Dies setzt genaue Anmodellierung des Verbandes bei

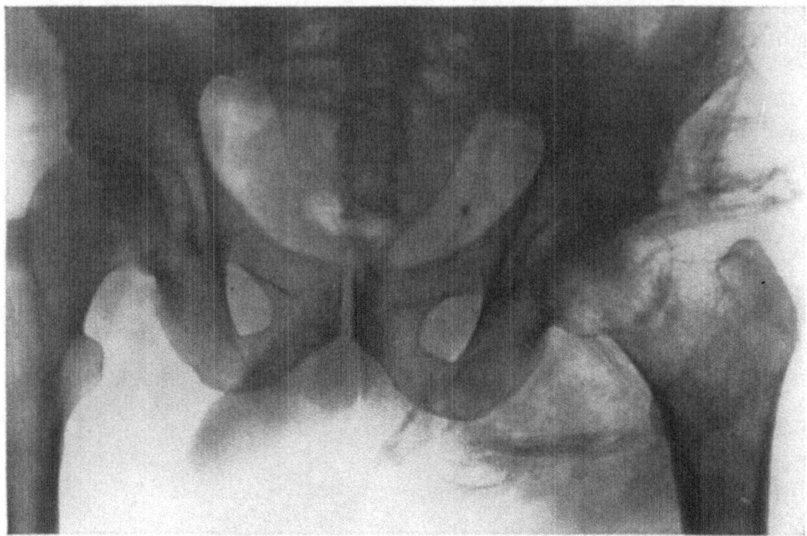

Abb. 768a. Subkapitale Schenkelhalsfraktur Abb. 767, reponiert und im Abductionsgipsverband fixiert.

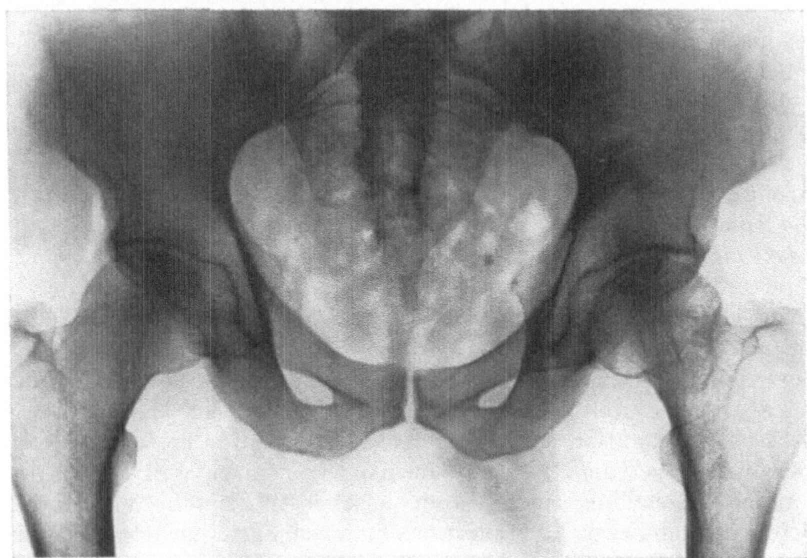

Abb. 768b. Subkapitale Schenkelhalsfraktur Abb. 767/768a, im Abductionsgips behandelt, geheilt. Wiederherstellung der Spongiosaarchitektur nach $1^{1}/_{2}$ Jahren.

mäßiger Polsterung voraus, falls man die nachträgliche Auswärtsrotation sicher verhindern will.

Mit anderen Autoren betrachte ich die wenigstens vorübergehende Einbeziehung des Fußes in den Gipsverband als zuverlässiger.

Die *Reposition* kann auch in *Lokalanästhesie* durch Einspritzung von 2%iger Novocainlösung in den Kapselraum und zwischen die Fragmente versucht werden. Auch nach meinen persönlichen Erfahrungen sind mit der WHITMAN-schen Methode außerordentlich befriedigende Resultate zu erzielen, wie aus Röntgenogrammen (Abb. 767/768a, b) hervorgeht.

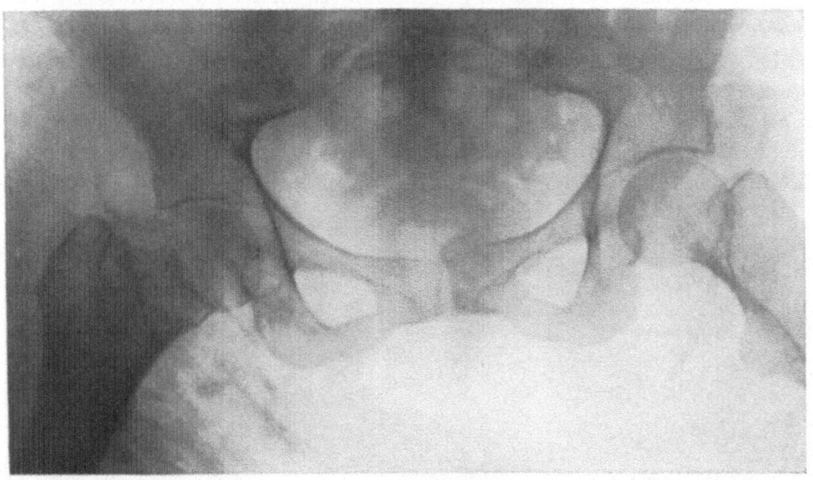

Abb. 769a. Subkapitale Schenkelhalsfraktur im Abductionsgips, eine Woche nach der Verletzung.

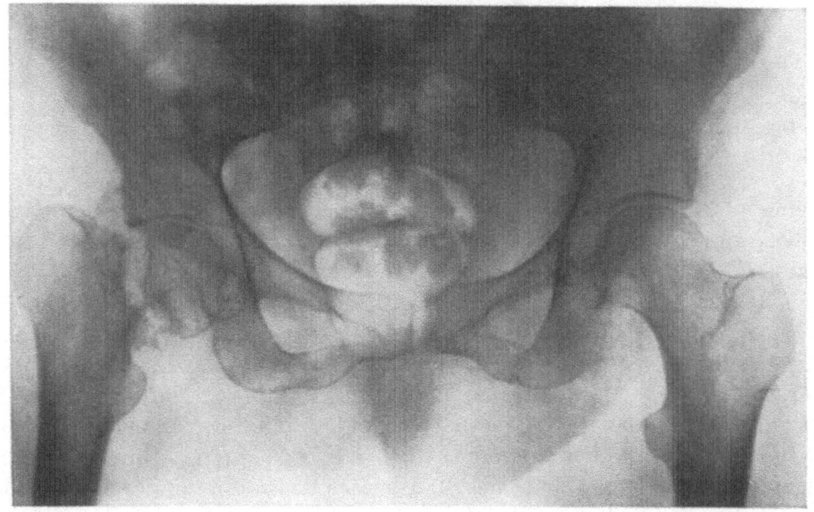

Abb. 769b. Fraktur 769a nach 3 Monaten; zonenförmige Resorption an beiden Fragmenten.

Nach vorliegenden autoptischen Feststellungen kann die knöcherne Heilung im Laufe von 4 Monaten bei ausreichender Gefäßversorgung des zentralen Fragmentes beendet sein. Erfahrungsgemäß ist jedoch der Callus nach dieser Zeit stärkeren statischen und dynamischen Beanspruchungen noch nicht gewachsen; *nachträgliche Verschiebungen können nach Monaten noch eintreten*, da sogar 1 Jahr nach der Reposition noch Abrutschen des Kopfes beobachtet wurde.

Versuche, die Periode der absoluten Fixation und der vollständigen Entlastung abzukürzen, dürfen deshalb nur unter sorgfältiger Röntgenkontrolle erfolgen, wobei die Patienten mit genau *anmodellierten Entlastungsapparaten* zu versehen sind. Von Anfang an im Gehverband nachzubehandeln ist nicht ratsam, weil auch ein gut anmodellierter Gipsverband in den ersten Wochen nach der Reposition die Aufwärtsverschiebung des lateralen Fragmentes nicht zu verhindern vermag.

Besondere Vorsicht mit der sukzessiven Belastung ist am Platze, wenn im fixierenden Verband *fortschreitende Resorption an einem oder beiden Fragmenten mit zunehmender Verbreiterung der Frakturfuge* erfolgt (Abb. 769a, b). In solchen Fällen ist *Fixation während mindestens 6 Monaten* geboten. Allerdings braucht man den zirkulären Gipsverband nicht so lange zu belassen; man kann ihn nach 3 Monaten aufschneiden und den hinteren Abschnitt als *Schale* benützen

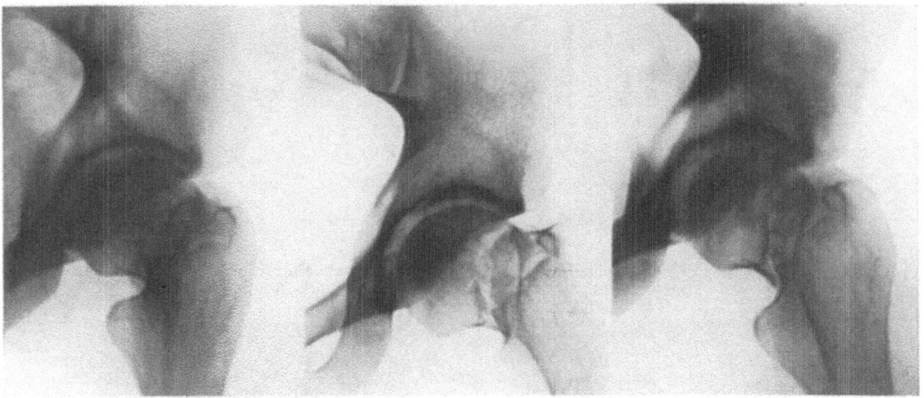

Abb. 770. Sukzessiver Ausgleich von Verkürzung und Adductionsknickung bei subkapitaler Schenkelhalsfraktur (Übergangsform) durch Drahtextension am Femur. Man beachte die Entfaltung der unteren Schenkelhalskontur.

oder eine *von der Achselhöhle bis zum Fuß reichende, seitliche Gipsschiene* anmodellieren, die an Rumpf, Becken und Bein mit einigen Tuchschlingen befestigt und zum Zwecke *aktiver Übungen* und *Massage* täglich abgenommen wird.

Eine unangenehme, jedoch kaum vollständig zu vermeidende Folge dieser Gipsverbandbehandlung bei älteren Patienten ist die mit Schwellung der Kapsel einhergehende *Versteifung des Kniegelenkes,* die in Form einer ausgeprägten *adhäsiven Immobilisierungsarthritis* auftreten kann. Sie erfordert zu ihrer Beseitigung oft langdauernde Nachbehandlung, ist aber gegenüber der Schenkelhalspseudarthrose als das kleinere Übel zu betrachten. Durch vorsichtige Bewegungsübungen vom Ende des 3. Monates an während der beschriebenen Schienenbehandlung läßt sich diese Versteifung wirkungsvoll bekämpfen.

Die Whitman-Löfberg*sche Methode führt nicht in jedem Falle zum Ziel.* Zunächst ist es nicht immer möglich, einwandfrei zu reponieren, besonders wenn der Schenkelhals am hinteren Umfang in größerem Ausmaße zertrümmert ist. Ferner kann im Bereich der Fragmente fortschreitende Resorption eintreten, die zu separater Vernarbung der Bruchenden führt. Es entsteht dann auch bei dieser Behandlung eine *Schenkelhalspseudarthrose,* die jedoch nach durchgeführter Abductionsbehandlung *funktionell oft auffällig günstig ist.*

Das laterale Fragment hat geringere Tendenz, in Abductionsstellung zu geraten, als nach Extensionsbehandlung und man sieht auch nicht so hohe Grade von sekundärem Trochanterhochstand. Dies dürfte auf straffer, bindegewebiger Verheilung und auf relativer Fixierung der Abductionsstellung des lateralen Fragmentes beruhen.

Bei alten Leuten mit *Hypostase und Harnstauung* sowie *bei Fettleibigen ist die* WHITMAN*sche Gipsverbandbehandlung nicht ohne jede Gefahr*, weil sie Streckstellung des Hüftgelenkes und damit langdauernde Horizontallage bedingt, die auch durch Hochstellen des Bettes am Kopfende nicht wesentlich

Abb. 771a. Gehschiene. (Nach v. BRUNS.)

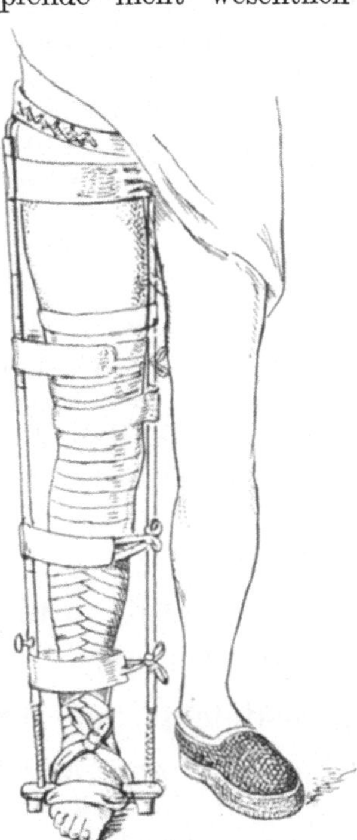

Abb. 771b. Gehschiene in situ.

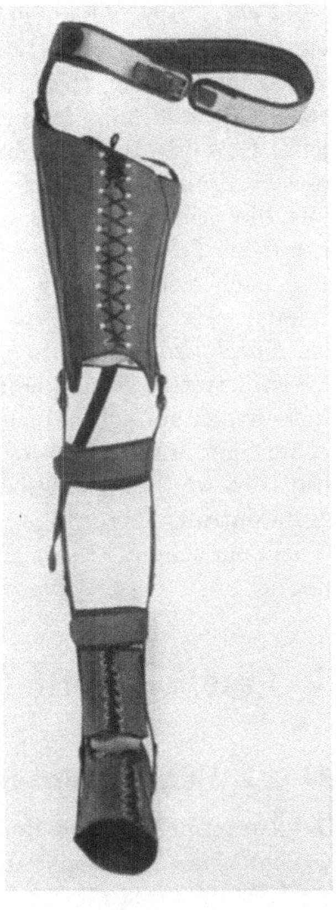

Abb. 772. Schienenhülsengehapparat für die ambulante Behandlung von Schenkelhalsfrakturen.

modifiziert wird. Auch kann die mobilisierende Reposition, besonders wenn sie in Narkose vorgenommen wird, einen erheblichen Eingriff darstellen. *Bei solchen Patienten werden deshalb in einigermaßen ausreichender Stellung eingekeilte Frakturen besser mit vorübergehender Extension, die intermittierend steile Lagerung des Oberkörpers gestattet, und anschließend mit Gehapparaten behandelt.* Die Extension dauert in diesen Fällen wenn möglich 4 Wochen, wird jedoch schon vorher unterbrochen, wenn Zeichen einer hypostatischen Pneumonie auftreten. Der Zug ist in ausgeprägter Abduction von 40—45° und in mäßiger Flexion von Hüft- und Kniegelenk, die 30° nicht überschreiten darf, auszuüben. Hochgradigere Elevation des Oberschenkels bedingt Rotationsverschiebungen um die Längsachse des Schenkelhalses im Sinne der Flexion (Abb. 157.)

Ist die *Einkeilung mit starker Adduction* verbunden, so kann die Verkürzung auch durch *direkte Extension* unter starker Belastung sukzessive ausgeglichen werden (Abb. 770). Handelt es sich dagegen bei alten Patienten, denen man eine Behandlung nach WHITMAN nicht zumuten darf, um *nichteingekeilte Brüche*, so verzichtet man besser von Anfang an auf knöcherne Heilung und läßt die Patienten sobald wie möglich in einer BRUNschen *Gehschiene* (Abb. 771), in einem anmodellierten *Schienenhülsenapparat* (Abb. 772) oder allfällig in einem *leichten Gehgipsverband* aufstehen.

Die mit der WHITMAN-LÖFBERGschen Methode zu erzielenden vorzüglichen Resultate sind nicht ohne Einfluß auf unsere Stellungnahme zu der *Frage operativer Behandlung* frischer Fälle von medialer Schenkelhalsfraktur geblieben. Sowohl die Verschraubung als die autoplastische Bolzung kommt bei diesen Frakturen als primäre Maßnahme kaum mehr in Betracht, ebensowenig die primäre Entfernung des Kopffragmentes.

Operatives Vorgehen ist erst zu diskutieren, wenn die WHITMANsche Methode, allfällig nach wiederholter Anwendung, zu einem endgültigen Mißerfolg geführt hat.

Die *Epiphyseolyse* des Schenkelkopfes ist grundsätzlich gleich zu behandeln, wie die subkapitale Schenkelhalsfraktur. Ist der Kopf nur um wenige Millimeter abgerutscht, so genügt jedoch eine *Heftpflasterextension* in Abduction für 6 bis 8 Wochen mit anschließender Entlastung im Gehverband oder Schienenhülsenapparat für weitere 3 Monate. Zunehmende Belastung hat unter ständiger Röntgenkontrolle zu erfolgen. Erweist sich die Haftung des Kopffragmentes nicht als ausreichend, so ist neuerdings ein Abductionsgips- oder ein *Zugverband* anzulegen.

Kapitel 5.

Die Fractura colli femoris lateralis und die Fractura intertrochanterica.

1. Entstehung, Symptomatologie und Diagnostik.

Die Zusammenfassung der *Fractura colli femoris lateralis* und der *Fractura intertrochanterica* wird gerechtfertigt durch die *weitgehende Übereinstimmung des klinischen Bildes* und der *Prognose* und auch dadurch, daß für die Behandlung dieser beiden Frakturformen die gleichen Grundsätze maßgebend sind.

Bei der *Fractura colli femoris lateralis* wird der Schenkelhals an der Stelle, wo er sich aus der Fossa trochanterica abhebt, zirkulär gebrochen. Die Bruchfläche des zentralen Fragmentes entspricht im wesentlichen dem Schenkelhalsquerschnitt, wenn auch gelegentlich eine untere Spitze nach der Corticalis des Trochanter minor hinausläuft. Diese Form der Bruchebene bedingt eine relativ geringe Abstützung gegen die Trochanterbruchfläche, so daß es häufig zu einer *ausgeprägten winkligen Knickung mit Reduction des Schenkelhalsdiaphysenwinkels* bis zu 90° kommt (Abb. 749). Das zugespitzte untere Schenkelhalsfragment ist oft ziemlich tief in die Trochanterspongiosa eingedrungen, entsprechend dem Bilde der *eingekeilten Winkelfraktur* (Abb. 57).

Die Fraktur entsteht vorwiegend durch Fall auf den großen Trochanter; häufiger ist jedoch eine Kombination mit Biegung, in welcher der Stoß auch den subtrochanteren Abschnitt der Außenfläche des Femur trifft. Die laterale

Schenkelhalsfraktur kann auch als reine Biegungsfraktur durch Stoß in der Femurlängsachse, also durch Fall auf die Füße oder auf das gebeugte Knie zustande kommen; doch ist dieser Entstehungsmodus erheblich seltener.

Die *Fractura femoris intertrochanterica*, die anatomisch nicht mehr zu den eigentlichen Schenkelhalsfrakturen gehört, verläuft etwas weiter lateralwärts in der Ebene der Linea und Crista intertrochanterica, schräg von oben-außen nach unten-innen (Abb. 750). Die mediale Corticalis des Trochanter major und des Trochanter minor findet sich zum größten Teil am medialen Fragment, so daß dieses nach oben und unten eine breitbasige Ausladung zeigt, die ausgedehnten Kontakt mit der Abbruchfläche des Trochanter-

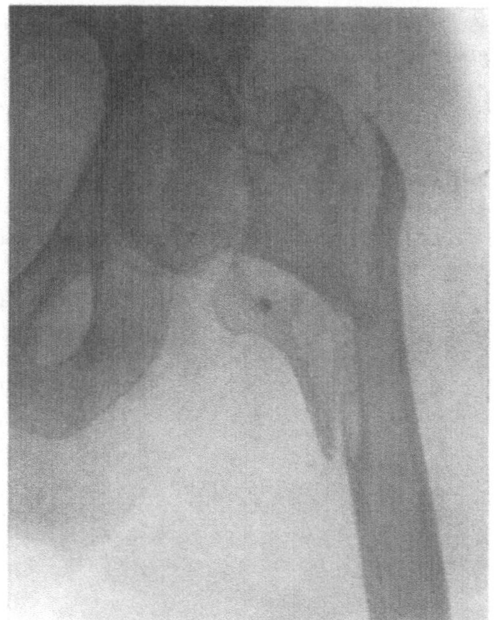

Abb. 773. Fractura intertrochanterica mit Einkeilung und Fraktur des kleinen Trochanter.

massivs vermittelt und hochgradige winklige Knickungen gewöhnlich verhindert. Der Trochanter minor kann mit einem Teil der medialen Femurcorticalis separat abgebrochen sein (Abb. 773); in diesem Fall besteht oft ebenfalls hochgradige *Einkeilung* der unteren Schenkelhalsspitze in die Trochanterspongiosa.

Auch mit *Frakturen des Trochantermassivs* kann die Fractura intertrochanterica kombiniert sein (Abb. 774). Diese Fraktur entsteht vorwiegend durch Fall auf den großen Trochanter und zeigt demgemäß gelegentlich eine ausgeprägte Auswärtsrotationskomponente, die sich durch breites Klaffen der vorderen Bruchspalte manifestiert (Abb. 750). Seltener ist eine Kombination mit Biegung durch Einwirkung von der Außenfläche des Oberschenkels her oder durch Fall auf die Füße. Ausnahmsweise kann eine *Rotationsfraktur des oberen Femurendes* in der Regio intertrochanterica ausmünden (Abb. 794).

Sowohl die Fractura colli femoris lateralis als die Fractura intertrochanterica sind in den meisten Fällen charakterisiert durch eine *Adduktionsverbiegung*; die Reduktion des Schenkel-

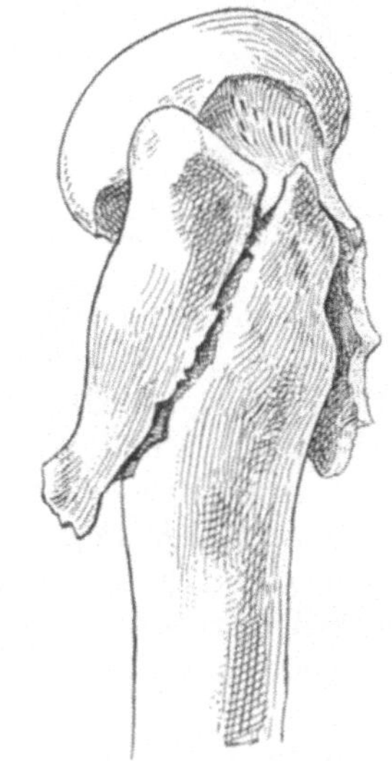

Abb. 774. Fractura intertrochanterica, kombiniert mit Fraktur des Trochantermassivs. (Nach KOCHER.)

halsdiaphysenwinkels ist jedoch bei der lateralen Schenkelhalsfraktur gewöhnlich ausgeprägter (Abb. 773/749). Eine Ausnahme bilden reine *Abduktionsbrüche* durch

Fall auf die Spitze des Trochanters (Abb. 775); Voraussetzung für diese Vergrößerung des Schenkelhalswinkels ist Ausbleiben jedes Belastungsversuches.

Die *Symptome der lateralen Schenkelhalsfraktur und der Fractura intertrochanterica* stimmen teilweise mit den Erscheinungen der medialen Schenkelhalsfraktur überein. So pflegt die charakteristische *Auswärtsrotation des Fußes* selten zu fehlen; sie ist jedoch meistens weniger hochgradig, als bei subkapitalen Brüchen. Die *Verkürzung* entspricht der Reduktion des Schenkelhalsdiaphysenwinkels und beträgt bei der lateralen Schenkelhalsfraktur bis 4 cm, bei der Fractura intertrochanterica in der Regel nicht über 2 cm. Der *Trochanter* zeigt mit der Verkürzung übereinstimmenden *Hochstand*. Während bei der lateralen Schenkelhalsfraktur das *Relief der Trochanterspitze* gewöhnlich normale Form zeigt, erscheint bei der Fractura intertrochanterica das Trochantermassiv namentlich in seinem oberen Abschnitt verbreitert und druckschmerzhaft. Spontane *Schmerzen*, lokale Druckempfindlichkeit und *Stoßschmerz* werden bei beiden Frakturformen in das Trochantergebiet verlegt.

Während direkt nach dem Unfall die Trochanterwölbung infolge Einsinken des Trochanter abgeflacht erscheinen kann, tritt anschließend, besonders bei intertrochanteren Brüchen mit begleitender Frakturierung des Trochanterabschnittes, eine Schwellung auf, die im wesentlichen Folge des ausgedehnten *Blutergusses* ist.

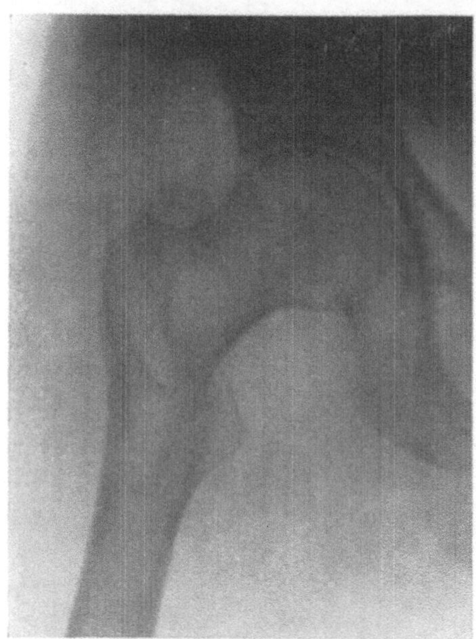

Abb. 775. Intertrochantere Abductionsfraktur, entstanden durch Fall auf die Trochanterspitze.

Bei der lateralen Schenkelhalsfraktur fehlt diese Schwellung in der Regel. Sekundäre *Hautblutungen* finden sich in der Glutäalgegend sowie an der Rück- und Innenfläche des Oberschenkels.

Die Prüfung der falschen Beweglichkeit ist auf passive Rotationsbewegungen zu beschränken; fehlt Einkeilung, so konstatiert man, daß der Trochanter sich an Ort und Stelle dreht, während er bei Einkeilung einen kleinen Bogen beschreibt. Das *Röntgenogramm* soll auch hier beide Hüftgelenke zur Darstellung bringen, damit man eine richtige Vorstellung vom Grade der Reduction des Schenkelhalswinkels bekommt. Dies ist von Bedeutung, weil der Schenkelhalsdiaphysenwinkel individuell ziemlich weitgehende Schwankungen zeigt.

2. Heilungsverlauf der Fractura colli femoris lateralis und der Fractura intertrochanterica.

Prognostisch unterscheiden sich diese Frakturformen von den medialen Schenkelhalsbrüchen insofern, *als man hier knöcherne solide Heilung bei sachgemäßer Behandlung als Regel betrachten kann.*

Die Fractura intertrochanterica liegt vollständig extrakapsulär, die laterale Schenkelhalsfraktur, abgesehen von gelegentlicher umschriebener Ausmündung in den Kapselraum, ebenfalls. Die Blutversorgung des medialen Fragmentes ist deshalb in allen Fällen eine ausreichende.

Die *seltenen Pseudarthrosen*, die hier sowohl bei eingekeilten als bei nicht-eingekeilten Frakturen beobachtet sind, beruhen, abgesehen von pathologischen Frakturen, hauptsächlich auf *Behandlungsfehlern*, sodann auf hochgradiger *Zertrümmerung der Trochanterspongiosa* und auf der Tatsache, daß bei vielen eingekeilten Brüchen die äußere Schicht des Schenkelhalsperiostes gegenüber der umgebenden Trochanterspongiosa eine Barriere bildet, die der Ausbildung eines durchgehenden Callus im Wege steht. Die häufigste Ursache für die Pseudarthrosenbildung dürfte in der *Verkennung der Fraktur* liegen; die Patienten gehen dann trotz erheblicher Beschwerden herum, unter zunehmender Reduction des Schenkelhalswinkels wird das Diaphysenfragment immer mehr in die Höhe geschoben und schließlich kommt es zu separater Vernarbung beider Bruchflächen.

Bei hochgradiger Zertrümmerung der Trochanterspongiosa kann die *Heilung verzögert* sein. Aus dem gleichen Grunde zeigen intertrochantere, mit Abbruch des Trochanter minor und Frakturierung des Trochantermassivs kombinierte intertrochantere Brüche oft ausgeprägte *Tendenz zu Bildung voluminöser und*

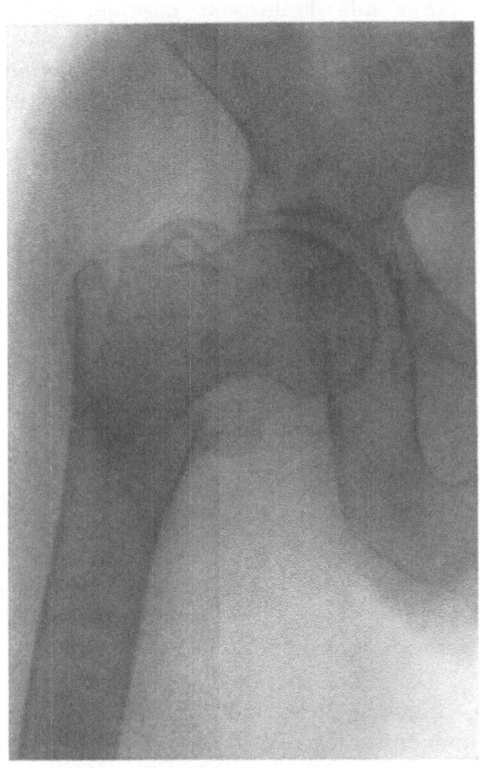

Abb. 776. Voluminöse Callusbildung bei Fractura intertrochanterica.

unregelmäßiger Calluswucherungen, die gelegentlich auf die Kapsel übergreifen (Abb. 776). Wir sehen deshalb auch bei diesen extraartikulären Brüchen des oberen Femurendes sekundäre Störungen im Bereich des Hüftgelenkes in Form von Einschränkung und Schmerzhaftigkeit der Bewegungen und Beeinträchtigung der Belastungsfähigkeit.

Für diese *arthritischen Erscheinungen* sind neben übermäßigen *Calluswucherungen* auch *Zerreißungen der Kapsel* mit Bildung schrumpfender Narben sowie schwere, durch das ursächliche Trauma bedingte *Kontusionen des Hüftgelenkes* verantwortlich zu machen. Nach anscheinend solider Heilung sehen wir sowohl bei der lateralen Schenkelhalsfraktur wie bei der Fractura intertrochanterica gelegentlich eine *nachträgliche Verbiegung an der Frakturstelle im Sinne zunehmender Reduction des Schenkelhalsdiaphysenwinkels* zustande kommen.

Diese Frakturformen stellen deshalb das Hauptkontignent zu den Fällen von *traumatischer Coxa adducta* mit ihren schwerwiegenden statischen Störungen, die im wesentlichen auf Schwächung der Abductorenwirkung beruhen.

3. Die Behandlung der lateralen Schenkelhalsfraktur und der Fractura colli femoris intertrochanterica.

Für alle Fälle von lateraler Schenkelhalsfraktur und intertrochanterer Fraktur mit Verkleinerung des Schenkelhalsdiaphysenwinkels ist *Extension mit starker Abductionsstellung des Hüftgelenkes* die angemessene Behandlungsart. Durch Abduction des Oberschenkels wird Ausgleich der Adductionsknickung bis zur Wiederherstellung des normalen Schenkelhalsdiaphysenwinkels erstrebt; damit ist in vielen Fällen gleichzeitig die Verkürzung ganz oder doch zum größten Teil behoben. Liegt keine Einkeilung verbunden mit starkem Trochanterhochstand vor, so genügt ein *Heftpflasterzugverband* gemäß Abb. 157. Steht dagegen der Trochanter sehr hoch, so bleibt die Wahl zwischen *primärem Ausgleich der Verkürzung in Narkose oder Lokalanästhesie* — allfällig unter direktem Angriff des Zuges am Knochen mittels temporär angelegter *Zange* oder Schmerzscher *Klammer* — mit nachfolgender Heftpflasterextension und *sukzessivem Ausgleich der Verkürzung durch Drahtextension.* Das letztere Verfahren ist zweifellos schonender und verdient den Vorzug. Je erheblicher die Reduction des Schenkelhalswinkels, desto größer muß die Abductionsstellung für die Extension gewählt werden; im allgemeinen wird die Abduction des Oberschenkels auf 45—50⁰ bemessen, was Lagerung der gebrochenen Extremität seitlich außerhalb des Bettes bedingt (Abb. 777). Die Belastung des Drahtzuges wird so lange gesteigert, bis das Kontrollröntgenogramm völligen Ausgleich der Schenkelhalsknickung zeigt (Abb. 770). *Die Dauer der Extension beträgt 8 Wochen, die anschließende Entlastung* durch Fortsetzung liegender Behandlung oder durch Gehschienen weitere 4 *Wochen.*

Die entspannende Wirkung der Semiflexion hat für diese Fälle nur untergeordnete Bedeutung. Durch Elevation des Oberschenkels um etwa 30⁰ und entsprechende Beugung des Kniegelenkes ist ihr ausreichend Rechnung getragen.

Die Auswärtsrotation wird durch Lagerung von Fuß und Unterschenkel in einer Volkmannschen *Schiene* ausgeglichen. *Reine Auswärtsrotationsbrüche* ohne Schenkelhalsknickung werden in mäßiger Abductionsstellung von etwa 30⁰ durch einen *Heftpflasterextensionsverband* versorgt. Die Hauptsache ist hier Ausgleich der Rotationsverschiebung und Verhinderung sekundärer Reduction des Schenkelhalsdiaphysenwinkels.

Nach erfolgter Heilung empfiehlt sich *periodische Kontrolle des Schenkelhalswinkels* während eines halben Jahres, da diese Fraktur erfahrungsgemäß öfters sekundäre Adductionsknickung zeigt. Jede Zunahme der Verkürzung und jede Verschlechterung der Belastungsfähigkeit der gebrochenen Extremität beweist eine sekundäre Knickung an der Schenkelhalsbasis und bedingt sofortige *Wiederaufnahme der Extension* für einige Wochen, allfällig kombiniert mit einem Becken und Oberschenkel umfassenden *Abductionsgipsverband.*

Ist man bei *alten Patienten* aus vitalen Gründen gezwungen, auf die Zugbehandlung zu verzichten, so wird eine *Gehbehandlung* unter Verwendung der BRUNschen *Schiene*, eines *Schienenhülsenapparates* oder eines leichten *Abductionsgipsverbandes* durchgeführt. Man wird jedoch bei diesem Vorgehen

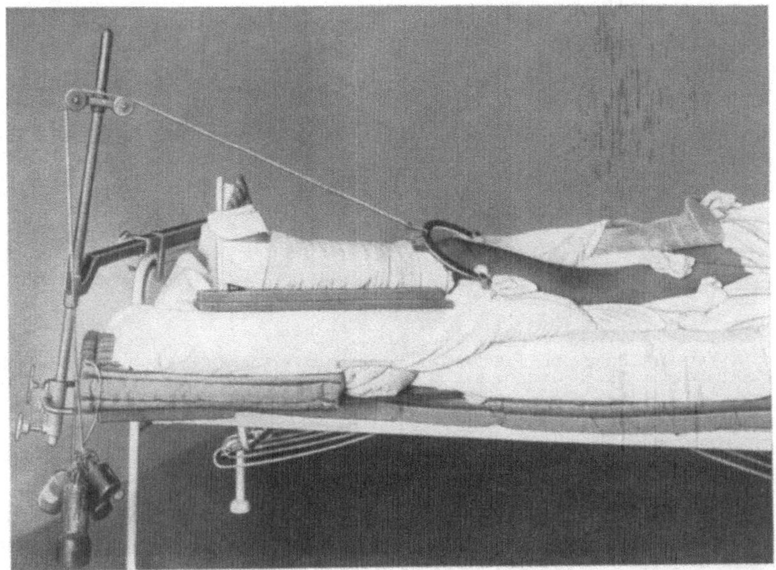

Abb. 777a.

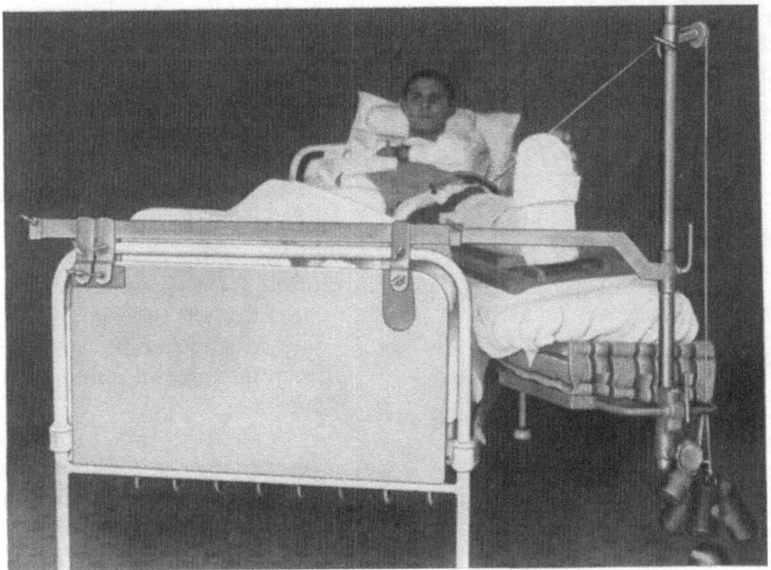

Abb. 777b.

Abb. 777. Extension einer Fraktur des oberen Femurendes in starker Abduction. a Darstellung der Lagerung von der Seite; b Vorrichtung für die Abductionslagerung des Beins, am Fußende des Bettes angebracht.

eine weitere Verkleinerung des Schenkelhalswinkels nicht immer zu verhindern vermögen.

Operative Behandlung kommt bei dieser Frakturform nur in Betracht, wenn ausreichende Reposition und besonders Wiederherstellung des annähernd

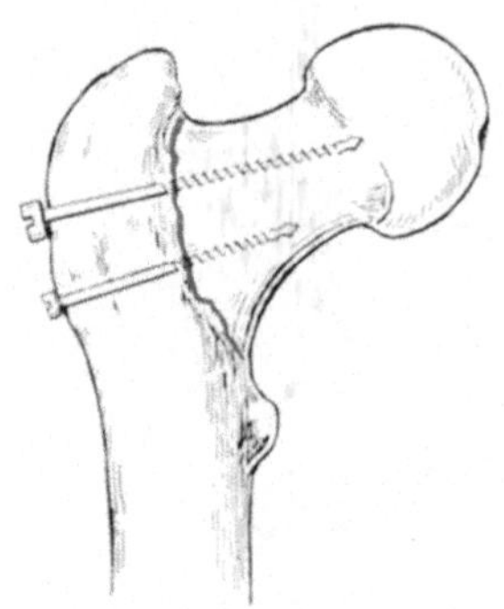

Abb. 778. Verschraubung einer Fractura intertrochanterica (Nach LAMBOTTE.)

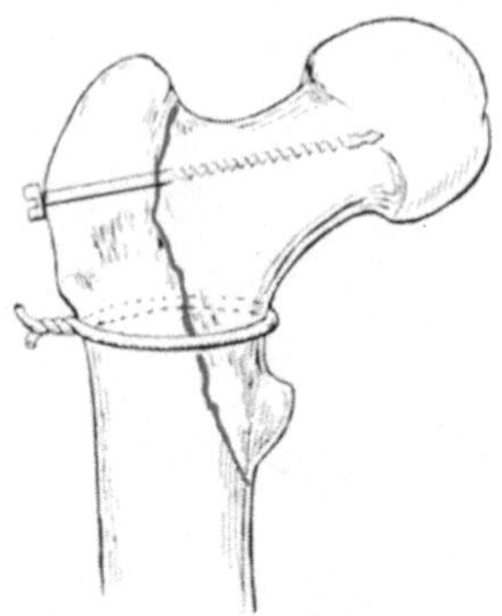

Abb. 779. Vereinigung einer Fractura intertrochanterica durch kombinierte Verschraubung und Umschlingung. (Nach LAMBOTTE.)

normalen Schenkelhalsdiaphysenwinkels durch direkten Zug nicht gelingt. Das Verfahren der Wahl ist in solchen Fällen Freilegung des Trochanter durch seitliche Längsincision, Eingehen auf die Frakturstelle am vorderen Umfang des Trochantermassivs, lokale Reposition, unterstützt durch direkten Zug am Femur und *Verschraubung* der Bruchflächen von der lateralen Trochantercorticalis her in ausgeprägter Abduction unter Verwendung starker Schrauben (Abb. 778).

Intertrochantere Brüche, die schräg am Trochanter minor auslaufen, können allfällig kombiniert durch *Verschraubung und Umschlingung* fixiert werden (Abb. 779). Die Nachbehandlung erfolgt in Heftpflasterextension oder im Abductionsgipsverband.

Schlecht geheilte, mit erheblicher Verkürzung und Reduction des Schenkelhalswinkels konsolidierte intertrochantere Frakturen, die zu dem Symptomenkomplex der *Coxa adducta* geführt haben (Abb. 780), bedürfen *operativer Korrektur*. Man hat die Wahl zwischen einer *sub-*

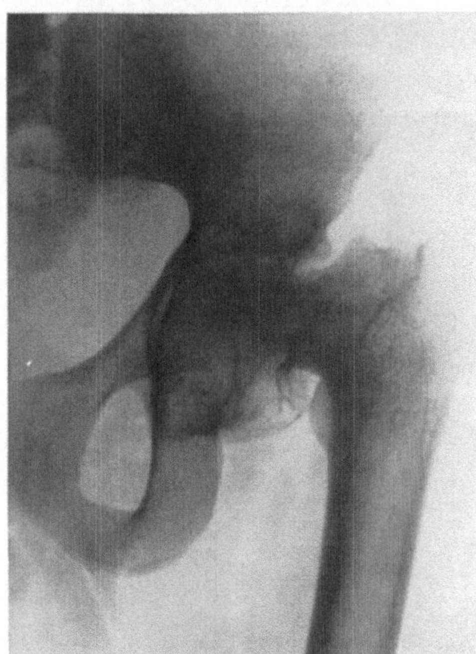

Abb. 780. Fractura intertrochanterica mit sekundärer Ausbildung einer typischen Coxa adducta; ausgeprägte Subluxation des Femurkopfes unten.

trochanteren und einer *inter-* bzw. *pertrochanteren Osteotomie*. Nach erfolgter Durchmeißelung des Knochens wird der Oberschenkel so weit abduziert, daß die Adductionsknickung des Schenkelhalses kompensiert erscheint. Bei der subtrochanteren

Osteotomie wird das Femur frontal, schräg von vorne-oben nach hinten-unten durchgemeißelt, um breite Kontaktflächen zu schaffen und Elevation des oberen Fragmentes unter der Wirkung des Muskelzuges zu verhindern. Gegenüber der Osteotomia intertrochanterica hat die tiefere Durchmeißelung des Knochens den Vorteil, daß man außerhalb des Frakturgebietes bleibt, und dementsprechend einfachere Verhältnisse antrifft. Ist jedoch die Spitze des hochgetretenen

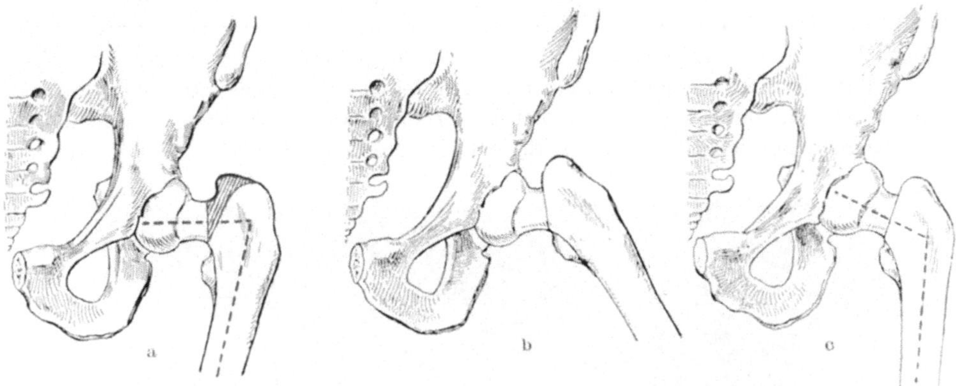

Abb. 781. Korrektur einer mit Reduction des Oberschenkelhalswinkels geheilten Fractura intertrochanterica durch intertrochantere Osteotomie. a Keilresektion; b Abduction des lateralen Fragmentes; c Endresultat mit Herstellung des normalen Schenkelhalswinkels.

Trochanter am Becken fixiert, so ist die subtrochantere Osteotomie nutzlos, weil nach erfolgter Konsolidation der Osteotomie die Adduction der Femurdiaphyse unmöglich wäre. In solchen Fällen muß deshalb das Diaphysenfragment ausgelöst und heruntergezogen werden.

Wird man durch übermäßige Calluswucherungen veranlaßt, im Frakturgebiet selbst anzugreifen, so ist *Durchmeißelung in der Frakturebene* der pertrochanteren Osteotomie der Orthopäden vorzuziehen, weil man auf diese Weise ziemlich normale Verhältnisse schaffen kann (vgl. Abb. 781a—c). Nach solchen Callusexcisionen und Osteotomien an der Frakturstelle empfiehlt sich Verschraubung der angefrischten Fragmente.

K a p i t e l 6.

Die Schenkelhalspseudarthrosen und ihre Behandlung.

Während vor Einführung der WHITMAN-LÖFBERGschen Behandlung die Ausbildung einer Pseudarthrose bei reinen, intrakapsulären, subkapitalen Schenkelhalsbrüchen bei älteren Leuten beinahe die Regel bildete, ist sie in den letzten Jahren erheblich seltener geworden. Sie wird jedoch stets noch wesentlich häufiger beobachtet, als bei lateralen Schenkelhalsbrüchen und intertrochanteren Frakturen.

Die anatomischen Verhältnisse der ausgebildeten subkapitalen Schenkelhalspseudarthrosen sind bereits geschildert worden. Ergänzend ist darauf hinzuweisen, daß bei wachsenden Individuen hochgradige *Wachstumsstörungen am Schenkelhals* sich zu entwickeln pflegen. Wie KOCHER gezeigt hat, verläuft in solchen Fällen nach Jahren der Schenkelhals entsprechend der veränderten Inanspruchnahme schräg abwärts. Zugleich ist er atrophisch und trägt an seinen Enden oft unregelmäßige Knochenwucherungen mit bindegewebigem Überzug. Der isolierte *Kopf* verwächst auch hier mit der Gelenkpfanne und *verfällt fortschreitender Resorption.* Das *Becken* erfährt infolge seiner Schrägstellung und ungleichmäßigen Belastung eine *asymmetrische Umbildung.*

Die klinischen Erscheinungen der ausgebildeten Schenkelhalspseudarthrose sind sehr charakteristisch. Die Patienten können die verletzte Extremität nur vollkommen belasten und sind deshalb im Gehen und Stehen hochgradig behindert. Bei jeder isolierten Belastung des Beines rutscht das laterale Fragment am Becken in die Höhe, stärker bei intertrochanteren und lateralen Schenkelhalsbrüchen als bei subkapitalen, da bei letzteren der Schenkelhals oft an der

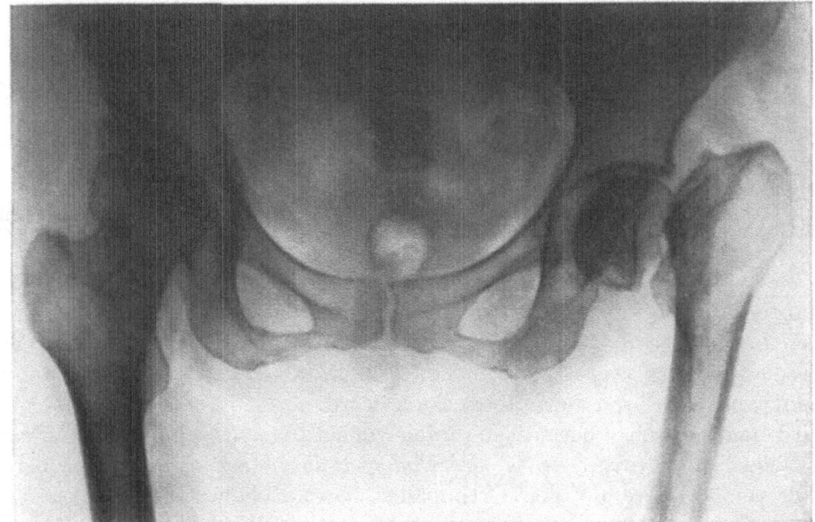

Abb. 782. Schenkelhalspseudarthrose mit relativ guter Gehfunktion; Sklerose des Kopfes und der Schenkelhalsbasis.

Gelenkkapsel noch eine Stütze findet. Dem Grade des Trochanterhochstandes entsprechen die Verkürzung und die Schiefstellung des Beckens. Je weiter nach oben das Diaphysenfragment abgerutscht ist, desto stärker ist in der Regel auch die Adductionsstellung des Femur.

Löst schon die ständige Verschiebung des Trochanterfragmentes nach oben *Schmerzen* oder doch ein unangenehmes Spannungsgefühl aus, so werden die Beschwerden durch die mit der Zeit sich entwickelnden arthritischen Veränderungen, die auch die Gelenkkapsel betreffen, hochgradig gesteigert. Verdickung und Schrumpfung der Gelenkkapsel tragen wesentlich bei zu der *zunehmenden Einschränkung der Bewegungen im Hüftgelenk,* die oft außerordentlich schmerzhaft sind. Verletzte mit dem voll entwickelten Symptomenkomplex der Schenkelhalspseudarthrose sind deshalb in ihrer Bewegungsfähigkeit sehr behindert und als *hochgradig invalid* zu betrachten. Die Störungen sind jedoch nicht in allen Fällen so ausgeprägt und entsprechen auch nicht durchwegs dem Grade der Aufwärtsverschiebung des Diaphysenfragmentes.

Trotz erheblichem Trochanterhochstand können Belastungsfähigkeit und Gehfunktion verhältnismäßig befriedigend sein (Abb. 782). Länger als 2 bis 3 Stunden vermögen jedoch solche Patienten in der Regel nicht anhaltend zu gehen.

Auffällig gut ist der Funktionszustand bei Pseudarthrosen, die nach Durchführung einer konsequenten fixierenden Abductionsbehandlung entstanden sind. Die Gründe für dieses Verhalten wurden bereits angeführt.

Die *Untersuchung* stellt in erster Linie *Verkürzung, Trochanterhochstand, Adductionsstellung* des Femurfragmentes und *teilweise Ausgleichbarkeit der Verkürzung* durch Zug fest. Der Verschieblichkeit des peripheren Fragmentes am Becken entspricht das *positive* TRENDELENBURG*sche Symptom*. Die Patienten vermögen das verletzte Bein ohne Unterstützung nicht isoliert zu belasten; bei entsprechenden Versuchen steigt der Trochanter empor und gleichzeitig sinkt das Becken auf der gesunden Seite nach unten, weil *die Wirkung der Abductoren versagt*. Zur Erhaltung des Gleichgewichts wird das Gewicht des Oberkörpers unter starker Abbiegung des Rumpfes nach der kranken Seite verlegt (Abb. 783). *Einschränkung der Hüftgelenkbewegungen, Schmerzhaftigkeit passiver Bewegungen* und *Muskelatrophie* vervollständigen das klinische Bild.

Klare Anschauung vermittelt auch hier erst das *Beckenröntgenogramm* (Abb. 784). Neben den groben morphologischen Verhältnissen der persistierenden Frag-

Abb. 783. Positives TRENDELENBURGsches Symptom, demonstriert an einem Falle von angeborener Hüftgelenkluxation.

mentverschiebung zeigt das Röntgenogramm *Resorption und Atrophie der Fragmente, Rarefizierung von Kopf- und Schenkelhalsrest*, die abnorm durchlässig erscheinen, oft verbunden mit umschriebener oder ausgedehnter *Sklerosierung*, die sich namentlich im Bereich der Aufnahmefläche des Kopfes und an der Schenkelhalsbasis zu lokalisieren pflegt (Abb. 782/784). Auffällig ist stets eine ausgeprägte *Inaktivitätsatrophie des Trochantergebietes* und der an das Gelenk angrenzenden Partien *des Beckens*. In seltenen Fällen steht das Femurfragment in ausgeprägter *Luxationsstellung* oberhalb des Pfannenrandes, ohne jede Verbindung mit dem Kopffragment (Abb. 785).

Während leidlich belastungsfähige und nicht besonders schmerzhafte Schenkelhalspseudarthrosen bei alten Leuten einer besonderen Behandlung

48*

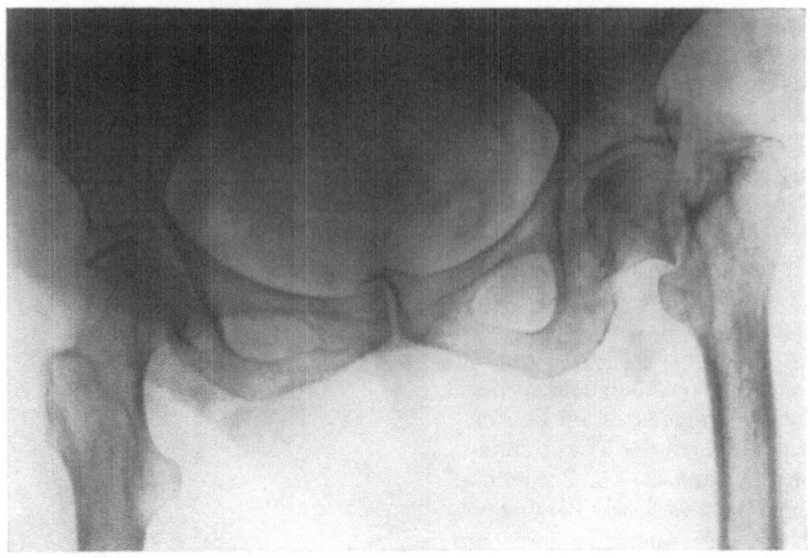

Abb. 784. Schenkelhalspseudarthrose nach subkapitaler Fraktur; Resorption der Fragmentränder, Entkalkung, zonenförmige Sklerosierung, Abstützung des Halses am kleinen Trochanter.

nicht bedürfen, verlangen hochgradige Störungen bei jüngeren Verletzten gebieterisch nach Abhilfe; befriedigende Resultate sind nur von *operativem Vor-*

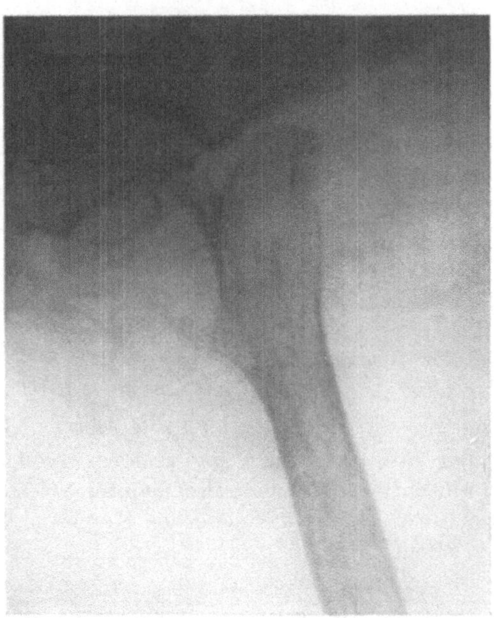

Abb. 785. Schenkelhalspseudarthrose mit Luxation des Trochanterfragmentes nach dem oberen Pfannenrand.

gehen zu erwarten. Bei Patienten, deren Alter und Allgemeinzustand eine Operation verbieten, wird man sich mit der Verordnung stützender *Schienenhülsenapparate,* mit symptomatischer *Massage, Bewegungs- und Heißluftbehandlung* sowie mit intermittierenden *Thermalbadekuren* begnügen müssen. Auf diese Weise gelingt es, die Beschwerden zu mildern und wenigstens zeitweise einen leidlichen Zustand zu erzielen.

Bei der *operativen Behandlung* ist zu berücksichtigen, daß bei den ausgebildeten Pseudarthrosen Kopf- und Halsfragment separat vernarbt sind, oft unter Bildung einer derben, knorpelartigen konkaven Gelenkfläche am Kopf. Demnach kommt eine Vereinigung vom Trochanter her ohne Anfrischung der Fragmente, wie sie bei frischen Schenkelhalsbrüchen vielerorts noch geübt wird, nicht in Betracht.

Eine Konsolidation ist nur zu erwarten, wenn man nach dem von ALBEE empfohlenen Verfahren zunächst die Bruchstelle freilegt, das zwischengelagerte narbige Bindegewebe entfernt und nach Reposition vom Trochanter her einen *autoplastischen Bolzen* unter Kontrolle des Auges nach dem Kopf vortreibt. Zu diesem Zwecke wird der Trochanter durch einen seitlichen Längsschnitt freigelegt. Als Bolzen dient ein Segment der periostentblößten Fibula. Wenn

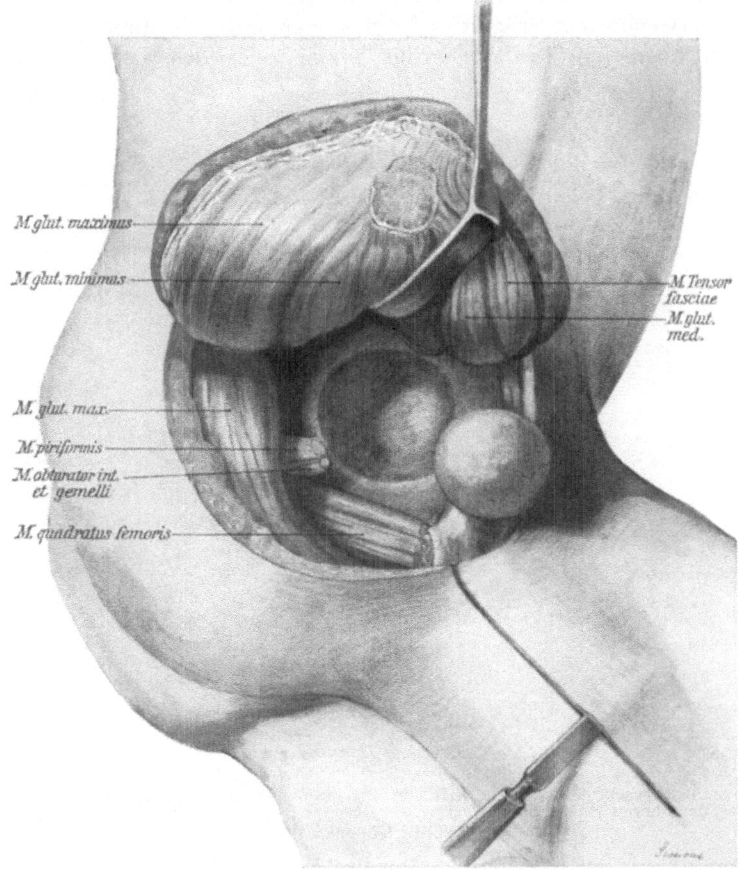

Abb. 786. Pseudarthrosenoperation nach LEXER. Freilegung des Gelenkes und Schnittführung für die Gewinnung eines Fascienlappens.

auch der Knochenbolzen oft sekundär infolge Arrosion durch einwucherndes Bindegewebe und Resorption brechen kann, so unterliegt es nach meiner Ansicht doch keinem Zweifel, *daß ein frisch transplantierter autoplastischer Knochenbolzen, soweit er innerhalb nützlicher Frist Anschluß an die Zirkulation und an den Säftestrom findet, am Leben bleiben und als Regenerationsquelle für das Kopffragment dienen kann.*

Zudem wird nach vorliegenden anatomischen Befunden auch bei reinen subkapitalen Frakturen das mediale Fragment nicht immer in ganzer Ausdehnung nekrotisch, so daß es sich aus eigener Kraft ebenfalls in gewissem Umfange zu regenerieren vermag. *Wenn der Kopf in ganzer Ausdehnung nekrotisch ist, erscheint eine autoplastische Bolzung allerdings aussichtslos.* Die Entscheidung über die Vornahme einer Bolzung ist deshalb von den lokalen Verhältnissen abhängig zu machen, indem man den Kopf nur dort zu erhalten sucht, wo er keinen weitgehenden Abbau zeigt und sich auf der Anfrischungsfläche als ausreichend vaskularisiert erweist. Ist der Kopf abgebaut oder ungenügend vaskularisiert, so hat man die Wahl zwischen *Arthroplastik* nach dem Verfahren von Lexer, Albee oder Whitman und einer *Arthrodese.*

Lexer verwendet ein Stück des Kopfes oder, falls sich dieses als nekrotisch erweist, ein Segment des Trochanter major oder des Beckenkammes zur

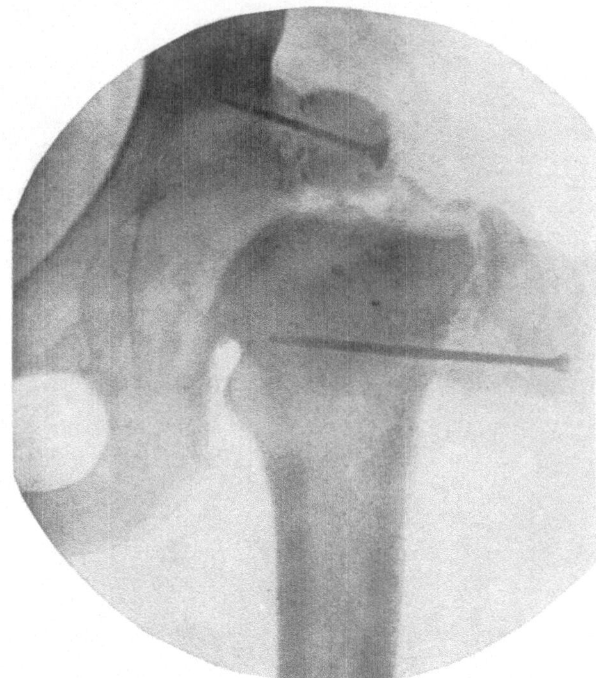

Abb. 787. Pseudarthrosenoperation nach Lexer: Röntgenogramm nach durchgeführter Operation; Verbreiterung des oberen Pfannenrandes durch ein Segment aus dem entfernten Schenkelkopf und Annagelung des großen Trochanter.

Verbreiterung des oberen Pfannenrandes, rundet den Schenkelhalsrest zweckmäßig ab und umkleidet ihn vor der Einstellung in die Gelenkpfanne mit einem Fascienfettlappen vom Oberschenkel (Abb. 786/787). Er hat die Leistungsfähigkeit seiner Arthroplastik in überzeugender Weise demonstriert (Abb. 788 a, b).

Whitman entfernt den Kopf, trägt den Trochanter von innen nach außen in Zusammenhang mit den Kapselansätzen vom Femur ab, stellt den zugeschnittenen Diaphysenrest in die Pfanne ein und verpflanzt den Trochanter um seine ganze Höhe nach unten auf die angefrischte Außenfläche des Femur (Abb. 789).

Bei dem Verfahren nach Albee werden Schenkelhalsrest oder oberes Femurende nach Entfernung des Kopfes ebenfalls modelliert, durch Meißelschnitt an der Basis des Trochanter major von oben her das obere Femurende gegabelt, wobei der Trochanter an seinem unteren Umfange mit dem Femur in

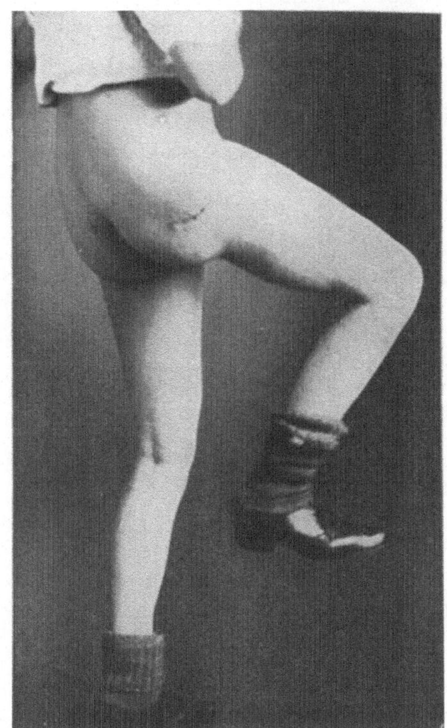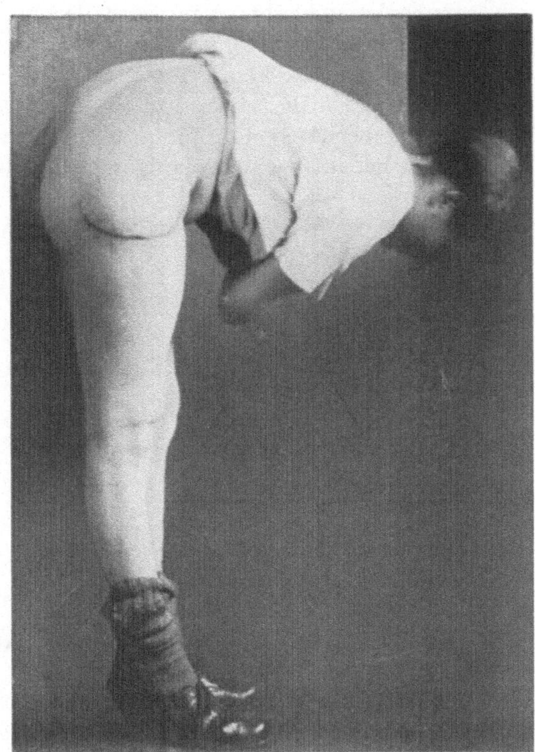

Abb. 788a, b. Funktionelles Resultat nach LEXERscher Pseudarthrosenoperation.

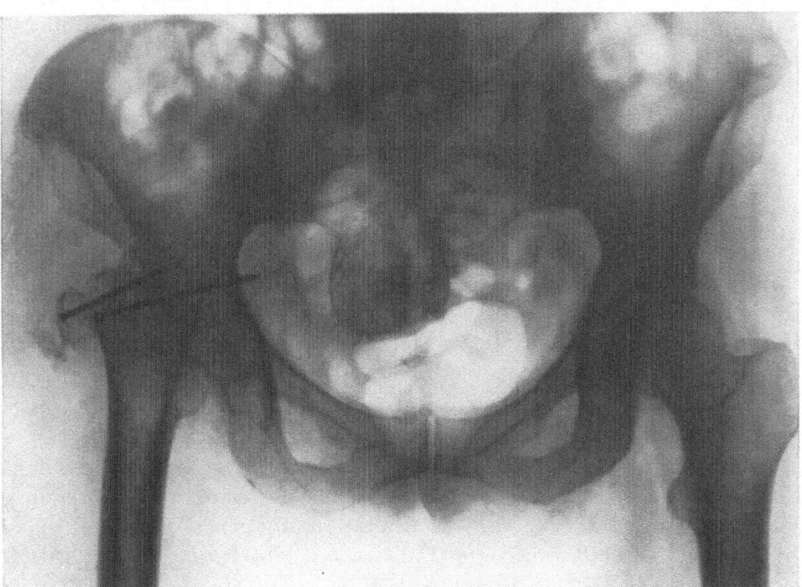

Abb. 789. Arthrodese nach WHITMAN; Fixation des in die Pfanne eingestellten Schenkelhalsrestes durch einen Nagel, Verpflanzung des Trochanter major mit Muskelansätzen nach unten.

Zusammenhang bleibt; dann wird der neue „Kopf" in die Pfanne eingestellt. Das Verfahren ALBEES schwächt, wie WHITMAN hervorhebt, die statisch so wichtige Abductionskomponente.

Die Methode der *Arthroplastik* von ALBEE oder WHITMAN dürfte in vielen Fällen zu einer *Ankylose* führen, wenn auch die Autoren selbst wiederholt nicht unerhebliche aktive Beugefähigkeit des Hüftgelenkes erzielten.

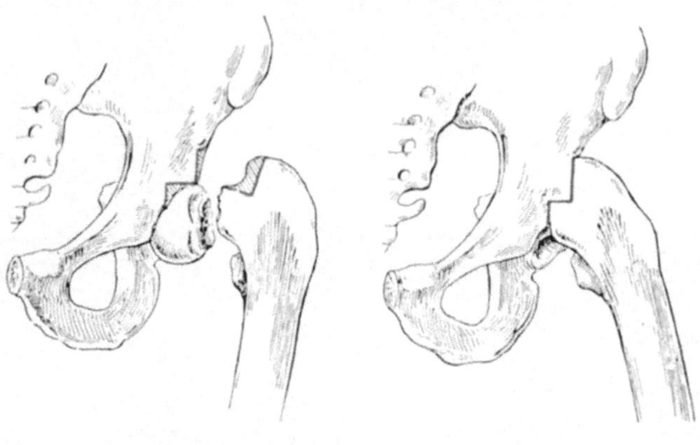

Abb. 790. Arthrodese zur Behandlung der Schenkelhalspseudarthrose: a Art der Anfrischung; b durchgeführte Arthrodese.

Falls man sich nicht zu einer Arthroplastik mit Fascienimplantation nach LEXER *entschließt, ist es besser, eine orthopädisch korrekte Synostose in der Verkürzung entsprechender Abduction und leichter Flexion als ein bewegliches Gelenk mit zweifelhafter Belastungsfähigkeit zu erstreben.* Dazu eignet sich ein Vorgehen mit einfacher winkliger Anfrischung, wie es Abb. 790 a, b demonstrieren, vor allem jedoch die vorstehend beschriebene *Arthroplastik* nach WHITMAN mit Abwärtsverlagerung des abgemeißelten Trochanter major (Abb. 789).

Das WHITMANsche Verfahren hat mich sowohl technisch als auch mit Bezug auf die erzielte Belastungsfähigkeit bisher stets in hohem Maße befriedigt.

Kapitel 7.

Die Fractura pertrochanterica und ihre Behandlung.

Neben den durch das Trochantergebiet verlaufenden Begleitfrakturen der intertrochanteren Schenkelhalsbrüche können wir selbständige, im Trochantermassiv lokalisierte Kontinuitätsfrakturen des Femur unterscheiden. Anatomisch sind sie gegenüber der Fractura intertrochanterica dadurch charakterisiert, daß die Hauptmasse des großen Trochanter am oberen Fragment sitzt (vgl. Abb. 746/793).

Die pertrochantere Femurfraktur kommt vorwiegend durch eine Gewalteinwirkung auf die Außen- und Rückfläche des oberen Femurendes etwas unterhalb der Trochanterwölbung zustande; häufig wirkt der Stoß gleichzeitig von unten her, so daß wir eine *kombinierte Abscherungsbiegungsfraktur* vor uns haben. Von besonderer Bedeutung für die Entstehung dieser Frakturform ist der *Widerstand des Ligamentum ileofemorale;* dieses Ligament fixiert das obere Femurende in analoger Weise, wie die Kapselverstärkungsbänder, besonders das Ligamentum coraco-humerale, bei der Entstehung der Fractura pertubercularis das obere Humerusende festhalten. So wird durch die von hinten-außen einwirkende Gewalt das Femur an der Grenze zwischen fixiertem und nicht-fixiertem Teil getrennt; entsprechend findet sich die Rißstelle am Knochen vorne meist dicht unterhalb der Ansatzstelle des Ligamentum Bertini. Durch Fall auf den Trochanter entstehen kombinierte inter-pertrochantere Frakturformen, die recht häufig sind (Abb. 791/792).

Besonders charakteristische Ursachen für die Entstehung einer pertrochanteren Fraktur sind *forcierte Hyperextension beim Fallen nach rückwärts* sowie *gewaltsame Rotation-Adduction des oberen Femurendes beim Fallen nach der entgegengesetzten Seite.* Es handelt sich um eine Überbiegung des Femur nach hinten, und entsprechend verläuft die Frakturebene von vorne-oben nach hinten-unten (s. Abb. 793), *so daß sich das untere Fragment nach vorne und oben verschiebt.* Neben dieser

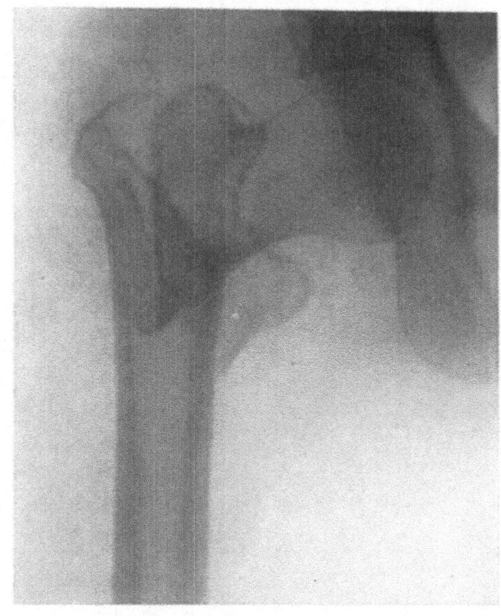

Abb. 791. Fractura inter-pertrochanterica, vorne intertrochanter, hinten pertrochanter verlaufend; Absprengung des Trochanter minor.

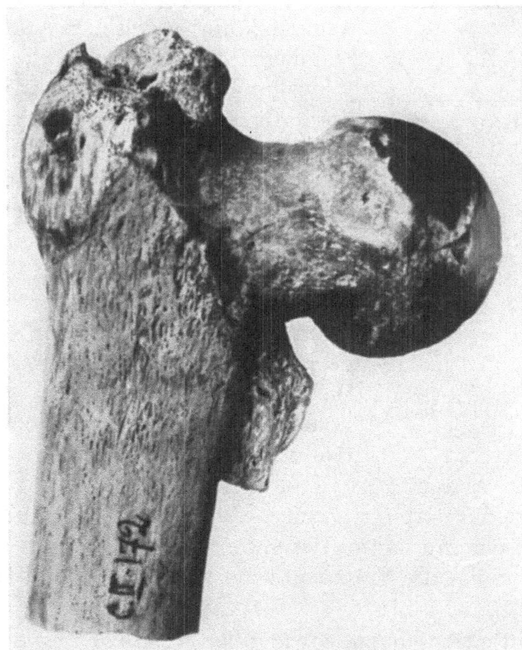

Abb. 792. Geheilte Fractura inter-pertrochanterica. (Sammlung der pathologisch-anatomischen Anstalt Basel.)

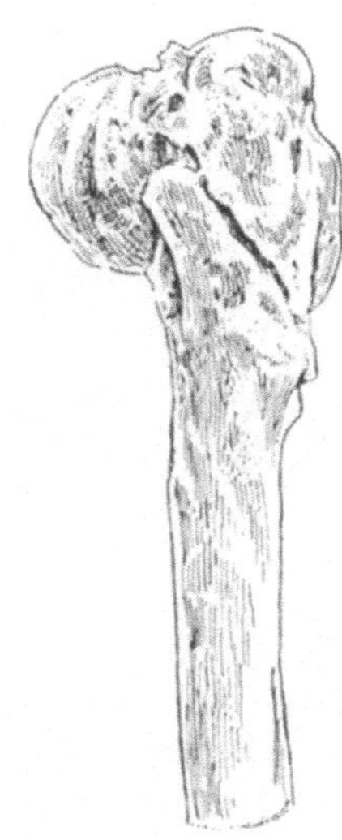

Abb. 793. Fractura pertrochanterica mit typischem Verlauf von vorne-oben nach hinten-unten. (Präparat nach KOCHER.)

Hauptverschiebung sieht man noch Dislokation des unteren Bruchstückes nach innen, sehr selten nach außen.

Durch die Verschiebung des unteren Fragmentes nach vorne und oben gerät es zum oberen Fragment in eine Extensionsstellung; je weiter unten die Fraktur liegt, desto ausgeprägter ist gleichzeitig eine Winkelbildung mit nach vorne gerichteter Spitze.

Wie die Fractura intertrochanterica, kommt auch die pertrochanterica als Ausläufer einer hochgelegenen *Rotationsfraktur* der Femurdiaphyse zur Beobachtung (Abb. 794).

Die *Symptome* der Fractura pertrochanterica sind durchaus charakteristische. Neben den lokalisierten *Schmerzen*, der *Funktionsstörung* und der meist hochgradigen *Auswärtsrotation des Fußes* finden wir hier, der oberflächlicheren Lage der Fraktur entsprechend, eine ausgeprägte *Schwellung und Auftreibung im Trochantergebiet*; infolge der Winkelbildung zwischen den Fragmenten macht sich diese Schwellung besonders an der Vorderfläche des Oberschenkels geltend. Das nach vorne dislozierte untere Fragment läßt sich gelegentlich durchfühlen.

Entscheidend für die Lokalisation der Frakturebene ist die Feststellung, *daß die Trochanterspitze bei passiven Rotationen der Femurdiaphyse nicht mitgeht*. Die Trochanterspitze steht gewöhnlich ebenfalls etwas höher als auf der normalen Seite, weil

Abb. 794. Fractura pertrochanterica als Ausläufer einer subtrochanteren Rotationsfraktur. (Sammlung der pathologisch-anatomischen Anstalt Basel.)

auch hier das obere Fragment in Abductionsstellung gestoßen oder gezogen wird, unter Reduction des Schenkelhalsdiaphysenwinkels (vgl. Abb. 791 u. 792). Einzig bei Rotationsbrüchen pflegt eine Adduction des unteren Femurabschnittes zu fehlen, weil bei diesen Bruchformen die Fragmente meist in ausgedehntem Kontakt bleiben.

Über den Grad der Fragmentverschiebung sowie über allfällige Begleitfrakturen der Trochanteren gibt die *Röntgenaufnahme* Auskunft.

Die meßbare *Verkürzung* beträgt bei der Fractura pertrochanterica durchschnittlich 3—5 cm, und ist bei Rotationsbrüchen meist geringer als bei den typischen Schrägfrakturen.

Die *Behandlung* hat in erster Linie für gute *Reposition*, und zwar nicht nur für Ausgleich der Verkürzung, sondern auch für Wiederherstellung des normalen Schenkelhalsdiaphysenwinkels zu sorgen.

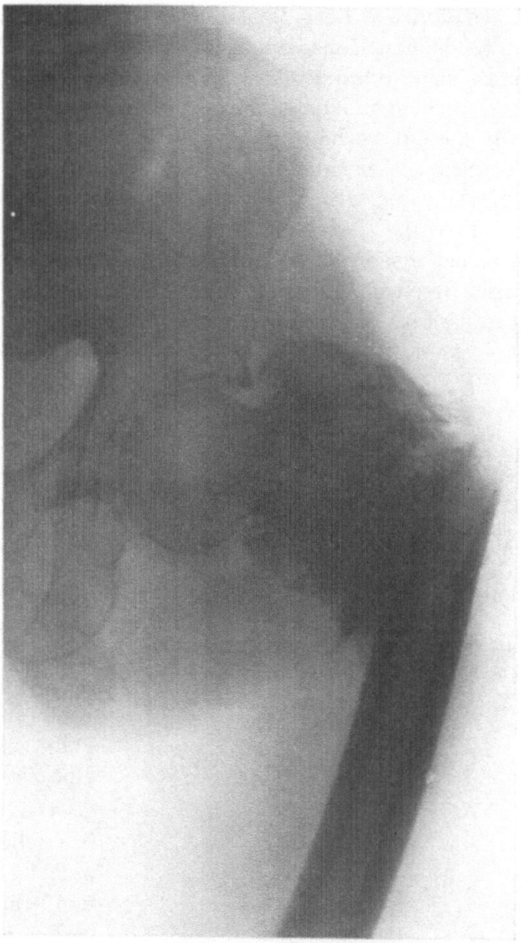

Die Beseitigung der Verkürzung erfordert kräftigen *Längszug in Narkose* oder Lokalanästhesie, wobei man sich die entspannende Wirkung der Semiflexion zunutze macht. Nach erfolgter Reposition wird noch während der Narkose eine *Heftpflasterextension* angelegt, bei einer *Elevation des Oberschenkels* um etwa 30° und entsprechender Flexion des Kniegelenkes; der optimale *Abductionswinkel* beträgt etwa 40° (vgl. Abb. 777). An Stelle der immediaten Reposition kann auch allmählicher Ausgleich der Verkürzung durch *Draht- oder Klammerzug* treten, und zwar empfiehlt sich dieses Vorgehen überall dort, wo nicht die Stellung des unteren Fragmentes in der Nähe der Gefäße sofortige Reduction wünschenswert erscheinen läßt.

Bei Rotationsbrüchen liegt das obere Fragment manchmal vorne, und gerät dann in ausgeprägte Flexionsstellung; in solchen Fällen ist die Elevation des Oberschenkels dem Flexionsgrad des oberen Fragmentes anzupassen.

Rebellische Verschiebungen des

Abb. 795. Schlechtgeheilte Fractura interpertrochanterica mit erheblicher Calluswucherung und hochgradiger Adductionsverbiegung.

unteren Fragmentes, die sich durch äußere Maßnahmen nicht korrigieren lassen, auch nicht bei Anwendung direkten Zuges, erfordern *operatives Vorgehen*. Zur Erzielung korrekter Reposition intra operationem kann hier die *Nagel- oder Zangenextension* wertvolle Dienste leisten. Die Freilegung der Frakturstelle erfolgt durch lateralen Schnitt. In der Wahl der technischen Fixationsmittel wird man sich von der Gestaltung der Fragmente leiten lassen; langgestreckte Schrägfrakturen werden am besten durch kombinierte *Umschlingung und Verschraubung* vereinigt, ebenso Rotationsbrüche, während für kurze, der Querfraktur sich nähernde Formen die *Platten-*

verschraubung besser geeignet ist. *Die Metallplatten zur Verschraubung müssen sehr groß und stark gewählt werden, ein Erfordernis, dem oft zum Schaden des Patienten nicht nachgelebt wird.*

Die *Konsolidationsdauer* beträgt für die pertrochantere Fraktur 8—10 Wochen; solange soll die Extension wirken und ebensolang müssen operativ behandelte Patienten zu Bett liegen. Die Belastung der gebrochenen Extremität darf unter keinen Umständen vor Ablauf der 10. Woche erfolgen, und erst nachdem man sich durch äußere Untersuchung und Röntgenogramm von der Zuverlässigkeit der Konsolidation überzeugt hat, weil die pertrochantere Fraktur wie die subtrochantere, ausgesprochene, wenn auch nicht ganz so hochgradige Tendenz zu nachträglicher Adductionsverbiegung hat. Nach erfolgter Konsolidation sind die Verletzten deshalb während einiger Monate zu überwachen.

Für die *Korrektur schlecht geheilter, pertrochanterer Frakturen* gilt das, was wir bei der Fractura intertrochanterica gesagt haben. Es wird sich meistens um Beseitigung einer Adductionsknickung (s. Abb. 795) durch eine pertrochantere Osteotomie handeln.

Kapitel 8.

Die Fractura femoris subtrochanterica und ihre Behandlung.

Die subtrochantere Fraktur (Abb. 796) gehört mit ihren Torsionsformen eigentlich schon zu den Diaphysenfrakturen des Femur; doch hat sie, wie die subtuberkuläre Humerusfraktur, einige Besonderheiten, die ihre klinische Abgrenzung von der eigentlichen Diaphysenfraktur des Femur rechtfertigen. Sie entsteht nach klinischen und experimentellen Feststellungen im wesentlichen durch Biegung, oft verbunden mit Abscherung und Rotation.

Greift bei Fall auf die Außenfläche des Oberschenkels die *Gewalt dicht unterhalb der Trochanterwölbung* an, so wird das untere Fragment, das nicht wie das obere durch Vermittlung des Schenkelhalses eine Gegenstütze am Becken findet, in wesentlich querer Richtung abgebrochen; am Schluß der Frakturierung kommt häufig noch eine *Biegungskomponente* zur Geltung. Der Richtung der frakturierenden Gewalt entsprechend wird das untere Fragment primär nach innen verschoben, so daß eine *Adductionsfraktur* entsteht (vgl. Abb. 796). Ferner kommt die subtrochantere Fraktur zustande durch *Fall auf die Füße*, also durch Stoß in der Richtung der Femurachse, wobei wesentlich Abbiegung des

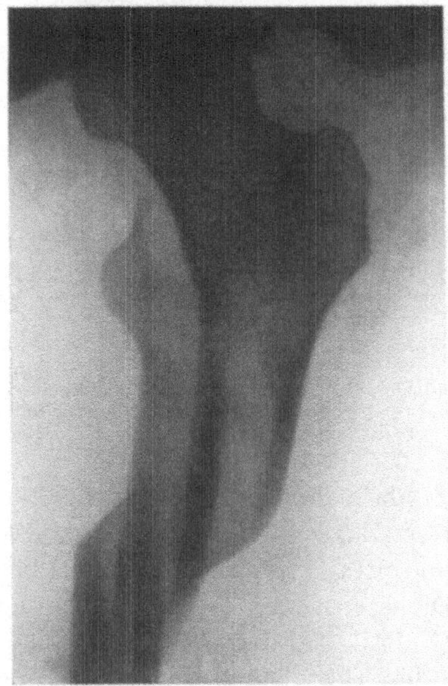

Abb. 796. Fractura femoris subtrochanterica. Bildung eines rautenförmigen, den kleinen Trochanter einschließenden Corticalisfragmentes, Verschiebung des unteren Fragmentes nach innen.

Femur stattfindet. Gewöhnlich liegt hier auch eine *Rotationskomponente* (vgl. Abb. 797) vor. Das *untere Fragment* verschiebt sich in typischen Fällen nach *hinten und oben*, während das *obere Fragment* nach vorne in mehr oder weniger starke Flexionsstellung gerät (Abb. 798b) und meist gleichzeitig

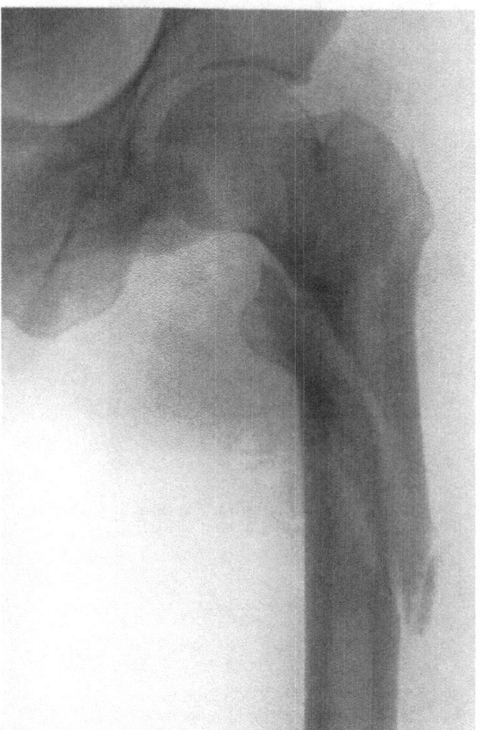

Abb. 797. Subtrochantere Femurfraktur, entstanden durch Längsstoß und Rotation.

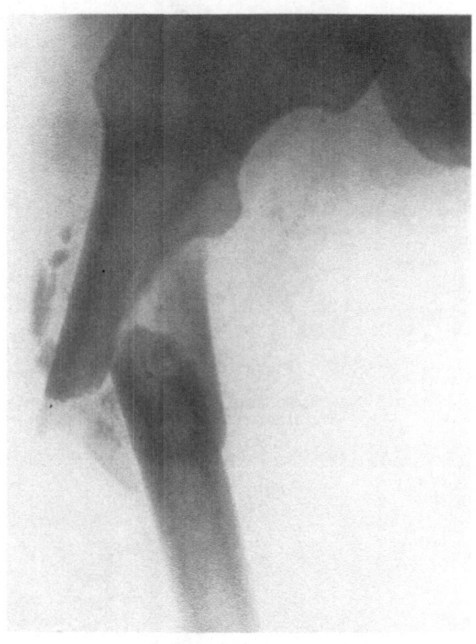

Abb. 798a. Fractura femoris subtrochanterica, entstanden durch Längsstoß und Biegung. Abduction des oberen, Adduction des unteren Fragmentes.

abduziert wird (Abb. 798a); diese *Flexion* ist gewöhnlich erheblich ausgeprägter als bei der Fractura pertrochanterica, weil das obere Fragment nicht wie bei dieser durch das vorne liegende untere Fragment festgehalten wird. Durch Kombination mit per- und intertrochanteren Spalten kommen Y- bzw. *Winkelfrakturen* zustande, jedoch bedeutend seltener als bei Fractura pertrochanterica oder gar bei Fractura intertrochanterica.

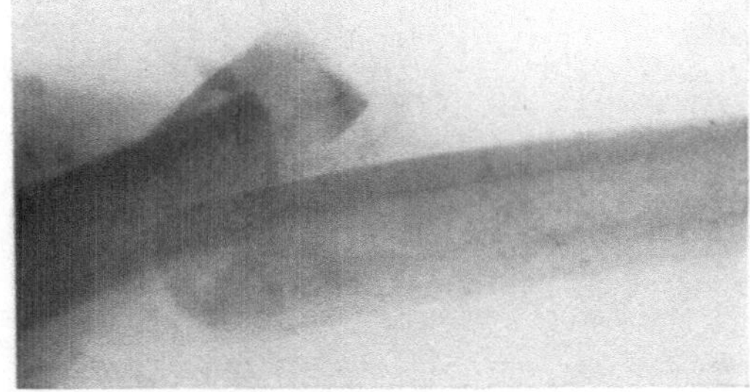

Abb. 798b. Seitenaufnahmen zu Abb. 798a. Fractura femoris subtrochanterica; Verschiebung des oberen Fragmentes nach unten und vorne in Elevationsstellung, des unteren nach hinten und oben.

Die *Verkürzung* erreicht bei der Fractura subtrochanterica häufig *höhere Grade* als bei den bereits besprochenen Bruchformen, und beträgt kaum jemals weniger als 4 cm, sofern es sich nicht um unvollständige Rotationsbrüche handelt.

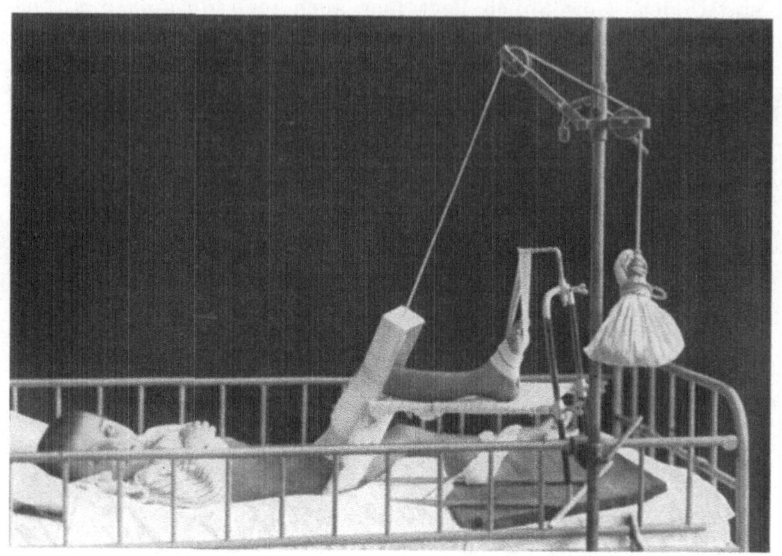

Abb. 799a. Extension einer subtrochanteren Femurfraktur mit Abduction und Flexion des oberen Fragmentes (vgl. Abb. 798 u. 800). Der Zug wirkt in Abduction und Flexion.

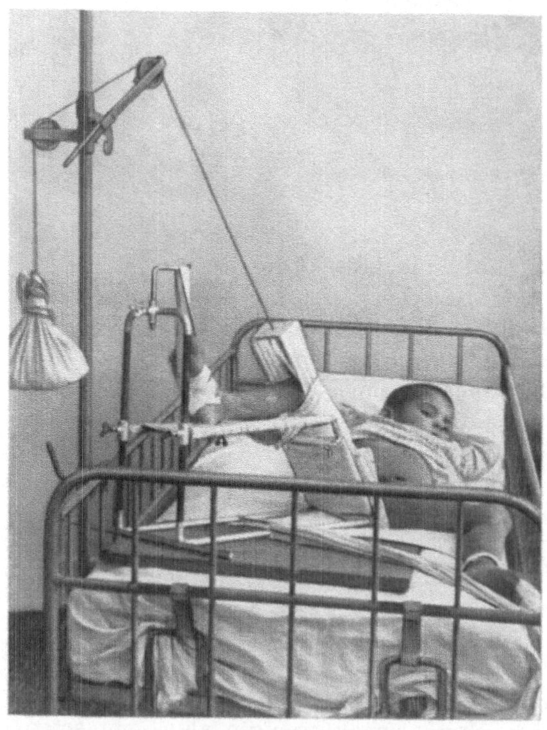

Abb. 799b. Extension von Abb. 799a vom Fußende des Bettes her gesehen, zur Demonstration der abduzierenden Zugwirkung.

Die *Symptome* stimmen weitgehend mit den Erscheinungen der Fractura pertrochanterica überein. Doch lokalisieren sich *Schwellung* und maximale *Druckempfindlichkeit* unterhalb der Trochanterwölbung. Der *Fuß* ist meist *stark auswärtsrotiert,* so daß er, wie bei den Diaphysenbrüchen, mit seiner Außenfläche der Unterlage aufliegt (s. Abb. 60). Selten ist Einwärtsrotation des Fußes, offenbar auf primärer Fragmentdislokation beruhend. Da die subtrochantere Fraktur noch oberflächlicher liegt als die pertrochantere, läßt sich

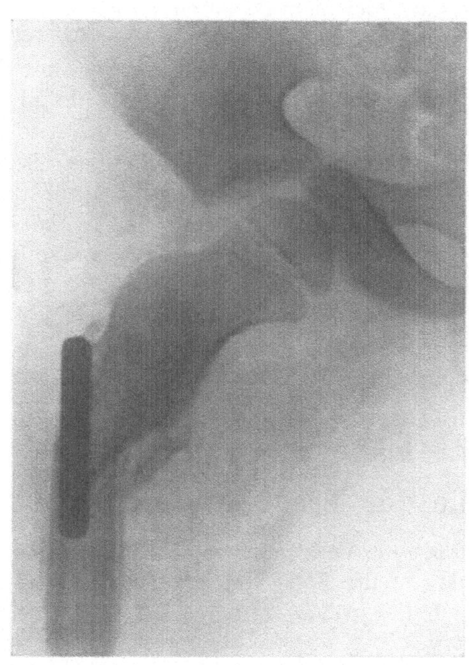

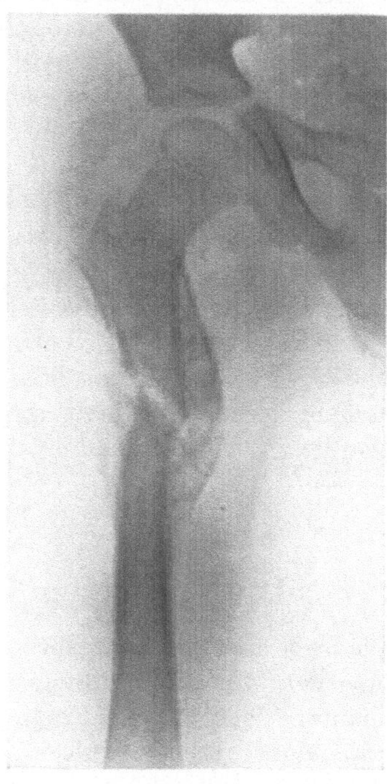

Abb. 800.				Abb. 801.

Abb. 800. Sekundäre Abductionsverbiegung einer operativ behandelten Fractura subtrochanterica infolge schleichender Streptokokkeninfektion.
Abb. 801. Fraktur Abb. 800 nach operativer Korrektur — Entfernung der Metallplatte, Aufsplitterung der Fragmente nach Entfernung schalenförmiger Sequester, Implantation von Spongiosa aus dem Trochanter, Drahtextension, später Heftpflasterzug (Abb. 799) — in guter Stellung solid geheilt.

falsche Beweglichkeit nachweisen; auch fühlt man die Spitze des oberen Fragmentes nach vorne prominieren. Der große Trochanter ist frei und geht bei passiver Rotation des Femur nicht mit.

Für die Beurteilung der Beugungslage des oberen Fragmentes ist unbedingt eine *Seitenaufnahme* erforderlich, die in Verbindung mit dem anteroposterioren Röntgenogramm, das über den Grad der Abduction des oberen und der Adduction des unteren Bruchstückes Auskunft gibt (vgl. Abb. 798a, b), die Richtung des reponierenden Zuges zu bestimmen gestattet.

Die *Behandlung der subtrochanteren Femurfraktur* deckt sich mit den Grundsätzen, die für die Behandlung der Diaphysenbrüche gelten. In erster Linie kommt deshalb die *Extensionsbehandlung* in der Achse des oberen Fragmentes in Betracht. Der *Elevationswinkel* ist der Flexion des oberen Fragmentes anzupassen, so daß der Oberschenkelzug gewöhnlich in einem Beugungswinkel des

Hüftgelenkes von 60—70⁰ zur Wirkung gelangt (Abb. 799a); gleichzeitig ist der Zug gemäß der Lage des oberen Bruchstückes in *Abduction* zu orientieren (Abb. 799b). Im allgemeinen läßt sich die Verschiebung nur durch *direkten Zug am Femur oder an der Spina tibiae* befriedigend ausgleichen; eine *Heftpflasterextension* genügt nur bei unbedeutender Verkürzung. Die *Extensionsdauer* beträgt auch bei diesem Bruch 8 Wochen, mit anschließender Entlastung für mindestens weitere 2 Wochen.

Meiner Erfahrung nach haben subtrochantere Brüche eine ausgeprägte *Tendenz zu nachträglicher Verbiegung*, was auf hier nicht so selten zu beobachtender *Verzögerung der Konsolidation* und auf der *äußerst hartnäckigen Wirkung des Muskelzuges* beruht, der noch nach Wochen das obere Fragment in Flexion und Abduction, das untere in Adduction zu stellen trachtet. Dies sieht man namentlich auch im Anschluß an operative Behandlung (Abb. 800).

Gelingt es nicht, durch direkten Zug die Fragmente richtig einzustellen, so ist *operatives Vorgehen* angebracht (Abb. 801). Der schräge Verlauf der Bruchebene wird oft *Umschlingung*, allfällig kombiniert mit *Verschraubung* ermöglichen; Querfrakturen bleiben der *Plattenverschraubung* unter Verwendung langer und starker Platten vorbehalten. Mit Rücksicht auf die Neigung dieser Brüche zu verzögerter Konsolidation ist von weitgehender Ablösung des Periostes abzusehen; ferner empfiehlt sich hier Implanation von Spongiosa aus dem Trochanter in die Markräume der Diaphysen.

Kapitel 9.

Die isolierten Brüche der Trochanteren.

Die isolierten Trochanterbrüche sind seltene Verletzungen. Eine Zusammenstellung von MORRIS umfaßt nur 6 sichergestellte Fälle von Fraktur des großen Trochanter; doch ist ihre Frequenz zweifellos größer. POLAND hat 8 Fälle von *Epiphysenlösung* zusammengestellt.

Die *Fraktur des Trochanter major* entsteht vorwiegend durch *Fall* auf den oberen Abschnitt oder *auf die Spitze des Trochanter*, besonders beim Aufschlagen auf einen kantigen Gegenstand. Seltener sind *Abrißbrüche* infolge von *Muskelzug*; es muß auffallen, daß von komplizierenden Abrißfrakturen des großen Trochanter bei Hüftgelenkluxationen nichts berichtet wird. Eine solche außergewöhnliche Trochanterfraktur zeigt das Röntgenogramm Abb. 802/803; Patient fiel von einem Leitungsmast auf einen eisernen Staketenzaun, und zeigte dicht an der Trochanterspitze eine kleine, von einer Stakete herrührende Stichverletzung. Es ließ sich nicht entscheiden, ob die Fraktur durch Abriß oder direkt durch die eiserne Staketenspitze zustande kam. Die reine *Abrißfraktur* des Trochanter major erfolgt gewöhnlich beim Heben schwerer Lasten, durch forcierte Abduction bei gleichzeitiger Rotation, d. h. durch unkoordinierte Aktivierung des Glutaeus medius und minimus.

Neben *Schwellung, Bluterguß, lokaler Druckempfindlichkeit* und *Hemmung der Oberschenkelbewegungen bei erhaltener Belastungsfähigkeit* des Beines findet sich in allen Fällen, wo die sehnenartige Ansatzfascie der Glutäalmuskeln zerrissen ist, eine *Verschiebung des Trochanterfragmentes*. Das Fragment wird durch die Aktion des Glutaeus medius und minimus nach hinten und oben gezogen (s. Abb. 803) und kann mehrere cm oberhalb der Abbruchfläche stehen. In solchen Fällen erscheint die *Trochantergegend abgeflacht*, man fühlt einen tiefen Hiatus und kann das bewegliche Fragment palpatorisch nachweisen. Das Bein wird gewöhnlich leicht flektiert, adduziert und einwärts rotiert gehalten. Bleibt die den Trochanter überziehende Insertionsfascie intakt, so fehlt eine nennenswerte Verschiebung des Fragmentes; die Spitze des Trochanter ist jedoch abnorm beweglich und gleichzeitig läßt sich *Crepitation* nachweisen.

Bei *Epiphysenlösungen*, die man nur bei Individuen im Alter unter 17 Jahren

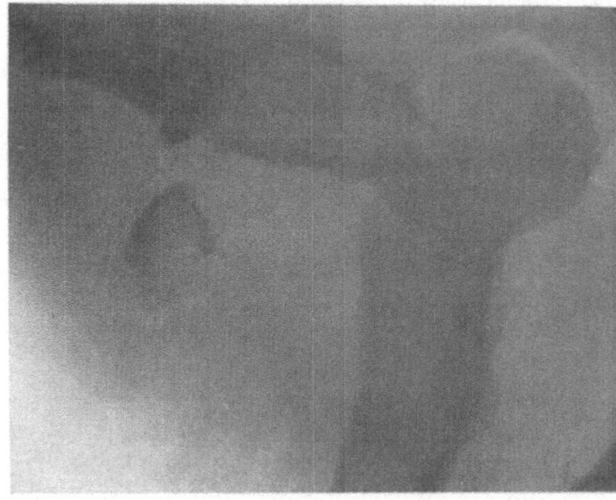

Abb. 802. Fraktur des Trochanter major bei traumatischer Luxation des Hüftgelenkes.

beobachtet hat, pflegt eine nennenswerte Dislokation des Epiphysenfragmentes meist zu fehlen.

Der Grad der *Funktionsstörung* hängt von der Verschiebung des Fragmentes ab. Hat die Trochanterspitze ihren Zusammenhang mit dem Trochantermassiv nicht verloren, so sind aktive Bewegungen in allen Richtungen möglich; doch wird besonders die Abduction gegen Widerstand nur unvollständig ausgeführt, weil sie Schmerzen auslöst. Ist das Fragment stark verschoben, so finden sich Abduction und Rotationsbewegungen stark eingeschränkt. Die spontane Heilung der Trochanterfraktur erfolgt nur knöchern, wenn Periost und fibröser Überzug so weit erhalten sind, daß keine nennenswerte Verschiebung des Fragmentes besteht.

Die *Behandlung* hat sich nach der Dislokation des Trochanterfragmentes zu richten. Bei Frakturen ohne Verschiebung genügt einfache *Lagerung* des Beines in Abduction, Auswärtsrotation und leichter Flexion im Hüft- und Kniegelenk. Eine *Extension* kann hier höchstens den Zweck erfüllen, das Bein in dieser Lage einigermaßen zu fixieren.

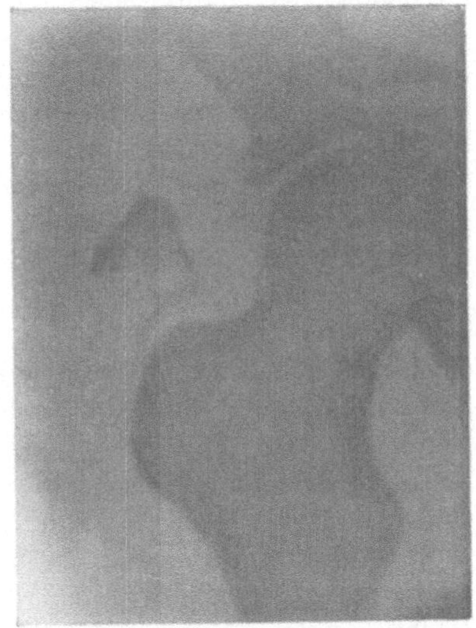

Abb. 803. Röntgenogramm von Abb. 802 nach erfolgter Reposition. Verschiebung des Trochanterfragmentes nach oben.

Trochanterbrüche mit erheblicher Verschiebung des Fragmentes nach oben erfordern dagegen *operatives Vorgehen*, wenn das Fragment sich in Abduction-Auswärtsrotation des Beines dem Femur nicht gut anlegt. Die Fixation des

Fragmentes erfolgt am einfachsten durch *Verschraubung von der Trochanter-spitze her*, kann jedoch auch durch zwei am vorderen und hinteren Umfang des Trochanters angelegte *Drahtnähte* gewährleistet werden. Die *Heilungs-dauer* beträgt 5—6 Wochen.

Auch die *isolierte Fraktur des Trochanter minor* gelangt selten zur Beobachtung; Ruhl hat 22 Fälle zusammengestellt, von denen 17 auf das zweite Dezennium fielen, während 3 Verletzte im Alter von über 70 Jahren standen. Somit handelt es sich wesentlich um *Epiphysenlösungen*, während bei alten Leuten ein gewisser Grad von *Osteoporose* als prädisponierendes Moment mitwirken dürfte.

Die Fraktur des Trochanter minor ist ein *Abrißbruch* und entsteht durch unkoordinierte heftige Kontraktion des *M. ileopsoas* oder durch passive Wirkung dieses Muskels bei energischer Streckung des Hüftgelenkes als Abwehrbewegung gegen das Vornüberfallen.

Charakteristische Symptome sind eine gewisse *Hemmung der aktiven Aus-wärtsrotation* und die *Unmöglichkeit, im Sitzen den Oberschenkel bei gestrecktem Kniegelenk aktiv über die Horizontale zu erheben* (Ludloffsches Zeichen). Letzteres Symptom erklärt sich daraus, daß bei rechtwinklig gebeugtem Hüftgelenk und gestrecktem Kniegelenk die weitere beugende Einwirkung des M. rectus femoris erschöpft ist, und daß die Flexion über den rechten Winkel hinaus jetzt einzig vom Ileopsoas ausgeführt wird. Infolge Abriß der Ansatzsehne des Ileopsoas am Femur oder infolge Schmerzhemmung bei unvollständiger Abreißung fällt letztere Bewegung aus.

Das Ludloffsche Zeichen ist jedoch nicht in allen Fällen von Abrißfraktur des kleinen Trochanter vorhanden, weil der M. iliacus sich zum größten Teil unterhalb des Trochanter minor ohne Vermittlung einer Sehne am Femur ansetzt, so daß die beugende Funktion dieses Muskelabschnittes erhalten bleibt. Weitere Symptome sind *Schmerzhaftigkeit extremer passiver Hüftgelenkbewegungen*, besonders der Auswärtsrotation und Einwärtsrotation, *Hemmung und Schmerz-haftigkeit der aktiven Auswärtsrotation, Druckschmerz* in der Richtung nach dem kleinen Trochanter sowie im Bereich des Ligamentum Pouparti und unterhalb davon, *Schwellung in der Fossa ileopectinea*. Die *Gehfunktion* ist bei den meisten Patienten nur wenig gestört, wenn die Patienten auch hinken und das verletzte Bein schonen.

Entscheidend für die *Diagnose* ist die *Röntgenaufnahme*, die Abbruch des Trochanter minor mit verschieden hochgradiger Verschiebung nach innen und oben zeigt.

Als *Behandlung* genügt *Ruhelagerung* in leichter Beugung, Außenrotation und Abduction, wodurch die Abbruchfläche dem Abrißfragment genähert wird. Auf diese Weise ist in 2—6 Wochen vollständige Heilung ohne jede Funk-tionsstörung zu erzielen, auch wenn keine vollständige Adaptation der Bruch-flächen erfolgt. Anwendung von *Wärme* und *Massage*, verbunden mit aktiven *Bewegungsübungen* etwa von der dritten Woche an, befördern die Heilung.

Die mit dieser Behandlung zu erzielenden guten Resultate lassen eine *An-schraubung des Abrißfragmentes* auch bei erheblicher Dislokation in der Regel als überflüssig erscheinen; sie stellt jedenfalls bei der tiefen Lage der Abbruch-stelle einen relativ großen Eingriff dar, der jedoch von der Innenseite des Ober-schenkels her ohne Nebenverletzung ausführbar ist.

II. Die Brüche der Oberschenkeldiaphyse.

Kapitel 1.

Entstehungsmechanismus und Form der Diaphysenbrüche.

Die Schaftbrüche des Oberschenkelknochens betreffen vorwiegend arbeitende Männer vom 20.—50. Lebensjahr, werden jedoch auch bei Kindern recht häufig beobachtet.

Die größte Frequenz erreichen die Frakturen des Mittelstückes, dann folgen die Brüche des oberen Drittels, zuletzt die des unteren Drittels.

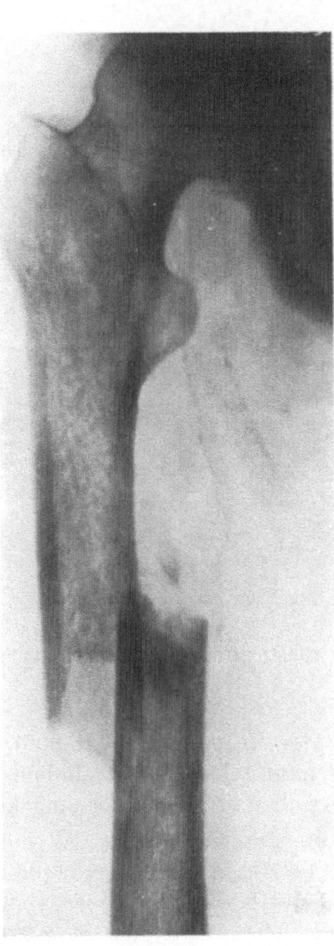

Abb. 804. Direkte Querfraktur des Femur mit deutlicher Biegungskomponente; senile Knochenatrophie.

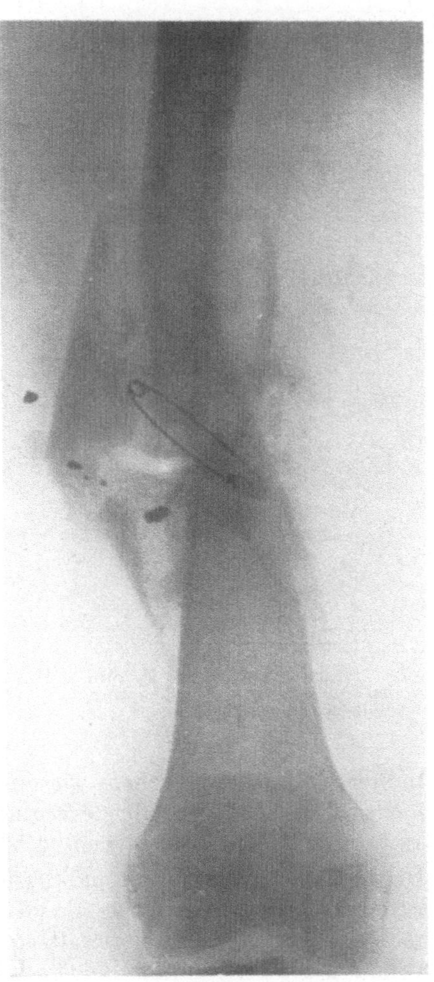

Abb. 805. Granatsplitterfraktur der Oberschenkeldiaphyse.

Direkte Frakturen sieht man als Folge von Überfahrung, Fall gegen eine vorragende Kante, umschriebene Einwirkung eines Schlages, Auffallen schwerer

49*

Steine bei Verschüttungen, Vorgänge, die ausnahmslos einer erheblichen Gewalteinwirkung entsprechen. Besonders schwere, mit meist erheblicher Weichteilquetschung verbundene direkte Femurfrakturen sieht man bei Wintersport-
und Automobilunfällen. Diese direkten Brüche kommen in jedem Niveau
der Diaphyse zur Beobachtung; sie verlaufen vorwiegend *quer*, mit mehr oder
weniger ausgeprägter *schräger Biegungskomponente* (s. Abb. 46 u. 804). Auch
Schußverletzungen auf weite Distanz können die Form der Querfraktur
aufweisen; doch ist das Paradigma
der Schußverletzung auch hier die
Splitterungsfraktur (Abb. 805).

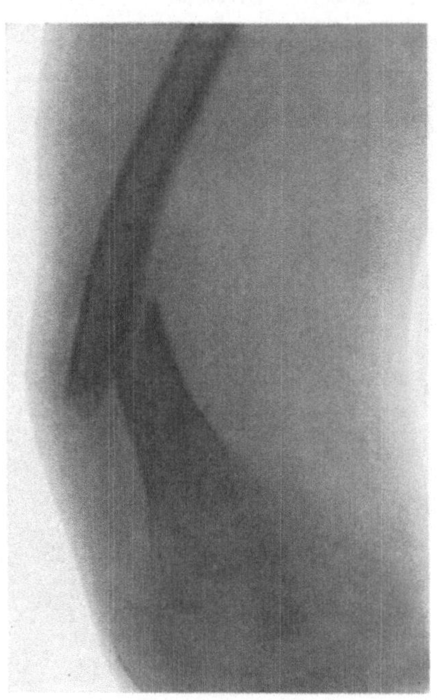

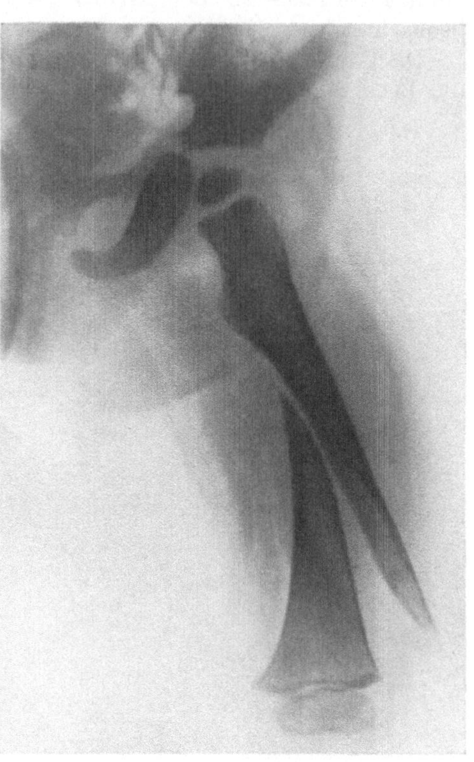

Abb. 806. Biegungsfraktur der Femurdiaphyse bei hochgradiger Knochenatrophie
infolge Kniegelenktuberkulose.

Abb. 807.
Reine Rotationsfraktur der Femurdiaphyse.

Indirekte Frakturen sehen wir in Form der *Biegungs-* (Abb. 806) und
Rotationsfraktur (Abb. 807), beide Formen sind häufig kombiniert, indem eine
Fraktur durch Biegung begonnen, durch Torsion vollendet wird, oder umgekehrt.

Die häufigste Ursache der indirekten Biegungsfraktur ist ein *Fall auf die
Füße*, indem der Stoß von unten die physiologische Biegung des Femur plötzlich
so stark vermehrt, daß die Corticalis vorne, auf der Kuppe des Konvexbogens,
reißt und gegenüber in der Konkavität komprimiert wird; derart zustande
gekommene Femurfrakturen zeigen manchmal einen typischen *Biegungskeil*
(vgl. Abb. 808b). In seltenen Fällen betrifft die Biegungsfraktur durch Längskompression das obere Femurdrittel, wobei sich der Rißbruch, entsprechend
der veränderten Orientierung der Femurbiegung in diesem Niveau, vorne außen
findet. Ferner entstehen indirekte Biegungsfrakturen der Diaphyse durch

Gewalten, die bei fixiertem oberem Abschnitt seitlich auf das untere Ende des Femur einwirken. Andererseits kann bei fixiertem Fuß die flektierende Gewalt durch den Rumpf auf den Oberschenkelknochen übertragen werden. Die durch Beugung des Knie- oder Hüftgelenkes zustande kommende Hebelwirkung erklärt, daß diese indirekten Biegungsfrakturen häufig *Rotationskomponenten* aufweisen (Abb. 808a, b).

Die reinen oder primären *Torsionsfrakturen* betreffen hauptsächlich das mittlere und obere Diaphysendrittel (vgl. Abb. 807); sie entstehen durch

Abb. 808a. Stauchungsfraktur mit Rotationskomponenten.

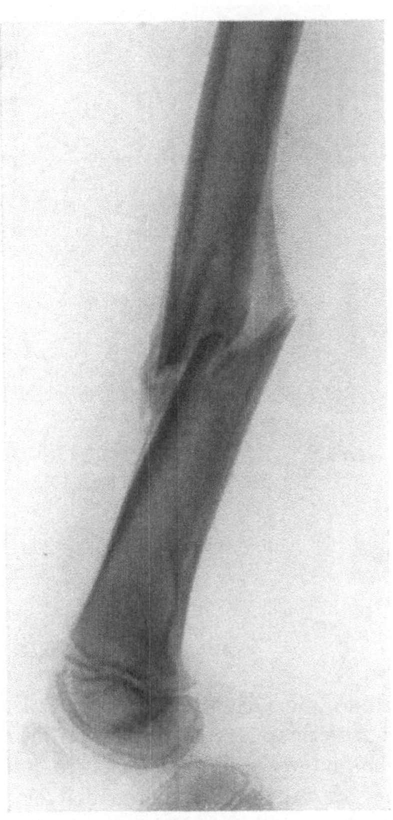

Abb. 808b. Femurfraktur durch Stauchung in der Diaphysenlängsachse; einseitig gebildeter Biegungskeil.

Vermittlung des im Kniegelenk gebeugten Unterschenkels oder durch forcierte Rumpfdrehungen, wenn beim Hinfallen der untere Femurabschnitt fixiert ist.

Infraktionen sieht man an der Femurdiaphyse recht selten; sie beschränken sich auf das Femur *rachitischer Kinder* (s. Abb. 809) und gelangen etwa noch bei Patienten mit *Osteomalacie* zur Beobachtung.

Relativ selten sind auch längsverlaufende Fissuren, die sowohl infolge von Längs- als von Querkompression des Diaphysenzylinders entstehen können (Abb. 808a).

Schließlich ist noch zu erwähnen, daß zu Frakturen führende *Geschwulst-metastasen* und *Knochencysten* eine gewisse Vorliebe für die Femurdiaphyse haben. Ferner sieht man Femurbrüche auf der Basis von Sarkomen (Abb. 11).

Da ätiologisch Biegung und Torsion gegenüber rein direkten Gewalteinwirkungen überwiegen, *sehen wir im Bereiche der Femurdiaphyse am häufigsten schräg verlaufende Bruchformen.*

Die *Rotationsbrüche* zeigen die charakteristische, zugespitzte Fragmentform und lassen gelegentlich ein typisches *rautenförmiges Corticalisfragment* erkennen.

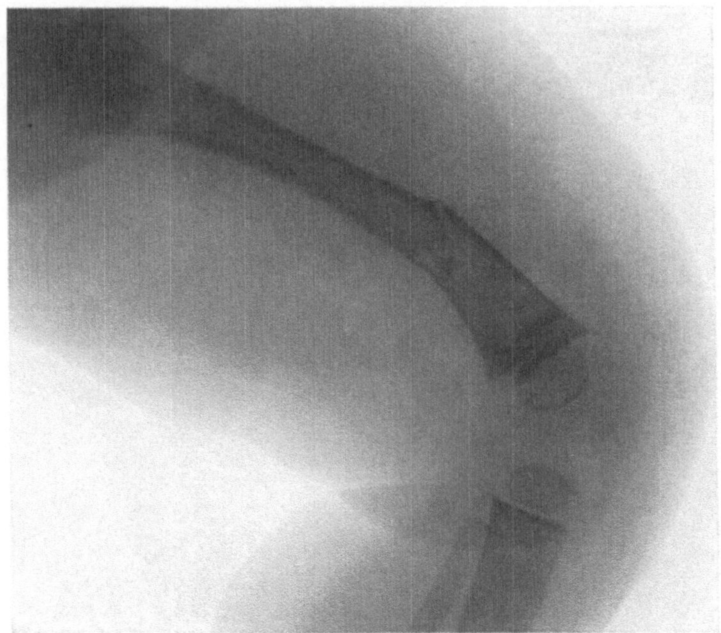

Abb. 809. Infraktion der Femurdiaphyse bei Rachitis.

Während die Orientierung der Frakturebene bei den Rotationsfrakturen sich nicht zuverlässig systematisieren läßt, zeigt der Verlauf der schrägen Biegungsbrüche in gewissen Grenzen ein *gesetzmäßiges Verhalten,* indem die Frakturebene im oberen Diaphysendrittel vorwiegend von oben-außen nach unten-innen, im mittleren Drittel von hinten-oben nach vorne-unten orientiert ist.

Kapitel 2.

Symptome und Verlauf der Diaphysenbrüche.

Die Schaftbrüche des Femur zeigen, abgesehen von den relativ seltenen, teilweise subperiostalen Torsionsfrakturen, meist *bedeutende Dislokationen,* die vor allem durch die Richtung der ursächlichen Gewalt bestimmt werden. So ist bei direkten Querfrakturen die *seitliche Verschiebung* durchwegs stark ausgeprägt (vgl. Abb. 46/804), ebenso bei Biegungsbrüchen infolge Stoß in der Längsachse die *Verkürzung.* Das Überwiegen der steilen, schrägen Bruchflächen, die sich gegenseitig keinen Halt gewähren, trägt neben dem kräftigen Längsmuskelzug die Hauptschuld an der *berüchtigten Verkürzungstendenz* der Oberschenkeldiaphysenfrakturen. Ist die Verkürzung mit erheblicher Seitenverschiebung verbunden, so findet sich oft eine *Muskelinterposition,* indem sich das eine Fragment mit seiner Spitze in die Muskulatur einbohrt. Eine für Diaphysenbrüche des Oberschenkels typische Dislokationsform ist das sog. „*Reiten*" der *Fragmente* (Abb. 810); es kommt zustande, wenn sich erhebliche Verkürzung mit seitlicher Dislokation und Winkelstellung der Fragmente kombinieren.

Die Insertionsverhältnisse der Muskulatur bedingen einige *charakteristische Dislokationsformen,* die sich nach dem Niveau der Schaftfraktur richten. *Bei Brüchen im oberen Drittel* der Diaphyse wird das obere Fragment in der Regel durch den M. ileopsoas flektiert und auswärtsrotiert (Abb. 811/61), durch die Wirkung der Glutäen gleichzeitig etwas abduziert (Abb. 812); das untere Fragment erfährt durch die Adductoren eine Verschiebung nach oben und innen (s. Abb. 804/813). Die Flexion des oberen Fragmentes fehlt oder ist nur unbedeutend, wenn das untere Fragment vorne steht, wenn also die Frakturebene von oben-vorne nach hintenunten verläuft.

In der Mitte des Schaftes steht das obere Fragment meistens nach vorne und um so mehr nach außen, je näher die Fraktur dem oberen Drittel liegt (Abb. 814). Je mehr sich die Fraktur dem *unteren Drittel des Schaftes* und damit dem Ende des Adductorenansatzes nähert, desto ausgeprägter wird eine Dislokation des oberen Fragmentes nach vorne und innen (Abb. 815 u. 816). Die Spitze des unteren Bruchstückes steht dann nach hinten-außen und zeigt manchmal gleichzeitig eine Drehung um die

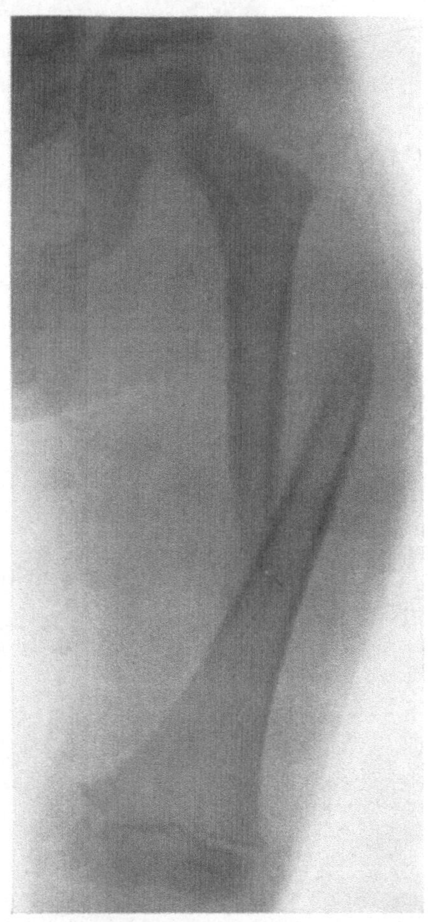

Abb. 810. „Reiten der Fragmente" bei Diaphysenfraktur des Femur

Kniegelenkquerachse nach hinten (s. Abb. 816a, b u. 817); in derartigen Fällen liegt eine Kompression oder Verletzung der Popliteagebilde im Bereiche der Möglichkeit.

Sehr ausgeprägt ist bei den Schaftbrüchen des Femur stets die *Auswärtsrotation des unteren Fragmentes*; der Fuß liegt der Unterlage, wie Abb. 60 zeigt, ganz flach auf. Die Einwärtsrotatoren haben jeden Einfluß auf das periphere Fragment eingebüßt.

Infolge der beschriebenen, ausgesprochenen Verschiebungen ist eine Diaphysenfraktur des Oberschenkels meist schon inspektorisch erkennbar; wir finden eine umschriebene, durch *Bluterguß* und Übereinanderschiebung der

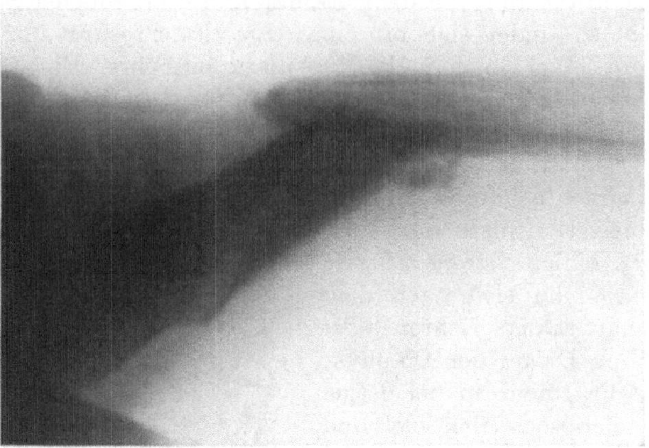

Abb. 811. Hochgradige Flexion des oberen Fragmentes durch den Zug des M. ileopsoas bei hochgelegener Fraktur der Femurdiaphyse. Die Verschiebung des unteren Fragmentes nach vorne-oben ist sekundär eingetreten; verzögerte Konsolidation.

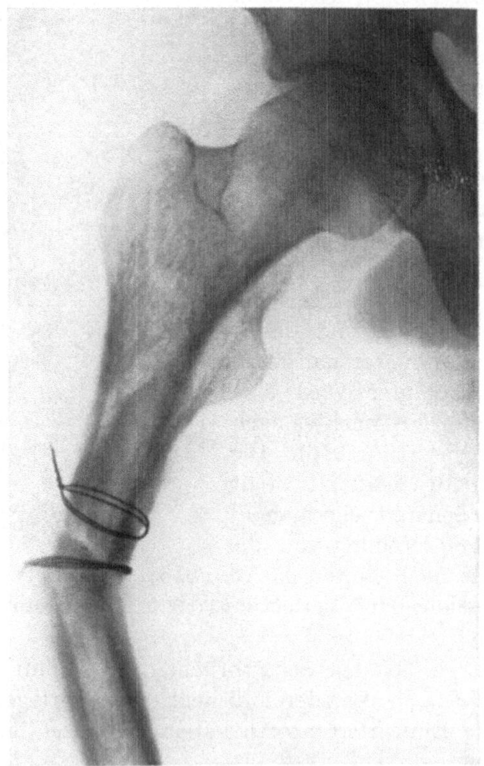

Abb. 812. Abduction und Auswärtsrotation des oberen Fragmentes bei hochgelegener Fraktur der Femurdiaphyse; verzögerte Konsolidation.

Fragmente bedingte *Schwellung* (Abb. 60), der die Stelle *falscher Beweglich-keit* und *lokaler Druckschmerzhaftigkeit* entspricht. Oft läßt sich das eine oder andere Fragment, das die Muskulatur durchstoßen hat und dicht unter der Haut liegt, deutlich fühlen; in solchen Fällen lenkt ein *Bluterguß in der Haut* die Aufmerksamkeit auf die Lage der betreffenden Frag-mentspitze. In seltenen Fällen ist eine *Durchstechungswunde* vorhanden.

Die *Verkürzung* soll stets durch *Messung* festgestellt wer-den, wobei die gebrochene Ex-tremität in zwanglose, jedoch

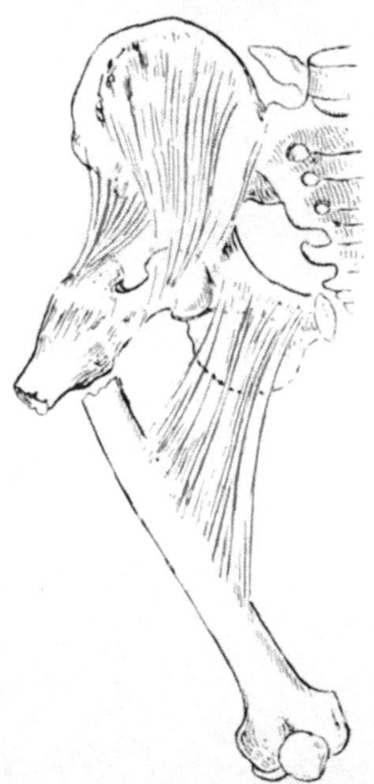

Abb. 813. Typische Verschiebung bei Fraktur im oberen Femurdrittel unter der Einwirkung des Muskelzuges, schematisch.

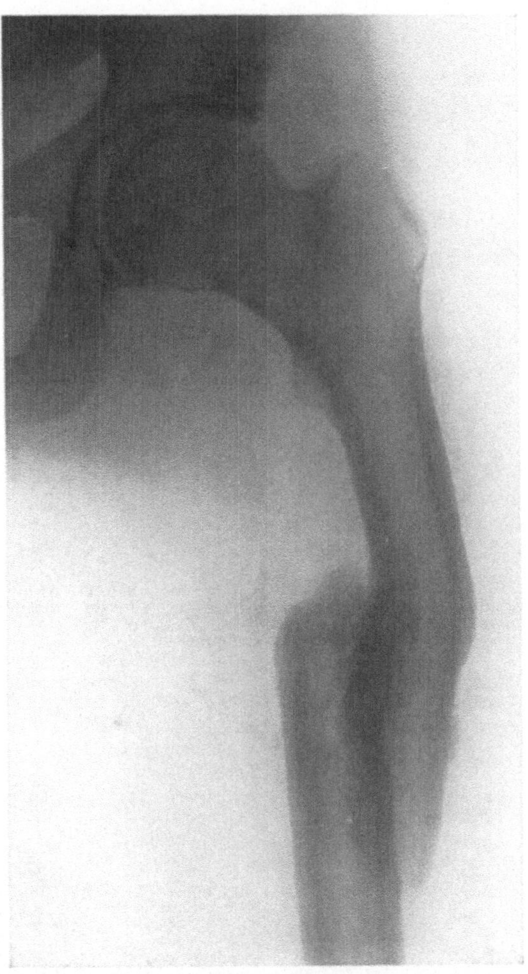

Abb. 814. Geheilte Fraktur im oberen Drittel der Femur-diaphyse mit typischer Verschiebung des oberen Fragmentes nach vorne-außen.

möglichst gerade Lage gebracht wird; Verkürzungen von 4—6 cm bilden die Regel, solche, die weit darüber hinausgehen — bis zu 15 cm — sind durchaus keine Seltenheit.

Im *Kniegelenk* findet sich oft ein *Erguß* und zwar auch bei Diaphysenbrüchen, die entfernt vom Gelenk liegen; er beruht auf gleichzeitiger Kontusion oder Distorsion des Gelenkes während der Frakturierung. *Hämatome* sind die Folge von Kapselzerreißungen oder in das Gelenk reichender Fissuren.

Die genaue morphologische Diagnose vermitteln eine anteroposteriore und eine seitliche *Röntgenaufnahme* (Abb. 818a, b), die auch über Splitterbildung,

Abb. 815. Adductionsverschiebung des oberen Fragmentes und Emporziehen des unteren Fragmentes durch Muskelwirkung bei Fraktur im unteren Femurdrittel, schematisch.

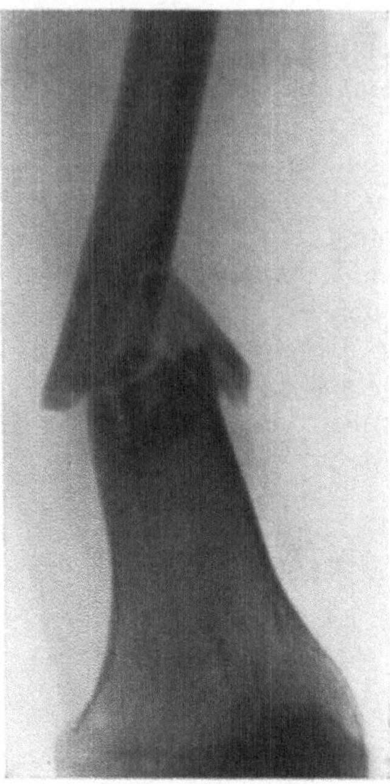

Abb. 816a. Fraktur im unteren Drittel der Femurdiaphyse. Verschiebung des oberen Fragmentes nach innen.

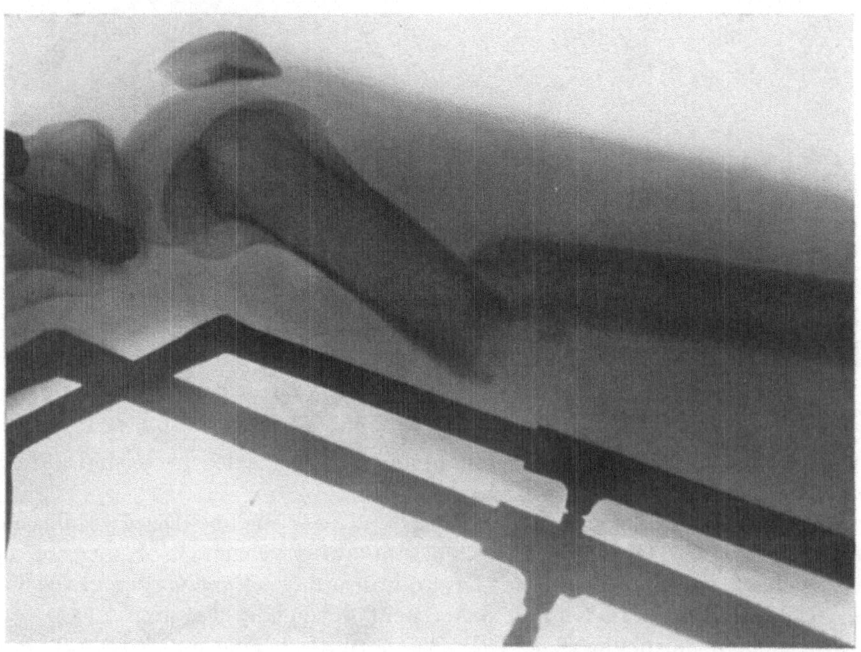

Abb. 816b. Seitenaufnahme zu Abb. 816a. Drehung des unteren Fragmentes um die Kniegelenkachse nach hinten unter der Zugwirkung des Gastrocnemius.

mehrfache Frakturen, Rautenfragmente, in die benachbarten Gelenke reichende
Fissuren und über partiell subperiostale, ohne wesentliche Verschiebung einhergehende Brüche bei Kindern Auskunft geben.

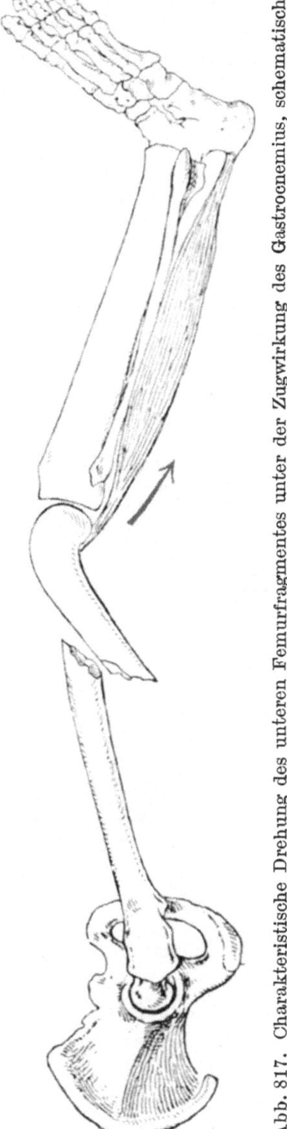

Abb. 817. Charakteristische Drehung des unteren Femurfragmentes unter der Zugwirkung des Gastrocnemius, schematisch.

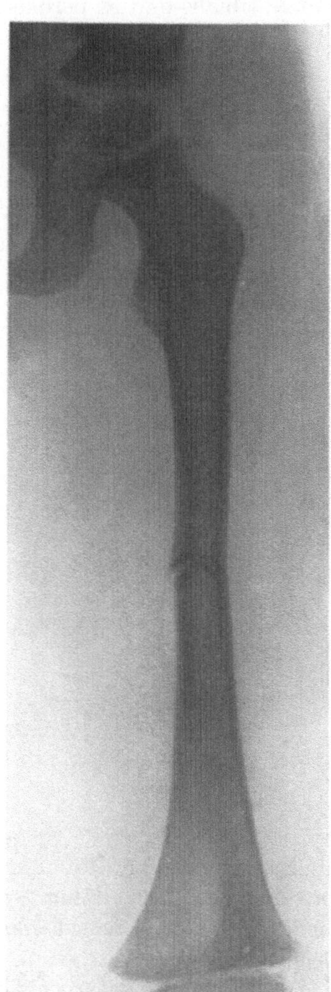

Abb. 818a. Fraktur der Femurdiaphyse,
Sagittalaufnahme.

Verletzungen der Femoralarterie bei Diaphysenbrüchen des Femur sind relativ
selten, weil die Arterie nur im Bereiche des Adductorenschlitzes dem Knochen
beinahe unmittelbar anliegt; so finden sich in der Zusammenstellung v. Bruns
auf 50 Fälle traumatischer Aneurysmenbildung bei Frakturen nur 4 mit Sitz
an der Femoralis, und auf 41 Fälle von Frakturengangrän nur 5 durch

Verletzung der A. femoralis bedingte. Diese Möglichkeit soll uns jedoch veranlassen, bei jeder Fraktur des Femurschaftés die *periphere Zirkulation,* im besonderen den Puls der Poplitea, der Tibialis postica am inneren Knöchel und der A. dorsalis pedis zu prüfen.

Noch seltener als Gefäßläsionen sind im Bereiche der Femurdiaphyse *Nervenverletzungen;* v. BRUNS erwähnt 3 Fälle von Verletzung des *Ischiadicus* und einen Fall von Schädigung des *N. cruralis.* Eine kurze Prüfung der Motilität der vom N. tibialis und N. peronaeus versorgten Muskeln sowie eine summarische

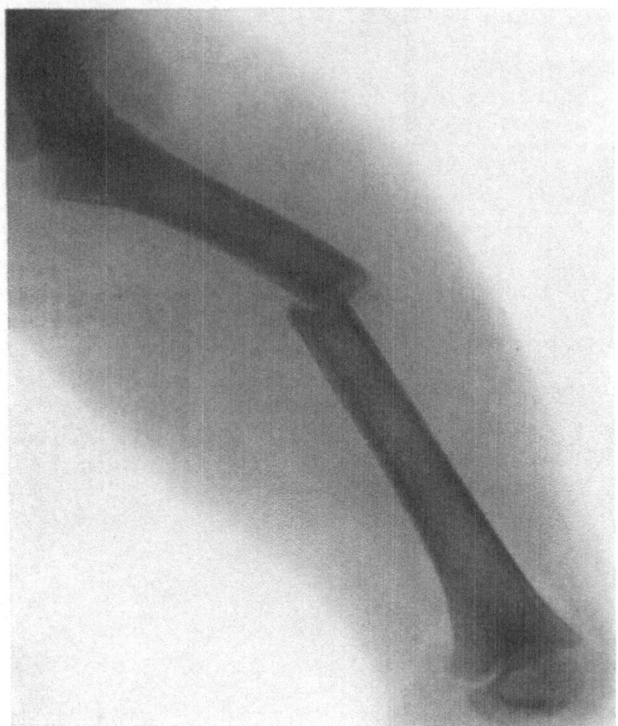

Abb. 818b. Seitenaufnahme zu Abb. 818a; die Fraktur ist erst in dieser zweiten Aufnahme deutlich erkennbar.

Sensibilitätsprüfung am Fuß und Unterschenkel wird über eine allfällige Nervenkompression oder Zerreißung Auskunft geben.

Die *Prognose* der Oberschenkeldiaphysenbrüche ist bei älteren Leuten durch die gleichen *Allgemeinkomplikationen* getrübt, wie sie für die Schenkelhalsbrüche geschildert wurden. Ferner sieht man, besonders bei fetten Individuen, gelegentlich tödlich endende *Fettembolie,* die meist eine Zertrümmerung des Panniculus durch das intensive Trauma zur Ursache haben dürfte, ihren Ausgang jedoch auch vom Mark nehmen kann.

Die *Heilungsresultate* ließen früher sehr zu wünschen übrig, da nach verschiedenen Unfallstatistiken nur 5—30% der Oberschenkeldiaphysenbrüche restlos ausheilten, bei einer mittleren Behandlungsdauer bis zu 15 Monaten. Unter dem Einfluß der Semiflexionsbehandlung und der direkten Extension sind die Heilungserfolge, wie aus den Statistiken von WETTSTEIN und STEINMANN

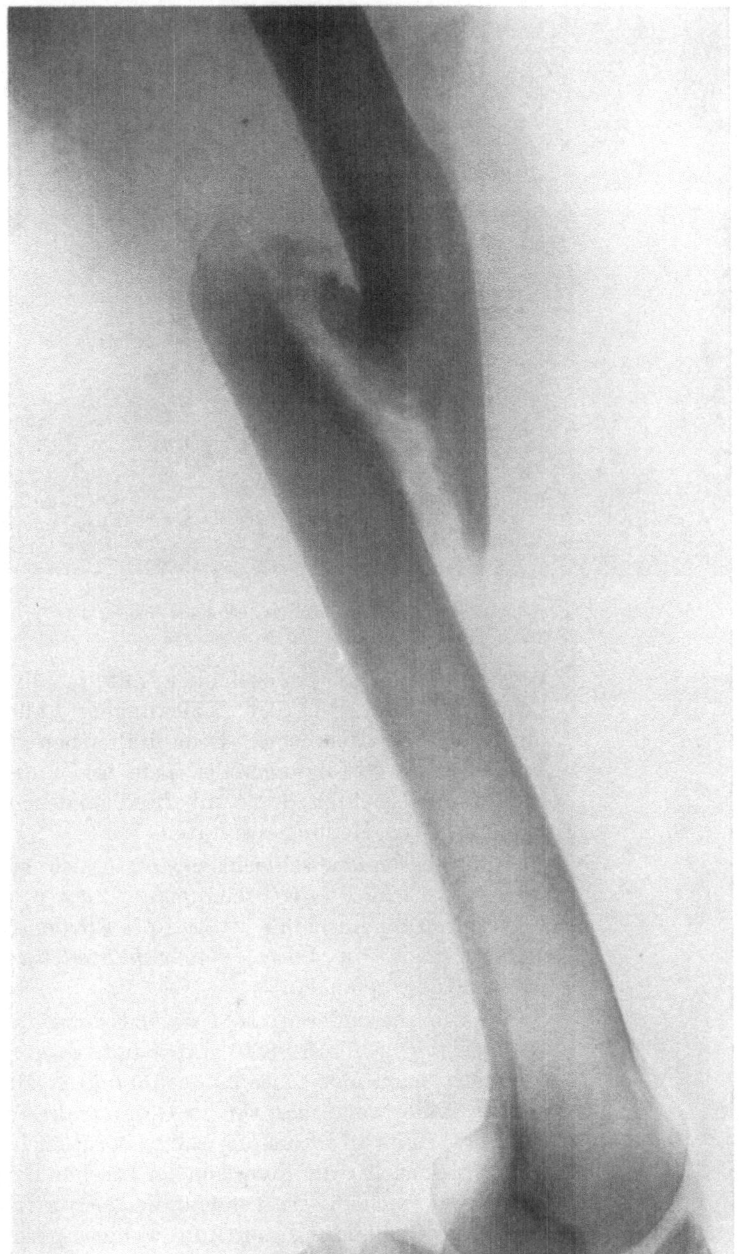

Abb. 819. Pseudarthrose nach Femurfraktur infolge schlechter Fragmentstellung.

hervorgeht, wesentlich bessere geworden, unter erheblicher Abkürzung der Behandlungszeit.

Die *dauernde Invalidität* bei Schaftfrakturen des Femur wird vor allem bedingt durch Verkürzung, Inaktivitätsatrophie der Muskulatur, hartnäckige

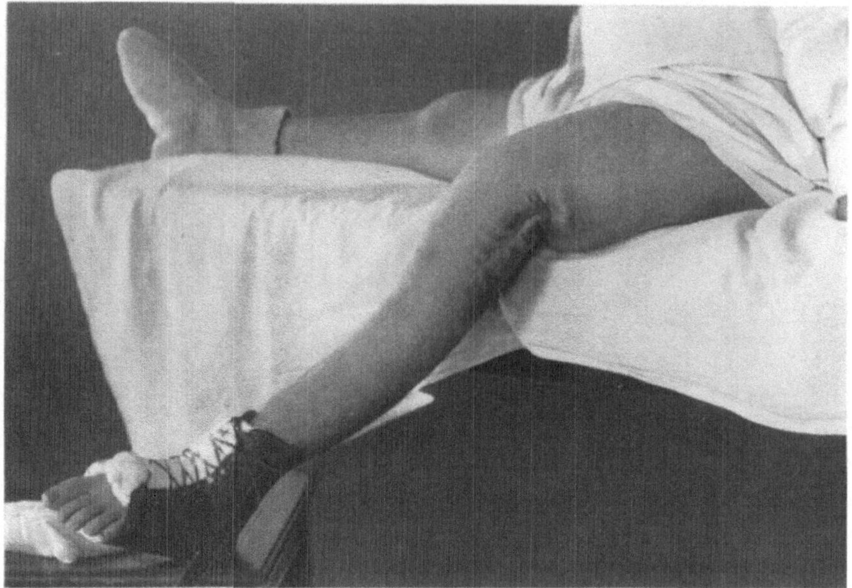

Abb. 820. Pseudarthrose des Oberschenkels, erfolglos operiert.

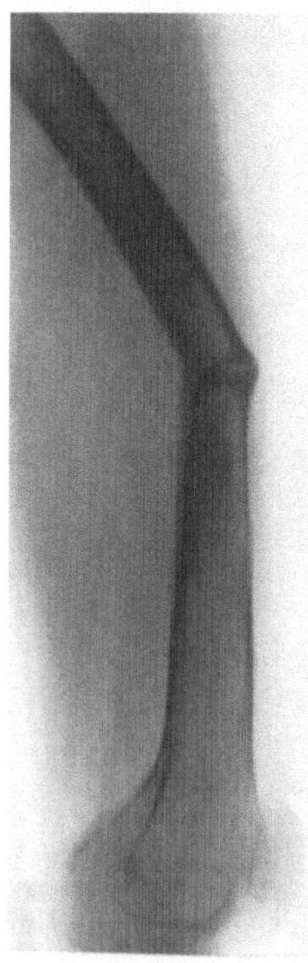

Abb. 821. Sekundäre Ver-
biegung an der Fraktur-
stelle infolge Insuffizienz
des Callus.

Versteifungen des Kniegelenkes mit rezidivierenden
Ergüssen, durch winklige Knickungen, Calluswucherungen, Pseudarthrosen, Decubitalnarben und Immobilisierungsschädigungen des Knie- und Fußgelenkes.
Je älter die Patienten, desto unbefriedigender im ganzen
genommen die Heilungsresultate.

Ganz besonders schlecht gestaltet sich häufig die
Heilung bei *schwer infizierten offenen Brüchen,* die allerdings selten im Anschluß an stumpfe Friedenstraumen,
sondern meist in Form von *Schußverletzungen* zur
Beobachtung gelangen.

Was im besonderen die *Pseudarthrosen der Femurdiaphyse* (vgl. Abb. 819/820) anbelangt, so steht deren
Frequenz nach der Zusammenstellung v. BRUNS an
dritter Stelle, wenn man sie zur Gesamtzahl sämtlicher
Pseudarthrosen in Beziehung setzt; berücksichtigt man
jedoch gleichzeitig die Frequenz der frischen Diaphysenbrüche, so erscheint die Tendenz der Femurfraktur zur
Pseudarthrosenbildung nur um weniges geringer, als
die der Oberarmdiaphyse. Ursache sind schlechte
Fragmentstellung, namentlich „Reiten" der Fragmente,
Muskelzwischenlagerung, Infektion und zu Defektbildung führende Splitterung bei Schußbrüchen und die
ungünstige Beschaffenheit der ringförmigen, kompakten
Bruchfläche bei Querfrakturen, die auch für die oft
verzögerte Konsolidation verantwortlich ist.   Ein

seltenes Vorkommnis stellt Cystenbildung im Callus als Grund einer Pseudarthrose dar (Abb. 88).

Bei normalem Heilungsverlauf beträgt die durchschnittliche *Konsolidationsdauer* einer Femurschaftfraktur bei Kindern ungefähr 4, bei Erwachsenen 8 Wochen. Ist die Achsenstellung nicht völlig korrekt, die Konsolidation etwas verzögert, so besteht erhebliche *Tendenz zu sekundärer Verbiegung* an der Frakturstelle, was zu Unrecht als Calluserweichung bezeichnet wird; es handelt sich vielmehr nur um *statische Insuffizienz des zu früh belasteten Callus* (Abb. 821).

Kapitel 3.

Die Behandlung der Femurschaftfraktur.

Die Behandlung der Oberschenkeldiaphysenbrüche ergibt nur befriedigende Resultate, wenn man alle Dislokationen berücksichtigt und für deren Behebung bis nach erfolgter Konsolidation sorgt. Am schwierigsten ist die Verkürzung zu beseitigen, was ja schon aus den Behandlungsstatistiken hervorgeht. Ist die Verkürzung ausgeglichen, so bereitet die Korrektur der Achsenknickung und der Rotationsverschiebungen gewöhnlich keine Schwierigkeiten mehr, vorausgesetzt, daß keine Splitter- oder Muskelinterposition vorhanden ist.

Die Normalmethode für die Behandlung der Oberschenkeldiaphysenbrüche ist die Extension in Semiflexion, unter Einstellung des peripheren Fragmentes in die verlängerte Längsachse des zentralen.

Der *Heftpflasterzug* (Abb. 167/799) *ist nicht imstande, hochgradigere Verkürzungen auszugleichen*; er kommt deshalb nur in Frage bei Querfrakturen ohne Längsverschiebung und bei Schrägbrüchen mit breitem Kontakt der Bruchflächen. Auch nach gelungener Reposition ergibt die Heftpflasterextension nur befriedigende Heilungsresultate, wenn keine ausgeprägte, muskulär bedingte Längsverschiebungstendenz besteht.

Alle Frakturen der Oberschenkeldiaphyse mit erheblicher Verkürzung und mit Verkürzungstendenz sind mit direkter Extension zu behandeln. In Betracht kommt demnach die Anwendung des *Nagelzuges*, der SCHÖMANNschen und ROUXschen *Zange*, der SCHMERZschen *Klammer* und in erster Linie der *Drahtextension* unter Verwendung des BECKschen oder des KIRSCHNERschen Spannbügels. Wie im allgemeinen Teil auseinandergesetzt wurde, bietet die Drahtextension einige Vorteile, die ihre Wahl namentlich bei längerdauernder Zugbehandlung unbedingt in erste Linie stellen. Der Drahtzug kann ohne wesentlichen Nachteil bis zum Eintritt völliger Konsolidation, also während 6—8 Wochen in Anwendung bleiben, während Nagel-, Zangen- und Klammerzüge mit Rücksicht auf die Gefahr einer Infektion besser nach 3—4 Wochen entfernt und durch eine Heftpflasterextension ersetzt werden. *Da jedoch auch bei der Drahtextension schwerste Infektionen nicht ausgeschlossen sind, darf sie nicht gewohnheitsmäßig auch dort angewendet werden, wo ein Heftpflasterzug ein befriedigendes Resultat verspricht.*

Der direkte Zug greift an der *Femurdiaphyse* etwas oberhalb der Condylen (Abb. 196/777) oder an der *Spina tibiae* bzw. am Tibiakopf an (vgl. Abb. 197); die Wahl der letzteren Angriffsstelle empfiehlt sich bei Frakturen im unteren Femurdrittel mit Rücksicht auf die Nähe des *Frakturhämatoms*. Hinsichtlich der *Vermeidung des Kniegelenkrecessus* verweisen wir auf unsere Ausführungen im allgemeinen Teil (vgl. Abb. 200). Während sich bei Anwendung der Heftpflasterextension die Vornahme einer *Reposition* in Narkose oder Lokalanästhesie empfiehlt, sofern eine nennenswerte Verkürzung vorliegt, kann der Ausgleich der Längsdislokation und damit auch allfälliger Achsenknickungen bei direkter Extension durch allmähliche Steigerung der Belastung erreicht werden. Eine vorgängige Reposition ist deshalb bei Anwendung direkten Zuges unnötig.

Seitenverschiebungen, die auch nach völligem Ausgleich der Verkürzung bestehen bleiben können, worüber nur die *Röntgenkontrolle* Auskunft gibt (Abb. 822 a, b), erfordern korrigierende *Querzüge* gemäß dem im allgemeinen Teil dargelegten Vorgehen BARDENHEUERs (Abb. 162/824). Oft gelingt es, durch Anbandagierung von *Holzschienen* (Abb. 823) oder durch *Gipsschienen* einen ausreichenden reponierenden Druck auf die seitlich verschobenen Fragmente auszuüben; von besonderer Wichtigkeit ist für den Ausgleich von Achsenknickung und Seitenverschiebung auch die Sorge für eine *feste Oberschenkelauflage,* an der das gebrochene Glied zuverlässige Anlehnung gewinnt. Steht kein geeigneter Lagerungsapparat zur Verfügung, so muß ein Brett zwischen die improvisierte Unterlage und den Oberschenkel gelegt

Abb. 822a. Femurfraktur im Drahtzug. Seitendislokation trotz völligem Ausgleich der Verkürzung nicht behoben.

werden (vgl. Abb. 164); dabei ist auf genügende Unterpolsterung der Kniekehle zu achten.

Entgegen verbreiteter Auffassung ist auch der stärkste direkte Zug nicht immer imstande, die Seitenverschiebung ausreichend zu korrigieren. Die schräg an den Oberschenkelschaft herantretenden *Adductoren* erhalten bei stärkster Anspannung eine seitliche Einwirkung, die sich an dem beweglicheren unteren Fragment stärker geltend macht, als am oberen. Eine besondere Bedeutung für die seitliche

Abb. 822 b. Seitenaufnahme zu Abb. 822 a. Mangelhafter Ausgleich der seitlichen Dislokation trotz Überkorrektur der Verkürzung.

Führung des unteren Fragmentes kommt der am oberen Rande des inneren Femurcondylus sich ansetzenden *Endsehne des M. adductor magnus* zu. Ferner kann die am hinteren Umfang des oberen Diaphysenabschnittes entspringende *Vastusschlinge* bei stärkster Anspannung das untere Fragment nach hinten drücken und seine Umkippung nach der Kniekehle, die im wesentlichen durch den Zug der *Mi. Gastrocnemii* unterhalten wird, unterstützen.

Diese durch den Längszug unterhaltenen Seitenverschiebungen sind oft durch Querzüge und Änderung des Kniegelenkwinkels nicht zu überwinden, und erfordern dann operatives Vorgehen.

Eine ausreichende *Muskelentspannung* wird schon durch mäßige Beugung des Hüft- und Kniegelenkes erreicht; die *Elevation des Oberschenkels* bei der Extension richtet sich deshalb hauptsächlich nach dem *Flexionsgrad des oberen Fragmentes*, wobei zu beachten ist, daß dessen Beugung bei Erhebung des Oberschenkels infolge Entlastung etwas zunimmt. Die Beugung des Kniegelenkes

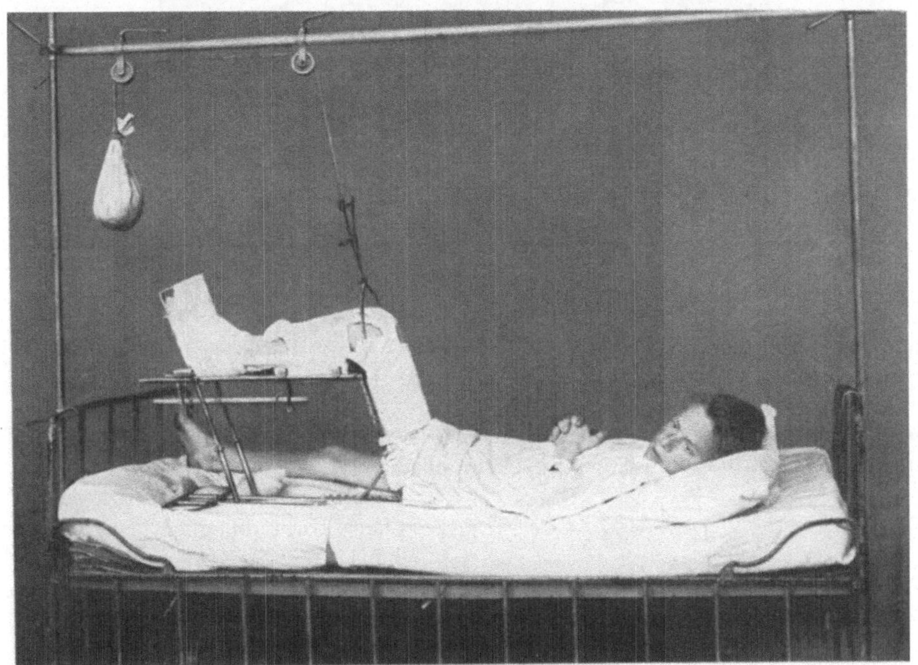

Abb. 823. Korrektur der Seitenverschiebung durch dorsal über Gipsschiene anbandagierte Holzschiene; Zangenextension.

braucht keine streng korrelate zu sein, wenn auch im allgemeinen horizontale Lagerung des Unterschenkels bevorzugt wird.

Mit Rücksicht auf das dem Gehakt entsprechende Bewegungsfeld des Kniegelenkes empfiehlt es sich, auch bei maximaler Elevation des Oberschenkels das Kniegelenk nicht über 45° zu beugen; am besten entspricht eine ungefähre *Viertelsbeugung des Kniegelenkes* von etwa 30°.

Bei dem Versuche, eine Oberschenkelfraktur zu reponieren, wird man feststellen, daß der für Erzielung und Aufrechterhaltung guter Fragmentstellung günstigste Flexionsgrad des Hüft- und Kniegelenkes in gewissen Grenzen schwankt; *deshalb wählt man für die Oberschenkelextension einen Elevationswinkel, bei dem sich die Verkürzung unter geringster Kraftentfaltung ausgleichen läßt. Diese Zugrichtung entspricht im allgemeinen auch der Flexionslage des oberen Fragmentes.*

Für die *Frakturen im oberen Drittel der Femurdiaphyse* ist mit Rücksicht auf die ausgeprägte Flexionsstellung des oberen Fragmentes meist eine steilere Zugwirkung erforderlich. Gleichzeitig muß die Abductionsstellung des oberen

Fragmentes berücksichtigt werden, indem man den Oberschenkelzug in entsprechender Abduction einwirken läßt. So ergibt sich für die Zugrichtung bei

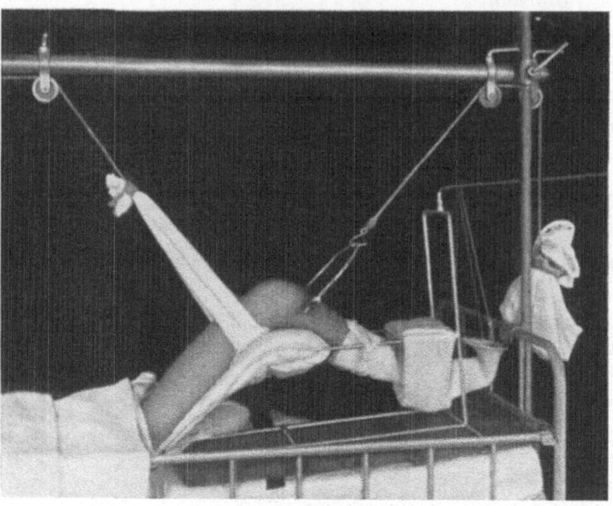

Abb. 824. Extension einer Fraktur des unteren Drittels der Femurdiaphyse mit Drehung des unteren Fragmentes nach der Kniekehle hin (vgl. Abb. 816 b). Entspannung der Mi. gastrocnemii durch starke Beugung des Kniegelenks, Querzug von Beugeseite des Oberschenkels zur Streckseite.

hochliegenden Brüchen der Oberschenkeldiaphyse eine *Elevation* von 50—75⁰ und eine *Abduction* von 30—45⁰ (Abb. 799a, b).

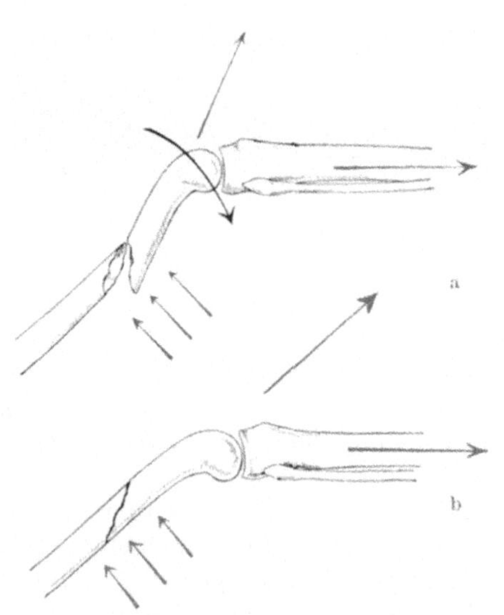

Abb. 825a und b. Korrigierende Hebelwirkung des Unterschenkelzuges bei Fraktur im unteren Femurdrittel.

Für die *Frakturen der Diaphysenmitte* beträgt die günstigste *Flexion* 30 bis 40⁰, die *Abduction* im Mittel 30⁰. Entscheidend für die endgültige Wahl der Zugrichtung ist mit Rücksicht auf mögliche Scharnierwirkungen das Ergebnis der *Röntgenkontrolle*.

Die *Brüche im unteren Drittel der Diaphyse* werden ebenfalls in *mittlerer Beugung* von Hüft- und Kniegelenk extendiert. Ist das untere Fragment um die Kniegelenkachse nach hinten rotiert, so läßt sich seine nach der Oberschenkelrückfläche gerichtete Spitze oft durch vermehrte Beugung des Kniegelenkes, die eine Entspannung der Mi. gastrocnemii bewirkt, etwas heben (Abb. 824). Zur völlig achsengerechten Einstellung bedarf es jedoch meist eines *queren Hilfszuges* von der Beugefläche des Oberschenkels her zur Streckseite (Abb. 824); allfällig belastet man den Längszug am Unterschenkel, der gewöhnlich nur als Fixationszug dient, so stark, daß er über den Querzug oder über die Kniekehlenauflage als Hypomochlion eine hebelnde flektierende Wirkung auf das untere Fragment ausübt (vgl. Abb. 825a, b). Diese *kombinierte Zugwirkung* läßt sich besonders gut erzielen, wenn man den direkten Zug bei Oberschenkelbrüchen nach dem Vorgehen von BRAUN grundsätzlich auf Femur und Calcaneus verteilt.

Steht das obere Fragment bei Brüchen im mittleren und unteren Drittel des Oberschenkelschaftes von Anfang an in *Streckstellung,* was nur vorkommt, wenn die Spitze des unteren Fragmentes nicht nach hinten abgewichen ist (Abb. 826), so läßt sich die Rekurvationsverbiegung an der Frakturstelle oft am leichtesten ausgleichen, wenn man das *Kniegelenk in Streckstellung* lagert, wozu sich namentlich Schiene B von BRAUN eignet (Abb. 827). Stellt sich diese Verbiegung während der Extensionsbehandlung ein, so kann sie auch durch

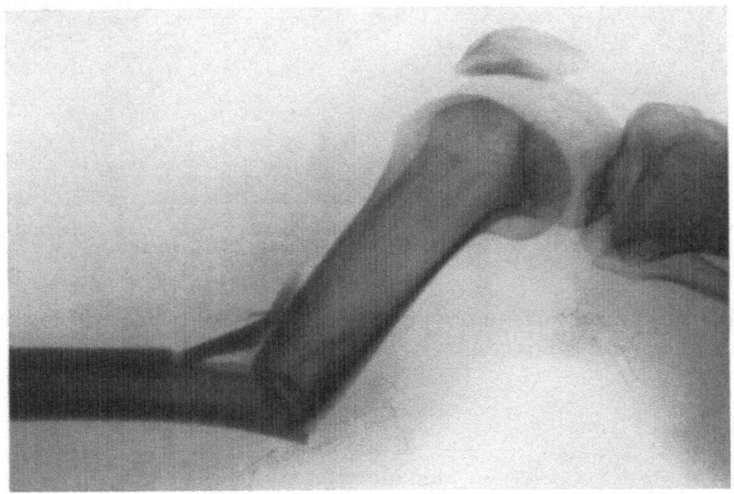

Abb. 826. Fraktur der Femurdiaphyse mit Extensionsstellung des oberen Fragmentes.

Zug am Unterschenkel bei stark eleviertem Oberschenkel und gebeugtem Kniegelenk ausgeglichen werden. Umgekehrt erfolgt *Korrektur einer Flexionsknickung* während der Behandlung durch *Steigbügelzug von der Fußsohle her,* oder durch Anstemmen des Fußes bei ausgeprägter Flexionslagerung; Voraussetzung für diese Maßnahme ist ausreichende Haftung der Fragmente. Die häufige *Adductionsknickung* schließlich, die unter der Einwirkung der medialen Muskelgruppe, besonders der Adductoren zustande kommt, wird durch *vermehrte Abduction* des Längszuges und Anbringen eines *Querzuges von außen nach innen* im Niveau der Biegungskuppe beseitigt. Die empfohlene Tenotomie der Adductoren dürfte meist zu umgehen sein. Den gleichen Zweck erfüllt auch eine der Innenseite des Oberschenkels anbandagierte *Holzschiene.*

Für die *Behandlung der Oberschenkeldiaphysenfrakturen von Kindern* der ersten 4 Lebensjahre stellt die *Suspensionsextension* nach SCHEDE (Abb. 154) das Normalverfahren dar. Zeigt das obere Fragment in Streckstellung des Kniegelenkes eine zu starke Flexionstendenz, so wird der Zug nur am Oberschenkel angebracht und der im Kniegelenk rechtwinklig gebeugte Unterschenkel in eine Schlinge (Abb. 183) oder auf eine improvisierte Unterlage

50*

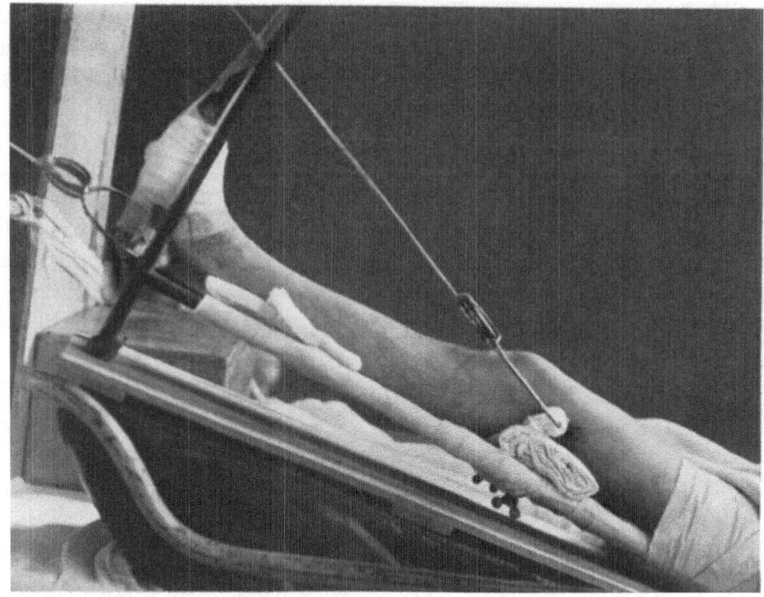

Abb. 827. Extension einer Femurfraktur mit Streckstellung des oberen Fragmentes auf Schiene B
von BRAUN bei gestrecktem Kniegelenk. (Nach BRAUN.)

gelegt. Die SCHEDEsche Extension gleicht die Längsverschiebung nicht immer
in befriedigender Weise aus (Abb. 828); in diesen Fällen empfiehlt sich Anlegen
eines Drahtzuges, der auch bei Kindern keinen
schädigenden Eingriff darstellt.

Nach dem 4. Lebensjahre erfolgt die Behandlung der Oberschenkeldiaphysenbrüche
nach den gleichen Grundsätzen, wie bei Erwachsenen. Hinsichtlich Technik der SCHEDE-
schen Suspensionsextension und der Behandlung von Oberschenkeldiaphysenbrüchen bei
Säuglingen verweisen wir auf unsere Ausführungen im allgemeinen Teil.

Die gesamte *Extensionsdauer* für die Frakturen der Femurdiaphyse beträgt bei *Kindern*
4 Wochen, bei *Erwachsenen* 6—8 Wochen.
Es empfiehlt sich, nach Wegnahme des Zuges
die verletzte Extremität noch während einer
Woche auf dem Semiflexionsapparat zu belassen, unter regelmäßiger Vornahme aktiver
und vorsichtiger passiver Bewegungen; dann
erst erfolgt, wenn die Fragmentstellung unverändert blieb, allmählich zunehmende Belastung unter ständiger *Kontrolle*. Stellen

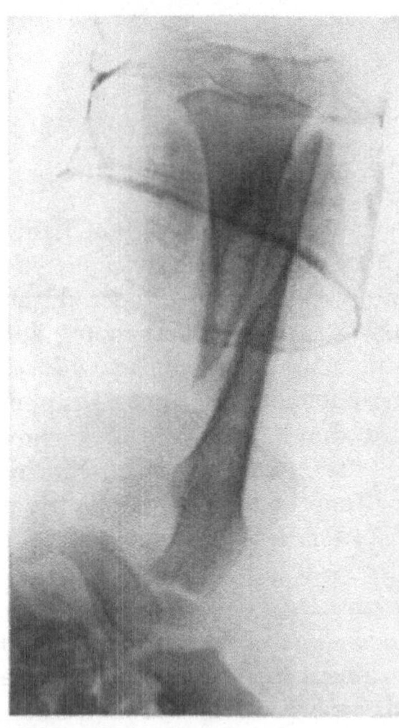

Abb. 828. Mangelhafter Ausgleich der
Verkürzung in SCHEDEscher
Heftpflasterextension.

sich nachträglich Verbiegungen ein, so muß
nochmals für 2—3 Wochen ein *Heftpflasterzug*

angelegt werden, dessen Wirkung durch seitliche, straff anbandagierte *Holz-schienen* unterstützt wird.

Offene Femurdiaphysenbrüche werden grundsätzlich mit *direktem Zug* behandelt; für die primäre *Versorgung der Wunde* gelten die im allgemeinen Teil dargelegten Grundsätze. Da die Bekämpfung der Infektion zuverlässige Fixation der Fragmente erfordert, wird der direkte Zug mit *Gipsschienenverbänden* kombiniert (Abb. 823), die bei hochliegenden Diaphysenbrüchen auch das Becken umfassen. Nach Wegnahme des direkten Zuges leisten in solchen Fällen die HACKEBRUCHschen Klammern gute Dienste.

Bei *phlegmonösen* Femurdiaphysenbrüchen besteht die Möglichkeit von *Eitersenkungen* nach der Basis des Oberschenkels; dieser Gefahr wird am

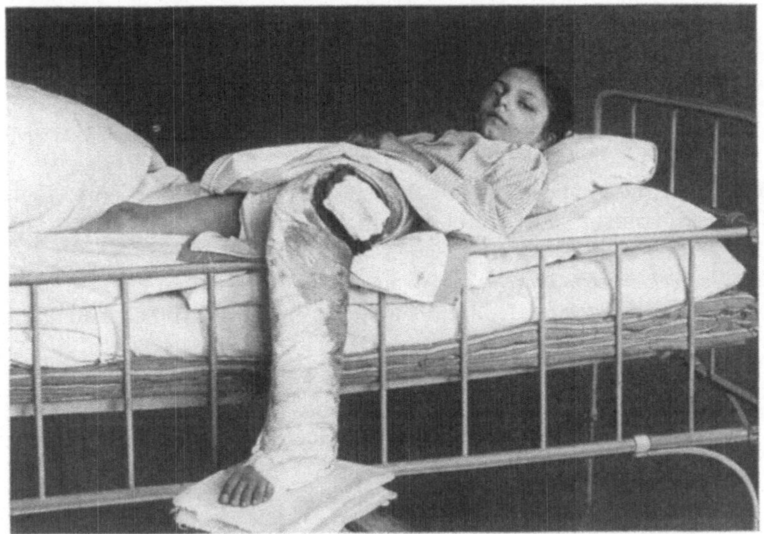

Abb. 829. Gipsverband bei infizierter Femurfraktur; Horizontallagerung des Oberschenkels zur Vermeidung von Eitersenkungen nach oben.

einfachsten durch *Horizontallagerung des Oberschenkels* im direkten Zug oder im gefensterten Gipsschienenverband begegnet (Abb. 829).

Die Behandlung der subcutanen Oberschenkeldiaphysenbrüche in *Gips-verbänden,* die noch vielerorts üblich ist, kommt nur in Betracht, wenn eine langdauernde liegende Behandlung aus vitalen Gründen nicht durchführbar ist, ferner für die Behandlung unruhiger Patienten und in den späteren Behandlungsstadien der offenen oder geschlossenen, langsam konsolidierenden Diaphysenbrüche. Diese Gipsverbände müssen das Becken und zur Aufrechterhaltung der richtigen Rotationsstellung des unteren Fragmentes auch den Fuß umfassen. Sie werden, falls eine starke Verkürzung vorliegt, *in direkter Extension* unter Verwendung des BÖHLERschen *Schraubenzugapparates,* des SCHEDEschen oder eines anderen *orthopädischen Extensionstisches* in entsprechender Abduction nach der im allgemeinen Teil beschriebenen Gipsschienentechnik angelegt. Für den *Transport* sowohl wie für die Behandlung offener Femurdiaphysenbrüche eignet sich auch die THOMASsche *Schiene* (Abb. 830), die Extension durch elastischen oder Schraubenzug gestattet. Durch Biegung im Niveau des Kniegelenkes kann diese Schiene auch den Forderungen der Semi-flexionsbehandlung angepaßt werden.

Frakturen der Femurdiaphyse, die durch direkte Extension nicht befriedigend reponiert werden können, erfordern operative Behandlung. In diesen Fällen handelt es sich meist um Muskelinterposition, Verhackung der queren, zackigen Bruch-flächen, Interposition eines Splitterfragmentes oder hochgradige Seitenwirkung

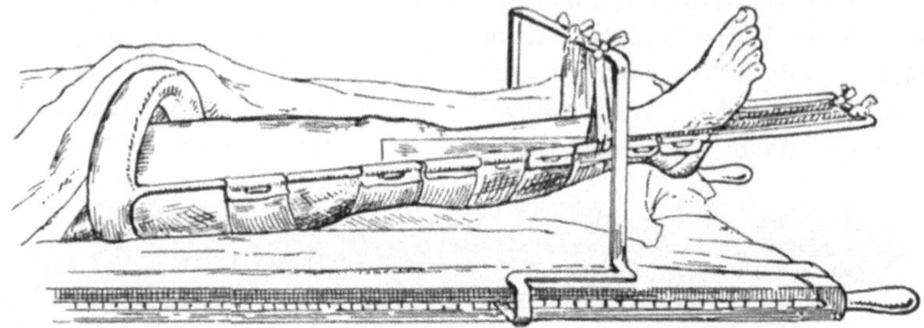

Abb. 830. THOMASsche Extensionsschiene als Transport- und Lagerungsverband.

der gespannten Muskulatur. Namentlich bei jüngeren Patienten sollte man auf völlige Korrektur der Seitenverschiebung nicht verzichten. Operativen Ausgleich erfordert hauptsächlich auch die *Abweichung des unteren Fragmentes nach der Oberschenkelrückfläche,* weil sie bei tiefliegenden Frakturen zu *Kom-pression der Poplitealgefäße,* jedenfalls aber zu einer funktionell sehr ungünstigen

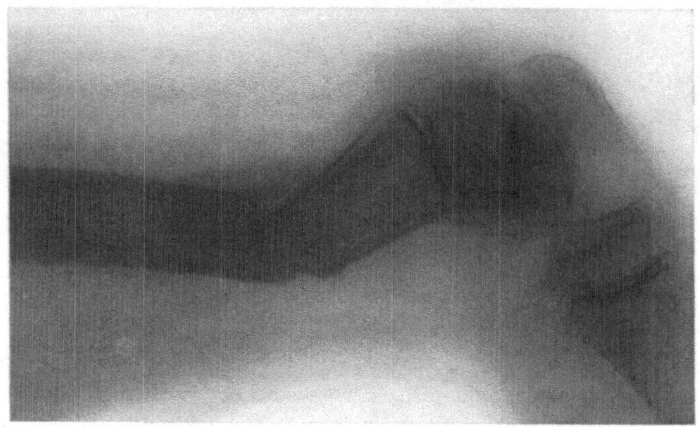

Abb. 831. Mit Rekurvationsverbiegung geheilte supracondyläre Femurfraktur.

Rekurvationsverbiegung führt (Abb. 831), die stets zu Ausbildung eines *hyper-extendierten Wackelknies* mit seinen Folgeerscheinungen Anlaß gibt. Sehr ungünstig ist auch eine persistierende, ausgeprägte Abductionsstellung des oberen Fragmentes, verbunden mit Adductionsverschiebung des unteren Dia-physenabschnittes. Besser als die *Tenotomie* der Adductorensehnen ist in solchen Fällen operative Versorgung.

Die *Osteosynthese der Oberschenkeldiaphysenbrüche* erfordert, wie kaum eine andere, Erfahrung, einwandfreie technische Verhältnisse und ausreichende Assistenz. Zur Freilegung der Frakturstelle bedient man sich in der Regel eines lateralen, ausreichend langen Schnittes, der die Muskulatur soweit nötig scharf trennt.

Die *Reposition* wird durch *temporäre Zangen- oder Klammerextension* erheblich erleichtert; durch einen vertikal wirkenden *Flaschenzug* (Abb. 215) läßt sich jede Verkürzung ausgleichen. Oft genügt zur genauen Einstellung der Fragmente die Verwendung von Repositionshebeln und der LAMBOTTEschen Zangen (Abb. 212, 213, 214). Die *Vereinigung* von *Schrägfrakturen* erfolgt durch *Umschlingung*, während *Querbrüche* und *kurze Schrägfrakturen* mittels langer und starker *Metallplatten* verschraubt werden (Abb. 247). Der *Fixateur* kommt nur für *offene Brüche*, allfällig auch bei *Doppelfrakturen* in Frage.

Der Domäne operativer Osteosynthese gehören auch die relativ seltenen Fälle an, bei denen sich eine Diaphysenfraktur des Femur mit *Luxation des Hüftgelenkes*, mit einer *Schenkelhalsfraktur* oder mit *Condylenbrüchen* kombiniert. Die Konsolidation operativ vereinigter Querbrüche erfolgt oft verzögert. Sofern es sich nicht um *schleichende, wenig virulente Infektionen* handelt, liegt der Grund der verzögerten Heilung in der *ungünstigen Beschaffenheit der ringförmigen kompakten Bruchflächen. Diese können durch Implantation von Spongiosa aus dem Trochanter in beide Markhöhlen in größere, spongiöse Kontaktflächen umgewandelt werden*, wodurch die Konsolidationstendenz nach meiner Erfahrung eine deutliche Förderung erfährt. Die *Nachbehandlung* erfolgt auf einem Semiflexionsapparat, allfällig in Verbindung mit Anwendung von Gipsschienen.

In schlechter Stellung geheilte Diaphysenbrüche sind ebenfalls *operativ zu behandeln*. Ist der Callus noch weich, so wird er unter normaler Formung der Fragmente abgetragen; dann erfolgt die Vereinigung wie bei frischen Brüchen, gemäß der vorliegenden Frakturform. Anstatt mit Spongiosa können die Markhöhlen mit kleinen *Callusbröckeln* plombiert werden. Auch empfiehlt es sich, die Frakturzone subperiostal mit zerkleinertem Callus zu belegen. Bei älteren Brüchen läßt sich die Verkürzung während der Operation gewöhnlich nicht ausgleichen. Die Fraktur wird deshalb im Bereich des Callus schräg durchtrennt und die Verkürzung sekundär durch direkten Zug am Knochen ausgeglichen.

Pseudarthrosen des Oberschenkels zeigen neben der typischen Verlagerung des unteren Fragmentes nach innen und oben, hochgradiger Verkürzung und Winkelbildung häufig mächtige, den Längsdruck abfangende Callusproduktion am zentralen Fragment (Abb. 81/819). Da mit Schienenhülsenapparaten eine befriedigende Belastungsfähigkeit nicht zu erzielen ist, drängt sich *operatives Vorgehen* auf. Die autoplatische Implantation zur Überbrückung von Defekten hat sich hier nicht durchwegs bewährt. Deshalb empfiehlt es sich, die Fragmente nach Excision sämtlichen Narbengewebes schräg oder treppenförmig anzufrischen und direkt zu vereinigen. Eine zu hochgradige Verkürzung kann später durch *Verlängerungsosteotomie* im Gesunden vermindert werden.

Die *Nachbehandlung* der operativ versorgten Pseudarthrose erfolgt mit *Gipsschienen* oder mit zirkulären, das Becken umfassenden Gipsverbänden, die später durch *Schienenhülsenapparate* ersetzt werden können.

Erheblich häufiger als Pseudarthrosenbildung ist die *verzögerte Konsolidation* der Femurdiaphysenbrüche. Soweit sie auf schlechter Fragmentstellung beruht, ist operatives Vorgehen geboten. Stehen die Fragmente dagegen in guter Stellung, so empfiehlt sich zunächst ein *Versuch mit fixierenden Verbänden*, unterstützt durch die im allgemeinen Teil besprochene medikamentöse Behandlung. Führt dieses Vorgehen nicht zum Ziel, so ist mit *Spongiosaimplantation* und *Aufsplitterung* oft ein rasches Festwerden der Fraktur zu erzielen.

III. Die Frakturen des unteren Femurendes.

Kapitel 1.

Frakturformen, Symptomatologie, Heilungsverlauf.

Am unteren Femurende gelangen *supracondyläre Brüche, Epiphyseolysen, isolierte Schrägbrüche eines Condylus, kombinierte Frakturen beider Femurcondylen* und kleine *Abriß- oder Absprengungsfrakturen am inneren Condylus* zur Beobachtung.

Die *supracondylären Frakturen* (Abb. 832/834) sind vorwiegend *Biegungsbrüche* infolge Fall auf das gebeugte Knie, kommen jedoch auch durch *direkte Gewalt* zustande. Ihre Form zeigt erhebliche Variationen, doch kann man sich auf die Unterscheidung von Rotationsfrakturen (Abb. 832) *schrägen* Biegungs-Rotationsbrüchen (Abb. 833) und von *queren*, direkt entstandenen Frakturen (Abb. 834 a, b) beschränken. Die Ebene der *Schrägfrakturen* verläuft gemäß ihrem Entstehungsmechanismus meist vorne-unten nach hinten-oben, kann jedoch auch seitlich orientiert

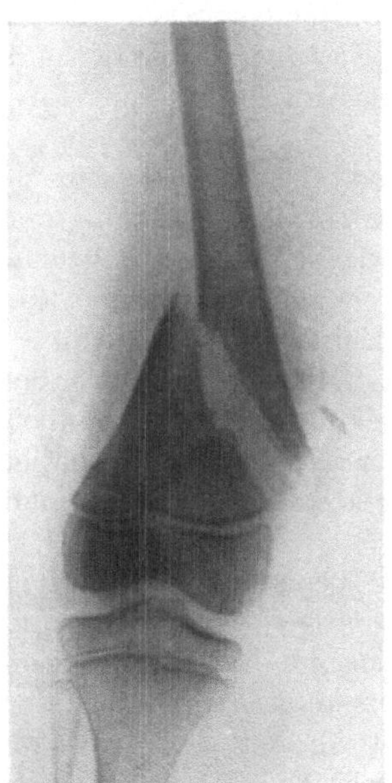

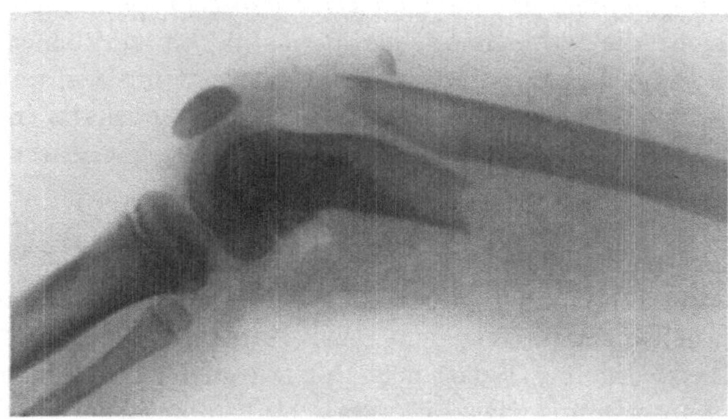

Abb. 832a.   Abb. 832b.

Abb. 832a. Supracondyläre Rotationsfraktur mit Biegungskomponente; Splitterbildung und Durchstechung des M. vastus medialis mit Verhackung.
Abb. 832b. Seitenaufnahme zu Abb. 832a. Leichte Rotation des unteren Fragmentes kniekehlenwärts.

sein (vgl. Abb. 832/833). Das spitze obere Fragment verschiebt sich nach vorne-unten (Abb. 832), steckt in der Streckmuskulatur, durchstößt manchmal den Muskelmantel völlig und tritt dann in einer Hautwunde frei zutage. Besonders schwerwiegend ist die Eröffnung des *Recessus subquadricipitalis des Kniegelenkes,* namentlich wenn gleichzeitig eine Durchstechung der Haut zustande kommt. Typisch ist die Durchstechung des M. vastus medialis durch das nach innen-unten abgewichene obere Fragment (Abb. 832a); der untere Rand des Muskelknopfloches kann in solchen Fällen die Reposition verhindern. Das untere Fragment steht gewöhnlich nach hinten und weist oft die zuerst von BOYER beschriebene Drehung um die Kniegelenkachse auf, verursacht durch den Zug der Gastrocnemii; dazu kommt in vielen Fällen eine mehr oder weniger erhebliche Lateralverschiebung. Die gleichen Dislokationsformen weist die *Querfraktur* auf, mit dem Unterschied, daß Muskeldurchstechungen hier weniger häufig und nicht so hochgradig zu sein pflegen. Dagegen findet sich *bei Querbrüchen gelegentlich eine Drehung des unteren Fraguentes beinahe bis zur Senkrechten* (Abb. 835), mit Einklemmung der Fragmentspitze durch die Flexoren und begleitenden Läsionen der Poplitealgebilde

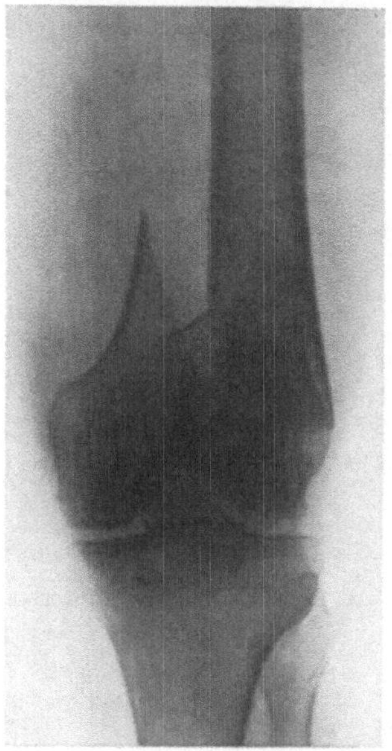

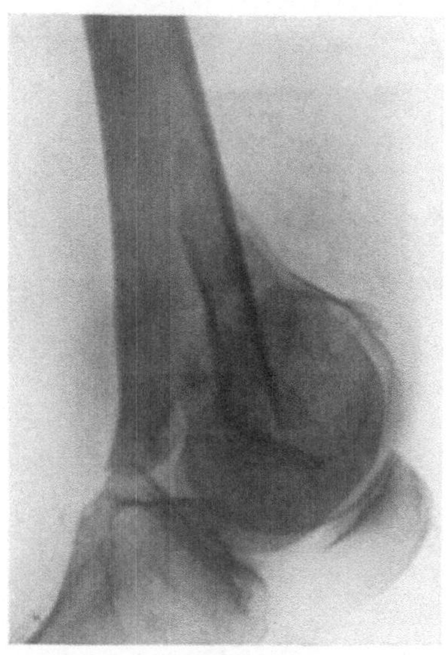

Abb. 833a. Supracondyläre Biegungsfraktur des Femur. Bildung eines großen Corticalissplitters.

Abb. 833b. Seitenaufnahme zu Abb. 833a. Verschiebung des oberen Fragmentes nach der Kniekehle, Kompression der Gefäße.

(s. Abb. 836). In anderen Fällen steht das untere Fragment vorne, das obere hinten in der Kniekehle (s. Abb. 833b/834b), was namentlich bei Schrägbrüchen eine erhebliche *Gefährdung der A. poplitea und der beiden Nervenstämme* bedeuten kann. Verletzungen der Gefäße und Nerven sind denn auch häufiger, wenn das obere Fragment nach der Kniekehle hin abweicht.

Die traumatischen *Lösungen der unteren Femurepiphyse* (Abb. 837 u. 838) sind bei Kindern jenseits des 10. Lebensjahres nicht allzu selten. Ursache dieser Verletzung ist meist eine *indirekte Gewalteinwirkung* in Form von Überstreckung des Kniegelenkes, bei gleichzeitiger Torsion des Unterschenkels, weniger oft gewaltsame Flexion. Auch direkte Traumen können zur Lösung der unteren Femurepiphyse Anlaß geben. Die Verschiebung des Epiphysenteiles ist gewöhnlich nicht besonders ausgeprägt, weil das Periost bei Jugendlichen an dieser Stelle recht voluminös und sehr dehnbar ist; doch sieht man

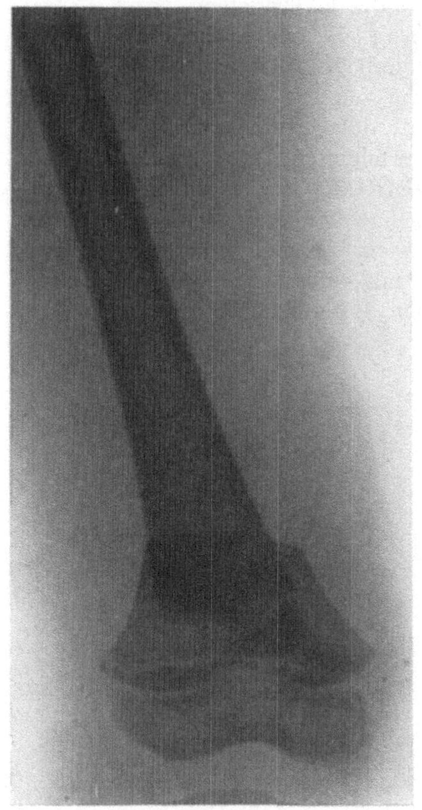

Abb. 834a. Tiefsitzende supracondyläre Querfraktur, durch direktes Trauma entstanden.

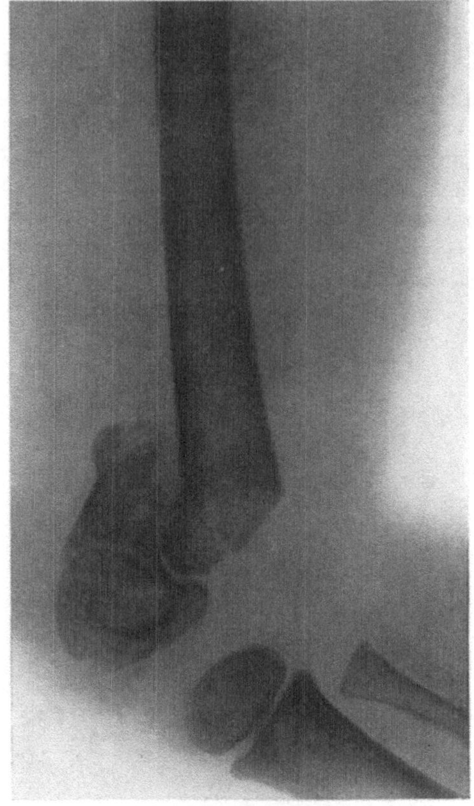

Abb. 834b. Seitenansicht zu Abb. 834a.

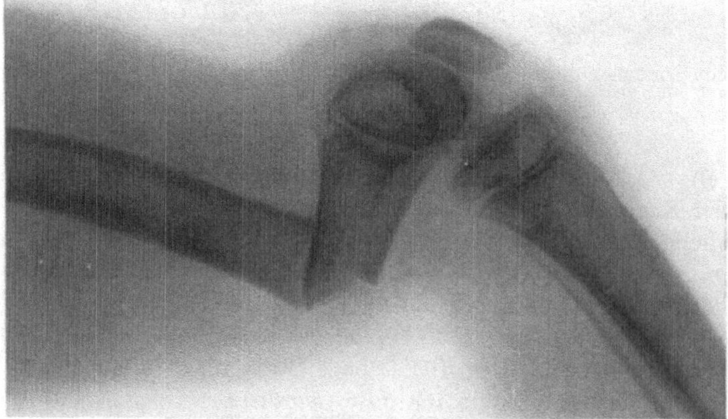

Abb. 835. Hochgelegene supracondyläre Querfraktur mit Aufstellung des peripheren Fragmentes.

auch Dislokation des unteren Fragmentes um seine ganze Dicke nach vorne. Seine Bruchfläche liegt dann zum Teil der Vorderfläche des oberen Fragmentes auf, und das Fragment ist zwischen Patella und Diaphyse eingeklemmt.

Die Epiphyseolyse ist stets mit einer Verletzung des Kniegelenkes verbunden, da der Epiphysenknorpel hinten noch im Bereiche des Kapselraumes mündet (s. Abb. 838). Das nach der Kniekehle abgewichene obere Fragment kann auch bei diesen Fällen die Poplitealgebilde gefährden; so kommt es gelegentlich zu einer Kompression der Arterie mit Ernährungsstörungen am Unterschenkel.

Bei den seltenen Epiphysenlösungen durch Flexion steht das untere Fragment naturgemäß hinten, und hebt die Gefäße und Nerven mit sich ab; ihre Gefährdung ist in diesem Falle erheblich geringer.

Die *tiefsitzende supracondyläre Querfraktur* (Abb. 834a, b) deckt sich in ihren Erscheinungen weitgehend mit der Epiphyseolyse, besonders wenn sie

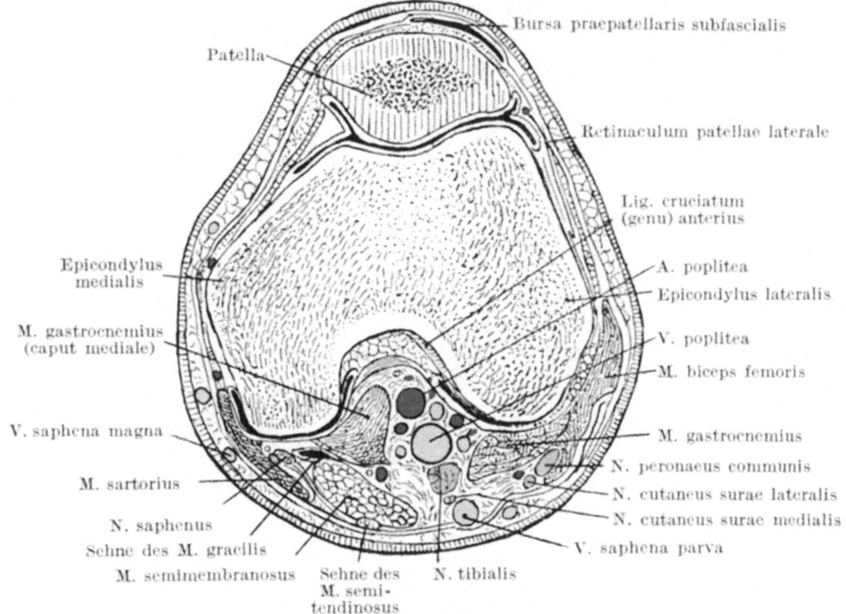

Abb. 836. Topographie der Poplitealgebilde im Querschnitt durch die Condylengegend. (Nach TOLDT.)

mit einer Verletzung der Gelenkkapsel verbunden ist. *Schwellung* und *Formveränderung* im Bereich des Kniegelenkes und nach oben davon sind stets stark ausgesprochen, und man wird die Stellung der Fragmente palpatorisch unschwer feststellen können. Schwieriger ist dies bei der *Epiphyseolyse,* die in ihrem äußeren Aspekt zu Verwechslungen mit Luxationen des Kniegelenkes Anlaß geben kann. Mit Rücksicht auf die Gefährdung der Poplitealgebilde ist sowohl bei tiefen supracondylären Brüchen wie bei der Epiphysenlösung energische manuelle Untersuchung zu unterlassen, und die Lage und Form der Fragmente durch zwei senkrecht zueinander orientierte *Röntgenogramme* festzustellen.

Die isolierten und kombinierten Condylenbrüche des Femur entstehen, wie die Frakturen der Tibiacondylen, nur infolge erheblicher Gewalten, und zwar entweder durch direkten Stoß gegen das gebeugte Knie, oder durch Fall aus großer Höhe auf die Füße bei gestrecktem Kniegelenk. Auch gewaltsame Torsion kann die Ursache sein.

Isolierte Brüche eines einzelnen Femurcondylus sind relativ selten; sie betreffen wegen der häufigen physiologischen Valgusstellung öfters den *äußeren Condylus* (Abb. 843), kommen also unter gleichzeitiger forcierter Abductionswirkung zustande. Für die Entstehung der Fraktur des inneren Condylus ist eine überwiegende Adductionskomponente erforderlich. Die Bruchlinie mündet unten in der Fossa intercondyloidea und trennt in schrägem Verlauf nach oben-außen oder -innen den ganzen Condylus ab. Die *Verschiebung des Fragmentes* erfolgt stets nach oben, und bedingt ein *Genu valgum,* wenn es sich um eine Fraktur des *äußeren Condylus*

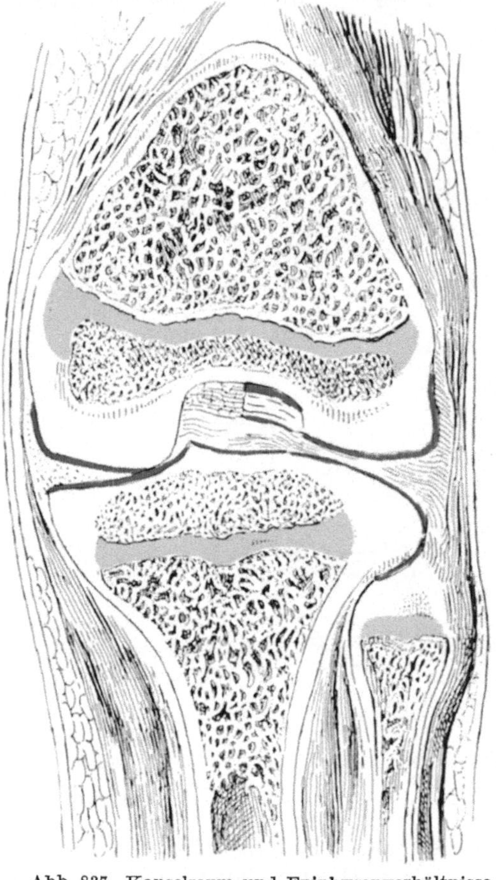

Abb. 837. Kapselraum und Epiphysenverhältnisse des Kniegelenkes im Frontalschnitt. (Nach v. BRUNN.)

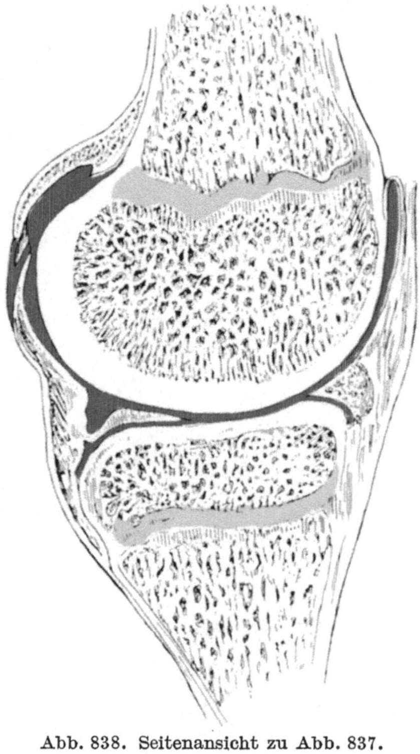

Abb. 838. Seitenansicht zu Abb. 837.

handelt, ein *Genu varum,* wenn ein Bruch des *inneren Condylus* vorliegt (Abb. 845). Auch diese Deviationen entstehen oft erst unter dem Belastungsdruck von unten, wenn die Patienten nach dem Unfall noch zu gehen versuchen. Mit der Verschiebung nach oben ist eine meist geringe seitliche Dislokation, seltener eine Drehung nach hinten oder nach außen verbunden; im allgemeinen werden diese Verschiebungen verhindert durch den Halt, den die Gelenkkapsel dem Fragment noch gewährt.

Die Brüche beider Femurcondylen sehen wir in T- und Y-Form, jedoch auch als irreguläre Zertrümmerungsfrakturen mit multiplen Frakturlinien. Die T- und Y-Frakturen kommen wohl so zustande, daß unter der flektierenden oder direkten Gewalt zunächst eine supracondyläre Schräg- oder Querfraktur entsteht, und daß bei weiterwirkender Gewalt die Femurdiaphyse wie ein Keil die Condylen auseinandersprengt. Es ist zu beachten, daß gemäß der physiologischen Abbiegung des Femurgelenkteiles nach hinten ein Stoß von unten her auch flektierende Wirkung hat. Man vergleiche dazu die Fragmentdislokation im Röntgenogramm Abb. 839.

Bei allen Condylenbrüchen findet sich ein *intraartikulärer Bluterguß*, wie auch *Kapselzerreißungen, Zerreißung intraartikulärer Bandapparate* und *Verletzungen der Menisken* kaum jemals fehlen.

Der gewaltige Bluterguß erschwert die *Palpation*; man erkennt zunächst nur, daß es sich um eine schwere Verletzung des Kniegelenkes handelt. Immerhin wird man durch den *Nachweis pathologischer Abductions- und Adductionsmöglichkeit* des Unterschenkels im Kniegelenk verbunden mit *Crepitation* auf das Vorhandensein einer Condylenfraktur hingewiesen. Oft ist auch die *Varus- oder Valgusstellung* schon von Anfang an stark ausgeprägt. Das Kniegelenk steht meist in leicht flektierter Entspannungsstellung, und erscheint bei Fraktur beider Condylen verbreitert.

Eine schonende und erschöpfende Diagnose vermittelt nur die kombinierte *Röntgenuntersuchung*; ist die Flexion der antero-posterioren Aufnahme hinderlich, so macht man eine Aufnahme von der Kniekehle her.

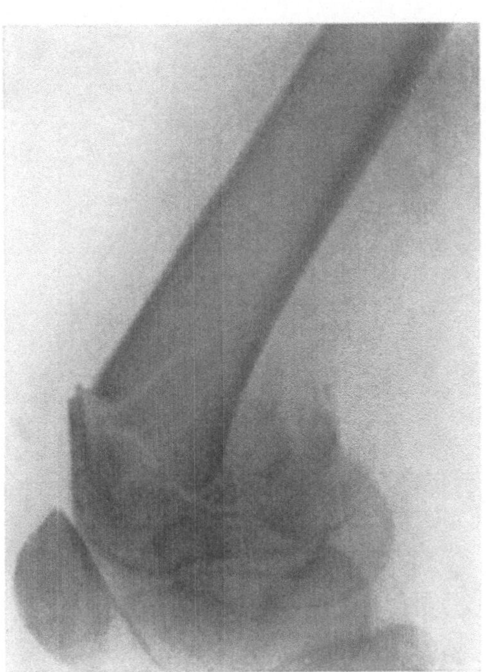

Abb. 839. Kompressionsfraktur beider Femurcondylen; ausgeprägte Flexionskomponente.

Der Heilungsverlauf der Frakturen des unteren Femurendes ist im allgemeinen kein günstiger, auch wenn wir absehen von den schweren Zertrümmerungsbrüchen und komplizierenden Verletzungen der Poplitealgebilde. Die beste Prognose bieten noch die supracondylären Frakturen, korrekte Reposition vorausgesetzt; doch auch diese Frakturform ist häufig von hartnäckigen, schmerzhaften Störungen der Kniegelenkfunktion gefolgt. Naturgemäß sind die *sekundären arthritischen Veränderungen* am ausgeprägtesten nach Condylenbrüchen, weil bei diesen intraartikulären Frakturen die begleitende Gelenkläsion meist erheblich ist. *Versteifung, Schmerzhaftigkeit der Bewegungen, rezidivierende Gelenkergüsse, abnorme Seitenbeweglichkeit* sind hier übliche Folgeerscheinungen.

Ganz besonders ungünstig ist die Tendenz der abgebrochenen Condylen, nach oben abzuweichen, und zwar auch sekundär, bei Wiederaufnahme der Belastung. Es kommt dann zur Ausbildung eines *traumatischen Genu valgum* oder *varum*, mit erheblichen statischen Störungen. *Meniscuszerreißungen* und Absprengung kleinerer intraartikulärer Fragmente sind eine weitere Quelle andauernder Beschwerden. Die chronischen Ergüsse führen zu Dehnung der Gelenkkapsel, wodurch die pathologische *seitliche Beweglichkeit* noch gesteigert werden kann.

Erheblich geringere Bedeutung haben zwei *extraartikuläre Randfrakturen,* der *Abrißbruch an der oberen Ansatzstelle des inneren Seitenbandes* und die von STIEDA beschriebene *Absprengung am oberen Rande des Epicondylus internus femoris* durch direktes Trauma.

Die Abrißfraktur des inneren Seitenbandes kommt durch extreme Abduction, verbunden mit Auswärtsrotation des Unterschenkels im Kniegelenk zustande, und kann eine Begleiterscheinung der Abreißung und Luxation des inneren Meniscus darstellen. Die Verletzung, die man häufig bei Skiläufern sieht, wird begünstigt durch ein genu valgum, bedingt eine *ausgesprochene, pathologische Abductionsmöglichkeit des Kniegelenkes,* und ist ferner erkennbar an lokalisiertem Druckschmerz.

Diagnostisch beweisend ist nur der Nachweis der schmalen, losgesprengten Knochenschale durch ein kurz nach dem Unfall aufgenommenes *Röntgenbild* (Abb. 840); denn auch im Anschluß an einfache Abreißung des Seitenbandes ohne Abriß einer Corticallamelle können sich sekundär schalen- oder sichelförmige periostale Auflagerungen an der Abrißstelle entwickeln.

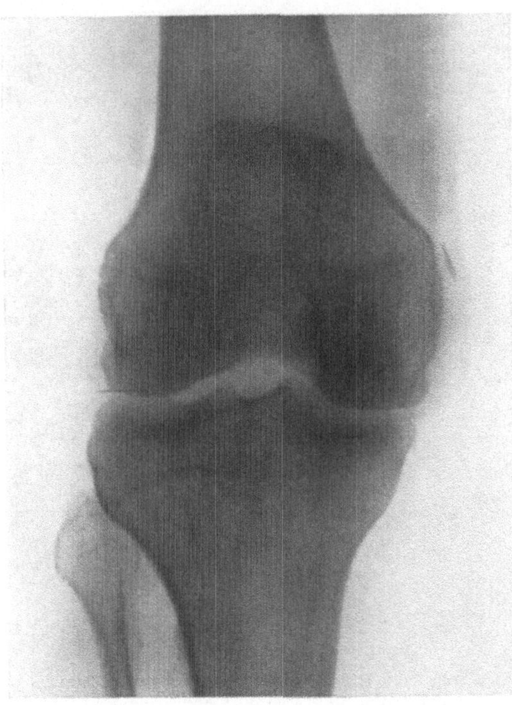

Abb. 840. Lamellenförmiger Abriß der Ansatzstelle des inneren Seitenbandes am Epicondylus femoris internus.

Die von STIEDA beschriebene *Absprengung* findet sich oberhalb der Ansatzstelle des Seitenbandes und betrifft den meist etwas vorspringenden, höckerigen Abschnitt des *Epicondylus internus.* Auch diese Verletzung ist nur durch frühzeitige Röntgenaufnahme sicherzustellen, da hier ebenfalls sekundäre Periostauflagerungen als Folge lokaler Quetschung beobachtet sind.

Kapitel 2.

Die Behandlung der Frakturen des unteren Femurendes.

Die *supracondyläre Femurfraktur* muß in jedem Falle korrekt *reponiert* werden. Eine Einwirkung auf das relativ kurze untere Fragment ist von außen nur durch Vermittlung des Unterschenkels möglich; doch beraubt die Beweglichkeit des Kniegelenkes diese Maßnahmen zum Teil ihrer Wirksamkeit. Gleichwohl gelingt es in einzelnen Fällen supracondylärer Fraktur und besonders bei der Epiphysenlösung, durch Zug am Unterschenkel, Beugung des Kniegelenkes zur Entspannung der Muskulatur und hebelnde Wirkung auf das nach vorne abgewichene Fragment eine befriedigende Reposition zu erzielen. In diesen Fällen erfolgt *Heftpflasterextension in leichter Beugestellung.* Bedeutend seltener gelingt die Reduktion, wenn das untere Fragment nach der Kniekehle zu verschoben ist.

Schwierig ist die Reposition, wenn das untere Fragment nach der Kniekehle hin abgewichen ist; in solchen Fällen gelingt die Reduktion oft unter Zuhilfenahme einer *Extensionszange,* die dann einige Tage belassen und später durch einen *Heftpflasterzug* ersetzt wird (Abb. 841).

Führt dieses Vorgehen nicht zum Ziel, so legt man eine *Drahtextension an der Spina tibiae* an und sucht durch starke Belastung unter Flexion des Kniegelenkes die Längsverschiebung sukzessive auszugleichen und dann durch einen Querzug von der Beugefläche her oder durch den Auflagedruck die Seitenverschiebung zu beheben. Gelingt dies nicht, oder ist die Reposition wegen Kompression der Poplitealgebilde dringend, so bleibt nur *operative Behandlung*

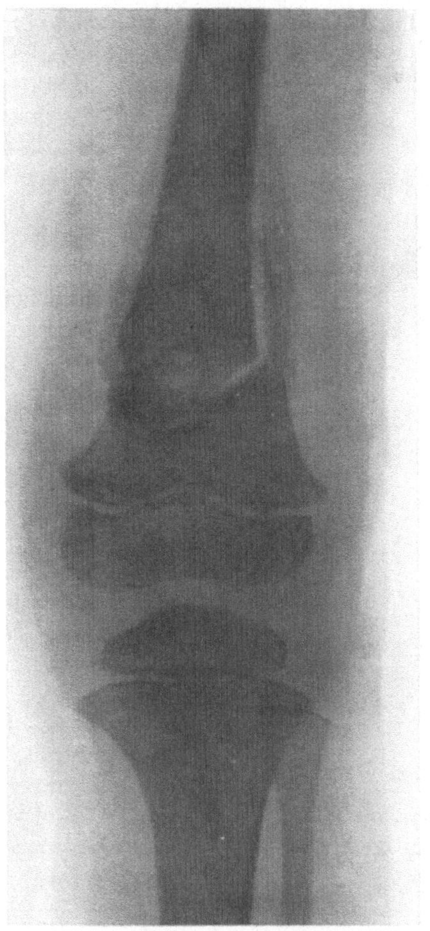

Abb. 841. Durch Zangenextension reponierte
Fractura supracondylica femoris, geheilt.
(Betrifft Fall Abb. 834.)

übrig. Die Fragmente werden durch seitliche Schnitte freigelegt; die Vereinigung erfolgt bei *Schrägbrüchen* durch *Umschlingung* oder durch Kombination der

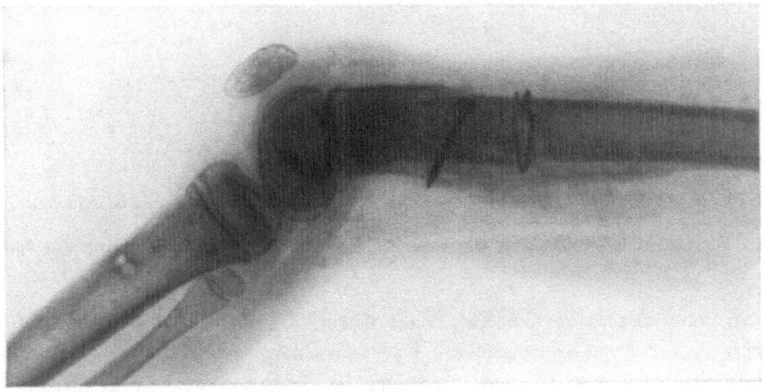

Abb. 842. Fraktur Abb. 832 operativ reponiert; Fixation durch Verschraubung und Umschlingung.

Umschlingung mit *Verschraubung,* da die Drahtschlingen am Übergang des Diaphysenschaftes zur Metaphyse leicht nach oben abrutschen (Abb. 842);

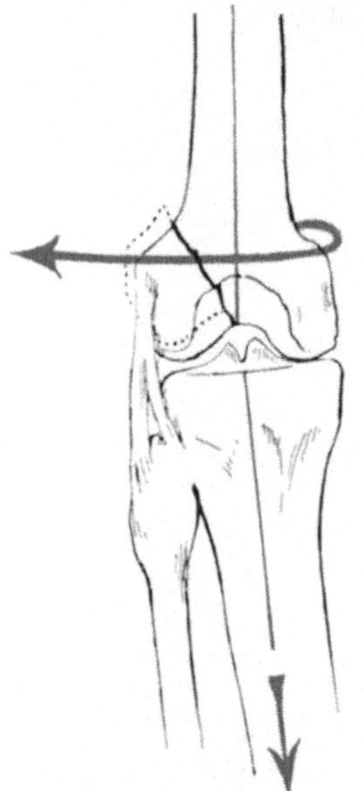

Querbrüche werden mittels *gebogener Metallplatten* verschraubt. Die *Nachbehandlung* erfolgt auf einer Semiflexionsschiene, allfällig kombiniert mit Gipsschiene, die der Kniekehle genau anzumodellieren ist.

Epiphyseolysen erfordern bei starker Verschiebung meist ebenfalls *blutige Reposition,* die von seitlichen Schnitten aus bewerkstelligt wird; die *Fixation* erfolgt durch *temporäre Nagelung* oder *Verschraubung* von oben schräg nach unten und innen. Eine Schädigung der Epiphysenlinie ist bei aseptischem Verlaufe nicht zu befürchten.

Die *isolierten Frakturen eines einzelnen Femurcondylus* können durch *Extensionsverbände* ausreichend beeinflußt werden, wenn das Condylusfragment keine erhebliche Verschiebung aufweist. Für die *Fraktur des äußeren Condylus* erfolgt die Extension im Sinne der *Adduction des Unterschenkels,* unter Beifügung eines *Querzuges nach außen* im Niveau des Kniegelenkes (s. Abb. 843

Abb. 843. Extension einer Fraktur des äußeren Femurcondylus; schematische Darstellung der Extensionszüge.

u. 844). Auf diese Weise wird das nach oben dislozierte Fragment etwas nach abwärts gezogen, und gleichzeitig die Ausbildung einer Valgusstellung verunmöglicht. Umgekehrt soll bei *Frakturen des inneren Condylus* der *Längszug* etwas nach außen gerichtet sein, bei gleichzeitigem *Querzug in Kniehöhe nach innen* (Abb. 845/846); diese Extensions-

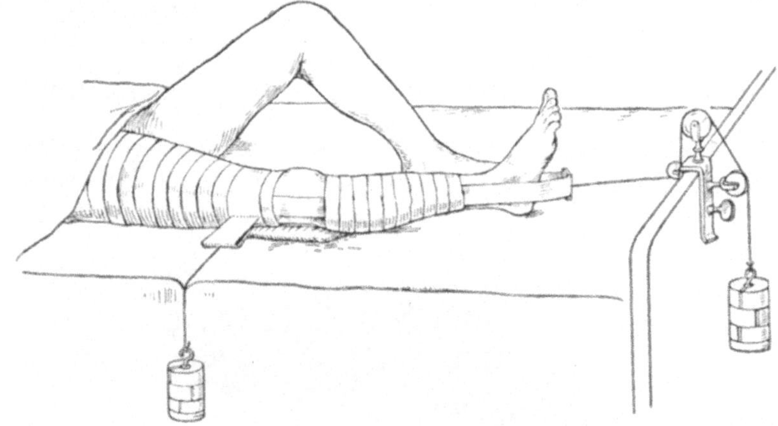

Abb. 844. Extension einer Fraktur des äußeren Femurcondylus; Darstellung der technischen Ausführung.

disposition bewirkt eine leichte Valgusstellung des Unterschenkels im Knie und wirkt einer pathologischen Varusstellung entgegen. Das Knie wird durch Unterlegen eines kleinen Polsters in leichter Flexionsstellung gehalten.

Die *Extension dauert 6 Wochen und ist von Anfang an mit mobilisierenden Maß-nahmen zu kombinieren.* Nach Abschluß der Behandlung dürfen die Patienten zunächst nur in gut konstruierten *Schienenhülsen-apparaten* herumgehen, die mit Sicherheit die Ent-stehung sekundärer Valgus- oder Varusstellung verhüten. Mit der mobilisierenden und Massagebehandlung muß oft monatelang zugefahren werden, bis das Maximum der Beweglichkeit des Kniegelenkes erreicht ist; meist wird diese Nachbehandlung viel zu früh aufgegeben, sehr zum Schaden von Patient und Versicherung.

Condylenbrüche mit wesentlicher Dislokation des Fragmentes und besonders solche mit Rotationsver-schiebungen werden am besten *operativ* behandelt; denn auch unbedeutende Verschiebungen eines Gelenk-knorrens bedingen oft dauernde, sehr störende Be-wegungseinschränkungen des Knies. Die Freilegung des Fragmentes kann manchmal rein extraartikulär geschehen, namentlich bei sehr schrägen, bis in die Diaphyse oder Metaphyse reichenden Brüchen. Wo man jedoch über die korrekte intraartikuläre Reposition des Fragmentes im Zweifel bleibt, scheue man sich nicht vor einer Incision der Gelenkkapsel zum Zwecke genauer Kontrolle der Reduktion. Die *Fixation* des Condylenfragmentes geschieht durch *direkte Verschrau-bung* (Abb. 847); wenn immer möglich, werden die

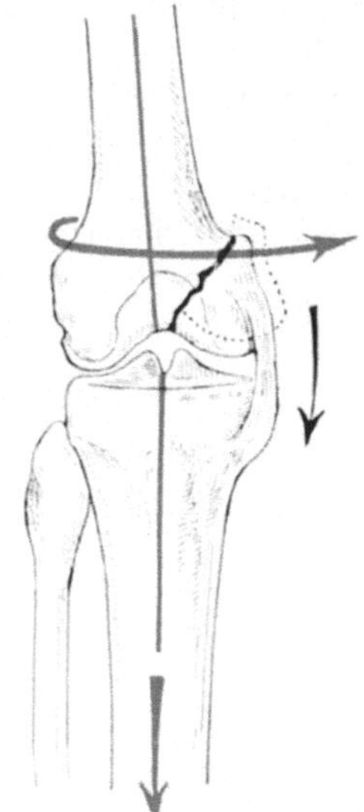

Abb. 845. Extension einer Fraktur des inneren Femurcondylus; schema-tische Darstellung der Extensionszüge.

Schrauben extraartikulär gelegt. Muß man kleinere Fragmente vom Gelenk aus fixieren, so verwende man lange *Stifte* mit schmalem Kopf, die ganz in

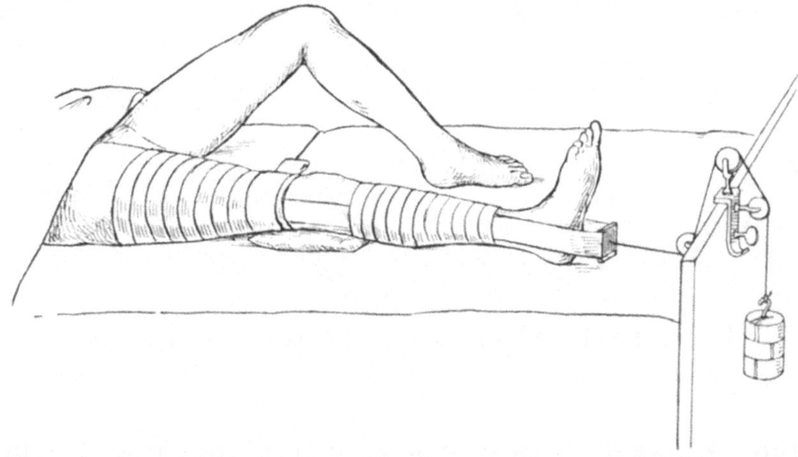

Abb. 846. Extension einer Fraktur des inneren Femurcondylus; Darstellung der technischen Ausführung.

den Knorpel versenkt werden können, damit sie keine Reizwirkung auf die Gelenkoberfläche entfalten.

Die Brüche beider Femurcondylen sind, wenn erhebliche Verschiebungen vorliegen, nur auf *operativem Wege* anatomisch korrekt zu stellen. Diese Behandlung wird denn auch von LAMBOTTE mit Recht für alle mit wesentlicher Dislokation einhergehenden kombinierten Condylenbrüche am unteren Femurende empfohlen, bei denen nicht das Alter der Patienten oder bestimmte Organveränderungen einen operativen Eingriff kontraindizieren. Zugang zum Frakturgebiet gibt der laterale Resektionsschnitt für das Kniegelenk nach KOCHER. Nach Entleerung des Kapselhämatoms und genauester Reposition erfolgt die Vereinigung der Condylenfragmente unter sich und mit der Metaphyse durch *kombinierte Verschraubung.* Ist die Verschiebung der Fragmente nur gering, oder verbietet sich die Operation aus bestimmten Gründen, so wird ein *Extensionsverband* angelegt mit einfachem, achsengerechtem Längszug, der hoch oben am Oberschenkel beginnt. Querzüge sind nur anzubringen, wenn eine ausgesprochene Varus- oder Valgusstellung zu korrigieren ist. *Unter ständiger mobilisierender Behandlung* wird die Extension auch hier 6 Wochen aufrecht erhalten, und zur Entlastung für das erste Halbjahr ein genau anmodellierter *Schienenhülsenapparat* verordnet, der seitliche Deviationen mit Sicherheit verhindert. Das Knie ist während Monaten mittels elastischer Binde einzuwickeln, weil in solchen Fällen große Neigung zu Entwicklung chronischer *Gelenkergüsse* besteht; deshalb ist auch eine *protrahierte Heißluftbehandlung* angezeigt. Da sich nach einfachen und kombinierten Condylenfrakturen noch nach Monaten *Belastungsdeformitäten* ausbilden können, müssen die Patienten systematisch überwacht

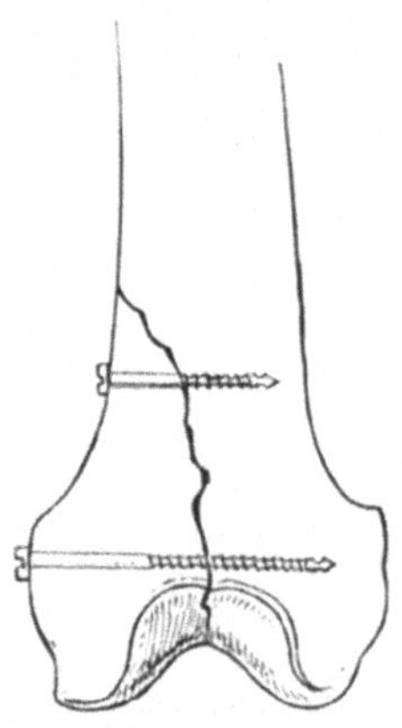

Abb. 847. Verschraubung einer isolierten Condylusfraktur.

und in gewissen Abständen der *Röntgenkontrolle* unterworfen werden. Jede *Spätverbiegung* erfordert sofortige Entlastung; ausgeprägte, konsolidierte Valgus- und Varusverbiegungen können nur *operativ* korrigiert werden. Das Normalverfahren ist die supracondyläre Osteotomie, lineär oder in Keilform. In gleicher Weise werden Rekurvationsverbiegungen nach supracondylären Brüchen behoben; *liegt gleichzeitig ein Wackelknie vor, so ist dem Gelenkfragment eine leichte Flexionsstellung zu geben.*

Was schließlich noch die *Randfrakturen am Condylus internus* betrifft, so erfordert die Abrißfraktur des inneren Seitenbandansatzes *Nagelung* oder *Verschraubung,* unter frühzeitiger Mobilisierung, während eine Behandlung der STIEDAschen Absprengungsfraktur meist überflüssig sein dürfte.

IV. Die Frakturen der Kniescheibe.

Kapitel 1.

Entstehungsart, Bruchformen, Symptome und Verlauf.

Kniescheibenbrüche, die ungefähr 0,6% aller Frakturen ausmachen, sieht man, wie die Femurfrakturen, vorwiegend bei Männern zwischen dem 20. und 50. Lebensjahre. Auf weibliche Patienten kommen nur etwa $\frac{1}{4}$ aller Kniescheibenbrüche. Morphologisch kann man *Quer-, Schräg-, Längs-* und *Stückbrüche* unterscheiden.

Die häufigeren *Querfrakturen* (s. Abb. 848) sitzen vorwiegend in der Mitte oder etwas unterhalb davon in der unteren Hälfte der Kniescheibe; bedeutend seltener sind Querfrakturen der oberen Hälfte. Die Bruchlinie verläuft meist von oben-außen nach unten-innen, da es sich hier um kombinierte Riß- und Biegungsfrakturen handelt, die unter der unkoordinierten Aktion des Quadriceps zustande kommen, meist bei energischer Abwehr gegen einen Fall nach rückwärts. Das Kniegelenk befindet sich im Momente der Frakturentstehung in leichter Beugestellung, so daß die Patella wesentlich in ihrem mittleren Abschnitt der gebogenen Femurgelenkfläche aufsitzt; die Kontraktion des Quadriceps wirkt deshalb auf die Patella teilweise im Sinne der Biegung.

Anamnestisch wird gewöhnlich ein Fall auf das Knie oder ein Schlag auf die Vorderfläche der Patella für die Fraktur verantwortlich gemacht; doch kommt es eben vor, daß die Patienten erst nach erfolgter Patellafraktur mit dem verletzten Kniegelenk einknicken und auf das Knie fallen. Ferner dürfte häufig eine reflektorisch ausgelöste, heftige Kontraktion des Quadrizeps auch bei direkten Frakturen der Patella mitwirken.

Eine besondere Form der indirekten Kniescheibenfraktur ist der Rißbruch an der Spitze oder an der oberen Kante, deren Entstehung vom jeweiligen Beugungsgrad des Kniegelenkes abhängig ist. Direkte Traumen allein führen zu *unregelmäßigen*, häufig *sternförmigen Stückbrüchen* (Abb. 849, 856a), wie wir sie besonders infolge von Hufschlag sehen.

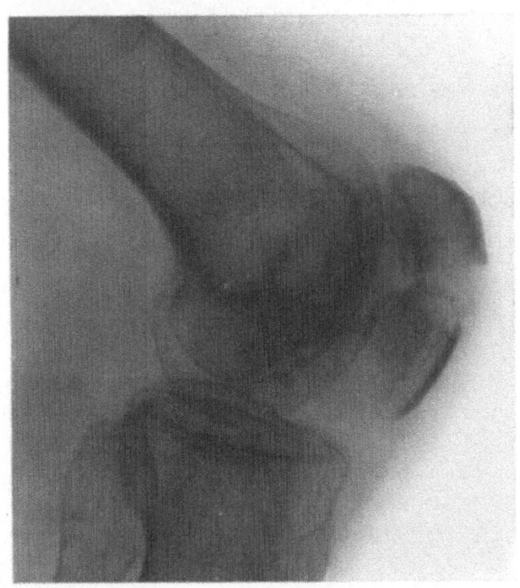

Abb. 848. Querfraktur der Patella.

Quere Frakturen infolge direkter Gewalteinwirkung entstehen bei Fall gegen eine scharfe Kante. Bei den seltenen, *doppelten Querbrüchen* handelt es sich möglicherweise um gleichzeitige Entstehung einer direkten und einer indirekten Fraktur. Eine besondere Stellung nehmen die *isolierten Längsfrakturen* ein, die vorwiegend das laterale Drittel der Kniescheibe betreffen. Sie kommen nach A. Meyer in der Weise zustande, daß bei einer Abwehrbewegung gegen das Rückwärtsfallen bei gebeugtem Knie nicht die Quadricepswirkung, sondern die Aktion des Tensor fasciae latae überwiegt, wodurch die Kniescheibe zunächst in Außenluxationsstellung gezogen und bei weiterwirkender Gewalt über der lateralen Kante des Condylus femoris durch Biegung gebrochen wird. Unvollständige, nicht die ganze Dicke der Patella durchsetzende Frakturen sind selten.

Die umschriebene direkte Einwirkung auf einen dicht unter der Haut liegenden Knochen bringt es mit sich, daß ein Teil der Patellafrakturen durch *Hautwunden* kompliziert ist; die gleichzeitige *Eröffnung des Kniegelenkes* bedingt eine ganz besonders ernste Prognose.

51*

Von wesentlicher Bedeutung ist die Art der Mitverletzung der die Patella bedeckenden Fascie und des seitlichen akzessorischen Streckapparates. Solange die Aponeurose des Extensor quadriceps unverletzt, der Bruch somit ein subaponeurotischer ist, kann jede Fragmentverschiebung fehlen. Die Fraktur hat dann die gleiche Bedeutung wie eine subperiostale.

Doch reißt bei vollständigen Kniescheibenbrüchen die Fascie über der Patella meist ein, und gleichzeitig setzt sich der Riß medial und lateral verschieden weit in die fasciöse und in die synoviale Gelenkkapsel fort. Die Sehnen der Extensoren, M. vastus medialis, Rectus und Vastus lateralis sowie die Fascia lata senden ihre Ausläufer über das Kniegelenk hinüber bis zum Unterschenkel und wirken deshalb als *akzessorischer Streckapparat.* Als besondere Gebilde dieses Reservestreckapparates heben sich das mediale und das laterale Retinaculum patellae ab (s. Abb. 850). Da die Zerreißung der seitlichen Aponeurosen gewöhnlich erst sekundär erfolgt, nachdem die Bruchstücke der Kniescheibe schon verschieden weit auseinandergewichen sind, liegen diese seitlichen Risse oft einige Millimeter höher oder tiefer als die primäre Bruchlinie. Trifft das auch für die Aponeurose des Rectus zu, so trägt das eine der Fragmente einen verschieden breiten *Fascienperiostsaum, der sich zwischen die Bruchstücke einschlagen und die knöcherne Heilung verhindern kann.*

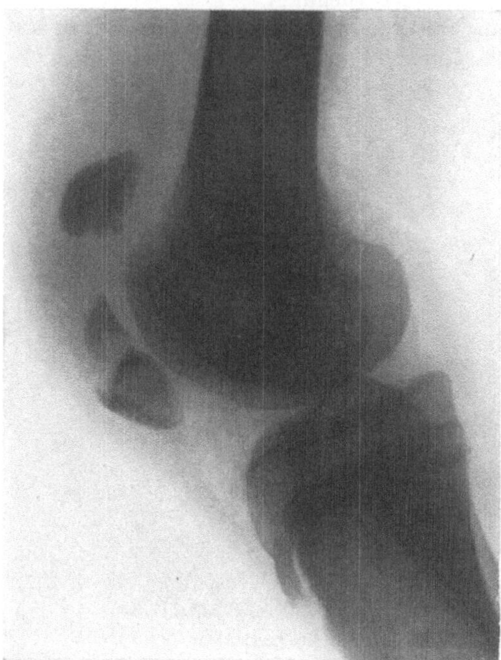

Abb. 849. Profilröntgenogramm einer direkten Splitterfraktur der Patella.

Die *Symptome* des Kniescheibenbruches sind verschieden, je nachdem die Fragmente auseinandergewichen oder unter Erhaltung der Patellaraponeurose in Kontakt geblieben sind.

Unvollständige und rein subaponeurotische Frakturen machen die Erscheinungen einer heftigen Kniekontusion mit mehr oder weniger stark ausgeprägtem *Gelenkerguß.* Die Patienten vermögen nach dem Unfall noch zu gehen und können auch das Bein gestreckt von der Unterlage heben. Sobald man jedoch den Widerstand für die Streckung des Kniegelenkes durch Gegendruck vermehrt, tritt sofortige Schmerzhemmung ein. Die Annahme einer Fraktur wird in solchen Fällen nahegelegt durch die umschriebene, ausgeprägte *Druckempfindlichkeit*; Sicherstellung der Diagnose ergibt nur die *Röntgenaufnahme* und zwar empfiehlt sich für die flächenhafte Projektion eine Aufnahme von der Kniekehle her, deren Ergebnis durch eine seitliche Profilaufnahme von innen nach außen zu ergänzen ist (Abb. 848/849).

Zu Verwechslungen mit Frakturen kann die sog. *Verdoppelung der Knie-scheibe (Patella bipartita)* Anlaß geben, die gar nicht so selten ist. Es handelt sich um *akzessorische Ossificationskerne*, die nach Abschluß der Verknöcherung nicht mit dem Hauptteil der Kniescheibe verschmelzen. Neben Abgrenzung der Spitze durch eine quere Spalte sieht man namentlich die obere äußere Kante als einheitliches oder geteiltes Segment durch eine verschieden breite kalklose Zone vom Hauptteil der Scheibe abgetrennt; ferner findet sich eine

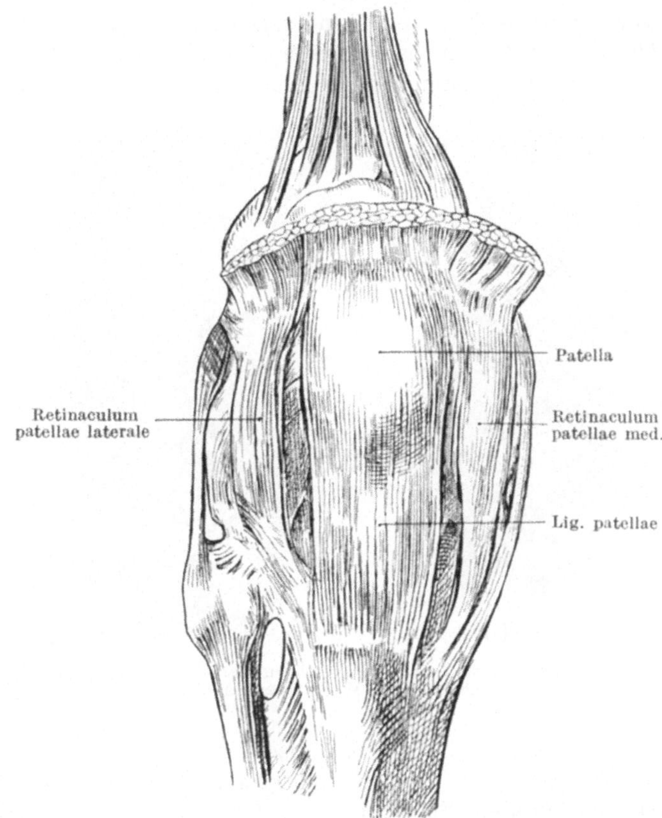

Abb. 850. Lig. patellae und Reservestreckapparat des Kniegelenkes. (Nach TOLDT.)

vertikale Spaltbildung in der lateralen Hälfte der Patella. Gegen Verwechslung mit Fraktur schützt das *doppelseitige Vorkommen* dieser Entwicklungsanomalie (Abb. 851) und das Fehlen falscher Beweglichkeit.

Auch bei reinen Längsfrakturen ist die Streckfunktion des Kniegelenkes natürlich in keiner Weise gestört; doch läßt sich hier am lateralen Patellar-rande falsche Beweglichkeit nachweisen, oft unter Crepitation. Für die *röntgeno-graphische Darstellung der lateralen Längsfrakturen* sind die Patienten mit der Kniescheibe auf die Kassette zu legen; die Projektionsrichtung geht von lateral außen nach medial innen.

Sind die Patellarfragmente auseinandergewichen (Abb. 849), die Patellar-aponeurose somit zerrissen, so können die Patienten sofort nach dem Unfall nicht mehr gehen. Beim ersten Versuch, auf das verletzte Bein zu stehen, knickt das Kniegelenk ein; bei dieser Gelegenheit kann der seitliche akzessorische Streckapparat, sofern er noch intakt sein sollte, ausgedehnt einreißen. *Der liegende Patient ist infolge der Kontinuitätstrennung des Streckapparates nicht imstande, das Bein gestreckt von der Unterlage zu erheben und er kann das passiv gebeugte Gelenk auch nicht aktiv strecken.* Am Knie selbst sieht man neben allfälligen Spuren der lokalen Gewalteinwirkung häufig eine verschieden tiefe, *quere Einsenkung* zwischen den auseinandergewichenen Fragmenten. Ist die mitverletzte Bursa praepatellaris mit Blut gefüllt, so fehlt diese Einsenkung. Die *Fragmentdiastase* läßt sich palpatorisch unschwer nachweisen und man gewinnt durch die äußere Untersuchung auch eine gewisse Aufklärung über

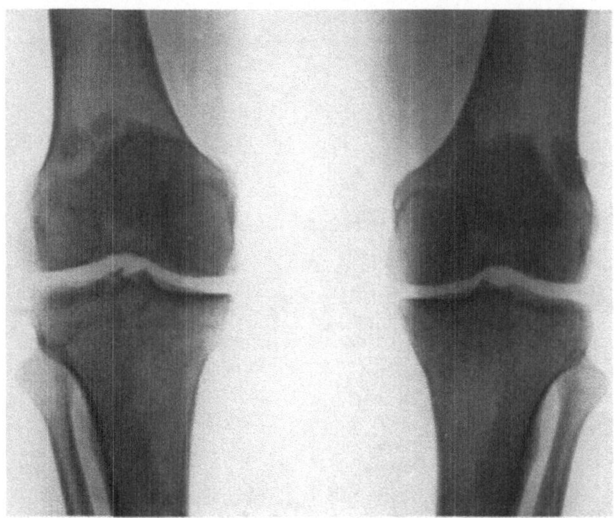

Abb. 851. Patella bipartita, rechts zwei akzessorische Ossificationskerne, links ein ungeteilter Kern im lateralen oberen Winkel der Kniescheibe.

den Verlauf der Fraktur und die Form der Fragmente. Bei *offenen Kniescheibenbrüchen* ist besonders das untere Fragment der Inspektion direkt zugänglich; eine hochgradige Schwellung des Gelenkes fehlt in diesen Fällen.

Bei subcutanen Kniescheibenbrüchen breitet sich infolge der Zerreißung des Recessus subquadricipitalis das Hämatom oft nach der Streckmuskulatur des Oberschenkels hin aus.

Der *Verlauf der subaponeurotischen Kniescheibenbrüche* ohne Fragmentdiastase ist stets ein günstiger, weil die Fragmente knöchern verwachsen, so daß irgendwelche Funktionsstörung nicht zurückbleibt. Bei *Frakturen mit Diastase* und Zerreißung des Reservestreckapparates dagegen ist eine spontane Heilung ausgeschlossen, indem hier die aktive Streckung des Unterschenkels im Kniegelenk in mehr oder weniger großem Umfang und jedenfalls immer in ihrer für den Gehakt wichtigsten letzten Phase verloren geht. Das Knie kann nur durch Schleuderung des Unterschenkels gestreckt werden; auch ist die Stützfähigkeit der betroffenen Extremität nur eine beschränkte, da eine Belastung des Beines nur bei passiv gestrecktem und etwas durchgedrücktem

Knie erfolgen kann. Die leichteste Beugung bringt das Gelenk zum Einknicken. *Splitterfrakturen* mit gleichzeitiger Kontusion des vorderen Abschnittes der Femurgelenkfläche bedingen oft partielle Versteifung des Gelenkes, infolge von Verwachsungen einzelner Fragmente mit dem Femur; Patienten mit *offenen Kniescheibenbrüchen* schließlich sind allen *Gefahren der Gelenkinfektion* ausgesetzt.

Kapitel 2.

Die Behandlung der Patellafrakturen.

Die *Behandlung der Kniescheibenbrüche* richtet sich in erster Linie nach dem Grad der Fragmentverschiebung.

Subaponeurotische Kniescheibenfrakturen erfordern nur vorübergehende *Lagerung* bei gestrecktem oder nur ganz leicht gebeugtem Knie. Besteht keinerlei Tendenz zum Auseinanderweichen der Fragmente, so kann schon am Ende

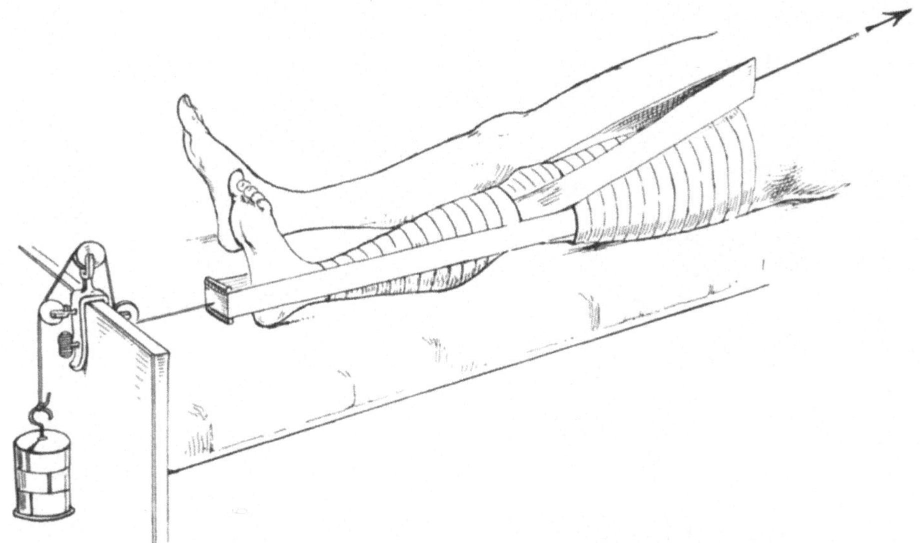

Abb. 852. Extension einer Patellafraktur. (Nach BARDENHEUER.)

der 1. Woche mit zunehmenden aktiven und passiven Bewegungen begonnen werden, während die *Massage- und Wärmebehandlung* bereits am Tage nach der Verletzung einsetzt. Ein großer Bluterguß wird zweckmäßigerweise durch *Punktion* beseitigt und das Gelenk zur Beförderung der Resorption mit elastischer Binde eingewickelt. Auch warme Kompressen fördern die Resorption des Ergusses. Sind die Fragmente auseinandergewichen, so muß in erster Linie für ausreichende Koaptation gesorgt werden; denn das häufige Ausbleiben knöcherner Konsolidation bei queren Kniescheibenfrakturen liegt nicht in besonderen Ernährungsverhältnissen der Fragmente begründet, sondern beruht meist auf ungenügendem Kontakt der Bruchflächen. Sowohl Kontraktionen des Quadriceps und passive Beugung als das Hämatom verhindern den für die knöcherne Heilung nötigen Kontakt; manchmal auch interponiert sich ein Fascienperiostsaum. Aus diesen Gründen heilen Kniescheibenbrüche, bei denen die Fragmentdiastase einen halben und mehr Zentimeter beträgt, stets nur *bindegewebig.*

Von der Möglichkeit, die Bruchstücke durch äußere Maßnahmen in enge Berührung zu bringen und in dieser guten Stellung zu erhalten, hängt es ab, ob wir eine zuverlässige solide Heilung der Kniescheibenfraktur ohne operativen Eingriff erzielen können.

Im allgemeinen ist durch unblutige konservative Behandlung ein befriedigendes Resultat nur zu erzielen, wenn eine wesentliche, d. h. einen halben Zentimeter

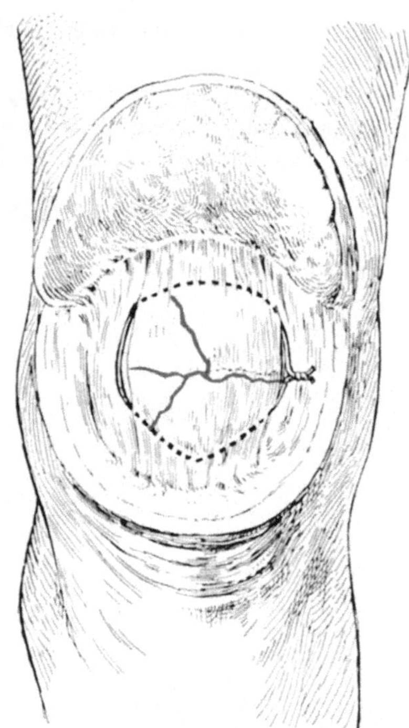

Abb. 853. Vereinigung einer Sternfraktur durch peripatellare Drahtnaht. (Nach KOCHER.)

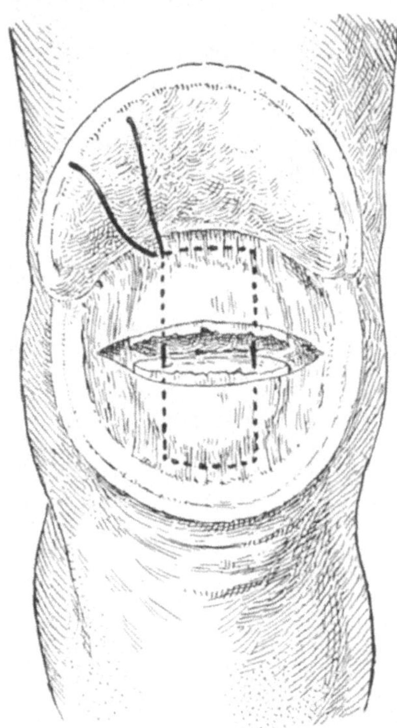

Abb. 854. Vereinigung der Patellafraktur durch Längsnaht nach PAYR, unter Mitfassen der Quadricepssehne und des Lig. patellae.

überschreitende Diastase der Fragmente nicht vorhanden ist. Nach Punktion eines größeren Blutergusses wird in solchen Fällen das Bein in Streckstellung gelagert und ein Extensionszug nach BARDENHEUER (vgl. Abb. 852) angelegt. Dabei sind wir allerdings der Zufälligkeit einer Fascieninterposition ausgesetzt und werden in solchen Fällen dann nur bindegewebige Heilung erzielen. Die Extensionsverbände müssen während mindestens 6 Wochen liegen; Bewegungen dürfen naturgemäß während dieser Zeit nur in mäßigem Umfange ausgeführt werden. Unter diesen Umständen scheint es geraten, die konservative Behandlung nur bei ganz geringfügiger Fragmentdiastase und erhaltenem Reservestreckapparat anzuwenden.

Seitdem die *Patellarnaht in Lokalanästhesie* schmerzlos ausgeführt werden kann, hat sich das Indikationsgebiet der operativen Behandlung des Kniescheibenbruches außerordentlich erweitert. *Das Verfahren der Wahl für die Behandlung der Patellarfraktur mit nennenswerter Dislokation und andauernder Dislokationstendenz ist deshalb heute die Operation,* die auch einzig Auskunft gibt über etwaige Interposition von Periost- oder Fasciensäumen. Die subcutanen Methoden haben nur noch historisches Interesse; das Normalverfahren ist die *offene Naht,* am besten von einem bogenförmigen nach unten konvexen Schnitt aus. Nach Entleerung des Blutergusses und Entfernung der Koagula aus dem Gelenk werden die Fragmente von anhaftenden Gerinnseln gesäubert und in verschiedener Weise vereinigt. Kocher empfahl die peripatellare, die ganze Kniescheibe in einer Frontalebene umfassende *Umschlingungsnaht mit Silberdraht,* deren Anwendung bei Sternfrakturen und multiplen Splitterbrüchen naheliegt (s. Abb. 853). Einfache glatte Querfrakturen kann man durch die *quere Rahmennaht nach* Quenu oder durch die *längsgerichtete Rechtecknaht nach* Payr vereinigen. Die Naht Payrs hat den Vorteil, daß sie oberhalb der Patella die Quadricepssehne, unterhalb das Ligamentum patellae mitfaßt (s. Abb. 854) und somit in ihrer Haftung nicht nur auf die nicht immer ausreichende Resistenz der Kniescheibenspongiosa angewiesen ist. Diese Naht kann deshalb als *indirekte Sehnennaht* bezeichnet werden.

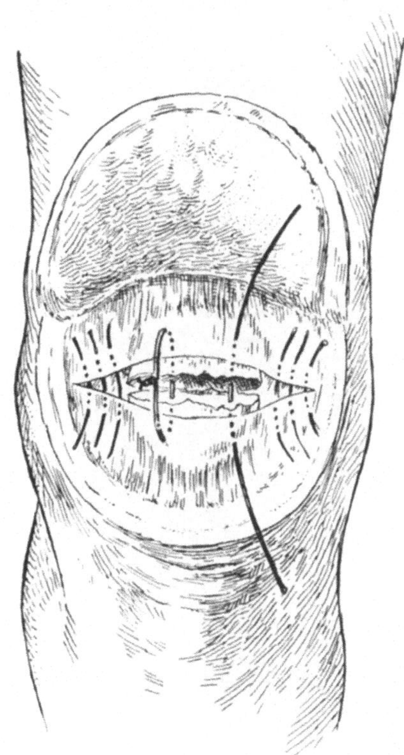

Abb. 855. Vereinigung einer Patellarfraktur durch Naht des Reservestreckapparates und des Knochens.

Viel wichtiger als die Naht der Kniescheibe ist jedoch die beidseitige Vereinigung des akzessorischen Streckapparates einschließlich Gelenkkapsel und der präpatellaren Fascie, wodurch das Lager für die Patella wiederhergestellt wird. Zu diesem Zwecke empfiehlt sich besonders das Verfahren von Schultze, das folgendermaßen ausgeführt wird: Die beiden Hauptfragmente werden mit Muzeuxzangen umfaßt und unter kräftiger Dehnung des M. quadriceps in vertikale Stellung luxiert; dann erfolgt von beiden seitlichen Winkeln des queren Risses her sorgfältige Naht der Kapsel und des Reservestreckapparates bis an die seitlichen Ränder der Kniescheibe. Werden nach dieser Naht die Patellabruchstücke durch energischen Druck wieder in ihre normale Lage gebracht, so stehen die Bruchflächen fest aufeinander. Einige Nähte zur Vereinigung der präpatellaren Fascie, der Bursa und der Haut beenden die Operation.

Handelt es sich um eine *glatte Querfraktur,* so können zur besseren Sicherung noch 2 *Stahldrahtsuturen durch den vorderen Abschnitt der Kniescheibe* gelegt werden (Abb. 855). Bei *Stück-* und *Splitterbrüchen* ist es meist unmöglich, Nähte durch den Knochen zu legen. Hier kann man mit der Naht des seitlichen

Streckapparates und der präpatellaren Fascie einwandfreie Resultate erzielen, wie Abb. 856 a, b zeigen. Auch eine Umschlingungsnaht ist in solchen Fällen überflüssig.

Die Vernähung der Haut erfolgt bei subcutanen Frakturen ohne jede Drainage.

Handelt es sich dagegen um *offene Patellarbrüche*, so wird das Gelenk mit physiologischer Kochsalzlösung ausgespült, die Wunde angefrischt, mit Jodtinktur ausgetupft und das Gelenk beidseitig im lateralen Winkel für einige Tage drainiert. Stellen sich Zeichen manifester Gelenkinfektion ein, so vermag

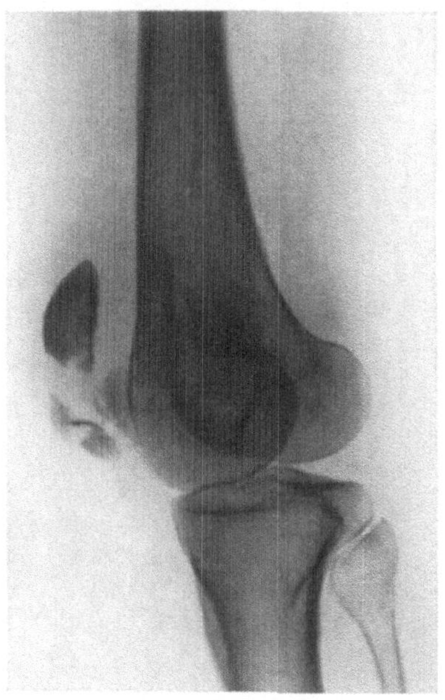

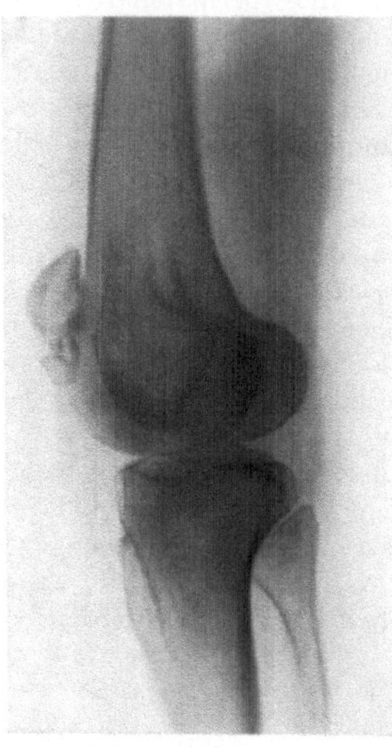

Abb. 856a. Direkt entstandene Splitterfraktur der Kniescheibe.

Abb. 856b. Fraktur Abb. 856a nach operativer Wiederherstellung des Patellarbettes ohne Knochennaht geheilt. (S. Text.)

man oft durch intermittierende *Spülungen mit 1%iger Carbollösung* der Infektion noch Herr zu werden.

Nach der Patellarnaht wird die Extremität in Streckstellung oder, wo diese zu unangenehmen Spannungsempfindungen in der Kniekehle führt, in ganz leichter Beugestellung auf eine Schiene oder zwischen Sandsäcke gelagert und so weit fixiert, daß schädigende Bewegungen im Schlaf ausgeschlossen sind. Diese fixierte Lagerung soll jedoch bei subcutanen Brüchen und bei aseptischem Wundverlauf nur 8 Tage dauern. Dann wird mit Massage und leichten *Übungsbewegungen* angefangen. Passive Bewegungen dürfen erst 4 Wochen nach der Operation vorgenommen werden, will man nicht die knöcherne Verheilung gefährden.

Bei offenen Kniescheibenbrüchen, sowie bei Störungen des Wundverlaufes im Anschluß an die Naht eines subcutanen Bruches ist von sofortiger Bewegungsbehandlung abzusehen, weil der Wundverlauf durch jede mechanische Schädigung ungünstig beeinflußt wird. Nach Abklingen der Entzündungsreaktion läßt sich durch mobilisierende Nachbehandlung auch eine weitgehende Versteifung des Gelenkes meist wieder vollständig beheben. Die Nachbehandlung hat so lange zu dauern, bis die normale Bewegungsexkursion wieder gewonnen ist. Um eine hochgradige Inaktivitätsatrophie der Streckmuskulatur zu verhindern, massiert man auch bei infizierten Fällen den Quadriceps bis handbreit oberhalb des Gelenkes während der Fixationsperiode täglich.

Bei *veralteten Fällen* bereitet die Adaptierung der Fragmente gelegentlich Schwierigkeiten. Hier behilft man sich mit *plastischen Methoden.* In Betracht kommt die *Abmeißelung der Tuberositas tibiae,* an der sich das Ligamentum patellae ansetzt und ihre Verlagerung um 1—2 cm nach oben. Ferner sind Stücke der beiden Fragmente zur Ausfüllung des Bruchspaltes verwendet worden. An Stelle dieser komplizierten Knochenoperationen führt man besser eine *Fascienplastik* aus, indem die beiden Fragmente durch einen frei transplantierten, gedoppelten Lappen aus der Fascia lata solid überbrückt werden. Ist das obere Fragment mit der Vorderfläche der Femurcondylen verwachsen, so ist es zu lösen und zu glätten.

Die normale Kniegelenkfunktion wird erst im Laufe mehrerer Monate erreicht. Schwere begleitende Gelenkschädigungen sowie *arthritische Disposition,* der wir namentlich bei älteren Patienten begegnen,

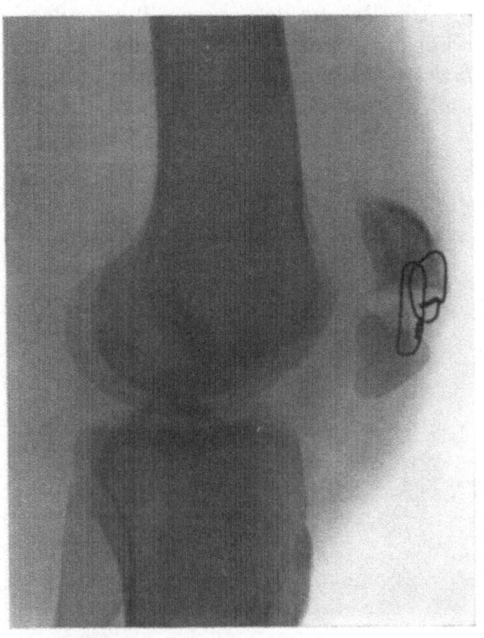

Abb. 857. Refraktur einer genähten Pate lla.

können zu progredienter Arthritis mit zunehmender Gelenkversteifung Anlaß geben.

Nicht so selten tritt bei Kniescheibenbrüchen im Laufe der ersten Wochen eine *Refraktur* ein; die Kontinuitätstrennung erfolgt gewöhnlich im Bereiche eines bindegewebigen Callus; doch kann es sich auch um eine eigentliche *Callusfraktur* handeln (Abb. 857). Diese Refrakturen sind eine eindringliche Mahnung, die Nachbehandlung schonend zu gestalten, unter Vermeidung ausgiebiger passiver Flexionsbewegungen während der ersten 6 Wochen. *Die Behandlung der Refraktur* erfolgt grundsätzlich in gleicher Weise wie die der frischen Patellarfraktur; nur empfiehlt sich in solchen Fällen, die Nahtstelle durch einen gestielten oder freitransplantierten Fascienlappen zu verstärken.

Abrisse der Patellarspitze oder des *oberen Patellarrandes* sind unter allen Umständen frühzeitig durch *Naht* zu versorgen.

B. Frakturen der Unterschenkelknochen.

I. Die Frakturen des oberen Tibiaendes.

Kapitel 1.

Frakturformen, Symptomatologie, Heilungsverlauf.

Die Brüche des oberen Tibiaendes kommen vorwiegend durch Fall auf die
Füße unter dem Gegendruck der Femurcondylen zustande, sind somit *Stauchungsbrüche.* Seltener ist ihre Entstehung durch *direkte Gewalt*, weil durch Fall auf
das gebeugte Knie vorwiegend die Femurcondylen betroffen werden.

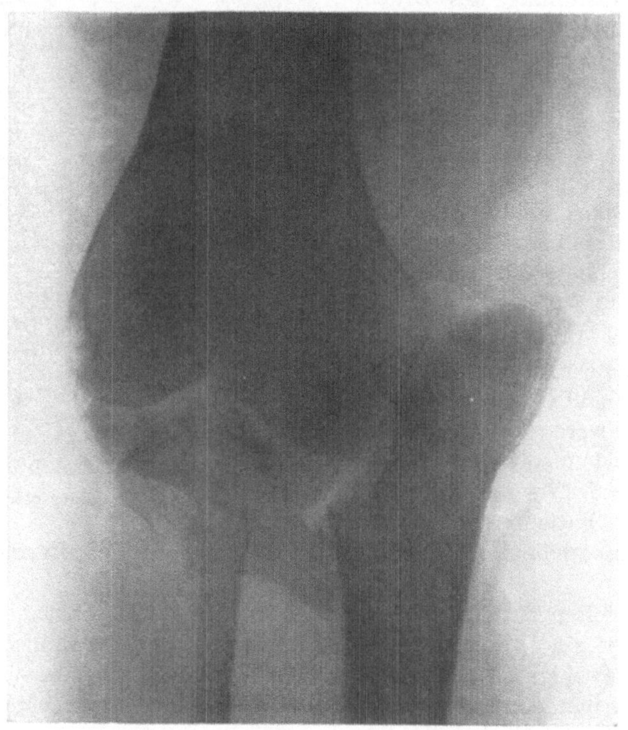

Abb. 858. Zertrümmerungsfraktur des lateralen Tibiacondylus mit seitlicher Luxation des Femur.

Morphologisch können wir analog den Brüchen des unteren Femurendes
isolierten Abbruch des lateralen oder *medialen Tibiacondylus, kombinierte Brüche
beider Condylen* sowie *infracondyläre Quer-* oder *Schrägfrakturen* unterscheiden.
Als Begleitverletzung finden wir gelegentlich *Frakturen des Fibulaköpfchens,*
namentlich bei Brüchen des lateralen Tibiacondylus.

Dazu kommen die rein *intraartikulären* umschriebenen *Randfrakturen der
Tibiagelenkfläche und Abreißungen an den Ansatzstellen der Kreuzbänder* sowie
die seltene *Abrißfraktur des Spina tibiae.*

Die *Fraktur des lateralen Tibiacondylus* (Abb. 858) ist bedingt durch Längsdruck in der Tibiaachse, verbunden mit Abduction, die Fraktur des Condylus internus durch Stauchung und Adduction. Trotz der oft zu beobachtenden physiologischen Valgusstellung des Kniegelenkes ist der isolierte Bruch des inneren Condylus häufiger. Die Frakturebene trennt die Tibiacondylen ungefähr in der Mitte und verläuft verschieden steil nach der medialen oder lateralen Corticalis der Tibia. Wie Abb. 858 zeigt, kann sich die Fraktur des Condylus lateralis mit *Luxation des Femur* nach außen kombinieren; dabei verschiebt sich der Oberschenkelknochen meist gleichzeitig nach vorne, die Tibia nach hinten.

Neben vollständigen Frakturen sieht man, wesentlich seltener, längs und schräg verlaufende subperiostale *Fissuren des Tibiakopfes*.

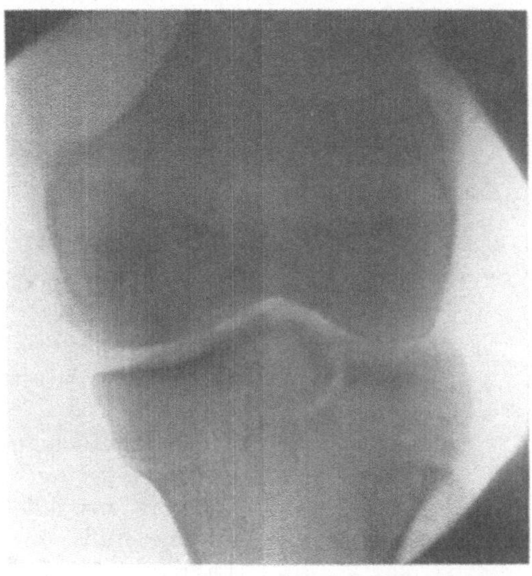

Abb. 859. Unvollständige Fraktur des lateralen Tibiakopfes; ungewöhnliche Form.

Eine ungewöhnliche Fraktur des lateralen Tibiacondylus mit kaum angedeuteter Verschiebung des Fragmentes zeigt Röntgenogramm (Abb. 859).

Die kombinierten Brüche beider Tibiacondylen sehen wir analog den

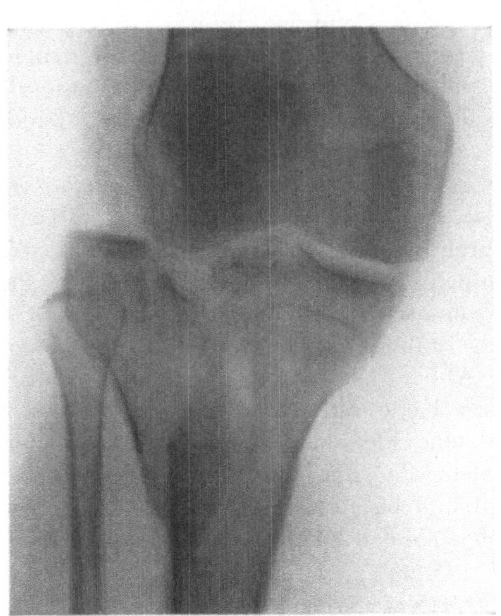

Abb. 860a. Kompressionsfraktur des Tibiakopfes in
Y-Form; innerer Condylus unvollständig abgebrochen.

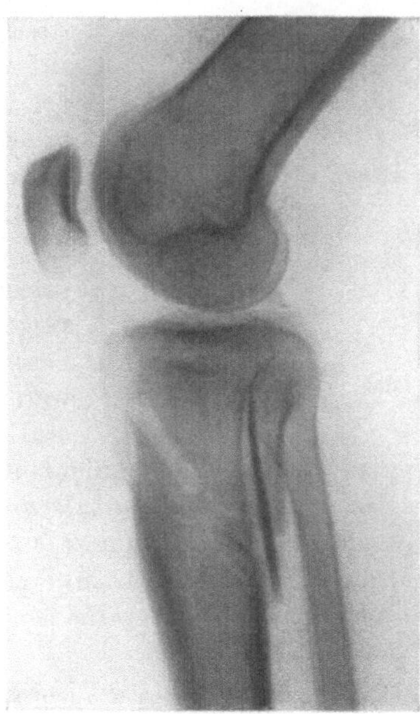

Abb. 860b. Seitenaufnahme
zu Abb. 860a.

Condylenbrüchen des Femur in Form der *T- und Y-Frakturen*. Bei T-Brüchen liegt die quere oder leicht schräge Bruchebene nur wenige Zentimeter unterhalb der Gelenklinie, während das Gelenkfragment durch eine mediane oder etwas lateral verlaufende, sagittale Bruchebene in seine beiden Condylen zerlegt wird. Die *Gelenkfragmente* zeigen neben der Lateralverschiebung oft eine Abweichung nach hinten, stehen somit in *Flexionsstellung* zum extendierten peripheren Fragment. Derartige Dislokationen beruhen darauf, daß bei der Genese der Fraktur neben der Stauchung noch eine Hyperextension des Kniegelenkes im Spiele ist.

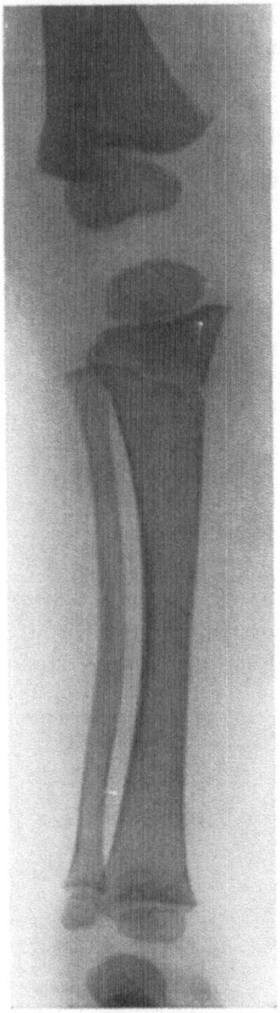

Häufiger sieht man Y-Frakturen des oberen Tibiaendes (Abb. 860a, b), indem zwei schräg nach der Mitte der Tibiagelenkfläche konvergierende Bruchebenen unterhalb der Gelenkfläche zusammentreffen; die laterale Fraktur betrifft manchmal gleichzeitig das *Fibulaköpfchen*.

Gelegentlich zeigt die Fraktur beider Tibiacondylen das Bild der *zertrümmernden Kompressionsfraktur*; sie entsteht ausschließlich durch Fall aus großer Höhe auf die Füße, so bei Grubenarbeitern, die mit dem Fahrstuhl in den Schacht stürzten, beim Sprung aus dem Fenster. In solchen Fällen ist der eigentliche Tibiakopf bis zur Unkenntlichkeit zertrümmert oder durch die in die Kopfspongiosa eindringende Diaphyse auseinandergesprengt. Der innere Condylus kann auch hier stärker betroffen sein, weil der Hauptteil der Gewalt durch den senkrecht unter dem Hüftgelenk stehenden massigeren Condylus internus des Femur auf die Tibia übertragen wird. Schwere Verletzungen der Meniscen, die oft gleichsam in die zertrümmerte Spongiosa des Tibiakopfes hineingestanzt sind, fehlen auch hier nie.

Die relativ seltenen reinen *Quer- oder Schrägbrüche*, die verschieden weit von der Gelenkfläche entfernt, gelegentlich durch die Epiphysenlinie (Abb. 861 u. 863) verlaufen, trennen das intakte Gelenkende von der Diaphyse. Sie entstehen seltener infolge direkter Gewalt als durch Stauchung verbunden mit Extension und Rotation (Abb. 861) und zeigen dementsprechend,

Abb. 861.
Schräge Stauchungsfraktur
des Tibiakopfes.

wenn das Gelenkfragment eine gewisse Höhe aufweist, eine *Extensionsverschiebung des Diaphysenfragmentes* und eine Flexionsstellung des Tibiakopfes; ist das Condylenfragment niedrig, so sieht man meist Umkippung nach hinten (vgl. Abb. 862b). Die in den Tibiakopf und bis in das Kniegelenk hinein verlaufenden *Rotationsbrüche* der Tibiadiaphyse haben Bedeutung als komplizierende Gelenkverletzungen.

Die *Symptome der isolierten und kombinierten Condylenbrüche* der Tibia stimmen weitgehend mit den Erscheinungen der entsprechenden Femurfrakturen überein. Auch diese Brüche sind ausnahmslos mit einem *Bluterguß in das*

Kniegelenk verbunden, der bei den Zertrümmerungsfrakturen am hochgradigsten ist. Auch infracondyläre Tibiabrüche zeigen wegen der begleitenden Gelenkkontusion ausnahmslos einen Gelenkerguß.

Die *Fraktur des Condylus lateralis* führt zu *Genu valgum* (Abb. 862a), der *Bruch des inneren Condylus zu Genu varum*, mit entsprechender pathologischer Abductions- und Adductionsmöglichkeit des Unterschenkels; die Condylenfragmente verschieben sich unter dem Gegendruck der Femurcondylen nach unten-hinten und meist auch etwa nach der Seite. Bei den kombinierten

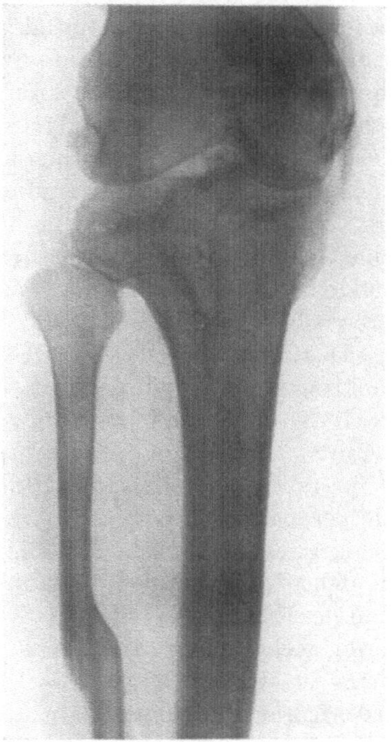

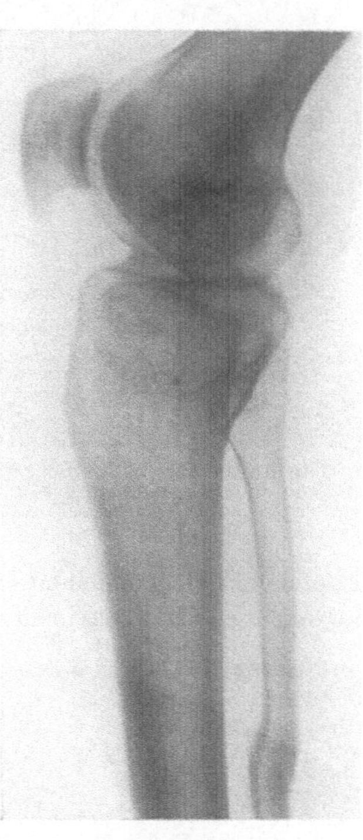

Abb. 862 a. Fraktur des Condylus lateralis tibiae. Sekundäre Ausbildung eines Genu valgum; atypische Lokalisation der Fibulafraktur, Kalkeinlagerung im inneren Seitenband.

Abb. 862b. Seitenaufnahme zu Abb. 862a, die Umkippung des äußeren Tibiacondylus nach hinten zeigend.

Frakturen beider Condylen überwiegt sekundär die Valgusstellung, während primär infolge der stärkeren Beteiligung des Condylus internus eine physiologische Valgität ausgeglichen ist oder sogar ein Genu varum vorliegt. In seitlichen Röntgenaufnahmen konstatiert man, daß die Gelenkfläche des abgebrochenen Condylus schräg nach hinten abfällt.

Aus lokaler *Druckempfindlichkeit, pathologischer Beweglichkeit* und *Crepitation* lassen sich die isolierten Condylenbrüche der Tibia häufig diagnostizieren, während bei den Frakturen beider Condylen und bei den Kompressivfrakturen das gewaltige Gelenkhämatom und die außerordentliche Schmerzhaftigkeit, die sich jeder eingehenden Untersuchung entgegenstellen, eine genaue Feststellung der Verletzung häufig verunmöglichen. Man wird deshalb in solchen Fällen auf das *Röntgenogramm* abstellen. Die Beugestellung des prall gespannten Kniegelenkes erschwert eine anteroposteriore Aufnahme; um die Tibiacondylen

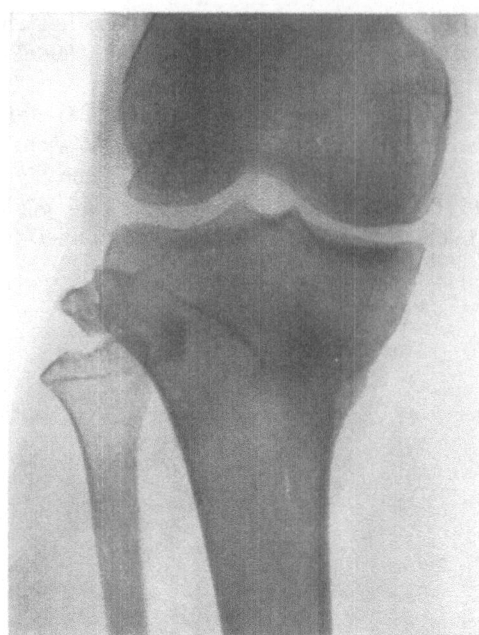

Abb. 863. Geheilte infraartikuläre Schrägfraktur des Tibiakopfes mit Schrägstellung im Sinne des Genu varum und begleitender Rißfraktur des Fibulaköpfchens.

frei von jeder Überlagerung durch das untere Femurende auf die Platte zu projizieren, empfiehlt sich deshalb eine Aufnahme von der Kniekehle her.

Bei *extraartikulären Quer- und Schrägbrüchen* läßt sich die Kontinuitätstrennung nachweisen, wenn die Fraktur nicht allzu nahe dem Gelenk liegt; die Extensionsverschiebung des peripheren Fragmentes führt zu einer charakteristischen Formveränderung des seitlichen Profils, die namentlich kurz nach dem Unfall deutlich erkennbar ist. Das Gelenkfragment kann eine Schrägstellung aufweisen, besonders wenn die Fibula mitgebrochen war (Abb. 862 b/863).

Das nach hinten tretende Gelenkfragment gefährdet die *A. poplitea* in ihrem untersten Abschnitt und den N. tibialis, während begleitende Frakturen des Fibulaköpfchens gelegentlich zu Verletzung des N. peronaeus führen (vgl. Abb. 895).

Die *Prognose* der Frakturen des oberen Tibiaendes deckt sich vollkommen mit dem, was über den Verlauf der Condylenbrüche des Femur gesagt wurde; neben den *Deviationen*, die unter zu früher statischer Inanspruchnahme zunehmen können, beherrschen die *Gelenkstörungen* das klinische Bild.

Die seltenen, rein intraartikulären *Randbrüche der Tibiagelenkfläche*, die unter den gleichen Bedingungen entstehen wie die Condylenfrakturen, führen zu einem Gelenkhämatom und imponieren zunächst als Kontusions- oder Distorsionsverletzungen. Gelegentlich wird durch *Einklemmungssymptome*, die auf einen freien Gelenkkörper bezogen werden müssen, das Bild nachträglich klar. Man sollte deshalb in Fällen von unklarer Verletzung

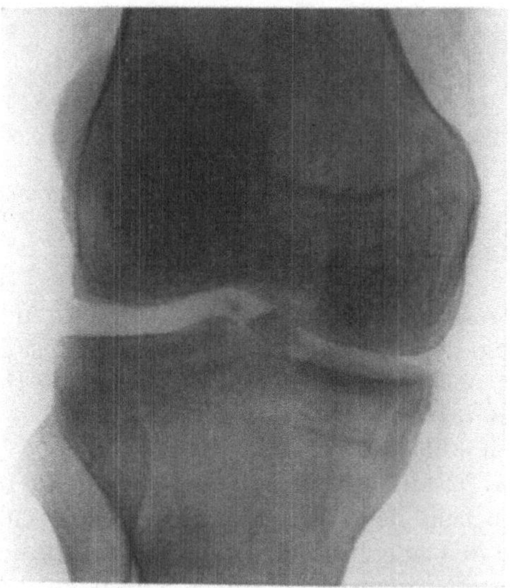

Abb. 864. Abreißung beider Eminentiae intercondyloideae tibiae. (Nach BIRCHER.)

des Kniegelenkes nie versäumen, eine *Röntgenuntersuchung* vorzunehmen.

Ähnlich verhält es sich mit der *Abreißung der Eminentiae intercondyloideae*

(Abb. 864), der Ansatzstelle der Kreuzbänder, die häufig mit Losreißung und Luxation des inneren Meniscus verbunden ist. Doch gestattet hier die *abnorme Verschieblichkeit des Tibiakopfes gegenüber dem Femur in sagittaler Richtung,* das sog. Schubladensymptom, das jedoch nicht in allen Fällen vorhanden ist, *wenigstens eine Wahrscheinlichkeitsdiagnose zu stellen.* Die Abreißung des vorderen Kreuzbandes führt zu Überstreckbarkeit des Kniegelenkes, während bei Abreißung des hinteren Kreuzbandes die Verletzten, wenn sie wieder herumzugehen beginnen, über Unsicherheit beim Abwärtsgehen klagen. Diese Störungen erklären sich aus der Verlaufsrichtung der Kreuzbänder. Die Verletzung führt, wie die marginalen Frakturen der Tibia, nicht so selten zu progredienter Versteifung des Kniegelenkes infolge chronischer deformierender Arthritis.

Abrißfrakturen der Spina tibiae schließlich entstehen indirekt, durch unkoordinierten *Muskelzug* bei der Abwehr gegen das Hintenüberfallen, wie die Abreißungen der Quadricepssehne am oberen Rand der Patella, gewisse Tibiabrüche und Zerreißungen des Ligamentum patellae. Häufiger kommt die Fraktur der Spina tibiae allerdings zustande durch Fall auf das Knie, also durch direkte Einwirkung. Die im ganzen genommen recht seltene Fraktur wird häufiger bei Jugendlichen als bei Erwachsenen beobachtet und stellt dann eine Epiphyseolyse oder eine partielle Epiphysenlösung mit Epiphysenfraktur dar (vgl. Abb. 865).

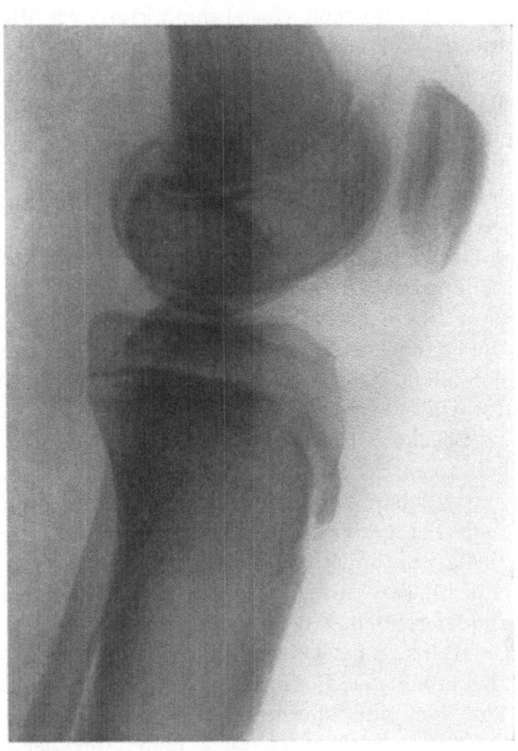

Abb. 865. Epiphysenverhältnisse der Spina tibiae, sowie des oberen Tibiaendes und unteren Femurendes im 15. Lebensjahr, röntgenographisch dargestellt.

Die Symptome erinnern an die Erscheinungen der Kniescheibenfraktur, insofern als gewöhnlich eine weitgehende *Streckhemmung* vorliegt. Das Fragment wird durch den Quadricepszug nach oben disloziert und läßt sich palpatorisch nachweisen. Ist die Gelenkkapsel mit eingerissen, so besteht ein *Erguß im Kniegelenk.* Die seitliche *Röntgenaufnahme* zeigt das nach oben verschobene, verschieden große Abrißfragment und die unregelmäßig konturierte Abbruchfläche an der Tibia. Bei geringer oder fehlender Verschiebung ist der spontane Verlauf der Verletzung günstig; erhebliche Dislokation der abgerissenen Spina bedingt jedoch einen *Ausfall in der Streckung des Unterschenkels* und damit eine dauernde Funktionsstörung.

Die eigentliche Fraktur des schnabelförmigen Fortsatzes der Tibia, wie die Fraktur der Tuberositas bei Jugendlichen bezeichnet werden kann (SCHLATTER), darf nicht verwechselt werden mit Zerrungen, Kontusionen und entzündlichen Veränderungen und namentlich sollte die normale Fuge zwischen ossifiziertem Fortsatz der Epiphyse und Diaphyse (Abb. 865) nicht als Fraktur gedeutet werden.

Kapitel 2.

Die Behandlung der Frakturen des oberen Tibiaendes.

Die Behandlung der Frakturen des oberen Tibiaendes erfolgt grundsätzlich nach den gleichen Gesichtspunkten, wie die der entsprechenden Frakturen des unteren Femurabschnittes.

Für die *isolierten Condylenbrüche* ohne wesentliche Verschiebung eignet sich die *Zugbehandlung*. Bei der *Fraktur des lateralen Condylus* erhält der Längszug eine leicht *schräge* Richtung im Sinne der Adduction und wird mit einem Querzug nach außen kombiniert (vgl. Abb. 843/844). Umgekehrt wirkt der Längszug bei *Fraktur des medialen Tibiacondylus* etwas abduzierend, mit Querzug nach innen (s. Abb. 845/846). Dadurch wird die Abwärtsverschiebung der Condylenfragmente bekämpft und der Ausbildung einer Valgus- bzw. Varusstellung des Kniegelenkes vorgebeugt. Unter das Knie kommt eine flektierende, etwa 10 cm hohe Unterlage in Form eines Spreuerkissens oder eine Watterolle. Die Extension dauert auch hier 6 Wochen und ist von einer konsequenten mobilisierenden Nachbehandlung gefolgt. Bei Tendenz zu seitlicher Abweichung des Unterschenkels sind für einige Monate *Schienenhülsenapparate* zu tragen.

Brüche einzelner Tibiacondylen mit *wesentlicher Verschiebung* geben nur bei *operativer Behandlung* ein befriedigendes funktionelles Heilungsresultat; wer gesehen hat, wie hochgradig die Bewegungsstörungen des Kniegelenkes auch bei geringer Verschiebung eines Condylus sind, wird nach Möglichkeit ideale anatomische Restitution erstreben und sich zur operativen *Osteosynthese* entschließen, wo die Fragmente unter der Einwirkung des adduzierenden oder abduzierenden Zuges nicht befriedigend stehen. Bei Frakturen des äußeren Condylus ist gelegentlich auch das Fibulaköpfchen anzuschrauben. Die einzelnen abgebrochenen Condylen werden quer angeschraubt; *kombinierte Brüche beider Condylen* sind überhaupt nur auf *operativem* Wege mit Aussicht auf Erfolg zu behandeln, sofern es sich nicht um Zertrümmerungsfrakturen handelt. Das Ziel ist anatomische Wiederherstellung der Tibiagelenkfläche. *Zertrümmerungsfrakturen* müssen schlechterdings mit Extensionsverbänden versorgt werden, indem man durch frühzeitige Aufnahme der Bewegungsbehandlung ein möglichst bewegliches Gelenk zu erzielen sucht.

Die *infraartikuläre Quer- oder Schrägfraktur* läßt sich durch Zug am Unterschenkel und Flexion des Knies oft reponieren und ist dann in mittlerer Beugung des Kniegelenkes, am besten auf einem *Semiflexionsapparat*, zu *extendieren*. Ist Reposition durch äußere Maßnahmen nicht erreichbar, so muß *operativ* eingegriffen werden, da in Dislokation konsolidierende Brüche zu schwerwiegenden Belastungs- und Gehstörungen führen; sekundär wird dann auch das Kniegelenk in Mitleidenschaft gezogen, das zu einem *Genu recurvatum* wird. *Direkte Verschraubung* und *Plattenverschraubung* sind die hier in Betracht fallenden Fixationsmethoden; auch *Drahtstifte* können gute Dienste leisten. Die allfällig mitgebrochene Fibula stellt sich nach Reposition der Tibiafragmente gewöhnlich in befriedigende Stellung ein.

Rein *intraartikuläre Randfrakturen* sollten nur konservativ behandelt werden, wenn die Gelenkfragmente nicht nennenswert disloziert sind und sich unter der a priori mobilisierenden Behandlung nicht sekundär verschieben. Andernfalls wird besser das Gelenk eröffnet, das Fragment mittels feinen Stiften fixiert, oder, wo der entstehende Defekt keine Rolle spielt, besser *exstirpiert*. Manchmal zwingen sekundäre *Einklemmungserscheinungen* zur *Arthrotomie* und *Entfernung mobiler Fragmente*.

Abrißfrakturen der Eminentiae intercondyloideae können, falls das verschobene Fragment nicht zu Bewegungshemmung Anlaß gibt, nach allfälliger Entleerung des Blutergusses durch *Punktion mobilisierend behandelt* werden; ist jedoch das *Schubladensymptom* stark ausgeprägt, so empfiehlt sich *operatives Vorgehen*. Die *Annagelung* oder *Verschraubung* des Abrißfragmentes ist technisch durchführbar; jedoch wird auch rostfreier Stahl vom Gelenk oft schlecht ertragen und gibt zu *deformierender Arthritis* Anlaß. Es ist deshalb besser, das abgerissene Kreuzband, besonders das vordere, mit *Seide anzuschlingen* und *durch einen Bohrkanal* im inneren Condylus *am Periost des Tibiakopfes zu fixieren* (BIRCHER); legt sich das Fragment der Abbruchfläche nicht gut an, so wird es entfernt. Ist das Kreuzband zerfasert, so kann es nach WITTEK durch den gleichzeitig abgerissenen medialen *Meniscus* ersetzt werden, der am hinteren Kreuzband angenäht, mit Seide durchflochten und durch einen Bohrkanal im inneren Condylus an der Tibia fixiert wird. Bei veralteten Fällen mit völligem *Schwund des Kreuzbandes* kommt auch *plastischer Ersatz durch Fascie* nach GREKOW und HEY-GROVES in Betracht, wobei das Transplantat durch einen schrägen Bohrkanal im äußeren Femurcondylus nach dem Planum intercondyloideum und von dort durch ein schräges Bohrloch durch den inneren Tibiacondylus an die Innenseite des Schienbeinkopfes geführt wird.

Hält sich auch die pathologische Beweglichkeit nach Abrissen der Kreuzbänder in engen Grenzen, so ist neben *gymnastischer Behandlung* Verordnung eines *Schienenhülsenapparates* für einige Monate oft angezeigt.

Auch der Abrißbruch der Spina tibiae erfordert operatives Vorgehen, sobald das Abrißfragment nach oben disloziert ist. Der Eingriff gestaltet sich einfach, indem nach Incision auf die Frakturstelle das Fragment mitsamt dem Ligamentum patellae mit einer scharfen Zange gefaßt, an richtige Stelle heruntergezogen und festgeschraubt wird. Nach einer Woche kann mit vorsichtigen Bewegungen angefangen werden und nach 3 Wochen dürfen die Patienten bereits herumgehen, ohne eine Schädigung zu riskieren.

II. Die Schaftfrakturen beider Unterschenkelknochen.

Kapitel 1.

Entstehungsart und Form der Unterschenkeldiaphysenbrüche.

Die Schaftfrakturen des Unterschenkels stehen mit etwa $15^0/_0$ nach den Vorderarmbrüchen an zweiter Stelle der Häufigkeitsskala. Ätiologisch überwiegt das *direkte Trauma* in Form der Überfahrung sowie umschriebener

Einwirkung eines Stoßes oder Schlages. Da die Tibia bei flachliegendem Unterschenkel gemäß ihrem äußeren Bau in größter Ausdehnung hohl liegt, bedingen umschriebene Einwirkungen in querer Richtung oft charakteristische *Biegungsbrüche* (s. Abb. 866), denen gegenüber der reine *Querbruch* (Abb. 867) sowie die *Abscherungsfraktur* (vgl. Abb. 238) wesentlich zurücktreten. Zudem sind Abscherungs- und Querfrakturen häufig mit Biegung kombiniert. Wir verweisen in dieser Hinsicht auf die Darstellung der typischen Bruchformen und ihrer Entstehungsmechanismen.

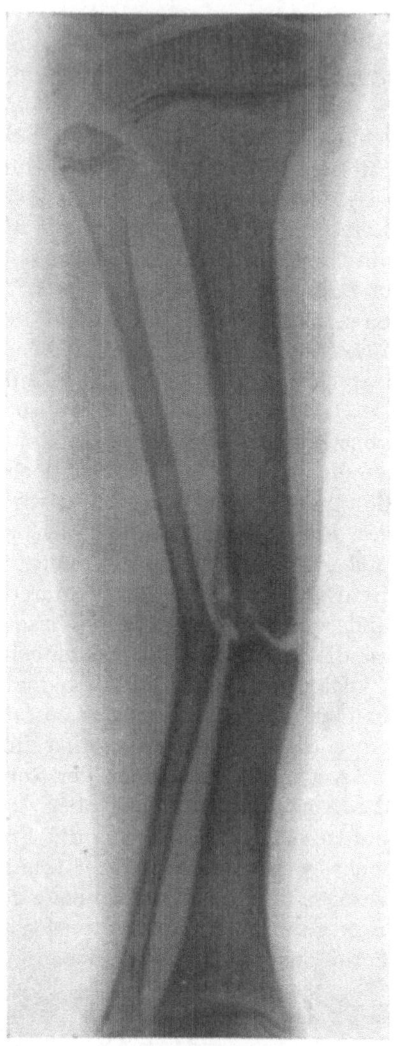

Abb. 866. Fraktur beider Unterschenkelknochen durch Überfahrung. Man erkennt neben einem vollständig herausgebrochenen Biegungskeil gut ausgeprägte Rotationskomponenten im oberen Tibiadrittel, sowie eine scharfe Querfraktur der Fibula.

Abb. 867. Reine Querfraktur beider Unterschenkelknochen, durch direktes Trauma entstanden.

Indirekte Unterschenkelfrakturen kommen zustande durch *Biegung, Torsion und Stauchung* (Abb. 868/870/874); bei der Biegung ist häufiger das obere, bei der Torsion das untere Fragment fixiert.

Entsteht zunächst eine *isolierte Fraktur der Tibia,* so ist die schwache Fibula meist nicht mehr imstande, den Körper zu tragen, und bricht unter der Belastung

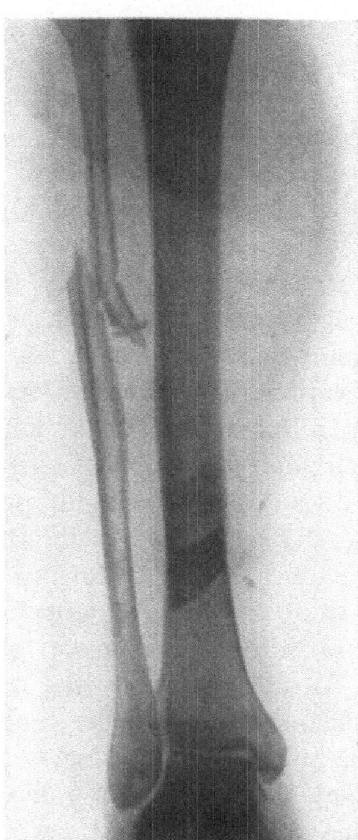

Abb. 868a. Fraktur beiderUnterschenkelknochen infolge Biegung und Rotation; die Verschiebung der Tibiafragmente nur an der Überlagerung erkennbar. Vgl. hierzu Seitenaufnahme Abb. 868b.

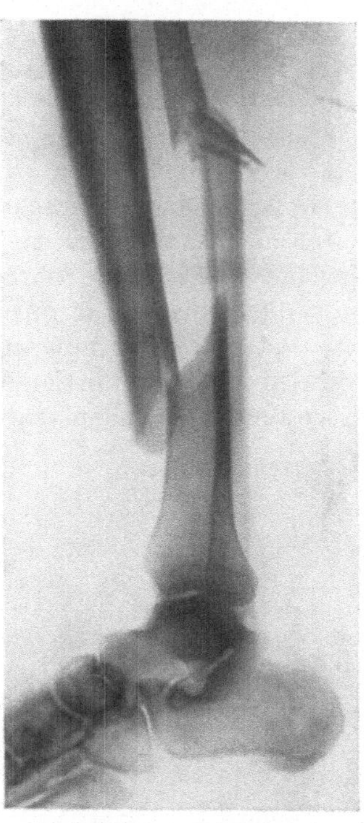

Abb. 868b. Seitenaufnahme zu Abb. 868a. Torsions-Biegungsfraktur beider Unterschenkelknochen mit charakteristischer Verschiebung.

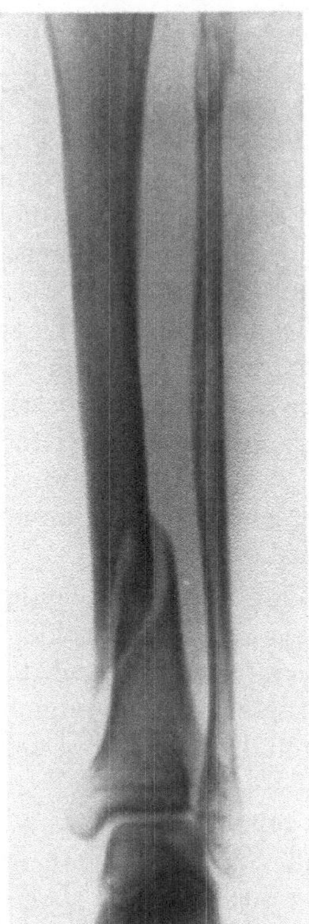

Abb. 869a. Torsionsbruch beider Unterschenkelknochen, hochliegende Fibulafraktur. Skiunfall.

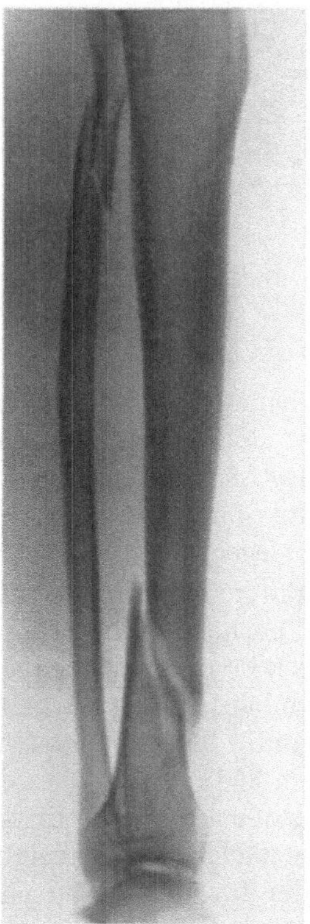

Abb. 869b. Seitenaufnahme zu Abb. 869a. Torsionsbruch beider Unterschenkelknochen mit typischer Verschiebung.

sekundär ebenfalls ein. Häufiger werden jedoch beide Unterschenkelknochen durch die brechende Gewalt gleichzeitig oder doch sukzedan betroffen.

Die Großzahl der Unterschenkelschaftbrüche findet sich an der Grenze des unteren und mittleren Drittels (Abb. 868), der schwächsten und am meisten hohlliegenden Stelle. Bei Schrägbrüchen liegt die Fibulafraktur meist etwas höher als die Tibiafraktur (Abb. 43 u. 868); bei Torsionsbrüchen kann die Tibia am unteren, die Fibula am oberen Ende gebrochen sein (Abb. 869a, b).

Da in den mittleren Partien des Unterschenkels direkt angreifende Gewalten aus vorerwähnten Gründen eine biegende Wirkung haben und da zudem die Torsion ätiologisch eine große Rolle spielt, überwiegen an den Unterschenkeldiaphysen weitaus die *schrägen Bruchformen*. Die Bruchebene zeigt je nach Biegungsrichtung verschiedene Orientierung, verläuft jedoch besonders häufig von hinten-oben nach vorne-unten und innen, so daß die Spitze des oberen Fragmentes an der medialen, vorderen Tibiakante liegt (s. Abb. 869/870). Bei diesen Schrägbrüchen zeigt das obere Fragment oft die charakteristische *Flötenschnabelform*, oder zutreffender bezeichnet die *Form eines Klarinettenmundstücks* (Abb. 870). Neben der Biegung führt auch Torsion zu derartigen Schrägfrakturen, die bei steilem Verlauf der Bruchebene ganz besonders scharf zugespitzte Fragmente aufweisen (Abb. 869/870). Schrägfrakturen beider Unterschenkeldiaphysen infolge *Abscherung* verlaufen im allgemeinen weniger steil, als Biegungs- und Rotationsbrüche; die Fibulafraktur liegt hier nur wenig höher oder tiefer, in direkter schräger Fortsetzung der Tibiabruchebene (s. Abb. 238).

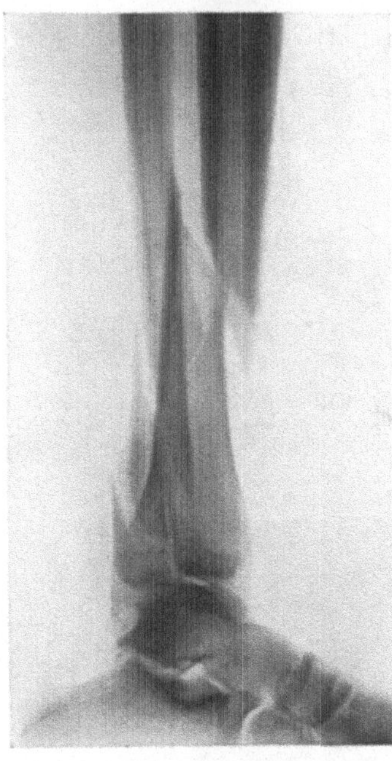

Abb. 870. Torsionsfraktur beider Unterschenkelknochen; Fibula doppelt frakturiert, oberes Fragment sehr scharf zugespitzt.

Neben den *vollständigen*, mit Verschiebung einhergehenden Schrägbrüchen sehen wir am Unterschenkel auch *unvollständige* oder doch vorwiegend *subperiostal* liegende Biegungs- und Rotationsbrüche, letztere Form namentlich bei Kindern mit ihrem elastischeren, widerstandsfähigen Periost, das den Zusammenhalt der Fragmente garantiert (s. Abb. 871). Diese oft sehr steilen Torsionsbrüche reichen gelegentlich bis in die angrenzenden Gelenke.

Die unter direkter Gewalteinwirkung entstehende Fraktur beider Unterschenkelknochen verläuft häufiger leicht schräg als rein *quer*; beide Knochen sind ungefähr im selben Niveau betroffen. Der flektierende Anteil der Gewalt ist erkennbar an einem keilförmigen Zwischenfragment, das manchmal nur unvollständig herausgebrochen, im Röntgenogramm jedoch klar gezeichnet ist (vgl. Abb. 866).

Die große Frequenz direkter Gewalteinwirkungen bedingt, daß wir an den Unterschenkeldiaphysen relativ häufig *Stück-* und *Splitterfrakturen* sehen. So ist bei der für den Unterschenkel besonders charakteristischen *Dreieckfraktur*

(Abb. 866) der Biegungskeil öfters noch in querer Richtung in zwei Stücke zerbrochen.

Durch breit angreifende direkte Gewalten kann das Mittelstück beider Diaphysen herausgebrochen werden; eine derartige *kombinierte Fraktur beider Diaphysen im oberen und unteren Drittel* des Unterschenkels zeigt Abb. 56.

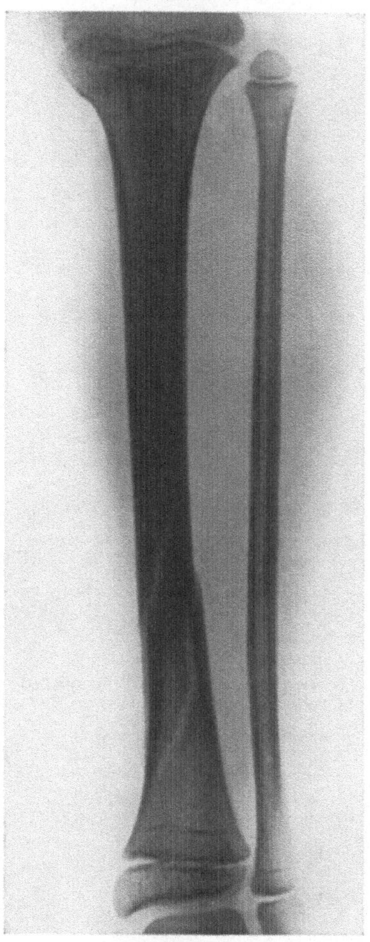

Abb. 871. Subperiostale Rotationsfraktur der Tibia.

Abb. 872. Zertrümmerungsfraktur der Unterschenkelknochen infolge Überfahrung durch Eisenbahnrad. Man beachte die durch Querkompression bewirkte Längsspaltung des mittleren Diaphysenabschnittes.

Eigentliche Komminutiv- oder Zertrümmerungsfrakturen sehen wir infolge von Überfahrung, und zwar sind in derartigen Fällen, wie Abb. 866 zeigt, neben den Folgeerscheinungen direkter Gewalteinwirkung meist charakteristische Biegungs-, Abscherungs- und Torsionsbruchebenen zu erkennen. Die großartigsten Zerstörungen kommen den sog. *Zermalmungsbrüchen* des Unterschenkels zu, wie man sie z. B. infolge von Überfahrungen durch die Eisenbahn sieht (Abb. 872).

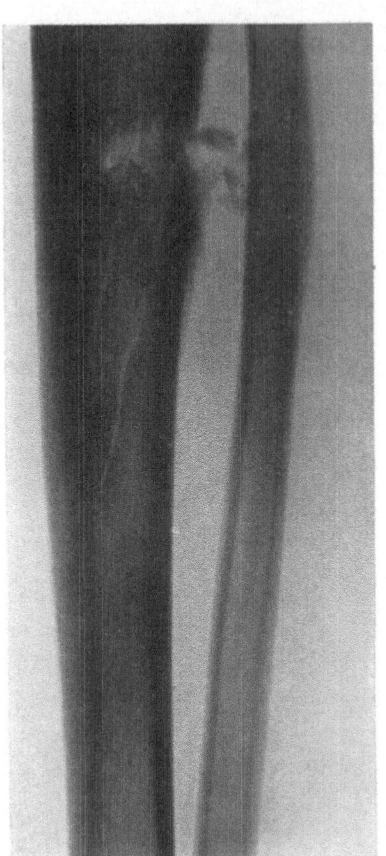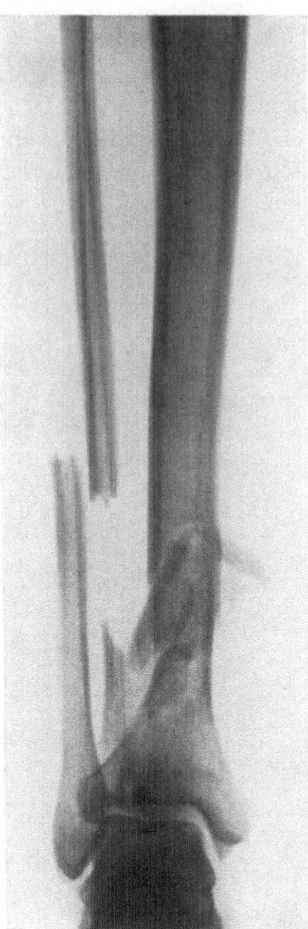

Abb. 873. Schußfraktur der Tibia durch
schweizerisches Spitzgeschoß, kurze Distanz.

Abb. 874. Offene Stauchungs-Biegungsfraktur
beider Unterschenkelknochen mit Splitterung.
Rodelunfall.

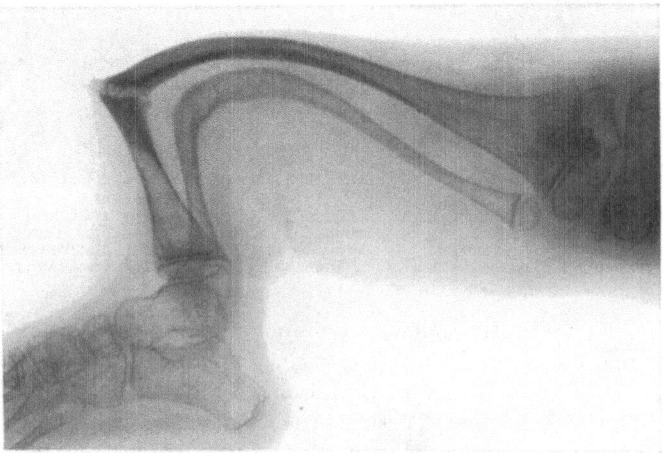

Abb. 875. Hochgradige Flexionsknickung beider Unterschenkelknochen durch Zug des M. triceps
surae bei Fraktur infolge Osteogenesis imperfecta. Tibiapseudarthrose.

Das Paradigma der Splitterbrüche stellen die *Schußverletzungen* der Unterschenkeldiaphysen durch Einwirkung kleinkalibriger Geschosse auf wirksame Sprengdistanz dar. Wir sehen hier neben den sog. *Schmetterlingsfrakturen* regellose *Splitterungsbrüche mit Fissuren*, die bis in das Knie- und Fußgelenk hineinreichen. In sichtlichem Gegensatz dazu stehen die reinen, höchstens mit einigen Fissuren kombinierten *Lochschüsse* des spongiösen Tibiakopfes, die unter den gleichen ballistischen Voraussetzungen zustande kommen können (vgl. Abb. 50). An der Tibiadiaphyse entstehen Lochfrakturen mit (Abb. 873) und ohne Splitterung nur bei relativ geringer Rasanz des auftreffenden Geschosses.

Eine Seltenheit sind ausgedehnte *Längsfissuren* der Unterschenkeldiaphysen infolge von Stauchung (Abb. 874); am ehesten sieht man noch Abtrennung eines dreieckigen oder trapezförmigen Fragmentes von der Vorderfläche des unteren Tibiaendes durch eine vertikale Bruchebene, infolge Fall auf die Füße aus großer Höhe (LAUENSTEIN).

Schließlich sind in ätiologischer und morphologischer Hinsicht noch die *intrauterinen Diaphysenfrakturen* beider Unterschenkelknochen zu erwähnen, die sich an der Grenze zwischen mittlerem und unterem Drittel des Unterschenkels lokalisieren, und infolge des starken Zuges der Wadenmuskulatur mit sehr hochgradiger, nach hinten offener winkliger Knickung (Abb. 875) einhergehen.

Kapitel 2.

Symptome und Verlauf der Unterschenkelschaftbrüche.

Bei den typischen, indirekt entstandenen Schrägfrakturen unterhalb der Mitte des Unterschenkels zeigt das obere Fragment gemäß dem Verlauf der Bruchebene vorwiegend eine Verschiebung nach vorne-innen und unten, während das untere Fragment nach hinten-oben und außen disloziert ist (Abb. 868/869). Da die bedeckende Haut hier der medialen Tibiafläche ohne Zwischenlagerung eine Weichteilpolsters dicht anliegt, bewirkt das spitze obere Fragment häufig eine *Durchstechungsverletzung der Haut*, um so eher, je steiler die Fraktur verläuft. Auch wo es nicht zur Durchbohrung kommt, wird die Haut durch das nach vorne-innen drängende Fragment oft erheblich gefährdet. Die Spitze des unteren Fragmentes bohrt sich nach oben in die Muskulatur ein, gelegentlich unter *Verletzung der A. tibialis* und des *N. tibialis* (vgl. Abb. 876). Eine ziemlich regelmäßige Erscheinung ist die *Verletzung des tiefen Geflechts der Unterschenkelvenen*, die namentlich bei ausgeprägter Varizenbildung zu starken venösen Blutungen Anlaß geben kann.

Die *Achsenknickung* erfolgt meist *im Sinne der Rekurvation* (vgl. Abb. 868) und ist in dieser Form vorwiegend durch den Druck der Unterlage auf den Fersenhöcker bedingt. Seltener sieht man an den Unterschenkeldiaphysen Knickungen mit nach hinten offenen Winkel, die auf Rechnung der Zugwirkung des Triceps surae zu setzen sind (vgl. Abb. 875). *Rotationsverschiebungen* erfolgen wesentlich im Sinne der Auswärtsdrehung des der Schwere folgenden Fußes (vgl. Abb. 870). Die seltenere primäre Einwärtsrotation des Fußes ist direkte Folge einer torquierenden Kraft. In seitlicher Richtung überwiegt die *Abductionsknickung* (Abb. 866/867); doch sieht man im unteren Drittel recht häufig auch ausgeprägte Adductionsverbiegungen (Abb. 880a).

Bei den erheblich selteneren *Biegungsbrüchen beider Unterschenkelknochen im oberen Drittel* steht das untere Tibiafragment vorne (siehe Abb. 877), wenn die Bruchebene von vorne-oben nach hinten-unten verläuft. Dagegen wird bei *Querbrüchen* an dieser Stelle das obere Fragment durch die Extensoren des Kniegelenkes nach vorne disloziert. Wenn in solchen Fällen die Fibula nicht mitgebrochen ist, findet sich manchmal eine Zerreißung des Ligamentapparates zwischen Tibiakopf und Fibula, mit Luxation des Fibulaköpfchens nach hinten-außen.

Querfrakturen zeigen seitliche Verschiebungen in der Richtung der ursächlichen Gewalt; hinsichtlich Verkürzung und Achsenknickung verhalten sie sich

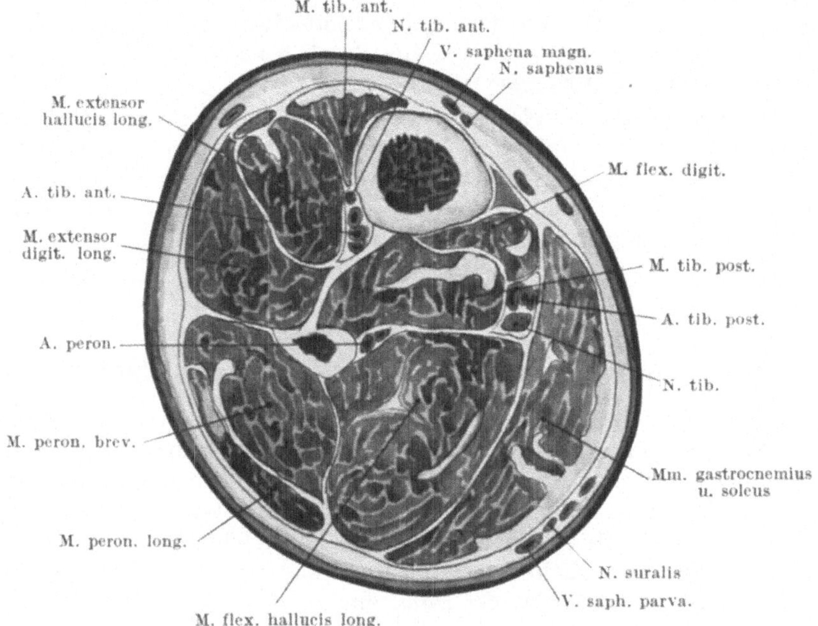

Abb. 876. Querschnitt durch den Unterschenkel, Beziehung der Gefäße zu den Unterschenkelknochen. (Nach TREVES-KEITH.)

wie die Schrägfrakturen. Charakteristisch ist hier die gelegentlich zu beobachtende *gabelige Ineinanderschiebung* der gegenüberliegenden Fragmente (siehe Abb. 878).

Die erwähnten Verschiebungen bedingen bei Frakturen im unteren Drittel des Unterschenkels derart *ausgeprägte Formveränderungen,* daß die *Frakturdiagnose* schon inspektorisch gestellt werden kann; der Versuch, den Unterschenkel frei von der Unterlage zu erheben, bewirkt eine deutliche Knickung an der Frakturstelle. Weniger ausgeprägt ist die Formveränderung gewöhnlich bei Frakturen im oberen Drittel, besonders wenn die Haut durch ein großes Hämatom abgehoben ist.

Direkt entstandene Unterschenkelbrüche zeigen durchwegs Spuren der lokalen Gewalteinwirkung an der bedeckenden Haut, in besonders ausgeprägter Weise, wenn die Verletzung von der Tibiaseite her erfolgte. Gemäß der hohen Frequenz direkter Traumen ist der Prozentsatz *komplizierender Hautverletzungen* bei Unterschenkeldiaphysenbrüchen ein erheblicher. Zur Beobachtung gelangen alle Grade der Hautschädigung, von der schweren Quetschung über die Durchstechung bis zu ausgedehnten Platzrißwunden mit breiter Eröffnung des Frakturgebietes (Abb. 879). Die erheblichsten Hautverletzungen sieht man bei Schußfrakturen mit Sprengwirkung, namentlich wenn das Geschoß den Unterschenkel von hinten-außen nach vorne-innen durchbohrte.

Durch *begleitende Gefäßverletzungen* kommen bei offenen Unterschenkelbrüchen gelegentlich lebensbedrohende *Blutungen* zustande, die zu sofortigem Eingreifen zwingen.

Subcutane Unterschenkelbrüche zeigen meist schon nach einigen Stunden eine

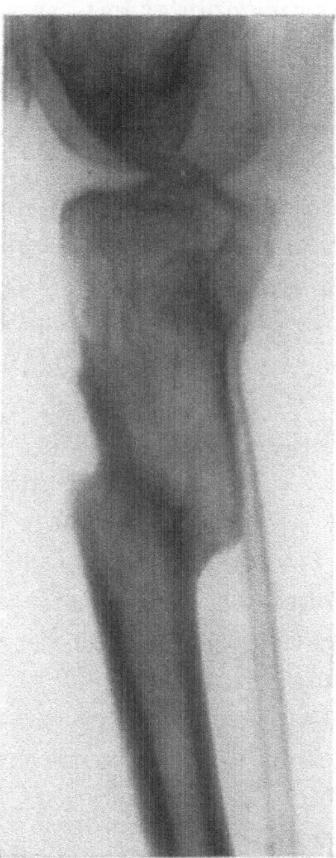

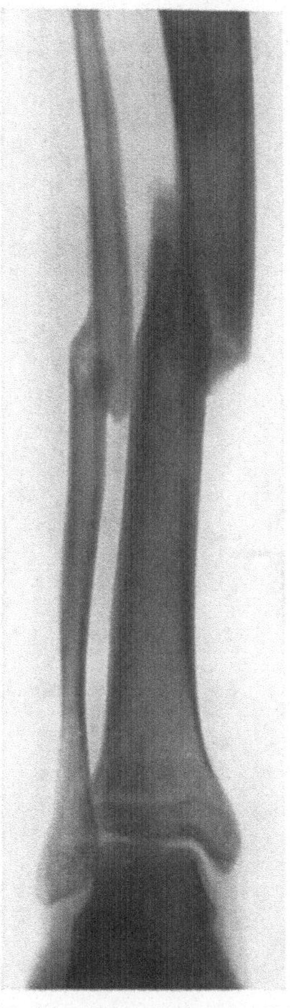

Abb. 877. Fraktur des oberen Tibiadrittels, geheilt mit Verschiebung des unteren Fragmentes nach vorne.

Abb. 878. Fraktur beider Unterschenkelknochen, geheilt mit gabeliger Verschränkung der Fragmente.

erhebliche, durch das Frakturhämatom bedingte *Schwellung*, die so hochgradig werden kann, daß infolge des Expansivdruckes die übermäßig gespannte Haut oberflächlich in ihrer Ernährung leidet und unter *Blasenbildung* abgehoben wird. Die Blasen enthalten blutig tingiertes, zunächst klares Serum.

Da die scharfkantige Beschaffenheit der Fragmente *sekundäre Verletzungen* begünstigt, begnüge man sich mit dem summarischen Nachweis falscher Beweglichkeit; über die morphologischen Verhältnisse der Fraktur sowie über die Art der Verschiebung geben zwei zueinander senkrecht stehende *Röntgenaufnahmen,* deren seitliche meist in tibio-fibularer Richtung zu machen ist, schonender und zuverlässiger Auskunft (vgl. Abb. 868).

Die *solide Heilung* einer Schaftfraktur beider Unterschenkelknochen erfordert
5—8 Wochen; sie erfolgt im allgemeinen um so rascher, je jünger die Patienten
und je besser die Stellung der Fragmente ist. Querfrakturen heilen erfahrungsgemäß langsamer als Schrägfrak-
turen, offenbar weil die callusbildende Berührungszone bei ihnen
meist weniger ausgedehnt ist. Ganz
besonders schlecht ist die Konsolidationstendenz der Unterschenkelbrüche, wenn die Fragmente nur
seitlichen Kontakt haben. In
solchen Fällen kann es Monate
dauern, bis sich ein zuverlässiger
Callus ausgebildet hat, es sei denn,
daß Tibia und Fibula kreuzweise
verwachsen oder sich durch Knochenbrücken verbinden (vgl. Abb.
878).

Unzulängliche Fragmentstellung
ist wohl auch der Hauptgrund für
die bekannte geringe Heilungstendenz der Diaphysenfrakturen
im oberen Drittel des Unterschenkels. Man hat für diese bis zu
6 Monaten und weit darüber
hinaus verzögerte Heilung begleitende Verletzungen der A. nutritia
verantwortlich gemacht. Die Vorzugslokalisation der Unterschenkel-
pseudarthosen und der verzögerten
Heilung im unteren Drittel hängt
offenbar auch damit zusammen,
daß die Tibia im unteren Drittel
ausgedehnt frei ist von Muskelansätzen.

*Trotz wesentlicher Fortschritte
in der Behandlung heilt ein großer
Prozentsatz der Unterschenkelschaftbrüche anatomisch unbefriedigend*
(siehe Abb. 867/878/880); das beruht vor allem auf der erheblichen
Dislokationstendenz der hier vorwiegend vertretenen Schrägfrakturen. Konsolidation mit erheb-

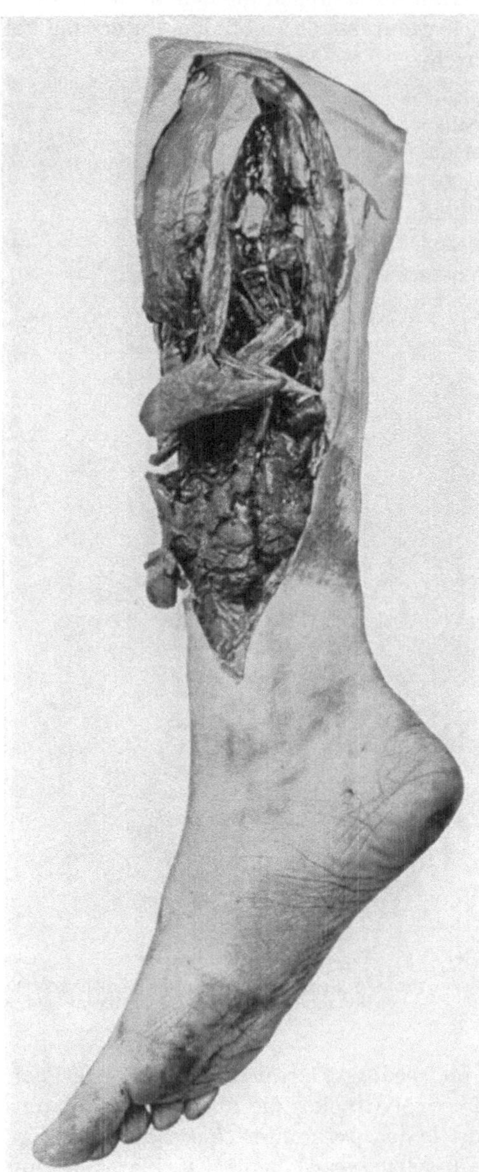

Abb. 879. Offene Unterschenkelfraktur infolge
Überfahrung durch Eisenbahnrad.

licher Längs- und Seitenverschie-
bung, Auswärts- oder Einwärtsdrehung des unteren Fragmentes und Achsenknickung ist hier an der Tagesordnung. Besonders häufig sehen wir *Heilung in ausgeprägter Rekurvationsstellung* (Abb. 880b), deren Entstehung im

allgemeinen Teil besprochen wurde. Diese Achsenknickung mit nach vorn offenem Winkel bedingt *schwere statische Störungen*, weil der Fuß nur in entsprechender Plantarflexion flach aufgesetzt werden kann (Abb. 881b). Unter dieser fehlerhaften Belastung bildet sich ausnahmslos eine *progrediente Überstreckbarkeit des Kniegelenkes* aus (Abb. 881b). Sehr ungünstig sind auch fixierte Rotationsverschiebungen des Fußes, besonders wenn sie mit *Adductions-* (Abb. 881a) oder *Abductionsknickung* kombiniert sind. Beim Gehen wird dann wesentlich der innere oder äußere Fußrand belastet, wodurch zunächst die Achsenknickung gesteigert werden kann, solange der

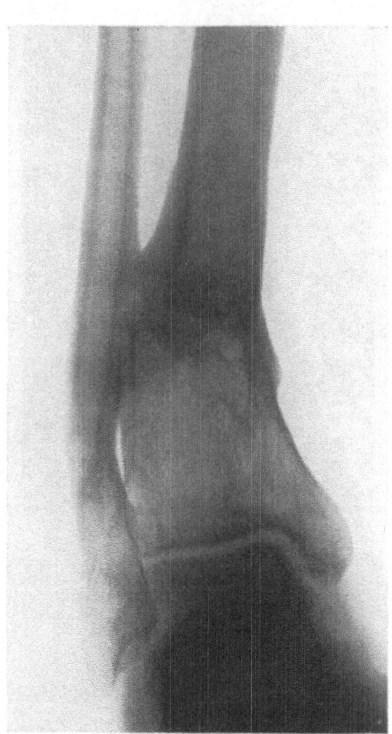

Abb. 880a. Fraktur beider Unterschenkelknochen, geheilt mit hochgradiger Adductionsknickung.

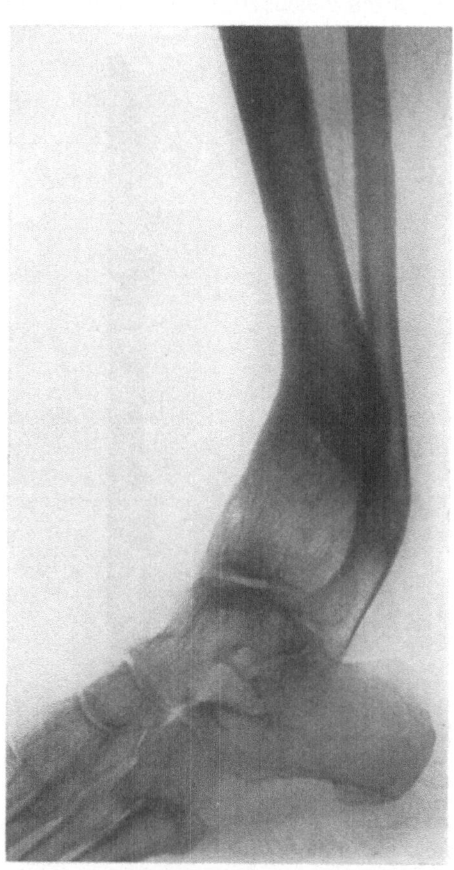

Abb. 880b. Hochgradige Rekurvationsverbiegung nach offener Unterschenkelfraktur. Seitenaufnahme zu Abb. 880a.

Callus noch nicht ausreichend organisiert ist. Weiterhin führt der fehlerhafte Belastungsdruck zu einer Dehnung der übermäßig belasteten Bandapparate und zu sekundärer Umformung des Fußskeletes. Neben der sukzessiven Überdehnung der medialen Bandapparate mit den konsekutiven entzündlichen Veränderungen an der Ansatzstelle der Bänder, der Überdehnung der Adductorenmuskulatur und ihrer Sehnen finden wir häufig schmerzhafte *Sehnenscheidenentzündungen* im Bereich der Adductoren und Supinatoren, die wesentlich zu den hochgradigen Geh- und Belastungsstörungen beitragen. *Das Endresultat ist ein traumatischer, mit Plattfußbildung kombinierter Knickfuß.*

Eine Reihe von Störungen, die man besonders im Anschluß an Unterschenkel-diaphysenbrüche sieht, sind im wesentlichen als *Immobilisierungsschäden* aufzufassen. Es handelt sich um hartnäckige *Versteifungen des Knie- und Fuß-gelenkes, Muskelatrophie, chronisches induratives Ödem, Varizenbildung und Verschlimmerung bestehender Krampfadern.* Sehr störend ist namentlich die relative Fixation des Fußgelenkes in Plantarflexionsstellung; dieser *sekundäre Spitzfuß* kann wesentlich auf Retraktion des Triceps surae beruhen, ist jedoch meist durch gleichzeitige Schrumpfung der Kapsel und Bänder des Fußgelenkes

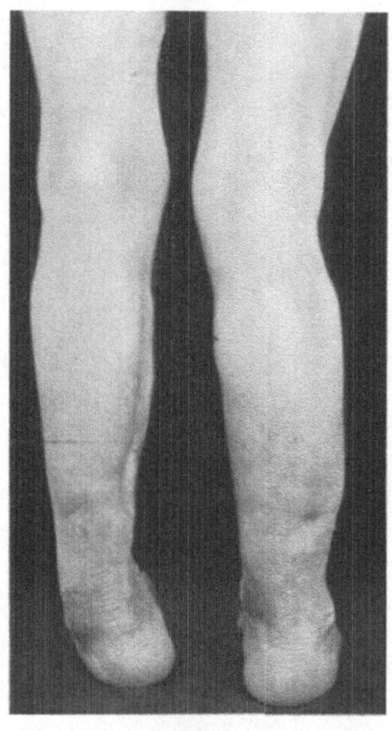

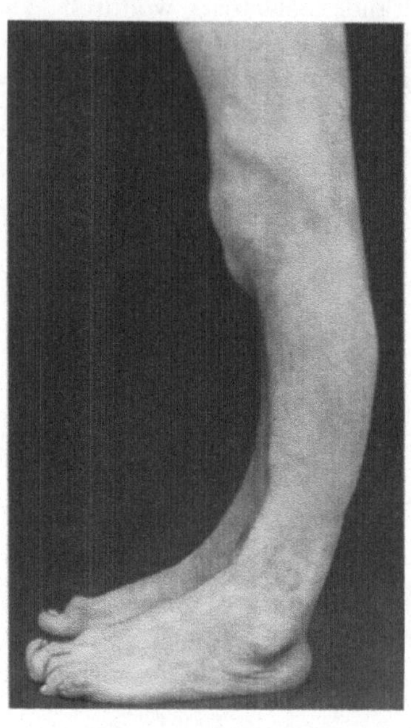

Abb. 881 a.   Abb. 881 b.

Abb. 881. Doppelseitige schlechtgeheilte Fraktur des Unterschenkels (vgl. Röntgenogramme Abbildung 886a, b); a linksseitige hochgradige Adductionsknickung, rechts unförmige ödematöse Schwellung des Unterschenkels; b Rekurvationsknickung beider Unterschenkel, Überstreckbarkeit der Kniegelenke.

bedingt. Die Bedeutung aller dieser Störungen geht eindringlich aus der BÄHR-schen Zusammenstellung hervor, die zeigt, daß unter 86 Fällen von Unterschenkel-schaftbrüchen nur in 56% wieder völlige Erwerbsfähigkeit erzielt wurde.

Offene Unterschenkelbrüche mit kleinen Durchstechungswunden heilen unter zweckmäßiger Behandlung meist ohne besondere Störungen; dagegen involviert jede breitere Eröffnung des Frakturgebietes, namentlich wenn die Weichteile durch das lokale Trauma schwer geschädigt wurden, eine erhebliche Gefahr *septischer Komplikationen.* Als Folge weniger virulenter Infektion des Fraktur-gebietes entwickeln sich *langwierige Entzündungen im Knochen,* die zu Seque-strierung und zu voluminöser Knochenneubildung Anlaß geben können.

Verzögerte Heilung und *eigentliche Pseudarthrosenbildung* ist nach der BRUNS-schen Statistik am Unterschenkel etwas weniger häufig, als am Humerus und am Femur. Immerhin erreichen die Konsolidationsstörungen auch hier eine recht erhebliche Frequenz. Abgesehen von individuellen Bedingungen und dem bereits erwähnten ungenügenden Fragmentkontakt kommen *Muskelinterposition, Splitterung mit Defektbildung* und *Infektion* ursächlich in Betracht. Die letzteren beiden Momente sind namentlich geeignet, den relativ hohen Prozentsatz von Pseudarthrosen bei Schußbrüchen des Unterschenkels zu erklären. Auffälligerweise betrifft die Pseudarthrose nach Fraktur beider Unterschenkelknochen öfters nur die Tibia, während die mitgebrochene Fibula, sofern es sich nicht um eine Defektfraktur handelt, solid verheilt. Gelegentlich gewinnt das obere Tibiafragment durch Vermittlung eines seitlichen *Abstützungscallus* Verbindung mit der Fibula (Abb. 882). Bei unbelasteten Pseudarthrosen, besonders solchen nach Defekt, sind die Fragmente konisch zugespitzt und atrophisch. Je stärker ihre Belastung ist, desto ausgeprägter wird eine stempel- oder pfannenförmige Umformung der vernarbten Fragmentenden (Abb. 92). Auch die Fibula kann isoliert pseudarthrotisch bleiben.

Eine erhebliche Tendenz zu Pseudarthrosenbildung zeigen auch Tibiafrakturen, die im Anschluß an operativ behandelte Osteomyelitis entstanden sind, sei es, daß die Entfernung des nekrotischen Knochens zu frühzeitig erfolgte, sei es, daß bei der Sequestrotomie nicht mit ausreichender Schonung vorgegangen wurde. In diesen Fällen beruht die mangelhafte Konsolidationstendenz auf der *Sklerosierung des Knochens*, die auch sonst in der Pathogenese der Pseudarthrosen eine Rolle spielt.

Wie weit das *Fehlen eines Frakturhämatoms* die bei offenen Unterschenkelbrüchen relativ häufige Verzögerung der Konsolidation bedingt,

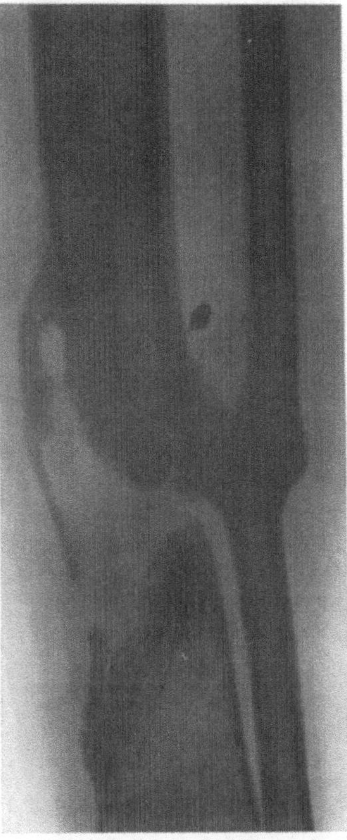

Abb. 882. Isolierte Defektpseudarthrose der Tibia nach Schußfraktur; Abstützungscallus zwischen oberem Tibia- und unterem Fibulafragment. (Nach BRUN.)

steht dahin; wahrscheinlich spielt bei diesen Fällen auch wenig virulente Infektion oft eine Rolle.

Kapitel 3.

Die Behandlung der Unterschenkelschaftbrüche.

Die erfolgreiche *Behandlung* einer Fraktur beider Unterschenkelknochen erfordert ganz besonders *elektives Vorgehen*; wer sich hier auf eine Methode versteift, wird Mißerfolgen nicht entgehen.

Der Übergang von der prinzipiellen Gipsverbandbehandlung zur Heftpflasterextension hat die *Immobilisierungsschäden*, namentlich die irreparablen Gelenkversteifungen, ganz erheblich vermindert; hinsichtlich Ausgleich der Verkürzung vermag jedoch der Heftpflasterzug in vielen Fällen nicht zu befriedigen, namentlich bei *Brüchen des unteren Drittels*, wo die Angriffsfläche für die

Heftpflasterstreifen zu klein ist. Hier ist nur der am Knochen selbst angreifende Zug ausreichend, der jedoch die seitlichen Verschiebungen nicht immer genügend korrigiert. Es ist deshalb unerläßlich, sowohl die indirekte als die direkte Extension gegebenenfalls mit Gipsschienen zu kombinieren. Auch die einfache, jedoch auf ausreichende Funktion Rücksicht nehmende Gipsschienenbehandlung hat bei den Unterschenkelbrüchen wieder eine Domäne erobert.

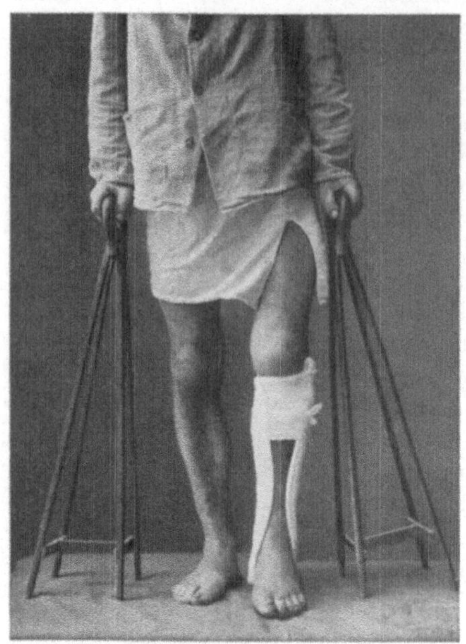

Abb. 883. U-förmige Unterschenkelgipsschiene nach v. BRUN, ohne Polsterung anmodelliert und mittels Gazebinde angewickelt. (Nach SCHEFFLER.)

Jede quere oder leicht schräge Fraktur ist möglichst bald genau zu reponieren, wobei man sich an das Ergebnis der kombinierten Röntgenaufnahmen und der Palpation hält. Die *Reposition* erfolgt in *Lokalanästhesie* oder in kurzer *Narkose*; meist ist ein *Chloräthylrausch* ausreichend. Steht die Tibia korrekt, so befinden sich gewöhnlich auch die Fibulafragmente in guter Stellung. Die Reduktion kann durch einen *Schlingenzug am Fußgelenk* (Abb. 137/138) wirksam unterstützt werden. Stehen die Fragmente zuverlässig, so legt man einen *Gipsschienenverband mit hinterer Schiene* an, der bei hohen Frakturen das Kniegelenk einbezieht, während für Brüche des unteren Drittels das Knie frei gelassen wird. Besonders empfehlenswert ist Anwendung der v. BRUNschen *U-förmigen Gipsschiene*, deren Technik im allgemeinen Teil beschrieben wurde (Abb. 883). Liegt die Schiene infolge

Abb. 884. Hebung des oberen Fragmentes nach vorne und innen unter der Seitenwirkung direkten Längszuges am Fersenbein.

nachträglicher Anschwellung des Gliedes zu eng, so wird die Mullbinde abge-
wickelt und die etwas gelockerte Schiene neu fixiert. Nach 8 Tagen können
die Verletzten in dieser Schiene an *Gehbänkchen* (Abb. 883) oder an *Stöcken*

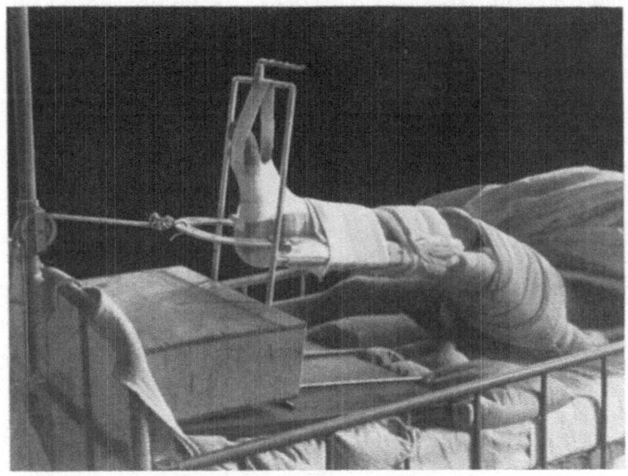

Abb. 885. Drahtextension einer Unterschenkelfraktur bei mäßiger Beugung; Gegenzug in der
Oberschenkel-Gesäßfalte. Sukzessiver Ausgleich der Verkürzung.

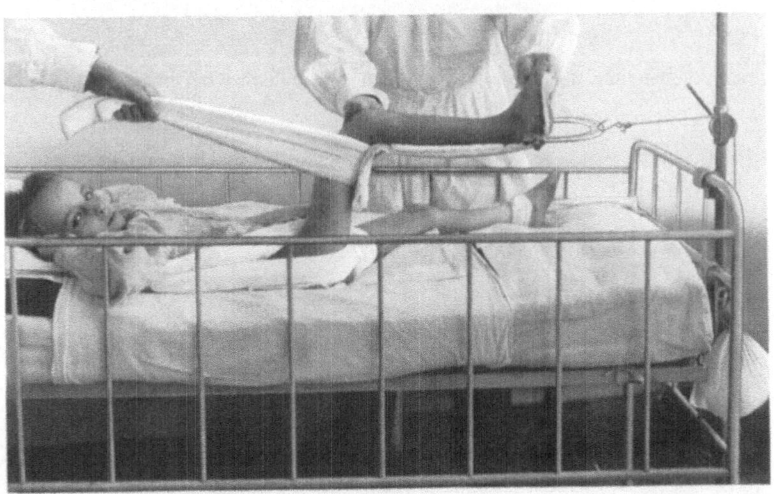

Abb. 886a. Anlegen einer Gipsschiene bei wirkendem Drahtzug unter Gegenzug mit Schlinge am
Oberschenkel nach Ausgleich der Verkürzung durch Drahtextension gemäß Abb. 885.

herumgehen; sind die Fragmente dann nach 2—3 Wochen etwas verkittet,
so wird die Schiene, die übrigens ordentliche Fußgelenkbewegungen gestattet,
täglich zum Zwecke der *gymnastischen Behandlung* und der *Massage* abgenommen.
Die Schiene liegt im ganzen 6 Wochen.

Die stark schrägen Frakturen des unteren Drittels mit der typischen Abweichung des oberen Fragmentes nach innen, vorne und unten rutschen nach
erfolgter Reposition stets wieder ab; sie müssen deshalb *im permanenten Zug*

in einen Gipsschienenverband gelegt werden, unter Verwendung des *Schlingen-zuges*, wie ihn DELBET für diesen Zweck angegeben hat (Abb. 138), oder werden im BÖHLERschen *Schraubenzugapparat* reponiert und *kombiniert mit direktem Zug am Fersenbein* und *Gipsschienenverband* behandelt (s. S. 185).

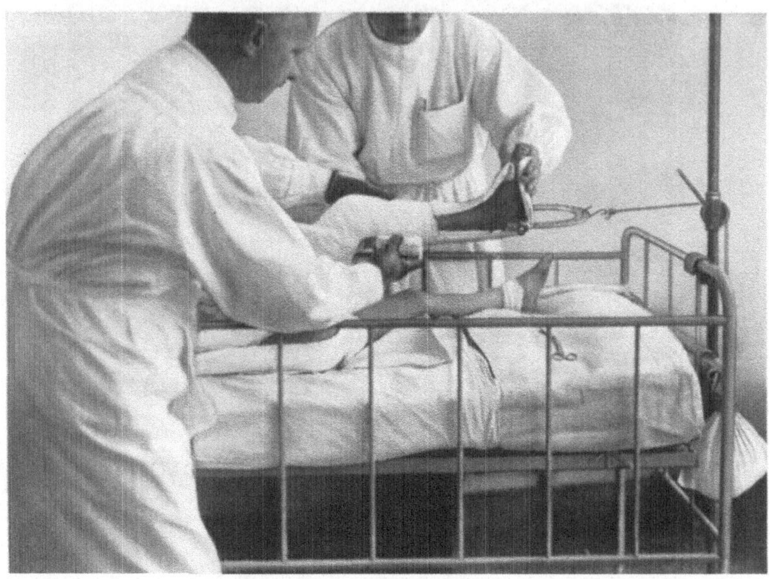

Abb. 886 b. Vollendung des Gipsschienenverbandes durch Zirkulärtouren; vgl. Abb. 886 a.

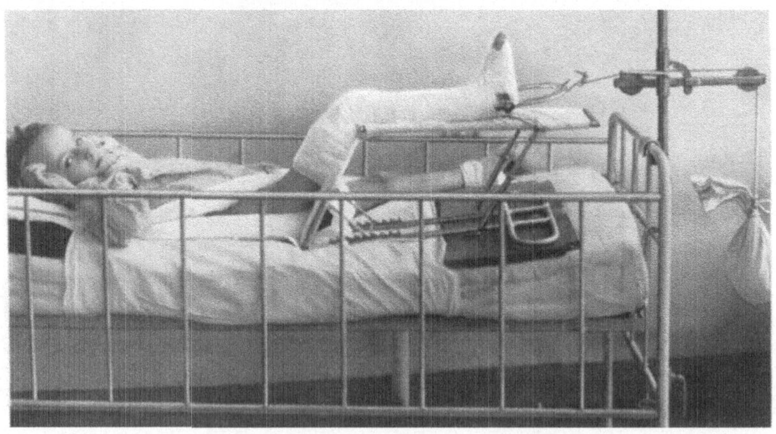

Abb. 887. Lagerung der mit Gipsschienenverband versorgten Unterschenkelfraktur (vgl. Abb. 886 a, b) auf einer Leerschiene; bei andauerndem Drahtzug.

Erfahrungsgemäß ist gelegentlich auch der stärkste am Fersenbein angreifende Zug nicht imstande, die seitlichen Verschiebungen bei Brüchen des unteren Drittels auszugleichen. Das liegt an verschiedenen Gründen. Zunächst wirkt bei Brüchen, die nach der Mitte des Unterschenkels auslaufen, der *Quadriceps* im Sinne der Streckung und zieht das obere Fragment nach vorne und innen. Sodann wird durch das Polster der nach hinten ausladenden *Wadenmuskulatur*, wie Böhler gezeigt hat, das obere Fragment nach vorne gedrückt, falls die Bindenwicklung der Leerschiene zu straff angezogen ist. Dazu kommt nun, wie am Oberschenkel, *daß ein Teil des Längszuges durch Vermittlung der Muskulatur eine Seitenwirkung auf das obere Fragment ausübt*. Die ein-gelenkige Unterschenkelmuskulatur setzt sich an den oberen zwei Dritteln der Tibia-rückfläche an; maximale Anspannung dieser Muskeln bewirkt deshalb eine Ver-schiebung der oberen Fragmentspitze nach vorne (Abb. 884). Zugleich hebelt der Zug am Calcaneus das untere Fragment nach hinten. So erklärt sich, daß direkter Längszug auch bei stärkster Belastung die Seitenverschiebung in gewissem Umfange aufrecht erhält. Ihre Korrektur erfordert deshalb *Querzüge* oder, was sich im allge-meinen besser bewährt, einen *ergänzenden Gipsschienenverband*, der direkt auf die Haut oder über einem dünnen Polster angewickelt wird. Da auch ein großes *Hämatom* die Adaptation der Fragmente hindert, ist dieses vor Anlegen des zirku-lären Verbandes durch *Punktion zu* ent-leeren.

Der Ausgleich der Längsverschiebung kann Gewichte bis zu 15 kg erfordern; eine *Überkorrektur* schadet nicht, da sie nach Behebung der Seitenverschiebung, die sie gelegentlich erleichtert, durch Ent-lastung wieder ausgeglichen wird.

Da in den ersten Tagen nach der Ver-letzung die *lokale Schwellung* und oft auch *Schädigungen der Haut* das Anlegen eines engen Gipsschienenverbandes nicht ratsam erscheinen lassen, empfiehlt es sich, zunächst nur einen *Drahtzug am Fersen-bein* anzulegen und auf einer Braunschen Schiene die Längsverschiebung durch *zu-nehmende Gewichtsbelastung* auszugleichen; zu diesem Zweck muß der Oberschenkel

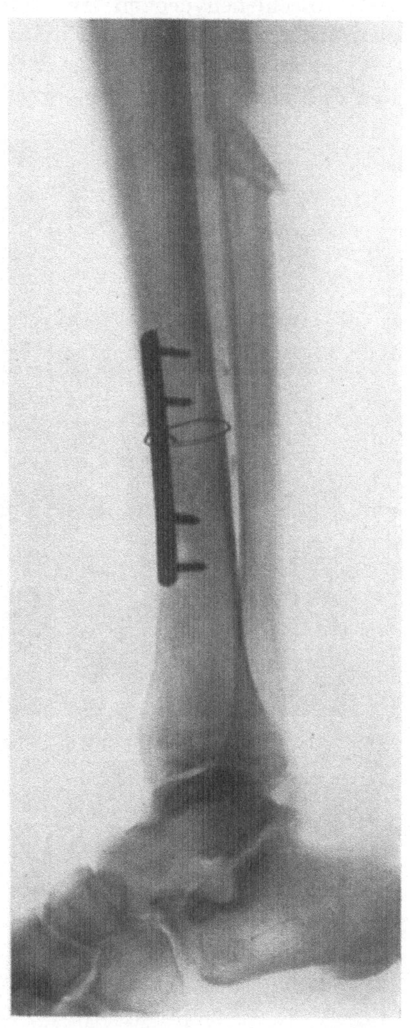

Abb. 888. Unterschenkelfraktur Fall Abb. 868 durch Plattenverschraubung und Um-schlingung (Corticalisplitter) vereinigt.

mindestens zu 45° eleviert werden, damit er an der Auflage genügende Stütze findet. Erträgt die Haut den Druck nicht, so wird der Unterschenkel bei einer Beugung des Kniegelenkes von nur 30° ziemlich flach gelagert und die Kontraextension in die Oberschenkeldammfalte verlegt (Abb. 885). Ist die Längsverschiebung nach etwa einer Woche ausgeglichen und die Schwel-lung im Frakturgebiet zurückgegangen, so legt man unter fortwirkendem Zug (Abb. 886 a, b) einen *Gipsschienenverband* an (Abb. 887), der die

Bruchstücke durch seitlichen Druck adaptiert und durch seine fixierende Wirkung die Konsolidation beschleunigt. Der Verband wird sofort, nachdem er trocken ist, der Länge nach aufgeschnitten. Nach der 5. Woche kann der Drahtzug entfernt und die Behandlung unter täglicher Vornahme von *Übungsbewegungen* im Gipsschienenverband zu Ende geführt werden. *Belastung ist bei diesen zu Redislokation neigenden Frakturen vor Ende der 7. Woche nicht ratsam.*

Da die Ferse gegen Auflagedruck oft sehr empfindlich ist, empfiehlt es sich, den *Fuß* sowohl bei der reinen Extensionsbehandlung wie auch im Gipsschienenverband durch ein Heftpflastersystem zu *suspendieren* (Abb. 885) und die *Gipsschiene der Ferse nicht dicht anzulegen.* Die rechtwinklige Stellung des Fußgelenkes hat bei ausreichender Entspannung der Gastrocnemii durch Beugung des Kniegelenkes keine rekurvierende Wirkung auf die Fraktur.

Bei *Frakturen im oberen Drittel* des Unterschenkels mit *Extensionshebung des oberen Fragmentes* muß für die ersten 2 Wochen das *Kniegelenk gestreckt* oder nur wenig gebeugt werden.

Die Heftpflasterextension bleibt für Frakturen mit geringer Längsverschiebungstendenz vorbehalten, und zwar besonders für solche in der Mitte oder im oberen Drittel des Unterschenkels, wo die Haftfläche im Bereiche des unteren Fragmentes ausreicht.

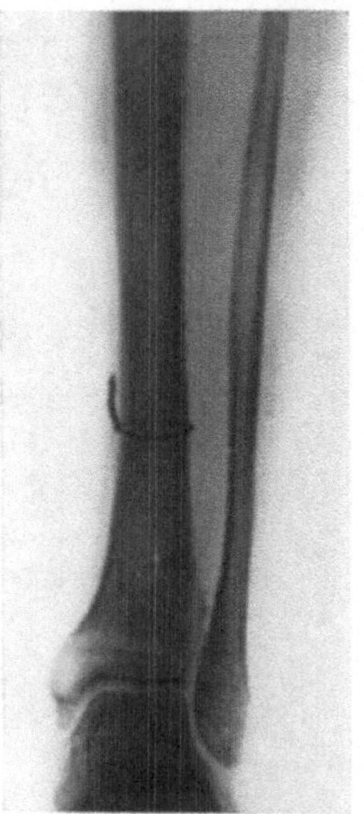

Abb. 889a. Torsionsbruch der Tibia Abb. 869a nach Vereinigung mit Hilfe des Torsionsdrahtspanners.

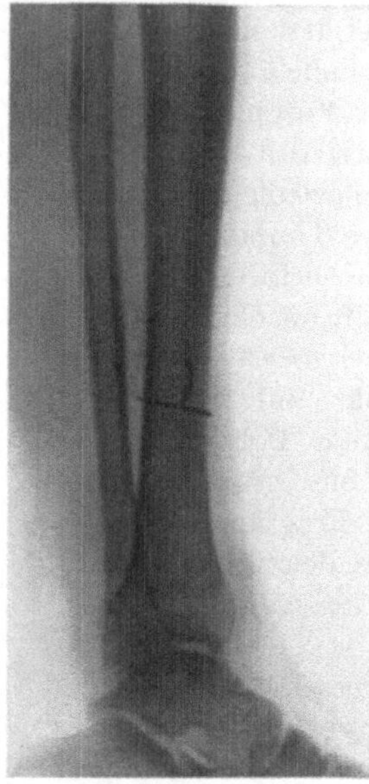

Abb. 889b. Seitenaufnahme zu Abb. 889a; vgl. Abb. 869b.

Ergibt der direkte Zug in Verbindung mit Seitenzügen oder mit Gipsschienen keine befriedigende Fragmentstellung, oder gelangt die Fraktur erst in stationäre Behandlung, nachdem die fehlerhafte Stellung bereits durch jungen Callus fixiert ist, so empfiehlt sich besonders bei jungen Leuten *operatives Vorgehen.* *Querfrakturen* werden *mittels Metallplatte verschraubt* (Abb. 888), *Schrägbrüche* durch ein- oder mehrfache *Umschlingung* fixiert. Unter Verwendung des *Torsionsdrahtspanners* lassen sich Schrägbrüche in 15—20 Minuten vereinigen, so daß der Eingriff unter minimalstem Risiko vor sich geht (Abb. 889). Die *Reduktion* der Fragmente wird durch *Zangen-* oder *Klammerzug* erleichtert.

Geben die Metallplatten zu einer *Fremdkörpereiterung* Anlaß, was bei Verwendung von rostfreiem Stahl eine Ausnahme ist, so wird die Platte nach erfolgter Konsolidation entfernt. In den seltenen Fällen, wo eine *Infektion* durch die Schraubenkanäle nach der Markhöhle hin fortschreitet, muß der Entzündungsherd im Kochen nach Entfernung der Metallplatte in ganzer Ausdehnung regelrecht aufgemeißelt werden, jedoch erst nach erfolgter Konsolidation.

Die Behandlung von *Durchstechungsbrüchen* und von breit *offenen, verschmutzten Frakturen* erfolgt nach den im allgemeinen Teil eingehend dargelegten Grundsätzen. Die Vereinigung der Fragmente durch metallische Fremdkörper ist auf die Verwendung von *Stütznägeln* zu beschränken (Abb. 238). Allfällig kann der *Fixateur* Verwendung finden. Bei allen infizierten Brüchen ist der zuverlässigen *Feststellung durch Gipsschienen* besondere Aufmerksamkeit zu schenken. Anlaß zu primärer *Absetzung des Gliedes* kann nur Zertrümmerung des Knochens verbunden mit manifester *Gangrän* geben. Tritt *Gasphlegmone* oder bedrohliche *Sepsis* auf, so schiebe man die Amputation, die ja erfahrungsgemäß oft zu spät ausgeführt wird, nicht allzulange hinaus.

Bei der *Schnittführung* ist auf die Fragmentverschiebung gebührend Rücksicht zu nehmen; Incisionen im Bereiche geschädigter Hautstellen sind zu vermeiden. Damit die Metallplatte nicht direkt unter die Nahtlinie zu liegen kommt, was zu Störungen der Wundheilung führen und namentlich sekundäre Infektion von außen begünstigen könnte, empfiehlt sich im allgemeinen ein *medial-konvexer Bogenschnitt* (vgl. Abb. 890), der auf der Tibia beginnt und medial von der Tibia im Bereiche der Muskulatur verläuft. Will man die Schraubenplatte unter den Tibialis anticus legen, so ist der Schnitt lateralkonvex anzulegen. Die *Nachbehandlung* erfolgt für 14 Tage auf einer *Gipsschiene* oder auf dem *Lagerungsapparat*. Von der 3. Woche an kann man die Extremität tagsüber zu Bewegungen im Bett freigeben. *Belastung soll dagegen erst nach vollständiger Konsolidation erfolgen*, die durchschnittlich nicht vor 6 Wochen

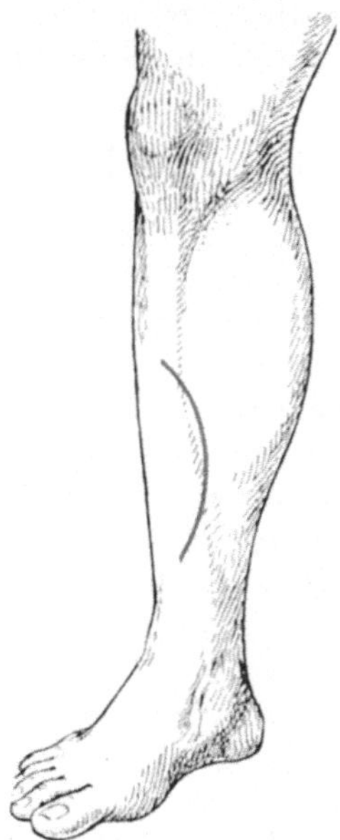

Abb. 890. Schnittführung für die operative Vereinigung einer Unterschenkelfraktur.

erreicht ist. Verzögert sich die solide Heilung, ein Ereignis, das ja zum Teil auch der Plattenverschraubung zur Last gelegt wird, so empfiehlt es sich, die Metallplatte nach 4—6 Wochen zu entfernen; meist wird dann die Fraktur sehr rasch völlig fest werden.

Die ausgebildete *Unterschenkelpseudarthrose* mit Vernarbung der Fragmentenden erfordert *operative Behandlung*; die besten Resultate ergibt *treppenförmige oder schräge Anfrischung*. Allerdings muß man bei diesem Verfahren eine gewisse Verkürzung des Unterschenkels mit in Kauf nehmen, *die jedoch durch eine ganz erhebliche Steigerung der Heilungschancen kompensiert wird*.

Wie wir gesehen haben, kommt Pseudarthrose beider Unterschenkelknochen seltener zur Beobachtung als knöcherne Verheilung der Fibula und isolierte Pseudarthrose der Tibia. Auch in derartigen Fällen ist es besser, die Tibiafragmente treppenförmig anzufrischen und die Fibula durch Resektion entsprechend zu verkürzen, als eine freie, autoplastische Knochentransplantation zur Überbrückung des entstandenen Tibiadefektes vorzunehmen. Die Vereinigung der Fragmente erfolgt durch *Plattenverschraubung* oder nach dem

Vorschlage BRUNS' mittels durchbohrender und umschlingender *Naht.* Die freie, autoplastische Transplantation soll deshalb nur Anwendung finden, wenn bei direkter Vereinigung der angefrischten Fragmente eine zu große Verkürzung resultieren würde.

Falls keine breite Schicht von Narbengewebe zwischen den Fragmenten liegt, gibt auch die *Aufsplitterung* nach KIRSCHNER oder die *Aufmeißelung* beider Bruchstücke bis in die Markhöhle nach BRUNS oft gute Resultate, besonders wenn man nach meinem Vorschlage noch eine *freie Übertragung von Spongiosa* hinzufügt.

Die *Nachbehandlung* der operierten Pseudarthrosen erfordert ausreichende Fixation im Gipsschienenverband.

III. Isolierte Frakturen der Tibia und Fibula.

Isolierte Brüche der Unterschenkelknochen kommen relativ selten zur Beobachtung. Nach der Zusammenstellung von BRUNS beträgt die Frequenz der isolierten Tibiafrakturen 1,8%, die der isolierten Fibulabrüche 2%. Die *isolierten Tibiaschaftbrüche* entstehen unter den gleichen Einwirkungen wie die Frakturen beider Unterschenkelknochen. Entsprechend sehen wir *Quer-, Schräg-* (Abb. 891) und *Torsionsbrüche* (Abb. 892). Eine typische Verletzung ist die isolierte Fraktur des Tibiaschaftes durch *Hufschlag,* die gewöhnlich im oberen Drittel liegt und queren, zackigen Verlauf zeigt (Abb. 893); sie ist häufig durch eine durchgehende Quetschrißwunde kompliziert.

Die unverletzte Fibula verhindert im allgemeinen hochgradige Dislokation, so daß sowohl seitliche Verschiebungen als Achsenknickung höheren Grades bei isolierten Brüchen des Tibiaschaftes Ausnahmen darstellen. Während bei Totalfrakturen des Tibiaschaftes die Patienten das verletzte Bein gewöhnlich nicht mehr belasten, ist bei *subperiostalen Brüchen,* die namentlich in Form der Torsionsbrüche zur Beobachtung gelangen, die Funktionsstörung oft auffällig gering. Erfahrungsgemäß zeigen die isolierten Schaftbrüche des Schienbeines oft verlangsamte Konsolidationstendenz, was teilweise auf der mangelhaften Belastung der Bruchflächen durch den Längsmuskeldruck, bei offenen Brüchen auf avirulenter Infektion beruhen dürfte.

Der streng lokalisierte *Druck-* und *Stoßschmerz* wird in solchen Fällen die Diagnose einer Fraktur nahelegen, zu deren Sicherung stets das *Röntgenverfahren* heranzuziehen ist. Für die *Behandlung* kommt nur einfache *Lagerung* oder *Heftpflasterextension* in Frage, und zwar hat die Extension hier wesentlich den Zweck, die korrekte Achsenstellung der Fragmente auch während der Vornahme von Bewegungen zu sichern. Die Stellung der Fragmente wird weitgehend durch die intakte Fibula gerantiert, die hier die Rolle einer *inneren Schiene* übernimmt. Die isolierten Frakturen des oberen und unteren Tibiaendes finden an anderer Stelle Erwähnung.

Die isolierten Brüche der Fibuladiaphyse entstehen meist unter *direkter* Gewalteinwirkung und zeigen demgemäß vorwiegend queren oder leicht schrägen Verlauf (Abb. 894). Die Verschiebung ist wenig ausgeprägt, weil hier die intakte Tibia als Schiene wirkt und weil das mittlere Fibuladrittel von einem dicken Muskelpolster umgeben ist. Da der stärkere, die Körperlast wesentlich tragende Knochen intakt blieb, vermögen die Patienten, falls sie nicht sehr empfindlich sind, noch relativ gut, wenn auch unter Schmerzen, herumzugehen. Die *geringe Funktionsstörung* ist denn auch der wesentliche Grund, warum die isolierte Fibulaschaftfraktur so oft übersehen und erst durch die Röntgenuntersuchung

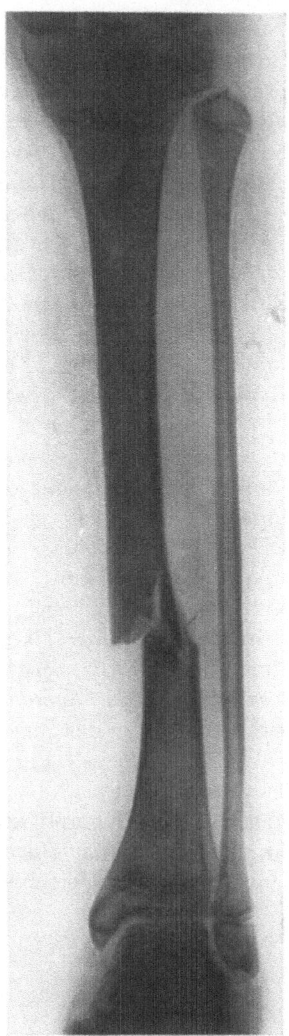

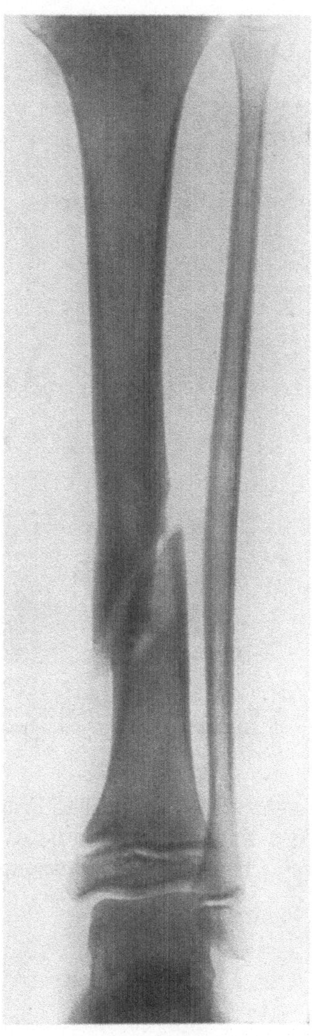

Abb. 891. Isolierte Biegungs-Rotationsfraktur der Tibia.

Abb. 892. Isolierte Torsionsfraktur der Tibia.

festgestellt wird. Wo keine Verschiebung nachweisbar ist, weist nur die hartnäckige, *lokale Druckschmerzhaftigkeit* auf eine Verletzung des Knochens hin.

Die isolierte Fibulaschaftfraktur kann von Anfang an *mobilisierend* behandelt werden, indem man sofort mit Massage und Heißluftbädern beginnt und die Patienten höchstens während der ersten Tage zu statischer Schonung der verletzten Extremität anweist.

Am oberen Ende der Fibula entstehen Brüche durch direkte Gewalt als Begleitverletzungen von Kompressionsfrakturen der Tibiacondylen (vgl.

Abb. 863), sowie in Form reiner Rißbrüche infolge unkoordinierter Kontraktion des M. biceps. Oft wirkt dieser *Muskelzug* einer gewaltsamen Adductionsbewegung des Unterschenkels entgegen.

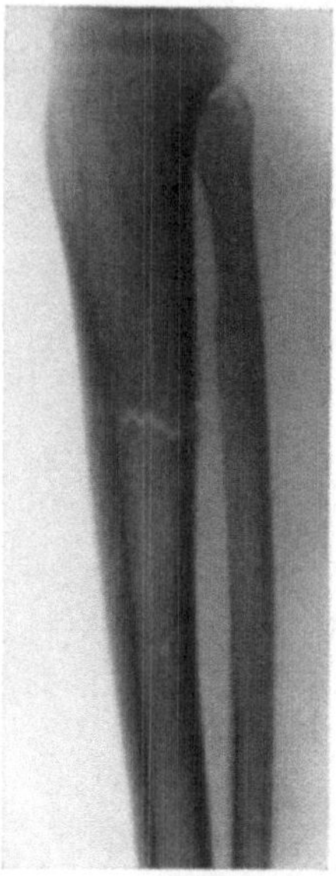

Die Brüche des Fibulaköpfchens und besonders die Frakturen am Übergang des Fibulaköpfchens in die Diaphyse sind nicht so selten kompliziert durch primäre oder sekundäre *Schädigungen des Nervus peronaeus*, der an seiner Umschlagstelle dem Halse des Fibulaköpfchens dicht anliegt (Abb. 895). Neben Zerreißungen und Quetschungen sieht man *sekundäre Umklammerung durch Callusmassen.*

Die Fraktur des Fibulaköpfchens ist leicht zu diagnostizieren, weil das obere Ende der Fibula der Palpation ausgedehnt zugängig ist. Zudem stellt sich bei Abbruch des ganzen Köpfchens oft eine *charakteristische Verschiebung* des oberen Fragmentes unter der Zugwirkung des M. biceps kniekehlenwärts ein.

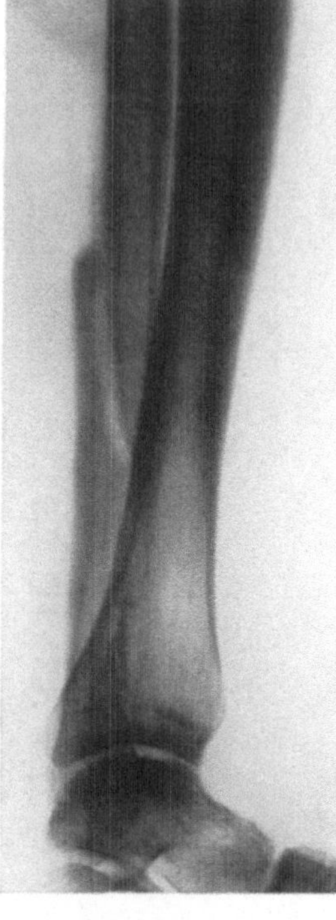

Abb. 893. Isolierte offene Querfraktur der Tibia durch Hufschlag.

Abb. 894. Isolierte, durch direktes Trauma entstandene Schrägfraktur des unteren Fibuladrittels.

Besteht keine wesentliche Fragmentverschiebung und keine Komplikation von seiten des N. peronaeus, so ist die Fraktur des Fibulaköpfchens *mobilisierend zu behandeln*; begleitende Verletzungen des N. peronaeus und starke Verschiebungen

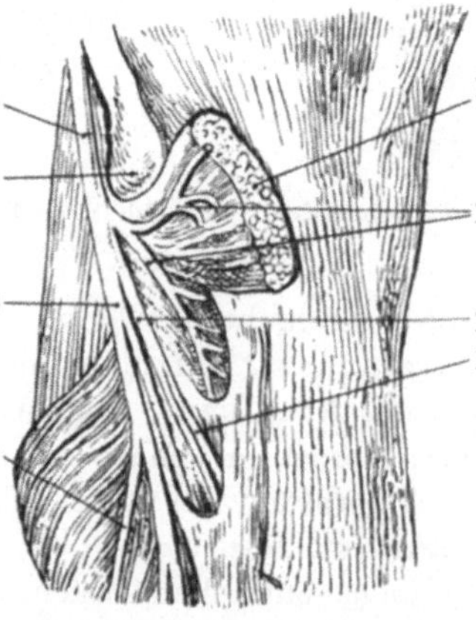

Abb. 895. Beziehungen des N. peronaeus zum Fibulaköpfchen und zum Hals der Fibula. (Nach TOLDT.)

bedingen jedoch *primäres operatives Vorgehen*, das in Freilegung der Fraktur, Reposition und *Verschraubung* besteht. Der zerrissene Nerv wird genäht und weiter nach rückwärts in den M. peronaeus longus eingelagert. Verletzende Splitter sind zu entfernen.

Eine weitere typische, isolierte Fraktur der Fibula findet sich an ihrer dünnsten Stelle etwa 5 cm *oberhalb des äußeren Knöchels* (vgl. Abb. 911a). Diese Fraktur kommt, abgesehen von direkter Gewalteinwirkung, wesentlich als Begleiterscheinung der seitlichen Luxation des Talus zustande. Nach Reposition der Fußgelenkluxation stehen auch die Fibulafragmente gewöhnlich wieder in guter Stellung. Da die Fraktur am häufigsten als *Teilerscheinung der bimalleolären Abductionsfraktur* zur Beobachtung gelangt, verweisen wir hinsichtlich Symptomatologie und Behandlung auf den betreffenden Abschnitt.

IV. Frakturen am unteren Ende des Unterschenkels.

Im untersten Abschnitt des Unterschenkels sind *supramalleoläre Brüche*, einschließlich der *Epiphyseolyse, in das Gelenk reichende Frakturen des unteren Tibiaendes* und die Gruppe der *Knöchelbrüche* auseinanderzuhalten. Alle diese Frakturen sind gelegentlich mit Brüchen der Tibiagelenkfläche verbunden, die isoliert selten zur Beobachtung gelangen.

1. Die supramalleolären Frakturen.

Kapitel 1.

Frakturformen, Symptomatologie, Verlauf.

Die *Fractura supramalleolaris* (Abb. 896), auch als *juxtaepiphysäre Fraktur* bezeichnet, liegt einige Zentimeter oberhalb des Talocruralgelenkes im Bereiche der sog. Metaphyse und betrifft an dieser Stelle entweder beide Knochen oder, wie bei Rotationsbrüchen, nur die Tibia, während die Fibula höher oben gebrochen sein kann. Neben reinen supramalleolären Frakturen sehen wir solche mit begleitenden Knöchelfrakturen oder anderweitigen, in das Fußgelenk reichenden, im wesentlichen vertikal verlaufenden Bruchlinien. Da im Gegensatz zu den Knöchelbrüchen die Kontinuität der Tibia völlig unterbrochen ist, haben die supramalleolären Brüche grundsätzlich die gleiche Bedeutung wie eigentliche Diaphysenbrüche des Unterschenkels, mit dem Unterschied, daß primäre Komplikationen von seiten des Fußgelenkes eine größere Rolle spielen.

Ätiologisch steht Sturz aus großer Höhe, somit *Stauchung*, im Vordergrund; daneben spielen *Biegung* und *Rotation* infolge Umkippen des Fußes oft wesentlich mit. Auch direkte *Gewalteinwirkungen*, besonders Überfahrung und Einklemmung, erzeugen supramalleoläre Brüche. Kippt infolge des Stoßes von unten der Fuß nach außen um, so können unter der Keilwirkung des Talus zunächst die von der Tibia zur Fibula verlaufenden schrägen Bänder zerreißen; häufiger wird ein Stück von der lateralen Fläche der Tibia losgerissen (vgl. Abb. 900/913). Die weiterwirkende Gewalt führt dann erst zu einer Biegungsfraktur beider Unterschenkelknochen oberhalb des Malleolargebietes im Sinne der Abduction (siehe Abb. 897).

Nach den experimentellen Untersuchungen von TILLAUX entstehen supramalleoläre Biegungsfrakturen auch durch *gewaltsame Adduction*, und zwar in der Weise, daß bei Fall auf den etwas adduziert gehaltenen Fuß eine forcierte Adductionssupinationsknickung in den Sprunggelenken eintritt; die Fraktur erfolgt dann unter der kombinierten Wirkung von *Stauchung* und *Adductionsverbiegung* (siehe Abb. 898). In seltenen Fällen entstehen supramalleoläre Brüche durch einfache „Fehltritte", d. h. durch Umknicken des Fußes, ohne daß die Patienten dabei hinfallen. Voraussetzung ist erhebliches Körpergewicht. Auch gewaltsame *Torsionsbeanspruchungen* bei fixiertem Fuß geben Anlaß

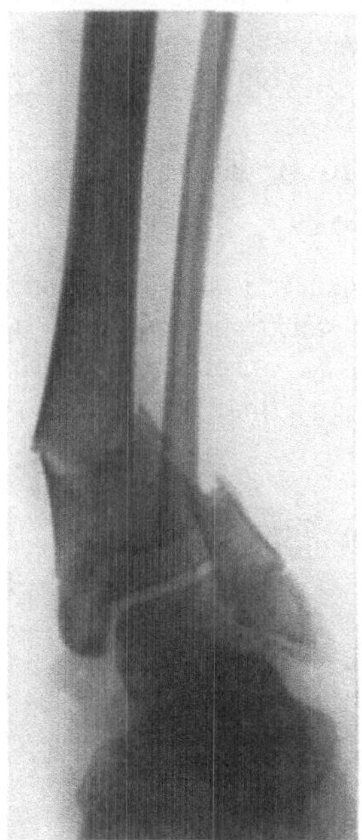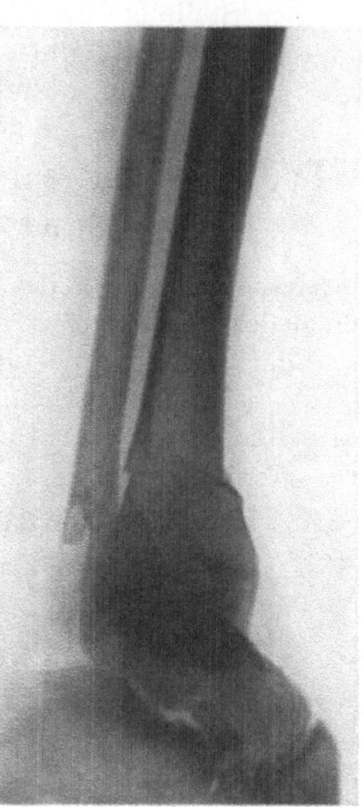

Abb. 896. Supramalleoläre Biegungsfraktur beider Unterschenkelknochen mit hochgradiger Abductionsknickung; Durchstechung der Haut.

zu supramalleolären Frakturen. Eine typische Sportsverletzung ist die *supramalleoläre Torsionsfraktur der Tibia* mit oder ohne begleitende, hochliegende Fibulafraktur (Abb. 869), die beim Skilaufen entsteht.

Gemäß ihrer verschiedenartigen Genese zeigen die supramalleolären Brüche auch sehr *mannigfaltige Formen*. Wir sehen alle Übergänge von der *queren* (Abb. 896) Fraktur zu der steilen, meist von oben-außen nach unten-innen verlaufenden *Schrägfraktur* (Abb. 897, 898); weiterhin wird die morphologische Systematik kompliziert durch sehr variable, begleitende *Längs- und Schrägbrüche des unteren Tibiaendes*, durch *Absprengungen* von der vorderen, hinteren und lateralen *Tibiakante* (Abb. 899) sowie durch *Knöchelbrüche* (vgl. Abb. 897 und 898). Bei erheblicher Stauchungswirkung kann das obere Fragment in die Spongiosa des unteren Fragmentes eindringen (Abb. 900) und die Epiphyse auseinandersprengen; in anderen Fällen ist das Gelenkfragment hochgradig zertrümmert (siehe Abb. 898/899). Wie das untere Tibiafragment, kann auch das untere Ende der Fibula zertrümmert sein. Eine besonders schwere Verletzung ist die *supramalleoläre Zertrümmerungsfraktur* kombiniert mit Luxation des Talus zwischen Tibia und Fibula (vgl. Abb. 912).

Die *Verschiebung der Fragmente* hängt in erster Linie ab von der Richtung der ursächlichen Gewalt. So ist bei den Schrägfrakturen infolge Stauchung und Abduction das untere, schräg nach oben-außen zugespitzte Fragment

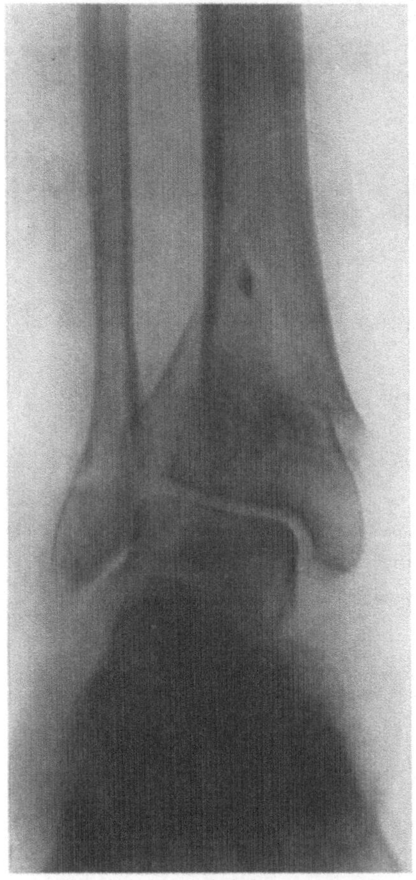

Abb. 897. Supramalleoläre Abductionsfraktur beider Unterschenkelknochen mit
typischer Verschiebung.

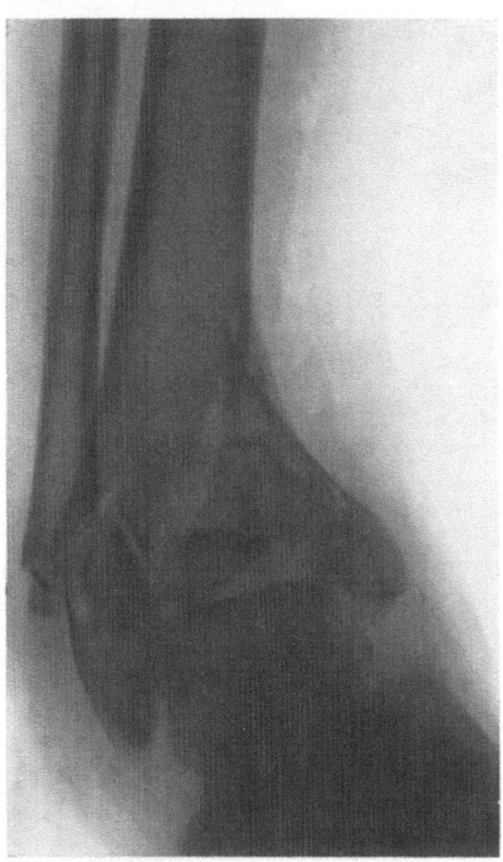

Abb. 898. Supramalleoläre Adductionsfraktur beider
Unterschenkelknochen mit Zertrümmerung des
Tibiafragmentes und charakteristischer
Verschiebung.

meist nach außen und oben disloziert (Abb. 897); ferner finden sich neben der Längsverschiebung auch *Knickungen der Unterschenkelachse im Sinne der Flexion* (siehe Abb. 899) *und der Extension* (siehe Abb. 901) sowie *Rotationsverschiebungen*. Die Verkürzung ist im allgemeinen nicht sehr ausgeprägt, weil häufig eine gewisse Einkeilung stattfindet; immerhin sieht man das obere Fragment gelegentlich vorne dem Talushals oder hinten dem Calcaneus dicht anstehen.

Die reinste Form der supramalleolären Fraktur stellt die *untere Epiphyseolyse der Tibia* dar, die man an Stelle der supramalleolären Fraktur bei wachsenden Individuen sieht (siehe Abb. 8/902). Auch hier handelt es sich häufig um eine Kombination von Epiphysenlösung und Epiphysenfraktur.

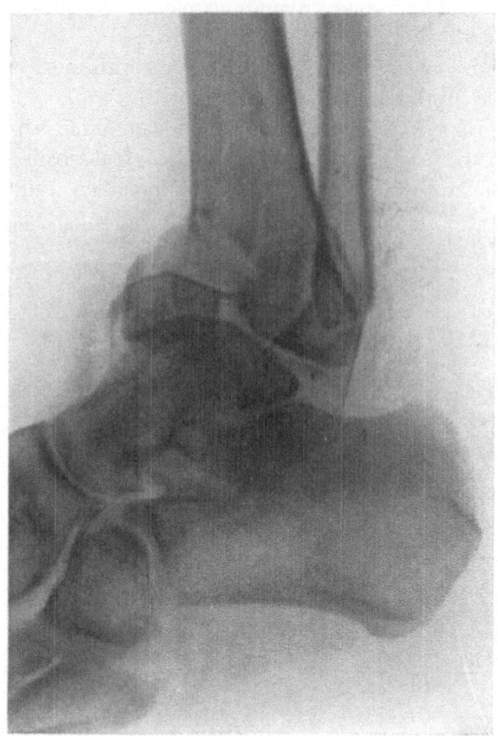

Abb. 899. Supramalleoläre Stauchungsfraktur mit Zertrümmerung des Tibiafragmentes.

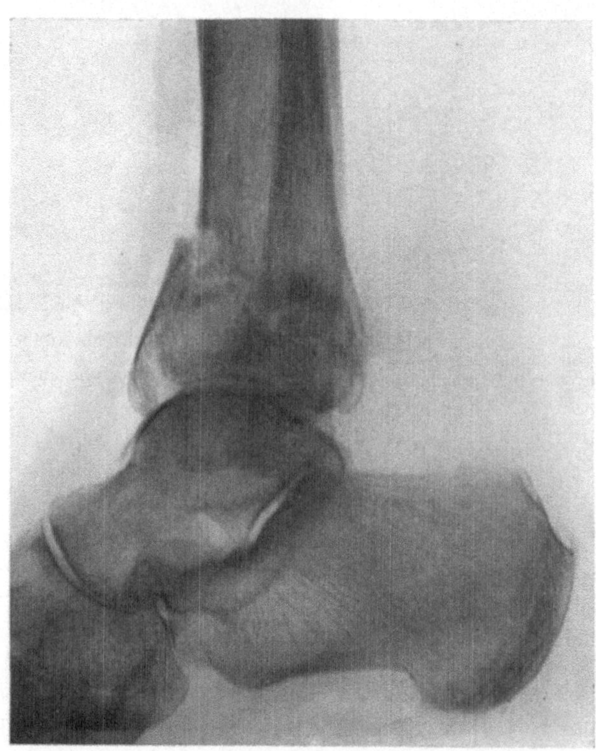

Abb. 900. Flache, supramalleoläre Schrägfraktur durch Stauchung; sekundäre Knochenatrophie.

Entsprechend der erheblichen Elastizität des jugendlichen Periostes ist die Kontinuitätstrennung oft keine vollständige, die *Verschiebung* demgemäß nur geringgradig (Abb. 8). Bei vollständiger Verschiebung finden sich häufig eine begleitende Fraktur der Fibula sowie Absprengungen vom Metaphysenteil der Tibia, besonders an deren hinterem Umfang. Ätiologisch kommt in solchen Fällen namentlich eine forcierte Plantarflexion des Fußes in Betracht.

Für die *Diagnose* der supramalleolären Fraktur ist die Lokalisation der Kontinuitätstrennung dicht oberhalb der Fußgelenklinie maßgebend. Die

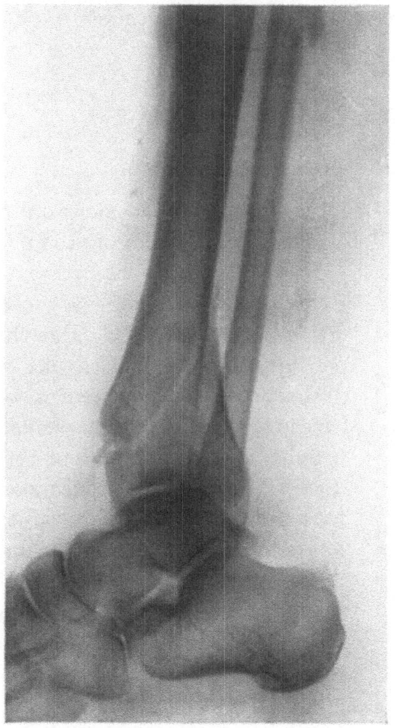

Abb. 901. Extensionsverschiebung des Gelenkfragments bei supramalleolärer Rotationsfraktur; Seitenaufnahme zu Abb. 898.

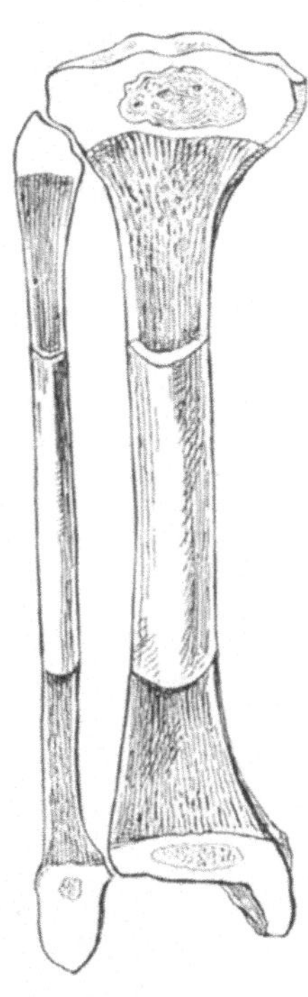

Abb. 902. Epiphysenverhältnisse der Unterschenkelknochen bei einem 1½ Jahre alten Knaben. (Nach TOLDT.)

Formveränderung der Fußgelenk- und Knöchelgegend, die stets sehr auffällig ist, deckt sich weitgehend mit den Reliefveränderungen, die wir bei Knöchelbrüchen sowie bei Luxationen im Fußgelenk sehen. Sofern sich nicht der einwandfreie Nachweis falscher Beweglichkeit in der Kontinuität der Tibia erbringen läßt, ist eine zuverlässige Diagnose nur auf Grund der *Röntgenuntersuchung* möglich.

Die antero-posteriore *Röntgenaufnahme* muß unter allen Umständen das *Talocruralgelenk* klar und übersichtlich darstellen, damit man sich über die Beteiligung der Tibiagelenkfläche orientieren kann; Absprengungen an der vorderen und hinteren Tibiakante sind nur in guten Seitenaufnahmen klar erkennbar (vgl. Abb. 899).

Obschon die supramalleolären Frakturen wegen ihrer breiten, spongiösen Berührungsflächen geringe Neigung zu sekundärer Verschiebung haben und gewöhnlich rasch fest werden, ist ihre *Prognose* vor allem getrübt durch die häufigen begleitenden Verletzungen des Fußgelenkes. Auch ist die fehlerhafte Stellung des unteren Fragmentes wegen der geringen indirekten Angriffsmöglichkeit schwer zu beeinflussen, und man sieht deshalb häufig *fehlerhafte Fragmentstellung*, besonders ausgeprägte *Achsenknickungen* im Sinne der Ab- und Adduction. Progrediente Veränderungen im Bereiche des Talocruralgelenkes, die zu *Bewegungseinschränkung* führen, sekundäre *statische Stellungs- und Formveränderungen des Fußes* sind weitere Momente, die bedingen, daß ein großer Teil der supramalleolären Frakturen einen *erheblichen Grad dauernder Invalidität* hinterlassen. Aus den gleichen Gründen beansprucht auch die Heilung oft längere Zeit.

Kapitel 2.

Behandlung der supramalleolären Brüche.

Die *Behandlung* der supramalleolären Brüche unterscheidet sich dadurch von der Behandlung der gewöhnlichen Malleolarfrakturen, daß vor allem eine *Korrektur der Verkürzung und Achsenknickung der gebrochenen Tibia* notwendig wird. Das therapeutische Vorgehen deckt sich deshalb im wesentlichen mit dem für die eigentlichen Unterschenkelbrüche beschriebenen, bietet jedoch größere Schwierigkeiten wegen der Kürze des unteren Fragmentes, und weniger günstige Aussichten wegen der häufigen begleitenden Gelenkverletzungen.

Vor allem ist auch hier eine möglichst *korrekte primäre Reposition* notwendig, die wegen erheblicher Schmerzhaftigkeit des Fußgelenkes manchmal *Narkose* erfordert.

Besondere Schwierigkeiten kann die Reposition dann bereiten, wenn gleichzeitig Malleolarbrüche vorliegen, so daß die Bewegungen des Fußes, an dem die manuelle Extension angreift, sich dem unteren Fragment nur unvollständig mitteilen.

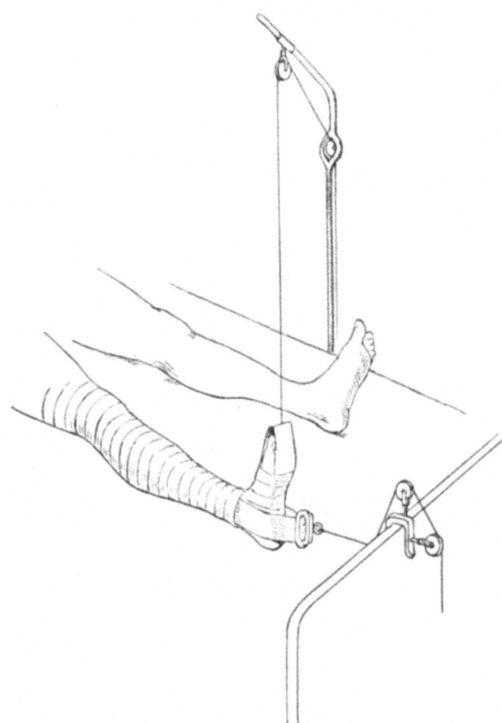

Abb. 903. Achsengerechte Extension für die Behandlung eine supramalleolären Adductionsfraktur.

In solchen Fällen empfiehlt es sich, einen *direkten Zug am Calcaneus* anzubringen und im BÖHLERschen *Schraubenzugapparat* einen *Gipsschienenverband* anzulegen oder den Ausgleich der Dislokationen durch *Gewichtsbelastung* zu erstreben. Gelingt dies auch in Kombination mit *Seitenzügen* oder mit einem Gipsschienenverbande nicht, so ist mit Rücksicht darauf, daß es sich um eine gelenknahe Fraktur handelt, unbedingt *operativ* einzugreifen.

Oft genügt es, die Fragmente richtig einzustellen, da die breiten spongiösen Bruchflächen ausreichend aneinander haften. Bei Frakturen im Übergangsgebiet zu der Diaphyse erfolgt je nach der Bruchform *Verschraubung* oder *Umschlingung*; oft genügt auch ein versenkter *Stütznagel*. Eine Eröffnung des Fußgelenkes wird nach Möglichkeit vermieden.

Supramalleoläre Brüche, die sich durch äußere Maßnahmen befriedigend reponieren lassen, werden mit *Heftpflasterextension* versorgt (Abb. 903/904).

Bei diesen Extensionen ist der Stellung des Fußes besondere Sorgfalt zu widmen.

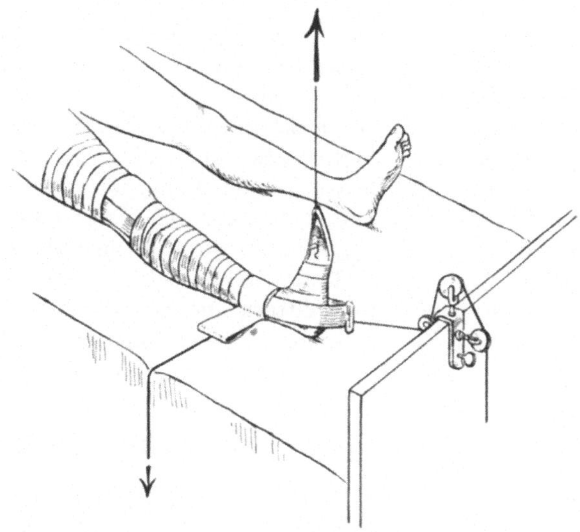

Abb. 904. Extension einer supramalleolären Abductionsfraktur.

Man wird im allgemeinen gut tun, bei Adductionsfrakturen den Längszug genau achsengerecht zu führen, bei Abductionsfrakturen dagegen mit Rücksicht auf die so häufige *spätere Abductionsknickung* einen *Querzug* im Niveau der Frakturstelle nach außen anzulegen, und den Längszug etwas nach innen zu richten (s. Abb. 904). Der Fuß selbst wird bei rechtwinkliger Stellung des Fußgelenkes oder noch besser in leichter Plantarflexion in eine kurze T-Schiene gelegt oder nach BARDENHEUER deckenwärts extendiert (vgl. Abb. 903).

Epiphyseolysen lassen sich meist leicht reponieren und zeigen keine große Tendenz zu nachträglichen Verschiebungen. Ihre *Nachbehandlung* erfolgt demgemäß durch einfachste Extension, und zwar ist bei Epiphysenbrüchen, die durch Plantarflexion des Fußes zustande kamen — sog. *Extensionsfrakturen* nach HILGENREINER - BORCHARDT —, für vollständige rechtwinklige Dorsalextension des Fußgelenkes zu sorgen. Auch in diesen Fällen bietet eine vorübergehende Suspension des Fußes deckenwärts die sicherste Garantie gegen nachträgliche Rückwärtsverschiebung des Epiphysenfragmentes.

Mit Rücksicht auf die häufige Mitbeteiligung des Gelenkes kommt der *frühzeitigen Aufnahme der*

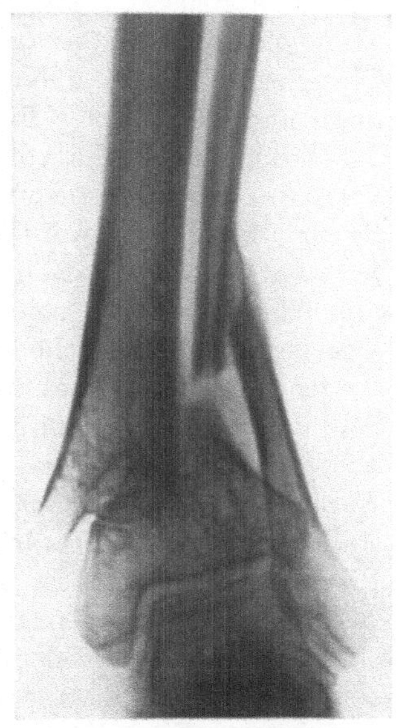

Abb. 905. Supramalleoläre Fraktur der Tibia und Fibula mit erheblicher Abductionsknickung geheilt; Gipsverbandbehandlung.

Fußgelenkbewegungen große Bedeutung zu. *Man wird bei supramalleolären Brüchen befriedigende Resultate nur erzielen, wenn die Behandlung von Anfang an funktionell orientiert wurde.* Die Dauer der Extension beträgt durchschnittlich 6 Wochen.

Operativ behandelte Brüche werden für 2—3 Wochen auf *Gipsschienen* gelagert und anschließend extendiert oder unter Fortsetzung der Schienenbehandlung regelmäßig massiert und bewegt.

Die Belastung darf nicht vor Ablauf von 2 Monaten erfolgen. Zur Vermeidung von sekundären Abductions- und Adductionsverschiebungen des Fußes sind bei Beginn der Belastung die Vorsichtsmaßnahmen zu berücksichtigen, die wir im Abschnitt Malleolarfrakturen beschreiben werden. Auch hinsichtlich Korrektur schlecht geheilter Supramalleolarbrüche (s. Abb. 905) verweisen wir auf das betreffende Kapitel. Doch sei darauf hingewiesen, daß bei Zertrümmerungsbrüchen mit Splittern, die einen Teil der Gelenkfläche tragen, zunächst konservativ zu verfahren ist; bewegungshemmende Randfragmente (Abb. 899) können sekundär immer noch mit guter Aussicht auf Erfolg entfernt werden.

2. Die Knöchelbrüche (Malleolarfrakturen).

Kapitel 1.

Die verschiedenen Bruchformen und ihre Entstehungsmechanismen.

Die Knöchelbrüche stellen die häufigsten Frakturen im Bereiche des Unterschenkels dar. Neben *isolierten Brüchen einzelner Knöchel* sehen wir *Frakturen beider Knöchel*, sog. *bimalleoläre Frakturen*, die mit *Absprengungen im Bereiche der Tibiagelenkfläche* kombiniert sein können. Zahlenmäßig überwiegen die einfachen Brüche beider Knöchel weitaus gegenüber den anderen Formen.

Ätiologisch steht *indirekte Gewalteinwirkung* im Vordergrund; umschrieben angreifende *direkte Traumen* führen relativ selten zu Knöchelbrüchen, und dann nur zu isolierter Fraktur eines Malleolus.

Durch eine Reihe von *Experimentaluntersuchungen* (BONNET, DUPUYTREN, TILLAUX, HÖNIGSHMIDT u. a.) ist der Entstehungsmechanismus der Knöchelbrüche klargelegt worden. Es zeigte sich vor allem, daß sowohl durch *forcierte Abduction* als durch gewaltsame *Adduction*, verbunden mit *Supination* oder *Pronation*, sowie durch *Rotation* des Fußes um die Längsachse des Unterschenkels typische Knöchelbrüche hervorgerufen werden können.

In praxi handelt es sich jedenfalls nur ausnahmsweise um reine Ab- oder Adductionsbeanspruchung der Malleolengabel (vgl. Abb. 906), sondern vorwiegend um *kombinierte Einwirkungen*. Die *Adduction* ist in der Regel mit *Supination*, die *Abduction* mit *Pronation* verbunden; dazu kann sich im ersteren Falle noch eine Einwärtsrotation, im zweiten Falle eine Auswärtsrotation gesellen. Weiterhin ist gelegentlich die Mitwirkung *forcierter Plantarflexion* oder *Dorsalextension* nachweisbar.

Das ganze Fußskelet bildet infolge der soliden, ligamentösen Verbindung seiner einzelnen Bestandteile eine statische Einheit. Infolgedessen wird durch gewaltsame Einwirkungen, die beim Umkippen auf unebenem Boden, beim Absprung auf die mediale oder laterale Fußkante, bei Ausübung des Schlittschuh-, Ski- oder Rodelsportes den Fuß treffen, das ganze Fußskelet gegen den

Unterschenkel verschoben; dabei kommen ausgiebige Bewegungen nur im Talocruralgelenk zustande, das die größte Exkursionsfähigkeit besitzt. Die durch Hebelwirkung gesteigerte Gewalt überträgt sich demgemäß auf die Knöchel (Abb. 906/907), und bei gleichzeitiger Dorsal- oder Plantarflexion auch auf die vordere oder hintere Randpartie der Tibiagelenkfläche.

Die häufigste Form des Knöchelbruches ist die Abductionsfraktur (Abb. 907). Da das Fußgelenk physiologischerweise eine individuell etwas schwankende, im Mittel ungefähr 10⁰ betragende Abductionsknickung aufweist, kommt bei Fall auf den Fuß oder beim Landen nach einem Sprung leicht eine gewaltsame Steigerung dieser Abductionsknickung zustande, der sich infolge hebelnder Einwirkung vom Vorderfuß her oft eine *pronierende* oder *auswärtsrotierende Komponente* beigesellt. Unter zunehmender Schrägstellung des Talus werden die Bandapparate an der Innenseite des Fußgelenkes, namentlich das Ligamentum deltoides (Abb. 908), maximal angespannt; dieses starke Band zerreißt nur äußerst selten in seiner Kontinuität, und ebenso ungewöhnlich sind vollständige Abrisse an seiner unteren, fächerförmigen Ansatzstelle. Der gewaltsame Abductionszug führt vielmehr beinahe ausnahmslos zu einer *Abrißfraktur des Tibiaknöchels*, die vorwiegend quer verlaufend im Niveau seiner Basis liegt (s. Abb. 907). Gelegentlich wird auch nur die unterste Spitze des Malleolus internus abgerissen. Nun erhält der Talus freies Spiel für weitergehende Abductionsbewegung und drängt mit seiner Seitenfläche den Wadenbeinknöchel nach außen; da jetzt von oben her gleichzeitig das Körpergewicht zur

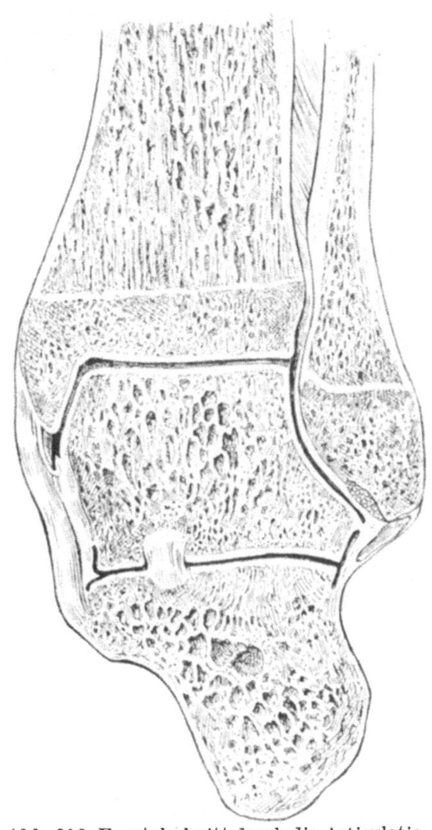

Abb. 906. Frontalschnitt durch die Articulatio talocruralis und talo-calcanea; Seitenbänder und Lig. talo-calcaneum interosseum. Malleolengabel. (Nach TOLDT.)

Einwirkung gelangt, stößt die Spitze der Fibula gegen die schrägstehenden Außenflächen des Talus und Calcaneus, und so wird die Fibula an ihrer schwächsten Stelle, etwa 5 cm oberhalb der Knöchelspitze, durch Biegung gebrochen. Während dieses Vorganges werden naturgemäß die vorderen und hinteren, querverlaufenden tibio-fibularen Bänder (s. Abb. 909/910) maximal belastet, und können durchreißen, so daß eine *Diastase* der beiden Knochen entsteht (Abb. 911 a, b); gelegentlich luxiert sich der Talus nach oben in diesen Zwischenraum hinein (Abb. 912). Halten die Bänder dem Zug dagegen stand, so wird durch ihre Vermittlung ein Stück von der lateralen Tibiafläche abgerissen oder durch den Talus abgestemmt; das auf diese Weise entstehende, sog. *dritte Fragment* (s. Abb. 913) ist im Bereich der Tibiagelenkfläche meist relativ schmal, und zeigt eine nach oben außen sich zuspitzende Form. Ist eine *Stauchungswirkung* mit im Spiel, so wird ein größerer Abschnitt vom lateralen Umfang der Tibiagelenkfläche abgetrennt (Abb. 914). Die Frakturebene an der Fibula verläuft meistens von hinten-oben-außen nach vorne-unten-innen (s. Abb. 915/916), und kann in das Fußgelenk hineinreichen. Dieser charakteristische Verlauf beweist, daß es sich um eine Biegungsfraktur handelt, und daß die Einwirkung der lateralen Talus- und Calcaneusfläche auf den Malleolus fibularis von vorne-innen nach hinten-außen erfolgte. War die Auswärtsdrehung des Fußes eine sehr erhebliche, so zeigt die Fibulafraktur den Typus des *Rotationsbruches* (vgl. Abb. 917), der in diesem Falle von unten-innen nach oben-außen und hinten verläuft.

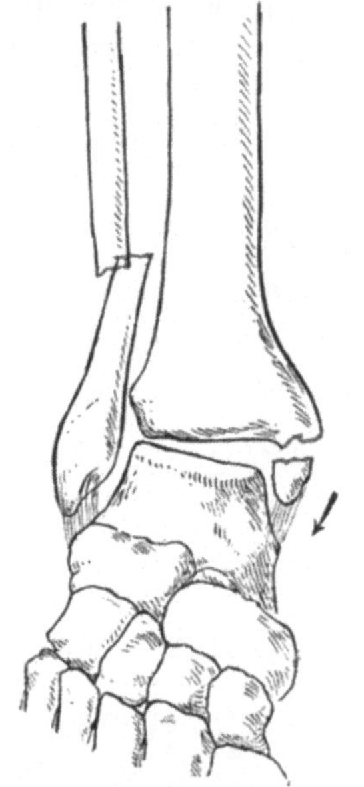

Abb. 907. Schematische Darstellung der Abductionsfraktur beider Knöchel.

Die Abrißfraktur des Tibiaknöchels, verbunden mit malleolärer bzw. supramalleolärer Fraktur des unteren Fibulaendes, die in reiner, weder durch Bandzerreißungen noch Tibiarandfrakturen komplizierter Form am häufigsten beobachtet wird, entspricht der klassischen DUPUYTRENschen *Fraktur*. Man kann zwei Typen dieses bimalleolären Knöchelbruches unterscheiden, indem die Fibulafraktur entweder an der supramalleolären dünnen Stelle des Wadenbeines oder im Bereiche der tibio-fibularen Verbindung liegt (s. Abb. 911/918a/928).

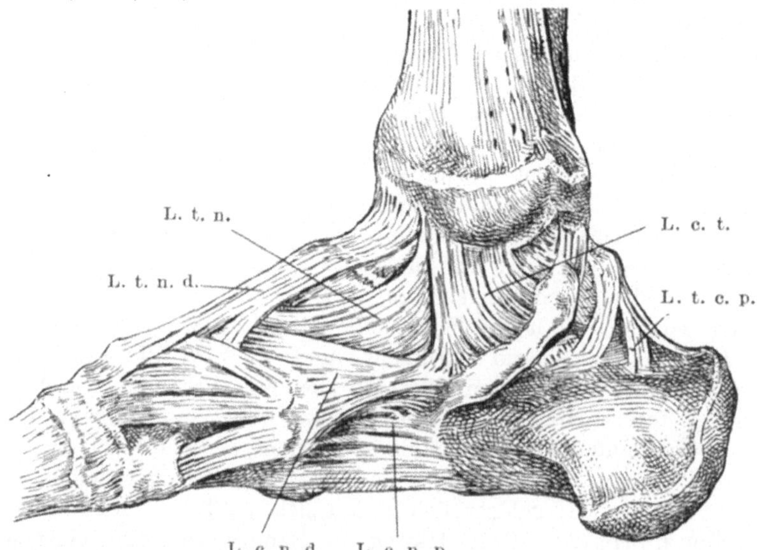

Abb. 908. Oberflächlicher medialer Bandapparat der beiden Sprunggelenke. (Nach TOLDT.) L. t. n. Ligamentum tibionaviculare; L. t. n. d. Lig. talonaviculare dorsale; L. c. n. d. Lig. calcaneonaviculare dorsale; L. c. n. p. Lig. calcaneonaviculare plantare; L. t. c. p. Lig. talocalcaneum posterius; L. c. t. Lig. calcaneotibiale. Das Lig. calcaneotibiale und das Lig. tibionaviculare bilden zusammen das Lig. deltoideum.

Erfolgt die Abductionsfraktur unter sehr starker Auswärtsrotation des Fußes, so kann die Fraktur des inneren Knöchels durch *Abscherung* zustande

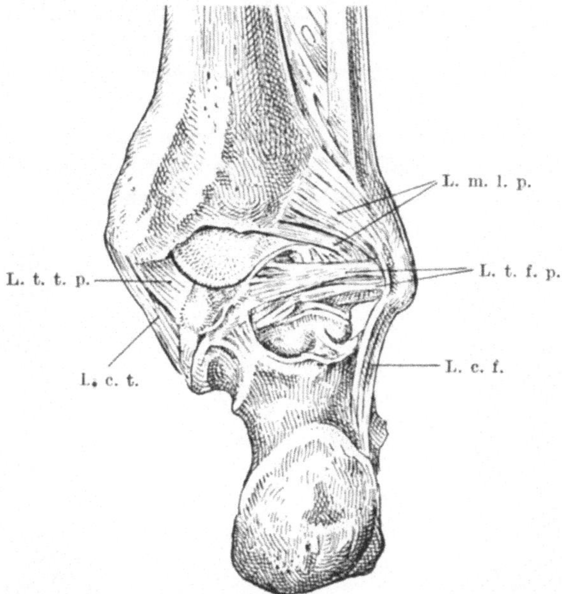

Abb. 909. Oberes und unteres Sprunggelenk mit Ligamenten. (Nach TOLDT.)
L. t. t. p. Lig. talotibiale posterius; L. c. t. Lig. calcaneotibiale; L. c. f. Lig. calcaneofibulare;
L. t. f. p. Lig. talofibulare posterius; L. m. l. p. Lig. malleoli lateralis posterius.

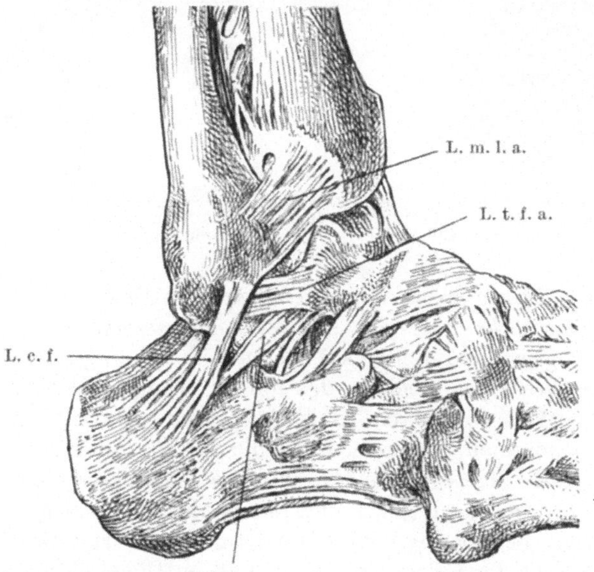

Abb. 910. Sprunggelenkbänder und Syndesmosis tibio-fibularis von der lateralen Seite. (Nach TOLDT.)
[L. m. l. a. Lig. malleoli lateralis anterius; L. t. f. a. Lig. talofibulare anterius; L. t. c. l. Lig.
talocalcaneum laterale; L. c. f. Lig. calcaneofibulare.

kommen, indem der hintere Teil der medialen Talusfläche von hinten-innen nach vorne-außen auf den Malleolus internus drückt; auch diese Fraktur

54*

verläuft wesentlich quer oder nur leicht schräg, und der Knöchel verschiebt sich in typischer Weise nach vorne (Abb. 918b). In solchen Fällen weist die Fibula ebenfalls den Typus des *Torsionsbruches* auf. Begleiterscheinungen der Abscherungsfraktur des inneren Knöchels sind *Abrißfrakturen an der lateralen, vorderen Tibiakante* sowie *umschriebene Abreißungen von der Spitze des Fibulaknöchels* an Stelle der typischen schrägen Fibulafraktur.

Knöchelfrakturen, die unter vorwiegender Auswärtsrotation zustande kommen und eine hochgradige, bis 90° betragende Auswärtsdrehung des Talus aufweisen, werden auch als *Eversionsfrakturen* bezeichnet. Es scheint zweck-

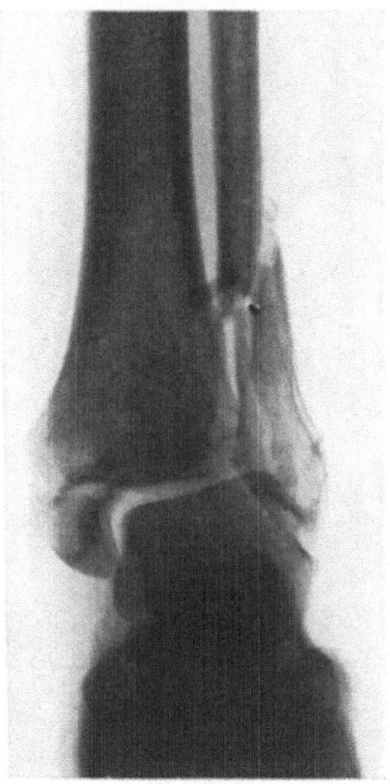
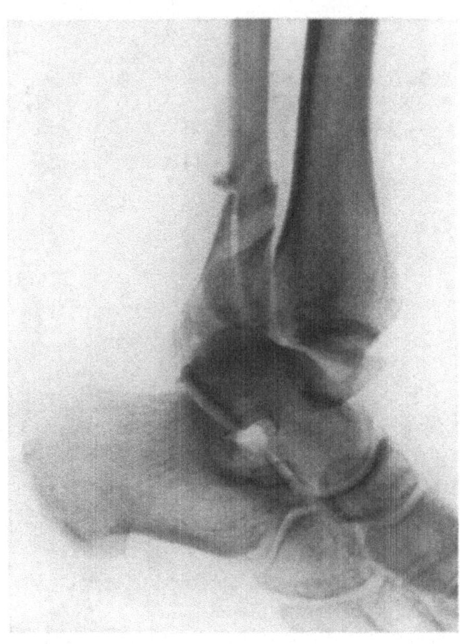

Abb. 911a. Bimalleoläre Abductionsfraktur mit Diastase zwischen Tibia und Fibula; Subluxation des Talus nach außen.

Abb. 911b. Seitenaufnahme zu Abb. 911a. Subluxation des Talus nach hinten, Abscherung des hinteren Teils der Tibiagelenkfläche.

mäßiger, diese Bruchform nach dem Vorschlage von FISCHER und BORCHARDT als *Latero-Rotationsbrüche* oder als *Auswärtsrotationsfrakturen* zu bezeichnen. Sie sind morphologisch dadurch ausgezeichnet, daß infolge der weitgehenden Auswärtsrotation des Sprungbeines das untere Fragment weit nach außen und hinten disloziert ist, so daß der Talus direkt an das obere Fragment anstößt. Solche Frakturen kommen zustande, wenn der Körper bei fixiertem Fuß nicht nur nach außen fällt, wie bei den gewöhnlichen Abductionsbrüchen, sondern gleichzeitig eine Drehung nach vorne und innen, also nach der Seite des anderen Fußes hin macht. Ferner sieht man derartige Auswärtsrotationsbrüche bei Sturz vom Pferd, falls der Reiter mit einem Fuß im Bügel hängen bleibt. Auch habe ich diese Frakturform mehrmals als typische Verletzung beim Rodeln gesehen, wenn der Stoß eines Hindernisses die mediale Fußkante in ihrem vorderen Abschnitte traf; das tritt namentlich dann ein, wenn der Rodler seine Beine zum Bremsen stark seitwärts spreizt. Trifft in solchen Fällen der Stoß den inneren Fußrand ausgedehnter und heftiger, so entstehen supramalleoläre

Torsionsfrakturen. Durch Fall nach hinten gesellt sich zu der Abductionswirkung eine Kraftkomponente im Sinne der *Plantarflexion,* durch Fall nach vorne eine solche im Sinne der *Dorsalextension;* die Folge sind gelegentlich Stauchungs- oder Meißelwirkungen des Talus und entsprechende Absprengungen vom vorderen oder hinteren Rand der Tibiagelenkfläche, die verschieden weit nach oben hin auslaufen (vgl. Abb. 911/916/917).

Viel weniger häufig sind *Adductionsfrakturen der Knöchel,* die meist unter kombinierter Einwirkung von *Adduction* und *Supination* zustande kommen, wenn jemand bei fixiertem Fuß nach innen, also nach der Seite des freien Fußes umfällt, oder bei Fall oder Sprung mit der lateralen Kante des adduzierten Fußes am Boden landet. In seltenen Fällen entsteht die Verletzung auch derart, daß bei fixiertem Unterschenkel eine umschrieben an der Außenfläche des Calcaneus angreifende Gewalt den Fuß nach innen disloziert, und so den Talus in schiefe Adductionsstellung drängt. Dadurch spannen sich zunächst die lateralen, vom Unterschenkel zu den hinteren Fußwurzelknochen verlaufenden Bänder, nämlich die Lig. talo fibularia sowie das Lig. calcaneofibulare (siehe Abb. 909/910) maximal an. Auch hier ist eine reine Bänderzerreißung recht selten; häufiger wird ein verschieden großes Stück von der Spitze des äußeren Knöchels abgerissen (Abb. 919), oder es bricht der Malleolus fibularis ungefähr an der Stelle, wo er sich gegen die laterale Tibiafläche anstemmt, durch Riß und Biegung quer ab (Abb. 920). Der Talus verschiebt sich jetzt unter zunehmender Schrägstellung nach innen und überträgt mit seiner medialen Fläche die Gewalt auf

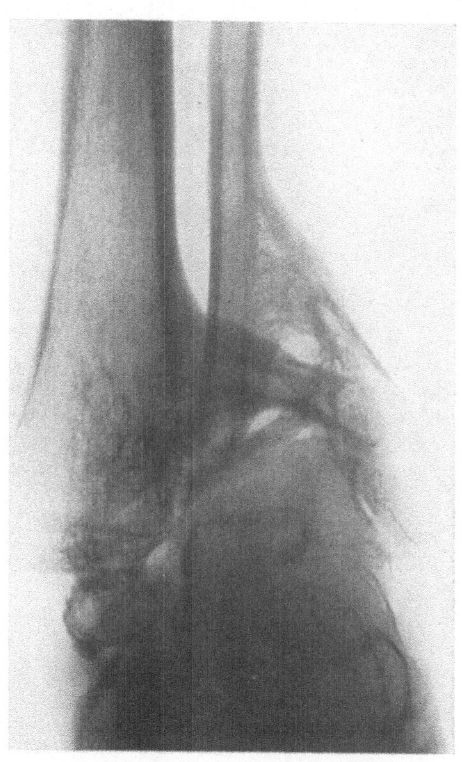

Abb. 912. Schlecht geheilte Malleolenfraktur mit Luxation des Talus zwischen Tibia und Fibula und Verwachsung des abgebrochenen Malleolus internus mit der Tibiagelenkfläche.

die Innenseite des Tibiaknöchels; dadurch wird der Malleolus internus in der Weise abgebrochen, wie die schematische Abb. 920 zeigt. Die Frakturebene verläuft wesentlich in *sagittaler* Richtung (Abb. 921) und ist als *Biegungseffekt* aufzufassen; querverlaufende Frakturen beruhen auf überwiegender *Abscherungswirkung* (vgl. Abb. 918).

Wider Erwarten verläuft nun die Fraktur an der Fibula bei Adductionsbrüchen oft nicht quer, wie in Abb. 920 eingezeichnet, sondern ebenfalls schräg von unten-vorne nach hinten-oben; das läßt sich zum Teil so erklären, daß die biegende Gewalt von vorne nach hinten einwirkte, und zwar durch Vermittlung der lateralen Bänder, bei *Supination* und *Plantarflexion* des Fußes. In solchen Fällen findet sich denn auch der Talus nicht nur einwärts gekippt, sondern

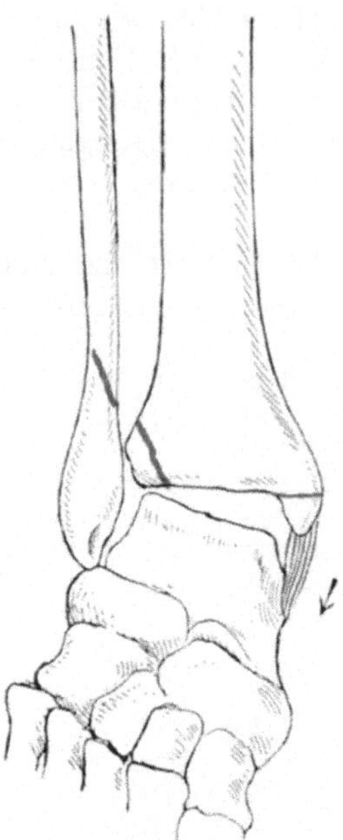

Abb. 913. Schematische Darstellung der Abductionsfraktur beider Knöchel; „3. Fragment" an der lateralen Tibiakante.

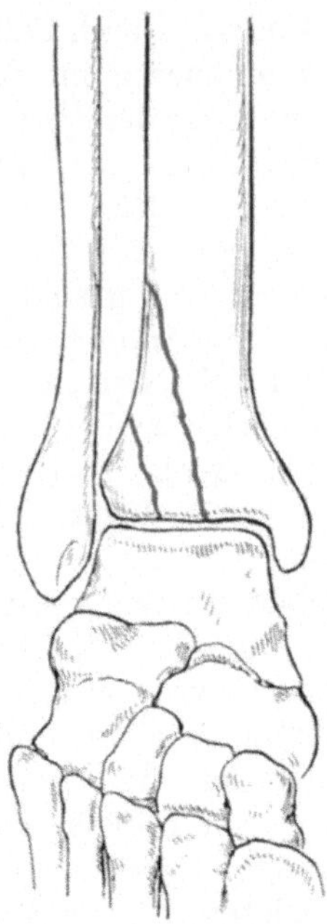

Abb. 914. Stauchungsfrakturen im lateralen Abschnitt der Tibiagelenkfläche.

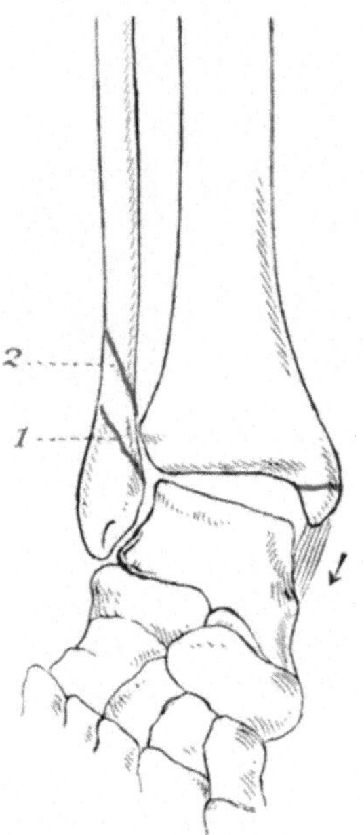

Abb. 915. Abductionsfraktur beider Knöchel; Lokalisation und Verlauf der Fibulafraktur, schematisch.

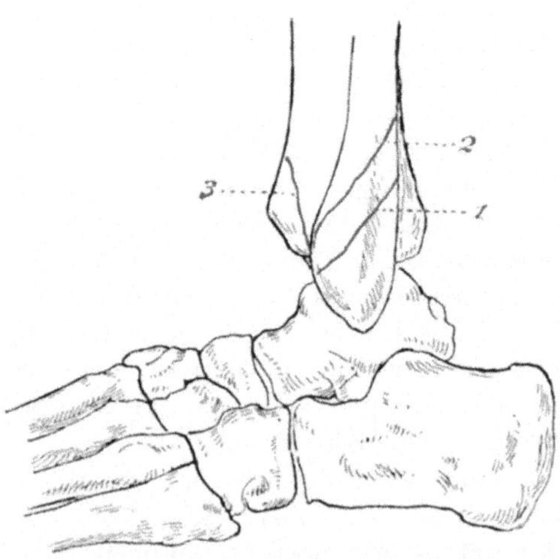

Abb. 916. Verlauf der Fibulaknöchelfrakturen, von der Seite gesehen. Absprengungsfraktur an der vorderen Tibiakante (3), schematisch.

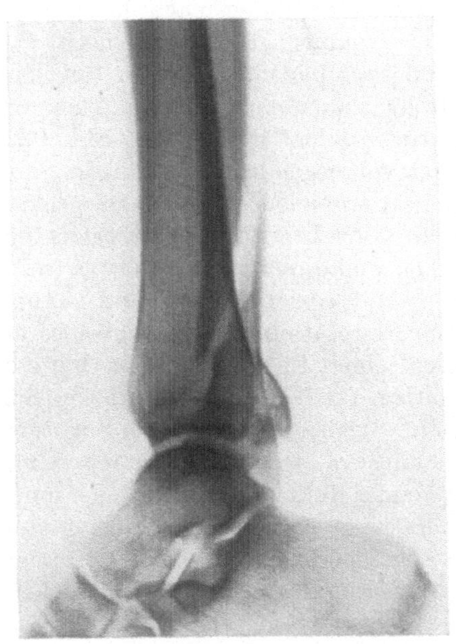

Abb. 917. Abductions-Rotationsbruch der Fibula;
Fraktur der hinteren Tibiakante.

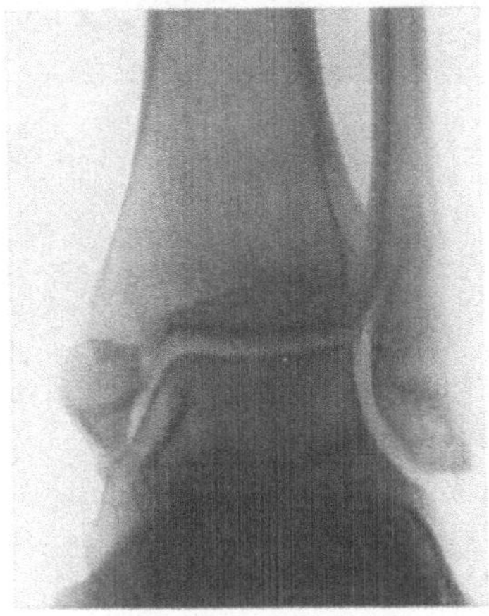

Abb. 918a. Bimalleoläre Abductionsfraktur;
Fibulafraktur im Niveau der tibio-fibularen
Verbindung.

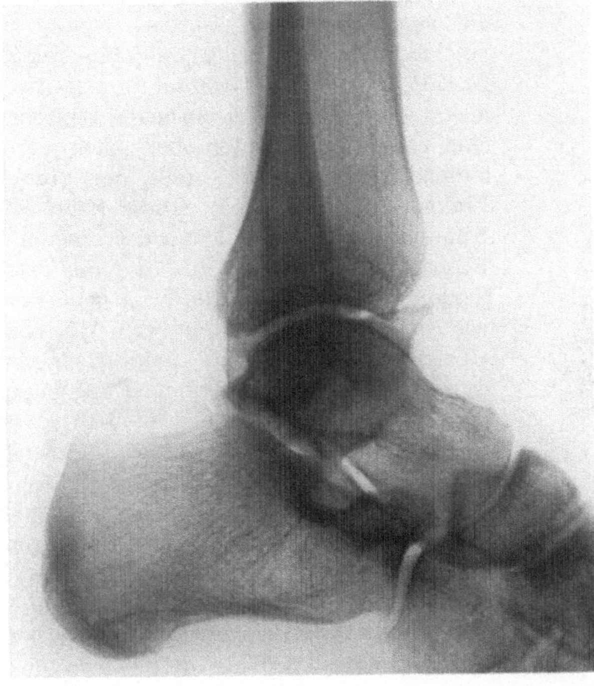

Abb. 918 b. Seitenaufnahme zu Abb. 918 a. Verschiebung des inneren Knöchelfragmentes nach vorne
infolge Abscherung.

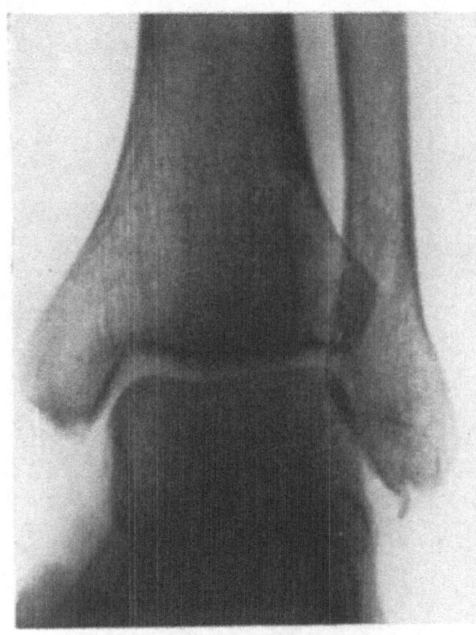

Abb. 919. Umschriebene Abreißung von der Spitze des Fibulaknöchels bei Abductionsfraktur.

in Subluxationsstellung nach hinten verschoben. Kommt gleichzeitig noch eine Stauchungskomponente zur Geltung, so stemmt die Talusrolle noch ein Stück von der hinteren Tibiafläche ab (s. Abb. 922).

Durch vorwiegende Einwirkung im Sinne der Einwärtsrotation entsteht gelegentlich eine *isolierte Fraktur des Fibulaknöchels* (vgl. Abb. 911), weil dieser Knöchel etwas weiter hinten liegt als der tibiale, und deshalb bei Einwärtsrotation des Sprungbeines am frühesten einer Einwirkung des hinteren Abschnittes der lateralen Talusfläche ausgesetzt ist. Dabei wirkt auch ein Zug durch Vermittlung des Lig. talòfibulare mit. Unter fortwirkender Rotation kann auch der innere Malleolus von vorne-innen nach hinten-außen abgeschert werden. Diese *Einwärtsdrehungsbrüche* oder *Mediorotationsfrakturen* sieht man bedeutend seltener als die Auswärtsdrehungsbrüche, weil gemäß der physiologischen Auswärtsdrehung der Fußspitze äußere Einwirkungen öfters zu einer Steigerung der Auswärtsrotation führen.

Neben den Abductions- und Adductionsbrüchen der Knöchel mit ihren Rotationstypen sind noch einige seltenere Knöchelbrüche zu erwähnen. Was zunächst die von HELFERICH, SUTER, BERING und WITTEK beschriebene supramalleoläre Längsfraktur der Fibula betrifft, liegt hier — worauf BORCHARDT aufmerksam macht — nicht ein eigentlicher Längsbruch, sondern eine schräg von hinten-oben nach vorne-unten verlaufende, die dünnste Stelle der Fibula betreffende Fraktur vor (Abb. 917). Diese kann isoliert oder in Kombination mit Frakturen des inneren Knöchels zur Beobachtung gelangen. Insofern eine extreme Plantarflexion ätiologisch für die Fraktur verantwortlich ist, wie in den Experimenten von HÖNIGSCHMIDT, muß Übertragung eines nach rückwärts gerichteten Zuges durch das Lig. calcaneo fibulare auf das untere Fibulaende stattfinden (vgl. Abb. 909/910); es entsteht dann die regelrechte, von vorne schräg nach hinten-oben aufsteigende *Riß-Biegungsfraktur*. Auch Pronation, Adduction und Abduction des Fußes können nach vorliegenden Beobachtungen zu dieser frontalen Schräg-

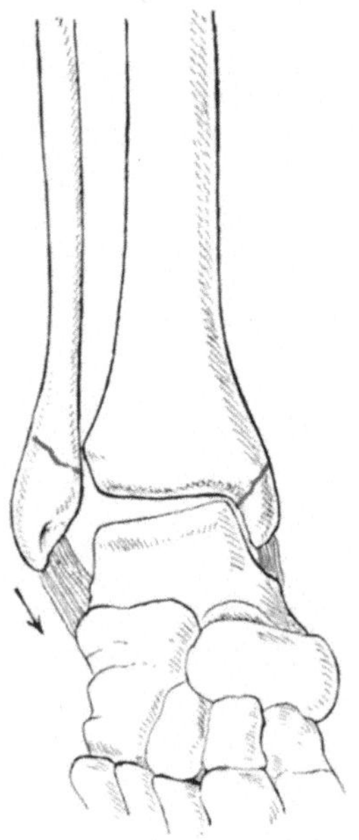

Abb. 920. Schematische Darstellung der Abductionsfraktur beider Knöchel.

fraktur des unteren Fibulaendes Anlaß geben. Für den Verlauf der Frakturebene ist, worauf WITTEK hingewiesen hat, offenbar der innere Bau des unteren Fibulaendes wesentlich mitbestimmend; *die Fraktur verläuft annähernd im Grenzgebiet zwischen Spongiosa und vorderer Corticalis* des unteren Fibulaendes.

Eine seltene Fraktur des Fibulaknöchels stellt sich als *Abriß einer frontal gestellten Knochenlamelle vom vorderen Umfang des Malleolus* dar (WAGSTAFFE, LE FORT, RICARD), die in der Weise zustande kommt, daß bei Einwirkungen, die den Fibulaknöchel lateralwärts drängen, das Ligamentum malleoli lateralis anterius (Abb. 910) die seinem Ansatzgebiet entsprechende Knochenpartie zurückhält. Diese Fraktur kommt sowohl durch gewaltsame *Abduction* als durch forcierte *Adduction* des Fußes zustande; in letzterem Falle bewirkt die nach außen tretende obere Taluskante die Lateralverschiebung des Malleolus fibularis.

Etwas häufiger sind *Lamellenrißbrüche an der Außenseite des Fibulaknöchels*, die durch Vermittlung der lateralen Seitenbänder bei extremer Adduction des Fußes entstehen.

Die bereits mehrfach erwähnten *Absprengungen von der vorderen und hinteren Gelenkkante der Tibia*, die wir in Begleitung von Malleolenfrakturen sehen, sind als *Abscherungs-, Stauchungs-* oder

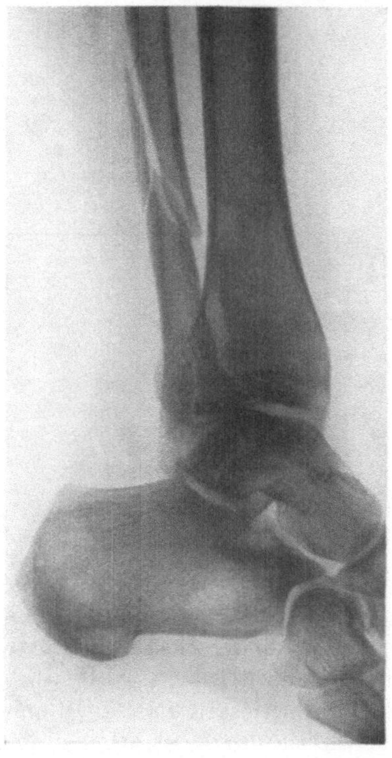

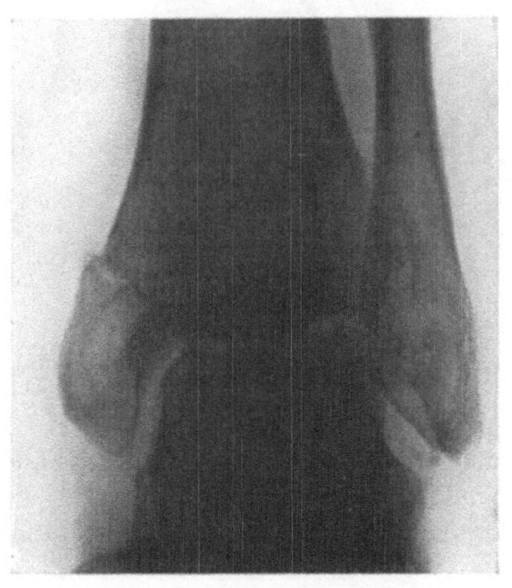

Abb. 921. Adductionsfraktur des Malleolus internus mit Abreißung an der Spitze des Fibulaknöchels.

Abb. 922. Abductionsrotationsfraktur der Fibula mit Absprengung von der hinteren Tibiakante.

Meißelfrakturen aufzufassen (Abb. 911/917/922). Sie können unter der pressenden Wirkung der Talusrolle bei extremer Plantarflexion oder Dorsalextension entstehen; meist bewirkt jedoch der subluxierte oder vollständig luxierte Talus derartige *Randbrüche* (vgl. Abb. 911/923), die denn auch an der hinteren Tibiagelenkkante erheblich häufiger zur Beobachtung gelangen, als an der vorderen, in Übereinstimmung mit der viel frequenteren Luxation des Talus nach hinten.

Die Abrißfraktur an der ausgeprägten lateralen-hinteren Kante der Tibiagelenkfläche ist von BIRCHER als Abrißfraktur des Malleolus lateralis tibiae posterior beschrieben worden. Neben schmalen, schalenförmigen Abschälungen

ohne erhebliche Diastase sah BIRCHER *Abriß der ganzen hinteren Eckkante,
kombiniert mit typischer Schräg- bzw. Rotationsfraktur des Fibulaknöchels.*
Offenbar handelt es sich hier um Abreißungen durch Vermittlung des Lig.
malleoli lateralis posterius (s. Abb. 909), bei forcierter Adduction-Supination

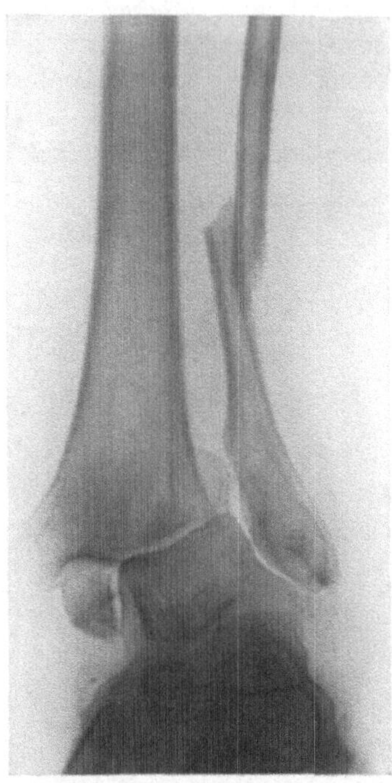

Abb. 923a. Bimalleoläre Fraktur mit
Luxation des Talus. Absprengung
der hinteren Tibiakante.

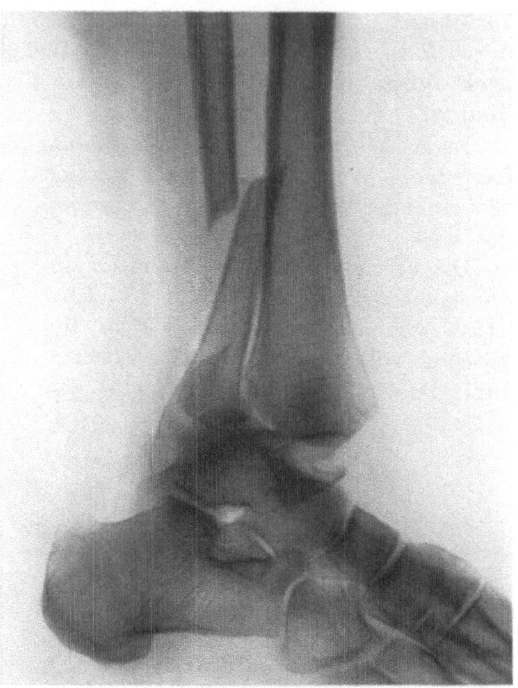

Abb. 923b. Seitenaufnahme zu Abb. 923a; Luxation
des Talus nach hinten unter Mitnahme des hinteren
Kantenfragmentes der Tibia sowie des inneren Knöchels.

des Fußes und gleichzeitiger Auswärtsrotation der Tibia. In einzelnen Fällen
tritt erst nach 10—14 Tagen ein schalenförmiger Schatten auf; es handelt sich
dann um periostale Bandabreißung mit sekundärer „frakturloser" Callusbildung,
wie wir sie durch STIEDA am Condylus internus femoris kennen lernten. Im
übrigen ist zu bedenken, daß auch Abscherungs- und Meißelfrakturen den
lateralen Abschnitt der hinteren Tibiakante betreffen können.

Kapitel 2.

Symptome, Diagnose und Verlauf der Knöchelbrüche.

Die *Symptome der Malleolarfrakturen* sind wesentlich abhängig von der
Fragmentdislokation, die bei isolierten Knöchelbrüchen häufig fehlt, bei Adduc-
tions-Supinationsfrakturen meist viel weniger ausgeprägt ist, als bei den bimalleolären Abductionsbrüchen. Bei der häufigen *Abductionsfraktur* findet sich
der Talus und mit ihm der Fuß meist nach außen und zugleich in Subluxationsstellung nach hinten verschoben (s. 911/923). Die pathologische Abductions-
pronationsstellung ist denn auch sofort nach dem Unfall deutlich ausgeprägt;

wo sie fehlt (Abb. 924), läßt sie sich passiv ohne wesentlichen Widerstand erzielen. In extremen Fällen steht der Talus vollständig quer, so daß seine Rollenfläche nach der Seite des inneren Knöchels, die Fußsohle nach außen steht. Infolge der Lateralverschiebung des Talus wird auch der abgerissene innere Knöchel durch Vermittlung der inneren Seitenbänder nach außen disloziert, und steht dann häufig quer unter der Tibiagelenkfläche (Abb. 925); entsprechend drängt die Abbruchkante am medialen Umfang der Tibia nach innen vor, und läßt sich durch die gespannte, oft auch geschädigte Haut hindurch leicht abtasten. Nicht so selten ist die Haut an dieser Stelle umschrieben quer eröffnet; auch sekundäre *Drucknekrose* kann sich hier sehr rasch entwickeln, wenn nicht für zeitige Reposition des seitlich subluxierten Talus gesorgt wird.

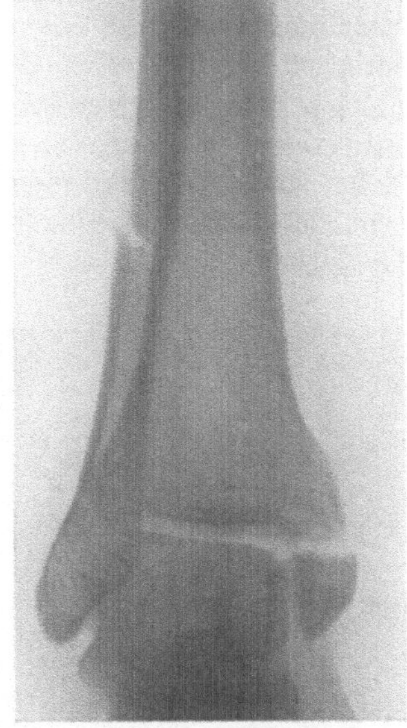

Abb. 924. Bimalleoläre Abductionsfraktur ohne Verschiebung.

Die *Fibulafraktur* ist dem palpatorischen Nachweis weniger zugänglich, besonders wenn ein erheblicher Bluterguß vorliegt; doch läßt die umschriebene Druckempfindlichkeit oberhalb der Knöchelwölbung sowie die Möglichkeit, den Fuß passiv in extreme Abductionsstellung zu bringen, wobei an der Bruchstelle eine deutliche, nach außen offene Knickung auftritt (vgl. Abb. 923a), einen Zweifel über die Natur der vorliegenden Fibuläläsion nicht aufkommen.

Durch Verschiebung des Talus nach der Seite sowie durch den Bluterguß entsteht eine Auftreibung und Verbreiterung des Fußgelenkes; noch auffälliger ist die Formveränderung, die durch Verschiebung des Talus nach hinten bewirkt wird, indem die Ferse eine abnorm starke Ausladung nach hinten aufweist, während die vordere Tibiakante auf dem Fußrücken einen queren, harten Vorsprung bildet (s. Abb. 923b). Der Fuß steht gleichzeitig in fixierter Plantarflexionsstellung. Die achsengerechte Belastung des Fußes ist bei Fehlen einer wesentlichen Verschiebung des Talus nicht schmerzhaft, dagegen bedingt jede seitliche Abweichung des Fußes unter der Belastung erhebliche Schmerzen. Auch passive, unbelastete Seitenbewegungen sind gewöhnlich sehr schmerzhaft.

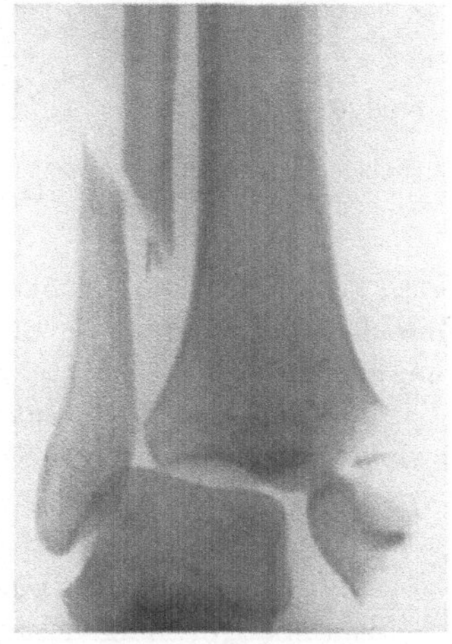

Abb. 925. Bimalleoläre Abductionsfraktur mit Subluxation des Talus nach außen, Querstellung und Lateralverschiebung des inneren Knöchels.

Die *Auswärtsrotationsfraktur*, die mit hochgradiger Drehung des Talus einhergeht, ist schon inspektorisch an der bis zum rechten Winkel gehenden Seitwärtsdrehung der Fußspitze erkennbar (Abb. 926). Ferner fühlt man bei dieser Frakturform gelegentlich das obere Fibulafragment, weil das untere Knöchelfragment durch den Talus weit nach außen und hinten verschoben wird.

Die seltenere *bimalleoläre Adductionsfraktur* zeigt als charakteristische Verschiebung eine mehr oder weniger ausgeprägte Adduction des Talus und entsprechende *Varusstellung des Fußes,* die jedoch fehlt, wenn die Gewalteinwirkung nur zu umschriebener Abreißung an der Spitze des Fibulaknöchels oder zu subperiostaler Fraktur der Knöchel führte. Rein seitliche Verschiebungen des Talus sowie Dislokationen des Sprungbeines nach hinten und vorne werden erheblich seltener beobachtet als Schrägstellung; überhaupt sind hochgradige Deviationen des Fußes bei der Adductionsfraktur weniger häufig als bei Abductionsbrüchen. Steht der Fuß achsengerecht, so weist ausgeprägte *pathologische Adductionsmöglichkeit* auf die Malleolenverletzung hin. Die *maximale Druckempfindlichkeit* lokalisiert sich gewöhnlich an der Basis des Malleolus internus sowie über der größten Vorwölbung des Fibulaknöchels oder nach oben davon, bei Abrißfrakturen an der Spitze des äußeren Knöchels. Ist der Talus nach innen verschoben, so lassen sich die laterale Kante des oberen Fibulafragmentes und die mediale Kante des abgebrochenen Tibiaknöchels gelegentlich durchfühlen, solange noch kein großes Hämatom vorhanden ist.

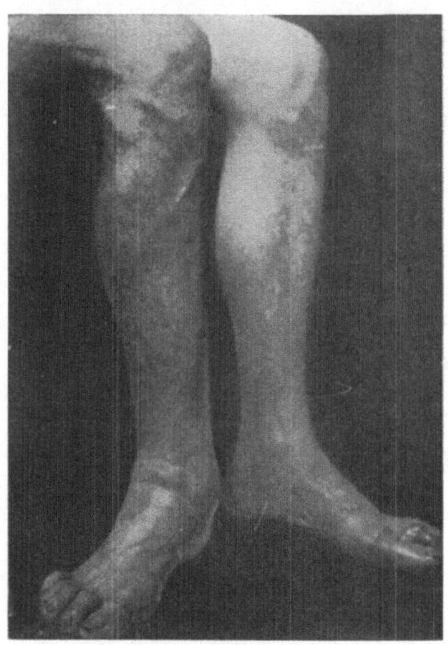

Abb. 926. Auswärtsrotationsfraktur beider Knöchel. (Nach BORCHARDT.)

Da die Symptome des Adductionsbruches wegen der häufig fehlenden Fragmentverschiebung oft nur wenig ausgeprägte sind, *wird diese Verletzung nicht so selten fälschlicherweise als einfache Distorsion gedeutet.* Vor dieser Verwechslung sollte die Feststellung hüten, daß einmal der Bluterguß ein sehr hochgradiger ist, und daß sich ferner die Druckempfindlichkeit nicht nur auf die gespannte Kapsel beschränkt, sondern an der Basis des Malleolus internus, an der Spitze oder im supramalleolären Abschnitt des Wadenbeinknöchels maximal ausgeprägt ist.

Bei *isolierten Knöchelbrüchen* ist ebenfalls der umschriebene *lokale Druckschmerz* das wegweisende Symptom, und zwar besonders in den Anfangsstadien, vor Ansammlung eines größeren Hämatoms im Fußgelenk. Auch versäume man bei Verdacht auf isolierte Knöchelbrüche nie, nach *abnormer seitlicher Beweglichkeit des Talocruralgelenkes* zu fahnden.

Ein maßgebendes Urteil über die Art der vorliegenden Knöchelfrakturen vermitteln nur zwei senkrecht zueinander orientierte *Röntgenaufnahmen.* Für die Aufnahme von vorne nach hinten ist genau in der Richtung der Gelenkspalte bzw. parallel der Tibiagelenkfläche einzustellen, bei ausreichender Unterstützung des meist etwas plantarflektierten Fußes. Falls keine Subluxation des Talus nach hinten oder vorne vorliegt, dürfen sich Talusrolle und Tibiagelenkfläche nicht überlagern; andernfalls ist man nicht in der Lage, die Kontur

der vorderen und hinteren Tibiakante sicher zu beurteilen. Die schräg von
hinten nach vorne-unten verlaufende Fibulafraktur ist in der antero-posterioren
Röntgenaufnahme häufig nicht deutlich erkennbar, namentlich wenn seitliche
Verschiebungen fehlen. Die schräge Frakturspalte läßt sich nur durch Seitenaufnahmen sicher nachweisen (s. Abb. 917). Es empfiehlt sich, eine tibio-fibulare
Projektion zu wählen und dabei zu berücksichtigen, daß der Wadenbeinknöchel
etwas weiter rückwärts steht als der Malleolus internus. Aus diesem Grunde
muß die Zentrierung auf den hinteren Rand des inneren Knöchels erfolgen,
wodurch eine gegenseitige Überlagerung der
Malleolen vermieden und die schräge Fibulafraktur
klarer zur Darstellung gebracht wird. Die seitliche Röntgenaufnahme gibt auch einzig entscheidende Auskunft über Absprengungen im
Bereiche der vorderen, hinteren und lateralen
Kante der Tibia (vgl. Abb. 922/923). *Wer Fehldiagnosen vermeiden will, wird grundsätzlich in
jedem Falle von Fußgelenkverletzung, sollte sie auch
zunächst als Distorsion imponieren, Röntgenaufnahme in sagittaler und frontaler Richtung veranlassen.*

Während einfache Knöchelbrüche unter entsprechender Behandlung durchwegs in befriedigender Weise ausheilen, hinterlassen die bimalleolären Brüche, besonders Abductionsfrakturen
und solche mit komplizierenden Absprengungen
von der vorderen und hinteren Tibiakante, häufig
schwerwiegende Störungen. So wurde nach einer
40 Fälle umfassenden Zusammenstellung HÄNELs
nur in 70% der Fälle vollständige Heilung erzielt,
während in 30% eine durchschnittliche Dauerinvalidität von 50% zurückblieb. Durch konsequente klinische Behandlung ist allerdings in etwa
75% der Fälle vollständige Heilung zu erzielen,
während in häuslicher Behandlung nach MOLINEUS
nur ein Drittel ohne Invalidität ausheilen.

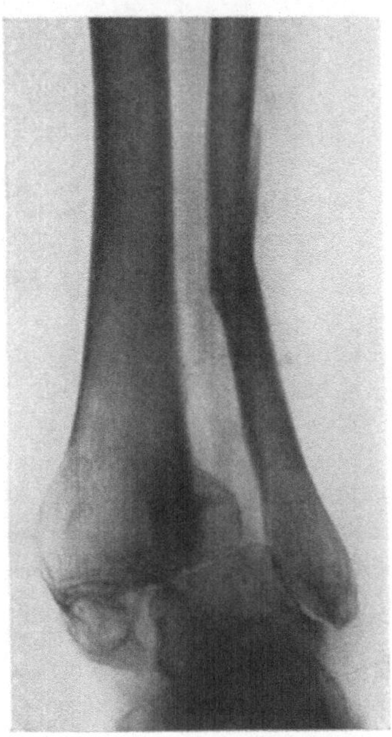

Abb. 927. Schlechtgeheilte Malleolenfraktur; Verwachsung des
inneren Knöchels mit der Tibiagelenkfläche, Subluxation des Talus
nach außen und hinten, Synostose
zwischen Talus und Kantenfrag-
ment der Tibia, Abductionsknickung der Fibula und Diastase
zwischen Tibia und Fibula.

Die *schlimmste Folge des Knöchelbruches* ist seine *deforme Heilung*, die wir
namentlich in Form ausgeprägter *Abductionsknickung* mit schiefer Subluxationsstellung des Talus zu Gesicht bekommen (Abb. 927). Auch in Fällen, wo die
Abductionsstellung ausgeglichen wurde oder primär nicht ausgeprägt war, kann
sich unter frühzeitiger Belastung ein *sekundärer Knickfuß* ausbilden, der gewöhnlich mit Auswärtsrotation des Fußes und sukzessiver Ausbildung eines *Platt-
fußes* verbunden ist (Abb. 928). Diese Formveränderung mit ihrer ungünstigen
statischen Rückwirkung findet sich namentlich bei Abductionsfrakturen beider
Knöchel.

Eine häufige Folge der Knöchelfrakturen sind ferner verschieden hochgradige
Versteifungen des Fußgelenkes, die oft mit fixierter *Spitzfußstellung* kombiniert
sind. Die Einschränkung der Bewegung betrifft vorwiegend die Dorsalextension,
wodurch die normale Abwicklung der Talusrolle verunmöglicht und der Gehakt

erheblich gestört wird. Diese Gelenkversteifung beruht zum Teil auf unzweckmäßiger Fixationsbehandlung, die zu Kapselschrumpfung und starrer Organisation des Blutergusses, sowie zu Muskelretraktion führt. Ferner ist zu beachten, daß die Knöchelbrüche oft mit schweren Kontusionsschädigungen des Gelenkes einhergehen, und teilweise durch Absprengungsfrakturen an den Tibiakanten kompliziert sind. In der Folge entwickelt sich eine progrediente posttraumatische Arthritis, die besonders hochgradig zu werden pflegt, wenn Randfragmente der Tibia in schlechter Stellung mit der Kapsel verwachsen. Wird der subluxierte Talus nicht reponiert, so kommt es zu weitgehender *Obliteration des Kapselraumes,* zu Verwachsungen des verschobenen Tibiaknöchels mit der Tibiagelenkfläche und damit zu *vollständiger Ankylose des Gelenkes* (vgl. Abb. 927/912).

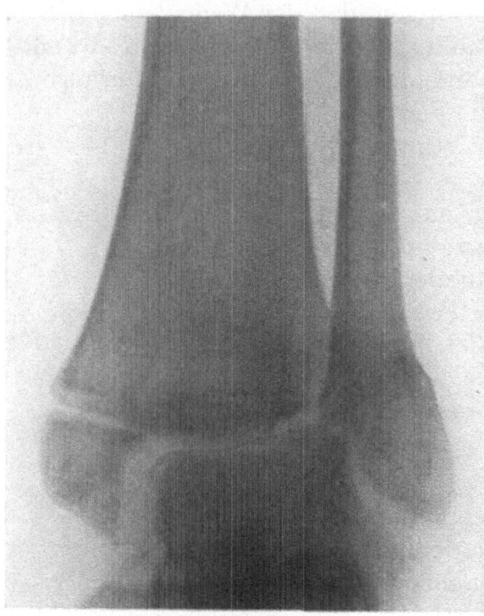

Abb. 928. Sekundäre Lateralverschiebung des abgebrochenen Fibulaknöchels mit sekundärem Knickfuß nach mangelhaft geheilter Bimalleolärfraktur; straffe Pseudarthrose des Malleolus internus.

Ganz besonders ungünstig kann sich der Verlauf der *offenen Knöchelfrakturen* gestalten, sowie der Fälle, bei denen die Haut über der Abbruchstelle des inneren Knöchels sekundärer Druckgangrän anheimfällt. Neben Vereiterung des Fußgelenkes sieht man rasch progrediente, auch tödliche septische Infektionen.

Betrifft die mit Abductionsknickung geheilte Fraktur ein wachsendes Individuum, so entwickelt sich gelegentlich eine sekundäre Wachstumsdeformität des unteren Tibiaendes; das Wachstum wird im Bereich der lateralen, übermäßig belasteten Epiphysenhälfte gehemmt, während es im medialen, entlasteten Abschnitt überwiegt, woraus sich eine zunehmende *Schrägstellung der Gelenkfläche* ergibt.

Kapitel 3.

Die Behandlung der Malleolarfrakturen.

Wie bei allen Gelenkfrakturen hängt das Heilungsresultat auch bei den Knöchelbrüchen in hohem Maße von einer ausreichenden *Reposition* der Fragmente ab. Diese läßt sich für die reinen Knöchelbrüche, die nicht durch Absprengungen vom Vorder- oder Hinterrand der Tibiakante kompliziert sind, in vielen Fällen durch äußere Maßnahmen korrekt erzielen; auch das sog. dritte Fragment an der lateralen Tibiakante, das durch die Querbänder mit dem unteren Fibulafragment in Verbindung steht, gelangt meist wieder an seinen richtigen Platz. Bei Frakturen mit Verschiebung des Talus nach hinten und Abquetschungsfraktur von der hinteren Tibiakante bewirkt die Reposition der Talusluxation ebenfalls Reduktion des hinteren Kantenfragmentes, sofern es mit der Gelenkkapsel in Verbindung geblieben ist; es handelt sich in solchen Fällen um sog. „geführte", *zwangsläufige Repositionen*. Weniger günstig liegen die Verhältnisse für das vordere marginale Fragment der Tibia, das gelegentlich trotz vollständiger Reposition des Talus nach vorne-oben disloziert bleibt.

Die *Reposition* der verschobenen Knöchel erfolgt in *Lokalanästhesie*, die oft durch Novocaininjektion in das Fußgelenk von vorne her erzielt wird, meist jedoch eine ergänzende Umspritzung der Knöchelfrakturen erfordert. Bei ängstlichen und empfindlichen Patienten ist Reposition in *Chloräthyl-* oder *Ätherrausch* vorzuziehen. Liegt eine starke Schwellung vor, so empfiehlt es sich, das Ödem zunächst wegzupressen, damit man die Knöchel einigermaßen durchfühlt. Die *Einrichtung* erfolgt unter kräftigem Zug am Fuß bei rechtwinklig gebeugtem Kniegelenk und leicht plantarflektiertem Fußgelenk, also *in völliger Entspannungslage*, und zwar bei den Abductionsfrakturen durch Adduction und kräftigen seitlichen Druck auf den Wadenbeinknöchel und Talus von außen nach innen, bei den Adductionsfrakturen durch umgekehrte Einwirkung. Gleichzeitig wird eine begleitende Rotationsverschiebung durch entsprechende Einstellung des Fußes ausgeglichen.

Luxationen der Talusrolle nach vorne und hinten lassen sich oft in einfachster Weise durch Zug oder Stoß in der Längsachse des Fußes ausglichen. Schwierigkeiten können sich ergeben, wenn die Talusrolle bei vollständiger Luxation hinter oder vor der Tibia steht und durch den Längszug der Muskulatur an ihre vordere oder hintere Kante angepreßt wird. In solchen Fällen muß bei Luxation der Talusrolle nach hinten der Fuß in Entspannungslage unter starkem Längszug zunächst maximal plantarflektiert und dann unter direktem Druck von hinten auf die Ferse sukzessive in Rechtwinkelstellung gebracht werden. Gleichzeitig wird an der Tibia, dicht oberhalb des Fußgelenkes, ein Schlingenzug oder ein Druck nach hinten ausgeübt. Für die Reposition der vorderen Talusluxation bedient man sich des umgekehrten Verfahrens.

Für die Beurteilung der erzielten Reposition soll man sich nicht auf die äußere Beurteilung des Fußgelenkreliefes und der Stellung des Fußes zum Unterschenkel verlassen. Maßgebend ist nur eine sofortige *Röntgenkontrolle* in sagittaler und frontaler Richtung, die grundsätzlich vorzunehmen ist. Erweist sich die Reposition als ungenügend und ist namentlich die Seitenverschiebung der Talusrolle nicht auf den Millimeter genau behoben, so muß die Reposition wiederholt werden.

Verschiebungen, die trotz wiederholter Versuche nicht zu beseitigen sind, erfordern mit Rücksicht auf die schlechte Funktionsprognose deform geheilter Knöchelbrüche *operative Behandlung*.

Die weitere Behandlung der gut reponierten Knöchelfrakturen hängt vom Grade der Verschiebungstendenz ab. Ist diese gering, so wird ein typischer *Zugverband* angelegt, wie ihn Abb. 903/904 zeigen.

Bei *Adductionsfrakturen* erfolgt der *Längszug* achsengerecht, während bei *Abductionsbrüchen* ein *Querzug* nach außen dem etwas nach innen gerichteten Längszug eine adduzierende Wirkung sichert. An Stelle des Spreizbrettes wird am Ende des Längsstreifens eine Schnalle angebracht, damit durch die Längsstreifen eine gewisse Kompression des Fußgelenkes erfolgt. Dazu kommt noch ein *Suspensionszug* für den Fuß, zur Verhinderung sekundärer Subluxation des Talus nach hinten.

Diese Zugverbände, die leichte Bewegungen im Fußgelenk gestatten, bleiben durchschnittlich 4 Wochen liegen; während weiterer 2 Wochen erfolgt mobilisierende Behandlung unter Vermeidung passiver Adductionsbewegungen und bei strengstem Verbot jeder Belastung des Fußes. Ist die Korrektur eine vollständige und das Tempo der Konsolidation ein normales, so kann nach 6 Wochen *Belastung* bei einbandagiertem Fußgelenk auf *Plattfußeinlage* und *schiefer Sohle* begonnen werden. Erfolgt jedoch die Konsolidation nur langsam, was am Bestehen deutlicher Federung bei passiven Abductionsbewegungen sowie im Röntgenogramm erkennbar ist, so muß mit der Belastung noch länger zugewartet werden, unter konsequenter Fortsetzung der *mobilisierenden Behandlung.* Zeigt die reponierte Knöchelfraktur, besonders die bimalleoläre, dagegen eine erhebliche *Neigung zu Redislokation,* so empfiehlt sich Anlegen eines *ungepolsterten oder nur wenig gepolsterten,* bis zum Tibiakopf reichenden *Gipsschienenverbandes,* der bis zur vollständigen Trocknung den Knöcheln anmodelliert und anschließend in ganzer Ausdehnung aufgeschnitten wird. Nach vorübergehender Lagerung auf BRAUNscher Schiene kann im Verlauf der 2. Woche an diesen Verband ein *Gehbügel* angebracht werden (Abb. 144), der das Herumgehen gestattet.

Der Gipsverband bleibt bei gewöhnlichen Brüchen 6 Wochen, bei bimalleolären Frakturen mit Subluxation des Talus 8—10 Wochen liegen. Nach Wegnahme des Verbandes werden Fuß- und Unterschenkel noch einige Zeit mittels elastischer Binde eingewickelt und eine nachträgliche Valgusknickung des Fußes durch genau anmodellierte *Plattfußeinlage* und *Keilsohle* verhindert.

Drahtextension und *Schraubenzug* können für die Reposition der Knöchelfrakturen meistens entbehrt werden, da der Ausgleich der Längsverschiebung meist keine Schwierigkeiten bereitet. Dagegen leistet für *infizierte Knöchelbrüche,* die mit Eröffnung des Gelenkes durch Wunden oder sekundäre Nekrosen der Haut kompliziert sind, der *Calcaneuszug,* kombiniert mit Gipsschiene oder gefenstertem Gipsverband, oft gute Dienste.

Die *Versorgung von Durchstechungswunden* erfolgt nach geschilderten Grundsätzen, unter Naht der angefrischten Wunde, falls keine Verschmutzung vorliegt.

Einfache Knöchelfrakturen ohne Verschiebung behandelt man am besten von Anfang an *mobilisierend.* Fuß und Unterschenkel werden auf eine VOLKMANNsche oder BRAUNsche Schiene gelagert, die Schwellung durch feuchte Kompressen und durch komprimierende Einbandagierung des Fußgelenkes mittels elastischer Binde bekämpft; schon am 3. Tage beginnt man mit leichter Massage sowie mit aktiven und passiven Bewegungen.

Falls man die uneingeschränkt mobilisierende Behandlung konsequent durchführt und nach Ablauf von 2 Wochen nicht einen leichten Gehverband anlegt, darf sowohl bei den isolierten Frakturen des inneren Knöchels als bei solchen des Malleolus fibularis der Fuß unter keinen Umständen vor Ablauf der 5. Woche belastet werden, weil die Gefahr besteht, daß der Fuß unter der Belastung sukzessive in pathologische Valgusstellung gerät (Abb. 928). Eine Ausnahme von dieser wichtigen therapeutischen Regel ist nur statthaft, für die Abrißfrakturen an der Spitze des Fibulaknöchels, bei denen die stützende Malleolengabel und der mediale Bandapparat intakt sind, eine sekundäre seitliche Abweichung des Talus somit nicht zu befürchten ist.

Abrißfrakturen von der Spitze des inneren Knöchels disponieren trotz Intaktheit der Fibula ebenfalls zu sekundärer Valgusknickung des Fußes.

Zum Aufstehen erhalten die Patienten, wie alle Verletzten mit Knöchelfrakturen, eine nach Gipsmodell angefertigte *Plattfußeinlage* sowie eine medial erhöhte *keilförmige Sohle* nach Abb. 929. *Durch diese Schiefstellung des Fußes im Sinne der Adduction und durch die Stützung des Fußgewölbes werden die berüchtigte sekundäre Knickfuß- und Plattfußbildung am sichersten verhindert,* vorausgesetzt, daß diese prophylaktischen Maßnahmen während mindestens 6 Monaten durchgeführt werden.

Knöchelbrüche, deren Reposition nicht gelingt, besonders Abductionsfrakturen, bei denen die seitliche Verschiebung des Talus und des inneren Knöchels sich nicht restlos ausgleichen lassen, woran oft eine Schräg- oder Querstellung des unter die Tibiagelenkfläche verschobenen Malleolus internus schuld ist (Abb. 925), *verlangen unbedingt operative Behandlung.*

Die Incision erfolgt in der Regel bogenförmig an der Innenseite des Fußgelenkes, am hinteren Umfang der Abbruchstelle des inneren Knöchels, der mit einer Zange gefaßt und unter kräftiger Reposition des Talus von der Außenseite her in normalen Kontakt mit der Tibia gebracht wird. Wenn der Knöchel richtig sitzt, sind auch Talus- und Fibulafraktur korrekt reponiert.

Die Fixation des Malleolus internus erfolgt durch schräge *Verschraubung* von der Spitze her (Abb. 244).

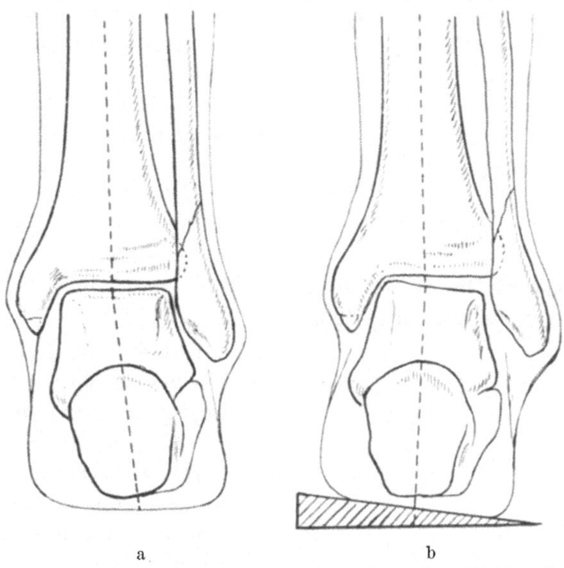

Abb. 929. Prophylaxe der Knickfußstellung bei Fraktur des Wadenbeinknöchels durch Anwendung einer keilförmigen Sohle mit medialer Basis. a) Physiologische Abweichung der senkrechten Fußachse nach außen; b) prophylaktische entlastende Schiefstellung des Talus und Calcaneus durch den Keil.

Hat der Knöchel eine ausgeprägte Tendenz, nach vorne abzuweichen, so wird die Schraube nicht nur schräg nach oben und lateralwärts, sondern gleichzeitig etwas schräg von vorne nach hinten vorgetrieben. Die Fixation des reponierten Malleolus kann auch durch Nagelung erfolgen.

Die *Nachbehandlung* erfordert keinerlei fixierende Maßnahmen; der Fuß wird in Entspannungsstellung auf eine BRAUNsche oder ähnliche Schiene gelagert und kann schon vom 2. Tage an aktiv bewegt werden. Die Belastung auf schiefer Sohle ist vom Beginn der 5. Woche an erlaubt.

Absprengungsfragmente der vorderen oder hinteren Tibiakante, die nach Reposition der Knöchelbrüche und des Talus nicht genau eingestellt sind, brauchen nur dann operativ reponiert und durch Schrauben oder feine Stifte fixiert zu werden, wenn sie einen erheblichen Teil der Gelenkfläche tragen und eine ausgeprägte Treppenstufe bilden. Dazu sind besondere Incisionen an der Vorderseite des Fußgelenkes oder breitere Eröffnung desselben von einem medialen oder seitlichen Schnitte aus erforderlich.

Die *Fibulafraktur* stellt sich nach Reposition und Verschraubung des inneren Knöchels meist ausreichend ein; anderenfalls werden lange Schrägbrüche mit vorragenden Spitzen durch *Umschlingung* versorgt. Bleibt nach Zerreißung der tibiofibularen Bänder eine breite *Diastase zwischen Schienbein und Wadenbeinknöchel*, so leistet die *Verschraubung* nach dem Vorgehen von LAMBOTTE (Abb. 930/932) gute Dienste. Mit Rücksicht auf die Nähe des Fußgelenkes werden diese Schrauben nach 6—8 Wochen entfernt.

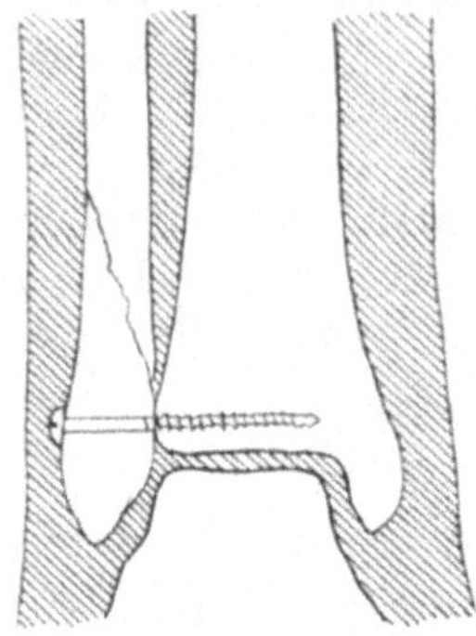

Abb. 930. Behandlung der mit tibiofibulärer Diastase verbundenenFraktur des äußeren Knöchels durch Verschraubung. (Nach LAMBOTTE.)

Isolierte Fibulafrakturen, die sich durch äußere Maßnahmen nicht korrekt stellen lassen, geben selten Anlaß zu operativem Eingreifen. Das mit den äußeren Seitenbändern losgerissene Spitzenfragment legt sich gewöhnlich korrekt an; ist dies nicht der Fall, so kann es temporär *angeschraubt werden*.

Besonders wichtig ist die *rasche operative Versorgung* von *Abductionsfrakturen mit Kompression der Haut* über der Abbruchkante des inneren Knöchels an der Tibia, die sich unblutig nicht korrekt reponieren lassen; die Schädigung der Haut kann in solchen Fällen schon nach wenigen Stunden zu ausgedehnter *Nekrose* führen.

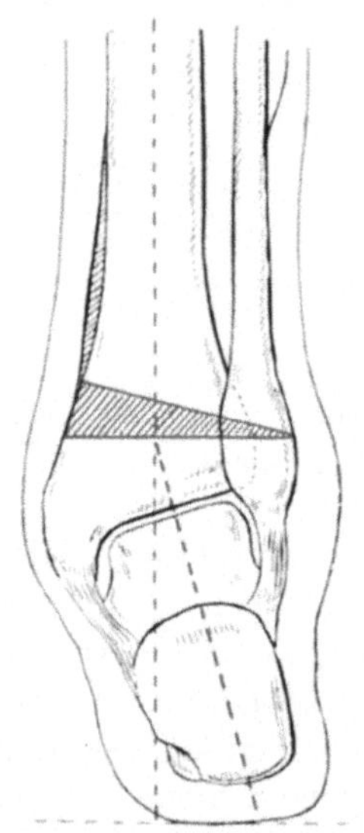

Abb. 931. Korrektur des traumatischen Knickfußes durch supramalleoläre Keilresektion; Konstruktion des Keils.

Trotz korrekter Behandlung tragen etwa ein Viertel der Verletzten *dauernde Schädigungen* in Form von *fehlerhafter Stellung* und *Funktionsbeschränkung* des Fußgelenkes davon. Die Bewegungseinschränkung läßt sich durch *ausdauernde Nachbehandlung* oft noch weitgehend beheben, sofern ihre Ursache nicht in intraartikulären, fehlerhaft stehenden Fragmenten und progredienter Arthritis mit Knochenneubildung, Schwund des Knorpels und Schrumpfungsvorgängen im Bereiche der Kapsel liegt. In solchen Fällen darf die mobilisierende Behandlung nicht forciert werden, bevor die störenden Fragmente abgetragen sind.

Die charakteristische Deformität nach Knöchelfrakturen ist der *Pes valgus traumaticus mit sekundärer Senkung des Fußgewölbes*; das Vorgehen zu ihrer Korrektur hängt von den anatomischen Verhältnissen ab. Bei frischen Fällen mit noch nicht völlig organisiertem Callus gibt die *unblutige Redression* in Narkose, allfällig unter Verwendung des SCHULTZEschen Redresseurs, manchmal durchaus befriedigende Resultate: das Verfahren ist jedoch etwas gewaltsam. Die Nachbehandlung erfolgt in fixierenden und modellierenden Gipsverbänden mit anschließender Massage, Mobilisierung und Heißluftbädern. Ist dagegen der Callus vollständig ossifiziert, so bleibt nur die *operative Korrektur durch supramalleoläre Osteotomie* (Abb. 931), oder durch *Osteotomie beider Knöchelbrüche* mit nachfolgender Reposition und Fixation der Fragmente in richtiger Stellung übrig.

Ist das Fußgelenk, wie man dies nach unterlassener Reposition des luxierten Talus sieht (Abb. 927), vollständig *versteift,* der Knorpel ausgedehnt geschwunden, so bleibt nur die *Resektion* des Fußgelenkes mit Reposition von Talus- und Knöchelfragmenten und endgültiger *Versteifung in rechtwinkliger Stellung* übrig (Abb. 932).

Pseudarthrosen nach Knöchelbrüchen, besonders solche des *Malleolus internus* scheinen nach einer Mitteilung von SCHMIDT nicht so selten zu sein, wie man bisher annahm. KAPPIS sah auf 43 Knöchelfrakturen 6 Pseudarthrosen des

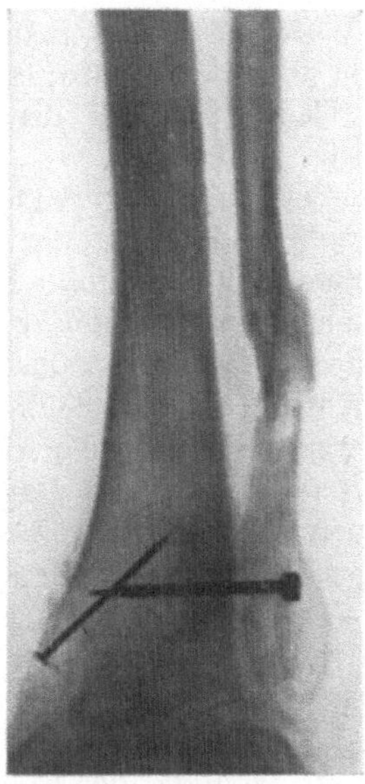

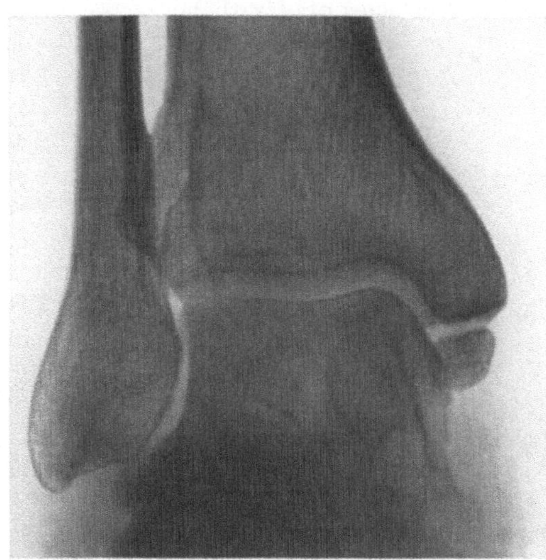

Abb. 932. Schlecht geheilte Luxationsfraktur der Knöchel, Fall Abb. 927, operativ korrigiert; Resektionsarthrodese, Verschraubung des inneren Knöchels und der Fibula.

Abb. 933. Os subtibiale am Malleolus internus. (Nach SCHMIDT.)

inneren Knöchels. SCHMIDT unterscheidet eine *mobile Pseudarthrose* des inneren Knöchels, die zu Schwellung des Fußgelenkes und zu Beschwerden Anlaß gibt und in verschiedenen Fußgelenkstellungen wechselnde Lage des Knöchels zeigt, sowie eine *fixierte Pseudarthrose* mit gleichbleibender Stellung des Knöchelfragmentes in Supination und Pronation, die ein wesentlich besseres funktionelles Endresultat aufweist (Abb. 928). Röntgenologisch kann die Pseudarthrose des Malleolus internus mit dem von BIRCHER erstmals beschriebenen *Os subtibiale* (Abb. 933) verwechselt werden, das jedoch *doppelseitig* vorkommt und wahrscheinlich einem nicht verschmolzenen, selbständigen *akzessorischen Knochenkern* der unteren Tibiaepiphyse entspricht. Die Behandlung der Pseudarthrosen des inneren Knöchels besteht in *Anfrischung* und *Verschraubung.* Fibuladefekte werden durch freie autoplastische Knochenübertragung oder durch Spanverschiebung überbrückt.

C. Die Frakturen des Fußskeletes.

I. Frakturen des Talus (Sprungbeinbrüche).

Kapitel 1.

Frakturformen, Entstehungsmechanismus, Symptome und Verlauf.

Die Frakturen des Sprungbeines sind seltenere Verletzungen, als man nach den zahlreichen unfallärztlichen Zusammenstellungen annehmen sollte; erreicht doch die Gesamtfrequenz der Fußwurzelbrüche kaum $^1/_2\,^0/_0$.

Die Mehrzahl der Frakturen betrifft den *Talushals,* und zwar in der Form, daß durch eine frontal gestellte Bruchebene der überknorpelte Taluskopf von dem die Rolle tragenden Taluskörper abgetrennt wird (Abb. 934/935). Diese Halsfrakturen entstehen vorwiegend durch *Fall aus großer Höhe auf den Fuß,* können aber auch durch heftigen Stoß gegen die Fußsohle zustande kommen, so bei Bosbleighunfällen. Es handelt sich jedoch nicht um Stauchungsverletzungen, sondern um ty

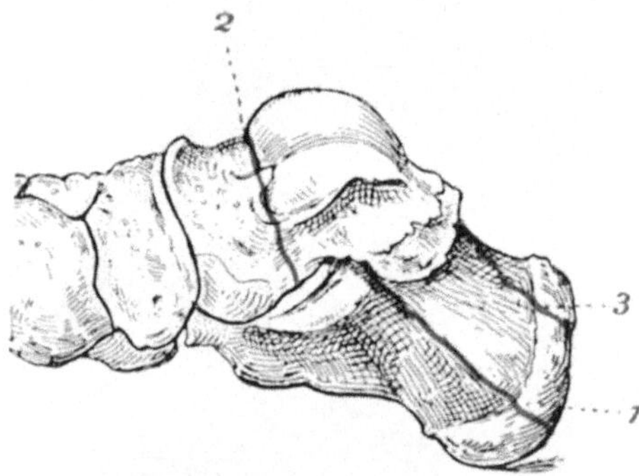

Abb. 934. Mittlere schräg aufsteigende Längsfraktur (1) und Entenschnabelfraktur des Fersenbeins (3); vertikale Halsfraktur des Talus (2), schematisch.

pische *Biegungsfrakturen.* Der Taluskopf ist durch straffe Bänder mit dem Naviculare und dadurch mit dem Vorderfuß verbunden, während der Rollenteil oder der eigentliche Sprungbeinkörper durch ein System von Ligamenten mit dem Calcaneus und den Unterschenkelknochen in Verbindung steht (s. Abb. 908/909/910). Wird nun der Vorderfuß durch Fall gewaltsam dorsal extendiert, so erfolgt Frakturierung des Talushalses durch Biegung und Abscherung, indem sich der Talushals gegen die Vorderkante der Tibia anstemmt, während der Taluskörper zwischen Calcaneus und Tibia festgehalten wird. Der gleiche Biegungsmechanismus spielt sich ab, wenn der am Boden fixierte Fuß bei seitlichem Umfallen des Körpers eine forcierte Pronation bzw. Supination oder beim Fall nach vorne eine gewaltsame Dorsalextension erleidet.

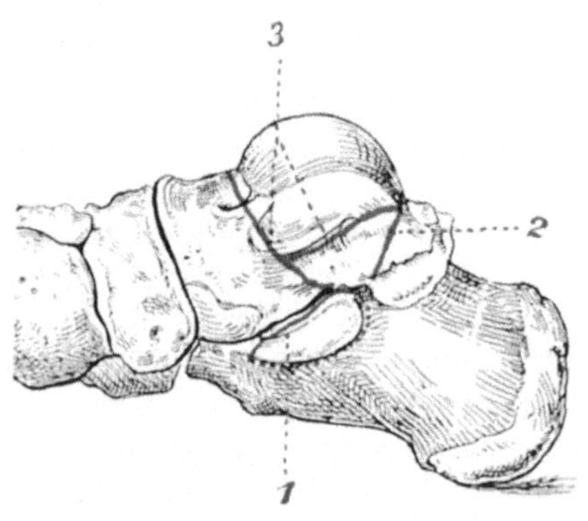

Abb. 935. Fraktur des Sustentaculum tali des Calcaneus (1); Abbruch des Processus posterior tali (2); kombinierte Doppelfraktur des Talus mit Herausbrechen des Rollensegmentes (2 ,3), schematisch.

In seltenen Fällen entsteht die Talusfraktur durch *direkte Gewalteinwirkungen*; so war in einem von mir beobachteten Falle die typische, frontal gestellte Fraktur des Talushalses bei einem Kinde durch *Überfahrung des Fußes* vom lateralen zum medialen Fußrand entstanden (s. Abb. 936). Trifft bei einem Fall aus der Höhe der Gegenstoß vorwiegend den Vorderfuß in querer Begrenzung, so ist

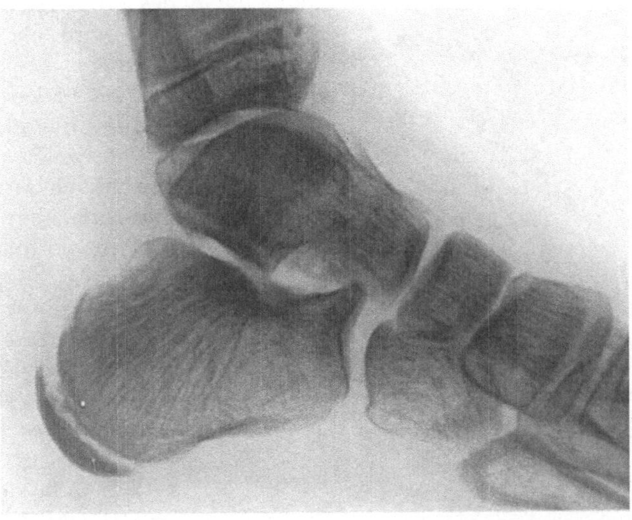

Abb. 936. Frontale Talushalsfraktur ohne wesentliche Verschiebung; man beachte den unterbrochenen Verlauf der dorsalen Corticalis. Gleichzeitig Darstellung der Calcaneusepiphyse. (10jähriges Mädchen.)

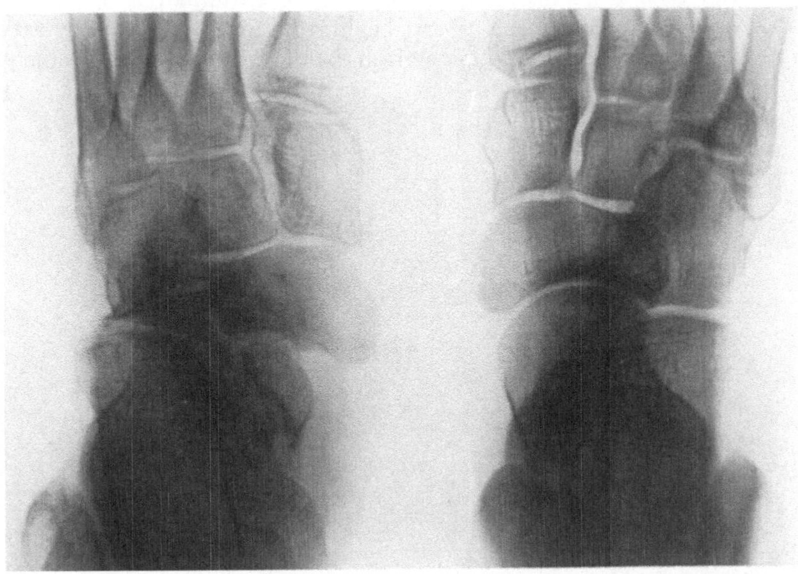

Abb. 937. Schräge Stauchungsfraktur des linksseitigen Taluskopfes mit Luxation und lateraler Kompression des Naviculare, entstanden durch Längskompression des Fußes (Reiterfraktur).

neben der Flexion auch noch eine *Abscherungskomponente* durch Vermittlung der Tibia beteiligt.

Stauchungs- oder *Kompressionsfrakturen betreffen den Taluskörper,* in selteneren Fällen den *Taluskopf*; dabei sind *Stauchungen in der Verlängerung der*

Unterschenkelachse und solche in der Längsachse des Fußes auseinanderzuhalten. Von Stauchungen in der Längsachse des Fußes, wie sie zustande
kommt, wenn ein Reiter mit dem auf der Spitze stehenden Fuß unter den Leib
des stürzenden Pferdes ge-
rät, wird besonders der
Taluskopf betroffen, der in
solchen Fällen *Impressions-*
und schräge *Abscherungs-*
brüche zeigt (Abb. 937);
gewöhnlich ist gleichzeitig
das Naviculare nach innen
luxiert und manchmal noch
in seinem lateralen Ab-
schnitt komprimiert (Abb.
937). Bei Fall auf den Fuß
oder Stoß gegen die Planta
trifft die Gewalt durch Vermittlung des Fersenbeines
den *Taluskörper*, vorausgesetzt, daß der Calcaneus
im Bereiche des Körpers den
Stoß aufnimmt und ihm
standhält.

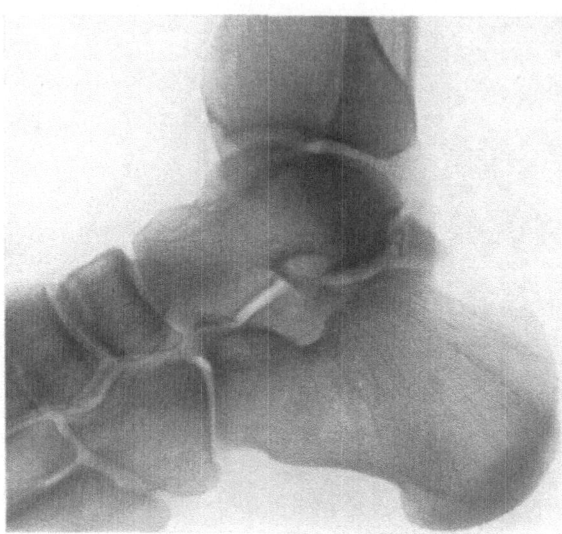

Abb. 938. Fraktur des Processus posterior tali.

Die *Brüche des Sprungbeinkörpers* beginnen zum Teil plantarwärts am
Talushals, im Ansatzgebiet des Ligamentum talo calcaneum interosseum (siehe

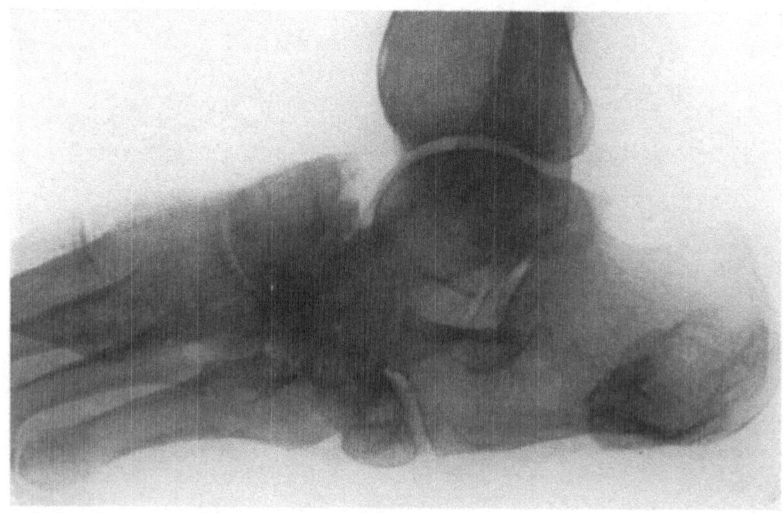

Abb. 939. Fraktur des Talushalses mit Dorsalluxation des Taluskopffragmentes samt Naviculare
und Vorderfuß; hochgradige Kompression des Cuboid.

Abb. 906), und verlaufen verschieden stark schräg nach aufwärts, die Talusrolle
in 2 Fragmente teilend; auch kann eine Doppelfraktur entstehen, indem von
zwei basalwärts konvergierenden Bruchebenen die eine vor, die andere hinter

der Talusrolle beginnt (vgl. Abb. 935/2, 3). Es liegen dann 3 Fragmente vor, deren mittleres die überknorpelte Rolle oder doch deren größten Teil trägt. Derartige Frakturen bilden den Übergang zu den eigentlichen, *regellosen* Zertrümmerungsbrüchen, die manchmal ein guterhaltenes, durch eine horizontale Frakturebene abgegrenztes, flaches *Rollenfragment* erkennen lassen.

Als reine Stauchungsfraktur ist die seltene *Längsspaltung des Talus* in ein mediales und laterales Fragment aufzufassen.

Eine besondere Bruchform bildet schließlich noch die *Fraktur des Processus posterior tali* (Abb. 935/2/938), des sog. STIEDASchen Fortsatzes (vgl. Abb. 923b), sie entsteht unter der Keilwirkung der hinteren Tibiakante bei Stoß gegen die

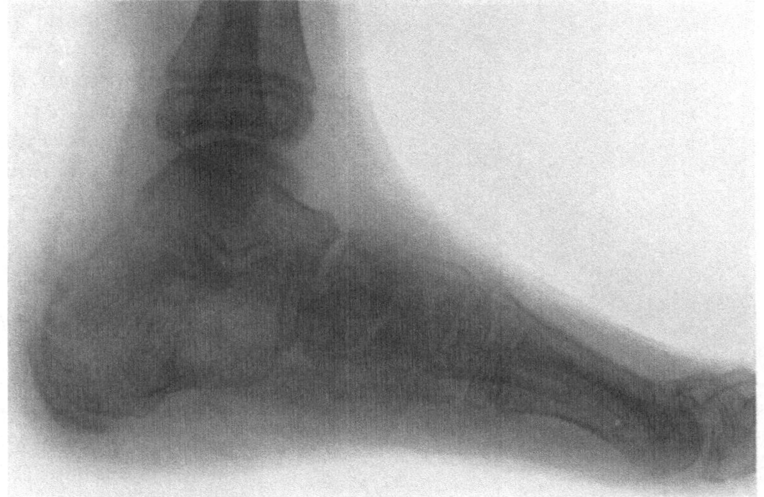

Abb. 940. Sekundäre Deformierung des Fußes infolge Fraktur des Talushalses. Betrifft Fall Abb. 936, 3 Monate nach der Verletzung. Man beachte die Verkürzung des Talushalses, die Senkung des Fußgewölbes und die hochgradige Knochenatrophie.

Ferse, mit nachfolgender gewaltsamer Plantarflexion des Fußgelenkes. Man sieht demgemäß den Bruch des hinteren Sprungbeinfortsatzes auch als *Begleiterscheinung der Fersenbeinfraktur.*

Als *komplizierende Verletzungen* gelangen *Absprengungsfrakturen* an *der vorderen Tibiakante, Knöchelbrüche* sowie *Frakturen des Calcaneus, Kuboid* und *Naviculare* zur Beobachtung (Abb. 939).

Die *Verschiebung der Fragmente* kann, was zunächst die *Fraktur des Talushalses* betrifft, so gering sein, daß der Bruch auch im Röntgenogramm der Aufmerksamkeit des Untersuchers entgeht (siehe Abb. 936), und erst entdeckt wird, wenn sich sekundär eine *Formveränderung des Fußes* ausbildet (vgl. Abb. 940). Häufiger ist das *Kopffragment* im Sinne der Gewalteinwirkung verschoben, indem es bei Dorsalextensionsbrüchen nach oben gegen den Fußrücken tritt, so daß die Bruchfläche nach hinten-oben vorsteht (Abb. 939/941); das die Rolle tragende *Körperfragment* zeigt in diesem Falle eine *Plantarbeugung* und kann gleichzeitig nach hinten vollständig oder unvollständig über den hinteren Rand der Facies articularis posterior des Calcaneus luxiert sein (Abb. 941). Entstand die Halsfraktur durch Adduction und Supination, so kann die Bruchfläche des vorderen Fragmentes direkt nach oben sehen. Auch dorsale und seitliche Verschiebungen des Halsfragmentes, die zu Auftreibung vor der Tibia führen, werden beobachtet; dabei kann das *Taluskörperfragment* in normaler Beziehung zum Fersenbein bleiben (Abb. 939), was jedoch völliges Einsinken des Fußgewölbes, allfällig unter Kompression des Cuboid zur Voraussetzung hat.

Manchmal wird das die Rolle tragende *Körperfragment* vollständig aus der Malleolengabel nach hinten hinausgetrieben, unter ausgedehnter Zerreißung der Bänder, und ist dann zwischen Tibiarückfläche und Achillessehne eingeklemmt (Abb. 942a, b). Bei diesen *Luxationsbrüchen* erleidet das Fragment oft kombinierte Drehungen; so kann die Bruchfläche an der Achillessehne stehen. Derartige Luxationsverschiebungen sieht man auch bei *frontalen Frakturen im Bereiche des Taluskörpers*. Die Fragmente werden durch die Keilwirkung der schrägstehenden Tibia in entgegengesetzter Richtung gleichsam auseinandergesprengt. *Das nach rückwärts dislozierte Fragment gefährdet durch seinen Druck die Arteria tibialis postica* und den *N. tibialis, ganz besonders jedoch die Haut;* in einem solchen Falle sah ich trotz frühzeitiger Reposition des hinteren Fragmentes eine ausgedehnte *Hautgangrän* mit sekundärer aszendierender Phlegmone entstehen, die zu Amputation des Unterschenkels zwang.

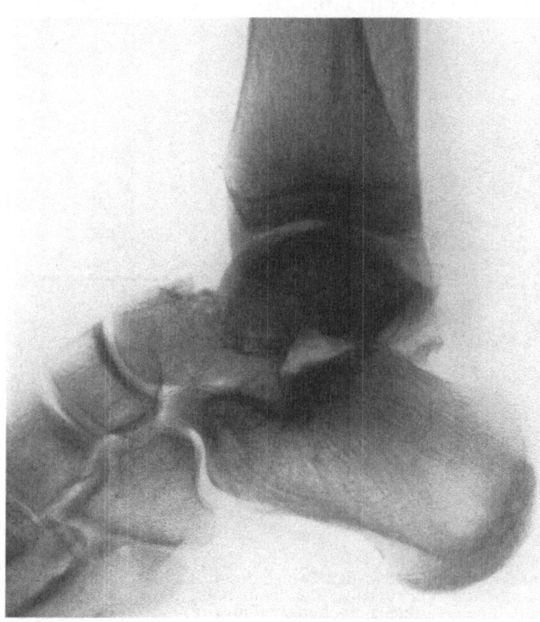

Abb. 941. Fraktur des Talushalses durch Stoß von der Fußsohle her und Dorsalextension; Verschiebung des Kopffragmentes nach oben, Plantarbeugung und Subluxation des Körperfragmentes.

Bei *Zertrümmerungsbrüchen* ist die Fragmentverschiebung eine regellose, indem die Bruchstücke zum Teil unter der Druckwirkung des Tibia seitlich, sowie nach vorne und hinten herausgesprengt werden.

Handelt es sich um Talusfrakturen ohne wesentliche Fragmentverschiebung, so ist die *Differentialdiagnose* gegenüber schweren Kontusionen und Distorsionen des Fußgelenkes oft durch äußere Untersuchung allein nicht zu stellen; immerhin sollten die hochgradige *Schwellung,* der *lokale Druckschmerz* bei Kompression des Taluskörpers von beiden Seiten, bei Halsfrakturen die ausgeprägte Druckempfindlichkeit am Vorderrand der Fußgelenkkapsel, besonders aber der *Stoßschmerz in der Längsachse des Fußes* sowie die intensive *Schmerzhaftigkeit der Belastung* des Fußes den Verdacht auf eine Verletzung des Sprungbeins lenken. Ganz besonders charakteristisch ist auch die *Steigerung der Schmerzen durch passive Dorsalextension des Fußes,* weil durch diese Bewegung der Talus in die Malleolengabel hineingezwängt oder die Frakturstelle des Halses gegen die vordere Tibiakante angepreßt wird. Die Gehstörung pflegt bei einfachen Distorsionen, achsengerechte Belastung des Fußes vorausgesetzt, niemals annähernd so hochgradig zu sein.

Klarer ist das klinische Bild, wenn ausgeprägte Fragmentverschiebungen vorhanden sind; die *Veränderung des Fußreliefs* durch die luxierten oder nach dem Dorsum pedis getretenen Fragmente ist prima vista erkennbar, und die Palpation ergibt, daß es sich um Formveränderungen durch dislozierte Knochenteile handelt. Ganz besonders auffällig ist das Bild bei Luxation des hinteren Fragmentes unter die Achillessehne, in welchem Falle auch die passiven Bewegungen hochgradig eingeschränkt sind.

Bei *Frakturen des Halses* steht der *Fuß* meist in *Plantar-*

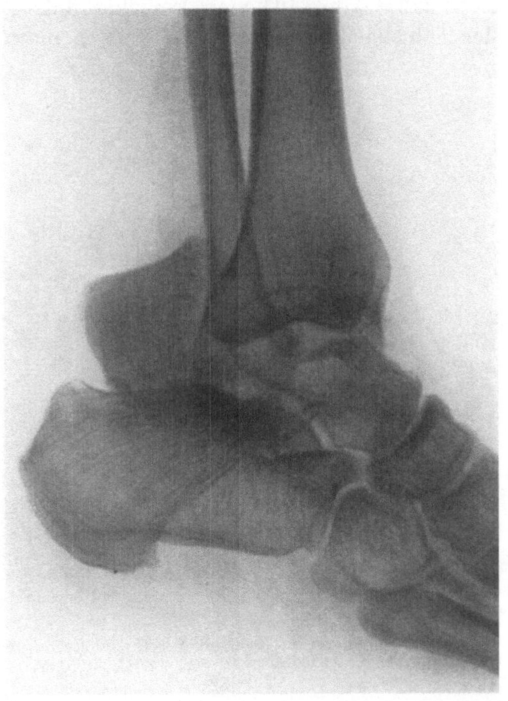

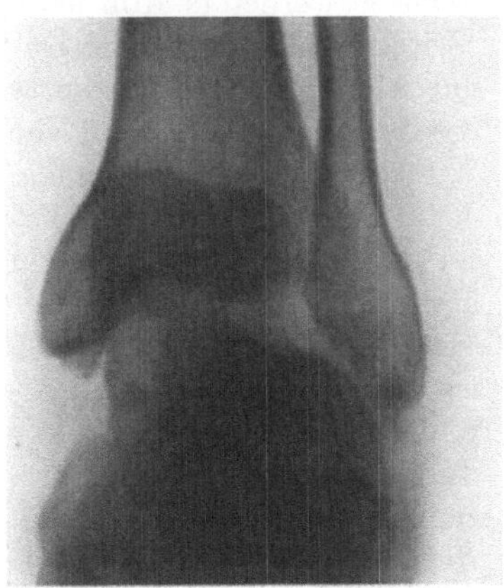

Abb. 942a. Fraktur des Talushalses mit Luxation des Körperfragmentes nach hinten; Überlagerung der Tibia durch die Talusrolle.

Abb. 942b. Seitenaufnahme zu Abb. 942a. Vollständige Luxation des Taluskörperfragmentes nach hinten zwischen Achillessehne und Tibia, unter Vierteldrehung; Eindringen des Halsfragmentes zwischen Tibia und Calcaneus.

flexion und *Supination*, bei den anderen Formen in *Pronationsstellung*, bei gleichzeitiger *Abplattung des Fußgewölbes*. Handelt es sich um Halsfrakturen ohne Fragmentverschiebung, so *entwickelt sich unter der Belastung eine Adductions-Pronationsstellung*, und zwar findet sich die Abknickung des Fußes nach außen in der Gegend des Talushalses. Sind die Fragmente in entgegengesetzter Richtung auseinandergewichen, die Unterschenkelknochen auf den Calcaneus heruntergetreten, so fällt der *Tiefstand der Malleolen* auf.

Durch die Rückwärtsverschiebung des hinteren Fragmentes wird, worauf NAUMANN hingewiesen hat, die Sehne des Flexor hallucis longus gedehnt, woraus eine rechtwinklige *Plantarflexionsstellung der großen Zehe* resultiert; passive Streckung der Großzehe ist schmerzhaft und begegnet einem gewissen Widerstand. Auch kann bei dieser Frakturform infolge Überdehnung des N. tibialis posticus die *Sensibilität an der Fußsohle herabgesetzt* sein. Bei

Talusbrüchen ohne Fragmentverschiebung erweckt *manchmal sekundäre Verdickung des Sprungbeines durch Calluswucherungen* neben der hartnäckigen Persistenz der Belastungs- und Bewegungsschmerzen den Verdacht auf eine Fraktur.

Eine sichere Diagnose ist nur auf Grund guter *Röntgenaufnahmen* zu stellen; maßgebend ist die Seitenaufnahme, doch ergibt die gewöhnliche antero-posteriore Projektion des Fußgelenkes wertvolle Ergänzungen zur Beurteilung der Frakturform sowie von seitlichen Verschiebungen. Für die dorso-plantare Darstellung der Talushalsbrüche muß der Fuß in maximaler Plantarflexion des Talocruralgelenkes flach auf der Plattenkassette fixiert werden.

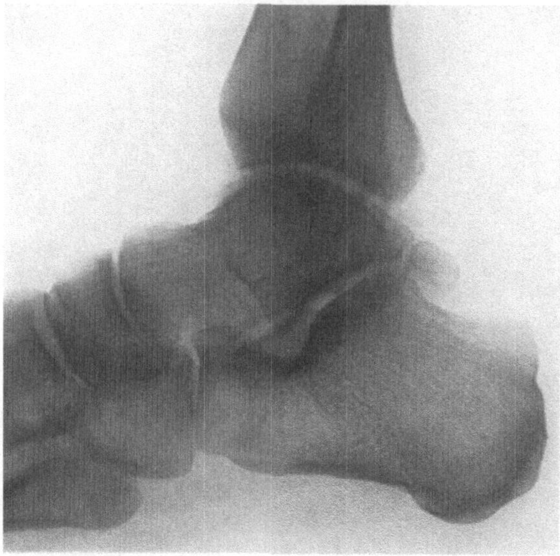

Die *Fraktur des Processus posterior tali* darf nicht mit dem häufig vorkommenden *Os trigonum*, das eine Varietät des Fußskeletes darstellt, verwechselt werden (s. Abb. 943).

Dieser Schaltknochen ist durch eine scharf begrenzte Spalte von der Rückfläche des Talus abgegrenzt, indem der Talus eine deutliche Facette für das Os trigonum besitzt. Bei Frakturen des hinteren Fortsatzes dagegen ist die Spitze des ausgeprägten Processus von seiner Basis durch eine unregelmäßige, zackige Linie getrennt (vgl. Abb. 938).

Abb. 943. Os trigonum in stärkerer Entwicklung. Scharfe Abgrenzung zwischen Processus posterior tali und Os trigonum.

Die *Prognose der Talusfrakturen* ist nur in den Fällen von Halsfraktur günstig, bei denen keine Verschiebung vorliegt, oder wenn sich die Dislokationen ausgleichen lassen. Ist dagegen der Körper betroffen, so sind bei der intraartikulären Lage des Bruches stets *dauernde Bewegungsstörungen des Fußgelenkes, sekundäre Verschiebungen des Fußes* und *statische Störungen* zu erwarten. Recht erheblich ist auch der Prozentsatz *offener Frakturen* mit Infektion des Gelenkes. Der Heilungsverlauf gestaltet sich jedenfalls durchschnittlich weniger befriedigend als bei Fersenbeinbrüchen. Nach BORCHARDT ist mit einer mittleren Dauerinvalidität von 30% zu rechnen; CARBOT und BINNAY fanden in drei Viertel der Fälle schlechte Heilungsresultate. Ganz besonders schlimm verlaufen primär infizierte offene Talusbrüche, und solche, bei denen es unter der Druckwirkung luxierter Fragmente zu Hautgangrän kommt; *schwere Infektionen sind in letzterem Falle kaum zu verhindern, wenn nicht ganz frühzeitig eingegriffen wird.*

Kapitel 2.

Behandlung der Talusfrakturen.

Die *Behandlung der Talusfrakturen* wird bestimmt durch die Lokalisation des Bruches und die Art der vorliegenden Verschiebung. *Frakturen des Halses und des Taluskörpers ohne Verschiebung* sollten nicht fixiert werden; es genügt, den Fuß allfällig unter Suspension auf eine BRAUNsche Schiene zu lagern. Nachdem Schmerzen und Schwellung unter feuchten Kompressen zurückgegangen sind, wird der Patient angewiesen, den Fuß vorsichtig in allen Richtungen zu bewegen. Anschließend wird eine systematische Massage-, Bewegungs- und Heißluftbehandlung durchgeführt. Der Fuß darf während 6 Wochen nicht belastet werden. Damit unter der Gehbelastung keine sekundäre Formveränderung des Fußes, besonders bei Halsfrakturen nicht die berüchtigte Pronations-Abductionsknickung mit Senkung des Fußgewölbes sich entwickle, ist für die ersten 6 Monate eine *Plattfußeinlage* zu verordnen. Diese wird *nach Gipsabguß* bei gut modellierter Längswölbung des Fußes aus Duraluminium oder aus Celluloidaceton mit Stahldrähten nach dem Verfahren von LANGE

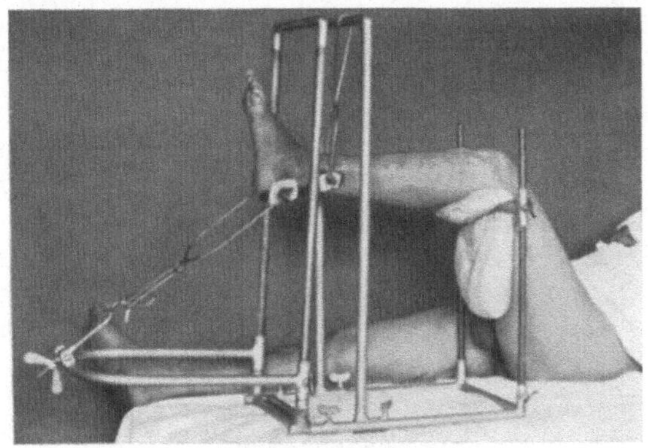

Abb. 944. Reposition der Talushalsfraktur im Schraubenzugapparat (s. Abb. 945). (Nach BÖHLER.)

und HOHMANN hergestellt. Die *Nachbehandlung* ist fortzusetzen, bis die Bewegungen im oberen und unteren Sprunggelenk wieder normal geworden sind.

BÖHLER vertritt die Meinung, daß durch *Ruhigstellung der Fragmente im Gipsverband* und gleichzeitige konsequente *Gehbelastung* bessere Resultate zu erzielen seien als durch mobilisierende Behandlung. Seiner Ansicht nach geben Massage und passive Bewegungen zu sekundärer Verschiebung der Bruchstücke Anlaß, so daß der Fuß wegen der mangelnden Fixation schmerzhaft wird und nicht gebraucht werden kann. Als Folge der Gebrauchsstörung sollen sich Schwellung sowie Schwund der Muskeln und der Knochen einstellen.

Diese Auffassung mag für Talusfrakturen mit erheblicher Verschiebung der Fragmente zutreffen; bei Frakturen ohne Verschiebung dagegen werden Muskel- und Knochenatrophie durch unbelastete Bewegungen des freigelassenen Fußes zuverlässig vermieden. Passive Bewegungen, die zu sekundärer Fragmentverschiebung Anlaß geben, sind selbstverständlich zu unterlassen.

Talusbrüche mit erheblicher Dislokation der Fragmente müssen unbedingt reponiert werden. Für die Fraktur des Talushalses mit Luxation des Rollenfragmentes nach hinten bzw. des *Calcaneus* nach vorne empfiehlt BÖHLER die Reposition in seinem *Schraubenzugapparat,* unter maximaler Plantarflexion des Vorderfußes gemäß Abb. 944/945. Da bei vollständiger Luxation des Talusfragmentes sein Processus lateralis sich an der hinteren Kante der Facies

articularis posterior des Calcaneus anstemmt, wird durch einen *in der Mitte des
Calcaneuskörpers angreifenden Längszug* diese Verhackung gelöst; durch anschließenden Zug am Fersenbein nach rückwärts wird seine Verschiebung nach
vorne behoben und gleichzeitig das Talusfragment eingerenkt. Nach gelungener

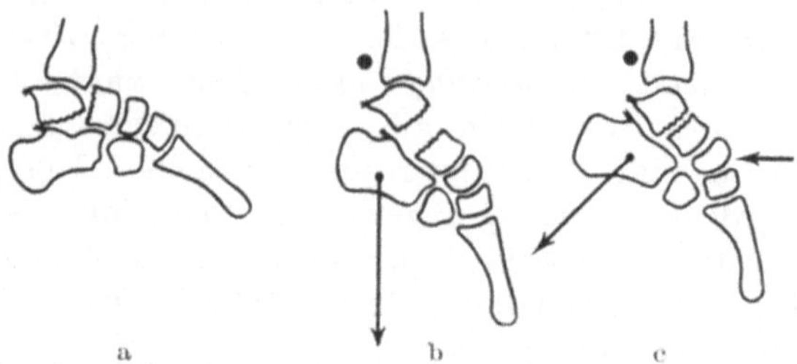

Abb. 945. Reposition der Talushalsfraktur im Schraubenzugapparat nach BÖHLER, schematisch.
a Plantarflexion des Rollenfragmentes, b Befreiung des hinteren Fragmentes durch Calcaneuszug
in der Unterschenkelachse unter gleichzeitiger Plantarflexion des Fußes, c Reposition durch Zug
am Fersenbein schräg nach rückwärts.

Reposition legt BÖHLER eine von der Kniekehle bis zu den Zehenspitzen reichende,
ungepolsterte Gipsschiene in starker *Plantarbeugung* des Fußes an, entfernt den
Calcaneuszug und den hinter den Unterschenkelknochen oberhalb des Fuß-

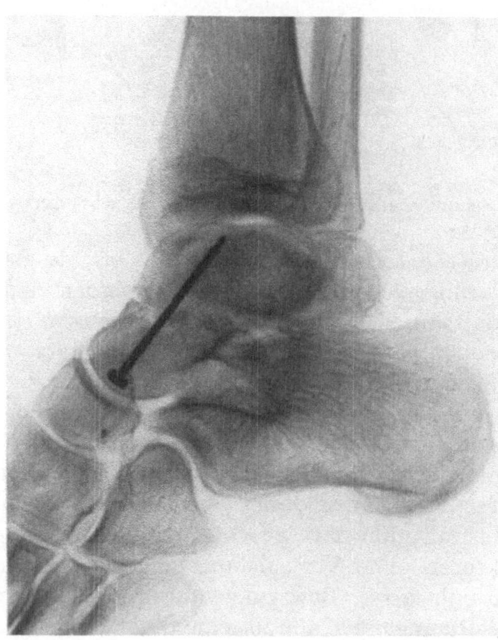

Abb. 946. Talushalsfraktur Fall 941 operativ reponiert
und verschraubt; einwandfreies Funktionsresultat nach
2 Monaten.

gelenkes durchgetriebenen Kon-
traextensionsnagel (Abb. 944) und
lagert den aufgeschnittenen Gipsverband für eine Woche auf eine
Unterschenkelschiene. Dann wird
ein neuer Gipsschienenverband mit
eisernem *Gehbügel* angelegt, in dem
der Verletzte herumgehen kann.
Dieser Verband, in dem der Fuß
noch in Plantarflexion steht, wird
nach weiteren 3 Wochen durch
einen neuen Gehbügelverband in
rechtwinkeliger Stellung des Fußgelenkes ersetzt, der 4 Wochen
liegen bleibt. Die Nachbehandlung erfolgt im *Zinkleimverband*
mit anmodellierter Einlage.

*Die Einrichtung der Talushals-
fraktur kann auch in einfacher
Weise operativ* erfolgen. Von einer
vorderen Längsincision aus wird
die Fraktur freigelegt, das plantar-
flektierte und gewöhnlich etwas
um seine Längsachse gedrehte
Körperfragment durch ein ge-

bogenes Elevatorium gehoben und mit dem Halsfragment in genauen Kontakt
gebracht. Dann erfolgt Verschraubung von der lateralen oder medialen
Kante des Tibiakopfes her, wozu eine kleine besondere Incision angelegt wird.
Auf diese Weise sind anatomisch und funktionell einwandfreie Resultate zu

erzielen (Abb. 946). Dieses Vorgehen gestattet auch, die Rotationsverschiebung zu beheben.

Stauchungsbrüche des Taluskopfes mit Abductionsknickung des Fußes und Aufhebung seines Gewölbes werden nach Abklingen der Schwellung am besten mit *redressierender Massage* und anschließend mit *modellierenden Gipsverbänden* und *Einlagen* behandelt. Kommen diese mit Luxation des Naviculare kombinierten Frakturen erst nach erfolgter knöcherner Fixierung der Fußdeformität in Behandlung, so läßt sich die Fußform nur durch *modellierende Osteotomie* wiederherstellen.

Luxationsfrakturen des Talushalses, die sich nach dem Verfahren von Böhler *nicht reponieren lassen und Brüche des Taluskörpers mit Luxationen einzelner Fragnmete sind operativ zu behandeln.* Die Freilegung der Fraktur erfolgt von einem seitlichen Bogenschnitte aus, unter Schonung der Seitenbänder und aller mit den einzelnen Fragmenten noch in Verbindung stehenden Kapselbrücken; unter Zuhilfenahme von Faßzange und Elevatorium werden die Bruchstücke in richtigen Kontakt gebracht und, falls sie nicht zuverlässig stehen, durch *Verschraubung* an einander fixiert (Abb. 947/948). In der 2. Woche nach der Operation beginnt die konsequente *mobilisierende Nachbehandlung,* unter Vermeidung erheblicher passiver Bewegungen. Die Belastung auf anmodellierter *Einlage* soll nicht vor Ablauf von 8 Wochen erfolgen. Ist der *Sprungbeinkörper* völlig *zertrümmert* oder lassen sich einzelne Fragmente auch operativ nicht ohne vollständige Auslösung reponieren, so bleibt nur die *Exstirpation des Talus unter Erhaltung von Kopf- und Halsteil* übrig.

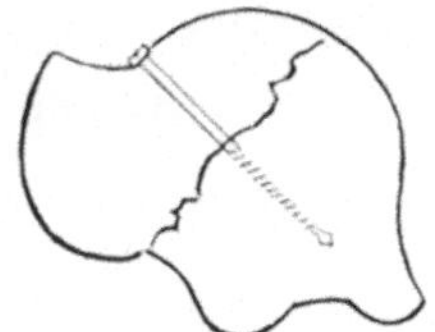

Abb. 947. Schräge Verschraubung einer Fraktur des Taluskörpers vom Halse her. (Nach Lambotte.)

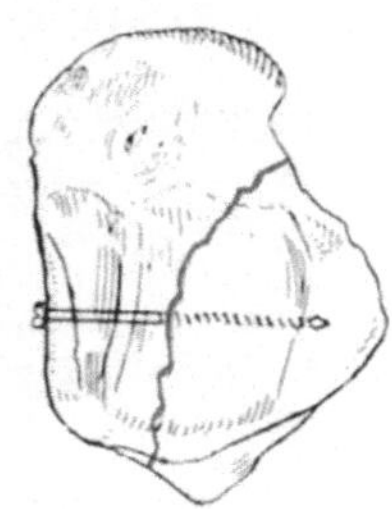

Abb. 948. Quere Verschraubung einer Längsfraktur des Taluskörpers. (Nach Lambotte.)

Wie aus verschiedenen Zusammenstellungen hervorgeht, sind die funktionellen Resultate der *Talusexcision* oft überraschend gute; gelegentlich sieht man jedoch seitliche Abweichungen des Fußes, die trotz Apparatkorrektur erhebliche *Gehstörungen* bedingen. Die Talusexstirpation ist deshalb als *Ausnahmeverfahren* zu betrachten, das nur zur Anwendung gelangt, wenn eine rekonstruktive Reposition unmöglich ist.

Die *Fraktur des Processus posterior tali* wird *mobilisierend* behandelt. Dauernde Beschwerden, besonders Schmerzen bei belasteter Plantarflexion des Fußes, können sekundäre *Exzision des kleinen Fragmentes* bedingen, die am besten von einem seitlichen, vor der Achillessehne angelegten Schnitt aus vorgenommen wird. Spätexzisionen geben nicht immer befriedigende Resultate.

Für *offene Talusfrakturen* empfiehlt sich *Drahtextension in der Mitte des Kalkaneuskörpers* zur breiten Offenhaltung des Gelenkraumes. Erweist sich die Fraktur als schwer infiziert, so muß der *Taluskörper entfernt* werden, um freien Abfluß und übersichtliche Wundverhältnisse zu schaffen. In solchen Fällen wird die Zugbehandlung mit fixierenden *Gipsschienenverbänden* kombiniert.

II. Frakturen des Calcaneus (Fersenbeinbrüche).

Kapitel 1.

Bruchformen, Entstehungsmechanismus, Symptome und Verlauf.

Frakturen des Calcaneus gelangen wesentlich häufiger zur Beobachtung als Talus- und anderweitige Fußwurzelbrüche, offenbar weil bei Fall auf die Füße die Gewalt in erster Linie das Fersenbein trifft. In einer erheblichen Anzahl von Fällen ist der Fersenbeinbruch mit Frakturen des *Talus,* der *Malleolen*

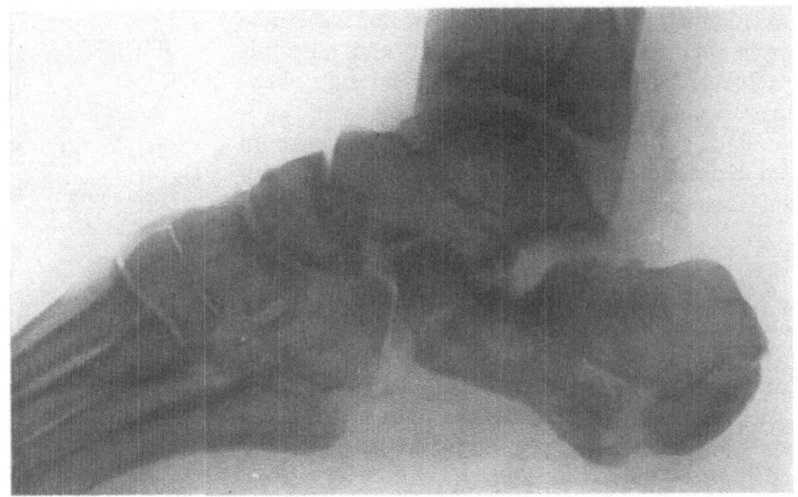

Abb. 949. Kompressionsfraktur des Fersenbeins mit Bildung von vier Fragmenten.

oder anderer *Fußwurzelknochen kombiniert*; so fand GOLEBIEWSKI auf 59 Fälle von Calcaneusbruch in allen bis auf zwei derartige Begleitfrakturen, LEMMEN unter 65 Fersenbeinbrüchen 34mal gleichzeitige Talusbrüche, 17mal begleitende Malleolarfrakturen und 6mal komplizierende Talus- und Knöchelfrakturen. Doch ist die *isolierte Fraktur des Fersenbeines* nach neueren Zusammenstellungen sicher wesentlich häufiger als man nach diesen Mitteilungen annehmen dürfte. Nicht so selten ist der Fersenbeinbruch *doppelseitig,* was bei der Identität des gleichzeitig beide Füße betreffenden Traumas nicht verwunderlich erscheint (Abb. 949/950 und 951).

Die Großzahl der Fersenbeinbrüche entsteht durch Fall *aus größerer Höhe auf die Füße*; doch kann schon ein Sturz aus ein bis anderthalb Meter genügen, um eine Calcaneusfraktur hervorzurufen. Seltener ist die Ursache eine *lokalisierte direkte Gewalteinwirkung,* besonders in Form der Überfahrung oder infolge umschriebener Einwirkung eines fallenden Gegenstandes auf die Ferse. Dazu kommen noch typische, das Ansatzgebiet der Achillessehne betreffende *Rißfrakturen.*

Die Calcaneusfrakturen infolge eines Falles auf die Füße werden meist promiscue als *Kompressionsfrakturen* bezeichnet; diese Benennung trifft jedoch nur für diejenigen Fersenbeinbrüche zu, die unter der Einwirkung des in den Calcaneuskörper eindringenden Talus entstehen, also für die regellosen *Zertrümmerungs-* und *Zermalmungsbrüche,* sowie für Frakturen, die infolge *Stauchung*

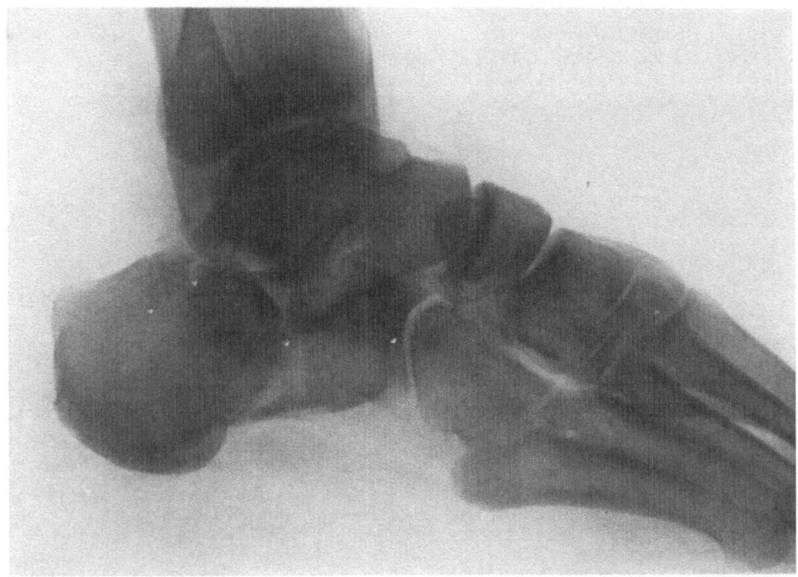

Abb. 950. Kompressionsfraktur des Calcaneus, die mittlere Partie betreffend.

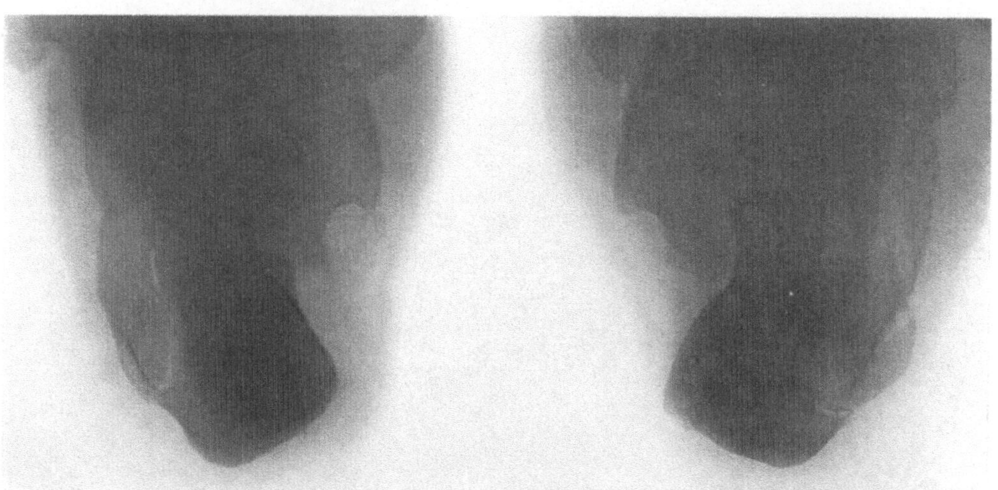

Abb. 951. Dorso-Plantaraufnahme von hinten zu Abb. 949/950; Fraktur beider Fersenbeine.

in der Längsachse des Fersenbeines von der unteren Kante des Tuber her zustande kommen, wie die schräge *Abscherungsfraktur* (Abb. 952, 953). Naturgemäß erweist sich gewöhnlich derjenige Teil des Fersenbeines vorwiegend komprimiert, der von der Gewalt zuerst und am stärksten betroffen wurde; somit ist in gewissem Ausmaße die Stellung des Fußes im Momente des Aufschlagens

für die Lokalisation der Verletzung maßgebend. So verstehen wir, daß bei
Fall auf die laterale Kante des adduzierten Calcaneus die laterale Corticalis,
bei Fall auf den inneren Rand der Ferse bei abduziertem Fuß die mediale Wand

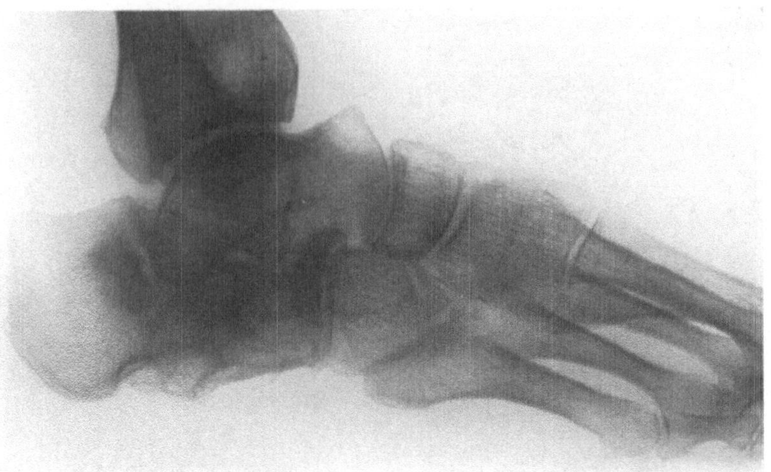

Abb. 952. Regellose Zertrümmerungsfraktur des Fersenbeins; Plantarverschiebung der mittleren
Partien mit starkem Einsinken des Talus.

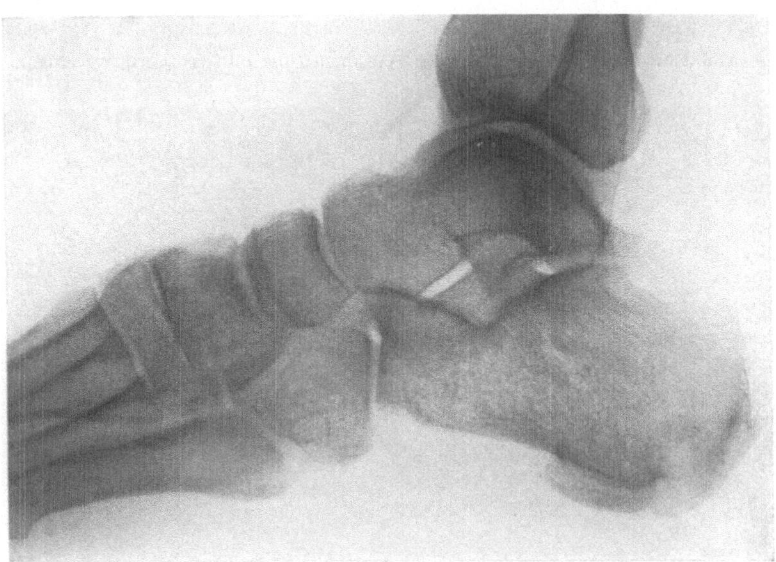

Abb. 953. Schräge Abscherungsfraktur des Calcaneus.

des Calcaneus abgesprengt sind, während Aufschlagen mit dem Fersenhöcker
bei dorsalextendiertem Fußgelenk zu Stauchungsbrüchen des hinteren Fortsatzes, Fall auf den im rechten Winkel stehenden Fuß zu Zertrümmerung des
Fersenbeinkörpers führt.

Während in gewissen Fällen die Zertrümmerung eine regellose ist (Abb. 952),
lassen sich bei anderen Fersenbeinbrüchen bestimmte Frakturlinien unter·

scheiden (s. Abb. 954); es handelt sich um ein System von frontal gestellten Querbrüchen, die teilweise nach dem Sinus tarsi konvergieren, sowie um Längsfrakturen, die parallel der Unterfläche des Fersenbeins, schräg ansteigend oder nach vorne absteigend verlaufen (vgl. Abb. 949 und 950). Dazu können sich sagittal gestellte Frakturebenen gesellen.

Daneben gibt es eine Anzahl *isolierter Frakturen*, die als *Abscherungs-, Stauchungs-* oder *Biegungsfrakturen* von den Kompressionsbrüchen abzugrenzen sind. Zunächst kann eine isolierte, schräg von hinten-unten nach vorne-oben in der Richtung des hinteren radiären

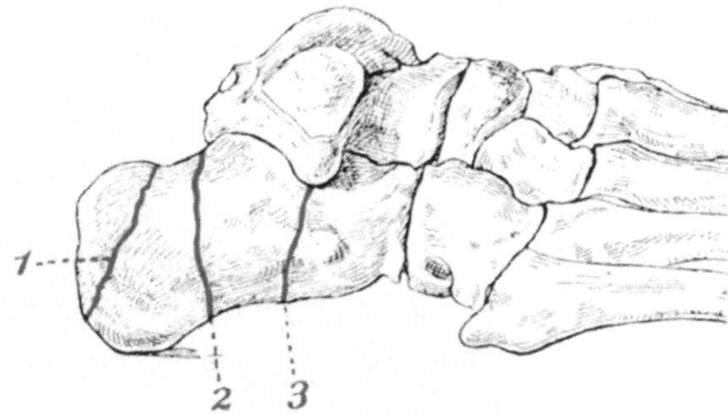

Abb. 954. Rißfraktur des Fersenbeins (1) und frontale Körperfrakturen (2, 3); schematisch.

Strebensystems verlaufende Fraktur, wie sie in Abb. 953 als Abschiebungsfraktur dargestellt ist, *durch Stauchung* entstehen, indem die hintere Hälfte des Calcaneus vom Tuber zur hinteren Artikulationsfläche mit dem Talus unter Längsdruck gesetzt wird (vgl. Abb. 954).

Ferner sieht man Frakturen, die den ganzen hinter der Gelenkverbindung mit dem Talus befindlichen Teil des Fersenbeines, also den sog. *Processus posterior*, durch eine im wesentlichen frontal orientierte, in ihrem unteren Abschnitt schräg nach hinten auslaufende Bruchebene abtrennen (Abb. 954 u. 955). Hier handelt es sich um eine *Kombination von Abscherung und Biegung*; durch den Stoß in der Unterschenkelachse, den der Talus überträgt, wird der vordere Teil des Fersenbeines in vertikaler Fortsetzung der hinteren Tibiakante vom hinteren, durch den Tuber am Boden unterstützten Teil

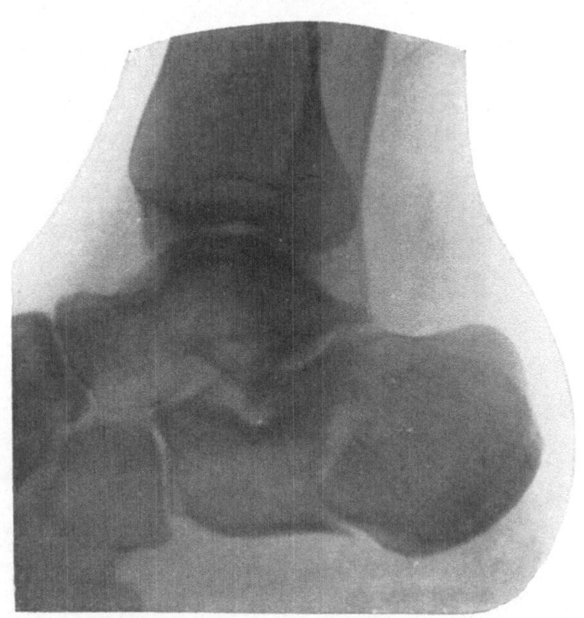

Abb. 955. Frontale Calcaneusfraktur an der Grenze des hinteren Fersenbeinfortsatzes, durch Abscherung und Biegung entstanden. (Nach BORCHARDT.)

abgeschert. Unter zunehmendem Druck macht sich gleichzeitig eine biegende Komponente geltend, so daß die Fraktur durch Flexion vollendet wird (siehe Abb. 955). Diese Bruchform darf jedenfalls nicht als reiner Rißbruch aufgefaßt werden, wenn auch der Zug der Wadenmuskulatur am hinteren Abschnitt des Fersenbeines die Biegung gelegentlich unterstützen dürfte. *Reine Rißfrakturen*

betreffen vielmehr ausschließlich den hinteren und oberen Abschnitt des
Processus posterior: sobald eine Fraktur in der Plantarfläche des Tuber

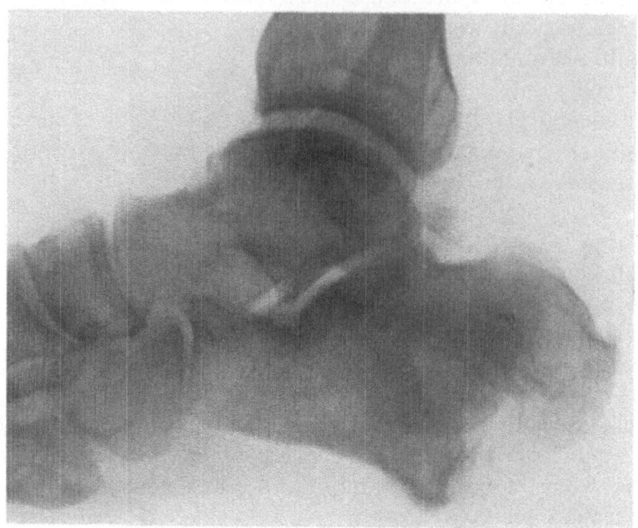

Abb. 956. Kompressions-Abrißfraktur des Processus posterior calcanei, mit scharnierartiger
Verschiebung des hinteren Fragments geheilt.

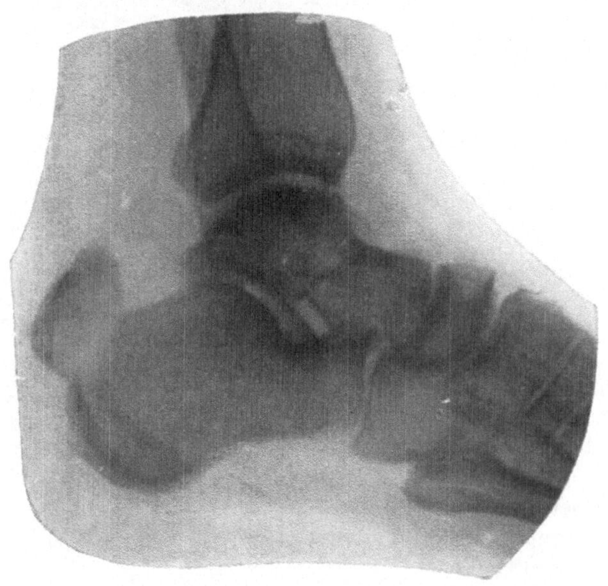

Abb. 957. Abrißfraktur am Fersenbeinhöcker. (Nach BORCHARDT.)

ausmündet, ist eine Kompressions- (Abb. 956), Abscherungs- oder Biegungskomponente mit im Spiel.

Die *Rißfrakturen am Ansatz der Achillessehne* verlaufen verschieden schräg
von der Rückfläche des Tuber nach der oberen Corticalis (Abb. 954/1, 957) oder

parallel zur hinteren Circumferenz des Fersenbeines. Letztere Form ist nicht mit der normalen *Calcaneusepiphyse* (Abb. 936) zu verwechseln. Der sog. *Entenschnabelbruch*, durch den die obere Kante des Tuber mit einer nach vorne auslaufenden Corticalislamelle von der oberen Fläche des hinteren Fortsatzes abgetrennt wird (Abb. 958), ist kein Rißbruch, weil er außerhalb des Ansatzgebietes der Achillessehne liegt; es handelt sich um Randbrüche durch *Längs-*

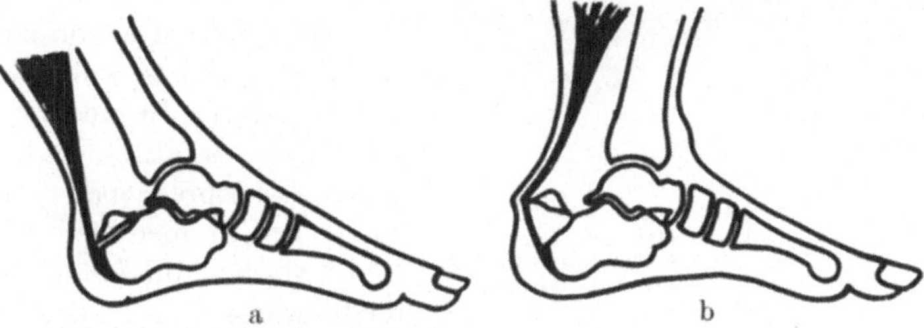

Abb. 958. Entenschnabelbruch des Tuber calcanei; a Lage des Corticalisfragmentes bei Plantarflexion des Fußes, b scharnierartige Hebung durch die Achillessehne bei Dorsalextension. (Nach BÖHLER.)

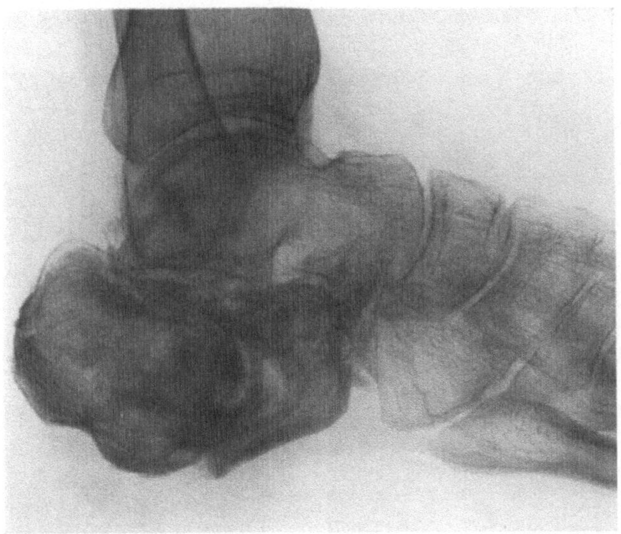

Abb. 959. Kompressionsbruch des Fersenbeins mit Drehung des Tuber nach oben und Aufhebung des Tuber-Gelenkwinkels.

oder *Querstauchung* (vgl. Abb. 958). Das Abrißfragment ist entweder scharnierartig nach oben geklappt (siehe Abb. 956) oder verschieden weit in der Zugrichtung der Wadenmuskulatur verlagert (Abb. 957). Die reinen Rißbrüche entstehen stets durch eine unkoordinierte Kontraktion des Triceps surae, wenn diese Muskelgruppe bei einem Sprung auf den Vorderteil der Fußsohle oder bei einem Fehltritt zur Erhaltung des Gleichgewichts plötzlich in Aktion tritt. Auch kann durch einen heftigen Schlag auf die Achillessehne eine *passive Abrißfraktur* am Calcaneus zustande kommen. Manchmal findet sich die *Rißfraktur mit Frakturen des Calcaneuskörpers kombiniert.*

Neben diesen Frakturformen sieht man als seltenere Vorkommnisse *Frakturen des Sustentaculum tali, Brüche* des unkonstanten *Processus inframalleolaris sive trochlearis* sowie *Frakturen des Processus medialis tuberis calcanei*, an dem die Sohlenmuskeln entspringen.

Diese *Apophysenfrakturen* werden seltener isoliert als in Begleitung von Brüchen des Fersenbeinkörpers beobachtet.

Die isolierte *Fraktur des Sustentaculum tali* entsteht bei Fall auf die laterale Kante des adduzierten und supinierten Fußes, wobei das Sustentaculum durch die mediale Kante des Sprungbeines direkt abgequetscht wird. Entsprechend verliert der Talus seinen medialen Hauptstützpunkt (siehe Abb. 935/I) und weicht medialwärts ab; dadurch wird

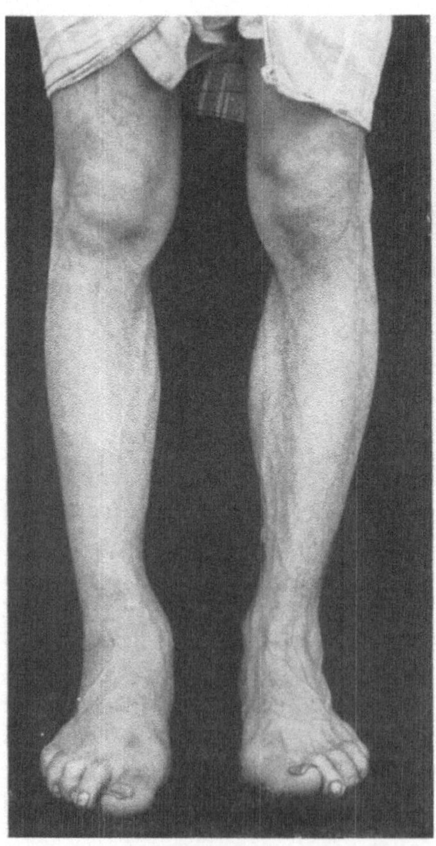

der Fuß sekundär bei Belastung in eine *Pronations- und Valgusstellung* gedrängt.

Der *Bruch des Processus inframalleolaris* kann unter der Zugwirkung des

Abb. 960.
Konstruktion des sog. Tuber-Gelenkwinkels nach BÖHLER, zur Beurteilung der Dislokationen in der Sagittalebene bei Fersenbeinbrüchen.

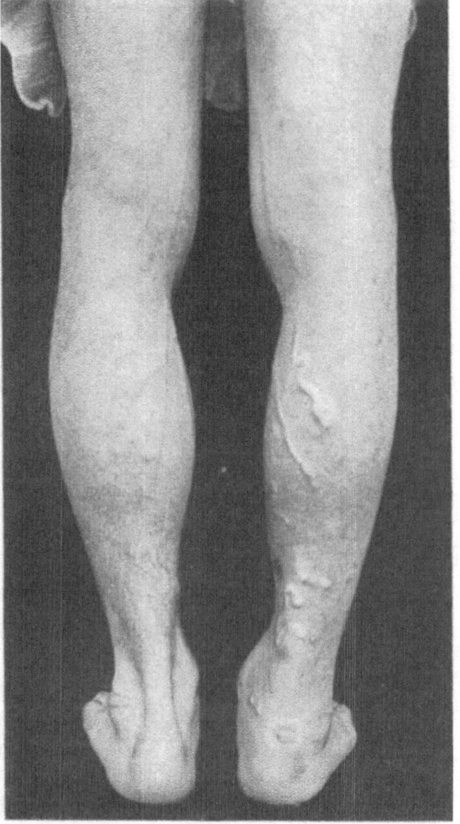

Abb. 961 a. Status bei rechtsseitigem Fersenbeinbruch; Verschwinden des normalen Knöchelreliefs; pes plano-valgus.

Abb. 961b. Fußrelief bei rechtsseitiger Calcaneusfraktur in der Ansicht von hinten. Starke Verbreiterung der Ferse.

Ligamentum calcaneo-fibulare zustande kommen (BIDDER); nach GOLEBIEWSKI dürfte eher direkte Gewalteinwirkung verantwortlich sein.

Frakturen des Processus medialis des Tuber calcanei entstehen sowohl unter der Zugwirkung der kurzen Sohlenmuskeln (Adductor hallucis, Flexor digitorum brevis, Quadratus plantae) als durch direkte Traumen. Als individuelle Besonderheit findet sich nicht so selten eine exostosenartige Verlängerung des Processus medialis nach vorne hin, die als *Calcaneussporn* (Abb. 942b) beschrieben wurde; dieser Fortsatz ist bei der Entstehung von Kompressionsbrüchen gleichzeitiger Frakturierung ganz besonders ausgesetzt.

Im Seekrieg gelangten eine große Anzahl zum Teil sehr schwerer, auch durch äußere Wunden komplizierter Fersenbeinbrüche zur Beobachtung, entstanden unter der Wirkung des blitzschnellen Stoßes, den das durch Explosion — Torpedotreffer — gehobene Deck den auf ihm stehenden Menschen mitteilt (ZUR VERTH). Bei diesen Calcaneusfrakturen erfährt der Talus häufig eine Drehung im Sinne der Plantarflexion und bohrt sich dann mit dem Kopfteil in das Fersenbein, oder dreht sich im Sinne der Dorsalextension und dringt mit der hinteren Kante in den Calcaneus. Neben diesem *Plantarflexions-* und *Dorsalextensionsbruch unterscheidet* ZUR VERTH noch einen *Verdrängungsbruch*, charakterisiert durch Einpressung des Sprungbeines in das in Trümmer gehende Fersenbein.

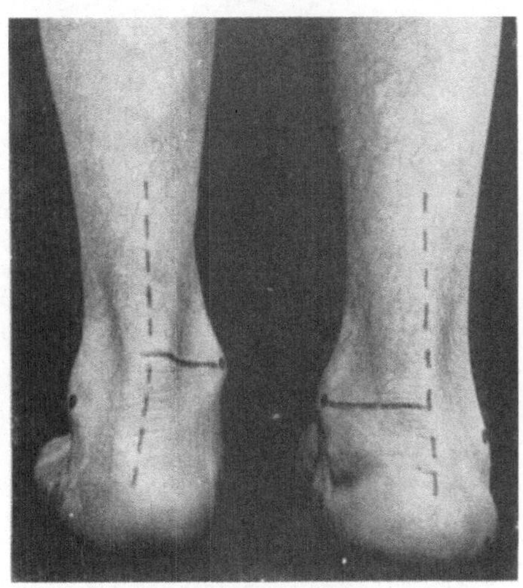

Abb. 962. Status bei rechtsseitiger Calcaneusfraktur; Tiefertreten beider Knöchel.

Die *Symptome* der ausgeprägten Calcaneusfraktur sind außerordentlich charakteristische; gleichwohl wird die Verletzung erfahrungsgemäß häufig verkannt. Meistens wird zunächst das Vorhandensein einer einfachen Quetschung, Distorsion oder Bänderzerreißung angenommen, bis die lange Dauer der Beschwerden oder sekundäre Veränderungen des Fußreliefs eine nachträgliche Röntgenuntersuchung veranlassen, die den Fall aufklärt. Bei sorgfältiger Untersuchung läßt sich jedoch die große Mehrzahl der Fersenbeinbrüche auch ohne dieses Hilfsmittel diagnostizieren. Schon die *Veränderung der äußeren Form des Fußes* muß den Verdacht auf eine Verletzung des Fersenbeines hinlenken. Diese Formveränderung hängt von der *Dislokation der Fragmente* ab.

Sowohl bei regellosen Zertrümmerungsbrüchen als bei kombinierten Quer- und Längsbrüchen sowie bei isolierten Querfrakturen ist die normale, in ihrem hinteren Abschnitt durch den schräg nach vorne ansteigenden Calcaneus gebildete *Wölbung des Fußes vermindert oder aufgehoben* (vgl. Abb. 952/959). Die von der Mitte des Tuber nach dem unteren Rande der hinteren Gelenkfläche verlaufende *Längsachse des Calcaneus* schneidet in ihrer Verlängerung die obere Gelenkkante des Taluskopfes und bildet mit der Auflageebene des Fußes in der Regel einen

Winkel von 30—35°, mittlere Wölbung des Fußes vorausgesetzt. Diese Achse verläuft bei den erwähnten Fersenbeinbrüchen weniger steil, horizontal — in ihrer Verlängerung den unteren Rand des Naviculare schneidend — gelegentlich sogar nach hinten ansteigend. Dem entspricht die Reduktion oder Aufhebung des sog. Tuber-Gelenkwinkels, dessen Konstruktion nach BÖHLER Abb. 960 zeigt.

Beim gewöhnlichen *Kompressionsbruch* sind die mittleren Partien des Fersenbeinkörpers stark plantarwärts verschoben (Abb. 959); der *Processus posterior* mit dem Tuber erfährt, zum Teil unter der Wirkung des Triceps surae, eine Drehung nach oben, so daß eine *nach oben offene Knickung der Calcaneuslängsachse* entsteht. Gelegentlich ist das hintere Fragment auch adduziert. Da bei ausgedehnter Zertrümmerung des Mittelteils die Sohlenmuskeln das Tuberfragment nach vorne ziehen, entsteht eine *Verkürzung des Fußes*. Ferner sind die abgesprengten *Seitenwände lateralwärts* und *medialwärts disloziert*, was eine Verbreiterung des Fersenbeines von 3—3,5 cm auf 5—6 cm bewirkt. Die hintere Hauptgelenkfläche des Calcaneus ist gewöhnlich schräg gespalten; auch die Facies articularis media und anterior können frakturiert sein. Auf diese Weise

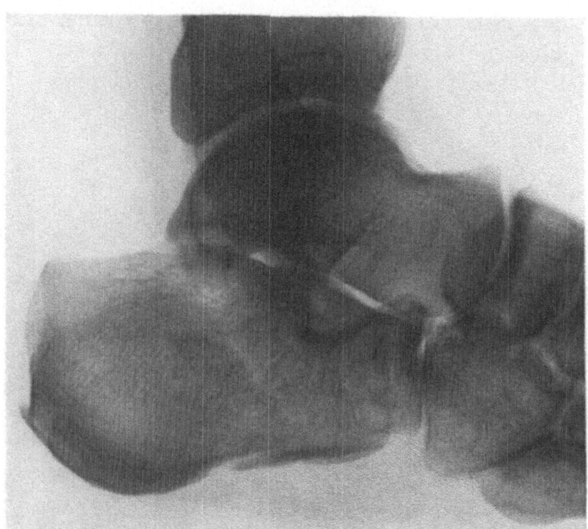

Abb. 963. Fersenbeinbruch mit plantarer Verschiebung des vorderen Fragmentes.

erhält die *Ferse* bei Zertrümmerungsbrüchen des Calcaneus eine ganz besonders *plumpe und gedrungene Form* (Abb. 959/961/962).

Auch bei *isolierten frontalen Frakturen*, besonders bei Abbruch des ganzen Processus posterior, knickt der Calcaneus nach unten ein, auch wenn das Tuberfragment seine schräg aufsteigende Lage beibehält, weil das vordere Fragment durch die brechende Gewalt plantarwärts verschoben wird. Dadurch erhält es gelegentlich eine stärker ansteigende Verlaufsrichtung und wird aus seiner Gelenkverbindung mit dem Cuboid nach oben oder seitlich subluxiert (Abb. 963). Diese charakteristischen Verschiebungen bedingen eine verschieden hochgradige, jedoch stets auffällige *Abflachung des Fußgewölbes,* die zum Teil auch durch *Bluterguß* und *reaktive Schwellung* der Weichteile bedingt wird, und in *Sohlenabdrücken* augenfällig zum Ausdruck kommt.

Noch auffälliger ist die Veränderung der Fußform bei Betrachtung von vorne und von hinten. Lateralverschiebung der Seitenwandfragmente und Bluterguß, bei alten Frakturen Calluswucherungen, führen zu einer starken *Verbreiterung der Ferse* unterhalb der *Malleolen,* deren normales *Relief verwischt* wird. Die normalen Einsenkungen in der Circumferenz der Knöchel, besonders des äußeren, sind ausgefüllt (Abb. 961/962); unterhalb der Knöchel fühlt man die knochenharte Resistenz des verbreiterten Fersenbeinkörpers. Die *Malleolenspitzen stehen dem Fußboden näher* als auf der gesunden Seite, und zwar ist der Tiefstand des inneren Knöchels meist ausgeprägter, weil gemäß der physiologischen Abductionsstellung der Calcaneus an seiner inneren Kante meist stärker komprimiert wird. Wir sehen denn auch bei Calcaneusbrüchen ebenso oft eine akzentuierte Valgusstellung als eine adduzierte Ferse (Abb. 961).

Besonders charakteristisch ist die Art der *Funktionsstörung*. Die Verletzten können den Fuß überhaupt nicht belasten, weil das Aufsetzen der Ferse sehr schmerzhaft ist; auch die Belastung der Fußspitze löst infolge der Zugwirkung des Triceps surae Schmerzen aus. Da infolge der Verschiebung des Tuber nach oben die Achillessehne relativ zu lang geworden ist, vermögen die Verletzten auch nach erfolgter Heilung in dieser Stellung den Fuß nicht normal abzuwickeln und können auch nicht sicher auf den Zehen stehen.

Das Fersenbein ist sowohl auf Druck von der Ferse her als namentlich auf quere Kompression sehr empfindlich. Bei Frakturen des hinteren Fortsatzes läßt sich gelegentlich *falsche Beweglichkeit* verbunden mit *Crepitation* nachweisen. Unbelastete Bewegungen im Talocruralgelenk sind frei, wogegen aktive Pro- und Supination, die zum Teil in den

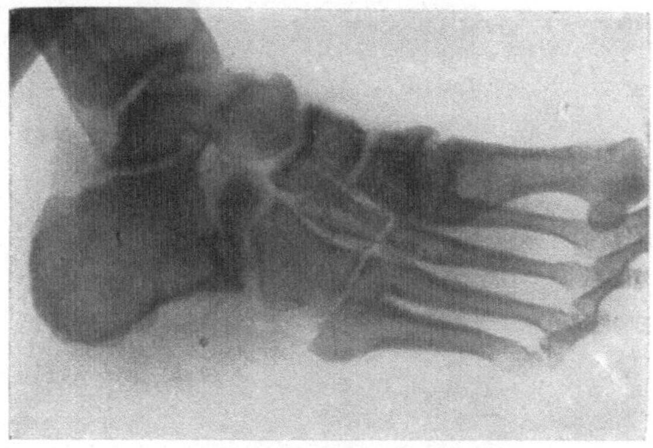

Abb. 964. Pathologische Fraktur des vorderen Calcaneusabschnittes infolge von Tabes. (Nach Borchardt.)

Gelenken zwischen Calcaneus, Talus und Cuboid vor sich gehen, gar nicht ausgeführt werden. Passiv sind diese Bewegungen äußerst schmerzhaft. Bei Abrißfrakturen am Processus posterior verliert die Wadenmuskulatur ihren Einfluß auf den Calcaneus. Der Fuß steht dann etwas dorsal extendiert und kann aktiv gar nicht, bei unvollständiger Fraktur jedenfalls nicht gegen Widerstand plantarflektiert werden. Gelegentlich fühlt man das nach oben abgewichene Abrißfragment, oder eine Einkerbung an der Rückfläche des hinteren Fortsatzes.

Frakturen des Sustentaculum tali zeigen sekundäre Abductions- und Pronationsstellung des Fußes und sind ferner an der umschriebenen Druckempfindlichkeit erkennbar. Die *Brüche des Processus medialis* bedingen ebenfalls, wie die seltenen *Frakturen des Processus inframalleolaris, umschriebenen Druckschmerz*; der abgebrochene Processus medialis läßt sich gelegentlich als beweglicher Körper durchfühlen.

Calcaneusfrakturen, die auf relativ geringfügige Gewalteinwirkung zustande kamen, erwecken, wie die analogen Brüche der kleinen Fußwurzelknochen, den Verdacht auf Erkrankungen des Nervensystems, im besonderen auf *Tabes*. Eine derartige Fraktur des Processus anterior calcanei, die auch hinsichtlich ihrer Lokalisation ungewöhnlich erscheint und mit der Fraktur eines Os cuneiforme kombiniert war, zeigt Abb. 964 nach Borchardt.

Entscheidend für die Diagnose ist, besonders in Fällen ohne Fragmentverschiebung, das Resultat der *Röntgenuntersuchung*. Für die Erkennung von Fissuren ohne Dislokation sowie von leichteren Kompressionen sind nur gute

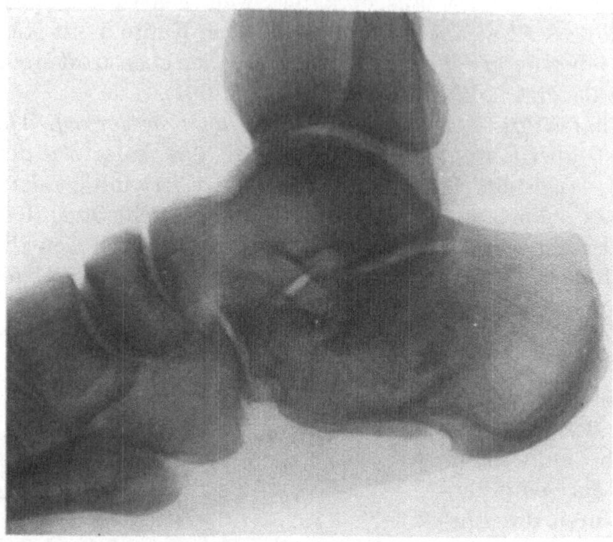

Abb. 965a. Fersenbeinfraktur, geringe Verschiebung des vorderen Fragmentes nach unten, Unterbruch des schräg aufsteigenden Strebensystems.

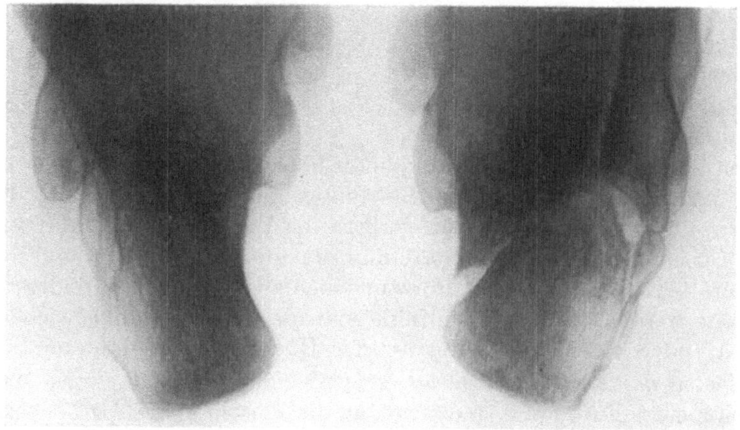

Abb. 965b. Vergleichsaufnahme beider Fersenbeine von hinten-oben plantarwärts; Frontalaufnahme zu Abb. 965a. Rechtseitige Calcaneusfraktur mit Verschiebung eines Wandfragmentes medialwärts und Adduction des Tuberfragmentes.

Röntgenogramme verwertbar, die ein klares Bild der charakteristischen statischen Architektur geben. Oft weist in solchen Fällen nur eine regionäre Verwischung der Zeichnung oder der Unterbruch eines Strebensystems auf die Knochenverletzung hin (vgl. Abb. 965a). Die *seitliche Aufnahme erfolgt* von innen nach außen, mit Einstellung auf die vordere obere Kante des Fersenbeines; eine gute Seitenaufnahme soll gleichzeitig Überblick über das Fußgewölbe geben und auch den Talus sowie das Talocruralgelenk klar darstellen. Zur

Beurteilung von Fissuren und feineren Strukturveränderungen sind *Vergleichs-aufnahmen* vom gesunden Fuße wertvoll (vgl. Abb. 965a mit 938/973b). *Die Aufnahme vom Dorsum des Fußes her* bei maximaler Plantarflexion ergibt wegen der Überlagerung des Fersenbeines durch den Talus meist kein klares Bild; Lateraldislokationen und seitliche Ausstauchung des Fersenbeines sowie die charakteristische Verbreiterung des Calcaneus infolge Callusbildung bei alten Frakturen sind viel besser erkennbar in *Aufnahmen von hinten-oben*, gemäß dem Vorschlage von LUDLOFF und SETTEGAST. Der Patient wird zu diesem Zwecke mit beiden Füßen auf die Plattenkassette gestellt und angewiesen, Knie und Fußgelenk leicht zu beugen; zur Innehaltung dieser Stellung müssen sich die Patienten gegen einen Tisch oder eine Stuhllehne stützen können, und nur das gesunde Bein belasten. Die Projektion erfolgt dann von hinten-oben nach vorne-unten plantarwärts, mit Einstellung auf die obere Fläche des Processus posterior calcanei. Wie Abb. 965b zeigt, gibt diese Aufnahmetechnik bei gleichzeitiger Projektion beider Fersenbeine sehr instruktive Vergleichsaufnahmen, die namentlich für die gutachtliche Beurteilung älterer Fälle von Wert sind[1].

Der Verlauf der Calcaneusfrakturen hängt in erster Linie davon ab, ob die Fraktur zu erheblicher Formveränderung des Fersenbeines und des Fußes führte, oder ob sie keine wesentliche Fragmentdislokation aufweist. Doch beansprucht die Heilung durchwegs erhebliche Zeit, und es ist denn auch, wie BORCHARDT mit Recht hervorhebt, die *lange Heilungsdauer* für *Fersenbeinbrüche* direkt *pathognomonisch.* Handelt es sich um leichte Fälle ohne jede Formveränderung des Calcaneus, so wird man bei allzu früher Belastung durch die erhebliche Schmerzhaftigkeit beim Gehen überrascht sein. Im allgemeinen bleibt bei diesen „leichten" Fersenbeinbrüchen die Belastung durch das Körpergewicht etwa während 3 Monaten schmerzhaft; dann nehmen die Beschwerden sukzessive ab. Doch kann ein ganzes Jahr vergehen, bevor wieder normale, schmerzlose Belastungsfähigkeit des betroffenen Fußes erreicht ist.

Erheblich schlimmer ist die Prognose der eigentlichen Kompressionsfrakturen sowie der queren und schrägen durchgehenden Brüche mit ausgeprägter Fragmentverschiebung. Hier bleiben oft *dauernde Störungen* zurück, die um so schwerwiegender sind, je hochgradiger die Formveränderung des Fersenbeines ist. Nach der Statistik von GOLEBIEWSKI erlangte von 59 Patienten mit Calcaneusfraktur kein einziger vollständige Erwerbsfähigkeit; nach der Zusammenstellung von EHRET heilten von 47 Fällen nur 5 vollständig aus. Erheblich besser als die Ergebnisse dieser, auf reines Unfallbegutachtungsmaterial sich stützenden Statistiken lauten die Resultate der Nachuntersuchungen, die CARBOT und BINNEY an 111 Fällen von Calcaneus- und Talusfrakturen anstellten; hier zeigten nämlich 50$^0/_0$ der Patienten mit Fersenbeinbruch eine gute Arbeitsfähigkeit. Nach TIETZE wurden 32$^0/_0$, nach WESTPHAL 42$^0/_0$ wieder voll arbeitsfähig.

Die beschriebenen Formveränderungen des Fersenbeines und des Fußes führen zu erheblichen *statischen Beschwerden,* die zum Teil auf *Calluswuche-rungen, Knochenatrophie* und auf *Subluxationsverschiebungen* in den Calcanealgelenken beruhen. Steht die Ferse in Valgusstellung, so bedingt Druck der Fibulaspitze gegen den verdickten Calcaneus lokalisierte, hartnäckige *Schmerzen.* Chronische *Ödeme, Entzündungen der Achillessehnenscheide, Muskelatrophie,*

---

[1] Die Aufnahme kann bei frischen Frakturen mit Rücksicht auf die Schmerzhaftigkeit der Belastung auch in Bauchlage, Platte auf den Fußsohlen, gemacht werden.

Einschränkung der Dorsalextension sowie der Pro- und Supination des Fußes können ebenfalls zu *langdauernden Störungen* Anlaß geben. In ungünstigen Fällen wird deshalb durch Fersenbeinbrüche ein hoher Grad vorübergehender oder dauernder Invalidität bedingt, der allerdings durch eine aktive Behandlung vermieden werden kann.

Kapitel 2.

Die Behandlung der Fersenbeinbrüche.

Die *Zertrümmerungsfrakturen* sowie die *isolierten und kombinierten Frontal-* und *Längsbrüche* mit Durchknickung des Calcaneus und seitlicher Verschiebung der Wandfragmente *erfordern unbedingt Reposition* mit dem Zwecke, die normale

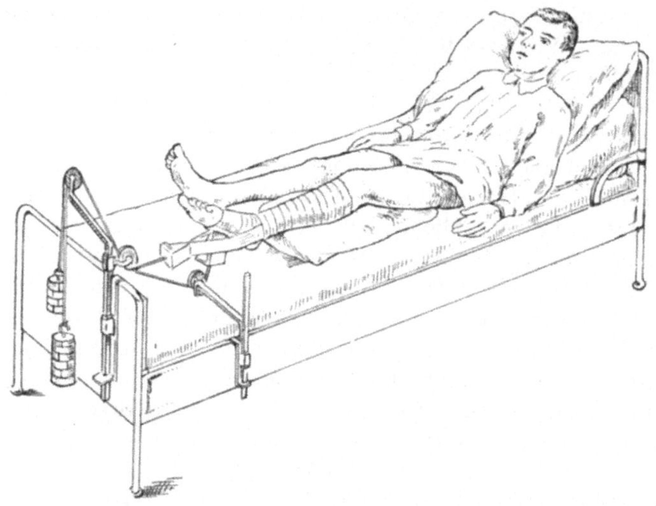

Abb. 966. Zugverband zur Behandlung der Calcaneusfraktur nach BARDENHEUER.

Fußwölbung wiederherzustellen und dem verbreiterten Calcaneus wieder einen normalen Querschnitt zu geben.

Bei einfachen *Querbrüchen* im Niveau des hinteren Talusrandes gelingt manchmal die *manuelle Reposition* des nach oben getretenen Fersenbeinhöckers in Narkose, bei vollständig entspannter Wadenmuskulatur; in solchen Fällen kann ein *Heftpflasterextensionsverband* nach BARDENHEUER angelegt werden, wie in Abb. 966 demonstriert. Neben dem Längszug, der seitlich über die Ferse verläuft und den hinteren Teil des Calcaneus nach unten zieht, wird ein den Vorderfuß flektierender Achterzug oder ein genähter Querzug angebracht, der durch Hebelwirkung das vordere Fragment dorsalwärts hebt. Diese Extensionsanordnung ist imstande, eine gelungene Reposition zu sichern, besonders wenn man noch einen Extensionsstreifen längs der Wade und über die hintere Fläche der Ferse dem Seitenzug hinzufügt; *doch hat sie keine ausreichende reponierende Kraft.* Auch genügt ihre seitliche komprimierende Wirkung, wie sie BARDENHEUER durch Einlegen einer Schnalle an Stelle des Spreizbrettes bezweckte, nicht, um den verbreiterten Calcaneus auf seinen normalen Durchmesser zurückzuführen. Wo diese Extension angelegt wird, soll sie während 5—6 Wochen wirken.

Besser ist die reponierende Wirkung eines *Drahtschlingenzuges* über dem hinteren Fersenbeinfortsatz nach dem Vorschlage von GELINSKY.

Einen wesentlichen Fortschritt in der Behandlung der Calcaneusbrüche hat das von BÖHLER *ausgearbeitete Verfahren gebracht,* das sich den Ausgleich der verschiedenen Achsenknickungen, der Verkürzung und auch der Verbreiterung des Fersenbeines zum Ziele setzt. In Lumbalanästhesie oder in Narkose wird ein rostfreier Nagel dicht oberhalb des Sprunggelenkes hinter den Unterschenkelknochen durch die Weichteile getrieben, ein zweiter durch den Ansatz der Achillessehne oder durch den hinteren-oberen Teil des Tuber calcanei. Statt des *Nagels* kann auch ein *Klammer-* oder *Drahtzug* Verwendung finden. Dann wird das Bein auf den BÖHLERschen *Schraubenzugapparat* (Abb. 944) gelegt und zunächst ein kräftiger Zug in der Achse des Unterschenkels eingeleitet, um den nach oben verschobenen Fersenbeinhöcker wieder nach hinten zu ziehen. Dann wird der Schraubenzug in die Längsachse des Fersenbeines verlegt, um so seine Verkürzung und in gewissem Umfange auch seine Verbreiterung zu beseitigen. Dieser Zug in der Längsachse des Calcaneus ist auch geeignet, eine allfällige Adductions- oder Abductionsknickung auszugleichen; ob er auch normale Beziehungen zwischen Sprungbein, Fersenbein und Cuboid herstellt und diese Gelenke entfaltet, hängt vom Zusammenhalt der Fersenbeinfragmente ab. Der Nagel hinter dem Unterschenkelknochen wirkt als zuverlässiger Gegenzug.

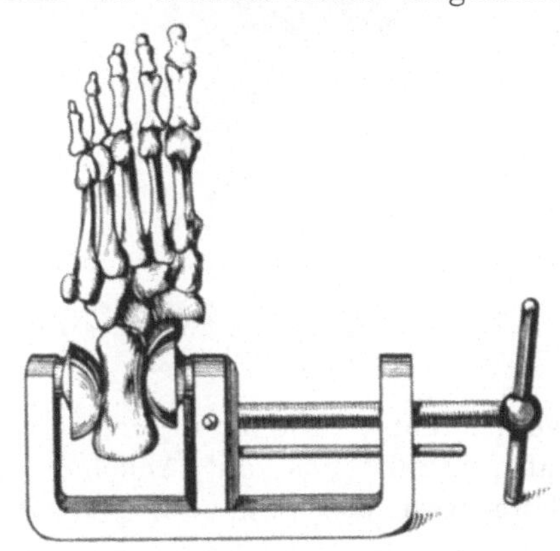

Abb. 967. Modellierung des gebrochenen Fersenbeins in einer Schraubenzwinge nach BÖHLER; Korrektur der seitlichen Fragmentverschiebung.

Die *seitliche Dislokation* der Wandfragmente des Calcaneus beseitigt BÖHLER durch quere Kompression der Ferse in einer mit zwei drehbaren Metallpelotten versehenen *Schraubenzwinge* (Abb. 967), die bis auf einen Pelottenabstand von etwa 3,5 cm zusammengedreht und dann sogleich wieder geöffnet wird, damit keine Druckschädigungen der Haut entstehen. Durch diese modellierende Querkompression wird ein annähernd normales Querprofil des Calcaneus hergestellt (vgl. Abb. 968a, b).

Zur Erhaltung der erzielten Stellung wird bei fortwirkendem Schraubenzug ein *ungepolsteter Gipsverband* angelegt, der dem Fersenbein beidseitig gut anmodelliert werden muß. Ergibt das kombinierte Kontrollröntgenogramm gute Stellung der Fragmente, so wird der hinter dem Unterschenkelknochen liegende Nagel entfernt und der Schraubenzug am Calcaneus durch eine *Gewichtsbelastung* von 3 kg ersetzt. Erfolgt die Reposition in den ersten Tagen, so wird der Gipsverband sogleich in ganzer Länge geöffnet.

Die Zugbehandlung im Gipsverband auf der Unterschenkelschiene dauert je nach der Schwere der Zertrümmerung 3—6 Wochen. Anschließend wird ein neuer, ungepolsteter *Gipsschienenverband mit Gehbügel* angelegt, der nach den Vorschriften BÖHLERs 9—14 Wochen liegen bleibt. Für die weitere Nachbehandlung wird eine *anmodellierte Plattfußeinlage* verordnet.

Der *Rißbruch* des Fersenbeines ist *operativ* zu behandeln, sobald eine ausgesprochene Verschiebung des Abrißfragmentes vorliegt, da auf keine andere Art eine anatomisch korrekte Koaptation der Fragmente erzielt und gesichert

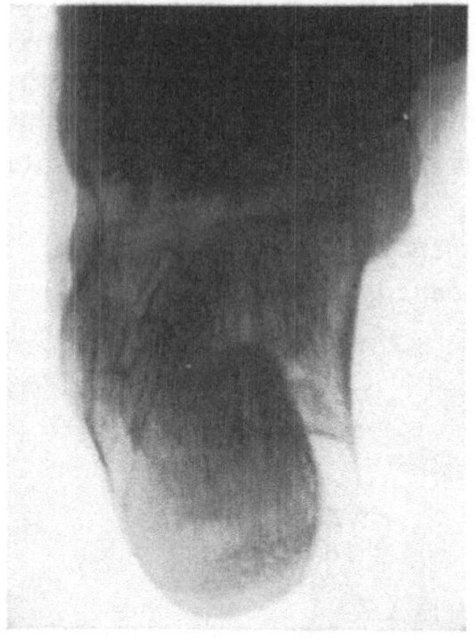

Abb. 968a. Calcaneusfraktur mit seitlicher Verschiebung des medialen Wandfragmentes. (Nach BÖHLER.)

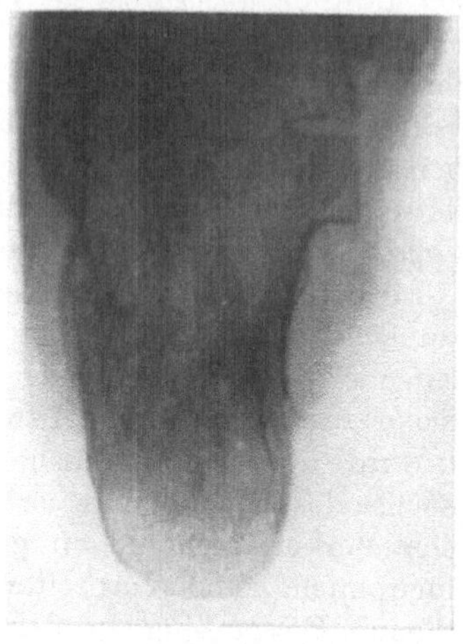

Abb. 968b. Calcaneusfraktur Abb. 968a nach Reposition in der Schraubenzwinge. (Nach BÖHLER.)

werden kann. Die Freilegung der Fraktur erfolgt von einem hinteren lateralen Schnitt aus, mit Abhebung der Haut bis über die Mitte des Tuber; dann wird das Fragment bei gebeugtem Knie und plantarflektiertem Fuß heruntergezogen und durch 1 oder 2 Schrauben fixiert.

Auch *einfache frontale Frakturen* lassen sich in einfachster Weise durch *Verschraubung* versorgen, indem man das Tuberfragment mittels Extensionszange herunterzieht und durch eine horizontal oder leicht ansteigend vorgetriebene lange Schraube zuverlässig fixiert (Abb. 969).

Die sog. *Entenschnabelbrüche* am oberen Umfang des hinteren Fortsatzes unterliegen nicht der Zugwirkung des Triceps surae, werden jedoch bei Dorsalextension des Fußes durch die Achillessehne, gegen die sich das Fragment mit seiner hinteren Kante anstemmt,

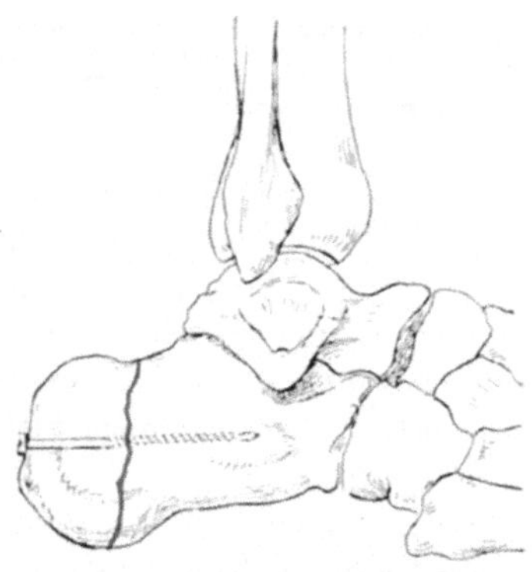

Abb. 969. Verschraubung einer Frontalfraktur des Fersenbeines.

disloziert. Durch starke Plantarbeugung des Fußes wird das Fragment vom Druck der Achillessehne befreit und läßt sich von außen in seine richtige Stellung bringen (s. Abb. 958). Die Nachbehandlung erfolgt in einem oberhalb des Calcaneus und zu beiden Seiten der Achillessehne gut anmodellierten *Gipsschienenverband mit Gehbügel*.

Frakturen des Sustentaculum tali, des *Processus trochlearis* und des *Processus medialis* heilen im allgemeinen unter *mobilisierender Behandlung* befriedigend aus; mit Rücksicht auf die wichtige Stützfunktion des Sustentaculum tali ist jedoch dessen operative Freilegung und *Anschraubung* im Falle stärkerer Verschiebung geboten, um eine sekundäre Abweichung des Talus und damit des Vorderfußes zu verhindern. Unter allen Umständen empfiehlt sich bei Frakturen des Sustentaculum vorübergehende Fixation in leichter Adduction und Supination und anschließende Verordnung einer entsprechenden *Stützeinlage.*

Geben Brüche des Processus medialis und des Processus trochlearis zu dauernden Beschwerden Anlaß, so ist *operative Entfernung der Fragmente* zu erwägen, besonders wenn röntgenographisch Knochenwucherungen nachweisbar sind.

III. Die Frakturen der kleinen Fußwurzelknochen (Os naviculare, Cuboid und Cuneiformia).

Frakturen der kleinen Fußwurzelknochen entstehen vorwiegend infolge *direkter Gewalteinwirkung* wie Überfahrung, Quetschung, durch herabfallende schwere Körper, Zermalmung bei Verschüttungen und katastrophalen Unfallereignissen; sie sind demgemäß häufig mit schweren Zerreißungen und Zerquetschungen der bedeckenden Weichteile, sowie mit anderweitigen Knochenbrüchen, namentlich solchen des Talus und Calcaneus, der Knöchel und der Metatarsalia kombiniert. Ferner sehen wir Frakturen der kleinen Tarsalia als Begleiterscheinung von Luxationen im CHOPARTschen und LISFRANCschen Gelenk (s. Abb. 970); es handelt sich hierbei wesentlich um *indirekte Brüche,* wie denn nach neueren Untersuchungen sowohl isolierte als kombinierte Frakturen der kleinen Fußwurzelknochen häufiger als bisher angenommen wurde, unter der Beanspruchung des gesamten Fußgewölbes, also auf indirekte Weise, zustande kommen.

K a p i t e l 1.

Die Frakturen des Naviculare.

Die *isolierte Fraktur des Os naviculare pedis* ist entgegen früher geltender

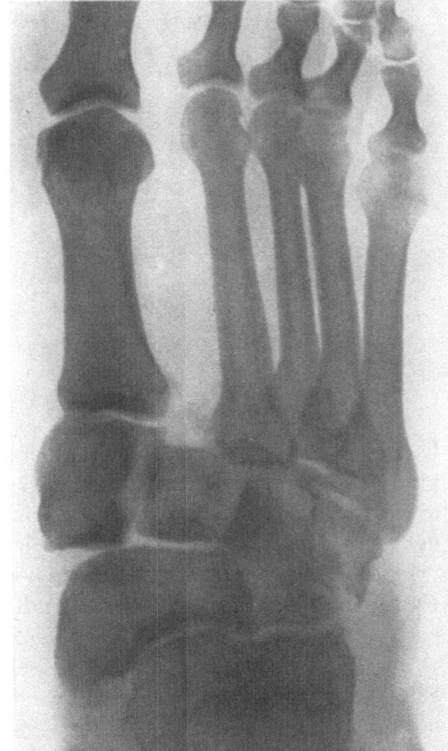

Abb. 970. Abrißfraktur am Cuneiforme I und Kompressionsfraktur des Cuboid bei Luxation im LISFRANCschen Gelenk.

Anschauung häufiger eine *indirekte*; FINSTERER fand auf 22 Navicularbrüche nur 5 unter direkter Gewalteinwirkung zustande gekommene, die zudem meist mit anderweitigen Fußwurzelfrakturen kombiniert waren. Die *direkte Fraktur des Naviculare* infolge lokaler Gewalteinwirkung auf den Mittelfuß beruht auf seiner exponierten Lage an der Kuppe des Fußgewölbes und auf seinem größeren Höhendurchmesser (Abb. 971).

Die häufigste *Ursache* für den Kahnbeinbruch ist ein *Fall aus bedeutender Höhe auf die Füße,* oder Auftreffen mit plantarflektiertem Fuß bei einem Sprunge. Dabei sind verschiedene Beanspruchungsmechanismen des Fußgewölbes denkbar. Durch Abplattung des Fußgewölbes kommt es zu einer Überdehnung der plantaren Bänder, und wenn diese dem Zug standhalten, zu einer maximalen Beanspruchung des höchsten Gewölbeabschnittes auf Druck; das Naviculare wird demgemäß zwischen den oberen Partien des Taluskopfes und der Cuneiformia komprimiert, und zeigt eine keilförmige, nach dem Dorsum pedis sich verjüngende Form. Gelegentlich sind bei dieser Genese der Navicularefraktur einzelne Fragmente nach oben luxiert. Trifft der Fuß in plantarflektierter Stellung mit den Metatarsalköpfchen am Boden auf, so wird zunächst die Biegung des Fußes, die man zur

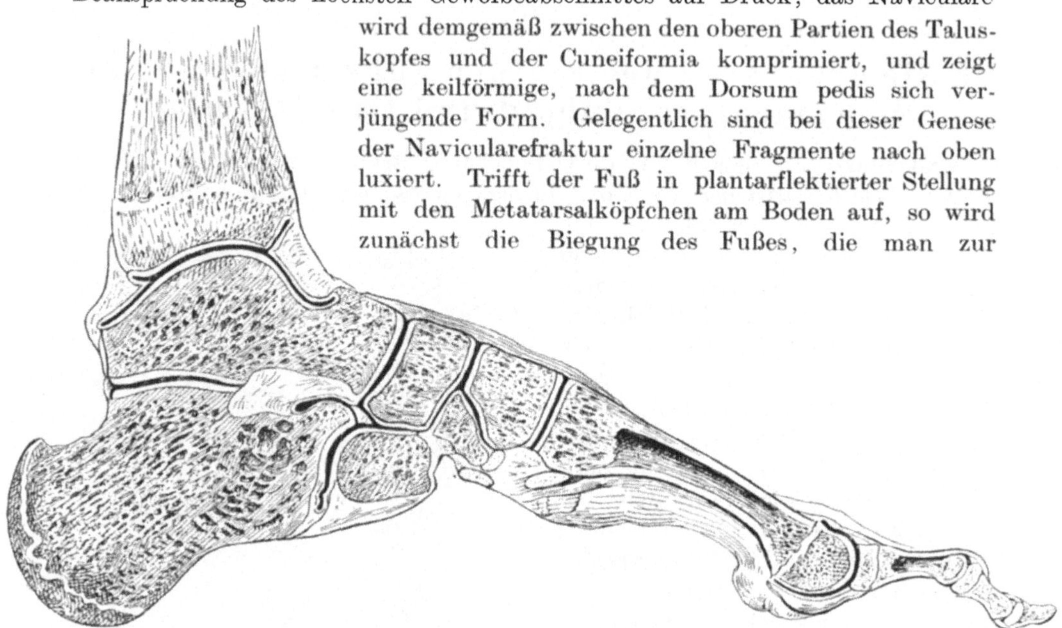

Abb. 971. Sagittalschnitt durch das Fußgewölbe nach TOLDT.

Unterscheidung von der im Talocruralgelenk vorsichgehenden Plantarflexion als *Inflexion* bezeichnet, vermehrt; reißen die dorsalen Bänder, so erfolgt eine Dorsalluxation zwischen Talus und Naviculare, halten sie dagegen zunächst stand, so wird das Naviculare in seinen plantaren Abschnitten komprimiert. Der modellierte Knochen hat dann die Form eines nach der Fußsohle hin sich verschmälernden Keils; sowohl der modellierte Fußwurzelknochen (Abb. 972) als Einzelfragmente können dorsal- oder plantarwärts herausluxiert werden. Durch seitliche Komponenten der Gewalt im Sinne der Supination-Adduction erfolgt eine maximale Beanspruchung der lateralen Partien des Fußes bzw. seiner Längs- und Schrägbänder auf Zug, unter Kompression der medialen-dorsalen Abschnitte der Gewölbekuppe; das Naviculare wird dann in seinen medialen und oberen Partien komprimiert. Gleichzeitig besteht eine *Diastase des Calcaneocuboidgelenkes.* Umgekehrt klafft nach Fall auf den Vorderfuß mit abduzierender und pronierender Einwirkung vom inneren Fußrand her die Verbindung zwischen Talus und Naviculare medialerseits, während der laterale Teil des Kahnbeines vorwiegend frakturiert ist (Abb. 973a). Begleitende Verletzung ist in letzterem Falle gelegentlich eine *Fraktur des Cuboideum* (s. Abb. 973b) sowie des *Sustentaculum tali* unter der gewaltsamen Pronation des Fußes. *Reflexion,* d. h. gestreckte Stellung des Fußes beim Auftreffen am Boden bewirkt achsengerechte Übertragung des Stoßes, vor allem in der Achse des Metatarsale I; von den sämtlichen Knochen der belasteten Reihe (vgl. Abb. 971), Metatarsale, Keilbein, Naviculare und Talus ist nun, worauf FINSTERER hinweist, das Naviculare der kürzeste, am wenigsten Widerstand bietende, und wird deshalb zuerst frakturiert. Erst sekundär brechen bei fortwirkender Gewalt Keilbein, Metatarsale oder gar der Taluskopf. Diese *Stauchungsfraktur* zeigt nach einem Sektionsbefund BERGMANNs typische Form; das Naviculare ist horizontal in ein kleineres plantares

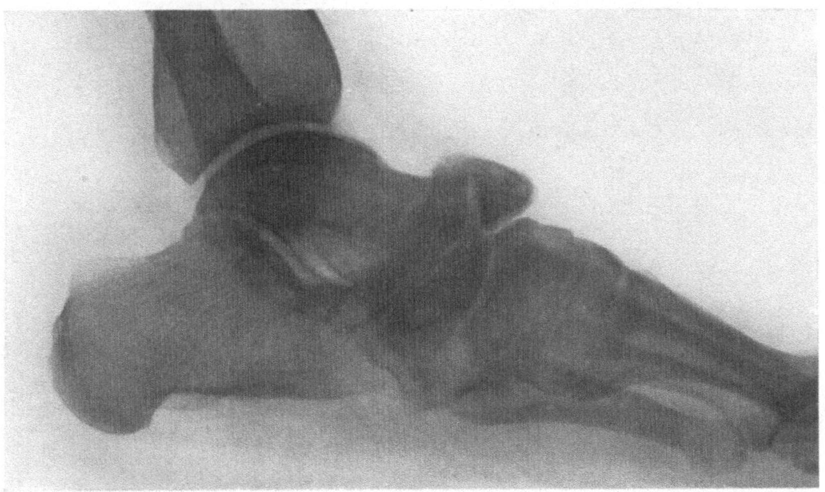

Abb. 972. Kompressionsfraktur des Naviculare mit plantarwärts keilförmiger Modellierung und Luxation.

und ein größeres dorsales Fragment gebrochen, das obere Bruchstück durch sagittal verlaufende Bruchebenen, die den Interstitien zwischen den Keilbeinen entsprechen, in nebeneinanderliegende Stücke geteilt. Charakteristische Stauchungsbrüche des Naviculare entstehen auch bei *Reitunfällen,* wenn der Fuß unter den Leib des Pferdes gerät und, auf der Spitze stehend, von der Ferse her komprimiert wird. Das Kahnbein wird dann in seinem lateralen, der Kuppe des Taluskopfes anliegenden Abschnitt maximal komprimiert und medialwärts herausluxiert (Abb. 973); gleichzeitig kann der Taluskopf eine schräge Abscherungsfraktur erleiden (vgl. Abb. 937). In anderen Fällen entsteht unter dieser Einwirkung eine den lateralen Teil des Naviculare betreffende schräge Abscherungsfraktur in der Frontalebene (Abb. 974). Diese Navicularefrakturen sind gelegentlich mit Kompressionsfrakturen des Cuboid kombiniert (vgl. Abb. 973b).

Schließlich kann noch die nach innen, hinten und unten prominierende *Tuberositas des Naviculare* abgebrochen werden, und zwar sowohl durch direkte als durch indirekte Einwirkung. Diese Fraktur ist nicht zu verwechseln mit dem sog. *Os tibiale externum,* das sich als überzähliger Knochen individuell

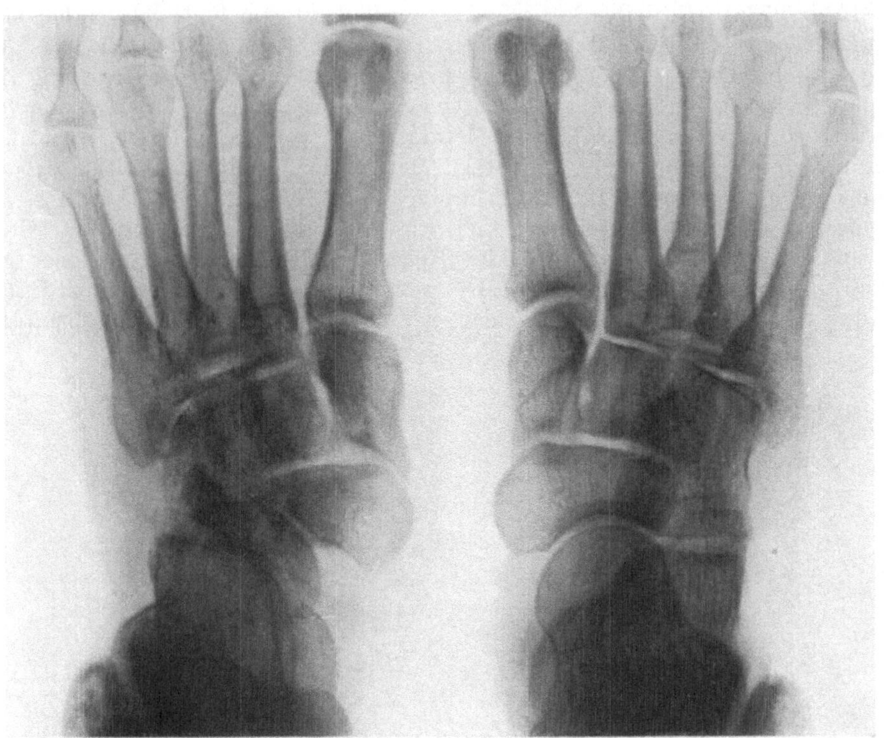

Abb. 973 a. Kompressionsfraktur des Os naviculare linkerseits, seinen lateralen Teil betreffend; Subluxation nach innen, Fraktur des Cuboid; Vergleichsaufnahme des rechten Fußes.

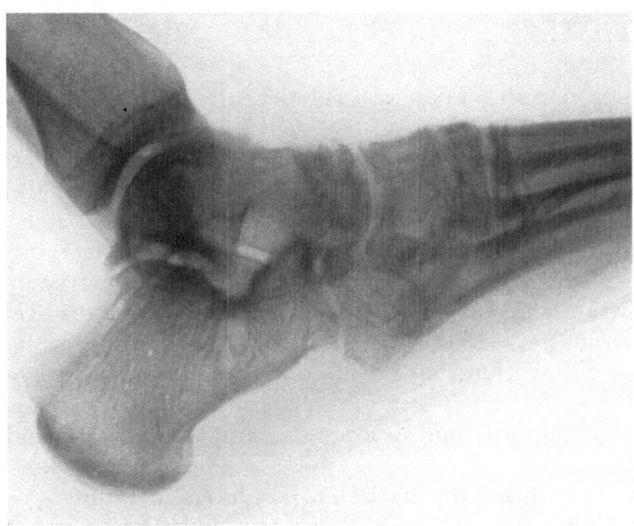

Abb. 973 b. Seitenaufnahme zu Abb. 973 a. Verschmälerung des Os naviculare infolge Kompression. Gleichzeitig Kompressionsfraktur des Os cuboideum.

vorfindet, oder mit einem *separaten Knochenkern der Tuberositas ossis navicularis* (s. Abb. 975).

Der Vollständigkeit halber ist noch das sog. KÖHLERsche *Knochenbild des Os naviculare pedis* zu erwähnen, charakterisiert durch auffällige Schmalheit, unregelmäßige Konturierung, Verwischung der Struktur und auf Zunahme des Kalkgehaltes beruhende Verdichtung. Es handelt sich um eine nichttraumatische Ossificationsanomalie, die Kinder betrifft und häufig doppelseitig vorkommt.

Die Navicularefraktur führt zu einer zuerst wesentlich den medialen Fußrand und den Fußrücken betreffenden *Schwellung,* die schon nach wenigen Stunden charakteristische, lokale Vorragungen medialwärts oder nach oben dislozierter Fragmente verdeckt. Doch fühlt man prominierende Bruchstücke im Bereiche des Kahnbeines, namentlich die abnorm nach innen vorragende, herausgestauchte Tuberositas deutlich durch, wobei ein erheblicher, *lokaler Druckschmerz* ausgelöst wird. Besonders typisch pflegt der *Fernschmerz* an der Frakturstelle bei Stoß von den Zehen her in der Achse des 1. bis 3. Metatarsale zu sein; dieses Symptom ist für die Erkennung direkter Frakturen, bei

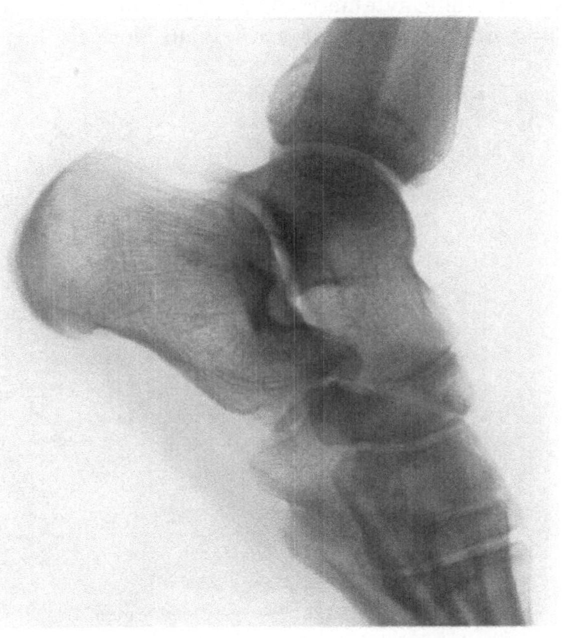

Abb. 974. Schräge Abscherungsfraktur des Naviculare.

denen der lokale Druckschmerz wegen der begleitenden Weichteilquetschung nur beschränkt verwertbar ist, von besonderer Bedeutung.

Meist ist die *Gehfähigkeit hochgradig gestört,* da der Fuß nur unter erheblichen Schmerzen belastet werden kann; die Verletzten gehen vorwiegend auf der Ferse.

Bei erheblicher Kompression des Naviculare pflegen auffällige *Formveränderungen* nicht zu fehlen, und zwar entsprechen sie dem Verletzungsmechanismus. Am auffälligsten ist die *starke Vorragung der Tuberositas am inneren Fußrand bei Subluxation* der nichtkomprimierten, medialen Partie des Knochens, besonders wenn gleichzeitig eine ausgeprägte *Abductionsknickung* vorliegt (Abb. 976). Im übrigen entspricht die Veränderung der Fußform dem Verletzungsmechanismus und der Orientierung des Kompressionskeiles. So sieht man im Gegensatz zu der Abductionsverbiegung *Adductionsknickung* und Verkürzung des medialen Fußrandes, wenn die Kompression den medialen Abschnitt des Kahnbeines betrifft.

Zertrümmerung des oberen Abschnittes führt zu Abflachung des Fußgewölbes, die auch bei den seitlichen Kompressionen nicht zu fehlen pflegt und sich bei ungenügender Behandlung oder Verkennung der Fraktur sekundär unter der Belastung ausnahmslos entwickelt.

Aktive und passive Bewegungen im Sinne der Pronation, Supination, Ab- und Adduction sind verschieden stark eingeschränkt und schmerzhaft.

Ältere Navicularbrüche lassen meist eine *umschriebene Verdickung* erkennen, die durch verschobene Fragmente oder durch Calluswucherungen verursacht ist.

Sichere Abklärung bringt nur das *Röntgenbild.* Am klarsten treten die morphologischen Veränderungen in einer *dorsoplantaren Vergleichsaufnahme beider Füße* bei völlig symmetrischer Projektion in Erscheinung (Abb. 973a); in solchen Röntgenbildern erkennt man auch doppelt angelegte *separate Kerne in der*

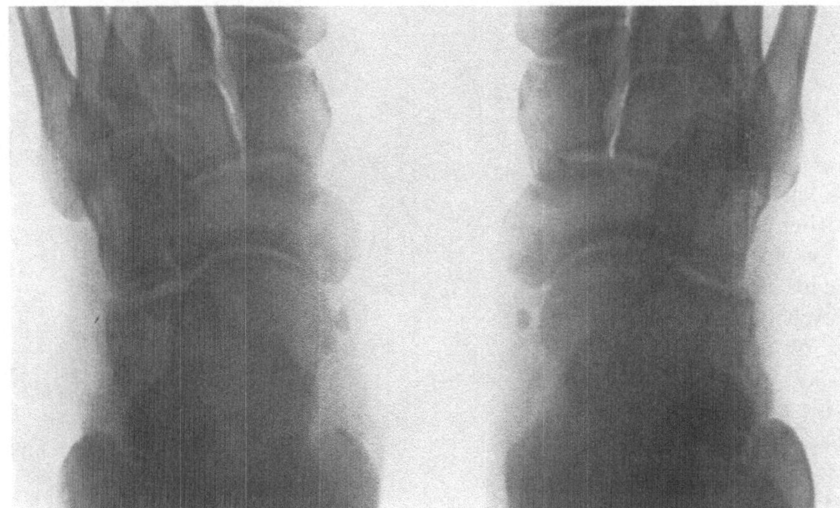

Abb. 975. Os tibiale externum, doppelseitig entwickelt.

Tuberositas sowie das akzessorische *Os tibiale externum,* die gelegentlich als Absprengungsfrakturen interpretiert werden (Abb. 975). *Seitliche Aufnahmen* zeigen das normale Naviculare als gleichmäßig über die Fläche gebogenes Rechteck; schräge Projektion läßt das Naviculare gelegentlich nach der proximalen unteren Kante hin verjüngt erscheinen, so daß es Kommaform (Abb. 986b, 990) annimmt. Diese Projektionsform darf nicht mit plantarer Kompression verwechselt werden, wovor übrigens die normalen Artikulationslinien schützen sollten. Meist genügt die bequemer liegende tibiofibulare Aufnahme; wünscht man eine besonders scharfe Zeichnung der medialen Konturen, so muß eine fibulotibiale Aufnahme gemacht werden.

Die *Prognose* ist hauptsächlich bestimmt durch die Art und den Grad der sekundären Formveränderung des Fußes; diese sind abhängig vom Grade der Kompression und von der Behandlungsart. Ein ausgeprägter *traumatischer Plattfuß* bedingt andauernde Beschwerden und damit für jeden Grobarbeiter eine dauernde Invalidität, die sich nicht wesentlich von der durch Calcaneusbrüche verursachten unterscheidet. Pro- und Supination des Fußes sind meist dauernd eingeschränkt, ebenso Ab- und Adduction des Vorderfußes. Das

Wesentliche ist jedoch die *statische, durch den sekundären Plattfuß bedingte Insuffizienz* des betroffenen Fußes.

Die Behandlung der Navicularefrakturen soll nach Möglichkeit von Anfang an eine *mobilisierende* sein. Dieses Postulat läßt sich uneingeschränkt erfüllen bei Frakturen ohne wesentliche Fragmentdislokation und ohne hochgradige keilförmige Modellierung des gebrochenen Knochens. In solchen Fällen kann man zur Vermeidung unzweckmäßiger Bewegungen und sekundärer Verschiebungen — die übrigens bei teilweise intaktem Bandapparat kaum zu befürchten sind

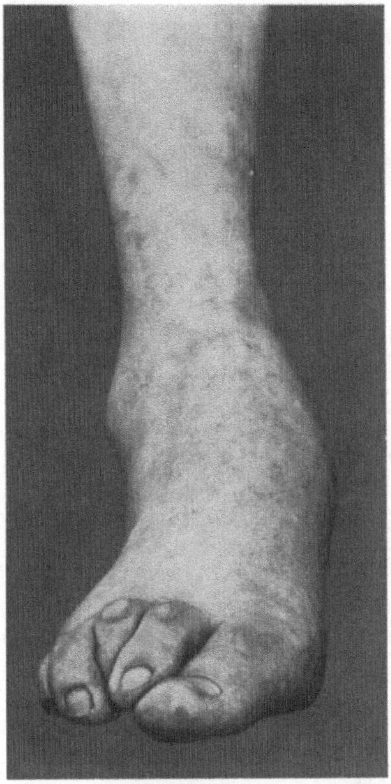

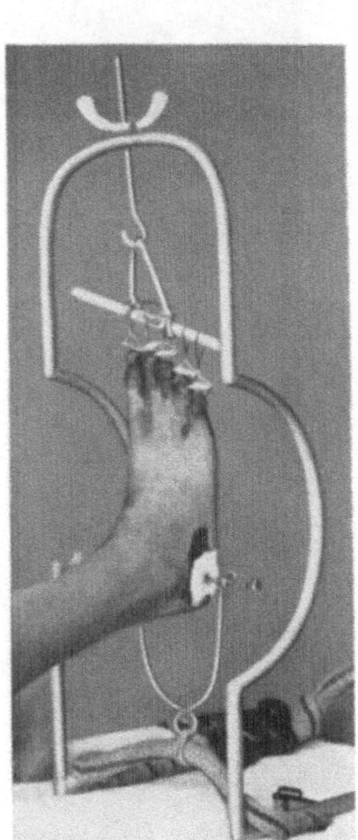

Abb. 976. Charakteristische Formveränderung des Fußes infolge Navicularefraktur mit Abductionsverbiegung.

Abb. 977. Reposition der Navicularefraktur im BÖHLERschen Oberarmschraubenzugapparat: Calcaneusnagel, Stahldrahtschlingen durch die Zehenkuppen.

— eine *Extension* anlegen, wie sie für die Behandlung der Calcaneusbrüche geschildert wurde (s. Abb. 966); dieser Zugverband verhindert zuverlässig die Ausbildung einer Plattfußstellung.

Bei *Kompressionsfrakturen* läßt sich die normale Fußform in einzelnen Fällen durch *redressierende Massage* in wenigen Tagen wiederherstellen; dann wird ein genau anmodellierter *Gipsverband* angelegt, der 4—6 Wochen liegen bleibt. Belastung des Fußes, der mit *Plattfußstütze* versehen wird, soll nicht vor der 9. Woche erfolgen.

Für die *Reposition von Luxationsfrakturen* empfiehlt BÖHLER ebenfalls die Anwendung des *Schraubenzugapparates*. Durch den Calcaneus wird ein Nagel getrieben, während an jeder Zehenkuppe eine Stahldrahtschlinge angelegt wird, wie sie auch für die Extension von Finger- und Zehenfrakturen Verwendung

57*

finden. Dann erfolgt *Extension im Oberarmschraubenzugapparat* (Abb. 977),
bis sich der luxierte Anteil des Kahnbeines durch lokalen Druck reponieren
läßt. Nach erfolgter Einrichtung wird der Calcaneusnagel in einen Gipsverband
einbezogen, an dessen vorderem Ende ein Extensionsbügel für die Aufnahme
der Zehenschlingen angebracht wird. Dieser *Extensionsverband* bleibt 6 Wochen
liegen; dann bekommt der Verletzte nach Entfernung des Calcaneusnagels und
der Zehenschlingen nochmals für 4 Wochen einen Gipsverband.

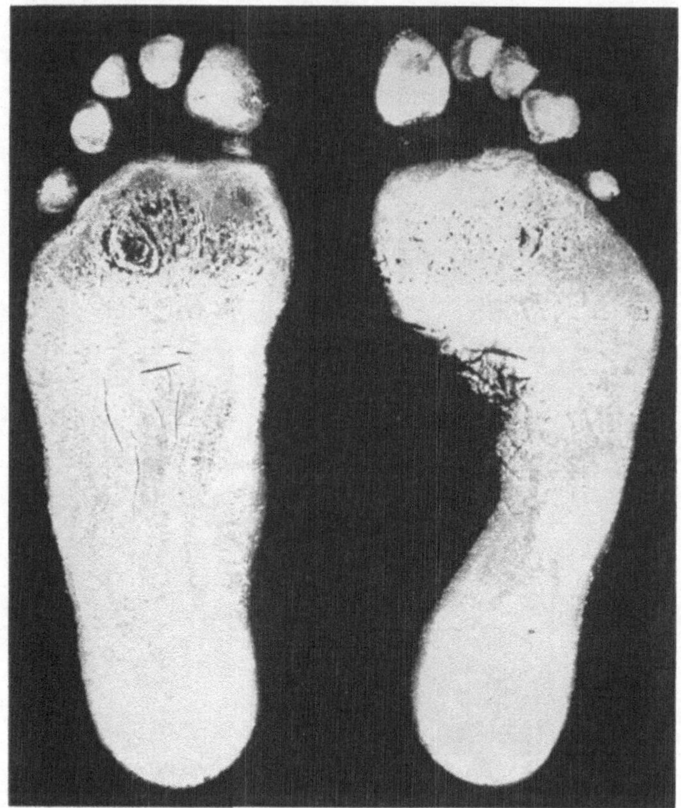

Abb. 978a. Vergleichende Fußabdrücke bei Subluxationsfraktur des Naviculare mit Kompression
des Cuboid, Fall Abb. 973 betreffend.

Die *mobilisierende Nachbehandlung,* verbunden mit *Heißluftbädern* ist ausreichend zu gestalten und der nachträglichen Senkung des Fußgewölbes durch
gut anmodellierte Einlagen vorzubeugen.

*Veraltete Navicularefrakturen mit Deformierung des Fußes erfordern operative
Korrektur.* Für die *Subluxationsfraktur mit Kompression des Cuboid* hat
sich mir folgendes Verfahren sehr gut bewährt: Durch einen Schnitt am
medialen Fußrand wird die vorragende Tuberositas des Naviculare freigelegt, die mediale Corticalis flach abgemeißelt und mit der Tibialissehne abgehoben. Dann schneidet man einen schmalen Keil aus dem Naviculare heraus,
dessen Spongiosa verkleinert und in steriler feuchter Gaze aufbewahrt wird.
Nun folgt quere Durchmeißelung des komprimierten Cuboid von einem lateralen

Längsschnitt aus; durch kräftige *Redression der Abductionsverbiegung* des Fußes wird das Cuboid zum Klaffen gebracht, *worauf man die bereitgehaltene Spongiosa aus dem Naviculare zwischen beide Segmente des Cuboid verpflanzt.* Nach schichtweisem Schluß der Wunde wird ein genau anmodellierter *Gipsverband* angelegt, der 6 Wochen liegen bleibt. Anschließend erfolgt eine systematische *Massage-* und *Bewegungsbehandlung*; Belastung des Fußes auf Plattfußeinlage ist erst

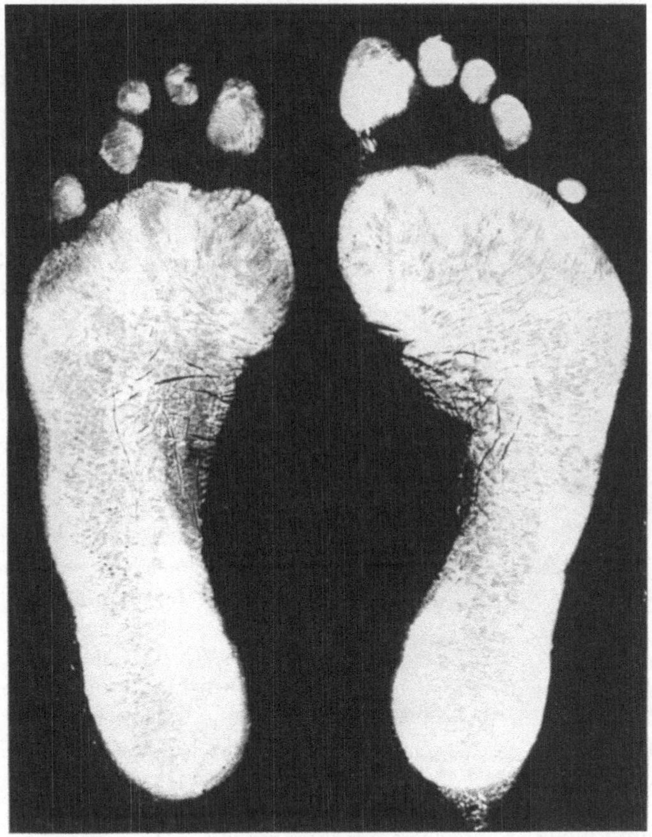

Abb. 978 b. Fußabdrücke des Falles Abb. 973/978 a nach modellierender Komminutivosteotomie (S. Text.)

nach der 8. Woche gestattet. Was mit diesem Vorgehen zu erreichen ist, zeigen die vergleichenden Fußabdrücke Abb. 978 a, b.

Geheilte Frakturen mit annehmbarer Fußform zeigen oft einzelne störende *Exostosen* oder vorragende Fragmente; hier genügt umschriebene Abtragung.

Kapitel 2.

Die Frakturen des Os cuboides und der Cuneiformia.

Das **Cuboid** wird erheblich seltener frakturiert als das Naviculare, weil es als Träger der weniger belasteten Metatarsalia IV und V indirekten Beanspruchungen bedeutend weniger ausgesetzt ist; auch bietet es gemäß seiner massiven, gleichmäßigen Gestalt direkten Gewalten wenig Angriffspunkte. Gewöhnlich sind denn auch die angrenzenden Knochen, Processus anterior des Calcaneus, Tuberositas und ganze Basis des Metatarsale V sowie das Naviculare mitgebrochen.

Indirekte Cuboidfrakturen kommen unter *Längskompression des Fußskeletes* zustande, am häufigsten in Begleitung von Talus- und Navicularefrakturen (vgl. Abb. 939/973); eigentliche Zertrümmerungen erfolgen dabei durch Längskompression des Cuboid zwischen Calcaneus und Metatarsalia (Abb. 970), zum Teil auch durch Lateralverschiebung des Taluskopfes bei Adductionsbrüchen des Kahnbeines. *Abrißfrakturen* an der vorderen, oberen und medialen Kante des Würfelbeines können bei Navicularebrüchen durch Vermittlung des Lig. cuboideonaviculare dorsale entstehen, solche an der hinteren Circumferenz bei Luxationen des Calcaneus (Abb. 979).

Erheblich häufiger sind *direkte Cuboidbrüche*, die infolge von Überfahrung, durch Auffallen schwerer Gegenstände auf den lateralen Abschnitt des Cuboid, durch Einklemmung in einer Eisenbahnweiche oder Maschine (IMMELMANN) zustande kommen. Diese direkten Brüche sind entweder eigentliche *Zertümmerungsfrakturen* oder zeigen eine sagittale, parallel der Längsachse verlaufende Frakturebene, durch die der laterale Teil des Knochens abgetrennt wird. Ferner finden sich umschriebene Absprengungen vom lateralen Rande, die ebenfalls vorwiegend durch Überfahrung verursacht werden.

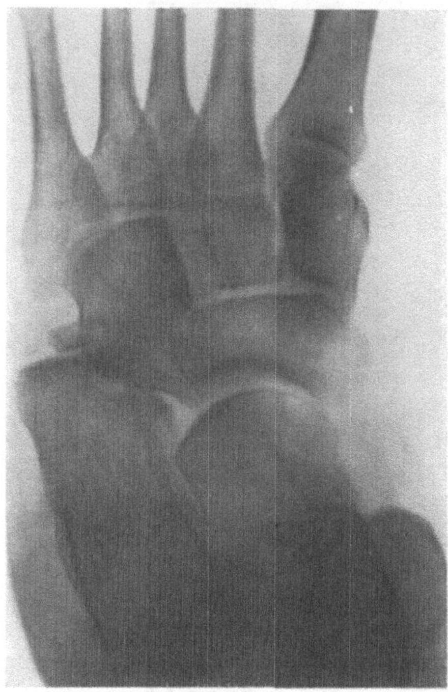

Abb. 979. Abrißfraktur und Kompression des Cuboid bei Luxation im CHOPARTschen Gelenk; Plantar-Dorsalaufnahme.

Diese Randbrüche dürfen nicht mit dem als individuelle Sonderheit vorkommenden *Os peroneum* verwechselt werden, einem gelegentlich geteilten Tarsale, das in der Endsehne des M. peroneus, oder mit dieser nur durch wenige Fasern verbunden, dem Cuboid lateral und unten anliegt (Abb. 980).

Weniger naheliegend ist die unrichtige Deutung des sog. *Os vesalianum,* das im Winkel zwischen Metatarsale V und Cuboid liegt, mit beiden artikulierend, als Randfraktur des Würfelbeines; nach den vorliegenden Beobachtungen ist das Vesalianum möglicherweise mit der später zu erwähnenden fibularen Epiphyse der Basis des Metatarsus V identisch, vielleicht auch mit dem Os peroneum (PFITZNER).

Die sog. *Tarsalia,* zu denen neben dem Os peroneum auch das bereits erwähnte *Os trigonum* (vgl. Abb. 943), das *Os tibiale externum* (Abb. 975), das *Os intermetatarseum,* das *Calcaneum secundarium* sowie das *Os uncinatum* gehören, die in den Skizzen Abb. 981a—h wiedergegeben sind, werden als rudimentär

gewordene, *akzessorische Skeletstücke* aufgefaßt, deren frühere Selbständigkeit
während der Ossification gelegentlich wieder zum Vorschein kommt. Sie sind
mit den benachbarten Knochen gelenkig verbunden, oder liegen ihnen doch mit
glatter Knorpelfläche an; entsprechend sieht man im *Röntgenbild* eine *glatte,
knorpelfugenartige Trennungslinie* zwischen Tarsale und benachbartem Fußwurzelknochen, die sich von einer zackigen Frakturlinie deutlich unterscheidet.
Da zudem die akzessorischen Tarsalia meist doppelseitig ausgebildet sind, ist
durch Vergleichsaufnahmen das Vorhandensein einer Fraktur auszuschließen
(vgl. Abb. 975).

Die Fraktur des Cuboid führt zu einer *Schwellung*, die sich über den seitlichen Partien des Fußrückens, und besonders am lateralen Rande des Fußes

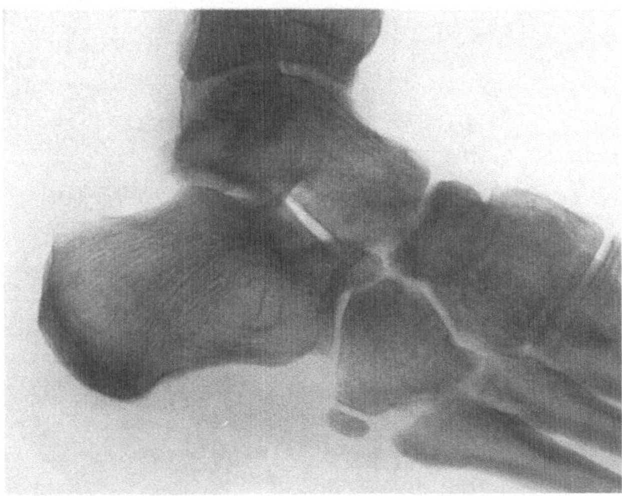

Abb. 980. Os peroneum am Cuboid.

lokalisiert. An entsprechender Stelle besteht hochgradige, umschriebene *Druckempfindlichkeit*. *Stoßschmerz* in der Längsachse des Fußes, unter Vermittlung
des Metatarsale IV und V findet sich nur, wenn das Cuboid in seiner ganzen
Breite oder im Artikulationsgebiet der beiden Metatarsalknochen betroffen ist;
bei Randfrakturen kann dieses typische Fraktursymptom fehlen. Analog verhält es sich mit der Belastungsfähigkeit des Fußes, die bei lateralen oder medialen
Kantenbrüchen nicht in wesentlichem Grade gestört zu sein braucht. Immerhin
bedingt die Fraktur des Cuboid auch dort, wo nicht der ganze Knochen komprimiert ist, eine deutliche *Belastungsstörung* des Fußes, schon wegen der begleitenden Verletzung und blutigen Infiltration der benachbarten Weichteile. Die
zu einem wesentlichen Teil im Gelenk zwischen Calcaneus und Cuboid vor
sich gehenden *Drehbewegungen des Fußes* sind aktiv und passiv *eingeschränkt*;
passive Pro- und Supination lösen erhebliche Schmerzen aus, die zum Teil auf
den engen Beziehungen der Sehne des M. peroneus longus zum Cuboid beruhen.
Hochgradige Kompression des Würfelbeines bedingt gelegentlich *eine Abductionsknickung des Vorderfußes*, mit mäßiger *Verkürzung des lateralen Fußrandes*,
Auch kann am lateralen Fußrand, dicht vor dem Calcaneus, ein *umschriebener
Vorsprung* nachweisbar werden, in dessen Bereich sich allfällige *Crepitation*

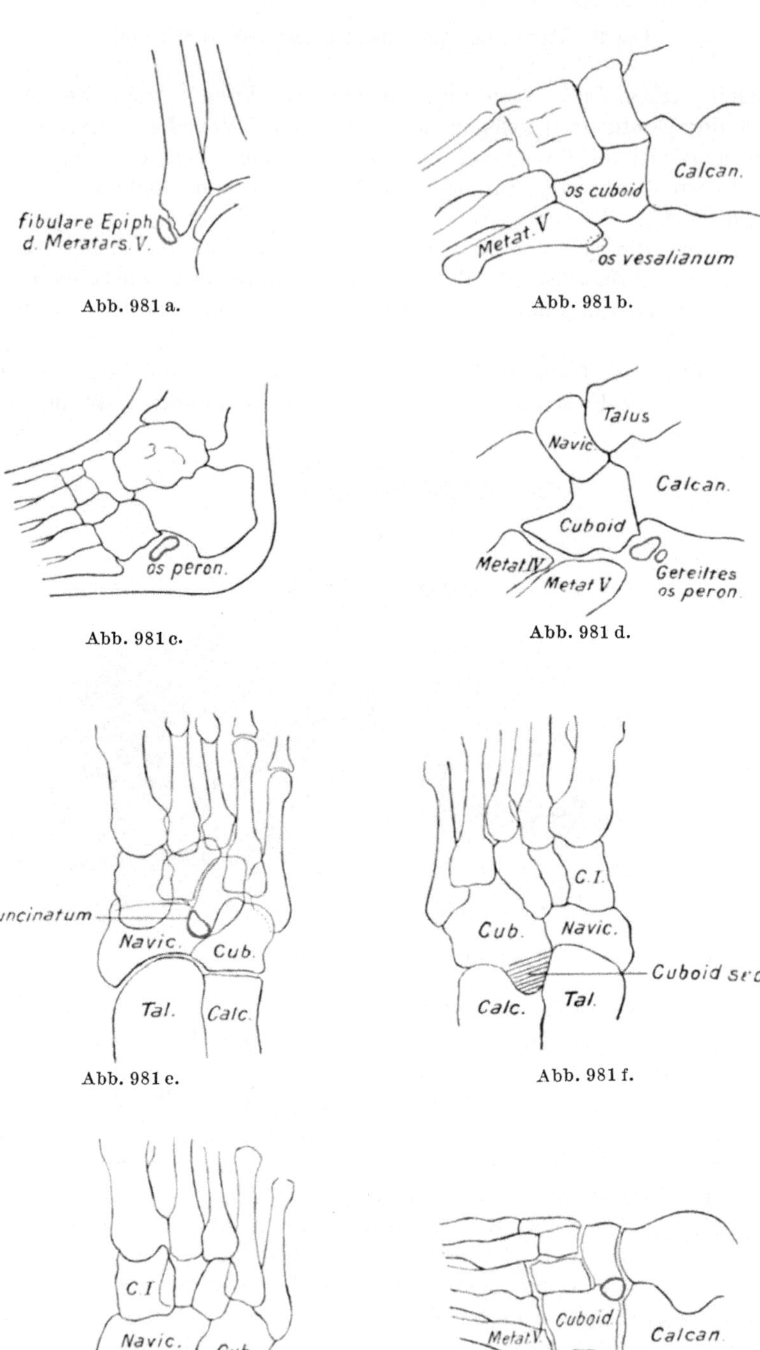

Abb. 981a—h. Schematische Darstellung der sog. Tarsalia.
(Nach PFITZNER, GRASHEY, SICK und ISELIN.)

auslösen läßt. Der Fuß kann aus Gründen der Entlastung *in Supination* stehen. Abklärung bringt die kombinierte *Röntgenuntersuchung*; Längsfrakturen und ausgedehnte Kompression sieht man am besten in dorsoplantaren Aufnahmen (s. Abb. 970/984), während Absprengungen am lateralen, unteren Rande durch seitliche, tibiofibulare Projektion klarer dargestellt werden, die zudem auch hochgradige Kompression eindeutig demonstriert (Abb. 939/973b). Seitliche Aufnahmen erlauben auch sichere Unterscheidung eines akzessorischen Os peroneum von einer Absprengungsfraktur des lateralen Würfelbeinrandes, indem das Cuboid eine deutliche Gelenkfacette für das anliegende Tarsale aufweist (s. Abb. 980). Falls die Mittelfuß- und Fußwurzelknochen ausnahmsweise in dorsoplantarer Projektion nicht scharf gezeichnet sein sollten, ergibt eine Aufnahme von der Planta pedis zum Fußrücken ein klareres Bild, was namentlich für die Erkennung von Absprengungen am oberen Rand des Cuboid oft wertvoll ist (vgl. Abb. 979).

Mit Verschiebung geheilte Brüche des Würfelbeines können langdauernde Beschwerden verursachen, weniger wegen sekundärer Formveränderungen des Fußgewölbes, obschon *fixierte Ab-duktions- Pronationsstellung des Vorderfußes* beobachtet wird, als wegen der Beteiligung der angrenzenden Fußwurzelgelenke und wegen der Reizwirkung seitlich

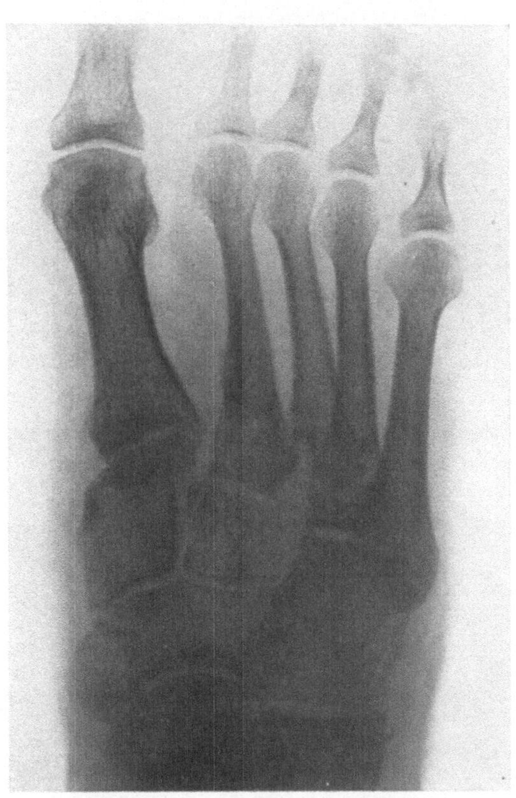

Abb. 982. Fraktur des Cuneiforme II, kombiniert mit Fraktur der Metatarsalbasen II und III.

oder plantarwärts dislozierter Einzelfragmente. So wird gelegentlich die Sehne des M. peroneus longus durch ein latero-plantares Randfragment in ihrer reibungslosen und freien Beweglichkeit behindert.

Die *Behandlung der Cuboidfraktur* erfolgt in Fällen ohne hochgradige Fragmentdislokation *mobilisierend*; vorübergehende *Extension* nach Art der Malleolenbrüche mit Suspension des Fußes und gleichzeitiger Kompression der Fraktur durch einen zirkulären Heftpflasterstreifen sichert bei vorliegender Modellierung des Cuboid mit Stellungsveränderung des Vorderfußes die korrekte Achsenstellung des Fußes, und gestattet die sofortige Aufnahme von Bewegungen. *Kompressionsbrüche* können mit dem BÖHLERschen *Schraubenzugverfahren* behandelt werden, wobei nur an der 4. und 5. Zehe ein Schlingenzug ausgeübt wird. Dieses Vorgehen kommt jedoch nur ausnahmsweise in Frage, da isolierte Brüche des Würfelbeines selten zu einer nennenswerten Fußdeformität führen.

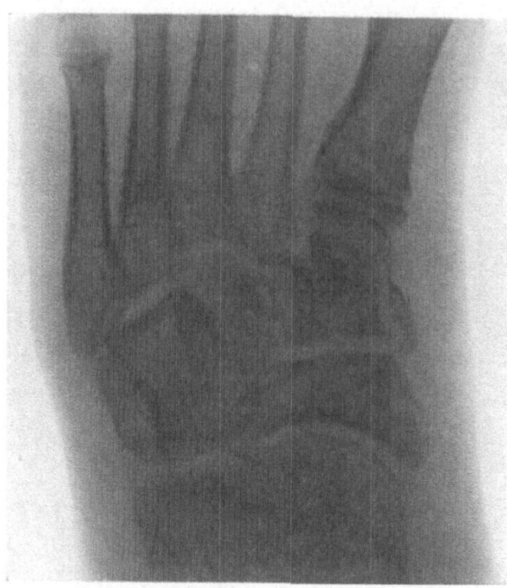

Abb. 983. Längsfraktur des Cuneiforme I mit basaler Schrägfraktur des Metatarsale I.

Meist genügt *modellierende Massage* und Verordnung einer gutsitzenden *Einlage,* unter üblicher Massage-, Bewegungs- und Heißluftbehandlung.

Randfragmente, die auf die Peronealsehne drücken und zu chronischer Tendovaginitis Anlaß geben, werden *exstirpiert.*

Frakturen der Keilbeine sind isoliert recht selten, und dann meist Folge *umschriebener Gewalteinwirkung* in Form der dorsoplantaren oder seitlicher Kompression vom medialen Fußrand her; häufiger sieht man Keilbeinbrüche in Begleitung von Frakturen des Naviculare (s. Abb. 984), des Talus und besonders der Metatarsalbasen (vgl. Abb. 982). Auch als Komplikation von Luxationen im LISFRANCschen Gelenk werden Zertrümmerungen und besonders Randabrisse der Cuneiformia beobachtet (vgl. Abb. 970).

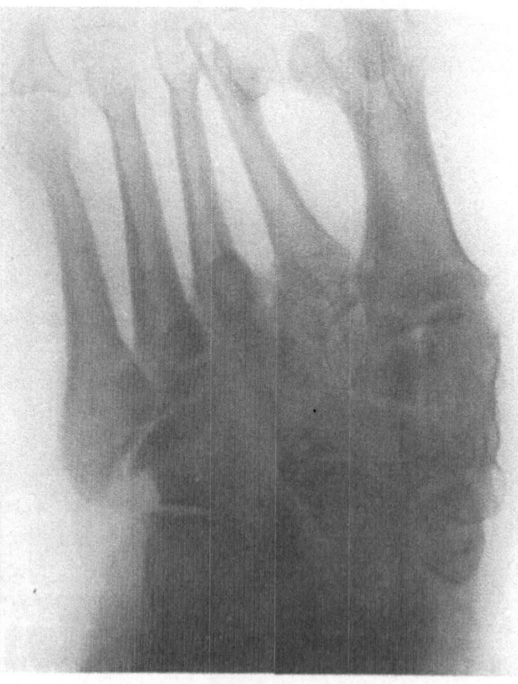

Abb. 984. Status nach regelloser Kompressionsfraktur des Mittelfußes; es handelte sich um Fraktur der Cuneiformia I, II, Stauchungsfraktur des Cuboid, Fraktur des Naviculare und Luxationsfraktur der Metatarsalbasis II.

Indirekte, durch Längskompression entstandene Brüche der Keilbeine verlaufen gemäß der Gewaltrichtung längs oder etwas schräg von der vorderen zur hinteren Gelenkfläche, und betreffen vorwiegend das *Cuneiforme I* (s. Abb. 983). Daneben sieht man regellose *Stauchungs-* und *Kompressionsfrakturen.* Direkte Frakturen können sowohl isolierte, schräg oder längsverlaufende als regellose Bruchebenen aufweisen (s. Abb. 984). *Lokalisierte Druckempfindlichkeit,* umschriebene Vorragungen kleiner Fragmente, *Stoßschmerz* in der Achse des entsprechenden Metatarsalknochens sowie *Hautblutungen* über dem Fußrücken deuten auf Keilbeinfrakturen hin. Die Belastungsfähigkeit des Fußes ist bei Frakturen einzelner Cuneiformia nicht hochgradig gestört, am meisten noch, wenn das erste Keilbein gebrochen ist. Dagegen bedingen Parallelfrakturen aller Keilbeine eine erhebliche *Belastungsstörung*, weil der Hauptteil des Fußgewölbes unterbrochen ist. Dorsoplantare *Röntgenaufnahmen*, die mit Rücksicht auf die häufigen Begleitfrakturen im Bereiche der Fußwurzel und der Metatarsalia stets den ganzen Fuß einbeziehen sollen, orientieren über Frakturformen und Dislokationen (Abb. 984).

Die *Behandlung* einzelner Keilbeinfrakturen ohne Fragmentverschiebung ist eine *mobilisierende*; doch darf Belastung nicht vor Ablauf von 6 Wochen erfolgen, und nur auf gut gearbeiteter *Sohleneinlage*. Zertrümmerungsbrüche sind zu *extendieren*, wie Metatarsalbrüche (s. dort); stark vorragende Fragmente kann man allfällig *operativ reponieren*. Bilden sich von dislozierten Fragmenten aus schmerzhafte *Exostosen*, die sowohl die Belastungsfähigkeit des Fußes als das freie Spiel der Sehnen hindern, so empfiehlt sich ebenfalls operative Abtragung der störenden Knochenmassen. Besonders wichtig ist auch bei den Frakturen der Cuneiformia die *Überwachung des Fußgewölbes* und die Verhinderung sekundärer Plattfußbildung durch Konstruktion geeigneter Sohlen.

IV. Die Brüche der Metatarsalknochen.

Frakturen der Metatarsalia haben sich auf Grund systematischer Röntgenuntersuchung Fußverletzter entgegen früherer Annahme als relativ häufige Verletzungen erwiesen. Sie entstehen vorwiegend durch *direkte Gewalteinwirkung* wie Überfahrung, Auffallen schwerer Gegenstände und Einklemmungen des Fußes. Gemäß der vorwiegend direkten Entstehung sind die Metatarsalbrüche nicht so selten *durch Hautwunden und schwere Weichteilquetschungen kompliziert*. Doch ist es, worauf BORCHARDT hingewiesen hat, sehr auffällig, welche hochgradige Zertrümmerungen des Knochens entstehen können, ohne daß die bedeckende Haut durchtrennt ist.

Je nach der Angriffsfläche der Gewalt sind mehrere nebeneinander liegende Metatarsalia gebrochen (Abb. 985/986/989), oder nur ein einzelner Mittelfußknochen; es handelt sich dabei um *quere* oder leicht *schräge*, zum Teil durch Biegung und Abscherung bedingte Brüche (Abb. 985), oder um *regellose Zertrümmerungsfrakturen* (Abb. 986a, b).

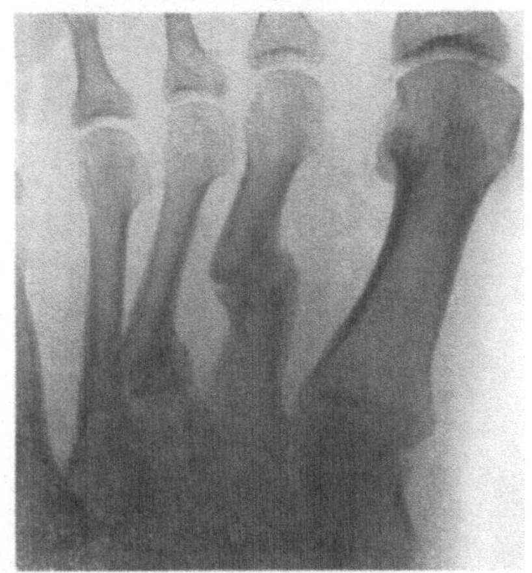

Abb. 985. Schrägfraktur der Metatarsaldiaphyse II und III; direktes Trauma, Abscherung.

Indirekte Brüche, die durch Fall auf den plantarflektierten Fuß zustande kommen, zeigen im Bereiche der schlanken Diaphyse schrägen Verlauf (Abb. 985 u. 987); erfolgte die Einwirkung kombiniert von vorne und vom lateralen oder medialen Fußrand her, so entstehen auch hier typische *Rotationsfrakturen* (Abb. 987). In Kombination mit Frakturen der Fußwurzelknochen werden *Stauchungsbrüche an der Basis* der Mittelfußknochen beobachtet; dabei handelt es sich um längs- oder schrägverlaufende, einen Teil der breiten Basis abtrennende Frakturebenen oder um eigentliche flächenhafte Stauchungsbrüche, die zu totaler oder partieller Zertrümmerung der Basis führen (s. Abb. 982/983).

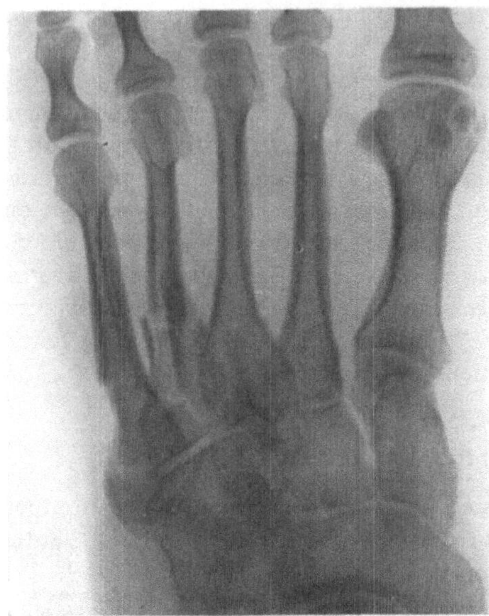

Abb. 986a. Direkt entstandene Zertrümmerungsfraktur der Metatarsalbasen III, IV und V.

Diese Brüche stellen Analoga der an den Metakarpalbasen, besonders derjenigen des Daumens vorkommenden BENNETschen Fraktur dar.

Die *Metatarsalköpfchen* können durch direkte Gewalten, die von oben her zur Einwirkung gelangen, zertrümmert (Abb. 988) oder teilweise frakturiert werden; greift die Kraft dicht proximal von der am Boden unterstützten Partie der Mittelfußknochen an, so werden die Capitula quer abgebrochen (Abb. 989). Auch indirekte Einwirkungen führen manchmal zum Abbruch eines oder mehrerer Metatarsalköpfchen; doch liegt bei dieser Genese die Fraktur meist etwas weiter proximalwärts (Abb. 988).

Eine typische isolierte Fraktur betrifft die lateralwärts vorstehende basale Kante des Metatarsale V, die sog. *Tuberositas ossis metatars. V* (Abb. 990); die Ursache ist ein Fall auf den lateralen Rand des supinierten Fußes, umschriebene Stoßwirkung gegen die Stelle oder *unkoordinierte Aktion des*

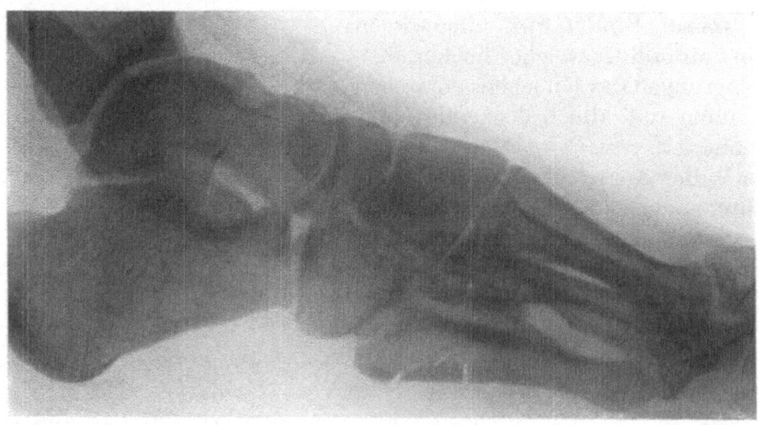

Abb. 986b. Seitenaufnahme zu Abb. 986a.

M. peroneus brevis. Diese Frakturen sind nicht zu verwechseln mit der von WENZEL-GRUBER beschriebenen *fibularen Epiphyse des Metatarsale V* (Abb. 981a), die nach ISELIN bei wachsenden Individuen zwischen dem 13. und 14. Lebensjahr beinahe konstant vorkommt (Abb. 991), während sie nach den Beobachtungen BORCHARDTs außerordentlich selten ist. Es handelt sich um einen separaten Knochenkern der Tuberositas, die erst gegen das 16. Lebensjahr hin völlig verknöchert erscheint; neben der glatten Abgrenzung des kleinen Knochenschattens gegen das Metatarsale hin schützt der Nachweis *doppelseitigen Vorkommens* vor Fehldiagnosen.

Eine besondere Form indirekter Metatarsalfraktur liegt nach militärstatistischen Erhebungen einem großen Teil der Fälle von sog. *Fußgeschwulst* zugrunde. Es handelt sich klinisch um schmerzhafte, teigige Schwellung des Mittelfußes, besonders des Fußrückens, die bei Soldaten namentlich im Anschluß an große Märsche auftritt. Die Affektion betrifft in stehenden

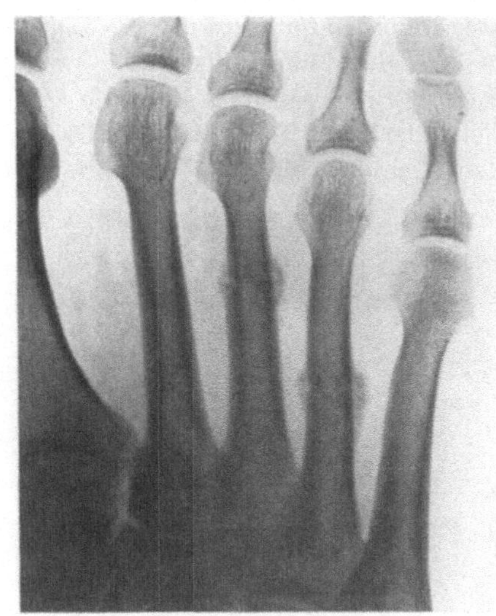

Abb. 987. Geheilte Rotationsfrakturen der Metatarsalia III und IV.

Heeren besonders Soldaten der ersten Jahrgänge, gelangt jedoch auch im Zivilleben zur Beobachtung. Neben lokaler Druckschmerzhaftigkeit im Bereiche der Schwellung findet sich erhebliche *Schmerzhaftigkeit der Belastung.* Die

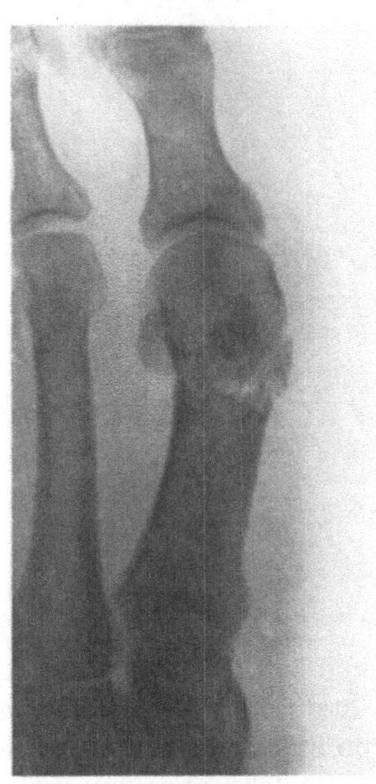

Abb. 988. Kompressionsfraktur an der hinteren Grenze des I. Metatarsalköpfchens.

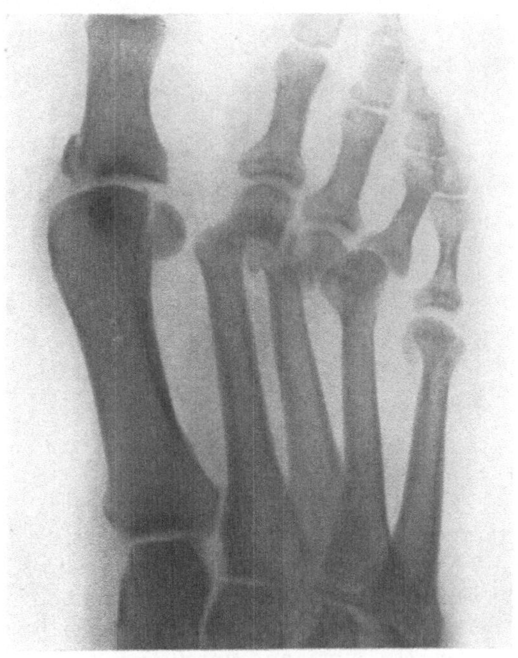

Abb. 989. Zertrümmerungsfraktur am Condylus lateralis des Metatarsale I und Abbruch der Metatarsalköpfchen II—IV; gleichzeitig seitliche Längsfraktur an der Basis der I. Grundphalanx.

konsequente *Röntgenuntersuchung* ergab nach deutschen Zusammenstellungen in 43$^0/_0$ der Fälle vollständige oder unvollständige *Biegungs- oder Einknickungs-frakturen einer* oder *mehrerer Metatarsaldiaphysen* in ihrem vorderen, schlanken Teil oder auch im mittleren Drittel. Ungefähr 90$^0/_0$ der Frakturen betreffen den 2. und 3. Metatarsus, die beim Gehen maximal belastet werden, während sie

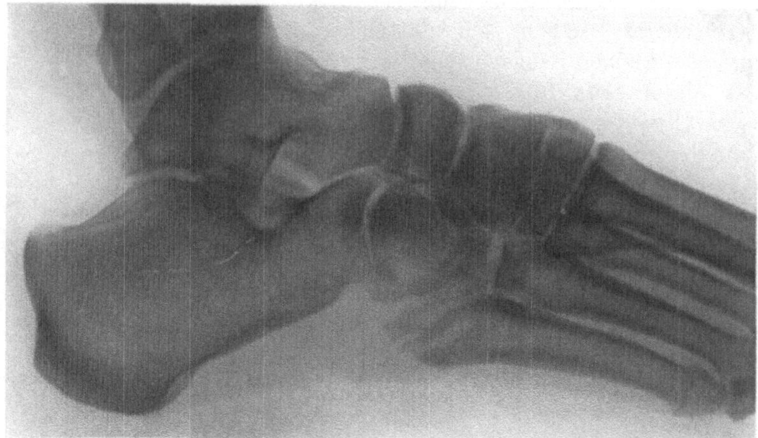

Abb. 990. Fraktur an der Tuberositas des Metatarsale V.

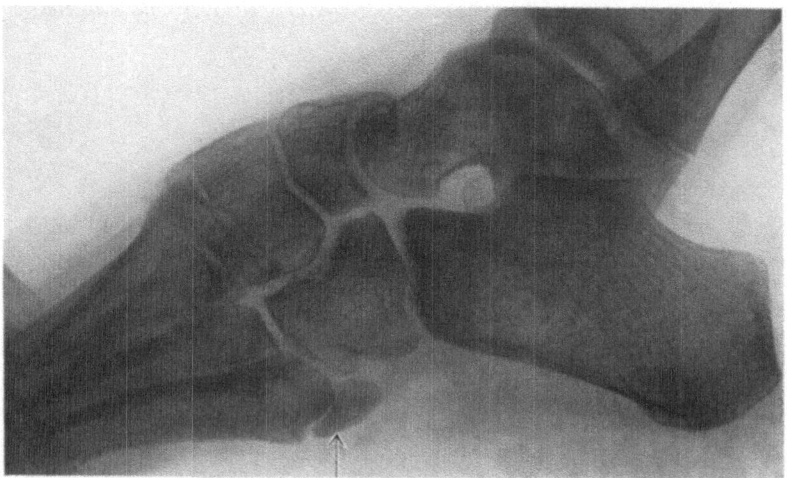

Abb. 991. Fibuläre Epiphyse des Metatarsale V im 15. Lebensjahr.

am 1. und 5. Mittelfußknochen sehr selten sind; etwas häufiger ist wieder das Metatarsale IV gebrochen. In der Regel liegt nur eine Fraktur vor, manchmal sind 2 Knochen gebrochen, ausnahmsweise 3. Wo keine Knochenveränderungen nachweisbar sind, muß der Symptomenkomplex auf entzündliche Veränderungen im Bereich der Bänder und Sehnenscheiden bezogen werden, wogegen *periostitische Auflagerungen* stets auf *unvollständige Frakturen* oder solche ohne wesentliche Verschiebung hinweisen dürften (Abb. 992).

Während in einzelnen Fällen schiefes Aufsetzen des Fußes oder ein ungeschickter Sprung als traumatische Ursache dieser Frakturen anszuprechen sind, entsteht die Mehrzahl als Folge *passiver Durchbiegung* des Fußgewölbes bei ermüdeten Soldaten während des Marsches. Wenn die Sehne des M. peroneus longus infolge Erschlaffung des Muskels das Fußgewölbe, unter dem sie quer hindurchzieht, in keiner Weise mehr hebt, so ist dieses ganz auf die passive Knochen- und Bänderhemmung eingestellt; bei einem besonders plumpen Schritt kann unter der Belastung durch das Gewicht des Körpers und der schweren Bepackung eine Durchbiegungsfraktur zustande kommen.

Die *Symptome der* Metatarsalbrüche sind sehr charakteristische. Neben der umschriebenen, besonders am Fußrücken ausgeprägten *Schwellung* mit gelegentlicher Entwicklung eines *Blutergusses* in der Haut finden wir lokalisierte *Druckempfindlichkeit* und *Schmerzen bei Belastung des Fußes.* Ganz besonders charakteristisch ist der

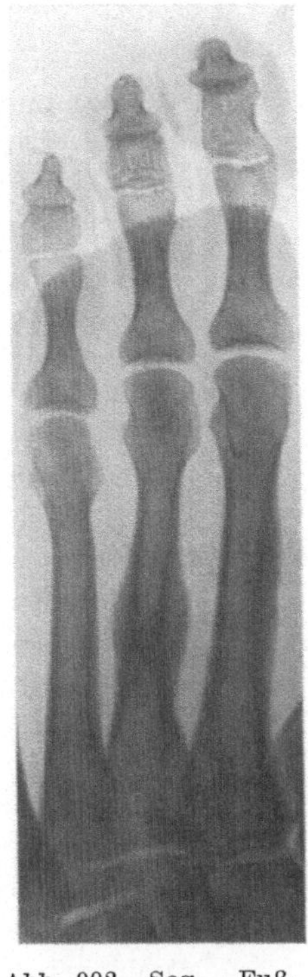

Abb. 992. Sog. „Fußgeschwulstfraktur" des Metatarsale III

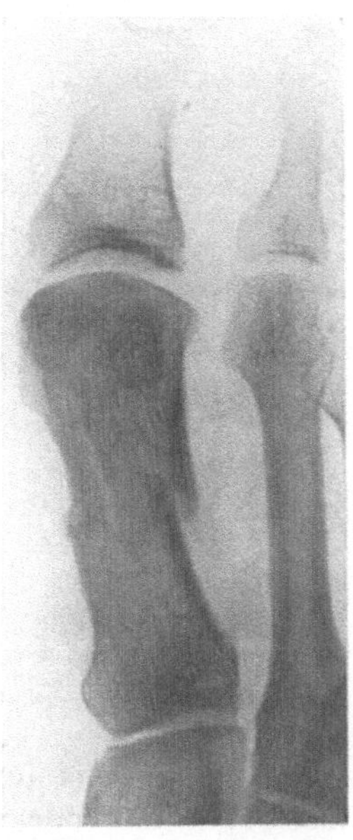

Abb. 993a. Direkte Querfraktur der Diaphyse des Metatarsale I.

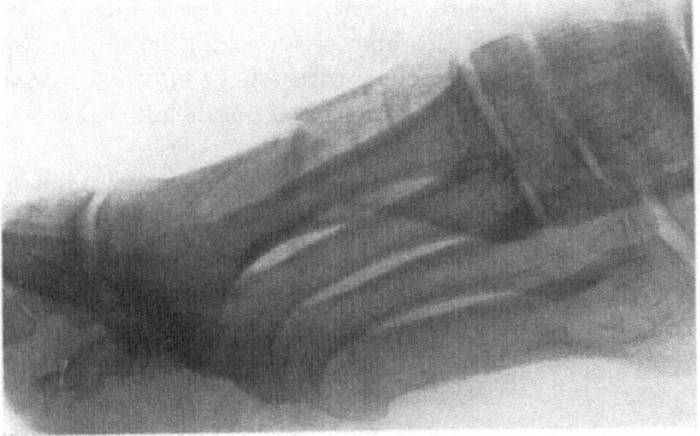

Abb. 993b. Seitenaufnahme zu Abb. 993a.

Fernschmerz bei Stoß in der Richtung der einzelnen Metatarsalia, wobei seitliche Bewegungen zu vermeiden sind. *Falsche Beweglichkeit* ist manchmal in Form einer *Federung* bei Druck auf den Fußrücken nachweisbar; seltener wird man *Crepitation* konstatieren.

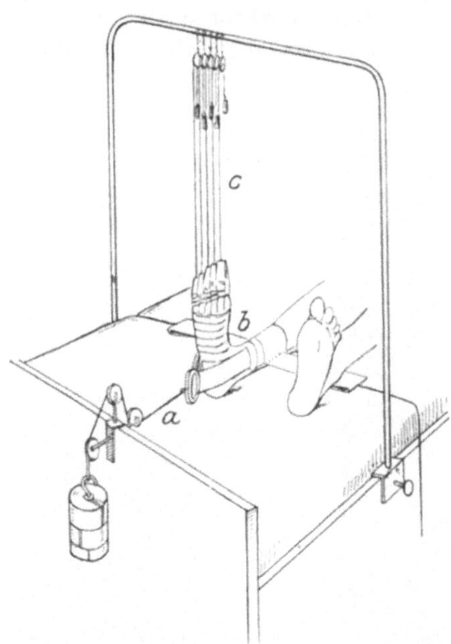

Abb. 994. Extensionsbehandlung der Metatarsalfrakturen nach BARDENHEUER: a Fixierender Längszug; b fixierender Querzug am Unterschenkel; c korrigierende Extensionszüge.

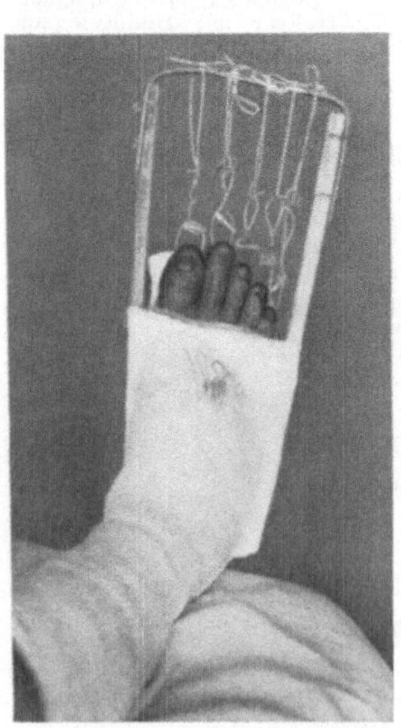

Abb. 995. Extensionsverband für die Behandlung von Frakturen der Metatarsalia und der Zehenphalangen. (Nach BÖHLER.)

Maßgebend ist die *Röntgenaufnahme,* die sowohl in der Richtung vom Dorsum pedis zur Planta, als zur Beurteilung der prognostisch ungünstigen plantaren Fragmentverschiebung in seitlicher Richtung, je nach Lage der Fraktur vom medialen zum lateralen Fußrand oder umgekehrt, vorzunehmen ist (Abb. 986, 993).

Bei *Frakturen an der Tuberositas des Metatarsale V* besteht eine ganz umschriebene Druckempfindlichkeit; ferner wird durch aktive Pronationsbewegungen gegen Widerstand, sowie durch passive Supinationsbewegungen ein lokaler Schmerz ausgelöst.

Die *Prognose* der Zertrümmerungsfrakturen ist eine zweifelhafte, weil es sich gewöhnlich um multiple Frakturen handelt, die infolge der begleitenden Splitterung zu ausgedehnten *Callusbildungen* Anlaß geben. Die Folge sind hartnäckige, oft dauernde, *schmerzhafte Belastungsstörungen.* Günstiger ist der Verlauf der einfachen direkten sowie der indirekten Brüche, die meist ohne dauernde Schädigung ausheilen, zweckmäßige Therapie vorausgesetzt.

Auch bei diesen Frakturen ist zunächst eine möglichst gute *Reposition* zu erstreben, deren Ergebnis röntgenographisch zu kontrollieren ist; gegen dieses selbstverständliche Postulat wird gerade hier noch viel gesündigt. Nach erfolgter Reposition wird ein *Heftpflasterzugverband* angelegt, wie er für die Malleolarfrakturen beschrieben wurde, mit dem Unterschied, daß an jede einzelne Zehe ein separater Suspensionsstreifen kommt (Abb. 994). Der Unterschenkel wird durch einen Längszug fixiert; falls dieser als Kontraextension nicht ausreichen sollte, kann ein Schlittenzug (s. Abb. 160) hinzugefügt oder der Unterschenkel dicht oberhalb des Fußgelenkes mittels eines Sandsackes belastet werden.

Läßt sich die Verschiebung durch manuellen Zug an den Zehen nicht ausgleichen, so wird durch die entsprechenden Zehenkuppen eine *Stahldrahtschlinge* gelegt, an der ein kräftiger Zug ausgeübt werden kann; dieser Zug wird in einem *Gipsverband mit Extensionsbügel* (Abb. 995) bis zur Konsolidation, die 5 bis 6 Wochen in Anspruch nimmt, unterhalten. Nach Wegnahme des Zugverbandes erhalten auch diese Verletzten eine *Stützsohle*.

Metatarsalfrakturen ohne Verschiebung können von Anfang an *mobilisierend* behandelt werden; bei der sog. *Fußgeschwulst* hat sich neben *Heißluftbehandlung* die BIERsche *Stauung* besonders bewährt. BÖHLER empfiehlt für Metatarsalbrüche ohne Verschiebung gut in das Längs- und Quergewölbe des Fußes einmodellierte *Gehverbände*.

Zu *operativer Versorgung* von Metatarsalfrakturen, die wesentlich durch *Umschlingung* und schräge *Verschraubung* erfolgt, wird man nur ausnahmsweise Anlaß haben.

Die Versorgung *offener Zertrümmerungsfrakturen* erfolgt aktiv chirurgisch, unter Verwendung von *Gipsextensionsverbänden*.

V. Die Frakturen der Zehenphalangen.

Die Phalangen der Zehen werden, wie die Metatarsalia, ebenfalls vorwiegend durch *direkte Traumen* frakturiert; es handelt sich demgemäß wesentlich um *Kompressions-* und *Abquetschungsbrüche*, die oft mit anderweitigen Frakturen des Fußskeletes kombiniert zur Beobachtung gelangen. Ihre Frequenz beträgt nach der schweizerischen Unfallstatistik 4,4% und ist etwas höher als die der Metatarsalbrüche mit 3,5%.

Am häufigsten ist gemäß ihrem überwiegenden Volumen die *Großzehe* von Frakturen betroffen, die nach BAER auch typischere Frakturformen aufweist, weil sie meist flach der Schuhsohle aufliegt, während die anderen Zehen variable Beugestellungen einnehmen, besonders die 5., die zudem infolge Adductionsverschiebung unter die 4. Zehe oft mehr oder weniger ausgeprägte Verkrüppelung zeigt.

Durch die Freundlichkeit des Züricher Röntgenologen BAER, dem wir auch die systematische Abklärung des praktisch so wichtigen Kapitels der Fingerfrakturen verdanken, bin ich in der Lage, die morphologischen Ergebnisse der Durchsicht seines Materiales von Frakturen der Zehenphalangen hier kurz zu skizzieren.

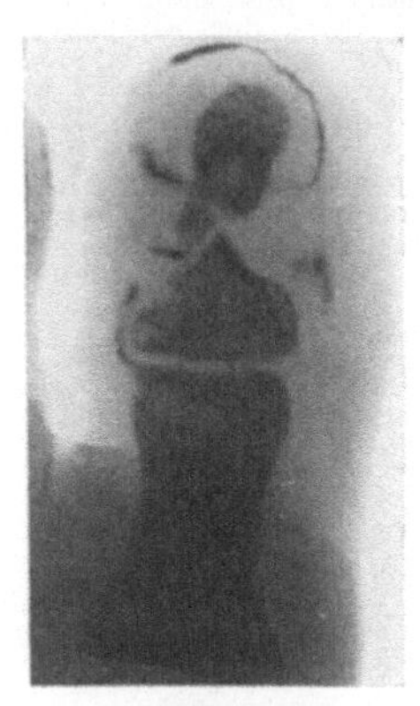

Abb. 996.
Zertrümmerungsfraktur
der Großzehenendphalanx.

Nach BAER wiederholen sich an den Zehenphalangen alle Frakturformen, die wir für die Fingerphalangen beschrieben haben. So findet sich an der *Endphalanx* ein typischer *Quetschbruch*, durch den die schaufelförmige Ausladung des Knochens in zwei oder mehrere Stücke zerlegt wird (Abb. 996). *Längsfrakturen* sind nicht seltener als an den Fingern (Abb. 997), wie denn auch das Vorkommen dieser Bruchform schon dadurch gegeben ist, daß der Fuß im Momente der Gewalteinwirkung flach am Boden ruht, wobei besonders die Großzehe ebenfalls in gestreckter Stellung der Sohle aufliegt.

An den Köpfchen sehen wir in das Gelenk reichende *Stückbrüche*, durch die einzelne Condylen losgelöst werden (Abb. 997), mit verschieden ausgeprägter Verschiebung, besonders *Drehung der kleinen Fragmente*. *Schaftbrüche*, ebenfalls mit Vorliebe die Großzehe betreffend, finden sich in Form der *queren* oder *schiefen, durch Abscherung und Biegung bedingten Frakturen*

sowohl dicht hinter den Capitula (Abb. 998) als in der Mitte der Phalanx-
diaphyse, wobei mit einer gewissen Regelmäßigkeit das periphere Fragment
dorsalwärts verlagert ist, ähnlich wie an den Fingern.
Die seitlichen Verschiebungen an der 2.—5. Zehe
erscheinen meist erheblicher als an den Fingern,
offenbar weil die kleinen Zehen in gebogener Stellung im Schuh fixiert sind, so daß nach erfolgter
Fraktur der periphere Teil der Zehe durch die von
oben wirkende Gewalt seitlich umgekippt wird.
Einen direkt entstandenen Basalbruch der I. Grundphalanx zeigt Abb. 989. Das abgebrochene Köpfchen
des Grundgelenkes kann sich, wohl unter der Zugwirkung der Flexoren, plantarwärts drehen.

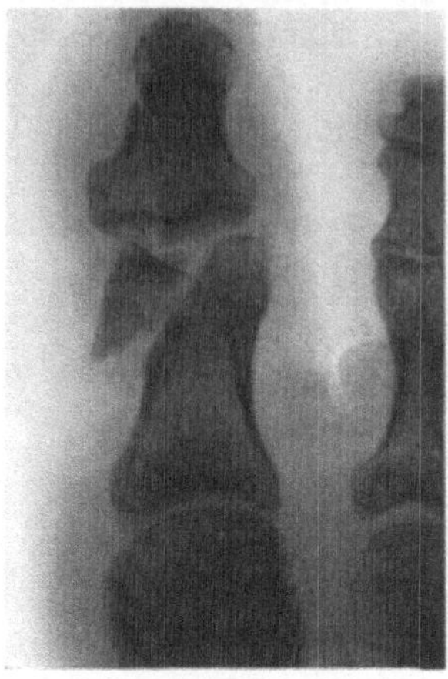

Abb. 997. Schrägfraktur des
Condylus lateralis der Grundphalanx und Längsfraktur an
der Basis der Endphalanx I.

Derartige, mit erheblicher Verschiebung konsolidierte Schaftfrakturen können zu erheblichen *Gehstörungen* Anlaß geben, besonders wenn sie die zwei
ersten Zehen betreffen; weniger bedeutungsvoll sind
deforme Heilungen an den Grund- und Mittelphalangen der drei lateralen Zehen. Häufiger stellen
sich andauernde Belastungsschmerzen im Anschluß
an Quetschungsbrüche der Endphalangen ein, wenn
einzelne Zacken kleiner Fragmente abnorm vorstehen, und besonders wenn sich
nach offenen Brüchen derbe, mit dem Knochen starr verwachsene Narben bilden.

Hinsichtlich der Beurteilung von *Röntgenogrammen* sei darauf verwiesen, daß nach *Grashey* an der
kleinen Zehe Nagel- und Mittelphalanx bei einem
Drittel aller Individuen synostotisch verwachsen
sind; derartige Bilder sind deshalb nicht als Ausdruck geheilter Frakturen zu deuten.

Auch Zehenbrüche verlangen, wenn sie disloziert
sind, *Reposition,* weil namentlich deform geheilte
Brüche der Großzehe zu erheblicher Gehstörung
Anlaß geben können. Falls die Reposition gelingt,
wird ein *Heftpflasterzug* angelegt, wie ihn BARDEN-
HEUER für die Behandlung der Metatarsalfrakturen
angegeben hat (Abb. 994). Ist manuelle Einrichtung
nicht zu erzielen, so erfolgt *Zugbehandlung mittels
Stahldrahtschlinge,* die durch die betreffende Zehenkuppe gelegt wird (Abb. 995). *Nichtverschobene
Diaphysenbrüche* können gelegentlich mittels kleiner
Schienenverbände befriedigend versorgt werden, zu
deren Anfertigung man schmale Heftpflasterstreifen
verwendet. Auch *extendierende Metallschienenver-
bände,* wie wir sie für die Behandlung von Finger-

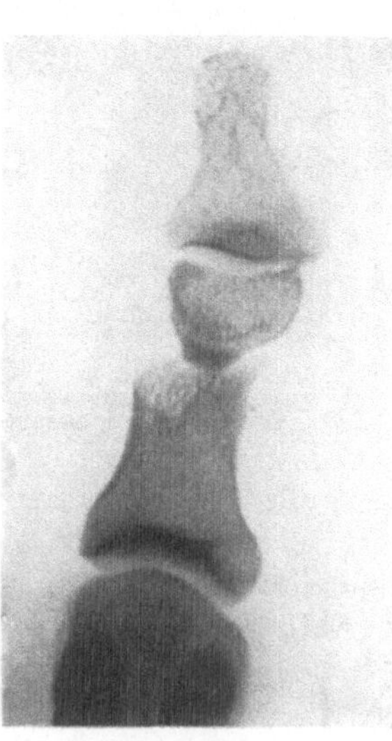

Abb. 998. Abscherungs-
Biegungsfraktur der Großzehen-
grundphalanx dicht hinter dem
Köpfchen.

brüchen schilderten, sind bei Diaphysenbrüchen mit
mäßiger Verschiebungstendenz verwendbar (vgl. Abb. 705). *Operative Behandlung,* analog dem Vorgehen bei Brüchen der Fingerphalangen, kommt nur ausnahmsweise in Frage. Bei *offenen Brüchen* wird, falls es sich nicht um die

Großzehe handelt, die im Interesse der Gehfunktion wenn möglich zu erhalten ist, gelegentlich an Stelle konservierender chirurgischer Maßnahmen die *Exartikulation* treten.

Schlecht geheilte Gelenkfrakturen erfordern *Resektion*; Zertrümmerungsbrüche der Endphalanx Abtragung von einem horizontalen Steigbügelschnitt aus. Diaphysenbrüche werden nur an der Großzehe operativ korrigiert.

Praktische Bedeutung kommt schließlich noch den *Frakturen der beiden Sesambeine* zu, die dem Köpfchen des Metatarsale I plantar angelagert sind. Ihr Vorkommen wurde zunächst bestritten, weil individuelle Zwei-, Drei- und Vierteilung beobachtet wird. Doch ist durch die Arbeiten von STUMME und MORIAN klinisch und experimentell einwandfrei festgestellt worden, daß die Sesambeine frakturiert werden können. Brüche der Sesambeine entstehen entweder *direkt* durch Fall, heftiges Auftreten sowie indirekte Kompression durch einen auf das vordere Ende des Metatarsale I fallenden Gegenstand, oder *indirekt als Rißbrüche* unter der Zugwirkung des M. flexor hallucis brevis, in dessen Sehne die Sesambeine eingeschaltet sind.

Direkte Frakturen sind häufiger und finden sich meist in Kombination mit Kompressionsbrüchen des ersten Metatarsalköpfchens; einen derartigen Fall illustriert Abb. 999 nach BORCHARDT.

Die *Symptome der Sesambeinfrakturen* bestehen in lokaler *Schwellung* und *Druckschmerzhaftigkeit* im Bereich der Großzehenballe, sowie in *Belastungsstörungen*. Ihre sichere Feststellung ist nur durch *vergleichende* Röntgenaufnahmen möglich. Gegenüber der glatten Abgrenzung geteilter Sesambeine er-

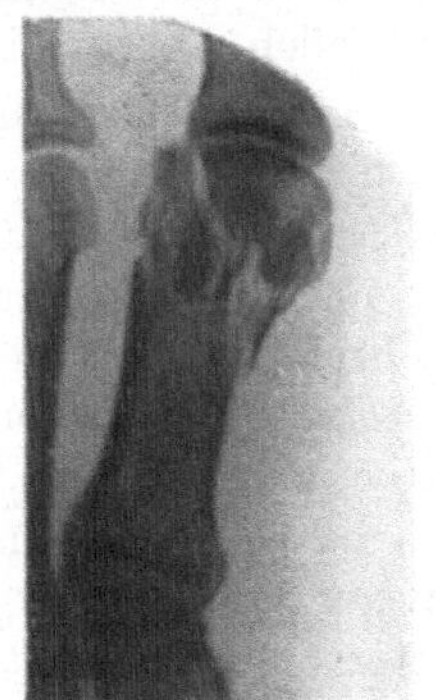

Abb. 999. Sesambeinfraktur und Zertrümmerungsfraktur des I. Metatarsalköpfchens. (Nach BORCHARDT.)

scheinen die Frakturlinien unregelmäßig und zackig; bei der Verwertung von Vergleichsaufnahmen ist zu berücksichtigen, daß die individuelle Mehrteilung nicht immer an beiden Füßen vorliegt.

Die *Behandlung der Sesambrüche* erfordert *Massage-* und *Heißluftanwendung*. Bleiben trotzdem schmerzhafte Belastungsstörungen bestehen, so kommt die *operative Entfernung* des gebrochenen Schaltknochens in Frage. Bevor man sich zu diesem Vorgehen entschließt, ist jedoch der Versuch zu machen, die Belastungsschmerzen durch *Verordnung einer besonders gearbeiteten Sohle* mit *Aussparung für die Großzehenballe* zu beseitigen. Ist diese Maßnahme nicht von Erfolg begleitet, so zögere man nicht mit der *Excision* des gebrochenen Sesambeines von einer seitlichen Incision aus.

D. Die Begutachtung der Frakturen der unteren Extremität.

Die sachgemäße Beurteilung vorübergehender und dauernder Schädigungen der unteren Extremität wird dadurch erleichtert, daß hier im Gegensatz zu den mannigfaltigen Verrichtungen des Armes im wesentlichen die *Funktion des Gehens und Stehens* in Frage kommt. Demgemäß läßt sich die Rückwirkung manifester Funktionsstörungen auf die berufliche Tätigkeit leicht überblicken und in maßgebender Weise beurteilen, während bei Verletzungen der oberen Extremität Berufsexpertisen häufig unerläßlich sind.

Es ist selbstverständlich zu berücksichtigen, daß gewisse Berufsarten ganz besonders hohe *Anforderungen an die Sicherheit des Stehens und Gehens* stellen, so das Arbeiten auf Gerüsten, Dächern und bei Freileitungsmontage; mangelhafte Gebrauchsfähigkeit der unteren Extremitäten bedingt bei diesen Berufen auch *erhöhte Gefährdung* und damit eine erhebliche *Reduction der Konkurrenzfähigkeit auf dem Arbeitsmarkte.* In anderen Berufen, so bei Boten, Fuhrleuten, Wächtern, Berufsmilitärs, spielt die *Marschtüchtigkeit* eine überwiegende Rolle oder dann wird, wie bei Lastträgern und Arbeitern der Schwerindustrien, die *rohe Kraftleistung der unteren Extremitäten* ganz besonders beansprucht. Dem gegenüber sind Funktionsstörungen der Beine für Vertreter sitzender Berufe erwerblich weniger bedeutungsvoll.

Über *direkte Messung und Lokalisation von Verkürzungen des Beines* wurden bei der Besprechung der Schenkelhalsfrakturen die nötigen Angaben gemacht. Da nun sowohl sekundäre Achsenknickungen als hochgradige Muskelatrophie die durch Bestimmung der Spinamalleolendistanz gewonnenen Längsmaße zu beeinflussen vermögen, *empfiehlt es sich, für Begutachtungszwecke die ausgleichbare Verkürzung direkt zu bestimmen.* Zu diesem Zwecke schiebt man unter den Fuß der verkürzten Extremität $^1/_2$—1 cm dicke Holzbrettchen, bis sich beide Spinae und beide Oberschenkelgesäßfalten im gleichen horizontalen Niveau befinden (vgl. Abb. 1000a u. 1000b). Die Höhe der erforderlichen Unterlage entspricht dann der effektiven Verkürzung. Geringe physiologische Ungleichheiten der Beinlänge, wie sie durch systematische Messungen festgestellt wurden, haben keine praktische Bedeutung. Die direkte Bestimmung der Verkürzung durch Sohlenunterlagen ist auch aus dem Grunde zuverlässiger als Längenmessungen, weil die Spina a. s. und die Malleolenspitzen keine mathematisch genauen Punkte darstellen; deshalb sind auch Messungsdifferenzen von 1—1$^1/_2$ cm in verschiedenen Gutachten keine Seltenheit. Die *Messungen des Umfanges* werden im Niveau der Oberschenkelgesäßfalte, in der Mitte des Oberschenkels, handbreit oberhalb der Kniegelenklinie — wo sich die Muskelatrophie oft am frühzeitigsten und intensivsten geltend macht — und im Bereiche des größten Wadenumfanges vorgenommen. Fallen die angegebenen Meßstellen mit der Lokalisation von Frakturen zusammen, so ist der durch Callusbildung oder seitliche Fragmentverschiebung bedingten Umfangsvermehrung angemessen Rechnung zu tragen.

Verkürzungen einer Unterextremität bis zu 2 cm lassen sich durch Einlagen und Erhöhung der Absätze so vollkommen ausgleichen, daß ihnen eine erwerbsschädigende Bedeutung gewöhnlich nicht zukommt. Verkürzungen von 3 cm dagegen werden durch Beckensenkung nicht immer ausreichend kompensiert, besonders wenn es sich um ältere Leute, um Arthritiker oder um *Verkürzungen bei gleichzeitiger fixierter Adductionsstellung des Hüftgelenkes* handelt. Bei Verkürzungen eines Beines um 2—3 cm wird üblicherweise eine Rente von 5$^0/_0$ gewährt; doch kann die Erwerbseinbuße bei Verkürzungen dieses Grades auch 10$^0/_0$ erreichen. Verkürzungen über 3—5 cm bedingen meist erheblichere Störungen des Gehens und Stehens, die mit 5—15$^0/_0$ zu taxieren sind. Für Verkürzungen über 5—10 cm betragen die angemessenen Renten 10—33$^1/_3$$^0/_0$.

Verkürzungen über 10 cm gelangen in der Friedenspraxis relativ selten zur
Beobachtung; diese bedingen ausnahmslos eine hochgradige Funktionsschädi-
gung des betroffenen Beines, namentlich wenn sie mit störenden Narben, Gelenkversteifungen, Muskelatrophie, sekundärer, fixierter Spitzfußstellung des

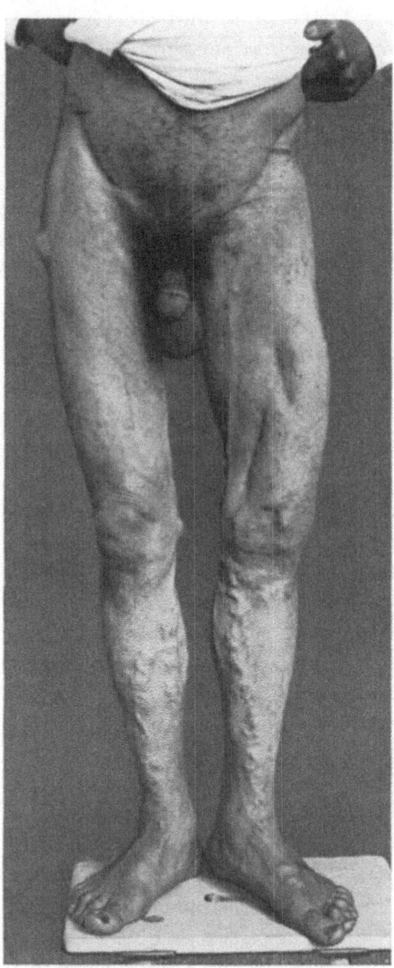

Abb. 1000a. Markierung der Spina ilei a. s.
bei Verkürzung des linken Beins.

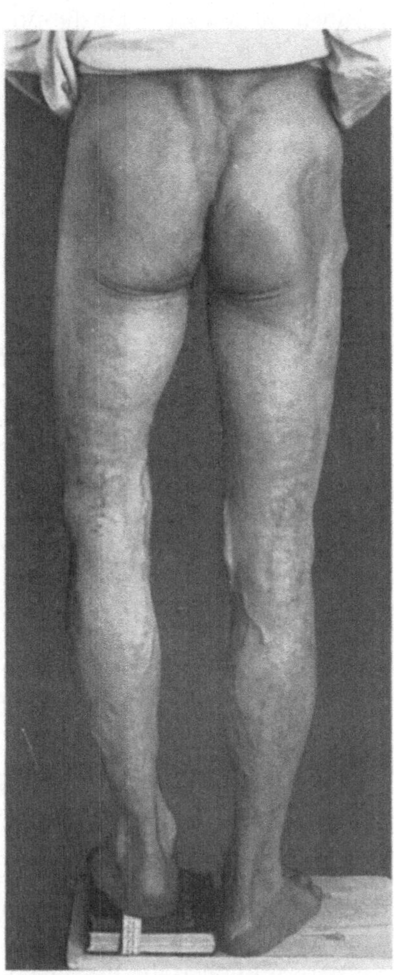

Abb. 1000b. Bestimmung der reellen Ver-
kürzung durch Unterlegen des linken
Fußes bis zum Ausgleich des Standes der
Oberschenkelgesäßfalten.

Fußes und statischen Veränderungen des Fußskeletes verbunden sind. In
solchen Fällen kann daher die Erwerbseinbuße 50—66$^2/_3$% erreichen.

Derartige *hochgradige Verkürzungen* lassen sich dadurch zu einem wesentlichen Teil ausgleichen, daß man in besonders gearbeiteten Schuhen den
Fuß in starke Plantarflexionsstellung bringt. Damit der steilstehende Fuß
nicht seitlich umkippt, müssen diese Spezialschuhe starr gearbeitete Schäfte
besitzen; noch zuverlässiger ist Kombination solcher Schuhe mit seitlichen,

bis zu den Tibiacondylen reichenden Stahlschienen. Da allzu starke Spitzfußstellung des Fußes sich mit dauernder Belastung nicht verträgt, muß die Ausgleichung derartiger Verkürzungen sachgemäß auf Einlage und Erhöhung des
Absatzes sowie der Sohle verteilt werden. Handelt es sich um Verkürzungen,
die zu einem wesentlichen Teil auf Adductionsstellung des versteiften Hüftgelenkes
beruhen, so erwäge man die Möglichkeit, durch Osteotomie und Überführung
des Femur in Abduction die Verkürzung teilweise zu kompensieren.

Durch vollständigen oder teilweisen orthopädischen Ausgleich kann die
erwerbliche Bedeutung einer Beinverkürzung wesentlich verringert, bei geringen
Verkürzungsgraden auch völlig ausgeschaltet werden. Doch muß man der Auffassung entgegentreten, daß Ausgleich der Verkürzung in jedem Falle völlige
Aufhebung der Störungen bedeute. Das ist vielmehr nur bei Verkürzungen
unter 3 cm und auch da nur bei jüngeren Individuen der Fall. Bei erheblicheren
Verkürzungsgraden, die zu ihrer Kompensation hohe Einlagen und Absatz-
auflagen erfordern, ist die *Sicherheit des Gehens und Stehens* gleichwohl wesentlich
geringer, wie denn auch die *Ermüdbarkeit* gewöhnlich eine gesteigerte bleibt.
*Oberschenkelverkürzungen wirken bei Berufsarten, die häufiges Knien erfordern,
etwas störender als Unterschenkelverkürzungen.*

Da vergleichende Untersuchungen von FABER zeigten, daß der Umfang
der rechten und linken Extremität bei ungefähr 30% normaler Individuen
Unterschiede von 3 cm und mehr aufweist, ohne daß sich am schwächeren
Bein Abweichungen hinsichtlich der Funktion nachweisen lassen, dürfen entsprechende *Umfangsdifferenzen* nicht ohne weiteres als Ausdruck pathologischer
Muskelatrophie gedeutet werden. Offenbar zeigt die funktionelle Inanspruchnahme der beiden Unterextremitäten in den verschiedenen Berufsarten große
Unterschiede, und demgemäß sind Umfangsdifferenzen am Ober- und Unterschenkel, die $1^{1}/_{2}$—2 cm nicht überschreiten, nur dann als pathologisch zu bewerten, wenn der Umfangsverminderung auch eine deutliche *Herabsetzung der
Muskelleistung* entspricht. Über die Qualität der Muskelaktion geben Wider-
standsprüfungen Auskunft.

Schenkelhalsfrakturen hinterlassen dauernde Störungen in Form der *Pseudarthrose, chronisch arthritischer Veränderungen des Hüftgelenkes mit Einschränkung
seiner Beweglichkeit, übermäßiger Callusbildung und Reduction des Schenkelhalsdiaphysenwinkels.* Die Bewegungsexkursionen des Hüftgelenkes zeigen in ihrem
Ausmaße individuelle Schwankungen, weshalb immer das gesundseitige Gelenk
zum Vergleich heranzuziehen ist.

Wir bestimmen die maximale *Flexion und Extension in der Sagittalebene bei
mittlerer Rotationsstellung des Fußes*; dann wird *maximale Abduction und Adduction in der Frontalebene* festgestellt, während *Ein- und Auswärtsrotation sowohl
bei gestrecktem als bei rechtwinklig gebeugtem Hüftgelenk* geprüft werden. Normalerweise geht die Flexion im Hüftgelenk bei gebeugtem Knie bis zu einem Winkel
von 45° mit der Frontalebene des Rumpfes, beträgt somit von der normalen
Streckstellung aus 135°; die Extension übersteigt selten 10°. Die Abduction
kann in Normallage, d. h. in Streckstellung des Hüftgelenkes, in einem Winkel
von 30—50°, die Adduction in einem solchen von 25—40° ausgeführt werden.
Die Auswärtsrotation in normaler Streckstellung beträgt 60—80°, die Einwärtsrotation 30—45°. Bei senkrecht eleviertem Oberschenkel, bzw. rechtwinklig
flektiertem Hüftgelenk können Aus- und Einwärtsrotationsbewegungen in

einem individuell schwankenden Winkel von 30—45⁰ ausgeführt werden. Passiv lassen sich alle diese Bewegungen um 5—10⁰ steigern.

Neben der Feststellung der Hüftgelenkexkursionen kommt bei Schenkelhalsfrakturen in erster Linie die *Bestimmung des Schenkelhalsdiaphysenwinkels* in Betracht, der normalerweise umgefähr 125⁰ beträgt. Anhaltspunkte für die Abschätzung des Winkels bietet der Stand der Trochanterspitze; je höher der Trochanter, desto geringer im allgemeinen der Schenkelhalswinkel. Es ist jedoch zu berücksichtigen, daß nach den Messungen PREISERs die Spitze des großen Trochanters bei 60⁰/₀ normaler Individuen etwas oberhalb der ROSER-NELATONschen Linie steht. Maßgebend ist einzig das vergleichende, in gleicher Rotationsstellung beider Femora aufgenommene *Röntgenogramm*. Die Röntgenuntersuchung gibt gleichzeitig Auskunft über deformierende Veränderungen im Bereiche der Gelenkpfanne und des Kopfes, über Knocheneinlagerung und Calluswucherungen im Gebiete der Kapsel.

Zur Ergänzung des Status ist noch festzustellen, ob und in welchem Umfange die vorhandenen aktiven und passiven Bewegungen schmerzlos sind, woran sich eine funktionelle *Prüfung der isolierten Belastungsfähigkeit des Hüftgelenkes, des Gehaktes* sowie der Ermüdbarkeit anschließt. Ist die isolierte Belastungsfähigkeit eines Hüftgelenkes tatsächlich mangelhaft, so fällt das TRENDELENBURGsche *Symptom* durchwegs positiv aus. Mit Rücksicht auf die großen Variationen der Funktionsstörungen des Hüftgelenkes können hinsichtlich ihrer gutachtlichen Taxation nur einige allgemeine Angaben gemacht werden. Neben sinngemäßer Berücksichtigung der beruflichen Verrichtungen ist dem *Alter der Verletzten* stets Rechnung zu tragen; denn je höher das Alter des Verletzten, desto schlimmer sind im allgemeinen erwerbliche Rückwirkungen und Prognose der traumatischen Arthritis des Hüftgelenkes.

Die günstigste Stellung für die *Versteifung des Hüftgelenkes* ist Flexion von 20—30⁰ und Abduction von 20⁰ bei geringen, von 30—40⁰ bei hochgradigeren reellen Verkürzungen. Erhebliche Abduction bei fehlender Verkürzung des Femur bedingt relative Verlängerung der betreffenden Extremität, die durch eine Sohlenunterlage an der unverletzten Extremität ausgeglichen werden muß.

Die *gänzliche Versteifung eines Hüftgelenkes in günstiger, orthopädisch korrekter Stellung* ist mit 33¹/₃—50⁰/₀ zu taxieren; jede ausgeprägte Adductions-, Flexions- und Rotationsstellung vermehrt die Invalidität und zwar muß die Rente um so reichlicher bemessen werden, je hochgradiger die sekundäre kompensatorische Verbiegung der Wirbelsäule ist. *Versteifungen des Hüftgelenkes in ungünstiger Stellung* bedingen demgemäß Renten von 50—75⁰/₀.

Teilweise Bewegungseinschränkungen des Hüftgelenkes sind entsprechend niedriger zu taxieren; ihre erwerbsschädigende Bedeutung hängt im wesentlichen davon ab, ob die ausführbaren Bewegungen und die Belastung des Hüftgelenkes schmerzfrei sind. Die Schonungs- und Angewöhnungsrenten sind in derartigen Fällen unter allen Umständen sehr reichlich und zwar mit 50—75⁰/₀ für je 3—6 Monate zu bemessen, während die definitive Erwerbseinbuße nach solid geheilten Schenkelhalsfrakturen mit partieller Bewegungseinschränkung des Hüftgelenkes 25⁰/₀ selten übersteigt. Sie wird bestimmt durch eine allfällige sekundäre deformierende Arthritis des Hüftgelenks, die noch 3—4 Jahre nach der Heilung auftreten kann, was bei Kapitalabfindungen zu berücksichtigen ist.

Mediale Schenkelhalsfrakturen, die pseudarthrotisch geblieben sind, müssen dauernd mit 50—75% entschädigt werden; die vollständige Entwicklung des Symptomenkomplexes der Schenkelhalspseudarthrose kann bei Schwerarbeitern *Vollrente* bedingen. Bei der Begutachtung derartiger Fälle wird oft übersehen, daß eine Schenkelhalspseudarthrose mit schmerzhafter sekundärer Arthritis und völliger Belastungsunfähigkeit des gebrochenen Beines eine erheblichere Erwerbsbehinderung nach sich zieht als teilweiser glatter Verlust des Oberschenkels mit gutsitzender, direkt oder indirekt schmerzlos belastbarer Prothese.

Laterale, intertrochantere Schenkelhalsbrüche mit geringgradiger Reduktion des Schenkelhalsdiaphysenwinkels und mäßiger Einschränkung der Hüftgelenkfunktion erfordern für das erste Halbjahr nach der Behandlung ebenfalls Renten von 50—75%; für weitere 3—6 Monate beträgt die Erwerbseinbuße durchschnittlich $33^{1}/_{3}$—50%, während die Dauerrenten sich zwischen 10 und 20% bewegen.

Isolierte Frakturen der Trochanteren sind nur vorübergehend zu entschädigen, da sie die Belastungsfähigkeit des Beines nicht in Mitleidenschaft ziehen.

Die wesentlichen Gründe längerdauernder Invalidität nach *Frakturen des Femurschaftes* sind bedeutende *Verkürzungen, Immobilisierungsschädigungen der Gelenke* und *hochgradige Muskelatrophie,* seltener *Gefäß-* und *Nervenläsionen.* Die Taxation stützt sich demgemäß auf die Bewertung der vorliegenden Verkürzung mit Zuschlägen für Versteifungen des Hüft-, Knie- und Fußgelenkes und allfällig vorhandene Insuffizienz der Muskulatur. Im allgemeinen kommen für das erste Jahr nach Abschluß der Behandlung Renten zwischen 20 und 50%, später während kürzerer oder längerer Zeit solche von 10—25% in Betracht. Besondere Berücksichtigung erfordert die Heilung der Oberschenkeldiaphysenfraktur in *Rekurvationsstellung* mit Ausbildung eines *Schlottergelenkes im Knie.* Die letztere Schädigung hat eine recht erhebliche erwerbsschädigende Bedeutung und muß allein mit Renten von 20—30% berücksichtigt werden. Der Möglichkeit, die hochgradige Belastungsstörung durch Verordnung von Schienenhülsenapparaten erheblich zu reduzieren, ist bei der Abschätzung des Schadens angemessen Rechnung zu tragen.

Pseudarthrosen der Oberschenkeldiaphysen können durch Schienenhülsenapparate besser beeinflußt werden als Schenkelhalspseudarthrosen; doch sind die Verunfallten in der Regel nicht imstande, mit diesen Apparaten schwere Arbeiten zu verrichten, so daß die Funktionsstörung dem Beinverlust nahe kommt.

Die *Frakturen im unteren Abschnitt des Femur* sind wesentlich nach den zurückbleibenden *Schädigungen des Kniegelenkes,* somit nach den gleichen Gesichtspunkten zu beurteilen, wie die gleich zu besprechenden Condylenbrüche des Femur und der Tibia. Bei diesen Frakturen finden sich am häufigsten *begleitende Verletzungen der benachbarten Gefäße und Nerven.*

Ischämische Muskelcontractur ist annähernd gleich zu bewerten, wie Verlust des Unterschenkels. Die seltene *Lähmung des Ischiadicusstammes* ist mit 50%, wenn sie von schweren trophischen Störungen im Bereiche des Fußes begleitet ist, mit $66^{2}/_{3}$—75% zu taxieren. Nicht so schwerwiegend ist die *isolierte Lähmung des N. peronaeus,* weil der Funktionsausfall und die pathologische Stellung des Fußes sowohl durch orthopädische Apparate als durch Sehnen- und Muskeltransplantation erheblich gebessert werden kann; die Taxation einer *irreparablen Peronaeuslähmung* erreicht deshalb höchstens 25%.

Nach *Frakturen der Femur- und Tibiacondylen* sehen wir, abgesehen von seltenen, komplizierenden Gefäß- und Nervenverletzungen verschieden hochgradige *Versteifungen des Kniegelenkes, pathologische Ab- und Adductionsstellungen in Form des Genu valgum und Genu varum* sowie *Rekurvationsverbiegungen* als dauernde Folgen.

Völlige Versteifung des Kniegelenkes in Streckstellung wird mit etwa $40^0/_0$, in hochgradiger *Beuge- oder Rekurvationsstellung* mit $50^0/_0$ taxiert. Leichte *Einschränkungen der Beugung*, die normalerweise bis zu einem Winkel von $30—40^0$ erfolgt, haben erwerblich keine Bedeutung; dagegen beeinträchtigen *Streckhemmungen*, sofern sie mehr als $10^0/_0$ betragen, stets die normale Belastungsfähigkeit des Beines und den Gehakt. Sofern es sich nicht um Vertreter sitzender Berufsarten handelt, sind deshalb für derartige *Streckhemmungen* Renten von $10—25^0/_0$ zu gewähren. *Schlottergelenke* in Form des ausgeprägten *Wackelknies* reduzieren die Belastungsfähigkeit des Beines in so hohem Maße, daß eine durchschnittliche Erwerbseinbuße von $20—40^0/_0$ resultieren dürfte, und zwar auch bei Versicherten, die einen gutsitzenden Schienenhülsenapparat tragen.

Pathologische Adductionsmöglichkeit und besonders *abnorme Beweglichkeit des Kniegelenkes im Sinne der Abduction* sind unter ständiger Belastung häufig progredient; die gebotene Schonung sowie die Funktionsbehinderung erfordern in solchen Fällen Renten von $10—20^0/_0$. Bei fixierter, auf Verschiebung von Condylenfragmenten beruhender *Valgus-* oder *Varusstellung* des Kniegelenkes liegt eine weitgehende statische Schonung im Interesse sowohl der Verunfallten als des Versicherers, weil unter der Belastung die Bandapparate an der konvexen Seite des Gelenkes sukzessive überdehnt werden. Man wird deshalb gut tun, derartigen Verletzten für das 1. Jahr Schonungsrenten von $40—50^0/_0$, anschließend für etwa ein halbes Jahr solche von $20—33^1/_3{}^0/_0$ zuzubilligen. Die *definitive Rente* beträgt $20—25^0/_0$, insofern der Zustand während eines halben Jahres stationär geblieben ist. Wenn dagegen die seitliche Beweglichkeit des Kniegelenkes ständig zunimmt, die Schiefstellung der Gelenkfläche, besonders bei wachsenden Individuen, sich akzentuiert und gleichzeitig eine schmerzhafte, *posttraumatische Arthritis* zur Entwicklung gelangt, so müssen mit *Verschiebung geheilte Condylenbrüche des Femur und der Tibia* bei Schwerarbeitern dauernd mit $33^1/_3—50^0/_0$ entschädigt werden, bei Verletzten mit vorwiegend sitzender Beschäftigung mit $20—25^0/_0$.

Kniescheibenbrüche verlangen relativ lange Schonung wegen der *Gefahr einer Refraktur* und zwar auch nach operativer Behandlung. Die völlige Arbeitsunfähigkeit dauert deshalb mindestens 3 Monate, bei multiplen und offenen Brüchen 3—6 Monate. Nach dieser Frist empfiehlt sich bei Schwerarbeitern für die Dauer von 3 Monaten Gewährung einer Schonungsrente von $50^0/_0$, für weitere 3 Monate einer solchen von $25^0/_3$.

Erfolgt die Heilung eines Kniescheibenbruches nur fibrös mit *Diastase der Fragmente*, so bleibt stets eine *Atrophie des M. quadriceps* zurück, die eine Schwächung des Beines zur Folge hat. In solchen Fällen sind für längere Perioden Renten von $10—33^1/_3{}^0/_0$ zuzubilligen, die allerdings unter Angewöhnung sukzessive reduziert werden können. Doch vergehen nach statistischen Erhebungen oft mehrere Jahre, bis die betroffene Extremität wieder vollkommen gebrauchstüchtig ist. Bei *offenen Frakturen* sowie nach unzweckmäßiger Fixationsbehandlung steht die *Bewegungseinschränkung des Kniegelenkes* im Vordergrund, verbunden mit *Herabsetzung der rohen Extensionskraft.* Die entsprechenden Störungen erfordern Entschädigungen von $10—33^1/_3{}^0/_0$. Nach einer Zusammenstellung THIEMS erstreckt sich die Rentenperiode im Anschluß an Kniescheibenbrüche auf einen Zeitraum von ungefähr 10 Jahren.

Von den eigentlichen *Unterschenkelfrakturen* stellen die *Frakturen beider Diaphysen* das Hauptkontingent zu den entschädigungsberechtigten Fällen. Unter den erwerbsschädigenden Veränderungen stehen *Verkürzung und Achsenknickung,* besonders in *Form der Rekurvation* sowie *seitlicher Abweichungen des unteren Fragmentes mitsamt dem Fuß* in erster Linie. Die *Rekurvation* gibt Anlaß zu *fixierter Spitzfußstellung* und zu *sekundärer Durchbiegung des Kniegelenkes,* während der durch Abduction bedingte *Pes valgoplanus* sowie sekundäre *Klumpfußstellung* infolge Adductionsknickung an der Frakturstelle zu statischen Veränderungen des Fußskeletes führen. *Versteifungen des Fußgelenkes* und auch solche des Kniegelenkes pflegen bei diesen deform geheilten Frakturen nicht zu fehlen. Gutachtlich zu berücksichtigen sind ferner *adhärente Narben mit Tendenz zu rezidivierender Ulceration,* hartnäckige *ödematöse Schwellung von Fuß und Unterschenkel, Krampfaderbildung* und *Verschlimmerung bestehender Varizen, chronische Ostitis und Osteomyelitis* im Anschluß an offene Frakturen, und als schlimmste Folge das *Ausbleiben solider, knöcherner Heilung.*

Was die *Pseudarthrose* betrifft, so läßt sich die Stützfunktion des Unterschenkels auch hier durch gut gearbeitete Hülsenapparate etwas verbessern; doch bleibt stets eine schwere, statische Störung zurück, die jede konsequente Ausübung anderer als vorwiegend sitzender Berufstätigkeit ausschließt. *Unterschenkelpseudarthrosen* müssen deshalb mindestens mit $50^0/_0$, in schweren Fällen entsprechend dem Unterschenkelverlust abgeschätzt werden.

Fälle mit *chronischer Ostitis* erfordern wegen der ungünstigen Rückwirkung aller mechanischen Einflüsse so lange volle Rente, als der Entzündungsprozeß noch irgendwie aktiv, die Fisteleiterung von Belang ist. Ist der Prozeß spontan, nach Ausführung von Sequestrotomien oder Ausräumung des Knochens inaktiv geworden, so kann, auch wenn noch intermittierende Versorgung einer oberflächlich granulierenden Wunde erforderlich ist, die Berufstätigkeit sukzessive wieder aufgenommen werden. Dementsprechend ist die Rente sukzessive auf $75^0/_0$, $50^0/_0$ und $33^1/_3{}^0/_0$ zu staffeln. Immerhin muß in derartigen Fällen für ein ganzes Jahr nach Abschluß der Behandlung noch eine Rente von etwa $25^0/_0$ gewährt werden, falls durch schlechte Fragmentstellung sowie Schädigungen des Fußgelenkes und der Statik des Fußes nicht höhere Ansätze bedingt werden.

Von den *fehlerhaften Fragmentstellungen* wirkt ausgeprägte *Rekurvationsverbiegung* wohl am ungünstigsten, weil sowohl die Funktion des Fußes als auch die Statik des Kniegelenkes in zunehmendem Maße leiden. Derartige Unterschenkelfrakturen erfordern deshalb für mindestens 6 Monate eine Angewöhnungsrente von $75^0/_0$, später solche von 50 bzw. $33^1/_3{}^0/_0$. Diese Taxationen erscheinen nicht zu hoch, wenn man bedenkt, daß solche Verletzte oft schlechter gehen als Unterschenkelamputierte. Ganz besonders ist dies der Fall, wenn sich zu der Rekurvationsverbiegung noch eine *Abductionsknickung* an der Frakturstelle hinzugesellt. Die gleichen Gesichtspunkte dürften im allgemeinen für die Begutachtung von *Unterschenkelbrüchen mit Abductionsknickung und ausgeprägtem traumatischem Pes valgoplanus* maßgebend sein.

Auch *isolierte Versteifungen oder Bewegungseinschränkungen des Talocrural-gelenkes* bei im übrigen korrekter Frakturheilung reduzieren die Funktions-tüchtigkeit der betroffenen Extremität in gewissen Grenzen. *Völlige Ver-steifung des Fußgelenkes in Rechtwinkelstellung* wird durchschnittlich mit Dauer-renten von $20—33^1/_3\%$ entschädigt. Steht der Fuß nicht achsengerecht, sondern in ausgeprägter *Abductionsstellung*, so steigert sich die Invaliditätsquote auf $40—50\%$. Dabei ist zu berücksichtigen, daß seitliche Abweichungen des Fußes während der ersten Zeit unter der Belastung progredient sind, so daß *ausreichende statische Schonung* für das Endresultat von wesentlicher Bedeutung ist.

Störender als rechtwinklige Verteifung des Fußgelenkes ist *Ankylose in ausgeprägter Plantarflexionsstellung des Fußes*, die Renten von $40—50\%$ erfordert, auch wenn der Fuß in der Sagittalebene achsengerecht steht. Bei *partieller Bewegungseinschränkung des Fußgelenkes* ist zu berücksichtigen, daß das Ausmaß der Plantarflexion und der Dorsalextension individuell schwankt, so daß stets das gesunde Fußgelenk zum Vergleich herangezogen werden muß. Ferner ist in Betracht zu ziehen, daß die Dorsalextension des Fußgelenkes nur in recht-winkliger Beugestellung des Kniegelenkes, d. h. bei vollständiger Entspannung des Triceps surae, maximal ausgeführt werden kann. Normalerweise kann im Fußgelenk eine Dorsalextension sowie eine Plantarflexion von je $30—45^0$ aus-geführt werden. Die Exkursionsbreite der Abduction und Adduction beträgt durchschnittlich etwa 40^0; die Abduction ist mit Pronation, die Adduction mit Supination verbunden.

Einschränkungen der Dorsalextension des Fußgelenkes, die weniger als 10^0 betragen, haben meist keine erwerbsschädigende Bedeutung, weil die verblei-bende Exkursion für die Abwicklung der Talusrolle beim Gehen ausreicht; das gleiche gilt für leichte Hemmungen der Plantarflexion. Voraussetzung ist allerdings, daß die vorhandenen Bewegungen schmerzlos ausgeführt werden können. Doch ist der Tatsache Rechnung zu tragen, daß auch geringgradige Einschränkungen der Dorsalextension des Fußgelenkes beim Bergaufgehen störend wirken können und deshalb bei gewissen Berufsarten berücksichtigt werden müssen. Teilweise Bewegungseinschränkungen, die den Gehakt hindern, beruhen meistens auf *arthritischen Veränderungen* und erfordern abgestufte Schonungsrenten, die zwischen 10 und $33^1/_3\%$ schwanken. Maßgebend für die Bemessung dieser Renten ist neben dem Grad der Bewegungseinschränkung die Ausbildung der im Röntgenogramm nachweisbaren arthritischen Verände-rungen.

Schmerzhafte Narben an der Frakturstelle, rezidivierende *Geschwürsbildung*, *chronisches induratives Ödem im Bereich von Unterschenkel und Fuß, ausgeprägte Krampfaderbildung* sind gemäß ihrer Rückwirkung auf die Funktionstüchtigkeit der betroffenen Extremität mit Renten von $10—20\%$ in Form von Zuschlägen zu berücksichtigen.

Bei *Knöchelbrüchen* kommt neben *Versteifung des Fußgelenkes* vor allem *sekundäre Knickfuß- und Plattfußbildung* als erwerbsschädigende Dauerver-änderung in Betracht. Ein ausgeprägter traumatischer *Pes valgoplanus* bedingt an sich eine Rente von $10—25\%$; ist gleichzeitig das Fußgelenk arthritisch ver-ändert und schmerzhaft, zeigen die Bewegungen eine wesentliche Einschränkung, so kann die tatsächliche Erwerbsschädigung bis 40% erreichen. Durch orthopädische Maßnahmen in Kombination mit systematischer Massage- und

Bewegungsbehandlung läßt sich allerdings die Funktionsstörung mit der Zeit erheblich reduzieren, so daß es sich bei diesen hohen Taxationen meist um vorübergehende Renten handelt.

Unter ähnlichen Gesichtspunkten wie die Knöchelbrüche sind *Frakturen des Talus* zu begutachten, die beinahe ausnahmslos zu *traumatischer Arthritis, Bewegungseinschränkung des Fußgelenkes* und zu sekundären *Abductions- und Pronationsverschiebungen des Vorderfußes* Anlaß geben.

Frakturen des Rollenabschnittes sind durchwegs schwerwiegender als Brüche des Talushalses, insofern als die endgültige Bewegungseinschränkung des Fußgelenkes in diesen Fällen hochgradiger ist. Für *Frakturen des Taluskörpers* mit weitgehender Einschränkung der Fußgelenkbewegungen und Schmerzhaftigkeit der Belastung wird man für die ersten 2 Jahre Renten von $33^1/_3\%$—50% für *Talushalsbrüche mit Deviation des Vorderfußes* solche von 20—40% sprechen müssen. Für die spätere Beurteilung ist die endgültige Gestaltung der Belastungsfähigkeit des Fußes sowie der Beweglichkeit des Fußgelenkes maßgebend. *Verlust des Talus* dürfte, wenn der Fuß korrekt steht, etwa einer Drittelinvalidität entsprechen.

Fersenbeinbrüche heilen, *sofern keine ausgeprägte Formveränderung des Calcaneus vorliegt,* im Laufe von 1—3 Jahren häufig vollkommen aus. Für diese Zeitdauer empfiehlt sich Gewährung abgestufter Renten, die wegen der Bedeutung ausreichender Schonung für das Endresultat reichlich zu bemessen sind. Für die ersten 3 Monate nach Abschluß des Heilverfahrens scheint deshalb, insofern es sich um durchgehende Frakturen handelt, eine Rente von 75%, für weitere 6 Monate eine solche von 50% und anschließend für die Dauer von 1—2 Jahren eine Rente von 20—$33^1/_3\%$ angemessen. In analoger Weise sind *Fersenbeinfrakturen mit leichter Kompressionsdeformierung und* entsprechender *Abflachung des Fußgewölbes* zu beurteilen. *Einfache Frakturen ohne jede Verschiebungstendenz, Rißbrüche mit fehlender oder operativ behobener Dislokation des Tuberfragmentes, isolierte Brüche des Sustentaculum tali oder des Processus medialis* sind nach Ablauf des Heilverfahrens mit Invaliditätsrenten von 10 bis 25% für die Dauer von 6 Monaten meist genügend entschädigt. Anders gestaltet sich die Sachlage bei *schweren Kompressions- und Zertrümmerungsbrüchen des Fersenbeinkörpers.* Hier bedingen die im klinischen Abschnitt geschilderten Folgezustände, besonders die *Schmerzhaftigkeit der Belastung,* die *Klumpfuß-, Knickfuß-* oder *Plattfußstellung des Fußes,* sekundäre *Arthritis des Fußgelenkes,* die hartnäckige *Muskelschwäche* eine oft dauernde und *hochgradige Störung der Belastungsfähigkeit.* Bei Schwerarbeitern müssen deshalb für die Dauer eines Jahres Renten von $66^2/_3$—70%, für das zweite Jahr solche von 50% und von da an Dauerrenten von 20—$33^1/_3\%$ zugebilligt werden. Schwerarbeiter sind, namentlich wenn es sich um doppelseitige Fersenbeinbrüche handelt, häufig zu einem *Berufswechsel* gezwungen.

Frakturen des Naviculare, des Cuboid und der Cuneiformia beeinträchtigen die Belastungsfähigkeit des Fußes und geben im Falle hochgradiger Kompression verbunden mit Luxationsverschiebungen zu *Formveränderungen des Fußes* Anlaß. Maßgebend für die Begutachtung sind in erster Linie die Deformationen des Fußskeletes, besonders *Plattfußbildung oder ausgeprägte Achsenknickungen.* Verletzten, die in ihrem Berufe viel stehen und gehen müssen, sind unter allen Umständen *ausreichende Schonungsrenten* zu gewähren. Im allgemeinen treffen

Schonungsrenten zu, wie sie für die Calcaneusbrüche angegeben wurden. Die *Dauerrenten* für deform geheilte Brüche schwanken zwischen 10 und $33^{1}/_{3}^{0}/_{0}$.

Metatarsalfrakturen geben seltener zu Dauerstörungen Anlaß, falls es sich nicht um offene Zertrümmerungsbrüche handelt. Doch erfordern sie wegen *Belastungsstörungen* ebenfalls für Perioden von 3—6 Monaten zu gewährende *Schonungsrenten* von $20—40^{0}/_{0}$. Dauernde *Beeinträchtigung der Belastungsfähigkeit* des Fußes sieht man namentlich nach Frakturen des ersten Metatarsale mit plantarer Abweichung eines Fragmentes, nach Fraktur mehrerer nebeneinanderliegender Metatarsalia mit *reichlicher, druckschmerzhafter Callusbildung* sowie im Anschluß an offene infizierte Brüche mit ausgedehnten, dem Knochen *adhärenten Hautnarben*. Die erforderlichen *Dauerrenten* bewegen sich zwischen 10 und $33^{1}/_{3}^{0}/_{0}$.

Zehenfrakturen führen nur zu erheblichen, erwerbsbehindernden Beschwerden, wenn sie die *Großzehe* betreffen. Die Ursache der Störungen liegt in einer *Versteifung des Grund- oder Mittelgelenkes*, in *schlecht stehenden Diaphysenbrüchen*, schmerzhafter *Narbenbildung* und hartnäckiger *Schwellung der bedeckenden Weichteile*. Da die Zehen nicht direkt belastet werden, ist den Störungen mit Renten von $5—10^{0}/_{0}$ meist ausreichend Rechnung getragen. Die Ausrichtung von Dauerrenten wegen ungünstig geheilter Zehenbrüche kommt nur ausnahmsweise und nur für Verletzungen der Großzehen in Betracht. Auch die *Frakturen der Sesambeine* erfordern nur vorübergehende Versicherungsleistungen für erwerbsbehindernde Belastungsschmerzen.

Literatur.

ALBEE: Bone-Graft Surgery. Philadelphia and London: W. B. Saunders Company 1917. — On united fractures of the hip. Internat. J. of Med. 40, Nr 2. — Late end results in ununited fracture of the neck of the femur treated by the bone peg or the reconstruction operation. J. bone a. joint Surg. 10, Nr 1. — Treatment of ununited fracture of the neck of the femur. Surg. etc. 49 (1929). — ANSCHÜTZ: Erfahrungen mit der Nagelextension. Dtsch. Z. Chir. 101 (1909). — Über die Behandlung der medialen Schenkelhalsfrakturen. Dtsch. med. Wschr. 51, Nr 36. — Demonstration des Präparates einer geheilten Schenkelhalsfraktur. Zbl. Chir. 1928, 2876. — Erfahrungen in der Behandlung der medialen Schenkelhalsfrakturen. Med. Klin. 1929 I. — ANSCHÜTZ u. PORTWICH: Prognose und Therapie der veralteten Schenkelhalsfrakturen. Erg. Chir. 20 (1927). — ANSINN, HOHMANN u. SCHEDE: Deform geheilte Oberschenkelfrakturen einschließlich der primären Behandlung vom orthopädischen Standpunkt. Zbl. Chir. 1916, Nr 12. — AXHAUSEN: Die Nekrose des proximalen Bruchstückes beim Schenkelhalsbruch und ihre Bedeutung für das Hüftgelenk. Arch. klin. Chir. 120, H. 2.

BIER: Über Knochenregeneration, über Pseudarthrosen und über Knochentransplantate. Arch. klin. Chir. 127 (1923). — BIRCHER: Abrißfraktur am Malleolus lateralis tibiae posterior. Zbl. Chir. 1912, Nr 6. — BLECHER: Über Infraktionen und Frakturen des Schenkelhalses bei Jugendlichen. Dtsch. Z. Chir. 77 (1905). — BÖHLER: Die konservative Behandlung von Verrenkungsbrüchen des Sprungbeines. Chirurg 1, H. 9 (1929). — Behandlung der Fersenbeinbrüche. Chirurg 1, H. 16 (1929). — BONN: Zur Frage der knöchernen Heilungsfähigkeit subkapitaler Schenkelhalsfrakturen. II. Die subkapitale Femurfraktur des Menschen. Arch. klin. Chir. 134, H. 2/3. BORCHARD: Chirurgie des Fußgelenks und des Fußes. Handbuch der praktischen Chirurgie. 5. Aufl., Bd. 5. 1922 (Lit.). BRUN: Über das Wesen und die Behandlung der Pseudarthrosen, zugleich ein Beitrag zur Lehre von der Regeneration und Transplantation von Knochen. Zürich: Rascher 1919.

CHAPUT: Les fractures malléolaires. Paris 1908.

DENCKS: Zur Ätiologie und Therapie der Schenkelhalsbrüche im Wachstumsalter. Dtsch. Z. Chir. 118 (1912).

EBBINGHAUS: Ein Beitrag zur Kenntnis der traumatischen Fußleiden. Die Verletzung des Tuberculum majus calcanei. Zbl. Chir. **1906**, Nr 15 u. Z. orthop. Chir. **20**. — ELS: Abrißfraktur der Tibialis-Anticussehne. Dtsch. Z. Chir. **106**. — ERLACHER: Zur Entstehung von Schlottergelenken im Knie nach Oberschenkelbrüchen. Zbl. Chir. **1918**, Nr 9.

FALTIN: The treatment of the fractures of the neck of the femur. Acta chir. scand. (Stockh.) **57**, H. 1/2. — FINSTERER: Über Verletzungen im Bereiche der Fußwurzelknochen mit besonderer Berücksichtigung des Os naviculare. Bruns' Beitr. **59** (1908). — FITTIG: Die Epiphysenlösung des Schenkelhalses und ihre Folgen. Arch. klin. Chir. **89** (1909). — FLORSCHÜTZ: Die Behandlung infizierter Oberschenkelschußfrakturen. Bruns' Beitr. **100**, kriegschir. H. 18. — FRANKE: Eine Absprengungsfraktur des unteren vorderen Tibiarandes in frontaler Ebene. Arch. klin. Chir. **72** (1904). — FROMME: Über Schenkelhalsfrakturen. Münch. med. Wschr. **72**, Nr 4.

GARCIA, CARLOS LAGOS: Über Ablösungen des Schenkelhalses bei heranwachsenden Mädchen. Semana méd. **32**, Nr 34. — GOLD: Über traumatische Epiphysenlösungen und deren Behandlung. Arch. klin. Chir. **155**, H. 2. — GONTERMANN: Isolierte Fraktur des Os cuboideum pedis. Arch. klin. Chir. **91** (1910). — GROVER: Fracture of great toe sesamoid bones. Ann. Surg. **1918**, Nr 5. — GRUNERT: Bruch des Processus post. tali. Dtsch. med. Wschr. **1910**, Nr 30. — GULEKE: Über die Pseudarthrosen der langen Extremitätenknochen nach Schußfrakturen. Arch. orthop. Chir. **16** (1918). — GÜMBEL: Die Brüche des Schienbeinkopfes. Dtsch. Z. Chir. **103** (1909).

HANNEMÜLLER: Das LUDLOFFsche Symptom bei der isolierten Abrißfraktur des Trochanter minor. Bruns' Beitr. **70** (1910). — HESSE: Ein Beitrag zur Anatomie und Therapie der Schenkelhalsbrüche. Dtsch. Z. Chir. **199**, H. 6. — HILGENREINER: Die traumatische Lösung der unteren Femurepiphyse. Beitr. klin. Chir. **87** (1913). — Beitrag zur malleolären Extensions- und Flexionsfraktur. Med. Klin. **1918**, Nr 13. — HOFFA- v. BRUNS: Chirurgie der Hüfte und des Oberschenkels. Handbuch der praktischen Chirurgie. 5. Aufl., Bd. 5. 1922. — HOFFMANN: Über die isolierte Fraktur des Os naviculare tarsi. Bruns' Beitr. **59** (1908). — HOLBECK: Die Frakturen des Femurkopfes. Arch. klin. Chir. **105** (1914). — HÜBNER: Endergebnisse der Behandlung von Schenkelhalsbrüchen. Klin. Wschr. **2**, Nr 25.

JUILLARD: Über die isolierte Abrißfraktur des Trochanter minor. Arch. klin. Chir. **72** (1904).

KALDECK: Spontanfrakturen des Oberschenkelhalses bei Jugendlichen. Wien. klin. Wschr. **1919**, Nr 41. — KAPPIS: Dauererfolge und Behandlung der Epiphysenlösungen und Frakturen am Schenkelhals. Zbl. Chir. **1922**, Nr 47. — KÄSTNER: Kniescheibenbrüche, ihre Behandlung und Vorhersage. Erg. Chir. **17** (1924). — KAUFMANN, C.: Erfahrungen über die Behandlung der Oberschenkelbrüche mit der Extension nach BARDENHEUER. Korresp.bl. Schweiz. Ärzte **1916**, Nr 18. — KAUFMANN, F.: Der Kompressionsbruch des Fersenbeins mit besonderer Berücksichtigung seiner Behandlung und erwerblichen Bedeutung. Dtsch. Z. Chir. **140** (1917). — KLAPP: Über den Spaltbruch des Schienbeinkopfes und seine Behandlung. Chirurg **1**, H. 7 (1929). — KLAPP und BLOCK: Die Knochenbruchbehandlung mit Drahtzügen. Berlin und Wien: Urban & Schwarzenberg 1930. — KOCH: Die Bolzung der medialen Schenkelhalsbrüche. Dtsch. med. Wschr. **52**, Nr 15 (1926). — KÖNIG, F.: Über die blutige Behandlung subcutaner Frakturen des Oberschenkels. Arch. klin. Chir. **83** (1907). — Über das blutige Vorgehen bei subkapitaler Schenkelhalsfraktur. Zbl. Chir. **52**, Nr 16 (1925). — KREGLINGER: Beitrag zur Kenntnis der isolierten Fraktur der Hüftgelenkspfanne. Dtsch. Z. Chir. **148** (1919). — KREUZ: Hüftgelenkkapsel und Schenkelhalsbruch. Eine anatomisch-röntgenologische Studie zur Lagebestimmung und konservativen Behandlung der Schenkelhalsfraktur. Arch. klin. Chir. **137**, H. 2.

LILIENFELD: Über die sog. Tarsalia, die inkonstanten akzessorischen Skeletstücke des Fußes usw. Z. orthop. Chir. **18**. — LEUENBERGER: Eine typische Form der traumatischen Lösung der unteren Tibiaepiphyse. Beitr. klin. Chir. **77** (1912). — LEVEUF u. GIRODE: Le traitement des fractures du col du fémur par la méthode du prof. PIERRE DELBET. Paris: Masson & Co. 1927. — LEXER: Zur Bolzung von Schenkelhalsbrüchen. Dtsch. med. Wschr. **52**, Nr 27. — LINDEMANN: Beiträge zur Frage der periostalen Callusbildung bei Schenkelhalsfrakturen unter Mitteilung eines anatomisch geheilten Falles von medialer Schenkelhalsfraktur. Dtsch. Z. Chir. **214** (1929). — LÖFBERG: Behandlung der Fractura colli femoris. 389 Fälle in der chirurgischen Abteilung des Städt. Krankenhauses in Malmö. Zbl. Chir. **54**, Nr 35. — LORENZ: Über die Behandlung des rezenten und des veralteten Schenkelhalsbruches (Pseudarthrosis colli femoris). Med. Klin. **16**, Nr 34/35.

Magnus: Die Kompressionsfraktur des Calcaneus als typische Seekriegsverletzung. Münch. med. Wschr. 1919, Nr 32. — Matti: Behandlung und Prognose der medialen Schenkelhalsfraktur. Chirurg 1, H. 27 (1929). — Über modellierende Osteotomie und Spongiosatransplantation. Schweiz. med. Wschr. 1929, Nr 49. — Meerwein: Die Fraktur des Condylus externus tibiae. Dtsch. Z. Chir. 102 (1909). — Meyer, A.: Beitrag zur Kenntnis der Längsfrakturen der Patella. Dtsch. Z. Chir. 85 (1906). — Morian: Beitrag zu den Brüchen der Daumen- und Großzehensesambeine. Dtsch. Z. Chir. 102 (1909).

Neugebauer: Über Längsfrakturen der Patella. Med. Klin. 1920, Nr 19. — Nordmann: Umfrage über die Behandlung der Schenkelhalsbrüche. Med. Klin. 1928 II. — Nussbaum: Die Gefäße am oberen Femurende und ihre Beziehungen zu pathologischen Prozessen. II. Mitt. Bruns' Beitr. 137, H. 2.

Pohrt: Endresultate unblutig behandelter intrakapsulärer Schenkelhalsfrakturen. Beitr. klin. Chir. 92 (1914). — Port: Die Behandlung der Schenkelhalsfrakturen. Münch. med. Wschr. 70, Nr 51. — Premister: Fascia transplantation in the treatment of old fractures of the patella. Ann. Surg. 1915, Nr 6.

Reichel: Chirurgie des Kniegelenks und Unterschenkels. Handbuch der praktischen Chirurgie. 5. Aufl., Bd. 5. 1922. — Ritterhaus: Kriegserfahrungen in der Behandlung der Oberschenkelbrüche im oberen Drittel. Inaug.-Diss. Bonn 1919. — Rostock: Die Dauererfolge der Patellarfrakturbehandlung. Arch. orthop. Chir. 27 (1929). — Roth: Der Schenkelhalsbruch und die isolierten Brüche des Trochanter major und minor. Erg. Chir. 6 (1913) (Lit.). — Ruediger, v. u. L. R. Rydygier: Zur Behandlung der Schußfrakturen des Oberschenkels. Wien. klin. Wschr. 1916, Nr 19. — Ruhl, E.: Über isolierten Abriß des Trochanter minor. Bruns' Beitr. 118 (1920).

Scheffler: Beobachtungen und Ergebnisse bei einer fünfjährigen Frakturbehandlung. Arch. orthop. Chir. 24, H. 3. — Schinz, Baensch und Friedl: Lehrbuch der Röntgendiagnostik. Leipzig: Thieme 1928. — Schlatter: Unvollständige Abrißfraktur der Tuberositas tibiae oder Wachstumsanomalie? Bruns' Beitr. 59 (1908). — Verletzungen des schnabelförmigen Fortsatzes der oberen Tibiaepiphyse. Bruns' Beitr. 46 (1905). — Schlatter: Zur Prognose der operativen und konservativen Behandlung der Patellarfrakturen. Schweiz. med. Wschr. 1929, II. — Schmidt: Pseudarthrosenbildung am Malleolus internus und Os subtibiale. Chirurg 1, H. 9 (1929). — Schmorl: Die pathologische Anatomie der Schenkelhalsfrakturen. Münch. med. Wschr. 71, Nr 40. — Schömann: Zangenextension von Knochenbrüchen. Dtsch. med. Wschr. 1914, Nr 24. — Zur Behandlung der Frakturen des Oberschenkels. Z. orthop. Chir. 36 (1916). — Schultze: Die Behandlung der Patellarfraktur, eine neue Methode zur Rekonstruktion des Streckapparates. Z. orthop. Chir. 31 (1913). — Steiner: Die bei der Schweizerischen Unfallversicherungsanstalt in den Jahren 1920/21 angemeldeten Brüche der Mittelfußknochen (574 Fälle). Diss. Berlin: Julius Springer 1924. — Stieda: Über eine typische Verletzung am unteren Femurende. Arch. klin. Chir. 85 (1908).

Verth, zur: Die indirekten Fersenbeinbrüche (Kompressionsbrüche) und ihre Einteilung. Zbl. Chir. 1919, Nr 26. — Rißbrüche des Tuber calcanei. Münch. med. Wschr. 1919, Nr 32. — Vorschütz: Die isolierte Abrißfraktur des Trochanter minor. Dtsch. Z. Chir. 128 (1914). — Vulliet: Le decollement pathologique du col fémoral chez les fillettes à l'époque de la puberté. Presse méd. 32, Nr 50 (1924).

Wegner: Die typische Abrißfraktur am hinteren Malleolus lateralis tibiae. Münch. med. Wschr. 59 (1921). — Werner: Über Fersenbeinbrüche durch Abscherung. Dtsch. Z. Chir. 221 (1929). — Whitman: Bemerkungen über die Fractura colli femoris der Jugendlichen (Coxa vara traumatica) und ihre Behandlung. Zbl. Chir. 1910, Nr 11. — The distinction between fracture of the neck of the femur and epiphyseal disjunction in early life, with reference to its influence upon prognosis and treatment. Zbl. Chir. 1905, Nr 4. — The operative treatment of ununited fracture at the hip. Surg. etc. 43, Nr 2 (1926). — The abduction treatment of fracture of the neck of the femur. An account of the evolution of a method adequate to apply surgical principles and therefore the exponent of radical reform of conventional teaching and practice. Ann. Surg. 81, Nr 1 (1925). — Ein weiterer Beitrag zur Abductionsbehandlung der Schenkelhalsfrakturen. Z. orthop. Chir. 24, H. 1/2. — Witteck: Erklärungsversuch der Entstehung der supramalleolären Längsfraktur der Fibula. Bruns' Beitr. 46 (1905).

Sachverzeichnis.

Pathologische Anatomie und Histologie der Knochen, Muskeln, Sehnen, Sehnenscheiden, Schleimbeutel.

Bearbeitet von A. v. Albertini, A. Dietrich, E. Fraenkel †, H. v. Meyenburg, L. Pick, M. B. Schmidt. ⟨Bildet Band IX vom „Handbuch der speziellen pathologischen Anatomie und Histologie", herausgegeben von F. Henke-Breslau und O. Lubarsch-Berlin⟩. Erster Teil: Mit 195 zum Teil farbigen Abbildungen. VIII, 678 Seiten. 1929.

RM 146.—; gebunden RM 149.80

Zweiter Teil: In Vorbereitung.

Jeder Band ist einzeln käuflich; jedoch verpflichtet die Abnahme eines Teiles eines Bandes zum Kauf des ganzen Bandes.

Gliedermechanik und Lähmungsprothesen. Von Heinrich von

Recklinghausen. In 2 Bänden. Mit 230 Textfiguren. XXII, 631 Seiten. 1920.

Zusammen RM 38.—

Erster Band ⟨Physiologische Hälfte⟩: Studien über Gliedermechanik, insbesondere der Hand und der Finger.

Zweiter Band ⟨Klinisch-technische Hälfte⟩: Die schlaffen Lähmungen von Hand und Fuß und die Lähmungsprothesen.

Die willkürlich bewegbare künstliche Hand. Eine Anleitung für

Chirurgen und Techniker. Von F. Sauerbruch, o. Professor der Chirurgie, Direktor der Chirurgischen Universitäts-Klinik München.

Erster Band: Mit anatomischen Beiträgen von G. Ruge und W. Felix, Professoren am Anatomischen Universitäts-Institut Zürich, und unter Mitwirkung von A. Stadler, Oberarzt d. L., Chefarzt des Vereinslazaretts Singen. Mit 104 Textfiguren. VI, 143 Seiten. 1916.

RM 7.—

Zweiter Band: Herausgegeben von F. Sauerbruch, o. Professor der Chirurgie, Direktor der Chirurgischen Universitäts-Klinik München, und C. ten Horn, Professor der Chirurgie, Chirurgische Universitäts-Klinik München. Mit 230 zum Teil farbigen Abbildungen. IV, 249 Seiten. 1923.

RM 12.—; gebunden RM 14.50

Die Behandlung der Verrenkungen. Von Professor Dr. Carl Ewald,

Wien. ⟨Bildet Band 7 der „Bücher der ärztlichen Praxis".⟩ Mit 16 Textabbildungen. IV, 38 Seiten. 1928.

RM 1.50

Die Behandlung der Knochenbrüche mit einfachen Mitteln.

Von Professor Dr. Carl Ewald, Wien. ⟨Bildet Band 8 der „Bücher der ärztlichen Praxis".⟩ Mit 38 Textabbildungen. IV, 98 Seiten. 1928.

RM 2.80

Einführung in die Orthopädie. Von Privatdozent Dr. Guido Engel-

mann, Wien. ⟨Bildet Band 16 der „Bücher der ärztlichen Praxis".⟩ Mit 44 Textabbildungen. IV, 90 Seiten. 1929.

RM 3.40

Bernhard Heine's Versuche über Knochenregeneration.

Sein Leben und seine Zeit. Von der Deutschen Gesellschaft für Chirurgie, anläßlich ihrer 50. Tagung den Fachgenossen unterbreitet. Herausgegeben von der Anatomischen Anstalt der Universität Würzburg ⟨Direktor Prof. Dr. H. Petersen⟩, der Chirurgischen Universitätsklinik Würzburg ⟨Direktor Prof. Dr. F. König⟩, der Chirurgischen Universitätsklinik Berlin ⟨Direktor Prof. Dr. A. Bier⟩. Bearbeitet durch Dr. K. Vogeler, Assistent der Chirurgischen Klinik Würzburg, Dr. E. Redenz, Prosektor der Anatomischen Anstalt Würzburg, Dr. H. Walter, Assistent der Chirurgischen Klinik Würzburg, Prof. Dr. B. Martin, Assistent der Chirurgischen Klinik Berlin. Mit einem Vorwort von Prof. Dr. A. Bier. Mit 105 Textabbildungen und 1 Porträt. VIII, 224 Seiten. 1926.

RM 7.50

Konstitutionspathologie in der Orthopädie. Erbbiologie des peri-

pheren Bewegungsapparates. Von Dr. Berta Aschner, und Privatdozent Dr. Guido Engelmann in Wien. ⟨Bildet Heft 3 der Sammlung „Konstitutionspathologie in den medizinischen Spezialwissenschaften", herausgegeben von Julius Bauer-Wien.⟩ Mit 80 Abbildungen. VII, 312 Seiten. 1928.

RM 28.—

Orthopädie des praktischen Arztes. Von Professor Dr. August

Blencke, Facharzt für Orthopädische Chirurgie in Magdeburg. ⟨Bildet Band VII der „Fachbücher für Ärzte", herausgegeben von der Schriftleitung der „Klinischen Wochenschrift".⟩ Mit 101 Textabbildungen. X, 289 Seiten. 1921. Gebunden RM 6.70

Die Bezieher der „Klinischen Wochenschrift" erhalten die Fachbücher mit einem Nachlaß von 10%.